Beilsteins Handbuch der Organischen Chemie

Beilstein, Friedrich Konrad

Beilsteins Handbuch der Organischen Chemie

Vierte Auflage

Drittes und Viertes Ergänzungswerk

Die Literatur von 1930 bis 1959 umfassend

Herausgegeben vom
Beilstein-Institut für Literatur der Organischen Chemie
Frankfurt am Main

Bearbeitet von

Reiner Luckenbach

Unter Mitwirkung von

Oskar Weissbach

Erich Bayer · Adolf Fahrmeir · Friedo Giese · Volker Guth · Irmgard Hagel
Franz-Josef Heinen · Günter Imsieke · Ursula Jacobshagen · Rotraud Kayser
Klaus Koulen · Bruno Langhammer · Dieter Liebegott · Lothar Mähler
Annerose Naumann · Wilma Nickel · Burkhard Polenski · Peter Raig
Helmut Rockelmann · Jürgen Schunck · Eberhard Schwarz · Josef Sunkel
Achim Trede · Paul Vincke

Vierundzwanzigster Band

Erster Teil

QD251
B4
3.-4. Erg2wK
v.24:1
1981

Springer-Verlag Berlin · Heidelberg · New York 1981

372621

ISBN 3-540-10435-6 Springer-Verlag, Berlin · Heidelberg · New York
ISBN 0-387-10435-6 Springer-Verlag, New York · Heidelberg · Berlin

Die Wiedergabe von Gebrauchsnamen, Handelsnamen, Warenbezeichnungen usw. im Beilstein-Handbuch berechtigt auch ohne besondere Kennzeichnung nicht zu der Annahme, dass solche Namen im Sinn der Warenzeichen- und Markenschutz-Gesetzgebung als frei zu betrachten wären und daher von jedermann benutzt werden dürften.

Das Werk ist urheberrechtlich geschützt. Die dadurch begründeten Rechte, insbesondere die der Übersetzung, des Nachdruckes, der Entnahme von Abbildungen, der Funksendung, der Wiedergabe auf photomechanischem oder ähnlichem Wege und der Speicherung in Datenverarbeitungsanlagen bleiben, auch bei nur auszugsweiser Verwertung, vorbehalten.

© by Springer-Verlag, Berlin · Heidelberg 1981
Library of Congress Catalog Card Number: 22—79
Printed in Germany

Satz, Druck und Bindearbeiten: Universitätsdruckerei H. Stürtz AG Würzburg
3120-543210

Inhalt — Contents

Dritte Abteilung

Heterocyclische Verbindungen

16. Verbindungen mit zwei Stickstoff-Ringatomen

III. Oxo-Verbindungen

A. Monooxo-Verbindungen

Monooxo-Verbindungen $C_n H_{2n-12} N_2 O$ 542
Monooxo-Verbindungen $C_n H_{2n-14} N_2 O$ 591
Monooxo-Verbindungen $C_n H_{2n-16} N_2 O$ (z. B. Yohimban) 622
Monooxo-Verbindungen $C_n H_{2n-18} N_2 O$ (z. B. Fluorocurarin) 659
Monooxo-Verbindungen $C_n H_{2n-20} N_2 O$, $C_n H_{2n-22} N_2 O$ usw. 712

Sachregister 813
Formelregister 913

Abkürzungen und Symbole[1])

Abbreviations and symbols[2])

A.	Äthanol	ethanol
Acn.	Aceton	acetone
Ae.	Diäthyläther	diethyl ether
äthanol.	äthanolisch	solution in ethanol
alkal.	alkalisch	alkaline
Anm.	Anmerkung	footnote
at	technische Atmosphäre $(98066,5 \text{ N} \cdot \text{m}^{-2} = 0{,}980665$ bar $= 735{,}559$ Torr	technical atmosphere
atm	physikalische Atmosphäre	physical (standard) atmosphere
Aufl.	Auflage	edition
B.	Bildungsweise(n), Bildung	formation
Bd.	Band	volume
Bzl.	Benzol	benzene
bzw.	beziehungsweise	or, respectively
c	Konzentration einer optisch aktiven Verbindung in g/100 ml Lösung	concentration of an optically active compound in g/100 ml solution
D	1) Debye (Dimension des Dipolmoments) 2) Dichte (z.B. D_4^{20}: Dichte bei 20° bezogen auf Wasser von 4°)	1) Debye (dimension of dipole moment) 2) density (e.g. D_4^{20}: density at 20° related to water at 4°)
d	Tag	day
$D(\text{R}-\text{X})$	Dissoziationsenergie der Verbindung RX in die freien Radikale R$^{\bullet}$ und X$^{\bullet}$	dissociation energy of the compound RX to form the free radicals R$^{\bullet}$ and X$^{\bullet}$
Diss.	Dissertation	dissertation, thesis
DMF	Dimethylformamid	dimethylformamide
DMSO	Dimethylsulfoxid	dimethyl sulfoxide
E	1) Erstarrungspunkt 2) Ergänzungswerk des Beilstein-Handbuchs	1) freezing (solidification) point 2) Beilstein supplementary series
E.	Äthylacetat	ethyl acetate
Eg.	Essigsäure (Eisessig)	acetic acid
engl. Ausg.	englische Ausgabe	english edition
EPR	Elektronen-paramagnetische Resonanz (= ESR)	electron paramagnetic resonance (= ESR)
F	Schmelzpunkt (-bereich)	melting point (range)
Gew.-%	Gewichtsprozent	percent by weight
grad	Grad	degree
H	Hauptwerk des Beilstein-Handbuchs	Beilstein basic series
h	Stunde	hour
Hz	Hertz (= s^{-1})	cycles per second (= s^{-1})
K	Grad Kelvin	degree Kelvin
konz.	konzentriert	concentrated
korr.	korrigiert	corrected

[1]) Bezüglich weiterer, hier nicht aufgeführter Symbole und Abkürzungen für physikalisch chemische Grössen und Einheiten s.

[2]) For other symbols and abbreviations for physicochemical quantities and units not listed here see

International Union of Pure and Applied Chemistry Manual of Symbols and Terminology for Physicochemical Quantities and Units (1969) [London 1970].

Kp	Siedepunkt (-bereich)	boiling point (range)
l	1) Liter	1) litre
	2) Rohrlänge in dm	2) length of cell in dm
$[M]_\lambda^t$	molares optisches Drehungsvermögen für Licht der Wellenlänge λ bei der Temperatur t	molecular rotation for the wavelength λ and the temperature t
m	1) Meter	1) metre
	2) Molarität einer Lösung	2) molarity of solution
Me.	Methanol	methanol
n	1) bei Dimensionen von Elementarzellen: Anzahl der Moleküle pro Elementarzelle	1) number of formula units in the unit cell
	2) Normalität einer Lösung	2) normality of solution
	3) nano $(=10^{-9})$	3) nano $(=10^{-9})$
	4) Brechungsindex (z.B. $n_{656,1}^{15}$: Brechungsindex für Licht der Wellenlänge 656,1 nm bei 15°)	4) refractive index (e.g. $n_{656,1}^{15}$: refractive index for the wavelength 656.1 nm and 15°)
opt.-inakt.	optisch inaktiv	optically inactive
p	Konzentration einer optisch aktiven Verbindung in g/100 g Lösung	concentration of an optically active compound in g/100 g solution
PAe.	Petroläther, Benzin, Ligroin	petroleum ether, ligroin
Py.	Pyridin	pyridine
S.	Seite	page
s	Sekunde	second
s.	siehe	see
s. a.	siehe auch	see also
s. o.	siehe oben	see above
sog.	sogenannt	so called
Spl.	Supplement	supplement
... stdg.	... stündig (z.B. 3-stündig)	for ... hours (e.g. for 3 hours)
s. u.	siehe unten	see below
Syst.-Nr.	System-Nummer	system number
THF	Tetrahydrofuran	tetrahydrofuran
Tl.	Teil	part
Torr	Torr $(=$ mm Quecksilber$)$	torr $(=$ millimetre of mercury$)$
unkorr.	unkorrigiert	uncorrected
unverd.	unverdünnt	undiluted
verd.	verdünnt	diluted
vgl.	vergleiche	compare (cf.)
W.	Wasser	water
wss.	wässrig	aqueous
z.B.	zum Beispiel	for example (e.g.)
Zers.	Zersetzung	decomposition
zit. bei	zitiert bei	cited in
α_λ^t	optisches Drehungsvermögen (Erläuterung s. bei $[M]_\lambda^t$)	angle of rotation (for explanation see $[M]_\lambda^t$)
$[\alpha]_\lambda^t$	spezifisches optisches Drehungsvermögen (Erläuterung s. bei $[M]_\lambda^t$)	specific rotation (for explanation see $[M]_\lambda^t$)
ε	1) Dielektrizitätskonstante	1) dielectric constant, relative permittivity
	2) Molarer dekadischer Extinktionskoeffizient	2) molar extinction coefficient
$\lambda_{(max)}$	Wellenlänge (eines Absorptionsmaximums)	wavelength (of an absorption maximum)
μ	Mikron $(=10^{-6}$ m$)$	micron $(=10^{-6}$ m$)$
°	Grad Celsius oder Grad (Drehungswinkel)	degree Celsius or degree (angle of rotation)

Stereochemische Bezeichnungsweisen

Übersicht

Präfix	Definition in §	Symbol	Definition in §
allo	5c, 6c	c	4a—e
altro	5c, 6c	c_F	7a
anti	3a, 9	D	6a, b, c
arabino	5c	D_g	6b
cat_F	7a	D_r	7b
cis	2	D_s	6b
endo	8	(e)	3b
ent	10e	(E)	3a
erythro	5a	L	6a,b,c
exo	8	L_g	6b
galacto	5c, 6c	L_r	7b
gluco	5c, 6c	L_s	6b
glycero	6c	r	4c, d, e
gulo	5c, 6c	r_F	7a
ido	5c, 6c	(r)	1a
lyxo	5c	(R)	1a
manno	5c, 6c	(R_a)	1b
meso	5b	(R_p)	1b
rac	10e	$(\overline{RS})$	1a
racem.	5b	(s)	1a
rel	1c	(S)	1a
ribo	5c	(S_a)	1b
s-cis	3b	(S_p)	1b
seqcis	3a	t	4a—e
seqtrans	3a	t_F	7a
s-trans	3b	(z)	3b
syn	3a, 9	(Z)	3a
talo	5c, 6c	α	10a, c, d
threo	5a	α_F	10b, c
trans	2	β	10a, c, d
xylo	5c	β_F	10b, c
		ξ	11a
		(ξ)	11c
		Ξ	11b
		(Ξ)	11b
		(Ξ_a)	11c
		(Ξ_p)	11c
		*	12

§ 1. a) Die Symbole (*R*) und (*S*) bzw. (*r*) und (*s*) kennzeichnen die absolute Konfiguration an Chiralitätszentren (Asymmetriezentren) bzw. „Pseudoasymmetriezentren" gemäss der „Sequenzregel" und ihren Anwendungsvorschriften (*Cahn, Ingold, Prelog*, Experientia **12** [1956] 81; Ang. Ch. **78** [1966] 413, 419; Ang. Ch. int. Ed. **5** [1966] 385, 390, 511; *Cahn, Ingold*, Soc. **1951** 612; s. a. *Cahn*, J. chem. Educ. **41** [1964] 116, 508).

Zur Kennzeichnung der Konfiguration von Racematen aus Verbindungen mit mehreren Chiralitätszentren dienen die Buchstabenpaare (*RS*) und (*SR*), wobei z. B. durch das Symbol (1*RS*,2*SR*) das aus dem (1*R*,2*S*)-Enantiomeren und dem (1*S*,2*R*)-Enantiomeren bestehende Racemat spezifiziert wird (vgl. *Cahn, Ingold, Prelog*, Ang. Ch. **78** 435; Ang. Ch. int. Ed. **5** 404).

Das Symbol ($\overline{RS}$) kennzeichnet ein Gemisch von annähernd gleichen Teilen des (*R*)-Enantiomeren und des (*S*)-Enantiomeren.

Beispiele:
   (*R*)-Propan-1,2-diol [E IV **1** 2468]
   (1*R*,3*S*,4*S*)-3-Chlor-*p*-menthan [E IV **5** 152]
   (3a*R*:4*S*:8*R*:8a*S*:9*s*)-9-Hydroxy-2.2.4.8-tetramethyl-decahydro-
       4.8-methano-azulen [E III **6** 425]
   (1*RS*,2*SR*)-2-Amino-1-benzo[1,3]dioxol-5-yl-propan-1-ol [E III/IV **19** 4221]
   (2$\overline{RS}$,4'*R*,8'*R*)-β-Tocopherol [E III/IV **17** 1427]

b) Die Symbole (*R*$_a$) und (*S*$_a$) bzw. (*R*$_p$) und (*S*$_p$) werden in Anlehnung an den Vorschlag von *Cahn, Ingold* und *Prelog* (Ang. Ch. **78** 437; Ang. Ch. int. Ed. **5** 406) zur Kennzeichnung der Konfiguration von Elementen der axialen bzw. planaren Chiralität verwendet.

Beispiele:
   (*R*$_a$)-1,11-Dimethyl-5,7-dihydro-dibenz[*c,e*]oxepin [E III/IV **17** 642]
   (*S*$_p$)-*trans*-Cycloocten [E IV **5** 263]
   (*R*$_F$)-Cyclohexanhexol-(1*r*.2*c*.3*t*.4*c*.5*t*.6*t*) [E III **6** 6925]

c) Das Symbol *rel* in einem mindestens zwei Chiralitätssymbole [(*R*) bzw. (*S*); s. o.] enthaltenden Namen einer optisch-aktiven Verbindung deutet an, dass die Chiralitätssymbole keine absolute, sondern nur eine relative Konfiguration spezifizieren.

Beispiel:
   (+)(*rel*-1*R*:1'*S*)-(1*rH*.1'*r*'*H*)-Bicyclohexyl-dicarbonsäure-(2*c*.2'*t*')
       [E III **9** 4021]

§ 2. Die Präfixe *cis* bzw. *trans* geben an, dass sich die beiden Bezugsliganden auf der gleichen Seite (*cis*) bzw. auf den entgegengesetzten Seiten (*trans*) der Bezugsfläche befinden. Bei Olefinen verläuft die „Bezugsfläche" durch die beiden doppelt gebundenen Atome und steht senkrecht zu der Ebene, in der die doppelt gebundenen und die vier hiermit einfach verbundenen Atome liegen; bei cyclischen Verbindungen wird die Bezugsfläche durch die Ringatome fixiert, wobei bei höhergliedrigen Ringen die Projektion als regelmässiges Vieleck zugrunde gelegt wird (vgl. das letzte Beispiel in § 4d).

Beispiele:
   β-Brom-*cis*-zimtsäure [E III **9** 2732]
   2-[4-Nitro-*trans*-styryl]-pyridin [E III/IV **20** 3879]

5-*cis*-Propenyl-benzo[1,3]dioxol [E III/IV **19** 273]
3-[*trans*-2-Nitro-vinyl]-pyridin [E III/IV **20** 2887]
trans-2-Methyl-cyclohexanol [E IV **6** 100]
4a,8a-Dibrom-*trans*-decahydro-naphthalin [E IV **5** 314]

§ 3. a) Die — bei Bedarf mit einer Stellungsbezeichnung versehenen — Symbole
(*E*) bzw. (*Z*) am Anfang eines Namens oder Namensteils kennzeichnen
die Konfiguration an vorhandenen Doppelbindungen. Sie zeigen an,
dass sich die — jeweils mit Hilfe der Sequenzregel (s. § 1a) ausgewählten — Bezugsliganden an den jeweiligen doppelt gebundenen
Atomen auf den entgegengesetzten Seiten (*E*) bzw. auf der gleichen
Seite (*Z*) der Bezugsfläche (vgl. § 2) befinden.

Beispiele:
(*E*)-1,2,3-Trichlor-propen [E IV **1** 748]
(*Z*)-1,3-Dichlor-but-2-en [E IV **1** 786]
3*endo*-[(*Z*)-2-Cyclohexyl-2-phenyl-vinyl]-tropan [E III/IV **20** 3711]
Piperonal-(*E*)-oxim [E III/IV **19** 1667]

Anstelle von (*E*) bzw. (*Z*) waren früher die Bezeichnungen *seqtrans* bzw. *seqcis*
sowie zur Kennzeichnung von stickstoffhaltigen funktionellen Derivaten der Al-
dehyde auch die Bezeichnungen *syn* bzw. *anti* in Gebrauch.

Beispiele:
(3*S*)-9.10-Seco-cholestadien-(5(10).7*seqtrans*)-ol-(3) [E III **6** 2602]
1.1.3-Trimethyl-cyclohexen-(3)-on-(5)-*seqcis*-oxim [E III **7** 285]
Perillaaldehyd-*anti*-oxim [E III **7** 567]

b) Die — bei Bedarf mit einer Stellungsbezeichnung versehenen — Symbole (*e*) bzw. (*z*) am Anfang eines Namens oder Namensteils kennzeichnen die Konfiguration (Konformation) an den vorhandenen
nicht frei drehbaren Einfachbindungen zwischen zwei dreibindigen
Atomen. Sie zeigen an, dass sich die — jeweils mit Hilfe der Sequenzregel (s. § 1a) ausgewählten — Bezugsliganden an den beiden einfach gebundenen Atomen auf den entgegengesetzten Seiten (*e*) bzw. auf der
gleichen Seite (*z*) der durch die einfach gebundenen Atome verlau-
fenden Bezugsgeraden befinden.

Beispiele:
(*e*)-*N*-Methyl-thioformamid [E IV **4** 171]
(2*z*)-1*t*-Methylamino-pent-1-en-3-on [E IV **4** 1967]

Mit gleicher Bedeutung werden in der Literatur auch die Bezeichnungen **s-*trans***
(= *single-trans*) bzw. **s-*cis*** (= *single-cis*) verwendet.

§ 4. a) Die Symbole **c** bzw. **t** hinter der Stellungsziffer einer C,C-Doppel-
bindung geben an, dass die jeweiligen Bezugsliganden an den beiden
doppelt-gebundenen Kohlenstoff-Atomen cis-ständig (*c*) bzw. trans-
ständig (*t*) sind (vgl. § 2). Als „Bezugsligand" gilt an jedem der beiden
doppelt-gebundenen Atome derjenige äussere — d. h. nicht der Bezugsfläche angehörende — Ligand, der der gleichen Bezifferungseinheit angehört wie das mit ihm verknüpfte doppelt-gebundene Atom.
Gehören beide äusseren Liganden eines der doppelt-gebundenen Atome
der gleichen Bezifferungseinheit an, so gilt der niedrigerbezifferte als
Bezugsligand.

Beispiele:
2-Methyl-oct-3*t*-en-2-ol [E IV **1** 2177]

Cycloocta-1*c*,3*t*-dien [E IV **5** 402]
9,11α-Epoxy-5α-ergosta-7,22*t*-dien-3β-ol [E III/IV **17** 1574]
3β-Acetoxy-16α-hydroxy-23,24-dinor-5α-chol-17(20)*t*-en-21-säure-lacton
     [E III/IV **18** 470]
(3*S*)-9.10-Seco-ergostatrien-(5*t*.7*c*.10(19))-ol-(3) [E III **6** 2832]

b) Die Symbole **c** bzw. **t** hinter der Stellungsziffer eines Substituenten
an einem doppelt-gebundenen endständigen Kohlenstoff-Atom oder
vor der eine „offene" Valenz an einem solchen Atom anzeigenden
Endung -yl geben an, dass dieser Substituent bzw. der mit der „offe-
nen" Valenz verknüpfte Rest cis-ständig (*c*) bzw. trans-ständig (*t*)
(vgl. § 2) zum Bezugsliganden (vgl. § 4a) ist.

Beispiele:
   1*t*,2-Dibrom-propen [E IV **1** 760]
   1*c*,2-Dibrom-3-methyl-buta-1,3-dien [E IV **1** 1005]
   1-But-1-en-*t*-yl-cyclohexen [E IV **5** 431]

c) Die Symbole **c** bzw. **t** hinter der Stellungsziffer 2 eines Substituenten
am Äthylen-System geben die cis-Stellung (*c*) bzw. die trans-Stellung
(*t*) (vgl. § 2) dieses Substituenten zu dem durch das Symbol **r** gekennzeichneten Bezugsliganden an dem mit 1 bezifferten Kohlenstoff-
Atom an.

Beispiel:
   1.2*t*-Diphenyl-1*r*-[4-chlor-phenyl]-äthylen [E III **5** 2399]

d) Die mit der Stellungsziffer eines Substituenten (oder den Stellungs-
ziffern einer im Namen durch ein Präfix bezeichneten Brücke eines
Ringsystems) kombinierten Symbole **c** bzw. **t** geben an, dass sich
der Substituent (oder die mit dem Stamm-Ringsystem verknüpften
Brückenatome) auf der gleichen Seite (*c*) bzw. der entgegengesetzten
Seite (*t*) der Bezugsfläche befinden wie der Bezugsligand. Dieser Bezugsligand ist durch Hinzufügen des Symbols **r** zu seiner Stellungsziffer kenntlich gemacht.
Bei einer aus mehreren isolierten Ringen oder Ringsystemen bestehen-
den Verbindung kann jeder Ring bzw. jedes Ringsystem als gesonderte
Bezugsfläche für Konfigurationskennzeichen fungieren; die zusammen-
gehörigen Sätze von Konfigurationssymbolen **r**, **c** und **t** sind dann im
Namen der Verbindung durch Klammerung voneinander getrennt
oder durch Strichelung unterschieden (s. Beispiele 1 und 2 unter Ab-
schnitt e).

Beispiele:
   1*r*,2*t*,3*c*,4*t*-Tetrabrom-cyclohexan [E IV **5** 76]
   [1,2*c*-Dibrom-cyclohex-*r*-yl]-methanol [E IV **6** 109]
   2*c*-Chlor-(4a*r*,8a*t*)-decahydro-naphthalin [E IV **5** 313]
   5*c*-Brom-(3a*t*,7a*t*)-octahydro-4*r*,7-methano-inden [E IV **5** 467]
   (3*R*)-14*t*-Äthyl-4*t*,6*t*,7*c*,10*c*,12*t*-pentahydroxy-3*r*,5*c*,7*t*,9*t*,11*c*,13*t*-hexamethyl-
      oxacyclotetradecan-2-on [E III/IV **18** 3400]

e) Die mit einem (gegebenenfalls mit hochgestellter Stellungsziffer ausgestatteten) Atomsymbol kombinierten Symbole **r**, **c** oder **t** beziehen
sich auf die räumliche Orientierung des indizierten Atoms relativ zur
Bezugsfläche.

Beispiele:
  1-[(4aR)-6t-Hydroxy-2c.5.5.8at-tetramethyl-(4arH)-decahydro-naphth=
    yl-(1t)]-2-[(4aR)-6t-hydroxy-2t.5.5.8at-tetramethyl-(4arH)-decahydro-
    naphthyl-(1t)]-äthan [E III 6 4829]
  2-[(5S)-6,10c'-Dimethyl-(5rC⁶,5r'C¹)-spiro[4.5]dec-6-en-2t-yl]-propan-2-ol
    [E IV 6 419]
  (6R)-2ξ-Isopropyl-6c,10ξ-dimethyl-(5rC¹)-spiro[4.5]decan [E IV 5 352]
  (1rC⁸,2tH,4tH)-Tricyclo[3.2.2.0²·⁴]nonan-6c,7c-dicarbonsäure-anhydrid
    [E III/IV 17 6079]

§ 5. a) Die Präfixe *erythro* und *threo* zeigen an, dass sich die Bezugsliganden
(das sind zwei gleiche oder jeweils die von Wasserstoff verschiedenen
Liganden) an zwei einer Kette angehörenden Chiralitätszentren auf
der gleichen Seite (*erythro*) bzw. auf den entgegengesetzten Seiten
(*threo*) der Fischer-Projektion dieser Kette befinden.

Beispiele:
  threo-Pentan-2,3-diol [E IV 1 2543]
  erythro-7-Acetoxy-3,5,7-trimethyl-octansäure-methylester [E IV 3 915]
  erythro-α'-[4-Methyl-piperidino]-bibenzyl-α-ol [E III/IV 20 1516]

b) Das Präfix *meso* gibt an, dass ein mit einer geraden Anzahl von
Chiralitätszentren ausgestattetes Molekül eine Symmetrieebene oder
ein Symmetriezentrum aufweist. Das Präfix *racem.* kennzeichnet ein
Gemisch gleicher Mengen von Enantiomeren, die zwei identische
Chiralitätszentren oder zwei identische Sätze von Chiralitätszentren
enthalten.

Beispiele:
  meso-Pentan-2,4-diol [E IV 1 2543]
  meso-1,4-Dipiperidino-butan-2,3-diol [E III/IV 20 1235]
  racem.-3,5-Dichlor-2,6-cyclo-norbornan [E IV 5 400]
  racem.-(1rH.1'r'H)-Bicyclohexyl-dicarbonsäure-(2c.2'c') [E III 9 4020]

c) Die „Kohlenhydrat-Präfixe" *ribo, arabino, xylo* und *lyxo* bzw. *allo,
altro, gluco, manno, gulo, ido, galacto* und *talo* kennzeichnen die
relative Konfiguration von Molekülen mit drei Chiralitätszentren
(deren mittleres ein „Pseudoasymmetriezentrum" sein kann) bzw. vier
Chiralitätszentren, die sich jeweils in einer unverzweigten Kette befinden. In den nachstehend abgebildeten „Leiter-Mustern" geben die
horizontalen Striche die Orientierung der Bezugsliganden an der jeweils als Fischer-Projektion wiedergegebenen Kohlenstoffkette an [1]).

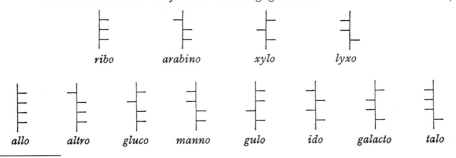

----

[1]) Das niedrigstbezifferte Atom befindet sich hierbei am oberen Ende der vertikal dargestellten Kette der Bezifferungseinheit.

Beispiele:
   ribo-2,3,4-Trimethoxy-pentan-1,5-diol [E IV **1** 2834]
   galacto-Hexan-1,2,3,4,5,6-hexaol [E IV **1** 2844]

§ 6. a) Die „Fischer-Symbole" D bzw. L im Namen einer Verbindung mit
   einem Chiralitätszentrum geben an, dass sich der Bezugsligand (d. i.
   der von Wasserstoff verschiedene, nicht der durch den Namensstamm
   gekennzeichneten Kette angehörende Ligand) am Chiralitätszentrum
   in der Fischer-Projektion[1]) auf der rechten Seite (D) bzw. auf der
   linken Seite (L) der Kette befindet.

   Beispiele:
      D-Tetradecan-1,2-diol [E IV **1** 2631]
      L-4-Methoxy-valeriansäure [E IV **3** 812]

   b) In Kombination mit dem Präfix *erythro* geben die Symbole D und L
   an, dass sich die beiden Bezugsliganden auf der rechten Seite (D) bzw.
   auf der linken Seite (L) der Fischer-Projektion[1]) befinden. Die mit
   dem Präfix *threo* kombinierten Symbole D_g und D_s geben an, dass sich
   der höherbezifferte (D_g) bzw. der niedrigerbezifferte (D_s) Bezugsligand
   auf der rechten Seite der Fischer-Projektion[1]) befindet; linksseitige
   Position des jeweiligen Bezugsliganden wird entsprechend durch die
   Symbole L_g bzw. L_s angezeigt.

   In Kombination mit den in § 5c aufgeführten konfigurationsbestim-
   menden Präfixen werden die Symbole D und L ohne Index verwendet;
   sie beziehen sich dabei jeweils auf die Orientierung des höchstbezifferten (d. h. des in der Abbildung am weitesten unten erscheinenden)
   Bezugsliganden (die in § 5c abgebildeten „Leiter-Muster" repräsen-
   tieren jeweils das D-Enantiomere).

   Beispiele:
      D-*erythro*-Nonan-1,2,3-triol [E IV **1** 2792]
      D_s-*threo*-1,4-Dibrom-2,3-dimethyl-butan [E IV **1** 375]
      L_g-*threo*-Hexadecan-7,10-diol [E IV **1** 2636]
      D-*ribo*-9,10,12-Trihydroxy-octadecansäure [E IV **3** 1118]
      6-Allyloxy-D-*manno*-hexan-1,2,3,4,5-pentaol [E IV **1** 2846]

   c) Kombination der Präfixe D-*glycero* oder L-*glycero* mit einem der
   in § 5c in der zweiten Formelzeile aufgeführten, jeweils mit einem
   Fischer-Symbol versehenen Kohlenhydrat-Präfixe dienen zur Kennzeichnung der Konfiguration von Molekülen mit fünf in einer Kette
   angeordneten Chiralitätszentren (deren mittleres auch „Pseudoasymmetriezentrum" sein kann). Dabei bezieht sich das Kohlenhydrat-
   Präfix auf die vier niedrigstbezifferten Chiralitätszentren, das Präfix
   D-*glycero* oder L-*glycero* auf das höchstbezifferte (d. h. in der Abbildung
   am weitesten unten erscheinende) Chiralitätszentrum.

   Beispiel:
      D-*glycero*-L-*gulo*-Heptit [E IV **1** 2854]

§ 7. a) Die Symbole c_F bzw. t_F hinter der Stellungsziffer eines Substituenten
   an einer mehrere Chiralitätszentren aufweisenden Kette geben an,
   dass sich dieser Substituent und der Bezugssubstituent, der seiner-
   seits durch das Symbol r_F gekennzeichnet wird, auf der gleichen
   Seite (c_F) bzw. auf den entgegengesetzten Seiten (t_F) der Fischer-

Projektion befinden. Ist eines der endständigen Atome der Kette Chiralitätszentrum, so wird der Stellungsziffer des „catenoiden" Substituenten (d. h. des Substituenten, der in der Fischer-Projektion als Verlängerung an der Kette erscheint) das Symbol *cat*$_F$ beigefügt.

b) Die Symbole D$_r$ bzw. L$_r$ am Anfang eines mit dem Kennzeichen *r*$_F$ ausgestatteten Namens geben an, dass sich der Bezugssubstituent auf der rechten Seite (D$_r$) bzw. auf der linken Seite (L$_r$) der in Fischer-Projektion [1]) wiedergegebenen Kette der Bezifferungseinheit befindet.

Beispiele:
Heptan-1,2*r*$_F$,3*c*$_F$,4*t*$_F$,5*c*$_F$,6*c*$_F$,7-heptaol [E IV **1** 2854]
L$_r$-1*c*$_F$,2*t*$_F$,3*t*$_F$,4*c*$_F$,5*r*$_F$-Pentahydroxy-hexan-1*cat*$_F$-sulfonsäure [E IV **1** 4275]

§ 8.   Die Symbole *endo* bzw. *exo* hinter der Stellungsziffer eines Substituenten eines Bicycloalkans geben an, dass der Substituent der niedriger bezifferten Nachbarbrücke zugewandt (*endo*) bzw. abgewandt (*exo*) ist.

Beispiele:
5*endo*-Brom-norborn-2-en [E IV **5** 398]
2*endo*,3*exo*-Dimethyl-norbornan [E IV **5** 294]
4*endo*,7,7-Trimethyl-6-oxa-bicyclo[3.2.1]octan-3*exo*,4*exo*-diol
[E III/IV **17** 2044]

§ 9.   Die Symbole *syn* bzw. *anti* hinter der Stellungsziffer eines Substituenten an einem Atom der höchstbezifferten Brücke eines Bicycloalkan-Systems oder einer Brücke über ein ortho- oder ortho/peri-anelliertes Ringsystem geben an, dass der Substituent der Nachbarbrücke zugewandt (*syn*) bzw. abgewandt (*anti*) ist, die das niedrigstbezifferte Ringatom aufweist.

Beispiele:
(3a*R*)-9*syn*-Chlor-1,5,5,8a-tetramethyl-(3a*t*,8a*t*)-decahydro-1*r*,4*c*-methano-
    azulen [E IV **5** 498]
5*exo*,7*anti*-Dibrom-norborn-2-en [E IV **5** 399]
3*endo*,8*syn*-Dimethyl-7-oxo-6-oxa-bicyclo[3.2.1]octan-2*endo*-carbonsäure
    [E III/IV **18** 5363]

§10. a) Die Symbole α bzw. β hinter der Stellungsziffer eines ringständigen Substituenten im halbrationalen Namen einer Verbindung mit einer dem Cholestan [E III **5** 1132] entsprechenden Bezifferung und Projektionsanlage geben an, dass sich der Substituent auf der dem Betrachter abgewandten (α) bzw. zugewandten (β) Seite der Fläche des Ringgerüstes befindet.

Beispiele:
3β-Piperidino-cholest-5-en [E III/IV **20** 361]
21-Äthyl-4-methyl-16-methylen-7,20-cyclo-veatchan-1α,15β-diol [E III/IV
    21 2308]
3β,21β-Dihydroxy-lupan-29-säure-21-lacton [E III/IV **18** 485]
Onocerandiol-(3β.21α) [E III **6** 4829]

b) Die Symbole α$_F$ bzw. β$_F$ hinter der Stellungsziffer eines an der Seitenkette befindlichen Substituenten im halbrationalen Namen einer Verbindung der unter a) erläuterten Art geben an, dass sich der Substituent auf der rechten (α_F) bzw. linken (β_F) Seite der in Fischer-Projektion dargestellten Seitenkette befindet, wobei sich hier das niedrigstbezifferte Atom am unteren Ende der Kette befindet.

Beispiele:

16α,17-Epoxy-pregn-5-en-3β,20β_F-diol [E III/IV **17** 2137]

22α_F,23α_F-Dibrom-9,11α-epoxy-5α-ergost-7-en-3β-ol [E III/IV **17** 1519]

c) Die Symbole α und β, die zusammen mit der Stellungsziffer eines angularen oder eines tertiären peripheren Kohlenstoff-Atoms (im zuletzt genannten Fall ist hinter α bzw. β das Symbol H eingefügt) unmittelbar vor dem Stamm eines Halbrationalnamens erscheinen, kennzeichnen im Sinn von § 10a die räumliche Orientierung der betreffenden angularen Bindung bzw. (im Falle von αH und βH) des betreffenden (evtl. substituierten) Wasserstoff-Atoms, die entweder durch die Definition des Namensstamms nicht festgelegt ist oder von der Definition abweicht [Epimerie].

In gleicher Weise kennzeichnen die Symbole $\alpha_F H$ und $\beta_F H$ im Sinne von § 10b die von der Definition des Namensstamms abweichende Orientierung des (gegebenenfalls substituierten) Wasserstoff-Atoms an einem Chiralitätszentrum in der Seitenkette von Verbindungen mit einem Halbrationalnamen.

Beispiele:

5,6β-Epoxy-5β,9β,10α-ergosta-7,22t-dien-3β-ol [E III/IV **17** 1573]

(25R)-5α,20αH,22αH-Furostan-3β,6α,26-triol [E III/IV **17** 2348]

4βH,5α-Eremophilan [E IV **5** 356]

(11S)-4-Chlor-8β-hydroxy-4βH-eudesman-12-säure-lacton [E III/IV **17** 4674]

5α.20$\beta_F H$.24$\beta_F H$-Ergostanol-(3β) [E III **6** 2161]

d) Die Symbole α bzw. β vor dem halbrationalen Namen eines Kohlen‹hydrats, eines Glykosids oder eines Glykosyl-Radikals geben an, dass sich der Bezugsligand (d. h. die am höchstbezifferten chiralen Atom der Kohlenstoff-Kette befindliche Hydroxy-Gruppe) und die mit dem Glykosyl-Rest verbundene Gruppe (bei Pyranosen und Furanosen die Hemiacetal-OH-Gruppe) auf der gleichen (α) bzw. der entgegengesetzten (β) Seite der Bezugsgeraden befinden. Die Bezugsgerade besteht dabei aus derjenigen Kette, die die cyclischen Bindungen am acetalischen Kohlenstoff-Atom sowie alle weiteren C,C-Bindungen in der entsprechend § 5c definierten Orientierung der Fischer-Projektion enthält.

Beispiele:

O^2-Methyl-β-D-glucopyranose [E IV **1** 4347]

Methyl-α-D-glucopyranosid [E III/IV **17** 2909]

Tetra-O-acetyl-α-D-fructofuranosylchlorid [E III/IV **17** 2651]

e) Das Präfix *ent* vor dem halbrationalen Namen einer Verbindung mit mehreren Chiralitätszentren, deren Konfiguration mit dem Namen festgelegt ist, dient zur Kennzeichnung des Enantiomeren der betreffenden Verbindung. Das Präfix *rac* wird zur Kennzeichnung des einer solchen Verbindung entsprechenden Racemats verwendet.

Beispiele:

ent-(13S)-3β,8-Dihydroxy-labdan-15-säure-8-lacton [E III/IV **18** 138]

rac-4,10 Dichlor-4βH,10βH-cadinan [E IV **5** 354]

§ 11. a) Das Symbol ξ tritt an die Stelle von *cis*, *trans*, *c*, *t*, c_F, t_F, cat_F, *endo*, *exo*, *syn*, *anti*, α, β, α_F oder β_F, wenn die Konfiguration an der betreffenden Doppelbindung bzw. an dem betreffenden Chiralitätszentrum (oder die konfigurative Einheitlichkeit eines Präparats hinsichtlich des betreffenden Strukturelements) ungewiss ist.

Beispiele:

1-Nitro-ξ-cyclooocten [E IV **5** 264]

1*t*,2-Dibrom-3-methyl-penta-1,3ξ-dien [E IV **1** 1022]

(4a*S*-2ξ,5ξ-Dichlor-2ξ,5ξ,9,9-tetramethyl-(4a*r*,9a*t*)-decahydro-benzo≈ cyclohepten [E IV **5** 353]

D$_r$-1ξ-Phenyl-1ξ-*p*-tolyl-hexanpentol-(2r_F.3t_F.4c_F.5c_F.6) [E III **6** 6904]

6ξ-Methyl-bicyclo[3.2.1]octan [E IV **5** 293]

4,10-Dichlor-1β,4ξH,10ξH-cadinan [E IV **5** 354]

(11*S*)-6ξ,12-Epoxy-4ξH,5ξ-eudesman [E III/IV **17** 350]

3β,5-Diacetoxy-9,11α;22ξ,23ξ-diepoxy-5α-ergost-7-en [E III/IV **19** 1091]

b) Das Symbol $\varXi$ tritt an die Stelle von D oder L, das Symbol ($\varXi$) an die Stelle von (*R*) oder (*S*) bzw. von (*E*) oder (*Z*), wenn die Konfiguration an dem betreffenden Chiralitätszentrum bzw. an der betreffenden Doppelbindung (oder die konfigurative Einheitlichkeit eines Präparats hinsichtlich des betreffenden Strukturelements) ungewiss ist.

Beispiele:

N-{*N*-[*N*-(Toluol-sulfonyl-(4))-glycyl]-$\varXi$-seryl}-L-glutaminsäure [E III **11** 280]

(3$\varXi$,6*R*)-1,3,6-Trimethyl-cyclohexen [E IV **5** 288]

(1*Z*,3$\varXi$)-1,2-Dibrom-3-methyl-penta-1,3-dien [E IV **1** 1022]

c) Die Symbole ($\varXi_a$) und ($\varXi_p$) zeigen unbekannte Konfiguration von Strukturelementen mit axialer bzw. planarer Chiralität (oder ungewisse Einheitlichkeit eines Präparats hinsichtlich dieser Elemente) an; das Symbol (ξ) kennzeichnet unbekannte Konfiguration eines Pseudo-asymmetriezentrums.

Beispiele:

($\varXi_a$,6$\varXi$)-6-[(1*S*,2*R*)-2-Hydroxy-1-methyl-2-phenyl-äthyl]-6-methyl-5,6,7,8-tetrahydro-dibenz[*c*,*e*]azocinium-jodid [E III/IV **20** 3932]

(3ξ)-5-Methyl-spiro[2.5]octan-dicarbonsäure-(1*r*.2*c*) [E III **9** 4002]

§ 12. Das Symbol * am Anfang eines Artikels bedeutet, dass über die Konfiguration oder die konfigurative Einheitlichkeit des beschriebenen Präparats keine Angaben oder hinreichend zuverlässige Indizien vorliegen. Wenn mehrere Präparate in einem solchen Artikel beschrieben sind, ist deren Identität nicht gewährleistet.

Stereochemical Conventions

Contents

§ 1. a) The symbols (R) and (S) or (r) and (s) describe the absolute configuration of a chiral centre (centre of asymmetry) or pseudo-asym-
metrical centre, following the Sequence-Rule and its applications.
(*Cahn, Ingold, Prelog,* Experientia **12** [1956] 81; Ang. Ch. **78** [1966]
413, 419; Ang. Ch. int. Ed. **5** [1966] 385, 390; *Cahn, Ingold,*
Soc. **1951** 612; see also *Cahn,* J. chem. Educ. **41** [1964] 116, 508).
To define the configuration of racemates of compounds with several
chiral centres, the letter-pairs (RS) and (SR) are used; thus ($1RS,2SR$)
specifies a racemate composed of the ($1R,2S$)-enantiomer and the
($1S,2R$)-enantiomer. (cf. *Cahn, Ingold, Prelog,* Ang. Ch. **78** 435; Ang.
Ch. int. Ed. **5** 404). The symbol ($\overline{RS}$) represents a mixture of
approximately equal parts of the (R)- and (S)-enantiomers.

Examples:
   (R)-Propan-1,2-diol [E IV **1** 2468]
   ($1R,3S,4S$)-3-Chlor-*p*-menthan [E IV **5** 152]
   ($3aR:4S:8R:8aS:9s$)-9-Hydroxy-2.2.4.8-tetramethyl-decahydro-
      4.8-methano-azulen [E III **6** 425]
   ($1RS,2SR$)-2-Amino-1-benzo[1,3]dioxol-5-yl-propan-1-ol [E III/IV **19** 4221]
   ($2\overline{RS},4'R,8'R$)-β-Tocopherol [E III/IV **17** 1427]

   b) The symbols (R_a) and (S_a) or (R_p) and (S_p) are used (following the
suggestion of *Cahn, Ingold* and *Prelog,* Ang. Ch. **78** 437; Ang. Ch.
int. Ed. **5** 406) to define the configuration of elements of axial or
planar chirality.

Examples:
   (R_a)-1,11-Dimethyl-5,7-dihydro-dibenz[*c,e*]oxepin [E III/IV **17** 642]
   (S_p)-*trans*-Cycloocten [E IV **5** 263]
   (R_p)-Cyclohexanhexol-($1r.2c.3t.4c.5t.6t$) [E III **6** 6925]

   c) The symbol *rel* in an optically active compound containing at least
two chirality centres designated (R) or (S) (see above) indicates that
the configurational symbols specify a relative rather than an absolute
configuration.

Example:
   (+)(*rel*-1R:1'S)-(1rH.1'rH)-Bicyclohexyl-dicarbonsäure-($2c.2't$)
      [E III **9** 4021]

§ 2.   The prefices *cis* or *trans* indicate that the given ligands are to be
found on the same side (*cis*) or the opposite side (*trans*) of the reference
plane. In olefins, this plane contains the two carbon nuclei of the
double bond, and lies perpendicular to the nodal plane of the p_z orbitals
of the pi bond. In cyclic compounds, the ring atoms are used to define
the reference plane (see example 5 under section § 4.d).

Examples:
   β-Brom-*cis*-zimtsäure [E III **9** 2732]
   2-[4-Nitro-*trans*-styryl]-pyridin [E III/IV **20** 3879]
   5-*cis*-Propenyl-benzo[1,3]dioxol [E III/IV **19** 273]
   3-[*trans*-2-Nitro-vinyl]-pyridin [E III/IV **20** 2887]
   trans-2-Methyl-cyclohexanol [E IV **6** 100]
   4a,8a-Dibrom-*trans*-decahydro-naphthalin [E IV **5** 314]

§ 3. a) The symbols **(E)** and **(Z)** (modified where necessary by a locant) at the start of a name or part of a name define the configuration at the given double bond. They indicate that the reference ligands (see Sequence-Rule, § 1. a) at the doubly-bound atoms in question are to be found on the opposite (E) or same (Z) side of the reference plane, as defined in § 2.

Examples:
  (E)-1,2,3-Trichlor-propen [E IV **1** 748]
  (Z)-1,3-Dichlor-but-2-en [E IV **1** 786]
  3endo-[(Z)-2-Cyclohexyl-2-phenyl-vinyl]-tropan [E III/IV **20** 3711]
  Piperonal-(E)-oxim [E III/IV **19** 1667]

The designations **(E)** and **(Z)** have superseded the older nomenclature *seqtrans* and *seqcis*, as well as *anti* and *syn* in nitrogen-containing functional derivates of aldehydes.

Examples:
  (3S)-9.10-Seco-cholestadien-(5(10).7*seqtrans*)-ol-(3) [E III **6** 2602]
  1.1.3-Trimethyl-cyclohexen-(3)-on-(5)-*seqcis*-oxim [E III **7** 285]
  Perillaaldehyd-*anti*-oxim [E III **7** 567]

b) The symbols **(e)** and **(z)** (modified where necessary by a locant) at the start of a name or part of a name define the configuration at a single bond between two trigonally disposed atoms which does not show free rotation. They indicate that the reference ligands (see Sequence-Rule, § 1. a) attached to the terminal atoms of the single bond in question are to be found on the opposite (e) or same (z) side of the reference line drawn between the two atoms.

Examples:
  (e)-N-Methyl-thioformamid [E IV **4** 171]
  (2z)-1t-Methylamino-pent-1-en-3-on [E IV **4** 1967]

The equivalent usage **s-trans** (= *single-trans*) and **s-cis** (= *single-cis*) is sometimes found in the literature.

§ 4. a) The symbols **c** or **t** following the locant of a double bond indicate that the reference ligands at the carbon termini of the double bond are cis (c) or trans (t) to one another (cf. § 2). The reference ligands in this case are defined at each of the Carbon atoms as those lateral (i. e. not in the reference plane) groups which belong to the same skeletal unit as the doubly-bound Carbon atom to which they are attached. Should both lateral groups at the carbon of a double bond belong to the same unit, then the group with the lowest-numbered atom as its point of attachment to the doubly-bound Carbon atom is defined as the reference ligand.

Examples:
  2-Methyl-oct-3t-en-2-ol [E IV **1** 2177]
  Cycloocta-1c,3t-dien [E IV **5** 402]
  9,11α-Epoxy-5α-ergosta-7,22t-dien-3β-ol [E III/IV **17** 1574]
  3β-Acetoxy-16α-hydroxy-23,24-dinor-5α-chol-17(20)t-en-21-säure-lacton
    [E III/IV **18** 470]
  (3S)-9.10-Seco-ergostatrien-(5t.7c.10(19))-ol-(3) [E III **6** 2832]

b) The symbols **c** or **t** following the locant assigned to a substituent at a doubly-bound terminal Carbon atom indicate that the substituent is cis (c) or trans (t) (see § 2) to the reference ligand (see § 4. a). The same symbols placed before the ending yl (showing a 'free' valence) have the corresponding meaning for the substituent attached *via* this valence.

Examples:

1*t*,2-Dibrom-propen [E IV **1** 760]
1*c*,2-Dibrom-3-methyl-buta-1,3-dien [E IV **1** 1005]
1-But-1-en-*t*-yl-cyclohexen [E IV **5** 431]

c) The symbols **c** or **t** following the locant 2 assigned to a substituent attached to the ethene group indicate respectively the cis and trans configuration (see § 2) for the substituent in question with respect to the reference ligand, labelled **r**, at the 1-position of the double bond.

Example:

1.2*t*-Diphenyl-1*r*-[4-chlor-phenyl]-äthylen [E III **5** 2399]

d) The symbols **c** or **t** following the locant assigned to a substituent (or a bridge in a ring-system) indicate that the substituent (or the points of attachment of the bridge) is/are to be found on the same (*c*) side or the opposite (*t*) side of the reference plane as the reference ligand. The reference ligand is indicated by the symbol **r** placed after its locant. A compound containing several isolated rings or ring-systems may have for each ring or ring-system a specifically defined reference plane for the purpose of definition of configuration. The sets of symbols *r*, *c* and *t* are then separated in the compound name by brackets or dashes. (see examples 1 and 2 under section § 4. e).

Examples:

1*r*,2*t*,3*c*,4*t*-Tetrabrom-cyclohexan [E IV **5** 76]
[1,2*c*-Dibrom-cyclohex-*r*-yl]-methanol [E IV **6** 109]
2*c*-Chlor-(4a*r*,8a*t*)-decahydro-naphthalin [E IV **5** 313]
5*c*-Brom-(3a*t*,7a*t*)-octahydro-4*r*,7-methano-inden [E IV **5** 467]
(3*R*)-14*t*-Äthyl-4*t*,6*t*,7*c*,10*c*,12*t*-pentahydroxy-3*r*,5*c*,7*t*,9*t*,11*c*,13*t*-hexamethyl-oxacyclotetradecan [E III/IV **18** 3400]

e) The symbols *r*, **c** and **t**, when combined with an atomic symbol (modified when necessary by a locant used as superscript), refer to the steric arrangement of the atom indicated relative to the reference plane (see § 2).

Examples:

1-[(4a*R*)-6*t*-Hydroxy-2*c*.5.5.8a*t*-tetramethyl-(4a*rH*)-decahydro-naphthyl-(1*t*)]-2-[(4a*R*)-6*t*-hydroxy-2*t*.5.5.8a*t*-tetramethyl-(4a*rH*)-decahydro-naphthyl-(1*t*)]-äthan [E III **6** 4829]
2-[(5*S*)-6,10*c*′-Dimethyl-(5*rC*^{6},5*r′C*^{1})-spiro[4.5]dec-6-en-2*t*-yl]-propan-2-ol [E IV **6** 419]
(6*R*)-2*ξ*-Isopropyl-6*c*,10*ξ*-dimethyl-(5*rC*^{1})-spiro[4.5]decan [E IV **5** 352]
(1*rC*^{8},2*tH*,4*tH*)-Tricyclo[3.2.2.0^{2,4}]nonan-6*c*,7*c*-dicarbonsäure-anhydrid [E III/IV **17** 6079]

§ 5. a) The prefices *erythro* and *threo* indicate that the reference ligands (either two identical ligands or two non-identical ligands other than hydrogen) at each of two chiral centres in a chain are located on the same side (*erythro*) or on the opposite side (*threo*) of the Fischer-Projection of the chain.

Examples:

threo-Pentan-2,3-diol [E IV **1** 2543]

erythro-7-Acetoxy-3,5,7-trimethyl-octansäure-methylester [E IV **3** 915]
erythro-α'-[4-Methyl-piperidino]-bibenzyl-α-ol [E III/IV **20** 1516]

b) The prefix ***meso*** indicates that a molecule with an even number of chiral centres possesses a symmetry plane or a symmetry centre. The prefix ***racem.*** indicates a mixture of equal molar quantities of enantiomers which each possess two identical centres (or two sets of identical centres) of chirality.

Examples:
meso-Pentan-2,4-diol [E IV **1** 2543]
meso-1,4-Dipiperidino-butan-2,3-diol [E III/IV **20** 1235]
racem.-3,5-Dichlor-2,6-cyclo-norbornan [E IV **5** 400]
racem.-(1*rH*.1'*r'H*)-Bicyclohexyl-dicarbonsäure-(2*c*.2'*c'*) [E III **9** 4020]

c) The carbohydrate prefices (***ribo, arabino, xylo*** and ***lyxo***) and (***allo, altro, gluco, manno, gulo, ido, galacto*** and ***talo***) indicate the relative configuration of molecules with three or four centres of chirality, respectively, in an unbranched chain. In the case of three chiral centres, the middle one may be 'pseudo-asymmetric'. The horizontal lines in the following scheme indicate the reference ligands in the Fischer-Projection formulae of the carbon chain.

ribo *arabino* *xylo* *lyxo*

allo *altro* *gluco* *manno* *gulo* *ido* *galacto* *talo*

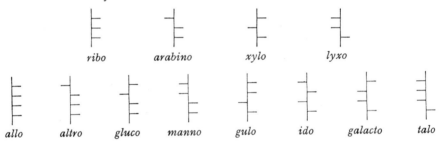

Examples:
ribo-2,3,4-Trimethoxy-pentan-1,5-diol [E IV **1** 2834]
galacto-Hexan-1,2,3,4,5,6-hexaol [E IV **1** 2844]

§ 6. a) The Fischer-Symbols **D** and **L** incorporated in the name of a compound with one chiral centre indicate that the reference ligand (which may not be Hydrogen, nor the next member of the chain) lies on the right-hand (D) or left-hand (L) side of the asymmetric centre seen in Fischer-Projection[1]).

Examples:
D-Tetradecan-1,2-diol [E IV **1** 2631]
L-4-Methoxy-valeriansäure [E IV **3** 812]

b) The symbols **D** and **L**, when used in conjunction with the prefix *erythro*, indicate that both the reference ligands are to be found on the right-hand side (D) or left-hand side (L) of the Fischer-Projection[1]. Symbols D_g and D_s used in conjunction with the prefix *threo* indicate that the higher-numbered (D_g) or lower-numbered (D_s) reference ligand stands on the right-hand side of the Fischer-Projection[1]). The corresponding symbols L_g and L_s are used for the left-hand side, in the same sense.

[1]) The lowest-numbered atom being placed at the 'North' of the projection.

The symbols D and L are used without suffix when the prefices of § 5. c are applied; in these cases reference is always made to the highest-numbered (i. e. for the scheme of § 5. c, the most 'southerly') reference ligand. The examples of the scheme of § 5. c are therefore in every case the D-enantiomer.

Examples:
D-*erythro*-Nonan-1,2,3-triol [E IV **1** 2792]
D$_s$-*threo*-1,4-Dibrom-2,3-dimethyl-butan [E IV **1** 375]
L$_g$-*threo*-Hexadecan-7,10-diol [E IV **1** 2636]
D-*ribo*-9,10,12-Trihydroxy-octadecansäure [E IV **3** 1118]
6-Allyloxy-D-*manno*-hexan-1,2,3,4,5-pentaol [E IV **1** 2846]

c) The combination of the prefices **D-*glycero*** or **L-*glycero*** with any of the carbohydrate prefices of the second row in the scheme of § 5. c designates the configuration for molecules which contain a chain of five consecutive asymmetric centres, of which the middle one may be pseudo-asymmetric. The carbohydrate prefix always refers to the four lowest-numbered chiral centres, while the prefices D-*glycero* or L-*glycero* refer to the configuration at the highest-numbered (i. e. most 'southerly') chiral centre.

Example:
D-*glycero*-L-*gulo*-Heptit [E IV **1** 2854]

§ 7. a) The symbols c_F or t_F following the locant of a substituent attached to a chain containing several chiral centres indicate that the substituent in question is situated on the same side (c_F) or the opposite side (t_F) of the backbone of the Fischer-Projection as does the reference ligand, which is denoted in turn by the symbol r_F. When a terminal atom in the chain is also a chiral centre, the locant of the 'catenoid substituent' (i. e. the group which is placed in the Fischer-Projection as if it were the continuing chain) is modified by the symbol cat_F.

b) The symbols D_r or L_r at the beginning of a name containing the symbol r_F indicate that the reference ligand is to be placed on the right-hand side (D_r) or left-hand side (L_r) of the Fischer-Projection[1]).

Examples:
Heptan-1,2r_F,3c_F,4t_F,5c_F,6c_F,7-heptaol [E IV **1** 2854]
L$_r$-1c_F,2t_F,3t_F,4c_F,5r_F-Pentahydroxy-hexan-1cat_F-sulfonsäure [E IV **1** 4275]

§ 8. The symbols *endo* or *exo* following the locant of a substituent attached to a bicycloalkane indicate that the substituent in question is orientated towards (*endo*) or away from (*exo*) the lower-numbered neighbouring bridge.

Examples:
5*endo*-Brom-norborn-2-en [E IV **5** 398]
2*endo*,3*exo*-Dimethyl-norbornan [E IV **5** 294]
4*endo*,7,7-Trimethyl-6-oxa-bicyclo[3.2.1]octan-3*exo*,4*exo*-diol
[E III/IV **17** 2044]

§ 9. The symbols *syn* and *anti* following the locant of a substituent at an atom of the highest-numbered bridge of a bicycloalkane or the bridge spanning an ortho or ortho/peri fused ring system indicate that the substituent in question is directed towards (*syn*) or away from (*anti*) the neighbouring bridge which contains the lower-numbered atoms.

Examples:

(3a*R*)-9*syn*-Chlor-1,5,5,8a-tetramethyl-(3a*t*,8a*t*)-decahydro-1*r*,4*c*-methano-azulen [E IV **5** 498]

5*exo*,7*anti*-Dibrom-norborn-2-en [E IV **5** 399]

3*endo*,8*syn*-Dimethyl-7-oxo-6-oxa-bicyclo[3.2.1]octan-2*endo*-carbonsäure [E III/IV **18** 5363]

§ 10. a) The symbols α and β following the locant assigned to a substituent attached to the skeleton of a molecule in the steroid series (numbering and form, see cholestane, [E III **5** 1132]) indicate that the substituent in question is attached to the surface of the molecule which is turned away from (α) or towards (β) the observer.

Examples:

3β-Piperidino-cholest-5-en [E III/IV **20** 361]

21-Äthyl-4-methyl-16-methylen-7,20-cyclo-veatchan-1α,15β-diol [E III/IV **21** 2308]

3β,21β-Dihydroxy-lupan-29-säure-21-lacton [E III/IV **18** 485]

Onocerandiol-(3β.21α) [E III **6** 4829]

b) The symbols $α_F$ and $β_F$ following the locant assigned to a substituent in the side chain of a compound of the type dealt with in § 10. a indicate that the substituent in question is to be positioned on the right-hand side ($α_F$) or the left-hand side ($β_F$) of the side-chain shown in Fischer-Projection, whereby the lowest-numbered atom is placed at the 'South' of the chain.

Examples:

16α,17-Epoxy-pregn-5-en-3β,20$β_F$-diol [E III/IV **17** 2137]

22$α_F$,23$α_F$-Dibrom-9,11α-epoxy-5α-ergost-7-en-3β-ol [E III/IV **17** 1519]

c) The symbols α and β, when used in conjunction with the locant of an angular Carbon atom immediately preceding the Parent-Stem in the semisystematic name of a compound, e. g., in the steroid series, indicate, (in the sense of § 10. a) the steric arrangement of the angular bond in question, which is either not defined in the Parent-Stem or which deviates from the configuration laid down in the Parent-Stem. (Epimerism). The symbols α*H* and β*H* are used completely analogously with the locant of a peripheral tertiary Carbon atom to indicate the orientation of the single Hydrogen atom (or corresponding substituent). The symbols $α_F$*H* and $β_F$*H* indicate (in the sense of § 10. b) the deviation (from the stereochemistry laid down in the Parent-Stem) of a Hydrogen atom (or corresponding substituent) at a chiral centre in the side-chain of a steroid with a semi-systematic name.

Examples:

5,6β-Epoxy-5β,9β,10α-ergosta-7,22*t*-dien-3β-ol [E III/IV **17** 1573]

(25*R*)-5α,20α*H*,22α*H*-Furostan-3β,6α,26-triol [E III/IV **17** 2348]

4β*H*,5α-Eremophilan [E IV **5** 356]

(11*S*)-4-Chlor-8β-hydroxy-4β*H*-eudesman-12-säure-lacton [E III/IV **17** 4674]

5α.20$β_F$*H*.24$β_F$*H*-Ergostanol-(3β) [E III **6** 2161]

d) The symbols α and β preceding the semi-systematic name of a carbohydrate, glycoside, or glycosyl fragment indicate that the reference ligand (i. e. the hydroxy group at the highest-numbered chiral atom of the carbon chain) and the group attached to the glycosyl unit (which in pyranose and furanose sugars is the hydroxyl group of the hemi-acetal function) are situated on the same (α) or opposite (β) sides of the reference axis. The reference axis is defined as the chain which contains the ring-bond at the acetal Carbon atom and all further C-C bonds of the backbone in the Fischer-Projection, as shown in the scheme of § 5. c.

Examples:
O^2-Methyl-β-D-glucopyranose [E IV **1** 4347]
Methyl-α-D-glucopyranosid [E III/IV **17** 2909]
Tetra-O-acetyl-α-D-fructofuranosylchlorid [E III/IV **17** 2651]

e) The prefix *ent* preceding the semi-systematic name of a compound which contains several chiral centres, whose configuration is defined in the name, indicates an enantiomer of the compound in question. The prefix *rac* indicates the corresponding racemate.

Examples:
ent-(13S)-3β,8-Dihydroxy-labdan-15-säure-8-lacton [E III/IV **18** 138]
rac-4,10-Dichlor-4βH,10βH-cadinan [E IV **5** 354]

§ 11. a) The symbol ξ occurs in place of the symbols *cis*, *trans*, *c*, *t*, c_F, t_F, cat_F, *endo*, *exo*, *syn*, *anti*, α, β, $α_F$ or $β_F$ when configuration at the double bond or chiral centre in question is uncertain or when the configurative purity of the compound at the designated centre is likewise uncertain.

Examples:
1-Nitro-ξ-cycloocten [E IV **5** 264]
1*t*,2-Dibrom-3-methyl-penta-1,3ξ-dien [E IV **1** 1022]
(4aS)-2ξ,5ξ-Dichlor-2ξ,5ξ,9,9-tetramethyl-(4a*r*,9a*t*)-decahydro-benzo‚
    cyclohepten [E IV **5** 353]
D$_r$-1ξ-Phenyl-1ξ-*p*-tolyl-hexanpentol-(2*r*$_F$.3*t*$_F$.4*c*$_F$.5*c*$_F$.6) [E III **6** 6904]
6ξ-Methyl-bicyclo[3.2.1]octan [E IV **5** 293]
4,10-Dichlor-1β,4ξH,10ξH-cadinan [E IV **5** 354]
(11S)-6ξ,12-Epoxy-4ξH,5ξ-eudesman [E III/IV **17** 350]
3β,5-Diacetoxy-9,11α;22ξ,23ξ-diepoxy-5α-ergost-7-en [E III/IV **19** 1091]

b) The symbol $\varXi$ occurs in place of D or L when the configuration at the chiral centre in question is uncertain or when the configurative purity of the compound at the designated centre is likewise uncertain. Similarly ($\varXi$) is used instead of (R), (S), (E) and (Z), the latter pair referring to uncertain configuration at a double bond.

Examples:
N-{N-[N-(Toluol-sulfonyl-(4))-glycyl]-$\varXi$-seryl}-L-glutaminsäure [E III **11** 280]
(3$\varXi$,6R)-1,3,6-Trimethyl-cyclohexen [E IV **5** 288]
(1Z,3$\varXi$)-1,2-Dibrom-3-methyl-penta-1,3-dien [E IV **1** 1022]

c) The symbols ($\varXi_a$) and ($\varXi_p$) indicate the unknown configuration of structural elements with axial and planar chirality respectively, or uncertainty in the optical purity with respect to these elements. The symbol (ξ) indicates the unknown configuration at a pseudo-asymmetric centre:

Examples:
(Ξ_a,6Ξ)-6-[(1S,2R)-2-Hydroxy-1-methyl-2-phenyl-äthyl]-6-methyl-5,6,7,8-
tetrahydro-dibenz[c,e]azocinium-jodid [E III/IV **20** 3932]
(3ξ)-5-Methyl-spiro[2.5]octan-dicarbonsäure-(1r.2c) [E III **9** 4002]

§ 12.   The symbol * at the beginning of an article indicates that the configuration of the compound described therein is not defined. If several pre-
parations are described in such an article, the identity of the compounds is not guaranteed.

Transliteration von russischen Autorennamen
Key to the Russian Alphabet for Authors Names

Russisches Schrift- zeichen		Deutsches Äquivalent (BEILSTEIN)	Englisches Äquivalent (Chemical Abstracts)	Russisches Schrift- zeichen		Deutsches Äquivalent (BEILSTEIN)	Englisches Äquivalent (Chemical Abstracts)
А	а	a	a	Р	р	r	r
Б	б	b	b	С	с	s̄	s
В	в	w	v	Т	т	t	t
Г	г	g	g	У	у	u	u
Д	д	d	d	Ф	ф	f	f
Е	е	e	e	Х	х	ch	kh
Ж	ж	sh	zh	Ц	ц	z	ts
З	з	s	z	Ч	ч	tsch	ch
И	и	i	i	Ш	ш	sch	sh
Й	й	ï	ï	Щ	щ	schtsch	shch
К	к	k	k	Ы	ы	y	y
Л	л	l	l	Ь	ь	'	'
М	м	m	m	Э	э	è	e
Н	н	n	n	Ю	ю	ju	yu
О	о	o	o	Я	я	ja	ya
П	п	p	p				

Verzeichnis der Literatur-Quellen und ihrer Kürzungen

Index of the Abbreviations for the Source Literature

Kürzung	Titel
A.	Liebigs Annalen der Chemie
Abh. Braunschweig. wiss. Ges.	Abhandlungen der Braunschweigischen Wissenschaftlichen Gesellschaft
Abh. Gesamtgebiete Hyg.	Abhandlungen aus dem Gesamtgebiete der Hygiene. Leipzig
Abh. Kenntnis Kohle	Gesammelte Abhandlungen zur Kenntnis der Kohle
Abh. Preuss. Akad.	Abhandlungen der Preussischen Akademie der Wissenschaften. Mathematisch-naturwissenschaftliche Klasse
Acad. Cluj Stud. Cerc. Chim.	Academia Republicii Populare Romîne, Filiala Cluj, Studii și Cercetări de Chimie
Acad. Iași Stud. Cerc. științ.	Academia Republicii Populare Romîne, Filiala Iași, Studii și Cercetări Științifice
Acad. romîne Bulet. științ.	Academia Republicii Populare Romîne, Buletin științific
Acad. romîne Stud. Cerc. Biochim.	Academia Republicii Populare Romîne, Studii și Cercetări de Biochimie
Acad. romîne Stud. Cerc. Chim.	Academia Republicii Populare Romîne, Studii și Cercetări de Chimie
Acad. sinica Mem. Res. Inst. Chem.	Academia Sinica, Memoirs of the National Research Institute of Chemistry
Acad. Timișoara Stud. Cerc. chim.	Academia Republicii Populare Romîne, Baza de Cercetări Științifice Timișoara, Studii i Cercetări Chimice
Acc. chem. Res.	Accounts of Chemical Research. Washington, D. C.
Acetylen	Acetylen in Wissenschaft und Industrie
A. ch.	Annales de Chimie
Acta Acad. Åbo	Acta Academiae Aboensis. Ser. B. Mathematica et Physica
Acta biol. med. german.	Acta Biologica et Medica Germanica
Acta bot. fenn.	Acta Botanica Fennica
Acta brevia neerl. Physiol.	Acta Brevia Neerlandica de Physiologia, Pharmacologia, Microbiologia E. A.
Acta chem. scand.	Acta Chemica Scandinavica
Acta chim. hung.	Acta Chimica Academiae Scientiarum Hungaricae
Acta chim. sinica	Acta Chimica Sinica [Hua Hsueh Hsueh Pao]
Acta chirurg. scand.	Acta Chirurgica Scandinavica
Acta chirurg. scand. Spl.	Acta Chirurgica Scandinavica Supplementum
Acta Comment. Univ. Tartu	Acta et Commentationes Universitatis Tartuensis (Dorpatensis)
Acta cryst.	Acta Crystallographica. London (ab Bd. 5 Kopenhagen)
Acta endocrin.	Acta Endocrinologica. Kopenhagen
Acta Fac. pharm. Brun. Bratisl.	Acta Facultatis Pharmaceuticae Brunensis et Bratislavensis
Acta Fac. pharm. Univ. Comen.	Acta Facultatis Pharmaceuticae Universitatis Comenianae
Acta focalia sinica	Acta Focalia Sinica [Jan Liao Hsueh Pao]
Acta forest. fenn.	Acta Forestalia Fennica
Acta latviens. Chem.	Acta Universitatis Latviensis, Chemicorum Ordinis Series [Latvijas Universitates Raksti, Kimijas Fakultates Serija]. Riga

Kürzung	Titel
Acta med. Japan	Acta medica [Igaku Kenkyu]
Acta med. Nagasaki	Acta Medica Nagasakiensia
Acta med. scand.	Acta Medica Scandinavica
Acta med. scand. Spl.	Acta Medica Scandinavica Supplementum
Acta microbiol. Acad. hung.	Acta Microbiologica Academiae Scientiarum Hungaricae
Acta path. microbiol. scand. Spl.	Acta Pathologica et Microbiologica Scandinavica, Supplementum
Acta pharmacol. toxicol.	Acta Pharmacologica et Toxicologica. Kopenhagen
Acta pharm. int.	Acta Pharmaceutica Internationalia. Kopenhagen
Acta pharm. jugosl.	Acta Pharmaceutica Jugoslavica
Acta pharm. sinica	Acta Pharmaceutica Sinica [Yao Hsueh Pao]
Acta pharm. suecica	Acta Pharmaceutica Suecica. Stockholm
Acta phys. austriaca	Acta Physica Austriaca
Acta physicoch. U.R.S.S.	Acta Physicochimica U.R.S.S.
Acta physiol. Acad. hung.	Acta Physiologica Academiae Scientiarum Hungaricae
Acta physiol. scand.	Acta Physiologica Scandinavica
Acta physiol. scand. Spl.	Acta Physiologica Scandinavica Supplementum
Acta phys. polon.	Acta Physica Polonica
Acta phytoch. Tokyo	Acta Phytochimica. Tokyo
Acta Polon. pharm.	Acta Poloniae Pharmaceutica
Acta polytech. scand.	Acta Polytechnica Scandinavica
Acta salmantic.	Acta Salmanticensia Serie de Ciencias
Acta Sch. med. Univ. Kioto	Acta Scholae Medicinalis Universitatis Imperialis in Kioto
Acta Soc. Med. fenn. Duodecim	Acta Societatis Medicorum Fennicae „Duodecim"
Acta Soc. Med. upsal.	Acta Societatis Medicorum Upsaliensis
Acta Univ. Asiae mediae	s. Trudy sredneaziatskogo gosudarstvennogo Universiteta. Taschkent
Acta Univ. Lund	Acta Universitatis Lundensis
Acta Univ. Szeged	Acta Universitatis Szegediensis. Sectio Scientiarum Naturalium (1928—1939 Acta Chemica, Mineralogica et Physica; 1942—1950 Acta Chemica et Physica; ab 1955 Acta Physica et Chemica)
Acta vitaminol.	Acta Vitaminologica (ab 21 [1967]) et Enzymologica. Mailand
Actes Congr. Froid	Actes du Congrès International du Froid (Proceedings of the International Congress of Refrigeration)
Adv. Cancer Res.	Advances in Cancer Research. New York
Adv. Carbohydrate Chem.	Advances in Carbohydrate Chemistry. New York
Adv. Catalysis	Advances in Catalysis and Related Subjects. New York
Adv. Chemistry Ser.	Advances in Chemistry Series. Washington, D.C.
Adv. clin. Chem.	Advances in Clinical Chemistry. New York
Adv. Colloid Sci.	Advances in Colloid Science. New York
Adv. Enzymol.	Advances in Enzymology and Related Subjects of Biochemistry. New York
Adv. Food Res.	Advances in Food Research. New York
Adv. heterocycl. Chem.	Advances in Heterocyclic Chemistry. New York
Adv. inorg. Chem. Radiochem.	Advances in Inorganic Chemistry and Radiochemistry. New York
Adv. Lipid Res.	Advances in Lipid Research. New York
Adv. Mass Spectr.	Advances in Mass Spectrometry. Oxford
Adv. org. Chem.	Advances in Organic Chemistry: Methods and Results. New York

Kürzung	Titel
Adv. Petr. Chem.	Advances in Petroleum Chemistry and Refining. New York
Adv. Protein Chem.	Advances in Protein Chemistry. New York
Aero Digest	Aero Digest. New York
Afinidad	Afinidad. Barcelona
Agra Univ. J. Res.	Agra University Journal of Research. Teil 1: Science
Agric. biol. Chem. Japan	Agricultural and Biological Chemistry. Tokyo
Agric. Chemicals	Agricultural Chemicals. Baltimore, Md.
Agricultura Louvain	Agricultura, Louvain
Aichi Gakugei Univ. Res. Rep.	Aichi Gakugei University Research Reports [Aichi Gakugei Daigaku Kenkyu Hokoku]
Akust. Z.	Akustische Zeitschrift. Leipzig
Alabama polytech. Inst. Eng. Bl.	Alabama Polytechnic Institute, Engeneering Bulletin
Allg. Öl Fett Ztg.	Allgemeine Öl- und Fett-Zeitung
Aluminium	Aluminium. Berlin
Am.	American Chemical Journal
Am. Doc. Inst.	American Documentation (Institute). Washington, D.C.
Am. Dyest. Rep.	American Dyestuff Reporter
Am. Fertilizer	American Fertilizer (ab **113** Nr. 6 [1950]) & Allied Chemicals
Am. Fruit Grower	American Fruit Grower
Am. Gas Assoc. Monthly	American Gas Association Monthly
Am. Gas Assoc. Pr.	American Gas Association, Proceedings of the Annual Convention
Am. Gas J.	American Gas Journal
Am. Heart J.	American Heart Journal
Am. Inst. min. met. Eng. tech. Publ.	American Institute of Mining and Metallurgical Engineers, Technical Publications
Am. J. Bot.	American Journal of Botany
Am. J. Cancer	American Journal of Cancer
Am. J. clin. Path.	American Journal of Clinical Pathology
Am. J. Hyg.	American Journal of Hygiene
Am. J. med. Sci.	American Journal of the Medical Sciences
Am. J. Obstet. Gynecol.	American Journal of Obstetrics and Gynecology
Am. J. Ophthalmol.	American Journal of Ophthalmology
Am. J. Path.	American Journal of Pathology
Am. J. Pharm.	American Journal of Pharmacy (ab **109** [1937]) and the Sciences Supporting Public Health
Am. J. Physiol.	American Journal of Physiology
Am. J. publ. Health	American Journal of Public Health (ab 1928) and the Nation's Health
Am. J. Roentgenol. Radium Therapy	American Journal of Roentgenology and Radium Therapy
Am. J. Sci.	American Journal of Science
Am. J. Syphilis	American Journal of Syphilis (ab **18** [1934]) and Neurology bzw. (ab **20** [1936]) Gonorrhoea and Venereal Diseases
Am. Mineralogist	American Mineralogist
Am. Paint J.	American Paint Journal
Am. Perfumer	American Perfumer and Essential Oil Review
Am. Petr. Inst.	s. A.P.I.
Am. Rev. Tuberculosis	American Review of Tuberculosis
Am. Soc.	Journal of the American Chemical Society
An. Acad. Farm.	Anales de la Real Academia de Farmacia. Madrid
Anais Acad. brasil. Cienc.	Anais da Academia Brasileira de Ciencias
Anais Assoc. quim. Brasil	Anais da Associação Química do Brasil
Anais Azevedos	Anais Azevedos. Lissabon

Kürzung	Titel
Anais Fac. Farm. Odont. Univ. São Paulo	Anais da Faculdade de Farmácia e Odontologia da Universidade de São Paulo
Anais Fac. Farm. Porto	Anais da Faculdade de Farmacia do Porto
Anais Fac. Farm. Univ. Recife	Anais de Faculdade de Farmácia da Universidade do Recife
Anais Farm. Quim. São Paulo	Anais de Farmacia e Quimica de São Paulo
Anal. Acad. române	Analele Academiei Republicii Populare Române
Anal. Acad. România	Analele Academiei Republicii Socialiste România
Anal. Biochem.	Analytical Biochemistry. Baltimore, Md.
Anal. Chem.	Analytical Chemistry. Washington, D.C.
Anal. chim. Acta	Analytica Chimica Acta. Amsterdam
Anal. Min. România	Analele Minelor din România (Annales des Mines de Roumanie)
Anal. științ. Univ. Iași	Analele Științifice de Universitatii „A.I. Cuza" din Iași
Anal. Univ. Bukarest	Analele Universitații („C.I. Parhon") Bucuresti
Analyst	Analyst. London
An. Asoc. quim. arg.	Anales de la Asociación Química Argentina
An. Asoc. Quim. Farm. Uruguay	Anales de la Asociación de Química y Farmacia del Uruguay
An. Bromatol.	Anales de Bromatologia. Madrid
An. Dir. nacion. Quim. Buenos Aires	Anales de la Dirección Nacional de Química. Buenos Aires
An. Edafol. Fisiol. vegetal	Anales de Edafologia y Fisiologia Vegetal. Madrid
Anesthesiol.	Anesthesiology. Philadelphia, Pa.
An. Fac. Farm. Bioquím. Univ. San Marcos	Anales de la Facultad de Farmácia y Bioquímica, Universidad Nacional Mayor de San Marcos
An. Fac. Quim. Farm. Univ. Chile	Anales de la Facultad de Química y Farmácia, Universidad de Chile
An. Farm. Bioquim. Buenos Aires	Anales de Farmacia y Bioquímica. Buenos Aires
Ang. Ch.	Angewandte Chemie (Forts. von Z. ang. Ch. bzw. Chemie)
Ang. Ch. Monogr.	Angewandte Chemie, Monographien
Angew. makromol. Ch.	Angewandte Makromolekulare Chemie
Anilinokr. Promyšl.	Anilinokrasočnaja Promyšlennost
An. Inst. Farmacol. españ.	Anales del Instituto de Farmacologia Española
An. Inst. Invest. cient. Univ. Nuevo León	Anales del Instituto de Investigaciones Cientificas, Universidad de Nuevo León. Monterrey, Mexico
An. Inst. Invest. Univ. Santa Fé	Anales del Instituto de Investigaciones Científicas y Tecnológicas. Universidad Nacional del Litoral, Santa Fé, Argentinien
Ann. Acad. Sci. fenn.	Annales Academiae Scientiarum Fennicae
Ann. Acad. Sci. tech. Varsovie	Annales de l'Académie des Sciences Techniques à Varsovie
Ann. ACFAS	Annales de l'Association Canadienne-française pour l'Avancement des Sciences. Montreal
Ann. agron.	Annales Agronomiques; ab 1950 Annales de l'Institut National de la Recherche Agronomique Ser. A
Ann. appl. Biol.	Annals of Applied Biology. London
Ann. Biochem. exp. Med. India	Annals of Biochemistry and Experimental Medicine. India
Ann. Biol. clin.	Annales de Biologie clinique
Ann. Bot.	Annals of Botany. London

Kürzung	Titel
Ann. Chim. anal.	Annales de Chimie Analytique (ab **24** [1942]) Fortsetzung von:
Ann. Chim. anal. appl.	Annales de Chimie Analytique et de Chimie Appliquée
Ann. Chimica	Annali di Chimica (ab **40** [1950]) Fortsetzung von:
Ann. Chimica applic.	Annali di Chimica applicata
Ann. Chimica farm.	Annali di Chimica farmaceutica (1938—1940 Beilage zu Farmacista Italiano)
Ann. Endocrin.	Annales d' Endocrinologie
Ann. entomol. Soc. Am.	Annals of the Entomological Society of America
Ann. Fac. Sci. Marseille	Annales de la Faculté des Sciences de Marseille
Ann. Fac. Sci. Univ. Toulouse	Annales de la Faculté des Sciences de l'Université de Toulouse pour les Sciences Mathématiques et les Sciences Physiques
Ann. Falsificat.	Annales des Falsifications et des Fraudes
Ann. Fermentat.	Annales des Fermentations
Ann. Hyg. publ.	Annales d'Hygiène Publique, Industrielle et Sociale
Ann. Inst. exp. Tabac Bergerac	Annales de l'Institut Experimental de Tabac de Bergerac
Ann. Inst. Pasteur	Annales de l'Institut Pasteur
Ann. Ist. super. agrar. Portici	Annali del regio Istituto superiore agrario di Portici
Ann. Méd.	Annales de Médecine
Ann. Mines	Annales des Mines (von Bd. **132 – 135** [1943—1946]) et des Carburants
Ann. Mines Belg.	Annales des Mines de Belgique
Ann. N.Y. Acad. Sci.	Annals of the New York Academy of Sciences
Ann. Off. Combust. liq.	Annales de l'Office National des Combustibles Liquides
Ann. paediatrici	Annales paediatrici (Jahrbuch für Kinderheilkunde). Basel
Ann. paediatr. japon.	Annales Paediatrici Japonici [Shonika Kiyo]
Ann. pharm. franç.	Annales Pharmaceutiques Françaises
Ann. Physik	Annalen der Physik
Ann. Physiol. Physicoch. biol.	Annales de Physiologie et de Physicochimie Biologique
Ann. Physique	Annales de Physique
Ann. Priestley Lect.	Annual Priestley Lectures
Ann. Pr. Gifu Coll. Pharm.	Annual Proceedings of Gifu College of Pharmacy [Gifu Yakka Daigaku Kiyo]
Ann. Rep. Fac. Pharm. Kanazawa Univ.	Annual Report of the Faculty of Pharmacy, Kanazawa University [Kanazawa Daigaku Yakugakubu Kenkyu Nempo]
Ann. Rep. Fac. Pharm. Tokushima Univ.	Annual Report of the Faculty of Pharmacy Tokushima University [Tokushima Daigaku Yakugaku Kenkyu Nempo]
Ann. Rep. Hoshi Coll. Pharm.	Annul Report of the Hoshi College of Pharmacy [Hoshi Yakka Daigaku Kiyo]
Ann. Rep. ITSUU Labor.	Annual Report of ITSUU Laboratory. Tokyo [ITSUU Kenkyusho Nempo]
Ann. Rep. Japan. Assoc. Tuberc.	Annual Report of the Japanese Association for Tuberculosis
Ann. Rep. Kyoritsu Coll. Pharm.	Annual Report of the Kyoritsu College of Pharmacy [Kyoritsu Yakka Daigaku Kenkyu Nempo]
Ann. Rep. Low Temp. Res. Labor. Capetown	Union of South Africa, Department of Agriculture and Forestry, Annual Report of the Low Temperature Research Laboratory, Capetown
Ann. Rep. med. Resources Res. Inst.	Annual Report Medical Resources Research Institute [Iyaku Shigen Kenkyusho Nempo]
Ann. Rep. Progr. Chem.	Annual Reports on the Progress of Chemistry. London

Kürzung	Titel
Ann. Rep. Res. Inst. Tuberc. Kanazawa Univ.	Annual Report of the Research Institute of Tuberculosis, Kanazawa University [Kanazawa Daigaku Kekkaku Kenkyusho Nempo]
Ann. Rep. scient. Works Fac. Sci. Osaka Univ.	Annual Report of Scientific Works, Faculty of Science, Osaka University
Ann. Rep. Shionogi Res. Labor.	Annual Report of Shionogi Research Laboratory [Shionogi Kenkyusho Nempo]
Ann. Rep. Takamine Labor.	Annual Report of Takamine Laboratory [Takamine Kenkyusho Nempo]
Ann. Rep. Takeda Res. Labor.	Annual Report of the Takeda Research Laboratories [Takeda Kenkyusho Nempo]
Ann. Rep. Tanabe pharm. Res.	Annual Report of Tanabe Pharmaceutical Research [Tanabe Seiyaku Kenkyu Nempo]
Ann. Rep. Tohoku Coll. Pharm.	Annual Report of Tohoku College of Pharmacy
Ann. Rep. Tokyo Coll. Pharm.	Annual Report of the Tokyo College of Pharmacy [Tokyo Yakku Daigaku Kenkyu Nempo]
Ann. Rev. Biochem.	Annual Review of Biochemistry. Stanford, Calif.
Ann. Rev. Microbiol.	Annual Review of Microbiology. Stanford, Calif.
Ann. Rev. phys. Chem.	Annual Review of Physical Chemistry. Palo Alto, Calif.
Ann. Rev. Plant Physiol.	Annual Review of Plant Physiology. Palo Alto, Calif.
Ann. Sci.	Annals of Science. London
Ann. scient. Univ. Besançon	Annales Scientifiques de l'Université de Besançon
Ann. scient. Univ. Jassy	Annales scientifiques de l'Université de Jassy. Sect. I. Mathématiques, Physique, Chimie. Rumänien
Ann. Soc. scient. Bruxelles	Annales de la Société Scientifique de Bruxelles
Ann. Sperim. agrar.	Annali della Sperimentazione agraria
Ann. Staz. chim. agrar. Torino	Annuario della regia Stazione chimica agraria in Torino
Ann. trop. Med. Parasitol.	Annals of Tropical Medicine and Parasitology. Liverpool
Ann. Univ. Åbo	Annales Universitatis (Fennicae) Aboensis. Ser. A. Physico-mathematica, Biologica
Ann. Univ. Ferrara	Annali dell' Università di Ferrara
Ann. Univ. Lublin	Annales Universitatis Mariae Curie-Sklodowska, Lublin [Roczniki Uniwersytetu Marii Curie-Skłodowskiej w Lublinie. Sectio AA. Fizyka i Chemia]
Ann. Univ. Pisa Fac. agrar.	Annali dell' Università di Pisa, Facoltà agraria
Ann. Zymol.	Annales de Zymologie. Gent
An. Química	Anales de Química
An. Soc. Biol. Bogotá	Anales de la Sociedad de Biologia de Bogotá
An. Soc. cient. arg.	Anales de la Sociedad Cientifica Argentina
An. Soc. españ.	Anales de la Real Sociedad Española de Física y Química; 1940—1947 Anales de Física y Química
Antibiotics Annual	Antibiotics Annual
Antibiotics Chemotherapy Washington	Antibiotics ans Chemoterapy. Washington, D.C.
Antibiotiki	Antibiotiki. Moskau
Antigaz	Antigaz. Bukarest
An. Univ. catol. Valparaiso	Anales de la Universidad Católica do Valparaiso
Anz. Akad. Wien	Anzeiger der Akademie der Wissenschaften in Wien. Mathematisch-naturwissenschaftliche Klasse
A.P.	s. U.S.P.

Kürzung	Titel
Aparato respir. Tuberc.	Aparato Respiratorio y Tuberculosis
A. P. I. Res. Project	A. P. I. (American Petroleum Institute) Research Project
A. P. I. Toxicol. Rev.	A. P. I. (American Petroleum Institute) Toxicological Review
Apoth.-Ztg.	Apotheker-Zeitung
Appl. Microbiol.	Applied Microbiology. Baltimore
Appl. scient. Res.	Applied Scientific Research. den Haag
Appl. Spectr.	Applied Spectroscopy. New York
Apteč. Delo	Aptečnoe Delo (Pharmazie)
Ar.	Archiv der Pharmazie [und Berichte der Deutschen Pharmazeutischen Gesellschaft]
Arb. 3. Abt. anatom. Inst. Univ. Kyoto	Arbeiten aus der 3. Abteilung des Anatomischen Instituts der Kaiserlichen Universität Kyoto
Arb. Archangelsk. Forsch. Inst. Algen	Arbeiten des Archangelsker wissenschaftlichen Forschungsinstituts für Algen
Arbeitsphysiol.	Arbeitsphysiologie
Arbeitsschutz	Arbeitsschutz
Arb. Inst. exp. Therap. Frankfurt/M.	Arbeiten aus dem Staatlichen Institut für Experimentelle Therapie und dem Forschungsinstitut für Chemotherapie zu Frankfurt/Main
Arb. kaiserl. Gesundheitsamt	Arbeiten aus dem Kaiserlichen Gesundheitsamt
Arb. med. Fak. Okayama	Arbeiten aus der medizinischen Fakultät Okayama
Arb. pharm. Inst. Univ. Berlin	Arbeiten aus dem pharmazeutischen Institut der Universität Berlin
Arb. physiol. angew. Entomol.	Arbeiten über physiologische und angewandte Entomologie aus Berlin-Dahlem
Arch. Biochem.	Archives of Biochemistry (ab **31** [1951]) and Biophysics. New York
Arch. biol. hung.	Archiva Biologica Hungarica
Arch. biol. Nauk	Archiv Biologičeskich Nauk
Arch. Dermatol. Syphilis	Archiv für Dermatologie und Syphilis
Arch. Elektrotech.	Archiv für Elektrotechnik
Arch. exp. Zellf.	Archiv für experimentelle Zellforschung, besonders Gewebezüchtung
Arch. Farmacol. sperim.	Archivio di Farmacologia sperimentale e Scienze affini
Arch. Farm. Bioquim. Tucumán	Archivos de Farmacia y Bioquímica del Tucumán
Arch. Gewerbepath.	Archiv für Gewerbepathologie und Gewerbehygiene
Arch. Gynäkol.	Archiv für Gynäkologie
Arch. Hyg. Bakt.	Archiv für Hygiene und Bakteriologie
Arch. Immunol. Terap. dośw.	Archiwum Immunologii i Terapii Doświadczalnej
Arch. ind. Health	Archives of Industrial Health. Chicago, Ill.
Arch. ind. Hyg.	Archives of Industrial Hygiene and Occupational Medicine. Chicago, Ill.
Arch. Inst. Farmacol. exp.	Archivos del Instituto de Farmacologia Experimental Madrid
Arch. internal Med.	Archives of Internal Medicine. Chicago, Ill.
Arch. int. Pharmacod.	Archives internationales de Pharmacodynamie et de Thérapie
Arch. int. Physiol.	Archives internationales de Physiologie
Arch. Ist. biochim. ital.	Archivio dell' Istituto Biochimico Italiano
Arch. ital. Biol.	Archives Italiennes de Biologie
Archiwum Chem. Farm.	Archiwum Chemji i Farmacji. Warschau
Archiwum mineral.	Archiwum Mineralogiczne. Warschau
Arch. klin. exp. Dermatol.	Archiv für Klinische und Experimentelle Dermatologie
Arch. Maladies profess.	Archives des Maladies professionnelles, de Médecine du Travail et de Sécurité sociale

Kürzung	Titel
Arch. Math. Naturvid.	Archiv for Mathematik og Naturvidenskab. Oslo
Arch. Mikrobiol.	Archiv für Mikrobiologie
Arch. Muséum Histoire natur.	Archives du Muséum national d'Histoire naturelle
Arch. néerl. Physiol.	Archives Néerlandaises de Physiologie de l'Homme et des Animaux
Arch. néerl. Sci. exactes nat.	Archives Néerlandaises des Sciences Exactes et Naturelles
Arch. Neurol. Psychiatry	Archives of Neurology and Psychiatry. Chicago, Ill.
Arch. Ophthalmol. Chicago	Archives of Ophthalmology. Chicago, Ill.
Arch. Path.	Archives of Pathology. Chicago, Ill.
Arch. Pflanzenbau	Archiv für Pflanzenbau (= Wissenschaftliches Archiv für Landwirtschaft, Abt. A)
Arch. Pharm. Chemi	Archiv for Pharmaci og Chemi. Kopenhagen
Arch. Phys. biol.	Archives de Physique biologique (ab **8** [1930]) et de Chimie-physique des Corps organisés
Arch. Sci.	Archives des Sciences. Genf
Arch. Sci. biol.	Archivio di Scienze biologiche
Arch. Sci. med.	Archivio per le Science mediche
Arch. Sci. physiol.	Archives des Sciences physiologiques
Arch. Sci. phys. nat.	Archives des Sciences physiques et naturelles. Genf
Arch. Soc. Biol. Montevideo	Archivos de la Sociedad de Biologia de Montevideo
Arch. Suikerind. Nederld. Nederl.-Indië	Archief voor de Suikerindustrie in Nederlanden en Nederlandsch-Indië
Arch. Wärmewirtsch.	Archiv für Wärmewirtschaft und Dampfkesselwesen
Arh. Hem. Farm.	Arhiv za Hemiju i Farmaciju. Zagreb; ab **12** [1938]:
Arh. Hem. Tehn.	Arhiv za Hemiju i Tehnologiju. Zagreb; ab **13** Nr. 3/6 [1939]:
Arh. Kemiju	Arhiv za Kemiju. Zagreb; ab **28** [1956] Croatica chemica Acta
Ark. Fysik	Arkiv för Fysik. Stockholm
Ark. Kemi	Arkiv för Kemi, Mineralogi och Geologi; ab 1949 Arkiv för Kemi
Ark. Mat. Astron. Fysik	Arkiv för Matematik, Astronomi och Fysik. Stockholm
Army Ordonance	Army Ordonance. Washington, D.C.
Ar. Pth.	Naunyn-Schmiedeberg's Archiv für experimentelle Pathologie und Pharmakologie
Arquivos Biol. São Paulo	Arquivos de Biologia. São Paulo
Arquivos Inst. biol. São Paulo	Arquivos do Instituto biologico. São Paulo
Arzneimittel-Forsch.	Arzneimittel-Forschung
ASTM Bl.	ASTM (American Society for Testing and Materials) Bulletin
ASTM Proc.	Amerian Society for Testing and Materials. Proceedings
Astrophys. J.	Astrophysical Journal. Chicago, Ill.
Ateneo parmense	Ateneo parmense. Parma
Atti Accad. Ferrara	Atti della Accademia delle Scienze di Ferrara
Atti Accad. Gioenia Catania	Atti dell' Accademia Gioenia di Scienze Naturali in Catania
Atti Accad. Palermo	Atti della Accademia di Scienze, Lettere e Arti di Palermo, Parte 1
Atti Accad. peloritana	Atti della Reale Accademia Peloritana
Atti Accad. pugliese	Atti e Relazioni dell' Accademia Pugliese delle Scienze. Bari
Atti Accad. Torino	Atti della Reale Accademia delle Scienze di Torino. I: Classe di Scienze Fisiche, Matematiche e Naturali
Atti X. Congr. int. Chim. Rom 1938	Atti del X. Congresso Internationale di Chimica. Rom 1938

Kürzung	Titel
Atti Congr. naz. Chim. ind.	Atti del Congresso Nazionale di Chimica Industriale
Atti Congr. naz. Chim. pura appl.	Atti del Congresso Nazionale di Chimica Pura ed Applicata
Atti Ist. veneto	Atti del Reale Istituto Veneto di Scienze, Lettere ed Arti. II: Classe di Scienze Matematiche e Naturali
Atti Mem. Accad. Padova	Atti e Memorie della Reale Accademia di Scienze, Lettere ed Arti in Padova. Memorie della Classe di Scienze Fisico-matematiche
Atti Soc. ital. Progr. Sci.	Atti della Società Italiana per il Progresso delle Scienze
Atti Soc. ital. Sci. nat.	Atti della Società Italiana di Scienze Naturali
Atti Soc. Nat. Mat. Modena	Atti della Società dei Naturalisti e Matematici di Modena
Atti Soc. peloritana	Atti della Società Peloritana di Scienze Fisiche, Matematiche e Naturali
Atti Soc. toscana Sci. nat.	Atti della Società Toscana di Scienze Naturali
Australas. J. Pharm.	Australasian Journal of Pharmacy
Austral. chem. Inst. J. Pr.	Australian Chemical Institute Journal and Proceedings
Austral. J. appl. Sci.	Australian Journal of Applied Science
Austral. J. biol. Sci.	Australian Journal of Biological Science (Forts. von Austral. J. scient. Res.)
Austral. J. Chem.	Australian Journal of Chemistry
Austral. J. exp. Biol. med. Sci.	Australian Journal of Experimental Biology and Medical Science
Austral. J. Sci.	Australian Journal of Science
Austral. J. scient. Res.	Australian Journal of Scientific Research
Austral. P.	Australisches Patent
Austral. veterin. J.	Australian Veterinary Journal
Autog. Metallbearb.	Autogene Metallbearbeitung
Avtog. Delo	Avtogennoe Delo (Autogene Industrie; Acetylene Welding)
Azerbajdžansk. chim. Ž.	Azerbajdžanskij Chimičeskij Žurnal
Azerbajdžansk. neft. Chozjajstvo	Azerbajdžanskoe Neftjanoe Chozjajstvo (Petroleum-Wirtschaft von Aserbaidshan)
B.	Berichte der Deutschen Chemischen Gesellschaft; ab **80** [1947] Chemische Berichte
Bacteriol. Rev.	Bacteriological Reviews. USA
Beitr. Biol. Pflanzen	Beiträge zur Biologie der Pflanzen
Beitr. Klin. Tuberkulose	Beiträge zur Klinik der Tuberkulose und spezifischen Tuberkulose-Forschung
Beitr. Physiol.	Beiträge zur Physiologie
Belg. P.	Belgisches Patent
Bell Labor. Rec.	Bell Laboratories Record. New York
Ber. Bunsenges.	Berichte der Bunsengesellschaft für Physikalische Chemie
Ber. Dtsch. Bot. Ges.	Berichte der Deutschen Botanischen Gesellschaft
Ber. Dtsch. pharm. Ges.	Berichte der Deutschen Pharmazeutischen Gesellschaft
Bergens Mus. Årbok naturvit. Rekke	Bergens Museums Årbok Naturvitenskapelig Rekke
Ber. Ges. Kohlentech.	Berichte der Gesellschaft für Kohlentechnik
Ber. ges. Physiol.	Berichte über die gesamte Physiologie (ab Bd. 3) und experimentelle Pharmakologie
Ber. Ohara-Inst.	Berichte des Ohara-Instituts für landwirtschaftliche Forschungen in Kurashiki, Provinz Okayama, Japan
Ber. Sächs. Akad.	Berichte über die Verhandlungen der Sächsischen Akademie der Wissenschaften zu Leipzig, Mathematisch-physische Klasse

Kürzung	Titel
Ber. Sächs. Ges. Wiss.	Berichte über die Verhandlungen der Sächsischen Gesellschaft der Wissenschaften zu Leipzig
Ber. Schimmel	Bericht der Schimmel & Co. A.G., Miltitz b. Leipzig, über Ätherische Öle, Riechstoffe usw.
Ber. Schweiz. bot. Ges.	Berichte der Schweizerischen Botanischen Gesellschaft (Bulletin de la Société botanique suisse)
Biochem. biophys. Res. Commun.	Biochemical and Biophysical Research Communications. New York
Biochemistry	Biochemistry. Washington, D.C.
Biochem. J.	Biochemical Journal. London
Biochem. Pharmacol.	Biochemical Pharmacology. Oxford
Biochem. Prepar.	Biochemical Preparations. New York
Biochim. applic.	Biochimica Applicata
Biochim. biophys. Acta	Biochimica et Biophysica Acta. Amsterdam
Biochimija	Biochimija; englische Ausgabe: Biochemistry U.S.S.R.
Biochim. Terap. sperim.	Biochimica e Terapia sperimentale
Biodynamica	Biodynamica. St. Louis, Mo.
Biofiz.	Biofizika. Moskau; englische Ausgabe: Biophysics of the U.S.S.R.
Biol. aktiv. Soedin.	Biologičeski Aktivnye Soedinenya
Biol. Bl.	Biological Bulletin. Lancaster, Pa.
Biol. Nauki (NDVŠ)	Biologičeskie Nauki. Naučnye Doklady Vysšei Školy (NDVŠ) (Wissenschaftliche Hochschulberichte). Moskau
Biol. Rev. Cambridge	Biological Reviews (bis 9 [1934]: and Biological Proceedings) of the Cambridge Philosophical Society
Biol. Symp.	Biological Symposia. Lancaster, Pa.
Biol. Zbl.	Biologisches Zentralblatt
BIOS Final Rep.	British Intelligence Objectives Subcommittee. Final Report
Bio. Z.	Biochemische Zeitschrift
Biul. wojsk. Akad. tech.	Biuletyn Wojskowej Akademii Technicznej im. Jaroslawa Dabrowskiego
Bjull. chim. farm. Inst.	Bjulleten Naučno-issledovatelskogo Chimiko-farmacevtičeskogo Instituta
Bjull. chim. Obšč. Mendeleev	Bjulleten Vsesojuznogo Chimičeskogo Obščestva im. Mendeleeva
Bjull. eksp. Biol. Med.	Bjulleten Eksperimentalnoj Biologii i Mediciny
Bl	Bulletin de la Société Chimique de France
Bl. Acad. Belgique	Bulletin de la Classe des Sciences, Académie Royale de Belgique
Bl. Acad. Méd.	Bulletin de l'Académie de Médecine. Paris
Bl. Acad. Méd. Belgique	Bulletin de l'Académie royale de Médecine de Belgique
Bl. Acad. Méd. Roum.	Bulletin de l'Académie de Médecine de Roumanie
Bl. Acad. polon.	Bulletin International de l'Académie Polonaise des Sciences et des Lettres
Bl. Acad. Sci. Agra Oudh	Bulletin of the Academy of Sciences of the United Provinces of Agra and Oudh. Allahabad, Indien
Bl. Acad. Sci. U.S.S.R. Chem. Div.	Bulletin of the Academy of Sciences of the U.S.S.R., Division of Chemical Science. Englische Übersetzung von Izvestija Akademii Nauk S.S.S.R., Otdelenie Chimičeskich Nauk
Bl. agric. chem. Soc. Japan	Bulletin of the Agricultural Chemical Society of Japan
Bl. Am. Assoc. Petr. Geol.	Bulletin of the American Association of Petroleum Geologists
Bl. Am. phys. Soc.	Bulletin of the American Physical Society
Bl. Assoc. Chimistes	Bulletin de l'Association des Chimistes
Bl. Assoc. Chimistes Sucr. Dist.	Bulletin de l'Association des Chimistes de Sucrerie et de Distillerie de France et des Colonies
Blast Furnace Steel Plant	Blast Furnace and Steel Plant. Pittsburgh, Pa.

Kürzung	Titel
Bl. Bur. Mines	s. Bur. Mines Bl.
Bl. Calcutta School trop. Med.	Bulletin of the Calcutta School of Tropical Medicine
Bl. central Leather Res. Inst. Madras	Bulletin of the Central Leather Research Institute. Madras
Bl. chem. Res. Inst. non-aqueous Solutions Tohoku Univ.	Bulletin of the Chemical Research Institute of Non-Aqueous Solutions, Tohoku University [Tohoku Daigaku Hisui-yoeki Kagaku Kenkyusho Hokoku]
Bl. chem. Soc. Japan	Bulletin of the Chemical Society of Japan
Bl. Coll. Sci. Univ. Baghdad	Bulletin of the College of Science, University of Baghdad
Bl. Coun. scient. ind. Res. Australia	Commonwealth of Australia. Council for Scientific and Industrial Research. Bulletin
Bl. entomol. Res.	Bulletin of Entomological Research. London
Bl. Fac. Agric. Kagoshima Univ.	Bulletin of the Faculty of Agriculture, Kagoshima University
Bl. Fac. Eng. Hiroshima Univ.	Bulletin of the Faculty of Engineering, Hiroshima University [Hiroshima Daigaku Kogakubu Kekyu Hokoku]
Bl. Fac. lib. Arts Sci. Shinshu Univ.	Bulletin Faculty Liberal Arts and Science Shinshu University [Shinshu Daigaku Bunrigakubu Kiyo]
Bl. Fac. Pharm. Cairo Univ.	Bulletin of the Faculty of Pharmacy, Cairo University
Bl. Forestry exp. Sta. Tokyo	Bulletin of the Imperial Forestry Experimental Station. Tokyo
Bl. imp. Inst.	Bulletin of the Imperial Institute. London
Bl. Inst. agron. Gembloux	Bulletin de l'Institut Agronomique et des Stations de Recherches de Gembloux
Bl. Inst. chem. Res. Kyoto	Bulletin of the Institute for Chemical Research, Kyoto University
Bl. Inst. Insect Control Kyoto	Scientific Pest Control [Bochu Kagaku] = Bulletin of the Institute of Insect Control. Kyoto University
Bl. Inst. marine Med. Gdansk	Bulletin of the Institute of Marine Medicine. Gdansk
Bl. Inst. nuclear Sci. B. Kidrich	Bulletin of the Institute of Nuclear Science „Boris Kidrich". Belgrad
Bl. Inst. phys. chem. Res. Abstr. Tokyo	Bulletin of the Institute of Physical and Chemical Research, Abstracts. Tokyo
Bl. Inst. phys. chem. Res. Tokyo	Bulletin of the Institute of Physical and Chemical Research. Tokyo [Rikagaku Kenkyusho Iho]
Bl. Inst. Pin	Bulletin de l'Institut de Pin
Bl. int. Acad. yougosl.	Bulletin International de l'Académie Yougoslave des Sciences et des Beaux Arts [Jugoslavenska Akademija Znanosti i Umjetnosti], Classe des Sciences mathématiques et naturelles
Bl. int. Inst. Refrig.	Bulletin of the International Institute of Refrigeration (Bulletin de l'Institut International du Froid). Paris
Bl. Japan. Soc. scient. Fish.	Bulletin of the Japanese Society of Scientific Fisheries [Nippon Suisan Gakkaishi]
Bl. Jardin bot. Buitenzorg	Bulletin du Jardin Botanique de Buitenzorg
Bl. Johns Hopkins Hosp.	Bulletin of the Johns Hopkins Hospital. Baltimore, Md.
Bl. Kobayashi Inst. phys. Res.	Bulletin of the Kobayashi Institute of Physical Research [Kobayashi Rigaku Kenkyusho Hokoku]
Bl. Mat. grasses Marseille	Bulletin des Matières grasses de l'Institut colonial de Marseille
Bl. mens. Soc. linné. Lyon	Bulletin mensuel de la Société Linnéenne de Lyon
Bl. Nagoya City Univ. pharm. School	Bulletin of the Nagoya City University Pharmaceutical School [Nagoya Shiritsu Daigaku Yakugakubu Kiyo]

Kürzung	Titel
Bl. Naniwa Univ.	Bulletin of the Naniwa University. Japan
Bl. Narcotics	Bulletin on Narcotics. New York
Bl. nation. Formul. Comm.	Bulletin of the National Formulary Committee. Washington, D. C.
Bl. nation. hyg. Labor. Tokyo	Bulletin of the National Hygienic Laboratory, Tokyo [Eisei Shikensho Hokoku]
Bl. nation. Inst. Sci. India	Bulletin of the National Institute of Sciences of India
Bl. Orto bot. Univ. Napoli	Bulletino dell'Orto botanico della Reale Università di Napoli
Bl. Patna Sci. Coll. phil. Soc.	Bulletin of the Patna Science College Philosophical Society. Indien
Bl. Res. Coun. Israel	Bulletin of the Research Council of Israel
Bl. Res. Inst. synth. Fibers	Bulletin of the Research Institute for Synthetic Fibers [Kyoto Daigaku Nippon Kagakuseni Kenkyusho Koenshu]
Bl. Res. Inst. Univ. Kerala	Bulletin of the Research Institute University of Kerala. Trivandrum
Bl. scient. Univ. Kiev	Bulletin Scientifique de l'Université d'État de Kiev, Série Chimique
Bl. Sci. pharmacol.	Bulletin des Sciences pharmacologiques
Bl. Sect. scient. Acad. roum.	Bulletin de la Section Scientifique de l'Académie Roumaine
Bl. Soc. bot. France	Bulletin de la Société Botanique de France
Bl. Soc. chim. Belg.	Bulletin de la Société Chimique de Belgique; ab 1945 Bulletin des Sociétés Chimiques Belges
Bl. Soc. Chim. biol.	Bulletin de la Société de Chimie Biologique
Bl. Soc. Encour. Ind. nation.	Bulletin de la Société d'Encouragement pour l'Industrie Nationale
Bl. Soc. franç. Min.	Bulletin de la Société française de Minéralogie (ab **72** [1949]: et de Cristallographie)
Bl. Soc. franç. Phot.	Bulletin de la Société française de Photographie (ab **16** [1929]: et de Cinématographie)
Bl. Soc. fribourg. Sci. nat.	Bulletin de la Societe Fribourgeoise de Sciences Naturelles
Bl. Soc. ind. Mulh.	Bulletin de la Société Industrielle de Mulhouse
Bl. Soc. neuchatel. Sci. nat.	Bulletin de la Société Neuchateloise des Sciences naturelles
Bl. Soc. Path. exot.	Bulletin de la Société de Pathologie exotique
Bl. Soc. Pharm. Bordeaux	Bulletin de la Société de Pharmacie de Bordeaux (ab **89** [1951] Fortsetzung von Bulletin des Travaux de la Société de Pharmacie de Bordeaux)
Bl. Soc. Pharm. Lille	Bulletin de la Société de Pharmacie de Lille
Bl. Soc. Pharm. Nancy	Bulletin de la Société de Pharmacie de Nancy
Bl. Soc. roum. Phys.	Bulletin de la Société Roumaine de Physique
Bl. Soc. scient. Bretagne	Bulletin de la Société Scientifique de Bretagne. Sciences Mathématiques, Physiques et Naturelles
Bl. Soc. scient. Phot. Japan	Bulletin of the Society of Scientific Photography of Japan
Bl. Soc. Sci. Liège	Bulletin de la Société Royale des Sciences de Liège
Bl. Soc. Sci. Nancy	Bulletin de la Societé des Sciences de Nancy
Bl. Soc. vaud. Sci. nat.	Bulletin de la Société Vaudoise des Sciences naturelles
Bl. Textile Res. Inst. Yokohama	Bulletin of the Textile Research Institute. Yokohama [Sen'i Kogyo Shikensho Kenkyu Hokoku]
Bl. Tokyo Inst. Technol.	Bulletin of the Tokyo Institute of Technology [Tokyo Kogyo Daigaku Gakuho]
Bl. Tokyo Univ. Eng.	Bulletin of the Tokyo University of Engineering [Tokyo Kogyo Daigaku Gakuho]

Kürzung	Titel
Bl. Trav. Soc. Pharm. Bordeaux	Bulletin des Travaux de la Société de Pharmacie de Bordeaux
Bl. Univ. Asie centrale	Bulletin de l'Université d'Etat de l'Asie centrale. Taschkent [Bjulleten Sredneaziatskogo Gosudarstvennogo Universiteta]
Bl. Univ. Osaka Prefect.	Bulletin of the University of Osaka Prefecture
Bl. Wagner Free Inst.	Bulletin of the Wagner Free Institute of Science. Philadelphia, Pa.
Bl. Yamagata Univ.	Bulletin of the Yamagata University, Engineering bzw. Natural Science [Yamagata Daigaku Kiyo, Nogaku bzw. Shizen Kagaku]
Blyttia	Blyttia. Oslo
Bodenk. Pflanzenernähr.	Bodenkunde und Pflanzenernährung
Bol. Acad. Cienc. exact. fis. nat. Madrid	Boletin de la Academia de Ciencias Exactas, Fisicas y Naturales Madrid
Bol. Acad. Córdoba Arg.	Boletin de la Academia Nacional de Ciencias Córdoba. Argentinien
Bol. Col. Quim. Puerto Rico	Boletin de Colegio de Químicos de Puerto Rico
Bol. Inform. petr.	Boletín de Informaciones petroleras. Buenos Aires
Bol. Inst. Med. exp. Cáncer	Boletin del Instituto de Medicina experimental para el Estudio y Tratamiento del Cáncer. Buenos Aires
Bol. Inst. Quim. Univ. Mexico	Boletin del Instituto de Química de la Universidad Nacional Autónoma de México
Boll. Accad. Gioenia Catania	Bollettino delle Sedute dell' Accademia Gioenia di Scienze Naturali in Catania
Boll. chim. farm.	Bollettino chimico farmaceutico
Boll. Ist. sieroterap. milanese	Bollettino dell'Istituto Sieroterapico Milanese
Boll. scient. Fac. Chim. ind. Univ. Bologna	Bollettino Scientifico della Facoltà di Chimica Industriale dell'Università di Bologna
Boll. Sez. ital. Soc. int. Microbiol.	Bolletino della Sezione Italiana della Società Internazionale di Microbiologia
Boll. Soc. adriat. Sci. Trieste	Bollettino della Società Adriatica di Scienze Naturali in Trieste
Boll. Soc. eustach. Camerino	Bollettino della Società Eustachiana degli Istituti Scientifici dell'Università di Camerino
Boll. Soc. ital. Biol.	Bollettino della Società Italiana di Biologia sperimentale
Boll. Soc. Nat. Napoli	Bollettino della Societá dei Naturalisti in Napoli
Boll. Zool. agrar. Bachicoltura	Bollettino di Zoologia agraria e Bachicoltura, Università degli Studi di Milano
Bol. Minist. Agric. Brazil	Boletim do Ministério da Agricultura, Brazil
Bol. Minist. Sanidad Asist. soc.	Boletin del Ministerio de Sanidad y Asistencia Social Venezuela
Bol. ofic. Asoc. Quim. Puerto Rico	Boletin oficial de la Asociación de Químicos de Puerto Rico
Bol. Soc. Biol. Santiago Chile	Boletin de la Sociedad de Biologia de Santiago de Chile
Bol. Soc. chilena Quim.	Boletin de la Sociedad Chilena de Química
Bol. Soc. quim. Peru	Boletin de la Sociedad química del Peru
Bot. Arch.	Botanisches Archiv
Bot. Gaz.	Botanical Gazette. Chicago, Ill.
Bot. Mag. Japan	Botanical Magazine. Tokyo [Shokubutsugaku Zasshi]
Bot. Rev.	Botanical Review. Lancaster, Pa.
Bot. Tidsskr.	Botanisk Tidsskrift
Bot. Ž.	Botaničeskij Žurnal. Leningrad

Kürzung	Titel
Bräuer-D'Ans	Fortschritte in der Anorganisch-chemischen Industrie. Herausg. von *A. Bräuer* u. *J. D'Ans*
Bratislavské Lekarské Listy	Bratislavské Lekarské Listy
Braunkohlenarch.	Braunkohlenarchiv. Halle/Saale
Brennerei-Ztg.	Brennerei-Zeitung
Brennstoffch.	Brennstoff-Chemie
Brit. Abstr.	British Abstracts
Brit. ind. Finish.	British Industrial Finishing
Brit. J. exp. Path.	British Journal of Experimental Pathology
Brit. J. ind. Med.	British Journal of Industrial Medicine
Brit. J. Nutrit.	British Journal of Nutrition
Brit. J. Pharmacol. Chemotherapy	British Journal of Pharmacology and Chemotherapy
Brit. J. Phot.	British Journal of Photography
Brit. med. Bl.	British Medical Bulletin
Brit. med. J.	British Medical Journal
Brit. P.	Britisches Patent
Brit. Plastics	British Plastics
Brown Boveri Rev.	Brown Boveri Review. Bern
Buchners Repert. Pharm.	Buchners Repertoire der Pharmazie
Bulet.	Buletinul de Chimie Pură si Aplicată al Societății Române de Chimie
Bulet. Cernăuți	Buletinul Facultății de Științe din Cernăuți
Bulet. Cluj	Buletinul Societății de Științe din Cluj
Bulet. Inst. Cerc. tehnol.	Buletinul Institutului Național de Cercetări Tehnologice
Bulet. Inst. politehn. Iași	Buletinul Institutului Politehnic din Iași
Bulet. Soc. Chim. România	Buletinul Societății de Chimie din România. A. Memoires
Bulet. Soc. Ști. farm. România	Buletinul Societății de Științe farmaceutice din România
Bulet. stiinț. tehn. Inst. politehn. Timișoara	Buletinual Științific și Tehnic al Institutului Politehnic Timișoara
Bulet. Univ. Babeș-Bolyai	Buletinul Universitatilor „V. Babeș" și „Bolyai", Cluj. Serie Științele Naturii
Bur. Mines Bl.	U. S. Bureau of Mines. Bulletin. Washington, D. C.
Bur. Mines Inform. Circ.	U. S. Bureau of Mines. Information Circular
Bur. Mines Rep. Invest.	U. S. Bureau of Mines. Report of Investigations
Bur. Mines tech. Pap.	U. S. Bureau of Mines, Technical Papers
Bur. Stand. Circ.	U.S. National Bureau of Standards Circular. Washington, D.C.
C.	Chemisches Zentralblatt
C. A.	Chemical Abstracts
Cahiers Phys.	Cahiers de Physique
Calif. agric. Exp. Sta. Bl.	California Agricultural Experiment Station Bulletin
Calif. Citrograph	The California Citrograph
Calif. Inst. Technol. tech. Rep.	California Institute of Technology, Technical Report
Calif. Oil Wd.	California Oil World
Canad. Chem. Met.	Canadian Chemistry and Metallurgy (ab **22** [1938]):
Canad. Chem. Process Ind.	Canadian Chemistry and Process Industries
Canad. J. Biochem. Physiol.	Canadian Journal of Biochemistry and Physiology
Canad. J. Bot.	Canadian Journal of Botany

Kürzung	Titel
Canad. J. Chem.	Canadian Journal of Chemistry
Canad. J. med. Technol.	Canadian Journal of Medical Technology
Canad. J. Microbiol.	Canadian Journal of Microbiology
Canad. J. pharm. Sci.	Canadian Journal of Pharmaceutical Sciences
Canad. J. Physics	Canadian Journal of Physics
Canad. J. publ. Health	Canadian Journal of Public Health
Canad. J. Res.	Canadian Journal of Research
Canad. J. Technol.	Canadian Journal of Technology
Canad. med. Assoc. J.	Canadian Medical Association Journal
Canad. P.	Canadisches Patent
Canad. pharm. J.	Canadian Pharmaceutical Journal
Canad. Textile J.	Canadian Textile Journal
Cancer	Cancer. Philadelphia, Pa.
Cancer Res.	Cancer Research. Chicago, Ill.
Caoutch. Guttap.	Caoutchouc et la Gutta-Percha
Carbohydrate Res.	Carbohydrate Research. Amsterdam
Caryologia	Caryologia. Giornale di Citologia, Citosistematica e Citogenetica. Florenz
Č. čsl. Lékárn.	Časopis Československého (ab XIX [1939] Českého) Lékárnictva (Zeitschrift des tschechoslowakischen Apothekenwesens)
Cellulosech.	Cellulosechemie
Cellulose Ind. Tokyo	Cellulose Industry. Tokyo [Sen-i-so Kogyo]
Cereal Chem.	Cereal Chemistry. St. Paul, Minn.
Chaleur Ind.	Chaleur et Industrie
Chalmers Handl.	Chalmers Tekniska Högskolas Handlingar. Göteborg
Ch. Apparatur	Chemische Apparatur
Chem. Age India	Chemical Age of India
Chem. Age London	Chemical Age. London
Chem. Anal. Japan	Chemical Analysis and Reagent [Bunseki To Shiyaku]
Chem. and Ind.	Chemistry and Industry. London
Chem. Canada	Chemistry in Canada
Chem. Commun.	Chemical Communications. London
Chem. Courant	Chemische Courant voor Nederland en Kolonien. Doesberg
Chem. Eng.	Chemical Engineering. New York
Chem. Eng. Japan	Chemical Engineering Tokyo [Kagaku Kogaku]
Chem. eng. mining Rev.	Chemical Engineering and Mining Review. Melbourne
Chem. eng. News	Chemical and Engineering News. Washington, D.C.
Chem. eng. Progr.	Chemical Engineering Progress. New York
Chem. eng. Progr. Symp. Ser.	Chemical Engineering Progress Symposium Series
Chem. eng. Sci.	Chemical Engineering Science. Oxford
Chem. heterocycl. Compounds	Weissberger, Taylor: Chemistry of Heterocyclic Compounds. New York
Chem. High Polymers Japan	Chemistry of High Polymers. Tokyo [Kobunshi Kagaku]
Chemia	Chemia. Revista de Centro Estudiantes universitarios de Química Buenos Aires
Chemia anal.	Chemia Analityczna. Warschau
Chemie	Chemie
Chemie Prag	Chemie. Prag
Chem. Industries	Chemical Industries. New York
Chemist-Analyst	Chemist-Analyst. Phillipsburg, N. J.
Chemist Druggist	Chemist and Druggist. London
Chemistry Taipei	Chemistry. Taipei [Hua Hsueh]
Chem. Letters	Chemistry Letters. Tokyo

Kürzung	Titel
Chem. Listy	Chemické Listy pro Vědu a Průmysl (Chemische Blätter für Wissenschaft und Industrie). Prag
Chem. met. Eng.	Chemical and Metallurgical Engineering. New York
Chem. News	Chemical News and Journal of Industrial Science. London
Chem. Obzor	Chemický Obzor (Chemische Rundschau). Prag
Chemotherapy Tokyo	Chemotherapy Tokyo [Nippon Kagaku Ryohogakukai Zasshi]
Chem. Penicillin 1949	The Chemistry of Penicillin. Herausg. von *H. T. Clarke, J. R. Johnson, R. Robinson.* Princeton, N. J. 1949
Chem. pharm. Bl.	Chemical and Pharmaceutical Bulletin. Tokyo
Chem. Physics Lipids	Chemistry and Physics of Lipids. Amsterdam
Chem. Products	Chemical Products and the Chemical News. London
Chem. Průmysl	Chemicky Průmysl (Chemische Industrie). Prag
Chem. Reviews	Chemical Reviews. Washington, D.C.
Chem. Scripta	Chemica Scripta. Stockholm
Chem. Soc. spec. Publ.	Chemical Society, Special Publication
Chem. Soc. Symp. Bristol 1958	Chemical Society Symposia Bristol 1958
Chem. Tech.	Chemische Technik. Leipzig
Chem. tech. Rdsch.	Chemisch-Technische Rundschau. Berlin
Chem. Trade J.	Chemical Trade Journal and Chemical Engineer. London
Chem. Weekb.	Chemisch Weekblad
Chem. Zvesti	Chemické Zvesti (Chemische Nachrichten). Pressburg
Ch. Fab.	Chemische Fabrik
Chim. anal.	Chimie analytique. Paris
Chim. et Ind.	Chimie et Industrie
Chim. farm. Promyšl.	Chimiko-farmacevtičeskaja Promyšlennost
Chim. farm. Ž.	Chimico-farmacevtičeskij Žurnal. Moskau; englische Ausgabe: Pharmaceutical Chemistry Journal
Chimia	Chimia. Zürich
Chimica	Chimica. Mailand
Chimica e Ind.	Chimica e l'Industria. Mailand
Chimica Ind. Agric. Biol.	Chimica nell'Industria, nell'Agricoltura, nella Biologia e nelle Realizzazioni Corporative
Chimica therap.	Chimica therapeutica. Paris
Chimija chim. Technol.	Izvestija vysšich učebnych Zavedenij (IVUZ) (Nachrichten von Hochschulen und Lehranstalten); Chimija i chimičeskaja Technologija
Chimija geterocikl. Soedin.	Chimija Geterocikličeskich Soedinenij; englische Ausgabe: Chemistry of Heterocyclic Compounds U.S.S.R.
Chimija Med.	Chimija i Medicina
Chimija prirodn. Soedin.	Chimija Prirodnych Soedinenij; englische Ausgabe: Chemistry of Natural Compounds
Chimija Technol. Topl. Masel	Chimija i Technologija Topliva i Masel
Chimija tverd. Topl.	Chimija Tverdogo Topliva (Chemie der festen Brennstoffe)
Chimika Chronika	Chimika bzw. Chemika Chronika. Athen
Chimis. socialist. Seml.	Chimisacija Socialističeskogo Semledelija (Chemisation of Socialistic Agriculture)
Chim. Mašinostr.	Chimičeskoe Mašinostroenie
Chim. moderne	Chimie Moderne. Lyon
Chim. Nauka Promyšl.	Chimičeskaja Nauka i Promyšlennost
Chim. Promisl. Kiev	Chimična Promislovist'. Kiew
Chim. Promyšl.	Chimičeskaja Promyšlennost (Chemische Industrie)
Chimstroi	Chimstroi (Journal for Projecting and Construction of the Chemical Industry in U.S.S.R.)

Kürzung	Titel
Ch. Ing. Tech.	Chemie-Ingenieur-Technik
Chin. J. Physics	Chinese Journal of Physics
Chin. J. Physiol.	Chinese Journal of Physiology [Chung Kuo Sheng Li Hsueh Tsa Chih]
Chromatogr. Rev.	Chromatographic Reviews
Ch. Tech.	Chemische Technik (Fortsetzung von Chemische Fabrik)
Ch. Umschau Fette	Chemische Umschau auf dem Gebiet der Fette, Öle, Wachse und Harze
Chungshan Univ. J.	Chung-Shan University Journal [Chung-Shan Ta Hsueh Hsueh Pao]
Ch. Z.	Chemiker-Zeitung
Ciencia	Ciencia. Mexico City
Ciencia e Invest.	Ciencia e Investigación. Buenos Aires
CIOS Rep.	Combined Intelligence Objectives Subcommittee Report
Citrus Leaves	Citrus Leaves. Los Angeles, Calif.
Č. Lékářu českých	Časopis Lékářu Českých (Zeitschrift der tschechischen Ärzte)
Clin. Med.	Clinical Medicine (von **34** [1927] bis **47** Nr. 8 [1940]) and Surgery. Wilmette, Ill.
Clin. veterin.	Clinica Veterinaria e Rassegna di Polizia Sanitaria i Igiene
Coal Tar Tokyo	Coal Tar Tokyo [Koru Taru]
Coke and Gas	Coke and Gas. London
Cold Spring Harbor Symp. quant. Biol.	Cold Spring Harbor Symposia on Quantitative Biology
Collect.	Collection des Travaux Chimiques de Tchécoslovaquie; ab **16/17** [1951/52]: Collection of Czechoslovak Chemical Communications
Collegium	Collegium (Zeitschrift des Internationalen Vereins der Leder-Industrie-Chemiker). Darmstadt
Colliery Guardian	Colliery Guardian. London
Coll. int. Centre nation. Rech. scient.	Colloques Internationaux du Centre National de la Recherche Scientifique
Colloid Symp. Monogr.	Colloid Symposium Monograph
Colon. Plant Animal Prod.	Colonial Plant and Animal Products. London
Combustibles	Combustibles. Saragossa
Comment. biol. Helsingfors	Societas Scientiarum Fennica. Commentationes Biologicae. Helsingfors
Comment. phys. math. Helsingfors	Societas Scientiarum Fennica. Commentationes Physico-mathematicae. Helsingfors
Commun. Fac. Sci. Univ. Ankara	Communications de la Faculté des Sciences de l'Université d'Ankara
Commun. Kamerlingh-Onnes Lab. Leiden	Communications from the Kamerlingh-Onnes Laboratory of the University of Leiden
Comun. Acad. romîne	Comunicarile Academiei Republicii Populare Romîne
Congr. int. Ind. Ferment. Gent 1947	Congres International des Industries de Fermentation, Conferences et Communications, Gent 1947
IX. Congr. int. Quim. Madrid 1934	IX. Congreso Internacional de Química Pura y Aplicada. Madrid 1934
II. Congr. mondial Pétr. Paris 1937	II. Congrès Mondial du Pétrole. Paris 1937
Contrib. biol. Labor. Sci. Soc. China Zool. Ser.	Contributions from the Biological Laboratories of the Science Society of China. Zoological Series
Contrib. Boyce Thompson Inst.	Contributions from Boyce Thompson Institute. Yonkers, N.Y.
Contrib. Inst. Chem. Acad. Peiping	Contributions from the Institute of Chemistry, National Academy of Peiping

Kürzung	Titel
Corrosion Anticorrosion	Corrosion et Anticorrosion
C. r.	Comptes Rendus Hebdomadaires des Séances de l'Académie des Sciences
C. r. Acad. Agric. France	Comptes Rendus Hebdomadaires des Séances de l'Académie d'Agriculture de France
C. r. Acad. Roum.	Comptes rendus des Séances de l'Académie des Sciences de Roumanie
C. r. 66. Congr. Ind. Gaz Lyon 1949	Compte Rendu du 66me Congrès de l'Industrie du Gaz, Lyon 1949
C. r. V. Congr. int. Ind. agric. Scheveningen 1937	Comptes Rendus du V. Congrès international des Industries agricoles, Scheveningen 1937
C. r. Doklady	Comptes Rendus (Doklady) de l'Académie des Sciences de l'U.R.S.S.
Crisol	Crisol. Puerto Rico
Croat. chem. Acta	Croatica Chemica Acta
C. r. Soc. Biol.	Comptes Rendus des Séances de la Société de Biologie et de ses Filiales
C. r. Soc. Phys. Genève	Compte Rendu des Séances de la Société de Physique et d'Histoire naturelle de Genève
C. r. Trav. Carlsberg	Comptes Rendus des Travaux du Laboratoire Carlsberg, Kopenhagen
C. r. Trav. Fac. Sci. Marseille	Comptes Rendus des Travaux de la Faculté des Sciences de Marseille
Cryst. Struct. Commun.	Crystal Structure Communications. Parma
Čsl. Dermatol.	Československa Dermatologie. Prag
Čsl. Farm.	Československa Farmacie
Čsl. Fysiol.	Československa Fysiologie
Čsl. Mikrobiol.	Československa Mikrobiologie
Cuir tech.	Cuir Technique
Curierul farm.	Curierul Farmaceutic. Bukarest
Curr. Res. Anesth. Analg.	Current Researches in Anesthesia and Analgesia. Cleveland, Ohio
Curr. Sci.	Current Science. Bangalore
Cvetnye Metally	Cvetnye Metally (Nichteisenmetalle)
Dän. P.	Dänisches Patent
Danske Vid. Selsk. Biol. Skr.	Kongelige Danske Videnskabernes Selskab. Biologiske Skrifter
Danske Vid. Selsk. Mat. fys. Medd.	Kongelige Danske Videnskabernes Selskab. Matematisk-Fysiske Meddelelser
Danske Vid. Selsk. Mat. fys. Skr.	Kongelige Danske Videnskabernes Selskab. Matematisk-fysiske Skrifter
Danske Vid. Selsk. Skr.	Kongelige Danske Videnskabernes Selskabs Skrifter, Natur-videnskabelig og Mathematisk Afdeling
Dansk Tidsskr. Farm.	Dansk Tidsskrift for Farmaci
D. A. S.	Deutsche Auslegeschrift
D. B. P.	Deutsches Bundespatent
Dental Cosmos	Dental Cosmos. Chicago, Ill.
Destrukt. Gidr. Topl.	Destruktivnaja Gidrogenizacija Topliv
Discuss. Faraday Soc.	Discussions of the Faraday Society
Diss. Abstr.	Dissertation Abstracts (Microfilm Abstracts). Ann Arbor, Mich.
Diss. pharm.	Dissertationes Pharmaceuticae. Warschau
Diss. pharm. pharmacol.	Dissertationes Pharmaceuticae et Pharmacologicae. Warschau
Doklady Akad. Arm-jansk. S.S.R.	Doklady Akademii Nauk Armjanskoj S.S.R.

Kürzung	Titel
Doklady Akad. Azerbajdžansk. S.S.R.	Doklady Akademii Nauk Azerbajdžanskoj S.S.R.
Doklady Akad. Belorussk. S.S.R.	Doklady Akademii Nauk Belorusskoj S.S.R.
Doklady Akad. S.S.S.R.	Doklady Akademii Nauk S.S.S.R. (Comptes Rendus de l'Académie des Sciences de l'Union des Républiques Soviétiques Socialistes)
Doklady Akad. Tadžiksk. S.S.R.	Doklady Akademii Nauk Tadžikskoj S.S.R.
Doklady Akad. Uzbeksk. S.S.R.	Doklady Akademii Nauk Uzbekskoj S.S.R.
Doklady Bolgarsk. Akad.	Doklady Bolgarskoj Akademii Nauk (Comptes Rendus de l'Académie bulgare des Sciences)
Doklady Chem. N.Y.	Doklady Chemistry. New York ab **148** [1963]. Englische Ausgabe von Doklady Akademii Nauk S.S.S.R.
Dopovidi Akad. Ukr. R.S.R.	Dopovidi Akademii Nauk Ukrainskoj R.S.R.
D.O.S.	Deutsche Offenlegungsschrift
Dragoco Ber.	Dragoco Berichte; ab **9** [1962]:
Dragoco Rep.	Dragoco Report. Holzminden
D.R.B.P. Org. Chem. 1950—1951	Deutsche Reichs- und Bundespatente aus dem Gebiet der Organischen Chemie 1950—1951
D.R.P.	Deutsches Reichspatent
D.R.P. Org. Chem.	Deutsche Reichspatente aus dem Gebiete der Organischen Chemie 1939—1945. Herausg. von Farbenfabriken Bayer, Leverkusen
Drug cosmet. Ind.	Drug and Cosmetic Industry. New York
Drugs Oils Paints	Drugs, Oils & Paints. Philadelphia, Pa.
Drug Stand.	Drug Standards. Washington, D.C.
Dtsch. Apoth.-Ztg.	Deutsche Apotheker-Zeitung
Dtsch. Arch. klin. Med.	Deutsches Archiv für klinische Medizin
Dtsch. Ch. Ztschr.	Deutsche Chemiker-Zeitschrift
Dtsch. Essigind.	Deutsche Essigindustrie
Dtsch. Färber-Ztg.	Deutsche Färber-Zeitung
Dtsch. Lebensm.-Rdsch.	Deutsche Lebensmittel-Rundschau
Dtsch. med. Wschr.	Deutsche medizinische Wochenschrift
Dtsch. Molkerei-Ztg.	Deutsche Molkerei-Zeitung
Dtsch. Parf.-Ztg.	Deutsche Parfümerie-Zeitung
Dtsch. Z. ges. ger. Med.	Deutsche Zeitschrift für die gesamte gerichtliche Medizin
Dyer Calico Printer	Dyer and Calico Printer, Bleacher, Finisher and Textile Review; ab **71** Nr. 8 [1934]:
Dyer Textile Printer	Dyer, Textile Printer, Bleacher and Finisher. London
East Malling Res. Station ann. Rep.	East Malling Research Station, Annual Report. Kent
Econ. Bot.	Economic Botany. New York
Edinburgh med. J.	Edinburgh Medical Journal
Egypt. J. Chem.	Egyptian Journal of Chemistry
Egypt. pharm. Bl.	Egyptian Pharmaceutical Bulletin
Egypt. pharm. Rep.	Egyptian Pharmaceutical Reports
Electroch. Acta	Electrochimica Acta. Oxford
Electrotech. J. Tokyo	Electrotechnical Journal. Tokyo
Electrotechnics	Electrotechnics. Bangalore
Elektr. Nachr.-Tech.	Elektrische Nachrichten-Technik
Elelm. Ipar	Élelmezési Ipar (Nahrungsmittelindustrie). Budapest
Empire J. exp. Agric.	Empire Journal of Experimental Agriculture. London

Kürzung	Titel
Endeavour	Endeavour. London
Endocrinology	Endocrinology. Boston bzw. Springfield, Ill.
Energia term.	Energia Termica. Mailand
Énergie	Énergie. Paris
Eng.	Engineering. London
Engenharia Quim.	Engenharia e Química. Rio de Janeiro
Eng. Mining J.	Engineering and Mining Journal. New York
Enzymol.	Enzymologia. Holland
E. P.	s. Brit. P.
Erdöl Kohle	Erdöl und Kohle
Erdöl Teer	Erdöl und Teer
Ergebn. Biol.	Ergebnisse der Biologie
Ergebn. Enzymf.	Ergebnisse der Enzymforschung
Ergebn. exakt. Naturwiss.	Ergebnisse der Exakten Naturwissenschaften
Ergebn. Physiol.	Ergebnisse der Physiologie
Ernährung	Ernährung. Leipzig
Ernährungsf.	Ernährungsforschung. Berlin
Essence Deriv. agrum.	Essence e Derivati Agrumari
Experientia	Experientia. Basel
Exp. Med. Surgery	Experimental Medicine and Surgery. New York
Exposés ann. Biochim. méd.	Exposés annuels de Biochimie médicale
Ežegodnik Saratovsk. Univ.	Ežegodnik Saratovskogo Universiteta
Fachl. Mitt. Öst. Tabakregie	Fachliche Mitteilungen der Österreichischen Tabakregie
Farbe Lack	Farbe und Lack
Farben Lacke Anstrichst.	Farben, Lacke, Anstrichstoffe
Farben-Ztg.	Farben-Zeitung
Farmacia Bukarest	Farmacia. Bukarest
Farmacia chilena	Farmacia Chilena
Farmacia nueva	Farmacia nueva Madrid
Farmacija Farmakol.	Farmacija i Farmakologija
Farmacija Moskau	Farmacija. Moskau
Farmacija Sofia	Farmacija. Sofia
Farmacja Polska	Farmacja. Polska
Farmaco	Il Farmaco. Pavia; ab **8** [1953] geteilt in:
Ed. prat.	Edizione Pratica
Ed. scient.	Edizione Scientifica
Farmacognosia	Farmacognosia. Madrid
Farmacoterap. actual	Farmacoterapia actual. Madrid
Farmakol. Toksikol.	Farmakologija i Toksikologija; englische Ausgabe: Russian Pharmacology and Toxicology
Farm. Glasnik	Farmaceutski Glasnik. Zagreb
Farm. ital.	Farmacista italiano
Farm. Notisblad	Farmaceutiskt Notisblad. Helsingfors
Farm. Revy	Farmacevtisk Revy. Stockholm
Farm. Ž.	Farmacevtičnij Žurnal
Faserforsch. Textiltech.	Faserforschung und Textiltechnik. Berlin
Federal Register	Federal Register. Washington, D. C.
Federation Proc.	Federation Proceedings. Washington, D.C.
Fermentf.	Fermentforschung
Fettch. Umschau	Fettchemische Umschau (ab **43** [1936]):
Fette Seifen	Fette und Seifen (ab **55** [1953]: Fette, Seifen, Anstrichmittel)
Feuerungstech.	Feuerungstechnik

Kürzung	Titel
FIAT Final Rep.	Field Information Agency, Technical, United States Group Control Council for Germany. Final Report
Finnish Paper Timber J.	Finnish Paper and Timber Journal
Finska Kemistsamf. Medd.	Finska Kemistsamfundets Meddelanden [Suomen Kemistiseuran Tiedonantoja]
Fischwirtsch.	Fischwirtschaft
Fish. Res. Board Canada Progr. Rep. Pacific Sta.	Fisheries Research Board of Canada, Progress Reports of the Pacific Coast Stations
Fisiol. Med.	Fisiologia e Medicina. Rom
Fiziol. Rast.	Fiziologija Rastenij; englische Ausgabe: Soviet Plant Physiology
Fiziol. Ž.	Fiziologičeskij Žurnal S.S.S.R.
Fiz. Sbornik Lvovsk. Univ.	Fizičeskij Sbornik, Lvovskij Gosudarstvennyj Universitet imeni I. Franko
Flora	Flora oder Allgemeine Botanische Zeitung
Folia biol. Krakau	Folia Biologica. Krakau
Folia pharmacol. japon.	Folia pharmacologica japonica
Food	Food. London
Food Manuf.	Food Manufacture. London
Food Res.	Food Research. Champaign, Ill.
Food Technol.	Food Technology. Champaign, Ill.
Foreign Petr. Technol.	Foreign Petroleum Technology
Forest Res. Inst. Dehra-Dun Bl.	Forest Research Institute Dehra-Dun Indian Forest Bulletin
Forest Sci.	Forest Science. Washington, D.C.
Formosan Sci.	Formosan Science [Tai-Wan Ko Hsueh]
Forschg. Fortschr.	Forschungen und Fortschritte
Forschg. Ingenieurw.	Forschung auf dem Gebiete des Ingenieurwesens
Forschungsber. Nordrhein-Westfalen	Forschungsberichte des Landes Nordrhein-Westfalen
Forschungsd.	Forschungsdienst. Zentralorgan der Landwirtschaftswissenschaft
Fortschr. Arzneimittelf.	Fortschritte der Arzneimittelforschung. Basel
Fortschr. chem. Forsch.	Fortschritte der Chemischen Forschung
Fortschr. Ch. org. Naturst.	Fortschritte der Chemie Organischer Naturstoffe
Fortschr. Hochpolymeren-Forsch.	Fortschritte der Hochpolymeren-Forschung. Berlin
Fortschr. Mineral.	Fortschritte der Mineralogie. Stuttgart
Fortschr. Röntgenstr.	Fortschritte auf dem Gebiete der Röntgenstrahlen
Fortschr. Therap.	Fortschritte der Therapie
F. P.	Französisches Patent
Fr.	s. Z. anal. Chem.
France Parf.	La France et ses Parfums
Frdl.	Fortschritte der Teerfarbenfabrikation und verwandter Industriezweige. Begonnen von P. *Friedländer*, fortgeführt von H. E. *Fierz-David*
Frontier	Frontier. Chicago
Fruit Prod. J.	Fruit Products Journal and American Vinegar Industry (ab 23 [1943]) and American Food Manufacturer
Fruits	Fruits. Paris
Fuel	Fuel in Science and Practice. London
Fuel Economist	Fuel Economist. London
Fukuoka Acta med.	Fukuoka Acta Medica [Fukuoka Igaku Zasshi]
Furman Stud. Bl.	Furman Studies, Bulletin of Furman University
Fysiograf. Sällsk. Lund Förh.	Kungliga Fysiografiska Sällskapets i Lund Förhandlingar

Kürzung	Titel
Fysiograf. Sällsk. Lund Handl.	Kungliga Fysiografiska Sällskapets i Lund Handlingar
G.	Gazzetta Chimica Italiana
Galen. Acta	Galenica Acta. Madrid
Garcia de Orta	Garcia de Orta. Review of the Overseas Research Council. Lissabon
Gas Age Rec.	Gas Age Record (ab **80** [1937]: Gas Age). New York
Gas J.	Gas Journal. London
Gas Los Angeles	Gas. Los Angeles, Calif.
Gasschutz Luftschutz	Gasschutz und Luftschutz
Gas-Wasserfach	Gas- und Wasserfach
Gas Wd.	Gas World. London
Gen. Electric Rev.	General Electric Review. Schenectady, N.Y.
Gidroliz. lesochim. Promyšl.	Gidroliznaja i Lesochimičeskaja Promyšlennost (Hydrolyse- und Holzchemische Industrie)
Gigiena Sanit.	Gigiena i Sanitarija
Giorn. Batteriol. Immunol.	Giornale di Batteriologia e Immunologia
Giorn. Biochim.	Giornale di Biochimica. Rom
Giorn. Biol. ind.	Giornale di Biologia industriale, agraria ed alimentare
Giorn. Chimici	Giornale dei Chimici
Giorn. Chim. ind. appl.	Giornale di Chimica industriale ed applicata
Giorn. Farm. Chim.	Giornale di Farmacia, di Chimica e di Scienze affini
Giorn. Med. militare	Giornale di Medicina Militare
Giorn. Microbiol.	Giornale de Microbiologia. Mailand
Glasnik chem. Društva Beograd	Glasnik Chemiskog Društva Beograd; mit Bd. **11** [1940/46] Fortsetzung von
Glasnik chem. Društva Jugosl.	Glasnik Chemiskog Društva Kral'evine Jugoslavije (Bulletin de la Société Chimique du Royaume de Yougoslavie)
Glasnik Društva Hem. Tehnol. Bosne Hercegovine	Glasnik Društva Hemicara i Tehnologa Bosne i Hercegovine
Glasnik šumarskog Fak. Univ. Beograd	Glasnik Šumarskog Fakulteta, Univerzitet u Beogradu
Glückauf	Glückauf
Glutathione Symp.	Glutathione Symposium Ridgefield 1953; London 1958
Gmelin	Gmelins Handbuch der Anorganischen Chemie. 8. Aufl. Herausg. vom Gmelin-Institut
Godišnik chim. technol. Inst. Sofia	Godišnik na Chimiko-technologičeskija Institut. Sofia
Godišnik Univ. Sofia	Godišnik na Sofijskija Universitet. II. Fiziko-matematičeski Fakultet (Annuaire de l'Université de Sofia. II. Faculté Physico-mathématique)
Gornyj Ž.	Gornyj Žurnal (Mining Journal). Moskau
Group. franç. Rech. aéronaut.	Groupement Français pour le Développement des Recherches Aéronautiques.
Gummi Ztg.	Gummi-Zeitung
Gynaecologia	Gynaecologia. Basel
H.	s. Z. physiol. Chem.
Helv.	Helvetica Chimica Acta
Helv. med. Acta	Helvetica Medica Acta
Helv. phys. Acta	Helvetica Physica Acta
Helv. physiol. Acta	Helvetica Physiologica et Pharmacologica Acta
Heterocycles	Heterocycles. Japan

Kürzung	Titel
Het Gas	Het Gas. den Haag
Hilgardia	Hilgardia. A Journal of Agricultural Science. Berkeley, Calif.
Hochfrequenztech. Elektroakustik	Hochfrequenztechnik und Elektroakustik
Holzforschung	Holzforschung. Berlin
Holz Roh- u. Werkst.	Holz als Roh- und Werkstoff. Berlin
Houben-Weyl	*Houben-Weyl*, Methoden der Organischen Chemie. 3. Aufl. bzw. 4. Aufl. Herausg. von *F. Müller*
Hung. Acta chim.	Hungarica Acta Chimica
Ind. agric. aliment. bzw. Ind. aliment. agric.	Industries agricoles et alimentaires
Ind. Chemist	Industrial Chemist and Chemical Manufacturer. London
Ind. chim. belge	Industrie Chimique Belge
Ind. chimica	L'Industria Chimica. Il Notiziario Chimico-industriale
Ind. chimique	Industrie Chimique
Ind. Conserve	Industria Conserve. Parma
Ind. Corps gras	Industries des Corps gras
Ind. eng. Chem.	Industrial and Engineering Chemistry. Industrial Edition. Washington, D.C.
Ind. eng. Chem. Anal.	Industrial and Engineering Chemistry. Analytical Edition
Ind. eng. Chem. News	Industrial and Engineering Chemistry. News Edition
Ind. eng. Chem. Process Design. Devel.	Industrial and Engineering Chemistry, Process Design and Development
Indian Forest Rec.	Indian Forest Records
Indian J. agric. Sci.	Indian Journal of Agricultural Science
Indian J. appl. Chem.	Indian Journal of Applied Chemistry
Indian J. Biochem. Biophys.	Indian Journal of Biochemistry and Biophysics
Indian J. Chem.	Indian Journal of Chemistry
Indian J. Malariol.	Indian Journal of Malariology
Indian J. med. Res.	Indian Journal of Medical Research
Indian J. Pharm.	Indian Journal of Pharmacy
Indian J. Physics	Indian Journal of Physics and Proceedings of the Indian Association for the Cultivation of Science
Indian J. Physiol.	Indian Journal of Physiology and Allied Sciences
Indian J. veterin. Sci.	Indian Journal of Veterinary Science and Animal Husbandry
Indian Lac Res. Inst. Bl.	Indian Lac Research Institute, Bulletin
Indian med. Gaz.	Indian Medical Gazette
Indian Pharmacist	Indian Pharmacist
Indian Soap J.	Indian Soap Journal
Indian Sugar	Indian Sugar
India Rubber J.	India Rubber Journal. London
India Rubber Wd.	India Rubber World. New York
Indisches P.	Indisches Patent
Ind. Med.	Industrial Medicine. Chicago, Ill.
Ind. Parfum.	Industrie de la Parfumerie
Ind. Plastiques	Industries des Plastiques
Ind. Química	Industria y Química. Buenos Aires
Ind. saccar. ital.	Industria saccarifera Italiana
Ind. textile	Industrie textile. Paris
Informe Estación exp. Puerto Rico	Informe de la Estación experimental de Puerto Rico
Inform. Quim. anal.	Información de Química analitica. Madrid
Ing. Chimiste Brüssel	Ingénieur Chimiste. Brüssel

Kürzung	Titel
Ing. Nederl.-Indië	De Ingenieur in Nederlandsch-Indië
Ing. Vet. Akad. Handl.	Ingeniörsvetenskapsakademiens Handlingar. Stockholm
Inorg. Chem.	Inorganic Chemistry. Washington, D.C.
Inorg. chim. Acta	Inorganica Chimica Acta. Padua
Inorg. Synth.	Inorganic Syntheses. New York
Inst. cubano Invest. tecnol.	Instituto Cubano de Investigaciones Tecnológicas, Serie de Estudios sobre Trabajos de Investigación
Inst. Gas Technol. Res. Bl.	Institute of Gas Technology, Research Bulletin. Chicago, Ill.
Inst. nacion. Tec. aeronaut. Madrid Comun.	I.N.T.A. = Instituto Nacional de Técnica Aeronáutica. Madrid. Comunicadó
2. Int. Conf. Biochem. Probl. Lipids Gent 1955	Biochemical Problems of Lipids, Proceedings of the 2. International Conference Gent 1955
Int. Congr. Microbiol. ... Abstr.	International Congress for Microbiology (III. New York 1939 IV. Kopenhagen 1947), Abstracts bzw. Report of Proceedings
Int. J. Air Pollution	International Journal of Air Pollution
Int. J. Protein Res.	International Journal of Protein Research. Kopenhagen
Int. J. Sulfur Chem.	International Journal of Sulfur Chemistry. Santa Monica, Calif.
XIV. Int. Kongr. Chemie Zürich 1955	XIV. Internationaler Kongress für Chemie, Zürich 1955
Int. landwirtsch. Rdsch.	Internationale landwirtschaftliche Rundschau
Int. Rev. Connect. Tissue Res.	International Review of Connective Tissue Research. New York
Int. Sugar J.	International Sugar Journal. London
Int. Z. Vitaminf.	Internationale Zeitschrift für Vitaminforschung. Bern
Ion	Ion. Madrid
Iowa Coll. agric. Exp. St. Res. Bl.	Iowa State College of Agriculture and Mechanic Arts, Agricultural Experiment Station, Research Bulletin
Iowa Coll. J.	Iowa State College Journal of Science
Israel J. Chem.	Israel Journal of Chemistry
Issled. Zaporožsk. farm. Inst.	Issledovanija v Oblasti Farmacii, Zaporožskij Gosudarstvennyj Farmacevtičeskij Institut
Ital. P.	Italienisches Patent
I.V.A.	Ingeniörsvetenskapsakademien. Tidskrift för teknisk-vetenskaplig Forskning. Stockholm
Izv. Akad. Kazachsk. S.S.R.	Izvestija Akademii Nauk Kazachskoj S.S.R.
Izv. Akad. Kirgizsk. S.S.R. Ser. estestv. tech.	Izvestija Akademii Nauk Kirgizskoj S.S.R. Serija Estestvennych i Techničeskich Nauk
Izv. Akad. S.S.S.R.	Izvestija Akademii Nauk S.S.S.R.; englische Ausgabe: Bulletin of the Academy of Science of the U.S.S.R.
Izv. Akad. Tadžiksk. S.S.R. Otd. estestv.	Izvestija Otdelenija Estestvennych Nauk Akademija Nauk Tadžikskoj S.S.R.
Izv. Akad. Uzheksk. S.S.R.	Izvestija Akademii Nauk Uzbekskoj S.S.R.
Izv. Armjansk. Akad.	Izvestija Armjanskogo Filiala Akademii Nauk S.S.S.R.; ab 1944 Izvestija Akademii Nauk Armjanskoj S.S.R.
Izv. biol. Inst. Permsk. Univ.	Izvestija Biologičeskogo Naučno-issledovatelskogo Instituta pri Permskom Gosudarstvennom Universitete (Bulletin de l'Institut des Recherches Biologiques de Perm)
Izv. chim. Inst. Bulgarska Akad.	Izvestija na Chimičeskija Institut, Bulgarska Akademija na Naukite
Izv. Inst. fiz. chim. Anal.	Izvestija Instituta Fiziko-chimičeskogo Analiza

Kürzung	Titel
Izv. Inst. koll. Chim.	Izvestija Gosudarstvennogo Naučno-issledovatelskogo Instituta Kolloidnoj Chimii (Bulletin de l'Institut des Recherches scientifiques de Chimie colloidale à Voronège)
Izv. Inst. Platiny	Izvestija Instituta po Izučeniju Platiny (Annales de l'Institut du Platine)
Izv. Ivanovo-Vosnessensk. politech. Inst.	Izvestija Ivanovo-Vosnessenskogo Politechničeskogo Instituta
Izv. Karelsk. Kolsk. Akad.	Izvestija Karelskogo i Kolskogo Filialov Akademii Nauk S.S.S.R.
Izv. Kazansk. Akad.	Izvestija Kazanskogo Filiala Akademii Nauk S.S.S.R.
Izv. Krymsk. pedagog. Inst.	Izvestija Krymskogo Pedagogičeskogo Instituta
Izv. Otd. chim. Bulgarska Akad.	Izvestija na Otdelenieto za Chimičeski Nauki, Bulgarska Akademija na Naukite
Izv. Sektora fiz. chim. Anal.	Akademija Nauk S.S.S.R., Institut Obščej i Neorganičeskoj Chimii: Izvestija Sektora Fiziko-chimičeskogo Analiza (Institut de Chimie Générale: Annales du Secteur d'Analyse Physico-chimique)
Izv. Sektora Platiny	Izvestija Sektora Platiny i Drugich Blagorodnych Metallov, Institut Obščej i Neorganičeskoj Chimii
Izv. Sibirsk. Otd. Akad. S.S.S.R.	Izvestija Sibirskogo Otdelenija Akademii Nauk S.S.S.R.
Izv. Tomsk. ind. Inst.	Izvestija Tomskogo industrialnogo Instituta
Izv. Tomsk. politech. Inst.	Izvestija Tomskogo Politechničeskogo Instituta
Izv. Univ. Armenii	Izvestija Gosudarstvennogo Universiteta S.S.R. Armenii
Izv. Uralsk. politech. Inst.	Izvestija Uralskogo Politechničeskogo Instituta
J.	Liebig-Kopps Jahresbericht über die Fortschritte der Chemie
J. acoust. Soc. Am.	Journal of the Acoustical Society of America
Jad. Energ.	Jaderná Energie. Prag
J. agric. chem. Soc. Japan	Journal of the Agricultural Chemical Society of Japan
J. agric. Food Chem.	Journal of Agricultural and Food Chemistry. Washington, D.C.
J. Agric. prat.	Journal d'Agriculture pratique et Journal d'Agriculture
J. agric. Res.	Journal of Agricultural Research. Washington, D.C.
J. agric. Sci.	Journal of Agricultural Science. London
J. Alabama Acad.	Journal of the Alabama Academy of Science
J. Am. Leather Chemists Assoc.	Journal of the American Leather Chemists' Association
J. Am. med. Assoc.	Journal of the American Medical Association
J. Am. Oil Chemists Soc.	Journal of the American Oil Chemists' Society
J. Am. pharm. Assoc.	Journal of the American Pharmaceutical Association. Scientific Edition
J. Am. Soc. Agron.	Journal of the American Society of Agronomy
J. Am. Water Works Assoc.	Journal of the American Water Works Association
J. Annamalai Univ.	Journal of the Annamalai University. Indien
J. Antibiotics Japan	Journal of Antibiotics. Tokyo
Japan Analyst	Japan Analyst [Bunseki Kagaku]
Japan. J. Antibiotics	Japanese Journal of Antibiotics
Japan. J. Bot.	Japanese Journal of Botany
Japan. J. exp. Med.	Japanese Journal of Experimental Medicine
Japan. J. med. Sci.	Japanese Journal of Medical Sciences

Kürzung	Titel
Japan. J. med. Sci. Biol.	Japanese Journal of Medical Science and Biology
Japan. J. Obstet. Gynecol.	Japanese Journal of Obstetrics and Gynecology
Japan. J. Pharmacognosy	Japanese Journal of Pharmacognosy [Shoyakugaku Zasshi]
Japan. J. Pharm. Chem.	Japanese Journal of Pharmacy and Chemistry [Yakugaku Kenkyu]
Japan. J. Physics	Japanese Journal of Physics
Japan. J. Tuberc.	Japanese Journal of Tuberculosis
Japan. med. J.	Japanese Medical Journal
Japan. P.	Japanisches Patent
J. appl. Chem.	Journal of Applied Chemistry. London
J. appl. Chem. U.S.S.R.	Journal of Applied Chemistry of the U.S.S.R. Englische Übersetzung von Žurnal Prikladnoj Chimii
J. appl. Mechanics	Journal of Applied Mechanics. Easton, Pa.
J. appl. Physics	Journal of Applied Physics. New York
J. appl. Physics Japan	Journal of Applied Physics. Tokyo [Oyo Butsuri]
J. appl. Polymer Sci.	Journal of Applied Polymer Science. New York
J. Assoc. agric. Chemists	Journal of the Association of Official Agricultural Chemists. Washington, D.C.
J. Assoc. Eng. Architects Palestine	Journal of the Association of Engineers and Architects in Palestine
J. Austral. Inst. agric. Sci.	Journal of the Australian Institute of Agricultural Science
J. Bacteriol.	Journal of Bacteriology. Baltimore, Md.
Jb. brennkrafttech. Ges.	Jahrbuch der Brennkrafttechnischen Gesellschaft
Jber. chem.-tech. Reichsanst.	Jahresbericht der Chemisch-technischen Reichsanstalt
Jber. Pharm.	Jahresbericht der Pharmazie
J. Biochem. Tokyo	Journal of Biochemistry. Tokyo [Seikagaku]
J. biol. Chem.	Journal of Biological Chemistry. Baltimore, Md.
J. Biophysics Tokyo	Journal of Biophysics. Tokyo
Jb. phil. Fak. II Univ. Bern	Jahrbuch der philosophischen Fakultät II der Universität Bern
Jb. Radioakt. Elektronik	Jahrbuch der Radioaktivität und Elektronik
Jb. wiss. Bot.	Jahrbücher für wissenschaftliche Botanik
J. cellular compar. Physiol.	Journal of Cellular and Comparative Physiology
J. chem. Educ.	Journal of Chemical Education. Washington, D.C.
J. chem. Eng. China	Journal of Chemical Engineering. China
J. chem. eng. Data	Journal of the Chemical and Engineering Data Series; ab 4 [1959] Journal of Chemical and Engineering Data
J. chem. met. min. Soc. S. Africa	Journal of the Chemical, Metallurgical and Mining Society of South Africa
J. Chemotherapy	Journal of Chemotherapy and Advanced Therapeutics
J. chem. Physics	Journal of Chemical Physics. New York
J. chem. Soc. Japan Ind. Chem. Sect. Pure Chem. Sect.	Journal of the Chemical Society of Japan; 1948—1971: Industrial Chemistry Section [Kogyo Kagaku Zasshi] und Pure Chemistry Section [Nippon Kagaku Zasshi]
J. Chem. U.A.R.	Journal of Chemistry of the United Arab Republic
J. Chim. phys.	Journal de Chimie Physique
J. Chin. agric. chem. Soc.	Journal of the Chinese Agricultural Chemical Society
J. Chin. chem. Soc.	Journal of the Chinese Chemical Society. Peking; Serie II Taiwan
J. Chromatography	Journal of Chromatography. Amsterdam
J. clin. Endocrin.	Journal of Clinical Endocrinology (ab 12 [1952]) and Metabolism. Springfield, Ill.
J. clin. Invest.	Journal of Clinical Investigation. Cincinnati, Ohio

Kürzung	Titel
J. Colloid Sci.	Journal of Colloid Science. New York
J. Coord. Chem.	Journal of Coordination Chemistry. New York
J. Coun. scient. ind. Res. Australia	Commonwealth of Australia. Council for Scientific and Industrial Research. Journal
J. Cryst. mol. Struct.	Journal of Crystal and Molecular Structure. London
J. C. S. Chem. Commun.	
J. C. S. Dalton	Aufteilung ab 1972 des Journal of the Chemical Society.
J. C. S. Faraday	London
J. C. S. Perkin	
J. Dairy Res.	Journal of Dairy Research. London
J. Dairy Sci.	Journal of Dairy Science. Columbus, Ohio
J. dental Res.	Journal of Dental Research. Columbus, Ohio
J. Dep. Agric. Kyushu Univ.	Journal of the Department of Agriculture, Kyushu Imperial University
J. Dep. Agric. S. Australia	Journal of the Department of Agriculture of South Australia
J. econ. Entomol.	Journal of Economic Entomology. Baltimore, Md.
J. electroch. Assoc. Japan	Journal of the Electrochemical Association of Japan
J. electroch. Soc.	Journal of the Electrochemical Society. New York
J. electroch. Soc. Japan	Journal of the Electrochemical Society of Japan
J. E. Mitchell scient. Soc.	Journal of the Elisha Mitchell Scientific Society. Chapel Hill, N.C.
J. Endocrin.	Journal of Endocrinology. London
Jernkontor. Ann.	Jernkontorets Annaler
J. europ. Stéroides	Journal Européen des Stéroides
J. exp. Biol.	Journal of Experimental Biology. London
J. exp. Med.	Journal of Experimental Medicine. Baltimore, Md.
J. Fabr. Sucre	Journal des Fabricants de Sucre
J. Fac. Agric. Hokkaido Univ.	Journal of the Faculty of Agriculture, Hokkaido University
J. Fac. Agric. Kyushu Univ.	Journal of the Faculty of Agriculture, Kyushu University
J. Fac. lib. Arts Sci. Shinshu Univ.	Journal of the Faculty of Liberal Arts and Science, Shinshu University
J. Fac. Sci. Hokkaido Univ.	Journal of the Faculty of Science, Hokkaido University
J. Fac. Sci. Univ. Tokyo	Journal of the Faculty of Science, Imperial University of Tokyo
J. Ferment. Technol. Japan	Journal of Fermentation Technology. Japan [Hakko Kogaku Zasshi]
J. Fish. Res. Board Canada	Journal of the Fisheries Research Board of Canada
J. Food Sci.	Journal of Food Science. Chikago, Ill.
J. Four électr.	Journal du Four électrique et des Industries électrochimiques
J. Franklin Inst.	Journal of the Franklin Institute. Philadelphia, Pa.
J. Fuel Soc. Japan	Journal of the Fuel Society of Japan [Nenryo Kyokaishi]
J. gen. appl. Microbiol. Tokyo	Journal of General and Applied Microbiology. Tokyo
J. gen. Chem. U.S.S.R.	Journal of General Chemistry of the U.S.S.R. Englische Übersetzung von Žurnal Obščej Chimii
J. gen. Microbiol.	Journal of General Microbiology. London
J. gen. Physiol.	Journal of General Physiology. Baltimore, Md.
J. heterocycl. Chem.	Journal of Heterocyclic Chemistry. Albuquerque, N. Mex.
J. Histochem. Cytochem.	Journal of Histochemistry and Cytochemistry. Baltimore
J. Hyg.	Journal of Hygiene. Cambridge
J. Immunol.	Journal of Immunology. Baltimore, Md.

Kürzung	Titel
J. ind. Hyg.	Journal of Industrial Hygiene and Toxicology. Baltimore, Md.
J. Indian chem. Soc.	Journal of the Indian Chemical Society
J. Indian chem. Soc. News	Journal of the Indian Chemical Society; Industrial and News Edition
J. Indian Inst. Sci.	Journal of the Indian Institute of Science
J. inorg. Chem. U.S.S.R.	Journal of Inorganic Chemistry of the U.S.S.R. Englische Übersetzung von Žurnal Neorganičeskoj Chimii **1 – 3**
J. inorg. nuclear Chem.	Journal of Inorganic and Nuclear Chemistry. London
J. Inst. Brewing	Journal of the Institute of Brewing. London
J. Inst. electr. Eng. Japan	Journal of the Institute of the Electrical Engineers. Japan
J. Inst. Fuel	Journal of the Institute of Fuel. London
J. Inst. Petr.	Journal of the Institute of Petroleum. London (ab **25** [1939]) Fortsetzung von:
J. Inst. Petr. Technol.	Journal of the Institution of Petroleum Technologists. London
J. Inst. Polytech. Osaka City Univ.	Journal of the Institute of Polytechnics, Osaka City University
J. int. Soc. Leather Trades Chemists	Journal of the International Society of Leather Trades' Chemists
J. Iowa State med. Soc.	Journal of the Iowa State Medical Society
J. Japan. biochem. Soc.	Journal of Japanese Biochemical Society [Nippon Seikagaku Kaishi]
J. Japan. Bot.	Journal of Japanese Botany [Shokubutsu Kenkyu Zasshi]
J. Japan. Chem.	Journal of Japanese Chemistry [Kagaku No Ryoiki]
J. Japan. Forest. Soc.	Journal of the Japanese Forestry Society [Nippon Rin Gakkai-Shi]
J. Japan Soc. Colour Mat.	Journal of the Japan Society of Colour Material
J. Japan. Soc. Food Nutrit.	Journal of the Japanese Society of Food and Nutrition [Eiyo to Shokuryo]
J. Japan Wood Res. Soc.	Journal of the Japan Wood Research Society [Nippon Mokuzai Gakkaishi]
J. Karnatak Univ.	Journal of the Karnatak University
J. Korean chem. Soc.	Journal of the Korean Chemical Society
J. Kumamoto Women's Univ.	Journal of Kumamoto Women's University [Kumamoto Joshi Daigaku Gakujitsu Kiyo]
J. Labor. clin. Med.	Journal of Laboratory and Clinical Medicine. St. Louis, Mo.
J. Lipid Res.	Journal of Lipid Research. New York
J. Madras Univ.	Journal of the Madras University
J. magnet. Resonance	Journal of Magnetic Resonance. London
J. Maharaja Sayajirao Univ. Baroda	Journal of the Maharaja Sayajirao University of Baroda
J. makromol. Ch.	Journal für Makromolekulare Chemie
J. Marine Res.	Journal of Marine Research. New Haven, Conn.
J. med. Chem.	Journal of Medicinal Chemistry. Washington, D. C. Fortsetzung von:
J. med. pharm. Chem.	Journal of Medicinal and Pharmaceutical Chemistry. New York
J. Missouri State med. Assoc.	Journal of the Missouri State Medical Association
J. mol. Spectr.	Journal of Molecular Spectroscopy. New York
J. mol. Structure	Journal of Molecular Structure. Amsterdam
J. Mysore Univ.	Journal of the Mysore University; ab 1940 unterteilt in A. Arts und B. Science incl. Medicine and Engineering
J. nation. Cancer Inst.	Journal of the National Cancer Institute, Washington, D. C.
J. nerv. mental Disease	Journal of Nervous and Mental Disease. New York

Kürzung	Titel
J. New Zealand Inst. Chem.	Journal of the New Zealand Institute of Chemistry
J. Nutrit.	Journal of Nutrition. Philadelphia, Pa.
J. Oil Chemists Soc. Japan	Journal of the Oil Chemists' Society. Japan [Yushi Kagaku Kyokaishi; ab 5 [1956] Yukagaku]
J. Oil Colour Chemists Assoc.	Journal of the Oil & Colour Chemists' Association. London
J. Okayama med. Soc.	Journal of the Okayama Medical Society [Okayama-Igakkai-Zasshi]
J. opt. Soc. Am.	Journal of the Optical Society of America
J. organomet. Chem.	Journal of Organometallic Chemistry. Amsterdam
J. org. Chem.	Journal of Organic Chemistry. Baltimore, Md.
J. org. Chem. U.S.S.R.	Journal of Organic Chemistry of the U.S.S.R. Englische Übersetzung von Žurnal organičeskoj Chimii
J. oriental Med.	Journal of Oriental Medicine. Manchu
Jornal Farm.	Jornal dos Farmacéuticos
J. Osmania Univ.	Journal of the Osmania University. Heiderabad
Journée Vinicole-Export	Journée Vinicole-Export
J. Path. Bact.	Journal of Pathology and Bacteriology. Edinburgh
J. Penicillin Tokyo	Journal of Penicillin. Tokyo
J. Petr. Technol.	Journal of Petroleum Technology. New York
J. Pharmacol. exp. Therap.	Journal of Pharmacology and Experimental Therapeutics. Baltimore, Md.
J. pharm. Assoc. Siam	Journal of the Pharmaceutical Association of Siam
J. Pharm. Belg.	Journal de Pharmacie de Belgique
J. Pharm. Chim.	Journal de Pharmacie et de Chimie
J. Pharm. Elsass-Lothringen	Journal der Pharmacie von Elsass-Lothringen
J. Pharm. Pharmacol.	Journal of Pharmacy and Pharmacology. London
J. pharm. Sci.	Journal of Pharmaceutical Sciences. Washington, D.C
J. pharm. Soc. Japan	Journal of the Pharmaceutical Society of Japan [Yakugaku Zasshi]
J. phys. Chem.	Journal of Physical (1947–51 & Colloid) Chemistry. Washington, D.C.
J. Physics U.S.S.R.	Journal of Physics. Academy of Sciences of the U.S.S.R
J. Physiol. London	Journal of Physiology. London
J. physiol. Soc. Japan	Journal of the Physiological Society of Japan [Nippon Seirigaku Zasshi]
J. Phys. Rad.	Journal de Physique et le Radium
J. phys. Soc. Japan	Journal of the Physical Society of Japan
J. Polymer Sci.	Journal of Polymer Science. New York
J. pr.	Journal für Praktische Chemie
J. Pr. Inst. Chemists India	Journal and Proceedings of the Institution of Chemists, India
J. Pr. Soc. N.S. Wales	Journal and Proceedings of the Royal Society of New South Wales
J. Recherches Centre nation.	Journal des Recherches du Centre National de la Recherche Scientifique, Laboratoires de Bellevue
J. Res. Bur. Stand.	Bureau of Standards Journal of Research; ab 13 [1934] Journal of Research of the National Bureau of Standards. Washington, D.C.
J. Res. Inst. Catalysis Hokkaido Univ.	Journal of the Research Institute for Catalysis, Hokkaido University
J. Rheol.	Journal of Rheology. Easton, Pa.
J. roy. horticult. Soc.	Journal of the Royal Horticultural Society
J. roy. tech. Coll.	Journal of the Royal Technical College. Glasgow

Kürzung	Titel
J. Rubber Res.	Journal of Rubber Research. Croydon, Surrey
J. S. African chem. Inst.	Journal of the South African Chemical Institute
J. S. African veterin. med. Assoc.	Journal of the South African Veterinary Medical Association
J. scient. ind. Res. India	Journal of Scientific and Industrial Research, India
J. scient. Instruments	Journal of Scientific Instruments. London
J. scient. Labor. Denison Univ.	Journal of the Scientific Laboratories, Denison University. Granville, Ohio
J. scient. Res. Inst. Tokyo	Journal of the Scientific Research Institute. Tokyo
J. Sci. Food Agric.	Journal of the Science of Food and Agriculture. London
J. Sci. Hiroshima Univ.	Journal of Science of the Hiroshima University
J. Sci. Soil Manure Japan	Journal of the Science of Soil and Manure, Japan [Nippon Dojo Hiryogaku Zasshi]
J. Sci. Technol. India	Journal of Science and Technology, India
J. Shanghai Sci. Inst.	Journal of the Shanghai Science Institute
J. Shinshu Univ.	Journal of the Shinshu University [Shinshu Daigaku Kiyo]
J. Soc. chem. Ind.	Journal of the Society of Chemical Industry. London
J. Soc. chem. Ind. Japan	Journal of the Society of Chemical Industry, Japan [Kogyo Kagaku Zasshi]
J. Soc. chem. Ind. Japan Spl.	Journal of the Society of Chemical Industry, Japan. Supplemental Binding
J. Soc. cosmet. Chemists	Journal of the Society of Cosmetic Chemists. Oxford
J. Soc. Dyers Col.	Journal of the Society of Dyers and Colourists. Bradford, Yorkshire
J. Soc. Leather Trades Chemists	Journal of the (von 9 Nr. 10 [1925] —31 [1947] International) Society of Leather Trades' Chemists
J. Soc. org. synth. Chem. Japan	Journal of the Society of Organic Synthetic Chemistry, Japan [Yuki Gosei Kagaku Kyokaishi]
J. Soc. Phot. Sci. Technol. Japan	Journal of the Society of Photographic Science and Technology of Japan [Nippon Shashin Gakkaishi]
J. Soc. Rubber Ind. Japan	Journal of the Society of Rubber Industry of Japan [Nippon Gomu Kyokaishi]
J. Soc. trop. Agric. Taihoku Univ.	Journal of the Society of Tropical Agriculture Taihoku University [Nettai Nogaku Kaishi]
J. Soc. west. Australia	Journal of the Royal Society of Western Australia
J. State Med.	Journal of State Medicine. London
J. Stefan Inst. Rep.	Jozef Stefan Institute, Reports. Ljubljana
J. Taiwan pharm. Assoc.	Journal of the Taiwan Pharmaceutical Association [T'a-i Wan Yao Hsueh Tsa Chih]
J. Tennessee Acad.	Journal of the Tennessee Academy of Science
J. Textile Inst.	Journal of the Textile Institute, Manchester
J. Tohoku Coll. Pharm.	Journal of the Tohoku College of Pharmacy [Tohoku Yakka Daigaku Kiyo]
J. Tokyo chem. Soc.	Journal of the Tokyo Chemical Society [Tokyo Kagakukai Shi]
J. trop. Med. Hyg.	Journal of Tropical Medicine and Hygiene. London
Jugosl. P.	Jugoslawisches Patent
J. Univ. Bombay	Journal of the University of Bombay
J. Univ. Poona	Journal of the University of Poona. Indien
J. Urol.	Journal of Urology. Baltimore, Md.
J. Usines Gaz	Journal des Usines à Gaz
J. Vitaminol. Japan	Journal of Vitaminology. Osaka bzw. Kyoto
J. Washington Acad.	Journal of the Washington Academy of Sciences
Kali	Kali, verwandte Salze und Erdöl
Kaučuk Rez.	Kaučuk i Rezina (Kautschuk und Gummi)

Kürzung	Titel
Kauno politech. Inst. Darbai	Kauno Politechnikos Instituto Darbai
Kautschuk	Kautschuk. Berlin
Kautschuk Gummi	Kautschuk und Gummi
Keemia Teated	Keemia Teated (Chemie-Nachrichten). Tartu
Kem. Maanedsb.	Kemisk Maanedsblad og Nordisk Handelsblad for Kemisk Industri. Kopenhagen
Kimya Ann.	Kimya Annali. Istanbul
Kirk-Othmer	Encyclopedia of Chemical Technology. 1. Aufl. herausg. von *R. E. Kirk* u. *D. F. Othmer*; 2. Aufl. von *A. Standen, H. F. Mark, J. M. McKetta, D. F. Othmer*
Klepzigs Textil-Z.	Klepzigs Textil-Zeitschrift
Klin. Med. S.S.S.R.	Kliničeskaja Medicina S.S.S.R.
Klin. Wschr.	Klinische Wochenschrift
Koks Chimija	Koks i Chimija
Koll. Beih.	Kolloidchemische Beihefte; ab **33** [1931] Kolloid-Beihefte
Koll. Z.	Kolloid-Zeitschrift
Koll. Žurnal	Kolloidnyj Žurnal; englische Ausgabe: Colloid Journal of the U.S.S.R.
Konserv. plod. Promyšl.	Konservnaja i Plodoovoščnaja Promyšlennost (Konserven-, Obst- und Gemüse-Industrie)
Korros. Metallschutz	Korrosion und Metallschutz
Kraftst.	Kraftstoff
Kristallografija	Kristallografija. Moskau; englische Ausgabe: Soviet Physics Crystallography
Kulturpflanze	Die Kulturpflanze. Berlin
Kumamoto med. J.	Kumamoto Medical Journal
Kumamoto pharm. Bl.	Kumamoto Pharmaceutical Bulletin
Kunstsd.	Kunstseide
Kunstsd. Zellw.	Kunstseide und Zellwolle
Kunstst.	Kunststoffe
Kunstst. Plastics	Kunststoffe-Plastics. Solothurn
Kunstst.-Tech.	Kunststoff-Technik und Kunststoff-Anwendung
Labor. Praktika	Laboratornaja Praktika (La Pratique du Laboratoire)
Lait	Lait. Paris
Lancet	Lancet. London
Landolt-Börnstein	*Landolt-Börnstein.* 5. Aufl.: Physikalisch-chemische Tabellen. Herausg. von *W. A. Roth* und *K. Scheel.* — 6. Aufl.: Zahlenwerte und Funktionen aus Physik, — Chemie, Astronomie, Geophysik und Technik. Herausg. von *A. Eucken*
Landw. Jb.	Landwirtschaftliche Jahrbücher
Landw. Jb. Schweiz	Landwirtschaftliches Jahrbuch der Schweiz
Landw. Versuchsstat.	Die landwirtschaftlichen Versuchs-Stationen
Lantbruks Högskol. Ann.	Kungliga Lantbruks-Högskolans Annaler
Latvijas Akad. mežsaimn. Probl. Inst. Raksti	Latvijas P.S.R. Zinātņu Akademija, Mežsaimniecibas Problemu Instituta Raksti
Latvijas Akad. Vēstis	Latvijas P.S.R. Zinātņu Akademijas Vēstis
Latvijas Univ. Raksti	Latvijas Universitates Raksti
Leder	Das Leder
Lesochim. Promyšl.	Lesochimičeskaja Promyšlennost (Holzchemische Industrie)
Lietuvos Akad. Darbai	Lietuvos TSR Mokslų Akademijos Darbai
Lietuvos aukšt. Mokyklų Darbai	Lietuvos TSR Aukštųjų Mokyklų Mokslo Darbai
Lipids	Lipids. Champaign, Ill.
Listy cukrovar.	Listy Cukrovarnické (Blätter für die Zuckerindustrie). Prag

Kürzung	Titel
Lloydia	Lloydia. Cincinnati, Ohio
Lucrările Inst. Petr. Gaze	Lucrările Institutului de Petrol si Gaze din Bucuresti
M.	Monatshefte für Chemie. Wien
Machinery New York	Machinery. New York
Macromolecules	Macromolecules. Murray Hill, N.J.
Magyar biol. Kutató-intézet Munkái	Magyar Biologiai Kutatóintézet Munkái (Arbeiten des un-garischen biologischen Forschungs-Instituts in Tihany)
Magyar fiz. Folyóirat	Magyar Fizikai Folyóirat (Ungarische Physikalische Zeit-schrift)
Magyar gyógysz. Társ. Ért.	Magyar Gyógyszerésztudományi Társaság Értesitöje (Berichte der Ungarischen Pharmazeutischen Gesellschaft)
Magyar kém. Folyóirat	Magyar Kémiai Folyóirat (Ungarische Zeitschrift für Chemie)
Magyar kém. Lapja	Magyar Kémikusok Lapja (Blatt der Ungarischen Chemiker)
Magyar orvosi Arch.	Magyar Orvosi Archivum (Ungarisches Archiv für Ärzte)
Makromol. Ch.	Makromolekulare Chemie
Manuf. Chemist	Manufacturing Chemist and Pharmaceutical and Fine Chemical Trade Journal. London
Margarine-Ind.	Margarine-Industrie
Maslob. žir. Delo	Maslobojno-žirovoe Delo (Öl- und Fett-Industrie)
Materials chem. Ind. Tokyo	Materials for Chemical Industry. Tokyo [Kagaku Kogyo Shiryo]
Mat. grasses	Les Matières Grasses. — Le Pétrole et ses Dérivés
Math. nat. Ber. Ungarn	Mathematische und naturwissenschaftliche Berichte aus Ungarn
Mat. Obmenu pered. Opytom naučn. Dostiž. chim. farm. Promyšl.	Materialy po Obmenu Peredovym Opytom i Naučnynii Dostiženijami v Chimiko-farmacevtičeskoj Promyšlennosti
Mat. természettud. Értesitö	Matematikai és Természettudományi Értesitö. A Magyar Tudományos Akadémia III. Osztályának Folyóirata (Mathematischer und naturwissenschaftlicher Anzeiger der Ungarischen Akademie der Wissenschaften)
Mech. Eng.	Mechanical Engineering. Easton, Pa.
Med. Biol. Japan	Medicine and Biology. Tokyo [Igaku To Seibutsugaku]
Med. Ch.I.G.	Medizin und Chemie. Abhandlungen aus den Medizinisch-chemischen Forschungsstätten der I. G. Farbenindustrie A G.
Medd. norsk farm. Selsk.	Meddelelser fra Norsk Farmaceutisk Selskap
Meded. vlaam. Acad.	Mededeelingen van de Koninklijke Vlaamsche Academie voor Wetenschappen, Letteren en Schoone Kunsten van Belgie, Klasse der Wetenschappen
Meded. vlaam. chem. Verenig.	Mededelingen van de Vlaamse chemische Vereniging
Medicina Buenos Aires	Medicina. Buenos Aires
Med. J. Australia	Medical Journal of Australia
Med. J. Osaka Univ.	Medical Journal of Osaka University [Osaka Daigaku Igaku Zasshi]
Med. Klin.	Medizinische Klinik
Med. Promyšl.	Medicinskaja Promyšlennost S.S.S.R.
Med. sperim. Arch. ital.	Medicina sperimentale Archivio italiano
Med. Welt	Medizinische Welt
Melliand Textilber.	Melliand Textilberichte
Mem. Acad. Barcelona	Memorias de la real Academia de Ciencias y Artes de Bar-celona
Mém. Acad. Belg. 8°	Académie Royale de Belgique, Classe des Sciences: Mémoires. Collection in 8°

Kürzung	Titel
Mem. Accad. Bologna	Memorie della Reale Accademia delle Scienze dell'Istituto di Bologna. Classe di Scienze Fisiche
Mem. Accad. Italia	Memorie della Reale Accademia d'Italia. Classe di Scienze Fisiche, Matematiche e Naturali
Mem. Accad. Lincei	Memorie della Reale Accademia Nazionale dei Lincei. Classe di Scienze Fisiche, Matematiche e Naturali. Sezione II: Fisica, Chimica, Geologia, Palaeontologia, Mineralogia
Mém. Artillerie franç.	Mémorial de l'Artillerie française. Sciences et Techniques de l'Armement
Mem. Asoc. Tecn. azucar. Cuba	Memoria de la Asociación de Técnicos Azucareros de Cuba
Mem. Coll. Agric. Kyoto Univ.	Memoirs of the College of Agriculture, Kyoto Imperial University
Mem. Coll. Eng. Kyushu Univ.	Memoirs of the College of Engineering, Kyushu Imperial University
Mem. Coll. Sci. Kyoto Univ.	Memoirs of the College of Science, Kyoto Imperial University
Mem. Fac. Agric. Kagoshima Univ.	Memoirs of the Faculty of Agriculture, Kagoshima University
Mem. Fac. Eng. Kyoto Univ.	Memoirs of the Faculty of Engineering Kyoto University
Mem. Fac. Eng. Kyushu Univ.	Memoirs of the Faculty of Engineering, Kyushu University
Mem. Fac. liberal Arts Educ. Akita Univ.	Memoirs of the Faculty of Liberal Arts and Education, Akita University [Akita Daigaku Gakugei Gakubu Kenkyu Kiyo]
Mem. Fac. Sci. Eng. Waseda Univ.	Memoirs of the Faculty of Science and Engineering. Waseda University, Tokyo
Mem. Fac. Sci. Kyushu Univ.	Memoirs of the Faculty of Science, Kyushu University
Mem. Inst. Butantan	Memorias do Instituto Butantan. São Paulo
Mém. Inst. colon. belge 8°	Institut Royal Colonial Belge, Section des Sciences naturelles et médicales, Mémoires, Collection in 8°
Mem. Inst. O. Cruz	Memórias do Instituto Oswaldo Cruz. Rio de Janeiro
Mem. Inst. scient. ind. Res. Osaka Univ.	Memoirs of the Institute of Scientific and Industrial Research, Osaka University
Mem. Muroran Univ. Eng.	Memoirs of the Muroran University of Engineering [Muroran Kogyo Daigaku Kenkyu Hokoku]
Mem. N. Y. State agric. Exp. Sta.	Memoirs of the N. Y. State Agricultural Experiment Station
Mém. Poudres	Mémorial des Poudres
Mem. Res. Inst. Food Sci. Kyoto Univ.	Memoris of the Research Institute for Food Science, Kyoto University
Mem. Ryojun Coll. Eng.	Memoirs of the Ryojun College of Engineering. Mandschurei
Mem. School Eng. Okayama Univ.	Memoirs of the School of Engineering, Okayama University
Mém. Services chim.	Mémorial des Services Chimiques de l'État
Mem. Soc. entomol. ital.	Memorie della Società Entomologica Italiana
Mém. Soc. Sci. Liège	Mémoires de la Société royale des Sciences de Liège
Mercks Jber.	E. Mercks Jahresbericht über Neuerungen auf den Gebieten der Pharmakotherapie und Pharmazie
Metal Ind. London	Metal Industry. London
Metal Ind. New York	Metal Industry. New York
Metall Erz	Metall und Erz
Metallurg	Metallurg
Metallurgia ital.	Metallurgia italiana

Kürzung	Titel
Metals Alloys	Metals and Alloys. New York
Mezögazd. Kutat.	Mezögazdasági Kutatások (Landwirtschaftliche Forschung)
Mich. Coll. Agric. eng. Exp. Sta. Bl.	Michigan State College of Agriculture and Applied Science, Engineering Experiment Station, Bulletin
Microchem. J.	Microchemical Journal. New York
Mikrobiologija	Mikrobiologija; englische Ausgabe: Microbiology U.S.S.R.
Mikroch.	Mikrochemie. Wien (ab 25 [1938]):
Mikroch. Acta	Mikrochimica Acta. Wien
Milchwirtsch. Forsch.	Milchwirtschaftliche Forschungen
Mineração	Mineração e Metalurgia. Rio de Janeiro
Mineral. Syrje	Mineral'noe Syrje (Mineralische Rohstoffe)
Minicam Phot.	Minicam Photography. New York
Mining Met.	Mining and Metallurgy. New York
Misc. Rep. Res. Inst. nat. Resources Tokyo	Miscellaneous Reports of the Research Institute for Natural Resources. Tokyo [Shigen Kagaku Kenkyusho Iho]
Mitt. chem. Forschungsinst. Ind. Öst.	Mitteilungen des Chemischen Forschungsinstitutes der Industrie bzw. der Wirtschaft Österreichs
Mitt. Forschungslabor. AGFA	Mitteilungen aus den Forschungslaboratorien der AGFA
Mitt. Kältetechn. Inst.	Mitteilungen des Kältetechnischen Instituts und der Reichsforschungs-Anstalt für Lebensmittelfrischhaltung an der Technischen Hochschule Karlsruhe
Mitt. Kohlenforschungsinst. Prag	Mitteilungen des Kohlenforschungsinstituts in Prag
Mitt. Lebensmittelunters. Hyg.	Mitteilungen aus dem Gebiete der Lebensmitteluntersuchung und Hygiene. Bern
Mitt. med. Akad. Kioto	Mitteilungen aus der Medizinischen Akademie zu Kioto
Mitt. Physiol.-chem. Inst. Berlin	Mitteilungen des Physiologisch-chemischen Instituts der Universität Berlin
Mod. Plastics	Modern Plastics. New York
Mol. Crystals	Molecular Crystals. London; ab 5 [1968] Nr. 4; and Liquid Crystals. London
Mol. Photochem.	Molecular Photochemistry. New York
Mol. Physics	Molecular Physics. New York
Monatsber. Dtsch. Akad. Berlin	Monatsberichte der Deutschen Akademie der Wissenschaften zu Berlin
Monats-Bl. Schweiz. Ver. Gas-Wasserf.	Monats-Bulletin des Schweizerischen Vereins von Gas- und Wasserfachmännern
Monatsschr. Psychiatrie	Monatsschrift für Psychiatrie und Neurologie
Monatsschr. Textilind.	Monatsschrift für Textil-Industrie
Monit. Farm.	Monitor de la Farmacia y de la Terapéutica. Madrid
Monit. Prod. chim.	Moniteur des Produits chimiques
Monogr. biol.	Monographiae Biologicae. Den Haag
Monthly Bl. agric. Sci. Pract.	Monthly Bulletin of Agricultural Science and Practice. Rom
Müegyet. Közlem.	Müegyetemi Közlemények, Budapest (Landwirtschaftliche Untersuchungen)
Mühlenlab.	Mühlenlaboratorium
Münch. med. Wschr.	Münchener Medizinische Wochenschrift
Nachr. Akad. Göttingen	Nachrichten von der Akademie der Wissenschaften zu Göttingen. Mathematisch-physikalische Klasse
Nachr. Ges. Wiss. Göttingen	Nachrichten von der Gesellschaft der Wissenschaften zu Göttingen. Mathematisch-physikalische Klasse
Nagasaki med. J.	Nagasaki Medical Journal [Nagasaki Igakkai Zasshi]
Nahrung	Nahrung. Berlin

Kürzung	Titel
Nation. Advis. Comm. Aeronautics	National Advisory Committee for Aeronautics. Washington, D.C.
Nation. Centr. Univ. Sci. Rep. Nanking	National Central University Science Reports. Nanking
Nation. Inst. Health Bl.	National Institutes of Health Bulletin. Washington, D.C.
Nation. Nuclear Energy Ser.	National Nuclear Energy Series
Nation. Petr. News	National Petroleum News. Cleveland, Ohio
Nation. Res. Coun. Conf. electric Insulation	National Research Council, Conference on Electric Insulation
Nation. Stand. Labor. Australia tech. Pap.	Commonwealth Scientific and Industrial Research Organisation, Australia. National Standards Laboratory Technical Paper
Nat. Sci. Rep. Ochanomizu Univ.	Natural Science Report of the Ochanomizu University
Nature	Nature. London
Naturf. Med. Dtschld. 1939—1946	Naturforschung und Medizin in Deutschland 1939—1946
Naturwiss.	Naturwissenschaften
Naturwiss. Rdsch.	Naturwissenschaftliche Rundschau. Stuttgart
Natuurw. Tijdschr.	Natuurwetenschappelijk Tijdschrift
Naučn. Bjull. Leningradsk. Univ.	Naučnyj Bjulleten Leningradskogo Gosudarstvennogo Ordena Lenina Universiteta
Naučn. Ežegodnik Černovick. Univ.	Naučnyi Ežegodnik Černovickogo Universiteta
Naučn. Ežegodnik Saratovsk. Univ.	Naučnyj Ežegodnik za God Saratovskogo Universiteta
Naučni Trudove višsija med. Inst. Sofija	Naučni Trudove na Višsija Medicinski Institut Sofija
Naučno-issledov. Trudy Moskovsk. tekstil. Inst.	Naučno-issledovatelskie Trudy, Moskovskij Tekstilnyj Institut
Naučn. Trudy Erevansk. Univ.	Naučnye Trudy, Erevanskij Gosudarstvennyj Universitet
Naučn. Zap. Dnepropetrovsk. Univ.	Naučnye Zapiski, Dnepropetrovskij Gosudarstvennyj Universitet
Naučn. Zap. Odessk. pedagog. Inst.	Naučnye Zapiski Odesskij Gosudarstvennyj Pedagogičeskij Institut
Naučn. Zap. Užgorodsk. Univ.	Naučnye Zapiski Užgorodskogo Gosudarstvennogo Universiteta
Nauk. Zap. Černiveck. Univ.	Naukovi Zapiski, Černiveckii Deržavenij Universitet. Lvov
Nauk. Zap. Kiivsk. Univ.	Naukovi Zapiski, Kiivskij Deržavnij Universitet
Nauk. Zap. Krivorizk. pedagog. Inst.	Naukovi Zapiski Krivorizkogo Deržavnogo Pedagogičnogo Instituta
Naval Res. Labor. Rep.	Naval Research Laboratories. Reports
Nederl. Tijdschr. Geneesk.	Nederlandsch Tijdschrift voor Geneeskunde
Nederl. Tijdschr. Pharm. Chem. Toxicol.	Nederlandsch Tijdschrift voor Pharmacie, Chemie en Toxicologie
Neft. Chozjajstvo	Neftjanoe Chozjajstvo (Petroleum-Wirtschaft); **21** [1940] — **22** [1941] Neftjanaja Promyšlennost
Neftechimija	Neftechimija
Netherlands Milk Dairy J.	Netherlands Milk and Dairy Journal
New Drugs Clinic	New Drugs and Clinic [Shinyaku To Rinsho]
New England J. Med.	New England Journal of Medicine. Boston, Mass.
New Phytologist	New Phytologist. Cambridge

Kürzung	Titel
New Zealand J. Agric.	New Zealand Journal of Agriculture
New Zealand J. Sci. Technol.	New Zealand Journal of Science and Technology
Niederl. P.	Niederländisches Patent
Nitrocell.	Nitrocellulose
Nippon Univ. med. J.	Nippon University Medical Journal [Nichidai Igaku Zasshi]
N. Jb. Min. Geol.	Neues Jahrbuch für Mineralogie, Geologie und Paläontologie
N. Jb. Pharm.	Neues Jahrbuch Pharmazie
Nordisk Med.	Nordisk Medicin. Stockholm
Norges Apotekerforen. Tidsskr.	Norges Apotekerforenings Tidsskrift
Norges tekn. Vit. Akad.	Norges Tekniske Vitenskapsakademi
Norske Vid. Akad. Avh.	Norske Videnskaps-Akademi i Oslo. Avhandlinger. I. Matematisk-naturvidenskapelig Klasse
Norske Vid. Selsk. Forh.	Kongelige Norske Videnskabers Selskab. Forhandlinger
Norske Vid. Selsk. Skr.	Kongelige Norske Videnskabers Selskab. Skrifter
Norsk Veterin.-Tidsskr.	Norsk Veterinär-Tidsskrift
North Carolina med. J.	North Carolina Medical Journal
Noticias farm.	Noticias Farmaceuticas. Portugal
Nova Acta Leopoldina	Nova Acta Leopoldina. Halle/Saale
Nova Acta Soc. Sci. upsal.	Nova Acta Regiae Societatis Scientiarum Upsaliensis
Novosti tech.	Novosti Techniki (Neuheiten der Technik)
Nucleonics	Nucleonics. New York
Nucleus	Nucleus. Cambridge, Mass.
Nuovo Cimento	Nuovo Cimento
N. Y. State agric. Exp. Sta.	New York State Agricultural Experiment Station. Technical Bulletin
N. Y. State Dep. Labor monthly Rev.	New York State Department of Labor; Monthly Review. Division of Industrial Hygiene
Obščestv. Pitanie	Obščestvennoe Pitanie (Gemeinschaftsverpflegung)
Obstet. Ginecol.	Obstetricía y Ginecología latino-americanas
Occupat. Med.	Occupational Medicine. Chicago, Ill.
Öf. Fi.	Öfversigt af Finska Vetenskapssocietetens Förhandlingar, A. Matematik och Naturvetenskaper
Öle Fette Wachse	Öle, Fette, Wachse (ab 1936 Nr. 7), Seife, Kosmetik
Öl Kohle	Öl und Kohle
Öst. bot. Z.	Österreichische botanische Zeitschrift
Öst. Chemiker-Ztg.	Österreichische Chemiker-Zeitung; Bd. **45** Nr. 18/20 [1942] — Bd. **47** [1946] Wiener Chemiker-Zeitung
Öst. P.	Österreichisches Patent
Offic. Digest Federation Paint Varnish Prod. Clubs	Official Digest of the Federation of Paint & Varnish Production Clubs. Philadelphia, Pa.
Ogawa Perfume Times	Ogawa Perfume Times [Ogawa Koryo Jiho]
Ohio J. Sci.	Ohio Journal of Science
Oil Colour Trades J.	Oil and Colour Trades Journal. London
Oil Fat Ind.	Oil an Fat Industries
Oil Gas J.	Oil and Gas Journal. Tulsa, Okla.
Oil Soap	Oil and Soap. Chicago, Ill.
Oil Weekly	Oil Weekly. Houston, Texas
Oléagineux	Oléagineux
Onderstepoort J. veterin. Res.	Onderstepoort Journal of Veterinary Research
Onderstepoort J. veterin. Sci.	Onderstepoort Journal of Veterinary Science and Animal Industry

Kürzung	Titel
Optics Spectr.	Optics and Spectroscopy. Englische Übersetzung von Optika i Spektroskopija
Optika Spektr.	Optika i Spektroskopija; englische Ausgabe: Optics and Spectroscopy
Org. magnet. Resonance	Organic Magnetic Resonance. London
Org. Mass Spectrom.	Organic Mass Spectrometry. London
Org. Prepar. Proced. int.	Organic Preparations and Procedures International. Newton Highlands, Mass.
Org. Reactions	Organic Reactions. New York
Org. Synth.	Organic Syntheses. New York
Org. Synth. Isotopes	Organic Syntheses with Isotopes. New York
Paint Manuf.	Paint Incorporating Paint Manufacture. London
Paint Oil chem. Rev.	Paint, Oil and Chemical Review. Chicago, Ill.
Paint Technol.	Paint Technology. Pinner, Middlesex, England
Pakistan J.scient.ind.Res.	Pakistan Journal of Scientific and Industrial Research
Pakistan J. scient. Res.	Pakistan Journal of Scientific Research
Paliva	Paliva a Voda (Brennstoffe und Wasser). Prag
Paperi ja Puu	Paperi ja Puu. Helsinki
Paper Ind.	Paper Industry. Chicago, Ill.
Paper Trade J.	Paper Trade Journal. New York
Papeterie	Papeterie. Paris
Papier	Papier. Darmstadt
Papierf.	Papierfabrikant. Technischer Teil
Parf. Cosmét. Savons	Parfumerie, Cosmétique, Savons
Parf. France	Parfums de France
Parf. Kosmet.	Parfümerie und Kosmetik
Parf. moderne	Parfumerie moderne
Parfumerie	Parfumerie. Paris
Peintures	Peintures, Pigments, Vernis
Perfum. essent. Oil Rec.	Perfumery and Essential Oil Record. London
Period. Min.	Periodico di Mineralogia. Rom
Period. polytech.	Periodica Polytechnica. Budapest
Petr. Berlin	Petroleum. Berlin
Petr. Eng.	Petroleum Engineer. Dallas, Texas
Petr. London	Petroleum. London
Petr. Processing	Petroleum Processing. Cleveland, Ohio
Petr. Refiner	Petroleum Refiner. Houston, Texas
Petr. Technol.	Petroleum Technology. New York
Petr. Times	Petroleum Times. London
Pflanzenschutz Ber.	Pflanzenschutz Berichte. Wien
Pflügers Arch. Physiol.	Pflügers Archiv für die gesamte Physiologie der Menschen und Tiere
Pharmacia	Pharmacia. Tallinn (Reval), Estland
Pharmacology Japan	Pharmacology. Tokyo [Yakuzaigaku]
Pharmacol. Rev.	Pharmacological Reviews. Baltimore, Md.
Pharm. Acta Helv.	Pharmaceutica Acta Helvetiae
Pharm. Arch.	Pharmaceutical Archives. Madison, Wisc.
Pharmazie	Pharmazie
Pharm. Bl.	Pharmaceutical Bulletin. Tokyo
Pharm. Bl. Nihon Univ.	Pharmaceutical Bulletin of the Nihon University [Nippon Daigaku Yakugaku Kenkyu Hokoku]
Pharm. Ind.	Pharmazeutische Industrie
Pharm. J.	Pharmaceutical Journal. London
Pharm. Monatsh.	Pharmazeutische Monatshefte. Wien
Pharm. Presse	Pharmazeutische Presse

Kürzung	Titel
Pharm. Tijdschr. Nederl.-Indië	Pharmaceutisch Tijdschrift voor Nederlandsch-Indië
Pharm. Weekb.	Pharmaceutisch Weekblad
Pharm. Zentralhalle	Pharmazeutische Zentralhalle für Deutschland
Pharm. Ztg.	Pharmazeutische Zeitung
Ph. Ch.	s. Z. physik. Chem.
Philippine Agriculturist	Philippine Agriculturist
Philippine J. Agric.	Philippine Journal of Agriculture
Philippine J. Sci.	Philippine Journal of Science
Phil. Mag.	Philosophical Magazine. London
Phil. Trans.	Philosophical Transactions of the Royal Society of London
Phot. Eng.	Photographic Engineering. Washington, D. C.
Phot. Ind.	Photographische Industrie
Phot. J.	Photographic Journal. London
Phot. Korresp.	Photographische Korrespondenz
Photochem. Photobiol.	Photochemistry and Photobiology. London
Phot. Sci. Eng.	Photographic Science and Engineering. Washington, D. C.
Phys. Ber.	Physikalische Berichte
Physica	Physica. Nederlandsch Tijdschrift voor Natuurkunde; ab 1934 Archives Néerlandaises des Sciences Exactes et Naturelles Ser. IV A
Physics	Physics. New York
Physiol. Plantarum	Physiologia Plantarum. Kopenhagen
Physiol. Rev.	Physiological Reviews. Washington, D.C.
Phys. Rev.	Physical Review. New York
Phys. Z.	Physikalische Zeitschrift. Leipzig
Phys. Z. Sowjet.	Physikalische Zeitschrift der Sowjetunion
Phytochemistry	Phytochemistry. London
Phyton Horn	Phyton Horn, Österreich
Phytopathology	Phytopathology. St. Paul, Minn.
Phytopathol. Z.	Phytopathologische Zeitschrift. Berlin
Pitture Vernici	Pitture e Vernici
Planta	Planta. Archiv für wissenschaftliche Botanik (= Zeitschrift für wissenschaftliche Biologie, Abt. E)
Planta med.	Planta Medica
Plant Disease Rep. Spl.	The Plant Disease Reporter, Supplement (United States Department of Agriculture)
Plant Physiol.	Plant Physiology. Lancaster, Pa.
Plant Soil	Plant and Soil. den Haag
Plaste Kautschuk	Plaste und Kautschuk
Plastic Prod.	Plastic Products. New York
Plast. Massy	Plastičeskie Massy
Polish J. Chem.	Polish Journal of Chemistry; Fortsetzung von Roczniki Chem.
Polska Akad. Umiej. Rozpr. Wyd. lekarsk.	Polska Akademia Umiejętności Rozprawy Wydziału Lekarskiego. Krakau
Polymer	Polymer. London
Polymer Bl.	Polymer Bulletin
Polymer Sci. U.S.S.R.	Polymer Science U.S.S.R. Englische Übersetzung von Vysokomolekuljarnje Soedinenija
Polythem. collect. Rep. med. Fac. Univ. Olomouc	Polythematical Collected Reports of the Medical Faculty of the Palacký University Olomouc (Olmütz)
Portugaliae Physica	Portugaliae Physica
Power	Power. New York
Pr. Acad. Sci. Agra Oudh	Proceedings of the Academy of Sciences of the United Provinces of Agra Oudh. Allahabad, India

Kürzung	Titel
Pr. Acad. Sci. U.S.S.R.	Proceedings of the Academy of Sciences of the U.S.S.R. Englische Ausgabe von Doklady Akademii Nauk S.S.S.R.
Pr. Acad. Tokyo	Proceedings of the Imperial Academy of Japan; ab **21** [1945] Proceedings of the Japan Academy
Prace Komisji mat.-przyrod. Poznansk. Towarz. Przyj. Nauk	Prace Komisji Matematyczno-Przyrodniczej, Poznanskie Towarzystwo Przyjaciol Nauk
Prace Minist. Przem. chem.	Prace Placowek Nauk-Badawczych Ministerstwa Przemyslu Chemicznego
Pr. Akad. Amsterdam	Koninklijke Nederlandse Akademie van Wetenschappen, Proceedings. Amsterdam
Prakt. Desinf.	Der Praktische Desinfektor
Praktika Akad. Athen.	Praktika tes Akademias Athenon
Pr. Am. Acad. Arts Sci.	Proceedings of the American Academy of Arts and Sciences
Pr. Am. Petr. Inst.	Proceedings of the Annual Meeting, American Petroleum Institute. New York
Pr. Am. Soc. hort. Sci.	Proceedings of the American Society for Horticultural Science
Pr. ann. Conv. Sugar Technol. Assoc. India	Proceedings of the Annual Convention of the Sugar Technologists' Association. India
Pr. Cambridge phil. Soc.	Proceedings of the Cambridge Philosophical Society
Pr. chem. Soc.	Proceedings of the Chemical Society. London
Presse méd.	Presse médicale
Pr. Fac. Eng. Keiogijuku Univ.	Proceedings of the Faculty of Engineering Keiogijuku University
Pr. Florida Acad.	Proceedings of the Florida Academy of Sciences
Pr. Fujihara Mem. Fac. Eng. Keio Univ.	Proceedings of Fujihara Memorial Faculty of Engineering, Keio University. Tokyo
Pribory Tech. Eksp.	Pribory i Technika Eksperimenta. Moskau
Prim. Ultraakust. Issled. Veščestva	Primenenie Ultraakustiki k Issledovaniju Veščestva
Pr. Indiana Acad.	Proceedings of the Indiana Academy of Science
Pr. Indian Acad.	Proceedings of the Indian Academy of Sciences
Pr. Inst. Food Technol.	Proceedings of Institute of Food Technologists
Pr. Inst. Radio Eng.	Proc. I.R.E. = Proceedings of the Institute of Radio Engineers and Waves and Electrons. Menasha, Wisc.
Pr. int. Conf. bitum. Coal	Proceedings of the International Conference on Bituminous Coal. Pittsburgh, Pa.
Pr. IV. int. Congr. Biochem. Wien 1958	Proceedings of the IV. International Congress of Biochemistry. Wien 1958
Pr. XI. int. Congr. pure appl. Chem. London 1947	Proceedings of the XI. International Congress of Pure and Applied Chemistry. London 1947
Pr. Iowa Acad.	Proceedings of the Iowa Academy of Science
Pr. Irish Acad.	Proceedings of the Royal Irish Academy
Priroda	Priroda (Natur). Leningrad
Pr. Japan Acad.	Proceedings of the Japan Academy
Pr. Leeds phil. lit. Soc.	Proceedings of the Leeds Philosophical and Literary Society, Scientific Section
Pr. Louisiana Acad.	Proceedings of the Louisiana Academy of Sciences
Pr. Mayo Clinic	Proceedings of the Staff Meetings of the Mayo Clinic. Rochester, Minn.
Pr. Minnesota Acad.	Proceedings of the Minnesota Academy of Science
Pr. Montana Acad.	Proceedings of the Montana Academy of Sciences
Pr. nation. Acad. India	Proceedings of the National Academy of Sciences, India
Pr. nation. Acad. U.S.A.	Proceedings of the National Academy of Sciences of the United States of America

Kürzung	Titel
Pr. nation. Inst. Sci. India	Proceedings of the National Institute of Sciences of India
Pr. N. Dakota Acad.	Proceedings of the North Dakota Academy of Science
Pr. Nova Scotian Inst. Sci.	Proceedings of the Nova Scotian Institute of Science
Procès-Verbaux Soc. Sci. phys. nat. Bordeaux	Procès-Verbaux des Séances de la Société des Sciences Physiques et Naturelles de Bordeaux
Prod. Finish.	Products Finishing. Cincinnati, Ohio
Prod. pharm.	Produits Pharmaceutiques. Paris
Progr. Chem. Fats Lipids	Progress in the Chemistry of Fats and other Lipids. Herausg. von *R. T. Holman, W. O. Lundberg* und *T-Malkin*
Progr. med. Chem.	Progress in Medicinal Chemistry. London
Progr. org. Chem.	Progress in Organic Chemistry. London
Pr. Oklahoma Acad.	Proceedings of the Oklahoma Academy of Science
Promyšl. chim. Reakt. osobo čist. Veščestv	Promyšlennost Chimičeskich Reaktivov i Osobo čistych Veščestv (Industrie chemischer Reagentien und besonders reiner Substanzen)
Promyšl. org. Chim.	Promyšlennost' Organičeskoj Chimii (Industrie der organischen Chemie)
Protar	Protar. Schweizerische Zeitschrift für Zivilschutz
Protoplasma	Protoplasma. Wien
Pr. Pennsylvania Acad.	Proceedings of the Pennsylvania Academy of Science
Pr. pharm. Soc. Egypt	Proceedings of the Pharmaceutical Society of Egypt
Pr. phys. math. Soc. Japan	Proceedings of the Physico-Mathematical Society of Japan [Nippon Suugaku-Buturigakkwai Kizi]
Pr. phys. Soc. London	Proceedings of the Physical Society. London
Pr. roy. Soc.	Proceedings of the Royal Society of London
Pr. roy. Soc. Edinburgh	Proceedings of the Royal Society of Edinburgh
Pr. roy. Soc. Queensland	Proceedings of the Royal Society of Queensland
Pr. Rubber Technol. Conf.	Proceedings of the Rubber Technology Conference. London 1948
Pr. scient. Sect. Toilet Goods Assoc.	Proceedings of the Scientific Section of the Toilet Goods Association. Washington, D.C.
Pr. S. Dakota Acad.	Proceedings of the South Dakota Academy of Science
Pr. Soc. chem. Ind. Chem. eng. Group	Society of Chemical Industry, London, Chemical Engineering Group, Proceedings
Pr. Soc. exp. Biol. Med.	Proceedings of the Society for Experimental Biology and Medicine. New York
Pr. Trans. Nova Scotian Inst. Sci.	Proceedings and Transactions of the Nova Scotian Institute of Science
Pr. Univ. Durham phil. Soc.	Proceedings of the University of Durham Philosophical Society. Newcastle upon Tyne
Pr. Utah Acad.	Proceedings of the Utah Academy of Sciences, Arts and Letters
Pr. Virginia Acad.	Proceedings of the Virginia Academy of Science
Pr. W. Virginia Acad.	Proceedings of the West Virginia Academy of Science
Przeg. chem.	Przeglad Chemiczny (Chemische Rundschau). Lwów
Przem. chem.	Przemysł Chemiczny (Chemische Industrie). Warschau
Pubbl. Ist. Chim. ind. Univ. Bologna	Pubblicazioni dell' Istituto di Chimica Industriale dell' Università di Bologna
Publ. Am. Assoc. Adv. Sci.	Publication of the American Association for the Advancement of Science. Washington
Publ. Centro Invest. tisiol.	Publicaciones del Centro de Investigaciones tisiológicas. Buenos Aires
Publ. Dep. Crist. Mineral.	Publicaciones del Departamento de Cristalografia y Mineralogia. Madrid
Public Health Bl.	Public Health Bulletin
Public Health Rep.	U. S. Public Health Service: Public Health Reports
Public Health Rep. Spl.	Public Health Reports. Supplement

Kürzung	Titel
Public Health Service	U. S. Public Health Service
Publ. Inst. Quim. Alonso Barba	Publicaciones del Instituto de Química „Alonso Barba". Madrid
Publ. scient. tech. Minist. Air	Publications Scientifiques et Techniques du Ministère de l'Air
Publ. tech. Univ. Tallinn	Publications from the Technical University of Estonia at Tallinn [Tallinna Tehnikaülikooli Toimetused]
Publ. Wagner Free Inst.	Publications of the Wagner Free Institute of Science. Philadelphia, Pa.
Pure appl. Chem.	Pure and Applied Chemistry. London
Pyrethrum Post	Pyrethrum Post. Nakuru, Kenia
Quaderni Nutriz.	Quaderni della Nutrizione
Quart. J. exp. Physiol.	Quarterly Journal of Experimental Physiology. London
Quart. J. Indian Inst. Sci.	Quarterly Journal of the Indian Institute of Science
Quart. J. Med.	Quarterly Journal of Medicine. Oxford
Quart. J. Pharm. Pharmacol.	Quarterly Journal of Pharmacy and Pharmacology. London
Quart. J. Studies Alcohol	Quarterly Journal of Studies on Alcohol. New Haven, Conn.
Quart. Rev.	Quarterly Reviews. London
Queensland agric. J.	Queensland Agricultural Journal
Quim. e Ind. Bilbao	Quimica e Industria. Bilbao
Química Mexico	Química. Mexico
R.	Recueil des Travaux Chimiques des Pays-Bas
Radiat. Res.	Radiation Research. New York
Radiochimija	Radiochimija; englische Ausgabe: Radiochemistry U.S.S.R., ab 4 [1962] Soviet Radiochemistry
Radiologica	Radiologica. Berlin
Radiology	Radiology. Syracuse, N.Y.
Rad. Jugosl. Akad.	Radovi Jugoslavenske Akademije Znanosti i Umjetnosti. Razreda Matematicko-Prıridoslovnoga (Mitteilungen der Jugoslawischen Akademie der Wissenschaften und Künste. Mathematisch-naturwissenschaftliche Reihe)
Rad. Hrvat. Akad.	Radovi Hrvatske Akademije Znanosti i Umjetnosti
R.A.L.	Atti della Reale Accademia Nazionale dei Lincei, Classe di Scienze Fisiche, Matematiche e Naturali: Rendiconti
Rasayanam	Rasayanam (Journal for the Progress of Chemical Science). Indien
Rass. clin. Terap.	Rassegna di clinica Terapia e Scienze affini
Rass. Med. ind.	Rassegna di Medicina Industriale
Reakc. Sposobn. org. Soedin.	Reakcionnaja Sposobnost Organičeskich Soedinenij. Tartu
Rec. chem. Progr.	Record of Chemical Progress. Kresge-Hooker Scientific Library. Detroit, Mich.
Recent Devel. Chem. nat. Carbon Compounds	Recent Developments in the Chemistry of Natural Carbon Compounds. Budapest
Recent Progr. Hormone Res.	Recent Progress in Hormone Research
Recherches	Recherches. Herausg. von Soc. Anon. Roure-Bertrand Fils & Justin Dupont
Refiner	Refiner and Natural Gasoline Manufacturer. Houston, Texas
Refrig. Eng.	Refrigerating Engineering. New York
Reichsamt Wirtschaftsausbau Chem. Ber.	Reichsamt für Wirtschaftsausbau. Chemische Berichte

Kürzung	Titel
Reichsber. Physik	Reichsberichte für Physik (Beihefte zur Physikalischen Zeitschrift)
Rend. Accad. Bologna	Rendiconti delle Accademia delle Scienze dell' Istituto di Bologna
Rend. Accad. Sci. fis. mat. Napoli	Rendiconto dell'Accademia delle Scienze Fisiche e Matematiche. Napoli
Rend. Fac. Sci. Cagliari	Rendiconti del Seminario della Facoltà di Scienze della Università di Cagliari
Rend. Ist. lomb.	Rendiconti dell'Istituto Lombardo di Science e Lettere. Ser. A. Scienze Matematiche, Fisiche, Chimiche e Geologiche
Rend. Ist. super. Sanità	Rendiconti Istituto superiore di Sanità
Rend. Soc. chim. ital.	Rendiconti della Società Chimica Italiana
Rensselaer polytech. Inst. Bl.	Rensselaer Polytechnic Institute Buletin. Troy, N. Y.
Rep. Connecticut agric. Exp. Sta.	Report of the Connecticut Agricultural Experiment Station
Rep. Food Res. Inst. Tokyo	Report of the Food Research Institute. Tokyo [Shokuryo Kenkyusho Kenkyu Hokoku]
Rep. Gov. chem. ind. Res. Inst. Tokyo	Reports of the Government Chemical Industrial Research Institute. Tokyo [Tokyo Kogyo Shikensho Hokoku]
Rep. Gov. ind. Res. Inst. Nagoya	Reports of the Government Industrial Research Institute, Nagoya [Nagoya Kogyo Gijutsu Shikensho Hokoku]
Rep. Himeji Inst. Technol.	Reports of the Himeji Institute of Technology [Himeji Kogyo Daigaku Kenkyu Hokoku]
Rep. Inst. chem. Res. Kyoto Univ.	Reports of the Institute for Chemical Research, Kyoto University
Rep. Inst. phys. chem. Res. Tokyo	Reports of the Institute of Physical and Chemical Research [Rikagaku Kenkyusho Hokoku]
Rep. Inst. Sci. Technol. Tokyo	Reports of the Institute of Science and Technology of the University of Tokyo [Tokyo Daigaku Rikogaku Kenkyusho Hokoku]
Rep. Japan. Assoc. Adv. Sci.	Report of the Japanese Association of Advancement of Science
Rep. Osaka ind. Res. Inst.	Reports of the Osaka Industrial Research Institute [Osaka Kogyo Gijutsu Shikenjo Hokoku]
Rep. Osaka munic. Inst. domestic Sci.	Report of the Osaka Municipal Institute for Domestic Science [Osaka Shiritsu Seikatsu Kagaku Kenkyusho Kenkyu Hokoku]
Rep. Radiat. Chem. Res. Inst. Tokyo Univ.	Reports of the Radiation Chemistry Research Institute, Tokyo University
Rep. Res. Dep. Chem. Kyushu Univ.	Reports of Research of the Division of Science, Department of Chemistry, Kyushu University [Kyushu Daigaku Rigakubu Kenkyu Hokoku]
Rep. scient. Res. Inst. Tokyo	Reports of the Scientific Research Institute Tokyo [Kagaku Kenkyusho Hokoku]
Rep. statist. Appl. Res. Tokyo	Report of Statistical Application Research, Union of Japanese Scientists and Engineers. Tokyo
Rep. Tokyo ind. Testing Labor.	Reports of the Tokyo Industrial Testing Laboratory
Res. Bl. East Panjab Univ.	Research Bulletin of the East Panjab University
Res. Bl. Gifu Coll. Agric.	Research Bulletin of the Gifu Imperial College of Agriculture [Gifu Koto Norin Gakko Kagami Kenkyu Hokoku]
Res. chem. Physics Japan	Researches on Chemical Physics, Japan [Busseiron Kenkyu]
Research	Research. London
Res. electrotech. Labor. Tokyo	Researches of the Electrotechnical Laboratory Tokyo [Denki Shikensho Kenkyu Hokoku]

Kürzung	Titel
Res. J. Hindi Sci. Acad.	Research Journal of the Hindi Science Academy [Vijnana Parishad Anusandhan Patrika]
Res. Rep. Fac. Eng. Chiba Univ.	**Research Reports of the Faculty of Engineering, Chiba University** [Chiba Daigaku Kogakubu Kenkyu Hokoku]
Res. Rep. Fac. Eng. Gifu Univ.	Research Reports of Faculty of Engineering, Gifu University [Gifu Daigaku Kogakubu Kenkyu Hokoku]
Res. Rep. Kogakuin Univ.	Research Reports of the Kogakuin University [Kogakuin Daigaku Kenkyu Hokoku]
Rev. Acad. Cienc. exact. fis. nat. Madrid	Revista de la Academia de Ciencias Exactas, Físicas y Naturales de Madrid
Rev. alimentar	Revista alimentar. Rio de Janeiro
Rev. Acad. Cienc. exact. fis. quim. nat. Zaragoza	Revista de la Académia de Ciencias Exactas, Físico-Químicas y Naturales de Zaragoza
Rev. appl. Entomol.	Review of Applied Entomology. London
Rev. Asoc. bioquim. arg.	Revista de la Asociación Bioquímica Argentina
Rev. Asoc. Ing. agron.	Revista de la Asociación de Ingenieros agronómicos. Montevideo
Rev. Assoc. brasil. Farm.	Revista da Associação Brasileira de Farmacéuticos
Rev. belge Sci. méd.	Revue Belge des Sciences médicales
Rev. brasil. Biol.	Revista Brasileira de Biologia
Rev. brasil. Farm.	Revista Brasileira de Farmácia
Rev. brasil. Malariol. Doenças trop.	Revista Brasileira de Malariologia e Doenças Tropicais
Rev. brasil. Quim.	Revista Brasileira de Química
Rev. canad. Biol.	Revue Canadienne de Biologie
Rev. Centro Estud. Farm. Bioquim.	Revista del Centro Estudiantes de Farmacia y Bioquímica. Buenos Aires
Rev. Chim. Acad. roum.	Revue de Chimie, Academie de la Republique Populaire Roumaine
Rev. Chim. Bukarest	Revista de Chimie. Bukarest
Rev. Chimica ind.	Revista de Chimica industrial. Rio de Janeiro
Rev. Chim. ind.	Revue de Chimie industrielle. Paris
Rev. Chim. min.	Revue de Chimie Minerale. Paris
Rev. Ciencias	Revista de Ciencias. Lima
Rev. Colegio Farm. nacion.	Revista del Colegio de Farmaceuticos nacionales. Rosario, Argentinien
Rev. Fac. Cienc. quim. Univ. La Plata	Revista de la Facultad de Ciencias Químicas, Universidad Nacional de La Plata
Rev. Fac. Cienc. Univ. Coimbra	Revista da Faculdade de Ciencias, Universidade de Coimbra
Rev. Fac. Cienc. Univ. Lissabon	Revista da Faculdade de Ciencias, Universidade de Lisboa
Rev. Fac. Farm. Bioquim. Univ. San Marcos	Revista de la Facultad de Farmacia y Bioquímica, Universidad Nacional Mayor de San Marcos de Lima, Peru
Rev. Fac. Human. Cienc. Montevideo	Revista de la Facultad de Humanidades y Ciencias
Rev. Fac. Ing. quim. Santa Fé	Revista de la Facultad de Ingenieria Química, Universidad Nacional del Litoral. Santa Fé, Argentinien
Rev. Fac. Med. veterin. Univ. São Paulo	Revista da Faculdade de Medicina Veterinaria, Universidade de São Paulo
Rev. Fac. Quim. Santa Fé	Revista de la Facultad de Química Industrial y Agricola. Santa Fé, Argentinien
Rev. Fac. Sci. Istanbul	Revue de la Faculté des Sciences de l'Université d'Istanbul
Rev. farm. Buenos Aires	Revista Farmaceutica. Buenos Aires
Rev. franç. Phot.	Revue française de Photographie et de Cinématographie

Kürzung	Titel
Rev. Gastroenterol.	Review of Gastroenterology. New York
Rev. gén. Bot.	Revue générale de Botanique
Rev. gén. Caoutchouc	Revue générale du Caoutchouc
Rev. gén. Colloides	Revue générale des Colloides
Rev. gén. Froid	Revue générale du Froid
Rev. gén. Mat. col.	Revue générale des Matières colorantes, de la Teinture, de l'Impression, du Blanchiment et des Apprêts
Rev. gén. Mat. plast.	Revue générale des Matières plastiques
Rev. gén. Sci.	Revue générale des Sciences pures et appliquées (ab 1948) et Bulletin de la Société Philomatique
Rev. gén. Teinture	Revue générale de Teinture, Impression, Blanchiment, Apprêt (Tiba)
Rev. Immunol.	Revue d'Immunologie (ab Bd. **10** [1946]) et de Thérapie antimicrobienne
Rev. Inst. A. Lutz	Revista do Instituto Adolfo Lutz. São Paulo
Rev. Inst. Bacteriol. Malbrán	Revista del Instituto Bacteriológico del Departamento Nacional de Higiene. Buenos Aires
Rev. Inst. franç. Pétr.	Revue de l'Institut Français du Pétrole et Annales des Combustibles liquides
Rev. Inst. Salubridad	Revista del Instituto de Salubridad y Enfermedades tropicales. Mexico
Rev. Marques Parf. France	Revue des Marques — Parfums de France
Rev. Marques Parf. Savonn.	Revue des Marques de la Parfumerie et de la Savonnerie
Rev. mod. Physics	Reviews of Modern Physics. New York
Rev. Nickel	Revue du Nickel. Paris
Rev. Opt.	Revue d'Optique Théorique et Instrumentale
Rev. Palud. Med. trop.	Revue du Paludisme et de Medicine Tropicale
Rev. Parf.	Revue de la Parfumerie et des Industries s'y Rattachant
Rev. petrolif.	Revue pétrolifère
Rev. phys. Chem. Japan	Review of Physical Chemistry of Japan
Rev. Polarogr.	Review of Polarography. Kyoto
Rev. portug. Farm.	Revista Portuguesa de Farmácia
Rev. portug. Quim.	Revista Portuguesa de Química
Rev. Prod. chim.	Revue des Produits Chimiques
Rev. pure appl. Chem.	Reviews of Pure and Applied Chemistry. Melbourne, Australien
Rev. Quim. Farm.	Revista de Química e Farmácia. Rio de Janeiro
Rev. quim. farm. Chile	Revista químico farmacéutica. Santiago, Chile
Rev. Quim. ind.	Revista de Química industrial. Rio de Janeiro
Rev. roum. Chim.	Revue Roumaine de Chimie
Rev. scient.	Revue scientifique. Paris
Rev. scient. Instruments	Review of Scientific Instruments. New York
Rev. Soc. arg. Biol.	Revista de la Sociedad Argentina de Biologia
Rev. Soc. brasil. Quim.	Revista da Sociedade Brasileira de Química
Rev. științ. Adamachi	Revista Științifică „V. Adamachi"
Rev. sud-am. Endocrin.	Revista sud-americana de Endocrinologia, Immunologia, Quimioterapia
Rev. textile-Tiba	Revue Textile-Tiba
Rev. Univ. Bukarest	Revista Universitatii „C.I. Parhon" și a Politehnicii Bukarestii
Rev. univ. Mines	Revue universelle des Mines
Rev. Viticult.	Revue de Viticulture
Reyon Zellw.	Reyon, Synthetica, Zellwolle. München
Rhodora	Rhodora (Journal of the New England Botanical Club). Lancaster, Pa.

Kürzung	Titel
Ric. scient.	Ricerca Scientifica ed il Progresso Tecnico nell'Economia Nazionale; ab 1945 Ricerca Scientifica e Ricostruzione; ab 1948 Ricerca Scientifica
Riechst. Aromen	Riechstoffe, Aromen, Körperpflegemittel
Riechstoffind.	Riechstoffindustrie und Kosmetik
Riforma med.	Riforma medica
Riv. Combust.	Rivista dei Combustibili
Riv. ital. Essenze Prof.	Rivista Italiana Essenze, Profumi, Pianti Offizinali, Olii Vegetali, Saponi
Riv. ital. Petr.	Rivista Italiana del Petrolio
Riv. Med. aeronaut.	Rivista di Medicina aeronautica
Riv. Patol. sperim.	Rivista di Patologia sperimentale
Riv. Viticolt.	Rivista di Viticoltura e di Enologia
Rocky Mountain med. J.	Rocky Mountain Medical Journal. Denver, Colorado
Roczniki Chem.	Roczniki Chemji (Annales Societatis Chimicae Polonorum)
Roczniki Farm.	Roczniki Farmacji. Warschau
Roczniki Nauk. roln.	Roczniki Nauk Rolniczych
Roczniki Technol. Chem. Zywn.	Roczniki Technologii i Chemii Zywnosci
Rossini, Selected Values 1953	Selected Values of Physical and Thermodynamic Properties of Hydrocarbons and Related Compounds. Herausg. von *F. D. Rossini, K. S. Pitzer, R. L. Arnett, R. M. Braun, G. C. Pimentel.* Pittsburgh 1953. Comprising the Tables of the A. P. I. Res. Project 44
Roy. Inst. Chem.	Royal Institute of Chemistry, London, Lectures, Monographs, and Reports
Rozhledy Tuberkulose	Rozhledy v Tuberkulose. Prag
Rubber Age N. Y.	Rubber Age. New York
Rubber Chem. Technol.	Rubber Chemistry and Technology. Washington, D. C.
Russ. chem. Rev.	Russian Chemical Reviews. Englische Übersetzung von Uspechi Chimii
Russ. P.	Russisches Patent
Safety in Mines Res. Board	Safety in Mines Research Board. London
S. African ind. Chemist	South African Industrial Chemist
S. African J. med. Sci.	South African Journal of Medical Sciences
S. African J. Sci.	South African Journal of Science
Sammlg. Vergiftungsf.	Fühner-Wielands Sammlung von Vergiftungsfällen
Sber. Akad. Wien	Sitzungsberichte der Akademie der Wissenschaften Wien. Mathematisch-naturwissenschaftliche Klasse
Sber. Bayer. Akad.	Sitzungsberichte der Bayerischen Akademie der Wissenschaften, Mathematisch-naturwissenschaftliche Klasse
Sber. finn. Akad.	Sitzungsberichte der Finnischen Akademie der Wissenschaften
Sber. Ges. Naturwiss. Marburg	Sitzungsberichte der Gesellschaft zur Beförderung der gesamten Naturwissenschaften zu Marburg
Sber. Heidelb. Akad.	Sitzungsberichte der Heidelberger Akademie der Wissenschaften. Mathematisch-naturwissenschaftliche Klasse
Sber. naturf. Ges. Rostock	Sitzungsberichte der Naturforschenden Gesellschaft zu Rostock
Sber. Naturf. Ges. Tartu	Sitzungsberichte der Naturforscher-Gesellschaft bei der Universität Tartu
Sber. phys. med. Soz. Erlangen	Sitzungsberichte der physikalisch-medizinischen Sozietät zu Erlangen
Sber. Preuss. Akad.	Sitzungsberichte der Preussischen Akademie der Wissenschaften, Physikalisch-mathematische Klasse

Kürzung	Titel
Sborník čsl. Akad. zeměd.	Sborník Československé Akademie Zemědělské (Annalen der Tschechoslowakischen Akademie der Landwirtschaft)
Sbornik Rabot Inst. Chim. Akad. Belorussk. S.S.R.	Sbornik Naučnych Rabot Instituta Chimii Akademii Nauk Belorusskoj S.S.R.
Sbornik Rabot Inst. Metallofiz. Akad. Ukr. S.S.R.	Sbornik Naučnych Rabot Instituta Metallofiziki Akademija Nauk Ukrainskoj S.S.R.
Sbornik Rabot Moskovsk. farm. Inst.	Sbornik Naučnych Rabot Moskovskogo Farmacevtičeskogo Instituta
Sbornik Rabot Rižsk. med. Inst.	Sbornik Naučnych Rabot, Rižskij Medicinskij Institut
Sbornik Statei obšč. Chim.	Sbornik Statei po Obščej Chimii, Akademija Nauk S.S.S.R.
Sbornik Statei org. Poluprod. Krasit.	Sbornik Statei, Naučno-issledovatelskij Institut Organičeskich Poluproduktov i Krasitei
Sbornik stud. Rabot Moskovsk. selskochoz. Akad.	Sbornik Studenčeskich Naučno-issledovatelskich Rabot, Moskovskaja Selskochozjaistvennaja Akademija im. Timirjazewa
Sbornik Trudov Armjansk. Akad.	Sbornik Trudov Armjanskogo Filial. Akademija Nauk
Sbornik Trudov Kuibyševsk. ind. Inst.	Sbornik Naučnych Trudov, Kuibyševskij Industrialnyj Institut
Sbornik Trudov opytnogo Zavoda Lebedeva	Sbornik Trudov opytnogo Zavoda imeni S. V. Lebedeva (Gesammelte Arbeiten aus dem Versuchsbetrieb S. V. Lebedew)
Sbornik Trudov Penzensk. selskochoz. Inst.	Sbornik Trudov Penzenskogo Selskochozjaistvennogo Instituta
Sbornik Trudov Voronežsk. Otd. chim. Obšč.	Sbornik Trudov Voronežskogo Otdelenija Vsesojuznogo Chimičeskogo Obščestva
Sbornik Vys. Školy chem. technol. Praha	Sbornik Vysoké Školy Chemicko-technologické v Praze
Schmerz	Schmerz, Narkose, Anaesthesie
Schwed. P.	Schwedisches Patent
Schweiz. Apoth. Ztg.	Schweizerische Apotheker-Zeitung
Schweiz. Arch. angew. Wiss. Tech.	Schweizer Archiv für Angewandte Wissenschaft und Technik
Schweiz. med. Wschr.	Schweizerische medizinische Wochenschrift
Schweiz. mineral. petrogr. Mitt.	Schweizerische Mineralogische und Petrographische Mitteilungen
Schweiz. P.	Schweizer Patent
Schweiz. Wschr. Chem. Pharm.	Schweizerische Wochenschrift für Chemie und Pharmacie
Schweiz. Z. allg. Path.	Schweizerische Zeitschrift für allgemeine Pathologie und Bakteriologie
Sci.	Science. New York/Washington, D. C.
Sci. Bl. Fac. Agric. Kyushu Univ.	La Bulteno Scienca de la Facultato Tercultura, Kjusu Imperia Universitato; Fukuoka, Japanujo; nach 11 Nr. 2/3 [1945]: Science Bulletin of the Faculty of Agriculture, Kyushu University
Sci. Crime Detect.	Science and Crime Detection. Japan [Kagaku To Sosa]
Sci. Culture	Science and Culture. Calcutta
Scientia Peking	Scientia. Peking [K'o Hsueh T'ung Pao]
Scientia pharm.	Scientia Pharmaceutica. Wien

Kürzung	Titel
Scientia sinica	Scientia Sinica. Peking
Scientia Valparaiso	Scientia Valparaiso. Chile
Scient. J. roy. Coll. Sci.	Scientific Journal of the Royal College of Science
Scient. Pap. central Res. Inst. Japan Monopoly Corp.	Scientific Papers of Central Research Institute, Japan Monopoly Corporation [Nippon Sembai Kosha Chuo Kenkyusho Kenkyu Hokoku]
Scient. Pap. Inst. phys. chem. Res.	Scientific Papers of the Institute of Physical and Chemical Research. Tokyo
Scient. Pap. Osaka Univ.	Scientific Papers from the Osaka University
Scient. Pr. roy. Dublin Soc.	Scientific Proceedings of the Royal Dublin Society
Scient. Rep. Matsuyama agric. Coll.	Scientific Reports of the Matsuyama Agricultural College
Scient. Rep. Toho Rayon Co.	Scientific Reports of the Toho Rayon Co., Ltd. [Toho Reiyon Kenkyu Hokoku]
Sci. Ind. Osaka	Science & Industry. Osaka [Kagaku to Kogyo]
Sci. Ind. phot.	Science et Industries photographiques
Sci. Progr.	Science Progress. London
Sci. Quart. Univ. Peking	Science Quarterly of the National University of Peking
Sci. Rec. China	Science Record, China; engl. Übersetzung von K'o Hsueh Chi Lu. Peking
Sci. Rep. Hirosaki Univ.	Science Reports of the Faculty of Literature and Science, Hirosaki University
Sci. Rep. Hyogo Univ. Agric.	Science Reports of the Hyogo University of Agriculture [Hyogo Noka Daigaku Kenkyu Hokoku]
Sci. Rep. Kanazawa Univ.	Science Reports of the Kanazawa University
Sci. Rep. Osaka Univ.	Science Reports, Osaka University
Sci. Rep. Res. Inst. Tohoku Univ.	Science Reports of the Research Institutes, Tohoku University
Sci. Rep. Saitama Univ.	Science Reports of the Saitama University
Sci. Rep. Tohoku Univ.	Science Reports of the Tohoku Imperial University
Sci. Rep. Tokyo Bunrika Daigaku	Science Reports of the Tokyo Bunrika Daigaku (Tokyo University of Literature and Science)
Sci. Rep. Tsing Hua Univ.	Science Reports of the National Tsing Hua University
Sci. Rep. Univ. Peking	Science Reports of the National University of Peking
Sci. Studies St. Bonaventure Coll.	Science Studies, St. Bonaventure College. New York
Sci. Technol. China	Science and Technology. Sian, China [K'o Hsueh Yu Chi Shu]
Sci. Tokyo	Science. Tokyo [Kagaku Tokyo]
Securitas	Securitas. Mailand
Seifens.-Ztg.	Seifensieder-Zeitung
Sei-i-kai-med. J.	Sei-i-kai Medical Journal. Tokyo [Sei-i-kai Zasshi]
Selecta chim.	Selecta Chimica. São Paulo
Semana med.	Semana médica. Buenos Aires
Seoul Univ. J.	Seoul University Journal [Soul Taehakkyo Nonmunjip]
Sint. Kaučuk	Sintetičeskij Kaučuk
Sint. org. Soedin.	Sintezy Organičeskich Soedinenij; deutsche Ausgabe: Synthesen Organischer Verbindungen
Skand. Arch. Physiol.	Skandinavisches Archiv für Physiologie
Skand. Arch. Physiol. Spl.	Skandinavisches Archiv für Physiologie. Supplementum
Soap	Soap. New York
Soap Perfum. Cosmet.	Soap, Perfumery and Cosmetics. London
Soap sanit. Chemicals	Soap and Sanitary Chemicals. New York
Soc.	Journal of the Chemical Society. London

Kürzung	Titel
Soc. Sci. Lodz. Acta chim.	Societatis Scientiarum Lodziensis Acta Chimica
Soil Sci.	Soil Science. Baltimore, Md.
Soobšč. Akad. Gruzinsk. S.S.R.	Soobščenija Akademii Nauk Gruzinskoj S.S.R. (Mitteilungen der Akademie der Wissenschaften der Georgischen Republik)
Soobšč. chim. Obšč.	Soobščenija o Naučnych Rabotach Členov Vsesojuznogo Chimičeskogo Obščestva
Soobšč. Rabot Kievsk. ind. Inst.	Soobščenija naučn-issledovatelskij Rabot Kievskogo industrialnogo Instituta
Sovešč. sint. Prod. Kanifoli Skipidara Gorki 1963	Soveščanija sintetičeskich Produktov i Kanifoli i Skipidara Gorki 1963
Sovešč. Stroenie židkom Sost. Kiew 1953	Stroenie i Fizičeskie Svoistva Veščestva v Židkom Sostojanie (Struktur und physikalische Eigenschaften der Materie im flüssigen Zustand; Konferenz Kiew 1953)
Sovet. Farm.	Sovetskaja Farmacija
Sovet. Sachar	Sovetskaja Sachar
Soviet Physics Doklady	Soviet Physics Doklady; englische Ausgabe von Doklady Akademii Nauk S.S.S.R.
Soviet Physics JETP	Soviet Physics JETP; englische Ausgabe von Žurnal Eksperimentalnoj i Teoretičeskoj Fiziki
Span. P.	Spanisches Patent
Spectrochim. Acta	Spectrochimica Acta. Berlin; Bd. 3 Città del Vaticano; ab 4 London
Sperimentale Sez. Chim. biol.	Sperimentale, Sezione di Chimica Biologica
Spisy přírodov. Mas. Univ.	Spisy Vydávané Přírodovědeckou Fakultou Masarykovy University
Spisy přírodov. Univ. Brno	Spisy Přírodovědecké Fakulty J. E. Purkyne University v Brně
Sprawozd. Tow. fiz.	Sprawozdania i Prace Polskiego Towarzystwa Fizycznego (Comptes Rendus des Séances de la Société Polonaise de Physique)
Sprawozd. Tow. nauk. Warszawsk.	Sprawozdania z Posiedzeń Towarzystwa Naukowego Warszawskiego
Stärke	Stärke. Stuttgart
Stain Technol.	Stain Technology. Baltimore
Steroids	Steroids. San Francisco, Calif.
Strahlentherapie	Strahlentherapie
Structure Reports	Structure Reports. Herausg. von A. J. C. Wilson. Utrecht
Studia Univ. Babeş-Bolyai	Studia Universitatis Victor Babeş-Bolyai. Cluj
Stud. Inst. med. Chem. Univ. Szeged	Studies from the Institute of Medical Chemistry, University of Szeged
Südd. Apoth.-Ztg.	Süddeutsche Apotheker-Zeitung
Sugar	Sugar. New York
Sugar J.	Sugar Journal. New Orleans, La.
Suomen Kem.	Suomen Kemistilehti (Acta Chemica Fennica)
Suomen Paperi ja Puu.	Suomen Paperi- ja Puutavaralehti
Superphosphate	Superphosphate. Hamburg
Svenska Mejeritidn.	Svenska Mejeritidningen
Svensk farm. Tidskr.	Svensk Farmaceutisk Tidskrift
Svensk kem. Tidskr.	Svensk Kemisk Tidskrift
Svensk Papperstidn.	Svensk Papperstidning
Symp. Soc. exp. Biol.	Symposia of the Society for Experimental Biology. New York

Kürzung	Titel
Synth. appl. Finishes	Synthetic and Applied Finishes. London
Synthesis	Synthesis. New York
Synth. org. Verb.	Synthesen Organischer Verbindungen. Deutsche Übersetzung von Sintezy Organičeskich Soedinenij
Tagungsber. Dtsch. Akad.Landwirtschaftswiss.	Tagungsbericht, Deutsche Akademie der Landwirtschaftswissenschaften zu Berlin
Talanta	Talanta. An International Journal of Analytical Chemistry. London
Tappi	Tappi (Technical Association of the Pulp and Paper Industry). New York
Tech. Ind. Schweiz. Chemiker Ztg.	Technik-Industrie und Schweizer Chemiker-Zeitung
Tech. Mitt. Krupp	Technische Mitteilungen Krupp
Techn. Bl. Kagawa agric. Coll.	Technical Bulletin of Kagawa Agricultural College [Kagawa Kenritsu Noka Daigaku Gakujutsu Hokoku]
Technika Budapest	Technika. Budapest
Technol. Chem. Papier-Zellstoff-Fabr.	Technologie und Chemie der Papier- und Zellstoff-Fabrikation
Technol. Museum Sydney Bl.	Technological Museum Sydney. Bulletin
Technol. Rep. Osaka Univ.	Technology Reports of the Osaka University
Technol. Rep. Tohoku Univ.	Technology Reports of the Tohoku Imperial University
Tech. Physics U.S.S.R.	Technical Physics of the U.S.S.R. (Forts. J. Physics U.S.S.R.)
Tecnica ital.	Tecnica Italiana
Teer Bitumen	Teer und Bitumen
Teintex	Teintex. Paris
Tekn. Tidskr.	Teknisk Tidskrift. Stockholm
Tekn. Ukeblad	Teknisk Ukeblad. Oslo
Tekst. Promyšl.	Tekstilnaja Promyšlennost. Moskau
Teoret. eksp. Chim.	Teoretičeskaja i Eksperimentalnaja Chimija; englische Ausgabe: Theoretical and Experimental Chemistry U.S.S.R.
Tetrahedron	Tetrahedron. London
Tetrahedron Letters	Tetrahedron Letters
Tetrahedron Spl.	Tetrahedron, Supplement. Oxford
Texas J. Sci.	Texas Journal of Science
Textile Colorist	Textile Colorist. New York
Textile Res. J.	Textile Research Journal. New York
Textile Wd.	Textile World. New York
Textil-Praxis	Textil-Praxis
Teysmannia	Teysmannia. Batavia
Theoret. chim. Acta	Theoretica chimica Acta. Berlin
Therap. Gegenw.	Therapie der Gegenwart
Thérapie	Thérapie. Paris
Tidsskr. Hermetikind.	Tidsskrift for Hermetikindustri. Stavanger
Tidsskr. Kjemi Bergv.	Tidsskrift för Kjemi og Bergvesen. Oslo
Tidsskr. Kjemi Bergv. Met.	Tidsskrift för Kjemi, Bergvesen og Metallurgi. Oslo
Tijdschr. Artsenijk.	Tijdschrift voor Artsenijkunde
Tijdschr. Plantenz.	Tijdschrift over Plantenziekten
Tohoku J. agric. Res.	Tohoku Journal of Agricultural Research
Tohoku J. exp. Med.	Tohoku Journal of Experimental Medicine

Kürzung	Titel
Top. Stereochem.	Topics in Stereochemistry. New York
Toxicon	Toxicon. Oxford
Trab. Labor. Bioquim. Quim. apl.	Trabajos del Laboratorio de Bioquímica y Química aplicada, Instituto „Alonso Barba", Universidad de Zaragoza
Trans. Am. electroch. Soc.	Transactions of the American Electrochemical Society
Trans. Am. Inst. chem. Eng.	Transactions of the American Institute of Chemical Engineers
Trans. Am. Inst. min. met. Eng.	Transactions of the American Institute of Mining and Metallurgical Engineers
Trans. Am. Soc. mech. Eng.	Transactions of the American Society of Mechanical Engineers
Trans. Bose Res. Inst. Calcutta	Transactions of the Bose Research Institute, Calcutta
Trans. Brit. ceram. Soc.	Transactions of the British Ceramic Society
Trans. Brit. mycol. Soc.	Transactions of the British Mycological Society
Trans. ... Conf. biol. Antioxidants New York ...	Transactions of the ... Conference on Biological Antioxidants, New York (1. 1946, 2. 1947, 3. 1948)
Trans. electroch. Soc.	Transactions of the Electrochemical Society. New York
Trans. Faraday Soc.	Transactions of the Faraday Society. Aberdeen, Schottland
Trans. Illinois Acad.	Transactions of the Illinois State Academy of Science
Trans. Indian Inst. chem. Eng.	Transactions, Indian Institute of Chemical Engineers
Trans. Inst. chem. Eng.	Transactions of the Institution of Chemical Engineers. London
Trans. Inst. min. Eng.	Transactions of the Institution of Mining Engineers. London
Trans. Inst. Rubber Ind.	Transactions of the Institution of the Rubber Industry (= I.R.I.-Transactions). London
Trans. Kansas Acad.	Transactions of the Kansas Academy of Science
Trans. Kentucky Acad.	Transactions of the Kentucky Academy of Science
Trans. nation. Inst. Sci. India	Transactions of the National Institute of Science of India
Trans. N.Y. Acad. Sci.	Transactions of the New York Academy of Sciences
Trans. Pr. roy. Soc. New Zealand	Transactions and Proceedings of the Royal Society of New Zealand
Trans. Pr. roy. Soc. S. Australia	Transactions and Proceedings of the Royal Society of South Australia
Trans. roy. Soc. Canada	Transactions of the Royal Society of Canada
Trans. roy. Soc. S. Africa	Transactions of the Royal Society of South Africa
Trans. roy. Soc. trop. Med. Hyg.	Transactions of the Royal Society of Tropical Medicine and Hygiene. London
Trans. third Comm. int. Soc. Soil Sci.	Transactions of the Third Commission of the International Society of Soil Science
Trav. Labor. Chim. gén. Univ. Louvain	Travaux du Laboratoire de Chimie Générale, Université Louvain
Trav. Soc. Chim. biol.	Travaux des Membres de la Société de Chimie Biologique
Trav. Soc. Pharm. Montpellier	Travaux de la Société de Pharmacie de Montpellier
Trudy Akad. Belorussk. S.S.R.	Trudy Akademii Nauk Belorusskoj S.S.R.
Trudy Astrachansk. tech. Inst. rybn. Promyšl.	Trudy Astrachanskogo Techničeskogo Instituta Rybnoj Promyšlennosti i Chozjaistva
Trudy Azerbajdžansk. Univ.	Trudy Azerbajdžanskogo Gosudarstvennogo Universiteta
Trudy bot. Inst. Akad. S.S.S.R.	Trudy Botaničeskogo Instituta, Akademija Nauk S.S.S.R

Kürzung	Titel
Trudy central. biochim. Inst.	Trudy centralnogo naučno-issledovatelskogo biochimičeskogo Instituta Piščevoj i Vkusovoj Promyšlennosti (Schriften des zentralen biochemischen Forschungsinstituts der Nahrungs- und Genußmittelindustrie)
Trudy central. dezinfekcion. Inst.	Trudy Centralnogo Naučno-issledovatelskogo Dezinfekcionnogo Instituta. Moskau
Trudy Charkovsk. chim. technol. Inst.	Trudy Charkovskogo Chimiko-technologičeskogo Instituta
Trudy Charkovsk. farm. Inst.	Trudy Charkovskogo Gosudarstvennogo Farmacevtičeskogo Instituta
Trudy Charkovsk. politech. Inst.	Trudy Charkovskogo Politechničeskogo Instituta
Trudy Chim. chim. Technol.	Trudy po Chimii i Chimičeskoj Technologii. Gorki
Trudy chim. Fak. Charkovsk. Univ.	Trudy Chimičeskogo Fakulteta i Naučno-issledovatelskogo Instituta Chimii Charkovskogo Universiteta
Trudy chim. farm. Inst.	Trudy Naučnogo Chimiko-farmacevtičeskogo Instituta
Trudy Chim. prirodn. Soedin. Kišinevsk. Univ.	Trudy po Chimii Prirodnych Soedinenij, Kišinevskij Gosudarstevennyj Universitet
Trudy Dnepropetrovsk. chim.-technol. Inst.	Trudy Dnepropetrovskogo Chimiko-technologičeskogo Instituta
Trudy fiz. Inst. Akad. S.S.S.R.	Trudy Fizičeskogo Instituta, Akademija Nauk. S.S.S.R.
Trudy Gorkovsk. pedagog. Inst.	Trudy Gorkovskogo Gosudarstvennogo Pedagogičeskogo Instituta
Trudy Inst. Chim. Akad. Kazachsk. S.S.R.	Trudy Instituta Chimičeskich Nauk, Akademija Nauk Kazachskoj S.S.R.
Trudy Inst. Chim. Akad. Kirgizsk. S.S.R.	Trudy Instituta Chimii, Akademija Nauk Kirgizskoj S.S.R.
Trudy Inst. Chim. Akad. Uralsk. S.S.R.	Trudy Instituta Chimii i Metallurgii, Akademija Nauk S.S.S.R., Uralskij Filial
Trudy Inst. Chim. Charkovsk. Univ.	Trudy Institutu Chimii Charkovskogo Gosudarstvennogo Universiteta
Trudy Inst. čist. chim. Reakt.	Trudy Instituta Čistych Chimičeskich Reaktivov (Arbeiten des Instituts für reine chemische Reagentien)
Trudy Inst. efirnomaslič. Promyšl.	Trudy Vsesojuznogo Instituta efirno-masličnoj Promyšlennosti
Trudy Inst. Fiz. Mat. Akad. Azerbajdžansk. S.S.R.	Trudy Instituta Fiziki i Matematiki, Akademija Nauk Azerbajdžanskoj S.S.R. Serija Fizičeskaja
Trudy Inst. Fiz. Mat. Akad. Belorussk. S.S.R.	Trudy Instituta Fiziki i Matematiki Akademija Nauk Belorusskij S.S.R.
Trudy Inst. iskusstv. Volokna	Naučno-issledovatelskie Trudy, Vsesojuznyj Naučno-issledovatelskij Institut Iskusstvennogo Volokna
Trudy Inst. klin. eksp. Chirurgii Akad. Kazachsk. S.S.R.	Trudy Instituta Kliničeskoj i Eksperimentalnoj Chirurgii, Akademija Nauk Kazachskoj S.S.R.
Trudy Inst. Krist. Akad. S.S.S.R.	Trudy Instituta Kristallografii, Akademija Nauk S.S.S.R.
Trudy Inst. lekarstv. aromat. Rast.	Trudy Vsesojuznogo Naučno-issledovatelskogo Instituta lekarstvennych i aromatičeskich Rastenij
Trudy Inst. Nefti Akad. Azerbajdžansk. S.S.R.	Trudy Instituta Nefti, Akademija Nauk S.S.S.R.
Trudy Inst. prikl. Chim.	Trudy Gosudarstvenyj Institut Prikladnoj Chimii. Leningrad
Trudy Inst. sint. nat. dušist. Veščestv	Trudy Vsesojuznogo Naučno-issledovatelskogo Instituta Sintetičeskich i Naturalnych Dušistych Veščestv

Kürzung	Titel
Trudy Inst. Udobr. Insektofungic.	Trudy Naučno-issledovatelskij Institut po Udobrenijam i Insektofungicidam. Moskau
Trudy Ivanovsk. chim. technol. Inst.	Trudy Ivanovskogo Chimiko-technologičeskogo Instituta
Trudy Kazansk. chim. technol. Inst.	Trudy Kazanskogo Chimiko-technologičeskogo Instituta
Trudy Kievsk. technol. Inst. piščevoj Promyšl.	Trudy Kievskogo Technologičeskogo Instituta Piščevoj Promyšlennosti
Trudy Kinofotoinst.	Trudy Vsesojuznogo Naučno-issledovatelskogo Kinofotoinstituta
Trudy Komiss. anal. Chim.	Trudy Komissii po Analitičeskoj Chimii, Akademija Nauk S.S.S.R.
Trudy Krasnojarsk. med. Inst.	Trudy Krasnojarskogo Gosudarstvennogo Medicinskogo Instituta
Trudy Kubansk. selsko- choz. Inst.	Trudy Kubanskogo Selskochozjajstvennogo Instituta
Trudy Leningradsk. chim. farm. Inst.	Trudy Leningradskogo Chimico-Farmacevtičeskogo Instituta
Trudy Leningradsk. ind. Inst.	Trudy Leningradskogo Industrialnogo Instituta
Trudy Lvovsk. med. Inst.	Trudy Lvovskogo Medicinskogo Instituta
Trudy Mendeleevsk. S.	Trudy (VI.) Vsesojuznogo Mendeleevskogo Sezda po teoretičeskoj i prikladnoj Chimii (Charkow 1932)
Trudy Molotovsk. med. Inst.	Trudy Molotovskogo Medicinskogo Instituta
Trudy Moskovsk. chim. technol. Inst.	Trudy Moskovskogo Chimiko-technologičeskogo Instituta imeni Mendeleeva
Trudy Moskovsk. tech- nol. Inst. piščevoj Promyšl.	Trudy, Moskovskij Technologičeskij Institut Piščevoj Promyšlennosti
Trudy Moskovsk. zoo- tech. Inst. Konevod.	Trudy Moskovskogo Zootechničeskogo Instituta Konevodstva
Trudy Odessk. technol. Inst. piščevoj cholodil. Promšyl.	Trudy Odesskogo Technologičeskogo Instituta Piščevoj i Cholodilnoj Promyšlennosti
Trudy opytno-issledova- telsk. Zavoda Chimgaz	Trudy Opytno-issledovatelskogo Zavoda Chimgaz
Trudy radiev. Inst.	Trudy Gosudarstvennogo Radievogo Instituta
Trudy Sessii Akad. Nauk org. Chim.	Trudy Sessii Akademii Nauk po Organičeskoj Chimii
Trudy Sovešč. Termodin. Stroenie Rastvorov Moskau	Trudy Soveščanija Termodinamika i Stroenie Rastvorov Moskau
Trudy Sovešč. Terpenov Terpenoidov Wilna 1959	Trudy Vsesojuznogo Soveščanija po Voprosam Chimii Terpenov i Terpenoidov Akademija Nauk Litovskoj S.S.R. Wilna 1959
Trudy Sovešč. Vopr. Ispolz. Pentozan. Syrja Riga 1955	Trudy Vsesojuznogo Soveščanija Voprosy Ispolzovanija Pentozansoderžaščego Syrja Riga 1955
Trudy sredneaziatsk. Univ.	Trudy Sredneaziatskogo Gosudarstvennogo Universiteta. Taschkent [Acta Universitatis Asiae Mediae]
Trudy Tadžiksk. selskochoz. Inst.	Trudy Tadžikskogo Selskochozjajstvennogo Instituta
Trudy Tbilissk. Univ.	Trudy Tbilisskogo Gosudarstvennogo Universiteta
Trudy Tomsk. Univ.	Trudy Tomskogo Gosudarstvennogo Universiteta

Kürzung	Titel
Trudy Uralsk. chim. Inst.	Trudy Uralskogo Naučno-issledovatelskogo Chimičeskogo Instituta
Trudy Uralsk. politech. Inst.	Trudy Uralskogo Politechničeskogo Instituta
Trudy Uzbeksk. Univ. Sbornik Rabot Chim.	Trudy Uzbekskogo Gosudarstvennogo Universiteta. Sbornik Rabot Chimii (Sammlung chemischer Arbeiten)
Trudy vitamin. Inst.	Trudy Vsesojuznogo Naučno-issledovatelskogo Vitaminnogo Instituta
Trudy Voronežsk. Univ.	Trudy Voronežskogo Gosudarstvennogo Universiteta; Chimičeskij Otdelenie (Acta Universitatis Voronegiensis; Sectio chemica)
Trudy Vorošilovsk. pedagog. Inst.	Trudy Vorošilovskogo Gosudarstvennogo Pedagogičeskogo Instituta
Tuberculosis Tokyo	Tuberculosis. Tokyo [Kekkaku]
Tydskr. Wet. Kuns	Tydskrif vir Wetenskap en Kuns
Uč. Zap. Azerbajdžansk. Univ.	Učenye Zapiski Azerbajdžanskogo Gosudarstvennogo Universiteta
Uč. Zap. Černovick. Univ.	Učenye Zapiski Černovickij Gosudarstvennyi Universitet
Uč. Zap. Gorkovsk. Univ.	Učenye Zapiski Gorkovskogo Gosudarstvennogo Universiteta
Uč. Zap. Jaroslavsk. technol. Inst.	Učenye Zapiski Jaroslavskogo Technologičeskogo Instituta
Uč. Zap. Kazachsk. Univ.	Učenye Zapiski Kazachskij Gosudarstvennyj Universitet
Uč. Zap. Kazansk. Univ.	Učenye Zapiski, Kazanskij Gosudarstvennyj Universitet
Uč. Zap. Kišinevsk. Univ.	Učenye Zapiski, Kišinevskij Gosudarstvennyj Universitet
Uč. Zap. Leningradsk. Univ.	Učenye Zapiski Leningradskogo Gosudarstvennogo Universiteta
Uč. Zap. Minsk. pedagog. Inst.	Učenye Zapiski, Minskij Gosudarstvennyj Pedagogičeskij Institut
Uč. Zap. Molotovsk. Univ.	Učenye Zapiski Molotovskij Gosudarstvennyj Universitet
Uč. Zap. Moskovsk. Univ.	Učenye Zapiski Moskovskogo Gosudarstvennogo Universiteta; Chimija
Uč. Zap. Permsk. Univ.	Učenye Zapiski, Permskij Gosudarstvennyj Universitet
Uč. Zap. Pjatigorsk. farm. Inst.	Učenye Zapiski, Pjatigorskij Gosudarstvennyj Farmacevtičeskij Institut
Uč. Zap. Rostovsk. Univ.	Učenye Zapiski Rostovskogo na Donu Gosudarstvennogo Universiteta
Uč. Zap. Saratovsk. Univ.	Učenye Zapiski Saratovskogo Gosudarstvennogo Universiteta
Uč. Zap. Tomsk. Univ.	Učenye Zapiski Tomskogo Gosudarstvennogo Universiteta
Udobr.	Udobrenie i Urožaj (Düngung und Ernte)
Ugol	Ugol (Kohle)
Ukr. biochim. Ž.	Ukrainskij Biochimičnij Žurnal
Ukr. chim. Ž.	Ukrainskij Chimičnij Žurnal; englische Ausgabe: Soviet Progress in Chemistry
Ukr. fiz. Ž.	Ukrainskij Fizičnij Žurnal
Ukr. Inst. eksp. Farm. Konsult. Mat.	Ukrainskij Gosudarstvennyj Institut Eksperimentalnoj Farmazii, Konsultacionnye Materialy
Ullmann	Ullmanns Encyklopädie der Technischen Chemie, 3. bzw. 4. Aufl. Herausg. von *W. Foerst*
Underwriter's Labor. Bl.	Underwriters' Laboratories, Inc., Bulletin of Research. Chicago, Ill.
Ung. P.	Ungarisches Patent

Kürzung	Titel
Union Burma J. Sci. Technol.	Union of Burma Journal of Science and Technology
Union pharm.	Union pharmaceutique
Union S. Africa Dep. Agric. Sci. Bl.	Union South Africa Department of Agriculture, Science Bulletin
Univ. Allahabad Studies	University of Allahabad Studies
Univ. Bergen Årbok	Universitetet i Bergen Årbok
Univ. California Publ. Pharmacol.	University of California Publications. Pharmacology
Univ. California Publ. Physiol.	University of California Publications. Physiology
Univ. Colorado Studies	University of Colorado Studies
Univ. Illinois eng. Exp. Sta. Bl.	University of Illinois Bulletin. Engineering Experiment Station. Bulletin Series
Univ. Kansas Sci. Bl.	University of Kansas Science Bulletin
Univ. Philippines Sci. Bl.	University of the Philippines Natural and Applied Science Bulletin
Univ. Queensland Pap. Dep. Chem.	University of Queensland Papers, Department of Chemistry
Univ. São Paulo Fac. Fil.	Universidade de São Paulo, Faculdade de Filosofia, Ciencias e Letras
Univ. Texas Publ.	University of Texas Publication
Univ. Trieste Ist. Chim.	Università degli Studi di Trieste, Facoltà di Scienze, Istituto di Chimica
Univ. Trieste Ist. Mineral.	Università degli Studi di Trieste Facoltà di Scienze, Istituto di Mineralogia
Univ. Wyoming Publ.	University of Wyoming Publications
Upsala Läkaref.Förhandl.	Upsala Läkareförenings Förhandlingar
U.S. Atomic Energy Comm.	U.S. Atomic Energy Commission
U.S. Dep. Agric. Bur. Chem. Circ.	U.S. Department of Agriculture. Bureau of Chemistry Circular
U.S. Dep. Agric. Bur. Entomol.	U.S. Department of Agriculture Bureau of Entomology and Plant Quarantine, Entomological Technic
U.S.Dep.Agric.misc.Publ.	U.S. Department of Agriculture. Miscellaneous Publications
U.S. Dep. Agric. tech. Bl.	U.S. Department of Agriculture. Technical Bulletin
U.S. Dep. Comm. Off. tech. Serv. Rep.	U.S. Department of Commerce, Office of Technical Services, Publication Board Report
U.S. Naval med. Bl.	United States Naval Medical Bulletin
U.S.P.	Patent der Vereinigten Staaten von Amerika
Uspechi Chim.	Uspechi Chimii (Fortschritte der Chemie); englische Ausgabe: Russian Chemical Reviews
Uspechi fiz. Nauk	Uspechi fiziceskich Nauk
Uzbeksk. chim. Ž.	Uzbekskij Chimičeskij Žurnal
V.D.I.-Forschungsh.	V.D.I.-Forschungsheft. Supplement zu Forschung auf dem Gebiete des Ingenieurwesens
Verh. naturf. Ges. Basel	Verhandlungen der Naturforschenden Gesellschaft in Basel
Verh. Schweiz. Ver. Physiol. Pharmakol.	Verhandlungen des Schweizerischen Vereins der Physiologen und Pharmakologen
Verh. Vlaam. Acad. Belg.	Verhandelingen van de Koninklijke Vlaamsche Academie voor Wetenschappen, Letteren en Schone Kunsten van België. Klasse der Wetenschappen
Vernici	Vernici
Veröff. K.W.I. Silikatf.	Veröffentlichungen aus dem K.W.I. für Silikatforschung
Verre Silicates ind.	Verre et Silicates Industriels, Céramique, Émail, Ciment

Kürzung	Titel
Versl. Akad. Amsterdam	Verslag van de Gewone Vergadering der Afdeeling Natuurkunde, Nederlandsche Akademie van Wetenschappen
Vestnik Akad. Kazachsk. S.S.R.	Vestnik Akademii Nauk Kazachskoj S.S.R.
Vestnik Čkalovsk. Otd. chim. Obšč.	Vestnik Čkalovskogo Otdelenie Vsesojuznogo Chimičeskogo Obščestva im. Mendeleewa
Vestnik kožev. Promyšl.	Vestnik koževennoj Promyšlennosti i Torgovli (Nachrichten aus Lederindustrie und -handel)
Vestnik Leningradsk. Univ.	Vestnik Leningradskogo Universiteta
Vestnik Moskovsk. Univ.	Vestnik Moskovskogo Universiteta
Vestnik Oftalmol.	Vestnik Oftalmologii. Moskau
Vestnik Slovensk. kem. Društva	Vestnik Slovenskega Kemijskega Društva. Ljubljana
Vestsi Akad. Belarusk. S.S.R.	Vestsi Akademii Navuk Belaruskaj S.S.R.
Veterin. J.	Veterinary Journal. London
Virch. Arch. path. Anat.	Virchows Archiv für pathologische Anatomie und Physiologie und für klinische Medizin
Virginia Fruit	Virginia Fruit
Virginia J. Sci.	Virginia Journal of Science
Virology	Virology. New York
Visti Inst. fiz. Chim. Ukr.	Visti Institutu Fizičnoj Chimii Akademija Nauk U.R.S.R. Institut Fizičnoj Chimii
Vitamine Hormone	Vitamine und Hormone. Leipzig
Vitamin Res. News U.S.S.R.	Vitamin Resurcy News U.S.S.R.
Vitamins Hormones	Vitamins and Hormones. New York
Vitamins Japan	Vitamins, Kyoto
Vjschr. naturf. Ges. Zürich	Vierteljahresschrift der Naturforschenden Gesellschaft in Zürich
Voeding	Voeding (Ernährung). den Haag
Voenn. Chimija	Voennaja Chimija
Vopr. Pitanija	Voprosy Pitanija (Ernährungsfragen)
Vorratspflege Lebensmittelf.	Vorratspflege und Lebensmittelforschung
Vysokomol. Soedin.	Vysokomolekuljarnye Soedinenija; englische Ausgabe: Polymer Science U.S.S.R.
W. African J. biol. Chem.	West African Journal of Biological Cnemistry
Waseda appl. chem. Soc. Bl.	Waseda Applied Chemical Society Bulletin. Tokyo [Waseda Oyo Kagaku Kaiho]
Wasmann Collector	Wasmann Collector. San Francisco, Calif.
Wd. Health Organ.	World Health Organization. New York
Wd. Petr. Congr. London 1933	World Petroleum Congress. London 1933. Proceedings
Wd. Rev. Pest Control	World Review of Pest Control
Weeds	Weeds. Gainesville, Fla.
Wiadom. farm.	Wiadomości Farmaceutyczne. Warschau
Wien. klin. Wschr.	Wiener Klinische Wochenschrift
Wien. med. Wschr.	Wiener medizinische Wochenschrift
Wis- en natuurk. Tijdschr.	Wis- en Natuurkundig Tijdschrift. Gent
Wiss. Ind.	Wissenschaft und Industrie
Wiss. Mitt. Öst. Heilmittelst.	Wissenschaftliche Mitteilungen der Österreichischen Heilmittelstelle

Kürzung	Titel
Wiss. Veröff. Dtsch. Ges. Ernähr.	Wissenschaftliche Veröffentlichungen der Deutschen Gesellschaft für Ernährung
Wiss. Veröff. Siemens	Wissenschaftliche Veröffentlichungen aus dem Siemens-Konzern bzw. (ab 1935) den Siemens-Werken
Wiss. Z. T. H. Leuna-Merseburg	Wissenschaftliche Zeitschrift der Technischen Hochschule für Chemie „Carl Schorlemmer" Leuna-Merseburg
Wiss. Z. Univ. Halle-Wittenberg	Wissenschaftliche Zeitschrift der Martin-Luther-Universität Halle-Wittenberg. Mathematisch-naturwissenschaftliche Reihe
Wochenbl. Papierf.	Wochenblatt für Papierfabrikation
Wood Res. Kyoto	Wood Research [Mokuzai Kenkyu]. Kyoto
Wool Rec. Textile Wd.	Wool Record and Textile World. Bradford
Wschr. Brauerei	Wochenschrift für Brauerei
Wuhan Univ. J. nat. Sci.	Wuhan University Journal, Natural Science [Wu Han Ta Hsueh, Tzu Jan K'o Hsueh Hsueh Pao]
Xenobiotica	Xenobiotica. London
X-Sen	X-Sen (Röntgen-Strahlen). Japan
Yale J. Biol. Med.	Yale Journal of Biology and Medicine
Yokohama med. Bl.	Yokohama Medical Bulletin
Yonago Acta med.	Yonago Acta Medica. Japan
Z. anal. Chem.	Zeitschrift für Analytische Chemie
Ž. anal. Chim.	Žurnal Analitičeskoj Chimii; englische Ausgabe: Journal of Analytical Chemistry of the U.S.S.R.
Z. ang. Ch.	Zeitschrift für angewandte Chemie
Z. angew. Entomol.	Zeitschrift für angewandte Entomologie
Z. angew. Math. Phys.	Zeitschrift für angewandte Mathematik und Physik
Z. angew. Phot.	Zeitschrift für angewandte Photographie in Wissenschaft und Technik
Z. ang. Phys.	Zeitschrift für angewandte Physik
Z. anorg. Ch.	Zeitschrift für Anorganische und Allgemeine Chemie
Zap. Inst. Chim. Ukr. Akad.	Ukrainska Akademija Nauk. Zapiski Institutu Chemji bzw. Zapiski Institutu Chimji Akademija Nauk U.R.S.R.
Zavod. Labor.	Zavodskaja Laboratorija (Betriebslaboratorium)
Z. Berg-, Hütten-Salinenw.	Zeitschrift für das Berg-, Hütten- und Salinenwesen im Deutschen Reich
Z. Biol.	Zeitschrift für Biologie
Zbl. Bakt. Parasitenk.	Zentralblatt für Bakteriologie, Parasitenkunde, Infektionskrankheiten und Hygiene [I] Orig. bzw. [II]
Zbl. Gewerbehyg.	Zentralblatt für Gewerbehygiene und Unfallverhütung
Zbl. inn. Med.	Zentralblatt für Innere Medizin
Zbl. Min.	Zentralblatt für Mineralogie
Zbl. Zuckerind.	Zentralblatt für die Zuckerindustrie
Z. Bot.	Zeitschrift für Botanik
Z. Chem.	Zeitschrift für Chemie. Leipzig
Ž. chim. Promyšl.	Žurnal Chimičeskoj Promyšlennosti (Journal der Chemischen Industrie)
Z. Desinf.	Zeitschrift für Desinfektions- und Gesundheitswesen
Ž. eksp. Biol. Med.	Žurnal Eksperimentalnoj Biologii i Mediciny
Ž. eksp. teor. Fiz.	Žurnal Eksperimentalnoj i Teoretičeskoj Fiziki; englische Ausgabe: Soviet Physics JETP
Z. El. Ch.	Zeitschrift für Elektrochemie und Angewandte Physikalische Chemie
Zellst. Papier	Zellstoff und Papier

Kürzung	Titel
Zesz. Politech. Śląsk.	Zeszyty Naukowe Politechniki Śląskiej. Chemia
Zesz. Politech. Wroclawsk.	Zeszyty Naukowe Politechniki. Breslau
Zesz. Probl. Nauki Polsk.	Zeszyty Problemowe Nauki Polskiej
Zesz. Uniw. Krakow	Zeszyty Naukowe Uniwersytetu. Jagiellońskiego. Krakow
Zesz. Uniw. Łodzk.	Zeszyty Naukowe Uniwersytetu. Łódżkiego. II Nauki Matematyczno-przyrodnicze
Z., Farben Textil Ind.	Zeitschrift für Farben- und Textil-Industrie
Ž. fiz. Chim.	Žurnal Fizičeskoj Chimii; englische Ausgabe: Russian Journal of Physical Chemistry
Z. ges. Brauw.	Zeitschrift für das gesamte Brauwesen
Z. ges. exp. Med.	Zeitschrift für die gesamte experimentelle Medizin
Z. ges. Getreidew.	Zeitschrift für das gesamte Getreidewesen
Z. ges. innere Med.	Zeitschrift für die gesamte Innere Medizin
Z. ges. Kälteind.	Zeitschrift für die gesamte Kälteindustrie
Z. ges. Naturwiss.	Zeitschrift für die gesamte Naturwissenschaft
Z. ges. Schiess-Sprengstoffw.	Zeitschrift für das gesamte Schiess- und Sprengstoffwesen
Z. Hyg. Inf.-Kr.	Zeitschrift für Hygiene und Infektionskrankheiten
Z. hyg. Zool.	Zeitschrift für hygienische Zoologie und Schädlingsbekämpfung
Židkofaz. Okisl. nepredeln. org. Soedin.	Židkofaznoe Okislenie Nepredelnych Organičeskich Soedinenij
Z. Immunitätsf.	Zeitschrift für Immunitätsforschung und experimentelle Therapie
Zinatn. Raksti Latvijas Univ.	Zinatniskie Raksti, Latvijas Valsts Universitates. Kimijas Fakultate
Zinatn. Raksti Rigas politehn. Inst.	Zinatniskie Raksti, Rigas Politehniskais Instituts, Kimijas Fakultate (Wissenschaftliche Berichte des Politechnischen Instituts Riga)
Z. Kinderheilk.	Zeitschrift für Kinderheilkunde
Z. klin. Med.	Zeitschrift für klinische Medizin
Z. kompr. flüss. Gase	Zeitschrift für komprimierte und flüssige Gase
Z. Kr.	Zeitschrift für Kristallographie, Kristallgeometrie, Kristallphysik, Kristallchemie
Z. Krebsf.	Zeitschrift für Krebsforschung
Z. Lebensm. Unters.	Zeitschrift für Lebensmittel-Untersuchung und -Forschung
Ž. Mikrobiol.	Žurnal Mikrobiologii, Epidemiologii i Immunobiologii
Z. Naturf.	Zeitschrift für Naturforschung
Ž. naučn. prikl. Fot. Kinematogr.	Žurnal Naučnoj Prikladnoj Fotografii i Kinematografii
Ž. neorg. Chim.	Žurnal Neorganičeskoj Chimii; englische Ausgabe 1–3: Journal of Inorganic Chemistry of the U.S.S.R.; ab 4: Russian Journal of Inorganic Chemistry
Ž. obšč. Chim.	Žurnal Obščej Chimii; englische Ausgabe: Journal of General Chemistry of the U.S.S.R. (ab 1949)
Ž. org. Chim.	Žurnal Organičeskoj Chimii; englische Ausgabe: Journal of Organic Chemistry of the U.S.S.R.
Z. Pflanzenernähr.	Zeitschrift für Pflanzenernährung, Düngung und Bodenkunde
Z. Phys.	Zeitschrift für Physik
Z. phys. chem. Unterr.	Zeitschrift für den physikalischen und chemischen Unterricht
Z. physik. Chem.	Zeitschrift für Physikalische Chemie. Leipzig
Z. physiol. Chem.	Hoppe-Seylers Zeitschrift für Physiologische Chemie
Ž. prikl. Chim.	Žurnal Prikladnoj Chimii (Journal für Angewandte Chemie); englische Ausgabe: Journal of Applied Chemistry of the U.S.S.R.

Kürzung	Titel
Z. psych. Hyg	Zeitschrift für psychische Hygiene
Ž. rezin. Promyšl.	Žurnal Rezinovoj Promyšlennosti (Journal of the Rubber Industry)
Ž. russ. fiz.-chim. Obšč.	Žurnal Russkogo Fiziko-chimičeskogo Obščestva. Čast Chimičeskaja (= Chem. Teil)
Z. Spiritusind.	Zeitschrift für Spiritusindustrie
Ž. struktur. Chim.	Žurnal Strukturnoj Chimii; englische Ausgabe: Journal of Structural Chemistry U.S.S.R.
Ž. tech. Fiz.	Žurnal Techničeskoj Fiziki
Z. tech. Phys.	Zeitschrift für Technische Physik
Z. Tierernähr.	Zeitschrift für Tierernährung und Futtermittelkunde
Z. Tuberkulose	Zeitschrift für Tuberkulose
Zucker	Zucker. Hannover
Zucker-Beih.	Zucker-Beihefte
Z. Unters. Lebensm.	Zeitschrift für Untersuchung der Lebensmittel
Z. Unters. Nahrungs- u. Genussm.	Zeitschrift für Untersuchung der Nahrungs- und Genussmittel sowie der Gebrauchsgegenstände. Berlin
Z.V.D.I.	Zeitschrift des Vereins Deutscher Ingenieure
Z.V.D.I. Beih. Verfahrenstech.	Zeitschrift des Vereins Deutscher Ingenieure. Beiheft Verfahrenstechnik
Z. Verein dtsch. Zuckerind.	Zeitschrift des Vereins der Deutschen Zuckerindustrie
Z. Vitaminf.	Zeitschrift für Vitaminforschung. Bern
Z. Vitamin-Hormon-Fermentf.	Zeitschrift für Vitamin-, Hormon- und Fermentforschung. Wien
Ž. vsesojuz. chim. Obšč.	Žurnal Vsesojuznogo Chimičeskogo Obščestva; englische Ausgabe: Mendeleev Chemistry Journal
Z. Wirtschaftsgr. Zuckerind.	Zeitschrift der Wirtschaftsgruppe Zuckerindustrie
Z. wiss. Phot.	Zeitschrift für wissenschaftliche Photographie, Photophysik und Photochemie
Z. Zuckerind.	Zeitschrift für Zuckerindustrie
Z. Zuckerind. Čsl.	Zeitschrift für die Zuckerindustrie der Čechoslovakischen Republik
Zymol. Chim. Colloidi	Zymologica e Chimica dei Colloidi
Ж.	s. Ž. russ. fiz.-chim. Obšč.

Dritte Abteilung

Heterocyclische Verbindungen

Verbindungen mit zwei cyclisch gebundenen Stickstoff-Atomen

III. Oxo-Verbindungen

A. Monooxo-Verbindungen

Monooxo-Verbindungen $C_nH_{2n}N_2O$

Oxo-Verbindungen $C_2H_4N_2O$

1,2-Diphenyl-[1,2]diazetidin-3-on $C_{14}H_{12}N_2O$, Formel I (X = X' = H).
B. Aus *cis*-Azobenzol und Keten in Hexan bei 15° oder aus *trans*-Azobenzol und Keten beim Belichten in Hexan oder Aceton (*Schenck, Engelhard*, Ang. Ch. **68** [1956] 71; *Schenck*, Ang. Ch. **69** [1957] 579, 597).
F: 115°.
Beim Erwärmen mit Aceton sind Phenylisocyanat und polymeres *N*-Methylen-anilin erhalten worden. Beim Erwärmen mit wss. Anilin ist *N,N'*-Diphenyl-harnstoff erhalten worden. Beim Erhitzen mit wss. NaOH ist [*N,N'*-Diphenyl-hydrazino]-essigsäure erhalten worden.

1(oder 2)-[4-Chlor-phenyl]-2(oder 1)-phenyl-[1,2]diazetidin-3-on $C_{14}H_{11}ClN_2O$, Formel I (X = Cl, X' = H oder X = H, X' = Cl).
B. Beim Belichten von 4-Chlor-azobenzol und Keten in Aceton oder in Hexan (*Schenck*, Ang. Ch. **69** [1957] 579, 597).
F: 104—106° (*Sch.*).
Die folgenden Verbindungen sind auf die gleiche Weise hergestellt worden:
1(oder 2)-[4-Brom-phenyl]-2(oder 1)-phenyl-[1,2]diazetidin-3-on $C_{14}H_{11}BrN_2O$, Formel I (X = Br, X' = H oder X = H, X' = Br). F: 115—116° (*Sch.*).
1(oder 2)-[4-Jod-phenyl]-2(oder 1)-phenyl-[1,2]diazetidin-3-on $C_{14}H_{11}IN_2O$, Formel I (X = I, X' = H oder X = H, X' = I). F: 125 (*Sch.*).
1(oder 2)-[3-Nitro-phenyl]-2(oder 1)-phenyl-[1,2]diazetidin-3-on $C_{14}H_{11}N_3O_3$, Formel II (X = NO_2, X' = H oder X = H, X' = NO_2). F: 109° (*Sch.*).
1(oder 2)-[4-Nitro-phenyl]-2(oder 1)-phenyl-[1,2]diazetidin-3-on $C_{14}H_{11}N_3O_3$, Formel I (X = NO_2, X' = H oder X = H, X' = NO_2). F: 140—141° (*Sch.*).
2(oder 1)-Phenyl-1(oder 2)-*m*-tolyl-[1,2]diazetidin-3-on $C_{15}H_{14}N_2O$, Formel II (X = CH_3, X' = H oder X = H, X' = CH_3). F: 119° (*Sch.*).
1,2-Di-*m*-tolyl-[1,2]diazetidin-3-on $C_{16}H_{16}N_2O$, Formel II (X = X' = CH_3). F: 90° (*Schenck, Engelhard*, Ang. Ch. **68** [1956] 71; *Sch.*).
1,2-Di-*p*-tolyl-[1,2]diazetidin-3-on $C_{16}H_{16}N_2O$, Formel I (X = X' = CH_3). F: 96—97° (*Sch.*).

Oxo-Verbindungen $C_3H_6N_2O$

Pyrazolidin-3-on $C_3H_6N_2O$, Formel III (R = H) (H 2).
Hydrochlorid $C_3H_6N_2O \cdot HCl$. *B.* Aus Methylacrylat und N_2H_4 (*Rondestvedt, Chang*, Am. Soc. **77** [1955] 6532, 6538). — Kristalle; F: 209—210° [unkorr.; geschlossene Kapillare; aus Me.] (*Howard et al.*, J. org. Chem. **28** [1963] 868, 870), 199—200° [unkorr.; nach Sublimation bei 100°/0,05 Torr] (*Ro., Ch.*).
Hydrobromid $C_3H_6N_2O \cdot HBr$. *B.* Analog dem Hydrochlorid (*Ro., Ch.*, l. c. S. 6538). Neben 1(2)*H*-Pyrazol-3-sulfonsäure-diäthylamid beim Behandeln von Äthensulfonsäure-diäthylamid mit Diazomethan in Äther und anschliessend mit Brom in CHCl_3 (*Ro., Ch.*, l. c. S. 6537). — Kristalle (aus A.); F: 206—207° [unkorr.] (*Ro., Ch.*).

1-Phenyl-pyrazolidin-3-on $C_9H_{10}N_2O$, Formel IV (X = H) (H 2).

B. Beim Erhitzen von 3-Chlor-propionsäure-methylester mit Phenylhydrazin (*Michailowa, Pigulewškii*, Ž. obšč. Chim. **28** [1958] 3112, 3113; engl. Ausg. S. 3142). Beim Erwärmen von Äthylacrylat und Phenylhydrazin mit Triäthylamin oder mit Natrium= äthylat in Äthanol und Benzol (*Ilford Ltd.*, U.S.P. 2688024 [1952]; *Duffin, Kendall,* Ind. chim. belge Sonderband 27. Congr. int. Chim. ind. Brüssel **1954** Bd. 3, S. 602). Beim Erwärmen von Acrylamid oder *N*-Äthyl-acrylamid mit Phenylhydrazin und Natriumäthylat in Äthanol (*Ilford Ltd.*, U.S.P. 2704762 [1953]; *Du., Ke.,* Ind. chim. belge Sonderband 27. Congr. int. Chim. ind. Brüssel **1954** Bd. 3, S. 603). Beim Erwärmen von 3-Hydroxy-propionsäure-[*N'*-phenyl-hydrazid] mit H_3PO_4 (*Eastman Kodak Co.*, U.S.P. 2843598 [1956]) oder mit Toluol-4-sulfonsäure in Xylol unter Abdestillieren des entstandenen H_2O (*Eastman Kodak Co.*, U.S.P. 2743279 [1953]). Beim Erhitzen von 3-[*N*-Phenyl-hydrazino]-propionitril oder von 1-Phenyl-4,5-dihydro-1*H*-pyrazol-3-yl= amin mit konz. wss. HCl (*Pietra*, Boll. scient. Fac. Chim. Univ. Bologna **11** [1953] 78, 80). Beim Erhitzen von 1-Phenyl-4,5-dihydro-1*H*-pyrazol-3-ylamin oder von Äthyl-[1-phenyl-4,5-dihydro-1*H*-pyrazol-3-yl]-amin mit wss. H_2SO_4 (*Duffin, Kendall,* Soc. **1954** 408, 413, 414).

Dipolmoment (ε; CCl_4) bei 25° in Abhängigkeit von der Konzentration: *Kurosaki*, J. chem. Soc. Japan Pure Chem. Sect. **79** [1958] 1339, 1342; C. A. **1959** 6764.

Konstante der binären Assoziation in $CHCl_3$ bei 24,5 – 90°: *Kurosaki*, J. chem. Soc. Japan Pure Chem. Sect. **79** [1958] 1362, 1364; C. A. **1959** 6762; in CCl_4 bei 24,5 – 75°: *Ku.*, l. c. S. 1342. IR-Spektrum in $CHCl_3$ (3460 – 2800 cm^{-1} und 1725 – 1680 cm^{-1}) in Abhängigkeit von der Konzentration und der Temperatur (24,5 – 90°): *Ku.*, l. c. S. 1363; in CCl_4 (3500 – 2800 cm^{-1} und 1750 – 1670 cm^{-1}) in Abhängigkeit von der Konzentration und der Temperatur (24,5 – 75°): *Ku.*, l. c. S. 1341.

I   II   III   IV

1-[4-Chlor-phenyl]-pyrazolidin-3-on $C_9H_9ClN_2O$, Formel IV (X = Cl).

B. Beim Erwärmen von [4-Chlor-phenyl]-hydrazin mit Acrylamid (*Ilford Ltd.*, U.S.P. 2704762 [1953]) oder mit Acrylonitril (*Duffin, Kendall,* Ind. chim. belge Sonderband 27. Congr. int. Chim. ind. Brüssel **1954** Bd. 3, S. 602) und Natriumäthylat in Äthanol. Beim Erhitzen von 1-[4-Chlor-phenyl]-4,5-dihydro-1*H*-pyrazol-3-ylamin mit wss. H_2SO_4 (*Duffin, Kendall,* Soc. **1954** 408, 414).

Kristalle (aus Bzl.); F: 117°.

1-[4-Brom-phenyl]-pyrazolidin-3-on $C_9H_9BrN_2O$, Formel IV (X = Br).

B. Beim Erwärmen von Acrylonitril mit [4-Brom-phenyl]-hydrazin und Natrium= äthylat in Äthanol (*Duffin, Kendall,* Ind. chim. belge Sonderband 27. Congr. int. Chim. ind. Brüssel **1954** Bd. 3, S. 602).

Kristalle (aus wss. A.); F: 188°.

1-[4-Nitro-phenyl]-pyrazolidin-3-on $C_9H_9N_3O_3$, Formel IV (X = NO$_2$).

B. Beim Erhitzen von 3-Hydroxy-propionsäure-[*N'*-(4-nitro-phenyl)-hydrazid] mit Toluol-4-sulfonsäure in Xylol (*Eastman Kodak Co.*, U.S.P. 2743279 [1953]).

Kristalle (aus E. + A.); F: 212 – 214°.

2-Phenyl-pyrazolidin-3-on-imin $C_9H_{11}N_3$, Formel V, und Tautomeres (2-Phenyl-2,5-dihydro-1H-pyrazol-3-ylamin).

B. Beim Erhitzen von 3-[N'-Phenyl-hydrazino]-propionitril mit äthanol. HCl (*Schmidt, Druey,* Helv. **41** [1958] 306, 309).
Kristalle (aus Diisopropyläther); F: 106—107° [unkorr.].
Hydrochlorid. Hygroskopisch; F: 236—238° [unkorr.].

1-o-Tolyl-pyrazolidin-3-on $C_{10}H_{12}N_2O$, Formel VI (R = CH_3, R' = R'' = H).
B. Beim Erhitzen von 3-Hydroxy-propionsäure-[N'-o-tolyl-hydrazid] in 1,1,2-Trichloräthan mit Toluol-4-sulfonsäure (*Eastman Kodak Co.,* U.S.P. 2743279 [1953]).
Kristalle (aus E.); F: 195—197°.

1-m-Tolyl-pyrazolidin-3-on $C_{10}H_{12}N_2O$, Formel VI (R = R'' = H, R' = CH_3).
B. Analog der vorangehenden Verbindung (*Eastman Kodak Co.,* U.S.P. 2743279 [1953]).
Kristalle (aus E. + PAe.); F: 178—179°.

1-p-Tolyl-pyrazolidin-3-on $C_{10}H_{12}N_2O$, Formel IV (X = CH_3).
B. Beim Erwärmen von Alkylacrylat oder von Acrylnitril (*Duffin, Kendall,* Ind. chim. belge Sonderband 27. Congr. int. Chim. ind. Brüssel **1954** Bd. 3, S. 602) oder von Acryl≈ amid (*Ilford Ltd.,* U.S.P. 2704762 [1953]) mit p-Tolylhydrazin und Natriumäthylat in Äthanol. Beim Erwärmen von 3-Hydroxy-propionsäure-[N'-p-tolyl-hydrazid] mit Toluol-4-sulfonsäure in Xylol (*Eastman Kodak Co.,* U.S.P. 2743279 [1953]). Beim Erhitzen von 1-p-Tolyl-4,5-dihydro-1H-pyrazol-3-ylamin mit wss. H_2SO_4 (*Duffin, Kendall,* Soc. **1954** 408, 414).
Kristalle; F: 163° [aus Bzl.] (*Du., Ke.; Ilford Ltd.*), 159—161° [aus E.] (*Eastman Kodak Co.*).

1-[2,5-Dimethyl-phenyl]-pyrazolidin-3-on $C_{11}H_{14}N_2O$, Formel VI (R = R'' = CH_3, R' = H).
B. Beim Erwärmen von Acrylnitril mit [2,5-Dimethyl-phenyl]-hydrazin und Natrium≈ äthylat in Äthanol (*Duffin, Kendall,* Ind. chim. belge Sonderband 27. Congr. int. Chim. ind. Brüssel **1954** Bd. 3, S. 602).
Kristalle (aus H_2O); F: 135°.

1-[4-Methoxy-phenyl]-pyrazolidin-3-on $C_{10}H_{12}N_2O_2$, Formel IV (X = O-CH_3).
B. Beim Erwärmen von Alkylacrylat oder von Acrylnitril (*Duffin, Kendall,* Ind. chim. belge Sonderband 27. Congr. int. Chim. ind. Brüssel **1954** Bd. 3, S. 602) oder von Acrylamid (*Ilford Ltd.,* U.S.P. 2704762 [1953]) mit [4-Methoxy-phenyl]-hydrazin und Natriumäthylat in Äthanol.
Kristalle (aus Bzl.); F: 146°.

      V   VI   VII

1-[4-Phenoxy-phenyl]-pyrazolidin-3-on $C_{15}H_{14}N_2O_2$, Formel IV (X = O-C_6H_5).
B. Aus Acrylnitril analog der vorangehenden Verbindung (*Duffin, Kendall,* Ind. chim. belge Sonderband 27. Congr. int. Chim. ind. Brüssel **1954** Bd. 3, S. 602).
Rötlichgelbe Kristalle (aus A.); F: 187°.

1-[4-p-Tolylmercapto-phenyl]-pyrazolidin-3-on $C_{16}H_{16}N_2OS$, Formel IV (X = S-C_6H_4-CH_3(p)).
B. Beim Erwärmen von Acrylnitril mit [4-p-Tolylmercapto-phenyl]-hydrazin und Natriumäthylat in Äthanol (*Duffin, Kendall,* Ind. chim. belge Sonderband. 27. Congr. int. Chim. ind. Brüssel **1954** Bd. 3, S. 602).
Kristalle (aus A.); F: 194°.

Bis-[4-(3-oxo-pyrazolidin-1-yl)-benzyl]-äther $C_{20}H_{22}N_4O_3$, Formel VII.
Diese Verbindung hat vermutlich in dem nachstehend beschriebenen Präparat vorgelegen.
B. Beim Erhitzen von 3 Hydroxy-propionsäure-[N'-(4-morpholinomethyl-phenyl)-hydrazid] mit Toluol-4-sulfonsäure in Xylol (*Eastman Kodak Co.*, U.S.P. 2743279 [1953]).
Kristalle (aus E.); F: 122—124°.

1-[4-(2-Hydroxy-äthyl)-phenyl]-pyrazolidin-3-on $C_{11}H_{14}N_2O_2$, Formel IV
(X = CH_2-CH_2-OH) auf S. 4.
B. Beim Erhitzen von 3-Hydroxypropionsäure-{N'-[4-(2-hydroxy-äthyl)-phenyl]-hydrazid} mit Toluol-4-sulfonsäure in Xylol (*Eastman Kodak Co.*, U.S.P. 2743279 [1953]).
Kristalle (aus E. + Hexan); F: 109—110°.

4-[3-Oxo-pyrazolidin-1-yl]-benzonitril $C_{10}H_9N_3O$, Formel IV (X = CN) auf S. 4.
B. Beim Erhitzen von 3-Hydroxy-propionsäure-[N'-(4-cyan-phenyl)-hydrazid] mit Toluol-4-sulfonsäure in Xylol (*Eastman Kodak Co.*, U.S.P. 2743279 [1953]).
Kristalle (aus E. + A.); F: 194—195°.

2-[3-Oxo-pyrazolidin-1-yl]-äthansulfonsäure $C_5H_{10}N_2O_4S$, Formel III
(R = CH_2-CH_2-SO_2-OH) auf S. 4.
B. Neben überwiegenden Mengen 2-[3-Chlor-4,5-dihydro-pyrazol-1-yl]-äthansulfonsäure beim Behandeln von Äthensulfonylchlorid mit Diazomethan in Äther (*Rondestvedt, Chang,* Am. Soc. **77** [1955] 6532, 6539).
Kristalle (aus H_2O + Me.); F: 258—259° [unkorr.; Zers.].

2-[4-(3-Oxo-pyrazolidin-1-yl)-phenyl]-äthansulfonsäure-methylamid $C_{12}H_{17}N_3O_3S$,
Formel IV (X = CH_2-CH_2-SO_2-NH-CH_3) auf S. 4.
B. Beim Erhitzen von 3-Hydroxy-propionsäure-{N'-[4-(2-methylsulfamoyl-äthyl)-phenyl]-hydrazid} mit Toluol-4-sulfonsäure in Xylol (*Eastman Kodak Co.*, U.S.P. 2743279 [1953]).
Kristalle (aus A.); F: 142—144°.

1-[4-(Acetyl-methyl-amino)-phenyl]-pyrazolidin-3-on, Essigsäure-[N-methyl-4-(3-oxo-pyrazolidin-1-yl)-anilid] $C_{12}H_{15}N_3O_2$, Formel IV (X = $N(CH_3)$-CO-CH_3) auf S. 4.
B. Beim Erhitzen von Essigsäure-[4-(3-amino-4,5-dihydro-pyrazol-1-yl)-N-methyl-anilid] mit wss. H_2SO_4 (*Farbenfabr. Bayer*, U.S.P. 2840567 [1955]).
Kristalle; F: 198°.

Imidazolidin-2-on $C_3H_6N_2O$, Formel VIII (H 2; E I 184; E II 3; dort auch als N,N'-Äthylen-harnstoff bezeichnet).
B. Beim Erhitzen von Äthylenglykol mit NH_3, CO_2 und H_2O auf 250°/900 at (*Schweitzer,* J. org. Chem. **15** [1950] 475, 480) bzw. mit Harnstoff auf 140—250° unter Druck (*Du Pont de Nemours & Co.*, U.S.P. 2416046 [1944], 2436311 [1944]), auf 275°/400 at (*Sch.*, l. c. S. 480), auf 140—250° und Erhitzen des Reaktionsprodukts mit H_2O auf 250°/35 at (*Du Pont de Nemours & Co.*, U.S.P. 2425627 [1944], 2474004 [1944], 2526757 [1947]) oder auf 160—240° und Erhitzen des Reaktionsprodukts mit H_2O auf 250°/585 at (*Sch.*, l. c. S.480). Beim Erhitzen von Äthylendiamin mit Schwefel und CO auf 100°/9 at Anfangsdruck (*Monsanto Chem. Co.*, U.S.P. 2874149 [1957]) bzw. mit CO_2 auf 200—230°/28—63 at (*Mulvaney, Evans,* Ind. eng. Chem. **40** [1948] 393) oder auf 250°/70 at (*Du Pont de Nemours & Co.*, U.S.P. 2497309 [1944]). Beim Behandeln von Äthylendiamin mit COS und Erhitzen des Reaktionsprodukts auf 110—120° (*Mathieson Chem. Corp.*, U.S.P. 2615025 [1951]). Aus Äthylendiamin beim Erhitzen mit Harnstoff auf 260—270° (*Union Carbide & Carbon Corp.*, U.S.P. 2517750 [1943]; *Du Pont de Nemours & Co.*, U.S.P. 2373136 [1943], 2526757), auf 250° oder auf 250°/160 at (*Sch.*, l. c. S. 473), mit Harnstoff und H_2O auf 275°/75 at (*Du Pont de Nemours & Co.*, U.S.P. 2504431 [1944]), mit Harnstoff und Äthylenglykol auf 130—215° (*Dan River Mills,* U.S.P. 2825732 [1957]) oder mit Diäthylcarbonat und H_2O auf 180° (*Bachmann et al.*, Am. Soc. **72** [1950] 3132). Aus 2-Amino-äthanol beim Erhitzen mit Harnstoff und NH_3 auf 250—300°/200—930 at (*Du Pont*, U.S.P. 2526757; *Sch.*, l. c. S. 480) oder mit Harnstoff auf 110—240° und Er-

hitzen des Reaktionsprodukts mit H_2O auf 250°/925 at (*Sch.*, l. c. S. 480). Beim Erhitzen von [1,3]Dioxolan-2-on mit NH_3 auf 270°/100 at (*Dow Chem. Co.*, U.S.P. 2892843 [1958]). Beim Hydrieren von 1,3-Dihydro-imidazol-2-on in Essigsäure an Platin (*Duschinsky, Dolan*, Am. Soc. **68** [1946] 2350, 2353). Beim Erhitzen von [4,5-Dihydro-1*H*-imidazol-2-yl]-nitro-amin mit H_2O unter Zusatz von Benzylamin (*McKay et al.*, Am. Soc. **72** [1950] 3205). Neben 2-Methoxy-4,5-dihydro-1*H*-imidazol beim Erwärmen von 2-Methyl-mercapto-4,5-dihydro-1*H*-imidazol mit Natriummethylat in Methanol (*Cain et al.*, J. org. Chem. **22** [1957] 1283). Beim Behandeln von Imidazolidin-2-thion mit wss. KOH und wss. H_2O_2 (*Staudinger, Niessen*, Makromol. Ch. **15** [1955] 75, 87; *Mecke et al.*, B. **90** [1957] 975, 986).

Grundschwingungsfrequenzen des Moleküls: *Me. et al.*, l. c. S. 977.

Dimorph (*Schweitzer*, J. org. Chem. **15** [1950] 471, 472); Kristalle, F: 133,7° [korr.; aus Dioxan] (*Sch.*, l. c. S. 472), 133,0° (*Du Pont*, U.S.P. 2436311), 132—132,5° (*Ba. et al.*), 131—132° [unkorr.; nach Sublimation bei 130—140° (Badtemperatur)/0,9 Torr] (*Du., Do.*); Umwandlungstemperatur: 80° (*Sch.*, l. c. S. 472). Kristalle (aus H_2O) mit 0,5 Mol H_2O, die bei Raumtemperatur langsam in die wasserfreien Kristalle übergehen (*Sch.*). Kp_{16}: 192°; Kp_{10}: 187°; Kp_3: 163° (*Sch.*, l. c. S. 472); Kp_{10}: 192° (*Du Pont*, U.S.P. 2436311). Kristalloptik des wasserfreien Präparats und des Hemihydrats: *Sch.*, l. c. S. 472. IR-Spektrum (KBr; 1—15 μ): *Mecke, Mecke*, B. **89** [1956] 343, 344, 348; *Me. et al.*, l. c. S. 977, 980. Raman-Banden (1700—500 cm^{-1}): *Me. et al.*, l. c. S. 979. Löslichkeit in $CHCl_3$, in Methanol, in Äthanol, in Butan-1-ol, in Aceton und in H_2O bei 0—64°: *Sch.*, l. c. S. 473.

Geschwindigkeitskonstante der thermischen Zersetzung in Chloressigsäure bei 139,5°: *Ozaki et al.*, Am. Soc. **79** [1957] 4359. Beim Erhitzen mit Buttersäure auf 240—250° ist 2-Propyl-4,5-dihydro-1*H*-imidazol erhalten worden (*I. G. Farbenind.*, D.R.P. 694119 [1937]; D.R.P. Org. Chem. **6** 2439; U.S.P. 2176843 [1938]).

VIII   IX   X   XI

Imidazolidin-2-on-hydrazon $C_3H_8N_4$, Formel IX, und Tautomeres (2-Hydrazino-4,5-dihydro-1*H*-imidazol, [4,5-Dihydro-1*H*-imidazol-2-yl]-hydrazin).

Hydrobromid $C_3H_8N_4 \cdot HBr$. *B.* Aus 2-Äthylmercapto-4,5-dihydro-1*H*-imidazol-hydrobromid und N_2H_4 (*Farbenfabr. Bayer*, D.B.P. 943408 [1953]). — F: 186° (*Farbenfabr. Bayer*).

Hydrojodid $C_3H_8N_4 \cdot HI$. *B.* Aus 2-Methylmercapto-4,5-dihydro-1*H*-imidazol-hydrojodid und N_2H_4 (*Finnegan et al.*, J. org. Chem. **18** [1953] 779, 790). — Kristalle (aus A.); F: 142—143° [korr.] (*Fi. et al.*).

Picrat $C_3H_8N_4 \cdot C_6H_3N_3O_7$. Orangefarbene Kristalle (aus A.); F: 182—182,5° [korr.] (*Fi. et al.*).

*Benzyliden-imidazolidin-2-yliden-hydrazin $C_{10}H_{12}N_4$, Formel X, und Tautomeres (Benzaldehyd-[4,5-dihydro-1*H*-imidazol-2-ylhydrazon]).

Hydrojodid $C_{10}H_{12}N_4 \cdot HI$. *B.* Beim Erwärmen von [4,5-Dihydro-1*H*-imidazol-2-yl]-hydrazin-hydrojodid (s. o.) mit Benzaldehyd und wss. Äthanol (*Finnegan et al.*, J. org. Chem. **18** [1953] 779, 790). — Kristalle (aus H_2O); F: 194—195° [korr.].

Picrat $C_{10}H_{12}N_4 \cdot C_6H_3N_3O_7$. Kristalle (aus A.); F: 256—257° [unkorr.; Zers.].

[1,4]Benzochinon-carbamimidoylhydrazon-imidazolidin-2-ylidenhydrazon, [4-Imidazo-lidin-2-ylidenhydrazono-cyclohexa-2,5-dienylidenamino]-guanidin $C_{10}H_{14}N_8$, Formel XI ($R = C(NH_2)=NH$), und Tautomeres ([1,4]Benzochinon-carbamimidoylhydrazon-[4,5-dihydro-1*H*-imidazol-2-ylhydrazon]).

B. Aus [1,4]Benzochinon-mono-carbamimidoylhydrazon und [4,5-Dihydro-1*H*-imidazol-2-yl]-hydrazin [s. o.] (*Petersen et al.*, Ang. Ch. **67** [1955] 217, 223).

Nitrat. Kristalle (aus wss. NH_3); F: 226° [Zers.].

[1,4]Benzochinon-imidazolidin-2-ylidenhydrazon-thiosemicarbazon $C_{10}H_{13}N_7S$,
Formel XI (R = CS-NH$_2$), und Tautomeres ([1,4]Benzochinon-[4,5-dihydro-1H-imidazol-2-ylhydrazon]-thiosemicarbazon).
    B. Analog der vorangehenden Verbindung (*Petersen et al.*, Ang. Ch. **67** [1955] 217, 226).
    F: 192—194° [Zers.].

[1,4]Benzochinon-[4-allyl-thiosemicarbazon]-imidazolidin-2-ylidenhydrazon $C_{13}H_{17}N_7S$,
Formel XI (R = CS-NH-CH$_2$-CH=CH$_2$), und Tautomeres ([1,4]Benzochinon-[4-allyl-thiosemicarbazon]-[4,5-dihydro-1H-imidazol-2-ylhydrazon]).
    B. Analog den vorangehenden Verbindungen (*Petersen et al.*, Ang. Ch. **67** [1955] 217, 226).
    F: 126—130°.

[1,4]Benzochinon-[4-benzyl-thiosemicarbazon]-imidazolidin-2-ylidenhydrazon
$C_{17}H_{19}N_7S$, Formel XI (R = CS-NH-CH$_2$-C$_6$H$_5$), und Tautomeres ([1,4]Benzochinon-[4-benzyl-thiosemicarbazon]-[4,5-dihydro-1H-imidazol-2-ylhydrazon]).
    B. Analog den vorangehenden Verbindungen (*Petersen et al.*, Ang. Ch. **67** [1955] 217, 226).
    Lösungsmittelhaltige Kristalle; F: 180—183° [Zers.].

[1,4]Benzochinon-bis-imidazolidin-2-ylidenhydrazon $C_{12}H_{16}N_8$, Formel XII (X = H),
und Tautomeres [1,4]Benzochinon-bis-[4,5-dihydro-1H-imidazol-2-yl=hydrazon]).
    B. Analog den vorangehenden Verbindungen (*Petersen et al.*, Ang. Ch. **67** [1955] 217, 222).
    F: 288—290° [Zers.].

1,4,4a,8a-Tetrahydro-1,4-methano-naphthalin-5,8-dion-bis-imidazolidin-2-ylidenhydrazon
$C_{17}H_{22}N_8$, Formel XIII, und Tautomere (1,4,4a,8a-Tetrahydro-1,4-methano-naphthalin-5,8-dion-bis-[4,5-dihydro-1H-imidazol-2-ylhydrazon], 5,8-Bis-[N'-(4,5-dihydro-1H-imidazol-2-yl)-hydrazino]-1,4-dihydro-1,4-methano-naphthalin).
    B. Beim Behandeln von 1,4,4a,8a-Tetrahydro-1,4-methano-naphthalin-5,8-dion mit [4,5-Dihydro-1H-imidazol-2-yl]-hydrazin-hydrobromid (S. 7) in wss.-äthanol. HCl (*Schenley Ind.*, U.S.P. 2865961 [1956]).
    Dihydrochlorid. Gelbliche Kristalle (aus A. + wss. HCl) mit 4 Mol H$_2$O; Zers. bei ca. 258°.

XII   XIII

1,3-Bis-[4-(imidazolidin-2-ylidenhydrazono-methyl)-phenoxy]-propan, 4,4'-Propandiyl=dioxy-di-benzaldehyd-bis-imidazolidin-2-ylidenhydrazon $C_{23}H_{28}N_8O_2$, Formel XIV
(n = 3), und Tautomeres (4,4'-Propandiyldioxy-di-benzaldehyd-bis-[4,5-dihydro-1H-imidazol-2-ylhydrazon]).
    B. Beim Erwärmen von 1,3-Bis-[4-formyl-phenoxy]-propan mit [4,5-Dihydro-1H-imid=azol-2-yl]-hydrazin (S. 7) in Äthanol unter Zusatz von wss. HBr (*Farbenfabr. Bayer*, D.B.P. 943408 [1953]; *Schenley Ind.*, U.S.P. 2815377 [1954]).
    Kristalle (aus A.); F: 226°.
    Dihydrobromid. F: 302°.

1,5-Bis-[4-(imidazolidin-2-ylidenhydrazono-methyl)-phenoxy]-pentan, 4,4′-Pentandiyl⹀ dioxy-di-benzaldehyd-bis-imidazolidin-2-ylidenhydrazon $C_{25}H_{32}N_8O_2$, Formel XIV (n = 5), und Tautomeres (4,4′-Pentandiyldioxy-di-benzaldehyd-bis- [4,5-dihydro-1H-imidazol-2-ylhydrazon]).

B. Analog der vorangehenden Verbindung (*Farbenfabr. Bayer*, D.B.P. 943 408 [1953]; *Schenley Ind.*, U.S.P. 2 815 377 [1954]).

Kristalle (aus wss. Me.); F: 232°.

Dihydrobromid. F: 206°.

XIV

2,5-Dimethoxy-[1,4]benzochinon-bis-imidazolidin-2-ylidenhydrazon $C_{14}H_{20}N_8O_2$, Formel XII (X = O-CH₃), und Tautomeres (2,5-Dimethoxy-[1,4]benzochinon- bis-[4,5-dihydro-1H-imidazol-2-ylhydrazon]).

B. Aus [4,5-Dihydro-1H-imidazol-2-yl]-hydrazin (S. 7) und 2,5-Dimethoxy-[1,4]benzo⹀ chinon (*Petersen et al.*, Ang. Ch. **67** [1955] 217, 222).

Die Verbindung verkohlt oberhalb 250°.

1-Methyl-imidazolidin-2-on $C_4H_8N_2O$, Formel I (R = CH₃, R′ = H).

B. Beim Erwärmen von Imidazolidin-2-on mit Dimethylsulfat in Benzol (*Poos et al.*, J. org. Chem. **24** [1959] 645, 648) oder mit Toluol-4-sulfonsäure-methylester auf 100° (*Hall, Schneider*, Am. Soc. **80** [1958] 6409, 6412).

Kristalle (aus Bzl. + Ae.); F: 115—116° (*Poos et al.*). Hygroskopische Kristalle; F: 68° (*Hall, Sch.*).

1,3-Dimethyl-imidazolidin-2-on $C_5H_{10}N_2O$, Formel I (R = R′ = CH₃).

B. Neben 1,2-Bis-[chlorcarbonyl-methyl-amino]-äthan beim Behandeln von N,N′-Di⹀ methyl-äthylendiamin mit COCl₂ in Toluol unterhalb −15° (*Boon*, Soc. **1947** 307, 315). Beim Hydrieren von 1,3-Bis-methoxymethyl-imidazolidin-2-on an Nickel in Methanol bei 100°/70—140 at (*Du Pont de Nemours & Co.*, U.S.P. 2 422 400 [1944]).

Kp₁₅: 104° (*Boon*).

1-[2-Chlor-äthyl]-imidazolidin-2-on $C_5H_9ClN_2O$, Formel I (R =CH₂-CH₂-Cl, R′ = H).

B. Aus 1-[2-Hydroxy-äthyl]-imidazolidin-2-on und SOCl₂ (*Rohm & Haas Co.*, U.S.P. 2 840 566 [1955], 2 887 485 [1956]; *McKay et al.*, Am. Soc. **78** [1956] 6144, 6147). Beim Behandeln von 1-[2-Nitroamino-äthyl]-imidazolidin-2-on mit konz. wss. HCl (*McKay et al.*, Am. Soc. **78** 6147).

Kristalle; F: 86—87° [aus CCl₄] (*McKay et al.*, Am. Soc. **78** 6147), 84—85° [aus Toluol] (*Rohm & Haas Co.*).

Beim Erhitzen mit konz. NH₃ auf 100° sind 1-[2-Amino-äthyl]-imidazolidin-2-on und 2-[2-Amino-4,5-dihydro-imidazol-1-yl]-äthanol erhalten worden (*McKay et al.*, Am. Soc. **79** [1957] 5276). Beim Erwärmen mit methanol. KOH sind 2,3,5,6-Tetrahydro-imidazo⹀ [2,1-b]oxazol, 1-Vinyl-imidazolidin-2-on und 1-[2-Methoxy-äthyl]-imidazolidin-2-on er⹀ halten worden (*McKay, Kreling*, Canad. J. Chem. **37** [1959] 427, 431, 434; *McKay et al.*, Am. Soc. **79** 5279).

1,3-Diäthyl-imidazolidin-2-on $C_7H_{14}N_2O$, Formel I (R = R′ = C₂H₅).

B. Neben 1,2-Bis-[äthyl-chlorcarbonyl-amino]-äthan beim Behandeln von N,N′- Diäthyl-äthylendiamin mit COCl₂ in Toluol (*Boon*, Soc. **1947** 307, 315).

Kp₂₂: 122°.

1-Propyl-imidazolidin-2-on $C_6H_{12}N_2O$, Formel I (R = CH₂-CH₂-CH₃, R′ = H).

Picrat $C_6H_{12}N_2O \cdot C_6H_3N_3O_7$. B. Beim Behandeln von N-[2-Chlor-äthyl]-N′-propyl- harnstoff in Äthanol mit Picrinsäure (*Hall, Wright*, Am. Soc. **73** [1951] 2208, 2212). — Kristalle (aus A.); F: 151,0—151,2° [korr.].

1,3-Dipropyl-imidazolidin-2-on $C_9H_{18}N_2O$, Formel I (R = R′ = CH_2-CH_2-CH_3).
B. Neben 1,2-Bis-[chlorcarbonyl-propyl-amino]-äthan beim Behandeln von $N,N′$-Di=
propyl-äthylendiamin mit $COCl_2$ in Toluol (*Boon*, Soc. **1947** 307, 315).
Kp_{23}: 148°.

1,3-Diisopropyl-imidazolidin-2-on $C_9H_{18}N_2O$, Formel I (R = R′ = $CH(CH_3)_2$).
B. Analog der vorangehenden Verbindung (*Boon*, Soc. **1947** 307, 315).
Kp_{15}: 130°.

1,3-Dibutyl-imidazolidin-2-on $C_{11}H_{22}N_2O$, Formel I (R = R′ = $[CH_2]_3$-CH_3).
B. Beim Erhitzen von $N,N′$-Dibutyl-äthylendiamin mit Harnstoff (*Martell, Frost,*
Am. Soc. **72** [1950] 1032).
Kp_3: 137—140°.

1,3-Dibutyl-2-imino-imidazolidin, 1,3-Dibutyl-imidazolidin-2-on-imin $C_{11}H_{23}N_3$,
Formel II (R = R′ = $[CH_2]_3$-CH_3).
B. Beim Erwärmen von [2-Brom-äthyl]-butyl-carbamonitril mit Butylamin in Äthanol
(*Elderfield, Hageman*, J. org. Chem. **14** [1949] 605, 635). Beim Behandeln von $N,N′$-Di=
butyl-äthylendiamin mit Bromcyan in Äther (*El., Ha.*).
Hydrobromid $C_{11}H_{23}N_3 \cdot HBr$. Kristalle (aus Dioxan + A.); F: 177—179° [korr.].

1,3-Dioctyl-imidazolidin-2-on $C_{19}H_{38}N_2O$, Formel I (R = R′ = $[CH_2]_7$-CH_3).
B. Beim Erhitzen von $N,N′$-Dioctyl-äthylendiamin mit Harnstoff (*Martell, Frost,*
Am. Soc. **72** [1950] 1032).
Kristalle (aus A.); F: 5—6°. Kp_3: 195—200°.

***Opt.-inakt. 1,3-Bis-[2-äthyl-hexyl]-2-imino-imidazolidin, 1,3-Bis-[2-äthyl-hexyl]-
imidazolidin-2-on-imin** $C_{19}H_{39}N_3$, Formel II (R = R′ = CH_2-$CH(C_2H_5)$-$[CH_2]_3$-CH_3).
B. Beim Behandeln von $N,N′$-Bis-[2-äthyl-hexyl]-äthylendiamin mit Chlorcyan in
Benzol (*Rohm & Haas Co.*, U.S.P. 2689249 [1952]).
Hydrochlorid $C_{19}H_{39}N_3 \cdot HCl$. Kristalle (aus H_2O); F: 232—236°.

***Opt.-inakt. 2-Imino-1,3-bis-[3,5,5-trimethyl-hexyl]-imidazolidin, 1,3-Bis-[3,5,5-tri=
methyl-hexyl]-imidazolidin-2-on-imin** $C_{21}H_{43}N_3$, Formel II
(R = R′ = CH_2-CH_2-$CH(CH_3)$-CH_2-$C(CH_3)_3$).
B. Analog der vorangehenden Verbindung (*Rohm & Haas Co.*, U.S.P. 2689249 [1952]).
Kristalle (aus E.); F: 225—228°.
Pentachlorphenolat $C_{21}H_{43}N_3 \cdot C_6HCl_5O$. F: 164—171°.

1-Dodecyl-imidazolidin-2-on $C_{15}H_{30}N_2O$, Formel I (R = $[CH_2]_{11}$-CH_3, R′ = H).
B. Beim Erhitzen von 3-Dodecyl-oxazolidin-2-on-imin auf 215°/5 Torr (*Am. Cyanamid
Co.*, U.S.P. 2518264 [1946].
Kristalle (aus Hexan); F: 69°.

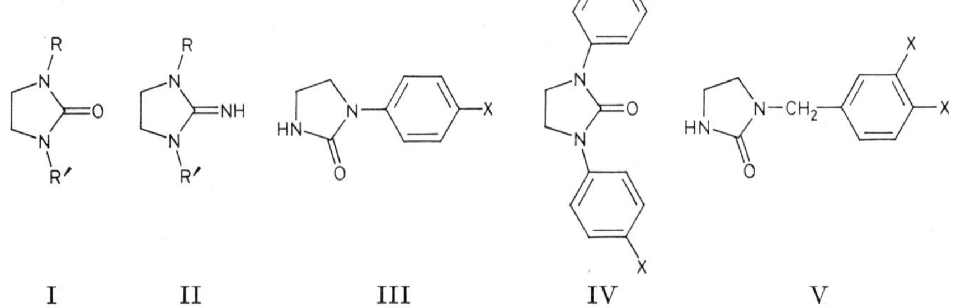

I   II   III   IV   V

1,3-Didodecyl-imidazolidin-2-on $C_{27}H_{54}N_2O$, Formel I (R = R′ = $[CH_2]_{11}$-CH_3).
B. Beim Erhitzen von $N,N′$-Didodecyl-äthylendiamin mit Harnstoff (*Martell, Frost,*

Am. Soc. **72** [1950] 1032).
Kristalle (aus A.); F: 48—49°. Kp$_2$: 245—252°.

1,3-Didodecyl-2-imino-imidazolidin, 1,3-Didodecyl-imidazolidin-2-on-imin C$_{27}$H$_{55}$N$_3$,
Formel II (R = R' = [CH$_2$]$_{11}$-CH$_3$).
Hydrochlorid C$_{27}$H$_{55}$N$_3$·HCl. *B.* Beim Behandeln von *N,N'*-Didodecyl-äthylen=
diamin in Benzol mit Chlorcyan (*Rohm & Haas Co.*, U.S.P. 2689249 [1952]). — F: 125°
bis 145°.

1-Vinyl-imidazolidin-2-on C$_5$H$_8$N$_2$O, Formel I (R = CH=CH$_2$, R' = H).
B. Neben 1,3-Divinyl-imidazolidin-2-on beim Erhitzen von Imidazolidin-2-on in Benzol
mit Kalium und Acetylen auf 125°/13,3 at (*Du Pont de Nemours & Co.*, U.S.P. 2541152
[1948]). Beim Erhitzen von 1-[2-Chlor-äthyl]-imidazolidin-2-on mit Natriummethylat
in Toluol in Gegenwart von *N,N'*-Bis-[1,4-dioxo-1,4-dihydro-[2]naphthyl]-*p*-phenylen=
diamin (*Rohm & Haas Co.*, U.S.P. 2840566 [1955], 2863851 [1955]). Beim Erwärmen
von Trimethyl-[2-(2-oxo-imidazolidin-1-yl)-äthyl]-ammonium-chlorid mit Natrium=
methylat in Methanol und anschliessenden Erhitzen unter Zusatz von *N,N'*-Bis-[1,4-di=
oxo-1,4-dihydro-[2]naphthyl]-*p*-phenylendiamin in Toluol (*Rohm & Haas Co.*, U.S.P.
2787619 [1955]).
Kristalle; F: 78—79° [aus Hexan] (*Rohm & Haas Co.*). Kp$_{3,4}$: 150—163° (*Du Pont*);
Kp$_{0,25}$: 102—112° (*Rohm & Haas Co.*).

1,3-Divinyl-imidazolidin-2-on C$_7$H$_{10}$N$_2$O, Formel I (R = R' = CH=CH$_2$).
B. Neben 1-Vinyl-imidazolidin-2-on beim Erhitzen von Imidazolidin-2-on in Benzol
mit Kalium und Acetylen auf 125°/13,3 at (*Du Pont de Nemours & Co.*, U.S.P. 2541152
[1948]). Beim Erhitzen von Imidazolidin-2-on mit der Kalium-Verbindung des Imid=
azolidin-2-ons und Acetylen in Toluol auf 80—120°/10—25 at (*BASF*, D.B.P. 911017
[1952]).
Kristalle; F: 66—67° [aus A.] (*BASF*), 65° [aus wss. Me.] (*Du Pont*). Kp$_{11}$: 120—122°
(*Du Pont*).

1-Cyclohexyl-imidazolidin-2-on C$_9$H$_{16}$N$_2$O, Formel I (R = C$_6$H$_{11}$, R' = H).
B. Beim Erhitzen von [2-Cyclohexylamino-äthyl]-carbamidsäure-benzylester auf
180°/20 Torr unter Abdestillieren des Benzylalkohols (*Stirling*, Soc. **1958** 4531, 4534).
Beim Erhitzen von 3-Cyclohexyl-oxazolidin-2-on-imin auf 165° (*Am. Cyanamid Co.*,
U.S.P. 2518264 [1946]).
Kristalle; F: 170,5° [aus Bzl. + PAe.] (*St.*), 166—168° [aus Ae.] (*Am. Cyanamid Co.*).

1,3-Dicyclohexyl-imidazolidin-2-on C$_{15}$H$_{26}$N$_2$O, Formel I (R = R' = C$_6$H$_{11}$).
B. Beim Erhitzen von *N,N'*-Dicyclohexyl-äthylendiamin mit Harnstoff (*Martell, Frost*,
Am. Soc. **72** [1950] 1032).
Kristalle (aus A.); F: 92—94°. Kp$_1$: 165—166°.

1-Phenyl-imidazolidin-2-on C$_9$H$_{10}$N$_2$O, Formel III (X = H).
B. Beim Erhitzen von Nitro-[1-phenyl-4,5-dihydro-1*H*-imidazol-2-yl]-amin mit
Äthylendiamin in H$_2$O (*McKay et al.*, Am. Soc. **72** [1950] 3659, 3660). Beim Erhitzen
von 3-Phenyl-oxazolidin-2-on-imin auf 150° (*Am. Cyanamid Co.*, U.S.P. 2518264 [1946]).
Beim Erhitzen von *N*-Phenyl-äthylendiamin mit Harnstoff auf 250° (*Union Carbide
& Carbon Corp.*, U.S.P. 2517750 [1943]).
F: 162—163° [unkorr.] (*McKay et al.*), 159—160° [aus Me.] (*Union Carbide*). λ_{max}
(A.): 245 nm (*Picard, McKay*, Canad. J. Chem. **31** [1953] 896, 903).

1-[4-Chlor-phenyl]-imidazolidin-2-on C$_9$H$_9$ClN$_2$O, Formel III (X = Cl).
B. Beim Erhitzen von Oxazolidin-2-on mit 4-Chlor-anilin (*Najer et al.*, Bl. **1959** 352,
358).
Kristalle (aus Butan-2-on); F: 178—179° [vorgeheizter Block].

1,3-Diphenyl-imidazolidin-2-on C$_{15}$H$_{14}$N$_2$O, Formel IV (X = H) (H 3).
B. Beim Erhitzen von *N,N'*-Diphenyl-äthylendiamin mit Diäthylmalonsäure-diäthyl=

ester unter Zusatz von Natriumäthylat oder von NaH in Xylol (*Büchi et al.*, Helv. **39** [1956] 950, 956).
F: 216—217° [korr.].

1-*p*-Tolyl-imidazolidin-2-on $C_{10}H_{12}N_2O$, Formel III (X = CH_3) auf S. 10.
B. Beim Erhitzen von Oxazolidin-2-on mit *p*-Toluidin (*McKay et al.*, Am. Soc. **72** [1950] 3659, 3661).
F: 196,3—197,5° [unkorr.] (*McKay et al.*). λ_{max} (A).: 247 nm und 280 nm (*Picard*, *McKay*, Canad. J. Chem. **31** [1953] 896, 903).

1-Benzyl-imidazolidin-2-on $C_{10}H_{12}N_2O$, Formel V (X = H) auf S. 10.
B. Neben *N,N'*-Dibenzyl-harnstoff beim Erhitzen von Oxazolidin-2-on mit Benzyl=amin (*McKay*, J. org. Chem. **16** [1951] 1395, 1402). Beim Erhitzen von [1-Benzyl-4,5-di=hydro-1*H*-imidazol-2-yl]-nitro-amin mit wss. NaOH (*McKay*).
Kristalle (aus H_2O); F: 128,5—129° [korr.].

1,3-Dibenzyl-imidazolidin-2-on $C_{17}H_{18}N_2O$, Formel I (R = R' = CH_2-C_6H_5) auf S. 10.
B. Beim Erhitzen von *N,N'*-Dibenzyl-äthylendiamin mit Harnstoff (*Martell*, *Frost*, Am. Soc. **72** [1950] 1032).
Kristalle (aus A.); F: 93—94°. Kp_1: 183—186°.

1-Phenäthyl-imidazolidin-2-on $C_{11}H_{14}N_2O$, Formel I (R = CH_2-CH_2-C_6H_5, R' = H) auf S. 10.
B. Neben *N,N'*-Bis-phenäthyl-harnstoff beim Erhitzen von Oxazolidin-2-on mit Phen=äthylamin (*Najer et al.*, Bl. **1957** 1069, 1072).
Kristalle (aus Toluol); F: 143° [vorgeheizter Block].

(±)-1-[1-Methyl-2-phenyl-äthyl]-imidazolidin-2-on $C_{12}H_{16}N_2O$, Formel I (R = $CH(CH_3)$-CH_2-C_6H_5, R' = H) auf S. 10.
B. Neben *N,N'*-Bis-[1-methyl-2-phenyl-äthyl]-harnstoff beim Erhitzen von Oxazolidin-2-on mit 1-Methyl-2-phenyl-äthylamin (*Najer et al.*, Bl. **1959** 352, 358).
Kristalle (aus CCl_4); F: 127° [vorgeheizter Block].

1-[1]Naphthyl-imidazolidin-2-on $C_{13}H_{12}N_2O$, Formel VI.
Die Identität einer von *Najer et al.* (Bl. **1959** 352) unter dieser Konstitution beschrie-benen, aus Oxazolidin-2-on und [1]Naphthylamin hergestellten Verbindung (F: 179°) ist ungewiss (*Najer et al.*, Bl. **1963** 323, 326).
B. Aus *N*-[2-Brom-äthyl]-*N'*-[1]naphthyl-harnstoff (*Bloom et al.*, Am. Soc. **79** [1957] 5072 Anm. b) oder aus *N*-[2-Chlor-äthyl]-*N'*-[1]naphthyl-harnstoff (*Na. et al.*, Bl. **1963** 326) beim Erwärmen mit Natriumäthylat. Beim Erwärmen von Aziridin-1-carbonsäure-[1]naphthylamid mit NaI in Aceton (*Na. et al.*, Bl. **1963** 326).
Kristalle; F: 180,4—181,6° (*Bl. et al.*), 169° [aus A.] bzw. 166—167° [aus A.] [2 Prä-parate] (*Na. et al.*, Bl. **1963** 326). IR-Banden (KBr; 3,1—6,8 μ): *Bl. et al.*

1-[2-Hydroxy-äthyl]-imidazolidin-2-on $C_5H_{10}N_2O_2$, Formel I (R = CH_2-CH_2-OH, R' = H) auf S. 10.
B. Beim Erhitzen von 2-Amino-äthanol in H_2O mit CO_2 auf 165°/42 at (*Union Carbide Corp.*, U.S.P. 2812333 [1954]) bzw. mit Harnstoff auf 170—180° (*BASF*, D.B.P. 855849 [1951]). Beim Erhitzen von 2-[2-Amino-äthylamino]-äthanol mit Diäthylcarb=onat auf 110—180° (*Prelog*, *Dříza*, Collect. **4** [1932] 32, 38) bzw. mit Harnstoff auf 200° (*Union Carbide & Carbon Corp.*, U.S.P. 2517750 [1943]; *McKay*, *Hatton*, Canad. J. Chem. **30** [1952] 225).
Kristalle; F: 58—59° (*McKay*, *Ha.*), 50—51° [aus Acn.] (*Union Carbide*, U.S.P. 2517750). Kp_{10}: 220—240° (*BASF*).
Geschwindigkeit der Hydrolyse zu 2-[2-Amino-äthylamino]-äthanol in H_2O bei 175°: *Union Carbide*, U.S.P. 2812333.

1-[2-Methoxy-äthyl]-imidazolidin-2-on $C_6H_{12}N_2O_2$, Formel I (R = CH_2-CH_2-O-CH_3, R' = H) auf S. 10.
B. Neben anderen Verbindungen beim Erwärmen von 1-[2-Chlor-äthyl]-imidazolidin-

2-on mit methanol. KOH (*McKay et al.*, Am. Soc. **79** [1957] 5276, 5279).
Kristalle (aus Acn. + Ae.); F: 67,5—68,5°.

VI   VII

1-[2-Vinyloxy-äthyl]-imidazolidin-2-on $C_7H_{12}N_2O_2$, Formel I (R = CH_2-CH_2-O-CH–CH_2, R′ = H) auf S. 10.

B. Beim Erhitzen von N-[2-Vinyloxy-äthyl]-äthylendiamin (aus Acetylen und 2-[2-Amino-äthylamino]-äthanol in Gegenwart von KOH bei 150°/28 at erhalten) mit Harnstoff und KCN auf 200° oder mit Dimethylcarbonat und Natriummethylat auf 180° bis 200° (*Rohm & Haas Co.*, U.S.P. 2727019 [1953]).
Kristalle (aus E.); F: 81—82°.

1-Äthyl-3-[2-hydroxy-äthyl]-imidazolidin-2-on-imin $C_7H_{15}N_3O$, Formel II (R = C_2H_5, R′ = CH_2-CH_2-OH) auf S. 10.

Hydrobromid $C_7H_{15}N_3O \cdot HBr$. B. Beim Erwärmen von Äthyl-[2-brom-äthyl]-carb≠ amonitril mit 2-Amino-äthanol in Äthanol (*Elderfield, Hageman*, J. org. Chem. **14** [1949] 605, 635). — Kristalle (aus Butan-1-ol); F: 122—123° [korr.].

Bis-[2-(3-butyl-2-imino-imidazolidin-1-yl)-äthyl]-sulfid $C_{18}H_{36}N_6S$, Formel VII.

Dihydrobromid $C_{18}H_{36}N_6S \cdot 2$ HBr. B. Beim Erwärmen von [2-Brom-äthyl]-butyl-carbamonitril mit Bis-[2-amino-äthyl]-sulfid in Äthanol (*Elderfield, Hageman*, J. org. Chem. **14** [1949] 605, 635). — Kristalle (aus Isopropylalkohol); F: 204—205° [korr.].

1,3-Bis-[2-hydroxy-äthyl]-imidazolidin-2-on $C_7H_{14}N_2O_3$, Formel I (R = R′ = CH_2-CH_2-OH) auf S. 10.

B. Neben geringeren Mengen N,N′-Bis-[2-hydroxy-äthyl]-äthylendiamin beim Er-hitzen von 2-Amino-äthanol mit Bis-[2-hydroxy-äthyl]-amin und CO_2 in H_2O auf 155°/40 at oder 170°/48 at (*Union Carbide Corp.*, U.S.P. 2847418 [1955]).
$Kp_{0,2}$: 189—191°. D_{25}^{20}: 1,229. n_D^{20}: 1,4926.

1-[4-Methoxy-phenyl]-imidazolidin-2-on $C_{10}H_{12}N_2O_2$, Formel III (X = O-CH_3) auf S. 10.

B. Beim Erhitzen von [1-(4-Methoxy-phenyl)-4,5-dihydro-1H-imidazol-2-yl]-nitro-amin mit Äthylendiamin in H_2O (*McKay et al.*, Am. Soc. **72** [1950] 3659). Beim Erhitzen von Oxazolidin-2-on mit p-Anisidin (*McKay et al.*).
F: 211—212° [unkorr.] (*McKay et al.*). λ_{max} (A.): 247 nm und 290 nm (*Picard, McKay*, Canad. J. Chem. **31** [1953] 896, 903).

1-[4-Äthoxy-phenyl]-imidazolidin-2-on $C_{11}H_{14}N_2O_2$, Formel III (X = O-C_2H_5) auf S. 10.

B. Analog der vorangehenden Verbindung (*McKay et al.*, Am. Soc. **72** [1950] 3659).
F: 211—212° [unkorr.] (*McKay et al.*). λ_{max} (A.): 247 nm und 290 nm (*Picard, McKay*, Canad. J. Chem. **31** [1953] 896, 903).

1,3-Bis-[4-methoxy-phenyl]-imidazolidin-2-on $C_{17}H_{18}N_2O_3$, Formel IV (X = O-CH_3) auf S. 10.

B. In geringer Menge neben anderen Verbindungen beim Behandeln von 3-Nitroso-oxazolidin-2-on mit p-Anisidin in wss. Äthanol (*McKay, Tarlton*, Am. Soc. **74** [1952] 2978).
Kristalle; F: 268,5—270° [korr.].

1-Veratryl-imidazolidin-2-on $C_{12}H_{16}N_2O_3$, Formel V (X = O-CH_3) auf S. 10.

B. In geringer Menge neben 1-Äthoxycarbonylamino-2-[äthoxycarbonyl-veratryl-amino]-äthan beim Erwärmen von N-Veratryl-äthylendiamin mit Chlorokohlensäure-äthylester und Na_2CO_3 in CHCl3 (*Funke, Fourneau*, Bl. [5] **9** [1942] 806).
F: 102°. Kp_5: 130°.

Bis-[2-oxo-imidazolidin-1-yl]-methan, 1,1'-Methandiyl-bis-imidazolidin-2-on $C_7 H_{12} N_4 O_2$, Formel VIII (R = H).

B. Aus Imidazolidin-2-on und wss. Formaldehyd beim Erwärmen in Gegenwart von wss. HCl (*Staudinger, Niessen*, Makromol. Ch. **15** [1955] 75, 87) bzw. beim Erhitzen mit Ameisensäure (*Rohm & Haas Co.*, U.S.P. 2613210 [1950]).

Kristalle; F: 181—185° [aus Me.] (*Rohm & Haas Co.*), 169—171° [aus A.] (*St., Ni.*).

1,3-Bis-hydroxymethyl-imidazolidin-2-on $C_5 H_{10} N_2 O_3$, Formel IX (R = H).

B. Beim Erwärmen von Imidazolidin-2-on mit Paraformaldehyd in Gegenwart von NaOH in Methanol (*Du Pont de Nemours & Co.*, U.S.P. 2373136 [1943]).

Kristalle (aus Me.); F: 99°.

1,3-Bis-methoxymethyl-imidazolidin-2-on $C_7 H_{14} N_2 O_3$, Formel IX (R = CH_3).

B. Beim Erwärmen von Imidazolidin-2-on mit Paraformaldehyd in Gegenwart von NaOH in Methanol und Behandeln der Reaktionslösung mit methanol. HCl (*Du Pont de Nemours & Co.*, U.S.P. 2373136 [1943]).

F: 39°. Kp_2: 104—105°.

1,3-Bis-butoxymethyl-imidazolidin-2-on $C_{13} H_{26} N_2 O_3$, Formel IX (R = $[CH_2]_3$-CH_3).

B. Beim Erwärmen von Imidazolidin-2-on mit Paraformaldehyd in Gegenwart von NaOH in Butan-1-ol und Behandeln der Reaktionslösung mit HCl in Butan-1-ol (*Du Pont de Nemours & Co.*, U.S.P. 2373136 [1943]).

Kp_7: 145—157°.

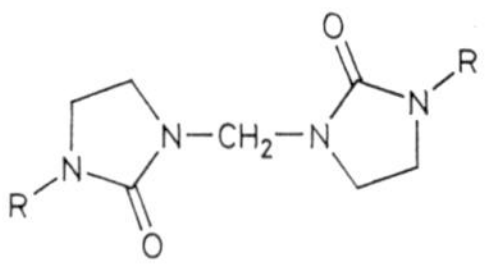

VIII 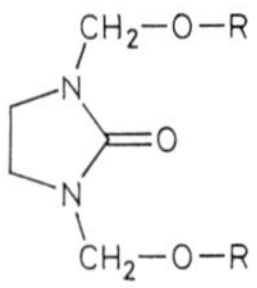   IX 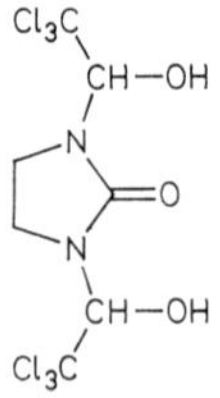   X 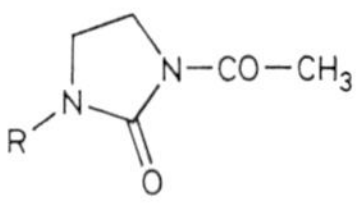   XI

Bis-[3-hydroxymethyl-2-oxo-imidazolidin-1-yl]-methan, 3,3'-Bis-hydroxymethyl-1,1'-methandiyl-bis-imidazolidin-2-on $C_9 H_{16} N_4 O_4$, Formel VIII (R = CH_2-OH).

B. Beim Erwärmen von 1,1'-Methandiyl-bis-imidazolidin-2-on mit Formaldehyd in wss. Lösung bei pH 9,2 (*Rohm & Haas Co.*, U.S.P. 2613210 [1950]).

Kristalle (aus Me.); F: 162—163,5°.

*Opt.-inakt. 1,3-Bis-[2,2,2-trichlor-1-hydroxy-äthyl]-imidazolidin-2-on $C_7 H_8 Cl_6 N_2 O_3$, Formel X.

B. Beim Behandeln von Imidazolidin-2-on mit Chloral (*Union Carbide & Carbon Corp.*, U.S.P. 2619416 [1949]).

Kristalle; F: 55—57°.

1-Acetyl-imidazolidin-2-on $C_5 H_8 N_2 O_2$, Formel XI (R = H).

B. Beim Erhitzen von Imidazolidin-2-on mit Acetanhydrid (*Hall, Schneider*, Am. Soc. **80** [1958] 6409, 6412).

Kristalle (aus Acetonitril): F: 171,5—173°.

1,3-Diacetyl-imidazolidin-2-on $C_7 H_{10} N_2 O_3$, Formel XI (R = CO-CH_3).

B. Beim Erwärmen von N-[2-Acetylamino-äthyl]-N'-nitro-harnstoff mit Acetylchlorid in Essigsäure (*Kirkwood, Wright*, Am. Soc. **76** [1954] 1836, 1839).

Kristalle (aus A.); F: 126,7—127,5° [korr.] (*Ki., Wr.*). Netzebenenabstände: *Ki., Wr.*. IR-Banden (KBr, Nujol sowie CCl_4; 3470—1640 cm^{-1}): *Hall, Zbinden*, Am. Soc. **80** [1958] 6428, 6430.

Geschwindigkeitskonstante der Hydrolyse in wss. NaOH bei Raumtemperatur: *Hall et al.*, Am. Soc. **80** [1958] 6420.

[3-Butyl-2-imino-imidazolidin-1-yl]-essigsäure $C_9H_{17}N_3O_2$, Formel XII.

B. Als Hauptprodukt beim Erwärmen von Glycin mit [2-Brom-äthyl]-butyl-carb=
amonitril und Natriummethylat in Methanol (*Elderfield, Green*, J. org. Chem. **17** [1952] 442, 448).

Hygroskopische Kristalle (aus Butan-1-ol + Dioxan + Ae.).

H y d r o c h l o r i d $C_9H_{17}N_3O_2 \cdot HCl$. Kristalle (aus Butan-1-ol + Ae.); F: 194—194,5° [korr.].

XII   XIII   XIV

1,3-Bis-[2-carboxy-äthyl]-imidazolidin-2-on, 3,3′-[2-Oxo-imidazolidin-1,3-diyl]-di-propionsäure $C_9H_{14}N_2O_5$, Formel XIII.

B. Beim Erwärmen von Imidazolidin-2-on mit Benzyl-trimethyl-ammonium-hydroxid und Acrylonitril in Pyridin und Erhitzen des Reaktionsprodukts mit wss. NaOH (*Olin Mathieson Chem., Corp.*, U.S.P. 2785176 [1955]).

Kristalle; F: 123°.

(±)-[3-Butyl-2-imino-imidazolidin-1-yl]-[4-hydroxy-phenyl]-essigsäure $C_{15}H_{21}N_3O_3$, Formel XIV.

B. Beim Erhitzen von (±)-7-Butyl-3-[4-hydroxy-phenyl]-6,7-dihydro-5*H*-imidazo= [1,2-*a*]imidazol-2-on mit wss. HCl (*Elderfield, Green*, J. org. Chem. **17** [1952] 442, 448).

Hygroskopische Kristalle, die bei ca. 115° unter Zersetzung erweichen und bis 180° nicht vollständig geschmolzen sind.

1-[2-Amino-äthyl]-imidazolidin-2-on $C_5H_{11}N_3O$, Formel I (R = R′ = R″ = H).

B. Beim Erhitzen von Diäthylentriamin mit Harnstoff auf 210° (*Rohm & Haas Co.*, U.S.P. 2613212 [1950]). Beim Erhitzen von 1-[2-Chlor-äthyl]-imidazolidin-2-on mit wss. NH_3 auf 100° (*McKay et al.*, Am. Soc. **79** [1957] 5276, 5278). Bei der Oxidation von 1-[2-Amino-äthyl]-imidazolidin-2-thion mit wss. H_2O_2 in wss. NH_3 (*McKay et al.*, Am. Soc. **78** [1956] 6144, 6147). Beim Erhitzen von 2,3,5,6-Tetrahydro-1*H*-imidazo[1,2-*a*]imid= azol mit H_2O (*McKay et al.*, Canad. J. Chem. **35** [1957] 843, 848).

Kp_1: 155—163° (*Rohm & Haas Co.*).

H y d r o c h l o r i d $C_5H_{11}N_3O \cdot HCl$. Kristalle; F: 176—177° [unkorr.] (*McKay et al.*, Canad. J. Chem. **35** 848), 176° [unkorr.; aus A.] (*McKay et al.*, Am. Soc. **79** 5278).

[1]N a p h t h y l c a r b a m o y l - D e r i v a t $C_{16}H_{18}N_4O_2$; *N*-[1]Naphthyl-*N*′-[2-(2-oxo-imidazolidin-1-yl)-äthyl]-harnstoff. Kristalle (aus A. + PAe.); F: 187—188° [unkorr.] (*McKay et al.*, Am. Soc. **78** 6147).

1-[2-Methylamino-äthyl]-imidazolidin-2-on $C_6H_{13}N_3O$, Formel I (R = R″ = H, R′ = CH_3).

B. Beim Erhitzen von 1-[2-Chlor-äthyl]-imidazolidin-2-on mit wss. Methylamin (*Rohm & Haas Co.*, U.S.P. 2840561 [1955]; *McKay et al.*, Am. Soc. **79** [1957] 5276, 5278).

$Kp_{0,5}$: 145—150° (*Rohm & Haas Co.*).

H y d r o c h l o r i d $C_6H_{13}N_3O \cdot HCl$. Kristalle; F: 194—194,5° [aus H_2O + Isopropyl= alkohol] (*Rohm & Haas Co.*), 193° [unkorr.; aus A.] (*McKay et al.*).

P i c r a t $C_6H_{13}N_3O \cdot C_6H_3N_3O_7$. F: 140° [unkorr.] (*McKay et al.*).

1-[2-Dimethylamino-äthyl]-imidazolidin-2-on $C_7H_{15}N_3O$, Formel I (R = H, R′ = R″ = CH_3).

B. Beim Erhitzen von 1-[2-Chlor-äthyl]-imidazolidin-2-on mit Dimethylamin in Benzol

auf $100-105°/2,8$ at (*Rohm & Haas Co.*, U.S.P. 2840561 [1955]).
Kristalle; F: $51-53°$. Kp_1: $130-146°$.
Hydrochlorid $C_7H_{15}N_3O \cdot HCl$. Kristalle (aus Me.); F: $202,5-203°$.

Trimethyl-[2-(2-oxo-imidazolidin-1-yl)-äthyl]-ammonium $[C_8H_{18}N_3O]^+$, Formel II.
Chlorid $[C_8H_{18}N_3O]Cl$. *B.* Beim Erhitzen von 1-[2-Chlor-äthyl]-imidazolidin-2-on mit Trimethylamin in Benzol auf $100-105°$ (*Rohm & Haas Co.*, U.S.P. 2787619 [1955], 2840546 [1956]). Beim Erhitzen von 1-[2-Amino-äthyl]-imidazolidin-2-on mit Na_2CO_3 und CH_3Cl in Butan-1-ol (*Rohm & Haas Co.*, U.S.P. 2787619, 2840546). Beim Erwärmen von 1-[2-Dimethylamino-äthyl]-imidazolidin-2-on in Isopropylalkohol mit CH_3Cl (*Rohm & Haas Co.*, U.S.P. 2840546). — Kristalle (aus Isopropylalkohol); F: $230°$.

1-[2-Benzylamino-äthyl]-imidazolidin-2-on $C_{12}H_{17}N_3O$, Formel I (R = R″ = H, R′ = CH_2-C_6H_5).
Hydrochlorid $C_{12}H_{17}N_3O \cdot HCl$. *B.* Beim Erhitzen von 1-[2-Chlor-äthyl]-imidazolidin-2-on mit Benzylamin (*McKay et al.*, Am. Soc. **79** [1957] 5276, 5278). — Kristalle (aus A.); F: $201-202°$ [unkorr.].
Picrat $C_{12}H_{17}N_3O \cdot C_6H_3N_3O_7$. F: $177,5°$ [unkorr.].

I   II   III

1-[2-Pyrrol-1-yl-äthyl]-imidazolidin-2-on $C_9H_{13}N_3O$, Formel III.
B. Beim Erwärmen von 1-[2-Amino-äthyl]-imidazolidin-2-on mit $1t,4t$-Bis-dimethyl=amino-buta-1,3-dien, wss. HBr bzw. HCl und Essigsäure (*Rohm & Haas Co.*, U.S.P. 2770628 [1953]; *Fegley et al.*, Am. Soc. **79** [1957] 4144).
Kristalle (aus PAe.); F: $114-115,5°$ [unkorr.]. Kp_4: $198°$ [unkorr.].

1-[2-(2-Chlor-acetylamino)-äthyl]-imidazolidin-2-on, Chloressigsäure-[2-(2-oxo-imidazolidin-1-yl)-äthylamid] $C_7H_{12}ClN_3O_2$, Formel I (R = R″ = H, R′ = CO-CH_2-Cl).
B. Aus Chloressigsäure-methylester und 1-[2-Amino-äthyl]-imidazolidin-2-on bei $-8°$ (*Rohm & Haas Co.*, U.S.P. 2881171 [1955]).
Kristalle (aus Me.); F: $125-127°$.

1-[2-Methacryloylamino-äthyl]-imidazolidin-2-on, *N*-[2-(2-Oxo-imidazolidin-1-yl)-äthyl]-methacrylamid $C_9H_{15}N_3O_2$, Formel I (R = R″ = H, R′ = CO-C(CH_3)=CH_2).
B. Aus 1-[2-Amino-äthyl]-imidazolidin-2-on und Methacryloylchlorid in $CHCl_3$ (*Rohm & Haas Co.*, U.S.P. 2727016 [1953]).
Kristalle (aus Acn.); F: $121,3-121,8°$.

***N,N′*-Bis-[2-(2-oxo-imidazolidin-1-yl)-äthyl]-harnstoff** $C_{11}H_{20}N_6O_3$, Formel IV.
B. Beim Erhitzen von Diäthylentriamin mit Schwefel und CO in Methanol auf $120°/7,7$ at (*Monsanto Chem. Co.*, U.S.P. 2874149 [1957]).
F: $165-167°$.

Acryloyloxyessigsäure-[2-(2-oxo-imidazolidin-1-yl)-äthylamid] $C_{10}H_{15}N_3O_4$, Formel I (R = R″ = H, R′ = CO-CH_2-O-CO-CH=CH_2).
B. Beim Erwärmen von Chloressigsäure-[2-(2-oxo-imidazolidin-1-yl)-äthylamid] mit Natriumacrylat und Benzyl-trimethyl-ammonium-salicylat in Acetonitril (*Rohm & Haas Co.*, U.S.P. 2881171 [1955]).
Kristalle (aus Acn.); F: $100-102°$.

Methacryloyloxyessigsäure-[2-(2-oxo-imidazolidin-1-yl)-äthylamid] $C_{11}H_{17}N_3O_4$, Formel I (R = R″ = H, R′ = CO-CH_2-O-CO-C(CH_3)=CH_2).
B. Analog der vorangehenden Verbindung (*Rohm & Haas Co.*, U.S.P. 2881171 [1955]).
Kristalle (aus E.); F: $112-114°$.

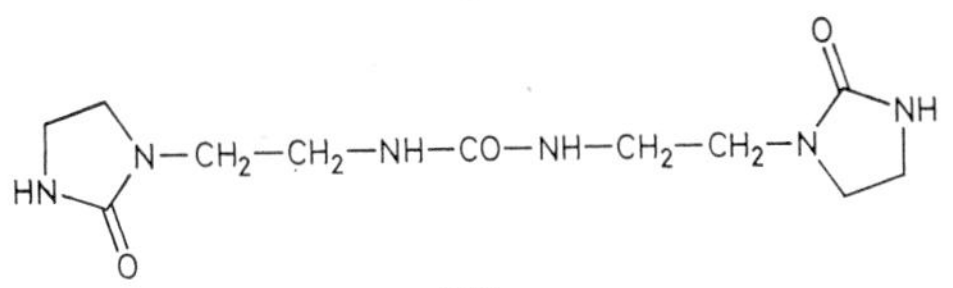

IV 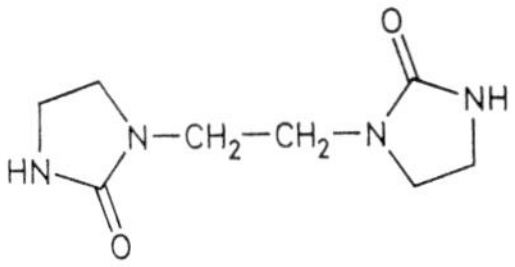   V

1,2-Bis-[2-oxo-imidazolidin-1-yl]-äthan, 1,1'-Äthandiyl-bis-imidazolidin-2-on $C_8H_{14}N_4O_2$, Formel V.

B. Beim Erhitzen von Triäthylentetramin mit Schwefel und CO in Methanol auf 120°/ 5 at (*Monsanto Chem. Co.*, U.S.P. 2874149 [1957]), mit Harnstoff auf 180—190° (*Union Carbide & Carbon Corp.*, U.S.P. 2517750 [1943]; *McKay, Hatton*, Canad. J. Chem. **30** [1952] 225).

Kristalle (aus H_2O); F: 253,5—254,5° (*McKay, Ha.*), 240—245° (*Union Carbide*).

1-[2-Amino-äthyl]-3-vinyl-imidazolidin-2-on $C_7H_{13}N_3O$, Formel I ($R = CH=CH_2$, $R' = R'' = H$).

B. Beim Erwärmen von 1-[2-Amino-äthyl]-imidazolidin-2-on mit Kalium und anschliessenden Erhitzen mit Acetylen auf 116—134°/21—34 at (*Rohm & Haas Co.*, U.S.P. 2840545 [1955]).

$Kp_{0,4}$: 110—114°. D_{20}^{20}: 1,1144. n_D^{20}: 1,5407.

1-[2-Methylamino-äthyl]-3-vinyl-imidazolidin-2-on $C_8H_{15}N_3O$, Formel I ($R = CH=CH_2$, $R' = CH_3$, $R'' = H$).

B. Analog der vorangehenden Verbindung (*Rohm & Haas Co.*, U.S.P. 2840545 [1955]).

$Kp_{0,5}$: 108—109°.

1-[2-Dimethylamino-äthyl]-3-vinyl-imidazolidin-2-on $C_9H_{17}N_3O$, Formel I ($R = CH=CH_2$, $R' = R'' = CH_3$).

B. Analog den vorangehenden Verbindungen (*Rohm & Haas Co.*, U.S.P. 2840545 [1955]).

$Kp_{0,25-0,29}$: 99—101°. D_{20}^{20}: 1,0257. n_D^{20}: 1,5083.

1-[4-Acetylamino-phenyl]-imidazolidin-2-on, Essigsäure-[4-(2-oxo-imidazolidin-1-yl)-anilid] $C_{11}H_{13}N_3O_2$, Formel VI.

B. Beim Erhitzen von Oxazolidin-2-on mit Essigsäure-[4-amino-anilid] auf 190—200° (*McKay*, J. org. Chem. **16** [1951] 1846, 1849). Beim kurzen Erhitzen von 1-[4-Acetyl-amino-phenyl]-2-nitroamino-4,5-dihydro-1H-imidazol mit wss. NaOH (*McKay*).

Kristalle (aus A.); F: 271° [korr.].

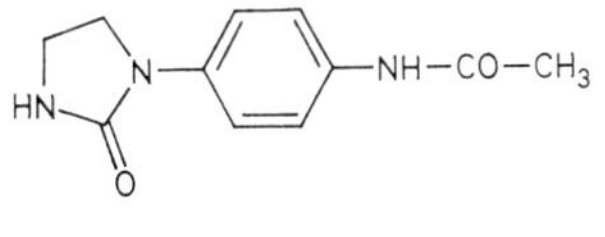

VI 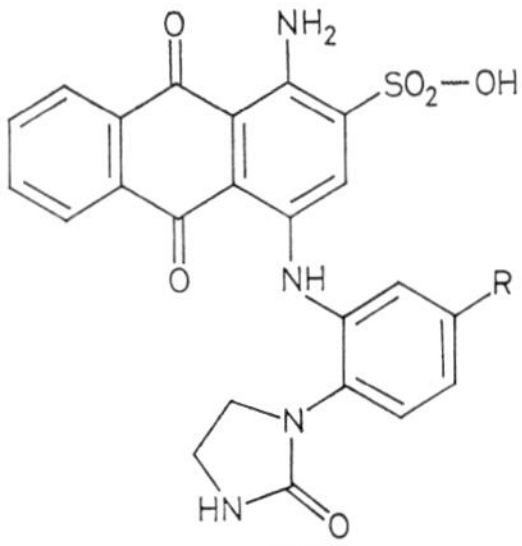   VII 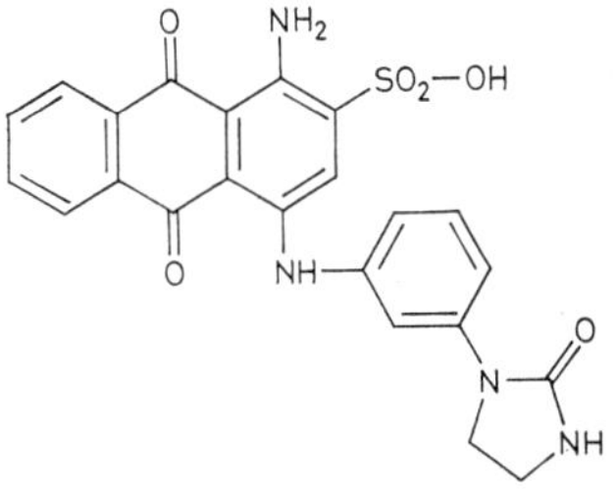   VIII

1-Amino-9,10-dioxo-4-[2-(2-oxo-imidazolidin-1-yl)-anilino]-9,10-dihydro-anthracen-2-sulfonsäure $C_{23}H_{18}N_4O_6S$, Formel VII (R = H).

B. Beim Erwärmen von 1-Amino-4-brom-9,10-dioxo-9,10-dihydro-anthracen-2-sulf=onsäure mit 1-[2-Amino-phenyl]-imidazolidin-2-on, Na_2CO_3, $NaHCO_3$ und CuI in H_2O (*I. G. Farbenind.*, D.R.P. 711774 [1938]; D.R.P. Org. Chem. **1**, Tl. 2, S. 77).

Blaurote Kristalle.

Die folgenden Verbindungen sind auf die gleiche Weise hergestellt worden:

1-Amino-9,10-dioxo-4-[3-(2-oxo-imidazolidin-1-yl)-anilino]-9,10-dihydro-anthracen-2-sulfonsäure $C_{23}H_{18}N_4O_6S$, Formel VIII. Rötliche Kristalle.

1-Amino-9,10-dioxo-4-[4-(2-oxo-imidazolidin-1-yl)-anilino]-9,10-dihydro-anthracen-2-sulfonsäure $C_{23}H_{18}N_4O_6S$, Formel IX (X = H). Braune Kristalle.

1-Amino-4-[3-chlor-4-(2-oxo-imidazolidin-1-yl)-anilino]-9,10-dioxo-9,10-dihydro-anthracen-2-sulfonsäure $C_{23}H_{17}ClN_4O_6S$, Formel IX (X = Cl). Violette Kristalle.

1-Amino-4-[5-methyl-2-(2-oxo-imidazolidin-1-yl)-anilino]-9,10-dioxo-9,10-dihydro-anthracen-2-sulfonsäure $C_{24}H_{20}N_4O_6S$, Formel VII (R = CH_3). Blauviolette Kristalle.

1-Amino-4-[3-methoxy-4-(2-oxo-imidazolidin-1-yl)-anilino]-9,10-dioxo-9,10-dihydro-anthracen-2-sulfonsäure $C_{24}H_{20}N_4O_7S$, Formel IX (X = O-CH_3). Blaugrünes Pulver.

(±)-2-Amino-6-[3-butyl-2-imino-imidazolidin-1-yl]-hexansäure $C_{13}H_{26}N_4O_2$, Formel X.

B. Beim Erwärmen des Natrium- oder Kupfer(II)-Salzes von Lysin mit [2-Brom-äthyl]-butyl-carbamonitril in Äthanol (*Elderfield, Green,* J. org. Chem. **17** [1952] 442, 450).

Dihydrochlorid $C_{13}H_{26}N_2O_2 \cdot 2$ HCl. Sehr hygroskopisch; F: 110—140° [Zers.].

1-[2-Nitroamino-äthyl]-imidazolidin-2-on $C_5H_{10}N_4O_3$, Formel I (R = R″ = H, R′ = NO_2) auf S. 16.

B. Beim Erhitzen von [1-(2-Chlor-äthyl)-4,5-dihydro-1H-imidazol-2-yl]-nitro-amin mit KCN in H_2O (*McKay et al.,* Am. Soc. **78** [1956] 6144, 6147). Neben anderen Verbindungen beim Erwärmen von [1-(2-Hydroxy-äthyl)-4,5-dihydro-1H-imidazol-2-yl]-nitro-amin mit $SOCl_2$ in Benzol (*McKay, Gilpin,* Am. Soc. **78** [1956] 486, 488). Beim Erhitzen von 1-[2-Amino-äthyl]-3-nitro-imidazolidin-2-on-nitrat mit Propan-1-ol (*McKay et al.,* Am. Soc. **78** 6147). Beim Erwärmen von [2-(2-Äthoxy-4,5-dihydro-imidazol-1-yl)-äthyl]-nitro-amin-nitrat mit Äthanol (*McKay, Kreling,* Canad. J. Chem. **37** [1959] 427, 431). Beim Erwärmen von 1-Nitro-2,3,5,6-tetrahydro-1H-imidazo[1,2-a]imidazol-nitrat mit Äthanol (*McKay et al.,* Canad. J. Chem. **35** [1957] 843, 847) oder mit wss. NaOH (*McKay et al.,* Am. Soc. **78** 6147).

Kristalle (aus A.); F: 180—182,5° [unkorr.; Zers.] (*McKay, Gi.; McKay, Kr.*). λ_{max} (A.): 235 nm (*McKay, Gi.*).

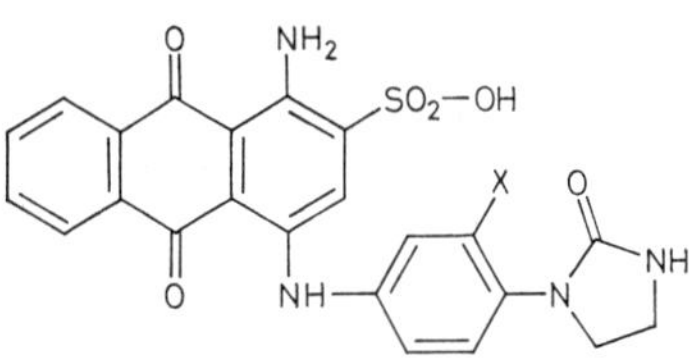

IX 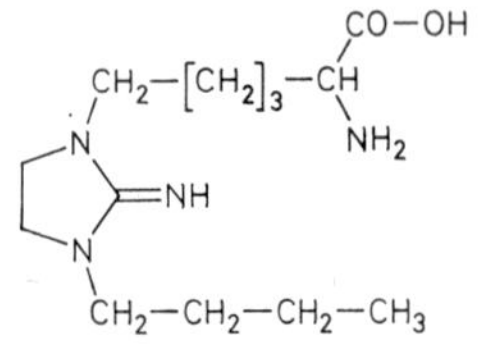   X 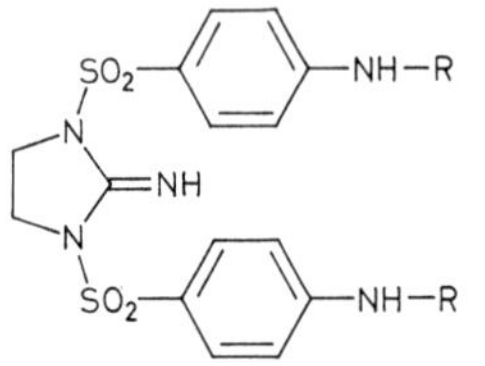   XI 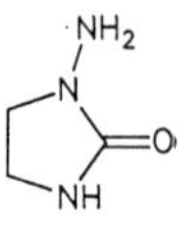   XII

2-Imino-1,3-disulfanilyl-imidazolidin, 1,3-Disulfanilyl-imidazolidin-2-on-imin $C_{15}H_{17}N_5O_4S_2$, Formel XI (R = H).

B. Beim Erhitzen der folgenden Verbindung mit wss. HCl (*Dewing et al.,* Soc. **1942** 239, 241).

Kristalle (aus wss. A.); F: 178—180° [Zers.].

1,3-Bis-[N-acetyl-sulfanilyl]-imidazolidin-2-on-imin $C_{19}H_{21}N_5O_6S_2$, Formel XI (R = CO-CH_3).

B. Beim Behandeln von 4,5-Dihydro-1H-imidazol-2-ylamin-hydrobromid mit wss. Na_2CO_3, N-Acetyl-sulfanilylchlorid und Aceton (*Dewing et al.,* Soc. **1942** 239, 241).

F: 245°.

1-Amino-imidazolidin-2-on $C_3H_7N_3O$, Formel XII.

B. Beim Erhitzen von 2-[2-Amino-äthyl]-carbazidsäure-äthylester mit Natriumäthylat in Äthanol (*Michels, Gever,* Am. Soc. **78** [1956] 5349). Beim Behandeln von

Imidazolidin-2-on mit $NaNO_2$ in wss. H_2SO_4 und anschliessenden Reduzieren mit Zink-Pulver (*Mi., Ge.*).
Kristalle (aus A. + Me.); F: 111,5—112° [korr.]. Kp_2: 134—137°.

1-[5-Nitro-furfurylidenamino]-imidazolidin-2-on $C_8H_8N_4O_4$, Formel I.
B. Aus 1-Amino-imidazolidin-2-on und 5-Nitro-furfural in wss.-äthanol. HCl (*Michels, Gever*, Am. Soc. **78** [1956] 5349).
Gelbe Kristalle (aus Nitromethan); Zers. bei 261,5—263°. λ_{max} (H_2O): 273 nm und 387,5 nm. Löslichkeit in H_2O: *Mi., Ge.*

1-Nitroso-imidazolidin-2-on $C_3H_5N_3O_2$, Formel II (R = H).
B. Aus N-[2-Amino-äthyl]-N'-nitro-harnstoff (E IV **4** 1216) und $NaNO_2$ in wss. HCl (*Kirkwood, Wright*, Am. Soc. **76** [1954] 1836, 1838).
Kristalle (aus A.); F: 101,5—101,8° [korr.; Zers.]. Netzebenenabstände: *Ki., Wr.*

1,3-Dinitroso-imidazolidin-2-on $C_3H_4N_4O_3$, Formel II (R = NO).
B. Beim Behandeln von Imidazolidin-2-on (*McKay et al.*, Am. Soc. **72** [1950] 3659, 3660) oder von 1-Nitroso-imidazolidin-2-on (*Kirkwood, Wright*, Am. Soc. **76** [1954] 1836, 1838) in wss. HNO_3 mit wss. $NaNO_2$.
Gelbe Kristalle; F: 143,4—145,2° [Zers.] (*McKay et al.*), 140—141° [korr.; Zers; aus A.] (*Ki., Wr.*).

2-Imino-1-methyl-3-nitro-imidazolidin, 1-Methyl-3-nitro-imidazolidin-2-on-imin
$C_4H_8N_4O_2$, Formel III (R = CH_3, X = H).
Nitrat $C_4H_8N_4O_2 \cdot HNO_3$. B. Beim Behandeln von [1-Methyl-4,5-dihydro-1H-imidazol-2-yl]-amin in Essigsäure mit HNO_3 und Acetanhydrid (*McKay, Kreling*, J. org. Chem. **22** [1957] 1581, 1583). — Kristalle (aus A.); F: 144,5—145° [Zers.].
Hydrogensulfat $C_4H_8N_4O_2 \cdot H_2SO_4$. Kristalle (aus Me. + Ae.); F: 186,5—187° [Zers.].
Picrat $C_4H_8N_4O_2 \cdot C_6H_3N_3O_7$. F: 164,5—165° [Zers.].

1-Methyl-3-nitro-imidazolidin-2-on-nitroimin $C_4H_7N_5O_4$, Formel III (R = CH_3, X = NO_2).
B. Beim Behandeln von 1-Methyl-3-nitro-imidazolidin-2-on-imin-nitrat mit HNO_3, Acetanhydrid und NH_4Cl (*McKay, Kreling*, J. org. Chem. **22** [1957] 1581, 1583). Beim Behandeln von [1-Methyl-4,5-dihydro-1H-imidazol-2-yl]-nitro-amin mit HNO_3 und Acetanhydrid (*McKay et al.*, Canad. J. Chem. **29** [1951] 382, 388). Aus Nitro-[1-nitro-4,5-dihydro-1H-imidazol-2-yl]-amin beim Behandeln mit Diazomethan in Äther oder mit Dimethylsulfat in wss. $NaHCO_3$ (*Kirkwood, Wright*, J. org. Chem. **18** [1953] 629, 638).
Kristalle; F: 169,5—170° [korr.; aus Acetonitril] (*Ki., Wr.*), 169—170° [unkorr.; Zers.; aus Me.] (*McKay et al.*, l.c. S. 388). Netzebenenabstände: *Ki., Wr.* UV-Spektrum (A.; 220—310 nm): *McKay et al.*, Canad. J. Chem. **29** [1951] 746, 753.

1-Äthyl-3-nitro-imidazolidin-2-on-nitroimin $C_5H_9N_5O_4$, Formel III (R = C_2H_5, X = NO_2).
B. Beim Behandeln von [1-Äthyl-4,5-dihydro-1H-imidazol-2-yl]-nitro-amin mit HNO_3 und Acetanhydrid (*McKay et al.*, Canad. J. Chem. **29** [1951] 387, 389).
Kristalle (aus Me.); F: 137—138° [unkorr.; Zers.] (*McKay et al.*, l.c. S. 389). UV-Spektrum (A.; 210—300 nm): *McKay et al.*, Canad. J. Chem. **29** [1951] 746, 753.

      I   II   III   IV

1-Nitro-3-propyl-imidazolidin-2-on-nitroimin $C_6H_{11}N_5O_4$, Formel III (R = CH_2-CH_2-CH_3, X = NO_2).
B. Beim Behandeln von Nitro-[1-propyl-4,5-dihydro-1H-imidazol-2-yl]-amin mit HNO_3

und Acetanhydrid (*Hall, Wright*, Am. Soc. **73** [1951] 2208, 2212).
Kristalle (aus A.); F: 125,2—125,5° [korr.].

1-Nitro-3-[2-nitryloxy-äthyl]-imidazolidin-2-on $C_5 H_8 N_4 O_6$, Formel IV
(R = CH_2-CH_2-O-NO_2).
B. Beim Behandeln von 1-[2-Hydroxy-äthyl]-imidazolidin-2-on mit HNO_3 und Acet=
anhydrid (*McKay, Hatton*, Canad. J. Chem. **30** [1952] 225). Beim Erhitzen von 1-Nitro-
3-[2-nitryloxy-äthyl]-imidazolidin-2-on-nitroimin in H_2O (*McKay et al.*, Canad. J. Chem.
29 [1951] 382, 388).
Kristalle; F: 102—103° (*McKay, Ha.*), 101—102° [unkorr.; aus H_2O] (*McKay et al.*,
l. c. S. 388). λ_{max} (A.): 244 nm (*McKay et al.*, Canad. J. Chem. **29** [1951] 746, 753).

1-Nitro-3-[2-nitryloxy-äthyl]-imidazolidin-2-on-imin $C_5 H_9 N_5 O_5$, Formel III
(R = CH_2-CH_2-O-NO_2, X = H).
Nitrat $C_5 H_9 N_5 O_5 \cdot HNO_3$. *B.* Beim Behandeln von 2-[2-Amino-4,5-dihydro-imidazol-
1-yl]-äthanol-nitrat mit HNO_3 und Acetanhydrid (*McKay, Kreling*, J. org. Chem. **22**
[1957] 1581, 1583). — Kristalle (aus Me.); F: 146—147° [unkorr.; Zers.].
Picrat $C_5 H_9 N_5 O_5 \cdot C_6 H_3 N_3 O_7$. F: 135,5—136,5° [unkorr.; Zers.].

1-Nitro-3-[2-nitryloxy-äthyl]-imidazolidin-2-on-nitroimin $C_5 H_8 N_6 O_7$, Formel III
(R = CH_2-CH_2-O-NO_2, X = NO_2).
B. Aus 2-[2-Amino-4,5-dihydro-imidazol-1-yl]-äthanol-hydrochlorid (*McKay et al.*, Am.
Soc. **79** [1957] 5276, 5278) oder aus 2-[2-Nitroamino-4,5-dihydro-imidazol-1-yl]-äthanol
(*McKay et al.*, Canad. J. Chem. **29** [1951] 382, 387) mit HNO_3 und Acetanhydrid. Beim
Behandeln von 1-Nitro-3-[2-nitryloxy-äthyl]-imidazolidin-2-on-imin-nitrat mit HNO_3,
Acetanhydrid und NH_4Cl (*McKay, Kreling*, J. org. Chem. **22** [1957] 1581, 1583).
Kristalle (aus Me.); F: 115—116° [unkorr.; Zers.] (*McKay et al.*, Canad. J. Chem. **29**
387), 114—115,5° [unkorr.; Zers.] (*McKay, Kr.*). UV-Spektrum (A.; 220—320 nm):
McKay et al., Canad. J. Chem. **29** [1951] 746, 753.

1-Acetyl-3-nitro-imidazolidin-2-on $C_5 H_7 N_3 O_4$, Formel IV (R = CO-CH_3).
B. Beim Erhitzen von Nitro-[1-nitro-4,5-dihydro-1*H*-imidazol-2-yl]-amin mit Acetyl=
chlorid und Essigsäure (*Kirkwood, Wright*, J. org. Chem. **18** [1953] 629, 638).
Kristalle (aus A.); F: 124,9—125,3° [korr.]. Netzebenenabstände: *Ki., Wr.*

1-[2-Amino-äthyl]-3-nitro-imidazolidin-2-on $C_5 H_{10} N_4 O_3$, Formel IV
(R = CH_2-CH_2-NH_2).
Hydrochlorid $C_5 H_{10} N_4 O_3 \cdot HCl$. *B.* In geringer Menge beim Erwärmen von 2-[2-
Nitroamino-4,5-dihydro-imidazol-1-yl]-äthanol mit $SOCl_2$ in Benzol (*McKay, Gilpin*,
Am. Soc. **78** [1956] 486, 488; *McKay et al.*, Am. Soc. **78** [1956] 6144). — Kristalle (aus
A.). F: 205,5—206,5° [Zers.] (*McKay, Gi.*).
Nitrat $C_5 H_{10} N_4 O_3 \cdot HNO_3$. *B.* Beim Behandeln von 1-[2-Amino-äthyl]-imidazolidin-
2-on-hydrochlorid mit HNO_3 und Acetanhydrid (*McKay et al.*, Am. Soc. **78** [1956] 6144,
6146, **79** [1957] 5276, 5278). Beim Erwärmen von 1-Nitro-2,3,5,6-tetrahydro-1*H*-imidazo=
[1,2-*a*]imidazol-nitrat mit H_2O (*McKay et al.*, Am. Soc. **78** 6146) oder mit HCl in Benzol
(*McKay, Kreling*, Canad. J. Chem. **37** [1959] 427, 433). — Kristalle; F: 160,5° [unkorr.;
Zers.; aus H_2O + A.] (*McKay, Kr.*), 160° [unkorr.; Zers.] (*McKay et al.*, Am. Soc. **79**
5278). — Beim Erwärmen in Propan-1-ol ist 1-[2-Nitroamino-äthyl]-imidazolidin-2-on
erhalten worden (*McKay et al.*, Am. Soc. **78** 6147).
Picrat $C_5 H_{10} N_4 O_3 \cdot C_6 H_3 N_3 O_7$. Kristalle; F: 198° [unkorr.; Zers.] (*McKay, Kr.*), 197°
bis 198° [unkorr.; aus H_2O] (*McKay et al.*, Am. Soc. **78** 6147).

1-[2-Methylamino-äthyl]-3-nitro-imidazolidin-2-on $C_6 H_{12} N_4 O_3$, Formel IV
(R = CH_2-CH_2-NH-CH_3).
Nitrat $C_6 H_{12} N_4 O_3 \cdot HNO_3$. *B.* Beim Behandeln von 1-[2-Methylamino-äthyl]-imidazol=
idin-2-on-hydrochlorid mit HNO_3 und Acetanhydrid (*McKay et al.*, Am. Soc. **79** [1957]
5276, 5278). — Kristalle (aus Me.); F: 128—129° [unkorr.].
Picrat $C_6 H_{12} N_4 O_3 \cdot C_6 H_3 N_3 O_7$. F: 181—182° [unkorr.].

1,2-Bis-[3-nitro-2-oxo-imidazolidin-1-yl]-äthan, 3,3'-Dinitro-1,1'-äthandiyl-bis-imidazolidin-2-on $C_8H_{12}N_6O_6$, Formel V (X = O).

B. Beim Behandeln von 1,2-Bis-[2-oxo-imidazolidin-1-yl]-äthan mit HNO_3 und Acetanhydrid (*McKay, Hatton*, Canad. J. Chem. **30** [1952] 225). Beim Erhitzen von 1,2-Bis-[3-nitro-2-nitroimino-imidazolidin-1-yl]-äthan in H_2O (*McKay et al.*, Canad. J. Chem. **29** [1951] 382, 388).

Kristalle; F: 242—243° [unkorr.; Zers.] (*McKay et al.*), 241—243° [Zers.] (*McKay, Ha.*).

1,2-Bis-[3-nitro-2-nitroimino-imidazolidin-1-yl]-äthan $C_8H_{12}N_{10}O_8$, Formel V (X = N-NO_2).

B. Beim Erwärmen von 1,2-Bis-[2-nitroamino-4,5-dihydro-imidazol-1-yl]-äthan mit HNO_3 und Acetanhydrid mit oder ohne Zusatz von $ZnCl_2$ (*McKay et al.*, Canad. J. Chem. **29** [1951] 382, 388).

Kristalle; F: 180—181° [unkorr.; Zers.].

1-[2-(Methyl-nitro-amino)-äthyl]-3-nitro-imidazolidin-2-on $C_6H_{11}N_5O_5$, Formel IV (R = CH_2-CH_2-N(CH_3)-NO_2) auf S. 19.

B. Beim 1-[2-Methylamino-äthyl]-3-nitro-imidazolidin-2-on-nitrat beim Behandeln von 1-[2-Methylamino-äthyl]-imidazolidin-2-on-hydrochlorid mit HNO_3 und Acetanhydrid (*McKay et al.*, Am. Soc. **79** [1957] 5276, 5278).

Kristalle (aus Me.); F: 134—135° [unkorr.].

            V   VI   VII

N,N'-Dinitro-N-[2-(3-nitro-2-nitroimino-imidazolidin-1-yl)-äthyl]-guanidin $C_6H_{10}N_{10}O_8$, Formel VI und Tautomeres.

B. Beim Behandeln von N-Nitro-N'-[2-(2-nitroamino-4,5-dihydro-imidazol-1-yl)-äthyl]-guanidin mit HNO_3 und Acetanhydrid (*McKay*, Canad. J. Chem. **29** [1951] 382, 389).

Kristalle (aus Me.); F: 161—162° [unkorr.; Zers.].

1,3-Dinitro-imidazolidin-2-on $C_3H_4N_4O_5$, Formel IV (R = NO_2) auf S. 19 (H 4).

B. Beim Behandeln von Imidazolidin-2-on mit N_2O_5 in $CHCl_3$ (*Stein, Hall & Co.*, U.S.P. 2400288 [1944]) oder mit wss. HNO_3 und wss. H_2SO_4 (*Aaronson*, U.S.P 2149260 [1938]; vgl. H 4). Beim Behandeln von 2-Methyl-4,5-dihydro-1*H*-imidazol (Lysidin) mit HNO_3 und Acetanhydrid (*MacKenzie et al.*, Canad. J. Res. [B] **26** [1948] 138, 147). Beim Behandeln von [4,5-Dihydro-1*H*-imidazol-2-yl]-nitro-amin oder von Nitro-[1-nitro-4,5-dihydro-1*H*-imidazol-2-yl]-amin mit HNO_3 und Acetanhydrid (*McKay, Wright*, Am. Soc. **70** [1948] 3990, 3992).

Kristalle (aus Nitromethan); F: 216—217° [korr.] (*McKay, Wr.; MacK. et al.*). λ_{max} (A.): 242 nm (*MacK. et al.*) bzw. 246 nm (*Jones, Thorn*, Canad. J. Res. [B] **27** [1949] 828, 834).

Bei 235—240° erfolgt Explosion (*Rinkenbach, Aaronson*, U.S.P. 2167679 [1938]).

1-Trimethylsilyl-imidazolidin-2-on $C_6H_{14}N_2OSi$, Formel VII (R = H).

B. Neben überwiegenden Mengen 1,3-Bis-trimethylsilyl-imidazolidin-2-on beim Erwärmen von Imidazolidin-2-on mit *tert*-Butylamino-trimethyl-silan in Benzol (*Rohm & Haas Co.*, U.S.P. 2876209 [1955]).

Kristalle (aus Ae.); F: 118—120°.

1,3-Bis-trimethylsilyl-imidazolidin-2-on $C_9H_{22}N_2OSi_2$, Formel VII (R = Si(CH_3)$_2$).

B. s. im vorangehenden Artikel.

Kristalle (aus Ae.); F: 67—68,5° (*Rohm & Haas Co.*, U.S.P. 2876209 [1955]).

Imidazolidin-2-thion $C_3H_6N_2S$, Formel VIII (R = R' = H) auf S. 24 (H 4; E II 4).
B. Beim Erwärmen von Trithiokohlensäure-dibutylester mit Äthylendiamin (*Hasegawa*, J. chem. Soc. Japan Pure Chem. Sect. **73** [1952] 728; C. A. **1954** 1964). Beim Erhitzen von N-[2-Amino-äthyl]-formamid mit Schwefel auf 130—135° (*Zienty*, Am. Soc. **68** [1946] 1388). Beim Erwärmen von N,N'-Äthandiyl-bis-dithiocarbamidsäure in H_2O (*Jakubowitsch*, *Klimowa*, Ž. obšč. Chim. **9** [1939] 1777, 1780; C. **1940** I 1973). Als Hauptprodukt beim Erhitzen von N-[2-Amino-äthyl]-N'-phenyl-thioharnstoff auf 155° (*Helgen et al.*, J. org. Chem. **24** [1959] 884).
Atomabstände und Bindungswinkel (Röntgen-Diagramm): *Wheatley*, Acta cryst. **6** [1953] 369. Dipolmoment (ε; Dioxan) bei 25°: 5,52 D (*Cavallaro*, *Felloni*, Atti Accad. Ferrara **35** [1957/58] 95, 102; Ann. Chimica **49** [1959] 579, 590). Grundschwingungsfrequenzen des Moleküls: *Mecke et al.*, B. **90** [1957] 975, 978.
F: 203—204° [unkorr.] (*Helgen et al.*, J. org. Chem. **24** [1959] 884). Monoklin; Kristallstruktur-Analyse (Röntgen-Diagramm): *Wheatley*, Acta cryst. **6** [1953] 369. Dichte der Kristalle: 1,45 (*Wh.*). IR-Spektrum (KBr; 2—15,6 μ): *Mecke*, *Mecke*, B. **89** [1956] 343, 345, 348; *Me. et al.*, l. c. S. 978, 984; *Lane et al.*, J. chem. Physics **22** [1954] 1855. Raman-Banden (1520—500 cm⁻¹): *Me. et al.*, l. c. S. 979. UV-Spektrum (A.; 205—275 nm): *Behringer*, *Meier*, A. **607** [1957] 67, 76. λ_{max}: 235 nm [A.] (*Baer*, *Lockwood*, Am. Soc. **76** [1954] 1162, 1164), 240 nm [A.] bzw. 232,5 nm [H_2O] (*Ross*, *Ludwig*, Canad. J. Bot. **35** [1957] 65, 67). Redoxpotential in wss. H_2SO_4: *Preisler*, Am. Soc. **71** [1949] 2849, 2850. Polarographisches Halbstufenpotential in wss. $HClO_4$ [0,1 n] sowie in wss. Lösungen vom pH 4,7 und pH 9,3: *Fedoroňko et al.*, Collect. **21** [1956] 672, 674. Löslichkeit in H_2O: *Ross*, *Ludwig*, Canad. J. Bot. **35** [1957] 65, 67.
Beim Erwärmen mit Raney-Kobalt in Methanol sind Äthylendiamin und N,N'-Äthandiyl-bis-formamid erhalten worden (*Badger et al.*, Soc. **1959** 440, 444). Beim Behandeln mit wss. Jod-KI-Lösung (*Johnson*, *Edens*, Am. Soc. **64** [1942] 2706) oder mit wss. H_2O_2 in wss.-methanol. HCl (*Fredman*, *Corvin*, J. biol. Chem. **181** [1949] 601, 617) oder mit SO_2Cl_2 in $CHCl_3$ (*CIBA*, U.S.P. 2853132 [1956]) ist Bis-[4,5-dihydro-1H-imidazol-2-yl]-disulfid erhalten worden. Bildung von Bis-[2-thioxo-imidazolidin-1-yl]-methan, 1,3-Bis-[2-thioxo-imidazolidin-1-ylmethan]-imidazolidin-2-thion und höheren Kondensationsprodukten bei der Reaktion mit Formaldehyd in wss. HCl: *Staudinger*, *Niessen*, Makromol. Ch. **11** [1953] 81, **15** [1955] 75. Beim Erhitzen mit HgO in Xylol (*Poos et al.*, J. org. Chem. **24** [1959] 645, 648) oder beim Erwärmen mit $CSCl_2$ in $CHCl_3$ (*Johnson*, *Edens*, Am. Soc. **63** [1941] 1058; *Lecher*, *Gubernator*, Am. Soc. **75** [1953] 1087, 1089; *Chase*, *Walker*, Soc. **1955** 4443, 4446) ist 4,5,4',5'-Tetrahydro-3H,1'H-[1,2']biimidazolyl-2-thion erhalten worden. Beim Erhitzen mit Chloressigsäure (*Van Allan*, J. org. Chem. **21** [1956] 193, 195) oder mit Natrium-chloracetat (*Van Allan*, J. org. Chem. **21** [1956] 24, 26) in H_2O ist [4,5-Dihydro-1H-imidazol-2-ylmercapto]-essigsäure erhalten worden. Beim Erwärmen mit [2-Chlor-äthyl]-dimethyl-amin-hydrochlorid in Isopropylalkohol ist [2-(4,5-Dihydro-1H-imidazol-2-ylmercapto)-äthyl]-dimethyl-amin erhalten worden (*Winthrop*, *Grant*, Canad. J. Chem. **35** [1957] 281).
Hydrochlorid. Die von *Guha*, *Dutta* (s. E II 4) unter dieser Konstitution beschriebene Verbindung ist möglicherweise als Äthylendiamin-dihydrochlorid zu formulieren (*Campaigne*, *Wani*, J. org. Chem. **29** [1964] 1715 Anm. 6).
Kupfer(I)-Salz $CuC_3H_5N_2S$: *Baldwin*, U.S.P. 2890150 [1956].
Kupfer(I)-nitrat-Komplex [$Cu(C_3H_6N_2S)_4$]NO_3 (E II 4). IR-Spektrum (KBr; 2—15,5 μ): *Lane et al.*, J. chem. Physics **22** [1954] 1855. Magnetische Susceptibilität: $-0,55 \cdot 10^{-6}$ cm·g⁻¹ (*Bhatnagar et al.*, Indian J. Physics **7** [1932/33] 323, 326). Stabilitätskonstante und polarographisches Halbstufenpotential (wss. Lösung): *Lane et al.*, Anal. Chem. **29** [1957] 481.
Zink-Komplexsalze. a) $Zn(C_3H_6N_2S)_2S_2O_3$. Orthorhombische Kristalle; Dimensionen der Elementarzelle (Röntgen-Diagramm): *Nardelli*, *Chierici*, G. **88** [1958] 832, 835. Dichte der Kristalle bei 19°: 1,87 (*Na.*, *Ch.*, G. **88** 833). — b) $Zn(C_3H_6N_2S)_2(CNS)_2$. Trikline Kristalle; Dimensionen der Elementarzelle (Röntgen-Diagramm): *Nardelli*, *Chierici*, G. **88** [1958] 248, 252, 253. Dichte der Kristalle: 1,61 (*Na.*, *Ch.*, G. **88** 251). — c) $Zn(C_3H_6N_2S)_2(C_2H_3O_2)_2$. Monokline Kristalle; Dimensionen der Elementarzelle (Röntgen-Diagramm): *Nardelli*, *Chierici*, Ric. scient. **29** [1959] 1731. Dichte der Kristalle bei 18°: 1,62 (*Na.*, *Ch.*, Ric. scient. **29** 1731).
Cadmium-Komplexsalze. a) $Cd(C_3H_6N_2S)_2Cl_2$ (E II 5). Monokline Kristalle;

Dimensionen der Elementarzelle (Röntgen-Diagramm): *Nardelli et al.*, G. **88** [1958] 37, 41. Dichte der Kristalle bei 26°: 2,06 (*Na. et al.*). — b) $Cd(C_3H_6N_2S)S_2O_3$. Orthorhombische Kristalle; Dimensionen der Elementarzelle (Röntgen-Diagramm): *Nardelli, Chierici*, G. **88** [1958] 832, 836. Dichte der Kristalle bei 19°: 2,06 (*Na., Ch.*, G. **88** 833). — c) $Cd(C_3H_6N_2S)_2(CNS)_2$. Monokline Kristalle (aus A.); Dimensionen der Elementarzelle (Röntgen-Diagramm): *Nardelli, Chierici*, G. **88** [1958] 248, 253. Dichte der Kristalle: 1,94 (*Na., Ch.*, G. **88** 251). — d) $Cd(C_3H_6N_2S)_2 (C_2H_3O_2)_2$. Monokline Kristalle; Dimensionen der Elementarzelle (Röntgen-Diagramm): *Nardelli, Chierici*, Ric. scient. **29** [1959] 1731. Dichte der Kristalle bei 18°: 1,79 (*Na., Ch.*, Ric. scient. **29** 1731).

Quecksilber(II)-thiocyanat-Komplex $Hg(C_3H_6N_2S)_2(CNS)_2$. Monokline Kristalle; Dimensionen der Elementarzelle (Röntgen-Diagramm): *Nardelli, Chierici*, G. **88** [1958] 248, 254. Dichte der Kristalle: 2,13 (*Na., Ch.*, l. c. S. 251).

Blei(II)-Komplexsalze. a) $Pb(C_3H_6N_2S)_2Cl_2$. Monokline Kristalle; Dimensionen der Elementarzelle (Röntgen-Diagramm): *Nardelli et al.*, G. **88** [1958] 37, 41, 42. Dichte der Kristalle bei 27°: 3,14 (*Na. et al.*). — b) $Pb(C_3H_6N_2S)S_2O_3$. Trikline Kristalle; Dimensionen der Elementarzelle (Röntgen-Diagramm): *Nardelli, Chierici*, G. **88** [1958] 832, 836. Dichte der Kristalle bei 19°: 3,12 (*Na., Ch.*, l. c. S. 833). — c) $Pb(C_3H_6N_2S)_2(CNS)_2$. Monokline Kristalle; Dimensionen der Elementarzelle (Röntgen-Diagramm): *Nardelli, Chierici*, G. **88** [1958] 248, 253. Dichte der Kristalle: 2,21 (*Na., Ch.*, l. c. S. 251).

Wismut(III)-chlorid-Komplex $Bi(C_3H_6N_2S)_2Cl_3$. Gelbe Kristalle (*Dubsky et al.*, Z. anal. Chem. **98** [1934] 184, 190; Chem. Obzor **9** [1934] 189).

Mangan(II)-thiocyanat-Komplex $Mn(C_3H_6N_2S)_2(CNS)_2$. Trikline Kristalle; Dimensionen der Elementarzelle (Röntgen-Diagramm): *Nardelli, Chierici*, G. **88** [1958] 248, 252. Dichte der Kristalle: 1,65 (*Na., Ch.*, l. c. S. 251).

Eisen(II)-chlorid-Komplex $Fe(C_3H_6N_2S)_2Cl_2$. Hellgrüne monokline Kristalle; Dimensionen der Elementarzelle (Röntgen-Diagramm): *Nardelli et al.*, G. **88** [1958] 37, 40. Dichte der Kristalle bei 24°: 1,70.

Kobalt(II)-Komplexsalze. a) $Co(C_3H_6N_2S)_2Cl_2$. Blaue orthorhombische Kristalle; Dimensionen der Elementarzelle (Röntgen-Diagramm): *Nardelli et al.*, G. **88** [1958] 37, 40, 41. Dichte der Kristalle bei 19°: 1,75 (*Na. et al.*). — b) $Co(C_3H_6N_2S)_2(CNS)_2$. Rotbraune trikline Kristalle; Dimensionen der Elementarzelle (Röntgen-Diagramm): *Nardelli, Chierici*, G. **88** [1958] 248, 252. Dichte der Kristalle: 1,74 (*Na., Ch.*, G. **88** 251). — c) $Co(C_3H_6N_2S)_2(C_2H_3O_2)_2$. Monokline Kristalle; Dimensionen der Elementarzelle (Röntgen-Diagramm): *Nardelli, Chierici*, Ric. scient. **29** [1959] 1731. Dichte der Kristalle bei 18°: 1,60 (*Na., Ch.*, Ric. scient. **29** 1731).

Nickel(II)-Komplexsalze. a) $Ni(C_3H_6N_2S)_4Cl_2$. Gelbe trikline Kristalle; Dimensionen der Elementarzelle (Röntgen-Diagramm): *Nardelli et al.*, G. **88** [1958] 37, 41. Dichte der Kristalle bei 19°: 1,67 (*Na. et al.*). — b) $Ni(C_3H_6N_2S)_2(SCN)_2$. Grünbraune trikline Kristalle; Dimensionen der Elementarzelle (Röntgen-Diagramm): *Nardelli, Chierici*, G. **88** [1958] 248, 252. Dichte der Kristalle: 1,77 (*Na., Ch.*, l. c. S. 251).

1-Methyl-imidazolidin-2-thion $C_4H_8N_2S$, Formel VIII (R = CH_3, R' = H).
B. Beim Erhitzen von [2-Methylamino-äthyl]-dithiocarbamidsäure auf 135—140° (*McKay, Kreling*, J. org. Chem. **22** [1957] 1581).
Kristalle (aus A.); F: 131,5—132° [unkorr.].

1,3-Dimethyl-imidazolidin-2-thion $C_5H_{10}N_2S$, Formel VIII (R = R' = CH_3).
B. Beim Erwärmen von N,N'-Dimethyl-äthylendiamin mit CS_2 in Äthanol und anschliessenden Erhitzen mit konz. wss. HCl (*Rintelen, Riester*, Mitt. Forschungslabor. AGFA **1** [1955] 65, 75).
Kristalle; F: 110—111°.

1-Äthyl-imidazolidin-2-thion $C_5H_{10}N_2S$, Formel VIII (R = C_2H_5, R' = H).
B. Beim Behandeln von N-Äthyl-äthylendiamin mit CS_2 in Äther und Erhitzen des Reaktionsprodukts auf 130° (*Thorn*, Canad. J. Chem. **33** [1955] 1278, 1280).
Kristalle (aus Ae. oder Hexan + Acn.); F: 79—80° (*Th.*). λ_{max}: 242,5 nm [A.] bzw. 232,5 nm [H_2O] (*Ross, Ludwig*, Canad. J. Bot. **35** [1957] 65, 67). Löslichkeit in H_2O: *Ross, Lu.*

1,3-Diäthyl-imidazolidin-2-thion $C_7H_{14}N_2S$, Formel VIII (R = R′ = C_2H_5).
B. Beim Erhitzen von Äthyl-[2-äthylamino-äthyl]-dithiocarbamidsäure auf 157° oder beim Erhitzen von 2,5-Diäthyl-2,3,4,5-tetrahydro-[1,2,5]thiadiazin-6-thion (*Donia et al.,* J. org. Chem. **14** [1949] 946, 949).
Kristalle (aus Acn., Ae. oder A.); F: 62,2°.

1-Isopropyl-imidazolidin-2-thion $C_6H_{12}N_2S$, Formel VIII (R = $CH(CH_3)_2$, R′ = H).
B. Beim Behandeln von *N*-Isopropyl-äthylendiamin mit CS_2 in Äther und Erhitzen des Reaktionsprodukts bis auf 140° (*Wadia et al.,* J. scient. ind. Res. India **17** B [1958] 24, 29).
Kristalle (aus PAe. + Acn.); F: 166°.

1,3-Diisopropyl-imidazolidin-2-thion $C_9H_{18}N_2S$, Formel VIII (R = R′ = $CH(CH_3)_2$).
B. Beim Erhitzen von Isopropyl-[2-isopropylamino-äthyl]-dithiocarbamidsäure auf 155° oder beim Erhitzen von 2,5-Diisopropyl-2,3,4,5-tetrahydro-[1,2,5]thiadiazin-6-thion (*Donia et al.,* J. org. Chem. **14** [1949] 946, 949).
Kristalle (aus Acn., Ae. oder A.); F: 86,4°.

1-Butyl-imidazolidin-2-thion $C_7H_{14}N_2S$, Formel VIII (R = $[CH_2]_3$-CH_3, R′ = H).
B. Beim Behandeln von *N*-Butyl-äthylendiamin mit CS_2 in Äther und Erhitzen des Reaktionsprodukts auf 130° (*Thorn,* Canad. J. Chem. **33** [1955] 1278, 1280).
Kristalle (aus Hexan); F: 78—79° (*Th.*). λ_{max}: 242,5 nm [A.] bzw. 232,5 nm [H_2O] (*Ross, Ludwig,* Canad. J. Bot. **35** [1957] 65, 67).
Kupfer(I)-Salz $CuC_7H_{13}N_2S$: *Baldwin,* U.S.P. 2890150 [1956].

1,3-Dibutyl-imidazolidin-2-thion $C_{11}H_{22}N_2S$, Formel VIII (R = R′ = $[CH_2]_3$-CH_3).
B. Beim Erhitzen von *N*-Butyl-*N*-[2-butylamino-äthyl]-formamid mit Schwefel auf 135—140° (*Zienty,* Am. Soc. **68** [1946] 1388). Beim Erhitzen von Butyl-[2-butylamino-äthyl]-dithiocarbamidsäure auf 130—135° (*Zi.; Donia et al.,* J. org. Chem. **14** [1949] 946, 949).
Kp_8: 183—184° (*Zi.*). Kp_1: 144—149°; n_D^{25}: 1,5267 (*Do. et al.*).

1-Pentyl-imidazolidin-2-thion $C_8H_{16}N_2S$, Formel VIII (R = $[CH_2]_4$-CH_3, R′ = H).
B. Beim Behandeln von *N*-Pentyl-äthylendiamin mit CS_2 in Äther und Erhitzen des Reaktionsprodukts auf 130° (*Thorn,* Canad. J. Chem. **33** [1955] 1278, 1280).
Kristalle (aus Hexan); F: 68—68,5° (*Th.*). λ_{max}: 242,5 nm [A.] bzw. 232,5 nm [H_2O] (*Ross, Ludwig,* Canad. J. Bot. **35** [1957] 65, 67). Löslichkeit in H_2O: *Ross, Lu.*

*Opt.-inakt. 1,3-Bis-[1-methyl-butyl]-imidazolidin-2-thion $C_{13}H_{26}N_2S$, Formel VIII (R = R′ = $CH(CH_3)$-CH_2-CH_2-CH_3).
B. Beim Erhitzen von [1-Methyl-butyl]-[2-(1-methyl-butylamino)-äthyl]-dithiocarbamidsäure (*Donia et al.,* J. org. Chem. **14** [1949] 946, 949).
Kp_1: 149—151°. n_D^{25}: 1,5203.

VIII   IX   X   XI

1-Hexyl-imidazolidin-2-thion $C_9H_{18}N_2S$, Formel VIII (R = $[CH_2]_5$-CH_3, R′ = H).
B. Analog 1-Pentyl-imidazolidin-2-thion [s. o.] (*Thorn,* Canad. J. Chem. **33** [1955] 1278, 1280).
Kristalle (aus Hexan); F: 71—72° (*Th.*). λ_{max}: 242,5 nm [A.] bzw. 232,5 nm [H_2O] (*Ross, Ludwig,* Canad. J. Bot. **35** [1957] 65, 67). Löslichkeit in H_2O: *Ross, Lu.*

1-Heptyl-imidazolidin-2-thion $C_{10}H_{20}N_2S$, Formel VIII ($R = [CH_2]_6$-CH_3, $R' = H$).
B. Analog 1-Pentyl-imidazolidin-2-thion [S. 24] (*Thorn*, Canad. J. Chem. **33** [1955] 1278, 1280).
Kristalle (aus Hexan); F: 69—70° (*Th.*). λ_{max}: 242,5 nm [A.] bzw. 232,5 nm [H_2O] (*Ross, Ludwig*, Canad. J. Bot. **35** [1957] 65, 67). Löslichkeit in H_2O: *Ross, Lu.*

1-Octyl-imidazolidin-2-thion $C_{11}H_{22}N_2S$, Formel VIII ($R = [CH_2]_7$-CH_3, $R' = H$).
B. Beim Erhitzen von *N*-Octyl-äthylendiamin mit CS_2 (*Lo*, Am. Soc. **77** [1955] 6667). Beim Erhitzen von [2-Amino-äthyl]-octyl-dithiocarbamidsäure auf 130° (*Thorn*, Canad. J. Chem. **33** [1955] 1278, 1280; *Lo*).
Kristalle; F: 54—55° [aus A.] (*Lo*), 52—53° [aus Hexan] (*Th.*). λ_{max}: 242,5 nm [A.] bzw. 232,5 nm [H_2O] (*Ross, Ludwig*, Canad. J. Bot. **35** [1957] 65, 67). Löslichkeit in H_2O: *Ross, Lu.*
Kupfer(I)-Salz: *Baldwin*, U.S.P. 2890150 [1956].

*Opt.-inakt. **1,3-Bis-[2-äthyl-hexyl]-imidazolidin-2-thion** $C_{19}H_{38}N_2S$, Formel VIII ($R = R' = CH_2$-$CH(C_2H_5)$-$[CH_2]_3$-CH_3).
B. Analog opt.-inakt. 1,3-Bis-[1-methyl-butyl]-imidazolidin-2-thion [S. 24] (*Donia et al.*, J. org. Chem. **14** [1949] 946, 949).
Kp_1: 177—178°. n_D^{25}: 1,5070.

1-[1,1,3,3-Tetramethyl-butyl]-imidazolidin-2-thion $C_{11}H_{22}N_2S$, Formel VIII ($R = C(CH_3)_2$-CH_2-$C(CH_3)_3$, $R' = H$).
B. Beim Erhitzen von [2-Amino-äthyl]-[1,1,3,3-tetramethyl-butyl]-dithiocarbamid≈ säure auf 140—150° (*Lo*, Am. Soc. **77** [1955] 6667).
Kristalle (aus A.); F: 164—165° [unkorr.].

1-Nonyl-imidazolidin-2-thion $C_{12}H_{24}N_2S$, Formel VIII ($R = [CH_2]_8$-CH_3, $R' = H$).
B. Analog 1-Pentyl-imidazolidin-2-thion [S. 24] (*Thorn*, Canad. J. Chem. **33** [1955] 1278, 1280).
Kristalle (aus Hexan); F: 56—57° (*Th.*). λ_{max}: 242,5 nm [A.] bzw. 232,5 nm [H_2O] (*Ross, Ludwig*, Canad. J. Bot. **35** [1957] 65, 67). Löslichkeit in H_2O: *Ross, Lu.*

1-Decyl-imidazolidin-2-thion $C_{13}H_{26}N_2S$, Formel VIII ($R = [CH_2]_9$-CH_3, $R' = H$).
B. Analog 1-Pentyl-imidazolidin-2-thion [S. 24] (*Thorn*, Canad. J.Chem. **33** [1955] 1278, 1280).
Kristalle (aus Hexan); F: 64,5—65° (*Th.*). λ_{max} (A.): 242,5 nm (*Ross, Ludwig*, Canad. J. Bot. **35** [1957] 65, 67).
Kupfer(I)-Salz $CuC_{13}H_{25}N_2S$. Hellgraue Kristalle (aus Acn.); F: 105—108° (*Baldwin*, U.S.P. 2890150 [1956]).

1-Dodecyl-imidazolidin-2-thion $C_{15}H_{30}N_2S$, Formel VIII ($R = [CH_2]_{11}$-CH_3, $R' = H$).
B. Analog 1-Pentyl-imidazolidin-2-thion [S. 24] (*Thorn*, Canad. J. Chem. **33** [1955] 1278, 1280).
Kristalle (aus Hexan); F: 60—61° (*Th.*). λ_{max} (A.): 242,5 nm (*Ross, Ludwig*, Canad. J. Bot. **35** [1957] 65, 67).

1-Octadecyl-imidazolidin-2-thion $C_{21}H_{42}N_2S$, Formel VIII ($R = [CH_2]_{17}$-CH_3, $R' = H$).
B. Beim Erhitzen von [2-Amino-äthyl]-octadecyl-dithiocarbamidsäure auf 130—140° (*Lo*, Am. Soc. **77** [1955] 6667).
Kristalle (aus A.); F: 80—81°.

1,3-Dicyclohexyl-imidazolidin-2-thion $C_{15}H_{26}N_2S$, Formel VIII ($R = R' = C_6H_{11}$).
B. Beim Erhitzen von *N*-Cyclohexyl-*N*-[2-cyclohexylamino-äthyl]-formamid mit Schwefel auf 135° (*Zienty, Thielke*, Am. Soc. **67** [1945] 1040). Beim Erhitzen von Cyclo≈ hexyl-[2-cyclohexylamino-äthyl]-dithiocarbamidsäure auf 160—195° (*Donia et al.*, J. org. Chem. **14** [1949] 946, 949; *Zi., Th.*) oder beim Erhitzen von 2,5-Dicyclohexyl-2,3,4,5-tetrahydro-[1,2,5]thiadiazin-6-thion (*Do. et al.*).
Kristalle; F: 226,2° [korr.; aus Acn., Ae. oder A.] (*Do. et al.*), 225—226° [korr.; aus Bzl. + Me.] (*Zi., Th.*).

1,3-Diphenyl-imidazolidin-2-thion $C_{15}H_{14}N_2S$, Formel VIII (R = R′ = C_6H_5) auf S. 24.
B. Beim Erhitzen von N-[2-Anilino-äthyl]-formanilid mit Schwefel (*Zienty*, Am. Soc. **68** [1946] 1388).
Kristalle (aus Me.); F: 189—190° [korr.].

1,3-Dibenzyl-imidazolidin-2-thion $C_{17}H_{18}N_2S$, Formel VIII (R = R′ = CH_2-C_6H_5) auf S. 24.
B. Beim Behandeln von N,N′-Dibenzyl-äthylendiamin mit CS_2 in Äther und Erwärmen des Reaktionsprodukts auf 70—80° (*Lob*, R. **55** [1936] 859, 866).
Gelbe Kristalle (aus A.); F: 90°.

1-[2-Hydroxy-äthyl]-imidazolidin-2-thion $C_5H_{10}N_2OS$, Formel VIII (R = CH_2-CH_2-OH, R′ = H) auf S. 24.
Die von *Šergeew*, *Kolytschew* (Ž. obšč. Chim. **7** [1937] 1390, 1392; C. **1938** I 598) unter dieser Konstitution beschriebene Verbindung ist als [1,3]Oxathiolan-2-yliden-harnstoff (E III/IV **19** 1559) zu formulieren (*Wagner-Jauregg*, *Häring*, Helv. **41** [1958] 377, 378).
B. Beim Behandeln von 2-[2-Amino-äthylamino]-äthanol mit CS_2 in Äthanol und Erhitzen des Reaktionsprodukts auf 145° (*Mc Kay*, *Vavasour*, Canad. J. Chem. **32** [1954] 59, 61).
Kristalle (aus A.); F: 136,5—137,5° (*Mc Kay*, *Va.*).

1-[3-Isopropoxy-propyl]-imidazolidin-2-thion $C_9H_{18}N_2OS$, Formel VIII (R = $[CH_2]_3$-O-CH(CH_3)$_2$, R′ = H) auf S. 24.
B. Beim Behandeln von N-[3-Isopropoxy-propyl]-äthylendiamin mit CS_2 in Benzol und Erhitzen des Reaktionsprodukts auf 150°/30 Torr (*Mc Kay et al.*, Canad. J. Chem. **34** [1956] 1567, 1572).
Kristalle (aus Ae.); F: 56—57°.

1-[2-Hydroxy-phenyl]-imidazolidin-2-thion $C_9H_{10}N_2OS$, Formel IX (X = OH, X′ = X″ = H) auf S. 24.
B. Beim Erwärmen von 2-[2-Amino-äthylamino]-phenol-sulfat mit CS_2 in wss. NaOH oder in wss.-äthanol. NaOH (*Eastman Kodak Co.*, U.S.P. 2596742 [1950]).
Kristalle; F: 168—169°.

1-[4-Hydroxy-phenyl]-imidazolidin-2-thion $C_9H_{10}N_2OS$, Formel IX (X = X′ = H, X″ = OH) auf S. 24.
B. Analog der vorangehenden Verbindung (*Eastman Kodak Co.*, U.S.P. 2596742 [1950]).
Kristalle (aus H_2O); F: 185—186°.

1-[3-Chlor-4-hydroxy-phenyl]-imidazolidin-2-thion $C_9H_9ClN_2OS$, Formel IX (X = H, X′ = Cl, X″ = OH) auf S. 24.
B. Analog den vorangehenden Verbindungen (*Eastman Kodak Co.*, U.S.P. 2596742 [1950]).
Kristalle; F: 219°.

1-Piperidinomethyl-imidazolidin-2-thion $C_9H_{17}N_3S$, Formel X auf S. 24.
B. Aus Imidazolidin-2-thion, Piperidin und wss. Formaldehyd in Methanol (*James*, *Turner*, Soc. **1950** 1515, 1519).
F: 118° [unkorr.].
Dihydrochlorid $C_9H_{17}N_3S \cdot 2$ HCl. F: 200° [unkorr.].

Bis-[2-thioxo-imidazolidin-1-yl]-methan, 1,1′-Methandiyl-bis-imidazolidin-2-thion $C_7H_{12}N_4S_2$, Formel XI auf S. 24.
B. In geringen Mengen neben 1,3-Bis-[2-thioxo-imidazolidin-1-ylmethyl]-imidazolidin-2-thion beim Behandeln von Imidazolidin-2-thion mit wss. Formaldehyd in Gegenwart von wss. HCl (*Staudinger*, *Niessen*, Makromol. Ch. **15** [1955] 75, 77, 83).
Kristalle (aus H_2O); F: 270—272°.

1,3-Bis-piperidinomethyl-imidazolidin-2-thion $C_{15}H_{28}N_4S$, Formel XII.
B. Aus Imidazolidin-2-thion und Piperidino-methanol in Methanol (*I. G. Farbenind.*,

D.R.P. 575114 [1932]; Frdl. **20** 2029, 2033).
    F: 126–128°.

1,3-Bis-[2-thioxo-imidazolidin-1-ylmethyl]-imidazolidin-2-thion $C_{11}H_{18}N_6S_3$,
Formel XIII (R = R′ = H).
    B. s. S. 26 im Artikel Bis-[2-thioxo-imidazolidin-1-yl]-methan.
    Pulver; Zers. bei 296° (*Staudinger, Niessen*, Makromol. Ch. **15** [1955] 75, 77, 82).

1,3-Bis-[1-(2-thioxo-imidazolidin-1-yl)-äthyl]-imidazolidin-2-thion $C_{13}H_{22}N_6S_3$,
Formel XIII (R = CH₃, R′ = H).
    B. Beim Behandeln von Imidazolidin-2-thion mit Acetaldehyd und wss. HCl (*Staudinger, Niessen*, Makromol. Ch. **15** [1955] 75, 79, 90).
    F: 180–182°.

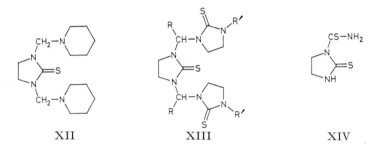

XII   XIII   XIV

1-Acetyl-imidazolidin-2-thion $C_5H_8N_2OS$, Formel VIII (R = CO-CH₃, R′ = H) auf
S. 24.
    B. Beim Erhitzen von Imidazolidin-2-thion mit Acetylchlorid in Essigsäure (*Baer, Lockwood*, Am. Soc. **76** [1954] 1162).
    Kristalle (aus A.); F: 161–163°. λ_{max} (A.): 235 nm, 270 nm und 325 nm.

1,3-Diacetyl-imidazolidin-2-thion $C_7H_{10}N_2O_2S$, Formel VIII (R = R′ = CO-CH₃) auf
S. 24.
    B. Beim Erhitzen von Imidazolidin-2-thion oder von 1-Acetyl-imidazolidin-2-thion mit Acetanhydrid (*Baer, Lockwood*, Am. Soc. **76** [1954] 1162).
    Kristalle (aus Me.); F: 85–87°. λ_{max} (A.): 252 nm, 288 nm und 375 nm.

1,3-Bis-[3-(4-chlor-benzoyl)-2-thioxo-imidazolidin-1-ylmethyl]-imidazolidin-2-thion
$C_{25}H_{24}Cl_2N_6O_2S_3$, Formel XIII (R = H, R′ = CO-C₆H₄-Cl(p)).
    B. Beim Erwärmen von 1,3-Bis-[2-thioxo-imidazolidin-1-ylmethyl]-imidazolidin-2-thion mit 4-Chlor-benzoylchlorid in Pyridin (*Staudinger, Niessen*, Makromol. Ch. **15** [1955] 75, 83).
    F: 239°.

1,3-Bis-[4-chlor-benzoyl]-imidazolidin-2-thion $C_{17}H_{12}Cl_2N_2O_2S$, Formel VIII
(R = R′ = CO-C₆H₄-Cl(p)) auf S. 24.
    B. Aus Imidazolidin-2-thion und 4-Chlor-benzoylchlorid in Pyridin (*Staudinger, Niessen*, Makromol. Ch. **15** [1955] 75, 86).
    Kristalle (aus Me.); F: 189–190°.

2-Thioxo-imidazolidin-1-thiocarbonsäure-amid $C_4H_7N_3S_2$, Formel XIV.
    Diese Konstitution kommt der von *Thorn, Ludwig* (Canad. J. Chem. **32** [1954] 872) als 1,5,6,7-Tetrahydro-[1,3,5]triazepin-2,4-dithion beschriebenen Verbindung zu (*Mammi et al.*, Soc. **1965** 1521; *Valle et al.*, Acta cryst. [B] **26** [1970] 468).
    B. Beim Behandeln von 1,2-Diisothiocyanato-äthan mit konz. wss. NH₃ (*Th., Lu.*, l. c. S. 876). Beim Behandeln von 5,6-Dihydro-imidazo[2,1-c][1,2,4]dithiazol-3-thion (Konstitution: *Pluijgers et al.*, Tetrahedron Letters **1971** 1317; *Alvarez et al.*, Tetrahedron Letters **1973** 939) mit flüssigem NH₃ (*Th., Lu.*, l. c. S. 875).
    Atomabstände und Bindungswinkel (Röntgen-Diagramm): *Va. et al.*

Kristalle; F: 193° (*Va. et al.*), 190—192° [unkorr.; aus A.] (*Th.*, *Lu.*, l. c. S. 875).
Bei 140°/0,001 Torr sublimierbar (*Th.*, *Lu.*). Monoklin; Kristallstruktur-Analyse (Röntgen-Diagramm): *Va. et al.* Dichte der Kristalle; 1,53 (*Va. et al.*).

3-Äthyl-2-thioxo-imidazolidin-1-carbonsäure-anilid $C_{12}H_{15}N_3OS$, Formel I (R = C_2H_5).
B. Beim Erhitzen von 1-Äthyl-imidazolidin-2-thion mit Phenylisocyanat in Toluol auf 160° (*Wadia et al.*, J. scient. ind. Res. India **17** B [1958] 24, 30).
Dimorphe Kristalle; F: 97—98° [aus A.] und F: 83—84° [aus Bzl.].

3-Isopropyl-2-thioxo-imidazolidin-1-carbonsäure-anilid $C_{13}H_{17}N_3OS$, Formel I (R = $CH(CH_3)_2$).
B. Analog der vorangehenden Verbindung (*Wadia et al.*, J. scient. ind. Res. India **17** B [1958] 24, 30).
Kristalle (aus PAe. + Acn.); F: 104—105°.

3-Butyl-2-thioxo-imidazolidin-1-carbonsäure-anilid $C_{14}H_{19}N_3OS$, Formel I (R = $[CH_2]_3$-CH_3).
B. Analog den vorangehenden Verbindungen (*Wadia et al.*, J. scient. ind. Res. India **17** B [1958] 24, 30).
F: 68—69°.

I   II   III

1,3-Bis-[2-carboxy-äthyl]-imidazolidin-2-thion, 3,3′-[2-Thioxo-imidazolidin-1,3-diyl]-di-propionsäure $C_9H_{14}N_2O_4S$, Formel II (R = H).
B. Beim Erhitzen von 1,3-Bis-[2-cyan-äthyl]-imidazolidin-2-thion mit wss. NaOH (*Olin Mathieson Chem. Corp.*, U.S.P. 2785176 [1955]).
Kristalle (aus Toluol + Dioxan); F: 137—138°.

1,3-Bis-[2-methoxycarbonyl-äthyl]-imidazolidin-2-thion, 3,3′-[2-Thioxo-imidazolidin-1,3-diyl]-di-propionsäure-dimethylester $C_{11}H_{18}N_2O_4S$, Formel II (R = CH_3).
B. Beim Behandeln von 1,3-Bis-[2-cyan-äthyl]-imidazolidin-2-thion mit HCl in Methanol (*Olin Mathieson Chem. Corp.*, U.S.P. 2785176 [1955]).
Kristalle (aus Me.); F: 44—46°.

1,3-Bis-[2-cyan-äthyl]-imidazolidin-2-thion $C_9H_{12}N_4S$, Formel III.
B. Beim Erwärmen von Imidazolidin-2-thion mit Acrylnitril unter Zusatz von wss. Benzyl-trimethyl-ammonium-hydroxid in Pyridin (*Olin Mathieson Chem. Corp.*, U.S.P. 2785176 [1955]).
Kristalle (aus A.); F: 134°.

1-[2-Amino-äthyl]-imidazolidin-2-thion $C_5H_{11}N_3S$, Formel IV (R = R′ = H).
B. Neben geringeren Mengen $N,N′$-Bis-[2-(2-thioxo-imidazolidin-1-yl)-äthyl]-thioharnstoff beim Erwärmen von Diäthylentriamin mit CS_2 in Benzol (*McKay et al.*, Canad. J. Chem. **35** [1957] 843, 846). Beim Erhitzen von Diäthylentriamin mit CS_2 auf 200—210° (*Rohm & Haas Co.*, U.S.P. 2613211 [1950]) oder mit Thioharnstoff auf 230° (*Rohm & Haas Co.*, U.S.P. 2613212 [1950]).
Kristalle (aus A. + Bzl.); F: 111—112° (*Rohm & Haas Co.*, U.S.P. 2613211), 109—111° [unkorr.] (*McKay et al.*).

1-[2-Dimethylamino-äthyl]-imidazolidin-2-thion $C_7H_{15}N_3S$, Formel IV (R = R′ = CH_3).
B. Beim Behandeln von 1,1-Dimethyl-diäthylentriamin mit CS_2 in Äthanol oder Benzol und Erhitzen des Reaktionsprodukts auf 150°/30 Torr (*Monsanto Canada Ltd.*, U.S.P. 2767184 [1955]; *McKay et al.*, Canad. J. Chem. **34** [1956] 1567, 1568).

Kristalle (aus PAe.); F: 94—95°.
Picrat $C_7H_{15}N_3S \cdot C_6H_3N_3O_7$. F: 166—167° [unkorr.].

1-[2-Diäthylamino-äthyl]-imidazolidin-2-thion $C_9H_{19}N_3S$, Formel IV (R = R' = C_2H_5).
B. Analog der vorangehenden Verbindung (*Monsanto Canada Ltd.*, U.S.P. 2767184
[1955]; *McKay et al.*, Canad. J. Chem. **34** [1956] 1567, 1568).
Kristalle (aus PAe.); F: 77—78°.
Hydrojodid $C_9H_{19}N_3S \cdot HI$. Kristalle (aus A.); F: 177—118° [unkorr.].
Picrat $C_9H_{19}N_3S \cdot C_6H_3N_3O_7$. F: 141—142° [unkorr.].

1-[2-Dipropylamino-äthyl]-imidazolidin-2-thion $C_{11}H_{23}N_3S$, Formel IV
(R = R' = $CH_2\text{-}CH_2\text{-}CH_3$).
B. Analog den vorangehenden Verbindungen (*Monsanto Canada Ltd.*, U.S.P. 2767184
[1955]; *McKay et al.*, Canad. J. Chem. **34** [1956] 1567, 1568).
Kristalle (aus Ae.); F: 74—75° (*Monsanto*; *McKay et al.*).
Hydrojodid. F: 147—148° (*Monsanto*).
Picrat $C_{11}H_{23}N_3S \cdot C_6H_3N_3O_7$. F: 124—125° [unkorr.] (*Monsanto*; *McKay et al.*).

1-[2-Dibutylamino-äthyl]-imidazolidin-2-thion $C_{13}H_{27}N_3S$, Formel IV
(R = R' = $[CH_2]_3\text{-}CH_3$).
B. Analog den vorangehenden Verbindungen (*Monsanto Canada Ltd.*, U.S.P. 2767184
[1955]; *McKay et al.*, Canad. J. Chem. **34** [1956] 1567, 1568).
Kristalle (aus PAe.); F: 43—44°.
Picrat $C_{13}H_{27}N_3S \cdot C_6H_3N_3O_7$. F: 115—117° [unkorr.].

          IV   V

**1-[2-Methacryloylamino-äthyl]-imidazolidin-2-thion, N-[2-(2-Thioxo-imidazolidin-1-yl)-
äthyl]-methacrylamid** $C_9H_{15}N_3OS$, Formel IV (R = CO-C(CH$_3$)=CH$_2$, R' = H).
B. Beim Behandeln von 1-[2-Amino-äthyl]-imidazolidin-2-thion mit Methacryloyl=
chlorid in CHCl$_3$ (*Rohm & Haas Co.*, U.S.P. 2727016 [1953]).
Kristalle (aus Acn.); F: 133—134°.

**1-[2-(N',N'-Dimethyl-thioureido)-äthyl]-imidazolidin-2-thion, N,N-Dimethyl-N'-[2-
(2-thioxo-imidazolidin-1-yl)-äthyl]-thioharnstoff** $C_8H_{16}N_4S_2$, Formel IV
(R = CS-N(CH$_3$)$_2$, R' = H).
B. Aus 1-[2-Isothiocyanato-äthyl]-imidazolidin-2-thion und Dimethylamin (*Rohm
& Haas Co.*, U.S.P. 2829083 [1956]).
F: 154—156°.

**1-[2-(N'-Phenyl-thioureido)-äthyl]-imidazolidin-2-thion, N-Phenyl-N'-[2-(2-thioxo-
imidazolidin-1-yl)-äthyl]-thioharnstoff** $C_{12}H_{16}N_4S_2$, Formel IV (R = CS-NH-C$_6$H$_5$, R' = H).
B. Aus 1-[2-Isothiocyanato-äthyl]-imidazolidin-2-thion und Anilin (*Rohm & Haas Co.*,
U.S.P. 2829083 [1956]).
F: 181—183°.

N,N'-Bis-[2-(2-thioxo-imidazolidin-1-yl)-äthyl]-thioharnstoff $C_{11}H_{20}N_6S_3$, Formel V.
B. Neben überwiegenden Mengen 1-[2-Amino-äthyl]-imidazolidin-2-thion beim Er-
wärmen von Diäthylentriamin mit CS$_2$ in Benzol (*McKay et al.*, Canad. J. Chem. **35** [1957]
843, 846). Eine weitere Bildungsweise s. im folgenden Artikel.
F: 235—237° (*Rohm & Haas Co.*, U.S.P. 2577700 [1950]). Kristalle (aus Nitromethan);
F: 228—229° [unkorr.] (*McKay et al.*).

[2-(2-Thioxo-imidazolidin-1-yl)-äthyl]-dithiocarbamidsäure $C_6H_{11}N_3S_3$, Formel IV
(R = CS-SH, R' = H).
Natrium-Salz $NaC_6H_{10}N_3S_3$. *B.* Neben N,N'-Bis-[2-(2-thioxo-imidazolidin-1-yl)-

äthyl]-thioharnstoff beim Behandeln von 1-[2-Amino-äthyl]-imidazolidin-2-thion mit CS_2 und wss. NaOH (*Rohm & Haas Co.*, U.S.P. 2577700 [1950]). — Kristalle mit 3 Mol H_2O; F: 230—233° [Zers.].

1,μ-Dithio-dikohlensäure-2-äthylester-1-[2-(2-thioxo-imidazolidin-1-yl)-äthylamid]
$C_9H_{15}N_3O_2S_3$, Formel IV (R = CS-S-CO-O-C_2H_5, R' = H).
B. Beim Behandeln des Natrium- oder des Kalium-Salzes der [2-(2-Thioxo-imidazolidin-1-yl)-äthyl]-dithiocarbamidsäure mit Chlorokohlensäure-äthylester in wss. Äthanol (*Rohm & Haas Co.*, U.S.P. 2829083 [1956]).
F: 74—75°.

1-[2-Isothiocyanato-äthyl]-imidazolidin-2-thion $C_6H_9N_3S_2$, Formel VI.
B. Beim Erhitzen der vorangehenden Verbindung mit H_2O (*Rohm & Haas Co.*, U.S.P. 2829083 [1956]).
Kristalle (aus wss. Acn.); F: 133—134°.

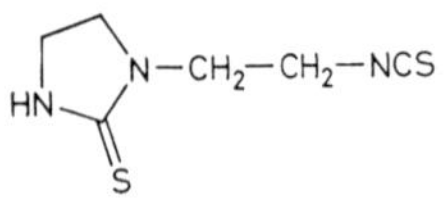

VI 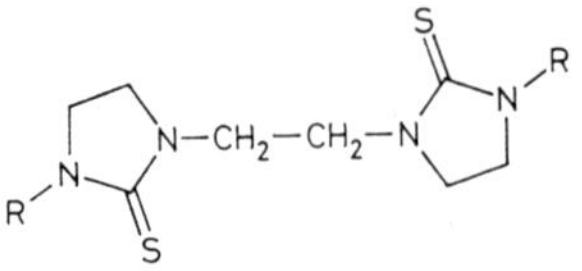   VII

1,2-Bis-[2-thioxo-imidazolidin-1-yl]-äthan, 1,1'-Äthandiyl-bis-imidazolidin-2-thion
$C_8H_{14}N_4S_2$, Formel VII (R = H).
B. Beim Behandeln von Triäthylentetramin mit CS_2 in Äthanol und Erhitzen des Reaktionsprodukts auf 120—140° (*van Alphen*, R. **55** [1936] 412, 416).
Gelbe Kristalle (aus H_2O); F: 265°.

1-[2-Amino-äthyl]-3-methyl-imidazolidin-2-thion $C_6H_{13}N_3S$, Formel VIII.
B. Beim Erhitzen von 1-Methyl-diäthylentriamin mit CS_2 auf 200° (*Rohm & Haas Co.*, U.S.P. 2613211 [1950]).
Kristalle.

1,2-Bis-[3-benzyl-2-thioxo-imidazolidin-1-yl]-äthan, 3,3'-Dibenzyl-1,1'-äthandiyl-bis-imidazolidin-2-thion $C_{22}H_{26}N_4S_2$, Formel VII (R = CH₂-C_6H_5).
B. Beim Behandeln von 1,10-Dibenzyl-triäthylentetramin mit CS_2 in Äthanol und Erhitzen des Reaktionsprodukts auf 140—150° (*van Alphen*, R. **55** [1936] 669, 672).
Kristalle (aus A.); F: 167°.

1,3-Bis-[2-thioxo-imidazolidin-1-yl]-propan, 1,1'-Propandiyl-bis-imidazolidin-2-thion
$C_9H_{16}N_4S_2$, Formel IX (n = 3).
B. Analog der vorangehenden Verbindung (*van Alphen*, R. **55** [1936] 835, 837).
Gelbe Kristalle (aus A.); F: 156°.

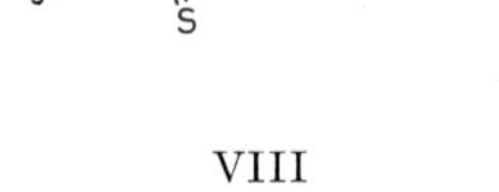

VIII 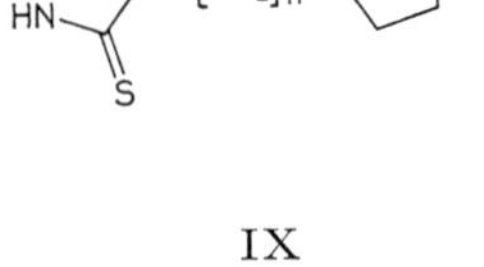   IX 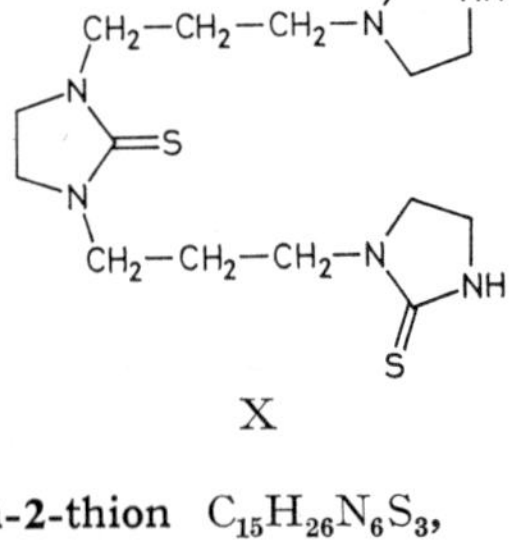   X

1,3-Bis-[3-(2-thioxo-imidazolidin-1-yl)-propyl]-imidazolidin-2-thion $C_{15}H_{26}N_6S_3$,
Formel X.
B. Beim Behandeln von 1,2-Bis-[3-(2-amino-äthylamino)-propylamino]-äthan mit CS_2

in Äthanol und Erhitzen des Reaktionsprodukts auf 190—200° (*van Alphen*, R. **56** [1937] 343, 347).
Kristalle (aus A.); F: 166—167°.

1,3-Bis-[2-thioxo-imidazolidin-1-yl]-2,2-bis-[2-thioxo-imidazolidin-1-ylmethyl]-propan $C_{17}H_{28}N_8S_4$, Formel XI.
B. Analog der vorangehenden Verbindung (*van Alphen*, R. **57** [1938] 265, 274).
Kristalle; Zers. >320°.

1,6-Bis-[2-thioxo-imidazolidin-1-yl]-hexan, 1,1'-Hexandiyl-bis-imidazolidin-2-thion $C_{12}H_{22}N_4S_2$, Formel IX (n = 6).
B. Beim Behandeln von 1,6-Bis-[2-amino-äthylamino]-hexan mit CS_2 in Äthanol und Erhitzen des Reaktionsprodukts auf 140° (*van Alphen*, R. **59** [1940] 31, 36).
Gelbe Kristalle (aus Pentan-1-ol); F: 216°.

1,10-Bis-[2-thioxo-imidazolidin-1-yl]-decan, 1,1'-Decandiyl-bis-imidazolidin-2-thion $C_{16}H_{30}N_4S_2$, Formel IX (n = 10).
B. Analog der vorangehenden Verbindung (*van Alphen*, R. **58** [1939] 544, 547).
Gelbe Kristalle (aus A.); F: 166°.

Imidazolidin-4-on $C_3H_6N_2O$, Formel XII (R = H).
B. Beim Hydrieren von 4-Oxo-imidazolidin-1-carbonsäure-benzylester an Palladium in Äthanol (*Freter et al.*, A. **607** [1957] 174, 184).
Picrat $C_3H_6N_2O \cdot C_6H_3N_3O_7$. Kristalle (aus H_2O + A.); F: 194° [korr.; Zers.].
Oxalat $C_3H_6N_2O \cdot C_2H_2O_4$. Kristalle mit 1 Mol H_2O; F: 166—169° [korr.].

1-Acetyl-imidazolidin-4-on $C_5H_8N_2O_2$, Formel XII (R = CO-CH$_3$).
B. Beim Erwärmen von 1-Acetyl-2-thioxo-imidazolidin-4-on mit Raney-Nickel in Äthanol (*Edward, Martlew*, Chem. and Ind. **1954** 193).
F: 165°.

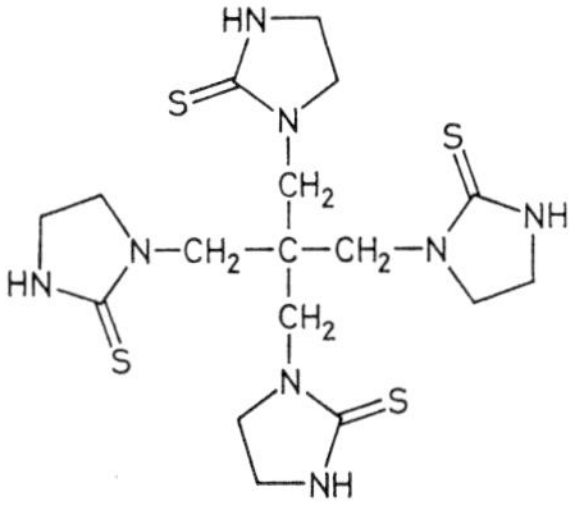

XI 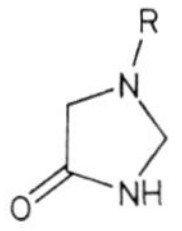   XII 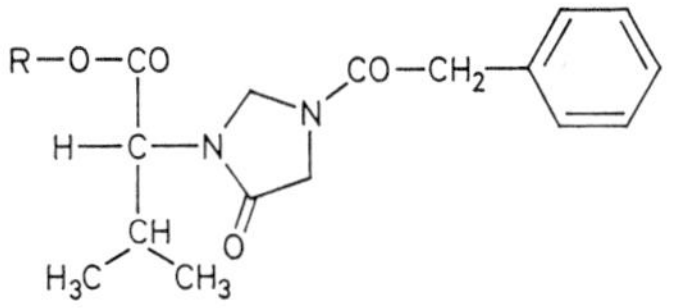   XIII 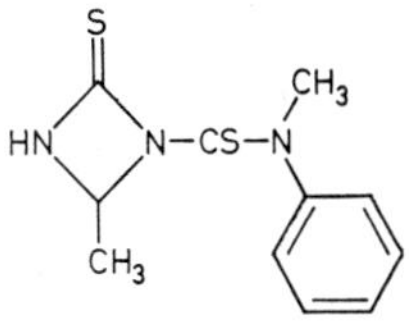   XIV

1-Benzoyl-imidazolidin-4-on $C_{10}H_{10}N_2O_2$, Formel XII (R = CO-C$_6$H$_5$).
B. Analog der vorangehenden Verbindung (*Edward, Martlew*, Chem. and Ind. **1954** 193; *Freter et al.*, A. **607** [1957] 174, 184).
Kristalle; F: 199—200° (*Ed., Ma.*), 198—200° [korr.] (*Fr. et al.*).

4-Oxo-imidazolidin-1-carbonsäure-benzylester $C_{11}H_{12}N_2O_3$, Formel XII (R = CO-O-CH$_2$-C$_6$H$_5$).
B. Analog den vorangehenden Verbindungen (*Freter et al.*, A. **607** [1957] 174, 184).
Kristalle (aus A.); F: 166—167° [korr.].

(R)-α-[5-Oxo-3-phenylacetyl-imidazolidin-1-yl]-isovaleriansäure, Desthiobenzyl=penillonsäure $C_{16}H_{20}N_2O_4$, Formel XIII (R = H).
B. Beim Erwärmen des Methylesters (S. 32) mit wss.-methanol. NaOH (*Peck, Folkers*, Chem. Penicillin **1949** 144, 159, 191). Beim Behandeln von Benzylpenillonsäure (Syst.-Nr. 4602) mit Raney-Nickel in wss. NaOH (*Peck, Fo.*, l. c. S. 192).
Kristalle (aus Acn., CHCl$_3$ + PAe. oder Ae. + PAe.); F: 211—213°. Kristalle (beim

Ansäuern einer wss. Lösung des Natrium-Salzes) mit 0,5 Mol H_2O; F: 194—195°. $[\alpha]_D$: +22° [wss. NaOH (1 n); c = 0,7] (wasserfreies Präparat).

(R)-α-[5-Oxo-3-phenylacetyl-imidazolidin-1-yl]-isovaleriansäure-methylester, Desthiobenzylpenillonsäure-methylester $C_{17}H_{22}N_2O_4$, Formel XIII (R = CH_3).
B. Beim Behandeln von Benzylpenillonsäure-methylester (Syst.-Nr. 4602) mit Raney-Nickel in Methanol (*Peck, Folkers*, Chem. Penicillin **1949** 144, 159, 191).
Kristalle (aus Ae.); F: 104—106°.

2-Methyl-4-thioxo-[1,3]diazetidin-1-thiocarbonsäure-[N-methyl-anilid] $C_{11}H_{13}N_3S_2$, Formel XIV.
Die Identität der früher (H **24** 4) unter dieser Konstitution beschriebenen Verbindung ist ungewiss (s. dazu *Fairfull, Peak*, Soc. **1955** 803).   [*Weissmann*]

Oxo-Verbindungen $C_4H_8N_2O$

2-[2-Benzo[1,3]dioxol-5-yl-äthyl]-tetrahydro-pyridazin-3-on, 2-[3,4-Methylendioxy-phenäthyl]-tetrahydro-pyridazin-3-on $C_{13}H_{16}N_2O_3$, Formel I.
B. Beim Hydrieren von 2-[3,4-Methylendioxy-phenäthyl]-4,5-dihydro-2H-pyridazin-3-on an Platin in Äthanol und wenig Essigsäure (*Sugasawa, Kohno*, Pharm. Bl. **4** [1956] 477).
Kristalle (aus PAe.); F: 98,5°.
Hydrochlorid $C_{13}H_{16}N_2O_3\cdot HCl$. Kristalle (aus Me.); F: 195°.

Tetrahydro-pyrimidin-2-on $C_4H_8N_2O$, Formel II (R = R' = H) (H 5; dort auch als N.N'-Trimethylen-harnstoff bezeichnet).
B. Beim Behandeln von Harnstoff in wss. HNO_3 mit Acrylaldehyd und Hydrieren des neutralisierten Reaktionsgemisches an Raney-Nickel bei 125—155°/70—105 at (*Shell Devel. Co.*, U.S.P. 2662080 [1952]). Beim Erwärmen von 1,3-Diisocyanato-propan in wss. Aceton (*Ozaki et al.*, Am. Soc. **79** [1957] 4358; *Iwakura*, Chem. High Polymers Japan **4** [1947] 94, 96; C. A. **1951** 2711). Beim Erhitzen von Pyrrolidin-2-on-oxim (E III/IV **1** 3144) mit Polyphosphorsäure auf 175—180° (*Behringer, Meier*, A. **607** [1957] 67, 85, 86).
Kristalle; F: 265—266° [unkorr.; aus wss. A.] (*McKay et al.*, Am. Soc. **71** [1949] 766, 768), 260° [unkorr.; aus Dioxan] (*Be., Me.*, l. c. S. 85). Bei 130°/0,005 Torr sublimierbar (*Be., Me.*). IR-Spektrum der Kristalle (1—15 μ): *Lüttringhaus et al.*, Chem. Ges. D.D.R. Hauptjahrestag. Leipzig 1955 S. 152, 153, 157, 159.
Geschwindigkeitskonstante der Zersetzung in Chloressigsäure bei 139,5°: *Oz. et al.*
Picrat $C_4H_8N_2O\cdot C_6H_3N_3O_7$. Kristalle (aus H_2O); F: 190—191° [unkorr.] (*McKay et al.*).

I   II   III

[1,4]Benzochinon-carbamimidoylhydrazon-[1-methyl-tetrahydro-pyrimidin-2-yliden=hydrazon], [4-(1-Methyl-tetrahydro-pyrimidin-2-ylidenhydrazono)-cyclohexa-2,5-dienyl=idenamino]-guanidin $C_{12}H_{18}N_8$, Formel III, und Tautomere.
B. Aus [1,4]Benzochinon-mono-carbamimidoylhydrazon und 1-Methyl-tetrahydro-pyrimidin-2-on-hydrazon (*Petersen et al.*, Ang. Ch. **67** [1955] 217, 223).
Kristalle (aus wss. Me.); F: 208—210° [Zers.].

1,3-Dimethyl-tetrahydro-pyrimidin-2-on $C_6H_{12}N_2O$, Formel II (R = R' = CH_3).
B. Neben 1,3-Bis-[chlorcarbonyl-methyl-amino]-propan beim Behandeln von N,N'-Di=

methyl-propandiyldiamin mit $COCl_2$ in Toluol unterhalb $-15°$ (*Boon*, Soc. **1947** 307, 315).

Kp$_{44}$: 146°.

1-Isopropyl-tetrahydro-pyrimidin-2-on $C_7H_{14}N_2O$, Formel II (R = CH(CH$_3$)$_2$, R' = H).
B. Beim Behandeln von *N*-Isopropyl-propandiyldiamin mit [1,3]Dioxolan-2-on und wenig BaO (*Dyer, Scott*, Am. Soc. **79** [1957] 672, 674).
Kristalle (aus Butylacetat + Dibutyläther); F: 150—151° [korr.].

1-Phenyl-tetrahydro-pyrimidin-2-on $C_{10}H_{12}N_2O$, Formel II (R = C$_6$H$_5$, R' = H) (H 5).
B. Beim Erhitzen von Tetrahydro-[1,3]oxazin-2-on mit Anilin (*Delaby et al.*, C. r. **239** [1954] 674).
F: 213—215° (*De. et al.*), 201,5—202,5° [unkorr.] (*Iwakura et al.*, J. org. Chem. **31** [1966] 1651, 1652).

Bis-[2-(3-butyl-2-imino-tetrahydro-pyrimidin-1-yl)-äthyl]-sulfid $C_{20}H_{40}N_6S$, Formel IV.
Dihydrobromid $C_{20}H_{40}N_6S \cdot 2$ HBr. *B.* Beim Erwärmen von [3-Brom-propyl]-butyl-carbamonitril mit Bis-[2-amino-äthyl]-sulfid in Äthanol (*Elderfield, Hageman*, J. org. Chem. **14** [1949] 605, 635). — Kristalle (aus Isopropylalkohol); F: 198—199,5°.

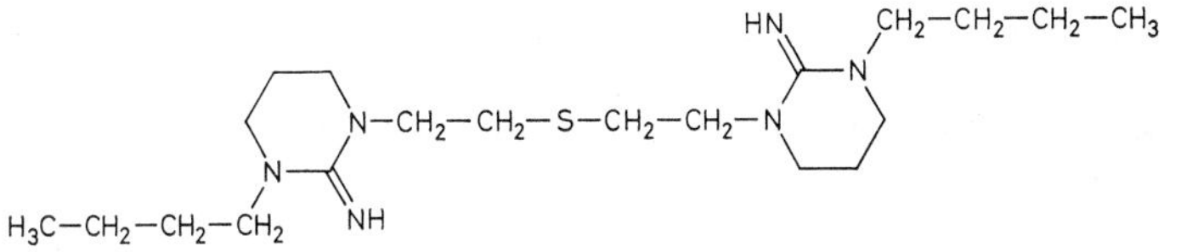

IV

1-[3,4-Dimethoxy-phenäthyl]-tetrahydro-pyrimidin-2-on $C_{14}H_{20}N_2O_3$, Formel V.
B. Beim Hydrieren von *N*-[2-Cyan-äthyl]-*N*-[3,4-dimethoxy-phenäthyl]-carbamid-säure-äthylester an Raney-Nickel in Dioxan und Triäthylamin bei 120—130°/120 at (*Yamazaki*, J. pharm. Soc. Japan **79** [1959] 1014, 1017; C. A. **1960** 5679).
Kp$_{0,003}$: 170—175°.

1-[3-Amino-propyl]-tetrahydro-pyrimidin-2-on $C_7H_{15}N_3O$, Formel II (R = [CH$_2$]$_3$-NH$_2$, R' = H).
B. Beim Erhitzen von Bis-[3-amino-propyl]-amin mit Harnstoff (*Rohm & Haas Co.*, U.S.P. 2 727 016 [1953]).
F: 48—49°. Kp$_{0,3}$: 158—160°.

1-[3-Pyrrol-1-yl-propyl]-tetrahydro-pyrimidin-2-on $C_{11}H_{17}N_3O$, Formel VI.
B. Beim Erwärmen von 1-[3-Amino-propyl]-tetrahydro-pyrimidin-2-on mit 1,4-Bis-di-methylamino-buta-1,3-dien unter Zusatz von wss. HCl und Essigsäure (*Rohm & Haas Co.*, U.S.P. 2 770 628 [1953]).
Kp$_{0,5}$: 230—236°.

1-[3-(2-Chlor-acetylamino)-propyl]-tetrahydro-pyrimidin-2-on, Chloressigsäure-[3-(2-oxo-tetrahydro-pyrimidin-1-yl)-propylamid] $C_9H_{16}ClN_3O_2$, Formel II (R = [CH$_2$]$_3$-NH-CO-CH$_2$-Cl, R' = H).
B. Beim Behandeln von 1-[3-Amino-propyl]-tetrahydro-pyrimidin-2-on mit Chlor-essigsäure-methylester in Methanol (*Rohm & Haas Co.*, U.S.P. 2 881 171 [1955]).
Kristalle (aus Me.); F: 122—124°.

Methacryloyloxyessigsäure-[3-(2-oxo-tetrahydro-pyrimidin-1-yl)-propylamid] $C_{13}H_{21}N_3O_4$, Formel II (R = [CH$_2$]$_3$-NH-CO-CH$_2$-O-CO-C(CH$_3$)=CH$_2$, R' = H).
B. Beim Erwärmen von 1-[3-(2-Chlor-acetylamino)-propyl]-tetrahydro-pyrimidin-2-on mit Natriummethacrylat in Acetonitril unter Zusatz von Benzyl-trimethyl-am-monium-chlorid und Hydrochinon (*Rohm & Haas Co.*, U.S.P. 2 881 171 [1955]).
Kristalle (aus E.); F: 86—87°.

1,3-Dinitro-tetrahydro-pyrimidin-2-on $C_4H_6N_4O_5$, Formel II (R = R' = NO_2) auf S. 32 (H 5).

B. Beim Behandeln von Tetrahydro-pyrimidin-2-on mit HNO_3 [99 %ig] in Acetanhydrid bei 0° (*Mc Kay, Wright*, Am. Soc. **70** [1948] 3990, 3992; vgl. H 5). Beim Behandeln von 1-Nitro-1,4,5,6-tetrahydro-pyrimidin-2-ylamin (*Fishbein, Gallaghan*, Am. Soc. **76** [1954] 3217) oder Nitro-[1,4,5,6-tetrahydro-pyrimidin-2-yl]-amin (*Mc Kay, Wr.*) mit HNO_3 [99 %ig] in Acetanhydrid.

Kristalle (aus A.); F: 121—122° [unkorr.] (*Mc Kay, Wr.*). λ_{max} (A.): 243 nm (*Mc Kay et al.*, Canad. J. Chem. **29** [1951] 746, 753).

V   VI   VII

Tetrahydro-pyrimidin-2-thion $C_4H_8N_2S$, Formel VII (R = R' = H) (H 5; E II 5; dort auch als *N.N'*-Trimethylen-thioharnstoff bezeichnet).

B. Beim Erwärmen von Tetrahydro-pyrimidin-2-on mit P_2S_5 in Xylol (*Beringer, Meier*, A. **607** [1957] 67, 88). Beim Erhitzen von [3-Amino-propyl]-dithiocarbamidsäure auf 150° (*Mc Kay, Hatton*, Am. Soc. **78** [1956] 1618).

Atomabstände und Bindungswinkel (Röntgen-Diagramm): *Dias, Truter*, Acta cryst. **17** [1964] 937.

Kristalle (aus A.); F: 211—211,5° (*Mc Kay, Ha.*). Orthorhombisch; Raumgruppe *Abam* (=D_{2h}^{18}); aus dem Röntgen-Diagramm ermittelte Dimensionen der Elementarzelle: a = 9,240 Å; b = 14,793 Å; c = 8,276 Å; n = 8 (*Dias, Tr.*). Dichte der Kristalle: 1,33 (*Dias, Tr.*). UV-Spektrum (A.; 205—280 nm): *Be., Me.*, l. c. S. 76.

1-Isopropyl-tetrahydro-pyrimidin-2-thion $C_7H_{14}N_2S$, Formel VII (R = $CH(CH_3)_2$, R' = H).

B. Beim Erhitzen von [3-Isopropylamino-propyl]-dithiocarbamidsäure (*Mc Kay, Hatton*, Am. Soc. **78** [1956] 1618).

Kristalle (aus A.); F: 119,5—120°.

1,3-Dibutyl-tetrahydro-pyrimidin-2-thion $C_{12}H_{24}N_2S$, Formel VII (R = R' = $[CH_2]_3$-CH_3).

B. Beim Behandeln von *N,N'*-Dibutyl-propandiyldiamin mit CS_2 in Methanol und Erhitzen des Reaktionsprodukts (*Zienty*, Am. Soc. **68** [1946] 1380). Beim Erhitzen von *N*-Butyl-*N*-[3-butylamino-propyl]-formamid mit Schwefel (*Zi.*).

Kp_3: 177—178°.

Bis-[2-thioxo-tetrahydro-pyrimidin-1-yl]-methan, Octahydro-1,1'-methandiyl-bis-pyrimidin-2-thion $C_9H_{16}N_4S_2$, Formel VIII (R = H).

B. Beim Erwärmen von Tetrahydro-pyrimidin-2-thion mit Formaldehyd und wss. HCl (*Staudinger, Niessen*, Makromol. Ch. **15** [1955] 75, 88).

Kristalle; F: 293° [Zers.].

Bis-[3-(4-chlor-benzoyl)-2-thioxo-tetrahydro-pyrimidin-1-yl]-methan, 3,3'-Bis-[4-chlor-benzoyl]-octahydro-1,1'-methandiyl-bis-pyrimidin-2-thion $C_{23}H_{22}Cl_2N_4O_2S_2$, Formel VIII (R = CO-C_6H_4-$Cl(p)$).

B. Beim Erwärmen von Bis-[2-thioxo-tetrahydro-pyrimidin-1-yl]-methan mit 4-Chlor-benzoylchlorid in Pyridin (*Staudinger, Niessen*, Makromol. Ch. **15** [1955] 75, 89).

F: 209°.

1-[3-Amino-propyl]-tetrahydro-pyrimidin-2-thion $C_7H_{15}N_3S$, Formel VII (R = $[CH_2]_3$-NH_2, R' = H).

B. Beim Behandeln von Bis-[3-amino-propyl]-amin mit CS_2 und anschliessenden Erhitzen (*Rohm & Haas Co.*, U.S.P. 2727016 [1953]).

Kristalle (aus A.); F: 116—117°.

1-[3-Methacryloylamino-propyl]-tetrahydro-pyrimidin-2-thion, Methacrylsäure-
[3-(2-thioxo-tetrahydro-pyrimidin-1-yl)-propylamid] $C_{11}H_{19}N_3OS$, Formel VII
(R = $[CH_2]_3$-NH-CO-C(CH$_3$)=CH$_2$, R' = H).
B. Beim Behandeln von 1-[3-Amino-propyl]-tetrahydro-pyrimidin-2-thion in CHCl$_3$
mit Methacryloylchlorid (*Rohm & Haas Co.*, U.S.P. 2727016 [1953]).
Kristalle (aus Acn.); F: 146,5—147,5°.

Piperazinon $C_4H_8N_2O$, Formel IX (R = R' = H).
B. Beim Erwärmen von Äthylendiamin, Formaldehyd und HCN unter Zusatz von
wenig Piperidin oder beim Behandeln von Äthylendiamin mit Glykolonitril in H$_2$O (*Rohm
& Haas Co.*, U.S.P. 2700668 [1952]). Beim Behandeln von Äthylendiamin mit Chlor⸗
essigsäure-äthylester in Äthanol (*Aspinall*, Am. Soc. **62** [1940] 1202).
Kristalle; F: 136° [korr.; aus Acn. + PAe.] (*As.*), 132—134° [aus Acn.]
(*Rohm & Haas Co.*).
Hydrochlorid $C_4H_8N_2O \cdot HCl$. Kristalle (aus A.); F: 208° [korr.] (*As.*).
Picrat $C_4H_8N_2O \cdot C_6H_3N_3O_7$. Kristalle (aus H$_2$O); F: 180° [korr.] (*As.*).
Benzolsulfonyl-Derivat $C_{10}H_{12}N_2O_3S$; 4-Benzolsulfonyl-piperazin-2-on.
Kristalle (aus H$_2$O); F: 188° [korr.] (*As.*).

4-Methyl-piperazin-2-on $C_5H_{10}N_2O$, Formel IX (R = H, R' = CH$_3$).
B. Beim Erwärmen von Piperazinon mit wss. Ameisensäure und Formaldehyd (*Searle
& Co.*, U.S.P. 2787617 [1955]).
Kristalle (aus Ae.); F: 79—84°.

1,4-Dibutyl-piperazin-2-on $C_{12}H_{24}N_2O$, Formel IX (R = R' = [CH$_2$]$_3$-CH$_3$).
B. Beim Erhitzen von *N,N'*-Dibutyl-äthylendiamin mit Chloressigsäure-äthylester
auf 165° (*Martin, Martell*, Am. Soc. **72** [1950] 4301).
Kp$_4$: 132—134°.

1,4-Dioctyl-piperazin-2-on $C_{20}H_{40}N_2O$, Formel IX (R = R' = [CH$_2$]$_7$-CH$_3$).
B. Beim Erhitzen von *N,N'*-Dioctyl-äthylendiamin mit Chloressigsäure-äthylester
auf 145° (*Martin, Martell*, Am. Soc. **72** [1950] 4301).
F: 1,5°.

VIII   IX   X

1,4-Didodecyl-piperazin-2-on $C_{28}H_{56}N_2O$, Formel IX (R = R' = [CH$_2$]$_{11}$-CH$_3$).
B. Beim Erhitzen von *N,N'*-Didodecyl-äthylendiamin mit Chloressigsäure-äthylester
auf 165° (*Martin, Martell*, Am. Soc. **72** [1950] 4301).
Kristalle (aus H$_2$O); F: 36,5—37°.

1,4-Dicyclohexyl-piperazin-2-on $C_{16}H_{28}N_2O$, Formel IX (R = R' = C$_6$H$_{11}$).
B. Beim Erhitzen von *N,N'*-Dicyclohexyl-äthylendiamin mit Chloressigsäure-
äthylester auf 145° (*Martin, Martell*, Am. Soc. **72** [1950] 4301; *Honzl*, Collect. **25** [1960]
2651, 2665).
Kristalle (aus PAe.); F: 97—99° (*Ho.*).

4-Benzyl-piperazin-2-on $C_{11}H_{14}N_2O$, Formel IX (R = H, R' = CH$_2$-C$_6$H$_5$).
B. Neben 1-Benzyl-piperazin (Hauptprodukt) bei der Hydrierung von Benzyl-bis-cyan⸗
methyl-amin an Platin/Raney-Nickel in Benzol (*Mosher et al.*, Am. Soc. **75** [1953] 4949).
Kristalle (aus Me.); F: 149—150° [unkorr.].

4-Benzyl-1-methyl-piperazin-2-on $C_{12}H_{16}N_2O$, Formel IX (R = CH$_3$, R' = CH$_2$-C$_6$H$_5$).
B. Bei der elektrochemischen Reduktion von 4-Benzyl-1-methyl-piperazin-2,6-dion in
wss. H$_2$SO$_4$ (*Yamazaki*, J. pharm. Soc. Japan **79** [1959] 1003, 1006; C. A. **1960** 5678).
Kp$_{1-2}$: 147—148°.
Picrat $C_{12}H_{16}N_2O \cdot C_6H_3N_3O_7$. F: 143°.

1,4-Dibenzyl-piperazin-2-on $C_{18}H_{20}N_2O$, Formel IX (R = R' = CH_2-C_6H_5).

B. Beim Erhitzen von N,N'-Dibenzyl-äthylendiamin mit Chloressigsäure-äthylester auf 135° (*Martin, Martell,* Am. Soc. **72** [1950] 4301).

Kristalle (aus H_2O); F: 83—84°.

1-Methyl-4-phenäthyl-piperazin-2-on $C_{13}H_{18}N_2O$, Formel IX (R = CH_3, R' = CH_2-CH_2-C_6H_5).

B. Bei der elektrochemischen Reduktion von 1-Methyl-4-phenäthyl-piperazin-2,6-dion in wss. H_2SO_4 (*Yamazaki,* J. pharm. Soc. Japan **79** [1959] 1003, 1006; C. A. **1960** 5678).

Kp_1: 147°.

Picrat $C_{13}H_{18}N_2O \cdot C_6H_3N_3O_7$. F: 134—135°.

1-[3,4-Dimethoxy-phenäthyl]-4-methyl-piperazin-2-on $C_{15}H_{22}N_2O_3$, Formel X.

B. Bei der elektrochemischen Reduktion von 1-[3,4-Dimethoxy-phenäthyl]-4-methyl-piperazin-2,6-dion in wss. H_2SO_4 (*Yamazaki,* J. pharm. Soc. Japan **79** [1959] 1003, 1006, 1007; C. A. **1960** 5678).

$Kp_{0,005}$: 180—185°.

Picrat $C_{15}H_{22}N_2O_3 \cdot C_6H_3N_3O_7$. Kristalle (aus A.); F: 136°.

3-Oxo-piperazin-1-carbonsäure-anilid $C_{11}H_{13}N_3O_2$, Formel IX (R = H, R' = CO-NH-C_6H_5).

B. Beim Behandeln von Piperazinon mit Phenylisocyanat in Aceton (*Aspinall,* Am. Soc. **62** [1940] 1202).

Kristalle (aus A.); F: 171° [korr.].

3-Oxo-piperazin-1-thiocarbonsäure-anilid $C_{11}H_{13}N_3OS$, Formel IX (R = H, R' =CS-NH-C_6H_5).

B. Beim Behandeln von Piperazinon mit Phenylisothiocyanat in Aceton (*Aspinall,* Am. Soc. **62** [1940] 1202).

Kristalle (aus A.); F: 199° [korr.].

1-[2-Benzo[1,3]dioxol-5-yl-äthyl]-4-methyl-piperazin-2-on, 4-Methyl-1-[3,4-methylen‑dioxy-phenäthyl]-piperazin-2-on $C_{14}H_{18}N_2O_3$, Formel XI.

B. Bei der elektrolytischen Reduktion von 4-Methyl-1-[3,4-methylendioxy-phenäthyl]-piperazin-2,6-dion in wss. H_2SO_4 (*Yamazaki,* J. pharm. Soc. Japan **79** [1959] 1003, 1006; C. A. **1960** 5678).

Picrat $C_{14}H_{18}N_2O_3 \cdot C_6H_3N_3O_7$. F: 143°.

(±)-5-Methyl-pyrazolidin-3-on $C_4H_8N_2O$, Formel XII (R = R' = X = H).

Diese Konstitution kommt der früher (H **2** 412; E I **2** 189; E III **2** 1267) als Croton‑säure-hydrazid beschriebenen Verbindung zu (*Stetter, Findeisen,* B. **98** [1965] 3228).

(±)-5-Methyl-2-phenyl-pyrazolidin-3-on $C_{10}H_{12}N_2O$, Formel XIII (R = X = H, R' = C_6H_5) (H 7; E II 6).

B. Beim Erhitzen von Phenylhydrazin mit Methyl-*trans*-crotonat auf 180° (*Vystrčil, Stejskal,* Č. čsl. Lékárn. **63** [1950] 75, 83; C. A. **1952** 7566).

(±)-5-Methyl-1-phenyl-pyrazolidin-3-on $C_{10}H_{12}N_2O$, Formel XII (R = C_6H_5, R' = X = H) (H 7).

B. Beim Erwärmen von Phenylhydrazin mit Methyl-*trans*-crotonat in methanol. Natriummethylat (*Vystrčil, Stejskal,* Č. čsl. Lékárn. **63** [1950] 75, 83; C. A. **1952** 7566). Beim Erwärmen von Phenylhydrazin mit Äthyl-*trans*-crotonat (*Ilford Ltd.,* U.S.P. 2688024 [1952]) oder mit *trans*-Crotonsäure-amid in äthanol. Natriumäthylat (*Ilford Ltd.,* U.S.P. 2704762 [1953]).

(±)-1,5-Dimethyl-2-phenyl-pyrazolidin-3-on, Dihydroantipyrin $C_{11}H_{14}N_2O$, Formel XII (R = CH_3, R' = C_6H_5, X = H) (H 7; E II 6).

B. Neben 1,5-Dimethyl-2-phenyl-2,3-dihydro-1*H*-pyrazol (S. 75) in Benzol mit LiAlH$_4$ in Äther (*Bowman, Franklin,* Soc. **1957** 1583, 1588).

$Kp_{0,4}$: 112—114°. n_D^{20}: 1,5571. λ_{max} (A.): 253 nm. Scheinbarer Dissoziationsexponent pK_a' (wss. A. [66%ig]): 9,05.

(±)-5-Methyl-1,2-diphenyl-pyrazolidin-3-on $C_{16}H_{16}N_2O$, Formel XII (R = R' = C_6H_5, X = H).

B. Beim Erhitzen von (±)-3-Methyl-5-oxo-1,2-diphenyl-pyrazolidin-3-carbonsäure (*Heymons, Rohland*, B. **66** [1933] 1654, 1659).
Kristalle (aus wss. A.); F: 126°.

(±)-5-Methyl-1-nitroso-pyrazolidin-3-on $C_4H_7N_3O_2$, Formel XII (R = NO, R' = X = H) (vgl. H 8; E I 185).

B. Aus (±)-5-Methyl-pyrazolidin-3-on (S. 36) und HNO_2 (*Freri*, Atti V. Congr. naz. Chim. pura appl. Sardinien 1935 S. 362).
F: 173°.

*Opt.-inakt. 4,5-Dibrom-1,5-dimethyl-2-phenyl-pyrazolidin-3-on $C_{11}H_{12}Br_2N_2O$, Formel XII (R = CH_3, R' = C_6H_5, X = Br).

Die früher (H **24** 8) unter dieser Konstitution beschriebene Verbindung ist als 4-Brom-1,5-dimethyl-2-phenyl-1,2-dihydro-pyrazol-3-on-hydrobromid zu formulieren (*Kitamura, Sunagawa*, J. pharm. Soc. Japan **60** [1940] 115; dtsch. Ref. S. 60; C. A. **1940** 4734).

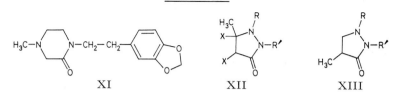

XI   XII   XIII

(±)-4-Methyl-pyrazolidin-3-on $C_4H_8N_2O$, Formel XIII (R = R' = H).

B. Beim Erwärmen von Methacrylsäure-äthylester mit N_2H_4 (*Lieser, Kemmner*, B. **84** [1951] 4, 10).
Kp_{12}: 162° (*Li., Ke.*); $Kp_{0,2}$: 114—117° (*Rondestvedt, Chang*, Am. Soc. **77** [1955] 6532, 6538).
Hydrochlorid $C_4H_8N_2O \cdot HCl$. Kristalle (aus A.); F: 177—179° [unkorr.] (*Ro., Ch.*), 178° (*Li., Ke.*).
Hydrobromid $C_4H_8N_2O \cdot HBr$. Kristalle (aus A.); F: 168—169° [unkorr.] (*Ro., Ch.*).

(±)-4-Methyl-1-phenyl-pyrazolidin-3-on $C_{10}H_{12}N_2O$, Formel XIII (R = C_6H_5, R' = H).

B. Beim Erhitzen von Phenylhydrazin mit Methacrylsäure-methylester unter Zusatz von Essigsäure auf 150° (*Vystrčil, Stejskal*, Č. čsl. Lékárn. **63** [1950] 75, 79; C. A. **1952** 7566) oder unter Zusatz von äthanol. Natriumäthylat (*Ilford Ltd.*, U.S.P. 2688024 [1952]). Beim Erwärmen von Phenylhydrazin mit Methacrylamid und äthanol. Natrium=äthylat (*Ilford Ltd.*, U.S.P. 2704762 [1953]).
Kristalle; F: 135° [aus Bzl. + PAe.] (*Ilford Ltd.*), 129,5—130° (*Vy., St.*).

(±)-1-[4-Chlor-phenyl]-4-methyl-pyrazolidin-3-on $C_{10}H_{11}ClN_2O$, Formel XIII (R = C_6H_4-Cl(p), R' = H).

B. Beim Erwärmen von [4-Chlor-phenyl]-hydrazin mit Methacrylamid und äthanol. Natriumäthylat (*Ilford Ltd.*, U.S.P. 2704762 [1953]).
Kristalle (aus CCl_4); F: 117°.

(±)-4-Methyl-2-phenyl-pyrazolidin-3-on $C_{10}H_{12}N_2O$, Formel XIII (R = H, R' = C_6H_5).

B. Beim Erhitzen von Phenylhydrazin mit Methacrylsäure-methylester auf 190° (*Vystrčil, Stejskal*, Č. čsl. Lékárn. **63** [1950] 75, 79; C. A. **1952** 7566; vgl. *Lieser, Kemmner*, B. **84** [1951] 4, 10).
Kristalle [aus PAe. + Bzl.] (*Li., Ke.*); F: 109—110° [unkorr.] (*Vy., St.*), 102° (*Li., Ke.*).

(±)-1-Acetyl-4-methyl-2-phenyl-pyrazolidin-3-on $C_{12}H_{14}N_2O_2$, Formel XIII (R = CO-CH_3, R' = C_6H_5).

B. Beim Erhitzen von (±)-4-Methyl-2-phenyl-pyrazolidin-3-on mit Acetanhydrid (*Vystrčil, Stejskal*, Č. čsl. Lékárn. **63** [1950] 75, 81; C. A. **1952** 7566).
Kristalle (aus CCl_4); F: 61—62°. Kp_{2-3}: 151—158°.

(±)-2-[4-Methyl-3-oxo-pyrazolidin-1-yl]-äthansulfonsäure $C_6 H_{12} N_2 O_4 S$, Formel XIII
(R = CH$_2$-CH$_2$-SO$_2$-OH, R' = H).

B. Beim Erwärmen von (±)-4-Methyl-pyrazolidin-3-on mit Äthensulfonsäure-butylester
in Äthanol (*Rondestvedt, Chang,* Am. Soc. **77** [1955] 6532, 6539).

Kristalle (aus Acetonitril + H$_2$O); F: 275° [unkorr.; Zers.].

(±)-4-Methyl-1-nitroso-pyrazolidin-3-on $C_4 H_7 N_3 O_2$, Formel XIII (R = NO, R' = H).

B. Beim Behandeln von (±)-4-Methyl-pyrazolidin-3-on-hydrochlorid mit NaNO$_2$ in H$_2$O
(*Lieser, Kemmner,* B. **84** [1951] 4, 10).

Kristalle (aus A.); F: 116° [Zers.].

(±)-4-Methyl-imidazolidin-2-on $C_4 H_8 N_2 O$, Formel I (R = R' = H).

B. Beim Erwärmen von (±)-1,2-Diamino-propan mit CO und Schwefel in Methanol
(*Monsanto Chem. Co.,* U.S.P. 2874149 [1957]). Bei der Hydrierung von 4-Methyl-1,3-di-
hydro-imidazol-2-on an Platin in Essigsäure (*Duschinsky, Dolan,* Am. Soc. **67** [1945] 2079,
2084). Beim Erwärmen von 5-Methyl-2-oxo-2,3-dihydro-1*H*-imidazol-4-carbonsäure-
äthylester mit wss. NaOH und Hydrieren der neutralisierten Lösung bei 100°/150 at
(*McKennis, du Vigneaud,* Am. Soc. **68** [1946] 832, 835).

Kristalle; F: 120—122,5° [nach Sublimation bei 100—110° (Badtemperatur)/0,5 Torr]
(*Du., Do.*), 121—122° [aus Bzl.; nach Sublimation bei 75—80°/1 Torr] (*McK., du Vi.*).

(±)-1,3,4-Trimethyl-imidazolidin-2-on $C_6 H_{12} N_2 O$, Formel I (R = R' = CH$_3$).

B. Neben 1,2-Bis-[N',N'-diäthyl-N-methyl-ureido]-propan beim Behandeln von
(±)-1,2-Bis-methylamino-propan mit Diäthylcarbamoylchlorid in Benzol (*ICI,* U.S.P.
2398283 [1943]).

Kp$_{20}$: 135°.

(±)-4-Methyl-1-phenyl-imidazolidin-2-on $C_{10} H_{12} N_2 O$, Formel I (R = C$_6$H$_5$, R' = H).

B. Beim Behandeln von (±)-2-Amino-1-anilino-propan mit COCl$_2$ in Toluol bei 0°
(*Crombie, Hooper,* Soc. **1955** 3010, 3015). Beim Erwärmen von (±)-4-[Benzylmercapto-
methyl]-1-phenyl-imidazolidin-2-on mit Raney-Nickel in wss. Äthanol (*Cr., Ho.,* l. c.
S. 3014).

Kristalle; F: 102—103° [aus PAe.] bzw. F: 101° [nach Sublimation]. λ_{max}: 245 nm
[A.] bzw. 246 nm [äthanol. KOH] (*Cr., Ho.,* l. c. S. 3012).

(±)-4-Methyl-1-nitro-imidazolidin-2-on $C_4 H_7 N_3 O_3$, Formel I (R = NO$_2$, R' = H).

B. Neben N-Nitro-N'-[β-nitroamino-isopropyl]-harnstoff beim Erwärmen von (±)-[4-
Methyl-1-nitro-4,5-dihydro-1*H*-imidazol-2-yl]-nitro-amin in H$_2$O (*McKay, Viron,* Am.
Soc. **72** [1950] 3965).

Kristalle (aus E.); F: 133—134° [unkorr.] (*McKay, Vi.*). UV-Spektrum (A.; 220 nm
bis 300 nm): *McKay et al.,* Canad. J. Chem. **29** [1951] 746, 752.

Beim Erwärmen in H$_2$O ist 2-Amino-1-nitroamino-propan, beim Erwärmen in H$_2$O mit
Anilin ist N-[β-Nitroamino-isopropyl]-N'-phenyl-harnstoff erhalten worden (*McKay,
Vi.*).

(±)-4-Methyl-1,3-dinitro-imidazolidin-2-on $C_4 H_6 N_4 O_5$, Formel I (R = R' = NO$_2$).

B. Beim Behandeln von (±)-[4-Methyl-4,5-dihydro-1(3)*H*-imidazol-2-yl]-nitro-amin
(*McKay, Manchester,* Am. Soc. **71** [1949] 1970) oder (±)-5-Methyl-1-nitro-4,5-dihydro-1*H*-
imidazol-2-ylamin-nitrat (*McKay, Milks,* Am. Soc. **72** [1950] 1616, 1619) mit HNO$_3$ in
Acetanhydrid.

Kristalle; F: 101,8—102,9° [unkorr.; aus Toluol] (*McKay et al.,* Am. Soc. **72** [1950]

I   II   III   IV

3659, 3660), 98,5—98,9° (*McKay, Ma.*). λ_{max} (A.): 236 nm (*McKay et al.*, Canad. J. Chem. **29** [1951] 746, 753).

(±)-4-Methyl-imidazolidin-2-thion $C_4H_8N_2S$, Formel II.

B. Beim Behandeln von (±)-1,2-Diamino-propan mit CS_2 in Äthanol und Erhitzen des Reaktionsprodukts auf 140° (*McKay, Hatton*, Am. Soc. **78** [1956] 1618) oder beim Erwärmen des Reaktionsprodukts mit wss. HCl (*Johnson, Edens*, Am. Soc. **64** [1942] 2706). Kristalle; F: 103—103,5° [aus A.] (*McKay, Ha.*), 100° [aus Bzl.] (*Jo., Ed.*).

(±)-1-Acetyl-5-methyl-imidazolidin-4-on $C_6H_{10}N_2O_2$, Formel III.

B. Beim Erwärmen von (±)-1-Acetyl-5-methyl-2-thioxo-imidazolidin-4-on in Äthanol mit Raney-Nickel (*Edward, Martlew*, Chem. and Ind. **1954** 193). Kristalle; F: 115—116°.

2,2-Dimethyl-4-thioxo-[1,3]diazetidin-1-thiocarbonsäure-anilid $C_{11}H_{13}N_3S_2$, Formel IV (R = R' = H).

Die früher (H **24** 9) unter dieser Konstitution beschriebene Verbindung ist als 6,6-Di≈ methyl-1-phenyl-dihydro-[1,3,5]triazin-2,4-dithion zu formulieren (*Fairfull, Peak*, Soc. **1955** 803).

Die beim Behandeln mit Benzylchlorid und wss.-äthanol. NaOH erhaltene Verbindung (H **24** 9) ist nicht als 4-Benzylmercapto-2,2-dimethyl-N-phenyl-2H-[1,3]di≈ azet-1-thiocarbimidsäure-benzylester ($C_{25}H_{25}N_3S_2$; H **23** 350), sondern als 4,6-Bis-benzylmercapto-2,2-dimethyl-1-phenyl-1,2-dihydro-[1,3,5]triazin zu formulieren.

Weiterhin sind wahrscheinlich das vermeintliche 2-Thioxo-[1,3]diazetidin-1-thiocarbonsäure-o-toluidid ($C_{10}H_{11}N_3S_2$; E I **24** 184) als 1-o-Tolyl-dihydro-[1,3,5]≈ triazin-2,4-dithion, das vermeintliche 2,2-Dimethyl-4-thioxo-[1,3]diazetidin-1-thiocarbonsäure-o-toluidid ($C_{12}H_{15}N_3S_2$; E I **24** 185) als 6,6-Dimethyl-1-o-tolyl-dihydro-[1,3,5]triazin-2,4-dithion, der vermeintliche 4-Benzylmercapto-N-o-tolyl-2H-[1,3]diazet-1-thiocarbimidsäure-benzylester ($C_{24}H_{23}N_3S_2$; E I **23** 98) als 4,6-Bis-benzylmercapto-1-o-tolyl-1,2-dihydro-[1,3,5]triazin, der vermeintliche 4-Benzyl≈ mercapto-2,2-dimethyl-N-o-tolyl-2H-[1,3]diazet-1-thiocarbimidsäure-benzylester ($C_{26}H_{27}N_3S_2$; E I **23** 98) als 4,6-Bis-benzylmercapto-2,2-dimethyl-1-o-tolyl-1,2-dihydro-[1,3,5]triazin zu formulieren.

2,2-Dimethyl-4-thioxo-[1,3]diazetidin-1-thiocarbonsäure-[N-methyl-anilid] $C_{12}H_{15}N_3S_2$, Formel IV (R = H, R' = CH₃).

Die Identität der früher (H **24** 9) unter dieser Konstitution beschriebenen Verbindung ist ungewiss (s. dazu *Fairfull, Peak*, Soc. **1955** 803).

Entsprechendes gilt für die beim Behandeln mit Benzylchlorid und äthanol. NaOH erhaltene, ursprünglich (H **23** 350) als 4-Benzylmercapto-2,2,N-trimethyl-N-phenyl-2H-[1,3]diazet-1-thiocarbamidsäure ($C_{19}H_{21}N_3S_2$) angesehene Verbindung.

2,2-Dimethyl-4-thioxo-[1,3]diazetidin-1-thiocarbonsäure-m-toluidid $C_{12}H_{15}N_3S_2$, Formel IV (R = CH₃, R' = H).

Die von *Underwood, Dains* (Univ. Kansas Sci. Bl. **24** [1936] 5, 13) unter dieser Konstitution beschriebene Verbindung ist wahrscheinlich als 6,6-Dimethyl-1-m-tolyl-dihydro-[1,3,5]triazin-2,4-dithion zu formulieren (s. dazu *Fairfull, Peak*, Soc. **1955** 803).

V   VI   VII

2,2-Dimethyl-4-thioxo-[1,3]diazetidin-1-thiocarbonsäure-[1]naphthylamid $C_{15}H_{15}N_3S_2$, Formel V.

Die von *Underwood, Dains* (Univ. Kansas Sci. Bl. **24** [1936] 5, 13) unter dieser Konstitution beschriebene Verbindung ist wahrscheinlich als 6,6-Dimethyl-1-[1]naphthyl-dihydro-[1,3,5]triazin-2,4-dithion zu formulieren (s. dazu *Fairfull, Peak*, Soc. **1955** 803).

(±)-3-Acetyl-3-methyl-diaziridin-1,2-dicarbonsäure-diäthylester $C_{10}H_{16}N_2O_5$, Formel VI.

B. Beim Behandeln von *trans*-Diazendicarbonsäure-diäthylester mit 3-Diazo-butan-2-on in Benzol (*Diels, König*, B. **71** [1938] 1179, 1185).

Kristalle; F: 44—46°. Kp_{14}: 180—184°.

Oxo-Verbindungen $C_5H_{10}N_2O$

Hexahydro-[1,3]diazepin-2-on $C_5H_{10}N_2O$, Formel VII (R = H, X = O).

B. Beim Erwärmen von Butandiyldiamin mit CO und Schwefel in Methanol (*Monsanto Chem. Co.*, U.S.P. 2874149 [1957]). Beim Erwärmen von 1,4-Diisocyanato-butan in wss. Aceton (*Ozaki et al.*, Am. Soc. **79** [1957] 4358; *Iwakura et al.*, J. chem. Soc. Japan Pure Chem. Sect. **78** [1957] 1416, 1419; C. A. **1960** 1539). Beim Erhitzen von Piperidin-2-on-oxim (E III/IV **21** 3172) mit Polyphosphorsäure (*Behringer, Meier*, A. **607** [1957] 67, 86). Beim Erwärmen von Hexahydro-[1,3]diazepin-2-thion in wss. NaOH oder KOH mit wss. H_2O_2 (*Mecke, Mecke*, B. **89** [1956] 343, 350; *Hall, Schneider*, Am. Soc. **80** [1958] 6409, 6411).

Kristalle; F: 172—173° [aus Acn.] (*Oz. et al.*; *Iw. et al.*), 172° [unkorr.; aus Dioxan oder H_2O; nach Sublimation bei 120°/0,005 Torr] (*Be., Me.*). IR-Banden (KBr, Nujol sowie CCl_4; 3260—1670 cm⁻¹): *Hall, Zbinden*, Am. Soc. **80** [1958] 6428, 6430.

Geschwindigkeitskonstante der Zersetzung in Chloressigsäure bei 139,5°: *Oz. et al.*

Acetat $C_5H_{10}N_2O \cdot C_2H_4O_2$. Kristalle; F: 51° (*Iw. et al.*).

Picrat $C_5H_{10}N_2O \cdot C_6H_3N_3O_7$. Kristalle; F: 162—164° (*Iw. et al.*).

1,3-Dinitro-hexahydro-[1,3]diazepin-2-on $C_5H_8N_4O_5$, Formel VII (R = NO_2, X = O).

B. Beim Behandeln von Nitro-[4,5,6,7-tetrahydro-1*H*-[1,3]diazepin-2-yl]-amin mit HNO_3 [99%ig] in Acetanhydrid (*McKay, Wright*, Am. Soc. **70** [1948] 3990, 3993).

Kristalle (aus A.); F: 137,2—137,5° [unkorr.].

Hexahydro-[1,3]diazepin-2-thion $C_5H_{10}N_2S$, Formel VII (R = H, X = S) (E II 6; dort als *N.N'*-Tetramethylen-thioharnstoff bezeichnet).

B. Beim Behandeln von Butandiyldiamin in wss. Äthanol mit CS_2 und anschliessenden Erwärmen unter Zusatz von konz. wss. HCl (*Mecke, Mecke*, B. **89** [1956] 343, 350; *Hall, Schneider*, Am. Soc. **80** [1958] 6409, 6411). Beim Erwärmen von Hexahydro-[1,3]di≠azepin-2-on mit P_2S_5 in Xylol (*Behringer, Meier*, A. **607** [1957] 67, 88).

Kristalle (aus wss. A.); F: 177—178° [unkorr.] (*Be., Me.*). UV-Spektrum (A.; 205 nm bis 300 nm): *Be., Me.*, l. c. S. 76.

Bis-[2-thioxo-hexahydro-[1,3]diazepin-1-yl]-methan, Dodecahydro-1,1'-methandiyl-bis-[1,3]diazepin-2-thion $C_{11}H_{20}N_4S_2$, Formel VIII (R = H).

B. Beim Erwärmen von Hexahydro-[1,3]diazepin-2-thion mit wss. Formaldehyd und wss. HCl (*Staudinger, Niessen*, Makromol. Ch. **15** [1955] 75, 89).

Kristalle; F: 249° [Zers.].

Bis-[3-(4-chlor-benzoyl)-2-thioxo-hexahydro-[1,3]diazepin-1-yl]-methan, 3,3'-Bis-[4-chlor-benzoyl]-dodecahydro-1,1'-methandiyl-bis-[1,3]diazepin-2-thion $C_{25}H_{26}Cl_2N_4O_2S_2$, Formel VIII (R = CO-$C_6H_4$-Cl(*p*)).

B. Beim Erwärmen von Bis-[2-thioxo-hexahydro-[1,3]diazepin-1-yl]-methan mit 4-Chlor-benzoylchlorid in Pyridin (*Staudinger, Niessen*, Makromol. Ch. **15** [1955] 75, 90).

F: 245°.

Hexahydro-[1,4]diazepin-5-on $C_5H_{10}N_2O$, Formel IX (R = H).

B. Beim Behandeln von Piperidin-4-on-hydrochlorid-hydrat in $CHCl_3$ mit NaN_3 und konz. H_2SO_4 (*Dickerman, Lindwall*, J. org. Chem. **14** [1949] 530, 536).

Hydrochlorid $C_5H_{10}N_2O \cdot HCl$. Hygroskopische Kristalle (aus A.); F: 223—225° [korr.].

1-Methyl-hexahydro-[1,4]diazepin-5-on $C_6H_{12}N_2O$, Formel IX (R = CH_3).

B. Beim Behandeln von 1-Methyl-piperidin-4-on in $CHCl_3$ mit NaN_3 und konz. H_2SO_4 (*Dickerman, Lindwall*, J. org. Chem. **14** [1949] 530, 534; vgl. *Wadia, Anand*, J. scient. ind. Res. India **17** B [1958] 31).

Kristalle; F: 83—84° [aus PAe. bzw. aus Bzl. + PAe.] (*Di., Li.; Wa., An.*). Kp$_2$: 140° (*Wa., An.*).

Hydrochlorid $C_6H_{12}N_2O \cdot HCl$. Hygroskopische Kristalle (aus A.); F: 209—210° [korr.] (*Di., Li.*).

1-Phenyl-hexahydro-[1,4]diazepin-5-on $C_{11}H_{14}N_2O$, Formel IX (R = C_6H_5).

B. Beim Behandeln von 1-Phenyl-piperidin-4-on in $CHCl_3$ mit NaN_3 und konz. H_2SO_4 (*Dickerman, Besozzi*, J. org. Chem. **19** [1954] 1855, 1860).

Kristalle (aus Bzl. + PAe.); F: 117—118° [korr.].

Picrat $C_{11}H_{14}N_2O \cdot C_6H_3N_3O_7$. F: 164—165° [korr.].

1-Benzyl-hexahydro-[1,4]diazepin-5-on $C_{12}H_{16}N_2O$, Formel IX (R = CH_2-C_6H_5).

B. Analog der vorangehenden Verbindung (*Dickerman, Besozzi*, J. org. Chem. **19** [1954] 1855, 1857, 1860).

Kristalle (aus Bzl. + PAe.); F: 128—129° [korr.].

Hydrochlorid $C_{12}H_{16}N_2O \cdot HCl$. F: 227—228° [korr.].

1-Phenäthyl-hexahydro-[1,4]diazepin-5-on $C_{13}H_{18}N_2O$, Formel IX (R = CH_2-CH_2-C_6H_5).

B. Analog den vorangehenden Verbindungen (*Dickerman, Besozzi*, J. org. Chem. **19** [1954] 1855, 1857, 1860).

Kristalle (aus Bzl. + PAe.); F: 137—138° [korr.].

Picrat $C_{13}H_{18}N_2O \cdot C_6H_3N_3O_7$. F: 177—178° [korr.].

1-Benzolsulfonyl-hexahydro-[1,4]diazepin-5-on $C_{11}H_{14}N_2O_3S$, Formel IX (R = SO_2-C_6H_5).

B. Beim Behandeln von Äthylendiamin mit Methylacrylat und Behandeln des Reaktionsprodukts mit Benzolsulfonylchlorid in wss. NaOH (*Hall*, Am. Soc. **80** [1958] 6404, 6407).

Kristalle; F: 196—197° [nach Sublimation bei 160°/0,3 Torr].

VIII   IX   X   XI

(±)-3-Methyl-6-oxo-tetrahydro-pyridazin-1-carbonsäure-amid $C_6H_{11}N_3O_2$, Formel X (R = H).

B. Bei der Hydrierung von 4-Semicarbazono-valeriansäure oder von 4-Semicarbazono-valeriansäure-methylester an Palladium in Essigsäure (*Machemer*, B. **66** [1933] 1031, 1032).

Kristalle (aus Me.); F: 183° [korr.].

(±)-3-Methyl-6-oxo-tetrahydro-pyridazin-1-carbonsäure-anilid $C_{12}H_{15}N_3O_2$, Formel X (R = C_6H_5).

B. Bei der Hydrierung von 4-[4-Phenyl-semicarbazono]-valeriansäure-methylester an Palladium in Essigsäure (*Machemer*, B. **66** [1933] 1031, 1032).

Kristalle (aus Me.); F: 185°.

(±)-4-Methyl-tetrahydro-pyrimidin-2-on $C_5H_{10}N_2O$, Formel XI (R = R′ = H, X = O) (H 9).

B. Neben anderen Substanzen beim Erhitzen von (±)-1,3-Bis-carbamoyloxy-butan (*I. G. Farbenind.*, D.R.P. 713467 [1937]; D.R.P. Org. Chem. **6** 1483; *Paquin*, Z. Naturf. **1** [1946] 519, 523). Beim Erhitzen von (±)-[4-Methyl-1,4,5,6-tetrahydro-pyrimidin-2-yl]-nitro-amin in H_2O unter Zusatz eines Amins (*McKay et al.*, Am. Soc. **72**

[1950] 3205; s. a. *McKay et al.*, Am. Soc. **71** [1949] 766, 768, 769).
Kristalle; F: 204—205° (*McKay et al.*, Am. Soc. **72** 3205), 201° [aus A.] (*Pa*.).

(±)-1-Cyclohexyl-6-methyl-tetrahydro-pyrimidin-2-on(?) $C_{11}H_{20}N_2O$, vermutlich
Formel XI (R = H, R' = C_6H_{11}, X = O).
B. Neben 6-Methyl-tetrahydro-[1,3]oxazin-2-on beim Erhitzen von (±)-*N*-Cyclohexyl-
N'-[3-hydroxy-butyl]-harnstoff [erhalten aus Cyclohexylisocyanat und (±)-4-Amino-
butan-2-ol] (*BASF*, D.B.P. 858402 [1943]).
Kristalle (aus Bzl.); F: 223—225°.

(±)-4-Methyl-1,3-dinitro-tetrahydro-pyrimidin-2-on $C_5H_8N_4O_5$, Formel XI
(R = R' = NO_2, X = O).
B. Beim Behandeln von (±)-[4-Methyl-1,4,5,6-tetrahydro-pyrimidin-2-yl]-nitro-amin
mit HNO_3 in Acetanhydrid (*McKay*, *Manchester*, Am. Soc. **71** [1949] 1970, 1972).
Kristalle (aus Ae.); F: 84—84,7°.

(±)-4-Methyl-tetrahydro-pyrimidin-2-thion $C_5H_{10}N_2S$, Formel XI (R = R' = H, X = S).
B. Beim Behandeln von (±)-1,3-Diamino-butan in Äthanol mit CS_2 und Erhitzen des
Reaktionsprodukts (*McKay*, *Vavasour*, Canad. J. Chem. **32** [1954] 59, 61).
Kristalle (aus A.); F: 183—184,5°.

5-Methyl-tetrahydro-pyrimidin-2-thion $C_5H_{10}N_2S$, Formel XII.
B. Aus 2-Methyl-propandiyldiamin und CS_2 (*U. S. Rubber Prod. Inc.*, U.S.P. 2126269
[1937]).
Kristalle (aus $CHCl_3$ oder H_2O); F: 221—223°.

(±)-3-Methyl-piperazin-2-on $C_5H_{10}N_2O$, Formel XIII (R = H).
B. Beim Erwärmen von Äthylendiamin, Acetaldehyd und HCN in H_2O (*Rohm & Haas
Co.*, U.S.P. 2700668 [1952]). Beim Erwärmen von Äthylendiamin in H_2O mit DL-Lactonitril (*Rohm & Haas Co.*). Beim Behandeln von Äthylendiamin mit (±)-2-Chlor-propionsäure-äthylester in Äthanol (*Beck et al.*, Am. Soc. **74** [1952] 605, 607).
Kristalle (aus E.); F: 65—70° (*Rohm & Haas Co.*).
Picrat $C_5H_{10}N_2O \cdot C_6H_3N_3O_7$. Kristalle (aus Propan-2-ol); F: 167—168° (*Beck et al.*).

(±)-3,4-Dimethyl-piperazin-2-on $C_6H_{12}N_2O$, Formel XIII (R = CH_3).
B. Beim Behandeln von (±)-3-Methyl-piperazin-2-on mit Formaldehyd und Ameisensäure (*Beck et al.*, Am. Soc. **74** [1952] 605, 607).
Kristalle (aus PAe.); F: 79—80°.
Hydrochlorid $C_6H_{12}N_2O \cdot HCl$. Hygroskopische Kristalle (aus A.); F: 261—262°
[Zers.].

XII   XIII   XIV   XV

*Opt.-inakt. 3-Methyl-4-[3,5,5-trimethyl-hexyl]-piperazin-2-on $C_{14}H_{28}N_2O$,
Formel XIII (R = CH_2-CH_2-$CH(CH_3)$-CH_2-$C(CH_3)_3$).
B. Aus (±)-3-Methyl-piperazin-2-on, (±)-3,5,5-Trimethyl-hexanal und Ameisensäure
(*Rohm & Haas Co.*, U.S.P. 2653153 [1952]).
$Kp_{0,3}$: 154—157°.

(±)-4-Dodecyl-3-methyl-piperazin-2-on $C_{17}H_{34}N_2O$, Formel XIII (R = $[CH_2]_{11}$-CH_3).
B. Beim Erwärmen von (±)-3-Methyl-piperazin-2-on mit Dodecyljodid in Äthanol
unter Zusatz von K_2CO_3 (*Twomey*, Pr. Irish Acad. **57** B [1954] 39, 44).
Oxalat $C_{17}H_{34}N_2O \cdot C_2H_2O_4$. Kristalle (aus H_2O); F: 170—174° [Zers.].

(±)-4-[2-Hydroxy-äthyl]-3-methyl-piperazin-2-on $C_7H_{14}N_2O_2$, Formel XIII
(R = CH_2-CH_2-OH).
B. Beim Erwärmen von (±)-3-Methyl-piperazin-2-on mit Äthylenoxid in H_2O (*Rohm*

& *Haas Co.*, U.S.P. 2633467 [1952]).

Kp$_{1,5}$: 185—205°.

(±)-5-Äthyl-1-phenyl-pyrazolidin-3-on C$_{11}$H$_{14}$N$_2$O, Formel XIV.

B. Beim Erwärmen von (±)-3-Hydroxy-valeriansäure-[N'-phenyl-hydrazid] mit Poly=
phosphorsäure (*Eastman Kodak Co.*, U.S.P. 2843598 [1956]).

Kristalle; F: 120—121°.

(±)-4-Äthyl-1-phenyl-pyrazolidin-3-on C$_{11}$H$_{14}$N$_2$O, Formel XV.

B. Aus 2-Äthyl-acrylonitril und Phenylhydrazin (*Duffin, Kendall*, Ind. chim. belge
Sonderband 27. Congr. int. Chim. ind. Brüssel 1954, Bd. 3, S. 602).

Kristalle (aus Cyclohexan); F: 110°.

5,5-Dimethyl-1-phenyl-pyrazolidin-3-on C$_{11}$H$_{14}$N$_2$O, Formel I.

Die früher (H **24** 10) unter dieser Konstitution beschriebene Verbindung ist wahrscheinlich als 3-Methyl-crotonsäure-[N'-phenyl-hydrazid] (E III **15** 159) zu formulieren (*Duffin,
Kendall*, Ind. chim. belge Sonderband 27. Congr. int. Chim. ind. Brüssel 1954, Bd. 3 S. 602).

B. Aus 3-Methyl-crotonsäure-äthylester oder aus 3-Methyl-crotonsäure-äthylamid und
Phenylhydrazin (*Du., Ke.*; vgl. *Ilford Ltd.*, U.S.P. 2688024 [1952], 2704762 [1953]).

Kristalle (aus H$_2$O); F: 172° (*Du., Ke.*).

4,4-Dimethyl-1-phenyl-pyrazolidin-3-on C$_{11}$H$_{14}$N$_2$O, Formel II (R = R' = R'' = H).

B. Beim Behandeln von 3-Chlor-2,2-dimethyl-propionylchlorid mit Phenylhydrazin in
Pyridin (*Eastman Kodak Co.*, U.S.P. 2772282 [1953]). Beim Erwärmen von 3-Hydroxy-
2,2-dimethyl-propionsäure-[N'-phenyl-hydrazid] mit Polyphosphorsäure (*Eastman Kodak
Co.*, U.S.P. 2843598 [1956]).

Kristalle; F: 167,5—170° (*Eastman Kodak Co.*, U.S.P. 2843598).

4,4-Dimethyl-1-*o*-tolyl-pyrazolidin-3-on C$_{12}$H$_{16}$N$_2$O, Formel II (R = CH$_3$, R' = R'' = H).

B. Beim Erwärmen von 3-Chlor-2,2-dimethyl-propionylchlorid mit *o*-Tolylhydrazin in
Pyridin (*Eastman Kodak Co.*, U.S.P. 2772282 [1953]).

F: 143—144°.

4,4-Dimethyl-1-*m*-tolyl-pyrazolidin-3-on C$_{12}$H$_{16}$N$_2$O, Formel II (R = R'' = H, R' = CH$_3$).

B. Analog der vorangehenden Verbindung (*Eastman Kodak Co.*, U.S.P. 2772282 [1953]).

F: 105—107°.

4,4-Dimethyl-1-*p*-tolyl-pyrazolidin-3-on C$_{12}$H$_{16}$N$_2$O, Formel II (R = R' = H, R'' = CH$_3$).

B. Analog den vorangehenden Verbindungen (*Eastman Kodak Co.*, U.S.P. 2772282
[1953]).

Kristalle (aus A.); F: 148—149°.

1-[4-(2-Hydroxy-äthyl)-phenyl]-4,4-dimethyl-pyrazolidin-3-on C$_{13}$H$_{18}$N$_2$O$_2$, Formel II
(R = R' = H, R'' = CH$_2$-CH$_2$-OH).

B. Beim Erwärmen der folgenden Verbindung mit methanol. HCl (*Eastman Kodak
Co.*, U.S.P. 2772282 [1953]).

Kristalle (aus E. + PAe.); F: 140—143,5°.

1-[4-(2-Acetoxy-äthyl)-phenyl]-4,4-dimethyl-pyrazolidin-3-on C$_{15}$H$_{20}$N$_2$O$_3$, Formel II
(R = R' = H, R'' = CH$_2$-CH$_2$-O-CO-CH$_3$).

B. Beim Erhitzen von 3-Chlor-2,2-dimethyl-propionylchlorid mit Essigsäure-[4-hydr=
azino-phenäthylester] in Pyridin (*Eastman Kodak Co.*, U.S.P. 2772282 [1953]).

Kristalle; F: 81,5—82,5°.

I   II   III   IV

(±)-4-Äthyl-1-phenyl-imidazolidin-2-on $C_{11}H_{14}N_2O$, Formel III.
B. Beim Erhitzen von (±)-4-Äthyl-oxazolidin-2-on mit Anilin (*Najer et al.*, Bl. **1959** 1841, 1842).
Kristalle (aus A.); F: 131—132°.

2,2-Dimethyl-imidazolidin-4-on $C_5H_{10}N_2O$, Formel IV (R = H, X = O).
B. Beim Erhitzen von 2,2-Dimethyl-oxazolidin-5-on-imin in Pyridin (*Davis, Levy*, Soc. **1951** 3479, 3485).
Kristalle (aus Acn.); F: 126°.
Beim Erhitzen mit Benzaldehyd ist 5,5-Dimethyl-1,3-diphenyl-tetrahydro-imidazo=
[1,5-*c*]oxazol-7-on (F: 187°) erhalten worden.
Hydrochlorid $C_5H_{10}N_2O \cdot HCl$. Kristalle (aus A. + Ae.); F: 153°.
Picrat. F: 123°.
Acetyl-Derivat $C_7H_{12}N_2O_2$. Kristalle (aus Bzl.); F: 160°. — Hemihydrat
$2 C_7H_{12}N_2O_2 \cdot H_2O$. F: 90° und (nach Wiedererstarren) F: 160°.

*2,2-Dimethyl-3-*p*-tolylazo-imidazolidin-4-on $C_{12}H_{16}N_4O$, Formel IV
(R = N=N-C_6H_4-$CH_3(p)$, X = O).
B. Beim Behandeln von 2,2-Dimethyl-imidazolidin-4-on mit diazotiertem *p*-Toluidin
unter Zusatz von $KHCO_3$ in H_2O (*Davis, Levy*, Soc. **1951** 3479, 3486).
Kristalle (aus Diisopropyläther); F: 163—164°.

2,2-Dimethyl-imidazolidin-4-thion $C_5N_{10}N_2S$, Formel IV (R = H, X = S).
B. Beim Behandeln von Glycin-nitril mit Aceton und H_2S unter Zusatz von Pyridin
in Äther (*Cook et al.*, Soc. **1949** 1061, 1062).
Kristalle (aus Me.); F: 154°.
Hydrochlorid. Kristalle. — Beim Erwärmen mit Äthanol ist Thioglycin-amid erhalten worden.
Picrat $C_5H_{10}N_2S \cdot C_6H_3N_3O_7$. Gelbe Kristalle (aus H_2O); F: 143°.
Acetyl-Derivat $C_7H_{12}N_2OS$. Kristalle (aus Toluol); F: 204°.

1-Isopropyl-4,4-dimethyl-imidazolidin-2-on $C_8H_{16}N_2O$, Formel V (R = $CH(CH_3)_2$).
B. Beim Erhitzen von N^2-Isopropyl-1,1-dimethyl-äthandiyldiamin mit Chlorokohlen=
säure-äthylester und K_2CO_3 oder mit [1-Isopropyl-4,4-dimethyl-4,5-dihydro-1*H*-imidazol-
2-yl]-essigsäure-äthylester, in diesem Fall neben 1-Isopropyl-2,4,4-trimethyl-4,5-dihydro-
1*H*-imidazol (*Pachter, Riebsomer*, J. org. Chem. **15** [1950] 909, 915). Beim Erhitzen von
N^2-Isopropyl-1,1-dimethyl-äthandiyldiamin mit Harnstoff (*Ferm et al.*, J. org. Chem. **17**
[1952] 181, 183).
Kristalle (aus A.); F: 164° (*Pa., Ri.*; *Ferm et al.*). Kp_{27}: 167—170° (*Ferm et al.*).

(±)-1-*sec*-Butyl-4,4-dimethyl-imidazolidin-2-on $C_9H_{18}N_2O$, Formel V
(R = $CH(CH_3)$-CH_2-CH_3).
B. Aus (±)-N^2-*sec*-Butyl-1,1-dimethyl-äthandiyldiamin und Harnstoff (*Ferm et al.*,
J. org. Chem. **17** [1952] 181, 183).
F: 111—112°. Kp_{27}: 176—177°.

4,4-Dimethyl-1-phenyl-imidazolidin-2-on $C_{11}H_{14}N_2O$, Formel V (R = C_6H_5).
B. Analog der vorangehenden Verbindung (*Ferm et al.*, J. org. Chem. **17** [1952] 181, 183).
F: 134—135°. Kp_5: 194—196°.

4,4-Dimethyl-1-*p*-tolyl-imidazolidin-2-on $C_{12}H_{16}N_2O$, Formel V (R = C_6H_4-$CH_3(p)$).
B. Analog den vorangehenden Verbindungen (*Ferm et al.*, J. org. Chem. **17** [1952]
181, 182).
Kristalle (aus A.); F: 181—181,5°. Kp_5: 206—207°.

4,4-Dijod-5,5-dimethyl-imidazolidin-2-thion(?) $C_5H_8I_2N_2S$, vermutlich Formel VI.
B. Beim Behandeln von 4,4-Dimethyl-5-methylmercapto-3,4-dihydro-imidazol-2-thion

in Äther mit Jod (*Chabrier et al.*, Bl. **1950** 1167, 1169, 1173).
Dunkelrote Kristalle (aus Ae.); F: 135°.

V   VI   VII   VIII

*Opt.-inakt. 4,5-Dimethyl-imidazolidin-2-on $C_5H_{10}N_2O$, Formel VII (X = O).
B. Bei der Hydrierung von 4,5-Dimethyl-1,3-dihydro-imidazol-2-on an Platin in Essig=
säure (*Duschinsky, Dolan*, Am. Soc. **67** [1945] 2079, 2081, 2084).
Kristalle; F: 191—196°. Bei 150°[Badtemperatur]/0,4 Torr sublimierbar.

*Opt.-inakt. 4,5-Dimethyl-imidazolidin-2-thion $C_5H_{10}N_2S$, Formel VII (X = S).
B. Aus opt.-inakt. [2-Amino-1-methyl-propyl]-dithiocarbamidsäure (F: 144° [Zers.])
beim Erwärmen mit H_2O (*Zahlová*, Collect. **2** [1930] 108, 110).
Kristalle (aus A.); F: 198° [korr.].
Verbindung mit Quecksilber(II)-chlorid $C_5H_{10}N_2S \cdot HgCl_2$. Kristalle.
Tetrachloroplatinat(II) $2 C_5H_{10}N_2 \cdot H_2PtCl_4$. Orangegelbes Pulver.

***Opt.-inakt. 1,3-Bis-[4,5-dimethyl-2-thioxo-imidazolidin-1-ylmethyl]-4,5-dimethyl-imid=
azolidin-2-thion** $C_{17}H_{30}N_6S_3$, Formel VIII.
B. Beim Erwärmen der vorangehenden Verbindung mit wss. Formaldehyd und wss.
HCl (*Staudinger, Niessen*, Makromol. Ch. **15** [1955] 75, 87).
F: 114—116°.

Oxo-Verbindungen $C_6H_{12}N_2O$

Hexahydro-[1,3]diazocin-2-on $C_6H_{12}N_2O$, Formel IX (X = O).
B. Beim Erhitzen von Pentandiyldiamin mit CO und Schwefel in Methanol (*Monsanto
Chem. Co.*, U.S.P. 2874149 [1957]). Beim Erwärmen von 1,5-Diisocyanato-pentan in
wss. Aceton (*Ozaki et al.*, Am. Soc. **79** [1957] 4358; *Iwakura et al.*, J. chem. Soc. Japan
Pure Chem. Sect. **78** [1957] 1416, 1419; C. A. **1960** 1539). Beim Erhitzen von Hexahydro-
azepin-2-on-oxim (E III/IV **21** 3204) mit Polyphosphorsäure (*Behringer, Meier*, A. **607**
[1957] 67, 86).
Kristalle; F: 266° [unkorr.; aus A.; nach Sublimation bei 120°/0,005 Torr] (*Be., Me.*),
263—265° (*Monsanto Chem. Co.*).
Geschwindigkeitskonstante der Zersetzung in Chloressigsäure bei 139,5°: *Oz. et al.*
Picrat $C_6H_{12}N_2O \cdot C_6H_3N_3O_7$. Kristalle; F: 163,5—164° (*Iw. et al.*), 162° [unkorr.]
(*Be., Me.*).

Hexahydro-[1,3]diazocin-2-thion $C_6H_{12}N_2S$, Formel IX (X = S).
B. Beim Erwärmen von Hexahydro-[1,3]diazocin-2-on mit P_2S_5 in Xylol (*Behringer,
Meier*, A. **607** [1957] 67, 88).
Kristalle (aus A.); F: 223° [unkorr.]. UV-Spektrum (A.; 205—290 nm): *Be., Me.*,
l. c. S. 76.
Beim Behandeln mit HgO und Methanol in CH_2Cl_2 ist 2-Methoxy-1,4,5,6,7,8-hexahydro-
[1,3]diazocin erhalten worden.

(±)-1,3-Dimethyl-hexahydro-[1,4]diazepin-5-on $C_7H_{14}N_2O$, Formel X.
B. Beim Behandeln von (±)-1,3-Dimethyl-piperidin-4-on in $CHCl_3$ mit NaN_3 und konz.

H_2SO_4 (*Dickerman, Moriconi*, J. org. Chem. **20** [1955] 206, 208).
Kristalle (aus Bzl.); F: 133—134° [unkorr.].
Hydrochlorid $C_7H_{14}N_2O \cdot HCl$. Hygroskopische Kristalle (aus A. + Ae.); F: 234° bis 235° [unkorr.; Zers.].
Picrat $C_7H_{14}N_2O \cdot C_6H_3N_3O_7$. F: 220—223° [unkorr.; Zers.].

5,5-Dimethyl-tetrahydro-pyrimidin-2-on $C_6H_{12}N_2O$, Formel XI.

B. Neben *N,N'*-[2,2-Dimethyl-propandiyl]-bis-carbamidsäure-diäthylester beim Erhitzen von 2,2-Dimethyl-propandiyldiamin mit Diäthylcarbonat (*Skinner et al.*, Am. Soc. **79** [1957] 3786). Beim Erhitzen von *N,N'*-[2,2-Dimethyl-propandiyl]-bis-carbamidsäure-diäthylester (*Sk. et al.*).
Kristalle (aus A.); F: 255—257°.

(±)-3-Äthyl-piperazin-2-on $C_6H_{12}N_2O$, Formel XII.

B. Beim Behandeln von Äthylendiamin mit (±)-2-Brom-buttersäure-äthylester in Äthanol (*Aspinall*, Am. Soc. **62** [1940] 1202).
Kristalle (aus E. + PAe.); F: 60°.
Benzolsulfonyl-Derivat $C_{12}H_{16}N_2O_3S$; (±)-3-Äthyl-4-benzolsulfonyl-piperazin-2-on. Kristalle (aus H_2O); F: 148° [korr.].

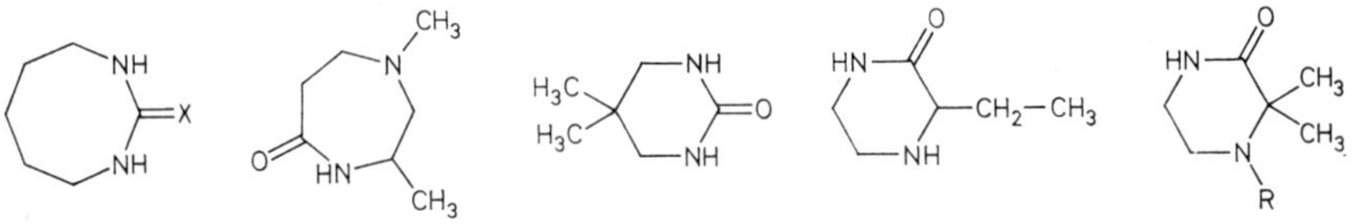

IX   X   XI   XII   XIII

3,3-Dimethyl-piperazin-2-on $C_6H_{12}N_2O$, Formel XIII (R = H).

B. Beim Behandeln von Äthylendiamin mit α-Brom-isobuttersäure-äthylester in Äthanol (*Aspinall*, Am. Soc. **62** [1940] 1202). Beim Erwärmen von Äthylendiamin mit α-Hydroxy-isobutyronitril und H_2O (*Rohm & Haas Co.*, U.S.P. 2700668 [1952]).
Kristalle (aus E. + PAe.); F: 134° [korr.] (*As.*). $Kp_{1,5}$: 140—150° (*Rohm & Haas Co.*).
Benzolsulfonyl-Derivat $C_{12}H_{16}N_2O_3S$; 4-Benzolsulfonyl-3,3-dimethyl-piperazin-2-on. Kristalle (aus H_2O); F: 206° [korr.] (*As.*).

3,3,4-Trimethyl-piperazin-2-on $C_7H_{14}N_2O$, Formel XIII (R = CH_3).

B. Beim Erwärmen von 3,3-Dimethyl-piperazin-2-on mit Paraformaldehyd und Ameisensäure (*Ruby, de Benneville*, Am. Soc. **75** [1953] 3027).
Kristalle (aus Isopropylalkohol); F: 131—132° [unkorr.].

4-Äthyl-3,3-dimethyl-piperazin-2-on $C_8H_{16}N_2O$, Formel XIII (R = C_2H_5).

B. Analog der vorangehenden Verbindung (*Ruby, de Benneville*, Am. Soc. **75** [1953] 3027).
Kristalle (aus Isopropylalkohol); F: 164—165° [unkorr.].

4-Isobutyl-3,3-dimethyl-piperazin-2-on $C_{10}H_{20}N_2O$, Formel XIII (R = CH_2-CH(CH_3)$_2$).

B. Analog den vorangehenden Verbindungen (*Ruby, de Benneville*, Am. Soc. **75** [1953] 3027).
F: 136—138° [unkorr.].

(±)-3,3-Dimethyl-4-[3,5,5-trimethyl-hexyl]-piperazin-2-on $C_{15}H_{30}N_2O$, Formel XIII (R = CH_2-CH_2-CH(CH_3)-CH_2-C(CH_3)$_3$).

B. Analog den vorangehenden Verbindungen (*Ruby, de Benneville*, Am. Soc. **75** [1953] 3027).
F: 99—100°.

4-[4-Chlor-benzyl]-3,3-dimethyl-piperazin-2-on $C_{13}H_{17}ClN_2O$, Formel XIII (R = CH_2-C_6H_4-Cl(p)).

B. Beim Erhitzen von 3,3-Dimethyl-piperazin-2-on mit 4-Chlor-benzaldehyd und

Ameisensäure (*Ruby, de Benneville*, Am. Soc. **75** [1953] 3027).
Kristalle (aus Isopropylalkohol); F: 201—203° [unkorr.].

4-[2-Hydroxy-äthyl]-3,3-dimethyl-piperazin-2-on $C_8H_{16}N_2O_2$, Formel XIII
(R = CH_2-CH_2-OH).
 B. Aus 3,3-Dimethyl-piperazin-2-on und Äthylenoxid (*Rohm & Haas Co.*, U.S.P.
2 633 467 [1952]).
Kristalle (aus Isopropylalkohol + E.); F: 105—108°.

4-Formyl-3,3-dimethyl-piperazin-2-on $C_7H_{12}N_2O_2$, Formel XIII (R = CHO).
 B. Aus 3,3-Dimethyl-piperazin-2-on und Ameisensäure (*Ruby, de Benneville*, Am. Soc.
75 [1953] 3027).
Kristalle (aus A.); F: 170—172° [unkorr.].

3,3-Dimethyl-4-piperonyl-piperazin-2-on $C_{14}H_{18}N_2O_3$, Formel I.
 B. Aus 3,3-Dimethyl-piperazin-2-on, Piperonal und Ameisensäure (*Ruby, de Benneville*,
Am. Soc. **75** [1953] 3027).
F: 190—193° [unkorr.].

1-Isopropyl-5,5-dimethyl-piperazin-2-on $C_9H_{18}N_2O$, Formel II (R = $CH(CH_3)_2$, R' = H).
 B. Bei der Hydrierung von 1-Isopropyl-5,5-dimethyl-piperazin-2,3-dion an Raney-
Nickel in Methanol und anschliessend an Platin (*Riebsomer*, J. org. Chem. **15** [1950] 68,
70). Beim Erhitzen von 1-Isopropyl-5,5-dimethyl-piperazin-2,3-dion mit amalgamiertem
Zink in wss. HCl (*Ri.*).
Kp_{20}: 152—153°; Kp_4: 130—131°.
Hydrochlorid $C_9H_{18}N_2O \cdot HCl$. Kristalle (aus A.); F: 192°.

1-Butyl-5,5-dimethyl-piperazin-2-on $C_{10}H_{20}N_2O$, Formel II (R = $[CH_2]_3$-CH_3, R' = H).
 B. Beim Erhitzen von 1-Butyl-5,5-dimethyl-piperazin-2,3-dion mit amalgamiertem
Zink und wss. HCl (*Riebsomer*, J. org. Chem. **15** [1950] 68, 72).
Kp_6: 155—157°.
Hydrochlorid $C_{10}H_{20}N_2O \cdot HCl$. F: 127—129°.

(±)-1-sec-Butyl-5,5-dimethyl-piperazin-2-on $C_{10}H_{20}N_2O$, Formel II
(R = $CH(CH_3)$-CH_2-CH_3, R' = H).
 B. Analog der vorangehenden Verbindung (*Riebsomer*, J. org. Chem. **15** [1950] 68, 72).
Kp_6: 140—141°.
Hydrochlorid $C_{10}H_{20}N_2O \cdot HCl$. F: 175—176°.

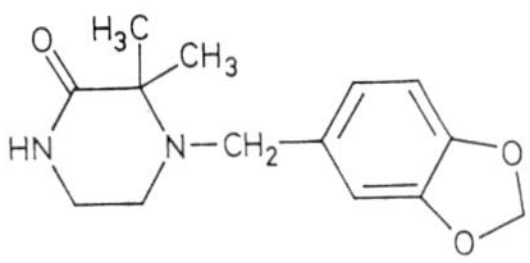

I 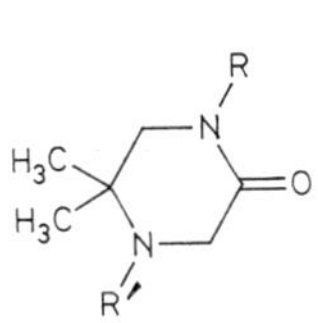   II 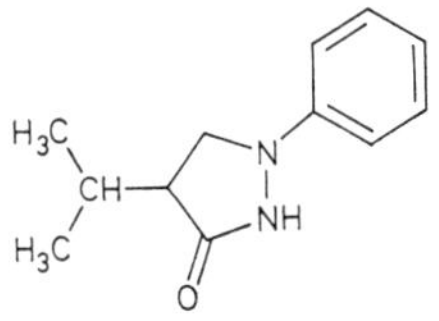   III 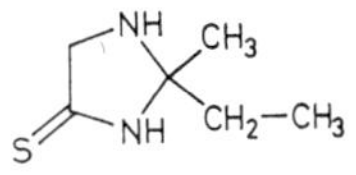   IV

4-Benzoyl-1-isopropyl-5,5-dimethyl-piperazin-2-on $C_{16}H_{22}N_2O_2$, Formel II
(R = $CH(CH_3)_2$, R' = CO-C_6H_5).
 B. Aus 1-Isopropyl-5,5-dimethyl-piperazin-2-on und Benzoylchlorid (*Riebsomer*, J.
org. Chem. **15** [1950] 68, 72).
Kristalle (aus wss. A.); F: 152—153°.

1-Isopropyl-5,5-dimethyl-4-nitroso-piperazin-2-on $C_9H_{17}N_3O_2$, Formel II
(R = $CH(CH_3)_2$, R' = NO).
 B. Beim Behandeln von 1-Isopropyl-5,5-dimethyl-piperazin-2-on mit $NaNO_2$ und wss.
HCl (*Riebsomer*, J. org. Chem. **15** [1950] 68, 72).
Kristalle (aus A.); F: 115°.

(±)-4-Isopropyl-1-phenyl-pyrazolidin-3-on $C_{12}H_{16}N_2O$, Formel III.
B. Aus 2-Isopropyl-acrylsäure-ester und Phenylhydrazin (*Duffin, Kendall,* Ind. chim. belge Sonderband **27.** Congr. int. Chim. ind. Brüssel 1954, Bd. 3, S. 602).
Kristalle (aus Cyclohexan); F: 114°.

(±)-2-Äthyl-2-methyl-imidazolidin-4-thion $C_6H_{12}N_2S$, Formel IV.
B. Beim Behandeln von Glycin-nitril mit Butanon und H_2S unter Zusatz von Pyridin in Äther (*Cook et al.,* Soc. **1949** 1061, 1063).
Kristalle (aus wss. A.); F: 147°.

---

*Opt.-inakt. 4-Äthyl-5-methyl-imidazolidin-2-on $C_6H_{12}N_2O$, Formel V.
B. Bei der Hydrierung von 4-Acetyl-5-methyl-1,3-dihydro-imidazol-2-on an Platin in Essigsäure (*Duschinsky, Dolan,* Am. Soc. **67** [1945] 2079, 2081, 2084).
Kristalle; F: 167—171°. Bei 150° [Badtemperatur]/0,4 Torr sublimierbar.

(±)-2,2,5-Trimethyl-imidazolidin-4-thion $C_6H_{12}N_2S$, Formel VI.
B. In geringer Menge beim Erwärmen von DL-Lactonitril mit wss. $[NH_4]_2S$ und Aceton (*Christian,* J. org. Chem. **22** [1957] 396).
Kristalle (aus Me.); F: 160—161° [korr.].

V   VI   VII   VIII

Oxo-Verbindungen $C_7H_{14}N_2O$

Octahydro-[1,3]diazonin-2-on $C_7H_{14}N_2O$, Formel VII (X = O) (H 12; E II 6; dort als *N.N'*-Hexamethylen-harnstoff bezeichnet).
B. Beim Erhitzen von Hexahydro-azocin-2-on-oxim (E III/IV **21** 3227) mit Poly= phosphorsäure (*Behringer, Meier,* A. **607** [1957] 67, 86).
Kristalle (aus Bzl.); F: 185° [unkorr.] und (nach Wiedererstarren) F: 270° [unkorr.] [bei 120° im Hochvakuum sublimiertes Präparat] (*Be., Me.,* l. c. S. 71).

Octahydro-[1,3]diazonin-2-thion $C_7H_{14}N_2S$, Formel VII (X = S).
B. Beim Erwärmen von Octahydro-[1,3]diazonin-2-on mit P_2S_5 in Xylol (*Behringer, Meier,* A. **607** [1957] 67, 88).
Kristalle (aus wss. A.); F: 216° [unkorr.]. UV-Spektrum (A.; 205—280 nm): *Be., Me.,* l. c. S. 76.
Beim Behandeln mit HgO in CH_2Cl_2 ist 1,3-Diaza-cyclonona-1,2-dien (E III/IV **23** 639) erhalten worden.

6-Methyl-hexahydro-[1,3]diazocin-2-on $C_7H_{14}N_2O$, Formel VIII (X = O).
B. Beim Erhitzen von (±)-5-Methyl-hexahydro-azepin-2-on-oxim (E III/IV **21** 3231) mit Polyphosphorsäure (*Behringer, Meier,* A. **607** [1957] 67, 87).
Kristalle (aus A.); F: 222° [unkorr.].

6-Methyl-hexahydro-[1,3]diazocin-2-thion $C_7H_{14}N_2S$, Formel VIII (X = S).
B. Beim Erhitzen von 6-Methyl-hexahydro-[1,3]diazocin-2-on mit P_2S_5 in Toluol (*Behringer, Meier,* A. **607** [1957] 67, 89).
Kristalle (aus A.); F: 233° [unkorr.].

5-Äthyl-5-methyl-tetrahydro-pyrimidin-2-on $C_7H_{14}N_2O$, Formel IX.
B. Beim Erhitzen von 2-Äthyl-2-methyl-propandiyldiamin mit Diphenylcarbonat (*Skinner et al.,* Am. Soc. **79** [1957] 3786).
Kristalle (aus A.); F: 221—222°.

(±)-**4,4,6-Trimethyl-tetrahydro-pyrimidin-2-on** $C_7H_{14}N_2O$, Formel X.

B. Beim Erhitzen von (±)-1,1,3-Trimethyl-propandiyldiamin mit Harnstoff (*Bradbury et al.*, Soc. **1947** 1394, 1398).

Kristalle (aus Acn.); F: 205—206° [korr.].

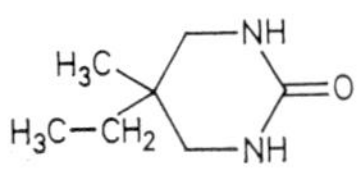

IX 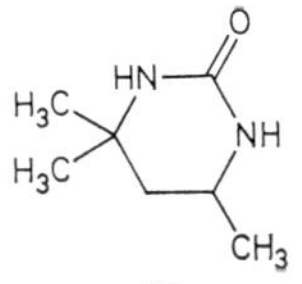   X 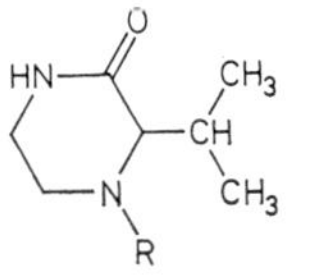   XI 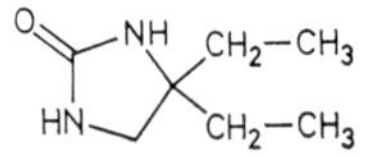   XII

(±)-**3-Isopropyl-piperazin-2-on** $C_7H_{14}N_2O$, Formel XI (R = H).

B. Beim Erwärmen von Äthylendiamin mit (±)-α-Brom-isovaleriansäure-äthylester in Äthanol (*Hodgson et al.*, Am. Soc. **76** [1954] 1137, 1140).

Kristalle (aus E. + Pentan); F: 93,4—94,6°.

(±)-**4-Acetyl-3-isopropyl-piperazin-2-on** $C_9H_{16}N_2O_2$, Formel XI (R = CO-CH$_3$).

B. Aus (±)-3-Isopropyl-piperazin-2-on und Acetanhydrid (*Hodgson et al.*, Am. Soc. **76** [1954] 1137, 1140).

Kristalle (aus Bzl.); F: 98,6—99,8°.

4,4-Diäthyl-imidazolidin-2-on $C_7H_{14}N_2O$, Formel XII.

B. Beim Erwärmen von 5,5-Diäthyl-imidazolidin-2,4-dion mit LiAlH$_4$ in Äther (*Marshall*, Am. Soc. **78** [1956] 3696).

Kristalle (aus Bzl. + PAe.); F: 159—160°.

*Opt.-inakt. **4,5-Diäthyl-imidazolidin-2-on** $C_7H_{14}N_2O$, Formel I.

B. Bei der Hydrierung von 4,5-Diäthyl-1,3-dihydro-imidazol-2-on an Nickel/Kieselgur in Äthanol bei 200° (*Winans, Adkins*, Am. Soc. **55** [1933] 4167, 4173).

F: 192—193°.

2,2,5,5-Tetramethyl-imidazolidin-4-thion $C_7H_{14}N_2S$, Formel II (E II 6).

B. Beim Behandeln von α-Hydroxy-isobutyronitril mit Aceton und wss. [NH$_4$]$_2$S (*Christian*, J. org. Chem. **22** [1957] 396; vgl. *Bucherer, Brandt*, J. pr. [2] **140** [1934] 129, 135, 150; *Bucherer, Lieb*, J. pr. [2] **141** [1934] 5, 22, 42).

Kristalle; F: 155—156° [aus Xylol] (*Bu., Br.*), 153—154° [korr.; aus A.] (*Ch.*).

4,4,5,5-Tetramethyl-imidazolidin-2-on $C_7H_{14}N_2O$, Formel III (X = O).

B. Beim Behandeln von 1,1,2,2-Tetramethyl-äthandiyldiamin mit COCl$_2$ und wss. NaOH (*Sayre*, Am. Soc. **77** [1955] 6689).

Kristalle (aus H$_2$O); F: 288—289° [korr.].

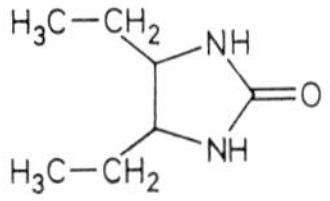

I 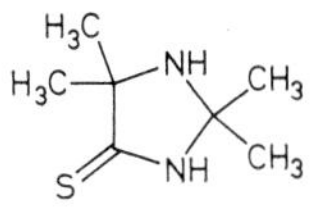   II 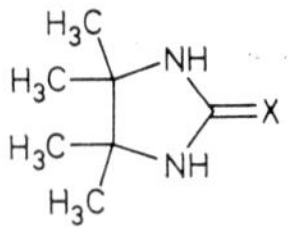   III 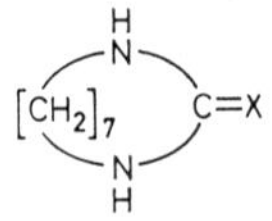   IV

4,4,5,5-Tetramethyl-imidazolidin-2-thion $C_7H_{14}N_2S$, Formel III (X = S).

Die früher (H **24** 12) unter dieser Konstitution beschriebene Verbindung ist als 4,4,6-Trimethyl-3,4-dihydro-1H-pyrimidin-2-thion zu formulieren (*Sayre*, Am. Soc. **77** [1955] 6689; s. dazu *Zigeuner et al.*, M. **101** [1970] 1415, 1416).

B. Aus 1,1,2,2-Tetramethyl-äthandiyldiamin und CS$_2$ (*Sa.*).

Kristalle (aus A.); F: 252—253° [korr.] (*Sa.*).

Oxo-Verbindungen $C_8H_{16}N_2O$

Octahydro-[1,3]diazecin-2-on $C_8H_{16}N_2O$, Formel IV (X = O).

B. Beim Erhitzen von Octahydro-azonin-2-on-oxim (E III/IV **21** 3260) mit Polyphos=phorsäure (*Behringer, Meier*, A. **607** [1957] 67, 86).

Kristalle (aus Bzl.); F: 159° [unkorr.; nach Sublimation im Hochvakuum bei 120°].

Picrat $C_8H_{16}N_2O \cdot C_6H_3N_3O_7$. Gelbe Kristalle; F: 197−198° [unkorr.; Zers.].

Octahydro-[1,3]diazecin-2-thion $C_8H_{16}N_2S$, Formel IV (X = S).

B. Beim Erwärmen von Octahydro-[1,3]diazecin-2-on mit P_2S_5 in Xylol (*Behringer, Meier*, A. **607** [1957] 67, 88).

Kristalle (aus Bzl.); F: 159° [unkorr.]. UV-Spektrum (A.; 205−300 nm): *Be., Me.*, l. c. S. 76.

(±)-2,7,7-Trimethyl-hexahydro-[1,4]diazepin-5-on $C_8H_{16}N_2O$, Formel V (X = H).

B. Beim Behandeln von (±)-2,2,6-Trimethyl-piperidin-4-on-hydrogenoxalat in $CHCl_3$ mit NaN_3 und konz. H_2SO_4 (*Dickerman, Moriconi*, J. org. Chem. **20** [1955] 206, 208).

Kristalle (aus Bzl.); F: 135,5−136,5° [unkorr.].

Hydrochlorid $C_8H_{16}N_2O \cdot HCl$. Kristalle (aus A. + Ae.); F: 250−252° [unkorr.; Zers.].

(±)-2,7,7-Trimethyl-1-nitroso-hexahydro-[1,4]diazepin-5-on $C_8H_{15}N_3O_2$, Formel V (X = NO).

B. Aus der vorangehenden Verbindung (*Dickerman, Moriconi*, J. org. Chem. **20** [1955] 206, 208).

Hellgrüne Kristalle (aus Bzl.); F: 163−164° [unkorr.].

V   VI   VII   VIII

5-Methyl-5-propyl-tetrahydro-pyrimidin-2-on $C_8H_{16}N_2O$, Formel VI.

B. Beim Erhitzen von 2-Methyl-2-propyl-propandiyldiamin mit Diäthylcarbonat (*Palazzo, Cecinati*, Farmaco Ed. scient. **11** [1956] 918, 923).

Kristalle (aus A.); F: 212°.

5,5-Diäthyl-tetrahydro-pyrimidin-2-on $C_8H_{16}N_2O$, Formel VII.

B. Beim Erhitzen von 2,2-Diäthyl-propandiyldiamin mit Diäthylcarbonat (*Palazzo, Cecinati*, Farmaco Ed. scient. **11** [1956] 918, 923) oder mit Diphenylcarbonat (*Skinner et al.*, Am. Soc. **79** [1957] 3786).

Kristalle; F: 225−226° [aus A.] (*Pa., Ce.*), 224−225° [aus wss. A.] (*Sk. et al.*).

3,3,6,6-Tetramethyl-piperazin-2-on $C_8H_{16}N_2O$, Formel VIII.

B. Neben 2,2,5,5-Tetramethyl-piperazin bei der Hydrierung von 3,3,6,6-Tetramethyl-piperazin-2,5-dion an einem Kupferoxid-Chromoxid-Katalysator [250°/245 at] oder beim Behandeln mit Natrium und Butan-1-ol (*McElvain, Pryde*, Am. Soc. **71** [1949] 326, 329).

Kristalle (aus Toluol); F: 153−156°.

Hydrochlorid $C_8H_{16}N_2O \cdot HCl$. Kristalle (aus A. + Ae.); F: 305−306°.

***Opt.-inakt. 4-Butyl-5-methyl-imidazolidin-2-on** $C_8H_{16}N_2O$, Formel IX.

B. Bei der Hydrierung von 4-Butyryl-5-methyl-1,3-dihydro-imidazol-2-on an Platin in Essigsäure (*Duschinsky, Dolan*, Am. Soc. **68** [1946] 2350, 2351, 2354).

Kristalle (aus H_2O); F: 135−136°; bei 130° [Badtemperatur]/0,1 Torr sublimierbar.

(±)-4-Isobutyl-4-methyl-imidazolidin-2-on $C_8H_{16}N_2O$, Formel X.

B. Beim Erwärmen von (±)-5-Isobutyl-5-methyl-imidazolidin-2,4-dion mit $LiAlH_4$ in Äther (*Marshall*, Am. Soc. **78** [1956] 3696).

Kristalle (aus Bzl. + PAe.); F: 99—101°.

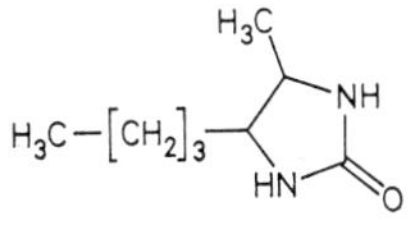

IX 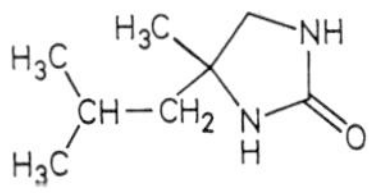   X 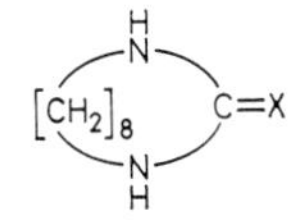   XI 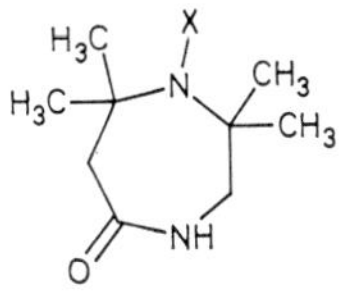   XII

Oxo-Verbindungen $C_9H_{18}N_2O$

1,3-Diaza-cycloundecan-2-on $C_9H_{18}N_2O$, Formel XI (X = O) (H 13; dort als *N.N'*-Octa‍methylen-harnstoff bezeichnet).

B. Beim Erwärmen von 1,8-Diisocyanato-octan in wss. Aceton (*Ozaki et al.*, Am. Soc. **79** [1957] 4358; *Iwakura et al.*, J. chem. Soc. Japan Pure Chem. Sect. **78** [1957] 1416, 1419; C. A. **1960** 1539). Beim Erhitzen von Octahydro-azecin-2-on-oxim (E III/IV **21** 3274) mit Polyphosphorsäure (*Behringer, Meier*, A. **607** [1957] 67, 87).

Kristalle; F: 165° [aus Acn.] (*Iw. et al.*), 159—160° [aus Acn.] (*Oz. et al.*). Kristalle (aus Bzl.) mit 1 Mol H_2O; F: 160° [unkorr.; nach Sublimation bei 120—130°/0,005 Torr] (*Be., Me.*).

Geschwindigkeitskonstante der Zersetzung in Chloressigsäure bei 139,5°: *Oz. et al.*

Picrat $C_9H_{18}N_2O \cdot C_6H_3N_3O_7$. Kristalle; F: 165,5—166,5° (*Iw. et al.*).

1,3-Diaza-cycloundecan-2-thion $C_9H_{18}N_2S$, Formel XI (X = S).

B. Beim Erwärmen von 1,3-Diaza-cycloundecan-2-on mit P_2S_5 in Xylol (*Behringer, Meier*, A. **607** [1957] 67, 88).

Kristalle (aus Bzl., PAe. oder Cyclohexan); F: 151—152° [unkorr.]. Bei 140—145°/0,005 Torr sublimierbar. UV-Spektrum (A.; 205—280 nm): *Be., Me.*, l. c. S. 76.

2,2,7,7-Tetramethyl-hexahydro-[1,4]diazepin-5-on $C_9H_{18}N_2O$, Formel XII (X = H).

B. Beim Behandeln von 2,2,6,6-Tetramethyl-piperidin-4-on in $CHCl_3$ mit NaN_3 und konz. H_2SO_4 (*Dickerman, Lindwall*, J. org. Chem. **14** [1949] 530, 533).

Kristalle (aus Bzl.); F: 147,5—148° [korr.].

Hydrochlorid $C_9H_{18}N_2O \cdot HCl$. Kristalle (aus A.); F: 295—300° [korr.; Zers.].

2,2,7,7-Tetramethyl-1-nitroso-hexahydro-[1,4]diazepin-5-on $C_9H_{17}N_3O_2$, Formel XII (X = NO).

B. Beim Erwärmen von 2,2,7,7-Tetramethyl-hexahydro-[1,4]diazepin-5-on-hydro‍chlorid in H_2O mit $NaNO_2$ (*Dickerman, Lindwall*, J. org. Chem. **14** [1949] 530, 533).

Hellgelbe Kristalle (aus Bzl. + PAe.); F: 150,5—151° [korr.].

5-Isobutyl-5-methyl-tetrahydro-pyrimidin-2-on $C_9H_{18}N_2O$, Formel I.

B. Beim Erhitzen von 2-Isobutyl-2-methyl-propandiyldiamin mit Diphenylcarbonat (*Skinner et al.*, Am. Soc. **79** [1957] 3786).

Kristalle (aus A.); F: 191—192°.

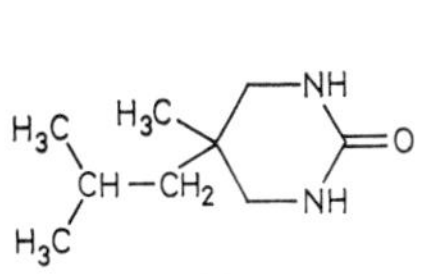

I 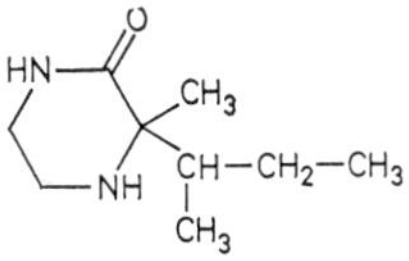   II 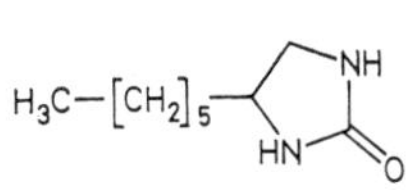   III

*Opt.-inakt. 3-sec-Butyl-3-methyl-piperazin-2-on $C_9H_{18}N_2O$, Formel II.

B. Beim Erwärmen von Äthylendiamin mit opt.-inakt. 2-Brom-2,3-dimethyl-valerian=
säure-äthylester (Kp$_{33}$: 116°) in Äthanol (*Kametani et al.*, Bl. chem. Soc. Japan **31** [1958]
860).

Kristalle (aus PAe.); F: 58—61°.

Hydrobromid. F: 203—206° [aus A. + Ae.].

(±)-4-Hexyl-imidazolidin-2-on $C_9H_{18}N_2O$, Formel III.

B. Neben 1-Benzoyl-5-hexyl-imidazolidin-2-on beim Erwärmen von (±)-3-Benzoyl=
amino-nonansäure-amid mit wss. KBrO oder neben 5-Hexyl-2-oxo-imidazolidin-1-carb=
onsäure-äthylester beim Erwärmen von (±)-[1-Carbamoylmethyl-heptyl]-carbamid=
säure-äthylester mit wss. KBrO (*Rodionow, Sworykina,* Izv. Akad. S.S.S.R. Otd.
chim. **1943** 216, 229, 230; C. A. **1944** 1473). Bei der Hydrierung von 4-Hexanoyl-1,3-di=
hydro-imidazol-2-on an Platin in Essigsäure (*Duschinsky, Dolan,* Am. Soc. **68** [1946]
2350, 2351, 2354).

Kristalle; F: 113—114° [aus H_2O bzw. aus Ae. + PAe.] (*Du., Do.; Ro., Sw.*). Bei
140° [Badtemperatur]/0,2 Torr sublimierbar (*Du., Do.*).

(±)-1-Acetyl-5-hexyl-imidazolidin-2-on $C_{11}H_{20}N_2O_2$, Formel IV (R = CO-CH$_3$).

B. Beim Erwärmen von (±)-3-Acetylamino-nonansäure-amid mit wss. KBrO (*Rodionow, Sworykina,* Izv. Akad. S.S.S.R. Otd. chim. **1950** 608, 618; C. A. **1951** 8453).

Kristalle; F: 73°.

(±)-1-Benzoyl-5-hexyl-imidazolidin-2-on $C_{16}H_{22}N_2O_2$, Formel IV (R = CO-C$_6$H$_5$).

B. s. o. im Artikel (±)-4-Hexyl-imidazolidin-2-on.

F: 116—117° (*Rodionow, Sworykina,* Izv. Akad. S.S.S.R. Otd. chim. **1950** 608, 619;
C. A. **1951** 8453).

(±)-5-Hexyl-2-oxo-imidazolidin-1-carbonsäure-äthylester $C_{12}H_{22}N_2O_3$, Formel IV
(R = CO-O-C$_2$H$_5$).

B. s. o. im Artikel (±)-4-Hexyl-imidazolidin-2-on.

Kristalle; F: 81—82° (*Rodionow, Sworykina,* Izv. Akad. S.S.S.R. Otd. chim. **1950**
608, 613; C. A. **1951** 8453).

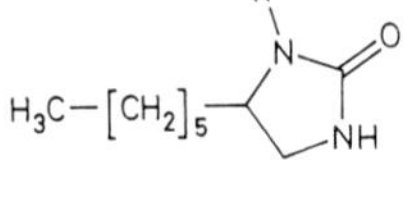

IV	V	VI

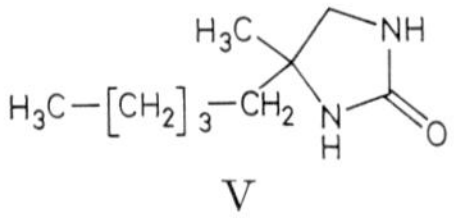

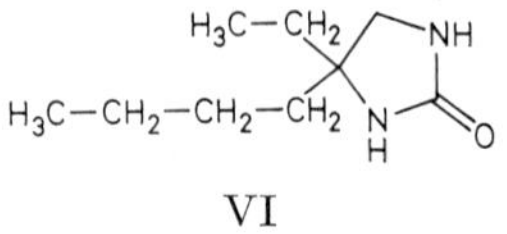

(±)-5-Hexyl-2-oxo-imidazolidin-1-carbonsäure-amid $C_{10}H_{19}N_3O_2$, Formel IV
(R = CO-NH$_2$).

B. Beim Erwärmen von (±)-3-Ureido-nonansäure-amid mit wss. KBrO (*Rodionow,
Sworykina,* Izv. Akad. S.S.S.R. Otd. chim. **1956** 332, 335; engl. Ausg. S. 319, 321).

Kristalle (aus H_2O); F: 121°.

(±)-4-Methyl-4-pentyl-imidazolidin-2-on $C_9H_{18}N_2O$, Formel V.

B. Beim Erwärmen von (±)-5-Methyl-5-pentyl-imidazolidin-2,4-dion mit LiAlH$_4$ in
Äther (*Marshall,* Am. Soc. **78** [1956] 3696).

F: 51—53°.

(±)-4-Äthyl-4-butyl-imidazolidin-2-on $C_9H_{18}N_2O$, Formel VI.

B. Analog der vorangehenden Verbindung (*Marshall,* Am. Soc. **78** [1956] 3696).

Kristalle (aus Bzl. + PAe.); F: 73—75°.

4,4-Dipropyl-imidazolidin-2-on $C_9H_{18}N_2O$, Formel VII.

B. Analog den vorangehenden Verbindungen (*Marshall,* Am. Soc. **78** [1956] 3696).

Kristalle (aus Bzl. + PAe.); F: 131—132°.

---

*Opt.-inakt. 2,5-Diäthyl-2,5-dimethyl-imidazolidin-4-thion $C_9H_{18}N_2S$, Formel VIII.
B. Beim Behandeln von Butanon mit KCN in wss. Äthanol und Essigsäure und anschliessend mit NH_3 und H_2S (*Abe*, Sci. Rep. Tokyo Bunrika Daigaku [A] **2** [1934/35]
1, 3; vgl. *Bucherer, Brandt*, J. pr. [2] **140** [1934] 129, 135, 150).
Kristalle (aus PAe.); F: 67° (*Abe*).

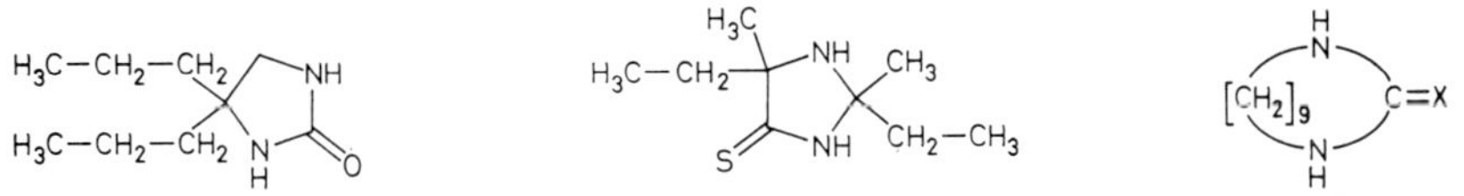

VII   VIII   IX

Oxo-Verbindungen $C_{10}H_{20}N_2O$

1,3-Diaza-cyclododecan-2-on $C_{10}H_{20}N_2O$, Formel IX (X = O).
B. Beim Erwärmen von 1,9-Diisocyanato-nonan in wss. Aceton (*Iwakura et al.*, J. chem.
Soc. Japan Pure Chem. Sect. **78** [1957] 1504; C. A. **1960** 1540). Beim Erhitzen von Aza≠
cycloundecan-2-on-oxim (E III/IV **21** 3281) mit Polyphosphorsäure (*Behringer, Meier*,
A. **607** [1957] 67, 87).
Kristalle; F: 177,5—178° [aus Acn. + Ae.] (*Iw. et al.*), 175,5—176,5° [unkorr.; aus
Bzl.] (*Be., Me.*). Im Hochvakuum bei 120° sublimierbar (*Be., Me.*).

1,3-Diaza-cyclododecan-2-thion $C_{10}H_{20}N_2S$, Formel IX (X = S).
B. Beim Erwärmen von 1,3-Diaza-cyclododecan-2-on mit P_2S_5 in Xylol (*Behringer,
Meier*, A. **607** [1957] 67, 88).
Kristalle (aus PAe.); F: 138,5—139,5°. Bei 130—135°/0,005 Torr sublimierbar. UV-
Spektrum (A.; 205—280 nm): *Be., Me.*, l. c. S. 76.

5-Methyl-5-pentyl-tetrahydro-pyrimidin-2-on $C_{10}H_{20}N_2O$, Formel X.
B. Beim Erhitzen von 2-Methyl-2-pentyl-propandiyldiamin mit Diphenylcarbonat
(*Skinner et al.*, Am. Soc. **79** [1957] 3786).
Kristalle (aus A.); F: 200—202°.

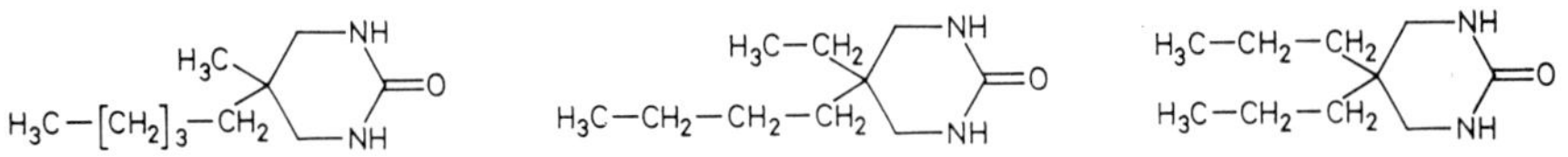

X   XI   XII

5-Äthyl-5-butyl-tetrahydro-pyrimidin-2-on $C_{10}H_{20}N_2O$, Formel XI.
B. Beim Erhitzen von 2-Äthyl-2-butyl-propandiyldiamin mit Diphenylcarbonat (*Skin-
ner et al.*, Am. Soc. **79** [1957] 3786).
Kristalle (aus A.); F: 147—148°.

5,5-Dipropyl-tetrahydro-pyrimidin-2-on $C_{10}H_{20}N_2O$, Formel XII.
B. Beim Erhitzen von 2,2-Dipropyl-propandiyldiamin mit Diphenylcarbonat (*Skinner
et al.*, Am. Soc. **79** [1957] 3786).
Kristalle (aus A.); F: 147—148°.

(±)-4-Heptyl-imidazolidin-2-on $C_{10}H_{20}N_2O$, Formel XIII (R = H).
B. Neben 1-Benzoyl-5-heptyl-imidazolidin-2-on beim Erwärmen von (±)-3-Benzoyl≠
amino-decansäure-amid mit wss. KBrO (*Rodionow et al.*, Ž. obšč. Chim. **23** [1953] 1794,
1798; engl. Ausg. S. 1893, 1896).
Kristalle (aus Ae. + PAe.); F: 78—82°.

(±)-1-Benzoyl-5-heptyl-imidazolidin-2-on $C_{17}H_{24}N_2O_2$, Formel XIII (R = CO-C_6H_5).
B. s. im vorangehenden Artikel.
Kristalle (aus PAe.); F: 105—106° (Rodionow et al., Ž. obšč. Chim. 23 [1953] 1794,
1798; engl. Ausg. S. 1893, 1896).

4-[1-Äthyl-pentyl]-imidazolidin-2-on $C_{10}H_{20}N_2O$, Formel XIV (R = H).
    a) Racemat vom F: 141—142°.
B. Neben anderen Verbindungen beim Erwärmen von opt.-inakt. 4-Äthyl-3-benzoyl≠
amino-octansäure-amid (F: 174—175°) mit wss. KBrO (Rodionow et al., Izv. Akad.
S.S.S.R. Otd. chim. 1956 491, 492, 493; engl. Ausg. S. 483, 484, 485).
Kristalle (aus Ae.); F: 141—142°.
    b) Racemat vom F: 140—141°.
B. Neben anderen Verbindungen beim Erwärmen von opt.-inakt. 4-Äthyl-3-benzoyl≠
amino-octansäure-amid (F: 184—185°) mit wss. KBrO (Ro. et al., l. c. S. 492, 494).
Kristalle (aus PAe.); F: 140—141°.

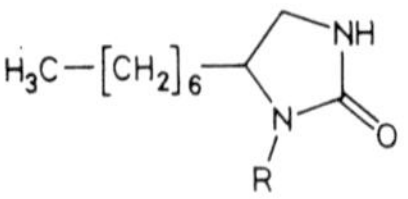

XIII 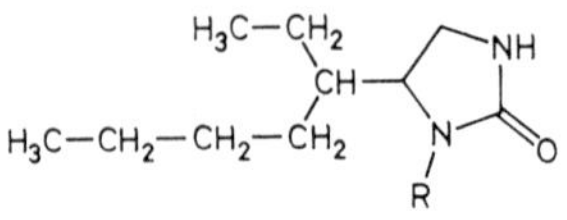   XIV 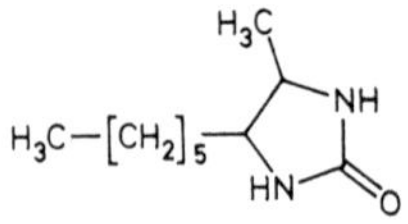   XV

5-[1-Äthyl-pentyl]-1-benzoyl-imidazolidin-2-on $C_{17}H_{24}N_2O_2$, Formel XIV
(R = CO-C_6H_5).
    a) Racemat vom F: 153°.
B. Aus opt.-inakt. 4-Äthyl-3-benzoylamino-octansäure-amid (F:184—185°) beim Er-
wärmen mit wss. KBrO (Rodionow et al., Izv. Akad. S.S.S.R. Otd. chim. 1956 491, 492;
engl. Ausg. S. 483, 484).
F: 153°.
    b) Racemat vom F: 141—142°.
B. Aus opt.-inakt. 4-Äthyl-3-benzoylamino-octansäure-amid (F: 174—175°) beim Er-
wärmen mit wss. KBrO (Ro. et al.).
Kristalle (aus Ae.); F: 141—142°.

*Opt.-inakt. 5-[1-Äthyl-pentyl]-2-oxo-imidazolidin-1-carbonsäure-methylester
$C_{12}H_{22}N_2O_3$, Formel XIV (R = CO-O-CH_3).
B. Neben anderen Verbindungen beim Erwärmen von opt.-inakt. 4-Äthyl-3-methoxy≠
carbonylamino-octansäure-amid mit wss. KBrO (Rodionow et al., Izv. Akad. S.S.S.R.
Otd. chim. 1956 491, 493; engl. Ausg. S. 483, 485).
Kristalle (aus Ae. + PAe.); F: 84,5—85°.

*Opt.-inakt. 5-[1-Äthyl-pentyl]-2-oxo-imidazolidin-1-carbonsäure-äthylester $C_{13}H_{24}N_2O_3$,
Formel XIV (R = CO-O-C_2H_5).
B. Neben anderen Verbindungen beim Erwärmen von opt.-inakt. 3-Äthoxycarbonyl≠
amino-4-äthyl-octansäure-amid (F: 144°; E IV 4 2819) mit wss. KBrO (Rodionow et al.,
Izv. Akad. S.S.S.R. Otd. chim. 1956 491, 494; engl. Ausg. S. 483, 486).
Kristalle (aus Ae.); F: 88°.

*Opt.-inakt. 4-Hexyl-5-methyl-imidazolidin-2-on $C_{10}H_{20}N_2O$, Formel XV.
B. Bei der Hydrierung von 4-Hexanoyl-5-methyl-1,3-dihydro-imidazol-2-on an Platin
in Essigsäure (Duschinsky, Dolan, Am. Soc. 68 [1946] 2350, 2351, 2354).
Kristalle (aus H_2O); F: 124—125°.

(±)-4-Äthyl-4-isopentyl-imidazolidin-2-on $C_{10}H_{20}N_2O$, Formel I.
B. Beim Erwärmen von (±)-5-Äthyl-5-isopentyl-imidazolidin-2,4-dion mit LiAlH₄ in

Äther (*Marshall*, Am. Soc. **78** [1956] 3696).
   F: 88—90°.

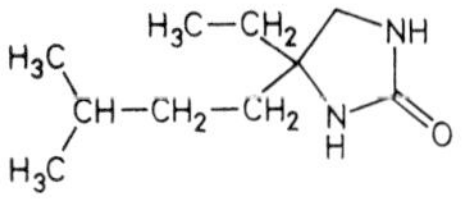

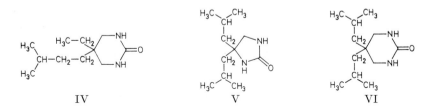

I 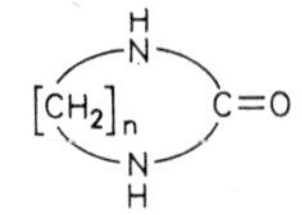   II 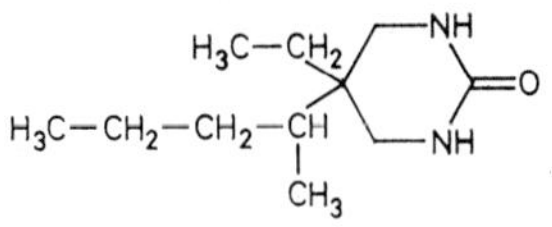   III

Oxo-Verbindungen $C_{11}H_{22}N_2O$

1,3-Diaza-cyclotridecan-2-on $C_{11}H_{22}N_2O$, Formel II (n = 10).
   B. Beim Erwärmen von 1,10-Diisocyanato-decan mit wss. Aceton (*Ozaki et al.*, Am.
Soc. **79** [1957] 4358; *Iwakura et al.*, J. chem. Soc. Japan Pure Chem. Sect. **78** [1957]
1504; C. A. **1960** 1540).
   Kristalle; F: 190—191° [aus Acn.] (*Oz. et al.*), 189—189,5° (*Iw. et al.*).
   Geschwindigkeitskonstante der Zersetzung in Chloressigsäure bei 139,5°: *Oz. et al.*

(±)-5-Äthyl-5-[1-methyl-butyl]-tetrahydro-pyrimidin-2-on $C_{11}H_{22}N_2O$, Formel III.
   B. Beim Erwärmen von (±)-5-Äthyl-5-[1-methyl-butyl]-barbitursäure mit LiAlH₄ in
Äther (*Marshall*, Am. Soc. **78** [1956] 3696).
   Kristalle (aus Bzl. + PAe.); F: 124—126°.

5-Äthyl-5-isopentyl-tetrahydro-pyrimidin-2-on $C_{11}H_{22}N_2O$, Formel IV.
   B. Analog der vorangehenden Verbindung (*Marshall*, Am. Soc. **78** [1956] 3696).
   Kristalle (aus Bzl. + PAe.); F: 144—146°.

4,4-Diisobutyl-imidazolidin-2-on $C_{11}H_{22}N_2O$, Formel V.
   B. Beim Erwärmen von 5,5-Diisobutyl-imidazolidin-2,4-dion mit LiAlH₄ in Äther
(*Marshall*, Am. Soc. **78** [1956] 3696).
   Kristalle (aus Bzl. + PAe.); F: 176—178°.

IV   V   VI

Oxo-Verbindungen $C_{12}H_{24}N_2O$

1,3-Diaza-cyclotetradecan-2-on $C_{12}H_{24}N_2O$, Formel II (n = 11).
   B. Beim Erwärmen von 1,11-Diisocyanato-undecan mit wss. Aceton (*Iwakura et al.*,
J. chem. Soc. Japan Pure Chem. Sect. **78** [1957] 1511, 1514; C. A. **1960** 1541).
   Kristalle; F: 192—194°.

5,5-Diisobutyl-tetrahydro-pyrimidin-2-on $C_{12}H_{24}N_2O$, Formel VI.
   B. Beim Erhitzen von 2,2-Diisobutyl-propandiyldiamin mit Diphenylcarbonat (*Skinner et al.*, Am. Soc. **79** [1957] 3786).
   Kristalle (aus A.); F: 157—158°.

(3Ξ,6Ξ)-6-[(S)-sec-Butyl]-3-isobutyl-piperazin-2-on, Tetrahydrodesoxyaspergill=
säure $C_{12}H_{24}N_2O$, Formel VII.
   B. Beim Erhitzen von (+)-Aspergillsäure (S. 235) mit Zink-Staub in Essigsäure (*Dutcher*,

J. biol. Chem. **171** [1947] 321, 336). Bei der Hydrierung von (+)-Desoxyaspergillsäure (S. 235) an Platin in Essigsäure (*Du.*).

Kristalle (aus Acn.); F: 87—89° [nach Erweichen bei 77°].

Hydrochlorid $C_{12}H_{24}N_2O \cdot HCl$. Kristalle (aus A. + Ae.); F: 260°, $[\alpha]_D^{24}$: +4,23° [H_2O; c = 1,18]. UV-Spektrum (A.; 210—290 nm): *Du.*, l. c. S. 324.

*Opt.-inakt. 6-*sec*-Butyl-1-hydroxy-3-isobutyl-piperazin-2-on, Tetrahydroaspergill≈ säure $C_{12}H_{24}N_2O_2$, Formel VIII.

B. Bei der Hydrierung von Dehydroaspergillsäure (S. 255) an Platin in Äthanol oder Essigsäure (*Dutcher*, J. biol. Chem. **232** [1958] 785, 793).

Kristalle (aus A.); F: 75—80°.

Kupfer(II)-Salz. Dunkelgrüne Kristalle (aus wss. Dioxan); F: 209—210° [unkorr.].

Picrat $C_{12}H_{24}N_2O_2 \cdot C_6H_3N_3O_7$. Kristalle (aus wss. Eg.); F: 195—196° [unkorr.; Zers.].

Oxo-Verbindungen $C_{13}H_{26}N_2O$

1,3-Diaza-cyclopentadecan-2-on $C_{13}H_{26}N_2O$, Formel II (n = 12).

B. Beim Erwärmen von 1,12-Diisocyanato-dodecan mit wss. Aceton (*Ozaki et al.*, Am. Soc. **79** [1957] 4358; *Iwakura et al.*, J. chem. Soc. Japan Pure Chem. Sect. **78** [1957] 1507, 1510; C. A. **1960** 1540).

Kristalle; F: 202—204° [aus Acn. + Ae.] (*Iw. et al.*), 201—202° [aus Acn.] (*Oz. et al.*). Geschwindigkeitskonstante der Zersetzung in Chloressigsäure bei 139,5°: *Oz. et al.*

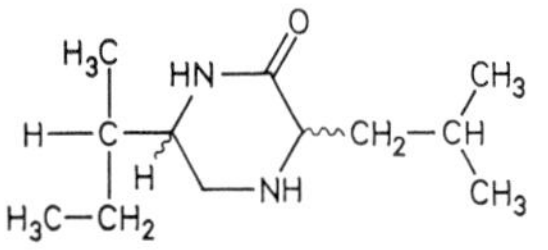

VII 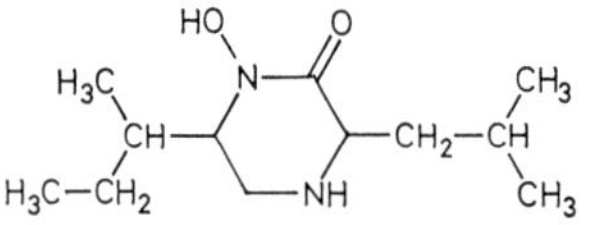   VIII 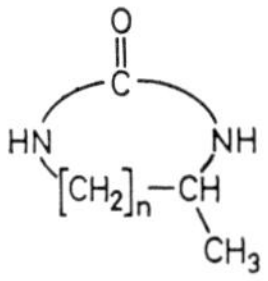   IX

(±)-4-Methyl-1,3-diaza-cyclotetradecan-2-on $C_{13}H_{26}N_2O$, Formel IX (n = 10).

B. Beim Behandeln von (±)-12-Amino-tridecansäure-hydrazid-dihydrobromid mit $NaNO_2$ in wss. HCl und Erwärmen des Reaktionsgemisches mit wss. $NaHCO_3$ und Aceton (*Iwakura et al.*, J. chem. Soc. Japan Pure Chem. Sect. **80** [1959] 78, 80; C. A. **1961** 4527).

Kristalle; F: 186—187,5°.

(±)-4-Methyl-4-nonyl-imidazolidin-2-on $C_{13}H_{26}N_2O$, Formel X.

B. Beim Erwärmen von (±)-5-Methyl-5-nonyl-imidazolidin-2,4-dion mit $LiAlH_4$ in Äther (*Marshall*, Am. Soc. **78** [1956] 3696).

Kristalle (aus PAe. + wenig Bzl.); F: 91—92°.

Oxo-Verbindungen $C_{14}H_{28}N_2O$

1,3-Diaza-cyclohexadecan-2-on $C_{14}H_{28}N_2O$, Formel II (n = 13).

B. Beim Erwärmen von 1,13-Diisocyanato-tridecan mit wss. Aceton (*Iwakura et al.*, J. chem. Soc. Japan Pure Chem. Sect. **78** [1957] 1511, 1514; C. A. **1960** 1541).

Kristalle; F: 189—190°.

(±)-4-Methyl-1,3-diaza-cyclopentadecan-2-on $C_{14}H_{28}N_2O$, Formel IX (n = 11).

B. Beim Behandeln von (±)-13-Amino-tetradecansäure-hydrazid-dihydrobromid mit $NaNO_2$ in wss. HCl und Erwärmen des Reaktionsgemisches mit wss. $NaHCO_3$ und Aceton (*Iwakura et al.*, J. chem. Soc. Japan Pure Chem. Sect. **80** [1959] 78, 80; C. A. **1961** 4527).

Kristalle; F: 181—182°.

Oxo-Verbindungen $C_{15}H_{30}N_2O$

1,3-Diaza-cycloheptadecan-2-on $C_{15}H_{30}N_2O$, Formel II (n = 14).

B. Beim Erwärmen von 1,14-Diisocyanato-tetradecan mit wss. Aceton (*Ozaki et al.*,

Am. Soc. **79** [1957] 4358; *Iwakura et al.*, J. chem. Soc. Japan Pure Chem. Sect. **78** [1957] 1507, 1510; C. A. **1960** 1540). Beim Erhitzen von Azacyclohexadecan-2-on-oxim (E III/IV **21** 3286) mit Polyphosphorsäure (*Behringer, Meier*, A. **607** [1957] 67, 87).

Kristalle; F: 195—196° [aus Acn.] (*Iw. et al.*), 184—186° [unkorr.; aus Cyclohexan] (*Be., Me.*).

Geschwindigkeitskonstante der Zersetzung in Chloressigsäure bei 139,5°: *Oz. et al.*

X   XI   XII

*Opt.-inakt. 2,5-Dihexyl-imidazolidin-4-thion $C_{15}H_{30}N_2S$, Formel XI.

B. Neben anderen Verbindungen beim Behandeln von Heptanal mit HCN, NH_3 und H_2S (*Abe*, J. chem. Soc. Japan **65** [1944] 414, 418; C. A. **1947** 4147).

F: 104—105°.

Oxo-Verbindungen $C_{16}H_{32}N_2O$

1,3-Diaza-cyclooctadecan-2-on $C_{16}H_{32}N_2O$, Formel II (n = 15) auf S. 55.

B. Beim Erwärmen von 1,15-Diisocyanato-pentadecan mit wss. Aceton (*Iwakura et al.*, J. chem. Soc. Japan Pure Chem. Sect. **78** [1957] 1511, 1514; C. A. **1960** 1541).

Kristalle; F: 185—186°.

Oxo-Verbindungen $C_{17}H_{34}N_2O$

1,3-Diaza-cyclononadecan-2-on $C_{17}H_{34}N_2O$, Formel II (n = 16) auf S. 55.

B. Beim Erwärmen von 1,16-Diisocyanato-hexadecan in wss. Aceton (*Iwakura et al.*, J. chem. Soc. Japan Pure Chem. Sect. **78** [1957] 1507, 1510; C. A. **1960** 1540).

Kristalle (aus Acn.); F: 180—181°.

Oxo-Verbindungen $C_{19}H_{38}N_2O$

(4*S*)-4*r*-Methyl-5*c*-pentadecyl-imidazolidin-2-thion $C_{19}H_{38}N_2S$, Formel XII (R = CH₃).

B. Beim Behandeln von D-*erythro*-2,3-Diamino-octadecan mit CS_2 in Äthanol und Erwärmen des Reaktionsprodukts in Äthanol (*Proštenik, Alaupović*, Croat. chem. Acta **29** [1957] 393, 398).

Kristalle (aus PAe.); F: 88—89°. $[\alpha]_D^{20}$: —3,5° [A.; c = 2,6].

Oxo-Verbindungen $C_{21}H_{42}N_2O$

(4*R* oder 4*S*)-4*r*-Pentadecyl-5*c*-propyl-imidazolidin-2-thion $C_{21}H_{42}N_2S$, Formel XII (R = CH₂-CH₂-CH₃) oder Spiegelbild.

B. Beim Erwärmen des Mono-dithiocarboxy-Derivats (F: 116—118°) des Necrosamins (E IV **4** 1384) in Äthanol (*Ikawa et al.*, Am. Soc. **75** [1953] 3439, 3440, 3442).

Kristalle (aus wss. A.); F: 72—73°.   [*U. Müller*]

Monooxo-Verbindungen $C_nH_{2n-2}N_2O$

Oxo-Verbindungen $C_3H_4N_2O$

1-Phenyl-1,5-dihydro-pyrazol-4-on-phenylhydrazon $C_{15}H_{14}N_4$, Formel I, und Tautomeres (1-Phenyl-4-phenylazo-4,5-dihydro-1*H*-pyrazol).

Die früher (H **24** 16) mit Vorbehalt unter dieser Konstitution beschriebene Verbindung ist als 1-Phenyl-3-phenylazo-4,5-dihydro-1*H*-pyrazol (Syst.-Nr. 3784) zu formulieren (*Duffin, Kendall*, Soc. **1954** 408).

1,2-Dihydro-pyrazol-3-on $C_3H_4N_2O$, Formel II (R = R' = H), und Tautomere (H 13; E I 186; E II 6).
λ_{max}: 221 nm und 243 nm [A.], 224 nm [äthanol. HCl], 238 nm [äthanol. Natrium=äthylat] bzw. 235,5 nm [H_2O] (*Bogunez, Blinsjukow*, Trudy Charkovsk. politech. Inst. **26** [1959] 207, 208, 209; C. A. **1961** 15466). Scheinbarer Dissoziationsexponent pK_b' (H_2O [umgerechnet aus Eg.]; potentiometrisch ermittelt): 11,5 (*Veibel et al.*, Acta chem. scand. **8** [1954] 768, 770).
Reaktion mit konz. H_2SO_4 und Acetanhydrid (Bildung von 3-Oxo-2,3-dihydro-1*H*-pyrazol-4-sulfonsäure): *Kaufmann*, D.R.P. 685361 [1936]; U.S.P. 2234866 [1938].

2-Phenyl-1,2-dihydro-pyrazol-3-on $C_9H_8N_2O$, Formel II (R = H, R' = C_6H_5), und Tautomere (H 14; E I 186; E II 7; dort als 1-Phenyl-pyrazolon-(5) bezeichnet).
Beim Erhitzen mit Benzylchlorid ist 1-Benzyl-2-phenyl-1,2-dihydro-pyrazol-3-on erhalten worden (*Sonn, Litten*, B. **66** [1933] 1582, 1587).

2-[2,4-Dinitro-phenyl]-1,2-dihydro-pyrazol-3-on $C_9H_6N_4O_5$, Formel II (R = H, R' = $C_6H_3(NO_2)_2(o,p)$), und Tautomere.
B. Beim Erwärmen von Tetra-*O*-acetyl-α-tetrahydrogentiopicrosid (E III/IV **19** 2501) mit wss.-methanol. H_2SO_4 und anschliessend mit [2,4-Dinitro-phenyl]-hydrazin in wss.-äthanol. HCl (*Canonica, Pellizzoni*, G. **87** [1957] 1251, 1269).
Hellgelbe Kristalle (aus Heptan); F: 175°.

1-Phenyl-1,2-dihydro-pyrazol-3-on $C_9H_8N_2O$, Formel II (R = C_6H_5, R' = H), und Tautomeres (H 14; dort als 1-Phenyl-pyrazolon-(3) bezeichnet).
B. Beim Erwärmen von 3-[*N*-Phenyl-hydrazino]-propionitril mit äthanol. KOH oder beim Behandeln von 1-Phenyl-pyrazolidin-3-on mit K_2CrO_4 in wss. Essigsäure (*Pietra*, Boll. scient. Fac. Chim. ind. Univ. Bologna **11** [1953] 78, 80, 81).
Kristalle (aus A. oder wss. A.); F: 156°.

1-Methyl-2-phenyl-1,2-dihydro-pyrazol-3-on $C_{10}H_{10}N_2O$, Formel II (R = CH_3, R' = C_6H_5) (H 14; E II 7; dort als 2-Methyl-1-phenyl-pyrazolon-(5) bezeichnet).
B. Aus 1-Methyl-2-phenyl-3-oxo-2,3-dihydro-1*H*-pyrazol-4-carbonsäure [225°] (*Bodendorf, Popelak*, A. **566** [1950] 84, 88).
Kristalle (aus Bzl. oder E.); F: 117—118°.

1,2-Diphenyl-1,2-dihydro-pyrazol-3-on $C_{15}H_{12}N_2O$, Formel II (R = R' = C_6H_5).
B. Beim Erhitzen von 1,2-Diphenyl-5-oxo-2,5-dihydro-1*H*-pyrazol-3-carbonsäure in Acetanhydrid (*Diels, Reese*, A. **511** [1934] 168, 177).
Kristalle (aus H_2O); F: 130°.

1-Benzyl-2-phenyl-1,2-dihydro-pyrazol-3-on $C_{16}H_{14}N_2O$, Formel II (R = CH_2-C_6H_5, R' = C_6H_5).
B. Beim Erhitzen von 2-Phenyl-1,2-dihydro-pyrazol-3-on mit Benzylchlorid (*Sonn, Litten*, B. **66** [1933] 1582, 1587).
Kristalle (aus H_2O oder wss. Me.); F: 125—126°.

I   II   III   IV

4,5-Dichlor-1-phenyl-1,2-dihydro-pyrazol-3-on $C_9H_6Cl_2N_2O$, Formel III, und Tautomeres.
B. Aus Octachlor-pent-1-en-3-on und Phenylhydrazin (*Roedig, Becker*, A. **597** [1955] 214, 226).

Bräunliche Kristalle (aus Me.); Zers. bei 249—250°.

3,5-Dihydro-imidazol-4-on $C_3H_4N_2O$, Formel IV (R = H), und Tautomere.

B. Beim Behandeln von N-Formimidoyl-glycin-phenäthylester-hydrochlorid in H_2O oder Äthanol mit wss. NaOH, $NaHCO_3$, K_2CO_3 oder Triäthylamin (*Freter et al.*, A. **607** [1957] 174, 186). Aus 5-Nitro-1H-imidazol bei der Hydrierung an Palladium/Kohle in wss. KH_2PO_4 und anschliessenden Diazotierung in wss. HCl (*Fr. et al.*, l. c. S. 187).

UV-Spektrum (wss. Lösungen vom pH 2, pH 7 und pH 12; 220—250 nm): *Fr. et al.*, l. c. S. 178.

3,5-Dihydro-imidazol-4-on verharzt rasch (*Fr. et al.*, l. c. S. 179).

3-Äthyl-3,5-dihydro-imidazol-4-on $C_5H_8N_2O$, Formel IV (R = C_2H_5).

B. Aus Glycin-äthylamid und Orthoameisensäure-triäthylester mit Hilfe von wenig Essigsäure (*Brunken, Bach*, B. **89** [1956] 1363, 1370).

Kristalle (aus Dibutyläther + Acn.); F: 185—187°.

3-Butyl-3,5-dihydro-imidazol-4-on $C_7H_{12}N_2O$, Formel IV (R = $[CH_2]_3$-CH_3).

B. Analog der vorangehenden Verbindung (*Brunken, Bach*, B. **89** [1956] 1363, 1370).

Kristalle (aus Acn.); F: 189—190°.

3-Phenyl-3,5-dihydro-imidazol-4-on $C_9H_8N_2O$, Formel IV (R = C_6H_5).

B. Aus Glycin-anilid oder Glycin-anilid-carbonat und Orthoameisensäure-triäthylester (*Brunken, Bach*, B. **89** [1956] 1363, 1371).

Kristalle (aus Butan-1-ol oder Py.); F: 225—227°.

3-Benzyl-3,5-dihydro-imidazol-4-on (?) $C_{10}H_{10}N_2O$, vermutlich Formel IV (R = CH_2-C_6H_5).

B. Aus Glycin-benzylamid und Orthoameisensäure-triäthylester mit Hilfc von wenig Essigsäure (*Brunken, Bach*, B. **89** [1956] 1363, 1371; s. dazu *Freter et al.*, A. **607** [1957] 174, 175).

Kristalle (aus wss. A.); F: 196—198°.

(±)-4-Methyl-4-[2,4,5,5-tetrachlor-1-methyl-4,5-dihydro-1H-imidazol-4-yl]-allophanoyl= **chlorid** $C_7H_7Cl_5N_4O_2$, Formel V (H 18; s. a. E II 8).

B. Beim Behandeln von Theobromin in Trichloräthen mit Chlor (*Todd, Whittaker*, Soc. **1946** 628, 631).

Trichloräthen enthaltende Kristalle, F: ca. 143° [Zers.]; Kristalle (aus $CHCl_3$), F: ca. 136° [Zers.].

Beim Behandeln mit Anilin und Benzol sind, je nach den Molverhältnissen, 2-Imino-1-methyl-3-phenyl-4,5-bis-phenylimino-imidazolidin bzw. 2-Imino-1,3-diphenyl-4,5-bis-phenylimino-imidazolidin (jeweils neben 1,5-Diphenyl-biuret), beim Behandeln mit 4-Brom-anilin ist nur 3-[4-Brom-phenyl]-4,5-bis-[4-brom-phenylimino]-2-imino-1-meth= yl-imidazolidin erhalten worden.

5-Nitro-3,5-dihydro-imidazol-4-thion $C_3H_3N_3O_2S$, Formel VI, und Tautomere (z.B. 5-Nitro-1(3)H-imidazol-4-thiol).

Ammonium-Salz [NH_4]$C_3H_2N_3O_2S$. B. Aus 4-Brom-5-nitro-1H-imidazol und H_2S in wss. NH_3 (*Bennett, Baker*, Am. Soc. **79** [1957] 2188, 2190). — Orangefarbene Kristalle (aus Me.); F: >300° [unkorr.].

1,3-Dihydro-imidazol-2-on $C_3H_4N_2O$, Formel VII (R = R' = H), und Tautomeres.

Diese Konstitution kommt dem früher (s. H **24** 16) als Isoimidazolon bezeichneten Präparat von *Fenton* und *Wilks* zu (*Hilbert*, Am. Soc. **54** [1932] 3413, 3415); in dem H 16 beschriebenen Präparat von *Marckwald* hat ein Gemisch von 1,3-Dihydro-imidazol-2-on und einer nicht sublimierbaren Substanz (Zers. bei 307—310°) vorgelegen (*Duschinsky, Dolan*, Am. Soc. **68** [1946] 2350, 2352).

B. Aus Glycin-äthylester-hydrochlorid beim Behandeln in wss. HCl [pH 2—3] mit Natrium-Amalgam und anschliessend mit Kaliumcyanat bei pH 7 (*Lawson*, Soc. **1957** 1443). Aus 2-Oxo-2,3-dihydro-1H-imidazol-4-carbonsäure beim Erhitzen auf 220°/2 Torr (*Hi.*, l. c. S. 3419) oder auf 230—240°/5 Torr (*Nakajima*, Nagasaki med. J. **33** [1958] 825) sowie beim Erhitzen auf 230—300° [Badtemperatur]/0,3 Torr in Gegenwart von Kupfer-Pulver (*Du., Do.*, l. c. S. 2353).

Kristalle; F: 251,5—252° [evakuierte Kapillare; nach Sublimation bei 200—220° (Badtemperatur) im Vakuum] (*Du., Do.*); Zers. bei 250—251° [korr.; aus H_2O; rote Schmelze] (*Hi.*); F: 250° [aus wss. A.] (*La.*).

Überführung in 4-Hexanoyl-1,3-dihydro-imidazol-2-on beim Behandeln mit Hexanoyl≠chlorid und $AlCl_3$ in Nitrobenzol: *Du., Do.*, l. c. S. 2351, 2354.

1-Methyl-1,3-dihydro-imidazol-2-on $C_4H_6N_2O$, Formel VII (R = CH_3, R' = H), und Tautomeres.

B. Beim Behandeln von Methylamino-acetaldehyd-diäthylacetal mit wss. HCl und Kaliumcyanat (*Lawson*, Soc. **1957** 1443).

Kristalle (aus wss. A.) mit 1 Mol H_2O; F: 219°.

Acetyl-Derivat $C_6H_8N_2O_2$; 1-Acetyl-3-methyl-1,3-dihydro-imidazol-2-on. Kristalle (aus A.); F: 230°.

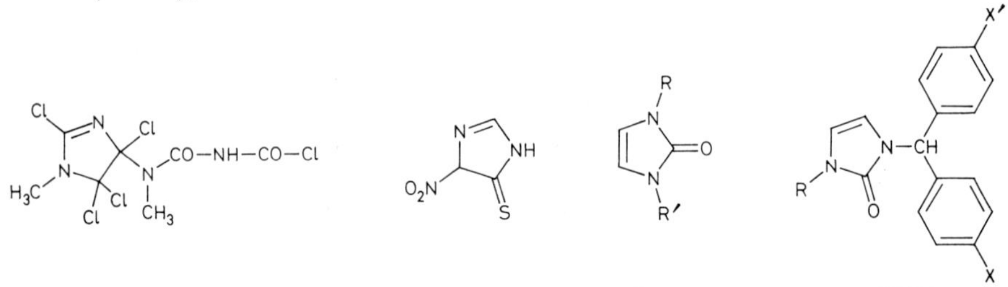

V   VI   VII   VIII

(±)-1-[1-Phenyl-äthyl]-1,3-dihydro-imidazol-2-on $C_{11}H_{12}N_2O$, Formel VII (R = CH(CH_3)-C_6H_5, R' = H), und Tautomeres.

B. Beim Erwärmen von (±)-1-Phenyl-äthylisocyanat mit Aminoacetaldehyd-dimethyl≠acetal und Benzol und Erwärmen des Reaktionsprodukts mit wss.-äthanol. HCl (*Hoffmann-La Roche*, U.S.P. 2707186 [1954]; D.B.P. 1010969 [1954]).

Kristalle (aus Xylol); F: 128—129°.

Die folgenden Verbindungen sind auf die gleiche Weise hergestellt worden:

(±)-1-Äthyl-3-[1-phenyl-propyl]-1,3-dihydro-imidazol-2-on $C_{14}H_{18}N_2O$, Formel VII (R = CH(C_2H_5)-C_6H_5, R' = C_2H_5). Kristalle (aus PAe.); F: 63—65°.

(±)-1-[Cyclohexyl-phenyl-methyl]-1,3-dihydro-imidazol-2-on $C_{16}H_{20}N_2O$, Formel VII (R = CH(C_6H_5)-C_6H_{11}, R' = H), und Tautomeres. Kristalle (aus wss. A.); F: 206—208°.

(±)-1-Äthyl-3-[cyclohexyl-phenyl-methyl]-1,3-dihydro-imidazol-2-on $C_{18}H_{24}N_2O$, Formel VII (R = CH(C_6H_5)-C_6H_{11}, R' = C_2H_5). Kristalle (aus Bzl. + PAe.); F: 146—147°.

1-Benzhydryl-1,3-dihydro-imidazol-2-on $C_{16}H_{14}N_2O$, Formel VIII (R = X = X' = H), und Tautomeres. Kristalle (aus wss. A.); F: 214—215°. — Acetyl-Derivat $C_{18}H_{16}N_2O_2$; 1-Acetyl-3-benzhydryl-1,3-dihydro-imidazol-2-on. Kristalle (aus A.); F: 130—131°. — Propionyl-Derivat $C_{19}H_{18}N_2O_2$; 1-Benzhydryl-3-propionyl-1,3-dihydro-imidazol-2-on. Kristalle (aus A.); F: 98—99°.

(±)-1-[4-Chlor-benzhydryl]-1,3-dihydro-imidazol-2-on $C_{16}H_{13}ClN_2O$, Formel VIII (R = X' = H, X = Cl), und Tautomeres. Kristalle (aus A.); F: 226—227°.

1-Benzhydryl-3-methyl-1,3-dihydro-imidazol-2-on $C_{17}H_{16}N_2O$, Formel VIII (R = CH_3, X = X' = H). Kristalle (aus A. + PAe.); F: 166°.

(±)-1-[4-Chlor-benzhydryl]-3-methyl-1,3-dihydro-imidazol-2-on $C_{17}H_{15}ClN_2O$, Formel VIII (R = CH_3, X = Cl, X' = H). Kristalle (aus E. + PAe.); F: 116,5—117,5°.

(±)-1-[4-Brom-benzhydryl]-3-methyl-1,3-dihydro-imidazol-2-on $C_{17}H_{15}BrN_2O$, Formel VIII (R = CH_3, X = Br, X' = H). Kristalle (aus wss. A.); F: 135,5° bis 136,5°.

1-Äthyl-3-benzhydryl-1,3-dihydro-imidazol-2-on $C_{18}H_{18}N_2O$, Formel VIII (R = C_2H_5, X = X' = H). Kristalle (aus PAe.); F: 84—85°.

($\pm$)-1-Äthyl-3-[4-brom-benzhydryl]-1,3-dihydro-imidazol-2-on
$C_{18}H_{17}BrN_2O$, Formel VIII (R = C_2H_5, X = Br, X' = H). Kristalle (aus wss. Me.);
F: 118,5—119,5°.

($\pm$)-1-Äthyl-3-[4-methoxy-benzhydryl]-1,3-dihydro-imidazol-2-on $C_{19}H_{20}N_2O_2$,
Formel VIII (R = C_2H_5, X = O-CH$_3$, X' = H).
B. Beim Erwärmen von N-Äthyl-N-[2,2-dimethoxy-äthyl]-N'-[4-methoxy-benzhydryl]-
harnstoff mit wss.-äthanol. HCl (*Hoffmann-La Roche*, U.S.P. 2707186 [1954]; D.B.P.
1010969 [1954]).
Kristalle (aus Bzl. + PAe.); F: 117—118°.

1-[4,4'-Dimethoxy-benzhydryl]-1,3-dihydro-imidazol-2-on $C_{18}H_{18}N_2O_3$, Formel VIII
(R = H, X = X' = O-CH$_3$), und Tautomeres.
B. Analog der vorangehenden Verbindung (*Hoffmann-La Roche*, U.S.P. 2707186 [1954];
D.B.P. 1010969 [1954]).
Kristalle (aus E.); F: 199°.

1,3-Diacetyl-1,3-dihydro-imidazol-2-on $C_7H_8N_2O_3$, Formel IX auf S. 63.
Diese Konstitution kommt der früher (H **24** 16) als Monoacetyl-Derivat des
Isoimidazolons bezeichneten Verbindung zu (*Hilbert*, Am. Soc. **54** [1932] 3413, 3419).
Kristalle (nach Sublimation); F: 105—106°.

1,3-Dihydro-imidazol-2-thion $C_3H_4N_2S$, Formel X (R = R' = H) auf S. 63, und
Tautomeres (1*H*-Imidazol-2-thiol) (H 17; E II 7).
Nach Ausweis des UV-Spektrums liegt in H_2O hauptsächlich 1,3-Dihydro-imidazol-
2-thion vor (*Lawson, Morley*, Soc. **1956** 1103; s. a. *Baker*, Soc. **1958** 2387).
B. Aus Thioharnstoff und wss. Formaldehyd (*Lefèvre, Rangier*, C. r. **214** [1942] 774).
Aus Aminoacetaldehyd-diäthylacetal beim Erwärmen mit Kalium-thiocyanat und wss.
HCl in Äthanol (*Jones et al.*, Am. Soc. **71** [1949] 4000) oder beim Behandeln in Äther mit
HCl und Erwärmen des Reaktionsprodukts mit Kalium-thiocyanat in H_2O (*Simon,
Kowtunowskaja*, Ž. obšč. Chim. **25** [1955] 1226; engl. Ausg. S. 1173). Aus Glycin-äthyl≤
ester-hydrochlorid bei der Reduktion mit Natrium-Amalgam und anschliessenden Um-
setzung mit Kalium-thiocyanat und wss. HCl (*Bullerwell, Lawson*, Soc. **1951** 3030) oder
Ammoniumthiocyanat und wss. HCl (*Akabori*, B. **66** [1933] 151, 154; *Heath et al.*, Soc.
1951 2217, 2218). Aus 2-Methylmercapto-1*H*-imidazol und Natrium in flüssigem NH$_3$
(*Am. Cyanamid Co.*, U.S.P. 2519310 [1948]). Aus 2-Thioxo-2,3-dihydro-1*H*-imidazol-
4-carbonsäure [ca. 250°] (*Jo. et al.*).
Kristalle; F: 226—228° [aus H_2O] (*Si., Ko.*), 226—227° [aus Acn.] (*Am. CyanamidCo.*).
Kristalle (aus H_2O) mit 1 Mol H_2O; F: 225—227° (*Ak.*). λ_{max}(H_2O): 208 nm und 252 nm
(*Fox et al.*, Am. Soc. **67** [1945] 496, 497 Anm. 9) bzw. 258 nm (*He. et al.*).
Beim Erhitzen mit Äthylbenzoat auf 215° ist 2-Äthylmercapto-1*H*-imidazol erhalten
worden (*Jones*, Am. Soc. **74** [1952] 1084).

1-Methyl-1,3-dihydro-imidazol-2-thion $C_4H_6N_2S$, Formel X (R = CH$_3$, R' = H) auf
S. 63, und Tautomeres (H 17).
B. Aus Methylamino-acetaldehyd-diäthylacetal, Kalium-thiocyanat und wss. HCl in
Äthanol (*Jones et al.*, Am. Soc. **71** [1949] 4000). Beim Behandeln von Isothiocyanato≤
acetaldehyd-diäthylacetal mit Methylamin in Äthanol und Erhitzen des Reaktions-
produkts mit wss. H_2SO_4 (*Easson, Pyman*, Soc. **1932** 1806, 1810). Aus 3-Methyl-2-thioxo-
2,3-dihydro-1*H*-imidazol-4-carbonsäure [ca. 250°] (*Jo. et al.*).
Kristalle; F: 146—148° [unkorr.] (*Jo. et al.*), 143—144° [korr.] (*Ea., Py.*). IR-Spektrum
(CHCl$_3$; 2—12 μ): *Ettlinger*, Am. Soc. **72** [1950] 4699, 4701. λ_{max}: 251 nm [H_2O], 260 nm
[A.] bzw. 267 nm [CHCl$_3$] (*Lawson, Morley*, Soc. **1956** 1103, 1106).
Beim Behandeln mit Chlorokohlensäure-äthylester und Pyridin ist 3-Methyl-2-thioxo-
2,3-dihydro-imidazol-1-carbonsäure-äthylester erhalten worden (*Nation. Research Devel.
Corp.*, U.S.P. 2671088 [1952], 2815349 [1956]; s. a. *La., Mo.*, l. c. S. 1107).

1-Äthyl-1,3-dihydro-imidazol-2-thion $C_5H_8N_2S$, Formel X (R = C_2H_5, R' = H) auf
S. 63, und Tautomeres.
B. Aus Äthylamino-acetaldehyd-diäthylacetal, Kalium-thiocyanat und wss. HCl in

Äthanol (*Jones et al.*, Am. Soc. **71** [1949] 4000).
  Kristalle; F: 79—80°.

1-Äthyl-3-methyl-1,3-dihydro-imidazol-2-thion $C_6H_{10}N_2S$, Formel X ($R = C_2H_5$, $R' = CH_3$).
  B. Beim Erhitzen von 1-Äthyl-2-äthylmercapto-3-methyl-imidazolium-jodid (*Baker*, Soc. **1958** 2387, 2389). Neben überwiegenden Mengen 2-Äthylmercapto-1-methyl-1*H*-imidazol beim Erhitzen von 3-Methyl-2-thioxo-2,3-dihydro-imidazol-1-carbonsäure-äthyl=ester (*Ba.*, l. c. S. 2390).
  Kristalle (nach Destillation); F: 51°. Kp_{14}: 166°. λ_{max} (A.): 260 nm.

1-Propyl-1,3-dihydro-imidazol-2-thion $C_6H_{10}N_2S$, Formel X ($R = CH_2$-CH_2-CH_3, $R' = H$), und Tautomeres.
  B. Aus Propylamino-acetaldehyd-diäthylacetal, Kalium-thiocyanat und wss. HCl in Äthanol (*Jones et al.*, Am. Soc. **71** [1949] 4000).
  Kristalle; F: 115—116° [unkorr.].

1-Isopropyl-1,3-dihydro-imidazol-2-thion $C_6H_{10}N_2S$, Formel X ($R = CH(CH_3)_2$, $R' = H$), und Tautomeres.
  B. Aus 3-Isopropyl-2-thioxo-2,3-dihydro-1*H*-imidazol-4-carbonsäure [ca. 250°] (*Jones et al.*, Am. Soc. **71** [1949] 4000).
  Kristalle; F: 168—169° [unkorr.].

1-Butyl-1,3-dihydro-imidazol-2-thion $C_7H_{12}N_2S$, Formel X ($R = [CH_2]_3$-CH_3, $R' = H$), und Tautomeres.
  B. Aus Butylamino-acetaldehyd-diäthylacetal, Kalium-thiocyanat und wss. HCl in Äthanol (*Jones et al.*, Am. Soc. **71** [1949] 4000).
  Kristalle; F: 80—81° (*Jo. et al.*).
  Die folgenden Verbindungen sind auf die gleiche Weise hergestellt worden:
  (±)-1-*sec*-Butyl-1,3-dihydro-imidazol-2-thion $C_7H_{12}N_2S$, Formel X ($R = CH(CH_3)$-CH_2-CH_3, $R' = H$), und Tautomeres. F: 166—167° [unkorr.] (*Jo. et al.*).
  1-Isobutyl-1,3-dihydro-imidazol-2-thion $C_7H_{12}N_2S$, Formel X ($R = CH_2$-$CH(CH_3)_2$, $R' = H$), und Tautomeres. F: 137—138° [unkorr.] (*Jo. et al.*).
  1-*tert*-Butyl-1,3-dihydro-imidazol-2-thion $C_7H_{12}N_2S$, Formel X ($R = C(CH_3)_3$, $R' = H$), und Tautomeres. F: 189—190° [unkorr.] (*Jo. et al.*).
  1-Isopentyl-1,3-dihydro-imidazol-2-thion $C_8H_{14}N_2S$, Formel X ($R = CH_2$-CH_2-$CH(CH_3)_2$, $R' = H$), und Tautomeres. Kristalle (aus A.); F: 95—96° (*Cannon et al.*, J. org. Chem. **22** [1957] 1323, 1324, 1326).
  (±)-1-[1-Methyl-hexyl]-1,3-dihydro-imidazol-2-thion $C_{10}H_{18}N_2S$, Formel X ($R = CH(CH_3)$-$[CH_2]_4$-CH_3, $R' = H$), und Tautomeres. Kristalle; F: 75—76° [aus A.] (*Ca. et al.*), 72—73° (*Jo. et al.*).
  *Opt.-inakt. 1-[1,3-Dimethyl-pentyl]-1,3-dihydro-imidazol-2-thion $C_{10}H_{18}N_2S$, Formel X ($R = CH(CH_3)$-CH_2-$CH(CH_3)$-CH_2-CH_3, $R' = H$), und Tautomeres. Kristalle (aus A.); F: 82° (*Ca. et al.*).
  1-Octyl-1,3-dihydro-imidazol-2-thion $C_{11}H_{20}N_2S$, Formel X ($R = [CH_2]_7$-CH_3, $R' = H$), und Tautomeres. Kristalle (aus A.); F: 57—57,5° (*Ca. et al.*).
  1-Decyl-1,3-dihydro-imidazol-2-thion $C_{13}H_{24}N_2S$, Formel X ($R = [CH_2]_9$-CH_3, $R' = H$), und Tautomeres. Kristalle (aus Heptan); F: 57—59° (*Yale*, Am. Soc. **75** [1953] 675, 677).
  1-Allyl-1,3-dihydro-imidazol-2-thion $C_6H_8N_2S$, Formel X ($R = CH_2$-$CH=CH_2$, $R' = H$), und Tautomeres. Kristalle (aus H_2O); F: 73—74° (*Jo. et al.*).

1-Cyclohexyl-1,3-dihydro-imidazol-2-thion $C_9H_{14}N_2S$, Formel X ($R = C_6H_{11}$, $R' = H$), und Tautomeres.
  B. Aus 3-Cyclohexyl-2-thioxo-2,3-dihydro-1*H*-imidazol-4-carbonsäure [ca. 240°] (*E. Lilly & Co.*, U.S.P. 2585388 [1948]; s. a. *Jones et al.*, Am. Soc. **71** [1949] 4000).
  Kristalle; F: ca. 173—174° [aus Acn. + PAe.] (*E. Lilly & Co.*), 173—174° [unkorr.] (*Jo. et al.*).

1-Phenyl-1,3-dihydro-imidazol-2-thion $C_9H_8N_2S$, Formel X (R = C_6H_5, R' = H), und Tautomeres (H 17; E II 7).

B. Aus Anilino-acetaldehyd-diäthylacetal, Kalium-thiocyanat und wss. HCl in Äthanol (*Jones et al.*, Am. Soc. **71** [1949] 4000). Aus 3-Phenyl-2-thioxo-2,3-dihydro-1H-imidazol-4-carbonsäure [ca. 230°] (*E. Lilly & Co.*, U.S.P. 2585388 [1948]; s. a. *Jo. et al.*).

Kristalle; F: ca. 180—181° [aus Acn. + PAe.] (*E. Lilly & Co.*), 179—180° [unkorr.] (*Jo. et al.*).

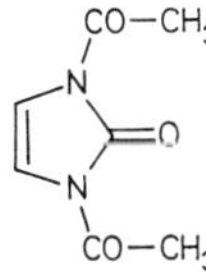

IX 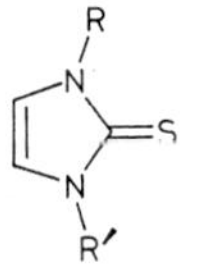   X 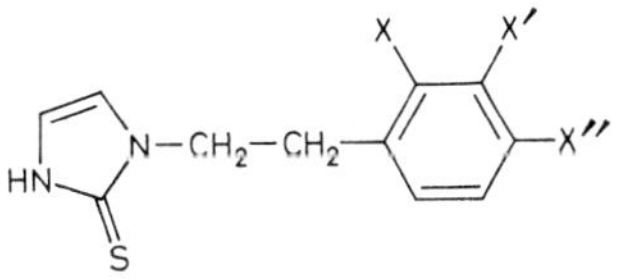   XI 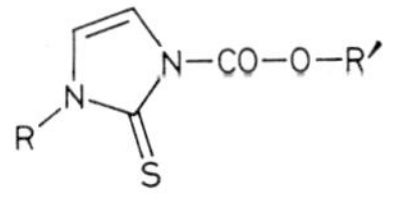   XII

1-Benzyl-1,3-dihydro-imidazol-2-thion $C_{10}H_{10}N_2S$, Formel X (R = CH_2-C_6H_5, R' = H), und Tautomeres.

B. Aus Benzylamino-acetaldehyd-diäthylacetal beim Erwärmen in Äthanol mit Natrium-thiocyanat (oder Kalium-thiocyanat) und wss. HCl (*Jones*, Am. Soc. **71** [1949] 383, 384; *Jones et al.*, Am. Soc. **71** [1949] 4000). Aus 3-Benzyl-2-thioxo-2,3-dihydro-1H-imidazol-4-carbonsäure [ca. 250°] (*Jo. et al.*).

Kristalle; F: 145—146° [unkorr.] (*Jo. et al.*), 144—145° [aus E.] (*Jo.*).

1-Phenäthyl-1,3-dihydro-imidazol-2-thion $C_{11}H_{12}N_2S$, Formel XI (X = X' = X'' = H), und Tautomeres.

B. Aus Phenäthylamino-acetaldehyd-diäthylacetal, Kalium-thiocyanat und wss. HCl in Äthanol (*Jones et al.*, Am. Soc. **71** [1949] 4000).

Kristalle; F: 166—167° [unkorr.].

Die folgenden Verbindungen sind auf die gleiche Weise hergestellt worden:

1-[2-Chlor-phenäthyl]-1,3-dihydro-imidazol-2-thion $C_{11}H_{11}ClN_2S$, Formel XI (X = Cl, X' = X'' = H), und Tautomeres. Kristalle (aus A.); F: 140,5° [unkorr.] (*Cannon et al.*, J. org. Chem. **22** [1957] 1323, 1324, 1326).

1-[4-Chlor-phenäthyl]-1,3-dihydro-imidazol-2-thion $C_{11}H_{11}ClN_2S$, Formel XI (X = X' = H, X'' = Cl), und Tautomeres. F: 202—203° [unkorr.] (*Ca. et al.*).

1-[2,4-Dichlor-phenäthyl]-1,3-dihydro-imidazol-2-thion $C_{11}H_{10}Cl_2N_2S$, Formel XI (X = X'' = Cl, X' = H), und Tautomeres. F: 179,5—180° [unkorr.] (*Ca. et al.*).

1-[3,4-Dichlor-phenäthyl]-1,3-dihydro-imidazol-2-thion $C_{11}H_{10}Cl_2N_2S$, Formel XI (X = H, X' = X'' = Cl), und Tautomeres. F: 153—154° [unkorr.] (*Ca. et al.*).

(±)-1-[1-Methyl-2-phenyl-äthyl]-1,3-dihydro-imidazol-2-thion $C_{12}H_{14}N_2S$, Formel X (R = $CH(CH_3)$-CH_2-C_6H_5, R' = H), und Tautomeres. F: 126—126,5° [unkorr.] (*Ca. et al.*).

1-[3-Phenyl-propyl]-1,3-dihydro-imidazol-2-thion $C_{12}H_{14}N_2S$, Formel X (R = $[CH_2]_3$-C_6H_5, R' = H), und Tautomeres. F: 113—114° [unkorr.] (*Ca. et al.*).

1-[2-Hydroxy-äthyl]-1,3-dihydro-imidazol-2-thion $C_5H_8N_2OS$, Formel X (R = CH_2-CH_2-OH, R' = H), und Tautomeres.

B. Beim Behandeln von Isothiocyanatoacetaldehyd-diäthylacetal mit 2-Amino-äthanol und Erhitzen des Reaktionsprodukts mit wss. H_2SO_4 (*Easson, Pyman*, Soc. **1932** 1806, 1810).

Kristalle (aus A.); F: 151—152° [korr.].

1-[4-Methoxy-phenyl]-1,3-dihydro-imidazol-2-thion $C_{10}H_{10}N_2OS$, Formel X (R = C_6H_4-O-$CH_3(p)$, R' = H), und Tautomeres.

B. Beim Erhitzen von N-[2,2-Diäthoxy-äthyl]-N'-[4-methoxy-phenyl]-thioharnstoff mit wss. H_2SO_4 (*Du Pont de Nemours & Co.*, U.S.P. 2005538 [1932]).

Kristalle (aus A.); F: 216—217°.

1-[4-Äthoxy-phenyl]-1,3-dihydro-imidazol-2-thion $C_{11}H_{12}N_2OS$, Formel X (R = C_6H_4-O-$C_2H_5(p)$, R' = H), und Tautomeres.

B. Aus N-[4-Äthoxy-phenyl]-N'-[2,2-diäthoxy-äthyl]-thioharnstoff mit Hilfe von wss.

H_2SO_4 (*Du Pont de Nemours & Co.*, U.S.P. 2005538 [1932]).
F: 205°.

1-[4-Methoxy-phenäthyl]-1,3-dihydro-imidazol-2-thion $C_{12}H_{14}N_2OS$, Formel XI
(X = X′ = H, X″ = O-CH₃), und Tautomeres.

B. Aus [4-Methoxy-phenäthylamino]-acetaldehyd-diäthylacetal, Kalium-thiocyanat
und wss. HCl in Äthanol (*Cannon et al.*, J. org. Chem. **22** [1957] 1323, 1324, 1326).
F: 152° [unkorr.].

1-[3,4-Dimethoxy-phenäthyl]-1,3-dihydro-imidazol-2-thion $C_{13}H_{16}N_2O_2S$, Formel XI
(X = H, X′ = X″ = O-CH₃), und Tautomeres.

B. Analog der vorangehenden Verbindung (*Cannon et al.*, J. org. Chem. **22** [1957]
1323, 1324, 1326).
F: 171° [unkorr.].

1-Hydroxymethyl-1,3-dihydro-imidazol-2-thion $C_4H_6N_2OS$, Formel X (R = CH₂-OH,
R′ = H), und Tautomeres.

B. Beim Behandeln von 1,3-Dihydro-imidazol-2-thion in konz. wss. HCl oder in Essigsäure mit wss. Formaldehyd (*Heath et al.*, Soc. **1951** 2217, 2219).
Kristalle (aus A.); F: 161°. λ_{max} (H_2O): 255 nm.

1-Hydroxymethyl-3-methyl-1,3-dihydro-imidazol-2-thion $C_5H_8N_2OS$, Formel X
(R = CH₂-OH, R′ = CH₃).

B. Aus 1-Methyl-1,3-dihydro-imidazol-2-thion beim Erwärmen mit wss. Formaldehyd
(*Lawson*, *Morley*, Soc. **1956** 1103, 1108) sowie beim Behandeln mit wss. Formaldehyd
und wss. Na_2CO_3 (*Asta-Werke*, D.B.P. 1016267 [1955]).
Kristalle; F: 115—118° [aus A.] (*La.*, *Mo.*), 114—116° [aus Bzl.] (*Asta-Werke*). λ_{max}
(A.): 263 nm (*La.*, *Mo.*, l. c. S. 1106).

1,3-Bis-hydroxymethyl-1,3-dihydro-imidazol-2-thion $C_5H_8N_2O_2S$, Formel X
(R = R′ = CH₂-OH).

B. Aus 1,3-Dihydro-imidazol-2-thion und wss. Formaldehyd (*Lawson*, *Morley*, Soc.
1956 1103, 1108).
Kristalle (aus A.); F: 129°. λ_{max} (A.): 267 nm (*La.*, *Mo.*, l. c. S. 1106).

1-Benzoyl-3-methyl-1,3-dihydro-imidazol-2-thion $C_{11}H_{10}N_2OS$, Formel X (R = CO-C₆H₅,
R′ = CH₃).

B. Aus Thiobenzoesäure-*S*-[1-methyl-1*H*-imidazol-2-ylester]-hydrochlorid mit Hilfe
von wss. $NaHCO_3$ (*Lawson*, *Morley*, Soc. **1956** 1103, 1108). Aus 1-Methyl-1,3-dihydro-
imidazol-2-thion und Benzoylchlorid in Pyridin und wenig Äthanol (*La.*, *Mo.*, l. c. S. 1107).
Gelbe Kristalle (aus A.); F: 102°.

2-Thioxo-2,3-dihydro-imidazol-1-carbonsäure-äthylester $C_6H_8N_2O_2S$, Formel XII
(R = H, R′ = C₂H₅), und Tautomeres.

B. Aus 1,3-Dihydro-imidazol-2-thion und Chlorokohlensäure-äthylester in Pyridin
(*Lawson*, *Morley*, Soc. **1956** 1103, 1106).
Kristalle (aus E.); F: 119—120°.

3-Methyl-2-thioxo-2,3-dihydro-imidazol-1-carbonsäure-methylester $C_6H_8N_2O_2S$,
Formel XII (R = R′ = CH₃).

B. Aus 1-Methyl-1,3-dihydro-imidazol-2-thion und Chlorokohlensäure-methylester
in Pyridin (*Lawson*, *Morley*, Soc. **1956** 1103, 1107).
Kristalle (aus A.); F: 135°.

3-Methyl-2-thioxo-2,3-dihydro-imidazol-1-carbonsäure-äthylester $C_7H_{10}N_2O_2S$,
Formel XII (R = CH₃, R′ = C₂H₅).

B. Aus Thiokohlensäure-*O*-äthylester-*S*-[1-methyl-1*H*-imidazol-2-ylester] in Äther
unter Zusatz von wenig Chlorokohlensäure-äthylester oder von wenig Pyridin-hydrochlorid (*Baker*, Soc. **1958** 2387, 2389). Aus 1-Methyl-1,3-dihydro-imidazol-2-thion und
Chlorokohlensäure-äthylester in Pyridin (*Nation. Research Devel. Corp.*, U.S.P. 2671088

[1952], 2 815 349 [1956]; s. a. *Lawson, Morley*, Soc. **1956** 1103, 1107).

Kristalle; F: 123° [aus Acn.] (*Ba*.), 122—123° [aus A.] (*Nation. Research Devel. Corp.*), 121—122° [aus A.] (*La., Mo.*). λ_{max} (CHCl$_3$): 304 nm (*La., Mo.*, l. c. S. 1106).

Beim Erhitzen auf 150—160° sind 2-Äthylmercapto-1-methyl-1*H*-imidazol (Hauptprodukt) und 1-Äthyl-3-methyl-1,3-dihydro-imidazol-2-thion erhalten worden (*Ba*.).

3-Methyl-2-thioxo-2,3-dihydro-imidazol-1-carbonsäure-benzylester C$_{12}$H$_{12}$N$_2$O$_2$S, Formel XII (R = CH$_3$, R' = CH$_2$-C$_6$H$_5$) auf S. 63.

B. Aus 1-Methyl-1,3-dihydro-imidazol-2-thion und Chlorokohlensäure-benzylester in wss. NaOH (*Lawson, Morley*, Soc. **1956** 1103, 1107).

Kristalle (aus Bzl. + PAe.); F: 91—92°. λ_{max} (CHCl$_3$): 304 nm (*La., Mo.*, l. c. S. 1106).

[2-Thioxo-2,3-dihydro-imidazol-1-yl]-essigsäure C$_5$H$_6$N$_2$O$_2$S, Formel I (R = H, X = OH), und Tautomeres.

B. Beim Behandeln von Glycin-äthylester mit Isothiocyanatoacetaldehyd-diäthyl⹀ acetal und anschliessenden Erhitzen mit wss. H$_2$SO$_4$ (*Easson, Pyman*, Soc. **1932** 1806, 1811).

Kristalle (aus A.); F: 205—206° [korr.].

[2-Thioxo-2,3-dihydro-imidazol-1-yl]-essigsäure-äthylester C$_7$H$_{10}$N$_2$O$_2$S, Formel I (R = H, X = O-C$_2$H$_5$), und Tautomeres.

Diese Konstitution kommt wahrscheinlich der von *Soper et al.* (Am. Soc. **70** [1948] 2849, 2853) als [1*H*-Imidazol-2-ylmercapto]-essigsäure-äthylester formulierten Verbindung zu (s. diesbezüglich *Lawson, Morley*, Soc. **1956** 1103, 1104; *Baker*, Soc. **1958** 2387); entsprechendes gilt für das als [1*H*-Imidazol-2-ylmercapto]-essigsäure-[2-hydroxy-äthylamid] angesehene [2-Hydroxy-äthylamid] (s. u.).

B. Aus 1,3-Dihydro-imidazol-2-thion und Chloressigsäure-äthylester in wss. NaOH (*So. et al.*).

Kristalle (aus PAe.); F: 76° (*So. et al.*).

[2-Thioxo-2,3-dihydro-imidazol-1-yl]-essigsäure-[2-hydroxy-äthylamid] C$_7$H$_{11}$N$_3$O$_2$S, Formel I (R = H, X = NH-CH$_2$-CH$_2$-OH), und Tautomeres.

B. Aus dem Äthylester [s. o.] (*Soper et al.*, Am. Soc. **70** [1948] 2849, 2853).

Kristalle; F: 125—126°.

      I   II   III   IV

[3-Phenyl-2-thioxo-2,3-dihydro-imidazol-1-yl]-essigsäure C$_{11}$H$_{10}$N$_2$O$_2$S, Formel I (R = C$_6$H$_5$, X = OH).

Diese Konstitution kommt wahrscheinlich der von *Eastman Kodak Co.* (U.S.P. 2 819 965 [1956]) als [1-Phenyl-1*H*-imidazol-2-ylmercapto]-essigsäure formulierten Verbindung zu (s. diesbezüglich *Lawson, Morley*, Soc. **1956** 1103, 1104; *Baker*, Soc. **1958** 2387).

B. Aus 1-Phenyl-1,3-dihydro-imidazol-2-thion und Natrium-chloracetat in wss. Na$_2$CO$_3$ (*Eastman Kodak Co.*).

F: 148—150° (*Eastman Kodak Co.*).

2-[2-Thioxo-2,3-dihydro-imidazol-1-yl]-benzoesäure-äthylester C$_{12}$H$_{12}$N$_2$O$_2$S, Formel II, und Tautomeres.

B. Beim Behandeln von 2-Isothiocyanato-benzoesäure-äthylester mit Aminoacetalde⹀ hyd-diäthylacetal und Erhitzen des Reaktionsprodukts mit wss. H$_2$SO$_4$ (*Shirley, Alley*, Am. Soc. **79** [1957] 4922, 4927).

F: 123—124,5° [unkorr.].

1-[2-Dimethylamino-äthyl]-1,3-dihydro-imidazol-2-thion $C_7 H_{13} N_3 S$, Formel III, und Tautomeres.
Hydrochlorid $C_7 H_{13} N_3 S \cdot HCl$. *B.* Aus [2-Dimethylamino-äthylamino]-acetaldehyd-diäthylacetal, Kalium-thiocyanat und wss. HCl in Äthanol (*Jones et al.*, Am. Soc. **71** [1949] 4000). — Kristalle (aus A.); F: 188—189° [unkorr.].

1,6-Bis-[2-thioxo-2,3-dihydro-imidazol-1-yl]-hexan, 1,3,1',3'-Tetrahydro-1,1'-hexandiyl-bis-imidazol-2-thion $C_{12} H_{18} N_4 S_2$, Formel IV, und Tautomere.
B. Aus N,N'-Bis-[2,2-diäthoxy-äthyl]-hexandiyldiamin, Natrium-thiocyanat und wss. HCl in Äthanol (*Yale*, Am. Soc. **75** [1953] 675, 677).
Kristalle (aus A.); F: 245—247°.

1-Hippuroyl-3-methyl-1,3-dihydro-imidazol-2-thion $C_{13} H_{13} N_3 O_2 S$, Formel V.
B. Aus 2-Phenyl-$4H$-oxazol-5-on und 1-Methyl-1,3-dihydro-imidazol-2-thion in 2-Methyl-pyridin (*Lawson, Morley*, Soc. **1956** 1103, 1107).
Kristalle (aus E.); F: 175°.

V   VI   VII

1-[2]Pyridyl-1,3-dihydro-imidazol-2-thion $C_8 H_7 N_3 S$, Formel VI, und Tautomeres.
Dihydrochlorid $C_8 H_7 N_3 S \cdot 2 HCl$. *B.* Aus [2]Pyridylamino-acetaldehyd-diäthylacetal, Kalium-thiocyanat und wss. HCl in Äthanol (*Jones et al.*, Am. Soc. **71** [1949] 4000).
Kristalle; F: 159—160° [unkorr.].

1-[2]Chinolyl-1,3-dihydro-imidazol-2-thion $C_{12} H_9 N_3 S$, Formel VII, und Tautomeres.
B. Beim Erhitzen von N-[2]Chinolyl-N'-[2,2-diäthoxy-äthyl]-thioharnstoff mit wss. $H_2 SO_4$ (*Easson, Pyman*, Soc. **1932** 1806, 1809).
Kristalle (aus A.); F: 263—264° [korr.; Zers.].

1-[8]Chinolyl-1,3-dihydro-imidazol-2-thion $C_{12} H_9 N_3 S$, Formel VIII (X = H), und Tautomeres.
B. Beim Erhitzen von [8]Chinolylamin mit Isothiocyanatoacetaldehyd-diäthylacetal und anschliessend mit wss. $H_2 SO_4$ (*Easson, Pyman*, Soc. **1932** 1806, 1809).
Kristalle (aus Eg.); F: 304° [korr.; Zers.].
Hydrochlorid $C_{12} H_9 N_3 S \cdot HCl$. Orangefarbene Kristalle (aus konz. wss. HCl).

1-[6-Methoxy-[8]chinolyl]-1,3-dihydro-imidazol-2-thion $C_{13} H_{11} N_3 OS$, Formel VIII (X = O-CH$_3$), und Tautomeres.
B. Analog der vorangehenden Verbindung (*Easson, Pyman*, Soc. **1932** 1806, 1810).
Kristalle (aus Eg.); F: 297° [korr.; Zers.].

4-Jod-1,3-dihydro-imidazol-2-thion $C_3 H_3 IN_2 S$, Formel IX (R = X = H), und Tautomere.
B. Beim Behandeln von 2-Benzylmercapto-4-jod-1(3)H-imidazol mit AlBr$_3$ in Benzol (*CIBA*, U.S.P. 2654761 [1951]). Beim Erhitzen von 4,5-Dijod-1,3-dihydro-imidazol-2-thion mit Na$_2$SO$_3$ in wss. NaOH (*CIBA*).
Kristalle (aus wss. A.); F: 175° [Zers.; nach Sintern bei 170°].

4-Jod-1-methyl-1,3-dihydro-imidazol-2-thion $C_4 H_5 IN_2 S$, Formel IX (R = CH$_3$, X = H), und Tautomeres.
B. Beim Erhitzen von 4,5-Dijod-1-methyl-1,3-dihydro-imidazol-2-thion mit Na$_2$SO$_3$ in wss. NaOH (*CIBA*, U.S.P. 2654761 [1951]).
Kristalle (aus A.); F: 164° [Zers.].

4,5-Dijod-1,3-dihydro-imidazol-2-thion $C_3 H_2 I_2 N_2 S$, Formel IX (R = H, X = I), und Tautomeres.
B. Beim Behandeln von 2-Benzylmercapto-4,5-dijod-1H-imidazol mit AlBr$_3$ in Benzol

oder Toluol (*CIBA*, U.S.P. 2 654 761 [1951]).

F: 170° [Zers. und Dunkelfärbung].

VIII   IX   X   XI   XII

4,5-Dijod-1-methyl-1,3-dihydro-imidazol-2-thion $C_4H_4I_2N_2S$, Formel IX (R = CH_3, X = I), und Tautomeres.

B. Beim Behandeln von 2-Benzylmercapto-4,5-dijod-1-methyl-1*H*-imidazol mit $AlBr_3$ in Benzol (*CIBA*, U.S.P. 2 654 761 [1951]).

Kristalle (aus A.); F: 170° [Zers. und Dunkelfärbung; nach Sintern bei 160°].

Oxo-Verbindungen $C_4H_6N_2O$

4,5-Dihydro-2*H*-pyridazin-3-on $C_4H_6N_2O$, Formel X (E I 189).

B. Beim Erhitzen von 6-Oxo-1,4,5,6-tetrahydro-pyridazin-3-carbonsäure (*Evans, Wiselogle*, Am. Soc. **67** [1945] 60).

F: 41−43° [nach Destillation].

2-[2-Nitro-phenyl]-4,5-dihydro-2*H*-pyridazin-3-on $C_{10}H_9N_3O_3$, Formel XI (X = NO_2, X′ = H).

B. Aus 4-[2-Nitro-phenylhydrazono]-buttersäure mit Hilfe von konz. H_2SO_4 (*Stevens, Fox*, Am. Soc. **70** [1948] 2263).

Kristalle (aus wss. A.); F: 101,5−102° [korr.].

2-[4-Nitro-phenyl]-4,5-dihydro-2*H*-pyridazin-3-on $C_{10}H_9N_3O_3$, Formel XI (X = H, X′ = NO_2).

B. Beim Erhitzen von 4-[4-Nitro-phenylhydrazono]-buttersäure mit Polyphosphor⸗ säure (*Amorosa, Lipparini*, Ann. Chimica **49** [1959] 322, 329).

Kristalle (aus A.); F: 127−128,5°.

2-[2-Benzo[1,3]dioxol-5-yl-äthyl]-4,5-dihydro-2*H*-pyridazin-3-on, 2-[3,4-Methylendioxy-phenäthyl]-4,5-dihydro-2*H*-pyridazin-3-on $C_{13}H_{14}N_2O_3$, Formel XII.

B. Aus [3,4-Methylendioxy-phenäthyl]-hydrazin und 4-Oxo-buttersäure-äthylester (*Sugasawa, Kohno*, Pharm. Bl. **4** [1956] 477).

Kristalle (aus wss. A.); F: 104°.   [*G. Grimm*]

5-Methyl-1,2-dihydro-pyrazol-3-on $C_4H_6N_2O$, Formel I (R = H) auf S. 69, und Tautomere (H 19; E I 189; E II 8).

Nach Ausweis der Kristallstruktur-Analyse liegt in den Kristallen (*De Camp, Stewart*, Acta cryst. [B] **27** [1971] 1227, 1232) und nach Ausweis der ¹H-NMR- und IR-Absorption (*Jones et al.*, Tetrahedron **19** [1963] 1497, 1500, 1501; *Elguero et al.*, Bl. **1967** 3772, 3780, 3790) in wss. Lösung fast ausschliesslich 5-Methyl-1,2-dihydro-pyrazol-3-on vor (s. dazu *Elguero et al.*, Adv. heterocycl. Chem. Spl. 1 [1976] 346, 349, 351). Über Gleichgewichte mit 5-Methyl-2*H*-pyrazol-3-ol in polaren organischen Lösungsmitteln und das fast ausschliessliche Vorliegen von 5-Methyl-2,4-dihydro-pyrazol-3-on in unpolaren Lösungsmitteln s. *El. et al.*, Bl. **1967** 1789, 1790; vgl. auch *Jo. et al.*

B. Beim Behandeln von 3-Chlor-*cis*-crotonsäure-äthylester mit $N_2H_4 \cdot H_2O$ in Äthanol (*Freri, G.* **66** [1936] 23, 25). Beim Behandeln von But-2-insäure-äthylester mit $N_2H_4 \cdot H_2O$ in H_2O (*Oškerko*, Ž. obšč. Chim. **8** [1938] 330; C. A. **1938** 5377). Aus Acetessigsäure-äthylester und $N_2H_4 \cdot H_2O$ in H_2O (*Rodionow, Fedorowa*, Izv. Akad. S.S.S.R. Otd. chim. **1952** 1049, 1055; engl. Ausg. S. 917, 921) oder in Äthanol (*Carpino*, Am. Soc. **80** [1958] 599). Beim Behandeln von 3-Semicarbazono-buttersäure-äthylester mit Natrium-

Amalgam in wss.-äthanol. Essigsäure (*Bougault et al.*, Bl. **1948** 786). Beim Erwärmen von 3-Methyl-5-oxo-2,5-dihydro-pyrazol-1-carbimidsäure-amid-nitrat mit wss. KOH (*De, Rakshit*, J. Indian chem. Soc. **13** [1936] 509, 512). Aus 3-Methyl-isoxazol-5-ylamin beim Hydrieren an Raney-Nickel in Äthanol und Erwärmen des Reaktionsprodukts mit $N_2H_4 \cdot H_2O$ (*Kano, Makisumi*, Pharm. Bl. **3** [1955] 270).

Atomabstände und Bindungswinkel (Röntgen-Diagramm): *De Camp, Stewart*, Acta cryst. [B] **27** [1971] 1227, 1230. Dipolmoment (ε; Dioxan) bei 25°: 2,54 D (*Jensen, Friediger*, Danske Vid. Selsk. Mat. fys. Medd. **20** Nr. 20 [1942/43] 40, 49).

Kristalle; F: 216−218° [korr.; aus A.] (*Wiley et al.*, Am. Soc. **76** [1954] 4931), 215° [aus DMF] (*De Camp, Stewart*, Acta cryst. [B] **27** [1971] 1227). Monoklin; Kristallstruktur-Analyse (Röntgen-Diagramm): *De Camp, St.* Dichte der Kristalle: 1,299 (*De Camp, St.*). IR-Spektrum (KBr; 2−20 µ): *Hüttel et al.*, A. **607** [1957] 109, 114. UV-Spektrum in Äthanol (220−270 nm): *Mosby*, Soc. **1957** 3997, 4000; *Veibel, Brøndum*, Acta chim. hung. **18** [1959] 493, 496; in wss. Äthanol sowie in H_2O (220−260 nm): *Ve., Br.*; in H_2O (210−260 nm): *Dayton*, C. r. **237** [1953] 185; in wss. Lösungen vom pH 2, pH 6 und pH 12 (220−260 nm): *Ve., Br.* λ_{max}: 224 nm und 244 nm [A.], 225 nm [äthanol. HCl], 235 nm [äthanol. Natriumäthylat] bzw. 237 nm [H_2O] (*Bogunez, Blisnjukow*, Trudy Charkovsk. politech. Inst. **26** [1959] 207; C. A. **1961** 15466). Scheinbarer Dissoziationsexponent pK'_b (H_2O [umgerechnet aus Eg.]; potentiometrisch ermittelt): 10,9 (*Veibel et al.*, Acta chem. scand. **8** [1954] 768, 770).

Beim Behandeln mit Amylnitrit in Aceton oder in Äther bildet sich 5-Methyl-4-nitro-1,2-dihydro-pyrazol-3-on (*Ajello*, G. **70** [1940] 401, 402). Beim Erwärmen mit einer Lösung von Quecksilber(II)-fulminat und KI in H_2O ist 5-Methyl-3-oxo-2,3-dihydro-1*H*-pyrazol-4-carbonitril erhalten worden (*Losco*, G. **68** [1938] 474, 478). Die beim Erwärmen mit Chlorokohlensäure-äthylester in wss. KOH erhaltene Verbindung (s. E II 24 8) ist nicht als 3-Methyl-5-oxo-4,5-dihydro-pyrazol-1-carbonsäure-äthylester, sondern wahrscheinlich als 5-Methyl-3-oxo-2,3-dihydro-pyrazol-1-carbonsäure-äthylester zu formulieren (*Wahlberg*, Ark. Kemi **17** [1961] 83, 85, 86). Überführung in 3,4-Dimethyl-1*H*-pyrano[2,3-*c*]pyrazol-6-on durch Behandeln mit Acetessigsäure-äthylester in wss. NaOH: *Seidel et al.*, B. **68** [1935] 1913, 1920; durch Erhitzen mit Acetessigsäure-äthylester auf 150°: *Musante, Fabbrini*, Farmaco Ed. scient. **8** [1953] 264, 273. Geschwindigkeitskonstante der Reaktion mit diazotiertem *p*-Toluidin in wss. Lösungen vom pH 5,4 bis pH 6,6 bei 15°: *Elofson et al.*, J. electroch. Soc. **97** [1950] 166, 172.

2,5-Dimethyl-1,2-dihydro-pyrazol-3-on $C_5H_8N_2O$, Formel I (R = CH_3), und Tautomere (H 19; E I 189; E II 9; dort als 1.3-Dimethyl-pyrazolon-(5) bezeichnet).

Nach Ausweis der ¹H-NMR- und IR-Absorption liegt in wss. Lösungen 85−90% 2,5-Dimethyl-1,2-dihydro-pyrazol-3-on, 5−10% 2,5-Dimethyl-2,4-dihydro-pyrazol-3-on und 0−5% 2,5-Dimethyl-2*H*-pyrazol-3-ol vor (*Maquestiau et al.*, Bl. Soc. chim. Belg. **80** [1971] 17, 24). Über das Gleichgewicht der Tautomeren in Lösungen in Methanol, Acetonitril, DMSO, Aceton, THF sowie Dioxan s. *Ma. et al.*, l. c. S. 23, 24.

B. Beim Erwärmen von Acetessigsäure-äthylester mit Methylhydrazin (*Veibel et al.*, Acta chem. scand. **8** [1954] 768, 770, 774). Beim Erhitzen von 3-[2-Methyl-semicarbazono]-buttersäure-äthylester auf 200° (*Taylor, Hartke*, Am. Soc. **81** [1959] 2456, 2462).

Kristalle; F: 117−118° [nach Sublimation] (*Ma. et al.*), 117° [korr.; nach Sublimation bei 105°/0,05 Torr] (*Ta., Ha.*), 117° (*Ve. et al.*). Kp_{19}: 130° (*Ve. et al.*). λ_{max} (A.): 244 nm (*Bogunez, Blisnjukow*, Trudy Charkovsk. politech. Inst. **26** [1959] 207, 208; C. A. **1961** 15466). Scheinbarer Dissoziationsexponent pK'_b (H_2O [umgerechnet aus Eg.]; potentiometrisch ermittelt): 10,3 (*Ve. et al.*).

1,5-Dimethyl-1,2-dihydro-pyrazol-3-on $C_5H_8N_2O$, Formel II (R = H), und Tautomeres (E II 9).

Nach Ausweis der UV-Absorption liegt in Lösungen in H_2O 70% 1,5-Dimethyl-1,2-dihydro-pyrazol-3-on und 30% 1,5-Dimethyl-1*H*-pyrazol-3-ol, in Methanol 90% 1,5-Dimethyl-1*H*-pyrazol-3-ol und 10% 1,5-Dimethyl-1,2-dihydro-pyrazol-3-on vor (*Elguero et al.*, Bl. **1967** 3772, 3780, 3790); in Lösungen in Pyridin, $CHCl_3$, CCl_4, Cyclohexan sowie in den Kristallen liegt ausschliesslich 1,5-Dimethyl-1*H*-pyrazol-3-ol vor (*El. et al.*, l. c. S. 3790).

B. Beim Erhitzen von Oxalsäure-bis-[*N'*-methyl-hydrazid] mit Acetessigsäure-äthyl=

ester und PCl₃ (*Kitamura*, J. pharm. Soc. Japan **60** [1940] 45, 47, 50; dtsch. Ref. S. 3,7; C. A. **1940** 3737). Bei der Hydrierung von 2-Benzyl-1,5-dimethyl-1,2-dihydro-pyrazol-3-on an Palladium/Kohle in wss.-methanol. HCl bei 40—50° (*Krohs*, B. **88** [1955] 866, 871).

Kristalle; F: 174° (*Kr.*). λ_{max} (A.) 245 nm (*Bogunez, Blisnjukow*, Trudy Charkovsk. politech. Inst. **26** [1959] 207, 208; C. A. **1961** 15466).

I   II   III   IV   V

1,2,5-Trimethyl-1,2-dihydro-pyrazol-3-on $C_6H_{10}N_2O$, Formel II (R = CH₃) (H 20; E I 189; E II 9; dort als 1.2.3-Trimethyl-pyrazolon-(5) bezeichnet).

B. Beim Erhitzen von 1,5-Dimethyl-1,2-dihydro-pyrazol-3-on mit CH₃I in Methanol (*Kitamura*, J. pharm. Soc. Japan **60** [1940] 45, 47, 50; dtsch. Ref. S. 3, 7; C. A. **1940** 3737).

Wasserhaltige Kristalle; F: 40—45° (*Ki.*). Kp_{25-26}: 186—190° (*Ki.*). UV-Spektrum (A. sowie wss.-äthanol. HCl; 220—300 nm): *Waljaschko, Blisnjukow*, Ž. obšč. Chim. **10** [1940] 1343, 1345, 1348; C. A. **1941** 3633. λ_{max} (A.): 254,5 nm (*Bogunez, Blisnjukow*, Trudy Charkovsk. politech. Inst. **26** [1959] 207, 208; C. A. **1961** 15466).

2-Äthyl-5-methyl-1,2-dihydro-pyrazol-3-on $C_6H_{10}N_2O$, Formel I (R = C₂H₅), und Tautomere.

B. Beim Erhitzen von 5-Methyl-1,2-dihydro-pyrazol-3-on mit Äthyljodid auf 125° (*Büchi et al.*, Helv. **32** [1949] 984, 991).

Kristalle (aus A.); F: 109° [korr.].

5-Methyl-2-propyl-1,2-dihydro-pyrazol-3-on $C_7H_{12}N_2O$, Formel I (R = CH₂-CH₂-CH₃), und Tautomere.

B. Beim Erhitzen von 5-Methyl-1,2-dihydro-pyrazol-3-on mit Propylbromid auf 125° (*Büchi et al.*, Helv. **32** [1949] 984, 989, 991).

Kristalle; F: 115° [korr.] (*Bü. et al.*).

2-Isopropyl-5-methyl-1,2-dihydro-pyrazol-3-on $C_7H_{12}N_2O$, Formel I (R = CH(CH₃)₂), und Tautomere.

B. Beim Erwärmen von Acetessigsäure-äthylester mit Isopropylhydrazin (*Büchi et al.*, Helv. **32** [1949] 984, 989, 991, 992). Beim Erhitzen von 5-Methyl-1,2-dihydro-pyrazol-3-on mit Isopropylbromid auf 125° (*Bü. et al.*).

Kristalle (aus Me.); F: 99°. $Kp_{0,2}$: 107°.

2-Butyl-5-methyl-1,2-dihydro-pyrazol-3-on $C_8H_{14}N_2O$, Formel I (R = [CH₂]₃-CH₃), und Tautomere.

B. Beim Erhitzen von 5-Methyl-1,2-dihydro-pyrazol-3-on mit Butylbromid auf 125° bzw. 130° (*Büchi et al.*, Helv. **32** [1949] 984, 989, 992; *Mamaew*, Ž. obšč. Chim. **29** [1959] 2747; engl. Ausg. S. 2714).

F: 86° (*Bü. et al.*), 82—84° (*Ma.*). Kp_4: 126—127° (*Ma.*); $Kp_{0,1}$: 109° (*Bü. et al.*).

2-Isobutyl-5-methyl-1,2-dihydro-pyrazol-3-on $C_8H_{14}N_2O$, Formel I (R = CH₂-CH(CH₃)₂), und Tautomere.

B. Analog der vorangehenden Verbindung (*Büchi et al.*, Helv. **32** [1949] 984, 989, 992).

F: 120—123° [korr.]. $Kp_{0,1}$: 107—130°.

5-Methyl-2-pentyl-1,2-dihydro-pyrazol-3-on $C_9H_{16}N_2O$, Formel I (R = [CH₂]₄-CH₃), und Tautomere.

B. Analog den vorangehenden Verbindungen (*Mamaew*, Ž. obšč. Chim. **29** [1959] 2747; engl. Ausg. S. 2714).

F: 65—68°. Kp_5: 142—146°.

2-Hexyl-5-methyl-1,2-dihydro-pyrazol-3-on $C_{10}H_{18}N_2O$, Formel I (R = $[CH_2]_5$-CH_3), und Tautomere.

B. Beim Erhitzen von 5-Methyl-1,2-dihydro-pyrazol-5-on mit Hexylbromid auf 140° unter Zusatz von Äthanol (*Mamaew*, Ž. obšč. Chim. **29** [1959] 2747; engl. Ausg. S. 2714). Beim Behandeln von Acetessigsäure-äthylester mit Hexylhydrazin in Äthanol und anschliessenden Erwärmen (*Ma.*).

F: 54—56°. Kp$_5$: 151—153°.

2-Heptyl-5-methyl-1,2-dihydro-pyrazol-3-on $C_{11}H_{20}N_2O$, Formel I (R = $[CH_2]_6$-CH_3), und Tautomere.

B. Beim Erhitzen von 5-Methyl-1,2-dihydro-pyrazol-3-on mit Heptylbromid auf 140° (*Mamaew*, Ž. obšč. Chim. **29** [1959] 2747; engl. Ausg. S. 2714).

F: 56—58°. Kp$_4$: 152—154°.

5-Methyl-2-octyl-1,2-dihydro-pyrazol-3-on $C_{12}H_{22}N_2O$, Formel I (R = $[CH_2]_7$-CH_3), und Tautomere.

B. Beim Erhitzen von 5-Methyl-1,2-dihydro-pyrazol-3-on mit Octylbromid auf 140° (*Mamaew*, Ž. obšč. Chim. **29** [1959] 2747; engl. Ausg. S. 2714). Beim Behandeln von Acetessigsäure-äthylester mit Octylhydrazin in Äthanol und anschliessenden Erwärmen (*Ma.*).

F: 57—59°. Kp$_4$: 162—164°.

5-Methyl-2-nonyl-1,2-dihydro-pyrazol-3-on $C_{13}H_{24}N_2O$, Formel I (R = $[CH_2]_8$-CH_3), und Tautomere.

B. Beim Erhitzen von 5-Methyl-1,2-dihydro-pyrazol-3-on mit Nonylbromid auf 140° (*Mamaew*, Ž. obšč. Chim. **29** [1959] 2747; engl. Ausg. S. 2714).

F: 58—60°. Kp$_4$: 166—169°.

2-But-2t-enyl-5-methyl-1,2-dihydro-pyrazol-3-on $C_8H_{12}N_2O$, Formel III, und Tautomere.

B. Aus Acetessigsäure-äthylester und But-2t-enyl-hydrazin (*Berthold*, B. **90** [1957] 2743, 2746).

Kristalle (aus Me.); F: 107°.

2-Cyclopentyl-5-methyl-1,2-dihydro-pyrazol-3-on $C_9H_{14}N_2O$, Formel IV (R = H), und Tautomere.

B. Beim Erwärmen von Acetessigsäure-äthylester mit Cyclopentylhydrazin in H_2O (*I.G. Farbenind.*, D.R.P. 611003 [1933]; Frdl. **21** 612).

Kristalle (aus A.); F: 139°.

2-Cyclopentyl-1,5-dimethyl-1,2-dihydro-pyrazol-3-on $C_{10}H_{16}N_2O$, Formel IV (R = CH_3).

B. Beim Erhitzen von 2-Cyclopentyl-5-methyl-1,2-dihydro-pyrazol-3-on mit CH_3I auf 120° oder mit Dimethylsulfat auf 170° (*I.G. Farbenind.*, D.R.P. 611003 [1933]; Frdl. **21** 612).

Kp$_2$: 161—163°.

2-Cyclohexyl-5-methyl-1,2-dihydro-pyrazol-3-on $C_{10}H_{16}N_2O$, Formel V (R = H), und Tautomere.

B. Beim Behandeln von Acetessigsäure-äthylester mit Cyclohexylhydrazin und anschliessenden Erwärmen (*I.G. Farbenind.*, D.R.P. 611003 [1933]; Frdl. **21** 612). Aus 5-Methyl-2-phenyl-1,2-dihydro-pyrazol-3-on bei der Hydrierung an einem Nickeloxid-Chromoxid-Katalysator in wss. KOH bei 120°/180 at (*I.G. Farbenind.*, D.R.P. 724162 [1935]; D.R.P. Org. Chem. **6** 2432; *Gen. Aniline Works*, U.S.P. 2132193 [1936]).

Kristalle (aus Bzl.); F: 152—153° (*I.G. Farbenind.*, D.R.P. 724162; *Gen. Aniline Works*).

2-Cyclohexyl-1,5-dimethyl-1,2-dihydro-pyrazol-3-on $C_{11}H_{18}N_2O$, Formel V (R = CH_3).

B. Beim Erhitzen von 2-Cyclohexyl-5-methyl-1,2-dihydro-pyrazol-3-on mit CH_3I auf 120° oder mit Dimethylsulfat auf 170° (*I.G. Farbenind.*, D.R.P. 611003 [1933]; Frdl. **21** 612).

Kristalle (aus E.); F: 66°.

1,2-Dicyclohexyl-5-methyl-1,2-dihydro-pyrazol-3-on $C_{16}H_{26}N_2O$, Formel V (R = C_6H_{11}).

B. Beim Erhitzen von Acetessigsäure-äthylester mit N,N'-Dicyclohexyl-hydrazin auf
160—180° (*I.G. Farbenind.*, D.R.P. 611 003 [1933]; Frdl. **21** 612).

Kristalle (aus PAe.); F: 85°.

5-Methyl-2-phenyl-1,2-dihydro-pyrazol-3-on $C_{10}H_{10}N_2O$, Formel VI (X = X' = X'' = H),
und Tautomere (II 20; E I 190; E II 9; dort als 1-Phenyl-3-methyl-pyrazolon-(5) bezeichnet).

Nach Ausweis der Kristallstruktur-Analyse (*Bechtel et al.*, Cryst. Struct. Commun. **2**
[1973] 469) und der IR-Absorption (*Katritzky, Maine*, Tetrahedron **20** [1964] 299, 313;
Elguero et al., Bl. **1967** 3772, 3780, 3790) liegt in den Kristallen ein Gemisch von 5-Meth≠
yl-2-phenyl-1,2-dihydro-pyrazol-3-on und 5-Methyl-2-phenyl-2*H*-pyrazol-3-ol, in
Lösungen in H_2O sowie in Methanol fast ausschliesslich 5-Methyl-2-phenyl-1,2-dihydro-
pyrazol-3-on vor (*El. et al.*, Bl. **1967** 3772, 3790; s. a. *Ka., Ma.*; s. dazu *Elguero et al.*,
Adv. heterocycl. Chem. Spl. 1 [1976] 321, 324). Nach Ausweis der ^{1}H-NMR-, der IR- sowie
der UV-Absorption liegt in $CHCl_3$, CCl_4 und Cyclohexan fast ausschliesslich 5-Methyl-
2-phenyl-2,4-dihydro-pyrazol-3-on vor (*Ka., Ma.; El. et al.*, Bl. **1967** 3790). Über
das Gleichgewicht der Tautomeren in DMSO s. *Hawkes et al.*, J.C.S. Perkin II **1977**
1024, 1027; in Acetonitril, Aceton, Dioxan und anderen Lösungsmitteln s. *Maquestiau
et al.*, Bl. Soc. chim. Belg. **82** [1973] 215, 218.

B. Beim Erwärmen von Butadiensäure-methylester mit Phenylhydrazin in Benzol
(*Drysdale et al.*, Am. Soc. **81** [1959] 4908). Beim Behandeln von Diketen (E III/IV **17**
4297) mit wss. NH_3 bei 5—10° und Behandeln des Reaktionsgemisches mit Phenylhydr≠
azin (*I.G. Farbenind.*, D.R.P. 747 734 [1939]; D.R.P. Org. Chem. **6** 2425; s. a. *CIBA*,
U.S.P. 2615917 [1951]). Beim Erwärmen von Diketen mit Phenylhydrazin in Benzol
unter Entfernen des entstehenden H_2O (*Carbide & Carbon Chem. Co.*, U.S.P. 2017815
[1934]; D.R.P. 637 260 [1935]; Frdl. **23** 468; *Isoshima*, Ann. Rep. Shionogi Res. Labor.
Nr. 5 [1955] 571, 574; C. A. **1956** 16689). Aus 3-Phenylhydrazono-buttersäure-amid beim
Erhitzen über den Schmelzpunkt (*Grassmann, Mayr*, Z. physiol. Chem. **214** [1933] 185,
208). Aus 3-Phenylhydrazono-buttersäure-diphenylamid beim Erwärmen in Xylol(*Tschelinzew, Dubinin*, B. **69** [1936] 2023, 2025). Aus 3-Phenylhydrazono-buttersäure-[N'-
phenyl-hydrazid] beim Erhitzen mit HCl oder beim Erwärmen mit Diketen in Benzol
(*Lecher et al.*, Am. Soc. **66** [1944] 1959, 1961, 1962). Beim Erwärmen von (±)-5-Methyl-
2-phenyl-pyrazolidin-3-on mit $FeCl_3$ in H_2O (*I.G. Farbenind.*, D.R.P. 524638 [1926];
Frdl. **18** 3065).

Atomabstände und Bindungswinkel (Röntgen-Diagramm): *Bechtel et al.*, Cryst. Struct.
Commun. **2** [1973] 469.

Kristalle; F: 129° [korr.] (*L. u. A. Kofler*, Thermo-Mikro-Methoden, 3. Aufl. [Wein-
heim 1954] S. 470), 128—129° [aus E.] (*Waljaschko, Blisnjukow*, Ž. obšč. Chim **11** [1941]
23, 24; C. A. **1941** 5496). Monoklin; Kristallstruktur-Analyse (Röntgen-Diagramm):
Bechtel et al., Cryst. Struct. Commun. **2** [1973] 469. Kp_{17}: 191—192° (*Wa., Bl.*); Kp_{14}:
192° (*Biquard, Grammaticakis*, Bl. **1941** 246, 253). Dichte der Kristalle: 1,26 (*Be. et al.*).
IR-Spektrum in KBr (2—8 μ): *Janssen, Rysschaert*, Bl. Soc. chim. Belg. **67** [1958] 270,
272; in Nujol (2,5—10,5 μ): *Toda*, J. chem. Soc. Japan Pure Chem. Sect. **80** [1959] 402,
403; C. A. **1961** 4150; in Acetonitril (2—8 μ): *Ja., Ry.*; in $CHCl_3$ (2—8 μ): *Ja., Ry.; Toda*;
in CCl_4 (2,3—4,1 μ): *Toda*. IR-Banden (KBr; 2,9—16,9 μ): *Hüttel et al.*, A. **607** [1957]
109, 112. IR-Spektrum eines deuterierten Präparats (Nujol; 2,5—10,5 μ): *Toda*. Absorptionsspektrum in Äthanol (220—320 nm): *Bi., Gr.; Westöö*, Acta chem. scand. **6** [1952]
1499, 1507, **9** [1955] 797, 799; s. a. *Wa., Bl.*, l. c. S. 31; in äthanol. HCl (220—320 nm):
Wa., Bl., l. c. S. 33; in äthanol. H_2SO_4 (220—290 nm): *We.*, Acta chem. scand. **9** 799;
in äthanol. Natriumäthylat (220—420 nm): *Wa., Bl.*,l. c. S. 35. Scheinbarer Dissoziationsexponent pK_a' (H_2O; spektrophotometrisch ermittelt) bei 20°: 1,07 (*Romain et al.*, Bl.
Soc. Pharm. Bordeaux **98** [1959] 15, 18; s. a. *Romain, Colleter*, C. r. **247** [1958] 1456).
Scheinbarer Dissoziationsexponent pK_b' (H_2O [umgerechnet aus Eg.]; potentiometrisch
ermittelt): 11,3 (*Veibel et al.*, Acta chem. scand **6** [1952] 1066, 1068, **8** [1954] 768, 770).

Löslichkeit in Äthanol bei 5—50°, in Äthylacetat bei 0—50° sowie in $CHCl_3$ bei 20—50°:
Nikolaew, Chim. farm. Promyšl. **1934** Nr. 6, S. 20; C. **1935** II 721.

Beim Erhitzen einer Lösung in Essigsäure mit wss. H_2O_2 (*Perroncito*, G. **65** [1935]
554, 555) oder mit H_3AsO_4 (*Perroncito*, G. **65** [1935] 1254, 1255) ist 5-Methyl-2-phenyl-

2*H*-pyrazol-3,4-dion-4-phenylhydrazon erhalten worden. Beim Erwärmen mit wss. H_2O_2 in wss. NaOH bildet sich 2-Phenylhydrazono-propionsäure (*Pe.*, G. **65** 1256). Überführung in Pyrazolblau (5,5'-Dimethyl-2,2'-diphenyl-2*H*,2'*H*-[4,4']bipyrazolyliden-3,3'-dion; Syst.-Nr. 4139) durch Erhitzen mit SeO_2 in Essigsäure: *Ohle, Melkonian*, B. **74** [1941] 398, 408; in 5,5'-Dimethyl-2,2'-diphenyl-2,4,2',4'-tetrahydro-[4,4']bipyrazolyl-3,3'-dion; Syst.-Nr. 4138) durch Erwärmen mit SeO_2 in Äthanol: *Ohle, Me.* Beim Erhitzen mit H_3AsO_4 auf 190° sind [5-Methyl-3-oxo-2-phenyl-2,3-dihydro-1*H*-pyrazol-4-yl]-[3-methyl-5-oxo-1-phenyl-1,5-dihydro-pyrazol-4-yliden]-methan Essigsäure-[*N'*-phenyl-hydrazid] und Glyoxylsäure erhalten worden (*Perroncito*, G. **65** 1256, **66** [1936] 563). Beim Erhitzen mit Nitrobenzol bilden sich 5,5'-Dimethyl-2,2'-diphenyl-2,4,2',4'-tetrahydro-[4,4']bipyrazolyl-3,3'-dion,   [5-Methyl-3-oxo-2-phenyl-2,3-dihydro-1*H*-pyrazol-4-yl]-[3-methyl-5-oxo-1-phenyl-1,5-dihydro-pyrazol-4-yliden]-methan und 4-Anilino-5-methyl-2-phenyl-1,2-dihydro-pyrazol-3-on (*Pe.*, G. **65** 1257). Überführung in 5-Methyl-3-oxo-2-phenyl-2,3-dihydro-1*H*-pyrazol-4-sulfonsäure durch Erwärmen mit konz. H_2SO_4 und Acetanhydrid: *Kaufmann, Steinhoff*, Ar. **278** [1940] 437, 438; durch Behandeln mit H_2SO_4 [20% SO_3 enthaltend]: *Ioffe, Chawin*, Ž. obšč. Chim. **17** [1947] 522, 525, 528, 533, 534; C. A. **1948** 903, 1933. Beim Erhitzen mit konz. H_2SO_4 ist 4-[3-Methyl-5-oxo-2,5-dihydro-pyrazol-1-yl]-benzolsulfonsäure, beim Behandeln mit H_2SO_4 [20% SO_3 enthaltend] und anschliessenden Erwärmen ist 5-Methyl-3-oxo-2-[4-sulfo-phenyl]-2,3-dihydro-1*H*-pyrazol-4-sulfonsäure erhalten worden (*Io., Ch.*). Beim Behandeln mit Isoamyl= nitrit in Benzol bildet sich 5-Methyl-4-nitro-2-phenyl-1,2-dihydro-pyrazol-3-on (*Ajello*, G. **70** [1940] 401, 403). Bei der Hydrierung an Raney-Nickel in Äthanol bei 150° ist Butyranilid erhalten worden (*Winans, Adkins*, Am. Soc. **55** [1933] 4167, 4170). Beim Erhitzen mit Benzylchlorid [1 Mol] auf 120° bilden sich 1-Benzyl-5-methyl-2-phenyl-1,2-dihydro-pyrazol-3-on und wenig 4-Benzyl-3-benzyloxy-5-methyl-2-phenyl-2*H*-pyr= azol (*Sonn, Litten*, B. **66** [1933] 1582, 1586). Beim Erhitzen mit Benzylchlorid [2 Mol] auf 180° sind 4-Benzyl-3-benzyloxy-5-methyl-2-phenyl-2*H*-pyrazol und 4-Benzyl-2-meth= yl-2-phenyl-1,2-dihydro-pyrazol-3-on (*Sonn, Li.*), bei stärkerem Erhitzen mit Benzyl= chlorid [2 Mol] ist 4,4-Dibenzyl-5-methyl-2-phenyl-2,4-dihydro-pyrazol-3-on erhalten worden (*Sonn, Li.*). Beim Behandeln mit $CHCl_3$ und äthanol. KOH bilden sich 3-Methyl-5-oxo-1-phenyl-1,2-dihydro-pyrazol-4-carbaldehyd und [5-Methyl-3-oxo-2-phenyl-2,3-di= hydro-1*H*-pyrazol-4-yl]-[3-methyl-5-oxo-1-phenyl-1,5-dihydro-pyrazol-4-yliden]-methan (*Losco*, G. **70** [1940] 284, 286). Bildung von 5-Methyl-4-[4-nitro-phenylmercapto]-2-phenyl-1,2-dihydro-pyrazol-3-on beim Erhitzen mit Bis-[4-nitro-phenyl]-disulfid auf 150°: *Angelini, Martani*, Ann. Chimica **45** [1955] 64, 68. Beim Erwärmen mit Form= aldehyd und wss. K_2CO_3 auf 90° ist 4-Hydroxymethyl-5-methyl-2-phenyl-1,2-dihydro-pyrazol-3-on erhalten worden (*Amâl, Özger*, Rev. Fac. Sci. Istanbul [A] **16** [1951] 71, 75). Beim Behandeln mit Butandion bildet sich 3-[5-Hydroxy-3-methyl-1-phenyl-1*H*-pyrazol-4-yl]-but-3-en-2-on [Syst.-Nr. 3589] (*Westöö*, Acta chem. scand. **13** [1959] 679). Bildung von 3,4,8,9-Tetramethyl-1,6-diphenyl-1,4,6,9-tetrahydro-4,9-methano-[1,5]di= oxocino[2,3-*c*;6,7-*c*']dipyrazol (F: 171°) beim Erwärmen mit Pentan-2,4-dion in Meth= anol unter Zusatz von wenig Piperidin: *We.*, l. c. S. 681. Beim Behandeln mit Vanillin und wss. HCl sind 5-Methyl-2-phenyl-4-[(*Z*)-vanillyliden]-2,4-dihydro-pyrazol-3-on (F: 169°) und [4-Hydroxy-3-methyl-phenyl]-bis-[3-methyl-5-oxo-1-phenyl-1,2-dihydro-pyrazol-4-yl]-methan erhalten worden (*Amâl, Kapuano*, Pharm. Acta Helv. **26** [1951] 379, 381, 383). Beim Erhitzen mit Formamid auf 200° bildet sich 4-Aminomethylen-5-methyl-2-phenyl-2,4-dihydro-pyrazol-3-on (*Ridi, Checchi*, G. **83** [1953] 36, 37, 40). Überführung in 5-Acetoxy-3-methyl-1-phenyl-1*H*-pyrazol durch Erhitzen mit Acet= anhydrid: *Eastman Kodak Co.*, U.S.P. 2694703 [1952]; in 4-Acetyl-5-methyl-2-phenyl-1,2-dihydro-pyrazol-3-on und 1-[5-Acetoxy-3-methyl-1-phenyl-1*H*-pyrazol-4-yl]-äthanon durch Erhitzen mit Acetanhydrid und Natriumacetat: *Eastman Kodak Co.* Überführung in 4-Benzoyl-5-methyl-2-phenyl-2,4-dihydro-pyrazol-3-on durch Erwärmen mit Benzoyl= chlorid und $Ca(OH)_2$ in Dioxan: *Jensen*, Acta chem. scand. **13** [1959] 1668. Beim Erwär= men mit Bromcyan in Äther unter Zusatz von $AlCl_3$ ist 5-Methyl-3-oxo-2-phenyl-2,3-di= hydro-1*H*-pyrazol-4-carbonitril erhalten worden (*Amâl, Öz.*, l. c. S. 74, 76). Geschwindig= keitskonstante der Reaktionen mit jeweils diazotiertem *o*-Toluidin, *m*-Toluidin, *p*-Tolu= idin, *o*-Anisidin oder *p*-Anisidin in wss. Lösungen vom pH 4,5—5,6 bei 15°: *Elofson et al.*, J. electroch. Soc. **97** [1950] 166, 172.

Verbindung mit Berylliumchlorid $2 C_{10}H_{10}N_2O \cdot BeCl_2$. Kristalle mit 2 Mol Di=

äthyläther (*Fricke*, Z. anorg. Ch. **253** [1947] 173, 175).

K u p f e r (II) - K o m p l e x   Cu(C$_{10}$H$_9$N$_2$O)$_2$. Braun; F: 185° (*Dubský*, Collect. **11** [1939] 526, 527).

S i l b e r (I) - K o m p l e x e. a) AgC$_{10}$H$_9$N$_2$O (H 23). Lichtempfindlicher Feststoff (*Du.*). — b) AgC$_{10}$H$_9$N$_2$O·C$_{10}$H$_{10}$N$_2$O (H 23). Nicht stabiler Feststoff (*Du.*).

S i l b e r (II) - K o m p l e x   Ag(C$_{10}$H$_9$N$_2$O)$_2$. Rotbrauner Feststoff (*Du.*). — V e r b i n d u n g mit P y r i d i n   [Ag(C$_{10}$H$_9$N$_2$O)$_2$]·2 C$_5$H$_5$N. Braune Kristalle (*Du.*).

E i s e n (III) - K o m p l e x   Fe(C$_{10}$H$_9$N$_2$O)$_3$. Violettgrau; F: 198° (*Du.*).

K o b a l t (II) - K o m p l e x   Co(C$_{10}$H$_9$N$_2$O)$_2$ (H 23). Blauer Feststoff (*Du.*).

K o b a l t (III) - K o m p l e x   Co(C$_{10}$H$_9$N$_2$O)$_2$(OH). Dunkelbrauner Feststoff (*Du.*).

VI   VII   VIII   IX

2-[2-Chlor-phenyl]-5-methyl-1,2-dihydro-pyrazol-3-on   C$_{10}$H$_9$ClN$_2$O, Formel VI (X = Cl, X′ = X″ = H), und Tautomere (E I 191; E II 10).

B. Aus [2-Chlor-phenyl]-hydrazin und Acetessigsäure-äthylester (*van Alphen*, R. **64** [1945] 109, 114; *Koike et al.*, J. chem. Soc. Japan Ind. Chem. Sect. **57** [1954] 56; C. A. **1955** 11 629).

Kristalle; F: 199° [aus A.] (*v. Al.*), 182—183° (*Ko.*).

2-[3-Chlor-phenyl]-5-methyl-1,2-dihydro-pyrazol-3-on   C$_{10}$H$_9$ClN$_2$O, Formel VI (X = X″ = H, X′ = Cl), und Tautomere (E II 10).

B. Beim Erwärmen von [3-Chlor-phenyl]-hydrazin mit Acetessigsäure-äthylester in Benzol (*Koike et al.*, J. chem. Soc. Japan Ind. Chem. Sect. **57** [1954] 56; C. A. **1955** 11 629).

Kristalle; F: 124—125°.

2-[4-Chlor-phenyl]-5-methyl-1,2-dihydro-pyrazol-3-on   C$_{10}$H$_9$ClN$_2$O, Formel VI (X = X′ = H, X″ = Cl), und Tautomere (E I 191; E II 11).

B. Analog der vorangehenden Verbindung (*Fichter, Willi*, Helv. **17** [1934] 1416, 1418; *Koike et al.*, J. chem. Soc. Japan Ind. Chem. Sect. **57** [1954] 56; C. A. **1955** 11 629). Aus 3-[4-Chlor-phenylhydrazono]-buttersäure-äthylester beim Erhitzen mit wss. Essigsäure (*van Alphen*, R. **64** [1945] 109, 114).

Kristalle; F: 168° (*van Al.*), 165—166° (*Ko.*).

2-[2,5-Dichlor-phenyl]-5-methyl-1,2-dihydro-pyrazol-3-on   C$_{10}$H$_8$Cl$_2$N$_2$O, Formel VII, und Tautomere (E II 11).

B. Beim Erhitzen von [2,5-Dichlor-phenyl]-hydrazin mit Acetessigsäure-äthylester in Essigsäure (*Lecher et al.*, Am. Soc. **66** [1944] 1959, 1962).

Kristalle (aus A.); F: 173—173,5° [korr.].

5-Methyl-2-[2,4,6-trichlor-phenyl]-1,2-dihydro-pyrazol-3-on   C$_{10}$H$_7$Cl$_3$N$_2$O, Formel VIII (X = Cl), und Tautomere.

B. Analog der vorangehenden Verbindung (*Brown et al.*, Am. Soc. **73** [1951] 919, 925).

Kristalle (aus A.); F: 184—186°.

2-[3-Brom-phenyl]-5-methyl-1,2-dihydro-pyrazol-3-on   C$_{10}$H$_9$BrN$_2$O, Formel VI (X = X″ = H, X′ = Br), und Tautomere.

B. Analog den vorangehenden Verbindungen (*Zimmermann, Cuthbertson*, Z. physiol. Chem. **205** [1932] 38, 40).

Kristalle (aus Eg.); F: 134°.

5-Methyl-2-[3-nitro-phenyl]-1,2-dihydro-pyrazol-3-on   C$_{10}$H$_9$N$_3$O$_3$, Formel VI (X = X″ = H, X′ = NO$_2$), und Tautomere (H 24; E I 191).

B. Analog den vorangehenden Verbindungen (*Koike et al.*, J. chem. Soc. Japan Ind.

Chem. Sect. **57** [1954] 56; C. A. **1955** 11 629).
Kristalle; F: 185°.

5-Methyl-2-[4-nitro-phenyl]-1,2-dihydro-pyrazol-3-on $C_{10}H_9N_3O_3$, Formel VI
($X = X' = H$, $X'' = NO_2$), und Tautomere (H 24; E I 191).

B. Aus 3-[4-Nitro-phenylhydrazono]-buttersäure-äthylester beim Behandeln mit H_2SO_4
(*Bauer, Strauss*, B. **65** [1932] 308, 312) oder beim Erhitzen mit Essigsäure (*Sumpter, Wilken*, Am. Soc. **70** [1948] 1980). Beim Erhitzen von [4-Nitro-phenyl]-hydrazin mit Acetessigsäure-äthylester in Essigsäure (*Su., Wi.*; *Koike*, J. chem. Soc. Japan Ind. Chem. Sect. **57** [1954] 56; C. A. **1955** 11 629) oder in wss. HCl (*Su., Wi.*; vgl. *Du Pont de Nemours & Co.*, U.S.P. 2 366 616 [1942]). Beim Behandeln von [4-Nitro-phenyl]-hydrazin-sulfat mit Diketen (E III/IV **17** 4297) und wss. NH_3 (*I. G. Farbenind.*, D.R.P. 747 734 [1939]; D.R.P. Org. Chem. **6** 2425). Beim Behandeln von 5-Methyl-2-phenyl-1,2-dihydro-pyrazol-3-on mit H_2SO_4 und wss. HNO_3 [D: 1,4] (*Siegle & Co.*, D.R.P. 701 135 [1940]; D.R.P. Org. Chem. **6** 2431).

Hellgelbe Kristalle; F: 225° (*Du Pont*), 220—222° (*I. G. Farbenind.*), 220° (*Ko.*), 218° [aus A.] (*Su., Wi.*).

2-[2,4-Dinitro-phenyl]-5-methyl-1,2-dihydro-pyrazol-3-on $C_{10}H_8N_4O_5$, Formel VI
($X = X'' = NO_2$, $X' = H$), und Tautomere.

Nach Ausweis der IR-Absorption liegt in den Kristallen und in Lösung in $CHCl_3$
2-[2,4-Dinitro-phenyl]-5-methyl-2,4-dihydro-pyrazol-3-on (*Elguero et al.*, Bl. **1968** 5019, 5021; Adv. heterocycl. Chem. Spl. 1 [1976] 325), nach Ausweis der ¹H-NMR-Absorption in Lösungen in DMSO 2-[2,4-Dinitro-phenyl]-5-methyl-2*H*-pyrazol-3-ol vor (*Elguero et al.*, Bl. **1966** 775; Adv. heterocycl. Chem. Spl. 1 327).

Die Identität der von *Chromow-Borisow* (Ž. obšč. Chim. **25** [1955] 136, 143; engl. Ausg. S. 123, 128) unter diesem Konstitution beschriebenen, beim Erwärmen von 3-[2,4-Dinitro-phenylhydrazono]-buttersäure-äthylester mit H_2SO_4 erhaltenen Verbindung vom F: 144° bis 144,5° ist ungewiss (*El. et al.*, Bl. **1968** 5020); das gleiche gilt auch für eine von *Carbide & Carbon Chem. Corp.* (U.S.P. 2 017 815 [1934]; D.R.P. 637 260 [1935]; Frdl. **23** 468) ebenfalls als 2-[2,4-Dinitro-phenyl]-5-methyl-1,2-dihydro-pyrazol-3-on formulierte, aus [2,4-Dinitro-phenyl]-hydrazin und Diketen erhaltene Verbindung vom F: 260° (*El. et al.*, Bl. **1968** 5020; s. a. *Clarke, Limon*, Chem. and Ind. **1965** 1562). In einer von *Rojahn, Fegeler* (B. **63** [1930] 2510, 2513, 2515) ebenso formulierten Verbindung (hellgelbe Kristalle [aus E. + PAe.]; F: 126°) hat vermutlich Picrolonsäure vorgelegen, da die Ausgangsverbindung als 5-Chlor-3-methyl-4-nitro-1-[4-nitro-phenyl]-1*H*-pyrazol zu formulieren ist.

B. Beim Erhitzen von 5-Methyl-1,2-dihydro-pyrazol-3-on mit 1-Fluor-2,4-dinitro-benzol (*El. et al.*, Bl. **1968** 5026, 5027).

Kristalle (aus A.); F: 128—129° (*El. et al.*, Bl. **1968** 5027).

5-Methyl-2-picryl-1,2-dihydro-pyrazol-3-on $C_{10}H_7N_5O_7$, Formel VIII ($X = NO_2$), und Tautomere.

Die Konstitution der nachstehend beschriebenen Verbindung ist nicht gesichert (s. dazu die Angaben im vorangehenden Artikel).

B. Beim Erwärmen von 3-Picrylhydrazono-buttersäure-äthylester mit H_2SO_4 (*Chromow-Borisow*, Ž. obšč. Chim. **25** [1955] 136, 143; engl. Ausg. S. 123, 128).

Hellgelbe Kristalle (aus Eg.); F: 211—212° [korr.].

5-Methyl-1-phenyl-1,2-dihydro-pyrazol-3-on $C_{10}H_{10}N_2O$, Formel IX ($X = X' = X'' = H$), und Tautomeres (H 24; E I 191; E II 11).

Nach Ausweis der Kristallstruktur-Analyse liegt in den Kristallen 5-Methyl-1-phenyl-1*H*-pyrazol-3-ol vor (*Bechtel et al.*, Cryst. Struct. Commun. **2** [1973] 473). Über das Gleichgewicht der Tautomeren in Lösungen in H_2O sowie in Methanol s. *Elguero et al.*, Adv. heterocycl. Chem. Spl. 1 [1976] 345.

B. Beim Erwärmen von 3-Phenylhydrazono-buttersäure-[*N'*-phenyl-hydrazid] mit wss. HCl (*Lecher et al.*, Am. Soc. **66** [1944] 1959, 1962). Beim Erwärmen von Acetessigsäure-äthylester mit Oxalsäure-bis-[*N'*-phenyl-hydrazid] und PCl_3 (*Kitamura*, J. pharm. Soc. Japan **60** [1940] 45, 50; dtsch. Ref. S. 3, 7; C. A. **1940** 3737). Als Hauptprodukt neben

5-Methyl-2-phenyl-1,2-dihydro-pyrazol-3-on beim Behandeln von Diketen (E III/IV **17** 4297) mit Phenylhydrazin in wss. Essigsäure (*I. G. Farbenind.*, D.R.P. 740249 [1938]; D.R.P. Org. Chem. **6** 2424).

Atomabstände und Bindungswinkel (Röntgen-Diagramm): *Be. et al.*

Kristalle; F: 167—168° [nach Sublimation] (*Corsano et al.*, Ann. Chimica **48** [1958] 140, 154), 167—168° [aus A.] (*I. G. Farbenind.*), 163—164° (*Le. et al.*). Orthorhombisch; Kristallstruktur-Analyse (Röntgen-Diagramm): *Be. et al.* Dichte der Kristalle: 1,28 (*Be. et al.*). UV-Spektrum (A.; 240—320 nm): *Biquard, Grammaticakis*, Bl. **1941** 254, 258, 260. Scheinbarer Dissoziationsexponent pK_b' (H$_2$O [umgerechnet aus Eg.]; potentiometrisch ermittelt): 12,1 (*Veibel et al.*, Acta chem. scand. **6** [1952] 1066, 1068) bzw. 12,2 (*Veibel et al.*, Acta chem. scand. **8** [1954] 768, 770).

Beim Erhitzen mit Phenylisothiocyanat auf 250° ist 5-Methyl-3-oxo-1-phenyl-2,3-dihydro-1*H*-pyrazol-4-thiocarbonsäure-anilid erhalten worden (*Kocwa*, Bl. Acad. polon. [A] **1936** 266, 271).

Hydrochlorid (H 24). F: 129—130° [Zers.] (*Le. et al.*).

Picrat (H 24). Kristalle; F: 148—149° (*Le. et al.*).

1-[2,4-Dichlor-phenyl]-5-methyl-1,2-dihydro-pyrazol-3-on $C_{10}H_8Cl_2N_2O$, Formel IX (X = X' = Cl, X'' = H) auf S. 73, und Tautomeres.

B. Aus Essigsäure-[N'-(2,4-dichlor-phenyl)-hydrazid] beim Behandeln mit Acetessigsäure-äthylester und PCl$_3$ (*Chattaway, Irving*, Soc. **1931** 786, 794).

Kristalle (aus A.); F: 208—209°.

Natrium-Salz $NaC_{10}H_7Cl_2N_2O$. Kristalle; F: 55° [Zers.](?).

1-[2,5-Dichlor-phenyl]-5-methyl-1,2-dihydro-pyrazol-3-on $C_{10}H_8Cl_2N_2O$, Formel IX (X = X'' = Cl, X' = H) auf S. 73, und Tautomeres.

B. Aus 3-[2,5-Dichlor-phenylhydrazono]-buttersäure-[N'-(2,5-dichlor-phenyl)-hydrazid] beim Erwärmen mit wss.-äthanol. HCl (*Am. Cyanamid Co.*, U.S.P. 2227654 [1940]; *Lecher et al.*, Am. Soc. **66** [1944] 1959, 1962).

Kristalle; F: 245—248° [korr.; aus Bzl.] (*Le. et al.*), 245—246° [korr.; aus A.] (*Am. Cyanamid Co.*).

5-Methyl-1-[4-nitro-phenyl]-1,2-dihydro-pyrazol-3-on $C_{10}H_9N_3O_3$, Formel IX (X = X' = H, X'' = NO$_2$) auf S. 73, und Tautomeres.

B. Aus 3-[4-Nitro-phenylhydrazono]-buttersäure-[N'-(4-nitro-phenyl)-hydrazid] beim Erwärmen mit wss.-äthanol. HCl (*Am. Cyanamid Co.*, U.S.P. 2227654 [1940]; *Lecher et al.*, Am. Soc. **66** [1944] 1959, 1962).

Gelbe Kristalle (aus A.); F: 233—234° [korr.; Zers.].

1,5-Dimethyl-2-phenyl-1,2-dihydro-pyrazol-3-on, Phenazon, Antipyrin $C_{11}H_{12}N_2O$, Formel X auf S. 83 (H 27; E I 194; E II 11; dort als 1-Phenyl-2.3-dimethyl-pyrazolon-(5) bezeichnet).

Über die Mesomerie s. *Singh, Vijayan*, Acta cryst. [B] **29** [1973] 714, 717.

Bildungsweisen.

Aus 5-Methyl-2-phenyl-1,2-dihydro-pyrazol-3-on beim Erhitzen mit methanol. HCl auf 120° (*Waljaschko, Blisnjukow*, Ukr. chim. Ž. **5** [1930] Nauk. Čast. S. 47; C. **1930** II 1554), beim Erhitzen mit Äthylbromid und Methanol auf 120° (*Dow Chem. Co.*, U.S.P. 1792833 [1928]), beim Erhitzen mit CH$_3$Br in Anisol oder mit CH$_3$Cl in Methylpyridin oder Antipyrin auf 135° (*Soc. Usines Chim. Rhône-Poulenc*, D.R.P. 568297 [1931]; Frdl. **19** 1182), beim Erhitzen mit CH$_3$Br ohne Lösungsmittel auf 132° (*Soc. Usines Chim. Rhône-Poulenc*, D.R.P. 581779 [1932]; Frdl. **20** 776), beim Erhitzen mit Dimethylsulfat in Xylol auf 150° (*Klebanškiǐ, Lemke*, Ž. prikl. Chim. **8** [1935] 269; C. A. **1935** 6891) sowie beim Erhitzen mit Toluol-4-sulfonsäure-methylester auf 150—160° (*Reuter*, D.R.P. 534908 [1928]; Frdl. **21** 614; s. a. *Nikolaew*, Chim. farm. Promyšl. **1934** 35, 36; C. A. **1934** 5444).

Abtrennung von Antipyrin aus Reaktionsgemischen durch Wasserdampf-Destillation: *Dow Chem. Co.*, U.S.P. 1896619 [1930].

In der beim Erhitzen von Acetessigsäure-äthylester mit N-Methyl-N'-phenyl-hydrazin erhaltenen Verbindung (*Knorr*, A. **238** [1887] 137, 203; vgl. H 27) hat nach den Befunden von *Müller et al.* (M. **89** [1958] 23, 26) nicht Antipyrin, sondern 2,5-Dimethyl-1-phenyl-1,2-dihydro-pyrazol-3-on (S. 84) vorgelegen.

Physikalische Eigenschaften.
Atomabstände und Bindungswinkel (Röntgen-Diagramm): *Singh, Vijayan,* Acta cryst. [B] **29** [1973] 714, 716, 718. Dipolmoment (ε; Bzl.) bei 25°: 5,48 D (*Jensen, Friediger,* Danske Vid. Selsk. Mat. fys. Medd. **20** Nr. 20 [1943] 49); bei 30°: 5,5 D (*Brown et al.,* Soc. **1949** 2812, 2815, 2816).

Monokline Kristalle (aus H_2O bei Raumtemperatur); Kristallstruktur-Analyse (Röntgen-Diagramm): *Singh, Vijayan,* Acta cryst. [B] **29** [1973] 714, 715; s. a. *Romain,* Bl. Soc. franç. Min. **75** [1952] 447; Bl. Soc. Pharm. Bordeaux **90** [1952] 43, 45. Kristallmorphologie: *Romain,* Bl. Soc. franç. Min. **75** 447; Bl. Soc. Pharm. Bordeaux **90** [1952] 40. Dichte der Kristalle: 1,259 (*Si., Vi.*), 1,253 (*Ro.,* Bl. Soc. franç. Min. **75** 447; Bl. Soc. Pharm. Bordeaux **90** 48). Grenzwinkel Kristall/Schmelze: *Gorškiǐ,* Mater. naučn. Sess. 40-letiju Belorussk. S.S.R. Minsk. 1959 S. 59; C. A. **1961** 6968. Schmelzenthalpie: 35,63 cal·g^{-1} (*Hrynakowski, Smoczkiewiczowa,* Roczniki Chem. **17** [1937] 165, 167; C. **1937** II 4020). Mittlere Wärmekapazität C_p bei 0−99,6°: 64,11 cal·$grad^{-1}$·mol^{-1} (*Satoh, Sogabe,* Scient. Pap. Inst. phys. chem. Res. **38** [1941] 231, 235). Kristalloptik: *Tillson, Eisenberg,* J. Am. pharm. Assoc. **43** [1954] 760, 761. Brechungsindex der Schmelze bei 120−122° und 144−147°: *L. u. A. Kofler,* Thermo-Mikro-Methoden, 3. Aufl. [Weinheim 1954] S. 449.

IR-Banden der Kristalle (1700−1300 cm^{-1}): *Lecomte et al.,* Bl. **1947** 779; *Gray,* A. ch. [12] **3** [1948] 355, 359, 382. Raman-Banden der Kristalle von 3170 cm^{-1} bis 320 cm^{-1}: *Reitz,* Z. physik. Chem. [B] **46** [1940] 181, 189, 190; von 3100 cm^{-1} bis 300 cm^{-1}: *Taboury,* Bl. [5] **5** [1938] 1394, 1397; von 3100 cm^{-1} bis 580 cm^{-1}: *Taboury, Boureau,* Bl. [5] **12** [1945] 594; *Le. et al.; Gray;* s. a. *Canals, Peyrot,* C. r. **206** [1938] 1179; der Schmelze bei 140° (3070−580 cm^{-1}): *Ta., Bo.; Le. et al.; Gray;* von Lösungen in $CHCl_3$ (1660−360 cm^{-1}) und in H_2O (3150−250 cm^{-1}): *Ta., Bo.;* s. a. *Bonino, Manzoni Ansidei,* Mem. Accad. Bologna [9] **1** [1933/34] 3, 6. UV-Spektrum (210−310 nm) in Hexan: *Waljaschko, Blisnjukow,* Ž. obšč. Chim. **10** [1940] 1343, 1345, **11** [1941] 23, 31; C. A. **1941** 3633, 5496; in-Heptan: *Kubota,* J. pharm. Soc. Japan **77** [1957] 818; C. A. **1957** 15271; in Äthanol: *Wa., Bl.,* Ž. obšč. Chim. **10** 1345, **11** 31; *Biquard, Grammaticakis,* Bl. [5] **8** [1941] 246, 250; *Brown et al.,* Soc. **1949** 2812, 2814; in Äthanol und in H_2O: *Roche, Wright,* A. M. A. Arch. ind. Hyg. occupat. Med. **8** [1953] 507, 510; in äthanol. HCl und in äthanol. Natrium-äthylat: *Wa., Bl.,* Ž. obšč. Chim. **10** 1348, **11** 33, 35.

Scheinbarer Dissoziationsexponent pK'_a (H_2O) bei 20°: 1,10 [spektrophotometrisch ermittelt] (*Romain et al.,* Bl. Soc. Pharm. Bordeaux **98** [1959] 15, 17; s. a. *Romain, Colleter,* C. r. **247** [1958] 1456); bei 25°: 1,5 (*Osborne,* zit. bei *Hall,* Am. Soc. **52** [1930] 5115, 5124), 1,46 (*Sprinkle,* zit. bei *Hall*), 1,42 (*Reinders,* zit. bei *Hall*). Scheinbarer Dissoziationsexponent pK'_b: 12,5 [H_2O; aus dem Oberflächenpotential ermittelt] (*Zapiór,* Bl. Acad. polon. [A] **1947** 157, 166), 11,2 [H_2O (umgerechnet aus Eg.); potentiometrisch ermittelt] (*Veibel et al.,* Acta chem. scand. **6** [1952] 1066, 1071, **8** [1954] 768, 770). Scheinbarer Dissoziationsexponent pK'_a (Eg.; potentiometrisch ermittelt) bei 25°: 1,45 (*Hall*). Säure-Funktion H_0 in wss. H_2SO_4 bei 25°: *Hall, Meyer,* Am. Soc. **62** [1940] 2493, 2499. Dielektrisches Inkrement in H_2O bei 25°: *Devoto,* R.A.L. [6] **21** [1935] 819.

Physikalische Eigenschaften von Antipyrin enthaltenden Mehrstoffsystemen.
Löslichkeit in CCl_4 und in Benzol: *Warren,* J. Assoc. agric. Chemists **16** [1933] 571, 572; in Toluol bei 5−90°: *Nikolaew,* Chim. farm. Promýšl. **1934** Nr. 6, S. 20; C. **1935** II 721. Lösungsvermögen einer wss. Antipyrin-Lösung für Thioharnstoff bei 15° und 25°: *Oliveri-Mandalà, Irrera,* G. **60** [1930] 872, 874. Löslichkeitsdiagramm des binären Systems mit Petroläther [Kp: 120−140°]: *Krupatkin,* Ž. obšč. Chim. **25** [1955] 2189, 2193; engl. Ausg. S. 2151, 2154. Löslichkeitsdiagramm der ternären Systeme mit Phenol und H_2O sowie mit Phenol und Petroläther [Kp: 120−140°] bei 50−150°: *Krupatkin,* Ž. obšč. Chim. **27** [1957] 1113; engl. Ausg. S. 1195; mit Brenzcatechin und H_2O sowie mit Resorcin und H_2O bei 20−120°: *Shurawlew,* Uč. Zap. Molotovsk. Univ. **8** Nr. 3 [1954] 3, 6−8; C. A. **1957** 5525; mit Chloralhydrat und H_2O bei 20−90°: *Sh.,* l. c. S. 9; *Krupatkin,* Ž. obšč. Chim. **26** [1956] 370; engl. Ausg. S. 393; mit Chloralhydrat und Petroläther [Kp: 120−140°] bei 100° und 120°: *Krupatkin,* Ž. obšč. Chim. **29** [1959] 2490; engl. Ausg. S. 2452; mit Benzoe-

säure und H_2O sowie mit Benzoesäure und Petroläther [Kp: 120—140°] bei 40—170°: *Krupatkin*, Ž. obšč. Chim. **27** [1957] 567; engl. Ausg. S. 633; mit Salicylsäure und H_2O sowie mit Salicylsäure und Petroläther [Kp: 120—140°] bei 50—180°: *Kr.*, Ž. obšč. Chim. **25** 2189. Verteilung zwischen Äther und H_2O sowie zwischen Isobutylalkohol und H_2O bei 20°: *Collander*, Acta chem. scand. **4** [1950] 1085, 1090; zwischen Octadec-9c-en-1-ol (Oleinalkohol) und H_2O bei 21°: *Meyer, Hemmi*, Bio. Z. **277** [1935] 39, 64; zwischen $CHCl_3$ und wss. HCl [0,5 n] bei 20°: *Brunzell, Hellberg*, Ann. pharm. franç. **12** [1954] 296, 301.

Phasendiagramm (fest/flüssig) der binären Systeme mit H_2O: *Krupatkin*, Ž. obšč. Chim. **26** [1956] 370, 371; engl. Ausg. S. 393, 394; mit 1,1,1-Trichlor-2-methyl-propan-2-ol („Acetonchloroform", Chloreton): *Rychterówa*, Wiadom. farm. **61** [1934] 95; C. **1934** II 3647; mit (1*R*)-Menthol: *Adamanis*, Roczniki Chem. **13** [1933] 351, 353, 356; C. **1933** II 2228; *Hrynakowski, Adamanis*, Bl. [4] **53** [1933] 1168, 1169, 1173; mit Cholesterin: *Brandstätter*, Z. physik. Chem. **192** [1943] 260; mit Thymol: *Hrynakowski, Szmyt*, Ar. **273** [1935] 418, 424; mit Brenzcatechin (Verbindung 2:1 [F: 66,5°], Verbindung 1:1 [F: 61°] und Verbindung 1:2 [F: 75,6°]): *Hrynakowski, Adamanis*, Roczniki Chem. **15** [1935] 163, 167—169; vgl. E I 196; mit Resorcin (Verbindung 1:1 [F: 103° bzw. 102°]): *Hrynakowski, Adamanis*, Roczniki Chem. **14** [1934] 189, 190, 191; C. **1934** II 2490; *Oliverio, Trucco*, Boll. Accad. Gioenia Catania [3] **9** [1938] 17, 19; mit Hydrochinon (Verbindung 2:1 [F: 129°] und Verbindung 2:3 [F: 129°]): *Gray*, A. ch. [12] **3** [1948] 355, 358; *Taboury, Gray*, Bl. [5] **11** [1944] 435, 437; s. a. *Hrynakowski, Adamanis*, Bl. [5] **4** [1937] 1815, 1816; mit 2,2-Bis-äthansulfonyl-propan (Sulfonal): *Hr., Ad.*, Roczniki Chem. **15** 167; s. a. *Kofler*, M. **80** [1949] 441, 447; *Lacourt*, J. Pharm. Belg. [NS] **7** [1952] 10, 16; mit (±)-3-Äthyl-3-phenyl-piperidin-2,6-dion: *Casini et al.*, Ric. scient. **29** [1959] 761, 764, 769; mit Benzoesäure (Verbindung 1:1 [F: 71°]) und mit Salicylsäure (Verbindung 1:1 [F: 90°]): *Hr., Ad.*, Roczniki Chem. **15** 164, 166; mit Bernsteinsäure-anhydrid, mit Maleinsäure-anhydrid (Verbindung 3:2 [F: 110°]), mit Benzoesäure-anhydrid (Verbindung 1:1 [F: 78°]) und mit Phthalsäure-anhydrid: *Kojima*, Sci. Rep. Tokyo Bunrika Daigaku [A] **3** [1935/40] 71, 75, 79, 83, 87; mit Äthylcarbamat und mit Harnstoff: *Ad.*, l. c. S. 354, 357, 358; *Hr., Ad.*, Bl. [4] **53** 1170, 1171, 1173, 1174; mit 2-Acet≠oxy-benzoesäure: *Schudel et al.*, Pharm. Acta Helv. **23** [1948] 33, 38; mit Phenylsalicylat (Salol): *Ad.*, l. c. S. 354, 357; *Hr., Ad.*, Bl. [4] **53** 1170, 1174; mit Acetanilid: *Hyrnakowski, Adamanis*, Roczniki Chem. **13** [1933] 448, 449; C. **1933** II 2935; mit *N*-Methyl-acetanilid (Exalgin): *Nobili*, Boll. chim. farm. **72** [1933] 361, 363; mit Phenacetin: *Ad.*, l. c. S. 355, 358; *Hr., Ad.*, Bl. [4] **53** 1171, 1174; *Oliverio, Trucco*, Boll. Accad. Gioenia Catania [3] **9** [1938] 6, 7; mit Chinin: *Ad.*, l. c. S. 355, 358; *Hr., Ad.*, Bl. [4] **53** 1171, 1174; mit 5,5-Diphenyl-imidazolidin-2,4-dion (Verbindung 1:2 [F: 269°]): *Mossini, Guerci*, Boll. chim. farm. **80** [1941] 343; mit Antipyrin-salicylat (Salipyrin): *Hr., Ad.*, Roczniki Chem. **15** 165; mit 5,5-Diäthyl-barbitursäure (Veronal): *Ol., Tr.*, l. c. S. 6. Eutektium mit (−)-Codein und mit Pyramidon: *Glusman, Rubzowa*, Ž. anal. Chim. **11** [1956] 640; engl. Ausg. S. 683.

Phasendiagramm (fest/flüssig) der ternären Systeme mit Brenzcatechin und Resorcin: *Hrynakowski*, Z. physik. Chem. [A] **171** [1934] 99, 115; mit Brenzcatechin und Hydrochin≠on: *Hr.*, Z. physik. Chem. [A] **171** 115; *Hrynakowski, Adamanis*, Bl. [5] **4** [1937] 1815, 1817; mit Resorcin und Harnstoff: *Oliverio, Trucco*, Boll. Accad. Gioenia Catania [3] **9** [1938] 17, 21, 22; *Hr.*, Z. physik. Chem. [A] **171** 114; mit 2,2-Bis-äthansulfonyl-propan (Sulfonal) und Harnstoff: *Hrynakowski, Szmyt*, Z. physik. Chem. [A] **181** [1938] 113, 114—117; mit Äthylcarbamat und Harnstoff: *Hrynakowski, Adamanis*, Z. physik. Chem. [A] **172** [1935] 33; mit (±)-[α-Brom-isovaleryl]-harnstoff (Bromural) und [2-Äthyl-2-brom-butyryl]-harnstoff (Adalin): *Labarre, Trochn*, Rev. canad. Biol. **10** [1951] 132, 133—135; mit Benzoesäure und Salicylsäure sowie mit Salicylsäure und Harnstoff: *Hr.*, Z. physik. Chem. [A] **171** 108, 114; mit Salicylsäure und Thymol: *Hrynakowski, Szmytówna*, Roczniki Chem. **16** [1936] 57, 60—62; C. **1936** II 1146; mit Salicylsäure und Acetanilid: *Hrynakowski, Szmyt*, Z. physik. Chem. [A] **173** [1935] 150, 159—163; s. dazu auch *Oliverio, Trucco*, Boll. Accad. Gioenia Catania [3] **6** [1937] 15, 21, 24; mit Phenacetin und (1*R*)-Menthol: *Hrynakowski, Adamanis*, Roczniki Chem. **15** [1935] 311; C. **1936** I 1204; s. a. *Hr.*, Z. physik. Chem. [A] **171** 112; mit Phenacetin und 2,2-Bis-äthansulfonyl-propan (Sulfonal): *Hrynakowski, Adamanis*, Roczniki Chem. **14** [1934] 466; C. **1936** I 1203; s. a. *Hr.*, Z. physik. Chem. [A] **171** 111; mit Phenacetin und Äthylcarbamat: *Hryna-*

kowski, Adamanis, Roczniki Chem. **15** [1935] 44; C. **1936** I 1203; s. a. *Hr., Z.* physik. Chem. [A] **171** 111; mit Phenacetin und Phenylsalicylat (Salol): *Hrynakowski, Adamanis,* Roczniki Chem. **15** [1935] 173; C. **1936** I 1203; s. a. *Hr., Z.* physik. Chem. [A] **171** 112; mit Phenacetin und Acetanilid: *Hr., Z.* physik. Chem. [A] **171** 111; mit Phenacetin und Chinin: *Hr., Z.* physik. Chem. [A] **171** 102—106, 111; *Hrynakowski, Adamanis,* Roczniki Chem. **14** [1934] 1488; C. **1936** I 1203; mit Antipyrin-salicylat (Salipyrin) und Harnstoff: *Hr., Z.* physik. Chem. [A] **171** 114; mit Phenacetin und Veronal: *Oliverio, Trucco,* Boll. Accad. Gioenia Catania [3] **9** [1938] 6, 8, 9. Eutektikum in ternären Gemischen mit organischen Verbindungen: *Glusman, Rubzowa, Ž.* obšč. Chim. **27** [1957] 704; engl. Ausg. S. 775.

Schmelzenthalpie des ternären Eutektikums mit Phenacetin und Sulfonal: *Hrynakowski, Smoczkiewieczowa,* Roczniki Chem. **17** [1937] 181, 183; C. **1938** I 566. Diffusion in H_2O bei 20°: *Hrynakowski, Nowatke,* Roczniki Chem. **13** [1933] 256, 261; C. **1933** II 999. Oberflächenspannung von wss. Lösungen verschiedener Konzentration bei 18°: *Ferroni et al.,* Ric. scient. **25** [1955] 539, 541; bei 22,5° und 26°: *Giacalone, Di Maggio,* G. **69** [1939] 122, 126, 127; von wss. Lösungen vom pH 2—12 bei 25°: *Zapiór,* Roczniki Chem. **19** [1939] 323, 328; C. A. **1940** 3156. Oberflächenpotential von wss. Lösungen vom pH 2—12 bei 18—20°: *Za.*

Assoziation mit Jod in Benzol: *Kasakowa, Šyrkin,* Izv. Akad. S.S.S.R. Otd. chim. **1958** 673, 675; engl. Ausg. S. 654, 655; mit Äthanol in Heptan: *Kubota,* J. pharm. Soc. Japan **77** [1957] 818; C. A. **1957** 15271; mit Phenol, mit Thymol und mit [1]Naphthol in CCl_4: *Oi et al.,* Pharm. Bl. **5** [1957] 141; mit 4-Chlor-phenol in H_2O: *Bergstermann, Elbracht,* Bio. Z. **310** [1941] 64, 70; mit 3-Nitro-phenol und mit 4-Nitro-phenol in Benzol: *Bergstermann,* Bio. Z. **304** [1940] 223, 233; mit Brenzcatechin, mit Resorcin und mit Hydrochinon in Benzol: *Cagnoli,* Farmaco Ed. prat. **13** [1958] 525, 532, 533; mit Chloral=hydrat in H_2O: *Ferroni et al.,* Ric. scient. **25** [1955] 539, 542; mit Chloressigsäure in Benzol: *Sobczyk, Syrkin,* Roczniki Chem. **31** [1957] 1245, 1249; C. A. **1958** 7798; mit Oxytetra=cyclin in wss. Lösung vom pH 5: *Higuchi, Bolton,* J. Am. pharm. Assoc. **48** [1959] 557, 560.

Chemisches Verhalten.

Bildung von 4-Hydroxy-1,5-dimethyl-2-phenyl-1,2-dihydro-pyrazol-3-on '(Syst.-Nr. 3587) beim Behandeln mit L-Ascorbinsäure, $FeSO_4$ und Sauerstoff in H_2O: *Brodie et al.,* J. biol. Chem. **208** [1954] 741, 745.

Die beim Erwärmen mit PCl_5 und $POCl_3$ und Behandeln des Reaktionsprodukts mit H_2O erhaltene, vermeintliche Verbindung $C_{11}H_{12}Cl_2N_2O$ (s. E II **24** 16) ist als 4,5-Dichlor-3-methyl-1-phenyl-1H-pyrazol ($C_{10}H_8Cl_2N_2$) zu formulieren (*Kitamura, Ishiwatari,* J. pharm. Soc. Japan **57** [1937] 1011; C. A. **1938** 2534). Beim Erwärmen mit 1,3-Dichlor-5,5-dimethyl-imidazolidin-2,4-dion und wenig Dibenzoylperoxid in CCl_4 ist 4-Chlor-1,5-dimethyl-2-phenyl-1,2-dihydro-pyrazol-3-on erhalten worden (*De Graef et al.,* Bl. Soc. chim. Belg. **61** [1952] 331, 344). Das beim Behandeln mit 1 Mol Brom in $CHCl_3$ erhaltene sog. Antipyrindibromid (s. H **24** 28) ist nicht als 4,5-Dibrom-1,5-dimethyl-2-phenyl-pyrazolidin-3-on, sondern als 4-Brom-1,5-dimethyl-2-phenyl-1,2-dihydro-pyrazol-3-on-hydrobromid zu formulieren (*Kitamura, Sunagawa,* J. pharm. Soc. Japan **60** [1940] 115; dtsch. Ref. S. 60; C. A. **1940** 4734). Das beim Behandeln mit überschüssigem Brom in Essigsäure erhaltene sog. Antipyrinperbromid ist als Verbindung von 4,4-Dibrom-1,5-dimethyl-3-oxo-2-phenyl-3,4-dihydro-2H-pyrazolium-bromid mit 4-Brom-1,5-dimeth=yl-2-phenyl-1,2-dihydro-pyrazol-3-on-hydrobromid erkannt worden (*Westöö,* Acta chem. scand. **6** [1952] 1499, 1510, 1514). Bildung von 4-Brom-1,5-dimethyl-2-phenyl-1,2-di=hydro-pyrazol-3-on bzw. von 4-Brom-5-brommethyl-1-methyl-2-phenyl-1,2-dihydro-pyr=azol-3-on beim Erwärmen mit 1 Mol bzw. 2 Mol *N*-Brom-succinimid in CCl_4: *De Gr. et al.,* l. c. S. 333, 341, 342. Beim Erwärmen mit *N*-Brom-succinimid [3 Mol] in CCl_4 sind 4-Brom-5-brommethyl-1-methyl-2-phenyl-1,2-dihydro-pyrazol-3-on und eine Verbindung $C_{11}H_9Br_3N_2O$ (Kristalle [aus A.]; F: 154° [unkorr.]) erhalten worden (*De Gr. et al.*). Überführung in 1,5-Dimethyl-3-oxo-2-phenyl-2,3-dihydro-1H-pyrazol-4-sulfon=säure durch Erwärmen mit H_2SO_4 und Acetanhydrid: *Kaufmann, Steinhoff,* Ar. **278** [1940] 437, 439. Beim Behandeln mit wss. HNO_2 ist 2-Hydroxyimino-3-oxo-buttersäure-[*N'*-methyl-*N'*-nitroso-*N*-phenyl-hydrazid] („Antipyrin-nitrit") erhalten worden (*Bockmühl,* Med. Ch. I. G. **3** [1936] 294, 295, 296).

Beim Erhitzen mit Benzylchlorid [2,5 Mol] ist 4-Benzyl-5-benzyloxy-3-methyl-

1-phenyl-1H-pyrazol erhalten worden (*Sonn, Litten*, B. **66** [1933] 1582, 1586). Überführung in 4-Acetyl-1,5-dimethyl-2-phenyl-1,2-dihydro-pyrazol-3-on durch Behandeln mit Acetanhydrid und AlCl$_3$ in CS$_2$: *Takahashi, Kanematsu*, Chem. pharm. Bl. **6** [1958] 374, 377. Beim Erwärmen mit COCl$_2$ in Benzol bildet sich 1,5-Dimethyl-3-oxo-2-phenyl-2,3-dihydro-1H-pyrazol-4-carbonsäure (*Kaufmann, Huang*, B. **75** [1942] 1214, 1220). Überführung in 1,7-Dimethyl-2-phenyl-1,2-dihydro-pyrazolo[4,3-c]pyridin-3-on durch Erhitzen mit Hexamethylentetramin und Essigsäure: *Bodendorf, Niemeitz*, Ar. **290** [1957] 494, 502. Bildung von 1,5-Dimethyl-3-oxo-2-phenyl-2,3-dihydro-1H-pyrazol-4-ylquecksilber-chlorid beim Behandeln mit Quecksilber(II)-acetat und wss. HCl: *Ragno*, G. **68** [1938] 741, 745.

Über Pharmakologie und Toxikologie von Antipyrin s. *L. A. Greenberg*, Antipyrin, Monographs of the Institute for the Study of Analgesic and Sedative Drugs III [New Haven 1950] S. 12.

Salze und Additionsverbindungen.

    a) *Salze und Additionsverbindungen mit anorganischen Verbindungen.*
Hydrochlorid C$_{11}$H$_{12}$N$_2$O·HCl (vgl. H 30). Kristalle; F: 53° (*Taboury, Boureau*, Bl. [5] **12** [1945] 598, 600). Raman-Banden der Kristalle (1630—1000 cm^{-1}): *Ta., Bo.*, l. c. S. 605, 606.

Hydrobromid C$_{11}$H$_{12}$N$_2$O·HBr. Kristalle (aus Acn.); F: 179—180° (*Răşcanu*, Ann. scient. Univ. Jassy **18** [1933] 72, 95; C. A. **1934** 4677).

Tetrajodobismutat(III) C$_{11}$H$_{12}$N$_2$O·HBiI$_4$. Rote Kristalle mit 6 Mol H$_2$O (*Dick, Maurer*, Rev. roum. Chim. **10** [1965] 633, 636; s. a. *Buděšinský*, Collect. **21** [1956] 146, 149; *Dolique*, Bl. Sci. pharmacol. **39** [1932] 418, 424, 491).

Blei(II)-Komplexsalz [Pb(C$_{11}$H$_{12}$N$_2$O)$_6$](ClO$_4$)$_2$. UV-Spektrum (H$_2$O; 200—320 nm): *Kiss, Bácskai*, Acta Univ. Szeged [II] **2** [1948] 47.

Aluminium-Komplexsalz [Al(C$_{11}$H$_{12}$N$_2$O)$_6$](ClO$_4$)$_3$ (E II 14). UV-Spektrum (H$_2$O; 200—320 nm): *Kiss, Bácskai*, Acta Univ. Szeged [II] **2** [1948] 47.

Tetrabromothallat(III) 2 C$_{11}$H$_{12}$N$_2$O·HTlBr$_4$. Kristalle (aus Acn.); F: 129—130° (*Bušew, Tipzowa*, Ž. anal. Chim. **14** [1959] 28, 30; engl. Ausg. S. 27, 29).

Strontium-Komplexsalze. a) 4 C$_{11}$H$_{12}$N$_2$O·SrBr$_2$. Kristalle (aus Acn.); F: 110—120° (*Kaufmann*, Ar. **278** [1940] 449, 453). — b) 6 C$_{11}$H$_{12}$N$_2$O·SrI$_2$. Kristalle. — c) 6 C$_{11}$H$_{12}$N$_2$O·Sr(CNS)$_2$. Kristalle (aus H$_2$O).

Kupfer(II)-Komplexsalze. a) 2 C$_{11}$H$_{12}$N$_2$O·CuCl$_2$ (H 30; E I 196). Über die Konstitution s. *Gopalakrishnan, Patel*, Indian J. Chem. **5** [1967] 364; s. dagegen *Souchay*, Bl. [5] **7** [1940] 875, 879. Orangefarbene Kristalle (*So.*). Absorptionsspektrum (H$_2$O; 200—660 nm): *Kiss, Bácskai*, Acta Univ. Szeged [II] **2** [1948] 47. — b) 2 C$_{11}$H$_{12}$N$_2$O·H$_2$CuCl$_4$. Orangefarbene Kristalle mit 3(?) Mol H$_2$O; F: ca. 60° (*So.*, l. c. S. 878). — c) [Cu(C$_{11}$H$_{12}$N$_2$O)$_5$](ClO$_4$)$_2$ (E II 13). Konstitution: *Gopalakrishnan et al.*, Bl. chem. Soc. Japan **40** [1967] 791; *Srinivasan, Subramanian*, Indian J. pure appl. Physics **8** [1970] 817; *Johnson et al.*, J. inorg. nuclear Chem. **37** [1975] 1397. Absorptionsspektrum (H$_2$O; 200 nm bis 660 nm): *Kiss, Bá.* — d) 2 C$_{11}$H$_{12}$N$_2$O·CuBr$_2$. Über die Konstitution s. *Go., Pa.*, l. c. S. 365. Rote Kristalle; F: 130° (*So.*, l. c. S. 880). — e) [Cu(C$_{11}$H$_{12}$N$_2$O)$_5$]·2 CuBr$_2$. Gelbgrüne Kristalle mit 6 Mol H$_2$O(*So.*, l. c. S. 880). — f) [Cu(C$_{11}$H$_{12}$N$_2$O)$_2$](NO$_3$)$_2$. Grüne Kristalle; F: 181° [Zers.] (*Souchay*, Bl. [5] **7** [1940] 809, 820). — g) Verbindung mit CuCl$_2$ und Allylthioharnstoff s. S. 83.

Zink-Komplexsalze. a) [Zn(C$_{11}$H$_{12}$N$_2$O)$_2$]Cl$_2$. Kristalle; F: 159° (*Souchay*, Bl. [5] **7** [1940] 835, 872), 157° [aus H$_2$O] (*Kumow*, Ž. obšč. Chim. **21** [1951] 1965, 1968; engl. Ausg. S. 2183, 2185). Löslichkeit (g/100 ml) bei 15° in H$_2$O: 1,70; in Äthanol: 0,44; in Diäthyläther: 0,23 (*Ku.*). Elektrische Leitfähigkeit in H$_2$O bei 15°: *Ku.* — b) [Zn(C$_{11}$H$_{12}$N$_2$O)$_6$](ClO$_4$)$_2$ (E II 14). UV-Spektrum (H$_2$O; 200—300 nm): *Kiss, Bácskai*, Acta Univ. Szeged [II] **2** [1948] 47. — c) [Zn(C$_{11}$H$_{12}$N$_2$O)$_2$]Br$_2$. Kristalle; F: 194° (*So.*, l. c. S. 872), 192,5° [aus H$_2$O] (*Ku.*, l. c. S. 1969). Löslichkeit (g/100 ml) bei 15° in H$_2$O: 2,10; in Äthanol: 0,48 (*Ku.*). Elektrische Leitfähigkeit in H$_2$O bei 15°: *Ku.* — d) [Zn(C$_{11}$H$_{12}$N$_2$O)$_2$]I$_2$. Kristalle; F: 172° (*So.*, l. c. S. 872), 171° [aus H$_2$O] (*Ku.*, l. c. S. 1970). Löslichkeit (g/100 ml) bei 15° in H$_2$O: 0,65; in Äthanol: 0,63; in Diäthyläther: 0,036 (*Ku.*). — e) [Zn(C$_{11}$H$_{12}$N$_2$O)$_2$](NO$_3$)$_2$. Kristalle; Zers. ab 120° (*Souchay*, Bl. [5] **7** [1940] 809, 819). Raman-Banden der Kristalle (3300—180 cm^{-1}): *Taboury, Boureau*, Bl. [5] **12** [1945] 598, 605, 606. — f) [Zn(C$_{11}$H$_{12}$N$_2$O)$_2$](CNS)$_2$ (E II 14). Kristalle (aus H$_2$O); F: 115° (*Ku.*,

l. c. S. 1968). Löslichkeit (g/100 ml) bei 15° in H_2O: 0,40; in Äthanol: 0,32; in Diäthyl=
äther: 0,14 (*Ku.*). Elektrische Leitfähigkeit in H_2O bei 15°: *Ku.* — g) $4 C_{11}H_{12}N_2O \cdot$
$H_2[Zn(CNS)_4]$. Konstitution: *Akimow et al.*, Ž. obšč. Chim. **38** [1968] 2759; engl. Ausg.
S. 2664. Gelbbraun; F: 50—52° (*Burkat*, Ž. obšč. Chim. **26** [1956] 1379; engl. Ausg. S.
1553).

Cadmium-Komplexsalze. a) $[Cd(C_{11}H_{12}N_2O)_6](ClO_4)_2$ (E II 14). UV-Spektrum
(H_2O; 200—320 nm): *Kiss, Bácskai*, Acta Univ. Szeged [II] **2** [1948] 47. — b)
$[Cd(C_{11}H_{12}N_2O)_2]Br_2$. Kristalle (aus H_2O); F: 144° (*Kumow*, Ž. obšč. Chim. **21** [1951] 1965,
1969; engl. Ausg. S. 2183, 2186). Löslichkeit (g/100 ml) bei 15° in H_2O: 1,16; in Äthanol:
0,51; in Diäthyläther: 0,076 (*Ku.*). Elektrische Leitfähigkeit in H_2O bei 15°: *Ku.* —
c) $4 C_{11}H_{12}N_2O \cdot H_2CdBr_4$. Konstitution: *Akimow et al.*, Ž. obšč. Chim. **38** [1968] 2759;
engl. Ausg. S. 2664. Hellrosafarbene Kristalle (aus H_2O); F: 140° (*Gušew*, Ž. anal. Chim.
4 [1949] 175, 176; C. A. **1950** 2887). Kristalloptik: *Gu.* Löslichkeit (g/100 ml) bei 15° in
H_2O: 0,65; in Äthanol: 0,658; in Diäthyläther: 0,009 (*Gu.*). Elektrische Leitfähigkeit in
H_2O bei 15°: *Gu.* — d) $[Cd(C_{11}H_{12}N_2O)_2]I_2$. Kristalle (aus H_2O); F: 136,5° (*Ku.*, l. c. S.
1970). Löslichkeit (g/100 ml) bei 15° in H_2O: 0,31; in Äthanol: 4,74; in Diäthyläther:
0,096 (*Ku.*). — e) $4 C_{11}H_{12}N_2O \cdot H_2CdI_4$. Konstitution: *Ak. et al.* F: 70° [vorgeheizter
App.] (*Duquénois*, Anal. chim. Acta **1** [1947] 50, 58). Löslichkeit in H_2O: *Du.* — f)
$[Cd(C_{11}H_{12}N_2O)_2](NO_3)_2$. Kristalle (aus Acn); F: 127—128° (*Souchay*, Bl. [5] **7** [1940]
809, 820). — g) $[Cd(C_{11}H_{12}N_2O)_2](CNS)_2$. Kristalle (aus H_2O); F: 202—204° (*Burkat*, Ž.
obšč. Chim. **26** [1956] 1379; engl. Ausg. S. 1553), 140° (*Ku.*, l. c. S. 1968). Löslichkeit
(g/100 ml) bei 15° in H_2O: 1,60 (*Bu.*), 1,0 (*Ku.*); in Äthanol: 0,74 (*Ku.*); in Diäthyläther:
0,076 (*Ku.*). Elektrische Leitfähigkeit in H_2O bei 15°: *Ku.* — h) $2 C_{11}H_{12}N_2O \cdot 3 Cd(CNS)_2$.
Kristalle; F: 219° (*Souchay*, Bl. [5] **7** [1940] 835, 867). — i) $4 C_{11}H_{12}N_2O \cdot H_2[Cd(CNS)_4]$.
Konstitution: *Ak. et al.* Hellgelb; F: 78—80° (*Bu.*). — j) $[CuCd(C_{11}H_{12}N_2O)_6]CdBr_6$.
Hellgrüne Kristalle; Zers. bei 134° (*Souchay*, Bl. [5] **7** [1940] 875, 893).

Quecksilber(II)-Komplexsalze. a) $C_{11}H_{12}N_2O \cdot HgI_2 \cdot H_2O$. Kristalle (aus A.); F:
159—162° (*Monforte, Stagno d' Alcontres*, Ann. Chimica applic. **39** [1949] 665, 669). —
b) $C_{11}H_{12}N_2O \cdot HgI(OH)$ (E II 14). Kristalle (aus A.); F: 135° (*Mo.*, *St. d' Al.*). — c)
$2 C_{11}H_{12}N_2O \cdot H_2HgI_4$. Hellgelbe Kristalle; F: 126° (*Gušew*, Ž. anal. Chim. **5** [1950] 375,
376; C. A. **1951** 375). Kristalloptik: *Gu.* Löslichkeit (g/100 ml) bei 15° in H_2O: 0,055; in
Äthanol: 0,31; in Diäthyläther: 0,062 (*Gu.*).

Lanthan(III)-Komplexsalze. a) $6 C_{11}H_{12}N_2O \cdot La_2(S_2O_3)_3$. Kristalle (aus H_2O); F:
>300° [Zers.] (*Dutt*, J. Indian chem. Soc. **28** [1951] 533). — b) $6 C_{11}H_{12}N_2O \cdot La_2(S_2O_6)_3$.
Kristalle, die sich beim Erhitzen zersetzen (*Dutt, Mukherjee*, J. Indian chem. Soc. **30**
[1953] 272). Löslichkeit in H_2O bei 35°: 1,68 g/100 ml (*Dutt, Mu.*). — c) $6 C_{11}H_{12}N_2O \cdot$
$La_2(S_4O_6)_3$. Kristalle (*Dutt, Goswami*, J. Indian chem. Soc. **30** [1953] 275). —d)
$6 C_{11}H_{12}N_2O \cdot La(CNS)_3$. Kristalle; F: 270° [Zers.] (*Dutt, Mu.*). Löslichkeit in H_2O bei 35°:
13,67 g/100 ml (*Dutt, Mu.*).

Cer(III)-Komplexsalze. a) $6 C_{11}H_{12}N_2O \cdot Ce_2(S_2O_3)_3$. Kristalle (aus H_2O); F: >320°
[Zers.] (*Dutt*, J. Indian chem. Soc. **28** [1951] 533). — b) $6 C_{11}H_{12}N_2O \cdot Ce_2(S_2O_6)_3$. Löslichkeit in H_2O bei 35°: 1,12 g/100 ml (*Dutt, Mukherjee*, J. Indian chem. Soc. **30** [1953] 272). —
c) $6 C_{11}H_{12}N_2O \cdot Ce(CNS)_3$. Kristalle; F: ca. 270—272° [Zers.] (*Dutt, Mu.*). Löslichkeit in
H_2O bei 35°: 10,52 g/100 ml (*Dutt, Mu.*).

Praseodym(III)-Komplexsalze. a) $6 C_{11}H_{12}N_2O \cdot Pr_2(S_2O_3)_3$. Hellgrüne Kristalle
(aus H_2O); F: 320—330° [Zers.] (*Dutt*, J. Indian chem. Soc. **28** [1951] 533). — b)
$6 C_{11}H_{12}N_2O \cdot Pr_2(S_2O_6)_3$. Grüne Kristalle (*Dutt, Mukherjee*, J. Indian chem. Soc. **30** [1953]
272). Löslichkeit in H_2O bei 35°: 0,94 g/100 ml (*Dutt, Mu.*). — c) $6 C_{11}H_{12}N_2O \cdot Pr_2(S_4O_6)_3$.
Kristalle (*Dutt, Goswami*, J. Indian chem. Soc. **30** [1953] 275). — d) $6 C_{11}H_{12}N_2O \cdot Pr(CNS)_3$.
Hellgrüne Kristalle; F: 274—276° [Zers.] (*Dutt, Mu.*). Löslichkeit in H_2O bei 35°: 7,48 g/
100 ml (*Dutt, Mu.*).

Neodym(III)-Komplexsalz $[Nd(C_{11}H_{12}N_2O)_6](ClO_4)_3$ (E II 14). Absorptionsspektrum (H_2O; 500—660 nm): *Boulanger*, A. ch. [12] **7** [1952] 732, 754.

Terbium-Komplexsalz $[Tb(C_{11}H_{12}N_2O)_6]I_3$. Fluorescenzspektrum der Kristalle
(450—650 nm): *Van Uitert et al.*, J. appl. Physics **30** [1959] 2017. Triboluminescenz:
Van Ui. et al.

Lutetium-Komplexsalz $[Lu(C_{11}H_{12}N_2O)_6]I_3$. Kristalle (*Marsh*, Soc. **1950** 577).

Uranyl(VI)-Komplexsalze. a) $[UO_2(C_{11}H_{12}N_2O)_2]Cl_2$. Gelbe Kristalle (*Rășcanu*,
Ann. scient. Univ. Jassy **16** [1930] 32, 54). — b) $[UO_2(C_{11}H_{12}N_2O)_5](ClO_4)_2$ (E II 15).

Absorptionsspektrum (H_2O; 200—750 nm): *Kiss, Bácskai*, Acta Univ. Szeged [II] **2** [1948] 47. — c) [$UO_2(C_{11}H_{12}N_2O)_2$]Br_2. Gelbe Kristalle (*Ră.*). — d) [$UO_2(C_{11}H_{12}N_2O)_2$]SO_4· 4 H_2O. Gelbe Kristalle (*Ră.*). — e) [$UO_2(C_{11}H_{12}N_2O)_2$]$(NO_3)_2$. Gelbe Kristalle (*Montignie*, Bl. [5] **1** [1934] 410; *Ră.*).

Chrom(III)-Komplexsalze. a) [$Cr(C_{11}H_{12}N_2O)_6$]$_2(MoS_4)_3$. Rotbraune Kristalle (*Spacu, Pop*, Bl. Sect. scient. Acad. roum. **21** [1938/39] 188, 194). — b) [$Cr(C_{11}H_{12}N_2O)_6$]$_2(WS_4)_3$. Grüne Kristalle (*Sp., Pop*, l. c. S. 198). — c) [Hexakis-(1,5-dimethyl-2-phenyl-1,2-dihydro-pyrazol-3-on)-chrom(III)]-[5,7-dibrom-chinolin-8-olat] [$Cr(C_{11}H_{12}N_2O)_6$]$(C_9H_4Br_2NO)_3$. Hellgelbes Pulver (*Spacu, Macarovici*, Bl. Sect. scient. Acad. roum. **22** [1939] 150, 160).

Molybdän(VI)-Komplexsalz $C_{11}H_{12}N_2O \cdot H_2Mo_2O_7$. Gelbe Kristalle (*Rey*, C. r. **209** [1939] 759; A. ch. [11] **18** [1943] 5, 51).

Dodecawolframosilicat 4 $C_{11}H_{12}N_2O \cdot H_4SiW_{12}O_{40} \cdot 4 H_2O$ (E I 196). Feststoff (*Kyker, Lewis*, J. biol. Chem. **157** [1945] 707, 715).

Mangan(II)-Komplexsalze. a) [$Mn(C_{11}H_{12}N_2O)_2$]Cl_2. Gelbliche Kristalle (aus Amylalkohol); F: 133° (*Souchay*, Bl. [5] **7** [1940] 835, 863). — b) [$Mn(C_{11}H_{12}N_2O)_6$]$(ClO_4)_2$ (E II 15). UV-Spektrum (H_2O; 200—320 nm): *Kiss, Bácskai*, Acta Univ. Szeged [II] **2** [1948] 47. — c) [$Mn(C_{11}H_{12}N_2O)_2$]Br_2. Gelbliches Pulver; F: 140° [Zers. ab 110°] (*So.*, l. c. S. 863). — d) [$Mn(C_{11}H_{12}N_2O)_2$]I_2. Pulver (*So.*, l. c. S. 864). — e) [$Mn(C_{11}H_{12}N_2O)_6$]I_2. Kristalle (aus H_2O); F: 171° (*So.*, l. c. S. 864). — f) [$Mn(C_{11}H_{12}N_2O)_2$]$(NO_3)_2$. Kristalle; F: 80° (*Souchay*, Bl. [5] **7** [1940] 809, 819). — g) [$Mn(C_{11}H_{12}N_2O)_2$]$(CNS)_2$. Gelbliche Kristalle (aus H_2O); Zers. >115° (*So.*, l. c. S. 864). — h) [$CdMn(C_{11}H_{12}N_2O)_6$]$CdCl_6$. Kristalle; F: 176° (*Souchay*, Bl. [5] **7** [1940] 875, 892). — i) [$CdMn(C_{11}H_{12}N_2O)_8(H_2O)_2$]$CdBr_6$. Kristalle; F: ca. 132° (*So.*, l. c. S. 892). — j) [$CdMn(C_{11}H_{12}N_2O)_8(H_2O)_2$]$CdI_6$. Pulver; F: ca. 158° (*So.*, l. c. S. 892). — k) [$CdMn(C_{11}H_{12}N_2O)_7(H_2O)$]$[Cd(CNS)_6]$. Hellrosafarbene Kristalle; F: 121° (*So.*, l. c. S. 893).

Hexacyanoferrat(II) 2 $C_{11}H_{12}N_2O \cdot H_4[Fe(CN)_6]$ (H 30). Orthorhombische Kristalle mit 0,5 Mol H_2O; Dimensionen der Elementarzelle (Röntgen-Diagramm): *Okaya et al.*, Acta cryst. **10** [1957] 798, 801.

Eisen(III)-Komplexsalze. a) [$Fe(C_{11}H_{12}N_2O)_6$]$(ClO_4)_3$ (E II 15). Absorptionsspektrum (H_2O; 200—700 nm): *Kiss, Bácskai*, Acta Univ. Szeged [II] **2** [1948] 47. — b) [$Fe(C_{11}H_{12}N_2O)_3$] [$Fe(CN)_6$]·3 H_2O. Dunkelrotes Pulver (*Gušew, Beǐleš*, Ž. obšč. Chim. **21** [1951] 1971; engl. Ausg. S. 2189). — c) [$Fe(C_{11}H_{12}N_2O)_3$]$[Fe(CN)_6]$·8 H_2O. Graues Pulver (*Dubský et al.*, Collect. **8** [1936] 141, 147). — d) [$Fe(C_{11}H_{12}N_2O)_3$]$_2[Fe(CN)_5(NH_3)]_3$· 12 H_2O. Braunrotes Pulver (*Gu., Be.*). — e) [$Fe_2(C_{11}H_{12}N_2O)_3$]$^{6+}$. Stabilitätskonstante (H_2O): *Riwkind*, Ž. neorg. Chim. **2** [1957] 1263, 1268; engl. Ausg. Nr. 6, S. 77, 84, 85. — f) [$Fe_2(C_{11}H_{12}N_2O)_3$]$[Fe(CN)_5(NH_3)]_3$·22 H_2O. Schwarzes Pulver (*Du. et al.*, Collect. **8** 146). — g) [$Fe(C_{11}H_{12}N_2O)_3$]$_2[Fe(CN)_5(NO)]_3$·3 H_2O. Rotes Pulver (*Gu., Be.*). — h) [$Fe(C_{11}H_{12}N_2O)_4(OH)$]$[Fe(CN)_5(NO)]$. Rotbraunes Pulver (*Dubský et al.*, Collect. **7** [1935] 311, 314). — i) [$Fe(C_{11}H_{12}N_2O)_4$]$[Fe(CN)_5(NO_2)]$·4 H_2O. Dunkelbraunes Pulver; F: ca. 110° [Zers.] (*Du. et al.*, Collect. **8** 142). — j) [$Fe_2(C_{11}H_{12}N_2O)_3$]$[Fe(CN)_5(NO_2)]_2$·14 H_2O. Grauschwarzes Pulver; unterhalb 300° nicht schmelzend (*Du. et al.*, Collect. **8** 143). — k) [$Fe(C_{11}H_{12}N_2O)_3$]$[Co(CN)_6]$·4 H_2O. Dunkelrotes Pulver (*Gu., Be.*). — l) 3 $C_{11}H_{12}N_2O$· $Fe(CNS)_3$ (H 31; E I 196). Rotbraunes Pulver; F: 185° [Zers. ab 170°] (*Du. et al.*, Collect. **7** 313). Absorptionsspektrum ($CHCl_3$; 300—700 nm): *Babko, Tananaǐko*, Ukr. chim. Ž. **24** [1958] 499, 503; C. A. **1959** 8910. — m) [$Fe(C_{11}H_{12}N_2O)_3$]$[Cr(CNS)_6]$·8 H_2O. Ockerfarbenes Pulver (*Du. et al.*, Collect. **8** 147).

Kobalt(II)-Komplexsalze. a) 2 $C_{11}H_{12}N_2O \cdot CoCl_2$. Konstitution: *Gopalakrishnan, Patel*, Indian J. Chem. **5** [1967] 364. Blaue Kristalle (aus Amylalkohol); F: 154° (*Souchay*, Bl. [5] **7** [1940] 835, 848). Absorptionsspektrum (H_2O; 200—670 nm): *Kiss, Bácskai*, Acta Univ. Szeged [II] **2** [1948] 47. — b) 2 $C_{11}H_{12}N_2O \cdot H_2CoCl_4$. Blaue Kristalle mit 3 Mol H_2O; F: 80° (*So.*, l. c. S. 850). — c) [$Co(C_{11}H_{12}N_2O)_6$]$(ClO_3)_2$. Rosaviolette Kristalle; F: 127° (*Souchay*, Bl. [5] **7** [1940] 809, 824). — d) [$Co(C_{11}H_{12}N_2O)_6$]$(ClO_4)_2$ (E II 15). Rosaviolette Kristalle; F: 178° (*So.*, l. c. S. 827). Absorptionsspektrum (H_2O; 200—700 nm): *Kiss, Bá.*. — e) [$Co(C_{11}H_{12}N_2O)_3$ (H $_2O)_5$]$(ClO_4)_2$. Hellrosa Pulver (*So.*, l. c. S. 829). — f) 2 $C_{11}H_{12}N_2O \cdot CoBr_2$. Konstitution: *Go., Pa.*. Blaue Kristalle; F: 193° (*So.*, l. c. S. 849). — g) 2 $C_{11}H_{12}N_2O \cdot CoI_2$. Konstitution: *Go., Pa.*. Blaue Kristalle (aus A.); F: 168° (*So.*, l. c. S. 850). — h) [$Co(C_{11}H_{12}N_2O)_2$]$(NO_3)_2$. Violette Kristalle; F: 168° (*So.*, l. c. S. 817). — i) [$Co(C_{11}H_{12}N_2O)_2(H_2O)_2$]$(NO_3)_2$. Rosaviolette Kristalle, die bei 84—100°

2 Mol H_2O abgeben und sich bei ca. 120° explosionsartig zersetzen (*So.*, l. c. S. 817). — j) 2 $C_{11}H_{12}N_2O \cdot Co(CNS)_2$. Absorptionsspektrum (CHCl$_3$; 300—740 nm): *Babko, Tananaĭko*, Ukr. chim. Ž. **24** [1958] 499, 503; C. A. **1959** 8910. — k) 4 $C_{11}H_{12}N_2O \cdot H_2 =$ [Co(CNS)$_4$]. Blau; glasartig (*Burkat*, Ž. obšč. Chim. **25** [1955] 610; engl. Ausg. S. 581). — l) [CoCd($C_{11}H_{12}N_2O)_9(H_2O)_3$]CdBr$_6$. Hellrosa Kristalle (*Souchay*, Bl. [5] **7** [1940] 875, 885). — m) [CoCd($C_{11}H_{12}N_2O)_7(H_2O)_3$]CdI$_6$. Rosa Kristalle (*So.*, l. c. S. 889).

Nickel(II)-Komplexsalze. a) [Ni($C_{11}H_{12}N_2O)_2$](NO$_3$)$_2$. Dunkelbraune Kristalle; F: 192° (*Souchay*, Bl. [5] **7** [1940] 809, 819). — b) [Ni($C_{11}H_{12}N_2O)_2(H_2O)_2$](NO$_3$)$_2$. Grüngelbes Pulver, das bei 109—110° 2 Mol H_2O abgibt (*So.*, l. c. S. 819). — c) [NiCd($C_{11}H_{12}N_2O)_6$]CdCl$_6$. Rötlichgrüne Kristalle (*So.*, l. c. S. 890). — d) [NiCd($C_{11}H_{12}N_2O)_6$]CdBr$_6$. Gelbe Kristalle; F: 211° (*So.*, l. c. S. 890). — e) [NiCd($C_{11}H_{12}N_2O)_9(H_2O)_3$]CdI$_6$. Rötliche Kristalle (aus A.); F: 192° (*So.*, l. c. S. 891). — f) [NiCd($C_{11}H_{12}N_2O)_6$][Cd(CNS)$_6$]. Gelbe Kristalle (*So.*, l. c. S. 891).

Hexajodoplatinat(IV). F: 83—88° (*Fischer, Bürgin*, Pharm. Acta Helv. **31** [1956] 518, 533).

b) *Salze und Additionsverbindungen mit organischen Verbindungen.*

Phenolat $C_{11}H_{12}N_2O \cdot C_6H_6O$ (E I 196). Kristalle; F: 56—57° [aus H_2O] (*Nobili*, Giorn. Farm. Chim. **83** [1934] 35), 48,5° [aus A.] (*Taboury, Boureau*, Bl. [5] **12** [1945] 598, 599). Raman-Banden der Kristalle und der Schmelze (3130—530 cm^{-1}): *Ta., Bo.*, l. c. S. 605, 606; *Gray*, A. ch. [12] **3** [1948] 355, 383.

Picrat $C_{11}H_{12}N_2O \cdot C_6H_3N_3O_7$ (H 31). Gelbe Kristalle; F: 188° (*Fischer, Bürgin*, Pharm. Acta Helv. **31** [1956] 518, 533; *Massatsch*, Pharm. Ztg. **83** [1947] 210), 180—182° (*Oliverio, Trucco*, Atti Accad. Gioenia Catania [6] **4** [1939] Mem. VIII, S. 1, 14).

Verbindung mit Resorcin $C_{11}H_{12}N_2O \cdot C_6H_6O_2$ (H 31; E I 196). Kristalle (aus A.); F: 98° (*Taboury, Boureau*, Bl. [5] **12** [1945] 598, 599, 600). Raman-Banden der Kristalle (3260—720 cm^{-1}): *Ta., Bo.*, l. c. S. 605, 606.

Styphnat $C_{11}H_{12}N_2O \cdot C_6H_3N_3O_8$ (E I 196). Kristalle; F: 204—207° (*Oliverio, Trucco*, Atti Accad. Gioenia Catania [6] **4** [1939] Mem. VIII, S. 1, 14).

Verbindungen mit Hydrochinon (H 31; E I 196; E II 15). a) 2 $C_{11}H_{12}N_2O \cdot C_6H_6O_2$. Die Verbindung existiert in zwei Modifikationen; Modifikation α: Kristalle (aus A.); F: 127° [vorgeheizter App.]; Modifikation β: Kristalle (aus der Schmelze); F: 131° [vorgeheizter App.] (*Taboury, Gray*, Bl. [5] **11** [1944] 435, 438; s. a. *Gray*, Bl. [5] **12** [1945] 607). Die Modifikation α ist stabil unterhalb 110°, die Modifikation β zwischen 110° und 129° (*Taboury*, J. Chim. phys. **45** [1948] 110, 111; *Ta., Gray*). Netzebenenabstände der beiden Modifikationen: *Ta., Gray*. IR-Banden der Kristalle der beiden Modifikationen (1660—1220 cm^{-1}): *Gray*, A. ch. [12] **3** [1948] 355, 359—361, 383; *Lecomte et al.*, Bl. **1947** 779; s. a. *Ta.* Raman-Banden der Modifikation α (3120—580 cm^{-1}): *Taboury, Boureau*, Bl. [5] **12** [1945] 598, 604—606; *Gray*, Bl. [5] **12** 607; A. ch. [12] **3** 359—361, 382; *Le. et al.*; der Modifikation β (3100—1560 cm^{-1}): *Gray*, Bl. [5] **12** 607; A. ch. [12] **3** 359—361, 382; *Le. et al.*; der Schmelze (3260—200 cm^{-1}): *Ta., Bo.*, l. c. S. 604, 606; *Gray*, A. ch. [12] **3** 359—361, 382; s. a. *Le. et al.* — b) 2 $C_{11}H_{12}N_2O \cdot 3 C_6H_6O_2$. Netzebenenabstände: *Ta., Gray*, l. c. S. 437. IR-Banden der Kristalle (1630—1240 cm^{-1}): *Gray*, A. ch. [12] **3** 359—361, 383; *Le. et al.* Raman-Banden der Kristalle (3260—840 cm^{-1}): *Gray*, Bl. [5] **12** 607; A. ch. [12] **3** 359—361, 382; *Le. et al.*

Verbindung mit Phloroglucin $C_{11}H_{12}N_2O \cdot C_6H_6O_3 \cdot H_2O$ (vgl. H 31). F: 80—83° (*Verkade, van Leeuwen*, R. **70** [1951] 142, 143).

Verbindung mit Chloralhydrat $C_{11}H_{12}N_2O \cdot C_2H_3Cl_3O_2$ (H 31; E I 196). F: 68° (*Mitsuno*, Pharm. Bl. **3** [1955] 60). Brechungsindices der Kristalle: *Mayrhofer*, Pharm. Monatsh. **12** [1931] 125, 127. Raman-Banden der Kristalle (3140—400 cm^{-1}): *Taboury*, C. r. **214** [1942] 764; s. a. *Taboury, Boureau*, Bl. [5] **12** [1945] 598, 605.

Verbindung mit Bromalhydrat $C_{11}H_{12}N_2O \cdot C_2H_3Br_3O_2$. Kristalle (aus A.); F: 80° (*Ledrut, Combes*, Bl. **1948** 674).

Verbindung mit Echinochrom-A [E III **8** 4360] $C_{11}H_{12}N_2O \cdot C_{12}H_{10}O_7$. Rote Kristalle (aus E.); F: 190° (*Wallenfels*, B. **74** [1941] 1598, 1603).

Acetat. Gleichgewichtskonstante in den Reaktionssystemen von Antipyrin-acetat und Antipyrin-perchlorat mit organischen Säure-Base-Indikatoren in Essigsäure: *Higuchi et al.*, Anal. Chem. **28** [1956] 1120.

Benzoat $C_{11}H_{12}N_2O \cdot C_7H_6O_2$ (E II 16). Kristalle; F: 65—66° (*Gorfinkel'*, Izv. Tomsk. politech. Inst. **83** [1956] 138, 139; C. A. **1958** 14594).

Maleat $C_{11}H_{12}N_2O \cdot C_4H_4O_4$. Kristalle (aus H_2O); F: 115° (*La Parola*, G. **67** [1937] 645).

Thiocyanat $C_{11}H_{12}N_2O \cdot HCNS$ (H 32; E II 16). Kristalle [aus H_2O] (*Burkat*, Ž. obšč. Chim. **25** [1955] 610; engl. Ausg. S. 581).

Verbindung mit Allylthioharnstoff und Kupfer(II)-chlorid $2 C_{11}H_{12}N_2O \cdot 4 C_4H_8N_2S \cdot CuCl_2$. Kristalle; F: 80° (*Toffoli*, Rend. Ist. super. Sanità **11** [1948] 132).

Salicylat $C_{11}H_{12}N_2O \cdot C_7H_6O_3$; Salipyrin (H 32; E I 197; E II 16). Dipolmoment (ε; Bzl.) bei 25°: 7,26 D (*Komandin*, *Bonezkaja*, Ž. fiz. Chim. **28** [1954] 1789, 1791; C. A. **1955** 15312). — Kristalle; F: 92° (*L. u. A. Kofler*, Thermo-Mikro-Methoden, 3. Aufl. [Weinheim 1954] S. 427). Dichte der unterkühlten Schmelze bei 255,2 K (1,2159) bis 336,2 K (1,1912): *Komandin*, *Bonezkaja*, Ž. fiz. Chim. **33** [1959] 566, 569; C. A. **1959** 20996; bei 293,2 K: 1,2041 (*Ko.*, *Bo.*, Ž. fiz. Chim. **28** 1790). n_D^{20}: 1,5920 [unterkühlte Schmelze] (*Ko.*, *Bo.*, Ž. fiz. Chim. **28** 1790). — Phasendiagramm (fest/flüssig) der binären Systeme mit Thymol: *Hrynakowski*, *Szmytówna*, Roczniki Chem. **16** [1936] 57, 58; C. **1936** II 1146; mit 2,2-Bis-äthansulfonyl-propan (Sulfonal): *Hrynakowski*, *Adamanis*, Roczniki Chem. **13** [1933] 736; C. **1934** I 3305; mit Antipyrin: *Hrynakowski*, *Adamanis*, Roczniki Chem. **15** [1935] 163, 165; C. **1936** I 1204. Eutektikum mit (−)-Codein: *Glusman*, *Rubzowa*, Ž. anal. Chim. **11** [1956] 640, 642; engl. Ausg. S. 683, 685. Phasendiagramm (fest/flüssig) der ternären Systeme mit Thymol und Salicylsäure: *Hr.*, *Szmytó.*, l. c. S. 59; mit 2,2-Bis-äthansulfonyl-propan und Harnstoff: *Hrynakowski*, *Szmyt*, Z. physik. Chem. [A] **181** [1938] 113, 117—121; mit 2,2-Bis-äthansulfonyl-propan und Acetanilid: *Hrynakowski*, *Staszewski*, Ar. **274** [1936] 519; mit Antipyrin und Harnstoff: *Hrynakowski*, Z. physik. Chem. [A] **171** [1934] 99, 114; s. a. *Glusman*, *Rubzowa*, Ž. obšč. Chim. **27** [1957] 704, 705; engl. Ausg. S. 775, 776.

Verbindungen mit Salzen der Salicylsäure. a) $2 C_{11}H_{12}N_2O \cdot Mg(C_7H_5O_3)_2$ (E I 197; vgl. auch H 32). Kristalle [aus A.] (*Rosenthaler*, Pharm. Acta Helv. **22** [1947] 508). — b) $2 C_{11}H_{12}N_2O \cdot Ca(C_7H_5O_3)_2$. Kristalle (aus H_2O) mit 2 Mol H_2O; F: 106—108° (*Knoll A.G.*, D.R.P. 733301 [1938]; D.R.P. Org. Chem. **3** 43; *Bilhuber Inc.*, U.S.P. 2323193 [1940]; s. a. *Ro.*). — c) $2 C_{11}H_{12}N_2O \cdot Zn(C_7H_5O_3)_2$ (H 32). Kristalle (*Ro.*).

Verbindung mit Salicylsäure und Chinin $C_{11}H_{12}N_2O \cdot C_7H_6O_3 \cdot C_{20}H_{24}N_2O_2$. Rosafarbene Kristalle (aus H_2O) mit 1,5 Mol H_2O; F: 192° (*Tomcsik*, J. Pharm. Chim. [8] **11** [1930] 101, 104).

2,5-Dihydroxy-benzoat $C_{11}H_{12}N_2O \cdot C_7H_6O_4$. Kristalle (aus E.); F: 87—88° (*Hoffmann-La Roche*, D.B.P. 804211 [1949]; D.R.B.P. Org. Chem. 1950—1951 **3** 52, 53; U.S.P. 2541651 [1949]).

(1S)-3endo-Brom-2-oxo-bornan-10-sulfonat $C_{11}H_{12}N_2O \cdot C_{10}H_{15}BrO_4S$. Kristalle; F: 142—144° (*Federigi, Ortensi*, Boll. chim. farm. **77** [1938] 397, 399). $[\alpha]_D^{18}$: +54,27° [H_2O; c = 2].

Verbindung mit 2-Hydroxy-4-sulfo-benzoesäure $2 C_{11}H_{12}N_2O \cdot C_7H_6O_6S$. F: 116° (*Weil Chem.-pharm. Präp.*, D.R.P. 556143 [1931]; Frdl. **19** 1188). — Strontium-Salz. Zers. bei 290°.

Verbindung mit N-Methoxycarbonyl-sulfanilsäure $C_{11}H_{12}N_2O \cdot C_8H_9NO_5S$. Kristalle; F: 58—60° [nicht rein erhalten] (*Rodionow*, *Fedorowa*, Izv. Akad. S.S.S.R. Otd. chim. **1952** 1049, 1053; engl. Ausg. S. 917, 920).

X   XI   XII   XIII

2-[2-Brom-phenyl]-1,5-dimethyl-1,2-dihydro-pyrazol-3-on $C_{11}H_{11}BrN_2O$, Formel XI (X = Br, X′ = H).

B. Beim Erwärmen von 2-[2-Brom-phenyl]-5-methyl-1,2-dihydro-pyrazol-3-on mit Dimethylsulfat (*Nakatomi*, *Nishihawa*, Ann. Rep. Fac. Pharm. Kanazawa Univ. **7** [1957] 28, 30; C. A. **1958** 6325).

Kristalle (aus Bzl.); F: 64°.

2-[3-Brom-phenyl]-1,5-dimethyl-1,2-dihydro-pyrazol-3-on $C_{11}H_{11}BrN_2O$, Formel XI (X = H, X′ = Br).

B. Beim Erwärmen von 2-[3-Brom-phenyl]-5-methyl-1,2-dihydro-pyrazol-3-on mit Di≠methylsulfat (*Nakatomi, Nishikawa*, Ann. Rep. Fac. Pharm. Kanazawa Univ. **7** [1957] 28, 29; C. A. **1958** 6325).

Kristalle (aus Bzl.); F: 116—117°.

2,5-Dimethyl-1-phenyl-1,2-dihydro-pyrazol-3-on $C_{11}H_{12}N_2O$, Formel XII (H 34; E I 198; E II 17).

B. Beim Erhitzen von 5-Methyl-1-phenyl-1,2-dihydro-pyrazol-3-on mit CH_3I in Meth≠anol auf 100—110° (*Biquard, Grammaticakis*, Bl. [5] **8** [1941] 254, 263; *Elguero et al.*, Bl. **1967** 3772, 3778). Beim Erhitzen von Acetessigsäure-äthylester mit *N*-Methyl-*N′*-phenyl-hydrazin auf 110° (*Müller et al.*, M. **89** [1958] 23, 36).

Dipolmoment (ε) bei 24°: 5,69 D (*Veibel et al.*, Acta chem. scand. **8** [1954] 768, 775). Kristalle; F: 113—114° [aus Bzl.] (*El. et al.*), 113° [korr.; aus PAe.] (*Mü. et al.; Bi., Gr.; Ve. et al.*). UV-Spektrum (A.; 240—320 nm): *Bi., Gr.* Scheinbarer Dissoziations-exponent pK'_b (H_2O [umgerechnet aus Eg.]; potentiometrisch ermittelt): 11,6 (*Ve. et al.*). Picrat $C_{11}H_{12}N_2O \cdot C_6H_3N_3O_7$ (H 34). Kristalle (aus A.); F: 169—170° [korr.] (*Mü. et al.*).

***1,5-Dimethyl-2-phenyl-1,2-dihydro-pyrazol-3-on-hydrazon** $C_{11}H_{14}N_4$, Formel XIII (E II 17).

Konstitutionsbestätigung: *Elguero et al.*, Bl. **1972** 2807, 2813.

Die Konstitution der früher (E II **24** 17) mit Vorbehalt als 1,4-Diphenyl-hexa≠hydro-[1,2,4,5]tetrazin formulierten Verbindung $C_{14}H_{16}N_4$ ist ungewiss (*Schmitz, Ohme*, A. **635** [1960] 82, 85; vgl. *Jensen, Hammerum*, Acta chem. scand. **26** [1972] 1258, 1261, 1266).

[*Wente*]

1-Äthyl-5-methyl-2-phenyl-1,2-dihydro-pyrazol-3-on, Homoantipyrin $C_{12}H_{14}N_2O$, Formel I (R = C_2H_5, R′ = C_6H_5) (H 37; E I 204; E II 17).

Beim aufeinanderfolgenden Behandeln mit $COCl_2$ und mit H_2O ist 1-Äthyl-5-methyl-3-oxo-2-phenyl-2,3-dihydro-1*H*-pyrazol-4-carbonsäure erhalten worden (*Kaufmann, Huang*, B. **75** [1942] 1214, 1222).

Picrat $C_{12}H_{14}N_2O \cdot C_6H_3N_3O_7$. F: 179° [korr.] (*Müller et al.*, M. **89** [1958] 23, 31).

2-Äthyl-5-methyl-1-phenyl-1,2-dihydro-pyrazol-3-on $C_{12}H_{14}N_2O$, Formel I (R = C_6H_5, R′ = C_2H_5).

B. Aus Acetessigsäure-äthylester und *N*-Äthyl-*N′*-phenyl-hydrazin (*Müller et al.*, M. **89** [1958] 23, 32).

Picrat $C_{12}H_{14}N_2O \cdot C_6H_3N_3O_7$. F: 134—135° [korr.].

5-Methyl-2-phenyl-1-propyl-1,2-dihydro-pyrazol-3-on $C_{13}H_{16}N_2O$, Formel I (R = CH_2-CH_2-CH_3, R′ = C_6H_5).

B. Aus 5-Methyl-2-phenyl-1,2-dihydro-pyrazol-3-on und Propylbromid [135°] (*Sonn, Litten*, B. **66** [1933] 1582, 1585).

Kristalle (aus Xylol); F: 90—91°. Kp_{22}: 220—240°.

Picrat $C_{13}H_{16}N_2O \cdot C_6H_3N_3O_7$. F: 155—158°.

1-But-2ξ-enyl-5-methyl-2-phenyl-1,2-dihydro-pyrazol-3-on(?) $C_{14}H_{16}N_2O$, vermutlich Formel I (R = CH_2-CH=CH-CH_3, R′ = C_6H_5).

B. Aus Acetessigsäure-äthylester und *N*-But-2ξ-enyl-*N′*-phenyl-hydrazin (*Berthold*, B. **90** [1957] 2743, 2746).

Kristalle; F: 144—145°.

5-Methyl-1,2-diphenyl-1,2-dihydro-pyrazol-3-on $C_{16}H_{14}N_2O$, Formel I (R = R′ = C_6H_5) (H 38).

Kristalle (aus Bzl.); F: 129,5—130° (*Kitamura*, J. pharm. Soc. Japan **61** [1941] 19, 22; dtsch. Ref. S. 8).

Bildung von 3-Methyl-5-oxo-1,2-diphenyl-pyrazolidin-3-carbonsäure, Acetoacetanilid und Anilin beim Erhitzen mit Natrium und CO_2 in Xylol und anschliessenden Behandeln mit H₂O: *Heymons, Rohland*, B. **66** [1933] 1654, 1659. Beim Erwärmen mit DMF und POCl₃ ist 5-Methyl-3-oxo-1,2-diphenyl-2,3-dihydro-1*H*-pyrazol-4-carbaldehyd erhalten worden (*Takahashi, Kanematsu*, Chem. pharm. Bl. **6** [1958] 374, 376).

Picrat. Gelbe Kristalle (aus Ae.); F: 138° (*He., Ro.*).

5-Methyl-2-*m*-tolyl-1,2-dihydro-pyrazol-3-on C₁₁H₁₂N₂O, Formel II (R = CH₃, R′ = H), und Tautomere.

B. Aus Acetessigsäure-äthylester und *m*-Tolylhydrazin (*Koike et al.*, J. chem. Soc. Japan Ind. Chem. Sect. **57** [1954] 56; C. A. **1955** 11 629). Aus *m*-Tolylhydrazin und Diketen [E III/IV **17** 4297] (*I. G. Farbenind.*, D.R.P. 747 734 [1939]; D.R.P. Org. Chem. **6** 2425; *Carbide & Carbon Chem. Co.*, U.S.P. 2 017 815 [1932]; D.R.P. 637 260 [1935]; Frdl. **23** 468).

Kristalle (aus Bzl.); F: 124° (*I. G. Farbenind.*), 109—110° (*Carbide & Carbon*), 104,7—105,0° (*Koike*).

5-Methyl-2-[3-trifluormethyl-phenyl]-1,2-dihydro-pyrazol-3-on C₁₁H₉F₃N₂O, Formel II (R = CF₃, R′ = H), und Tautomere.

B. Durch Reduktion von diazotiertem 3-Trifluormethyl-anilin und Umsetzung mit Acet= essigsäure-äthylester (*Kimura et al.*, J. chem. Soc. Japan Ind. Chem. Sect. **62** [1959] 227, 230; C. A. **1962** 989).

F: 105—106°.

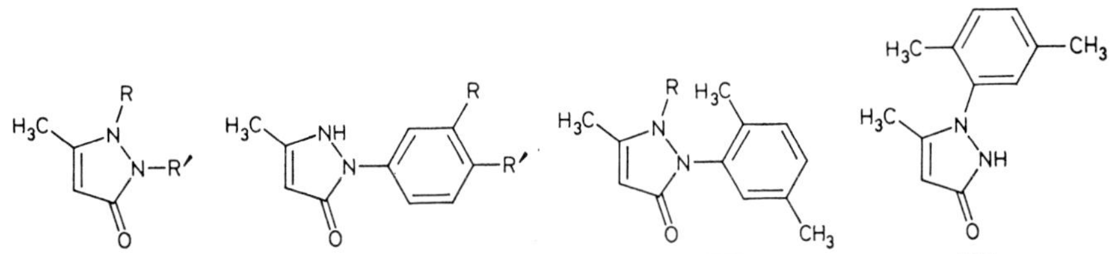

I   II   III   IV

5-Methyl-2-*p*-tolyl-1,2-dihydro-pyrazol-3-on C₁₁H₁₂N₂O, Formel II (R = H, R′ = CH₃), und Tautomere (H 39; E I 205).

B. Aus *p*-Tolylhydrazin und Diketen [E III/IV **17** 4297] (*Carbide & Carbon Chem. Co.*, U.S.P. 2 017 815 [1932]; D.R.P. 637 260 [1935]; Frdl. **23** 468).

F: 128—130° (*Carbide & Carbon*), 91,5—93,5° (*Koike et al.*, J. chem. Soc. Japan Ind. Chem. Sect. **57** [1954] 56; C. A. **1955** 11 629).

2-Benzyl-5-methyl-1-phenyl-1,2-dihydro-pyrazol-3-on C₁₇H₁₆N₂O, Formel I (R = C₆H₅, R′ = CH₂-C₆H₅).

B. Aus 5-Methyl-1-phenyl-1,2-dihydro-pyrazol-3-on und Benzylchlorid [120—180°] (*Sonn, Litten*, B. **66** [1933] 1582, 1587).

Kristalle (aus wss. Me.); F: 103—104°.

Hydrochlorid C₁₇H₁₆N₂O·HCl. Kristalle (aus CHCl₃ + wenig Ae.); F: 155—158°.

Picrat. F: 106—109°.

1-Benzyl-5-methyl-2-phenyl-1,2-dihydro-pyrazol-3-on C₁₇H₁₆N₂O, Formel I (R = CH₂-C₆H₅, R′ = C₆H₅) (H 40; E I 207).

F: 119° (*Grammaticakis*, C. r. **229** [1949] 1338). UV-Spektrum (A.; 230—330 nm): *Gr.* Beim Erhitzen auf 150—180° in Anwesenheit von CH₃Cl sind Antipyrin (S. 75), ge= ringe Mengen 5-Methyl-2-phenyl-1,2-dihydro-pyrazol-3-on und 4-Benzyl-5-methyl-2-phenyl-1,2-dihydro-pyrazol-3-on erhalten worden (*Sonn, Litten*, B. **66** [1933] 1582, 1587). Beim Erhitzen mit Benzylchlorid auf 180° ist 4-Benzyl-5-benzyloxy-3-methyl-1-phenyl-1*H*-pyrazol erhalten worden (*Sonn, Li.*).

5-Methyl-2-phenäthyl-1,2-dihydro-pyrazol-3-on C₁₂H₁₄N₂O, Formel I (R = H, R′ = CH₂-CH₂-C₆H₅), und Tautomere.

B. Aus Acetessigsäure-äthylester und Phenäthylhydrazin (*Votoček, Valentin*, Collect.

5 [1933] 84, 86).
Kristalle (aus A.); F: 139—141,5°.

1,5-Dimethyl-2-phenäthyl-1,2-dihydro-pyrazol-3-on $C_{13}H_{16}N_2O$, Formel I (R = CH_3, R' = CH_2-CH_2-C_6H_5).
B. Beim Erhitzen der vorangehenden Verbindung mit CH_3I auf 110—118° (*Votoček, Valentin*, Collect. **5** [1933] 84, 90).
Kristalle (aus Bzl. oder Toluol); F: 102—103°.

2-[2,5-Dimethyl-phenyl]-5-methyl-1,2-dihydro-pyrazol-3-on $C_{12}H_{14}N_2O$, Formel III (R = H), und Tautomere.
B. Aus [2,5-Dimethyl-phenyl]-hydrazin und Acetessigsäure-äthylester [150—160°] (*Huston et al.*, Am. Soc. **55** [1933] 3407).
Kristalle (aus A. oder PAe.); F: 164°.

1-[2,5-Dimethyl-phenyl]-5-methyl-1,2-dihydro-pyrazol-3-on $C_{12}H_{14}N_2O$, Formel IV, und Tautomeres.
B. Beim Erwärmen von Acetessigsäure-äthylester mit Essigsäure-[N'-(2,5-dimethyl-phenyl)-hydrazid] und PCl_3 (*Huston et al.*, Am. Soc. **55** [1933] 3407); s. dazu *Michaelis*, A. **338** [1905] 267, 310).
Kristalle (aus A. oder PAe.); F: 180—181° (*Hu. et al.*).

2-[2,5-Dimethyl-phenyl]-1,5-dimethyl-1,2-dihydro-pyrazol-3-on $C_{13}H_{16}N_2O$, Formel III (R = CH_3).
B. Beim Erhitzen von 2-[2,5-Dimethyl-phenyl]-5-methyl-1,2-dihydro-pyrazol-3-on mit CH_3I [100°] (*Huston et al.*, Am. Soc. **55** [1933] 3407).
Kristalle (aus PAe.); F: 97,5°.

5-Methyl-2-[4-(3-methyl-cyclohexyl)-phenyl]-1,2-dihydro-pyrazol-3-on $C_{17}H_{22}N_2O$, Formel V, und Tautomere.
a) Linksdrehendes Stereoisomeres vom F: 150°.
B. Aus (−)-[4-(3-Methyl-cyclohexyl)-phenyl]-hydrazin (E II **15** 255) und Acetessig-säure-äthylester [120°] (*v. Braun*, A. **507** [1933] 14, 34).
Kristalle (aus A.); F: 150°. $[\alpha]_D^{19}$: −2,1° [$CHCl_3$; p = 6,5].
Methyl-Derivat $C_{18}H_{24}N_2O$; (−)-1,5-Dimethyl-2-[4-(3-methyl-cyclohexyl)-phenyl]-1,2-dihydro-pyrazol-3-on. Hellgelbes Pulver (aus wss. A.); F: 90°. $[\alpha]_D^{22}$: −2,6° [A.; p = 5,8].
b) Opt.-inakt. Stereoisomeres vom F: 147—148°.
B. Aus opt.-inakt. [4-(3-Methyl-cyclohexyl)-phenyl]-hydrazin (F: 82°) und Acetessig-säure-äthylester [120°] (*v. Braun*, A. **507** [1933] 14, 35).
F: 147—148°.
Methyl-Derivat $C_{18}H_{24}N_2O$; 1,5-Dimethyl-2-[4-(3-methyl-cyclohexyl)-phenyl]-1,2-dihydro-pyrazol-3-on. F: 87—88°.

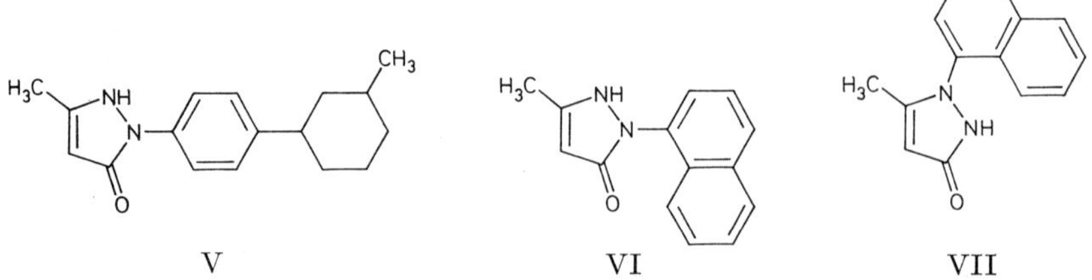

V   VI   VII

5-Methyl-2-[1]naphthyl-1,2-dihydro-pyrazol-3-on $C_{14}H_{12}N_2O$, Formel VI, und Tautomere (H 41; E II 17).
Kristalle (aus wss. A.); F: 165° (*Gáspár*, U.S.P. 2274782 [1938]).

5-Methyl-1-[1]naphthyl-1,2-dihydro-pyrazol-3-on $C_{14}H_{12}N_2O$, Formel VII, und Tautomeres.

B. Beim Erhitzen von 3-[1]Naphthylhydrazono-buttersäure-[N'-[1]naphthyl-hydrazid] mit wss. HCl (*Am. Cyanamid Co.*, U.S.P. 2227654 [1940]).

Kristalle (aus A.); F: 240—241° [korr.].

2-[2-Äthoxy-5-nitro-phenyl]-5-methyl-1,2-dihydro-pyrazol-3-on $C_{12}H_{13}N_3O_4$, Formel VIII, und Tautomere.

B. Aus Acetessigsäure-äthylester und [2-Äthoxy-5-nitro-phenyl]-hydrazin (*Demers, Lynn*, J. Am. pharm. Assoc. **30** [1941] 627).

Gelbliche Kristalle; F: 82 83,5° [nicht rein erhalten].

5-Methyl-2-[3-phenoxy-phenyl]-1,2-dihydro-pyrazol-3-on $C_{16}H_{14}N_2O_2$, Formel IX, und Tautomere.

B. Beim Erhitzen von 3-[3-Phenoxy-phenylhydrazono]-buttersäure-äthylester auf 140° (*Hahn et al.*, Croat. chem. Acta **28** [1956] 57, 61; C. A. **1957** 1883).

Kristalle (aus wss. A.); F: 124—125° [unkorr.].

2-[4-Hydroxy-phenyl]-5-methyl-1,2-dihydro-pyrazol-3-on $C_{10}H_{10}N_2O_2$, Formel X (R = R' = H), und Tautomere (H 42).

B. Aus Acetessigsäure-äthylester und 4-Hydrazino-phenol (*Farbwerke Hoechst*, D.B.P. 897406 [1951]).

Kristalle (aus Me.); F: 230°.

2-[4-Methoxy-phenyl]-5-methyl-1,2-dihydro-pyrazol-3-on $C_{11}H_{12}N_2O_2$, Formel X (R = H, R' = CH_3), und Tautomere (H 42).

F: 122—123° (*Koike et al.*, J. chem. Soc. Japan Ind. Chem. Sect. **57** [1954] 56; C. A. **1955** 11629).

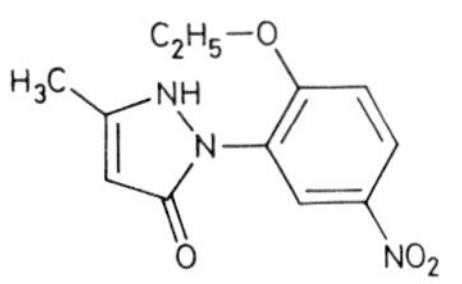

VIII 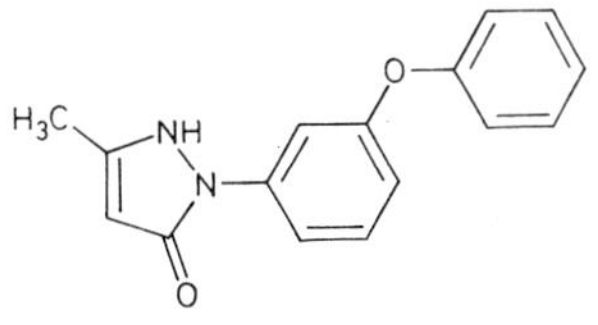   IX 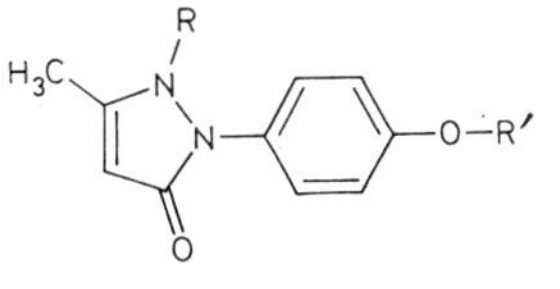   X

2-[4-Äthoxy-phenyl]-5-methyl-1,2-dihydro-pyrazol-3-on $C_{12}H_{14}N_2O_2$, Formel X (R = H, R' = C_2H_5), und Tautomere (H 42; E II 18).

Beim Erwärmen mit N,N'-Diphenyl-formamidin sind 2-[4-Äthoxy-phenyl]-5-methyl-4-[phenylimino-methyl]-1,2-dihydro-pyrazol-3-on und [2-(4-Äthoxy-phenyl)-5-methyl-3-oxo-2,3-dihydro-1H-pyrazol-4-yl]-[1-(4-äthoxy-phenyl)-3-methyl-5-oxo-1,5-dihydro-pyrazol-4-yliden]-methan erhalten worden (*Ridi*, G. **77** [1947] 3, 5).

5-Methyl-2-[4-propoxy-phenyl]-1,2-dihydro-pyrazol-3-on $C_{13}H_{16}N_2O_2$, Formel X (R = H, R' = CH_2-CH_2-CH_3), und Tautomere.

B. Aus Acetessigsäure-äthylester und [4-Propoxy-phenyl]-hydrazin (*Profft et al.*, J. pr. [4] **1** [1955] 110, 121).

Kristalle (aus Me.); F: 132,5°.

2-[4-Isopropoxy-phenyl]-5-methyl-1,2-dihydro-pyrazol-3-on $C_{13}H_{16}N_2O_2$, Formel X (R = H, R' = $CH(CH_3)_2$), und Tautomere.

B. Aus Acetessigsäure-äthylester und [4-Isopropoxy-phenyl]-hydrazin (*Farbwerke Hoechst*, D.B.P. 897406 [1951]).

Kristalle (aus A.); F: 135—137°.

5-Methyl-2-[4-phenoxy-phenyl]-1,2-dihydro-pyrazol-3-on $C_{16}H_{14}N_2O_2$, Formel X (R = H, R' = C_6H_5), und Tautomere.

B. Beim Erhitzen von 3-[4-Phenoxy-phenylhydrazono]-buttersäure-äthylester auf

135° (*Hahn et al.*, Croat. chem. Acta **28** [1956] 57, 63; C. A. **1957** 1883).
Kristalle (aus wss. A.); F: 144—145° [unkorr.].

2-[4-(4-Chlor-phenylmercapto)-phenyl]-5-methyl-1,2-dihydro-pyrazol-3-on
$C_{16}H_{13}ClN_2OS$, Formel XI (X = S-C_6H_4-Cl(p)), und Tautomere.
B. Aus Acetessigsäure-äthylester und [4-(4-Chlor-phenylmercapto)-phenyl]-hydrazin
[130°] (*Dal Monte, Veggetti*, Ric. scient. **28** [1958] 1650).
Kristalle (aus Bzl. + PAe.); F: 171°.

2-[4-(4-Chlor-benzolsulfonyl)-phenyl]-5-methyl-1,2-dihydro-pyrazol-3-on $C_{16}H_{13}ClN_2O_3S$,
Formel XI (X = SO_2-C_6H_4-Cl(p)), und Tautomere.
B. Aus Acetessigsäure-äthylester und [4-(4-Chlor-benzolsulfonyl)-phenyl]-hydrazin
(*Dal Monte, Veggetti*, Ric. scient. **28** [1958] 1650).
Kristalle (aus Bzl.); F: 156°.

5-Methyl-2-[4-thiocyanato-phenyl]-1,2-dihydro-pyrazol-3-on $C_{11}H_9N_3OS$, Formel XI
(X = S-CN), und Tautomere.
B. Beim Erhitzen von Acetessigsäure-äthylester mit [4-Thiocyanato-phenyl]-hydrazin
(*Horii*, J. pharm. Soc. Japan **57** [1937] 298, 304; dtsch. Ref. S. 124, 128). Beim Behandeln
von [4-Thiocyanato-phenyl]-hydrazin mit 3-Oxo-glutarsäure und anschliessenden Er=
hitzen (*Ho.*).
Kristalle (aus A.); F: 178—179°.

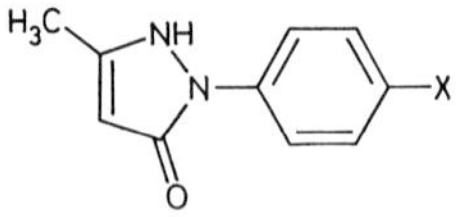

XI 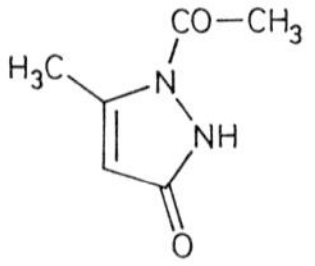   XII 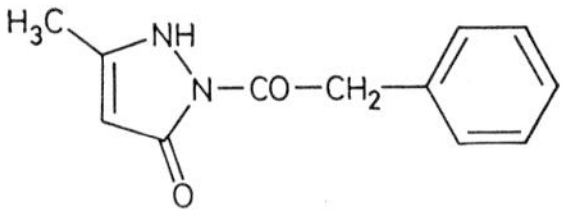   XIII

2-[4-Hydroxy-phenyl]-1,5-dimethyl-1,2-dihydro-pyrazol-3-on $C_{11}H_{12}N_2O_2$, Formel X
(R = CH_3, R′ = H).
B. Aus 2-[4-Hydroxy-phenyl]-5-methyl-1,2-dihydro-pyrazol-3-on und CH_3I (*Farb=
werke Hoechst*, D.B.P. 897406 [1951]).
Kristalle; F: 207—208°.

1,5-Dimethyl-2-[4-propoxy-phenyl]-1,2-dihydro-pyrazol-3-on $C_{14}H_{18}N_2O_2$, Formel X
(R = CH_3, R′ = CH_2-CH_2-CH_3).
B. Aus 5-Methyl-2-[4-propoxy-phenyl]-1,2-dihydro-pyrazol-3-on und CH_3I (*Profft
et al.*, J. pr. [4] **1** [1955] 110, 121).
Kristalle; F: 55°. $Kp_{0,2}$: 192—194°.
Hydrochlorid $C_{14}H_{18}N_2O_2 \cdot HCl$. Kristalle; F: 160°.

2-[4-Isopropoxy-phenyl]-1,5-dimethyl-1,2-dihydro-pyrazol-3-on $C_{14}H_{18}N_2O_2$, Formel X
(R = CH_3, R′ = $CH(CH_3)_2$).
B. Aus 2-[4-Isopropoxy-phenyl]-5-methyl-1,2-dihydro-pyrazol-3-on und CH_3I (*Farb=
werke Hoechst*, D.B.P. 897406 [1951]).
Kristalle; F: 103—104°.
Salicylat. Kristalle; F: 124—125°.

2-[4-Isobutoxy-phenyl]-1,5-dimethyl-1,2-dihydro-pyrazol-3-on $C_{15}H_{20}N_2O_2$, Formel X
(R = CH_3, R′ = CH_2-$CH(CH_3)_2$).
B. Aus 2-[4-Hydroxy-phenyl]-1,5-dimethyl-1,2-dihydro-pyrazol-3-on und Isobutyl=
bromid (*Farbwerke Hoechst*, D.B.P. 897406 [1951]).
Kristalle (aus Ae.); F: 52—56°. Kp_{10}: 240—245°.

2-[4-Benzyloxy-phenyl]-1,5-dimethyl-1,2-dihydro-pyrazol-3-on $C_{18}H_{18}N_2O_2$, Formel X
(R = CH_3, R′ = CH_2-C_6H_5).
B. Aus 2-[4-Hydroxy-phenyl]-1,5-dimethyl-1,2-dihydro-pyrazol-3-on und Benzyl=

chlorid (*Farbwerke Hoechst*, D.B.P. 897 406 [1951]).
Kristalle (aus Bzl.); F: 159—163°.

1-Acetyl-5-methyl-1,2-dihydro-pyrazol-3-on $C_6H_8N_2O_2$, Formel XII, und Tautomeres.
Nach Ausweis der ¹H-NMR-, der IR- und der UV-Absorption liegt 1 - A c e t y l - 5 - m e t h ⹀ y l - 1 *H* - p y r a z o l - 3 - o l vor (*Arakawa et al.*, Chem. pharm. Bl. **22** [1971] 207).
B. Beim Erwärmen von 5-Methyl-1,2-dihydro-pyrazol-3-on mit Acetanhydrid und Pyridin (*Ar. et al.*, l. c. S. 211; s. a. *Wiley et al.*, Am. Soc. **76** [1954] 4931).
Kristalle (aus Bzl.); F: 153—154° [korr.] (*Wi.*). ¹H-NMR-Absorption sowie ¹H-¹H-Spin-Spin-Kopplungskonstante (DMSO-d₆): *Ar. et al.* λ_{max} (Me.): 253 nm (*Ar. et al.*).

5-Methyl-2-phenylacetyl-1,2-dihydro-pyrazol-3-on $C_{12}H_{12}N_2O_2$, Formel XIII, und Tautomere.
B. Aus Acetessigsäure-äthylester und Phenylessigsäure-hydrazid unter Zusatz von Piperidin (*Aggarwal, Ray*, Soc. **1930** 492).
Kristalle (aus Xylol); F: 134—136°.

3-Methyl-5-oxo-2,5-dihydro-pyrazol-1-carbonsäure-anilid $C_{11}H_{11}N_3O_2$, Formel I (X = X' = H), und Tautomere.
B. Beim Erwärmen von 5-Methyl-1,2-dihydro-pyrazol-3-on mit Phenylisocyanat (*Henry, Dehn*, Am. Soc. **71** [1949] 2297, 2300).
Kristalle; F: 237—238° [korr.].

3-Methyl-5-oxo-2,5-dihydro-pyrazol-1-carbonsäure-[3,4-dichlor-anilid] $C_{11}H_9Cl_2N_3O_2$, Formel I (X = X' = Cl), und Tautomere.
B. Beim Erwärmen von 5-Methyl-1,2-dihydro-pyrazol-3-on mit 3,4-Dichlor-phenyl⹀isocyanat in Aceton (*Monsanto Chem. Co.*, U.S.P. 2 817 666 [1956]; *Beaver et al.*, Am. Soc. **79** [1957] 1236, 1243).
Kristalle (aus A.); F: 228—229°.

3-Methyl-5-oxo-2,5-dihydro-pyrazol-1-carbonsäure-*p*-toluidid $C_{12}H_{13}N_3O_2$, Formel I (X = H, X' = CH₃), und Tautomere.
B. Beim Erwärmen von 5-Methyl-1,2-dihydro-pyrazol-3-on mit *p*-Tolylisocyanat (*Henry, Dehn*, Am. Soc. **71** [1949] 2297, 2300).
Kristalle; F: 234—235° [korr.].

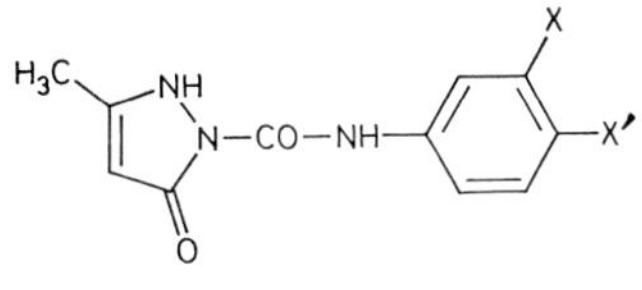

I 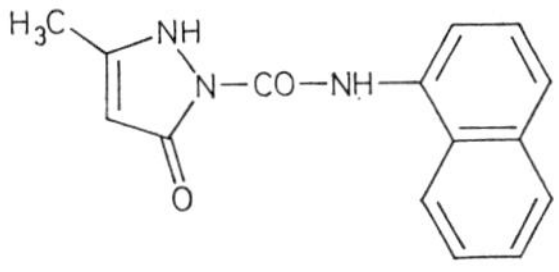   II

3-Methyl-5-oxo-2,5-dihydro-pyrazol-1-carbonsäure-[1]naphthylamid $C_{15}H_{13}N_3O_2$, Formel II, und Tautomere.
B. Beim Erwärmen von 5-Methyl-1,2-dihydro-pyrazol-3-on mit [1]Naphthylisocyanat (*Henry, Dehn*, Am. Soc. **71** [1949] 2297, 2300).
Kristalle; F: 195° [korr.].

3-Methyl-5-oxo-2,5-dihydro-pyrazol-1-carbonsäure-*p*-phenetidid $C_{13}H_{15}N_3O_3$, Formel I (X = H, X' = O-C₂H₅), und Tautomere.
B. Neben anderen Verbindungen beim Behandeln von 4-[4-Äthoxy-phenyl]-semicarb⹀azid mit Acetessigsäure-äthylester in wss. Äthanol (*Runti, Sindellari*, Ann. Chimica **49** [1959] 877, 888).
Kristalle (aus A.); F: 217—218°.

1,4-Bis-[3-methyl-5-oxo-2,5-dihydro-pyrazol-1-carbonylamino]-butan $C_{14}H_{20}N_6O_4$, Formel III (n = 4), und Tautomere.
B. Aus 5-Methyl-1,2-dihydro-pyrazol-3-on und 1,4-Diisocyanato-butan in Anisol (*Iwa-*

kura et al., J. chem. Soc. Japan Ind. Chem. Sect. **59** [1956] 568, 570; C. A. **1958** 3790).
Kristalle (aus Eg.); F: 224—225°.

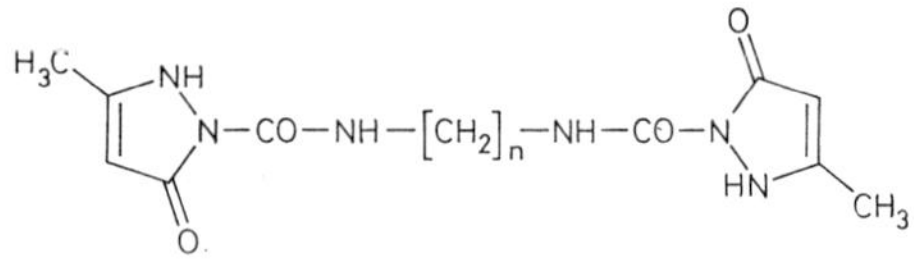

III

1,8-Bis-[3-methyl-5-oxo-2,5-dihydro-pyrazol-1-carbonylamino]-octan $C_{18}H_{28}N_6O_4$,
Formel III (n = 8), und Tautomere.
B. Aus 5-Methyl-1,2-dihydro-pyrazol-3-on und 1,8-Diisocyanato-octan in Pyridin (*Iwa-kura et al.*, J. chem. Soc. Japan Ind. Chem. Sect. **59** [1956] 568, 570; C. A. **1958** 3790).
Kristalle; F: 211°.

3,3'-Dimethoxy-4,4'-bis-[3-methyl-5-oxo-2,5-dihydro-pyrazol-1-carbonylamino]-biphenyl
$C_{24}H_{24}N_6O_6$, Formel IV, und Tautomere.
B. Aus 5-Methyl-1,2-dihydro-pyrazol-3-on und 4,4'-Diisocyanato-3,3'-dimethoxy-biphenyl (*Iwakura et al.*, J. chem. Soc. Japan Ind. Chem. Sect. **59** [1956] 568, 570; C. A. **1958** 3790).
Hellgrünes Pulver; Zers. bei 225°.

3-Methyl-5-oxo-2,5-dihydro-pyrazol-1-carbimidsäure-amid, 3-Methyl-5-oxo-2,5-dihydro-pyrazol-1-carbamidin $C_5H_8N_4O$, Formel V (R = R' = H), und Tautomere (E I 208).
B. Aus Acetessigsäure-äthylester und Aminoguanidin-nitrat (*De, Rakshit*, J. Indian chem. Soc. **13** [1936] 509, 512; *Vystrčil, Prokeš*, Chem. Listy **46** [1952] 670; C. A. **1954** 165).
IR-Spektrum (1900—700 cm⁻¹): *Vystrčil, Prokeš*, Chem. Listy **47** [1953] 160; C. A. **1954** 3349.
Nitrat $C_5H_8N_4O \cdot HNO_3$. Kristalle (aus H_2O bzw. aus A.); F: 234° [Zers.] (*De., Ra.*; *Vy., Pr.*, Chem. Listy **46** 671).

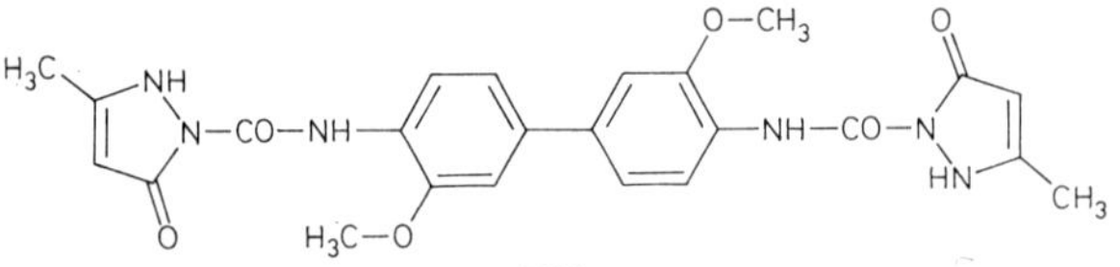

IV 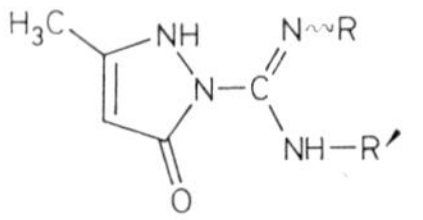   V

3-Methyl-5-oxo-2,5-dihydro-pyrazol-1-carbonsäure-[anilid-phenylimid], 3-Methyl-5-oxo-N,N'-diphenyl-2,5-dihydro-pyrazol-1-carbamidin $C_{17}H_{16}N_4O$, Formel V (R = R' = C_6H_5), und Tautomere.
B. Aus Acetessigsäure-äthylester und *N*-Amino-*N'*,*N''*-diphenyl-guanidin (*De, Rakshit*, J. Indian chem. Soc. **13** [1936] 509, 517).
Kristalle (aus wss. A.); F: 198°.

3-Methyl-5-oxo-2,5-dihydro-pyrazol-1-carbonsäure-[*p*-toluidid-*p*-tolylimid], 3-Methyl-5-oxo-N,N'-di-*p*-tolyl-2,5-dihydro-pyrazol-1-carbamidin $C_{19}H_{20}N_4O$,
Formel V (R = R' = C_6H_4-$CH_3(p)$), und Tautomere.
B. Aus Acetessigsäure-äthylester und *N*-Amino-*N'*,*N''*-di-*p*-tolyl-guanidin (*De, Rakshit*, J. Indian chem. Soc. **13** [1936] 509, 517).
Kristalle (aus wss. A.); F: 210°.

3-Methyl-5-oxo-2,5-dihydro-pyrazol-1-carbonsäure-[[2]naphthylamid-[2]naphthylimid],
3-Methyl-N,N'-di-[2]naphthyl-5-oxo-2,5-dihydro-pyrazol-1-carbamidin
$C_{25}H_{20}N_4O$, Formel VI, und Tautomere.
B. Beim Erhitzen von Acetessigsäure-äthylester mit *N*-Amino-*N'*,*N''*-di-[2]naphthyl-

guanidin in Essigsäure (*De, Rakshit*, J. Indian chem. Soc. **13** [1936] 509, 517).
Kristalle (aus wss. A.); F: 290°.

3-[3-Methyl-5-oxo-2,5-dihydro-pyrazol-1-carbimidoylamino]-ξ-crotonsäure-äthylester

$C_{11}H_{16}N_4O_3$, Formel V (R = H, R' = C(CH$_3$)=CH-CO-O-C$_2$H$_5$), und Tautomere.
B. Aus 3-Methyl-5-oxo-2,5-dihydro-pyrazol-1-carbamidin und Acetessigsäure-äthylester
(*Vystrčil, Prokeš*, Chem. Listy **46** [1952] 670; C. A. **1954** 165). Aus Acetessigsäure-äthyl=
ester und Aminoguanidin-carbonat (*Vy., Pr.*, Chem. Listy **46** 671).
Kristalle (aus wss. A.); F: 180° [Zers.] (*Vy., Pr.*, Chem. Listy **46** 671). IR-Spektrum
(1900—700 cm^{-1}): *Vystrčil, Prokeš*, Chem. Listy **47** [1953] 160; C. A. **1954** 3349.

3-[3-Methyl-5-oxo-2,5-dihydro-pyrazol-1-carbimidoylamino]-ξ-zimtsäure-äthylester

$C_{16}H_{18}N_4O_3$, Formel V (R = H, R' = C(C$_6$H$_5$)=CH-CO-O-C$_2$H$_5$), und Tautomere.
B. Aus 3-Methyl-5-oxo-2,5-dihydro-pyrazol-1-carbamidin und 3-Oxo-3-phenyl-prop=
ionsäure-äthylester (*Vystrčil, Prokeš*, Chem. Listy **46** [1952] 670; C. A. **1954** 165).
Kristalle (aus H$_2$O); F: 185° [Zers.] (*Vy., Pr.*, Chem. Listy **46** 671). IR-Spektrum
(1900—700 cm^{-1}): *Vystrčil, Prokeš*, Chem. Listy **47** [1953] 160; C. A. **1954** 3349.

VI   VII   VIII

3-Methyl-5-oxo-2,5-dihydro-pyrazol-1-thiocarbonsäure-amid $C_5H_7N_3OS$, Formel VII, und Tautomere (E II 19).

Beim Erwärmen mit 2-Brom-1-[3-nitro-phenyl]-äthanon in wss. Äthanol ist 5-Methyl-
2-[4-(3-nitro-phenyl)-thiazol-2-yl]-1,2-dihydro-pyrazol-3-on erhalten worden; mit Phen=
acylchlorid entsteht unter denselben Bedingungen 1-Phenyl-2-thiocyanato-äthanon
(*Ekstrand*, Acta chem. scand. **2** [1948] 294).

5-Methyl-3-oxo-2,3-dihydro-pyrazol-1-carbonsäure-äthylester $C_7H_{10}N_2O_3$, Formel VIII, und Tautomeres.

Diese Konstitution kommt wahrscheinlich der früher (E II **24** 18) als 3-Methyl-5-
oxo-2,5-dihydro-pyrazol-1-carbonsäure-äthylester beschriebenen Verbindung
zu (*Wahlberg*, Ark. Kemi **17** [1961] 83, 85). Entsprechend ist der E II **24** 18 beschriebene
Propylester wahrscheinlich als 5-Methyl-3-oxo-2,3-dihydro-pyrazol-1-carbon=
säure-propylester zu formulieren.
Kristalle (aus A.); F: 206,5—207° (*Wa.*, l. c. S. 86). IR-Spektrum (2—15 μ): *Wa.*,
l. c. S. 87.

2-[3-Methyl-5-oxo-2,5-dihydro-pyrazol-1-yl]-benzoesäure $C_{11}H_{10}N_2O_3$, Formel IX, und Tautomere.

B. Beim Erhitzen von 2-[5-Hydroxy-3-methyl-pyrazol-1-yl]-benzoesäure-lacton mit
H$_2$O oder mit wss. HCl (*Veibel, Arnfred*, Acta chem. scand. **2** [1948] 914, 918).
Kristalle (aus wss. A.); F: 200° [Zers.].
Hydrochlorid. Kristalle (aus A.); F: 218—221°.

2-[5-Methyl-3-oxo-2,3-dihydro-pyrazol-1-yl]-benzoesäure $C_{11}H_{10}N_2O_3$, Formel X

(R = H), und Tautomeres (E I 208).
B. Beim Behandeln von 3-Methyl-pyrazolo[1,2-a]indazol-1,9-dion mit wss. NaOH
(*Veibel, Lillelund*, Tetrahedron **1** [1957] 201, 211).
F: 232—234°. UV-Spektrum (A.; 230—340 nm): *Ve., Li.*, l. c. S. 206. Scheinbarer
Dissoziationsexponent pK$_b'$ (H$_2$O [umgerechnet aus Eg.]; potentiometrisch ermittelt):
12,2 (*Ve., Li.*, l. c. S. 202).

2-[5-Methyl-3-oxo-2,3-dihydro-pyrazol-1-yl]-benzoesäure-methylester $C_{12}H_{12}N_2O_3$, Formel X (R = CH_3), und Tautomeres.

B. Beim Behandeln von 3-Methyl-pyrazolo[1,2-a]indazol-1,9-dion mit methanol. NaOH (*Veibel, Lillelund*, Tetrahedron 1 [1957] 201, 212).

Kristalle (aus Me.); F: 163—164°. UV-Spektrum in Äthanol (240—340 nm) und in Essigsäure (260—360 nm): *Ve., Li.*, l. c. S. 207; des Natrium-Salzes in Äthanol (220 nm bis 400 nm) und des Perchlorats in Essigsäure (260—360 nm): *Ve., Li.* Scheinbarer Dissoziationsexponent pK_b' (H_2O [umgerechnet aus Eg.]; potentiometrisch ermittelt): 12,3 (*Ve., Li.*, l. c. S. 204).

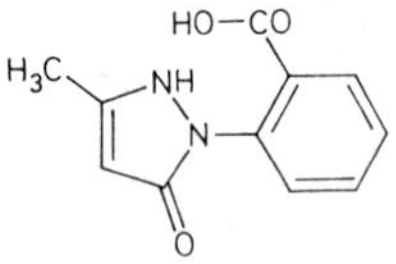

IX 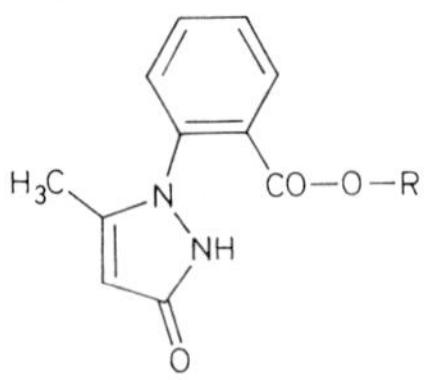   X 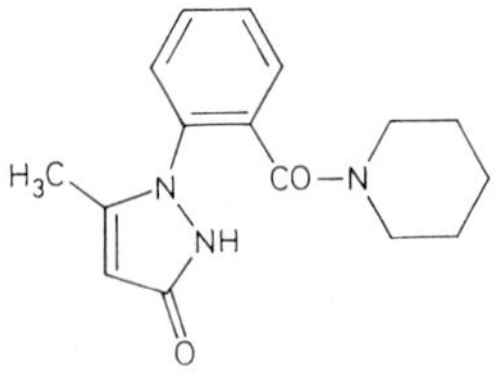   XI

2-[5-Methyl-3-oxo-2,3-dihydro-pyrazol-1-yl]-benzoesäure-äthylester $C_{13}H_{14}N_2O_3$, Formel X (R = C_2H_5), und Tautomere (E I 208).

B. Beim Behandeln von 3-Methyl-pyrazolo[1,2-a]indazol-1,9-dion mit äthanol. NaOH (*Veibel, Lillelund*, Tetrahedron 1 [1957] 201, 212).

Kristalle (aus A.); F: 160—161°. UV-Spektrum (A.; 240—400 nm): *Ve., Li.*, l. c. S. 206. Scheinbarer Dissoziationsexponent pK_b' (H_2O [umgerechnet aus Eg.]; potentiometrisch ermittelt): 12,3 (*Ve., Li.*, l. c. S. 204).

5-Methyl-1-[2-(piperidin-1-carbonyl)-phenyl]-1,2-dihydro-pyrazol-3-on, 2-[5-Methyl-3-oxo-2,3-dihydro-pyrazol-1-yl]-benzoesäure-piperidid $C_{16}H_{19}N_3O_2$, Formel XI, und Tautomeres.

B. Neben 2-[5-Methyl-3-oxo-2,3-dihydro-pyrazol-1-yl]-benzoesäure-methylester (Hauptprodukt) beim Behandeln von 3-Methyl-pyrazolo[1,2-a]indazol-1,9-dion mit methanol. NaOH und Piperidin (*Veibel, Lillelund*, Tetrahedron 1 [1957] 201, 204, 212).

Kristalle (aus Me.); F: 168—169°. Scheinbarer Dissoziationsexponent pK_b' (H_2O [umgerechnet aus A.]; potentiometrisch ermittelt): 12,4.

4-[3-Methyl-5-oxo-2,5-dihydro-pyrazol-1-yl]-benzoesäure $C_{11}H_{10}N_2O_3$, Formel XII (X = H), und Tautomere (E I 209; E II 19).

B. Aus 4-Hydrazino-benzoesäure und Acetessigsäure-äthylester (*Veibel*, Acta chem. scand. 1 [1947] 54, 65).

Kristalle (aus wss. A.); F: 297—300° (*Ve.*), 278° (*De, Datta*, Sci. Culture 11 [1945] 150).

4-[3-Methyl-5-oxo-2,5-dihydro-pyrazol-1-yl]-benzonitril $C_{11}H_9N_3O$, Formel XIII, und Tautomere.

B. Aus 4-Hydrazino-benzonitril und Acetessigsäure-äthylester (*Brown et al.*, Am. Soc. 73 [1951] 919, 925).

Kristalle (aus A.); F: 172—174°.

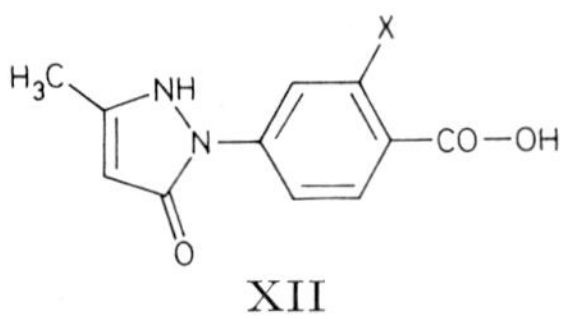

XII 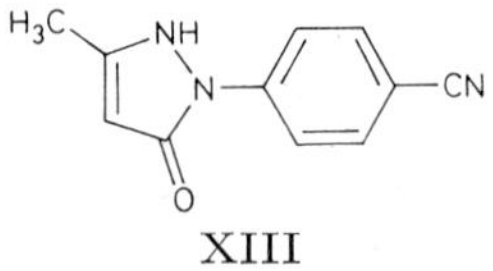   XIII 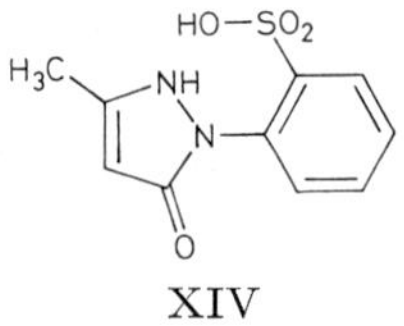   XIV

2-Hydroxy-4-[3-methyl-5-oxo-2,5-dihydro-pyrazol-1-yl]-benzoesäure $C_{11}H_{10}N_2O_4$, Formel XII (X = OH), und Tautomere.

B. Beim Erwärmen von 4-Hydrazino-2-hydroxy-benzoesäure mit Acetessigsäure-äthyl= ester (*Ohta*, J. chem. Soc. Japan Pure Chem. Sect. 78 [1957] 1608, 1612; C. A. **1959**

21342).

Kristalle (aus A.); F: 214—215° [Zers.; nach Sintern ab 208°].

2-[3-Methyl-5-oxo-2,5-dihydro-pyrazol-1-yl]-benzolsulfonsäure $C_{10}H_{10}N_2O_4S$, Formel XIV, und Tautomere.

B. Beim Erhitzen von 2-Hydrazino-benzolsulfonsäure mit Acetessigsäure-äthylester (*Scharwin et al.*, Ž. chim. Promyšl. **6** [1929] 1409, 1411; C. **1930** I 2244).

Kristalle (aus H_2O) mit 1 Mol H_2O.

3-[3-Methyl-5-oxo-2,5-dihydro-pyrazol-1-yl]-benzolsulfonsäure $C_{10}H_{10}N_2O_4S$, Formel I, und Tautomere.

B. Aus 3-Hydrazino-benzolsulfonsäure und Acetessigsäure-äthylester (*Koike et al.*, J. chem. Soc. Japan Ind. Chem. Sect. **57** [1954] 56; C. A. **1955** 11629).

F: >200°.

4-[3-Methyl-5-oxo-2,5-dihydro-pyrazol-1-yl]-benzolsulfonsäure $C_{10}H_{10}N_2O_4S$, Formel II (R = H, X = OH), und Tautomere (H 44; E I 210; E II 20).

B. Beim Erwärmen von 3-Thio-acetessigsäure-äthylester mit 4-Hydrazino-benzol=sulfonsäure (*Mitra*, J. Indian chem. Soc. **8** [1931] 471, 474). Aus 4-Hydrazino-benzol=sulfonsäure und Diketen [E III/IV **17** 4297] (*Lewin*, Ž. obšč. Chim. **27** [1957] 1374, 2864; engl. Ausg. S. 1456, 2900; *Boese*, Ind. eng. Chem. **32** [1940] 16, 19) oder Acetoacetamid (*Lewin*, Ž. prikl. Chim. **32** [1959] 2361; engl. Ausg. S. 2422) in H_2O.

Kristalle (aus H_2O); F: 320° [Zers.] (*Mi.*), 319° (*Fichter, Willi*, Helv. **17** [1934] 1416, 1417), 306° (*De, Datta*, Sci. Culture **11** [1945] 150).

Ammonium-Salz. Rosafarbene Kristalle; Zers. bei 262° (*Le.*, Ž. prikl. Chim. **32** 2361).

I   II

4-[3-Methyl-5-oxo-2,5-dihydro-pyrazol-1-yl]-benzolsulfonsäure-amid $C_{10}H_{11}N_3O_3S$, Formel II (R = H, X = NH_2), und Tautomere (E II 20).

B. Beim Erhitzen von 3-[4-Sulfamoyl-phenylhydrazono]-buttersäure-äthylester (*Crippa, Maffei*, G. **72** [1942] 97). Aus 4-Hydrazino-benzolsulfonsäure-amid und Acetessigsäure-äthylester (*Willstaedt*, Svensk kem. Tidskr. **55** [1943] 214, 220; *Itano*, J. pharm. Soc. Japan **75** [1955] 441, 443; C. A. **1956** 2552; *Takeda et al.*, Yokohama med. Bl. **3** [1952] 291, 292).

Kristalle (aus A.); F: 246° (*De, Datta*, Sci. Culture **11** [1945] 150), 240° (*Ta. et al.*), 237° [Zers.] (*It.; Cr., Ma.*).

4-[3-Methyl-5-oxo-2,5-dihydro-pyrazol-1-yl]-benzolsulfonsäure-[2]pyridylamid $C_{15}H_{14}N_4O_3S$, Formel III, und Tautomere.

B. Beim Erwärmen von 4-Hydrazino-benzolsulfonsäure-[2]pyridylamid mit Acet=essigsäure-äthylester in wss. Essigsäure (*Amorosa*, Ann. Chimica farm. **1940** (*Mai*) 54, 65).

Kristalle (aus wss. Eg.); F: 248°.

4-[2,3-Dimethyl-5-oxo-2,5-dihydro-pyrazol-1-yl]-benzolsulfonsäure-amid $C_{11}H_{13}N_3O_3S$, Formel II (R = CH_3, X = NH_2).

B. Aus 4-[3-Methyl-5-oxo-2,5-dihydro-pyrazol-1-yl]-benzolsulfonsäure-amid und CH_3I (*Takeda et al.*, Yokohama med. Bl. **3** [1952] 291, 292).

Kristalle (aus A.); F: 254°.

N-[3-(3-Methyl-5-oxo-2,5-dihydro-pyrazol-1-yl)-phenyl]-adipamidsäure-methylester $C_{17}H_{21}N_3O_4$, Formel IV, und Tautomere.

B. Aus 2-[3-Amino-phenyl]-5-methyl-1,2-dihydro-pyrazol-3-on und Adipinsäure-

chlorid-methylester (*Du Pont de Nemours & Co.*, U.S.P. 2304820 [1939], 2396917 [1942]).
Kristalle (aus A.); F: 118—120°.

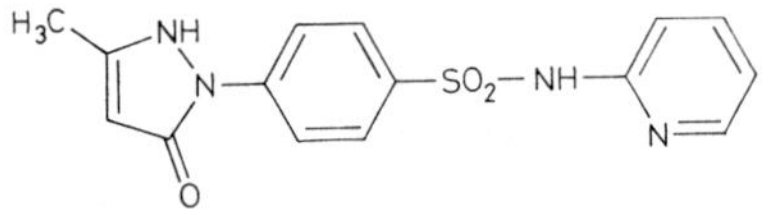

III

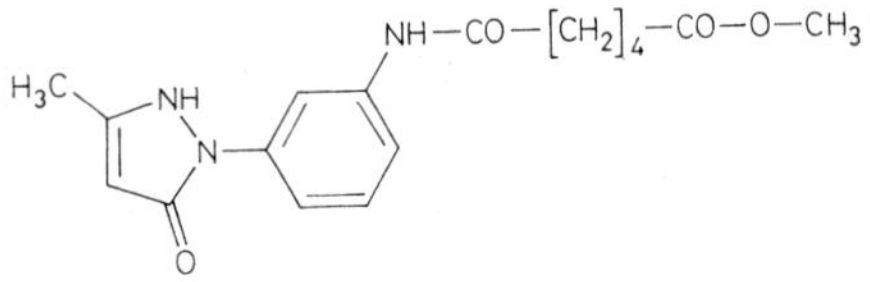

IV

**1,4-Bis-{5-[3-(3-methyl-5-oxo-2,5-dihydro-pyrazol-1-yl)-phenylcarbamoyl]-valeryl⸗
amino}-butan** $C_{36}H_{46}N_8O_6$, Formel V (n = 4), und Tautomere.
B. Aus *N*-[3-(3-Methyl-5-oxo-2,5-dihydro-pyrazol-1-yl)-phenyl]-adipamidsäure-meth⸗
ylester und Butandiyldiamin (*Du Pont de Nemours & Co.*, U.S.P. 2330291 [1939]).
Gelbliches Pulver; F: 210—214°.

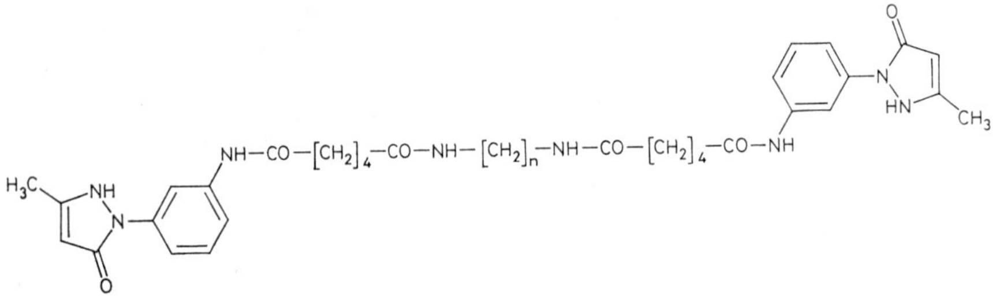

V

**1,10-Bis-{5-[3-(3-methyl-5-oxo-2,5-dihydro-pyrazol-1-yl)-phenylcarbamoyl]-
valerylamino}-decan** $C_{42}H_{58}N_8O_6$, Formel V (n = 10), und Tautomere.
B. Analog der vorangehenden Verbindung (*Du Pont de Nemours & Co.*, U.S.P. 2330291
[1939]).
Gelbliches Pulver; F: 167—174°.

N,N'-**Bis-[3-(3-methyl-5-oxo-2,5-dihydro-pyrazol-1-yl)-phenyl]-harnstoff** $C_{21}H_{20}N_6O_3$,
Formel VI, und Tautomere.
B. Aus 2-[3-Amino-phenyl]-5-methyl-1,2-dihydro-pyrazol-3-on und $COCl_2$ (*ICI Ltd.*,
U.S.P. 2140495 [1936]).
F: 236—237°.

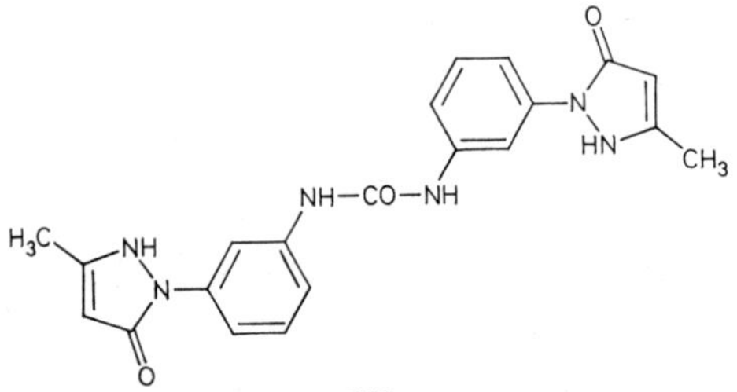

VI

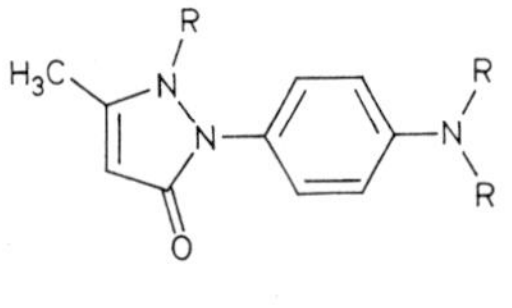

VII

2-[4-Amino-phenyl]-5-methyl-1,2-dihydro-pyrazol-3-on $C_{10}H_{11}N_3O$, Formel VII (R = H),
und Tautomere (H 45; E I 211).
B. Bei der Hydrierung von 5-Methyl-2-[4-nitro-phenyl]-1,2-dihydro-pyrazol-3-on an
Platin in wss. NaOH (*Eastman Kodak Co.*, U.S.P. 2311054 [1939]).
Hydrochlorid. F: 274° (*Iwakura et al.*, J. chem. Soc. Japan Ind. Chem. Sect. **59**
[1956] 568, 569; C. A. **1958** 3790).

Adipinsäure-bis-[4-(3-methyl-5-oxo-2,5-dihydro-pyrazol-1-yl)-anilid] $C_{26}H_{28}N_6O_4$,
Formel VIII, und Tautomere.
B. Aus 2-[4-Amino-phenyl]-5-methyl-1,2-dihydro-pyrazol-3-on und Adipoylchlorid

(Iwakura et al., J. chem. Soc. Japan Ind. Chem. Sect. **59** [1956] 568, 570; C. A. **1958** 3790).

F: 207°.

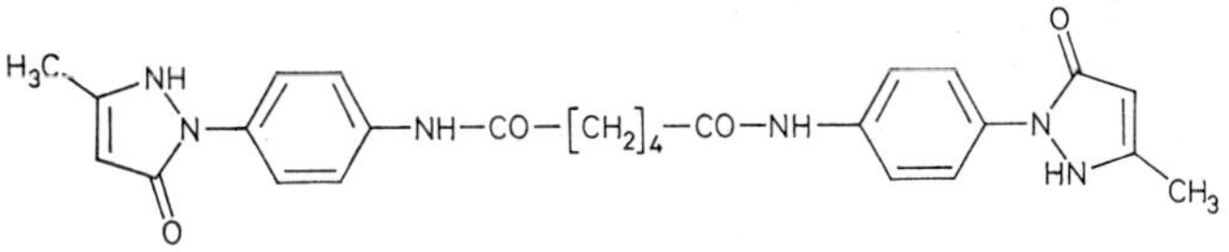

VIII

1,4-Bis-{N′-[4-(3-methyl-5-oxo-2,5-dihydro-pyrazol-1-yl)-phenyl]-ureido}-butan, *N′,N‴*-Bis-[4-(3-methyl-5-oxo-2,5-dihydro-pyrazol-1-yl)-phenyl]-*N,N″*-butandiyl-di-harnstoff $C_{26}H_{30}N_8O_4$, Formel IX (n = 4), und Tautomere.

B. Aus 2-[4-Amino-phenyl]-5-methyl-1,2-dihydro-pyrazol-3-on und 1,4-Diisocyanato-butan *(Iwakura et al.,* J. chem. Soc. Japan Ind. Chem. Sect. **59** [1956] 568, 569; C. A. **1958** 3790).

F: 222° [Zers.].

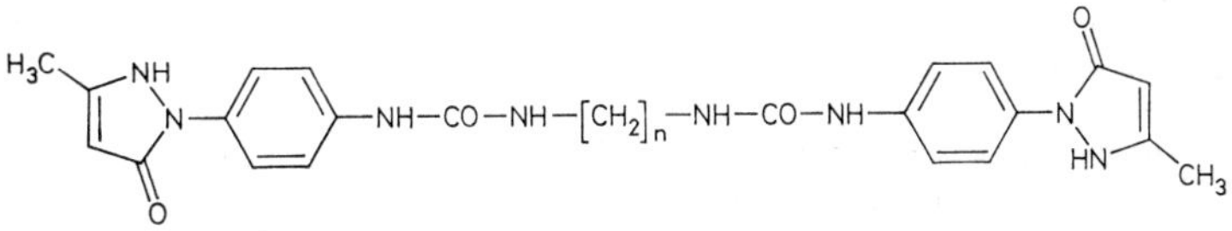

IX

1,8-Bis-{N′-[4-(3-methyl-5-oxo-2,5-dihydro-pyrazol-1-yl)-phenyl]-ureido}-octan, *N′,N‴*-Bis-[4-(3-methyl-5-oxo-2,5-dihydro-pyrazol-1-yl)-phenyl]-*N,N″*-octandiyl-di-harnstoff $C_{30}H_{38}N_8O_4$, Formel IX (n = 8), und Tautomere.

B. Aus 2-[4-Amino-phenyl]-5-methyl-1,2-dihydro-pyrazol-3-on und 1,8-Diisocyanato-octan *(Iwakura et al.,* J. chem. Soc. Japan Ind. Chem. Sect. **59** [1956] 568, 569; C. A. **1958** 3790).

F: 185° [Zers.].

3,3′-Dimethyl-4,4′-bis-{N′-[4-(3-methyl-5-oxo-2,5-dihydro-pyrazol-1-yl)-phenyl]-ureido}-biphenyl, *N′,N‴*-Bis-[4-(3-methyl-5-oxo-2,5-dihydro-pyrazol-1-yl)-phenyl]-*N,N″*-[3,3′-dimethyl-biphenyl-4,4′-diyl]-di-harnstoff $C_{36}H_{34}N_8O_4$, Formel X (R = CH₃), und Tautomere.

B. Aus 2-[4-Amino-phenyl]-5-methyl-1,2-dihydro-pyrazol-3-on und 4,4′-Diisocyanato-3,3′-dimethyl-biphenyl *(Iwakura et al.,* J. chem. Soc. Japan Ind. Chem. Sect. **59** [1956] 568, 570; C. A. **1958** 3790).

F: 283° [Zers.].

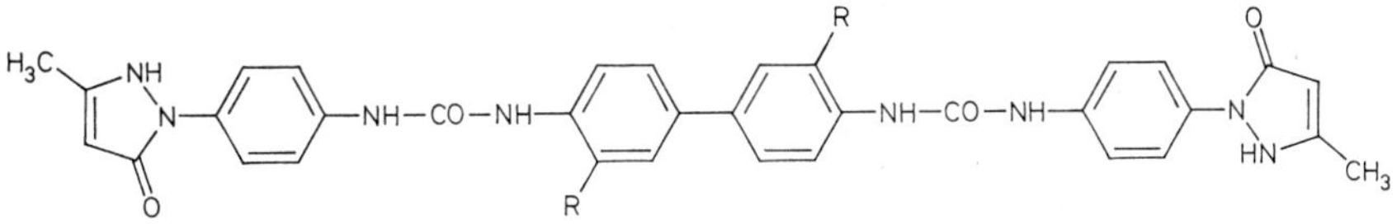

X

3,3′-Dimethoxy-4,4′-bis-{N′-[4-(3-methyl-5-oxo-2,5-dihydro-pyrazol-1-yl)-phenyl]-ureido}-biphenyl, *N′,N‴*-Bis-[4-(3-methyl-5-oxo-2,5-dihydro-pyrazol-1-yl)-phenyl]-*N,N″*-[3,3′-dimethoxy-biphenyl-4,4′-diyl]-di-harnstoff $C_{36}H_{34}N_8O_6$, Formel X (R = O-CH₃), und Tautomere.

B. Aus 2-[4-Amino-phenyl]-5-methyl-1,2-dihydro-pyrazol-3-on und 4,4′-Diisocyanato-3,3′-dimethoxy-biphenyl *(Iwakura et al.,* J. chem. Soc. Japan Ind. Chem. Sect. **59** [1956] 568, 569; C. A. **1958** 3790).

Hellbraunes Pulver; F: 245—247° [Zers.].

3-Hydroxy-[2]naphthoesäure-[4-(3-methyl-5-oxo-2,5-dihydro-pyrazol-1-yl)-anilid]
$C_{21}H_{17}N_3O_3$, Formel XI, und Tautomere.
B. Aus 2-[4-Amino-phenyl]-5-methyl-1,2-dihydro-pyrazol-3-on und 3-Hydroxy-[2]naphthoylchlorid (*I.G. Farbenind.*, D.R.P. 597589 [1932]; Frdl. **21** 337).
F: 260°.

2-[4-Dimethylamino-phenyl]-1,5-dimethyl-1,2-dihydro-pyrazol-3-on $C_{13}H_{17}N_3O$,
Formel VII (R = CH_3) auf S. 94 (H 46).
Erstarrungsdiagramm des Systems mit [2-Äthyl-2-brom-butyryl]-harnstoff (Verbindung 3:2 und Verbindung 1:3): *Labarre*, *Trochu*, Trans. roy. Soc. Canada [3] **44** V [1950] 61, 64.

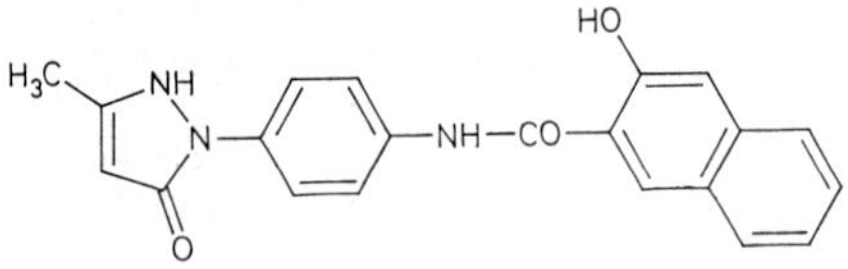

XI 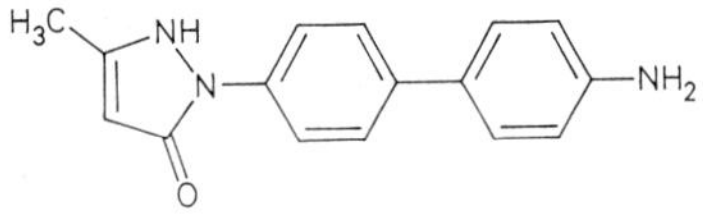   XII

2-[4'-Amino-biphenyl-4-yl]-5-methyl-1,2-dihydro-pyrazol-3-on $C_{16}H_{15}N_3O$, Formel XII,
und Tautomere.
B. Aus 4'-Hydrazino-biphenyl-4-ylamin und Acetessigsäure-äthylester (*CIBA*, Schweiz.
P. 220107 [1935], 220411 [1935]; D.R.P. 737322 [1936]; D.R.P. Org. Chem. **1**, Tl. 1,
S. 1375; U.S.P. 2155001 [1937], 2219712 [1937]).
F: 194°.

1,3-Bis-[3-methyl-5-oxo-2,5-dihydro-pyrazol-1-yl]-benzol, 5,5'-Dimethyl-
1,2,1',2'-tetrahydro-2,2'-m-phenylen-bis-pyrazol-3-on $C_{14}H_{14}N_4O_2$, Formel XIII (R = H),
und Tautomere.
B. Beim Erhitzen von 1,3-Bis-[2-äthoxycarbonyl-1-methyl-äthylidenhydrazino]-benzol
mit Essigsäure in Xylol (*Böeseken*, *Ross*, R. **58** [1939] 58, 60).
Kristalle (aus Xylol); F: 185—187°.

1,3-Bis-[2,3-dimethyl-5-oxo-2,5-dihydro-pyrazol-1-yl]-benzol, 1,5,1',5'-Tetramethyl-
1,2,1',2'-tetrahydro-2,2'-m-phenylen-bis-pyrazol-3-on $C_{16}H_{18}N_4O_2$, Formel XIII
(R = CH_3).
B. Beim Erhitzen der vorangehenden Verbindung mit CH_3I in Methanol [130°] (*Böeseken*, *Ross*, R. **58** [1939] 58, 61).
Kristalle; F: 300°.

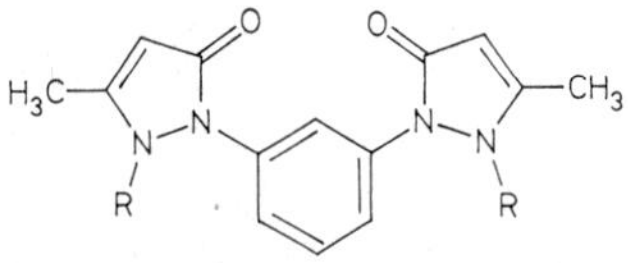

XIII 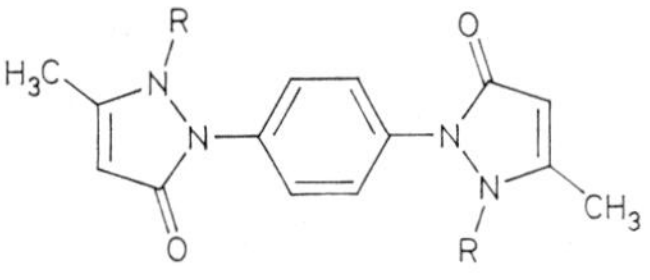   XIV 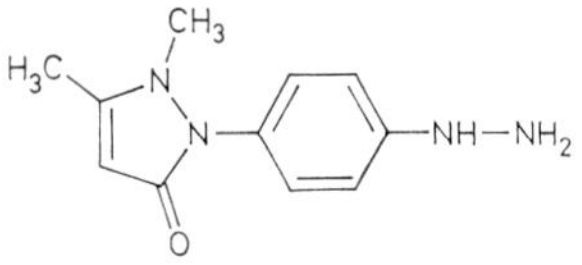   XV

1,4-Bis-[3-methyl-5-oxo-2,5-dihydro-pyrazol-1-yl]-benzol, 5,5'-Dimethyl-
1,2,1',2'-tetrahydro-2,2'-p-phenylen-bis-pyrazol-3-on $C_{14}H_{14}N_4O_2$, Formel XIV (R = H),
und Tautomere.
B. Beim Erhitzen von 1,4-Bis-[2-äthoxycarbonyl-1-methyl-äthylidenhydrazino]-benzol
mit Essigsäure in Xylol (*Böeseken*, *Ross*, R. **58** [1939] 58, 60).
Hydrochlorid. Kristalle (aus wss. HCl).

2-[4-Hydrazino-phenyl]-1,5-dimethyl-1,2-dihydro-pyrazol-3-on $C_{11}H_{14}N_4O$, Formel XV.
Hydrochlorid $C_{11}H_{14}N_4O \cdot HCl$. *B.* Beim Behandeln von diazotiertem 2-[4-Amino-phenyl]-1,5-dimethyl-1,2-dihydro-pyrazol-3-on mit $SnCl_2$ in wss. HCl (*I.G. Farbenind.*,
D.R.P. 505799 [1928]; Frdl. **17** 2294). — Kristalle (aus wss. A.); F: 200° [Zers.].

1,4-Bis-[2,3-dimethyl-5-oxo-2,5-dihydro-pyrazol-1-yl]-benzol, 1,5,1′,5′-Tetramethyl-1,2,1′,2′-tetrahydro-2,2′-*p*-phenylen-bis-pyrazol-3-on $C_{16}H_{18}N_4O_2$, Formel XIV (R = CH₃).

B. Beim Erhitzen von 1,4-Bis-[3-methyl-5-oxo-2,5-dihydro-pyrazol-1-yl]-benzol mit CH₃I in Methanol auf 110° (*Böeseken, Ross*, R. **58** [1939] 58, 61).
Kristalle (aus Toluol); F: 177—179°.

4,4′-Bis-[3-methyl-5-oxo-2,5-dihydro-pyrazol-1-yl]-biphenyl, 5,5′-Dimethyl-1,2,1′,2′-tetrahydro-2,2′-biphenyl-4,4′-diyl-bis-pyrazol-3-on $C_{20}H_{18}N_4O_2$, Formel I, und Tautomere.

B. Aus 4,4′-Dihydrazino-biphenyl und Acetessigsäure-äthylester (*Koike et al.*, J. chem. Soc. Japan Ind. Chem. Sect. **57** [1954] 56; C. A. **1955** 11 629).
F: 210°.

5-Methyl-2-[1-methyl-[4]piperidyl]-1,2-dihydro-pyrazol-3-on $C_{10}H_{17}N_3O$, Formel II, und Tautomere.

B. Beim Erhitzen von [1-Methyl-[4]piperidyl]-hydrazin mit Acetessigsäure-äthylester (*Ebnöther et al.*, Helv. **42** [1959] 1201, 1205, 1213).
Kristalle (aus E.); F: 146—147°. Scheinbare Dissoziationsexponenten pK'_{a1} und pK'_{a2} (H₂O?; potentiometrisch ermittelt): 6,63 bzw. 9,00 (*Eb. et al.*, l. c. S. 1203).
Hydrobromid $C_{10}H_{17}N_3O \cdot HBr$. Kristalle (aus Isopropylalkohol + Ae.); F: 218—222°.

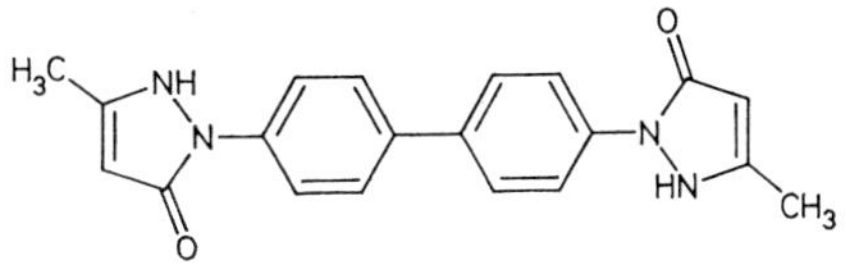

I 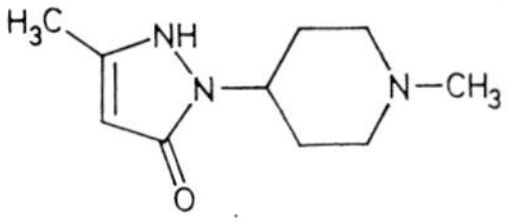　　　　　　　　　　　II 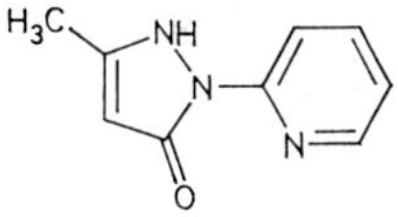　　　　　　　　　　　III

5-Methyl-2-[2]pyridyl-1,2-dihydro-pyrazol-3-on $C_9H_9N_3O$, Formel III, und Tautomere (E I 214; E II 23).

Kristalle (aus Hexan); F: 109,5—111° [unkorr.] (*Bernstein et al.*, Am. Soc. **69** [1947] 1147, 1148).
Beim Erhitzen mit Phenylhydrazin ist 5,5′-Dimethyl-2,2′-diphenyl-1,2,1′,2′-tetra≠hydro-[4,4′]bipyrazolyl-3,3′-dion erhalten worden (*Be. et al.*).
Kupfer(II)-Komplexsalz $Cu(C_9H_8N_3O)_2$. Braune Kristalle (aus E.) mit 1 Mol H₂O (*Suenaga*, J. pharm. Soc. Japan **79** [1959] 205; C. A. **1959** 13136).
Mangan(II)-Komplexsalz $Mn(C_9H_8N_3O)_2$. Hellviolett (*Su.*).
Kobalt(II)-Komplexsalz $Co(C_9H_8N_3O)_2$. Gelb (*Su.*).
Nickel(II)-Komplexsalz $Ni(C_9H_8N_3O)_2$. Hellviolette Kristalle [aus A.] (*Su.*).

5-Methyl-2-[3]pyridyl-1,2-dihydro-pyrazol-3-on $C_9H_9N_3O$, Formel IV (X = H), und Tautomere.

B. Aus 3-Hydrazino-pyridin und Acetessigsäure-äthylester in Äther (*Zwart, Wibaut*, R. **74** [1955] 1062, 1069).
Hellgelbe Kristalle (aus A.); F: 127,6—128,6°.

2-[5-Brom-[3]pyridyl]-5-methyl-1,2-dihydro-pyrazol-3-on $C_9H_8BrN_3O$, Formel IV (X = Br), und Tautomere.

B. Beim Erwärmen von 5-Brom-3-hydrazino-pyridin mit Acetessigsäure-äthylester (*Zwart, Wibaut*, R. **74** [1955] 1062, 1069).
Kristalle (aus A.); F: 191—192°.

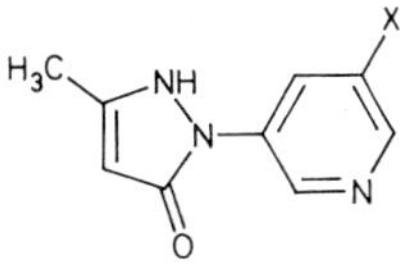

IV 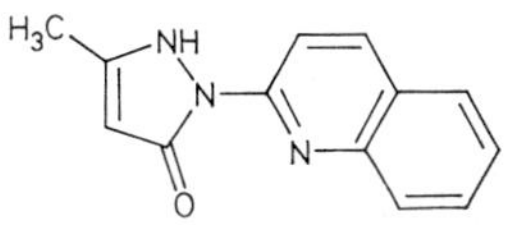　　　　　　　　　　　V 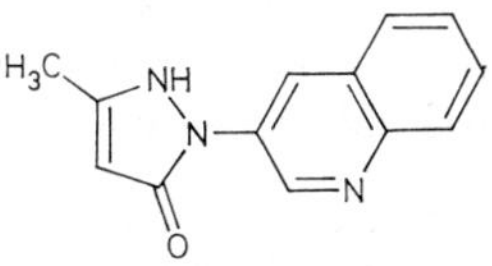　　　　　　　　　　　VI

2-[2]Chinolyl-5-methyl-1,2-dihydro-pyrazol-3-on $C_{13}H_{11}N_3O$, Formel V, und Tautomere (E I 214).

Kupfer(II)-Komplexsalz $Cu(C_{13}H_{10}N_3O)_2$. Braunschwarz (*Suenaga*, J. pharm. Soc. Japan **79** [1959] 205; C. A. **1959** 13136).

Mangan(II)-Komplexsalz $Mn(C_{13}H_{10}N_3O)_2$. Hellbraun (aus Py. $+$ H_2O).

Kobalt(II)-Komplexsalz $Co(C_{13}H_{10}N_3O)_2$. Orangerote Kristalle (aus A.).

2-[3]Chinolyl-5-methyl-1,2-dihydro-pyrazol-3-on $C_{13}H_{11}N_3O$, Formel VI, und Tautomere.

B. Beim Erhitzen von 3-Hydrazino-chinolin mit Acetessigsäure-äthylester (*Brown et al.*, Am. Soc. **73** [1951] 919, 925).

Kristalle (aus A.); F: 163—164°.

2-[6-Methoxy-[8]chinolyl]-5-methyl-1,2-dihydro-pyrazol-3-on $C_{14}H_{13}N_3O_2$, Formel VII, und Tautomere.

B. Beim Erhitzen von 3-[6-Methoxy-[8]chinolylhydrazono]-buttersäure-äthylester (*Nandi*, J. Indian chem. Soc. **17** [1940] 449, 451).

Kristalle (aus PAe.); F: 135°.

5-Methyl-2-[2-phenyl-chinolin-3-carbonyl]-1,2-dihydro-pyrazol-3-on $C_{20}H_{15}N_3O_2$, Formel VIII, und Tautomere.

B. Beim Erhitzen von 2-Phenyl-chinolin-3-carbonsäure-hydrazid mit Acetessigsäure-äthylester (*John*, J. pr. [2] **131** [1931] 346, 347).

Kristalle (aus Xylol); F: 237°.

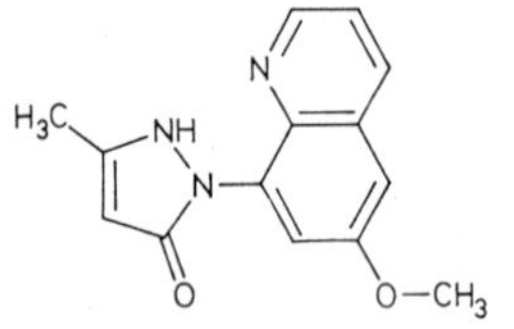

VII 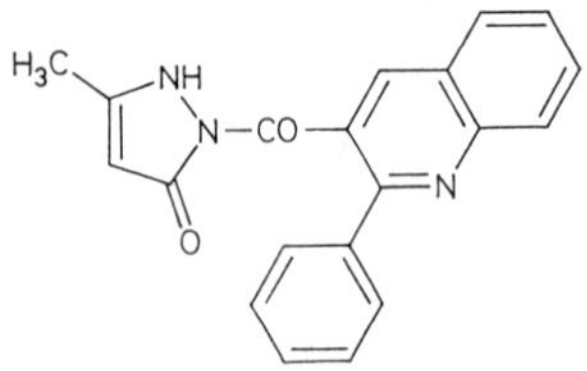   VIII 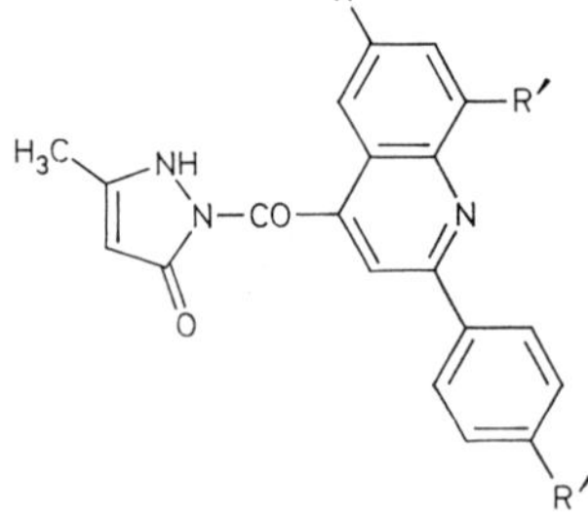   IX

5-Methyl-2-[2-*p*-tolyl-chinolin-4-carbonyl]-1,2-dihydro-pyrazol-3-on $C_{21}H_{17}N_3O_2$, Formel IX (R = R′ = H, R″ = CH_3), und Tautomere.

B. Beim Erhitzen von 2-*p*-Tolyl-chinolin-4-carbonsäure-hydrazid mit Acetessigsäure-äthylester (*John*, J. pr. [2] **131** [1931] 314, 317).

Kristalle (aus Amylalkohol); F: >305°.

5-Methyl-2-[6-methyl-2-phenyl-chinolin-4-carbonyl]-1,2-dihydro-pyrazol-3-on $C_{21}H_{17}N_3O_2$, Formel IX (R = CH_3, R′ = R″ = H), und Tautomere.

B. Analog der vorangehenden Verbindung (*John*, J. pr. [2] **132** [1932] 15, 19).

Kristalle; F: >300°.

5-Methyl-2-[8-methyl-2-phenyl-chinolin-4-carbonyl]-1,2-dihydro-pyrazol-3-on $C_{21}H_{17}N_3O_2$, Formel IX (R = R″ = H, R′ = CH_3), und Tautomere.

B. Analog den vorangehenden Verbindungen (*John*, J. pr. [2] **132** [1932] 15, 20).

F: >300°.

2-[5,6-Dihydro-benz[*c*]acridin-7-carbonyl]-5-methyl-1,2-dihydro-pyrazol-3-on $C_{22}H_{17}N_3O_2$, Formel X, und Tautomere.

B. Analog den vorangehenden Verbindungen (*John*, J. pr. [2] **133** [1932] 187, 189).

Kristalle; F: >300°.

4-Methoxy-1-methyl-6-[3-methyl-5-oxo-2,5-dihydro-pyrazol-1-yl]-2-oxo-1,2-dihydro-pyridin-3-carbonitril $C_{12}H_{12}N_4O_3$, Formel XI, und Tautomere.

B. Aus 6-Hydrazino-4-methoxy-1-methyl-2-oxo-1,2-dihydro-pyridin-3-carbonitril

(„6-Hydrazino-vicinin") und Acetessigsäure-äthylester (*Schroeter, Finck*, B. **71** [1938] 671, 681).
Kristalle (aus wss. Eg.); F: 206° [Zers.].

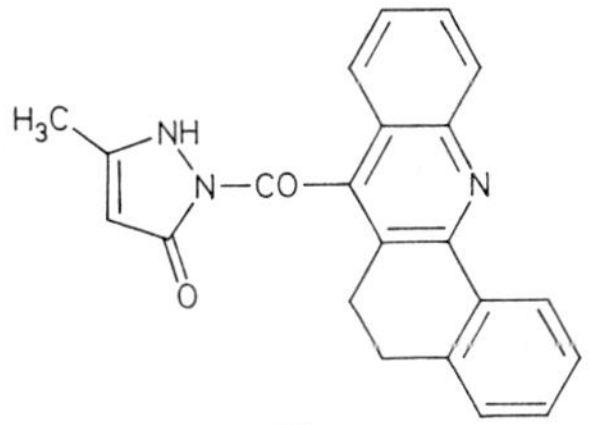

X 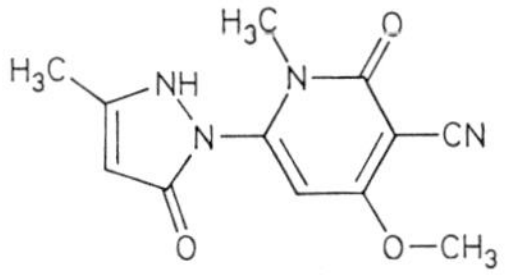   XI 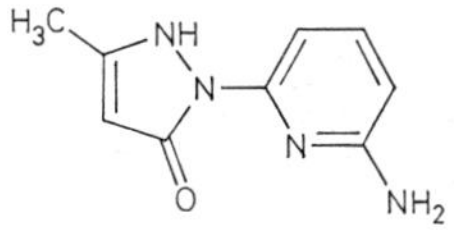   XII

2-[6-Amino-[2]pyridyl]-5-methyl-1,2-dihydro-pyrazol-3-on $C_9H_{10}N_4O$, Formel XII, und Tautomere.
B. Beim Erhitzen von 6-Hydrazino-[2]pyridylamin mit Acetessigsäure-äthylester (*Bernstein et al.*, Am. Soc. **69** [1947] 1151, 1156).
Kristalle (aus A.); F: 188—189,5° [unkorr.].

5-Methyl-2-[4-nitro-benzolsulfonyl]-1,2-dihydro-pyrazol-3-on $C_{10}H_9N_3O_5S$, Formel XIII (X = NO_2), und Tautomere.
B. Aus 5-Methyl-1,2-dihydro-pyrazol-3-on, 4-Nitro-benzolsulfonylchlorid und Pyridin (*Am. Cyanamid Co.*, U.S.P. 2243324 [1940]).
Kristalle (aus H_2O); F: 132°.

5-Methyl-2-sulfanilyl-1,2-dihydro-pyrazol-3-on $C_{10}H_{11}N_3O_3S$, Formel XIII (X = NH_2), und Tautomere.
B. Aus Sulfanilsäure-hydrazid und Acetessigsäure-äthylester (*Jensen, Hansen*, Acta chem. scand. **6** [1952] 195, 199). Aus der vorangehenden Verbindung mit Hilfe von Eisen-Pulver in wss. Essigsäure (*Am. Cyanamid Co.*, U.S.P. 2243324 [1940]; *Roblin et al.*, Am. Soc. **62** [1940] 2002, 2003). Aus der folgenden Verbindung beim Erwärmen mit wss. HCl und Aceton (*Rodionow, Fedorowa*, Izv. Akad. S.S.S.R. Otd. chim. **1952** 1049, 1055; engl. Ausg. S. 917, 921).
Kristalle; F: 169° (*De, Datta*, Sci. Culture **11** [1945] 150), 167—168° [aus wss. A.] (*Am. Cyanamid Co.*), 166—167° [korr.] (*Ro. et al.*), 152—155° [aus wss. A.] (*Ro., Fe.*), 148° [aus H_2O] (*Je., Ha.*). Löslichkeit in 100 ml H_2O bei 37°: 45,9 mg (*Ro. et al.*).

2-[N-Acetyl-sulfanilyl]-5-methyl-1,2-dihydro-pyrazol-3-on $C_{12}H_{13}N_3O_4S$, Formel XIII (X = NH-CO-CH_3), und Tautomere.
B. Aus N-Acetyl-sulfanilylchlorid und 5-Methyl-1,2-dihydro-pyrazol-3-on (*Rodionow, Fedorowa*, Izv. Akad. S.S.S.R. Otd. chim. **1952** 1049, 1055; engl. Ausg. S. 917, 921).
Kristalle (aus wss. A.); F: 167° (*De, Datta*, Sci. Culture **11** [1945] 150).

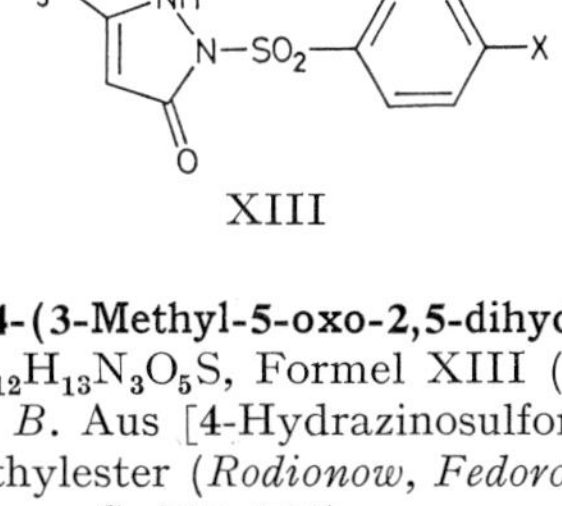

XIII 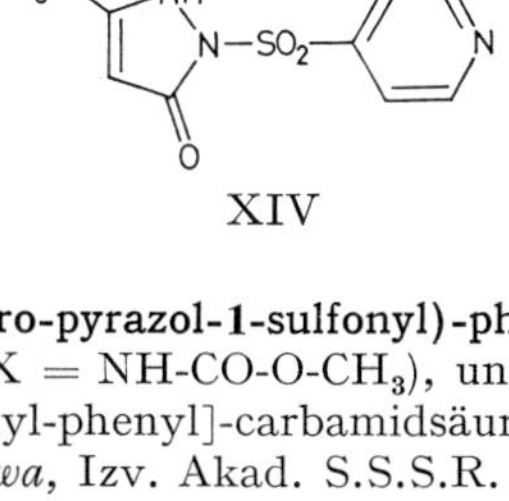   XIV 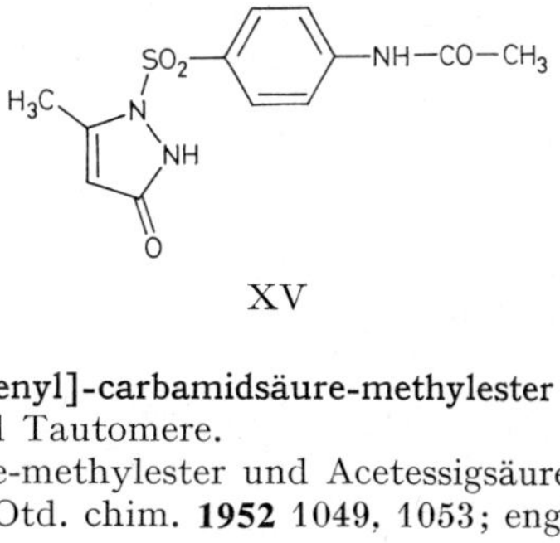   XV

[4-(3-Methyl-5-oxo-2,5-dihydro-pyrazol-1-sulfonyl)-phenyl]-carbamidsäure-methylester $C_{12}H_{13}N_3O_5S$, Formel XIII (X = NH-CO-O-CH_3), und Tautomere.
B. Aus [4-Hydrazinosulfonyl-phenyl]-carbamidsäure-methylester und Acetessigsäure-äthylester (*Rodionow, Fedorowa*, Izv. Akad. S.S.S.R. Otd. chim. **1952** 1049, 1053; engl. Ausg. S. 917, 920).
Kristalle (aus A.); F: 158—160°.

5-Methyl-2-[pyridin-4-sulfonyl]-1,2-dihydro-pyrazol-3-on $C_9H_9N_3O_3S$, Formel XIV, und Tautomere.

B. Aus Pyridin-4-sulfonsäure-hydrazid und Acetessigsäure-äthylester (*Comrie, Stenlake*, Soc. **1958** 3514, 3518).

Kristalle (aus Me.); F: 124—125°.

1-[*N*-Acetyl-sulfanilyl]-5-methyl-1,2-dihydro-pyrazol-3-on $C_{12}H_{13}N_3O_4S$, Formel XV, und Tautomeres.

F: 195° (*De, Datta*, Sci. Culture **11** [1945] 150).   [*Lange*]

5-Trifluormethyl-1,2-dihydro-pyrazol-3-on $C_4H_3F_3N_2O$, Formel I (R = R' = H), und Tautomere.

B. Beim Erwärmen von 4,4,4-Trifluor-acetessigsäure-äthylester mit $N_2H_4 \cdot H_2O$ in H_2O (*Gilman et al.*, Am. Soc. **68** [1946] 426) oder in Äthanol (*de Stevens et al.*, Am. Soc. **81** [1959] 6292, 6294).

Kristalle; F: 210—212° [unkorr.; aus Ae. + PAe.] (*de St. et al.*), 208,5—209,2° [aus H_2O] (*Gi. et al.*). IR-Banden (Nujol; 3290—1500 cm⁻¹): *de St. et al.*

2-Methyl-5-trifluormethyl-1,2-dihydro-pyrazol-3-on $C_5H_5F_3N_2O$, Formel I (R = H, R' = CH₃), und Tautomere.

B. Beim Erwärmen von 4,4,4-Trifluor-acetessigsäure-äthylester mit Methylhydrazin in H_2O (*de Stevens et al.*, Am. Soc. **81** [1959] 6292, 6295).

Kristalle (aus Ae. + PAe.); F: 174—175,5° [unkorr.]. IR-Banden (Nujol; 2600 cm⁻¹ bis 1500 cm⁻¹): *de St. et al.*

2-Phenyl-5-trifluormethyl-1,2-dihydro-pyrazol-3-on $C_{10}H_7F_3N_2O$, Formel I (R = H, R' = C₆H₅), und Tautomere (E II 23).

B. Aus 4,4,4-Trifluor-acetessigsäure-äthylester beim Erhitzen mit Phenylhydrazin ohne Lösungsmittel (*de Stevens et al.*, Am. Soc. **81** [1959] 6292, 6295) oder beim Erwärmen mit Phenylhydrazin in Methanol unter Zusatz von wss. HCl (*Grillot et al.*, J. org. Chem. **23** [1958] 119).

Kristalle; F: 193—193,5° (*Gr. et al.*), 185—187° [unkorr.; aus wss. A.] (*de St. et al.*). IR-Banden (Nujol; 3150—1600 cm⁻¹): *de St. et al.*

1-Methyl-2-phenyl-5-trifluormethyl-1,2-dihydro-pyrazol-3-on $C_{11}H_9F_3N_2O$, Formel I (R = CH₃, R' = C₆H₅).

B. Beim Erhitzen von 4,4,4-Trifluor-acetessigsäure-äthylester mit *N*-Methyl-*N'*-phenyl-hydrazin auf 130—150° (*Grillot et al.*, J. org. Chem. **23** [1958] 119). Beim Erhitzen von 2-Phenyl-5-trifluormethyl-1,2-dihydro-pyrazol-3-on mit Dimethylsulfat auf 110—120° (*Gr. et al.*).

Kristalle (aus Me.); F: 139,2—140,2°.

4-Chlor-5-methyl-2-phenyl-1,2-dihydro-pyrazol-3-on $C_{10}H_9ClN_2O$, Formel II (R = X = H), und Tautomere.

B. Beim Behandeln von 3-Phenylazo-crotonsäure-äthylester (F: 51°) mit HCl in Äther und Erwärmen des erhaltenen Hydrochlorids mit H_2O (*van Alphen*, R. **64** [1945] 109, 113). Beim Behandeln von 4,4-Dichlor-5-methyl-2-phenyl-2,4-dihydro-pyrazol-3-on mit wss. HI in Äthanol unter Lichtausschluss und Zusatz von $Na_2S_2O_3$ (*Westöö*, Acta chem. scand. **6** [1952] 1499, 1513).

Kristalle (aus wss. A. bzw. aus A.); F: 153° [Zers.] (*v. Al.*; *We.*). UV-Spektrum (CHCl₃; 220—360 nm): *We.*, l. c. S. 1507. Scheinbarer Dissoziationsexponent pK'_a (H_2O [umgerechnet aus Eg.]; potentiometrisch ermittelt): 13,2 (*Veibel et al.*, Acta chem. scand. **8** [1954] 768, 770).

I   II   III   IV

2-[4-Brom-phenyl]-4-chlor-5-methyl-1,2-dihydro-pyrazol-3-on $C_{10}H_8BrClN_2O$, Formel II
(R = H, X = Br), und Tautomere.

B. Beim Behandeln von 3-[4-Brom-phenylazo]-crotonsäure-äthylester (F: 81°) mit
HCl in Äther und Erwärmen des erhaltenen Hydrochlorids mit H_2O (*van Alphen*, R. **64**
[1945] 305, 307).

Kristalle (aus A.); F: 180°.

4-Chlor-1,5-dimethyl-2-phenyl-1,2-dihydro-pyrazol-3-on, 4-Chlor-antipyrin
$C_{11}H_{11}ClN_2O$, Formel II (R = CH_3, X = H) (E II 24).

B. Aus 1,5-Dimethyl-2-phenyl-1,2-dihydro-pyrazol-3-on beim Erwärmen mit 1,3-Di‑
chlor-5,5-dimethyl-imidazolidin-2,4-dion in CCl_4 unter Zusatz von Dibenzoylperoxid
(*De Graef et al.*, Bl. Soc. chim. Belg. **61** [1952] 331, 344).

Kristalle (aus wss. A.); F: 125—126° [unkorr.].

4,4-Dichlor-5-methyl-2,4-dihydro-pyrazol-3-on $C_4H_4Cl_2N_2O$, Formel III (R = H), und
Tautomeres.

B. Beim Erwärmen von 5-Methyl-1,2-dihydro-pyrazol-3-on mit Chlor in Nitromethan
(*Carpino*, Am. Soc. **80** [1958] 599).

Kristalle (aus Nitromethan); F: 113—115° [unkorr.].

4,4-Dichlor-5-methyl-2-phenyl-2,4-dihydro-pyrazol-3-on $C_{10}H_8Cl_2N_2O$, Formel III
(R = C_6H_5) (H 47).

B. Beim Behandeln von 5-Methyl-2-phenyl-1,2-dihydro-pyrazol-3-on mit Chlor in Essig‑
säure (*Westöö*, Acta chem. scand. **6** [1952] 1499, 1512).

Kristalle (aus A.); F: 65°. Absorptionsspektrum (A.; 220—410 nm): *We.*, l. c. S. 1507.

4-Brom-5-methyl-1,2-dihydro-pyrazol-3-on $C_4H_5BrN_2O$, Formel IV (R = R' = H), und
Tautomere (H 47; E I 214).

B. Beim Erwärmen von 5-Methyl-1,2-dihydro-pyrazol-3-on mit Brom in $CHCl_3$ (*Hüttel
et al.*, A. **607** [1957] 109, 119).

Kristalle; F: 184°. IR-Spektrum (KBr; 2—20 μ): *Hü. et al.*, l. c. S. 114.

4-Brom-2,5-dimethyl-1,2-dihydro-pyrazol-3-on $C_5H_7BrN_2O$, Formel IV (R = H,
R' = CH_3), und Tautomere.

Hydrobromid $C_5H_7BrN_2O \cdot HBr$. *B.* Beim Behandeln von 2,5-Dimethyl-1,2-dihydro-
pyrazol-3-on mit Brom in $CHCl_3$ (*Smith, Merits*, Fysiograf. Sällsk. Lund Förh. **23** [1953]
51, 65). — Kristalle (aus Eg.); F: 170—171°. — Geschwindigkeitskonstante der HBr-
Abspaltung in Äthanol und in Amylalkohol sowie in sauren und alkal. wss. und wss.-
äthanol. Lösungen, auch in Gegenwart von Kupfer(2+), bei 20°: *Sm., Me.*, l. c. S. 54, 55.

4-Brom-5-methyl-2-phenyl-1,2-dihydro-pyrazol-3-on $C_{10}H_9BrN_2O$, Formel V
(R = X = H), und Tautomere (H 47).

Nach Ausweis der ^1H-NMR-Absorption liegt in DMSO und in DMF ausschliesslich
4-Brom-5-methyl-2-phenyl-1,2-dihydro-pyrazol-3-on vor und in THF, in Dioxan sowie
in $CDCl_3$ liegen Gleichgewichte mit 4-Brom-5-methyl-2-phenyl-2,4-dihydro-
pyrazol-3-on vor (*Maquestiau et al.*, Bl. Soc. chim. Belg. **82** [1973] 215, 227).

B. Beim Behandeln von 5-Methyl-2-phenyl-1,2-dihydro-pyrazol-3-on mit Brom in
Essigsäure (*Smith*, Fysiograf. Sällsk. Lund Förh. **18** [1948] 3, 4; *Westöö*, Acta chem.
scand. **6** [1952] 1499, 1513).

Kristalle (aus A.); F: 122° (*Sm.*). IR-Banden (KBr; 3—17 μ): *Hüttel et al.*, A. **607** [1957]
109, 112. Absorptionsspektrum (220—410 nm) in $CHCl_3$, in Äthanol, in Essigsäure und
in äthanol. H_2SO_4: *We.*, Acta chem. scand. **6** 1503, 1505, 1508, 1509; in Äthanol: *Westöö*,
Acta chem. scand. **7** [1953] 456, 458. Scheinbarer Dissoziationsexponent pK_b' (H_2O [um-
gerechnet aus Eg.]; potentiometrisch ermittelt): 13,3 (*Veibel et al.*, Acta chem. scand. **8**
[1954] 768, 770).

Beim Behandeln mit wss. Essigsäure, Natriumacetat und $CuSO_4$ in Äthanol ist sog.
Furlon-Gelb (Syst.-Nr. 4719) erhalten worden (*Westöö*, Acta chem. scand. **7** [1953] 360,
369).

Hydrobromid. Absorptionsspektrum (Eg. sowie $CHCl_3$; 315—410 nm): *We.*, Acta chem. scand. **6** 1508, 1509.

4-Brom-2-[4-brom-phenyl]-5-methyl-1,2-dihydro-pyrazol-3-on $C_{10}H_8Br_2N_2O$, Formel V (R = H, X = Br), und Tautomere.

B. Beim Behandeln von 3-Phenylazo-crotonsäure-äthylester (F: 51°) mit Brom in Äther (*van Alphen*, R. **64** [1945] 109, 113). Beim Behandeln von 2-[4-Brom-phenyl]-5-methyl-1,2-dihydro-pyrazol-3-on mit Brom in Essigsäure (*Westöö*, Acta chem. scand. **7** [1953] 360, 369).

Kristalle (aus wss. A.); F: 171° (*v. Al.*).

4-Brom-1-[2,4-dichlor-phenyl]-5-methyl-1,2-dihydro-pyrazol-3-on $C_{10}H_7BrCl_2N_2O$, Formel IV (R = $C_6H_3Cl_2(o,p)$, R' = H) auf S. 100, und Tautomeres.

B. Beim Behandeln von 1-[2,4-Dichlor-phenyl]-5-methyl-1,2-dihydro-pyrazol-3-on mit Brom in Essigsäure (*Chattaway, Irving*, Soc. **1931** 786, 794).

Kristalle (aus A.); F: 241—242° [Zers.].

4-Brom-1,5-dimethyl-2-phenyl-1,2-dihydro-pyrazol-3-on, 4-Brom-antipyrin $C_{11}H_{11}BrN_2O$, Formel IV (R = CH_3, R' = C_6H_5) auf S. 100 (H 48; E II 24).

B. Beim Erwärmen von 1,5-Dimethyl-2-phenyl-1,2-dihydro-pyrazol-3-on mit Brom in $CHCl_3$ (*Brand*, Ar. **272** [1934] 269, 271) oder mit *N*-Brom-succinimid in CCl_4 (*De Graef et al.*, Bl. Soc. chim. Belg. **61** [1952] 331, 333, 341).

Atomabstände und Bindungswinkel (Röntgen-Diagramm): *Romain*, Bl. **1957** 1417, 1419; Bl. Soc. franç. Min. **81** [1958] 35, 54. Dipolmoment (ε; Bzl.) bei 25°: 5,97 D (*Brown et al.*, Soc. **1949** 2812, 2816).

Kristalle (aus H_2O); F: 117° (*Brand*), 116° (*Ro.*, Bl. Soc. franç. Min. **81** 37), 115° [unkorr.] (*De Gr. et al.*). Trigonal; Kristallstruktur-Analyse (Röntgen-Diagramm): *Ro.*, Bl. Soc. franç. Min. **81** 38. Dichte der Kristalle: 1,59 (*Ro.*, Bl. Soc. franç. Min. **81** 37). Absorptionsspektrum ($CHCl_3$, A., Eg. sowie äthanol. H_2SO_4; 220—410 nm): *Westöö*, Acta chem. scand. **6** [1952] 1499, 1503, 1508, 1509.

Hydrobromid $C_{11}H_{11}BrN_2O \cdot HBr$. Diese Konstitution kommt der früher (H **24** 8) als 4,5-Dibrom-1,5-dimethyl-2-phenyl-pyrazolidin-3-on („Antipyrindibromid") beschriebenen Verbindung zu (*Kitamura, Sunagawa*, J. pharm. Soc. Japan **60** [1940] 115; dtsch. Ref. S. 60; C. A. **1940** 4734). — Kristalle; F: 149,5—150,5° (*Ki., Su.*). Absorptionsspektrum ($CHCl_3$ sowie Eg.; 315—410 nm): *We.*

Uranyl(VI)-Komplexsalze. a) $[UO_2(C_{11}H_{11}BrN_2O)_2]Cl_2$. Kristalle (*Răşcanu*, Ann. scient. Univ. Jassy **18** [1933] 72, 78, 92; C. **1934** I 1149). — b) $[UO_2(C_{11}H_{11}BrN_2O)_2]Br_2$. Gelbe Kristalle (*Ră.*). — c) $[UO_2(C_{11}H_{11}BrN_2O)_2](NO_3)_2$. Gelbe Kristalle [aus A.] (*Ră.*).

V   VI   VII   VIII

4-Brom-5-methyl-1,2-diphenyl-1,2-dihydro-pyrazol-3-on $C_{16}H_{13}BrN_2O$, Formel IV (R = R' = C_6H_5) auf S. 100.

B. Beim Behandeln von 5-Methyl-1,2-diphenyl-1,2-dihydro-pyrazol-3-on mit Brom in $CHCl_3$ (*Heymons, Rohland*, B. **66** [1933] 1654, 1658).

Kristalle (aus A.); F: 145°.

4-Brom-5-methyl-2-*o*-tolyl-1,2-dihydro-pyrazol-3-on $C_{11}H_{11}BrN_2O$, Formel V (R = CH_3, X = H), und Tautomere (E I 215).

Kristalle (aus $CHCl_3$); F: 147—149° (*Westöö*, Acta chem. scand. **7** [1953] 360, 369). UV-Spektrum (A.; 220—360 nm): *Westöö*, Acta chem. scand. **7** [1953] 453.

4-Brom-5-methyl-2-*p*-tolyl-1,2-dihydro-pyrazol-3-on $C_{11}H_{11}BrN_2O$, Formel V (R = H, X = CH_3), und Tautomere.

B. Beim Behandeln von 5-Methyl-2-*p*-tolyl-1,2-dihydro-pyrazol-3-on mit Brom in

Essigsäure (*Westöö*, Acta chem. scand. **7** [1953] 360, 369).
    Kristalle (aus A.); F: 144° [Zers.] (*We.*, l. c. S. 369). UV-Spektrum (A.; 220—360 nm):
Westöö, Acta chem. scand. **7** [1953] 453.

2-Acetyl-4-brom-5-methyl-1,2-dihydro-pyrazol-3-on $C_6H_7BrN_2O_2$, Formel IV (R = H,
R′ = CO-CH$_3$) auf S. 100, und Tautomere.
    B. Beim Behandeln von 2-Acetyl-5-methyl-1,2-dihydro-pyrazol-3-on mit Brom in Essig≠
säure (*Smith, Merits*, Fysiograf. Sällsk. Lund Förh. **23** [1953] 51, 66).
    Kristalle (aus Bzl. + CHCl$_3$); F: 160°.
    Geschwindigkeitskonstante der HBr-Abspaltung in wss. Äthanol, auch in Gegenwart
von Kupfer(2+), bei 20°: *Sm., Me.*, l. c. S. 57.

4-[4-Brom-3-methyl-5-oxo-2,5-dihydro-pyrazol-1-yl]-benzolsulfonsäure $C_{10}H_9BrN_2O_4S$,
Formel V (R = H, X = SO$_2$-OH), und Tautomere.
    B. Beim Behandeln von 4-[3-Methyl-5-oxo-2,5-dihydro-pyrazol-1-yl]-benzolsulfonsäure
in wss. NaOH mit Brom in Essigsäure (*Smith, Merits*, Fysiograf. Sällsk. Lund Förh. **23**
[1953] 51, 65).
    Geschwindigkeitskonstante der HBr-Abspaltung in wss.-äthanol. Lösungen vom pH 6,6
und pH 9, auch in Gegenwart von Kupfer(2+), bei 20°: *Sm., Me.*, l. c. S. 57.

4,4-Dibrom-5-methyl-2,4-dihydro-pyrazol-3-on $C_4H_4Br_2N_2O$, Formel VI (R = H), und
Tautomeres (H 48).
    Konstitutionsbestätigung: *Carpino*, Am. Soc. **80** [1958] 5796; *Janssen, Ruysschaert*, Bl.
Soc. chim. Belg. **67** [1958] 270; s. dagegen *Hüttel et al.*, A. **607** [1957] 109, 113.
    B. Beim Erwärmen von 5-Methyl-1,2-dihydro-pyrazol-3-on mit Brom in CHCl$_3$ (*Hü.
et al.*).
    Kristalle; F: 130—132° [unkorr.] (*Carpino*, Am. Soc. **80** [1958] 599), 125° [Zers.]
(*Hü. et al.*). IR-Spektrum (KBr; 2—20 µ): *Hü. et al.*, l. c. S. 114.
    Bildung von But-2-insäure beim Behandeln mit wss. NaOH: *Ca.*, l. c. S. 600; *van Rant-
wijk et al.*, R. **95** [1976] 39, 41. Beim Behandeln mit wss. NaOH und anschliessend mit
wss. HCl ist 3,6-Dibrom-2,7-dimethyl-pyrazolo[5,1-*b*][1,3]oxazin-5-on erhalten worden
(*Hü. et al.*).

4,4-Dibrom-5-methyl-2-phenyl-2,4-dihydro-pyrazol-3-on $C_{10}H_8Br_2N_2O$, Formel VI
(R = C$_6$H$_5$) (H 48).
    B. Beim Behandeln von 5-Methyl-2-phenyl-1,2-dihydro-pyrazol-3-on mit Brom in
Essigsäure (*Westöö*, Acta chem. scand. **6** [1952] 1499, 1512; *Smith*, Fysiograf. Sällsk.
Lund Förh. **18** [1948] 3,5).
    Gelbe Kristalle (aus Eg.); F: 79,5—80° (*Sm.*). Absorptionsspektrum (A.; 220—410 nm):
We., l. c. S. 1507.

4,4-Dibrom-1,5-dimethyl-3-oxo-2-phenyl-3,4-dihydro-2*H*-pyrazolium $[C_{11}H_{11}Br_2N_2O]^+$,
Formel VII.
    Bromid. Verbindung mit 4-Brom-1,5-dimethyl-2-phenyl-1,2-dihydro-pyr≠
azol-3-on-hydrobromid $[C_{11}H_{11}Br_2N_2O]Br \cdot C_{11}H_{11}BrN_2O \cdot HBr$. Über die Konstitution dieser als Antipyrin-perbromid bezeichneten Verbindung s. *Westöö*, Acta chem.
scand. **6** [1952] 1499, 1510. — *B*. Beim Behandeln von 1,5-Dimethyl-2-phenyl-1,2-di≠
hydro-pyrazol-3-on mit Brom (Überschuss) in Essigsäure (*We.*, l. c. S. 1514; *Kitamura,
Sunagawa*, J. pharm. Soc. Japan **60** [1940] 120, 124; dtsch. Ref. S. 65, 67; C. A. **1940**
4734; s. a. *Sonn, Litten*, B. **66** [1933] 1512, 1520). — Orangegelbe Kristalle (aus Eg. + Ae.);
F: 171—172° (*We.*). Absorptionsspektrum (CHCl$_3$; 220—410 nm): *We.*, l. c. S. 1507.

4-Brom-5-brommethyl-1-methyl-2-phenyl-1,2-dihydro-pyrazol-3-on $C_{11}H_{10}Br_2N_2O$,
Formel VIII.
    B. Beim Erwärmen von 1,5-Dimethyl-2-phenyl-1,2-dihydro-pyrazol-3-on mit *N*-Brom-
succinimid in CCl$_4$ (*De Graef et al.*, Bl. Soc. chim. Belg. **61** [1952] 331, 333, 341).
    Kristalle (aus A.); F: 135° [unkorr.].
    Verbindung mit Hexamethylentetramin $C_{11}H_{10}BrN_2O \cdot C_6H_{12}N_4$. F: 220—225°.

4-Jod-5-methyl-2-phenyl-1,2-dihydro-pyrazol-3-on $C_{10}H_9IN_2O$, Formel IX (R = H), und Tautomere (H 48).

B. Beim Behandeln von 5-Methyl-2-phenyl-1,2-dihydro-pyrazol-3-on in wss.-äthanol. NaOH mit wss. Jod-KI-Lösung (*Westöö*, Acta chem. scand. **6** [1952] 1499, 1514). Gelbe Kristalle.

4-Jod-1,5-dimethyl-2-phenyl-1,2-dihydro-pyrazol-3-on, 4-Jod-antipyrin $C_{11}H_{11}IN_2O$, Formel IX (R = CH$_3$) (H 49; E I 217; E II 24).

Kristalle; F: 166° (*Romain*, Bl. Soc. franç. Min. **81** [1958] 35, 37), 160° (*L. u. A. Kofler,* Thermo-Mikro-Methoden, 3. Aufl. [Weinheim 1954] S. 506), 155—157° [aus A.] (*Passerini, Checchi,* G. **89** [1959] 1645, 1651). Trigonal; Dimensionen der Elementarzelle (Röntgen-Diagramm): *Ro.,* l. c. S. 38. Dichte der Kristalle: 1,78 (*Ro.*).

4,4-Dijod-5-methyl-2-phenyl-2,4-dihydro-pyrazol-3-on $C_{10}H_8I_2N_2O$, Formel X.

B. Beim Behandeln von 5-Methyl-2-phenyl-1,2-dihydro-pyrazol-3-on in wss.-äthanol. NaOH mit wss. Jod-KI-Lösung (*Westöö*, Acta chem. scand. **6** [1952] 1499, 1512). Gelber Feststoff. Sehr unbeständig und lichtempfindlich.

1,5-Dimethyl-4-nitroso-2-phenyl-1,2-dihydro-pyrazol-3-on, 4-Nitroso-antipyrin $C_{11}H_{11}N_3O_2$, Formel XI (X = H) (H 50; E I 217; E II 24).

B. Aus 1,5-Dimethyl-2-phenyl-1,2-dihydro-pyrazol-3-on beim Behandeln mit NaNO$_2$ in wss. HCl (*Rodionow,* Bl. [4] **39** [1926] 305, 321; *Eisenstaedt,* J. org. Chem. **3** [1938] 153, 159) oder mit NOCl in CHCl$_3$ (*Lee, Lynn,* J. Am. pharm. Assoc. **21** [1932] 125, 127).

Dunkelgrüne Kristalle; Zers. bei 200° (*Mc New, Sundholm,* Phytopathology **39** [1949] 721, 724). Absorptionsspektrum (A.; 220—410 nm): *Brown et al.,* Soc. **1949** 2812, 2814.

Beim mehrstündigen Erwärmen mit Äthanol ist eine Verbindung $C_{11}H_{11}N_3O_2$ (orangefarben; Zers. bei 175°) erhalten worden (*Rossi, Benzi,* G. **62** [1932] 411). Über die Reaktion mit Brom in Äthanol oder CHCl$_3$ s. *Răşcanŭ,* Ann. scient. Univ. Jassy **18** [1933] 72, 74, 75.

Hydrobromid $C_{11}H_{11}N_3O_2 \cdot HBr$. Dunkelgelbes Pulver (*Ră.,* l. c. S. 87).

Zinn(IV)-Komplexsalz $3\ C_{11}H_{11}N_3O_2 \cdot 3\ HCl \cdot H_2SnCl_6$. Kristalle mit 4 Mol H_2O (*Ră.*).

Tetrachloroaurat(III) $C_{11}H_{11}N_3O_2 \cdot HAuCl_4$. Kristalle mit 2 Mol H_2O (*Ră.*).

Tetrachlorocadmat $2\ C_{11}H_{11}N_3O_2 \cdot H_2CdCl_4$. Kristalle mit 2 Mol H_2O (*Ră.*).

Uranyl(VI)-nitrat-Komplexsalz $[UO_2(C_{11}H_{11}N_3O_2)](NO_3)_2$. Feststoff (*Ră.*).

Hexachloroplatinat(IV) $2\ C_{11}H_{11}N_3O_2 \cdot H_2PtCl_6$. Gelbe Kristalle mit 2 Mol H_2O (*Ră.*).

IX   X   XI   XII

1,5-Dimethyl-4-nitroso-2-[4-propoxy-phenyl]-1,2-dihydro-pyrazol-3-on $C_{14}H_{17}N_3O_3$, Formel XI (X = O-CH$_2$-CH$_2$-CH$_3$).

B. Beim Behandeln von 1,5-Dimethyl-2-[4-propoxy-phenyl]-1,2-dihydro-pyrazol-3-on-hydrochlorid mit NaNO$_2$ in H_2O (*Profft et al.,* J. pr. [4] **1** [1954] 110, 122).

Grüne Kristalle (aus A.); Zers. bei 163—165° [nach Braunfärbung bei 150—153°].

5-Methyl-4-nitro-1,2-dihydro-pyrazol-3-on $C_4H_5N_3O_3$, Formel XII (R = H), und Tautomere (H 50; E I 218; E II 25).

B. Beim Behandeln von 5-Methyl-2H-pyrazol-3,4-dion-4-oxim mit Ozon in wss. KOH (*Freri,* G. **66** [1936] 23, 28). Beim Erwärmen von 5-Methyl-1,2-dihydro-pyrazol-3-on mit Amylnitrit in Aceton (*Ajello,* G. **70** [1940] 401, 402).

Kristalle; F: 276—280° [aus Eg.] (*Aj.*), 276° (*Fr.*).

1,5-Dimethyl-4-nitro-1,2-dihydro-pyrazol-3-on $C_5H_7N_3O_3$, Formel XII (R = CH_3), und Tautomeres.

B. Beim Erwärmen von 1,5-Dimethyl-1,2-dihydro-pyrazol-3-on mit wss. HNO_3 (*Krohs*, B. **88** [1955] 866, 872).

Kristalle; F: 217°.

5-Methyl-4-nitro-2-phenyl-1,2-dihydro-pyrazol-3-on $C_{10}H_9N_3O_3$, Formel XIII (R = X = X′ = H), und Tautomere (H 50; E I 218).

B. Beim Behandeln von 5-Methyl-2-phenyl-1,2-dihydro-pyrazol-3-on mit Amylnitrit in Benzol und Äther (*Ajello*, G. **70** [1940] 401, 403).

Gelbe Kristalle (aus A.); F: 127°.

5-Methyl-4-nitro-2-[4-nitro-phenyl]-1,2-dihydro-pyrazol-3-on $C_{10}H_8N_4O_5$, Formel XIII (R = X = H, X′ = NO_2), und Tautomere; **Picrolonsäure** (H 51; E I 218; E II 25).

Nach Ausweis der IR-Absorption liegt in Lösungen in Acetonitril, in THF und in $CHCl_3$ fast ausschliesslich 5-Methyl-4-nitro-2-[4-nitro-phenyl]-2H-pyrazol-3-ol vor (*Maquestiau et al.*, Bl. Soc. chim. Belg. **82** [1973] 233, 236, 237).

Gelbe Kristalle; F: 125° (*L. u. A. Kofler*, Thermo-Mikro-Methoden, 3. Aufl. [Weinheim 1954] S. 464). Löslichkeit (g/100 g Lösung) in H_2O bei 15°: 0,123; bei 100°: 1,203; in Äthanol bei 0°: 1,107; bei 81°: 11,68 (*Techner*, Ber. Sächs. Akad. **82** [1930] 219, 222).

Beim Erhitzen auf 124—125° bildet sich 5-Methyl-2-[4-nitro-phenyl]-2H-pyrazol-3,4-dion (*Iseki et al.*, B. **74** [1941] 1420, 1423).

Salze der Picrolonsäure, Picrolonate.

Natrium-Salz $NaC_{10}H_7N_4O_5$ (H 51). Gelbe Kristalle (*Robinson, Scott*, Z. anal. Chem. **88** [1932] 417, 418). Kristalloptik: *Eisenberg, Keenan*, J. Assoc. agric. Chemists **27** [1944] 177. Löslichkeit in 100 g H_2O bei 30°: 0,285 g (*Dermer, Dermer*, Am. Soc. **61** [1939] 3302).

Kalium-Salz $KC_{10}H_7N_4O_5$. Gelbe Kristalle (*Eisenberg, Keenan*, J. Assoc. agric. Chemists **27** [1944] 177). Kristalloptik: *Ei., Ke.* Löslichkeit in 100 g H_2O bei 30°: 0,338 g (*Dermer, Dermer*, Am. Soc. **61** [1939] 3302).

Kupfer(II)-Salz $Cu(C_{10}H_7N_4O_5)_2 \cdot 2,5 H_2O$. Gelbe Kristalle (*Eisenberg, Keenan*, J. Assoc. agric. Chemists **27** [1944] 458, 461). Kristalloptik: *Ei., Ke.* — Thermogravimetrie (40—380°): *Becherescu*, Acad. Timişoara Stud. Cerc. chim. **6** [1959] Nr. 1/2, S. 115, 116; C. A. **1960** 24068.

Magnesium-Salz $Mg(C_{10}H_7N_4O_5)_2$. Hellgelbe Kristalle mit 2 Mol H_2O, die das H_2O bei 230° abgeben (*Robinson, Scott*, Z. anal. Chem. **88** [1932] 417, 421, 422; vgl. *Dworzak, Reich-Rohrwig*, Z. anal. Chem. **86** [1931] 98, 111). Löslichkeit (g/100 ml Lösung) in H_2O bei 25°: 0,0003 (*Ro., Sc.*, l. c. S. 429; vgl. *Dw., Re.- Ro.*).

Calcium-Salz $Ca(C_{10}H_7N_4O_5)_2$ (E II 25). Gelbe Kristalle mit 7 Mol H_2O (*Robinson, Scott*, Z. anal. Chem. **88** [1932] 417, 419; *Peltier, Duval*, Anal. chim. Acta **1** [1947] 345, 353). Löslichkeit (g/100 ml Lösung) in H_2O bei 18°: 0,0005 (*Ro., Sc.*, l. c. S. 429). Löslichkeit in H_2O bei 17—90°: *Ro., Sc.*, l. c. S. 426; vgl. *Dworzak, Reich-Rohrwig*, Z. anal. Chem. **86** [1931] 98, 111. — Thermogravimetrie (50—300°): *Kiba, Ikeda*, J. chem. Soc. Japan **60** [1939] 911; C. A. **1940** 1585; *Pe., Du.*, l. c. S. 352; *Duval*, Mikroch. **36/37** [1951] 425, 454; *Duval et al.*, Anal. Chem. **23** [1951] 1271, 1279, 1280.

Strontium-Salz $Sr(C_{10}H_7N_4O_5)_2$. Gelbe Kristalle mit 7 Mol H_2O, die das H_2O bei 50° abgeben (*Robinson, Scott*, Z. anal. Chem. **88** [1932] 417, 419). Kristalloptik: *Eisenberg, Keenan*, J. Assoc. agric. Chemists **27** [1944] 458. Löslichkeit (g/100 ml Lösung) in H_2O bei 25°: 0,0014 (*Ro., Sc.*, l. c. S. 429).

Barium-Salz $Ba(C_{10}H_7N_4O_5)_2$ (H 51). Kristalle mit 3 Mol H_2O, die das H_2O bei 230—250° abgeben (*Robinson, Scott*, Z. anal. Chem. **88** [1932] 417, 421). Löslichkeit (g/100 ml Lösung) in H_2O bei 25°: 0,0025 (*Ro., Sc.*, l. c. S. 429).

Zink-Salz $Zn(C_{10}H_7N_4O_5)_2 \cdot 2 H_2O$ (H 51). Thermogravimetrie (40—500°): *Becherescu*, Acad. Timişoara Stud. Cerc. chim. **6** [1959] Nr. 1/2, S. 115, 117, 118; C. A. **1960** 24068.

Thorium(IV)-Salz $Th(C_{10}H_7N_4O_5)_4$. Kristalle mit 1 Mol H_2O (*Hecht, Ehrmann*, Z. anal. Chem. **100** [1935] 87); bei 268° erfolgt explosionsartige Zersetzung (*Dupŭis, Duval*, Anal. chim. Acta **3** [1949] 589, 596). Löslichkeit in H_2O bei 0° und 20°, in wss. HNO_3 [0,1 n] bei 20°, in wss. Essigsäure [3%ig] bei 0° und in wss. Picrolonsäure bei 20°: *He., Eh.*, l. c. S. 90, 91. — Thermogravimetrie (50—300°): *Kiba, Ikeda*, J. chem. Soc. Japan

60 [1939] 911; C. A. **1940** 1585; *Duval*, Mikroch. **36/37** [1951] 425, 449; *Du., Du.*, l. c. S. 595.

Plutonium(III)-Salz $Pu(C_{10}H_7N_4O_5)_3$. Grüne Kristalle (*Patton*, Nation. Nuclear Energy Ser. Abt. IV [B] **14** [1949] 851). Löslichkeit in H_2O: *Pa.*

Plutonium(IV)-Salz $Pu(C_{10}H_7N_4O_5)_4$. Rosa Kristalle (*Patton*, Nation. Nuclear Energy Ser. Abt. IV [B] **14** [1949] 851).

Indium(III)-Salz $In(C_{10}H_7N_4O_5)_3$. Gelbe Kristalle [aus A.] (*Sutton*, Austral. chem. Inst. J. Pr. **16** [1949] 115, 118). Orangefarbene Kristalle (aus H_2O) mit 4 Mol H_2O, die das H_2O bei 100° abgeben; bei 159° erfolgt explosionsartige Zersetzung unter Verkohlung.

Thallium(I)-Salz $TlC_{10}H_7N_4O_5$ (E II 25). Hellgelbe Kristalle (aus A.); F: 315—317° [Zers.] (*Anderson*, Austral. chem. Inst. J. Pr. **17** [1950] 120). Löslichkeit $(g \cdot l^{-1})$ in H_2O bei 20°: 0,07; in wss. Äthanol [50%ig] bei 18°: 0,11.

Blei(II)-Salz $Pb(C_{10}H_7N_4O_5)_2$ (H 51). Kristalle mit 1,5 Mol H_2O (*Hecht et al.*, Z. anal. Chem. **95** [1933] 152); bei 220° erfolgt explosionsartige Zersetzung (*Duval*, Anal. chim. Acta **4** [1950] 159, 168). Löslichkeit in H_2O bei 0° und 14°, in wss. HNO_3 [0,1 n] bei 0°, in wss. Essigsäure [0,1 n] bei 0° und in wss. Picrolonsäure bei 0°: *He. et al.*, l. c. S. 157. — Thermogravimetrie (50—300°): *Kiba, Ikeda*, J. chem. Soc. Japan **60** [1939] 911; C. A. **1940** 1585; *Duval*, Anal. chim. Acta **4** 167; Mikroch. **36/37** [1951] 425, 428.

Ammonium-Salz $[NH_4]C_{10}H_7N_4O_5$ (H 51). Gelbe Kristalle (*Eisenberg, Keenan*, J. Assoc. agric. Chemists **27** [1944] 458). Kristalloptik: *Ei., Ke.*

Mangan(II)-Salz $Mn(C_{10}H_7N_4O_5)_2 \cdot 2,5 H_2O$. Thermogravimetrie (40—270°): *Becherescu*, Acad. Timişoara Stud. Cerc. chim.**6** [1959] Nr. 1/2, S. 115, 119, 120; C. A. **1960** 24068.

Kobalt(II)-Salz $Co(C_{10}H_7N_4O_5)_2 \cdot 0,5 H_2O$. Thermogravimetrie (40—420°): *Becherescu*, Acad. Timişoara Stud. Cerc. chim. **6** [1959] Nr. 1/2, S. 115, 118, 119; C. A. **1960** 24068.

2-[3-Brom-4-nitro-phenyl]-5-methyl-4-nitro-1,2-dihydro-pyrazol-3-on $C_{10}H_7BrN_4O_5$, Formel XIII (R = H, X = Br, X' = NO_2), und Tautomere.

B. Beim Behandeln von 2-[3-Brom-phenyl]-5-methyl-1,2-dihydro-pyrazol-3-on mit wss. HNO_3 und Erwärmen des Reaktionsprodukts mit wss. Essigsäure (*Zimmermann, Cuthbertson*, Z. physiol. Chem. **205** [1932] 38, 41, 42).

Gelbe Kristalle (aus Me.); F: 128—130° [Zers.; nach Verfärbung bei 110°].

XIII   XIV   XV

1,5-Dimethyl-4-nitro-2-[4-nitro-phenyl]-1,2-dihydro-pyrazol-3-on $C_{11}H_{10}N_4O_5$, Formel XIII (R = CH_3, X = H, X' = NO_2) (E I 221).

Dipolmoment (ε; Bzl.) bei 30°: 4,6 D (*Brown et al.*, Soc. **1949** 2812, 2816).

5-Methyl-4,4-dinitro-2-[4-nitro-phenyl]-2,4-dihydro-pyrazol-3-on $C_{10}H_7N_5O_7$, Formel XIV.

B. Beim Behandeln von 5-Methyl-4-nitro-2-[4-nitro-phenyl]-1,2-dihydro-pyrazol-3-on mit wss. HNO_3 (*Iseki et al.*, B. **74** [1941] 1420, 1422).

Gelbe Kristalle; F: 204° [nach Sintern bei 124°].

Beim Aufbewahren in Äthanol oder anderen organischen Lösungsmitteln bildet sich 5,5'-Dimethyl-2,2'-bis-[4-nitro-phenyl]-2H,2'H-[4,4']bipyrazolyliden-3,3'-dion. Beim Behandeln mit wss. NaOH ist 1,1-Dinitro-aceton-[4-nitro-phenylhydrazon] erhalten worden.

1,2,5-Trimethyl-1,2-dihydro-pyrazol-3-thion $C_6H_{10}N_2S$, Formel XV (R = R' = CH_3, X = H) (E I 222).

Beim Behandeln mit wss. H_2O_2 ist 1,2,3-Trimethyl-5-sulfo-pyrazolium-betain erhalten worden (*Kitamura*, J. pharm. Soc. Japan **61** [1941] 1923; dtsch. Ref. S. 8, 11; C. A. **1941** 4770).

5-Methyl-2-phenyl-1,2-dihydro-pyrazol-3-thion $C_{10}H_{10}N_2S$, Formel XV (R = X = H, R' = C_6H_5), und Tautomere (H 56).

Nach Auswcis dcs UV-Spektrums liegt in Lösungen in H_2O fast ausschliesslich 5-Methyl-2-phenyl-1,2-dihydro-pyrazol-3-thion, in Äthanol und in Methanol ein Gemisch von 5-Methyl-2-phenyl-1,2-dihydro-pyrazol-3-thion und 5-Methyl-2-phenyl-2*H*-pyrazol-3-thiol und in Benzol, in einem Äther-Äthanol-Gemisch [24:1] sowie in CHCl$_3$ fast ausschliesslich 5-Methyl-2-phenyl-2*H*-pyrazol-3-thiol vor (*Tanaka*, J. pharm. Soc. Japan **91** [1971] 338, 345; C. A. **74** [1971] 140685).

Reaktion mit H_2O_2 in wss. KOH: *Kitamura*, J. pharm. Soc. Japan **58** [1938] 447, 464; dtsch. Ref. S. 86, 89; C. A. **1938** 6648; vgl. *Tanaka*, J. pharm. Soc. Japan **91** [1971] 393, 395; C. A. **75** [1971] 20281. Die beim Erhitzen mit Benzaldehyd erhaltene Verbindung (s. H 56) ist nicht als 4-Benzyliden-5-methyl-2-phenyl-2,4-dihydro-pyrazol-3-thion, sondern als 3,8-Dimethyl-1,4,6,9-tetraphenyl-1,4,6,9-tetrahydro-[1,5]dithiocino[2,3-*c*;6,7-*c'*]=dipyrazol zu formulieren (*Maquestiau et al.*, Bl. Soc. chim. Belg. **86** [1977] 87, 88, 92); die beim Erhitzen mit Acetophenon erhaltene Verbindung (s. H **24** 188) ist nicht als 5-Methyl-2-phenyl-4-[1-phenyl-äthyliden]-2,4-dihydro-pyrazol-3-thion, sondern als (±)-3-Methyl-1,4-diphenyl-4,5-dihydro-1*H*-thieno[2,3-*c*]pyrazol zu formulieren (*Ma. et al.*).

5-Methyl-4-nitro-2-[4-nitro-phenyl]-1,2-dihydro-pyrazol-3-thion $C_{10}H_8N_4O_4S$, Formel XV (R = H, R' = $C_6H_4(NO_2)(p)$, X = NO_2), und Tautomere.

B. Neben 5-Äthylmercapto-3-methyl-4-nitro-1-[4-nitro-phenyl]-1*H*-pyrazol beim Erwärmen von 5-Chlor-3-methyl-4-nitro-1-[4-nitro-phenyl]-1*H*-pyrazol[1]) mit KHS in Äthanol (*Rojahn, Fegeler*, B. **63** [1930] 2510, 2519).

Gelbliche Kristalle (aus E.); F: 179°.

Kalium-Salz $KC_{10}H_7N_4O_4S$. Rote Kristalle (aus H_2O).

1,5-Dimethyl-2-phenyl-1,2-dihydro-pyrazol-3-thion, Thiopyrin $C_{11}H_{12}N_2S$, Formel XV (R = CH$_3$, R' = C_6H_5, X = H) (H 56; E I 222; E II 28).

Dipolmoment (*ε*; Bzl.) bei 25°: 7,33 D (*Jensen, Friediger*, Danske Vid. Selsk. Mat. fys. Medd. **20** Nr. 20 [1942/43] 1, 49).

Die beim Behandeln mit Chlor in CHCl$_3$ erhaltene Verbindung $C_{11}H_{12}Cl_2N_2S$ (s. H 57) ist wahrscheinlich als 3-Chlormercapto-1,5-dimethyl-2-phenyl-pyrazolium-chlorid $[C_{11}H_{12}ClN_2S]Cl$ zu formulieren (*Wizinger*, J. pr. [2] **154** [1939/40] 1,30). Entsprechend ist die früher (H 57) beschriebene Verbindung $C_{11}H_{12}Br_2N_2S$ wahrscheinlich als 3-Brommercapto-1,5-dimethyl-2-phenyl-pyrazolium-bromid $[C_{11}H_{12}BrN_2S]Br$ zu formulieren. Zeitlicher Verlauf der Reaktion mit H_2O_2 und wss. KOH bei 20°: *Kitamura*, J. pharm. Soc. Japan **58** [1938] 447, 461; dtsch. Ref. S. 86; C. A. **1938** 6648.

2,5-Dimethyl-1-phenyl-1,2-dihydro-pyrazol-3-thion, 3-Thiopyrin $C_{11}H_{12}N_2S$, Formel XV (R = C_6H_5, R' = CH$_3$, X = H) (H 57).

Zeitlicher Verlauf der Reaktion mit H_2O_2 und wss. KOH bei 20°: *Kitamura*, J. pharm. Soc. Japan **58** [1938] 447, 462; dtsch. Ref. S. 86; C. A. **1938** 6648.

5-Methyl-1,2-diphenyl-1,2-dihydro-pyrazol-3-thion $C_{16}H_{14}N_2S$, Formel XV (R = R' = C_6H_5, X = H).

B. Beim Behandeln von 3-Chlor-5-methyl-1,2-diphenyl-pyrazolium-chlorid mit KHS in H_2O (*Kitamura*, J. pharm. Soc. Japan **61** [1941] 19, 21; dtsch. Ref. S. 8, 10; C. A. **1941** 4770).

Kristalle; F: 185—186°. Kp$_{0,01}$: 243—244°.

Zeitlicher Verlauf der Reaktion mit H_2O_2 und wss. KOH bei 20°: *Ki.*

---

[1]) Von *Rojahn, Fegeler* irrtümlich als 5-Chlor-1-[2,4-dinitro-phenyl]-3-methyl-1*H*-pyr=azol angesehen; vgl. *Michaelis*, A. **378** [1911] 293, 297, 334.

4-Chlor-1,5-dimethyl-2-phenyl-1,2-dihydro-pyrazol-3-thion $C_{11}H_{11}ClN_2S$, Formel XV
(R = CH_3, R' = C_6H_5, X = Cl) auf S. 106.

B. Beim Behandeln von 3,4-Dichlor-1,5-dimethyl-2-phenyl-pyrazolium-chlorid mit
KHS in H_2O (*Kitamura, Sunagawa*, J. pharm. Soc. Japan **61** [1941] 26, 28; dtsch. Ref.
S. 16; C. A. **1941** 4770).

Kristalle (aus A.); F: 188,5—189°.   [*Wente*]

4-Methyl-1,2-dihydro-pyrazol-3-on $C_4H_6N_2O$, Formel I (R = H), und Tautomere
(H 60; E II 28).

B. Beim Behandeln von Methacrylsäure-methylester mit $N_2H_4 \cdot H_2O$ und Erhitzen des
Reaktionsprodukts in Nitrobenzol (*Hüttel et al.*, A. **607** [1957] 109, 119).

IR-Banden (KBr; 2,8—6,8 μ und 15—19 μ): *Hü. et al.*, l. c. S. 112.

Hydrochlorid. F: 99—100° (*Hü. et al.*, l. c. S. 120).

4-Methyl-1-phenyl-1,2-dihydro-pyrazol-3-on $C_{10}H_{10}N_2O$, Formel I (R = C_6H_5), und
Tautomere (H 60).

B. Neben anderen Verbindungen beim Erhitzen von Methacrylsäure-methylester mit
Phenylhydrazin (*Vystrčil, Stejskal*, Č. čsl. Lékárn. **63** [1950] 75, 78; C. A. **1952** 7566).
Beim Behandeln von (±)-4-Methyl-1-phenyl-pyrazolidin-3-on mit HgO oder $FeCl_3$ (*Vy.,
St.*, l. c. S. 82).

1-[4(?)-Brom-phenyl]-4-methyl-1,2-dihydro-pyrazol-3-on $C_{10}H_9BrN_2O$, vermutlich
Formel I (R = C_6H_4-Br(p)), und Tautomeres (vgl. H 60).

Natrium-Salz $NaC_{10}H_8BrN_2O$. Kristalle mit 2 Mol H_2O; Zers. >300° (*Vystrčil,
Stejskal*, Č. čsl. Lékárn. **63** [1950] 75, 83; C. A. **1952** 7566).

Kupfer(II)-Salz $Cu(C_{10}H_8BrN_2O)_2 \cdot H_2O$.

4-Methyl-2-phenyl-1,2-dihydro-pyrazol-3-on $C_{10}H_{10}N_2O$, Formel II, und Tautomere
(H 61).

B. Beim Erwärmen von (±)-3,3-Diäthoxy-2-methyl-propionsäure-anilid mit Phenyl=
hydrazin-hydrochlorid in wss. Äthanol (*Scarpati et al.*, Rend. Accad. Sci. fis. mat. Napoli
[4] **26** [1959] 405, 420). Beim Behandeln von (±)-4-Methyl-2-phenyl-pyrazolidin-3-on
mit Brom in Essigsäure oder mit $Ca(ClO)_2$ (*Vystrčil, Stejskal*, Č. čsl. Lékárn. **63** [1950]
75, 81, 82; C. A. **1952** 7566).

(±)-4(?)-Chlor-4-methyl-2,4-dihydro-pyrazol-3-on $C_4H_5ClN_2O$, vermutlich Formel III
(X = Cl), und Tautomeres.

Bezüglich der Konstitution s. *Janssen, Ruysschaert*, Bl. Soc. chim. Belg. **67** [1958] 270.

B. Beim Behandeln von 4-Methyl-1,2-dihydro-pyrazol-3-on mit Chlor in $CHCl_3$ (*Hüttel
et al.*, A. **607** [1957] 109, 120).

F: 57° (*Hü. et al.*).

(±)-4-Brom-4-methyl-2,4-dihydro-pyrazol-3-on $C_4H_5BrN_2O$, Formel III (X = Br), und
Tautomeres.

Konstitution: *Janssen, Ruysschaert*, Bl. Soc. chim. Belg. **67** [1958] 270; s. a. *Carpino*,
Am. Soc. **80** [1958] 5796.

B. Beim Erwärmen von 4-Methyl-1,2-dihydro-pyrazol-3-on mit Brom in $CHCl_3$ (*Hüttel
et al.*, A. **607** [1957] 109, 119).

F: 51—54° [Zers.] (*Hü. et al.*). IR-Banden (KBr; 2,8—6,8 μ und 15—19 μ): *Hü. et al.*,
l. c. S. 112.

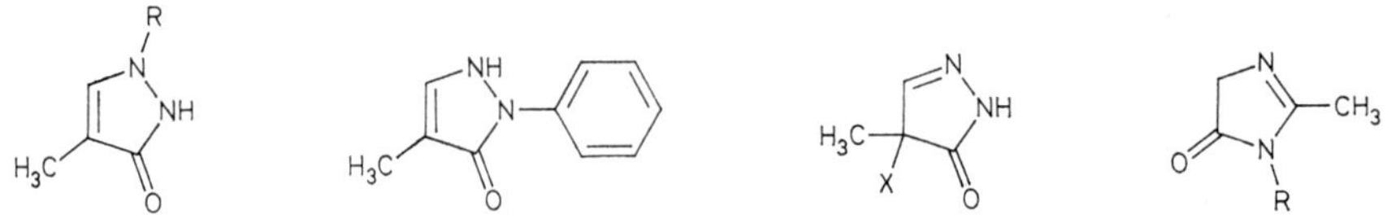

I   II   III   IV

2-Methyl-3,5-dihydro-imidazol-4-on $C_4H_6N_2O$, Formel IV (R = H), und Tautomere (H 61).

UV-Spektrum (wss. A. vom pH 2, pH 7 und pH 12; 220—325 nm): *Freter et al.*, A. **607** [1957] 174, 178.

2,3-Dimethyl-3,5-dihydro-imidazol-4-on $C_5H_8N_2O$, Formel IV (R = CH_3), und Tautomeres.

B. Beim Behandeln von N-[1-Äthoxy-äthyliden]-glycin-äthylester mit Methylamin in Äthanol (*Shaw et al.*, Soc. **1959** 1648, 1651).

Kristalle (aus E.); F: 165° [Zers.].

1-Äthyl-2-methyl-1,5-dihydro-imidazol-4-on $C_6H_{10}N_2O$, Formel V (R = C_2H_5), und Tautomeres.

B. Beim Erhitzen von N-Äthyl-glycin-amid mit Orthoessigsäure-triäthylester (*Brunken, Bach*, B. **89** [1956] 1363, 1369).

Hygroskopische Kristalle.

3-Äthyl-2-methyl-3,5-dihydro-imidazol-4-on $C_6H_{10}N_2O$, Formel IV (R = C_2H_5), und Tautomeres.

B. Beim Behandeln von N-[1-Äthoxy-äthyliden]-glycin-äthylester mit Äthylamin in Äthanol (*Shaw et al.*, Soc. **1959** 1648, 1651). Beim Erhitzen von Glycin-äthylamid mit Orthoessigsäure-triäthylester und wenig Essigsäure (*Brunken, Bach*, B. **89** [1956] 1363, 1370).

Kristalle; F: 190° [Zers.; aus E.] (*Shaw et al.*), 182—184° [aus Acn.] (*Br., Bach*).

3-Butyl-2-methyl-3,5-dihydro-imidazol-4-on $C_8H_{14}N_2O$, Formel IV (R = [CH_2]$_3$-CH_3), und Tautomeres.

B. Beim Erhitzen von Glycin-butylamid mit Orthoessigsäure-triäthylester und wenig Essigsäure (*Brunken, Bach*, B. **89** [1956] 1363, 1370).

Kristalle (aus Acn. + Ae.); F: 141—143°.

1-Cyclohexyl-2-methyl-1,5-dihydro-imidazol-4-on $C_{10}H_{16}N_2O$, Formel V (R = C_6H_{11}), und Tautomeres.

B. Beim Erhitzen von N-Cyclohexyl-glycin-amid mit Orthoessigsäure-triäthylester in Essigsäure (*Brunken, Bach*, B. **89** [1956] 1363, 1370).

Kristalle (aus Acn.); F: 200—203°.

Methomethylsulfat [$C_{11}H_{19}N_2O$]CH_3O_4S. Kristalle (aus A.); F: 198—200°.

2-Methyl-1-phenyl-1,5-dihydro-imidazol-4-on $C_{10}H_{10}N_2O$, Formel V (R = C_6H_5), und Tautomeres.

B. Beim Erhitzen von N-Phenyl-glycin-amid mit Orthoessigsäure-triäthylester und wenig Essigsäure (*Brunken, Bach*, B. **89** [1956] 1363, 1370).

Kristalle (aus Acn.); F: 147—151°.

Methomethylsulfat [$C_{11}H_{13}N_2O$]CH_3O_4S. Kristalle; F: 145—148°.

2-Methyl-3-phenyl-3,5-dihydro-imidazol-4-on $C_{10}H_{10}N_2O$, Formel IV (R = C_6H_5), und Tautomeres.

B. Beim Erhitzen von Glycin-anilid mit Orthoessigsäure-triäthylester (*Brunken, Bach*, B. **89** [1956] 1363, 1371).

Kristalle (aus A. oder Py.); F: 206—208°.

3-Benzyl-2-methyl-3,5-dihydro-imidazol-4-on $C_{11}H_{12}N_2O$, Formel IV (R = CH_2-C_6H_5), und Tautomeres.

B. Beim Erhitzen von Glycin-benzylamid mit Orthoessigsäure-triäthylester und wenig Essigsäure (*Brunken, Bach*, B. **89** [1956] 1363, 1370).

Kristalle (aus wss. A.); F: 153—155°.

4-Methyl-1,3-dihydro-imidazol-2-on $C_4H_6N_2O$, Formel VI (R = X = H), und Tautomere.

B. Beim Hydrieren von Pyruvaldehyd-1-(Z)-oxim an Palladium/Kohle in wss.-äthanol.

HCl bei 50 at und Erwärmen des Reaktionsgemisches mit Kaliumcyanat (*Duschinsky, Dolan*, Am. Soc. **67** [1945] 2079, 2081; vgl. auch *Behringer, Duesberg*, B. **96** [1963] 381, 383). Beim Behandeln von DL-Alanin-äthylester-hydrochlorid mit Natrium-Amalgam und wss. HCl und Behandeln des Reaktionsgemisches mit NaHCO$_3$ und Kaliumcyanat (*Lawson*, Soc. **1957** 1443). Beim Erwärmen von 5-Methyl-2-oxo-2,3-dihydro-1*H*-imid=azol-4-carbonsäure-äthylester mit wss. Ba(OH)$_2$ (*Du., Do.*).

Kristalle; F: 202—204° [evakuierte Kapillare; aus H$_2$O] (*Du., Do.*), 202° [aus wss. A.] (*La.*).

Monoacetyl-Derivate C$_6$H$_8$N$_2$O$_2$. a) *B.* Aus 4-Methyl-1,3-dihydro-imidazol-2-on (*La.*). Kristalle (aus A.); F: 190° (*La.*). — b) *B.* Aus 1,3-Diacetyl-4-methyl-1,3-dihydro-imidazol-2-on (*Du., Do.*). Kristalle (aus H$_2$O); F: 175°; bei 150° im Vakuum sublimierbar (*Du., Do.*).

1,3-Diacetyl-4-methyl-1,3-dihydro-imidazol-2-on C$_8$H$_{10}$N$_2$O$_3$, Formel VI (R = CO-CH$_3$, X = H).

B. Aus 4-Methyl-1,3-dihydro-imidazol-2-on und Acetanhydrid (*Duschinsky, Dolan*, Am. Soc. **67** [1945] 2079, 2082).

Kristalle (aus Ae.); F: 78—80°. Bei 100—110°/1 Torr sublimierbar.

1,3-Diacetyl-4-brommethyl-1,3-dihydro-imidazol-2-on C$_8$H$_9$BrN$_2$O$_3$, Formel VI (R = CO-CH$_3$, X = Br).

B. Beim Erwärmen von 1,3-Diacetyl-4-methyl-1,3-dihydro-imidazol-2-on in CCl$_4$ mit *N*-Brom-succinimid (*Duschinsky, Dolan*, Am. Soc. **70** [1948] 657, 659).

Kristalle (aus Ae.); F: 80—81°.

4-Methyl-1,3-dihydro-imidazol-2-thion C$_4$H$_6$N$_2$S, Formel VII (R = R' = X = H), und Tautomere (H 62; E II 29).

B. Beim Erhitzen von (±)-2-Amino-propionaldehyd (H **4** 312) mit Ammonium-thio=cyanat in wss. HCl (*Akabori*, B. **66** [1933] 151, 155; vgl. *Heath et al.*, Soc. **1951** 2217, 2218; *Bullerwell, Lawson*, Soc. **1951** 3030). Beim Erhitzen von [2-Thioxo-2,3-dihydro-1*H*-imid=azol-4-yl]-essigsäure (*Bullerwell, Lawson*, Soc. **1951** 3030).

Kristalle; F: 246° [aus H$_2$O] (*He. et al.*), 245—246° [aus H$_2$O] (*Ak.*). λ_{max} in H$_2$O: 257 nm (*Lawson, Morley*, Soc. **1956** 1103, 1106) bzw. 258 nm (*He. et al.*); in Äthanol: 263 nm (*La., Mo.*); in CHCl$_3$: 271 nm (*La., Mo.*) bzw. 273 nm (*He. et al.*).

V   VI   VII   VIII

1-Äthyl-4-methyl-1,3-dihydro-imidazol-2-thion C$_6$H$_{10}$N$_2$S, Formel VII (R = C$_2$H$_5$, R' = X = H), und Tautomeres.

B. Beim Erhitzen von 3-Äthyl-5-methyl-2-thioxo-2,3-dihydro-1*H*-imidazol-4-carbon=säure (*E. Lilly & Co.*, U.S.P. 2585388 [1948]).

F: 208—210°.

5-Methyl-1-propyl-1,3-dihydro-imidazol-2-thion C$_7$H$_{12}$N$_2$S, Formel VII (R = X = H, R' = CH$_2$-CH$_2$-CH$_3$), und Tautomeres.

B. Beim Erwärmen von (±)-2-Propylamino-propionaldehyd-diäthylacetal mit Am=monium-thiocyanat in wss.-äthanol. HCl (*Lawson, Morley*, Soc. **1955** 1695, 1698). Beim Erhitzen von 1-Acetonyl-5-methyl-1,3-dihydro-imidazol-2-thion mit N$_2$H$_4$·H$_2$O und KOH in Äthylenglykol (*La., Mo.*).

Kristalle (aus Bzl. + PAe.); F: 166—167°.

1-Isopropyl-4-methyl-1,3-dihydro-imidazol-2-thion C$_7$H$_{12}$N$_2$S, Formel VII (R = CH(CH$_3$)$_2$, R' = X = H), und Tautomeres.

B. Beim Erwärmen von (±)-2-Isothiocyanato-propionaldehyd-diäthylacetal mit Iso=

propylamin in Äthanol und Erhitzen des Reaktionsprodukts mit wss. H_2SO_4 (*Lawson,*
Morley, Soc. **1955** 1695, 1698).
Kristalle (aus PAe.); F: 156—158°.

1-Isopropyl-5-methyl-1,3-dihydro-imidazol-2-thion $C_7H_{12}N_2S$, Formel VII (R = X = H,
R′ — $CH(CH_3)_2$), und Tautomeres.
B. Beim Erwärmen von (±)-2-Isopropylamino-propionaldehyd-diäthylacetal mit
Kalium-thiocyanat in wss.-äthanol. HCl (*Lawson, Morley*, Soc. **1955** 1695, 1697).
Gelbe Kristalle (aus PAe.); F: 198—199°.

1-Acetonyl-5-methyl-1,3-dihydro-imidazol-2-thion, [5-Methyl-2-thioxo-2,3-dihydro-
imidazol-1-yl]-aceton $C_7H_{10}N_2OS$, Formel VII (R = X = H, R′ = CH_2-CO-CH_3), und
Tautomeres.
B. Beim Behandeln von DL-Alanin-äthylester-hydrochlorid mit Natrium-Amalgam und
Erwärmen des Reaktionsgemisches mit Kalium-thiocyanat (*Lawson, Morley*, Soc. **1955**
1695, 1696; vgl. *Lawson, Morley*, Soc. **1957** 566).
Kristalle (aus H_2O); F: 182—183°; λ_{max}: 258 nm [H_2O] bzw. 274 nm [$CHCl_3$] (*La., Mo.,*
Soc. **1955** 1696).
Oxim $C_7H_{11}N_3OS$. F: 210—211° [Zers.]; λ_{max} (A.): 266 nm (*La., Mo.*, Soc. **1955** 1696).
Semicarbazon $C_8H_{13}N_5OS$. F: 250—251° [Zers.] (*La., Mo.*, Soc. **1955** 1696).

1-Acetyl-4(oder 5)-methyl-1,3-dihydro-imidazol-2-thion $C_6H_8N_2OS$, Formel VII
(R = CO-CH_3, R′ = X = H oder R = X = H, R′ = CO-CH_3), und Tautomeres.
Konstitution: *Lawson, Morley*, Soc. **1956** 1103, 1106.
B. Beim Erwärmen von 4-Methyl-1,3-dihydro-imidazol-2-thion mit Acetanhydrid und
Pyridin (*Heath et al.*, Soc. **1951** 2217, 2219).
Kristalle (aus Bzl.); F: 200° (*He. et al.*). IR-Banden (2,9—6,8 μ): *La., Mo.* λ_{max} ($CHCl_3$):
325 nm (*He. et al.*).

4(oder 5)-Methyl-2-thioxo-2,3-dihydro-imidazol-1-carbonsäure-äthylester $C_7H_{10}N_2O_2S$,
Formel VII (R = CO-O-C_2H_5, R′ = X = H oder R = X = H, R′ = CO-O-C_2H_5), und
Tautomeres.
B. Beim Behandeln von 4-Methyl-1,3-dihydro-imidazol-2-thion mit Chlorokohlensäure-
äthylester in Pyridin (*Lawson, Morley*, Soc. **1956** 1103, 1106).
Kristalle (aus H_2O); F: 121°.

4-Brom-5-methyl-1,3-dihydro-imidazol-2-thion $C_4H_5BrN_2S$, Formel VII (R = R′ = H,
X = Br), und Tautomere.
B. Beim Behandeln von Bis-[4-brom-5-methyl-1(3)H-imidazol-2-yl]-disulfid in wss.
HCl mit SO_2 (*Heath et al.*, Soc. **1951** 2223).
Hellgelbe Kristalle; F: 246°. λ_{max} (A.): 270 nm.

4-Jod-5-methyl-1,3-dihydro-imidazol-2-thion $C_4H_5IN_2S$, Formel VII (R = R′ = H,
X = I), und Tautomere.
B. Beim Behandeln von 2-Benzylmercapto-4-jod-5-methyl-1(3)H-imidazol in Benzol
mit $AlBr_3$ (*CIBA*, U.S.P. 2654761 [1951]).
Kristalle (aus A.); F: 175—180° [Zers.].

5-Methyl-3,5-dihydro-imidazol-4-thion $C_4H_6N_2S$, Formel VIII, und Tautomere.
B. Beim Erwärmen von DL-Thioalanin-amid mit Formimidsäure-äthylester-hydro=
chlorid in Äthanol (*Chambon, Boucherle*, Bl. **1954** 723, 725).
Kristalle (aus wss. A.); F: 167° [korr.].

N-[4-Äthyl-[1,3]diazet-2-yliden]-propionamid, $C_7H_{11}N_3O$, Formel IX.
Das früher (H **24** 62) unter dieser Konstitution beschriebene Anhydrodipropionyl=
guanidin ist als 2-Äthyl-4,6-bis-propionylamino-[1,3,5]triazin ($C_{11}H_{17}N_5O_2$) zu formulieren (*Grundmann, Beyer*, B. **83** [1950] 452).

Oxo-Verbindungen $C_5H_8N_2O$

6-Methyl-4,5-dihydro-2H-pyridazin-3-on $C_5H_8N_2O$, Formel X (R = H) (H 62; E I 223; E II 30).

B. Beim Behandeln von Lävulinsäure mit $N_2H_4 \cdot H_2O$ (*Libermann, Rouaix*, Bl. **1959** 1793, 1797; vgl. H 62). Aus Lävulinsäure-äthylester und N_2H_4 (*Overend, Wiggins*, Soc. **1947** 239, 241). Beim Erhitzen von 4-Semicarbazono-valeriansäure-äthylester (*Ov., Wi.*). Aus 5-Methyl-3H-furan-2-on und $N_2H_4 \cdot H_2O$ (*Iwakura et al.*, J. chem. Soc. Japan Ind. Chem. Sect. **59** [1956] 476; C. A. **1958** 3759).

Kristalle; F: 104,5—105,5° [aus A. + Ae.] (*Iw. et al.*), 105° [aus Bzl.] (*Ov., Wi.*). λ_{max}: 243 nm [H_2O] (*Overend et al.*, Soc. **1950** 3500, 3502) bzw. 245 nm [A.] (*Engel et al.*, Helv. **32** [1949] 1166, 1173).

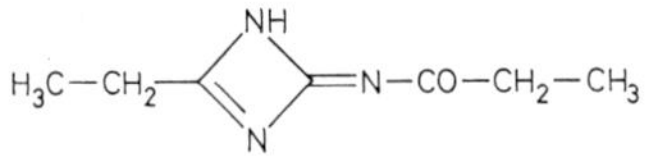

IX 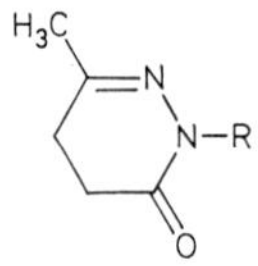   X 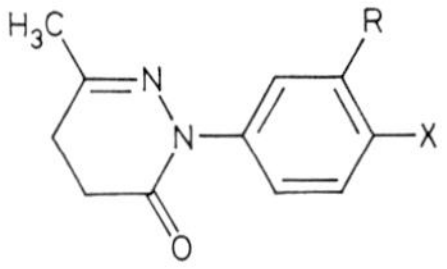   XI

2,6-Dimethyl-4,5-dihydro-2H-pyridazin-3-on $C_6H_{10}N_2O$, Formel X (R = CH_3).
B. Beim Erwärmen von Lävulinsäure-äthylester mit Methylhydrazin in Äthanol (*Overend et al.*, Soc. **1950** 3500, 3503).
Kp_{15}: 142—143°. $n_D^{21,5}$: 1,4867. λ_{max} (H_2O): 246 nm.

6-Methyl-2-phenyl-4,5-dihydro-2H-pyridazin-3-on $C_{11}H_{12}N_2O$, Formel XI (R = X = H) (H 62).
Kristalle (aus wss. A.); F: 107° (*Overend, Wiggins*, Soc. **1947** 549, 551). Bei 15° enthalten 100 ml wss. Lösung 0,53 g.

2-[4-Brom-phenyl]-6-methyl-4,5-dihydro-2H-pyridazin-3-on $C_{11}H_{11}BrN_2O$, Formel XI (R = H, X = Br).
B. Neben [5-Brom-2-methyl-indol-3-yl]-essigsäure beim Erwärmen von 4-[4-Brom-phenylhydrazono]-valeriansäure mit HCl enthaltendem Dioxan (*Amorosa*, Ann. Chimica **46** [1956] 335, 338, 340).
Kristalle (aus Ae. + PAe.); F: 58—59°.

6-Methyl-2-[4-nitro-phenyl]-4,5-dihydro-2H-pyridazin-3-on $C_{11}H_{11}N_3O_3$, Formel XI (R = H, X = NO_2) (H 62).
B. Beim Erhitzen von 4-[4-Nitro-phenylhydrazono]-valeriansäure unter vermindertem Druck (*Overend, Wiggins*, Soc. **1947** 549, 552).
Gelbe Kristalle (aus A.); F: 118°. Bei 15° enthalten 100 ml wss. Lösung 0,1 g.

6-Methyl-2-m-tolyl-4,5-dihydro-2H-pyridazin-3-on $C_{12}H_{14}N_2O$, Formel XI (R = CH_3, X = H).
B. Beim Erhitzen von 4-m-Tolylhydrazono-valeriansäure (*Gregory, Williams*, Soc. **1949** 2546, 2548).
Kristalle (aus PAe.); F: 68°.

2-[4-Methoxy-phenyl]-6-methyl-4,5-dihydro-2H-pyridazin-3-on $C_{12}H_{14}N_2O_2$, Formel XI (R = H, X = O-CH_3).
B. Beim Erhitzen von 4-[4-Methoxy-phenylhydrazono]-valeriansäure unter vermindertem Druck (*Stevens et al.*, Am. Soc. **77** [1955] 42).
Hellbraune Kristalle (aus Bzl. + PAe.); F: 59—60°.

2-[4-Äthoxy-phenyl]-6-methyl-4,5-dihydro-2H-pyridazin-3-on $C_{13}H_{16}N_2O_2$, Formel XI (R = H, X = O-C_2H_5).
B. Analog der vorangehenden Verbindung (*Stevens et al.*, Am. Soc. **77** [1955] 42).
Kristalle (aus A.); F: 98—99°.

Bis-[4-(3-methyl-6-oxo-5,6-dihydro-4H-pyridazin-1-yl)-phenyl]-sulfon $C_{22}H_{22}N_4O_4S$, Formel XII.

B. Beim Erhitzen von Bis-[4-(3-carboxy-1-methyl-propylidenhydrazino)-phenyl]-sulfon (*Takubo et al.*, J. pharm. Soc. Japan **79** [1959] 830; C. A. **1959** 21874).
Kristalle (aus wss. Me.); F: 160°.

6-Methyl-2-thiobenzoyl-4,5-dihydro-2H-pyridazin-3-on $C_{12}H_{12}N_2OS$, Formel X ($R = CS-C_6H_5$).

B. Beim Behandeln von Thiobenzoesäure-hydrazid mit Lävulinsäure und wss. HCl (*Holmberg*, Ark. Kemi **25** A Nr. 18 [1948] S. 1, 16).
Kristalle (aus E.); F: 120—121°.

4-[3-Methyl-6-oxo-5,6-dihydro-4H-pyridazin-1-yl]-benzoesäure $C_{12}H_{12}N_2O_3$, Formel XI ($R = H$, $X = CO-OH$).

B. Beim Erhitzen von 4-[4-Carboxy-phenylhydrazono]-valeriansäure (*Veibel*, Acta chem. scand. **1** [1947] 54, 66).
Kristalle (aus wss. A.); F: 157—158°.

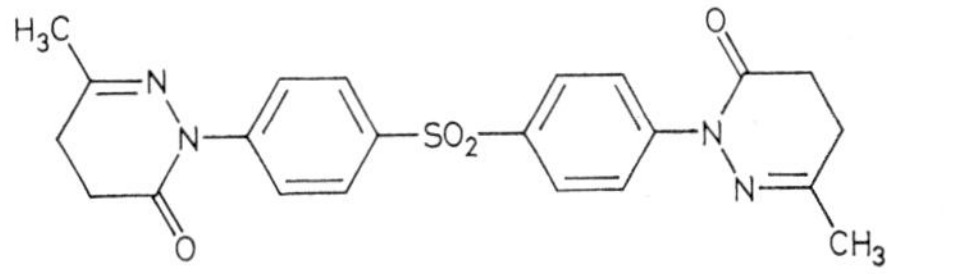

XII 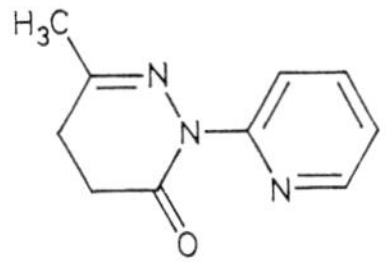   XIII 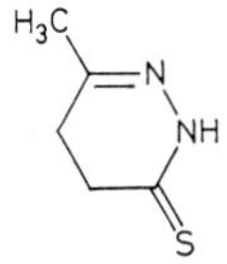   XIV

6-Methyl-2-[2]pyridyl-4,5-dihydro-2H-pyridazin-3-on $C_{10}H_{11}N_3O$, Formel XIII (E II 30).

B. Beim Erhitzen von 4-[2]Pyridylhydrazono-valeriansäure (*Gregory, Wiggins*, Soc. **1949** 2546, 2549).
Kristalle (aus A.); F: 128° (vgl. E II 30).

6-Methyl-4,5-dihydro-2H-pyridazin-3-thion $C_5H_8N_2S$, Formel XIV.

B. Beim Erhitzen von 6-Methyl-4,5-dihydro-2H-pyridazin-3-on mit P_2S_5 in Toluol (*Ilford Ltd.*, U.S.P. 2845418 [1955]) oder in Xylol (*U. S. Rubber Co.*, U.S.P. 2382769 [1942]).
Kristalle; F: 182—185° [aus Eg.] (*U. S. Rubber Co.*), 127° [aus PAe.] (*Ilford Ltd.*).

1,2-Diacetyl-6-methyl-2,4-dihydro-1H-pyridazin-3-on(?) $C_9H_{12}N_2O_3$, vermutlich Formel I.

B. Beim Erhitzen von 6-Methyl-4,5-dihydro-2H-pyridazin-3-on mit Acetanhydrid und Natriumacetat (*Overend et al.*, Soc. **1950** 3500, 3504).
$Kp_{0,005}$: 160° [Badtemperatur]. $n_D^{20,5}$: 1,5084.

4-Methyl-1-phenyl-5,6-dihydro-1H-pyrimidin-2-thion(?) $C_{11}H_{12}N_2S$, vermutlich Formel II.

B. Beim Erwärmen von Phenyl-thioharnstoff mit But-3-en-2-on in Methanol unter Zusatz von Natriummethylat oder wss. HCl (*Arai et al.*, J. chem. Soc. Japan Ind. Chem. Sect. **62** [1959] 82, 85; C. A. **47** [1962] 8555).
Kristalle (aus Me.) mit 1 Mol Methanol, F: 169—170°; Kristalle (aus A.) mit 1 Mol Äthanol, F: 154,5—155° [Zers.]; Kristalle (aus Butan-1-ol) mit 1 Mol Butan-1-ol, F: 139° bis 140°; nach Trocknen bei 140—170°/5 Torr schmilzt die Verbindung bei 170—172°.

5-Äthyl-2-phenyl-1,2-dihydro-pyrazol-3-on $C_{11}H_{12}N_2O$, Formel III ($R = X = H$, $R' = C_6H_5$), und Tautomere (H 63).

B. Beim Erhitzen von Pent-2-insäure-methylester (*Zoss, Hennion*, Am. Soc. **63** [1941] 1151) oder von 3-Oxo-valeriansäure-äthylester in wss. Essigsäure (*Müller et al.*, M. **89** [1958] 23, 30) mit Phenylhydrazin.
Kristalle (aus wss. A.); F: 100—100,5° (*Zoss, He.*).

5-Äthyl-1-methyl-2-phenyl-1,2-dihydro-pyrazol-3-on $C_{12}H_{14}N_2O$, Formel III (R = CH$_3$, R' = C$_6$H$_5$, X = H).

B. Aus 5-Äthyl-2-phenyl-1,2-dihydro-pyrazol-3-on und CH$_3$I (*Müller et al.*, M. **89** [1958] 23, 32).

Picrat $C_{12}H_{14}N_2O \cdot C_6H_3N_3O_7$. F: 159—160° [korr.].

Oxalat 2 $C_{12}H_{14}N_2O \cdot C_2H_2O_4$. F: 126° [korr.].

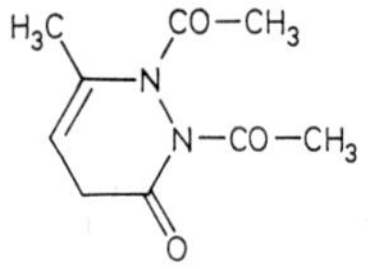

I 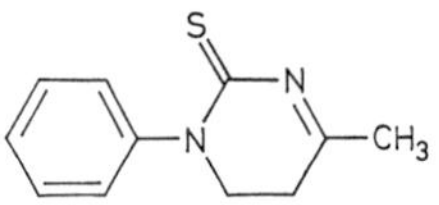   II 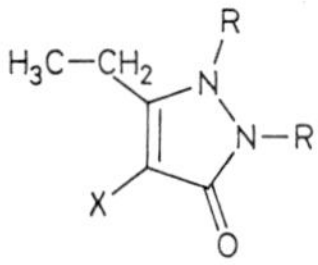   III

5-Äthyl-2-methyl-1-phenyl-1,2-dihydro-pyrazol-3-on $C_{12}H_{14}N_2O$, Formel III (R = C$_6$H$_5$, R' = CH$_3$, X = H).

B. Beim Erhitzen von 3-Oxo-valeriansäure-äthylester oder Propionylmalonsäure-äthylester mit *N*-Methyl-*N'*-phenyl-hydrazin (*Müller et al.*, M. **89** [1958] 23, 32).

Picrat $C_{12}H_{14}N_2O \cdot C_6H_3N_3O_7$. F: 129—130° [korr.].

1,5-Diäthyl-2-phenyl-1,2-dihydro-pyrazol-3-on $C_{13}H_{16}N_2O$, Formel III (R = C$_2$H$_5$, R' = C$_6$H$_5$, X = H).

B. Beim Erhitzen von 5-Äthyl-2-phenyl-1,2-dihydro-pyrazol-3-on mit Äthyljodid in Äthanol (*Müller et al.*, M. **89** [1958] 23, 30).

Kristalle (aus Bzl. + PAe.); F: 69°.

Picrat $C_{13}H_{16}N_2O \cdot C_6H_3N_3O_7$. F: 139° [Zers.; aus wss. A.].

2,5-Diäthyl-1-phenyl-1,2-dihydro-pyrazol-3-on $C_{13}H_{16}N_2O$, Formel III (R = C$_6$H$_5$, R' = C$_2$H$_5$, X = H).

B. Beim Erhitzen von 2,5-Diäthyl-3-oxo-1-phenyl-2,3-dihydro-1*H*-pyrazol-4-carbonsäure mit konz. wss. HCl oder mit Kupfer-Pulver (*Müller et al.*, M. **89** [1958] 23, 34).

Picrat $C_{13}H_{16}N_2O \cdot C_6H_3N_3O_7$. F: 153° [korr.].

5-Äthyl-2-benzyl-1,2-dihydro-pyrazol-3-on $C_{12}H_{14}N_2O$, Formel III (R = X = H, R' = CH$_2$-C$_6$H$_5$), und Tautomere.

B. Beim Erwärmen von 3-Oxo-valeriansäure-äthylester mit Benzylhydrazin in Äthanol (*Košt, Šagitullin*, Vestnik Moskovsk. Univ. **14** [1959] Nr. 1, S. 225, 227; C. A. **1959** 21 894).

Kristalle (aus Bzl. + Ae.); F: 113—114°. λ_{max} (Me.): 247 nm.

1,5-Diäthyl-4-brom-2-phenyl-1,2-dihydro-pyrazol-3-on $C_{13}H_{15}BrN_2O$, Formel III (R = C$_2$H$_5$, R' = C$_6$H$_5$, X = Br).

B. Beim Behandeln von 1,5-Diäthyl-2-phenyl-1,2-dihydro-pyrazol-3-on in CHCl$_3$ mit Brom in Essigsäure (*Müller et al.*, M. **89** [1958] 23, 31).

Kristalle (aus wss. Acn.); F: 106° [korr.].

1,5-Diäthyl-4-nitroso-2-phenyl-1,2-dihydro-pyrazol-3-on $C_{13}H_{15}N_3O_2$, Formel III (R = C$_2$H$_5$, R' = C$_6$H$_5$, X = NO).

B. Beim Behandeln von 1,5-Diäthyl-2-phenyl-1,2-dihydro-pyrazol-3-on mit NaNO$_2$ und wss. H$_2$SO$_4$ (*Müller et al.*, M. **89** [1958] 23, 30).

Blaugrüne Kristalle (aus A.); Zers. bei 120—135°.

4-Äthyl-2-phenyl-1,2-dihydro-pyrazol-3-on $C_{11}H_{12}N_2O$, Formel IV (R = X = H), auf S. 116, und Tautomere.

B. Beim Erwärmen von 2-Formyl-buttersäure-äthylester mit Phenylhydrazin (*Chi, Yang*, Am. Soc. **58** [1936] 1152).

Kristalle (aus wss. A. oder Bzl. + PAe.); F: 99—99,5°.

4-Äthyl-2-[4-brom-phenyl]-1,2-dihydro-pyrazol-3-on $C_{11}H_{11}BrN_2O$, Formel IV (R = H, X = Br), und Tautomere.

B. Analog der vorangehenden Verbindung (*Chi, Yang,* Am. Soc. **58** [1936] 1152). Kristalle (aus Bzl. + PAe.); F: 170—171°.

4-Äthyl-2-[4-nitro-phenyl]-1,2-dihydro-pyrazol-3-on $C_{11}H_{11}N_3O_3$, Formel IV (R = H, X = NO₂), und Tautomere.

B. Analog den vorangehenden Verbindungen (*Chi, Yang,* Am. Soc. **58** [1936] 1152). Kristalle (aus wss. A.); F: 212—214° [Zers.].

4-Äthyl-1-methyl-2-phenyl-1,2-dihydro-pyrazol-3-on $C_{12}H_{14}N_2O$, Formel IV (R = CH₃, X = H).

B. Beim Erhitzen von 4-Äthyl-2-phenyl-1,2-dihydro-pyrazol-3-on mit CH₃I in Methanol (*Chi, Yang,* Am. Soc. **58** [1936] 1152).
Kristalle (aus Bzl. + PAe.); F: 121—121,5°.

4,5-Dimethyl-1,2-dihydro-pyrazol-3-on $C_5H_8N_2O$, Formel V (R = R' = H), und Tautomere (H 63; E II 30).

B. Beim Erwärmen von Angelicasäure-methylester (E IV **2** 1553) mit $N_2H_4 \cdot H_2O$ und Äthanol (*Freri,* Atti X. Congr. int. Chim. Rom 1938, Bd. 3, S. 152). Beim Erwärmen von 2-Methyl-acetessigsäure-äthylester mit Semicarbazid-hydrochlorid und Natrium=acetat in wss. Äthanol oder mit Thiosemicarbazid-hydrochlorid und Natriumacetat in H_2O (*De, Dutt,* J. Indian chem. Soc. **7** [1930] 473, 477). Beim Erwärmen von 3,4-Di=methyl-5-oxo-2,5-dihydro-pyrazol-1-carbonsäure-amid in H_2O (*Ishikawa et al.,* J. pharm. Soc. Japan **74** [1954] 138; C. A. **1955** 1707; vgl. *Taniguchi,* J. pharm. Soc. Japan **78** [1958] 334, 336; C. A. **1958** 14593). Beim Erwärmen von 3,4-Dimethyl-5-oxo-2,5-di= hydro-pyrazol-1-carbimidsäure-amid mit wss. KOH (*De, Rakshit,* J. Indian chem. Soc. **13** [1936] 509, 513). Beim Erwärmen von 3,4-Dimethyl-isoxazol-5-ylamin mit $N_2H_4 \cdot H_2O$ (*Kano,* J. pharm. Soc. Japan **73** [1953] 383; C. A. **1954** 3342). Beim Hydrieren von 3,4-Dimethyl-isoxazol-5-ylamin an Raney-Nickel in Äthanol und Erwärmen des Reak= tionsprodukts mit $N_2H_4 \cdot H_2O$ (*Kano, Makisuni,* Pharm. Bl. **3** [1955] 270, 271).
IR-Banden (KBr; 2,8—6,8 μ und 15—19 μ): *Hüttel et al.,* A. **607** [1957] 109, 112. λ_{max}: 243,5 nm [H_2O], 230 nm und 248 nm [A.] bzw. 230,5 nm [äthanol. HCl] (*Bogunez, Blisn-jukow,* Trudy Charkovsk. politech. Inst. **26** [1959] 207, 208, 209; C. A. **1961** 15466).
Zeitlicher Verlauf der Oxidation mit Sauerstoff in einem Äthanol-*tert*-Butylalkohol-Gemisch unter Zusatz von Natriumäthylat: *Veibel, Linholt,* Acta chem. scand. **9** [1955] 970, 972.
Hydrochlorid. F: 176° (*Hü. et al.,* l. c. S. 120).

4,5-Dimethyl-2-phenyl-1,2-dihydro-pyrazol-3-on $C_{11}H_{12}N_2O$, Formel V (R = H, R' = C_6H_5), und Tautomere (H 64; E II 31).

Kristalle (aus Ae.); F: 130—131° (*Sawa,* J. pharm. Soc. Japan **57** [1937] 953, 958; dtsch. Ref. S. 269; C. A. **1938** 2533), 120° (*Biquard, Grammaticakis,* Bl. [5] **8** [1941] 246, 253). UV-Spektrum (A.; 215—370 nm): *Westöö,* Acta chem. scand. **6** [1952] 1499, 1503; *Bi., Gr.,* l. c. S. 250; *Veibel, Westöö,* Acta chem. scand. **7** [1953] 199, 123; *Westöö,* Acta chem. scand. **7** [1953] 456, 459. Scheinbarer Dissoziationsexponent pK_b' (H_2O [umgerech-net aus Eg.]; potentiometrisch ermittelt): 11,3 (*Veibel, Linholt,* Acta chem. scand. **8** [1954] 1007, 1008).
Oxidation an der Luft oder in Äthanol unter Zusatz von $CuSO_4$ unter Bildung von 4,5,4',5'-Tetramethyl-2,2'-diphenyl-2,4,2',4'-tetrahydro-[4,4']bipyrazolyl-3,3'-dion (F: 165°) und 4-Hydroxy-4,5-dimethyl-2-phenyl-2,4-dihydro-pyrazol-3-on: *Ve., We.* Zeit-licher Verlauf der Oxidation mit Sauerstoff in Methanol unter Zusatz von Triäthylamin: *Ve., Li.*
Hydrobromid $C_{11}H_{12}N_2O \cdot HBr$. Kristalle (aus A. + Ae.); Kristalle (aus wss. A. + Ae.) mit 2 Mol H_2O (*We.,* Acta chem. scand. **6** 1511).

4,5-Dimethyl-1-phenyl-1,2-dihydro-pyrazol-3-on $C_{11}H_{12}N_2O$, Formel V (R = C_6H_5, R' = H), und Tautomeres (H 64).

UV-Spektrum (A.; 225—330 nm): *Biquard, Grammaticakis,* Bl. [5] **8** [1941] 254, 261.

IV   V   VI

1,4,5-Trimethyl-2-phenyl-1,2-dihydro-pyrazol-3-on $C_{12}H_{14}N_2O$, Formel V (R = CH_3,
R' = C_6H_5) (H 64; E II 31).

B. Beim Erhitzen von 1,5-Dimethyl-2-phenyl-1,2-dihydro-pyrazol-3-on mit Form=
aldehyd oder Paraformaldehyd, Ameisensäure und wss. H_2SO_4 (*Farbw. Hoechst*, D.B.P.
951366 [1956]; vgl. *I. G. Farbenind.*, D.R.P. 514823 [1929]; Frdl. **17** 2295). Aus 4,5-Di=
methyl-2-phenyl-1,2-dihydro-pyrazol-3-on und Dimethylsulfat (*Sawa*, J. pharm. Soc.
Japan **57** [1937] 953, 958; dtsch. Ref. S. 269; C. A. **1938** 2533).

Dipolmoment (ε; Bzl.): 4,96 D (*Lüttringhaus, Grohmann*, Z. Naturf. **10** b [1955] 365).

UV-Spektrum (A.; 230—315 nm): *Biquard, Grammaticakis*, Bl. [5] **8** [1941] 254, 261.

2,4,5-Trimethyl-1-phenyl-1,2-dihydro-pyrazol-3-on $C_{12}H_{14}N_2O$, Formel V (R = C_6H_5,
R' = CH_3) (H 65).

UV-Spektrum (A.; 235—330 nm): *Biquard, Grammaticakis*, Bl. [5] **8** [1941] 254, 258.

1-Äthyl-4,5-dimethyl-2-phenyl-1,2-dihydro-pyrazol-3-on $C_{13}H_{16}N_2O$, Formel V
(R = C_2H_5, R' = C_6H_5).

B. Aus 4,5-Dimethyl-2-phenyl-1,2-dihydro-pyrazol-3-on und Diäthylsulfat (*Sawa*, J.
pharm. Soc. Japan **57** [1937] 953, 958; dtsch. Ref. S. 269; C. A. **1938** 2533).

Kp_3: 183—185°.

1-Benzyl-4,5-dimethyl-2-phenyl-1,2-dihydro-pyrazol-3-on $C_{18}H_{18}N_2O$, Formel V
(R = CH_2-C_6H_5, R' = C_6H_5).

B. Beim Erhitzen von 4,5-Dimethyl-2-phenyl-1,2-dihydro-pyrazol-3-on mit Benzyl=
chlorid (*Sonn, Litten*, B. **66** [1933] 1582, 1586).

Kristalle (aus wss. Me.); F: 128,5—130°.

2-Acetyl-4,5-dimethyl-1,2-dihydro-pyrazol-3-on $C_7H_{10}N_2O_2$, Formel V
(R = H, R' = CO-CH_3), und Tautomere.

B. Beim Behandeln von 4,5-Dimethyl-1,2-dihydro-pyrazol-3-on mit Acetanhydrid (*Car=
pino*, Am. Soc. **80** [1958] 5796, 5798 Anm. 15), auch unter Zusatz von konz. H_2SO_4 in
Essigsäure (*Verkade, Dhont*, R. **64** [1945] 165, 172; vgl. *Ca.*).

Kristalle, F: 127—128,5° und (nach Wiedererstarren) F: 159—159,5° [aus Bzl. + PAe.]
bzw. Kristalle, F: 149—151,5° [aus Bzl. + PAe. oder Nitromethan] [2 Präparate] (*Ca.*);
Kristalle, F: 126—127° und (nach Wiedererstarren) F: 159—159,5° [aus Bzl. + PAe.]
(*Ve., Dh.*). IR-Banden (KBr; 2,8—6,8 μ): *Hüttel et al.*, A. **607** [1957] 109, 112.

1,2-Diacetyl-4,5-dimethyl-1,2-dihydro-pyrazol-3-on $C_9H_{12}N_2O_3$, Formel V
(R = R' = CO-CH_3) (vgl. H 63 im Artikel 4,5-Dimethyl-pyrazol-3-on).

Die nachstehend beschriebene Verbindung ist als 5-Acetoxy-1-acetyl-3,4-di=
methyl-1H-pyrazol $C_9H_{12}N_2O_3$ zu formulieren (*Evans et al.*, Tetrahedron **21** [1965]
3351, 3360).

B. Aus 4,5-Dimethyl-1,2-dihydro-pyrazol-3-on und Acetanhydrid (*Verkade, Dhont*, R.
64 [1945] 165, 173; *Kano*, J. pharm. Soc. Japan **73** [1953] 383, 386; C. A. **1954** 3342).

Kristalle; F: 56—57° [aus wss. A.] (*Ve., Dh.*), 54° [aus Me.] (*Kano*).

3,4-Dimethyl-5-oxo-2,5-dihydro-pyrazol-1-carbonsäure-amid $C_6H_9N_3O_2$, Formel V
(R = H, R' = CO-NH_2), und Tautomere (E II 31).

B. Beim Erwärmen von 2-Methyl-acetessigsäure-amid mit Semicarbazid in Äthanol
(*Ishikawa et al.*, J. pharm. Soc. Japan **74** [1954] 138, 141; C. A. **1955** 1707). Beim Be=
handeln von 2-Methyl-3-semicarbazono-buttersäure-methylester oder 2-Methyl-3-semi=
carbazono-buttersäure-amid mit wss. HCl (*Taniguchi*, J. pharm. Soc. Japan **78** [1958]
334, 336; C. A. **1958** 14593).

Kristalle (aus Me.); F: 197—198° [Zers.] (*Ta.*).

3,4-Dimethyl-5-oxo-2,5-dihydro-pyrazol-1-carbimidsäure-amid, 3,4-Dimethyl-5-oxo-2,5-dihydro-pyrazol-1-carbamidin $C_6H_{10}N_4O$, Formel V (R = H, R′ = C(NH₂)=NH), und Tautomere.

Nitrat $C_6H_{10}N_4O \cdot HNO_3$. B. Beim Behandeln von 2-Methyl-acetessigsäure-äthylester mit Aminoguanidin-nitrat in wss. Äthanol (*De, Rakshit*, J. Indian chem. Soc. **13** [1936] 509, 513). — Kristalle (aus H₂O); F: 202° [Zers.].

1-[2-Dimethylamino-äthyl]-4,5-dimethyl-2-phenyl-1,2-dihydro-pyrazol-3-on $C_{15}H_{21}N_3O$, Formel V (R = CH₂-CH₂-N(CH₃)₂, R′ = C₆H₅).

B. Beim Behandeln von 4,5-Dimethyl-2-phenyl-1,2-dihydro-pyrazol-3-on mit [2-Chloräthyl]-dimethyl-amin und NaNH₂ in Dioxan (*Büchi et al.*, Helv. **38** [1955] 670, 672, 675).

Kp$_{0,9}$: 149—151°.

Hydrochlorid $C_{15}H_{21}N_3O \cdot HCl$. F: 174,5—175° [korr.].

4,5-Dimethyl-2-phenyl-1-[2-piperidino-äthyl]-1,2-dihydro-pyrazol-3-on $C_{18}H_{25}N_3O$, Formel VI.

B. Analog der vorangehenden Verbindung (*Büchi et al.*, Helv. **38** [1955] 670, 675).

Kp$_{0,3}$: 158—161°.

Hydrochlorid $C_{18}H_{25}N_3O \cdot HCl$. F: 149—151° [korr.].

(±)-1-[2-Dimethylamino-propyl]-4,5-dimethyl-2-phenyl-1,2-dihydro-pyrazol-3-on $C_{16}H_{23}N_3O$, Formel VI (R = CH₂-CH(CH₃)-N(CH₃)₂, R′ = C₆H₅).

Diese Konstitution ist für die von *Büchi et al.* (Helv. **38** [1955] 670, 675) als 1-[β-Dimethylamino-isopropyl]-4,5-dimethyl-2-phenyl-1,2-dihydro-pyrazol-3-on angesehene Verbindung in Betracht zu ziehen.

B. Analog den vorangehenden Verbindungen (*Bü. et al.*).

Kp$_{1,5}$: 170—172°.

Hydrochlorid $C_{16}H_{23}N_3O \cdot HCl$. F: 169,5—170,5° [korr.].

4,5-Dimethyl-2-[1-methyl-[4]piperidyl]-1,2-dihydro-pyrazol-3-on $C_{11}H_{19}N_3O$, Formel VII, und Tautomeres.

B. Aus 4-Hydrazino-1-methyl-piperidin und 2-Methyl-acetessigsäure-äthylester (*Ebnöther et al.*, Helv. **42** [1959] 1201, 1205).

Kristalle (aus E.); F: 149—152°. Kristalle mit 1 Mol H₂O; F: 80°.

2-Chlor-4,5-dimethyl-1,2-dihydro-pyrazol-3-on $C_5H_7ClN_2O$, Formel V (R = H, R′ = Cl).

Die Identität der von *Hüttel et al.* (A. **607** [1957] 109, 120) unter dieser Konstitution beschriebenen, aus 4,5-Dimethyl-1,2-dihydro-pyrazol-3-on und Chlor in CHCl₃ erhaltenen Verbindung (F: 104°) ist ungewiss (*Carpino*, Am. Soc. **80** [1958] 5796).

4,5-Dimethyl-2(?)-phenylazo-1,2-dihydro-pyrazol-3-on $C_{11}H_{12}N_4O$, vermutlich Formel V (R = H, R′ = N=N-C₆H₅), und Tautomeres (vgl. H 63, Zeile 3 v. u.).

B. Beim Behandeln von 4,5-Dimethyl-1,2-dihydro-pyrazol-3-on mit Benzoldiazoniumchlorid und wss. KOH unter Zusatz von KHCO₃ (*Verkade, Dhont*, R. **64** [1945] 165, 171).

Gelbe Kristalle (aus Bzl. + PAe.); Zers. bei ca. 100° [bei schnellem Erhitzen].

Beim Behandeln mit Acetanhydrid und wenig konz. H₂SO₄ ist 1(?)-Acetyl-4,5-dimethyl-2(?)-phenylazo-1,2-dihydro-pyrazol-3-on $C_{13}H_{14}N_4O_2$ (braungelbe Kristalle [aus Bzl. + PAe.]; F: ca. 55—60° [Zers.]) erhalten worden.

(±)-4-Chlor-4,5-dimethyl-2,4-dihydro-pyrazol-3-on $C_5H_7ClN_2O$, Formel VIII (R = H, X = Cl), und Tautomeres.

B. Beim Behandeln von 4,5-Dimethyl-1,2-dihydro-pyrazol-3-on in Nitromethan oder CHCl₃ mit Chlor (*Carpino*, Am. Soc. **80** [1958] 5796).

Kristalle (aus Bzl. + PAe.); F: 57—59°.

(±)-4-Chlor-4,5-dimethyl-2-phenyl-2,4-dihydro-pyrazol-3-on $C_{11}H_{11}ClN_2O$, Formel VIII (R = C₆H₅, X = Cl).

B. Beim Behandeln von 4,5-Dimethyl-2-phenyl-1,2-dihydro-pyrazol-3-on in Essigsäure mit Chlor (*Westöö*, Acta chem. scand. **6** [1952] 1499, 1510).

Kristalle (aus A.); F: 68° (*We. et al.*). UV-Spektrum (A. bzw. $CHCl_3$; 240—380 nm): *Veibel*, *Westöö*, Acta chem. scand. **7** [1953] 119, 125; *We.*, l. c. S. 1506. Über die Basizität in H_2O s. *Veibel et al.*, Acta chem. scand. **8** [1954] 768, 770.

(±)-2-Acetyl-4-chlor-4,5-dimethyl-2,4-dihydro-pyrazol-3-on $C_7H_9ClN_2O_2$, Formel VIII (R = CO-CH$_3$, X = Cl).

B. Beim Behandeln von 2-Acetyl-4,5-dimethyl-1,2-dihydro-pyrazol-3-on in Essig= säure mit Chlor (*Carpino*, Am. Soc. **80** [1958] 5796, 5798). Beim Erwärmen von (±)-4-Chlor-4,5-dimethyl-2,4-dihydro-pyrazol-3-on mit Acetanhydrid (*Ca.*).

Kristalle (aus PAe.); F: 51—53°.

VII   VIII   IX

(±)-4-Brom-4,5-dimethyl-2,4-dihydro-pyrazol-3-on $C_5H_7BrN_2O$, Formel VIII (R = H, X = Br), und Tautomeres.

Konstitution: *Janssen*, *Ruysschaert*, Bl. Soc. chim. Belg. **67** [1958] 270.

B. Beim Erwärmen von 4,5-Dimethyl-1,2-dihydro-pyrazol-3-on mit Brom in $CHCl_3$ (*Hüttel et al.*, A. **607** [1957] 109, 117; vgl. *Smith et al.*, Fysiograf. Sällsk. Lund Förh. **23** [1953] 51, 65) oder mit *N*-Brom-succinimid in CCl_4 (*Sm. et al.*).

Kristalle; F: 78—79° [aus Bzl. + PAe.] (*Sm. et al.*), 72° [Zers.] (*Hü. et al.*). IR-Banden (KBr; 2,8—6,8 μ und 15—19 μ): *Hü. et al.*, l. c. S. 112.

Beim Behandeln mit wss. Na_2CO_3 sind 3,3a,4,5-Tetramethyl-3a*H*-pyrano[2,3-*c*]pyr= azol-6-on, 2,3,6,7-Tetramethyl-pyrazolo[5,1-*b*][1,3]oxazin-5-on und 3,4,4′,5′-Tetramethyl-2′,4′-dihydro-4*H*-[1,4′]bipyrazolyl-5,3′-dion(?) erhalten worden (*Hü. et al.*, l. c. S. 117). Geschwindigkeitskonstante der Brom-Abspaltung in mit Acetat und mit NH_3 gepufferten Lösungen, auch in Gegenwart von $CuCl_2$: *Sm. et al.*, l. c. S. 56.

(±)-4-Brom-4,5-dimethyl-2-phenyl-2,4-dihydro-pyrazol-3-on $C_{11}H_{11}BrN_2O$, Formel VIII (R = C_6H_5, X = Br).

B. Beim Behandeln von 4,5-Dimethyl-2-phenyl-2,4-dihydro-pyrazol-3-on in Essigsäure mit Brom (*Westöö*, Acta chem. scand. **6** [1952] 1499, 1510).

F: 83°. UV-Spektrum ($CHCl_3$, A. sowie A. + konz. H_2SO_4; 220—380 nm): *We.*, l. c. S. 1505, 1506.

4,5-Bis-brommethyl-1-methyl-2-phenyl-1,2-dihydro-pyrazol-3-on $C_{12}H_{12}Br_2N_2O$, Formel IX.

B. Beim Erwärmen von 1,4,5-Trimethyl-2-phenyl-1,2-dihydro-pyrazol-3-on oder 5-Brommethyl-1,4-dimethyl-2-phenyl-1,2-dihydro-pyrazol-3-on mit *N*-Brom-succinimid in CCl_4 (*de Graef et al.*, Bl. Soc. chim. Belg. **61** [1952] 331, 345; *Ito*, J. pharm. Soc. Japan **77** [1957] 707; C. A. **1957** 17894).

Kristalle (aus A.); F: 187° [Zers.] (*Ito*), 175° (*de Gr. et al.*).

(±)-4-Jod-4,5-dimethyl-2-phenyl-2,4-dihydro-pyrazol-3-on $C_{11}H_{11}IN_2O$, Formel VIII (R = C_6H_5, X = I).

B. Beim Behandeln von 4,5-Dimethyl-2-phenyl-2,4-dihydro-pyrazol-3-on in wss.-äthanol. NaOH mit wss. Jod-KI (*Westöö*, Acta chem. scand. **6** [1952] 1499, 1511).

Gelbe Kristalle (aus Eg.); F: 70°.

(±)-2,4,5-Trimethyl-4-nitro-2,4-dihydro-pyrazol-3-on $C_6H_9N_3O_3$, Formel VIII (R = CH_3, X = NO_2).

B. Aus 5-Methyl-4-nitro-1,2-dihydro-pyrazol-3-on und Diazomethan (*Freri*, R.A.L. [6] **22** [1935] 264, 266).

F: 127°.

1,4,5-Trimethyl-2-phenyl-1,2-dihydro-pyrazol-3-thion $C_{12}H_{14}N_2S$, Formel I (H 66).
Dipolmoment (ε; Bzl.): 7,00 D (*Lüttringhaus, Grohmann*, Z. Naturf. **10 b** [1955] 365).

2-Äthyl-3-butyl-3,5-dihydro-imidazol-4-on $C_9H_{16}N_2O$, Formel II, und Tautomeres.
B. Beim Erhitzen von Glycin-butylamid mit Orthopropionsäure-triäthylester und wenig Essigsäure (*Brunken, Bach*, B. **89** [1956] 1363, 1370).
Kristalle (aus Dibutyläther); F: 119—121°.

4-Äthyl-1,3-dihydro-imidazol-2-on $C_5H_8N_2O$, Formel III, und Tautomere (H 67).
B. Beim Erhitzen von 1-Hydroxy-butan-2-on mit Harnstoff in Essigsäure (*Pfeil, Barth*, A. **593** [1955] 81, 87). Beim Behandeln von ($\pm$)-2-Amino-buttersäure-äthylester-hydrochlorid mit Natrium-Amalgam und wss. HCl und Behandeln des Reaktionsgemisches mit Kaliumcyanat (*Lawson*, Soc. **1957** 1443). Beim Erwärmen von 5-Äthyl-2-oxo-2,3-dihydro-1*H*-imidazol-4-carbonsäure-äthylester mit wss. Ba(OH)$_2$ (*Duschinsky, Dolan*, Am. Soc. **68** [1946] 2350, 2353).
Kristalle; F: 192—194° [aus H$_2$O] (*Du., Do.*), 192° [aus A.] (*La.*), 190—192° (*Pf., Ba.*).
Acetyl-Derivat $C_7H_{10}N_2O_2$. Kristalle (aus A.); F: 170° (*La.*).

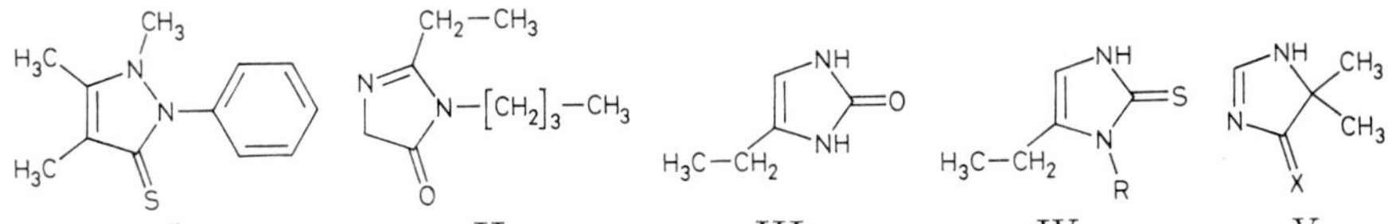

I   II   III   IV   V

4-Äthyl-1,3-dihydro-imidazol-2-thion $C_5H_8N_2S$, Formel IV (R = H), und Tautomere (H 67).
B. Beim Erwärmen von ($\pm$)-2-Amino-butyraldehyd-diäthylacetal in Äthanol mit Kalium-thiocyanat in wss. HCl (*Jones et al.*, Am. Soc. **71** [1949] 4000).
Kristalle; F: 165—167° [aus wss. A. oder H$_2$O] (*Jo. et al.*), 165° [aus H$_2$O] (*Bullerwell, Lawson*, Soc. **1952** 1350, 1352).

5-Äthyl-1-methyl-1,3-dihydro-imidazol-2-thion $C_6H_{10}N_2S$, Formel IV (R = CH$_3$), und Tautomeres.
B. Analog der vorangehenden Verbindung (*Jones et al.*, Am. Soc. **71** [1949] 4000).
Kristalle (aus wss. A. oder H$_2$O); F: 208—210°.

5-Äthyl-1-[2-oxo-butyl]-1,3-dihydro-imidazol-2-thion, 1-[5-Äthyl-2-thioxo-2,3-dihydro-imidazol-1-yl]-butan-2-on $C_9H_{14}N_2OS$, Formel IV (R = CH$_2$-CO-CH$_2$-CH$_3$), und Tautomeres.
B. Beim Behandeln von ($\pm$)-2-Amino-buttersäure-äthylester-hydrochlorid mit Natrium-Amalgam und anschliessenden Erwärmen mit Ammonium-thiocyanat (*Lawson, Morley*, Soc. **1955** 1695, 1697).
Kristalle (aus Bzl. + PAe.); F: 118—120°.

5,5-Dimethyl-1,5-dihydro-imidazol-4-on-semicarbazon $C_6H_{11}N_5O$, Formel V (X = N-NH-CO-NH$_2$), und Tautomeres.
B. Aus 5,5-Dimethyl-1,5-dihydro-imidazol-4-thion (*Chambon, Boucherle*, Bl. **1954** 907, 908).
Kristalle; F: 113—115° [korr.].

5,5-Dimethyl-1,5-dihydro-imidazol-4-thion $C_5H_8N_2S$, Formel V (X = S), und Tautomeres.
B. Beim Erhitzen von α-Formylamino-thioisobuttersäure-amid (*Chambon, Boucherle*, Bl. **1954** 907, 908).
Hellgelbe Kristalle (aus Bzl.); F: 152—153° [korr.].

4,5-Dimethyl-1,3-dihydro-imidazol-2-on $C_5H_8N_2O$, Formel VI (X = X' = H), und Tautomeres (H 68; E I 226).

B. Beim Hydrieren von Butandion-monooxim an Palladium/Kohle in Essigsäure und konz. wss. HCl und anschliessenden Erwärmen mit Kaliumcyanat (*Ochiai, Ikuma,* J. pharm. Soc. Japan **56** [1936] 525, 529; B. **69** [1936] 1147, 1149). Beim Erhitzen von 3,4-Di≠ methyl-isoxazol-5-ylamin (*Kano,* J. pharm. Soc. Japan **72** [1952] 150, 1118, 1121; C. A. **1952** 11180, **1953** 6936).

Kristalle (aus H_2O); F: 345—346° [Zers.] (*Kano,* l. c. S. 150).

1-Amino-4,5-dimethyl-1,3-dihydro-imidazol-2-on $C_5H_9N_3O$, Formel VI (X = NH_2, X' = H), und Tautomeres.

B. Neben 4,5-Dimethyl-1,2-dihydro-pyrazol-3-on beim Erhitzen von 3,4-Dimethyl-isoxazol-5-ylamin mit wss. $N_2H_4 \cdot H_2O$ (*Kano,* J. pharm. Soc. Japan **73** [1953] 387, 390; C. A. **1954** 3343).

Kristalle (aus Acn.); F: 140—141°. IR-Spektrum (Nujol; 2—15 μ): *Kano.*

Picrat $2 C_5H_9N_3O \cdot C_6H_3N_3O_7$. Gelbe Kristalle (aus wss. A.); F: 206—207°.

Acetyl-Derivat $C_7H_{11}N_3O_2$; 1-Acetylamino-4,5-dimethyl-1,3-dihydro-imid≠azol-2-on. Kristalle (aus wss. A.); F: 220°.

4,5-Dimethyl-1-phthalimido-1,3-dihydro-imidazol-2-on, N-[4,5-Dimethyl-2-oxo-2,3-dihydro-imidazol-1-yl]-phthalimid $C_{13}H_{11}N_3O_3$, Formel VII, und Tautomeres.

B. Aus 1-Amino-4,5-dimethyl-1,3-dihydro-imidazol-2-on und Phthaloylchlorid (*Kano,* J. pharm. Soc. Japan **73** [1953] 397, 390; C. A. **1954** 3343).

F: 223°.

4,5-Dimethyl-1-[toluol-4-sulfonylamino]-1,3-dihydro-imidazol-2-on, N-[4,5-Dimethyl-2-oxo-2,3-dihydro-imidazol-1-yl]-toluol-4-sulfonamid $C_{12}H_{15}N_3O_3S$, Formel VI (X = $NH\text{-}SO_2\text{-}C_6H_4\text{-}CH_3(p)$, X' = H), und Tautomeres.

B. Aus 1-Amino-4,5-dimethyl-1,3-dihydro-imidazol-2-on und Toluol-4-sulfonylchlorid (*Kano,* J. pharm. Soc. Japan **73** [1953] 387, 390; C. A. **1954** 3343).

Kristalle (aus A.); F: 220°.

4,5-Dimethyl-1-sulfanilylamino-1,3-dihydro-imidazol-2-on, Sulfanilsäure-[4,5-dimethyl-2-oxo-2,3-dihydro-imidazol-1-ylamid] $C_{11}H_{14}N_4O_3S$, Formel VI (X = $NH\text{-}SO_2\text{-}C_6H_4\text{-}NH_2(p)$, X' = H), und Tautomeres.

B. Beim Behandeln der folgenden Verbindung mit wss. NaOH (*Kano,* J. pharm. Soc. Japan **73** [1953] 387, 390; C. A. **1954** 3343).

F: 293—294°.

VI   VII   VIII   IX   X

1-[(N-Acetyl-sulfanilyl)-amino]-4,5-dimethyl-1,3-dihydro-imidazol-2-on, N-Acetyl-sulfanilsäure-[4,5-dimethyl-2-oxo-2,3-dihydro-imidazol-1-ylamid] $C_{13}H_{16}N_4O_4S$, Formel VI (X = $NH\text{-}SO_2\text{-}C_6H_4\text{-}NH\text{-}CO\text{-}CH_3(p)$, X' = H), und Tautomere.

B. Aus 1-Amino-4,5-dimethyl-1,3-dihydro-imidazol-2-on und N-Acetyl-sulfanilyl≠chlorid (*Kano,* J. pharm. Soc. Japan **73** [1953] 387, 390; C. A. **1954** 3343).

F: 246—247°.

1-Acetyl-3-acetylamino-4,5-dimethyl-1,3-dihydro-imidazol-2-on $C_9H_{13}N_3O_3$, Formel VI (X = $CO\text{-}CH_3$, X' = $NH\text{-}CO\text{-}CH_3$).

B. Beim Erhitzen von 1-Amino-4,5-dimethyl-1,3-dihydro-imidazol-2-on mit Acetan≠hydrid und Pyridin (*Kano,* J. pharm. Soc. Japan **73** [1953] 387, 390; C. A. **1954** 3343).

Kristalle (aus H_2O); F: 175—176°.

1,3-Diacetyl-4-brommethyl-5-methyl-1,3-dihydro-imidazol-2-on $C_9H_{11}BrN_2O_3$,
Formel VIII (X = H).

B. Beim Erwärmen von 1,3-Diacetyl-4,5-dimethyl-1,3-dihydro-imidazol-2-on mit
N-Brom-succinimid [1 Mol] in CCl_4 (*Duschinsky, Dolan*, Am. Soc. **70** [1948] 657, 659).
Kristalle (aus Ae.); F: 84—90°.

1,3-Diacetyl-4,5-bis-brommethyl-1,3-dihydro-imidazol-2-on $C_9H_{10}Br_2N_2O_3$,
Formel VIII (X = Br).

B. Beim Erwärmen von 1,3-Diacetyl-4,5-dimethyl-1,3-dihydro-imidazol-2-on mit
N-Brom-succinimid [2 Mol] in CCl_4 (*Duschinsky, Dolan*, Am. Soc. **70** [1948] 657, 659).
Kristalle (aus Ae. + wenig Dioxan); F: 108—110°.

4,5-Dimethyl-1,3-dihydro-imidazol-2-thion $C_5H_8N_2S$, Formel IX, und Tautomeres (H 68;
E I 226).

B. Beim Hydrieren von Butandion-monooxim an Palladium/Kohle in Essigsäure und
konz. wss. HCl und anschliessenden Erwärmen mit Ammonium-thiocyanat (*Ochiai, Ikuma*,
J. pharm. Soc. Japan **56** [1936] 525, 528; B. **69** [1936] 1147, 1148). Beim Erwärmen von
DL-Alanin mit Acetanhydrid und Pyridin, Erwärmen des Reaktionsgemisches mit wss.
HCl und anschliessend mit Ammonium-thiocyanat (*Bullerwell, Lawson*, Soc. **1952** 1350,
1353). Beim Erwärmen von *N*-Benzoyl-DL-alanin mit Acetanhydrid in DMF, Erwärmen
des Reaktionsprodukts mit wss. HCl und anschliessend mit Kalium-thiocyanat (*Lawson*,
Soc. **1957** 144, 148).
Kristalle (aus A.); unterhalb 300° nicht schmelzend (*Bu., La.*).

2,4-Diaza-bicyclo[3.2.0]heptan-3-on, Hexahydro-cyclobutimidazol-2-on $C_5H_8N_2O$,
Formel X (X = O).

B. Beim Behandeln von *cis*-Cyclobutan-1,2-diyldiamin mit $COCl_2$ (*Buchman et al.*, Am.
Soc. **64** [1942] 2696, 2700).
Kristalle (aus Diisopropyläther + A.); F: 147,0—147,5° [korr.].

2,4-Diaza-bicyclo[3.2.0]heptan-3-thion, Hexahydro-cyclobutimidazol-2-thion $C_5H_8N_2S$,
Formel X (X = S).

B. Aus *cis*-Cyclobutan-1,2-diyldiamin und CS_2 (*Buchman et al.*, Am. Soc. **64** [1942]
2696, 2700).
Kristalle (aus H_2O); F: 168,5—169° [korr.].   [*U. Müller*]

Oxo-Verbindungen $C_6H_{10}N_2O$

7-Methyl-2,3,4,6-tetrahydro-[1,4]diazepin-5-on $C_6H_{10}N_2O$, Formel I.

Die von *Ried, Höhne* (B. **87** [1954] 1811, 1813) unter dieser Konstitution beschriebene
Verbindung ist als *N,N'*-Bis-[2-äthoxycarbonyl-1-methyl-vinyl]-äthylendiamin zu formulieren (*Hofmann, Safir*, J. org. Chem. **27** [1962] 3565).

6-Äthyl-4,5-dihydro-2H-pyridazin-3-on $C_6H_{10}N_2O$, Formel II (R = H).

B. Beim Behandeln von 4-Oxo-hexansäure-methylester mit $N_2H_4 \cdot H_2O$ in Äthanol und
Erhitzen des Reaktionsprodukts (*Grundmann*, B. **81** [1948] 1, 10).
F: 43°. Kp$_{11}$: 140—142°.
Überführung in 6-Äthyl-2H-pyridazin-3-on-hydrobromid durch Erwärmen mit Brom
in Äthylacetat: *Gr.*

6-Äthyl-2-phenyl-4,5-dihydro-2H-pyridazin-3-on $C_{12}H_{14}N_2O$, Formel II (R = C_6H_5).

B. Beim Erwärmen von 4-Oxo-hexansäure mit Phenylhydrazin in Toluol unter Zusatz
von Tris-[2-hydroxy-äthyl]-amin und Erhitzen des Reaktionsprodukts auf 160° (*BASF*,
D.B.P. 959095 [1955]; U.S.P. 2824873 [1956]).
Kp$_2$: 165—171°.

(±)-5,6-Dimethyl-4,5-dihydro-2H-pyridazin-3-on $C_6H_{10}N_2O$, Formel III.

B. Beim Erwärmen von (±)-3-Methyl-4-oxo-valeriansäure (*McMillan et al.*, Am. Soc.

78 [1956] 407, 408) oder von (±)-3-Methyl-4-oxo-valeriansäure-äthylester (*Horning, Amstutz*, J. org. Chem. **20** [1955] 707, 708) mit $N_2H_4 \cdot H_2O$ in Äthanol und Erhitzen des Reaktionsprodukts.

Kristalle; F: 111,5—112,5° [unkorr.; aus PAe.] (*McM. et al.*), 108—110° [unkorr.; aus A.] (*Ho., Am.*).

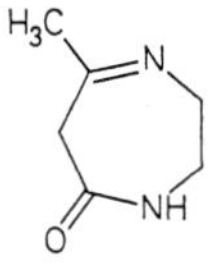

I 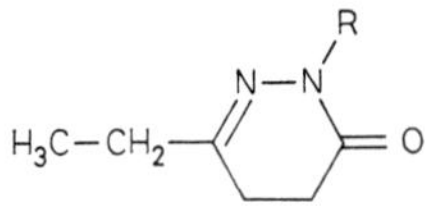   II 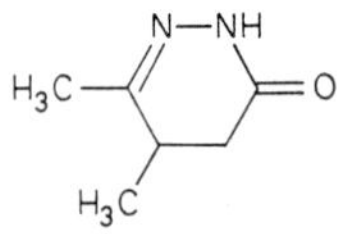   III 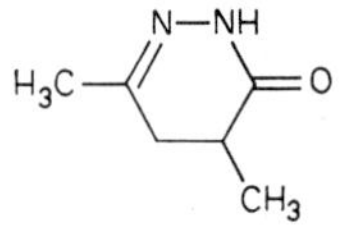   IV

(±)-**4,6-Dimethyl-4,5-dihydro-2H-pyridazin-3-on** $C_6H_{10}N_2O$, Formel IV.

B. Beim Behandeln von (±)-2-Methyl-4-oxo-valeriansäure mit $N_2H_4 \cdot H_2O$ in Äthanol und Erhitzen des Reaktionsprodukts (*McMillan et al.*, Am. Soc. **78** [1956] 407, 408; *Levisalles*, Bl. **1957** 1004, 1007).

Kristalle; F: 62,5—63,5° [aus PAe.] (*McM. et al.*), 57—58° [nach Sublimation] (*Le.*). λ_{max} (CHCl$_3$): 246 nm (*Le.*).

(±)-**4,6-Dimethyl-3,4-dihydro-1H-pyrimidin-2-thion** $C_6H_{10}N_2S$, Formel V, und Tautomere.

B. Beim Erhitzen von Pent-3t(?)-en-2-on (E IV **1** 3460) mit Thioharnstoff und äthanol. Natriumäthylat (*Willems, Vandenberghe*, Ind. chim. belge Sonderband **31**. Congr. int. Chim. ind. Lüttich 1958, Bd. 2 S. 476, 479). Beim Erhitzen von (±)-4-Isothiocyanato-pentan-2-on mit wss. NH$_3$ unter Zusatz von wenig wss. H$_2$SO$_4$ (*Wi., Va.*).

Kristalle (aus Isopropylalkohol); F: 219—221°.

5-Propyl-1,2-dihydro-pyrazol-3-on $C_6H_{10}N_2O$, Formel VI (R = H), und Tautomere (H 68).

B. Beim Erwärmen von 3-Oxo-hexansäure-äthylester mit $N_2H_4 \cdot H_2O$ in Äthanol und Erhitzen des Reaktionsprodukts (*Taylor et al.*, Org. Synth. **55** [1976] 73; s. a. *Montagne*, Bl. **1946** 63, 65).

Kristalle; F: 207—208° [vorgeheizter App.] (*Mo.*), 206° [aus H$_2$O] (*Décombe*, A. ch. [10] **18** [1932] 81, 136, 137).

Überführung in Hex-2-insäure-methylester durch Behandeln mit Tl(NO$_3$)$_3$ in Methanol: *Ta. et al.*

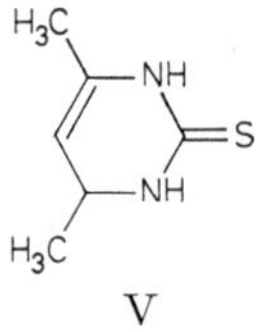

V 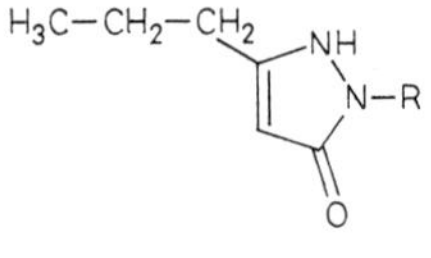   VI 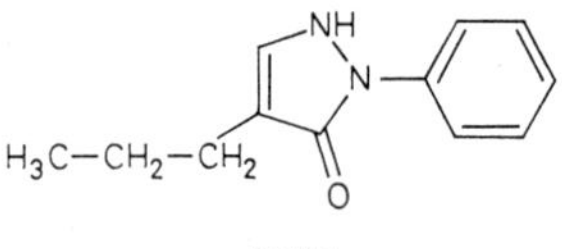   VII

2-Phenyl-5-propyl-1,2-dihydro-pyrazol-3-on $C_{12}H_{14}N_2O$, Formel VI (R = C_6H_5), und Tautomere.

B. Beim Erhitzen von Hex-2-insäure-methylester mit Phenylhydrazin auf 130° (*Zoss, Hennion*, Am. Soc. **63** [1941] 1151).

Kristalle; F: 110,5—111°.

4-[5-Oxo-3-propyl-2,5-dihydro-pyrazol-1-yl]-benzoesäure $C_{13}H_{14}N_2O_3$, Formel VI (R = C_6H_4-CO-OH(p)), und Tautomere.

B. Beim Erwärmen von 3-Oxo-hexansäure-äthylester mit 4-Hydrazino-benzoesäure in Äthanol und Erhitzen des Reaktionsprodukts (*Veibel*, Acta chem. scand. **1** [1947] 54, 63, 65).

Kristalle (aus wss. A.); F: 246—247°.

2-Phenyl-4-propyl-1,2-dihydro-pyrazol-3-on $C_{12}H_{14}N_2O$, Formel VII, und Tautomere.

B. Beim Erwärmen von (±)-2-Diäthoxymethyl-valeriansäure-anilid mit Phenylhydr=
azin-hydrochlorid in Äthanol und Erhitzen des Reaktionsprodukts (*Scarpati et al.*, Rend.
Accad. Sci. fis. mat. Napoli [4] **26** [1959] 405, 420).

Kristalle (aus Dioxan); F: 139—142°.

5-Isopropyl-1,2-dihydro-pyrazol-3-on $C_6H_{10}N_2O$, Formel VIII (R = H), und Tautomere.

B. Beim Erwärmen von 4-Methyl-3-oxo-valeriansäure-äthylester mit $N_2H_4 \cdot H_2O$ in
Äthanol und Erhitzen des Reaktionsprodukts (*Montagne*, Bl. **1946** 63, 65).

F: 183—185° [Zers.].

5-Isopropyl-2-phenyl-1,2-dihydro-pyrazol-3-on $C_{12}H_{14}N_2O$, Formel VIII (R = C_6H_5),
und Tautomere.

B. Beim Behandeln von 3-Methyl-butan-2-on mit Diäthylcarbonat und Natrium=
methylat und Behandeln des Reaktionsprodukts mit Phenylhydrazin (*Wallingford et al.*,
Am. Soc. **63** [1941] 2252; *Mallinckrodt Chem. Works*, U.S.P. 2367632 [1942], 2407942
[1941]).

Kristalle; F: 81—83° [nach Sublimation].

4-Äthyl-5-methyl-1,2-dihydro-pyrazol-3-on $C_6H_{10}N_2O$, Formel IX (R = R' = H),
und Tautomere (H 68; E II 32).

B. Aus 2-Äthyl-acetessigsäure-äthylester beim Erwärmen mit $N_2H_4 \cdot H_2O$ in Äthanol
(*Montagne*, Bl. **1946** 63, 66) oder beim Erwärmen mit Semicarbazid-hydrochlorid und
Natriumacetat in wss. Äthanol (*De, Dutt*, J. Indian chem. Soc. **7** [1930] 473, 478). Beim
Erhitzen von 4-Äthyl-3-methyl-5-oxo-2,5-dihydro-pyrazol-1-carbimidsäure-amid mit wss.
KOH (*De, Rakshit*, J. Indian chem. Soc. **13** [1936] 509, 512, 513). Beim Erhitzen von
4-Äthyl-3-methyl-isoxazol-5-ylamin mit wss. $N_2H_4 \cdot H_2O$ (*Kano*, J. pharm. Soc. Japan **73**
[1953] 383, 386; C. A. **1954** 3342).

Kristalle; F: 230° [vorgeheizter App.] (*Mo.*), 229—230° [aus H_2O] (*Kano*), 228° [aus
A.] (*De., Ra.*). Über die UV-Absorption (220—280 nm) s. *Dayton*, C. r. **237** [1953] 185.
Scheinbarer Dissoziationsexponent pK_b' (H_2O [umgerechnet aus Eg.]; potentiometrisch
ermittelt): 11,1 (*Veibel et al.*, Acta chem. scand. **8** [1954] 768, 770).

Bildung von 4-Äthyl-4-hydroxy-5-methyl-2,4-dihydro-pyrazol-3-on beim Behandeln
mit *tert*-Butylhydroperoxid und äthanol. Natriumäthylat in *tert*-Butylalkohol: *Veibel*,
Linholt, Acta chem. scand. **8** [1954] 1383, 1386. Zeitlicher Verlauf der Oxidation mit
Sauerstoff in *tert*-Butylalkohol in Gegenwart von äthanol. Natriumäthylat: *Veibel*, *Linholt*, Acta chem. scand. **9** [1955] 970, 972.

4-Äthyl-2,5-dimethyl-1,2-dihydro-pyrazol-3-on $C_7H_{12}N_2O$, Formel IX (R = H,
R' = CH_3), und Tautomere.

B. Beim Erwärmen von 2-Äthyl-acetessigsäure-äthylester mit Methylhydrazin in H_2O
(*Veibel et al.*, Acta chem. scand. **8** [1954] 768, 774).

Kristalle (aus E.); F: 94—95°; Kp_{15}: 137° (*Ve. et al.*). Scheinbarer Dissoziationsexponent pK_b' (H_2O [umgerechnet aus Eg.]; potentiometrisch ermittelt): 10,5 (*Ve. et al.*).

Bildung von 4-Äthyl-4-hydroxy-2,5-dimethyl-2,4-dihydro-pyrazol-3-on beim Behandeln mit Sauerstoff in Methanol unter Zusatz von Triäthylamin: *Veibel, Linholt*, Acta
chem. scand. **8** [1954] 1007, 1012; beim Behandeln mit *tert*-Butylhydroperoxid und
äthanol. Natriumäthylat in *tert*-Butylalkohol: *Veibel, Linholt*, Acta chem. scand. **8** [1954]
1383, 1386. Zeitlicher Verlauf der Oxidation mit Sauerstoff in *tert*-Butylalkohol in Gegenwart von äthanol. Natriumäthylat: *Veibel, Linholt*, Acta chem. scand. **9** [1955] 963, 968.

4-Äthyl-5-methyl-2-phenyl-1,2-dihydro-pyrazol-3-on $C_{12}H_{14}N_2O$, Formel X (R = H),
und Tautomere (H 68).

F: 111° (*Veibel et al.*, Acta chem. scand. **8** [1954] 768, 770), 107° [aus E.] (*Biquard,
Grammaticakis*, Bl. [5] **8** [1941] 246, 253). Kristalle mit 1 Mol H_2O; F: 82° (*Ve. et al.*,
Acta chem. scand. **8** 770). UV-Spektrum (A.; 220—330 nm): *Bi., Gr.*, l. c. S. 251. Scheinbarer Dissoziationsexponent pK_b' (H_2O [umgerechnet aus Eg.]; potentiometrisch ermittelt): 11,5 (*Veibel et al.*, Acta chem. scand. **6** [1952] 1066, 1068, **8** 770).

Beim Erwärmen [3—4 d] auf 100° sind 4,4'-Diäthyl-5,5'-dimethyl-2,2'-diphenyl-2,4,=
2',4'-tetrahydro-[4,4']bipyrazolyl-3,3'-dion   und   4-Äthyl-4-hydroxy-5-methyl-2-phenyl-
2,4-dihydro-pyrazol-3-on erhalten worden (*Veibel, Westöö*, Acta chem. scand. **7** [1953]
119, 123, 125). Überführung in 4-Äthyl-4-hydroxy-5-methyl-2-phenyl-2,4-dihydro-pyr=
azol-3-on durch Behandeln mit Sauerstoff in Methanol unter Zusatz von Triäthylamin:
Veibel, Linholt, Acta chem. scand. **8** [1954] 1007, 1008, 1012; durch Behandeln mit
tert-Butylhydroperoxid und äthanol. Natriumäthylat in *tert*-Butylalkohol: *Veibel, Linholt*,
Acta chem. scand. **8** [1954] 1383, 1385. Zeitlicher Verlauf der Oxidation mit Sauerstoff
in Methanol und in *tert*-Butylalkohol unter Zusatz von wss. NaOH sowie von äthanol.
Natriumäthylat: *Veibel, Linholt*, Acta chem. scand. **9** [1955] 963, 967; s. a. *Veibel*, Bl.
1955 307, 312.

VIII   IX   X

4-Äthyl-5-methyl-1-phenyl-1,2-dihydro-pyrazol-3-on $C_{12}H_{14}N_2O$, Formel XI (R = H),
und Tautomeres (H 69).
B. Beim Erhitzen von 2-Äthyl-acetessigsäure-äthylester mit Essigsäure-[N'-phenyl-
hydrazid] und PBr$_3$ (*Biquard, Grammaticakis*, Bl. [5] **8** [1941] 254, 262).
Kristalle (aus Eg.); F: 172° (*Bi., Gr.*). UV-Spektrum (A.; 240—330 nm): *Bi., Gr.*, l. c.
S. 258. Scheinbarer Dissoziationsexponent pK_b' (H_2O [umgerechnet aus Eg.]; potentiometrisch ermittelt): 12,3 (*Veibel et al.*, Acta chem. scand. **6** [1952] 1066, 1068).

4-Äthyl-1,5-dimethyl-2-phenyl-1,2-dihydro-pyrazol-3-on $C_{13}H_{16}N_2O$, Formel IX
(R = CH$_3$, R' = C$_6$H$_5$) (H 69).
B. Beim Erhitzen von 4-Äthyl-5-methyl-2-phenyl-1,2-dihydro-pyrazol-3-on mit Di=
methylsulfat auf 130—140° (*Sawa*, J. pharm. Soc. Japan **57** [1937] 953, 958; dtsch. Ref.
S. 269; C. A. **1938** 2533).
Kristalle; F: 65—66°.

4-Äthyl-2,5-dimethyl-1-phenyl-1,2-dihydro-pyrazol-3-on $C_{13}H_{16}N_2O$, Formel IX
(R = C$_6$H$_5$, R' = CH$_3$) (H 69).
B. Beim Erhitzen von 4-Äthyl-5-methyl-1-phenyl-1,2-dihydro-pyrazol-3-on mit CH$_3$I
in Methanol auf 100—110° (*Biquard, Grammaticakis*, Bl. [5] **8** [1941] 254, 263).
Kristalle (aus PAe.); F: 65°. Kp$_{16}$: 210°. UV-Spektrum (A.; 230—330 nm): *Bi., Gr.*

1,4-Diäthyl-5-methyl-2-phenyl-1,2-dihydro-pyrazol-3-on $C_{14}H_{18}N_2O$, Formel IX
(R = C$_2$H$_5$, R' = C$_6$H$_5$).
B. Beim Erhitzen von 4-Äthyl-5-methyl-2-phenyl-1,2-dihydro-pyrazol-3-on mit Di=
äthylsulfat auf 130—140° (*Sawa*, J. pharm. Soc. Japan **57** [1937] 953, 959; dtsch. Ref.
S. 269; C. A. **1938** 2533).
Kp$_{2,5}$: 178—181°.

4-Äthyl-5-methyl-2-o-tolyl-1,2-dihydro-pyrazol-3-on $C_{13}H_{16}N_2O$, Formel X (R = CH$_3$),
und Tautomere.
B. Beim Erhitzen von 2-Äthyl-acetessigsäure-äthylester mit *o*-Tolylhydrazin auf 145°
(*Veibel et al.*, Acta chem. scand. **5** [1951] 1283, 1287).
Kristalle; F: 82,5—83,5°.

4-Äthyl-5-methyl-1-o-tolyl-1,2-dihydro-pyrazol-3-on $C_{13}H_{16}N_2O$, Formel XI (R = CH$_3$),
und Tautomeres.
B. Beim Erhitzen von 2-Äthyl-acetessigsäure-äthylester mit Essigsäure-[N'-*o*-tolyl-
hydrazid] und POCl$_3$ (*Veibel et al.*, Acta chem. scand. **5** [1951] 1283, 1287).
Kristalle; F: 161,5°.

4-Äthyl-2-benzyl-5-methyl-1,2-dihydro-pyrazol-3-on $C_{13}H_{16}N_2O$, Formel IX (R = H, R′ = CH$_2$-C$_6$H$_5$), und Tautomere.

B. Beim Erwärmen von 2-Äthyl-acetessigsäure-äthylester mit Benzylhydrazin in Äthanol und Erhitzen des Reaktionsprodukts (*Košt, Sagitullin*, Vestnik Moskovsk. Univ. **14** [1959] 225, 227; C. A. **1959** 21893).

Kristalle (aus A.); F: 125°.

1,2-Diacetyl-4-äthyl-5-methyl-1,2-dihydro-pyrazol-3-on(?) $C_{10}H_{14}N_2O_3$, vermutlich Formel IX (R = R′ = CO-CH$_3$).

B. Beim Erhitzen von 4-Äthyl-5-methyl-1,2-dihydro-pyrazol-3-on mit Acetanhydrid (*Kano*, J. pharm. Soc. Japan **73** [1953] 383, 386; C. A. **1954** 3342).

Kristalle (aus wss. A.); F: 77°.

4-Äthyl-3-methyl-5-oxo-2,5-dihydro-pyrazol-1-carbonsäure-amid $C_7H_{11}N_3O_2$, Formel IX (R = H, R′ = CO-NH$_2$), und Tautomere (E II 33).

B. In kleiner Menge neben 2-Äthyl-3-semicarbazono-buttersäure-äthylester aus 2-Äthyl-acetessigsäure-äthylester und Semicarbazid (*Montagne*, Bl. **1946** 63, 66).

Kristalle; F: 168°.

4-Äthyl-3-methyl-5-oxo-2,5-dihydro-pyrazol-1-carbimidsäure-amid, 4-Äthyl-3-methyl-5-oxo-2,5-dihydro-pyrazol-1-carbamidin $C_7H_{12}N_4O$, Formel IX (R = H, R′ = C(NH$_2$)=NH), und Tautomere.

B. Beim Behandeln von 2-Äthyl-acetessigsäure-äthylester mit Aminoguanidin-nitrat in wss. Äthanol (*De, Rakshit*, J. Indian chem. Soc. **13** [1936] 509, 513).

Nitrat $C_7H_{12}N_4O \cdot HNO_3$. Kristalle (aus H$_2$O); F: 262° [Zers.].

XI   XII   XIII

2-[4-Äthyl-3-methyl-5-oxo-2,5-dihydro-pyrazol-1-yl]-benzoesäure $C_{13}H_{14}N_2O_3$, Formel X (R = CO-OH), und Tautomere.

B. Beim Behandeln von 3-Äthyl-2-methyl-benzo[*d*]pyrazolo[5,1-*b*][1,3]oxazin-5-on oder von 2-Äthyl-1-methyl-pyrazolo[1,2-*a*]indazol-3,9-dion (bezüglich der Konstitution dieser Verbindungen s. *Søtofte*, Acta chem. scand. **27** [1973] 661) mit wss. NaOH (*Veibel, Arnfred*, Acta chem. scand. **2** [1948] 921, 926).

Kristalle; F: 153—155° (*Ve., Ar.*).

2-[4-Äthyl-5-methyl-3-oxo-2,3-dihydro-pyrazol-1-yl]-benzoesäure $C_{13}H_{14}N_2O_3$, Formel XI (R = CO-OH), und Tautomeres.

B. Beim Behandeln von 2-Äthyl-3-methyl-pyrazolo[1,2-*a*]indazol-1,9-dion mit wss. NaOH (*Veibel, Lillelund*, Tetrahedron **1** [1957] 201, 211).

Kristalle; F: 215°. UV-Spektrum (A.; 240—350 nm): *Ve., Li.*, l. c. S. 206. Scheinbarer Dissoziationsexponent pK′$_b$ (H$_2$O [umgerechnet aus Eg.]; potentiometrisch ermittelt): 12,2 (*Ve., Li.*, l. c. S. 202).

2-[4-Äthyl-5-methyl-3-oxo-2,3-dihydro-pyrazol-1-yl]-benzoesäure-methylester $C_{14}H_{16}N_2O_3$, Formel XI (R = CO-O-CH$_3$), und Tautomeres.

B. Beim Behandeln von 2-Äthyl-3-methyl-pyrazolo[1,2-*a*]indazol-1,9-dion mit methanol. NaOH (*Veibel, Lillelund*, Tetrahedron **1** [1957] 201, 212).

Kristalle (aus Me.); F: 168—169°. UV-Spektrum (A. sowie Eg.; 240—360 nm): *Ve., Li.*, l. c. S. 208.

Natrium-Salz. UV-Spektrum (A.; 230—400 nm): *Ve., Li.*

Perchlorat. UV-Spektrum (Eg.; 260—360 nm): *Ve., Li.*

2-[4-Äthyl-5-methyl-3-oxo-2,3-dihydro-pyrazol-1-yl]-benzoesäure-äthylester
$C_{15}H_{18}N_2O_3$, Formel XI (R = $CO-O-C_2H_5$), und Tautomeres.

B. Beim Behandeln von 2-Äthyl-3-methyl-pyrazolo[1,2-*a*]indazol-1,9-dion mit äthanol. NaOH (*Veibel, Lillelund*, Tetrahedron **1** [1957] 201, 212).

Kristalle (aus A.); F: 150—151°. UV-Spektrum (A.; 220—350 nm): *Ve., Li.*, l. c. S. 206. Scheinbarer Dissoziationsexponent pK'_b (H_2O [umgerechnet aus Eg.]; potentiometrisch ermittelt): 12,4 (*Ve., Li.*, l. c. S. 204).

4-Äthyl-5-methyl-2-phenyl-1-[2-piperidino-äthyl]-1,2-dihydro-pyrazol-3-on $C_{19}H_{27}N_3O$, Formel XII.

B. Beim Erwärmen von 4-Äthyl-5-methyl-2-phenyl-1,2-dihydro-pyrazol-3-on mit $NaNH_2$ in Dioxan und Erwärmen des Reaktionsgemisches mit 1-[2-Chlor-äthyl]-piperidin (*Büchi et al.*, Helv. **38** [1955] 670, 675).

$Kp_{0,4}$: 174—176°.

Hydrochlorid $C_{19}H_{27}N_3O \cdot HCl$. Kristalle (aus A. + Ae.); F: 159—159,5° [korr.].

4-Äthyl-5-methyl-2-[1-methyl-[4]piperidyl]-1,2-dihydro-pyrazol-3-on $C_{12}H_{21}N_3O$, Formel XIII, und Tautomere.

B.. Beim Behandeln von 2-Äthyl-acetessigsäure-äthylester mit 4-Hydrazino-1-methyl-piperidin und anschliessenden Erhitzen auf 120°/12 Torr (*Sandoz*, U.S.P. 2903460 [1958]; *Ebnöther et al.*, Helv. **42** [1959] 1201, 1205).

Hygroskopische Kristalle (aus E. oder Acn.); F: 110—125° [nach Sintern bei 70° unter H_2O-Abgabe] (*Sandoz*; s. a. *Eb. et al.*).

4-Äthyl-1,5(oder 2,5)-dimethyl-2(oder 1)-[1-methyl-[4]piperidyl]-1,2-dihydro-pyrazol-3-on $C_{13}H_{23}N_3O$, Formel I oder II.

B. Beim Behandeln von 2-Äthyl-acetessigsäure-äthylester mit *N*-Methyl-*N'*-[1-methyl-[4]piperidyl]-hydrazin und anschliessenden Erhitzen auf 200° (*Sandoz*, U.S.P. 2903460 [1958]; *Ebnöther et al.*, Helv. **42** [1959] 1201, 1212).

Hydrobromid $C_{13}H_{23}N_3O \cdot HBr$. Hygroskopische (*Sandoz*) Kristalle (aus Isopropyl= alkohol); F: 230—235° [Zers.] (*Sandoz*; *Eb. et al.*).

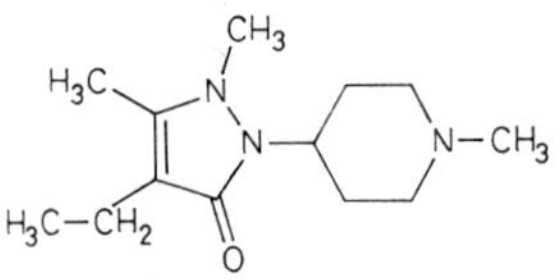

I 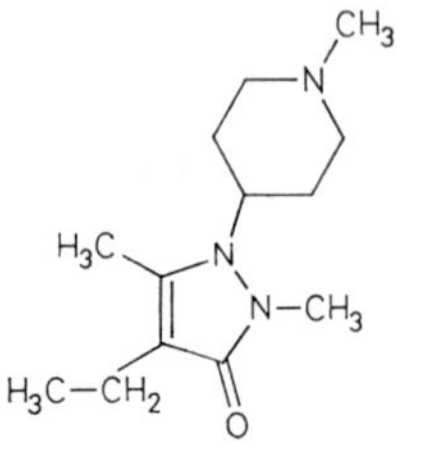   II 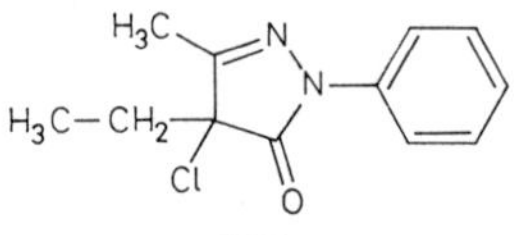   III

(±)-4-Äthyl-4-chlor-5-methyl-2-phenyl-2,4-dihydro-pyrazol-3-on $C_{12}H_{13}ClN_2O$, Formel III.

F: 49—50° (*Farbenfabr. Bayer*, D.B.P. 930212 [1953]).

4-[2-Chlor-äthyl]-1,5-dimethyl-2-phenyl-1,2-dihydro-pyrazol-3-on $C_{13}H_{15}ClN_2O$, Formel IV (X = Cl).

B. Beim Erwärmen von 4-[2-Hydroxy-äthyl]-1,5-dimethyl-2-phenyl-1,2-dihydro-pyr= azol-3-on mit $SOCl_2$ in Benzol (*Knoll A.G.*, D.B.P. 955146 [1953]).

Kristalle (aus Bzl. + PAe.); F: 67—69°.

Hydrochlorid. Kristalle (aus A. + Ae.); F: 134°.

4-[2-Brom-äthyl]-1,5-dimethyl-2-phenyl-1,2-dihydro-pyrazol-3-on $C_{13}H_{15}BrN_2O$, Formel IV (X = Br).

B. Aus 4-[2-Hydroxy-äthyl]-1,5-dimethyl-2-phenyl-1,2-dihydro-pyrazol-3-on beim Er= wärmen mit PBr_3 in $CHCl_3$ oder beim Erhitzen mit wss. HBr (*Knoll A.G.*, D.B.P. 955146 [1953]).

Kristalle (aus Bzl. + PAe.); F: 81—82°.
Hydrobromid. Kristalle (aus E. + A.); F: 169—170°.

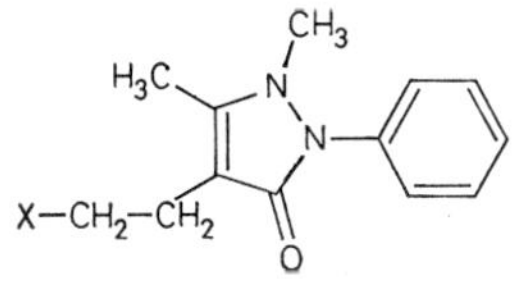

IV 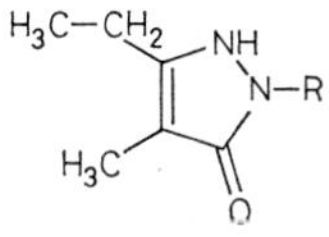 V 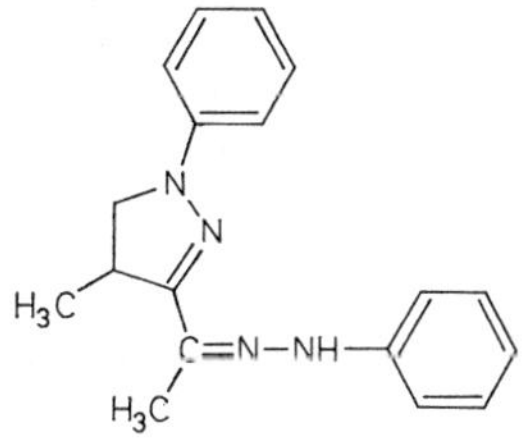 VI

5-Äthyl-4-methyl-1,2-dihydro-pyrazol-3-on $C_6H_{10}N_2O$, Formel V (R = H), und
Tautomere.
  B. Bei der Hydrierung von 3-Äthyl-4-methyl-isoxazol-5-ylamin an Raney-Nickel in
Äthanol und Erwärmen des Reaktionsprodukts mit $N_2H_4 \cdot H_2O$ (*Kano, Makisumi*, Pharm.
Bl. **3** [1955] 270).
  Kristalle; F: 232—233°.

5-Äthyl-4-methyl-2-phenyl-1,2-dihydro-pyrazol-3-on $C_{12}H_{14}N_2O$, Formel V (R = C_6H_5),
und Tautomere (H 69; E I 227).
  B. Aus 2-Methyl-3-oxo-valeriansäure-äthylester (E IV **3** 1586) und Phenylhydrazin
(*Mallinckrodt Chem. Works*, U.S.P. 2367632 [1942]).
  F: 111—112°.

***(±)-1-[4-Methyl-1-phenyl-4,5-dihydro-1H-pyrazol-3-yl]-äthanon-phenylhydrazon**
$C_{18}H_{20}N_4$, Formel VI.
  B. Beim Erwärmen von Penicillsäure-hydrat (E III **3** 1467) mit Phenylhydrazin und
Natriumacetat in wss. Essigsäure (*Birkinshaw et al.*, Biochem. J. **30** [1936] 394, 404;
Birch et al., Soc. **1958** 4582).
  Gelbe Kristalle; F: 176° (*Birk. et al.*).

3,5,5-Trimethyl-1,5-dihydro-pyrazol-4-on $C_6H_{10}N_2O$, Formel VII, und Tautomere.
  B. Beim Erhitzen von 3,5,5-Trimethyl-4-oxo-4,5-dihydro-3H-pyrazol-3-carbonsäure bis
auf 120° (*Fusco, d'Alò*, R.A.L. [7] **3** [1942] 113, 127).
  Kristalle (aus PAe.); F: 74—75°.

**3,5,5-Trimethyl-2-oxy-1,5-dihydro-pyrazol-4-on, 3,3,5-Trimethyl-2,3-dihydro-pyrazol-
4-on-1-oxid** $C_6H_{10}N_2O_2$, Formel VIII, und Tautomere.
  Nach Ausweis der ¹H-NMR-, der IR- und der UV-Absorption liegt in Lösungen in
Äthanol und in CS_2 3,3,5-Trimethyl-2,3-dihydro-pyrazol-4-on-1-oxid vor (*Freeman*, J. org.
Chem. **27** [1962] 2881).
  B. Beim Erwärmen von 4-Methoxy-3,3,5-trimethyl-3H-pyrazol-1-oxid mit wss. H_2SO_4
(*Fusco, Trisoglio*, R.A.L. [7] **2** [1941] 751, 761).
  Kristalle (aus Hexan); F: 98—99° (*Fu., Tr.*).

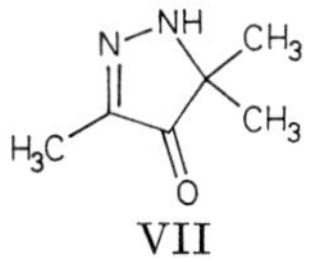

VII 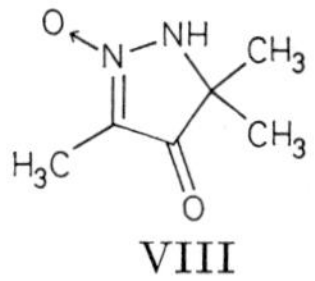 VIII 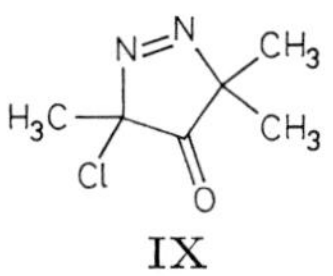 IX 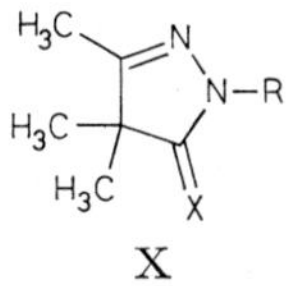 X

(±)-3-Chlor-3,5,5-trimethyl-3,5-dihydro-pyrazol-4-on $C_6H_9ClN_2O$, Formel IX.
  B. Beim Erwärmen von 3,3,5-Trimethyl-2,3-dihydro-pyrazol-4-on-1-oxid mit konz.
wss. HCl (*Fusco, Trisoglio*, R.A.L. [7] **2** [1941] 751, 763; s. a. *Freeman*, J. org. Chem. **27**

[1962] 2881, 2883).

Kristalle (aus Hexan); F: 46° (*Fu., Tr.*).

4,4,5-Trimethyl-2,4-dihydro-pyrazol-3-on $C_6H_{10}N_2O$, Formel X (R = H, X = O), und Tautomeres (E II 33).

Nach Ausweis der [1]NMR-, IR- und UV-Spektren liegt in Lösungen in H_2O, in Methanol, in Äthanol, in Pyridin und in $CHCl_3$ fast ausschliesslich 4,4,5-Trimethyl-2,4-dihydro-pyrazol-3-on vor (*Katritzky et al.*, Tetrahedron **21** [1965] 1693; *Elguero et al.*, Bl. **1967** 3772, 3775, 3777; s. a. *Elguero et al.*, Adv. heterocycl. Chem. Spl. 1 [1976] 348).

B. Aus 2,2-Dimethyl-acetessigsäure-äthylester und wss. $N_2H_4 \cdot H_2O$ (*Jones et al.*, Tetrahedron **19** [1963] 1497, 1506; *El. et al.*, Bl. **1967** 3778).

Kristalle; F: 109° [nach Sublimation] (*El. et al.*, Bl. **1967** 3778), 108—109° [aus Bzl. + PAe.] (*Jo. et al.*). IR-Banden (KBr; 3—18 μ): *Hüttel et al.*, A. **607** [1957] 109, 112. λ_{max}: 242 nm [H_2O sowie äthanol. Natriumäthylat] bzw. 240 nm [A.] (*Bogunez, Blisnjukow*, Trudy Charkovsk. politech. Inst. **26** [1959] 207, 208, 209; C. A. **1961** 15466).

2,4,5-Tetramethyl-2,4-dihydro-pyrazol-3-on $C_7H_{12}N_2O$, Formel X (R = CH_3, X = O).

B. Beim Erhitzen von 4,4,5-Trimethyl-2,4-dihydro-pyrazol-3-on mit CH_3I auf 110° bis 120° (*Bogunez, Blisnjukow*, Trudy Charkovsk. politech. Inst. **26** [1959] 207; C. A. **1961** 15466; *Katritzky, Maine*, Tetrahedron **20** [1964] 299, 313).

Kp_{24}: 71—72° (*Bo., Bl.*); Kp_{10}: 76,5° (*Ka., Ma.*). λ_{max} (A.): 248 nm (*Bo., Bl.*). Wahrer Dissoziationsexponent pK_a (H_2O): —3,79 (*Ka., Ma.*, l. c. S. 311).

4,4,5-Trimethyl-2-phenyl-2,4-dihydro-pyrazol-3-on $C_{12}H_{14}N_2O$, Formel X (R = C_6H_5, X = O) (H 70; E II 33).

B. Beim Erhitzen von 2,2-Dimethyl-acetessigsäure-äthylester mit Phenylhydrazin auf 140—160° (*Biquard, Grammaticakis*, Bl. [5] **8** [1941] 246, 253; *Jones et al.*, Tetrahedron **19** [1963] 1497, 1506). Beim Behandeln von 4,4,5-Trimethyl-2-phenyl-2,4-dihydro-pyrazol-3-thion mit wss. H_2O_2 in wss.-äthanol. KOH (*Kitamura*, J. pharm. Soc. Japan **58** [1938] 447, 463; dtsch. Ref. S. 86; C. A. **1938** 6648).

Kristalle; F: 56,5—57° (*Ki.*), 55° [aus Ae. + PAe.] (*Bi., Gr.*). Kp_{25}: 188—189° (*Jo. et al.*); Kp_{14}: 164° (*Bi., Gr.*). n_D^{20}: 1,5574 (*Jo. et al.*). UV-Spektrum (A.; 215—320 nm): *Bi., Gr.* Wahrer Dissoziationsexponent pK_a (H_2O): —4,02 (*Katritzky, Maine*, Tetrahedron **20** [1964] 299, 311).

3,4,4-Trimethyl-5-oxo-4,5-dihydro-pyrazol-1-carbimidsäure-amid, 3,4,4-Trimethyl-5-oxo-4,5-dihydro-pyrazol-1-carbamidin $C_7H_{12}N_4O$, Formel X (R = C(NH_2)=NH, X = O).

Die Konstitution der nachstehend beschriebenen Verbindung ist zweifelhaft (vgl. die Angaben im Artikel 4,4,5-Trimethyl-2,4-dihydro-pyrazol-3-on [E II **24** 33]).

B. Beim Behandeln von 2,2-Dimethyl-acetessigsäure-äthylester mit Aminoguanidin-nitrat in wss. Äthanol (*De, Rahshit*, J. Indian chem. Soc. **13** [1936] 509, 513).

Nitrat $C_7H_{12}N_4O \cdot HNO_3$. Kristalle (aus H_2O); F: 151° [Zers.].

2-Brom-4,4,5-trimethyl-2,4-dihydro-pyrazol-3-on $C_6H_9BrN_2O$, Formel X (R = Br, X = O).

B. Beim Erwärmen von 4,4,5-Trimethyl-2,4-dihydro-pyrazol-3-on mit Brom in $CHCl_3$ (*Hüttel et al.*, A. **607** [1957] 109, 120).

Kristalle; Zers. bei 40°. IR-Banden (KBr; 3—18μ): *Hü. et al.*, l. c. S. 112.

4,4,5-Trimethyl-2-phenyl-2,4-dihydro-pyrazol-3-thion $C_{12}H_{14}N_2S$, Formel X (R = C_6H_5, X = S) (H 70).

Zeitlicher Verlauf der Oxidation mit wss. H_2O_2 und wss. KOH bei 20°: *Kitamura*, J. pharm. Soc. Japan **58** [1938] 447, 463; dtsch. Ref. S. 86; C. A. **1938** 6648.

4-Propyl-1,3-dihydro-imidazol-2-on $C_6H_{10}N_2O$, Formel XI (X = O, X' = H), und Tautomere.

B. Beim Erhitzen von 1-Hydroxy-pentan-2-on mit Harnstoff in Essigsäure (*Pfeil, Barth*, A. **593** [1955] 81, 87). Beim Erwärmen von 1-Amino-pentan-2-on-hydrochlorid

mit Kaliumcyanat in H₂O (*Pascual, Massó*, An. Soc. españ. [B] **48** [1952] 155, 160).
Beim Behandeln von DL-Norvalin-äthylester-hydrochlorid mit Natrium-Amalgam in H₂O
bei pH 2—3 und —5° bis 0° und Erwärmen der Reaktionslösung mit Kaliumcyanat bei
pH 7 (*Lawson*, Soc. **1957** 1443).

Kristalle; F: 197—198° [aus A.] (*Pa., Ma.*), 194° [aus A.] (*La.*), 193° (*Pf., Ba.*).
Acetyl-Derivat C₈H₁₂N₂O₂. Kristalle (aus A.); F: 124° (*La.*).

4-Propyl-1,3-dihydro-imidazol-2-thion C₆H₁₀N₂S, Formel XI (X = S, X' = H),
und Tautomere.

B. Beim Erwärmen von 1-Amino-pentan-2-on-hydrochlorid mit Kalium-thiocyanat in
H₂O (*Jackman et al.*, Am. Soc. **70** [1948] 2884). Beim Erwärmen von *N*-[2-Oxo-pentyl]-
benzamid mit wss. HCl und Erwärmen des Reaktionsgemisches mit Ammonium-thio≈
cyanat in H₂O (*Bullerwell, Lawson*, Soc. **1952** 1350, 1352). Beim Behandeln von DL-
Norvalin-äthylester-hydrochlorid mit Kalium-thiocyanat und Natrium-Amalgam in H₂O
bei pH 2,3 und 0° und Erhitzen der Reaktionslösung (*Bullerwell, Lawson*, Soc. **1951**
3030). Beim Behandeln von 2-Methylmercapto-4-propyl-1(3)*H*-imidazol mit Natrium in
flüssigem NH₃ (*Am. Cyanamid Co.*, U.S.P. 2519310 [1948]). Beim Erhitzen von 5-Prop≈
yl-2-thioxo-2,3-dihydro-1*H*-imidazol-4-carbonsäure auf 230° (*E. Lilly & Co.*, U.S.P.
2585388 [1948]).

Kristalle (aus H₂O); F: 183—184° [korr.] (*Ja. et al.*), 183—184° (*Bu., La.*, Soc. **1951**
3030).

4-Jod-5-propyl-1,3-dihydro-imidazol-2-thion C₆H₉IN₂S, Formel XI (X = S, X' = I),
und Tautomere.

B. Beim Behandeln von 2-Benzylmercapto-4-jod-5-propyl-1(3)*H*-imidazol mit AlBr₃
in Benzol oder in Toluol (*CIBA*, U.S.P. 2654761 [1951]).

Kristalle (aus A.); F: 170° [Zers.].

XI   XII   XIII

4-Isopropyl-1,3-dihydro-imidazol-2-on C₆H₁₀N₂O, Formel XII (X = O), und Tautomere
(H 70).

B. Beim Behandeln von DL-Valin-äthylester-hydrochlorid mit Natrium-Amalgam in
H₂O bei pH 2—3 und —5° bis 0° und Erwärmen der Reaktionslösung mit Kaliumcyanat
bei pH 7 (*Lawson*, Soc. **1957** 1443).

Kristalle (aus A.); F: 223°.
Acetyl-Derivat C₈H₁₂N₂O₂. Kristalle (aus A.); F: 129°.

4-Isopropyl-1,3-dihydro-imidazol-2-thion C₆H₁₀N₂S, Formel XII (X = S), und Tautomere.

B. Beim Erhitzen von 1-Amino-3-methyl-butan-2-on-hydrochlorid mit Kalium-thio≈
cyanat in H₂O (*Jackman et al.*, Am. Soc. **70** [1948] 2884).

Kristalle (aus H₂O); F: 149,6—150° [korr.].

4-Äthyl-5-methyl-1,3-dihydro-imidazol-2-on C₆H₁₀N₂O, Formel XIII (R = R' = H),
und Tautomere (H 70; E I 228).

B. Beim Erhitzen von 3-Äthyl-4-methyl-isoxazol-5-ylamin oder von 4-Äthyl-3-methyl-
isoxazol-5-ylamin auf 170—180° (*Kano*, J. pharm. Soc. Japan **72** [1952] 150; C. A. **1952**
11180). Beim Erhitzen von (±)-1-[2,6-Diäthoxy-pyrimidin-4-yl]-propan-1-ol mit wss.
HCl (*Langley*, Am. Soc. **78** [1956] 2136, 2139).

Kristalle (aus H₂O); F: 273—274° [Zers.] (*Kano*).

1,3-Diacetyl-4-äthyl-5-methyl-1,3-dihydro-imidazol-2-on $C_{10}H_{14}N_2O_3$, Formel XIII
(R = R′ = CO-CH₃).

B. Beim Erhitzen von 4-Äthyl-5-methyl-1,3-dihydro-imidazol-2-on mit Acetanhydrid
und Natriumacetat (*Kano*, J. pharm. Soc. Japan **72** [1952] 150; C. A. **1952** 11180).
Kristalle (aus wss. A.); F: 75—76°.

4-Äthyl-1-amino-5-methyl-1,3-dihydro-imidazol-2-on $C_6H_{11}N_3O$, Formel XIII
(R = NH₂, R′ = H), und Tautomeres.

B. Neben 4-Äthyl-5-methyl-1,2-dihydro-pyrazol-3-on beim Erwärmen von 4-Äthyl-
3-methyl-isoxazol-5-ylamin mit wss. N₂H₄·H₂O (*Kano*, J. pharm. Soc. Japan **73** [1953]
387, 390; C. A. **1954** 3343).
Kristalle (aus Acn.); F: 119°.

**1-Acetylamino-4-äthyl-5-methyl-1,3-dihydro-imidazol-2-on, N-[4-Äthyl-5-methyl-
2-oxo-2,3-dihydro-imidazol-1-yl]-acetamid** $C_8H_{13}N_3O_2$, Formel XIII (R = NH-CO-CH₃,
R′ = H), und Tautomeres.

B. Aus 4-Äthyl-1-amino-5-methyl-1,3-dihydro-imidazol-2-on und Acetanhydrid (*Kano*,
J. pharm. Soc. Japan **73** [1953] 387, 391; C. A. **1954** 3343).
Kristalle (aus wss. A.); F: 258—259°.

**4-Äthyl-5-methyl-1-phthalimido-1,3-dihydro-imidazol-2-on, N-[4-Äthyl-5-methyl-
2-oxo-2,3-dihydro-imidazol-1-yl]-phthalimid** $C_{14}H_{13}N_3O_3$, Formel XIV, und Tautomeres.

B. Beim Erhitzen von 4-Äthyl-1-amino-5-methyl-1,3-dihydro-imidazol-2-on mit
Phthalsäure-anhydrid auf 180° (*Kano*, J. pharm. Soc. Japan **73** [1953] 387, 391; C. A. **1954**
3343).
Kristalle (aus A.); F: 258—259°.

XIV   XV

**4-Äthyl-5-methyl-1-[toluol-4-sulfonylamino]-1,3-dihydro-imidazol-2-on, N-[4-Äthyl-
5-methyl-2-oxo-2,3-dihydro-imidazol-1-yl]-toluol-4-sulfonamid** $C_{13}H_{17}N_3O_3S$, Formel XV
(R = CH₃), und Tautomeres.

B. Beim Erwärmen von 4-Äthyl-1-amino-5-methyl-1,3-dihydro-imidazol-2-on mit
Toluol-4-sulfonylchlorid und Pyridin (*Kano*, J. pharm. Soc. Japan **73** [1953] 387, 391;
C. A. **1954** 3343).
Kristalle (aus wss. A.); F: 201°.

**4-Äthyl-5-methyl-1-sulfanilylamino-1,3-dihydro-imidazol-2-on, Sulfanilsäure-[4-äthyl-
5-methyl-2-oxo-2,3-dihydro-imidazol-1-ylamid]** $C_{12}H_{16}N_4O_3S$, Formel XV (R = NH₂),
und Tautomeres.

B. Beim Erwärmen der folgenden Verbindung mit wss. NaOH (*Kano*, J. pharm. Soc.
Japan **73** [1953] 387, 390; C. A. **1954** 3343).
Kristalle (aus A.); F: 251°.

**1-[N-Acetyl-sulfanilylamino]-4-äthyl-5-methyl-1,3-dihydro-imidazol-2-on, N-Acetyl-
sulfanilsäure-[4-äthyl-5-methyl-2-oxo-2,3-dihydro-imidazol-1-ylamid]** $C_{14}H_{18}N_4O_4S$,
Formel XV (R = NH-CO-CH₃), und Tautomeres.

B. Beim Erwärmen von 4-Äthyl-1-amino-5-methyl-1,3-dihydro-imidazol-2-on mit
N-Acetyl-sulfanilylchlorid und Pyridin (*Kano*, J. pharm. Soc. Japan **73** [1953] 387, 392;
C. A. **1954** 3343).
Kristalle (aus wss. A.); F: 173—174° [Zers.].

3-Acetyl-1-acetylamino-4-äthyl-5-methyl-1,3-dihydro-imidazol-2-on $C_{10}H_{15}N_3O_3$,
Formel XIII (R = NH-CO-CH₃, R′ =CO-CH₃).
B. Beim Erhitzen von 4-Äthyl-1-amino-5-methyl-1,3-dihydro-imidazol-2-on mit Acet⸗

anhydrid und Pyridin (*Kano*, J. pharm. Soc. Japan **73** [1953] 387, 391; C. A. **1954** 3343).
Kristalle (aus H_2O); F: 187—188°.

4-Äthyl-5-methyl-1,3-dihydro-imidazol-2-thion $C_6H_{10}N_2S$, Formel I, und Tautomere.
B. Beim Erhitzen von DL-Alanin mit Propionsäure-anhydrid und Pyridin auf 150°, Erhitzen der Reaktionslösung mit wss. HCl und Erwärmen des Reaktionsprodukts mit Ammonium-thiocyanat in H_2O (*Bullerwell, Lawson*, Soc. **1952** 1350, 1353). Beim Erhitzen von (±)-2-Benzoylamino-buttersäure mit Acetanhydrid in DMF, Erhitzen des Reaktionsprodukts mit wss. HCl und Erwärmen des Reaktionsprodukts mit Kalium-thiocyanat in H_2O (*Lawson*, Soc. **1957** 144, 148).
Kristalle [aus A.] (*Bu., La.*); F: > 300° (*La.*).

*****2,5,5-Trimethyl-3,5-dihydro-imidazol-4-on-oxim** $C_6H_{11}N_3O$, Formel II (X = N-OH), und Tautomeres.
B. Aus 2,5,5-Trimethyl-3,5-dihydro-imidazol-4-thion (*Chambon, Boucherle*, Bl. **1954** 907, 908).
Hydrochlorid $C_6H_{11}N_3O \cdot HCl$. Hygroskopische gelbe Kristalle; Zers. bei ca. 155°.

2,5,5-Trimethyl-3,5-dihydro-imidazol-4-thion $C_6H_{10}N_2S$, Formel II (X = S), und Tautomere.
B. Beim Erhitzen von α-Acetylamino-thioisobuttersäure-amid auf 170—180° (*Chambon, Boucherle*, Bl. **1954** 907, 908).
Kristalle (aus H_2O); F: 163° [korr.; vorgeheizter App.].

I   II   III   IV

cis-**Hexahydro-cyclopentimidazol-2-on** $C_6H_{10}N_2O$, Formel III (R = H).
B. Beim Erhitzen von (±)-2-Oxo-(3a*r*,6a*c*)-hexahydro-cyclopentimidazol-1-carbonsäure-methylester mit wss. $Ba(OH)_2$ oder beim Erwärmen von (±)-1-Benzoyl-(3a*r*,6a*c*)-hexahydro-cyclopentimidazol-2-on mit wss.-methanol. $Ba(OH)_2$ (*Müller et al.*, Am. Soc. **73** [1951] 2487, 2490). In kleiner Menge beim Behandeln einer Lösung von *cis*-Cyclopentan-1,2-dicarbonsäure in H_2SO_4 mit HN_3 in $CHCl_3$, Erhitzen des Reaktionsprodukts mit wss. HCl und Behandeln des Reaktionsprodukts in wss. KOH mit $COCl_2$ in Toluol (*Mü. et al.*).
Kristalle; F: 205—206° [unkorr.; nach Sublimation bei 100°/0,01 Torr].

(±)-1-Benzoyl-(3a*r*,6a*c*)-hexahydro-cyclopentimidazol-2-on $C_{13}H_{14}N_2O_2$, Formel III (R = CO-C_6H_5) + Spiegelbild.
B. Neben [*trans*-2-Benzoylamino-cyclopentyl]-carbamidsäure-äthylester aus 2-Acetylamino-cyclopent-1-encarbonsäure-äthylester über mehrere Stufen (*Müller et al.*, Am. Soc. **73** [1951] 2487, 2489).
Kristalle (aus E. + PAe.); F: 175—176° [unkorr.].

(±)-2-Oxo-(3a*r*,6a*c*)-hexahydro-cyclopentimidazol-1-carbonsäure-methylester $C_8H_{12}N_2O_3$ Formel III (R = CO-O-CH_3) + Spiegelbild.
B. Aus (±)-[*cis*-2-Carbamoyl-cyclopentyl]-carbamidsäure-methylester in Methanol beim aufeinanderfolgenden Behandeln mit Natriummethylat und mit Brom und Erwärmen des Reaktionsgemisches (*Müller et al.*, Am. Soc. **73** [1951] 2487, 2490). Aus *cis*-Cyclopentan-1,2-dicarbonsäure-dihydrazid beim Behandeln mit $NaNO_2$ und wss. HCl und Erwärmen des Reaktionsprodukts in Methanol (*Mü. et al.*).
Kristalle (aus Me. oder wss. Me.); F: 156—157° [unkorr.]. Bei 120°/0,01 Torr sublimierbar.

Oxo-Verbindungen $C_7H_{12}N_2O$

(±)-4-Äthyl-6-methyl-4,5-dihydro-2H-pyridazin-3-on $C_7H_{12}N_2O$, Formel IV (R = H).
B. Beim Erwärmen von (±)-2-Äthyl-4-oxo-valeriansäure mit $N_2H_4 \cdot H_2O$ in Äthanol und Erhitzen des Reaktionsprodukts (*Levisalles*, Bl. **1957** 1004, 1007).
Kp_{13}: 145—147°. n_D^{20}: 1,4975.

(±)-4-Äthyl-6-methyl-2-phenyl-4,5-dihydro-2H-pyridazin-3-on $C_{13}H_{16}N_2O$, Formel IV (R = C_6H_5).
B. Beim Erhitzen von (±)-2-Äthyl-4-phenylhydrazono-valeriansäure auf 170° (*Hoffmann-La Roche*, U.S.P. 2783232 [1955]; D.B.P. 1000822 [1957]).
$Kp_{0,01}$: 130—135°.

(±)-6-Äthyl-4-methyl-2-phenyl-4,5-dihydro-2H-pyridazin-3-on $C_{13}H_{16}N_2O$, Formel V.
B. Beim Behandeln von (±)-2-Methyl-4-oxo-hexansäure mit Phenylhydrazin in Äthanol und Essigsäure und Erhitzen des Reaktionsprodukts auf 170° (*Hoffmann-La Roche*, U.S.P. 2783232 [1955]; D.B.P. 1000822 [1957]).
$Kp_{0,13}$: 121—122°.

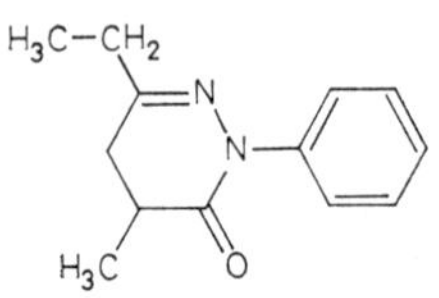

V 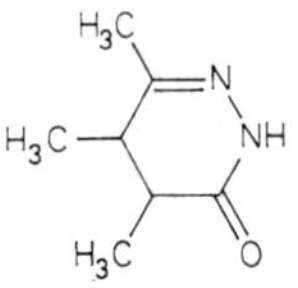   VI 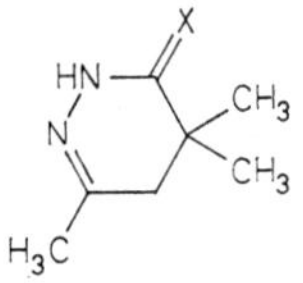   VII 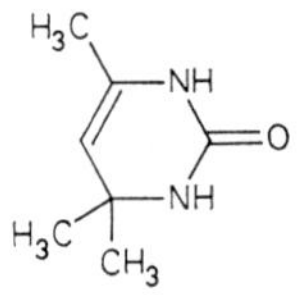   VIII

*Opt.-inakt. 4,5,6-Trimethyl-4,5-dihydro-2H-pyridazin-3-on $C_7H_{12}N_2O$, Formel VI.
B. Beim Erwärmen von opt.-inakt. 2,3-Dimethyl-4-oxo-valeriansäure (E III **3** 1248) mit $N_2H_4 \cdot H_2O$ in Äthanol und Erhitzen des Reaktionsprodukts (*McMillan et al.*, Am. Soc. **78** [1956] 407, 409).
Kristalle (aus PAe.); F: 85—86°. $Kp_{0,1}$: 79°.

4,4,6-Trimethyl-4,5-dihydro-2H-pyridazin-3-on $C_7H_{12}N_2O$, Formel VII (X = O).
B. Aus 2,2-Dimethyl-4-oxo-valeriansäure beim Erhitzen mit $N_2H_4 \cdot H_2SO_4$ in wss. NaOH und Erhitzen des Reaktionsprodukts auf 180° (*Duffin, Kendall*, Soc. **1959** 3789, 3797).
Kristalle (aus Cyclohexan); F: 110°.

4,4,6-Trimethyl-4,5-dihydro-2H-pyridazin-3-thion $C_7H_{12}N_2S$, Formel VII (X = S), und Tautomeres.
B. Beim Erhitzen von 4,4,6-Trimethyl-4,5-dihydro-2H-pyridazin-3-on mit P_2S_5 in Xylol (*Duffin, Kendall*, Soc. **1959** 3789, 3797).
Hellgelbe Kristalle (aus Cyclohexan); F: 92°.

4,4,6-Trimethyl-3,4-dihydro-1H-pyrimidin-2-on $C_7H_{12}N_2O$, Formel VIII (H 71).
Konstitutionsbestätigung: *Hatt et al.*, Austral. J. Chem. **23** [1970] 561, 563; *Zigeuner et al.*, M. **97** [1966] 43, 44.
B. Aus 4-Methyl-pent-3-en-2-on und Harnstoff (*Hatt et al.*, l. c. S. 569).
Kristalle (aus Isopropylalkohol); F: 197° [unkorr.] (*Hatt et al.*). ¹H-NMR-Absorption (CDCl₃): *Hatt et al.*; s. a. *Zi. et al.*, l. c. S. 47. IR-Banden (Paraffinöl; 3240—760 cm⁻¹): *Hatt et al.* λ_{max} (A.): 236 nm (*Hatt et al.*; s. a. *Zi. et al.*). Löslichkeit in H_2O, in Äthanol sowie in Isopropylalkohol bei 20° und bei Siedetemperatur: *Hatt et al.*
Massenspektrum: *Hatt et al.*

4,4,6-Trimethyl-3,4-dihydro-1H-pyrimidin-2-thion $C_7H_{12}N_2S$, Formel IX (R = H) auf S. 134, und Tautomere (H 72).
Diese Konstitution kommt der früher (H **24** 12) als 4,4,5,5-Tetramethyl-imidazolidin-

2-thion formulierten Verbindung zu (*Sayre*, Am. Soc. **77** [1955] 6689; s. a. *Seidel, Faatz*, Ang. Ch. **71** [1959] 578).

B. Aus 4-Methyl-pent-3-en-2-on beim Erhitzen mit Ammonium-thiocyanat in Toluol (*Chase, Walker*, Soc. **1955** 4443, 4450; s. a. *U. S. Rubber Co.*, U.S.P. 2234848 [1938]), beim Erhitzen mit Ammonium-thiocyanat in Toluol und Cyclohexanol (*Koppers Co.*, U.S.P. 2539480 [1948]), beim Erwärmen mit Thioharnstoff und äthanol. KOII (*Willems, Vandenberghe*, Ind. chim. belge Sonderband 31. Congr. int. Chim. ind. Lüttich 1958, Bd. 2, S. 476, 479) oder mit Thioharnstoff und methanol. Natriummethylat (*Zigeuner et al.*, M. **101** [1970] 1415, 1423). Beim Erwärmen von 4-Isothiocyanato-4-methyl-pentan-2-on (E IV **4** 1946) mit wss. NH$_3$ (*Mathes et al.*, Am. Soc. **70** [1948] 1452; *Mathes*, Am. Soc. **75** [1953] 1747; *Goodrich Co.*, U.S.P. 2491532 [1946]). Beim Erhitzen von Aceton mit Ammonium-thiocyanat in Toluol (*Hartmann, Mayer*, J. pr. [4] **30** [1965] 87, 91) oder mit CS$_2$ und wss. NH$_3$ (*Takeshima et al.*, J. org. Chem. **33** [1968] 2877, 2879; s. a. *Sa.*).

Kristalle; F: 274—276° [Zers.; bei schnellem Erhitzen] bzw. F: 266—267° [Zers.; bei langsamem Erhitzen; aus A.] (*Ta. et al.*), 260—265° [korr.; aus A.] (*Ha., Ma.*), 254—255° [unkorr.; aus Bzl.] (*Ma. et al.*), 253° [Zers.; aus Eg.] (*Ch., Wa.*). ¹H-NMR-Absorption (Trifluoressigsäure): *Ta. et al.* IR-Banden (KBr sowie CHCl$_3$; 3430—1500 cm⁻¹): *Ta. et al.*; s. a. *Wi., Va.* λ_{max} (A.): 269 nm (*Ta. et al.*; s. a. *Ch., Wa.*).

Überführung in 5,5-Dimethyl-imidazolidin-2,4-dion durch KMnO$_4$ in H$_2$O: *Sa.*

1,4,4,6-Tetramethyl-3,4-dihydro-1H-pyrimidin-2-thion C$_8$H$_{14}$N$_2$S, Formel IX (R = CH$_3$), und Tautomeres.

Die Identität der von *Mathes* (Am. Soc. **75** [1953] 1747) unter dieser Konstitution beschriebenen Verbindung (F: 86—87°) ist ungewiss (*Zigeuner et al.*, M. **106** [1975] 1219, 1222; *Willems, Vandenberghe*, Ind. chim. belge Sonderband 31. Congr. int. Chim. ind. Lüttich 1958, Bd. 2, S. 476, 479).

B. Beim Erwärmen von 4-Methyl-pent-3-en-2-on mit Methyl-thioharnstoff in äthanol. KOH (*Wi., Va.; Zi. et al.*, l. c. S. 1228).

Kristalle (aus wss. A.); F: 160° (*Wi., Va.; Zi. et al.*).

1-Äthyl-4,4,6-trimethyl-3,4-dihydro-1H-pyrimidin-2-thion C$_9$H$_{16}$N$_2$S, Formel IX (R = C$_2$H$_5$), und Tautomeres.

B. Aus 4-Isothiocyanato-4-methyl-pentan-2-on (E IV **4** 1946) beim Erwärmen mit Äthylamin in wss. HCl (*Mathes*, Am. Soc. **75** [1953] 1747).

Kristalle (aus A.); F: 148—149° [unkorr.].

1-Isopropyl-4,4,6-trimethyl-3,4-dihydro-1H-pyrimidin-2-thion C$_{10}$H$_{18}$N$_2$S, Formel IX (R = CH(CH$_3$)$_2$), und Tautomeres.

B. Neben Isopropyl-thioharnstoff beim Erwärmen von 4-Isothiocyanato-4-methyl-pentan-2-on (E IV **4** 1946) mit Isopropylamin in wss. H$_2$SO$_4$ (*Mathes et al.*, Am. Soc. **70** [1948] 1452; s. a. *Goodrich Co.*, U.S.P. 2491532 [1946]).

Kristalle (aus CHCl$_3$); F: 267° [unkorr.] (*Ma. et al.*).

1-Butyl-4,4,6-trimethyl-3,4-dihydro-1H-pyrimidin-2-thion C$_{11}$H$_{20}$N$_2$S, Formel IX (R = [CH$_2$]$_3$-CH$_3$), und Tautomeres.

B. Aus 4-Isothiocyanato-4-methyl-pentan-2-on (E IV **4** 1946) beim Erhitzen mit Butylamin in wss. HCl (*Mathes*, Am. Soc. **75** [1953] 1747).

Kristalle (aus A.); F: 113—114° [unkorr.].

1-Allyl-4,4,6-trimethyl-3,4-dihydro-1H-pyrimidin-2-thion C$_{10}$H$_{16}$N$_2$S, Formel IX (R = CH$_2$-CH=CH$_2$), und Tautomeres (H 72).

B. Aus 1-Allyl-6-hydroxy-4,4,6-trimethyl-tetrahydro-pyrimidin-2-thion (über die Konstitution dieser Verbindung s. *Zigeuner et al.*, M. **106** [1975] 1219, 1220) beim Erwärmen mit wss. H$_2$SO$_4$ (*Mathes*, Am. Soc. **75** [1953] 1747) oder mit Benzol (*Zi. et al.*, l. c. S. 1222, 1229).

Kristalle (aus A.); F: 130° (*Zi. et al.*, l. c. S. 1223, 1229), 129—130° [unkorr.] (*Ma.*).

1-Cyclohexyl-4,4,6-trimethyl-3,4-dihydro-1H-pyrimidin-2-thion C$_{13}$H$_{22}$N$_2$S, Formel IX (R = C$_6$H$_{11}$), und Tautomeres.

B. In kleiner Menge neben Cyclohexyl-thioharnstoff beim Erwärmen von 4-Isothio=

cyanato-4-methyl-pentan-2-on (E IV **4** 1946) mit Cyclohexylamin in wss. H_2SO_4 (*Mathes et al.*, Am. Soc. **70** [1948] 1452; *Goodrich Co.*, U.S.P. 2491532 [1946]).
Kristalle (aus $CHCl_3$); F: 281—282° [unkorr.] (*Ma. et al.*).

IX   X   XI

4,4,6-Trimethyl-1-phenyl-3,4-dihydro-1H-pyrimidin-2-thion $C_{13}H_{16}N_2S$, Formel X
(X = X′ = H), und Tautomeres (H 72).
Die Identität einer von *Willems, Vandenberghe* (Ind. chim. belge Sonderband **31**. Congr. int. chim. ind. Lüttich 1958, Bd. 2, S. 476, 479) beim Erwärmen von Mesityloxid mit Phenyl-thioharnstoff in äthanol. KOH erhaltenen, unter dieser Konstitution beschriebenen Verbindung (F: 247°) ist ungewiss (*Zigeuner et al.*, M. **106** [1975] 1219, 1225).
B. Aus 4-Methyl-pent-3-en-2-on beim Behandeln mit Ammonium-thiocyanat und Anilin in wss. H_2SO_4 (*Goodrich Co.*, U.S.P. 2491532 [1946], 2491509 [1948]). Aus 4-Isothiocyanato-4-methyl-pentan-2-on (E IV **4** 1946) beim Erwärmen mit Anilin in wss. H_2SO_4 (*Mathes et al.*, Am. Soc. **70** [1948] 1452).
Kristalle; F: 200—201° [aus Dioxan] (*Elmore et al.*, Soc. **1956** 4458, 4461), 192—193° [unkorr.; aus A.] (*Ma. et al.*).
Quecksilber(II)-Salz $Hg(C_{13}H_{15}N_2S)_2$. Kristalle (aus wss. A.); F: 183—184° (*El. et al.*).

1-[2,4-Dichlor-phenyl]-4,4,6-trimethyl-3,4-dihydro-1H-pyrimidin-2-thion $C_{13}H_{14}Cl_2N_2S$, Formel X (X = X′ = Cl), und Tautomeres.
B. Aus 4-Isothiocyanato-4-methyl-pentan-2-on (E IV **4** 1946) beim Erwärmen mit 2,4-Dichlor-anilin in wss. HCl (*Mathes*, Am. Soc. **75** [1953] 1747).
Kristalle (aus A.); F: 203—204° [unkorr.].

4,4,6-Trimethyl-1-[4-nitro-phenyl]-3,4-dihydro-1H-pyrimidin-2-thion $C_{13}H_{15}N_3O_2S$, Formel X (X = H, X′ = NO_2), und Tautomeres.
B. Aus 4-Isothiocyanato-4-methyl-pentan-2-on (E IV **4** 1946) beim Erwärmen mit 4-Nitro-anilin in wss. HCl (*Mathes*, Am. Soc. **75** [1953] 1747).
Kristalle (aus A.); F: 201° [unkorr.].

4,4,6-Trimethyl-1-o-tolyl-3,4-dihydro-1H-pyrimidin-2-thion $C_{14}H_{18}N_2S$, Formel X (X = CH_3, X′ = H), und Tautomeres.
B. Aus 4-Methyl-pent-3-en-2-on beim Behandeln mit Ammonium-thiocyanat und o-Toluidin in wss. H_2SO_4 (*Goodrich Co.*, U.S.P. 2491532 [1946], 2491509 [1948]) oder in wss. HCl (*Mathes et al.*, Am. Soc. **70** [1948] 1452). Aus 4-Isothiocyanato-4-methyl-pentan-2-on (E IV **4** 1946) beim Erwärmen mit o-Toluidin in wss. H_2SO_4 (*Ma. et al.*).
Kristalle (aus A.); F: 202° [unkorr.] (*Ma. et al.*).

4,4,6-Trimethyl-1-p-tolyl-3,4-dihydro-1H-pyrimidin-2-thion $C_{14}H_{18}N_2S$, Formel X (X = H, X′ = CH_3), und Tautomeres.
B. Aus 4-Methyl-pent-3-en-2-on beim Behandeln mit Ammonium-thiocyanat und p-Toluidin in wss. HCl (*Mathes et al.*, Am. Soc. **70** [1948] 1452). Aus 4-Isothiocyanato-4-methyl-pentan-2-on (E IV **4** 1946) beim Erwärmen mit p-Toluidin in wss. H_2SO_4 (*Ma. et al.*).
Kristalle (aus A.); F: 191° [unkorr.].

1-Benzyl-4,4,6-trimethyl-3,4-dihydro-1H-pyrimidin-2-thion $C_{14}H_{18}N_2S$, Formel IX (R = CH_2-C_6H_5), und Tautomeres.
B. Aus 4-Isothiocyanato-4-methyl-pentan-2-on (E IV **4** 1946) beim Erwärmen mit Benzylamin in wss. HCl (*Mathes*, Am. Soc. **75** [1953] 1747).
Kristalle (aus A.); F: 181—182° [unkorr.].

4,4,6-Trimethyl-1-[1]naphthyl-3,4-dihydro-1H-pyrimidin-2-thion $C_{17}H_{18}N_2S$, Formel XI, und Tautomeres.

B. Aus 4-Methyl-pent-3-en-2-on beim Behandeln mit Ammonium-thiocyanat und [1]-Naphthylamin in wss. HCl (*Mathes et al.*, Am. Soc. **70** [1948] 1452). Aus 4-Isothiocyanato-4-methyl-pentan-2-on (E IV **4** 1946) beim Erwärmen mit [1]Naphthylamin in wss. H_2SO_4 (*Goodrich Co.*, U.S.P. 2491532 [1946], 2491509 [1948]; *Ma. et al.*).

Kristalle (aus A.); F: 216° [unkorr.] (*Ma. et al.*).

4,4,6-Trimethyl-1-[4-(1-methyl-1-phenyl-äthyl)-phenyl]-3,4-dihydro-1H-pyrimidin-2-thion $C_{22}H_{26}N_2S$, Formel X (X = H, X' = $C(CH_3)_2\text{-}C_6H_5$), und Tautomeres.

B. Aus 4-Isothiocyanato-4-methyl-pentan-2-on (E IV **4** 1946) beim Erwärmen mit 4-[1-Methyl-1-phenyl-äthyl]-anilin in wss. HCl (*Mathes*, Am. Soc. **75** [1953] 1747).

Kristalle (aus A.); F: 173—175° [unkorr.].

1-[2-Hydroxy-äthyl]-4,4,6-trimethyl-3,4-dihydro-1H-pyrimidin-2-thion $C_9H_{16}N_2OS$, Formel XII (R = H, n = 2).

Die von *Mathes et al.* (Am. Soc. **70** [1948] 1452; s. a. *Goodrich Co.*, U.S.P. 2491532 [1946]) unter dieser Konstitution beschriebene Verbindung ist als 7,7,8a-Trimethyl-hexahydro-oxazolo[3,2-c]pyrimidin-5-thion zu formulieren (*Zigeuner et al.*, M. **107** [1976] 171, 173).

1-[3-Isopropoxy-propyl]-4,4,6-trimethyl-3,4-dihydro-1H-pyrimidin-2-thion $C_{13}H_{24}N_2OS$, Formel XII (R = $CH(CH_3)_2$, n = 3), und Tautomeres.

B. Aus 4-Isothiocyanato-4-methyl-pentan-2-on (E IV **4** 1946) beim Erwärmen mit 3-Isopropoxy-propylamin in wss. HCl (*Mathes*, Am. Soc. **75** [1953] 1747).

Kristalle (aus Hexan); F: 84—85°.

1-[2-Mercapto-phenyl]-4,4,6-trimethyl-3,4-dihydro-1H-pyrimidin-2-thion $C_{13}H_{16}N_2S_2$, Formel X (X = SH, X' = H).

Die von *Mathes* (Am. Soc. **75** [1953] 1747) unter dieser Konstitution beschriebene Verbindung ist als 3,3,4a-Trimethyl-2,3,4,4a-tetrahydro-benzo[4,5]thiazolo[3,2-c]pyrimidin-1-thion zu formulieren (*Zigeuner et al.*, M. **107** [1976] 171, 175).

1-[4-Hydroxy-phenyl]-4,4,6-trimethyl-3,4-dihydro-1H-pyrimidin-2-thion $C_{13}H_{16}N_2OS$, Formel X (X = H, X' = OH), und Tautomeres.

B. Aus 4-Isothiocyanato-4-methyl-pentan-2-on (E IV **4** 1946) beim Erwärmen mit 4-Amino-phenol in wss. HCl (*Mathes*, Am. Soc. **75** [1953] 1747) oder beim Erhitzen mit 4-Amino-phenol in Xylol (*Zigeuner et al.*, M. **106** [1975] 1219, 1223, 1229).

Kristalle (aus A.); F: 215—217° (*Zi. et al.*), 200° [unkorr.] (*Ma.*).

1-[4-Methoxy-phenyl]-4,4,6-trimethyl-3,4-dihydro-1H-pyrimidin-2-thion $C_{14}H_{18}N_2OS$, Formel X (X = H, X' = $O\text{-}CH_3$), und Tautomeres.

B. Aus 4-Isothiocyanato-4-methyl-pentan-2-on (E IV **4** 1946) beim Erwärmen mit *p*-Anisidin in wss. HCl (*Mathes*, Am. Soc. **75** [1953] 1747).

Kristalle (aus A.); F: 189° [unkorr.].

XII   XIII   XIV

1-[4-Acetyl-phenyl]-4,4,6-trimethyl-3,4-dihydro-1H-pyrimidin-2-thion $C_{15}H_{18}N_2OS$, Formel X (X = H, X' = $CO\text{-}CH_3$), und Tautomeres.

B. Aus 4-Isothiocyanato-4-methyl-pentan-2-on (E IV **4** 1946) beim Erwärmen mit 1-[4-Amino-phenyl]-äthanon in wss. HCl (*Mathes*, Am. Soc. **75** [1953] 1747).

Kristalle (aus Bzl.); F: 189° [unkorr.].

[4,4,6-Trimethyl-2-thioxo-3,4-dihydro-2H-pyrimidin-1-yl]-essigsäure $C_9H_{14}N_2O_2S$,
Formel XIII (R = H).

In dem von *Mathes, Stewart* (Am. Soc. **72** [1950] 1879) unter dieser Konstitution beschriebenen Präparat hat überwiegend 7,7,8a-Trimethyl-5-thioxo-tetrahydro-oxazolo=
[3,2-c]pyrimidin-2-on vorgelegen (*Zigeuner et al.*, M. **107** [1976] 183, 184, 188).

(±)-2-[4,4,6-Trimethyl-2-thioxo-3,4-dihydro-2H-pyrimidin-1-yl]-propionsäure
$C_{10}H_{16}N_2O_2S$, Formel XIII (R = CH_3), und Tautomeres.

Die Konstitution der nachstehend beschriebenen Verbindung ist nicht gesichert (vgl.
die Angaben im vorangehenden Artikel).

B. Aus 4-Isothiocyanato-4-methyl-pentan-2-on (E IV **4** 1946) beim Erwärmen mit
DL-Alanin in H_2O (*Mathes, Stewart*, Am. Soc. **72** [1950] 1879).

Kristalle (aus Bzl.); F: 191−192° [unkorr.].

3-[4,4,6-Trimethyl-2-thioxo-3,4-dihydro-2H-pyrimidin-1-yl]-propionsäure $C_{10}H_{16}N_2O_2S$,
Formel XIV, und Tautomeres.

B. Aus 4-Isothiocyanato-4-methyl-pentan-2-on (E IV **4** 1946) beim Erwärmen mit
β-Alanin in H_2O (*Mathes, Stewart*, Am. Soc. **72** [1950] 1879).

Kristalle (aus Bzl.); F: 142−143° [unkorr.].

2-[4,4,6-Trimethyl-2-thioxo-3,4-dihydro-2H-pyrimidin-1-yl]-benzoesäure $C_{14}H_{16}N_2O_2S$,
Formel X (X = CO-OH, X′ = H) auf S. 134.

Die von *Mathes, Stewart* (Am. Soc. **72** [1950] 1879) unter dieser Konstitution beschriebene Verbindung ist als 3,3,4a-Trimethyl-1-thioxo-2,3,4,4a-tetrahydro-1H-benzo=
[d]pyrimido[6,1-b][1,3]oxazin-6-on zu formulieren (*Zigeuner et al.*, M. **107** [1976] 183,
186).

2-[4,4,6-Trimethyl-2-thioxo-3,4-dihydro-2H-pyrimidin-1-yl]-benzoesäure-methylester
$C_{15}H_{18}N_2O_2S$, Formel X (X = CO-O-CH_3, X′ = H) auf S. 134, und Tautomeres.

B. Aus 4-Isothiocyanato-4-methyl-pentan-2-on (E IV **4** 1946) beim Erwärmen mit
Anthranilsäure-methylester in wss. H_2SO_4 (*Goodrich Co.*, U.S.P. 2535857 [1949]).

Kristalle; F: 185−186°.

4-[4,4,6-Trimethyl-2-thioxo-3,4-dihydro-2H-pyrimidin-1-yl]-benzoesäure $C_{14}H_{16}N_2O_2S$,
Formel X (X = H, X′ = CO-OH) auf S. 134, und Tautomeres.

B. Aus 4-Isothiocyanato-4-methyl-pentan-2-on (E IV **4** 1946) beim Erwärmen mit
4-Amino-benzoesäure in H_2O (*Mathes, Stewart*, Am. Soc. **72** [1950] 1879).

Kristalle (aus $CHCl_3$); F: 209−210° [unkorr.].

**1,2-Bis-[4,4,6-trimethyl-2-thioxo-3,4-dihydro-2H-pyrimidin-1-yl]-äthan, 4,4,6,4′,4′,6′-
Hexamethyl-3,4,3′,4′-tetrahydro-1H,1′H-1,1′-äthandiyl-bis-pyrimidin-2-thion** $C_{16}H_{26}N_4S_2$,
Formel I, und Tautomere.

B. Aus 4-Isothiocyanato-4-methyl-pentan-2-on (E IV **4** 1946) beim Erwärmen mit
Äthylendiamin und wss. H_2SO_4 (*Goodrich Co.*, U.S.P. 2491532 [1946]) oder beim Erhitzen mit Äthylendiamin in Toluol (*Zigeuner et al.*, M. **107** [1976] 171, 175, 179).

Kristalle (aus A.); F: 240° (*Zi. et al.*).

I   II

**1,3-Bis-[4,4,6-trimethyl-2-thioxo-3,4-dihydro-2H-pyrimidin-1-yl]-benzol, 4,4,6,4′,4′,6′-
Hexamethyl-3,4,3′,4′-tetrahydro-1H,1′H-1,1′-m-phenylen-bis-pyrimidin-2-thion**
$C_{20}H_{26}N_4S_2$, Formel II, und Tautomere.

B. Aus 4-Isothiocyanato-4-methyl-pentan-2-on (E IV **4** 1946) beim Erwärmen mit
m-Phenylendiamin in wss. H_2SO_4 (*Mathes et al.*, Am. Soc. **70** [1948] 1452; s. a. *Goodrich*

Co., U.S.P. 2491532 [1946]).
Kristalle (aus A.); F: 202° [unkorr.] (*Ma. et al.*).

1,4-Bis-[4,4,6-trimethyl-2-thioxo-3,4-dihydro-2H-pyrimidin-1-yl]-benzol,
4,4,6,4',4',6-Hexamethyl-3,4,3',4'-tetrahydro-1H,1'H-1,1'-p-phenylen-bis-pyrimidin-2-thion $C_{20}H_{26}N_4S_2$, Formel III, und Tautomere.
　　B. Aus 4-Isothiocyanato-4-methyl-pentan-2-on (E IV **4** 1946) beim Erwärmen mit *p*-Phenylendiamin in wss. H_2SO_4 (*Mathes et al.*, Am. Soc. **70** [1948] 1452; s. a. *Goodrich Co.*, U.S.P. 2491509 [1948]).
　　Kristalle (aus $CHCl_3$); F: 225° [unkorr.] (*Ma. et al.*).

1-Furfuryl-4,4,6-trimethyl-3,4-dihydro-1H-pyrimidin-2-thion $C_{12}H_{16}N_2OS$, Formel IV, und Tautomeres.
　　B. Aus 4-Isothiocyanato-4-methyl-pentan-2-on (E IV **4** 1946) beim Erwärmen mit Furfurylamin in wss. HCl (*Mathes*, Am. Soc. **75** [1953] 1747).
　　Kristalle (aus A.); F: 126—127° [unkorr.].

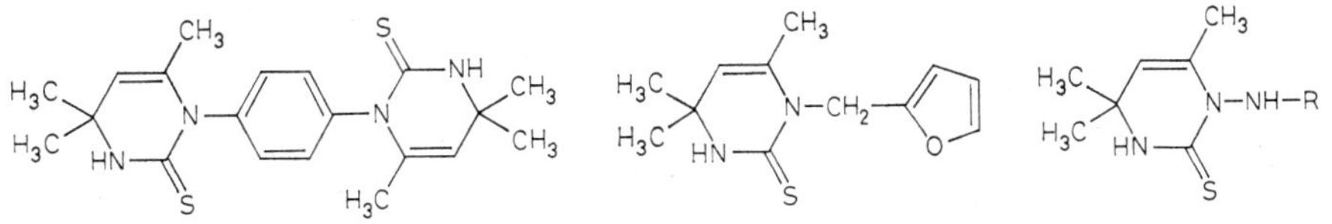

III　　　　　　　　　　IV　　　　　　　　　　V

1-Amino-4,4,6-trimethyl-3,4-dihydro-1H-pyrimidin-2-thion $C_7H_{13}N_3S$, Formel V (R = H).
　　Die von *Mathes* (Am. Soc. **75** [1953] 1747; s. a. *Goodrich Co.*, U.S.P. 2535858 [1949]) unter dieser Konstitution beschriebene Verbindung ist als 5,5,7-Trimethyl-2,4,5,6-tetra-hydro-[1,2,4]triazepin-3-thion zu formulieren (*Zigeuner et al.*, M. **106** [1975] 1495).

1-Anilino-4,4,6-trimethyl-3,4-dihydro-1H-pyrimidin-2-thion $C_{13}H_{17}N_3S$, Formel V
(R = C_6H_5), und Tautomeres.
　　Zur Konstitution s. *Zigeuner et al.*, M. **106** [1975] 1495, 1497 Anm. 5.
　　B. Aus 4-Isothiocyanato-4-methyl-pentan-2-on (E IV **4** 1946) beim Erwärmen mit Phenylhydrazin in wss. HCl (*Mathes*, Am. Soc. **75** [1953] 1747; s. a. *Goodrich Co.*, U.S.P. 2535858 [1949]).
　　Kristalle (aus Bzl.); F: 170—171° [unkorr.] (*Ma.*).

4,6,6-Trimethyl-5,6-dihydro-1H-pyrimidin-2-on $C_7H_{12}N_2O$, Formel VI.
　　Die von *Harvey* (*Harvel Research Corp.*, U.S.P. 2592565 [1951]) unter dieser Konstitution beschriebene Verbindung (F: 279—280°) und die als Isomeres angesehene Verbindung vom F: 290—291° sind beide als [6,6-Dimethyl-2-oxo-1,2,3,6-tetrahydro-pyrimidin-4-yl]-[4,6,6-trimethyl-2-oxo-hexahydro-pyrimidin-4-yl]-methan zu formulieren (*Hatt et al.*, Austral. J. Chem. **23** [1970] 561, 565; s. a. *Zigeuner et al.*, M. **97** [1966] 43, 46).

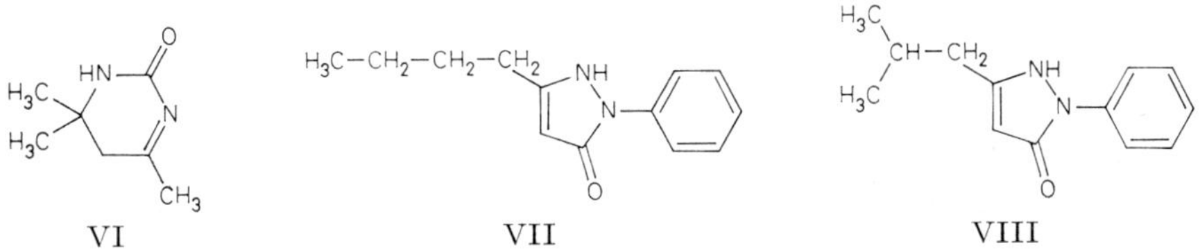

VI　　　　　　　　　　VII　　　　　　　　　　VIII

5-Butyl-2-phenyl-1,2-dihydro-pyrazol-3-on $C_{13}H_{16}N_2O$, Formel VII, und Tautomere
E II 33).
　　B. Aus Hept-2-insäure-methylester (*Zoss, Hennion*, Am. Soc. **63** [1941] 1151) oder aus 3-Oxo-heptansäure-methylester (*McElvain, McKay*, Am. Soc. **78** [1956] 6068, 6090)

beim Erhitzen mit Phenylhydrazin.

Kristalle (aus wss. A.); F: 84—85° (*McE., McKay*), 83,0—83,5° (*Zoss, He.*).

5-Isobutyl-2-phenyl-1,2-dihydro-pyrazol-3-on $C_{13}H_{16}N_2O$, Formel VIII, und Tautomere (E I 228).

B. Aus 5-Methyl-3-oxo-hexansäure-äthylester und Phenylhydrazin (*Mallinckrodt Chem. Works*, U.S.P. 2367632 [1942]).

F: 107—108°.

5-tert-Butyl-1,2-dihydro-pyrazol-3-on $C_7H_{12}N_2O$, Formel IX (R = H), und Tautomere.

B. Aus 4,4-Dimethyl-3-oxo-valeriansäure-äthylester beim Behandeln mit wss. $N_2H_4 \cdot H_2O$ in Äthanol (*Veibel et al.*, Acta chem. scand. **8** [1954] 768, 773).

Kristalle (aus wss. A.); F: 210° (*Dayton*, C. r. **237** [1953] 185), 200—201° (*Ve. et al.*). Kp_{760}: 285° (*Da.*). UV-Spektrum (A. sowie Ae.; 220—280 nm): *Da.* Scheinbarer Dissoziationsexponent pK_b' (H_2O [umgerechnet aus Eg.]; potentiometrisch ermittelt): 11,1 (*Ve. et al.*, l. c. S. 770).

5-tert-Butyl-2-phenyl-1,2-dihydro-pyrazol-3-on $C_{13}H_{16}N_2O$, Formel IX (R = C_6H_5), und Tautomere (E I 229).

B. Aus 4,4-Dimethyl-3-oxo-valeriansäure-methylester (*Baumgarten et al.*, Am. Soc. **66** [1944] 862, 864; *Levine, Hauser*, Am. Soc. **66** [1944] 1768, 1769 Anm. h) oder aus 4,4-Dimethyl-3-oxo-valeriansäure-äthylester (*Mallinckrodt Chem. Works*, U.S.P. 2407942 [1941], 2367632 [1942]) und Phenylhydrazin.

F: 110,5—111° (*Ba. et al.; Le., Ha.*), 110—111° (*Mallinckrodt*). UV-Spektrum (230 nm bis 300 nm): *Dayton*, C. r. **237** [1953] 185.

5-Methyl-4-propyl-1,2-dihydro-pyrazol-3-on $C_7H_{12}N_2O$, Formel X (R = R' = X = H), und Tautomere (H 73; E II 33).

B. Aus 3-Methyl-5-oxo-4-propyl-2,5-dihydro-pyrazol-1-carbamidin-nitrat beim Erwärmen mit wss. KOH (*De, Rakshit*, J. Indian chem. Soc. **13** [1936] 509, 512, 513). Beim Erwärmen von 3-Methyl-4-propyl-isoxazol-5-ylamin mit wss. $N_2H_4 \cdot H_2O$ (*Kano*, J. pharm. Soc. Japan **73** [1953] 383, 386; C. A. **1954** 3342).

Kristalle (aus A.); F: 211—212° (*Kano*), 211° (*De., Ra.*). Scheinbarer Dissoziationsexponent pK_b' (H_2O [umgerechnet aus Eg.]; potentiometrisch ermittelt): 11,2 (*Veibel et al.*, Acta chem. scand. **8** [1954] 768, 770).

Zeitlicher Verlauf der Oxidation mit Sauerstoff in tert-Butylalkohol in Gegenwart von äthanol. Natriumäthylat: *Veibel, Linholt*, Acta chem. scand. **9** [1955] 970, 973. Bildung von 4-Hydroxy-5-methyl-4-propyl-2,4-dihydro-pyrazol-3-on beim Behandeln mit tert-Butylhydroperoxid und äthanol. Natriumäthylat in tert-Butylalkohol: *Veibel, Linholt*, Acta chem. scand. **8** [1954] 1383, 1386.

2,5-Dimethyl-4-propyl-1,2-dihydro-pyrazol-3-on $C_8H_{14}N_2O$, Formel X (R = X = H, R' = CH_3), und Tautomere.

B. Beim Erwärmen von 2-Propyl-acetessigsäure-äthylester mit Methylhydrazin in H_2O (*Veibel et al.*, Acta chem. scand. **8** [1954] 768, 774).

Kristalle (aus E.); F: 84—85°. Kp_{15}: 150°. Scheinbarer Dissoziationsexponent pK_b' (H_2O [umgerechnet aus Eg.]; potentiometrisch ermittelt): 10,5 (*Ve. et al.*, l. c. S. 770).

5-Methyl-2-phenyl-4-propyl-1,2-dihydro-pyrazol-3-on $C_{13}H_{16}N_2O$, Formel X (R = X = H, R' = C_6H_5), und Tautomere (E II 33).

Kristalle; F: 101—102° (*Veibel et al.*, Acta chem. scand. **8** [1954] 768, 770). Scheinbarer Dissoziationsexponent pK_b' (H_2O [umgerechnet aus Eg.]; potentiometrisch ermittelt): 11,4 (*Ve. et al.*).

Bildung von 4-Hydroxy-5-methyl-2-phenyl-4-propyl-2,4-dihydro-pyrazol-3-on beim Behandeln mit Sauerstoff in Methanol unter Zusatz von Triäthylamin: *Veibel, Linholt*, Acta chem. scand. **8** [1954] 1007, 1008, 1012; beim Behandeln mit tert-Butylhydroperoxid und äthanol. Natriumäthylat in tert-Butylalkohol: *Veibel, Linholt*, Acta chem. scand. **8** [1954] 1383, 1385, 1386.

IX   X   XI

2-[2,4-Dinitro-phenyl]-5-methyl-4-propyl-1,2-dihydro-pyrazol-3-on $C_{13}H_{14}N_4O_5$,
Formel X (R = X = H, R′ = $C_6H_3(NO_4)_2(o,p)$), und Tautomere.

B. Aus 2-Propyl-acetessigsäure-äthylester beim Erwärmen mit [2,4-Dinitro-phenyl]-hydrazin und Pyridin (*Asano, Asai,* J. pharm. Soc. Japan **78** [1958] 450, 453; C. A. **1958** 18428).

Kristalle (aus Me.); F: 64—65°.

1,5-Dimethyl-2-phenyl-4-propyl-1,2-dihydro-pyrazol-3-on $C_{14}H_{18}N_2O$, Formel X
(R = CH_3, R′ = C_6H_5, X = H).

B. Aus 5-Methyl-2-phenyl-4-propyl-1,2-dihydro-pyrazol-3-on beim Erhitzen mit Di=methylsulfat (*Hoffmann-La Roche,* D.R.P. 558473 [1931]; Frdl. **19** 1186; *Sawa,* J. pharm. Soc. Japan **57** [1937] 953, 959; dtsch. Ref. S. 269; C. A. **1938** 2533).

Kristalle; F: 57° [aus PAe. + Ae.] (*Hoffmann-La Roche*), 57° [aus PAe.] (*Sawa*).

1-Äthyl-5-methyl-2-phenyl-4-propyl-1,2-dihydro-pyrazol-3-on $C_{15}H_{20}N_2O$, Formel X
(R = C_2H_5, R′ = C_6H_5, X = H).

B. Aus 5-Methyl-2-phenyl-4-propyl-1,2-dihydro-pyrazol-3-on beim Erhitzen mit Di=äthylsulfat (*Sawa,* J. pharm. Soc. Japan **57** [1937] 953, 959; dtsch. Ref. S. 269; C. A. **1938** 2533).

$Kp_{1,5}$: 175,5°.

1,2-Diacetyl-5-methyl-4-propyl-1,2-dihydro-pyrazol-3-on(?) $C_{11}H_{16}N_2O_3$, vermutlich
Formel X (R = R′ = CO-CH_3, X = H).

B. Aus 5-Methyl-4-propyl-1,2-dihydro-pyrazol-3-on beim Erhitzen mit Acetanhydrid (*Kano,* J. pharm. Soc. Japan **73** [1953] 383, 386; C. A. **1954** 3342).

Kristalle (aus wss. A.); F: 40—41°.

3-Methyl-4-propyl-5-oxo-2,5-dihydro-pyrazol-1-carbimidsäure-amid, 3-Methyl-5-oxo-4-propyl-2,5-dihydro-pyrazol-1-carbamidin $C_8H_{14}N_4O$, Formel X (R = X = H,
R′ = C(NH_2)=NH), und Tautomere.

Nitrat $C_8H_{14}N_4O \cdot HNO_3$. *B.* Beim Behandeln von 2-Propyl-acetessigsäure-äthylester mit Aminoguanidin-nitrat in wss. Äthanol (*De, Rakshit,* J. Indian chem. Soc. **13** [1936] 509, 512, 513). — Kristalle (aus H_2O); F: 260° [Zers.].

5-Methyl-2-[1-methyl-[4]piperidyl]-4-propyl-1,2-dihydro-pyrazol-3-on $C_{13}H_{23}N_3O$,
Formel XI, und Tautomere.

B. Beim Behandeln von 2-Propyl-acetessigsäure-äthylester mit 4-Hydrazino-1-methyl-piperidin und anschliessenden Erhitzen (*Ebnöther et al.,* Helv. **42** [1959] 1201, 1205, 1213).

Kristalle (aus Acn.); F: 109—125°. Scheinbare Dissoziationsexponenten pK'_{a1} und pK'_{a2} (H_2O; potentiometrisch ermittelt): 7,18 bzw. 9,20 (*Eb. et al.,* l. c. S. 1203).

4-[3-Brom-propyl]-5-methyl-2-phenyl-1,2-dihydro-pyrazol-3-on $C_{13}H_{15}BrN_2O$, Formel X
(R = H, R′ = C_6H_5, X = Br), und Tautomere.

B. Aus 2-[3-Brom-propyl]-acetessigsäure-äthylester (E IV **3** 1603) beim Erwärmen mit Phenylhydrazin (*Gol'mow,* Ž. obšč. Chim. **20** [1950] 1881; engl. Ausg. S. 1947).

Kristalle (aus A.); F: 190°.

1,5-Dimethyl-2-phenyl-4-propyl-1,2-dihydro-pyrazol-3-thion $C_{14}H_{18}N_2S$, Formel I auf
S. 141.

B. Aus 1,5-Dimethyl-2-phenyl-4-propyl-1,2-dihydro-pyrazol-3-on beim Erhitzen mit $POCl_3$ und Behandeln des Reaktionsprodukts mit KHS in H_2O (*Asano, Asai,* J.

pharm. Soc. Japan **78** [1958] 450, 454; C. A. **1958** 18428).
Kristalle (aus H_2O); F: 121°.

4-Isopropyl-5-methyl-1,2-dihydro-pyrazol-3-on $C_7H_{12}N_2O$, Formel II (R = R' = H), und Tautomere.

B. Aus 2-Isopropyl-acetessigsäure-äthylester und $N_2H_4 \cdot H_2O$ (*Büchi et al.*, Helv. **32** [1949] 984, 990, 991).
Kristalle; F: 182° [korr.] (*Bü. et al.*). Scheinbarer Dissoziationsexponent pK_a' (H_2O [umgerechnet aus Eg.]; potentiometrisch ermittelt): 3,0 (*Veibel, Brøndum*, Acta chim. hung. **18** [1959] 493, 494).

2-Äthyl-4-isopropyl-5-methyl-1,2-dihydro-pyrazol-3-on $C_9H_{16}N_2O$, Formel II (R = H, R' = C_2H_5), und Tautomere.

B. Beim Erhitzen von 4-Isopropyl-5-methyl-1,2-dihydro-pyrazol-3-on mit Äthylbromid und Erwärmen des Reaktionsgemisches mit wss. $NaHCO_3$ (*Büchi et al.*, Helv. **32** [1949] 984, 989, 992). Beim Hydrieren von 2-Äthyl-5-methyl-1,2-dihydro-pyrazol-3-on und Aceton an einem Nickel-Katalysator bei 110°/12 at (*Bü. et al.*).
Kristalle (aus Acn.); F: 113° [korr.].

2-Äthyl-4-isopropyl-1,5-dimethyl-1,2-dihydro-pyrazol-3-on $C_{10}H_{18}N_2O$, Formel II (R = CH_3, R' = C_2H_5).

B. Beim Erhitzen von 2-Äthyl-4-isopropyl-5-methyl-1,2-dihydro-pyrazol-3-on mit CH_3I und Erwärmen des Reaktionsgemisches mit wss. NaOH (*Büchi et al.*, Helv. **32** [1949] 984, 989, 992).
$Kp_{0,08}$: 97°.

4-Isopropyl-5-methyl-2-propyl-1,2-dihydro-pyrazol-3-on $C_{10}H_{18}N_2O$, Formel II (R = H, R' = CH_2-CH_2-CH_3), und Tautomere.

B. Beim Erhitzen von 4-Isopropyl-5-methyl-1,2-dihydro-pyrazol-3-on mit Propyl= bromid und Erwärmen des Reaktionsgemisches mit wss. $NaHCO_3$ (*Büchi et al.*, Helv. **32** [1949] 984, 989, 992).
Kristalle mit 0,5 Mol H_2O; F: 85°.

4-Isopropyl-1,5-dimethyl-2-propyl-1,2-dihydro-pyrazol-3-on $C_{11}H_{20}N_2O$, Formel II (R = CH_3, R' = CH_2-CH_2-CH_3).

B. Beim Erhitzen von 4-Isopropyl-5-methyl-2-propyl-1,2-dihydro-pyrazol-3-on mit CH_3I und Erwärmen des Reaktionsgemisches mit wss. NaOH (*Büchi et al.*, Helv. **32** [1949] 984, 989, 992).
$Kp_{0,12}$: 107°.

2,4-Diisopropyl-5-methyl-1,2-dihydro-pyrazol-3-on $C_{10}H_{18}N_2O$, Formel II (R = H, R' = $CH(CH_3)_2$), und Tautomere.

B. Beim Erhitzen von 4-Isopropyl-5-methyl-1,2-dihydro-pyrazol-3-on mit Isopropyl= bromid und Erwärmen des Reaktionsgemisches mit wss. $NaHCO_3$ (*Büchi et al.*, Helv. **32** [1949] 984, 989, 992).
Kristalle mit 0,5 Mol H_2O; F: 84,5−86,5°.

2,4-Diisopropyl-1,5-dimethyl-1,2-dihydro-pyrazol-3-on $C_{11}H_{20}N_2O$, Formel II (R = CH_3, R' = $CH(CH_3)_2$).

B. Beim Erhitzen von 2,4-Diisopropyl-5-methyl-1,2-dihydro-pyrazol-3-on mit CH_3I und Erwärmen des Reaktionsgemisches mit wss. NaOH (*Büchi et al.*, Helv. **32** [1949] 984, 989, 992).
$Kp_{0,074}$: 81°.

2-Butyl-4-isopropyl-5-methyl-1,2-dihydro-pyrazol-3-on $C_{11}H_{20}N_2O$, Formel II (R = H, R' = $[CH_2]_3$-CH_3), und Tautomere.

B. Beim Hydrieren von 2-Butyl-5-methyl-1,2-dihydro-pyrazol-3-on und Aceton an einem Nickel-Katalysator bei 110°/12 at (*Büchi et al.*, Helv. **32** [1949] 984, 989, 992).
Kristalle mit 0,5 Mol H_2O; F: 83°. $Kp_{0,1}$: 94°.

2-Butyl-4-isopropyl-1,5-dimethyl-1,2-dihydro-pyrazol-3-on $C_{12}H_{22}N_2O$, Formel II
(R = CH₃, R' = [CH₂]₃-CH₃).

B. Beim Erhitzen von 2-Butyl-4-isopropyl-5-methyl-1,2-dihydro-pyrazol-3-on mit CH₃I und Erwärmen des Reaktionsgemisches mit wss. NaOH (*Büchi et al.*, Helv. **32** [1949] 984, 989, 992).

Kp₀,₀₇: 98°.

2-Isobutyl-4-isopropyl-5-methyl-1,2-dihydro-pyrazol-3-on $C_{11}H_{20}N_2O$, Formel II (R = H, R' = CH₂-CH(CH₃)₂), und Tautomere.

B. Beim Hydrieren von 2-Isobutyl-5-methyl-1,2-dihydro-pyrazol-3-on und Aceton an einem Nickel-Katalysator bei 110°/12 at (*Büchi et al.*, Helv. **32** [1949] 984, 989, 992).

Kp₀,₀₆: 78°.

2-Isobutyl-4-isopropyl-1,5-dimethyl-1,2-dihydro-pyrazol-3-on $C_{12}H_{22}N_2O$, Formel II
(R = CH₃, R' = CH₂-CH(CH₃)₂).

B. Beim Erhitzen von 2-Isobutyl-4-isopropyl-5-methyl-1,2-dihydro-pyrazol-3-on mit CH₃I und Erwärmen des Reaktionsgemisches mit wss. NaOH (*Büchi et al.*, Helv. **32** [1949] 984, 989, 992).

Kp₀,₀₆₅: 90°.

I   II   III

4-Isopropyl-5-methyl-2-phenyl-1,2-dihydro-pyrazol-3-on $C_{13}H_{16}N_2O$, Formel II
(R = H, R' = C₆H₅), und Tautomere (E II 34).

B. Beim Hydrieren von 4-Isopropyliden-5-methyl-2-phenyl-2,4-dihydro-pyrazol-3-on an einem Nickel-Katalysator in Äthanol bei 80—100°/10 at (*Hoffmann-La Roche*, D.R.P. 565799 [1931]; Frdl. **19** 1184). Beim Hydrieren von 5-Methyl-2-phenyl-1,2-dihydro-pyrazol-3-on und Aceton in Methanol an Raney-Nickel bei 100—115°/30 at (*Riedel-de Haën*, D.B.P. 962254 [1954]; vgl. *Büchi et al.*, Helv. **38** [1955] 670, 673).

Kristalle (aus A. oder Acn.); F: 117—119° (*Hoffmann-La Roche*). Scheinbarer Dissoziationsexponent pK'ᵦ (H₂O [umgerechnet aus Eg.]; potentiometrisch ermittelt): 11,6 (*Veibel*, *Linholt*, Acta chem. scand. **8** [1954] 1007, 1008).

Bildung von 4-Hydroxy-4-isopropyl-5-methyl-2-phenyl-2,4-dihydro-pyrazol-3-on beim Behandeln mit Sauerstoff in Methanol unter Zusatz von Triäthylamin: *Ve.*, *Li.*; zeitlicher Verlauf dieser Reaktion: *Ve.*, *Li.*, l. c. S. 1014.

2-[2,4-Dinitro-phenyl]-4-isopropyl-5-methyl-1,2-dihydro-pyrazol-3-on $C_{13}H_{14}N_4O_5$,
Formel II (R = H, R' = C₆H₃(NO₂)₂(o,p)), und Tautomere.

B. Beim Erwärmen von 2-Isopropyl-acetessigsäure-äthylester mit [2,4-Dinitro-phenyl]-hydrazin und Pyridin (*Asano*, *Asai*, J. pharm. Soc. Japan **78** [1958] 450, 453; C. A. **1958** 18428).

F: 60°.

4-Isopropyl-1,5-dimethyl-2-phenyl-1,2-dihydro-pyrazol-3-on, Propyphenazon
$C_{14}H_{18}N_2O$, Formel II (R = CH₃, R' = C₆H₅).

B. Aus 4-Isopropyl-5-methyl-2-phenyl-1,2-dihydro-pyrazol-3-on beim Erhitzen mit Dimethylsulfat (*Hoffmann-La Roche*, D.R.P. 558473 [1931]; Frdl. **19** 1186; *Sawa*, J. pharm. Soc. Japan **57** [1937] 953, 959; dtsch. Ref. S. 269; C. A. **1938** 2533).

Kristalle; F: 103,5° (*L. u. A. Kofler*, Thermo-Mikro-Methoden, 3. Aufl. [Weinheim 1954] S. 438), 101—103° [aus PAe.] (*Hoffmann-La Roche*, D.R.P. 558473; *Sawa*). Scheinbarer Dissoziationsexponent pK'ᵦ (H₂O [umgerechnet aus Eg.]; potentiometrisch ermittelt): 11,6 (*Veibel et al.*, Acta chem. scand. **8** [1954] 768, 770). Löslichkeit in H₂O (g/100 ml) bei 16,5°: 0,24 (*Erlenmeyer*, *Willi*, Helv. **18** [1935] 740); bei 25°: 0,825 (*Giacalone*, *Di Maggio*, G. **69** [1939] 122, 125). Schmelzdiagramm des Systems mit Pyr-amidon: *Er.*, *Wi.* Oberflächenspannung von wss. Lösungen bei 26°: *Gi.*, *Di Ma.*, l. c. S. 126, 127.

Verbindung mit 3,3-Diäthyl-1H-pyridin-2,4-dion $C_{14}H_{18}N_2O \cdot C_9H_{13}NO_2$. Kristalle (aus wss. A.); F: 93° (*Hoffmann-La Roche*, U.S.P. 2090068 [1936]; D.R.P. 639712 [1936]; Frdl. **23** 476).

Salicylat $C_{14}H_{18}N_2O \cdot C_7H_6O_3$. Kristalle; F: 72—73° (*Hoffmann-La Roche*, Schweiz.P. 183066 [1935]).

2,5-Dihydroxy-benzoat $C_{14}H_{18}N_2O \cdot C_7H_6O_4$. Kristalle (aus Bzl.); F: 106° (*Hoff= mann-La Roche*, U.S.P. 2541651 [1949]; D.B.P. 804211 [1949]; D.R.B.P. Org. Chem. 1950—1951 **3** 52).

1-Äthyl-4-isopropyl-5-methyl-2-phenyl-1,2-dihydro-pyrazol-3-on $C_{15}H_{20}N_2O$, Formel II ($R = C_2H_5$, $R' = C_6H_5$).

B. Beim Erhitzen von 4-Isopropyl-5-methyl-2-phenyl-1,2-dihydro-pyrazol-3-on mit Diäthylsulfat (*Sawa*, J. pharm. Soc. Japan **57** [1937] 953, 959; dtsch. Ref. S. 269; C. A. **1958** 2533).

Kristalle (aus PAe.); F: 88°.

2-Benzyl-4-isopropyl-5-methyl-1,2-dihydro-pyrazol-3-on $C_{14}H_{18}N_2O$, Formel II ($R = H$, $R' = CH_2-C_6H_5$), und Tautomere.

B. Aus 2-Isopropyl-acetessigsäure-äthylester und Benzylhydrazin (*Büchi et al.*, Helv. **32** [1949] 984, 989, 991, 992). Beim Hydrieren von 2-Benzyl-5-methyl-1,2-dihydro-pyr= azol-3-on und Aceton an einem Nickel-Katalysator bei 110°/ 12 at (*Bü. et al.*).

Kristalle; F: 74°.

2-Benzyl-4-isopropyl-1,5-dimethyl-1,2-dihydro-pyrazol-3-on $C_{15}H_{20}N_2O$, Formel II ($R = CH_3$, $R' = CH_2-C_6H_5$).

B. Beim Erhitzen von 2-Benzyl-4-isopropyl-5-methyl-1,2-dihydro-pyrazol-3-on mit CH_3I und Erwärmen des Reaktionsgemisches mit wss. NaOH (*Büchi et al.*, Helv. **32** [1949] 984, 989, 992).

Kristalle; F: 87—89°.

2-[4-Isopropoxy-phenyl]-4-isopropyl-5-methyl-1,2-dihydro-pyrazol-3-on $C_{16}H_{22}N_2O_2$, Formel III ($R = H$), und Tautomere.

B. Aus 2-Isopropyl-acetessigsäure-äthylester beim Erhitzen mit [4-Isopropoxy-phenyl]-hydrazin (*Farbw. Hoechst*, D.B.P. 897406 [1951]).

Kristalle (aus E.); F: 128—130°.

2-[4-Isopropoxy-phenyl]-4-isopropyl-1,5-dimethyl-1,2-dihydro-pyrazol-3-on $C_{17}H_{24}N_2O_2$, Formel III ($R = CH_3$).

B. Beim Erhitzen von 2-[4-Isopropoxy-phenyl]-4-isopropyl-5-methyl-1,2-dihydro-pyr= azol-3-on mit CH_3I in Methanol (*Farbw. Hoechst*, D.B.P. 897406 [1951]).

Kristalle; F: 85—87°.

1-[2-Dimethylamino-äthyl]-4-isopropyl-5-methyl-2-phenyl-1,2-dihydro-pyrazol-3-on $C_{17}H_{25}N_3O$, Formel II ($R = CH_2-CH_2-N(CH_3)_2$, $R' = C_6H_5$).

B. Beim Erwärmen von 4-Isopropyl-5-methyl-2-phenyl-1,2-dihydro-pyrazol-3-on mit $NaNH_2$ in Dioxan und Erwärmen des Reaktionsgemisches mit [2-Chlor-äthyl]-dimethyl-amin (*Büchi et al.*, Helv. **38** [1955] 670, 673, 675).

$Kp_{0,4}$: 143—148°.

Hydrochlorid $C_{17}H_{25}N_3O \cdot HCl$. Kristalle (aus A. + Ae.); F: 93—94°.

4-Isopropyl-5-methyl-2-phenyl-1-[2-piperidino-äthyl]-1,2-dihydro-pyrazol-3-on $C_{20}H_{29}N_3O$, Formel IV.

B. Beim Erwärmen von 4-Isopropyl-5-methyl-2-phenyl-1,2-dihydro-pyrazol-3-on mit $NaNH_2$ in Dioxan und Erwärmen des Reaktionsgemisches mit 1-[2-Chlor-äthyl]-piperidin (*Büchi et al.*, Helv. **38** [1955] 670, 673, 675).

$Kp_{0,35}$: 141—144°.

Hydrochlorid $C_{20}H_{29}N_3O \cdot HCl$. Kristalle (aus A. + Ae.); F: 168,5—169,5° [korr.].

(±)-1-[2-Dimethylamino-propyl]-4-isopropyl-5-methyl-2-phenyl-1,2-dihydro-pyrazol-3-on $C_{18}H_{27}N_3O$, Formel II ($R = CH_2-CH(CH_3)-N(CH_3)_2$, $R' = C_6H_5$).

Diese Konstitution ist für die von *Büchi et al.* (Helv. **38** [1955] 670, 673, 675) als

(±)-1-[β-Dimethylamino-isopropyl]-4-isopropyl-5-methyl-2-phenyl-1,2-di≠ hydro-pyrazol-3-on angesehene Verbindung in Betracht zu ziehen.

B. Beim Erwärmen von 4-Isopropyl-5-methyl-2-phenyl-1,2-dihydro-pyrazol-3-on mit NaNH₂ in Dioxan und Erwärmen des Reaktionsgemisches mit (±)-[2-Chlor-propyl]- dimethyl-amin (*Bü. et al.*).

Kp₀,₃: 125—129°.

Hydrochlorid C₁₈H₂₇N₃O·HCl. Kristalle (aus A. + Ae.); F: 170,5—171,5° [korr.].

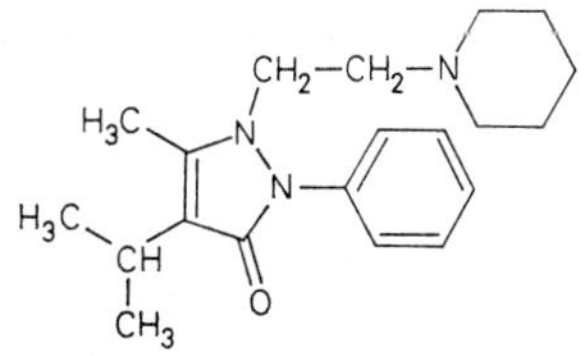

IV 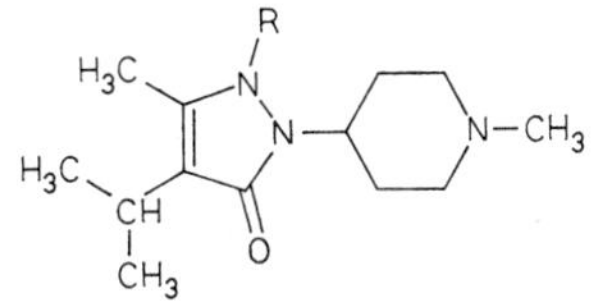   V 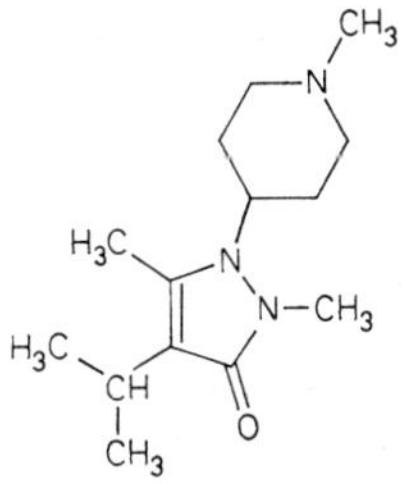   VI

4-Isopropyl-5-methyl-2-[1-methyl-[4]piperidyl]-1,2-dihydro-pyrazol-3-on C₁₃H₂₃N₃O, Formel V (R = H), und Tautomere.

B. Bei der Hydrierung von 4-Isopropyliden-5-methyl-2-[1-methyl-[4]piperidyl]-2,4- dihydro-pyrazol-3-on an Raney-Nickel in Äthanol bei 80°/15 at (*Ebnöther et al.*, Helv. **42** [1959] 1201, 1205, 1213).

Kristalle (aus wss. Ae. oder E.) mit 1 Mol H₂O; F: 90—97°.

4-Isopropyl-1,5(oder 2,5-)dimethyl-2(oder 1)-[1-methyl-[4]piperidyl]-1,2-dihydro- pyrazol-3-on C₁₄H₂₅N₃O, Formel V (R = CH₃) oder VI.

B. Beim Erhitzen von 2-Isopropyl-acetessigsäure-äthylester mit *N*-Methyl-*N*′-[1-meth≠ yl-[4]piperidyl]-hydrazin auf 200° (*Sandoz*, U.S.P. 2903460 [1958]; *Ebnöther et al.*, Helv. **42** [1959] 1201, 1212, 1213).

Hydrochlorid C₁₄H₂₅N₃O·HCl. Kristalle (aus CHCl₃ + Acn.) mit 0,5 Mol H₂O; F: 254—259° [Zers.] (*Eb. et al.*).

Hydrobromid C₁₄H₂₅N₃O·HBr. Kristalle (aus Isopropylalkohol + Acn. + Ae.); F: 215—219° [Zers.] (*Eb. et al.*).

4-Isopropyl-1,5-dimethyl-2-phenyl-1,2-dihydro-pyrazol-3-thion C₁₄H₁₈N₂S, Formel VII.

B. Aus 4-Isopropyl-1,5-dimethyl-2-phenyl-1,2-dihydro-pyrazol-3-on beim Erhitzen mit POCl₃ und Behandeln des Reaktionsprodukts mit KHS in H₂O (*Asano, Asai*, J. pharm. Soc. Japan **78** [1958] 450, 454; C. A. **1958** 18428).

F: 153—154°.

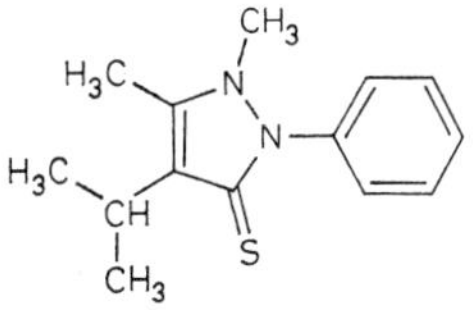

VII 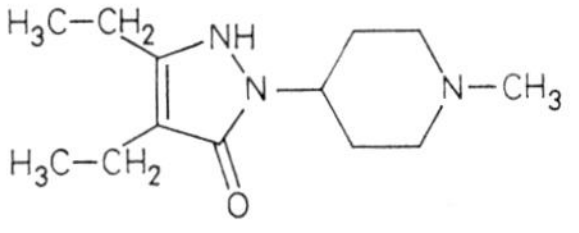   VIII 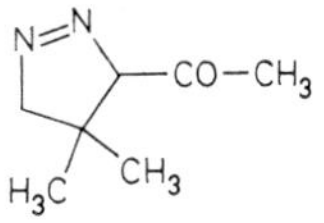   IX

4,5-Diäthyl-2-[1-methyl-[4]piperidyl]-1,2-dihydro-pyrazol-3-on C₁₃H₂₃N₃O, Formel VIII, und Tautomere.

B. Beim Behandeln von 2-Äthyl-3-oxo-valeriansäure-äthylester mit 4-Hydrazino- 1-methyl-piperidin und Erhitzen des Reaktionsgemisches auf 150°/12 Torr (*Ebnöther et al.*, Helv. **42** [1959] 1201, 1206, 1213).

Hydrochlorid C₁₃H₂₃N₃O·HCl. Kristalle (aus Isopropylalkohol + Ae.); F: 116—123°.

Hydrobromid C₁₃H₂₃N₃O·HBr. Kristalle (aus Isopropylalkohol + Acn.) mit 1 Mol H₂O; F: 120—126°.

(±)-3-Acetyl-4,4-dimethyl-4,5-dihydro-3H-pyrazol, (±)-[4,4-Dimethyl-4,5-dihydro-3H-pyrazol-3-yl]-äthanon $C_7H_{12}N_2O$, Formel IX, und Tautomere.

B. Beim Behandeln von Mesityloxid mit Diazomethan in Äther (*Adamson, Kenner*, Soc. **1937** 1551, 1555). Beim Behandeln von 4-Methyl-4-[methyl-nitroso-amino]-pentan-2-on mit K_2CO_3 in Äthanol und Äther (*Ad., Ke.*).

Kristalle (aus PAe.); F: 51,5—52,5°. Kp_{18}: 110°.

4-Butyl-1,3-dihydro-imidazol-2-on $C_7H_{12}N_2O$, Formel I (R = H, X = O), und Tautomere.

B. Aus 1-Hydroxy-hexan-2-on beim Erhitzen mit Harnstoff in Essigsäure (*Pfeil, Barth*, A. **593** [1955] 81, 87). Aus 1-Amino-hexan-2-on beim Erwärmen mit Kalium=cyanat in H_2O (*Pascual, Massó*, An. Soc. españ. [B] **48** [1952] 155, 160). Beim Behandeln von DL-Norleucin-äthylester-hydrochlorid mit Natrium-Amalgam in H_2O bei pH 2—3 und Erwärmen der Reaktionslösung mit Kaliumcyanat bei pH 4 (*Lawson*, Soc. **1957** 1443).

Kristalle; F: 195—196° (*Pa., Ma.*), 192° [aus E. + A.] (*Pf., Ba.*), 191° [aus A.] (*La.*).

Acetyl-Derivat $C_9H_{14}N_2O_2$. Kristalle (aus A.); F: 120° (*La.*).

4-Butyl-1,3-dihydro-imidazol-2-thion $C_7H_{12}N_2S$, Formel I (R = H, X = S), und Tautomere.

B. Neben 5-Butyl-1-[2-oxo-hexyl]-1,3-dihydro-imidazol-2-thion beim Behandeln von DL-Norleucin-äthylester-hydrochlorid mit Natrium-Amalgam in H_2O bei pH 2—4,5 und Erwärmen der Reaktionslösung mit Ammonium-thiocyanat bei pH 3,5 (*Lawson, Morley*, Soc. **1955** 1695, 1697; s. a. *Bullerwell, Lawson*, Soc. **1951** 3030).

Kristalle (aus H_2O); F: 127,5° (*Bu., La.*).

5-Butyl-1-[2-oxo-hexyl]-1,3-dihydro-imidazol-2-thion, 1-[5-Butyl-2-thioxo-2,3-dihydro-imidazol-1-yl]-hexan-2-on $C_{13}H_{22}N_2OS$, Formel I (R = CH_2-CO-$[CH_2]_3$-CH_3, X = S), und Tautomeres.

B. s. im vorangehenden Artikel.

Kristalle (aus PAe.); F: 98—100° (*Lawson, Morley*, Soc. **1955** 1695, 1697).

I   II   III

4-Isobutyl-1,3-dihydro-imidazol-2-on $C_7H_{12}N_2O$, Formel II (R = H, X = O), und Tautomere.

B. Beim Behandeln von DL-Leucin-äthylester-hydrochlorid mit Natrium-Amalgam in H_2O bei pH 2—3 und Erwärmen der Reaktionslösung mit Kaliumcyanat bei pH 4 (*Lawson*, Soc. **1957** 1443).

Kristalle (aus A.); F: 245°.

4-Isobutyl-1,3-dihydro-imidazol-2-thion $C_7H_{12}N_2S$, Formel II (R = H, X = S), und Tautomere.

B. Beim Erwärmen von 1-Amino-4-methyl-pentan-2-on-hydrochlorid mit Kalium-thiocyanat in H_2O (*Jackman et al.*, Am. Soc. **70** [1948] 2884). Beim Behandeln von DL-Leucin-äthylester-hydrochlorid mit Natrium-Amalgam in wss. HCl und Erwärmen des Reaktionsprodukts mit Kalium-thiocyanat in H_2O (*Akabori, Numano*, B. **66** [1933] 159, 160).

Kristalle; F: 188,4—189,4° [korr.; aus H_2O] (*Ja. et al.*), 183—184° [aus Toluol] (*Ak., Nu.*).

5-Isobutyl-1-[4-methyl-2-oxo-pentyl]-1,3-dihydro-imidazol-2-thion, 1-[5-Isobutyl-2-thioxo-2,3-dihydro-imidazol-1-yl]-4-methyl-pentan-2-on $C_{13}H_{22}N_2OS$, Formel II (R = CH_2-CO-CH_2-$CH(CH_3)_2$, X = S), und Tautomeres.

B. Beim Behandeln von DL-Leucin-äthylester-hydrochlorid mit Natrium-Amalgam in

H_2O bei pH 2—4,5 und Erwärmen der Reaktionslösung mit Ammonium-thiocyanat in H_2O bei pH 4 (*Lawson, Morley*, Soc. **1955** 1695, 1697).
Kristalle (aus A.); F: 153—154°.

4-*tert*-Butyl-1,3-dihydro-imidazol-2-thion $C_7H_{12}N_2S$, Formel III, und Tautomere.
B. Beim Erwärmen von N-[3,3-Dimethyl-2-oxo-butyl]-phthalimid mit wss. HCl und Essigsäure und Erwärmen des Reaktionsprodukts mit Kalium-thiocyanat in H_2O (*Jackman et al.*, Am. Soc. **70** [1948] 2884).
Kristalle (aus A.); F: 234,2—235,4° [korr.].

4-Methyl-5-propyl-1,3-dihydro-imidazol-2-on $C_7H_{12}N_2O$, Formel IV (X = O), und Tautomere (H 73).
B. Beim Erhitzen von 3-Methyl-4-propyl-isoxazol-5-ylamin mit Harnstoff auf 140° (*Kano*, J. pharm. Soc. Japan **72** [1952] 1118, 1120; C. A. **1953** 6936).
Kristalle (aus Me.); F: 263—264° [Zers.].

4-Methyl-5-propyl-1,3-dihydro-imidazol-2-thion $C_7H_{12}N_2S$, Formel IV (X = S), und Tautomere (H 73).
B. Aus [5-Propyl-2-thioxo-2,3-dihydro-1H-imidazol-4-yl]-essigsäure beim Erhitzen auf 240° (*Lawson*, Soc. **1953** 1046, 1051). Beim Erhitzen von N-Benzoyl-DL-norvalin mit Acetanhydrid und DMF, Erwärmen des Reaktionsprodukts mit wss. HCl und Erwärmen des Reaktionsprodukts mit Kalium-thiocyanat in H_2O (*Lawson*, Soc. **1957** 144, 148).
Kristalle; F: 267° [aus wss. A.] (*La.*, Soc. **1953** 1051), 254° [Zers.] (*La.*, Soc. **1957** 148).

IV   V   VI   VII

4,5-Diäthyl-1,3-dihydro-imidazol-2-on $C_7H_{12}N_2O$, Formel V, und Tautomeres.
B. Aus 4-Hydroxy-hexan-3-on beim Erhitzen mit Harnstoff in Essigsäure (*Winans, Adkins*, Am. Soc. **55** [1933] 4167, 4174).
Kristalle (aus A.); F: 293—294°.

2-Äthyl-5,5-dimethyl-3,5-dihydro-imidazol-4-thion $C_7H_{12}N_2S$, Formel VI, und Tautomere.
B. Beim Erhitzen von α-Propionylamino-thioisobuttersäure-amid auf 160° (*Chambon, Boucherle*, Bl. **1954** 907, 909).
Kristalle (aus $CHCl_3$); F: 126—127° [korr.; vorgeheizter App.].
Oxim $C_7H_{13}N_3O$; 2-Äthyl-5,5-dimethyl-3,5-dihydro-imidazol-4-on-oxim. Hydrochlorid $C_7H_{13}N_3O \cdot HCl$. Hellgelbe Kristalle; F: 188—189° [Zers.; vorgeheizter App.].
Semicarbazon $C_8H_{15}N_5O$; 2-Äthyl-5,5-dimethyl-3,5-dihydro-imidazol-4-on-semicarbazon. Kristalle; F: 94—96° [vorgeheizter App.].

***cis*-Octahydro-benzimidazol-2-on** $C_7H_{12}N_2O$, Formel VII (vgl. H 73).
B. Aus *cis*-Cyclohexan-1,2-diyldiamin (E III **13** 9 im Artikel *cis*-1,2-Bis-salicyliden-amino-cyclohexan) in wss. KOH beim Behandeln mit $COCl_2$ in Toluol (*Jaschunskiǐ, Ž. obšč. Chim.* **28** [1958] 1361, 1364; engl. Ausg. S. 1420). Bei der Hydrierung von 1,3-Dihydro-benzimidazol-2-on an Platin in wss.-äthanol. HCl (*English et al.*, Am. Soc. **67** [1945] 295, 301). Bei der Hydrierung von 1,3,4,5,6,7-Hexahydro-benzimidazol-2-on an Raney-Nickel in Äthanol bei 135—145°/120—125 at (*Geigy A.G.*, U.S.P. 2850532 [1956]).
Kristalle; F: 149—150° (*Geigy A. G.*), 147—149° [korr.; aus Bzl. + Hexan] (*En. et al.*), 147—148° (*Ja.*). Kp_{14}: 218—220° (*Geigy A. G.*).

(±)-1-Phenyl-(3a*r*,7a*t*)-octahydro-benzimidazol-2-on $C_{13}H_{16}N_2O$, Formel VIII (X = O) + Spiegelbild.

B. Beim Erhitzen von (±)-1-Phenyl-(3a*r*,7a*t*)-octahydro-benzimidazol-2-thion mit wss. KOH (*Winternitz et al.*, Bl. **1956** 382, 389).

Kristalle (aus A.); F: 172—174° [korr.].

(±)-1-Phenyl-(3a*r*,7a*t*)-octahydro-benzimidazol-2-thion $C_{13}H_{16}N_2S$, Formel VIII (X = S) + Spiegelbild.

B. Beim Erhitzen von (±)-*trans*-Hexahydro-benzoxazol-2-thion mit Anilin (*Winternitz et al.*, Bl. **1956** 382, 389).

Kristalle; F: 140—141° [korr.].

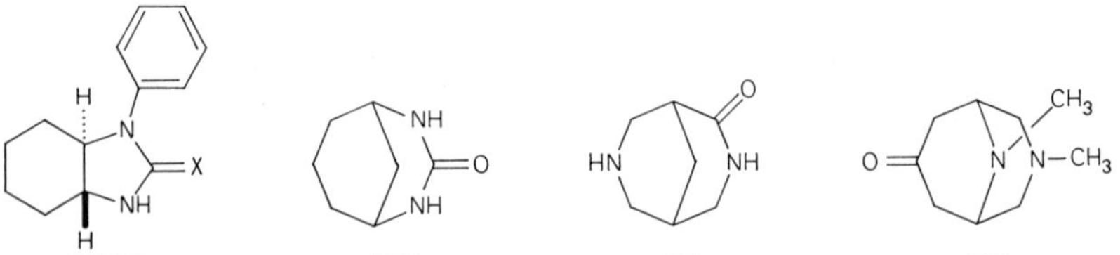

VIII   IX   X   XI

2,4-Diaza-bicyclo[3.3.1]nonan-3-on $C_7H_{12}N_2O$, Formel IX.

B. Aus *cis*-Cyclohexan-1,3-diyldiamin beim Erhitzen mit Diäthylcarbonat (*Hewgill, Jefferies*, Soc. **1956** 805, 808), auch unter Zusatz von NaH (*Hall*, Am. Soc. **80** [1958] 6412, 6419).

Kristalle; F: 323° [nach Sublimation bei 210°/0,3 Torr] (*Hall*), 315—316° [aus Me. + Ae.] (*He., Je.*). IR-Banden (KBr, Nujol sowie CCl_4; 3460—1650 cm^{-1}): *Hall, Zbinden*, Am. Soc. **80** [1958] 6428, 6430.

(±)-3,7-Diaza-bicyclo[3.3.1]nonan-2-on $C_7H_{12}N_2O$, Formel X.

B. Bei der Hydrierung von 5-Cyan-nicotinsäure-äthylester an Raney-Nickel in Dioxan bei ca. 100°/170 at (*Bohlmann, Ottawa*, B. **88** [1955] 1828).

$Kp_{0,001}$: 150° [Badtemperatur].

3,9-Dimethyl-3,9-diaza-bicyclo[3.3.1]nonan-7-on $C_9H_{16}N_2O$, Formel XI.

B. In kleiner Menge beim Behandeln von Bis-[2,2-dimethoxy-äthyl]-methyl-amin mit wss. HCl, Behandeln der neutralisierten Reaktionslösung mit dem Calcium-Salz der 3-Oxo-glutarsäure und wss. Methylamin und Erwärmen der Reaktionslösung mit wss. H_2SO_4 (*Blount, Robinson*, Soc. **1932** 2485).

Dipicrat $C_9H_{16}N_2O \cdot 2 C_6H_3N_3O_7$. Gelbe Kristalle (aus H_2O); F: 198° [Zers.].

[*Wente*]

Oxo-Verbindungen $C_8H_{14}N_2O$

5-Pentyl-2-phenyl-1,2-dihydro-pyrazol-3-on $C_{14}H_{18}N_2O$, Formel I (X = H), und Tautomere (H 74).

B. Aus Oct-2-insäure-methylester und Phenylhydrazin (*Zoss, Hennion*, Am. Soc. **63** [1941] 1151). Aus 3-Oxo-octansäure-äthylester und Phenylhydrazin (*Mallinckrodt Chem. Works*, U.S.P. 2367632 [1942], 2407942 [1941]).

Kristalle (aus wss. A.); F: 95,5—96° (*Zoss, He.*), 95—96° (*Mallinckrodt*).

2-[4-Nitro-phenyl]-5-pentyl-1,2-dihydro-pyrazol-3-on $C_{14}H_{17}N_3O_3$, Formel I (X = NO$_2$), und Tautomere.

B. Aus 3-Oxo-octansäure-äthylester und [4-Nitro-phenyl]-hydrazin-hydrochlorid (*Mallinckrodt Chem. Works*, U.S.P. 2367632 [1942], 2407942 [1941]).

Kristalle (aus wss. A.); F: 113—115°.

5-Neopentyl-2-phenyl-1,2-dihydro-pyrazol-3-on $C_{14}H_{18}N_2O$, Formel II, und Tautomere.

B. Aus 5,5-Dimethyl-3-oxo-hexansäure-äthylester und Phenylhydrazin (*Wallingford et al.*, Am. Soc. **63** [1941] 2252).

F: 138—140°.

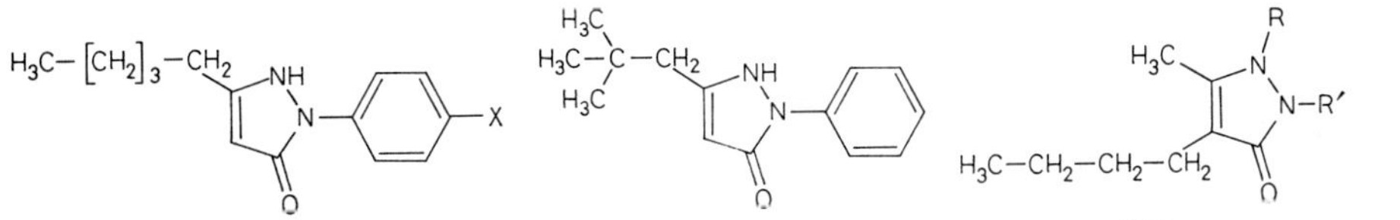

4-Butyl-5-methyl-1,2-dihydro-pyrazol-3-on $C_8H_{14}N_2O$, Formel III (R = R′ = H), und Tautomere.

B. Aus 2-Butyl-acetessigsäure-äthylester und N_2H_4 in H_2O (*U. S. Rubber Co.*, U.S.P. 2458780 [1945]) oder wss. Äthanol (*Veibel, Linholt*, Acta chem. scand. **8** [1954] 1383, 1385, 1386).

Kristalle (aus A.); F: 203—205° (*U. S. Rubber Co.*), 197—198° [unkorr.] (*Ve., Li.*).

4-Butyl-5-methyl-2-phenyl-1,2-dihydro-pyrazol-3-on $C_{14}H_{18}N_2O$, Formel III (R = H, R′ = C_6H_5), und Tautomere (E II 34).

B. Aus 2-Butyl-acetessigsäure-äthylester und Phenylhydrazin beim Erwärmen in wss. Äthanol (*Sawa*, J. pharm. Soc. Japan **57** [1937] 953, 960; dtsch. Ref. S. 269; C. A. **1938** 2533) oder in Aceton (*Giacalone*, G. **67** [1937] 460, 463).

Kristalle; F: 98° (*Sawa*), 95—96° (*Gi.*). Scheinbarer Dissoziationsexponent pK_b' (H_2O [umgerechnet aus Eg.]; potentiometrisch ermittelt): 11,4 (*Veibel, Linholt*, Acta chem. scand. **8** [1954] 1007, 1008).

4-Butyl-2-[2,4-dinitro-phenyl]-5-methyl-1,2-dihydro-pyrazol-3-on $C_{14}H_{16}N_4O_5$, Formel III (R = H, R′ = C_6H_3 $(NO_2)_2(o,p)$), und Tautomere.

B. Aus 2-Butyl-acetessigsäure-äthylester und [2,4-Dinitro-phenyl]-hydrazin (*Asano, Asai*, J. pharm. Soc. Japan **78** [1958] 450, 453; C. A. **1958** 18428).

F: 63—64°.

4-Butyl-1,5-dimethyl-2-phenyl-1,2-dihydro-pyrazol-3-on $C_{15}H_{20}N_2O$, Formel III (R = CH_3, R′ = C_6H_5).

B. Aus 5-Methyl-2-phenyl-1,2-dihydro-pyrazol-3-on bei der Hydrierung im Gemisch mit Butyraldehyd an Raney-Nickel bei 110—115°/ca. 30 at und anschliessenden Umsetzung mit Dimethylsulfat (*Riedel-de Haën*, D.B.P. 962254 [1954]). Aus 4-Butyl-5-methyl-2-phenyl-2,4-dihydro-pyrazol-3-on und CH_3I (*Giacalone*, G. **67** [1937] 460, 463) oder Dimethylsulfat (*Sawa*, J. pharm. Soc. Japan **57** [1937] 953, 960; dtsch. Ref. S. 269; C. A. **1938** 2533).

Kristalle (aus PAe.); F: 44—45° (*Gi.*). Kp_8: 210° (*Gi.*); Kp_5: 206—210° (*Riedel-de Haën*); Kp_3: 193—195° (*Sawa*).

1-Äthyl-4-butyl-5-methyl-2-phenyl-1,2-dihydro-pyrazol-3-on $C_{16}H_{22}N_2O$, Formel III (R = C_2H_5, R′ = C_6H_5).

B. Beim Erhitzen von 4-Butyl-5-methyl-2-phenyl-1,2-dihydro-pyrazol-3-on mit Diäthylsulfat (*Sawa*, J. pharm. Soc. Japan **57** [1937] 953, 960; dtsch. Ref. S. 269; C. A. **1938** 2533).

Hellgelbes Öl; Kp_3: 194—196°.

2-Benzyl-4-butyl-5-methyl-1,2-dihydro-pyrazol-3-on $C_{15}H_{20}N_2O$, Formel III (R = H, R′ = CH_2-C_6H_5), und Tautomere.

B. Aus 2-Butyl-acetessigsäure-äthylester und Benzylhydrazin (*Košt, Šagitullin*, Vestnik Moskovsk. Univ. **14** [1959] Nr. 1, S. 225, 228; C. A. **1959** 21894).

Kristalle (aus Bzl. + Ae.); F: 85—86°.

4-Butyl-5-methyl-2-[1-methyl-[4]piperidyl]-1,2-dihydro-pyrazol-3-on $C_{14}H_{25}N_3O$, Formel IV, und Tautomere.

B. Aus 2-Butyl-acetessigsäure-äthylester und 4-Hydrazino-1-methyl-piperidin (*Ebnöther et al.*, Helv. **42** [1959] 1201, 1205, 1213).

Kristalle (aus wasserhaltigem Ae.) mit 1 Mol H_2O; F: 75—80°.

IV   V

(±)-4-*sec*-Butyl-5-methyl-2-phenyl-1,2-dihydro-pyrazol-3-on $C_{14}H_{18}N_2O$, Formel V (R = H), und Tautomere.

B. Beim Erwärmen von (±)-2-*sec*-Butyl-acetessigsäure-äthylester mit Phenylhydrazin und wss. Äthanol (*Sawa*, J. pharm. Soc. Japan **57** [1937] 953, 961; dtsch. Ref. S. 269; C. A. **1938** 2533). Bei der Hydrierung von 4-*sec*-Butyliden-5-methyl-2-phenyl-2,4-dihydro-pyrazol-3-on (F: 85°) an einem Nickel-Katalysator bei 100°/5—10 at (*Hoffmann-La Roche*, D.R.P. 565799 [1931]; Frdl. **19** 1184).

Kristalle; F: 92° [aus wss. Acn.] (*Hoffmann-La Roche*), 91° [aus Acn.] (*Sawa*).

(±)-4-*sec*-Butyl-1,5-dimethyl-2-phenyl-1,2-dihydro-pyrazol-3-on $C_{15}H_{20}N_2O$, Formel V (R = CH₃).

B. Aus 5-Methyl-2-phenyl-1,2-dihydro-pyrazol-3-on bei der Hydrierung im Gemisch mit Butanon bei 110—115°/ca. 30 at und anschliessenden Umsetzung mit Dimethylsulfat (*Riedel-de Haën*, D.B.P. 962254 [1954]). Aus (±)-4-*sec*-Butyl-5-methyl-2-phenyl-1,2-dihydro-pyrazol-3-on und Dimethylsulfat (*Sawa*, J. pharm. Soc. Japan **57** [1937] 953, 961; dtsch. Ref. S. 269; C. A. **1938** 2533).

F: 90—93° (*Riedel-de Haën*). Kristalle (aus PAe.); F: 91° (*Sawa*).

(±)-1-Äthyl-4-*sec*-butyl-5-methyl-2-phenyl-1,2-dihydro-pyrazol-3-on $C_{16}H_{22}N_2O$, Formel V (R = C₂H₅).

B. Beim Erhitzen von (±)-4-*sec*-Butyl-5-methyl-2-phenyl-1,2-dihydro-pyrazol-3-on mit Diäthylsulfat (*Sawa*, J. pharm. Soc. Japan **57** [1937] 953, 961; dtsch. Ref. S. 269; C. A. **1938** 2533).

Kristalle (aus PAe.); F: 90—91°.

4-Isobutyl-5-methyl-2-phenyl-1,2-dihydro-pyrazol-3-on $C_{14}H_{18}N_2O$, Formel VI (R = H), und Tautomere.

B. Beim Erwärmen von 2-Isobutyl-acetessigsäure-äthylester mit Phenylhydrazin in Essigsäure (*Giacalone*, G. **67** [1937] 460, 462) oder in wss. Äthanol (*Sawa*, J. pharm. Soc. Japan **57** [1937] 953, 960; dtsch. Ref. S. 269; C. A. **1938** 2533). Bei der Hydrierung von 5-Methyl-2-phenyl-1,2-dihydro-pyrazol-3-on im Gemisch mit Isobutyraldehyd an einem Nickel-Katalysator bei 110—120°/10 at (*Hoffmann-La Roche*, D.R.P. 565799 [1931]; Frdl. **19** 1184).

Kristalle; F: 118—119° [aus wss. Me.] (*Hoffmann-La Roche*), 118° [aus Bzl. + PAe.] (*Gi.*), 118° (*Sawa*).

4-Isobutyl-1,5-dimethyl-2-phenyl-1,2-dihydro-pyrazol-3-on $C_{15}H_{20}N_2O$, Formel VI (R = CH₃).

B. Aus 4-Isobutyl-5-methyl-2-phenyl-1,2-dihydro-pyrazol-3-on und CH₃I (*Giacalone*, G. **67** [1937] 460, 462) oder Dimethylsulfat (*Sawa*, J. pharm. Soc. Japan **57** [1937] 953, 960; dtsch. Ref. S. 269; C. A. **1938** 2533).

Kristalle (aus PAe.); F: 56° (*Gi.*), 51—52° (*Sawa*). Löslichkeit in H_2O bei 25°: 0,55 % (*Giacalone, Di Maggio*, G. **69** [1939] 122, 125). Oberflächenspannung von wss. Lösungen bei 22°: *Gi., Di Ma.*, l. c. S. 127.

1-Äthyl-4-isobutyl-5-methyl-2-phenyl-1,2-dihydro-pyrazol-3-on $C_{16}H_{22}N_2O$, Formel VI
(R = C_2H_5).
  B. Aus 4-Isobutyl-5-methyl-2-phenyl-1,2-dihydro-pyrazol-3-on und Diäthylsulfat
(*Sawa*, J. pharm. Soc. Japan **57** [1937] 953, 960; dtsch. Ref. S. 269; C. A. **1938** 2533).
  Hellgelbes Öl; Kp_3: 187—189°.

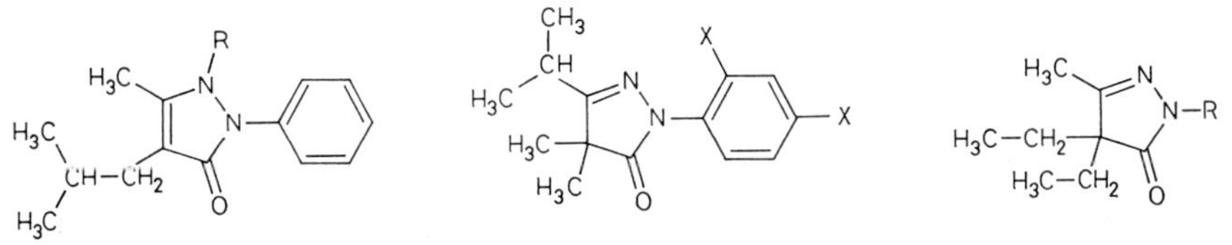

VI   VII   VIII

5-Isopropyl-4,4-dimethyl-2-phenyl-2,4-dihydro-pyrazol-3-on $C_{14}H_{18}N_2O$, Formel VII
(X = H).
  Diese Konstitution kommt wahrscheinlich der früher (s. H **1** 731) als Monophenyl‍=
hydrazon des dimeren Dimethylketens beschriebenen Verbindung (F: 66—67°)
zu; s. diesbezüglich *Hasek et al.*, J. org. Chem. **26** [1961] 4340, 4341.

2-[2,4-Dinitro-phenyl]-5-isopropyl-4,4-dimethyl-2,4-dihydro-pyrazol-3-on $C_{14}H_{16}N_4O_5$,
Formel VII (X = NO_2).
  B. Aus 2,2,4-Trimethyl-3-oxo-valeriansäure-äthylester und [2,4-Dinitro-phenyl]-
hydrazin (*Cason, Fessenden*, J. org. Chem. **22** [1957] 1326, 1330).
  Kristalle (aus A.); F: 169,5—170° [korr.].

4,4-Diäthyl-5-methyl-2,4-dihydro-pyrazol-3-on $C_8H_{14}N_2O$, Formel VIII (R = H) (E II 35).
  F: 104—105° (*Veibel et al.*, Acta chem. scand. **8** [1954] 768, 770). Über die Basizität s.
Ve. et al.

4,4-Diäthyl-5-methyl-2-phenyl-2,4-dihydro-pyrazol-3-on $C_{14}H_{18}N_2O$, Formel VIII
(R = C_6H_5) (E II 35).
  Kristalle (aus PAe.); F: 39°; Kp_{12}: 176° (*Biquard, Grammatikacis*, Bl. [5] **8** [1941]
246, 253). UV-Spektrum (A. sowie Cyclohexan; 210—350 nm): *Bi., Gr.*, l. c. S. 251, 252.

**(±)-3-Acetyl-4,4,5-trimethyl-4,5-dihydro-3*H*-pyrazol, (±)-1-[4,4,5-Trimethyl-
4,5-dihydro-3*H*-pyrazol-3-yl]-äthanon** $C_8H_{14}N_2O$, Formel IX, und Tautomere.
  B. Aus Mesityloxid und Diazoäthan (*Adamson, Kenner*, Soc. **1937** 1551, 1556). Aus
4-[Äthyl-nitroso-amino]-4-methyl-pentan-2-on mit Hilfe von K_2CO_3 (*Ad., Ke.*).
  Kristalle (aus PAe.); F: 76,3°.

4-Pentyl-1,3-dihydro-imidazol-2-thion $C_8H_{14}N_2S$, Formel X (R = H), und Tautomere.
  B. Aus 1-Amino-heptan-2-on-hydrochlorid und Kalium-thiocyanat (*Jackman et al.*,
Am. Soc. **70** [1948] 2884, 2885). Beim Behandeln von 2-Amino-heptansäure-äthylester
mit Natrium-Amalgam und anschliessend mit Ammonium-thiocyanat (*Akabori, Numano*,
B. **66** [1933] 159, 162). In geringer Menge beim Erhitzen von 1-[2-Phenyl-4*H*-oxazol-
4-yl]-hexan-1-on mit wss. HCl und Erhitzen des Reaktionsprodukts mit Ammonium-
thiocyanat in H_2O (*Bullerwell, Lawson*, Soc. **1952** 1350, 1352).
  Kristalle; F: 114—115,5° [aus wss. A.] (*Ak., Nu.*), 111—113° [korr.; aus Ae. + PAe.]
(*Ja. et al.*), 111° [aus Bzl. + PAe.] (*Bu., La.*).

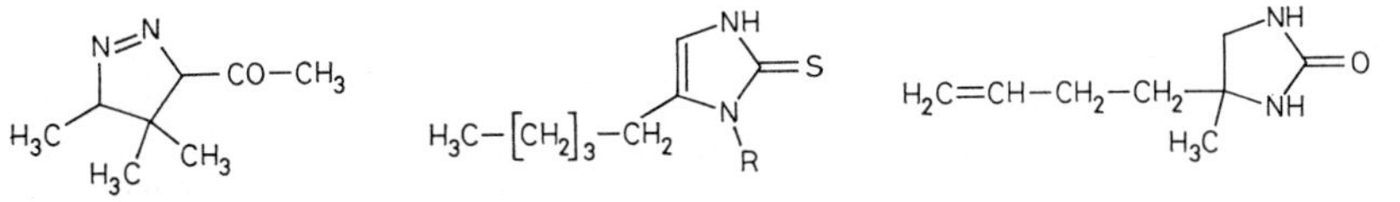

IX   X   XI

1-Methyl-5-pentyl-1,3-dihydro-imidazol-2-thion $C_9H_{16}N_2S$, Formel X (R = CH_3), und Tautomeres.

B. Beim Behandeln von 2-Methylamino-heptansäure-äthylester mit Natrium-Amalgam und anschliessend mit Ammonium-thiocyanat (*Akabori, Numano*, B. **66** [1933] 159, 163). Kristalle (aus Bzl.); F: 143—144°.

(±)-4-But-3-enyl-4-methyl-imidazolidin-2-on $C_8H_{14}N_2O$, Formel XI.

B. Aus (±)-5-But-3-enyl-5-methyl-imidazolidin-2,4-dion mit Hilfe von $LiAlH_4$ in Äther (*Marshall*, Am. Soc. **78** [1956] 3696).

F: 74—77° [nach Destillation bei 165—173°/0,4 Torr].

4-Äthyl-5-propyl-1,3-dihydro-imidazol-2-thion $C_8H_{14}N_2S$, Formel XII, und Tautomere.

B. Beim Erhitzen von DL-Norvalin mit Propionsäure-anhydrid und Pyridin, anschliessend mit wss. HCl und Erhitzen des Reaktionsprodukts mit Ammonium-thiocyanat in H_2O (*Bullerwell, Lawson*, Soc. **1952** 1350, 1353).

Kristalle (aus A.); F: 297° [Zers.].

1,3-Diaza-spiro[4.5]decan-2-on $C_8H_{14}N_2O$, Formel XIII (R = H).

B. Beim Erwärmen von 4-Thioxo-1,3-diaza-spiro[4.5]decan-2-on mit Raney-Nickel und Äthanol (*Carrington et al.*, Soc. **1953** 3105, 3107, 3108).

F: 221—222°.

3-Methyl-1,3-diaza-spiro[4.5]decan-2-on $C_9H_{16}N_2O$, Formel XIII (R = CH_3).

B. Aus der vorangehenden Verbindung und CH_3I in Gegenwart von Ag_2O (*Carrington et al.*, Soc. **1953** 3105, 3109). Beim Erwärmen von 3-Methyl-4-thioxo-1,3-diaza-spiro-[4.5]decan-2-on mit Raney-Nickel und Äthanol (*Ca. et al.*, l. c. S. 3107).

F: 126—127° (*Ca. et al.*, l. c. S. 3108).

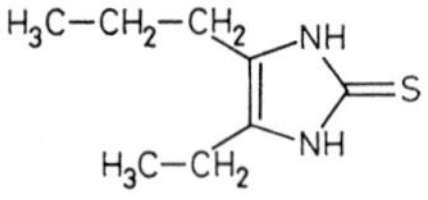

XII 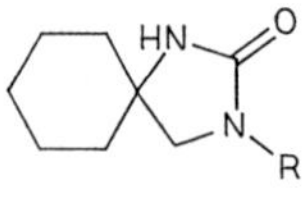   XIII 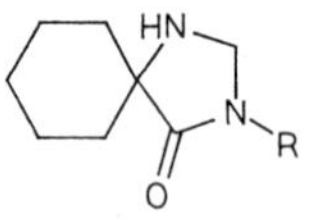   XIV 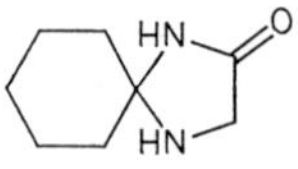   XV

1,3-Diaza-spiro[4.5]decan-4-on $C_8H_{14}N_2O$, Formel XIV (R = H).

B. Neben 2-Hydroxy-1,3-diaza-spiro[4.5]decan-4-on (Hauptprodukt) beim Erwärmen von 2-Thioxo-1,3-diaza-spiro[4.5]decan-4-on mit Raney-Nickel und Äthanol (*Carrington et al.*, Soc. **1953** 3105, 3106, 3108).

F: 157°.

3-Methyl-1,3-diaza-spiro[4.5]decan-4-on $C_9H_{16}N_2O$, Formel XIV (R = CH_3).

B. Neben 2-Hydroxy-3-methyl-1,3-diaza-spiro[4.5]decan-4-on (Hauptprodukt) beim Erwärmen von 3-Methyl-2-thioxo-1,3-diaza-spiro[4.5]decan-4-on mit Raney-Nickel und Äthanol (*Carrington et al.*, Soc. **1953** 3105, 3106, 3108).

F: 75°.

1,4-Diaza-spiro[4.5]decan-2-on $C_8H_{14}N_2O$, Formel XV.

B. Aus Glycin-nitril, Cyclohexanon und methanol. Natriummethylat (*Davis, Levy*, Soc. **1951** 3479, 3485).

Kristalle (aus $CHCl_3$ + PAe.); F: 121°.

Acetyl-Derivat $C_{10}H_{16}N_2O_2$; 4-Acetyl-1,4-diaza-spiro[4.5]decan-2-on. Kristalle (aus A.); F: 209—210°. — Picrat. F: 142°.

---

cis-**Octahydro-cycloheptimidazol-2-on** $C_8H_{14}N_2O$, Formel I.

B. Beim Erhitzen von 2-Chlor-cycloheptanon mit Harnstoff in *O,O'*-Diäthyl-diäthyl-englykol und Hydrieren des Reaktionsprodukts an Raney-Nickel in Äthanol bei 135—145°/

120—125 at (*Geigy A. G.*, U.S.P. 2850532 [1956]).
Kristalle (aus Me.); F: 253°.

***Opt.-inakt. 3-Benzyl-octahydro-chinazolin-2-on** $C_{15}H_{20}N_2O$, Formel II.

B. Neben 3-Benzyl-5,6,7,8-tetrahydro-3*H*-chinazolin-2-on beim Erhitzen von 3-Benzyl-3,4,5,6,7,8-hexahydro-1*H*-chinazolin-2-on mit wss. HCl (*Mannich, Hieronimus*, B. **75** [1942] 49, 54).
Kristalle (aus A.); F: 175°.

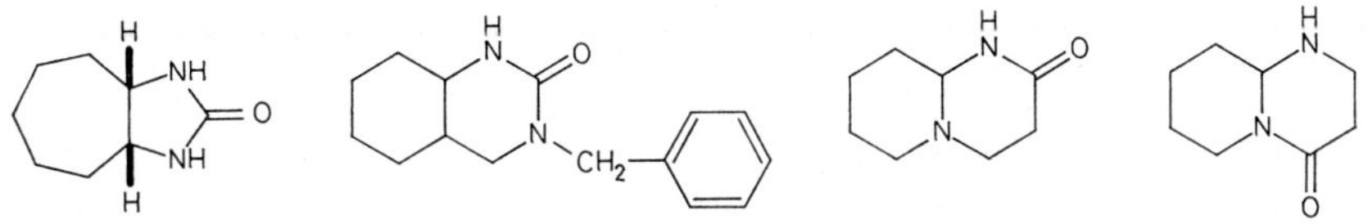

I   II   III   IV

(±)-Octahydro-pyrido[1,2-a]pyrimidin-2-on $C_8H_{14}N_2O$, Formel III.

B. Bei der Hydrierung von 3,4-Dihydro-pyrido[1,2-*a*]pyrimidin-2-on oder von Pyrido=[1,2-*a*]pyrimidin-2-on an Platin in Äthanol (*Adams, Pachter*, Am. Soc. **74** [1952] 4906, 4909).
Kristalle (aus PAe.); F: 140—142° [korr.]. Bei 100°/1 Torr sublimierbar.
Picrat $C_8H_{14}N_2O \cdot C_6H_3N_3O_7$. Kristalle (aus A.); F: 149—150° [korr.].

(±)-Octahydro-pyrido[1,2-a]pyrimidin-4-on $C_8H_{14}N_2O$, Formel IV.

B. Bei der Hydrierung von Pyrido[1,2-*a*]pyrimidin-4-on (*Adams, Pachter*, Am. Soc. **74** [1952] 5491, 5497) oder von 2-Chlor-pyrido[1,2-*a*]pyrimidin-4-on (*Snyder, Robinson*, Am. Soc. **74** [1952] 4910, 4914) an Platin in Äthanol.
Hygroskopische Kristalle (aus Ae.); F: 61—61,8° (*Sn., Ro.*), 57—59° (*Ad., Pa.*).
Phenylthiocarbamoyl-Derivat $C_{15}H_{19}N_3OS$; 4-Oxo-hexahydro-pyrido=[1,2-*a*]pyrimidin-1-thiocarbonsäure-anilid. Kristalle (aus Isopropylalkohol); F: 174,5—176° [unkorr.] (*Sn., Ro.*).

(±)-Octahydro-pyrido[1,2-a]pyrazin-4-on $C_8H_{14}N_2O$, Formel V (R = H).

B. Beim Hydrieren von *N*-[2]Pyridylmethyl-glycin-äthylester an Platin in Essigsäure und Erhitzen des Reaktionsprodukts im Hochvakuum (*Winterfeld, Gierenz*, B. **92** [1959] 240, 242).
$Kp_{0,05}$: 111—113°.
Picrat $C_8H_{14}N_2O \cdot C_6H_3N_3O_7$. Gelbe Kristalle (aus H_2O); F: 187—190°.

(±)-[4-Oxo-octahydro-pyrido[1,2-a]pyrazin-2-yl]-essigsäure-äthylester $C_{12}H_{20}N_2O_3$, Formel V (R = CH_2-CO-O-C_2H_5).

B. Beim Hydrieren von [2]Pyridylmethylimino-di-essigsäure-diäthylester an Platin in Essigsäure und Erhitzen des Reaktionsprodukts im Hochvakuum (*Winterfeld, Gierenz*, B. **92** [1959] 240, 241, 242).
Gelbliches Öl; $Kp_{0,4}$: 169—170°.
Perchlorat $C_{12}H_{20}N_2O_3 \cdot HClO_4$. Kristalle (aus A. + Ae.); F: 204—207°.
Tetrachloroaurat(III). Gelbe Kristalle (aus H_2O); F: 116—119°.

(±)-Octahydro-pyrido[1,2-c]pyrimidin-1-on $C_8H_{14}N_2O$, Formel VI.

Konstitution: *Yamazaki et al.*, J. pharm. Soc. Japan **87** [1967] 663, 665; C. A. **67** [1967] 90769.

B. Bei der Hydrierung von [2-[2]Pyridyl-äthyl]-carbamidsäure-äthylester an Raney-Nickel in Äthanol bei 130°/120 at (*Ya. et al.*). Neben Octahydro-pyrido[1,2-*c*]pyrimidin aus (±)-Hexahydro-pyrido[1,2-*c*]pyrimidin-1,3-dion mit Hilfe von LiAlH$_4$ in Äther (*Winterfeld, Göbel*, B. **92** [1959] 637, 641).
Kristalle; F: 146° [aus PAe. + Xylol] (*Ya. et al.*), 145—146° (*Wi., Gö.*, l. c. S. 638).

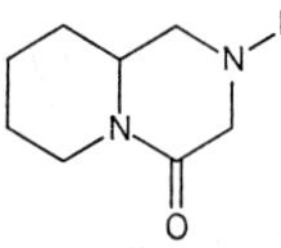

V 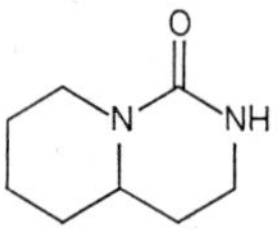   VI 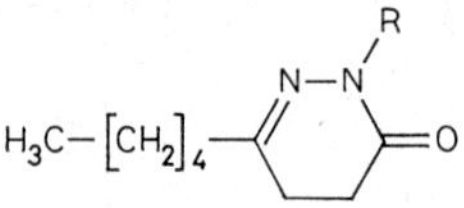   VII 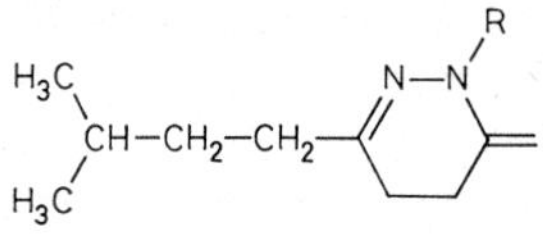   VIII

Oxo-Verbindungen $C_9H_{16}N_2O$

6-Pentyl-4,5-dihydro-2H-pyridazin-3-on $C_9H_{16}N_2O$, Formel VII (R = H).
B. Aus 4-Oxo-nonansäure und $N_2H_4 \cdot H_2O$ (*Levisalles*, Bl. **1957** 1004, 1008). Als Hauptprodukt beim Erhitzen von 4-Semicarbazono-nonansäure (*Kutscherow*, Ž. obšč. Chim. **20** [1950] 1662, 1663; engl. Ausg. S. 1725, 1726).
Kristalle (aus Hexan); F: 35° (*Le.*). Kp_{11}: 170—172° (*Le.*); Kp_5: 150—152° (*Ku.*).

6-Pentyl-2-phenyl-4,5-dihydro-2H-pyridazin-3-on $C_{15}H_{20}N_2O$, Formel VII (R = C_6H_5).
B. Beim Erhitzen von 4-Phenylhydrazono-nonansäure-äthylester (*Kutscherow*, Ž. obšč. Chim. **20** [1950] 1662, 1665; engl. Ausg. S. 1725, 1728).
Hellgelbes Öl; Kp_3: 186—187°.

6-Isopentyl-4,5-dihydro-2H-pyridazin-3-on $C_9H_{16}N_2O$, Formel VIII (R = H).
B. Als Hauptprodukt beim Erhitzen von 7-Methyl-4-semicarbazono-octansäure (*Kutscherow*, Ž. obšč. Chim. **20** [1950] 1662, 1664; engl. Ausg. S. 1725, 1727).
Hellgelbes Öl; Kp_5: 149—150°.

6-Isopentyl-2-phenyl-4,5-dihydro-2H-pyridazin-3-on $C_{15}H_{20}N_2O$, Formel VIII (R = C_6H_5).
B. Beim Erhitzen von 7-Methyl-4-phenylhydrazono-octansäure-äthylester (*Kutscherow*, Ž. obšč. Chim. **20** [1950] 1662, 1665; engl. Ausg. S. 1725, 1728).
Hellgelbes Öl; Kp_3: 183—184°.

(±)-4,6-Diäthyl-4-methyl-3,4-dihydro-1H-pyrimidin-2-thion $C_9H_{16}N_2S$, Formel IX.
Konstitution: *Zigeuner et al.*, M. **101** [1970] 1415, 1423.
B. Aus Butanon beim Erwärmen mit Ammonium-thiocyanat ohne Lösungsmittel (*U. S. Rubber Co.*, U.S.P. 2234848 [1938]) oder in Benzol und Cyclohexanol (*Zi. et al.*).
Kristalle; F: 236° [aus A.] (*Zi. et al.*), 228—229° (*U. S. Rubber Co.*, U.S.P. 2234848).
Reaktion mit konz. H_2SO_4: *U. S. Rubber Co.*, U.S.P. 2356710 [1941].

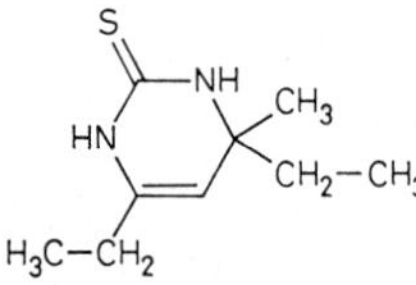

IX 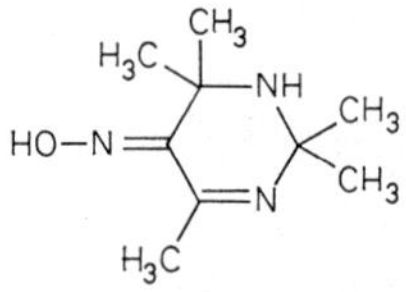   X 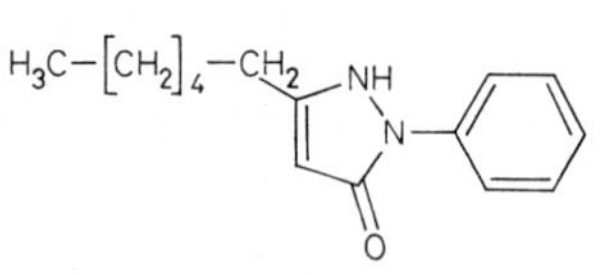   XI

***2,2,4,6,6-Pentamethyl-2,6-dihydro-1H-pyrimidin-5-on-oxim** $C_9H_{17}N_3O$, Formel X.
B. Beim Behandeln von 2,2,4,6,6-Pentamethyl-1,2,5,6-tetrahydro-pyrimidin mit $NaNO_2$ und wss. HCl (*Hancox*, Austral. J. scient. Res. [A] **3** [1950] 450, 455).
Kristalle (aus wss. Acn.) mit 1 Mol H_2O. Kristalle (aus Me.) mit 1 Mol Methanol; F: 166—168° [korr.; Zers.].
Benzoyl-Derivat $C_{16}H_{21}N_3O_2$. Kristalle (aus Bzl. + PAe.); F: 105° [korr.].

5-Hexyl-2-phenyl-1,2-dihydro-pyrazol-3-on $C_{15}H_{20}N_2O$, Formel XI, und Tautomere (H 75; E I 230).
B. Aus 3-Oxo-nonansäure-propylester und Phenylhydrazin (*Mallinckrodt Chem. Works*, U.S.P. 2367632 [1942], 2407942 [1941]).

F: 83—84° (*Levine, Hauser*, Am. Soc. **66** [1944] 1768, 1769 Anm. g; *Mallinckrodt*).

5-Methyl-4-pentyl-1,2-dihydro-pyrazol-3-on $C_9H_{16}N_2O$, Formel XII, und Tautomere (H 76).
F: 198° [vorgeheizter App.] (*Montagne*, Bl. **1946** 63, 68).

4-Methyl-5-pentyl-2-phenyl-1,2-dihydro-pyrazol-3-on $C_{15}H_{20}N_2O$, Formel XIII, und Tautomere.
B. Aus 2-Methyl-3-oxo-octansäure-äthylester oder aus 2-Methyl-3-oxo-octansäure-*sec*-butylester und Phenylhydrazin (*Cason et al.*, J. org. Chem. **18** [1953] 1594, 1597).
Kristalle (aus Hexan); F: 80,4—82,9°.

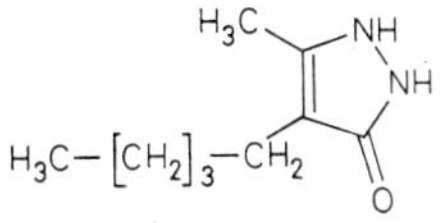

XII 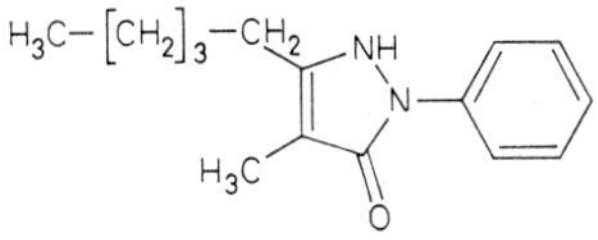   XIII 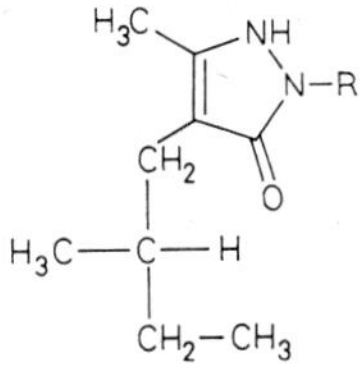   XIV

5-Methyl-4-[(S)-2-methyl-butyl]-1,2-dihydro-pyrazol-3-on $C_9H_{16}N_2O$, Formel XIV (R = H), und Tautomere.
B. Aus der folgenden Verbindung (*Baker*, Soc. **1950** 1302, 1309).
Kristalle (aus wss. A.); F: 218°.

3-Methyl-4-[(S)-2-methyl-butyl]-5-oxo-2,5-dihydro-pyrazol-1-carbonsäure-amid $C_{10}H_{17}N_3O_2$, Formel XIV (R = CO-NH$_2$), und Tautomere.
Die Konfiguration ergibt sich aus der genetischen Beziehung zu (S)-1-Brom-2-methyl-butan (E III **1** 362) und zu (S)-1-Jod-2-methyl-butan (E III **1** 366).
B. Aus 2-[(S)-2-Methyl-butyl]-acetessigsäure-äthylester (H **3** 716; E I **3** 249; dort als rechtsdrehender 2-Oxo-5-methyl-heptan-carbonsäure-(3)-äthylester bezeichnet) und Semi=carbazid-acetat (*Baker*, Soc. **1950** 1302, 1309).
Kristalle (aus Ae.); F: 156°.

4-Isopentyl-5-methyl-2-phenyl-1,2-dihydro-pyrazol-3-on $C_{15}H_{20}N_2O$, Formel I (R = H, R' = C_6H_5), und Tautomere.
B. Beim Erwärmen von 2-Isopentyl-acetessigsäure-äthylester mit Phenylhydrazin und wss. Äthanol (*Sawa*, J. pharm. Soc. Japan **57** [1937] 953, 961; dtsch. Ref. S. 269; C. A. **1938** 2533).
Gelbes Öl; Kp$_{1,5}$: 186—188°.

4-Isopentyl-1,5-dimethyl-2-phenyl-1,2-dihydro-pyrazol-3-on $C_{16}H_{22}N_2O$, Formel I (R = CH$_3$, R' = C_6H_5).
B. Beim Erhitzen der vorangehenden Verbindung mit Dimethylsulfat (*Sawa*, J. pharm. Soc. Japan **57** [1937] 953, 961; dtsch. Ref. S. 269; C. A. **1938** 2533).
Kristalle (aus PAe.); F: 61—62° (*Sawa*). Löslichkeit in H$_2$O bei 25°: 0,41% (*Giacalone, Di Maggio*, G. **69** [1939] 122, 125). Oberflächenspannung von wss. Lösungen bei 22°: *Gi., Di Ma.*, l. c. S. 127.

1-Äthyl-4-isopentyl-5-methyl-2-phenyl-1,2-dihydro-pyrazol-3-on $C_{17}H_{24}N_2O$, Formel I (R = C_2H_5, R' = C_6H_5).
B. Analog der vorangehenden Verbindung (*Sawa*, J. pharm. Soc. Japan **57** [1937] 953, 961; dtsch. Ref. S. 269; C. A. **1938** 2533).
Kp$_3$: 193—195°.

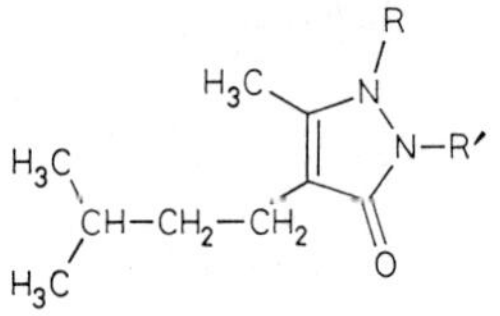

I 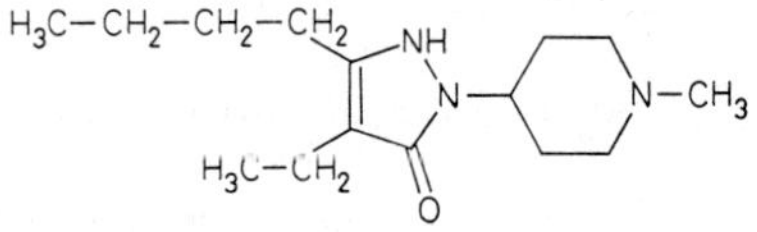   II

4-Isopentyl-3-methyl-5-oxo-2,5-dihydro-pyrazol-1-carbonsäure-amid $C_{10}H_{17}N_3O_2$, Formel I (R = H, R' = CO-NH$_2$), und Tautomere.

B. Beim Behandeln von 2-Isopentyl-acetessigsäure-äthylester mit Semicarbazid-hydrochlorid und wss.-äthanol. Natriumacetat (*Baker*, Soc. **1950** 1302, 1308).

Kristalle (aus Ae.); F: 157°.

4-Äthyl-5-butyl-2-[1-methyl-[4]piperidyl]-1,2-dihydro-pyrazol-3-on $C_{15}H_{27}N_3O$, Formel II, und Tautomere.

B. Aus 4-Hydrazino-1-methyl-piperidin und 2-Äthyl-3-oxo-heptansäure-ester (*Ebnöther et al.*, Helv. **42** [1959] 1201, 1206).

Kristalle (aus wasserhaltigem Ae.) mit 2 Mol H$_2$O; F: 60—70° [unter Abgabe von H$_2$O].

Hydrobromid $C_{15}H_{27}N_3O \cdot HBr$. Hygroskopische Kristalle (aus Acn.). Präparat mit 3 Mol H$_2$O; F: 60—75° [unter Abgabe von H$_2$O].

5-Hexyl-3,5-dihydro-imidazol-4-thion $C_9H_{16}N_2S$, Formel III, und Tautomere.

Zink-Salz $Zn(C_9H_{15}N_2S)_2$. *B.* Beim Erwärmen von Bis-[5-hexyl-1(3)H-imidazol-4-yl]-disulfid mit Zink-Pulver und Essigsäure (*Abe*, J. chem. Soc. Japan **65** [1944] 414, 417; C. A. **1947** 4147). — Pulver (aus A. + Ae.).

4-Hexyl-1,3-dihydro-imidazol-2-on $C_9H_{16}N_2O$, Formel IV (X = O), und Tautomere.

B. Beim Behandeln von 2-Amino-octansäure-äthylester-hydrochlorid mit Natrium-Amalgam in wss. HCl (pH 2—3) und anschliessend mit Kaliumcyanat bei pH 7 (*Lawson*, Soc. **1957** 1443).

Kristalle (aus A.); F: 183°.

Acetyl-Derivat $C_{11}H_{18}N_2O_2$. Kristalle (aus A.); F: 109°.

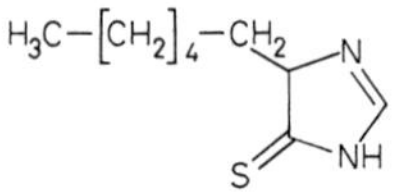

III 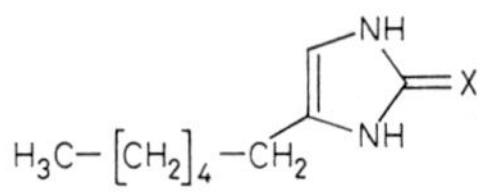   IV 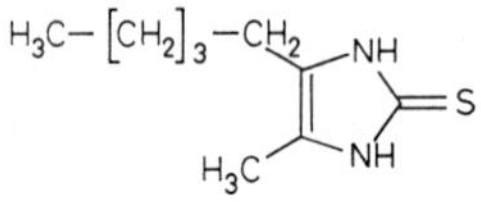   V

4-Hexyl-1,3-dihydro-imidazol-2-thion $C_9H_{16}N_2S$, Formel IV (X = S), und Tautomere.

B. Aus 1-Amino-octan-2-on-hydrochlorid und Kalium-thiocyanat (*Jackman et al.*, Am. Soc. **70** [1948] 2884). Aus 5-Hexyl-2-thioxo-2,3-dihydro-1H-imidazol-4-carbonsäure [230—270°] (*E. Lilly & Co.*, U.S.P. 2585388 [1948]).

Kristalle; F: 115,2—116° [korr.; aus Ae. + PAe.] (*Ja. et al.*), 115—116° (*E. Lilly & Co.*).

4-Methyl-5-pentyl-1,3-dihydro-imidazol-2-thion $C_9H_{16}N_2S$, Formel V, und Tautomere (H 77).

B. Aus [5-Pentyl-2-thioxo-2,3-dihydro-1H-imidazol-4-yl]-essigsäure (*Lawson*, Soc. **1953** 1046, 1052).

Kristalle (aus wss. A.); F: 228°.

4,5-Dipropyl-1,3-dihydro-imidazol-2-on $C_9H_{16}N_2O$, Formel VI (X = O), und Tautomeres (H 77).

B. Neben 4,5-Dipropyl-3H-oxazol-2-on beim Erhitzen von 5-Hydroxy-octan-4-on mit

Carbamidsäure-äthylester (*Gompper*, B. **89** [1956] 1748, 1756). Beim Erhitzen von 5-Hydroxy-octan-4-on mit Harnstoff und Essigsäure (*Hoffmann-La Roche*, U.S.P. 2 441 936 [1946]; *Gompper, Herlinger*, B. **89** [1956] 2825, 2833).

Kristalle (aus E.); F: 220° (*Go.*). IR-Spektrum (KBr; 2—16 µ): *Go., He.*, l. c. S. 2828.

Diacetyl-Derivat $C_{13}H_{20}N_2O_3$; 1,3-Diacetyl-4,5-dipropyl-1,3-dihydro-imid= azol-2-on. Kristalle (aus A.); F: 57—59° (*Duschinsky, Dolan*, Am. Soc. **70** [1948] 657, 661).

4,5-Dipropyl-1,3-dihydro-imidazol-2-thion $C_9H_{16}N_2S$, Formel VI (X = S), und Tautomeres (H 77).

B. Beim Erhitzen von 5-Hydroxy-octan-4-on mit Thioharnstoff in DMF (*Gompper, Herlinger*, B. **89** [1956] 2825, 2833).

Kristalle (aus Me.); Dunkelfärbung bei 250°.

(±)-4-Cyclohexyl-imidazolidin-2-on $C_9H_{16}N_2O$, Formel VII (R = R′ = H).

B. Aus (±)-3-Acetylamino-3-cyclohexyl-propionsäure-amid oder aus (±)-3-Cyclo= hexyl-3-methoxycarbonylamino-propionsäure-amid mit Hilfe von KBrO und wss. KOH (*Rodionow, Kiśelewa*, Izv. Akad. S.S.S.R. Otd. chim. **1952** 278, 286; engl. Ausg. S. 293, 299). Beim Erhitzen von (±)-1-Benzoyl-5-cyclohexyl-imidazolidin-2-on mit wss. NaOH (*Ro., Ki.*).

Kristalle (aus A.); F: 215—215,5°.

(±)-4-Cyclohexyl-1-methyl-imidazolidin-2-on $C_{10}H_{18}N_2O$, Formel VII (R = CH₃, R′ = H).

B. Bei der Hydrierung von 1-Methyl-4-phenyl-1,3-dihydro-imidazol-2-on an Platin in Essigsäure (*Wilk, Close*, J. org. Chem. **15** [1950] 1020).

Kristalle (aus H₂O); F: 126°.

(±)-1-Benzoyl-5-cyclohexyl-imidazolidin-2-on $C_{16}H_{20}N_2O_2$, Formel VII (R = H, R′ = CO-C₆H₅).

B. Aus (±)-3-Benzoylamino-3-cyclohexyl-propionsäure-amid mit Hilfe von KBrO und wss. KOH (*Rodionow, Kiśelewa*, Izv. Akad. S.S.S.R. Otd. chim. **1952** 278, 285; engl. Ausg. S. 293, 298).

Kristalle (aus A.); F: 216,5—217,5°.

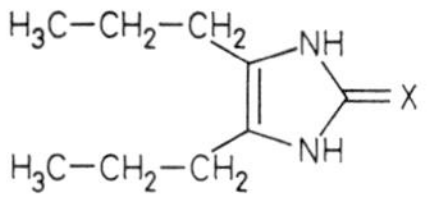

VI 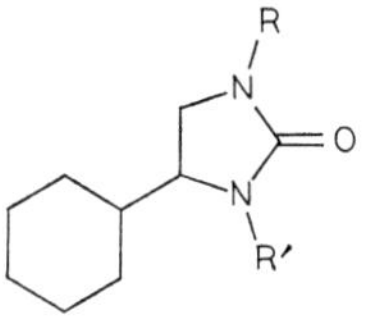　　　　　　　VII 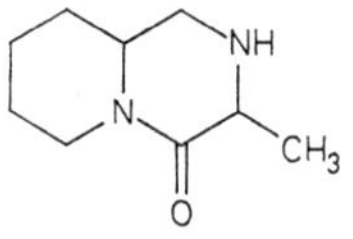　　　　　　　VIII 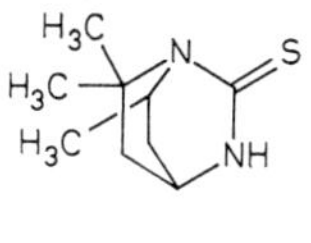　　　　　　　IX

(±)-5-Cyclohexyl-2-oxo-imidazolidin-1-carbonsäure-methylester $C_{11}H_{18}N_2O_3$, Formel VII (R = H, R′ = CO-O-CH₃).

B. Aus (±)-3-Cyclohexyl-3-methoxycarbonylamino-propionsäure-amid mit Hilfe von KBrO und wss. KOH (*Rodionow, Kiśelewa*, Izv. Akad. S.S.S.R. Otd. chim. **1952** 278, 286; engl. Ausg. S. 293, 299).

Kristalle (aus A.); F: 159,5—160,5°.

---

*Opt.-inakt. 3-Methyl-octahydro-pyrido[1,2-a]pyrazin-4-on $C_9H_{16}N_2O$, Formel VIII.

B. Beim Hydrieren von N-[2]Pyridylmethyl-DL-alanin-äthylester an Platin in Essig= säure und anschliessenden Erwärmen im Vakuum (*Winterfeld, Gierenz*, B. **92** [1959] 240, 244).

Kp₀,₂: 117°.

6,6,7-Trimethyl-1,3-diaza-bicyclo[2.2.2]octan-2-thion $C_9H_{16}N_2S$, Formel IX.

Die früher (H **24** 77; E I **24** 230) unter dieser Konstitution beschriebene, als N.N′-Thio=

carbonyl-[4-amino-2.2.6-trimethyl-piperidin] bezeichnete Verbindung vom F: 77—78° ist vermutlich als 2,2,6-Trimethyl-[4]piperidylisothiocyanat zu formulieren (*Pracejus et al.*, Tetrahedron **21** [1965] 2257, 2266).

(5Ξ)-1-[3,4-Dimethoxy-phenäthyl]-5-[(S)-1-methyl-pyrrolidin-2-yl]-piperidin-2-on $C_{20}H_{30}N_2O_3$, Formel X.

B. Bei der Hydrierung von (S)-1-[3,4-Dimethoxy-phenäthyl]-5-[1-methyl-pyrrolidin-2-yl]-1H-pyridin-2-on an Platin-Palladium in Essigsäure (*Suzuta*, J. pharm. Soc. Japan **79** [1959] 1314, 1316; C. A. **1960** 4580).

$Kp_{0,002}$: 225°.

Methojodid $[C_{21}H_{33}N_2O_3]I$; (S)-2-[(Ξ)-1-(3,4-Dimethoxy-phenäthyl)-6-oxo-[3]piperidyl]-1,1-dimethyl-pyrrolidinium-jodid. Kristalle (aus Me. + E.); F: 168,5—170° [Zers.]. $[\alpha]_D^{12}$: +87° [Me., c = 1 3].

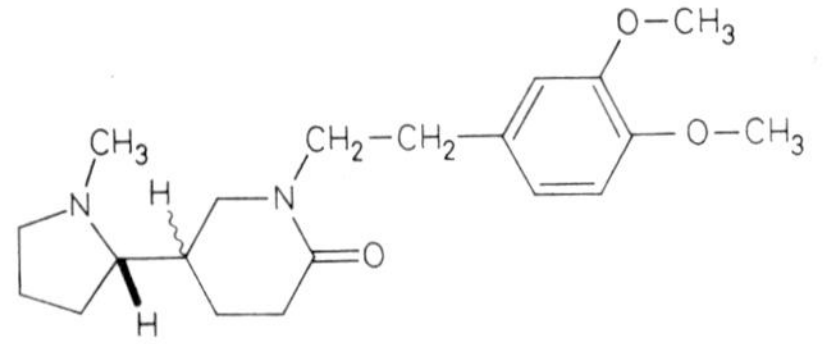

X 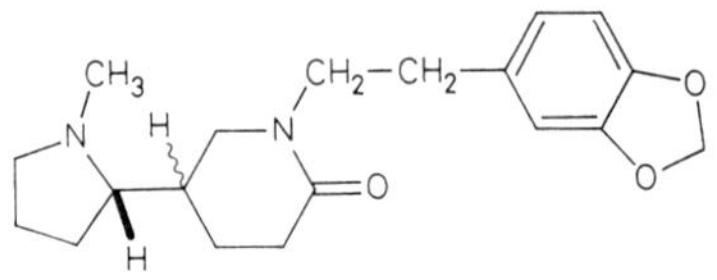   XI

(5Ξ)-1-[2-Benzo[1,3]dioxol-5-yl-äthyl]-5-[(S)-1-methyl-pyrrolidin-2-yl]-piperidin-2-on,
(5Ξ)-1-[3,4-Methylendioxy-phenäthyl]-5-[(S)-1-methyl-pyrrolidin-2-yl]-piperidin-2-on $C_{19}H_{26}N_2O_3$, Formel XI.

B. Analog der vorangehenden Verbindung (*Sugasawa, Tatsuno*, J. pharm. Soc. Japan **72** [1952] 248, 250).

$Kp_{0,005-0,01}$: 280°.

Oxo-Verbindungen $C_{10}H_{18}N_2O$

5-Heptyl-2-phenyl-1,2-dihydro-pyrazol-3-on $C_{16}H_{22}N_2O$, Formel XII, und Tautomere.

B. Aus 3-Oxo-decansäure-äthylester und Phenylhydrazin (*Breusch, Keskin*, Rev. Fac. Sci. Istanbul [A] **11** [1946] 24, 26).

Kristalle (aus PAe.); F: 82° (*Be., Ke.; Bowman*, Soc. **1950** 322, 325).

4-Butyl-5-propyl-1,3-dihydro-imidazol-2-on $C_{10}H_{18}N_2O$, Formel XIII, und Tautomere.

B. Aus 3-Butyl-4-propyl-isoxazol-5-ylamin und Harnstoff [210°] (*Kano*, J. pharm. Soc. Japan **72** [1952] 1118, 1120; C. A. **1953** 6936).

Kristalle (aus wss. Me.); F: 186—187°.

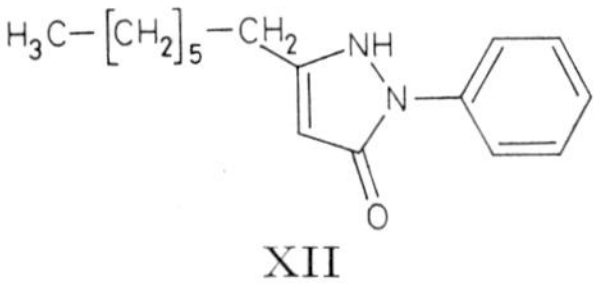

XII 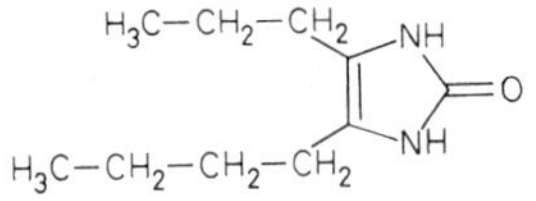   XIII 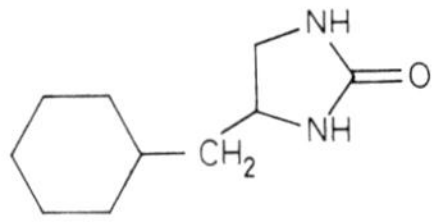   XIV

(±)-4-Cyclohexylmethyl-imidazolidin-2-on $C_{10}H_{18}N_2O$, Formel XIV.

B. Neben opt.-inakt. 4-[Cyclohexyl-hydroxy-methyl]-imidazolidin-2-on (F: 224—226°) bei der Hydrierung von 4-Benzoyl-1,3-dihydro-imidazol-2-on an Platin in Essigsäure (*Hoffmann-La Roche*, U.S.P. 2514380 [1946]; s. a. *Duschinsky, Dolan*, Am. Soc. **68** [1946] 2350, 2351).

Kristalle; F: 158—159° [aus H_2O] (*Hoffmann-La Roche*), 158—159° [aus wss. A.] (*Du., Do.*). Bei 140° [Badtemperatur] /0,1 Torr sublimierbar (*Du., Do.*).

***Opt.-inakt. 4-Cyclohexyl-5-methyl-imidazolidin-2-on** $C_{10}H_{18}N_2O$, Formel I.

B. Bei der Hydrierung von 4-Methyl-5-phenyl-1,3-dihydro-imidazol-2-on an Platin in

Essigsäure (*Hoffmann-La Roche*, U.S.P. 2514380 [1946]).
Kristalle (aus A.); F: 231—232° [nach Sublimation bei 150° (Badtemperatur)/0,1 Torr].

---

*Opt.-inakt. Decahydro-[2,3′]bipyridyl-2′-on, 3-[2]Piperidyl-piperidin-2-on
$C_{10}H_{18}N_2O$, Formel II.

B. Neben (±)-(9a*r*)-Octahydro-chinolizin-1*t*-carbonsäure-äthylester bei der Hydrierung
von (±)-4-Cyan-2-[2]pyridyl-buttersäure-äthylester an Platin in wss.-äthanol. HCl (*Boekelheide et al.*, Am. Soc. **75** [1953] 3243, 3247).
Kristalle (aus A. + E.) mit 1 Mol H_2O; F: 170—171°.

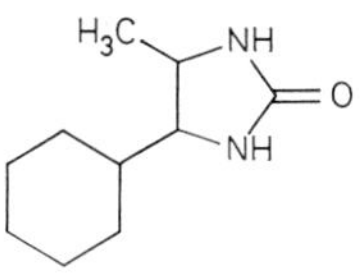

I 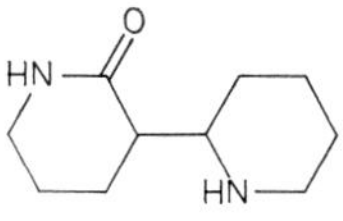   II 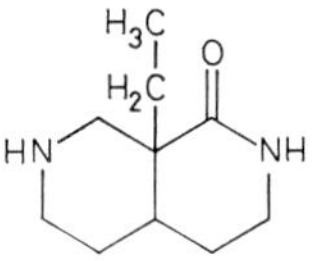   III 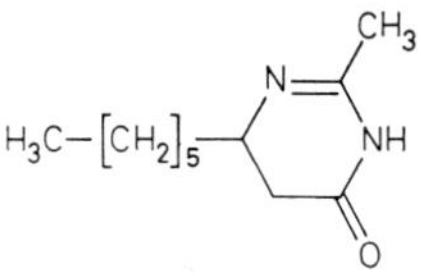   IV

*Opt.-inakt. 8a-Äthyl-octahydro-[2,7]naphthyridin-1(?)-on $C_{10}H_{18}N_2O$, vermutlich
Formel III.

B. Neben 8a-Äthyl-decahydro-[2,7]naphthyridin (E III/IV **23** 526) beim Erwärmen von
8a-Äthyl-dihydro-[2,7]naphthyridin-1,3,6,8-tetraon (F: 280—282°) mit LiAlH$_4$ in THF
(*Iselin, Hoffmann*, Am. Soc. **76** [1954] 3220).
Kp$_{0,03}$: 125—130°.
Hydrochlorid $C_{10}H_{18}N_2O \cdot HCl$. F: 264—265°.

Oxo-Verbindungen $C_{11}H_{20}N_2O$

(±)-6-Hexyl-2-methyl-5,6-dihydro-3H-pyrimidin-4-on $C_{11}H_{20}N_2O$, Formel IV,
und Tautomeres.

B. Beim Erhitzen von (±)-3-Acetylamino-nonansäure-amid oder von (±)-3-Benzoyl=
amino-nonansäure-amid mit Acetanhydrid (*Rodionow, Sworykina*, Izv. Akad. S.S.S.R.
Otd. chim. **1948** 330, 337; C. A. **1949** 235).
Kristalle (aus Ae. + PAe.); F: 88°.

5-Octyl-2-phenyl-1,2-dihydro-pyrazol-3-on $C_{17}H_{24}N_2O$, Formel V, und Tautomere.
Die Identität der früher (E II **24** 36) unter dieser Konstitution beschriebenen Verbindung ist ungewiss.

B. Aus 3-Oxo-undecansäure-äthylester und Phenylhydrazin (*Breusch, Keskin*, Rev.
Fac. Sci. Istanbul [A] **11** [1946] 24, 28).
Kristalle (aus PAe.); F: 65°.

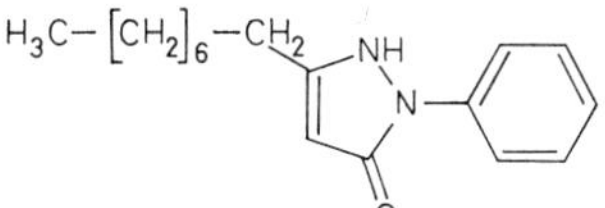

V 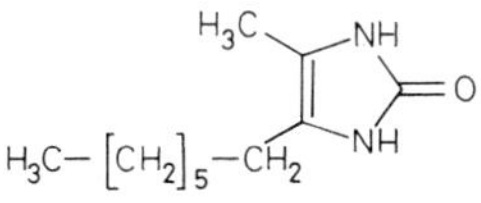   VI 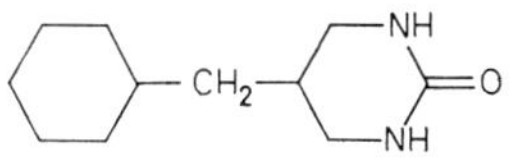   VII

4-Heptyl-5-methyl-1,3-dihydro-imidazol-2-on $C_{11}H_{20}N_2O$, Formel VI, und Tautomere.
B. Aus 2-Amino-decan-3-on-hydrobromid und Natriumcyanat in H_2O (*Bowman, Ford-
ham*, Soc. **1951** 2753, 2756).
Kristalle (aus wss. A.); F: 242°.

5-Cyclohexylmethyl-tetrahydro-pyrimidin-2-on $C_{11}H_{20}N_2O$, Formel VII.
B. Bei der Hydrierung von 5-Benzyl-1H-pyrimidin-2,4-dion an Raney-Nickel in Äthanol

bei 220°/200 at (*Ambelang, Johnson*, Am. Soc. **61** [1939] 74, 76).
F: 221—223°.

---

*Opt.-inakt. **4-Cyclohexylmethyl-5-methyl-imidazolidin-2-on** $C_{11}H_{20}N_2O$, Formel VIII.

B. Bei der Hydrierung von 4-Benzoyl-5-methyl-1,3-dihydro-imidazol-2-on an Platin in Essigsäure (*Duschinsky, Dolan*, Am. Soc. **67** [1945] 2079, 2084).
Kristalle (aus wss. A.); F: 138—140°.

1,3-[(R,S)-Bis-(1-methyl-pyrrolidin-2-yl)]-aceton, *meso*-1,3-Bis-[1-methyl-pyrrolidin-2-yl]-aceton, Cuskhygrin,   Bellaradin, Cuscohygrine $C_{13}H_{24}N_2O$, Formel IX (H 78; E II 36).
Identität von Bellaradin mit Cuskhygrin: *Steinegger, Phokas*, Pharm. Acta Helv. **30** [1955] 441.
Konstitution und Konfiguration: *Anet et al.*, Austral. J. scient. Res. [A] **2** [1949] 616, 618; *Galinovsky, Zuber*, M. **84** [1953] 798, 802, 803.
Isolierung aus Wurzeln von Atropa bella-donna: *King, Ware*, Soc. **1941** 331, 333; *Reinouts van Haga*, Nature **174** [1954] 833; *Steinegger, Phokas*, Pharm. Acta Helv. **30** 441, **31** [1956] 284, 292, 295; aus Wurzeln und Zweigen von Convolvulus hamadae: *Lasur'ewškiǐ*, Trudy Uzbeksk. Univ. **15** [1939] 43, 48; C. A. **1941** 4029; aus Wurzeln von Scopolia lurida (Anisodus luridus): *Rabinowitsch, Konowalowa*, Ž. obšč. Chim. **16** [1946] 2121, 2123; C. A. **1948** 192; s. a. *de Bruyn*, Pharm. Weekb. **92** [1957] 547.
B. Beim Behandeln von 4-Methylamino-butyraldehyd mit 3-Oxo-glutarsäure in gepufferter wss. Lösung bei pH 7 und Erhitzen des Reaktionsprodukts unter vermindertem Druck (*Anet et al.*, l. c. S. 620). Aus 1-Methyl-pyrrolidin-2-on bei der Reduktion mit LiAlH₄, Umsetzung mit 3-Oxo-glutarsäure und anschliessenden Decarboxylierung (*Galinovsky et al.*, M. **82** [1951] 551, 555, 556). Bei der Hydrierung von 1,3-Bis-[1-methyl-pyrrol-2-yl]-aceton an Palladium in Essigsäure (*Späth, Tuppy*, M. **79** [1948] 119, 125) oder an Platin in Essigsäure (*Rapoport, Jorgensen*, J. org. Chem. **14** [1949] 644, 668).
Kp₁₅: 150° (*Ra., Ko.*); Kp₂: 118—125° [korr.] (*Sohl, Shriner*, Am. Soc. **55** [1933] 3828, 3831), 118—121° (*La.*, l. c. S. 46); Kp₀,₁: 110° (*Ra., Jo.*). D_4^{17}: 0,9829 (*La.*); D_4^{20}: 0,9733 (*Sohl, Sh.*). n_D^{17}: 1,4864 (*La.*); n_D^{20}: 1,4832 (*Sohl, Sh.*); n_D^{25}: 1,4833 (*Ra., Jo.*).
Dihydrobromid $C_{13}H_{24}N_2O \cdot 2\,HBr$ (E II 36). F: 239° (*Sohl, Sh.*, l. c. S. 3832).
Dinitrat $C_{13}H_{24}N_2O \cdot 2\,HNO_3$ (E II 36). Kristalle; F: 206—207° [Zers.; aus A. + Acn.] (*Ra., Ko.*, l. c. S. 2124), 203—204° [korr.; evakuierte Kapillare; aus A.] (*Ra., Jo.*).
Tetrachloroaurat(III). Kristalle (aus wss. A.); F: 165—167° (*La.*, l. c. S. 50; s. a. *King, Ware*, l. c. S. 336).
Dipicrat $C_{13}H_{24}N_2O \cdot 2\,C_6H_3N_3O_7$ (vgl. E II 36). Kristalle; F: 224—225° [Zers.] (*King, Ware*, l. c. S. 335; s. a. *St., Ph.*, Pharm. Acta Helv. **30** 441), 215° [Zers.; aus A. + Acn.] (*Sp., Tu.*, l. c. S. 126), 215° (*Re. v. Haga*), 213—214° [aus Acn.] (*Anet et al.*, l. c. S. 621), 212° [aus A. + Acn.] (*La.*).
Distyphnat $C_{13}H_{24}N_2O \cdot 2\,C_6H_3N_3O_8$. Kristalle (aus A. + Acn.); F: 206—207° [nach Braunfärbung ab 200°] (*Sp., Tu.*), 206° [Zers.] (*Ga. et al.*, l. c. S. 557).
Dipicrolonat $C_{13}H_{24}N_2O \cdot 2\,C_{10}H_8N_4O_5$. Kristalle; F: 218—219° (*Sp., Tu.*), 217—218° [Zers.; aus Me.] (*Ga. et al.*).
Bis-[O,O'-dibenzoyl-L_g-hydrogentartrat] $C_{13}H_{24}N_2O \cdot 2\,C_{18}H_{14}O_8$. Kristalle (aus H₂O); F: 167° (*Ga., Zu.*, l. c. S. 808).
Bis-methojodid $[C_{15}H_{30}N_2O]I_2$; (2R,2'S)-1,1,1',1'-Tetramethyl-2,2'-[2-oxo-propandiyl]-bis-pyrrolidinium-dijodid (E II 37). Kristalle; F: 253° [aus Me.] (*King, Ware*, l. c. S. 336), 244° [aus A.] (*Anet et al.*, l. c. S. 620).
Bis-methopicrat $[C_{15}H_{30}N_2O](C_6H_2N_3O_7)_2$. Orangefarbene Kristalle (aus H₂O); F: 228° [unter Schwarzfärbung] (*King, Ware*).

VIII   IX   X

Oxo-Verbindungen C₁₂H₂₂N₂O

6-[1-Äthyl-pentyl]-2-methyl-5,6-dihydro-3H-pyrimidin-4-on $C_{12}H_{22}N_2O$, Formel X,
und Tautomeres.

a) Opt.-inakt. Verbindung vom F: 92°.
B. Beim Erhitzen von opt.-inakt. 3-Acetylamino-4-äthyl-octansäure-amid (F: 195°)
mit Acetanhydrid (*Rodionow, Sworykina*, Ž. obšč. Chim. **26** [1956] 1165, 1168; engl. Ausg.
S. 1323, 1326).
Kristalle (aus wss. A.); F: 92°.

b) Opt.-inakt. Verbindung vom F: 87°.
B. Beim Erhitzen von opt.-inakt. 3-Acetylamino-4-äthyl-octansäure-amid (F: 175°)
mit Acetanhydrid (*Ro., Sw.*).
Kristalle (aus Ae.); F: 86—87°.

(±)-5-Allyl-5-[1-methyl-butyl]-tetrahydro-pyrimidin-2-on $C_{12}H_{22}N_2O$, Formel XI.
B. Aus (±)-5-Allyl-5-[1-methyl-butyl]-barbitursäure mit Hilfe von LiAlH₄ in Äther
(*Marshall*, Am. Soc. **78** [1956] 3696).
F: 114—116°. Kp₀,₃₅: 195—200°.

5-Nonyl-1,2-dihydro-pyrazol-3-on $C_{12}H_{22}N_2O$, Formel XII (R = X = H), und
Tautomere.
B. Aus 3-Oxo-dodecansäure-äthylester und N₂H₄ · H₂O (*Kosuge et al.*, J. pharm. Soc.
Japan **74** [1954] 1086, 1088; C. A. **1955** 11 628).
Kristalle; F: 187°.

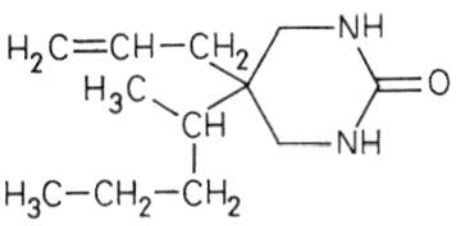

XI 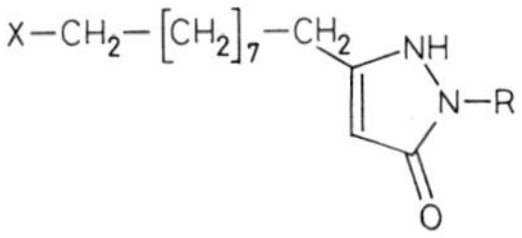　　　　　　XII 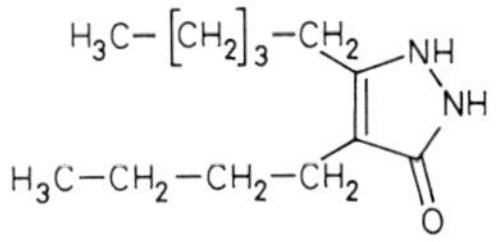　　　　　　XIII

5-Nonyl-2-phenyl-1,2-dihydro-pyrazol-3-on $C_{18}H_{26}N_2O$, Formel XII (R = C₆H₅, X = H),
und Tautomere.
B. Aus 3-Oxo-dodecansäure-äthylester und Phenylhydrazin (*Breusch, Keskin*, Rev. Fac.
Sci. Istanbul [A] **11** [1946] 24, 28).
Kristalle (aus PAe.); F: 97°.

5-[9-Fluor-nonyl]-2-phenyl-1,2-dihydro-pyrazol-3-on $C_{18}H_{25}FN_2O$, Formel XII
(R = C₆H₅, X = F), und Tautomere.
B. Analog der vorangehenden Verbindung (*Fraser et al.*, Am. Soc. **79** [1957] 1959).
Kristalle (aus Me.); F: 96—96,5°.

4-Butyl-5-pentyl-1,2-dihydro-pyrazol-3-on $C_{12}H_{22}N_2O$, Formel XIII, und Tautomere.
B. Aus 2-Butyl-3-oxo-octansäure-amid und N₂H₄·H₂O in Äthanol (*Piekarski*, J. Re-
cherches Centre nation. **8** [1957] 197, 208, 211).
Kristalle; F: 67,1—68,0°. λ_max (A.): 252 nm (*Pi.*, l. c. S. 224).

4-Acetyl-dodecahydro-[4,4']bipyridyl(?), 1-[Decahydro-[4,4']bipyridyl-4-yl]-äthanon(?)
$C_{12}H_{22}N_2O$, vermutlich Formel I.
B. Bei der Hydrierung von Pyridin an Platin in Acetanhydrid bei 45° und Hydrolyse
einer neben anderen Verbindungen entstandenen Acetyl-Verbindung vom F: 77—84°
mit äthanol. Lauge (*Arens, Wibaut*, R. **61** [1942] 452, 459, 461).
Dihydrochlorid $C_{12}H_{22}N_2O \cdot 2$ HCl. Kristalle (aus Eg. + E.).
Picrat $C_{12}H_{22}N_2O \cdot C_6H_3N_3O_7$. Kristalle (aus H₂O); F: 231° [Zers.].

Oxo-Verbindungen $C_{13}H_{24}N_2O$

5-Decyl-2-phenyl-1,2-dihydro-pyrazol-3-on $C_{19}H_{28}N_2O$, Formel II, und Tautomere.
B. Aus 3-Oxo-tridecansäure-äthylester und Phenylhydrazin (*Breusch, Keskin*, Rev. Fac.
Sci. Istanbul [A] **11** [1946] 24, 29).
Kristalle (aus A.); F: 67°.

I II III

1,3-Di-[2]piperidyl-aceton $C_{13}H_{24}N_2O$.
Konfiguration der nachstehend beschriebenen Stereoisomeren: *Schöpf et al.*, A. **737**
[1970] 1.

a) **1,3-[(R,S)-Di-[2]piperidyl]-aceton, *meso*-1,3-Di-[2]piperidyl-aceton,** Formel III
(R = H).
B. Neben dem unter b) beschriebenen Racemat beim Behandeln von 2,3,4,5-Tetrahydro-
pyridin mit 3-Oxo-glutarsäure in gepufferter wss. Lösung vom pH 11,5 (*Schöpf et al.*, A.
737 [1970] 1, 9, 13; s. a. *Schöpf et al.*, Ang. Ch. **65** [1953] 161).
F: 16—17° (*Sch. et al.*, A. **737** 10).
Umwandlung in das unter b) beschriebene Racemat in gepufferten wss. Lösungen vom
pH 7 bzw. 11,5: *Sch. et al.*, A. **737** 13; s. a. *Sch. et al.*, Ang. Ch. **65** 161. Überführung in
(r)-1,3-[(R,S)-Di-[2]piperidyl]-propan-2-ol und (s)-1,3-[(R,S)-Di-[2]piperidyl]-propan-
2-ol (E III/IV **23** 2411): *Sch. et al.*, A. **737** 14, 15; s. a. *Sch. et al.*, Ang. Ch. **65** 161.
Dihydrobromid $C_{13}H_{24}N_2O \cdot 2$ HBr. Kristalle (aus Isopropylalkohol); F: 227—229°
[unkorr.] (*Sch. et al.*, A. **737** 10, 12; s. a. *Sch. et al.*, Ang. Ch. **65** 161).
Dipicrat $C_{13}H_{24}N_2O \cdot 2 C_6H_3N_3O_7$. Dimorphe Kristalle (aus Eg.); F: 193—195° [un-
korr.] und F: 180—182° [unkorr.] (*Sch. et al.*, A. **737** 10; s. a. *Sch. et al.*, Ang. Ch. **65** 161).
Ein 1,3-Di-[2]piperidyl-aceton unbekannter Konfiguration (s. *Schöpf et al.*, Ang. Ch.
65 [1953] 161; A. **737** 2 Anm. 5) [Kp$_{0,1}$: 120°; Dipicrolonat: gelbe Kristalle (aus A. +
Nitrobenzol); F: 231—232° (Zers.)] ist von *Anet et al.* (Austral. J. scient. Res. [A] **3**
[1950] 635, 639) aus 5-Amino-valeraldehyd und 3-Oxo-glutarsäure in gepufferter wss.
Lösung vom pH 11 erhalten worden.

b) **1,3-[(RS,RS)-Di-[2]piperidyl]-aceton, *racem.*-1,3-Di-[2]piperidyl-aceton,**
Formel IV + Spiegelbild.
B. s. unter a).
F: 24—25° (*Schöpf et al.*, A. **737** [1970] 1, 11).
Umwandlung in das unter a) beschriebene Stereoisomere in gepufferten wss. Lösungen
vom pH 7 bzw. 11,5: *Sch. et al.*, A. **737** 13; s. a. *Schöpf et al.*, Ang. Ch. **65** [1953] 161. Über-
führung in 1,3-[(RS,RS)-Di-[2]piperidyl]-propan-2-ol (E III/IV **23** 2412): *Sch. et al.*,
A. **737** 17, 19; s. a. *Sch. et al.*, Ang. Ch. **65** 161.
Dihydrobromid $C_{13}H_{24}N_2O \cdot 2$ HBr. Kristalle (aus Me. oder Isopropylalkohol); F:
249—251° [unkorr.; Zers.] (*Sch. et al.*, A. **737** 11, 12; s. a. *Sch. et al.*, Ang. Ch. **65** 161).
Dipicrat $C_{13}H_{24}N_2O \cdot 2 C_6H_3N_3O_7$. Kristalle (aus Me.); F: 177—179° [unkorr.] (*Sch.
et al.*, A. **737** 11; s. a. *Sch. et al.*, Ang. Ch. **65** 161).

IV V

meso-1,3-Bis-[1-methyl-[2]piperidyl]-aceton $C_{15}H_{28}N_2O$, Formel III (R = CH$_3$).
Diese Konstitution und Konfiguration kommt auch der von *Anet et al.* (Austral. J.

scient. Res. [A] **3** [1950] 635, 639) als (±)-Spartein angesehenen Verbindung zu (*Schöpf et al.*, Ang. Ch. **65** [1953] 161). Konfiguration: *Schöpf et al.*, A. **753** [1971] 27, 38.

    B. Aus 5-Methylamino-valeraldehyd-diäthylacetal bei der Hydrolyse mit wss. HCl und anschliessenden Umsetzung mit 3-Oxo-glutarsäure in gepufferter wss. Lösung bei pH 7 (*Anet et al.*, Austral. J. scient. Res. [A] **3** [1950] 336, 340). Neben [1-Methyl-[2]piperidyl]-aceton beim Erwärmen von 1-Methyl-piperidin-2-on mit LiAlH₄ in Äther, anschliessenden Behandeln mit 3-Oxo-glutarsäure in gepufferter wss. Lösung bei pH 7 und Erwärmen der Lösung nach dem Ansäuern (*Galinovsky et al.*, M. **82** [1951] 551, 555, 558). Beim Erhitzen von opt.-inakt. Dodecahydro-[3,3']spirobi[pyrido[1,2-*c*][1,3]oxazin] (F: 133°) mit Zink und wss. HCl (*Anet et al.*, l. c. S. 639; *Schöpf et al.*, Ang. Ch. **65** 161; A. **753** 45).

    Kp₁₂: 178—180°; Kp₀,₁: 116—119° (*Sch. et al.*, A. **753** 45).

    Dihydrochlorid C₁₅H₂₈N₂O·2 HCl. Kristalle (aus A.); F: 233—234° [Zers.] (*Sch. et al.*, A. **753** 45).

    Dihydrobromid C₁₅H₂₈N₂O·2 HBr. Kristalle (aus A.); F: 237—238° (*Sch. et al.*, A. **753** 46).

    Dipicrat C₁₅H₂₈N₂O·2 C₆H₃N₃O₇. F: 206—208° [Zers.] (*Sch. et al.*, A. **753** 46), 206° bis 207° [Zers.; aus H₂O] (*Ga. et al.*), 203—204° [Zers.; aus Acn.] (*Anet et al.*, l. c. S. 340).

*Opt.-inakt. 1,3-Bis-[1-äthyl-[2]piperidyl]-aceton C₁₇H₃₂N₂O, Formel V.

    B. Neben [1-Äthyl-[2]piperidyl]-aceton (Hauptprodukt) beim Erwärmen von 1-Äthyl-piperidin-2-on mit LiAlH₄ in Äther, anschliessenden Behandeln mit 3-Oxo-glutarsäure in gepufferter wss. Lösung bei pH 7 und Erwärmen der Lösung nach dem Ansäuern (*Galinovsky, Vogl*, M. **83** [1952] 1055, 1060).

    Kp₀,₁: 140—150°.

Oxo-Verbindungen C₁₄H₂₆N₂O

2-Phenyl-5-undecyl-1,2-dihydro-pyrazol-3-on C₂₀H₃₀N₂O, Formel VI (R = II, n = 9), und Tautomere.

    Die Identität der von *Asahina, Yanagita* (J. pharm. Soc. Japan **57** [1937] 558, 566; B. **70** [1937] 227, 234) unter dieser Konstitution beschriebenen Verbindung ist ungewiss.

    B. Aus 3-Oxo-tetradecansäure-äthylester und Phenylhydrazin (*Bowman*, Soc. **1950** 322, 325).

    Kristalle (aus PAe.); F: 67° (*Bo.*).

3-[5-Oxo-3-undecyl-2,5-dihydro-pyrazol-1-yl]-benzoesäure C₂₁H₃₀N₂O₃, Formel VI (R = CO-OH, n = 9), und Tautomere.

    B. Beim Erwärmen von Lauroylmalonsäure-diäthylester in Benzol mit 3-Hydrazino-benzoesäure in wss. Essigsäure (unter Entfernen des Benzols) und Erhitzen der Reaktionslösung mit konz. wss. HCl (*Gen. Aniline & Film Corp.*, U.S.P. 2200306 [1938]).

    Kristalle (aus Me., Acn. oder Eg.).

VI   VII

Oxo-Verbindungen C₁₅H₂₈N₂O

4-Methyl-2-[4-nitro-phenyl]-5-undecyl-1,2-dihydro-pyrazol-3-on C₂₁H₃₁N₃O₃, Formel VII, und Tautomere.

    B. Aus 2-Methyl-3-oxo-tetradecansäure-äthylester und [4-Nitro-phenyl]-hydrazin (*Bowman, Fordham*, Soc. **1952** 3945, 3949).

    Gelbe Kristalle (aus PAe. + E.); F: 85—86°.

Oxo-Verbindungen C₁₆H₃₀N₂O

4-Dodecyl-5-methyl-1,2-dihydro-pyrazol-3-on C₁₆H₃₀N₂O, Formel VIII, und Tautomere.

    B. Aus 2-Dodecyl-acetessigsäure-äthylester und N₂H₄·H₂O beim Erwärmen ohne Lösungsmittel (*Twomey*, Pr. Irish Acad. **57** B [1954] 39, 44) oder beim Erwärmen in H_2O (*U. S. Rubber Co.*, U.S.P. 2458780 [1945]) oder in wss. Äthanol (*Asano, Asai*, J. pharm. Soc. Japan **78** [1958] 450, 453; C. A. **1958** 18428).

Kristalle; F: 178—180° [aus A.] (*Tw.*), 176—177° [aus A.] (*As., Asai*), 169—173° (*U. S. Rubber Co.*).

5-Heptyl-4-hexyl-1,2-dihydro-pyrazol-3-on $C_{16}H_{30}N_2O$, Formel IX (R = H, m = 4, n = 5), und Tautomere.

B. Aus 2-Hexyl-3-oxo-decansäure-amid und $N_2H_4 \cdot H_2O$ in Äthanol (*Piekarski*, J. Recherches Centre nation. **8** [1957] 197, 208, 211).

Kristalle; F: 70,4—71,4°. λ_{max}(A.): 252 nm (*Pi.*, l. c. S. 224).

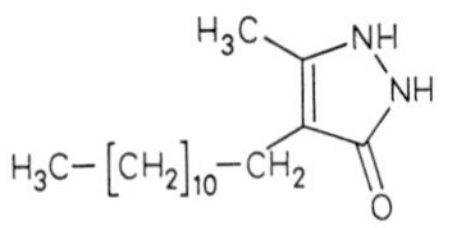

VIII 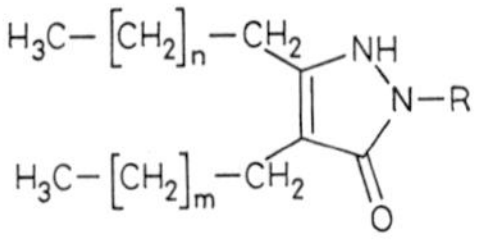   IX 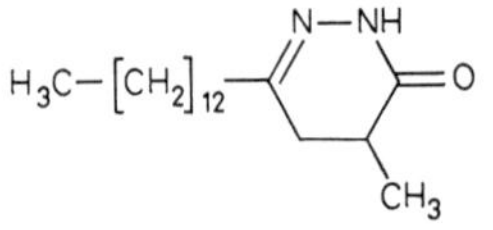   X

Oxo-Verbindungen $C_{18}H_{34}N_2O$

(±)-**4-Methyl-6-tridecyl-4,5-dihydro-2H-pyridazin-3-on** $C_{18}H_{34}N_2O$, Formel X.

B. Aus Lichesterylsäure (E III **3** 1295) und $N_2H_4 \cdot H_2O$ in Äthanol (*Asano, Azumi*, J. pharm. Soc. Japan **55** [1935] 810, 813; B. **68** [1935] 991, 993).

Kristalle (aus Acn.); F: 66°.

4-[5-Oxo-3-pentadecyl-2,5-dihydro-pyrazol-1-yl]-benzolsulfonsäure $C_{24}H_{38}N_2O_4S$, Formel XI (n = 13), und Tautomere.

B. Beim Erhitzen von 3-Oxo-octadecansäure-äthylester mit 4-Hydrazino-benzol= sulfonsäure in Pyridin (*Itano*, J. pharm. Soc. Japan **71** [1951] 1456, 1458; C. A. **1952** 7096).

Kristalle (aus A.); F: > 300°.

5-[5-Oxo-3-pentadecyl-2,5-dihydro-pyrazol-1-yl]-2-phenoxy-benzolsulfonsäure $C_{30}H_{42}N_2O_5S$, Formel XII (X = O-C_6H_5, n = 13), und Tautomere.

B. Beim Erhitzen von 3-Oxo-octadecansäure-äthylester mit 5-Hydrazino-2-phenoxy-benzolsulfonsäure und wss. Essigsäure (*Itano*, J. pharm. Soc. Japan **71** [1951] 1456, 1458; C. A. **1952** 7096).

Kristalle (aus A.) mit 5 Mol H_2O; F: > 300°.

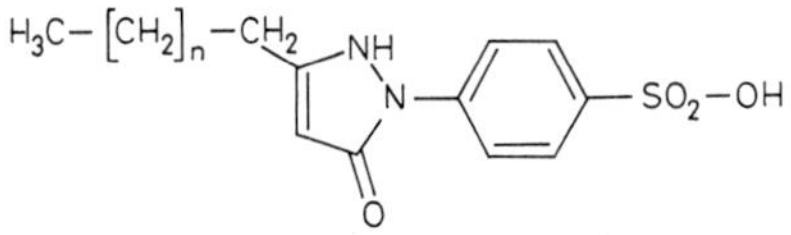

XI 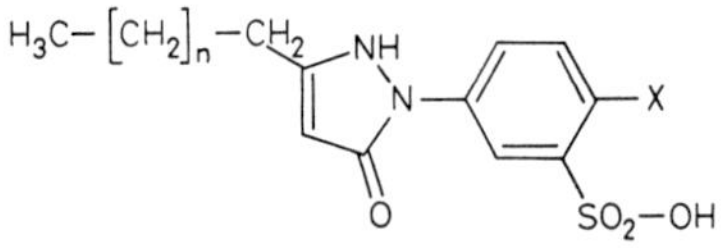   XII

Oxo-Verbindungen $C_{19}H_{36}N_2O$

4-Hexadecyl-1,2-dihydro-pyrazol-3-on $C_{19}H_{36}N_2O$, Formel XIII (R = H), und Tautomere.

B. Aus 2-Formyl-octadecansäure-äthylester und N_2H_4 (*Teramura et al.*, Bl. Inst. chem. Res. Kyoto **31** [1953] 223).

F: 108°.

4-[4-Hexadecyl-5-oxo-2,5-dihydro-pyrazol-1-yl]-benzolsulfonsäure $C_{25}H_{40}N_2O_4S$, Formel XIII (R = C_6H_4-SO_2-OH(*p*)), und Tautomere.

Natrium-Salz $NaC_{25}H_{39}N_2O_4S$. *B.* Beim Erhitzen von 2-Formyl-octadecansäure-äthylester mit 4-Hydrazino-benzolsulfonsäure und wss. NaOH (*Teramura et al.*, J. chem.

Soc. Japan Ind. Chem. Sect. **57** [1954] 126; C. A. **1955** 11 625). — Orangerote Kristalle (aus H_2O). Oberflächenspannung von wss. Lösungen bei 7,2°: *Te. et al.*

Oxo-Verbindungen $C_{20}H_{38}N_2O$

3-[3-Heptadecyl-5-oxo-2,5-dihydro-pyrazol-1-yl]-benzoesäure $C_{27}H_{42}N_2O_3$, Formel VI (R = CO-OH, n = 15) auf S. 161, und Tautomere.
B. Aus der Natrium-Verbindung des Malonsäure-diäthylesters, Stearoylchlorid und 3-Hydrazino-benzoesäure über mehrere Stufen (*Gen. Aniline & Film Corp.*, U.S.P. 2 200 306 [1938]).
Kristalle (aus Me., Acn. oder Eg.).

3-[3-Heptadecyl-5-oxo-2,5-dihydro-pyrazol-1-yl]-benzolsulfonsäure $C_{26}H_{42}N_2O_4S$, Formel XII (X = H, n = 15), und Tautomere.
B. Analog der vorangehenden Verbindung (*Gen. Aniline & Film Corp.*, U.S.P. 2 200 306 [1938]).
Kristalle (aus Eg.).

4-[3-Heptadecyl-5-oxo-2,5-dihydro-pyrazol-1-yl]-benzolsulfonsäure $C_{26}H_{42}N_2O_4S$, Formel XI (n = 15), und Tautomere.
B. Analog den vorangehenden Verbindungen (*Gen. Aniline & Film Corp.*, U.S.P. 2 200 306 [1938]).
Kristalle (aus Eg.).

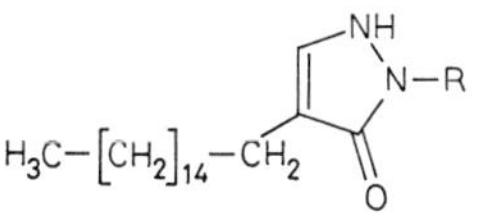

XIII 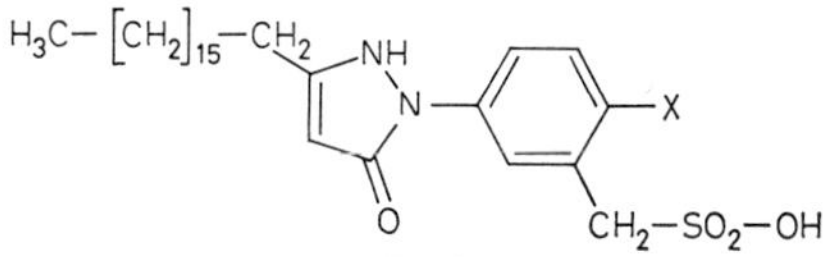   XIV

[3-(3-Heptadecyl-5-oxo-2,5-dihydro-pyrazol-1-yl)-phenyl]-methansulfonsäure $C_{27}H_{44}N_2O_4S$, Formel XIV (X = H), und Tautomere.
B. Aus 3-Oxo-eicosansäure-äthylester und [3-Hydrazino-phenyl]-methansulfonsäure in wss. Äthanol und Essigsäure (*I. G. Farbenind.*, D.R.P. 736 867 [1940]; *Gen. Aniline & Film Corp.*, U.S.P. 2 354 552 [1942]).
Kristalle (aus Me.).

**[5-(3-Heptadecyl-5-oxo-2,5-dihydro-pyrazol-1-yl)-2-phenoxy-phenyl]-methansulfon=
säure** $C_{33}H_{48}N_2O_5S$, Formel XIV (X = O-C_6H_5), und Tautomere.
B. Beim Erwärmen von 3-Oxo-eicosansäure-äthylester mit [5-Hydrazino-2-phenoxy-phenyl]-methansulfonsäure und Natriumacetat in H_2O und Propan-1-ol (*I. G. Farbenind.*, D.R.P. 736 867 [1940]; *Gen. Aniline & Film Corp.*, U.S.P. 2 354 552 [1942]).
Kristalle (aus Me.).

5-Nonyl-4-octyl-1,2-dihydro-pyrazol-3-on $C_{20}H_{38}N_2O$, Formel IX (R = H, m = 6, n = 7), und Tautomere.
B. Aus 2-Octyl-3-oxo-dodecansäure-amid und $N_2H_4 \cdot H_2O$ in Äthanol (*Piekarski*, J. Recherches Centre nation. **8** [1957] 197, 208, 211).
Kristalle; F: 75,2—76,2°. λ_{max}(A.): 252 nm (*Pi.*, l. c. S. 224).

Oxo-Verbindungen $C_{24}H_{46}N_2O$

4-Decyl-5-undecyl-1,2-dihydro-pyrazol-3-on $C_{24}H_{46}N_2O$, Formel IX (R = H, m = 8, n = 9), und Tautomere.
B. Aus 2-Decyl-3-oxo-tetradecansäure-amid oder aus 2-Decyl-3-oxo-tetradecansäure-äthylamid und $N_2H_4 \cdot H_2O$ in Äthanol (*Piekarski*, J. Recherches Centre nation. **8** [1957] 197, 211).

Kristalle (aus A. ? oder Acn. ?) mit 1 Mol H_2O (*Pi.*, l. c. S. 212); die wasserfreie Verbindung schmilzt bei $80,0-80,6°$ (*Pi.*, l. c. S. 208). λ_{max}(A.): 252 nm (*Pi.*, l. c. S. 224).

Oxo-Verbindungen $C_{28}H_{54}N_2O$

4-Dodecyl-5-tridecyl-1,2-dihydro-pyrazol-3-on $C_{28}H_{54}N_2O$, Formel IX (R = H, m = 10, n = 11) auf S. 162, und Tautomere.

B. Aus 2-Dodecyl-3-oxo-hexadecansäure-amid und $N_2H_4 \cdot H_2O$ in Äthanol (*Piekarski*, J. Recherches Centre nation. **8** [1957] 197, 211).

Kristalle (aus A. + Acn.); F: $84,5-85,6°$. λ_{max}(A.): 252 nm (*Pi.*, l. c. S. 224).

Oxo-Verbindungen $C_{32}H_{62}N_2O$

5-Pentadecyl-4-tetradecyl-1,2-dihydro-pyrazol-3-on $C_{32}H_{62}N_2O$, Formel IX (R = H, m = 12, n = 13) auf S. 162, und Tautomere.

B. Aus 3-Oxo-2-tetradecyl-octadecansäure-amid und $N_2H_4 \cdot H_2O$ in Äthanol (*Piekarski*, J. Recherches Centre nation. **8** [1957] 197, 208, 211).

Kristalle (aus A. + Acn. ?) mit 1 Mol H_2O; F: $90,5-91,7°$. λ_{max} (A.): 252 nm (*Pi.*, l. c. S. 224).

Oxo-Verbindungen $C_{36}H_{70}N_2O$

5-Heptadecyl-4-hexadecyl-2-phenyl-1,2-dihydro-pyrazol-3-on $C_{42}H_{74}N_2O$, Formel IX (R = C_6H_5, m = 14, n = 15) auf S. 162, und Tautomere.

B. Beim Erhitzen von 2-Hexadecyl-3-oxo-eicosansäure-methylester mit Phenylhydrazin-hydrochlorid und wenig konz. wss. HCl (*Polonsky, Lederer*, Bl. **1954** 504, 508).

Kristalle (aus A.); F: $44-45°$. λ_{max} (Hexan): 245 nm.

Oxo-Verbindungen $C_{44}H_{86}N_2O$

4-Eicosyl-5-heneicosyl-2-phenyl-1,2-dihydro-pyrazol-3-on $C_{50}H_{90}N_2O$, Formel IX (R = C_6H_5, m = 18, n = 19) auf S. 162, und Tautomere.

B. Beim Erhitzen von 2-Eicosyl-3-oxo-tetracosansäure-methylester mit Phenylhydrazin-hydrochlorid und wenig konz. wss. HCl (*Polonsky, Lederer*, Bl. **1954** 504, 508).

Kristalle (aus A.); F: $52-53°$. [*G. Grimm*]

Monooxo-Verbindungen $C_nH_{2n-4}N_2O$

Oxo-Verbindungen $C_4H_4N_2O$

2H-Pyridazin-3-on $C_4H_4N_2O$, Formel I (R = H), und **Pyridazin-3-ol** $C_4H_4N_2O$, Formel II (H 79).

Tautomerie-Gleichgewicht in H_2O bei 20°: *Mason*, Soc. **1958** 674, 678.

B. Beim Behandeln von 4,5-Dihydro-2H-pyridazin-3-on mit Brom in $CHCl_3$ (*Grundmann*, B. **81** [1948] 1, 6). Beim Hydrieren von 4,5-Dichlor-2H-pyridazin-3-on (*Eichenberger et al.*, Helv. **39** [1956] 1755, 1762) oder von 4,5-Dibrom-2H-pyridazin-3-on (*Gr.*) an Palladium/Kohle in wss. NaOH. Beim Erhitzen von 3-Oxo-2,3-dihydro-pyridazin-4-carbonsäure (*Schmidt, Druey*, Helv. **37** [1954] 134, 140). Beim Erhitzen von 6-Oxo-1,6-dihydro-pyridazin-4-carbonsäure oder von 6-Oxo-1,6-dihydro-pyridazin-3,4-dicarbonsäure mit Kupfer-Pulver (*McMillan, King*, Am. Soc. **77** [1955] 3376).

Dipolmoment (ε; Dioxan) bei 20°: 2,69 D (*Hückel, Jahnentz*, B. **74** [1941] 652, 656). Kristalle (aus PAe.), F: $103-104°$; an feuchter Luft entsteht das Monohydrat vom F: $70-73°$ (*Sch., Dr.*). Kp_1: $146-148°$ (*Evans, Wiselogle*, Am. Soc. **67** [1945] 60). IR-Spektrum (polyfluorierter Kohlenwasserstoff $[2,5-7,5\ \mu]$ sowie Vaselinöl $[7,5-14\ \mu]$): *Scheïnker, Pomeranzew*, Ž. fiz. Chim. **30** [1956] 79, 83; C. A. **1956** 14780. NH-Valenzschwingungsbanden in KBr, in $CHCl_3$ und in CCl_4: *Mason*, Soc. **1957** 4874, 4875; in $CHCl_3$ und in CCl_4: *Shindo*, Chem. pharm. Bl. **7** [1959] 407, 410, 413. CO-Valenzschwingungsbanden (KBr sowie $CHCl_3$): *Ma.*, Soc. **1957** 4875. λ_{max}: 222 nm und 290 nm [A.] (*Eichenberger et al.*, Helv. **37** [1954] 1298, 1301; *Mason*, Soc. **1957** 5010, 5013), 280 nm [H_2O]

(*Overend* et al., Soc. **1950** 3500, 3502), 215 nm und 265 nm [wss. H_2SO_4 (15 n)] (*Mason*, Soc. **1959** 1253, 1254), 220 nm und 280 nm [wss. HCl (2 n)] (*Ei.* et al., Helv. **39** 1763), 220 nm und 281 nm [wss. Lösung vom pH 6] (*Ma.*, Soc. **1957** 5013) bzw. 227 nm und 295 nm [wss. Lösung vom pH 13] (*Ma.*, Soc. **1959** 1254). Scheinbare Dissoziations-exponenten pK'_{a_1} und pK'_{a_2} (H_2O) bei 20°: —1,8 [spektrophotometrisch ermittelt] bzw. 10,46 [potentiometrisch ermittelt] (*Albert, Phillips*, Soc. **1956** 1294, 1300).

6-Imino-1,6-dihydro-pyridazin, 2H-Pyridazin-3-on-imin $C_4H_5N_3$ s. Pyridazin-3-ylamin (Syst.-Nr. 3713).

2H-Pyridazin-3-on-hydrazon $C_4H_6N_4$ s. 3-Hydrazino-pyridazin (Syst.-Nr. 3783).

1-Oxy-2H-pyridazin-3-on, 2H-Pyridazin-3-on-1-oxid $C_4H_4N_2O_2$, Formel III, und Tautomeres.
B. Beim Erhitzen von 3-Methoxy-pyridazin-1-oxid mit wss. NaOH (*Igeta*, Chem. pharm. Bl. **7** [1959] 938, 940).
Kristalle (aus A.); F: 200—205° [Zers.].

2-Methyl-2H-pyridazin-3-on $C_5H_6N_2O$, Formel I (R = CH_3).
B. Beim Erwärmen von 2H-Pyridazin-3-on mit CH_3I und Natriummethylat in Meth= anol (*Gregory* et al., Soc. **1949** 1248, 1252; *Duffin, Kendall*, Soc. **1959** 3789, 3793) oder mit Dimethylsulfat in wss.-methanol. NaOH (*Evans, Wiselogle*, Am. Soc. **67** [1945] 60). Beim Erhitzen von 3-Oxo-2-methyl-2,3-dihydro-pyridazin-4-carbonsäure auf 240° (*CIBA*, U.S.P. 2839532 [1954]).
Hygroskopische Kristalle; F: 38—39° [nach Destillation bzw. aus PAe.] (*Ev., Wi.*; *CIBA*). F: 35°; Kp_{15}: 110° (*Du., Ke.*). UV-Spektrum (A.; 220—320 nm): *Gr.* et al., l. c. S. 1249, 1250. λ_{max} (A.): 223 nm und 295 nm (*Eichenberger* et al., Helv. **37** [1954] 1298, 1301).

2-Phenyl-2H-pyridazin-3-on $C_{10}H_8N_2O$, Formel I (R = C_6H_5).
B. Beim Hydrieren von 6-Chlor-2-phenyl-2H-pyridazin-3-on an Palladium/Kohle in Äthanol (*Druey* et al., Helv. **37** [1954] 510, 520).
Kristalle (aus Cyclohexan); F: 107—109° [unkorr.] (*Dr.* et al.). λ_{max} (A.): 308 nm (*Eichenberger* et al., Helv. **37** [1954] 1298, 1302).

I   II   III   IV   V

2-Hydroxymethyl-2H-pyridazin-3-on $C_5H_6N_2O_2$, Formel I (R = CH_2-OH).
B. Beim Erwärmen von 2H-Pyridazin-3-on mit Formaldehyd in wss. Dimethylamin (*Gregory* et al., Soc. **1949** 1248, 1252).
Kristalle (aus wss. Formaldehyd); F: 142°. Orthorhombisch; Dimensionen der Elemen-tarzelle (Röntgen-Diagramm): *Gr.* et al. Dichte der Kristalle: 1,478. UV-Spektrum (A.; 220—340 nm): *Gr.* et al., l. c. S. 1249, 1250.

2-Piperidinomethyl-2H-pyridazin-3-on $C_{10}H_{15}N_3O$, Formel IV.
B. Beim Behandeln von 2H-Pyridazin-3-on mit Piperidin und wss. Formaldehyd (*Hell-mann, Löschmann*, B. **89** [1956] 594, 598).
Kristalle (aus PAe.), F: 53°, die sich an der Luft rot färben.

Bis-[3-oxo-3H-pyridazin-2-yl]-phenyl-methan, 2H,2'H-2,2'-Benzyliden-bis-pyridazin-3-on $C_{15}H_{12}N_4O_2$, Formel V.
B. Beim Erhitzen von 2H-Pyridazin-3-on oder von 6-Oxo-1,6-dihydro-pyridazin-

3-carbonsäure mit Benzaldehyd und Acetanhydrid (*Gregory et al.*, Soc. **1949** 1248, 1252). Kristalle (aus A.); F: 239°. UV-Spektrum (A.; 230—340 nm): *Gr. et al.*, l. c. S. 1250, 1251.

2-Acetonyl-2H-pyridazin-3-on $C_7H_8N_2O_2$, Formel I (R = CH$_2$-CO-CH$_3$).
B. Beim Erhitzen von [6-Oxo-6H-pyridazin-1-yl]-essigsäure mit Acetanhydrid und Pyridin (*King, McMillan*, Am. Soc. **74** [1952] 3222).
Kristalle (aus PAe. + Bzl.); F: 98—99°. Bei 100° [Badtemperatur]/0,15 Torr sublimierbar.
Semicarbazon $C_8H_{11}N_5O_2$; 2-[2-Semicarbazono-propyl]-2H-pyridazin-3-on. Kristalle (aus H$_2$O); F: 215—216° [unkorr.].

[6-Oxo-6H-pyridazin-1-yl]-essigsäure $C_6H_6N_2O_3$, Formel I (R = CH$_2$-CO-OH).
B. Beim Erhitzen des Äthylesters (s. u.) mit wss. HCl (*King, McMillan*, Am. Soc. **74** [1952] 3222). Beim Hydrieren von [3-Chlor-6-oxo-6H-pyridazin-1-yl]-essigsäure an Palladium/Kohle in mit wss. NaOH neutralisierter wss. Lösung (*Schönbeck*, M. **90** [1959] 284, 293).
Kristalle; F: 174—175° [unkorr.; aus H$_2$O] (*King, McM.*), 168—170° [aus Acn.] (*Sch.*).

[6-Oxo-6H-pyridazin-1-yl]-essigsäure-äthylester $C_8H_{10}N_2O_3$, Formel I (R = CH$_2$-CO-O-C$_2$H$_5$).
B. Beim Erwärmen von 2H-Pyridazin-3-on mit Chloressigsäure-äthylester und Natrium≠ äthylat in Äthanol (*King, McMillan*, Am. Soc. **74** [1952] 3222).
Kristalle (aus PAe. + wenig Bzl.); F: 52,5—53°.

[6-Oxo-6H-pyridazin-1-yl]-essigsäure-hydrazid $C_6H_8N_4O_2$, Formel I (R = CH$_2$-CO-NH-NH$_2$).
B. Beim Erwärmen von [6-Oxo-6H-pyridazin-1-yl]-essigsäure-äthylester mit N$_2$H$_4$·H$_2$O in Äthanol (*Warner-Lambert Pharm. Co.*, U.S.P. 2832780 [1955]; *McMillan et al.*, Am. Soc. **78** [1956] 407, 410).
Kristalle; F: 213—216° [aus wss. A.] (*Warner-Lambert Pharm. Co.*), 213—216° [unkorr.] (*McM. et al.*), 208—209° [korr.; aus H$_2$O] (*Gardner et al.*, J. org. Chem. **21** [1956] 530, 531).

6-Chlor-2H-pyridazin-3-on $C_4H_3ClN_2O$, Formel VI (R = X = H), und Tautomeres.
Diese Konstitution kommt auch der von *Steck* (J. org. Chem. **24** [1959] 1597) als 6-Chlor-pyridazin-4-ylamin angesehenen Verbindung zu (*Taft et al.*, J. org. Chem. **26** [1961] 605).
B. Aus 3,6-Dichlor-pyridazin beim Erhitzen mit wss. H$_2$O$_2$ und Essigsäure (*Takahayashi*, J. pharm. Soc. Japan **76** [1956] 1296, 1298; C. A. **1957** 6645; *v. Euler et al.*, Ark. Kemi **14** [1959] 419, 421), mit Essigsäure (*Kuraishi*, Pharm. Bl. **5** [1957] 376, 378), mit wss. HCl (*Steck, Brundage*, Am. Soc. **81** [1959] 6511, 6512) oder mit wss. NaOH (*Druey et al.*, Helv. **37** [1954] 121, 132; *Ta.*). Neben 3,6-Dichlor-pyridazin beim Erhitzen von 1,2-Di≠ hydro-pyridazin-3,6-dion mit POCl$_3$ (*Feuer, Rubinstein*, J. org. Chem. **24** [1959] 811, 812).
Kristalle; F: 142—142,5° [aus CCl$_4$] (*Fe., Ru.*), 141—142° [korr.; aus CCl$_4$] (*St., Br.*). Kristalle mit 0,5 Mol H$_2$O; F: 140° (*Ta.*), 138—139° [aus E.] (*v. Eu. et al.*; *Ku.*; *Dr. et al.*). IR-Spektrum (polyfluorierter Kohlenwasserstoff sowie Vaselinöl; 2—14 µ): *Scheinker et al.*, Ž. fiz. Chim. **31** [1957] 599, 605; C. A. **1958** 877. λ_{max} (A.): 227 nm und 300 nm (*Eichenberger et al.*, Helv. **37** [1954] 1298, 1301).
Verbindung mit 3,6-Dichlor-pyridazin $C_4H_3ClN_2O \cdot C_4H_2Cl_2N_2$. Kristalle (aus CCl$_4$); F: 115—116° (*Fe., Ru.*). Beim Erhitzen im Vakuum sublimiert 3,6-Dichlor-pyrid≠ azin (*Fe., Ru.*).

6-Chlor-2-methyl-2H-pyridazin-3-on $C_5H_5ClN_2O$, Formel VI (R = CH$_3$, X = H).
B. Beim Erhitzen von 1-Methyl-1,2-dihydro-pyridazin-3,6-dion mit POCl$_3$ (*Eichenberger et al.*, Helv. **37** [1954] 837, 846).
Kristalle (aus A.); F: 92—94° (*Ei. et al.*, l. c. S. 846). λ_{max} (A.): 225 nm und 303 nm (*Eichenberger et al.*, Helv. **37** [1954] 1298, 1301).

6-Chlor-2-phenyl-2H-pyridazin-3-on $C_{10}H_7ClN_2O$, Formel VII (X = X' = H).
B. Beim Erhitzen von 1-Phenyl-1,2-dihydro-pyridazin-3,6-dion mit $POCl_3$ (*Druey et al.*, Helv. **37** [1954] 510, 520; *CIBA*, U.S.P. 2798869 [1953]).
Kristalle (aus H_2O); F: 116—118° (*Dr. et al.*, l. c. S. 514; *CIBA*). λ_{max} (A.): 320 nm (*Eichenberger et al.*, Helv. **37** [1954] 1298, 1302).

6-Chlor-2-[4-chlor-phenyl]-2H-pyridazin-3-on $C_{10}H_6Cl_2N_2O$, Formel VII (X = H, X' = Cl).
B. Analog der vorangehenden Verbindung (*CIBA*, Schweiz. P. 319059 [1953]; U.S.P. 2798869 [1953]; D.B.P. 950287 [1956]).
Kristalle (aus Bzl. + PAe.); F: 138—140°.

6-Chlor-2-[4-nitro-phenyl]-2H-pyridazin-3-on $C_{10}H_6ClN_3O_3$, Formel VII (X = H, X' = NO_2).
B. Analog den vorangehenden Verbindungen (*CIBA*, Schweiz. P. 319059 [1953]; U.S.P. 2798869 [1953]; D.B.P. 950287 [1956]).
Kristalle (aus E.); F: 195—196°.

6-Chlor-2-p-tolyl-2H-pyridazin-3-on $C_{11}H_9ClN_2O$, Formel VII (X = H, X' = CH_3).
B. Analog den vorangehenden Verbindungen (*CIBA*, Schweiz. P. 319059 [1953]; U.S.P. 2798869 [1953]; D.B.P. 950287 [1956]).
Kristalle (aus Me.); F: 108—109°.

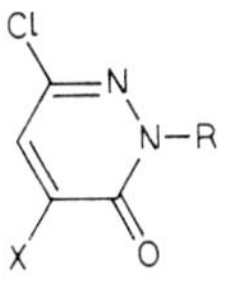

VI 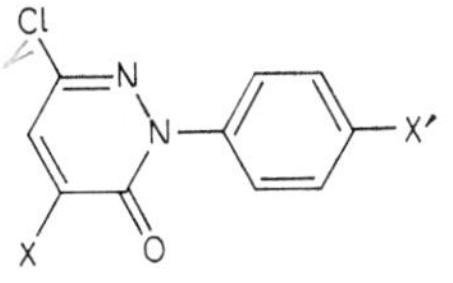 VII 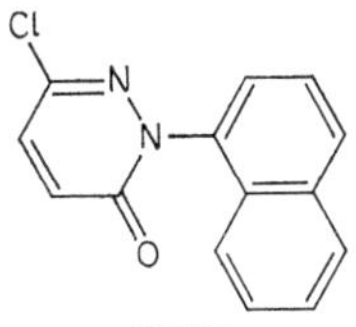 VIII 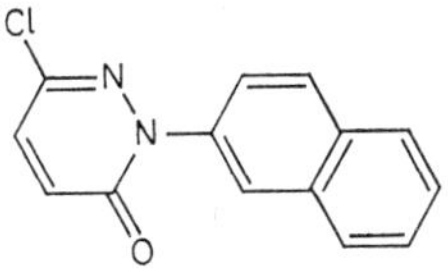 IX

6-Chlor-2-[1]naphthyl-2H-pyridazin-3-on $C_{14}H_9ClN_2O$, Formel VIII.
B. Analog den vorangehenden Verbindungen (*CIBA*, Schweiz. P. 319059 [1953]; D.B.P. 950287 [1956]).
Kristalle (aus H_2O); F: 118—120°.

6-Chlor-2-[2]naphthyl-2H-pyridazin-3-on $C_{14}H_9ClN_2O$, Formel IX.
B. Analog den vorangehenden Verbindungen (*CIBA*, Schweiz. P. 319059 [1953]; U.S.P. 2798869 [1953]; D.B.P. 950287 [1956]).
Kristalle (aus A.); F: 155—156°.

[3-Chlor-6-oxo-6H-pyridazin-1-yl]-essigsäure $C_6H_5ClN_2O_3$, Formel VI (R = CH_2-CO-OH, X = H).
B. Beim Erhitzen von 6-Chlor-2H-pyridazin-3-on mit Chloressigsäure in wss. KOH (*Schönbeck*, M. **90** [1959] 284, 292).
Kristalle (aus H_2O); F: 220°.
Äthylester $C_8H_9ClN_2O_3$. Kristalle (aus H_2O); F: 77—78°.

5-Chlor-2-phenyl-2H-pyridazin-3-on $C_{10}H_7ClN_2O$, Formel X (R = C_6H_5, X = X' = H).
B. Beim Erhitzen von 2-Phenyl-2H-pyridazin-3,5-dion mit $POCl_3$ (*Meier et al.*, Helv. **37** [1954] 523, 532).
Kristalle (aus Acn. + PAe.); F: 83—85° (*Me. et al.*). λ_{max} (A.): 316 nm (*Eichenberger et al.*, Helv. **37** [1954] 1298, 1302).

5,6-Dichlor-2H-pyridazin-3-on $C_4H_2Cl_2N_2O$, Formel X (R = X = H, X' = Cl), und Tautomeres.
Konstitution: *Kuraishi*, Chem. pharm. Bl. **6** [1958] 641.
B. Beim Erhitzen von 3,4,6-Trichlor-pyridazin in Essigsäure (*Kuraishi*, Pharm. Bl. **5** [1957] 376, 378, **6** 643; *Schönbeck, Kloimstein*, M. **99** [1968] 15, 48).

Kristalle (aus H_2O); F: 204° (*Sch.*, *Kl.*, l. c. S. 22), 203—204° [unkorr.] (*Ku.*, Pharm. Bl. **5** 378).

5,6-Dichlor-2-phenyl-2*H*-pyridazin-3-on $C_{10}H_6Cl_2N_2O$, Formel X (R = C_6H_5, X = II, X′ = Cl).

B. Beim Erhitzen von 4-Chlor-1-phenyl-1,2-dihydro-pyridazin-3,6-dion mit $POCl_3$ (*Meier et al.*, Helv. **37** [1954] 523, 530; *CIBA*, U.S.P. 2 798 869 [1953], 2 786 840 [1955]).

Kristalle; F: 138° [aus Cyclohexan] (*CIBA*), 135—136° [aus A.] (*Me. et al.*). λ_{max} (A.): 216 nm und 325 nm (*Eichenberger et al.*, Helv. **37** [1954] 1298, 1303).

4,6-Dichlor-2*H*-pyridazin-3-on $C_4H_2Cl_2N_2O$, Formel VI (R = H, X = Cl), und Tautomeres.

Konstitution: *Schönbeck, Kloimstein*, M. **99** [1968] 15, 20.

B. Neben überwiegenden Mengen 5,6-Dichlor-2*H*-pyridazin-3-on beim Erhitzen von 3,4,6-Trichlor-pyridazin mit Essigsäure (*Sch.*, *Kl.*, l. c. S. 48). In geringer Menge neben 3,6-Dichlor-1*H*-pyridazin-4-on beim Erhitzen von 3,4,6-Trichlor-pyridazin mit wss. NaOH (*Eichenberger et al.*, Helv. **39** [1956] 1755, 1762; *Sch.*, *Kl.*, l. c. S. 23, 24).

Kristalle (aus A.); F: 170—172° [unkorr.] (*Ei. et al.*).

4,6-Dichlor-2-phenyl-2*H*-pyridazin-3-on $C_{10}H_6Cl_2N_2O$, Formel VII (X = Cl, X′ = H).

B. Beim Erhitzen von 1-Phenyl-1,2-dihydro-pyridazin-3,6-dion mit $POCl_3$ und anschliessend mit PCl_5 (*Druey et al.*, Helv. **37** [1954] 510, 521; *CIBA*, U.S.P. 2 798 869 [1953], 2 786 840 [1955]).

Kristalle (aus Me.); F: 111—112° [unkorr.] (*Dr. et al.*; *CIBA*). λ_{max} (A.): 214 nm und 326 nm (*Eichenberger et al.*, Helv. **37** [1954] 1298, 1303).

4,6-Dichlor-2-[4-chlor-phenyl]-2*H*-pyridazin-3-on $C_{10}H_5Cl_3N_2O$, Formel VII (X = X′ = Cl).

B. Analog der vorangehenden Verbindung (*CIBA*, U.S.P. 2 857 384 [1956]).

Kristalle (aus Me.); F: 163—165°.

4,5-Dichlor-2*H*-pyridazin-3-on $C_4H_2Cl_2N_2O$, Formel X (R = X′ = H, X = Cl), und Tautomeres.

B. Beim Erwärmen von 2,3-Dichlor-4-oxo-*cis*-crotonsäure mit $N_2H_4 \cdot H_2SO_4$ in H_2O unter Zusatz von Natriumacetat (*Kuraishi*, Pharm. Bl. **4** [1956] 497). Beim Erhitzen von 2,3-Dichlor-4-semicarbazono-*cis*-crotonsäure (F: 183° [korr.; Zers.]) mit Essigsäure (*Mowry*, Am. Soc. **75** [1953] 1909). Beim Erhitzen von 3,4,5-Trichlor-pyridazin in Essig= säure (*Kuraishi*, Pharm. Bl. **5** [1957] 376, 378).

Kristalle; F: 202° [korr.] (*Mo.*), 199—200° [unkorr.; aus H_2O] (*Ku.*). λ_{max}: 215 nm und 298 nm [A.] (*Eichenberger et al.*, Helv. **37** [1954] 1298, 1301), 288—290 nm [H_2O], 290—292 nm [wss. HCl (0,1 n)] bzw. 303—306 nm [wss. NaOH (1 n)] (*Castle, Seese*, J. org. Chem. **23** [1958] 1534, 1536).

4,5-Dichlor-2-methyl-2*H*-pyridazin-3-on $C_5H_4Cl_2N_2O$, Formel X (R = CH_3, X = Cl, X′ = H).

B. Beim Erhitzen von 2,3-Dichlor-4-oxo-*cis*-crotonsäure mit Methylhydrazin-sulfat in wss. NaOH (*Homer et al.*, Soc. **1948** 2191, 2194). Beim Erhitzen von 4,5-Dichlor-1-methyl-6-oxo-1,6-dihydro-pyridazin-3-carbonsäure (*Ho. et al.*).

Kristalle (aus wss. A.); F: 91°.

X   XI   XII   XIII

4,5-Dichlor-2-phenyl-2H-pyridazin-3-on $C_{10}H_6Cl_2N_2O$, Formel X (R = C_6H_5, X = Cl, X′ = H).

B. Beim Erhitzen von 2,3-Dichlor-4-phenylhydrazono-*cis*-crotonsäure (F: 124−125° [korr.; Zers.]) mit Essigsäure (*Mowry*, Am. Soc. **75** [1953] 1909).

Kristalle (aus wss. A.); F: 163−164° [korr.].

6-Brom-2H-pyridazin-3-on $C_4H_3BrN_2O$, Formel XI (R = X = H), und Tautomeres.

B. In geringer Menge neben 3,6-Dibrom-pyridazin beim Erhitzen von 1,2-Dihydro-pyridazin-3,6-dion mit $POBr_3$ (*Steck et al.*, Am. Soc. **76** [1954] 3225; *Sterling Drug Inc.*, U.S.P. 2858311 [1955]).

Kristalle; F: 158−160° [aus Me. + Acn.] (*Sterling Drug Inc.*), 157−158,5° [aus Bzl.] (*St. et al.*).

6-Brom-2-phenyl-2H-pyridazin-3-on $C_{10}H_7BrN_2O$, Formel XI (R = C_6H_5, X = H).

B. Beim Erhitzen von 1-Phenyl-1,2-dihydro-pyridazin-3,6-dion mit PBr_5 (*Druey et al.*, Helv. **37** [1954] 510, 520; *CIBA*, U.S.P. 2798869 [1953]).

Kristalle (aus Bzl. + PAe.); F: 122−124° [unkorr.].

5-Brom-4-chlor-2H-pyridazin-3-on $C_4H_2BrClN_2O$, Formel XII (R = H, X = Cl), und Tautomeres.

B. Beim Behandeln von 3-Brom-2-chlor-4-oxo-*cis*-crotonsäure mit $N_2H_4 \cdot H_2SO_4$ und Natriumacetat in H_2O (*Kuraishi*, Chem. pharm. Bl. **6** [1958] 641, 643).

Kristalle (aus H_2O); F: 208° [unkorr.].

5,6-Dibrom-2-phenyl-2H-pyridazin-3-on $C_{10}H_6Br_2N_2O$, Formel XI (R = C_6H_5, X = Br).

B. Beim Erhitzen von 4-Brom-1-phenyl-1,2-dihydro-pyridazin-3,6-dion mit PBr_5 (*Meier et al.*, Helv. **37** [1954] 523, 530).

Kristalle (aus Me.); F: 140−142° (*Me. et al.*). λ_{max} (A.): 215 nm, 268 nm und 320 nm (*Eichenberger et al.*, Helv. **37** [1954] 1298, 1303).

4,5-Dibrom-2H-pyridazin-3-on $C_4H_2Br_2N_2O$, Formel XII (R = H, X = Br), und Tautomeres (H 79).

λ_{max} (A.): 218 nm, 254 nm und 301 nm (*Eichenberger et al.*, Helv. **37** [1954] 1298, 1301).

4,5-Dibrom-2-phenyl-2H-pyridazin-3-on $C_{10}H_6Br_2N_2O$, Formel XII (R = C_6H_5, X = Br) (H 79).

B. Beim Erwärmen von 2,3-Dibrom-4-oxo-*cis*-crotonsäure mit Phenylhydrazin und wss. Ameisensäure (*Dworezkaja et al.*, Biol. Nauki (NDVŠ) **1958** Nr. 2, S. 115; C. A. **1959** 6506).

Kristalle (aus A.); F: 143−144°.

2H-Pyridazin-3-thion $C_4H_4N_2S$, Formel XIII (R = X = H), und Tautomeres (Pyridazin-3-thiol).

B. Beim Erhitzen von 2H-Pyridazin-3-on mit P_2S_5 in Pyridin (*Duffin, Kendall*, Soc. **1959** 3789, 3793).

Gelbe Kristalle (aus A.); F: 170°.

2-Methyl-2H-pyridazin-3-thion $C_5H_6N_2S$, Formel XIII (R = CH_3, X = H).

B. Beim Erhitzen von 2-Methyl-2H-pyridazin-3-on mit P_2S_5 in Xylol (*Duffin, Kendall*, Soc. **1959** 3789, 3793).

Gelbe Kristalle (aus Cyclohexan); F: 110°.

6-Chlor-2H-pyridazin-3-thion $C_4H_3ClN_2S$, Formel XIII (R = H, X = Cl), und Tautomeres.

B. Aus 3,6-Dichlor-pyridazin beim Behandeln mit äthanol. KHS (*Druey et al.*, Helv. **37** [1954] 121, 133) oder beim Erwärmen mit methanol. KHS (*Takahayashi*, J. pharm. Soc. Japan **75** [1955] 778, 780; C. A. **1956** 4970).

Gelbe Kristalle; F: 150° (*Pollak et al.*, Canad. J. Chem. **44** [1966] 829, 831), 136−138° [Zers.; aus Me.] (*Ta.*).

1H-Pyridazin-4-on $C_4H_4N_2O$, Formel I (R = X = H), und **Pyridazin-4-ol** $C_4H_4N_2O$, Formel II.

Tautomerie-Gleichgewicht in H_2O bei 20°: *Mason*, Soc. **1958** 674, 678.
B. Beim Erhitzen von 4-Äthoxy-pyridazin mit HBr in Essigsäure auf 120—125° (*Kuraishi*, Pharm. Bl. **5** [1957] 376). Beim Hydrieren von 3,6-Dichlor-1H-pyridazin-4-on an Palladium/Kohle in Äthanol (*Eichenberger et al.*, Helv. **39** [1956] 1755, 1762). Beim Erhitzen von 4-Oxo-1,4-dihydro-pyridazin-3,6-dicarbonsäure mit konz. H_2SO_4 auf 230° (*Thomas, Marxer*, Helv. **41** [1958] 1898, 1902).

Kristalle; F: 251° [aus A.] (*Th., Ma.*), 250—251° [unkorr.; aus Me.] (*Ei. et al.*), 245° bis 246° [aus Me.] (*Ku.*). NH-Valenzschwingungsbanden (KBr, CHCl₃ sowie CCl₄) und CO-Valenzschwingungsbanden (KBr sowie CHCl₃): *Mason*, Soc. **1957** 4874, 4875. UV-Spektrum in wss. Lösung vom pH −1 (200—300 nm): *Ma.*, Soc. **1958** 678, 679; in wss. Lösung vom pH 4,8 (200—350 nm): *Mason*, Soc. **1957** 5010, 5011, 5013. λ_{max}: 266 nm [A.] (*Ma.*, Soc. **1957** 5013), 261 nm [A.] (*Ei. et al.*), 263 nm [H₂O] (*Ei. et al.*), 244 nm [wss. H₂SO₄ (5 n)] (*Mason*, Soc. **1959** 1253, 1254), 247 nm [wss. HCl (2 n)] (*Ei. et al.*), 245 nm und 271 nm [wss. NaOH (0,1 n)] (*Ei. et al.*) bzw. 245 nm und 270 nm [wss. Lösung vom pH 13] (*Ma.*, Soc. **1959** 1254). Scheinbare Dissoziationsexponenten pK'_{a1} und pK'_{a2} (H₂O) bei 20°: 1,07 [spektrophotometrisch ermittelt] bzw. 8,68 [potentiometrisch ermittelt] (*Albert, Phillips*, Soc. **1956** 1294, 1300).

1-Methyl-1H-pyridazin-4-on $C_5H_6N_2O$, Formel I (R = CH₃, X = H).
B. Beim Hydrieren von 3,6-Dichlor-1-methyl-1H-pyridazin-4-on an Palladium/Kohle in Äthanol (*Eichenberger et al.*, Helv. **39** [1956] 1755, 1763).
Kristalle (aus Acn. + PAe.); F: 98—99° (*Ei. et al.*). UV-Spektrum (A.; 200—320 nm): *Mason*, Soc. **1957** 5010, 5011, 5013.
Hydrochlorid $C_5H_6N_2O \cdot HCl$. Kristalle (aus A. + Ae.); F: 173—176° [unkorr.] (*Ei. et al.*).

1-Methyl-5-oxo-2,5-dihydro-pyridazinium $[C_5H_7N_2O]^+$, Formel III, und Tautomeres.
Betain $C_5H_6N_2O$; 5-Hydroxy-1-methyl-pyridazinium-betain. *B.* Beim Erwärmen von 1H-Pyridazin-4-on mit Dimethylsulfat und Natriumäthylat in Äthanol (*Eichenberger et al.*, Helv. **39** [1956] 1755, 1764). — Hygroskopische Kristalle; F: 115° bis 117° [unkorr.] (*Ei. et al.*). UV-Spektrum (H₂O; 200—350 nm): *Mason*, Soc. **1957** 5010, 5011, 5013. λ_{max} (CH₂Cl₂, Me., A., H₂O, wss. HCl sowie wss. NaOH): *Ei. et al.* Scheinbarer Dissoziationsexponent pK'_a (H₂O; potentiometrisch ermittelt) bei 20°: 1,74 (*Mason*, Soc. **1958** 674, 678).
Chlorid $[C_5H_7N_2O]Cl$. Kristalle (aus A.); F: 234° [unkorr.; Zers.] (*Ei. et al.*, l. c. S. 1763). UV-Spektrum (wss. Lösung vom pH 0; 200—320 nm): *Ma.*, Soc. **1958** 679.

3,6-Dichlor-1H-pyridazin-4-on $C_4H_2Cl_2N_2O$, Formel I (R = H, X = Cl), und Tautomeres.
B. Neben geringeren Mengen 4,6-Dichlor-2H-pyridazin-3-on beim Erhitzen von 3,4,6-Trichlor-pyridazin mit wss. NaOH (*Eichenberger et al.*, Helv. **39** [1956] 1755, 1762; *Schönbeck, Kloimstein*, M. **99** [1968] 15, 23, 24).
Kristalle (aus H₂O); F: 212° (*Sch., Kl.*), 199—200° (*Ei. et al.*).

3,6-Dichlor-1-methyl-1H-pyridazin-4-on $C_5H_4Cl_2N_2O$, Formel I (R = CH₃, X = Cl).
B. Beim Erwärmen von 3,6-Dichlor-1H-pyridazin-4-on mit Dimethylsulfat und Natriumäthylat in Äthanol (*Eichenberger et al.*, Helv. **39** [1956] 1755, 1763).
Kristalle (aus H₂O); F: 153—155°.

I   II   III   IV   V

3H-Pyrimidin-4-on C$_4$H$_4$N$_2$O, Formel IV (R = X = X' = H), und Tautomere (z. B. Pyrimidin-4-ol) (H 81; E II 38).

Nach Ausweis des ^{1}H-NMR-Spektrums liegt in H$_2$O (*Inoue et al.*, J. org. Chem. **31** [1966] 175) und in DMSO (*Bauer et al.*, J. heterocycl. Chem. **2** [1965] 447, 449; *Lardenois et al.*, Bl. **1971** 1858, 1863) überwiegend (>80%) 3H-Pyrimidin-4-on vor. Das gleiche Tautomere liegt nach Ausweis des IR- und des Raman-Spektrums in H$_2$O (*Albert, Spinner*, Soc. **1960** 1221, 1225) und nach Ausweis des Dipolmoments in Dioxan (*Mussetta et al.*, C. r. [C] **276** [1973] 1341, 1343) überwiegend (>80% bzw. 82%) vor. Über das Tauto= merie-Gleichgewicht in H$_2$O bei 20° s. a. *Mason*, Soc. **1958** 674, 678.

B. Beim Erwärmen von Formamidin-hydrochlorid mit der Natrium-Verbindung des 3-Hydroxy-acrylsäure-äthylesters (E III **3** 1171) in wss. NaOH (*Am. Cyanamid Co.*, U.S.P. 2417318 [1945]). Neben Pyrimidin-1-oxid beim Behandeln von Pyrimidin mit H$_2$O$_2$ in Essigsäure (*Koelsch, Gumprecht*, J. org. Chem. **23** [1958] 1603, 1605). Beim Er= hitzen von 2-Thioxo-2,3-dihydro-1H-pyrimidin-4-on mit Raney-Nickel in H$_2$O (*Cavalieri, Bendich*, Am. Soc. **72** [1950] 2587, 2593) oder in wss. NH$_3$ (*Brown*, J. Soc. chem. Ind. **69** [1950] 353, 354).

Dipolmoment (ε; Dioxan) bei 35°: 2,70 D (*Schneider*, Am. Soc. **70** [1948] 627, 628).

F: 165—166° (*Ko., Gu.*). IR-Spektrum (Paraffin oder Perfluorkerosin; 3500—2750 cm^{-1} und 1800—450 cm^{-1}): *Short, Thompson*, Soc. **1952** 168, 172, 176, 178; s. a. *Thompson et al.*, Discuss. Faraday Soc. **9** [1950] 222, 233, 234; *Brown, Short*, Soc. **1953** 331, 335. NH-Valenzschwingungsbanden (KBr, CHCl$_3$ sowie CCl$_4$) und CO-Valenzschwingungsbanden (KBr sowie CHCl$_3$): *Mason*, Soc. **1957** 4874, 4875. IR-Spektrum der deuterierten Ver= bindung (Paraffin oder Perfluorkerosin; 1800—700 cm^{-1}): *Sh., Th.*, l. c. S. 172; s. a. *Th. et al.*, l. c. S. 234. UV-Spektrum in H$_2$O (210—300 nm): *Williams*, Am. Soc. **59** [1937] 526; in wss. Lösungen vom pH −1, pH 6,2 und pH 13 (220—300 nm): *Br., Sh.*, l. c. S. 332; *Brown et al.*, Soc. **1955** 211, 212, 213. λ$_{max}$: 225 nm und 252—254 nm [wss. Lösung vom pH 0], 227,5 nm [wss. Lösung vom pH 4,9] bzw. 227 nm und 264—265 nm [wss. Lösung vom pH 13] (*Boarland, McOmie*, Soc. **1952** 3716, 3717; s. a. *Albert et al.*, Soc. **1951** 474, 477). Scheinbare Dissoziationsexponenten pK$'_{a1}$ und pK$'_{a2}$ (H$_2$O; potentio= metrisch ermittelt) bei 20°: 1,69 bzw. 8,60 (*Br., Sh.*, l. c. S. 334), 1,85 bzw. 8,59 (*Al. et al.*, Soc. **1951** 477). Polarographisches Halbstufenpotential (wss. Lösungen vom pH 1,2—6,8): *Cavalieri, Lowy*, Arch. Biochem. **35** [1952] 83, 85, 86. Löslichkeit in H$_2$O bei 20°: 1 g/2,7 ml Lösung (*Albert et al.*, Soc. **1952** 4219).

6-Imino-1,6-dihydro-pyrimidin, 3H-Pyrimidin-4-on-imin C$_4$H$_5$N$_3$ s. Pyrimidin-4-ylamin (Syst.-Nr. 3713).

3H-Pyrimidin-4-on-hydrazon C$_4$H$_6$N$_4$ s. 4-Hydrazino-pyrimidin (Syst.-Nr. 3783).

1-Methyl-1H-pyrimidin-4-on C$_5$H$_6$N$_2$O, Formel V (R = CH$_3$).

B. Aus 4-Amino-1-methyl-pyrimidinium-jodid beim Behandeln mit wss. NaOH (*Brown et al.*, Soc. **1955** 4035, 4040) oder beim Erhitzen mit wss. KOH (*Curd, Richardson*, Soc. **1955** 1853, 1857). Beim Erhitzen von 1-Methyl-2-methylmercapto-1H-pyrimidin-4-on mit Raney-Nickel in H$_2$O (*Brown et al.*, Soc. **1955** 211, 216).

Kristalle (aus 4-Methyl-pentan-2-on); F: 155—156° (*Br. et al.*, l. c. S. 216). UV-Spek= trum in Methanol (210—290 nm): *Pfleiderer, Liedek*, A. **612** [1958] 163, 168; in wss. Lö= sungen vom pH −0,4 und pH 6 (220—310 nm): *Br. et al.*, l. c. S. 212, 213. Scheinbarer Dissoziationsexponent pK$'_a$ (H$_2$O) bei 20°: 1,8 [potentiometrisch ermittelt] (*Albert, Phillips*, Soc. **1956** 1294, 1300; s. a. *Br. et al.*, l. c. S. 213), 2,02 [spektrophotometrisch er= mittelt] (*Mason*, Soc. **1958** 674, 678).

Picrat C$_5$H$_6$N$_2$O·C$_6$H$_3$N$_3$O$_7$. Gelbe Kristalle; F: 164—166° [aus A.] (*Br. et al.*, l. c. S. 4040), 164—166° [aus 2-Äthoxy-äthanol] (*Curd, Ri.*).

3-Methyl-3H-pyrimidin-4-on C$_5$H$_6$N$_2$O, Formel IV (R = CH$_3$, X = X' = H).

B. Beim Erhitzen von 4-Methoxy-pyrimidin auf 190—195° (*Brown et al.*, Soc. **1955** 211, 216). Beim Erwärmen von 3H-Pyrimidin-4-on mit CH$_3$I in wss.-äthanol. KOH (*Curd, Richardson*, Soc. **1955** 1853, 1856). Neben geringeren Mengen 4-Methoxy-pyrimidin aus 3H-Pyrimidin-4-on und Diazomethan in Äther (*Br. et al.*). Beim Behandeln von 3-Methyl-2-styryl-3H-pyrimidin-4-on in Aceton mit KMnO$_4$ (*Curd, Ri.*). Aus 3-Methyl-2-methyl=

mercapto-3H-pyrimidin-4-on beim Erwärmen mit Raney-Nickel in Methanol (*Curd, Ri.*) oder beim Erhitzen mit Raney-Nickel in H_2O (*Br. et al.*).

Kristalle (aus $CHCl_3$); F: 125—126° (*Br. et al.*). Bei 100° [Badtemperatur]/20 Torr sublimierbar (*Br. et al.*). UV-Spektrum (wss. Lösungen vom pH −0,4 und pH 5; 220 nm bis 310 nm): *Br. et al.*, l. c. S. 212, 213. Scheinbarer Dissoziationsexponent pK_a' (H_2O; potentiometrisch ermittelt) bei 20°: 1,84 (*Albert, Phillips*, Soc. **1956** 1294, 1300; s. a. *Br. et al.*, l. c. S. 213).

Picrat $C_5H_6N_2O \cdot C_6H_3N_3O_7$. Kristalle; F: 176—178° [aus H_2O] (*Curd, Ri.*), 175—176° [aus A.] (*Br. et al.*).

1,3-Dimethyl-6-oxo-3,6-dihydro-pyrimidinium $[C_9H_6N_2O]^+$, Formel VI und Mesomeres.
Jodid $[C_6H_9N_2O]I$. *B.* Beim Behandeln von 3H-Pyrimidin-4-on mit CH_3I in Methanol (*Brown et al.*, Soc. **1955** 211, 216). Beim Erhitzen von 1-Methyl-1H-pyrimidin-4-on oder von 3-Methyl-3H-pyrimidin-4-on mit CH_3I auf 100° (*Curd, Richardson*, Soc. **1955** 1853, 1858). — Braune Kristalle (aus A.); F: 205—206° (*Br. et al.*), 204—206° (*Curd, Ri.*).

1(oder 3)-Acetyl-1(oder 3)H-pyrimidin-4-on $C_6H_6N_2O_2$, Formel V (R = CO-CH$_3$) oder IV (R = CO-CH$_3$, X = X' = H) auf S. 170.
B. Beim Erhitzen von 3H-Pyrimidin-4-on mit Acetanhydrid (*Bredereck et al.*, B. **91** [1958] 2832, 2836, 2844).
Kristalle; F: 117—120° [unkorr.]. $Kp_{0,001}$: 76—77°. λ_{max} (Me.): 225 nm und 281 nm.

5-Chlor-3H-pyrimidin-4-on $C_4H_3ClN_2O$, Formel IV (R = X' = H, X = Cl) auf S. 170, und Tautomere.
B. Beim Behandeln von 3H-Pyrimidin-4-on mit Chlor in Essigsäure (*Chesterfield et al.*, Soc. **1955** 3478, 3479).
Kristalle (aus H_2O); F: 177—179°.

6-Chlor-3H-pyrimidin-4-on $C_4H_3ClN_2O$, Formel IV (R = X = H, X' = Cl) auf S. 170, und Tautomere.
B. Beim Erhitzen von 4-Chlor-6-methoxy-pyrimidin mit wss. HCl (*Isbecque et al.*, Helv. **42** [1959] 1317, 1322).
Kristalle (aus A.); F: 192—193° [korr.; nach Sublimation bei 110°/10⁻³ Torr]. UV-Spektrum (wss. Lösungen vom pH 1 und pH 11; 220—300 nm): *Is. et al.*

5-Brom-3H-pyrimidin-4-on $C_4H_3BrN_2O$, Formel IV (R = X' = H, X = Br) auf S. 170, und Tautomere (E II 39).
B. Beim Behandeln von 3H-Pyrimidin-4-on mit Brom in Essigsäure (*Chesterfield et al.*, Soc. **1955** 3478, 3479).
Kristalle (aus H_2O); F: 199—200°.
Hydrobromid $C_4H_3BrN_2O \cdot HBr$. Kristalle (aus A.); F: 243—246° [Zers.].

3H-Pyrimidin-4-thion $C_4H_4N_2S$, Formel VII (X = H), und Tautomere (z. B. Pyrimidin-4-thiol).
B. Aus 4-Chlor-pyrimidin-hydrochlorid beim Behandeln mit NaHS (*Cornforth*, zit. bei *Boarland, McOmie*, Soc. **1951** 1218, 1221) oder beim Erwärmen mit Thioharnstoff in Äthanol (*Bo., McO.*, Soc. **1951** 1221).
Gelbe Kristalle; F: 188° (*Co.*), 187° [unkorr.] (*Bo., McO.*, Soc. **1951** 1221). UV-Spektrum (wss. Lösungen vom pH 0, pH 4,5 und pH 13; 200—400 nm): *Boarland, McOmie*, Soc. **1952** 3716, 3717, 3719. Scheinbarer Dissoziationsexponent pK_a' (H_2O; potentiometrisch ermittelt): 6,7 (*Bo., McO.*, Soc. **1952** 3717).
Hydrochlorid $C_4H_4N_2S \cdot HCl$. Gelbe Kristalle; F: 220° [unkorr.; Zers.; nach Sublimation bei 130°/20 Torr](*Bo., McO.*, Soc. **1951** 1221).

5-Chlor-3H-pyrimidin-4-thion $C_4H_3ClN_2S$, Formel VII (X = Cl), und Tautomere.
B. Beim Erwärmen von 4,5-Dichlor-pyrimidin mit Thioharnstoff in Äthanol (*Chesterfield et al.*, Soc. **1955** 3478, 3480).
Grüngelbe Kristalle (aus A.); F: 212° [Zers.].

1*H*-Pyrimidin-2-on $C_4H_4N_2O$, Formel VIII (R = X = X' = H), und **Pyrimidin-2-ol**
$C_4H_4N_2O$, Formel IX (E I 231).

Nach Ausweis der IR-Absorption (*Brown*, *Short*, Soc. **1953** 331, 334) und der Kristallstruktur-Analyse (*Furberg*, *Solbakk*, Acta chem. scand. **24** [1970] 3230) liegt im festen
Zustand 1*H*-Pyrimidin-2-on vor.

B. Beim Behandeln von 1,1,3,3 Tetraäthoxy-propan mit Harnstoff in wss.-äthanol.
HCl (*Protopopowa*, *Školdinow*, Ž. obšč. Chim. **27** [1957] 1276, 1277; engl. Ausg. S. 1360,
1361; *Hunt et al.*, Soc. **1959** 525, 529). Aus 4-Chlor-1*H*-pyrimidin-2-on beim Erhitzen
mit Zink-Pulver in Äthanol unter Zusatz von wss. NH_3 auf 110° oder beim Hydrieren an
Palladium/Kohle in Äthanol (*Chi*, *Chen*, Scientia sinica **6** [1957] 111, 116). Beim Erhitzen
von 2-Methylmercapto-pyrimidin mit konz. wss. HCl auf 130—140° (*Matsukawa*, *Ohta*,
J. pharm. Soc. Japan **69** [1949] 491; C. A. **1950** 3456). Beim Erhitzen von Pyrimidin-
2-ylamin mit wss. NaOH (*Brown*, Nature **165** [1950] 1010).

Atomabstände und Bindungswinkel (Röntgen-Diagramm): *Fu.*, *So.*

Kristalle; F: 180—182° [aus A.] (*Chi*, *Chen*), 179—181° [aus E.] (*Hunt et al.*), 178—180°
[aus A.] (*Br.*), 177—178° (*Pr.*, *Šk.*), 160—161° (*Johnson et al.*, Soc. [B] **1971** 1). Tetragonal;
Kristallstruktur-Analyse (Röntgen-Diagramm): *Fu.*, *So.*; s. a. *Parry*, *Strachan*, Acta
cryst. **11** [1958] 303. Dichte der Kristalle: 1,40 (*Pa.*, *St.*), 1,37 (*Fu.*, *So.*). Kristalloptik:
Pa., *St.* IR-Spektrum (Paraffin oder Perfluorkerosin: 3500—2800 cm⁻¹ und 1800 cm⁻¹
bis 700 cm⁻¹): *Short*, *Thompson*, Soc. **1952** 168, 172, 176; s. a. *Thompson et al.*, Discuss.
Faraday Soc. **9** [1950] 222, 233, 234; *Br.*, *Sh.*, l. c. S. 335. NH- und CO-Valenzschwingungsbanden (KBr sowie CHCl₃): *Mason*, Soc. **1957** 4874, 4875. IR-Spektrum der deuterierten
Verbindung (Paraffin oder Perfluorkerosin; 1800—700 cm⁻¹): *Sh.*, *Th.*, l. c. S. 172. λ_{max}:
309 nm [wss. Lösung vom pH 0], 212 nm und 298 nm [wss. Lösung vom pH 6,0—6,2]
bzw. 220 nm und 292 nm [wss. Lösung vom pH 13] (*Brown et al.*, Soc. **1955** 211, 213;
Mason, Soc. **1959** 1253, 1254), 309 nm [wss. Lösung vom pH 0,3], 215 nm und 299 nm
[wss. Lösung vom pH 6,1] bzw. 290 nm [wss. Lösung vom pH 13] (*Boarland*, *McOmie*,
Soc. **1952** 3716, 3717), 308,5 nm [wss. Lösung vom pH 1], 299 nm [wss. Lösung vom pH 7]
bzw. 290 nm [wss. Lösung vom pH 13] (*Andrisano*, *Modena*, Boll. scient. Fac. Chim. ind.
Univ. Bologna **9** [1951] 100). Scheinbare Dissoziationsexponenten pK'_{a1} und pK'_{a2} (H_2O;
potentiometrisch ermittelt): 2,24 bzw. 9,17 (*Br.*; *Br. et al.*). Löslichkeit in H_2O bei 20°:
1 g/2,2 ml Lösung (*Albert et al.*, Soc. **1952** 4219).

Hydrochlorid $C_4H_4N_2O \cdot HCl$. Kristalle; F: 210° (*Hunt et al.*), 203—205,5° [Zers.;
aus A.] (*Ma.*, *Ohta*), 198—200° [Zers.] (*Pr.*, *Šk.*).

Picrat $C_4H_4N_2O \cdot C_6H_3N_3O_7$. Gelbe Kristalle (aus A.); F: 199° (*Br.*).

VI   VII   VIII   IX   X

2-Imino-1,2-dihydro-pyrimidin, **1*H*-Pyrimidin-2-on-imin** $C_4H_5N_3$ s. Pyrimidin-2-ylamin
(Syst.-Nr. 3713).

1*H*-Pyrimidin-2-on-hydrazon $C_4H_6N_4$ s. 2-Hydrazino-pyrimidin (Syst.-Nr. 3783).

1-Methyl-1*H*-pyrimidin-2-on $C_5H_6N_2O$, Formel VIII (R = CH_3, X = X' = H).

B. Neben geringeren Mengen 2-Methoxy-pyrimidin beim Behandeln von 1*H*-Pyrimidin-
2-on mit Diazomethan in Äther (*Brown et al.*, Soc. **1955** 211, 215).

Kristalle (aus Acn.); F: 127—128° (*Br. et al.*). Scheinbarer Dissoziationsexponent pK'_a
(H_2O; potentiometrisch ermittelt) bei 20°: 2,50 (*Albert*, *Phillips*, Soc. **1956** 1294, 1300).

Picrat $C_5H_6N_2O \cdot C_6H_3N_3O_7$. Gelbe Kristalle (aus A.); F: 162—164° (*Br. et al.*).

4-Chlor-1*H*-pyrimidin-2-on $C_4H_3ClN_2O$, Formel VIII (R = X' = H, X = Cl), und
Tautomere.

B. Beim Erwärmen von 2-Äthylmercapto-4-chlor-pyrimidin oder von 2-Äthansulfonyl-

4-chlor-pyrimidin mit wss. H_2O_2 in Äthanol (*Chi, Chen*, Scientia sinica **6** [1957] 111, 116, 117).

Kristalle (aus A.); F: 152—154°.

Die Verbindung ist instabil; sie wird durch H_2O zu Uracil hydrolysiert.

4-Chlor-1-methyl-1H-pyrimidin-2-on $C_5H_5ClN_2O$, Formel VIII (R = CH_3, X = Cl, X' = H).

B. Beim Erhitzen von 1-Methyl-1H-pyrimidin-2,4-dion mit $POCl_3$ (*Kenner et al.*, Soc. **1955** 855, 859).

F: 207—208°.

5-Chlor-1H-pyrimidin-2-on $C_4H_3ClN_2O$, Formel VIII (R = X = H, X' = Cl), und Tautomeres.

B. Aus diazotiertem 5-Chlor-pyrimidin-2-ylamin und wss. NH_3 (*English et al.*, Am. Soc. **68** [1946] 1039, 1048).

F: 237—238° [korr.; Zers.] (*En. et al.*). λ_{max} (wss. Lösung vom pH 13): 230 nm und 311 nm (*Boarland, McOmie*, Soc. **1952** 3722, 3723).

4,5-Dichlor-1H-pyrimidin-2-on $C_4H_2Cl_2N_2O$, Formel VIII (R = H, X = X' = Cl), und Tautomere.

B. Aus 2-Äthylmercapto-4,5-dichlor-pyrimidin und konz. HCl (*Dornow, Petsch*, A. **588** [1954] 45, 59).

Kristalle (aus H_2O) mit 1 Mol H_2O; F: 206°.

5-Brom-1H-pyrimidin-2-on $C_4H_3BrN_2O$, Formel VIII (R = X = H, X' = Br), und Tautomeres.

B. Aus diazotiertem 5-Brom-pyrimidin-2-ylamin und wss. NH_3 (*Chesterfield et al.*, Soc. **1955** 3478, 3479).

Kristalle (aus H_2O); F: 241—243° (*Ch. et al.*). λ_{max} (wss. Lösung vom pH 13): 229 nm und 312 nm (*Boarland, McOmie*, Soc. **1952** 3722, 3723).

5-Nitro-1H-pyrimidin-2-on $C_4H_3N_3O_3$, Formel VIII (R = X = H, X' = NO_2), und Tautomeres (E I 231).

Zur Bildung aus 5-Nitro-pyrimidin-2-ylamin (E I 231) s. a. *Roblin et al.*, Am. Soc. **64** [1942] 567, 569.

λ_{max}: 231 nm und 316 nm [wss. Lösung vom pH 1] bzw. 327 nm [wss. Lösung vom pH 7 und pH 13]] (*Andrisano, Modena*, Boll. scient. Fac. Chim. ind. Univ. Bologna **10** [1952] 156).

Die beim Behandeln des Natrium-Salzes mit CH_3I erhaltene Verbindung (s. E I 231) ist nicht als 2-Methoxy-5-nitro-pyrimidin, sondern als 1-Methyl-5-nitro-1H-pyr= imidin-2-on ($C_5H_5N_3O_3$) zu formulieren (*Hopkins et al.*, J. org. Chem. **31** [1966] 3969, 3970 Anm. 8).

1H-Pyrimidin-2-thion $C_4H_4N_2S$, Formel X (X = H), und Tautomeres (Pyrimidin-2-thiol).

B. Aus 1,1,3,3-Tetraäthoxy-propan und Thioharnstoff in wss. HCl (*Protopopowa, Školdinow*, Ž. obšč. Chim. **27** [1957] 1276, 1278; engl. Ausg. S. 1360, 1361) oder in wss.-äthanol. HCl (*Hunt et al.*, Soc. **1959** 525, 529; *Crosby et al.*, Org. Synth. Coll. Vol. V [1973] 703). Beim Erwärmen von Thioharnstoff und 3t-Phenoxy-acrylaldehyd mit Natriummethylat in Methanol (*BASF*, D.B.P. 1001990 [1955]). Aus 3t-Diäthyl= amino-acrylaldehyd und Thioharnstoff beim Behandeln mit Natriummethylat in Methanol oder beim Erwärmen mit $NaNH_2$ in Benzol (*BASF*, D.B.P. 951990 [1954]; U.S.P. 2778821 [1955]). Beim Erwärmen von 2-Chlor-pyrimidin mit methanol. NaHS (*Roblin, Clapp*, Am. Soc. **72** [1950] 4890) oder mit Thioharnstoff in Äthanol (*Boarland, McOmie*, Soc. **1951** 1218, 1221).

Gelbe Kristalle; F: 230° [Zers.; auf 220° vorgeheizter App.; nach Sublimation bei 120°/20 Torr] (*Bo., McO.*, Soc. **1951** 1221), 229—230° [Zers.; aus A. + H_2O] (*Hunt et al.*), 228—229° [nach Sublimation] (*BASF*, D.B.P. 1001990). IR-Spektrum der festen Ver= bindung (Paraffin oder Perfluorkerosin; 3500—2800 cm^{-1} bzw. 1800—700 cm^{-1}): *Short,*

Thompson, Soc. **1952** 168, 175, 177. Absorptionsspektrum (wss. Lösungen vom pH 0, pH 4,9 und pH 13; 200—450 nm): *Boarland, McOmie*, Soc. **1952** 3716, 3717, 3719. λ_{max}: 217 nm, 284 nm und 357 nm [wss. Lösung vom pH 1], 275,5 nm [wss. Lösung vom pH 7] bzw. 233 nm und 269 nm [wss. Lösung vom pH 13] (*Andrisano, Modena*, Boll. scient. Fac. Chim. ind. Univ. Bologna **9** [1951] 100). Scheinbare Dissoziationsexponenten pK'_{a1} und pK'_{a2} (H_2O; potentiometrisch ermittelt): ca. 1,3 bzw. 7,2 (*Bo., McO.*, Soc. **1952** 3717).

Hydrochlorid. Gelbe Kristalle (aus wss. HCl [12 n]); unterhalb 300° nicht schmelzend (*Cr. et al.*).

Sulfat $C_4H_4N_2S \cdot H_2SO_4$. Gelbe Kristalle (aus wss. Eg.); F: 186—186,5° (*Cr. et al.*).

5-Chlor-1H-pyrimidin-2-thion $C_4H_3ClN_2S$, Formel X (X = Cl) auf S. 173, und Tautomeres.

B. Aus 2,5-Dichlor-pyrimidin beim Erwärmen mit methanol. NaHS (*English, Leffler*, Am. Soc. **72** [1950] 4324) oder beim Erwärmen mit Harnstoff in Äthanol und anschliessenden Erhitzen mit wss. NaOH (*Boarland, McOmie*, Soc. **1952** 3722, 3727).

Dipolmoment (ε; Dioxan) bei 35°: 0 D (*Schneider*, Am. Soc. **70** [1948] 627, 628).

Kristalle; F: 221—222° [aus Me.] (*En., Le.*), 218° [unkorr.; Zers.; nach Sublimation bei 140°/18 Torr] (*Bo., McO.*). λ_{max} (wss. Lösung vom pH 13): 227 nm und 279 nm (*Bo., McO.*, l. c. S. 2723).

5-Nitro-1H-pyrimidin-2-thion $C_4H_3N_3O_2S$, Formel X (X = NO_2) auf S. 173, und Tautomeres.

λ_{max}: 241 nm, 280 nm und 326 nm [wss. Lösung vom pH 1], 237 nm, 280 nm und 323 nm [wss. Lösung vom pH 7] bzw. 336 nm [wss. Lösung vom pH 13] (*Andrisano, Modena*, Boll. scient. Fac. Chim. ind. Univ. Bologna **10** [1952] 156).

1H-Pyrazin-2-on $C_4H_4N_2O$, Formel I (R = X = H), und **Pyrazinol** $C_4H_4N_2O$, Formel II.

Nach Ausweiss der ¹H-NMR-Absorption liegt in DMSO 1H-Pyrazin-2-on vor (*Cox, Bothner-By*, J. phys. Chem. **72** [1968] 1646, 1648).

B. Beim Behandeln von Glycin-amid-hydrochlorid mit Glyoxal und wss. NaOH in Methanol, anfangs bei −10° (*Jones*, Am. Soc. **71** [1949] 78, 80) bzw. bei −40° bis −30° (*Karmas, Spoerri*, Am. Soc. **74** [1952] 1580, 1583). Beim Behandeln von Glycin-nitril-hydrochlorid (oder -sulfat) mit Glyoxal in wss. NaOH (*Am. Cyanamid Co.*, U.S.P. 2805223 [1955]). Beim Erhitzen von 2-Chlor-pyrazin mit wss. NaOH auf 150° (*Erickson, Spoerri*, Am. Soc. **68** [1946] 400, 402). Beim Erhitzen von 3-Oxo-3,4-dihydro-pyrazin-2-carbon= säure mit O-Acetyl-O′-äthyl-diäthylenglykol (*Weijlard et al.*, Am. Soc. **67** [1945] 802, 805). Beim Behandeln von Pyrazin-2-ylamin mit $NaNO_2$ in wss. HCl (*Baxter et al.*, Soc. **1947** 370, 372), mit $NaNO_2$ in wss. H_2SO_4 (*Dutcher*, J. biol. Chem. **171** [1947] 321, 337) oder mit Nitrosylschwefelsäure und Behandeln der Reaktionslösung mit Eis (*Er., Sp.*).

Kristalle; F: 188—190° [unkorr.; aus Isobutylalkohol] (*Ka., Sp.*), 187—189° [unkorr.; aus Bzl. + PAe.] (*Ba. et al.*), 187—188° [aus A.] (*We. et al.*). Bei 170°/10⁻³ Torr sublimier= bar (*Ba. et al.*). ¹H-NMR-Absorption und ¹H-¹H-Spin-Spin-Kopplungskonstanten (DMSO): *Cox, Bo.-By.* NH- und CO-Valenzschwingungsbanden (KBr, CHCl₃ sowie CCl₄): *Mason*, Soc. **1957** 4874, 4875. UV-Spektrum in Äthanol (220—350 nm): *Du.*; in wss. H_2SO_4 [10 n] (200—400 nm; λ_{max}: 222 nm und 342 nm): *Mason*, Soc. **1959** 1253, 1254, 1257. λ_{max}: 224 nm und 321 nm [A.] (*Mason*, Soc. **1957** 5010, 5013), 316 nm [A.] (*Newbold, Spring*, Soc. **1947** 373, 374), 221 nm und 317 nm [wss. Lösung vom pH 4,5—5] (*Ma.*, Soc. **1957** 5013, **1959** 1254) bzw. 227 nm und 316 nm [wss. Lösung vom pH 10,5] (*Ma.*, Soc. **1959** 1254). Scheinbarer Dissoziationsexponent pK'_{a1} (H_2O; spektrophotometrisch ermittelt) bei 20°: −0,1 (*Mason*, zit. bei *Albert, Phillips*, Soc. **1956** 1294, 1300); schein= barer Dissoziationsexponent pK'_{a2} (H_2O) bei 20°: 8,23 (*Albert et al.*, Soc. **1952** 1620, 1622).

2-Imino-1,2-dihydro-pyrazin, 1H-Pyrazin-2-on-imin $C_4H_5N_3$ s. Pyrazinylamin (Syst.- Nr. 3713).

1-Methyl-1H-pyrazin-2-on $C_5H_6N_2O$, Formel I (R = CH_3, X = H).

B. Beim Behandeln von 1H-Pyrazin-2-on in Methanol mit Diazomethan in Äther (*Dut- cher*, J. biol. Chem. **171** [1947] 321, 338).

Kristalle (aus A.); F: 83—84° (*Du.*). UV-Spektrum in Äthanol (220—350 nm): *Du.*, l. c. S. 324; in wss. H_2SO_4 [10 n] (200—400 nm; λ_{max}: 225 nm und 345 nm): *Mason*, Soc. **1959** 1253, 1254, 1257. λ_{max} (wss. Lösung vom pH 7): 223 nm und 323 nm (*Mason*, Soc. **1957** 5010, 5013). Scheinbarer Dissoziationsexponent pK_a' (H_2O; spektrophotometrisch ermittelt) bei 20°: −0,04 (*Albert, Phillips*, Soc. **1956** 1294, 1300).

I   II   III   IV   V

6-Brom-1H-pyrazin-2-on $C_4H_3BrN_2O$, Formel I (R = H, X = Br), und Tautomeres.

B. Beim Erhitzen von 2,6-Dibrom-pyrazin mit wss.-äthanol. NaOH (*Schaaf, Spoerri*, Am. Soc. **71** [1949] 2043, 2046).

Kristalle (aus wss. A.); F: 209° [korr.; Zers.; nach Dunkelfärbung; geschlossene Kapillare ab 205,5°].

1H-Pyrazin-2-thion $C_4H_4N_2S$, Formel III, und Tautomeres (Pyrazinthiol).

B. Neben Dipyrazinylsulfid beim Erhitzen von Chlorpyrazin mit KSH in Äthanol auf 110° (*Roblin, Clapp*, Am. Soc. **72** [1950] 4890, 4891).

Kristalle (aus H_2O); F: 215—218°.

1(2)H-Pyrazol-3-carbaldehyd $C_4H_4N_2O$, Formel IV und Tautomeres.

B. Beim Behandeln von Propinal mit Diazomethan in Äther (*Hüttel*, B. **74** [1941] 1680, 1684; s. a. *Hüttel et al.*, A. **585** [1954] 115, 125).

Kristalle (aus H_2O); F: 149—150°; im Vakuum bei 120° sublimierbar (*Hü.*).

1-Methyl-1H-pyrazol-4-carbaldehyd $C_5H_6N_2O$, Formel V (R = CH_3).

B. Beim Erhitzen von 1-Methyl-1H-pyrazol mit DMF und $POCl_3$ (*Finar, Lord*, Soc. **1957** 3314).

F: 30° (*Wijnberger, Habraken*, J. heterocycl. Chem. **6** [1969] 545, 549). Kp_{20}: 106—108° (*Fi., Lord*).

2,4-Dinitro-phenylhydrazon $C_{11}H_{10}N_6O_4$. Rote Kristalle (aus Eg.); F: 264—265° (*Fi., Lord*).

1-Phenyl-1H-pyrazol-4-carbaldehyd $C_{10}H_8N_2O$, Formel V (R = C_6H_5).

B. Analog der vorangehenden Verbindung (*Finar, Lord*, Soc. **1957** 3314). Beim Erhitzen von 4-Chlormethyl-1-phenyl-1H-pyrazol mit Hexamethylentetramin in wss. Essigsäure und anschliessend mit konz. HCl (*Finar, Godfrey*, Soc. **1954** 2293, 2296).

Kristalle (aus wss. A.); F: 85° (*Fi., Go.*).

Beim Erwärmen mit Methylmagnesiumjodid in Benzol und Äther ist 1-[1-Phenyl-1H-pyrazol-4-yl]-äthanol, mit Äthylmagnesiumjodid sind 1-Phenyl-4-propenyl-1H-pyrazol (E III/IV **23** 923) und 3,4-Bis-[1-phenyl-1H-pyrazol-4-yl]-hex-3t-en erhalten worden (*Finar, Lord*, Soc. **1959** 1819, 1822).

Phenylimin $C_{16}H_{13}N_3$; [1-Phenyl-1H-pyrazol-4-ylmethylen]-anilin. Kristalle (aus PAe.); F: 120,5—121° (*Fi., Go.*).

2-Brom-phenylimin $C_{16}H_{12}BrN_3$; 2-Brom-N-[1-phenyl-1H-pyrazol-4-yl-methylen]-anilin. Kristalle (aus Me.); F: 101,5—102° (*Finar, Utting*, Soc. **1959** 4015).

3-Brom-phenylimin $C_{16}H_{12}BrN_3$; 3-Brom-N-[1-phenyl-1H-pyrazol-4-yl-methylen]-anilin. Kristalle (aus Me.); F: 125—126° (*Fi., Ut.*).

4-Brom-phenylimin $C_{16}H_{12}BrN_3$; 4-Brom-N-[1-phenyl-1H-pyrazol-4-yl-methylen]-anilin. Kristalle (aus Bzl. + PAe.); F: 168—169° (*Fi., Ut.*).

1-[3-Nitro-phenyl]-1H-pyrazol-4-carbaldehyd $C_{10}H_7N_3O_3$, Formel V (R = C_6H_4-$NO_2(m)$).

B. Beim Erhitzen von 1-[3-Nitro-phenyl]-1H-pyrazol mit DMF und $POCl_3$ (*Finar, Lord*, Soc. **1959** 1819, 1820).

Kristalle (aus Acn.); F: 180°.

1-Phenyl-1H-pyrazol-4-carbaldehyd-oxim $C_{10}H_9N_3O$.

    a) **1-Phenyl-1H-pyrazol-4-carbaldehyd-(Z)-oxim**, Formel VI.

    B. Beim Erwärmen von 1-Phenyl-1H-pyrazol-4-carbaldehyd mit $NH_2OH \cdot HCl$ in Pyridin und Äthanol (*Finar, Lord*, Soc. **1957** 3314).

    Kristalle (aus wss. A.); F: 173°.

    Acetyl-Derivat $C_{12}H_{11}N_3O_2$; 1-Phenyl-1H-pyrazol-4-carbaldehyd-[*O*-acet= yl-(*Z*)-oxim]. Kristalle (aus wss. Acn.); F: 98—99°. — Beim Behandeln mit Butylamin ist 1-Phenyl-1H-pyrazol-4-carbonitril erhalten worden.

    b) **1-Phenyl-1H-pyrazol-4-carbaldehyd-(E)-oxim**, Formel VII.

    B. Beim Behandeln von 1-Phenyl-1H-pyrazol-4-carbaldehyd mit Natriumäthylat und $NH_2OH \cdot HCl$ in wss. Äthanol (*Finar, Lord*, Soc. **1957** 3314).

    Kristalle; F: 135°.

    Beim Behandeln mit heissem Äthanol oder beim Erhitzen bis zum Schmelzpunkt ist das (*Z*)-Oxim (s. o.) erhalten worden.

    Acetyl-Derivat $C_{12}H_{11}N_3O_2$; 1-Phenyl-1H-pyrazol-4-carbaldehyd-[*O*-acet= yl-(*E*)-oxim]. Kristalle (aus wss. Acn.); F: 102,5—103°.

          VI   VII

*1-Hydroxy-3-oxy-1H-imidazol-2-carbaldehyd-oxim $C_4H_5N_3O_3$, Formel VIII.

    Nach Aussage des ^{1}H-NMR-Spektrums kommt diese Konstitution der H **27** 256 als 4-Hydroxyimino-4,5-dihydro-isoxazol-5-carbaldehyd-oxim („4-Oximino-5-oximinometh= yl-isoxazolin") beschriebenen Verbindung zu (*Hayes*, J. heterocycl. Chem. **11** [1974] 615).

1(3)H-Imidazol-4-carbaldehyd $C_4H_4N_2O$, Formel IX (R = H) und Tautomeres (E I 232; E II 40).

    B. Beim Erwärmen von [1(3)H-Imidazol-4-yl]-methanol mit wss. $K_2S_2O_7$ (*Horii et al.*, J. pharm. Soc. Japan **74** [1954] 408, **76** [1956] 1101; C. A. **1955** 5451, **1957** 3553). Aus D_r-1cat$_F$-[1(3)H-Imidazol-4-yl]-butan-1t$_F$,2c$_F$,3r$_F$,4-tetraol (E III/IV **23** 3391) beim Behandeln mit HIO_4 in H_2O oder beim Erwärmen mit $NaIO_4$ in H_2O (*Fernández-Bolaños et al.*, An. Soc. españ. [B] **46** [1950] 501, 504). Beim Erwärmen von D_r-1cat$_F$-[2-Mercapto-1(3)H-imidazol-4-yl]-butan-1t$_F$,2c$_F$,3r$_F$,4-tetraol (E II **25** 79) mit Raney-Nickel in H_2O und Erwärmen der Reaktionslösung mit $NaIO_4$ in H_2O (*Fe.-Bo. et al.*).

    IR-Spektrum (Mineralöl; 3350—2650 cm^{-1} und 1800—1570 cm^{-1}): *Turner*, Am. Soc. **71** [1949] 3472, 3475. UV-Spektrum (A. sowie äthanol. HCl; 220—300 nm): *Tu.*

    Oxim $C_4H_5N_3O$ (E II 41). IR-Spektrum (Mineralöl; 3350—2650 cm^{-1} und 1800 cm^{-1} bis 1570 cm^{-1}): *Tu.* UV-Spektrum (A. sowie äthanol. HCl; 220—300 nm): *Tu.*

    2,4-Dinitro-phenylhydrazon-hydrochlorid $C_{10}H_8N_6O_4 \cdot HCl$. Orangefarbene Kristalle (aus wss. Eg.); F: 291—292° (*Deulofeu, Mitta*, J. org. Chem. **14** [1949] 915, 917; An. Asoc. quim. arg. **38** [1950] 34, 39).

    Thiosemicarbazon $C_5H_7N_5S$. F: 207—208° [unkorr.; Zers.] (*Hagenbach, Gysin*, Experientia **8** [1952] 184).

*N,N'-Bis-[1(3)H-imidazol-4-ylmethylen]-äthylendiamin $C_{10}H_{12}N_6$, Formel X und Tautomere.

    B. Beim Erhitzen von 1(3)H-Imidazol-4-carbaldehyd mit Äthylendiamin in DMF (*Langenbeck et al.*, B. **92** [1959] 2040).

    Kristalle (aus H_2O); F: 240—242°.

3-Methyl-3H-imidazol-4-carbaldehyd $C_5H_6N_2O$, Formel IX (R = CH_3) (E II 41).

B. Beim Erwärmen von 1(3)H-Imidazol-4-carbaldehyd mit Dimethylsulfat in Aceton (*Sakami, Wilson,* J. biol. Chem. **154** [1944] 215, 217). Aus N-Benzolsulfonyl-N'-[3-methyl-3H-imidazol-4-carbonyl]-hydrazin beim Erhitzen mit Na_2CO_3 in Glycerin auf 170° (*Jones, McLaughlin,* Am. Soc. **71** [1949] 2444, 2446).

Kristalle; F: 54° (*Sa., Wi.*). F: 53—54°; Kp_{12}: 109—110° (*Jo., McL.*).

Picrat $C_5H_6N_2O \cdot C_6H_3N_3O_7$ (E II 41). Gelbe Kristalle (aus H_2O); F: 172—173° (*Sa., Wi.*).

VIII   IX   X

3-Isopropyl-3H-imidazol-4-carbaldehyd $C_7H_{10}N_2O$, Formel IX (R = $CH(CH_3)_2$).

B. Aus N-Benzolsulfonyl-N'-[3-isopropyl-3H-imidazol-4-carbonyl]-hydrazin beim Erhitzen mit Na_2CO_3 in Glycerin (*Jones, McLaughlin,* Am. Soc. **71** [1949] 2444, 2446).

Kp_{12}: 115—116°. n_D^{25}: 1,5218.

Phenylhydrazon $C_{13}H_{16}N_4$. Kristalle (aus A. oder E. + PAe.); F: 116—118° [korr.].

3-Cyclohexyl-3H-imidazol-4-carbaldehyd $C_{10}H_{14}N_2O$, Formel IX (R = C_6H_{11}).

B. Analog der vorangehenden Verbindung (*Jones, McLaughlin,* Am. Soc. **71** [1949] 2444, 2446).

Kristalle (nach Sublimation im Vakuum); F: 70—71°. Kp_{19}: 170—172°.

Phenylhydrazon $C_{16}H_{20}N_4$. Kristalle (aus A. oder E. + PAe.); F: 186—188° [korr.].

3-Phenyl-3H-imidazol-4-carbaldehyd $C_{10}H_8N_2O$, Formel IX (R = C_6H_5).

B. Analog den vorangehenden Verbindungen (*Jones, McLaughlin,* Am. Soc. **71** [1949] 2444, 2446).

Kristalle (aus A.); F: 120—121° [korr.]. Kp_2: 157—160°.

Phenylhydrazon $C_{16}H_{14}N_4$. Kristalle (aus A. oder E. + PAe.); F: 207—209° [korr.].

[*Weissmann*]

Oxo-Verbindungen $C_5H_6N_2O$

6-Methyl-2H-pyridazin-3-on $C_5H_6N_2O$, Formel I (R = H) auf S. 180, und Tautomeres (H 83).

B. Aus 6-Methyl-4,5-dihydro-2H-pyridazin-3-on mit Hilfe von CrO_3 in Essigsäure oder $NaNO_2$ in Essigsäure (*Overend, Wiggins,* Soc. **1947** 239, 242). Aus 3-Chlor-6-methyl-pyridazin beim Erhitzen mit wss. HNO_3 auf 160° (*Homer et al.,* Soc. **1948** 2195, 2198). Beim Erhitzen von 6-Methyl-3-oxo-2,3-dihydro-pyridazin-4-carbonsäure (*Schmidt, Druey,* Helv. **37** [1954] 1467, 1469).

Kristalle; F: 145—147° [nach Trocknen unter vermindertem Druck] (*Libermann, Rouaix,* Bl. **1959** 1793, 1797), 143° [aus E.] (*Grundmann,* B. **81** [1948] 1, 8), 140—142° [korr.; aus Bzl. + PAe.] (*Engel et al.,* Helv. **32** [1949] 1166, 1173). Kristalle (aus H_2O) mit 1 Mol H_2O; F: 124—125° (*Ho. et al.*), 120—123° (*Ov., Wi.*). Im Hochvakuum bei 100° sublimierbar (*En. et al.*). λ_{max} in H_2O: 285 nm (*Overend et al.,* Soc. **1950** 3500, 3502); in Äthanol: 222 nm und 292 nm (*Eichenberger et al.,* Helv. **37** [1954] 1298, 1301) bzw. 290 nm (*En. et al.*).

Hydrochlorid $C_5H_6N_2O \cdot HCl$. Kristalle (aus A. + Ae.); F: 176—176,5° (*Ov., Wi.*). λ_{max} (H_2O): 282 nm (*Ov. et al.,* l. c. S. 3502).

Hydrobromid $C_5H_6N_2O \cdot HBr$. Kristalle (aus Eg.); F: 190—192° (*Li., Ro.*), 184,5° bis 185° (*Ov., Wi.*).

2,6-Dimethyl-2H-pyridazin-3-on $C_6H_8N_2O$, Formel I (R = CH_3) (H 83).

B. Aus 6-Methyl-2H-pyridazin-3-on und CH_3I mit Hilfe von Natriummethylat-Lösung

[130°] (*Homer et al.*, Soc. **1948** 2191, 2193). Beim Erwärmen von 2,6-Dimethyl-3,4-di=
hydro-2H-pyridazin-3-on mit Brom in Essigsäure (*Overend et al.*, Soc. **1950** 3500, 3504).
Beim Erhitzen von [3-Methyl-6-oxo-6H-pyridazin-1-yl]-essigsäure-äthylester auf 245°
bis 250° (*King, McMillan*, Am. Soc. **74** [1952] 3222).

Kristalle (aus A. + Ae. bzw. aus PAe.); F: 50—51° (*Ov. et al.*, l. c. S. 3503; *Ho. et al.*).
Kp: 234—236° (*King, McM.*); Kp$_{16}$: 109 112° (*Ho. et al.*). UV-Spektrum (A.; 220 nm
bis 350 nm): *Gregory et al.*, Soc. **1949** 1248, 1249. λ_{max} (A.): 224 nm und 298 nm (*Eichenberger et al.*, Helv. **37** [1954] 1298, 1301).

Beim Einleiten von Chlor und Erwärmen sind 5-Chlor-2,6-dimethyl-2H-pyridazin-
3-on, 4,5-Dichlor-2,6-dimethyl-2H-pyridazin-3-on und eine weitere Dichlor-Verbin=
dung (C$_6$H$_6$Cl$_2$N$_2$O (F: 114—115°) erhalten worden (*Ho. et al.*).

Hydrobromid C$_6$H$_8$N$_2$O·HBr. Kristalle (aus A. + Ae.); F: 150° (*Ov. et al.*, l. c.
S. 3503).

2-Äthyl-6-methyl-2H-pyridazin-3-on C$_7$H$_{10}$N$_2$O, Formel I (R = C$_2$H$_5$) (H 83).
B. Aus 6-Methyl-2H-pyridazin-3-on und Äthyljodid (*Overend et al.*, Soc. **1950** 3500,
3503).
Kp: 229—230°. n$_D^{16,5}$: 1,5174. λ_{max} (H$_2$O): 290 nm.
Hydrochlorid C$_7$H$_{10}$N$_2$O·HCl. Kristalle (aus A. + Ae.).

6-Methyl-2-phenyl-2H-pyridazin-3-on C$_{11}$H$_{10}$N$_2$O, Formel II (X = H) (H 83).
B. Neben 4-Chlor-6-methyl-2-phenyl-2H-pyridazin-3-on aus 6-Methyl-2-phenyl-4,5-di=
hydro-2H-pyridazin-3-on mit PCl$_5$ bei 160° (*Overend, Wiggins*, Soc. **1947** 549, 551).
Beim Erhitzen von 4-Phenylhydrazono-pent-2-ensäure [E III **15** 221] (*Ov., Wi.*).
Kristalle (aus PAe.); F: 79—80° (*Ov., Wi.*, l. c. S. 553). λ_{max} (A.): 313 nm (*Overend et al.*,
Soc. **1950** 3500, 3502, 3505, 3506).

2-[4-Brom-phenyl]-6-methyl-2H-pyridazin-3-on C$_{11}$H$_9$BrN$_2$O, Formel II (X = Br).
B. Aus 6-Methyl-2-phenyl-4,5-dihydro-2H-pyridazin-3-on und Brom (*Overend et al.*,
Soc. **1950** 3505, 3508). Aus der vorangehenden Verbindung und Brom (*Ov. et al.*).
Kristalle (aus PAe.); F: 73—74°. λ_{max} (A.): 315 nm.

6-Methyl-2-[4-nitro-phenyl]-2H-pyridazin-3-on C$_{11}$H$_9$N$_3$O$_3$, Formel II (X = NO$_2$).
B. Aus 6-Methyl-2-phenyl-2H-pyridazin-3-on und HNO$_3$ (*Overend, Wiggins*, Soc. **1947**
549, 553). Beim Erhitzen von 4-[4-Nitro-phenylhydrazono]-pent-2-ensäure (*Ov., Wi.*).
Kristalle (aus wss. Acn.); F: 184—185° (*Ov., Wi.*). λ_{max} (A.): 327 nm (*Overend et al.*,
Soc. **1950** 3505, 3506).

2-Benzyl-6-methyl-2H-pyridazin-3-on C$_{12}$H$_{12}$N$_2$O, Formel I (R = CH$_2$-C$_6$H$_5$).
B. Beim Erhitzen von 6-Methyl-2H-pyridazin-3-on mit Benzylchlorid, wss. KOH
und Dioxan (*Aldous, Castle*, Arzneimittel-Forsch. **13** [1963] 878, 881).
Kristalle (aus H$_2$O); F: 109—111° (*Al., Ca.*). IR-Banden (1670—690 cm^{-1}): *Al., Ca.*
UV-Spektrum (A.; 200—350 nm): *Gregory et al.*, Soc. **1949** 1248, 1251.

*Opt.-inakt. 2-[2-Hydroxy-1-methyl-propyl]-6-methyl-2H-pyridazin-3-on C$_9$H$_{14}$N$_2$O$_2$,
Formel I (R = CH(CH$_3$)-CH(CH$_3$)-OH).
B. Beim Erhitzen von (±)-6-Methyl-2-[1-methyl-2-oxo-propyl]-2H-pyridazin-3-on mit
Aluminiumisopropylat in Isopropylalkohol (*McMillan et al.*, Am. Soc. **78** [1956] 2642).
Kristalle; F: 73—76°. Kp$_{0,1}$: 95°.

(±)-2-[2-Hydroxy-1,2-dimethyl-propyl]-6-methyl-2H-pyridazin-3-on C$_{10}$H$_{16}$N$_2$O$_2$,
Formel I (R = CH(CH$_3$)-C(CH$_3$)$_2$-OH).
B. Aus (±)-6-Methyl-2-[1-methyl-2-oxo-propyl]-2H-pyridazin-3-on und Methylmagne=
siumjodid in Äther (*McMillan et al.*, Am. Soc. **78** [1956] 2642).
Kristalle (aus PAe.); F: 57,5—58,5°. Kp$_{0,02}$: 95—100°.

2-[4-Methoxy-phenyl]-6-methyl-2H-pyridazin-3-on C$_{12}$H$_{12}$N$_2$O$_2$, Formel II (X = O-CH$_3$).
B. Neben 4-Chlor-2-[4-methoxy-phenyl]-6-methyl-2H-pyridazin-3-on (Hauptprodukt)

beim Erwärmen von 2-[4-Methoxy-phenyl]-6-methyl-4,5-dihydro-2H-pyridazin-3-on mit PCl$_5$ und POCl$_3$ (*Stevens et al.*, Am. Soc. **77** [1955] 42).
Kristalle (aus Bzl. + PAe.); F: 93—94°.

2-[4-Äthoxy-phenyl]-6-methyl-2H-pyridazin-3-on $C_{13}H_{14}N_2O_2$, Formel II (X = O-C$_2$H$_5$).
B. Analog der vorangehenden Verbindung (*Stevens et al.*, Am. Soc. **77** [1955] 42).
Kristalle (aus Bzl. + PAe.); F: 100—101° [unkorr.].

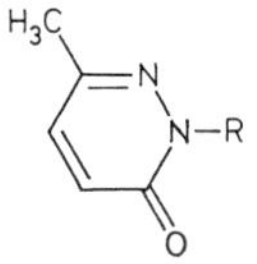

I 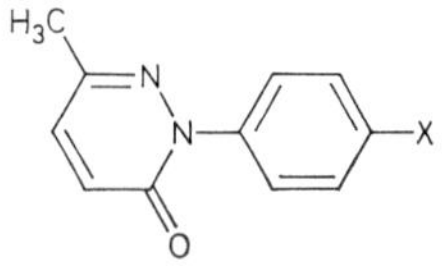   II 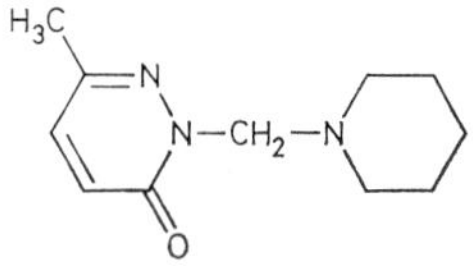   III

2-Hydroxymethyl-6-methyl-2H-pyridazin-3-on $C_6H_8N_2O_2$, Formel I (R = CH$_2$-OH).
B. Beim Erwärmen von 6-Methyl-2H-pyridazin-3-on mit wss. Formaldehyd unter Zusatz von Dimethylamin-hydrochlorid oder Piperidin (*Gregory et al.*, Soc. **1949** 1248, 1252).
Kristalle (aus wss. Formaldehyd); F: 131°. UV-Spektrum (A.; 200—300 nm): *Gr. et al.*

6-Methyl-2-piperidinomethyl-2H-pyridazin-3-on $C_{11}H_{17}N_3O$, Formel III.
B. Aus 6-Methyl-2H-pyridazin-3-on, wss. Formaldehyd und Piperidin (*Hellmann, Löschmann*, B. **89** [1956] 594, 599).
Kristalle (aus PAe.); F: 82°.

Bis-[3-methyl-6-oxo-6H-pyridazin-1-yl]-phenyl-methan, 6,6′-Dimethyl-2H,2′H-2,2′-benzyliden-bis-pyridazin-3-on $C_{17}H_{16}N_4O_2$, Formel IV auf S. 182.
B. Beim Erhitzen von 6-Methyl-2H-pyridazin-3-on mit Benzaldehyd und Acetanhydrid (*Gregory et al.*, Soc. **1949** 1248, 1252).
Kristalle (aus wss. A.); F: 207°. UV-Spektrum (A.; 200—350 nm): *Gr. et al.*

3,3-Bis-[3-methyl-6-oxo-6H-pyridazin-1-yl]-1t-phenyl-propen, 6,6′-Dimethyl-2H,2′H-2,2′-*trans*-cinnamyliden-bis-pyridazin-3-on $C_{19}H_{18}N_4O_2$, Formel V auf S. 182.
B. Beim Erhitzen von 6-Methyl-2H-pyridazin-3-on mit *trans*-Zimtaldehyd und Acetanhydrid (*Gregory et al.*, Soc. **1949** 1248, 1253).
Kristalle (aus wss. A.); F: 239°.

2-Acetonyl-6-methyl-2H-pyridazin-3-on $C_8H_{10}N_2O_2$, Formel I (R = CH$_2$-CO-CH$_3$).
B. Beim Erhitzen von [3-Methyl-6-oxo-6H-pyridazin-1-yl]-essigsäure mit Acetanhydrid und Pyridin (*King, McMillan*, Am. Soc. **74** [1952] 3223).
Kristalle (aus Bzl.); F: 99,5—100°.
Semicarbazon $C_9H_{13}N_5O_2$; 6-Methyl-2-[2-semicarbazono-propyl]-2H-pyridazin-3-on. Kristalle (aus A.); F: 204—205° [Zers.].

6-Methyl-2-[2-oxo-butyl]-2H-pyridazin-3-on $C_9H_{12}N_2O_2$, Formel I (R = CH$_2$-CO-CH$_2$-CH$_3$).
B. Beim Erhitzen mit [3-Methyl-6-oxo-6H-pyridazin-1-yl]-essigsäure mit Propionsäureanhydrid und Pyridin (*McMillan et al.*, Am. Soc. **78** [1956] 2642).
Kristalle (aus PAe.); F: 95—97°.

(±)-6-Methyl-2-[1-methyl-2-oxo-propyl]-2H-pyridazin-3-on $C_9H_{12}N_2O_2$, Formel I (R = CH(CH$_3$)-CO-CH$_3$).
B. Beim Erhitzen von (±)-2-[3-Methyl-6-oxo-6H-pyridazin-1-yl]-propionsäure mit Acetanhydrid und Pyridin (*King, McMillan*, Am. Soc. **74** [1952] 3222). Beim Erhitzen von 6-Methyl-2H-pyridazin-3-on mit (±)-3-Chlor-butan-2-on und äthanol. Natriumäthylat (*McMillan et al.*, Am. Soc. **78** [1956] 2642).

$Kp_{0,4}$: $94-99°$; n_D^{25}: 1,5226 (*King, McM.*).

Semicarbazon $C_{10}H_{15}N_5O_2$; 6-Methyl-2-[1-methyl-2-semicarbazono-prop=
yl]-2H-pyridazin-3-on. Kristalle (aus H_2O); F: $201-202°$ (*King, McM.*).

6-Methyl-2-[3-oxo-butyl]-2H-pyridazin-3-on $C_9H_{12}N_2O_2$, Formel I
(R = CH_2-CH_2-CO-CH_3).

B. Aus 6-Methyl-2H-pyridazin-3-on und But-3-en-2-on mit Hilfe von äthanol. Natrium=
äthylat (*McMillan et al.*, Am. Soc. **78** [1956] 2642).

Kristalle (aus PAe.); F: $57-59°$. $Kp_{0,05}$: $113-118°$.

Semicarbazon $C_{10}H_{15}N_5O_2$; 6-Methyl-2-[3-semicarbazono-bu tyl]-2H-
pyridazin-3-on. Kristalle (aus H_2O); F: $179-180°$ [unkorr.].

6-Methyl-2-[2-oxo-pentyl]-2H-pyridazin-3-on $C_{10}H_{14}N_2O_2$, Formel I
(R = CH_2-CO-CH_2-CH_2-CH_3).

B. Beim Erhitzen von [3-Methyl-6-oxo-6H-pyridazin-1-yl]-essigsäure mit Buttersäure·
anhydrid und Pyridin (*McMillan et al.*, Am. Soc. **78** [1956] 2642).

Kristalle; F: $73-75°$.

(±)-2-[1-Äthyl-2-oxo-propyl]-6-methyl-2H-pyridazin-3-on $C_{10}H_{14}N_2O_2$, Formel I
(R = $CH(C_2H_5)$-CO-CH_3).

B. Beim Erhitzen von (±)-2-[3-Methyl-6-oxo-6H-pyridazin-1-yl]-buttersäure mit
Acetanhydrid und Pyridin (*McMillan et al.*, Am. Soc. **78** [1956] 2642).

$Kp_{0,05}$: $84°$. n_D^{25}: 1,5097.

6-Methyl-2-[3-methyl-2-oxo-butyl]-2H-pyridazin-3-on $C_{10}H_{14}N_2O_2$, Formel I
(R = CH_2-CO-$CH(CH_3)_2$).

B. Beim Erhitzen von [3-Methyl-6-oxo-6H-pyridazin-1-yl]-essigsäure mit Isobutter=
säure-anhydrid und Pyridin (*McMillan et al.*, Am. Soc. **78** [1956] 2642).

Kristalle; F: $126-127°$ [unkorr.].

6-Methyl-2-[2-oxo-hexyl]-2H-pyridazin-3-on $C_{11}H_{16}N_2O_2$, Formel I
(R = CH_2-CO-CH_2-CH_2-CH_2-CH_3).

B. Beim Erhitzen von [3-Methyl-6-oxo-6H-pyridazin-1-yl]-essigsäure mit Valerian=
säure-anhydrid und Pyridin (*McMillan et al.*, Am. Soc. **78** [1956] 2642).

Kristalle; F: $84,6-85°$.

(±)-2-[1-Acetyl-butyl]-6-methyl-2H-pyridazin-3-on $C_{11}H_{16}N_2O_2$, Formel I
(R = $CH(CO-CH_3)$-CH_2-CH_2-CH_3).

B. Beim Erhitzen von (±)-2-[3-Methyl-6-oxo-6H-pyridazin-1-yl]-valeriansäure mit
Acetanhydrid und Pyridin (*McMillan et al.*, Am. Soc. **78** [1956] 2642).

$Kp_{0,1}$: $96°$.

(±)-2-[1-Acetyl-2-methyl-propyl]-6-methyl-2H-pyridazin-3-on $C_{11}H_{16}N_2O_2$, Formel I
(R = $CH(CO-CH_3)$-$CH(CH_3)_2$).

B. Beim Erhitzen von (±)-α-[3-methyl-6-oxo-6H-pyridazin-1-yl]-isovaleriansäure mit
Acetanhydrid und Pyridin (*McMillan et al.*, Am. Soc. **78** [1956] 2642).

$Kp_{0,02}$: $83°$.

6-Methyl-2-[4-methyl-2-oxo-pentyl]-2H-pyridazin-3-on $C_{11}H_{16}N_2O_2$, Formel I
(R = CH_2-CO-CH_2-$CH(CH_3)_2$).

B. Beim Erhitzen von [3-Methyl-6-oxo-6H-pyridazin-1-yl]-essigsäure mit Isovalerian=
säure-anhydrid und Pyridin (*McMillan et al.*, Am. Soc. **78** [1956] 2642).

Kristalle; F: $102-103°$ [unkorr.].

(±)-6-Methyl-2-[3-methyl-2-oxo-pentyl]-2H-pyridazin-3-on $C_{11}H_{16}N_2O_2$, Formel I
(R = CH_2-CO-$CH(CH_3)$-CH_2-CH_3).

B. Beim Erhitzen von [3-Methyl-6-oxo-6H-pyridazin-1-yl]-essigsäure mit (±)-2-Methyl·
buttersäure-anhydrid und Pyridin (*McMillan et al.*, Am. Soc. **78** [1956] 2642).

Kristalle; F: $92,5-93,5°$.

6-Methyl-2-[2-oxo-heptyl]-2H-pyridazin-3-on $C_{12}H_{18}N_2O_2$, Formel I
$(R = CH_2\text{-}CO\text{-}[CH_2]_4\text{-}CH_3)$ auf S. 180.

B. Beim Erhitzen von [3-Methyl-6-oxo-6H-pyridazin-1-yl]-essigsäure mit Hexansäure-anhydrid und Pyridin (*McMillan et al.*, Am. Soc. **78** [1956] 2642).

Kristalle; F: 103—104° [unkorr.].

(±)-2-[1-Acetyl-pentyl]-6-methyl-2H-pyridazin-3-on $C_{12}H_{18}N_2O_2$, Formel I
$(R = CH(CO\text{-}CH_3)\text{-}[CH_2]_3\text{-}CH_3)$ auf S. 180.

B. Beim Erhitzen von (±)-2-[3-Methyl-6-oxo-6H-pyridazin-1-yl]-hexansäure mit Acetanhydrid und Pyridin (*McMillan et al.*, Am. Soc. **78** [1956] 2642).

$Kp_{0,35}$: 118°.

6-Methyl-2-[2-oxo-octyl]-2H-pyridazin-3-on $C_{13}H_{20}N_2O_2$, Formel I
$(R = CH_2\text{-}CO\text{-}[CH_2]_5\text{-}CH_3)$ auf S. 180.

B. Beim Erhitzen von [3-Methyl-6-oxo-6H-pyridazin-1-yl]-essigsäure mit Heptan-säure-anhydrid und Pyridin (*McMillan et al.*, Am. Soc. **78** [1956] 2642).

Kristalle; F: 92—95°.

(±)-2-[1-Acetyl-hexyl]-6-methyl-2H-pyridazin-3-on $C_{13}H_{20}N_2O_2$, Formel I
$(R = CH(CO\text{-}CH_3)\text{-}[CH_2]_4\text{-}CH_3)$ auf S. 180.

B. Beim Erhitzen von (±)-2-[3-Methyl-6-oxo-6H-pyridazin-1-yl]-heptansäure mit Acetanhydrid und Pyridin (*McMillan et al.*, Am. Soc. **78** [1956] 2642).

$Kp_{0,6}$: 135°.

6-Methyl-2-[2-oxo-nonyl]-2H-pyridazin-3-on $C_{14}H_{22}N_2O_2$, Formel I
$(R = CH_2\text{-}CO\text{-}[CH_2]_6\text{-}CH_3)$ auf S. 180.

B. Beim Erhitzen von [3-Methyl-6-oxo-6H-pyridazin-1-yl]-essigsäure mit Octansäure-anhydrid und Pyridin (*McMillan et al.*, Am. Soc. **78** [1956] 2642).

Kristalle; F: 85—86°.

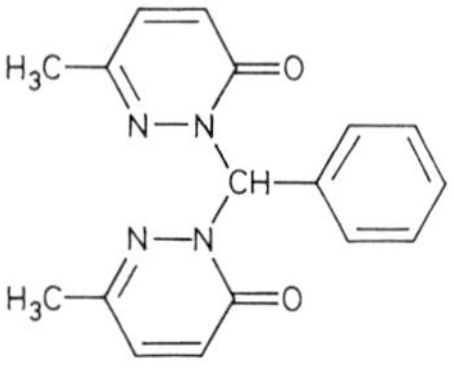

IV 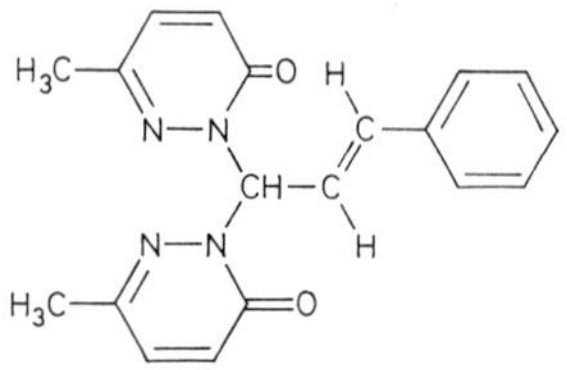   V 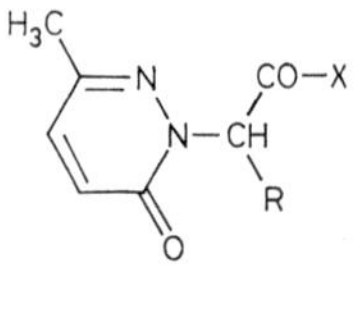   VI

[3-Methyl-6-oxo-6H-pyridazin-1-yl]-essigsäure $C_7H_8N_2O_3$, Formel VI (R = H, X = OH).

B. Aus dem folgenden Äthylester (*King, McMillan*, Am. Soc. **74** [1952] 3222).

F: 237—240° [unkorr.; Zers.].

[3-Methyl-6-oxo-6H-pyridazin-1-yl]-essigsäure-äthylester $C_9H_{12}N_2O_3$, Formel VI
$(R = H, X = O\text{-}C_2H_5)$.

B. Aus 6-Methyl-2H-pyridazin-3-on und Bromessigsäure-äthylester in Natriumäthylat-Lösung (*King, McMillan*, Am. Soc. **74** [1952] 3222).

Kristalle (aus Bzl.); F: 77,5—79°.

[3-Methyl-6-oxo-6H-pyridazin-1-yl]-essigsäure-amid $C_7H_9N_3O_2$, Formel VI (R = H, X = NH_2).

B. Aus dem Äthylester (s. o.) und konz. wss. NH_3 (*King, McMillan*, Am. Soc. **74** [1952] 3222).

Kristalle (aus H_2O); F: 224—225° [unkorr.].

[3-Methyl-6-oxo-6H-pyridazin-1-yl]-essigsäure-diäthylamid $C_{11}H_{17}N_3O_2$, Formel VI
$(R = H, X = N(C_2H_5)_2)$.

B. Beim Erhitzen von 6-Methyl-2H-pyridazin-3-on mit Chloressigsäure-diäthylamid und äthanol. Natriumäthylat (*King, McMillan*, Am. Soc. **74** [1952] 3222).

Kristalle (aus A. + Ae.); F: 110,5—112° [unkorr.]. $Kp_{0,15}$: 160—164° [unkorr.].

[3-Methyl-6-oxo-6*H*-pyridazin-1-yl]-essigsäure-anilid $C_{13}H_{13}N_3O_2$, Formel VI (R = H, X = NH-C₆H₅).

Korrektur: X = NH-C_6H_5.

B. Beim Erhitzen von [3-Methyl-6-oxo-6*H*-pyridazin-1-yl]-essigsäure mit Anilin (*King, McMillan*, Am. Soc. **74** [1952] 3222).

Kristalle (aus A.); F: 203—204° [unkorr.].

[3-Methyl-6-oxo-6*H*-pyridazin-1-yl]-essigsäure-hydrazid $C_7H_{10}N_4O_2$, Formel VI (R = H, X = NH-NH₂).

B. Aus dem Äthylester [S. 182] (*McMillan et al.*, Am. Soc. **78** [1956] 407, 410).

Kristalle; F: 199—201° [korr.; aus A.] (*Gardner et al.*, J. org. Chem. **21** [1956] 530, 531), 199—200° [unkorr.; aus Bzl. oder A.] (*McM. et al.*).

(±)-2-[3-Methyl-6-oxo-6*H*-pyridazin-1-yl]-propionsäure $C_8H_{10}N_2O_3$, Formel VI (R = CH₃, X = OH).

B. Aus dem folgenden Äthylester (*King, McMillan*, Am. Soc. **74** [1952] 3222).

Kristalle (aus H₂O); F: 141—142° [unkorr.].

(±)-2-[3-Methyl-6-oxo-6*H*-pyridazin-1-yl]-propionsäure-äthylester $C_{10}H_{14}N_2O_3$, Formel VI (R = CH₃, X = O-C₂H₅).

B. Beim Erhitzen von 6-Methyl-2*H*-pyridazin-3-on mit (±)-2-Brom-propionsäure-äthylester und äthanol. Natriumäthylat (*King, McMillan*, Am. Soc. **74** [1952] 3222).

Kp$_{0,1-0,2}$: 97—101°. D$_{25}^{25}$: 1,1423. n$_D^{25}$: 1,5025.

(±)-2-[3-Methyl-6-oxo-6*H*-pyridazin-1-yl]-propionsäure-hydrazid $C_8H_{12}N_4O_2$, Formel VI (R = CH₃, X = NH-NH₂).

B. Aus dem Äthylester (s. o.) in Äthanol (*McMillan et al.*, Am. Soc. **78** [1956] 407, 410).

Kristalle (aus Bzl. oder A.); F: 134,5—135° [unkorr.].

3-[3-Methyl-6-oxo-6*H*-pyridazin-1-yl]-propionsäure-äthylester $C_{10}H_{14}N_2O_3$, Formel VII (X = O-C₂H₅, n = 2).

B. Beim Erhitzen von 6-Methyl-2*H*-pyridazin-3-on mit 3-Brom-propionsäure-äthyl≠ ester und äthanol. Natriumäthylat (*McMillan et al.*, Am. Soc. **78** [1956] 407, 409).

Kp$_{0,5}$: 124° [unkorr.].

3-[3-Methyl-6-oxo-6*H*-pyridazin-1-yl]-propionsäure-hydrazid $C_8H_{12}N_4O_2$, Formel VII (X = NH-NH₂, n = 2).

B. Aus dem Äthylester [s. o.] (*McMillan et al.*, Am. Soc. **78** [1956] 407, 410).

Kristalle (aus Bzl. oder A.); F: 151—153° [unkorr.].

(±)-2-[3-Methyl-6-oxo-6*H*-pyridazin-1-yl]-buttersäure $C_9H_{12}N_2O_3$, Formel VI (R = C₂H₅, X = OH).

B. Aus dem Äthylester [s. u.] (*McMillan et al.*, Am. Soc. **78** [1956] 2642).

Kristalle (aus H₂O); F: 191—191,5° [unkorr.].

(±)-2-[3-Methyl-6-oxo-6*H*-pyridazin-1-yl]-buttersäure-äthylester $C_{11}H_{16}N_2O_3$, Formel VI (R = C₂H₅, X = O-C₂H₅).

B. Beim Erhitzen von 6-Methyl-2*H*-pyridazin-3-on mit (±)-2-Brom-buttersäure-äthyl≠ ester und äthanol. Natriumäthylat (*McMillan et al.*, Am. Soc. **78** [1956] 407, 409).

Kp$_{0,05}$: 92°.

(±)-2-[3-Methyl-6-oxo-6*H*-pyridazin-1-yl]-buttersäure-hydrazid $C_9H_{14}N_4O_2$, Formel VI (R = C₂H₅, X = NH-NH₂).

B. Aus dem Äthylester [s. o.] (*McMillan et al.*, Am. Soc. **78** [1956] 407, 410).

Kristalle (aus Bzl. oder A.); F: 125,5—127° [unkorr.].

α-[3-Methyl-6-oxo-6*H*-pyridazin-1-yl]-isobuttersäure $C_9H_{12}N_2O_3$, Formel VIII (X = OH).

B. Aus dem Äthylester [S. 184] (*King, McMillan*, Am. Soc. **74** [1952] 3222).

Kristalle (aus A.); F: 214—214,5° [unkorr.].

α-[3-Methyl-6-oxo-6H-pyridazin-1-yl]-isobuttersäure-äthylester $C_{11}H_{16}N_2O_3$, Formel VIII
(X = O-C$_2$H$_5$).
B. Beim Erhitzen von 6-Methyl-2H-pyridazin-3-on mit α-Brom-isobuttersäure-äthylester und äthanol. Natriumäthylat (*King, McMillan*, Am. Soc. **74** [1952] 3222).
$\mathrm{Kp}_{0,3}$: 105—114° [unkorr.].

α-[3-Methyl-6-oxo-6H-pyridazin-1-yl]-isobuttersäure-hydrazid $C_9H_{14}N_4O_2$, Formel VIII
(X = NH-NH$_2$).
B. Aus dem Äthylester [s. o.] (*McMillan et al.*, Am. Soc. **78** [1956] 407, 410).
Kristalle (aus Bzl. oder A.); F: 165—166° [unkorr.].

(±)-2-[3-Methyl-6-oxo-6H-pyridazin-1-yl]-valeriansäure $C_{10}H_{14}N_2O_3$, Formel VI
(R = CH$_2$-CH$_2$-CH$_3$, X = OH) auf S. 182.
B. Aus dem Äthylester [s. u.] (*McMillan et al.*, Am. Soc. **78** [1956] 2642).
Kristalle (aus H$_2$O); F: 162—163° [unkorr.].

(±)-2-[3-Methyl-6-oxo-6H-pyridazin-1-yl]-valeriansäure-äthylester $C_{12}H_{18}N_2O_3$,
Formel VI (R = CH$_2$-CH$_2$-CH$_3$, X = O-C$_2$H$_5$) auf S. 182.
B. Beim Erhitzen von 6-Methyl-2H-pyridazin-3-on mit (±)-2-Brom-valeriansäure-äthylester und äthanol. Natriumäthylat (*McMillan et al.*, Am. Soc. **78** [1956] 407, 409).
$\mathrm{Kp}_{0,15}$: 111° [unkorr.].

(±)-2-[3-Methyl-6-oxo-6H-pyridazin-1-yl]-valeriansäure-hydrazid $C_{10}H_{16}N_4O_2$,
Formel VI (R = CH$_2$-CH$_2$-CH$_3$, X = NH-NH$_2$) auf S. 182.
B. Aus dem Äthylester [s. o.] (*McMillan et al.*, Am. Soc. **78** [1956] 407, 410).
Kristalle (aus Bzl. oder A.); F: 112—115° [unkorr.].

(±)-α-[3-Methyl-6-oxo-6H-pyridazin-1-yl]-isovaleriansäure $C_{10}H_{14}N_2O_3$, Formel VI
(R = CH(CH$_3$)$_2$, X = OH) auf S. 182.
B. Aus dem Äthylester [s. u.] (*McMillan et al.*, Am. Soc. **78** [1956] 2642).
Kristalle (aus H$_2$O); F: 148—150° [unkorr.].

VII   VIII   IX

(±)-α-[3-Methyl-6-oxo-6H-pyridazin-1-yl]-isovaleriansäure-äthylester $C_{12}H_{18}N_2O_3$,
Formel VI (R = CH(CH$_3$)$_2$, X = O-C$_2$H$_5$) auf S. 182.
B. Beim Erhitzen von 6-Methyl-2H-pyridazin-3-on mit (±)-α-Brom-isovaleriansäure-äthylester und äthanol. Natriumäthylat (*McMillan et al.*, Am. Soc. **78** [1956] 2642).
$\mathrm{Kp}_{0,01}$: 95—99°.

(±)-2-[3-Methyl-6-oxo-6H-pyridazin-1-yl]-hexansäure $C_{11}H_{16}N_2O_3$, Formel VI
(R = [CH$_2$]$_3$-CH$_3$, X = OH) auf S. 182.
B. Aus dem Äthylester [s. u.] (*McMillan et al.*, Am. Soc. **78** [1956] 2642).
Kristalle (aus H$_2$O); F: 152—153° [unkorr.].

(±)-2-[3-Methyl-6-oxo-6H-pyridazin-1-yl]-hexansäure-äthylester $C_{13}H_{20}N_2O_3$, Formel VI
(R = [CH$_2$]$_3$-CH$_3$, X = O-C$_2$H$_5$) auf S. 182.
B. Beim Erhitzen von 6-Methyl-2H-pyridazin-3-on mit (±)-2-Brom-hexansäure-äthylester und äthanol. Natriumäthylat (*McMillan et al.*, Am. Soc. **78** [1956] 407, 409).
$\mathrm{Kp}_{0,3}$: 117° [unkorr.].

(±)-2-[3-Methyl-6-oxo-6H-pyridazin-1-yl]-hexansäure-hydrazid $C_{11}H_{18}N_4O_2$, Formel VI
(R = [CH$_2$]$_3$-CH$_3$, X = NH-NH$_2$) auf S. 182.
B. Aus dem Äthylester [s. o.] (*McMillan et al.*, Am. Soc. **78** [1956] 407, 410).
Kristalle (aus Bzl. oder A.); F: 122—124° [unkorr.].

(±)-2-[3-Methyl-6-oxo-6*H*-pyridazin-1-yl]-heptansäure $C_{12}H_{18}N_2O_3$, Formel VI
(R = [CH$_2$]$_4$-CH$_3$, X = OH) auf S. 182.
    B. Aus dem Äthylester [s. u.] (*McMillan et al.*, Am. Soc. **78** [1956] 2642).
    Kristalle (aus H$_2$O); F: 153—154,5° [unkorr.].

(±)-2-[3-Methyl-6-oxo-6*H*-pyridazin-1-yl]-heptansäure-äthylester $C_{14}H_{22}N_2O_3$, Formel VI
(R = [CH$_2$]$_4$-CH$_3$, X = O-C$_2$H$_5$) auf S. 182.
    B. Beim Erhitzen von 6-Methyl-2*H*-pyridazin-3-on mit (±)-2-Brom-heptansäure-
äthylester und äthanol. Natriumäthylat (*McMillan et al.*, Am. Soc. **78** [1956] 407, 409).
    Kp$_{0,2}$: 129° [unkorr.].

(±)-2-[3-Methyl-6-oxo-6*H*-pyridazin-1-yl]-heptansäure-hydrazid $C_{12}H_{20}N_4O_2$, Formel VI
(R = [CH$_2$]$_4$-CH$_3$, X = NH-NH$_2$) auf S. 182.
    B. Aus dem Äthylester [s. o.] (*McMillan et al.*, Am. Soc. **78** [1956] 407, 410).
    Kristalle (aus Bzl. oder A.); F: 108—109° [unkorr.].

11-[3-Methyl-6-oxo-6*H*-pyridazin-1-yl]-undecansäure-äthylester $C_{18}H_{30}N_2O_3$, Formel VII
(X = O-C$_2$H$_5$, n = 10).
    B. Beim Erwärmen von 6-Methyl-2*H*-pyridazin-3-on mit 11-Brom-undecansäure-
äthylester und äthanol. Natriumäthylat (*McMillan et al.*, Am. Soc. **78** [1956] 407, 409).
    Kp$_{0,01}$: 166—170° [unkorr.].

11-[3-Methyl-6-oxo-6*H*-pyridazin-1-yl]-undecansäure-hydrazid $C_{16}H_{28}N_4O_2$, Formel VII
(X = NH-NH$_2$, n = 10).
    B. Aus dem Äthylester [s. o.] (*McMillan et al.*, Am. Soc. **78** [1956] 407, 410).
    Kristalle (aus Bzl. oder A.); F: 85—87°.

(±)-[3-Methyl-6-oxo-6*H*-pyridazin-1-yl]-phenyl-essigsäure-äthylester $C_{15}H_{16}N_2O_3$,
Formel VI (R = C$_6$H$_5$, X = O-C$_2$H$_5$) auf S. 182.
    B. Aus 6-Methyl-2*H*-pyridazin-3-on und (±)-Brom-phenyl-essigsäure-äthylester
(*McMillan et al.*, Am. Soc. **78** [1956] 407, 409).
    Kristalle (aus A.); F: 121—123° [unkorr.].

(±)-[3-Methyl-6-oxo-6*H*-pyridazin-1-yl]-phenyl-essigsäure-hydrazid $C_{13}H_{14}N_4O_2$,
Formel VI (R = C$_6$H$_5$, X = NH-NH$_2$) auf S. 182.
    B. Aus dem Äthylester [s. o.] (*McMillan et al.*, Am. Soc. **78** [1956] 407, 410).
    Kristalle (aus Bzl. oder A.); F: 191—192° [unkorr.].

6-Methyl-2-[1-methyl-[4]piperidyl]-2*H*-pyridazin-3-on $C_{11}H_{17}N_3O$, Formel IX.
    B. Aus 4-Oxo-valeriansäure bei der Umsetzung mit 4-Hydrazino-1-methyl-piperidin
und anschliessenden Dehydrierung mit Brom (*Jucker, Süess*, Helv. **42** [1959] 2506, 2509,
2513).
    F: 87—89°. Im Hochvakuum bei 80° sublimierbar.

2-[*N*-Acetyl-sulfanilyl]-6-methyl-2*H*-pyridazin-3-on $C_{13}H_{13}N_3O_4S$, Formel X
(R = CO-CH$_3$).
    B. Aus 6-Methyl-2*H*-pyridazin-3-on und *N*-Acetyl-sulfanilylchlorid in Pyridin (*Gregory
et al.*, Soc. **1949** 2066, 2069).
    Kristalle (aus wss. A.); F: 96—97°.

**[4-(3-Methyl-6-oxo-6*H*-pyridazin-1-sulfonyl)-phenyl]-carbamidsäure-benzylester,
2-[*N*-Benzyloxycarbonyl-sulfanilyl]-6-methyl-2*H*-pyridazin-3-on** $C_{19}H_{17}N_3O_5S$, Formel X
(R = CO-O-CH$_2$-C$_6$H$_5$).
    B. Aus 6-Methyl-2*H*-pyridazin-3-on und *N*-Benzyloxycarbonyl-sulfanilylchlorid in
Pyridin (*Gregory et al.*, Soc. **1959** 2066, 2069).
    Kristalle (aus wss. A.); F: 146—147°.

5-Chlor-2,6-dimethyl-2*H*-pyridazin-3-on $C_6H_7ClN_2O$, Formel XI (X = H).
    B. Neben anderen Verbindungen beim Erwärmen von 2,6-Dimethyl-2*H*-pyridazin-

3-on mit Chlor (*Homer et al.*, Soc. **1948** 2191, 2193).

F: 80°. λ_{max} (A.): 306 nm.

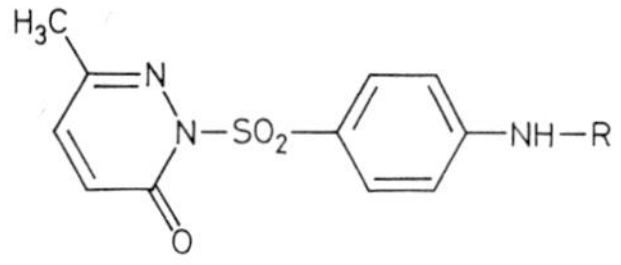

X 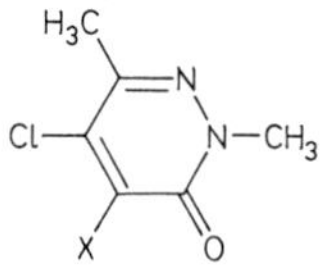   XI 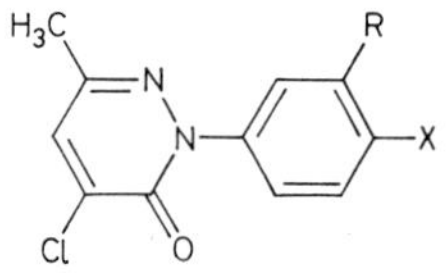   XII

4-Chlor-6-methyl-2-phenyl-2H-pyridazin-3-on $C_{11}H_9ClN_2O$, Formel XII (R = X = H) (H 83).

B. Beim Erhitzen von 6-Methyl-2-phenyl-4,5-dihydro-2H-pyridazin-3-on mit PCl_5 (*Overend, Wiggins*, Soc. **1947** 549, 551).

Kristalle (aus A.); F: 135—136° (*Ov., Wi.*). λ_{max} (A.): 319 nm (*Overend et al.*, Soc. **1950** 3505, 3506).

4-Chlor-6-methyl-2-[4-nitro-phenyl]-2H-pyridazin-3-on $C_{11}H_8ClN_3O_3$, Formel XII (R = H, X = NO_2).

B. Aus der vorangehenden Verbindung und HNO_3 (*Overend, Wiggins*, Soc. **1947** 549, 553). Neben 6-Methyl-2-[4-nitro-phenyl]-2H-pyridazin-3-on beim Erhitzen von 6-Methyl-2-[4-nitro-phenyl]-4,5-dihydro-2H-pyridazin-3-on mit PCl_5 auf 160° (*Ov., Wi.*).

Kristalle (aus Acn.); F: 217—218° (*Ov., Wi.*). λ_{max} (A.): 244 nm und 330 nm (*Overend et al.*, Soc. **1950** 3505, 3506).

4-Chlor-6-methyl-2-m-tolyl-2H-pyridazin-3-on $C_{12}H_{11}ClN_2O$, Formel XII (R = CH_3, X = H).

B. Beim Erhitzen von 6-Methyl-2-m-tolyl-4,5-dihydro-2H-pyridazin-3-on mit PCl_5 und $POCl_3$ (*Gregory, Wiggins*, Soc. **1949** 2546, 2548).

Kristalle (aus wss. A.); F: 109°.

4-Chlor-2-[4-methoxy-phenyl]-6-methyl-2H-pyridazin-3-on $C_{12}H_{11}ClN_2O_2$, Formel XII (R = H, X = $O-CH_3$).

B. Neben 2-[4-Methoxy-phenyl]-6-methyl-2H-pyridazin-3-on beim Erwärmen von 2-[4-Methoxy-phenyl]-6-methyl-4,5-dihydro-2H-pyridazin-3-on mit PCl_5 und $POCl_3$ (*Stevens et al.*, Am. Soc. 77 [1955] 42).

Gelbe Kristalle (aus A.); F: 129—130° [unkorr.].

2-[4-Äthoxy-phenyl]-4-chlor-6-methyl-2H-pyridazin-3-on $C_{13}H_{13}ClN_2O_2$, Formel XII (R = H, X = $O-C_2H_5$).

B. Analog der vorangehenden Verbindung (*Stevens et al.*, Am. Soc. 77 [1955] 42).

Hellgelbe Kristalle (aus A.); F: 125—126° [unkorr.].

4-Chlor-6-methyl-2-[2]pyridyl-2H-pyridazin-3-on $C_{10}H_8ClN_3O$, Formel XIII.

B. Beim Erhitzen von 6-Methyl-2-[2]pyridyl-4,5-dihydro-2H-pyridazin-3-on mit PCl_5 und $POCl_3$ (*Gregory, Wiggins*, Soc. **1949** 2546, 2549).

Kristalle (aus A.); F: 123°.

4,5-Dichlor-2,6-dimethyl-2H-pyridazin-3-on $C_6H_6Cl_2N_2O$, Formel XI (X = Cl).

B. Neben anderen Verbindungen beim Erwärmen von 2,6-Dimethyl-2H-pyridazin-3-on oder von 5-Chlor-2,6-dimethyl-2H-pyridazin-3-on mit Chlor (*Homer et al.*, Soc. **1948** 2191, 2193).

Kristalle; F: 116,5°. λ_{max} (A.): 306 nm.

6-Methyl-2H-pyridazin-3-thion $C_5H_6N_2S$, Formel XIV (R = H), und Tautomeres.

B. Beim Erhitzen von 3-Chlor-6-methyl-pyridazin mit NaHS in Äthanol auf 150° (*Gregory et al.*, Soc. **1948** 2199). Beim Erhitzen von 6-Methyl-4,5-dihydro-2H-pyridazin-3-on mit P_2S_5 in Xylol (*Duffin, Kendall*, Soc. **1959** 3789, 3792).

Gelbe Kristalle (aus wss. A.); F: 203,5—205° [Zers.] (*Gr. et al.*), 203° (*Du., Ke.*).

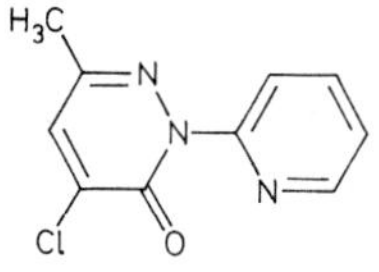

XIII 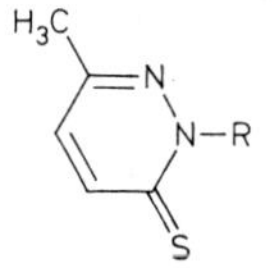   XIV 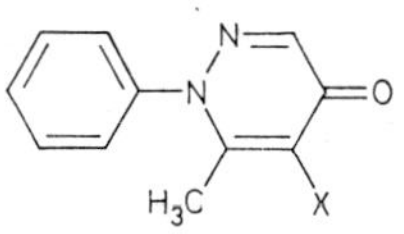   XV

2,6-Dimethyl-2H-pyridazin-3-thion $C_6H_8N_2S$, Formel XIV (R = CH$_3$).

B. Beim Erhitzen von 2,6-Dimethyl-2H-pyridazin-3-on mit P$_2$S$_5$ in Xylol (*Duffin, Kendall*, Soc. **1959** 3789, 3794).

Gelbe Kristalle (aus A.); F: 100°.

Bildung von 1,3-Dimethyl-6-methylmercapto-pyridazinium-jodid beim Erwärmen mit CH$_3$I in Benzol: *Du., Ke.*

6-Methyl-2-phenyl-2H-pyridazin-3-thion $C_{11}H_{10}N_2S$, Formel XIV (R = C$_6$H$_5$).

B. Beim Erwärmen von 6-Methyl-2-phenyl-4,5-dihydro-2H-pyridazin-3-on mit P$_2$S$_5$ in Toluol (*Duffin, Kendall*, Soc. **1959** 3789, 3793).

Gelbe Kristalle (aus A.); F: 109°.

6-Methyl-1-phenyl-1H-pyridazin-4-on $C_{11}H_{10}N_2O$, Formel XV (X = H).

B. Beim Erhitzen von 6-Methyl-4-oxo-1-phenyl-1,4-dihydro-pyridazin-3-carbonsäure mit konz. H$_2$SO$_4$ auf ca. 200° (*Staehelin et al.*, Helv. **39** [1956] 1741, 1753).

Kristalle (aus Bzl.); F: 179—180° [unkorr.]. IR-Spektrum (CH$_2$Cl$_2$; 3—12 μ): *St. et al.*

5-Brom-6-methyl-1-phenyl-1H-pyridazin-4-on $C_{11}H_9BrN_2O$, Formel XV (X = Br).

B. Aus der vorangehenden Verbindung durch Erhitzen mit Brom in Essigsäure (*Staehelin et al.*, Helv. **39** [1956] 1741, 1753).

Kristalle (aus Bzl. + PAe.); F: 178—179°.

---

*2-Phenyl-2,5-dihydro-pyridazin-3-carbaldehyd-phenylhydrazon $C_{17}H_{16}N_4$, Formel I.

B. Aus 2,5-Diäthoxy-2,5-dihydro-furfurylalkohol beim aufeinanderfolgenden Behandeln mit Mineralsäuren und mit Phenylhydrazin (*Fakstorp et al.*, Am. Soc. **72** [1950] 869, 873).

Kristalle (aus Py.); F: 237°.

5-Methyl-2H-pyridazin-3-on $C_5H_6N_2O$, Formel II (R = X = H), und Tautomeres.

B. Beim Erhitzen von 5-Methyl-3-oxo-2,3-dihydro-pyridazin-4-carbonsäure (*Schmidt, Druey*, Helv. **37** [1954] 1467, 1470). Bei der Hydrierung von 6-Chlor-5-methyl-2H-pyridazin-3-on an Palladium/Kohle in wss. NH$_3$ (*Takahayashi*, Pharm. Bl. **5** [1957] 229, 233; *Mori*, J. pharm. Soc. Japan **82** [1962] 304, 307; C. A. **58** [1963] 3427).

Kristalle; F: 154° [unkorr.; aus A.] (*Mori*), 152,5° [aus Me. oder A.] (*Ta.*), 151—153° [unkorr.; aus PAe.] (*Sch., Dr.*). UV-Spektrum (A.; 220—320 nm): *Ta.*, l. c. S. 230.

5-Methyl-2-phenyl-2H-pyridazin-3-on $C_{11}H_{10}N_2O$, Formel II (R = C$_6$H$_5$, X = H).

B. Bei der Hydrierung von 6-Chlor-5-methyl-2-phenyl-2H-pyridazin-3-on an Palladium/Kohle in Äthanol (*Druey et al.*, Helv. **37** [1954] 510, 523). Beim Erhitzen von 4-Methyl-6-oxo-1-phenyl-1,6-dihydro-pyridazin-3-carbonsäure auf 240° (*Wiley, Jarboe*, Am. Soc. **77** [1955] 403).

Kristalle (aus Ae. + PAe.); F: 84—84,5° (*Dr. et al.*), 84° (*Wi., Ja.*). λ_{max} (A.): 305 nm (*Eichenberger et al.*, Helv. **37** [1954] 1298, 1302).

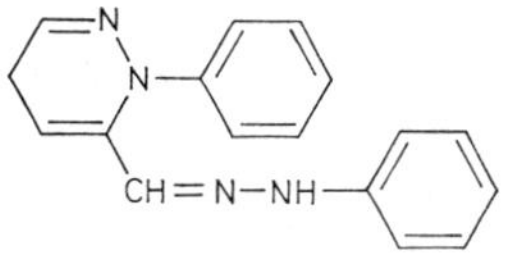

I 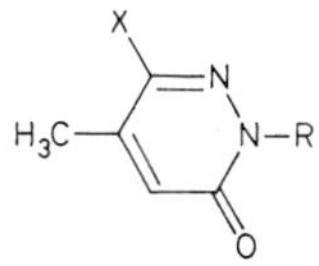   II 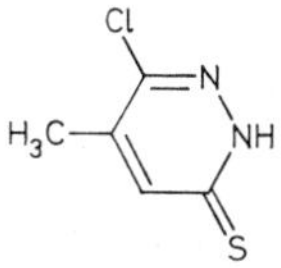   III

6-Chlor-5-methyl-2H-pyridazin-3-on $C_5H_5ClN_2O$, Formel II (R = H, X = Cl), und Tautomeres.

Konstitution: *Linholter et al.*, Acta chem. scand. **15** [1961] 1660, 1663.

B. Neben 6-Chlor-4-methyl-2H-pyridazin-3-on beim Erhitzen von 3,6 Dichlor-4-meth- yl-pyridazin mit konz. wss. HCl (*Li. et al.*), mit Essigsäure (*Kuraishi*, Pharm. Bl. **6** [1957] 587, 589) oder mit wss.-methanol. NaOH (*Takahayashi*, Pharm. Bl. **5** [1957] 229, 233). Aus 3-Chlor-6-methoxy-4-methyl-pyridazin beim Erhitzen mit wss. NaOH (*Nakagome*, J. pharm. Soc. Japan **82** [1962] 1005, 1009; C. A. **58** [1963] 4559) oder beim Erhitzen mit wss. NH_3 [130—150°] (*Mori*, J. pharm. Soc. Japan **82** [1962] 304, 307; C. A. **58** [1963] 3427).

Kristalle; F: 231—232° [aus E.] (*Na.*), 227° [aus A. bzw. aus H_2O] (*Ta.*; *Mori*), 225° [unkorr.; aus H_2O] (*Ku.*). UV-Spektrum (A.; 220—320 nm): *Ta.*, l. c. S. 230.

6-Chlor-5-methyl-2-phenyl-2H-pyridazin-3-on $C_{11}H_9ClN_2O$, Formel II (R = C_6H_5, X = Cl).

B. Beim Erwärmen von 4-Methyl-1-phenyl-1,2-dihydro-pyridazin-3,6-dion mit $POCl_3$ (*Druey et al.*, Helv. **37** [1954] 510, 522).

Kristalle (aus A.); F: 136—137° [unkorr.].

6-Chlor-5-methyl-2H-pyridazin-3-thion $C_5H_5ClN_2S$, Formel III, und Tautomeres.

Die Konstitution ergibt sich aus der genetischen Beziehung zu 3-Methoxy-4-methyl- 6-methylmercapto-pyridazin [E III/IV **23** 3101] (*Takahayashi*, Pharm. Bl. **5** [1957] 229).

B. Beim Erhitzen von 3,6-Dichlor-4-methyl-pyridazin mit KHS in Methanol (*Taka- hayashi*, J. pharm. Soc. Japan **75** [1955] 778, 780; C. A. **1956** 4970).

Gelbes Pulver; F: 147° [Zers.; nach Grünfärbung bei 135°] (*Ta.*, J. pharm. Soc. Japan **75** 779, 781).

4-Methyl-2H-pyridazin-3-on $C_5H_6N_2O$, Formel IV (R = X = H), und Tautomeres.

B. Beim Erhitzen von 5-Methyl-6-oxo-1,6-dihydro-pyridazin-3-carbonsäure unter vermindertem Druck (*McMillan et al.*, Am. Soc. **78** [1956] 407, 408).

Kristalle; F: 158—159° [unkorr.; aus Bzl.] (*McM. et al.*).

4-Methyl-2-phenyl-2H-pyridazin-3-on $C_{11}H_{10}N_2O$, Formel IV (R = C_6H_5, X = H) (H 83).

B. Bei der Hydrierung von 6-Chlor-4-methyl-2-phenyl-2H-pyridazin-3-on an Palladium/ Kohle in Äthanol (*Druey et al.*, Helv. **37** [1954] 510, 523).

Kristalle (aus Ae. + PAe.); F: 87—88° (*Dr. et al.*, l. c. S. 518). λ_{max} (A.): 302 nm (*Eichen- berger et al.*, Helv. **37** [1954] 1298, 1302).

[5-Methyl-6-oxo-6H-pyridazin-1-yl]-essigsäure-äthylester $C_9H_{12}N_2O_3$, Formel IV (R = CH_2-CO-O-C_2H_5, X = H).

B. Beim Erhitzen von 4-Methyl-2H-pyridazin-3-on mit Bromessigsäure-äthylester und äthanol. Natriumäthylat (*McMillan et al.*, Am. Soc. **78** [1956] 407, 409).

Kristalle (aus PAe.); F: 75—76°.

[5-Methyl-6-oxo-6H-pyridazin-1-yl]-essigsäure-hydrazid $C_7H_{10}N_4O_2$, Formel IV (R = CH_2-CO-NH-NH_2, X = H).

B. Aus dem Äthylester [s. o.] (*McMillan et al.*, Am. Soc. **78** [1956] 407, 410).

Kristalle (aus Bzl. oder A.); F: 203—204,5° [unkorr.].

6-Chlor-4-methyl-2H-pyridazin-3-on $C_5H_5ClN_2O$, Formel IV (R = H, X = Cl), und Tautomeres.

Konstitution: *Linholter et al.*, Acta chem. scand. **15** [1961] 1660, 1663.

B. Neben 6-Chlor-5-methyl-2H-pyridazin-3-on beim Erhitzen von 3,6-Dichlor-4-meth- yl-pyridazin mit konz. wss. HCl (*Li. et al.*). Aus 6-Chlor-3-methoxy-4-methyl-pyridazin (E III/IV **23** 2467) beim Erhitzen mit wss. NaOH (*Nakagome*, J. pharm. Soc. Japan **82** [1962] 1005, 1009; C. A. **58** [1963] 4559) oder beim Erhitzen mit wss. NH_3 [130—150°] (*Mori*, J. pharm. Soc. Japan **82** [1962] 304, 307; C. A. **58** [1963] 3427).

Kristalle; F: 174—175° [aus E.] (*Na.*), 171° [unkorr.; aus H_2O] (*Mori*), 170° [unkorr.; aus A.] (*Li. et al.*).

Die von *Kuraishi* (Pharm. Bl. **5** [1957] 587) und von *Takahayashi* (Pharm. Bl. **5** [1957] 229) unter dieser Konstitution beschriebenen Präparate vom F: 149—151° bzw. F: 148° sind Gemische mit 6-Chlor-5-methyl-2H-pyridazin-3-on gewesen (*Na.*).

6-Chlor-4-methyl-2-phenyl-2H-pyridazin-3-on $C_{11}H_9ClN_2O$, Formel IV (R = C_6H_5, X = Cl).

B. Beim Erwärmen von 4-Methyl-2-phenyl-1,2-dihydro-pyridazin-3,6-dion mit $POCl_3$ (*Druey et al.*, Helv. **37** [1954] 510, 522).

Kristalle (aus Me.); F: 133—134° [unkorr.] (*Dr. et al.*). λ_{max} (A.): 314 nm (*Eichenberger et al.*, Helv. **37** [1954] 1298, 1303).

      IV   V   VI   VII

2-Methyl-3H-pyrimidin-4-on $C_5H_6N_2O$, Formel V (R = X = X′ = H), und Tautomere (H 84; E II 41).

B. Aus 3-Methoxy-acrylsäure-butylester und Acetamidin-hydrochlorid (*Takamizawa*, J. pharm. Soc. Japan **74** [1954] 756; C. A. **1955** 11663). Aus 3-Oxo-propionsäure-äthylester und Acetamidin-hydrochlorid (*Am. Cyanamid Co.*, U.S.P. 2417318 [1945]; vgl. H 84).

Kristalle (aus $CHCl_3$); F: 214° (*Ta.*). UV-Spektrum (H_2O; 175—300 nm bzw. 200 nm bis 275 nm): *Smakula*, Z. physiol. Chem. **230** [1934] 231, 233; *Ta.*

1,2-Dimethyl-1H-pyrimidin-4-on $C_6H_8N_2O$, Formel VI.

B. Beim Erwärmen von 4-Amino-1,2-dimethyl-pyrimidinium-jodid mit wss. KOH (*Curd, Richardson*, Soc. **1955** 1853, 1856).

Picrat $C_6H_8N_2O \cdot C_6H_3N_3O_7$. Kristalle (aus 2-Äthoxy-äthanol); F: 178—180°.

2,3-Dimethyl-3H-pyrimidin-4-on $C_6H_8N_2O$, Formel V (R = CH_3, X = X′ = H).

B. Beim Erwärmen von 2-Methyl-3H-pyrimidin-4-on mit CH_3I und äthanol. KOH (*Curd, Richardson*, Soc. **1955** 1853, 1856) oder mit Diazomethan in Äther (*Pfleiderer, Mosthaf*, B. **90** [1957] 728, 735).

Kristalle (aus PAe.); F: 63° (*Pf., Mo.*).

Hydrochlorid $C_6H_8N_2O \cdot HCl$. Kristalle (aus Me.); F: 250° [Zers.] (*Curd, Ri.*).

Nitrat $C_6H_8N_2O \cdot HNO_3$. Kristalle (aus Me.); F: 162° [Zers.] (*Curd, Ri.*).

Picrat $C_6H_8N_2O \cdot C_6H_3N_3O_7$. Kristalle (aus 2-Äthoxy-äthanol); F: 172° (*Curd, Ri.*).

1,2,3-Trimethyl-4-oxo-1,4-dihydro-pyrimidinium $[C_7H_{11}N_2O]^+$, Formel VII, und Mesomeres.

Jodid $[C_7H_{11}N_2O]I$. *B.* Beim Erhitzen von 2,3-Dimethyl-3H-pyrimidin-4-on oder von 1,2-Dimethyl-1H-pyrimidin-4-on mit CH_3I [100°] (*Curd, Richardson*, Soc. **1955** 1853, 1856). — Kristalle (aus A.); F: 224° [Zers.].

6-Chlor-2-methyl-3H-pyrimidin-4-on $C_5H_5ClN_2O$, Formel V (R = X = H, X′ = Cl), und Tautomere.

B. Beim Erwärmen von 4,6-Dichlor-2-methyl-pyrimidin mit wss. HCl (*Barford et al.*, Soc. **1946** 713, 717; *Henze et al.*, J. org. Chem. **17** [1952] 1320, 1323).

Kristalle (aus A.); F: 233° (*Ba. et al.*), 231,5—232,0° [korr.] (*He. et al.*). IR-Spektrum (3600—2000 cm⁻¹): *Hirano et al.*, J. pharm. Soc. Japan **76** [1956] 239, 242; C. A. **1956** 13044.

5-Brom-2-methyl-3H-pyrimidin-4-on $C_5H_5BrN_2O$, Formel V (R = X′ = H, X = Br), und Tautomere (E II 41).

B. Aus 2-Methyl-3H-pyrimidin-4-on und Brom in $CHCl_3$ (*Ochiai et al.*, J. pharm. Soc.

Japan **63** [1943] 25, 27; C. A. **1951** 609).
Kristalle (aus Me.); F: 230°.

6-Methyl-3H-pyrimidin-4-on $C_5H_6N_2O$, Formel VIII (R = X = H), und Tautomere
(H 85).

B. Aus 6-Methyl-2,3-dihydro-1H-pyrimidin-4-on beim Erwärmen mit Raney-Nickel in wss. NH₃ (*Foster, Snyder*, Org. Synth. Coll. Vol. IV [1963] 638; *Vanderhaeghe, Claesen*, Bl. Soc. chim. Belg. **66** [1957] 276, 287; *Marshall, Walker*, Soc. **1951** 1004, 1014) oder mit wss. H₂O₂ (*Williams et al.*, Am. Soc. **59** [1937] 526, 528). Beim Erwärmen von 6-Methyl-2-methylmercapto-3H-pyrimidin-4-on mit Raney-Nickel in Äthanol (*Staněk*, Collect. **23** [1958] 1154). Bei der Hydrierung von 4-Benzyloxy-6-methyl-pyrimidin-1-oxid an Palladium/Kohle in Methanol (*Yamanaka*, Chem. pharm. Bl. **7** [1959] 158, 160). Beim Erwärmen von 2-Hydrazino-6-methyl-3H-pyrimidin-4-on mit Cu(OH)₂ in wss. NaOH (*Sirakawa*, J. pharm. Soc. Japan **73** [1953] 635, 638; C. A. **1954** 9363). Aus N-[3-Methyl-isoxazol-5-yl]-formamid bei der Hydrierung an Raney-Nickel in Äthanol (*Kano, Makisumi*, Pharm. Bl. **3** [1955] 270, 272).

Kristalle; F: 150° [aus Bzl.] (*Ma., Wa.*), 148—149° [korr.; aus Butanon oder nach Sublimation im Vakuum] (*Snyder et al.*, Am. Soc. **76** [1954] 2441, 2443). IR-Spektrum (Paraffin oder Perfluorkerosin; 3500—2700 cm⁻¹ und 1800—700 cm⁻¹): *Short, Thompson*, Soc. **1952** 168, 172, 176; s. a. *Thompson et al.*, Discuss. Faraday Soc. **9** [1959] 222, 233. UV-Spektrum in H₂O (210—300 nm): *Wi. et al.*; in wss. Lösungen vom pH 0, pH 4,7 und pH 13 (200—300 nm): *Ma., Wa.*, l. c. S. 1007, 1009. Scheinbare Dissoziationsexponenten pK'_{a1} und pK'_{a2} (H₂O; potentiometrisch ermittelt): 2,15 bzw. 9,0 (*Ma., Wa.*, l. c. S. 1007).

Hydrojodid. Hellgelbe Kristalle (aus A. + Ae.); F: 167° (*Shiho, Takahayashi*, J. pharm. Soc. Japan **75** [1955] 773; C. A. **1956** 4976).

6-Methyl-1-oxy-3H-pyrimidin-4-on, 6-Methyl-3H-pyrimidin-4-on-1-oxid $C_5H_6N_2O_2$, Formel IX, und Tautomeres.

B. Bei der Hydrierung von 4-Benzyloxy-6-methyl-pyrimidin-1-oxid an Palladium/Kohle in Methanol (*Yamanaka*, Chem. pharm. Bl. **7** [1959] 158, 160).
Kristalle (aus Me.); F: 198° [Zers.].

VIII   IX   X   XI

3,6-Dimethyl-3H-pyrimidin-4-on $C_6H_8N_2O$, Formel VIII (R = CH₃, X = H).
Konstitution: *Brown, Lee*, Austral. J. Chem. **21** [1968] 243, 246.

B. Aus 6-Methyl-3H-pyrimidin-4-on beim Behandeln mit Diazomethan in Äther (*Marshall, Walker*, Soc. **1951** 1004, 1014) oder beim Erwärmen mit CH₃I und äthanol. KOH (*Curd, Richardson*, Soc. **1955** 1853, 1857). Beim Erhitzen von 3,6-Dimethyl-2-methylmercapto-3H-pyrimidin-4-on mit Raney-Nickel in Methanol (*Curd, Ri.*).

Kristalle (aus CCl₄); F: 80—82° (*Ma., Wa.*). Im Hochvakuum sublimierbar (*Curd, Ri.*). UV-Spektrum (wss. Lösungen vom pH 0 und pH 7; 200—350 nm): *Ma., Wa.*, l. c. S. 1007, 1009. Scheinbarer Dissoziationsexponent pK'_a (H₂O; potentiometrisch ermittelt): 2,1 (*Ma., Wa.*, l. c. S. 1007).

Picrat $C_6H_8N_2O \cdot C_6H_3N_3O_7$. Kristalle (aus 2-Äthoxy-äthanol); F: 188—190° (*Curd, Ri.*).

1,6-Dimethyl-1H-pyrimidin-4-on $C_6H_8N_2O$, Formel X.
B. Beim Erwärmen von 4-Amino-1,6-dimethyl-pyrimidinium-jodid mit wss. KOH (*Curd, Richardson*, Soc. **1955** 1853, 1857).
Picrat $C_6H_8N_2O \cdot C_6H_3N_3O_7$. Kristalle (aus 2-Äthoxy-äthanol); F: 174—176°.

1,3,4-Trimethyl-6-oxo-3,6-dihydro-pyrimidinium $[C_7H_{11}N_2O]^+$, Formel XI, und Mesomeres.

Jodid $[C_7H_{11}N_2O]I$. *B.* Aus 3,6-Dimethyl-3H-pyrimidin-4-on oder aus 1,6-Dimethyl-1H-pyrimidin-4-on beim Erhitzen mit CH_3I (*Curd, Richardson*, Soc. **1955** 1853, 1857). — Kristalle (aus A.); F: 268—270°.

6-Trifluormethyl-3H-pyrimidin-4-on $C_5H_3F_3N_2O$, Formel VIII (R = H, X = F), und Tautomere.

B. Beim Erwärmen von 2-Thioxo-6-trifluormethyl-2,3-dihydro-1H-pyrimidin-4-on mit Raney-Nickel in wss. NH_3 (*Giner-Sorolla, Bendich*, Am. Soc. **80** [1958] 5744, 5750).
Kristalle; F: 162—163° [nach Sublimation bei 120°/0,1 Torr].

2-Chlor-6-methyl-3H-pyrimidin-4-on $C_5H_5ClN_2O$, Formel XII, und Tautomere.

Hydrochlorid $C_5H_5ClN_2O \cdot HCl$. *B.* In kleiner Menge beim Behandeln von 2,4-Dichlor-6-methyl-pyrimidin mit Bis-chlormethyl-äther in Essigsäure (*Endicott, Johnson*, Am. Soc. **63** [1941] 1286, 1287). — Kristalle (aus Dioxan); Zers. >275°.

6-Methyl-3H-pyrimidin-4-thion $C_5H_6N_2S$, Formel XIII, und Tautomere (H 86).

B. Beim Erwärmen von 4-Chlor-6-methyl-pyrimidin mit Thioharnstoff in Äthanol (*Marshall, Walker*, Soc. **1951** 1004, 1015).
Hellgelbe Kristalle (aus H_2O oder Eg.); F: 255—260° [Zers.; nach Sintern bei 190°]. Absorptionsspektrum (wss. Lösungen vom pH 0, pH 4,7 und pH 11; 200—450 nm): *Ma., Wa.*, l. c. S. 1007, 1009. Scheinbare Dissoziationsexponenten pK'_{a1} und pK'_{a2} (H_2O; potentiometrisch ermittelt): 1,8 bzw. 7,3 (*Ma., Wa.*, l. c. S. 1007).

XII   XIII   XIV   XV

4-Methyl-1H-pyrimidin-2-on $C_5H_6N_2O$, Formel XIV (X = O), und Tautomere.

B. Aus Acetoacetaldehyd-bis-dimethylacetal (*Franke, Kraft*, B. **86** [1953] 797, 800) oder aus 4,4-Dimethoxy-butan-2-on (*Burness*, J. org. Chem. **21** [1956] 97, 101) und Harnstoff. Beim Erwärmen von 4-Methyl-2-methylmercapto-pyrimidin mit konz. wss. HCl (*Marshall, Walker*, Soc. **1951** 1004, 1013; *Matsukawa, Ohta*, J. pharm. Soc. Japan **69** [1949] 489; C. A. **1950** 3456). Beim Erwärmen von 2-Äthylmercapto-4-methyl-pyrimidin mit wss. H_2SO_4 (*Polonovski, Pesson*, Bl. **1948** 688, 692). Aus 2-Hydrazino-4-methyl-pyrimidin und $KMnO_4$ in H_2O (*Sirakawa*, J. pharm. Soc. Japan **73** [1953] 640; C. A. **1954** 9364).
Kristalle (aus Bzl.); F: 150° (*Fr., Kr.*). UV-Spektrum (wss. Lösungen vom pH 1, pH 7 und pH 13; 200—350 nm): *Ma., Wa.*, l. c. S. 1007, 1008. Scheinbare Dissoziationsexponenten pK'_{a1} und pK'_{a2} (H_2O; potentiometrisch ermittelt): 3,15 bzw. 9,8 (*Ma., Wa.*, l. c. S. 1007).

Beim Erhitzen des Hydrochlorids mit PCl_5 und $POCl_3$ ist 2-Chlor-4-trichlormethyl-pyrimidin $C_5H_2Cl_4N_2$ (Kristalle [aus PAe.]; F: 43,5—45°) erhalten worden (*Ma., Wa.*, l. c. S. 1013; *Heitmeier et al.*, J. org. Chem. **26** [1961] 4419, 4421).

Hydrochlorid $C_5H_6N_2O \cdot HCl$. Kristalle (aus A.); F: 246° [Zers.] (*Ma., Wa.*, l. c. S. 1013), 241° [Zers.; nach Sintern ab 220°] (*Ohta*, J. pharm. Soc. Japan **71** [1951] 303, 307; C. A. **1952** 6652), 240° (*Bu.*).
Sulfat $C_5H_6N_2O \cdot H_2SO_4$. Hygroskopische Kristalle [aus A. + Ae.] (*Po., Pe.*).
Picrat $C_5H_6N_2O \cdot C_6H_3N_3O_7$. Gelbe Kristalle (aus H_2O); F: 199—200° [Zers.] (*Si.*), 194° [Zers.] (*Ohta*).

4-Methyl-1H-pyrimidin-2-thion $C_5H_6N_2S$, Formel XIV (X = S), und Tautomere.

B. Aus Acetoacetaldehyd-bis-dimethylacetal (*Franke, Kraft*, B. **86** [1953] 797, 800) oder aus 4,4-Dimethoxy-butan-2-on (*Burness*, J. org. Chem. **21** [1956] 97, 101) und

Thioharnstoff. Beim Erwärmen von 1-Methoxy-but-1-en-3-in mit Thioharnstoff in wss.-äthanol. HCl (*Hunt et al.*, Soc. **1959** 525, 529). Aus 4-Phenoxy-but-3-en-2-on und Thioharnstoff mit Hilfe von methanol. Natriummethylat (*BASF*, D.B.P. 1 001 990 [1955]). Aus *S*-[4-Methyl-pyrimidin-2-yl]-thiouronium-chlorid beim Erwärmen mit wss.-äthanol. HCl oder wss. KOH (*Marshall, Walker*, Soc. **1951** 1004, 1014; *Matsukawa, Sirakawa*, J. pharm. Soc. Japan **72** [1952] 486, 488; C. A. **1953** 2183).

Gelbe Kristalle; F: 216—220° [Zers.; aus A.] (*BASF*), 208° [Zers.; aus wss. Eg.] (*Ma., Si.*); Zers. ab 200° [aus Bzl. + PAe.] (*Fr., Kr.*). Absorptionsspektrum (wss. Lösungen vom pH 0, pH 4,7 und pH 11; 200—450 nm): *Ma., Wa.*, l. c. S. 1007, 1008. Scheinbare Dissoziationsexponenten pK'_{a1} und pK'_{a2} (H_2O; potentiometrisch ermittelt): 2,2 bzw. 8,0 (*Ma., Wa.*, l. c. S. 1007).

Beim Erhitzen mit Benzylamin sind *N,N'*-Dibenzyl-thioharnstoff und geringe Mengen Benzyl-[4-methyl-pyrimidin-2-yl]-amin erhalten worden (*Ma., Si.*).

Hydrochlorid $C_5H_6N_2S \cdot HCl$. Gelbe Kristalle (aus äthanol. HCl bzw. aus wss. HCl); F: 265° [Zers.] (*Ma., Wa.*), 259° [vorgeheiztes Bad] (*Bu.*).

5-Brom-4-methyl-1-phenyl-1*H*-pyrimidin-2-thion(?) $C_{11}H_9BrN_2S$, vermutlich Formel XV.
B. Aus *N*-[3-Amino-2-brom-but-2-enyliden]-*p*-toluidin (F: 98°) und Phenylisothio= cyanat (*Shaw*, Soc. **1953** 3464, 3466).
Gelbe Kristalle (aus Bzl. + PAe.); F: 140° [Zers.] und (nach Wiedererstarren) F: 300°.

5-Methyl-3*H*-pyrimidin-4-on $C_5H_6N_2O$, Formel I, und Tautomere.
B. Beim Erwärmen von 5-Methyl-2-thioxo-2,3-dihydro-1*H*-pyrimidin-4-on mit wss. H_2O_2 (*Williams et al.*, Am. Soc. **59** [1937] 526, 529).
Kristalle (aus A. + E.); F: 153—154° [nach Sublimation im Hochvakuum bei 110°] (*Wi. et al.*), 152—154° (*Vanderhaeghe, Claesen*, Bl. Soc. chim. Belg. **66** [1957] 276, 288). UV-Spektrum (H_2O, wss. HCl sowie wss. NaOH; 210—310 nm): *Wi. et al.*, l. c. S. 526, 527.

5-Methyl-1*H*-pyrimidin-2-thion $C_5H_6N_2S$, Formel II, und Tautomeres.
B. Beim Behandeln von 3-Dimethylamino-2-methyl-acrylaldehyd mit $COCl_2$ in $CHCl_3$ und Erwärmen des Reaktionsprodukts mit Thioharnstoff in Äthanol (*Rylski et al.*, Collect. **24** [1959] 1667, 1670).
Kristalle (aus Butan-1-ol); F: 233—235° [unkorr.].

3-Methyl-1*H*-pyrazin-2-on $C_5H_6N_2O$, Formel III (X = H), und Tautomeres.
Nach Ausweis des ¹H-NMR-Spektrums liegt in Lösung 3-Methyl-1*H*-pyrazin-2-on vor (*Cox, Bothner-By*, J. phys. Chem. **72** [1968] 1642, 1644).
B. Aus Alanin-amid und Glyoxal (*Karmas, Spoerri*, Am. Soc. **74** [1952] 1580, 1583; *Jones*, Am. Soc. **71** [1949] 78, 80). Aus Alanin-nitril und Glyoxal (*Am. Cyanamid Co.*, U.S.P. 2805 223 [1955]).
Kristalle; F: 151—152° [unkorr.; aus E.] (*Ka., Sp.*), 150—152° [aus Isopropylacetat] (*Am. Cyanamid Co.*), 140—142° [aus Acn.] (*Jo.*). ¹H-NMR-Absorption und ¹H-¹H-Spin-Spin-Kopplungskonstanten (DMSO sowie Trifluoressigsäure): *Cox, Bo.-By.*

5-Brom-3-methyl-1*H*-pyrazin-2-on $C_5H_5BrN_2O$, Formel III (X = Br), und Tautomeres.
B. Aus der vorangehenden Verbindung und Brom in Pyridin und $CHCl_3$ (*Karmas, Spoerri*, Am. Soc. **78** [1956] 4071, 4074).
Kristalle (aus Acn.); F: 185—187° [Zers.].

I   II   III   IV   V

6-Methyl-1H-pyrazin-2-on $C_5H_6N_2O$, Formel IV (R = H, R′ = CH_3), und Tautomeres.

B. Beim Erhitzen von 7-Methyl-1H-pteridin-2,4-dion („7-Methyl-lumazin") mit wss. NaOH [180—190°] und Erhitzen des Reaktionsprodukts mit wss. H_2SO_4 [80%ig] (*Sharefkin*, J. org. Chem. **24** [1959] 345, 347). Beim Erhitzen von 5-Methyl-3-oxo-3,4-di=hydro-pyrazin-2-carbonsäure mit Nitrobenzol (*Gortinškaja, Schtschukina*, Ž. obšč. Chim. **25** [1955] 2529; engl. Ausg. S. 2425). Eine weitere Bildungsweise s. im folgenden Artikel.

Kristalle; F: 250—251° [unkorr.; aus H_2O] (*Karmas, Spoerri*, Am. Soc. **74** [1952] 1580, 1583), 249—250° (*Go., Schtsch.*). IR-Spektrum von 2,5 µ bis 7,5 µ (polyfluorierte Kohlenwasserstoffe) und von 7,5 µ bis 14,5µ (Vaseline): *Scheĭnker, Pomeranzew*, Ž. fiz. Chim. **30** [1956] 79, 83; C. A. **1956** 14780. λ_{max}: 250 nm (*Sh.*).

5-Methyl-1H-pyrazin-2-on $C_5H_6N_2O$, Formel IV (R = CH_3, R′ = H), und Tautomeres.

B. Neben geringen Mengen 6-Methyl-1H-pyrazin-2-on beim Behandeln von Glycin-amid-hydrochlorid mit Methylglyoxal in Methanol (*Karmas, Spoerri*, Am. Soc. **74** [1952] 1580, 1583; s. a. *E. Lilly & Co.*, U.S.P. 2520088 [1948]).

Kristalle (aus E.); F: 144—145° (*E. Lilly & Co.*).

In dem von *Koelsch, Gumprecht* (J. org. Chem. **23** [1958] 1603, 1604) unter dieser Konstitution beschriebenen Präparat hat wahrscheinlich 3-Methyl-pyrazin-1-oxid vorge-legen (*Asai*, J. pharm. Soc. Japan **79** [1959] 1273, 1275 Anm.; C. A. **1960** 4607).

3-Acetyl-1(2)H-pyrazol, 1-[1(2)H-Pyrazol-3-yl]-äthanon $C_5H_6N_2O$, Formel V und Tautomeres.

B. Aus 4-Chlor-but-3-en-2-on und Diazomethan (*Nešmejanow, Kotschetkow*, Izv. Akad. S.S.S.R. Otd. chim. **1951** 686, 688; C. A. **1952** 7565). Aus 3-[1-Methyl-2-phenyl-vinyl]-1(2)H-pyrazol und $KMnO_4$ in wss. H_2SO_4 (*Panizzi, Benati*, G. **76** [1946] 66, 71).

Kristalle (aus Bzl. bzw. aus PAe.); F: 100—101° (*Ne., Ko.; Pa., Be.*). IR-Spektrum (Vaseline; 3000—700 cm⁻¹): *Scheĭnker et al.*, Doklady Akad. S.S.S.R. **123** [1958] 709, 710; Pr. Acad. Sci. U.S.S.R. Chem. Sect. **118–123** [1958] 929. UV-Spektrum (wss. HCl [1 n] sowie wss. Lösungen vom pH 7—14; 230—325 nm): *Kotschetkow, Ambrusch*, Ž. obšč. Chim. **27** [1957] 2741, 2742; engl. Ausg. S. 2781, 2782. Scheinbarer Dissoziations-exponent pK_a' (H_2O; spektrophotometrisch ermittelt): 11,85 (*Ko., Am.*).

Natrium-Salz $NaC_5H_5N_2O$. IR-Spektrum (Vaseline; 3000—700 cm⁻¹): *Sch. et al.* Silber-Salz $AgC_5H_5N_2O$. IR-Spektrum (Vaseline; 3000—700 cm⁻¹): *Sch. et al.* Oxim $C_5H_7N_3O$. Kristalle (aus Toluol); F: 142—144° (*Pa., Be.*), 142—143° (*Ne., Ko.*). 4-Nitro-phenylhydrazon $C_{11}H_{11}N_5O_2$. Orangerote Kristalle; F: 249—250° [aus A.] (*Pa., Be.*), 248—249° [aus Eg.] (*Ne., Ko.*). Semicarbazon $C_6H_9N_5O$. Kristalle (aus H_2O); F: 204—205° [Zers.] (*Ne., Ko.*).

---

*[1(2)H-Pyrazol-3-yl]-acetaldehyd-hydrazon $C_5H_8N_4$, Formel VI und Tautomeres.

B. Aus Pyran-4-on und $N_2H_4 \cdot H_2O$ in Methanol (*Jones, Mann*, Am. Soc. **75** [1953] 4048, 4051).

Kristalle (aus N_2H_4); F: 122—123°.

VI   VII

---

*[2-(4-Nitro-phenyl)-2H-pyrazol-3-yl]-acetaldehyd-[4-nitro-phenylhydrazon] $C_{17}H_{14}N_6O_4$, Formel VII.

B. Beim Erhitzen von Pyran-4-on mit [4-Nitro-phenyl]-hydrazin in Essigsäure (*Ains-worth, Jones*, Am. Soc. **76** [1954] 3172; *Bedekar et al.*, J. Indian chem. Soc. **12** [1940] 465, 468).

Gelbe Kristalle (aus Py.); F: 242—243° [Zers.] (*Ai., Jo.*), 242° (*Be. et al.*).

4-Acetyl-1-phenyl-1H-pyrazol, 1-[1-Phenyl-1H-pyrazol-4-yl]-äthanon $C_{11}H_{10}N_2O$, Formel VIII (H 88).

B. Aus 1-[1-Phenyl-1H-pyrazol-4-yl]-äthanol mit Hilfe von $Na_2Cr_2O_7$ in wss. H_2SO_4 und Aceton (*Finar, Lord*, Soc. **1959** 1819, 1821).

Kristalle (aus A.); F: 129°.

5-Methyl-1(2)H-pyrazol-3-carbaldehyd $C_5H_6N_2O$, Formel IX (R = H), und Tautomeres.

B. Aus Propiolaldehyd und Diazoäthan (*Hüttel, Gebhardt*, A. **558** [1947] 34, 41; *Hüttel et al.*, A. **585** [1954] 115, 125).

Kristalle (aus A.); F: 190° [nach Sublimation] (*Hü., Ge.*).

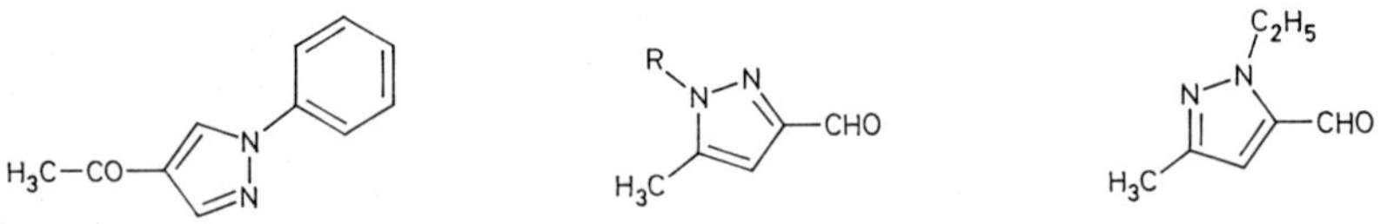

VIII   IX   X

1(oder 2)-Äthyl-5-methyl-1(oder 2)H-pyrazol-3-carbaldehyd $C_7H_{10}N_2O$, Formel IX (R = C_2H_5) oder X.

B. Neben 5-Methyl-1(2)H-pyrazol-3-carbaldehyd beim Behandeln von Propiolaldehyd mit überschüssigem Diazoäthan (*Hüttel et al.*, A. **585** [1954] 115, 125).

F: 116,5 — 117°.

2-Acetyl-1H-imidazol, 1-[1H-Imidazol-2-yl]-äthanon $C_5H_6N_2O$, Formel XI.

Die Identität der von *Oddo, Ingraffia* (G. **61** [1931] 446) unter dieser Konstitution beschriebenen Verbindung (Picrat; F: 204°) ist ungewiss (*Roe*, Soc. **1963** 2195, 2196).

B. Aus 1-[1H-Imidazol-2-yl]-äthanol mit Hilfe von CrO_3 in Pyridin (*Roe*, l. c. S. 2199).

Kristalle; F: 135 — 137,5° [nach Sublimation bei 45 — 60°/0,2 Torr] (*Roe*).

Picrat $C_5H_6N_2O \cdot C_6H_3N_3O_7$. Kristalle (aus A.); F: 224 — 226° [Zers.] (*Roe*).

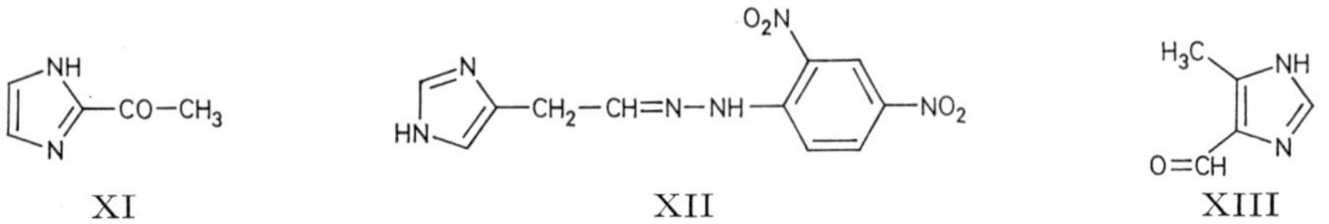

XI   XII   XIII

*[1(3)H-Imidazol-4-yl]-acetaldehyd-[2,4-dinitro-phenylhydrazon] $C_{11}H_{10}N_6O_4$, Formel XII und Tautomeres.

In dem von *Kapeller-Adler, Fletcher* (Biochim. biophys. Acta **33** [1959] 1, 6) unter dieser Konstitution beschriebenen Präparat hat Aceton-[2,4-dinitro-phenylhydrazon] vorgelegen (*Kivits, Hora*, R. **94** [1975] 245).

Hydrochlorid $C_{11}H_{10}N_6O_4 \cdot HCl$. *B.* Aus Histamin und [2,4-Dinitro-phenyl]-hydrazin in wss. HCl (*Ki., Hora*). — Kristalle (aus Me. + $CHCl_3$ + Ae.); F: 193 — 194° [Zers.] (*Ki., Hora*).

5-Methyl-1(3)H-imidazol-4-carbaldehyd $C_5H_6N_2O$, Formel XIII und Tautomeres (E II 45).

B. Beim Erhitzen von 5-Methyl-imidazol-4-carbonsäure-[N'-benzolsulfonyl-hydrazid] mit Borax in Äthylenglykol auf 160° (*Tamamushi*, J. pharm. Soc. Japan **60** [1940] 184, 187; dtsch. Ref. S. 95).

Kristalle (aus $CHCl_3$); F: 157°.

4-Nitro-phenylhydrazon $C_{11}H_{11}N_5O_2$. Rote Kristalle; F: 275°.   [*Lange*]

Oxo-Verbindungen $C_6H_8N_2O$

6-Äthyl-2H-pyridazin-3-on $C_6H_8N_2O$, Formel I (R = X = H), und Tautomeres.

B. Aus 6-Äthyl-4,5-dihydro-2H-pyridazin-3-on beim Behandeln mit Brom in Äthyl=

acetat (*Grundmann*, B. **81** [1948] 1, 10) oder beim Erhitzen mit Brom in Essigsäure (*McMillan et al.*, Am. Soc. **78** [1956] 407, 409).

Kristalle (aus PAe.); F: 95° (*McM. et al.*).

Hydrobromid $C_6H_8N_2O \cdot HBr$. Kristalle; F: 107—112° (*Gr.*).

[3-Äthyl-6-oxo-6H-pyridazin-1-yl]-essigsäure-äthylester $C_{10}H_{14}N_2O_3$, Formel I
(R = CH_2-CO-O-C_2H_5, X = H).

B. Beim Erwärmen von 6-Äthyl-2H-pyridazin-3-on mit Bromessigsäure-äthylester und Natriumäthylat in Äthanol (*McMillan et al.*, Am. Soc. **78** [1956] 407, 410).

Kristalle; F: 48—50°. $Kp_{0,09}$: 110—111°.

[3-Äthyl-6-oxo-6H-pyridazin-1-yl]-essigsäure-hydrazid $C_8H_{12}N_4O_2$, Formel I
(R = CH_2-CO-NH-NH_2, X = H).

B. Beim Erwärmen des Äthylesters (s. o.) mit $N_2H_4 \cdot H_2O$ in Äthanol (*McMillan et al.*, Am. Soc. **78** [1956] 407, 410).

Kristalle (aus Bzl. oder A.); F: 170—171° [unkorr.].

6-Äthyl-4-chlor-2-phenyl-2H-pyridazin-3-on $C_{12}H_{11}ClN_2O$, Formel I (R = C_6H_5, X = Cl).

B. Beim Erhitzen von 6-Äthyl-2-phenyl-2H-pyridazin-3-on mit PCl_5 in Chlorbenzol (*BASF*, U.S.P. 2824873 [1956]; D.B.P. 959095 [1955]).

Kristalle (aus Cyclohexan oder wss. A.); F: 79—81°.

I   II   III

1-[1-Phenyl-1,4-dihydro-pyridazin-3-yl]-äthanon-phenylhydrazon(?) $C_{18}H_{18}N_4$, vermutlich Formel II.

B. Beim Erhitzen von 6,6-Dimethoxy-hexan-2,3-dion oder von 6,6-Diäthoxy-hexan-2,3-dion (E III **1** 3171; bezüglich der Konstitution dieser Verbindungen vgl. dagegen *Greene, Lewis*, Austral. J. Chem. **21** [1968] 1845, 1846) mit Phenylhydrazin in Essigsäure (*Vargha et al.*, Am. Soc. **70** [1948] 371, 374).

Hellgelbe Kristalle, die unterhalb 280° nicht schmelzen (*Va. et al.*).

5,6-Dimethyl-2H-pyridazin-3-on $C_6H_8N_2O$, Formel III (R = H), und Tautomeres.

B. Aus (±)-5,6-Dimethyl-4,5-dihydro-2H-pyridazin-3-on beim Erwärmen mit Brom in Essigsäure (*Horning, Amstutz*, J. org. Chem. **20** [1955] 707, 708; *McMillan et al.*, Am. Soc. **78** [1956] 407, 408). Aus 5,6-Dimethyl-3-oxo-2,3-dihydro-pyridazin-4-carbonsäure beim Erhitzen auf 220° (*Schmidt, Druey*, Helv. **37** [1954] 1467, 1470).

Kristalle; F: 232—233° [unkorr.; aus Bzl.] (*McM. et al.*), 230—231° [unkorr.] (*Ho., Am.*), 221—222° [unkorr.; aus A.] (*Sch., Dr.*). λ_{max} (A.): 220 nm und 288 nm (*Eichenberger et al.*, Helv. **37** [1954] 1298, 1301).

Hydrobromid. Kristalle (aus Eg.); F: 183—185° [unkorr.] (*Ho., Am.*).

2,5,6-Trimethyl-2H-pyridazin-3-on $C_7H_{10}N_2O$, Formel III (R = CH_3).

B. Aus 2,5,6-Trimethyl-3-oxo-2,3-dihydro-pyridazin-4-carbonsäure beim Erhitzen auf 220° (*Schmidt, Druey*, Helv. **40** [1957] 1749, 1754, 1755).

Kristalle (aus PAe.); F: 92—93° (*Sch., Dr.*). λ_{max} (A.): 222 nm und 292 nm (*Eichenberger et al.*, Helv. **37** [1954] 1298, 1301).

[3,4-Dimethyl-6-oxo-6H-pyridazin-1-yl]-essigsäure-äthylester $C_{10}H_{14}N_2O_3$, Formel III
(R = CH_2-CO-O-C_2H_5).

B. Beim Erwärmen von 5,6-Dimethyl-2H-pyridazin-3-on mit Bromessigsäure-äthylester und Natriumäthylat in Äthanol (*McMillan et al.*, Am. Soc. **78** [1956] 407, 409).

$Kp_{0,2}$: 130°.

[3,4-Dimethyl-6-oxo-6H-pyridazin-1-yl]-essigsäure-hydrazid $C_8H_{12}N_4O_2$, Formel III (R = CH$_2$-CO-NH-NH$_2$).

B. Beim Erwärmen des Äthylesters (S. 195) mit N$_2$H$_4$·H$_2$O in Äthanol (*McMillan et al.*, Am. Soc. **78** [1956] 407, 410).

Kristalle (aus Bzl. oder A.); F: 205—206° [unkorr.].

4,6-Dimethyl-2H-pyridazin-3-on, Cetohexazin $C_6H_8N_2O$, Formel IV (R = H), und Tautomeres.

B. Aus 2-Methyl-4-oxo-pent-2c-ensäure (E IV 3 1730) und N$_2$H$_4$·H$_2$O (*Ajello, Cusmano*, G. **70** [1940] 765, 768). Aus (±)-4,6-Dimethyl-4,5-dihydro-2H-pyridazin-3-on beim Erhitzen mit Brom in Essigsäure (*McMillan et al.*, Am. Soc. **78** [1956] 407, 409; *Levisalles*, Bl. **1957** 1004, 1007).

Kristalle; F: 130—131° [unkorr.; aus PAe.] (*McM. et al.*), 125° [aus Bzl. oder Bzl. + PAe.] (*Aj., Cu.*), 124—125° [unkorr.; nach Sublimation] (*Le.*). λ_{max} (CHCl$_3$): 242 nm und 288 nm (*Le.*).

Hydrobromid $C_6H_8N_2O$·HBr. Kristalle; F: 255° [unkorr.; Zers.; aus Me.] (*McM. et al.*), 223° (*Le.*).

4,6-Dimethyl-2-phenyl-2H-pyridazin-3-on $C_{12}H_{12}N_2O$, Formel V (X = X' = H).

B. Aus 2-Methyl-4-oxo-pent-2c-ensäure und Phenylhydrazin (*Ajello, Cusmano*, G. **70** [1940] 765, 768).

Kristalle (aus wss. A.); F: 138—140°.

2-[4-Brom-phenyl]-4,6-dimethyl-2H-pyridazin-3-on $C_{12}H_{11}BrN_2O$, Formel V (X = H, X' = Br).

B. Beim Erwärmen von 2-Methyl-4-oxo-pent-2c-ensäure mit [4-Brom-phenyl]-hydrazin in Natriumacetat enthaltendem Äthanol (*Ajello, Cusmano*, G. **70** [1940] 765, 769).

Kristalle (aus wss. A.); F: 127°.

4,6-Dimethyl-2-[4-nitro-phenyl]-2H-pyridazin-3-on $C_{12}H_{11}N_3O_3$, Formel V (X = H, X' = NO$_2$).

B. Beim Erwärmen von 2-Methyl-4-oxo-pent-2c-ensäure mit [4-Nitro-phenyl]-hydrazin-hydrochlorid und Natriumacetat in wss. Äthanol (*Ajello, Cusmano*, G. **70** [1940] 765, 769).

Kristalle (aus A.); F: 210°.

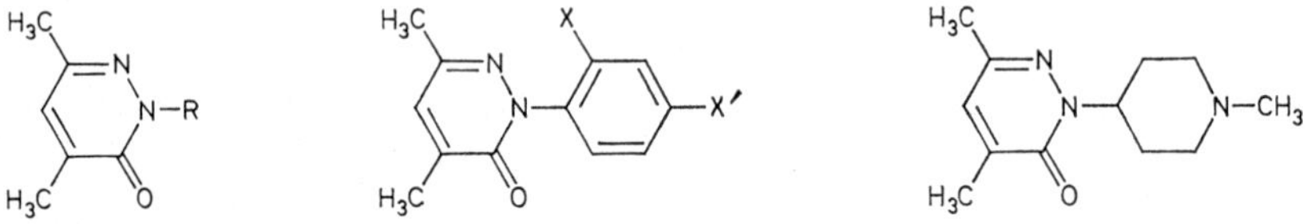

IV   V   VI

2-[2,4-Dinitro-phenyl]-4,6-dimethyl-2H-pyridazin-3-on $C_{12}H_{10}N_4O_5$, Formel V (X = X' = NO$_2$).

B. Beim Erwärmen von 2-Methyl-4-oxo-pent-2c-ensäure mit [2,4-Dinitro-phenyl]-hydrazin in Äthanol (*Ajello, Cusmano*, G. **70** [1940] 765, 769).

Rötlichgelbe Kristalle (aus A.); F: 144—146°.

[3,5-Dimethyl-6-oxo-6H-pyridazin-1-yl]-essigsäure-äthylester $C_{10}H_{14}N_2O_3$, Formel IV (R = CH$_2$-CO-O-C$_2$H$_5$).

B. Beim Erwärmen von 4,6-Dimethyl-2H-pyridazin-3-on mit Bromessigsäure-äthylester und Natriumäthylat in Äthanol (*McMillan et al.*, Am. Soc. **78** [1956] 407, 409).

Kristalle (aus PAe.); F: 107—108° [unkorr.].

[3,5-Dimethyl-6-oxo-6H-pyridazin-1-yl]-essigsäure-hydrazid $C_8H_{12}N_4O_2$, Formel IV (R = CH$_2$-CO-NH-NH$_2$).

B. Beim Erwärmen des Äthylesters (s. o.) mit N$_2$H$_4$·H$_2$O in Äthanol (*McMillan et al.*,

Am. Soc. **78** [1956] 407, 410).

Kristalle (aus Bzl. oder A.); F: 194—196° [unkorr.].

4,6-Dimethyl-2-[1-methyl-[4]piperidyl]-2H-pyridazin-3-on $C_{12}H_{19}N_3O$, Formel VI.

B. Beim Erwärmen von (±)-2-Methyl-4-oxo-valeriansäure mit [1-Methyl-[4]piperidyl]-hydrazin in Äthanol und Behandeln des Reaktionsprodukts mit Brom in Essigsäure (*Jucker, Süess*, Helv. **42** [1959] 2506, 2509, 2513).

Kristalle.

Hydrochlorid $C_{12}H_{19}N_3O \cdot HCl$. Kristalle (aus A.); F: 252—254° [korr.].

3,6-Dimethyl-1H-pyridazin-4-on $C_6H_8N_2O$, Formel VII (R = X = H), und Tautomeres.

B. Aus 3,6-Bis-chlormethyl-1H-pyridazin-4-on bei der Hydrierung an Palladium/Kohle in einem Natriumacetat enthaltenden Essigsäure-Äthanol-Gemisch (*Thomas, Marxer*, Helv. **41** [1958] 1898, 1902).

Kristalle (aus A. + E.); F: 249—250°.

1-Acetyl-3,6-dimethyl-1H-pyridazin-4-on-[O-acetyl-oxim] $C_{10}H_{13}N_3O_3$, Formel VIII (R = CO-CH$_3$).

B. Beim Erwärmen von *N*-[3,6-Dimethyl-pyridazin-4-yl]-hydroxylamin mit Acet=anhydrid (*Ajello, Miraglia*, G. **77** [1947] 525, 534).

Kristalle (aus A.); F: 142°.

1-Benzoyl-3,6-dimethyl-1H-pyridazin-4-on-[O-benzoyl-oxim] $C_{20}H_{17}N_3O_3$, Formel VIII (R = CO-C$_6$H$_5$).

B. Aus *N*-[3,6-Dimethyl-pyridazin-4-yl]-hydroxylamin und Benzoylchlorid in Pyridin (*Ajello, Miraglia*, G. **77** [1947] 525, 534).

Kristalle (aus A.); F: 160°.

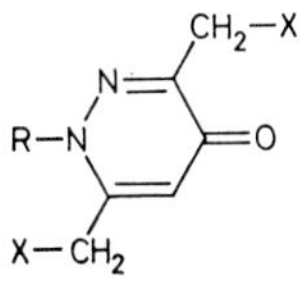

VII 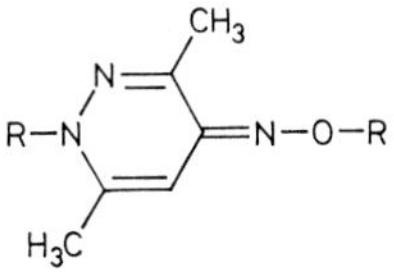   VIII 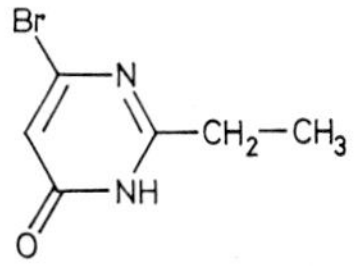   IX

(±)-3,6-Dimethyl-1-nitroso-1H-pyridazin-4-on(?) $C_6H_7N_3O_2$, vermutlich Formel VII (R = NO, X = H).

B. Aus *N*-[3,6-Dimethyl-pyridazin-4-yl]-hydroxylamin und nitrosen Gasen (*Ajello, Miraglia*, G. **77** [1947] 525, 532, 535).

Kristalle (aus E.); F: 238°.

3,6-Bis-chlormethyl-1H-pyridazin-4-on $C_6H_6Cl_2N_2O$, Formel VII (R = H, X = Cl), und Tautomeres.

B. Aus 3,6-Bis-hydroxymethyl-1H-pyridazin-4-on und SOCl$_2$ (*Thomas, Marxer*, Helv. **41** [1958] 1898, 1902).

Kristalle (aus E.); F: 206°.

2-Äthyl-6-brom-3H-pyrimidin-4-on $C_6H_7BrN_2O$, Formel IX, und Tautomere.

B. Beim Erhitzen von 2-Äthyl-pyrimidin-4,6-dion mit POBr$_3$ auf 160° oder beim Er-hitzen von 2-Äthyl-4,6-dibrom-pyrimidin mit wss. NaOH (*Henze, McPherson*, J. org. Chem. **18** [1953] 653, 655).

F: 157,8° [korr.].

6-Äthyl-3H-pyrimidin-4-on $C_6H_8N_2O$, Formel X, und Tautomere.

Hydrojodid $C_6H_8N_2O \cdot HI$. *B.* Aus 4-Äthyl-2,6-dichlor-pyrimidin beim Erhitzen mit rotem Phosphor und HI (*Caldwell, Ziegler*, Am. Soc. **58** [1936] 78). — Gelbe Kristalle (aus A. + Ae.); F: 170,5—171,5° [nach Sintern ab 160°].

4-Äthyl-1*H*-pyrimidin-2-on $C_6H_8N_2O$, Formel XI, und Tautomere.
Hydrochlorid $C_6H_8N_2O \cdot HCl$. *B.* Aus 4-Äthyl-2-äthylmercapto-pyrimidin beim Behandeln mit wss. HCl (*Caldwell, Ziegler*, Am. Soc. **58** [1936] 287). — Kristalle (aus A.); F: 211—213° [Zers.; nach Sintern ab ca. 200°].

X   XI   XII

5-Äthyl-1*H*-pyrimidin-2-on $C_6H_8N_2O$, Formel XII (X = O), und Tautomeres.
B. Beim Erwärmen von Harnstoff mit 2-Äthyl-3ξ-dimethylamino-acrylaldehyd (E IV **4** 1973) in äthanol. HCl (*Rylski et al.*, Collect. **24** [1959] 1667, 1670). Aus 5-Äthyl-1*H*-pyrimidin-2-thion beim Erhitzen mit wss. Chloressigsäure (*Ry. et al.*, l. c. S. 1671).
Kristalle (aus äthanol. HCl); F: 217—220°.

5-Äthyl-1*H*-pyrimidin-2-thion $C_6H_8N_2S$, Formel XII (X = S), und Tautomeres.
B. Beim Erwärmen von Thioharnstoff mit 2-Äthyl-3ξ-chlor-acrylaldehyd (E IV **1** 3464) in äthanol. HCl oder in äthanol. Natriumäthylat (*Rylski et al.*, Collect. **24** [1959] 1667, 1669). Beim Erwärmen von Thioharnstoff mit 2-Äthyl-3ξ-dimethylamino-acrylaldehyd (E IV **4** 1973) in äthanol. HCl (*Ry. et al.*, l. c. S. 1670).
Kristalle (aus Butan-1-ol); F: 210—212°.

2,6-Dimethyl-3*H*-pyrimidin-4-on $C_6H_8N_2O$, Formel XIII (X = X' = X'' = H), und Tautomere (H 89).
B. Beim Behandeln von Acetessigsäure-äthylester mit Acetamidin-hydrochlorid in äthanol. NaOH (*Snyder, Foster*, Am. Soc. **76** [1954] 118, 121). Beim Behandeln von Diketen (E III/IV **17** 4297) mit Acetamidin-hydrochlorid und Natriumäthylat in Äthanol (*Lacey*, Soc. **1954** 839, 840, 843). Aus [6-Methyl-4-oxo-3,4-dihydro-pyrimidin-2-yl]-essigsäure-amid beim Erhitzen mit konz. HCl (*Dornow, Neuse*, Ar. **287** [1954] 361, 371). Aus *N*-[3-Methyl-isoxazol-5-yl]-acetamid bei der Hydrierung an Raney-Nickel in Äthanol (*Kano, Makisumi*, Pharm. Bl. **3** [1955] 270, 272).
Kristalle; F: 195,5—196,5° [aus A.] (*Sn., Fo.*), 194° [aus Bzl.] (*Do., Ne.*), 193—194° [aus Bzl.] (*Kano, Ma.*), 193° [korr.] (*La.*). IR-Spektrum (Paraffin oder Perfluorkerosin; 3500—2750 cm⁻¹ und 1800—500 cm⁻¹): *Short, Thompson*, Soc. **1952** 168, 172, 176, 178; s. a. *Thompson et al.*, Discuss. Faraday Soc. **9** [1950] 222, 233. UV-Spektrum (H_2O; 200—300 nm): *Williams et al.*, Am. Soc. **59** [1937] 526. Magnetische Susceptibilität: $-69,0 \cdot 10^{-6}$ cm³·mol⁻¹ (*Pacault*, A. ch. [12] **1** [1946] 527, 558).
Hydrochlorid $C_6H_8N_2O \cdot HCl$. Hellrosa Kristalle; F: 318—320° [Zers.] (*Do., Ne.*). Das Salz sublimiert bei 270—280° ohne zu schmelzen (*Sn., Fo.*).
Verbindung mit Harnstoff $C_6H_8N_2O \cdot CH_4N_2O$. Kristalle; F: 160—162° [unkorr.] (*Birtwell*, Soc. **1953** 1725, 1726).

2,6-Dimethyl-1(?)-oxy-3*H*-pyrimidin-4-on $C_6H_8N_2O_2$, vermutlich Formel XIV, und Tautomeres.
B. Bei der Hydrierung von 4-Benzyloxy-2,6-dimethyl-pyrimidin-1(?)-oxid (E III/IV **23** 2478) an Palladium/Kohle in Methanol (*Yamanaka*, Chem. pharm. Bl. **7** [1959] 158, 161).
Kristalle (aus Me.); F: 230° [Zers.].

5-Fluor-2,6-dimethyl-3*H*-pyrimidin-4-on $C_6H_7FN_2O$, Formel XIII (X = X' = H, X'' = F), und Tautomere.
B. Aus 2-Fluor-acetessigsäure-äthylester und Acetamidin-hydrochlorid in methanol. Natriummethylat (*Bergmann et al.*, Soc. **1959** 3278, 3284).
F: 177—178° [aus A.]. IR-Banden (KBr; 3400—700 cm⁻¹): *Be. et al.*, l. c. S. 3280. λ_{max} (A.): 226 nm und 270 nm.

6-Fluormethyl-2-methyl-3H-pyrimidin-4-on $C_6H_7FN_2O$, Formel XIII (X = X″ = H, X′ = F), und Tautomere.

B. Aus 4-Fluor-acetessigsäure-äthylester und Acetamidin-hydrochlorid in methanol. Natriummethylat (*Bergmann et al.*, Soc. **1959** 3278, 3284). Kristalle (aus A.); F: 204—207°. IR-Banden (KBr; 3500—700 cm⁻¹): *Be. et al.*, l. c. S. 3280. λ_{max} (A.): 224 nm und 273 nm.

2-Methyl-6-trifluormethyl-3H-pyrimidin-4-on $C_6H_5F_3N_2O$, Formel XIII (X = X′ = F, X″ = H), und Tautomere.

B. Aus 4,4,4-Trifluor-acetessigsäure-äthylester und Acetamidin-hydrochlorid unter Zusatz von NaOH (*Bergmann et al.*, Soc. **1959** 3278, 3284). Kristalle (aus Toluol); F: 134—136°. IR-Banden (KBr; 2900—700 cm⁻¹): *Be. et al.*, l. c. S. 3280. λ_{max} (A.): 219 nm und 280 nm.

5-Brom-2,6-dimethyl-3H-pyrimidin-4-on $C_6H_7BrN_2O$, Formel XIII (X = X′ = H, X″ = Br), und Tautomere (H 91).

B. Aus 2,6-Dimethyl-3H-pyrimidin-4-on und Brom in H_2O bzw. $CHCl_3$ (*Ochiai, Ito*, J. pharm. Soc. Japan **57** [1937] 579, 581; dtsch. Ref. S. 109, 111; C. A. **1937** 6238; *Yanai*, J. pharm. Soc. Japan **62** [1942] 315, 333; dtsch. Ref. S. 95, 106; C. A. **1951** 5150; vgl. H 91).

Kristalle (aus Acn.); F: 195°.

XIII   XIV   XV   XVI

2,6-Dimethyl-5-nitro-3H-pyrimidin-4-on $C_6H_7N_3O_3$, Formel XIII (X = X′ = H, X″ = NO_2), und Tautomere.

B. Beim Erhitzen von [6-Chlor-2-methyl-5-nitro-pyrimidin-4-yl]-malonsäure-diäthyl= ester mit wss. HCl und Erhitzen des Reaktionsprodukts (*Rose*, Soc. **1954** 4116, 4124). Kristalle (aus H_2O); F: 222°.

2,6-Dimethyl-3H-pyrimidin-4-thion $C_6H_8N_2S$, Formel XV, und Tautomere (H 91).

B. Beim Erhitzen von 4-Chlor-2,6-dimethyl-pyrimidin mit Thioharnstoff in H_2O (*Ochiai, Naito*, J. pharm. Soc. Japan **63** [1943] 318; C. A. **1951** 5154). Aus S-[2,6-Dimethyl-pyr= imidin-4-yl]-thiouronium-chlorid beim Erhitzen mit wss. NaOH (*Polonovski, Schmitt*, Bl. **1950** 616, 619).

Hellgelbe Kristalle (aus Me.); F: 233—234° (*Och., Na.*), 230° (*Po., Sch.*).

2,5-Dimethyl-3H-pyrimidin-4-on $C_6H_8N_2O$, Formel XVI (X = X′ = H), und Tautomere.

B. Beim Behandeln [2 d] der Natrium-Verbindung des β-Oxo-isobuttersäure-äthyl= esters mit Acetamidin-hydrochlorid in H_2O (*Williams et al.*, Am. Soc. **59** [1937] 526, 529). Beim Erwärmen von β-Äthoxy-β-methoxy-isobuttersäure-äthylester (E IV **3** 1556) oder 3ξ-Methoxy-2-methyl-acrylsäure-äthylester (E IV **3** 995) mit Acetamidin in Äthanol (*Takamizawa et al.*, J. pharm. Soc. Japan **79** [1959] 664, 669; C. A. **1959** 21976). Aus [2-Methyl-4-oxo-3,4-dihydro-pyrimidin-5-ylmethylmercapto]-essigsäure beim Erhitzen mit Raney-Nickel in H_2O oder aus 2,5-Dimethyl-pyrimidin-4-ylamin beim Erhitzen mit wss. HCl (*Bonvicino, Hennessy*, J. org. Chem. **24** [1959] 451, 454).

Kristalle (aus Acn.); F: 176—177° [unkorr.] (*Bo., He.*), 174° (*Wi. et al.*), 172—173° (*Ta. et al.*). Bei 135—140°/0,5 Torr sublimierbar (*Bo., He.*). IR-Spektrum (2—14 μ): *Ta. et al.* UV-Spektrum (H_2O, wss. HCl [0,001 n] sowie wss. NaOH [0,005 n]; 215—300 nm): *Wi. et al.*, l. c. S. 526, 527.

6-Chlor-2,5-dimethyl-3H-pyrimidin-4-on $C_6H_7ClN_2O$, Formel XVI (X = Cl, X′ = H), und Tautomeres.

B. Aus 4,6-Dichlor-2,5-dimethyl-pyrimidin beim Erhitzen mit wss. HCl (*Basford et al.*,

Soc. **1947** 1354, 1358) oder mit wss. NaOH (*Henze et al.*, J. org. Chem. **17** [1952] 1320, 1322). In geringer Menge neben 4,6-Dichlor-2,5-dimethyl-pyrimidin beim Erhitzen von 2,5-Dimethyl-1*H*-pyrimidin-4,6-dion mit $POCl_3$ (*He. et al.*, l. c. S. 1321).

Kristalle; F: 225° [aus A.] (*Ba. et al.*), 224,5—225° [korr.; aus Bzl.] (*He. et al.*, l. c. S. 1323).

5-Brommethyl-2-methyl-3*H*-pyrimidin-4-on $C_6H_7BrN_2O$, Formel XVI (X = H, X' = Br), und Tautomere.

B. Beim Erwärmen von 5-Hydroxymethyl-2-methyl-3*H*-pyrimidin-4-on bzw. 5-Methoxymethyl-2-methyl-3*H*-pyrimidin-4-on mit HBr in Essigsäure (*Slobodin, Sigel'*, Ž. obšč. Chim. **11** [1941] 1019, 1021; C. A. **1942** 6542; *Cerecedo, Eich*, J. biol. Chem. **213** [1955] 893).

Hydrobromid. Zers. bei 228° (*Ce., Eich*).

5,6-Dimethyl-3*H*-pyrimidin-4-on $C_6H_8N_2O$, Formel I, und Tautomere.

B. Aus 2-Methyl-acetessigsäure-äthylester und Formamidin in Äthanol (*Hull et al.*, Soc. **1946** 357, 361). Aus 5,6-Dimethyl-2-thioxo-2,3-dihydro-1*H*-pyrimidin-4-on beim Behandeln mit wss. H_2O_2 bei 70—90° (*Williams et al.*, Am. Soc. **59** [1937] 526, 529). Aus *N*-[3,4-Dimethyl-isoxazol-5-yl]-formamid bei der Hydrierung an Raney-Nickel in Äthanol (*Kano, Makisumi*, Pharm. Bl. **3** [1955] 270, 272).

Kristalle; F: 205—206° [aus A.] (*Kano, Ma.*), 202—204° [aus A.] (*Hull et al.*), 202—203° [aus E.] (*Wi. et al.*). UV-Spektrum (H_2O; 215—300 nm): *Wi. et al.*

4,5-Dimethyl-1*H*-pyrimidin-2-on $C_6H_8N_2O$, Formel II, und Tautomere.

Hydrochlorid $C_6H_8N_2O \cdot HCl$. *B.* Aus Harnstoff und 2-Methyl-acetoacetaldehyd-1-diäthylacetal in wss.-äthanol. HCl (*Sugasawa et al.*, J. pharm. Soc. Japan **71** [1951] 1345, 1348; C. A. **1952** 8034). — F: 250° [unscharf; Zers.].

4,6-Dimethyl-1*H*-pyrimidin-2-on $C_6H_8N_2O$, Formel III (R = H, X = O), und Tautomeres (H 93; E I 234; E II 46).

B. Aus 2-Benzyloxy-4,6-dimethyl-pyrimidin beim Erhitzen mit wss. HCl (*Hunt et al.*, Soc. **1959** 525, 530).

Atomabstände und Bindungswinkel des Dihydrats (Röntgen-Diagramm): *Pitt*, Acta cryst. **1** [1948] 168.

Kristalle mit 2 Mol H_2O; F: 198° (*Hunt et al.*). Monoklin; Raumgruppe $P2_1/n$ ($=C_{2h}^5$); aus dem Röntgen-Diagramm ermittelte Dimensionen der Elementarzelle: a = 6,80 Å; b = 13,45 Å; c = 9,18 Å; β = 101°; n = 4 (*Pitt*). Dichte der Kristalle: 1,293 (*Pitt*). UV-Spektrum (210—320 nm) in H_2O: *Williams et al.*, Am. Soc. **57** [1935] 1093; in wss. Lösungen vom pH 1—12,9: *Andrisano, Modena*, G. **81** [1951] 405, Tab. nach 406, 407.

Die beim Erhitzen von 4,6-Dimethyl-1*H*-pyrimidin-2-on-nitrit in H_2O erhaltene Verbindung (vgl. H 93) ist nicht als 4,6-Dimethyl-pyrimidin-2,5-dion-5-oxim, sondern als 6-Methyl-2-oxo-1,2-dihydro-pyrimidin-4-carbaldehyd-oxim zu formulieren (*Boulton et al.*, Soc. [C] **1967** 1202).

Hydrochlorid $C_6H_8N_2O \cdot HCl$. Kristalle, die sich bei 180—270° schwarz färben (*Matsukawa, Ohta*, J. pharm. Soc. Japan **69** [1949] 491; C. A. **1950** 3456).

Verbindung mit Harnstoff $C_6H_8N_2O \cdot CH_4N_2O$. Hellgelbe Kristalle (aus A.); F: 203—204° [unkorr.; Zers.] (*Birtwell*, Soc. **1953** 1725, 1726, 1729).

Verbindung mit Biuret $C_6H_8N_2O \cdot C_2H_5N_3O_2$. F: 219—221° [unkorr.] (*Bi.*, l. c. S. 1727).

Verbindung mit Cyanguanidin $C_6H_8N_2O \cdot C_2H_4N_4$. Feststoff mit 1 Mol H_2O; F: 220—222° [unkorr.] (*Bi.*).

Verbindung mit 5-Nitro-furfural-semicarbazon $C_6H_8N_2O \cdot C_6H_6N_4O_4$. F: 215° [Zers.] (*Norwich Pharmacal Co.*, U.S.P. 2828309 [1956]).

Verbindung mit Thioharnstoff $C_6H_8N_2O \cdot CH_4N_2S$. F: 203—204° [unkorr.] (*Bi.*).

Verbindung mit *N,N'*-Bis-[4-nitro-phenyl]-harnstoff $C_6H_8N_2O \cdot C_{13}H_{10}N_4O_5$. Gelb; F: 265° [Zers.] (*Merck & Co. Inc.*, U.S.P. 2731382 [1954]; D.B.P. 1004184 [1957]).

Verbindung mit *N*-[2-Methyl-4-nitro-phenyl]-*N'*-[4-nitro-phenyl]-harn stoff $C_6H_8N_2O \cdot C_{14}H_{12}N_4O_5$. F: 210—215° [Zers.] (*Merck & Co. Inc.*).

Verbindung mit *N*-[4-Acetyl-phenyl]-*N'*-[4-nitro-phenyl]-harnstoff $C_6H_8N_2O \cdot C_{15}H_{13}N_3O_4$. F: 213—216° (*Merck & Co. Inc.*).

Verbindung mit *N*-[4-Cyan-phenyl]-*N'*-[4-nitro-phenyl]-harnstoff $C_6H_8N_2O \cdot C_{14}H_{10}N_4O_3$. F: 244,5° [Zers.] (*Merck & Co. Inc.*).

1,4,6-Trimethyl-1*H*-pyrimidin-2-on $C_7H_{10}N_2O$, Formel III (R = CH_3, X = O) (E I 234).
Kristalle (aus Bzl.); F: 62° (*Marshall, Walker*, Soc. **1951** 1004, 1013). UV-Spektrum (wss. Lösungen vom pH 0 und pH 7; 210—340 nm): *Ma., Wa.*, l. c. S. 1007, 1008. Scheinbarer Dissoziationsexponent pK_a' (H_2O; potentiometrisch ermittelt): 4,0.

Methojodid $[C_8H_{13}N_2O]I$; 1,3,4,6-Tetramethyl-2-oxo-2,3-dihydro-pyrimidinium-jodid. Hellgelbe Kristalle (aus Me. + E.) mit 1 Mol H_2O; F: 194° [Zers.]. UV-Spektrum (wss. Lösung vom pH 0; 210—350 nm): *Ma., Wa.*

I   II   III   IV

1,4,6-Trimethyl-1*H*-pyrimidin-2-on-thiosemicarbazon $C_8H_{13}N_5S$, Formel III (R = CH_3, X = N-NH-CS-NH_2).
B. Beim Behandeln [2 d] von 1,4,6-Trimethyl-2-methylmercapto-pyrimidinium-jodid mit Thiosemicarbazid in Triäthylamin enthaltendem Pyridin (*Peak, Stansfield*, Soc. **1952** 4067, 4072).
Orangegelbe Kristalle (aus A.); F: 202° [unkorr.; Zers.].

1-Hydroxy-4,6-dimethyl-1*H*-pyrimidin-2-on $C_6H_8N_2O_2$, Formel III (R = OH, X = O).
B. Bei der Hydrierung von 1-Benzyloxy-4,6-dimethyl-1*H*-pyrimidin-2-on an Palladium/Kohle in Äthanol (*Lott, Shaw*, Am. Soc. **71** [1949] 70, 73).
Kristalle (aus Ae.); F: 185—186° [unkorr.].

1-Benzyloxy-4,6-dimethyl-1*H*-pyrimidin-2-on $C_{13}H_{14}N_2O_2$, Formel III (R = O-CH_2-C_6H_5, X = O).
B. Aus Benzyloxy-harnstoff und Pentan-2,4-dion in Äthanol mit Hilfe von konz. H_2SO_4 (*Lott, Shaw*, Am. Soc. **71** [1949] 70, 73).
Kristalle (aus H_2O); F: 130—131° [unkorr.].

4,6-Dimethyl-1*H*-pyrimidin-2-thion $C_6H_8N_2S$, Formel III (R = H, X = S), und Tautomeres (H 94; E I 235).
B. Aus Pentan-2,4-dion und Thioharnstoff in wss.-äthanol. HCl (*Hunt et al.*, Soc. **1959** 525, 527; vgl. H 94). Aus *S*-[4,6-Dimethyl-pyrimidin-2-yl]-thiouronium-chlorid beim Erhitzen mit wss. NH_3 oder wss. Na_2CO_3 bzw. mit wss. NaOH (*Ochiai, Naito*, J. pharm. Soc. Japan **63** [1943] 317; C. A. **1951** 5154; *Boarland, McOmie*, Soc. **1951** 1218, 1221).
Hellgelbe Kristalle; F: 215° [aus Me.] (*Och., Na.*), 208—210° [nach Sublimation bei 140°/0,5 Torr] (*Bo., McO.*, Soc. **1951** 1221). UV-Spektrum (wss. Lösungen vom pH 1—12,9; 210—320 nm): *Andrisano, Modena*, G. **81** [1951] 405, Tab. nach 406, 408. λ_{max}: 223,5 nm, 284 nm und 356 nm [wss. Lösung vom pH 0], 217,5 nm, 276 nm und 332 nm [wss. Lösung vom pH 7] bzw. 269 nm [wss. Lösung vom pH 13] (*Boarland, McOmie*, Soc. **1952** 3722, 3723, 3727). Scheinbare Dissoziationsexponenten pK_{a1}' und pK_{a2}' (H_2O): 2,8 bzw. 8,5 (*Bo., McO.*, Soc. **1952** 3723 Anm. 8).
Hydrochlorid $C_6H_8N_2S \cdot HCl$. Gelbe Kristalle (*Bo., McO.*, Soc. **1951** 1221; *Hunt et al.*); F: 260° [Zers. > 240°] (*Bo., McO.*, Soc. **1951** 1221).
Nickel-Verbindung $Ni(C_6H_7N_2S)_2$. Über die Bildung beim Erwärmen von 4,6-Dimethyl-1*H*-pyrimidin-2-thion an Raney-Nickel in Methanol s. *Boarland et al.*, Soc. **1952** 4691, 4694. — Gelb bzw. orangefarben (*Jensen, Rancke-Madsen*, Z. anorg. Ch. **219** [1934] 243, 254; *Be. et al.*).

Verbindung mit Harnstoff $C_6 H_8 N_2 S \cdot CH_4 N_2 O$. Kristalle (aus A.); F: 199—200° [unkorr.; Zers.] (*Birtwell*, Soc. **1953** 1725, 1726).

Verbindung mit Thioharnstoff $C_6 H_8 N_2 S \cdot CH_4 N_2 S$. Eine Komplexverbindung dieser Konstitution hat wahrscheinlich bei der als „Dithioureid des Acetylacetons" (H 3 190; vgl. E I **25** 679) beschriebenen Verbindung vorgelegen (*Bo., McO.*, Soc. **1952** 3726). — Gelbe Kristalle; F: 196° [unkorr.; Zers.]; λ_{max} (wss. Lösung vom pH 7): 217,5 nm, 235 nm, 276 nm und 332 nm (*Bo., McO.*, Soc. **1952** 3727).

Verbindung mit *N,N'*-Bis-[4-nitro-phenyl]-harnstoff $C_6 H_8 N_2 S \cdot C_{13} H_{10} N_4 O_5$. F: 240—247° [Zers.] (*Merck & Co. Inc.*, U.S.P. 2731382 [1954]; D.B.P. 1004184 [1957]).

1,4,6-Trimethyl-1*H*-pyrimidin-2-thion $C_7 H_{10} N_2 S$, Formel III (R = CH$_3$, X = S) (E I 236).

Absorptionsspektrum (wss. Lösungen vom pH 0 und pH 7; 210—440 nm): *Marshall, Walker*, Soc. **1951** 1004, 1007, 1008. Scheinbarer Dissoziationsexponent pK_a' (H$_2$O; potentiometrisch ermittelt): 3,15.

3-Äthyl-1*H*-pyrazin-2-on $C_6 H_8 N_2 O$, Formel IV (X = H), und Tautomeres.
B. Beim Behandeln von 2-Amino-buttersäure-amid-hydrobromid mit Glyoxal in wss.-methanol. NaOH, anfangs bei —30° bis —40° (*Karmas, Spoerri*, Am. Soc. **74** [1952] 1580, 1582, 1583).
Kristalle (aus Bzl. + Pentan); F: 96—97°.

3-Äthyl-5-brom-1*H*-pyrazin-2-on $C_6 H_7 BrN_2 O$, Formel IV (X = Br), und Tautomeres.
B. Beim Behandeln von 3-Äthyl-1*H*-pyrazin-2-on mit Brom und Pyridin in CHCl$_3$ bei —25° bis —5° (*Karmas, Spoerri*, Am. Soc. **78** [1956] 4071, 4074).
Kristalle (aus Isooctan); F: 125—126°.

5,6-Dimethyl-1*H*-pyrazin-2-on $C_6 H_8 N_2 O$, Formel V (X = H), und Tautomeres.
B. Aus Glycin-amid und Butandion in wss.-methanol. NaOH, anfangs bei —30° bis —10° (*Jones*, Am. Soc. **71** [1949] 78; *Karmas, Spoerri*, Am. Soc. **74** [1952] 1580, 1582). Beim Behandeln [48 h] von 3-[2-Brom-acetylamino]-butan-2-on mit äthanol. NH$_3$ und wenig NaI (*Tota, Elderfield*, J. org. Chem. **7** [1942] 313, 316).
Kristalle; F: 201—202° [unkorr.; aus Isobutylalkohol], 200—201° [korr.; aus E.] (*Tota, El.*), 199—200° [aus Acn.] (*Jo.*).

3-Brom-5,6-dimethyl-1*H*-pyrazin-2-on $C_6 H_7 BrN_2 O$, Formel V (X = Br), und Tautomeres.
B. Beim Behandeln von 5,6-Dimethyl-1*H*-pyrazin-2-on mit Brom in Pyridin enthaltender Essigsäure (*Karmas, Spoerri*, Am. Soc. **78** [1956] 4071, 4072, 4074).
Kristalle (aus Toluol); F: 227—228° [Zers.].

3,6-Dimethyl-1*H*-pyrazin-2-on $C_6 H_8 N_2 O$, Formel VI (R = X = H), und Tautomeres (E II 46).
Nach Ausweis der ¹H-NMR-Absorption liegt in CDCl$_3$ und in Trifluoressigsäure 3,6-Dimethyl-1*H*-pyrazin-2-on vor (*Cox, Bothner-By*, J. phys. Chem. **72** [1968] 1642, 1644).
B. Aus 2-Brom-propionsäure-[β,β-bis-äthylmercapto-isopropylamid] (E III **4** 874) beim Behandeln [24 h] mit HgCl$_2$ und CdCO$_3$ in wss. Äthanol und anschliessenden Einleiten von NH$_3$ (*Baxter et al.*, Soc. **1947** 370, 372). Beim Erhitzen von 3-Chlor-2,5-dimethyl-pyrazin mit wss. KOH oder von 3-Äthoxy-2,5-dimethyl-pyrazin mit wss. HCl oder von 5-Chlor-3,6-dimethyl-1*H*-pyrazin-2-on mit KOH auf 180—200° (*Baxter, Spring*, Soc. **1947** 1179, 1182). Aus 1-Hydroxy-3,6-dimethyl-1*H*-pyrazin-2-on beim Erhitzen mit N$_2$H$_4 \cdot$ H$_2$O in Methanol (*Ramsay, Spring*, Soc. **1950** 3409). Beim Erhitzen von 3,6-Dimethyl-5-oxo-4,5-dihydro-pyrazin-2-carbonsäure mit Glas-Pulver (*Sharp, Spring*, Soc. **1948** 1862; vgl. E II 46). Beim Erwärmen von diazotiertem 3,6-Dimethyl-pyrazin-2-ylamin in wss. H$_2$SO$_4$ bzw. in wss. HCl (*Tschitschibabin, Schtschukina*, Ž. russ. fiz.-chim. Obšč. **62** [1930] 1189, 1193; C. **1930** II 3771; *Ba. et al.*).
Kristalle; F: 210—211° [unkorr.; aus Bzl.] (*Ba. et al.*), 210—211° [nach Sublimation]

(*Newbold, Spring,* Soc. **1947** 1183), 206,5° [aus Bzl.] (*Tsch., Sch.*). Bei 120°/0,001 Torr sublimierbar (*Ba. et al.*). ¹H-NMR-Absorption (CDCl₃ sowie Trifluoressigsäure) und ¹H-¹H-Spin-Spin-Kopplungskonstanten: *Cox, Bo.-By.* λ_{max} (A.): 226 nm und 321 nm (*Ra., Sp.*), 227 nm und 323 nm (*Newbold, Spring,* Soc. **1947** 373, 374).

Picrat C₆H₈N₂O·C₆H₃N₃O₇. Kristalle (aus Me.); F: 181—185° [unkorr.] (*Ba. et al.*), 180—182° (*Ba., Sp.*).

Methobromid [C₇H₁₁N₂O]Br; 1,2,5-Trimethyl-3-oxo-3,4-dihydro-pyrazin=ium-bromid. Hellgrüne Kristalle; F: 250° (*Gastaldi, Princivalle,* Ann. Chimica applic. **26** [1936] 450, 452).

Methojodid [C₇H₁₁N₂O]I. Orangegelbe Kristalle (aus A.); F: 248° (*Ga., Pr.*).

Äthobromid [C₈H₁₃N₂O]Br; 1-Äthyl-2,5-dimethyl-3-oxo-3,4-dihydro-pyr=azinium-bromid. Hellgelbe Kristalle; F: 250° (*Ga., Pr.*).

Äthojodid [C₈H₁₃N₂O]I. Orangerote Kristalle; F: 230° (*Ga., Pr.*).

V   VI   VII   VIII

3,6-Dimethyl-4-oxy-1*H*-pyrazin-2-on, 3,6-Dimethyl-1*H*-pyrazin-2-on-4-oxid C₆H₈N₂O₂, Formel VII, und Tautomeres.

B. Aus 3-Äthoxy-2,5-dimethyl-pyrazin-1-oxid beim Erhitzen mit wss. HCl (*Baxter et al.,* Soc. **1948** 1859, 1860, 1861).

Kristalle (aus A.); Zers. > 250°. Bei 190°/0,001 Torr sublimierbar. λ_{max} (A.): 225 nm, 272 nm und 327 nm.

1,3,6-Trimethyl-1*H*-pyrazin-2-on C₇H₁₀N₂O, Formel VI (R = CH₃, X = H).

B. Beim Erhitzen von 1,2,4,5-Tetramethyl-3-oxo-3,4-dihydro-pyrazinium-jodid [E II 24 46] (*Princivalle,* G. **60** [1930] 298, 299).

Hydrochlorid C₇H₁₀N₂O·HCl. Kristalle (aus A.); F: 227°.

1,2,4,5-Tetramethyl-3-oxo-3,4-dihydro-pyrazinium [C₈H₁₃N₂O]⁺, Formel VIII (E II 46).

Bromid [C₈H₁₃N₂O]Br. *B.* Aus dem entsprechenden Jodid (E II **24** 46) und AgBr (*Gastaldi, Princivalle,* Ann. Chimica applic. **26** [1936] 450, 452). — Kristalle; F: 257°.

1-Hydroxy-3,6-dimethyl-1*H*-pyrazin-2-on C₆H₈N₂O₂, Formel VI (R = OH, X = H).

B. Beim Behandeln von (*Z*)-Pyruvohydroximoylchlorid (E IV 3 1517) mit wss. Na₂S₂O₅ und Erwärmen des Reaktionsprodukts mit Aminoaceton-hydrochlorid in Natriumacetat enthaltender Essigsäure (*Ramsay, Spring,* Soc. **1950** 3409).

Gelbe Kristalle (aus Acn.) mit 1 Mol H₂O; F: 194—195° [nach Sintern bei 160°]. Bei 100°/0,001 Torr sublimierbar. λ_{max} (A.): 234,0 nm und 326,5 nm.

Kupfer(II)-Salz Cu(C₆H₇N₂O₂)₂. Hellgrüne Kristalle (aus Dioxan); F: 280° [Zers.].

5-Chlor-3,6-dimethyl-1*H*-pyrazin-2-on C₆H₇ClN₂O, Formel VI (R = H, X = Cl), und Tautomeres.

B. Beim Erhitzen von 2,5-Dichlor-3,6-dimethyl-pyrazin mit KOH in wss. Dioxan (*Baxter, Spring,* Soc. **1947** 1179, 1182) oder von 2-Äthoxy-5-chlor-3,6-dimethyl-pyrazin mit wss. H₂SO₄ (*Baxter et al.,* Soc. **1948** 1859, 1861). Neben 2,5-Dichlor-3,6-dimethyl-pyrazin beim Erhitzen von DL-Alanin-anhydrid mit PCl₅ und POCl₃ (*Ba., Sp.*).

Kristalle; F: 224° [aus Bzl.] (*Ba., Sp.*), 222—224° [aus A.] (*Ba. et al.*). Bei 140°/1 Torr sublimierbar (*Ba., Sp.*). λ_{max} (A.): 228,5 nm und 333 nm (*Ba., Sp.*).

5-Brom-3,6-dimethyl-1*H*-pyrazin-2-on C₆H₇BrN₂O, Formel VI (R = H, X = Br), und Tautomeres.

B. Beim Behandeln von 3,6-Dimethyl-1*H*-pyrazin-2-on mit Brom in Pyridin enthalten-

der Essigsäure (*Karmas*, *Spoerri*, Am. Soc. **78** [1956] 4071, 4072, 4074).
Kristalle (aus Toluol); F: 237—239° [Zers.].

3,5-Dimethyl-1*H*-pyrazin-2-on $C_6H_8N_2O$, Formel IX (X = H), und Tautomeres.
B. Aus DL-Alanin-amid und Methylglyoxal in wss.-methanol. NaOH, anfangs bei —30°
bis —10° (*Jones*, Am. Soc. **71** [1949] 78; s. a. *Karmas*, *Spoerri*, Am. Soc. **74** [1952] 1580,
1582, 1583). Aus 1-Hydroxy-3,5-dimethyl-1*H*-pyrazin-2-on beim Erhitzen mit $N_2H_4 \cdot$
H_2O in Methanol (*Dunn et al.*, Soc. **1949** 2707, 2710). Beim Erwärmen von diazotiertem
3,5-Dimethyl-pyrazin-2-ylamin in wss. HCl (*Sharp*, *Spring*, Soc. **1951** 932).
Kristalle; F: 146—147° [aus PAe.] (*Dunn et al.*), 146—147° [unkorr.; aus Bzl. oder
Butylacetat] (*Ka.*, *Sp.*), 146° [aus Bzl.] (*Sh.*, *Sp.*), 145—146° [aus Acn.] (*Jo.*). Bei 140°/
2 Torr bzw. bei 90°/0,001 Torr sublimierbar (*Dunn et al.*; *Sh.*, *Sp.*). λ_{max} (A.): 228 nm und
327 nm (*Dunn et al.*).

1-Hydroxy-3,5-dimethyl-1*H*-pyrazin-2-on $C_6H_8N_2O_2$, Formel IX (X = OH).
B. Beim Behandeln von DL-Alanin-hydroxyamid mit Methylglyoxal in wss.-methanol.
NaOH, anfangs bei —30° (*Dunn et al.*, Soc. **1949** 2707, 2710). Aus 3,5-Dimethyl-1-oxy-
pyrazin-2-ylamin beim Erhitzen mit wss. NaOH (*Sharp*, *Spring*, Soc. **1951** 932).
Kristalle; F: 135° [aus Acn.] (*Dunn et al.*), 124—126° (*Sh.*, *Sp.*). Bei 140°/0,005 Torr
bzw. bei 90°/0,00001 Torr sublimierbar (*Sh.*, *Sp.*; *Dunn et al.*). λ_{max} (A.): 234 nm und
330 nm (*Dunn et al.*).
Kupfer(II)-Salz $Cu(C_6H_7N_2O_2)_2$. Grüne Kristalle (aus Dioxan), die bei ca. 275° verkohlen (*Sh.*, *Sp.*).

IX   X   XI

3-Propionyl-1(2)*H*-pyrazol, 1-[1(2)*H*-Pyrazol-3-yl]-propan-1-on $C_6H_8N_2O$, Formel X
und Tautomeres.
B. Aus 1*t*-Chlor-pent-1-en-3-on (E IV **1** 3458) und Diazomethan in Äther (*Nešmejanow*,
Kotschetkow, Izv. Akad. S.S.S.R. Otd. chim. **1951** 686, 689; C. A. **1952** 7565).
Kristalle (aus Bzl.); F: 123—124°.
Semicarbazon $C_7H_{11}N_5O$. Kristalle (aus Me.); F: 189—190° [Zers.].

1-Phenyl-4-propionyl-1*H*-pyrazol, 1-[1-Phenyl-1*H*-pyrazol-4-yl]-propan-1-on $C_{12}H_{12}N_2O$,
Formel XI.
B. Beim Erwärmen von 1-Phenyl-1*H*-pyrazol-4-carbaldehyd mit Äthylmagnesium‑
jodid in Benzol und Äther und Behandeln des Reaktionsprodukts in Aceton mit
$Na_2Cr_2O_7$ in wss. H_2SO_4 (*Finar*, *Lord*, Soc. **1959** 1819, 1821, 1822).
Kristalle (aus wss. A.); F: 109—109,5°.

4-Acetyl-3-methyl-1(2)*H*-pyrazol, 1-[3-Methyl-1(2)*H*-pyrazol-4-yl]-äthanon $C_6H_8N_2O$,
Formel XII (X = H) und Tautomeres.
B. Beim Behandeln von 3-Äthoxymethylen-pentan-2,4-dion mit $N_2H_4 \cdot H_2O$ in H_2O
(*Panizzi*, *Benati*, G. **76** [1946] 66, 74).
Kristalle (aus Bzl.); F: 63—65°.
Oxim $C_6H_9N_3O$. Kristalle (aus H_2O); F: 156—158°.
Semicarbazon $C_7H_{11}N_5O$. Kristalle (aus H_2O); F: > 270°.
4-Nitro-phenylhydrazon $C_{12}H_{13}N_5O_2$. Rote Kristalle (aus Eg.); F: > 270°.

**4-Acetyl-5-methyl-1-[4-nitro-phenyl]-1*H*-pyrazol, 1-[5-Methyl-1-(4-nitro-phenyl)-
1*H*-pyrazol-4-yl]-äthanon** $C_{12}H_{11}N_3O_3$, Formel XIII (X = H, X' = NO_2).
B. Aus 4-Acetyl-5-methyl-1-[4-nitro-phenyl]-1*H*-pyrazol-3-carbonsäure beim Erhitzen

auf 200—210° (*Fusco*, G. **69** [1939] 353, 362).
  Kristalle (aus A.); F: 156°.
  4-Nitro-phenylhydrazon $C_{18}H_{16}N_6O_4$. Orangegelbe Kristalle; F: 298°.

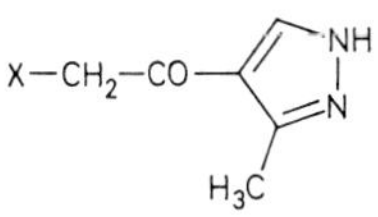

  XII 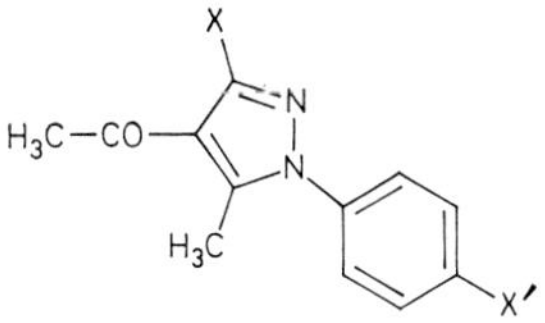   **XIII** 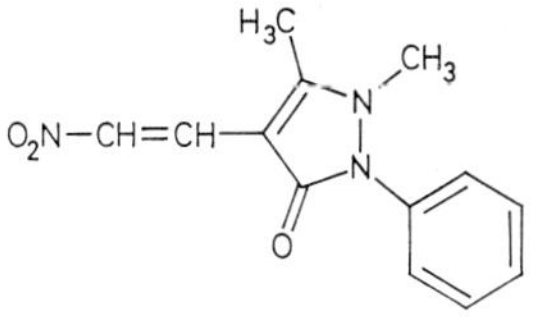   **XIV**

4-Acetyl-3-chlor-5-methyl-1-phenyl-1*H*-pyrazol, 1-[3-Chlor-5-methyl-1-phenyl-1*H*-pyrazol-4-yl]-äthanon $C_{12}H_{11}ClN_2O$, Formel XIII (X = Cl, X' = H).
  B. Beim Erhitzen von diazotiertem 4-Acetyl-5-methyl-1-phenyl-1*H*-pyrazol-3-ylamin mit wss. HCl und wenig CuCl (*Fusco, Romani*, G. **78** [1948] 332, 340).
  Kristalle (aus Me.); F: 67°.

2-Brom-1-[3-methyl-1(2)*H*-pyrazol-4-yl]-äthanon $C_6H_7BrN_2O$, Formel XII (X = Br) und Tautomeres.
  B. Aus 4-Acetyl-3-methyl-1(2)*H*-pyrazol und Brom in Essigsäure (*Panizzi, Benati*, G. **76** [1946] 66, 76).
  Kristalle (aus A.); F: 143—144°.

1,5-Dimethyl-4-[ξ-2-nitro-vinyl]-2-phenyl-1,2-dihydro-pyrazol-3-on $C_{13}H_{13}N_3O_3$, Formel XIV.
  B. Beim Behandeln von 1,5-Dimethyl-3-oxo-2-phenyl-2,3-dihydro-1*H*-pyrazol-4-carb=aldehyd mit Nitromethan in Methylamin enthaltendem Äthanol (*Ito*, J. pharm. Soc. Japan **76** [1956] 167; C. A. **1956** 13939).
  Gelbe Kristalle (aus A.); F: 160—160,5°, die sich am Tageslicht orange färben.

3-Acetyl-1,4-dimethyl-1*H*-pyrazol, 1-[1,4-Dimethyl-1*H*-pyrazol-3-yl]-äthanon $C_7H_{10}N_2O$, Formel I (R = CH_3).
  B. Beim Erhitzen von 5-Acetyl-2,4-dimethyl-2*H*-pyrazol-3-carbonsäure auf 240° (*Brain, Finar*, Soc. **1957** 2356, 2358).
  E: 19—20°. $Kp_{0,1}$: 63—65°.

3-Acetyl-4-methyl-1-phenyl-1*H*-pyrazol, 1-[4-Methyl-1-phenyl-1*H*-pyrazol-3-yl]-äthanon $C_{12}H_{12}N_2O$, Formel I (R = C_6H_5).
  B. Aus 1-[4-Methyl-1-phenyl-4,5-dihydro-1*H*-pyrazol-3-yl]-äthanon-phenylhydrazon beim Behandeln mit PbO_2 in Essigsäure und anschliessend mit wss. H_2SO_4 (*Birkinshaw et al.*, Biochem. J. **30** [1936] 394, 404, 405).
  Kristalle (aus PAe.); F: 72—74°.
  Oxim $C_{12}H_{13}N_3O$. Kristalle; F: 149°.

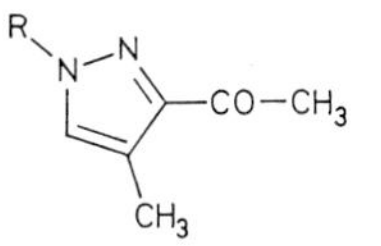

  I 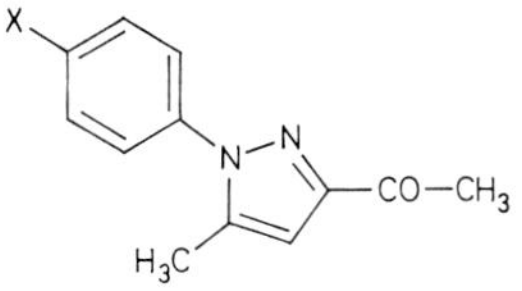   **II** 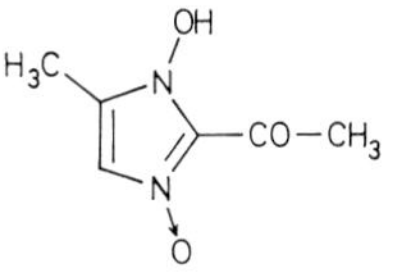   **III**

3-Acetyl-5-methyl-1-phenyl-1*H*-pyrazol, 1-[5-Methyl-1-phenyl-1*H*-pyrazol-3-yl]-äthanon $C_{12}H_{12}N_2O$, Formel II (X = H) (H 95).
  B. Neben anderen Verbindungen aus Pentan-2,3,4-trion-3-phenylhydrazon (E III **15** 122) und Diazomethan in Äther und wenig Methanol (*Russell*, Am. Soc. **75** [1953] 5315,

5319).
Kristalle (aus Ae.); F: 89—90°. λ_{max} (A.): 255 nm.
Oxim $C_{12}H_{13}N_3O$ (H 95). Kristalle (aus Me.); F: 174° [unkorr.].
Semicarbazon $C_{13}H_{15}N_5O$. Kristalle (aus wss. Me.); F: 228° [unkorr.].

3-Acetyl-5-methyl-1-[4-nitro-phenyl]-1H-pyrazol, 1-[5-Methyl-1-(4-nitro-phenyl)-1H-pyrazol-3-yl]-äthanon $C_{12}H_{11}N_3O_3$, Formel II (X = NO$_2$).
B. Beim Behandeln einer äthanol. Lösung von 2,5-Dimethyl-furan mit diazotiertem 4-Nitro-anilin in wss. HCl und Erhitzen des erhaltenen Reaktionsprodukts (gelbeKristalle [aus Bzl.]; F: 129—131° [Zers.]) unter vermindertem Druck auf 100° (*Eastman, Detert,* Am. Soc. **70** [1948] 962).
Hellgelbe Kristalle (aus wss. A.); F: 134—135°.

1-[1-Hydroxy-5-methyl-3-oxy-1H-imidazol-2-yl]-äthanon $C_6H_8N_2O_3$, Formel III (X = O).
Diese Konstitution wird der früher (H **27** 257) als 5-Acetyl-3-methyl-5H-isoxazol-4-on-oxim beschriebenen Verbindung, für die auch noch die Formulierung als 1-[4-Hydroxy-4-methyl-4H-[1,2,5]oxadiazin-6-yl]-äthanon (vgl. H **27** 701) in Erwägung gezogen wurde, zugeordnet (*Hahn et al.,* Roczniki Chem. **48** [1974] 345). Entsprechendes gilt für das H **27** 257, 701 beschriebene Oxim $C_6H_9N_3O_3$ und das H **27** 257 beschriebene Phenylhydrazon $C_{12}H_{14}N_4O_2$ dieser Verbindung.

4-Acetyl-5-methyl-1(3)H-imidazol, 1-[5-Methyl-1(3)H-imidazol-4-yl]-äthanon $C_6H_8N_2O$, Formel IV (X = H) und Tautomeres.
B. Beim Erwärmen von 4-Acetyl-5-methyl-1,3-dihydro-imidazol-2-thion mit wss. HNO$_3$ (*Tamamushi, Nagasawa,* J. pharm. Soc. Japan **60** [1940] 127, 130; C. A. **1940** 5081; *Ochiai et al.,* B. **73** [1940] 28, 30).
Kristalle (aus A.); F: 151°.
Nitrat $C_6H_8N_2O \cdot HNO_3$. Kristalle (aus A.); F: 200°.
Semicarbazon $C_7H_{11}N_5O$. Kristalle mit 0,5 Mol H$_2$O; F: 212°.

2-Brom-1-[5-methyl-1(3)H-imidazol-4-yl]-äthanon $C_6H_7BrN_2O$, Formel IV (X = Br) und Tautomeres.
B. Beim Behandeln von 1-[5-Methyl-1(3)H-imidazol-4-yl]-äthanon mit Brom in Essigsäure (*Tamamushi, Nagasawa,* J. pharm. Soc. Japan **60** [1940] 127, 131; C. A. **1940** 5081; *Ochiai et al.,* B. **73** [1940] 28, 30).
Hydrobromid $C_6H_7BrN_2O \cdot HBr$. Kristalle (aus A.); F: 223° [Zers.].

5-Cyclopropyl-2-phenyl-1,2-dihydro-pyrazol-3-on $C_{12}H_{12}N_2O$, Formel V (R = R' = X = H), und Tautomere.
B. Beim Erhitzen von 3-Cyclopropyl-3-oxo-propionsäure-äthylester mit Phenylhydrazin in Essigsäure (*Cannon, Whidden,* J. org. Chem. **17** [1952] 685, 690) oder in wss. Äthanol (*Geigy A. G.,* U.S.P. 2731473 [1954]).
Kristalle; F: 115° [aus Me.] (*Geigy A. G.*), 111—114° [korr.; aus A.] (*Ca., Wi.*).

5-Cyclopropyl-1-methyl-2-phenyl-1,2-dihydro-pyrazol-3-on $C_{13}H_{14}N_2O$, Formel V (R = CH$_3$, R' = X = H).
B. Beim Erhitzen von 5-Cyclopropyl-2-phenyl-1,2-dihydro-pyrazol-3-on mit Dimethylsulfat (*Geigy A. G.,* U.S.P. 2731473 [1954]).
Kristalle (aus Isopropylalkohol); F: 115°.

5-Cyclopropyl-2-p-tolyl-1,2-dihydro-pyrazol-3-on $C_{13}H_{14}N_2O$, Formel V (R = X = H, R' = CH$_3$), und Tautomere.
B. Aus 3-Cyclopropyl-3-oxo-propionsäure-äthylester und p-Tolylhydrazin in siedendem Äthanol (*Geigy A. G.,* U.S.P. 2731473 [1954]).
Kristalle (aus A.); F: 140—141°.

5-Cyclopropyl-1-methyl-2-p-tolyl-1,2-dihydro-pyrazol-3-on $C_{14}H_{16}N_2O$, Formel V (R = R' = CH_3, X = H).

B. Beim Erhitzen von 5-Cyclopropyl-2-p-tolyl-1,2-dihydro-pyrazol-3-on mit Dimethyl=sulfat (*Geigy A. G.*, U.S.P. 2731473 [1954]).

$Kp_{0,06}$: 185—186°.

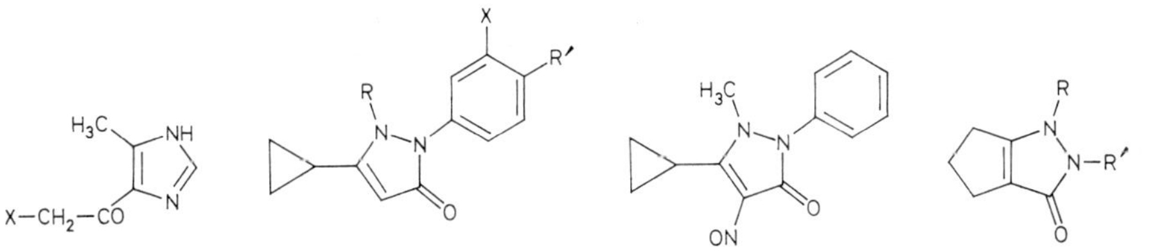

IV   V   VI   VII

5-Cyclopropyl-2-[3-methoxy-phenyl]-1,2-dihydro-pyrazol-3-on $C_{13}H_{14}N_2O_2$, Formel V (R = R' = H, X = $O-CH_3$), und Tautomere.

B. Beim Erhitzen von 3-Cyclopropyl-3-oxo-propionsäure-äthylester mit [3-Methoxy-phenyl]-hydrazin (*Geigy A. G.*, U.S.P. 2731473 [1954]).

Kristalle (aus A.); F: 103—104°.

5-Cyclopropyl-2-[3-methoxy-phenyl]-1-methyl-1,2-dihydro-pyrazol-3-on $C_{14}H_{16}N_2O_2$, Formel V (R = CH_3, R' = H, X = $O-CH_3$).

B. Beim Erhitzen von 5-Cyclopropyl-2-[3-methoxy-phenyl]-1,2-dihydro-pyrazol-3-on mit Dimethylsulfat (*Geigy A. G.*, U.S.P. 2731473 [1954]).

$Kp_{0,01}$: 201—205°.

5-Cyclopropyl-1-methyl-4-nitroso-2-phenyl-1,2-dihydro-pyrazol-3-on $C_{13}H_{13}N_3O_2$, Formel VI.

B. Beim Behandeln von 5-Cyclopropyl-1-methyl-2-phenyl-1,2-dihydro-pyrazol-3-on mit $NaNO_2$ in wss. Essigsäure bei —5° (*Geigy A. G.*, U.S.P. 2731473 [1954]).

Kristalle (aus wss. A.); F: 195°.

1,4,5,6-Tetrahydro-2H-cyclopentapyrazol-3-on $C_6H_8N_2O$, Formel VII (R = R' = H), und Tautomere (z. B. 3a,4,5,6-Tetrahydro-2H-cyclopentapyrazol-3-on) (H 95; dort als 3.4-Trimethylen-pyrazolon-(5) bezeichnet).

B. Beim Erhitzen von 2-Oxo-cyclopentancarbonsäure-äthylester mit $N_2H_4 \cdot H_2O$ (vgl. H 95) oder beim Erwärmen [24 h] von 2-Methylmercapto-3,5,6,7-tetrahydro-cyclopenta=pyrimidin-4-on mit $N_2H_4 \cdot H_2O$ auf 100° (*de Stevens et al.*, Arch. Biochem. **83** [1959] 141, 148).

Kristalle (aus A.); F: 287—288° [unkorr.] (*de St. et al.*). UV-Spektrum (220—280 nm): *Dayton*, C. r. **237** [1953] 185. λ_{max}: 248 nm (*de St. et al.*, l. c. S. 143).

2-Phenyl-1,4,5,6-tetrahydro-2H-cyclopentapyrazol-3-on $C_{12}H_{12}N_2O$, Formel VII (R = H, R' = C_6H_5), und Tautomere (E II 47; dort als 1-Phenyl-3.4-trimethylen-pyrazolon-(5) bezeichnet).

Nach Ausweis der IR-Spektren liegt im festen Zustand 2-Phenyl-2,4,5,6-tetra=hydro-cyclopentapyrazol-3-ol, in $CHCl_3$-Lösung 2-Phenyl-3a,4,5,6-tetra=hydro-2H-cyclopentapyrazol-3-on vor (*Williams et al.*, J. med. Chem. **13** [1970] 773).

B. Aus 2-Oxo-cyclopentancarbonsäure-äthylester und Phenylhydrazin (*Linstead, Wang*, Soc. **1937** 807, 810; *Wi. et al.*).

Kristalle; F: 190—191° (*Wi. et al.*), 177—178° [aus wss. A.] (*Li., Wang*).

1-Methyl-2-phenyl-1,4,5,6-tetrahydro-2H-cyclopentapyrazol-3-on $C_{13}H_{14}N_2O$, Formel VII (R = CH_3, R' = C_6H_5) (E II 48).

Eutektikum mit 5,5-Diäthyl-barbitursäure und mit 5,5-Diallyl-barbitursäure: *Ruhkopf*, B. **70** [1937] 939, 942.

1,2-Diphenyl-1,4,5,6-tetrahydro-2H-cyclopentapyrazol-3-on $C_{18}H_{16}N_2O$, Formel VII
(R = R' = C_6H_5).

B. Beim Erhitzen von 2-Oxo-cyclopentancarbonsäure-äthylester mit *N,N'*-Diphenyl-hydrazin (*Biglino*, Farmaco Ed. scient. **12** [1957] 72, 75).

Kristalle (aus Bzl. + PAe.); F: 134—135°.   [*Fiedler*]

Oxo-Verbindungen $C_7H_{10}N_2O$

1-[1-Phenyl-1,4-dihydro-pyridazin-3-yl]-propan-1-on-phenylhydrazon $C_{19}H_{20}N_4$,
Formel VIII.

B. Aus 7,7-Diäthoxy-heptan-3,4-dion und Phenylhydrazin in Essigsäure (*Vargha, Ocskay*, Tetrahedron **2** [1958] 151, 155; Acta chim. hung. **19** [1959] 143, 155).

Hellgelb; unterhalb 250° nicht schmelzend [aus $CHCl_3$ + PAe.] (*Va., Oc.*, Tetrahedron **2** 156).

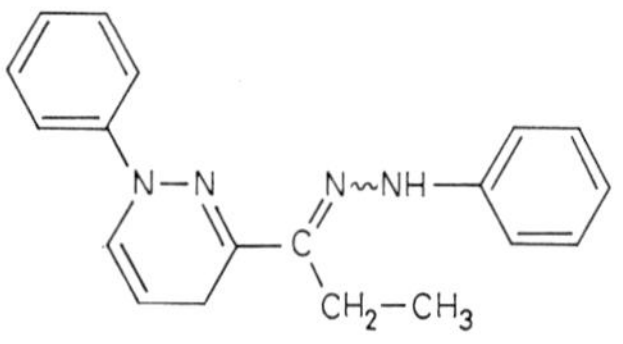

VIII 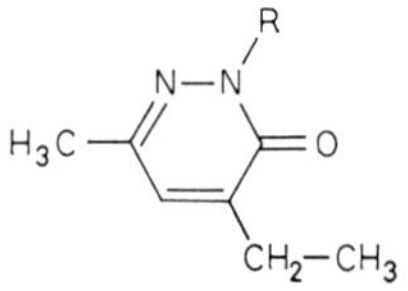   IX 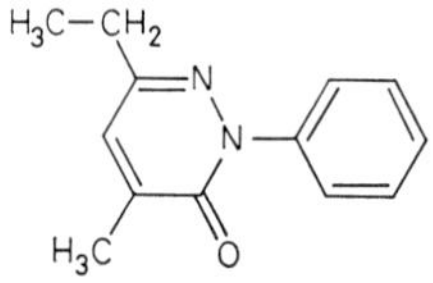   X

4-Äthyl-6-methyl-2H-pyridazin-3-on $C_7H_{10}N_2O$, Formel IX (R = H), und Tautomeres.
B. Aus 4-Äthyl-6-methyl-4,5-dihydro-2H-pyridazin-3-on mit Hilfe von Brom (*Levisalles*, Bl. **1957** 1004, 1007).

Kristalle (nach Sublimation); F: 111—112°.

Hydrobromid $C_7H_{10}N_2O \cdot HBr$. F: 237°.

4-Äthyl-6-methyl-2-phenyl-2H-pyridazin-3-on $C_{13}H_{14}N_2O$, Formel IX (R = C_6H_5).
B. Aus 4-Äthyl-6-methyl-2-phenyl-4,5-dihydro-2H-pyridazin-3-on mit Hilfe von $POCl_3$
und PCl_5 (*Hoffmann-La Roche*, D.B.P. 1 000 822 [1955]; U.S.P. 2 783 232 [1955]).

Kristalle (aus PAe.); F: 69—70°.

6-Äthyl-4-methyl-2-phenyl-2H-pyridazin-3-on $C_{13}H_{14}N_2O$, Formel X.
B. Analog der vorangehenden Verbindung (*Hoffmann-La Roche*, D.B.P. 1 000 822
[1955]; U.S.P. 2 783 232 [1955]).

Kristalle; F: 55—56°.

4,5,6-Trimethyl-2H-pyridazin-3-on $C_7H_{10}N_2O$, Formel XI (R = H), und Tautomeres.
B. Aus 4,5,6-Trimethyl-4,5-dihydro-2H-pyridazin-3-on mit Hilfe von Brom (*McMillan et al.*, Am. Soc. **78** [1956] 407, 409).

Kristalle (aus H_2O); F: 249,5—250° [unkorr.].

[3,4,5-Trimethyl-6-oxo-6H-pyridazin-1-yl]-essigsäure-äthylester $C_{11}H_{16}N_2O_3$,
Formel XI (R = CH_2-CO-O-C_2H_5).
B. Beim Erwärmen der vorangehenden Verbindung mit Bromessigsäure-äthylester
und äthanol. Natriumäthylat (*McMillan et al.*, Am. Soc. **78** [1956] 407, 410).

Kristalle (aus A.); F: 123—126° [unkorr.].

[3,4,5-Trimethyl-6-oxo-6H-pyridazin-1-yl]-essigsäure-hydrazid $C_9H_{14}N_4O_2$,
Formel XI (R = CH_2-CO-NH-NH_2).
B. Aus der vorangehenden Verbindung und $N_2H_4 \cdot H_2O$ in Äthanol (*Warner-Lambert Pharm. Co.*, U.S.P. 2 832 780 [1955]; s. a. *McMillan et al.*, Am. Soc. **78** [1956] 407, 410).

Kristalle; F: 217—221° [aus wss. A.] (*Warner-Lambert Pharm. Co.*), 217—221°
[unkorr.] (*McM. et al.*).

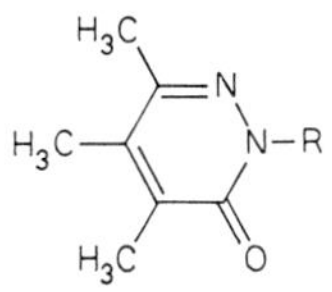

XI 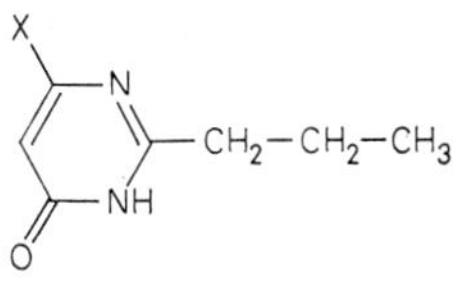   XII 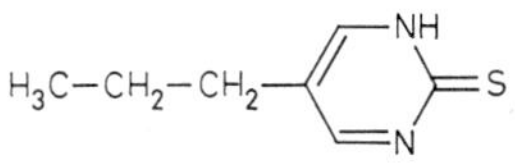   XIII

2-Propyl-3H-pyrimidin-4-on $C_7H_{10}N_2O$, Formel XII (X = H), und Tautomere.
B. Bei der Hydrierung von 6-Chlor-2-propyl-3H-pyrimidin-4-on an Palladium/BaSO$_4$ in Äthanol (*Henze, Winthrop*, Am. Soc. **79** [1957] 2230).
Kristalle (nach Sublimation im Vakuum); F: 106—107°.

6-Chlor-2-propyl-3H-pyrimidin-4-on $C_7H_9ClN_2O$, Formel XII (X = Cl), und Tautomere.
B. Aus 4,6-Dichlor-2-propyl-pyrimidin und wss. NaOH (*Henze, Winthrop*, Am. Soc. **79** [1957] 2230).
Kristalle; F: 168—169°.

5-Propyl-1H-pyrimidin-2-thion $C_7H_{10}N_2S$, Formel XIII, und Tautomeres.
B. Aus 3ξ-Dimethylamino-2-propyl-acrylaldehyd (E IV **4** 1975) bei aufeinanderfolgender Umsetzung mit COCl$_2$ und mit Thioharnstoff (*Rylski et al.*, Collect. **24** [1959] 1667, 1669).
Kristalle (aus Butan-1-ol); F: 208° [unkorr.; nach Sublimation im Vakuum].

5-Isopropyl-1H-pyrimidin-2-thion $C_7H_{10}N_2S$, Formel I, und Tautomeres.
B. Aus 3ξ-Dimethylamino-2-isopropyl-acrylaldehyd (E IV **4** 1975) bei aufeinanderfolgender Umsetzung mit COCl$_2$ und mit Thioharnstoff (*Rylski et al.*, Collect. **24** [1959] 1667, 1669).
Kristalle (aus Butan-1-ol); F: 239—242° [unkorr.; nach Sublimation im Vakuum].

5-Fluor-2-methyl-6-pentafluoräthyl-3H-pyrimidin-4-on $C_7H_4F_6N_2O$, Formel II, und Tautomere.
B. Beim Behandeln von 2,4,4,5,5,5-Hexafluor-3-oxo-valeriansäure-äthylester mit Acetamidin-hydrochlorid und methanol. Natriummethylat (*Bergmann et al.*, Soc. **1959** 3278, 3284).
Kristalle (aus wss. A.); F: 105—106°. IR-Banden (KBr; 3400—650 cm^{-1}): *Be. et al.*, l. c. S. 3280. λ_{max} (A.): 221 nm und 280 nm.

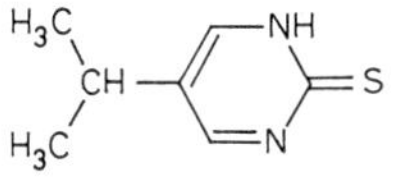

I 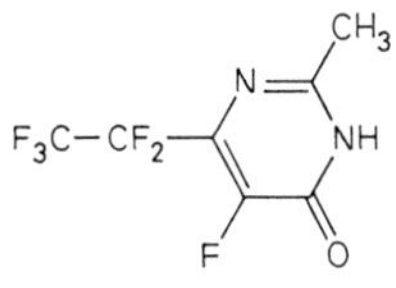   II 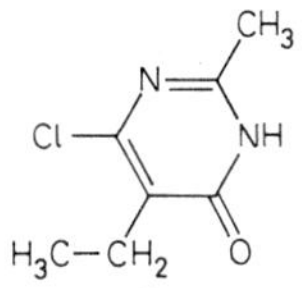   III 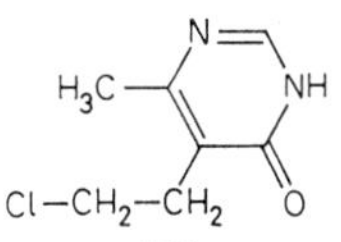   IV

5-Äthyl-6-chlor-2-methyl-3H-pyrimidin-4-on $C_7H_9ClN_2O$, Formel III, und Tautomere.
B. Aus 5-Äthyl-4,6-dichlor-2-methyl-pyrimidin beim Erhitzen mit wss. HCl (*Basford et al.*, Soc. **1947** 1354, 1360) oder wss. NaOH (*Henze et al.*, J. org. Chem. **17** [1952] 1320, 1323).
Kristalle; F: 209° [aus A.] (*Ba. et al.*), 207—208° [korr.; aus Bzl.] (*He. et al.*).

5-[2-Chlor-äthyl]-6-methyl-3H-pyrimidin-4-on $C_7H_9ClN_2O$, Formel IV, und Tautomere.
Hydrochlorid $C_7H_9ClN_2O \cdot HCl$. *B.* Beim Erhitzen von 5-[2-Äthoxy-äthyl]-6-methyl-3H-pyrimidin-4-on mit konz. wss. HCl auf 150° (*Tota, Elderfield*, J. org. Chem. **7** [1942] 309, 311). — Kristalle (aus A. + Ae.); F: 168,5—169° [korr.].

6-Äthyl-5-methyl-3H-pyrimidin-4-on $C_7H_{10}N_2O$, Formel V, und Tautomere.

B. Bei der Hydrierung von N-[3-Äthyl-4-methyl-isoxazol-5-yl]-formamid an Raney-Nickel in Äthanol (*Kano, Makisumi*, Pharm. Bl. **3** [1955] 270, 273).

Kristalle (aus Bzl. ?); F: 161—162°.

2,5,6-Trimethyl-3H-pyrimidin-4-on $C_7H_{10}N_2O$, Formel VI (R = X = H), und Tautomere (H 95).

B. Bei der Hydrierung von N-[3,4-Dimethyl-isoxazol-5-yl]-acetamid an Raney-Nickel in Äthanol (*Kano, Makisumi*, Pharm. Bl. **3** [1955] 270, 272).

Kristalle (aus Bzl.); F: 174°.

2,5,6-Trimethyl-3-p-tolyl-3H-pyrimidin-4-on $C_{14}H_{16}N_2O$, Formel VI (R = C_6H_4-$CH_3(p)$, X = H).

B. Aus 1-p-Tolyl-äthanon-oxim bei aufeinanderfolgender Umsetzung mit PCl_5 und mit 3-Amino-2-methyl-crotonsäure-äthylester (*Staskun, Stephen*, Soc. **1956** 4708).

Kristalle; F: 146°.

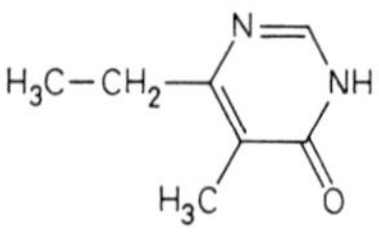

V 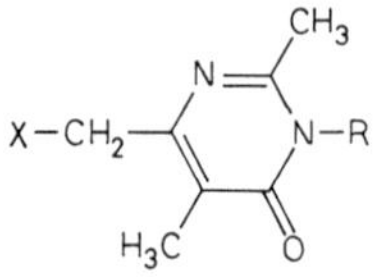   VI 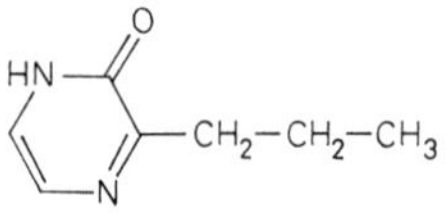   VII 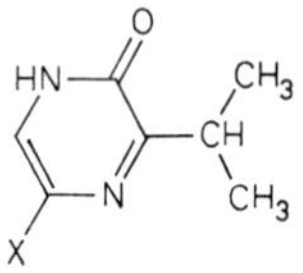   VIII

6-Fluormethyl-2,5-dimethyl-3H-pyrimidin-4-on $C_7H_9FN_2O$, Formel VI (R = H, X = F), und Tautomere.

λ_{max} (A.): 220 nm und 272 nm (*Bergmann et al.*, Soc. **1959** 3278, 3280).

3-Propyl-1H-pyrazin-2-on $C_7H_{10}N_2O$, Formel VII, und Tautomeres.

B. Beim Behandeln von DL-Norvalin-amid-hydrobromid in Methanol mit Glyoxal und wss. NaOH bei −40° bis −30° (*Karmas, Spoerri*, Am. Soc. **74** [1952] 1580, 1582, 1583).

Kristalle (aus Heptan); F: 79—80°.

3-Isopropyl-1H-pyrazin-2-on $C_7H_{10}N_2O$, Formel VIII (X = H), und Tautomeres.

B. Analog der vorangehenden Verbindung (*Karmas, Spoerri*, Am. Soc. **74** [1952] 1580, 1582, 1584).

Kristalle (aus Hexan); F: 76—77°.

5-Brom-3-isopropyl-1H-pyrazin-2-on $C_7H_9BrN_2O$, Formel VIII (X = Br), und Tautomeres.

B. Beim Behandeln von 3-Isopropyl-1H-pyrazin-2-on mit Brom, Pyridin und $CHCl_3$ bei −25° (*Karmas, Spoerri*, Am. Soc. **78** [1956] 4071, 4072, 4074).

Kristalle (aus 2,2,4-Trimethyl-pentan); F: 119—121°.

3-Äthyl-6-methyl-1H-pyrazin-2-on $C_7H_{10}N_2O$, Formel IX (X = H), und Tautomeres.

B. s. u. im Artikel 3-Äthyl-5-methyl-1H-pyrazin-2-on.

F: 181—182° [unkorr.] (*Karmas, Spoerri*, Am. Soc. **74** [1952] 1580, 1584).

3-Äthyl-5-brom-6-methyl-1H-pyrazin-2-on $C_7H_9BrN_2O$, Formel IX (X = Br), und Tautomeres.

B. Beim Behandeln der vorangehenden Verbindung mit Brom, Pyridin und Essigsäure (*Karmas, Spoerri*, Am. Soc. **78** [1956] 4071, 4072, 4074).

Kristalle (aus Toluol); F: 179—180°.

3-Äthyl-5-methyl-1H-pyrazin-2-on $C_7H_{10}N_2O$, Formel X, und Tautomeres.

B. Neben geringen Mengen 3-Äthyl-6-methyl-1H-pyrazin-2-on (s. o.) beim Behandeln von (±)-2-Amino-buttersäure-amid-hydrobromid mit Pyruvaldehyd und wss.-methanol. NaOH bei −40° bis −30° (*Karmas, Spoerri*, Am. Soc. **74** [1952] 1580, 1582, 1584). Kristalle (aus Hexan); F: 99—100°.

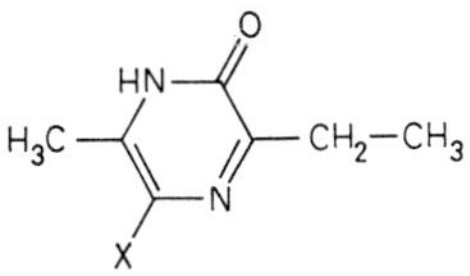

IX 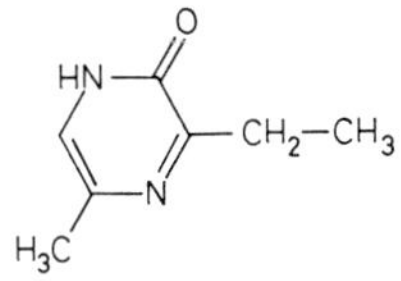   X 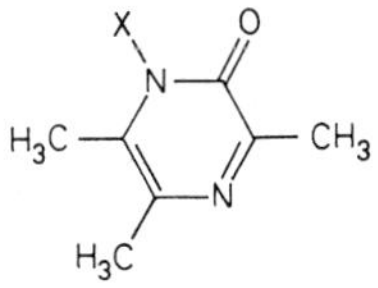   XI

3,5,6-Trimethyl-1*H***-pyrazin-2-on** $C_7H_{10}N_2O$, Formel XI (X = H), und Tautomeres.

B. Aus DL-Alanin-amid beim Behandeln mit Butandion und wss.-methanol. NaOH bei ca. −30° (*Jones*, Am. Soc. **71** [1949] 78, 79, 80; *Karmas, Spoerri*, Am. Soc. **74** [1952] 1580, 1582, 1583). Aus DL-Alanin-nitril, Butandion und wss.-methanol. NaOH bei −20° bis −10° (*Am. Cyanamid Co.*, U.S.P. 2805223 [1955]). In mässiger Ausbeute aus 2-Brompropionsäure-[1-methyl-2-oxo-propylamid] und äthanol. NH₃ in Gegenwart von NaI (*Newbold, Spring*, Soc. **1947** 373, 376). Aus 1-Hydroxy-3,5,6-trimethyl-1*H*-pyrazin-2-on mit Hilfe von $N_2H_4 \cdot H_2O$ in Methanol [180°] (*Dunn et al.*, Soc. **1949** 2707, 2709).

Kristalle; F: 204—205° [unkorr.; aus Butylacetat] (*Ka., Sp.*), 200—201° [aus Isopropylacetat] (*Am. Cyanamid Co.*), 197—199° [nach Sublimation bei 120°/0,01 Torr] (*Ne., Sp.*), 193—194° [aus Acn.] (*Jo.*). λ_{max} (A.): 229,5 nm und 336,0 nm (*Ne., Sp.*, l. c. S. 374).

1-Hydroxy-3,5,6-trimethyl-1*H***-pyrazin-2-on** $C_7H_{10}N_2O_2$, Formel XI (X = OH).

B. Beim Behandeln von DL-Alanin-hydroxyamid mit Butandion und wss.-methanol. NaOH unterhalb −30° bis −10° (*Dunn et al.*, Soc **1949** 2707, 2709).

Kristalle (aus Acn. + Me.); F: 176—177°. Bei 130—140°/2 Torr sublimierbar. UV-Spektrum (A.; 220—360 nm): *Dunn et al.*, l. c. S. 2708, 2709.

3-Butyryl-1(2)*H***-pyrazol, 1-[1(2)***H***-Pyrazol-3-yl]-butan-1-on** $C_7H_{10}N_2O$, Formel XII und Tautomeres.

B. Aus 1*t*-Chlor-hex-1-en-3-on (E IV **1** 3466) und Diazomethan in Äther (*Nešmejanow, Kotschetkow*, Izv. Akad. S.S.S.R. Otd. chim. **1951** 686, 689; C. A. **1952** 7565). Kristalle (aus Bzl.); F: 104—105°.

Semicarbazon $C_8H_{13}N_5O$. Kristalle (aus Me.); F: 179—180° [Zers.].

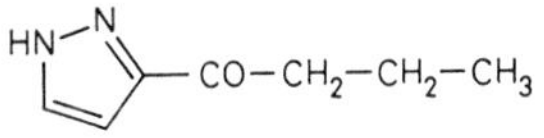

XII 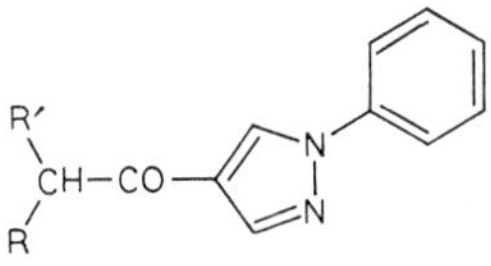   XIII

4-Butyryl-1-phenyl-1*H***-pyrazol, 1-[1-Phenyl-1***H***-pyrazol-4-yl]-butan-1-on** $C_{13}H_{14}N_2O$, Formel XIII (R = C_2H_5, R' = H).

B. Beim Behandeln von 1-[1-Phenyl-1*H*-pyrazol-4-yl]-butan-1-ol in Aceton mit $Na_2Cr_2O_7$ in wss. H_2SO_4 (*Finar, Lord*, Soc. **1959** 1819, 1821). Kristalle (aus wss. A.); F: 114°.

4-Isobutyryl-1-phenyl-1*H***-pyrazol, 2-Methyl-1-[1-phenyl-1***H***-pyrazol-4-yl]-propan-1-on** $C_{13}H_{14}N_2O$, Formel XIII (R = R' = CH₃).

B. Analog der vorangehenden Verbindung (*Finar, Lord*, Soc. **1959** 1819, 1821). Kristalle (aus wss. A.); F: 117,5—118°.

4-Allyl-5-methyl-1,2-dihydro-pyrazol-3-on $C_7H_{10}N_2O$, Formel I (R = R' = H), und Tautomere (H 97).

F: 195—196° (*Veibel et al.*, Acta chem. scand. **8** [1954] 768, 770). Scheinbarer Dissoziationsexponent pK'_a (H_2O [umgerechnet aus Eg.]; potentiometrisch ermittelt): 11,2 (*Ve. et al.*).

Bildung von 4-Allyl-4-hydroxy-5-methyl-2,4-dihydro-pyrazol-3-on beim Behandeln mit Sauerstoff in äthanol. Natriumäthylat und *tert*-Butylalkohol: *Veibel, Linholt*, Acta chem. scand. **9** [1955] 970, 972; beim Behandeln mit *tert*-Butylhydroperoxid in *tert*-Butylalkohol und äthanol. Natriumäthylat: *Veibel, Linholt*, Acta chem. scand. **8** [1954] 1383, 1385.

4-Allyl-2,5-dimethyl-1,2-dihydro-pyrazol-3-on $C_8H_{12}N_2O$, Formel I (R = H, R' = CH_3), und Tautomere.

B. Aus 2-Acetyl-pent-4-ensäure-äthylester und Methylhydrazin (*Veibel et al.*, Acta chem. scand. **8** [1954] 768, 774).

Kristalle; F: 71—72°. Scheinbarer Dissoziationsexponent pK'_b (H_2O [umgerechnet aus Eg.]; potentiometrisch ermittelt): 10,5 (*Ve. et al.*, l. c. S. 770).

4-Allyl-5-methyl-2-phenyl-1,2-dihydro-pyrazol-3-on $C_{13}H_{14}N_2O$, Formel I (R = H, R' = C_6H_5), und Tautomere.

B. Beim Erwärmen von 2-Acetyl-pent-4-ensäure-äthylester mit Phenylhydrazin und wenig wss. Äthanol (*Sawa*, J. pharm. Soc. Japan **57** [1937] 953, 962; dtsch. Ref. S. 269; C. A. **1938** 2533).

Kp_2: 161—163° (*Sawa*).

4-Allyl-1,5-dimethyl-2-phenyl-1,2-dihydro-pyrazol-3-on $C_{14}H_{16}N_2O$, Formel I (R = CH_3, R' = C_6H_5).

B. Aus 4-Allyl-5-methyl-2-phenyl-1,2-dihydro-pyrazol-3-on beim Erhitzen mit CH_3I und Methanol auf 100° (*Hoffmann-La Roche*, D.R.P. 558473 [1931]; Frdl. **19** 1186) oder beim Erhitzen mit Dimethylsulfat auf 120—125° (*Sawa*, J. pharm. Soc. Japan **57** [1937] 953, 962; dtsch. Ref. S. 269; C. A. **1938** 2533).

Kristalle (aus PAe.); F: 52—53° (*Hoffmann-La Roche*). Kp_2: 182—183° (*Sawa*). Löslichkeit in H_2O bei Raumtemperatur: 3,9% (*Hoffmann-La Roche*).

1-Äthyl-4-allyl-5-methyl-2-phenyl-1,2-dihydro-pyrazol-3-on $C_{15}H_{18}N_2O$, Formel I (R = C_2H_5, R' = C_6H_5).

B. Beim Erhitzen von 4-Allyl-5-methyl-2-phenyl-1,2-dihydro-pyrazol-3-on mit Diäthylsulfat auf 120—125° (*Sawa*, J. pharm. Soc. Japan **57** [1937] 953, 962; dtsch. Ref. S. 269; C. A. **1938** 2533).

$Kp_{1,5}$: 181—182°.

I   II   III

*[5-Methyl-1(2)H-pyrazol-3-yl]-aceton-hydrazon $C_7H_{12}N_4$, Formel II (R = H, X = N-NH_2) und Tautomeres.

B. Aus 2,6-Dimethyl-pyran-4-on und N_2H_4 in Methanol [vgl. auch E II **17** 315 im Artikel 2.6-Dimethyl-pyron-(4)] (*Ainsworth, Jones*, Am. Soc. **76** [1954] 3172).

[5-Methyl-2-(4-nitro-phenyl)-2H-pyrazol-3-yl]-aceton $C_{13}H_{13}N_3O_3$, Formel II (R = C_6H_4-$NO_2(p)$, X = O).

Diese Konstitution kommt vermutlich der von *Bedekar et al.* (J. Indian chem. Soc. **12** [1935] 465, 468) als 2,6-Dimethyl-1-[4-nitro-anilino]-1H-pyridin-4-on formulierten Verbindung zu (*Ainsworth, Jones*, Am. Soc. **76** [1954] 3172).

B. Beim Erwärmen von Heptan-2,4,6-trion und [4-Nitro-phenyl]-hydrazin in Äthanol

(*Be. et al.*).
Kristalle (aus A.); F: 136° (*Be. et al.*).

*[5-Methyl-2-phenyl-2H-pyrazol-3-yl]-aceton-phenylhydrazon $C_{19}H_{20}N_4$, Formel II
(R = C_6H_5, X = N-NH-C_6H_5).
Diese Konstitution kommt wahrscheinlich der früher (H **26** 353) als 3,8-Dimethyl-1,6-diphenyl-1,2,6,7-tetraaza-spiro[4.4]nona-2,7-dien („2.2'-Diphenyl-5.5'-dimethyl-[di-Δ^5-pyrazolin-spiran-(3.3')]“) beschriebenen Verbindung zu (*Ainsworth, Jones*, Am. Soc. **76** [1954] 3172).

*[5-Methyl-2-(4-nitro-phenyl)-2H-pyrazol-3-yl]-aceton-[4-nitro-phenylhydrazon]
$C_{19}H_{18}N_6O_4$, Formel II (R = C_6H_4-$NO_2(p)$, X = N-NH-C_6H_4-$NO_2(p)$).
Diese Konstitution kommt wahrscheinlich der von *Bedekar et al.* (J. Indian chem. Soc. **12** [1935] 465, 468) als 2,6-Dimethyl-1-[4-nitro-anilino]-1H-pyridin-4-on-[4-nitro-phenylhydrazon] formulierten Verbindung zu (*Ainsworth, Jones*, Am. Soc. **76** [1954] 3172).
B. Beim Erwärmen von Heptan-2,4,6-trion mit [4-Nitro-phenyl]-hydrazin in Essig-säure (*Be. et al.*).
Kristalle (aus Eg.); F: 215° (*Be. et al.*).

4-Isopropyliden-5-methyl-2-phenyl-2,4-dihydro-pyrazol-3-on $C_{13}H_{14}N_2O$, Formel III
(X = H) (H 97; dort auch als 4-Isopropenyl-5-methyl-2-phenyl-2,4-dihydro-pyrazol-3-on formuliert).
B. Beim Erhitzen von 5-Methyl-2-phenyl-1,2-dihydro-pyrazol-3-on und Aceton in Essigsäure auf 140° (*Poraĭ-Koschiz, Dinaburg*, Ž. obšč. Chim. **24** [1954] 635, 639; engl. Ausg. S. 645, 648). Neben 2,2-Bis-[3-methyl-5-oxo-1-phenyl-4,5-dihydro-1H-pyrazol-4-yl]-propan (H **26** 491) beim Erwärmen von 5-Methyl-2-phenyl-1,2-dihydro-pyrazol-3-on mit Aceton (*Po.-Ko., Di.*, Ž. obšč. Chim. **24** 638; *Westöö*, Acta chem. scand. **11** [1957] 1285, 1288).
Kristalle (aus Eg.); F: 117° (*Po.-Ko., Di.*, Ž. obšč. Chim. **24** 639). Absorptionsspektrum (220—450 nm): *We.*, l. c. S. 1287.
Beim Behandeln mit $NaNO_2$ und wss.-äthanol. HCl ist 5-Methyl-2-phenyl-2H-pyrazol-3,4-dion-4-oxim erhalten worden (*Poraĭ-Koschiz, Dinaburg*, Ž. obšč. Chim. **25** [1955] 151, 156; engl. Ausg. S. 135, 139).

2-[4-Fluor-phenyl]-4-isopropyliden-5-methyl-2,4-dihydro-pyrazol-3-on $C_{13}H_{13}FN_2O$,
Formel III (X = F).
B. Neben 2,2-Bis-[1-(4-fluor-phenyl)-3-methyl-5-oxo-4,5-dihydro-1H-pyrazol-4-yl]-propan (F: 141,5°) beim Erwärmen von Acetessigsäure-äthylester mit [4-Fluor-phenyl]-hydrazin und Essigsäure und Erwärmen des Reaktionsprodukts mit Aceton (*Schiemann, Winkelmüller*, B. **66** [1933] 727, 730).
Gelbe Kristalle (aus A.); F: 136°.

2-[4-Brom-phenyl]-4-isopropyliden-5-methyl-2,4-dihydro-pyrazol-3-on $C_{13}H_{13}BrN_2O$,
Formel III (X = Br).
B. Aus 2-[4-Brom-phenyl]-5-methyl-1,2-dihydro-pyrazol-3-on und Aceton (*Westöö*, Acta chem. scand. **11** [1957] 1290, 1294).
F: 155° [Zers.].

4-Isopropyliden-5-methyl-2-[1-methyl-[4]piperidyl]-2,4-dihydro-pyrazol-3-on $C_{13}H_{21}N_3O$,
Formel IV.
B. Aus 5-Methyl-2-[1-methyl-[4]piperidyl]-1,2-dihydro-pyrazol-3-on und Aceton (*Ebnöther et al.*, Helv. **42** [1959] 1201, 1213).
Kristalle (aus Acn. + Ae.); F: 125—128° [Zers.].

4-Acetyl-3,5-dimethyl-1H-pyrazol, 1-[3,5-Dimethyl-1H-pyrazol-4-yl]-äthanon $C_7H_{10}N_2O$,
Formel V.
B. Aus 3-Acetyl-pentan-2,4-dion (E IV **1** 3784) und $N_2H_4 \cdot H_2O$ in H_2O (*Seidel et al.*, B.

68 [1935] 1913, 1922).

Kristalle (aus H_2O) mit 1 Mol H_2O, F: 121° [Zers.]; die wasserfreie Verbindung schmilzt bei 128°.

Acetyl-Derivat $C_9H_{12}N_2O_2$; 1,4-Diacetyl-3,5-dimethyl-pyrazol. F: 50° [nach Destillation im Vakuum].

IV   V   VI

4-[1(3)H-Imidazol-4-yl]-butan-2-on $C_7H_{10}N_2O$, Formel VI und Tautomeres (E I 236).
Hydrogenoxalat $C_7H_{10}N_2O \cdot C_2H_2O_4$. Kristalle (aus wss. A.); F: 156—158° (*Sahashi*, Bl. Inst. phys. chem. Res. Tokyo **7** [1928] 1191, 1192; C. A. **1929** 1937).

5-Isopropyliden-2-methyl-3,5-dihydro-imidazol-4-on $C_7H_{10}N_2O$, Formel VII, und Tautomere.

B. Aus Aceton, Acetimidsäure-äthylester und Glycin-äthylester (*Lehr et al.*, Am. Soc. **75** [1953] 3640, 3643, 3645).
Kristalle; F: 142—144° [korr.].

(±)-2,4,4a,5,6,7-Hexahydro-cyclopenta[c]pyridazin-3-on $C_7H_{10}N_2O$, Formel VIII.

B. Aus (±)-[2-Oxo-cyclopentyl]-essigsäure-äthylester und $N_2H_4 \cdot H_2O$ in Äthanol und Essigsäure (*Horning, Amstutz*, J. org. Chem. **20** [1955] 707, 708, 712).
Kristalle (aus PAe. + Bzl.); F: 139—140° [unkorr.].

1,2,4,5,6,7-Hexahydro-indazol-3-on $C_7H_{10}N_2O$, Formel IX (R = R' = H), und Tautomere (H 98).

B. Aus 2-Oxo-cyclohexancarbonsäure-methylester und $N_2H_4 \cdot H_2O$ in Äthanol (*Fichter, Simon*, Helv. **17** [1934] 1218, 1223). Beim Erhitzen von 2-Thioxo-2,3,5,6,7,8-hexahydro-1H-chinazolin-4-on oder von 2-Methylmercapto-5,6,7,8-tetrahydro-3H-chinazolin-4-on mit $N_2H_4 \cdot H_2O$ (*deStevens et al.*, Arch. Biochem. **83** [1959] 141, 150). Beim Erhitzen von 4,5,6,7-Tetrahydro-benz[c]isoxazol-3-ylamin mit $N_2H_4 \cdot H_2O$ in H_2O (*Kano*, J. pharm. Soc. Japan **73** [1953] 383, 386; C. A. **1954** 3342).
Kristalle (aus A.); F: 298—300° [unkorr.] (*deStevens et al.*, Am. Soc. **81** [1959] 6292, 6294). IR-Banden (Nujol; 3100—1500 cm^{-1}): *deSt. et al.*, Am. Soc. **81** 6292. λ_{max}: 247 nm [Me.] (*Ainsworth*, Am. Soc. **79** [1957] 5242, 5243), 248 nm [A.?] (*deSt. et al.*, Am. Soc. **81** 6292).
Bildung von 3a-Hydroxy-2,3a,4,5,6,7-hexahydro-indazol-3-on beim Behandeln mit Sauerstoff in äthanol. Natriumäthylat und *tert*-Butylalkohol: *Veibel, Linholt*, Acta chem. scand. **9** [1955] 970, 972.

2-Butyl-1,2,4,5,6,7-hexahydro-indazol-3-on $C_{11}H_{18}N_2O$, Formel IX (R = H, R' = [CH$_2$]$_3$-CH$_3$), und Tautomere.
Die Identität der von *deStevens et al.* (Am. Soc. **81** [1959] 6292, 6294) unter dieser Konstitution beschriebenen Verbindung ist ungewiss (*Alt, Chupp*, Tetrahedron Letters **1970** 3155).

2-Phenyl-1,2,4,5,6,7-hexahydro-indazol-3-on $C_{13}H_{14}N_2O$, Formel IX (R = H, R' = C_6H_5), und Tautomere (H 98; E II 49).
Nach Ausweis der IR-Spektren liegt im festen Zustand 2-Phenyl-4,5,6,7-tetra= hydro-2H-indazol-3-ol, in CHCl$_3$-Lösung 2-Phenyl-2,3a,4,5,6,7-hexahydro-indazol-3-on vor (*Williams et al.*, J. med. Chem. **13** [1950] 773).
B. Beim Erwärmen von 2-Oxo-cyclohexancarbonsäure-äthylester mit Phenylhydrazin (*Ruhkopf*, B. **70** [1937] 939, 941; *Sarezkiǐ, Wul'fson*, Ž. obšč. Chim. **29** [1959] 416, 418; engl. Ausg. S. 418, 420). Beim Erwärmen von 4,5,6,7-Tetrahydro-benz[c]isoxazol-3-yl=

amin mit Phenylhydrazin (*Kano*, J. pharm. Soc. Japan **73** [1953] 383, 386; C. A. **1954** 3342).

Kristalle; F: 182—183° [aus A.] (*Kano*), 180° [aus wss. A.] (*Ru.*), 179—180° [aus Bzl. + A.] (*Sa.*, *Wu.*). Kp_{12}: ca. 200° (*Ru.*). Scheinbarer Dissoziationsexponent pK_b' (H_2O; [umgerechnet aus Eg.]; potentiometrisch ermittelt): 11,4 (*Veibel, Linholt*, Acta chem. scand. **8** [1954] 1007, 1008). Löslichkeit in H_2O bei 20°: *Ru*. Eutektikum mit 5,5-Diäthyl-barbitursäure, mit 5,5-Dipropyl-barbitursäure und mit 5,5-Diallyl-barbitursäure: *Ru.*, l. c. S. 942.

Reaktion mit Sauerstoff in wss.-methanol. NaOH (Bildung von 3a-Hydroxy-2-phenyl-2,3a,4,5,6,7-hexahydro-indazol-3-on): *Veibel, Linholt*, Acta chem. scand. **9** [1955] 963, 966; mit Sauerstoff in Methanol und Triäthylamin: *Veibel, Linholt*, Acta chem. scand. **8** [1954] 1008, 1014.

2-[4-Nitro-phenyl]-1,2,4,5,6,7-hexahydro-indazol-3-on $C_{13}H_{13}N_3O_3$, Formel IX (R = H, R' = C_6H_4-NO_2(*p*)), und Tautomere.

B. Aus 2-Oxo-cyclohexancarbonsäure-äthylester und [4-Nitro-phenyl]-hydrazin in Dioxan (*Ruhkopf*, B. **72** [1939] 1978, 1980).

Gelbe Kristalle (aus Dioxan); F: 236°.

1-Methyl-2-phenyl-1,2,4,5,6,7-hexahydro-indazol-3-on $C_{14}H_{16}N_2O$, Formel IX (R = CH_3, R' = C_6H_5).

B. Aus 2-Phenyl-1,2,4,5,6,7-hexahydro-indazol-3-on und Dimethylsulfat (*Lee, Christiansen*, J. Am. pharm. Assoc. **25** [1936] 691, 693; *Ruhkopf*, B. **70** [1937] 939, 941).

Kristalle; F: 106,5° [aus Ae.] (*Ru.*, B. **70** 941), 105,5—106,5° [aus Hexan] (*Lee, Ch.*). Kp_{12}: 220° (*Ru.*, B. **70** 941). Löslichkeit in H_2O bei 20°: *Ru*. B. **70** 941. Phasendiagramm (fest/flüssig) der binären Systeme mit (±)-2-Phenyl-buttersäure-amid (E III **9** 2466), mit (±)-2-Phenyl-valeriansäure-amid (E III **9** 2507) und mit Diphenylessigsäure-amid: *Beiersdorf & Co.*, D.R.P. 698369 [1938]; D.R.P. Org. Chem. **3** 39; mit 5,5-Diäthyl-barbitur-säure: *Beiersdorf & Co.*, D.R.P. 659221 [1936]; Frdl. **23** 475. Eutektikum mit verschiedenen Säureamiden, mit Acetyl-harnstoffen sowie mit 4,4-Diäthyl-pyrazolidin-3,5-dion: *Ruhkopf*, B. **73** [1940] 1066; mit am C-Atom 5 dialkylierten Barbitursäuren: *Ru.*, B. **70** 942.

Überführung in eine als 3a,7a-Dichlor-1-methyl-2-phenyl-octahydro-indazol-3-on ($C_{14}H_{16}Cl_2N_2O$) formulierte Verbindung (Kristalle [aus A. + Ae.]; F: 183° [Zers.]) beim Behandeln mit Chlor in $CHCl_3$: *Ruhkopf*, B. **72** [1939] 1978, 1982. Beim Behandeln mit Brom in Essigsäure und anschliessend mit H_2O ist 3a-Brom-1-methyl-2-phenyl-1,2,3a,4,5,6-hexahydro-indazol-3-on (?; S. 217) erhalten worden (*Ru.*, B. **72** 1981).

Verbindung mit [2-Allyl-pent-4-enoyl]-harnstoff $C_{14}H_{16}N_2O \cdot 2 C_9H_{14}N_2O_2$. F: 128° (*Ru.*, B. **73** 1066).

Verbindung mit (±)-2-Phenyl-buttersäure-amid $C_{14}H_{16}N_2O \cdot C_{10}H_{13}NO$. F: 92° (*Ru.*, B. **73** 1066).

Verbindung mit (±)-2-Phenyl-valeriansäure-amid $C_{14}H_{16}N_2O \cdot C_{11}H_{15}NO$. F: 78° (*Ru.*, B. **73** 1066).

Verbindung mit Diphenylessigsäure-amid $C_{14}H_{16}N_2O \cdot C_{14}H_{13}NO$. F: 125° (*Ru.*, B. **73** 1066).

VII   VIII   IX   X

1-Äthyl-2-phenyl-1,2,4,5,6,7-hexahydro-indazol-3-on $C_{15}H_{18}N_2O$, Formel IX (R = C_2H_5, R' = C_6H_5).

B. Analog der vorangehenden Verbindung (*Lee, Christiansen*, J. Am. pharm. Assoc. **25** [1936] 691, 693; *Ruhkopf*, B. **70** [1937] 939, 941).

Kristalle; F: 108—110° [aus Hexan] (*Lee, Ch.*), 106° [aus wss. A.] (*Ru.*). Kp_{12}: ca. 250° (*Ru.*).

2-Phenyl-1-propyl-1,2,4,5,6,7-hexahydro-indazol-3-on $C_{16}H_{20}N_2O$, Formel IX
(R = CH_2-CH_2-CH_3, R′ = C_6H_5) (in der Literatur irrtümlich als 2-Propyl-1-phenyl-tetrahydroindazolon bezeichnet).

B. Beim Erwärmen von 2-Phenyl-1,2,4,5,6,7-hexahydro-indazol-3-on mit Propyljodid und äthanol. KOH (*Picard et al.*, Chemist Druggist **140** [1943] 150).

Kristalle (aus wss. A.); F: 65,6°.

1-Isopropyl-2-phenyl-1,2,4,5,6,7-hexahydro-indazol-3-on $C_{16}H_{20}N_2O$, Formel IX
(R = $CH(CH_3)_2$, R′ = C_6H_5).

B. Analog der vorangehenden Verbindung (*Picard et al.*, Chemist Druggist **140** [1943] 150).

Kristalle (aus wss. A.); F: 81°.

1-Pentyl-2-phenyl-1,2,4,5,6,7-hexahydro-indazol-3-on $C_{18}H_{24}N_2O$, Formel IX
(R = $[CH_2]_4$-CH_3, R′ = C_6H_5).

B. Analog den vorangehenden Verbindungen (*Picard et al.*, Chemist Druggist **140** [1943] 150).

Kristalle (aus Ae.); F: 84°.

1-Allyl-2-phenyl-1,2,4,5,6,7-hexahydro-indazol-3-on $C_{16}H_{18}N_2O$, Formel IX
(R = CH_2-CH=CH_2, R′ = C_6H_5).

B. Analog den vorangehenden Verbindungen (*Picard et al.*, Chemist Druggist **140** [1943] 150).

Kristalle (aus Ae.); F: 65 — 67°.

1,2-Diphenyl-1,2,4,5,6,7-hexahydro-indazol-3-on $C_{19}H_{18}N_2O$, Formel IX
(R = R′ = C_6H_5).

B. Aus 2-Oxo-cyclohexancarbonsäure-äthylester und Hydrazobenzol (*Takahashi, Kanematsu*, J. pharm. Soc. Japan **78** [1958] 787, 790; C. A. **1958** 18450).

Kristalle (aus Bzl.); F: 163°.

2-*o*-Tolyl-1,2,4,5,6,7-hexahydro-indazol-3-on $C_{14}H_{16}N_2O$, Formel IX (R = H,
R′ = C_6H_4-$CH_3(o)$), und Tautomere.

B. Aus 2-Oxo-cyclohexancarbonsäure-äthylester und *o*-Tolyl-hydrazin (*Ruhkopf*, B. **72** [1939] 1978, 1980).

Gelbliche Kristalle (aus Dioxan); F: 184°.

2-*m*-Tolyl-1,2,4,5,6,7-hexahydro-indazol-3-on $C_{14}H_{16}N_2O$, Formel IX (R = H,
R′ = C_6H_4-$CH_3(m)$), und Tautomere.

B. Analog der vorangehenden Verbindung (*Ruhkopf*, B. **72** [1939] 1978, 1980).

Kristalle (aus wss. Me.); F: 149,5°.

2-*p*-Tolyl-1,2,4,5,6,7-hexahydro-indazol-3-on $C_{14}H_{16}N_2O$, Formel IX (R = H,
R′ = C_6H_4-$CH_3(p)$), und Tautomere.

B. Analog den vorangehenden Verbindungen (*Ruhkopf*, B. **72** [1939] 1978, 1980).

Kristalle (aus Dioxan + Ae.); F: 203°.

1-Methyl-2-*p*-tolyl-1,2,4,5,6,7-hexahydro-indazol-3-on $C_{15}H_{18}N_2O$, Formel IX (R = CH_3,
R′ = C_6H_4-$CH_3(p)$).

B. Beim aufeinanderfolgenden Erhitzen von 2-*p*-Tolyl-1,2,4,5,6,7-hexahydro-indazol-3-on mit Dimethylsulfat und mit wss. KOH (*Beiersdorf & Co.*, D.R.P. 668628 [1935]; Frdl. **23** 474).

F: 107° [nach Destillation im Vakuum].

1-Benzyl-2-phenyl-1,2,4,5,6,7-hexahydro-indazol-3-on $C_{20}H_{20}N_2O$, Formel IX
(R = CH_2-C_6H_5, R′ = C_6H_5).

B. Aus 2-Phenyl-1,2,4,5,6,7-hexahydro-indazol-3-on und Benzylchlorid (*Ruhkopf*, B. **70** [1937] 939, 941).

Kristalle (aus A. + PAe.); F: 82°. Kp_{40}: 294°.

2-[2]Naphthyl-1,2,4,5,6,7-hexahydro-indazol-3-on $C_{17}H_{16}N_2O$, Formel X auf S. 215, und Tautomere.

B. Aus 2-Oxo-cyclohexancarbonsäure-äthylester und [2]Naphthylhydrazin (*Ruhkopf*, B. **72** [1939] 1978, 1980).
Hellbraune Kristalle (aus Dioxan); F: 180°.

1-Acetyl-2-phenyl-1,2,4,5,6,7-hexahydro-indazol-3-on $C_{15}H_{16}N_2O_2$, Formel IX (R = CO-CH$_3$, R' = C$_6$H$_5$) auf S. 215.

B. Beim Erhitzen von 2-Phenyl-1,2,4,5,6,7-hexahydro-indazol-3-on mit Acetanhydrid und Acetylchlorid (*Ruhkopf*, B. **70** [1937] 939, 941).
Kristalle (aus H$_2$O); F: 131°. Kp$_{40}$: 225°.

1,2-Diacetyl-1,2,4,5,6,7-hexahydro-indazol-3-on(?) $C_{11}H_{14}N_2O_3$, vermutlich Formel IX (R = R' = CO-CH$_3$) auf S. 215.

B. Aus 1,2,4,5,6,7-Hexahydro-indazol-3-on und Acetanhydrid (*Kano*, J. pharm. Soc. Japan **73** [1953] 383, 386; C. A. **1954** 3342).
Kristalle (aus wss. A.); F: 79—80°.

1-Benzoyl-2-phenyl-1,2,4,5,6,7-hexahydro-indazol-3-on $C_{20}H_{18}N_2O_2$, Formel IX (R = CO-C$_6$H$_5$, R' = C$_6$H$_5$) auf S. 215.

B. Beim Erwärmen von 2-Phenyl-1,2,4,5,6,7-hexahydro-indazol-3-on mit Benzoyl=chlorid und äthanol. KOH (*Picard et al.*, Chemist Druggist **140** [1943] 150).
Kristalle (aus wss. A.); F: 110°.

(±)-3a-Chlor-2,3a,4,5,6,7-hexahydro-indazol-3-on $C_7H_9ClN_2O$, Formel XI (R = H, X = Cl), und Tautomeres.

Konstitution: *Carpino, Rundberg*, J. org. Chem. **34** [1969] 1717, 1718.

B. Aus 1,2,4,5,6,7-Hexahydro-indazol-3-on beim Behandeln in Essigsäure mit Chlor und anschliessend mit H$_2$O (*Ruhkopf*, B. **72** [1939] 1978, 1981) oder mit Chlor in CH$_2$Cl$_2$ (*Ca., Ru.*).
Kristalle; F: 112,5—113° [unkorr.; aus Bzl. + PAe.] (*Ca., Ru.*), 112° [aus PAe.] (*Ru.*).

(±)-3a-Chlor-2-phenyl-2,3a,4,5,6,7-hexahydro-indazol-3-on $C_{13}H_{13}ClN_2O$, Formel XI (R = C$_6$H$_5$, X = Cl).

B. Beim Behandeln von 2-Phenyl-1,2,4,5,6,7-hexahydro-indazol-3-on in Essigsäure mit Chlor und anschliessend mit H$_2$O (*Ruhkopf*, B. **72** [1939] 1978, 1982).
Kristalle (aus wss. Me.); F: 70°.

(±)-3a-Brom-2,3a,4,5,6,7-hexahydro-indazol-3-on $C_7H_9BrN_2O$, Formel XI (R = H, X = Br), und Tautomeres.

B. Analog der vorangehenden Verbindung (*Ruhkopf*, B. **72** [1939] 1978, 1981).
Kristalle (aus Toluol + wenig Ae.); F: 133°.

(±)-3a-Brom-2-phenyl-2,3a,4,5,6,7-hexahydro-indazol-3-on $C_{13}H_{13}BrN_2O$, Formel XI (R = C$_6$H$_5$, X = Br).

B. Analog den vorangehenden Verbindungen (*Ruhkopf*, B. **72** [1939] 1978, 1981).
Hellgelbe Kristalle (aus Me.); F: 85°.

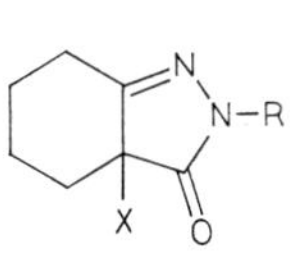

XI 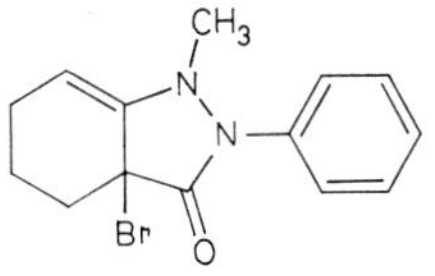   XII 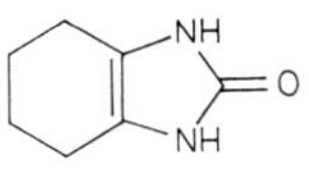   XIII 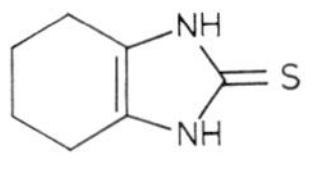   XIV

(±)-3a-Brom-1-methyl-2-phenyl-1,2,3a,4,5,6-hexahydro-indazol-3-on $C_{14}H_{15}BrN_2O$, Formel XII.

Ausser dieser Konstitution ist auch die Formulierung als (±)-7a-Brom-1-methyl-2-phenyl-1,2,5,6,7,7a-hexahydro-indazol-3-on in Betracht zu ziehen (*Ruhkopf*, B. **72** [1939] 1978, 1979).

B. Beim Behandeln von 1-Methyl-2-phenyl-1,2,4,5,6,7-hexahydro-indazol-3-on mit Brom in Essigsäure und anschliessend mit H_2O (*Ru.*, l. c. S. 1981).
Kristalle (aus Me. + Ae.); F: 138°.

(±)-3a-Brom-2-*p*-tolyl-2,3a,4,5,6,7-hexahydro-indazol-3-on $C_{14}H_{15}BrN_2O$, Formel XI ($R = C_6H_4\text{-}CH_3(p)$, $X = Br$).
B. Aus 2-*p*-Tolyl-1,2,4,5,6,7-hexahydro-indazol-3-on analog der vorangehenden Verbindung (*Ruhkopf*, B. **72** [1939] 1978, 1981).
Gelbe Kristalle (aus A.); F: 94°.

1,3,4,5,6,7-Hexahydro-benzimidazol-2-on $C_7H_{10}N_2O$, Formel XIII, und Tautomeres.
B. Beim Erhitzen von 2-Chlor-cyclohexanon mit Harnstoff in O,O'-Diäthyl-diäthyl=englykol (*Geigy A.G.*, U.S.P. 2850532 [1956]). Beim Erwärmen von Decahydro-dibenzo=[1,4]dioxin-4a,9a-diol („dimerem 2-Hydroxy-cyclohexanon"; s. E III **8 4** im Artikel (±)-2-Hydroxy-cyclohexanon) mit Carbamidsäure-äthylester in DMF und wenig Pyridin (*de Stevens*, J. org. Chem. **23** [1958] 1572; s. a. *Gompper*, B. **89** [1956] 1748, 1758). Beim Erhitzen von 2-Amino-cyclohexanon-hydrochlorid mit Kaliumcyanat in H_2O (*de Stevens*, *Halamandaris*, Am. Soc. **79** [1957] 5710).
Kristalle; F: 346° (*Go.*), 340−341° [unkorr.; Zers.; aus A.] (*de St., Ha.*).

1,3,4,5,6,7-Hexahydro-benzimidazol-2-thion $C_7H_{10}N_2S$, Formel XIV, und Tautomeres.
B. Beim Erhitzen von 2-Amino-cyclohexanon-hydrochlorid mit Kalium-thiocyanat in H_2O (*de Stevens, Halamandaris*, Am. Soc. **79** [1957] 5710).
Kristalle (aus A.); F: 282−283° [unkorr.].

Oxo-Verbindungen $C_8H_{12}N_2O$

6-Methyl-2-phenyl-4-propyl-2*H*-pyridazin-3-on $C_{14}H_{16}N_2O$, Formel I ($R = C_2H_5$, $R' = H$).
B. Aus 4-Phenylhydrazono-2-propyl-valeriansäure (*Hoffmann-La Roche*, D.B.P. 1000822 [1955]; U.S.P. 2783232 [1955]).
F: 43−44°.

4-Methyl-2-phenyl-6-propyl-2*H*-pyridazin-3-on $C_{14}H_{16}N_2O$, Formel II ($R = C_2H_5$, $R' = H$).
B. Aus 2-Methyl-4-phenylhydrazono-heptansäure (*Hoffmann-La Roche*, D.B.P. 1000822 [1955]; U.S.P. 2783232 [1955]).
F: 98−100°.

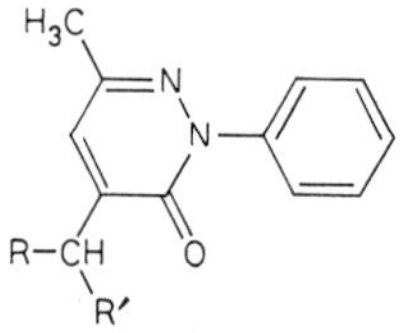

I 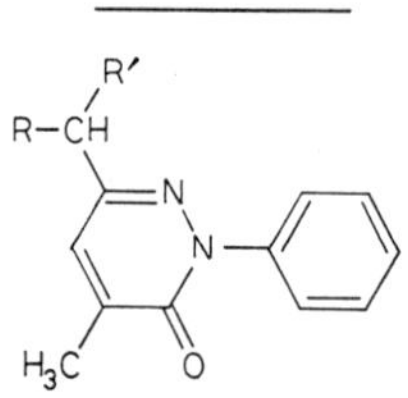   II 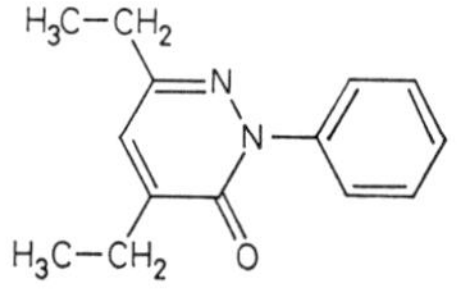   III

4-Isopropyl-6-methyl-2-phenyl-2*H*-pyridazin-3-on $C_{14}H_{16}N_2O$, Formel I ($R = R' = CH_3$).
B. Aus 2-Isopropyl-4-phenylhydrazono-valeriansäure (*Hoffmann-La Roche*, D.B.P. 1000822 [1955]; U.S.P. 2783232 [1955]).
F: 65−66°.

6-Isopropyl-4-methyl-2-phenyl-2*H*-pyridazin-3-on $C_{14}H_{16}N_2O$, Formel II ($R = R' = CH_3$).
B. Aus 2,5-Dimethyl-4-oxo-hexansäure über mehrere Stufen (*Hoffmann-La Roche*, D.B.P. 1000822 [1955]; U.S.P. 2783232 [1955]).
F: 77−78°.

4,6-Diäthyl-2-phenyl-2H-pyridazin-3-on $C_{14}H_{16}N_2O$, Formel III.
 B. Aus 2-Äthyl-4-phenylhydrazono-hexansäure (*Hoffmann-La Roche*, D.B.P. 1 000 822 [1955]; U.S.P. 2 783 232 [1955]).
 F: 43—44°.

5-Butyl-1H-pyrimidin-2-thion $C_8H_{12}N_2S$, Formel IV, und Tautomeres.
 B. Aus 2-Butyl-3ξ-dimethylamino-acrylaldehyd (E IV **4** 1976) bei aufeinanderfolgender Umsetzung mit $COCl_2$ und mit Thioharnstoff (*Rylski et al.*, Collect. **24** [1959] 1667, 1669).
 Kristalle (aus Butan-1-ol); F: 203—205° [unkorr.; nach Sublimation im Vakuum].

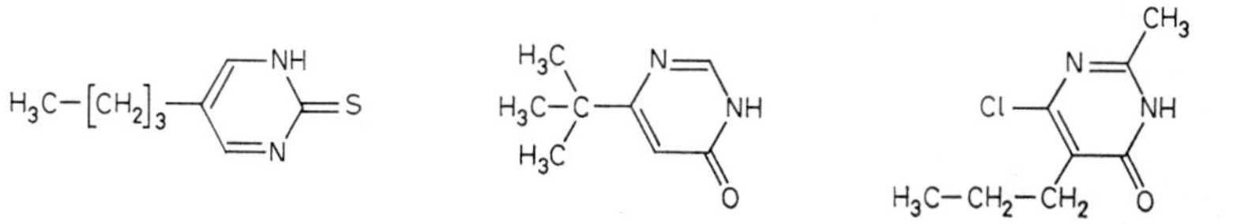

IV   V   VI

6-*tert*-Butyl-3H-pyrimidin-4-on $C_8H_{12}N_2O$, Formel V, und Tautomere.
 B. Beim Erwärmen von 4,4-Dimetyl-3-oxo-valeriansäure-äthylester mit Thioharnstoff und äthanol. Natriumäthylat und Erhitzen des Reaktionsprodukts in wss. NH_3 mit Raney-Nickel (*Capon, Chapman*, Soc. **1957** 600, 602).
 Kristalle (aus A.); F: 217,5—218,5°.

6-Chlor-2-methyl-5-propyl-3H-pyrimidin-4-on $C_8H_{11}ClN_2O$, Formel VI, und Tautomere.
 B. In geringer Menge neben 4,6-Dichlor-2-methyl-5-propyl-pyrimidin beim Erhitzen von 2-Methyl-5-propyl-1H-pyrimidin-4,6-dion mit $POCl_3$ (*Henze et al.*, J. org. Chem. **17** [1952] 1320, 1321, 1323).
 Kristalle (aus Bzl.); F: 220,3—221,3° [korr.].

5-Methyl-2-propyl-3H-pyrimidin-4-on $C_8H_{12}N_2O$, Formel VII (X = H), und Tautomere.
 B. Bei der Hydrierung der folgenden Verbindung an Palladium/$BaSO_4$ in Äthanol (*Henze, Winthrop*, Am. Soc. **79** [1957] 2230).
 Kristalle (aus E.); F: 145—146°.

6-Chlor-5-methyl-2-propyl-3H-pyrimidin-4-on $C_8H_{11}ClN_2O$, Formel VII (X = Cl), und Tautomere.
 B. Aus 4,6-Dichlor-5-methyl-2-propyl-pyrimidin und wss. NaOH (*Henze, Winthrop*, Am. Soc. **79** [1957] 2230).
 Kristalle; F: 170—171°.

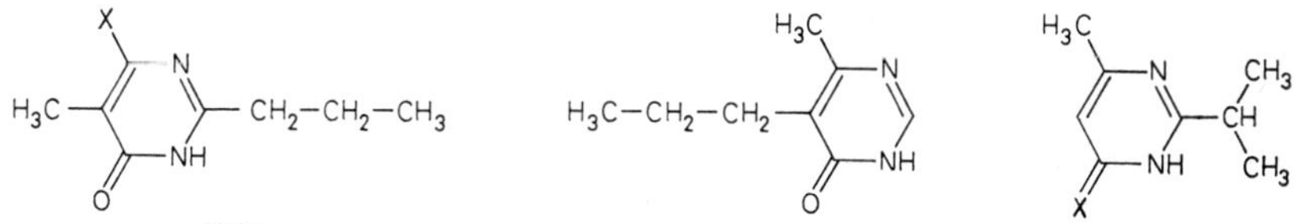

VII   VIII   IX

6-Methyl-5-propyl-3H-pyrimidin-4-on $C_8H_{12}N_2O$, Formel VIII, und Tautomere.
 B. Aus 6-Methyl-5-propyl-2-thioxo-2,3-dihydro-1H-pyrimidin-4-on und wss. H_2O_2 (*Baker et al.*, J. org. Chem. **18** [1953] 133, 136).
 Kristalle (aus PAe. + E.); F: 115—116°.

2-Isopropyl-6-methyl-3H-pyrimidin-4-on $C_8H_{12}N_2O$, Formel IX (X = O), und Tautomere (H 98).
 B. Aus Isobutyramidin-hydrochlorid, Acetessigsäure-äthylester und äthanol. NaOH

(*Snyder, Foster*, Am. Soc. **76** [1954] 118, 121). Bei der Hydrierung von 2-[β,β'-Dipiperidino-isopropyl]-6-methyl-3*H*-pyrimidin-4-on an Raney-Nickel in wenig konz. wss. HCl enthaltendem oder mit K_2CO_3 gesättigtem Methanol bei $135-200°/140$ at (*Sn., Fo.,* l. c. S. 122).

Kristalle; F: $173-174°$ (*Margot, Gysin*, Helv. **40** [1957] 1562, 1565).

Hydrochlorid $C_8H_{12}N_2O\cdot HCl$. Kristalle (nach Sublimation im Vakuum); F: 240° bis 241° [korr.; Zers.; unter Sublimation] (*Sn., Fo.,* l. c. S. 121).

2-Isopropyl-6-methyl-3*H*-pyrimidin-4-thion $C_8H_{12}N_2S$, Formel IX (X = S), und Tautomere.

B. Aus 4-Chlor-2-isopropyl-6-methyl-pyrimidin, H_2S und äthanol. KOH (*Margot, Gysin*, Helv. **40** [1957] 1562, 1569).

Kristalle (aus A.); F: $160-161°$.

5-Äthyl-2,6-dimethyl-3*H*-pyrimidin-4-on $C_8H_{12}N_2O$, Formel X (R = H), und Tautomere (H 99).

B. Beim Erhitzen von 4-Äthyl-3-methyl-isoxazol-5-ylamin mit Acetanhydrid und Hydrieren des Reaktionsprodukts an Raney-Nickel in Äthanol (*Kano, Makisumi*, Pharm. Bl. **3** [1955] 270, 272).

Kristalle (aus Bzl.); F: $140-141°$.

5-Äthyl-2,6-dimethyl-3-phenyl-3*H*-pyrimidin-4-on $C_{14}H_{16}N_2O$, Formel X (R = C_6H_5).

B. Aus Acetophenon-oxim bei aufeinanderfolgender Umsetzung mit PCl_5 und mit 2-Äthyl-3-amino-crotonsäure-äthylester [E III **3** 1239] (*Staskun, Stephen*, Soc. **1956** 4708).

Kristalle; F: 126°.

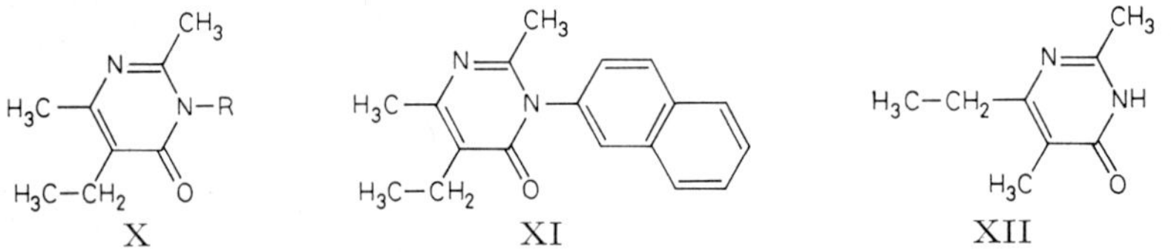

X   XI   XII

5-Äthyl-2,6-dimethyl-3-*p*-tolyl-3*H*-pyrimidin-4-on $C_{15}H_{18}N_2O$, Formel X (R = C_6H_4-$CH_3(p)$).

B. Analog der vorangehenden Verbindung (*Staskun, Stephen*, Soc. **1956** 4708).

Kristalle; F: 82°.

5-Äthyl-2,6-dimethyl-3-[2]naphthyl-3*H*-pyrimidin-4-on $C_{18}H_{18}N_2O$, Formel XI.

Hydrochlorid $C_{18}H_{18}N_2O\cdot HCl$. *B.* Aus 1-[2]Naphthyl-äthanon-(*E*)-oxim analog den vorangehenden Verbindungen (*Staskun, Stephen*, Soc. **1956** 4708). — Kristalle; F: 130°.

6-Äthyl-2,5-dimethyl-3*H*-pyrimidin-4-on $C_8H_{12}N_2O$, Formel XII, und Tautomere (H 99).

B. Bei der Hydrierung von *N*-[3-Äthyl-4-methyl-isoxazol-5-yl]-acetamid an Raney-Nickel in Äthanol (*Kano, Makisumi*, Pharm. Bl. **3** [1955] 270, 272).

Kristalle (aus Bzl.); F: $168-169°$.

5-Methyl-3-propyl-1*H*-pyrazin-2-on $C_8H_{12}N_2O$, Formel I (R = C_2H_5, R' = H), und Tautomeres.

B. Beim Behandeln von DL-Norvalin-amid-hydrobromid in Methanol mit Pyruvaldehyd und wss. NaOH bei $-30°$ bis $-40°$ (*Karmas, Spoerri*, Am. Soc. **74** [1952] 1580, 1582, 1584).

Kristalle (aus Hexan); F: $75-76°$.

3-Isopropyl-5-methyl-1H-pyrazin-2-on $C_8H_{12}N_2O$, Formel I (R = R' = CH_3), und Tautomeres.

B. Analog der vorangehenden Verbindung (*Karmas, Spoerri*, Am. Soc. **74** [1952] 1580, 1582, 1584).

Kristalle (aus Hexan); F: 91—92°.

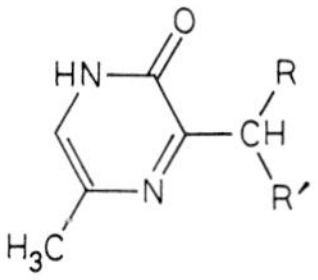

I 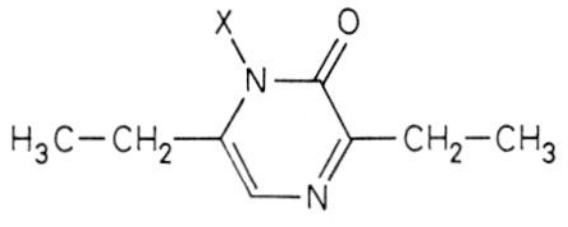   II 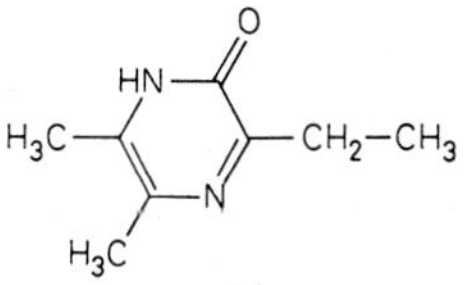   III

3,6-Diäthyl-1H-pyrazin-2-on $C_8H_{12}N_2O$, Formel II (X = H), und Tautomeres.

B. Beim Erhitzen von 3,6-Diäthyl-5-oxo-4,5-dihydro-pyrazin-2-carbonsäure auf 300° (*Sharp, Spring*, Soc. **1948** 1862). Aus diazotiertem 3,6-Diäthyl-pyrazin-2-ylamin und H_2O (*Newbold et al.*, Soc. **1948** 1855, 1858).

Kristalle; F: 135° [aus PAe. bzw. nach Sublimation bei 100°/0,005 Torr] (*Ne. et al.*; *Sh., Sp.*). λ_{max} (A.): 227 nm und 322 nm (*Ne. et al.*).

3,6-Diäthyl-1-hydroxy-1H-pyrazin-2-on $C_8H_{12}N_2O_2$, Formel II (X = OH).

B. In geringer Menge aus 2-[2-Brom-but-2-enylidenamino]-butyrohydroxamsäure (F: 135—137°) und Kalium-*tert*-butylat in *tert*-Butylalkohol (*Ramsay, Spring*, Soc. **1950** 3409).

Kristalle (aus Acn.); F: 95—97° [nach Sublimation bei 50°/0,001 Torr]. λ_{max} (A.): 233,5 nm und 326,5 nm.

Kupfer(II)-Salz $Cu(C_8H_{11}N_2O_2)_2$. Hellgrüne Kristalle (aus Dioxan); F: 237—239° [Zers.].

3-Äthyl-5,6-dimethyl-1H-pyrazin-2-on $C_8H_{12}N_2O$, Formel III, und Tautomeres.

B. Beim Behandeln von 2-Amino-buttersäure-amid-hydrobromid in Methanol mit Butandion und wss. NaOH bei —40° bis —30° (*Karmas, Spoerri*, Am. Soc. **74** [1952] 1580, 1582, 1583).

Kristalle (aus H_2O); F: 149—150° [unkorr.].

1-Phenyl-4-valeryl-1H-pyrazol, 1-[1-Phenyl-1H-pyrazol-4-yl]-pentan-1-on $C_{14}H_{16}N_2O$, Formel IV.

B. Aus 1-[1-Phenyl-1H-pyrazol-4-yl]-pentan-1-ol mit Hilfe von $Na_2Cr_2O_7$ und wss. H_2SO_4 (*Finar, Lord*, Soc. **1959** 1819, 1821).

Kristalle (aus wss. A.); F: 110,5—111,5°.

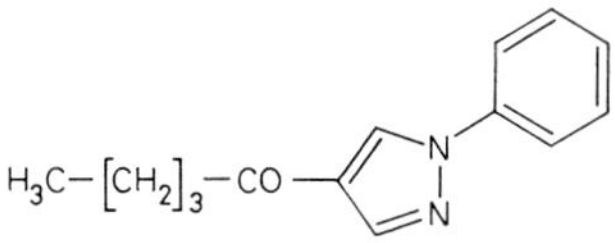

IV 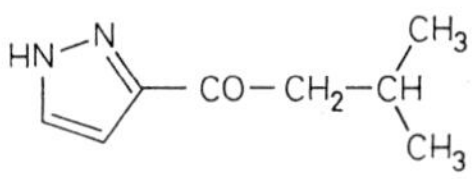   V 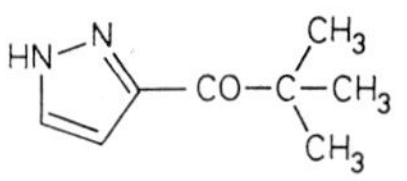   VI

3-Isovaleryl-1(2)H-pyrazol, 3-Methyl-1-[1(2)H-pyrazol-3-yl]-butan-1-on $C_8H_{12}N_2O$, Formel V und Tautomeres.

B. Aus 1t-Chlor-5-methyl-hex-1-en-3-on (E IV **1** 3483) und Diazomethan in Äther (*Nešmejanow, Kotschetkow*, Izv. Akad. S.S.S.R. Otd. chim. **1951** 686, 689; C. A. **1952** 7565).

Kristalle (aus Bzl.); F: 84—85°.

Semicarbazon $C_9H_{15}N_5O$. Kristalle (aus Me.); F: 187—189° [Zers.].

3-Pivaloyl-1(2)H-pyrazol, 2,2-Dimethyl-1-[1(2)H-pyrazol-3-yl]-propan-1-on $C_8H_{12}N_2O$,
Formel VI und Tautomeres.

B. Aus 1*t*(?)-Chlor-4,4-dimethyl-pent-1-en-3-on (E IV **1** 3486) und Diazomethan in Äther
(*Kotschetkow, Ambrusch, Ž., obšč.* Chim. **27** [1957] 2741, 2744; engl. Ausg. S. 2781, 2783;
Kotschetkow et al., Ž. obšč. Chim. **28** [1958] 3024, 3025; engl. Ausg. S. 3053, 3054).
Kristalle (aus Bzl.); F: 99—100° (*Ko. et al.*). IR-Spektrum (Vaselinöl; 3000—700 cm⁻¹):
Scheĭnker et al., Doklady Akad. S.S.S.R. **123** [1958] 709, 710; Pr. Acad. Sci. U.S.S.R.
Chem. Sect. **118–123** [1958] 929. UV-Spektrum (wss. Lösungen vom pH 8—14; 230 nm
bis 330 nm): *Ko., Am.*

Oxim $C_8H_{13}N_3O$. Kristalle (aus Toluol); F: 161,5—163° (*Ko. et al.*).

1-Phenyl-4-pivaloyl-1H-pyrazol, 2,2-Dimethyl-1-[1-phenyl-1H-pyrazol-4-yl]-propan-1-on
$C_{14}H_{16}N_2O$, Formel VII.

B. Aus 2,2-Dimethyl-1-[1-phenyl-1H-pyrazol-4-yl]-propan-1-ol mit Hilfe von $Na_2Cr_2O_7$
und wss. H_2SO_4 (*Finar, Lord,* Soc. **1959** 1819, 1821).
Kristalle (aus wss. A.); F: 99,5—100°.

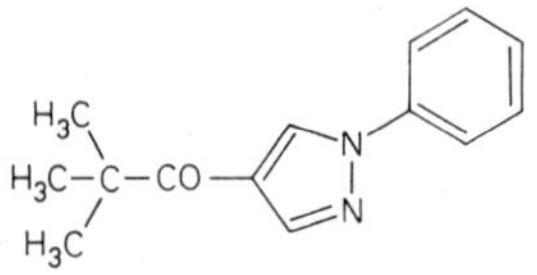

VII 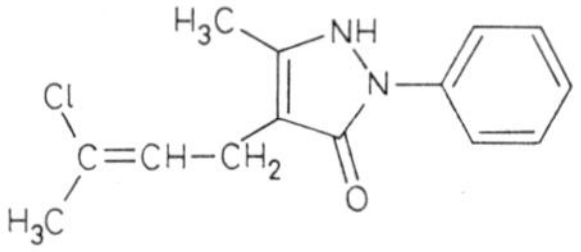   VIII

***4-[3-Chlor-but-2-enyl]-5-methyl-2-phenyl-1,2-dihydro-pyrazol-3-on** $C_{14}H_{15}ClN_2O$,
Formel VIII, und Tautomere.

B. Aus 2-Acetyl-5-chlor-hex-4-ensäure-äthylester (E III **3** 1316) und Phenylhydrazin
(*Wichterle et al.,* Collect. **13** [1948] 300, 308).
Kristalle (aus Bzl.); F: 129—130°.
Nicht beständig.

***4-sec-Butyliden-5-methyl-2-phenyl-2,4-dihydro-pyrazol-3-on** $C_{14}H_{16}N_2O$, Formel IX.

B. Aus 5-Methyl-2-phenyl-1,2-dihydro-pyrazol-3-on und Butanon (*Hoffmann-La Roche,*
U.S.P. 1936488 [1932]; *Westöö,* Acta chem. scand. **11** [1957] 1285, 1288).
Kristalle; F: 88—89° [aus A. ?] (*We.*), 85° (*Hoffman-La Roche*).
Bei 0° haltbar (*We.*).

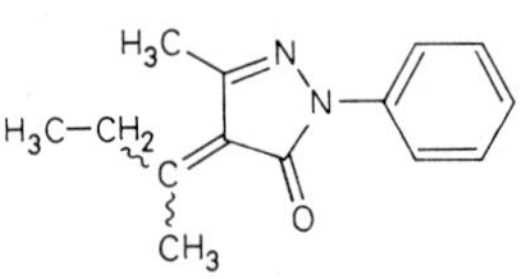

IX 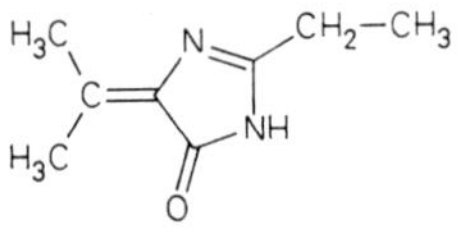   X 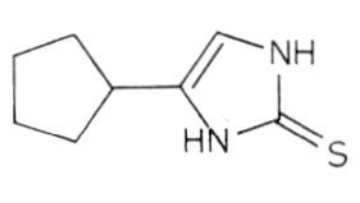   XI

2-Äthyl-5-isopropyliden-3,5-dihydro-imidazol-4-on $C_8H_{12}N_2O$, Formel X, und Tautomere.

B. Aus Propionimidsäure-äthylester, Glycin-äthylester und Aceton (*Hoffmann-La Roche,*
U.S.P. 2602799 [1952]; s. a. *Lehr et al.,* Am. Soc. **75** [1953] 3640, 3643, 3645).
Kristalle; F: 112—113° [aus PAe.] (*Hoffmann-La Roche*), 111—112° [korr.] (*Lehr et al.*).

4-Cyclopentyl-1,3-dihydro-imidazol-2-thion $C_8H_{12}N_2S$, Formel XI, und Tautomere.

B. Aus 2-Amino-1-cyclopentyl-äthanon-hydrochlorid und Kalium-thiocyanat in H_2O
(*Jackman et al.,* Am. Soc. **70** [1948] 2884). Aus 5-Cyclopentyl-2-thioxo-2,3-dihydro-1H-
imidazol-4-carbonsäure (*E. Lilly & Co.,* U.S.P. 2585388 [1948]).
Kristalle; F: 218—221° (*E. Lilly & Co.*), 218—220,8° [korr.; aus wss. A.] (*Ja. et al.*).

1,3-Diaza-spiro[4.5]dec-1-en-4-on $C_8H_{12}N_2O$, Formel I (R = H), und Tautomere.

B. Beim Erhitzen von 2-Hydroxy-1,3-diaza-spiro[4.5]decan-4-on mit Acetanhydrid (*Carrington et al.*, Soc. **1953** 3105, 3108, 3109).

Kristalle (aus Bzl.); F: 94—95°.

1-Methyl-1,3-diaza-spiro[4.5]dec-2-en-4-on $C_9H_{14}N_2O$, Formel II.

B. Beim Erhitzen von 2-Hydroxy-1-methyl-1,3-diaza-spiro[4.5]decan-4-on mit Acetan= hydrid (*Carrington et al.*, Soc. **1953** 3105, 3108, 3109).

$Kp_{0,1}$: 85°. n_D^{22}: 1,4983.

3-Methyl-1,3-diaza-spiro[4.5]dec-1-en-4-on $C_9H_{14}N_2O$, Formel I (R = CH_3).

B. Beim Erwärmen von 1,3-Diaza-spiro[4.5]dec-1-en-4-on mit CH_3I und Ag_2O (*Carring-ton et al.*, Soc. **1953** 3105, 3108, 3109).

Kp_{14}: 67°. n_D^{22}: 1,4672.

3(?)-Benzoyl-1,3-diaza-spiro[4.5]dec-1-en-4-on $C_{15}H_{16}N_2O_2$, vermutlich Formel I (R = CO-C_6H_5).

B. Aus 2-Hydroxy-1,3-diaza-spiro[4.5]decan-4-on bei aufeinanderfolgender Umsetzung in Dioxan mit Natrium und mit Benzoylchlorid (*Carrington et al.*, Soc. **1953** 3105, 3110).

Kristalle (aus Me.); F: 107—108°.

I   II   III   IV   V

1,4,5,6,7,8-Hexahydro-2H-cycloheptapyrazol-3-on $C_8H_{12}N_2O$, Formel III, und Tautomere.

B. Aus 2-Oxo-cycloheptancarbonsäure-äthylester und $N_2H_4 \cdot H_2O$ (*Hunter et al.*, Chem. and Ind. **1954** 1068; *Buchta, Kranz*, A. **601** [1956] 170, 180).

Kristalle (aus Butan-1-ol), die bei 225° sintern und bei 235° verkohlen (*Bu., Kr.*). Kri-stalle (aus A.); F: 222° (*Hu. et al.*). Im Vakuum sublimierbar (*Bu., Kr.*).

2,5,6,7,8,9-Hexahydro-imidazo[1,2-a]azepin-3-on $C_8H_{12}N_2O$, Formel IV, und Tautomere.

B. Aus *N*-Hexahydroazepin-2-yliden-glycin beim Erhitzen ohne Lösungsmittel auf 200°/14 Torr oder beim Erhitzen in 1,2-Dichlor-benzol unter Entfernen des entstehenden H_2O (*Petersen, Tietze*, A. **623** [1959] 166, 173, 174).

Kristalle; F: 33° [nach Destillation bei 145—147°/14 Torr].

Hydrochlorid. Kristalle; F: 240—242° [Zers.].

1,4,5,6,7,8-Hexahydro-2H-cinnolin-3-on $C_8H_{12}N_2O$, Formel V (R = H).

B. Aus [2-Oxo-cyclohexyl]-essigsäure-äthylester und $N_2H_4 \cdot H_2O$ (*Horning, Amstutz*, J. org. Chem. **20** [1955] 707, 708, 712; *Ried, Draisbach*, B. **92** [1959] 949).

Kristalle; F: 114—115° (*Ho., Am.*), 110° [aus PAe.] (*Ried, Dr.*).

2-Phenyl-1,4,5,6,7,8-hexahydro-2H-cinnolin-3-on $C_{14}H_{16}N_2O$, Formel V (R = C_6H_5).

B. Beim Erhitzen von [2-Oxo-cyclohexyl]-essigsäure-äthylester mit Phenylhydrazin und wenig Piperidin (*Ried, Draisbach*, B. **92** [1959] 949).

Kristalle (aus PAe.); F: 79—80°.

3-Benzyl-3,4,5,6,7,8-hexahydro-1H-chinazolin-2-on $C_{15}H_{18}N_2O$, Formel VI.

In den Kristallen sowie in Lösungen in $CDCl_3$ liegt nach Ausweis des IR-Spektrums sowie des ¹H-NMR-Spektrums 3-Benzyl-3,4,5,6,7,8-hexahydro-1H-chinazolin-2-on vor (*Roth, Langer*, Ar. **301** [1968] 736, 737).

B. Aus 2-Benzylaminomethyl-cyclohexanon-hydrobromid und Kaliumcyanat in H_2O

(*Mannich, Hieronimus*, B. **75** [1942] 49, 54; s. a. *Roth, La.*, l. c. S. 739).

Kristalle; F: 192—193° [unkorr.; aus Me.] (*Roth, La.*), 191° [aus A. oder E.] (*Ma., Hi.*).
¹H-NMR-Spektrum (CDCl₃) und IR-Spektrum (KBr; 4000—650 cm⁻¹): *Roth, La.*

Disproportionierung zu 3-Benzyl-octahydro-chinazolin-2-on (F: 175°) und 3-Benzyl-5,6,7,8-tetrahydro-3*H*-chinazolin-2-on beim Erhitzen mit wss. HCl: *Ma., Hi.*

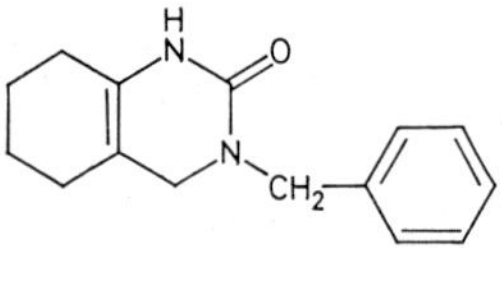

VI 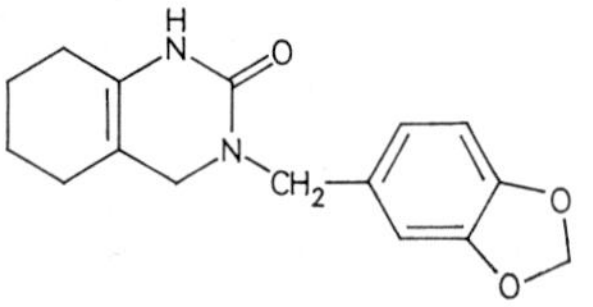   VII 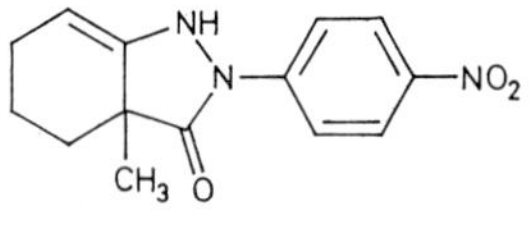   VIII

3-Piperonyl-3,4,5,6,7,8-hexahydro-1*H*-chinazolin-2-on $C_{16}H_{18}N_2O_3$, Formel VII.

B. Analog der vorangehenden Verbindung (*Mannich, Hieronimus*, B. **75** [1942] 49, 62). Kristalle (aus Me.); F: 168°.

(±)-3a-Methyl-2-[4-nitro-phenyl]-1,2,3a,4,5,6-hexahydro-indazol-3-on $C_{14}H_{15}N_3O_3$, Formel VIII, und Tautomeres.

B. Aus (±)-2-Oxo-1-methyl-cyclohexancarbonsäure-äthylester und [4-Nitro-phenyl]-hydrazin (*Grob, Rumpf*, Helv. **37** [1954] 1479, 1489).

Kristalle (aus A.); F: 132—133° [korr.].

(±)-5-Methyl-2-phenyl-1,2,4,5,6,7-hexahydro-indazol-3-on $C_{14}H_{16}N_2O$, Formel IX (R = H), und Tautomere.

B. Aus (±)-5-Methyl-2-oxo-cyclohexancarbonsäure-äthylester und Phenylhydrazin (*Lee, Christiansen*, J. Am. pharm. Assoc. **25** [1936] 691, 693).

Kristalle (aus Me.); F: 198—201°.

(±)-1,5-Dimethyl-2-phenyl-1,2,4,5,6,7-hexahydro-indazol-3-on $C_{15}H_{18}N_2O$, Formel IX (R = CH₃).

B. Aus der vorangehenden Verbindung und Dimethylsulfat (*Squibb & Sons*, U.S.P. 2104348 [1933]; s. a. *Lee, Christiansen*, J. Am. pharm. Assoc. **25** [1936] 691, 693).

Kristalle (aus Hexan); F: 110—110,5°.

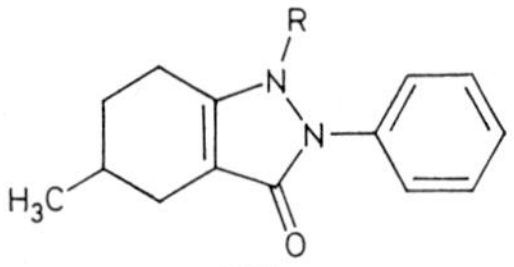

IX 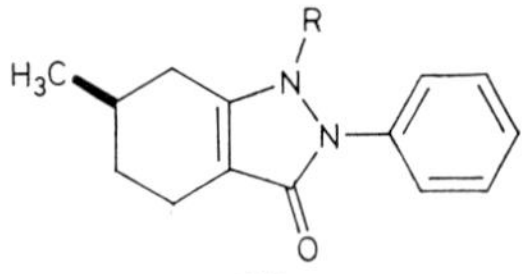   X

(*R*)-6-Methyl-2-phenyl-1,2,4,5,6,7-hexahydro-indazol-3-on $C_{14}H_{16}N_2O$, Formel X (R = H), und Tautomere.

B. Aus (4*R*)-4-Methyl-2-oxo-cyclohexancarbonsäure-äthylester und Phenylhydrazin (*Mousseron et al.*, Bl. **1947** 605, 612).

Kristalle (aus A.); F: 242—243°.

1,6-Dimethyl-2-phenyl-1,2,4,5,6,7-hexahydro-indazol-3-on $C_{15}H_{18}N_2O$.

a) **(*R*)-1,6-Dimethyl-2-phenyl-1,2,4,5,6,7-hexahydro-indazol-3-on,** Formel X (R = CH₃).

B. Aus (*R*)-6-Methyl-2-phenyl-1,2,4,5,6,7-hexahydro-indazol-3-on und Dimethylsulfat (*Mousseron et al.*, Bl. **1947** 605, 612).

Kristalle (aus Ae.); F: 106—107°. Kp₁₅: 240°. [α]₅₄₆: +42,4° [A.; c = 3,5].

b) **(±)-1,6-Dimethyl-2-phenyl-1,2,4,5,6,7-hexahydro-indazol-3-on,** Formel X (R = CH₃) + Spiegelbild.

B. Aus (±)-6-Methyl-2-phenyl-1,2,4,5,6,7-hexahydro-indazol-3-on und Dimethylsulfat

(*Lee, Christiansen*, J. Am. pharm. Assoc. **25** [1936] 691, 693).
Kristalle (aus Hexan); F: 105—106°.

(±)-7-Methyl-2-phenyl-1,2,4,5,6,7-hexahydro-indazol-3-on $C_{14}H_{16}N_2O$, Formel XI, und Tautomere.

a) Präparat vom F: 176°.
B. In geringer Menge beim Erhitzen von opt.-inakt. 3-Methyl-2-phenylhydrazono-cyclohexancarbonsäure-äthylester (F: 136—138°) mit Natrium in Toluol (*Lee, Christiansen*, J. Am. pharm. Assoc. **25** [1936] 691, 694).
Kristalle (aus Bzl.); F: 176°.

b) Präparat vom F: 136°.
B. Beim Erhitzen von opt.-inakt. 3-Methyl-2-oxo-cyclohexancarbonsäure-äthylester (n_D^{20}: 1,471) mit Phenylhydrazin und wenig Essigsäure auf 100° (*McCall, Millward*, Soc. **1959** 1911).
Hellgelbe Kristalle (aus Me.); F : 135—136°.

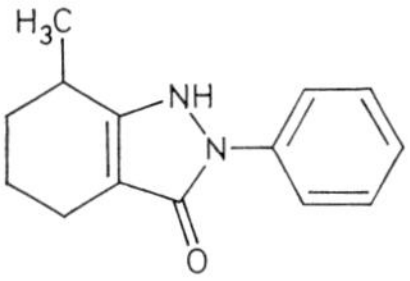

XI 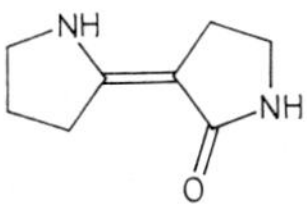   XII

*Hexahydro-[2,3']bipyrrolyliden-2'-on $C_8H_{12}N_2O$, Formel XII oder Stereoisomeres.
B. Aus Pyrrolidin-2-on mit Hilfe von methanol. Natriummethylat (*Opfermann*, D.B.P. 937955 [1952]). Aus Tetrahydro-[2,3']bifuryliden-2'-on (E III/IV **19** 1624) und NH_3 [240°] (*Op.*).
Gelbliche Kristalle; F: 105°. $Kp_{4,5}$: 155°.   [*G. Grimm*]

Oxo-Verbindungen $C_9H_{14}N_2O$

6-Pentyl-2H-pyridazin-3-on $C_9H_{14}N_2O$, Formel I, und Tautomeres.
B. Aus 6-Pentyl-4,5-dihydro-2H-pyridazin-3-on beim Behandeln mit Brom in Essigsäure (*Kutscherow*, Ž. obšč. Chim. **20** [1950] 1662, 1664; engl. Ausg. S. 1725, 1727; *Levisalles*, Bl. **1957** 1004, 1008).
Dimorphe Kristalle (aus Ae. bzw. aus H_2O); F: 52—53° (*Ku.*). Kristalle (aus Ae. + Pentan); F: 32—34° (*Le.*). Kp_{11}: 185—195° (*Le.*).

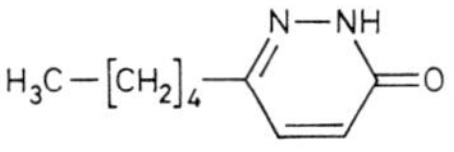

I 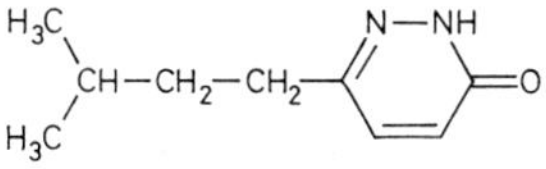   II 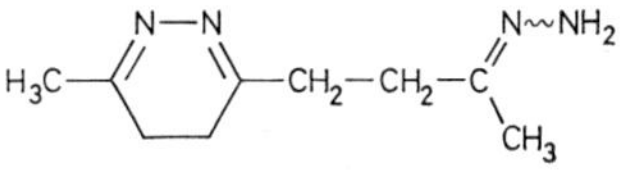   III

6-Isopentyl-2H-pyridazin-3-on $C_9H_{14}N_2O$, Formel II, und Tautomeres.
B. Aus 6-Isopentyl-4,5-dihydro-2H-pyridazin-3-on beim Behandeln mit Brom in Essigsäure (*Kutscherow*, Ž. obšč. Chim. **20** [1950] 1662, 1664; engl. Ausg. S. 1725, 1727).
Kristalle (aus Ae.); F: 63—64°.

---

*4-[6-Methyl-4,5-dihydro-pyridazin-3-yl]-butan-2-on-hydrazon $C_9H_{16}N_4$, Formel III.
B. Beim Erwärmen von Nonan-2,5,8-trion mit $N_2H_4 \cdot H_2O$ in Methanol (*Alder, Schmidt*, B. **76** [1943] 183, 196).
Kristalle (aus Ae. + E.); F: 123—124°.

5-Pentyl-1H-pyrimidin-2-thion $C_9H_{14}N_2S$, Formel IV, und Tautomeres.
B. Aus 3-Dimethylamino-2-pentyl-acrylaldehyd (E IV **4** 1980) beim Behandeln mit

COCl$_2$ in CHCl$_3$ und Erwärmen des Reaktionsprodukts mit Thioharnstoff in Äthanol (*Rylski et al.*, Collect. **24** [1959] 1667, 1669, 1670).
Kristalle; F: 195—196° [nach Sublimation bei 0,2 Torr].

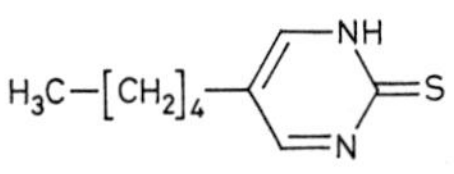

IV 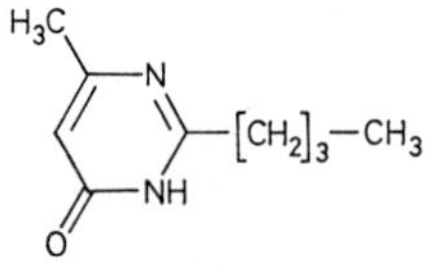   V 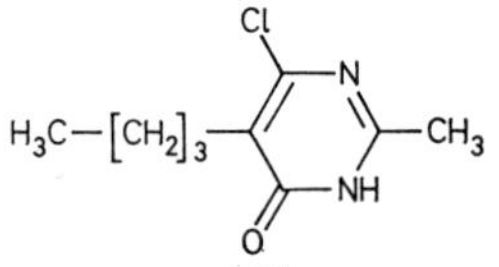   VI

2-Butyl-6-methyl-3H-pyrimidin-4-on $C_9H_{14}N_2O$, Formel V, und Tautomere.
B. Aus Valeramidin-hydrochlorid beim Behandeln mit Acetessigsäure-äthylester und äthanol. KOH (*Yanai, Naito,* J. pharm. Soc. Japan **61** [1941] 99, 103; dtsch. Ref. S. 46, 50; C. A. **1942** 479).
Kristalle (aus Ae. + PAe.); F: 120°.
Picrat $C_9H_{14}N_2O \cdot C_6H_3N_3O_7$. Kristalle (aus E. + Bzl.); F: 140°.

5-Butyl-6-chlor-2-methyl-3H-pyrimidin-4-on $C_9H_{13}ClN_2O$, Formel VI, und Tautomere.
B. In kleiner Menge neben 5-Butyl-4,6-dichlor-2-methyl-pyrimidin beim Erhitzen von 5-Butyl-2-methyl-1H-pyrimidin-4,6-dion mit POCl$_3$ (*Henze et al.,* J. org. Chem. **17** [1952] 1320, 1321, 1323).
Kristalle (aus Bzl.); F: 173,5—174,5° [korr.].

(±)-5-sec-Butyl-6-chlor-2-methyl-3H-pyrimidin-4-on $C_9H_{13}ClN_2O$, Formel VII, und Tautomere.
B. In kleiner Menge neben 5-sec-Butyl-4,6-dichlor-2-methyl-pyrimidin beim Erhitzen von (±)-5-sec-Butyl-2-methyl-1H-pyrimidin-4,6-dion mit POCl$_3$ (*Henze et al.,* J. org. Chem. **17** [1952] 1320, 1321, 1323).
Kristalle (aus Bzl.); F: 124,3—125,3° [korr.].

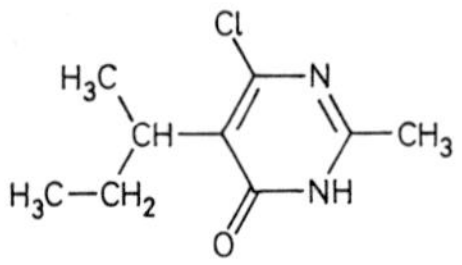

VII 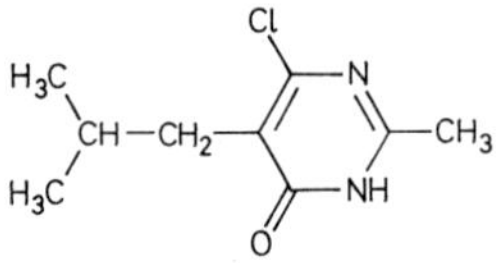   VIII 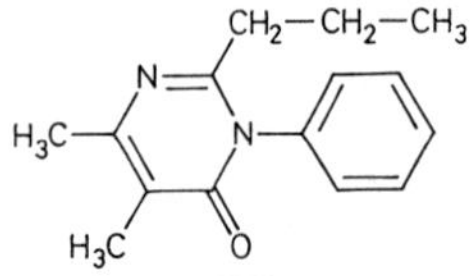   IX

6-Chlor-5-isobutyl-2-methyl-3H-pyrimidin-4-on $C_9H_{13}ClN_2O$, Formel VIII, und Tautomere.
B. In kleiner Menge neben 4,6-Dichlor-5-isobutyl-2-methyl-pyrimidin beim Erhitzen von 5-Isobutyl-2-methyl-1H-pyrimidin-4,6-dion mit POCl$_3$ (*Henze et al.,* J. org. Chem. **17** [1952] 1320, 1321, 1323).
Kristalle (aus Bzl.); F: 167,5—168,5° [korr.].

5,6-Dimethyl-3-phenyl-2-propyl-3H-pyrimidin-4-on $C_{15}H_{18}N_2O$, Formel IX.
B. Beim Behandeln von Butyrophenon-oxim mit PCl$_5$ in CHCl$_3$ und Behandeln des Reaktionsgemisches mit 3-Amino-2-methyl-crotonsäure-äthylester (*Staskun, Stephen,* Soc. **1956** 4708).
Kristalle (aus A. oder Me.); F: 73°.

2,6-Diäthyl-5-brommethyl-3H-pyrimidin-4-on $C_9H_{13}BrN_2O$, Formel X, und Tautomere.
Die früher (H **24** 103) unter dieser Konstitution beschriebene Verbindung ist wahrscheinlich als (±)-2(oder 6)-Äthyl-6(oder 2)-[1-brom-äthyl]-5-methyl-3H-pyr⸗

imidin-4-on zu formulieren (s. diesbezüglich *Ochiai et al.*, J. pharm. Soc. Japan **57**
[1937] 1047; dtsch. Ref. S. 305; C. A. **1938** 3397).

5,6-Dimethyl-3-propyl-1H-pyrazin-2-on $C_9H_{14}N_2O$, Formel XI (R = C_2H_5, R' = H),
und Tautomeres.
  B. Aus DL-Norvalin-amid-hydrobromid in Methanol beim Behandeln mit Butandion
und wss. NaOH (*Karmas, Spoerri*, Am. Soc. **74** [1952] 1580, 1582, 1583).
  Kristalle (aus wss. Me.); F: 119—120° [unkorr.].

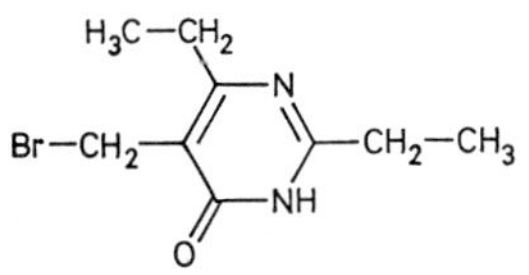

X 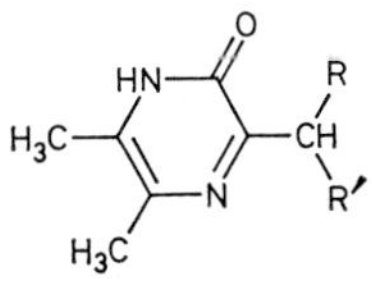   XI 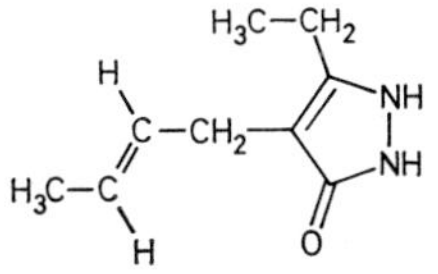   XII

3-Isopropyl-5,6-dimethyl-1H-pyrazin-2-on $C_9H_{14}N_2O$, Formel XI (R = R' = CH_3), und
Tautomeres.
  B. Aus DL-Valin-amid-hydrobromid in Methanol beim Behandeln mit Butandion und
wss. NaOH (*Karmas, Spoerri*, Am. Soc. **74** [1952] 1580, 1582, 1583).
  Kristalle (aus wss. Me.); F: 144—145° [unkorr.].

5-Äthyl-4-but-2t-enyl-1,2-dihydro-pyrazol-3-on $C_9H_{14}N_2O$, Formel XII, und Tautomere.
  B. Aus 2-Propionyl-hex-4t-ensäure-äthylester und $N_2H_4 \cdot H_2O$ (*Berthold*, B. **90** [1957]
793, 798).
  Kristalle (aus Me.); F: 181° [unkorr.].

1-[5-Äthyl-1(oder 2)-(4-nitro-phenyl)-1(oder 2)H-pyrazol-3-yl]-butan-2-on $C_{15}H_{17}N_3O_3$,
Formel XIII (X = O) oder XIV (X = O).
  Diese Konstitution kommt vermutlich der von *Deshapande et al.* (J. Indian chem. Soc.
11 [1934] 595, 600) als 2,6-Diäthyl-1-[4-nitro-anilino]-1H-pyridin-4-on beschriebenen
Verbindung zu (vgl. *Ainsworth, Jones*, Am. Soc. **76** [1954] 3172).
  B. Beim Erwärmen der α-Form des Nonan-3,5,7-trions (E III **1** 3174) mit [4-Nitro-
phenyl]-hydrazin [0,8 Mol] in Äthanol (*De. et al.*).
  Kristalle (aus wss. Eg.); F: 78° (*De. et al.*).
  Hexachloroplatinat(IV) 2 $C_{15}H_{17}N_3O_3 \cdot H_2PtCl_6$. F: 198° (*De. et al.*).

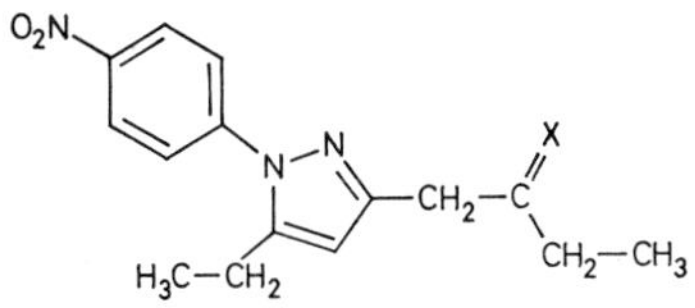

XIII 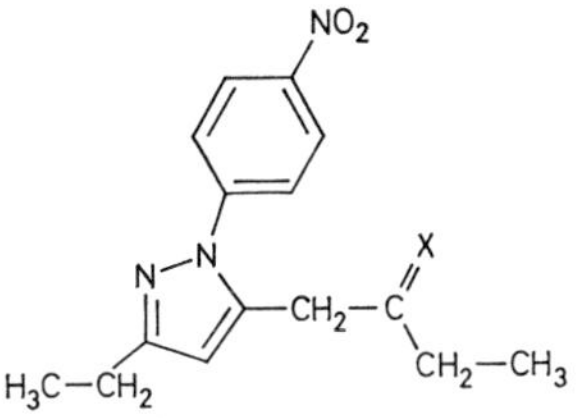   XIV 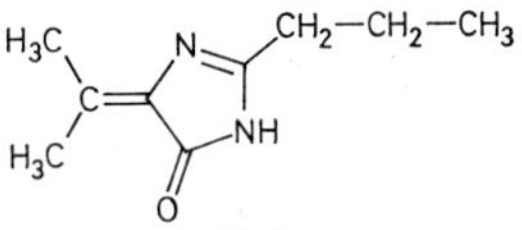   XV

***1-[5-Äthyl-1(oder 2)-(4-nitro-phenyl)-1(oder 2)H-pyrazol-3-yl]-butan-2-on-[4-nitro-
phenylhydrazon]** $C_{21}H_{22}N_6O_4$, Formel XIII (X = N-NH-C_6H_4-$NO_2(p)$) oder XIV
(X = N-NH-C_6H_4-$NO_2(p)$).
  Diese Konstitution kommt vermutlich der von *Deshapande et al.* (J. Indian chem. Soc.
11 [1934] 595, 600) als 2,6-Diäthyl-1-[4-nitro-anilino]-1H-pyridin-4-on-[4-nitro-phenyl=
hydrazon] beschriebenen Verbindung zu (vgl. *Ainsworth, Jones*, Am. Soc. **76** [1954] 3172).
  B. Beim Erwärmen der β-Form des Nonan-3,5,7-trions (E III **1** 3174) mit [4-Nitro-
phenyl]-hydrazin [2 Mol] in Äthanol (*De. et al.*).
  Gelbe Kristalle (aus Py.); F: 164° (*De. et al.*).

Hexachloroplatinat(IV) $2\ C_{21}H_{22}N_6O_4 \cdot H_2PtCl_6$. F: 157° (*De. et al.*).

5-Isopropyliden-2-propyl-3,5-dihydro-imidazol-4-on $C_9H_{14}N_2O$, Formel XV, und
Tautomere.
  B. Beim Erwärmen von Butyrimidsäure-äthylester mit Glycin-äthylester und Aceton
(*Lehr et al.*, Am. Soc. **75** [1953] 3640, 3643, 3645; *Hoffmann-La Roche*, U.S.P. 2602799
[1952]).
  Hellgelbe Kristalle (aus PAe.); F: 110—111° [korr.].

5-Cyclohexyl-2-phenyl-1,2-dihydro-pyrazol-3-on $C_{15}H_{18}N_2O$, Formel I, und Tautomere
(H 105).
  B. Aus 3-Cyclohexyl-3-oxo-propionsäure-äthylester und Phenylhydrazin (*Breslow et al.*,
Am. Soc. **66** [1944] 1286).
  Kristalle; F: 125—126° [korr.].

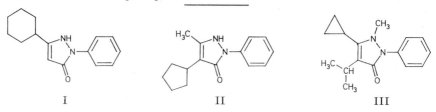

I   II   III

4-Cyclopentyl-5-methyl-2-phenyl-1,2-dihydro-pyrazol-3-on $C_{15}H_{18}N_2O$, Formel II, und
Tautomere.
  B. Aus 2-Cyclopentyl-acetessigsäure-äthylester beim Behandeln mit Phenylhydrazin
in Essigsäure (*Rydon*, Soc. **1939** 1544, 1548).
  Hellgelbe Kristalle (aus wss. A.); F: 133—134°.

5-Cyclopropyl-4-isopropyl-1-methyl-2-phenyl-1,2-dihydro-pyrazol-3-on $C_{16}H_{20}N_2O$,
Formel III.
  B. Aus 2-Cyclopropancarbonyl-3-methyl-buttersäure-äthylester beim Behandeln mit
Phenylhydrazin in Äthanol und Erwärmen des Reaktionsprodukts mit Dimethylsulfat
(*Geigy A.G.*, U.S.P. 2731473 [1954]). Beim Hydrieren des aus 5-Cyclopropyl-2-phenyl-
1,2-dihydro-pyrazol-3-on und Aceton erhaltenen Reaktionsgemisches und Erwärmen
des Reaktionsprodukts mit Dimethylsulfat (*Geigy A.G.*).
  F: 108°.

2-[4-Nitro-phenyl]-1,2,4,5,6,7,8,9-octahydro-cyclooctapyrazol-3-on $C_{15}H_{17}N_3O_3$,
Formel IV, und Tautomere.
  B. Beim Erwärmen von 2-Oxo-cyclooctancarbonsäure-methylester mit [4-Nitro-
phenyl]-hydrazin in methanol. HCl (*Prelog et al.*, Helv. **31** [1948] 92, 95).
  Gelbe Kristalle (aus Me.); F: 215° [korr.].

2,6,7,8,9,10-Hexahydro-3H-pyrimido[1,2-a]azepin-4-on $C_9H_{14}N_2O$, Formel V.
  B. Beim Erhitzen von *N*-Hexahydroazepin-2-yliden-β-alanin in 1,2-Dichlor-benzol
unter azeotroper Entfernung des entstehenden H_2O (*Petersen, Tietze*, A. **623** [1959] 166,
174).
  F: 35°.
  Hydrochlorid $C_9H_{14}N_2O \cdot HCl$. F: 232—234°.

(±)-4a-Methyl-4,4a,5,6,7,8-hexahydro-2H-cinnolin-3-on $C_9H_{14}N_2O$, Formel VI.
  B. Aus (±)-[1-Methyl-2-oxo-cyclohexyl]-essigsäure beim Erwärmen mit $N_2H_4 \cdot H_2O$ in
Äthanol (*Buchta et al.*, B. **91** [1958] 1552, 1553).
  Kristalle (aus H_2O); F: 173—174°.

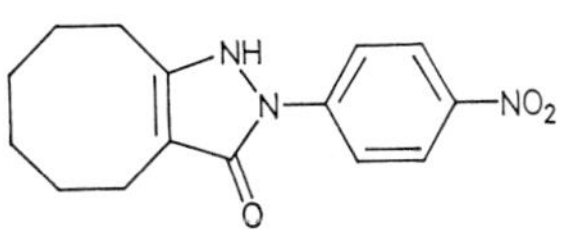

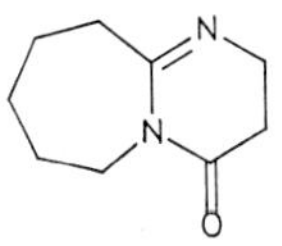

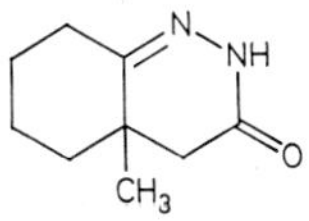

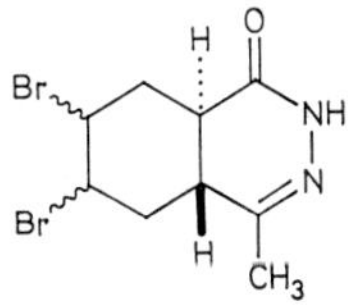

IV   V   VI   VII

(±)-6ξ,7ξ-Dibrom-4-methyl-(4ar,8at)-4a,5,6,7,8,8a-hexahydro-2H-phthalazin-1-on
$C_9H_{12}Br_2N_2O$, Formel VII + Spiegelbild.

B. Beim Erwärmen von (±) 2t-Acetyl-4ξ,5ξ-dibrom-cyclohexan-r-carbonsäure (F: 170°) mit wss. $N_2H_4 \cdot H_2O$ in Methanol (Dixon, Wiggins, Soc. 1954 594, 596). Beim Erwärmen von (±)-4-Methyl-(4ar,8at)-4a,5,8,8a-tetrahydro-2H-phthalazin-1-on (S. 249) mit Brom in Essigsäure (Di., Wi., l. c. S. 597).

Kristalle (aus wss. A.); F: 194° [Zers.].

---

*Opt.-inakt. 4,7-Dimethyl-2-phenyl-2,4,4a,5,6,7-hexahydro-cyclopenta[c]pyridazin-3-on
$C_{15}H_{18}N_2O$, Formel VIII.

Diese Konstitution kommt der von Jones, Linstead (Soc. 1936 616, 620) als opt.-inakt. 2-[3-Methyl-2-phenylhydrazono-cyclopentyl]-propionsäure beschriebenen Verbindung (F: 192°) zu (Cavill, Ford, Austral. J. Chem. 13 [1960] 296, 302).

B. Beim Erwärmen von opt.-inakt. 2-[3-Methyl-2-oxo-cyclopentyl]-propionsäure (F: 176°) mit Phenylhydrazin (Jo., Li.; Ca., Ford).

Kristalle (aus A.), F: 200°; Kristalle (aus Bzl.) mit 0,5 Mol Benzol, F: 198,5°(Ca., Ford).

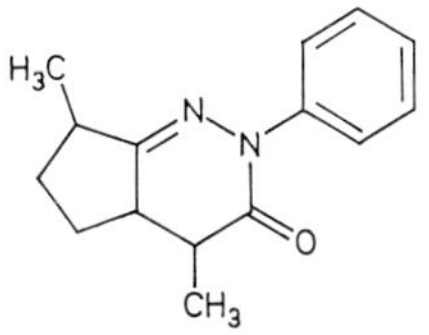

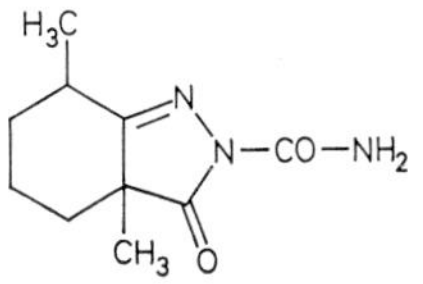

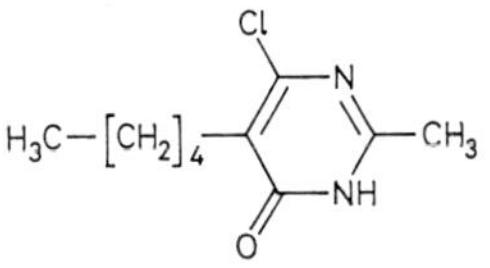

VIII   IX   X

*Opt.-inakt. 3a,7-Dimethyl-3-oxo-3,3a,4,5,6,7-hexahydro-indazol-2-carbonsäure-amid
$C_{10}H_{15}N_3O_2$, Formel IX.

B. Aus opt.-inakt. 1,3-Dimethyl-2-oxo-cyclohexancarbonsäure-äthylester (E III 10 2839) beim Behandeln mit Semicarbazid-acetat in Äthanol (Bradfield et al., Soc. 1936 1137, 1141).

Kristalle (aus A.); F: 144—147°.

Oxo-Verbindungen $C_{10}H_{16}N_2O$

6-Chlor-2-methyl-5-pentyl-3H-pyrimidin-4-on $C_{10}H_{15}ClN_2O$, Formel X, und Tautomere.

B. In kleiner Menge neben 4,6-Dichlor-2-methyl-5-pentyl-pyrimidin beim Erhitzen von 2-Methyl-5-pentyl-1H-pyrimidin-4,6-dion mit $POCl_3$ (Henze et al., J. org. Chem. 17 [1952] 1320, 1321, 1323).

Kristalle (aus Bzl.); F: 168—169° [korr.].

5,5-Diallyl-tetrahydro-pyrimidin-2-on $C_{10}H_{16}N_2O$, Formel XI.

B. Aus 2,2-Diallyl-propandiyldiamin beim Erhitzen mit Diäthylcarbonat (Palazzo, Cecinato, Farmaco Ed. scient. 11 [1956] 918, 924).

Kristalle (aus A.); F: 185°.

5-Äthyl-6-methyl-3-phenyl-2-propyl-3H-pyrimidin-4-on $C_{16}H_{20}N_2O$, Formel XII.

B. Beim Behandeln von Butyrophenon-oxim mit PCl_5 in $CHCl_3$ und Behandeln des Reaktionsgemisches mit 2-Äthyl-3-amino-crotonsäure-äthylester (Staskun, Stephen, Soc.

1956 4708).

Kristalle (aus A. oder Me.); F: 106°.

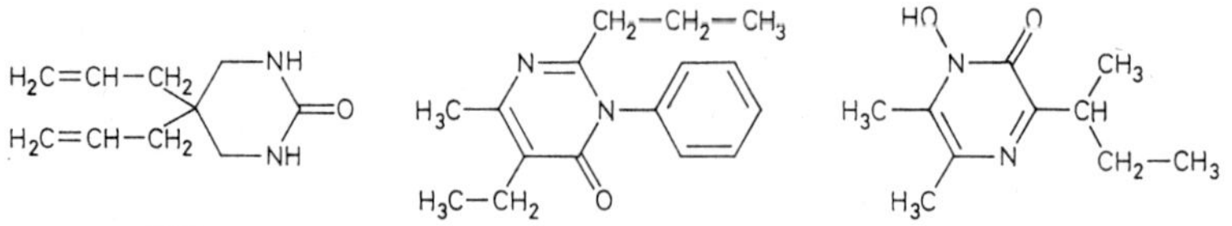

XI   XII   XIII

(±)-3-*sec*-Butyl-1-hydroxy-5,6-dimethyl-1*H*-pyrazin-2-on $C_{10}H_{16}N_2O_2$, Formel XIII.

B. Aus DL-Isoleucin-hydroxyamid beim Behandeln mit Butandion in H_2O (*Safir, Williams*, J. org. Chem. **17** [1952] 1298, 1300).

Kristalle; F: 83—85° [nach Erweichen; nach Sublimation bei 110°/0,5 Torr].

1-Hydroxy-3-isobutyl-5,6-dimethyl-1*H*-pyrazin-2-on $C_{10}H_{16}N_2O_2$, Formel I.

B. Aus L-Leucin-hydroxyamid beim Behandeln mit Butandion in H_2O (*Safir, Williams*, J. org. Chem. **17** [1952] 1298, 1300).

Gelbe Kristalle (aus A.), F: 95—96°; bei der Sublimation im Hochvakuum bilden sich farblose Kristalle vom F: 69—71°, die nach längerem Aufbewahren wieder in die Kristalle vom F: 95—96° übergehen.

2-Butyl-5-isopropyliden-3,5-dihydro-imidazol-4-on $C_{10}H_{16}N_2O$, Formel II (R = CH_3, n = 3), und Tautomere.

B. Beim Erwärmen von Valerimidsäure-äthylester mit Glycin-äthylester und Aceton (*Lehr et al.*, Am. Soc. **75** [1953] 3640, 3643, 3645; *Hoffmann-La Roche*, U.S.P. 2602799 [1952]).

Hydrochlorid $C_{10}H_{16}N_2O \cdot HCl$. Kristalle (aus A.); F: 217—219° [korr.; Zers.].

*5-*sec*-Butyliden-2-propyl-3,5-dihydro-imidazol-4-on $C_{10}H_{16}N_2O$, Formel II (R = C_2H_5, n = 2) oder Stereoisomeres, und Tautomere.

B. Beim Erwärmen von Butyrimidsäure-äthylester mit Glycin-äthylester und Butanon (*Lehr et al.*, Am. Soc. **75** [1953] 3640, 3643, 3645; *Hoffmann-La Roche*, U.S.P. 2602799 [1952]).

Kristalle (aus PAe.); F: 106,5—108° [korr.].

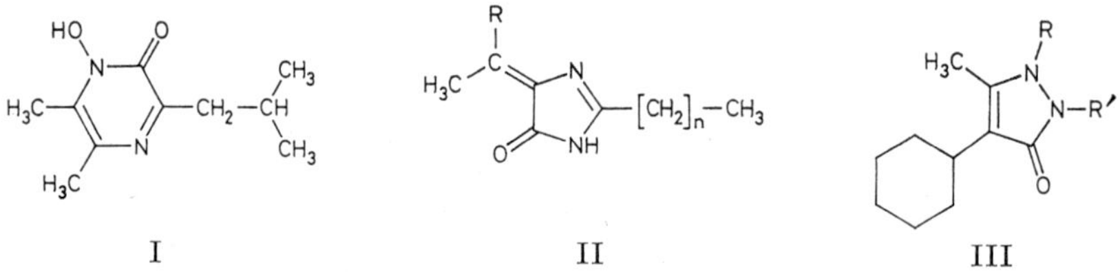

I   II   III

4-Cyclohexyl-5-methyl-1,2-dihydro-pyrazol-3-on $C_{10}H_{16}N_2O$, Formel III (R = R' = H), und Tautomere.

B. Aus 2-Cyclohexyl-acetessigsäure-äthylester beim Behandeln mit $N_2H_4 \cdot H_2O$ in Äthan= ol (*Veibel, Linholt*, Acta chem. scand. **8** [1954] 1383, 1385, 1386).

Kristalle; F: 197—198° [unkorr.].

Überführung in 4-Cyclohexyl-4-hydroxy-5-methyl-2,4-dihydro-pyrazol-3-on durch Behandeln mit *tert*-Butylhydroperoxid und äthanol. Natriumäthylat in *tert*-Butylalkohol: *Ve., Li.*

4-Cyclohexyl-5-methyl-2-phenyl-1,2-dihydro-pyrazol-3-on $C_{16}H_{20}N_2O$, Formel III (R = H, R' = C_6H_5), und Tautomere.

B. Beim Hydrieren eines Gemisches von 5-Methyl-2-phenyl-1,2-dihydro-pyrazol-3-on

und Cyclohexanon an einem Nickel-Katalysator bei 100—120°/10 at (*Hoffmann-La Roche*, D.R.P. 565799 [1931]; Frdl. **19** 1184).
Kristalle (aus Me.); F: 130—132° (*Hoffmann-La Roche*). Scheinbarer Dissoziations-exponent pK$_b'$ (H$_2$O [umgerechnet aus Eg.]; potentiometrisch ermittelt): 11,6 (*Veibel, Linholt*, Acta chem. scand. **8** [1954] 1007, 1008).
Geschwindigkeit der Oxidation durch Sauerstoff in Methanol in Gegenwart von Tri-äthylamin: *Veibel*, Bl. **1955** 407, 311. Überführung in 4-Cyclohexyl-4-hydroxy-5-methyl-2-phenyl-2,4-dihydro-pyrazol-3-on beim Behandeln mit *tert*-Butylhydroperoxid und äthanol. Natriumäthylat in *tert*-Butylalkohol: *Ve., Li.*

4-Cyclohexyl-1,5-dimethyl-2-phenyl-1,2-dihydro-pyrazol-3-on C$_{17}$H$_{22}$N$_2$O, Formel III (R = CH$_3$, R' = C$_6$H$_5$).
B. Beim Hydrieren eines Gemisches von 5-Methyl-2-phenyl-1,2-dihydro-pyrazol-3-on und Cyclohexanon an Raney-Nickel in Methanol bei 100—115°/30 at und Behandeln des Reaktionsprodukts mit Dimethylsulfat (*Riedel-de Haën*, D.R.P. 962254 [1954]).
F: 137—139°.

4-Cyclohexylmethyl-1,3-dihydro-imidazol-2-thion C$_{10}$H$_{16}$N$_2$S, Formel IV, und Tautomere.
B. Aus 1-Amino-3-cyclohexyl-aceton-hydrochlorid beim Erwärmen mit Kaliumthio-cyanat in H$_2$O (*Jackman et al.*, Am. Soc. **70** [1948] 2884).
Kristalle (aus A.); F: 231—232,5° [korr.].

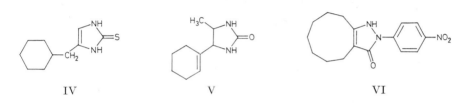

IV   V   VI

---

*Opt.-inakt. **4-Cyclohex-1-enyl-5-methyl-imidazolidin-2-on** C$_{10}$H$_{16}$N$_2$O, Formel V.
a) Stereoisomeres vom F: 202°.
B. Beim Behandeln von opt.-inakt. 1-Cyclohex-1-enyl-2-methyl-äthandiyldiamin-dihydrochlorid (F: 240—250°) mit COCl$_2$ und wss. Na$_2$CO$_3$ (*Grob, v. Tscharner*, Helv. **33** [1950] 1070, 1077).
Kristalle (aus A.); F: 201—202° [korr.].
b) Stereoisomeres vom F: 143°.
B. Beim Behandeln von opt.-inakt. 1-Cyclohex-1-enyl-2-methyl-äthandiyldiamin-di-hydrochlorid (F: 245—250°) mit COCl$_2$ und wss. Na$_2$CO$_3$ (*Grob, v. Tsch.*).
Kristalle (aus Acn. + Ae.); F: 143° [korr.].

2-[4-Nitro-phenyl]-1,4,5,6,7,8,9,10-octahydro-2H-cyclononapyrazol-3-on C$_{16}$H$_{19}$N$_3$O$_3$, Formel VI, und Tautomere.
B. Beim Erwärmen von 2-Oxo-cyclononansäure-methylester mit [4-Nitro-phenyl]-hydrazin in methanol. HCl (*Prelog et al.*, Helv. **31** [1948] 92, 96).
F: 200° [korr.].

Oxo-Verbindungen C$_{11}$H$_{18}$N$_2$O

6-Chlor-5-hexyl-2-methyl-3H-pyrimidin-4-on C$_{11}$H$_{17}$ClN$_2$O, Formel VII, und Tautomeres.
B. In kleiner Menge neben 4,6-Dichlor-5-hexyl-2-methyl-pyrimidin beim Erhitzen von 5-Hexyl-2-methyl-1H-pyrimidin-4,6-dion mit POCl$_3$ (*Henze et al.*, J. org. Chem. **17** [1952] 1320, 1321, 1323).
Kristalle (aus Bzl.); F: 144—145° [korr.].

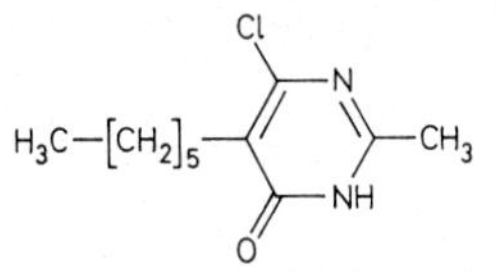

VII 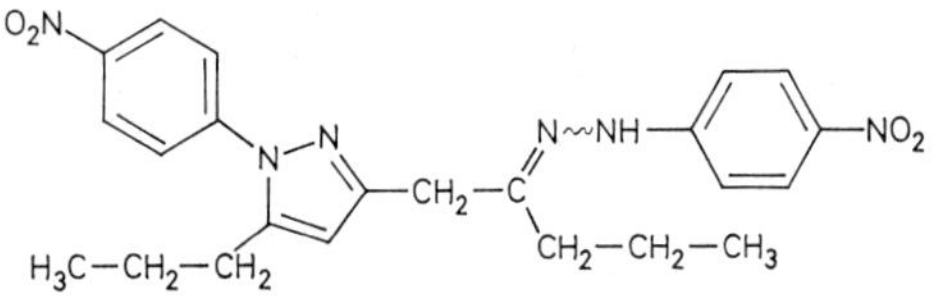   VIII

1-[1(oder 2)-(4-Nitro-phenyl)-5-propyl-1(oder 2)H-pyrazol-3-yl]-pentan-2-on-[4-nitro-phenylhydrazon] $C_{23}H_{26}N_6O_4$, Formel VIII oder IX.

Diese Konstitution kommt vermutlich der von *Deshapande et al.* (J. Indian chem. Soc. **11** [1934] 595, 601) als 1-[4-Nitro-anilino]-2,6-dipropyl-1H-pyridin-4-on-[4-nitro-phenyl-hydrazon] beschriebenen Verbindung zu (vgl. *Ainsworth, Jones*, Am. Soc. **76** [1954] 3172).

B. Beim Erwärmen von Undecan-4,6,8-trion mit [4-Nitro-phenyl]-hydrazin [2 Mol] in Äthanol (*De. et al.*).

Kristalle (aus A.); F: 140° (*De. et al.*).

---

*5-[1-Methyl-butyliden]-2-propyl-3,5-dihydro-imidazol-4-on $C_{11}H_{18}N_2O$, Formel X (R = CH_3, R' = CH_2-CH_2-CH_3) oder Stereoisomeres, und Tautomere.

B. Beim Erhitzen von Butyrimidsäure-äthylester mit Glycin-äthylester und Pentan-2-on (*Lehr et al.*, Am. Soc. **75** [1953] 3640, 3643, 3645; *Hoffmann-La Roche*, U.S.P. 2602799 [1952]).

Hydrochlorid $C_{11}H_{18}N_2O \cdot HCl$. Kristalle (aus A. + Ae.); F: 159—161° [korr.; Zers.].

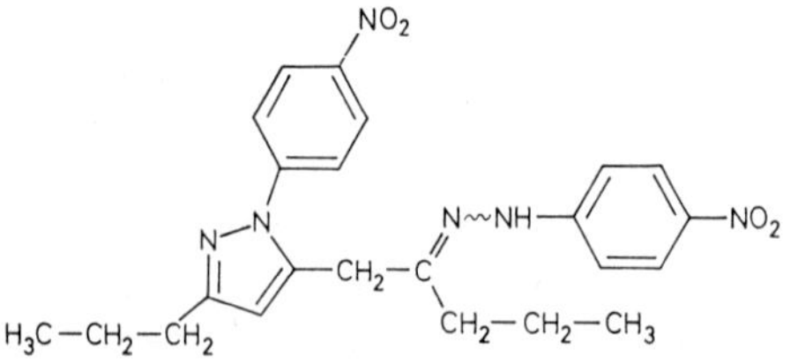

IX 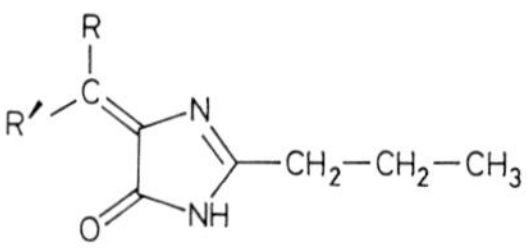   X

5-[1-Äthyl-propyliden]-2-propyl-3,5-dihydro-imidazol-4-on $C_{11}H_{18}N_2O$, Formel X (R = R' = C_2H_5), und Tautomere.

B. Beim Erhitzen von Butyrimidsäure-äthylester mit Glycin-äthylester und Pentan-3-on (*Lehr et al.*, Am. Soc. **75** [1953] 3640, 3644, 3645; *Hoffmann-La Roche*, U.S.P. 2602799 [1952]).

Hydrochlorid $C_{11}H_{18}N_2O \cdot HCl$. Kristalle (aus A. + Ae.); F: 178—180° [korr.; Zers.].

---

*5-[1,2-Dimethyl-propyliden]-2-propyl-3,5-dihydro-imidazol-4-on $C_{11}H_{18}N_2O$, Formel X (R = CH_3, R' = $CH(CH_3)_2$) oder Stereoisomeres, und Tautomere.

B. Beim Erhitzen von Butyrimidsäure-äthylester mit Glycin-äthylester und 3-Methyl-butan-2-on (*Lehr et al.*, Am. Soc. **75** [1953] 3640, 3643, 3645; *Hoffmann-La Roche*, U.S.P. 2602799 [1952]).

Hydrochlorid $C_{11}H_{18}N_2O \cdot HCl$. Kristalle (aus A. + Ae.); F: 181—183° [korr.; Zers.].

4-Cyclohexylmethyl-5-methyl-1,3-dihydro-imidazol-2-on $C_{11}H_{18}N_2O$, Formel XI, und Tautomere.

B. Bei der Hydrierung von 4-Benzoyl-5-methyl-1,3-dihydro-imidazol-2-on an Platin in Essigsäure (*Duschinsky, Dolan*, Am. Soc. **67** [1945] 2079, 2084).

Kristalle; F: 358—360° [unkorr.; evakuierte Kapillare; nach Sublimation bei 230°/0,7 Torr].

2,6,7,8,9,10,11,12-Octahydro-3H-pyrimido[1,2-a]azonin-4-on $C_{11}H_{18}N_2O$, Formel XII.

B. Beim Erhitzen von N-Octahydroazonin-2-yliden-β-alanin in 1,2-Dichlor-benzol unter azeotroper Entfernung des entstehenden H_2O (*Petersen, Tietze*, A. **623** [1959] 166, 174).

F: 59—60°.

XI   XII   XIII   XIV

6,12-Diaza-dispiro[4.1.4.2]tridecan-13-thion $C_{11}H_{18}N_2S$, Formel XIII.

B. Aus Cyclopentanon beim Behandeln mit einem HCN-H_3PO_4-Gemisch und Behandeln des Reaktionsgemisches mit wss.-äthanol. $[NH_4]_2S$ (*Christian*, J. org. Chem. **22** [1957] 396).

Kristalle (aus Me.); F: 195—196° [korr.].

(3aξ,4ar,8ac,9aξ)-Dodecahydro-naphth[2,3-d]imidazol-2-on $C_{11}H_{18}N_2O$, Formel XIV.

B. Bei der Hydrierung von *cis*-1,3,4,4a,5,6,7,8,8a,9-Decahydro-naphth[2,3-d]imidazol-2-on an Raney-Nickel in Äthanol bei 135—150°/120 at (*Geigy A. G.*, U.S.P. 2 850 532 [1956]).

Kristalle (aus E.); F: 159—160°.

(2S)-(6at)-Octahydro-2r,6c-methano-pyrido[1,2-c][1,3]diazocin-1-on $C_{11}H_{18}N_2O$, Formel I.

B. Beim Erwärmen von (2S,3$'R$)-Decahydro-[2,3$'$]bipyridyl-1(oder 1$'$)-carbonylchlorid (E III/IV **23** 515) mit KOH und wenig H_2O in $CHCl_3$ (*Foroštjan, Lasur$'$ewškii*, Trudy Chim. prirodn. Soedin. Kišinevsk. Univ. **1959** Nr. 2, S. 53, 55; C. A. **1961** 27307).

Kristalle; F: 74—76°. Kp$_2$: 141—143°.

Decahydro-1,5-methano-pyrido[1,2-a][1,5]diazocin-8-on $C_{11}H_{18}N_2O$.

a) **(1R)-(11ac)-Decahydro-1r,5c-methano-pyrido[1,2-a][1,5]diazocin-8-on**, Tetrahydrocytisin Formel II (R = H).

Konfiguration: *Okuda et al.*, Chem. pharm. Bl. **13** [1965] 491, 495.

B. Aus (−)-Cytisin (S. 321) bei der Hydrierung an Palladium/Kohle in H_2O (*Späth, Galinovsky*, B. **65** [1932] 1526, 1535) oder an Platin in H_2O (*Galinovsky et al.*, M. **85** [1954] 1137).

Kristalle; F: 114° [aus Acn. + Ae.] (*Ga. et al.*), 113—114° [evakuierte Kapillare] (*Sp., Ga.*).

N-Acetyl-Derivat $C_{13}H_{20}N_2O_2$. Kristalle (aus Acn. + Ae.); F: 164°; bei 140° [Badtemperatur]/0,01 Torr sublimierbar (*Ga. et al.*). IR-Spektrum ($CHCl_3$; 3—11 µ): *Bohlmann et al.*, B. **89** [1956] 792, 795.

b) **Opt.-inakt. Decahydro-1,5-methano-pyrido[1,2-a][1,5]diazocin-8-on.**

B. Aus opt.-inakt. 7,9-Bis-methoxymethyl-octahydro-chinolizin-4-on (E III/IV **21** 6411) beim Erhitzen mit wss. HBr, Erwärmen des Reaktionsprodukts in Äthanol mit NH_3 und Erhitzen des Reaktionsprodukts in wenig Methanol mit Methylnaphthalin (*Bohlmann et al.*, B. **89** [1956] 792, 797).

Kp$_{0,1}$: 150°.

N-Acetyl-Derivat $C_{13}H_{20}N_2O_2$. Kp$_{0,01}$: 180—190°. IR-Spektrum ($CHCl_3$; 3—11 µ): *Bo. et al.*

(1R)-3-Butyl-(11ac)-decahydro-1r,5c-methano-pyrido[1,2-a][1,5]diazocin-8-on, Hexahydrorhombifolin $C_{15}H_{26}N_2O$, Formel II (R = [CH_2]$_3$-CH_3).

B. Bei der Hydrierung von Rhombifolin (S. 324) an Platin in Essigsäure (*Cock-*

burn, Marion, Canad. J. Chem. **30** [1952] 92, 98).
$Kp_{0,05}$: 110—120°.

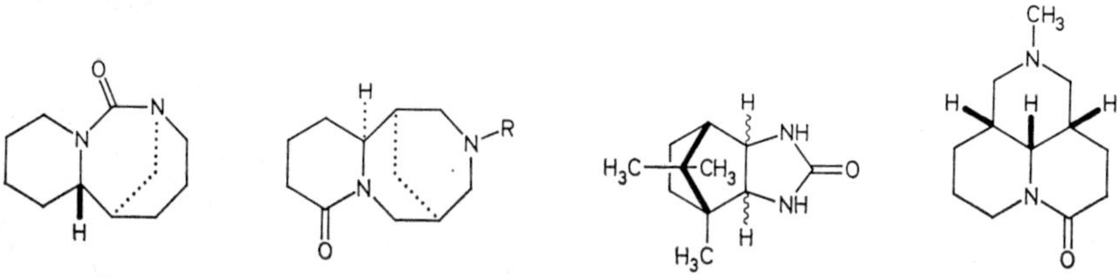

I   II   III   IV

(4R)-4,8,8-Trimethyl-(3aξ,7aξ)-hexahydro-4,7-methano-benzimidazol-2-on $C_{11}H_{18}N_2O$, Formel III.

B. Aus (1R)-Bornan-2ξ,3ξ-diyldiamin (E III **13** 24) beim Behandeln mit $COCl_2$ in Äther (*Rupe, Bohny*, Helv. **19** [1936] 1305, 1317).

Zers. > 240° [Braunfärbung].

Hydrochlorid $C_{11}H_{18}N_2O \cdot HCl$. Kristalle (aus Eg.).

(±)-2-Methyl-(3ar,10ac?,10bc?)-decahydro-pyrido[3,2,1-ij][1,6]naphthyridin-6-on $C_{12}H_{20}N_2O$, vermutlich Formel IV.

B. Bei der Hydrierung von (±)-3-[6-Methyl-2-oxo-1,2,3,4,5,6,7,8-octahydro-[1,6]≠ naphthyridin-8-yl]-propionsäure-amid an Kupferoxid-Chromoxid in Dioxan bei 230° bis 235°/110 at (*Tsuda et al.*, J. org. Chem. **21** [1956] 1481, 1484).

Kristalle (aus Ae.) mit 1 Mol H_2O; F: 90—91°. $Kp_{0,5}$: 115—119°.

Tetrachloroaurat(III). F: 215° [Zers.].

Picrat $C_{12}H_{20}N_2O \cdot C_6H_3N_3O_7$. F: 275° [Zers.].

Picrolonat. F: 252° [Zers.].

Oxo-Verbindungen $C_{12}H_{20}N_2O$

6-Butyl-2-methyl-5-propyl-3H-pyrimidin-4-on $C_{12}H_{20}N_2O$, Formel V, und Tautomere.

B. Beim Erwärmen von 3-Butyl-4-propyl-isoxazol-5-ylamin mit Acetanhydrid und Hydrieren des Reaktionsprodukts an Raney-Nickel in Äthanol (*Kano, Makisumi*, Pharm. Bl. **3** [1955] 270).

Kristalle (aus A.); F: 117—118°.

*Opt.-inakt. 3,6-Di-sec-butyl-1H-pyrazin-2-on $C_{12}H_{20}N_2O$, Formel VI (X = H), und Tautomeres.

B. Aus opt.-inakt. 2,5-Di-sec-butyl-3-chlor-pyrazin beim Erhitzen mit KOH (*Baxter, Spring*, Soc. **1947** 1179, 1183). Beim Behandeln von 3,6-Di-sec-butyl-pyrazin-2-ylamin mit $NaNO_2$ und wss. HCl (*Newbold, Spring*, Soc. **1947** 373, 376).

Kristalle; F: 122—124° [nach Sublimation bei 90°/1 Torr] (*Ba., Sp.*), 122—123° [aus wss. Me.] (*Ne., Sp.*). λ_{max} (A.): 228,5 nm und 322 nm (*Ne., Sp.*) bzw. 229 nm und 325 nm (*Ba., Sp.*).

Hydrochlorid $C_{12}H_{20}N_2O \cdot HCl$. Kristalle (aus A. + Ae.); F: 173—175° (*Ne., Sp.*).

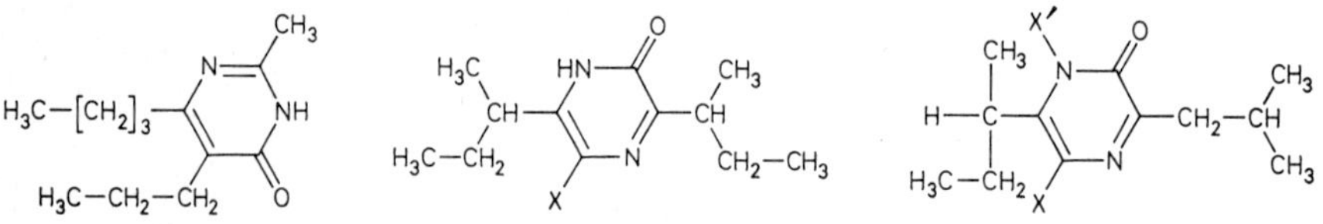

V   VI   VII

*Opt.-inakt. 3,6-Di-sec-butyl-5-chlor-1H-pyrazin-2-on $C_{12}H_{19}ClN_2O$, Formel VI (X = Cl), und Tautomeres.

B. Aus opt.-inakt. 2,5-Di-sec-butyl-3,6-dichlor-pyrazin beim Erhitzen mit KOH (*Bax-*

ter, Spring, Soc. **1947** 1179, 1183).

Kristalle; F: 105—106° [nach Sublimation bei 90°/1 Torr].

6-sec-Butyl-3-isobutyl-1H-pyrazin-2-on $C_{12}H_{20}N_2O$.

Konstitution: *Newbold et al.*, Soc. **1951** 2679.

a) **6-[(S)-sec-Butyl]-3-isobutyl-1H-pyrazin-2-on**, (+)-Desoxyaspergillsäure, Formel VII (X = X′ = H), und Tautomeres.

B. Aus (+)-Aspergillsäure (s. u.) beim Erhitzen mit Kupferoxid-Chromoxid oder mit Jod und rotem Phosphor in Essigsäure (*Dutcher*, J. biol. Chem. **171** [1947] 321, 333, 334) sowie beim Erhitzen mit $N_2H_4 \cdot H_2O$ in Äthanol (*Du.*, J. biol. Chem. **171** 334; *Dunn et al.*, Soc. **1949** Spl. 126, 129).

Kristalle; F: 105—108° (*Wintersteiner*, zit. bei *Newbold, Spring*, Soc. **1947** 373, 374), 102° [unkorr.; aus wss. A.] (*Du.*, J. biol. Chem. **171** 334), 98—100° [aus wss. Me.] (*Dunn et al.*). Kp_{760}: 310°; Kp_{10}: 197—199° (*Du.*, J. biol. Chem. **171** 334). $[\alpha]_D^{18}$: +21,3° [A.; c = 2,6] (*Dunn et al.*); $[\alpha]_D^{24}$: +15,3° [A.; c = 0,5], +10,2° [A.; c = 0,74], +18,8° [Me.; c = 2,2] (*Du.*, J. biol. Chem. **171** 334). UV-Spektrum (A.; 220—360 nm): *Du.*, J. biol. Chem. **171** 324; s. a. *Dutcher*, J. biol. Chem. **232** [1958] 785, 788. λ_{max} (A.): 229,5 nm und 325 nm (*Ne., Sp.*).

Bildung von (±)-Desoxyaspergillsäure beim Erhitzen mit wss. KOH: *Dunn et al.*

Hydrochlorid. Kristalle (aus A.); F: 207° [unkorr.] (*Du.*, J. biol. Chem. **171** 335).

Hydrobromid $C_{12}H_{20}N_2O \cdot HBr$. Kristalle; F: 250—252° [unkorr.; Zers.] (*Du.*, J. biol. Chem. **171** 335).

3,5-Dinitro-benzoat. Kristalle; F: 137—138° [unkorr.; nach Erweichen bei 156°] (*Du.*, J. biol. Chem. **171** 335).

Methojodid $[C_{13}H_{23}N_2O]I$. Hellgelbe Kristalle (aus Me. + Ae.); F: 169° (*Du.*, J. biol. Chem. **171** 335, 336).

b) **(±)-6-sec-Butyl-3-isobutyl-1H-pyrazin-2-on**, (±)-Desoxyaspergillsäure, Formel VII (X = X′ = H) + Spiegelbild, und Tautomeres.

B. Aus (±)-6-sec-Butyl-3-isobutyl-pyrazin-2-ylamin beim Behandeln mit $NaNO_2$ und wss. HCl und Erwärmen des Reaktionsgemisches (*Newbold et al.*, Soc. **1951** 2679, 2681). Beim Erhitzen von (+)-Desoxyaspergillsäure mit wss. KOH (*Dunn et al.*, Soc. **1949** Spl. 126, 129).

Kristalle; F: 103—104° [aus wss. Me.] (*Dunn et al.*), 103—104° [unkorr.; aus Hexan] (*Dutcher*, J. biol. Chem. **232** [1958] 785, 794), 100,5—101,5° [aus wss. A.] (*Ne. et al.*). λ_{max} (A.): 228 nm und 325 nm (*Dunn et al.*) bzw. 227 nm und 324 nm (*Ne. et al.*).

Charakterisierung als 6-sec-Butyl-3-isobutyl-5-phenylazo-1H-pyrazin-2-on (rote Kristalle [aus A.]; F: 188—189°): *Ne. et al.*

6-[(S)-sec-Butyl]-1-hydroxy-3-isobutyl-1H-pyrazin-2-on, (+)-Aspergillsäure $C_{12}H_{20}N_2O_2$, Formel VII (X = H, X′ = OH).

Zusammenfassende Darstellungen über (+)-Aspergillsäure und verwandte Aspergillus-Toxine: *MacDonald*, in *D. Gottlieb, P. D. Shaw*, Antibiotics, Bd. 2 [Berlin 1967] S. 43; *Wilson*, in *A. Ciegler et al.*, Microbial Toxins, Bd. 6 [New York 1971] S. 209.

Konstitution: *Newbold et al.*, Soc. **1951** 2679. Konfiguration: *MacDonald*, J. biol. Chem. **236** [1961] 512.

Isolierung aus Kulturfiltraten von Aspergillus flavus: *White, Hill*, J. Bacteriol. **45** [1943] 433, 435; *Jones et al.*, J. Bacteriol. **45** [1943] 461; *Woodward*, J. Bacteriol. **54** [1947] 375; *Dutcher*, J. biol. Chem. **171** [1947] 321, 331; *Dunn et al.*, Soc. **1949** Spl. 126, 129.

Gelbe Kristalle; F: 97—99° [nach Sublimation bei 80°/0,001 Torr] (*Dunn et al.*), 93° [aus Acn. oder Me.] (*Du.*). $[\alpha]_D^{18}$: +13,3° [A.; c = 4] (*Dunn et al.*); $[\alpha]_D^{24}$: +13,4° [A.; c = 0,9], +18,5° [wss. NaOH (1 n); c = 1] (*Du.*). IR-Spektrum (Nujol; 2,5—15 μ): *Nakamura, Shiro*, Bl. agric. chem. Soc. Japan **23** [1959] 418, 423; *Gore, Petersen*, Ann. N. Y. Acad. Sci. **51** [1949] 924, 925. UV-Spektrum (Hexan, A., wss. HCl [0,1 n] sowie wss. Lösung vom pH 7; 220—380 nm): *Du.*, l. c. S. 323. λ_{max} (A.): 234 nm und 328 nm (*Dunn et al.*). Über die elektrolytische Dissoziation s. *Du.; Dunn et al.*

Absorptionsspektrum (wss. Eg.; 380—600 nm) des Komplexes mit Eisen(3+): *Fiala*, Collect. **14** [1949] 287, 289, 298.

Hydrochlorid $C_{12}H_{20}N_2O_2 \cdot HCl$. Kristalle (aus A.); F: 182° [unkorr.; Zers.] (*Du.*).
Wismut(III)-Salz. Gelb; F: ca. 55—58° (*Goth*, U.S.P. 2500921 [1947]).
Kupfer(II)-Salz $Cu(C_{12}H_{19}N_2O_2)_2$. Grüne Kristalle; F: 198—199° [unkorr.] (*Du.*).
Silber-Salz $AgC_{12}H_{19}N_2O_2$. Kristalle; Zers. bei 190° [unkorr.] (*Du.*).
3,5-Dinitro-benzoat $C_{12}H_{20}N_2O_2 \cdot C_7H_4N_2O_6$. Kristalle; F: 123° [unkorr.] (*Du.*).
Verbindung mit 4-Aminomethyl-benzolsulfonamid. F: 30—40° (*Squibb & Sons*, U.S.P. 2545962 [1947]).
Phenylhydrazin-Salz $C_{12}H_{20}N_2O_2 \cdot C_6H_8N_2$. Kristalle (aus wss. A.); F: 99,5° (*Du.*).

5-Brom-6-[(*S*)-*sec*-butyl]-3-isobutyl-1*H*-pyrazin-2-on $C_{12}H_{19}BrN_2O$, Formel VII
(X = Br, X′ = H) auf S. 234, und Tautomeres (in der Literatur als Bromdesoxy=
aspergillsäure bezeichnet).
B. Neben 3-[(*S*)-*sec*-Butyl]-6-isobutyl-pyrazin-2,5-dion beim Behandeln von (+)-Des=
oxyaspergillsäure (S. 235) mit Brom in wss. Essigsäure (*Dutcher*, J. biol. Chem. **171** [1947]
341, 349).
Kristalle (aus Acn. oder wss. A.); F: 129—130°. UV-Spektrum (A.; 220—360 nm): *Du.*,
l. c. S. 342.

5-Brom-6-[(*S*)-*sec*-butyl]-1-hydroxy-3-isobutyl-1*H*-pyrazin-2-on $C_{12}H_{19}BrN_2O_2$,
Formel VII (X = Br, X′ = OH) auf S. 234, und Tautomeres (in der Literatur als
Bromaspergillsäure bezeichnet).
B. Aus (+)-Aspergillsäure (S. 235) beim Behandeln mit Brom in wss. HCl (*Dutcher*,
J. biol. Chem. **171** [1947] 341, 347).
Kristalle (aus Acn. oder Acn. + Pentan); F: 129—130°. $[\alpha]_D^{23}$: +19° [A.; c = 1]. UV-
Spektrum (A.; 220—370 nm): *Du.*, l. c. S. 342.
Kupfer(II)-Salz $Cu(C_{12}H_{18}BrN_2O_2)_2$. Dunkelgrüne Kristalle (aus wss. Dioxan); F:
200° [nach Erweichen bei 195°].

(±)-3-*sec*-Butyl-6-isobutyl-1*H*-pyrazin-2-on $C_{12}H_{20}N_2O$, Formel VIII (X = H), und
Tautomeres.
B. Aus (±)-2-Amino-3-*sec*-butyl-6-isobutyl-pyrazin-1-oxid beim Erwärmen mit $Na_2S_2O_4$
in wss. Äthanol, Behandeln des Reaktionsprodukts mit $NaNO_2$ und wss. HCl und Er-
wärmen des Reaktionsgemisches (*Gallagher et al.*, Soc. **1952** 4870, 4873). Neben anderen
Verbindungen beim Erhitzen von 3-*sec*-Butyl-6-isobutyl-tetrahydro-pyrazin-2,5-dion mit
$POCl_3$ (*Ga. et al.*).
Kristalle (aus wss. A.); F: 97—98°. Bei 95°/0,002 Torr sublimierbar.
Charakterisierung als (±)-3-*sec*-Butyl-6-isobutyl-5-phenylazo-1*H*-pyrazin-2-on (orange-
rote Kristalle [aus wss. A.]; F: 203—205° [Zers.]): *Ga., et al.*

VIII

IX

(±)-3(oder 6)-*sec*-Butyl-5-chlor-6(oder 3)-isobutyl-1*H*-pyrazin-2-on $C_{12}H_{19}ClN_2O$,
Formel VIII (X = Cl) oder IX, und Tautomeres.
B. Beim Erwärmen von (±)-2-Äthoxy-3(oder 6)-*sec*-butyl-5-chlor-6(oder 3)-isobutyl-
pyrazin (E III/IV **23** 2491) mit wss.-äthanol. HCl (*Gallagher et al.*, Soc. **1952** 4870, 4873).
Neben anderen Verbindungen beim Erhitzen von 3-*sec*-Butyl-6-isobutyl-tetrahydro-
pyrazin-2,5-dion mit $POCl_3$ (*Ga. et al.*).
Kristalle (aus wss. A.); F: 139—140°. Bei 95°/0,0002 Torr sublimierbar. λ_{max} (A.):
232 nm und 324 nm.

(±)-5-Brom-3-*sec*-butyl-6-isobutyl-1*H*-pyrazin-2-on $C_{12}H_{19}BrN_2O$, Formel VIII (X = Br),
und Tautomeres.
B. Aus (±)-3-*sec*-Butyl-6-isobutyl-1*H*-pyrazin-2-on beim Behandeln mit Brom in wss.

Essigsäure (*Gallagher et al.*, Soc. **1952** 4870, 4872).
Kristalle (aus wss. A.); F: 150—151°. λ_{max} (A.): 233 nm und 331 nm.

3,6-Diisobutyl-1H-pyrazin-2-on, Flavacol $C_{12}H_{20}N_2O$, Formel X.
Isolierung aus Kulturfiltraten von Aspergillus flavus: *Dunn et al.*, Soc. **1949** 2586.
B. Neben anderen Verbindungen beim Erhitzen von 3,6-Diisobutyl-tetrahydro-pyrazin-2,5-dion mit $POCl_3$ (*Dunn et al.*).
Kristalle (aus A.); F: 144,5—147° (*Dunn et al.*). UV-Spektrum (A.; 220—360 nm): *Dunn et al.* λ_{max}: 330 nm [H_2O sowie wss. NaOH] bzw. 350 nm [wss. HCl] (*Wiggins, Wise,* Soc. **1956** 4780). Scheinbarer Dissoziationsexponent pK_a' (H_2O; spektrophotometrisch ermittelt): 1,7 (*Wi., Wise*).

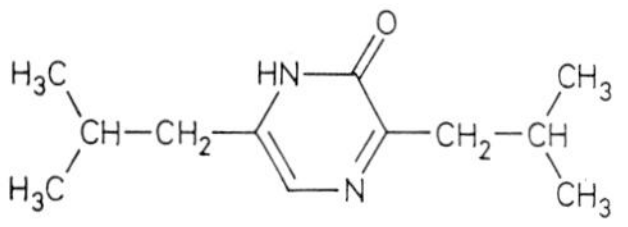

X 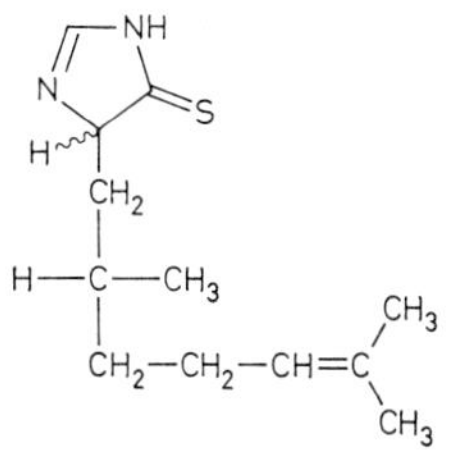   XI

(Ξ)-5-[(R?)-2,6-Dimethyl-hept-5-enyl]-3,5-dihydro-imidazol-4-thion $C_{12}H_{20}N_2S$, vermutlich Formel XI, und Tautomere.
B. Aus (R?)-Citronellal (E IV **1** 3515) beim aufeinanderfolgenden Behandeln mit KCN, NH_3 und H_2S in wss. Methanol und Essigsäure (*Abe*, J. chem. Soc. Japan **65** [1944] 650, 652; C. A. **1947** 4147).
Kristalle (aus H_2O); F: 93—95°.

*5-[1,3-Dimethyl-butyliden]-2-propyl-3,5-dihydro-imidazol-4-on $C_{12}H_{20}N_2O$, Formel XII oder Stereoisomeres, und Tautomere.
B. Beim Erwärmen von Butyrimidsäure-äthylester mit Glycin-äthylester und 4-Methyl-pentan-2-on in Benzol (*Lehr et al.*, Am. Soc. **75** [1953] 3640, 3643, 3645; *Hoffmann-La Roche*, U.S.P. 2602799 [1952]).
Hydrochlorid $C_{12}H_{20}N_2O \cdot HCl$. Kristalle (aus A. + Ae.); F: 198—200° [korr.; Zers.].

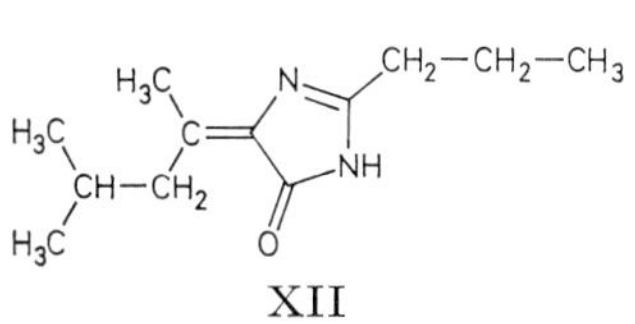

XII 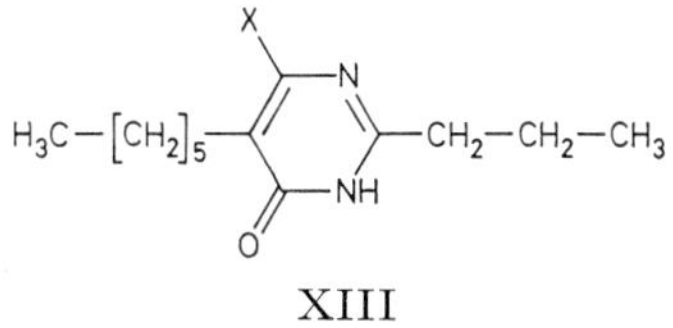   XIII

Oxo-Verbindungen $C_{13}H_{22}N_2O$

5-Hexyl-2-propyl-3H-pyrimidin-4-on $C_{13}H_{22}N_2O$, Formel XIII (X = H), und Tautomere.
B. Beim Hydrieren von 6-Chlor-5-hexyl-2-propyl-3H-pyrimidin-4-on an Palladium/$BaSO_4$ in Äthanol (*Henze, Winthrop*, Am. Soc. **79** [1957] 2230).
Kristalle; F: 65—67° [nach Sublimation im Vakuum].

6-Chlor-5-hexyl-2-propyl-3H-pyrimidin-4-on $C_{13}H_{21}ClN_2O$, Formel XIII (X = Cl), und Tautomeres.
B. Aus 4,6-Dichlor-5-hexyl-2-propyl-pyrimidin beim Erwärmen mit wss. HCl (*Henze, Winthrop*, Am. Soc. **79** [1957] 2230).
Kristalle (aus Me.); F: 114—115°.

*5-[1-Methyl-hexyliden]-2-propyl-3,5-dihydro-imidazol-4-on $C_{13}H_{22}N_2O$, Formel I
(n = 3) oder Stereoisomeres, und Tautomere.

B. Beim Erwärmen von Butyrimidsäure-äthylester mit Glycin-äthylester und Heptan-2-on in Benzol (*Lehr et al.*, Am. Soc. **75** [1953] 3640, 3643, 3645; *Hoffmann-La Roche*, U.S.P. 2602799 [1952]).

Hydrochlorid $C_{13}H_{22}N_2O \cdot HCl$. Kristalle (aus A. + Ae.); F: 157—159° [korr.; Zers.].

(±)(*Ξ*)-4-[(4a*Ξ*)-(4a*r*,8a*c*)-Decahydro-[2*ξ*]naphthyl]-imidazolidin-2-on $C_{13}H_{22}N_2O$, Formel II (R = H) + Spiegelbild.

B. Aus der folgenden Verbindung beim Erwärmen mit wss. NaOH (*Rodionow, Antik*, Izv. Akad. S.S.S.R. Otd. chim. **1953** 253, 258; engl. Ausg. S. 231, 235).

Kristalle (aus A.); F: 254,5—258,5°.

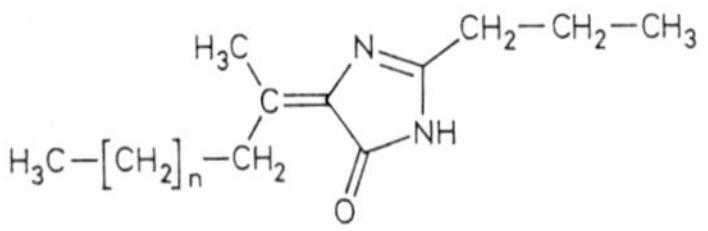

I 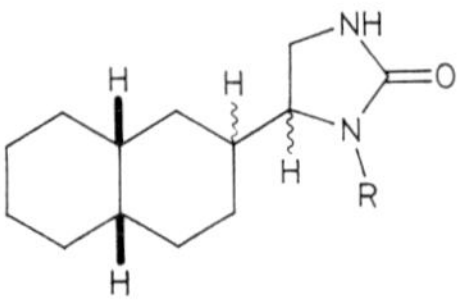   II 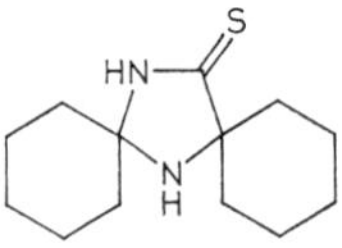   III

(±)(*Ξ*)-1-Benzoyl-5-[(4a*Ξ*)-(4a*r*,8a*c*)-decahydro-[2*ξ*]naphthyl]-imidazolidin-2-on
$C_{20}H_{26}N_2O_2$, Formel II (R = CO-C$_6$H$_5$).

a) Stereoisomeres vom F: 215°.

B. Neben dem unter b) beschriebenen Stereoisomeren beim Behandeln von (±)ᵒ(*Ξ*)-3-Benzoylamino-3-[(4a*Ξ*)-(4a*r*,8a*c*)-decahydro-[2*ξ*]naphthyl]-propionsäure-hydrazid (F: 201,5—204,5°) mit NaNO$_2$ in wss. Essigsäure und Erwärmen des Reaktionsprodukts in Benzol (*Rodionow, Antik*, Izv. Akad. S.S.S.R. Otd. chim. **1953** 253, 258; engl. Ausg. S. 231, 234).

Kristalle (aus Bzl.); F: 213—215°.

b) Stereoisomeres vom F: 175°.

B. s. unter a).

Kristalle (aus A.); F: 174—175°.

7,14-Diaza-dispiro[5.1.5.2]pentadecan-15-thion $C_{13}H_{22}N_2S$, Formel III.

Konstitution: *Christian*, J. org. Chem. **22** [1957] 396; *Asinger et al.*, M. **98** [1967] 338, 339, 341.

B. Aus Cyclohexanon beim Behandeln mit KCN, NH$_4$Cl und [NH$_4$]$_2$S in wss. Methanol und Erwärmen des Reaktionsgemisches (*Ch.*). Aus 1-Hydroxy-cyclohexancarbonitril beim Behandeln mit wss.-äthanol. [NH$_4$]$_2$S (*Bucherer, Brandt*, J. pr. [2] **140** [1934] 129, 147; vgl. *Ch.*) oder mit CS$_2$ und wss.-äthanol. NH$_3$ (*Bucherer, Lieb*, J. pr. [2] **141** [1934] 5, 40).

Kristalle; F: 231—232° [korr.] (*Ch.*), 225° [aus Toluol] (*Bu., Lieb; Bu., Br.*).

Beim Erwärmen mit konz. H$_2$SO$_4$ ist eine Verbindung $C_{13}H_{21}NOS$ (F: 103—105°) erhalten worden (*Bu., Br.*, l. c. S. 149).

Hydrochlorid $C_{13}H_{22}N_2S \cdot HCl$. Kristalle (aus Me.); F: 270—271° [Zers.] (*Bu., Br.*, l. c. S. 135, 149).

Oxo-Verbindungen $C_{14}H_{24}N_2O$

*5-[1-Methyl-heptyliden]-2-propyl-3,5-dihydro-imidazol-4-on $C_{14}H_{24}N_2O$, Formel I
(n = 4) oder Stereoisomeres, und Tautomere.

B. Beim Erwärmen von Glycin-äthylester mit Butyrimidsäure-äthylester und Octan-2-on in Benzol (*Lehr et al.*, Am. Soc. **75** [1953] 3640, 3643, 3645; *Hoffmann-La Roche*, U.S.P. 2602799 [1952]).

Hydrochlorid $C_{14}H_{24}N_2O \cdot HCl$. Kristalle (aus A.+ Ae.); F: 158—160° [korr.; Zers.].

---

*Opt.-inakt. 2,5,2′,5′-Tetramethyl-octahydro-[3,4′]bipyridyliden-4-on, 2,5,2′,5′-Tetra=
methyl-[3,4′]bipiperidyliden-4-on $C_{14}H_{24}N_2O$, Formel IV oder Stereoisomeres.

B. In geringer Menge neben (±)-*trans*-2,5-Dimethyl-piperidin-4-on (E III/IV **21** 3237)
beim Erwärmen eines Gemisches aus 2-Methyl-hexa-1,4*t*-dien-3-on, (±)-5-Methoxy-
2-methyl-hex-1-en-3-on und 1,5-Dimethoxy-2-methyl-hexan-3-on mit wss. NH_3, mit
Ammoniumacetat in H_2O oder mit Ammoniumacetat in wss. Methanol (*Nasarow et al.*,
Ž. obšč. Chim. **28** [1958] 2431, 2434; engl. Ausg. S. 2469, 2471).

$Kp_{2,5}$: 130—134°. n_D^{20}: 1,4990.

Hydrochlorid. Kristalle (aus A.); F: 225°.

IV   V   VI

(1*S*)-4*c*-Propyl-(11a*c*)-decahydro-1*r*,5*c*-methano-pyrido[1,2-*a*][1,5]diazocin-8-on,
Dihydroangustifolin $C_{14}H_{24}N_2O$, Formel V.

B. Aus Angustifolin (S. 257) bei der Hydrierung an Platin in Essigsäure (*Wiewiorowski
et al.*, M. **88** [1957] 663, 667).

Kristalle (aus PAe.); F: 82—83°. $[\alpha]_D^{20}$: +36,84° [A.; c = 3,8].

*Opt.-inakt. 1-[2]Piperidyl-octahydro-chinolizin-4-on $C_{14}H_{24}N_2O$, Formel VI.

B. Aus 4,4-Di-[2]pyridyl-buttersäure-äthylester beim Hydrieren an Platin in Essig=
säure und Erhitzen des Reaktionsprodukts auf 200°/6—10 Torr (*Sato*, Pharm. Bl. **5**
[1957] 412, 416). Bei der Hydrierung von 1-[2]Pyridyl-chinolizin-4-on an Platin in Essig=
säure (*Sato*).

$Kp_{0,004}$: 155—157°. IR-Spektrum (CHCl$_3$; 2—15 μ): *Sato*, l. c. S. 414.

Picrolonat $C_{14}H_{24}N_2O \cdot C_{10}H_8N_4O_5$. Kristalle (aus A.); F: 239—240° [Zers.].

3-[1-Hydroxymethyl-[2]piperidyl]-octahydro-chinolizin-2-on $C_{15}H_{26}N_2O_2$ und cyclische
Tautomere.

Konstitution und Konfiguration: *Schöpf et al.*, A. **753** [1971] 50, 53, 58, 62.

a) **(±)-(7a*r*,8a*t*?,14a*c*,14b*c*?)-Dodecahydro-pyrido[1′,2′;3,4][1,3]oxazino[6,5-*b*]=
chinolizin-7a-ol,** vermutlich Formel VII + Spiegelbild.

B. In kleiner Menge neben (3*SR*?,4a*RS*,4′a*RS*)-Dodecahydro-[3,3′]spirobi[pyrido=
[1,2-*c*][1,3]oxazin] (über diese Verbindung s. *Schöpf et al.*, A. **753** [1971] 27, 33, 34) beim
Behandeln von 1,3-[(*R*,*S*)-Di-[2]piperidyl]-aceton mit wss. Formaldehyd [2 Mol] in wss.
Lösung vom pH 7 (*Schöpf et al.*, A. **753** [1971] 50, 63; s. a. *Schöpf et al.*, Ang. Ch. **65** [1953]
161).

Kristalle (aus Acn.); F: 153—154° [Zers.] (*Sch. et al.*, A. **753** 63). Bei 115—120° [Bad-
temperatur]/0,05 Torr sublimierbar (*Sch. et al.*, A. **753** 64).

Dihydrochlorid $C_{15}H_{26}N_2O_2 \cdot 2$ HCl. Kristalle (aus Isopropylalkohol + A.); F: 194°
bis 196° [Zers.] (*Sch. et al.*, A. **753** 65).

Dihydrobromid $C_{15}H_{26}N_2O_2 \cdot 2$ HBr. Kristalle (aus Isopropylalkohol); F: 180—182°
(*Sch. et al.*, A. **753** 65).

Dipicrat $C_{15}H_{26}N_2O_2 \cdot 2$ $C_6H_3N_3O_7$. Kristalle mit 0,5 Mol Äthanol; F: 144—147° und
F: 151—164° [abhängig von der Geschwindigkeit des Erhitzens] (*Sch. et al.*, A. **753** 65).

b) **(±)-(7a*r*,8a*t*?,14a*t*,14b*c*?)-Dodecahydro-pyrido[1′,2′;3,4][1,3]oxazino[6,5-*b*]=
chinolizin-7a-ol,** vermutlich Formel VIII + Spiegelbild.

B. Neben (3*SR*?,4a*RS*,4′a*RS*)-Dodecahydro-[3,3′]spirobi[pyrido[1,2-*c*][1,3]oxazin]
und wenig (3*SR*,4a*RS*,4′a*SR*)-Dodecahydro-[3,3′]spirobi[pyrido[1,2-*c*][1,3]oxazin] (über

diese Verbindungen s. *Schöpf et al.*, A. **753** [1971] 27, 33, 34) beim Erwärmen von 1,3-[(R,S)-Di-[2]piperidyl]-aceton mit wss. Formaldehyd [4 Mol] in wss. HCl und Ameisensäure auf 90° (*Schöpf et al.*, A. **753** [1971] 50, 64; s. a. *Schöpf et al.*, Ang. Ch. **65** [1953] 161). Kristalle (aus Bzl. | Acn.); F: 152° [Zers.] (*Sch. et al.*, A. **753** 64).

Dihydrochlorid $C_{15}H_{26}N_2O_2 \cdot 2$ HCl. Hygroskopische Kristalle (aus Isopropylalkohol) mit 1,5 Mol H_2O; F: 186° [Zers.] (*Sch. et al.*, A. **753** 66).

Dihydrobromid $C_{15}H_{26}N_2O_2 \cdot 2$ HBr. Hygroskopische Kristalle (aus Isopropylalkohol oder A.); F: 194—196°; hygroskopische lösungsmittelhaltige Kristalle (aus Me.), F: 180° (*Sch. et al.*, A. **753** 66).

Dipicrat $C_{15}H_{26}N_2O_2 \cdot 2\ C_6H_3N_3O_7$. Kristalle (aus Eg.); F: 198—199° (*Sch. et al.*, A. **753** 66).

VII   VIII   IX   X

*Opt.-inakt. 3-[2]Piperidyl-octahydro-chinolizin-4-on** $C_{14}H_{24}N_2O$, Formel IX (R = H).

Präparate von fraglicher sterischer Einheitlichkeit sind bei der Hydrierung von (±)-2,4-Di-[2]pyridyl-buttersäure-äthylester an Platin in Essigsäure oder an Raney-Nickel in Äthanol bei 140°/110 at (*Ratuský, Šorm*, Chem. Listy **47** [1953] 1053, 1057, 1058; Collect. **19** [1954] 107, 112, 113; C. A. **1955** 335) sowie bei der Hydrierung von 3-[2]Pyridyl-chinolizin-4-on an Platin in Essigsäure (*Ra., Šorm*) oder in wss. HCl (*Knoth*, M. **86** [1955] 210, 213) erhalten worden.

*Opt.-inakt. 3-[1-Methyl-[2]piperidyl]-octahydro-chinolizin-4-on** $C_{15}H_{26}N_2O$, Formel IX (R = CH_3).

B. Bei der Hydrierung von 1-Methyl-2-[4-oxo-4*H*-chinolizin-3-yl]-pyridinium-chlorid an Platin in äthanol. HCl (*Ohki et al.*, Pharm. Bl. **1** [1953] 391, 394). Bei der Hydrierung von (±)-3-[1-Methyl-[2]piperidyl]-6,7,8,9-tetrahydro chinolizin-4-on an Platin in Essig= säure (*Clemo et al.*, Soc. **1954** 2693, 2697).

$Kp_{0,1}$: 172—174° (*Cl. et al.*); $Kp_{0,002}$: 160—165° (*Ohki et al.*).

Hexachloroplatinat(IV) $2\ C_{15}H_{26}N_2O \cdot H_2PtCl_6$. Orangegelbe Kristalle (aus H_2O); F: 207—208° [Zers.] (*Ohki et al.*).

Oxo-Verbindungen $C_{15}H_{26}N_2O$

*4,5-Dicyclohexyl-imidazolidin-2-on** $C_{15}H_{26}N_2O$, Formel X.

B. Bei der Hydrierung von 4,5-Diphenyl-1,3-dihydro-imidazol-2-on oder von 4,5-Di= cyclohexyl-1,3-dihydro-imidazol-2-on an Nickel/Kieselgur in Äthanol bei 200° (*Winans, Adkins*, Am. Soc. **55** [1933] 4167, 4170, 4173).

Kristalle; F: 237—239°.

*Opt.-inakt. 2,10-Dimethyl-7,14-diaza-dispiro[5.1.5.2]pentadecan-15-thion** $C_{15}H_{26}N_2S$, Formel I.

Bezüglich der Konstitution vgl. *Christian*, J. org. Chem. **22** [1957] 396; *Asinger et al.*, M. **98** [1967] 338, 339, 341.

B. Aus opt.-inakt. 1-Hydroxy-3-methyl-cyclohexancarbonitril beim Behandeln mit wss.-äthanol. $[NH_4]_2S$ (*Bucherer, Brandt*, J. pr. [2] **140** [1934] 129, 135, 149).

F: 169—176° (*Bu., Br.*).

(1*S*)-4*c*-Butyl-(11a*c*)-decahydro-1*r*,5*c*-methano-pyrido[1,2-*a*][1,5]diazocin-8-on $C_{15}H_{26}N_2O$, Formel II (R = X = H).

B. Beim Erhitzen von (1*S*)-4*c*-[4-Brom-butyl]-8-oxo-(11a*c*)-octahydro-1*r*,5*c*-methano-pyrido[1,2-*a*][1,5]diazocin-3-carbonitril (s. u.) mit Zink-Pulver und wss. Essigsäure und Erhitzen des Reaktionsprodukts mit wss. H_2SO_4 [70%ig] (*Winterfeld, Kneuer*, B. **64** [1931] 150, 155, 156).

Tetrachloroaurat(III) $C_{15}H_{26}N_2O \cdot HAuCl_4$. Kristalle; F: 153°.

Hexachloroplatinat(IV) $C_{15}H_{26}N_2O \cdot H_2PtCl_6$. Rote Kristalle mit 6 Mol H_2O; Zers. bei 225°.

Picrat. Kristalle; F: 93—94°.

(1*S*)-4*c*-Butyl-3-methyl-(11a*c*)-decahydro-1*r*,5*c*-methano-pyrido[1,2-*a*][1,5]diazocin-8-on $C_{16}H_{28}N_2O$, Formel II (R = CH_3, X = H).

B. Beim Behandeln von (1*S*)-4*c*-Butyl-(11a*c*)-decahydro-1*r*,5*c*-methano-pyrido[1,2-*a*]-[1,5]diazocin-8-on mit CH_3I in Äthanol (*Winterfeld, Kneuer*, B. **64** [1931] 150, 157).

Hydrojodid $C_{16}H_{28}N_2O \cdot HI$. Kristalle (aus H_2O); F: 277—278°.

Tetrachloroaurat(III) $C_{16}H_{28}N_2O \cdot HAuCl_4$. Kristalle; F: 140° [Zers.].

I   II   III

(1*S*)-3-Benzoyl-4*c*-butyl-(11a*c*)-decahydro-1*r*,5*c*-methano-pyrido[1,2-*a*][1,5]diazocin-8-on $C_{22}H_{30}N_2O_2$, Formel II (R = $CO-C_6H_5$, X = H).

B. Beim Behandeln von (1*S*)-4*c*-Butyl-(11a*c*)-decahydro-1*r*,5*c*-methano-pyrido[1,2-*a*]⁼[1,5]diazocin-8-on mit Benzoylchlorid und wss. KOH in Äther (*Winterfeld, Kneuer*, B. **64** [1931] 150, 156).

Kristalle; F: 195°.

Tetrachloroaurat(III) $C_{22}H_{30}N_2O_2 \cdot HAuCl_4$. Kristalle (aus wss. A.); F: 206°.

(1*S*)-4*c*-[4-Brom-butyl]-8-oxo-(11a*c*)-octahydro-1*r*,5*c*-methano-pyrido[1,2-*a*][1,5]di⁼azocin-3-carbonitril $C_{16}H_{24}BrN_3O$, Formel II (R = CN, X = Br) (E II 54; dort als Bromlupanincyanamid bezeichnet).

Konstitution: *Bohlmann et al.*, B. **98** [1965] 653.

B. Beim Erwärmen von (+)-Lupanin (S. 261) mit Bromcyan in Benzol (*Winterfeld, Kneuer*, B. **64** [1931] 150, 155; vgl. E II 54).

Kristalle (aus PAe.); F: 123°; $[\alpha]_D^{18}$: +82,9° [A.; c = 1,4] (*Wi., Kn.*).

(9a*S*)-1ξ-Methyl-3*c*-[(*R*)-1-methyl-[2]piperidyl]-(9a*r*)-octahydro-chinolizin-4-on $C_{16}H_{28}N_2O$, Formel III (in der Literatur als Dihydro-des-*N*-methyl-oxyspartein bezeichnet).

B. Bei der Hydrierung von (9a*S*)-1-Methylen-3*c*-[(*R*)-1-methyl-[2]piperidyl]-(9a*r*)-octahydro-chinolizin-4-on an Platin in wss. HCl (*Späth, Galinovsky*, B. **71** [1938] 1282, 1285).

$Kp_{0,02}$: 170° [Badtemperatur].

Picrat $C_{16}H_{28}N_2O \cdot C_6H_3N_3O_7$. Kristalle (aus Me.); F: 129—132°.

Oxo-Verbindungen $C_{16}H_{28}N_2O$

(±)-5-[3-Benzoyl-(11a*t*)-decahydro-1*r*,5*c*-methano-pyrido[1,2-*a*][1,5]diazocin-4*t*-yl]-pentan-2-on $C_{23}H_{32}N_2O_2$, Formel IV (R = H) + Spiegelbild.

B. Aus (±)-11-Methyl-(7a*c*,14a*t*)-1,3,4,7,7a,8,9,13,14,14a-decahydro-2*H*,6*H*-7*r*,14*c*-methano-dipyrido[1,2-*a*;1′,2′-*e*][1,5]diazocin (E III/IV 23 1052) beim Behandeln mit Benzoylchlorid und wss. NaOH (*Clemo et al.*, Soc. **1956** 3390, 3393).

$Kp_{0,2}$: 250°.

Picrat $C_{23}H_{32}N_2O_2 \cdot C_6H_3N_3O_7$. Gelbe Kristalle (aus A.); F: 136°.

2,4-Dinitro-phenylhydrazon-hydrochlorid $C_{29}H_{36}N_6O_5 \cdot HCl$. Gelbe Kristalle (aus H_2O) mit 2 Mol H_2O; F: 145°.

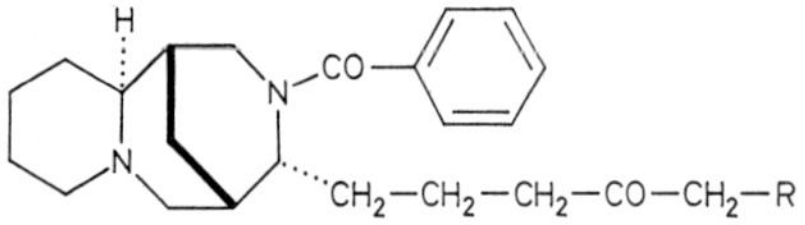

IV 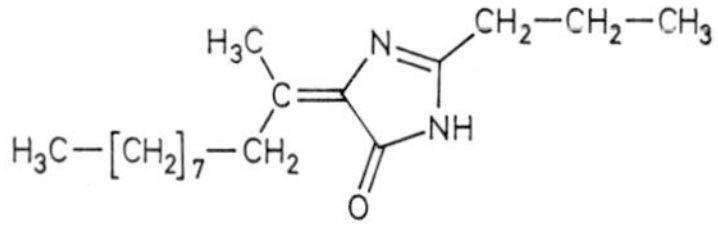   V

Oxo-Verbindungen $C_{17}H_{30}N_2O$

*5-[1-Methyl-decyliden]-2-propyl-3,5-dihydro-imidazol-4-on $C_{17}H_{30}N_2O$, Formel V oder Stereoisomeres, und Tautomere.

B. Beim Erwärmen von Butyrimidsäure-äthylester mit Glycin-äthylester und Undecan-2-on in Benzol (*Lehr et al.*, Am. Soc. **75** [1953] 3640, 3643, 3645; *Hoffmann-La Roche*, U.S.P. 2602799 [1952]).

Hydrochlorid $C_{17}H_{30}N_2O \cdot HCl$. Kristalle (aus A. + Ae.); F: 153—156° [korr.; Zers.].

---

*Opt.-inakt. 5-Cyclohexyl-4-cyclohexylmethyl-tetrahydro-pyrimidin-2-on $C_{17}H_{30}N_2O$, Formel VI.

B. Bei der Hydrierung von (±)-4-Benzyl-5-phenyl-3,4-dihydro-1*H*-pyrimidin-2-on an Platin in Essigsäure (*Folkers, Johnson*, Am. Soc. **55** [1933] 3361, 3366).

Kristalle (aus A.); F: 267,5—269,5° [korr.].

---

*Opt.-inakt. 4,6-Dicyclohexyl-4-methyl-tetrahydro-pyrimidin-2-on $C_{17}H_{30}N_2O$, Formel VII.

B. Bei der Hydrierung von (±)-4-Methyl-4,6-diphenyl-3,4-dihydro-1*H*-pyrimidin-2-on an Platin in Essigsäure (*Folkers, Johnson*, Am. Soc. **55** [1933] 3361, 3367).

Kristalle (aus A.); F: 262—263° [korr.].

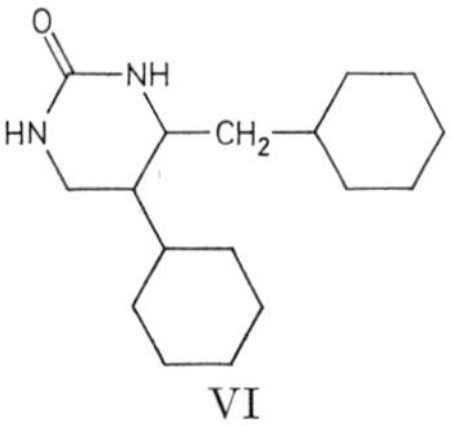

VI 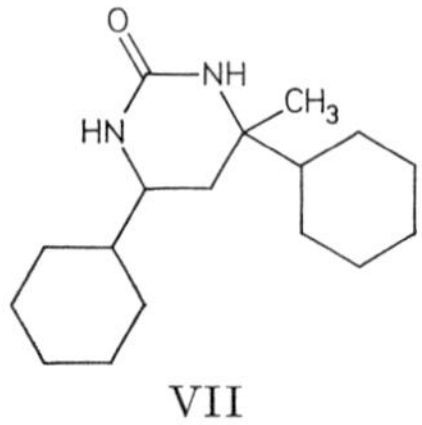   VII 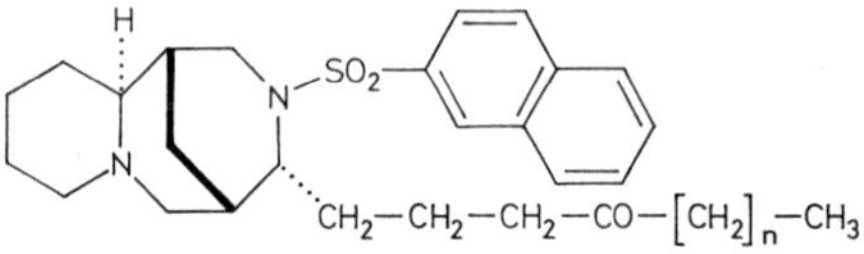   VIII

(±)-6-[3-Benzoyl-(11a*t*)-decahydro-1*r*,5*c*-methano-pyrido[1,2-*a*][1,5]diazocin-4*t*-yl]-hexan-3-on $C_{24}H_{34}N_2O_2$, Formel IV (R = CH_3) + Spiegelbild (in der Literatur als ω-Äthyl-*N*-benzoyl-sparteon bezeichnet).

B. Aus (±)-11-Äthyl-(7a*c*,14a*t*)-1,3,4,7,7a,8,9,13,14,14a-decahydro-2*H*,6*H*-7*r*,14*c*-methano-dipyrido[1,2-*a*;1′,2′-*e*][1,5]diazocin (E III/IV **23** 1053) beim Behandeln mit Benzoylchlorid und wss. KOH (*Winterfeld, Hoffmann*, Ar. **275** [1937] 5, 16, 26).

Phenylhydrazon $C_{30}H_{40}N_4O$. Kristalle (aus Me.); F: 139—140°.

(±)-6-[3-(Naphthalin-2-sulfonyl)-(11a*t*)-decahydro-1*r*,5*c*-methano-pyrido[1,2-*a*][1,5]diazocin-4*t*-yl]-hexan-3-on $C_{27}H_{36}N_2O_3S$, Formel VIII (n = 1) + Spiegelbild.

B. Aus (±)-11-Äthyl-(7a*c*,14a*t*)-1,3,4,7,7a,8,9,13,14,14a-decahydro-2*H*,6*H*-7*r*,14*c*-methano-dipyrido[1,2-*a*;1′,2′-*e*][1,5]diazocin (E III/IV **23** 1053) beim Behandeln mit Naphthalin-2-sulfonylchlorid und wss. KOH (*Winterfeld, Petkow*, B. **82** [1949] 156, 159).

Bis-tetrachloroaurat(III) $C_{27}H_{36}N_2O_3S \cdot 2 HAuCl_4$. Gelbliche Kristalle; Zers. bei 174°.

Oxo-Verbindungen $C_{19}H_{34}N_2O$

(±)-1-[3-(Naphthalin-2-sulfonyl)-(11at)-decahydro-1r,5c-methano-pyrido[1,2-a][1,5]di=
azocin-4t-yl]-octan-4-on $C_{29}H_{40}N_2O_3S$, Formel VIII (n = 3) + Spiegelbild.
   B. Analog der vorangehenden Verbindung (*Winterfeld, Petkow,* B. **82** [1949] 156,
160).
   Bis-tetrachloroaurat(III) $C_{29}H_{40}N_2O_3S \cdot 2$ HAuCl$_4$. Zers. bei 185°.

Oxo-Verbindungen $C_{22}H_{40}N_2O$

(±)-1-[3-(Naphthalin-2-sulfonyl)-(11at)-decahydro-1r,5c-methano-pyrido[1,2-a][1,5]di=
azocin-4t-yl]-undecan-4-on $C_{32}H_{46}N_2O_3S$, Formel VIII (n = 6) + Spiegelbild.
   B. Analog den vorangehenden Verbindungen (*Winterfeld, Petkow,* B. **82** [1949] 156,
161).
   Bis-tetrachloroaurat(III) $C_{32}H_{46}N_2O_3S \cdot 2$ HAuCl$_4$. Zers. bei 198°.   [*Wente*]

Monooxo-Verbindungen $C_nH_{2n-6}N_2O$

Oxo-Verbindungen $C_5H_4N_2O$

Dimethoxymethyl-pyrazin, Pyrazincarbaldehyd-dimethylacetal $C_7H_{10}N_2O_2$, Formel I.
   B. Aus Dichlormethyl-pyrazin und Natriummethylat (*Behun, Levine,* J. org. Chem. **23**
[1958] 406).
   Kp$_{10}$: 90—94°.

*Pyrazincarbaldehyd-thiosemicarbazon $C_6H_7N_5S$, Formel II.
   B. Beim Erhitzen von Pyrazincarbonsäure-[N'-benzolsulfonyl-hydrazid] mit Na$_2$CO$_3$
auf 150—170°/37 Torr und Einleiten des Reaktionsprodukts in wss. Thiosemicarbazid
(*Kushner et al.,* Am. Soc. **74** [1952] 3617, 3620).
   Hellgelbe Kristalle (aus A.); F: 237—239°.

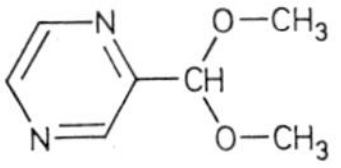

I 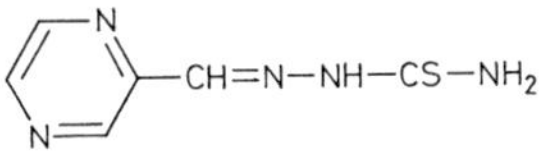   II 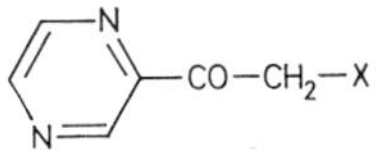   III

Oxo-Verbindungen $C_6H_6N_2O$

Acetylpyrazin, 1-Pyrazinyl-äthanon $C_6H_6N_2O$, Formel III (X = H).
   B. Aus Pyrazincarbonitril und Methylmagnesiumbromid in Äther (*Kushner et al.,* Am.
Soc. **74** [1952] 3617, 3621; *Am. Cyanamid Co.,* U.S.P. 2677686 [1952]).
   Kristalle (aus Ae.); F: 76—78° (*Ku. et al.*).
   Oxim $C_6H_7N_3O$. Kristalle (aus Ae. + PAe.); F: 113—115° (*Ku. et al.*). Bei 100°/
0,05 Torr sublimierbar (*Ku. et al.*).
   Thiosemicarbazon $C_7H_9N_5S$. F: 226—227° [Zers.] (*Ku. et al.*).

2-Chlor-1-pyrazinyl-äthanon $C_6H_5ClN_2O$, Formel III (X = Cl).
   B. Beim Behandeln von 2-Diazo-1-pyrazinyl-äthanon mit HCl in Äther (*Glantz,
Spoerri,* Am. Soc. **72** [1950] 4282; *Kushner et al.,* Am. Soc. **74** [1952] 3617, 3621).
   Kristalle; F: 89—89,5° [aus PAe.] (*Gl., Sp.*), 85—86° [aus CHCl$_3$] (*Ku. et al.*).
   Thiosemicarbazon $C_7H_8ClN_5S$. Hellgelbe Kristalle (aus A.); F: 222—224° (*Ku.
et al.*).

Oxo-Verbindungen $C_7H_8N_2O$

2,6-Dimethyl-pyrimidin-4-carbaldehyd $C_7H_8N_2O$, Formel IV.
   Diese Konstitution kommt der ursprünglich als 4,6-Dimethyl-pyrimidin-2-carb=
aldehyd formulierten Verbindung zu (vgl. *Sullivan, Caldwell,* Am. Soc. **77** [1955] 1559,
1560).

B. Beim Behandeln von 2,4-Dimethyl-6-*trans*(?)-styryl-pyrimidin (E III/IV **23** 1611) mit Ozon enthaltendem Sauerstoff in $CHCl_3$ und Hydrieren des Reaktionsgemisches an Palladium (*Ochiai, Yanai,* J. pharm. Soc. Japan **58** [1938] 397, 399; dtsch. Ref. S. 76, 78).

4-Nitro-phenylhydrazon $C_{13}H_{13}N_5O_2$. Kristalle; F: 215—216° (*Och., Ya.*).

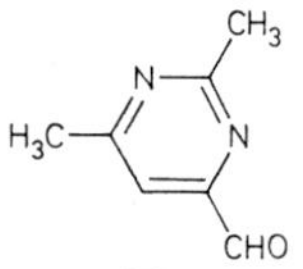

IV 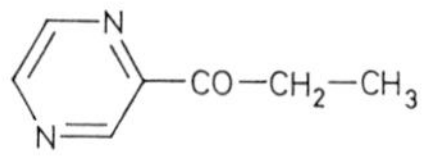   V 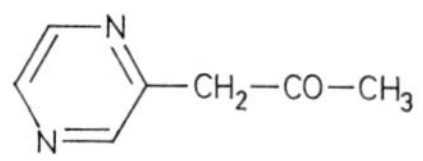   VI

Propionylpyrazin, 1-Pyrazinyl-propan-1-on $C_7H_8N_2O$, Formel V.

B. Aus Pyrazincarbonylchlorid und Äthylmagnesiumbromid in Äther unter Zusatz von $CdCl_2$ (*Gardner et al.,* J. org. Chem. **23** [1958] 823, 826).

F: 25°. E: 4°. Kp_4: 77—82°.

Acetonylpyrazin, Pyrazinylaceton $C_7H_8N_2O$, Formel VI.

B. Beim Behandeln von Methylpyrazin mit Natrium in flüssigem NH_3 und anschliessend mit Äthylacetat in Äther (*Behun, Levine,* Am. Soc. **81** [1959] 5157, 5159).

Kp_9: 113—114°.

2,4-Dinitro-phenylhydrazon $C_{13}H_{12}N_6O_4$. F: 132,2—133°.

5-Methyl-6-vinyl-1H-pyrazin-2-on(?) $C_7H_8N_2O$, vermutlich Formel VII, und Tautomeres.

B. Beim Erhitzen von 6-[2-Äthoxy-äthyl]-5-methyl-1H-pyrazin-2-on mit HBr in Essig= säure und Erwärmen des Reaktionsprodukts mit wss. Na_2CO_3 (*Tota, Elderfield,* J. org. Chem. **7** [1942] 309, 319).

Kristalle (aus E.); F: 139—140° [korr.]. Nach einigen Tagen erfolgt Zersetzung.

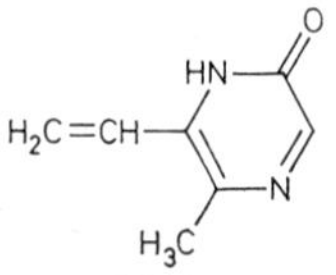

VII 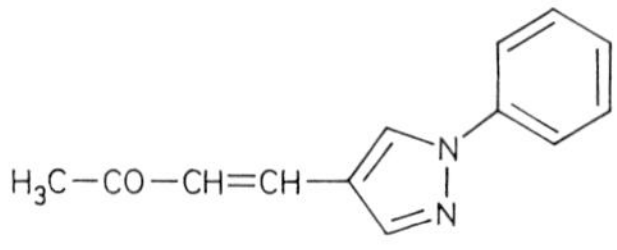   VIII 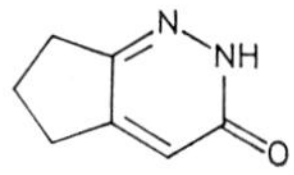   IX

***4-[1-Phenyl-1H-pyrazol-4-yl]-but-3-en-2-on** $C_{13}H_{12}N_2O$, Formel VIII.

B. Neben 1,5-Bis-[1-phenyl-1H-pyrazol-4-yl]-penta-1,4-dien-3-on (F: 240°) beim Be= handeln von 1-Phenyl-1H-pyrazol-4-carbaldehyd mit Aceton und wss. NaOH (*Finar, Godfrey,* Soc. **1954** 2293, 2297).

Gelbliche Kristalle (aus PAe.); F: 95°.

2,5,6,7-Tetrahydro-cyclopenta[c]pyridazin-3-on $C_7H_8N_2O$, Formel IX, und Tautomeres.

B. Beim Behandeln von 2,4,4a,5,6,7-Hexahydro-cyclopenta[c]pyridazin-3-on mit Brom in Essigsäure (*Horning, Amstutz,* J. org. Chem. **20** [1955] 707, 708).

Kristalle (aus H_2O); F: 218—220° [unkorr.].

Hydrobromid $C_7H_8N_2O \cdot HBr$. Kristalle (aus E.); F: 183—186° [unkorr.].

3,5,6,7-Tetrahydro-cyclopentapyrimidin-4-on $C_7H_8N_2O$, Formel X (X = O), und Tautomere (z.B. 6,7-Dihydro-5H-cyclopentapyrimidin-4-ol).

B. Beim Erhitzen von 2-Thioxo-1,2,3,5,6,7-hexahydro-cyclopentapyrimidin-4-on mit Raney-Nickel in H_2O (*Ross et al.,* Am. Soc. **81** [1959] 3108, 3113).

F: 248—249° [unkorr.; Zers.]. IR-Banden (KBr; 3,2—6,5 µ): *Ross et al.* λ_{max}: 241 nm [wss. Lösung vom pH 1], 235 nm und 263 nm [wss. Lösung vom pH 7] bzw. 236 nm und 264 nm [wss. Lösung vom pH 13] (*Ross et al.*, l. c. S. 3111).

3,5,6,7-Tetrahydro-cyclopentapyrimidin-4-thion $C_7H_8N_2S$, Formel X (X = S), und Tautomere (z. B. 6,7-Dihydro-5H-cyclopentapyrimidin-4-thiol).

B. Beim Erwärmen von 4-Chlor-6,7-dihydro-5H-cyclopentapyrimidin mit Thioharn=stoff in Äthanol (*Ross et al.*, Am. Soc. **81** [1959] 3108, 3113).

F: 255—265° [unkorr.; Zers.]. IR-Banden (KBr; 3,2—8 μ): *Ross et al.* λ_{max}: 322 nm [wss. Lösungen vom pH 1 und pH 7] bzw. 226 nm und 299 nm [wss. Lösung vom pH 13] (*Ross et al.*, l. c. S. 3111).

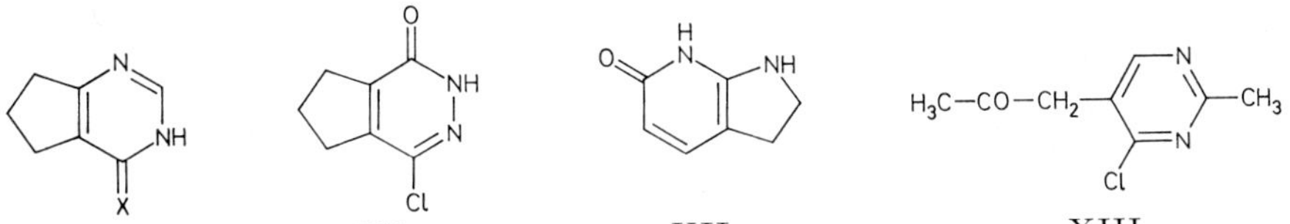

X   XI   XII   XIII

4-Chlor-2,5,6,7-tetrahydro-cyclopenta[*d*]pyridazin-1-on $C_7H_7ClN_2O$, Formel XI, und Tautomeres.

B. Neben 1,4-Dichlor-6,7-dihydro-5H-cyclopenta[*d*]pyridazin (E III/IV **23** 975) beim Erwärmen von Cyclopent-1-en-1,2-dicarbonsäure-monohydrazid mit PCl$_5$ und POCl$_3$ in Benzol (*Horning, Amstutz*, J. org. Chem. **20** [1955] 707, 708 Anm. a, 712).

Kristalle (aus Bzl.); F: 204—207° [nach Sublimation].

1,2,3,7-Tetrahydro-pyrrolo[2,3-*b*]pyridin-6-on $C_7H_8N_2O$, Formel XII, und Tautomeres.

B. Beim Erhitzen von 6-Acetoxy-1-acetyl-2,3-dihydro-1H-pyrrolo[2,3-*b*]pyridin mit wss. HCl (*Robison et al.*, Am. Soc. **81** [1959] 743, 746).

Kristalle (aus A.); F: 222,5° [korr.]. Bei 150°/0,1 Torr sublimierbar. IR-Banden (KBr; 3350—1600 cm⁻¹): *Ro. et al.* λ_{max} (Cyclohexan): 238 nm und 355 nm.

Oxo-Verbindungen $C_8H_{10}N_2O$

5-Acetonyl-4-chlor-2-methyl-pyrimidin, [4-Chlor-2-methyl-pyrimidin-5-yl]-aceton $C_8H_9ClN_2O$, Formel XIII.

B. Neben 1-[4-Chlor-2-methyl-pyrimidin-5-yl]-2-methyl-propan-2-ol (Hauptprodukt) beim Erwärmen von [4-Chlor-2-methyl-pyrimidin-5-yl]-essigsäure-äthylester mit Methyl=magnesiumjodid in Äther (*Ochiai, Itikawa*, J. pharm. Soc. Japan **58** [1938] 632, 635; dtsch. Ref. S. 168, 171; C. A. **1938** 8427).

Kristalle (aus Acn. + Me.); Zers. bei 254° [nach Verfärbung ab 242°].

Semicarbazon $C_9H_{12}ClN_5O$. Kristalle (aus Me.); Zers. bei 174—175°.

5-Acetyl-2,4-dimethyl-pyrimidin, 1-[2,4-Dimethyl-pyrimidin-5-yl]-äthanon $C_8H_{10}N_2O$, Formel I.

B. Beim Erwärmen von Acetamidin-hydrochlorid mit 3-Äthoxymethylen-pentan-2,4-dion und äthanol. Natriumäthylat (*Graham et al.*, Am. Soc. **67** [1945] 1294).

F: 23°. Kp$_3$: 62—64°.

Picrat. Kristalle (aus Ae.); F: 120°.

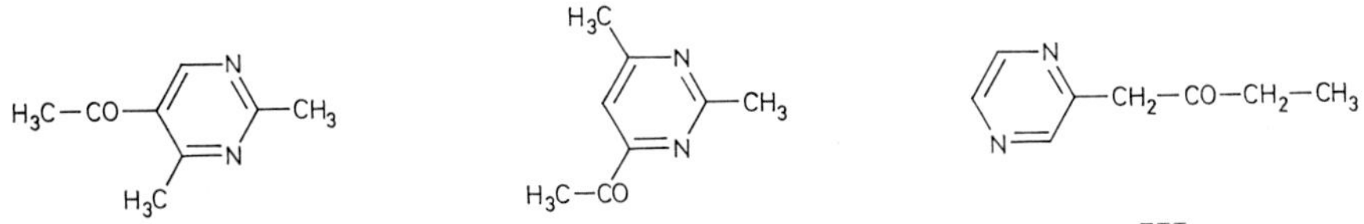

I   II   III

4-Acetyl-2,6-dimethyl-pyrimidin, 1-[2,6-Dimethyl-pyrimidin-4-yl]-äthanon $C_8H_{10}N_2O$, Formel II.

B. Aus 2,6-Dimethyl-pyrimidin-4-carbonitril und Methylmagnesiumjodid in Äther (*Yamanaka*, Chem. pharm. Bl. **6** [1958] 638, 640).

Kristalle; F: 31—33°.

1-Pyrazinyl-butan-2-on $C_8H_{10}N_2O$, Formel III.

B. Beim Behandeln von Methylpyrazin mit $NaNH_2$ in flüssigem NH_3 und anschliessend mit Äthylpropionat in Äther (*Behun, Levine*, Am. Soc. **81** [1959] 5157, 5158).

Kp_6: 111—112°.

2,4-Dinitro-phenylhydrazon $C_{14}H_{14}N_6O_4$. F: 136,2—136,6°.

5,6,7,8-Tetrahydro-2H-cinnolin-3-on $C_8H_{10}N_2O$, Formel IV, und Tautomeres.

B. Aus 1,4,5,6,7,8-Hexahydro-2H-cinnolin-3-on und Brom in Essigsäure (*Horning, Amstutz*, J. org. Chem. **20** [1955] 707, 708).

Kristalle; F: 192—194° [unkorr.] (*Ho., Am.*), 192—194° [korr.; aus H_2O] (*Baumgarten et al.*, Am. Soc. **80** [1958] 6609, 6610).

Hydrobromid $C_8H_{10}N_2O \cdot HBr$. F: 193—199° [aus Eg.] (*Ho., Am.*), 193—197° [korr.; Zers.] (*Ba. et al.*).

5,6,7,8-Tetrahydro-3H-chinazolin-4-on $C_8H_{10}N_2O$, Formel V (R = H), und Tautomere.

B. Beim Erwärmen von 2-Thioxo-2,3,5,6,7,8-hexahydro-1H-chinazolin-4-on mit wss. H_2O_2 (*Baker et al.*, J. org. Chem. **18** [1953] 133, 136).

Kristalle (aus E.); F: 162—164°.

3-Phenacyl-5,6,7,8-tetrahydro-3H-chinazolin-4-on $C_{16}H_{16}N_2O_2$, Formel V (R = CH_2-CO-C_6H_5).

B. Aus 5,6,7,8-Tetrahydro-3H-chinazolin-4-on, Phenacylbromid und methanol. Natriummethylat (*Baker et al.*, J. org. Chem. **18** [1953] 133, 136).

Kristalle (aus wss. Me.); F: 171—173°.

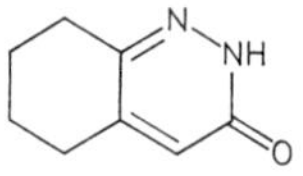

IV 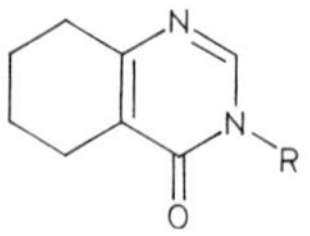   V 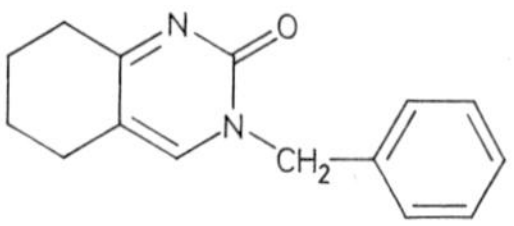   VI 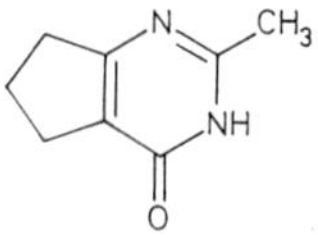   VII

3-Benzyl-5,6,7,8-tetrahydro-3H-chinazolin-2-on $C_{15}H_{16}N_2O$, Formel VI.

B. Neben 3-Benzyl-octahydro-chinazolin-2-on beim Erhitzen von 3-Benzyl-3,4,5,6,7,8-hexahydro-1H-chinazolin-2-on mit wss. HCl (*Mannich, Hieronimus*, B. **75** [1942] 49, 54).

Gelb; F: 153° [unscharf; Zers.; bei raschem Erhitzen].

Hydrochlorid $C_{15}H_{16}N_2O \cdot HCl$. Gelbe Kristalle (aus wss. Acn.); F: 212° [Zers.].

2-Methyl-3,5,6,7-tetrahydro-cyclopentapyrimidin-4-on $C_8H_{10}N_2O$, Formel VII, und Tautomere.

B. Aus 2-Oxo-cyclopentancarbonsäure-äthylester und Acetamidin in Äthanol (*McCasland, Bryce*, Am. Soc. **74** [1952] 842) oder in *tert*-Butylalkohol (*Thompson*, Am. Soc. **80** [1958] 5483, 5486).

Kristalle; F: 214,5—215,5° [korr.; aus E.] (*McC., Br.*), 211,5—212° [unkorr.; aus Acn. + $CHCl_3$] (*Th.*). λ_{max}: 232 nm und 272 nm (*Th.*).

Picrat $C_8H_{10}N_2O \cdot C_6H_3N_3O_7$. Kristalle (aus Butan-1-ol); F: 184,5—185° [korr.] (*McC., Br.*).

3-Methyl-1-phenyl-1,5,6,7-tetrahydro-indazol-4-on $C_{14}H_{14}N_2O$, Formel VIII.

B. Beim Erwärmen von 2-Acetyl-cyclohexan-1,3-dion mit Phenylhydrazin in Äthanol

(*Smith*, Soc. **1953** 807, 810).
Kristalle (aus wss. A.); F: 129°. IR-Banden (Nujol; 5,9—13,9 μ): *Sm.*

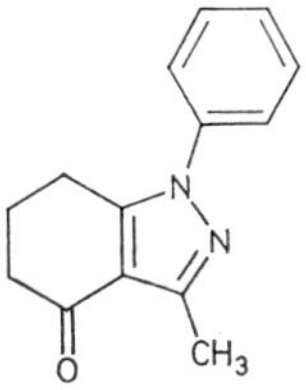

VIII 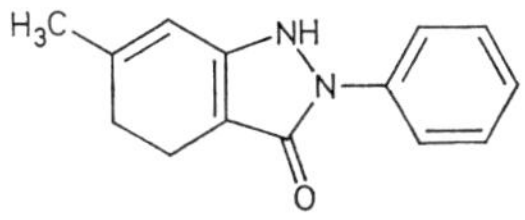   IX 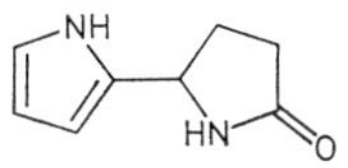   X

6-Methyl-2-phenyl-1,2,4,5-tetrahydro-indazol-3-on $C_{14}H_{14}N_2O$, Formel IX, und Tautomere.
B. Beim Erwärmen von 4-Methyl-2-oxo-cyclohex-3-encarbonsäure-äthylester mit Phenylhydrazin in Äthanol (*Wichterle et al.*, Collect. **13** [1948] 300, 308).
Kristalle (aus A.); F: 199—201°.

(±)-1,2,3,4-Tetrahydro-1′H-[2,2′]bipyrrolyl-5-on, (±)-5-Pyrrol-2-yl-pyrrolidin-2-on $C_8H_{10}N_2O$, Formel X.
Diese Konstitution kommt der E II **20** 82 im Artikel Pyrrol beschriebenen Verbindung $C_8H_{10}N_2O(?)$ vom F: 136° [Zers.] zu (*Chierici*, *Gardini*, Tetrahedron **22** [1966] 53, 56).

Oxo-Verbindungen $C_9H_{12}N_2O$

5-Allyl-2,6-dimethyl-3H-pyrimidin-4-on $C_9H_{12}N_2O$, Formel XI, und Tautomere.
B. Aus 2-Allyl-acetessigsäure-äthylester und Acetamidin in Äthanol (*Hach*, Chem. Listy **45** [1951] 459; C. A. **1952** 7573).
Kristalle (aus Bzl.); F: 151—152°.

4-Acetonyl-2,6-dimethyl-pyrimidin, [2,6-Dimethyl-pyrimidin-4-yl]-aceton $C_9H_{12}N_2O$, Formel XII.
B. Beim Behandeln von 2,4,6-Trimethyl-pyrimidin mit Natrium und Phenylacetat in Äther und Benzol (*Sullivan*, *Caldwell*, Am. Soc. **77** [1955] 1559, 1561).
$Kp_{0,5}$: 75—76°.
Hydrochlorid $C_9H_{12}N_2O \cdot HCl$. Kristalle (aus Acn. + Ae.).
Oxim-dihydrochlorid $C_9H_{13}N_3O \cdot 2$ HCl. Kristalle (aus Me. + E.); F: 172—173° [unkorr.] (*Su.*, *Ca.*, l. c. S. 1562).

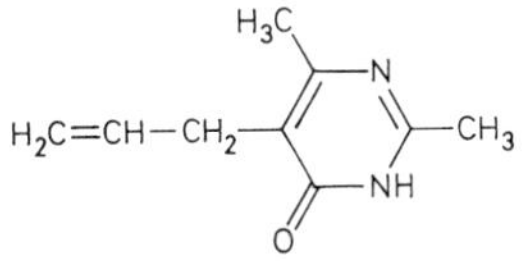

XI 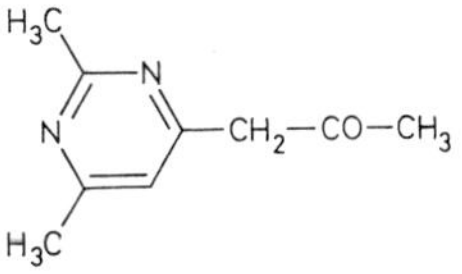   XII 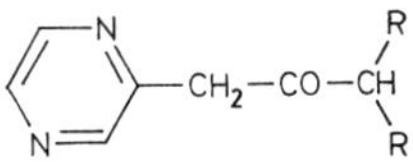   XIII

1-Pyrazinyl-pentan-2-on $C_9H_{12}N_2O$, Formel XIII (R = C_2H_5, R′ = H).
B. Beim Behandeln von Methylpyrazin mit $NaNH_2$ in flüssigem NH_3 und anschliessend mit Äthylbutyrat in Äther (*Behun*, *Levine*, Am. Soc. **81** [1959] 5157).
Kp_6: 121,5—122°.
Kupfer(II)-Verbindung $Cu(C_9H_{11}N_2O)_2$. F: 212—213°.

3-Methyl-1-pyrazinyl-butan-2-on $C_9H_{12}N_2O$, Formel XIII (R = R′ = CH_3).
B. Analog der vorangehenden Verbindung (*Behun*, *Levine*, Am. Soc. **81** [1959] 5157).
Kp_6: 115—116°.
2,4-Dinitro-phenylhydrzon $C_{15}H_{16}N_6O_4$. F: 171—171,5°.

Acetyl-trimethyl-pyrazin, 1-Trimethylpyrazinyl-äthanon $C_9H_{12}N_2O$, Formel I.

B. Beim Erwärmen von Trimethyl-pyrazincarbonitril mit Methylmagnesiumbromid in Äther und anschliessend mit wss. HCl (*Karmas, Spoerri*, Am. Soc. **78** [1956] 2141, 2144).

Kristalle (aus Pentan); F: 61—62°.

5-Cyclohex-1-enyl-2-phenyl-1,2-dihydro-pyrazol-3-on $C_{15}H_{16}N_2O$, Formel II, und Tautomere.

B. Aus 3-Cyclohex-1-enyl-3-oxo-propionsäure-methylester und Phenylhydrazin (*Kidd et al.*, Soc. **1953** 3244, 3246).

Gelbe Kristalle (aus wss. Me.); F: 120—122°.

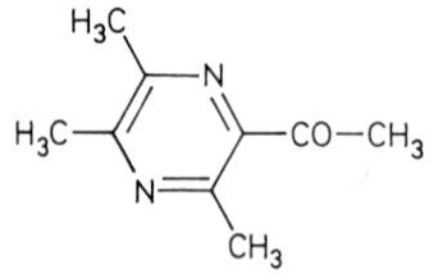

I 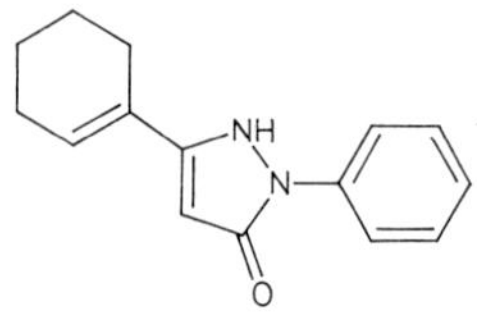   II 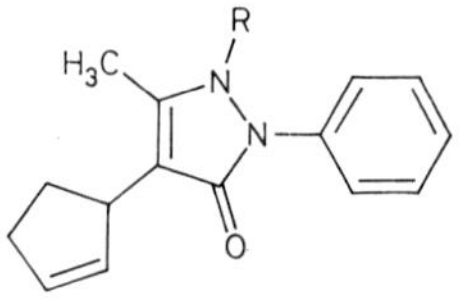   III

(±)-4-Cyclopent-2-enyl-5-methyl-2-phenyl-1,2-dihydro-pyrazol-3-on $C_{15}H_{16}N_2O$, Formel III (R = H), und Tautomere.

B. Aus (±)-2-Cyclopent-2-enyl-acetessigsäure-äthylester und Phenylhydrazin bei 140° (*Cassella*, D.B.P. 950638 [1956]).

Kristalle (aus Me.); F: 136°.

(±)-4-Cyclopent-2-enyl-1,5-dimethyl-2-phenyl-1,2-dihydro-pyrazol-3-on $C_{16}H_{18}N_2O$, Formel III (R = CH₃).

B. Aus (±)-2-Cyclopent-2-enyl-acetessigsäure-äthylester und *N*-Methyl-*N'*-phenylhydrazin bei 140° (*Cassella*, D.B.P. 950638 [1956]). Aus (±)-4-Cyclopent-2-enyl-5-methyl-2-phenyl-1,2-dihydro-pyrazol-3-on und CH₃I bei 110° (*Cassella*).

F: 126°. Kp$_{0,3}$: 185°.

4-Cyclopentyliden-5-methyl-2-phenyl-2,4-dihydro-pyrazol-3-on $C_{15}H_{16}N_2O$, Formel IV.

B. Beim Erwärmen von 5-Methyl-2-phenyl-1,2-dihydro-pyrazol-3-on mit Cyclopentanon und Piperidin in Äthanol (*Eastman Kodak Co.*, U.S.P. 2882159 [1956]; *Ponomarew, Uč. Zap. Kazansk. Univ.* **42** [1955] 37; C. A. **1959** 1313).

Kristalle; F: 124—125° [aus Me.] (*Eastman Kodak Co.*), 118—119° [aus A.] (*Po.*).

2-Methyl-5,6,7,8-tetrahydro-3H-chinazolin-4-on $C_9H_{12}N_2O$, Formel V (R = H), und Tautomere.

B. Aus 2-Oxo-cyclohexancarbonsäure-äthylester und Acetamidin in Äthanol (*McCasland, Bryce*, Am. Soc. **74** [1952] 842) oder in Methanol (*Baumgarten et al.*, Am. Soc. **80** [1958] 6609, 6612).

Kristalle; F: 208—209° [korr.; aus Bzl.] (*McC., Br.*), 207—208° [korr.; aus H₂O] (*Ba. et al.*).

Picrat $C_9H_{12}N_2O \cdot C_6H_3N_3O_7$. Gelbe Kristalle (aus Butan-1-ol); F: 207—208° (*McC., Br.*).

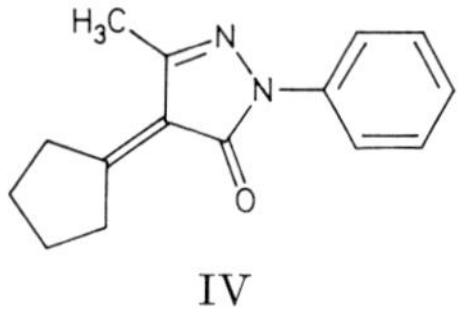

IV 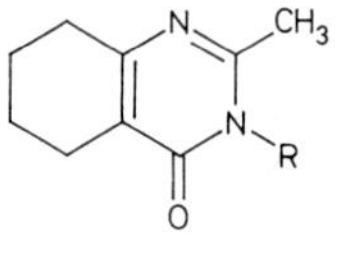   V 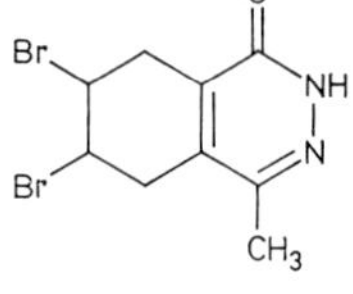   VI 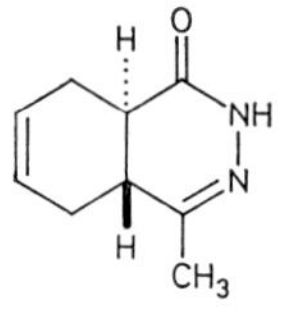   VII

2,3-Dimethyl-5,6,7,8-tetrahydro-3H-chinazolin-4-on $C_{10}H_{14}N_2O$, Formel V (R = CH$_3$).

B. Aus 2-Methyl-5,6,7,8-tetrahydro-3H-chinazolin-4-on, CH$_3$I und äthanol. KOH (*Farbw. Hoechst*, U.S.P. 2861989 [1956]).

F: 108—109°.

Methojodid [C$_{11}$H$_{17}$N$_2$O]I; 1,2,3-Trimethyl-4-oxo-3,4,5,6,7,8-hexahydro-chinazolinium-jodid. F: 156°.

---

*Opt.-inakt. 6,7-Dibrom-4-methyl-5,6,7,8-tetrahydro-2H-phthalazin-1-on $C_9H_{10}Br_2N_2O$, Formel VI, und Tautomeres.

B. Beim Erwärmen von (±)-6ξ,7ξ-Dibrom-4-methyl-(4ar,8at)-4a,5,6,7,8,8a-hexahydro-2H-phthalazin-1-on (S. 229) mit Brom in Essigsäure (*Dixon, Wiggins*, Soc. **1954** 594, 597).

Kristalle (aus wss. A.); F: 204°.

(±)-4-Methyl-(4ar,8at)-4a,5,8,8a-tetrahydro-2H-phthalazin-1-on $C_9H_{12}N_2O$, Formel VII + Spiegelbild.

B. Beim Erwärmen von (±)-*trans*-6-Acetyl-cyclohex-3-encarbonsäure (zur Konfiguration dieser Verbindung s. *Mousseron et al.*, C. r. **247** [1958] 665, 668) mit N$_2$H$_4$ und wss. NaOH (*Dixon, Wiggins*, Soc. **1954** 594, 597) oder beim Erwärmen des Äthyl≈ esters mit N$_2$H$_4$ in wss. Äthanol (*Di., Wi.*).

Kristalle (aus A.); F: 225—226° (*Di., Wi.*).

5-[1-Methyl-pyrrolidin-2-yl]-1H-pyridin-2-on $C_{10}H_{14}N_2O$.

a) **5-[(S)-1-Methyl-pyrrolidin-2-yl]-1H-pyridin-2-on**, Formel VIII (R = H), und Tautomeres; (−)-6-Hydroxy-nicotin.

B. Aus (−)-Nicotin (E III/IV 23 1000) bei der Oxidation durch Extrakte eines Bodenbakteriums: *Hochstein, Rittenberg*, J. biol. Chem. **234** [1959] 156; durch Arthrobacter oxydans: *Decker et al.*, Bio. Z. **334** [1961] 227, 235; durch ein Bakterium (gram-negatives Stäbchen): *Gloger, Decker*, Z. Naturf. **24b** [1969] 140; s. a. *Hochstein, Rittenberg*, J. biol. Chem. **234** [1959] 151.

Kristalle; F: 122° (*De. et al.*), 121,5—122° (*Ho., Ri.*, l. c. S. 158), 120—121° (*Gl., De.*). [α]$_D^{20}$: −64,4° [H$_2$O] (*Gl., De.*); [α]$_D^{23}$: −69° [H$_2$O; c = 0,03] (*De. et al.*); [α]$_D$: −54,8° [H$_2$O] (*Ho., Ri.*, l. c. S. 157); [α]$_{546}^{20}$: −77,8°; [α]$_{366}^{20}$: −263,9° [jeweils in H$_2$O] (*Gl., De.*). IR-Spektrum (KBr; 4000—700 cm^{-1}): *Ho., Ri.*, l. c. S. 159. UV-Spektrum (wss. HCl; 220—350 nm): *Ho., Ri.*, l. c. S. 159; *De. et al.*

Picrat. F: 164,5—165° (*Ho., Ri.*, l. c. S. 159).

b) **(±)-5-[1-Methyl-pyrrolidin-2-yl]-1H-pyridin-2-on**, Formel VIII (R = H) + Spiegelbild, und Tautomeres; (±)-6-Hydroxy-nicotin (E II 23 319).

B. Beim Behandeln von (±)-6-Amino-nicotin-hydrochlorid mit NaNO$_2$ in konz. H$_2$SO$_4$ (*Wada*, Arch. Biochem. **72** [1957] 145, 147; *Wada et al.*, Scient. Pap. central Res. Inst. Japan Monopoly Corp. Nr. 97 [1957] 27; C. A. **1960** 12497).

Kristalle; F: 103—105° [unkorr.] (*Hochstein, Rittenberg*, J. biol. Chem. **234** [1959] 156, 158), 103—104° (*Decker et al.*, Bio. Z. **334** [1961] 227, 235), 103° [aus PAe.] (*Wada*; *Wada et al.*). IR-Spektrum in KBr (4000—700 cm^{-1}): *Ho., Ri.*, l. c. S. 159; in Nujol (3400 cm^{-1} bis 2250 cm^{-1} und 1700—650 cm^{-1}): *Wada et al.* UV-Spektrum (wss. HCl; 220—320 nm): *Ho., Ri.*

Ein vermutlich racemisiertes Präparat (F: 105—107°) ist aus (−)-Nicotin (E III/IV 23 1000) bei Einwirkung von Bakterien gewonnen worden (*Frankenburg et al.*, Arch. Biochem. **58** [1955] 509, 510).

VIII　　　　　　　　　　IX　　　　　　　　　　X

1-Methyl-5-[(S)-1-methyl-pyrrolidin-2-yl]-1H-pyridin-2-on $C_{11}H_{16}N_2O$, Formel VIII (R = CH$_3$).

Diese Verbindung hat als Hauptbestandteil in den früher (s. E II **24** 51 sowie *Gol'dfarb, Kiselewa*, Izv. Akad. S.S.S.R. Otd. chim. **1958** 903; engl. Ausg. S. 879) als 1-Methyl-3-[(S)-1-methyl-pyrrolidin-2-yl]-1H-pyridin-2-on angesehenen Präparaten vorgelegen (*Möhrle, Sieker*, Ar. **309** [1976] 197, 199; s. a. *Gol'dfarb, Kiselewa*, Izv. Akad. S.S.S.R. Otd. chim. **1960** 565; engl. Ausg. S. 540; *Gol'dfarb, Kiselewa*, Izv. Akad. S.S.S.R. Otd. chim. **1960** 2208; engl. Ausg. S. 2043).

B. Aus Nicotin-isomethojodid (E III/IV **23** 1009) und K$_3$[Fe(CN)$_6$] (*Mö., Si.*, l. c. S. 202; s. a. *Go., Ki.*, Izv. Akad. S.S.S.R. Otd. chim. **1958** 904).

An der Luft unbeständige Kristalle (aus PAe.); F: 81° (*Mö., Si.*). $[\alpha]_D^{20}$: $-59{,}2°$ [H$_2$O; c = 1,5] (*Mö., Si.*), $-56{,}75°$ [H$_2$O; c = 2], $-90{,}2°$ [E.; c = 1,4]; $[\alpha]_{546{,}1}^{20}$: $-70°$ [H$_2$O; c = 2], $-109°$ [E.; c = 1,4] (*Lowry, Gore*, Soc. **1931** 319, 321). ORD (H$_2$O sowie E.; 670,8−435,8 nm) bei 20°: *Lo., Gore.* UV-Spektrum in H$_2$O (270−350 nm) und in Cyclo-hexan (270−330 nm): *Lo., Gore.* λ_{max} (Me.): 232 nm und 307 nm (*Mö., Si.*).

Das von *Tatsuno* (Pharm. Bl. Nihon Univ. **1** [1957] 70, 71; C. A. **1958** 9111) erhaltene Präparat (Dipolmoment [ε; Bzl.]: 4,54 D; Kp$_7$: 165−170°; Dipicrat; F: 159−160° [aus A.]) ist nicht einheitlich (*Mö., Si.*).

5-[(S)-1-Methyl-pyrrolidin-2-yl]-1-phenäthyl-1H-pyridin-2-on $C_{18}H_{22}N_2O$, Formel IX (X = H).

B. Beim Behandeln von 3-[(S)-1-Methyl-pyrrolidin-2-yl]-1-phenäthyl-pyridinium-bromid-hydrochlorid (aus (−)-Nicotin-hydrochlorid [E III/IV **23** 1003] und Phenäthyl-bromid hergestellt) mit K$_3$[Fe(CN)$_6$] in H$_2$O (*Sugasawa, Tatsuno*, J. pharm. Soc. Japan **72** [1952] 248, 251; C. A. **1953** 6427).

Kp$_{0{,}02}$: 198−203°.

Methojodid [C$_{19}$H$_{25}$N$_2$O]I; (S)-1,1-Dimethyl-2-[6-oxo-1-phenäthyl-1,6-di-hydro-[3]pyridyl]-pyrrolidinium-jodid. Kristalle (aus A.); F: 91−92°. $[\alpha]_D^{23}$: $+100°$ [CHCl$_3$].

1-[3,4-Dimethoxy-phenäthyl]-5-[(S)-1-methyl-pyrrolidin-2-yl]-1H-pyridin-2-on $C_{20}H_{26}N_2O_3$, Formel IX (X = O-CH$_3$).

B. Aus 1-[3,4-Dimethoxy-phenäthyl]-3-[(S)-1-methyl-pyrrolidin-2-yl]-pyridinium-bromid-hydrochlorid und K$_3$[Fe(CN)$_6$] in Benzol und wss. NaOH (*Suzuta*, J. pharm. Soc. Japan **79** [1959] 1314, 1316; C. A. **1960** 4580).

Kp$_{0{,}002}$: 208−210°.

Perchlorat $C_{20}H_{26}N_2O_3 \cdot HClO_4$. Kristalle (aus Me.); F: 199° [Zers.].

Methojodid [C$_{21}$H$_{29}$N$_2$O$_3$]I; (S)-2-[1-(3,4-Dimethoxy-phenäthyl)-6-oxo-1,6-dihydro-[3]pyridyl]-1,1-dimethyl-pyrrolidinium-jodid. F: 218° [Zers.; aus Acn. + E.]. $[\alpha]_D^{19}$: $+90°$ [Me.; c = 1,3].

1-[2-Benzo[1,3]dioxol-5-yl-äthyl]-5-[(S)-1-methyl-pyrrolidin-2-yl]-1H-pyridin-2-on, 1-[3,4-Methylendioxy-phenäthyl]-5-[(S)-1-methyl-pyrrolidin-2-yl]-1H-pyridin-2-on $C_{19}H_{22}N_2O_3$, Formel X.

B. Aus 1-[2-Benzo[1,3]dioxol-5-yl-äthyl]-3-[(S)-1-methyl-pyrrolidin-2-yl]-pyridinium-bromid-hydrochlorid und K$_3$[Fe(CN)$_6$] in H$_2$O (*Sugasawa, Tatsuno*, J. pharm. Soc. Japan **72** [1952] 248, 250; C. A. **1953** 6427).

Dipolmoment (ε; Bzl.) bei 27°: 4,39 D (*Tatsuno*, Pharm. Bl. **2** [1954] 140, 141, 144). Kp$_{0{,}05}$: 230−235° (*Su., Ta.*).

(±)-3-[1-Methyl-pyrrolidin-2-yl]-1H-pyridin-2-on $C_{10}H_{14}N_2O$, Formel XI (R = H) + Spiegelbild, und Tautomeres ((±)-3-[1-Methyl-pyrrolidin-2-yl]-pyridin-2-ol); (±)-2-Hydroxy-nicotin (E I **23** 108).

B. Beim Behandeln von (±)-2-Amino-nicotin-hydrochlorid mit NaNO$_2$ in konz. H$_2$SO$_4$ (*Wada*, Arch. Biochem. **72** [1957] 145, 147; *Wada et al.*, Scient. Pap. central Res. Inst. Japan Monopoly Corp. Nr. 97 [1957] 27; C. A. **1960** 12497).

F: 122−123° [unkorr.] (*Wada*). IR-Spektrum in KBr (4000−700 cm^{-1}): *Hochstein, Rittenberg*, J. biol. Chem. **234** [1959] 156, 159; in Nujol (3600−2250 cm^{-1} und 2000 cm^{-1} bis 650 cm^{-1}): *Wada et al.*, l. c. S. 38. UV-Spektrum (wss. HCl; 220−320 nm): *Ho., Ri.*

1-Methyl-3-[(S)-1-methyl-pyrrolidin-2-yl]-1H-pyridin-2-on C₁₁H₁₆N₂O, Formel XI (R = CH₃).

Das früher (E II **24** 51) unter dieser Konstitution beschriebene (−)-N-Methyl-nicoton enthielt als Hauptbestandteil 1-Methyl-5-[(S)-1-methyl-pyrrolidin-2-yl]-1H-pyridin-2-on (*Möhrle, Sieker*, Ar. **309** [1976] 197, 199); entsprechend ist die Einheitlichkeit der früher (E II **24** 51, 52) beschriebenen Präparate (−)-N-Äthyl-nicoton, (−)-N-Propyl-nicoton und (−)-N-Butyl-nicoton fraglich.

Authentisches 1-Methyl-3-[(S)-1-methyl-pyrrolidin-2-yl]-1H-pyridin-2-on zeigt F: 59° [aus PAe.]; $[\alpha]_D^{20}$: −84,3° [H₂O; c = 1,5] (*Mö., Si.*, l. c. S. 203).

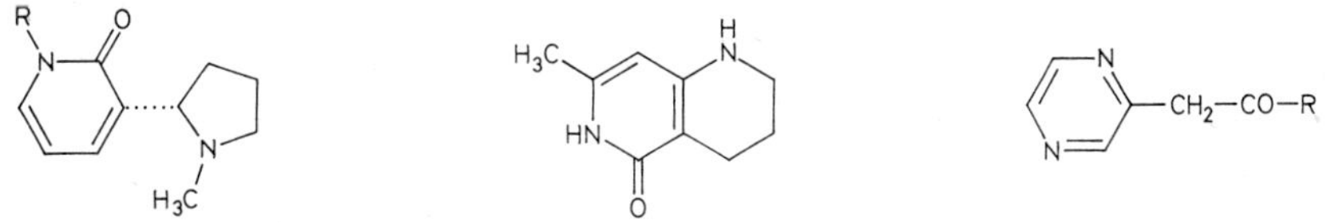

XI   XII   XIII

7-Methyl-2,3,4,6-tetrahydro-1H-[1,6]naphthyridin-5-on C₉H₁₂N₂O, Formel XII, und Tautomeres.

B. Beim Hydrieren von 7-Methyl-6H-[1,6]naphthyridin-5-on an Platin in Äthanol (*Ikekawa*, Chem. pharm. Bl. **6** [1958] 263, 267).

Kristalle (aus PAe.); F: 258−262°. λ_{max} (Me.): 227 nm und 280 nm.

Oxo-Verbindungen C₁₀H₁₄N₂O

1-Pyrazinyl-hexan-2-on C₁₀H₁₄N₂O, Formel XIII (R = [CH₂]₃-CH₃).

B. Beim Behandeln von Methylpyrazin mit NaNH₂ in flüssigem NH₃ und anschliessend mit Äthylvalerat in Äthanol (*Behun, Levine*, Am. Soc. **81** [1959] 5157).

Kp₆: 130−130,5°.

Kupfer(II)-Verbindung Cu(C₁₀H₁₃N₂O)₂. F: 186−187°.

3,3-Dimethyl-1-pyrazinyl-butan-2-on C₁₀H₁₄N₂O, Formel XIII (R = C(CH₃)₂).

B. Analog der vorangehenden Verbindung (*Behun, Levine*, Am. Soc. **81** [1959] 5157).

Kp₅: 114−114,5°.

2,4-Dinitro-phenylhydrazon C₁₆H₁₈N₆O₄. F: 166−166,6°.

4,4-Diallyl-5-methyl-2-phenyl-2,4-dihydro-pyrazol-3-on C₁₆H₁₈N₂O, Formel I (E II 52).

B. Aus 5-Methyl-2-phenyl-pyrazol-3-on oder aus Antipyrin (S. 75) und Allylbromid bei 120° (*Sonn, Litten*, B. **66** [1933] 1582, 1583).

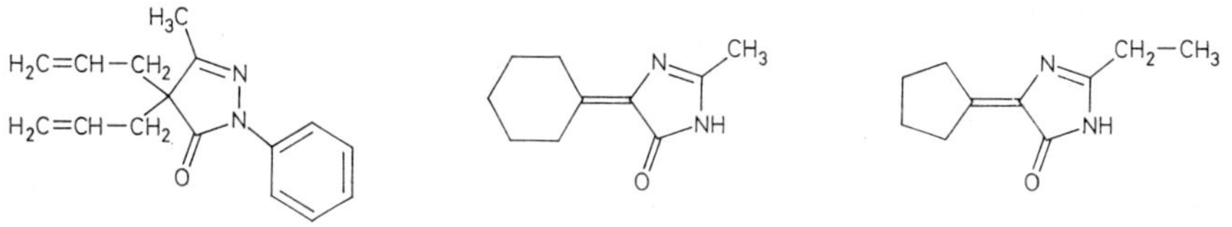

I   II   III

5-Cyclohexyliden-2-methyl-3,5-dihydro-imidazol-4-on C₁₀H₁₄N₂O, Formel II, und Tautomere.

B. Beim Erwärmen von Acetimidsäure-äthylester mit Glycin-äthylester und Cyclo≈hexanon in Benzol (*Lehr et al.*, Am. Soc. **75** [1953] 3640, 3641, 3645).

Kristalle; F: 142−144° [korr.].

2-Äthyl-5-cyclopentyliden-3,5-dihydro-imidazol-4-on C₁₀H₁₄N₂O, Formel III, und Tautomere.

B. Beim Erwärmen von Propionimidsäure-äthylester mit Glycin-äthylester und Cyclo≈

pentanon in Benzol (*Lehr et al.*, Am. Soc. **75** [1953] 3640, 3641, 3645; *Hoffmann-La Roche*, U.S.P. 2602086 [1951]).

Kristalle; F: 122—125° [korr.] (*Lehr et al.*), 120—125° [Zers.; aus PAe.] (*Hoffmann-La Roche*).

(*R*)-4,7-Dimethyl-2-*p*-tolyl-5,6,7,8-tetrahydro-2*H*-cinnolin-3-on $C_{17}H_{20}N_2O$, Formel IV.

B. Beim Erwärmen von (6*R*,7a$\varXi$)-7a-Hydroxy-3,6-dimethyl-5,6,7,7a-tetrahydro-4*H*-benzofuran-2-on (E III **10** 2906) mit *p*-Tolylhydrazin in Äthanol (*Woodward, Eastman*, Am. Soc. **72** [1950] 399, 402).

Gelbliche Kristalle (aus Ae.); F: 125—126°.

IV   V   VI

(±)-7-Allyl-1,2,4,5,6,7-hexahydro-indazol-3-on $C_{10}H_{14}N_2O$, Formel V, und Tautomere.

B. Aus (±)-3-Allyl-2-oxo-cyclohexancarbonsäure-äthylester und $N_2H_4 \cdot H_2O$ oder Semi⸗carbazid-acetat (*Grewe*, B. **76** [1943] 1072, 1076).

F: 226°.

4,4,6-Trimethyl-1,2,4,5-tetrahydro-indazol-3-on $C_{10}H_{14}N_2O$, Formel VI, und Tautomere.

B. Beim Erhitzen von 4,6,6-Trimethyl-2-oxo-cyclohex-3-encarbonsäure-diäthylamid mit $N_2H_4 \cdot H_2O$ und KOH in *O*-Äthyl-diäthylenglykol (*Utzinger, Hoelle*, Helv. **35** [1952] 1370, 1376).

Kristalle (aus E.); F: 196° [korr.; Zers. > 174°].

(±)-1,2,3,4,5,6-Hexahydro-1'*H*-[2,3']bipyridyl-6'-on, (±)-5-[2]Piperidyl-1*H*-pyr⸗idin-2-on $C_{10}H_{14}N_2O$, Formel VII (R = R' = H) + Spiegelbild, und Tautomeres; (±)-6'-Hydroxy-anabasin.

B. Beim Hydrieren von 3,4,5,6-Tetrahydro-1'*H*-[2,3']bipyridyl-6'-on(?) (S. 317) an Palladium in wss. Essigsäure (*Wada*, Arch. Biochem. **72** [1957] 145, 149, 154). Beim Behandeln von (±)-1,2,3,4,5,6-Hexahydro-[2,3']bipyridyl-6'-ylamin mit $NaNO_2$ in wss. H_2SO_4 (*Katznelson, Kabatschnik*, B. **68** [1935] 1247, 1250). Beim Erhitzen von (±)-[1,2,3,4,5,6-Hexahydro-[2,3']bipyridyl-6'-yl]-nitro-amin mit Acetanhydrid (*Ka., Ka.*).

Picrat $C_{10}H_{14}N_2O \cdot 2 C_6H_3N_3O_7$. Kristalle (aus H_2O); F: 241° [Zers.] (*Ka., Ka.*), 240° [Zers.] (*Wada*). Die Kristalle sind piezoelektrisch (*Kopzik et al.*, Vestnik Moskovsk. Univ. **13** [1958] Nr. 6, S. 91, 94; C. A. **1959** 15673).

(*S*)-1'-Methyl-1,2,3,4,5,6-hexahydro-1'*H*-[2,3']bipyridyl-6'-on $C_{11}H_{16}N_2O$, Formel VII (R = H, R' = CH_3).

Diese Konstitution kommt dem von *Menschikow et al.* (B. **67** [1934] 1398, 1400) beschriebenen *l*-*N*-Methyl-anabason zu (*Kabatschnik, Kaznel'son*, Ž. obšč. Chim. **5** [1935] 1289, 1291; B. **68** [1935] 399, 400).

B. Beim Behandeln von (*S*)-1-Benzoyl-1'-methyl-1,2,3,4,5,6-hexahydro-[2,3']bipyr⸗idylium-jodid (E III/IV **23** 1031) mit $K_3[Fe(CN)_6]$ in wss. KOH und Erhitzen des Reaktionsprodukts mit wss. HCl (*Me. et al.*).

Kp_4: 181—186° (*Me. et al.*).

Beim Erhitzen mit PCl_5 ist (*S*)-6'-Chlor-1,2,3,4,5,6-hexahydro-[2,3']bipyridyl erhalten worden (*Me. et al.*).

Hydrochlorid $C_{11}H_{16}N_2O \cdot HCl$. Kristalle (aus A.); Zers. bei 260°; $[\alpha]_D$: −22,0° [H_2O; c = 2,5] (*Me. et al.*).

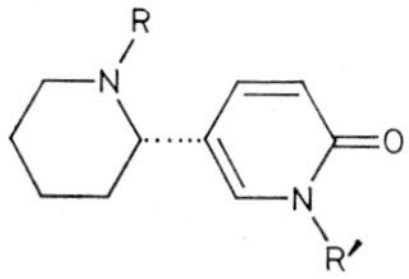

VII 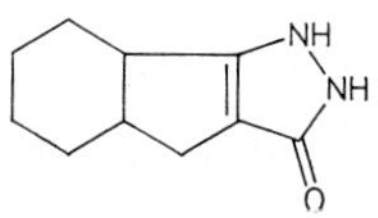   VIII 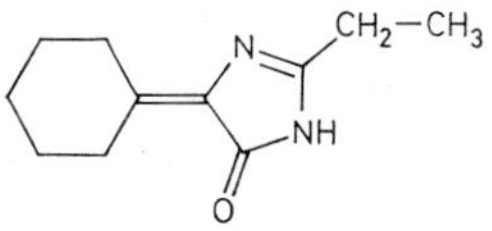   IX

(S)-1,1'-Dimethyl-1,2,3,4,5,6-hexahydro-1'H-[2,3']bipyridyl-6'-on $C_{12}H_{18}N_2O$,
Formel VII (R = R' = CH$_3$).
Diese Konstitution kommt wahrscheinlich dem von *Menschikow et al.* (B. **67** [1934]
1398, 1401) beschriebenen *l-N,N'*-Dimethyl-anabason zu (*Kabatschnik, Kaznel'šon*,
Ž. obšč. Chim. **5** [1935] 1289, 1291; B. **68** [1935] 399, 400).
B. Beim Behandeln von (S)-1,1'-Dimethyl-1,2,3,4,5,6-hexahydro-[2,3']bipyridylium-
jodid-hydrojodid (E III/IV **23** 1029) mit K$_3$[Fe(CN)$_6$] und wss. KOH (*Me. et al.*).
Kristalle (aus PAe.); F: 95—96°; Kp$_{10}$: 186—191°; [α]$_D$: —100° [A.; c = 5] (*Me. et al.*).

*Opt.-inakt. 1,4,4a,5,6,7,8,8a-Octahydro-2H-indeno[1,2-c]pyrazol-3-on $C_{10}H_{14}N_2O$,
Formel VIII, und Tautomere.
B. Aus opt.-inakt. 1-Oxo-hexahydro-indan-2-carbonsäure-äthylester (E III **10** 2911) und
N$_2$H$_4$·H$_2$O (*Hückel et al.*, A. **518** [1935] 155, 169).
F: 161°.

Oxo-Verbindungen $C_{11}H_{16}N_2O$

2-Äthyl-5-cyclohexyliden-3,5-dihydro-imidazol-4-on $C_{11}H_{16}N_2O$, Formel IX, und
Tautomere.
B. Beim Erwärmen von Propionimidsäure-äthylester mit Glycin-äthylester und Cyclo=
hexanon in Benzol (*Lehr et al.*, Am. Soc. **75** [1953] 3640, 3641, 3645; *Hoffmann-La Roche*,
U.S.P. 2602086 [1951]).
Kristalle; F: 142—143° [korr.] (*Lehr et al.*).

(±)-4,6-Dicyclopropyl-4-methyl-3,4-dihydro-1H-pyrimidin-2-thion $C_{11}H_{16}N_2S$, Formel X.
B. Beim Erwärmen von 1-Cyclopropyl-äthanon mit Thioharnstoff und Natrium in
Äthanol (*Jackman et al.*, Am. Soc. **70** [1948] 497, 499).
Kristalle (aus A.); F: 207—208,2° [korr.].

cis-1,3,4,4a,5,6,7,8,8a,9-Decahydro-naphth[2,3-d]imidazol-2-on $C_{11}H_{16}N_2O$, Formel XI,
und Tautomeres.
B. Beim Erhitzen von (±)-3ξ-Chlor-octahydro-(4a*r*,8a*c*)-naphthalin-2-on (E III **7** 368)
mit Harnstoff in O-Äthyl-diäthylenglykol (*Geigy A.G.*, U.S.P. 2850532 [1956]).
Kristalle (aus A.); Zers. bei ca. 256—260°.

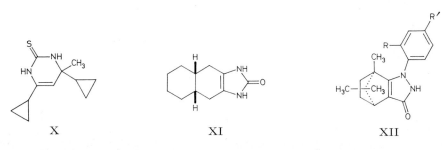

X   XI   XII

(4S)-7,8,8-Trimethyl-1-o-tolyl-1,2,4,5,6,7-hexahydro-4,7-methano-indazol-3-on
$C_{18}H_{22}N_2O$, Formel XII (R = CH$_3$, R' = H), und Tautomeres.
B. Beim Erhitzen von (1R)-4,7,7-Trimethyl-3-oxo-norbornan-2-carbonsäure (E III **10**

2925) mit o-Tolylhydrazin und wss. HCl (*Stoicescu-Crivăt et al.*, Acad. Iaşi Stud. Cerc. ştiinţ. Chim. **9** [1958] 83, 89; C. A. **1960** 504).
Kristalle (aus Eg. + H_2O); F: 273—274°.

(4S)-7,8,8-Trimethyl-2-o-tolyl-1,2,4,5,6,7-hexahydro-4,7-methano-indazol-3-on
$C_{18}H_{22}N_2O$, Formel I (R = R″ = H, R′ = CH_3), und Tautomere.
B. Beim Erhitzen von (1R)-4,7,7-Trimethyl-3-oxo-norbornan-2-carbonsäure (E III 10 2925) mit o-Tolylhydrazin und PCl₃ in Toluol (*Stoicescu-Crivăt et al.*, Acad. Iaşi Stud. Cerc. ştiinţ. Chim. **9** [1958] 83, 88; C. A. **1960** 504).
Kristalle (aus wss. A.); F: 229—230°.

(4S)-1,7,8,8-Tetramethyl-2-o-tolyl-1,2,4,5,6,7-hexahydro-4,7-methano-indazol-3-on
$C_{19}H_{24}N_2O$, Formel I (R = R′ = CH_3, R″ = H).
B. Beim Behandeln von (4S)-3-Benzoyloxy-7,8,8-trimethyl-2-o-tolyl-4,5,6,7-tetra=
hydro-2H-4,7-methano-indazol-methojodid (E III/IV **23** 2511) mit wss. NaOH (*Stoicescu-Crivăt et al.*, Acad. Iaşi Stud. Cerc. ştiinţ. Chim. **9** [1958] 83, 88; C. A. **1960** 504).
Kristalle (aus wss. A.); F: 125°.

(4S)-7,8,8-Trimethyl-1-p-tolyl-1,2,4,5,6,7-hexahydro-4,7-methano-indazol-3-on
$C_{18}H_{22}N_2O$, Formel XII (R = H, R′ = CH_3), und Tautomeres.
B. Beim Erhitzen von (1R)-4,7,7-Trimethyl-3-oxo-norbornan-2-carbonsäure (E III 10 2925) mit p-Tolylhydrazin und wss. HCl (*Stoicescu-Crivăt et al.*, Acad. Iaşi Stud. Cerc. ştiinţ. Chim. **9** [1958] 83, 87; C. A. **1960** 504).
Kristalle (aus Eg.); F: 267—268°.

(4S)-7,8,8-Trimethyl-2-p-tolyl-1,2,4,5,6,7-hexahydro-4,7-methano-indazol-3-on
$C_{18}H_{22}N_2O$, Formel I (R = R′ = H, R″ = CH_3), und Tautomere.
B. Beim Erhitzen von (1R)-4,7,7-Trimethyl-3-oxo-norbornan-2-carbonsäure (E III 10 2925) mit p-Tolylhydrazin und PCl₃ in Toluol (*Stoicescu-Crivăt et al.*, Acad. Iaşi Stud. Cerc. ştiinţ. Chim. **9** [1958] 83, 87; C. A. **1960** 504).
Kristalle (aus wss. A.); F: 178°.

(4S)-1,7,8,8-Tetramethyl-2-p-tolyl-1,2,4,5,6,7-hexahydro-4,7-methano-indazol-3-on
$C_{19}H_{24}N_2O$, Formel I (R = R″ = CH_3, R′ = H).
B. Beim Behandeln von (4S)-3-Benzoyloxy-7,8,8-trimethyl-2-p-tolyl-4,5,6,7-tetra=
hydro-2H-4,7-methano-indazol-methojodid (E III/IV **23** 2511) mit wss. NaOH (*Stoicescu-Crivăt et al.*, Acad. Iaşi Stud. Cerc. ştiinţ. Chim. **9** [1958] 83, 87; C. A. **1960** 504).
Kristalle (aus A.); F: 115°.

I   II

(4S)-7,8,8-Trimethyl-2-[2]naphthyl-1,2,4,5,6,7-hexahydro-4,7-methano-indazol-3-on
$C_{21}H_{22}N_2O$, Formel II (R = H), und Tautomere.
B. Beim Erhitzen von (1R)-4,7,7-Trimethyl-3-oxo-norbornan-2-carbonsäure (E III 10 2925) mit [2]Naphthylhydrazin und PCl₃ in Toluol (*Stoiscecu-Crivăt et al.*, Acad. Iaşi Stud. Cerc. ştiinţ. Chim. **9** [1958] 83, 90; C. A. **1960** 504).
Kristalle (aus A.); F: 170°.

(4S)-1,7,8,8-Tetramethyl-2-[2]naphthyl-1,2,4,5,6,7-hexahydro-4,7-methano-indazol-3-on
$C_{22}H_{24}N_2O$, Formel II (R = CH_3).
B. Beim Behandeln von (4S)-3-Benzoyloxy-7,8,8-trimethyl-2-[2]naphthyl-4,5,6,7-tetra=
hydro-2H-4,7-methano-indazol-methojodid (E III/IV **23** 2511) mit wss. NaOH (*Stoicescu-Crivăt et al.*, Acad. Iaşi Stud. Cerc. ştiinţ. Chim. **9** [1958] 83, 90; C. A. **1960** 504).
Kristalle (aus wss. A.); F: 143—144°.

(4S)-2-[4-Methoxy-phenyl]-7,8,8-trimethyl-1,2,4,5,6,7-hexahydro-4,7-methano-indazol-3-on $C_{18}H_{22}N_2O_2$, Formel I (R = R' = H, R'' = O-CH$_3$), und Tautomere.

B. Beim Erhitzen von (1*R*)-4,7,7-Trimethyl-3-oxo-norbornan-2-carbonsäure (E III 10 2925) mit [4-Methoxy-phenyl]-hydrazin und PCl$_3$ in Toluol (*Stoicescu-Crivăt et al.*, Acad. Iaşi Stud. Cerc. ştiinţ. Chim. **9** [1958] 83, 89; C. A. **1960** 504).
Kristalle (aus wss. A.); F: 167—168°.

(4S)-2-[4-Methoxy-phenyl]-1,7,8,8-tetramethyl-1,2,4,5,6,7-hexahydro-4,7-methano-indazol-3-on $C_{19}H_{24}N_2O_2$, Formel I (R = CH$_3$, R' = H, R'' = O-CH$_3$).

B. Beim Behandeln von (4S)-3-Benzoyloxy-2-[4-methoxy-phenyl]-7,8,8-trimethyl-4,5,6,7-tetrahydro-2*H*-4,7 methano-indazol-methojodid (E III/IV **23** 2511) mit wss. NaOH (*Stoicescu-Crivăt et al.*, Acad. Iaşi Stud. Cerc. ştiinţ. Chim. **9** [1958] 83, 89; C. A. **1960** 504).
Kristalle (aus A. + Ae.); F: 184—185°.

Oxo-Verbindungen $C_{12}H_{18}N_2O$

*3-Isobutyl-6-[1-methyl-propenyl]-1*H*-pyrazin-2-on $C_{12}H_{18}N_2O$, Formel III (X = H), und Tautomeres; **Dehydrodesoxyaspergillsäure**.

B. Beim Erhitzen von Hydroxyaspergillsäure (Syst.-Nr. 3635) mit Jod und rotem Phosphor in Essigsäure (*Dutcher*, J. biol. Chem. **232** [1958] 785, 792).
Kristalle (aus Acn.); F: 158° [unkorr.]. UV-Spektrum (A. ?; 230—350 nm): *Du.*, l. c. S. 788.

*1-Hydroxy-3-isobutyl-6-[1-methyl-propenyl]-1*H*-pyrazin-2-on $C_{12}H_{18}N_2O_2$, Formel III (X = OH); **Dehydroaspergillsäure**.

B. Neben Dehydrodesoxyaspergillsäure (s. o.) beim Erhitzen von Hydroxyaspergill= säure (Syst.-Nr. 3635) mit wss. H$_3$PO$_4$ auf 150° (*Dutcher*, J. biol. Chem. **232** [1958] 785, 792).
Kristalle (aus wss. A.); F: 116—117° [unkorr.]. UV-Spektrum (A.; 220—350 nm): *Du.*, l. c. S. 788.
Kupfer(II)-Salz Cu($C_{12}H_{17}N_2O_2$)$_2$. Dunkelgrün; F: 224—225° [unkorr.].

III   IV

*5-[1-Methyl-pent-4-enyliden]-2-propyl-3,5-dihydro-imidazol-4-on $C_{12}H_{18}N_2O$, Formel IV, und Tautomere.

B. Beim Erhitzen von Butyrimidsäure-äthylester mit Glycin-äthylester und Hex-5-en-2-on in Benzol (*Lehr et al.*, Am. Soc. **75** [1953] 3640, 3644, 3645; *Hoffmann-La Roche*, U.S.P. 2602799 [1952]).
Hydrochlorid $C_{12}H_{18}N_2O \cdot HCl$. Kristalle (aus A. + Ae.); F: 155—157° [korr.; Zers.].

4-Butyl-5,6,7,8-tetrahydro-2*H*-phthalazin-1-on $C_{12}H_{18}N_2O$, Formel V, und Tautomeres.

B. Aus (±)-Sedanonsäure (E III 10 2933) und $N_2H_4 \cdot H_2O$ (*Noguchi, Kawanami*, J. pharm. Soc. Japan **57** [1937] 783, 794; dtsch. Ref. S. 196, 204). Aus (±)-Sedanonsäure-lacton (E III/IV **17** 4751) und $N_2H_4 \cdot H_2O$ (*Naves*, Helv. **26** [1943] 1281, 1293).
Kristalle; F: 136° [korr.; aus A.] (*Na.*), 136° (*No., Ka.*).

(±)-1-[2-Methyl-4-[3]piperidyl-pyrrol-3-yl]-äthanon $C_{12}H_{18}N_2O$, Formel VI.

B. Beim Hydrieren von 1-[2-Methyl-4-[3]pyridyl-pyrrol-3-yl]-äthanon an Platin in Essigsäure (*Ochiai et al.*, J. pharm. Soc. Japan **56** [1936] 957; B. **69** [1936] 2238, 2241; C. A. **1938** 3360).
Kristalle (aus Acn.); F: 184°.

Acetyl-Derivat $C_{14}H_{20}N_2O_2$; $(\pm)$-1-Acetyl-3-[4-acetyl-5-methyl-pyrrol-3-yl]-piperidin. F: 216°.

4-Nitro-benzoyl-Derivat $C_{19}H_{21}N_3O_4$; 3-[4-Acetyl-5-methyl-pyrrol-3-yl]-1-[4-nitro-benzoyl]-piperidin. Kristalle (aus Acn.); F: 198°.

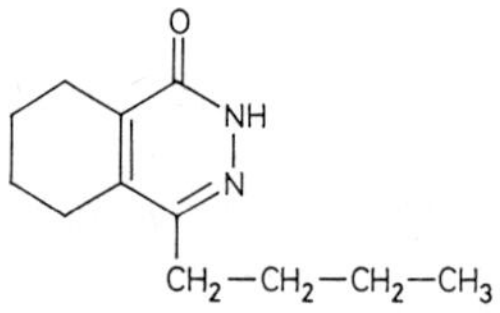

V 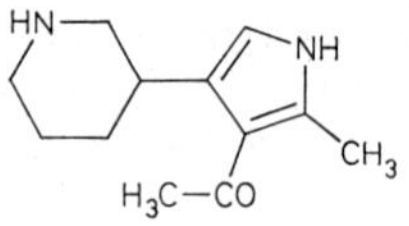   VI 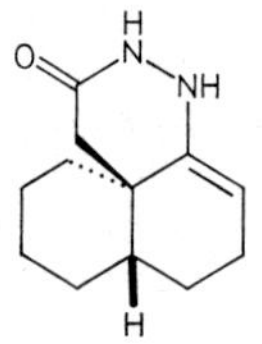   VII

(7aRS,11aSR)-4,6,7,7a,8,9,10,11-Octahydro-3H-benzo[e]cinnolin-2-on $C_{12}H_{18}N_2O$, Formel VII + Spiegelbild.

B. Beim Erwärmen von $(\pm)$-[4-Oxo-(8ac)-octahydro-[4ar]naphthyl]-essigsäure-methylester mit $N_2H_4 \cdot H_2O$ in Methanol (*Haworth, Turner*, Soc. **1958** 1240, 1246). Kristalle (aus Cyclohexan); F: 204—205°.

(8R)-8,9,9-Trimethyl-4,4a,5,6,7,8(oder 1,4,5,6,7,8)-hexahydro-2H-5,8-methano-cinnolin-3-on $C_{12}H_{18}N_2O$, Formel VIII oder IX.

B. Beim Erhitzen von [(1R)-2-Oxo-bornan-3-yl]-essigsäure-hydrazid (E III **10** 2939) mit $ZnCl_2$ auf 220° oder beim Behandeln mit konz. H_2SO_4 (*Rupe, Buxtorf*, Helv. **13** [1930] 444, 453). Kristalle (aus Bzl.); F: 216°.

N-Methyl-Derivat $C_{13}H_{20}N_2O$. Kristalle (aus wss. A.); F: 152°.

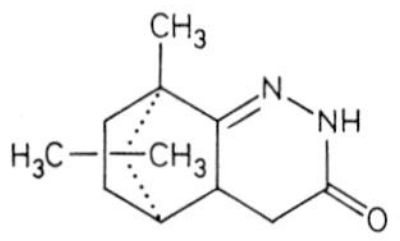

VIII 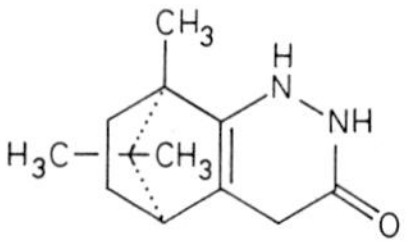   IX 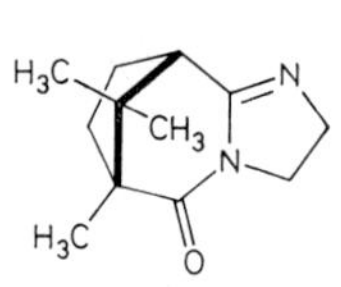   X 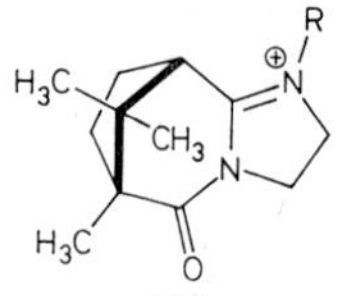   XI

(6R)-6,10,10-Trimethyl-2,3,6,7,8,9-hexahydro-6,9-methano-imidazo[1,2-a]azepin-5-on $C_{12}H_{18}N_2O$, Formel X.

B. Aus (1R)-*cis*-Camphersäure (E III **9** 3876) und Äthylendiamin bei 220—230° (*Kuroda, Nishimune*, J. pharm. Soc. Japan **64** [1944] Nr.3, S. 157, 158; C. A. **1951** 5128).

Hydrochlorid $C_{12}H_{18}N_2O \cdot HCl$. Kristalle (aus A. + Ae.); F: 308°.

Tetrachloroaurat(III) $C_{12}H_{18}N_2O \cdot HAuCl_4$. Orangegelbe Kristalle; F: 232—235°.

Picrat. Gelbe Kristalle; F: 244—246°.

(6R)-1,6,10,10-Tetramethyl-5-oxo-2,5,6,7,8,9-hexahydro-3H-6,9-methano-imidazo[1,2-a]azepinium $[C_{13}H_{21}N_2O]^+$, Formel XI (R = CH_3), und Mesomeres.

Chlorid $[C_{13}H_{21}N_2O]Cl$. Hygroskopische Kristalle (aus A. + Ae.); Zers. bei 323° (*Kuroda, Nishimune*, J. pharm. Soc. Japan **64** [1944] Nr. 3, S. 157, 159; C. A. **1951** 5128).

Jodid $[C_{13}H_{21}N_2O]I$. *B.* Aus der im vorangehenden Artikel beschriebenen Verbindung und CH_3I (*Ku., Ni.*). — Kristalle (aus H_2O); F: 283°.

Tetrachloroaurat(III) $[C_{13}H_{21}N_2O]AuCl_4$. F: 173—174°.

Hexachloroplatinat(IV). F: 244°.

Picrat. F: 195°.

(6R)-1-Äthyl-6,10,10-trimethyl-5-oxo-2,5,6,7,8,9-hexahydro-3H-6,9-methano-imidazo[1,2-a]azepinium $[C_{14}H_{23}N_2O]^+$, Formel XI (R = C_2H_5), und Mesomeres.

Chlorid $[C_{14}H_{23}N_2O]Cl$. Hygroskopische Kristalle; F: 231—233° (*Kuroda, Nishimune*, J. pharm. Soc. Japan **64** [1944] Nr. 3, S. 157, 160; C. A. **1951** 5128).

Jodid [$C_{14}H_{23}N_2O$]I. *B.* Aus (6*R*)-6,10,10-Trimethyl-2,3,6,7,8,9-hexahydro-6,9-methano-imidazo[1,2-*a*]azepin-5-on und Äthyljodid (*Ku.*, *Ni.*). — Kristalle (aus A.); F: 215°.
Picrat. Hellgelbe Kristalle; F: 108—111°.

Oxo-Verbindungen $C_{13}H_{20}N_2O$

*(±)-5-[3-Methyl-cyclohexyliden]-2-propyl-3,5-dihydro-imidazol-4-on $C_{13}H_{20}N_2O$,
Formel XII (R = CH_3, R' = H), und Tautomere.
B. Beim Erwärmen von Butyrimidsäure-äthylester mit Glycin-äthylester und
(±)-3-Methyl-cyclohexanon in Benzol (*Lehr et al.*, Am. Soc. **75** [1953] 3640, 3641, 3645).
Kristalle; F: 133—135° [korr.].

5-[4-Methyl-cyclohexyliden]-2-propyl-3,5-dihydro-imidazol-4-on $C_{13}H_{20}N_2O$,
Formel XII (R = H, R' = CH_3), und Tautomere.
B. Analog der vorangehenden Verbindung (*Lehr et al.*, Am. Soc. **75** [1953] 3640, 3641, 3645).
Kristalle; F: 123—125° [korr.].

XII   XIII   XIV

*Opt.-inakt. 1,3,4,1',3',4'-Hexamethyl-2',3',4',5'-tetrahydro-1*H*,1'*H*-[2,2']bipyrrolyl-
5-carbaldehyd, 1,3,4-Trimethyl-5-[1,3,4-trimethyl-pyrrolidin-2-yl]-pyrrol-
2-carbaldehyd $C_{15}H_{24}N_2O$, Formel XIII.
B. Beim Behandeln von opt.-inakt. 1,3,4,1',3',4'-Hexamethyl-2,3,4,5-tetrahydro-1*H*,=
1'*H*-[2,2']bipyrrolyl (E III/IV **23** 948) mit DMF und $POCl_3$ in 1,2-Dichlor-äthan und
Behandeln des Reaktionsgemisches mit Natriumacetat in H_2O (*Leonard*, *Cook*, Am. Soc.
81 [1959] 5627, 5628, 5631).
$Kp_{1,9}$: 90°. n_D^{25}: 1,5438. λ_{max} (A.): 272 nm und 304 nm.

(±)-5-Cyclohexyl-1,2,4,5,6,7-hexahydro-indazol-3-on $C_{13}H_{20}N_2O$, Formel XIV, und
Tautomere.
B. Beim Erhitzen von (±)-4-Oxo-bicyclohexyl-3-carbonsäure-methylester mit $N_2H_4 \cdot$
H_2SO_4 und Pyridin in Methanol (*Shunk*, *Wilds*, Am. Soc. **71** [1949] 3946, 3949). Beim Er-
hitzen von (±)-4-Oxo-bicyclohexyl-3-carbonsäure-äthylester mit $N_2H_4 \cdot H_2O$ in Äthanol
(*Buu-Hoi et al.*, Bl. **1957** 1270).
Kristalle; F: 239—243° [korr.; aus E. + Eg.] (*Sh.*, *Wi.*), 235° [aus A.] (*Buu-Hoi et al.*).
[*Hagel*]

Oxo-Verbindungen $C_{14}H_{22}N_2O$

(1*S*)-4*c*-Allyl-(11a*c*)-decahydro-1*r*,5*c*-methano-pyrido[1,2-*a*][1,5]diazocin-8-on,
Angustifolin, Jamaicensin $C_{14}H_{22}N_2O$, Formel I.
Konstitution und Konfiguration: *Marion et al.*, Tetrahedron Letters **1960** Nr. 19, S. 1;
Bohlmann, *Winterfeldt*, B. **93** [1960] 1956; *Lloyd*, J. org. Chem. **26** [1961] 2143.
Isolierung aus Samen von Lupinus albus: *Wiewiórowski*, Roczniki Chem. **33** [1959]
1195, 1197; C. A. **1960** 9979; von Lupinus angustifolius: *Wiewiorowski et al.*, M. **88** [1957]
663, 666; *Bratek*, *Wiewiórowski*, Roczniki Chem. **33** [1959] 1187, 1189, 1190; C. A. **1960**
9979; von Lupinus polyphyllus: *Wi. et al.*
Kristalle; F: 80° [nach chromatographischer Reinigung]; $[\alpha]_D^{20}$: —30,8° [A.; c = 10]
(*Br.*, *Wi.*, l. c. S. 1188, 1190). Kristalle (aus PAe.); F: 79—80°; $[\alpha]_D^{20}$: —7,5° [A.; c = 10],
—1,7° [$CHCl_3$; c = 10] (*Wi. et al.*).

Hydrochlorid $C_{14}H_{22}N_2O \cdot HCl$. Kristalle (aus Acn.) mit 1 Mol H_2O; F: 134—135° [Zers.] (*Wi. et al.*).

Picrat $C_{14}H_{22}N_2O \cdot C_6H_3N_3O_7$. Kristalle (aus A.); F: 186° (*Wi. et al.*).

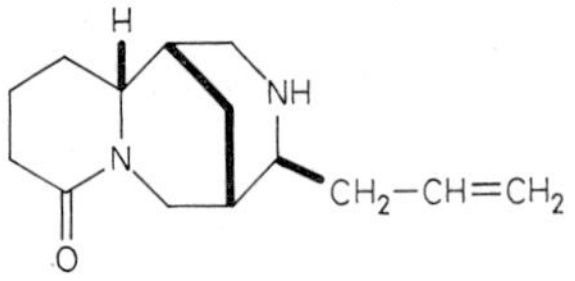

I 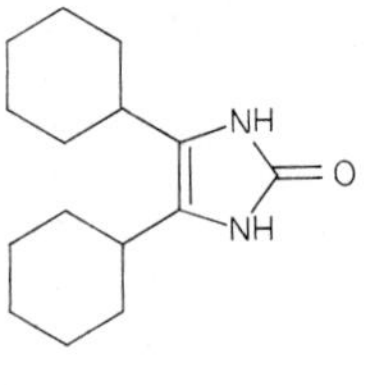   II 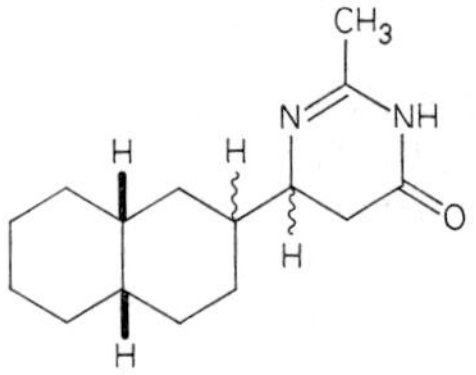   III

Oxo-Verbindungen $C_{15}H_{24}N_2O$

4,5-Dicyclohexyl-1,3-dihydro-imidazol-2-on $C_{15}H_{24}N_2O$, Formel II, und Tautomeres.

B. Beim Erhitzen von 1,2-Dicyclohexyl-2-hydroxy-äthanon mit Harnstoff in Essig= säure (*Winans, Adkins*, Am. Soc. **55** [1933] 4167, 4174).

F: 287—289°.

(±)(Ξ)-6-[(4aΞ)-(4ar,8ac)-Decahydro-[2ξ]naphthyl]-2-methyl-5,6-dihydro-3H-pyrimidin-4-on $C_{15}H_{24}N_2O$, Formel III + Spiegelbild.

B. Beim Erhitzen von (±)(Ξ)-3-Benzoylamino-3-[(4aΞ)-(4ar,8ac)-decahydro-[2ξ]= naphthyl]-propionsäure-amid (F: 210—212°) mit Acetanhydrid (*Rodionow, Antik*, Izv. Akad. S.S.S.R. Otd. chim. **1953** 253, 256; engl. Ausg. S. 231, 233).

Kristalle (aus Ae.); F: 158—159,5°.

(1Ξ,3S)-1-Methyl-3-[(R)-1-methyl-[2]piperidyl]-1,2,3,6,7,8-hexahydro-chinolizin-4-on, Dihydro-des-N-methyl-aphyllidin $C_{16}H_{26}N_2O$, Formel IV.

B. Bei der Hydrierung von Des-N-methyl-aphyllidin (S. 332) an Platin in wss. HCl (*Orechoff, Norkina*, B. **67** [1934] 1974, 1977; *Orechow*, Ž. obšč. Chim. **7** [1937] 2048, 2060; C. **1938 I** 2365).

Kristalle (aus PAe.); F: 118—120° (*Or., No.; Or.*). $[\alpha]_D$: —44,2° [Me.; c = 3] (*Or.*).

Methojodid $[C_{17}H_{29}N_2O]I$; (R)-1,1-Dimethyl-2-[(1Ξ,3S)-1-methyl-4-oxo-1,3,4,6,7,8-hexahydro-2H-chinolizin-3-yl]-piperidinium-jodid. Kristalle (aus H_2O); F: 234—235° [Zers.] (*Or., No.; Or.*).

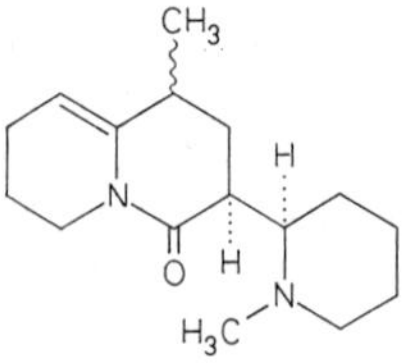

IV 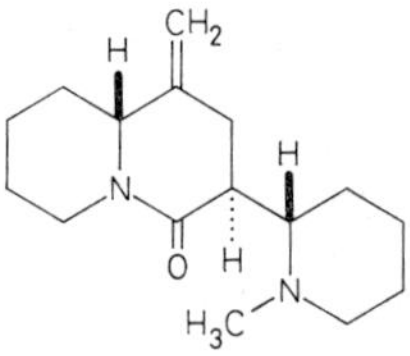   V 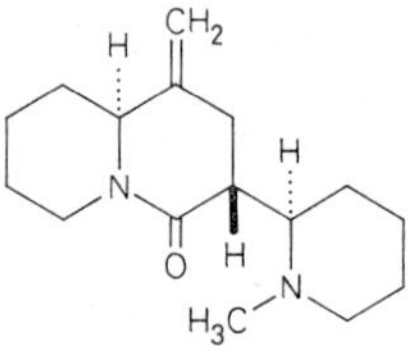   VI 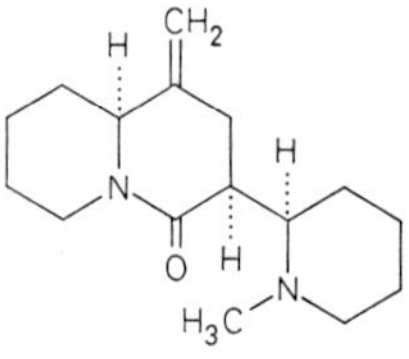   VII

1-Methylen-3-[1-methyl-[2]piperidyl]-octahydro-chinolizin-4-on $C_{16}H_{26}N_2O$.

Die Konstitution der nachstehend beschriebenen Stereoisomeren ist in Analogie zu Des-N-methyl-aphyllidin (S. 332) zugeordnet worden.

a) **(9aR)-1-Methylen-3c-[(S)-1-methyl-[2]piperidyl]-(9ar)-octahydro-chinolizin-4-on,** (+)-Des-N-methyl-oxyspartein, Formel V.

B. Aus dem Methojodid des *ent*-17-Oxo-sparteins [S. 265] (*Galinovsky, Stern*, B. **77/79** [1944/46] 132, 137).

Kristalle (aus PAe.); F: 88—89°. $[\alpha]_D^{18}$: +17,2° (Anfangswert) → +96° (nach 24 h) [A.; c = 4].

b) **(9aS)-1-Methylen-3c-[(R)-1-methyl-[2]piperidyl]-(9ar)-octahydro-chinolizin-4-on**, (−)-Des-*N*-methyl-oxyspartein, Formel VI (vgl. die E II 57 im Artikel 10-Oxo-[(−)-spartein]-hydroxymethylat beschriebenen des *N*-Methyl-oxyspartein-Präparate).

B. Aus dem Methojodid des (−)-17-Oxo-sparteins [S. 265] (*Späth, Galinovsky*, B. **71** [1938] 1282, 1285).

Kristalle (aus PAe.); F: 89−90°. $Kp_{0,01}$: 170° [Badtemperatur]. $[\alpha]_D^{18}$: −17,1° (nach 20 min) → −74,5° (nach 24 h) [Me.; c = 19]; $[\alpha]_D^{18}$: +4,8° [Bzl.].

c) **(9aS)-1-Methylen-3t-[(R)-1-methyl-[2]piperidyl]-(9ar)-octahydro-chinolizin-4-on**, Des-*N*-methyl-aphyllin, Formel VII.

B. Aus (+)-Aphyllin-methojodid [S. 266] (*Orechoff, Menschikoff*, B. **65** [1932] 234, 239; s. a. *Orechoff, Norkina*, B. **67** [1934] 1845, 1849; *Orechow*, Ž. obšč. Chim. **7** [1937] 2048, 2052, 2057; C. **1938** I 2365).

Kristalle (aus PAe.); F: 121−122° (*Or., No.; Or.*).

Methojodid [$C_{17}H_{29}N_2O$]I; (*R*)-1,1-Dimethyl-2-[(9aS)-1-methylen-4-oxo-(9ar)-octahydro-chinolizin-3t-yl]-piperidinium-jodid. Kristalle (aus Me.) mit 0,5 Mol H_2O, F: 159−164°; die wasserfreie Verbindung schmilzt bei 223−226° (*Or., Me.*).

Dodecahydro-7,14-methano-dipyrido[1,2-a;1',2'-e][1,5]diazocin-2-on $C_{15}H_{24}N_2O$.

a) **(7S)-(7ac,14at)-Dodecahydro-7r,14c-methano-dipyrido[1,2-a;1',2'-e][1,5]diazocin-2-on**, 13-Oxo-spartein, Formel VIII.

B. Beim Erhitzen von (−)-13-Hydroxy-spartein (E III/IV **23** 2494) mit Cyclohexanon und Aluminium-*tert*-butylat in Toluol (*Galinovsky, Pöhm*, M. **80** [1949] 864, 869).

Kristalle (aus PAe.) mit 1 Mol H_2O; F: 87°.

Oxim $C_{15}H_{25}N_3O$. Kristalle (aus A.); F: 244−245°.

b) **(7S)-(7at,14ac)-Dodecahydro-7r,14c-methano-dipyrido[1,2-a;1',2'-e][1,5]diazocin-2-on**, 4-Oxo-spartein, Formel IX.

B. Beim Erwärmen von Multiflorin (S. 332) mit Zinn und wss. HCl (*Crow*, Austral. J. Chem. **12** [1959] 474, 480).

Kristalle (aus PAe.) mit 1 Mol H_2O; F: 95−104°. $[\alpha]_D^{20}$: −33° [A.; c = 2]. IR-Spektrum (Nujol; 4000−700 cm^{-1}): *Crow*, l. c. S. 477. Scheinbarer Dissoziationsexponent pK_a' (H_2O; potentiometrisch ermittelt) bei 20°: 11,0.

Perchlorat $C_{15}H_{24}N_2O \cdot HClO_4$. Kristalle; F: 203−205° [korr.].

Oxim $C_{15}H_{25}N_3O$. Kristalle (aus Ae. + PAe.); F: 161−162° [korr.].

VIII   IX   X   XI

Dodecahydro-7,14-methano-dipyrido[1,2-a;1',2'-e][1,5]diazocin-4-on $C_{15}H_{24}N_2O$.

a) **(7R)-(7ac,14ac)-Dodecahydro-7r,14c-methano-dipyrido[1,2-a;1',2'-e][1,5]diazocin-4-on**, (−)-α-Isolupanin, (−)-Tetrahydrothermopsin, *ent*-2-Oxo-11β-spartein, Formel X.

Konfiguration: *Marion, Leonard*, Canad. J. Chem. **29** [1951] 355, 359; *Okuda et al.*, Chem. pharm. Bl. **13** [1965] 491, 494.

B. Beim Hydrieren von (−)-Thermopsin (S. 532) an Platin in Essigsäure (*Cockburn, Marion*, Canad. J. Chem. **29** [1951] 13, 19; s. a. *Orechoff et al.*, B. **66** [1933] 625, 628).

Dimorphe Kristalle (aus PAe.); F: 73−80° und F: 74−75°; $[\alpha]_D^{26}$: −64,3° [A.; c = 2] (*Co., Ma.*). IR-Spektrum (CS$_2$; 3500−700 cm^{-1}): *Marion et al.*, Canad. J. Chem. **29** [1951] 22, 23. Scheinbarer Dissoziationsexponent pK_a' (H_2O; potentiometrisch ermittelt) bei 20°: 9,4 (*Crow*, Austral. J. Chem. **12** [1959] 474, 480).

Perchlorat. Kristalle; F: 237° [unkorr.; Zers.; auf 220° vorgeheiztes Bad] (*Co., Ma.*).

Hydrojodid. Kristalle; F: 296−298° [Zers.; nach Sintern bei 290°; aus Me.] (*Or. et al.*), 293° [unkorr.; Zers.] (*Co., Ma.*).

Hexachloroplatinat(IV). Orangefarbene Kristalle; F: 241—242° [Zers.] (*Or. et al.*).
Picrat $C_{15}H_{24}N_2O \cdot C_6H_3N_3O_7$. Gelbe Kristalle (aus A.); F: 196—198° [korr.; Zers.] (*Co., Ma.*).
Methojodid $[C_{16}H_{27}N_2O]I$; (7*R*)-5*ξ*-Methyl-11-oxo-(7a*c*,14a*c*)-dodecahydro-7*r*,14*c*-methano-dipyrido[1,2-*a*;1′,2′-*e*][1,5]diazocinium-jodid. Kristalle (aus Me.) mit 1 Mol H_2O; F: 261—262° [Zers.] (*Orechoff, Gurewitsch*, B. **68** [1935] 820).

b) **(7S)-(7ac,14ac)-Dodecahydro-7r,14c-methano-dipyrido[1,2-a;1′,2′-e][1,5]diazocin-4-on, (+)-α-Isolupanin**, 2-Oxo-11*β*-spartein, Formel XI.

(+)-α-Isolupanin hat auch in dem nachstehend beschriebenen Lupanidin von *A. Kneuer* (Diss. [Freiburg 1929] S. 21, 49) vorgelegen (*Winterfeld, Pies*, Ar. **290** [1957] 537, 539; s. a. *Marion et al.*, Canad. J. Chem. **29** [1951] 22, 25 Anm., **31** [1953] 181). Über die Konfiguration s. unter a).
Isolierung aus Lupinus-Arten: *Kn.*, l. c. S. 24, 49; *Wi.*, *Pies*, l. c. S. 539; *Ma. et al.*, Canad. J. Chem. **29** 26, **31** 183.
B. Neben (−)-α-Isospartein (E III/IV **23** 954) bei der Hydrierung von $Δ^{11}$-Dehydro≈ lupanin (S. 334) an Platin in Essigsäure bzw. Äthanol (*Marion, Leonard*, Canad. J. Chem. **29** [1951] 355, 362; *Wi.*, *Pies*, l. c. S. 542).
Vermutlich dimorphe Kristalle (aus PAe.), F: 83—84° und F: 75—76° (*Ma. et al.*, Canad. J. Chem. **29** 27); Kristalle, F: 75,7—76° [aus PAe.] (*Wi.*, *Pies*, l. c. S. 542), 75,5—76° [aus PAe. oder H_2O] (*Kn.*, l. c. S. 21, 49), 75—76° (*Ma. et al.*, Canad. J. Chem. **31** 183). $[α]_D^{26}$: +39° [H_2O; c = 0,8] (*Ma. et al.*, Canad. J. Chem. **31** 183); $[α]_D^{28}$: +39,1° [H_2O; c = 1,6] (*Wi.*, *Pies*); $[α]_D^{23}$: +65,9° [A.; c = 1,5] (*Ma. et al.*, Canad. J. Chem. **29** 27); $[α]_D^{26}$: +65,9° [A.; c = 3] (*Wi.*, *Pies*). IR-Spektrum (CS_2; 3500—700 cm^{-1}): *Ma. et al.*, Canad. J. Chem. **29** 23.
Perchlorat $C_{15}H_{24}N_2O \cdot HClO_4$. Kristalle; F: 248—249° [aus Me.] (*Ma. et al.*, Canad. J. Chem. **29** 26), 239—240° [aus Isopropylalkohol + Acn.] (*Wi.*, *Pies*, l. c. S. 541).
Tetrachloroaurat(III) $C_{15}H_{24}N_2O \cdot HAuCl_4 \cdot H_2O$. Gelbe Kristalle; F: 195,5—196,5° [auf 175° vorgeheiztes Bad; + wenig wss. HCl] (*Ma. et al.*, Canad. J. Chem. **31** 184); Zers. bei 190° [aus wss. A.] (*Kn.*, l. c. S. 51).
Hexachloroplatinat(IV) $C_{15}H_{24}N_2O \cdot H_2PtCl_6 \cdot 2\ H_2O$. Orangefarbene Kristalle; F: 245° [Zers.; aus H_2O] (*Kn.*, l. c. S. 52), 241—243° (*Ma. et al.*, Canad. J. Chem. **31** 184).
Picrat. Gelbe Kristalle (aus A.); F: 197—198° (*Ma. et al.*, Canad. J. Chem. **29** 27).

c) **(7R)-(7at,14ac)-Dodecahydro-7r,14c-methano-dipyrido[1,2-a;1′,2′-e][1,5]diazocin-4-on, (−)-Lupanin**, Tetrahydroanagyrin, Hydrorhombinin, *ent*-2-Oxo-spartein, Formel XII auf S. 262 (E II 55 [1])).

Konfiguration: *Okuda et al.*, Chem. pharm. Bl. **13** [1965] 491, 494.
Isolierung aus Baptisia versicolor: *Turcotte et al.*, Canad. J. Chem. **31** [1953] 387, 389; aus Lupinus macounii: *Marion*, Am. Soc. **68** [1946] 759; aus Lupinus pusillus: *Marion, Fenton*, J. org. Chem. **13** [1948] 780.
B. Beim Hydrieren von (−)-Anagyrin (Rhombinin; S. 533) an Raney-Nickel in H_2O bei 105°/28 at (*Marion, Ouellet*, Am. Soc. **70** [1948] 3076; s. a. *Ma.*) oder von dessen Mono≈ hydrochlorid an Palladium/Kohle in Essigsäure bei 80—90° (*Ing*, Soc. **1953** 504, 509).
$Kp_{0,2}$: 140° (*Ma.*). $[α]_D^{20}$: −61,4° [Acn.; c = 1] (*Ing*).
Monohydrochlorid $C_{15}H_{24}N_2O \cdot HCl$. Kristalle (aus Me. + Ae.) mit 0,5 Mol H_2O; F: 263° [korr.]; bei 145—150°/0,05 Torr sublimierbar (*Ma., Ou.*).
Über die Konstitution des von *Marion, Ouellet* beschriebenen Dihydrochlorids vgl. die entsprechenden Angaben bei (+)-Lupanin (S. 261).
Perchlorat $C_{15}H_{24}N_2O \cdot HClO_4$. Kristalle (aus Me.); F: 213° [korr.]; $[α]_D$: −40,9° [H_2O; c = 0,9] (*Ma.*). Kristalle (aus A.) mit 1 Mol H_2O; F: 210° [nach Sintern bei 195°] (*Ing*).
Hydrojodid $C_{15}H_{24}N_2O \cdot HI$ (E II 55). Kristalle (aus H_2O) mit 2 Mol H_2O; F: 190° [nach Sintern bei 186°]; $[α]_D^{20}$: −44,0° [H_2O; c = 0,8] (*Ing*).
Methojodid $[C_{16}H_{27}N_2O]I$; (7*R*)-5*t*-Methyl-11-oxo-(7a*c*,14a*t*)-dodecahydro-7*r*,14*c*-methano-dipyrido[1,2-*a*;1′,2′-*e*][1,5]diazocinium-jodid. Konfiguration am *N*-Atom 5: *Mosquera et al.*, An. Quimica **70** [1974] 609, 610. — Kristalle (aus Me. + E.); F: 274° [korr.] (*Ma., Ou.*).

---

[1]) Berichtigung zu E II **24** 55, Zeile 26 v. u.: An Stelle von „$[α]_D$: −41,5°" ist zu setzen „$[α]_D$: −45,3° [H_2O?]".

Ein ebenfalls als (–)-Lupanin angesehenes Präparat (Kp$_6$: 202°; D$_{19}^{19}$: 1,0218; n$_D^{19}$: 1,5515; [α]$_D^{19}$: –87,1° [unverd.]; [α]$_D$: –86,7° [A.]) ist aus Maackia amurensis isoliert worden (*Nikonow*, Trudy Inst. lekarstv. aromat. Rast. Nr. 11 [1959] 38, 40, 43; C. A. **1961** 18893).

d) (7*S*)-(7a*t*,14a*c*)-Dodecahydro-7*r*,14*c*-methano-dipyrido[1,2-*a*;1′,2′-*e*][1,5]diazocin-4-on, (+)-Lupanin, 2-Oxo-spartein, Formel XIII (E II 53).

In den von *Couch* (Am. Soc. **58** [1936] 1296; s. a. *Couch*, Am. Soc. **59** [1937] 1469) aus Lupinus barbiger isolierten, als Trilupin C$_{15}$H$_{24}$N$_2$O$_3$ und als Dilupin C$_{16}$H$_{26}$N$_2$O$_2$ bezeichneten Präparaten haben (+)-Lupanin-monohydrochlorid bzw. wahrscheinlich unreines (+)-Lupanin vorgelegen (*Marion*, Canad. J. Chem. **30** [1952] 386; s. a. *Galinovsky*, *Kainz*, M. **82** [1951] 926).

Isolierung aus Caulophyllum robustum: *Safronitsch*, Trudy Inst. lekarstv. aromat. Rast. Nr. 11 [1959] 30, 31, 35; C. A. **1961** 18892; aus Cytisus caucasicus: *Orechoff*, *Norkina*, Ar. **273** [1935] 369, 370; Ž. obšč. Chim. **7** [1937] 743, 744; C. **1937** II 234; aus Cytisus ratisbonensis: *Norkina*, *Orechow*, Ž. obšč. Chim. **7** [1937] 853, 854; C. **1937** II 1205; aus Leonlice eversmannii: *Junušow*, *Sorokina*, Ž. obšč. Chim. **19** [1949] 1955, 1959; engl. Ausg. S. a 427, a 432; aus Lupinus arboreus: *Marion*, Canad. J. Res. [B] **28** [1950] 403; aus Lupinus laxus: *Couch*, Am. Soc. **59** [1937] 1469; aus Lupinus wyethii: *Turcotte et al.*, Canad. J. Chem. **31** [1953] 387.

Kristalle; F: 42–44° [aus PAe.] [Hydrat?] (*Rink*, *Schäfer*, Ar. **287** [1954] 290, 291, 298), 40–41° [aus PAe.] (*Bellet*, Ann. pharm. franç. **8** [1950] 551, 552), 40° (*Norkina*, *Orechow*, Ž. obšč. Chim. **7** [1937] 853, 856; C. **1937** II 1205). Kp$_{0,3}$: 117–120° (*Edwards et al.*, Canad. J. Chem. **32** [1954] 235, 238). n$_D^{24}$: 1,5444 [flüssiges Präparat] (*Couch*, Am. Soc. **56** [1934] 1423). [α]$_D^{25}$: +61,8° [Me.; c = 0,8] (*Marion*, Canad. J. Res. [B] **28** [1950] 403, 405); [α]$_D$: +85,3° [A.; c = 5] (*No.*, *Or.*). IR-Banden (CS$_2$; 2950–750 cm^{-1}): *Ed. et al.* UV-Spektrum (A.; 210–275 nm): *Ed. et al.*, l. c. S. 237. Scheinbarer Dissoziationsexponent pK$_a'$ bei 20°: 9,2 [H$_2$O; potentiometrisch ermittelt] (*Crow*, Austral. J. Chem. **12** [1959] 474, 480); bei Raumtemperatur: 8,4 [wss. Me. (50%ig)] (*Ed. et al.*).

Die von *Marion*, *Leonard* (Canad. J. Chem. **29** [1951] 355, 360) beim Behandeln mit *N*-Brom-succinimid in CHCl$_3$ und anschliessenden Behandeln mit wss. NaOH erhaltene Verbindung ist als 17-Hydroxy-lupanin (Syst.-Nr. 3635), das daraus hergestellte Perchlorat als (7*R*)-11-Oxo-(7a*c*,14a*t*)-1,3,4,7,7a,8,9,10,11,13,14,14a-dodecahydro-2*H*-7*r*,14*c*-methano-dipyrido[1,2-*a*;1′,2′-*e*][1,5]diazocinylium-perchlorat (S. 333) zu formulieren (*Edwards et al.*, Canad. J. Chem. **32** [1954] 235, 236). Das bei der Umsetzung mit Brom und Erwärmen des Reaktionsprodukts mit Äthanol erhaltene „Äthoxylupanin-dihydrobromid" (E II 53, 54) ist als (1*S*)-4*t*-[3-Äthoxycarbonyl-propyl]-(11a*t*)-1,2,3,4,5,8,9,10,11,11a-decahydro-1*r*,5*c*-methano-pyrido[1,2-*a*][1,5]diazocinylium-bromid-hydrobromid zu formulieren (*Wiewiórowski et al.*, Bl. Acad. polon. Ser. chim. **9** [1961] 721). Geschwindigkeit der Hydrolyse (Gleichgewicht als Lupaninsäure [Syst.-Nr. 3643; E II 53 als Sparteinsäure bezeichnet]) in wss. HCl [0,2–12 n] bei 35° und in wss. KOH [0,01 n, 0,1 n und 1 n] bei 50°: *Meissner*, *Wiewiórowski*, Bl. Acad. polon. Ser. chim. **10** [1962] 591; in wss. HCl [2 n] bei 20°: *Suszko et al.*, Roczniki Chem. **33** [1959] 1015, 1018, 1023; C. A. **1960** 6771; s. a. *Suszko et al.*, Bl. Acad. polon. Ser. chim. **7** [1959] 87. Das bei der Umsetzung mit Bromcyan (*Winterfeld*, *Kneuer*, B. **64** [1931] 150, 155; E II 53) erhaltene „Bromlupanincyanamid" (E II 54) ist als (1*S*)-4*c*-[4-Brom-butyl]-8-oxo-(11a*c*)-octahydro-1*r*,5*c*-methano-pyrido[1,2-*a*][1,5]diazocin-3-carbonitril (S. 241) zu formulieren (*Bohlmann et al.*, B. **98** [1965] 653).

Monohydrochlorid C$_{15}$H$_{24}$N$_2$O·HCl (E II 54). F: 269–271° (*Couch*, Am. Soc. **59** [1937] 1469), 266–267° [korr.; evakuierte Kapillare; nach Sublimation bei 180–200°/ 0,01 Torr] (*Galinovsky*, *Kainz*, M. **82** [1951] 926, 930). [α]$_D^{20}$: +63,6° [H$_2$O; c = 3] [aus dem Drehwert des Dihydrats berechnet] (*Ga.*, *Ka.*). – Dihydrat C$_{15}$H$_{24}$N$_2$O·HCl· 2 H$_2$O (E II 54). Kristalle; F: 131–132° [evakuierte Kapillare; aus wss. Acn.] (*Ga.*, *Ka.*), 129–130° [aus A.] (*Co.*). [α]$_D^{20}$: +56,5° [H$_2$O; c = 3] (*Ga.*, *Ka.*); [α]$_D^{25}$: +55,2° [H$_2$O; c = 2] (*Co.*).

In dem von *Couch* (Am. Soc. **58** [1936] 1296, 1299, **59** [1937] 1469) als Dihydrochlorid-hydrat angesehenen Salz hat Lupaninsäure-dihydrochlorid (Syst.-Nr. 3643) vorgelegen (*Suszko et al.*, Bl. Acad. polon. Ser. chim. **7** [1959] 87; Roczniki Chem. **33** [1959] 1015, 1016, 1019; C. A. **1960** 6771).

Perchlorat C$_{15}$H$_{24}$N$_2$O·HClO$_4$. Kristalle; F: 215° [aus Me. + Ae.] (*Marion*, Canad.

J. Res. [B] **28** [1950] 403), 214—215° [korr.; auf 180° vorgeheiztes Bad; aus Me.] (*Edwards et al.*, Canad. J. Chem. **32** [1954] 235, 238). $[\alpha]_D^{25}$: +46,8° [H_2O; c = 2] (*Ed. et al.*). IR-Banden (Nujol; 3500—600 cm^{-1}): *Ed. et al.* UV-Spektrum (A.; 210—260 nm): *Ed. et al.*, l. c. S. 237.

Hydrobromid $C_{15}H_{24}N_2O \cdot HBr$ (E II 54). Kristalle (aus Acn. + Me.); F: 244° [korr.] (*Marion*, Canad. J. Chem. **30** [1952] 386).

Hydrojodid $C_{15}H_{24}N_2O \cdot HI \cdot 2 H_2O$ (E II 54). Kristalle; F: 189°; $[\alpha]_D$: +45,5° [H_2O] (*Clemo et al.*, Soc. **1931** 429, 432).

Tetrachloroaurat(III) $C_{15}H_{24}N_2O \cdot HAuCl_4$ (E II 54). Gelbe Kristalle (aus wss. HCl); F: 206° (*Couch*, Am. Soc. **58** [1936] 1296).

Picrat (E II 54). Kristalle (aus Acn.); F: 183—185° (*Rink, Schäfer*, Ar. **287** [1954] 290, 299).

L_g-Hydrogentartrat $C_{15}H_{24}N_2O \cdot C_4H_6O_6$ (vgl. E II 54). Kristalle; F: 194° [aus H_2O] (*Winterfeld et al.*, B. **64** [1931] 2415, 2418); Zers. bei 194° [aus A.] (*Ueno*, J. pharm. Soc. Japan **50** [1930] 435, 441; dtsch. Ref. S. 68, 70; C. A. **1930** 4043).

Mono-[(1*S*)-2-oxo-bornan-10-sulfonat] (E II 54). Kristalle (aus Acn.); F: 116° bis 118°; $[\alpha]_D^{29}$: +44,8° [Acn.; c = 4] (*Couch*, Am. Soc. **56** [1934] 1423).

Bis-[(1*S*)-2-oxo-bornan-10-sulfonat] $C_{15}H_{24}N_2O \cdot 2 C_{10}H_{16}O_4S$. Kristalle (aus Acn.); F: 245—246,5° (*Couch*, Am. Soc. **59** [1937] 1469).

N-Oxid $C_{15}H_{24}N_2O_2$; (7*S*)-(7a*t*,14a*c*)-Dodecahydro-7*r*,14*c*-methano-dipyrido=[1,2-*a*;1′,2′-*e*][1,5]diazocin-4-on-12-oxid. Glasartig, sehr hygroskopisch; Zers. bei ca. 105° [evakuierte Kapillare] (*Galinovsky, Kainz*, M. **82** [1951] 926, 931). — Perchlorat $C_{15}H_{24}N_2O_2 \cdot HClO_4$; (7*S*)-5-Hydroxy-11-oxo-(7a*c*,14a*t*)-dodecahydro-7*r*,14*c*-methano-dipyrido[1,2-*a*;1′,2′-*e*][1,5]diazocinium-perchlorat [$C_{15}H_{25}N_2O_2$]ClO$_4$. Kristalle (aus Acn. oder E. + Me.); Zers. bei 247° (*Ochiai et al.*, J. pharm. Soc. Japan **59** [1939] 705, 708; dtsch. Ref. S. 270; C. A. **1940** 1988). Wasserhaltige Kristalle (aus H_2O); die wasserfreie Verbindung schmilzt bei 238° [Zers.; evakuierte Kapillare] (*Ga., Ka.*). — Tetrachloroaurat(III) $C_{15}H_{24}N_2O_2 \cdot HAuCl_4$. Kristalle; Zers. bei 216° [aus Me.] (*Och. et al.*); F: 215° [evakuierte Kapillare; aus wss. A.] (*Ga., Ka.*). — Monopicrat $C_{15}H_{24}N_2O_2 \cdot C_6H_3N_3O_7$. Kristalle (aus A.); F: 199° (*Ga., Ka.*). — Dipicrat $C_{15}H_{24}N_2O_2 \cdot 2 C_6H_3N_3O_7$. Kristalle (aus Acn.); Zers. bei 189° (*Och. et al.*).

Methojodid des *N*-Oxids [$C_{16}H_{27}N_2O_2$]I; (7*S*)-5-Methoxy-11-oxo-(7a*c*,14a*t*)-dodecahydro-7*r*,14*c*-methano-dipyrido[1,2-*a*;1′,2′-*e*][1,5]diazocinium-jodid. Kristalle; Zers. bei 137° (*Och. et al.*).

XII   XIII   XIV   XV

e) (±)-(7a*t*,14a*c*)-Dodecahydro-7*r*,14*c*-methano-dipyrido[1,2-*a*;1′,2′-*e*][1,5]diazocin-4-on, (±)-Lupanin, (±)-2-Oxo-spartein, Formel XII + XIII (E II 55).

Isolierung aus Solanum lycocarpum: *Ribeiro, Machado*, Anais Assoc. quim. Brasil **10** [1951] 158; Engenharia Quim. **3** [1951] Nr. 4, S. 166.

B. Aus (±)-5-[3-Benzoyl-(11a*t*)-decahydro-1*r*,5*c*-methano-pyrido[1,2-*a*][1,5]diazocin-4*t*-yl]-pentan-2-on über mehrere Stufen (*Clemo et al.*, Soc. **1956** 3390, 3393).

Kristalle (aus PAe.); F: 99° (*Cl. et al.*). Monoklin; Dimensionen der Elementarzelle (Röntgen-Diagramm): *Barnes et al.*, Canad. J. Chem. **33** [1955] 441. Dichte der Kristalle bei 22°: 1,203 (*Ba. et al.*).

Über die Konstitution des E II 55 und von *Ribeiro, Machado* beschriebenen Dihydro=chlorids vgl. die entsprechenden Angaben bei (+)-Lupanin (S. 261).

Perchlorat. F: 249° (*Marion, Ouellet*, Am. Soc. **70** [1948] 3076).

Dihydrogenphosphat $C_{15}H_{24}N_2O \cdot H_3PO_4$ [1]). Kristalle (aus wss. A.); F: 229° (*Bellet*, Ann. pharm. franç. **8** [1950] 551, 557).

Dihydrogenarsenat $C_{15}H_{24}N_2O \cdot H_3AsO_4$ [1]). F: 197° (*Be.*, l. c. S. 558).

---

[1]) Die konfigurative Zugehörigkeit zur (±)-Reihe ist nicht sicher.

Tetrajodozincat $2\,C_{15}H_{24}N_2O\cdot H_2ZnI_4$ [1]). Kristalle (aus H_2O); F: $353-355°$ (*Be.*, l. c. S. 559).

Tetrajodocadmat $2\,C_{15}H_{24}N_2O\cdot H_2CdI_4$ [1]). Kristalle (aus wss. A.); F: $263°$ (*Be.*, l. c. S. 559).

Trijodomercurat(II) $C_{15}H_{24}N_2O\cdot HHgI_3$ [1]). Kristalle; F: $225°$ (*Be.*, l. c. S. 559).

Reineckat $C_{15}H_{24}N_2O\cdot H[Cr(CNS)_4(NII_3)_2]$ [1]). Kristalle (aus H_2O); F: $318°$ (*Be.*, l. c. S. 560).

Picrat $C_{15}H_{24}N_2O\cdot C_6H_3N_3O_7$. Gelbe Kristalle (aus A.); F: $229°$ (*Cl. et al.*).

Picrolonat. Wasserhaltige gelbe Kristalle (aus H_2O); F: $110°$ [Block]; die wasserfreie Verbindung schmilzt bei $172°$ [Kapillare] (*Ri., Ma.*).

Trichloracetat $C_{15}H_{24}N_2O\cdot C_2HCl_3O_2$ [1]). Hygroskopische Kristalle (aus Acn. + Trichloressigsäure); F: $112-113°$ [Block] bzw. $84°$ [Zers.; Kapillare] (*Be.*, l. c. S. 560).

Benzoat $C_{15}H_{24}N_2O\cdot C_7H_6O_2$ [1]). Kristalle; F: $152°$ (*Be.*, l. c. S. 561).

3,5-Dinitro-benzoat $C_{15}H_{24}N_2O\cdot C_7H_4N_2O_6$ [1]). Gelbe Kristalle; F: $214-215°$ (*Be.*, l. c. S. 561).

Thiocyanat $C_{15}H_{24}N_2O\cdot HCNS$. Kristalle (aus H_2O) mit 1 Mol H_2O; F: $124°$ (*Cl. et al.*).

Salicylat $C_{15}H_{24}N_2O\cdot C_7H_6O_3$ [1]). F: $213°$ (*Be.*, l. c. S. 561).

2-Hydroxy-5-sulfo-benzoat $C_{15}H_{24}N_2O\cdot C_7H_6O_6S$ [1]). Kristalle; F: $186°$ (*Be.*, l. c. S. 562).

4-Amino-2-hydroxy-benzoat $C_{15}H_{24}N_2O\cdot C_7H_7NO_3$ [1]). Kristalle; F: $142°$ (*Be.*, l. c. S. 562).

(7S)-3(?),3(?)-Dichlor-(7at,14ac)-dodecahydro-7r,14c-methano-dipyrido[1,2-a;1′,2′-e][1,5]diazocin-4-on, Dichlorlupanin $C_{15}H_{22}Cl_2N_2O$, vermutlich Formel XIV (X = H).

B. Beim Erwärmen von (+)-Lupanin (S. 261) mit PCl_5 und anschliessenden Behandeln mit Eis (*Winterfeld et al.*, B. **64** [1931] 2415, 2419).

Kristalle (aus PAe.); F: $112-113°$. $[\alpha]_D$: $+82,5°$ [A.; c = 2].

(7S)-3(?),3(?),9ξ-Trichlor-(7at,14ac)-dodecahydro-7r,14c-methano-dipyrido[1,2-a;1′,2′-e][1,5]diazocin-4-on, Trichlorlupanin $C_{15}H_{21}Cl_3N_2O$, vermutlich Formel XIV (X = Cl).

B. Beim Erwärmen von (+)-Hydroxylupanin (Syst.-Nr. 3635) mit $SOCl_2$ (*Rink, Schäfer*, Ar. **287** [1954] 290, 301).

Kristalle (aus PAe.); F: $132-134°$. $[\alpha]_D^{19}$: $+54,5°$ [A.; c = 1].

Hydrochlorid. Kristalle (aus Acn. + Ae.); F: $233-235°$.

(7S)-(7at,14ac)-Dodecahydro-7r,14c-methano-dipyrido[1,2-a;1′,2′-e][1,5]diazocin-4-thion, Thiolupanin $C_{15}H_{24}N_2S$, Formel XV.

B. Beim Erhitzen von (+)-Lupanin (S. 261) mit P_2S_5 und Kaliumpolysulfid in Xylol (*Ochiai et al.*, J. pharm. Soc. Japan **59** [1939] 705, 709; dtsch. Ref. S. 270; C. A. **1940** 1988).

Kristalle (aus Bzl. + PAe.); F: $102°$.

Picrat $C_{15}H_{24}N_2S\cdot C_6H_3N_3O_7$. Kristalle (aus Me.); Zers. bei $225°$.

Dodecahydro-7,14-methano-dipyrido[1,2-a;1′,2′-e][1,5]diazocin-6-on $C_{15}H_{24}N_2O$.

a) **(7S)-(7ac,14ac)-Dodecahydro-7r,14c-methano-dipyrido[1,2-a;1′,2′-e][1,5]diazocin-6-on, (+)-α-Isoaphyllin**, Dihydromonspessulanin, *ent*-10-Oxo-11β-spartein, Formel I (in der Literatur auch als (+)-10-Oxo-α-isospartein bezeichnet).

Konstitution und relative Konfiguration: *White*, Soc. **1964** 4613; *Ischbaew et al.*, Ž. obšč. Chim. **35** [1965] 194; engl. Ausg. S. 197.

B. Beim Hydrieren von Monspessulanin (S. 335) an Platin in wss. HCl (*White*, New Zealand J. Sci. Technol. [B] **27** [1946] 339, 343). Beim Erhitzen der Hydrochloride des (+)-Aphyllins (S. 265) oder der (+)-Aphyllinsäure (Syst.-Nr. 3643) auf $265°$ (*Labenškii*, Ž. obšč. Chim. **28** [1958] 547, 550; engl. Ausg. S. 537, 539).

Kristalle; F: $105-106°$ [aus Hexan] (*La.*), $103°$ [aus PAe.] (*Wh.*, Soc. **1964** 4614). $[\alpha]_D$: $+27°$ [A.; c = 1,3] (*Wh.*, Soc. **1964** 4614); $[\alpha]_D^{20}$: $+25,9°$ [A.; c = 14] (*La.*). IR-

Banden (Nujol sowie $CHCl_3$; 2820—1630 cm^{-1}): *Wh.*, Soc. **1964** 4614. UV-Absorption bei 210 nm: *Wh.*, Soc. **1964** 4614.

Perchlorat $C_{15}H_{24}N_2O \cdot HClO_4$. Kristalle; F: 233—234° [Zers.] (*La.*), 220—227° [aus Me. + E.] (*Wh.*, Soc. **1964** 4614), 223° [Zers.; aus Acn. + E.] (*Wh.*, New Zealand J. Sci. Technol. [B] **27** 344).

Picrat $C_{15}H_{24}N_2O \cdot C_6H_3N_3O_7$. Gelbe Kristalle; F: 182° [aus wss. Me.] (*Wh.*, Soc. **1964** 4614), 179—180° [Zers.; aus A.] (*La.*).

b) (±)-(7*ac*,14*ac*)-Dodecahydro-7*r*,14*c*-methano-dipyrido[1,2-*a*;1′,2′-*e*][1,5]=diazocin-6-on, (±)-α-Isoaphyllin, (±)-10-Oxo-11β-spartein, Formel I + Spiegelbild (in der Literatur auch als (±)-10-Oxo-α-isospartein bezeichnet).

Über die Konformation s. *Bohlmann*, B. **91** [1958] 2157, 2158.

B. Aus (±)-13-Oxo-(7*ac*,14*ac*)-1,3,4,7,7a,8,9,10,11,13,14,14a-dodecahydro-2*H*-7*r*,14*c*-methano-dipyrido[1,2-*a*;1′,2′-*e*][1,5]diazocinylium-perchlorat (S. 333) und KBH_4 (*Bohlmann*, B. **92** [1959] 1798, 1807). Neben anderen Verbindungen beim Erwärmen von (±)-(7*ac*,14*ac*)-Dodecahydro-7*r*,14*c*-methano-dipyrido[1,2-*a*;1′,2′-*e*][1,5]diazocin-6,13-dion mit $LiAlH_4$ in THF und Äther (*Bohlmann et al.*, B. **90** [1957] 653, 661).

Kristalle (aus PAe.); F: 78,5° (*Bo.*, B. **92** 1807). IR-Banden (CCl_4; 3000—800 cm^{-1}): *Bo. et al.*, l. c. S. 657; s. a. *Bo.*, B. **92** 1807.

I   II   III   IV

c) (7*R*)-(7*ac*,14*at*)-Dodecahydro-7*r*,14*c*-methano-dipyrido[1,2-*a*;1′,2′-*e*][1,5]=diazocin-6-on, 17-Oxo-spartein, Formel II (E II 56; dort als 10-Oxo-[(−)-spartein] und als „Oxyspartein" bezeichnet).

Über die Konformation s. *Bohlmann*, B. **91** [1958] 2157, 2158.

Gewinnung aus dem unter b) beschriebenen Racemat mit Hilfe von L_g-Weinsäure: *Galinovsky, Kainz*, M. **80** [1949] 112, 114.

B. Beim Hydrieren von (+)-17-Oxo-lupanin („Oxylupanin"; Syst.-Nr. 3590) an Platin in wss. HCl (*Edwards et al.*, Canad. J. Chem. **32** [1954] 235, 240).

Kristalle; F: 89° [evakuierte Kapillare] (*Späth, Galinovsky*, B. **71** [1938] 1282, 1285), 87° [aus PAe.] (*Ga., Ka.*). $[\alpha]_D^{18}$: −10,0° [A.; c = 8] (*Ga., Ka.*). IR-Spektrum von 2,5 μ bis 12 μ (CCl_4): *Bo.*, l. c. S. 2160; von 1 μ bis 15 μ: *Rink*, A. **588** [1954] 131, 132, 141. IR-Banden (CS_2; 2950—650 cm^{-1}): *Ed. et al.* UV-Spektrum von 210 nm bis 270 nm (A.): *Ed. et al.*, l. c. S. 237; von 210 nm bis 250 nm (Ae.): *Bo.*, l. c. S. 2165; von 210 nm bis 240 nm: *Diškina, Konowalowa*, Doklady Akad. S.S.S.R. **81** [1951] 1069, 1070; C. A. **1953** 4889. Scheinbarer Dissoziationsexponent pK_a' (H_2O; potentiometrisch ermittelt) bei 20°: 7,7 (*Crow*, Austral. J. Chem. **12** [1959] 474, 480).

Geschwindigkeit der Reaktion mit Quecksilber(II)-acetat: *Comin, Deulofeu*, Austral. J. Chem. **12** [1959] 468, 470. Beim Erhitzen mit wss. HCl auf 170—180°, Erwärmen des Reaktionsprodukts mit äthanol. HCl und Erwärmen des erhaltenen Ester-Gemisches mit $LiAlH_4$ in Äther sind Isooxosparteinalkohol $C_{15}H_{28}N_2O$ ([(9a*R*)-3*t*-((*S*)-[2]=Piperidyl)-(9a*r*)-octahydro-chinolizin-1*c*-yl]-methanol; $Kp_{0,02}$: 130—140°; $[\alpha]_D^{18}$: +20,6° [A.; c = 4]; IR-Spektrum [4000—3000 cm^{-1}]; Dipicrat $C_{15}H_{28}N_2O \cdot$ 2 $C_3H_3N_3O_7$: Kristalle [aus Acn.], F: 212—213° [Zers.]; in (9a*R*)-1*c*-Brommethyl-3*t*-[(*S*)-[2]piperidyl]-(9a*r*)-octahydro-chinolizin-dihydrobromid $C_{15}H_{27}BrN_2 \cdot$ 2 HBr [Kristalle (aus A.); F: 174—176°] überführbar) und geringere Mengen Oxo=sparteinalkohol $C_{15}H_{28}N_2O$ ([(9a*R*)-3*t*-((*S*)-[2]Piperidyl)-(9a*r*)-octahydro-chinolizin-1*t*-yl]-methanol; Kristalle [aus Acn.], F: 163—164°; $[\alpha]_D^{18}$: −7,5° [A.; c = 6]; IR-Spektrum [4000—3000 cm^{-1}]) erhalten worden (*Galinovsky et al.*, M. **88** [1957] 967, 971, 974).

Perchlorat $C_{15}H_{24}N_2O \cdot HClO_4$. Kristalle; F: 258—260° [Zers.; bei schnellem Erhitzen] bzw. Zers. >240° [bei langsamem Erhitzen] (*Rink*, l.c. S. 140).

L_g-Hydrogentartrat $C_{15}H_{24}N_2O \cdot C_4H_6O_6$. Kristalle (aus Me.); F: 240° (*Ga., Ka.*).

Methojodid [C₁₆H₂₇N₂O]I; (7S)-5t-Methyl-13-oxo-(7at,14ac)-dodecahydro-7r,14c-methano-dipyrido[1,2-a;1',2'-e][1,5]diazocinium-jodid (E II 57). Konfiguration am N-Atom 5: *Mosquera et al.*, An. Quimica **70** [1974] 609, 610. — Kristalle (aus H₂O); F: 223—225° [evakuierte Kapillare] (*Sp., Ga.*).

d) **(7S)-(7ac,14at)-Dodecahydro-7r,14c-methano-dipyrido[1,2-a;1',2'-e][1,5]diazocin-6-on**, *ent*-17-Oxo-spartein, Formel III (in der Literatur auch als (+)-Oxyspartein und als Oxypachycarpin bezeichnet).

Isolierung aus Genista monosperma: *White*, New Zealand J. Sci. Technol. [B] **38** [1957] 712, 716.

Gewinnung aus dem unter e) beschriebenen Racemat mit Hilfe von L_g-Weinsäure: *Galinovsky, Kainz*, M. **80** [1949] 112, 114.

B. Beim Behandeln von (+)-Spartein (E III/IV **23** 955) mit K₃[Fe(CN)₆] in wss. NaOH (*Galinovsky, Stern*, B. **77/79** [1944/46] 132, 136). Bei der Hydrierung von Anagyramid („Oxyanagyrin"; Syst.-Nr. 3592; vgl. E II 220) an Platin in wss. HCl (*Ga., St.*, l. c. S. 137). Bei der Hydrierung von (−)-17-Oxy-aphyllidin (Syst.-Nr. 3591) an Platin in wss. HCl (*Šadykow, Nuriddinow*, Doklady Akad. Uzbeksk. S.S.R. 1957 Nr. 1, S. 15; C. A. **1959** 9261; *Nuriddinow, Šadykow*, Ž. obšč. Chim. **30** [1960] 1739, 1742; engl. Ausg. S. 1726, 1728).

Kristalle (aus PAe.); F: 87°; [α]_D^18: +10,7° [A.; c = 15] (*Ga., Ka.*).

Perchlorat C₁₅H₂₄N₂O·HClO₄. F: 253° [nach Aufbewahren F: 240°] (*Wh.*, l. c. S. 715).

Picrat C₁₅H₂₄N₂O·C₆H₃N₃O₇. Kristalle; F: 185° [aus H₂O] (*Wh.*), 180—182° [aus A.] (*Nu., Ša.*).

L_g-Hydrogentartrat. Kristalle (aus Me. + Ae.); F: 202° (*Ga., Ka.*).

Methojodid [C₁₆H₂₇N₂O]I; (7R)-5t-Methyl-13-oxo-(7at,14ac)-dodecahydro-7r,14c-methano-dipyrido[1,2-a;1',2'-e][1,5]diazocinium-jodid. F: 222° [Zers.] (*Ga., St.*).

e) **(±)-(7ac,14at)-Dodecahydro-7r,14c-methano-dipyrido[1,2-a;1',2'-e][1,5]diazocin-6-on**, (±)-17-Oxo-spartein, Formel II + III (E II 58; dort als „inaktives 10-Oxo-spartein" und als (±)-Oxyspartein bezeichnet).

B. Beim Behandeln von (±)-[(9aRS)-3t-((SR)-[2]Piperidyl)-(9ar)-octahydro-chinolizin-1t-yl]-methanol mit CrO₃ in wss. H₂SO₄ und Erhitzen des Reaktionsprodukts auf 150° bis 160°/0,1 Torr (*Bohlmann et al.*, B. **90** [1957] 653, 663). Aus 4-Oxo-3-[2]pyridyl-4H-chinolizin-1-carbonsäure-äthylester über mehrere Stufen (*Clemo et al.*, Soc. **1936** 1025, 1027). Bei der Hydrierung von (±)-10,17-Dioxo-spartein (F: 135—137° [Syst.-Nr. 3590]) an Platin in wss. HCl (*Tsuda, Satoh*, Pharm. Bl. **2** [1954] 190, 192; vgl. *Galinovsky, Kainz*, M. **77** [1947] 137, 144).

F: 113° (*Bo. et al.*). IR-Banden (CCl₄; 3000—800 cm⁻¹): *Bo. et al.*, l. c. S. 657.

Hydrojodid C₁₅H₂₄N₂O·HI. Kristalle (aus A.); F: 275° (*Cl. et al.*).

f) **(7S)-(7at,14ac)-Dodecahydro-7r,14c-methano-dipyrido[1,2-a;1',2'-e][1,5]diazocin-6-on**, *ent*-10-Oxo-spartein, Formel IV.

Konstitution: *Orechow*, Ž. obšč. Chim. **7** [1937] 2048, 2053; C. **1938** I 2365; *Galinovsky, Jarisch*, M. **84** [1953] 199, 202. Konfiguration: *Okuda et al.*, Chem. pharm. Bl. **13** [1965] 491, 494; über die Konformation s. *Bohlmann*, B. **91** [1958] 2157, 2158; *Wiewiórowski et al.*, Canad. J. Chem. **45** [1967] 1447, 1451.

Isolierung aus Anabasis aphylla: *Orechoff, Menschikoff*, B. **65** [1932] 234, 236; *Späth et al.*, B. **75** [1942] 805, 809.

B. Beim Erhitzen von (+)-Aphyllinsäure [(9aR)-3c-[(S)-[2]Piperidyl]-(9ar)-octahydro-chinolizin-1c-carbonsäure] (*Sp. et al.*, l. c. S. 812; *Labenskiĭ*, Ž. obšč. Chim. **28** [1958] 547, 550; engl. Ausg. S. 537, 539). Bei der Hydrierung von (+)-Aphyllidin (S. 335) an Platin in wss. HCl (*Orechoff, Norkina*, B. **67** [1934] 1845, 1849; *Or.*, l. c. S. 2057; *Sp. et al.*, l. c. S. 810).

Kp₂₋₃: 185—190° (*La.*); Kp₀,₀₁: 120—130° [Badtemperatur] (*Bohlmann et al.*, B. **90** [1957] 653, 661). [α]_D^18: +10,1° [Me.; c = 8] (*Sp. et al.*, l. c. S. 813); [α]_D^20: +13,1° [Me.; c = 16] (*La.*). IR-Spektrum (CCl₄; 4000—800 cm⁻¹): *Bo.*, l. c. S. 2160; *Bo. et al.*, l. c. S. 656. UV-Spektrum (230—280 nm): *Diškina, Konowalowa*, Doklady Akad. S.S.S.R. **81** [1951] 1069, 1070; C. A. **1953** 4889.

Bei der Hydrierung an Platin in wss. HCl sind (+)-Spartein (E III/IV **23** 955) und (+)-Aphyllinalkohol (E III/IV **23** 2453) erhalten worden (*Galinovsky, Stern*, B. **77/79** [1944/

46] 132, 138; *Ga., Ja.*, l. c. S. 202, 203).

Hydrochlorid. Kristalle; F: 210—213° [Zers.] (*La.*), 207—209° [aus A.] (*Or., No.*; *Or.*, l. c. S. 2057). $[\alpha]_D$: +12,9° [H_2O; c = 10] (*Or., No.*; *Or.*); $[\alpha]_D^{20}$: +11,3° [H_2O; c = 4] (*La.*). Löslichkeit in Aceton, Äther und Benzol bei 0°, bei 20° und bei Siedetemperatur: *Šadykow et al.*, Ž. prikl. Chim. **28** [1955] 552; engl. Ausg. S. 521.

Picrolonat $C_{15}H_{24}N_2O \cdot C_{10}H_8N_4O_5$. Kristalle; F: 233—234° [Zers.; aus Me.] (*Sp. et al.*, l. c. S. 813), 230—231° [Zers.; aus A. bzw. aus Me.] (*Or., No.; La.*).

Methojodid [$C_{16}H_{27}N_2O$]I; (7*R*)-5ξ-Methyl-13-oxo-(7a*c*,14a*t*)-dodecahydro-7*r*,14*c*-methano-dipyrido[1,2-*a*;1′,2′-*e*][1,5]diazocinium-jodid. Kristalle; F: 219—221° [Zers.; aus Me.] (*Sp. et al.*, l. c. S. 813), 212—213° [Zers.; aus Me.] (*Or., Me.*), 207—208° (*Or., No.; Or.*).

g) (±)-(7a*t*,14a*c*)-Dodecahydro-7*r*,14*c*-methano-dipyrido[1,2-*a*;1′,2′-*e*][1,5]diazocin-6-on, (±)-Aphyllin, (±)-10-Oxo-spartein, Formel IV + Spiegelbild auf S. 264.

B. Beim Erhitzen von (±)-Aphyllinsäure ((9a*RS*)-3*c*-[(*SR*)-[2]Piperidyl]-(9a*r*)-octahydro-chinolizin-1*c*-carbonsäure) im Vakuum auf 170° (*Bohlmann et al.*, B. **90** [1957] 653, 661).

Kristalle (aus PAe.); F: 110—111°. IR-Spektrum (CCl_4; 3300—800 cm⁻¹): *Bo. et al.*, l. c. S. 656.

Picrolonat $C_{15}H_{24}N_2O \cdot C_{10}H_8N_4O_5$. Gelbe Kristalle (aus A.); F: 242—243° [Zers.].

h) (7*S*)-(7a*t*,14a*t*)-Dodecahydro-7*r*,14*c*-methano-dipyrido[1,2-*a*;1′,2′-*e*][1,5]diazocin-6-on, Dihydroanhydrolupanolin, *ent*-10-Oxo-6α-spartein, Formel V.

B. Bei der Hydrierung von Anhydrolupanolin (S. 333) an Platin in Äthanol (*Moore, Marion,* Canad. J. Chem. **31** [1953] 187, 191). Beim Behandeln von (−)-β-Isospartein (E III/IV **23** 961) mit $K_3[Fe(CN)_6]$ in wss. KOH (*Mo., Ma.*).

Kristalle (aus PAe.); F: 103—104° [korr.].

Perchlorat $C_{15}H_{24}N_2O \cdot HClO_4$. Kristalle (aus Me.); F: 224—225° [korr.].

i) (±)-(7a*t*,14a*t*)-Dodecahydro-7*r*,14*c*-methano-dipyrido[1,2-*a*;1′,2′-*e*][1,5]diazocin-6-on, (±)-10-Oxo-β-isospartein, (±)-10-Oxo-6α-spartein, (±)-Desoxylupanolin, Formel V + Spiegelbild.

Über die Konformation s. *Bohlmann*, B. **91** [1958] 2157, 2158.

B. Beim Behandeln von [(9a*RS*)-3*c*-((*RS*)-[2]Piperidyl)-(9a*r*)-octahydro-chinolizin-1*c*-yl]-methanol mit CrO_3 in wss. H_2SO_4 und Erhitzen des Reaktionsprodukts auf 150° bis 160°/0,1 Torr (*Bohlmann et al.*, B. **90** [1957] 653, 663).

Kristalle (aus PAe.); F: 112° (*Bo. et al.*, l. c. S. 663). IR-Banden (CCl_4; 3000—800 cm⁻¹): *Bo. et al.*, l. c. S. 657.

Dodecahydro-7,14-methano-dipyrido[1,2-*a*;1′,2′-*e*][1,5]diazocin-15-on $C_{15}H_{24}N_2O$, Formel VI.

In der von *Anet et al.* (Austral. J. scient. Res. [A] **3** [1950] 635, 639) unter dieser Konstitution beschriebenen Verbindung („Spartein-8-on"; F: 135°) hat Dodecahydro-[3,3′]spirobi[pyrido[1,2-*c*][1,3]oxazin] ($C_{15}H_{26}N_2O_2$) vorgelegen (*Schöpf et al.*, Ang. Ch. **65** [1953] 161; s. a. *Schöpf et al.*, A. **753** [1971] 27, 28).

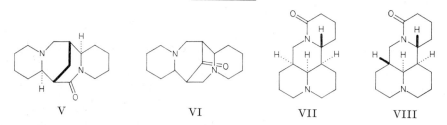

V   VI   VII   VIII

Dodecahydro-dipyrido[2,1-*f*;3′,2′,1′-*ij*][1,6]naphthyridin-10-on $C_{15}H_{24}N_2O$.

a) **Matridin-15-on**, (+)-Matrin, Formel VII (E II 58).

Identität von Sophocarpidin mit (+)-Matrin: *Orechoff, Proskurnina*, B. **68** [1935] 429.

Bestätigung der Konstitution: *Okuda*, Pharm. Bl. **4** [1956] 257, 260; *Šadykow, Pakanaew,*

Doklady Akad. S.S.S.R. **129** [1959] 588; Pr. Acad. Sci. U.S.S.R. Chem. Sect. **124–129** [1959] 1037. Konfiguration und Konformation: *Tsuda, Mishima*, J. org. Chem. **23** [1958] 1179, 1180; *Bohlmann et al.*, B. **91** [1958] 2176; *Okuda et al.*, Chem. pharm. Bl. **14** [1966] 314; *Iskandarow et al.*, Chimija prirodn. Soedin. **1971** 174, 176; engl. Ausg. S. 165, 167.

Isolierung aus Sophora alopecuroides: *Orechoff et al.*, B. **68** [1935] 431, 433, 436; aus Sophora flavescens: *Orechoff, Proskurnina*, B. **68** [1935] 429; *Bohlmann et al.*, B. **91** [1958] 2189, 2192; aus Sophora microphylla: *Briggs, Ricketts*, Soc. **1937** 1795; aus Sophora pachycarpa: *Orechoff, Proskurnina*, B. **67** [1934] 77, 79, 81; *Orechoff et al.*, B. **67** [1934] 1850, 1852; s. a. *Šadykow, Pakanaew, Ž. obšč. Chim.* **29** [1959] 2439; engl. Ausg. S. 2402; aus Sophora tetraptera: *Briggs, Taylor*, Soc. **1938** 1206.

B. Aus dem *N*-Oxid („Oxymatrin"; S. 268) und SO₂ (*Ochiai, Ito*, B. **71** [1938] 938, 940; *Bohlmann et al.*, B. **91** [1958] 2189, 2192). Bei der Hydrierung von (–)-Sophocarpin (S. 336) oder (–)-Sophoramin (S. 534) an Nickel (*Proškurnina, Kusowkow*, Doklady Akad. S.S.S.R. **91** [1953] 1145; C. A. **1954** 11438).

Kristalle (aus PAe.); F: 77° (*Bohlmann et al.*, B. **91** [1958] 2189, 2192), 76–77° (*Briggs, Mangan*, Soc. **1948** 1889). [α]$_D^{15}$: +42,3° [H₂O; c = 2] (*Br., Ma.*); [α]$_D^{20}$: +42° [H₂O] (*Bo. et al.*, l. c. S. 2192). IR-Spektrum (CCl₄; 4000–800 cm⁻¹): *Bohlmann et al.*, B. **91** [1958] 2176, 2177.

Beim Erhitzen mit Palladium/Asbest auf 305° sind Octadehydromatrin (S. 614), 1-Propyl-5,6,9,10-tetrahydro-4*H*,8*H*-pyrido[3,2,1-*ij*][1,6]naphthyridin und (+)-Allo= matrin (S. 268) erhalten worden (*Kondo, Tsuda*, B. **68** [1935] 644, 647; *Kondo et al.*, B. **68** [1935] 1899; *Tsuda, Mishima*, J. org. Chem. **23** [1958] 1179, 1180); Geschwindigkeit der Entwicklung von Wasserstoff bei dieser Reaktion: *Ts., Mi.*, l. c. S. 1182, 1183. Beim Erwärmen mit Quecksilber(II)-acetat in wss. Essigsäure auf 60° sind 5-Hydroxy-6,7-di= dehydro-matridin-15-on, 5,6-Didehydro-matridin-15-on und ein (von *Bohlmann et al.*, B. **91** [1958] 2176, 2186, als 6,7-Didehydro-matridin-15-on C₁₅H₂₂N₂O angesehenes) Gemisch von 2,3-Didehydro-matridin-15-on und 9,10-Didehydro-matridin-15-on erhalten worden (*Bohlmann et al.*, B. **99** [1966] 3358, 3361); relative Geschwindigkeit dieser Re= aktion bei 65°: *Bo. et al.*, B. **91** 2178, 2186. Beim Hydrieren an Kupferoxid-Chromoxid in Dioxan bei 240–250° unter Druck oder an Platin in Essigsäure bei 100° sind (+)-Allo= matridin (E III/IV 23 965) und (+)-Allomatrin [S. 268] (*Ochiai et al.*, J. pharm. Soc. Japan **72** [1952] 781, 782), beim Behandeln mit LiAlH₄ in Äther ist Matridin [E III/IV 23 963] (*Och. et al.*, l. c. S. 784; s. a. *Proškurnina, Kusowkow*, Doklady Akad. S.S.S.R. **91** [1953] 1145; C. A. **1954** 11438) erhalten worden; (+)-Allomatridin hat auch in der bei der Destil= lation des Hydrochlorids mit Zink-Pulver erhaltenen, E II 58 als Matridin bezeichneten Verbindung vorgelegen (*Och. et al.*, l. c. S. 781). Beim Erwärmen mit CH₃I in Methanol sind zwei als isomere Methojodide formulierte Präparate (Kristalle [aus Me. + Acn.]; F: 250° [nach Sintern bei 245°; Zers. bei 254°] bzw. F: 304°) erhalten worden (*Briggs, Ricketts*, Soc. **1937** 1795, 1797; s. dagegen E II 59; s. a. *Orechoff, Proskurnina*, B. **67** [1934] 77, 79, 82; *Ts., Mi.*, l. c. S. 1180 Anm. 19). Reaktion mit Methylmagnesiumjodid bei 100°: *Kondo et al.*, J. pharm. Soc. Japan **51** [1931] 1, 3; dtsch. Ref. S. 1; C. **1931** I 2483.

Perchlorat. Kristalle (aus A. + CHCl₃); F: 214,5–216° (*Briggs, Russell*, Soc. **1942** 555).

Hydrobromid. Kristalle (aus A. + E.); F: 272–275° [nach Sintern bei 266°] (*Br., Ru.*).

Hydrojodid C₁₅H₂₄N₂O·HI. Kristalle; F: 277–279° (*Proškurnina, Kusowkow*, Doklady Akad. S.S.S.R. **91** [1953] 1145; C. A. **1954** 11438), 266–268° [aus A.] (*Šadykow, Pakanaew, Ž. obšč. Chim.* **29** [1959] 2439; engl. Ausg. S. 2402), 267° (*Briggs, Taylor*, Soc. **1938** 1206). [α]$_D$: +23,5° [H₂O] (*Pr., Ku.*).

Hexachloroplatinat(IV) C₁₅H₂₄N₂O·H₂PtCl₆ (E II 58). Orangerote Kristalle (aus wss. HCl) mit 3 Mol H₂O; F: 228–230° (*Orechoff, Proskurnina*, B. **67** [1934] 77, 82; s. a. *Briggs, Ricketts*, Soc. **1937** 1795, 1797).

Picrat C₁₅H₂₄N₂O·C₆H₃N₃O₇. Kristalle (aus H₂O oder E.); F: 130–136° [nach Trock= nen im Vakuum bei 42°] (*Corral et al.*, An. Asoc. quim. arg. **60** [1972] 37, 40; s. a. *Briggs, Taylor*, Soc. **1938** 1206; *Briggs, Russell*, Soc. **1942** 555).

b) **5β-Matridin-15-on, (–)-Sophoridin**, Formel VIII.

Konstitution: *Rulko, Proškurnina, Ž. obšč. Chim.* **31** [1961] 308; engl. Ausg. S. 282; Konfiguration: *Kamaew et al.*, Chimija prirodn. Soedin. **1974** 744; engl. Ausg. S. 765; *Ibragimow et al.*, Chimija prirodn. Soedin. **1978** 538; engl. Ausg. S. 466.

Isolierung aus Sophora alopecuroides: *Orechoff*, B. **66** [1933] 948, 949; Chim. farm. Promyšl. **1934** Nr. 5, S. 10, 11; *Orechoff et al.*, B. **68** [1935] 431, 433, 436.

Kristalle (aus PAe.); F: 109—110°; $[\alpha]_D$: —63,6° [H_2O; c = 6] (*Or.*).

Tetrachloroaurat(III). Hellgelbe Kristalle (aus Me.); F: 189—190° (*Or.*).

Picrolonat. Hellgelbe Kristalle (aus A.); F: 226—228° [Zers.] (*Or.*).

Methojodid [$C_{16}H_{27}N_2O$]I; 1-Methyl-15-oxo-5β-matridinium-jodid. Kristalle (aus A. + Ae.); F: 234—236° (*Or.*).

c) *ent*-6β-Matridin-15-on, (—)-Allomatrin, Leontin, Formel IX.

Identität von Isoleontin mit Leontin: *Platonowa, Kusowkow*, Ž. obšč. Chim. **26** [1956] 283; engl. Ausg. S. 301; von Leontin mit (—)-Allomatrin: *Rulko, Proškurnina*, Ž. obšč. Chim. **31** [1961] 308, 310; engl. Ausg. S. 282, 283.

Isolierung aus Leontice eversmannii: *Junušow, Šorokina*, Ž. obšč. Chim. **19** [1949] 1955, 1958, 1960; engl. Ausg. S. a427, a432; *Platonowa et al.*, Ž. obšč. Chim. **23** [1953] 880, 882; engl. Ausg. S. 921, 922; s. a. *Orechoff, Konowalowa*, Ar. **270** [1932] 329, 333; Chim. farm. Promyšl. **1932** 371, 375.

Kristalle (aus Ae.); F: 107—108°; $[\alpha]_D$: —78,2° [A.; c = 14] (*Pl. et al.*, l. c. S. 884).

Perchlorat $C_{15}H_{24}N_2O\cdot HClO_4$. Kristalle (aus H_2O); F: 252° [Zers.] (*Pl. et al.*).

Picrat. Gelbe Kristalle (aus Acn.); F: 178—180° (*Or., Ko.*), 177—179° (*Pl. et al.*, l. c. S. 883).

Methojodid [$C_{16}H_{27}N_2O$]I; *ent*-1-Methyl-15-oxo-6β-matridinium-jodid. Kristalle (aus A.); F: 297° [Zers.] (*Pl. et al.*).

d) 6β-Matridin-15-on, (+)-Allomatrin, Formel X.

Über die Konfiguration und Konformation s. *Tsuda, Mishima*, J. org. Chem. **23** [1958] 1179, 1180; *Bohlmann et al.*, B. **91** [1958] 2176.

B. Neben grösseren Mengen (+)-Allomatridin (E III/IV **23** 965) beim Erhitzen von (+)-Matrin (S. 266) mit Platin und Wasserstoff in Essigsäure oder mit Kupferoxid-Chrom-oxid und Wasserstoff in Dioxan (*Ochiai et al.*, J. pharm. Soc. Japan **72** [1952] 781, 782). Bildung neben anderen Verbindungen beim Erhitzen von (+)-Matrin mit Palladium/Asbest auf 305°: *Ts., Mi.*, l. c. S. 1180 Anm. 11, 1182; s. a. *Kondo, Tsuda*, B. **68** [1935] 644, 647.

Kristalle (aus PAe.); F: 103—105°; Kp_3: 185°; $[\alpha]_D^{22}$: +77,9° [A.; c = 7] (*Och. et al.*). IR-Spektrum (CCl_4; 4000—800 cm⁻¹): *Bo. et al.*, l. c. S. 2177.

Geschwindigkeit der Entwicklung von Wasserstoff beim Erhitzen mit Palladium/Asbest auf 305°: *Ts., Mi.*, l. c. S. 1182. Relative Geschwindigkeit der Reaktion mit Quecksilber(II)-acetat in wss. Essigsäure bei 65° (Bildung von 5-Hydroxy-6,7-dehydro-matridin-15-on): *Bo. et al.*, l. c. S. 2178, 2186, 2187. Reaktion mit Bromcyan: *Ts., Mi.*, l. c. S. 1183.

Picrat 2 $C_{15}H_{24}N_2O\cdot 3\ C_6H_3N_3O_7$. Kristalle (aus Me.); F: 177° (*Och. et al.*).

Methojodid [$C_{16}H_{27}N_2O$]I; 1-Methyl-15-oxo-6β-matridinium-jodid. Kristalle (aus Me. + Butanon) mit 1 Mol H_2O; Zers. bei 315° (*Och. et al.*).

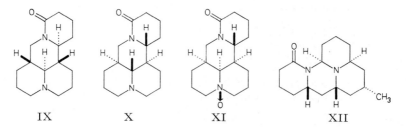

IX   X   XI   XII

1β-Oxy-matridin-15-on, Matridin-15-on-1β-oxid, Matrin-*N*-oxid, Oxymatrin $C_{15}H_{24}N_2O_2$, Formel XI.

Diese Verbindung hat auch in dem von *Šadykow, Lasur'ewškiǐ* (Ž. obšč. Chim. **13** [1943] 314, 317; C. A. **1944** 1240) aus Ammothamnus lehmanni isolierten Ammothamnin („$C_{15}H_{24}N_2O_3$"; Kristalle [aus Acn.]; F: 199—201°; Hydrojodid: Kristalle (aus wss. A.), F: 183—189°; Picrat: Kristalle (aus A.); F: 212—214° [Zers.]) vorgelegen (*Jakowlewa et al.*, Ž. obšč. Chim. **29** [1959] 1042; engl. Ausg. Nr. 3, S. 1019).

Konfiguration: *Corral et al.*, An. Asoc. quim. arg. **60** [1972] 37, 39.

Isolierung aus Ammothamnus songoricus: *Ja. et al.*; aus Sophora flavescens: *Kondo et al.*, Ar. **275** [1937] 493, 494; *Bohlmann et al.*, B. **91** [1958] 2189, 2192.

B. Beim Behandeln von (+)-Matrin (S.266) mit wss. H_2O_2 (*Ochiai, Ito*, B. **71** [1938] 938, 941; *Ja. et al.*; *Šadykow, Pakanaew*, Ž. obšč. Chim. **29** [1959] 2439; engl. Ausg. S. 2402).

Kristalle (aus Acn.); F: 207—208° (*Och., Ito*, l. c. S. 938, 939), 207—207,5° (*Ja. et al.*), 207° (*Bo. et al.*). Kristalle (aus Acn.) mit 1 Mol H_2O; F: 162—163° [Zers.] bzw. F: 190° bis 200° [langsames Erhitzen] (*Och., Ito*, l. c. S. 938, 942). $[\alpha]_D^{18}$: +48,0° [A.; c = 2] [Mono= hydrat] (*Och., Ito*, l. c. S. 942). Reduktionspotential (wss. Lösung vom pH 3,5): *Ochiai*, J. org. Chem. **18** [1953] 534, 541.

Perchlorat; 1β-Hydroxy-15-oxo-matridinium-perchlorat. Kristalle (aus H_2O); F: 219—220° [Zers.] (*Ja. et al.*).

Tetrachloroaurat(III) $C_{15}H_{24}N_2O_2 \cdot HAuCl_4$. Gelbe Kristalle (aus Me.); Zers. bei 207° (*Ko. et al.*).

Hexachloroplatinat(IV) $C_{15}H_{24}N_2O_2 \cdot H_2PtCl_6$. Orangefarbene Kristalle; Zers. bei 250° (*Ko. et al.*).

Picrat $C_{15}H_{24}N_2O_2 \cdot C_6H_3N_3O_7$. Kristalle; F: 214—216° [Zers.; aus A.] (*Ša., Pa.*), 215° [Zers.; aus wss. A. bzw. aus Me.] (*Ja. et al.*; *Ko. et al.*), 205° (*Bo. et al.*).

Methoperchlorat; 1β-Methoxy-15-oxo-matridinium-perchlorat. Kristalle; Zers. bei 240° (*Ko. et al.*).

Methobromid. Kristalle (aus Acn.); F: 215° (*Ko. et al.*).

Methojodid. Kristalle (aus Me.); F: 285° [Zers.] (*Ja. et al.*).

Methotetrachloroaurat(III) $[C_{16}H_{27}N_2O_2]AuCl_4$. Kristalle (aus Me.); Zers. bei 185° (*Ko. et al.*).

Oxo-Verbindungen $C_{16}H_{26}N_2O$

(3aS)-5c-Methyl-(3ar,6at,7at,12ac)-tetradecahydro-pyrido[1',2':3,4]pyrimido[2,1,6-de]= chinolizin-11-on, Cernuin $C_{16}H_{26}N_2O$, Formel XII.

Konstitution und Konfiguration: *Ayer et al.*, Canad. J. Chem. **45** [1967] 433, 445; *Ayer, Piers*, Canad. J. Chem. **45** [1967] 451.

Isolierung aus Lycopodium cernuum: *Marion, Manske*, Canad. J. Res. [B] **26** [1948] 1.

Kristalle (aus Hexan); F: 106° [korr.] (*Ma., Ma.*).

Perchlorat $C_{16}H_{26}N_2O \cdot HClO_4$. Kristalle (aus H_2O) mit 1,5 Mol H_2O; F: 110° [korr.] (*Ma., Ma.*).

Oxo-Verbindungen $C_{18}H_{30}N_2O$

1-[(7R)-(7ac,14at)-Dodecahydro-7r,14c-methano-dipyrido[1,2-a;1',2'-e][1,5]diazocin- 6c(?)-yl]-aceton, 17β(?)-Acetonyl-spartein $C_{18}H_{30}N_2O$, vermutlich Formel XIII (R = H).

B. Beim Behandeln von 17β-Hydroxy-spartein (E III/IV **23** 2495) mit Aceton und Na_2SO_4 (*Rink, Grabowski*, Ar. **289** [1956] 695, 700).

Diperchlorat $C_{18}H_{30}N_2O \cdot 2 HClO_4$. F: 227°. IR-Spektrum (1—15 μ): *Rink, Gr.*, l. c. S. 697.

Oxo-Verbindungen $C_{19}H_{32}N_2O$

*Opt.-inakt. 1,3-Bis-octahydroindolizin-3-yl-aceton $C_{19}H_{32}N_2O$, Formel XIV.

B. Neben Octahydroindolizin-3-yl-aceton (E III/IV **21** 3343) beim Behandeln von (±)- Hexahydro-indolizin-3-on mit $LiAlH_4$ in Äther und anschliessend mit wss. 3-Oxo-glutar= säure bei pH 7 (*Galinovsky et al.*, M. **83** [1952] 114, 120).

$Kp_{0,1}$: 160°.

Dipicrat $C_{19}H_{32}N_2O \cdot 2 C_6H_3N_3O_7$. Kristalle (aus wss. Acn.); F: 184—185° [Zers.; evakuierte Kapillare].

Dipicrolonat $C_{19}H_{32}N_2O \cdot 2 C_{10}H_8N_4O_5$. Kristalle (aus wss. Acn.); F: 210—212° [Zers.; evakuierte Kapillare].

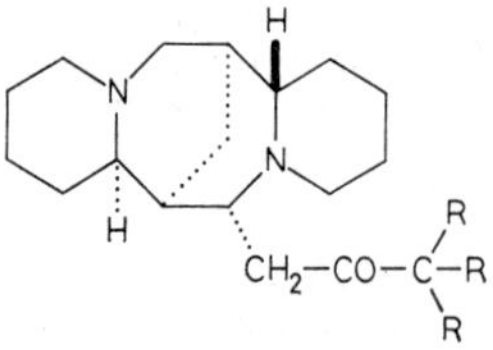

XIII 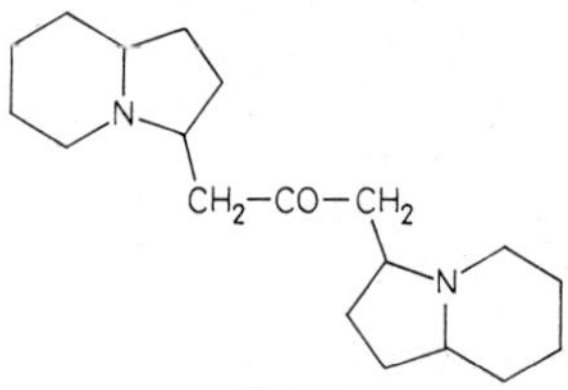   XIV 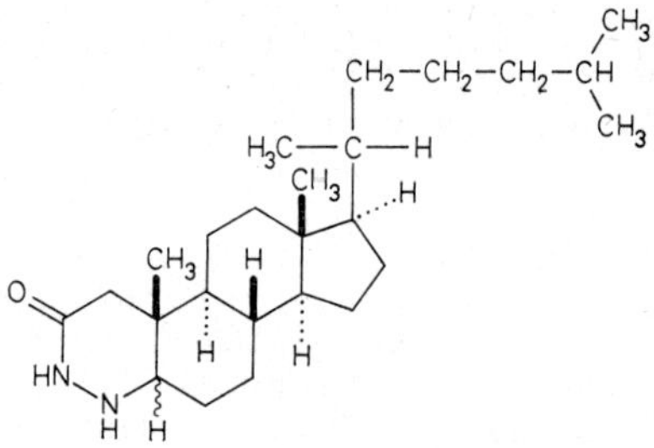   XV

Oxo-Verbindungen C$_{21}$H$_{36}$N$_2$O

1-[(7R)-(7ac,14at)-Dodecahydro-7r,14c-methano-dipyrido[1,2-a;1′,2′-e][1,5]diazocin-6c(?)-yl]-3,3-dimethyl-butan-2-on, 17β(?)-[3,3-Dimethyl-2-oxo-butyl]-spartein C$_{21}$H$_{36}$N$_2$O, vermutlich Formel XIII (R = CH$_3$).

B. Aus 17β-Hydroxy-spartein (E III/IV **23** 2495) und 3,3-Dimethyl-butan-2-on (*Rink, Grabowski*, Ar. **289** [1956] 695, 701).

Diperchlorat C$_{21}$H$_{36}$N$_2$O·2 HClO$_4$. Kristalle mit 1 Mol H$_2$O; F: 222° [Zers.]. [α]$_D^{20}$: −73,5° [A.].

Hexachloroplatinat(IV). Kristalle; F: 244° [Zers.].

Oxo-Verbindungen C$_{25}$H$_{44}$N$_2$O

3,4-Diaza-5ξ-cholestan-2-on C$_{25}$H$_{44}$N$_2$O, Formel XV.

B. Beim Behandeln von 3,4-Diaza-cholest-4-en-2-on mit LiAlH$_4$ in Äther (*Weisenborn et al.*, Am. Soc. **76** [1954] 552, 555).

Kristalle (aus Bzl. + Ae.); F: 274—276° [korr.]. [α]$_D^{24}$: +104,2° [CHCl$_3$].   [*Härter*]

Monooxo-Verbindungen C$_n$H$_{2n-8}$N$_2$O

Oxo-Verbindungen C$_7$H$_6$N$_2$O

1,2-Dihydro-indazol-3-on, Indazolon C$_7$H$_6$N$_2$O, Formel I (R = R′ = H), und **1H-Indazol-3-ol** C$_7$H$_6$N$_2$O, Formel II (H 111; E II 59).

Bezüglich der Tautomerie s. *Elguero et al.*, Adv. heterocycl. Chem. Spl. 1 [1976] 354.

B. Beim Erhitzen mit 1,2,4,5,6,7-Hexahydro-indazol-3-on mit Palladium/Kohle in Decalin (*Ainsworth*, Am. Soc. **79** [1957] 5242, 5243).

Kristalle (aus Nitromethan); F: 253—254° [nach Sublimation bei 220°/0,1 Torr]. λ$_{max}$ (Me.): 215 nm und 306 nm (*Ai.*).

3-Imino-2,3-dihydro-1H-indazol, 1,2-Dihydro-indazol-3-on-imin C$_7$H$_7$N$_3$ s. 1H-Indazol-3-ylamin (Syst.-Nr. 3715).

2-Phenyl-1,2-dihydro-indazol-3-on C$_{13}$H$_{10}$N$_2$O, Formel I (R = C$_6$H$_5$, R′ = H) (H 113; E I 238; E II 60).

B. Beim Behandeln von Anthranilamid mit Nitrosobenzol in Acetanhydrid und Erwärmen des Reaktionsgemisches mit Zink-Pulver in Äthanol (*Horiie*, J. chem. Soc. Japan Pure Chem. Sect. **79** [1959] 499, 502; C. A. **1960** 4607). Als Hauptprodukt beim Erhitzen von Azobenzol mit CO in Gegenwart von Octacarbonyldikobalt in Benzol auf 190°/150 at (*Murahashi, Horiie*, Am. Soc. **78** [1956] 4816; Ann. Rep. scient. Works Fac. Sci. Osaka Univ. **7** [1959] 89; C. A. **1960** 24785; *Ho.*).

Kristalle (aus A.); F: 204°.

Beim Erhitzen mit CO in Gegenwart von Octacarbonyldikobalt in Benzol auf 230°/150 at ist 3-Phenyl-1H-chinazolin-2,4-dion erhalten worden.

2-Methyl-1-phenyl-1,2-dihydro-indazol-3-on C$_{14}$H$_{12}$N$_2$O, Formel I (R = CH$_3$, R′ = C$_6$H$_5$).

Diese Konstitution kommt der H **24** 113; E II **24** 60 als Methyl-Derivat des 1-Phenyl-1,2-dihydro-indazol-3-ons beschriebenen Verbindung zu (*Palazzo, Corsi*, Ann. Chimica **55** [1965] 583, 585, 588).

1-Methyl-2-phenyl-1,2-dihydro-indazol-3-on $C_{14}H_{12}N_2O$, Formel I (R = C_6H_5, R' = CH_3).
Diese Konstitution kommt der E II 24 60 als Methyl-Derivat des 2-Phenyl-1,2-dihydro-indazol-3-ons beschriebenen Verbindung zu (*Mosby*, Chem. and Ind. **1956** 1524).
B. Aus 2-Phenyl-1,2-dihydro-indazol-3-on und Dimethylsulfat (*Mo.*).
F: 95—95,8° (*Mo.*).

1-Benzyl-2-methyl-1,2-dihydro-indazol-3-on $C_{15}H_{14}N_2O$, Formel I
(R = CH_3, R' = CH_2-C_6H_5) (H 114).
Kristalle; F: 84° (*Palazzo, Corsi*, Ann. Chimica **55** [1965] 583, 585, 587).

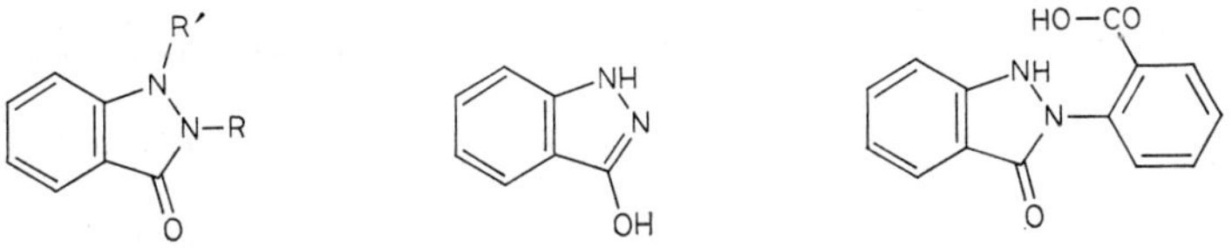

I   II   III

1-Acetyl-1,2-dihydro-indazol-3-on $C_9H_8N_2O_2$, Formel I (R = H, R' = CO-CH_3), und
Tautomeres (E II 60).
B. Beim Erhitzen von 2-[N-Acetyl-hydrazino]-benzoesäure (*Veibel, Lillelund*, Tetrahedron **1** [1957] 201, 211).
Kristalle; F: 214—215°.

1,2-Diacetyl-1,2-dihydro-indazol-3-on $C_{11}H_{10}N_2O_3$, Formel I (R = R' = CO-CH_3).
In den H 24 114; E II 24 61 unter dieser Konstitution beschriebenen Verbindungen
hat 3-Acetoxy-1-acetyl-1H-indazol ($C_{11}H_{10}N_2O_3$) vorgelegen (*Evans et al.*, Tetrahedron **21** [1965] 3351, 3361).
B. Beim Erwärmen von 2-Hydrazino-benzoesäure mit Acetanhydrid (*Ev. et al.*; *Pfannstiel, Janecke*, B. **75** [1942] 1096, 1104; E II 61 Anm. 1).
F: 136° (*Ev. et al.*), 135° (*Pf., Ja.*).
Isomerisiert sich beim Erhitzen mit Acetanhydrid zu 3-Acetoxy-1-acetyl-1H-indazol
(*Ev. et al.*).

2-Stearoyl-1,2-dihydro-indazol-3-on $C_{25}H_{40}N_2O_2$, Formel I (R = CO-[CH_2]$_{16}$-CH_3, R' = H).
B. Beim Erhitzen von 1,2-Dihydro-indazol-3-on mit Stearinsäure und PCl_3 in Toluol
(*ICI*, U.S.P. 2872317 [1953]).
Kristalle (aus E.); F: 122°.

1-Benzoyl-2-phenyl-1,2-dihydro-indazol-3-on $C_{20}H_{14}N_2O_2$, Formel I (R = C_6H_5,
R' = CO-C_6H_5).
Diese Konstitution kommt der früher (E I 24 238) als Benzoyl-Derivat des 2-Phenyl-1,2-dihydro-indazol-3-ons beschriebenen Verbindung zu (*Mosby*, Chem. and Ind. **1957** 17).
B. Beim Erhitzen von 2-Phenyl-1,2-dihydro-indazol-3-on mit Benzoylchlorid in Pyridin
(*Mo.*).
F: 182,8—184°.

3-Oxo-1,3-dihydro-indazol-2-carbonsäure-äthylester $C_{10}H_{10}N_2O_3$, Formel I
(R = CO-O-C_2H_5, R' = H).
B. Beim Erhitzen von 1,2-Dihydro-indazol-3-on mit Chlorokohlensäure-äthylester in
Toluol (*ICI*, U.S.P. 2872317 [1953]).
Kristalle; F: 140°.

3-Oxo-1,3-dihydro-indazol-2-carbonsäure-anilid $C_{14}H_{11}N_3O_2$, Formel I
(R = CO-NH-C_6H_5, R' = H).
B. Beim Erhitzen von 1,2-Dihydro-indazol-3-on mit Phenylisocyanat in Butan-1-ol
(*ICI*, U.S.P. 2872317 [1953]).
Kristalle; F: 218°.

3-Oxo-1,3-dihydro-indazol-2-thiocarbonsäure-anilid $C_{14}H_{11}N_3OS$, Formel I
(R = CS-NH-C_6H_5, R' = H).
B. Analog der vorangehenden Verbindung (*ICI*, U.S.P. 2872317 [1953]).
Gelbe Kristalle; F: 228°.

2-[3-Oxo-1,3-dihydro-indazol-2-yl]-benzoesäure $C_{14}H_{10}N_2O_3$, Formel III (H 114; E I 238).

Beim Erhitzen oder beim Erhitzen mit Säuren ist Indazolo[2,1-*a*]indazol-6,12-dion erhalten worden (*Mosby*, Chem. and Ind. **1957** 17; vgl. E I 239).

1-[2]Pyridyl-1,2-dihydro-indazol-3-on $C_{12}H_9N_3O$, Formel IV (X = H), und Tautomeres.

B. Beim Erhitzen von 2-Hydrazino-benzoesäure mit 2-Chlor-pyridin in Äthanol auf 170—180° (*Morley*, Soc. **1959** 2280, 2286).

Hellgelbe Kristalle (aus Me.); F: 204—205°. λ_{max} (Me.): 255 nm.

2-[2]Pyridyl-1,2-dihydro-indazol-3-on $C_{12}H_9N_3O$, Formel V (R = X = H).

Diese Konstitution kommt auch der von *Schofield*, *Simpson* (Soc. **1946** 472, 478) als 4-Methyl-pyrido[4,3-*c*]cinnolin-1-ol beschriebenen Verbindung zu (*Morley*, Soc. **1959** 2280, 2285).

B. Beim Erhitzen von 2-[*N'*-[2]Pyridyl-hydrazino]-benzoesäure-hydrochlorid in Äthanol auf 170—180° (*Mo.*). Neben anderen Verbindungen beim Erwärmen von 1-Acetyl-2-[2]pyridyl-2,3-dihydro-1*H*-cinnolin-4-on mit wss. NaOH (*Schofield*, *Simpson*, Soc. **1946** 472, 478).

Hellgelbe Kristalle; F: 186,5—187,5° [unkorr.; aus A.] (*Sch.*, *Si.*), 186—187° [aus A. + wenig wss. NaHCO₃] (*Mo.*).

Hydrochlorid. Kristalle; F: 222—223° [unkorr.; Zers.] (*Sch.*, *Si.*).

2-[Toluol-4-sulfonyl]-1,2-dihydro-indazol-3-on $C_{14}H_{12}N_2O_3S$, Formel I (R = SO_2-C_6H_4-$CH_3(p)$, R' = H).

Die von *ICI* (U.S.P. 2872317 [1953] unter dieser Konstitution beschriebene Verbindung ist als 3-[Toluol-4-sulfonyloxy]-1*H*-indazol zu formulieren (*Evans et al.*, Tetrahedron **21** [1965] 3351, 3355).

B. Beim Erhitzen von 1,2-Dihydro-indazol-3-on mit Toluol-4-sulfonylchlorid in Toluol (*ICI*).

Kristalle (aus Butan-1-ol); F: 145° (*ICI*).

IV   V   VI

2-[4-Dimethylamino-phenylimino]-3-oxo-2,3-dihydro-1*H*-indazolium-betain $C_{15}H_{14}N_4O$, Formel VI, und Mesomere.

B. Aus 1,2-Dihydro-indazol-3-on und *N,N*-Dimethyl-4-nitroso-anilin (*Jennen*, Meded. vlaam. chem. Verenig. **18** [1956] 43, 57).

F: 198° (*Je.*). Polarographisches Halbstufenpotential (wss. A. vom pH 5,5 und pH 7,0): *Moelants*, *Janssen*, Bl. Soc. chim. Belg. **66** [1957] 209, 215.

4-Chlor-1,2-dihydro-indazol-3-on $C_7H_5ClN_2O$, Formel VII (R = X' = H, X = Cl), und Tautomeres.

B. Beim Erhitzen von 2-Chlor-6-hydrazino-benzoesäure mit H_2O (*Pfannstiel*, *Janecke*, B. **75** [1942] 1096, 1106).

Kristalle (aus Me.); F: 263°.

Hydrochlorid $C_7H_5ClN_2O \cdot HCl$. Kristalle (aus wss.-methanol. HCl); F: 231° [Zers.].

5-Chlor-1,2-dihydro-indazol-3-on $C_7H_5ClN_2O$, Formel VII (R = X = H, X' = Cl), und Tautomeres.

B. Beim Erhitzen von 5-Chlor-2-hydrazino-benzoesäure mit wss. HCl (*Morley*, Soc. **1959** 2280, 2284). Beim Behandeln von 2-[Äthoxycarbonylmethylen-hydrazino]-5-chlor-benzoesäure mit konz. H_2SO_4 (*Leonard et al.*, J. org. Chem. **12** [1947] 47, 54).

Kristalle; F: 275—276° [korr.; aus A.] (*Le. et al.*), 273—275° [Zers.; aus Eg.] (*Mo.*).

5-Chlor-2-phenyl-1,2-dihydro-indazol-3-on $C_{13}H_9ClN_2O$, Formel VII (R = C_6H_5, X = H, X' = Cl) (H 114; E I 239).

B. Neben überwiegenden Mengen 6-Chlor-3-phenyl-1*H*-chinazolin-2,4-dion beim Er-

hitzen von 4-Chlor-azobenzol mit CO und Octacarbonyldikobalt in Benzol auf 230°/150 at (*Murahashi, Horiie,* Am. Soc. **78** [1956] 4816; *Horiie,* J. chem. Soc. Japan Pure Chem. Sect. **80** [1959] 1038, 1039).
F: 233°.

5-Chlor-1-[2]pyridyl-1,2-dihydro-indazol-3-on $C_{12}H_8ClN_3O$, Formel IV (X = Cl), und Tautomeres.

Nach Ausweis der IR-Absorption in Nujol und der UV-Absorption in Methanol liegt hauptsächlich 5-Chlor-1-[2]pyridyl-1*H*-indazol-3-ol vor (*Morley,* Soc. **1959** 2280, 2285).

B. Als Hauptprodukt neben 5-Chlor-2-[2]pyridyl-1,2-dihydro-indazol-3-on beim Erhitzen von 5-Chlor-2-hydrazino-benzoesäure mit 2-Chlor-pyridin in Äthanol auf 170—180° (*Mo.*).

Hellbraune Kristalle (aus A.); F: 251—252°. λ_{max} (Me.): 260 nm und 337 nm.

5-Chlor-2-[2]pyridyl-1,2-dihydro-indazol-3-on $C_{12}H_8ClN_3O$, Formel V (R = H, X = Cl).

Diese Konstitution kommt wahrscheinlich der von *Schofield, Simpson* (Soc. **1946** 472, 479) als *N*-[Cinnolin-4-carbonyl]-glycin beschriebenen Verbindung zu (*Morley,* Soc. **1959** 2280, 2282).

Nach Ausweis der IR-Absorption in Nujol und der UV-Absorption in Methanol liegt hauptsächlich die Oxo-Form vor (*Mo.,* l. c. S. 2285).

B. Als Hauptprodukt neben 5-Chlor-2-[2]pyridylazo-benzoesäure (F: 193°) beim Erhitzen von 2-[2]Pyridylazo-benzoesäure (F: 147°) mit wss. HCl (*Sch., Si.*). Beim Erhitzen von 5-Chlor-2-[*N'*-[2]pyridyl-hydrazino]-benzoesäure-hydrochlorid in Äthanol auf 170° bis 180° (*Mo.*). Eine weitere Bildungsweise s. bei der vorangehenden Verbindung.

Hellgelbe Kristalle (aus Eg.); F: 253—254° [unkorr.] (*Sch., Si.*), 251—252° (*Mo.*). λ_{max} (Me.): 254 nm, 292 nm, 298 nm und 340—345 nm (*Mo.*).

5-Chlor-1-methyl-2-[2]pyridyl-1,2-dihydro-indazol-3-on $C_{13}H_{10}ClN_3O$, Formel V (R = CH$_3$, X = Cl).

B. Aus der vorangehenden Verbindung und Dimethylsulfat (*Morley,* Soc. **1959** 2280, 2285).

Kristalle (aus wss. Me.); F: 123—124°.

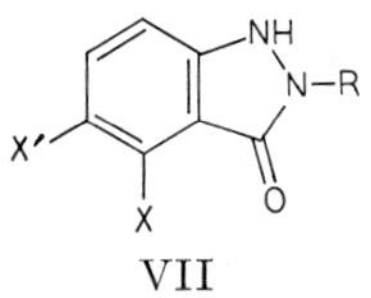

VII 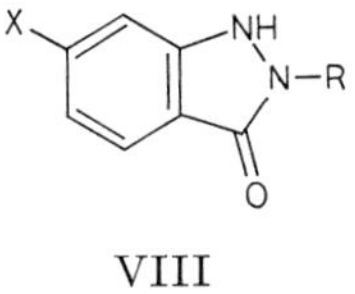   VIII 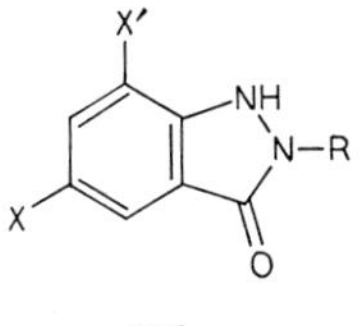   IX

6-Chlor-1,2-dihydro-indazol-3-on $C_7H_5ClN_2O$, Formel VIII (R = H, X = Cl), und Tautomeres.

B. Beim Behandeln von 2-[Äthoxycarbonylmethylen-hydrazino]-4-chlor-benzoesäure mit konz. H_2SO_4 (*Leonard et al.,* J. org. Chem. **12** [1947] 47, 54).

Kristalle (aus A.); F: 289° [korr.].

5,7-Dichlor-1,2-dihydro-indazol-3-on $C_7H_4Cl_2N_2O$, Formel IX (R = H, X = X' = Cl), und Tautomeres.

B. Beim Behandeln von 2-Amino-3,5-dichlor-benzoesäure mit wss. HCl und NaNO$_2$ und anschliessenden Erwärmen mit SO$_2$ (*Gevaert Photo-Prod. N.V.,* U.S.P. 2673801 [1949]).

Kristalle (aus A.); F: 227—228°.

4-Nitro-1,2-dihydro-indazol-3-on $C_7H_5N_3O_3$, Formel VII (R = X' = H, X = NO$_2$), und Tautomeres.

B. Beim Behandeln von diazotierter 2-Amino-6-nitro-benzoesäure in wss. HCl mit SO$_2$ (*Pfannstiel, Janecke,* B. **75** [1942] 1096, 1104).

Orangerote Kristalle; F: 245° [Zers.].
Hydrochlorid. Kristalle (aus wss. HCl); F: 245°.

5-Nitro-1,2-dihydro-indazol-3-on $C_7H_5N_3O_3$, Formel VII (R = X = H, X' = NO$_2$), und Tautomeres (E II 61).
B. Beim Erhitzen von 2-Hydrazino-5-nitro-benzoesäure-hydrochlorid mit H$_2$O (*Pfannstiel, Janecke*, B. **75** [1942] 1096, 1105).
Orangegelbe Kristalle (aus wss. Me.); F: 275° [Zers.].

6-Nitro-1,2-dihydro-indazol-3-on $C_7H_5N_3O_3$, Formel VIII (R = H, X = NO$_2$), und Tautomeres.
B. Beim Erhitzen von 2-Hydrazino-4-nitro-benzoesäure-hydrochlorid mit wss. HCl (*Pfannstiel, Janecke*, B. **75** [1942] 1096, 1105) oder in Nitrobenzol (*Davies*, Soc. **1955** 2412, 2414).
Orangerote Kristalle (aus H$_2$O); F: 244° (*Pf., Ja.*), 243° (*Da.*).

6-Nitro-2-phenyl-1,2-dihydro-indazol-3-on $C_{13}H_9N_3O_3$, Formel VIII (R = C$_6$H$_5$, X = NO$_2$).
B. Neben 1-Hydroxy-6-nitro-2-phenyl-1,2-dihydro-indazol-3-on beim Erwärmen von [2,4-Dinitro-benzyliden]-anilin mit Na$_2$CO$_3$ in Äthanol (*Secareanu, Lupas*, Bl. [5] **1** [1934] 373, 377).
Kristalle (aus Eg. oder Nitrobenzol); F: >260° [nach Schwarzfärbung bei 250°].

6-Nitro-2-*p*-tolyl-1,2-dihydro-indazol-3-on $C_{14}H_{11}N_3O_3$, Formel VIII (R = C$_6$H$_4$-CH$_3$(*p*), X = NO$_2$).
B. Neben 1-Hydroxy-6-nitro-2-*p*-tolyl-1,2-dihydro-indazol-3-on beim Erwärmen von *N*-[2,4-Dinitro-benzyliden]-*p*-toluidin mit Na$_2$CO$_3$ in Äthanol (*Secareanu, Lupas*, Bl. [5] **2** [1935] 69, 74).
Gelbe Kristalle (aus A.); F: 240° [Zers.].

1-Hydroxy-6-nitro-2-phenyl-1,2-dihydro-indazol-3-on $C_{13}H_9N_3O_4$, Formel X (R = X = H).
B. Neben 6-Nitro-2-phenyl-1,2-dihydro-indazol-3-on beim Erwärmen von [2,4-Dinitro-benzyliden]-anilin mit Na$_2$CO$_3$ in Äthanol (*Secareanu, Lupas*, Bl. [5] **1** [1934] 373, 379).
Gelbe Kristalle (aus A.); F: 166–167°.
Silber-Salz AgC$_{13}$H$_8$N$_3$O$_4$. Kristalle.

1-Hydroxy-6-nitro-2-*p*-tolyl-1,2-dihydro-indazol-3-on $C_{14}H_{11}N_3O_4$, Formel X (R = CH$_3$, X = H).
B. Neben 6-Nitro-2-*p*-tolyl-1,2-dihydro-indazol-3-on beim Erwärmen von *N*-[2,4-Dinitro-benzyliden]-*p*-toluidin mit Na$_2$CO$_3$ in Äthanol (*Secareanu, Lupas*, Bl. [5] **2** [1935] 69, 74).
F: 216° [aus A.].
Silber-Salz AgC$_{14}$H$_{10}$N$_3$O$_4$. Gelb.

7-Nitro-1,2-dihydro-indazol-3-on $C_7H_5N_3O_3$, Formel IX (R = X = H, X' = NO$_2$), und Tautomeres (E II 61).
B. Beim Behandeln von diazotierter 2-Amino-3-nitro-benzoesäure in H$_2$O mit SO$_2$ und KI und anschliessenden Behandeln mit konz. wss. HCl (*Pfannstiel, Janecke*, B. **75** [1942] 1096, 1106).
Gelbbraune Kristalle; F: 295–305°.

5-Chlor-6-nitro-1,2-dihydro-indazol-3-on $C_7H_4ClN_3O_3$, Formel XI (X = Cl), und Tautomeres.
B. Beim Behandeln von diazotierter 2-Amino-4,5-dinitro-benzoesäure in H$_2$O mit SO$_2$ und anschliessenden Erhitzen mit konz. wss. HCl (*Goldstein, Jaunin*, Helv. **34** [1951] 1860, 1867).
Gelbe Kristalle (aus wss. Me.); F: 266–268° [korr.; Zers.].

1-Hydroxy-4,6-dinitro-2-phenyl-1,2-dihydro-indazol-3-on $C_{13}H_8N_4O_6$, Formel X
(R = H, X = NO$_2$).

B. Beim Erwärmen von [2,4,6-Trinitro-benzyliden]-anilin mit Na$_2$CO$_3$ in Äthanol
(*Secareanu, Lupas*, Bl. [4] **53** [1933] 1436, 1440).

Orangegelbe Kristalle (aus Eg.); F: 252°.

Natrium-Salz NaC$_{13}$H$_7$N$_4$O$_6$. Gelbe Kristalle; F: ca. 240° [Zers.].

Silber-Salz AgC$_{13}$H$_7$N$_4$O$_6$. Gelbe Kristalle; Zers. bei ca. 250°.

X   XI

1-Hydroxy-4,6-dinitro-2-*p*-tolyl-1,2-dihydro-indazol-3-on $C_{14}H_{10}N_4O_6$, Formel X
(R = CH$_3$, X = NO$_2$).

B. Analog der vorangehenden Verbindung (*Secareanu, Lupas*, Bl. [5] **2** [1935] 69, 73).

Rot; F: 215° [aus A.].

Silber-Salz AgC$_{14}$H$_9$N$_4$O$_6$. Gelbe Kristalle.

2-[4-Äthoxy-phenyl]-1-hydroxy-4,6-dinitro-1,2-dihydro-indazol-3-on $C_{15}H_{12}N_4O_7$,
Formel X (R = O-C$_2$H$_5$, X = NO$_2$).

B. Analog den vorangehenden Verbindungen (*Secareanu, Lupas*, Bl. [5] **2** [1935] 69, 72).

Gelbe Kristalle (aus A.); F: 209°.

Silber-Salz AgC$_{15}$H$_{11}$N$_4$O$_7$. Hellbraun.

2-[4-Dimethylamino-phenyl]-1-hydroxy-4,6-dinitro-1,2-dihydro-indazol-3-on
$C_{15}H_{13}N_5O_6$, Formel X (R = N(CH$_3$)$_2$, X = NO$_2$).

B. Beim Erwärmen von 2,4,6-Trinitro-toluol mit *N,N*-Dimethyl-4-nitroso-anilin und
Na$_2$CO$_3$ in Äthanol (*Secareanu, Lupas*, Bl. [5] **2** [1935] 69, 75).

Rote Kristalle (aus Eg.); F: 217°.

Hydrochlorid $C_{15}H_{13}N_5O_6 \cdot$ HCl. Gelb.

5,6-Dinitro-1,2-dihydro-indazol-3-on $C_7H_4N_4O_5$, Formel XI (X = NO$_2$), und Tautomeres.

B. Neben 2-Jod-4,5-dinitro-benzoesäure beim Behandeln von diazotierter 2-Amino-
4,5-dinitro-benzoesäure mit KI in H$_2$O (*Goldstein, Jaunin*, Helv. **34** [1951] 2222).

Gelbe Kristalle (aus wss. A.); F: 270—272° [korr.; Zers.].

5,7-Dinitro-2-phenyl-1,2-dihydro-indazol-3-on $C_{13}H_8N_4O_5$, Formel IX (R = C$_6$H$_5$,
X = X' = NO$_2$) auf S. 273.

In dem von *Kenner* (E I **24** 240) unter dieser Konstitution beschriebenen Präparat
hat wahrscheinlich ein Gemisch von 5,7-Dinitro-1-phenyl-1,2-dihydro-indazol-3-on und
5,7-Dinitro-2-phenyl-1,2-dihydro-indazol-3-on vorgelegen (*Gupta et al.*, Indian J. Chem.
6 [1968] 758).

F: 273—274° [Zers.] (*Gu. et al.*).

1,3-Dihydro-benzimidazol-2-on, Benzimidazolon $C_7H_6N_2O$, Formel I (R = R' = H),
und Tautomeres (H 116; E I 240; E II 62).

Diese Konstitution kommt auch der früher (E II **26** 124) als 1,5-Dihydro-benzo[*b*]=
[1,3,5]triazepin-2,4-dion   („2.4-Dioxo-2.3.4.5-tetrahydro-6.7-benzo-1.3.5-heptatriazin")
beschriebenen Verbindung zu (*Peet, Sunder*, Indian J. Chem. [B] **16** [1978] 207).

Nach Ausweis des UV-Spektrums liegt in Methanol das Oxo-Tautomere vor (*Éfros,
El'zow*, Ž. obšč. Chim. **27** [1957] 684, 685; engl. Ausg. S. 755, 756).

B. Beim Erhitzen von *o*-Phenylendiamin mit Schwefel, CO und Triäthylamin in Pyridin
auf 115°/14 at (*Monsanto Chem. Co.*, U.S.P. 2874149 [1957]), mit CO$_2$ auf 250°/7300 at
bis 8500 at (*Cairns et al.*, Am. Soc. **79** [1957] 4405, 4407), mit COS in Toluol auf 225°
unter Druck (*Hagellock*, B. **83** [1950] 258, 261) oder mit Harnstoff in Amylalkohol (*Mistry*,

Guha, J. Indian chem. Soc. **7** [1930] 793, 795). Beim Behandeln von *o*-Phenylendiamin mit 1*H*,1′*H*-1,1′-Carbonyl-di-imidazol in THF (*Staab,* A. **609** [1957] 75, 81). Beim Behandeln von [2-Amino-phenyl]-carbamidsäure-phenylester oder von [2-Amino-phenyl]-carbamidsäurc-[2-chlor phcnylcster] hydrochlorid mit wss. KOH (*Raiford et al.,* J. org. Chem. **7** [1942] 346, 351). Beim Erhitzen von Anthranilsäure-hydroxyamid auf 150—170° (*Harrison, Smith,* Soc. **1959** 3157). Beim Erhitzen des Natrium-Salzes des Anthranil= säure-hydroxyamids oder des Kalium-Salzes des *O*-Benzoyl-*N*-[*N*-benzoyl-anthraniloyl]-hydroxylamins in H_2O (*Scott, Wood,* J. org. Chem. **7** [1942] 508, 515). Beim Erhitzen von Anthraniloylazid in Toluol (*Ha., Sm.*). Neben Benzimidazol bei der Destillation von [(2-Amino-anilino)-methylen]-malonsäure-diäthylester unter vermindertem Druck (*Sardesal, Sunthankar,* Curr. Sci. **26** [1957] 250). Beim Erwärmen von Acetessigsäure-[2-amino-anilid] mit konz. H_2SO_4 oder mit wss. HCl und Essigsäure (*Monti,* G. **70** [1940] 648, 653). Beim Erwärmen von Phthalsäure-anhydrid mit NaN_3 in Essigsäure (*Maffei, Bettinetti,* Ann. Chimica **49** [1959] 1809, 1812). Beim Erhitzen von 2-Acetoxy-1-acetyl-1*H*-benz= imidazol mit wss. HCl (*Montanari, Risaliti,* G. **83** [1953] 278). Beim Erhitzen von 1*H*-Benzimidazol-2-sulfonsäure mit wss. HCl auf 150° (*I. G. Farbenind.,* D.R.P. 615131 [1933]; Frdl. **22** 324).

F: 320° (*Ca. et al.*). IR-Banden in KBr, in $CHCl_3$ sowie in CCl_4 (3500—1700 cm⁻¹): *Mason,* Soc. **1957** 4874, 4875; in KBr (1750—700 cm⁻¹): *Ha., Sm.* UV-Spektrum in Äthanol (220—310 nm bzw. 230—340 nm): *English et al.,* Am. Soc. **67** [1945] 295; *Glotz,* Bl. [5] **3** [1936] 511, 512; in Methanol, in methanol. Natriummethylat, in methanol. HCl verschiedener Konzentration und in konz. H_2SO_4 (220—310 nm): *Éf., El.,* l. c. S. 687—689. λ_{max}: 225,5 nm und 280 nm [A.] bzw. 242 nm und 285 nm [wss. NaOH (0,1 n)] (*Ha., Sm.*). Scheinbare Dissoziationsexponenten pK'_{a1} und pK'_{a2} (H_2O; spektrophoto-metrisch ermittelt) bei 20°: −1,7 bzw. 11,95 (*Brown,* Soc. **1958** 1974, 1976). Elektrolyti-sche Dissoziation in wss. Äthanol: *Éfroš, Porai̯-Koschiz,* Ž. obšč. Chim. **23** [1953] 697, 699; engl. Ausg. S. 725, 727.

Beim Erhitzen mit Bernsteinsäure-anhydrid und $AlCl_3$ in 1,1,2,2-Tetrachlor-äthan ist 4-Oxo-4-[2-oxo-2,3-dihydro-1*H*-benzimidazol-5-yl]-buttersäure erhalten worden (*En. et al.,* l. c. S. 301).

1-Methyl-1,3-dihydro-benzimidazol-2-on $C_8H_8N_2O$, Formel I (R = CH_3, R′ = H), und Tautomeres (H 118).

B. Beim Erhitzen von [2-Methylamino-phenyl]-harnstoff über den Schmelzpunkt (*Duffin, Kendall,* Soc. **1956** 361, 364). Beim Erwärmen von 2-Methansulfonyl-1-methyl-1*H*-benzimidazol oder von 1-Methyl-2-phenylmethansulfonyl-1*H*-benzimidazol mit wss. NaOH (*Bednjagina, Poštowškiǐ,* Chimija chim. Technol. (NDVŠ) **1959** 333, 334; C. A. **1960** 509, 510).

Kristalle; F: 190—192° (*Be., Po.*), 188° [aus H_2O] (*Du., Ke.*).

1,3-Dimethyl-1,3-dihydro-benzimidazol-2-on $C_9H_{10}N_2O$, Formel I (R = R′ = CH_3) (H 118).

B. Aus 1,3-Dihydro-benzimidazol-2-on und Dimethylsulfat (*Landquist,* Soc. **1953** 2830, 2832; *Éfroš et al.,* Ž. obšč. Chim. **23** [1953] 1691, 1694; engl. Ausg. S. 1779, 1781). Beim Erwärmen von 1,3-Bis-chlormethyl-1,3-dihydro-benzimidazol-2-on mit $LiBH_4$ in Äther (*Zinner, Spangenberg,* B. **91** [1958] 1432, 1437).

Kristalle; F: 107,5° [aus Ae.] (*Zi., Sp.*), 107° [aus PAe.] (*La.*), 106,5—107° [aus PAe.] (*Éf. et al.*). UV-Spektrum in Methanol, in methanol. Natriummethylat, in methanol. HCl verschiedener Konzentration und in konz. H_2SO_4 (220—320 nm): *Éfroš, El'zow,* Ž. obšč. Chim. **27** [1957] 684, 687—689; engl. Ausg. S. 755, 758—760. Über die Basizität s. *Éf., El.,* l. c. S. 685.

I   II   III

2-Imino-2,3-dihydro-1H-benzimidazol, 1,3-Dihydro-benzimidazol-2-on-imin $C_7H_7N_3$ s. 1H-Benzimidazol-2-ylamin (Syst.-Nr. 3715).

1,3-Dihydro-benzimidazol-2-on-hydrazon $C_7H_8N_4$ s. 2-Hydrazino-1H-benzimidazol (Syst.-Nr. 3783).

1,3-Dimethyl-1,3-dihydro-benzimidazol-2-on-hydrazon $C_9H_{12}N_4$, Formel II (R = H).
    B. Beim Erhitzen von Benzoesäure-[1,3-dimethyl-1,3-dihydro-benzimidazol-2-yliden≈ hydrazid] mit wss. HCl (*Hünig, Balli,* A. **609** [1957] 160, 170).
    Scheinbare Dissoziationsexponenten pK'_{a1} und pK'_{a2} (H$_2$O; potentiometrisch ermittelt) bei 20°: 2,7 bzw. ca. 10—11 (*Nöther,* zit. bei *Hünig, Balli,* A. **628** [1959] 56, 58), Polaro≈ graphisches Halbstufenpotential (wss. Lösung vom pH 6—11): *Hü., Ba.,* A. **628** 61.
    Dihydrochlorid $C_9H_{12}N_4 \cdot 2\,HCl$. Kristalle; F: 240—247° (?) [Zers.] (*Hü., Ba.,* A. **609** 166, 170).
    Mono-methylsulfat $C_9H_{12}N_4 \cdot CH_4O_4S$. Kristalle (aus A.); F: 162—165° (*Hü., Ba.,* A. **609** 170).
    Bis-methylsulfat $C_9H_{12}N_4 \cdot 2\,CH_4O_4S$. Kristalle (aus A. + Schwefelsäure-mono≈ methylester); F: 249° [Zers.] (*Hü., Ba.,* A. **609** 170).

[1,3-Dimethyl-1,3-dihydro-benzimidazol-2-yliden]-[4-nitro-benzyliden]-hydrazin, 1,3-Di≈ methyl-1,3-dihydro-benzimidazol-2-on-[4-nitro-benzylidenhydrazon] $C_{16}H_{15}N_5O_2$, Formel III.
    B. Beim Erwärmen von 1,3-Dimethyl-1,3-dihydro-benzimidazol-2-on-hydrazon-di≈ hydrochlorid mit 4-Nitro-benzaldehyd in Methanol in Gegenwart von NH$_3$ (*Hünig, Balli,* A. **609** [1957] 160, 170).
    Rote Kristalle (aus CHCl$_3$ + Me.); F: 224—226°.

[1,4]Benzochinon-mono-[1,3-dimethyl-1,3-dihydro-benzimidazol-2-ylidenhydrazon] $C_{15}H_{14}N_4O$, Formel IV.
    B. Beim Behandeln von 1,3-Dimethyl-1,3-dihydro-benzimidazol-2-on-hydrazon-di≈ hydrochlorid mit [1,4] Benzochinon in wss. HCl (*Hünig, Balli,* A. **628** [1959] 56, 63).
    Rote Kristalle (aus 2-Äthoxy-äthanol); F: 232—233° [korr.]. λ_{max} (CHCl$_3$ + wenig Tri≈ äthylamin): 502 nm.

Benzoesäure-[1,3-dimethyl-1,3-dihydro-benzimidazol-2-ylidenhydrazid], 1,3-Dimethyl- 1,3-dihydro-benzimidazol-2-on-benzoylhydrazon $C_{16}H_{16}N_4O$, Formel II (R = CO-C$_6$H$_5$).
    B. Beim Behandeln von 1-Methyl-2-methylmercapto-1H-benzimidazol mit Dimethyl≈ sulfat und anschliessenden Erwärmen mit Benzoesäure-hydrazid in Äthanol (*Hünig, Balli,* A. **609** [1957] 160, 170).
    Kristalle (aus Me. + H$_2$O + Ae.); F: 95—97°.

Benzolsulfonsäure-[1,3-dimethyl-1,3-dihydro-benzimidazol-2-ylidenhydrazid], 1,3-Di≈ methyl-1,3-dihydro-benzimidazol-2-on-benzolsulfonylhydrazon $C_{15}H_{16}N_4O_2S$, Formel II (R = SO$_2$-C$_6$H$_5$).
    B. Beim Behandeln von 1,3-Dimethyl-2-methylmercapto-1H-benzimidazolium- [toluol-4-sulfonat] mit Benzolsulfonsäure-hydrazid und Triäthylamin in Pyridin (*Hünig et al.,* A. **623** [1959] 191, 200).
    Zers. bei 181—183° [aus Eg. + wss. NH$_3$].

1-Äthyl-1,3-dihydro-benzimidazol-2-on $C_9H_{10}N_2O$, Formel V (R = C$_2$H$_5$, R' = H), und Tautomeres.
    B. Beim Behandeln von N-Äthyl-o-phenylendiamin mit COCl$_2$ und wss. HCl (*Clark, Pessolano,* Am. Soc. **80** [1958] 1657, 1659).
    Kristalle (aus Ae. + PAe.); F: 117—118°.

1,3-Diäthyl-1,3-dihydro-benzimidazol-2-on $C_{11}H_{14}N_2O$. Formel V (R = R' = C$_2$H$_5$).
    B. Aus 1,3-Dihydro-benzimidazol-2-on und Äthyljodid (*Clark, Pessolano,* Am. Soc. **80** [1958] 1657, 1659).
    Kristalle (aus PAe.); F: 68—69°.

1-Butyl-1,3-dihydro-benzimidazol-2-on $C_{11}H_{14}N_2O$, Formel V (R = $[CH_2]_3$-CH_3, R' = H), und Tautomeres.

B. Beim Erwärmen von 1-Butyl-2-methansulfonyl-1*H*-benzimidazol mit wss. NaOH (*Bednjagina*, *Poštowškiǐ*, Chimija chim. Technol. (NDVS) **1959** 333, 334; C. A. **1960** 509).

F: 98—100°.

1-Isopropenyl-1,3-dihydro-benzimidazol-2-on $C_{10}H_{10}N_2O$, Formel V (R = C(CH_3)=CH_2), R' = H), und Tautomeres.

Diese Konstitution kommt der von *Sexton* (Soc. **1942** 303) als 4-Methyl-1,3-dihydro-benzo[*b*][1,4]diazepin-2-on beschriebenen Verbindung zu (*Rossi et al.*, Helv. **43** [1960] 1298, 1299).

B. Neben 4-Methyl-1,3-dihydro-benzo[*b*][1,4]diazepin-2-on (S. 488) beim Erhitzen von Acetessigsäure-äthylester mit *o*-Phenylendiamin in Xylol (*Se.*; *Ro. et al.*, l. c. S. 1308).

Kristalle; F: 121° [aus A.] (*Se.*), 120—121° [aus E. + PAe.] (*Ro. et al.*). IR-Spektrum (CH_2Cl_2; 2,5—12,5 μ): *Ro. et al.*, l. c. S. 1302. UV-Spektrum (A.; 210—310 nm): *Ro. et al.*, l. c. S. 1301.

1,3-Diallyl-1,3-dihydro-benzimidazol-2-on $C_{13}H_{14}N_2O$, Formel V (R = R' = CH_2-CH=CH_2).

B. Aus 1,3-Dihydro-benzimidazol-2-on und Allylbromid (*Clark*, *Pessolano*, Am. Soc. **80** [1958] 1657, 1659).

Kristalle (aus PAe.); F: 53—54°.

1,3-Dimethallyl-1,3-dihydro-benzimidazol-2-on $C_{15}H_{18}N_2O$, Formel V (R = R' = CH_2-C(CH_3)=CH_2).

B. Analog der vorangehenden Verbindung (*Clark*, *Pessolano*, Am. Soc. **80** [1958] 1657, 1659).

Kristalle (aus Ae. + PAe.); F: 85—86°.

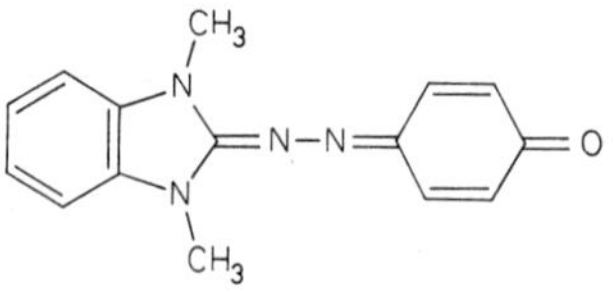

IV 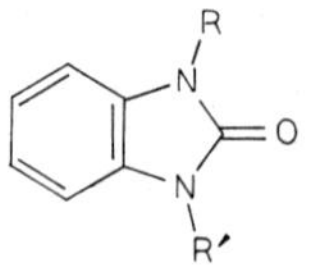   V 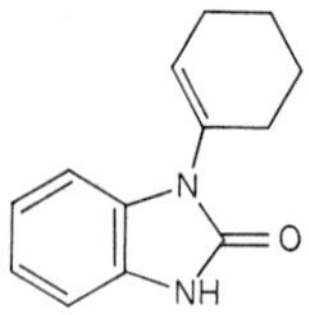   VI

1-Cyclohex-1-enyl-1,3-dihydro-benzimidazol-2-on $C_{13}H_{14}N_2O$, Formel VI, und Tautomeres.

Diese Konstution kommt der von *Ried*, *Draisbach* (B. **92** [1959] 949) als 1,2,3,4,10,11a-Hexahydro-dibenzo[*b,e*][1,4]diazepin-11-on $C_{13}H_{14}N_2O$ beschriebenen Verbindung zu (*Rossi et al.*, Helv. **43** [1960] 1298, 1304).

B. Beim Erhitzen von 2-Oxo-cyclohexancarbonsäure-äthylester mit *o*-Phenylendiamin auf 180—190° (*Ried*, *Dr.*; *Ro. et al.*, l. c. S. 1310).

Kristalle; F: 182—183° [unkorr.; aus A.] (*Ried*, *Dr.*), 180—182° [unkorr.; aus A. + PAe.] (*Ro. et al.*). λ_{max} (A.): 282 nm (*Ro. et al.*).

1-Phenyl-1,3-dihydro-benzimidazol-2-on $C_{13}H_{10}N_2O$, Formel V (R = C_6H_5, R' = H), und Tautomeres.

B. Beim Behandeln von *N*-Phenyl-*o*-phenylendiamin mit COCl_2 und wss. HCl (*Clark*, *Pessolano*, Am. Soc. **80** [1958] 1657, 1659). Beim Behandeln von *N,N'*-Diphenyl-harnstoff in wss.-methanol. NaOH mit wss. NaClO (*Rosnati*, G. **86** [1956] 275, 278). Beim Erhitzen von [2-Anilino-phenyl]-harnstoff auf 160—170° (*Duffin*, *Kendall*, Soc. **1956** 361, 364; *Ro.*, l. c. S. 280).

Kristalle; F: 206—207° [aus A.] (*Cl.*, *Pe.*), 204° [aus A.] (*Du.*, *Ke.*), 201—202° [aus Toluol] (*Ro.*).

1-[4-Nitro-phenyl]-1,3-dihydro-benzimidazol-2-on $C_{13}H_9N_3O_3$, Formel V
($R = C_6H_4\text{-}NO_2(p)$, $R' = H$), und Tautomeres.

B. Beim Erhitzen von N-[4-Nitro-phenyl]-o-phenylendiamin mit Harnstoff auf 145°
(*Backer*, *Dijkstra*, R. **69** [1950] 1348, 1353).
Kristalle (aus Eg.); Zers. bei ca. 306—307°.

1-Benzyl-1,3-dihydro-benzimidazol-2-on $C_{14}H_{12}N_2O$, Formel V ($R = CH_2\text{-}C_6H_5$,
$R' = H$), und Tautomeres.
B. Beim Erwärmen von 1-Benzyl-2-methansulfonyl-1H-benzimidazol mit wss. NaOH
(*Bednjagina*, *Poštowskiǐ*, Chimija chim. Technol. (NDVS) **1959** 333, 334; C. A. **1960** 509).
F: 198—199°.

1,3-Dibenzyl-1,3-dihydro-benzimidazol-2-on $C_{21}H_{18}N_2O$, Formel V
($R = R' = CH_2\text{-}C_6H_5$).
B. Aus 1,3-Dihydro-benzimidazol-2-on und Benzylchlorid (*Clark*, *Pessolano*, Am. Soc.
80 [1958] 1657, 1659).
Kristalle (aus Ae.); F: 107—108°.

1,3-Diphenäthyl-1,3-dihydro-benzimidazol-2-on $C_{23}H_{22}N_2O$, Formel V
($R = R' = CH_2\text{-}CH_2\text{-}C_6H_5$).
B. Analog der vorangehenden Verbindung (*Clark*, *Pessolano*, Am. Soc. **80** [1958] 1657,
1659).
Kristalle (aus Ae. + PAe.); F: 74—75°.

1-Hydroxymethyl-3-methyl-1,3-dihydro-benzimidazol-2-on $C_9H_{10}N_2O_2$, Formel VII
($R = H$).
B. Beim Erhitzen von 1-Methyl-1,3-dihydro-benzimidazol-2-on mit wss. Formaldehyd
(*Clark*, *Pessolano*, Am. Soc. **80** [1958] 1657, 1659).
Kristalle (aus A.); F: 153—154°.

1-Acetoxymethyl-3-methyl-1,3-dihydro-benzimidazol-2-on $C_{11}H_{12}N_2O_3$, Formel VII
($R = CO\text{-}CH_3$).
B. Beim Erhitzen der vorangehenden Verbindung mit Acetanhydrid (*Clark*, *Pessolano*,
Am. Soc. **80** [1958] 1657, 1659).
Kristalle (aus E.); F: 115—116°.

1,3-Bis-hydroxymethyl-1,3-dihydro-benzimidazol-2-on $C_9H_{10}N_2O_3$, Formel VIII
($R = H$).
B. Beim Erhitzen von 1,3-Dihydro-benzimidazol-2-on mit Formaldehyd in H_2O (*Monti*,
Venturi, G. **76** [1946] 365, 366; *Eastman Kodak Co.*, U.S.P. 2732316 [1952]; *Zinner*,
Spangenberg, B. **91** [1958] 1432, 1436). Beim Erwärmen von 1,3-Bis-dialkylaminomethyl-
benzimidazol-2-on mit wss. Essigsäure (*Zi.*, *Sp.*).
Kristalle (aus H_2O); F: 165° (*Zi.*, *Sp.*), 164—165° (*Mo.*, *Ve.*), 163—164° (*Eastman
Kodak Co.*).

1,3-Bis-methoxymethyl-1,3-dihydro-benzimidazol-2-on $C_{11}H_{14}N_2O_3$, Formel VIII
($R = CH_3$).
B. Beim Erwärmen von 1,3-Bis-chlormethyl-1,3-dihydro-benzimidazol-2-on mit Na⸗
triummethylat in Methanol (*Zinner*, *Spangenberg*, B. **91** [1958] 1432, 1436).
Kristalle (aus PAe.); F: 109°.

1,3-Bis-äthoxymethyl-1,3-dihydro-benzimidazol-2-on $C_{13}H_{18}N_2O_3$, Formel VIII
($R = C_2H_5$).
B. Analog der vorangehenden Verbindung (*Zinner*, *Spangenberg*, B. **91** [1958] 1432,
1436).
Kristalle (aus PAe.); F: 103°.

1,3-Bis-acetoxymethyl-1,3-dihydro-benzimidazol-2-on $C_{13}H_{14}N_2O_5$, Formel VIII
($R = CO\text{-}CH_3$).
B. Beim Erhitzen von 1,3-Bis-hydroxymethyl-1,3-dihydro-benzimidazol-2-on mit

Acetanhydrid und Natriumacetat (*Monti, Venturi*, G. **76** [1946] 365, 366).
Kristalle (aus A.); F: 143—144°.

1,3-Bis-benzoyloxymethyl-1,3-dihydro-benzimidazol-2-on $C_{23}H_{18}N_2O_5$, Formel VIII
(R = CO-C$_6$H$_5$).
B. Beim Behandeln von 1,3-Bis-hydroxymethyl-1,3-dihydro-benzimidazol-2-on mit
Benzoylchlorid und wss. KOH (*Monti, Venturi*, G. **76** [1946] 365, 366).
Kristalle (aus A.); F: 165°.

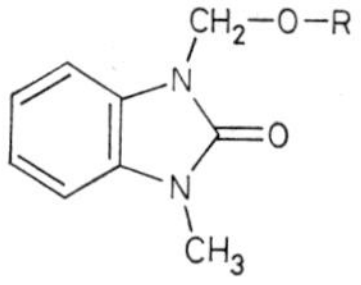

VII 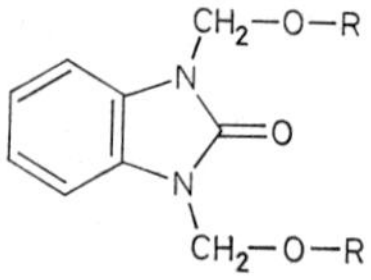   VIII 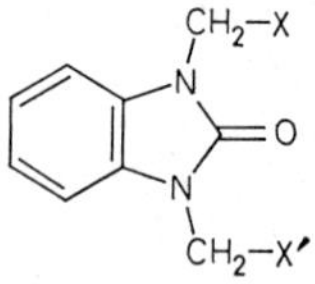   IX

1,3-Bis-chlormethyl-1,3-dihydro-benzimidazol-2-on $C_9H_8Cl_2N_2O$, Formel IX
(X = X′ = Cl).
B. Beim Behandeln von 1,3-Bis-hydroxymethyl-1,3-dihydro-benzimidazol-2-on mit
SOCl$_2$ (*Zinner, Spangenberg*, B. **91** [1958] 1432, 1436).
Kristalle; F: 167° [Zers.].

1-Dimethylaminomethyl-3-hydroxymethyl-1,3-dihydro-benzimidazol-2-on $C_{11}H_{15}N_3O_2$,
Formel IX (X = N(CH$_3$)$_2$, X′ = OH).
B. Beim Behandeln von 1,3-Dihydro-benzimidazol-2-on in Äthanol mit wss. Dimethyl=
amin und Formaldehyd (*Zinner, Spangenberg*, B. **91** [1958] 1432, 1435).
Kristalle (aus CHCl$_3$ + PAe.); F: 132°.

1-Diäthylaminomethyl-3-hydroxymethyl-1,3-dihydro-benzimidazol-2-on $C_{13}H_{19}N_3O_2$,
Formel IX (X = N(C$_2$H$_5$)$_2$, X′ = OH).
B. Analog der vorangehenden Verbindung (*Zinner, Spangenberg*, B. **91** [1958] 1432,
1435).
Kristalle (aus CHCl$_3$ + PAe.); F: 129°.

1,3-Bis-dimethylaminomethyl-1,3-dihydro-benzimidazol-2-on $C_{13}H_{20}N_4O$, Formel IX
(X = X′ = N(CH$_3$)$_2$).
B. Aus 1,3-Dihydro-benzimidazol-2-on oder 1-Dimethylaminomethyl-3-hydroxymethyl-
1,3-dihydro-benzimidazol-2-on analog den vorangehenden Verbindungen oder aus 1,3-Bis-
hydroxymethyl-1,3-dihydro-benzimidazol-2-on und wss. Dimethylamin (*Zinner, Spangenberg*, B. **91** [1958] 1432, 1435).
Kristalle (aus Ae.); F: 57°. Kp$_1$: 155—160° [Badtemperatur].
Bis-methojodid [$C_{15}H_{26}N_4O$]I$_2$; 1,3-Bis-trimethylammoniomethyl-1,3-di=
hydro-benzimidazol-2-on-dijodid. Kristalle (aus H$_2$O); F: 238° [Zers.].

1,3-Bis-diäthylaminomethyl-1,3-dihydro-benzimidazol-2-on $C_{17}H_{28}N_4O$, Formel IX
(X = X′ = N(C$_2$H$_5$)$_2$).
B. Analog der vorangehenden Verbindung (*Zinner, Spangenberg*, B. **91** [1958] 1432,
1435).
Kristalle (aus Ae.); F: 42°.

1,3-Bis-piperidinomethyl-1,3-dihydro-benzimidazol-2-on $C_{19}H_{28}N_4O$, Formel X.
B. Beim Behandeln von 1,3-Dihydro-benzimidazol-2-on in Äthanol mit Piperidin und
wss. Formaldehyd (*Zinner, Spangenberg*, B. **91** [1958] 1432, 1435). Aus 1,3-Bis-hydroxy=
methyl-1,3-dihydro-benzimidazol-2-on und Piperidin in Äthanol (*Zi., Sp.*).
Kristalle (aus PAe.); F: 125°.
Bis-methojodid [$C_{21}H_{34}N_4O$]I$_2$; 1,3-Bis-[1-methyl-piperidinium-1-ylmeth=
yl]-1,3-dihydro-benzimidazol-2-on-dijodid. Kristalle (aus H$_2$O); F: 235° [Zers.].

1,3-Bis-[äthylmercapto-methyl]-1,3-dihydro-benzimidazol-2-on $C_{13}H_{18}N_2OS_2$, Formel XI
(R = C_2H_5).

B. Beim Erwärmen von 1,3-Bis-chlormethyl-1,3-dihydro-benzimidazol-2-on mit Äthan≠
thiol und Natriumäthylat in Äthanol (*Zinner, Spangenberg*, B. **91** [1958] 1432, 1436).
Kristalle (aus Me.); F: 48°.

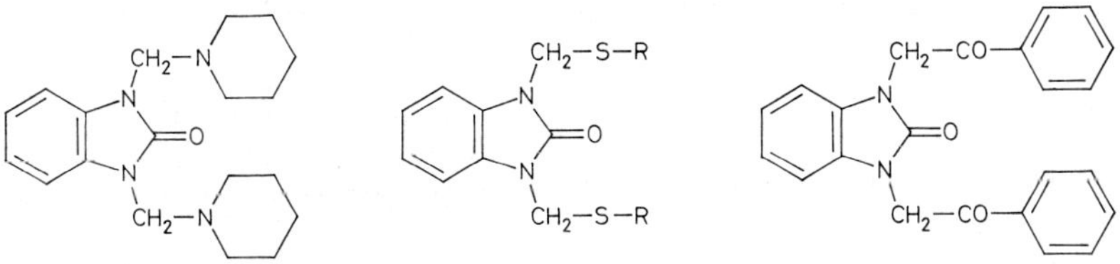

X   XI   XII

1,3-Bis-[benzylmercapto-methyl]-1,3-dihydro-benzimidazol-2-on $C_{23}H_{22}N_2OS_2$,
Formel XI (R = CH_2-C_6H_5).

B. Analog der vorangehenden Verbindung (*Zinner, Spangenberg*, B. **91** [1958] 1432,
1437).
Kristalle (aus A. + H_2O); F: 107°.

1,3-Diphenacyl-1,3-dihydro-benzimidazol-2-on $C_{23}H_{18}N_2O_3$, Formel XII.

B. Aus 1,3-Dihydro-benzimidazol-2-on und Phenacylhalogenid (*Clark, Pessolano*, Am.
Soc. **80** [1958] 1657, 1659).
Kristalle (aus Eg. + H_2O); F: 197—198°.

1-Acetyl-1,3-dihydro-benzimidazol-2-on $C_9H_8N_2O_2$, Formel XIII (R = CO-CH_3, R′ = H).

Diese Konstitution kommt der früher (E II **23** 321) als 2-Acetoxy-1H-benzimidazol
beschriebenen Verbindung zu (*Harrison, Smith*, Soc. **1961** 4827; *Kew, Nelson*, Austral. J.
Chem. **15** [1962] 792, 793).
F: 206—207° (*Kew, Ne.*).

1-Acetyl-3-methyl-1,3-dihydro-benzimidazol-2-on $C_{10}H_{10}N_2O_2$, Formel XIII
(R = CO-CH_3, R′ = CH_3).

B. Beim Erhitzen von 1-Methyl-1,3-dihydro-benzimidazol-2-on mit Acetanhydrid
(*Clark, Pessolano*, Am. Soc. **80** [1958] 1657, 1659).
Kristalle (aus A.); F: 120—121°.

1-Acetyl-3-phenyl-1,3-dihydro-benzimidazol-2-on $C_{15}H_{12}N_2O_2$, Formel XIII
(R = CO-CH_3, R′ = C_6H_5).

Diese Konstitution kommt wahrscheinlich auch der von *Rosnati* (G. **86** [1956] 275, 279,
281) als 2-Acetoxy-1-phenyl-1H-benzimidazol angesehenen Verbindung zu.

B. Aus 1-Phenyl-1,3-dihydro-benzimidazol-2-on, Natriumacetat und Acetanhydrid
(*Clark, Pessolano*, Am. Soc. **80** [1958] 1657, 1659; *Ro.*).
Kristalle (aus A.); F: 137—138° (*Cl., Pe.*), 134,5—135,5° (*Ro.*).

1,3-Diacetyl-1,3-dihydro-benzimidazol-2-on $C_{11}H_{10}N_2O_3$, Formel XIII
(R = R′ = CO-CH_3) (E II 63).

Diese Konstitution kommt auch der von *Montanari, Risaliti* (G. **83** [1953] 278) als
2-Acetoxy-1-acetyl-1H-benzimidazol beschriebenen Verbindung zu (*Harrison, Smith*, Soc.
1961 4827; *Kew, Nelson*, Austral. J. Chem. **15** [1962] 792, 793; *Cheetham et al.*, Austral.
J. Chem. **16** [1963] 729).

B. Beim Erhitzen von 3H-Benzimidazol-1-oxid (*Mo., Ri.*) oder von 1,3-Dihydro-benz≠
imidazol-2-on (*Ha., Sm.*) mit Acetanhydrid.
Kristalle (aus A.); F: 154—155° (*Mo., Ri.*), 149—151° (*Ha., Sm.*). λ_{max} (A.): 236 nm,
265 nm, 272,5 nm und 280,5 nm (*Ch. et al.*) bzw. 237 nm, 272 nm und 280 nm (*Ha., Sm.*).

1,3-Dipropionyl-1,3-dihydro-benzimidazol-2-on $C_{13}H_{14}N_2O_3$, Formel XIII
(R = R′ = CO-CH_2-CH_3).

B. Beim Erhitzen von 1,3-Dihydro-benzimidazol-2-on mit Propionsäure-anhydrid

(*Clark*, *Pessolano*, Am. Soc. **80** [1958] 1657, 1659).
Kristalle (aus E.); F: 169—170°.

1-Benzoyl-1,3-dihydro-benzimidazol-2-on $C_{14}H_{10}N_2O_2$, Formel XIII (R = CO-C$_6$H$_5$, R′ = H).
Diese Konstitution kommt der früher (E II **23** 321) als 2-Benzoyloxy-1*H*-benzimid=
azol beschriebenen Verbindung zu (*Harrison*, *Smith*, Soc. **1961** 4827; *Kew*, *Nelson*, Austral.
J. Chem. **15** [1962] 792, 797).
B. Beim Erhitzen von *N*-Benzoyl-anthraniloylazid in Xylol (*Ha.*, *Sm.*). Beim Erhitzen
von 1,3-Dihydro-benzimidazol-2-on mit Benzoylchlorid und Nitrobenzol (*Clark*, *Pessolano*,
Am. Soc. **80** [1958] 1657, 1659).
Kristalle (aus A.); F: 212—213° (*Cl.*, *Pe.*).

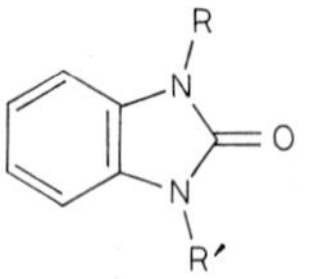

XIII 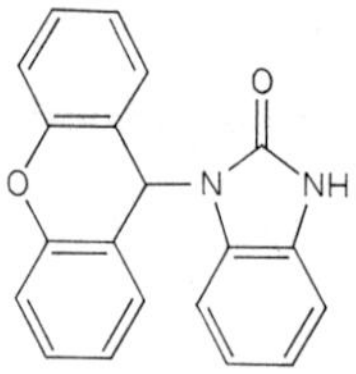   XIV 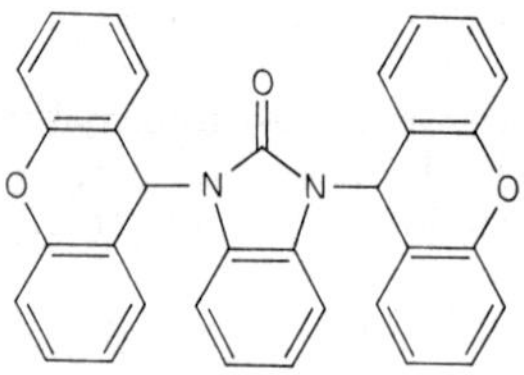   XV

1-Benzoyl-3-phenyl-1,3-dihydro-benzimidazol-2-on $C_{20}H_{14}N_2O_2$, Formel XIII
(R = CO-C$_6$H$_5$, R′ = C$_6$H$_5$).
Diese Konstitution kommt wahrscheinlich der von *Rosnati* (G. **86** [1956] 275, 279)
als 2-Benzoyloxy-1-phenyl-1*H*-benzimidazol angesehenen Verbindung zu (vgl. *Harrison*,
Smith, Soc. **1961** 4827, 4830).
B. Beim Behandeln von 1-Phenyl-1,3-dihydro-benzimidazol-2-on mit Benzoylchlorid
und Pyridin (*Ro.*).
Kristalle (aus A.); F: 170° (*Ro.*).

**1,3-Bis-carboxymethyl-1,3-dihydro-benzimidazol-2-on, [2-Oxo-benzimidazol-1,3-diyl]-
di-essigsäure** $C_{11}H_{10}N_2O_5$, Formel XIII (R = R′ = CH$_2$-CO-OH).
B. Bei der Hydrolyse des folgenden Diäthylesters (*Clark*, *Pessolano*, Am. Soc. **80** [1958]
1657, 1660).
Kristalle (aus A.); F: 291—292°.

**1,3-Bis-äthoxycarbonylmethyl-1,3-dihydro-benzimidazol-2-on, [2-Oxo-benzimidazol-
1,3-diyl]-di-essigsäure-diäthylester** $C_{15}H_{18}N_2O_5$, Formel XIII (R = R′ = CH$_2$-CO-O-C$_2$H$_5$).
B. Aus 1,3-Dihydro-benzimidazol-2-on und Halogenessigsäure-äthylester (*Clark*, *Pessolano*, Am. Soc. **80** [1958] 1657, 1659).
Kristalle (aus A.); F: 169—170°.

**1,3-Bis-[2-carboxy-äthyl]-1,3-dihydro-benzimidazol-2-on, 3,3′-[2-Oxo-benzimidazol-
1,3-diyl]-di-propionsäure** $C_{13}H_{14}N_2O_5$, Formel XIII (R = R′ = CH$_2$-CH$_2$-CO-OH).
B. Beim Erhitzen der folgenden Verbindung mit wss. Ba(OH)$_2$ (*Éfroš*, Ž. obšč. Chim. **28**
[1958] 617, 618; engl. Ausg. S. 599).
Kristalle (aus H$_2$O); F: 188—189,5°.

**1,3-Bis-[2-cyan-äthyl]-1,3-dihydro-benzimidazol-2-on, 3,3′-[2-Oxo-benzimidazol-
1,3-diyl]-di-propionitril** $C_{13}H_{12}N_4O$, Formel XIII (R = R′ = CH$_2$-CH$_2$-CN).
B. Beim Erwärmen von 1,3-Dihydro-benzimidazol-2-on mit Acrylnitril in Gegenwart
von Triäthyl-benzyl-ammonium-hydroxid in Dioxan (*Éfroš*, Ž. obšč. Chim. **28** [1958] 617,
618; engl. Ausg. S. 599, 600).
Kristalle (aus A.); F: 168—170° [Rohprodukt].

1,3-Bis-[2-dimethylamino-äthyl]-1,3-dihydro-benzimidazol-2-on $C_{15}H_{24}N_4O$, Formel XIII
(R = R = CH$_2$-CH$_2$-N(CH$_3$)$_2$).
B. Aus 1,3-Dihydro-benzimidazol-2-on und [2-Halogen-äthyl]-dimethyl-amin (*Clark*,

Pessolano, Am. Soc. **80** [1958] 1657, 1659).
Diperchlorat $C_{15}H_{24}N_4O \cdot 2\ HClO_4$. Kristalle (aus H_2O + A.); F: 238°.

1,3-Bis-[2-diäthylamino-äthyl]-1,3-dihydro-benzimidazol-2-on $C_{19}H_{32}N_4O$, Formel XIII
(R = R' = CH_2-CH_2-$N(C_2H_5)_2$.
B. Analog der vorangehenden Verbindung (*Clark, Pessolano*, Am. Soc. **80** [1958] 1657,
1659).
Diperchlorat $C_{19}H_{32}N_4O \cdot 2\ HClO_4$. Kristalle (aus Me.); F: 142—143°.

***Opt.-inakt. 1,3-Bis-[2-dimethylamino-propyl]-1,3-dihydro-benzimidazol-2-on** $C_{17}H_{28}N_4O$,
Formel XIII (R — R' = CH_2-$CH(CH_3)$-$N(CH_3)_2$).
B. Analog der vorangehenden Verbindung (*Clark, Pessolano*, Am. Soc. **80** [1958] 1657,
1660).
Diperchlorat $C_{17}H_{28}N_4O \cdot 2\ HClO_4$. Kristalle (aus A. + H_2O); F: 229—230°.

1-Xanthen-9-yl-1,3-dihydro-benzimidazol-2-on $C_{20}H_{14}N_2O_2$, Formel XIV, und Tautomeres.
B. Beim Behandeln von 1,3-Dihydro-benzimidazol-2-on mit Xanthen-9-ol in Äthanol
und Essigsäure (*Monti*, G. **72** [1942] 515, 518).
Gelbliche Kristalle; F: 268—270°.

1,3-Di-xanthen-9-yl-1,3-dihydro-benzimidazol-2-on $C_{33}H_{22}N_2O_3$, Formel XV.
B. Beim Erwärmen von 1,3-Dihydro-benzimidazol-2-on mit Xanthen-9-ol in Essigsäure
(*Monti*, G. **72** [1942] 515, 519).
Gelbliche Kristalle (aus Eg.); F: 283—285° [nach Braunfärbung bei 245—250°].

5-Fluor-1,3-dihydro-benzimidazol-2-on $C_7H_5FN_2O$, Formel I (R = R' = H, X = F),
und Tautomere.
B. Beim Behandeln von 4-Fluor-*o*-phenylendiamin mit $COCl_2$ und wss. HCl (*Clark,
Pessolano*, Am. Soc. **80** [1958] 1657, 1659).
Kristalle (aus A. + H_2O); F: 303°.

4-Chlor-1,3-dihydro-benzimidazol-2-on $C_7H_5ClN_2O$, Formel II (X = Cl, X' = H), und
Tautomere.
B. Analog der vorangehenden Verbindung (*Clark, Pessolano*, Am. Soc. **80** [1958] 1657,
1659).
Kristalle (aus A. + H_2O); F: 335—336°.

5-Chlor-1,3-dihydro-benzimidazol-2-on $C_7H_5ClN_2O$, Formel I (R = R' = H, X = Cl),
und Tautomere (H 119).
B. Beim Behandeln von 4-Chlor-*o*-phenylendiamin mit $1H,1'H$-1,1'-Carbonyl-di-
imidazol in THF (*Wright*, J. heterocycl. Chem. **2** [1965] 41).
F: 324—326° [unkorr.].

5-Chlor-1,3-dimethyl-1,3-dihydro-benzimidazol-2-on $C_9H_9ClN_2O$, Formel I
(R = R' = CH_3, X = Cl).
B. Aus 5-Chlor-1,3-dihydro-benzimidazol-2-on und CH_3I (*Clark, Pessolano*, Am. Soc.
80 [1958] 1657, 1659).
Kristalle (aus A. + H_2O); F: 163—164°.

6-Chlor-1-[4-chlor-phenyl]-1,3-dihydro-benzimidazol-2-on $C_{13}H_8Cl_2N_2O$, Formel I
(R = H, R' = C_6H_4-Cl(*p*), X = Cl), und Tautomeres.
B. Beim Behandeln von N,N'-Bis-[4-chlor-phenyl]-harnstoff in wss.-methanol. NaOH
mit NaClO (*Rosnati*, G. **86** [1956] 275, 279).
Kristalle (aus Toluol); F: 236—237°.

1-Acetyl-5-chlor-3-[4-chlor-phenyl]-1,3-dihydro-benzimidazol-2-on $C_{15}H_{10}Cl_2N_2O_2$,
Formel I (R = CO-CH_3, R' = C_6H_4-Cl(*p*), X = Cl).
Bezüglich der Konstitution vgl. das analog hergestellte 1-Acetyl-3-phenyl-1,3-dihydro-
benzimidazol-2-on (S. 281).

B. Beim Erwärmen von 6-Chlor-1-[4-chlor-phenyl]-1,3-dihydro-benzimidazol-2-on mit Acetanhydrid und Natriumacetat (*Rosnati*, G. **86** [1956] 275, 279).
Kristalle (aus A.); F: 176—177°.

1,3-Diacetyl-5-chlor-1,3-dihydro-benzimidazol-2-on $C_{11}H_9ClN_2O_3$, Formel I
(R = R′ = CO-CH₃, X = Cl).
B. Beim Erhitzen von 5-Chlor-1,3-dihydro-benzimidazol-2-on mit Acetanhydrid (*Clark*, *Pessolano*, Am. Soc. **80** [1958] 1657, 1659).
Kristalle (aus E.); F: 172—173°.

4,6-Dichlor-1,3-dihydro-benzimidazol-2-on $C_7H_4Cl_2N_2O$, Formel II (X = X′ = Cl), und Tautomere.
B. Beim Erhitzen von 3,5-Dichlor-*o*-phenylendiamin mit Harnstoff (*Clark*, *Pessolano*, Am. Soc. **80** [1958] 1657, 1659).
Kristalle (aus Dioxan + H₂O); F: > 340°.

5,6-Dichlor-1,3-dihydro-benzimidazol-2-on $C_7H_4Cl_2N_2O$, Formel III (R = X = H, X′ = Cl), und Tautomeres.
B. Analog der vorangehenden Verbindung (*Clark*, *Pessolano*, Am. Soc. **80** [1958] 1657, 1659).
Kristalle (aus wss. NaOH + HCl); F: 345°.

1,3-Diacetyl-5,6-dichlor-1,3-dihydro-benzimidazol-2-on $C_{11}H_8Cl_2N_2O_3$, Formel III
(R = CO-CH₃, X = H, X′ = Cl).
B. Beim Erhitzen von 5,6-Dichlor-1,3-dihydro-benzimidazol-2-on mit Acetanhydrid (*Clark*, *Pessolano*, Am. Soc. **80** [1958] 1657, 1659).
Kristalle (aus Dioxan); F: 218—219°.

4,5,6-Trichlor-1,3-dihydro-benzimidazol-2-on $C_7H_3Cl_3N_2O$, Formel III (R = H, X = X′ = Cl), und Tautomere.
B. Beim Erhitzen von 3,4,5-Trichlor-*o*-phenylendiamin mit Harnstoff (*Clark*, *Pessolano*, Am. Soc. **80** [1958] 1657, 1659).
Kristalle (aus wss. NaOH + HCl); F: 342°.

5-Brom-1,3-dihydro-benzimidazol-2-on $C_7H_5BrN_2O$, Formel I (R = R′ = H, X = Br), und Tautomere.
B. Beim Behandeln von 4-Brom-*o*-phenylendiamin mit COCl₂ und wss. HCl (*Clark*, *Pessolano*, Am. Soc. **80** [1958] 1657, 1658).
Kristalle (aus Eg.); F: 336—337°.

5-Brom-1,3-dimethyl-1,3-dihydro-benzimidazol-2-on $C_9H_9BrN_2O$, Formel I
(R = R′ = CH₃, X = Br).
B. Aus 5-Brom-1,3-dihydro-benzimidazol-2-on und CH₃I (*Clark*, *Pessolano*, Am. Soc. **80** [1958] 1657, 1659).
Kristalle (aus A.); F: 166—167°.

5-Jod-1,3-dihydro-benzimidazol-2-on $C_7H_5IN_2O$, Formel I (R = R′ = H, X = I), und Tautomere.
B. Beim Erwärmen von 4-Jod-*o*-phenylendiamin mit COCl₂ in Toluol (*Feitelson et al.*, Soc. **1952** 2389, 2398).
Kristalle; F: 250° [unkorr.].

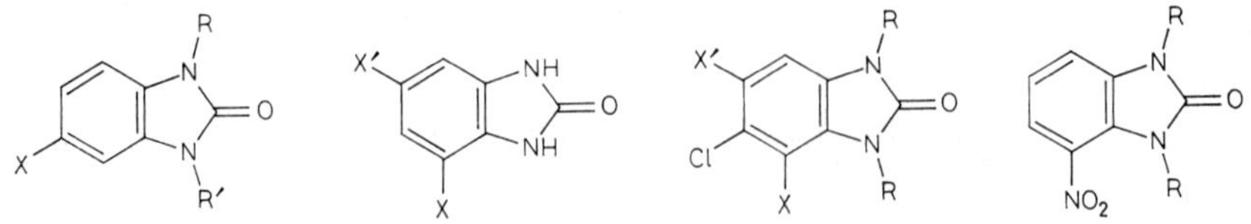

I   II   III   IV

4,6-Dijod-1,3-dihydro-benzimidazol-2-on $C_7H_4I_2N_2O$, Formel II (X = X' = I), und Tautomere.

B. Analog der vorangehenden Verbindung (*Feitelson et al.*, Soc. **1952** 2389, 2398).

Kristalle; F: 230° [unkorr.].

4-Nitro-1,3-dihydro-benzimidazol-2-on $C_7H_5N_3O_3$, Formel IV (R = H), und Tautomere.

B. Beim Erhitzen von 3-Nitro-*o*-phenylendiamin mit Harnstoff auf 190° (*Èfroš, El'zow*, Ž. obšč. Chim. **27** [1957] 127, 130; engl. Ausg. S. 143, 147). Neben anderen Verbindungen beim Erwärmen von 3-Nitro-phthalsäure-anhydrid mit NaN_3 und konz. H_2SO_4 (*Caronna*, G. **71** [1941] 475, 478) oder mit NaN_3 in Essigsäure (*Maffei, Bettinetti*, Ann. Chimica **49** [1959] 1809, 1812).

Kristalle (aus A.); F: 349–350° (*Ma., Be.*). Zers. bei 342° (*Èf., El.*).

1,3-Dimethyl-4-nitro-1,3-dihydro-benzimidazol-2-on $C_9H_9N_3O_3$, Formel IV (R = CH_3).

B. Beim Erhitzen von 4-Nitro-1,3-dihydro-benzimidazol-2-on mit Dimethylsulfat und wss. NaOH (*Èfroš, El'zow*, Ž. obšč. Chim. **28** [1958] 441, 443; engl. Ausg. S. 433, 436). Grünlichgelbe Kristalle (aus Eg.); F: 190–190,5°.

5-Nitro-1,3-dihydro-benzimidazol-2-on $C_7H_5N_3O_3$, Formel I (R = R' = H, X = NO_2), und Tautomere (H 119; E I 242).

B. Beim Erwärmen von 4-Nitro-phthalsäure-anhydrid mit NaN_3 in Essigsäure (*Maffei, Bettinetti*, Ann. Chimica **49** [1959] 1809, 1812). Beim Behandeln von 1,3-Dihydro-benz≈ imidazol-2-on mit konz. HNO_3 (*James, Turner*, Soc. **1950** 1515, 1517) oder mit konz. H_2SO_4 und rauchender HNO_3 (*Èfroš, El'zow*, Ž. obšč. Chim. **27** [1957] 127, 130; engl. Ausg. S. 143, 147).

Kristalle; F: 308° [aus wss. Eg.] (*Ma., Be.*), 306° [aus wss. A.] (*Èf., El.*).

1-Methyl-5-nitro-1,3-dihydro-benzimidazol-2-on $C_8H_7N_3O_3$, Formel I (R = CH_3, R' = H, X = NO_2), und Tautomeres (E II 64).

B. Aus N^1-Methyl-4-nitro-*o*-phenylendiamin oder aus 3-Acetyl-1-methyl-5-nitro-1,3-di≈ hydro-benzimidazol-2-on (*van Romburgh, Huyser*, R. **49** [1930] 165, 172; s. a. E II 64). Neben 1-Methyl-1*H*-benzimidazol beim Erhitzen von 9-Methyl-3-oxo-benzo[4,5]imidazo≈ [2,1-*b*]thiazolylium-betain mit wss. HNO_3 (*Duffin, Kendall*, Soc. **1956** 361, 366).

Gelbe Kristalle; F: 302° [aus Eg.] (*Du., Ke.*), 300° [aus A.] (*v. Ro., Hu.*).

1-Methyl-6-nitro-1,3-dihydro-benzimidazol-2-on $C_8H_7N_3O_3$, Formel I (R = H, R' = CH_3, X = NO_2), und Tautomeres (E II 64).

B. Aus 1-Acetyl-3-methyl-5-nitro-1,3-dihydro-benzimidazol-2-on (*van Romburgh, Huy≈ ser*, R. **49** [1930] 165, 168; s. a. E II 64).

Kristalle (aus A.); F: 272°.

1,3-Dimethyl-5-nitro-1,3-dihydro-benzimidazol-2-on $C_9H_9N_3O_3$, Formel I (R = R' = CH_3, X = NO_2).

B. Beim Behandeln von 1,3-Dimethyl-1,3-dihydro-benzimidazol-2-on mit konz. H_2SO_4 und rauchender HNO_3 (*Èfroš, El'zow*, Ž. obšč. Chim. **27** [1957] 127, 133; engl. Ausg. S. 143, 148). Aus 5-Nitro-1,3-dihydro-benzimidazol-2-on und Dimethylsulfat (*Èf., El.*) oder CH_3I (*Clark, Pessolano*, Am. Soc. **80** [1958] 1657, 1660).

Kristalle; F: 208–209° [aus E.] (*Cl., Pe.*), 205–206° [aus A.] (*Èf., El.*).

5-Nitro-1-phenyl-1,3-dihydro-benzimidazol-2-on $C_{13}H_9N_3O_3$, Formel I (R = C_6H_5, R' = H, X = NO_2).

B. Neben 1-Phenyl-1*H*-benzimidazol beim Erhitzen von 3-Oxo-9-phenyl-benz[4,5]≈ imidazo[2,1-*b*]thiazolylium-betain oder von 6-Nitro-3-oxo-9-phenyl-benz[4,5]imidazo≈ [2,1-*b*]thiazolylium-betain mit wss. HNO_3 (*Duffin, Kendall*, Soc. **1956** 361, 366).

Hellgelbe Kristalle (aus wss. A.); F: 239–240°.

1-Acetyl-3-methyl-5-nitro-1,3-dihydro-benzimidazol-2-on $C_{10}H_9N_3O_4$, Formel I (R = CO-CH_3, R' = CH_3, X = NO_2) (E II 64).

B. Aus *N,N*-Dimethyl-2,5-dinitro-anilin (*van Romburgh, Huyser*, R. **49** [1930] 165, 167;

s. a. E II 641).
Benzolhaltige Kristalle (aus Bzl.); F: 185—186°.

3-Acetyl-1-methyl-5-nitro-1,3-dihydro-benzimidazol-2-on $C_{10}H_9N_3O_4$, Formel I (R = CH_3, R' = CO-CH_3, X = NO_2) auf S. 284 (E II 64).

B. Aus *N,N*-Dimethyl-2,4-dinitro-anilin (*van Romburgh, Huyser,* R. **49** [1930] 165, 170; s. a. E II 64).
Kristalle (aus Acn.); F: 175—176°.

1,3-Diacetyl-5-nitro-1,3-dihydro-benzimidazol-2-on $C_{11}H_9N_3O_5$, Formel I (R = R' = CO-CH_3, X = NO_2) auf S. 284.

B. Beim Erhitzen von 5-Nitro-1,3-dihydro-benzimidazol-2-on mit Acetanhydrid (*Clark, Pessolano,* Am. Soc. **80** [1958] 1657, 1659).
Kristalle (aus A.); F: 131—132°.

5-Chlor-6-nitro-1,3-dihydro-benzimidazol-2-on $C_7H_4ClN_3O_3$, Formel III (R = X = H, X' = NO_2) auf S. 284, und Tautomere.

B. Beim Behandeln von 5-Chlor-1,3-dihydro-benzimidazol-2-on mit HNO_3 (*James, Turner,* Soc. **1950** 1515, 1518).
Gelber Feststoff (aus wss. Na_2CO_3 + Säure), der bei 200° sintert.

5,6-Dinitro-1,3-dihydro-benzimidazol-2-on $C_7H_4N_4O_5$, Formel V (R = R' = H) auf S. 288, und Tautomeres (E I 242).

Das E I 242 unter dieser Konstitution beschriebene Präparat ist möglicherweise mit 4,5,6-Trinitro-1,3-dihydro-benzimidazol-2-on verunreinigt gewesen (vgl. *Schindlbauer, Kwiecinski,* M. **107** [1976] 1307).

B. Beim Behandeln von 1,3-Dihydro-benzimidazol-2-on oder von 5-Nitro-1,3-dihydro-benzimidazol-2-on in konz. H_2SO_4 mit rauchender HNO_3 (*Éfroš, El'zow,* Ž. obšč. Chim. **27** [1957] 130, 133; engl. Ausg. S. 143, 147). Beim Erwärmen von 1,3-Dihydro-benzimidazol-2-on mit konz. HNO_3 oder beim Behandeln von 5-Nitro-1,3-dihydro-benzimidazol-2-on mit Acetanhydrid, Essigsäure, Harnstoff und konz. HNO_3 (*Sch., Kw.*).
F: 321° [aus A.] (*Sch., Kw.*).

1-Methyl-5,6-dinitro-1,3-dihydro-benzimidazol-2-on $C_8H_6N_4O_5$, Formel V (R = CH_3, R' = H) auf S. 288, und Tautomeres (E II 65).

B. Aus *N,N*-Dimethyl-2,4,5-trinitro-anilin oder aus 1-Acetyl-3-methyl-5,6-dinitro-1,3-dihydro-benzimidazol-2-on (*van Romburgh, Huyser,* R. **49** [1930] 165, 172; s. a. E II 65).
Gelbe Kristalle (aus Acn. + H_2O); F: 294°.

1,3-Dimethyl-5,6-dinitro-1,3-dihydro-benzimidazol-2-on $C_9H_8N_4O_5$, Formel V (R = R' = CH_3) auf S. 288.

Diese Konstitution kommt der früher (H **24** 119) als 1,3-Dimethyl-4,6-dinitro-1,3-dihydro-benzimidazol-2-on beschriebenen Verbindung zu (*El'zow,* Ž. obšč. Chim. **32** [1962] 1525, 1527; engl. Ausg. S. 1511, 1512).

B. Beim Behandeln von 1,3-Dimethyl-5-nitro-1,3-dihydro-benzimidazol-2-on in konz. H_2SO_4 mit rauchender HNO_3 (*Éfroš, El'zow,* Ž. obšč. Chim. **27** [1957] 127, 133; engl. Ausg. S. 143, 149). Beim Erwärmen von 5,6-Dinitro-1,3-dihydro-benzimidazol-2-on mit wss. Alkalilauge und Dimethylsulfat (*Éf., El.*). Beim Erhitzen von 1,3-Dimethyl-1,3-dihydro-benzimidazol-2-on oder von 1,3-Dimethyl-2-oxo-2,3-dihydro-1*H*-benzimidazol-5-carbon=säure mit HNO_3 (*El.*).
Rote bzw. gelbe Kristalle (aus Eg.); F: 295° (*Éf., El.; El.*).

1-Acetyl-3-methyl-5,6-dinitro-1,3-dihydro-benzimidazol-2-on $C_{10}H_8N_4O_6$, Formel V (R = CO-CH_3, R' = CH_3) auf S. 288 (E II 65).

B. Aus 3-Acetyl-1-methyl-5-nitro-1,3-dihydro-benzimidazol-2-on (*van Romburgh, Huyser,* R. **49** [1930] 165, 173; s. a. E II 65).
Hellgelbe Kristalle (aus A.); F: 191°.

4,5,6-Trinitro-1,3-dihydro-benzimidazol-2-on $C_7H_3N_5O_7$, Formel VI (R = X = H), und Tautomere.

B. Beim Behandeln von 1,3-Dihydro-benzimidazol-2-on mit rauchender HNO_3 und konz. H_2SO_4 (*Éfroš, El'zow, Ž.* obšč. Chim. **27** [1957] 127, 132; engl. Ausg. S. 143, 147). Beim Behandeln von 5-Nitro-1,3-dihydro-benzimidazol-2-on mit rauchender HNO_3 (*Éf., Fl.*) oder mit konz. HNO_3 und konz. H_2SO_4 (*James, Turner*, Soc. **1950** 1515, 1518).

Orangegelbe Kristalle; F: 313—314° [aus A.] (*Schindlbauer, Kwiecinski*, M. **107** [1976] 1307, 1309), > 300° (*Ja., Tu.*). Kristalle (aus H_2O); F: 258° (*Éf., El.*).

1,3-Dimethyl-4,5,6-trinitro-1,3-dihydro-benzimidazol-2-on $C_9H_7N_5O_7$, Formel VI (R = CH_3, X = H).

B. Beim Erwärmen von 1,3-Dimethyl-5-nitro-1,3-dihydro-benzimidazol-2-on oder von 1,3-Dimethyl-5,6-dinitro-1,3-dihydro-benzimidazol-2-on mit rauchender HNO_3 (*Éfroš, El'zow, Ž.* obšč. Chim. **27** [1957] 127, 134; engl. Ausg. S. 143, 149). Kristalle (aus wss. Eg.); F: 207°.

4,5,6,7-Tetranitro-1,3-dihydro-benzimidazol-2-on $C_7H_2N_6O_9$, Formel VI (R = H, X = NO_2), und Tautomeres.

B. Aus 1,3-Dihydro-benzimidazol-2-on mit Hilfe von konz. H_2SO_4 und rauchender HNO_3 (*Éfroš, El'zow, Ž.* obšč. Chim. **27** [1957] 127, 133; engl. Ausg. S. 143, 148).

Chlorbenzol enthaltende Kristalle (aus Chlorbenzol + Acn.); F: 311° [Zers.] [lösungsmittelfreie Verbindung].

Beim Behandeln mit Anilin in H_2O ist 4,6-Dianilino-5,7-dinitro-1,3-dihydro-benzimidazol-2-on erhalten worden.

1,3-Dimethyl-4,5,6,7-tetranitro-1,3-dihydro-benzimidazol-2-on $C_9H_6N_6O_9$, Formel VI (R = CH_3, X = NO_2).

B. Aus 1,3-Dimethyl-1,3-dihydro-benzimidazol-2-on mit Hilfe von rauchender HNO_3 und H_2SO_4 (*Éfroš, El'zow, Ž.* obšč. Chim. **27** [1957] 127, 134; engl. Ausg. S. 143, 149). Kristalle (aus Eg.); Zers. bei 290°.

Beim Behandeln mit Anilin in H_2O ist 5-Anilino-1,3-dimethyl-4,6,7-trinitro-1,3-dihydro-benzimidazol-2-on erhalten worden.

1,3-Dihydro-benzimidazol-2-thion $C_7H_6N_2S$, Formel VII (R = R' = H), und Tautomeres (H 119; E II 65).

Diese Konstitution kommt wahrscheinlich auch der früher (E II **27** 768) als 4-Anilino-5,6-dihydro-1*H*-benzo[*d*][1,3,6]thiadiazepin-2-thion („7-Anilino-2-thion-dihydro-4.5-benzo-1.3.6-heptathiodiazin") beschriebenen Verbindung zu (*Peet, Sunder*, Indian J. Chem. [B] **16** [1978] 207); vermutlich gilt dies auch für die entsprechenden o-Toluidino-, p-Toluidino- und 2,4-Dimethyl-anilino-Verbindungen (E II **27** 769).

Bezüglich der Tautomerie s. *Elguero et al.*, Adv. heterocycl. Chem. Spl. 1 [1976] 401, 402.

B. Beim Erhitzen von o-Phenylendiamin mit 5-Amino-[1,2,4]dithiazolidin-3-thion („Perthiocyansäure") auf 180° (*Underwood, Dains*, Am. Soc. **57** [1935] 1768). Beim Behandeln von 2-Benzylmercapto-1*H*-benzimidazol mit $AlBr_3$ in Benzol und anschliessend mit H_2O (*CIBA*, U.S.P. 2666764 [1951]; D.B.P. 913173 [1952]).

Kristalle; F: 312° [aus Eg.] (*Knobloch et al.*, Ar. **291** [1958] 113, 114). IR-Spektrum (Paraffin; 1750—750 cm⁻¹): *Mann*, Trans. Inst. Rubber Ind. **27** [1951] 232, 242. Scheinbarer Dissoziationsexponent pK_a' (H_2O; spektrophotometrisch ermittelt) bei 20°: 10,24 (*Brown*, Soc. **1958** 1974, 1976).

Beim Behandeln mit wss. H_2O_2 [30%ig] in Essigsäure, NaOH, Diäthylamin, Butylamin oder in Piperidin ist 1*H*-Benzimidazol-2-sulfonsäure, beim Erwärmen mit wss. H_2O_2 [10%ig] oder beim Behandeln mit Jod in Aceton und Äthanol ist Bis-[1*H*-benzimidazol-2-yl]-disulfid erhalten worden (*Knobloch, Rintelen*, Ar. **291** [1958] 180, 182). Geschwindigkeitskonstante des Schwefel-Austausches mit elementarem Schwefel in einem Toluol-Äthanol-Gemisch bei 130° und 150°: *Šulima et al.*, Ž. obšč. Chim. **25** [1955] 1351; engl. Ausg. S. 1297. Beim Behandeln mit Diazomethan in Äther in Gegenwart von Aluminiumisopropylat sind 2-Methylmercapto-1*H*-benzimidazol, 1-Methyl-2-methylmercapto-1*H*-benzimidazol und 1,3-Dimethyl-benzimidazol-2-thion, mit Dimethylsulfat und wss. NaOH sind nur die beiden erstgenannten Verbindungen erhalten worden (*Zinner*

et al., B. **90** [1957] 2852, 2854). Beim Erwärmen mit Chloraceton ist 3-Methyl-benz[4,5]=
imidazo[2,1-*b*]thiazol erhalten worden (*Todd et al.*, B. **69** [1936] 217, 223; *Andersag,
Westphal*, B. **70** [1937] 2035, 2044).

Kupfer(II)-[1*H*-benzimidazol-2-thiolat]-hydroxid Cu(C$_7$H$_5$N$_2$S)OH. Dunkel-
graublau (*Kuraš*, Chem. Obzor **14** [1939] 49; C. **1939** I 4814; Collect. **11** [1939] 313, 316).

Gold(I)-Salze. a) AuC$_7$H$_5$N$_2$S. Braunes Pulver; Zers. bei 235° (*Everett*, Soc. **1931**
3032, 3039, 3040). — b) AuC$_7$H$_5$N$_2$S·C$_7$H$_6$N$_2$S. Kristalle (aus A.) die bei 193° sintern
(*Ev.*, l. c. S. 3041). Löslichkeit in Äthanol: *Ev.*, l. c. S. 3042.

Cadmium-[1*H*-benzimidazol-2-thiolat]-hydroxid; Verbindung mit Am=
moniak Cd(C$_7$H$_5$N$_2$S)OH·NH$_3$. Kristalle (*Ku.*). Thermogravimetrische Analyse: *Duval*,
Anal. chim. Acta **4** [1950] 190, 196.

Blei(II)-[1*H*-benzimidazol-2-thiolat]-hydroxid Pb(C$_7$H$_5$N$_2$S)OH. Gelblich
(*Ku.*). Thermogravimetrische Analyse: *Duval*, Anal. chim. Acta **4** [1950] 159, 169.

Wismut(III)-Salze. a) [Bi(C$_7$H$_5$N$_2$S)$_3$]·3 HCl. Gelbe Kristalle (*Ku.*). —
b) [Bi(C$_7$H$_5$N$_2$S)$_3$]·3 H$_2$SO$_4$. Orangegelbe Kristalle (*Ku.*). — c) [Bi(C$_7$H$_5$N$_2$S)$_3$]·3 HNO$_3$.
Rote Kristalle (*Ku.*).

Palladium(II)-Salz Pd(C$_7$H$_5$N$_2$S)$_2$. Rote Kristalle; thermogravimetrische Analyse:
Majumdar, Chakrabartty, Z. anal. Chem. **162** [1958] 101, 102. Absorptionsspektrum (wss.
A.; 360—560 nm): *Xavier*, Z. anal. Chem. **164** [1958] 250, 252. Magnetische Susceptibilität
bei 30°: −441,10·10^{-6}cm^3·mol^{-1} (*Ma., Ch.*).

Butylquecksilber-[1*H*-benzimidazol-2-thiolat] [C$_4$H$_9$Hg]C$_7$H$_5$N$_2$S =
C$_{11}$H$_{14}$HgN$_2$S. Kristalle (aus wss. A.); F: 146—148° (*Eckstein et al.*, Przem. chem. **37**
[1958] 160; C. A. **1958** 13173; *Czerwińska et al.*, Bl. Acad. polon. **6** [1958] 5, 11).

Pentylquecksilber-[1*H*-benzimidazol-2-thiolat] [C$_5$H$_{11}$Hg]C$_7$H$_5$N$_2$S =
C$_{12}$H$_{16}$HgN$_2$S. Kristalle (aus Me.); F: 134—135,5° (*Eck. et al.*; *Cz. et al.*).

1-Äthylmercurio-2-äthylmercuriomercapto-1*H*-benzimidazol
[C$_2$H$_5$Hg]$_2$C$_7$H$_4$N$_2$S = C$_{11}$H$_{14}$Hg$_2$N$_2$S. Kristalle (aus A.); F: 253—254° [unkorr.; Zers.]
(*Nakajima et al.*, J. pharm. Soc. Japan **79** [1959] 1113, 1115; vgl. C. A. **1960** 3392).

1-Propylmercurio-2-propylmercuriomercapto-1*H*-benzimidazol
[C$_3$H$_7$Hg]$_2$C$_7$H$_4$N$_2$S = C$_{13}$H$_{18}$Hg$_2$N$_2$S. Kristalle; F: 216—217° [unkorr.] (*Na. et al.*).

1-Butylmercurio-2-butylmercuriomercapto-1*H*-benzimidazol
[C$_4$H$_9$Hg]$_2$C$_7$H$_4$N$_2$S = C$_{15}$H$_{22}$Hg$_2$N$_2$S. Kristalle; F: 193—194° [unkorr.] (*Na. et al.*).

1-Nonylmercurio-2-nonylmercuriomercapto-1*H*-benzimidazol
[C$_9$H$_{19}$Hg]$_2$C$_7$H$_4$N$_2$S = C$_{25}$H$_{42}$Hg$_2$N$_2$S. Kristalle; F: 143—153° [unkorr.] (*Na. et al.*).

1-Phenylmercurio-2-phenylmercuriomercapto-1*H*-benzimidazol
[C$_6$H$_5$Hg]$_2$C$_7$H$_4$N$_2$S = C$_{19}$H$_{14}$Hg$_2$N$_2$S. Kristalle (aus A.); F: > 300° (*Na. et al.*).

V   VI   VII   VIII

1-Methyl-1,3-dihydro-benzimidazol-2-thion C$_8$H$_8$N$_2$S, Formel VII (R = CH$_3$, R′ = H),
und Tautomeres.

Nach Ausweis des UV-Spektrums liegt in Methanol 1-Methyl-1,3-dihydro-benzimidazol-
2-thion vor (*Anzai, Suzuki*, Bl. chem. Soc. Japan **40** [1967] 2854).

B. Beim Erhitzen von *N*-Methyl-*o*-phenylendiamin mit CS$_2$ in wss.-methanol. bzw. wss.-
äthanol. NaOH oder KOH (*I. G. Farbenind.*, D.R.P. 557138 [1931]; Frdl. **19** 2915; *Futaki*, J. pharm. Soc. Japan **74** [1954] 1365, 1368; C. A. **1955** 15876; *Duffin, Kendall*, Soc.
1955 361, 364). Beim Erhitzen von 1-Methyl-2-methylmercapto-1*H*-benzimidazol-hydro=
jodid mit Pyridin (*Fu.*).

Kristalle; F: 197—198° [unkorr.; aus A.] (*Nakajima et al.*, J. pharm. Soc. Japan **78**
[1958] 1378, 1380; C. A. **1959** 8124), 195° [aus A.] (*Du., Ke.*), 191° [aus Me.] (*Fu.*). UV-
Spektrum (Me.; 200—350 nm): *An., Su.*

1,3-Dimethyl-1,3-dihydro-benzimidazol-2-thion $C_9H_{10}N_2S$, Formel VII (R = R' = CH$_3$).
B. Beim Erwärmen von *N,N'*-Dimethyl-*o*-phenylendiamin mit CS$_2$ (*Futaki*, J. pharm.
Soc. Japan **74** [1954] 1365, 1368; C. A. **1955** 15876). Beim Erhitzen von 2-Methyl=
mercapto-1*H*-benzimidazol mit CH$_3$I in Methanol auf 105—110° und anschliessend mit
Pyridin (*Fu.*). Beim Erhitzen von 1,3-Dimethyl-2-methylmercapto-benzimidazolium-jodid
mit Pyridin (*Duffin, Kendall*, Soc. **1956** 361, 365; s. a. *Fu.*). Beim Erwärmen von 1,3-Bis-
chlormethyl-1,3-dihydro-benzimidazol-2-thion mit LiAlH$_4$ in Äther (*Zinner et al.*, B. **90**
[1957] 2852, 2856).
Kristalle; F: 153—154° [aus A.] (*Du., Ke.*), 151—152° [aus Me.] (*Fu.*), 150—152°
[aus PAe.] (*Zi. et al.*). λ_{max} (A.): 254 nm und 309 nm (*Du., Ke.*).

1-Äthyl-1,3-dihydro-benzimidazol-2-thion $C_9H_{10}N_2S$, Formel VII (R = C$_2$H$_5$, R' = H),
und Tautomeres.
B. Beim Erhitzen von 1-Äthyl-2-äthylmercapto-1*H*-benzimidazol-hydrojodid mit
Pyridin (*Futaki*, J. pharm. Soc. Japan **74** [1954] 1365, 1367, 1368; C. A. **1955** 15876).
Kristalle (aus Me.); F: 163—164°.

1-Äthyl-3-methyl-1,3-dihydro-benzimidazol-2-thion $C_{10}H_{12}N_2S$, Formel VII (R = C$_2$H$_5$,
R' = CH$_3$).
B. Beim Erwärmen von 2-Äthylmercapto-1-methyl-1*H*-benzimidazol mit Äthyljodid
und anschliessenden Erhitzen mit Pyridin (*Futaki*, J. pharm. Soc. Japan **74** [1954] 1365,
1368; C. A. **1955** 15876).
Kristalle (aus Me.); F: 76°.

1,3-Diäthyl-1,3-dihydro-benzimidazol-2-thion $C_{11}H_{14}N_2S$, Formel VII (R = R' = C$_2$H$_5$).
B. Beim Erhitzen von 1-Äthyl-2-äthylmercapto-1*H*-benzimidazol mit Äthyljodid und
anschliessend mit Pyridin (*Futaki*, J. pharm. Soc. Japan **74** [1954] 1365, 1368; C. A. **1955**
15876).
Kristalle (aus Me.); F: 39,5—41°.

1-Propyl-1,3-dihydro-benzimidazol-2-thion $C_{10}H_{12}N_2S$, Formel VII (R = CH$_2$-CH$_2$-CH$_3$,
R' = H), und Tautomeres.
B. Beim Erhitzen von 1-Propyl-2-propylmercapto-1*H*-benzimidazol-hydrobromid mit
Pyridin (*Futaki*, J. pharm. Soc. Japan **74** [1954] 1365, 1367, 1368; C. A. **1955** 15876).
Kristalle (aus Me.); F: 109—111°.

1-Allyl-1,3-dihydro-benzimidazol-2-thion $C_{10}H_{10}N_2S$, Formel VII (R = CH$_2$-CH=CH$_2$,
R' = H), und Tautomeres.
B. Analog der vorangehenden Verbindung (*Futaki*, J. pharm. Soc. Japan **74** [1954]
1365, 1367, 1368; C. A. **1955** 15876).
Kristalle (aus Me.); F: 102—104°.

1-Phenyl-1,3-dihydro-benzimidazol-2-thion $C_{13}H_{10}N_2S$, Formel VII (R = C$_6$H$_5$, R' = H),
und Tautomeres.
B. Aus [2-Nitro-phenyl]-phenyl-amin beim Erwärmen mit Zink-Pulver und wss. äthanol.
NaOH und anschliessend mit CS$_2$ (*Duffin, Kendall*, Soc. **1956** 361, 365) oder beim Hydrie-
ren an Raney-Nickel bei 40 at in Äthanol und anschliessenden Erwärmen mit wss.-äthanol.
KOH und CS$_2$ (*Nakajima et al.*, J. pharm. Soc. Japan **78** [1958] 1378, 1381; C. A. **1959**
8124). Aus *N*-Phenyl-*o*-phenylendiamin und CS$_2$ (*I. G. Farbenind.*, D.R.P. 557138 [1931];
Frdl. **19** 2915).
Kristalle; F: 195° [aus A.] (*Na. et al.*, J. pharm. Soc. Japan **78** 1381), 194—195° (*I. G.
Farbenind.*), 194° [aus A.] (*Du., Ke.*).
Äthylquecksilber-[1-phenyl-1*H*-benzimidazol-2-thiolat]
[C$_2$H$_5$Hg]C$_{13}$H$_9$N$_2$S = C$_{15}$H$_{14}$HgN$_2$S. Kristalle (aus A.); F: 114—115° [unkorr.] (*Nakajima
et al.*, J. pharm. Soc. Japan **79** [1959] 1113, 1115; vgl. C. A. **1960** 3392).
Propylquecksilber-[1-phenyl-1*H*-benzimidazol-2-thiolat]
[C$_3$H$_7$Hg]C$_{13}$H$_9$N$_2$S = C$_{16}$H$_{16}$HgN$_2$S. Kristalle; F: 71—72° (*Na. et al.*, J. pharm. Soc.
Japan **79** 1114).
Verbindung mit 1-Phenyl-1,3-dihydro-benzimidazol-2-on $C_{13}H_{10}N_2S$·

$C_{13}H_{10}N_2O$. *B.* Beim Erhitzen von 3-Oxo-9-phenyl-benz[4,5]imidazo[2,1-*b*]thia≠zolylium-betain mit wss.-äthanol. NaOH (*Du., Ke.*, 1. c. S. 367). — Kristalle (aus wss. A.); F: 161° (*Du., Ke.*).

1-Benzyl-1,3-dihydro-benzimidazol-2-thion $C_{14}H_{12}N_2S$, Formel VII (R = CH_2-C_6H_5, R' = H) auf S. 288, und Tautomeres.
    B. Aus *N*-Benzyl-*o*-phenylendiamin und CS_2 (*I. G. Farbenind.*, D.R.P. 557138 [1931]; Frdl. **19** 2915).
    F: 181—182°.

1-[4-Chlor-benzyl]-1,3-dihydro-benzimidazol-2-thion $C_{14}H_{11}ClN_2S$, Formel VII (R = CH_2-C_6H_4-Cl(*p*), R' = H) auf S. 288, und Tautomeres.
    B. Beim Erwärmen von *N*-[4-Chlor-benzyl]-*o*-phenylendiamin mit CS_2 in wss.-äthanol. KOH (*Knobloch et al.*, Ar. **291** [1958] 113, 114).
    Kristalle (aus wss. A.); F: 211°.

1-Methoxymethyl-1,3-dihydro-benzimidazol-2-thion $C_9H_{10}N_2OS$, Formel VII (R = CH_2-O-CH_3, R' = H) auf S. 288, und Tautomeres.
    B. Beim Erwärmen von 1,3-Dihydro-benzimidazol-2-thion in wss. NaOH mit Acetyl≠chlorid, dann mit Formaldehyd und Erwärmen des Reaktionsprodukts mit Dimethyl≠sulfat und wss. NaOH (*Donau-Pharmazie G.m.b.H.*, D.B.P. 928712 [1951]).
    Kristalle (aus wss. A.); F: 160° [Zers.].

1,3-Bis-hydroxymethyl-1,3-dihydro-benzimidazol-2-thion $C_9H_{10}N_2O_2S$, Formel VII (R = R' = CH_2-OH) auf S. 288.
    B. Beim Behandeln von *o*-Phenylendiamin mit wss. Formaldehyd und Erwärmen des Reaktionsprodukts mit CS_2 (*Donau-Pharmazie G.m.b.H.*, D.B.P. 1021370 [1952]). Beim Erwärmen von 1,3-Dihydro-benzimidazol-2-thion mit wss. Formaldehyd (*Monti, Venturi*, G. **76** [1946] 365, 367; *Zinner et al.*, B. **90** [1957] 2852, 2856). Beim Erwärmen von 1,3-Bis-dimethylaminomethyl-1,3-dihydro-benzimidazol-2-thion mit Essigsäure (*Zi. et al.*).
    Kristalle; F: 162° [aus wss. Formaldehyd (5%ig)] (*Donau-Pharmazie G.m.b.H.*), 160—162° [aus H_2O] (*Mo., Ve.; Zi. et al.*).

1,3-Bis-methoxymethyl-1,3-dihydro-benzimidazol-2-thion $C_{11}H_{14}N_2O_2S$, Formel VII (R = R' = CH_2-O-CH_3) auf S. 288.
    B. Beim Behandeln von *o*-Phenylendiamin mit wss. Formaldehyd, Behandeln des Reaktionsprodukts mit Dimethylsulfat in wss. NaOH und Erwärmen des Reaktionsprodukts mit CS_2 in Äthanol (*Donau-Pharmazie G.m.b.H.*, D.B.P. 1021370 [1952]). Beim Behandeln von 1,3-Bis-hydroxymethyl-1,3-dihydro-benzimidazol-2-thion mit Di≠methylsulfat und wss. NaOH (*Donau-Pharmazie G.m.b.H.*, D.B.P. 928712 [1951]).
    Kristalle (aus Bzl.); F: 142—144°.

1,3-Bis-äthoxymethyl-1,3-dihydro-benzimidazol-2-thion $C_{13}H_{18}N_2O_2S$, Formel VII (R = R' =CH_2-O-C_2H_5) auf S. 288.
    B. Beim Erwärmen von 1,3-Bis-chlormethyl-1,3-dihydro-benzimidazol-2-thion mit Natriumäthylat in Äthanol (*Zinner et al.*, B. **90** [1957] 2852, 2856).
    Kristalle (aus A. + H_2O); F: 97°.

1,3-Bis-acetoxymethyl-1,3-dihydro-benzimidazol-2-thion $C_{13}H_{14}N_2O_4S$, Formel VII (R = R' = CH_2-O-CO-CH_3) auf S. 288.
    B. Beim Erhitzen von 1,3-Bis-hydroxymethyl-1,3-dihydro-benzimidazol-2-thion mit Acetanhydrid und Natriumacetat (*Monti, Venturi*, G. **76** [1946] 365, 367).
    Kristalle (aus A.); F: 145—146°.

1,3-Bis-propionyloxymethyl-1,3-dihydro-benzimidazol-2-thion $C_{15}H_{18}N_2O_4S$, Formel VII (R = R' = CH_2-O-CO-CH_2-CH_3) auf S. 288.
    B. Beim Erhitzen von 1,3-Bis-hydroxymethyl-1,3-dihydro-benzimidazol-2-thion mit Propionsäure und HCl (*Donau-Pharmazie G.m.b.H.*, D.B.P. 928712 [1951]).
    Kristalle (aus A.); F: 120—124° [Zers.].

1,3-Bis-butyryloxymethyl-1,3-dihydro-benzimidazol-2-thion $C_{17}H_{22}N_2O_4S$, Formel VII
(R = R′ = CH$_2$-O-CO-CH$_2$-CH$_2$-CH$_3$) auf S. 288.
B. Beim Behandeln von *o*-Phenylendiamin mit wss. Formaldehyd, Erhitzen des Re=
aktionsprodukts mit Buttersäure-anhydrid und Natriumbutyrat und Erwärmen des
Reaktionsprodukts mit CS$_2$ in Äthanol (*Donau-Pharmazie G.m.b.H.*, D.B.P. 1021370
[1952]). Beim Erhitzen von 1,3-Bis-hydroxymethyl-1,3-dihydro-benzimidazol-2-thion mit
Natriumbutyrat und Buttersäure-anhydrid (*Donau-Pharmazie G.m.b.H.*, D.B.P. 928712
[1951]).
Kristalle (aus Bzl.); F: 145—147° (*Donau-Pharmazie G.m.b.H.*, D.B.P. 928712). Kri=
stalle (aus A.); F: 66—67,5° (*Donau-Pharmazie G.m.b.H.*, D.B.P. 1021370).

1,3-Bis-benzoyloxymethyl-1,3-dihydro-benzimidazol-2-thion $C_{23}H_{18}N_2O_4S$, Formel VII
(R = R′ = CH$_2$-O-CO-C$_6$H$_5$) auf S. 288.
B. Beim Behandeln von 1,3-Bis-hydroxymethyl-1,3-dihydro-benzimidazol-2-thion mit
Benzoylchlorid und wss. KOH (*Monti, Venturi, G.* **76** [1946] 365, 368).
Kristalle (aus A.); F: 176—178°.

1,3-Bis-chlormethyl-1,3-dihydro-benzimidazol-2-thion $C_9H_8Cl_2N_2S$, Formel VII
(R = R′ = CH$_2$Cl) auf S. 288.
B. Beim Erwärmen von 1,3-Bis-hydroxymethyl-1,3-dihydro-benzimidazol-2-thion mit
SOCl$_2$ (*Zinner et al.*, B. **90** [1957] 2852, 2856).
Kristalle; F: 196—199°.

1,3-Bis-dimethylaminomethyl-1,3-dihydro-benzimidazol-2-thion $C_{13}H_{20}N_4S$, Formel VII
(R = R′ = CH$_2$-N(CH$_3$)$_2$) auf S. 288.
B. Aus 1,3-Dihydro-benzimidazol-2-thion beim Erwärmen mit Dimethylamino-methanol
(*I.G. Farbenind.*, D.R.P. 575114 [1932]; Frdl. **20** 2029, 2033) oder beim Behandeln mit Di=
methylamin und Formaldehyd in wss. Methanol (*Zinner et al.*, B. **90** [1957] 2852, 2855).
Beim Behandeln von 1,3-Bis-hydroxymethyl-1,3-dihydro-benzimidazol-2-thion mit Di=
methylamin in Methanol (*Zi. et al.*).
Kristalle (aus PAe.); F: 80—81° (*Zi. et al.*).
Bis-methojodid [C$_{15}$H$_{26}$N$_4$S]I$_2$. Kristalle (*Zi. et al.*).

1,3-Bis-diäthylaminomethyl-1,3-dihydro-benzimidazol-2-thion $C_{17}H_{28}N_4S$, Formel VII
(R = R′ = CH$_2$-N(C$_2$H$_5$)$_2$) auf S. 288.
B. Analog der vorangehenden Verbindung (*Zinner et al.*, B. **90** [1957] 2852, 2855).
Kristalle (aus PAe.); F: 54—55°.

1,3-Bis-anilinomethyl-1,3-dihydro-benzimidazol-2-thion $C_{21}H_{20}N_4S$, Formel VII
(R = R′ = CH$_2$-NH-C$_6$H$_5$) auf S. 288.
B. Beim Erwärmen von 1,3-Bis-hydroxymethyl-1,3-dihydro-benzimidazol-2-thion mit
Anilin in Methanol (*I. G. Farbenind.*, D.R.P. 575114 [1932]; Frdl. **20** 2029, 2032).
Kristalle (aus Bzl.); F: 184—185°.

1,3-Bis-piperidinomethyl-1,3-dihydro-benzimidazol-2-thion $C_{19}H_{28}N_4S$, Formel VIII auf
S. 288.
B. Aus 1,3-Dihydro-benzimidazol-2-thion beim Behandeln mit Piperidin und Form=
aldehyd in wss. Methanol (*Zinner et al.*, B. **90** [1957] 2852, 2855) oder mit Piperidino=
methanol (*I. G. Farbenind.*, D.R.P. 575114 [1932]; Frdl. **20** 2029, 2033). Beim Behandeln
von 1,3-Bis-hydroxymethyl-1,3-dihydro-benzimidazol-2-thion mit Piperidin in Methanol
(*Zi. et al.*).
Kristalle; F: 124—125° [aus PAe.] (*Zi. et al.*), 120° (*I. G. Farbenind.*).

1,3-Bis-[propylmercapto-methyl]-1,3-dihydro-benzimidazol-2-thion $C_{15}H_{22}N_2S_3$,
Formel IX (R = R′ = CH$_2$-S-CH$_2$-CH$_2$-CH$_3$) auf S. 288.
B. Beim Erwärmen von 1,3-Bis-chlormethyl-1,3-dihydro-benzimidazol-2-thion mit
Propan-1-thiol und Natriumäthylat in Äthanol (*Zinner et al.*, B. **90** [1957] 2852, 2856).
Kristalle (aus Me. + H$_2$O); F: 66—67°.

1,3-Bis-[butylmercapto-methyl]-1,3-dihydro-benzimidazol-2-thion $C_{17}H_{26}N_2S_3$, Formel IX ($R = R' = CH_2$-S-$[CH_2]_3$-CH_3, X = H).
B. Analog der vorangehenden Verbindung (*Zinner et al.*, B. **90** [1957] 2852, 2856).
Kristalle; F: 62—63°.

1,3-Bis-[benzylmercapto-methyl]-1,3-dihydro-benzimidazol-2-thion $C_{23}H_{22}N_2S_3$,
Formel IX ($R = R' = CH_2$-S-CH_2-C_6H_5, X = H).
B. Analog den vorangehenden Verbindungen (*Zinner et al.*, B. **90** [1957] 2852, 2856).
Kristalle (aus E.); F: 132—133°.

1,3-Bis-[3-oxo-butyl]-1,3-dihydro-benzimidazol-2-thion $C_{15}H_{18}N_2O_2S$, Formel IX
($R = R' = CH_2$-CH_2-CO-CH_3, X = H).
B. Beim Behandeln von *o*-Phenylendiamin in Äthanol mit But-3-en-2-on und Erwärmen der Reaktionslösung mit CS_2 und wss. KOH (*Arai et al.*, J. chem. Soc. Japan Ind. Chem. Sect. **62** [1959] 82, 85; C. A. **57** [1962] 8555). Beim Erwärmen von 1,3-Dihydro-benz= imidazol-2-thion mit But-3-en-2-on und Natriummethylat in Methanol (*Arai et al.*).
Kristalle (aus A.); F: 132—133°. UV-Spektrum (A.; 230—330 nm): *Arai et al.*
Disemicarbazon $C_{17}H_{24}N_8O_2S$; 1,3-Bis-[3-semicarbazono-butyl]-1,3-di= hydro-benzimidazol-2-thion. Kristalle (aus A. + Eg.); F: 202—203° [Zers.].

1-Acetyl-3-methyl-1,3-dihydro-benzimidazol-2-thion $C_{10}H_{10}N_2OS$, Formel IX
($R = $ CO-CH_3, $R' = CH_3$, X = H).
B. Beim Erhitzen von 1-Methyl-1,3-dihydro-benzimidazol-2-thion mit Acetanhydrid (*Duffin, Kendall*, Soc. **1956** 361, 367).
Kristalle (aus Acn.); F: 144°. λ_{max} (A.): 241 nm und 310 nm.

1-Acetyl-3-phenyl-1,3-dihydro-benzimidazol-2-thion $C_{15}H_{12}N_2OS$, Formel IX
($R = $ CO-CH_3, $R' = C_6H_5$, X = H).
B. Analog der vorangehenden Verbindung (*Duffin, Kendall*, Soc. **1956** 361, 367).
Kristalle (aus Acn.); F: 191°. λ_{max} (A.): 312 nm.

**1,3-Bis-[2-carboxy-äthyl]-1,3-dihydro-benzimidazol-2-thion, 3,3'-[2-Thioxo-
benzimidazol-1,3-diyl]-di-propionsäure** $C_{13}H_{14}N_2O_4S$, Formel IX
($R = R' = CH_2$-CH_2-CO-OH, X = H).
B. Aus der folgenden Verbindung beim Erhitzen mit wss. Ba(OH)$_2$ (*Éfroš, Ž. obšč. Chim.* **28** [1958] 617, 619; engl. Ausg. S. 599).
Kristalle (aus Acn. + PAe.); F: 186—187°.

**1,3-Bis-[2-cyan-äthyl]-1,3-dihydro-benzimidazol-2-thion, 3,3'-[2-Thioxo-benzimidazol-
1,3-diyl]-di-propionitril** $C_{13}H_{12}N_4S$, Formel IX ($R = R' = CH_2$-CH_2-CN, X = H).
B. Beim Erwärmen von 1,3-Dihydro-benzimidazol-2-thion mit Acrylnitril in Gegenwart von Triäthyl-benzyl-ammonium-hydroxid in Dioxan und Äthanol (*Éfroš, Ž. obšč. Chim.* **28** [1958] 617, 619; engl. Ausg. S. 599).
Kristalle (aus Acn.); F: 229—230,5°.

1-Xanthen-9-yl-1,3-dihydro-benzimidazol-2-thion $C_{20}H_{14}N_2OS$, Formel X, und
Tautomeres.
B. Beim Erwärmen von 1,3-Dihydro-benzimidazol-2-thion mit Xanthen-9-ol in Essig= säure und Äthanol (*Monti*, G. **72** [1942] 515, 519).
Kristalle (aus A.); F: 252—254°.

1,3-Di-xanthen-9-yl-1,3-dihydro-benzimidazol-2-thion $C_{33}H_{22}N_2O_2S$, Formel XI.
B. Beim Erwärmen von 1,3-Dihydro-benzimidazol-2-thion mit Xanthen-9-ol in Essig= säure und Äthanol (*Monti*, G. **72** [1942] 515, 519).
Hellgelbe Kristalle (aus A.); F: 260—262°.

5-Fluor-1,3-dihydro-benzimidazol-2-thion $C_7H_5FN_2S$, Formel IX ($R = R' = $ H, X = F),
und Tautomere.
B. Beim Erwärmen von 4-Fluor-*o*-phenylendiamin mit CS_2 in wss.-äthanol. KOH

(*Takatori et al.*, J. pharm. Soc. Japan **78** [1958] 108; C. A. **1958** 11 013).
Kristalle (aus wss. A.); F: 283° [Zers.].

IX   X   XI   XII

5-Chlor-1,3-dihydro-benzimidazol-2-thion $C_7H_5ClN_2S$, Formel IX (R = R' = H, X = Cl),
und Tautomere (H 119).

B. Beim Erwärmen von 4-Chlor-*o*-phenylendiamin mit CS_2 in wss.-äthanol. KOH (*Knobloch et al.*, Ar. **291** [1958] 113, 114).
Kristalle; F: 292—296° [unkorr.; aus A.] (*Nakajima et al.*, J. pharm. Soc. Japan **78** [1958] 1378, 1380; C. A. **1959** 8124), 290—292° [aus wss. A.] (*Kn. et al.*).

1-Äthylmercurio-2-äthylmercuriomercapto-5(oder 6)-chlor-1*H*-benz=
imidazol $[C_2H_5Hg]_2C_7H_3ClN_2S = C_{11}H_{13}ClHg_2N_2S$. Kristalle (aus A.); F: 228—230°
[unkorr.; Zers.] (*Nakajima et al.*, J. pharm. Soc. Japan **79** [1959] 1113, 1115; vgl. C. A.
1960 3392).

5(oder 6)-Chlor-1-propylmercurio-2-propylmercuriomercapto-1*H*-benz=
imidazol $[C_3H_7Hg]_2C_7H_3ClN_2S = C_{13}H_{17}ClHg_2N_2S$. Kristalle; F: 209—220,5° [unkorr.]
(*Na. et al.*, J. pharm. Soc. Japan **79** 1114).

1-Butylmercurio-2-butylmercuriomercapto-5(oder 6)-chlor-1*H*-benz=
imidazol $[C_4H_9Hg]_2C_7H_3ClN_2S = C_{15}H_{21}ClHg_2N_2S$. Kristalle; F: 194—195° [unkorr.]
(*Na. et al.*, J. pharm. Soc. Japan **79** 1115).

5(oder 6)-Chlor-1-phenylmercurio-2-phenylmercuriomercapto-1*H*-benz=
imidazol $[C_6H_5Hg]_2C_7H_3ClN_2S = C_{19}H_{13}ClHg_2N_2S$. Kristalle (aus A.); F: 258° [unkorr.; Zers.] (*Na. et al.*, J. pharm. Soc. Japan **79** 1115).

5-Chlor-1-phenyl-1,3-dihydro-benzimidazol-2-thion $C_{13}H_9ClN_2S$, Formel IX
(R = C_6H_5, R' = H, X = Cl), und Tautomeres.

B. Beim Erwärmen von 4-Chlor-N^1-phenyl-*o*-phenylendiamin mit CS_2 in wss.-äthanol.
KOH (*Nakajima et al.*, J. pharm. Soc. Japan **78** [1958] 1378, 1380; C. A. **1959** 8124).
Kristalle (aus A.); F: 249—249,5° [unkorr.] (*Na. et al.*, J. pharm. Soc. Japan **78** 1380).
Äthylquecksilber-[5-chlor-1-phenyl-1*H*-benzimidazol-thiolat]
$[C_2H_5Hg]C_{13}H_8ClN_2S = C_{15}H_{13}ClHgN_2S$. Kristalle; F: 183—184° [unkorr.] (*Nakajima
et al.*, J. pharm. Soc. Japan **79** [1959] 1113, 1115; C. A. **1960** 3392).

5-Nitro-1,3-dihydro-benzimidazol-2-thion $C_7H_5N_3O_2S$, Formel IX (R = R' = H,
X = NO_2), und Tautomere.

B. Beim Erwärmen von 4-Nitro-*o*-phenylendiamin mit CS_2 in äthanol. NaOH (*James,
Turner*, Soc. **1950** 1515, 1517). Beim Behandeln von 1,3-Dihydro-benzimidazol-2-thion
mit HNO_3 und konz. H_2SO_4 (*Semonský et al.*, Chem. Listy **47** [1953] 1633, 1635; C. A.
1955 233).
Gelbe Kristalle (aus wss. A.); F: 282° [unkorr.] (*Ja., Tu.*), 280—282° [unkorr.] (*Se.
et al.*).

1-Methyl-5-nitro-1,3-dihydro-benzimidazol-2-thion $C_8H_7N_3O_2S$, Formel IX (R = CH_3,
R' = H, X = NO_2), und Tautomeres.

B. Beim Erwärmen von N^1-Methyl-4-nitro-*o*-phenylendiamin mit CS_2 in äthanol. KOH
(*Duffin, Kendall*, Soc. **1956** 361, 365).
Gelbe Kristalle (aus Eg.); F: 304—305° [Zers.].

5-Nitro-1-phenyl-1,3-dihydro-benzimidazol-2-thion $C_{13}H_9N_3O_2S$, Formel IX (R = C_6H_5,
R' = H, X = NO_2), und Tautomeres.

B. Analog der vorangehenden Verbindung (*Duffin, Kendall*, Soc. **1956** 361, 365).

Gelbe Kristalle (aus A.); F: 282°.

2-Oxo-2,3-dihydro-1H-imidazo[1,2-a]pyridinium $[C_7H_7N_2O]^+$, Formel XII (R = X = H), und Tautomeres.

Betain $C_7H_6N_2O$; Imidazo[1,2-a]pyridin-2-on (E II 65; dort auch als Pyr= imidazolon-(2) bezeichnet). — Bezüglich der Tautomerie s. *Elguero et al.*, Adv. hetero= cycl. Chem. Spl. 1 [1976] 537. — *B.* Beim Erwärmen von [2]Pyridylamin mit Chloressig= säure-amid (*Schmid, Gründig*, M. **84** [1953] 491, 496). Beim Erhitzen von [2-(2-Amino-benzolsulfonylimino)-2H-[1]pyridyl]-essigsäure mit wss. HCl (*Bristow et al.*, Soc. **1954** 616, 628). — Kristalle; F: 127° (*Sch., Gr.*). — Beim Erwärmen des Hydrochlorids mit *N*-Phenyl-formimidsäure-äthylester in Gegenwart von Triäthylamin in Äthanol ist 3-[2-Hydroxy-imidazo[1,2-a]pyridin-3-ylmethylen]-imidazo[1,2-a]pyridin-2-on erhalten worden (*Knott*, Soc. **1951** 3033, 3037). Beim Erwärmen des Hydrobromids mit 2-[2-(*N*-Acetyl-anilino)-vinyl]-1-äthyl-chinolinium-jodid in Gegenwart von Triäthylamin in Äthanol ist 3-[2-(1-Äthyl-1H-[2]chinolyliden)-äthyliden]-imidazo[1,2-a]pyridin-2-on er-halten worden (*Knott*, Soc. **1951** 3036, **1956** 1364).

Bromid (E II 66). Kristalle (aus Me.); F: 230−231° (*van Dormael*, Bl. Soc. chim. Belg. **58** [1949] 167, 178).

1-Methyl-2-oxo-2,3-dihydro-1H-imidazo[1,2-a]pyridinium $[C_8H_9N_2O]^+$, Formel XII (R = CH_3, X = H).

Perchlorat $[C_8H_9N_2O]ClO_4$. F: 174−175° (*Allen, Van Allan*, J. org. Chem. **13** [1948] 599, 601).

Jodid $[C_8H_9N_2O]I$. *B.* Beim Erwärmen von 2-Oxo-2,3-dihydro-1H-imidazo[1,2-a]= pyridinium-chlorid mit Natriumacetat in Äthanol und anschliessenden Behandeln mit CH_3I (*Al., Va.*). — Rote Kristalle (aus A.); F: 168−170° [nicht ganz rein erhalten].

6-Brom-2-oxo-2,3-dihydro-1H-imidazo[1,2-a]pyridinium $[C_7H_6BrN_2O]^+$, Formel XII (R = H, X = Br).

Bromid $[C_7H_6BrN_2O]Br$. *B.* Beim Erwärmen von 5-Brom-[2]pyridylamin mit Brom= essigsäure-äthylester in Äthanol (*Takahashi, Satake*, J. pharm. Soc. Japan **75** [1955] 20, 22; C. A. **1956** 1003). — Hellbraune Kristalle (aus Me.); Zers. bei 243°.

6-Jod-2-oxo-2,3-dihydro-1H-imidazo[1,2-a]pyridinium $[C_7H_6IN_2O]^+$, Formel XII (R = H, X = I).

Bromid $[C_7H_6IN_2O]Br$. *B.* Analog dem vorangehenden Bromid (*Takahashi, Satake*, J. pharm. Soc. Japan **75** [1955] 20, 22; C. A. **1956** 1003). — Hellbraune Kristalle; Zers. bei 254°.

3-Oxo-2,3-dihydro-1H-imidazo[1,2-a]pyridinium $[C_7H_7N_2O]^+$, Formel XIII, und Tautomeres.

Chlorid $[C_7H_7N_2O]Cl$. Bezüglich der Tautomerie s. *Elguero et al.*, Adv. heterocycl. Chem. Spl. 1 [1976] 537, 538. — *B.* Beim Erwärmen von *N*-[2]Pyridyl-glycin-hydrochlorid mit PCl_3 (*Knott*, Soc. **1956** 1360, 1363) oder mit $POCl_3$ (*Sugiura et al.*, J. pharm. Soc. Japan **90** [1970] 436, 437; C. A. **73** [1970] 4561). — Kristalle mit 1 Mol H_2O; F: ca. 180° [Zers.] (*Su. et al.*). — Das Präparat von *Knott* (F: ca. 190°) ist unrein gewesen (*Su. et al.*).

1,3-Dihydro-pyrrolo[2,3-b]pyridin-2-on $C_7H_6N_2O$, Formel XIV.

B. Beim Erhitzen von 1-[2-Amino-[3]pyridyl]-2-diazo-äthanon mit *N,N*-Dimethyl-anilin auf 180° (*Kägi*, Helv. **24** [1941] 141 E, 146 E). Beim Erhitzen von [2-Amino-[3]pyridyl]-essigsäure auf 225° (*Okuda, Robinson*, Am. Soc. **81** [1959] 740, 743).

Kristalle; F: 175° [korr.; nach Sublimation bei 170°/10 Torr] (*Ok., Ro.*), 175° [aus E. oder H_2O] (*Kägi*).

1,7-Dihydro-pyrrolo[2,3-b]pyridin-6-on $C_7H_6N_2O$, Formel XV, und Tautomere.

B. Beim Erhitzen von 6-Acetoxy-1-acetyl-2,3-dihydro-1H-pyrrolo[2,3-b]pyridin mit Palladium/Kohle in einem Gemisch von Diphenyläther und Biphenyl (*Robinson et al.*,

Am. Soc. **81** [1959] 743, 747).
Kristalle (aus Acetonitril); F: 226—226,5° [korr.; Zers.; nach Sublimation bei 150°/ 0,1 Torr]. λ_{max} (A.): 227 nm und 332 nm.

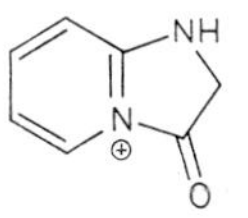

XIII 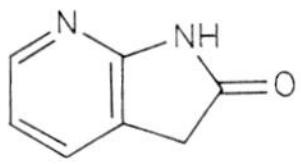   XIV 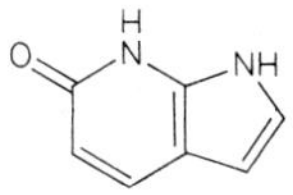   XV 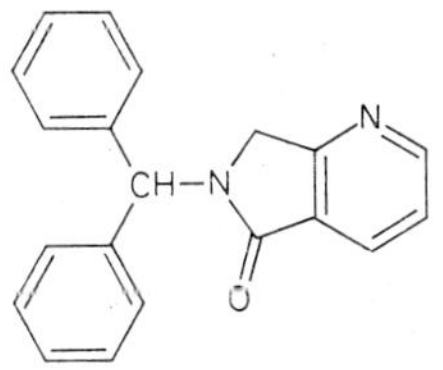   XVI

6-Benzhydryl-6,7-dihydro-pyrrolo[3,4-*b*]pyridin-5-on $C_{20}H_{16}N_2O$, Formel XVI.
B. Beim Erhitzen von 6-Benzhydryl-pyrrolo[3,4-*b*]pyridin-5,7-dion mit Zink, konz. wss. HCl und Essigsäure (*Barnes, Godfrey*, J. org. Chem. **22** [1957] 1043, 1045).
Kristalle (aus Hexan + wenig E.); F: 124,5—125,8° [korr.].
Picrat $C_{20}H_{16}N_2O \cdot C_6H_3N_3O_7$. Kristalle (aus A.); F: 161—162° [korr.].   [*Weissmann*]

Oxo-Verbindungen $C_8H_8N_2O$

(±)-*N*-[2-(2-Oxo-3,4-diphenyl-[1,3]diazetidin-1-yl)-äthyl]-*N*′-phenyl-harnstoff $C_{23}H_{22}N_4O_2$, Formel I.
B. Beim Behandeln von *N*,*N*′-Dibenzyliden-äthylendiamin mit Phenylisocyanat in Äther (*van Alphen*, R. **54** [1935] 885). Beim Erwärmen von *N*-[2-Benzylidenamino-äthyl]-*N*′-phenyl-harnstoff mit Phenylisocyanat in Äther (*v. Al.*).
Kristalle; F: 208° [Zers.].
Beim Erhitzen mit wss. HCl sind 1,2-Bis-[*N*′-phenyl-ureido]-äthan und Benzaldehyd erhalten worden.

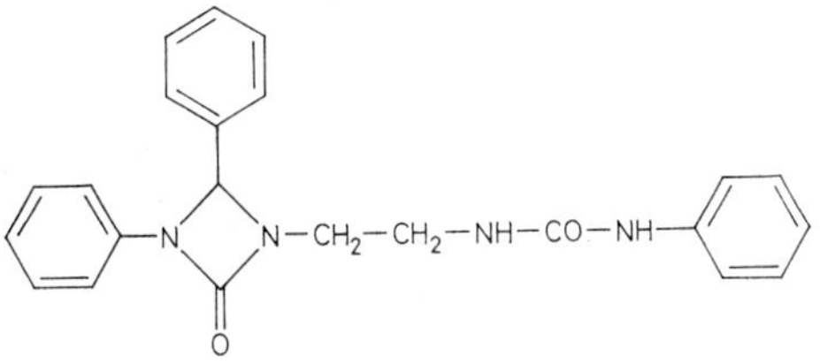

I 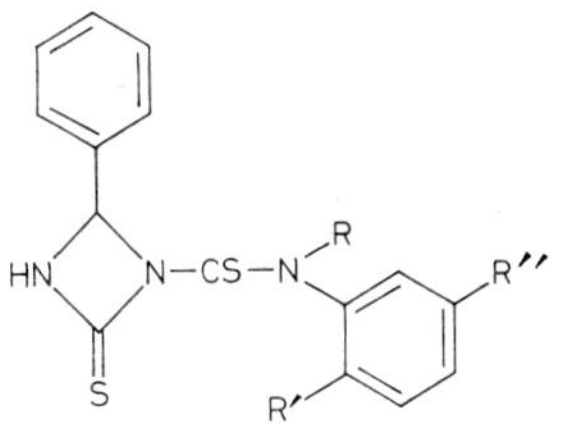   II

(±)-2-Phenyl-4-thioxo-[1,3]diazetidin-1-thiocarbonsäure-anilid $C_{15}H_{13}N_3S_2$, Formel II (R = R′ = R″ = H).
Eine früher (H **24** 120) unter dieser Konstitution beschriebene Verbindung ist als 1,6-Diphenyl-dihydro-[1,3,5]triazin-2,4-dithion erkannt worden (*Fairfull, Peak*, Soc. **1955** 803, 804). Die beim Behandeln mit Benzylchlorid und wss.-äthanol. Alkalilauge erhaltene Verbindung (H **24** 120) ist nicht als 4-Benzylmercapto-2,*N*-diphenyl-2*H*-[1,3]diazet-1-thiocarbimidsäure-benzylester ($C_{29}H_{25}N_3S_3$; H **23** 378), son-dern als 4,6-Bis-benzylmercapto-1,2-diphenyl-1,2-dihydro-[1,3,5]triazin zu formulieren.

(±)-2-Phenyl-4-thioxo-[1,3]diazetidin-1-thiocarbonsäure-[*N*-methyl-anilid] $C_{16}H_{15}N_3S_2$, Formel II (R = CH$_3$, R′ = R″ = H).
Die Identität der früher (H **24** 120) unter dieser Konstitution beschriebenen Ver-bindung ist ungewiss (s. dazu *Fairfull, Peak*, Soc. **1955** 803). Entsprechendes gilt für die beim Behandeln mit Benzylchlorid und äthanol. NaOH erhaltene, ursprünglich (H **23** 378) als 4-Benzylmercapto-2-phenyl-2*H*-[1,3]diazet-1-thiocarbon-säure-[*N*-methyl-anilid] ($C_{23}H_{21}N_3S_2$) angesehene Verbindung.

(±)-2-Phenyl-4-thioxo-[1,3]diazetidin-1-thiocarbonsäure-*o*-toluidid $C_{16}H_{15}N_3S_2$,
Formel II (R = R″ = H, R′ = CH$_3$).
Eine früher (E I **24** 243) unter dieser Konstitution beschriebene Verbindung ist wahrscheinlich als 6-Phenyl-1-*o*-tolyl-dihydro-[1,3,5]triazin-2,1-dithion zu formulieren (s. dazu *Fairfull, Peak*, Soc. **1955** 803). Die beim Behandeln mit Benzylchlorid und wss. NaOH erhaltene Verbindung (E I **24** 243) ist nicht als 4-Benzylmercapto-2-phenyl-*N*-*o*-tolyl-2*H*-[1,3]diazet-1-thiocarbimidsäure-benzylester (C$_{30}$H$_{27}$N$_3$S$_2$; E I **23** 109), sondern wahrscheinlich als 4,6-Bis-benzylmercapto-2-phenyl-1-*o*-tolyl-1,2-dihydro-[1,3,5]triazin zu formulieren.

(±)-2-Phenyl-4-thioxo-[1,3]diazetidin-1-thiocarbonsäure-*m*-toluidid $C_{16}H_{15}N_3S_2$,
Formel II (R = R′ = H, R″ = CH$_3$).
Eine von *Underwood, Dains* (Univ. Kansas Sci. Bl. **24** [1936] 5, 13) unter dieser Konstitution beschriebene Verbindung ist wahrscheinlich als 6-Phenyl-1-*m*-tolyl-dihydro-[1,3,5]triazin-2,4-dithion zu formulieren (s. dazu *Fairfull, Peak*, Soc. **1955** 803).

1,4-Dihydro-2*H*-cinnolin-3-on $C_8H_8N_2O$, Formel III (R = H).
Die von *Neber et al.* (vgl. E II **24** 67) unter dieser Konstitution beschriebene Verbindung vom F: 126° ist als 1-Amino-indolin-2-on (E III/IV **21** 3617) zu formulieren, während die ursprünglich von *G. Bossel* (vgl. E II **24** 67) erhaltene Verbindung vom F: 166° die angegebene Konstitution besitzt (*Winters et al.*, J. heterocycl. Chem. **11** [1974] 997, 999; s. a. *Baumgarten et al.*, Am. Soc. **82** [1960] 3977, 3979).
B. Beim Behandeln von 2*H*-Cinnolin-3-on mit Zink-Pulver und wss. H$_2$SO$_4$ in Äthylacetat (*Wi. et al.*).
Kristalle; F: 167—168° [aus H$_2$O] (*Wi. et al.*).
Beim Erwärmen mit wss. HCl ist 1-Amino-indolin-2-on erhalten worden (*Wi. et al.*).

2-Methyl-1,4-dihydro-2*H*-cinnolin-3-on $C_9H_{10}N_2O$, Formel III (R = CH$_3$).
B. Beim Erwärmen von 2-Methyl-2*H*-cinnolin-3-on mit Zink-Pulver und wss. NH$_3$ in Äthanol (*Alford, Schofield*, Soc. **1953** 1811, 1812).
Gelbe Kristalle (aus Bzl. + PAe.); F: 91—92,5°.
Beim Erhitzen mit rotem Phosphor und wss. HI ist Indolin-2-on erhalten worden.

III   IV   V   VI

4-Oxo-3,4-dihydro-cinnolin-1,2-dicarbonsäure-dimethylester $C_{12}H_{12}N_2O_5$, Formel IV.
B. Beim Erwärmen der folgenden Verbindung mit wss. HCl (*Alder, Niklas*, A. **585** [1954] 97, 100, 110).
Phenylhydrazon $C_{18}H_{18}N_4O_4$; 4-Phenylhydrazono-3,4-dihydro-cinnolin-1,2-dicarbonsäure-dimethylester. Kristalle (aus A.); F: 206°.

(±)-4-[*N,N′*-Bis-methoxycarbonyl-hydrazino]-4-methoxy-3,4-dihydro-cinnolin-1,2-dicarbonsäure-dimethylester $C_{17}H_{22}N_4O_9$, Formel V.
B. Neben *N*-[β-Methoxy-styryl]-hydrazin-*N,N′*-dicarbonsäure-dimethylester beim Behandeln von Diazendicarbonsäure-dimethylester mit α-Methoxy-styrol (*Alder, Niklas*, A. **585** [1954] 97, 109).
Kristalle (aus Acn. + H$_2$O); F: 167°.

1-Acetyl-2-[2]pyridyl-2,3-dihydro-1*H*-cinnolin-4-on $C_{15}H_{13}N_3O_2$, Formel VI.
Diese Konstitution kommt einer von *Schofield, Simpson* (Soc. **1946** 472, 477) als 1-Acetyl-2-cinnolin-4-yl-1,2-dihydro-pyridin-2-ol formulierten Verbindung zu (*Morley*, Soc.

1959 2280, 2281).

B. Beim Erhitzen von 4-Oxo-1,4-dihydro-cinnolin-3-carbonsäure mit Pyridin und Acet= anhydrid (*Sch., Si.*). Beim Erhitzen von 5-Acetyl-12-hydroxy-13-oxo-5,13-dihydro-pyrido[2',1': 2,3]imidazo[1,5-*b*]cinnolinylium-betain mit Pyridin oder H_2O (*Sch., Si.*).

Kristalle (aus A.); F: 161,5—162,5° [unkorr.] (*Sch., Si.*).

Beim Erwärmen mit wss. NaOH sind 4-Hydroxy-2-[2]pyridyl-cinnolinium-betain (S. 341) und 2-[2]Pyridyl-1,2-dihydro-indazol-3-on (S. 272) erhalten worden (*Sch., Si.*, l. c. S. 478; *Mo.*, l. c. S. 2285).

3,4-Dihydro-1*H*-chinazolin-2-on $C_8H_8N_2O$, Formel VII (vgl. H 120).

Die Konstitution der nachstehend beschriebenen Verbindung ist nicht gesichert (s. dazu *Sternbach et al.*, Am. Soc. **82** [1960] 475, *Golič et al.*, Tetrahedron Letters **1975** 4301).

B. Beim Erwärmen von [(2-Hydroxyimino-methyl)-phenyl]-carbamidsäure-äthylester mit NaOH und Hydrieren des Reaktionsprodukts (F: 244° [Zers.]) an Raney-Nickel in Äthanol (*Ried, Stahlhofen*, B. **87** [1954] 1814, 1824).

Kristalle (aus A.); F: 240° (*Ried, St.*).

Picrat. Gelbe Kristalle; F: 156° [Zers.] (*Ried, St.*).

2,3-Dihydro-1*H*-chinazolin-4-on $C_8H_8N_2O$, Formel VIII (R = R' = H).

Die Identität der früher (E II **24** 67) mit Vorbehalt unter dieser Formel beschriebenen Präparate ist ungewiss (*Pala, Mantegani*, G. **94** [1964] 595, 598); das gleiche gilt auch für das von *I. G. Farbenind.* (D.R.P. 672493 [1936]; Frdl. **25** 739) beschriebene Präparat vom F: 218—220°.

Authentisches 2,3-Dihydro-1*H*-chinazolin-4-on schmilzt bei 154—155° (*Pala, Ma.*).

3-Methyl-2,3-dihydro-1*H*-chinazolin-4-on $C_9H_{10}N_2O$, Formel VIII (R = CH_3, R' = H).

B. Beim Behandeln von 3-Methyl-3*H*-chinazolin-4-on mit $LiAlH_4$ in Benzol (*Mirza*, Sci. Culture **17** [1952] 530).

Kristalle (aus Bzl.); F: 115°.

3-Phenyl-2,3-dihydro-1*H*-chinazolin-4-on $C_{14}H_{12}N_2O$, Formel IX (R = X = H).

B. Aus Anthranilsäure-anilid und Formaldehyd in äthanol. NaOH (*Feldman, Wagner*, J. org. Chem. **7** [1942] 31, 40).

Kristalle (aus A.); F: 180° [korr.].

3-[4-Brom-phenyl]-2,3-dihydro-1*H*-chinazolin-4-on $C_{14}H_{11}BrN_2O$, Formel IX (R = H, X = Br).

B. Analog der vorangehenden Verbindung (*Feldman, Wagner*, J. org. Chem. **7** [1942] 31, 39).

Kristalle (aus A.); F: 199—200° [korr.].

1-Methyl-3-phenyl-2,3-dihydro-1*H*-chinazolin-4-on $C_{15}H_{14}N_2O$, Formel IX (R = CH_3, X = H).

B. Beim Erwärmen von 1-Methyl-3-phenyl-2-thioxo-2,3-dihydro-1*H*-chinazolin-4-on mit Raney-Nickel in Äthanol (*Párkányi, Vystrčil*, Chem. Listy **50** [1956] 666; Collect. **21** [1956] 1657; C. A. **1956** 8543).

Kristalle (aus $CHCl_3$ + PAe.); F: 115°.

Picrat $C_{15}H_{14}N_2O·C_6H_3N_3O_7$. F: 142° [aus A.].

3-[4-Methoxy-phenyl]-2,3-dihydro-1*H*-chinazolin-4-on $C_{15}H_{14}N_2O_2$, Formel IX (R = H, X = O-CH_3).

B. Aus Anthranilsäure-*p*-anisidid und Formaldehyd in äthanol. NaOH (*Feldman, Wagner*, J. org. Chem. **7** [1942] 31, 39).

Kristalle (aus A.); F: 185—185,5° [unkorr.].

1-Hydroxymethyl-3-phenyl-2,3-dihydro-1*H*-chinazolin-4-on $C_{15}H_{14}N_2O_2$, Formel IX (R = CH_2-OH, X = H).

B. Aus Anthranilsäure-anilid und Formaldehyd in äthanol. NaOH (*Feldman, Wagner*,

J. org. Chem. **7** [1942] 31, 40).
Kristalle; F: 110—111° [korr.].
Beim Erhitzen erfolgt Umwandlung in 3-Phenyl-2,3-dihydro-1H-chinazolin-4-on.

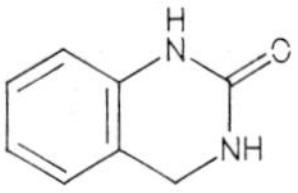

| VII | 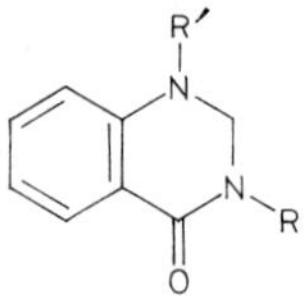 VIII | 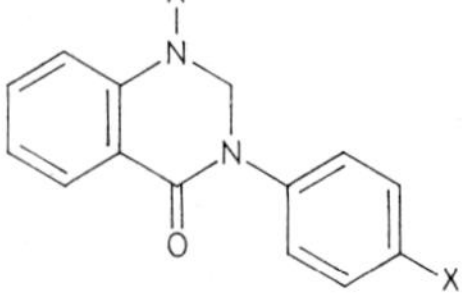 IX | 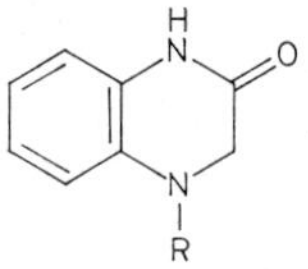 X |

1,3-Bis-hydroxymethyl-2,3-dihydro-1H-chinazolin-4-on $C_{10}H_{12}N_2O_3$, Formel VIII
(R = R′ = CH$_2$-OH).
B. Aus Anthranilamid und Formaldehyd in äthanol. NaOH (*Feldman, Wagner*, J. org.
Chem. **7** [1942] 31, 40).
Kristalle (aus A.); F: 141° [unkorr.].

3,4-Dihydro-1H-chinoxalin-2-on $C_8H_8N_2O$, Formel X (R = H) (H 125; E II 67).
B. Aus o-Phenylendiamin und Chloressigsäure oder Chloressigsäure-amid in wss. NaOH
bei 100° (*Holley, Holley*, Am. Soc. **74** [1952] 3069, 3072). Bei der elektrolytischen Reduktion von 1H-Chinoxalin-2-on (*Furlani*, G. **85** [1955] 1646, 1649).
Kristalle; F: 136—138° [korr.; aus H$_2$O] (*Ho., Ho.*), 137° (*O'Sullivan, Sadler*, Soc.
1957 2916, 2917).

2-Imino-1,2,3,4-tetrahydro-chinoxalin, 3,4-Dihydro-1H-chinoxalin-2-on-imin $C_8H_9N_3$ s.
3,4-Dihydro-chinoxalin-2-ylamin (Syst.-Nr. 3715).

4-Äthyl-3,4-dihydro-1H-chinoxalin-2-on $C_{10}H_{12}N_2O$, Formel X (R = C_2H_5).
B. Aus 3,4-Dihydro-1H-chinoxalin-2-on beim Erhitzen mit Äthyljodid auf 100° (*van
Romburgh, Deys*, Pr. Akad. Amsterdam **34** [1931] 1004, 1006; s. a. *Smith et al.*, J. org.
Chem. **24** [1959] 205 Anm. 5) oder beim Erwärmen mit Äthyljodid und Na$_2$CO$_3$ in Äthanol
(*Sm. et al.*).
Gelbe Kristalle (aus Bzl. + Hexan); F: 112—114° [unkorr.] (*Sm. et al.*).

4-Propyl-3,4-dihydro-1H-chinoxalin-2-on $C_{11}H_{14}N_2O$, Formel X (R = CH$_2$-CH$_2$-CH$_3$).
B. Beim Erwärmen von 3,4-Dihydro-1H-chinoxalin-2-on mit Propyljodid und Na$_2$CO$_3$ in
Äthanol (*Smith et al.*, J. org. Chem. **24** [1959] 205, 206).
Kristalle (aus A.); F: 97—99°.

4-Butyl-3,4-dihydro-1H-chinoxalin-2-on $C_{12}H_{16}N_2O$, Formel X (R = [CH$_2$]$_3$-CH$_3$).
B. Analog der vorangehenden Verbindung (*Smith et al.*, J. org. Chem. **24** [1959] 205,
206).
Gelbe Kristalle (aus A.); F: 101—103° [unkorr.].

4-Benzyl-3,4-dihydro-1H-chinoxalin-2-on $C_{15}H_{14}N_2O$, Formel X (R = CH$_2$-C_6H_5).
B. Analog den vorangehenden Verbindungen (*Smith et al.*, J. org. Chem. **24** [1959] 205,
206).
Gelbe Kristalle (aus A.); F: 130° [unkorr.].

[3-Oxo-3,4-dihydro-2H-chinoxalin-1-yl]-essigsäure $C_{10}H_{10}N_2O_3$, Formel X
(R = CH$_2$-CO-OH).
Diese Konstitution kommt der H **24** 125; E I **24** 243 als [2(oder 3)-Oxo-3,4-dihydro-
2H-chinoxalin-1-yl]-essigsäure (,,2-Oxo-1,2,3,4-tetrahydro-chinoxalin-N-essig=
säure") formulierten Verbindung zu (*Cuiban et al.*, Bl. **1963** 356). Entsprechendes gilt für
den H **24** 125 beschriebenen Äthylester ($C_{12}H_{14}N_2O_3$).

6-Chlor-3,4-dihydro-1H-chinoxalin-2-on $C_8H_7ClN_2O$, Formel XI (R = X′ = H, X = Cl).
B. Bei der Hydrierung von N-[5-Chlor-2-nitro-phenyl]-glycin-äthylester an Raney-

Nickel in Äthanol (*Crowther et al.*, Soc. **1949** 1260, 1265).
Hellgelbe Kristalle (aus H_2O); F: 184°.

7-Chlor-3,4-dihydro-1H-chinoxalin-2-on $C_8H_7ClN_2O$, Formel XI (R = X = H, X' = Cl).
B. Aus N-[4-Chlor-2-nitro-phenyl]-glycin beim Erhitzen mit Zinn und wss.-äthanol.
HCl (*Wear, Hamilton*, Am. Soc. **72** [1950] 2893) oder bei der Hydrierung an Raney-Nickel
in Methanol (*Crowther et al.*, Soc. **1949** 1260, 1264).
Kristalle (aus A.); F: 214—216° (*Wear, Ha.*), 214—215° [Zers.] (*Cr. et al.*).

4-Äthyl-6-nitro-3,4-dihydro-1H-chinoxalin-2-on $C_{10}H_{11}N_3O_3$, Formel XI (R = C_2H_5,
X = NO_2, X' = H).
Die E II **24** 67 sowie von *van Romburgh, Huyser* (R. **49** [1930] 165, 175) unter dieser
Konstitution beschriebene Verbindung ist wahrscheinlich als [1-Äthyl-6-nitro-1H-benz≠
imidazol-2-yl]-methanol zu formulieren (s. diesbezüglich *Grantham, Meth-Cohn*, Soc. [C]
1969 70, 71). Entsprechend ist das E II **24** 67 sowie das von *van Romburgh, Huyser* beschriebene 1-Acetyl-4-äthyl-6-nitro-3,4-dihydro-1H-chinoxalin-2-on
$C_{12}H_{13}N_3O_4$ vermutlich als 2-Acetoxymethyl-1-äthyl-6-nitro-1H-benzimidazol zu formulieren.

7-Nitro-3,4-dihydro-1H-chinoxalin-2-on $C_8H_7N_3O_3$, Formel XI (R = X = H, X' = NO_2).
B. Aus N-[2,4-Dinitro-phenyl]-glycin beim Erwärmen mit NaHS in wss.-äthanol. NaOH
(*Ruske*, A. **610** [1957] 158, 163), beim Erwärmen mit $[NH_4]_2S$ in wss.-äthanol. NH_3
(*Scoffone et al.*, G. **87** [1957] 354, 359) oder beim Behandeln mit $SnCl_2$ in äthanol. HCl
(*Horner et al.*, A. **579** [1953] 212, 232). Aus 4-Nitro-o-phenylendiamin und Bromessigsäure
in Äthanol (*Sc. et al.*, l. c. S. 365).
Kristalle; F: 254—254,5° [aus A.] (*Sc. et al.*); Zers. bei 246,5° [nach Sintern ab 220°;
aus Py. + H_2O] (*Ru.*). λ_{max}: 282 nm und 395 nm [A.] bzw. 282 nm und 410 nm [wss. HCl
(0,1 n)] (*Sc. et al.*).
Beim Behandeln mit $KMnO_4$ in wss. NaOH ist 7-Nitro-1H-chinoxalin-2-on, mit $K_2Cr_2O_7$
in wss. H_2SO_4 ist 6-Nitro-1,4-dihydro-chinoxalin-2,3-dion erhalten worden (*Sc. et al.*,
l. c. S. 365).

4-Äthyl-7-nitro-3,4-dihydro-1H-chinoxalin-2-on $C_{10}H_{11}N_3O_3$, Formel XI (R = C_2H_5,
X = H, X' = NO_2).
Die E II **24** 68 sowie von *van Romburgh, Huyser* (R. **49** [1930] 165, 175) unter dieser
Konstitution beschriebene Verbindung ist als [1-Äthyl-5-nitro-1H-benzimidazol-2-yl]-
methanol, die von *van Romburgh, Huyser* als 1-Acetyl-4-äthyl-7-nitro-3,4-di≠
hydro-1H-chinoxalin-2-on $C_{12}H_{13}N_3O_4$ beschriebene Verbindung ist als 2-Acetoxy≠
methyl-1-äthyl-5-nitro-1H-benzimidazol zu formulieren (*Grantham, Meth-Cohn*, Soc. [C]
1969 70, 71).

XI   XII   XIII   XIV

2-Oxo-1,2,3,4-tetrahydro-pyrido[1,2-a]pyrimidinylium $[C_8H_9N_2O]^+$, Formel XII.
Betain $C_8H_8N_2O$; 3,4-Dihydro-pyrido[1,2-a]pyrimidin-2-on. Konstitution:
Adams, Pachter, Am. Soc. **74** [1952] 4906, 4907; *Hurd, Hayao*, Am. Soc. **77** [1955] 117. —
B. Beim Erhitzen von [2]Pyridylamin mit 3-Chlor-propionsäure-äthylester (*Ad., Pa.*,
l. c. S. 4909; *Lappin*, J. org. Chem. **23** [1958] 1358; *Kirpal, Wojnar*, B. **71** [1938] 1261,
1266). Beim Erwärmen von [2]Pyridylamin mit 3-Brom-propionsäure in $CHCl_3$ (*Ad.,
Pa.*) oder mit 3-Brom-propionsäure-methylester ohne Lösungsmittel (*La.*) sowie mit
3-Brom-propionsäure-äthylester in Äthanol (*Magidson, Elina*, Ž. obšč. Chim. **16** [1946]
1933, 1939; C. A. **1947** 6219). Aus [2]Pyridylamin und 3-Jod-propionsäure in $CHCl_3$

(*Krishnan*, Pr. Indian Acad. [A] **42** [1955] 289, 291). Beim Erhitzen von [2]Pyridylamin mit Äthylacrylat, auch unter Zusatz von 2-*tert*-Butoxy-phenol (*Ad., Pa.*). Beim Behandeln von [2]Pyridylamin mit 3-Hydroxy-propionsäure-lacton und HCl in Aceton (*Hurd, Ha.*, l. c. S. 119). — Kristalle; F: 187—188° [korr.; aus CHCl₃ + PAe.] (*Ad., Pa.*), 185—187° [aus CHCl₃ + Hexan] (*La.*). — Beim Erhitzen der wss. Lösung ist 2-Amino-1-[2-carboxy-äthyl]-pyridinium-betain (E III/IV **21** 3373) erhalten worden (*Ad., Pa.*).

Chlorid [C₈H₉N₂O]Cl. Kristalle; F: 295—296° [korr.; Zers.; aus A.] (*Ad., Pa.*), 288° bis 289° [Zers.] (*Hurd, Ha.*); Zers. bei 285° (*Ki., Wo.*); F: 275—276° [Zers.; aus A.] (*Ma., El.*).

Bromid [C₈H₉N₂O]Br. Kristalle; F: 303—305° [Zers.; aus A.] (*Ad., Pa.*), 299—300° [Zers.] (*Hurd, Ha.*), 293—294° [aus A.] (*Ma., El.*). UV-Spektrum (A.; 200—370 nm): *Ad., Pa.*

Picrat. Gelbe Kristalle (*Ma., El.*); F: 224—226° [korr.] (*Ad., Pa.*), 219—220° [aus A.] (*Ma., El.*).

7-Brom-4-oxo-1,2,3,4-tetrahydro-pyrido[1,2-*a*]pyrimidinylium [C₈H₈BrN₂O]⁺, Formel XIII.

Bromid [C₈H₈BrN₂O]Br. B. Aus 5-Brom-[2]pyridylamin und 3-Brom-propionsäure bei 100° (*Hurd, Hayao*, Am. Soc. **77** [1955] 117, 120). — F: 322° [Zers.].

3-[2-Chlor-phenyl]-3,4-dihydro-2*H*-phthalazin-1-on C₁₄H₁₁ClN₂O, Formel XIV (X = Cl, X′ = X″ = H).

B. Beim Erwärmen von 2-[2-Chlor-phenyl]-4-hydroxy-phthalazinium-betain (S. 400) mit Zink und wss. HCl (*Brodrick et al.*, Soc. **1948** 1026, 1028).

Kristalle (aus A.); F: 216—218°.

3-[3-Amino-phenyl]-3,4-dihydro-2*H*-phthalazin-1-on C₁₄H₁₃N₃O, Formel XIV (X = X″ = H, X′ = NH₂).

B. Beim Erhitzen von 2-[3-Amino-phenyl]-4-hydroxy-phthalazinium-betain (E II **23** 338) mit Na₂S₂O₄ in wss. NaOH oder mit Zink-Pulver in wss. HCl (*Rowe, Peters*, Soc. **1931** 1918, 1923).

Lösungsmittelhaltige Kristalle (aus A.); F: 225°.

3-[4-Amino-2-chlor-phenyl]-3,4-dihydro-2*H*-phthalazin-1-on C₁₄H₁₂ClN₃O, Formel XIV (X = Cl, X′ = H, X″ = NH₂).

B. Beim Erhitzen von 2-[4-Amino-2-chlor-phenyl]-4-hydroxy-phthalazinium-betain (S. 407) mit Na₂S₂O₄ in wss. NaOH (*Rowe, Dunbar*, Soc. **1932** 11, 16).

Kristalle (aus A.); F: 220—223°.

Acetyl-Derivat C₁₆H₁₄ClN₃O₂; 3-[4-Acetylamino-2-chlor-phenyl]-3,4-dihydro-2*H*-phthalazin-1-on. Kristalle (aus A.); F: 217—219°.

3-[4-Amino-2-methyl-phenyl]-3,4-dihydro-2*H*-phthalazin-1-on C₁₅H₁₅N₃O, Formel XIV (X = CH₃, X′ = H, X″ = NH₂).

B. Analog der vorangehenden Verbindung (*Rowe, Siddle*, Soc. **1932** 473, 478).

Gelbe Kristalle (aus Toluol); F: 203—205°.

Acetyl-Derivat C₁₇H₁₇N₃O₂; 3-[4-Acetylamino-2-methyl-phenyl]-3,4-dihydro-2*H*-phthalazin-1-on. Gelbliche Kristalle (aus Toluol); F: 212—214°.

5-Methyl-2-phenyl-1,2-dihydro-indazol-3-on C₁₄H₁₂N₂O, Formel I.

B. Aus 4-Methyl-azobenzol und CO in Gegenwart von Octacarbonyldikobalt in Benzol bei 180—190°/150 at (*Murahashi, Horiie*, Ann. Rep. scient. Works Fac. Sci. Osaka Univ. **7** [1959] 89, 103; C. A. **1960** 24785; *Horiie*, J. chem. Soc. Japan Pure Chem. Sect. **80** [1959] 1038, 1039; C. A. **1961** 5510).

F: 252°.

4-Methyl-1,3-dihydro-benzimidazol-2-on C₈H₈N₂O, Formel II, und Tautomere.

B. Aus 3-Methyl-*o*-phenylendiamin und COCl₂ in wss. HCl (*Clark, Pessolano*, Am. Soc.

80 [1958] 1657, 1658).

Kristalle (aus Me.); F: 302—303°.

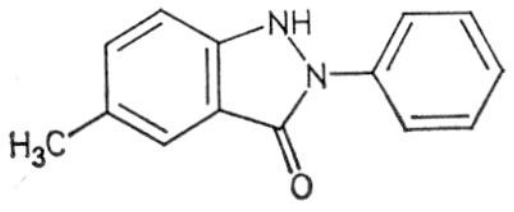

I 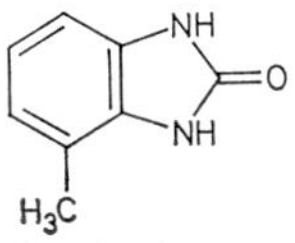   II 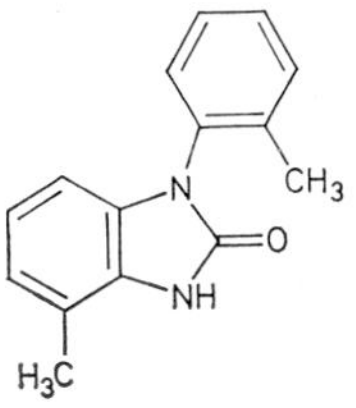   III

4-Methyl-1-*o*-tolyl-1,3-dihydro-benzimidazol-2-on $C_{15}H_{14}N_2O$, Formel III, und Tautomeres.

B. Aus *N,N'*-Di-*o*-tolyl-harnstoff mit Hilfe von NaClO (*Rosnati*, G. **86** [1956] 275, 279).

Kristalle (aus A.); F: 266—266,5°.

5-Methyl-1,3-dihydro-benzimidazol-2-on $C_8H_8N_2O$, Formel IV (R = R' = H) (H 126; E I 243), und Tautomere.

B. Aus 4-Methyl-*o*-phenylendiamin und $1H,1'H$-1,1'-Carbonyl-di-imidazol bei 100° (*Staab*, A. **609** [1957] 75, 82).

Kristalle (aus A. + H_2O); F: 293—295°.

1,5-Dimethyl-1,3-dihydro-benzimidazol-2-on $C_9H_{10}N_2O$, Formel IV(R = CH_3, R' = H), und Tautomere.

B. Aus $4,N^1$-Dimethyl-*o*-phenylendiamin und $COCl_2$ in wss. HCl (*Clark*, *Pessolano*, Am. Soc. **80** [1958] 1657, 1659).

Kristalle (aus wss. A.); F: 197—199°.

1,3,5-Trimethyl-1,3-dihydro-benzimidazol-2-on $C_{10}H_{12}N_2O$, Formel IV (R = R' = CH_3) (H 129).

B. Beim Erwärmen von 5-Methyl-1,3-dihydro-benzimidazol-2-on mit KOH in Aceton und anschliessend mit CH_3I (*Clark*, *Pessolano*, Am. Soc. **80** [1958] 1657, 1659).

Kristalle (aus Ae. + PAe.); F: 103—105°.

1-Äthyl-5-methyl-1,3-dihydro-benzimidazol-2-on $C_{10}H_{12}N_2O$, Formel IV (R = C_2H_5, R' = H), und Tautomeres.

B. Aus N^1-Äthyl-4-methyl-*o*-phenylendiamin und $COCl_2$ in wss. HCl (*Clark*, *Pessolano*, Am. Soc. **80** [1958] 1657, 1659).

Kristalle (aus wss. A.); F: 115°.

1,3-Bis-hydroxymethyl-5-methyl-1,3-dihydro-benzimidazol-2-on $C_{10}H_{12}N_2O_3$, Formel IV (R = R' = CH_2-OH).

B. Aus 5-Methyl-1,3-dihydro-benzimidazol-2-on und wss. Formaldehyd (*Eastman Kodak Co.*, U.S.P. 2732316 [1952]).

Kristalle (aus H_2O); F: 176—178°.

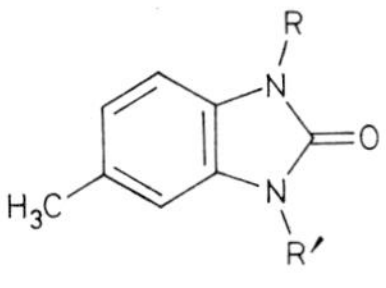

IV 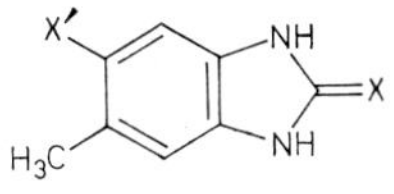   V 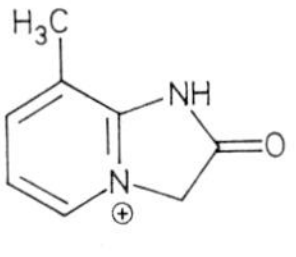   VI 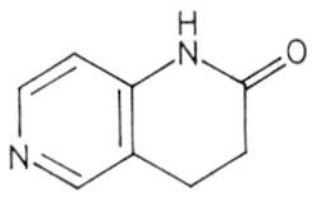   VII

5-Methyl-6-nitro-1,3-dihydro-benzimidazol-2-on $C_8H_7N_3O_3$, Formel V (X = O, X' = NO_2), und Tautomere.

B. Beim Behandeln von 5-Methyl-6-nitro-1,3-dihydro-benzimidazol-2-thion mit $KMnO_4$

in wss. NaOH und Erhitzen des Reaktionsprodukts mit wss. HCl bei 120° (*Efroš, El'zow*, Ž. obšč. Chim. **28** [1958] 62, 66; engl. Ausg. S. 64, 67).
Kristalle (aus Eg.); F: 325° [Zers.].

5-Methyl-1,3-dihydro-benzimidazol-2-thion $C_8H_8N_2S$, Formel V (X = S, X' = H), und Tautomere (H 129).
B. Aus 4-Methyl-*o*-phenylendiamin und CS_2 (*I. G. Farbenind.*, D.R.P. 557138 [1931]; Frdl. **19** 2915).
F: > 220°.

5-Chlor-6-methyl-1,3-dihydro-benzimidazol-2-thion $C_8H_7ClN_2S$, Formel V (X = S, X' = Cl), und Tautomere.
B. Aus 4-Chlor-5-methyl-*o*-phenylendiamin und Kalium-[*O*-äthyl-dithiocarbonat] in Äthanol (*I. G. Farbenind.*, D.R.P. 537897 [1923]; Frdl. **17** 2369).
Kristalle (aus Me.); Zers. > 300°.

5-Methyl-6-nitro-1,3-dihydro-benzimidazol-2-thion $C_8H_7N_3O_2S$, Formel V (X = S, X' = NO$_2$), und Tautomere.
B. Beim Behandeln von 5-Methyl-2,4-dinitro-anilin mit H_2S in wss.-äthanol. NH_3 und Pyridin und Erwärmen des Reaktionsprodukts mit CS_2 und KOH in Äthanol (*Efroš, El'zow*, Ž. obšč. Chim. **28** [1958] 62, 66; engl. Ausg. S. 64, 67).
Gelb; F: 284,5° [Zers.].

8-Methyl-2-oxo-2,3-dihydro-1H-imidazo[1,2-*a*]pyridinium(?) $[C_8H_9N_2O]^+$, vermutlich Formel VI (vgl. E II 68).
Chlorid $[C_8H_9N_2O]$Cl. *B*. Beim Behandeln von 3-Methyl-[2]pyridylamin mit Chlor= acetylchlorid (*Hach, Protiva*, Chem. Listy **47** [1953] 729, 734; Collect. **18** [1953] 684, 688, 691; C. A. **1955** 204). — Kristalle (aus A. + Ae.); F: 265°.

3,4-Dihydro-1H-[1,6]naphthyridin-2-on $C_8H_8N_2O$, Formel VII.
B. Beim Erhitzen von 3-[4-Nitro-1-oxy-[3]pyridyl]-propionsäure mit Eisen-Pulver in Essigsäure (*Ferrier, Campbell*, Pr. roy. Soc. Edinburgh [A] **65** [1957/61] 231, 234).
Kristalle (aus Bzl.); F: 208°.

6-Methyl-2,3-dihydro-pyrrolo[3,4-*c*]pyridin-1-on $C_8H_8N_2O$, Formel VIII.
B. Beim Hydrieren von 2-Chlor-3-cyan-6-methyl-isonicotinsäure-äthylester an Pal= ladium in wss.-äthanol. HCl (*Hanecka*, B. **82** [1949] 36, 40) oder beim Hydrieren an Pal= ladium und Platin in Essigsäure und konz. H_2SO_4 (*Reider, Elderfield*, J. org. Chem. **7** [1942] 286, 295).
Kristalle; F: 250° [korr.; geschlossene Kapillare; aus Bzl.] (*Re., El.*), 244—246° [aus H_2O] (*Ha.*).
Hydrochlorid $C_8H_8N_2O\cdot$HCl. Das Salz sublimiert oberhalb 285° (*Re., El.*).
Picrat $C_8H_8N_2O\cdot C_6H_3N_3O_7$. Kristalle (aus H_2O); F: 205,5° [korr.] (*Re., El.*).

Oxo-Verbindungen $C_9H_{10}N_2O$

(±)-5-Phenyl-pyrazolidin-3-on $C_9H_{10}N_2O$, Formel IX (X = X' = H).
Diese Konstitution kommt dem H **9** 591 beschriebenen *trans*-Zimtsäure-hydrazid zu (*Godtfredsen, Vangedal*, Acta chem. scand. **9** [1955] 1498, 1500, 1506).
B. Aus *trans*-Zimtsäure-äthylester und N_2H_4 (*Carpino*, Am. Soc. **80** [1958] 599, 600 Anm. 17). Beim Erhitzen von (±)-3-Hydrazino-3-phenyl-propionsäure-hydrazid im Vakuum (*Go., Va.*, l. c. S. 1508).
Kristalle (aus A.); F: 101° (*Go., Va.*). IR-Spektrum (KBr sowie $CHCl_3$; 1750 cm^{-1} bis 1450 cm^{-1}): *Jensen*, Acta chem. scand. **10** [1956] 667, 669. UV-Absorption bei 220 nm bis 285 nm: *Go., Va.*, l. c. S. 1501.

(±)-1,5-Diphenyl-pyrazolidin-3-on $C_{15}H_{14}N_2O$, Formel X (R = X = H).
B. Beim Erwärmen von (±)-3-Brom-3-phenyl-propionsäure mit Phenylhydrazin

(*Špašow*, *Kurtew*, Godišnik Univ. Sofia **37** [1940/41] 205, 215, 222, **43** [1946/47] 37, 46; C. A. **1944** 2324, **1950** 1491). Beim Erhitzen von *trans*-Cinnamamid mit Phenylhydrazin und äthanol. Natriumäthylat (*Ilford Ltd.*, U.S.P. 2 704 762 [1953]). Aus *trans*-Cinnamo‌nitril und Phenylhydrazin (*Duffin*, *Kendall*, Ind. chim. belge Sonderband 27. Congr. int. Chim. ind. Brüssel 1954, Bd. 3, S. 602). Beim Erwärmen von (±)-3-Hydroxy-3-phenyl-propionsäure-[*N'*-phenyl-hydrazid] (F: 129—130°) mit wss.-methanol. HCl (*Šp.*, *Ku.*). Beim Erhitzen von (±)-1,5-Diphenyl-4,5-dihydro-1*H*-pyrazol-3-ylamin mit wss. H₂SO₄ (*Duffin*, *Kendall*, Soc. **1954** 408, 414).

Kristalle; F: 160—161° [aus E.] (*Šp.*, *Ku.*), 159° [aus Bzl. + PAe.] (*Du.*, *Ke.*), 159° [aus Me.] (*Ilford Ltd.*).

VIII   IX   X

(±)-1-[4-Chlor-phenyl]-5-phenyl-pyrazolidin-3-on $C_{15}H_{13}ClN_2O$, Formel X (R = H, X = Cl).

B. Aus *trans*-Zimtsäure-ester und [4-Chlor-phenyl]-hydrazin (*Duffin*, *Kendall*, Ind. chim. belge Sonderband 27. Congr. int. Chim. ind. Brüssel 1954, Bd. 3, S. 602).

Kristalle (aus CCl₄); F: 117°.

(±)-5-Phenyl-1-*m*-tolyl-pyrazolidin-3-on $C_{16}H_{16}N_2O$, Formel X (R = CH₃, X = H).

B. Analog der vorangehenden Verbindung (*Duffin*, *Kendall*, Ind. chim. belge Sonderband 27. Congr. int. Chim. ind. Brüssel 1954, Bd. 3, S. 602).

Kristalle (aus wss. A.); F: 145°.

(±)-5-Phenyl-1-*p*-tolyl-pyrazolidin-3-on $C_{16}H_{16}N_2O$, Formel X (R = H, X = CH₃).

B. Aus *trans*-Cinnamonitril und *p*-Tolylhydrazin (*Duffin*, *Kendall*, Ind. chim. belge Sonderband 27. Congr. int. Chim. ind. Brüssel 1954, Bd. 3, S. 602).

Kristalle (aus A.); F: 140°.

(±)-1-Benzyl-5-phenyl-pyrazolidin-3-on $C_{16}H_{16}N_2O$, Formel XI.

B. Beim Hydrieren der folgenden Verbindung an Platin in Äthanol (*Godtfredsen*, *Vangedal*, Acta chem. scand. **9** [1955] 1498, 1507).

Kristalle (aus wss. A.); F: 114,5—115° [korr.]. UV-Absorption bei 220—300 nm: *Go.*, *Va.*, l. c. S. 1501.

*(±)-1-Benzyliden-3-oxo-5-phenyl-pyrazolidinium $[C_{16}H_{15}N_2O]^+$.

Betain $C_{16}H_{14}N_2O$; (±)-1-Benzyliden-3-hydroxy-5-phenyl-4,5-dihydro-1*H*-pyrazolium-betain, Formel XII (X = H). — Diese Konstitution kommt der H **9** 591 als *trans*-Zimtsäure-benzylidenhydrazid formulierten Verbindung zu (*Godtfredsen*, *Vangedal*, Acta chem. scand. **9** [1955] 1498, 1500). — Dimorph; Kristalle (aus Bzl.); F: 200° bis 201° [korr.] (*Go.*, *Va.*, l. c. S. 1507; vgl. H **9** 591). UV-Spektrum (220—380 nm): *Go.*, *Va.*, l. c. S. 1501.

*(±)-1-[5-Nitro-furfuryliden]-3-oxo-5-phenyl-pyrazolidinium $[C_{14}H_{12}N_3O_4]^+$.

Betain $C_{14}H_{11}N_3O_4$; (±)-3-Hydroxy-1-[5-nitro-furfuryliden]-5-phenyl-4,5-dihydro-1*H*-pyrazolium-betain, Formel XIII. — Diese Konstitution kommt wahrscheinlich der ursprünglich als *trans*-Zimtsäure-[5-nitro-furfurylidenhydrazid] formulierten Verbindung zu (vgl. *Godtfredsen*, *Vangedal*, Acta chem. scand. **9** [1955] 1498, 1500). — *B.* Aus (±)-5-Phenyl-pyrazolidin-3-on (S. 302) und 5-Nitro-furan-2-carbaldehyd (*Saikachi et al.*, Pharm. Bl. **3** [1955] 194, 197). — Gelbe Kristalle (aus Py. + H₂O); F: 217° (*Sa. et al.*).

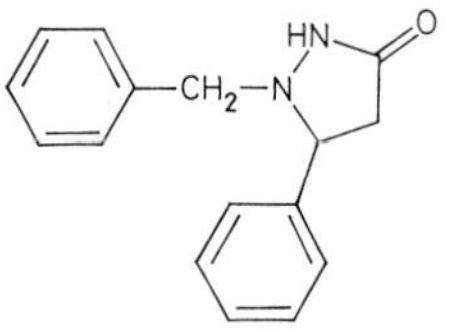

XI 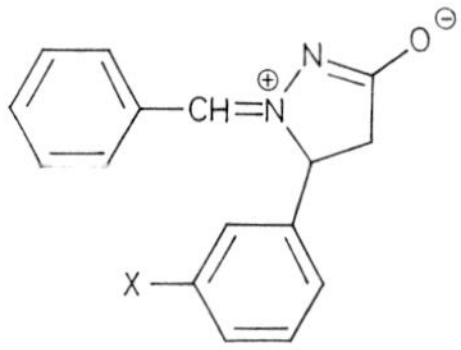   XII 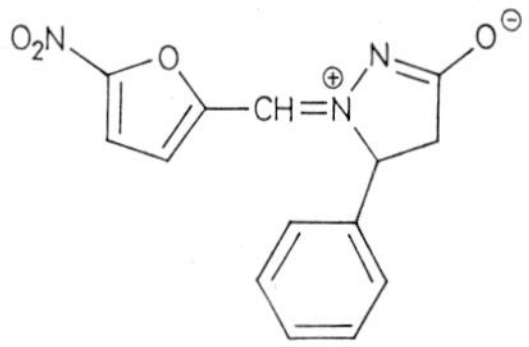   XIII

*(±)-1-[3-(5-Nitro-[2]furyl)-allyliden]-3-oxo-5-phenyl-pyrazolidinium $[C_{16}H_{14}N_3O_4]^+$.
Betain $C_{16}H_{13}N_3O_4$;   (±)-3-Hydroxy-1-[3-(5-nitro-[2]furyl)-allyliden]-5-phenyl-4,5-dihydro-1H-pyrazolium-betain, Formel XIV. — Diese Konstitution kommt wahrscheinlich der ursprünglich als *trans*-Zimtsäure-[3-(5-nitro-[2]furyl)-allylidenhydrazid] formulierten Verbindung zu (vgl. *Godtfredsen, Vangedal*, Acta chem. scand. **9** [1955] 1498, 1500). — *B*. Beim Erwärmen von 3t(?)-[5-Nitro-[2]furyl]-acryl≈ aldehyd (E III/IV **17** 4700) mit *trans*-Zimtsäure-hydrazid in Methanol (*Saikachi et al.*, Pharm. Bl. **3** [1955] 194, 198). — Rote Kristalle (aus E.); F: 176—178° [Zers.] (*Sa. et al.*).

(±)-5-[4-Brom-phenyl]-pyrazolidin-3-on $C_9H_9BrN_2O$, Formel IX (X = Br, X' = H).
B. Aus 4-Brom-*trans*-zimtsäure-methylester und $N_2H_4 \cdot H_2O$ in Methanol (*Deles, Polaczkowa*, Roczniki Chim. **32** [1958] 1243, 1252; C. A. **1959** 10115). Beim Erhitzen von (±)-3-[4-Brom-phenyl]-3-hydrazino-propionsäure-hydrazid in Methanol (*De., Po.*, l. c. S. 1250).
Kristalle (aus wss. A.); F: 149,5—151,5°.
Monoacetyl-Derivat $C_{11}H_{11}BrN_2O_2$. Kristalle (aus wss. A.); F: 200,5—202°.
Diacetyl-Derivat $C_{13}H_{13}BrN_2O_3$; (±)-1,2-Diacetyl-5-[4-brom-phenyl]-pyr≈ azolidin-3-on. Kristalle (aus Bzl.); F: 138—139,5°.

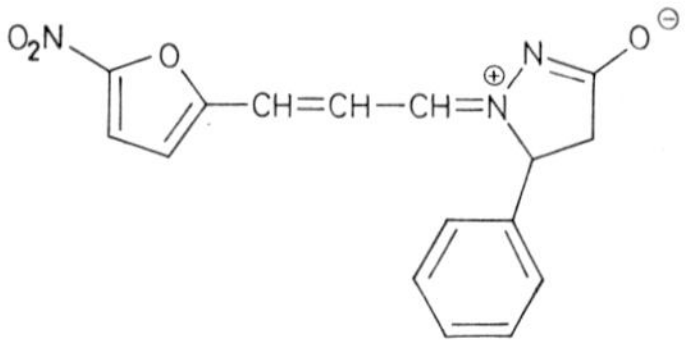

XIV 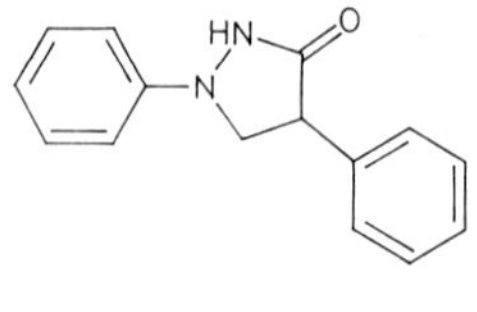   XV

(±)-5-[3-Nitro-phenyl]-pyrazolidin-3-on $C_9H_9N_3O_3$, Formel IX (X = H, X' = NO₂).
Diese Konstitution kommt dem E II **9** 403 beschriebenen 3-Nitro-zimtsäure-hydrazid vom F: 139° zu (*Godtfredsen, Vangedal*, Acta chem. scand. **9** [1955] 1498, 1502, 1508).
F: 140—142° [unkorr.] (*Carpino*, Am. Soc. **80** [1958] 599). UV-Spektrum (220—330 nm): *Go., Va.*

*(±)-1-Benzyliden-5-[3-nitro-phenyl]-3-oxo-pyrazolidinium $[C_{16}H_{14}N_3O_3]^+$.
Betain $C_{16}H_{13}N_3O_3$; (±)-1-Benzyliden-3-hydroxy-5-[3-nitro-phenyl]-4,5-di≈ hydro-1H-pyrazolium-betain, Formel XII (X = NO₂). — Diese Konstitution kommt der E II **9** 403 als 3-Nitro-zimtsäure-benzylidenhydrazid vom F: 206,5° formulier-ten Verbindung zu (*Godtfredsen, Vangedal*, Acta chem. scand. **9** [1955] 1498, 1505). Ent-sprechend ist wahrscheinlich der E II **9** 404 beschriebene 3-[3-Nitro-cinnamoylhydrazono]-buttersäure-äthylester („Acetessigsäureäthylester-[3-nitro-cinnamoylhydrazon]") als 1-[2-Äthoxycarbonyl-1-methyl-äthyliden]-3-hydroxy-5-[3-nitro-phenyl]-4,5-dihydro-1H-pyrazolium-betain zu formulieren. — UV-Spektrum (220 nm bis 380 nm): *Go., Va.*, l. c. S. 1502.

(±)-1,4-Diphenyl-pyrazolidin-3-on $C_{15}H_{14}N_2O$, Formel XV.
B. Aus 2-Phenyl-acrylsäure-ester und Phenylhydrazin (*Duffin, Kendall*, Ind. chim.

belge Sonderband 27. Congr. int. Chim. ind. Brüssel 1954 Bd. 3, S. 602).
Kristalle (aus A.); F: 168°.

4-Phenyl-imidazolidin-2-on $C_9H_{10}N_2O$.

a) **(R)-4-Phenyl-imidazolidin-2-on**, Formel I (R = H).

B. Aus (S)-3-Benzoylamino-3-phenyl-propionsäure-amid mit Hilfe von wss. KBrO
(*Lukeš et al.*, Collect. **23** [1958] 1367, 1375).
Kristalle (aus H_2O); F: 200° [unkorr.]. $[\alpha]_D^{23}$: $-35°$ [H_2O; c = 0,4].

b) **(±)-4-Phenyl-imidazolidin-2-on**, Formel I (R = H) + Spiegelbild.

B. Aus (±)-3-Benzoylamino-3-phenyl-propionsäure-amid mit Hilfe von wss. KBrO
(*Kanewskaja*, J. pr. [2] **132** [1932] 335, 338; *Rodionow, Kišelewa*, Ž. obšč. Chim. **18**
[1948] 1905, 1908; C. A. **1949** 3821). Beim Erhitzen von (±)-4-Phenyl-5-thioxo-imidazolᵢ
idin-2-on mit Raney-Nickel in Äthanol (*Cook et al.*, Soc. **1949** 1443, 1446). Beim Hydrie-
ren von 4-Phenyl-1,3-dihydro-imidazol-2-on an Platin in Essigsäure (*Wilk, Close*, J. org.
Chem. **15** [1950] 1020). Beim Erhitzen von (±)-2-[2-Oxo-imidazolidin-4-yl]-benzoesäure
in Naphthalin (*Rodionow, Tschuchina*, Ž. obšč. Chim. **23** [1953] 396, 399; engl. Ausg.
S. 403, 405).
Kristalle; F: 160—161° [aus H_2O bzw. aus A.] (*Ka.; Ro., Ki.,* Ž. obšč. Chim. **18** 1908),
158—159° [aus H_2O] (*Wilk, Cl.*).
Bildung von 5-Phenyl-3H-[1,3,4]oxadiazol-2-on beim Behandeln mit NaBrO in wss.
NaOH: *Rodionow, Kišelewa*, Izv. Akad. S.S.S.R. Otd. chim. **1951** 57, 60; C. A. **1952**
466.
Ein Präparat vom F: 68°, dem auch diese Konstitution zugeschrieben wird, ist beim
Erwärmen von (±)-Phenyläthandiyldiisocyanat (E III **13** 323) in H_2O oder beim Stehen-
lassen der feuchten, äther. Lösung von (±)-Phenylsuccinylazid (E III **9** 4281) erhalten
worden (*Curtius*, J. pr. [2] **125** [1930] 63, 72).

(±)-1-Methyl-4-phenyl-imidazolidin-2-on $C_{10}H_{12}N_2O$, Formel I (R = CH₃) + Spiegelbild.

B. Beim Hydrieren von 1-Methyl-4-phenyl-1,3-dihydro-imidazol-2-on an Platin in
Essigsäure (*Wilk, Close*, J. org. Chem. **15** [1950] 1020). Aus der vorangehenden Verbin-
dung und Dimethylsulfat (*Wilk, Cl.*).
Kristalle (aus H_2O); F: 131—133°.

(±)-1-Methyl-5-phenyl-imidazolidin-2-on $C_{10}H_{12}N_2O$, Formel II (R = CH₃, X = H).

B. Aus (±)-3-Methylamino-3-phenyl-propionsäure-amid beim Behandeln mit wss.
KBrO (*Rodionow, Jaworskaja*, Ž. obšč. Chim. **23** [1953] 983, 985; engl. Ausg. S. 1025,
1027).
Kristalle (aus H_2O oder A.); F: 150—151°.

(±)-1-Acetyl-5-phenyl-imidazolidin-2-on $C_{11}H_{12}N_2O_2$, Formel II (R = CO-CH₃,
X = H).

B. Aus (±)-3-Acetylamino-3-phenyl-propionsäure-amid analog der vorangehenden
Verbindung (*Rodionow, Kišelewa*, Ž. obšč. Chim. **18** [1948] 1905, 1909; C. A. **1949** 3821).
Kristalle (aus A.); F: 159—160°.

(±)-1-Benzoyl-5-phenyl-imidazolidin-2-on $C_{16}H_{14}N_2O_2$, Formel II (R = CO-C₆H₅,
X = H).

B. Beim Erhitzen von (±)-3-Benzoylamino-3-phenyl-propionylazid in Benzol (*Rodionow,*
Besinger, Izv. Akad. S.S.S.R. Otd. chim. **1952** 962, 966; engl. Ausg. S. 847, 850).
Kristalle (aus A.).

I   II   III   IV

(±)-2-Oxo-5-phenyl-imidazolidin-1-carbonsäure-äthylester $C_{12}H_{14}N_2O_3$, Formel II
(R = CO-O-C$_2$H$_5$, X = H).

B. Aus (±)-3-Äthoxycarbonylamino-3-phenyl-propionsäure-amid beim Behandeln mit wss. KBrO (*Rodionow, Kiŝelewa, Ž.* obšč. Chim. **18** [1948] 1905, 1909; C. A. **1949** 3821).
Kristalle (aus A.); F: 160—161°.

(±)-4-[3-Nitro-phenyl]-imidazolidin-2-on $C_9H_9N_3O_3$, Formel II (R = H, X = NO$_2$).
B. Beim Erwärmen von (±)-1-Benzoyl-5-[3-nitro-phenyl]-imidazolidin-2-on mit wss. KOH (*Rodionow, Besinger,* Izv. Akad. S.S.S.R. Otd. chim. **1952** 962, 969; engl. Ausg. S. 847, 852).
Kristalle (aus Me.); F: 179°.

(±)-1-Benzoyl-5-[3-nitro-phenyl]-imidazolidin-2-on $C_{16}H_{13}N_3O_4$, Formel II
(R = CO-C$_6$H$_5$, X = NO$_2$).
B. Beim Erwärmen von (±)-3-Benzoylamino-3-[3-nitro-phenyl]-propionylazid in Benzol oder Äthanol (*Rodionow, Besinger,* Izv. Akad. S.S.S.R. Otd. chim. **1952** 962, 969; engl. Ausg. S. 846, 852).
Kristalle (aus A. + Eg.); F: 233,5—234,5°.

1-Methyl-1,2,3,4-tetrahydro-benzo[e][1,4]diazepin-5-on $C_{10}H_{12}N_2O$, Formel III
(R = CH$_3$).
Diese Konstitution kommt der ursprünglich als 5-Methyl-1,3,4,5-tetrahydro-benzo[b][1,4]diazepin-2-on formulierten Verbindung zu (*Wünsch et al.,* Z. Chem. **10** [1970] 219).
B. Beim Behandeln von 1-Methyl-2,3-dihydro-1H-chinolin-4-on (E III/IV **21** 3642) mit konz. H$_2$SO$_4$ in CHCl$_3$ und anschliessend mit NaN$_3$ (*Ittyerah, Mann,* Soc. **1958** 467, 470, 477).
Kristalle (aus Bzl.); F: 170° (*It., Mann*).

1-Phenyl-1,2,3,4-tetrahydro-benzo[e][1,4]diazepin-5-on $C_{15}H_{14}N_2O$, Formel III
(R = C$_6$H$_5$).
Diese Konstitution kommt der ursprünglich als 5-Phenyl-1,3,4,5-tetrahydro-benzo[b][1,4]diazepin-2-on formulierten Verbindung zu (*Wünsch et al.,* Z. Chem. **10** [1970] 219).
B. Analog der vorangehenden Verbindung (*Ittyerah, Mann,* Soc. **1958** 467, 477).
Kristalle (aus Bzl.); F: 221° (*It., Mann*).

1,3,4,5-Tetrahydro-benzo[b][1,4]diazepin-2-on $C_9H_{10}N_2O$, Formel IV (R = H).
B. Beim Erhitzen von o-Phenylendiamin mit Acrylsäure und wss. HCl (*Bachman, Heisey,* Am. Soc. **71** [1949] 1985, 1986).
Kristalle (aus CCl$_4$); F: 140,5—141,5°.

5-Nitroso-1,3,4,5-tetrahydro-benzo[b][1,4]diazepin-2-on $C_9H_9N_3O_2$, Formel IV (R = NO).
B. Beim Behandeln von 1,3,4,5-Tetrahydro-benzo[b][1,4]diazepin-2-on mit NaNO$_2$ in wss. HCl (*Ried, Urlass,* B. **86** [1953] 1101, 1105).
Kristalle (aus A.); F: 197—198°.

(±)-3-Benzoylamino-2-methyl-2,3-dihydro-1H-chinazolin-4-on, (±)-N-[2-Methyl-4-oxo-1,4-dihydro-2H-chinazolin-3-yl]-benzamid $C_{16}H_{15}N_3O_2$, Formel V (R = NH-CO-C$_6$H$_5$, X = H).
B. Beim Erwärmen von N-Anthraniloyl-N'-benzoyl-hydrazin mit Acetaldehyd in Äthanol (*Heller, Mecke,* J. pr. [2] **131** [1931] 82, 89).
Kristalle (aus E. + PAe.); F: 193°.

(±)-2-Trichlormethyl-2,3-dihydro-1H-chinazolin-4-on $C_9H_7Cl_3N_2O$, Formel V (R = H, X = Cl).
B. Aus Anthranilamid-hydrochlorid und Chloral (*Hirwe, Kulkarni,* Pr. Indian Acad. [A] **13** [1941] 49, 50).

Kristalle (aus wss. A.); F: 202°.
Acetyl-Derivat $C_{11}H_9Cl_3N_2O_2$. Kristalle (aus wss. A.); F: 194—195°.

(±)-3-Methyl-7-nitro-3,4-dihydro-1*H*-chinoxalin-2-on $C_9H_9N_3O_3$, Formel VI (R = CH$_3$, R' = H, X = NO$_2$).

B. Beim Erwärmen von *N*-[2,4-Dinitro-phenyl]-DL-alanin mit [NH$_4$]$_2$S in wss. Äthanol (*Horner et al.*, A. **579** [1953] 212, 230; *Scoffone et al.*, G. **87** [1957] 354, 359). Aus 4-Nitro-*o*-phenylendiamin und (±)-2-Brom-propionsäure (*Sc. et al.*, l. c. S. 365).

Gelbe Kristalle; F: 225° [Zers.; aus A.] (*Ho. et al.*), 224—225° [unkorr.; Zers.; aus wss. A.] (*Sc. et al.*). Absorptionsspektrum (A. sowie wss. HCl [0,1 n]; 220—450 nm): *Sc. et al.*, l. c. S. 361.

V   VI   VII   VIII

5-Methyl-3,4-dihydro-1*H*-chinoxalin-2-on $C_9H_{10}N_2O$, Formel VI (R = X = H, R' = CH$_3$).
B. Beim Hydrieren von *N*-[2-Methyl-6-nitro-phenyl]-glycin an Raney-Nickel in Äthanol bei 90°/60 at (*Landquist*, Soc. **1953** 2816, 2821).
Kristalle (aus Bzl.); F: 177—180°.

(±)-3-Methyl-2-oxo-1,2,3,4-tetrahydro-pyrido[1,2-*a*]pyrimidinylium [$C_9H_{11}N_2O$]$^+$, Formel VII.
Betain $C_9H_{10}N_2O$; (±)-3-Methyl-3,4-dihydro-pyrido[1,2-*a*]pyrimidin-2-on. *B.* Aus [2]Pyridylamin und Methylmethacrylat oder (±)-β-Brom-isobuttersäure-methyl=ester (*Krishnan*, Pr. Indian Acad. [A] **49** [1959] 31, 34). — Kristalle (aus CHCl$_3$ + PAe.); F: 199—200°.
Bromid [$C_9H_{11}N_2O$]Br. Kristalle (aus A. + Ae.); F: 300° [Zers.]. UV-Spektrum (200—380 nm): *Kr.*
Picrat [$C_9H_{11}N_2O$]$C_6H_2N_3O_7$. Gelbe Kristalle (aus A.); F: 181—182°.

6-Methyl-2-oxo-1,2,3,4-tetrahydro-pyrido[1,2-*a*]pyrimidinylium [$C_9H_{11}N_2O$]$^+$, Formel VIII (R = CH$_3$, R' = H).
Betain $C_9H_{10}N_2O$; 6-Methyl-3,4-dihydro-pyrido[1,2-*a*]pyrimidin-2-on. *B.* Aus 6-Methyl-[2]pyridylamin und 3-Jod-propionsäure in CHCl$_3$ (*Krishnan*, Pr. Indian Acad. [A] **42** [1955] 289). — Hygroskopischer Feststoff.
Jodid [$C_9H_{11}N_2O$]I. Kristalle (aus Me.); F: 260—263° [Zers.].

7-Methyl-2-oxo-1,2,3,4-tetrahydro-pyrido[1,2-*a*]pyrimidinylium [$C_9H_{11}N_2O$]$^+$, Formel VIII (R = H, R' = CH$_3$).
Betain $C_9H_{10}N_2O$; 7-Methyl-3,4-dihydro-pyrido[1,2-*a*]pyrimidin-2-on. *B.* Aus 5-Methyl-[2]pyridylamin und Methylacrylat oder 3-Brom-propionsäure-methylester (*Lappin*, J. org. Chem. **23** [1958] 1358). Aus 5-Methyl-[2]pyridylamin und 3-Jod-prop=ionsäure (*Krishnan*, Pr. Indian Acad. [A] **42** [1955] 289). — Kristalle; F: 195—196° [aus CHCl$_3$ + Hexan] (*La.*), ca. 183—185° (*Kr.*).
Bromid [$C_9H_{11}N_2O$]Br. Kristalle (aus A.); Zers. > 300° (*La.*).
Jodid [$C_9H_{11}N_2O$]I. Kristalle (aus wss. Me.); F: 275—278° [Zers.] (*Kr.*).
Picrat [$C_9H_{11}N_2O$]$C_6H_2N_3O_7$. Kristalle (aus H$_2$O); F: 170—171° (*Kr.*).

8-Methyl-2-oxo-1,2,3,4-tetrahydro-pyrido[1,2-*a*]pyrimidinylium [$C_9H_{11}N_2O$]$^+$, Formel IX (R = CH$_3$, R' = H).
Betain $C_9H_{10}N_2O$; 8-Methyl-3,4-dihydro-pyrido[1,2-*a*]pyrimidin-2-on. *B.* Aus

4-Methyl-[2]pyridylamin und Methylacrylat, 3-Chlor-propionsäure-äthylester oder
3-Brom-propionsäure-methylester (*Lappin*, J. org. Chem. **23** [1958] 1358). Aus 4-Methyl-
[2]pyridylamin und 3-Jod-propionsäure (*Krishnan*, Pr. Indian Acad. [A] **42** [1955]
289). — Kristalle (aus $CHCl_3$ + Hexan); F: 167—169° (*La.*).

    Chlorid [$C_9H_{11}N_2O$]Cl. Kristalle (aus A.); Zers. > 300° (*La.*).
    Bromid [$C_9H_{11}N_2O$]Br. Kristalle (aus A.); Zers. >300° (*La.*).
    Jodid [$C_9H_{11}N_2O$]I. Kristalle (aus Me.); F: 236—238° (*Kr.*).
    Picrat [$C_9H_{11}N_2O$]$C_6H_2N_3O_7$. Gelbe Kristalle (aus H_2O); F: 169—170° (*Kr.*).

9-Methyl-2-oxo-1,2,3,4-tetrahydro-pyrido[1,2-a]pyrimidinylium [$C_9H_{11}N_2O$]$^+$, Formel IX
(R = H, R′ = CH_3).

    Betain $C_9H_{10}N_2O$; 9-Methyl-3,4-dihydro-pyrido[1,2-a]pyrimidin-2-on. *B.*
Aus 3-Methyl-[2]pyridylamin und Methylacrylat oder 3-Brom-propionsäure-methylester
(*Lappin*, J. org. Chem. **23** [1958] 1358). Aus 3-Methyl-[2]pyridylamin und 3-Jod-propion-
säure (*Krishnan*, Pr. Indian Acad. [A] **42** [1955] 289). — Kristalle; F: 230—232° [aus
$CHCl_3$ + Hexan] (*La.*), 221° [aus Me.] (*Kr.*).

    Bromid [$C_9H_{11}N_2O$]Br. Kristalle (aus A.); Zers. > 300° (*La.*).
    Jodid [$C_9H_{11}N_2O$]I. Kristalle (aus Me. + Ae.); F: 247—248,5° (*Kr.*).
    Picrat [$C_9H_{11}N_2O$]$C_6H_2N_3O_7$. Gelbe Kristalle (aus Me.); F: 166—167° (*Kr.*).

(±)-4-Methyl-(4ar,8at)-4a,8a-dihydro-2H-phthalazin-1-on $C_9H_{10}N_2O$, Formel X
+ Spiegelbild.

    B. Beim Erhitzen von (±)-6ξ,7ξ-Dibrom-4-methyl-(4ar,8at)-4a,5,6,7,8,8a-hexahydro-
2H-phthalazin-1-on (S. 229) mit äthanol. KOH (*Dixon, Wiggins*, Soc. **1954** 594, 597).
Kristalle (aus A.); F: 223—224°.

(±)-4-Methyl-3-phenyl-3,4-dihydro-2H-phthalazin-1-on $C_{15}H_{14}N_2O$, Formel XI
(X = X′ = X″ = H).

    B. Beim Erhitzen von 4-Hydroxy-1-methyl-2-phenyl-phthalazinium-betain (S. 465) mit
$Na_2S_2O_4$ in wss. NaOH (*Peters et al.*, Soc. **1948** 1249).
Kristalle (aus wss. A.); F: 171°.

(±)-3-[2-Chlor-phenyl]-4-methyl-3,4-dihydro-2H-phthalazin-1-on $C_{15}H_{13}ClN_2O$,
Formel XI (X = Cl, X′ = X″ = H).

    B. Beim Erhitzen von 2-[2-Chlor-phenyl]-4-hydroxy-1-methyl-phthalazinium-betain
(S. 466) mit Zink-Amalgam und wss. HCl (*Brodrick et al.*, Soc. **1948** 1026).
Kristalle (aus A.); F: 199—200°.

      IX   X   XI   XII

(±)-3-[3-Chlor-phenyl]-4-methyl-3,4-dihydro-2H-phthalazin-1-on $C_{15}H_{13}ClN_2O$,
Formel XI (X = X″ = H, X′ = Cl).

    B. Beim Erwärmen von 2-[3-Chlor-phenyl]-4-hydroxy-1-methyl-phthalazinium-hydr-
ogensulfat (S. 466) mit Zink, wss.-äthanol. HCl und Essigsäure (*Peters et al.*, Soc. **1948**
597, 600).
Kristalle (aus A.); F: 178°.

(±)-3-[2-Amino-phenyl]-4-methyl-3,4-dihydro-2H-phthalazin-1-on $C_{15}H_{15}N_3O$,
Formel XI (X = NH_2, X′ = X″ = H).

    B. Beim Erhitzen von 2-[2-Amino-phenyl]-4-hydroxy-1-methyl-phthalazinium-betain

(S. 472) mit Zink-Pulver in wss. H_2SO_4 (*Rowe et al.*, Soc. **1935** 1796, 1808).
Gelbliche Kristalle (aus E.); F: 221°.

(±)-3-[2-Amino-4-chlor-phenyl]-4-methyl-3,4-dihydro-2*H*-phthalazin-1-on $C_{15}H_{14}ClN_3O$,
Formel XI (X = NH_2, X' = H, X'' = Cl).
B. Beim Erhitzen von 2-[2-Amino-4-chlor-phenyl]-4-hydroxy-1-methyl-phthalazinium-
betain (S. 472) mit Zink-Pulver in wss. H_2SO_4 (*Rowe et al.*, Soc. **1935** 1796, 1808).
Kristalle (aus Bzl.); F: 200°.

(±)-3-[3-Amino-phenyl]-4-methyl-3,4-dihydro-2*H*-phthalazin-1-on $C_{15}H_{15}N_3O$,
Formel XI (X = X'' = H, X' = NH_2).
B. Beim Erhitzen von 2-[3-Amino-phenyl]-4-hydroxy-1-methyl-phthalazinium-betain
(S. 473) mit Zink-Pulver in wss. HCl (*Rowe, Peters*, Soc. **1931** 1918, 1922).
Kristalle (aus A.); F: 188°.

(±)-3-[4-Amino-2-chlor-phenyl]-4-methyl-3,4-dihydro-2*H*-phthalazin-1-on $C_{15}H_{14}ClN_3O$,
Formel XI (X = Cl, X' = H, X'' = NH_2).
B. Beim Erhitzen von 2-[2-Chlor-4-nitro-phenyl]-4-hydroxy-1-methyl-phthalazinium-
betain (S. 467) mit Na_2S in H_2O (*Rowe, Dunbar*, Soc. **1932** 11, 18). Beim Erhitzen von
2-[4-Amino-2-chlor-phenyl]-4-hydroxy-1-methyl-phthalazinium-betain   (S. 474)   mit
$Na_2S_2O_4$ in wss. NaOH oder mit Zink-Pulver in wss. HCl (*Ro., Du.*).
Kristalle (aus Toluol); F: 220—223°.
Acetyl-Derivat $C_{17}H_{16}ClN_3O_2$;   (±)-3-[4-Acetylamino-2-chlor-phenyl]-
4-methyl-3,4-dihydro-2*H*-phthalazin-1-on. Kristalle (aus Toluol); F: 218—220°.

(±)-3-[4-Amino-2-brom-phenyl]-4-methyl-3,4-dihydro-2*H*-phthalazin-1-on $C_{15}H_{14}BrN_3O$,
Formel XI (X = Br, X' = H, X'' = NH_2).
B. Beim   Erhitzen   von   2-[4-Amino-2-brom-phenyl]-4-hydroxy-1-methyl-phthal=
azinium-betain (S. 474) mit Zink-Pulver in wss. HCl (*Rowe et al.*, Soc. **1935** 1134, 1137).
Gelbliche Kristalle; F: 211—212°.

(±)-3-[4-Amino-2-methyl-phenyl]-4-methyl-3,4-dihydro-2*H*-phthalazin-1-on $C_{16}H_{17}N_3O$,
Formel XI (X = CH_3, X' = H, X'' = NH_2).
B. Beim   Erhitzen   von   2-[4-Amino-2-methyl-phenyl]-4-hydroxy-1-methyl-phthal=
azinium-betain (S. 475) mit $Na_2S_2O_4$ in wss. NaOH (*Rowe, Siddle*, Soc. **1932** 473, 482).
Gelbliche Kristalle (aus Toluol); F: 204—205°.

4-Äthyl-1,3-dihydro-benzimidazol-2-on $C_9H_{10}N_2O$, Formel XII (R = C_2H_5, R' = H),
und Tautomere.
B. Aus 3-Äthyl-*o*-phenylendiamin und $COCl_2$ in wss. HCl (*Clark, Pessolano*, Am. Soc.
80 [1958] 1657, 1658).
Kristalle (aus A.); F: 261—262°.

5-Äthyl-1,3-dihydro-benzimidazol-2-on $C_9H_{10}N_2O$, Formel XII (R = H, R' = C_2H_5), und
Tautomere.
B. Aus 4-Äthyl-*o*-phenylendiamin und $COCl_2$ in wss. HCl (*Clark, Pessolano*, Am. Soc.
80 [1958] 1657, 1658).
Kristalle (aus A.); F: 264—265°.

**1-L-Arabit-1-yl-4,5-dimethyl-1,3-dihydro-benzimidazol-2-on, 1-[4,5-Dimethyl-2-oxo-
2,3-dihydro-benzimidazol-1-yl]-1-desoxy-L-arabit** $C_{14}H_{20}N_2O_5$, Formel I, und Tautomeres.
B. Beim Erwärmen von 1-[2-Äthoxycarbonylamino-3,4-dimethyl-anilino]-1-desoxy-
L-arabit (E III **13** 323) mit wss. KOH (*Karrer, Strong*, Helv. **19** [1936] 483, 487).
Kristalle (aus H_2O); F: 247—248°.

4,6-Dimethyl-1,3-dihydro-benzimidazol-2-on $C_9H_{10}N_2O$, Formel II (R = H), und
Tautomere.
B. Aus 3,5-Dimethyl-*o*-phenylendiamin und $COCl_2$ in wss. HCl (*Clark, Pessolano*, Am.

Soc. **80** [1958] 1657, 1658).
Kristalle (aus Eg.); F: 337°.

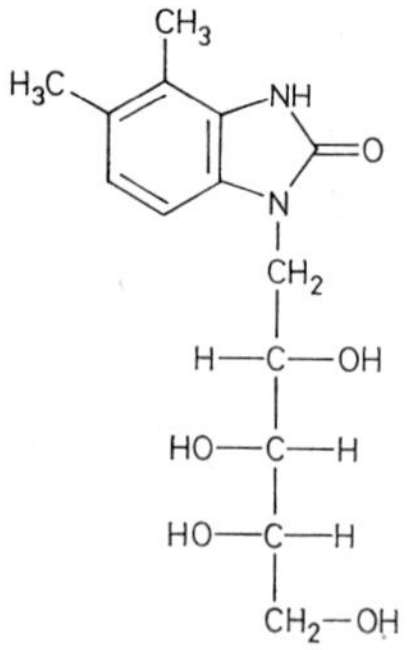

I 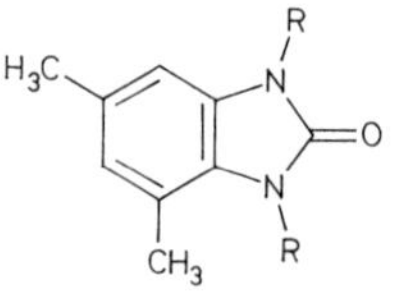   II 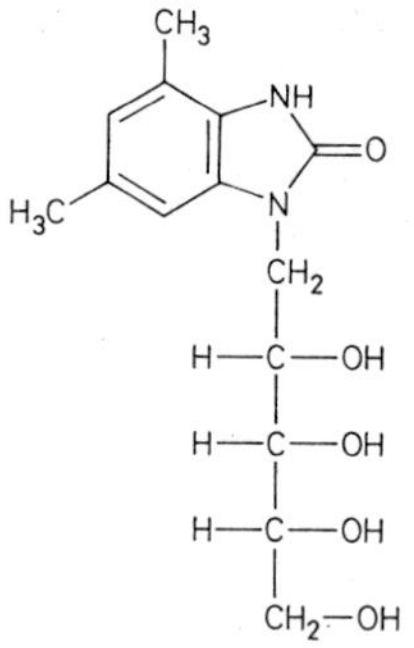   III

4,6-Dimethyl-1-D-ribit-1-yl-1,3-dihydro-benzimidazol-2-on, 1-[4,6-Dimethyl-2-oxo-2,3-dihydro-benzimidazol-1-yl]-D-1-desoxy-ribit $C_{14}H_{20}N_2O_5$, Formel III, und Tautomeres.

B. Beim Erwärmen von 1-[2-Äthoxycarbonylamino-3,5-dimethyl-anilino]-D-1-desoxy-ribit (E III **13** 330) mit wss. KOH (*Karrer, Strong,* Helv. **18** [1935] 1343, 1351).
Kristalle (aus H_2O); F: 248°.

1,3-Bis-[2-diäthylamino-äthyl]-4,6-dimethyl-1,3-dihydro-benzimidazol-2-on $C_{21}H_{36}N_4O$, Formel II (R = $CH_2\text{-}CH_2\text{-}N(C_2H_5)_2$).

B. Beim Erwärmen von 4,6-Dimethyl-1,3-dihydro-benzimidazol-2-on mit KOH in Aceton und anschliessend mit Diäthyl-[2-halogen-äthyl]-amin (*Clark, Pessolano,* Am. Soc. **80** [1958] 1657, 1660).
Diperchlorat $C_{21}H_{36}N_4O \cdot 2$ HClO$_4$. Kristalle (aus wss. A.); F: 201—203°.

4,7-Dimethyl-5-nitro-1,3-dihydro-benzimidazol-2-on $C_9H_9N_3O_3$, Formel IV (X = O), und Tautomere.

B. Aus 3,6-Dimethyl-4-nitro-*o*-phenylendiamin und Harnstoff bei 200° (*Éfroš, El'zow,* Ž. obšč. Chim. **28** [1958] 941, 943; engl. Ausg. S. 916).
Gelbgrüne Kristalle (aus Eg.), die unterhalb 325° nicht schmelzen.

4,7-Dimethyl-5-nitro-1,3-dihydro-benzimidazol-2-thion $C_9H_9N_3O_2S$, Formel IV (X = S), und Tautomere.

B. Beim Erhitzen von 3,6-Dimethyl-4-nitro-*o*-phenylendiamin mit CS_2 und äthanol. KOH (*Éfroš, El'zow,* Ž. obšč. Chim. **28** [1958] 941, 943; engl. Ausg. S. 916).
Gelbes Pulver (aus A.), das unterhalb 325° nicht schmilzt.

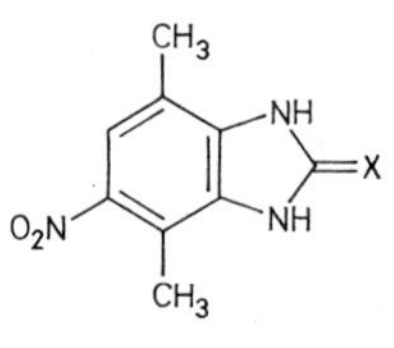

IV 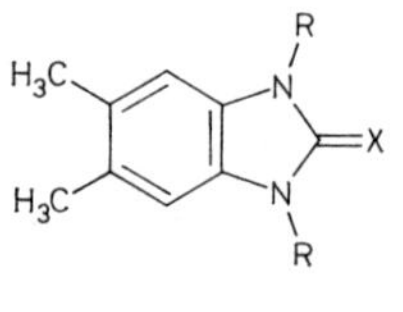   V 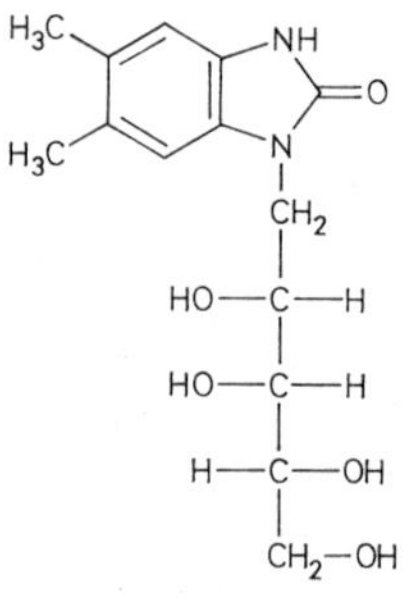   VI 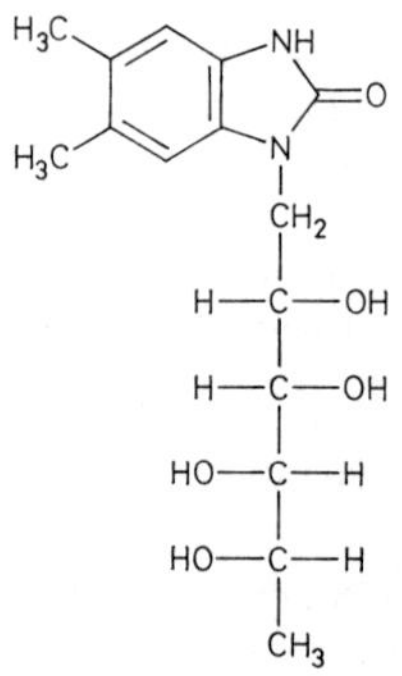   VII

5,6-Dimethyl-1,3-dihydro-benzimidazol-2-on $C_9H_{10}N_2O$, Formel V (R = H, X = O), und Tautomeres.

B. Aus 4,5-Dimethyl-*o*-phenylendiamin und Harnstoff bei 140° (*Clark, Pessolano*, Am. Soc. **80** [1958] 1657, 1658).

Kristalle; F: 384—386° (*Wright*, J. heterocycl. Chem. **2** [1965] 41; s. a. *Cl., Pe.*).

1,3,5,6-Tetramethyl-1,3-dihydro-benzimidazol-2-on $C_{11}H_{14}N_2O$, Formel V (R = CH_3, X = O).

B. Beim Erwärmen von 5,6-Dimethyl-1,3-dihydro-benzimidazol-2-on mit KOH in Aceton und anschliessend mit CH_3I (*Clark, Pessolano*, Am. Soc. **80** [1958] 1657, 1659).

Kristalle (aus E.); F: 153—154°.

1-D-Arabit-5-yl-5,6-dimethyl-1,3-dihydro-benzimidazol-2-on, 5-[5,6-Dimethyl-2-oxo-2,3-dihydro-benzimidazol-1-yl]-5-desoxy-D-arabit $C_{14}H_{20}N_2O_5$, Formel VI, und Tautomeres.

B. Aus 5-[2-Äthoxycarbonylamino-4,5-dimethyl-anilino]-5-desoxy-D-arabit mit Hilfe von wss. Alkali (*Karrer et al.*, Helv. **18** [1935] 908).

Kristalle (aus A.); F: 216°.

1-[6-Desoxy-L-mannit-1-yl]-5,6-dimethyl-1,3-dihydro-benzimidazol-2-on, 1-[5,6-Dimethyl-2-oxo-2,3-dihydro-benzimidazol-1-yl]-1,6-didesoxy-L-mannit $C_{15}H_{22}N_2O_5$, Formel VII, und Tautomeres.

B. Beim Erwärmen von 1-[2-Äthoxycarbonylamino-4,5-dimethyl-anilino]-1,6-didesoxy-L-mannit (E III **13** 329) mit wss.-äthanol. NaOH (*v. Euler et al.*, Helv. **18** [1935] 522, 531).

F: 219—220°.

5,6-Dimethyl-1,3-dihydro-benzimidazol-2-thion $C_9H_{10}N_2S$, Formel V (R = H, X = S), und Tautomeres.

B. Beim Erwärmen von 4,5-Dimethyl-*o*-phenylendiamin mit CS_2 in wss.-äthanol. KOH (*Takatori et al.*, J. pharm. Soc. Japan **75** [1955] 881; C. A. **1956** 4920) oder in Benzol (*Merck & Co. Inc.*, U.S.P. 2701249 [1951]).

Kristalle; Zers. bei 328° [aus A.] (*Ta. et al.*); F: 325° [aus Acn. + PAe.] (*Merck & Co. Inc.*).

5-[3]Pyridyl-pyrrolidin-2-on $C_9H_{10}N_2O$.

a) **(R)-5-[3]Pyridyl-pyrrolidin-2-on**, (+)-Desmethylcotinin, Formel VIII.

Gewinnung aus dem unter c) beschriebenen Racemat mit Hilfe von (1S)-2-Oxo-bornan-10-sulfonsäure: *McKennis et al.*, Am. Soc. **81** [1959] 3951, 3954.

Kristalle (aus Bzl.); F: 133—135°. $[\alpha]_D^{26}$: +60,3° [Me.; c = 1].

(1S)-2-Oxo-bornan-10-sulfonat. F: 196—198°.

b) **(S)-5-[3]Pyridyl-pyrrolidin-2-on**, (–)-Desmethylcotinin, Formel IX (R = X = H).

Vorkommen im Harn von Hunden nach Injektion von (–)-Cotinin [S. 312] (*McKennis et al.*, Am. Soc. **81** [1959] 3951, 3953; *Wada et al.*, J. med. pharm. Chem. **4** [1961] 21).

Gewinnung aus dem unter c) beschriebenen Racemat mit Hilfe von (1S)-2-Oxo-bornan-10-sulfonsäure: *McK. et al.*

Kristalle (aus Bzl.); F: 135—137,5°; $[\alpha]_D^{25}$: –60,9° [Me.; c = 1]; $[\alpha]_{546,1}^{25,5}$: –60° [Me.; c = 3] (*McK. et al.*). IR-Spektrum (CHCl₃; 2—15,4 μ): *McK. et al.*

(1S)-2-Oxo-bornan-10-sulfonat. F: 227—228° (*McK. et al.*).

c) **(±)-5-[3]Pyridyl-pyrrolidin-2-on**, (±)-Desmethylcotinin, Formel VIII + Spiegelbild.

B. Beim Hydrieren eines Gemisches von 4-Oxo-4-[3]pyridyl-buttersäure und NH_3 in Äthanol an Raney-Nickel bei 130°/80 at (*McKennis et al.*, Am. Soc. **81** [1959] 3951, 3953). Beim Behandeln von 4-Hydroxyimino-4-[3]pyridyl-buttersäure mit Zink-Pulver und Essigsäure in Äthanol (*McKennis et al.*, Am. Soc. **80** [1958] 1634). Aus (±)-4-Amino-4-[3]pyridyl-buttersäure-äthylester bei ca. 200° (*Zymalkowski, Trenktrog*, Ar. **292** [1959] 9, 13).

Kristalle; F: 113—116° [nach Sublimation] (*McK. et al.*, Am. Soc. **80** 1636), 113° [aus E.] (*Zy., Tr.*), 89—91° [aus Bzl.; nach Chromatographieren an Al_2O_3] (*McK. et al.*, Am. Soc. **81** 3954). Kristalle mit 1 Mol H_2O; F: 65—68° (*McK. et al.*, Am. Soc. **80** 1636), 66—67° (*McK. et al.*, Am. Soc. **81** 3954). IR-Spektrum ($CHCl_3$; 2—16 μ): *McK. et al.*, Am. Soc. **81** 3952.

Hydrochlorid $C_9H_{10}N_2O \cdot HCl$. Kristalle (aus Me.); F: 188—189° (*Zy., Tr.*).

Picrat $C_9H_{10}N_2O \cdot C_6H_3N_3O_7$. Kristalle (aus A.); F: 162—164° (*McK. et al.*, Am. Soc. **80** 1636).

VIII   IX   X

1-Methyl-5-[3]pyridyl-pyrrolidin-2-on $C_{10}H_{12}N_2O$.

a) **(S)-1-Methyl-5-[3]pyridyl-pyrrolidin-2-on, (−)-Cotinin**, Formel IX (R = CH_3, X = H) (H 133).

Die Konfiguration ergibt sich aus der Beziehung zu (−)-Nicotin (E III/IV **23** 1000).

Isolierung aus den fermentierten Tabakblättern: *Frankenburg, Vaitekunas*, Am. Soc. **79** [1957] 149. Vorkommen im Zigarettenrauch: *Quin*, J. org. Chem. **24** [1959] 914. Bildung aus Nicotin durch Einwirkung von Extrakten aus Rattenleber: *Hucker et al.*, Nature **183** [1959] 47.

B. Aus (*S*)-3,3-Dibrom-1-methyl-5-[3]pyridyl-pyrrolidin-2-on (s. u.) mit Hilfe von Zink-Pulver und wss. HCl in Essigsäure (*McKennis et al.*, Am. Soc. **81** [1959] 3951, 3954).

IR-Spektrum (3—16 μ): *Fr., Va.* λ_{max} (A.): 260 nm (*Quin*).

Perchlorat $C_{10}H_{12}N_2O \cdot HClO_4$. F: 218—219° (*Hu. et al.*).

Hexachloroplatinat(IV) 2 $C_{10}H_{12}N_2O \cdot H_2PtCl_6$ (H 133). F: 220° [unkorr.; Zers.] (*Fr., Va.*).

Picrat $C_{10}H_{12}N_2O \cdot C_6H_3N_3O_7$. F: 102—103° [unkorr.] (*Wada et al.*, Arch. Biochem. **79** [1959] 124, 128).

b) **(±)-1-Methyl-5-[3]pyridyl-pyrrolidin-2-on, (±)-Cotinin**, Formel IX (R = CH_3, X = H) + Spiegelbild.

B. Beim Hydrieren eines Gemisches von 4-Oxo-4-[3]pyridyl-buttersäure-äthylester und Methylamin an Raney-Nickel in Äthanol bei 150°/65 at (*Sugasawa et al.*, Pharm. Bl. **2** [1954] 39).

Tetrachloroaurat(III) $C_{10}H_{12}N_2O \cdot HAuCl_4$. Gelbe Kristalle (aus A.); F: 215° [Zers.].

Hexachloroplatinat(IV). F: 232° [Zers.].

(S)-3,3-Dibrom-1-methyl-5-[3]pyridyl-pyrrolidin-2-on $C_{10}H_{10}Br_2N_2O$, Formel IX (R = CH_3, X = Br).

Diese Konstitution kommt dem H **24** 133 als 3,5-Dibrom-1-methyl-5-[3]pyridyl-pyrrolidin-2-on formulierten Dibromcotinin zu (*Duffield et al.*, Am. Soc. **87** [1965] 2926, 2927).

B. Aus (−)-Nicotin (E III/IV **23** 1000) und Brom in wss. Essigsäure (*McKennis et al.*, Am. Soc. **81** [1959] 3951, 3954; *Bowman, McKennis*, Biochem. Prepar. **10** [1963] 36).

5-[4,5-Dihydro-3H-pyrrol-2-yl]-1H-pyridin-2-on $C_9H_{10}N_2O$, Formel X, und Tautomeres (5-[4,5-Dihydro-3H-pyrrol-2-yl]-pyridin-2-ol); **6-Hydroxy-myosmin**.

B. Aus (−)-Nornicotin (E III/IV **23** 998) durch Einwirkung von Bodenbakterien des Typs B (*Wada*, Arch. Biochem. **72** [1957] 145, 148, 149, 151; s. a. *Wada*, Arch. Biochem. **64** [1956] 244).

Kristalle (aus E.); F: 202° [unkorr.] (*Wada*, Arch. Biochem. **72** 149). IR-Spektrum (Nujol; 3700—2300 cm^{-1} und 2000—650 cm^{-1}): *Wada et al.*, Scient. Pap. central Res. Inst. Japan Monopoly Corp. Nr. 97 [1957] 27, 33; C. A. **1960** 12497. UV-Spektrum (A., wss. HCl [0,001 n] sowie wss. NaOH [0,001 n]; 210—360 nm): *Wada*, Arch. Biochem.

64 245.
Picrat. F: 195° (*Wada*, Arch. Biochem. **64** 244, **72** 149).

(±)-5-Brom-3-[1-methyl-2,5-dihydro-1H-pyrrol-2-yl]-1H-pyridin-2-on $C_{10}H_{11}BrN_2O$, Formel XI, und Tautomeres.

B. Aus (±)-5-Brom-3-[1-methyl-2,5-dihydro-1H-pyrrol-2-yl]-[2]pyridylamin mit Hilfe von $NaNO_2$ in wss. HCl (*Gol'dfarb, Kondakowa*, Izv. Akad. S.S.S.R. Otd. chim. **1951** 610, 618; C. A. **1952** 8113; *Shukowa et al.*, Izv. Akad. S.S.S.R. Otd. chim. **1952** 743, 749; engl. Ausg. S. 673, 678).
Kristalle (aus Bzl.); F: 163° [Zers.] (*Sh. et al.*). UV-Spektrum (A.; 230—300 nm): *Sh. et al.*, l. c. S. 748.
Methojodid $[C_{11}H_{14}BrN_2O]I$. Kristalle (aus Me.); F: 197° (*Go., Ko.*).

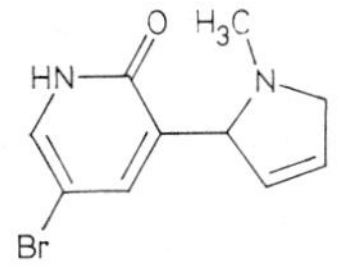

XI 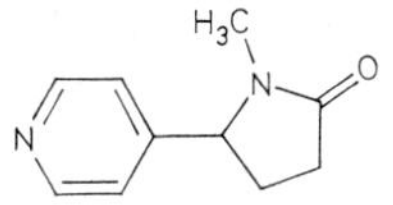   XII

(±)-1-Methyl-5-[4]pyridyl-pyrrolidin-2-on $C_{10}H_{12}N_2O$, Formel XII.
B. Beim Hydrieren eines Gemisches von 4-Oxo-4-[4]pyridyl-buttersäure-äthylester und Methylamin an Raney-Nickel in Äthanol bei ca. 150°/100 at (*Sugasawa et al.*, Pharm. Bl. **2** [1954] 37). Beim Erhitzen von 4-Oxo-4-[4]pyridyl-buttersäure-äthylester mit Methylformamid (*Su. et al.*).
Kristalle; F: 42—45°.
Picrat $C_{10}H_{12}N_2O \cdot C_6H_3N_3O_7$. Gelbe Kristalle (aus A.); F: 187—188° [Zers.].
Picrolonat. Gelbe Kristalle (aus A.); F: 222—224°.   [*Hagel*]

Oxo-Verbindungen $C_{10}H_{12}N_2O$

5-Phenyl-tetrahydro-pyrimidin-2-on $C_{10}H_{12}N_2O$, Formel I.
B. Neben 2-Phenyl-propandiyldiamin bei der Umsetzung von 3-Phenyl-glutaroyl= chlorid mit NaN_3 (*Nelles*, B. **65** [1932] 1345).
Kristalle (aus Toluol).

(±)-5-Methyl-1,5-diphenyl-pyrazolidin-3-on $C_{16}H_{16}N_2O$, Formel II.
B. Aus (±)-3-Hydroxy-3-phenyl-buttersäure-[N'-phenyl-hydrazid] (*Špašow*, Godišnik Univ. Sofia **37** Chimija [1940/41] 205, 216, 223; C. **1942** II 2577; C. A. **1944** 2324; *Špašow, Kurtew*, Godišnik Univ. Sofia **43** Chimija [1946/47] 37, 47; C. A. **1950** 1491).
Kristalle (aus Bzl. + CCl_4); F: 170—171°.

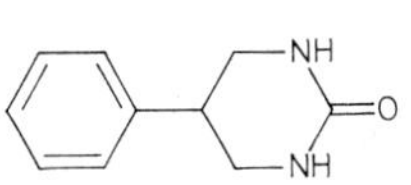

I 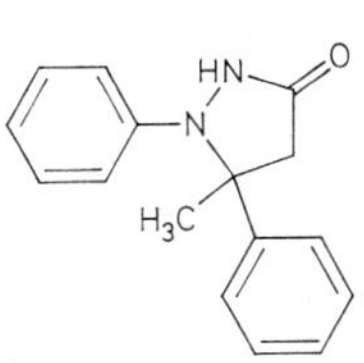   II 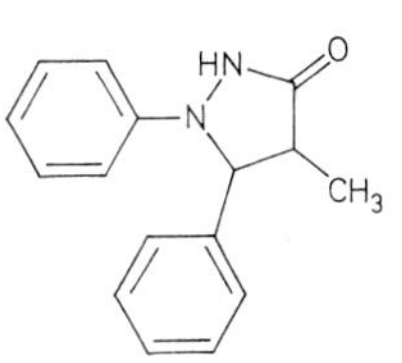   III 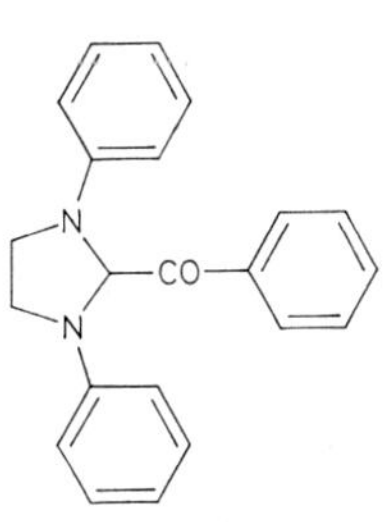   IV

*Opt.-inakt. 4-Methyl-1,5-diphenyl-pyrazolidin-3-on $C_{16}H_{16}N_2O$, Formel III.
B. Aus opt.-inakt. 3-Hydroxy-2-methyl-3-phenyl-propionsäure-[N'-phenyl-hydrazid] [F: 192—193°] (*Špašow, Kurtew*, Godišnik Univ. Sofia **43** Chimija [1946/47] 37, 46;

C. A. **1950** 1491).
Kristalle (aus wss. A.); F: 164—165°.

2-Benzoyl-1,3-diphenyl-imidazolidin, [1,3-Diphenyl-imidazolidin-2-yl]-phenyl-keton
$C_{22}H_{20}N_2O$, Formel IV.
B. Aus N,N'-Diphenyl-äthylendiamin und Phenylglyoxal (*Wanzlick, Löchel*, B. **86** [1953] 1463).
Kristalle; F: 108° [korr.].
Semicarbazon $C_{23}H_{23}N_5O$. F: 249—250°.

(±)-1,3-Diacetyl-4-benzyl-imidazolidin-2-on $C_{14}H_{16}N_2O_3$, Formel V.
B. Bei der Hydrierung von 1,3-Diacetyl-4-benzyl-1,3-dihydro-imidazol-2-on an Pal≠
ladium/Kohle in Essigsäure (*Hoffmann-La Roche*, U.S.P. 2514380 [1946]).
Kristalle (aus A.); F: 82—83°.

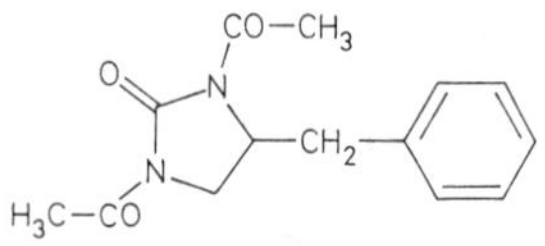

V 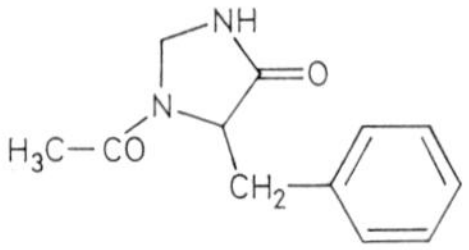   VI 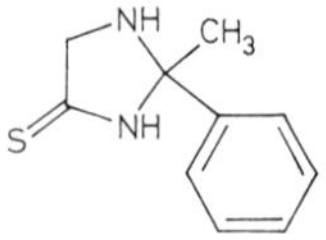   VII

(±)-1-Acetyl-5-benzyl-imidazolidin-4-on $C_{12}H_{14}N_2O_2$, Formel VI.
B. Aus (±)-1-Acetyl-5-benzyl-2-thioxo-imidazolidin-4-on mit Hilfe von Raney-Nickel
(*Edward, Martlew*, Chem. and Ind. **1954** 193).
F: 181—182°. λ_{max} (H_2O): 204 nm.

(±)-2-Methyl-2-phenyl-imidazolidin-4-thion $C_{10}H_{12}N_2S$, Formel VII.
B. Aus Glycin-nitril, Acetophenon und H_2S (*Cook et al.*, Soc. **1949** 1061, 1063).
Kristalle (aus wss. A.); F: 157°.

(±)-4-Methyl-4-phenyl-imidazolidin-2-on $C_{10}H_{12}N_2O$, Formel VIII (R = X = H).
B. Aus (±)-4-Methyl-4-phenyl-5-thioxo-imidazolidin-2-on mit Hilfe von Raney-Nickel
(*Carrington et al.*, Soc. **1953** 3105, 3108).
F: 200—201°.

(±)-1,4-Dimethyl-4-phenyl-imidazolidin-2-on $C_{11}H_{14}N_2O$, Formel VIII (R = CH₃,
X = H).
B. Analog der vorangehenden Verbindung (*Carrington et al.*, Soc. **1953** 3105, 3108).
F: 130°.

(±)-4-[4-Chlor-phenyl]-4-methyl-imidazolidin-2-on $C_{10}H_{11}ClN_2O$, Formel VIII (R = H,
X = Cl).
B. Beim Erwärmen von (±)-5-[4-Chlor-phenyl]-5-methyl-imidazolidin-2,4-dion mit
LiAlH₄ in Äther (*Marshall*, Am. Soc. **78** [1956] 3696).
Kristalle (aus A.); F: 217—219°.

(±)-5-Methyl-5-phenyl-imidazolidin-4-on $C_{10}H_{12}N_2O$, Formel IX (R = H).
B. Aus (±)-5-Methyl-5-phenyl-2-thioxo-imidazolidin-4-on mit Hilfe von Raney-Nickel
(*Carrington et al.*, Soc. **1953** 3105, 3108).
F: 119°.

(±)-1,5-Dimethyl-5-phenyl-imidazolidin-4-on $C_{11}H_{14}N_2O$, Formel IX (R = CH₃).
B. Analog der vorangehenden Verbindung (*Carrington et al.*, Soc. **1953** 3105, 3108).
F: 130—131°.

VIII   IX   X   XI

(±)-1,5c-Dimethyl-4r-phenyl-imidazolidin-2-on $C_{11}H_{14}N_2O$, Formel X + Spiegelbild.
Konfiguration: *Fodor, Recent Devel. Chem. nat. Carbon Compounds* **1** [1965] 13, 42.
B. Aus (±)-Ephedrin [E III **13** 1723] (*Close,* J. org. Chem. **15** [1950] 1131, 1133)
oder aus (±)-*N*-Carbamoyl-ephedrin (*Fodor, Koczka,* Soc. **1952** 850, 853) und Harnstoff.
Bei der Hydrierung von 1,5-Dimethyl-4-phenyl-1,3-dihydro-imidazol-2-on an Palladium/
Kohle in Essigsäure (*Hoffmann-La Roche,* U.S.P. 2514380 [1946]).
Kristalle; F: 145—146° [aus H_2O] (*Hoffmann-La Roche*), 144,5—145° [unkorr.; aus
A.] (*Cl.*).

(±)-4-Methyl-1,3,4,5-tetrahydro-benzo[*b*][1,4]diazepin-2-on $C_{10}H_{12}N_2O$, Formel XI
(X = H).
B. Beim Erhitzen von *o*-Phenylendiamin mit Crotonsäure auf 200° (*Ried, Urlass,* B.
86 [1953] 1101, 1102) oder mit (±)-3-Brom-buttersäure auf 100° (*Ried, Torinus,* B. **92**
[1959] 2902, 2911). Beim Hydrieren von 4-Methyl-1,3-dihydro-benzo[*b*][1,4]diazepin-2-on
an Raney-Nickel in Methanol (*Ried, Stahlhofen,* B. **90** [1957] 825, 827).
Kristalle; F: 188° [aus Me. oder E.] (*Ried, St.*), 187° [aus Bzl.] (*Ried, To.*), 186° [aus
Me.] (*Ried, Ur.*).
Picrat $C_{10}H_{12}N_2O \cdot C_6H_3N_3O_7$. Gelbe Kristalle (aus A.); F: 200° [Zers.] (*Ried, St.*).
Kristalle (aus Me.) mit 1 Mol Methanol; F: 203° (*Ried, Ur.*).
Acetyl-Derivat $C_{12}H_{14}N_2O_2$;   (±)-5-Acetyl-4-methyl-1,3,4,5-tetrahydro-
benzo[*b*][1,4]diazepin-2-on. Kristalle (aus PAe.); F: 190° (*Ried, St.*), 177° (*Ried, Ur.*).

(±)-5-Amino-4-methyl-1,3,4,5-tetrahydro-benzo[*b*][1,4]diazepin-2-on $C_{10}H_{13}N_3O$,
Formel XI (X = NH_2).
B. Beim Behandeln von (±)-4-Methyl-5-nitroso-1,3,4,5-tetrahydro-benzo[*b*][1,4]di=
azepin-2-on mit Zink-Pulver und Essigsäure in Äthanol (*Ried, Urlass,* B. **86** [1953]
1101, 1103).
Kristalle (aus Bzl.); F: 176°.
Oxalat $C_{10}H_{13}N_3O \cdot C_2H_2O_4$. Kristalle (aus E.); F: 173° [Zers.].
Benzyliden-Derivat $C_{17}H_{17}N_3O$;   (±)-5-Benzylidenamino-4-methyl-1,3,4,5-
tetrahydro-benzo[*b*][1,4]diazepin-2-on. Gelbe Kristalle (aus Me.); F: 184°.
[2-Nitro-benzyliden]-Derivat $C_{17}H_{16}N_4O_3$;   (±)-4-Methyl-5-[2-nitro-benz=
ylidenamino]-1,3,4,5-tetrahydro-benzo[*b*][1,4]diazepin-2-on.   Gelbrote Kri=
stalle (aus Me.); F: 201°.
Benzhydryliden-Derivat $C_{23}H_{21}N_3O$;   (±)-5-Benzhydrylidenamino-
4-methyl-1,3,4,5-tetrahydro-benzo[*b*][1,4]diazepin-2-on. Gelbe Kristalle (aus
Me.); F: 204°.
Diacetyl-Derivat $C_{14}H_{17}N_3O_3$; (±)-5-Diacetylamino-4-methyl-1,3,4,5-tetra=
hydro-benzo[*b*][1,4]diazepin-2-on. Kristalle (aus $CHCl_3$ + Ae.); F: 170°.

(±)-4-Methyl-5-nitroso-1,3,4,5-tetrahydro-benzo[*b*][1,4]diazepin-2-on $C_{10}H_{11}N_3O_2$,
Formel XI (X = NO).
B. Beim Behandeln von (±)-4-Methyl-1,3,4,5-tetrahydro-benzo[*b*][1,4]diazepin-2-on
mit $NaNO_2$ in wss. Essigsäure (*Ried, Urlass,* B. **86** [1953] 1101, 1103; *Ried, Stahlhofen,*
B. **90** [1957] 825, 828).
Kristalle (aus Me.); F: 185° (*Ried, Ur.*), 184° (*Ried, St.*).

2,2-Dimethyl-2,3-dihydro-1*H*-chinazolin-4-on $C_{10}H_{12}N_2O$, Formel XII (X = O).
Die Konstitution der von *Carrington* (Soc. **1955** 2527) beim Erwärmen [15 h] von

Anthranilamid mit Aceton und wss. HCl erhaltenen, als 2,2-Dimethyl-1,2-di=
hydro-chinazolin-4-ol formulierten Verbindung ($C_{10}H_{12}N_2O$; Kristalle [aus Me.];
F: 262°) ist ungewiss (*Böhme, Böing*, Ar. **293** [1960] 1011, 1012).

B. Beim Erwärmen [15 min] von Anthranilamid mit Aceton und HCl auf 40° (*Bö., Bö.*,
l. c. S. 1016).

Farblose, blauviolett fluorescierende Kristalle (aus H_2O); F: 182° [unter partieller
Sublimation]; λ_{max}: 222 nm, 255 nm und 344 nm (*Bö., Bö.*).

2,2-Dimethyl-2,3-dihydro-1H-chinazolin-4-thion $C_{10}H_{12}N_2S$, Formel XII (X = S).

B. Beim Behandeln von 2-Amino-thiobenzoesäure-amid mit Aceton und HCl (*Böhme,
Böing*, Ar. **293** [1960] 1011, 1017; s. a. *Carrington*, Soc. **1955** 2527).

Gelbe Kristalle; F: 163° [aus A. oder H_2O] (*Bö., Bö.*), 151—152° [aus wss. Me.]
(*Ca.*). λ_{max}: 235 nm, 266 nm, 320 nm und 380 nm (*Bö., Bö.*).

5-Propyl-1,3-dihydro-benzimidazol-2-on $C_{10}H_{12}N_2O$, Formel XIII, und Tautomere.

B. Beim Behandeln von 4-Propyl-o-phenylendiamin mit $COCl_2$ und wss. HCl (*Clark,
Pessolano*, Am. Soc. **80** [1958] 1657, 1658).

Kristalle (aus wss. A.); F: 239—241°.

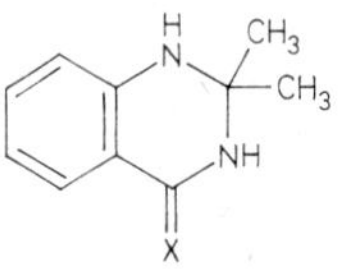

XII	XIII	XIV	XV

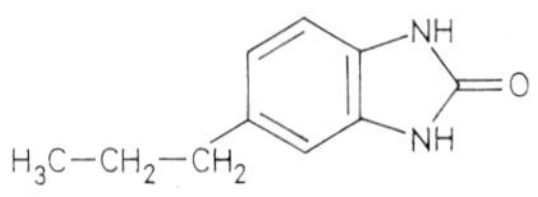

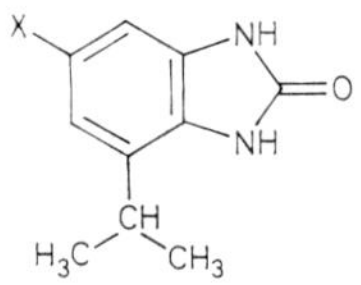

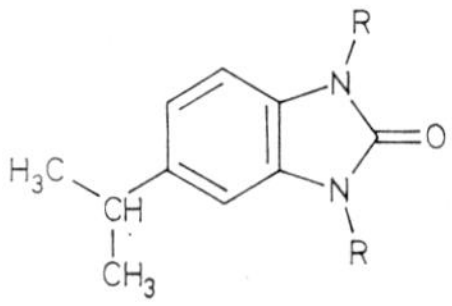

4-Isopropyl-1,3-dihydro-benzimidazol-2-on $C_{10}H_{12}N_2O$, Formel XIV (X = H), und
Tautomere.

B. Bei der Hydrierung von 6-Brom-4-isopropyl-1,3-dihydro-benzimidazol-2-on (*Clark,
Pessolano*, Am. Soc. **80** [1958] 1657, 1658).

Kristalle (aus A.); F: 232—233°.

6-Brom-4-isopropyl-1,3-dihydro-benzimidazol-2-on $C_{10}H_{11}BrN_2O$, Formel XIV (X = Br),
und Tautomere.

B. Aus Essigsäure-[4-brom-2-isopropyl-6-nitro-anilid] über mehrere Stufen (*Clark,
Pessolano*, Am. Soc. **80** [1958] 1657, 1658).

Kristalle (aus wss. A.); F: 245—249°.

5-Isopropyl-1,3-dihydro-benzimidazol-2-on $C_{10}H_{12}N_2O$, Formel XV (R = H).

B. Beim Behandeln von 4-Isopropyl-o-phenylendiamin mit $COCl_2$ und wss. HCl (*Clark,
Pessolano*, Am. Soc. **80** [1958] 1657, 1658).

Kristalle (aus A.); F: 270—272°.

5-Isopropyl-1,3-dimethyl-1,3-dihydro-benzimidazol-2-on $C_{12}H_{16}N_2O$, Formel XV
(R = CH_3).

B. Aus 5-Isopropyl-1,3-dihydro-benzimidazol-2-on und CH_3I (*Clark, Pessolano*, Am.
Soc. **80** [1958] 1657, 1659).

Kristalle (aus wss. A.); F: 142—143°.

(±)-3′,4′,5′,6′-Tetrahydro-1′H-[2,3′]bipyridyl-2′-on, (±)-3-[2]Pyridyl-piperidin-
2-on $C_{10}H_{12}N_2O$, Formel I.

B. Beim Hydrieren von (±)-4-Cyan-2-[2]pyridyl-buttersäure-äthylester an Raney-
Nickel in Äthanol (*Hill et al.*, Am. Soc. **81** [1959] 737).

Kristalle (aus A.); F: 145—147,5° [unkorr.].

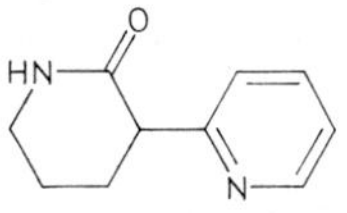

I 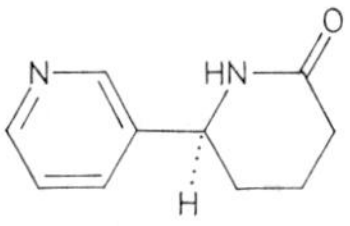   II 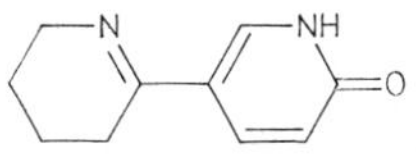   III

(S)-2,3,4,5-Tetrahydro-1H-[2,3']bipyridyl-6-on, (S)-6-[3]Pyridyl-piperidin-2-on
$C_{10}H_{12}N_2O$, Formel II.

B. Beim Erhitzen von (S)-5-Amino-5-[3]pyridyl-valeriansäure-dihydrochlorid (E III/IV
22 6755 als Racemat beschrieben) auf 160° (*Menschikoff et al.*, B. **67** [1934] 1157; *Gol'dfarb
et al.*, Izv. Akad. S.S.S.R. Otd. chim. **1962** 2209, 2211, 2215; engl. Ausg. S. 2112, 2113,
2116).

Kristalle; F: 147—147,5° [aus PAe.] (*Me. et al.*), 146—147° [aus Nonan] (*Go. et al.*).
$[\alpha]_D^{21}$: −61° [$CHCl_3$; p = 2] (*Go. et al.*). λ_{max} (A. sowie äthanol. HCl): 262 nm (*Go. et al.*).

3,4,5,6-Tetrahydro-1'H-[2,3']bipyridyl-6'-on(?) $C_{10}H_{12}N_2O$, vermutlich Formel III, und
Tautomeres (3,4,5,6-Tetrahydro-[2,3']bipyridyl-6-ol(?)); 6'-Hydroxy-1,2-di=
dehydro-anabasin(?).

B. Aus (−)-Anabasin (E III/IV 23 1023) durch Einwirkung von Pseudomonas-Arten
(*Wada*, Arch. Biochem. **72** [1957] 145, 149, 154).

Kristalle (aus E.); F: 164° (*Wada*). IR-Spektrum (Nujol; 3600—650 cm⁻¹): *Wada et al.*,
Scient. Pap. central. Res. Inst. Japan Monopoly Corp. Nr. 97 [1957] 27, 33; C. A. **1960**
12497.

Picrat. F: 215° (*Wada*).

**5,6,7,8-Tetrachlor-9,9-dimethoxy-(4at,8at)-1,4,4a,5,8,8a-hexahydro-1r,4c;5t,8t-di=
methano-phthalazin-2,3-dicarbonsäure-diäthylester** $C_{18}H_{22}Cl_4N_2O_6$, Formel IV.

B. Aus 2,3-Diaza-norborn-5-en-2,3-dicarbonsäure-diäthylester und 1,2,3,4-Tetrachlor-
5,5-dimethoxy-cyclopenta-1,3-dien (*Kuderna et al.*, Am. Soc. **81** [1959] 382, 383, 385).

F: 125—126° [unkorr.].

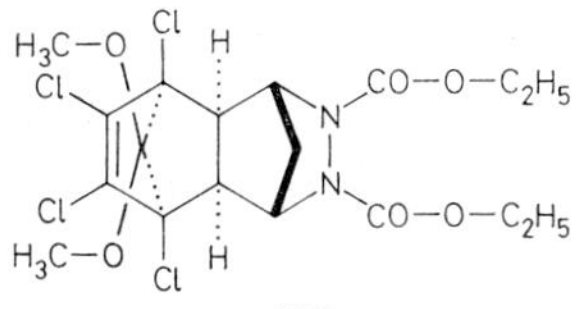

IV 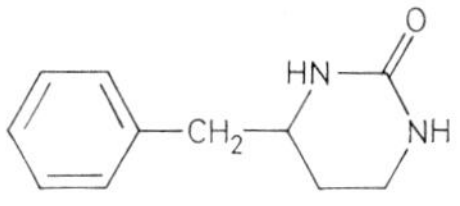   V 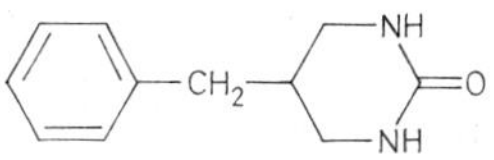   VI

Oxo-Verbindungen $C_{11}H_{14}N_2O$

(±)-4-Benzyl-tetrahydro-pyrimidin-2-on $C_{11}H_{14}N_2O$, Formel V.

B. Bei der Hydrierung von 6-Benzyl-1H-pyrimidin-2,4-dion an Raney-Nickel in
Äthanol bei 225°/165 at oder an Kupferoxid-Chromoxid in Äthanol bei 200°/210 at (*Ambelang, Johnson*, Am. Soc. **61** [1939] 74).

Kristalle (aus wss. A.); F: 184—185°.

5-Benzyl-tetrahydro-pyrimidin-2-on $C_{11}H_{14}N_2O$, Formel VI.

B. Bei der Hydrierung von 5-Benzyl-1H-pyrimidin-2,4-dion an Kupferoxid-Chrom=
oxid in Äthanol bei 200°/195 at (*Ambelang, Johnson*, Am. Soc. **61** [1939] 74).

Kristalle (aus wss. A.); F: 214—215°.

5-Methyl-5-phenyl-tetrahydro-pyrimidin-2-on $C_{11}H_{14}N_2O$, Formel VII.

B. Beim Erhitzen von 2-Methyl-2-phenyl-propandiyldiamin mit Diphenylcarbonat auf
160—170° (*Skinner et al.*, Am. Soc. **79** [1957] 3786). Beim Erhitzen von 2-Methyl-2-phenyl-
1,3-diureido-propan auf 260° (*Sk. et al.*).

Kristalle (aus wss. A.); F: 217—219°.

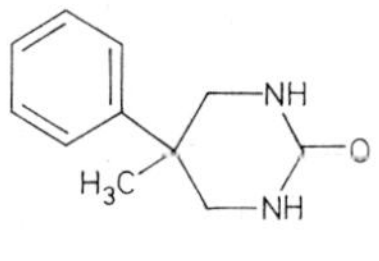

VII 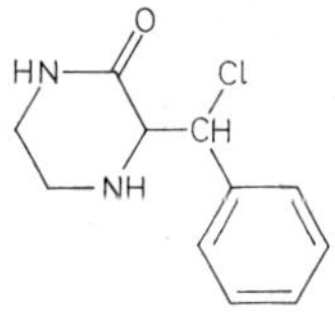   VIII 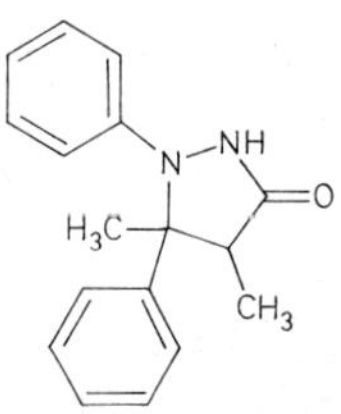   IX

*Opt.-inakt. 3-[α-Chlor-benzyl]-piperazin-2-on $C_{11}H_{13}ClN_2O$, Formel VIII.
  B. Beim Behandeln von opt.-inakt. 7-Phenyl-1,4-diaza-norcaran-5-on (S. 515) mit
äther. HCl in Aceton (*Moureu et al.*, Bl. **1956** 1785).
  Unbeständige Kristalle; F: 110° [korr.; Zers.].
  Hydrochlorid $C_{11}H_{13}ClN_2O \cdot HCl$. Kristalle (aus Me.); F: 210° [korr.].

---

*Opt.-inakt. 4,5-Dimethyl-1,5-diphenyl-pyrazolidin-3-on $C_{17}H_{18}N_2O$, Formel IX.
  B. Aus opt.-inakt. 3-Hydroxy-2-methyl-3-phenyl-buttersäure-[N'-phenyl-hydrazid]
[E III **15** 198] (*Špašow, Kurtew*, Godišnik Univ. Sofia **43** Chimija [1946/47] 37, 47; C. A.
1950 1491).
  Kristalle (aus Me.); F: 220,5 − 222°.

(±)-*cis*(?)-4-Benzyl-5-methyl-imidazolidin-2-on $C_{11}H_{14}N_2O$, vermutlich Formel X
+ Spiegelbild.
  B. Beim Hydrieren von 1,3-Diacetyl-4-benzyl-5-methyl-1,3-dihydro-imidazol-2-on an
Palladium/Kohle in Essigsäure und Behandeln des Reaktionsprodukts mit wss. NaOH
(*Hoffmann-La Roche*, U.S.P. 2441935 [1946], 2514380 [1946]).
  Kristalle (aus H_2O); F: 134−135°.

(±)-5-Äthyl-5-phenyl-imidazolidin-4-on $C_{11}H_{14}N_2O$, Formel XI.
  B. Aus 5-Äthyl-5-phenyl-2-thioxo-imidazolidin-4-on mit Hilfe von Raney-Nickel
(*Carrington et al.*, Soc. **1953** 3105, 3108) oder von Natrium und Isopentylalkohol (*Whalley
et al.*, Am. Soc. **77** [1955] 745, 748).
  Kristalle; F: 142−143° (*Ca. et al.*), 140−142° [unkorr.; aus A.] (*Wh. et al.*).

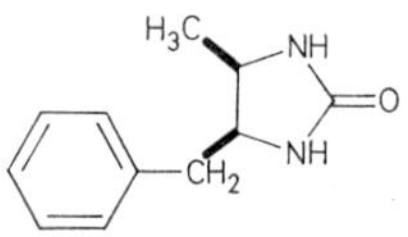

X 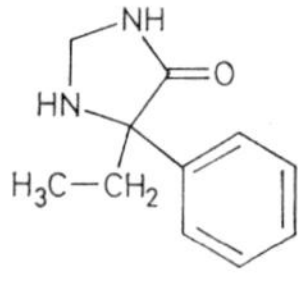   XI 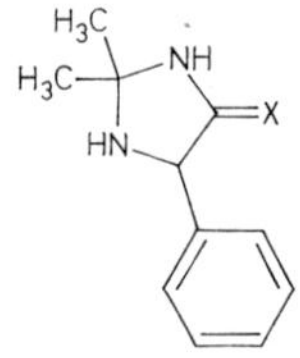   XII

(±)-2,2-Dimethyl-5-phenyl-imidazolidin-4-on $C_{11}H_{14}N_2O$, Formel XII (X = O).
  B. Beim Erhitzen von 5-Imino-2,2-dimethyl-4-phenyl-oxazolidin mit Pyridin (*Davis,
Levy*, Soc. **1951** 3479, 3485).
  Kristalle (aus E.); F: 154°.
  Reaktion mit Benzaldehyd: *Da., Levy*, l. c. S. 3482, 3488.
  Methyl-Derivat $C_{12}H_{16}N_2O$; 2,2,3(?)-Trimethyl-5-phenyl-imidazolidin-
4-on(?). Kristalle (aus PAe.); F: 158−159°.
  Acetyl-Derivat $C_{13}H_{16}N_2O_2$; 1(?)-Acetyl-2,2-dimethyl-5-phenyl-imidazol=
idin-4-on. Kristalle (aus Bzl.); F: 182°.

(±)-2,2-Dimethyl-5-phenyl-imidazolidin-4-thion $C_{11}H_{14}N_2S$, Formel XII (X = S).
  B. Aus (±)-Amino-phenyl-acetonitril, Aceton und H_2S (*Cook et al.*, Soc. **1949** 1061,
1063). Aus (±)-Amino-phenyl-thioessigsäure-amid und Aceton (*Abe*, J. chem. Soc.

Japan **67** [1946] 111; C. A. **1951** 611; *Cook et al.*, l. c. S. 1064).
Kristalle; F: 164° [Zers.; aus A.] (*Abe*), 164° [aus wss. A.] (*Cook et al.*).
Reaktion mit HNO$_2$, mit CH$_3$I und mit Anilin: *Cook et al.*
Hydrochlorid C$_{11}$H$_{14}$N$_2$S·HCl. Kristalle; F: 182° [aus A.] (*Cook et al.*); Zers. bei
175—176° (*Abe*).
Picrat. Rötlichgelbe Kristalle (aus H$_2$O); F: 212° [nach Dunkelfärbung bei 185°]
(*Cook et al.*).
Acetyl-Derivat C$_{13}$H$_{16}$N$_2$OS; 1-Acetyl-2,2-dimethyl-5-phenyl-imidazol=
idin-4-thion. Kristalle (aus E. + PAe.); F: 213—214° (*Cook et al.*).
Benzoyl-Derivat C$_{18}$H$_{18}$N$_2$OS; 1-Benzoyl-2,2-dimethyl-5-phenyl-imidazol=
idin-4-thion. Kristalle (aus wss. A.); F: 236—237° (*Cook et al.*).

(±)-**5,5-Dimethyl-2-phenyl-imidazolidin-4-thion** C$_{11}$H$_{14}$N$_2$S, Formel XIII.
B. Neben anderen Verbindungen beim Behandeln von α-Benzylidenamino-isobutyro=
nitril mit H$_2$S und wenig Pyridin in Benzol (*Chambon, Boucherle*, Bl. **1954** 907, 909).
F: 124—127° [korr.].

(±)-**3-Isopropyl-7-nitro-3,4-dihydro-1H-chinoxalin-2-on** C$_{11}$H$_{13}$N$_3$O$_3$, Formel XIV.
B. Beim Erwärmen von *N*-[2,4-Dinitro-phenyl]-DL-valin mit [NH$_4$]$_2$S in Äthanol und
anschliessend mit wss. HCl (*Scoffone et al.*, G. **87** [1957] 354, 356, 359).
Gelbe Kristalle (aus wss. A.); F: 221,5—222,5° [unkorr.; Zers.]. λ_{max} (A.): 285 nm und
400 nm (*Sc. et al.*, l. c. S. 361).

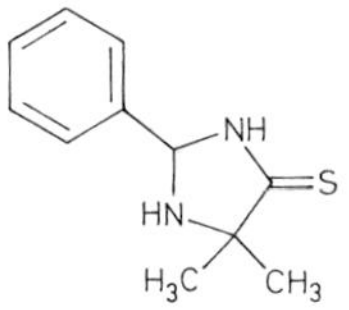

XIII 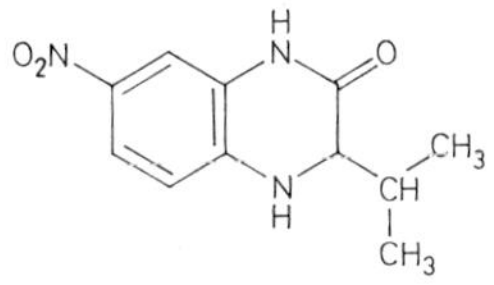   XIV 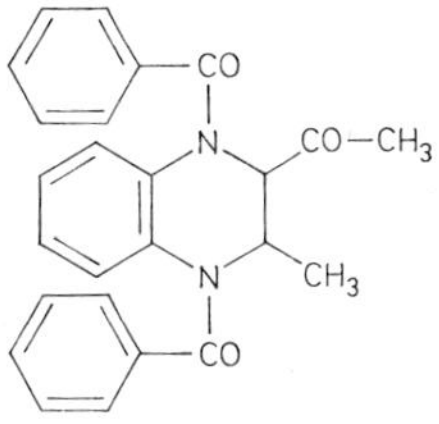   XV

*Opt.-inakt. **2-Acetyl-1,4-dibenzoyl-3-methyl-1,2,3,4-tetrahydro-chinoxalin, 1-[1,4-Di=
benzoyl-3-methyl-1,2,3,4-tetrahydro-chinoxalin-2-yl]-äthanon** C$_{25}$H$_{22}$N$_2$O$_3$, Formel XV.
B. Neben anderen Verbindungen beim Hydrieren von 1-[3-Methyl-chinoxalin-2-yl]-
äthanon an Palladium/Kohle in Äthanol und Erwärmen des Reaktionsprodukts mit Benz=
oylchlorid und Pyridin (*Barltrop et al.*, Soc. **1959** 1423, 1428).
Kristalle (aus Bzl. + PAe.); F: 116°.

1-[4-Brom-phenyl]-3,5,5,7(oder 3,5,7,7)-tetramethyl-1,5(oder 1,7)-dihydro-indazol-4-on
C$_{17}$H$_{17}$BrN$_2$O, Formel I (R = C$_6$H$_4$-Br(*p*)) oder II (R = C$_6$H$_4$-Br(*p*)), oder **2-[4-Brom-
phenyl]-3,5,5,7(oder 3,5,7,7)-tetramethyl-2,5(oder 2,7)-dihydro-indazol-4-on**
C$_{17}$H$_{17}$BrN$_2$O, Formel III (R = C$_6$H$_4$-Br(*p*)) oder IV (R = C$_6$H$_4$-Br(*p*)).
B. Aus Dehydroangustion (E III 7 4567) und [4-Brom-phenyl]-hydrazin (*Gibson et al.*,
Soc. **1930** 1184, 1199).
Kristalle (aus A.); F: 247—248°.

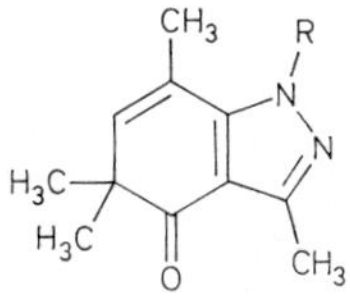

I 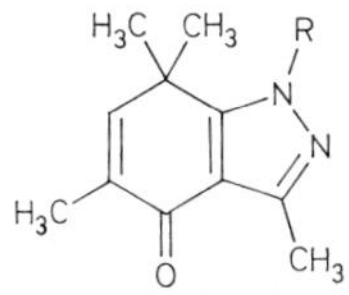   II 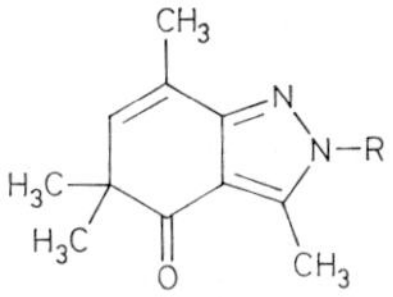   III 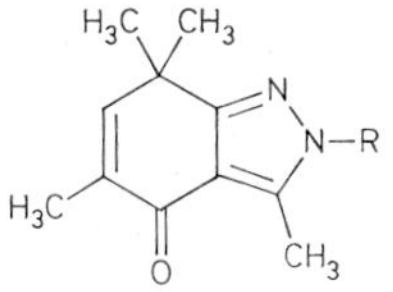   IV

3,5,5,7(oder 3,5,7,7)-Tetramethyl-4-oxo-4,5(oder 4,7)-dihydro-indazol-1-carbonsäure-amid $C_{12}H_{15}N_3O_2$, Formel I (R = CO-NH$_2$) oder II (R = CO-NH$_2$), oder **3,5,5,7(oder 3,5,7,7)-Tetramethyl-4-oxo-4,5(oder 4,7)-dihydro-indazol-2-carbonsäure-amid** $C_{12}H_{15}N_3O_2$, Formel III (R = CO-NH$_2$) oder IV (R = CO-NH$_2$).

B. Aus Dehydroangustion (E III 7 4567) und Semicarbazid (*Gibson et al.*, Soc. **1930** 1184, 1190, 1199).

a) Blau fluorescierende Kristalle (aus CHCl$_3$ + Bzl.); Zers. bei 138—139°; in farblose Kristalle vom F: 164° überführbar. — b) Kristalle (aus wss. A.) mit 1 Mol H$_2$O; Zers. bei 173—175°.

5-Butyl-1,3-dihydro-benzimidazol-2-on $C_{11}H_{14}N_2O$, Formel V (R = [CH$_2$]$_3$-CH$_3$, R' = H), und Tautomere.

B. Beim Behandeln von 4-Butyl-*o*-phenylendiamin mit COCl$_2$ und wss. HCl (*Clark, Pessolano*, Am. Soc. **80** [1958] 1657, 1658).

Kristalle (aus wss. A.); F: 250°.

(±)-5-*sec*-Butyl-1,3-dihydro-benzimidazol-2-on $C_{11}H_{14}N_2O$, Formel V (R = CH(CH$_3$)-CH$_2$-CH$_3$, R' = H), und Tautomere.

B. Analog der vorangehenden Verbindung (*Clark, Pessolano*, Am. Soc. **80** [1958] 1657, 1658).

Kristalle (aus wss. A.); F: 253—254°.

5-*tert*-Butyl-1,3-dihydro-benzimidazol-2-on $C_{11}H_{14}N_2O$, Formel V (R = C(CH$_3$)$_3$, R' = H), und Tautomere.

B. Aus 4-*tert*-Butyl-2-nitro-anilin über mehrere Stufen (*Clark, Pessolano*, Am. Soc. **80** [1958] 1657, 1658).

Kristalle (aus wss. A.); F: 310°.

5-*tert*-Butyl-1,3-dimethyl-1,3-dihydro-benzimidazol-2-on $C_{13}H_{18}N_2O$, Formel V (R = C(CH$_3$)$_3$, R' = CH$_3$).

B. Aus 5-*tert*-Butyl-1,3-dihydro-benzimidazol-2-on und CH$_3$I (*Clark, Pessolano*, Am. Soc. **80** [1958] 1657, 1659).

Kristalle (aus wss. A.); F: 180—181°.

1,3-Diacetyl-5-*tert*-butyl-1,3-dihydro-benzimidazol-2-on $C_{15}H_{18}N_2O_3$, Formel V (R = C(CH$_3$)$_3$, R' = CO-CH$_3$).

B. Aus 5-*tert*-Butyl-1,3-dihydro-benzimidazol-2-on und Acetanhydrid (*Clark, Pessolano*, Am. Soc. **80** [1958] 1657, 1659).

Kristalle (aus E. + PAe.); F: 127—130°.

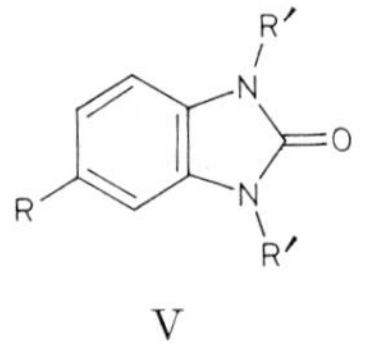

V 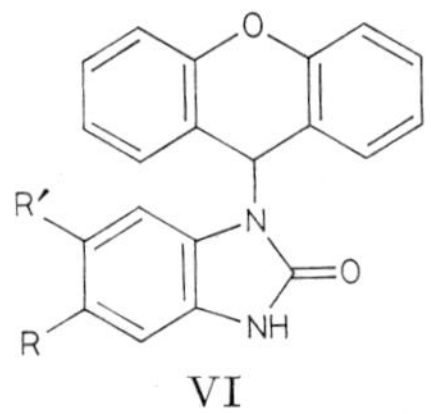   VI 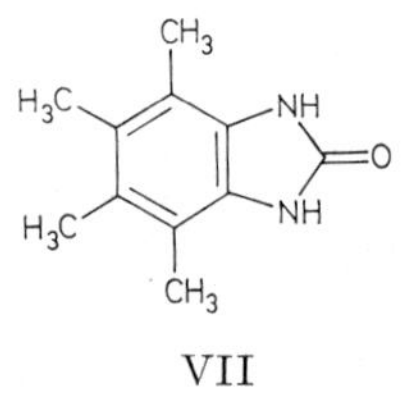   VII

5-*tert*-Butyl-1,3-bis-[2-diäthylamino-äthyl]-1,3-dihydro-benzimidazol-2-on $C_{23}H_{40}N_4O$, Formel V (R = C(CH$_3$)$_3$, R' = CH$_2$-CH$_2$-N(C$_2$H$_5$)$_2$).

B. Aus 5-*tert*-Butyl-1,3-dihydro-benzimidazol-2-on und Diäthyl-[2-halogen-äthyl]-amin (*Clark, Pessolano*, Am. Soc. **80** [1958] 1657, 1660).

Diperchlorat $C_{23}H_{40}N_4O \cdot 2$ HClO$_4$. Kristalle (aus wss. A.); F: 140°.

5(oder 6)-*tert*-Butyl-1-xanthen-9-yl-1,3-dihydro-benzimidazol-2-on $C_{24}H_{22}N_2O_2$, Formel VI (R = C(CH$_3$)$_3$, R' = H oder R' = C(CH$_3$)$_3$, R = H), und Tautomeres.

B. Aus 5-*tert*-Butyl-1,3-dihydro-benzimidazol-2-on und Xanthen-9-ol (*Clark, Pessolano*,

Am. Soc. **80** [1958] 1657, 1659).
Kristalle (aus E.); F: 253—254°.

4,5,6,7-Tetramethyl-1,3-dihydro-benzimidazol-2-on $C_{11}H_{14}N_2O$, Formel VII, und Tautomeres.

B. Beim Erhitzen von 3,4,5,6-Tetramethyl-*o*-phenylendiamin mit Harnstoff (*Clark*, *Pessolano*, Am. Soc. **80** [1958] 1657, 1658).
Kristalle (aus wss. Eg.); F: 313—314°.

(±)-2-[1-Methyl-pyrrolidin-2-yl]-1-[3]pyridyl-äthanon $C_{12}H_{16}N_2O$, Formel VIII.

B. Aus 3-Oxo-3-[3]pyridyl-propionsäure-äthylester und 4-Methylamino-butyraldehyd-diäthylacetal (*Anet et al.*, Austral. J. scient. Res. [A] **2** [1949] 616, 620).
$Kp_{1,3}$: 163°.
Dipicrat $C_{12}H_{16}N_2O \cdot 2 C_6H_3N_3O_7$. Gelbe Kristalle (aus Acn.); F: 164—165°.

(±)-2-Phenyl-1,2,4,4a,5,6,7,8-octahydro-benz[*f*]indazol-3-on $C_{17}H_{18}N_2O$, Formel IX (R = C_6H_5), und Tautomere.

B. Beim Erhitzen von opt.-inakt. 8a-Acetoxy-1-acetyl-2-phenyl-1,2,4,4a,5,6,7,8.8a,9-decahydro-benz[*f*]indazol-3-on (F: 122°) auf ca. 300° unter vermindertem Druck (*Mannich et al.*, B. **70** [1937] 355, 358).
Kristalle (aus A.); F: 205°.

(±)-3-Oxo-1,3,4,4a,5,6,7,8-octahydro-benz[*f*]indazol-2-carbonsäure-amid $C_{12}H_{15}N_3O_2$, Formel IX (R = CO-NH$_2$), und Tautomere.

B. Beim Behandeln von (±)-2-[1-Formyl-2-oxo-cyclohexylmethyl]-acetessigsäure-äthylester mit HBr in Essigsäure und Behandeln des Reaktionsprodukts mit Semicarb= azid-acetat in Methanol (*Wieland*, *Miescher*, Helv. **33** [1950] 2215, 2224).
Kristalle (aus A.) ohne definierten Schmelzpunkt.

VIII   IX   X

1,2,3,4,5,6-Hexahydro-1,5-methano-pyrido[1,2-*a*][1,5]diazocin-8-on $C_{11}H_{14}N_2O$.

a) **(1*R*)-1,2,3,4,5,6-Hexahydro-1*r*,5*c*-methano-pyrido[1,2-*a*][1,5]diazocin-8-on**, **(−)-Cytisin**, Formel X (R = H) (H 134; E I 244; E II 70).
Bestätigung der Konstitution: *Späth*, *Galinovsky*, B. **69** [1936] 761, **71** [1938] 721, **76** [1943] 947. Konfiguration: *Okuda et al.*, Chem. pharm. Bl. **13** [1965] 491, 496.
Isolierung aus Baptisia-Arten: *Marion*, *Ouellet*, Am. Soc. **70** [1948] 691; *Marion*, *Turcotte*, Am. Soc. **70** [1948] 3253; *Marion*, *Cockburn*, Am. Soc. **70** [1948] 3472; aus Cytisus-Arten und Genista-Arten: *White*, New Zealand J. Sci. Technol. [B] **27** [1946] 335, 339, 474; aus Genista-Arten: *Norkina et al.*, Ž. obšč. Chim. **7** [1937] 906, 909; C. **1937** II 1205; *Ribas*, *Vega*, Ion **13** [1953] 148, 153; aus Maackia (Cladrastis) amurensis: *Nikonow*, Apteč. Delo **5** [1956] Nr. 3, S. 30, 31; C. A. **1957** 5369; aus Sophora chrysephylla: *Briggs*, *Russell*, Soc. **1942** 507; aus Spartium junceum: *Seoane*, *Ribas*, An. Soc. españ. [B] **47** [1951] 625, 627, 631, 636; *Ribas*, *Seoane*, An. Edafol. Fisiol. vegetal **12** [1953] 695; aus Thermopsis lanceolata: *Tsarev*, C. r. Doklady **42** [1944] 122; aus Ulex-Arten: *Ribas*, *Basanta*, An. Soc. españ. [B] **48** [1952] 161, 167.
Gewinnung aus dem unter c) beschriebenen Racemat mit Hilfe von (1*S*)-2-Oxo-bornan-10-sulfonsäure: *Bohlmann et al.*, B. **89** [1956] 792, 798; *van Tamelen*, *Baran*, Am. Soc. **80** [1958] 4659, 4669.
Kristalle; F: 156—157° [aus A. + Acn.] (*Briggs*, *Mangan*, Soc. **1948** 1889), 155—156° [aus Acn.] (*Norkina et al.*, Ž. obšč. Chim. **7** [1937] 906, 909; C. **1937** II 1205), 155°

[aus Acn.] (*Seoane, Ribas*, An. Soc. españ. [B] **47** [1951] 625, 632). $[\alpha]_D^{15}$: $-126,2°$ [H_2O; c = 2] (*Br., Ma.*); $[\alpha]_D^{20}$: $-126°$ [H_2O; c = 0,9] (*Se., Ri.*); $[\alpha]_D$: $-102,7°$ [A.; c = 1] (*No. et al.*). IR-Spektrum in Nujol (3800—600 cm^{-1}): *Heacock, Marion*, Canad. J. Chem. **34** [1956] 1782, 1789, 1790; in $CHCl_3$ (4000—800 cm^{-1}): *Bohlmann et al.*, B. **89** [1956] 792, 796. UV-Spektrum (Me.; 220—350 nm): *Bohlmann et al.*, A. **587** [1954] 162, 167; B. **89** 796.

Das bei der Umsetzung mit Brom erhaltene x,x-Dibrom-cytisin (H **24** 135, 138) ist als (1*R*)-9,11-Dibrom-1,2,3,4,5,6-hexahydro-1*r*,5*c*-methano-pyrido[1,2-*a*]=[1,5]diazocin-8-on ($C_{11}H_{12}Br_2N_2O$) zu formulieren (*Luputiu, Moll*, Ar. **304** [1971] 151).

Hydrochlorid (vgl. H 136; E I 244; E II 70). Kristalle (aus A. + Acn.); F: 301° (*Seoane, Ribas*, An. Soc. españ. [B] **47** [1951] 625, 633), 290° [Zers.] (*Nikonow*, Apteč. Delo **5** [1956] Nr. 3, S. 30, 33; C. A. **1957** 5369).

Perchlorat $C_{11}H_{14}N_2O \cdot HClO_4$. Kristalle (aus A.); F: 296° [Zers.] (*Briggs, Russell*, Soc. **1942** 507). Kristalle (aus wss. A.) mit 0,5 Mol H_2O; F: 277° [Zers.]; $[\alpha]_D^{17}$: $-76,3°$ [H_2O; c = 0,9] (*Ribas, Basanta*, An. Soc. españ. [B] **48** [1952] 161, 165). IR-Spektrum (Nujol; 3800—600 cm^{-1}): *Heacock, Marion*, Canad. J. Chem. **34** [1956] 1782, 1789, 1790.

Nitrat $C_{11}H_{14}N_2O \cdot HNO_3$ (vgl. H 136). Kristalle (aus wss. A.); F: 187° [Zers.]; $[\alpha]_D^{20}$: $-81,0°$ [H_2O; c = 1] (*Ni.*). Kristalle (aus A.); F: 238—268° [Zers.; von der Geschwindigkeit des Erhitzens abhängig]; $[\alpha]_D^{21}$: $-85,4°$ [H_2O; c = 1] [nicht analysiertes Präparat] (*Se., Ri.*).

2,4-Dinitro-phenolat. Kristalle (aus Me.); F: 226—227° (*Ri., Ba.*).

Picrat $C_{11}H_{14}N_2O \cdot C_6H_3N_3O_7$. Wasserfreie bzw. 1 Mol H_2O enthaltende Kristalle (aus H_2O; abhängig von der Geschwindigkeit der Kristallisation); F: 285° [Zers.] (*Ri., Ba.*, l. c. S. 164).

Picrolonat. Gelbe Kristalle (aus A.); F: 270° [Zers.; nach Sintern bei 265°] (*Briggs, Russell*, Soc. **1942** 507).

L_g-Hydrogentartrat (vgl. H 136). Kristalle (aus A.); F: 130°; $[\alpha]_D^{17}$: $-51,6°$ [H_2O; c = 1,5] (*Ri., Ba.*, l. c. S. 164).

(1*S*)-2-Oxo-bornan-10-sulfonat $C_{11}H_{14}N_2O \cdot C_{10}H_{16}O_4S$. Kristalle (aus Me. + Acn.); F: 283—285° [korr.; nach Sintern bei 175—180°] (*van Tamelen, Baran*, Am. Soc. **80** [1958] 4669), 265—266° [korr.] (*Bohlmann et al.*, B. **89** [1956] 792, 798). $[\alpha]_D$: $-40,1°$ [Me.] (*Bo. et al.*); $[\alpha]_D^{22}$: $-43,8°$ [A.] (*v. Ta., Ba.*).

Dipicrylamin-Salz $C_{11}H_{14}N_2O \cdot C_{12}H_5N_7O_{12}$. Rote Kristalle (*Langhans*, Nitrocell. **9** [1938] 19).

b) (1*S*)-1,2,3,4,5,6-Hexahydro-1*r*,5*c*-methano-pyrido[1,2-*a*][1,5]diazocin-8-on, (+)-Cytisin, Formel XI auf S. 325.

(1*S*)-2-Oxo-bornan-10-sulfonat. *B*. Aus dem unter c) beschriebenen (±)-Cytisin (*Bohlmann et al.*, B. **89** [1956] 792, 798). — Kristalle (aus Acn.); F: 265° [korr.]. $[\alpha]_D$: +77° [Me.].

c) (±)-1,2,3,4,5,6-Hexahydro-1*r*,5*c*-methano-pyrido[1,2-*a*][1,5]diazocin-8-on, (±)-Cytisin, Formel XI + Spiegelbild auf S. 325.

B. Beim Hydrieren von 7-Aminomethyl-9-hydroxymethyl-chinolizin-4-on an Platin in wss.-äthanol. HCl, Erhitzen des Hydrierungsprodukts mit PBr$_5$ in Benzol auf 100° und Erhitzen des Reaktionsprodukts mit K_2CO_3 auf 100° (*Govindachari et al.*, Soc. **1957** 3839, 3843). Als Hauptprodukt beim Erhitzen von opt.-inakt. 3-Acetyl-decahydro-1,5-methano-pyrido[1,2-*a*][1,5]diazocin-8-on (S. 233) mit Palladium/Kohle auf 260° und Hydrolysieren des Reaktionsprodukts mit wss. HCl (*Bohlmann et al.*, B. **89** [1956] 792, 797). Aus (±)-*N*-Benzyl-cytisin (S. 324) mit Hilfe von wss. HI (*van Tamelen, Baran*, Am. Soc. **80** [1958] 4659, 4668).

Kristalle (aus Acn. + Ae.); F: 147—147,5° [unkorr.] (*Bo. et al.*), 147° (*Go. et al.*), 146—147° [korr.] (*v. Ta., Ba.*). IR-Spektrum (CHCl$_3$; 4000—800 cm^{-1}) und UV-Spektrum (Me.; 220—350 nm): *Bo. et al.*, l. c. S. 796.

Picrat $C_{11}H_{14}N_2O \cdot C_6H_3N_3O_7$. Kristalle (aus H_2O); F: 270° (*Bo. et al.*).

(1*R*)-3-Methyl-1,2,3,4,5,6-hexahydro-1*r*,5*c*-methano-pyrido[1,2-*a*][1,5]diazocin-8-on, (−)-*N*-Methyl-cytisin $C_{12}H_{16}N_2O$, Formel X (R = CH$_3$) (H 136; E I 244; E II 70).

Isolierung aus Baptisia-Arten: *Marion, Ouellet*, Am. Soc. **70** [1948] 691; *Marion, Turcotte*, Am. Soc. **70** [1948] 3253; aus Caulophyllum robustum: *Šafronitsch*, Trudy Inst. lekarstv. aromat. Rast. Nr. 11 [1959] 30, 33, 34; C. A. **1961** 18892; aus Cytisus-

Arten: *White*, New Zealand J. Sci. Technol. [B] **27** [1946] 335, 339; aus Genista tinctoria: *Norkina et al.*, Ž. obšč. Chim. **7** [1937] 906, 909; C. **1937** II 1205; aus Laburnum anagyroides (Cytisus laburnum): *Pöhm*, M. **86** [1955] 875; aus Leontice alberti: *Junušow, Šorokina*, Ž. obšč. Chim. **19** [1949] 1955, 1961; engl. Ausg. S. a-427, a-433; aus Ormosia stipitata: *Lloyd, Horning*, J. org. Chem. **23** [1958] 1074; aus Sophora-Arten: *Briggs, Ricketts*, Soc. **1937** 1795; *Briggs, Taylor*, Soc. **1938** 1206; aus Spartium junceum: *Seoane, Ribas*, An. Soc. españ. [B] **47** [1951] 625, 631; aus Thermopsis-Arten: *Orechoff et al.*, B. **67** [1934] 1394, 1397; *Mel'nitschuk*, Apteč. Delo **7** [1958] Nr. 1, S. 17; C. A. **1959** 22744; *Manske, Marion*, Canad. J. Res. [B] **21** [1943] 144, 146.

B. Beim Erwärmen von (–)-Cytisin (S. 321) mit CH_3I in Methanol (*Ing*, Soc. **1931** 2195, 2200; vgl. H 136).

Kristalle; F: 140—141° [aus E. + Cyclohexan] (*Lloyd, Horning*, J. org. Chem. **23** [1958] 1074), 138° [korr.; aus Ae. + PAe.] (*Marion, Ouellet*, Am. Soc. **70** [1948] 691), 137—138° [aus PAe. + Bzl.] (*Seoane, Ribas*, An. Soc. españ. [B] **47** [1951] 625, 634). $[\alpha]_D^{20}$: −227° [H_2O; c = 1] (*Se., Ri.*); $[\alpha]_D^{25}$: −223°; $[\alpha]_{436}^{25}$: −690° [jeweils in H_2O; c = 0,9] (*Ll., Ho.*); $[\alpha]_D$: −184° [A.; c = 1] (*Norkina et al.*, Ž. obšč. Chim. **7** [1937] 906, 910; C. **1937** II 1205). IR-Spektrum (CS_2; 3600—700 cm^{-1}): *Cockburn, Marion*, Canad. J. Chem. **30** [1952] 92, 94. IR-Banden (Nujol; 2800—700 cm^{-1}): *Heacock, Marion*, Canad. J. Chem. **34** [1956] 1782, 1792. λ_{max} (Me.): 234 nm und 309 nm (*Bohlmann et al.*, B. **91** [1958] 2189, 2193).

Perchlorat $C_{12}H_{16}N_2O \cdot HClO_4$. Kristalle; F: 282° [korr.; aus Me.] (*Marion, Ouellet*, Am. Soc. **70** [1948] 691), 277—281° (*Lloyd, Horning*, J. org. Chem. **23** [1958] 1074), 261—262° [Zers.; aus Me.] (*Seoane, Ribas*, An. Soc. españ. [B] **47** [1951] 625, 635). $[\alpha]_D^{18}$: −112° [H_2O; c = 2] (*Se., Ri.*). IR-Banden (Nujol; 3600—700 cm^{-1}): *Heacock, Marion*, Canad. J. Chem. **34** [1956] 1782, 1792.

Hydrojodid $C_{12}H_{16}N_2O \cdot HI$ (vgl. H 136). Kristalle (aus Me.); F: 280° (*Ing*, Soc. **1931** 2195, 2200).

Über Hexachloroplatinat(IV)-Präparate (vgl. H 136) s. *Briggs, Ricketts*, Soc. **1937** 1795, 1797; *Briggs, Taylor*, Soc. **1938** 1206.

Picrat $C_{12}H_{16}N_2O \cdot C_6H_3N_3O_7$ (E I 245). Kristalle; F: 234° [korr.; aus Me.] (*Ma., Ou.*), 232° [Zers.] (*Ll., Ho.*). Kristalle (aus Me.) mit 1 Mol H_2O; F: 230—231° (*Se., Ri.*, l. c. S. 634).

Picrolonat. Gelbe Kristalle; F: 228—229° [aus Me.] (*Se., Ri.*, l. c. S. 635), 224° [aus A.] (*Br., Ri.*).

$_{Lg}$-Tartrat. Kristalle (aus A.); F: 158—159° [langsames Erhitzen] bzw. 126° [rasches Erhitzen]; $[\alpha]_D^{18}$: −94,5° [H_2O; c = 1] (*Se., Ri.*, l. c. S. 635).

Methojodid $[C_{13}H_{19}N_2O]I$; (1*R*)-3,3-Dimethyl-8-oxo-1,3,4,5,6,8-hexahydro-2*H*-1*r*,5*c*-methano-pyrido[1,2-*a*][1,5]diazocinium-jodid (H 136, 137). Kristalle (aus Me.); F: 276,5° (*Br., Ta.*), 276° [Zers.] (*Ing*).

(1*R*)-3-[2-Chlor-äthyl]-1,2,3,4,5,6-hexahydro-1*r*,5*c*-methano-pyrido[1,2-*a*][1,5]diazocin-8-on, *N*-[2-Chlor-äthyl]-cytisin $C_{13}H_{17}ClN_2O$, Formel X (R = CH_2-CH_2-Cl) auf S. 321.

B. Neben *N,N'*-Äthandiyl-di-cytisin (S. 326) beim Erwärmen von (–)-Cytisin (S. 321) mit 1,2-Dichlor-äthan (*Pakudina, Junušow*, Izv. Akad. Uzbeksk. S.S.R. **1957** Nr. 2, S. 69, 71; C. A. **1960** 6783).

Kristalle (aus PAe.); F: 105—107°. $[\alpha]_D$: −190,5° [Lösungsmittel nicht angegeben].

Hydrojodid. Kristalle; F: 219—220° [Zers.].

Picrat. Kristalle; F: 204—205° [Zers.].

(1*R*)-3-Butyl-1,2,3,4,5,6-hexahydro-1*r*,5*c*-methano-pyrido[1,2-*a*][1,5]diazocin-8-on, *N*-Butyl-cytisin $C_{15}H_{22}N_2O$, Formel X (R = $[CH_2]_3$-CH_3) auf S. 321.

B. Aus (–)-Cytisin (S. 321) und Butylbromid (*Cockburn, Marion*, Canad. J. Chem. **30** [1952] 92, 99).

$Kp_{0,2}$: 140—150°. IR-Spektrum (CS_2; 3600—700 cm^{-1}): *Co., Ma.*, l. c. S. 94.

Perchlorat $C_{15}H_{22}N_2O \cdot HClO_4$. Kristalle (aus Me.); F: 246—248° [korr.].

(1*R*)-3-Vinyl-1,2,3,4,5,6-hexahydro-1*r*,5*c*-methano-pyrido[1,2-*a*][1,5]diazocin-8-on, *N*-Vinyl-cytisin $C_{13}H_{16}N_2O$, Formel X (R = CH=CH_2) auf S. 321.

B. Aus *N*-[2-Chlor-äthyl]-cytisin [s. o.] (*Pakudina, Junušow*, Izv. Akad. Uzbeksk.

S.S.R. **1957** Nr. 2, S. 69, 73; C. A. **1960** 6783).
Hydrojodid. Kristalle; F: 203—204° [Zers.].
Picrat. Kristalle; F: 208—209° [Zers.].

(1R)-3-But-3-enyl-1,2,3,4,5,6-hexahydro-1r,5c-methano-pyrido[1,2-a][1,5]diazocin-8-on,
N-But-3-enyl-cytisin, **Rhombifolin** $C_{15}H_{20}N_2O$, Formel X (R = CH_2-CH_2-CH=CH_2)
auf S. 321.
Isolierung aus Thermopsis rhombifolia: *Manske, Marion,* Canad. J. Res. [B] **21** [1943]
144, 147; s. a. *Cockburn, Marion,* Canad. J. Chem. **30** [1952] 92, 97.
B. Aus (–)-Cytisin (S. 321) und 4-Chlor-but-1-en (*Co., Ma.,* l. c. S. 100).
$Kp_{0,2}$: 120° [Badtemperatur] (*Co., Ma.,* l. c. S. 97). $[\alpha]_D^{27}$: —235,8° [A.; c = 7] (*Co.,*
Ma., l. c. S. 101). IR-Spektrum (unverd., CS_2 sowie $CHCl_3$; 3600—700 cm⁻¹): *Co., Ma.,*
l. c. S. 93, 94. Scheinbarer Dissoziationsexponent pK_a' (H_2O; potentiometrisch ermittelt):
7 (*Co., Ma.,* l. c. S. 97, 98).
Hydrochlorid $C_{15}H_{20}N_2O \cdot HCl$. Kristalle (aus Me. + Acn.); F: 256—258° [korr.;
Zers.]; bei 120°/0,0001 Torr sublimierbar (*Co., Ma.,* l. c. S 97).
Perchlorat $C_{15}H_{20}N_2O \cdot HClO_4$. Kristalle (aus H_2O); F: 243—245° [korr.; Zers.]
(*Co., Ma.,* l. c. S. 97).
Hexachloroplatinat(IV) $C_{15}H_{20}N_2O \cdot H_2PtCl_6$. Rote Kristalle (aus angesäuertem
wss. Me.); F: 268° [korr.] (*Co., Ma.,* l. c. S. 97).
Picrat $C_{15}H_{20}N_2O \cdot C_6H_3N_3O_7$. Kristalle (aus Acn. + Me.); F: 226° [korr.; Zers.]
(*Co., Ma.,* l. c. S. 97).

3-Benzyl-1,2,3,4,5,6-hexahydro-1,5-methano-pyrido[1,2-a][1,5]diazocin-8-on $C_{18}H_{20}N_2O$.
a) **(1R)-3-Benzyl-1,2,3,4,5,6-hexahydro-1r,5c-methano-pyrido[1,2-a][1,5]diazocin-8-on,** *N*-Benzyl-cytisin, Formel X (R = CH_2-C_6H_5) auf S. 321.
B. Aus (–)-Cytisin (S. 321) und Benzylchlorid (*van Tamelen, Baran,* Am. Soc. **80**
[1958] 4659, 4668).
Kristalle (aus PAe. + Ae.); F: 142—144° [korr.].
b) **(±)-3-Benzyl-1,2,3,4,5,6-hexahydro-1r,5c-methano-pyrido[1,2-a][1,5]diazocin-8-on,** (±)-*N*-Benzyl-cytisin, Formel X (R = CH_2-C_6H_5) + Spiegelbild auf S. 321.
B. Aus (±)-3-Benzyl-1,2,3,4,5,6-hexahydro-1r,5c-methano-pyrido[1,2-a][1,5]diazocin-
ylium-bromid mit Hilfe von $K_3[Fe(CN)_6]$ (*van Tamelen, Baran,* Am. Soc. **80** [1958]
4659, 4668).
Kristalle (aus Ae. + PAe.); F: 137,5—139° [korr.].

**(1R)-3-[2-Hydroxy-äthyl]-1,2,3,4,5,6-hexahydro-1r,5c-methano-pyrido[1,2-a][1,5]diaz-
ocin-8-on,** *N*-[2-Hydroxy-äthyl]-cytisin $C_{13}H_{18}N_2O_2$, Formel X
(R = CH_2-CH_2-OH) auf S. 321.
B. Aus (–)-Cytisin (S. 321) und Oxiran (*Ing, Patel,* Soc. **1936** 1774). Aus *N*-[2-Amino-
äthyl]-cytisin (S. 326) mit Hilfe von HNO_2 (*Pakudina, Junušow,* Izv. Akad. Uzbeksk.
S.S.R. **1957** Nr. 2, S. 69, 73; C. A. **1960** 6783).
Kristalle (aus Ae.) mit 1 Mol H_2O, F: 73—74°; die wasserfreie Verbindung ist nicht
kristallin erhalten worden (*Ing, Pa.*).

**(1R)-3-[2-Benzoyloxy-äthyl]-1,2,3,4,5,6-hexahydro-1r,5c-methano-pyrido[1,2-a]-
[1,5]diazocin-8-on,** *N*-[2-Benzoyloxy-äthyl]-cytisin $C_{20}H_{22}N_2O_3$, Formel X
(R = CH_2-CH_2-O-CO-C_6H_5) auf S. 321.
B. Aus der vorangehenden Verbindung und Benzoylchlorid (*Ing, Patel,* Soc. **1936** 1774).
Hydrobromid $C_{20}H_{22}N_2O_3 \cdot HBr$. Kristalle (aus A.); F: 247—248° [Zers.].

**(1R)-3-[2-(4-Nitro-benzoyloxy)-äthyl]-1,2,3,4,5,6-hexahydro-1r,5c-methano-pyrido-
[1,2-a][1,5]diazocin-8-on,** *N*-[2-(4-Nitro-benzoyloxy)-äthyl]-cytisin $C_{20}H_{21}N_3O_5$,
Formel X (R = CH_2-CH_2-O-CO-C_6H_4-$NO_2(p)$) auf S. 321.
B. Aus (–)-Cytisin (S. 321) und 4-Nitro-benzoesäure-[2-chlor-äthylester] (*Ing, Patel,*
Soc. **1936** 1774).
Kristalle (aus Ae.); F: 103—104°.
Hydrobromid $C_{20}H_{21}N_3O_5 \cdot HBr$. Kristalle (aus Me.); F: 232—233°.

(1*R*)-3-[2-*trans*-Cinnamoyloxy-äthyl]-1,2,3,4,5,6-hexahydro-1*r*,5*c*-methano-pyrido=
[1,2-*a*][1,5]diazocin-8-on, *N*-[2-*trans*-Cinnamoyloxy-äthyl]-cytisin $C_{22}H_{24}N_2O_3$,
Formel X (R = CH$_2$-CH$_2$-O-CO-CH$\underline{\dot{=}}$CH-C$_6$H$_5$) auf S. 321.
    B. Aus *N*-[2-Hydroxy-äthyl]-cytisin (S. 324) und *trans*-Cinnamoylchlorid (*Ing*, *Patel*,
Soc. **1936** 1774).
    Hydrobromid $C_{22}H_{24}N_2O_3 \cdot$HBr. Kristalle (aus A.); F: 246—247° [Zers.].

(1*R*)-3-[3-Benzoyloxy-propyl]-1,2,3,4,5,6-hexahydro-1*r*,5*c*-methano-pyrido[1,2-*a*]=
[1,5]diazocin-8-on, *N*-[3-Benzoyloxy-propyl]-cytisin $C_{21}H_{24}N_2O_3$, Formel X
(R = [CH$_2$]$_3$-O-CO-C$_6$H$_5$) auf S. 321.
    B. Aus (—)-Cytisin (S. 321) und Benzoesäure-[3-chlor-propylester] (*Ing*, *Patel*, Soc.
1936 1774).
    Hydrobromid $C_{21}H_{24}N_2O_3 \cdot$HBr. Kristalle (aus Butan-1-ol); F: 232—233° [Zers.].

(1*R*)-3-[3-(4-Nitro-benzoyloxy)-propyl]-1,2,3,4,5,6-hexahydro-1*r*,5*c*-methano-
pyrido[1,2-*a*][1,5]diazocin-8-on, *N*-[3-(4-Nitro-benzoyloxy)-propyl]-cytisin
$C_{21}H_{23}N_3O_5$, Formel X (R = [CH$_2$]$_3$-O-CO-C$_6$H$_4$-NO$_2$(*p*)) auf S. 321.
    B. Analog der vorangehenden Verbindung (*Ing*, *Patel*, Soc. **1936** 1774).
    Hydrobromid $C_{21}H_{23}N_3O_5 \cdot$HBr. Kristalle (aus Me.); F: 255—256°.

(1*R*)-3-[3-*trans*-Cinnamoyloxy-propyl]-1,2,3,4,5,6-hexahydro-1*r*,5*c*-methano-
pyrido[1,2-*a*][1,5]diazocin-8-on, *N*-[3-*trans*-Cinnamoyloxy-propyl]-cytisin
$C_{23}H_{26}N_2O_3$, Formel X (R = [CH$_2$]$_3$-O-CO-CH$\underline{\dot{=}}$CH-C$_6$H$_5$) auf S. 321.
    B. Analog den vorangehenden Verbindungen (*Ing*, *Patel*, Soc. **1936** 1774).
    Hydrobromid $C_{23}H_{26}N_2O_3 \cdot$HBr. Kristalle (aus A.); F: 224—225° [Zers.].

(1*R*)-3-[3-Phenylcarbamoyloxy-propyl]-1,2,3,4,5,6-hexahydro-1*r*,5*c*-methano-
pyrido[1,2-*a*][1,5]diazocin-8-on, *N*-[3-Phenylcarbamoyloxy-propyl]-cytisin
$C_{21}H_{25}N_3O_3$, Formel X (R = [CH$_2$]$_3$-O-CO-NH-C$_6$H$_5$) auf S. 321.
    B. Analog den vorangehenden Verbindungen (*Ing*, *Patel*, Soc. **1936** 1774).
    Hydrobromid $C_{21}H_{25}N_3O_3 \cdot$HBr. Kristalle (aus A.); F: 225—226° [Zers.].

(1*R*)-3-[3-[1]Naphthylcarbamoyloxy-propyl]-1,2,3,4,5,6-hexahydro-1*r*,5*c*-methano-
pyrido[1,2-*a*][1,5]diazocin-8-on, *N*-[3-[1]Naphthylcarbamoyloxy-propyl]-
cytisin $C_{25}H_{27}N_3O_3$, Formel X (R = [CH$_2$]$_3$-O-CO-NH-C$_{10}$H$_7$(α)) auf S. 321.
    B. Analog den vorangehenden Verbindungen (*Ing*, *Patel*, Soc. **1936** 1774).
    Kristalle (aus E.); F: 159°.
    Hydrobromid $C_{25}H_{27}N_3O_3 \cdot$HBr. Kristalle (aus A.); F: 237—238°.

(1*R*)-3-[3-(4-Amino-benzoyloxy)-propyl]-1,2,3,4,5,6-hexahydro-1*r*,5*c*-methano-
pyrido[1,2-*a*][1,5]diazocin-8-on, *N*-[3-(4-Amino-benzoyloxy)-propyl]-cytisin
$C_{21}H_{25}N_3O_3$, Formel X (R = [CH$_2$]$_3$-O-CO-NH-C$_6$H$_4$-NH$_2$(*p*)) auf S. 321.
    Hydrobromid $C_{21}H_{25}N_3O_3 \cdot$HBr. *B*. Bei der Hydrierung von *N*-[3-(4-Nitro-benzo=
yloxy)-propyl]-cytisin-hydrobromid (s. o.) an Palladium/Kohle in H$_2$O (*Ing*, *Patel*,
Soc. **1936** 1774). — Kristalle (aus Me.); F: 236—237° [Zers.].

XI   XII

Bis-[(1*R*)-8-oxo-1,5,6,8-tetrahydro-2*H*,4*H*-1*r*,5*c*-methano-pyrido[1,2-*a*][1,5]diazocin-
3-yl]-methan, *N*,*N'*-Methandiyl-di-cytisin $C_{23}H_{28}N_4O_2$, Formel XII (n = 1)
(H 137).
    B. Aus (—)-Cytisin und CH$_2$I$_2$ (*Pakudina*, *Junušow*, Izv. Akad. Uzbeksk. S.S.R. **1957**
Nr. 2, S. 69, 74; C. A. **1960** 6783).

Kristalle; F: 211—213°.
Dihydrochlorid. Kristalle; F: 293—295° [Zers.].
Nitrat. Kristalle; F: 203—205° [Zers.].

(1R)-3-Acetyl-1,2,3,4,5,6-hexahydro-1r,5c-methano-pyrido[1,2-a][1,5]diazocin-8-on,
N-Acetyl-cytisin $C_{13}H_{16}N_2O_2$, Formel X (R = CO-CH$_3$) auf S. 321 (H 137).
B. Beim Behandeln von (−)-Cytisin (S. 321) mit Keten und wenig H$_2$O in Aceton
(*Šwetkin*, Ž. obšč. Chim. **26** [1956] 1216; engl. Ausg. S. 1375). Beim Erhitzen von (1R)-
3-Acetyl-(11ac)-decahydro-1r,5c-methano-pyrido[1,2-a][1,5]diazocin-8-on mit Palladium
auf 250—280° (*Galinovsky et al.*, M. **85** [1954] 1137).
Kristalle (aus Acn. + Ae.); F: 209—210°; $[\alpha]_D^{18}$: −262,1° [H$_2$O; c = 2] (*Ga. et al.*).

(1R)-3-[2-Amino-äthyl]-1,2,3,4,5,6-hexahydro-1r,5c-methano-pyrido[1,2-a][1,5]diaz-
ocin-8-on, N-[2-Amino-äthyl]-cytisin $C_{13}H_{19}N_3O$, Formel X (R = CH$_2$-CH$_2$-NH$_2$)
auf S. 321.
B. Aus N-[2-Chlor-äthyl]-cytisin (S. 323) und wss. NH$_3$ (*Pakudina, Junušow*, Izv.
Akad. Uzbeksk. S.S.R. **1957** Nr. 2, S. 69, 72; C. A. **1960** 6783).
Trihydrochlorid. F: 280—281° [Zers.].

1,2-Bis-[(1R)-8-oxo-1,5,6,8-tetrahydro-2H,4H-1r,5c-methano-pyrido[1,2-a][1,5]diazocin-
3-yl]-äthan, N,N'-Äthandiyl-di-cytisin $C_{24}H_{30}N_4O_2$, Formel XII (n = 2).
B. Neben N-[2-Chlor-äthyl]-cytisin (S. 323) beim Erwärmen von (−)-Cytisin (S. 321)
mit 1,2-Dichlor-äthan (*Pakudina, Junušow*, Izv. Akad. Uzbeksk. S.S.R. **1957** Nr. 2,
S. 69, 70, 71; C. A. **1960** 6783).
F: 184—186°; $[\alpha]_D$: −216,3° [Lösungsmittel nicht angegeben]. Wasserhaltige Kristalle
(aus H$_2$O oder aus H$_2$O enthaltendem Ae.); F: 70—71°.
Dihydrochlorid. Kristalle; F: 270—271° [Zers.].
Sulfat. Kristalle; F: 236—237° [Zers.].
Nitrat. Kristalle; F: 227—228° [Zers.].

1,5-Bis-[(1R)-8-oxo-1,5,6,8-tetrahydro-2H,4H-1r,5c-methano-pyrido[1,2-a][1,5]diazocin-
3-yl]-pentan, N,N'-Pentandiyl-di-cytisin $C_{27}H_{36}N_4O_2$, Formel XII (n = 5).
B. Aus (−)-Cytisin (S. 321) und 1,5-Dibrom-pentan (*Pakudina, Junušow*, Izv. Akad.
Uzbeksk. S.S.R. **1957** Nr. 2, S. 69, 74; C. A. **1960** 6783).
Dihydrochlorid. F: 120—121°.
Dihydrobromid. F: 272—273° [Zers.].
Nitrat. F: 114—116°.

1,6-Bis-[(1R)-8-oxo-1,5,6,8-tetrahydro-2H,4H-1r,5c-methano-pyrido[1,2-a][1,5]diazocin-
3-yl]-hexan, N,N'-Hexandiyl-di-cytisin $C_{28}H_{38}N_4O_2$, Formel XII (n = 6).
B. Aus (−)-Cytisin (S. 321) und 1,6-Dibrom-hexan (*Pakudina, Junušow*, Izv. Akad.
Uzbeksk. S.S.R. **1957** Nr. 2, S. 69, 74; C. A. **1960** 6783).
Dihydrochlorid. F: 271—272° [Zers.].
Nitrat. F: 233—240° [Zers.].

1,10-Bis-[(1R)-8-oxo-1,5,6,8-tetrahydro-2H,4H-1r,5c-methano-pyrido[1,2-a][1,5]diaz-
ocin-3-yl]-decan, N,N'-Decandiyl-di-cytisin $C_{32}H_{46}N_4O_2$, Formel XII (n = 10).
B. Aus (−)-Cytisin (S. 321) und 1,10-Dibrom-decan (*Pakudina, Junušow*, Izv. Akad.
Uzbeksk. S.S.R. **1957** Nr. 2, S. 69, 74; C. A. **1960** 6783).
Wasserhaltiges Pulver; F: 49—51°.
Hydrochlorid. Kristalle; F: 260—261° [Zers.].
Dihydrobromid. Kristalle; F: 275—277° [Zers.].

(1R)-3-Benzolsulfonyl-1,2,3,4,5,6-hexahydro-1r,5c-methano-pyrido[1,2-a][1,5]diazocin-
8-on, N-Benzolsulfonyl-cytisin $C_{17}H_{18}N_2O_3S$, Formel X (R = SO$_2$-C$_6$H$_5$) auf S. 321.
B. Aus (−)-Cytisin [S. 321] (*Ing*, Soc. **1935** 1053).
Kristalle (aus A.); F: 263—264°.

(1R)-3-[Toluol-4-sulfonyl]-1,2,3,4,5,6-hexahydro-1r,5c-methano-pyrido[1,2-a]≈ **[1,5]diazocin-8-on,** N-[Toluol-4-sulfonyl]-cytisin $C_{18}H_{20}N_2O_3S$, Formel X (R = SO_2-C_6H_4-$CH_3(p)$) auf S. 321.

B. Aus (−)-Cytisin [S. 321] (*Ing*, Soc. **1931** 2195, 2200; *Tsarev*, C. r. Doklady **45** [1944] 191).

Kristalle; F: 207—208° [aus H_2O] (*Ing*), 204—205° [aus Acn. + Ae.] (*Ts*.). Löslichkeit in H_2O bei 15°, bei 25° und bei Siedetemperatur: *Ts*.

(1R)-3-[Naphthalin-1-sulfonyl]-1,2,3,4,5,6-hexahydro-1r,5c-methano-pyrido[1,2-a]≈ **[1,5]diazocin-8-on,** N-[Naphthalin-1-sulfonyl]-cytisin $C_{21}H_{20}N_2O_3S$, Formel X (R — SO_2-$C_{10}H_7(\alpha)$) auf S. 321.

B. Aus (−)-Cytisin (S. 321) und Naphthalin-1-sulfonylchlorid (*Tsarev*, C. r. Doklady **45** [1944] 191).

Kristalle (aus E.); F: 229—230°. Löslichkeit in H_2O bei 15° und bei Siedetemperatur: *Ts*.

Oxo-Verbindungen $C_{12}H_{16}N_2O$

5-Äthyl-5-phenyl-tetrahydro-pyrimidin-2-on $C_{12}H_{16}N_2O$, Formel I (X = O).

B. Beim Erhitzen von 2-Äthyl-2-phenyl-propandiyldiamin mit Diphenylcarbonat (*Skinner et al.*, Am. Soc. **79** [1957] 3786). Beim Erwärmen von 5-Äthyl-5-phenyl-barbitur≈ säure mit $LiAlH_4$ in Äther (*Marshall*, Am. Soc. **78** [1956] 3696).

Kristalle; F: 198—200° (*Sk. et al.*), 195—196,5° [aus A. + PAe.] (*Ma.*).

5-Äthyl-5-phenyl-tetrahydro-pyrimidin-2-thion $C_{12}H_{16}N_2S$, Formel I (X = S).

B. Beim Erwärmen von 5-Äthyl-5-phenyl-2-thio-barbitursäure mit $LiAlH_4$ in Äther (*Marshall*, Am. Soc. **78** [1956] 3696).

Kristalle (aus Bzl. oder aus A. + PAe.); F: 135—137°.

(±)-3-Äthyl-3-phenyl-piperazin-2-on $C_{12}H_{16}N_2O$, Formel II.

B. Aus (±)-2-Brom-2-phenyl-buttersäure-methylester (aus (±)-2-Phenyl-buttersäure-methylester mit Hilfe von N-Brom-succinimid hergestellt) und Äthylendiamin (*Kametani et al.*, Bl. chem. Soc. Japan **31** [1958] 860).

$Kp_{0,4}$: 140—160°.

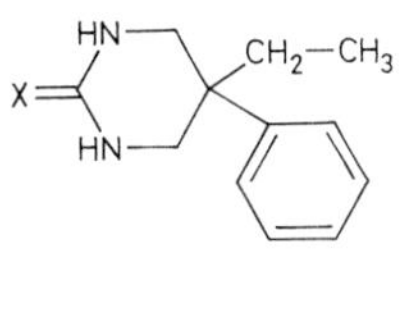

I 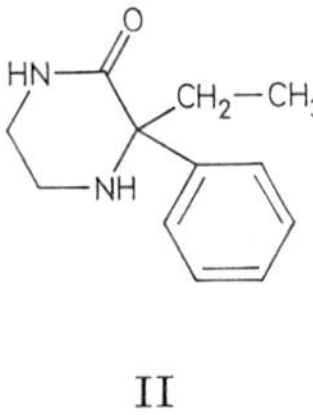   II 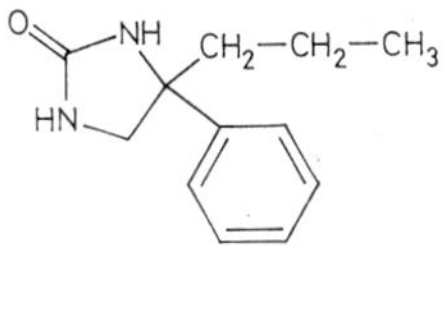   III 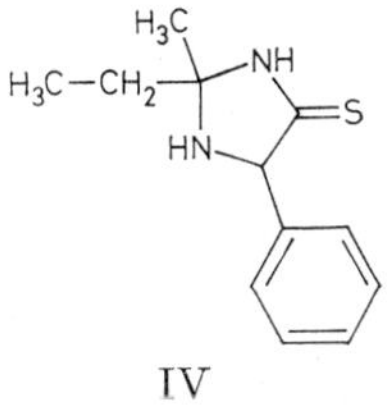   IV

(±)-4-Phenyl-4-propyl-imidazolidin-2-on $C_{12}H_{16}N_2O$, Formel III.

B. Beim Erwärmen von (±)-5-Phenyl-5-propyl-imidazolidin-2,4-dion mit $LiAlH_4$ in Äther (*Marshall*, Am. Soc. **78** [1956] 3696).

Kristalle (aus A. + PAe.); F: 207—209°.

***Opt.-inakt. 2-Äthyl-2-methyl-5-phenyl-imidazolidin-4-thion** $C_{12}H_{16}N_2S$, Formel IV.

B. Aus (±)-Amino-phenyl-acetonitril, Butanon und H_2S (*Cook et al.*, Soc. **1949** 1061, 1063).

Kristalle (aus wss. A.); F: 135°.

(±)-2,2,5-Trimethyl-5-phenyl-imidazolidin-4-thion $C_{12}H_{16}N_2S$, Formel V.

B. Aus (±)-2-Amino-2-phenyl-thiopropionsäure-amid und Aceton (*Abe*, J. chem. Soc.

Japan **67** [1946] 111; C. A. **1951** 611).
Kristalle (aus A.); F: 175—176°.

(±)-4,7,8-Trimethyl-1,3,4,5-tetrahydro-benzo[b][1,4]diazepin-2-on $C_{12}H_{16}N_2O$,
Formel VI.

B. Beim Erhitzen von 4,5-Dimethyl-o-phenylendiamin mit Crotonsäure auf 150°
(*Ried, Höhne*, B. **87** [1954] 1801, 1805).
Kristalle (aus E.); F: 172°.

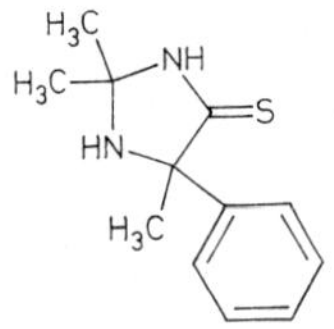

V 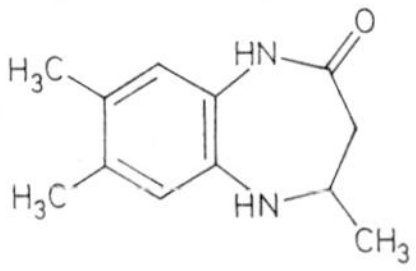   VI 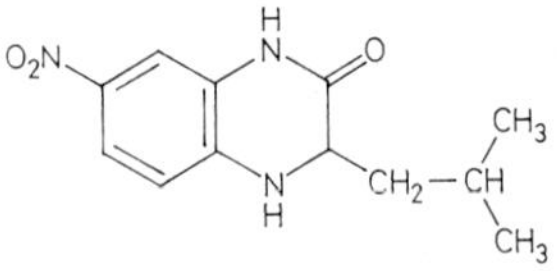   VII 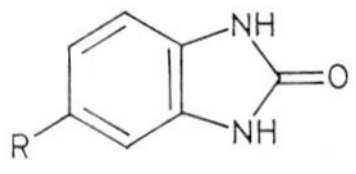   VIII

(±)-3-Isobutyl-7-nitro-3,4-dihydro-1H-chinoxalin-2-on $C_{12}H_{15}N_3O_3$, Formel VII.

B. Beim Erwärmen von N-[2,4-Dinitro-phenyl]-DL-leucin mit [NH$_4$]$_2$S in Äthanol und
anschliessend mit wss. HCl (*Scoffone et al.*, G. **87** [1957] 354, 356, 359).
Gelbe Kristalle (aus wss. A.); F: 217—218° [unkorr.; Zers.]. λ_{max} (A.): 282 nm und
398 nm (*Sc. et al.*, l. c. S. 361).

5-Pentyl-1,3-dihydro-benzimidazol-2-on $C_{12}H_{16}N_2O$, Formel VIII (R = [CH$_2$]$_4$-CH$_3$),
und Tautomere.

B. Beim Hydrieren von 5-Valeryl-1,3-dihydro-benzimidazol-2-on an Kupferoxid-
Chromoxid in Äthanol bei 225° (*Clark, Pessolano*, Am. Soc. **80** [1958] 1657, 1658).
Kristalle (aus wss. A.); F: 261—264°.

(±)-5-[1-Methyl-butyl]-1,3-dihydro-benzimidazol-2-on $C_{12}H_{16}N_2O$, Formel VIII
(R = CH(CH$_3$)-CH$_2$-CH$_2$-CH$_3$), und Tautomere.

B. Beim Behandeln von (±)-4-[1-Methyl-butyl]-o-phenylendiamin mit COCl$_2$ in wss.
HCl (*Clark, Pessolano*, Am. Soc. **80** [1958] 1657, 1658).
Kristalle (aus E.); F: 217—218°.

5-Isopentyl-1,3-dihydro-benzimidazol-2-on $C_{12}H_{16}N_2O$, Formel VIII
(R = CH$_2$-CH$_2$-CH(CH$_3$)$_2$), und Tautomere.

B. Beim Hydrieren von 5-Isovaleryl-1,3-dihydro-benzimidazol-2-on an Kupferoxid-
Chromoxid in Äthanol bei 225° (*Clark, Pessolano*, Am. Soc. **80** [1958] 1657, 1658).
Kristalle (aus wss. A.); F: 256—259°.

5-tert-Pentyl-1,3-dihydro-benzimidazol-2-on $C_{12}H_{16}N_2O$, Formel VIII
(R = C(CH$_3$)$_2$-CH$_2$-CH$_3$), und Tautomere.

B. Aus Essigsäure-[2-nitro-4-tert-pentyl-anilid] über mehrere Stufen (*Clark, Pessolano*,
Am. Soc. **80** [1958] 1657, 1658).
Kristalle (aus wss. A.); F: 284—285°.

(5S)-8,9,9-Trimethyl-5,6,7,8-tetrahydro-2H-5,8-methano-cinnolin-3-on $C_{12}H_{16}N_2O$,
Formel IX, und Tautomeres.

B. Aus Hydrazino-[(1R)-4,7,7-trimethyl-3-oxo-[2]norbornyl]-essigsäure-hydrazid (?)
[s. E III **10** 2960 im Artikel [(1R)-2-Oxo-bornyliden-(3ξ)]-essigsäure-methylester] (*Rupe,
Buxtorf*, Helv. **13** [1930] 444, 446, 455).
Kristalle (aus wss. A.); F: 228°.
Methyl-Derivat $C_{13}H_{18}N_2O$; (5S)-2,8,9,9-Tetramethyl-5,6,7,8-tetrahydro-
2H-5,8-methano-cinnolin-3-on. Kristalle (aus PAe.); F: 117°.

1,2,3,4,7,8,9,10-Octahydro-pyrido[1,2-g][1,6]naphthyridin-5-on $C_{12}H_{16}N_2O$, Formel X.

B. Beim Hydrieren von Pyrido[1,2-*g*][1,6]naphthyridin-5-on an Platin in Äthanol (*Okuda,* Pharm. Bl. **5** [1957] 468, 471). Beim Erhitzen von 5-Oxo-2,3,4,5,7,8,9,10-octa= hydro-1*H*-pyrido[1,2-*g*][1,6]naphthyridin-11-carbonitril mit wss. H_2SO_4 [75%ig] auf 170—175° (*Ok.,* l. c. S. 470).

Kristalle (aus Bzl.); F: 238°. UV-Spektrum (Me.; 220—300 nm): *Ok.,* l. c. S. 469.

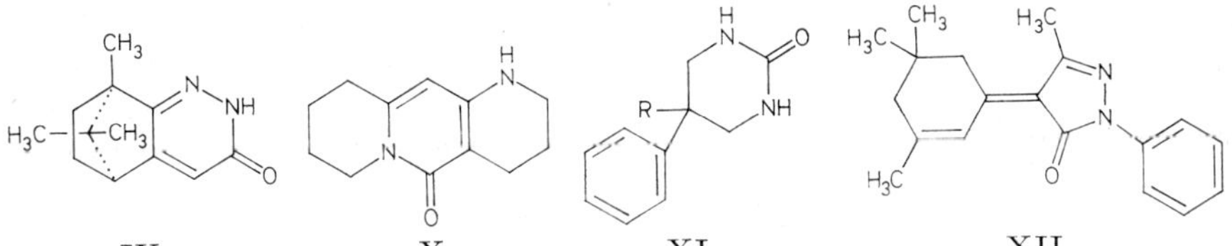

IX   X   XI   XII

Oxo-Verbindungen $C_{13}H_{18}N_2O$

5-Phenyl-5-propyl-tetrahydro-pyrimidin-2-on $C_{13}H_{18}N_2O$, Formel XI (R = CH₂-CH₂-CH₃).

B. Beim Erhitzen von 2-Phenyl-2-propyl-propandiyldiamin mit Diphenylcarbonat (*Skinner et al.,* Am. Soc. **79** [1957] 3786).

F: 171—173°.

5-Isopropyl-5-phenyl-tetrahydro-pyrimidin-2-on $C_{13}H_{18}N_2O$, Formel XI (R = CH(CH₃)₂).

B. Beim Erhitzen von 2-Isopropyl-2-phenyl-propandiyldiamin mit Diphenylcarbonat (*Skinner et al.,* Am. Soc. **79** [1957] 3786).

F: 240—241°.

*5-Methyl-2-phenyl-4-[3,5,5-trimethyl-cyclohex-2-enyliden]-2,4-dihydro-pyrazol-3-on $C_{19}H_{22}N_2O$, Formel XII.

B. Aus 5-Methyl-2-phenyl-2,4-dihydro-pyrazol-3-on und Isophoron [E III 7 283] (*Eastman Kodak Co.,* U.S.P. 2856404 [1956]).

Kristalle (aus PAe.); F: 115—117°.

5-Hexyl-1,3-dihydro-benzimidazol-2-on $C_{13}H_{18}N_2O$, Formel XIII, und Tautomere.

B. Aus Essigsäure-[4-hexyl-2-nitro-anilid] über mehrere Stufen (*Clark, Pessolano,* Am. Soc. **80** [1958] 1657, 1658).

Kristalle (aus E.); F: 250—252°.

3-[4]Piperidyl-1-[2]pyridyl-propan-1-on $C_{13}H_{18}N_2O$, Formel XIV (X = H).

B. Aus Pyridin-2-carbonsäure-äthylester und 3-[1-Benzoyl-[4]piperidyl]-propion= säure-äthylester (*Rubzow, Wolškowa,* Ž. obšč. Chim. **23** [1953] 1688; engl. Ausg. S. 1775).

Hydrochlorid $C_{13}H_{18}N_2O \cdot HCl$. Kristalle (aus A. + Acn.); F: 189,5—190°.

(±)-2-Brom-3-[4]piperidyl-1-[2]pyridyl-propan-1-on $C_{13}H_{17}BrN_2O$, Formel XIV (X = Br).

Dihydrobromid $C_{13}H_{17}BrN_2O \cdot 2\,HBr$. *B.* Beim Erwärmen von 3-[4]Piperidyl-1-[2]pyridyl-propan-1-on-hydrochlorid mit Brom in wss. HBr (*Rubzow, Wolškowa,* Ž. obšč. Chim. **23** [1953] 1688; engl. Ausg. S. 1775). — Gelbe Kristalle; F: 170—171° [Zers.].

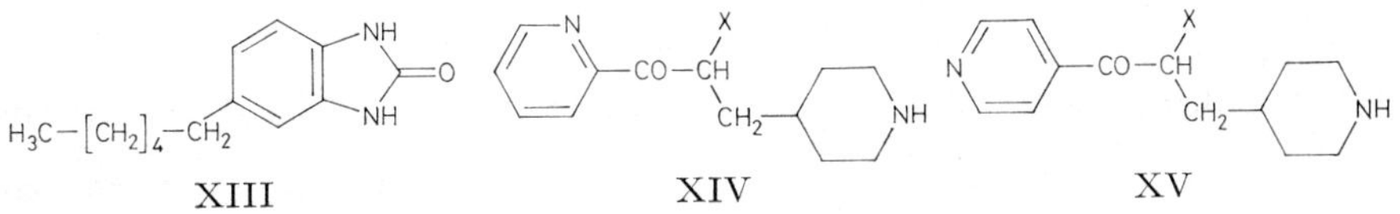

XIII   XIV   XV

3-[4]Piperidyl-1-[4]pyridyl-propan-1-on $C_{13}H_{18}N_2O$, Formel XV (X = H).
B. Aus Isonicotinsäure-äthylester und 3-[1-Benzoyl-[4]piperidyl]-propionsäure-äthyl=
ester (*Rubzow*, Ž. obšč. Chim. **16** [1946] 461, 465; C. A. **1947** 762).
Kristalle; F: 44°.
Dihydrochlorid. Kristalle (aus A. + Acn.); F: 165—166°.
Oxalat $2 C_{13}H_{18}N_2O \cdot C_2H_2O_4$. Kristalle (aus A.); F: 190,5—191,5°.

(±)-2-Brom-3-[4]piperidyl-1-[4]pyridyl-propan-1-on $C_{13}H_{17}BrN_2O$, Formel XV (X = Br).
Dihydrobromid $C_{13}H_{17}BrN_2O \cdot 2$ HBr. *B.* Beim Erwärmen von 3-[4]Piperidyl-
1-[4]pyridyl-propan-1-on mit Brom in wss. HBr (*Rubzow*, Ž. obšč. Chim. **16** [1946] 461,
466; C. A. **1947** 762). — Kristalle; F: 157° [Zers.; nach Dunkelfärbung bei 153°].

Oxo-Verbindungen $C_{14}H_{20}N_2O$

*Opt.-inakt. 4-[3,3-Dimethyl-[2]norbornylmethylen]-5-methyl-2,4-dihydro-pyrazol-3-on
$C_{14}H_{20}N_2O$, Formel I.
B. Aus 2-[3,3-Dimethyl-[2]norbornylmethylen]-acetessigsäure-äthylester (aus Cam=
phenilanaldehyd [F: 65—67°; vgl. E III **7** 424] hergestellt) und Semicarbazid (*Arbusow,
Muchamedowa*, Izv. Akad. S.S.S.R. Otd. chim. **1953** 820, 827; engl. Ausg. S. 727, 733).
Kristalle (aus A.); F: 157—159°.

**(1R)-4c-Allyl-(11ac)-1,4,5,6,9,10,11,11a-octahydro-1r,5c-methano-pyrido[1,2-a][1,5]di=
azocin-8-on**, Dehydroangustifolin $C_{14}H_{20}N_2O$, Formel II.
Identität des Alkaloids-w-102 mit Dehydroangustifolin: *Marion et al.*, Tetrahedron
Letters **1960** Nr. 19, S. 1, 5.
Isolierung aus Samen von Lupinus angustifolius: *Bratek, Wiewiórowski*, Roczniki
Chem. **33** [1959] 1187, 1189, 1190; C. A. **1960** 9979.
B. Aus Angustifolin (S. 257) mit Hilfe von $K_3[Fe(CN)_6]$ oder *N*-Brom-succinimid
(*Ma. et al.*).
Kristalle; F: 105° (*Ma. et al.*), 102° [aus Hexan] (*Br., Wi.*).

I   II   III

**(1S)-4c-Allyl-3-methyl-(11ac)-1,2,3,4,5,6,11,11a-octahydro-1r,5c-methano-pyrido[1,2-a]=
[1,5]diazocin-10-on**, *N*-Methyl-albin, Alkaloid-n-4/5 $C_{15}H_{22}N_2O$, Formel III.
Konstitution und Konfiguration: *Wiewiórowski, Wolińska-Mocydlarz*, Bl. Acad. polon.
Ser. chim. **9** [1961] 709, 713, **12** [1964] 213; s. dagegen *Wolińska-Mocydlarz, Wiewiórowski*,
Bl. Acad. polon. Ser. chim. **24** [1976] 613, 617.
Isolierung aus Samen von Lupinus albus: *Wiewiórowski*, Roczniki Chem. **33** [1959]
1195, 1197, 1199; C. A. **1960** 9979.
Kristalle (aus PAe.); F: 67,5°; $[\alpha]_D^{14}$: −559° [Me.; c = 0,5] (*Wi., Wo.-Mo.*, Bl. Acad.
polon. Ser. chim. **12** 215). IR-Banden (3100—900 cm⁻¹): *Wi., Wo.-Mo.*, Bl. Acad. polon.
Ser. chim. **12** 215. IR-Spektrum (CHCl₃; 4000—800 cm⁻¹) und UV-Spektrum (A.;
230—370 nm) eines Präparats vom F: 53,5—54,5° ($[\alpha]_D^{20}$: −503° [A.]): *Wi., Wo.-Mo.*,
Bl. Acad. polon. Ser. chim. **9** 713.
Perchlorat $C_{15}H_{22}N_2O \cdot HClO_4$. Kristalle (aus H_2O) mit 0,5 Mol H_2O; F: 130°;
$[\alpha]_D^{14}$: −176° [H_2O; c = 0,5] (*Wi., Wo.-Mo.*, Bl. Acad. polon. Ser. chim. **12** 214).

(±)-3-[1-Methyl-[2]piperidyl]-6,7,8,9-tetrahydro-chinolizin-4-on $C_{15}H_{22}N_2O$, Formel IV.
B. Als Hauptprodukt beim Hydrieren von 1-Methyl-2-[4-oxo-4H-chinolizin-3-yl]-
pyridinium-jodid an Raney-Nickel in Methanol und Diäthylamin bei 170°/160 at

(*Clemo et al.*, Soc. **1954** 2693, 2697).
    Kristalle (aus PAe.); F: 67—68°. Kp$_1$: 178—182°.
    Styphnat. Gelbe Kristalle (aus Me.); F: 136—138°.
    Methojodid [C$_{16}$H$_{25}$N$_2$O]I; 1,1-Dimethyl-2-[4-oxo-6,7,8,9-tetrahydro-4*H*-chinolizin-3-yl]-piperidinium-jodid. Kristalle (aus Acn.); F: 211—212°.

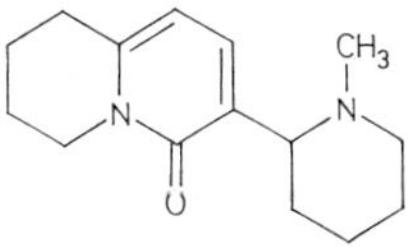

IV 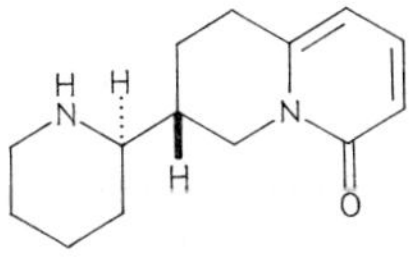   V 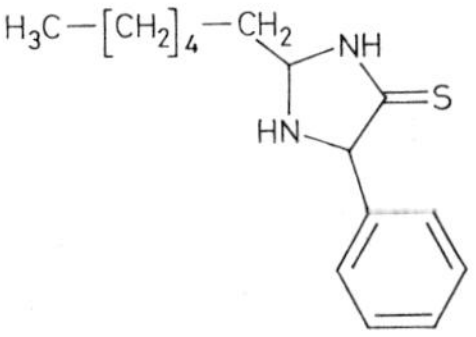   VI

(*R*)-7-[(*R*)-[2]Piperidyl]-6,7,8,9-tetrahydro-chinolizin-4-on, Anagyramin C$_{14}$H$_{20}$N$_2$O,
Formel V.
    B. Beim Erhitzen von Anagyramid (E II **24** 220) mit wss. HI [D: 1,7] und rotem
Phosphor auf 235—240° (*Ing*, Soc. **1933** 504, 508).
    Kristalle (aus Hexan); F: 98—99° [nach Sintern bei 96°].
    Acetyl-Derivat C$_{16}$H$_{22}$N$_2$O$_2$; (*R*)-7-[(*R*)-1-Acetyl-[2]piperidyl]-6,7,8,9-tetra=
hydro-chinolizin-4-on. Kristalle (aus E.); F: 134—135°.
    Nitroso-Derivat C$_{14}$H$_{19}$N$_3$O$_2$; (*R*)-7-[(*R*)-1-Nitroso-[2]piperidyl]-6,7,8,9-
tetrahydro-chinolizin-4-on. Kristalle (aus Ae.); F: 127—128°.

Oxo-Verbindungen C$_{15}$H$_{22}$N$_2$O

*Opt.-inakt. **2-Hexyl-5-phenyl-imidazolidin-4-thion** C$_{15}$H$_{22}$N$_2$S, Formel VI.
    B. Beim Erwärmen von (±)-Amino-phenyl-thioessigsäure-amid mit Heptanal in
Äthanol (*Abe*, J. chem. Soc. Japan Pure Chem. Sect. **70** [1949] 7; C. A. **1951** 2936).
    Kristalle (aus Bzl. oder A.); F: 113—114°.

5-Octyl-1,3-dihydro-benzimidazol-2-on C$_{15}$H$_{22}$N$_2$O, Formel VII, und Tautomere.
    B. Beim Hydrieren von 5-Octanoyl-1,3-dihydro-benzimidazol-2-on an Kupferoxid-
Chromoxid in Äthanol bei 225° (*Clark*, *Pessolano*, Am. Soc. **80** [1958] 1657, 1658).
    Kristalle (aus A.); F: 240—242°.

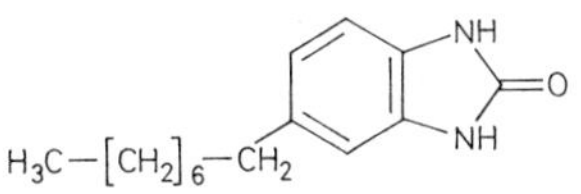

VII 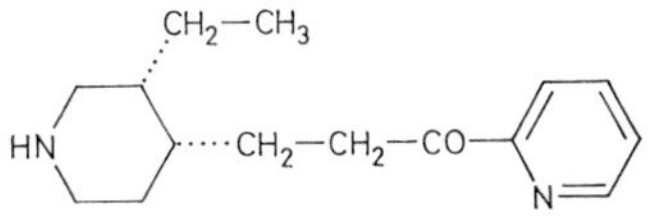   VIII

3-[(4*R*)-*cis*-3-Äthyl-[4]piperidyl]-1-[2]pyridyl-propan-1-on C$_{15}$H$_{22}$N$_2$O, Formel VIII.
    B. Aus 3-[(4*R*)-3*c*-Äthyl-1-benzoyl-[4*r*]piperidyl]-propionsäure-äthylester (*N*-Benzoyl-
homocincholoipon-äthylester; E III/IV **22** 176) und Pyridin-2-carbonsäure-äthylester
(*Rubzow*, *Wolškowa*, Ž. obšč. Chim. **23** [1953] 1685, 1686; engl. Ausg. S. 1771).
    Oxalat 2 C$_{15}$H$_{22}$N$_2$O·C$_2$H$_2$O$_4$. Kristalle (aus A.); F: 175,5—177°.

3-[(4*R*)-*cis*-3-Äthyl-[4]piperidyl]-1-[4]pyridyl-propan-1-on C$_{15}$H$_{22}$N$_2$O, Formel IX.
    B. Analog der vorangehenden Verbindung (*Rubzow*, Ž. obšč. Chim. **13** [1943] 702, 705;
C. A. **1945** 706).
    Hydrogenoxalat. Kristalle; F: ca. 135°.
    Oxalat 2 C$_{15}$H$_{22}$N$_2$O·C$_2$H$_2$O$_4$. Kristalle (aus A. + Acn.); F: 163,5—165°. [α]$_D^{21}$: −5,1°
[H$_2$O; c = 6].

(S)-1-Methylen-3-[(R)-1-methyl-[2]piperidyl]-1,2,3,6,7,8-hexahydro-chinolizin-4-on,
Des-N-methyl-aphyllidin $C_{16}H_{24}N_2O$, Formel X.

B. Aus (+)-Aphyllidin-methojodid [S. 336] (*Orechoff, Menschikoff*, B. **65** [1932] 234, 240; *Orechoff, Norkina*, B. **67** [1934] 1974, 1976; *Orechow*, Ž. obšč. Chim. **7** [1937] 2048, 2052, 2058, 2061; C. **1938** I 2365).

Kristalle (aus PAe.); F: 121—122°; $[\alpha]_D$: —18,1° [Me.; c = 5] (*Or., Me.; Or., No.; Or.*, l. c. S. 2058).

Beim Behandeln mit Brom in Petroläther ist ein Monobrom-Derivat $C_{16}H_{23}BrN_2O$ (Kp_{17}: 190—193°; $[\alpha]_D$: +125° [Me.; c = 3]; Perchlorat: Kristalle [aus H_2O], F: 180° bis 183°) erhalten worden (*Or.*, l. c. S. 2055).

Methojodid [$C_{17}H_{27}N_2O$]I; (R)-1,1-Dimethyl-2-[(S)-1-methylen-4-oxo-1,3,4,6,7,8-hexahydro-2H-chinolizin-3-yl]-piperidinium-jodid. Kristalle (aus H_2O); F: 224—225° (*Or., No.; Or.*, l. c. S. 2058).

IX   X   XI

(7S)-(7at,14ac)-1,7,7a,8,9,10,11,13,14,14a-Decahydro-6H-7r,14c-methano-dipyrido-[1,2-a;1′,2′-e][1,5]diazocin-2-on, Multiflorin, 4-Oxo-2,3-didehydro-spartein $C_{15}H_{22}N_2O$, Formel XI.

Identität von Multiflorin mit Alkaloid-LV-I: *Comin, Deulofeu*, Austral. J. Chem. **12** [1959] 468; *Crow*, Austral. J. Chem. **12** [1959] 474, 479; mit Alkaloid-b-109: *Wiewiórowski, Wolińska-Mocydlarz*, Bl. Acad. polon. Ser. chim. **9** [1961] 709.

Konstitution und Konfiguration: *Co., De.; Crow; Okuda et al.*, Chem. pharm. Bl. **13** [1965] 491, 494; *Goldberg, Moates*, J. org. Chem. **32** [1967] 1832.

Isolierung aus Lupinus albus: *Wiewiórowski*, Roczniki Chem. **33** [1959] 1195, 1197; C. A. **1960** 9979; aus Lupinus multiflorus: *Co., De.*, l. c. S. 470; aus Lupinus varius (L. digitatis): *Crow, Riggs*, Austral. J. Chem. **8** [1955] 136; *Crow, Michael*, Austral. J. Chem. **10** [1957] 177, 179.

Kristalle; F: 109° [aus Hexan] (*Wi.*, l. c. S. 1199), 108—109° [korr.; aus Acn. + PAe. bzw. aus PAe.] (*Crow, Ri.; Crow*, l. c. S. 479), 107—108° [unkorr.; aus Cyclohexan] (*Co., De.*, l. c. S. 471). $[\alpha]_D^{22}$: —317° [Me.; c = 0,4] (*Co., De.*); $[\alpha]_D$: —314° [Me.; c = 0,6] (*Crow, Ri.; Crow*, l. c. S. 479); $[\alpha]_D^{24}$: —270° [A.; c = 0,4] (*Co., De.*). ^{1}H-NMR-Spektrum ($CDCl_3$): *Crow*, l. c. S. 478. IR-Spektrum (Nujol; 4000—700 cm^{-1}): *Crow*, l. c. S. 477. UV-Spektrum (210—350 nm): *Crow*, l. c. S. 476. λ_{max}: 300 nm [Cyclohexan], 326 nm [A.] bzw. 320 nm [wss. HCl] (*Co., De.*). Scheinbarer Dissoziationsexponent pK_a' (H_2O; potentiometrisch ermittelt) bei 20°: 9,25 (*Crow*, l. c. S. 479, 480).

Reaktion mit CrO_3 in wss. H_2SO_4: *Co., De.*, l. c. S. 472. Geschwindigkeit der Reaktion mit Quecksilber(II)-acetat: *Co., De.*, l. c. S. 470. Beim Behandeln mit Brom in $CHCl_3$ ist ein Brommultiflorin $C_{15}H_{21}BrN_2O$ (Kristalle [aus Acn.]; F: 169—170° [korr.]) erhalten worden (*Crow*, l. c. S. 481). Über die Produkte der Hydrierung unter verschiedenen Bedingungen s. *Co., De.*, l. c. S. 471, 472; *Crow*, l. c. S. 479, 480; *Go., Mo.*, l. c. S. 1836; *Wolińska-Mocydlarz, Wiewiórowski*, Bl. Acad. polon. Ser. chim. **25** [1977] 679, 685. Beim Erwärmen des Perchlorats mit KCN in Äthanol ist eine vermutlich als (7S)-2-Hydroxy-(7at,14ac)-dodecahydro-7r,14c-methano-dipyrido[1,2-a;1′,2′-e][1,5]diazocin-2ξ,4ξ-dicarbonitril $C_{17}H_{24}N_4O$ zu formulierende Verbindung (Perchlorat: Kristalle [aus Me. + H_2O], F: 226—227° [korr.; Zers.]) erhalten worden (*Crow*, l. c. S. 481).

Perchlorat $C_{15}H_{22}N_2O \cdot HClO_4$. Kristallstruktur: *Pyżalska et al.*, Acta cryst. [B] **36** [1980] 1602. — Kristalle (aus A.) mit 0,5 Mol H_2O; F: 160—162° [korr.; Zers.] (*Crow, Ri.; Crow*, l. c. S. 479).

Picrolonat $C_{15}H_{22}N_2O \cdot C_{10}H_8N_4O_5$. Gelbe Kristalle (aus A.); F: 204° [unkorr.] (*Co., De.*, l. c. S. 471).

Methojodid [$C_{16}H_{25}N_2O$]I; (7S)-5-Methyl-9-oxo-(7ac,14at)-1,3,4,7,7a,8,9,13,=
14,14a-decahydro-2H,6H-7r,14c-methano-dipyrido[1,2-a;1′,2′-e][1,5]diaz=
ocinium-jodid, 16-Methyl-4-oxo-2,3-didehydro-sparteinium-jodid. Kristalle
(aus A.); F: 246—248° [korr.; Zers.] (Crow, Ri.; Crow, l. c. S. 479). Kristalle (aus A.)
mit 1 Mol H_2O; F: 247° [unkorr.; Zers.; schnelles Erhitzen] bzw. 230° [unkorr.; Zers.;
langsames Erhitzen] (Co., De., l. c. S. 471).

**1,3,4,7,7a,8,9,13,14,14a-Decahydro-2H-7,14-methano-dipyrido[1,2-a;1′,2′-e][1,5]di=
azocin-6-on** $C_{15}H_{22}N_2O$.

a) **(7R)-(7ac,14at)-1,3,4,7,7a,8,9,13,14,14a-Decahydro-2H-7r,14c-methano-dipyrido=
[1,2-a;1′,2′-e][1,5]diazocin-6-on**, 17-Oxo-2,3-didehydro-spartein, Formel XII.

B. Neben grösseren Mengen 17-Oxo-5,6-didehydro-spartein (S. 334) beim Erhitzen
von 17-Oxo-spartein-1-oxid („Oxyspartein-N-oxyd"; E II 24 57) im Vakuum auf 200°
(Bohlmann, B. **91** [1958] 2157, 2167).

Kristalle (aus Ae.); F: 108°. UV-Spektrum (Ae.; 210—280 nm): Bo., l. c. S. 2165.

Perchlorat $C_{15}H_{22}N_2O \cdot HClO_4$; (7S)-13-Oxo-(7at,14ac)-1,2,3,7,7a,8,9,10,11,13,=
14,14a-dodecahydro-6H-7r,14c-methano-dipyrido[1,2-a;1′,2′-e][1,5]diazocin=
ylium-perchlorat; 17-Oxo-1,2-didehydro-sparteinium-perchlorat
[$C_{15}H_{23}N_2O$]ClO_4. F: 224°.

b) **(7S)-(7at,14at)-1,3,4,7,7a,8,9,13,14,14a-Decahydro-2H-7r,14c-methano-dipyrido=
[1,2-a;1′,2′-e][1,5]diazocin-6-on**, Anhydrolupanolin, ent-17-Oxo-2,3-didehydro-
6α-spartein, Formel XIII.

B. Beim Erhitzen von Lupanolin (Syst.-Nr. 3635) mit Acetanhydrid (Moore, Marion,
Canad. J. Chem. **31** [1953] 187, 190).

Kristalle (aus PAe.); F: 94—95°. [α]$_D^{24}$: −43,1° [H_2O; c = 0,6].

Perchlorat $C_{15}H_{22}N_2O \cdot HClO_4$; (7R)-13-Oxo-(7at,14at)-1,2,3,7,7a,8,9,10,11,13,=
14,14a-dodecahydro-6H-7r,14c-methano-dipyrido[1,2-a;1′,2′-e][1,5]diazocin=
ylium-perchlorat; ent-17-Oxo-1,2-didehydro-6α-sparteinium-perchlorat
[$C_{15}H_{23}N_2O$]ClO_4. Kristalle (aus Me.); F: 252—253° [korr.; Zers.]. [α]$_D^{26}$: −57° [H_2O;
c = 0,9].

XII   XIII   XIV   XV

**(7R)-11-Oxo-(7ac,14at)-1,3,4,7,7a,8,9,10,11,13,14,14a-dodecahydro-2H-7r,14c-methano-
dipyrido[1,2-a;1′,2′-e][1,5]diazocinylium**, 2-Oxo-16,17-didehydro-sparteinium
[$C_{15}H_{23}N_2O$]$^+$, Formel XIV.

Perchlorat [$C_{15}H_{23}N_2O$]ClO_4. B. Aus 17-Hydroxy-lupanin [Syst.-Nr. 3635] (Edwards
et al., Canad. J. Chem. **32** [1954] 235, 236, 238; s. a. Marion, Leonard, Canad. J. Chem.
29 [1951] 355, 360). — Kristalle; F: 253° [korr.; Zers.; auf 210° vorgeheiztes Bad;
aus Me.] (Ed. et al.), 240,5—241,5° [korr.; Zers.; aus Me. + wenig Ae.] (Ma., Le.).
[α]$_D^{26}$: −125° [H_2O; c = 1] (Ma., Le.); [α]$_D^{27}$: −135,6° [H_2O; c = 3] (Ed. et al.). IR-
Banden (Nujol; 1700—650 cm^{-1}): Ed. et al., l. c. S. 239. UV-Spektrum (A.; 210—300 nm):
Ed. et al., l. c. S. 237.

Picrat [$C_{15}H_{23}N_2O$]$C_6H_2N_3O_7$. Kristalle (aus Me. + Ae.); F: 172—174° [korr.] (Ed.
et al.).

**(±)-13-Oxo-(7ac,14ac)-1,3,4,7,7a,8,9,10,11,13,14,14a-dodecahydro-2H-7r,14c-methano-
dipyrido[1,2-a;1′,2′-e][1,5]diazocinylium**, (±)-17-Oxo-1,10-didehydro-
11β-sparteinium [$C_{15}H_{23}N_2O$]$^+$, Formel XV + Spiegelbild.

Perchlorat [$C_{15}H_{23}N_2O$]ClO_4 (in der Literatur als (±)-10-Oxo-Δ^{16}-dehydro-α-iso=
spartein-perchlorat bezeichnet). B. Aus (±)-13ξ-Hydroxy-(7ac,14ac)-dodecahydro-7r,14c-

methano-dipyrido[1,2-a;1′,2′-e][1,5]diazocin-6-on [F: 150°] (*Bohlmann*, B. **92** [1959] 1798, 1807). — Kristalle; F: 238—243° [unkorr.; Zers.].

13-Oxo-1,2,3,4,7,7a,8,9,10,11,13,14-dodecahydro-6H-7,14-methano-dipyrido= [1,2-a;1′,2′-e][1,5]diazocinylium $[C_{15}H_{23}N_2O]^+$.

a) (±)-**13-Oxo-(7ac)-1,2,3,4,7,7a,8,9,10,11,13,14-dodecahydro-6H-7r,14c-methano-dipyrido[1,2-a;1′,2′-e][1,5]diazocinylium**, (±)-17-Oxo-1,6-didehydro-11β-spartein= ium, Formel I + Spiegelbild.

Perchlorat. *B.* Beim Erwärmen von (±)-α-Isoaphyllin (S. 264) mit Quecksilber(II)-acetat in wss. Essigsäure und anschliessenden Behandeln mit $HClO_4$ (*Bohlmann*, B. **92** [1959] 1798, 1807). — Kristalle (aus Me.); F: 203° [unkorr.; Zers.].

b) (7S)-**13-Oxo-(7at)-1,2,3,4,7,7a,8,9,10,11,13,14-dodecahydro-6H-7r,14c-methano-dipyrido[1,2-a;1′,2′-e][1,5]diazocinylium**, 17-Oxo-1,6-didehydro-sparteinium, Formel II.

Perchlorat $[C_{15}H_{23}N_2O]ClO_4$. *B.* Aus 17-Oxo-5,6-didehydro-spartein [s. u.] (*Bohlmann*, B. **91** [1958] 2157, 2166; *Crow*, Austral. J. Chem. **12** [1959] 474, 480). — Kristalle (aus Me.); F: 215° (*Bo.*), 213—214° [korr.] (*Crow*).

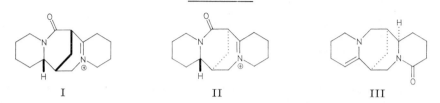

I   II   III

(7S)-(**14ac**)-**1,2,3,7,9,10,11,13,14,14a-Decahydro-6H-7r,14c-methano-dipyrido[1,2-a;= 1′,2′-e][1,5]diazocin-4-on**, 2-Oxo-11,12-didehydro-spartein, Δ^{11}-Dehydro= lupanin $C_{15}H_{22}N_2O$, Formel III.

B. Beim Erwärmen von (+)-Lupanin (S. 261) mit Quecksilber(II)-acetat in wss. Essigsäure (*Marion, Leonard*, Canad. J. Chem. **29** [1951] 355, 361; s. a. *A. Kneuer*, Diss. [Freiburg 1929] S. 45; *Winterfeld, Pies*, Ar. **290** [1957] 537, 542).

Sehr zersetzlich (*Ma., Le.; Kn.*).

Bei der Hydrierung an Platin in Essigsäure bzw. Äthanol sind (+)-α-Isolupanin (S. 260) und (−)-α-Isospartein (E III/IV **23** 954) erhalten worden (*Ma., Le.; Wi., Pies*).

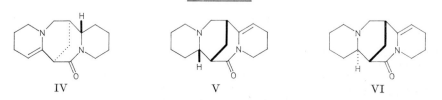

IV   V   VI

(7R)-(**14at**)-**1,3,4,7,9,10,11,13,14,14a-Decahydro-2H-7r,14c-methano-dipyrido[1,2-a;= 1′,2′-e][1,5]diazocin-6-on**, 17-Oxo-5,6-didehydro-spartein $C_{15}H_{22}N_2O$, Formel IV.

B. Beim Erwärmen von 17-Oxo-spartein (S. 264) mit Quecksilber(II)-acetat in wss. Essigsäure (*Bohlmann*, B. **91** [1958] 2157, 2166; *Crow*, Austral. J. Chem. **12** [1959] 474, 480).

Wasserhaltige Kristalle; F: 85—100° [aus E. + PAe. oder aus H_2O] (*Crow*), 57° bis 58° [aus Ae.] (*Bo.*). $Kp_{0,1}$: 170—180° [Badtemperatur] (*Bo.*). $[\alpha]_D^{20}$: −207° [A.] [wasserfreies Präparat] (*Bo.*), −168° [A.; c = 0,2] [wasserhaltiges Präparat] (*Crow*). UV-Spektrum von 210 nm bis 280 nm (Ae.): *Bo.*, l. c. S. 2165; von 210 nm bis 290 nm: *Crow*, l. c. S. 476. Scheinbarer Dissoziationsexponent pK_a' (H_2O; potentiometrisch ermittelt) bei 20°: 9,7 (*Crow*).

Perchlorat s. (7S)-13-Oxo-(7at)-1,2,3,4,7,7a,8,9,10,11,13,14-dodecahydro-6H-7r,14c-

methano-dipyrido[1,2-*a*;1′,2′-*e*][1,5]diazocinylium-perchlorat (S. 334).
Methojodid. Kristalle (aus CH₃I); F: 244,5—246° [Zers.] (*Bo*.).

**3,4,7,7a,8,9,10,11,13,14-Decahydro-2*H*-7,14-methano-dipyrido[1,2-*a*;1′,2′-*e*][1,5]di=
azocin-6-on** C₁₅H₂₂N₂O.

a) **(7*S*)-(7a*c*)-3,4,7,7a,8,9,10,11,13,14-Decahydro-2*H*-7*r*,14*c*-methano-dipyrido=
[1,2-*a*;1′,2′-*e*][1,5]diazocin-6-on, Monspessulanin,** *ent*-10-Oxo-5,6-didehydro-
11β-spartein, Formel V (in der Literatur auch als (+)-10-Oxo-5,6-dehydro-
α-isospartein bezeichnet).
     Konstitution: *White*, Soc. **1964** 4613; die Konfiguration ergibt sich aus der genetischen
Beziehung zu (+)-α-Isospartein (E III/IV **23** 953).
     Isolierung aus Cytisus monspessulanus: *White*, New Zealand J. Sci. Technol. [B] **27**
[1946] 339, 340.
     Kristalle (aus wss. Acn.); F: 101° (*Wh.*, New Zealand J. Sci. Technol. [B] **27** 342;
Soc. **1964** 4614). [α]_D: +176° [A.; c = 1] (*Wh.*, Soc. **1964** 4614). λ_max (Me.): 241,5 nm
(*Wh.*, Soc. **1964** 4614).
     Hydrochlorid C₁₅H₂₂N₂O·HCl. Hygroskopisch; F: 244° (*Wh.*, New Zealand J. Sci.
Technol. [B] **27** 343).
     Perchlorat C₁₅H₂₂N₂O·HClO₄. Kristalle; F: 214—215° [aus Acn. + E.] (*Wh.*,
New Zealand Sci. Technol. [B] **27** 343), 213° [aus H₂O] (*Wh.*, Soc. **1964** 4614).
     Picrat C₁₅H₂₂N₂O·C₆H₃N₃O₇. Kristalle (aus A.); F: 242° [Zers.] (*Wh.*, Soc. **1964**
4614).
     Methojodid [C₁₆H₂₅N₂O]I; (7*R*)-5-Methyl-13-oxo-(14a*c*)-1,3,4,7,9,10,11,13,=
14,14a-decahydro-2*H*,6*H*-7*r*,14*c*-methano-dipyrido[1,2-*a*;1′,2′-*e*][1,5]diaz=
ocinium-jodid, *ent*-16-Methyl-10-oxo-5,6-didehydro-11β-sparteinium-jodid.
Kristalle (aus Acn. + Ae.) mit 0,5 Mol H₂O; F: 247° (*Wh.*, New Zealand J. Sci. Technol.
[B] **27** 343).

b) **(7*S*)-(7a*t*)-3,4,7,7a,8,9,10,11,13,14-Decahydro-2*H*-7*r*,14*c*-methano-dipyrido=
[1,2-*a*;1′,2′-*e*][1,5]diazocin-6-on, (+)-Aphyllidin,** *ent*-10-Oxo-5,6-didehydro-
spartein, Formel VI.
     Konstitution: *Orechow*, Ž. obšč. Chim. **7** [1937] 2048, 2053; C. **1938** I 2365; *Šadykow,
Nuriddinow*, Doklady Akad. S.S.S.R. **102** [1955] 755; C. A. **1956** 4995; *Galinovsky et al.*,
M. **88** [1957] 143. Konfiguration: *Okuda et al.*, Chem. pharm. Bl. **13** [1965] 491, 494.
Über die Konformation s. *Bohlmann*, B. **91** [1958] 2157, 2158, 2160 Anm.
     Isolierung aus Anabasis aphylla: *Orechoff, Menschikoff*, B. **65** [1932] 234, 236; *Späth
et al.*, B. **75** [1942] 805, 809; Reinigung über das Perchlorat (s. S. 336): *Orechoff, Norkina*,
B. **67** [1934] 1845, 1847; *Or.*, l. c. S. 2053.
     B. Beim Erhitzen von (−)-Aphyllidinsäure ((9a*R*)-3*c*-[1,4,5,6-Tetrahydro-[2]pyridyl]-
(9a*r*)-octahydro-chinolizin-1*c*-carbonsäure) auf 220—230° (*Labenškiĭ*, Ž. obšč. Chim. **28**
[1958] 547, 550; engl. Ausg. S. 537, 539).
     Kristalle; F: 112—113° [aus PAe.] (*Or.*, *No.*, l. c. S. 1847; *Or.*, l. c. S. 2054), 112—112,5°
[aus Acn. + PAe.] (*Sp. et al.*, l. c. S. 810). [α]_D^18: +5,6° [Me.; c = 20] (*Sp. et al.*); [α]_D:
+6,5° [Me.; c = 20] (*Or.*, *No.*, l. c. S. 1847; *Or.*, l. c. S. 2054). UV-Spektrum von 220nm
bis 270 nm (Ae.): *Ga. et al.*, l. c. S. 145; von 220 nm bis 290 nm: *Diškina, Konowalowa*,
Doklady Akad. S.S.S.R. **81** [1951] 1069, 1070; C. A. **1953** 4889; *Crow*, Austral. J. Chem.
12 [1959] 474, 476. Scheinbarer Dissoziationsexponent pK_a′ (H₂O; potentiometrisch ermittelt) bei 20°: 7,7 (*Crow*, l. c. S. 480). Verteilung zwischen H₂O und Äther, H₂O und
Dichloräthan, H₂O und Benzol, H₂O und Petroläther (Kp: 70—100°) sowie zwischen
wss. NaCl und Benzol: *Rachimow, Nabichodshaew*, Doklady Akad. Uzbeksk. S.S.R.
1953 Nr. 6, S. 52; C. A. **1955** 2155.
     Beim Behandeln einer Lösung in Petroläther mit Brom ist Bromaphyllidin
C₁₅H₂₁BrN₂O (Kristalle [aus PAe.], F: 150—152°; Perchlorat: Kristalle [aus H₂O],
F: 234—235°; Hydrobromid C₁₅H₂₁BrN₂O·HBr: Kristalle [aus Acn. + A.], F: 210°
bis 211°, [α]_D: +107,7° [Me.; c = 4]) erhalten worden (*Or.*, *No.*, l. c. S. 1847; *Or.*, l. c.
S. 2054). Bei der Hydrierung an Platin in wss. HCl sind (+)-Aphyllin [S. 265] (*Or.*,
No., l. c. S. 1849; *Or.*, l. c. S. 2057; *Sp. et al.*, l. c. S. 810), (+)-Spartein [E III/IV **23**
955] und (+)-Aphyllinalkohol [E III/IV **23** 2453] (*Galinovsky, Stern*, B. **77/79** [1944/46]
132, 137; *Galinovsky, Jarisch*, M. **84** [1953] 199, 201) erhalten worden. Reaktion mit

Bromcyan: *Orechoff, Norkina*, B. **67** [1934] 1974, 1979.

Hydrochlorid. Kristalle (aus A.); F: 235—237°; $[\alpha]_D$: +30,0° [H_2O; c = 5] (*Or., No.*, l. c. S. 1847; *Or.*, l. c. S. 2054). Löslichkeit in Äthanol, Aceton, Äther und Benzol bei 0°, bei 20° und bei Siedetemperatur: *Šadykow et al.*, Ž. prikl. Chim. **28** [1955] 552; engl. Ausg. S. 521.

Perchlorat $C_{15}H_{22}N_2O \cdot HClO_4$. Kristalle (aus H_2O); F: 210—212°; $[\alpha]_D$: +15° [Me.; c = 15] (*Or., No.*, l. c. S. 1847; *Or.*, l. c. S. 2054).

Hydrojodid $C_{15}H_{22}N_2O \cdot HI$. Kristalle; F: 240—241° (*Ša. et al.*). Löslichkeit in Äthanol, Aceton, Äther und Benzol bei 0°, bei 20° und bei Siedetemperatur: *Ša. et al.*

Picrolonat $C_{15}H_{22}N_2O \cdot C_{10}H_8N_4O_5$. Gelbe Kristalle; F: 235—236° (*Or., Me.*).

Methojodid $[C_{16}H_{25}N_2O]I$; (7R)-5-Methyl-13-oxo-(14at)-1,3,4,7,9,10,11,13,14,= 14a-decahydro-2H,6H-7r,14c-methano-dipyrido[1,2-a;1′,2′-e][1,5]diazocinium-jodid, *ent*-16-Methyl-10-oxo-5,6-didehydro-sparteinium-jodid. Kristalle (aus Me.); F: 225—227° [Zers.; evakuierte Kapillare] (*Sp. et al.*, l. c. S. 810), 223—225° (*Or., No.*, l. c. S. 1976; *Or.*, l. c. S. 2058). $[\alpha]_D$: +9,8° [H_2O; c = 10] (*Or., No.; Or.*).

2,3,6,7,11,12,13,13a,13b,13c-Decahydro-1*H*,5*H*-dipyrido[2,1-*f*;3′,2′,1′-*ij*]= [1,6]naphthyridin-10-on $C_{15}H_{22}N_2O$.

a) **5,17-Didehydro-6β-matridin-15-on**, 5,17-Dehydro-allomatrin, Formel VII.

B. Neben 5,6-Dehydro-matrin (s. u.) beim Erhitzen von 5-Hydroxy-allomatrin (5-Hydroxy-6β-matridin-15-on) mit P_2O_5 auf 170° (*Bohlmann et al.*, B. **91** [1958] 2176, 2183, 2189).

$Kp_{0,1}$: 150° [Badtemperatur]. IR-Spektrum (CCl_4; 3800—800 cm⁻¹): *Bo. et al.*, l. c. S. 2184.

Perchlorat $C_{15}H_{22}N_2O \cdot HClO_4$. F: 207—209°.

b) **5,17-Didehydro-matridin-15-on**, 5,17-Dehydro-matrin, Formel VIII.

B. Beim Erhitzen von 5-Hydroxy-matrin (5-Hydroxy-matridin-15-on) mit P_2O_5 auf 170° (*Bohlmann et al.*, B. **91** [1958] 2176, 2183, 2188).

$Kp_{0,1}$: 150° [Badtemperatur]. IR-Spektrum (CCl_4; 4000—800 cm⁻¹): *Bo. et al.*, l. c. S. 2184.

5,6-Didehydro-matridin-15-on, 5,6-Dehydro-matrin $C_{15}H_{22}N_2O$, Formel IX.

B. Neben 5,17-Dehydro-allomatrin (s. o.) beim Erhitzen von 5-Hydroxy-allomatrin (5-Hydroxy-6β-matridin-15-on) mit P_2O_5 auf 170° (*Bohlmann et al.*, B. **91** [1958] 2176, 2183, 2189).

$Kp_{0,1}$: 150° [Badtemperatur]. IR-Spektrum (CCl_4; 4000—800 cm⁻¹): *Bo. et al.*, l. c. S. 2184.

Perchlorat $C_{15}H_{22}N_2O \cdot HClO_4$; 15-Oxo-1,6-didehydro-matridinium-per= chlorat $[C_{15}H_{23}N_2O]ClO_4$. F: 225°.

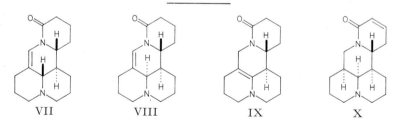

VII   VIII   IX   X

13,14-Didehydro-matridin-15-on, (−)-Sophocarpin $C_{15}H_{22}N_2O$, Formel X.

Konstitution: *Okuda et al.*, Chem. and Ind. **1962** 1326; die Konfiguration ergibt sich aus der genetischen Beziehung zu (+)-Matrin (S. 266).

Isolierung aus Ammothamnus lehmanni: *Šadykow, Lasur′ewškii*, Ž. obšč. Chim. **13** [1943] 314, 315; C. A. **1944** 1240; aus Ammothamnus songoricus: *Jakowlewa et al.*, Ž. obšč. Chim. **29** [1959] 1042; engl. Ausg. S. 1019; aus Sophora alopecuroides: *Orechoff et al.*, B. **68** [1935] 431, 433, 436; aus Sophora flavescens: *Orechoff, Proskurnina*, B. **68**

[1935] 429; *Okuda et al.*, Chem. pharm. Bl. **13** [1965] 482, 486; aus Sophora pachycarpa: *Orechoff, Proskurnina*, B. **67** [1934] 77, 79; *Orechoff et al.*, B. **67** [1934] 1850, 1851; s. a. *Šadykow et al.*, Ž. prikl. Chim. **28** [1955] 1134; engl. Ausg. S. 1091; *Šadykow, Pakanaew*, Ž. obšč. Chim. **29** [1959] 2439; engl. Ausg. S. 2402.

Kristalle; F: 54—55° (*Or., Pr.*, B. **67** 80; s. a. *Or. et al.*, B. **67** 1852). Kristalle mit 1 Mol H_2O; F: 82—83° [aus wss. Acn.] (*Ša., La.*), 81—82° [aus H_2O] (*Or., Pr.*, B. **67** 80), 54° [aus PAe.] (*Ok. et al.*, Chem. and Ind. **1962** 1326; Chem. pharm. Bl. **13** 486). $[\alpha]_D^{18}$: —29,4° [A.; c = 10] [Monohydrat] (*Or., Pr.*, B. **67** 80); $[\alpha]_D$: —32° [A.; c = 1] [Monohydrat] (*Ok. et al.*, Chem. and Ind. **1962** 1326; Chem. pharm. Bl. **13** 486). IR-Banden (CHCl$_3$; 2850—800 cm^{-1}): *Ok. et al.*, Chem. pharm. Bl. **13** 485. λ_{max} (A.): 260 nm (*Ok. et al.*, Chem. and Ind. **1962** 1326; Chem. pharm. Bl. **13** 485).

Hydrobromid $C_{15}H_{22}N_2O \cdot HBr$. Kristalle (aus A.), die unterhalb 250° nicht schmelzen (*Or. et al.*, B. **67** 1853).

Hydrojodid $C_{15}H_{22}N_2O \cdot HI$. Kristalle (aus A.); F: 277—279° (*Ša., La.*), 276—278° [unkorr.; Zers.] (*Ok. et al.*, Chem. pharm. Bl. **13** 486).

Tetrachloroaurat(III) $C_{15}H_{22}N_2O \cdot HAuCl_4$. Hellgelbe Kristalle; F: 166—170° (*Or., Pr.*, B. **67** 81).

Hexachloroplatinat(IV). Orangerote Kristalle (aus wss. HCl); F: 209—212° [Zers.] (*Or., Pr.*, B. **67** 81).

Picrat $C_{15}H_{22}N_2O \cdot C_6H_3N_3O_7 \cdot 0,5 H_2O$. Gelbe Kristalle; F: 157—159° [aus A.] (*Ok. et al.*, Chem. pharm. Bl. **13** 486), 155—157° [aus H_2O] (*Or., Pr.*, B. **67** 81).

N-Oxid $C_{15}H_{22}N_2O_2$; 13,14-Didehydro-matridin-15-on-1-oxid. Kristalle; F: 68—69°; $[\alpha]_D$: +36,2° [Lösungsmittel nicht angegeben] (*Ša., Pa.*). — Hydrojodid $C_{15}H_{22}N_2O_2 \cdot HI$. Kristalle (aus A. + Acn.); F: 290° (*Ša., Pa.*). — Picrat. Kristalle (aus H_2O); F: 81—82° (*Ša., Pa.*).

Methojodid $[C_{16}H_{25}N_2O]I$; 1-Methyl-15-oxo-13,14-didehydro-matridinium-jodid. Kristalle (aus A.); F: 200—202° (*Or., Pr.*, B. **67** 81).

Oxo-Verbindungen $C_{16}H_{24}N_2O$

*Opt.-inakt. 2-Hexyl-5-methyl-5-phenyl-imidazolidin-4-thion $C_{16}H_{24}N_2S$, Formel I.

B. Beim Erwärmen von ($\pm$)-2-Amino-2-phenyl-thiopropionsäure-amid mit Heptanal in Äthanol (*Abe*, J. chem. Soc. Japan Pure Chem. Sect. **70** [1949] 7; C. A. **1951** 2936). Kristalle (aus wss. A.); F: 72—73°.

3-Äthyl-5-[4-äthyl-3,5-dimethyl-pyrrol-2-ylmethyl]-4-methyl-1,3-dihydro-pyrrol-2-on $C_{16}H_{24}N_2O$, Formel II (R = CH$_3$, R' = C$_2$H$_5$), und Tautomeres (3-Äthyl-5-[4-äthyl-3,5-dimethyl-pyrrol-2-ylmethyl]-4-methyl-pyrrol-2-ol).

B. Bei der Hydrierung von 3-Äthyl-5-[4-(1-hydroxyimino-äthyl)-3,5-dimethyl-pyrrol-2-ylidenmethyl]-4-methyl-1,3-dihydro-pyrrol-2-on an Raney-Nickel in Äthanol bei 140°/80 at (*Lichtenwald*, Z. physiol. Chem. **273** [1942] 118, 121, 126).

Gelbliche Kristalle (aus wss. A.); F: 161°.

I   II   III

4-Äthyl-5-[4-äthyl-3,5-dimethyl-pyrrol-2-ylmethyl]-3-methyl-1,3-dihydro-pyrrol-2-on $C_{16}H_{24}N_2O$, Formel II (R = C$_2$H$_5$, R' = CH$_3$), und Tautomeres (4-Äthyl-5-[4-äthyl-3,5-dimethyl-pyrrol-2-ylmethyl]-3-methyl-pyrrol-2-ol).

B. Beim Erwärmen von 4-Äthyl-5-[4-äthyl-3,5-dimethyl-pyrrol-2-ylmethylen]-3-methyl-1,5-dihydro-pyrrol-2-on mit wss. HI in Essigsäure (*Fischer, Adler*, Z. physiol. Chem. **210** [1932] 139, 156).

Kristalle (aus wss. Me.); F: 149°.

Cyclohexyl-[4-cyclohexyl-1(3)H-imidazol-2-yl]-keton $C_{16}H_{24}N_2O$, Formel III und Tautomeres.

B. Aus 2-Acetoxy-1-cyclohexyl-äthanon und NH_3 mit Hilfe von Kupfer(II)-acetat (*Schubert*, J. pr. [4] **8** [1959] 333, 337).

Kristalle (aus wss. Dioxan); F: 146—147° [korr.].

Hydrochlorid $C_{16}H_{24}N_2O \cdot HCl$. Kristalle; F: ca. 220° [korr.].

Picrat $C_{16}H_{24}N_2O \cdot C_6H_3N_3O_7$. Kristalle (aus A.); F: 156—158° [korr.].

2,4-Dinitro-phenylhydrazon $C_{22}H_{28}N_6O_4$. Gelbe Kristalle (aus A.); F: 296—297° [korr.].

1,12-Dimethyl-2,3,4,4a,5,6,9,10-octahydro-1H,7H-5,10b-propano-[1,7]phenanthrolin-8-on $C_{17}H_{26}N_2O$.

a) **17-Methyl-3,18-dihydro-2H-lycodin-1-on, α-Obscurin**, Formel IV.

Konstitution und Konfiguration: *Ayer et al.*, Tetrahedron **18** [1962] 567.

Isolierung von Gemischen („Obscurin" [1]) mit geringeren Mengen β-Obscurin (S. 536) aus Lycopodium annotinum: *Manske, Marion*, Canad. J. Res. [B] **21** [1943] 92, 93; *Achmatowicz, Rodewald*, Roczniki Chem. **29** [1955] 509, 517, 527; C. A. **1956** 9434; aus Lycopodium complanatum (Lycopodium flabelliforme): *Manske, Marion*, Canad. J. Res. [B] **20** [1942] 87, 91; aus Lycopodium obscurum var. dendroideum: *Manske, Marion*, Canad. J. Res. [B] **22** [1944] 53. Abtrennung von β-Obscurin: *Moore, Marion*, Canad. J. Chem. **31** [1953] 952, 954; s. a. *Ach., Ro.*

Kristalle; F: 283—284° [korr.; aus Me.] (*Mo., Ma.*), 283—284° [aus A.] (*Ach., Ro.*). IR-Spektrum ($CHCl_3$; 1700—1600 cm^{-1}): *Mo., Ma.*, l. c. S. 953. UV-Spektrum (A.; 210—320 nm): *Mo., Ma.*, l. c. S. 954. Löslichkeit in Methanol, Aceton, $CHCl_3$, Benzol und Petroläther (Kp: 60—80°): *Ach., Ro.*

Perchlorat. Kristalle (aus E. + wss. $HClO_4$); F: 255° [korr.; Zers.] (*Mo., Ma.*).

Hydrojodid $C_{17}H_{26}N_2O \cdot HI$. Kristalle (aus H_2O); F: 307—307,5° (*Ach., Ro.*).

Picrat $C_{17}H_{26}N_2O \cdot C_6H_3N_3O_7$. Gelbe Kristalle (aus Me. + Ae.); F: 135° [korr.] (*Mo., Ma.*).

b) **17-Methyl-3,18-dihydro-2H-12α-lycodin-1-on, Sauroxin**, Formel V.

Konstitution und Konfiguration: *Ayer et al.*, Tetrahedron **21** [1965] 2169; *Nakashima et al.*, Canad. J. Chem. **53** [1975] 1936, 1939; die absolute Konfiguration ist nicht bewiesen.

Isolierung aus Blättern von Lycopodium saururus: *Deulofeu, de Langhe*, Am. Soc. **64** [1942] 968.

Kristalle (aus Acn.); F: 198°; $[\alpha]_D^{20}$: $-71,8°$ [A.; c = 0,8] (*De., de La.*).

Methojodid $[C_{18}H_{29}N_2O]I$; 17,17-Dimethyl-1-oxo-1,2,3,18-tetrahydro-12α-lycodinium-jodid. Kristalle (aus wss. Acn.); F: 258° (*De., de La.*).

IV   V   VI

Oxo-Verbindungen $C_{20}H_{32}N_2O$

(3aS)-9t-Äthyl-3a,9c,11a-trimethyl-(3ar,7ac,11at,11bc,11ct)-Δ⁶-tetradecahydro-dibenzo[de,g]cinnolin-4-on $C_{20}H_{32}N_2O$, Formel VI.

Konstitution und Konfiguration: *Djerassi et al.*, Soc. [C] **1966** 624.

---

[1]) Über ein ebenfalls als Obscurin bezeichnetes Alkaloid (F: 255°; $[\alpha]_D^{21}$: $+250,4°$ [$CHCl_3$]) aus Rauwolfia obscura s. *Roland*, J. Pharm. Belg. [NS] **14** [1959] 347, 367.

B. Aus Tetrahydrorosonsäure ((4a*R*)-7*t*-Äthyl-1*c*,4b,7*c*-trimethyl-10-oxo-(4a*r*,4b*t*,8a*c*,⁼ 10a*t*)-tetradecahydro-phenanthren-1*t*-carbonsäure) oder deren Methylester und $N_2H_4 \cdot H_2O$ (*Harris et al.*, Soc. **1958** 1807, 1812).
Kristalle (aus wss. Me.); F: 174° (*Ha. et al.*).

Oxo-Verbindungen $C_{21}H_{34}N_2O$

5-Tetradecyl-1,3-dihydro-benzimidazol-2-on $C_{21}H_{34}N_2O$, Formel VII, und Tautomere.
B. Beim Hydrieren von 5-Myristoyl-1,3-dihydro-benzimidazol-2-on an Kupferoxid-Chromoxid in Äthanol bei 225° (*Clark, Pessolano*, Am. Soc. **80** [1958] 1657, 1658).
Kristalle (aus A.); F: 226°.

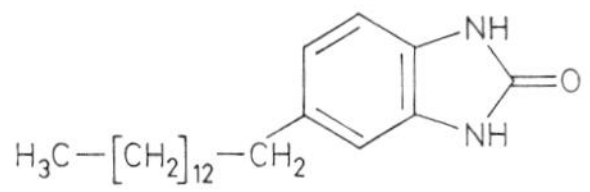

VII 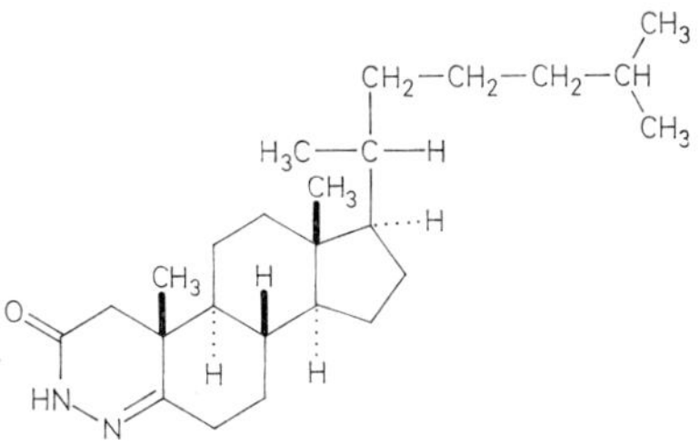   VIII

Oxo-Verbindungen $C_{25}H_{42}N_2O$

3,4-Diaza-cholest-4-en-2-on $C_{25}H_{42}N_2O$, Formel VIII.
B. Beim Erwärmen von 5-Hydroxy-3-oxa-A-nor-5ξ-cholestan-2-on (Syst.-Nr. 1286) mit $N_2H_4 \cdot H_2O$ in Äthanol (*Weisenborn et al.*, Am. Soc. **76** [1954] 552, 554).
Kristalle (aus Me.); F: 212—212,5° [korr.]. $[\alpha]_D^{24}$: +37,9° [CHCl₃]. λ_{max} (Me.): 244 nm.
[*Härter*]

Monooxo-Verbindungen $C_nH_{2n-10}N_2O$

Oxo-Verbindungen $C_8H_6N_2O$

6-Imino-1,6-dihydro-cycloheptimidazol, 1*H*-Cycloheptimidazol-6-on-imin $C_8H_7N_3$, Formel I, und Tautomeres (Cycloheptimidazol-6-ylamin).
B. Beim Erhitzen von 2,5-Diamino-cyclohepta-2,4,6-trienon-imin-dihydrochlorid mit Ameisensäure (*Nozoe et al.*, Pr. Japan Acad. **29** [1953] 565, 566).
Hellgelbe Kristalle (aus A.); F: >290°. UV-Spektrum (Me.; 200—400 nm): *No. et al.*, l. c. S. 567.
Beim Behandeln mit 1 Mol Brom in Essigsäure ist eine Verbindung $C_8H_7N_3 \cdot Br_2 \cdot HBr(?)$ (orangefarbene Kristalle; F: >290° [nach Sintern bei 170°]) erhalten worden.
Picrat $C_8H_7N_3 \cdot C_6H_3N_3O_7$. Gelbe Kristalle (aus wss. A.); F: 283°.
N-Benzoyl-Derivat $C_{15}H_{11}N_3O$. Kristalle (aus A.); F: 240° (*No. et al.*, l. c. S. 568).

6-Imino-1,3-dimethyl-1,6-dihydro-cycloheptimidazolium $[C_{10}H_{12}N_3]^+$, Formel II (R = CH₃).
Jodid $[C_{10}H_{12}N_3]I$. *B.* Beim Erwärmen der vorangehenden Verbindung mit CH₃I in Methanol (*Nozoe et al.*, Pr. Japan Acad. **29** [1953] 565, 567). — Gelbe Kristalle (aus H₂O); F: 270° [Zers.]. UV-Spektrum (Me.; 210—400 nm): *No. et al.* — Beim Behandeln mit Picrinsäure ist eine als 1-Methyl-1*H*-cycloheptimidazol-6-on-imin angesehene Verbindung $C_9H_9N_3$ (gelbe Kristalle [aus wss. A.]; F: 270° [Zers.]) erhalten worden.

1,3-Diäthyl-6-imino-1,6-dihydro-cycloheptimidazolium $[C_{12}H_{16}N_3]^+$, Formel II (R = C₂H₅).
Jodid $[C_{12}H_{16}N_3]I$. *B.* Beim Erwärmen von 1*H*-Cycloheptimidazol-6-on-imin mit Äthyljodid in Methanol (*Nozoe et al.*, Pr. Japan Acad. **29** [1953] 565, 567). — Hellgelbe Kristalle (aus H₂O); F: 290° [Zers.]. — Beim Behandeln mit Picrinsäure ist eine als

1-Äthyl-1*H*-cycloheptimidazol-6-on-imin angesehene Verbindung $C_{10}H_{11}N_3$ (gelbe Kristalle [aus wss. A.]; F: 250—255° [Zers.]) erhalten worden.

1*H*-Cycloheptimidazol-2-on $C_8H_6N_2O$, Formel III (R = H, X = O), und Tautomeres (Cycloheptimidazol-2-ol).

Nach Ausweis des UV-Spektrums liegt in Methanol überwiegend 1*H*-Cycloheptimid= azol-2-on vor (*Nozoe et al.*, Pr. Japan Acad. **30** [1954] 482, 485; *Murata*, Sci. Rep. Res. Inst. Tohoku Univ. [A] **12** [1960] 271, 273, 278).

B. Beim Erhitzen von 1*H*-Cycloheptimidazol-2-thion mit HgO in Essigsäure (*Nozoe et al.*, Am. Soc. **76** [1954] 3352) oder von Cycloheptimidazol-2-ylamin mit wss. HCl oder wss. Ba(OH)₂ (*No. et al.*, Am. Soc. **76** 3352).

Hellgelbe Kristalle; F: 245° (*No. et al.*, Am. Soc. **76** 3352). IR-Spektrum (KBr; 2,5—16 μ): *Mu.*, l. c. S. 274. Absorptionsspektrum in Methanol (210—410 nm), in methanol. NaOH (220—410 nm) sowie in methanol. HCl (200—375 nm): *No. et al.*, Pr. Japan Acad. **30** 482; *Mu.*, l. c. S. 272, 273. λ_{max} (H₂O): 225 nm, 255 nm, 335 nm und 380 nm (*Mu.*).

Beim Behandeln mit Brom in Essigsäure ist eine orangerote Additionsverbindung vom F: >310° erhalten worden (*No. et al.*, Pr. Japan Acad. **30** 482). Beim Hydrieren an Platin ist eine Verbindung $C_8H_{12}N_2O$ (Kristalle; F: >310°; UV-Spektrum [Me.; 200—330 nm]) erhalten worden (*No. et al.*, Pr. Japan Acad. **30** 482, 483).

Hydrochlorid $C_8H_6N_2O \cdot HCl$. F: >300° (*No. et al.*, Am. Soc. **76** 3352).

Picrat $C_8H_6N_2O \cdot C_6H_3N_3O_7$. F: 254° [Zers.] (*No. et al.*, Am. Soc. **76** 3352).

I   II   III   IV

1-Methyl-1*H*-cycloheptimidazol-2-on $C_9H_8N_2O$, Formel III (R = CH₃, X = O).

B. Aus 1*H*-Cycloheptimidazol-2-on beim Erwärmen mit CH₃I in methanol. KOH (*Murata*, Sci. Rep. Res. Inst. Tohoku Univ. [A] **12** [1960] 271, 279), beim Behandeln mit Dimethylsulfat und Alkali (*Nozoe et al.*, Pr. Japan Acad. **30** [1954] 482) oder neben geringeren Mengen 2-Methoxy-cycloheptimidazol beim Behandeln mit Diazomethan in Äther (*No. et al.*; *Mu.*, l. c. S. 277, 279).

Hellgelbe Kristalle (aus Bzl.); F: 189—190° (*Mu.*). IR-Spektrum (KBr; 2,5—16 μ): *Mu.*, l. c. S. 274. Absorptionsspektrum in Methanol (210—410 nm), in methanol. HCl (210—390 nm) sowie in methanol. NaOH (210—410 nm): *Mu.*, l. c. S. 272, 273.

1-Acetyl-1*H*-cycloheptimidazol-2-on $C_{10}H_8N_2O_2$, Formel III (R = CO-CH₃, X = O).
Konstitution: *Murata*, Sci. Rep. Res. Inst. Tohoku Univ. [A] **12** [1960] 271, 275.

B. Aus 1*H*-Cycloheptimidazol-2-on (*Nozoe et al.*, Am. Soc. **76** [1954] 3352).

F: 187° [Zers.] (*No. et al.*).

2-Imino-1,2-dihydro-cycloheptimidazol,   **1*H*-Cycloheptimidazol-2-on-imin** $C_8H_7N_3$
s. Cycloheptimidazol-2-ylamin (Syst.-Nr. 3716).

1*H*-Cycloheptimidazol-2-thion $C_8H_6N_2S$, Formel III (R = H, X = S), und Tautomeres (Cycloheptimidazol-2-thiol).

B. Beim Behandeln von 2-Methoxy-cycloheptatrienon mit Thioharnstoff und Natrium= äthylat in Äthanol (*Nozoe et al.*, Am. Soc. **76** [1954] 3352). Beim Behandeln von 2-Chlor-cycloheptimidazol mit NaHS in Methanol (*Nozoe et al.*, Pr. Japan Acad. **30** [1954] 482, 484).

Orangefarbene Kristalle; F: >300° (*No. et al.*, Am. Soc. **76** 3352). Absorptions-spektrum (Me.; 210—550 nm): *No. et al.*, Pr. Japan Acad. **30** 484.

Natrium-Salz. Gelbe Kristalle; F: 68—70° (*No. et al.*, Am. Soc. **76** 3352).

Hydrochlorid $C_8H_6N_2S \cdot HCl$. F: >310° (*No. et al.*, Am. Soc. **76** 3352).

Picrat $C_8H_6N_2S \cdot C_6H_3N_3O_7$. F: 262° [Zers.] (*No. et al.*, Am. Soc. **76** 3352).

1*H*-Cinnolin-4-on $C_8H_6N_2O$, Formel IV (R = X = H) (H **23** 386; E II **23** 337), und Tautomeres (Cinnolin-4-ol).

Nach Ausweis der IR-Absorption liegt in festem Zustand (*Castle et al.*, J. Am. pharm. Assoc. **48** [1959] 135, 136; *Mason*, Soc. **1957** 4874) sowie in Lösungen in CHCl$_3$ und in CCl$_4$ (*Ma.*) überwiegend 1*H*-Cinnolin-4-on vor. Gleichgewicht der Tautomeren in H_2O bei 20°: *Albert, Phillips*, Soc. **1956** 1294, 1298.

B. Beim Erwärmen von in wss. HCl diazotiertem 1-[2-Amino-phenyl]-äthanon (*Keneford, Simpson*, Soc. **1947** 917, 920). Beim Behandeln von 1-Äthinyl-2-nitro-benzol mit Zink-Pulver und wss. NH$_3$, Diazotieren des Reaktionsprodukts in wss. HCl und anschliessenden Erwärmen (*Schofield, Simpson*, Soc. **1945** 512, 517). Beim Erhitzen von 4-Oxo-1,4-dihydro-cinnolin-3-carbonsäure mit Benzophenon auf 210° (*Sch., Si.*; vgl. H **23** 386).

Kristalle; F: 236° [korr.; aus A.] (*Leonard, Boyd*, J. org. Chem. **11** [1946] 419, 423), 233,5—234° [unkorr.; aus Eg. oder wss. Eg.] (*Sch., Si.*). IR-Banden (KBr, CHCl$_3$ sowie CCl$_4$; 3450—1610 cm^{-1}): *Ma.*, l. c. S. 4875. UV-Spektrum (A.; 220—360 nm): *Hearn et al.*, Soc. **1951** 3318, 3323, 3325. Scheinbare Dissoziationsexponenten pK$'_{a1}$ und pK$'_{a2}$ (H$_2$O) bei 20°: −0,35 [spektrophotometrisch ermittelt] bzw. 9,27 [potentiometrisch ermittelt] (*Al., Ph.*, l. c. S. 1300). Scheinbarer Dissoziationsexponent pK$'_{a1}$ (wss. A. [50%ig]; potentiometrisch ermittelt) bei 15°: 1,66 bzw. 1,72 [2 Messungen]; bei 21—22°: 1,77; scheinbarer Dissoziationsexponent pK$'_{a2}$ (wss. A. [50%ig]; potentiometrisch ermittelt) bei 21°: 9,53 (*Keneford et al.*, Soc. **1949** 1356).

Beim Erwärmen mit LiAlH$_4$ in THF und Erwärmen des Reaktionsprodukts in Benzol mit HgO entsteht Cinnolin (*Atkinson, Sharpe*, Soc. **1959** 2858, 2864).

Hydrochlorid. Kristalle (aus wss. HCl); F: 205—207° [unkorr.] (*Sch., Si.*).

1-Methyl-1*H*-cinnolin-4-on $C_9H_8N_2O$, Formel IV (R = CH$_3$, X = H).

B. s. im folgenden Artikel.

Kristalle (aus Bzl. + PAe.); F: 114—116° (*Ames, Kucharska*, Soc. **1963** 4924, 4926).

2-Methyl-4-oxo-1,4-dihydro-cinnolinium $[C_9H_9N_2O]^+$, Formel V (X = H).

Betain $C_9H_8N_2O$; 4-Hydroxy-2-methyl-cinnolinium-betain. Diese Konstitution kommt der von *Schofield, Simpson* (Soc. **1945** 512, 517) als 1-Methyl-1*H*-cinnolin-4-on angesehenen Verbindung zu (*Ames, Kucharska*, Soc. **1963** 4924). — B. Neben geringen Mengen 1-Methyl-1*H*-cinnolin-4-on beim Erwärmen von 1*H*-Cinnolin-4-on in wss. KOH mit Dimethylsulfat (*Ames, Ku.*, l. c. S. 4926; s. a. *Sch., Si.*) oder beim Behandeln in Methanol mit Diazomethan in Äther (*Ames, Ku.*, l. c. S. 4927). — Gelbbraune Kristalle mit 0,5 Mol H_2O; F: 165—166,5° [unkorr.; aus CHCl$_3$ + Ae.] (*Sch., Si.*), 164—165° [aus E. + PAe.] (*Ames, Ku.*). UV-Spektrum (A.; 240—390 nm): *Hearn et al.*, Soc. **1951** 3318, 3323, 3325. — Beim Behandeln mit wss. HNO$_3$ und H$_2$SO$_4$ bildet sich 4-Hydroxy-2-methyl-8-nitro-cinnolinium-betain [S. 348] (*Schofield, Swain*, Soc. **1949** 1367, 1371).

Chlorid [C$_9$H$_9$N$_2$O]Cl. Kristalle (aus A.); F: 230° [Zers.] (*Am., Ku.*).

1-Acetyl-1*H*-cinnolin-4-on $C_{10}H_8N_2O_2$, Formel IV (R = CO-CH$_3$, X = H).

Diese Konstitution kommt der von *Schofield, Simpson* (Soc. **1945** 512, 517) und *Keneford et al.* (Soc. **1948** 358) als 4-Acetoxy-cinnolin angesehenen Verbindung zu (*Bruce et al.*, Soc. **1964** 4044).

B. Beim Erhitzen von 1*H*-Cinnolin-4-on (*Br. et al.*; *Sch., Si.*) oder von 4-Phenoxy-cinnolin (*Ke. et al.*) mit Acetanhydrid.

Gelbbraune Kristalle (aus wss. A.); F: 130,5—131° [korr.] (*Br. et al.*), 128—130° [unkorr.] (*Sch., Si.*).

4-Oxo-2-[2]pyridyl-1,4-dihydro-cinnolinium $[C_{13}H_{10}N_3O]^+$, Formel VI (X = H).

Betain $C_{13}H_9N_3O$; 4-Hydroxy-2-[2]pyridyl-cinnolinium-betain. Diese Konstitution kommt wahrscheinlich der von *Schofield, Simpson* (Soc. **1946** 472, 478) als 4-[2]Pyridyl-cinnolin formulierten „Base $C_{13}H_9N_3$" zu (*Morley*, Soc. **1959** 2280). — B. Aus 1-Acetyl-2-[2]pyridyl-2,3-dihydro-1*H*-cinnolin-4-on (S. 296) beim Erwärmen mit wss.

NaOH oder beim Erhitzen mit wss. HCl (*Sch., Si.*). Beim Erhitzen von 5-Acetyl-12-hydr≠oxy-13-oxo-5,13-dihydro-pyrido[2′,1′:2,3]imidazo[1,5-*b*]cinnolinylium-betain mit wss. HCl (*Sch., Si.*). — Gelbe Kristalle (aus H_2O) mit 1 Mol H_2O (*Mo.*, l. c. S. 2284; s. a. *Sch., Si.*); die wasserfreie Verbindung schmilzt bei 152,5—153,5° [unkorr.] (*Sch., Si.*). — Beim Erwärmen mit wss. $KMnO_4$ entsteht 2-[2]Pyridylazo-benzoesäure (*Sch., Si.*, l. c. S. 479; *Mo.*, l. c. S. 2284).

Chlorid $[C_{13}H_{10}N_3O]Cl$. Konstitution: *Mo.* — Orangebraune Kristalle (aus wss. HCl) mit 1 Mol H_2O (*Mo.*; *Sch., Si.*); F: 219—221° [unkorr.; Zers.; nach Sintern] (*Sch., Si.*).

Picrat $[C_{13}H_{10}N_3O]C_6H_2N_3O_7$. Konstitution: *Mo.* — Gelbe Kristalle (aus Eg.); F: 207° bis 208° [unkorr.] (*Sch., Si.*).

Styphnat $[C_{13}H_{10}N_3O]C_6H_2N_3O_8$. Konstitution: *Mo.* — Gelbe Kristalle (aus wss. Eg.); F: 203—204° [unkorr.] (*Sch., Si.*).

3-Chlor-1*H*-cinnolin-4-on $C_8H_5ClN_2O$, Formel IV (R = H, X = Cl) auf S. 340, und Tautomeres.

B. Beim Diazotieren von 1-[2-Amino-phenyl]-2-chlor-äthanon in Essigsäure und wss. HCl oder in Essigsäure und H_2SO_4 und anschliessenden Aufbewahren [2 d] (*Schofield, Simpson*, Soc. **1948** 1170, 1173). Beim Diazotieren von 1-[2-Amino-phenyl]-2-brom-äthanon in wss. HCl und Essigsäure und anschliessenden Erwärmen (*Sch., Si.*). Beim Erhitzen von 3,4-Dichlor-cinnolin mit wss. NH_3 auf 160° (*Schofield, Swain*, Soc. **1950** 392, 395).

Hellbraune Kristalle (aus Eg.); F: 278—279° [unkorr.] (*Sch., Si.*).

1-Acetyl-3-chlor-1*H*-cinnolin-4-on [1]) $C_{10}H_7ClN_2O_2$, Formel IV (R = CO-CH₃, X = Cl) auf S. 340.

B. Beim Erhitzen von 3-Chlor-1*H*-cinnolin-4-on mit Acetanhydrid (*Schofield, Simpson*, Soc. **1948** 1170, 1173; *Schofield, Swain*, Soc. **1950** 384, 388).

Kristalle (aus A.); F: 125—126° [unkorr.] (*Sch., Si.*).

5-Chlor-1*H*-cinnolin-4-on $C_8H_5ClN_2O$, Formel VII (R = X′ = H, X = Cl), und Tautomeres.

B. Beim Erhitzen von 5-Chlor-4-oxo-1,4-dihydro-cinnolin-3-carbonsäure in Benzo≠phenon (*Barber et al.*, Soc. **1961** 2828, 2839, 2840; *May & Baker Ltd.*, D.B.P. 1017617 [1954]).

Hellbraune Kristalle [aus DMF] (*Ba. et al.*); F: 330—332° (*Ba. et al.*; *May & Baker Ltd.*).

V   VI   VII   VIII

6-Chlor-1*H*-cinnolin-4-on $C_8H_5ClN_2O$, Formel VII (R = X = H, X′ = Cl), und Tautomeres.

B. Beim Diazotieren von 1-[2-Amino-5-chlor-phenyl]-äthanon in wss. HCl und an≠schliessenden Erwärmen (*Schofield, Simpson*, Soc. **1945** 520, 523). Beim Erhitzen von 4,6-Dichlor-cinnolin mit wss. oder äthanol. NH_3 auf 160° (*Schofield, Swain*, Soc. **1950** 392, 395). Beim Erhitzen von 6-Chlor-4-oxo-1,4-dihydro-cinnolin-3-carbonsäure in Benzo≠phenon (*Barber et al.*, Soc. **1961** 2828, 2839, 2840; *May & Baker Ltd.*, D.B.P. 1017617 [1954]; *Schofield, Swain*, Soc. **1949** 2393, 2396).

Hellbraune Kristalle (aus A.); F: 296° (*Ba. et al.*; *May & Baker Ltd.*), 294—295° [un≠korr.] (*Sch., Si.*).

6-Chlor-1-methyl-1*H*-cinnolin-4-on $C_9H_7ClN_2O$, Formel VII (R = CH₃, X = H, X′ = Cl).

Konstitution: *Ames*, Soc. **1964** 1763.

---

[1]) Bezüglich der Konstitution vgl. *Bruce et al.*, Soc. **1964** 4044.

B. s. im folgenden Artikel.

Kristalle; F: 162—163° [unkorr.; aus H_2O] (*Simpson*, Soc. **1947** 1653, 1656), 160—162° [aus Bzl. + PAe.] (*Ames*).

6-Chlor-2-methyl-4-oxo-1,4-dihydro-cinnolinium $[C_9H_8ClN_2O]^+$, Formel V (X = Cl).

Betain $C_9H_7ClN_2O$; 6-Chlor-4-hydroxy-2-methyl-cinnolinium-betain. Diese Konstitution kommt der von *Simpson* (Soc. **1947** 1653, 1655) als 6-Chlor-1-methyl-1*H*-cinnolin-4-on angesehenen Verbindung zu (*Ames*, Soc. **1964** 1763). — *B.* Neben geringen Mengen 6-Chlor-1-methyl-1*H*-cinnolin-4-on beim Erwärmen von 6-Chlor-1*H*-cinnolin-4-on mit CH_3I und Natriumäthylat in Äthanol oder mit Dimethylsulfat in wss. NaOH (*Ames*). Neben 6-Chlor-1-methyl-1*H*-cinnolin-4-on beim Erwärmen von 6-Chlor-cinnolin-4-ylamin mit CH_3I in Äthanol und Erhitzen des Reaktionsprodukts mit wss. NaOH (*Ames*; vgl. *Si.*). — Hellgelbe Kristalle; F: 220—224° [aus Bzl.] (*Ames*), 221—222° [unkorr.; aus H_2O] (*Si.*).

1-Acetyl-6-chlor-1*H*-cinnolin-4-on [1]) $C_{10}H_7ClN_2O_2$, Formel VII (R = CO-CH_3, X = H, X' = Cl).

B. Beim Erhitzen von 6-Chlor-1*H*-cinnolin-4-on mit Acetanhydrid (*Keneford et al.*, Soc. **1950** 1104, 1110).

Kristalle (aus A.); F: 159—160° [unkorr.] (*Ke. et al.*). λ_{max} (A.): 246 nm, 300 nm und 346,5 nm (*Hearn et al.*, Soc. **1951** 3318, 3324).

6-Chlor-4-oxo-2-[2]pyridyl-1,4-dihydro-cinnolinium $[C_{13}H_9ClN_3O]^+$, Formel VI (X = Cl).

Betain $C_{13}H_8ClN_3O$; 6-Chlor-4-hydroxy-2-[2]pyridyl-cinnolinium-betain.
B. Beim Erhitzen von 5-Acetyl-2-chlor-12-hydroxy-13-oxo-5,13-dihydro-pyrido[2′,1′:⁼2,3]imidazo[1,5-*b*]cinnolinylium-betain mit wss. HCl (*Morley*, Soc. **1959** 2280, 2283). — Wasserhaltige Kristalle (aus A.), F: 132—133°; die wasserfreie Verbindung schmilzt bei 162—163°.

7-Chlor-1*H*-cinnolin-4-on $C_8H_5ClN_2O$, Formel VIII (X = Cl, X' = H), und Tautomeres.

B. Beim Diazotieren von 1-[2-Amino-4-chlor-phenyl]-äthanon in wss. HCl und anschliessenden Erwärmen (*Keneford, Simpson*, Soc. **1947** 917, 920; vgl. *Leonard, Boyd*, J. org. Chem. **11** [1946] 419, 425, 426).

Kristalle (aus A.); F: 288° [korr.] (*Le., Boyd*), 276—277° [unkorr.] (*Atkinson, Simpson*, Soc. **1947** 232, 236).

8-Chlor-1*H*-cinnolin-4-on $C_8H_5ClN_2O$, Formel VIII (X = H, X' = Cl), und Tautomeres.

B. Beim Diazotieren von 1-[2-Amino-3-chlor-phenyl]-äthanon (*Schofield, Simpson*, Soc. **1945** 520, 523) oder 1-[2-Amino-3-nitro-phenyl]-äthanon (*Keneford et al.*, Soc. **1948** 1702, 1705) in wss. HCl und anschliessenden Erwärmen. Beim Erhitzen von 8-Chlor-4-oxo-1,4-dihydro-cinnolin-3-carbonsäure in Benzophenon auf 210° (*Barber et al.*, Soc. **1961** 2828, 2839, 2840; *May & Baker Ltd.*, D.B.P. 1 017 617 [1954]).

Kristalle; F: 198—199° [unkorr.; aus A.] (*Sch., Si.*), 198—199° [aus Eg.] (*Ba. et al.*; s. a. *May & Baker Ltd.*).

3,6-Dichlor-1*H*-cinnolin-4-on $C_8H_4Cl_2N_2O$, Formel IX (R = X' = H, X = Cl) auf S. 345, und Tautomeres.

B. Beim Diazotieren von 1-[2-Amino-5-chlor-phenyl]-2-brom-äthanon in Essigsäure und wss. HCl und anschliessenden Erwärmen (*Schofield, Simpson*, Soc. **1948** 1170, 1174). Beim Erhitzen von 6-Chlor-1*H*-cinnolin-4-on in Essigsäure und Acetanhydrid mit SO_2Cl_2 (*Schofield, Swain*, Soc. **1950** 384, 388).

Bräunliche Kristalle (aus A.); F: 305—306° [unkorr.] (*Sch., Si.*).

1-Acetyl-3,6-dichlor-1*H*-cinnolin-4-on [1]) $C_{10}H_6Cl_2N_2O_2$, Formel IX (R = CO-CH_3, X = Cl, X' = H) auf S. 345.

B. Beim Erhitzen von 3,6-Dichlor-1*H*-cinnolin-4-on mit Acetanhydrid (*Schofield, Simpson*, Soc. **1948** 1170, 1174).

Kristalle (aus A.); F: 149—150° [unkorr.].

---

[1]) Bezüglich der Konstitution vgl. *Bruce et al.*, Soc. **1964** 4044.

5,6-Dichlor-1*H*-cinnolin-4-on $C_8H_4Cl_2N_2O$, Formel IX (R = X = H, X′ = Cl), und Tautomeres.

B. Beim Erhitzen von 5,6-Dichlor-4-oxo-1,4-dihydro-cinnolin-3-carbonsäure in Benzophenon (*Barber et al.*, Soc. **1961** 2828, 2839, 2840; *May & Baker Ltd.*, D.B.P. 1017617 [1954]).

Kristalle (aus Eg.); F: 336–337°.

1-Acetyl-5,6-dichlor-1*H*-cinnolin-4-on [1]) $C_{10}H_6Cl_2N_2O_2$, Formel IX (R = CO-CH₃, X = H, X′ = Cl).

B. Beim Erhitzen von 5,6-Dichlor-1*H*-cinnolin-4-on mit Acetanhydrid (*Barber et al.*, Soc. **1961** 2828, 2838; s. a. *May & Baker Ltd.*, D.B.P. 1017617 [1954]).

Kristalle (aus PAe.); F: 178–179° (*Ba. et al.*; s. a. *May & Baker Ltd.*).

5,8-Dichlor-1*H*-cinnolin-4-on $C_8H_4Cl_2N_2O$, Formel X (X = Cl, X′ = H), und Tautomeres.

B. Beim Erhitzen von 5,8-Dichlor-4-oxo-1,4-dihydro-cinnolin-3-carbonsäure in Benzophenon (*Barber et al.*, Soc. **1961** 2828, 2839, 2840; *May & Baker Ltd.*, D.B.P. 1017617 [1954]).

Kristalle (aus Eg.); F: 222–224° (*Ba. et al.*; s. a. *May & Baker Ltd.*).

6,7-Dichlor-1*H*-cinnolin-4-on $C_8H_4Cl_2N_2O$, Formel XI (R = H), und Tautomeres.

B. Beim Diazotieren von 1-[2-Amino-4,5-dichlor-phenyl]-äthanon (*Keneford, Simpson*, Soc. **1947** 227, 232) oder von 1-[2-Amino-4-chlor-5-nitro-phenyl]-äthanon (*Atkinson, Simpson*, Soc. **1947** 232, 236) in wss. HCl und anschliessenden Erwärmen.

Kristalle (aus Eg.); F: 333–334° [unkorr.] (*Ke., Si.*).

1-Acetyl-6,7-dichlor-1*H*-cinnolin-4-on [1]) $C_{10}H_6Cl_2N_2O_2$, Formel XI (R = CO-CH₃).

B. Beim Erhitzen von 6,7-Dichlor-1*H*-cinnolin-4-on mit Acetanhydrid (*Keneford, Simpson*, Soc. **1947** 227, 232).

Kristalle (aus A.); F: 148–149° [unkorr.].

7,8-Dichlor-1*H*-cinnolin-4-on $C_8H_4Cl_2N_2O$, Formel X (X = H, X′ = Cl), und Tautomeres.

B. Beim Diazotieren von 1-[2-Amino-3,4-dichlor-phenyl]-äthanon (*Keneford, Simpson*, Soc. **1947** 227, 231) oder von 1-[2-Amino-4-chlor-3-nitro-phenyl]-äthanon (*Atkinson, Simpson*, Soc. **1947** 232, 237) in wss. HCl und anschliessenden Erwärmen. Beim Erhitzen von 7,8-Dichlor-4-oxo-1,4-dihydro-cinnolin-3-carbonsäure in Benzophenon auf 210° (*Barber et al.*, Soc. **1961** 2828, 2839, 2840; *May & Baker Ltd.*, D.B.P. 1017617 [1954]).

Kristalle; F: 261–262° [aus Eg.] (*Ba. et al.*; s. a. *May & Baker Ltd.*), 253–254° [unkorr.; aus A.] (*Ke., Si.*).

3-Brom-1*H*-cinnolin-4-on $C_8H_5BrN_2O$, Formel XII (R = X′ = H, X = Br), und Tautomeres.

B. Beim Diazotieren von 1-[2-Amino-phenyl]-2-brom-äthanon in H_2SO_4 und Essigsäure, Zusatz von H_2O und anschliessenden Erwärmen (*Schofield, Simpson*, Soc. **1948** 1170, 1173).

Bräunliche Kristalle (aus A.); F: 276–276,5° [unkorr.] (*Sch., Si.*).

Beim Erwärmen mit PCl₅ bildet sich 3,4-Dichlor-cinnolin (*Schofield, Swain*, Soc. **1950** 384, 390).

1-Acetyl-3-brom-1*H*-cinnolin-4-on [1]) $C_{10}H_7BrN_2O_2$, Formel XII (R = CO-CH₃, X = Br, X′ = H).

B. Beim Erhitzen von 3-Brom-1*H*-cinnolin-4-on mit Acetanhydrid (*Schofield, Simpson*, Soc. **1948** 1170, 1173).

Kristalle (aus A.); F: 139–140° [unkorr.].

6-Brom-1*H*-cinnolin-4-on $C_8H_5BrN_2O$, Formel XII (R = X = H, X′ = Br), und Tautomeres.

B. Beim Diazotieren von 1-[2-Amino-5-brom-phenyl]-äthanon in wss. HCl und an-

---

[1]) Bezüglich der Konstitution vgl. *Bruce et al.*, Soc. **1964** 4044.

schliessenden Aufbewahren [15 d] (*Leonard*, *Boyd*, J. org. Chem. **11** [1946] 419, 423) oder Erwärmen (*Schofield*, *Simpson*, Soc. **1945** 520, 523; *Le.*, *Boyd*). Beim Erhitzen von 6-Brom-4-oxo-1,4-dihydro-cinnolin-3-carbonsäure in Benzophenon auf 210° (*Barber et al.*, Soc. **1961** 2828, 2839, 2840; *May & Baker Ltd.*, D.B.P. 1017617 [1954]; *Schofield*, *Swain*, Soc. **1949** 2393, 2396).

Kristalle (aus A.); F: 286—287° [unkorr.] (*Le.*, *Boyd*), 277—278° (*Ba. et al.*; s. a. *May & Baker Ltd.*), 276—277° [unkorr.] (*Sch.*, *Si.*).

Beim Erhitzen [2 h] mit POCl$_3$ entsteht 4,6-Dichlor-cinnolin (*Schofield*, *Swain*, Soc. **1950** 384, 391).

IX   X   XI   XII   XIII

8-Brom-1H-cinnolin-4-on C$_8$H$_5$BrN$_2$O, Formel XIII (R = X = H, X′ = Br), und Tautomeres.

B. Beim Diazotieren von 1-[2-Amino-3-brom-phenyl]-äthanon in wss. HCl, folgenden Aufbewahren [3 d] und Erwärmen (*Schofield*, *Simpson*, Soc. **1945** 520, 523).

Gelbbraune Kristalle (aus wss. A.); F: 193—194° [unkorr.].

3-Brom-6-chlor-1H-cinnolin-4-on C$_8$H$_4$BrClN$_2$O, Formel XII (R = H, X = Br, X′ = Cl), und Tautomeres.

B. Aus 1-[2-Amino-5-chlor-phenyl]-2-brom-äthanon beim Diazotieren in H$_2$SO$_4$ und Essigsäure, Zusetzen von H$_2$O und anschliessenden Erwärmen (*Schofield*, *Simpson*, Soc. **1948** 1170, 1174). Beim Erwärmen von 6-Chlor-1H-cinnolin-4-on mit Brom in Essigsäure (*Schofield*, *Swain*, Soc. **1950** 384, 388).

Kristalle (aus A.); F: 311—312° [unkorr.] (*Sch.*, *Si.*).

Beim Erhitzen mit PCl$_5$ entsteht 3,4,6-Trichlor-cinnolin (*Sch.*, *Sw.*, l. c. S. 391).

1-Acetyl-3-brom-6-chlor-1H-cinnolin-4-on [1]) C$_{10}$H$_6$BrClN$_2$O$_2$, Formel XII (R = CO-CH$_3$, X = Br, X′ = Cl).

B. Beim Erhitzen von 3-Brom-6-chlor-1H-cinnolin-4-on mit Acetanhydrid (*Schofield*, *Simpson*, Soc. **1948** 1170, 1174).

Kristalle (aus A.); F: 166—167° [unkorr.].

6-Brom-3-chlor-1H-cinnolin-4-on C$_8$H$_4$BrClN$_2$O, Formel XII (R = H, X = Cl, X′ = Br), und Tautomeres.

B. Beim Diazotieren von 1-[2-Amino-5-brom-phenyl]-2-brom-äthanon in Essigsäure und wss. HCl und anschliessenden Erwärmen (*Schofield*, *Simpson*, Soc. **1948** 1170, 1174). Beim Erhitzen von 6-Brom-1H-cinnolin-4-on mit SO$_2$Cl$_2$ in Essigsäure und wenig Acet= anhydrid (*Schofield*, *Swain*, Soc. **1950** 384, 388).

Kristalle (aus A.); F: 310—311° [unkorr.] (*Sch.*, *Si.*). λ_{max} (A.): 249,5 nm, 291 nm, 303 nm, 351 nm und 367,5 nm (*Hearn et al.*, Soc. **1951** 3318, 3323).

1-Acetyl-6-brom-3-chlor-1H-cinnolin-4-on [1]) C$_{10}$H$_6$BrClN$_2$O$_2$, Formel XII (R = CO-CH$_3$, X = Cl, X′ = Br).

B. Beim Erhitzen von 6-Brom-3-chlor-1H-cinnolin-4-on mit Acetanhydrid (*Schofield*, *Simpson*, Soc. **1948** 1170, 1174).

Kristalle (aus A.); F: 169—170° [unkorr.].

3,6-Dibrom-1H-cinnolin-4-on C$_8$H$_4$Br$_2$N$_2$O, Formel XII (R = H, X = X′ = Br), und Tautomeres.

B. Beim Diazotieren von 1-[2-Amino-5-brom-phenyl]-2-brom-äthanon in Essigsäure und wss. H$_2$SO$_4$ und anschliessenden Erwärmen (*Schofield*, *Simpson*, Soc. **1948** 1170,

---

[1]) Bezüglich der Konstitution vgl. *Bruce et al.*, Soc. **1964** 4044.

1174). Beim Erwärmen von 6-Brom-1*H*-cinnolin-4-on mit Brom in Essigsäure (*Schofield*, *Swain*, Soc. **1950** 384, 388).

Kristalle (aus A.); F: 315—316° [unkorr.] (*Sch.*, *Si.*). λ_{max} (A.): 253 nm, 291 nm, 304 nm, 350 nm und 369 nm (*Hearn et al.*, Soc. **1951** 3318, 3323).

Beim Erhitzen mit PCl$_5$ entsteht 3,4,6-Trichlor-cinnolin (*Sch.*, *Sw.*, l. c. S. 390, 391).

1-Acetyl-3,6-dibrom-1*H*-cinnolin-4-on [1]) $C_{10}H_6Br_2N_2O_2$, Formel XII (R = CO-CH$_3$, X = X' = Br).

B. Beim Erhitzen von 3,6-Dibrom-1*H*-cinnolin-4-on mit Acetanhydrid (*Schofield*, *Simpson*, Soc. **1948** 1170, 1174).

Kristalle (aus A.); F: 176—177° [unkorr.].

6,8-Dibrom-1*H*-cinnolin-4-on $C_8H_4Br_2N_2O$, Formel XIII (R = H, X = X' = Br), und Tautomeres.

B. Beim Diazotieren von 1-[2-Amino-3,5-dibrom-phenyl]-äthanon in Essigsäure und H$_2$SO$_4$ und anschliessenden Aufbewahren [35 d] (*Leonard*, *Boyd*, J. org. Chem. **11** [1946] 419, 425).

Kristalle (aus A.); F: 247—247,5° [korr.].

6-Jod-1*H*-cinnolin-4-on $C_8H_5IN_2O$, Formel XIII (R = X' = H, X = I), und Tautomeres.

B. Beim Diazotieren von 1-[2-Amino-5-jod-phenyl]-äthanon in wss. HCl, Aufbewahren [3 d] und anschliessenden Erwärmen (*Leonard*, *Boyd*, J. org. Chem. **11** [1946] 419, 425).

Braune Kristalle (aus A.); F: 300—301° [unkorr.].

8-Jod-1*H*-cinnolin-4-on $C_8H_5IN_2O$, Formel XIII (R = X = H, X' = I), und Tautomeres.

B. Beim Diazotieren von 1-[2-Amino-3-jod-phenyl]-äthanon in wss. HCl und anschliessenden Aufbewahren [5 d] (*Schofield*, *Theobald*, Soc. **1950** 395, 402).

Hellgelbe Kristalle (aus A.); F: 261—262° [unkorr.].

3-Nitro-1*H*-cinnolin-4-on $C_8H_5N_3O_3$, Formel XII (R = X' = H, X = NO$_2$), und Tautomeres.

B. Beim Erwärmen von 3-Nitro-cinnolin-4-ylamin in wss. NaOH (*Baumgarten*, Am. Soc. **77** [1955] 5109, 5111).

Hellgelbe Kristalle (aus A.); F: 284,5—285,5° [korr.]. IR-Banden (Nujol; 3160 cm^{-1} bis 650 cm^{-1}): *Ba.* λ_{max} (A.): 210 nm und 334 nm.

1-Methyl-3-nitro-1*H*-cinnolin-4-on $C_9H_7N_3O_3$, Formel XII (R = CH$_3$, X = NO$_2$, X' = H).

B. Beim Erwärmen von 3-Nitro-1*H*-cinnolin-4-on in wss. KOH mit Dimethylsulfat (*Baumgarten*, Am. Soc. **77** [1955] 5109, 5111).

Hellgelbe Kristalle (aus A.); F: 232—233,5° [korr.].

5-Nitro-1*H*-cinnolin-4-on $C_8H_5N_3O_3$, Formel I (R = X' = H, X = NO$_2$), und Tautomeres.

B. Beim Diazotieren von 1-[2-Amino-6-nitro-phenyl]-äthanon in Essigsäure und wss. H$_2$SO$_4$, Aufbewahren [1 d] und anschliessenden Erwärmen (*Schofield*, *Theobald*, Soc. **1949** 2404, 2406).

Kristalle (aus A.); F: 304—305° [unkorr.].

1-Methyl-5-nitro-1*H*-cinnolin-4-on $C_9H_7N_3O_3$, Formel I (R = CH$_3$, X = NO$_2$, X' = H).

B. Beim Erwärmen von 5-Nitro-1*H*-cinnolin-4-on in wss. KOH mit Dimethylsulfat (*Schofield*, *Theobald*, Soc. **1949** 2404, 2407).

Hellgelbe Kristalle (aus A.); F: 188—189° [unkorr.].

1-Acetyl-5-nitro-1*H*-cinnolin-4-on [1]) $C_{10}H_7N_3O_4$, Formel I (R = CO-CH$_3$, X = NO$_2$, X' = H).

B. Aus 5-Nitro-1*H*-cinnolin-4-on (*Schofield*, *Theobald*, Soc. **1949** 2404, 2406).

---

[1]) Bezüglich der Konstitution vgl. *Bruce et al.*, Soc. **1964** 4044.

Kristalle (aus wss. A.); F: 185—186° [unkorr.].

6-Nitro-1H-cinnolin-4-on $C_8H_5N_3O_3$, Formel XIII (R = X′ = H, X = NO$_2$) auf S. 345, und Tautomeres.

B. Beim Diazotieren von 1-[2-Amino-5-nitro-phenyl]-äthanon in Essigsäure und wss. H$_2$SO$_4$ und anschliessenden Erwärmen (*Borsche, Herbert*, A. **546** [1941] 293, 302; *Schofield, Simpson*, Soc. **1945** 520, 523; *Leonard, Boyd*, J. org. Chem. **11** [1946] 419, 424). Beim Erwärmen von 1H-Cinnolin-4-on mit wss. HNO$_3$ und H$_2$SO$_4$ (*Schofield, Simpson*, Soc. **1945** 512, 517). Beim Erhitzen von 6-Nitro-4-oxo-1,4-dihydro-cinnolin-3-carbonsäure in Benzophenon auf 210° (*Barber et al.*, Soc. **1961** 2828, 2839; *May & Baker Ltd.*, D.B.P. 1 017 617 [1954]).

Gelbe bis bräunliche Kristalle; F: 343—344° [aus Nitrobenzol] (*Bo., He.*), 338—340° [korr.; aus Nitrobenzol] (*Le., Boyd*), 336° [aus Eg.] (*Ba. et al.*; s. a. *May & Baker Ltd.*). UV-Spektrum (A.; 210—400 nm): *Hearn et al.*, Soc. **1951** 3318, 3323, 3325.

1-Methyl-6-nitro-1H-cinnolin-4-on $C_9H_7N_3O_3$, Formel XIII (R = CH$_3$, X = NO$_2$, X′ = H) auf S. 345.

B. Beim Behandeln von 1-Methyl-1H-cinnolin-4-on in H$_2$SO$_4$ mit rauchender HNO$_3$ (*Ames et al.*, Soc. [C] **1966** 470, 475). Beim Erhitzen von 4-Amino-1-methyl-6-nitro-cinnolinium-chlorid (oder-jodid) mit H$_2$O oder wss. NaOH (*Atkinson, Taylor*, Soc. **1955** 4236, 4242). Weitere Bildungsweise s. im folgenden Artikel.

Gelbe Kristalle; F: 190—191° [unkorr.; aus H$_2$O] (*Keneford et al.*, Soc. **1950** 1104, 1110), 190° (*At., Ta.*). UV-Spektrum (A.; 220—400 nm): *Hearn et al.*, Soc. **1951** 3318, 3323, 3325.

2-Methyl-6-nitro-4-oxo-1,4-dihydro-cinnolinium $[C_9H_8N_3O_3]^+$, Formel II (X = NO$_2$, X′ = H).

Betain $C_9H_7N_3O_3$; 4-Hydroxy-2-methyl-6-nitro-cinnolinium-betain. Diese Konstitution kommt der von *Schofield, Simpson* (Soc. **1945** 512, 516) als 6-[O-Methyl-*aci*-nitro]-6H-cinnolin-4-on angesehenen Verbindung zu (*Ames et al.*, Soc. [C] **1966** 470, 472). — *B.* Neben geringen Mengen 1-Methyl-6-nitro-1H-cinnolin-4-on beim Erwärmen von 6-Nitro-1H-cinnolin-4-on in wss. KOH mit Dimethylsulfat (*Keneford et al.*, Soc. **1950** 1104, 1110; s. a. *Sch., Si.*, l. c. S. 518). Beim Erhitzen von 6-Nitro-1H-cinnolin-4-on mit Toluol-4-sulfonsäure-methylester auf 150° (*Ke. et al.*). — Orangefarbene Kristalle; F: 231—232° [unkorr.; Zers.; aus wss. HCl] (*Ke. et al.*), 228—229° [unkorr.; aus A.] (*Sch., Si.*, l. c. S. 518). UV-Spektrum (A. und/oder H$_2$O; 220—400 nm): *Atkinson, Taylor*, Soc. **1955** 4236, 4238. λ_{max} (A.): 210 nm, 257 nm, 322 nm, 335 nm und 402 nm (*Ames et al.*, l. c. S. 471).

1-Acetyl-6-nitro-1H-cinnolin-4-on $C_{10}H_7N_3O_4$, Formel XIII (R = CO-CH$_3$, X = NO$_2$, X′ = H) auf S. 345.

Diese Konstitution kommt der von *Schofield, Simpson* (Soc. **1945** 512, 517) als 4-Acetoxy-6-nitro-cinnolin angesehenen Verbindung zu (*Hearn et al.*, Soc. **1951** 3318, 3326).

B. Beim Erhitzen von 6-Nitro-1H-cinnolin-4-on mit Acetanhydrid (*Sch., Si.*).

Kristalle (aus A.); F: 147—148° [unkorr.] (*Sch., Si.*). λ_{max} (A.): 236 nm, 263 nm, 323,5 nm und 362 nm (*He. et al.*, l. c. S. 3324).

7-Nitro-1H-cinnolin-4-on $C_8H_5N_3O_3$, Formel I (R = X = H, X′ = NO$_2$), und Tautomeres.

B. Aus diazotiertem 1-[2-Amino-4-nitro-phenyl]-äthanon (*Atkinson et al.*, Soc. **1954** 1381, 1382; *Schofield, Theobald*, Soc. **1949** 2404, 2406).

Hellgelbe Kristalle [aus A.] (*Sch., Th.*); F: 300° [korr.] (*At. et al.*), 295—296° [unkorr.] (*Sch., Th.*).

1-Methyl-7-nitro-1H-cinnolin-4-on $C_9H_7N_3O_3$, Formel I (R = CH$_3$, X = H, X′ = NO$_2$).

B. Beim Erwärmen von 7-Nitro-1H-cinnolin-4-on in wss. KOH mit Dimethylsulfat (*Schofield, Theobald*, Soc. **1949** 2404, 2407).

Hellorangefarbene Kristalle (aus A.); F: 238° [unkorr.].

1-Acetyl-7-nitro-1H-cinnolin-4-on [1]) $C_{10}H_7N_3O_4$, Formel I (R = CO-CH$_3$, X = H, X' = NO$_2$).

B. Aus 7-Nitro-1H-cinnolin-4-on (*Schofield, Theobald*, Soc. **1949** 2404, 2406). Kristalle (aus wss. A.); F: 140—141° [unkorr.].

I II III IV V

8-Nitro-1H-cinnolin-4-on $C_8H_5N_3O_3$, Formel III (X = NO$_2$, X' = X'' = H), und Tautomeres.

B. Beim Diazotieren von 1-[2-Amino-3-nitro-phenyl]-äthanon in Essigsäure und wss. H$_2$SO$_4$ und anschliessenden Erwärmen (*Simpson*, Soc. **1947** 237; *Keneford et al.*, Soc. **1948** 1702, 1705; vgl. *Alford, Schofield*, Soc. **1953** 609, 611).

Braune Kristalle (aus A.); F: 185,5—186,5° [unkorr.] (*Si.*).

2-Methyl-8-nitro-4-oxo-1,4-dihydro-cinnolinium $[C_9H_8N_3O_3]^+$, Formel II (X = H, X' = NO$_2$).

Betain $C_9H_7N_3O_3$; 4-Hydroxy-2-methyl-8-nitro-cinnolinium-betain. Diese Konstitution kommt der von *Schofield, Swain* (Soc. **1949** 1367, 1371) und *Schofield, Theobald* (Soc. **1949** 2404, 2407) als 1-Methyl-8-nitro-1H-cinnolin-4-on angesehenen Verbindung zu (*Ames et al.*, Soc. [C] **1966** 470, 472). — B. Beim Behandeln von 4-Hydroxy-2-methyl-cinnolinium-betain (S. 341) mit wss. HNO$_3$ und H$_2$SO$_4$ (*Sch., Sw.*). Beim Erwärmen von 8-Nitro-1H-cinnolin-4-on in wss. KOH mit Dimethylsulfat (*Sch., Th.*).

Gelbe Kristalle (aus A.); F: 243—244° [unkorr.] (*Sch., Th.*). λ_{max} (A.): 210 nm, 253 nm, 327 nm und 377 nm (*Ames et al.*, l. c. S. 471).

7-Chlor-6-nitro-1H-cinnolin-4-on $C_8H_4ClN_3O_3$, Formel III (X = H, X' = Cl, X'' = NO$_2$), und Tautomeres.

B. Beim Diazotieren von 1-[2-Amino-4-chlor-5-nitro-phenyl]-äthanon in Essigsäure und wss. H$_2$SO$_4$ und anschliessenden Erwärmen (*Atkinson, Simpson*, Soc. **1947** 232, 236).

Bronzefarbene Kristalle (aus Eg.); F: 252—254° [unkorr.; Zers.] (*At., Si.*).

Beim Erhitzen mit POCl$_3$ oder mit PCl$_5$ und POCl$_3$ bildet sich 4,6,7-Trichlor-cinnolin (*Keneford et al.*, Soc. **1948** 1702, 1706).

7-Chlor-8-nitro-1H-cinnolin-4-on $C_8H_4ClN_3O_3$, Formel III (X = NO$_2$, X' = Cl, X'' = H), und Tautomeres.

B. Beim Diazotieren von 1-[2-Amino-4-chlor-3-nitro-phenyl]-äthanon in Essigsäure und wss. H$_2$SO$_4$ und anschliessenden Erwärmen (*Atkinson, Simpson*, Soc. **1947** 232, 236).

Gelbe Kristalle (aus A.); F: 262—264° [unkorr.; Zers.].

2H-Cinnolin-3-on $C_8H_6N_2O$, Formel IV (R = X = H), und Tautomeres (Cinnolin-3-ol) (E II **24** 70).

Nach Ausweis der IR-Absorption liegt in festem Zustand sowie in Lösungen in CHCl$_3$ und in CCl$_4$ (*Mason*, Soc. **1957** 4874) und nach Ausweis des UV-Spektrums liegt in H$_2$O (*Boulton*, Soc. [B] **1971** 2344, 2346) überwiegend 2H-Cinnolin-3-on vor.

B. Aus 2-Amino-DL-mandelsäure über mehrere Stufen (*Alford, Schofield*, Soc. **1952** 2102, 2106; E II **24** 70).

Gelbe Kristalle (aus Bzl.) mit 0,5 Mol H$_2$O; F: 201—203° [unkorr.; nach Sintern] (*Al., Sch.*, Soc. **1952** 2107). IR-Banden (KBr, CHCl$_3$ sowie CCl$_4$; 3380—1660 cm^{-1}): *Ma.*, l. c. S. 4875. Absorptionsspektrum (H$_2$O; 220—440 nm): *Bo.*, l. c. S. 2347. λ_{max}: 300 nm, 312 nm und 400 nm [Me.], 226 nm, 300 nm, 312 nm und 394 nm [H$_2$O], 300 nm

---

[1]) Bezüglich der Konstitution vgl. *Bruce et al.*, Soc. **1964** 4044.

und 398 nm [wss. HCl] bzw. 385 nm [wss. NaOH] (*Alford, Schofield*, Soc. **1953** 1811, 1815). Scheinbarer Dissoziationsexponent pK'_{a1} (H_2O; spektrophotometrisch ermittelt) bei 20°: 0,21 (*Albert, Phillips*, Soc. **1956** 1294, 1300); scheinbarer Dissoziationsexponent pK'_{a2} (H_2O; potentiometrisch ermittelt) bei 20°: 8,61 (*Osborn, Schofield*, Soc. **1956** 4207, 4210).

1-Methyl-3-oxo-2,3-dihydro-cinnolinium (?) $[C_9H_9N_2O]^+$, vermutlich Formel V.

Betain $C_9H_8N_2O$; 3-Hydroxy-1-methyl-cinnolinium-betain(?). *B.* In geringer Menge beim Erwärmen von 2*H*-Cinnolin-3-on in wss. NaOH [2 Mol] mit Dimethylsulfat (*Alford, Schofield*, Soc. **1953** 1811, 1812). — Orangefarbene Kristalle (aus $CHCl_3$ + PAe.); F: 280—283°.

2-Methyl-2*H*-cinnolin-3-on $C_9H_8N_2O$, Formel IV ($R = CH_3$, $X = H$).

B. Beim Erwärmen von 2*H*-Cinnolin-3-on in wss. NaOH [1 Mol] mit Dimethylsulfat (*Alford, Schofield*, Soc. **1953** 1811, 1812). Aus 2*H*-Cinnolin-3-on und Diazomethan in Äther (*Al., Sch.*).

Gelbe Kristalle (aus Acn.); F: 135,5—136,5°. λ_{max}: 305 nm und 400 nm [Me.], 303 nm und 400 nm [wss. HCl] bzw. 303 nm und 395 nm [wss. NaOH] (*Al., Sch.*, l. c. S. 1815).

6-Chlor-2*H*-cinnolin-3-on $C_8H_5ClN_2O$, Formel IV ($R = H$, $X = Cl$), und Tautomeres.

Nach Ausweis der IR-Absorption liegt in festem Zustand und in Lösung in $CHCl_3$ überwiegend 6-Chlor-2*H*-cinnolin-3-on vor (*Baumgarten et al.*, J. org. Chem. **26** [1961] 803, 806).

B. Aus [5-Chlor-2-nitro-phenyl]-hydroxy-essigsäure über mehrere Stufen (*Baumgarten, Creger*, Am. Soc. **82** [1960] 4634, 4637; *Alford, Schofield*, Soc. **1952** 2102, 2107). Beim Behandeln von 6-Chlor-cinnolin-3-ylamin in wss. H_2SO_4 mit wss. $NaNO_2$ (*Ba. et al.*, l. c. S. 804, 807).

Gelbe (*Ba., Cr.*) Kristalle (aus Λ.); F: 304—305° [korr.; Zers.] (*Ba. et al.*). NH- und CO-Valenzschwingungsbanden (KBr sowie $CHCl_3$): *Ba. et al.* λ_{max} (A.): 237 nm, 299 nm, 310 nm, 323 nm und 390 nm (*Ba. et al.*, l. c. S. 807). Scheinbarer Dissoziationsexponent pK'_a (wss. A.[50%ig]; potentiometrisch ermittelt) bei 20°: 8,41 (*Ba. et al.*, l. c. S. 805).

[*Haltmeier*]

3*H*-Chinazolin-4-on $C_8H_6N_2O$, Formel VI ($R = H$) auf S. 351, und Tautomere (1*H*-Chinazolin-4-on bzw. Chinazolin-4-ol) (H 143; E I 245; E II 71).

Nach Ausweis der IR-Absorption liegt in festem Zustand sowie in Lösungen in $CHCl_3$ und in CCl_4 (*Mason*, Soc. **1957** 4874) und nach Ausweis der UV-Absorption in wss. Lösungen (*Albert, Barlin*, Soc. **1962** 3129, 3134) überwiegend 3*H*-Chinazolin-4-on vor. Über das Gleichgewicht der Tautomeren s. a. *Hearn et al.*, Soc. **1951** 3318, 3322.

Diese Konstitution kommt der von *Räth* (A. **486** [1931] 284, 292) als 2-Amino-nicotin= säure formulierten Verbindung zu (*Seïde, Tschelinzew*, Ž. obšč. Chim. **7** [1937] 2314, 2316; C. **1938** I 601; s. a. *Carboni*, G. **83** [1953] 637, 639).

B. Beim Erhitzen von Anthranilsäure mit Ammoniumformiat (*Monti*, R.A.L. [6] **28** [1938] 96, 98 Anm. 3), von Anthranilsäure-methylester mit Ammoniumformiat und Formamid (*Baker et al.*, J. org. Chem. **18** [1953] 138, 145) oder von Anthranilamid mit Orthoameisensäure-triäthylester (*Runti et al.*, Ann. Chimica **49** [1959] 1668, 1675). Aus Chinazolin und wss. H_2O_2 in Essigsäure (*Adachi*, J. pharm. Soc. Japan **77** [1957] 507, 510; C. A. **1957** 14744). Aus Chinazolin-picrat und wss. H_2CrO_4 in Essigsäure (*Mácholan*, Collect. **24** [1959] 550, 554). Beim Erwärmen [20 h] von 4-Chlor-chinazolin mit Methanol (*Tomisek, Christensen*, Am. Soc. **67** [1945] 2112, 2114).

Kristalle; F: 219—220° [aus A.] (*Hardman, Partridge*, Soc. **1958** 614, 615), 218° [aus Bzl.] (*Ru. et al.*). IR-Spektrum (Nujol; 3200—700 cm^{-1}): *Culbertson et al.*, Am. Soc. **74** [1952] 4834, 4837. IR-Banden (KBr, $CHCl_3$ sowie CCl_4; 3410—1660 cm^{-1}): *Ma.*, l. c. S. 4875. UV-Spektrum in Äthanol (210—330 nm): *He. et al.*, l. c. S. 3320, 3321; in wss. NaOH [0,1 n] (230—360 nm): *Párkányi, Vystrčil*, Chem. Listy **50** [1956] 106, 109; Collect. **21** [1956] 1007, 1009; C. A. **1956** 8656. λ_{max} (wss. NaOH [0,1 n]): 282 nm und 308 nm (*Hutchings et al.*, J. org. Chem. **17** [1952] 19, 20). λ_{max} (wss. Lösungen vom pH 0, pH 7 und pH 12; 220—320 nm): *Al., Ba.*, l. c. S. 3131. Scheinbare Dissoziations- exponenten pK'_{a1} und pK'_{a2} (potentiometrisch ermittelt) bei 20°: 2,12 bzw. 9,81 [H_2O]

(*Albert, Phillips*, Soc. **1956** 1294, 1300); bei 21—22°: 2,07 bzw. 9,98 [wss. A. (50%ig)] (*Keneford et al.*, Soc. **1949** 1356).

Bildung von 6-Chlor-3*H*-chinazolin-4-on, 8-Chlor-3*H*-chinazolin-4-on und 6,8-Dichlor-3*H*-chinazolin-4-on beim Behandeln mit Chlor und $FeCl_3$ in Essigsäure: *Chiang et al.*, Acta chim. sinica **22** [1956] 335, 338; C. A. **1958** 10080; Scientia sinica **7** [1958] 1035, 1038. Beim Erhitzen mit Piperidin bildet sich 1-[*N*-Piperidinomethylen-anthraniloyl]-piperidin, bei Zusatz von wenig H_2O 1-Anthraniloyl-piperidin (*Leonard et al.*, J. org. Chem. **13** [1948] 617, 619, 620).

Hydrochlorid $C_8H_6N_2O \cdot HCl$ (H 143). Kristalle (*Chou et al.*, Am. Soc. **70** [1948] 1765); F: 250° (*Jang et al.*, Nature **161** [1948] 401), 247° (*Chou et al.*).

Verbindung mit Chrom(VI)-oxid $C_8H_6N_2O \cdot CrO_3$ (H 143). Kristalle (aus H_2O); F: 185° [Zers.] (*Chiang, Li*, Acta chim. sinica **23** [1957] 391, 394; C. A. **1958** 15539; Scientia sinica **7** [1958] 617, 621).

Hexachloroplatinat(IV) $2 C_8H_6N_2O \cdot H_2PtCl_6$ (vgl. H 143). Gelbe Kristalle (aus wss. A.); F: >250° (*Chou et al.*).

Picrat $C_8H_6N_2O \cdot C_6H_3N_3O_7$ (H 144). Gelbe Kristalle [aus A.] (*Kozak, Kalmus*, Bl. Acad. polon. [A] **1933** 532, 537); F: 206—208° (*Feldman, Wagner*, J. org. Chem. **7** [1942] 31, 41), 204° (*Ko., Ka.*).

Verbindung mit 2-Nitro-indan-1,3-dion $C_8H_6N_2O \cdot C_9H_5NO_4$. Kristalle; F: 195° [korr.; Zers.] (*Christensen et al.*, Anal. Chem. **21** [1949] 1573).

Oxalat $2 C_8H_6N_2O \cdot C_2H_2O_4$. Kristalle (aus wss. A.); F: 234—235° [Zers.] (*Ch., Li*).

4-Imino-3,4-dihydro-chinazolin, 3*H*-Chinazolin-4-on-imin $C_8H_7N_3$ s. Chinazolin-4-ylamin (Syst.-Nr. 3716).

4-Hydrazono-3,4-dihydro-chinazolin, 3*H*-Chinazolin-4-on-hydrazon $C_8H_8N_4$ s. 4-Hydrazino-chinazolin (Syst.-Nr. 3783).

1-Methyl-1*H*-chinazolin-4-on $C_9H_8N_2O$, Formel VII.

B. Beim Erhitzen von *N*-Methyl-anthranilsäure mit Formamid auf 130° [18 h] (*Leonard, Ruyle*, J. org. Chem. **13** [1948] 903, 908). Aus 4-Phenoxy-chinazolin bei aufeinanderfolgender Umsetzung mit Toluol-4-sulfonsäure-methylester und mit H_2O (*Morley, Simpson*, Soc. **1949** 1354).

Kristalle (aus Bzl.); F: 136—137° [korr.] (*Le., Ru.*). UV-Spektrum (A.; 210—320 nm): *Hearn et al.*, Soc. **1951** 3318, 3320, 3321.

Hydrochlorid $C_9H_8N_2O \cdot HCl$. Kristalle (aus A.); F: 245—246° [korr.] (*Le., Ru.*).

Picrat $C_9H_8N_2O \cdot C_6H_3N_3O_7$. Gelbe Kristalle; F: 249—250° [unkorr.; Zers.; aus Me.] (*Mo., Si.*), 246—247° [korr.; Zers.; aus A.] (*Le., Ru.*).

N-Methyl-anthranilat $C_9H_8N_2O \cdot C_8H_9NO_2$. Kristalle (aus Bzl.); F: 135—136° [korr.] (*Le., Ru.*, l. c. S. 909).

3-Methyl-3*H*-chinazolin-4-on $C_9H_8N_2O$, Formel VI (R = CH_3) (H 144; E I 245).

B. Neben *N*-Formyl-anthranilsäure-methylamid beim Erwärmen von Anthranilsäure-methylamid mit Ameisensäure (*Schöpf, Oechler*, A. **523** [1936] 1, 23). Aus 3-Methyl-1,2-dihydro-chinazolinium-picrat oder 3-Methyl-3,4-dihydro-chinazolin und CrO_3 in Essigsäure (*Sch., Oe.*, l. c. S. 23, 24). Aus 3*H*-Chinazolin-4-on, Dimethylsulfat und wss. KOH (*Monti et al.*, G. **71** [1941] 654, 656; s. a. *Morley, Simpson*, Soc. **1949** 1354). Neben 4-Methoxy-chinazolin beim Behandeln von 3*H*-Chinazolin-4-on mit Diazomethan in Methanol und Äther (*Leonard, Curtin*, J. org. Chem. **11** [1946] 341, 346; s. a. *Leonard, Ruyle*, J. org. Chem. **13** [1948] 903, 906 Anm. 2). Aus 1*H*-Chinazolin-4-on-1-oxid bei der Umsetzung mit CH_3I und anschliessender Hydrierung an Palladium/Kohle in Methanol (*Yamanaka*, Chem. pharm. Bl. **7** [1959] 152, 157).

Kristalle; F: 105—106° [unkorr.] (*Mo., Si.*), 103,5—105,5° [aus PAe.] (*Le., Cu.*). Kristalle mit 1 Mol H_2O; F: 71—72° (*Mo., Si.*). IR-Spektrum (fester Film; 3000 cm^{-1} bis 800 cm^{-1}): *Culbertson et al.*, Am. Soc. **74** [1952] 4834, 4837. UV-Spektrum (A.; 220—320 nm): *Hearn et al.*, Soc. **1951** 3318, 3320, 3321.

Picrat $C_9H_8N_2O \cdot C_6H_3N_3O_7$. Gelbe Kristalle; F: 215—216° [unkorr.; aus A.] (*Mo., Si.*), 211—212° [aus Eg.] (*Sch., Oe.*).

1,3-Dimethyl-4-oxo-1,4-dihydro-chinazolinium $[C_{10}H_{11}N_2O]^+$, Formel VIII, und Mesomeres (H 144; E I 245).

Jodid $[C_{10}H_{11}N_2O]I$ (H 144; E I 245). *B.* Aus 4-Methoxy-chinazolin beim Erhitzen mit Toluol-4-sulfonsäure-methylester und anschliessenden Behandeln mit KI (*Morley, Simpson*, Soc. **1949** 1354). — Kristalle; F: 275—277° [unkorr.; nach Sintern bei 265°].

Picrat $[C_{10}H_{11}N_2O]C_6H_2N_3O_7$. Gelbe Kristalle (aus H$_2$O); F: 197—198° [unkorr.] (*Mo., Si.*).

VI   VII   VIII   IX

3-[2-Jod-äthyl]-3H-chinazolin-4-on $C_{10}H_9IN_2O$, Formel VI (R = CH$_2$-CH$_2$-I).

B. Beim Erwärmen von 3-[2-(Toluol-4-sulfonyloxy)-äthyl]-3H-chinazolin-4-on mit NaI in Aceton (*Baker et al.*, J. org. Chem. **17** [1952] 35, 46).

Kristalle (aus A.); F: 124—125°.

3-Propyl-3H-chinazolin-4-on $C_{11}H_{12}N_2O$, Formel VI (R = CH$_2$-CH$_2$-CH$_3$) (H 144).

B. Beim Behandeln von Isatosäure-anhydrid (1H-Benz[d][1,3]oxazin-2,4-dion) mit Propylamin und Erhitzen des Reaktionsprodukts mit Ameisensäure (*Hanford et al.*, Am. Soc. **56** [1934] 2780, 2782). Bei der Hydrierung von 3-Allyl-3H-chinazolin-4-on an Platin in Äthanol (*Ha. et al.*).

Kristalle (aus Bzl. + PAe.); F: 96—98°.

3-[3-Chlor-propyl]-3H-chinazolin-4-on $C_{11}H_{11}ClN_2O$, Formel VI (R = CH$_2$-CH$_2$-CH$_2$-Cl).

B. Aus 3H-Chinazolin-4-on, methanol. Natriummethylat und 1-Brom-3-chlor-propan (*Baker et al.*, J. org. Chem. **17** [1952] 35, 46).

Kristalle (aus wss. A.); F: 98—100°.

3-[3-Jod-propyl]-3H-chinazolin-4-on $C_{11}H_{11}IN_2O$, Formel VI (R = CH$_2$-CH$_2$-CH$_2$-I).

B. Aus 3-[3-Chlor-propyl]-3H-chinazolin-4-on und NaI (*Baker et al.*, J. org. Chem. **17** [1952] 35, 46).

Kristalle (aus wss. A.); F: 120—122°.

3-Butyl-3H-chinazolin-4-on $C_{12}H_{14}N_2O$, Formel VI (R = [CH$_2$]$_3$-CH$_3$) (H 144).

B. Beim Erhitzen von Anthranilsäure-butylamid mit Formamid auf 170° (*Leonard, Ruyle*, J. org. Chem. **13** [1948] 903, 908). Aus 3H-Chinazolin-4-on und Butylamin bei 150° (*Leonard, Curtin*, J. org. Chem. **11** [1946] 341, 346).

Kristalle (aus wss. A.); F: 72—73° (*Le., Ru.*).

Picrat $C_{12}H_{14}N_2O \cdot C_6H_3N_3O_7$. Kristalle (aus A.); F: 154—155° [korr.; nach Sintern bei 151°] (*Le., Cu.*).

3-[6-Brom-hexyl]-3H-chinazolin-4-on $C_{14}H_{17}BrN_2O$, Formel VI (R = [CH$_2$]$_6$-Br).

B. Aus 3H-Chinazolin-4-on, methanol. Natriummethylat und 1,6-Dibrom-hexan (*Baker et al.*, J. org. Chem. **17** [1952] 35, 46, 49).

Hydrochlorid $C_{14}H_{17}BrN_2O \cdot HCl$. F: 188—190° [Zers.].

3-Allyl-3H-chinazolin-4-on $C_{11}H_{10}N_2O$, Formel VI (R = CH$_2$-CH=CH$_2$).

B. Beim Erhitzen von N-Formyl-anthranilsäure-allylamid auf 180—190° bzw. 190° bis 210° (*Schöpf, Oechler*, A. **523** [1936] 1, 19; *Hanford et al.*, Am. Soc. **56** [1934] 2780, 2782). Beim Erwärmen von 3H-Chinazolin-4-on mit Allylbromid und methanol. Natrium=methylat (*Barber et al.*, J. org. Chem. **17** [1952] 35, 46, 49) oder mit Allyljodid und äthanol. KOH (*Beri et al.*, J. Indian chem. Soc. **12** [1935] 395, 397). Aus 3-Allyl-1,2-dihydro-chinazolinium-picrat oder aus 3-Allyl-3,4-dihydro-chinazolin-picrat und CrO$_3$ in Essig=säure (*Sch., Oe.*).

Kristalle; F: 66—67° [aus PAe. + Bzl.] (*Ha. et al.*), 65—66° [aus PAe.] (*Sch., Oe.*).

UV-Spektrum (A.; 220—330 nm): *Koepfli et al.*, Am. Soc. **71** [1949] 1048, 1052.
Hydrochlorid $C_{11}H_{10}N_2O \cdot HCl$. F: 200—202° [Zers.] (*Ba. et al.*).
Picrat $C_{11}H_{10}N_2O \cdot C_6H_3N_3O_7$. Gelbe Kristalle (aus Me.); F: 157—158° (*Sch., Oe.*).

3-[2-Brom-allyl]-3H-chinazolin-4-on $C_{11}H_9BrN_2O$, Formel VI (R = CH_2-CBr=CH_2).
B. Aus 3H-Chinazolin-4-on, methanol. Natriummethylat und 2,3-Dibrom-propen
(*Baker et al.*, J. org. Chem. **17** [1952] 35, 46, 49).
F: 65—67°.

3-Cyclohexyl-3H-chinazolin-4-on $C_{14}H_{16}N_2O$, Formel VI (R = C_6H_{11}).
B. Beim Erhitzen von Anthranilsäure-cyclohexylamid mit Ameisensäure oder Ortho=
ameisensäure-triäthylester und anschliessenden Erhitzen mit Acetanhydrid und wenig
H_3PO_4 (*Baker et al.*, J. org. Chem. **17** [1952] 35, 48).
Kristalle (aus Heptan); F: 111—113°.
Hydrochlorid $C_{14}H_{16}N_2O \cdot HCl$. F: 222—225° [Zers.].

3-Prop-2-inyl-3H-chinazolin-4-on $C_{11}H_8N_2O$, Formel VI (R = CH_2-C≡CH).
B. Beim Erwärmen von 3H-Chinazolin-4-on in Methanol mit 3-Brom-propin und
Natriummethylat oder wss. Benzyl-trimethyl-ammonium-hydroxid (*Am. Cyanamid Co.*,
U.S.P. 2621162 [1951]).
Kristalle (aus Toluol); F: 116—116,5°.

3-Phenyl-3H-chinazolin-4-on $C_{14}H_{10}N_2O$, Formel IX (R = X = X' = H) (H 144).
B. Aus Anthranilanilid und Ameisensäure oder Orthoameisensäure-triäthylester (*Wagner*, J. org. Chem. **5** [1940] 133, 137). Aus 3H-Chinazolin-4-on und Anilin bei 200°
bis 210° (*Leonard, Ruyle*, J. org. Chem. **13** [1948] 903, 906). Aus Isatosäure-anhydrid
(1H-Benz[d][1,3]oxazin-2,4-dion) beim Erhitzen mit Anilin und Orthoameisensäure-
triäthylester (*Clark, Wagner*, J. org. Chem. **9** [1944] 55, 66) oder mit *N,N'*-Diphenyl-
formamidin (*Meyer, Wagner*, J. org. Chem. **8** [1943] 239, 249).
Kristalle (aus wss. A.); F: 140° (*Wa.*).
Picrat $C_{14}H_{10}N_2O \cdot C_6H_3N_3O_7$. Kristalle; F: 181° (*Me., Wa.*), 180,6° [korr.; aus A.]
(*Wa.*).
Formiat $C_{14}H_{10}N_2O \cdot CH_2O_2$. Kristalle (aus PAe.); F: 119—120° (*Me., Wa.*, l. c.
S. 248).
Benzoat $C_{14}H_{10}N_2O \cdot C_7H_6O_2$. Kristalle (aus A.); F: 131—132° (*Me., Wa.*).
Phenylacetat $C_{14}H_{10}N_2O \cdot C_8H_8O_2$. Kristalle (aus A.); F: 113—114° (*Me., Wa.*).
Salicylat $C_{14}H_{10}N_2O \cdot C_7H_6O_3$. Kristalle (aus A.); F: 168—169° (*Me., Wa.*).
Anthranilat $C_{14}H_{10}N_2O \cdot C_7H_7NO_2$. Kristalle (aus wss. A.); F: 132,2° [korr.] (*Me.,
Wa.*, l. c. S. 247).

3-[4-Chlor-phenyl]-3H-chinazolin-4-on $C_{14}H_9ClN_2O$, Formel IX (R = X = H, X' = Cl)
(H 144).
B. Aus Anthranilsäure und Ameisensäure-[4-chlor-anilid] (*Koelsch*, Am. Soc. **67** [1945]
1718) oder aus *N*-Formyl-anthranilsäure und 4-Chlor-anilin mit Hilfe von PCl_3 (*Rani
et al.*, J. Indian chem. Soc. **30** [1953] 331, 332).
Kristalle; F: 183—184° (*Ko.*), 176° [aus PAe.] (*Rani et al.*).
Hydrochlorid $C_{14}H_9ClN_2O \cdot HCl$. Kristalle (aus A.); F: 236° [Zers.] (*Rani et al.*).

3-[4-Brom-phenyl]-3H-chinazolin-4-on $C_{14}H_9BrN_2O$, Formel IX (R = X = H, X' = Br)
(H 144).
B. Aus Anthranilsäure-[4-brom-anilid] und *N,N'*-Diphenyl-formamidin (*Wagner*,
J. org. Chem. **5** [1940] 133, 138) oder aus Anthranilsäure und Ameisensäure-[4-brom-
anilid] (*Feldman, Wagner*, J. org. Chem. **7** [1942] 31, 41). Aus 3-[4-Brom-phenyl]-2,3-di=
hydro-1H-chinazolin-4-on mit Hilfe von $KMnO_4$ in Aceton (*Fe., Wa.*).
Kristalle; F: 190—191° (*Fe., Wa.*), 190° [aus wss. A.] (*Wa.*).
Picrat $C_{14}H_9BrN_2O \cdot C_6H_3N_3O_7$. F: 171—173° (*Fe., Wa.*).

3-Phenyl-3H-chinazolin-4-on-hydrazon $C_{14}H_{12}N_4$, Formel X auf S. 354.
Die früher (H **24** 144) unter dieser Konstitution beschriebene Verbindung ist als

3-Amino-3H-chinazolin-4-on zu formulieren (*Cairncross*, *Bogert*, Collect. **7** [1935] 548, 550, 553).

3-m-Tolyl-3H-chinazolin-4-on $C_{15}H_{12}N_2O$, Formel IX (R = CH_3, X = X' = H) auf S. 351.

B. Beim Erhitzen von N,N'-Di-m-tolyl-formamidin mit Anthranilsäure, Anthranil≠ säure-methylester oder Isatosäure-anhydrid [1H-Benz[d][1,3]oxazin 2,4-dion] (*Meyer*, *Wagner*, J. org. Chem. **8** [1943] 239, 248, 249, 250).
Kristalle (aus wss. A.); F: 128—130°.
Picrat. F: 215—217°.
Anthranilat $C_{15}H_{12}N_2O \cdot C_7H_7NO_2$. Kristalle (aus Bzl. + PAe.); F: 111—113°.

3-p-Tolyl-3H-chinazolin-4-on $C_{15}H_{12}N_2O$, Formel IX (R = X = H, X' = CH_3) auf S. 351 (H 145).

B. Beim Erhitzen von Orthoameisensäure-triäthylester mit Anthranilsäure-p-toluidid oder mit p-Toluidin und Isatosäure-anhydrid [1H-Benz[d][1,3]oxazin-2,4-dion] (*Clark*, *Wagner*, J. org. Chem. **9** [1944] 55, 66). Beim Erhitzen von N,N'-Di-p-tolyl-formamidin mit Anthranilsäure, Anthranilsäure-methylester oder Isatosäure-anhydrid (*Meyer*, *Wagner*, J. org. Chem. **8** [1943] 239, 248, 249, 250).
Kristalle (aus wss. A.); F: 145—147° (*Me.*, *Wa.*).
Picrat. F: 212—214° (*Me.*, *Wa.*).
Anthranilat $C_{15}H_{12}N_2O \cdot C_7H_7NO_2$. Kristalle (aus Bzl. + PAe.); F: 119—121° (*Me.*, *Wa.*).

3-Benzyl-3H-chinazolin-4-on $C_{15}H_{12}N_2O$, Formel XI (R = C_6H_5) (E I 246).

B. Aus N-Formyl-anthranilsäure und Benzylamin mit Hilfe von PCl_3 (*Rani et al.*, J. Indian chem. Soc. **30** [1953] 331, 333). Beim Erwärmen von 3-Benzyl-2-thioxo-2,3-dihydro-1H-chinazolin-4-on in Äthanol mit Raney-Nickel (*Párkányi*, *Vystrčil*, Chem. Listy **50** [1956] 106, 108; Collect. **21** [1956] 1007, 1010; C. A. **1956** 8656). Beim Erhitzen von Isatosäure-anhydrid (1H-Benz[d][1,3]oxazin-2,4-dion) mit Benzylamin und Ortho≠ ameisensäure-triäthylester (*Baker et al.*, J. org. Chem. **17** [1952] 35, 42, 49).
Kristalle (aus E. + PAe.); F: 115,5—116,5° [unkorr.] (*Pá.*, *Vy.*).
Hydrochlorid $C_{15}H_{12}N_2O \cdot HCl$. Kristalle (aus A.); F: 230° (*Rani et al.*).
Picrat $C_{15}H_{12}N_2O \cdot C_6H_3N_3O_7$. Kristalle (aus E.); F: 162—163° [unkorr.] (*Pá.*, *Vy.*).

3-[2-Nitro-benzyl]-3H-chinazolin-4-on $C_{15}H_{11}N_3O_3$, Formel XI (R = C_6H_4-$NO_2(o)$).

B. Aus 2-Nitro-benzylchlorid, 3H-Chinazolin-4-on und wss.-äthanol. KOH (*Tomisek*, *Christensen*, Am. Soc. **70** [1948] 1701).
Kristalle (aus wss. Eg.); F: 169—170° [korr.].

3-[2-Hydroxy-äthyl]-3H-chinazolin-4-on $C_{10}H_{10}N_2O_2$, Formel XI (R = CH_2-OH).

B. Beim Erhitzen von Isatosäure-anhydrid (1H-Benz[d][1,3]oxazin-2,4-dion) mit 2-Amino-äthanol und Orthoameisensäure-triäthylester (*Baker et al.*, J. org. Chem. **17** [1952] 35, 42).
Kristalle (aus H_2O); F: 150—152° (*Ba. et al.*, l. c. S. 43).
Toluol-4-sulfonyl-Derivat $C_{17}H_{16}N_2O_4S$; 3-[2-(Toluol-4-sulfonyloxy)-äthyl]-3H-chinazolin-4-on. Kristalle (aus 2-Methoxy-äthanol); Zers. bei 160° (*Ba. et al.*, l. c. S. 46).

(±)-3-[2-Hydroxy-propyl]-3H-chinazolin-4-on $C_{11}H_{12}N_2O_2$, Formel XI (R = CH(OH)-CH_3).

B. Beim Erhitzen von Isatosäure-anhydrid (1H-Benz[d][1,3]oxazin-2,4-dion) mit (±)-1-Amino-propan-2-ol und Orthoameisensäure-triäthylester (*Baker et al.*, J. org. Chem. **17** [1952] 35, 42, 45).
Hydrochlorid $C_{11}H_{12}N_2O_2 \cdot HCl$. F: 196—198° [Zers.].

3-[3-Hydroxy-propyl]-3H-chinazolin-4-on $C_{11}H_{12}N_2O_2$, Formel XI (X = CH_2-CH_2-OH).

B. Beim Erhitzen von Isatosäure-anhydrid (1H-Benz[d][1,3]oxazin-2,4-dion) mit 3-Amino-propan-1-ol und Orthoameisensäure-triäthylester (*Baker et al.*, J. org. Chem. **17** [1952] 35, 42, 44). Beim Erwärmen von 3H-Chinazolin-4-on mit methanol. Natrium≠ methylat und 3-Chlor-propan-1-ol (*Ba. et al.*, l. c. S. 44, 46).

Hydrochlorid $C_{11}H_{12}N_2O_2 \cdot HCl$. F: 162—164°.
Toluol-4-sulfonyl-Derivat $C_{18}H_{18}N_2O_4S$;   3-[3-(Toluol-4-sulfonyloxy)-propyl]-3H-chinazolin-4-on. F: 173—175°.

(±)-3-[2-Chlor-3-methoxy-propyl]-3H-chinazolin-4-on $C_{12}H_{13}ClN_2O_2$, Formel XI ($X = CH(Cl)-CH_2-O-CH_3$).
Hydrochlorid $C_{12}H_{13}ClN_2O_2 \cdot HCl$. *B.* Aus (±)-3-[2-Hydroxy-3-methoxy-propyl]-3H-chinazolin-4-on, Pyridin und $SOCl_2$ in $CHCl_3$ (*Baker et al.*, J. org. Chem. **17** [1952] 35, 50). — Kristalle (aus äthanol. HCl); F: 166—169° [Zers.].

X   XI   XII   XIII

3-[2-Methoxy-phenyl]-3H-chinazolin-4-on $C_{15}H_{12}N_2O_2$, Formel IX (R = X′ = H, $X = O-CH_3$) auf S. 351.
B. Aus *N*-Formyl-anthranilsäure und *o*-Anisidin mit Hilfe von PCl_3 (*Rani et al.*, J. Indian chem. Soc. **30** [1953] 331, 332).
Hydrochlorid $C_{15}H_{12}N_2O_2 \cdot HCl$. Kristalle (aus A.); F: 222° [Zers.].

3-[2-Äthoxy-phenyl]-3H-chinazolin-4-on $C_{16}H_{14}N_2O_2$, Formel IX (R = X′ = H, $X = O-C_2H_5$) auf S. 351.
B. Aus *N*-Formyl-anthranilsäure und *o*-Phenetidin mit Hilfe von PCl_3 (*Rani et al.*, J. Indian chem. Soc. **30** [1953] 331, 332).
Hydrochlorid $C_{16}H_{14}N_2O_2 \cdot HCl$. Kristalle (aus A.); F: 220° [Zers.].

3-[4-Hydroxy-phenyl]-3H-chinazolin-4-on $C_{14}H_{10}N_2O_2$, Formel IX (R = X = H, X′ = OH) auf S. 351.
B. Aus 3-[4-Methoxy-phenyl]-3H-chinazolin-4-on mit Hilfe von HBr (*Rani et al.*, J. Indian chem. Soc. **30** [1953] 331, 333).
Kristalle (aus Bzl.); F: 212°.
Hydrochlorid $C_{14}H_{10}N_2O_2 \cdot HCl$. Kristalle (aus A.); F: 244° [Zers.].

3-[4-Methoxy-phenyl]-3H-chinazolin-4-on $C_{15}H_{12}N_2O_2$, Formel IX (R = X = H, X′ = O-CH₃) auf S. 351.
B. Aus Anthranilsäure und Ameisensäure-*p*-anisidid (*Feldman*, *Wagner*, J. org. Chem. **7** [1942] 31, 41) oder aus *N*-Formyl-anthranilsäure und *p*-Anisidin mit Hilfe von PCl_3 (*Rani et al.*, J. Indian chem. Soc. **30** [1953] 331, 332). Aus Isatosäure-anhydrid (1H-Benz⸗[d][1,3]oxazin-2,4-dion), *p*-Anisidin und Orthoameisensäure-triäthylester (*Clark*, *Wagner*, J. org. Chem. **9** [1944] 55, 66). Beim Behandeln von 3-[4-Methoxy-phenyl]-2,3-dihydro-1H-chinazolin-4-on in Aceton mit $KMnO_4$ (*Fe.*, *Wa.*).
Kristalle (aus A.); F: 194—195° (*Cl.*, *Wa.*), 193,5—194° (*Fe.*, *Wa.*).

3-[4-Äthoxy-phenyl]-3H-chinazolin-4-on $C_{16}H_{14}N_2O_2$, Formel IX (R = X = H, X′ = O-C₂H₅) auf S. 351.
B. Aus *N*-Formyl-anthranilsäure und *p*-Phenetidin mit Hilfe von PCl_3 (*Rani et al.*, J. Indian chem. Soc. **30** [1953] 331, 332).
Kristalle (aus PAe.); F: 158°.
Hydrochlorid $C_{16}H_{14}N_2O_2 \cdot HCl$. Kristalle (aus A.); F: 234° [Zers.].

(±)-3-[2,3-Dihydroxy-propyl]-3H-chinoxalin-4-on $C_{11}H_{12}N_2O_3$, Formel XI (R = CH(OH)-CH₂-OH).
Sulfat $C_{11}H_{12}N_2O_3 \cdot H_2SO_4$. *B.* Aus (±)-3-[2,3-Epoxy-propyl]-3H-chinazolin-4-on durch Hydrolyse mit wss. H_2SO_4 (*Baker et al.*, J. org. Chem. **17** [1952] 35, 45). — F: 230—232° [Zers.].

(±)-3-[2-Hydroxy-3-methoxy-propyl]-3H-chinazolin-4-on $C_{12}H_{14}N_2O_3$, Formel XI
(R = CH(OH)-CH$_2$-O-CH$_3$).

B. Aus 3H-Chinazolin-4-on, methanol. Natriummethylat und (±)-1-Brom-3-methoxy-propan-2-ol (*Baker et al.*, J. org. Chem. **17** [1952] 35, 45, 46).

F: 121—124°.

3-[β,β′-Dihydroxy-isopropyl]-3H-chinazolin-4-on $C_{11}H_{12}N_2O_3$, Formel XII.

Hydrochlorid $C_{11}H_{12}N_2O_3 \cdot HCl$. *B.* Aus Isatosäure-anhydrid (1H-Benz[d][1,3]ox=azin-2,4-dion) bei der aufeinanderfolgenden Umsetzung mit 2-Amino-propan-1,3-diol, mit Orthoameisensäure-triäthylester, mit Acetanhydrid und mit äthanol. HCl (*Baker et al.*, J. org. Chem. **17** [1952] 35, 48). — Kristalle (aus äthanol. HCl); F: 172—174°.

3-Aminomethyl-3H-chinazolin-4-on $C_9H_9N_3O$, Formel XI (R = NH$_2$).

B. Beim Erhitzen von N-[4-Oxo-4H-chinazolin-3-ylmethyl]-benzamid mit wss. HCl (*Monti et al.*, G. **71** [1941] 654, 656).

Dihydrochlorid $C_9H_9N_3O \cdot 2$ HCl. F: 242—244°.

Picrat. Gelb; F: 200—202°.

3-Piperidinomethyl-3H-chinazolin-4-on $C_{14}H_{17}N_3O$, Formel XIII.

B. Aus 3H-Chinazolin-4-on, Piperidin und wss. Formaldehyd (*Baker et al.*, J. org. Chem. **17** [1952] 35, 47).

Kristalle (aus Heptan); F: 105°.

Chloressigsäure-[(4-oxo-4H-chinazolin-3-ylmethyl)-amid] $C_{11}H_{10}ClN_3O_2$, Formel XI
(R = NH-CO-CH$_2$Cl).

B. Aus 3H-Chinazolin-4-on und Chloressigsäure-[hydroxymethyl-amid] (*Baker et al.*, J. org. Chem. **17** [1952] 35, 47).

Kristalle (aus Me.); F: 180—182°.

N-[4-Oxo-4H-chinazolin-3-ylmethyl]-benzamid $C_{16}H_{13}N_3O_2$, Formel XI
(R = NH-CO-C$_6$H$_5$).

B. Aus 3H-Chinazolin-4-on und N-Hydroxymethyl-benzamid (*Monti et al.*, G. **71** [1941] 654, 656; *Baker et al.*, J. org. Chem. **17** [1952] 35, 47).

Kristalle; F: 180—182° [aus A.] (*Mo. et al.*), 178—180° (*Ba. et al.*).

3-Acetonyl-3H-chinazolin-4-on $C_{11}H_{10}N_2O_2$, Formel I (R = CH$_3$).

B. Aus 3H-Chinazolin-4-on und Chloraceton (*Baker et al.*, J. org. Chem. **17** [1952] 35, 49; *Magidšon, Lu*, Ž. obšč. Chim. **29** [1959] 2843, 2847; engl. Ausg. S. 2803, 2806).

Kristalle; F: 159—160° [aus E. + PAe.] (*Hutchings et al.*, J. org. Chem. **17** [1952] 19, 30), 157—159° (*Ma., Lu; Ba. et al.*).

Hydrobromid $C_{11}H_{10}N_2O_2 \cdot HBr$. F: 230—232° (*Ma., Lu*).

Oxim $C_{11}H_{11}N_3O_2$; 3-[2-Hydroxyimino-propyl]-3H-chinazolin-4-on. Hell-gelbe Kristalle; F: 189—190° (*Ma., Lu*).

Phenylhydrazon $C_{17}H_{16}N_4O$; 3-[2-Phenylhydrazono-propyl]-3H-chinazolin-4-on. F: 155—159° (*Hu. et al.*).

3-[3-Chlor-2-oxo-propyl]-3H-chinazolin-4-on $C_{11}H_9ClN_2O_2$, Formel I (R = CH$_2$Cl).

B. Aus 3-[3-Diazo-2-oxo-propyl]-3H-chinazolin-4-on und HCl in Essigsäure (*Magidšon, Lu*, Ž. obšč. Chim. **29** [1959] 2843, 2848; engl. Ausg. S. 2803, 2808).

Kristalle (aus A.); F: 194—195°.

3-[3-Brom-2-oxo-propyl]-3H-chinazolin-4-on $C_{11}H_9BrN_2O_2$, Formel I (R = CH$_2$Br).

B. Aus 3-Acetonyl-3H-chinazolin-4-on, HBr und Brom in Essigsäure (*Magidšon, Lu*, Ž. obšč. Chim. **29** [1959] 2843, 2847; engl. Ausg. S. 2803, 2807). Aus 3-[3-Diazo-2-oxo-propyl]-3H-chinazolin-4-on und HBr in Essigsäure (*Ma., Lu*).

Kristalle (aus CHCl$_3$); F: 211—213°.

3-[2,2-Bis-äthylmercapto-propyl]-3H-chinazolin-4-on $C_{15}H_{20}N_2OS_2$, Formel II.

B. Aus 3-Acetonyl-3H-chinazolin-4-on, konz. wss. HCl und Äthanthiol (*Hutchings et al.*, J. org. Chem. **17** [1952] 19, 32).

Kristalle (aus PAe.); F: 55—56°.
Hydrochlorid $C_{15}H_{20}N_2OS_2 \cdot HCl$. Kristalle (aus E.); F: 120—125°.

3-[3-Oxo-butyl]-3H-chinazolin-4-on $C_{12}H_{12}N_2O_2$, Formel III (n = 1).
B. Beim Behandeln von Malonsäure-diäthylester in Benzol mit Magnesiumäthylat, Erwärmen des Reaktionsgemisches mit 3-[4-Oxo-4H-chinazolin-3-yl]-propionylchlorid und Erhitzen des Reaktionsprodukts mit wss. HCl (*Baker et al.*, J. org. Chem. **17** [1952] 35, 49).
Hydrochlorid $C_{12}H_{12}N_2O_2 \cdot HCl$. Kristalle (aus A. + Ae.); F: 165—167° [Zers.].
Phenylhydrazon $C_{18}H_{18}N_4O$; 3-[3-Phenylhydrazono-butyl]-3H-chinazolin-4-on. Kristalle (aus wss. A.); F: 148—150°.

3-[5-Chlor-2-oxo-pentyl]-3H-chinazolin-4-on $C_{13}H_{13}ClN_2O_2$, Formel I ($R = CH_2\text{-}CH_2\text{-}CH_2Cl$).
B. Aus 3H-Chinazolin-4-on, äthanol. Natriumäthylat und 1-Brom-5-chlor-pentan-2-on (*Lu, Magidšon*, Ž. obšč. Chim. **29** [1959] 3299, 3301; engl. Ausg. S. 3263, 3265).
Kristalle (aus wss. A.); F: 150—150,5°.
Oxim $C_{13}H_{14}ClN_3O_2$; 3-[5-Chlor-2-hydroxyimino-pentyl]-3H-chinazolin-4-on. F: 165—166°.

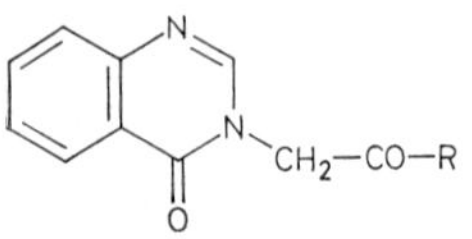

I 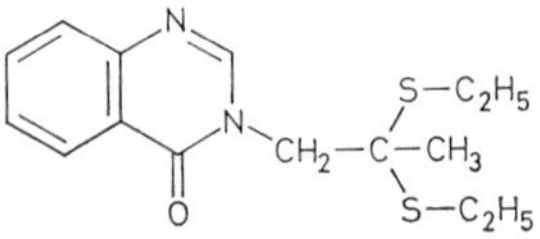   II 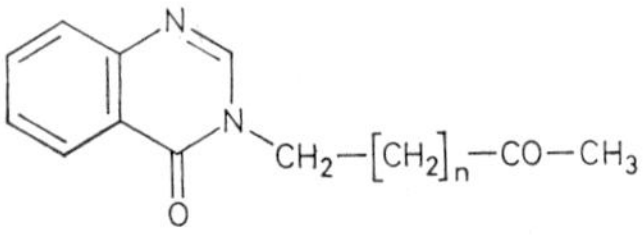   III

3-[4-Oxo-pentyl]-3H-chinazolin-4-on $C_{13}H_{14}N_2O_2$, Formel III (n = 2).
B. Aus 3H-Chinazolin-4-on, methanol. Natriummethylat und 5-Chlor-pentan-2-on (*Baker et al.*, J. org. Chem. **17** [1952] 35, 46, 49).
F: 85—87°.

3-[6-Brom-2-oxo-hexyl]-3H-chinazolin-4-on $C_{14}H_{15}BrN_2O_2$, Formel I ($R = [CH_2]_3\text{-}CH_2Br$).
B. Aus 3H-Chinazolin-4-on, äthanol. Natriumäthylat und 1,6-Dibrom-hexan-2-on (*Lu, Magidšon*, Ž. obšč. Chim. **29** [1959] 3299, 3302; engl. Ausg. S. 3263, 3266).
F: 132—133° [aus A.].
Oxim $C_{14}H_{16}BrN_3O_2$; 3-[6-Brom-2-hydroxyimino-hexyl]-3H-chinazolin-4-on. F: 156—157° [aus $CHCl_3$].

3-[7-Brom-2-oxo-heptyl]-3H-chinazolin-4-on $C_{15}H_{17}BrN_2O_2$, Formel I ($R = [CH_2]_4\text{-}CH_2Br$).
B. Aus 3H-Chinazolin-4-on, äthanol. Natriumäthylat und 1,7-Dibrom-heptan-2-on (*Lu, Magidšon*, Ž. obšč. Chim. **29** [1959] 3299, 3303; engl. Ausg. S. 3263, 3266).
F: 136—137° [aus A.].
Oxim $C_{15}H_{18}BrN_3O_2 \cdot H_2O$; 3-[7-Brom-2-hydroxyimino-heptyl]-3H-chin‑azolin-4-on. F: 158—159°.

3-[12-Brom-2-oxo-dodecyl]-3H-chinazolin-4-on $C_{20}H_{27}BrN_2O_2$, Formel I ($R = [CH_2]_9\text{-}CH_2Br$).
B. Aus 3H-Chinazolin-4-on, äthanol. Natriumäthylat und 1,12-Dibrom-dodecan-2-on (*Lu, Magidšon*, Ž. obšč. Chim. **29** [1959] 3299, 3304; engl. Ausg. S. 3263, 3267).
Kristalle (aus A.); F: 90—91°.
Oxim $C_{20}H_{28}BrN_3O_2$; 3-[12-Brom-2-hydroxyimino-dodecyl]-3H-chin‑azolin-4-on. F: 140—142°.

3-[3-Diazo-2-oxo-propyl]-3H-chinazolin-4-on $C_{11}H_8N_4O_2$, Formel I ($R = CH\equiv N\equiv N$).
B. Aus [4-Oxo-4H-chinazolin-3-yl]-acetylchlorid-hydrochlorid und Diazomethan in Äther (*Magidšon, Lu*, Ž. obšč. Chim. **29** [1959] 2843, 2848; engl. Ausg. S. 2803, 2807).
F: 132—134°.

1-[4-Oxo-4H-chinazolin-3-yl]-pentan-2,4-dion $C_{13}H_{12}N_2O_3$, Formel I (R = CH_2-CO-CH_3), und Tautomere.

B. Beim Erwärmen von [4-Oxo-4H-chinazolin-3-yl]-essigsäure-äthylester mit Aceton, Natriummethylat und Äthanol in Benzol (*Baker et al.*, J. org. Chem. **17** [1952] 58, 63).
Kristalle (aus A.); F: 130—130,5°.
Kupfer(II)-Salz. F: 260° [Zers.].

1-[4-Oxo-4H-chinazolin-3-yl]-hexan-2,4-dion $C_{14}H_{14}N_2O_3$, Formel I
(R = CH_2-CO-CH_2-CH_3), und Tautomere.

B. Analog der vorangehenden Verbindung (*Baker et al.*, J. org. Chem. **17** [1952] 58, 63).
Kupfer(II)-Salz $Cu(C_{14}H_{13}N_2O_3)_2$. Blaugrün; F: 225—227° [Zers.].

1-[4-Oxo-4H-chinazolin-3-yl]-heptan-2,4-dion $C_{15}H_{16}N_2O_3$, Formel I
(R = CH_2-CO-CH_2-CH_2-CH_3), und Tautomere.

B. Aus 4-[4-Oxo-4H-chinazolin-3-yl]-acetessigsäure-benzylester und Butyrylchlorid über mehrere Zwischenstufen (*Baker et al.*, J. org. Chem. **17** [1952] 77, 94).
Kupfer(II)-Salz $Cu(C_{15}H_{15}N_2O_3)_2$. F: 252° [Zers.].

1-[4-Oxo-4H-chinazolin-3-yl]-oct-7-en-2,4-dion $C_{16}H_{16}N_2O_3$, Formel I
(R = CH_2-CO-CH_2-CH_2-CH=CH_2), und Tautomere.

B. Beim Erwärmen von [4-Oxo-4H-chinazolin-3-yl]-essigsäure-äthylester mit Hex-5-en-2-on, Natriummethylat und Äthanol in Benzol (*Am. Cyanamid Co.*, U.S.P. 2651633 [1951]).
Kristalle (aus Me.); F: 96—97°.
Kupfer(II)-Salz. Blaue Kristalle; F: 244° [Zers.].

6-Methyl-1-[4-oxo-4H-chinazolin-3-yl]-hept-5-en-2,4-dion $C_{16}H_{16}N_2O_3$, Formel I
(R = CH_2-CO-CH=C(CH_3)$_2$), und Tautomere.

B. Analog der vorangehenden Verbindung (*Am. Cyanamid Co.*, U.S.P. 2651633 [1951]; *Baker et al.*, J. org. Chem. **17** [1952] 77, 88).
Kupfer(II)-Salz $Cu(C_{16}H_{15}N_2O_3)_2$. Grün (*Am. Cyanamid Co.*); F: 229—232° [Zers.]
(*Am. Cyanamid Co.*; *Ba. et al.*).

4-[4-Oxo-4H-chinazolin-3-yl]-1-phenyl-butan-1,3-dion $C_{18}H_{14}N_2O_3$, Formel I
(R = CH_2-CO-C_6H_5), und Tautomere.

B. Analog den vorangehenden Verbindungen (*Baker, McEvoy*, J. org. Chem. **20** [1955] 118, 128).
Kristalle (aus Bzl.); F: 158—159°.

[4-Oxo-4H-chinazolin-3-yl]-essigsäure $C_{10}H_8N_2O_3$, Formel IV (X = OH).

B. Beim Erhitzen des Äthylesters (s. u.) mit wss. NaOH (*Baker et al.*, J. org. Chem. **17** [1952] 35, 47) oder wss. HCl (*Am. Cyanamid Co.*, U.S.P. 2648665 [1951]). Aus dem Methylester (s. u.) beim Erhitzen mit wss. HCl (*Späth, Nikawitz*, B. **67** [1934] 45, 52). Aus 3-[2-Hydroxy-äthyl]-3H-chinazolin-4-on mit Hilfe von KMnO$_4$ (*Hutchings et al.*, J. org. Chem. **17** [1952] 19, 29).
Kristalle (aus A. + PAe.); F: 240—242° (*Hu. et al.*). Bei 180—200° [Badtemperatur]/0,01 Torr sublimierbar (*Sp., Ni.*).

[4-Oxo-4H-chinazolin-3-yl]-essigsäure-methylester $C_{11}H_{10}N_2O_3$, Formel IV (X = OCH$_3$).

B. Aus N-Anthraniloyl-glycin-methylester und Ameisensäure (*Späth, Kuffner*, B. **67** [1934] 1494). Aus [4-Oxo-4H-chinazolin-3-yl]-essigsäure beim Behandeln mit Methanol und HCl (*Hutchings et al.*, J. org. Chem. **17** [1952] 19, 29) oder mit Diazomethan in Äther (*Späth, Nikawitz*, B. **67** [1934] 45, 51).
Kristalle; F: 152,5° [aus wss. Me.] (*Sp., Ni.*), 151,5—152° [aus E. + PAe.] (*Hu. et al.*).

[4-Oxo-4H-chinazolin-3-yl]-essigsäure-äthylester $C_{12}H_{12}N_2O_3$, Formel IV (X = O-C_2H_5).

B. Beim Erwärmen von 3H-Chinazolin-4-on mit Chloressigsäure-äthylester, Natriummethylat und Äthanol (*Baker et al.*, J. org. Chem. **17** [1952] 35, 47).
Kristalle [aus Heptan] (*Ba. et al.*); F: 83—84° (*Magidson, Lu*, Ž. obšč. Chim. **29**

[1959] 2843, 2848 Anm.; engl. Ausg. S. 2803, 2807 Anm.), 76—77° (*Ba. et al.*).
Hydrochlorid $C_{12}H_{12}N_2O_3 \cdot HCl$. Kristalle (aus A.); F: 204—205° [Zers.] (*Baker, McEvoy*, J. org. Chem. **20** [1955] 118, 133).

[4-Oxo-4H-chinazolin-3-yl]-essigsäure-phenylester $C_{16}H_{12}N_2O_3$, Formel IV
(X = O-C₆H₅).

Hier $(X = O\text{-}C_6H_5)$.
B. Beim Erwärmen des Natrium-Salzes des 3H-Chinazolin-4-ons mit Chloressigsäure-phenylester in *tert*-Butylalkohol (*Baker et al.*, J. org. Chem. **17** [1952] 77, 88).
Kristalle (aus Me.); F: 122—124°.
Hydrochlorid. F: 205—213° [Zers.].

[4-Oxo-4H-chinazolin-3-yl]-essigsäure-benzylester $C_{17}H_{14}N_2O_3$, Formel IV
(X = O-CH₂-C₆H₅).
B. Beim Erhitzen von [4-Oxo-4H-chinazolin-3-yl]-essigsäure-äthylester mit Benzyl=
alkohol, Toluol und wenig Natriummethylat unter Abdestillieren des entstandenen
Äthanols (*Baker et al.*, J. org. Chem. **17** [1952] 77, 89).
Kristalle (aus Me.); F: 114—115°.

[4-Oxo-4H-chinazolin-3-yl]-essigsäure-[2-methoxy-äthylester] $C_{13}H_{14}N_2O_4$, Formel IV
(X = O-CH₂-CH₂-O-CH₃).
B. Aus [4-Oxo-4H-chinazolin-3-yl]-acetylchlorid-hydrochlorid und 2-Methoxy-äthanol
(*Baker, McEvoy*, J. org. Chem. **20** [1955] 118, 133).
Kristalle (aus A.); F: 81—82°.

[4-Oxo-4H-chinazolin-3-yl]-acetylchlorid $C_{10}H_7ClN_2O_2$, Formel IV (X = Cl).
Hydrochlorid. *B.* Aus [4-Oxo-4H-chinazolin-3-yl]-essigsäure und SOCl₂ (*Baker et al.*, J. org. Chem. **17** [1952] 77, 92; *Magidson, Lu*, Ž. obšč. Chim. **29** [1959] 2843, 2848; engl. Ausg. S. 2803, 2807). — Kristalle; F: 232° [Zers.] (*Ma., Lu*), 230° [Zers.] (*Ba. et al.*).

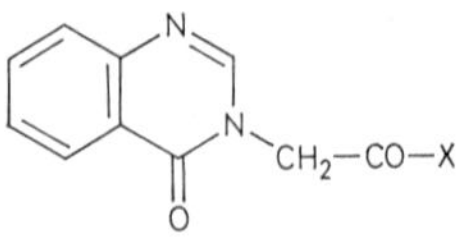

IV 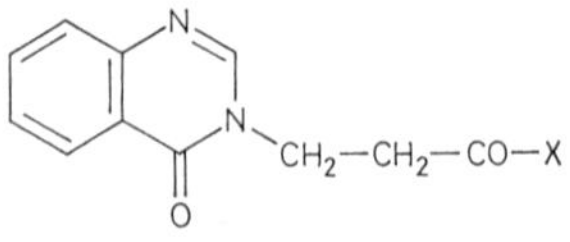   V 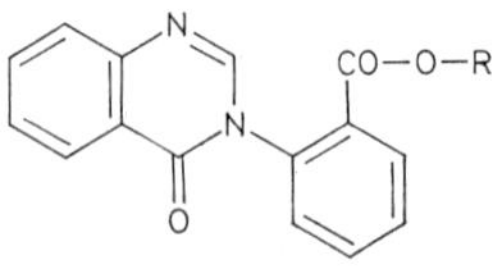   VI

[4-Oxo-4H-chinazolin-3-yl]-essigsäure-methylamid $C_{11}H_{11}N_3O_2$, Formel IV
(X = NH-CH₃).
B. Aus [4-Oxo-4H-chinazolin-3-yl]-essigsäure-methylester und Methylamin (*Späth, Nikawitz*, B. **67** [1934] 45, 53).
Kristalle (nach Sublimation im Hochvakuum bei 170—200° [Badtemperatur]); F: 233—235°.

[4-Oxo-4H-chinazolin-3-yl]-essigsäure-anilid $C_{16}H_{13}N_3O_2$, Formel IV (X = NH-C₆H₅).
B. Aus [4-Oxo-4H-chinazolin-3-yl]-acetylchlorid-hydrochlorid und Anilin (*Baker et al.*, J. org. Chem. **17** [1952] 77, 92).
Kristalle (aus A.); F: 243—245°.

3-[4-Oxo-4H-chinazolin-3-yl]-propionsäure $C_{11}H_{10}N_2O_3$, Formel V (X = OH).
Hydrochlorid $C_{11}H_{10}N_2O_3 \cdot HCl$. *B.* Beim Erhitzen des Äthylesters (s. u.) mit wss.
HCl (*Baker et al.*, J. org. Chem. **17** [1952] 35, 49). — Feststoff mit 1 Mol H_2O; F: 212°
bis 214° [Zers.].

3-[4-Oxo-4H-chinazolin-3-yl]-propionsäure-äthylester $C_{13}H_{14}N_2O_3$, Formel V
(X = O-C₂H₅).
B. Beim Erhitzen von Isatosäure-anhydrid (1H-Benz[d][1,3]oxazin-2,4-dion) mit
β-Alanin-äthylester und Orthoameisensäure-triäthylester (*Baker et al.*, J. org. Chem. **17**
[1952] 35, 42, 49).
Hydrochlorid $C_{13}H_{14}N_2O_3 \cdot HCl$. F: 177—179°.

3-[4-Oxo-4H-chinazolin-3-yl]-propionylchlorid $C_{11}H_9ClN_2O_2$, Formel V (X = Cl).
B. Aus der Säure (S. 358) und $SOCl_2$ (*Baker et al.*, J. org. Chem. **17** [1952] 35, 49).
Hydrochlorid. F: 165—170° [Zers.].

3-[4-Oxo-4H-chinazolin-3-yl]-propionsäure-anilid $C_{17}H_{15}N_3O_2$, Formel V (X = NH-C$_6$H$_5$).
B. Aus dem Chlorid [s. o.] (*Baker et al.*, J. org. Chem. **17** [1952] 35, 49).
F: 222—224°.

2-[4-Oxo-4H-chinazolin-3-yl]-benzoesäure $C_{15}H_{10}N_2O_3$, Formel VI (R = H) (H 145).
B. Aus N-Anthraniloyl-anthranilsäure und Ameisensäure oder Orthoameisensäure-triäthylester (*Zentmyer*, *Wagner*, J. org. Chem. **14** [1949] 967, 977 Anm. 7).
Kristalle (aus Eg.); Zers. bei 281° (*Seïde*, *Tschelinzew*, Ž. obšč. Chim. **7** [1937] 2318, 2323; C. **1938** I 601).

2-[4-Oxo-4H-chinazolin-3-yl]-benzoesäure-methylester $C_{16}H_{12}N_2O_3$, Formel VI (R = CH$_3$).
B. Aus N-Anthraniloyl-anthranilsäure-methylester und Orthoameisensäure-triäthyl≤ ester (*Grammaticakis*, C. r. **245** [1957] 2307).
F: 175°. UV-Spektrum (A.; 220—360 nm): *Gr.*

[4-Oxo-4H-chinazolin-3-yl]-malonsäure-diäthylester $C_{15}H_{16}N_2O_5$, Formel VII.
B. Beim Erwärmen des Natrium-Salzes des 3H-Chinazolin-4-ons mit Brommalonsäure-diäthylester (*Baker et al.*, J. org. Chem. **17** [1952] 35, 48).
Kristalle (aus wss. Me.); F: 64—67°.
Hydrochlorid $C_{15}H_{16}N_2O_5 \cdot HCl$. Dimorph; F: 208—209° [Zers.] und F: 143—145° [Zers.].

4-[4-Oxo-4H-chinazolin-3-yl]-acetessigsäure-äthylester $C_{14}H_{14}N_2O_4$, Formel VIII (R = CH$_2$-CO-O-C$_2$H$_5$), und Tautomeres.
B. Beim Erhitzen von [(4-Oxo-4H-chinazolin-3-yl)-acetyl]-malonsäure-diäthylester mit H_2O (*Baker et al.*, J. org. Chem. **17** [1952] 77, 93).
Kristalle (aus H_2O); F: 123—125°.

4-[4-Oxo-4H-chinazolin-3-yl]-acetessigsäure-benzylester $C_{19}H_{16}N_2O_4$, Formel VIII (R = CH$_2$-CO-O-CH$_2$-C$_6$H$_5$), und Tautomeres.
B. Beim Erhitzen von 4-[4-Oxo-4H-chinazolin-3-yl]-acetessigsäure-äthylester mit Benzylalkohol in Toluol unter Zusatz von Natriummethylat (*Baker et al.*, J. org. Chem. **17** [1952] 77, 93). Beim Erhitzen von [(4-Oxo-4H-chinazolin-3-yl)-acetyl]-malonsäure-dibenzylester mit H_2O (*Ba. et al.*).
Kristalle (aus Me.); F: 134—136°.
Kupfer(II)-Salz Cu(C$_{19}$H$_{15}$N$_2$O$_4$)$_2$. Blaugrüne Kristalle; F: 214° [Zers.].

5,7-Dioxo-8-[4-oxo-4H-chinazolin-3-yl]-octannitril $C_{16}H_{15}N_3O_3$, Formel VIII (R = CH$_2$-CO-[CH$_2$]$_3$-CN), und Tautomere.
B. Beim Erwärmen von 5-Oxo-hexannitril mit [4-Oxo-4H-chinazolin-3-yl]-essigsäure-äthylester, Natriummethylat und Äthanol in Benzol (*Am. Cyanamid Co.*, U.S.P. 2651633 [1951]).
Kupfer(II)-Salz. Grüne Kristalle; F: 237° [Zers.].

[(4-Oxo-4H-chinazolin-3-yl)-acetyl]-malonsäure-diäthylester $C_{17}H_{18}N_2O_6$, Formel VIII (R = CH(CO-O-C$_2$H$_5$)$_2$), und Tautomeres.
B. Beim Behandeln von Malonsäure-diäthylester in Benzol mit Magnesiumdimethylat und Erwärmen des Reaktionsgemisches mit [4-Oxo-4H-chinazolin-3-yl]-acetylchlorid-hydrochlorid (*Am. Cyanamid Co.*, U.S.P. 2648665 [1951]; *Baker et al.*, J. org. Chem. **17** [1952] 77, 92).
Kupfer(II)-Salz Cu(C$_{17}$H$_{17}$N$_2$O$_6$)$_2$. Blaue Kristalle; F: 224° [Zers.] (*Ba. et al.*).

[(4-Oxo-4H-chinazolin-3-yl)-acetyl]-malonsäure-dibenzylester $C_{27}H_{22}N_2O_6$, Formel VIII (R = CH(CO-O-CH$_2$-C$_6$H$_5$)$_2$), und Tautomeres.
B. Analog der vorangehenden Verbindung (*Baker et al.*, J. org. Chem. **17** [1952] 77, 92).
Kupfer(II)-Salz Cu(C$_{27}$H$_{21}$N$_2$O$_6$)$_2$. Kristalle (aus E.); F: 210—211° [Zers.].

$$\text{VII} \qquad\qquad \text{VIII} \qquad\qquad \text{IX}$$

3-[2-Amino-äthyl]-3H-chinazolin-4-on $C_{10}H_{11}N_3O$, Formel IX (R = R' = H).
B. Aus N-[2-(4-Oxo-4H-chinazolin-3-yl)-äthyl]-phthalimid mit Hilfe von N_2H_4 in
2-Methoxy-äthanol (*Baker et al.*, J. org. Chem. **17** [1952] 35, 43).
Dihydrochlorid $C_{10}H_{11}N_3O \cdot 2$ HCl. Kristalle (aus äthanol. HCl); F: 260° [Zers.].

3-[2-Äthylamino-äthyl]-3H-chinazolin-4-on $C_{12}H_{15}N_3O$, Formel IX (R = C_2H_5, R' = H).
B. Beim Erhitzen von N-Äthyl-N-[2-(4-oxo-4H-chinazolin-3-yl)-äthyl]-toluol-4-sulfon=
amid mit wss. HBr und Essigsäure (*Baker et al.*, J. org. Chem. **17** [1952] 35, 43).
Dihydrochlorid $C_{12}H_{15}N_3O \cdot 2$ HCl. Feststoff mit 1 Mol H_2O; F: 220—221° [Zers.].

3-[2-Diäthylamino-äthyl]-3H-chinazolin-4-on $C_{14}H_{19}N_3O$, Formel IX (R = R' = C_2H_5).
B. Aus Anthranilsäure und N-[2-Diäthylamino-äthyl]-formamid (*Chi, Shown*, Acta
chim. sinica **23** [1957] 112, 113; Scientia sinica **6** [1957] 847, 849).
$Kp_{0,17}$: 153—156°.
Monohydrochlorid $C_{14}H_{19}N_3O \cdot$ HCl. Kristalle (aus A.); F: 182—183°.
Dihydrochlorid $C_{14}H_{19}N_3O \cdot 2$ HCl. Kristalle (aus A.); F: 210—213° [Zers.].

3-[2-Butylamino-äthyl]-3H-chinazolin-4-on $C_{14}H_{19}N_3O$, Formel IX (R = $[CH_2]_3$-CH_3,
R' = H).
B. Aus 3-[2-Jod-äthyl]-3H-chinazolin-4-on und Butylamin mit Hilfe von NaI (*Baker
et al.*, J. org. Chem. **17** [1952] 35, 43, 46).
Dihydrochlorid $C_{14}H_{19}N_3O \cdot 2$ HCl. Feststoff mit 1 Mol H_2O; F: 100—130° [Zers.].

3-[2-Cyclohexylamino-äthyl]-3H-chinazolin-4-on $C_{16}H_{21}N_3O$, Formel IX (R = C_6H_{11},
R' = H).
B. Aus 3-[2-(Toluol-4-sulfonyloxy)-äthyl]-3H-chinazolin-4-on und Cyclohexylamin
mit Hilfe von NaI (*Baker et al.*, J. org. Chem. **17** [1952] 35, 43, 46).
Dihydrochlorid $C_{16}H_{21}N_3O \cdot 2$ HCl. Kristalle (aus äthanol. HCl); F: 242—244°
[Zers.].

3-[2-(2-Hydroxy-äthylamino)-äthyl]-3H-chinazolin-4-on $C_{12}H_{15}N_3O_2$, Formel IX
(R = CH_2-CH_2-OH, R' = H).
B. Aus 3-[2-(Toluol-4-sulfonyloxy)-äthyl]-3H-chinazolin-4-on und 2-Amino-äthanol
mit Hilfe von NaI (*Baker et al.*, J. org. Chem. **17** [1952] 35, 43, 46).
Dihydrochlorid $C_{12}H_{15}N_3O_2 \cdot 2$ HCl. Kristalle (aus äthanol. HCl); F: 203—205°
[Zers.].

3-{2-[(Hydroxy-*tert*-butyl)-amino]-äthyl}-3H-chinazolin-4-on $C_{14}H_{19}N_3O_2$, Formel IX
(R = $C(CH_3)_2$-CH_2-OH, R' = H).
B. Aus 3-[2-(Toluol-4-sulfonyloxy)-äthyl]-3H-chinazolin-4-on und 2-Amino-2-methyl-
propan-1-ol mit Hilfe von NaI (*Baker et al.*, J. org. Chem. **17** [1952] 35, 43, 46).
Dihydrochlorid $C_{14}H_{19}N_3O_2 \cdot 2$ HCl. Kristalle (aus äthanol. HCl); F: 246° [Zers.].

3-[2-Piperidino-äthyl]-3H-chinazolin-4-on $C_{15}H_{19}N_3O$, Formel X.
B. Beim Erhitzen von Isatosäure-anhydrid (1H-Benz[d][1,3]oxazin-2,4-dion) mit
2-Piperidino-äthylamin und Orthoameisensäure-triäthylester (*Baker et al.*, J. org. Chem.
17 [1952] 35, 42, 43). Beim Erhitzen von 3-[2-(Toluol-4-sulfonyloxy)-äthyl]-3H-chin=
azolin-4-on oder von 3-[2-Jod-äthyl]-3H-chinazolin-4-on mit Piperidin und NaI in
2-Methoxy-äthanol (*Ba. et al.*, l. c. S. 43, 46).
Dihydrochlorid $C_{15}H_{19}N_3O \cdot 2$ HCl. Kristalle (aus äthanol. HCl); F: 228—230°
[Zers.].

3-[2-(1,1-Bis-hydroxymethyl-äthylamino)-äthyl]-3H-chinazolin-4-on $C_{14}H_{19}N_3O_3$,
Formel IX (R = C(CH$_2$-OH)$_2$-CH$_3$, R' = H).

B. Aus 3-[2-(Toluol-4-sulfonyloxy)-äthyl]-3H-chinazolin-4-on und 2-Amino-2-methyl-propan-1,3-diol mit Hilfe von NaI (*Baker et al.*, J. org. Chem. **17** [1952] 35, 43, 46).

Dihydrochlorid $C_{14}H_{19}N_3O_3 \cdot 2$ HCl. Feststoff mit 0,5 Mol H$_2$O; F: 160° [unter Gasentwicklung] und (nach Wiedererstarren) F: 210° [Zers.].

X　　　　　　　　　　　　　　　　　　XI

3-[2-Phthalimido-äthyl]-3H-chinazolin-4-on, N-[2-(4-Oxo-4H-chinazolin-3-yl)-äthyl]-phthalimid $C_{18}H_{13}N_3O_3$, Formel XI (n = 1).

B. Beim Erhitzen von 3-[2-(Toluol-4-sulfonyloxy)-äthyl]-3H-chinazolin-4-on mit Kaliumphthalimid in Propan-1-ol (*Baker et al.*, J. org. Chem. **17** [1952] 35, 43, 46).

F: 207—209°.

N-Äthyl-N-[2-(4-oxo-4H-chinazolin-3-yl)-äthyl]-toluol-4-sulfonamid $C_{19}H_{21}N_3O_3S$,
Formel IX (R = C$_2$H$_5$, R' = SO$_2$-C$_6$H$_4$-CH$_3$(p)).

B. Aus 3-[2-(Toluol-4-sulfonyloxy)-äthyl]-3H-chinazolin-4-on, methanol. Natrium=methylat und N-Äthyl-toluol-4-sulfonamid (*Baker et al.*, J. org. Chem. **17** [1952] 35, 43, 46).

Hydrochlorid $C_{19}H_{21}N_3O_3S \cdot$ HCl. F: 207—211° [Zers.].

3-[3-Amino-propyl]-3H-chinazolin-4-on $C_{11}H_{13}N_3O$, Formel I (R = R' = H).

B. Aus N-[3-(4-Oxo-4H-chinazolin-3-yl)-propyl]-phthalimid und N$_2$H$_4$ (*Baker et al.*, J. org. Chem. **17** [1952] 35, 44).

Dihydrochlorid $C_{11}H_{13}N_3O \cdot 2$ HCl. F: 250—252° [Zers.].

3-[3-Diäthylamino-propyl]-3H-chinazolin-4-on $C_{15}H_{21}N_3O$, Formel I (R = R' = C$_2$H$_5$).

B. Aus 3H-Chinazolin-4-on beim Erhitzen mit N,N-Diäthyl-propandiyldiamin auf 150° unter Druck oder mit 1-Chlor-3-diäthylamino-propan und KOH (*Leonard, Curtin*, J. org. Chem. **11** [1946] 341, 347).

Dipicrat $C_{15}H_{21}N_3O \cdot 2$ $C_6H_3N_3O_7$. Kristalle (aus A. + 2-Methoxy-äthanol); F: 160° bis 161° [korr.].

3-[3-Cyclohexylamino-propyl]-3H-chinazolin-4-on $C_{17}H_{23}N_3O$, Formel I (R = C$_6$H$_{11}$, R' = H).

B. Aus 3-[3-Chlor-propyl]-3H-chinazolin-4-on und Cyclohexylamin mit Hilfe von NaI (*Baker et al.*, J. org. Chem. **17** [1952] 35, 46).

Dihydrochlorid $C_{17}H_{23}N_3O \cdot 2$ HCl. Kristalle (aus äthanol. HCl); F: 238—240° [Zers.] (*Ba. et al.*, l. c. S. 44, 46).

3-[3-Anilino-propyl]-3H-chinazolin-4-on $C_{17}H_{17}N_3O$, Formel I (R = C$_6$H$_5$, R' = H).

B. Aus 3-[3-Chlor-propyl]-3H-chinazolin-4-on und Anilin mit Hilfe von NaI (*Baker et al.*, J. org. Chem. **17** [1952] 35, 44, 46).

Dihydrochlorid $C_{17}H_{17}N_3O \cdot 2$ HCl. F: 203—205° [Zers.].

3-[3-(2-Hydroxy-äthylamino)-propyl]-3H-chinazolin-4-on $C_{13}H_{17}N_3O_2$, Formel I
(R = CH$_2$-CH$_2$-OH, R' = H).

B. Aus 3-[3-Chlor-propyl]-3H-chinazolin-4-on und 2-Amino-äthanol mit Hilfe von NaI (*Baker et al.*, J. org. Chem. **17** [1952] 35, 44, 46).

Dihydrochlorid $C_{13}H_{17}N_3O_2 \cdot 2$ HCl. Feststoff mit 0,5 Mol H$_2$O; F: 170—180° [Zers.].

(±)-3-[3-(2-Hydroxy-propylamino)-propyl]-3H-chinazolin-4-on $C_{14}H_{19}N_3O_2$, Formel I
(R = CH_2-CH(OH)-CH_3, R' = H).
B. Aus 3-[3-Chlor-propyl]-3H-chinazolin-4-on und (±)-1-Amino-propan-2-ol mit Hilfe
von NaI (*Baker et al.*, J. org. Chem. **17** [1952] 35, 44).
Dihydrochlorid $C_{14}H_{19}N_3O_2 \cdot 2$ HCl. F: 205—207° [Zers.].

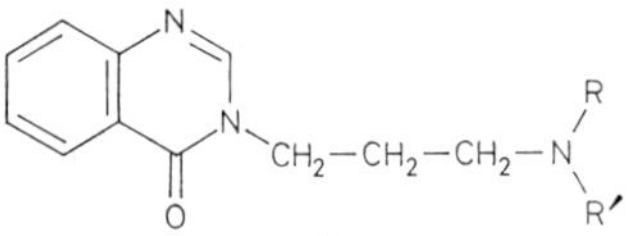

I

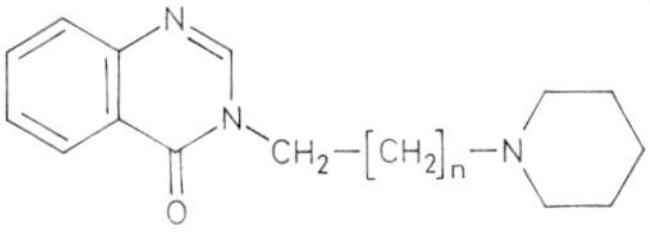

II

3-{3-[(Hydroxy-*tert*-butyl)-amino]-propyl}-3H-chinazolin-4-on $C_{15}H_{21}N_3O_2$, Formel I
(R = C(CH_3)$_2$-CH_2-OH, R' = H).
B. Aus 3-[3-Chlor-propyl]-3H-chinazolin-4-on und 2-Amino-2-methyl-propan-1-ol mit
Hilfe von NaI (*Baker et al.*, J. org. Chem. **17** [1952] 35, 44, 46).
Dihydrochlorid $C_{15}H_{21}N_3O_2 \cdot 2$ HCl. F: 215—217° [Zers.].

3-[3-Piperidino-propyl]-3H-chinazolin-4-on $C_{16}H_{21}N_3O$, Formel II (n = 2).
B. Beim Erhitzen von Isatosäure-anhydrid (1H-Benz[*d*][1,3]oxazin-2,4-dion) mit
3-Piperidino-propylamin und Orthoameisensäure-triäthylester (*Baker et al.*, J. org. Chem.
17 [1952] 35, 42).
λ_{max} (wss. NaOH [0,1 n]): 267 nm, 273 nm, 302,5 nm und 317 nm (*Hutchings et al.*,
J. org. Chem. **17** [1952] 19, 20).
Dihydrochlorid $C_{16}H_{21}N_3O \cdot 2$ HCl. Kristalle (aus A.); F: 230—232° [Zers.] (*Ba.
et al.*, l. c. S. 42, 44).

3-[3-(2r,6c-Dimethyl-piperidino)-propyl]-3H-chinazolin-4-on $C_{18}H_{25}N_3O$, Formel III.
B. Aus 3H-Chinazolin-4-on und 1-[3-Chlor-propyl]-2r,6c-dimethyl-piperidin (*Nikitš-
kaja et al.*, Ž. obšč. Chim. **29** [1959] 3272, 3276; engl. Ausg. S. 3236, 3239).
Dihydrochlorid $C_{18}H_{25}N_3O \cdot 2$ HCl. Kristalle (aus A. + Ae.) mit 1 Mol H_2O; F:
216,5—218,5°.

3-[3-(1,1-Bis-hydroxymethyl-äthylamino)-propyl]-3H-chinazolin-4-on $C_{15}H_{21}N_3O_3$,
Formel I (R = C(CH_2-OH)$_2$-CH_3, R' = H).
B. Aus 3-[3-Chlor-propyl]-3H-chinazolin-4-on und 2-Amino-2-methyl-propan-1,3-diol
mit Hilfe von NaI (*Baker et al.*, J. org. Chem. **17** [1952] 35, 44, 46).
Dihydrochlorid $C_{15}H_{21}N_3O_3 \cdot 2$ HCl. F: 213—215° [Zers.].

**3-[3-Phthalimido-propyl]-3H-chinazolin-4-on, *N*-[3-(4-Oxo-4H-chinazolin-3-yl)-propyl]-
phthalimid** $C_{19}H_{15}N_3O_3$, Formel XI (n = 2).
B. Aus 3H-Chinazolin-4-on und *N*-[3-Brom-propyl]-phthalimid (*Baker et al.*, J. org.
Chem. **17** [1952] 35, 44, 46).
F: 152—154°.

3-[4-Piperidino-butyl]-3H-chinazolin-4-on $C_{17}H_{23}N_3O$, Formel II (n = 3).
B. Beim Erhitzen von Isatosäure-anhydrid (1H-Benz[*d*][1,3]oxazin-2,4-dion) mit
4-Piperidino-butylamin und Orthoameisensäure-triäthylester (*Baker et al.*, J. org. Chem.
17 [1952] 35, 42, 49).
F: 118—120°.

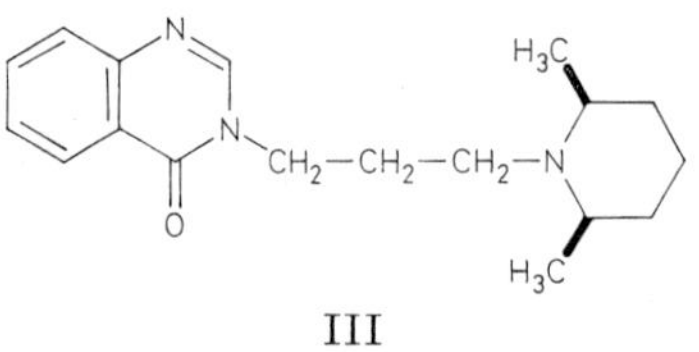

III

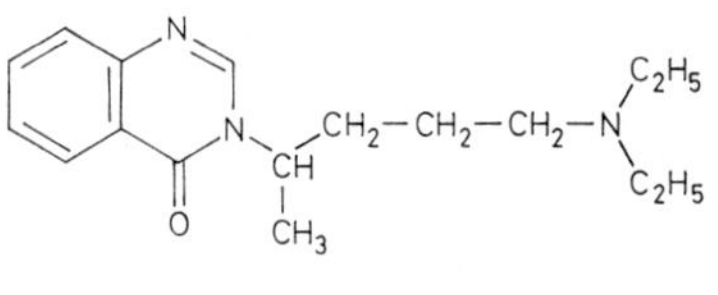

IV

(±)-3-[4-Diäthylamino-1-methyl-butyl]-3*H*-chinazolin-4-on $C_{17}H_{25}N_3O$, Formel IV.

B. Aus Anthranilsäure und (±)-*N*-[4-Diäthylamino-1-methyl-butyl]-formamid (*Chi, Shown*, Acta chim. sinica **23** [1957] 112, 114; Scientia sinica **6** [1957] 847, 850).

$Kp_{0,1}$: 158—160°.

Dipicrat $C_{17}H_{25}N_3O \cdot 2 C_6H_3N_3O_7$. Kristalle (aus A.); F: 169—170°.

3-[6-Cyclohexylamino-hexyl]-3*H*-chinazolin-4-on $C_{20}H_{29}N_3O$, Formel V.

B. Aus 3-[6-Brom-hexyl]-3*H*-chinazolin-4-on und Cyclohexylamin mit Hilfe von NaI (*Baker et al.*, J. org. Chem. **17** [1952] 35, 46, 49).

Dihydrochlorid $C_{20}H_{29}N_3O \cdot 2$ HCl. F: 211—213° [Zers.].

3-[4-Amino-phenyl]-3*H*-chinazolin-4-on $C_{14}H_{11}N_3O$, Formel VI (R = H).

B. Aus der folgenden Verbindung mit Hilfe von wss. H_2SO_4 (*Jain, Narang*, J. Indian chem. Soc. **30** [1953] 701, 702).

Kristalle (aus A.); F: 180°.

3-[4-Acetylamino-phenyl]-3*H*-chinazolin-4-on, Essigsäure-[4-(4-oxo-4*H*-chinazolin-3-yl)-anilid] $C_{16}H_{13}N_3O_2$, Formel VI (R = CO-CH₃).

B. Aus Essigsäure-[4-amino-anilid] und 1*H*-Benz[*d*][1,3]oxazin-4-on (*Jain, Narang*, J. Indian chem. Soc. **30** [1953] 701, 702).

Kristalle (aus Eg. + E.); F: 226°.

Chloressigsäure-[4-(4-oxo-4*H*-chinazolin-3-yl)-anilid] $C_{16}H_{12}ClN_3O_2$, Formel VI (R = CO-CH₂Cl).

B. Aus 3-[4-Amino-phenyl]-3*H*-chinazolin-4-on und Chloracetylchlorid (*Jain, Narang*, J. Indian chem. Soc. **30** [1953] 701, 702).

Kristalle (aus A.); F: 230° [Zers.].

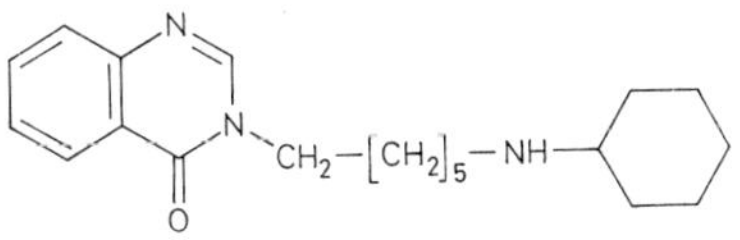

V 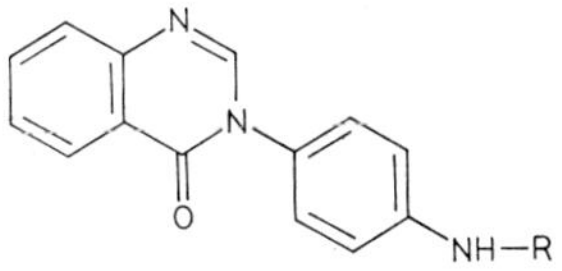   VI

3-Chlor-propionsäure-[4-(4-oxo-4*H*-chinazolin-3-yl)-anilid] $C_{17}H_{14}ClN_3O_2$, Formel VI (R = CO-CH₂-CH₂Cl).

B. Aus 3-[4-Amino-phenyl]-3*H*-chinazolin-4-on und 3-Chlor-propionylchlorid (*Jain, Narang*, J. Indian chem. Soc. **30** [1953] 701, 703).

Kristalle (aus A.); F: 245°.

N,N-Bis-[2-hydroxy-äthyl]-β-alanin-[4-(4-oxo-4*H*-chinazolin-3-yl)-anilid] $C_{21}H_{24}N_4O_4$, Formel VI (R = CO-CH₂-CH₂-N(CH₂-CH₂-OH)₂).

B. Aus der vorangehenden Verbindung und Bis-[2-hydroxy-äthyl]-amin (*Jain, Narang*, J. Indian chem. Soc. **30** [1953] 701, 704).

Kristalle (aus A.); F: 120°.

3-Piperidino-propionsäure-[4-(4-oxo-4*H*-chinazolin-3-yl)-anilid] $C_{22}H_{24}N_4O_2$, Formel VII.

B. Aus 3-Chlor-propionsäure-[4-(4-oxo-4*H*-chinazolin-3-yl)-anilid] und Piperidin (*Jain, Narang*, J. Indian chem. Soc. **30** [1953] 701, 704).

Kristalle (aus A.); F: 202°.

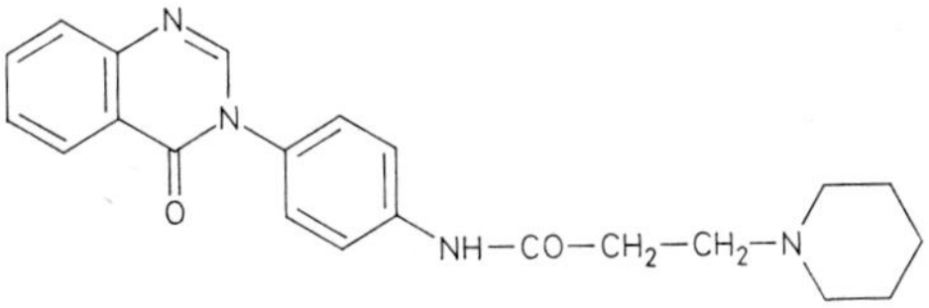

VII 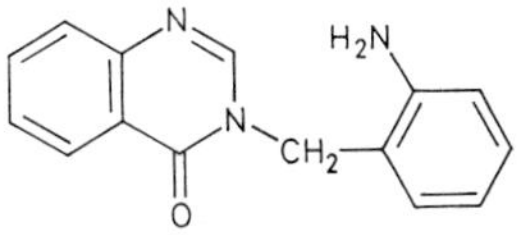   VIII

3-[2-Amino-benzyl]-3H-chinazolin-4-on $C_{15}H_{13}N_3O$, Formel VIII.

B. Aus 3-[2-Nitro-benzyl]-3H-chinazolin-4-on mit Hilfe von $SnCl_2 \cdot 2\,H_2O$, HCl und Essigsäure (*Tomisek, Christensen*, Am. Soc. **70** [1948] 1701).

Kristalle (aus Py.); F: 178° [korr.].

(±)-3-[3-Amino-2-hydroxy-propyl]-3H-chinazolin-4-on $C_{11}H_{13}N_3O_2$, Formel IX
(R = R' = H).

B. Aus (±)-3-[2,3-Epoxy-propyl]-3H-chinazolin-4-on und NH_3 (*Baker et al.*, J. org. Chem. **17** [1952] 35, 45).

Dihydrochlorid $C_{11}H_{13}N_3O_2 \cdot 2\,HCl$. Feststoff mit 0,5 Mol H_2O; F: 240—242° [Zers.].

(±)-3-[3-Äthylamino-2-hydroxy-propyl]-3H-chinazolin-4-on $C_{13}H_{17}N_3O_2$, Formel IX
(R = C_2H_5, R' = H).

B. Beim Erhitzen von (±)-N-Äthyl-N-[2-hydroxy-3-(4-oxo-4H-chinazolin-3-yl)-propyl]-toluol-4-sulfonamid mit wss. HBr und Essigsäure (*Baker et al.*, J. org. Chem. **17** [1952] 35, 45).

Dihydrochlorid $C_{13}H_{17}N_3O_2 \cdot 2\,HCl$. Feststoff mit 0,5 Mol H_2O; F: 213—216° [Zers.].

(±)-3-[3-Diäthylamino-2-hydroxy-propyl]-3H-chinazolin-4-on $C_{15}H_{21}N_3O_2$, Formel IX
(R = R' = C_2H_5).

B. Beim Erhitzen von Isatosäure-anhydrid (1H-Benz[d][1,3]oxazin-2,4-dion) mit (±)-1-Amino-3-diäthylamino-propan-2-ol und Orthoameisensäure-triäthylester (*Baker et al.*, J. org. Chem. **17** [1952] 35, 42, 45).

Dihydrochlorid $C_{15}H_{21}N_3O_2 \cdot 2\,HCl$. F: 217—219° [Zers.].

(±)-3-[2-Hydroxy-3-isopropylamino-propyl]-3H-chinazolin-4-on $C_{14}H_{19}N_3O_2$, Formel IX
(R = $CH(CH_3)_2$, R' = H).

B. Aus (±)-3-[2,3-Epoxy-propyl]-3H-chinazolin-4-on und Isopropylamin (*Baker et al.*, J. org. Chem. **17** [1952] 35, 45).

Hydrochlorid $C_{14}H_{19}N_3O_2 \cdot 2\,HCl$. F: 209—212° [Zers.].

(±)-3-[3-Butylamino-2-hydroxy-propyl]-3H-chinazolin-4-on $C_{15}H_{21}N_3O_2$, Formel IX
(R = $[CH_2]_3\text{-}CH_3$, R' = H).

B. Aus (±)-3-[2,3-Epoxy-propyl]-3H-chinazolin-4-on und Butylamin (*Baker et al.*, J. org. Chem. **17** [1952] 35, 45).

Hydrochlorid $C_{15}H_{21}N_3O_2 \cdot HCl$. F: 238—240° [Zers.].

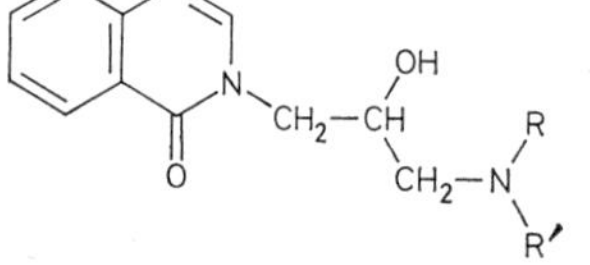

IX 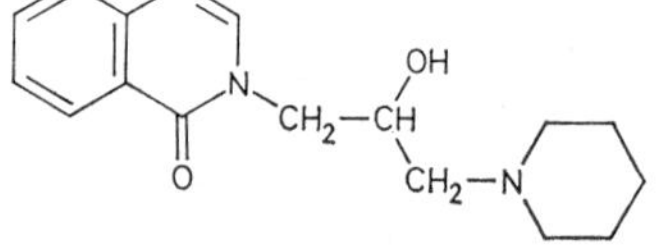   X

(±)-3-[3-Allylamino-2-hydroxy-propyl]-3H-chinazolin-4-on $C_{14}H_{17}N_3O_2$, Formel IX
(R = $CH_2\text{-}CH=CH_2$, R' = H).

B. Aus (±)-3-[2,3-Epoxy-propyl]-3H-chinazolin-4-on und Allylamin (*Baker et al.*, J. org. Chem. **17** [1952] 35, 45).

F: 117—120°.

Dihydrochlorid $C_{14}H_{17}N_3O_2 \cdot 2\,HCl$. F: 203—207° [Zers.].

(±)-3-[3-Cyclohexylamino-2-hydroxy-propyl]-3H-chinazolin-4-on $C_{17}H_{23}N_3O_2$,
Formel IX (R = C_6H_{11}, R' = H).

B. Aus (±)-3-[2,3-Epoxy-propyl]-3H-chinazolin-4-on und Cyclohexylamin (*Baker et al.*, J. org. Chem. **17** [1952] 35, 44).

Kristalle (aus Bzl.); F: 144—146°.

(±)-3-[3-Anilino-2-hydroxy-propyl]-3H-chinazolin-4-on $C_{17}H_{17}N_3O_2$, Formel IX (R = C_6H_5, R' = H).

B. Aus (±)-3-[2,3-Epoxy-propyl]-3H-chinazolin-4-on und Anilin (*Baker et al.*, J. org. Chem. **17** [1952] 35, 45).

F: 152—153°.

(±)-3-[2-Hydroxy-3-(2-hydroxy-äthylamino)-propyl]-3H-chinazolin-4-on $C_{13}H_{17}N_3O_3$, Formel IX (R = CH_2-CH_2-OH, R' = H).

B. Aus (±)-3-[2,3-Epoxy-propyl]-3H-chinazolin-4-on und 2-Amino-äthanol (*Baker et al.*, J. org. Chem. **17** [1952] 35, 45).

Dihydrochlorid $C_{13}H_{17}N_3O_3 \cdot 2$ HCl. F: 140—190° (?) [Zers.].

*Opt.-inakt. 3-[2-Hydroxy-3-(2-hydroxy-propylamino)-propyl]-3H-chinazolin-4-on $C_{14}H_{19}N_3O_3$, Formel IX (R = CH_2-CH(OH)-CH_3, R' = H).

B. Aus (±)-3-[2,3-Epoxy-propyl]-3H-chinazolin-4-on und (±)-1-Amino-propan-2-ol (*Baker et al.*, J. org. Chem. **17** [1952] 35, 45).

Dihydrochlorid $C_{14}H_{19}N_3O_3 \cdot 2$ HCl. F: 160—170° [Zers.].

(±)-3-{2-Hydroxy-3-[(hydroxy-*tert*-butyl)-amino]-propyl}-3H-chinazolin-4-on $C_{15}H_{21}N_3O_3$, Formel IX (R = $C(CH_3)_2$-CH_2-OH, R' = H).

B. Aus (±)-3-[2,3-Epoxy-propyl]-3H-chinazolin-4-on und 2-Amino-2-methyl-propan-1-ol (*Baker et al.*, J. org. Chem. **17** [1952] 35, 45).

Dihydrochlorid $C_{15}H_{21}N_3O_3 \cdot 2$ HCl. Feststoff mit 0,5 Mol H_2O; F: 228—230° [Zers.].

(±)-3-[2-Hydroxy-3-piperidino-propyl]-3H-chinazolin-4-on $C_{16}H_{21}N_3O_2$, Formel X.

B. Beim Erhitzen von Isatosäure-anhydrid (1H-Benz[d][1,3]oxazin-2,4-dion) mit (±)-1-Amino-3-piperidino-propan-2-ol und Orthoameisensäure-triäthylester (*Baker et al.*, J. org. Chem. **17** [1952] 35, 42, 45). Aus 3H-Chinazolin-4-on bei der aufeinanderfolgenden Umsetzung mit (±)-Epichlorhydrin (E III/IV **17** 20) und methanol. Natriummethylat und mit Piperidin (*Ba. et al.*).

Dihydrochlorid $C_{16}H_{21}N_3O_2 \cdot 2$ HCl. F: 205—207° [Zers.].

1,3-Bis-[4-oxo-4H-chinazolin-3-yl]-propan-2-ol $C_{19}H_{16}N_4O_3$, Formel XI.

B. Neben 3-[2,3-Epoxy-propyl]-3H-chinazolin-4-on beim Behandeln einer Lösung von 3H-Chinazolin-4-on in methanol. Natriummethylat mit Epichlorhydrin [E III/IV **17** 20] (*Baker et al.*, J. org. Chem. **17** [1952] 35, 43).

Kristalle (aus 2-Methoxy-äthanol); F: 231—232°.

(±)-N-Äthyl-N-[2-hydroxy-3-(4-oxo-4H-chinazolin-3-yl)-propyl]-toluol-4-sulfonamid $C_{20}H_{23}N_3O_4S$, Formel IX (R = C_2H_5, R' = SO_2-C_6H_4-$CH_3(p)$).

B. Beim Behandeln von N-Äthyl-toluol-4-sulfonamid mit (±)-Epichlorhydrin (E III/IV **17** 20) und methanol. Natriummethylat und Behandeln des Reaktionsprodukts mit 3H-Chinazolin-4-on und methanol. Natriummethylat (*Baker et al.*, J. org. Chem. **17** [1952] 35, 46).

Hydrochlorid $C_{20}H_{23}N_3O_4S \cdot$ HCl. Kristalle (aus äthanol. HCl + Ae.); F: 128° [Zers.] (*Ba. et al.*, l. c. S. 45).

XI   XII

3-[3-Amino-2-oxo-propyl]-3H-chinazolin-4-on $C_{11}H_{11}N_3O_2$, Formel XII (R = H, n = 1).

Dihydrochlorid $C_{11}H_{11}N_3O_2 \cdot 2$ HCl. B. Beim Erhitzen von N-[2-Oxo-3-(4-oxo-4H-chinazolin-3-yl)-propyl]-phthalimid mit Essigsäure und wss. HCl (*Baker et al.*, J. org. Chem. **17** [1952] 52, 56). — F: 198—202° [Zers.].

3-[3-Diäthylamino-2-oxo-propyl]-3H-chinazolin-4-on $C_{15}H_{19}N_3O_2$, Formel XII
(R = C_2H_5, n = 1).

B. Aus 3-[3-Brom-2-oxo-propyl]-3H-chinazolin-4-on und Diäthylamin (*Magidson, Lu,* Ž. obšč. Chim. **29** [1959] 2843, 2849; engl. Ausg. S. 2803, 2808).

Hydrochlorid $C_{15}H_{19}N_3O_2 \cdot HCl$. Kristalle (aus A.) mit 0,5 Mol H_2O; F: 144—145°.

3-[2-Oxo-3-piperidino-propyl]-3H-chinazolin-4-on $C_{16}H_{19}N_3O_2$, Formel I (n = 1).

B. Aus 3-[3-Brom-2-oxo-propyl]-3H-chinazolin-4-on und Piperidin (*Magidson, Lu,* Ž. obšč. Chim. **29** [1959] 2843, 2849; engl. Ausg. S. 2803, 2808).

Kristalle (aus A.); F: 114—115°.

Hydrochlorid $C_{16}H_{19}N_3O_2 \cdot HCl$. Kristalle; F: 166—167°.

3-[2-Oxo-3-phthalimido-propyl]-3H-chinazolin-4-on, *N*-[2-Oxo-3-(4-oxo-4H-chinazolin-3-yl)-propyl]-phthalimid $C_{19}H_{13}N_3O_4$, Formel II (n = 1).

B. Beim Behandeln von 3H-Chinazolin-4-on mit methanol. Natriummethylat und *N*-[3-Brom-2-oxo-propyl]-phthalimid in 2-Methoxy-äthanol (*Baker et al.,* J. org. Chem. **17** [1952] 52, 56).

Kristalle (aus 2-Methoxy-äthanol); F: 254—256° (*Ba. et al.*).

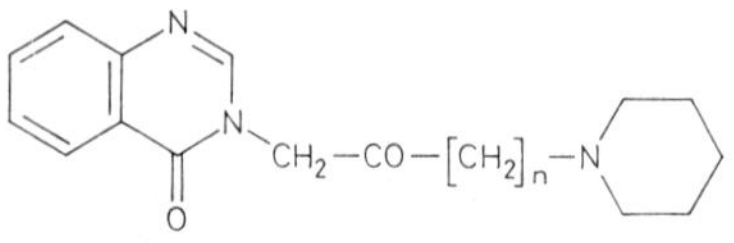

I 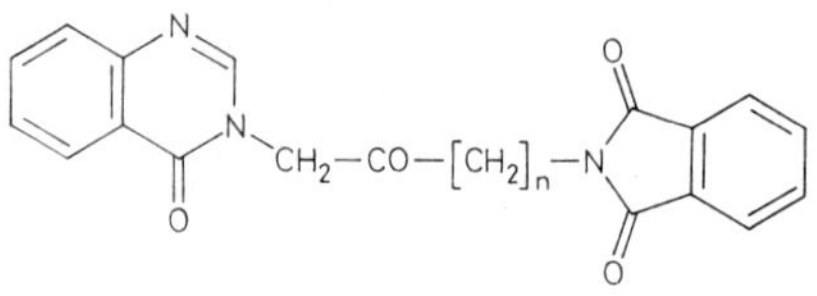   II

1,3-Bis-[4-oxo-4H-chinazolin-3-yl]-aceton $C_{19}H_{14}N_4O_3$, Formel III (n = 1).

B. Beim Erhitzen von 2,4-Bis-[4-oxo-4H-chinazolin-3-yl]-acetessigsäure-äthylester mit wss. HCl (*Baker et al.,* J. org. Chem. **17** [1952] 77, 90).

F: 309—311° [Zers.].

1,4-Bis-[4-oxo-4H-chinazolin-3-yl]-butan-2-on $C_{20}H_{16}N_4O_3$, Formel III (n = 2).

B. Aus 3H-Chinazolin-4-on und 1-Brom-4-diäthylamino-butan-2-on-hydrobromid oder 1-Brom-4-chlor-butan-2-on (*Magidson, Lu,* Ž. obšč. Chim. **29** [1959] 2843, 2850; engl. Ausg. S. 2803, 2809).

Kristalle (aus 2-Äthoxy-äthanol); F: 240°. IR-Spektrum (Vaseline; $3-15\,\mu$): *Ma., Lu,* l. c. S. 2846. λ_{max}: 266 nm, 300 nm und 312 nm.

Sulfat $C_{20}H_{16}N_4O_3 \cdot 2\,H_2SO_4$. Kristalle; F: 227—229°.

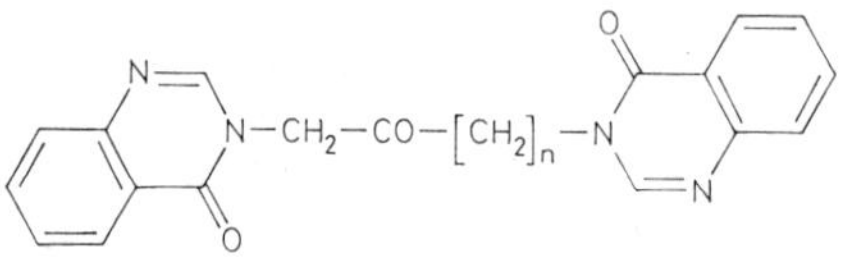

III 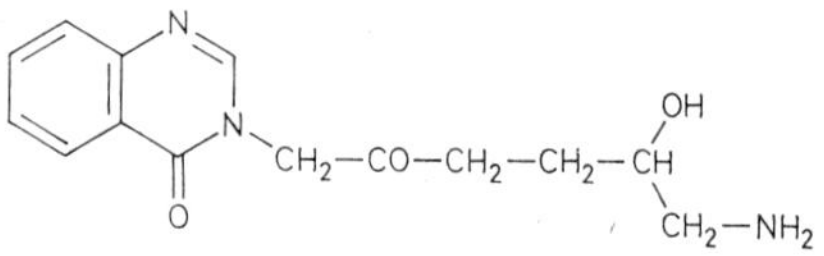   IV

3-[5-Diäthylamino-2-oxo-pentyl]-3H-chinazolin-4-on $C_{17}H_{23}N_3O_2$, Formel XII
(R = C_2H_5, n = 3).

B. Beim Erhitzen von 3-[5-Chlor-2-oxo-pentyl]-3H-chinazolin-4-on mit Diäthylamin und KI in Benzol (*Lu, Magidson,* Ž. obšč. Chim. **29** [1959] 3299, 3302; engl. Ausg. S. 3263, 3265).

Gelbe Kristalle; F: 94—95°.

3-[2-Oxo-5-piperidino-pentyl]-3H-chinazolin-4-on $C_{18}H_{23}N_3O_2$, Formel I (n = 3).

B. Beim Erwärmen von 3-[5-Chlor-2-oxo-pentyl]-3H-chinazolin-4-on in Benzol mit Piperidin (*Lu, Magidson,* Ž. obšč. Chim. **29** [1959] 3299, 3301; engl. Ausg. S. 3263, 3265).

Dihydrochlorid $C_{18}H_{23}N_3O_2 \cdot 2\,HCl$. F: 213—214° [aus A.].

Oxim $C_{18}H_{24}N_4O_2$; 3-[2-Hydroxyimino-5-piperidino-pentyl]-3H-chinazolin-4-on. Kristalle; F: 154—155°.

3-[6-Diäthylamino-2-oxo-hexyl]-3H-chinazolin-4-on $C_{18}H_{25}N_3O_2$, Formel XII
(R = C_2H_5, n = 4) auf S. 365.

B. Beim Erhitzen von 3-[6-Brom-2-oxo-hexyl]-3H-chinazolin-4-on mit Diäthylamin und KI in Benzol (*Lu, Magidson,* Ž. obšč. Chim. **29** [1959] 3299, 3303; engl. Ausg. S. 3263, 3266).

Gelbliche Kristalle; F: 104—105°.

3-[2-Oxo-6-piperidino-hexyl]-3H-chinazolin-4-on $C_{19}H_{25}N_3O_2$, Formel I (n = 4).

B. Beim Erwärmen von 3-[6-Brom-2-oxo-hexyl]-3H-chinazolin-4-on in Benzol mit Piperidin (*Lu, Magidson,* Ž. obšč. Chim. **29** [1959] 3299, 3302; engl. Ausg. S. 3263, 3266).

Dihydrochlorid $C_{19}H_{25}N_3O_2 \cdot 2$ HCl. Hellgelbe Kristalle; F: 190—191°.

3-[2-Oxo-6-phthalimido-hexyl]-3H-chinazolin-4-on, *N*-[5-Oxo-6-(4-oxo-4H-chinazolin-3-yl)-hexyl]-phthalimid $C_{22}H_{19}N_3O_4$, Formel II (n = 4).

B. Beim Behandeln von 3H-Chinazolin-4-on mit methanol. Natriummethylat und *N*-[6-Brom-5-oxo-hexyl]-phthalimid in 2-Methoxy-äthanol (*Am. Cyanamid Co.,* U.S.P. 2651632 [1951]).

Kristalle (aus 2-Methoxy-äthanol); F: ca. 204—206°.

3-[7-Diäthylamino-2-oxo-heptyl]-3H-chinazolin-4-on $C_{19}H_{27}N_3O_2$, Formel XII
(R = C_2H_5, n = 5) auf S. 365.

B. Beim Erhitzen von 3-[7-Brom-2-oxo-heptyl]-3H-chinazolin-4-on mit Diäthylamin und KI in Benzol auf 120—140° (*Lu, Magidson,* Ž. obšč. Chim. **29** [1959] 3299, 3304; engl. Ausg. S. 3263, 3267).

F: 91—92,5°.

3-[2-Oxo-7-piperidino-heptyl]-3H-chinazolin-4-on $C_{20}H_{27}N_3O_2$, Formel I (n = 5).

B. Beim Erwärmen von 3-[7-Brom-2-oxo-heptyl]-3H-chinazolin-4-on in Benzol mit Piperidin (*Lu, Magidson,* Ž. obšč. Chim. **29** [1959] 3299, 3303; engl. Ausg. S. 3263, 3267).

Dihydrochlorid $C_{20}H_{27}N_3O_2 \cdot 2$ HCl·H_2O. F: 204—205° [aus A.].

3-[12-Diäthylamino-2-oxo-dodecyl]-3H-chinazolin-4-on $C_{24}H_{37}N_3O_2$, Formel XII
(R = C_2H_5, n = 10) auf S. 365.

B. Beim Erhitzen von 3-[12-Brom-2-oxo-dodecyl]-3H-chinazolin-4-on mit Diäthylamin und KI in Benzol auf 120—140° (*Lu, Magidson,* Ž. obšč. Chim. **29** [1959] 3299, 3304; engl. Ausg. S. 3263, 3267).

F: 82—83°.

3-[2-Oxo-12-piperidino-dodecyl]-3H-chinazolin-4-on $C_{25}H_{37}N_3O_2$, Formel I (n = 10).

B. Beim Erwärmen von 3-[12-Brom-2-oxo-dodecyl]-3H-chinazolin-4-on in Benzol mit Piperidin (*Lu, Magidson,* Ž. obšč. Chim. **29** [1959] 3299, 3304; engl. Ausg. S. 3263, 3267).

Kristalle (aus A.); F: 105—106°.

Oxim $C_{25}H_{38}N_4O_2$; 3-[2-Hydroxyimino-12-piperidino-dodecyl]-3H-chinazolin-4-on. F: 120—121,5°.

(±)-3-[6-Amino-5-hydroxy-2-oxo-hexyl]-3H-chinazolin-4-on $C_{14}H_{17}N_3O_3$, Formel IV, und cyclische Tautomere.

Dihydrochlorid $C_{14}H_{17}N_3O_3 \cdot 2$ HCl. *B.* Beim Erhitzen von (±)-*N*-{5-Oxo-4-[(4-oxo-4H-chinazolin-3-yl)-acetyl]-tetrahydro-furfuryl}-phthalimid mit wss. HCl (*Baker et al.,* J. org. Chem. **17** [1952] 68, 73). — F: 197—198° [Zers.].

(±)-3-[5-Hydroxy-2-oxo-6-phthalimido-hexyl]-3H-chinazolin-4-on, (±)-*N*-[2-Hydroxy-5-oxo-6-(4-oxo-4H-chinazolin-3-yl)-hexyl]-phthalimid $C_{22}H_{19}N_3O_5$, Formel V, und cyclische Tautomere.

B. Aus (±)-*N*-[2-Hydroxy-5-oxo-hexyl]-phthalimid, [4-Oxo-4H-chinazolin-3-yl]-essig-säure-äthylester und methanol. Natriummethylat (*Baker et al.,* J. org. Chem. **17** [1952] 68, 72).

Kristalle (aus 2-Methoxy-äthanol); F: 224—225°.

Hydrochlorid. F: 192—195° [Zers.; nach Sintern bei 155°] (nicht rein erhalten).

V   VI

(±)-3-[*threo*-4-Amino-8-brom-5-hydroxy-2-oxo-octyl]-3*H*-chinazolin-4-on $C_{16}H_{20}BrN_3O_3$, Formel VI + Spiegelbild, und cyclische Tautomere.

Dihydrobromid $C_{16}H_{20}BrN_3O_3 \cdot 2\,HBr$. *B.* Beim Erhitzen von 3-[(*RS*)-4-Amino-2-oxo-4-((*RS*)-tetrahydro[2]furyl)-butyl]-3*H*-chinazolin-4-on-dihydrochlorid (S. 370) in wss. HBr (*Baker et al.*, J. org. Chem. **18** [1953] 153, 167). — Kristalle; F: 244—245°. — Beim Behandeln mit wss. $NaHCO_3$ und $CHCl_3$ ist 3-[3-(*cis*-3-Hydroxy-[2]piperidyl)-2-oxo-propyl]-3*H*-chinazolin-4-on (S. 376) erhalten worden (*Ba. et al.*, l. c. S. 168).

1-[4-Oxo-4*H*-chinazolin-3-yl]-7-phthalimido-heptan-2,4-dion, *N*-[4,6-Dioxo-7-(4-oxo-4*H*-chinazolin-3-yl)-heptyl]-phthalimid $C_{23}H_{19}N_3O_5$, Formel VII (n = 3), und Tautomere.
B. Beim Erwärmen von *N*-[4-Oxo-pentyl]-phthalimid mit [4-Oxo-4*H*-chinazolin-3-yl]-essigsäure-äthylester, Natriummethylat und Äthanol in Benzol (*Baker et al.*, J. org. Chem. **17** [1952] 58, 67; *Am. Cyanamid Co.*, U.S.P. 2651633 [1951]).
Kupfer(II)-Salz $Cu(C_{23}H_{18}N_3O_5)_2$. Blaue Kristalle (*Am. Cyanamid Co.*); F: 232° bis 235° [Zers.] (*Ba. et al.*), 230—233° (*Am. Cyanamid Co.*).

[4,6-Dioxo-7-(4-oxo-4*H*-chinazolin-3-yl)-heptyl]-carbamidsäure-benzylester $C_{23}H_{23}N_3O_5$, Formel VIII (R = CH_2-NH-CO-O-CH_2-C_6H_5), und Tautomere.
B. Analog der vorangehenden Verbindung (*Baker et al.*, J. org. Chem. **17** [1952] 58, 67).
Kupfer(II)-Salz $Cu(C_{23}H_{22}N_3O_5)_2$. F: 182—184° [Zers.] (nicht rein erhalten).

8-Benzoylamino-1-[4-oxo-4*H*-chinazolin-3-yl]-octan-2,4-dion, *N*-[5,7-Dioxo-8-(4-oxo-4*H*-chinazolin-3-yl)-octyl]-benzamid $C_{23}H_{23}N_3O_4$, Formel VIII (R = CH_2-CH_2-NH-CO-C_6H_5), und Tautomere.
B. Analog den vorangehenden Verbindungen (*Baker et al.*, J. org. Chem. **17** [1952] 58, 63).
Kristalle (aus wss. A.); F: 125—127°.
Kupfer(II)-Salz $Cu(C_{23}H_{22}N_3O_4)_2$. Blaue Kristalle; F: 227—229° [Zers.].

1-[4-Oxo-4*H*-chinazolin-3-yl]-8-phthalimido-octan-2,4-dion, *N*-[5,7-Dioxo-8-(4-oxo-4*H*-chinazolin-3-yl)-octyl]-phthalimid $C_{24}H_{21}N_3O_5$, Formel VII (n = 4), und Tautomere.
B. Beim Erwärmen von *N*-[5-Oxo-hexyl]-phthalimid mit [4-Oxo-4*H*-chinazolin-3-yl]-essigsäure-äthylester, Natriummethylat und Äthanol in Benzol (*Baker et al.*, J. org. Chem. **17** [1952] 58, 63). Aus 4-[4-Oxo-4*H*-chinazolin-3-yl]-acetessigsäure-benzylester und 5-Phthalimido-valerylchlorid über mehrere Zwischenstufen (*Baker et al.*, J. org. Chem. **17** [1952] 77, 93).
Kupfer(II)-Salz $Cu(C_{24}H_{20}N_3O_5)_2$. Blaugrün (*Ba. et al.*, l. c. S. 63); F: 235° [Zers.] (*Ba. et al.*, l. c. S. 63), 228° [Zers.] (*Ba. et al.*, l. c. S. 94).

VII   VIII

[5,7-Dioxo-8-(4-oxo-4*H*-chinazolin-3-yl)-octyl]-carbamidsäure-äthylester $C_{19}H_{23}N_3O_5$, Formel VIII (R = CH_2-CH_2-NH-CO-O-C_2H_5), und Tautomere.
B. Beim Erwärmen von [4-Oxo-4*H*-chinazolin-3-yl]-essigsäure-äthylester mit [5-Oxo-

hexyl]-carbamidsäure-äthylester, Natriummethylat und Äthanol in Benzol (*Baker et al.*, J. org. Chem. **17** [1952] 58, 63).

Kupfer(II)-Salz $Cu(C_{19}H_{22}N_3O_5)_2$. Blaue Kristalle; F: 208—210° [Zers.].

[5,7-Dioxo-8-(4-oxo-4H-chinazolin-3-yl)-octyl]-carbamidsäure-benzylester $C_{24}H_{25}N_3O_5$, Formel VIII ($R = CH_2\text{-}CH_2\text{-}NH\text{-}CO\text{-}O\text{-}CH_2\text{-}C_6H_5$), und Tautomere.

B. Analog der vorangehenden Verbindung (*Baker et al.*, J. org. Chem. **17** [1952] 58, 63).

Kupfer(II)-Salz $Cu(C_{24}H_{24}N_3O_5)_2$. Blaue Kristalle (aus wss. 2-Methoxy-äthanol); F: 184—185° (nicht rein erhalten).

(±)-5-Methoxy-1-[4-oxo-4H-chinazolin-3-yl]-8-phthalimido-octan-2,4-dion,
(±)-N-[4-Methoxy-5,7-dioxo-8-(4-oxo-4H-chinazolin-3-yl)-octyl]-phthalimid $C_{25}H_{23}N_3O_6$, Formel IX ($X = O\text{-}CH_3$, $X' = H$), und Tautomere.

B. Analog den vorangehenden Verbindungen (*Am. Cyanamid Co.*, U.S.P. 2651633 [1951]).

Kupfer(II)-Salz. Grüne Kristalle; F: ca. 168—171° [Zers.].

(±)-1-[4-Oxo-4H-chinazolin-3-yl]-5-phenoxy-8-phthalimido-octan-2,4-dion,
(±)-N-[5,7-Dioxo-8-(4-oxo-4H-chinazolin-3-yl)-4-phenoxy-octyl]-phthalimid
$C_{30}H_{25}N_3O_6$, Formel IX ($X = O\text{-}C_6H_5$, $X' = H$), und Tautomere.

B. Analog den vorangehenden Verbindungen (*Baker et al.*, J. org. Chem. **17** [1952] 132, 138).

Kupfer(II)-Salz $Cu(C_{30}H_{24}N_3O_6)_2$. Grün; F: 140—145° [Zers.].

(±)-6-Methoxy-1-[4-oxo-4H-chinazolin-3-yl]-8-phthalimido-octan-2,4-dion,
(±)-N-[3-Methoxy-5,7-dioxo-8-(4-oxo-4H-chinazolin-3-yl)-octyl]-phthalimid $C_{25}H_{23}N_3O_6$, Formel IX ($X = H$, $X' = O\text{-}CH_3$), und Tautomere.

B. Aus 4-[4-Oxo-4H-chinazolin-3-yl]-acetessigsäure-benzylester und (±)-3-Methoxy-5-phthalimido-valerylchlorid über mehrere Zwischenstufen (*Baker et al.*, J. org. Chem. **17** [1952] 77, 94).

F: 105—108°.

Kupfer(II)-Salz $Cu(C_{25}H_{22}N_3O_6)_2$. Blaue Kristalle; F: 218° [Zers.].

IX   X

(±)-8-Benzoylamino-7-methoxy-1-[4-oxo-4H-chinazolin-3-yl]-octan-2,4-dion,
(±)-N-[2-Methoxy-5,7-dioxo-8-(4-oxo-4H-chinazolin-3-yl)-octyl]-benzamid $C_{24}H_{25}N_3O_5$, Formel VIII ($R = CH(O\text{-}CH_3)\text{-}CH_2\text{-}NH\text{-}CO\text{-}C_6H_5$), und Tautomere.

B. Beim Erwärmen von (±)-N-[2-Methoxy-5-oxo-hexyl]-benzamid mit [4-Oxo-4H-chin≠ azolin-3-yl]-essigsäure-äthylester, Natriummethylat und Äthanol in Benzol (*Baker et al.*, J. org. Chem. **17** [1952] 68, 75).

Kristalle (aus Bzl. + Heptan); F: 113—116°.

Hydrochlorid $C_{24}H_{25}N_3O_5 \cdot HCl$. Kristalle; F: 179—180° [Zers.].

Kupfer(II)-Salz $Cu(C_{24}H_{24}N_3O_5)_2$. F: 218—220° [Zers.].

2,4-Bis-[4-oxo-4H-chinazolin-3-yl]-acetessigsäure-äthylester $C_{22}H_{18}N_4O_5$, Formel X, und Tautomeres.

B. Beim Erwärmen von [4-Oxo-4H-chinazolin-3-yl]-essigsäure-äthylester in Benzol und Äthanol mit Natriummethylat (*Baker et al.*, J. org. Chem. **17** [1952] 77, 90).

Kristalle (aus A.); F: 202—204°.

Kupfer(II)-Salz. Blaugrün; F: 236—239° [Zers.].   [*H. Tarrach*]

(±)-3-Oxiranylmethyl-3H-chinazolin-4-on, (±)-3-[2,3-Epoxy-propyl]-3H-chinazolin-4-on $C_{11}H_{10}N_2O_2$, Formel I.

B. Beim Behandeln von 3*H*-Chinazolin-4-on mit (±)-Epichlorhydrin (E III/IV **17** 20) und Natriummethylat in Methanol (*Baker et al.*, J. org. Chem. **17** [1952] 35, 42). Kristalle (aus Heptan); F: 82—84°.

(±)-3-Tetrahydrofurfuryl-3H-chinazolin-4-on $C_{13}H_{14}N_2O_2$, Formel II.

B. Beim Erwärmen von 3*H*-Chinazolin-4-on mit (±)-Toluol-4-sulfonsäure-tetrahydro-furfurylester und Natriummethylat in Methanol (*Baker et al.*, J. org. Chem. **17** [1952] 35, 49).

Hydrochlorid $C_{13}H_{14}N_2O_2 \cdot HCl$. F: 196—198° [Zers.].

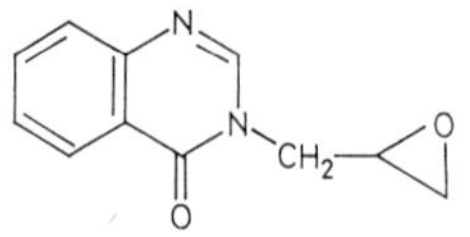

I 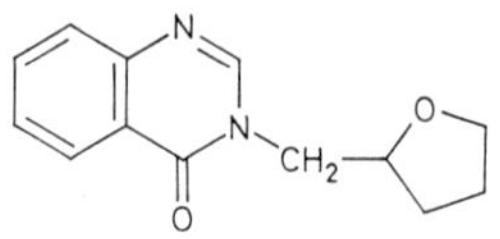   II 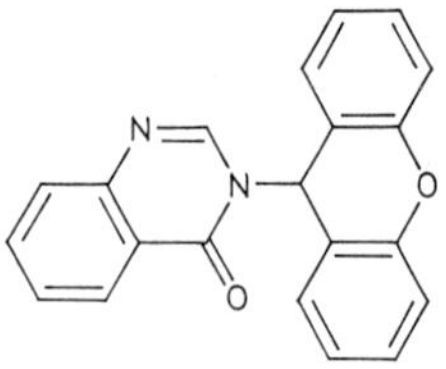   III

3-Xanthen-9-yl-3H-chinazolin-4-on $C_{21}H_{14}N_2O_2$, Formel III.

B. Beim Behandeln von 3*H*-Chinazolin-4-on mit Xanthen-9-ol in Essigsäure (*Monti*, G. **72** [1942] 515, 518). Kristalle (aus A. + Acn.); F: 198—200°.

3-[2-Oxo-2-(2-oxo-tetrahydro-[3]furyl)-äthyl]-3H-chinazolin-4-on $C_{14}H_{12}N_2O_4$, Formel IV, und Tautomere.

B. Beim Behandeln von [4-Oxo-4*H*-chinazolin-3-yl]-essigsäure-äthylester mit Dihydro-furan-2-on und Natriummethylat in geringe Mengen Äthanol enthaltendem Benzol (*Baker et al.*, J. org. Chem. **18** [1953] 153, 174). Kristalle (aus Toluol); F: 150—151°.

Verbindung mit Kupfer(II) $Cu(C_{14}H_{11}N_2O_4)_2$. Blau; F: 250—254°.

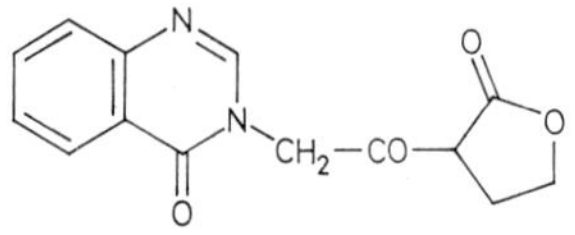

IV 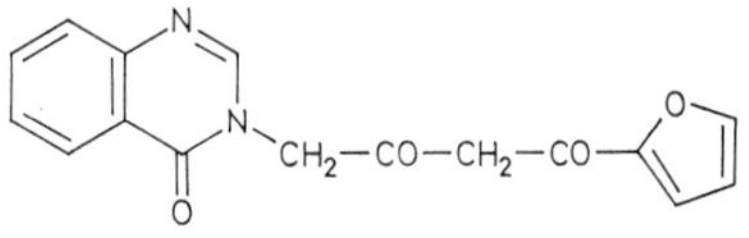   V

1-[2]Furyl-4-[4-oxo-4H-chinazolin-3-yl]-butan-1,3-dion $C_{16}H_{12}N_2O_4$, Formel V, und Tautomere.

B. Beim Behandeln von [4-Oxo-4*H*-chinazolin-3-yl]-essigsäure-äthylester mit 1-[2]Furyl-äthanon und Natriummethylat in geringe Mengen Äthanol enthaltendem Benzol (*Am. Cyanamid Co.*, U.S.P. 2651633 [1951]). Kristalle (aus Toluol); F: 129—130°.

3-[4-Amino-2-oxo-4-tetrahydro[2]furyl-butyl]-3H-chinazolin-4-on $C_{16}H_{19}N_3O_3$.

Die Konfiguration der nachstehend beschriebenen Stereoisomeren ergibt sich aus der genetischen Beziehung des unter b) beschriebenen Stereoisomeren zu (±)-Febrifugin (s. S. 376 und S. 378); vgl. diesbezüglich *Barringer et al.*, J. org. Chem. **38** [1973] 1937, 1938.

a) **3-[(RS)-4-Amino-2-oxo-4-((RS)-tetrahydro[2]furyl)-butyl]-3H-chinazolin-4-on**, Formel VI (R = H) + Spiegelbild.

Dihydrochlorid $C_{16}H_{19}N_3O_3 \cdot 2$ HCl. *B*. Aus opt.-inakt. 3-Amino-3-tetrahydro[2]-furyl-propionsäure (vermutlich Gemisch der diastereomeren Racemate; E III/IV **18** 8157) über mehrere Stufen (*Baker et al.*, J. org. Chem. **18** [1953] 153, 167). — Präparat mit 1 Mol H_2O; F: 205—206° [Zers.]. — Beim Erhitzen [1 h] mit wss. HBr auf 100° ist (±)-3-[*threo*-4-Amino-8-brom-5-hydroxy-2-oxo-octyl]-3*H*-chinazolin-4-on erhalten worden.

     b) **3-[(*RS*)-4-Amino-2-oxo-4-((*SR*)-tetrahydro[2]furyl)-butyl]-3*H*-chinazolin-4-on**, Formel VII (R = H) + Spiegelbild.

     B. Beim Erwärmen von [(*RS*)-3-Oxo-4-(4-oxo-4*H*-chinazolin-3-yl)-1-((*SR*)-tetrahydro≠[2]furyl)-butyl]-carbamidsäure-äthylester mit wss. HCl (*Baker et al.*, J. org. Chem. **18** [1953] 153, 169).

     Dihydrochlorid $C_{16}H_{19}N_3O_3 \cdot 2$ HCl. F: 168—173° [Zers.].

     Hydrobromid. F: 168—169°.

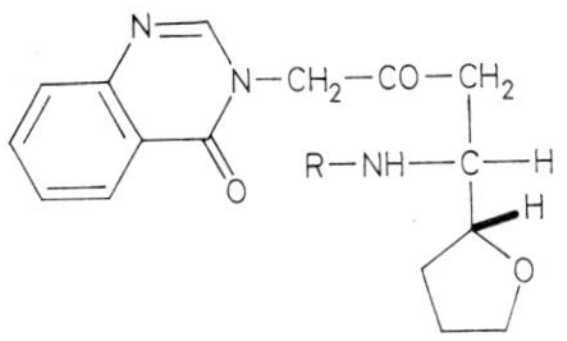

         VI 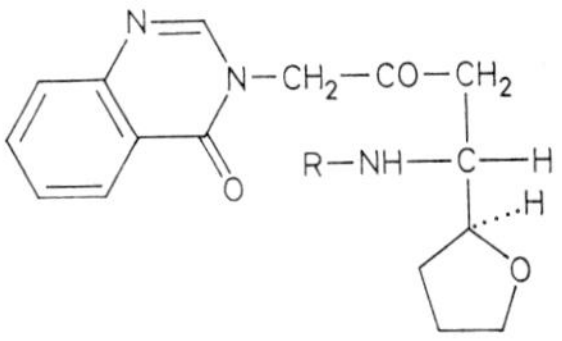   VII

[3-Oxo-4-(4-oxo-4*H*-chinazolin-3-yl)-1-tetrahydro[2]furyl-butyl]-carbamidsäure-äthylester $C_{19}H_{23}N_3O_5$.

     a) **[(*RS*)-3-Oxo-4-(4-oxo-4*H*-chinazolin-3-yl)-1-((*RS*)-tetrahydro[2]furyl)-butyl]-carbamidsäure-äthylester**, Formel VI (R = CO-O-C_2H_5) + Spiegelbild.

     B. Aus opt.-inakt. 3-Amino-3-tetrahydro[2]furyl-propionsäure (vermutlich Gemisch der diastereomeren Racemate; E III/IV **18** 8157) über mehrere Stufen (*Baker et al.*, J. org. Chem. **18** [1953] 153, 167).

     Kristalle (aus Bzl.); F: 130—131°.

     b) **[(*RS*)-3-Oxo-4-(4-oxo-4*H*-chinazolin-3-yl)-1-((*SR*)-tetrahydro[2]furyl)-butyl]-carbamidsäure-äthylester**, Formel VII (R = CO-O-C_2H_5) + Spiegelbild.

     B. Aus (*RS*)-3-Benzoylamino-3-[(*SR*)-tetrahydro[2]furyl]-propionsäure über mehrere Stufen (*Baker et al.*, J. org. Chem. **18** [1953] 153, 169; s. a. *Am. Cyanamid Co.*, U.S.P. 2651632 [1951]).

     Kristalle (aus Bzl. + Heptan); F: 125—127° (*Ba. et al.*).

(±)-3-[4-Benzoylamino-4-[2]furyl-2-oxo-butyl]-3*H*-chinazolin-4-on, (±)-*N*-[1-[2]Furyl-3-oxo-4-(4-oxo-4*H*-chinazolin-3-yl)-butyl]-benzamid $C_{23}H_{19}N_3O_4$, Formel VIII (R = CO-C_6H_5).

     B. Aus (±)-3-Benzoylamino-3-[2]furyl-propionsäure über mehrere Stufen (*Baker et al.*, J. org. Chem. **18** [1953] 153, 176).

     Kristalle (aus Me.); F: 218—219° [unreines Präparat].

(±)-[1-[2]Furyl-3-oxo-4-(4-oxo-4*H*-chinazolin-3-yl)-butyl]-carbamidsäure-äthylester $C_{19}H_{19}N_3O_5$, Formel VIII (R = CO-O-C_2H_5).

     B. Beim Behandeln von 3*H*-Chinazolin-4-on mit (±)-[4-Brom-1-[2]furyl-3-oxo-butyl]-carbamidsäure-äthylester und Natriummethylat in Benzol (*Baker et al.*, J. org. Chem. **18** [1953] 153, 176).

     Kristalle (aus A.); F: 212—213°.

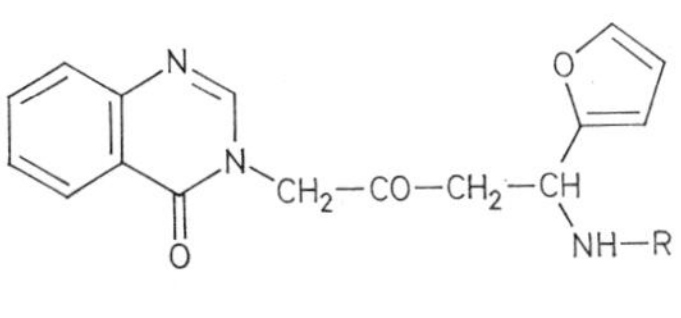

         VIII 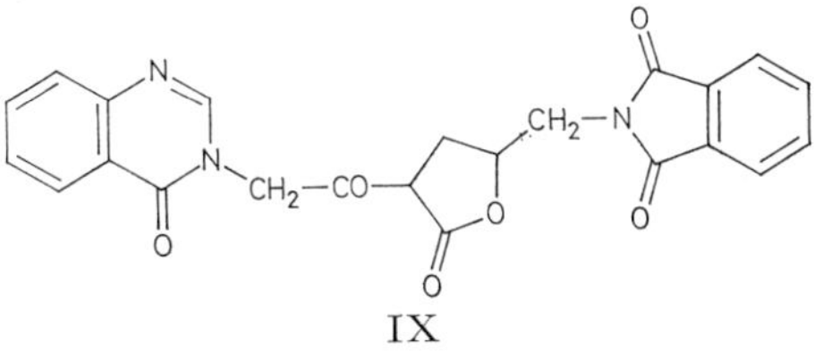   IX

(±)-3-[(4-Oxo-4*H*-chinazolin-3-yl)-acetyl]-5-phthalimidomethyl-dihydro-furan-2-on,
(±)-*N*-{5-Oxo-4-[(4-oxo-4*H*-chinazolin-3-yl)-acetyl]-tetrahydro-furfuryl}-phthalimid
$C_{23}H_{17}N_3O_6$, Formel IX, und Tautomere.

B. Beim Erwärmen von 4-[4-Oxo-4*H*-chinazolin-3-yl]-acetessigsäure-äthylester mit
(±)-*N*-[2,3-Epoxy-propyl]-phthalimid und Natriummethylat in Methanol (*Baker et al.*,
J. org. Chem. **17** [1952] 68, 73).

Kristalle (aus wss. 2-Methoxy-äthanol) mit 0,5 Mol H_2O; F: 209—210° [nach Sintern
bei 201°].

3-[3-(2-Methyl-[1,3]dioxolan-2-yl)-2-oxo-propyl]-3*H*-chinazolin-4-on $C_{15}H_{16}N_2O_4$,
Formel X, oder **3-[2-Acetonyl-[1,3]dioxolan-2-ylmethyl]-3*H*-chinazolin-4-on** $C_{15}H_{16}N_2O_4$,
Formel XI.

B. Beim Erwärmen von 1-[4-Oxo-4*H*-chinazolin-3-yl]-butan-2,4-dion mit Äthylen=
glykol und Toluol-4-sulfonsäure in Benzol und Butan-1-ol (*Baker et al.*, J. org. Chem. **17**
[1952] 77, 94).

Kristalle (aus Bzl. + Heptan); F: 85—87°.

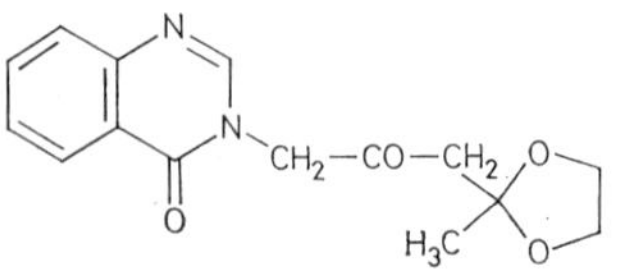

X 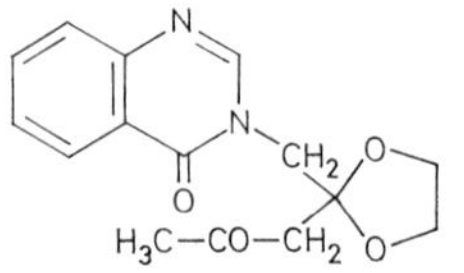   XI 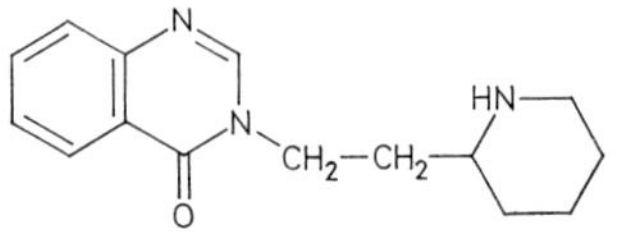   XII

(±)-3-[2-[2]Piperidyl-äthyl]-3*H*-chinazolin-4-on $C_{15}H_{19}N_3O$, Formel XII.

B. Aus 2-[2-Chlor-äthyl]-piperidin und 3*H*-Chinazolin-4-on über 1-Benzoyl-2-[2-(4-oxo-
4*H*-chinazolin-3-yl)-äthyl]-piperidin (*Baker et al.*, J. org. Chem. **17** [1952] 35, 43).

Dihydrochlorid $C_{15}H_{19}N_3O \cdot 2$ HCl. Kristalle (aus äthanol. HCl); F: 234—237°
[Zers.].

3-[3-[4]Piperidyl-propyl]-3*H*-chinazolin-4-on $C_{16}H_{21}N_3O$, Formel XIII (R = H).

B. Beim Erhitzen der folgenden Verbindung mit HBr in wss. Essigsäure (*Baker et al.*,
J. org. Chem. **17** [1952] 35, 44).

Dihydrochlorid $C_{16}H_{21}N_3O \cdot 2$ HCl. Kristalle mit 0,5 Mol H_2O; F: 228—231° [Zers.].

**3-{3-[1-(Toluol-4-sulfonyl)-[4]piperidyl]-propyl}-3*H*-chinazolin-4-on, 4-[3-(4-Oxo-
4*H*-chinazolin-3-yl)-propyl]-1-[toluol-4-sulfonyl]-piperidin** $C_{23}H_{27}N_3O_3S$, Formel XIII
(R = SO_2-C_6H_4-$CH_3(p)$).

B. Beim Erwärmen von 3*H*-Chinazolin-4-on mit 4-[3-Chlor-propyl]-1-[toluol-4-sulfon=
yl]-piperidin und Natriummethylat in Methanol (*Baker et al.*, J. org. Chem. **17** [1952]
35, 44).

Hydrochlorid $C_{23}H_{27}N_3O_3S \cdot$ HCl. Kristalle mit 1 Mol H_2O; F: 190—193° [Zers.].

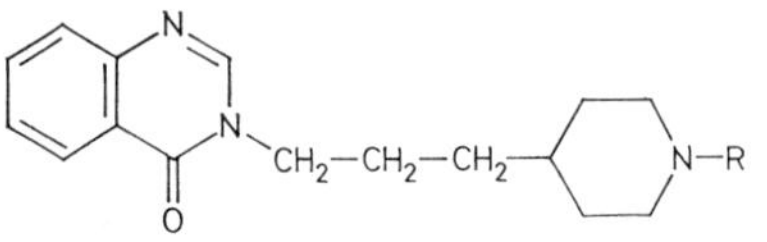

XIII 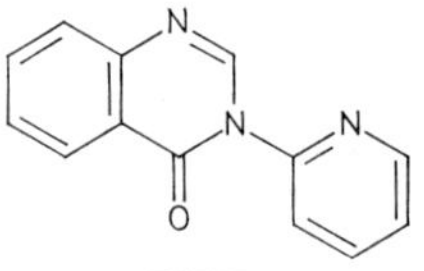   XIV 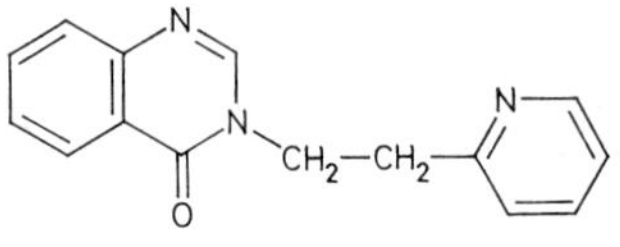   XV

3-[2]Pyridyl-3*H*-chinazolin-4-on $C_{13}H_9N_3O$, Formel XIV.

B. Beim Erhitzen von Isatosäure-anhydrid (1*H*-Benz[*d*][1,3]oxazin-2,4-dion) mit
[2]Pyridylamin und Orthoameisensäure-triäthylester (*Baker et al.*, J. org. Chem. **17** [1952]
35, 49).

F: 132—134°.

3-[2-[2]Pyridyl-äthyl]-3*H*-chinazolin-4-on $C_{15}H_{13}N_3O$, Formel XV.

B. Beim Erhitzen von Isatosäure-anhydrid (1*H*-Benz[*d*][1,3]oxazin-2,4-dion) mit
2-[2]Pyridyl-äthylamin und Orthoameisensäure-triäthylester (*Baker et al.*, J. org. Chem.

17 [1952] 35, 43).
Dihydrochlorid $C_{15}H_{13}N_3O \cdot 2$ HCl. Kristalle (aus äthanol. HCl); F: 222—223° [Zers.].

3-[2-Indol-3-yl-äthyl]-1-methyl-4-oxo-3,4-dihydro-chinazolinium, Isoevodiaminium $[C_{19}H_{18}N_3O]^+$, Formel I (E II 72).

Chlorid $[C_{19}H_{18}N_3O]Cl$ (vgl. E II 72). Bestätigung der Konstitution: *Danieli, Palmisano*, G. **105** [1975] 99.

Jodid $[C_{19}H_{18}N_3O]I$. Aus Isoevodiamin (2-Hydroxy-3-[2-indol-3-yl-äthyl]-1-methyl-2,3-dihydro-1H-chinazolin-4-on; vgl. E II 72) und wss. HI in Äthanol (*Ohta*, J. pharm. Soc. Japan **65** [1945] Ausg. B, S. 89; C. A. **1951** 5697). — Hellgelbe Kristalle (aus wss. A.); Zers. bei 254° (*Ohta*).

I   II   III

*Opt.-inakt. **3-[5-Hydroxy-[2]piperidylmethyl]-3H-chinazolin-4-on** $C_{14}H_{17}N_3O_2$, Formel II.

B. Beim Hydrieren der folgenden Verbindung an Platin in Methanol; Isolierung über das Hydrochlorid (*Baker et al.*, J. org. Chem. **17** [1952] 68, 73).
Kristalle (aus Bzl. + Heptan); F: 120—132° [vermutlich Gemisch der Diastereomeren].
Dihydrochlorid $C_{14}H_{17}N_3O_2 \cdot 2$ HCl. Kristalle (aus äthanol. HCl + Me.) mit 2 Mol H_2O; F: 175—177° [Zers.] (vermutlich Gemisch der Diastereomeren).

(±)-3-[5-Hydroxy-1,4,5,6-tetrahydro-[2]pyridylmethyl]-3H-chinazolin-4-on $C_{14}H_{15}N_3O_2$, Formel III.

B. Beim Behandeln von (±)-3-[6-Amino-5-hydroxy-2-oxo-hexyl]-3H-chinazolin-4-on-dihydrochlorid mit K_2CO_3 in $CHCl_3$ und H_2O (*Baker et al.*, J. org. Chem. **17** [1952] 68, 73).
Kristalle (aus A. + E.); F: 172—174°.
Dihydrochlorid $C_{14}H_{15}N_3O_2 \cdot 2$ HCl. Kristalle; F: 213—214° [Zers.].
Dipicrat. Gelbe Kristalle (aus A.); F: 214° [Zers.].

(±)-3-[2-Oxo-2-pyrrolidin-2-yl-äthyl]-3H-chinazolin-4-on $C_{14}H_{15}N_3O_2$, Formel IV (R = H).

B. Beim Erwärmen der folgenden Verbindung mit wss. HCl (*Baker et al.*, J. org. Chem. **17** [1952] 52, 56).
Dihydrochlorid $C_{14}H_{15}N_3O_2 \cdot 2$ HCl. F: 170° [Zers.].

(±)-3-[2-(1-Benzoyl-pyrrolidin-2-yl)-2-oxo-äthyl]-3H-chinazolin-4-on, (±)-1-Benzoyl-2-[(4-oxo-4H-chinazolin-3-yl)-acetyl]-pyrrolidin $C_{21}H_{19}N_3O_3$, Formel IV (R = CO-C$_6$H$_5$).

B. Beim Behandeln des Natrium-Salzes von 3H-Chinazolin-4-on mit (±)-1-Benzoyl-2-bromacetyl-pyrrolidin (aus DL-N-Benzoyl-prolin über mehrere Stufen erhalten) in Methanol (*Am. Cyanamid Co.*, U.S.P. 2651632 [1951]; *Baker et al.*, J. org. Chem. **17** [1952] 52, 56).
Hydrochlorid. Kristalle; F: 200—202° [Zers.].

(±)-3-{2-[1-(3,5-Dinitro-benzoyl)-pyrrolidin-2-yl]-2-oxo-äthyl}-3H-chinazolin-4-on, (±)-1-[3,5-Dinitro-benzoyl]-2-[(4-oxo-4H-chinazolin-3-yl)-acetyl]-pyrrolidin $C_{21}H_{17}N_5O_7$, Formel IV (R = CO-C$_6$H$_3$(NO$_2$)$_2$(3,5)).

B. Beim Behandeln des Natrium-Salzes von 3H-Chinazolin-4-on mit (±)-2-Brom-acetyl-1-[3,5-dinitro-benzoyl]-pyrrolidin in Methanol (*Am. Cyanamid Co.*, U.S.P. 2651632 [1951]; *Baker et al.*, J. org. Chem. **17** [1952] 52, 56).
Kristalle (aus wss. 2-Methoxy-äthanol); F: 215—217° [Zers.].

IV   V   VI

($\pm$)-3-[2-Oxo-2-[3]piperidyl-äthyl]-3H-chinazolin-4-on $C_{15}H_{17}N_3O_2$, Formel V (R = H).
  B. Beim Erwärmen der folgenden Verbindung mit wss. HCl (*Baker et al.*, J. org. Chem.
17 [1952] 52, 56).
  Dihydrochlorid $C_{15}H_{17}N_3O_2 \cdot 2$ HCl. F: 235—237° [Zers.].

($\pm$)-3-{2-[1-(3,5-Dinitro-benzoyl)-[3]piperidyl]-2-oxo-äthyl}-3H-chinazolin-4-on,
($\pm$)-1-[3,5-Dinitro-benzoyl]-3-[(4-oxo-4H-chinazolin-3-yl)-acetyl]-piperidin $C_{22}H_{19}N_5O_7$,
Formel V (R = $CO-C_6H_3(NO_2)_2(3,5)$).
  B. Beim Behandeln des Natrium-Salzes von 3H-Chinazolin-4-on mit ($\pm$)-3-Chlor=
acetyl-1-[3,5-dinitro-benzoyl]-piperidin in Methanol und 2-Methoxy-äthanol (*Baker
et al.*, J. org. Chem. **17** [1952] 52, 56; *Am. Cyanamid Co.*, U.S.P. 2651632 [1951]).
  Kristalle; F: 231—233° [Zers.] (*Ba. et al.*), ca. 230—233° [Zers.] (*Am. Cyanamid Co.*).

($\pm$)-3-[2-Oxo-3-[2]piperidyl-propyl]-3H-chinazolin-4-on $C_{16}H_{19}N_3O_2$, Formel VI
(R = H).
  B. Beim Hydrieren einer vermutlich als 3-[2-Oxo-3-[2]piperidyliden-propyl]-3H-chin=
azolin-4-on zu formulierenden Verbindung (S. 375) an Platin in wss.-methanol. HCl
(*Baker et al.*, J. org. Chem. **17** [1952] 58, 64; *Am. Cyanamid Co.*, D.B.P. 938730 [1956];
U.S.P. 2625549 [1951]). Beim Erwärmen der folgenden Verbindung mit wss. HCl (*Baker
et al.*, J. org. Chem. **17** [1952] 52, 57; *Am. Cyanamid Co.*, D.B.P. 927928 [1952]; U.S.P.
2694711 [1952]).
  Kristalle (aus $CHCl_3$ + PAe.); F: 138—140° (*Ba. et al.*, l. c. S. 64).
  Dihydrochlorid $C_{16}H_{19}N_3O_2 \cdot 2$ HCl. Kristalle mit 1 Mol H_2O; F: 228—230° [Zers.]
(*Ba. et al.*, l. c. S. 56), 227—229° [Zers.] (*Am. Cyanamid Co.*, D.B.P. 927928; U.S.P.
2694711), 212—214° [Zers.; aus A.] (*Am. Cyanamid Co.*, D.B.P. 938730 [1956]; U.S.P.
2625549 [1951]).

($\pm$)-3-[3-(1-Benzoyl-[2]piperidyl)-2-oxo-propyl]-3H-chinazolin-4-on, ($\pm$)-1-Benzoyl-
2-[2-oxo-3-(4-oxo-4H-chinazolin-3-yl)-propyl]-piperidin $C_{23}H_{23}N_3O_3$, Formel VI
(R = $CO-C_6H_5$).
  B. Beim Behandeln des Natrium-Salzes von 3H-Chinazolin-4-on mit ($\pm$)-1-Benzoyl-
2-[3-brom-2-oxo-propyl]-piperidin (aus ($\pm$)-[1-Benzoyl-[2]piperidyl]-essigsäure erhalten)
in Methanol (*Baker et al.*, J. org. Chem. **17** [1952] 52, 56; *Am. Cyanamid Co.*, D.B.P.
927928 [1952]; U.S.P. 2631632 [1951]).
  Hydrochlorid $C_{23}H_{23}N_3O_3 \cdot$ HCl. Kristalle; F: 195—196°.

($\pm$)-2-[2-Oxo-3-(4-oxo-4H-chinazolin-3-yl)-propyl]-piperidin-1-carbonsäure-amid
$C_{17}H_{20}N_4O_3$, Formel VI (R = $CO-NH_2$).
  B. Beim Erwärmen von ($\pm$)-3-[2-Oxo-3-[2]piperidyl-propyl]-3H-chinazolin-4-on mit
wss. Kaliumcyanat (*Hutchings et al.*, J. org. Chem. **17** [1952] 19, 33).
  F: 193—197°.

($\pm$)-3-[3-(1-Benzolsulfonyl-[2]piperidyl)-2-oxo-propyl]-3H-chinazolin-4-on,
($\pm$)-1-Benzolsulfonyl-2-[2-oxo-3-(4-oxo-4H-chinazolin-3-yl)-propyl]-piperidin
$C_{22}H_{23}N_3O_4S$, Formel VI (R = $SO_2-C_6H_5$).
  B. Aus ($\pm$)-3-[2-Oxo-[2]piperidyl-propyl]-3H-chinazolin-4-on und Benzolsulfonyl=
chlorid mit Hilfe von wss. NaOH in $CHCl_3$ (*Baker et al.*, J. org. Chem. **17** [1952] 58, 65).
  Kristalle (aus wss. 2-Methoxy-äthanol); F: 166—167°.

*Opt.-inakt. 3-[3-(3-Methyl-pyrrolidin-2-yl)-2-oxo-propyl]-3H-chinazolin-4-on
$C_{16}H_{19}N_3O_2$, Formel VII (R = CH_3, R' = R'' = H).
  B. Beim Erwärmen der folgenden Verbindung mit wss. HBr (*Baker et al.*, J. org. Chem.
17 [1952] 116, 124).

Dihydrochlorid $C_{16}H_{19}N_3O_2 \cdot 2$ HCl. Kristalle (aus Me. + äthanol. HCl) mit 0,5 Mol H_2O; F: 237° [Zers.].

*Opt.-inakt. 3-Methyl-2-[2-oxo-3-(4-oxo-4H-chinazolin-3-yl)-propyl]-pyrrolidin-1-carbonsäure-äthylester $C_{19}H_{23}N_3O_4$, Formel VII (R = CH$_3$, R' = CO-O-C$_2$H$_5$, R'' = H).

B. Beim Behandeln des Natrium-Salzes von 3H-Chinazolin-4-on mit opt.-inakt. 2-[3-Brom-2-oxo-propyl]-3-methyl-pyrrolidin-1-carbonsäure-äthylester (aus 2-[3-Methyl-pyrrolidin-2-yl]-äthanol über mehrere Stufen erhalten) und Natriummethylat in Methanol (*Baker et al.*, J. org. Chem. **17** [1952] 116, 124).
Kristalle (aus Bzl. + Heptan); F: 149—150°.

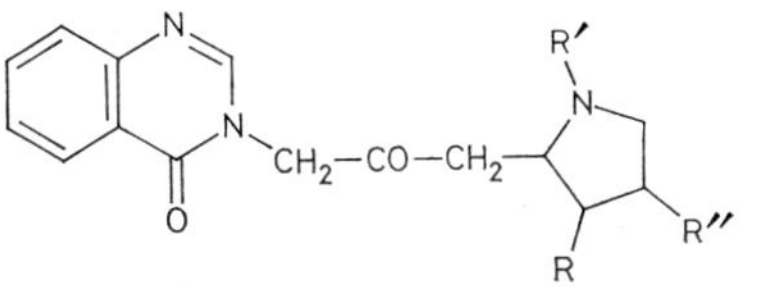

VII 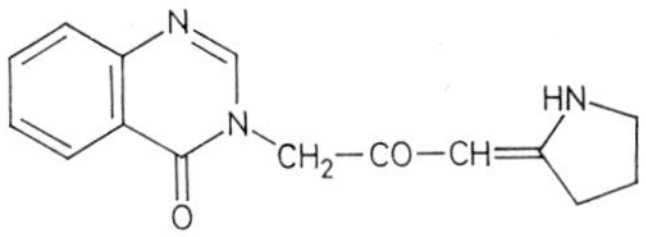   VIII

*Opt.-inakt. 3-[3-(4-Methyl-pyrrolidin-2-yl)-2-oxo-propyl]-3H-chinazolin-4-on $C_{16}H_{19}N_3O_2$, Formel VII (R = R' = H, R'' = CH$_3$).

B. Beim Erwärmen der folgenden Verbindung mit wss. HCl (*Baker et al.*, J. org. Chem. **17** [1952] 109, 113).
Dihydrochlorid $C_{16}H_{19}N_3O_2 \cdot 2$ HCl. Kristalle (aus äthanol. HCl) mit 0,5 Mol H_2O; F: 241° [Zers.].

*Opt.-inakt. 4-Methyl-2-[2-oxo-3-(4-oxo-4H-chinazolin-3-yl)-propyl]-pyrrolidin-1-carbonsäure-äthylester $C_{19}H_{23}N_3O_4$, Formel VII (R = H, R' = CO-O-C$_2$H$_5$, R'' = CH$_3$).

B. Beim Behandeln des Natrium-Salzes von 3H-Chinazolin-4-on mit opt.-inakt. 2-[3-Brom-2-oxo-propyl]-4-methyl-pyrrolidin-1-carbonsäure-äthylester (von N-[2-Oxo-propyl]-phthalimid und Cyanessigsäure-äthylester ausgehend über mehrere Stufen erhalten) und Natriummethylat in Methanol (*Baker et al.*, J. org. Chem. **17** [1952] 109, 113).
Kristalle (aus Bzl. + Heptan); F: 123—124°.

*3-[2-Oxo-3-pyrrolidin-2-yliden-propyl]-3H-chinazolin-4-on $C_{15}H_{15}N_3O_2$, Formel VIII.

Diese Konstitution kommt vermutlich der von *Baker et al.* (J. org. Chem. **17** [1952] 58, 67) als 3-[3-(4,5-Dihydro-pyrrol-2-yl)-2-oxo-propyl]-3H-chinazolin-4-on formulierten Verbindung $C_{15}H_{15}N_3O_2$ zu (*Witkop*, Am. Soc. **78** [1956] 2873, 2879).

B. Beim Erwärmen von [4,6-Dioxo-7-(4-oxo-4H-chinazolin-3-yl)-heptyl]-carbamidsäure-benzylester oder von N-[4,6-Dioxo-7-(4-oxo-4H-chinazolin-3-yl)-heptyl]-phthalimid mit wss. HCl (*Ba. et al.*).
Kristalle (aus Toluol); F: 207—208° (*Ba. et al.*). λ_{max} (A.): 226 nm und 305 nm (*Wi.*).
Dihydrochlorid $C_{15}H_{15}N_3O_2 \cdot 2$ HCl; vermutlich 3-[3-(4,5-Dihydro-3H-pyrrolium-2-yl)-2-oxo-propyl]-4-oxo-3,4-dihydro-chinazolinium-dichlorid. IR-Banden (Nujol): 5,79 μ, 5,84 μ, 5,99 μ und 6,19 μ (*Wi.*).

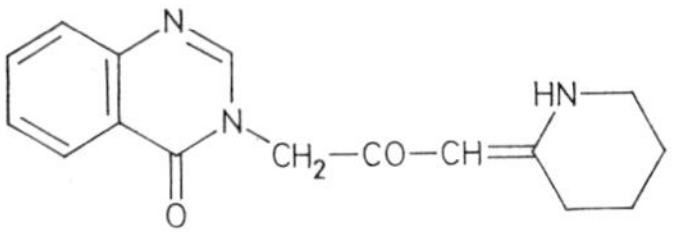

IX 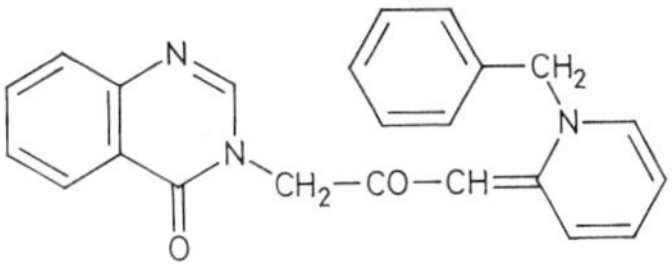   X

*3-[2-Oxo-3-[2]piperidyliden-propyl]-3H-chinazolin-4-on $C_{16}H_{17}N_3O_2$, Formel IX.

Diese Konstitution kommt vermutlich der von *Baker et al.* (J. org. Chem. **17** [1952] 58, 64) als 3-[2-Oxo-3-(1,4,5,6-tetrahydro-[2]pyridyl)-propyl]-3H-chinazolin-4-on formulierten Verbindung $C_{16}H_{17}N_3O_2$ zu (vgl. *Witkop et al.*, Am. Soc. **78** [1956] 2873, 2879).

B. Beim Erwärmen der Kupfer-Verbindung von [5,7-Dioxo-8-(4-oxo-4H-chinazolin-3-yl)-octyl]-carbamidsäure-benzylester mit wss. HCl oder der Kupfer-Verbindung von [5,7-Dioxo-8-(4-oxo-4H-chinazolin-3-yl)-octyl]-carbamidsäure-äthylester mit wss. HBr (*Ba. et al.*).

Kristalle (aus A.); F: 176—178°; λ_{max} (wss. NaOH [0,1 n]): 312 nm (*Ba. et al.*).

*3-[3-(1-Benzyl-1H-[2]pyridyliden)-2-oxo-propyl]-3H-chinazolin-4-on $C_{23}H_{19}N_3O_2$, Formel X.

B. Beim Erwärmen von 2-[1-Benzoyl-2-oxo-3-(4-oxo-4H-chinazolin-3-yl)-propyl]-1-benzyl-pyridinium-chlorid mit wss. HCl (*Baker, McEvoy,* J. org. Chem. **20** [1955] 118, 129).

Gelbe Kristalle; F: 198—200° [Zers.]. λ_{max}: 267 nm [wss. HCl (0,1 n)] bzw. 270 nm, 305 nm, 315 nm und 385 nm [wss. NaOH (0,1 n)].

Hydrogensulfat $C_{23}H_{19}N_3O_2 \cdot H_2SO_4$. Kristalle (aus A.); F: 185—187° [Zers.].

*Opt.-inakt. 3-[2-(4-Hydroxy-[3]piperidyl)-2-oxo-äthyl]-3H-chinazolin-4-on $C_{15}H_{17}N_3O_3$, Formel XI (R = H).

B. Beim Erwärmen der folgenden Verbindung mit wss. HCl (*Baker et al.,* J. org. Chem. **17** [1952] 52, 56).

Dihydrochlorid $C_{15}H_{17}N_3O_3 \cdot 2$ HCl. F: 240—242° [Zers.].

*Opt.-inakt. 3-[2-(1-Benzoyl-4-hydroxy-[3]piperidyl)-2-oxo-äthyl]-3H-chinazolin-4-on, 1-Benzoyl-3-[(4-oxo-4H-chinazolin-3-yl)-acetyl]-piperidin-4-ol $C_{22}H_{21}N_3O_4$, Formel XI (R = CO-C$_6$H$_5$).

B. Beim Behandeln von opt.-inakt. 4-Acetoxy-1-benzoyl-3-bromacetyl-piperidin (aus opt.-inakt. 4-Acetoxy-1-benzoyl-piperidin-3-carbonsäure [E III/IV **22** 2071] über mehrere Stufen erhalten) mit 3H-Chinazolin-4-on und Natriummethylat in Methanol (*Baker et al.,* J. org. Chem. **17** [1952] 52, 56).

Dihydrochlorid $C_{22}H_{21}N_3O_4 \cdot 2$ HCl. Kristalle (aus A. + Ae.); F: 190—192° [Zers.].

XI   XII

3-[3-(3-Hydroxy-[2]piperidyl)-2-oxo-propyl]-3H-chinazolin-4-on $C_{16}H_{19}N_3O_3$, und cyclische Tautomere.

Relative Konfiguration der nachstehend beschriebenen Stereoisomeren: *Barringer et al.,* J. org. Chem. **38** [1973] 1937. Absolute Konfiguration am C-Atom 2 (Piperidin-Ring) der unter b) und c) beschriebenen Stereoisomeren: *Hill, Edwards,* Chem. and Ind. **1962** 858.

a) **(±)-3-[3-(cis-3-Hydroxy-[2]piperidyl)-2-oxo-propyl]-3H-chinazolin-4-on,** (±)-*cis*-Febrifugin [1]), (±)-Pseudofebrifugin, Formel XII (R = H) + Spiegelbild.

B. Aus (±)-[cis-3-Methoxy-[2]piperidyl]-aceton über mehrere Stufen (*Barringer et al.,* J. org. Chem. **38** [1973] 1937, 1940; vgl. *Baker, McEvoy,* J. org. Chem. **20** [1955] 136). Aus opt.-inakt. 3-Amino-3-tetrahydro[2]furyl-propionsäure (E III/IV **18** 8157) über mehrere Stufen (*Baker et al.,* J. org. Chem. **18** [1953] 153, 167). Beim Behandeln von (±)-3-[threo-4-Amino-8-brom-5-hydroxy-2-oxo-octyl]-3H-chinazolin-4-on mit wss. NaHCO$_3$ in CHCl$_3$ (*Baker et al.,* l. c. S. 168).

F: 134—136° [bei schnellem Erhitzen] und (nach Wiedererstarren) F: 178,5—181,5° (*Bar. et al.*).

Dihydrochlorid $C_{16}H_{19}N_3O_3 \cdot 2$ HCl. Kristalle; F: 224—226° [Zers.] (*Baker et al.*).
Dihydrobromid $C_{16}H_{19}N_3O_3 \cdot 2$ HBr. F: 199—201° (*Bar. et al.*).

---

[1]) Die Bezeichnung Febrifugin ist auch für eine von *Madhusudana et al.* (Indian J. Chem. **16**B [1978] 823) beschriebenen Verbindung anderer Konstitution verwendet worden.

b) 3-[3-((2*S*)-*trans*-3-Hydroxy-[2]piperidyl)-2-oxo-propyl]-3*H*-chinazolin-4-on, (+)-Febrifugin [1]), (+)-*trans*-Febrifugin, Formel XIII (R = R′ = H).

Konstitution: *Baker et al.*, J. org. Chem. **18** [1953] 178; s. a. *Baker et al.*, J. org. Chem. **17** [1952] 132; s. a. *Koepfli et al.*, Am. Soc. **72** [1950] 3323.

Identität von β- und γ-Dichroin von *Chou et al.* (Am. Soc. **70** [1948] 1765) mit den beiden Modifikationen von (+)-Febrifugin: *Koepfli et al.*, Am. Soc. **71** [1949] 1048, 1054; s. a. *Fu, Jang*, Sci. Technol. China **1** [1948] 56, 60. Über die Identität der Verbindungen $C_{16}H_{19}N_3O_3$ von *Kuehl et al.* (Am. Soc. **70** [1948] 2091) und von *Koepfli et al.* (Am. Soc. **71** [1949] 1048; U.S.P. 2504847 [1948]) s. a. *Hutchings et al.*, J. org. Chem. **17** [1952] 19, 26.

Isolierung aus Wurzeln („gelbem Chiang Shan") und Blättern von Dichroa febrifuga: *Ku. et al.*; *Chou et al.*; *Ko. et al.*, Am. Soc. **71** 1048; U.S.P. 2504847; *Ablondi et al.*, J. org. Chem. **17** [1952] 14, 16; aus Blättern von Hydrangea-Arten: *Ab. et al.*

B. Beim Erwärmen von (+)-Isofebrifugin (S. 378) in Äthanol (*Ku. et al.*, l. c. S. 2093) oder in H_2O (*Chou et al.*, l. c. S. 1766) auf ca. 100° oder beim Erhitzen ohne Lösungsmittel auf Schmelztemperatur (*Chou et al.*, l. c. S. 1766; s. a. *Koepfli et al.*, Am. Soc. **69** [1947] 1837). Neben (+)-Isofebrifugin beim Erwärmen von 3-[3-((2*S*)-*trans*-3-Methoxy-[2]piperidyl)-2-oxo-propyl]-3*H*-chinazolin-4-on mit wss. HBr (*Ba. et al.*, J. org. Chem. **18** 182).

Dimorphe Kristalle (*Ko. et al.*, Am. Soc. **71** 1049). Herstellungsbedingungen der beiden Modifikationen: *Ko. et al.*, Am. Soc. **71** 1049; s. a. *Chou et al.*, l. c. S. 1766. Schmelzpunkt der höherschmelzenden Modifikation: 160° [aus Acn.] (*Chou et al.*), 158—160° [aus CHCl₃ + PAe.] (*Ba. et al.*, J. org. Chem. **18** 183), 154—156° [korr.; aus A.] (*Ko. et al.*, Am. Soc. **71** 1049). Schmelzpunkt der niedrigerschmelzenden Modifikation: 145° [aus CHCl₃] (*Chou et al.*), 140—142° [aus A.] (*Ku. et al.*), 139—140° [korr.; aus A.] (*Ko. et al.*, Am. Soc. **71** 1049). $[\alpha]_D^{25}$: +6° [CHCl₃; c = 0,5], +28° [A.; c = 0,5] (*Ko. et al.*, Am. Soc. **71** 1049), +21° [A.; c = 1,4] (*Ku. et al.*); $[\alpha]_D^{29}$: +16° [A.] (*Ba. et al.*, J. org. Chem. **18** 183). UV-Spektrum (A.; 220—340 nm): *Ko. et al.*, Am. Soc. **71** 1052. λ_{max}: 225 nm, 266 nm, 301 nm und 313 nm [A.] (*Ku. et al.*), 272,5 nm [wss. HCl (0,1 n)] bzw. 265 nm, 275 nm, 302,5 nm und 313 nm [wss. NaOH (0,1 n)] (*Hu. et al.*, l. c. S. 19). Über die Löslichkeit in H_2O, Äthanol, Aceton und CHCl₃ s. *Ko. et al.*, Am. Soc. **71** 1049. Verteilung zwischen Butan-1-ol und H_2O, zwischen einem Butan-1-ol-CHCl₃-Gemisch (1:4) und H_2O sowie zwischen CHCl₃ und H_2O: *Ko. et al.*, Am. Soc. **71** 1049.

Beim Hydrieren an Platin in Äthanol ist Dihydrofebrifugin $C_{16}H_{21}N_3O_3$ (Kristalle [aus A.]; F: 192—193° [korr.]; möglicherweise 3-[(Ξ)-2-Hydroxy-3-((2*S*)-*trans*-3-hydroxy-[2]piperidyl)-propyl]-3*H*-chinazolin-4-on [Stereoisomeres a)]) erhalten worden (*Ko. et al.*, Am. Soc. **71** 1052).

Hydrochlorid $C_{16}H_{19}N_3O_3 \cdot HCl$. Kristalle; F: 220° [aus A.] (*Chou et al.*, Am. Soc. **70** [1948] 1765, 1766).

Dihydrochlorid $C_{16}H_{19}N_3O_3 \cdot 2 HCl$. Kristalle; F: 236° [aus A.] (*Chou et al.*), 232° bis 233° [aus Me. + äthanol. HCl] (*Baker et al.*, J. org. Chem. **18** [1953] 178, 182), 223—225° [Zers.; aus Me. + Acn.] (*Ablondi et al.*, J. org. Chem. **17** [1952] 14, 15, 17), 220—222° [Zers.; aus A.] (*Koepfli et al.*, Am. Soc. **71** [1949] 1048, 1049). $[\alpha]_D^{25}$: +12,8° [H_2O; c = 0,8] (*Ba. et al.*); $[\alpha]_D^{31}$: +12,8° [H_2O; c = 0,9] (*Ab. et al.*).

Sulfat 2 $C_{16}H_{19}N_3O_3 \cdot H_2SO_4$. Kristalle (aus A.); F: 224° (*Chou et al.*).

Oxim $C_{16}H_{20}N_4O_3$. 2-Hydroxyimino-3-[3-((2*S*)-*trans*-3-hydroxy-[2]piperidyl)-propyl]-3*H*-chinazolin-4-on. Kristalle; F: 232—233° [aus A. + PAe.] (*Hutchings et al.*, J. org. Chem. **17** [1952] 19, 30), 224—225° [korr.; Zers.; aus wss. A.] (*Ko. et al.*). — Über ein als Isomeres angesehenes Präparat (Kristalle [aus E. + PAe.]; F: 152—153°) s. *Hu. et al.*

Semicarbazon $C_{17}H_{22}N_6O_3$; 3-[3-((2*S*)-*trans*-3-Hydroxy-[2]piperidyl)-2-semicarbazono-propyl]-3*H*-chinazolin-4-on. Kristalle (aus E. oder A.); F: 187—188° [korr.; Zers.] (*Ko. et al.*).

Bis-benzolsulfonyl-Derivat $C_{28}H_{27}N_3O_7S_2$; vermutlich (2*S*)-1-Benzolsulfonyl-3*t*-benzolsulfonyloxy-2*r*-[2-oxo-3-(4-oxo-4*H*-chinazolin-3-yl)-propyl]-piperidin. Kristalle (aus wss. A.); F: 148—148,5° [korr.] (*Ko. et al.*).

N-Nitroso-Derivat $C_{16}H_{18}N_4O_4$; 3-[3-((2*S*)-3*t*-Hydroxy-1-nitroso-[2*r*]piper-

---

[1]) Siehe S. 376 Anm.

idyl)-2-oxo-propyl]-3*H*-chinazolin-4-on. Kristalle (aus A.); F: 171,5—172,5° [korr.] (*Ko. et al.*), 170° (*Chou et al.*).

XIII   XIV

c) 3-[(2*Ξ*,3a*S*)-2-Hydroxy-(3a*r*,7a*t*)-octahydro-furo[3,2-*b*]pyridin-2-ylmethyl]-3*H*-chinazolin-4-on, (+)Isofebrifugin, Formel XIV.

Konstitution: *Baker et al.*, J. org. Chem. **18** [1953] 178.

Identität von α-Dichroin von *Chou et al.* (Am. Soc. **70** [1948] 1765) mit Isofebrifugin: *Koepfli et al.*, Am. Soc. **71** [1949] 1048, 1054; s. a. *Eu, Jang*, Sci. Technol. China **1** [1948] 56, 60. Über die Identität der Verbindungen $C_{16}H_{19}N_3O_3$ von *Kuehl et al.* (Am. Soc. **70** [1948] 2091) und von *Koepfli et al.* (Am. Soc. **71** 1048) s. *Hutchings et al.*, J. org. Chem. **17** [1952] 19, 26.

Isolierung aus Wurzeln („gelbem Chiang Shan") und Blättern von Dichroa febrifuga: *Ku. et al.*; *Chou et al.*; *Koepfli et al.*, Am. Soc. **71** 1048; U.S.P. 2504847 [1948].

B. Beim Erwärmen von (+)-Febrifugin (S. 377) in $CHCl_3$ (*Ko. et al.*, Am. Soc. **71** 1050; U.S.P. 2504847).

Kristalle; F: 138—139° [aus Acn.] (*Ba. et al.*), 136° [aus A.] (*Chou et al.*), 131—132° [aus Bzl.] (*Ku. et al.*), 129—130° [korr.; aus Me.] (*Ko. et al.*, Am. Soc. **71** 1049). $[α]_D^{25}$: +131° [$CHCl_3$; c = 0,4] (*Ko. et al.*, Am. Soc. **71** 1049), +120° [$CHCl_3$; c = 0,8] (*Ku. et al.*); $[α]_D^{26}$: +121° [$CHCl_3$] (*Ba. et al.*); $[α]_D^{25}$: +31° [A.; c = 1,5] (*Ba. et al.*). $λ_{max}$ (A.): 225 nm, 265 nm, 302 nm und 314 nm (*Ku. et al.*). Über die Löslichkeit in H_2O, Methanol und $CHCl_3$ bei Raumtemperatur s. *Ko. et al.*, Am. Soc. **71** 1049. Verteilung zwischen Butan-1-ol und H_2O sowie zwischen $CHCl_3$ und H_2O: *Ko. et al.*, Am. Soc. **71** 1049.

Beim Hydrieren an Platin in Äthanol ist Dihydroisofebrifugin $C_{16}H_{21}N_3O_3$ (Kristalle [aus Acn.]; F: 156,5—157,5° [korr.]; möglicherweise 3-[(*Ξ*)-2-Hydroxy-3-((2*S*)-*trans*-3-hydroxy-[2]piperidyl)-propyl]-3*H*-chinazolin-4-on [Stereoisomeres b)]) erhalten worden (*Ko. et al.*, Am. Soc. **71** 1052).

Die nachstehend beschriebenen Salze sind möglicherweise mit denen des unter b) beschriebenen Tautomeren identisch oder Gemische mit diesen.

Hydrochlorid $C_{16}H_{19}N_3O_3 \cdot HCl$. Kristalle (aus A.); F: 210° (*Chou et al.*).

Sulfat $2 C_{16}H_{19}N_3O_3 \cdot H_2SO_4$. Kristalle (aus A.); F: 220° (*Chou et al.*).

Oxalat $2 C_{16}H_{19}N_3O_3 \cdot C_2H_2O_4$. Kristalle (aus wss. Me.); F: 212—213° [Zers.]; $[α]_D^{25}$: +19° [H_2O; c = 0,3] (*Ku. et al.*).

Bis-benzolsulfonyl-Derivat $C_{28}H_{27}N_3O_7S_2$; vermutlich (2*Ξ*,3a*S*)-4-Benzolsulfonyl-2-benzolsulfonyloxy-2-[4-oxo-4*H*-chinazolin-3-ylmethyl]-(3a*r*,7a*t*)-octahydro-furo[3,2-*b*]pyridin. Kristalle (aus $CHCl_3$ + A. oder wss. A.); F: 182,5° bis 183,5° [korr.] (*Ko. et al.*, Am. Soc. **71** 1051).

N-Nitroso-Derivat $C_{16}H_{18}N_4O_4$; 3-[(2*Ξ*,3a*S*)-2-Hydroxy-4-nitroso-(3a*r*,7a*t*)-octahydro-furo[3,2-*b*]pyridin-2-ylmethyl]-3*H*-chinazolin-4-on. Kristalle; F: 185—186,5° [korr.; aus Butanon] (*Ko. et al.*, Am. Soc. **71** 1051), 182° [aus A. oder Acn.] (*Chou et al.*, l. c. S. 1766).

d) (±)-3-[3-(*trans*-3-Hydroxy-[2]piperidyl)-2-oxo-propyl]-3*H*-chinazolin-4-on, (±)-Febrifugin, Formel XIII (R = R′ = H) + Spiegelbild.

B. Beim Erwärmen von (±)-3-[3-(*trans*-3-Methoxy-[2]piperidyl)-2-oxo-propyl]-3*H*-chinazolin-4-on mit wss. HBr (*Baker et al.*, J. org. Chem. **17** [1952] 132, 139). Beim Erwärmen von (±)-3*t*-Methoxy-2*r*-[2-oxo-3-(4-oxo-4*H*-chinazolin-3-yl)-propyl]-piperidin-1-carbonsäure-äthylester mit wss. HBr (*Am. Cyanamid Co.*, D.B.P. 927928 [1952]; U.S.P. 2694711 [1952]).

Dihydrochlorid $C_{16}H_{19}N_3O_3 \cdot 2 HCl$. Kristalle (aus Me. + äthanol. HCl) mit 1 Mol

H_2O; F: 204° [Zers.] (*Ba. et al.*). Kristalle mit 2 Mol H_2O; F: 204—206° [Zers.] (*Am. Cyanamid Co.*).

3-[3-(3-Methoxy-[2]piperidyl)-2-oxo-propyl]-3*H*-chinazolin-4-on $C_{17}H_{21}N_3O_3$.

a) **3-[3-((2S)-*trans*-3-Methoxy-[2]piperidyl)-2-oxo-propyl]-3*H*-chinazolin-4-on,** Formel XIII (R — CH_3, R ' = H).

Die Konfiguration ergibt sich aus der genetischen Beziehung zu (+)-Febrifugin (S. 377).

B. Beim Erwärmen von (2*S*)-3*t*-Methoxy-2*r*-[2-oxo-3-(4-oxo-4*H*-chinazolin-3-yl)-propyl]-piperidin-1-carbonsäure-äthylester (S. 380) mit wss. HCl (*Baker et al.*, J. org. Chem. **18** [1933] 178, 182).

Dihydrochlorid $C_{17}H_{21}N_3O_3 \cdot 2$ HCl. Kristalle mit 2 Mol H_2O; Zers. bei 210—212° [nach partiellem Schmelzen bei 140°].

b) **(±)-3-[3-(*trans*-3-Methoxy-[2]piperidyl)-2-oxo-propyl]-3*H*-chinazolin-4-on,** Formel XIII (R = CH_3, R' = H) + Spiegelbild.

B. Aus (±)-[*trans*-3-Methoxy-[2]piperidyl]-aceton (vgl. E III/IV **21** 6030) über mehrere Stufen (*Baker, McEvoy*, J. org. Chem. **20** [1955] 136, 141). Beim Erwärmen von (±)-3*t*-Methoxy-2*r*-[2-oxo-3-(4-oxo-4*H*-chinazolin-3-yl)-propyl]-piperidin-1-carbonsäure-äthyl≈ ester (S. 380) mit wss. HCl (*Baker et al.*, J. org. Chem. **17** [1952] 132, 139; s. a. *Am. Cyanamid Co.*, D.B.P. 927928 [1952]; U.S.P. 2694711 [1952]).

Dihydrochlorid $C_{17}H_{21}N_3O_3 \cdot 2$ HCl. Kristalle; F: 202—204° [Zers.; aus äthanol. HCl] (*Am. Cyanamid Co.*), 200—202° [Zers.; aus äthanol. HCl] (*Ba., McE.*). Kristalle (aus Me. + äthanol. HCl) mit 2 Mol H_2O; F: 159—160° [Zers.] (*Ba., McE.*), 155—159° (*Ba. et al.*).

3-[3-((2S)-*trans*-3-Acetoxy-[2]piperidyl)-2-oxo-propyl]-3*H*-chinazolin-4-on $C_{18}H_{21}N_3O_4$, Formel XIII (R = CO-CH_3, R' = H).

B. Aus (+)-Febrifugin (S. 377) und Essigsäure mit Hilfe von $SOCl_2$ (*Hutchings et al.*, J. org. Chem. **17** [1952] 19, 27).

Kristalle (aus $CHCl_3$ + PAe.); F: 110°.

Dihydrochlorid $C_{18}H_{21}N_3O_4 \cdot 2$ IICl. Kristalle (aus A. + Ae.); F: 184—188°.

(±)-3-[2-Oxo-3-(*trans*-3-phenylcarbamoyloxy-[2]piperidyl)-propyl]-3*H*-chinazolin-4-on $C_{23}H_{24}N_4O_4$, Formel XIII (R = CO-NH-C_6H_5, R' = H) + Spiegelbild.

Dihydrochlorid $C_{23}H_{24}N_4O_4 \cdot 2$ HCl. *B.* Aus (±)-[1-Benzoyl-3*t*-phenylcarbamoyloxy-[2*r*]piperidyl]-essigsäure über mehrere Stufen (*Baker et al.*, J. org. Chem. **18** [1953] 153, 173). — Kristalle mit 1 Mol H_2O; F: 234—235° [Zers.].

3-Hydroxy-2-[2-oxo-3-(4-oxo-4*H*-chinazolin-3-yl)-propyl]-piperidin-1-carbonsäure-amid $C_{17}H_{20}N_4O_4$.

a) **(±)-3*c*-Hydroxy-2*r*-[2-oxo-3-(4-oxo-4*H*-chinazolin-3-yl)-propyl]-piperidin-1-carbonsäure-amid,** Formel XII (R = CO-NH_2) + Spiegelbild auf S. 376.

B. Aus (±)-*cis*-Febrifugin (S. 376) und Kaliumcyanat (*Baker et al.*, J. org. Chem. **18** [1953] 153, 168).

Kristalle (aus H_2O); F: 193—194°.

b) **(2S)-3*t*-Hydroxy-2*r*-[2-oxo-3-(4-oxo-4*H*-chinazolin-3-yl)-propyl]-piperidin-1-carbonsäure-amid,** Formel XIII (R = H, R' = CO-NH_2).

B. Beim Behandeln von (+)-Febrifugin (S 377) mit Kaliumcyanat (*Hutchings et al.*, J. org. Chem. **17** [1952] 19, 28; *Baker et al.*, J. org. Chem. **18** [1953] 178, 182).

Kristalle (aus wss. Me.); F: 239—241° (*Ba. et al.*).

Beim Erwärmen mit wss.-äthanol. HCl ist (4a*S*)-5*c*-Hydroxy-3-[4-oxo-4*H*-chin≈ azolin-3-ylmethyl]-(4a*r*)-4,4a,5,6,7,8-hexahydro-pyrido[1,2-*c*]pyrimidin-1-on $C_{17}H_{18}N_4O_3$ (Hydrochlorid; Kristalle) erhalten worden (*Hu. et al.*; vgl. *H. G. Boit*, Ergebnisse der Alkaloid-Chemie bis 1960 [Berlin 1961] 745, 746).

c) **(±)-3*t*-Hydroxy-2*r*-[2-oxo-3-(4-oxo-4*H*-chinazolin-3-yl)-propyl]-piperidin-1-carbonsäure-amid,** Formel XIII (R = H, R' =CO-NH_2) + Spiegelbild.

B. Aus (±)-Febrifugin (S. 378) und Kaliumcyanat (*Baker et al.*, J. org. Chem. **17** [1952] 132, 140).

Präparat mit 1 Mol H_2O; F: 216—217°.

3-Methoxy-2-[2-oxo-3-(4-oxo-4H-chinazolin-3-yl)-propyl]-piperidin-1-carbonsäure-äthylester $C_{20}H_{25}N_3O_5$.
Die Konfiguration der in den unter a) und b) beschriebenen Präparaten als Hauptbestandteil vorliegenden Verbindungen ergibt sich aus der genetischen Beziehung zu (+)-Febrifugin (S. 377) bzw. zu (±)-Febrifugin (S. 378); vgl. *Barringer et al.*, J. org. Chem. **38** [1973] 1937.

a) **(2S)-3t-Methoxy-2r-[2-oxo-3-(4-oxo-4H-chinazolin-3-yl)-propyl]-piperidin-1-carbonsäure-äthylester**, Formel XIII (R = CH₃, R' = CO-O-C₂H₅) auf S. 378.
B. Beim Behandeln eines überwiegende Mengen (2S)-2r-[3-Brom-2-oxo-propyl]-3t-methoxy-piperidin-1-carbonsäure-äthylester enthaltenden Präparats (aus [(2S)-1-Äth-oxycarbonyl-3t-methoxy-[2r]piperidyl]-essigsäure erhalten) mit 3H-Chinazolin-4-on und Natriummethylat in Methanol (*Baker et al.*, J. org. Chem. **18** [1953] 178, 182).
Kristalle (aus Bzl. + Heptan); F: 124—125°.

b) **(±)-3t-Methoxy-2r-[2-oxo-3-(4-oxo-4H-chinazolin-3-yl)-propyl]-piperidin-1-carbonsäure-äthylester**, Formel XIII (R = CH₃, R' = CO-O-C₂H₅) + Spiegelbild auf S. 378.
B. Beim Behandeln eines überwiegende Mengen (±)-2r-[3-Brom-2-oxo-propyl]-3t-meth-oxy-piperidin-1-carbonsäure-äthylester enthaltenden Präparats (aus (±)-[1-Benzoyl-3t-methoxy-[2r]piperidyl]-essigsäure bzw. aus (±)-[*trans*-3-Methoxy-[2]piperidyl]-aceton [vgl. E III/IV **21** 6030] erhalten) mit 3H-Chinazolin-4-on und Natriummethylat in Methanol (*Baker et al.*, J. org. Chem. **18** [1953] 153, 171; *Baker, McEvoy*, J. org. Chem. **20** [1955] 136, 141). Aus (±)-5-Benzyloxycarbonylamino-2-methoxy-valeriansäure über mehrere Stufen (*Baker et al.*, J. org. Chem. **17** [1952] 132, 139).
Kristalle; F: 138—140° [aus Bzl. + Heptan] (*Ba. et al.*, J. org. Chem. **17** 139), 135° bis 136° [aus PAe.] (*Ba., McE.*), 133—134° (*Ba. et al.*, J. org. Chem. **18** 171).

(±)-3t-Methoxy-2r-[2-oxo-3-(4-oxo-4H-chinazolin-3-yl)-propyl]-piperidin-1-carbon-säure-amid $C_{18}H_{22}N_4O_4$, Formel XIII (R = CH₃, R' = CO-NH₂) + Spiegelbild auf S. 378.
B. Aus (±)-3-[3-(*trans*-3-Methoxy-[2]piperidyl)-2-oxo-propyl]-3H-chinazolin-4-on-di-hydrochlorid und Kaliumcyanat in H₂O (*Baker, McEvoy*, J. org. Chem. **20** [1955] 136, 141).
Kristalle; F: 203—204° [Zers.].

(±)-2r-[2-Oxo-3-(4-oxo-4H-chinazolin-3-yl)-propyl]-3t-phenylcarbamoyloxy-piperidin-1-carbonsäure-amid $C_{24}H_{25}N_5O_5$, Formel XIII (R = CO-NH-C₆H₅, R' = CO-NH₂) + Spiegelbild auf S. 378.
B. Aus (±)-3-[2-Oxo-3-(*trans*-3-phenylcarbamoyloxy-[2]piperidyl)-propyl]-3H-chin-azolin-4-on-dihydrochlorid und Kaliumcyanat in H₂O (*Baker et al.*, J. org. Chem. **18** [1953] 153, 173).
Kristalle mit 0,5 Mol H₂O; F: 226—227° [Zers.].

*Opt.-inakt. 3-[3-(4-Hydroxy-[2]piperidyl)-2-oxo-propyl]-3H-chinazolin-4-on $C_{16}H_{19}N_3O_3$, Formel I (X = OH, X' = H).
B. Beim Behandeln von opt.-inakt. 2-[3-Brom-2-oxo-propyl]-4-methoxy-piperidin-1-carbonsäure-äthylester (aus opt.-inakt. [4-Methoxy-[2]piperidyl]-essigsäure-äthylester [E III/IV **22** 2074] über mehrere Stufen erhalten) mit 3H-Chinazolin-4-on und Natrium-methylat in Methanol und Erwärmen des Reaktionsprodukts mit wss. HBr (*Baker et al.*, J. org. Chem. **17** [1952] 97, 107).
Dihydrochlorid $C_{16}H_{19}N_3O_3 \cdot 2$ HCl. Kristalle (aus Me. + äthanol. HCl) mit 1 Mol H₂O; F: 232—233° [Zers.].
N-Carbamoyl-Derivat $C_{17}H_{20}N_4O_4$; 4-Hydroxy-2-[2-oxo-3-(4-oxo-4H-chin-azolin-3-yl)-propyl]-piperidin-1-carbonsäure-amid. Kristalle (aus wss. Me.) mit 1 Mol H₂O; F: 190—191° [Zers.].

*Opt.-inakt. 3-[3-(5-Hydroxy-[2]piperidyl)-2-oxo-propyl]-3H-chinazolin-4-on $C_{16}H_{19}N_3O_3$, Formel I (X = H, X' = OH).
B. Beim Hydrieren einer vermutlich als (±)-3-[3-(5-Hydroxy-[2]piperidyliden)-2-oxo-propyl]-3H-chinazolin-4-on zu formulierenden Verbindung (S. 381) an Platin in wss. HCl (*Baker et al.*, J. org. Chem. **17** [1952] 68, 76).

F: 130—133°.

Dihydrochlorid $C_{16}H_{19}N_3O_3 \cdot 2$ HCl. Kristalle (aus Me. + äthanol. HCl); F: 225° bis 227° [Zers.].

I II

---

*Opt.-inakt. 3-[3-(3-Hydroxymethyl-pyrrolidin-2-yl)-2-oxo-propyl]-3*H*-chinazolin-4-on $C_{16}H_{19}N_3O_3$, Formel II ($R = CH_2$-OH, $R' = R'' = H$).

B. Beim Erwärmen der folgenden Verbindung mit wss. HBr (*Baker et al.*, J. org. Chem. **17** [1952] 116, 131).

Dihydrochlorid $C_{16}H_{19}N_3O_3 \cdot 2$ HCl. Kristalle; F: 230° [Zers.].

N-Carbamoyl-Derivat $C_{17}H_{20}N_4O_4$; 3-Hydroxymethyl-2-[2-oxo-3-(4-oxo-4*H*-chinazolin-3-yl)-propyl]-pyrrolidin-1-carbonsäure-amid. F: 185—187°.

---

*Opt.-inakt. 3-Methoxymethyl-2-[2-oxo-3-(4-oxo-4*H*-chinazolin-3-yl)-propyl]-pyrrolidin-1-carbonsäure-äthylester $C_{20}H_{25}N_3O_5$, Formel II ($R = CH_2$-O-CH_3, $R' = CO$-O-C_2H_5, $R'' = H$).

B. Beim Behandeln von opt.-inakt. 2-[3-Brom-2-oxo-propyl]-3-methoxymethyl-pyrrᵃolidin-1-carbonsäure-äthylester (aus opt.-inakt. 2-[3-Methoxymethyl-pyrrolidin-2-yl]-äthanol [E III/IV **21** 2004] erhalten) mit 3*H*-Chinazolin-4-on und Natriummethylat in Methanol (*Baker et al.*, J. org. Chem. **17** [1952] 116, 130).

Kristalle (aus Bzl. + Heptan); F: 94—96°.

---

*Opt.-inakt. 3-[3-(4-Hydroxymethyl-pyrrolidin-2-yl)-2-oxo-propyl]-3*H*-chinazolin-4-on $C_{16}H_{19}N_3O_3$, Formel II ($R = R' = H$, $R'' = CH_2$-OH).

B. Beim Erwärmen der folgenden Verbindung mit wss. HBr (*Baker et al.*, J. org. Chem. **17** [1952] 116, 131).

Dihydrochlorid $C_{16}H_{19}N_3O_3 \cdot 2$ HCl. Kristalle mit 1 Mol H_2O; F: 228° [Zers.].

---

*Opt.-inakt. 4-Methoxymethyl-2-[2-oxo-3-(4-oxo-4*H*-chinazolin-3-yl)-propyl]-pyrrolidin-1-carbonsäure-äthylester $C_{20}H_{25}N_3O_5$, Formel II ($R = H$, $R' = CO$-O-C_2H_5, $R'' = CH_2$-O-CH_3).

B. Beim Behandeln von opt.-inakt. 2-[3-Brom-2-oxo-propyl]-4-methoxymethyl-pyrrᵃolidin-1-carbonsäure-äthylester (aus opt.-inakt. 2-[4-Methoxymethyl-pyrrolidin-2-yl]-äthanol [E III/IV **21** 2005] erhalten) mit 3*H*-Chinazolin-4-on und Natriummethylat in Methanol (*Baker et al.*, J. org. Chem. **17** [1952] 116, 130).

Kristalle (aus Bzl. + Heptan); F: 100—102°.

---

*(±)-3-[3-(5-Hydroxy-[2]piperidyliden)-2-oxo-propyl]-3*H*-chinazolin-4-on $C_{16}H_{17}N_3O_3$, Formel III.

Diese Konstitution kommt vermutlich der von *Baker et al.* (J. org. Chem. **17** [1952] 68, 75) als 3-[3-(5-Hydroxy-1,4,5,6-tetrahydro-[2]pyridyl)-2-oxo-propyl]-3*H*-chinazolin-4-on formulierten Verbindung $C_{16}H_{17}N_3O_3$ zu (*Witkop*, Am. Soc. **78** [1956] 2873, 2879).

B. Beim Erwärmen der Kupfer-Verbindung von (±)-*N*-[2-Methoxy-5,7-dioxo-8-(4-oxo-4*H*-chinazolin-3-yl)-octyl]-benzamid mit wss. H_2SO_4 und anschliessend mit wss. HBr (*Ba. et al.*).

Kristalle (aus A.); F: 229—230°. λ_{max} (A.): 226 nm und 314 nm (*Wi.*).

Dihydrochlorid $C_{16}H_{17}N_3O_3 \cdot 2$ HCl; vermutlich 3-[3-(5-Hydroxy-3,4,5,6-tetraᵃhydro-pyridinium-2-yl)-2-oxo-propyl]-4-oxo-3,4-dihydro-chinazolinium-dichlorid. IR-Banden (Nujol): 5,75 μ, 5,87 μ, 5,99 μ und 6,32 μ (*Wi.*). λ_{max} (A.): 226 nm und 314 nm (*Wi.*).

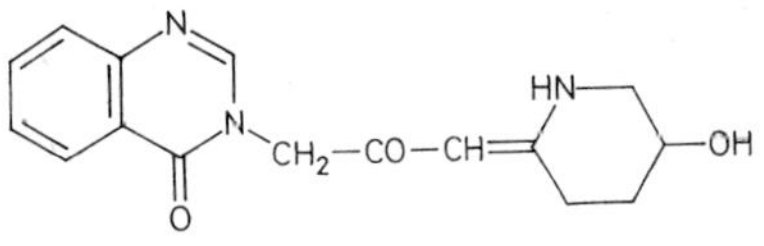

III 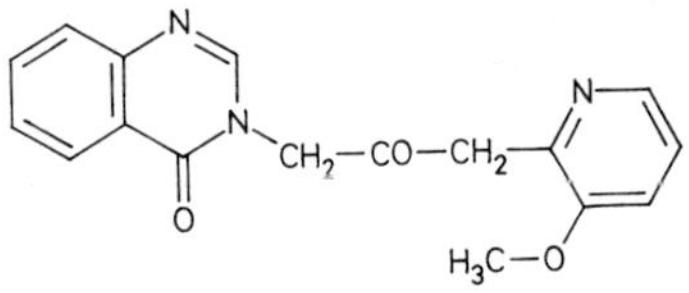 IV

3-[3-(3-Methoxy-[2]pyridyl)-2-oxo-propyl]-3H-chinazolin-4-on $C_{17}H_{15}N_3O_3$, Formel IV.

B. Neben anderen Verbindungen bei der Hydrogenolyse der folgenden Verbindung an Raney-Nickel in DMF und Essigsäure oder in 2-Methoxy-äthanol (*Baker, McEvoy,* J. org. Chem. **20** [1955] 118, 124, 132).

Kristalle (aus wss. A.); F: 159—160°. λ_{max}: 292 nm [wss. HCl (0,1 n)] bzw. 268 nm, 277 nm, 302 nm und 313 nm [wss. NaOH (0,1 n)].

*3-[3-(1-Benzyl-3-methoxy-1H-[2]pyridyliden)-2-oxo-propyl]-3H-chinazolin-4-on
$C_{24}H_{21}N_3O_3$, Formel V (R = CH_3).

B. Beim Erwärmen von 2-[1-Benzyl-3-methoxy-1H-[2]pyridyliden]-4-[4-oxo-4H-chin= azolin-3-yl]-1-phenyl-butan-1,3-dion (S. 383) mit wss. HCl (*Baker, McEvoy,* J. org. Chem. **20** [1955] 118, 132).

Gelbe Kristalle; F: 199—200° [Zers.]. λ_{max}: 265 nm, 278 nm und 297 nm [wss. HCl (0,1 n)] bzw. 267 nm, 276 nm, 297 nm und 400 nm [wss. NaOH (0,1 n)].

Über die Hydrogenolyse an Raney-Nickel in DMF und Essigsäure bzw. in 2-Methoxy-äthanol s. *Ba., McE.*

Dihydrochlorid $C_{24}H_{21}N_3O_3 \cdot 2$ HCl. Kristalle (aus A.) mit 1 Mol H_2O; F: 197—198° [Zers.].

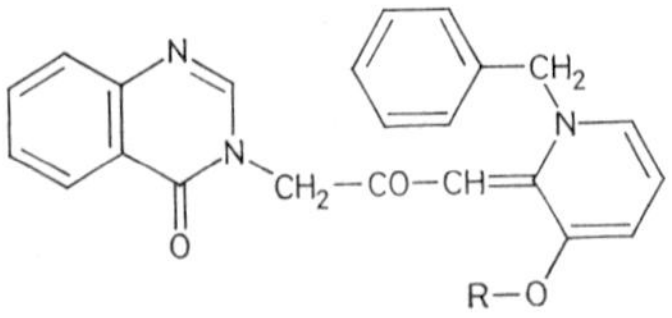

V 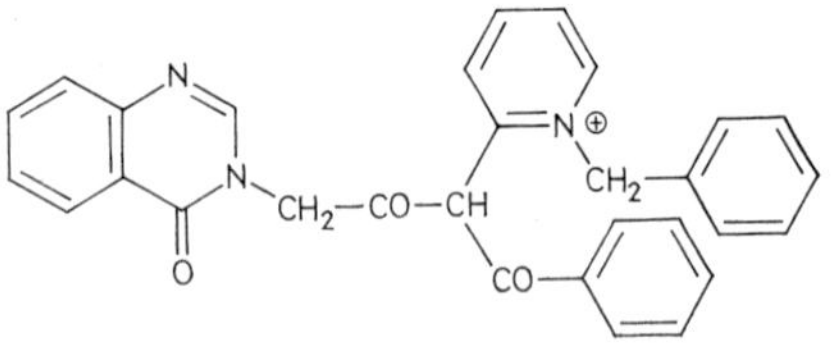 VI

*3-[3-(3-Äthoxy-1-benzyl-1H-[2]pyridyliden)-2-oxo-propyl]-3H-chinazolin-4-on
$C_{25}H_{23}N_3O_3$, Formel V (R = C_2H_5).

B. Beim Erwärmen von 2-[3-Äthoxy-1-benzyl-1H-[2]pyridyliden]-4-[4-oxo-4H-chin= azolin-3-yl]-1-phenyl-butan-1,3-dion (S. 383) mit wss. HCl (*Baker, McEvoy,* J. org. Chem. **20** [1955] 118, 131).

Gelbe Kristalle; F: 193—194° [Zers.]. λ_{max}: 265 nm, 274 nm, 298 nm und 400 nm [H_2O] bzw. 275 nm und 295 nm [wss. HCl (0,1 n)].

Hydrochlorid. Kristalle; F: 178—179° [Zers.].

2-[1-Benzoyl-2-oxo-3-(4-oxo-4H-chinazolin-3-yl)-propyl]-1-benzyl-pyridinium
$[C_{30}H_{24}N_3O_3]^+$, Formel VI, und Tautomere.

Chlorid $[C_{30}H_{24}N_3O_3]Cl$. *B.* Beim Behandeln von [4-Oxo-4H-chinazolin-3-yl]-acetyl= chlorid mit 2-[1-Benzyl-1H-[2]pyridyliden]-1-phenyl-äthanon und Pyridin in CH_2Cl_2 (*Baker, McEvoy,* J. org. Chem. **20** [1955] 118, 129). — Kristalle (aus A.) mit 1 Mol H_2O; F: 205—206°.

Bromid $[C_{30}H_{24}N_3O_3]Br$. Kristalle mit 1 Mol H_2O; F: 203—204° [Zers.].

Sulfat $[C_{30}H_{24}N_3O_3]HSO_4$. Kristalle; F: 204—205°.

*2-[1-Benzyl-1H-[2]pyridyliden]-4-[4-oxo-4H-chinazolin-3-yl]-1-phenyl-butan-1,3-dion
$C_{30}H_{23}N_3O_3$, Formel VII (X = H).

B. Aus dem im vorangehenden Artikel beschriebenen Chlorid (*Baker, McEvoy,* J. org. Chem. **17** [1952] 118, 129). Beim Erwärmen der Natrium-Salze von 4-[4-Oxo-4H-chin= azolin-3-yl]-1-phenyl-butan-1,3-dion mit 1-Benzyl-2-jod-pyridinium-bromid in Benzol

(*Ba.*, *McE.*).

Gelbe Kristalle (aus wss. A.) mit 1 Mol H_2O; F: 219—220° [Zers.].

*2-[1-Benzyl-3-methoxy-1H-[2]pyridyliden]-4-[4-oxo-4H-chinazolin-3-yl]-1-phenyl-butan-1,3-dion $C_{31}H_{25}N_3O_4$, Formel VII (X = O-CH$_3$).

B. Beim Erwärmen des Natrium-Salzes von 4-[4-Oxo-4H-chinazolin-3-yl]-1-phenyl-butan-1,3-dion mit 1-Benzyl-2-jod-3-methoxy-pyridinium-jodid in Benzol (*Baker, McEvoy*, J. org. Chem. **20** [1955] 118, 132).

Kristalle; F: 234—235° [Zers.] (ein auch das Hydrojodid enthaltendes Präparat).

VII   VIII   IX

*2-[3-Äthoxy-1-benzyl-1H-[2]pyridyliden]-4-[4-oxo-4H-chinazolin-3-yl]-1-phenyl-butan-1,3-dion $C_{32}H_{27}N_3O_4$, Formel VII (X = O-C$_2$H$_5$).

B. Analog der vorangehenden Verbindung (*Baker, McEvoy*, J. org. Chem. **20** [1955] 118, 131).

F: 210—215° [Zers.] (vermutlich unreines Präparat).

1-Hydroxy-1H-chinazolin-4-on $C_8H_6N_2O_2$, Formel VIII, und Tautomere (Chinazolin-4-ol-1-oxid; 3H-Chinazolin-4-on-1-oxid).

B. Bei der Hydrierung von 4-Benzyloxy-chinazolin-1-oxid an Palladium/Kohle in Methanol (*Higashino*, J. pharm. Soc. Japan **79** [1959] 831; C. A. **1959** 21997). Aus 4-Methoxy-chinazolin-1-oxid und H_2O (*Yamanaka*, Chem. pharm. Bl. **7** [1959] 152, 156).

Kristalle (aus Me.); F: 225—232° [Zers.] (*Ya.*), 225—230° (*Hi.*).

3-Hydroxy-3H-chinazolin-4-on $C_8H_6N_2O_2$, Formel IX, und Tautomeres (Chinazolin-4-ol-3-oxid).

B. Aus Chinazolin-3-oxid und wss. H_2O_2 in Essigsäure (*Adachi*, J. pharm. Soc. Japan **77** [1957] 507, 509; C. A. **1957** 14744).

Kristalle (aus A.); F: 240—241°.

3-Hydroxy-3H-chinazolin-4-on-1-oxid $C_8H_6N_2O_3$, Formel X, und Tautomere (1-Hydr-oxy-1H-chinazolin-4-on-3-oxid; Chinazolin-4-ol-1,3-dioxid).

B. Beim Erwärmen einer Lösung von Peroxybenzoesäure in $CHCl_3$ mit 3H-Chinazolin-4-on (*Chiang, Li*, Acta chim. sinica **23** [1957] 391, 398; C. A. **1958** 15539).

Kristalle (aus A. + $CHCl_3$); F: 150—151° [Zers.] (*Ch., Li*, l. c. S. 396).

3-Amino-3H-chinazolin-4-on $C_8H_7N_3O$, Formel XI (R = R' = H) (H 145).

Diese Konstitution kommt der früher (H **24** 144) als 3-Phenyl-3H-chinazolin-4-on-hydrazon formulierten Verbindung zu (*Cairncross, Bogert*, Collect. **7** [1935] 548, 550, 553).

B. Beim Erhitzen von 3H-Chinazolin-4-on mit $N_2H_4 \cdot H_2O$ (*Leonard, Ruyle*, J. org. Chem. **13** [1948] 903, 907; *Sandberg*, Svensk farm. Tidskr. **61** [1957] 417, 421). Beim Erhitzen von 3-Phenyl-3H-chinazolin-4-on mit $N_2H_4 \cdot H_2O$ in wss. Äthanol (*Ca., Bo.*; s. a. *Le., Ru.*).

Kristalle; F: 210—211° [korr.; aus A.] (*Ca., Bo.*), 209—210° [korr.; aus A.] (*Le., Ru.*), 203—205° [unkorr.] (*Sa.*).

3-Acetylamino-3H-chinazolin-4-on, N-[4-Oxo-4H-chinazolin-3-yl]-acetamid $C_{10}H_9N_3O_2$, Formel XI (R = CO-CH$_3$, R' = H).

B. Beim Erwärmen von N-Acetyl-N'-anthraniloyl-hydrazin mit Ameisensäure (*Heller, Mecke*, J. pr. [2] **131** [1931] 82, 87). Beim Erwärmen von 3-Amino-3H-chinazolin-4-on mit Acetanhydrid (*He., Me.*).

Kristalle (aus E.); F: 206°.

X   XI   XII

3-Chlor-propionsäure-[4-oxo-4H-chinazolin-3-ylamid] $C_{11}H_{10}ClN_3O_2$, Formel XI
($R = CO\text{-}CH_2\text{-}CH_2Cl$, $R' = H$).
B. Aus 3-Amino-3H-chinazolin-4-on und 3-Chlor-propionylchlorid (*Sandberg*, Svensk
farm. Tidskr. **61** [1957] 417, 422).
F: 174—175° [unkorr.].

3-Benzoylamino-3H-chinazolin-4-on, N-[4-Oxo-4H-chinazolin-3-yl]-benzamid
$C_{15}H_{11}N_3O_2$, Formel XI ($R = CO\text{-}C_6H_5$, $R' = H$).
B. Beim Erwärmen von N-Anthraniloyl-N'-benzoyl-hydrazin mit Ameisensäure (*Heller,
Mecke*, J. pr. [2] **131** [1931] 82, 87). Aus 3-Amino-3H-chinazolin-4-on und Benzoyl=
chlorid in Äthylacetat (*He., Me.*).
Kristalle (aus A.); F: 194°.

3-Dibenzoylamino-3H-chinazolin-4-on, N-[4-Oxo-4H-chinazolin-3-yl]-dibenzamid
$C_{22}H_{15}N_3O_3$, Formel XI ($R = R' = CO\text{-}C_6H_5$).
B. Aus 3-Amino-3H-chinazolin-4-on und Benzoylchlorid in Pyridin (*Heller, Mecke*,
J. pr. [2] **131** [1931] 82, 87).
Kristalle (aus wss. Eg.); F: 205°.

N,N-Dimethyl-β-alanin-[4-oxo-4H-chinazolin-3-ylamid] $C_{13}H_{16}N_4O_2$, Formel XI
($R = CO\text{-}CH_2\text{-}CH_2\text{-}N(CH_3)_2$, $R' = H$).
Dihydrochlorid $C_{13}H_{16}N_4O_2 \cdot 2$ HCl. *B.* Beim Erwärmen von 3-Chlor-propionsäure-
[4-oxo-4H-chinazolin-3-ylamid] mit Dimethylamin in Benzol und Behandeln des Reaktionsprodukts mit äthanol. HCl (*Sandberg*, Svensk farm. Tidskr. **61** [1957] 417, 423). —
F: 209—211° [unkorr.].

N,N-Diäthyl-β-alanin-[4-oxo-4H-chinazolin-3-ylamid] $C_{15}H_{20}N_4O_2$, Formel XI
($R = CO\text{-}CH_2\text{-}CH_2\text{-}N(C_2H_5)_2$, $R' = H$).
Hydrochlorid $C_{15}H_{20}N_4O_2 \cdot HCl$. *B.* Analog der vorangehenden Verbindung (*Sandberg*, Svensk farm. Tidskr. **61** [1957] 417, 422). — F: 172—175° [unkorr.].

N-Butyl-β-alanin-[4-oxo-4H-chinazolin-3-ylamid] $C_{15}H_{20}N_4O_2$, Formel XI
($R = CO\text{-}CH_2\text{-}CH_2\text{-}NH\text{-}[CH_2]_3\text{-}CH_3$, $R' = H$).
Hydrochlorid $C_{15}H_{20}N_4O_2 \cdot HCl$. *B.* Analog den vorangehenden Verbindungen
(*Sandberg*, Svensk farm. Tidskr. **61** [1957] 417, 423). — F: 220—223° [unkorr.].

N,N-Dibenzyl-β-alanin-[4-oxo-4H-chinazolin-3-ylamid] $C_{25}H_{24}N_4O_2$, Formel XI
($R = CO\text{-}CH_2\text{-}CH_2\text{-}N(CH_2\text{-}C_6H_5)_2$, $R' = H$).
Hydrochlorid $C_{25}H_{24}N_4O_2 \cdot HCl$. *B.* Analog den vorangehenden Verbindungen (*Sandberg*, Svensk farm. Tidskr. **61** [1957] 417, 423). — Kristalle (aus A.); F: 170—185°.

1-[2-(4-Oxo-4H-chinazolin-3-ylcarbamoyl)-äthyl]-pyridinium $[C_{16}H_{15}N_4O_2]^+$, Formel XII.
Chlorid $[C_{16}H_{15}N_4O_2]Cl$. *B.* Aus 3-Chlor-propionsäure-[4-oxo-4H-chinazolin-3-ylamid]
und Pyridin (*Sandberg*, Svensk farm. Tidskr. **61** [1957] 417, 423). — F: 193—195°
[unkorr.].   [*Henseleit*]

5-Fluor-3H-chinazolin-4-on $C_8H_5FN_2O$, Formel I ($R = X' = H$, $X = F$), und Tautomere.
B. Beim Erhitzen von 4-Oxo-3,4-dihydro-chinazolin-5-diazonium-tetrafluoroborat in
Xylol (*Baker et al.*, J. org. Chem. **17** [1952] 164, 169).
Kristalle (aus E.); F: 225—227°.

*Opt.-inakt. 5-Fluor-3-[3-(3-hydroxy-[2]piperidyl)-2-oxo-propyl]-3*H*-chinazolin-4-on
$C_{16}H_{18}FN_3O_3$, Formel II (X = F, X' = OH, X'' = H).

B. Beim Erhitzen der folgenden Verbindung mit wss. HBr (*Baker et al.*, J. org. Chem. **17** [1952] 164, 176).

Dihydrochlorid $C_{16}H_{18}FN_3O_3 \cdot 2$ HCl. Kristalle (aus Me. + äthanol. HCl) mit 0,5 Mol H_2O; F: 216° [Zers.].

I   II   III

*Opt.-inakt. 5-Fluor-3-[3-(3-methoxy-[2]piperidyl)-2-oxo-propyl]-3*H*-chinazolin-4-on
$C_{17}H_{20}FN_3O_3$, Formel II (X = F, X' = O-CH_3, X'' = H).

B. Aus 5-Fluor-3*H*-chinazolin-4-on, 2-[3-Brom-2-oxo-propyl]-3-methoxy-piperidin-1-carbonsäure-äthylester und Natriummethylat in Methanol und Erwärmen des Reaktionsprodukts mit wss. HCl (*Baker et al.*, J. org. Chem. **17** [1952] 164, 174).

Dihydrochlorid $C_{17}H_{20}FN_3O_3 \cdot 2$ HCl. Kristalle (aus Me. + äthanol. HCl); F: 206° [Zers.].

6-Fluor-3-[4-fluor-phenyl]-3*H*-chinazolin-4-on $C_{14}H_8F_2N_2O$, Formel I (R = C_6H_4-F(*p*), X = H, X' = F).

B. Aus 6-Fluor-3-[4-fluor-phenyl]-3,4-dihydro-chinazolin beim Schmelzen oder beim Behandeln mit $KMnO_4$ in Aceton (*Farrar*, Soc. **1954** 3253).

Kristalle (aus A.); F: 260°.

2-Chlor-3*H*-chinazolin-4-on $C_8H_5ClN_2O$, Formel III, und Tautomere.

B. Aus 2,4-Dichlor-chinazolin und wss. NaOH (*Lange, Sheibley*, Am. Soc. **55** [1933] 1188, 1193; *Curd et al.*, Soc. **1947** 775, 778).

Kristalle (aus A.); F: 218—220° (*Curd et al.*), 212° [korr.] (*La., Sh.*).

5-Chlor-3*H*-chinazolin-4-on $C_8H_5ClN_2O$, Formel I (R = X' = H, X = Cl), und Tautomere.

B. Beim Erhitzen von 2-Amino-6-chlor-benzoesäure mit Formamid auf 180° (*Baker et al.*, J. org. Chem. **17** [1952] 141, 144; *Chiang et al.*, Acta chim. sinica **22** [1956] 335, 336; Scientia sinica **7** [1958] 1035, 1036).

Kristalle; F: 211—212° [aus A.] (*Ch. et al.*), 210° [aus wss. 2-Äthoxy-äthanol] (*Ba. et al.*).

*Opt.-inakt. 5-Chlor-3-[3-(3-hydroxy-[2]piperidyl)-2-oxo-propyl]-3*H*-chinazolin-4-on
$C_{16}H_{18}ClN_3O_3$, Formel II (X = Cl, X' = OH, X'' = H).

B. Beim Erhitzen der folgenden Verbindung mit wss. HBr (*Baker et al.*, J. org. Chem. **17** [1952] 141, 147).

Dihydrochlorid $C_{16}H_{18}ClN_3O_3 \cdot 2$ HCl. Kristalle (aus Me. + äthanol. HCl) mit 0,5 Mol H_2O; F: 223° [Zers.].

*Opt.-inakt. 5-Chlor-3-[3-(3-methoxy-[2]piperidyl)-2-oxo-propyl]-3*H*-chinazolin-4-on
$C_{17}H_{20}ClN_3O_3$, Formel II (X = Cl, X' = O-CH_3, X'' = H).

B. Beim Erwärmen von 5-Chlor-3*H*-chinazolin-4-on mit 2-[3-Brom-2-oxo-propyl]-3-methoxy-piperidin-1-carbonsäure-äthylester und Natriummethylat in Methanol und Erwärmen des Reaktionsprodukts mit wss. HCl (*Baker et al.*, J. org. Chem. **17** [1952] 141, 146).

Dihydrochlorid $C_{17}H_{20}ClN_3O_3 \cdot 2$ HCl. Kristalle (aus Me. + äthanol. HCl) mit 0,5 Mol H_2O; F: 200° [Zers.].

*Opt.-inakt. 5-Chlor-3-[3-(5-hydroxy-[2]piperidyl)-2-oxo-propyl]-3*H*-chinazolin-4-on
$C_{16}H_{18}ClN_3O_3$, Formel II (X = Cl, X' = H, X'' = OH).

B. Aus 5-Chlor-3*H*-chinazolin-4-on über mehrere Stufen (*Am. Cyanamid Co.*, D.B.P.

938730 [1956]).
Dihydrochlorid. Kristalle (aus A. + Ae.); F: 222°.

6-Chlor-3H-chinazolin-4-on $C_8H_5ClN_2O$, Formel IV (R = H), und Tautomere.
B. Beim Erhitzen von 2-Amino-5-chlor-benzoesäure mit Formamid auf 180° (*Magidšon, Golowtschinškaja*, Ž. obšč. Chim. **8** [1938] 1797, 1802; C. A. **1939** 4993; *Endicott et al.*, Am. Soc. **68** [1946] 1303; *Baker et al.*, J. org. Chem. **17** [1952] 141, 144; *Chiang et al.*, Acta chim. sinica **22** [1956] 335, 336; Scientia sinica **7** [1958] 1035, 1036; *Sen, Singh*, J. Indian chem. Soc. **36** [1959] 787, 789). Beim Erhitzen von 2-Amino-5-chlor-benzoe= säure-methylester mit Formamid auf 180° (*Chapman et al.*, Soc. **1947** 890, 895, 896). Neben anderen Verbindungen beim Erwärmen von 3H-Chinazolin-4-on mit Chlor und FeCl₃ in Essigsäure (*Chi et al.*, Acta chim. sinica **22** 338; Scientia sinica **7** 1038).
Kristalle; F: 271−272° [aus A.] (*Chi et al.*), 263−265° [aus wss. Eg.] (*Ma., Go.; Cha. et al.*), 262,5−263,5° [korr.; aus wss. Eg.] (*En. et al.*).
Picrat $C_8H_5ClN_2O \cdot C_6H_3N_3O_7$. Gelbe Kristalle; F: 201° (*Sen, Si.*), 199,5−200° [korr.; aus A.] (*En. et al.*).

6-Chlor-3-[3-chlor-propyl]-3H-chinazolin-4-on $C_{11}H_{10}Cl_2N_2O$, Formel IV (R = CH₂-CH₂-CH₂Cl).
B. Beim Erwärmen von 6-Chlor-3H-chinazolin-4-on mit 1-Brom-3-chlor-propan und Natriummethylat in Methanol (*Baker et al.*, J. org. Chem. **17** [1952] 35, 44, 46).
Kristalle (aus wss. A.); F: 115−117°.

6-Chlor-3-[4-chlor-phenyl]-3H-chinazolin-4-on $C_{14}H_8Cl_2N_2O$, Formel IV (R = C₆H₄-Cl(p)).
B. Aus 6-Chlor-3-[4-chlor-phenyl]-3,4-dihydro-chinazolin und KMnO₄ in Aceton (*Farrar*, Soc. **1954** 3253).
Kristalle (aus A.); F: 225°.

IV   V   VI

3-[2-Äthylamino-äthyl]-6-chlor-3H-chinazolin-4-on $C_{12}H_{14}ClN_3O$, Formel IV (R = CH₂-CH₂-NH-C₂H₅).
B. Aus 1-Äthyl-9-chlor-2,3-dihydro-1H-imidazo[1,2-c]chinazolinium-chlorid beim Be= handeln mit wss. K₂CO₃, sowie beim Erwärmen mit H₂O oder wss. NH₃ (*Sherill et al.*, J. org. Chem. **19** [1954] 699, 707, 708).
Kristalle (aus Acn. + PAe.); F: 107,2−107,9° [korr.]. UV-Spektrum (A.; 240 nm bis 330 nm): *Sh. et al.*, l. c. S. 704.
Hydrochlorid $C_{12}H_{14}ClN_3O \cdot HCl$. Kristalle (aus A. + Acn.); F: 225,3−225,8° [korr.].
Picrat $C_{12}H_{14}ClN_3O \cdot C_6H_3N_3O_7$. Kristalle (aus A. + Acn.); F: 247,2−248,2° [korr.].

6-Chlor-3-[2-diäthylamino-äthyl]-3H-chinazolin-4-on $C_{14}H_{18}ClN_3O$, Formel IV (R = CH₂-CH₂-N(C₂H₅)₂).
B. Beim Erhitzen von 2-Amino-5-chlor-benzoesäure mit N-[2-Diäthylamino-äthyl]- formamid auf 150° (*Chi, Shown*, Acta chim. sinica **23** [1957] 112, 114; Scientia sinica **6** [1957] 847, 849).
Kristalle (aus PAe.); F: 69−70°.
Dihydrochlorid $C_{14}H_{18}ClN_3O \cdot 2 HCl$. Kristalle (aus A.); F: 210−214° [Zers.].

6-Chlor-3-[3-cyclohexylamino-propyl]-3H-chinazolin-4-on $C_{17}H_{22}ClN_3O$, Formel IV (R = CH₂-CH₂-CH₂-NH-C₆H₁₁).
B. Beim Erhitzen von 6-Chlor-3-[3-chlor-propyl]-3H-chinazolin-4-on mit Cyclohexyl=

amin und NaI in 2-Methoxy-äthanol (*Baker et al.*, J. org. Chem. **17** [1952] 35, 44, 46).
Dihydrochlorid $C_{17}H_{21}ClN_3O \cdot 2$ HCl. Kristalle mit 1 Mol H_2O; F: 242—244° [Zers.; nach partiellem Schmelzen bei 208°].

(±)-6-Chlor-3-[4-diäthylamino-1-methyl-butyl]-3H-chinazolin-4-on $C_{17}H_{24}ClN_3O$,
Formel IV (R = CH(CH$_3$)-[CH$_2$]$_3$-N(C$_2$H$_5$)$_2$).
B. Beim Erhitzen von 2-Amino-5-chlor-benzoesäure mit (±)-*N*-[4-Diäthylamino-1-methyl-butyl]-formamid auf 150° (*Chi, Shown*, Acta chim. sinica **23** [1957] 112, 115; Scientia sinica **6** [1957] 847, 850).
Dipicrat $C_{17}H_{24}ClN_3O \cdot 2 C_6H_3N_3O_7$. Kristalle (aus A.); F: 156—157°.

(±)-6-Chlor-3-[3-cyclohexylamino-2-hydroxy-propyl]-3H-chinazolin-4-on $C_{17}H_{22}ClN_3O_2$,
Formel IV (R = CH$_2$-CH(OH)-CH$_2$-NH-C$_6$H$_{11}$).
B. Beim Erwärmen der folgenden Verbindung mit Cyclohexylamin (*Baker et al.*, J. org. Chem. **17** [1952] 35, 45).
Kristalle (aus Bzl.); F: 160—162°.

(±)-6-Chlor-3-oxiranylmethyl-3H-chinazolin-4-on, (±)-6-Chlor-3-[2,3-epoxy-propyl]-3H-chinazolin-4-on $C_{11}H_9ClN_2O_2$, Formel V.
B. Aus 6-Chlor-3H-chinazolin-4-on, (±)-Epichlorhydrin (E III/IV **17** 20) und Natrium=methylat in Methanol (*Baker et al.*, J. org. Chem. **17** [1952] 35, 44).
Kristalle; F: 152—155°.

*Opt.-inakt. 6-Chlor-3-[3-(3-hydroxy-[2]piperidyl)-2-oxo-propyl]-3H-chinazolin-4-on
$C_{16}H_{18}ClN_3O_3$, Formel VI (R = R' = H).
B. Beim Erhitzen der folgenden Verbindung mit wss. HBr (*Baker et al.*, J. org. Chem. **17** [1952] 141, 147).
Dihydrochlorid $C_{16}H_{18}ClN_3O_3 \cdot 2$ HCl. Kristalle (aus Me. + äthanol. HCl) mit 1 Mol H_2O; F: 255° [Zers.].

*Opt.-inakt. 6-Chlor-3-[3-(3-methoxy-[2]piperidyl)-2-oxo-propyl]-3H-chinazolin-4-on
$C_{17}H_{20}ClN_3O_3$, Formel VI (R = CH$_3$, R' = H).
B. Beim Erwärmen der folgenden Verbindung mit wss. HCl (*Baker et al.*, J. org. Chem. **17** [1952] 141, 147).
Dihydrochlorid $C_{17}H_{20}ClN_3O_3 \cdot 2$ HCl. Kristalle (aus Me. + äthanol. HCl) mit 1 Mol H_2O; F: 205—206° [Zers.].

*Opt.-inakt. 2-[3-(6-Chlor-4-oxo-4H-chinazolin-3-yl)-2-oxo-propyl]-3-methoxy-piperidin-1-carbonsäure-äthylester $C_{20}H_{24}ClN_3O_5$, Formel VI (R = CH$_3$, R' = CO-O-C$_2$H$_5$).
B. Aus 6-Chlor-3H-chinazolin-4-on, 2-[3-Brom-2-oxo-propyl]-3-methoxy-piperidin-1-carbonsäure-äthylester und Natriummethylat in Methanol (*Baker et al.*, J. org. Chem. **17** [1952] 141, 145).
Kristalle (aus Bzl. + Heptan); F: 124—125°.

VII   VIII   IX

7-Chlor-3H-chinazolin-4-on $C_8H_5ClN_2O$, Formel VII (X = Cl, X' = H), und Tautomere.
B. Beim Erhitzen von 2-Amino-4-chlor-benzoesäure mit Formamid auf 175° (*Price et al.*, Am. Soc. **68** [1946] 1305; *Chapman et al.*, Soc. **1947** 890, 895, 896; *Baker et al.*, J. org. Chem. **17** [1952] 141, 143, 144; *Chiang et al.*, Acta chim. sinica **22** [1956] 335, 336; Scientia sinica **7** [1958] 1035, 1037). Beim Erhitzen von 2-Amino-4-chlor-benzoesäure-amid mit Orthoameisensäure-triäthylester in Diäthylenglykol auf 120° (*McKee et al.*, Am. Soc. **69** [1947] 184).

Kristalle; F: 254—255,5° [aus A.] (*Chi. et al.*), 252—254° [korr.; aus wss. A. oder A. + Bzl.] (*Pr. et al.*), 251,5—253° [aus A.] (*McKee et al.*). Unter Atmosphärendruck sublimierbar (*McKee et al.*).

Verbindung mit 2-Nitro-indan-1,3-dion. Kristalle; F: 192° [korr.; Zers.] (*Christensen et al.*, Anal. Chem. **21** [1949] 1573).

*Opt.-inakt. 7-Chlor-3-[3-(3-hydroxy-[2]piperidyl)-2-oxo-propyl]-3*H*-chinazolin-4-on $C_{16}H_{18}ClN_3O_3$, Formel VIII (R = R' = H).
B. Beim Erhitzen der folgenden Verbindung mit wss. HBr (*Baker et al.*, J. org. Chem. **17** [1952] 141, 147).
Dihydrochlorid $C_{16}H_{18}ClN_3O_3 \cdot 2$ HCl. Kristalle (aus Me. + äthanol. HCl) mit 2 Mol H_2O; F: 191—192° [Zers.].

*Opt.-inakt. 7-Chlor-3-[3-(3-methoxy-[2]piperidyl)-2-oxo-propyl]-3*H*-chinazolin-4-on $C_{17}H_{20}ClN_3O_3$, Formel VIII (R = CH_3, R' = H).
B. Beim Erwärmen der folgenden Verbindung mit wss. HCl (*Baker et al.*, J. org. Chem. **17** [1952] 141, 146).
Dihydrochlorid $C_{17}H_{20}ClN_3O_3 \cdot 2$ HCl. Kristalle (aus Me. + äthanol. HCl) mit 0,5 Mol H_2O; F: 209—210° [Zers.].

*Opt.-inakt. 2-[3-(7-Chlor-4-oxo-4*H*-chinazolin-3-yl)-2-oxo-propyl]-3-methoxy-piperidin-1-carbonsäure-äthylester $C_{20}H_{24}ClN_3O_5$, Formel VIII (R = CH_3, R' = CO-O-C_2H_5).
B. Aus 7-Chlor-3*H*-chinazolin-4-on und 2-[3-Brom-2-oxo-propyl]-3-methoxy-piperidin-1-carbonsäure-äthylester und Natriummethylat in Methanol (*Baker et al.*, J. org. Chem. **17** [1952] 141, 145).
Kristalle (aus Bzl. + Heptan); F: 125—126°.

8-Chlor-3*H*-chinazolin-4-on $C_8H_5ClN_2O$, Formel VII (X = H, X' = Cl), und Tautomere.
B. Beim Erhitzen von 2-Amino-3-chlor-benzoesäure mit Formamid auf 175° (*Baker et al.*, J. org. Chem. **17** [1952] 141, 143, 144; *Chiang et al.*, Acta chim. sinica **22** [1956] 335, 337; Scientia sinica **7** [1958] 1035, 1037). Neben anderen Verbindungen beim Erwärmen von 3*H*-Chinazolin-4-on mit Chlor und $FeCl_3$ in Essigsäure (*Ch. et al.*, Acta chim. sinica **22** 338; Scientia sinica **7** 1038).
Kristalle; F: 306—307° [aus Acn.] (*Ch. et al.*), 299—300° [aus wss. 2-Äthoxy-äthanol] (*Ba. et al.*).

*Opt.-inakt. 8-Chlor-3-[3-(3-hydroxy-[2]piperidyl)-2-oxo-propyl]-3*H*-chinazolin-4-on $C_{16}H_{18}ClN_3O_3$, Formel IX (R = R' = H).
B. Beim Erhitzen der folgenden Verbindung mit wss. HBr (*Baker et al.*, J. org. Chem. **17** [1952] 141, 147).
Dihydrochlorid $C_{16}H_{18}ClN_3O_3 \cdot 2$ HCl. Kristalle (aus Me. + äthanol. HCl) mit 2 Mol H_2O; F: 214—217° [Zers.].

*Opt.-inakt. 8-Chlor-3-[3-(3-methoxy-[2]piperidyl)-2-oxo-propyl]-3*H*-chinazolin-4-on $C_{17}H_{20}ClN_3O_3$, Formel IX (R = CH_3, R' = H).
B. Beim Erwärmen der folgenden Verbindung mit wss. HCl (*Baker et al.*, J. org. Chem. **17** [1952] 141, 146).
Dihydrochlorid $C_{17}H_{20}ClN_3O_3 \cdot 2$ HCl. Kristalle (aus Me. + äthanol. HCl) mit 0,5 Mol H_2O; F: 209—211° [Zers.].

*Opt.-inakt. 2-[3-(8-Chlor-4-oxo-4*H*-chinazolin-3-yl)-2-oxo-propyl]-3-methoxy-piperidin-1-carbonsäure-äthylester $C_{20}H_{24}ClN_3O_5$, Formel IX (R = CH_3, R' = CO-O-C_2H_5).
B. Aus 8-Chlor-3*H*-chinazolin-4-on und 2-[3-Brom-2-oxo-propyl]-3-methoxy-piperidin-1-carbonsäure-äthylester und Natriummethylat in Methanol (*Baker et al.*, J. org. Chem. **17** [1952] 141, 145).
Kristalle (aus Bzl. + Hexan); F: 153—154°.

5,6-Dichlor-3*H*-chinazolin-4-on $C_8H_4Cl_2N_2O$, Formel X (X = Cl, X' = H), und Tautomere.
B. Beim Erhitzen von 6-Amino-2,3-dichlor-benzoesäure mit Formamid (*Baker et al.*,

J. org. Chem. **17** [1952] 149, 152).
Kristalle (aus A.); F: 271—272°.

*Opt.-inakt. 5,6-Dichlor-3-[3-(3-hydroxy-[2]piperidyl)-2-oxo-propyl]-3H-chinazolin-4-on
$C_{16}H_{17}Cl_2N_3O_3$, Formel XI (R = X' = H, X = Cl).
B. Beim Erhitzen der folgenden Verbindung mit wss. HBr (*Baker et al.*, J. org. Chem.
17 [1952] 149, 155).
Dihydrochlorid $C_{16}H_{17}Cl_2N_3O_3 \cdot 2$ HCl. Kristalle (aus Me. + äthanol. HCl) mit
1,5 Mol H_2O; F: 231° [Zers.].

***Opt.-inakt. 5,6-Dichlor-3-[3-(3-methoxy-[2]piperidyl)-2-oxo-propyl]-3H-chinazolin-
4-on** $C_{17}H_{19}Cl_2N_3O_3$, Formel XI (R = CH_3, X = Cl, X' = H).
B. Aus 5,6-Dichlor-3H-chinazolin-4-on, 2-[3-Brom-2-oxo-propyl]-3-methoxy-piperidin-
1-carbonsäure-äthylester und Natriummethylat in Methanol und Erwärmen des Reaktionsprodukts mit wss. HCl (*Baker et al.*, J. org. Chem. **17** [1952] 149, 154).
Dihydrochlorid $C_{17}H_{19}Cl_2N_3O_3 \cdot 2$ HCl. Kristalle (aus Me. + äthanol. HCl) mit
0,5 Mol H_2O; F: 227—228° [Zers.].

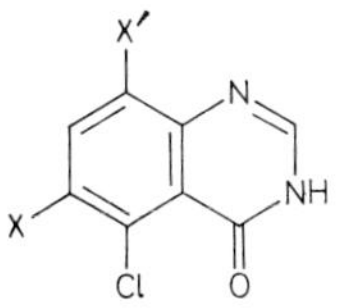

X 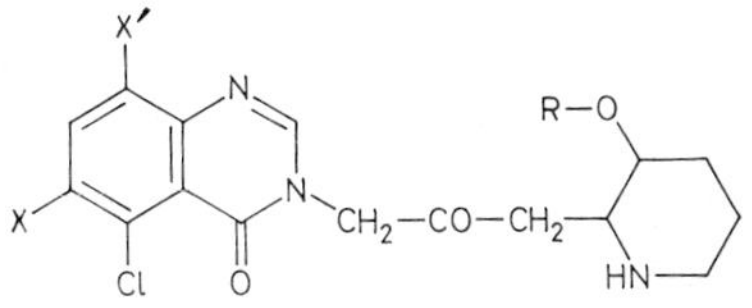　　　　　　　　XI 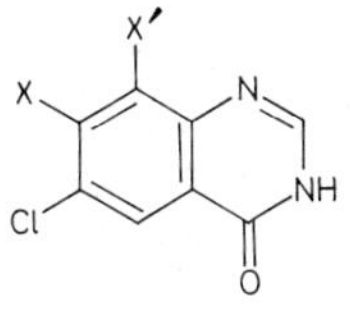　　　　　　　　XII

5,8-Dichlor-3H-chinazolin-4-on $C_8H_4Cl_2N_2O$, Formel X (X = H, X' = Cl), und
Tautomere.
B. Beim Erhitzen von 2-Amino-3,6-dichlor-benzoesäure mit Formamid (*Baker et al.*,
J. org. Chem. **17** [1952] 149, 152).
Kristalle (aus 2-Methoxy-äthanol); F: 297—298°.

***Opt.-inakt. 5,8-Dichlor-3-[3-(3-hydroxy-[2]piperidyl)-2-oxo-propyl]-3H-chinazolin-
4-on** $C_{16}H_{17}Cl_2N_3O_3$, Formel XI (R = X = H, X' = Cl).
B. Beim Erhitzen der folgenden Verbindung mit wss. HBr (*Baker et al.*, J. org. Chem.
17 [1952] 149, 155).
Dihydrochlorid $C_{16}H_{17}Cl_2N_3O_3 \cdot 2$ HCl. Kristalle (aus Me. + äthanol. HCl) mit
0,5 Mol H_2O; F: 213° [Zers.].

***Opt.-inakt. 5,8-Dichlor-3-[3-(3-methoxy-[2]piperidyl)-2-oxo-propyl]-3H-chinazolin-
4-on** $C_{17}H_{19}Cl_2N_3O_3$, Formel XI (R = CH_3, X = H, X' = Cl).
B. Aus 5,8-Dichlor-3H-chinazolin-4-on analog dem entsprechenden 5,6-Dichlor-Derivat
[s. o.] (*Baker et al.*, J. org. Chem. **17** [1952] 149, 154).
Dihydrochlorid $C_{17}H_{19}Cl_2N_3O_3 \cdot 2$ HCl. Kristalle (aus Me. + äthanol. HCl) mit
0,5 Mol H_2O; F: 205° [Zers.].

6,7-Dichlor-3H-chinazolin-4-on $C_8H_4Cl_2N_2O$, Formel XII (X = Cl, X' = H), und
Tautomere.
B. Beim Erhitzen von 2-Amino-4,5-dichlor-benzoesäure mit Formamid (*Baker et al.*,
J. org. Chem. **17** [1952] 149, 152).
Kristalle (aus 2-Methoxy-äthanol); F: 287—288°.

*Opt.-inakt. 6,7-Dichlor-3-[3-(3-hydroxy-[2]piperidyl)-2-oxo-propyl]-3H-chinazolin-4-on
$C_{16}H_{17}Cl_2N_3O_3$, Formel XIII (R = R' = H).
B. Beim Erhitzen der folgenden Verbindung mit wss. HBr (*Baker et al.*, J. org. Chem.
17 [1952] 149, 155).
Dihydrochlorid $C_{16}H_{17}Cl_2N_3O_3 \cdot 2$ HCl. Kristalle (aus Me. + äthanol. HCl) mit 1 Mol
H_2O; F: 234° [Zers.].

*Opt.-inakt.6,7-Dichlor-3-[3-(3-methoxy-[2]piperidyl)-2-oxo-propyl]-3H-chinazolin-4-on $C_{17}H_{19}Cl_2N_3O_3$, Formel XIII (R = CH₃, R' = H).

B. Beim Erwärmen der folgenden Verbindung mit wss. HCl (*Baker et al.*, J. org. Chem. **17** [1952] 149, 154).

Dihydrochlorid $C_{17}H_{19}Cl_2N_3O_3 \cdot 2$ HCl. Kristalle (aus Me. + äthanol. HCl); F: 223° bis 224° [Zers.].

XIII   XIV   XV

*Opt.-inakt. 2-[3-(6,7-Dichlor-4-oxo-4H-chinazolin-3-yl)-2-oxo-propyl]-3-methoxy-piperidin-1-carbonsäure-äthylester $C_{20}H_{23}Cl_2N_3O_5$, Formel XIII (R = CH₃, R' = CO-O-C₂H₅).

B. Aus 6,7-Dichlor-3H-chinazolin-4-on, 2-[3-Brom-2-oxo-propyl]-3-methoxy-piperidin-1-carbonsäure-äthylester und Natriummethylat in Methanol (*Baker et al.*, J. org. Chem. **17** [1952] 149, 153).

Kristalle (aus Bzl. + Heptan); F: 129°.

6,8-Dichlor-3H-chinazolin-4-on $C_8H_4Cl_2N_2O$, Formel XII (X = H, X' = Cl), und Tautomere.

B. Beim Erhitzen von 2-Amino-3,5-dichlor-benzoesäure mit Formamid auf 230° (*Tsuda et al.*, J. pharm. Soc. Japan **62** [1942] 69, 74; dtsch. Ref. S. 26; C. A. **1951** 1580; *Baker et al.*, J. org. Chem. **17** [1952] 149, 152; *Chiang et al.*, Acta chim. sinica **22** [1956] 335, 337; Scientia sinica **7** [1958] 1035, 1037; *Sen, Singh*, J. Indian chem. Soc. **36** [1959] 787, 789), auch unter Zusatz von POCl₃ auf 120° (*Ts. et al.*). Neben anderen Verbindungen beim Erwärmen von 3H-Chinazolin-4-on mit Chlor und FeCl₃ in Essigsäure (*Ch. et al.*, Acta chim. sinica **22** 338; Scientia sinica **7** 1038).

Kristalle; F: 348—349° [Zers.; aus Acn.] (*Ch. et al.*), 337—338° [Zers.; aus 2-Methoxy-äthanol] (*Ba. et al.*), 327° [aus A.] (*Sen, Si.*).

Picrat $C_8H_4Cl_2N_2O \cdot C_6H_3N_3O_7$. Kristalle; F: 261—263° (*Sen, Si.*).

*Opt.-inakt. 6,8-Dichlor-3-[3-(3-hydroxy-[2]piperidyl)-2-oxo-propyl]-3H-chinazolin-4-on $C_{16}H_{17}Cl_2N_3O_3$, Formel XIV (R = R' = H).

B. Beim Erhitzen der folgenden Verbindung mit wss. HBr (*Baker et al.*, J. org. Chem. **17** [1952] 149, 155).

Dihydrochlorid $C_{16}H_{17}Cl_2N_3O_3 \cdot 2$ HCl. Kristalle (aus Me. + äthanol. HCl); F: 240° [Zers.].

*Opt.-inakt. 6,8-Dichlor-3-[3-(3-methoxy-[2]piperidyl)-2-oxo-propyl]-3H-chinazolin-4-on $C_{17}H_{19}Cl_2N_3O_3$, Formel XIV (R = CH₃, R' = H).

B. Beim Erwärmen der folgenden Verbindung mit wss. HCl (*Baker et al.*, J. org. Chem. **17** [1952] 149, 154).

Dihydrochlorid $C_{17}H_{19}Cl_2N_3O_3 \cdot 2$ HCl. Kristalle (aus Me. + äthanol. HCl); F: 235° [Zers.].

*Opt.-inakt. 2-[3-(6,8-Dichlor-4-oxo-4H-chinazolin-3-yl)-2-oxo-propyl]-3-methoxy-piperidin-1-carbonsäure-äthylester $C_{20}H_{23}Cl_2N_3O_5$, Formel XIV (R = CH₃, R' = CO-O-C₂H₅).

B. Aus 6,8-Dichlor-3H-chinazolin-4-on, 2-[3-Brom-2-oxo-propyl]-3-methoxy-piperidin-1-carbonsäure-äthylester und Natriummethylat in Methanol (*Baker et al.*, J. org. Chem. **17** [1952] 149, 153).

Kristalle (aus Bzl. + Heptan); F: 130°.

5-Brom-3H-chinazolin-4-on $C_8H_5BrN_2O$, Formel XV (R = X' = H, X = Br), und Tautomere.

B. Beim Erhitzen von 2-Amino-6-brom-benzoesäure mit Formamid auf 175° (*Baker et al.*, J. org. Chem. **17** [1952] 141, 144).

Kristalle (aus wss. 2-Äthoxy-äthanol); F: 237—238° [Zers.].

*Opt.-inakt. 5-Brom-3-[3-(3-hydroxy-[2]piperidyl)-2-oxo-propyl]-3H-chinazolin-4-on $C_{16}H_{18}BrN_3O_3$, Formel I (R = X' = H, X = Br).

B. Beim Erhitzen der folgenden Verbindung mit wss. HBr (*Baker et al.*, J. org. Chem. **17** [1952] 141, 147).

Dihydrochlorid $C_{16}H_{18}BrN_3O_3 \cdot 2$ HCl. Kristalle (aus Me. + äthanol. HCl) mit 1 Mol H_2O; F: 217° [Zers.].

*Opt.-inakt. 5-Brom-3-[3-(3-methoxy-[2]piperidyl)-2-oxo-propyl]-3H-chinazolin-4-on $C_{17}H_{20}BrN_3O_3$, Formel I (R = CH_3, X = Br, X' = H).

B. Aus 5-Brom-3H-chinazolin-4-on analog dem entsprechenden 5,6-Dichlor-Derivat [S. 389] (*Baker et al.*, J. org. Chem. **17** [1952] 141, 146).

Dihydrochlorid $C_{17}H_{20}BrN_3O_3 \cdot 2$ HCl. Kristalle (aus Me. + äthanol. HCl); F: 211° [Zers.].

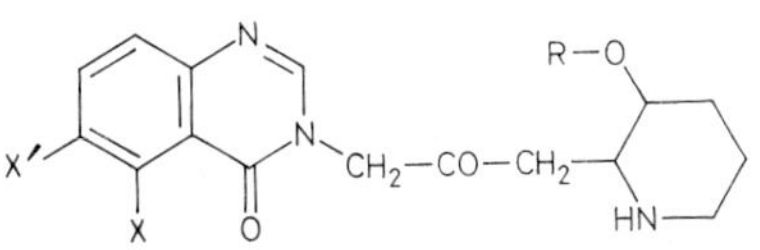

I 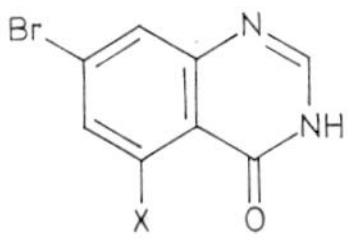   II 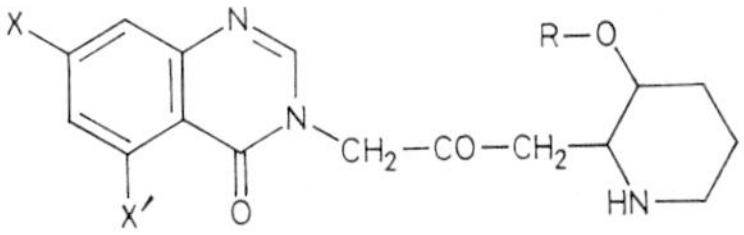   III

6-Brom-3H-chinazolin-4-on $C_8H_5BrN_2O$, Formel XV (R = X = H, X' = Br), und Tautomere (H 146).

B. Beim Erhitzen von 2-Amino-5-brom-benzoesäure mit Formamid auf 180° (*Sen, Singh*, J. Indian chem. Soc. **36** [1959] 787, 789; *Baker et al.*, J. org. Chem. **17** [1952] 141, 144; vgl. H 146).

Kristalle (aus A.); F: 271° (*Sen, Si.*).

Picrat $C_8H_5BrN_2O \cdot C_6H_3N_3O_7$. Kristalle; F: 209—211° (*Sen, Si.*).

6-Brom-3-[4-brom-phenyl]-3H-chinazolin-4-on $C_{14}H_8Br_2N_2O$, Formel XV (R = C_6H_4-Br(p), X = H, X' = Br).

B. Beim Erwärmen von 4-Brom-anilin-hydrochlorid mit wss. Formaldehyd, Form-aldehyd-dimethylacetal oder CH_2Cl_2 in wss. H_2SO_4 (*Cairncross, Bogert*, Collect. **7** [1935] 548, 550). Beim Erhitzen von 2-Amino-5-brom-benzoesäure mit Ameisensäure-[4-brom-anilid] (*Ca., Bo.*, l. c. S. 551).

Kristalle; F: 257°.

*Opt.-inakt. 6-Brom-3-[3-(3-hydroxy-[2]piperidyl)-2-oxo-propyl]-3H-chinazolin-4-on $C_{16}H_{18}BrN_3O_3$, Formel I (R = X = H, X' = Br).

B. Beim Erhitzen der folgenden Verbindung mit wss. HBr (*Baker et al.*, J. org. Chem. **17** [1952] 141, 147).

Dihydrochlorid $C_{16}H_{18}BrN_3O_3 \cdot 2$ HCl. Kristalle (aus Me. + äthanol. HCl) mit 0,5 Mol H_2O; F: 226° [Zers.].

*Opt.-inakt. 6-Brom-3-[3-(3-methoxy-piperidyl)-2-oxo-propyl]-3H-chinazolin-4-on $C_{17}H_{20}BrN_3O_3$, Formel I (R = CH_3, X = H, X' = Br).

B. Aus 6-Brom-3H-chinazolin-4-on analog dem entsprechenden 5,6-Dichlor-Derivat [S. 389] (*Baker et al.*, J. org. Chem. **17** [1952] 141, 146).

Dihydrochlorid $C_{17}H_{20}BrN_3O_3 \cdot 2$ HCl. Kristalle (aus Me. + äthanol. HCl); F: 209° [Zers.].

3-Amino-6-brom-3H-chinazolin-4-on $C_8H_6BrN_3O$, Formel XV (R = NH_2, X = H, X' = Br).

B. Beim Erwärmen von 6-Brom-3-[4-brom-phenyl]-3H-chinazolin-4-on mit N_2H_4 in

wss. Äthanol (*Cairncross, Bogert*, Collect. **7** [1935] 548, 552).
Kristalle (aus A.); F: 227—228,5°.

7-Brom-3H-chinazolin-4-on $C_8H_5BrN_2O$, Formel II (X = H), und Tautomere.
B. Beim Erhitzen von 2-Amino-4-brom-benzoesaure mit Formamid (*Baker et al.*,
J. org. Chem. **17** [1952] 141, 144).
Kristalle (aus 2-Methoxy-äthanol); F: 258—259°.

*Opt.-inakt. 7-Brom-3-[3-(3-hydroxy-[2]piperidyl)-2-oxo-propyl]-3H-chinazolin-4-on
$C_{16}H_{18}BrN_3O_3$, Formel III (R = X′ = H, X = Br).
B. Beim Erhitzen der folgenden Verbindung mit wss. HBr (*Baker et al.*, J. org. Chem.
17 [1952] 141, 147).
Dihydrobromid $C_{16}H_{18}BrN_3O_3 \cdot 2$ HBr. Kristalle; F: 215—216° [Zers.].

*Opt.-inakt. 7-Brom-3-[3-(3-methoxy-[2]piperidyl)-2-oxo-propyl]-3H-chinazolin-4-on
$C_{17}H_{20}BrN_3O_3$, Formel III (R = CH_3, X = Br, X′ = H).
B. Aus 7-Brom-3H-chinazolin-4-on analog dem entsprechenden 5,6-Dichlor-Derivat
[S. 389] (*Baker et al.*, J. org. Chem. **17** [1952] 141, 146).
Dihydrochlorid $C_{17}H_{20}BrN_3O_3 \cdot 2$ HCl. Kristalle (aus Me. + äthanol. HCl) mit 1 Mol
H_2O; F: 216—217° [Zers.].

6-Brom-8-chlor-3H-chinazolin-4-on $C_8H_4BrClN_2O$, Formel IV (X = Br, X′ = Cl,
X″ = H), und Tautomere.
B. Beim Erhitzen von 2-Amino-3-chlor-5-brom-benzoesäure mit Formamid auf 180°
(*Sen, Singh*, J. Indian chem. Soc. **36** [1959] 787, 789).
Kristalle (aus A.); F: 336° [Zers.].
Picrat $C_8H_4BrClN_2O \cdot C_6H_3N_3O_7$. Kristalle; F: 264°.

8-Brom-6-chlor-3H-chinazolin-4-on $C_8H_4BrClN_2O$, Formel IV (X = Cl, X′ = Br,
X″ = H), und Tautomere.
B. Beim Erhitzen von 2-Amino-3-brom-5-chlor-benzoesäure mit Formamid auf 180°
(*Sen, Singh*, J. Indian chem. Soc. **36** [1959] 787, 789).
Kristalle (aus A.); F: 341° [Zers.].
Picrat $C_8H_4BrClN_2O \cdot C_6H_3N_3O_7$. Kristalle; F: 271°.

5,7-Dibrom-3H-chinazolin-4-on $C_8H_4Br_2N_2O$, Formel II (X = Br), und Tautomere.
B. Beim Erhitzen von 2-Amino-4,6-dibrom-benzoesäure mit Formamid (*Baker et al.*,
J. org. Chem. **17** [1952] 149, 152).
Kristalle (aus 2-Methoxy-äthanol); F: 295—296°.

*Opt.-inakt. 5,7-Dibrom-3-[3-(3-hydroxy-[2]piperidyl)-2-oxo-propyl]-3H-chinazolin-4-on
$C_{16}H_{17}Br_2N_3O_3$, Formel III (R = H, X = X′ = Br).
B. Beim Erhitzen der folgenden Verbindung mit wss. HBr (*Baker et al.*, J. org. Chem.
17 [1952] 149, 155).
Dihydrochlorid $C_{16}H_{17}Br_2N_3O_3 \cdot 2$ HCl. Kristalle (aus Me. + äthanol. HCl) mit
2 Mol H_2O; F: 222° [Zers.].

***Opt.-inakt. 5,7-Dibrom-3-[3-(3-methoxy-[2]piperidyl)-2-oxo-propyl]-3H-chinazolin-
4-on** $C_{17}H_{19}Br_2N_3O_3$, Formel III (R = CH_3, X = X′ = Br).
B. Aus 5,7-Dibrom-3H-chinazolin-4-on analog dem entsprechenden 5,6-Dichlor-Derivat
[S. 389] (*Baker et al.*, J. org. Chem. **17** [1952] 149, 154).
Dihydrochlorid $C_{17}H_{19}Br_2N_3O_3 \cdot 2$ HCl. Kristalle (aus Me. + äthanol. HCl) mit
2 Mol H_2O; F: 214° [Zers.].

6,8-Dibrom-3H-chinazolin-4-on $C_8H_4Br_2N_2O$, Formel IV (X = X′ = Br, X″ = H), und
Tautomere.
B. Beim Erhitzen von 2-Amino-3,5-dibrom-benzoesäure mit Formamid und $POCl_3$
auf 100° (*Tsuda et al.*, J. pharm. Soc. Japan **62** [1942] 69, 75; dtsch. Ref. S. 26; C. A.
1951 1580) oder mit Formamid auf 180° (*Sen, Singh*, J. Indian chem. Soc. **36** [1959]
787, 789).

Kristalle; F: >330° (*Ts. et al.*), 279° [aus A.] (*Sen, Si.*).
Picrat $C_8H_4Br_2N_2O \cdot C_6H_3N_3O_7$. Kristalle; F: 208° (*Sen, Si.*).

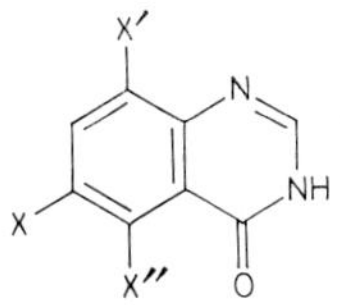

5-Jod-3H-chinazolin-4-on $C_8H_5IN_2O$, Formel IV (X = X' = H, X'' = I), und Tautomere.

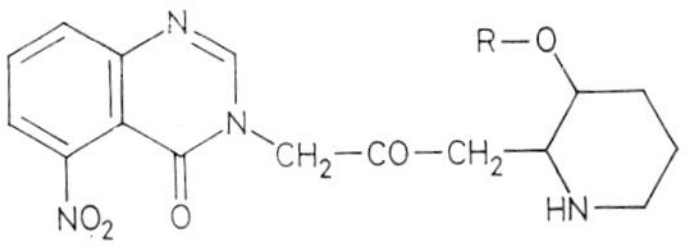

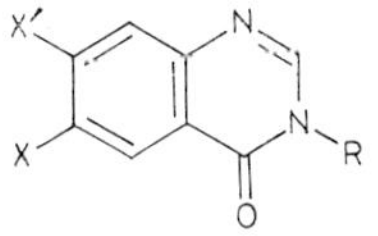

B. Aus diazotiertem 5-Amino-3H-chinazolin-4-on und KI (*Baker et al.*, J. org. Chem. **17** [1952] 164, 169).

Kristalle (aus 2-Methoxy-äthanol); F: 268—270°.

*Opt.-inakt. 3-[3-(3-Hydroxy-[2]piperidyl)-2-oxo-propyl]-5-jod-3H-chinazolin-4-on
$C_{16}H_{18}IN_3O_3$, Formel III (R = X = H, X' = I) auf S. 391.

B. Beim Erhitzen der folgenden Verbindung mit wss. HBr (*Baker et al.*, J. org. Chem. **17** [1952] 164, 175).

Hydrochlorid $C_{16}H_{18}ClN_3O_3 \cdot HCl$. F: 252°.

*Opt.-inakt. 5-Jod-3-[3-(3-methoxy-[2]piperidyl)-2-oxo-propyl]-3H-chinazolin-4-on
$C_{17}H_{20}IN_3O_3$, Formel III (R = CH₃, X = H, X' = I) auf S. 391.

B. Aus 5-Jod-3H-chinazolin-4-on analog dem entsprechenden 5,6-Dichlor-Derivat [S. 389] (*Baker et al.*, J. org. Chem. **17** [1952] 164, 174).

Dihydrochlorid $C_{17}H_{20}IN_3O_3 \cdot 2$ HCl. Kristalle (aus Me. + äthanol. HCl) mit 1,5 Mol H_2O; F: 253°.

6-Jod-3H-chinazolin-4-on $C_8H_5IN_2O$, Formel IV (X = I, X' = X'' = H), und Tautomere.

B. Beim Erhitzen von 2-Amino-5-jod-benzoesäure mit Formamid auf 180° (*Subbaram*, J. Madras Univ. **24** [1954] 183, 184; *Sen, Singh*, J. Indian chem. Soc. **36** [1959] 787, 789).

Kristalle; F: 281° [aus A.] (*Sen, Si.*), 270—272° [aus Acn.] (*Su.*, J. Madras Univ. **24** 184). λ_{max} (A.): 230 nm, 275 nm und 315 nm (*Subbaram*, J. scient. ind. Res. India **17**B [1958] 137).

Picrat $C_8H_5IN_2O \cdot C_6H_3N_3O_7$. Kristalle; F: 217—218° (*Sen, Si.*).

8-Chlor-6-jod-3H-chinazolin-4-on $C_8H_4ClIN_2O$, Formel IV (X = I, X' = Cl, X'' = H), und Tautomere.

B. Beim Erhitzen von 2-Amino-3-chlor-5-jod-benzoesäure mit Formamid auf 180° (*Sen, Singh*, J. Indian chem. Soc. **36** [1959] 787, 789).

Kristalle (aus A.); F: 309—310° [Zers.].

Picrat $C_8H_4ClIN_2O \cdot C_6H_3N_3O_7$. Kristalle; F: 222—223°.

6-Chlor-8-jod-3H-chinazolin-4-on $C_8H_4ClIN_2O$, Formel IV (X = Cl, X' = I, X'' = H), und Tautomere.

B. Beim Erhitzen von 2-Amino-5-chlor-3-jod-benzoesäure mit Formamid auf 180° (*Sen, Singh*, J. Indian chem. Soc. **36** [1959] 787, 789).

Kristalle (aus A.); F: 301—302° [Zers.].

Picrat $C_8H_4ClIN_2O \cdot C_6H_3N_3O_7$. Kristalle; F: 244°.

8-Brom-6-jod-3H-chinazolin-4-on $C_8H_4BrIN_2O$, Formel IV (X = I, X' = Br, X'' = H), und Tautomere.

B. Beim Erhitzen von 2-Amino-3-brom-5-jod-benzoesäure mit Formamid auf 180° (*Sen, Singh*, J. Indian chem. Soc. **36** [1959] 787, 789).

Kristalle (aus A.); F: 316—317° [Zers.].

Picrat $C_8H_4BrIN_2O \cdot C_6H_3N_3O_7$. Kristalle; F: 231—233°.

6-Brom-8-jod-3H-chinazolin-4-on $C_8H_4BrIN_2O$, Formel IV (X = Br, X′ = I, X″ = H), und Tautomere.

B. Beim Erhitzen von 2-Amino-5-brom-3-jod-benzoesäure mit Formamid auf 180° (*Sen, Singh,* J. Indian chem. Soc. **36** [1959] 787, 789).

Kristalle (aus A.); F: 329° [Zers.].

Picrat $C_8H_4BrIN_2O \cdot C_6H_3N_3O_7$. Kristalle; F: 237—239°.

6,8-Dijod-3H-chinazolin-4-on $C_8H_4I_2N_2O$, Formel IV (X = X′ = I, X″ = H), und Tautomere.

B. Beim Erhitzen von 2-Amino-3,5-dijod-benzoesäure mit Formamid auf 180° (*Subbaram,* J. Madras Univ. **24** [1954] 183, 184; *Sen, Singh,* J. Indian chem. Soc. **36** [1959] 787, 789).

Kristalle; Zers. >320° [aus Py.] (*Su.*); F: 287° [Zers.; aus A.] (*Sen, Si.*).

Picrat $C_8H_4I_2N_2O \cdot C_6H_3N_3O_7$. Kristalle; F: 229° (*Sen, Si.*).

*Opt.-inakt. 3-[3-(3-Hydroxy-[2]piperidyl)-2-oxo-propyl]-5-nitro-3H-chinazolin-4-on $C_{16}H_{18}N_4O_5$, Formel V (R = H).

B. Beim Erhitzen der folgenden Verbindung mit wss. HBr (*Baker et al.,* J. org. Chem. **17** [1952] 164, 175).

Dihydrochlorid $C_{16}H_{18}N_4O_5 \cdot 2$ HCl. Kristalle (aus Me. + äthanol. HCl) mit 0,5 Mol H_2O; F: 209—210° [Zers.].

*Opt.-inakt. 3-[3-(3-Methoxy-[2]piperidyl)-2-oxo-propyl]-5-nitro-3H-chinazolin-4-on $C_{17}H_{20}N_4O_5$, Formel V (R = CH_3).

B. Aus 5-Nitro-3H-chinazolin-4-on analog dem entsprechenden 5,6-Dichlor-Derivat [S. 389] (*Baker et al.,* J. org. Chem. **17** [1952] 164, 174).

Dihydrochlorid $C_{17}H_{20}N_4O_5 \cdot 2$ HCl. Kristalle (aus Me. + äthanol. HCl); F: 212° bis 213° [Zers.].

6-Nitro-3H-chinazolin-4-on $C_8H_5N_3O_3$, Formel VI (R = X′ = H, X = NO_2), und Tautomere (E I 246).

B. Beim Erwärmen von 4-Chlor-6-nitro-chinazolin mit H_2O oder wss. HCl (*Keneford et al.,* Soc. **1950** 1104, 1105, 1106). Beim Erwärmen von 6-Nitro-chinazolin-4-ylamin mit wss. NaOH (*Morley, Simpson,* Soc. **1948** 360, 364) oder wss. HCl (*Mo., Si.; Ke. et al.*).

Kristalle (aus Me. oder Eg.); F: 286° (*Tsuda et al.,* J. pharm. Soc. Japan **62** [1942] 69, 72; dtsch. Ref. S. 26; C. A. **1951** 1580). λ_{max} (A.): 316,5 nm (*Hearn et al.,* Soc. **1951** 3318, 3321).

1-Methyl-6-nitro-1H-chinazolin-4-on $C_9H_7N_3O_3$, Formel VII (X = NO_2, X′ = H).

B. Aus 1-Methyl-1H-chinazolin-4-on, wss. HNO_3 und konz. H_2SO_4 (*Morley, Simpson,* Soc. **1949** 1354). Beim Erhitzen von N-[6-Nitro-chinazolin-4-yl]-acetamid oder von 6-Nitro-4-phenoxy-chinazolin mit Toluol-4-sulfonsäure-methylester auf 160° und anschliessenden Erwärmen mit wss. HCl (*Morley, Simpson,* Soc. **1948** 360, 365).

Kristalle (aus H_2O); F: 272—273° [unkorr.] (*Mo., Si.,* Soc. **1948** 365). λ_{max} (A.): 274 nm(?) und 322 nm (*Hearn et al.,* Soc. **1951** 3318, 3321, 3328).

Toluol-4-sulfonat $C_9H_7N_3O_3 \cdot C_7H_8O_3S$. Kristalle (aus A.) mit 1 Mol H_2O; F: 237° bis 238° [unkorr.] (*Mo., Si.,* Soc. **1948** 365).

3-Methyl-6-nitro-3H-chinazolin-4-on $C_9H_7N_3O_3$, Formel VI (R = CH_3, X = NO_2, X′ = H) (E I 246).

B. Beim Erhitzen von 2-Amino-5-nitro-benzoesäure mit N-Methyl-formamid auf 200° (*Tsuda et al.,* J. pharm. Soc. Japan **62** [1942] 69, 72; dtsch. Ref. S. 26; C. A. **1951** 1580). Beim Behandeln von 6-Nitro-3H-chinazolin-4-on mit Diazomethan in Methanol und Äther (*Ts. et al.*) oder mit Dimethylsulfat und wss. KOH (*Morley, Simpson,* Soc. **1948** 360, 365).

Kristalle (aus Me.); F: 197° (*Ts. et al.*). λ_{max} (A.): 222 nm und 317,5 nm (*Hearn et al.,* Soc. **1951** 3318, 3321, 3328).

7-Nitro-3H-chinazolin-4-on $C_8H_5N_3O_3$, Formel VI (R = X = H, X' = NO_2), auf S. 393, und Tautomere (H 146).

B. Beim Erhitzen von 2-Amino-4-nitro-benzoesäure mit Formamid und $POCl_3$ auf 120° (*Tsuda et al.*, J. pharm. Soc. Japan **62** [1942] 69, 72; dtsch. Ref. S. 26; C. A. **1951** 1580; vgl. H 146). Beim Erwärmen von 4-Chlor-7-nitro-chinazolin mit H_2O (*Keneford et al.*, Soc. **1950** 1104, 1105, 1106). Beim Erwärmen von 7-Nitro-chinazolin-4-ylamin mit wss. NaOH (*Morley, Simpson*, Soc. **1948** 360, 364) oder mit wss. HCl (*Mo., Si.*; *Ke. et al.*).

Gelbe Kristalle (aus Me.); F: 274° (*Ts. et al.*).

1-Methyl-7-nitro-1H-chinazolin-4-on $C_9H_7N_3O_3$, Formel VII (X = H, X' = NO_2).

B. Beim Erhitzen von N-[7-Nitro-chinazolin-4-yl]-acetamid oder von 7-Nitro-4-phen≈oxy-chinazolin mit Toluol-4-sulfonsäure-methylester auf 160° und anschliessenden Er≈wärmen mit wss. HCl (*Morley, Simpson*, Soc. **1948** 360, 366).

Rötliche Kristalle (aus H_2O) mit 0,66 Mol H_2O; F: 218—219°.

Toluol-4-sulfonat $C_9H_7N_3O_3 \cdot C_7H_8O_3S$. Kristalle (aus H_2O) mit 1 Mol H_2O; F: 251—252°.

VII   VIII   IX   X   XI

3-Methyl-7-nitro-3H-chinazolin-4-on $C_9H_7N_3O_3$, Formel VI (R = CH_3, X = H, X' = NO_2) auf S. 393.

B. Beim Erhitzen von 2-Amino-4-nitro-benzoesäure mit Methylformamid auf 230° oder unter Zusatz von $POCl_3$ auf 120° (*Tsuda et al.*, J. pharm. Soc. Japan **62** [1942] 69, 73; dtsch. Ref. S. 26; C. A. **1951** 1580). Aus 7-Nitro-3H-chinazolin-4-on, Dimethyl≈sulfat und wss. KOH (*Morley, Simpson*, Soc. **1948** 360, 365).

Hellgelbe Kristalle; F: 212° [aus Me.] (*Ts. et al.*), 210—211° [aus A.] (*Mo., Si.*).

8-Nitro-3H-chinazolin-4-on $C_8H_5N_3O_3$, Formel VIII (R = X = H), und Tautomere.

B. Beim Erhitzen von 2-Amino-3-nitro-benzoesäure mit Formamid auf 210° (*Tsuda et al.*, J. pharm. Soc. Japan **62** [1942] 69, 73; dtsch. Ref. S. 26; C. A. **1951** 1580; *Elder-field et al.*, J. org. Chem. **12** [1947] 405, 413) oder mit Formamid und $POCl_3$ auf 100° (*Ts. et al.*).

Kristalle; F: 250—251° [korr.; aus Nitrobenzol oder wss. Py.] (*El. et al.*), 248° [aus Me.] (*Ts. et al.*).

3-Methyl-8-nitro-3H-chinazolin-4-on $C_9H_7N_3O_3$, Formel VIII (R = CH_3, X = H).

B. Beim Erhitzen von 2-Amino-3-nitro-benzoesäure mit Methylformamid und $POCl_3$ auf 120° (*Tsuda et al.*, J. pharm. Soc. Japan **62** [1942] 69, 73; dtsch. Ref. S. 26; C. A. **1951** 1580). Aus 8-Nitro-3H-chinazolin-4-on und Diazomethan in Methanol und Äther (*Ts. et al.*).

Hellgelbe Kristalle (aus Me.); F: 157°.

6-Chlor-8-nitro-3H-chinazolin-4-on $C_8H_4ClN_3O_3$, Formel VIII (R = H, X = Cl), und Tautomere.

B. Beim Erhitzen von 2-Amino-5-chlor-3-nitro-benzoesäure mit Formamid auf 160° (*ICI*, D.B.P. 1000386 [1957]; U.S.P. 2794018 [1954]).

Gelbe Kristalle (aus Nitrobenzol); F: 245—246°.

6-Chlor-3-methyl-8-nitro-3H-chinazolin-4-on $C_9H_6ClN_3O_3$, Formel VIII (R = CH_3, X = Cl).

B. Beim Erhitzen von 2-Amino-5-chlor-3-nitro-benzoesäure mit Methylformamid und $POCl_3$ auf 130° (*Tsuda et al.*, J. pharm. Soc. Japan **62** [1942] 69, 74; dtsch. Ref. S. 26;

C. A. **1951** 1580).
Kristalle (aus Me.); F: 230°.

6,8-Dinitro-3H-chinazolin-4-on $C_8H_4N_4O_5$, Formel VIII (R = H, X = NO_2), und Tautomere.

B. Beim Erhitzen von 2-Amino-3,5-dinitro-benzoesäure mit Formamid und $POCl_3$ auf 120° (*Tsuda et al.*, J. pharm. Soc. Japan **62** [1942] 69, 74; dtsch. Ref. S. 26; C. A. **1951** 1580).
Kristalle (aus Me.); F: 235°.

3-Methyl-6,8-dinitro-3H-chinazolin-4-on $C_9H_6N_4O_5$, Formel VIII (R = CH_3, X = X' = NO_2).

B. In mässiger Ausbeute beim Erhitzen von 2-Amino-3,5-dinitro-benzoesäure mit Methylformamid und $POCl_3$ auf 110° (*Tsuda et al.*, J. pharm. Soc. Japan **62** [1942] 69, 75; dtsch. Ref. S. 26; C. A. **1951** 1580).
Gelbe Kristalle (aus Eg.); F: 229°.

3H-Chinazolin-4-thion $C_8H_6N_2S$, Formel IX, und Tautomere (z.B. Chinazolin-4-thiol).
B. Aus 4-Chlor-chinazolin und KHS (*Kendall*, Brit.P. 425609 [1933]). Beim Erhitzen von 3H-Chinazolin-4-on mit P_2S_5 in Xylol (*Leonard, Curtin*, J. org. Chem. **11** [1946] 349, 350) oder in Pyridin (*Libermann, Rouaix*, Bl. **1959** 1793, 1794).
Gelbe Kristalle; F: 329° [Zers.] (*Culbertson et al.*, Am. Soc. **74** [1952] 4834, 4835), 324−325° [unkorr.; nach Dunkelfärbung bei 300°] (*Le., Cu.*), 320° (*Li., Ro.*). IR-Spektrum (Nujol; 2,8−14 μ): *Cu. et al.*, l. c. S. 4837.

1H-Chinazolin-2-on $C_8H_6N_2O$, Formel X, und Tautomeres (Chinazolin-2-ol) (H 146).
F: 280−282° (*Poštowskii et al.*, Ž. org. Chim. **11** [1975] 875, 879; engl. Ausg. S. 863, 866). ^{1}H-NMR-Absorption (Trifluoressigsäure): *Po. et al.*, l. c. S. 877. IR-Spektrum (Nujol; 2,8−14 μ): *Culbertson et al.*, Am. Soc. **74** [1952] 4834, 4837. IR-Banden (Paraffinöl sowie Perfluorkohlenwasserstoff; 3240−1060 cm^{-1}): *Po. et al.*; s. a. *Mason*, Soc. **1957** 4874, 4876. λ_{max} in wss. Lösungen vom pH −0,8, pH 5 und pH 13: *Brown, Mason*, Soc. **1956** 3443, 3445; vom pH 1, pH 7 und pH 12: *Po. et al.* Scheinbare Dissoziationsexponenten pK'_{a1} und pK'_{a2} (H_2O; spektrophotometrisch ermittelt) bei 20°: 1,30 bzw. 10,69 (*Albert, Phillips*, Soc. **1956** 1294, 1300).

3-Phenyl-3H-chinazolin-2-thion $C_{14}H_{10}N_2S$, Formel XI (R = H) (E II **25** 9 im Artikel 3-Phenyl-4-oxy-2-thion-1.2.3.4-tetrahydro-chinazolin).
Bildung der nachstehend beschriebenen Additionsverbindungen aus den Additionsverbindungen von 4-Äthoxy-3-phenyl-3,4-dihydro-1H-chinazolin-2-thion mit $HgCl_2$, $HgBr_2$ bzw. HgI_2: *Gheorghiu, Manolescu*, Bl. [5] **3** [1936] 1353, 1363ff.
Verbindung mit Quecksilber(II)-chlorid $C_{14}H_{10}N_2S \cdot HgCl_2$. Gelbes Pulver; F: 290−292°.
Verbindung mit Quecksilber(II)-perchlorat 2 $C_{14}H_{10}N_2S \cdot Hg(ClO_4)_2$. Gelbliche Kristalle; F: 279−282° [rote Schmelze].
Verbindungen mit Quecksilber(II)-bromid $C_{14}H_{10}N_2S \cdot HgBr_2$. Gelbe Kristalle; F: 276°. — Perchlorat $C_{14}H_{10}N_2 \cdot HgBr_2 \cdot HClO_4$. Orangefarbene Kristalle; F: 233° [nach Sintern ab 200°; rote Schmelze].
Verbindung mit Quecksilber(II)-jodid $C_{14}H_{10}N_2S \cdot HgI_2$. Orangegelbe Kristalle; F: 252−253°.

3-p-Tolyl-3H-chinazolin-2-thion $C_{15}H_{12}N_2S$, Formel XI (R = CH_3).
Bildung der nachstehend beschriebenen Additionsverbindungen analog den vorangehenden Verbindungen: *Manolescu-Pavelescu*, Ann. scient. Univ. Jassy **25** [1939] 223, 250.
Verbindung mit Quecksilber(II)-chlorid $C_{15}H_{12}N_2S \cdot HgCl_2$. Gelbes Pulver; F: 268° [unter Schwarzfärbung].
Verbindung mit Quecksilber(II)-bromid $C_{15}H_{12}N_2S \cdot HgBr_2$. Gelbes Pulver; F: 268°.

1*H*-Chinoxalin-2-on $C_8H_6N_2O$, Formel I (R = X = H), und Tautomeres (Chinoxalin-2-ol) (H 147; E II 72).

B. Beim Erwärmen von *o*-Phenylendiamin-hydrochlorid mit Chloralhydrat, Na_2SO_4 und $NH_2OH \cdot HCl$ in wss. HCl (*Morsch*, M. **55** [1930] 144, 147). Aus *o*-Phenylendiamin beim Erwärmen mit Glyoxylsäure-äthylester in Äthanol (*Gowenlock et al.*, Soc. **1945** 622, 624; *Libermann, Rouaix*, Bl. **1959** 1793, 1795), mit Glyoxylsäure-butylester in Äthanol (*Atkinson et al.*, Soc. **1956** 26, 27) oder mit Glyoxylsäure-butylester in H_2O (*Cheeseman*, Soc. **1957** 3236, 3237; *Merck & Co. Inc.*, U.S.P. 2537870 [1946]). Neben anderen Verbindungen beim Erwärmen von *o*-Phenylendiamin mit 1,2-Diäthoxy-1,2-dichlor-äthan (*Baganz, Pflug*, B. **89** [1956] 689, 694). Beim Bestrahlen einer wss. Lösung von Chinoxalin-1-oxid mit UV-Licht (*Landquist*, Soc. **1953** 2830, 2831).

Kristalle; F: 271—272° [korr.; nach Sublimation] (*Freeman, Spoerri*, J. org. Chem. **16** [1951] 438, 441), 271° [nach Sublimation bei 200°/0,5 Torr] (*Go. et al.*), 269,5—271° [unkorr.; aus H_2O, Bzl., Nitrobenzol oder Eg.] (*Mo.*). IR-Banden (KBr, $CHCl_3$ sowie CCl_4; 3400—1640 cm^{-1}): *Mason*, Soc. **1957** 4874, 4875. Absorptionsspektrum in wss. Lösungen vom pH −3,5 (220—460 nm) und pH 4 (220—380 nm): *Cheeseman*, Soc. **1958** 108, 109, 110; in wss. HCl [0,1 n] (215—380 nm): *La.*; in wss. Lösungen vom pH 7—10 (215—380 nm): *Tombácz*, Acta Univ. Szeged [NS] **3** [1957] 56, 58, 59. λ_{max} (wss. Lösung vom pH 12,8): 237 nm, 282 nm, 288 nm und 350 nm (*Ch.*, Soc. **1958** 110). Scheinbarer Dissoziationsexponent pK'_{a1} (H_2O; spektrophotometrisch ermittelt) bei 20°: −1,37 (*Albert, Phillips*, Soc. **1956** 1294, 1300); bei Raumtemperatur: −1,38 (*Ch.*, Soc. **1958** 110). Scheinbarer Dissoziationsexponent pK'_{a2} (H_2O; potentiometrisch ermittelt) bei 20°: 9,08 (*Albert et al.*, Soc. **1952** 1620, 1622 Anm.); bei 25°: 9,12 (*Ch.*, Soc. **1958** 110). Polarographisches Halbstufenpotential (wss. Lösungen vom pH 1—13): *Furlani*, G. **85** [1955] 1646, 1648, 1650. Löslichkeit in H_2O: *Mo.*

2-Imino-1,2-dihydro-chinoxalin, 1*H*-Chinoxalin-2-on-imin $C_8H_7N_3$ s. Chinoxalin-2-ylamin (Syst.-Nr. 3716).

1*H*-Chinoxalin-2-on-hydrazon $C_8H_8N_4$ s. 2-Hydrazino-chinoxalin (Syst.-Nr. 3783).

4-Oxy-1*H*-chinoxalin-2-on, 1*H*-Chinoxalin-2-on-4-oxid $C_8H_6N_2O_2$, Formel II (R = H), und Tautomeres.

B. Bei der Einwirkung von Sonnenlicht auf Chinoxalin-1,4-dioxid in H_2O (*Landquist*, Soc. **1953** 2830, 2832). Beim Erwärmen von 3-Methansulfonyl-chinoxalin-1-oxid mit wss. NaOH (*Cheeseman*, Soc. **1957** 3236, 3238).

Hellgelbe Kristalle; F: 274—275° [aus Eg.] (*La.*), 274—275° [Zers.; aus A.] (*Ch.*). Bei 210°/0,5 Torr sublimierbar (*Ch.*). UV-Spektrum (wss. HCl [0,1 n]; 220—380 nm): *La.*, l. c. S. 2831.

1-Methyl-1*H*-chinoxalin-2-on $C_9H_8N_2O$, Formel I (R = CH_3, X = H) (H 147; E II 72).

B. Beim Erwärmen von *N*-Methyl-*o*-phenylendiamin mit Glyoxylsäure-butylester in wss. Essigsäure (*Cheeseman*, Soc. **1957** 3236, 3239). Aus 1*H*-Chinoxalin-2-on, Dimethylsulfat und wss. NaOH (*Cheeseman*, Soc. **1955** 1804, 1806).

Kristalle (aus PAe.); F: 120—121° (*Ch.*, Soc. **1955** 1806). Absorptionsspektrum in wss. Lösungen vom pH −3 (220—460 nm) und vom pH 4,5 (220—380 nm): *Cheeseman*, Soc. **1958** 108, 109, 110. λ_{max} in Cyclohexan (230—365 nm): *Ch.*, Soc. **1958** 110; in Äthanol (230—350 nm): *Clark-Lewis*, Soc. **1957** 422, 426; *Ch.*, Soc. **1958** 110. Scheinbarer Dissoziationsexponent pK'_a (H_2O; spektrophotometrisch ermittelt) bei Raumtemperatur: −1,15 (*Ch.*, Soc. **1958** 110).

1-Methyl-4-oxy-1*H*-chinoxalin-2-on, 1-Methyl-1*H*-chinoxalin-2-on-4-oxid $C_9H_8N_2O_2$, Formel II (R = CH_3).

Die früher (E II **24** 72) unter dieser Konstitution beschriebene Verbindung (F: 192° bis 194°) ist als 1-Methyl-indolin-2,3-dion-3-oxim (E III/IV **21** 4992) erkannt worden (*Clark-Lewis, Katekar*, Soc. **1959** 2825, 2827).

B. Aus 1*H*-Chinoxalin-2-on-4-oxid und CH_3I in wss.-methanol. NaOH (*Landquist*, Soc. **1953** 2830, 2832).

Kristalle; F: 210—211° [aus Me.] (*Cheeseman*, Soc. **1957** 3236, 3238), 208—209° [aus Bzl.] (*La.*). Bei 200°/0,5 Torr sublimierbar (*Ch.*).

I   II   III   IV

3-Chlor-1H-chinoxalin-2-on $C_8H_5ClN_2O$, Formel I (R = H, X = Cl), und Tautomeres.
B. Beim Erhitzen von 1,4-Dihydro-chinoxalin-2,3-dion mit $POCl_3$ (*I. G. Farbenind.*, D.R.P. 651750 [1936]; Frdl. **24** 878).
Kristalle (aus Nitrobenzol); F: 267°.

3-Chlor-1-methyl-1H-chinoxalin-2-on $C_9H_7ClN_2O$, Formel I (R = CH_3, X = Cl).
B. Beim Erhitzen von 1-Methyl-1,4-dihydro-chinoxalin-2,3-dion mit $POCl_3$ (*Cheeseman*, Soc. **1955** 1804, 1807).
Kristalle (aus PAe.); F: 131—133°.

5-Chlor-1H-chinoxalin-2-on $C_8H_5ClN_2O$, Formel III, und Tautomeres.
B. Beim Erhitzen von 3-Chlor-o-phenylendiamin mit Glyoxylsäure-butylester in wss. Äthanol (*Wolf et al.*, Am. Soc. **71** [1949] 6, 7; *Merck & Co. Inc.*, D.B.P. 2433397 [1974]).
Kristalle; F: 313—315° [aus THF] (*Merck & Co. Inc.*), 310° [aus wss. NaOH + Eg.] (*Wolf et al.*).

6-Chlor-1H-chinoxalin-2-on $C_8H_5ClN_2O$, Formel IV (X = Cl, X' = H), und Tautomeres.
B. Beim Erwärmen von 6-Chlor-3,4-dihydro-1H-chinoxalin-2-on mit $AgNO_3$ und wss. NH_3 (*Crowther et al.*, Soc. **1949** 1260, 1265).
Kristalle (aus 2-Äthoxy-äthanol); F: 305°.

7-Chlor-1H-chinoxalin-2-on $C_8H_5ClN_2O$, Formel IV (X = H, X' = Cl), und Tautomeres.
B. Beim Erwärmen von 7-Chlor-3,4-dihydro-1H-chinoxalin-2-on mit $AgNO_3$ und wss. NH_3 (*Crowther et al.*, Soc. **1949** 1260, 1264) oder mit H_2O_2 und wss. NaOH (*Wear, Hamilton*, Am. Soc. **72** [1950] 2893).
Kristalle; F: 270° [Zers.; aus 2-Äthoxy-äthanol] (*Cr. et al.*), 261—263° [aus A.] (*Wear, Ha.*), 251—252° (*Ahmad et al.*, Bl. chem. Soc. Japan **38** [1965] 1659, 1661).

6,7-Dichlor-1H-chinoxalin-2-on $C_8H_4Cl_2N_2O$, Formel IV (X = X' = Cl), und Tautomeres.
B. Beim Erhitzen von 6,7-Dichlor-3-oxo-3,4-dihydro-chinoxalin-2-carbonsäure in Nitrobenzol (*Acheson*, Soc. **1956** 4731, 4735).
Kristalle (aus Propan-1-ol); F: 343° [Zers.].

6-Nitro-1H-chinoxalin-2-on $C_8H_5N_3O_3$, Formel IV (X = NO_2, X' = H), und Tautomeres.
B. Neben 7-Nitro-1H-chinoxalin-2-on (s. u.) beim Erwärmen von 4-Nitro-o-phenylendiamin mit Diäthoxyessigsäure-äthylester in Äthanol (*Horner et al.*, A. **579** [1953] 212, 231) oder mit Glyoxylsäure-butylester in wss. Äthanol (*Wolf et al.*, Am. Soc. **71** [1949] 6, 7). Aus 2-Chlor-6-nitro-chinoxalin und wss. NaOH (*Ho. et al.*).
Kristalle; F: 306° [unkorr.; aus Me.] (*Otomasu, Yoshida*, Chem. pharm. Bl. **8** [1960] 475, 477), 294° [aus A.] (*Ho. et al.*). Absorptionsspektrum (Me.; 235—420 nm): *Ho. et al.*, l. c. S. 218. Schmelzdiagramm des Systems mit 7-Nitro-1H-chinoxalin-2-on (s. u.): *Ho. et al.*, l. c. S. 220.

7-Nitro-1H-chinoxalin-2-on $C_8H_5N_3O_3$, Formel IV (X = H, X' = NO_2), und Tautomeres.
B. Aus 2-Chlor-7-nitro-chinoxalin und wss. NaOH (*Horner et al.*, A. **579** [1953] 212, 231; *Asano*, J. pharm. Soc. Japan **79** [1959] 658; C. A. **1959** 21979) oder wss.-äthanol. HCl (*Atkinson et al.*, Soc. **1956** 26, 29). Aus 1H-Chinoxalin-2-on, HNO_3 und Essigsäure (*As.*). Beim Erwärmen von 7-Nitro-3,4-dihydro-1H-chinoxalin-2-on mit wss. $KMnO_4$ und wss. NaOH (*Ho. et al.*, l. c. S. 232; *Scoffone et al.*, G. **87** [1957] 354, 365). Eine weitere Bildungsweise s. im vorangehenden Artikel.
Gelbe Kristalle; F: 275—276° [aus Nitromethan bzw. aus Me.] (*At. et al.; As.*), 273°

[aus A.] (*Ho. et al.*). Absorptionsspektrum (Me.; 235—420 nm): *Ho. et al.*, l. c. S. 218. Schmelzdiagramm des Systems mit 6-Nitro-1*H*-chinoxalin-2-on (S. 398): *Ho. et al.*, l. c. S. 220.

1*H*-Chinoxalin-2-thion $C_8H_6N_2S$, Formel V, und Tautomeres (Chinoxalin-2-thiol).
B. Beim Erwärmen von *S*-Chinoxalin-2-yl-thiouronium-chlorid mit wss. NaOH (*Wolf et al.*, Am. Soc. **76** [1954] 2266).
Orangefarbene Kristalle (aus Me.); F: 204—205° (*Wolf et al.*). Absorptionsspektrum in wss. Lösungen vom pH —3,3 (220—550 nm) und vom pH 3,8 (220—470 nm): *Cheeseman*, Soc. **1958** 108, 110, 112. λ_{max} (wss. Lösung vom pH 11,65): 217 nm, 279 nm und 382 nm (*Ch.*). Scheinbarer Dissoziationsexponent pK'_{a1} (H_2O; spektrophotometrisch ermittelt) bei Raumtemperatur: —1,11; scheinbarer Dissoziationsexponent pK'_{a2} (wss. A. [50%ig]; potentiometrisch ermittelt) bei 25°: 7,72 (*Ch.*).

Pyrido[1,2-*a*]pyrimidin-4-on $C_8H_6N_2O$, Formel VI (X = X' = H).
B. Beim Erhitzen von 4-Oxo-4*H*-pyrido[1,2-*a*]pyrimidin-3-carbonsäure auf 300° (*Adams, Pachter*, Am. Soc. **74** [1952] 5491, 5497). Beim Erwärmen von 2-Hydrazino-pyrido[1,2-*a*]pyrimidin-4-on mit $CuSO_4$ in wss. Essigsäure (*Oakes, Rydon*, Soc. **1958** 209).
Kristalle; F: 129° [nach Sublimation im Hochvakuum] (*Oa., Ry.*), 127° [korr.; aus PAe.] (*Ad., Pa.*). Absorptionsspektrum in Äthanol (210—360 nm): *Ad., Pa.*, l. c. S. 5493; in Methanol (210—410 nm): *Allen et al.*, J. org. Chem. **24** [1959] 779, 781, 782.

2-Chlor-pyrido[1,2-*a*]pyrimidin-4-on $C_8H_5ClN_2O$, Formel VI (X = Cl, X' = H).
B. Beim Erhitzen von Pyrido[1,2-*a*]pyrimidin-2,4-dion mit $POCl_3$ (*Snyder, Robison*, Am. Soc. **74** [1952] 4910, 4914; *Oakes, Rydon*, Soc. **1958** 209).
Kristalle; F: 159° [nach Sublimation im Hochvakuum] (*Oa., Ry.*), 155,2—156,2° [unkorr.; aus H_2O] (*Sn., Ro.*). UV-Spektrum (Isopropylalkohol; 210—370 nm): *Sn., Ro.*, l. c. S. 4911; *Adams, Pachter*, Am. Soc. **74** [1952] 5491, 5494.

V   VI   VII

2,3-Dichlor-pyrido[1,2-*a*]pyrimidin-4-on $C_8H_4Cl_2N_2O$, Formel VI (X = X' = Cl).
B. Beim Erhitzen von Pyrido[1,2-*a*]pyrimidin-2,4-dion mit $POCl_3$ und PCl_5 auf 120° (*Snyder, Robison*, Am. Soc. **74** [1952] 4910, 4914; *Oakes, Rydon*, Soc. **1958** 209).
Gelbe Kristalle; F: 230° [aus A.] (*Oa., Ry.*), 225,8—226,5° [unkorr.; aus Isopropylalkohol] (*Sn., Ro.*).

3-Brom-pyrido[1,2-*a*]pyrimidin-4-on $C_8H_5BrN_2O$, Formel VI (X = H, X' = Br).
B. Beim Erwärmen von Pyrido[1,2-*a*]pyrimidin-4-on mit *N*-Brom-succinimid in CCl_4 (*Adams, Pachter*, Am. Soc. **76** [1954] 1845).
Kristalle (aus A.); F: 133—134° [korr.].

3-Brom-2-chlor-pyrido[1,2-*a*]pyrimidin-4-on $C_8H_4BrClN_2O$, Formel VI (X = Cl, X' = Br).
B. Beim Erwärmen von 2-Chlor-pyrido[1,2-*a*]pyrimidin-4-on mit *N*-Brom-succinimid in CCl_4 (*Adams, Pachter*, Am. Soc. **76** [1954] 1845).
Kristalle (aus $CHCl_3$ + A.); F: 225—228° [korr.].

Pyrido[1,2-*a*]pyrimidin-2-on $C_8H_6N_2O$, Formel VII.
B. Neben 2-Carboxy-2,3-dihydro-1*H*-imidazo[1,2-*a*]pyridinium-bromid beim Erwärmen von [2]Pyridylamin mit 2-Brom-acrylsäure unter Zusatz von 4(?)-*tert*-Butyl-brenzcatechin (*Adams, Pachter*, Am. Soc. **74** [1952] 5491, 5496). Beim Erhitzen von 3-Hydroxy-3,4-dihydro-pyrido[1,2-*a*]pyrimidin-2-on-hydrobromid mit P_2O_5 auf 210°

(*Adams, Pachter*, Am. Soc. **74** [1952] 4906, 4909).

Kristalle (aus $CHCl_3 + CCl_4$); F: 248—250° [korr.]; bei 230°/1 Torr sublimierbar (*Ad.*, *Pa.*, l. c. S. 4909). UV-Spektrum (Me. bzw. A.; 210—360 nm): *Allen et al.*, J. org. Chem. **24** [1959] 779, 783; *Ad.*, *Pa.*, l. c. S. 5493.

Hydrobromid $C_8H_6N_2O \cdot HBr$. Kristalle (aus A.); F: 321—323° [korr.; Zers.; nach Dunkelfärbung ab 290°] (*Ad.*, *Pa.*, l. c. S. 4906).

2H-Phthalazin-1-on, Phthalazon $C_8H_6N_2O$, Formel VIII, und Tautomeres (Phthalazin-1-ol) (H 142; E II 70).

B. Beim Erhitzen von 2-Formyl-benzoesäure mit Aceton-thiosemicarbazon und Chloressigsäure in Essigsäure (*Turkewitsch, Wladsimirškaja*, Ž. obšč. Chim. **28** [1958] 1205, 1206; engl. Ausg. S. 1260). Beim Erhitzen von Isoindolin-1-on mit $N_2H_4 \cdot H_2O$ auf 200° (*Treibs et al.*, A. **574** [1951] 54, 59). Beim Erwärmen von 3-Hydroxy-isoindolin-1-on mit wss. N_2H_4 (*Dunet, Willemart*, Bl. **1948** 1081). Beim Erwärmen von 3-Äthoxy-phthalid mit $N_2H_4 \cdot H_2SO_4$ und Natriumacetat in H_2O (*Hatt, Stephenson*, Soc. **1952** 199, 203). Beim Erwärmen von 1-Chlor-phthalazin mit wss. NaOH oder konz. wss. HCl (*Badger et al.*, Chem. and Ind. **1954** 964). Neben Phthalazin beim Erhitzen von 1,4-Dichlorphthalazin mit rotem Phosphor und wss. HI (*Atkinson, Sharpe*, Soc. **1959** 3040, 3043). Beim Erhitzen von 4-Oxo-3,4-dihydro-phthalazin-1-carbonsäure in Nitrobenzol auf 250° (*Brašjunaš, Podschjunaš*, Med. Promyšl. **12** [1958] Nr. 7, S. 47, 49; C. A. **1959** 13160; vgl. H 142).

Kristalle (aus H_2O); F: 185° (*Tu., Wl.*). IR-Spektrum von 2,5 μ bis 7,5 μ (polyfluorierter Kohlenwasserstoff) und von 7,5 μ bis 14 μ (Vaseline): *Scheinker, Pomeranzew*, Ž. fiz. Chim. **30** [1956] 79, 83; C. A. **1956** 14780. IR-Banden (KBr, $CHCl_3$ sowie CCl_4; 3410—1650 cm^{-1}): *Mason*, Soc. **1957** 4874, 4875. Scheinbarer Dissoziationsexponent pK'_{a1} (H_2O; spektrophotometrisch ermittelt) bei 20°: —2; wahrer Dissoziationsexponent pK_{a2} (H_2O; potentiometrisch ermittelt) bei 20°: 11,99 (*Albert, Phillips*, Soc. **1956** 1294, 1300).

In dem beim Erwärmen mit CH_3I und wss.-methanol. NaOH erhaltenen Nebenprodukt (H 142; dort als „Jodmethylat des Phthalaldehydsäure-hydrazons" formuliert) hat unreines 4-Hydroxy-2-methyl-phthalazinium-betain ($C_9H_8N_2O$; Formel IX) vorgelegen (*Kost et al.*, J. pr. **312** [1970] 542).

1-Imino-1,2-dihydro-phthalazin, 2H-Phthalazin-1-on-imin $C_8H_7N_3$ s. Phthalazin-1-yl-amin (Syst.-Nr. 3716).

2H-Phthalazin-1-on-hydrazon $C_8H_8N_4$ s. 1-Hydrazino-phthalazin (Syst.-Nr. 3783).

4-Oxo-2-phenyl-3,4-dihydro-phthalazinium $[C_{14}H_{11}N_2O]^+$, Formel X (X = X' = X" = H), und Tautomeres.

Betain $C_{14}H_{10}N_2O$; 4-Hydroxy-2-phenyl-phthalazinium-betain. *B.* Beim Erhitzen von [4-Oxo-2-phenyl-1,2,3,4-tetrahydro-phthalazin-1-yl]-essigsäure mit wss. HCl auf 180° (*Peters et al.*, Soc. **1948** 1249). — Kristalle (aus Bzl. + Py.); F: 208°. — Beim Erwärmen mit amalgamiertem Zink und wss.-äthanol. HCl ist 2-Phenyl-isoindolin-1-on erhalten worden.

Chlorid. Kristalle (aus H_2O); F: 162—164°.

Picrat $[C_{14}H_{11}N_2O]C_6H_2N_3O_7$. Gelbe Kristalle (aus A.); F: 226°.

VIII   IX   X

2-[2-Chlor-phenyl]-4-oxo-3,4-dihydro-phthalazinium $[C_{14}H_{10}ClN_2O]^+$, Formel X (X = Cl, X' = X" = H), und Tautomeres.

Betain $C_{14}H_9ClN_2O$; 2-[2-Chlor-phenyl]-4-hydroxy-phthalazinium-betain.

B. Beim Erhitzen von [2-(2-Chlor-phenyl)-4-oxo-1,2,3,4-tetrahydro-phthalazin-1-yl]-essigsäure mit wss. H_2SO_4, mit konz. H_2SO_4 und Essigsäure oder mit wss. HCl auf 180° (*Brodrick et al.*, Soc. **1948** 1026, 1028). — Kristalle (aus wss. A.); F: 202—203°. — Beim Erhitzen mit wss. HCl auf 180° ist 2-[2-Chlor-phenyl]-2*H*-phthalazin-1-on erhalten worden. Bildung von 2-[2-Chlor-phenyl]-1,4-dimethoxy-1,2-dihydro-phthalazin beim Erwärmen mit Dimethylsulfat: *Br. et al.*

Picrat [$C_{14}H_{10}ClN_2O$]$C_6H_2N_3O_7$. Hellgelbe Kristalle (aus A.); F: 233—234°.

2-[3-Chlor-phenyl]-4-oxo-3,4-dihydro-phthalazinium [$C_{14}H_{10}ClN_2O$]$^+$, Formel X (X = X'' = H, X' = Cl), und Tautomeres.

Betain $C_{14}H_9ClN_2O$; 2-[3-Chlor-phenyl]-4-hydroxy-phthalazinium-betain. *B.* Beim Erhitzen von [2-(3-Chlor-phenyl)-4-oxo-1,2,3,4-tetrahydro-phthalazin-1-yl]-essigsäure mit wss. H_2SO_4 (*Peters et al.*, Soc. **1948** 597, 600). — Kristalle (aus A.); F: 278°.

Picrat [$C_{14}H_{10}ClN_2O$]$C_6H_2N_3O_7$. Gelbe Kristalle; F: 253—254°.

2-[4-Chlor-phenyl]-4-oxo-3,4-dihydro-phthalazinium [$C_{14}H_{10}ClN_2O$]$^+$, Formel X (X = X' = H, X'' = Cl), und Tautomeres.

Betain $C_{14}H_9ClN_2O$; 2-[4-Chlor-phenyl]-4-hydroxy-phthalazinium-betain. *B.* Analog dem im vorangehenden Artikel beschriebenen Betain (*Peters et al.*, Soc. **1948** 597, 601). — Kristalle (aus A.); F: 281—283°.

4-Oxo-2-[2,4,6-tribrom-phenyl]-3,4-dihydro-phthalazinium [$C_{14}H_8Br_3N_2O$]$^+$, Formel XI (X = X' = Br), und Tautomeres.

Betain $C_{14}H_7Br_3N_2O$; 4-Hydroxy-2-[2,4,6-tribrom-phenyl]-phthalazinium-betain. *B.* Beim Erhitzen von [4-Oxo-2-(2,4,6-tribrom-phenyl)-1,2,3,4-tetrahydro-phthalazin-1-yl]-essigsäure mit wss. H_2SO_4 oder konz. H_2SO_4 und Essigsäure (*Peters et al.*, Soc. **1948** 597, 598). — Kristalle (aus A.); F: 305° [Zers.].

Picrat [$C_{14}H_8Br_3N_2O$]$C_6H_2N_3O_7$. Hellgelbe Kristalle (aus A.); F: 266° [Zers.].

2-[2-Nitro-phenyl]-4-oxo-3,4-dihydro-phthalazinium [$C_{14}H_{10}N_3O_3$]$^+$, Formel X (X = NO_2, X' = X'' = H), und Tautomeres.

Betain $C_{14}H_9N_3O_3$; 4-Hydroxy-2-[2-nitro-phenyl]-phthalazinium-betain. *B.* Analog 2-[3-Chlor-phenyl]-4-oxo-3,4-dihydro-phthalazinium-betain [s. o.] (*Rowe et al.*, Soc. **1935** 1796, 1806). — Gelbe Kristalle (aus Me.); F: 266°.

Picrat [$C_{14}H_{10}N_3O_3$]$C_6H_2N_3O_7$. Gelbe Kristalle (aus E. oder Me.); F: 214—215°.

2-[3-Nitro-phenyl]-4-oxo-3,4-dihydro-phthalazinium [$C_{14}H_{10}N_3O_3$]$^+$, Formel X (X = X'' = H, X' = NO_2), und Tautomeres.

Betain $C_{14}H_9N_3O_3$; 4-Hydroxy-2-[3-nitro-phenyl]-phthalazinium-betain (E II **23** 337). *B.* Beim Erhitzen von [2-(3-Nitro-phenyl)-4-oxo-1,2,3,4-tetrahydro-phthalazin-1-yl]-essigsäure mit wss. HCl auf 175° (*Rowe et al.*, Soc. **1937** 90, 105). — F: 324°. — Geschwindigkeitskonstante der Überführung in 2-[3-Nitro-phenyl]-2*H*-phthalazin-1-on beim Erhitzen mit wss. HCl auf 180°: *Rowe et al.*, l. c. S. 92.

2-[4-Nitro-phenyl]-4-oxo-3,4-dihydro-phthalazinium [$C_{14}H_{10}N_3O_3$]$^+$, Formel X (X = X' = H, X'' = NO_2), und Tautomeres.

Betain $C_{14}H_9N_3O_3$; 4-Hydroxy-2-[4-nitro-phenyl]-phthalazinium-betain (E II **23** 337). *B.* Beim Erhitzen von [2-(4-Nitro-phenyl)-4-oxo-1,2,3,4-tetrahydro-phthalazin-1-yl]-essigsäure mit wss. HCl auf 150° (*Rowe et al.*, Soc. **1937** 90, 105) oder mit konz. H_2SO_4 und Essigsäure (*Rowe, Osborn*, Soc. **1947** 829, 835). — F: 333° (*Rowe, Os.*). UV-Spektrum (A.; 225—400 nm): *Rowe et al.*, l. c. S. 107. — Geschwindigkeitskonstante der Überführung in 2-[4-Nitro-phenyl]-2*H*-phthalazin-1-on beim Erhitzen mit wss. HCl auf 180°: *Rowe et al.*, l. c. S. 92.

2-[4-Chlor-2-nitro-phenyl]-4-oxo-3,4-dihydro-phthalazinium [$C_{14}H_9ClN_3O_3$]$^+$, Formel X (X = NO_2, X' = H, X'' = Cl), und Tautomeres.

Betain $C_{14}H_8ClN_3O_3$; 2-[4-Chlor-2-nitro-phenyl]-4-hydroxy-phthalazinium-betain. *B.* Beim Erhitzen von [2-(4-Chlor-2-nitro-phenyl)-4-oxo-1,2,3,4-tetrahydro-phthalazin-1-yl]-essigsäure mit wss. H_2SO_4 (*Rowe et al.*, Soc. **1935** 1796, 1807) oder mit konz. H_2SO_4 und Essigsäure (*Rowe, Osborn*, Soc. **1947** 829, 835). — Gelbe Kristalle (aus Me.); F: 263° (*Rowe, Os.*). Absorptionsspektrum (A.; 240—450 nm): *Rowe et al.*, Soc. **1937** 90, 107. — Geschwindigkeitskonstante der Überführung in 2-[4-Chlor-2-nitrophenyl]-2*H* phthalazin-1-on beim Erhitzen mit wss. HCl: *Rowe et al.*, Soc. **1937** 92. Beim Erwärmen mit Zink und wss. H_2SO_4 ist 7-Chlor-11*H*-benz[4,5]imidazo[2,1-*a*]isoindol erhalten worden (*Rowe et al.*, Soc. **1935** 1807).

Picrat $[C_{14}H_9ClN_3O_3]C_6H_2N_3O_7$. Hellgelbe Kristalle (aus Me.); F: 230° (*Rowe, Os.*).

2-[2-Chlor-5-nitro-phenyl]-4-oxo-3,4-dihydro-phthalazinium $[C_{14}H_9ClN_3O_3]^+$, Formel XII, und Tautomeres.

Betain $C_{14}H_8ClN_3O_3$; 2-[2-Chlor-5-nitro-phenyl]-4-hydroxy-phthalaziniumbetain. *B.* Beim Erhitzen von [2-(2-Chlor-5-nitro-phenyl)-4-oxo-1,2,3,4-tetrahydrophthalazin-1-yl]-essigsäure mit konz. H_2SO_4 und Essigsäure (*Rowe et al.*, Soc. **1948** 206, 208). — Kristalle (aus Me.); F: 255°.

Picrat $[C_{14}H_9ClN_3O_3]C_6H_2N_3O_7$. Gelbe Kristalle (aus A.); F: 222°.

2-[2-Chlor-4-nitro-phenyl]-4-oxo-3,4-dihydro-phthalazinium $[C_{14}H_9ClN_3O_3]^+$, Formel X (X = Cl, X′ = H, X″ = NO_2) auf S. 400, und Tautomeres.

Betain $C_{14}H_8ClN_3O_3$; 2-[2-Chlor-4-nitro-phenyl]-4-hydroxy-phthalaziniumbetain. *B.* Beim Erhitzen von [2-(2-Chlor-4-nitro-phenyl)-4-oxo-1,2,3,4-tetrahydrophthalazin-1-yl]-essigsäure mit wss. H_2SO_4 (*Rowe, Dunbar*, Soc. **1932** 11, 17) oder mit konz. H_2SO_4 und Essigsäure (*Rowe, Osborn*, Soc. **1947** 829, 835). — Gelbe Kristalle (aus A.); F: 196° (*Rowe, Os.*).

XI   XII   XIII

2-[2,6-Dichlor-4-nitro-phenyl]-4-oxo-3,4-dihydro-phthalazinium $[C_{14}H_8Cl_2N_3O_3]^+$, Formel XI (X = Cl, X′ = NO_2), und Tautomeres.

Betain $C_{14}H_7Cl_2N_3O_3$; 2-[2,6-Dichlor-4-nitro-phenyl]-4-hydroxy-phthalazinium-betain. *B.* Beim Erhitzen von [2-(2,6-Dichlor-4-nitro-phenyl)-4-oxo-1,2,3,4-tetrahydro-phthalazin-1-yl]-essigsäure mit wss. H_2SO_4 (*Rowe et al.*, Soc. **1931** 1073, 1084). — Kristalle (aus Eg.); F: 315° [Zers.] (*Rowe et al.*, Soc. **1931** 1084). — Geschwindigkeitskonstante der Überführung in 2-[2,6-Dichlor-4-nitro-phenyl]-2*H*-phthalazin-1-on beim Erhitzen mit wss. HCl auf 180°: *Rowe et al.*, Soc. **1937** 90, 92.

Picrat $[C_{14}H_8Cl_2N_3O_3]C_6H_2N_3O_7$. Gelbe Kristalle (aus A.); F: 233° (*Rowe et al.*, Soc. **1931** 1084).

2-[2-Brom-4-nitro-phenyl]-4-oxo-3,4-dihydro-phthalazinium $[C_{14}H_9BrN_3O_3]^+$, Formel X (X = Br, X′ = H, X″ = NO_2) auf S. 400, und Tautomeres.

Betain $C_{14}H_8BrN_3O_3$; 2-[2-Brom-4-nitro-phenyl]-4-hydroxy-phthalaziniumbetain. *B.* Beim Erhitzen von [2-(2-Brom-4-nitro-phenyl)-4-oxo-1,2,3,4-tetrahydrophthalazin-1-yl]-essigsäure mit konz. H_2SO_4 (*Rowe et al.*, Soc. **1935** 1134, 1136) oder mit konz. H_2SO_4 und Essigsäure (*Rowe, Osborn*, Soc. **1947** 829, 835). — Hellbraune Kristalle (aus E.); F: 209° (*Rowe, Os.*).

2-[2,6-Dibrom-4-nitro-phenyl]-4-oxo-3,4-dihydro-phthalazinium $[C_{14}H_8Br_2N_3O_3]^+$, Formel XI (X = Br, X′ = NO_2), und Tautomeres.

Betain $C_{14}H_7Br_2N_3O_3$; 2-[2,6-Dibrom-4-nitro-phenyl]-4-hydroxy-phthalazinium-betain. *B.* Beim Erhitzen von [2-(2,6-Dibrom-4-nitro-phenyl)-4-oxo-1,2,3,4-tetrahydro-phthalazin-1-yl]-essigsäure mit wss. H_2SO_4 (*Rowe et al.*, Soc. **1931** 1073, 1084). — Kristalle (aus A.); F: 306° (*Rowe et al.*, Soc. **1931** 1084). Kristalle (aus Eg.)

mit 1 Mol Essigsäure; F: 306° (*Rowe et al.*, Soc. **1931** 1084). — Geschwindigkeitskonstante der Überführung in 2-[2,6-Dibrom-4-nitro-phenyl]-2*H*-phthalazin-1-on beim Erhitzen mit wss. HCl auf 180°: *Rowe et al.*, Soc. **1937** 90, 92.

Sulfat [$C_{14}H_8Br_2N_3O_3$]$_2SO_4$. Gelbliche Kristalle; F: 283° (*Rowe et al.*, Soc. **1931** 1084).
Picrat [$C_{14}H_8Br_2N_3O_3$]$C_6H_2N_3O_7$. Gelbe Kristalle (aus A.); F: 252° (*Rowe et al.*, Soc. **1931** 1084).

2-Phenyl-2*H*-phthalazin-1-on $C_{14}H_{10}N_2O$, Formel XIII (X = X' = H) (H 143; E I 245; E II 70; dort als 2-Phenyl-phthalazon bezeichnet).

B. Beim Erhitzen von 3-Hydroxy-isoindolin-1-on mit Phenylhydrazin in Anisol (*Dunet*, *Willemart*, Bl. **1948** 1081). Beim Erhitzen von 4-Chlor-2-phenyl-2*H*-phthalazin-1-on mit rotem Phosphor und wss. HI (*Ohta*, J. pharm. Soc. Japan **63** [1943] 239, 242; C. A. **1951** 5163).

Kristalle (aus wss. A.); F: 105° (*Ohta*; *Du.*, *Wi.*).

2-[2-Chlor-phenyl]-2*H*-phthalazin-1-on $C_{14}H_9ClN_2O$, Formel XIII (X = Cl, X' = H).

B. Beim Behandeln von 2-[(2-Chlor-phenylhydrazono)-methyl]-benzoesäure mit konz. H_2SO_4 oder mit siedender Essigsäure (*Brodrick et al.*, Soc. **1948** 1026, 1028). Beim Erhitzen von 2-[2-Chlor-phenyl]-4-hydroxy-phthalazinium-betain (S. 400) mit wss. HCl auf 180° (*Br. et al.*).

Kristalle (aus Eg.); F: 127°.

2-[3-Chlor-phenyl]-2*H*-phthalazin-1-on $C_{14}H_9ClN_2O$, Formel XIII (X = H, X' = Cl).

B. Beim Erwärmen von [3-Chlor-phenyl]-hydrazin mit 2-Formyl-benzoesäure in Äthanol (*Peters et al.*, Soc. **1948** 597, 600). Beim Erhitzen von 2-[3-Chlor-phenyl]-4-hydr-oxy-phthalazinium-betain (S. 401) mit wss. HCl auf 200° (*Pe. et al.*).

Kristalle (aus A.); F: 135°.

2-[2,4,6-Tribrom-phenyl]-2*H*-phthalazin-1-on $C_{14}H_7Br_3N_2O$, Formel I (X = X' = Br).

B. Beim Erhitzen von 2-[(2,4,6-Tribrom-phenylhydrazono)-methyl]-benzoesäure mit HCl in Amylalkohol oder mit wss. HCl auf 200° (*Peters et al.*, Soc. **1948** 597, 599).

Kristalle (aus Eg.); F: 182°.

2-[2-Nitro-phenyl]-2*H*-phthalazin-1-on $C_{14}H_9N_3O_3$, Formel XIII (X = NO$_2$, X' = H).

B. Beim Behandeln von 2-[(2-Nitro-phenylhydrazono)-methyl]-benzoesäure mit konz. H_2SO_4 (*Rowe et al.*, Soc. **1936** 311, 312). Im Gemisch mit 4-Methyl-2-[2-nitro-phenyl]-2*H*-phthalazin-1-on beim Erhitzen von [2-(2-Nitro-phenyl)-4-oxo-1,2,3,4-tetrahydro-phthalazin-1-yl]-essigsäure mit wss. HCl auf 195° (*Rowe et al.*, Soc. **1937** 90, 106).

Kristalle (aus Bzl. oder wss. Eg.); F: 201° (*Rowe et al.*, Soc. **1936** 312). Schmelzpunkte von Gemischen mit 4-Methyl-2-[2-nitro-phenyl]-2*H*-phthalazin-1-on: *Rowe et al.*, Soc. **1937** 106.

2-[3-Nitro-phenyl]-2*H*-phthalazin-1-on $C_{14}H_9N_3O_3$, Formel XIII (X = H, X' = NO$_2$) (E II 71).

B. Aus 2-[(3-Nitro-phenylhydrazono)-methyl]-benzoesäure (*Rowe et al.*, Soc. **1936** 311, 312). Beim Erhitzen von 4-Hydroxy-2-[3-nitro-phenyl]-phthalazinium-betain (S. 401) mit wss. HCl auf 180° (*Rowe et al.*, Soc. **1937** 90, 100). Neben 4-Hydroxy-2-[3-nitro-phenyl]-phthalazinium-betain beim Erhitzen von [2-(3-Nitro-phenyl)-4-oxo-1,2,3,4-tetra-hydro-phthalazin-1-yl]-essigsäure mit HCl auf 165° (*Rowe et al.*, Soc. **1937** 105).

Kristalle (aus A.); F: 240° (*Rowe et al.*, Soc. **1937** 100).

2-[4-Nitro-phenyl]-2*H*-phthalazin-1-on $C_{14}H_9N_3O_3$, Formel I (X = H, X' = NO$_2$) (E II 71).

B. Analog der vorangehenden Verbindung (*Rowe et al.*, Soc. **1936** 311, 312, **1937** 90, 99, 105).

Kristalle (aus Eg.); F: 258° (*Rowe et al.*, Soc. **1937** 99). UV-Spektrum (A.; 225 nm bis 400 nm): *Rowe et al.*, Soc. **1937** 107. Schmelzpunkte von Gemischen mit 4-Methyl-2-[4-nitro-phenyl]-2*H*-phthalazin-1-on: *Rowe et al.*, Soc. **1937** 105.

2-[4-Chlor-2-nitro-phenyl]-2H-phthalazin-1-on $C_{14}H_8ClN_3O_3$, Formel II (X = NO$_2$, X′ = H, X″ = Cl).

B. Aus 2-[(4-Chlor-2-nitro-phenylhydrazono)-methyl]-benzoesäure beim Erhitzen mit Acetanhydrid oder mit Acetanhydrid und Pyridin sowie beim Behandeln mit konz. H$_2$SO$_4$ (*Rowe et al.*, Soc. **1937** 90, 97). Beim Erhitzen von 2-[4-Chlor-2-nitro-phenyl]-4-hydroxy-phthalazinium-betain (S. 401) mit wss. HCl auf 180° (*Rowe et al.*, l. c. S. 101).

Kristalle (aus Eg.); F: 213—214°. UV-Spektrum (A.; 270—375 nm): *Rowe et al.*, l. c. S. 107.

2-[2-Chlor-5-nitro-phenyl]-2H-phthalazin-1-on $C_{14}H_8ClN_3O_3$, Formel II (X = Cl, X′ = NO$_2$, X″ = H).

B. Beim Erwärmen von 2-[(2-Chlor-5-nitro-phenylhydrazono)-methyl]-benzoesäure mit konz. H$_2$SO$_4$ (*Rowe et al.*, Soc. **1948** 206, 209).

Kristalle (aus wss. A.); F: 164° [nach Sintern ab 150°].

2-[2-Chlor-4-nitro-phenyl]-2H-phthalazin-1-on $C_{14}H_8ClN_3O_3$, Formel II (X = Cl, X′ = H, X″ = NO$_2$).

B. Beim Erhitzen von 2-[(2-Chlor-4-nitro-phenylhydrazono)-methyl]-benzoesäure mit Acetanhydrid oder mit Acetanhydrid und Pyridin (*Rowe et al.*, Soc. **1936** 311, 313).

Kristalle (aus Eg. oder A.); F: 171°.

2-[2,6-Dichlor-4-nitro-phenyl]-2H-phthalazin-1-on $C_{14}H_7Cl_2N_3O_3$, Formel I (X = Cl, X′ = NO$_2$).

B. Beim Erhitzen von 2-[(2,6-Dichlor-4-nitro-phenylhydrazono)-methyl]-benzoesäure mit Acetanhydrid oder mit Acetanhydrid und Pyridin (*Rowe et al.*, Soc. **1936** 311, 313). Aus 2-[2,6-Dichlor-4-nitro-phenyl]-4-hydroxy-phthalazinium-betain (S. 402) beim Erhitzen mit wss. HCl auf 180° (*Rowe et al.*, Soc. **1937** 90, 100).

Kristalle (aus Eg. oder A.); F: 179° (*Rowe et al.*, Soc. **1936** 313). Schmelzpunkte von Gemischen mit 4-Methyl-2-[4-nitro-phenyl]-2H-phthalazin-1-on: *Rowe et al.*, Soc. **1937** 101.

2-[2-Brom-4-nitro-phenyl]-2H-phthalazin-1-on $C_{14}H_8BrN_3O_3$, Formel II (X = Br, X′ = H, X″ = NO$_2$).

B. Aus 2-[(2-Brom-4-nitro-phenylhydrazono)-methyl]-benzoesäure beim Erhitzen mit Acetanhydrid oder mit Acetanhydrid und Pyridin sowie beim Behandeln mit kalter konz. H$_2$SO$_4$ (*Rowe et al.*, Soc. **1936** 311, 313).

Kristalle (aus Eg.); F: 154°.

I   II   III

2-[2,6-Dibrom-4-nitro-phenyl]-2H-phthalazin-1-on $C_{14}H_7Br_2N_3O_3$, Formel I (X = Br, X′ = NO$_2$).

B. Aus 2-[(2,6-Dibrom-4-nitro-phenylhydrazono)-methyl]-benzoesäure beim Erhitzen mit HCl in Amylalkohol, mit Acetanhydrid oder mit Acetanhydrid und Pyridin (*Rowe et al.*, Soc. **1936** 311, 313). Aus 2-[2,6-Dibrom-4-nitro-phenyl]-4-hydroxy-phthalazinium-betain (S. 402) beim Erhitzen mit wss. HCl auf 165° (*Rowe et al.*, Soc. **1937** 90, 100).

Kristalle (aus A.); F: 190° (*Rowe et al.*, Soc. **1936** 313).

2-[2,4-Dinitro-phenyl]-2H-phthalazin-1-on $C_{14}H_8N_4O_5$, Formel II (X = X″ = NO$_2$, X′ = H).

B. Beim Erhitzen von 2-[(2,4-Dinitro-phenylhydrazono)-methyl]-benzoesäure mit konz. H$_2$SO$_4$ auf 180° (*Rowe, Osborn*, Soc. **1947** 829, 835). Beim Erhitzen von 3-[2,4-Dinitro-phenyl]-4-hydroxy-3,4-dihydro-2H-phthalazin-1-on mit konz. H$_2$SO$_4$ auf 180°

(*Rowe, Os.*, l. c. S. 834).
Grünliche Kristalle (aus Me. oder Bzl.); F: 238°.

2-[2-Methyl-4-nitro-phenyl]-4-oxo-3,4-dihydro-phthalazinium $[C_{15}H_{12}N_3O_3]^+$, Formel III
(R = CH$_3$, X = NO$_2$), und Tautomeres.
    Betain $C_{15}H_{11}N_3O_3$; 4 H y d r o x y - 2 - [2 - m e t h y l - 4 - n i t r o - p h e n y l] - p h t h a l a z i n i u m -
b e t a i n. *B.* Beim Erhitzen von [2-(2-Methyl-4-nitro-phenyl)-4-oxo-1,2,3,4-tetrahydro-
phthalazin-1-yl]-essigsäure mit wss. H$_2$SO$_4$ (*Rowe, Siddle*, Soc. **1932** 473, 479). — Hellgelbe Kristalle (aus Py.); F: 279° (*Rowe, Si.*). — Geschwindigkeitskonstante der Überführung in 2-[2-Methyl-4-nitro-phenyl]-2*H*-phthalazin-1-on beim Erhitzen mit wss. HCl
auf 180°: *Rowe et al.*, Soc. **1937** 90, 92. Beim Erwärmen mit Aceton in wss. H$_2$SO$_4$
ist 4-Acetonyl-3-[2-methyl-4-nitro-phenyl]-3,4-dihydro-2*H*-phthalazin-1-on erhalten worden (*Rowe, Si.*, l. c. S. 480).
    Chlorid. Hellgelbe Kristalle (aus A.); F: 195—199° und (nach Wiedererstarren) F: 279°
(*Rowe, Si.*). Mit H$_2$O erfolgt Zersetzung (*Rowe, Si.*).
    Picrat $[C_{15}H_{12}N_3O_3]C_6H_2N_3O_7$. Hellgelbe Kristalle; F: 208—210° (*Rowe, Si.*). Beim
Umkristallisieren aus Äthanol erfolgt Zersetzung (*Rowe, Si.*).

2-[2-Methyl-4-nitro-phenyl]-2*H*-phthalazin-1-on $C_{15}H_{11}N_3O_3$, Formel II (X = CH$_3$,
X' = H, X'' = NO$_2$).
    B. Aus 2-[(2-Methyl-4-nitro-phenylhydrazono)-methyl]-benzoesäure beim Erhitzen mit
HCl in Amylalkohol (*Rowe, Siddle*, Soc. **1932** 473, 482; *Rowe et al.*, Soc. **1936** 311, 312,
313) oder mit Acetanhydrid und Pyridin (*Rowe et al.*, Soc. **1936** 313) sowie beim Behandeln mit konz. H$_2$SO$_4$ (*Rowe, Si.*; *Rowe et al.*, Soc. **1936** 313). Beim Erhitzen der
vorangehenden Verbindung mit wss. HCl auf 180° (*Rowe et al.*, Soc. **1937** 90, 99).
    Kristalle (aus A.); F: 188° (*Rowe et al.*, Soc. **1937** 99).

2-[4-Methyl-2-nitro-phenyl]-4-oxo-3,4-dihydro-phthalazinium $[C_{15}H_{12}N_3O_3]^+$, Formel III
(R = NO$_2$, X = CH$_3$), und Tautomeres.
    Betain $C_{15}H_{11}N_3O_3$; 4-H y d r o x y - 2 - [4 - m e t h y l - 2 - n i t r o - p h e n y l] - p h t h a l a z i n i u m -
b e t a i n. *B.* Beim Erhitzen von [2-(4-Methyl-2-nitro-phenyl)-4-oxo-1,2,3,4-tetrahydro-
phthalazin-1-yl]-essigsäure mit wss. H$_2$SO$_4$ (*Rowe et al.*, Soc. **1936** 1098, 1107). — Gelbe
Kristalle (aus Me.); F: 256—258° (*Rowe et al.*, Soc. **1936** 1107). — Geschwindigkeitskonstante der Überführung in 2-[4-Methyl-2-nitro-phenyl]-2*H*-phthalazin-1-on beim
Erhitzen mit wss. HCl auf 180°: *Rowe et al.*, Soc. **1937** 90, 92.

2-[4-Methyl-2-nitro-phenyl]-2*H*-phthalazin-1-on $C_{15}H_{11}N_3O_3$, Formel II (X = NO$_2$,
X' = H, X'' = CH$_3$).
    B. Beim Behandeln von 2-[(4-Methyl-2-nitro-phenylhydrazono)-methyl]-benzoesäure
mit konz. H$_2$SO$_4$ (*Rowe et al.*, Soc. **1937** 90, 97). Beim Erhitzen der vorangehenden
Verbindung mit HCl auf 170° (*Rowe et al.*, l. c. S. 100).
    Kristalle (aus Eg. oder A.); F: 195°.

2-[2-Methoxy-4-nitro-phenyl]-4-oxo-3,4-dihydro-phthalazinium $[C_{15}H_{12}N_3O_4]^+$,
Formel III (R = O-CH$_3$, X = NO$_2$), und Tautomeres.
    Betain $C_{15}H_{11}N_3O_4$; 4-H y d r o x y - 2 - [2 - m e t h o x y - 4 - n i t r o - p h e n y l] - p h t h a l a z i n -
i u m - b e t a i n. *B.* Beim Erhitzen von [2-(2-Methoxy-4-nitro-phenyl)-4-oxo-1,2,3,4-tetra-
hydro-phthalazin-1-yl]-essigsäure mit rauchender wss. HCl auf 180° oder mit wss. H$_2$SO$_4$
(*Rowe, Cross*, Soc. **1947** 461, 464). — Hellgelbe Kristalle (aus Bzl. + Py.); F: 228—229°.
Hellgelbe Kristalle (aus A.) mit 1 Mol Äthanol; F: 207—209°.
    Picrat $[C_{15}H_{12}N_3O_4]C_6H_2N_3O_7$. Hellgelbe Kristalle (aus A.); F: 229—231°.

2-[2-Methoxy-4-nitro-phenyl]-2*H*-phthalazin-1-on $C_{15}H_{11}N_3O_4$, Formel II (X = O-CH$_3$,
X' = H, X'' = NO$_2$).
    B. Beim Behandeln von 2-[(2-Methoxy-4-nitro-phenylhydrazono)-methyl]-benzoe-
säure mit konz. H$_2$SO$_4$ (*Rowe, Cross*, Soc. **1947** 461, 465). Beim Erhitzen der vorangehenden Verbindung mit wss. HCl auf 180° (*Rowe, Cr.*, l. c. S. 466).
    Kristalle (aus A.); F: 175—176°.

406 Monooxo-Verbindungen $C_nH_{2n-10}N_2O$ mit zwei Stickstoff-Ringatomen C_8

Acetyl-[1-oxo-1*H*-phthalazin-2-thiocarbonyl]-amin, 1-Oxo-1*H*-phthalazin-2-thiocarbon-säure-acetylamid $C_{11}H_9N_3O_2S$, Formel IV (R = CS-NH-CO-CH₃).
B. Beim Erhitzen von 2-Thiosemicarbazonomethyl-benzoesäure mit Acetanhydrid (*Musante, Fabbrini*, Farmaco Ed. scient. **8** [1953] 264, 274).
Kristalle (aus Eg.); F: 250°.

4-[1-Oxo-1*H*-phthalazin-2-yl]-benzoesäure $C_{15}H_{10}N_2O_3$, Formel V (R = CO-OH, X = H).
B. Beim Erwärmen von 2-Formyl-benzoesäure mit 4-Hydrazino-benzoesäure in wss. Äthanol (*Veibel et al.*, Dansk Tidsskr. Farm. **14** [1940] 184, 187, 188; *Veibel*, Acta chem. scand. **1** [1947] 54, 59, 62, 65).
Kristalle (aus A. oder wss. A.); F: 280—282°.

2-[2-Dimethylamino-äthyl]-2*H*-phthalazin-1-on $C_{12}H_{15}N_3O$, Formel IV (R = CH₂-CH₂-N(CH₃)₂).
B. Aus 2*H*-Phthalazin-1-on und [2-Chlor-äthyl]-dimethyl-amin (*Cassella*, D.B.P. 1005072 [1955]; *Fujii, Sato*, Ann. Rep. Tanabe pharm. Res. **1** [1956] Nr. 1, S. 3, 5; C. A. **1957** 6650).
Kp₂: 170—172° (*Fu., Sato*); Kp₁,₅: 145—150°; Kp₀,₅: 135—137° (*Cassella*).
Hydrochlorid $C_{12}H_{15}N_3O \cdot HCl$. F: 224° (*Lenke*, Arzneimittel-Forsch. **7** [1957] 678, 679), 220—221° (*Cassella*), 218—219° [aus A. + Acn.] (*Fu., Sato*).

2-[2-Diäthylamino-äthyl]-2*H*-phthalazin-1-on $C_{14}H_{19}N_3O$, Formel IV (R = CH₂-CH₂-N(C₂H₅)₂).
B. Beim Erwärmen von 2*H*-Phthalazin-1-on mit Diäthyl-[2-chlor-äthyl]-amin und wss. NaOH oder äthanol. Natriumäthylat in Benzol (*Cassella*, D.B.P. 1005072 [1955]).
Kp₂: 165°. Kp₁: 156—159°. n_D^{25}: 1,5637.
Hydrochlorid. F: 218° [aus Propan-1-ol].
Hydrobromid. Kristalle (aus A.); F: 212—213°.
Picrat. Kristalle (aus Cyclohexanon); F: 192—193°.
2,5-Dihydroxy-benzoat. Kristalle (aus A.); F: 145°.

2-[2-Dibutylamino-äthyl]-2*H*-phthalazin-1-on $C_{18}H_{27}N_3O$, Formel IV (R = CH₂-CH₂-N([CH₂]₃-CH₃)₂).
B. Aus 2*H*-Phthalazin-1-on und Dibutyl-[2-chlor-äthyl]-amin (*Cassella*, D.B.P. 1005072 [1955]).
Kp₀,₆: 165—170°.

2-[2-Piperidino-äthyl]-2*H*-phthalazin-1-on $C_{15}H_{19}N_3O$, Formel VI.
B. Aus 2*H*-Phthalazin-1-on und 1-[2-Chlor-äthyl]-piperidin (*Cassella*, D.B.P. 1005072 [1955]).
Kristalle (aus A.); F: 112°.
Hydrochlorid. F: 235—237°.

IV   V   VI

2-[2-Amino-phenyl]-4-oxo-3,4-dihydro-phthalazinium(?) $[C_{14}H_{12}N_3O]^+$, vermutlich Formel III (R = NH₂, X = H) auf S. 404, und Tautomeres.
Betain $C_{14}H_{11}N_3O$; 2-[2-Amino-phenyl]-4-hydroxy-phthalazinium-betain(?).
B. Beim Erhitzen von [2-(2-Amino-phenyl)-4-oxo-1,2,3,4-tetrahydro-phthalazin-1-yl]-essigsäure oder deren Lactam mit wss. H₂SO₄ (*Rowe et al.*, Soc. **1935** 1796, 1805). —
F: 165° [unreines Präparat] (*Rowe et al.*, Soc. **1935** 1805). — Beim Erwärmen mit SnCl₂, Zinn und konz. wss. HCl ist 11*H*-Benz[4,5]imidazo[2,1-*a*]isoindol erhalten worden (*Rowe et al.*, Soc. **1935** 1805), beim Erhitzen mit wss. HCl auf 180° entsteht ausserdem 2-[1*H*-

Benzimidazol-2-yl]-benzoesäure (*Rowe et al.*, Soc. **1937** 90, 105).

Sulfat. Gelbe Kristalle (aus wss. H_2SO_4); Zers. bei 190—215° [nach Sintern bei 95° bis 100°] (*Rowe et al.*, Soc. **1935** 1805).

2-[2-Amino-4-chlor-phenyl]-4-oxo-3,4-dihydro-phthalazinium $[C_{14}H_{11}ClN_3O]^+$,

Formel III (R = NH_2, X = Cl) auf S. 404, und Tautomeres.

Betain $C_{14}H_{10}ClN_3O$; 2-[2-Amino-4-chlor-phenyl]-4-hydroxy-phthalazinium-betain. *B.* Analog der vorangehenden Verbindung (*Rowe et al.*, Soc. **1935** 1796, 1805). — Grünlichgelbe Kristalle (aus A.), die bei 300—350° sublimieren [nach Dunkelfärbung bei 200°]. — Acetyl-Derivat $C_{16}H_{12}ClN_3O_2$; 2-[2-Acetylamino-4-chlor-phenyl]-4-hydroxy-phthalazinium-betain. Kristalle (aus wss. A. oder wss. Eg.); F: 130° bis 131°.

2-[2-Amino-phenyl]-2H-phthalazin-1-on $C_{14}H_{11}N_3O$, Formel V (R = H, X = NH_2).

B. Beim Erwärmen von 2-[(2-Nitro-phenylhydrazono)-methyl]-benzoesäure mit wss. Na_2S (*Rowe et al.*, Soc. **1936** 311, 312, **1937** 90, 96).

Kristalle (aus wss. A.); F: 184° (*Rowe et al.*, Soc. **1936** 312).

Beim Erhitzen mit wss. HCl auf 180° ist Benz[4,5]imidazo[2,1-a]phthalazin erhalten worden (*Rowe et al.*, Soc. **1937** 96).

Acetyl-Derivat $C_{16}H_{13}N_3O_2$; 2-[2-Acetylamino-phenyl]-2H-phthalazin-1-on. Kristalle (aus wss. A.); F: 237° (*Rowe et al.*, Soc. **1936** 312).

2-[2-Amino-4-chlor-phenyl]-2H-phthalazin-1-on $C_{14}H_{10}ClN_3O$, Formel V (R = Cl, X = NH_2).

B. Analog der vorangehenden Verbindung (*Rowe et al.*, Soc. **1937** 90, 97).

Kristalle (aus A.); F: 236°.

Acetyl-Derivat $C_{16}H_{12}ClN_3O_2$; 2-[2-Acetylamino-4-chlor-phenyl]-2H-phthalazin-1-on. Kristalle (aus A.); F: 289°.

2-[5-Amino-2-chlor-phenyl]-4-oxo-3,4-dihydro-phthalazinium $[C_{14}H_{11}ClN_3O]^+$,

Formel VII (X = NH_2, X' = X'' = H), und Tautomeres.

Betain $C_{14}H_{10}ClN_3O$; 2-[5-Amino-2-chlor-phenyl]-4-hydroxy-phthalazinium-betain. *B.* Beim Erhitzen von [2-(5-Amino-2-chlor-phenyl)-4-oxo-1,2,3,4-tetrahydro-phthalazin-1-yl]-essigsäure mit konz. H_2SO_4 und Essigsäure (*Rowe et al.*, Soc. **1948** 206, 208). — Gelbe Kristalle (aus Py.); F: 258° [Zers.]. — Acetyl-Derivat $C_{16}H_{12}ClN_3O_2$; 2-[5-Acetylamino-2-chlor-phenyl]-4-hydroxy-phthalazinium-betain. Kristalle (aus Eg.); F: 309—310° [Zers.].

2-[3-Amino-phenyl]-2H-phthalazin-1-on $C_{14}H_{11}N_3O$, Formel VIII (X = NH_2, X' = H) (E II 71).

B. Aus 2-[3-Nitro-phenyl]-2H-phthalazin-1-on und Na_2S in wss. Äthanol (*Rowe et al.*, Soc. **1936** 311, 312).

Acetyl-Derivat $C_{16}H_{13}N_3O_2$; 2-[3-Acetylamino-phenyl]-2H-phthalazin-1-on. Kristalle (aus wss. A.); F: 225°.

2-[5-Amino-2-chlor-phenyl]-2H-phthalazin-1-on $C_{14}H_{10}ClN_3O$, Formel VIII (X = NH_2, X' = Cl).

B. Aus 2-[2-Chlor-5-nitro-phenyl]-2H-phthalazin-1-on und Na_2S in wss. Äthanol (*Rowe et al.*, Soc. **1948** 206, 209).

Kristalle (aus A. + PAe.); F: 160°.

Acetyl-Derivat $C_{16}H_{12}ClN_3O_2$; 2-[5-Acetylamino-2-chlor-phenyl]-2H-phthalazin-1-on. Kristalle (aus A. + PAe.); F: 247°.

2-[4-Amino-2-chlor-phenyl]-4-oxo-3,4-dihydro-phthalazinium $[C_{14}H_{11}ClN_3O]^+$,

Formel VII (X = X'' = H, X' = NH_2), und Tautomeres.

Betain $C_{14}H_{10}ClN_3O$; 2-[4-Amino-2-chlor-phenyl]-4-hydroxy-phthalazinium-betain. *B.* Aus [2-(4-Amino-2-chlor-phenyl)-4-oxo-1,2,3,4-tetrahydro-phthalazin-1-yl]-essigsäure (*Rowe, Dunbar*, Soc. **1932** 11, 15). — Gelbe Kristalle (aus A.); F: 240° [Zers.]. — Acetyl-Derivat $C_{16}H_{12}ClN_3O_2$; 2-[4-Acetylamino-2-chlor-phenyl]-4-hydroxy-phthalazinium-betain. Kristalle (aus A.); F: 321° [Zers.; nach Dunkelfärbung bei 290°].

2-[4-Amino-2,6-dichlor-phenyl]-4-oxo-3,4-dihydro-phthalazinium $[C_{14}H_{10}Cl_2N_3O]^+$,
Formel VII (X = H, X′ = NH_2, X″ = Cl), und Tautomeres.

Betain $C_{14}H_9Cl_2N_3O$; 2-[4-Amino-2,6-dichlor-phenyl]-4-hydroxy-phthal‍azinium-betain. *B.* Aus 2-[2,6-Dichlor-4-nitro-phenyl]-4-hydroxy-phthalazinium-betain (S. 402) und wss. Na_2S (*Rowe et al.*, Soc. **1931** 1073, 1084). Beim Erhitzen von [2-(4-Amino-2,6-dichlor-phenyl)-4-oxo-1,2,3,4-tetrahydro-phthalazin-1-yl]-essigsäure mit wss. H_2SO_4 (*Rowe et al.*, l. c. S. 1081). — Gelbe Kristalle (aus A.); F: 302°. — Acetyl-Derivat $C_{16}H_{11}Cl_2N_3O_2$; 2-[4-Acetylamino-2,6-dichlor-phenyl]-4-hy‍droxy-phthalazinium-betain. Kristalle (aus A.); F: 334°.

2-[4-Amino-2-brom-phenyl]-4-oxo-3,4-dihydro-phthalazinium $[C_{14}H_{11}BrN_3O]^+$,
Formel IX (X = Br, X′ = NH_2, X″ = H), und Tautomeres.

Betain $C_{14}H_{10}BrN_3O$; 2-[4-Amino-2-brom-phenyl]-4-hydroxy-phthalazin‍ium-betain. *B.* Beim Erhitzen von [2-(4-Amino-2-brom-phenyl)-4-oxo-1,2,3,4-tetra‍hydro-phthalazin-1-yl]-essigsäure mit wss. H_2SO_4 (*Rowe et al.*, Soc. **1935** 1134, 1136). — Kristalle (aus A.); F: 242°.

VII   VIII   IX

2-[4-Amino-2,6-dibrom-phenyl]-4-oxo-3,4-dihydro-phthalazinium $[C_{14}H_{10}Br_2N_3O]^+$,
Formel IX (X = X″ = Br, X′ = NH_2), und Tautomeres.

Betain $C_{14}H_9Br_2N_3O$; 2-[4-Amino-2,6-dibrom-phenyl]-4-hydroxy-phthal‍azinium-betain. *B.* Aus 2-[2,6-Dibrom-4-nitro-phenyl]-4-hydroxy-phthalazinium-betain (S. 402) und wss. Na_2S (*Rowe et al.*, Soc. **1931** 1073, 1084). Beim Erhitzen von [2-(4-Amino-2,6-dibrom-phenyl)-4-oxo-1,2,3,4-tetrahydro-phthalazin-1-yl]-essigsäure mit wss. H_2SO_4 (*Rowe et al.*, l. c. S. 1082). — Gelbe Kristalle (aus A.); F: 304°. Kristalle (aus Eg.) mit 1 Mol Essigsäure; F: 315°. — Acetyl-Derivat $C_{16}H_{11}Br_2N_3O_2$; 2-[4-Acetylamino-2,6-dibrom-phenyl]-4-hydroxy-phthalazinium-betain. Bräun‍liche Kristalle (aus Eg.); F: 338°.

2-[4-Amino-phenyl]-2H-phthalazin-1-on $C_{14}H_{11}N_3O$, Formel X (X = X′ = H) (E II 71).
B. Beim Erwärmen von 2-[(4-Nitro-phenylhydrazono)-methyl]-benzoesäure mit wss. Na_2S (*Rowe et al.*, Soc. **1936** 311, 313).

2-[4-Amino-2-chlor-phenyl]-2H-phthalazin-1-on $C_{14}H_{10}ClN_3O$, Formel X (X = Cl, X′ = H).
B. Analog der vorangehenden Verbindung (*Rowe et al.*, Soc. **1936** 311, 313). Kristalle (aus wss. A.); F: 186°.

Acetyl-Derivat $C_{16}H_{12}ClN_3O_2$; 2-[4-Acetylamino-2-chlor-phenyl]-2H-phthalazin-1-on. Kristalle (aus wss. A.); F: 247°.

2-[4-Amino-2,6-dichlor-phenyl]-2H-phthalazin-1-on $C_{14}H_9Cl_2N_3O$, Formel X (X = X′ = Cl).
B. Analog den vorangehenden Verbindungen (*Rowe et al.*, Soc. **1936** 311, 313). Kristalle (aus wss. A.); F: 226°.

Acetyl-Derivat $C_{16}H_{11}Cl_2N_3O_2$; 2-[4-Acetylamino-2,6-dichlor-phenyl]-2H-phthalazin-1-on. Kristalle (aus wss. A.); F: 281°.

2-[4-Amino-2-brom-phenyl]-2H-phthalazin-1-on $C_{14}H_{10}BrN_3O$, Formel X (X = Br, X′ = H).

B. Analog den vorangehenden Verbindungen (*Rowe et al.*, Soc. **1936** 311, 313).

Kristalle (aus wss. A.); F: 203°.

Acetyl-Derivat $C_{16}H_{12}BrN_3O_2$; 2-[4-Acetylamino-2-brom-phenyl]-2H-phthalazin-1-on. Kristalle (aus wss. A.); F: 251°.

2-[4-Amino-2,6-dibrom-phenyl]-2H-phthalazin-1-on $C_{14}H_9Br_2N_3O$, Formel X (X = X′ = Br).

B. Analog den vorangehenden Verbindungen (*Rowe et al.*, Soc. **1936** 311, 313).

Kristalle (aus wss. A.); F: 255°.

Acetyl-Derivat $C_{16}H_{11}Br_2N_3O_2$; 2-[4-Acetylamino-2,6-dibrom-phenyl]-2H-phthalazin-1-on. Kristalle (aus wss. A.); F: 257°.

2-[4-Amino-2-methyl-phenyl]-4-oxo-3,4-dihydro-phthalazinium $[C_{15}H_{14}N_3O]^+$, Formel IX (X = CH₃, X′ = NH₂, X″ = H), und Tautomeres.

Betain $C_{15}H_{13}N_3O$; 2-[4-Amino-2-methyl-phenyl]-4-hydroxy-phthalazinium-betain. B. Aus 4-Hydroxy-2-[2-methyl-4-nitro-phenyl]-phthalazinium-betain (S. 405) und wss. Na₂S (*Rowe, Siddle*, Soc. **1932** 473, 479). Beim Erhitzen von [2-(4-Amino-2-methyl-phenyl)-4-oxo-1,2,3,4-tetrahydro-phthalazin-1-yl]-essigsäure mit wss. H₂SO₄ oder mit konz. wss. HCl (*Rowe, Si.*, l. c. S. 478). — Gelbe Kristalle (aus A.); F: 255°. Gelbe Kristalle (aus H₂O) mit 0,5 Mol H₂O; F: 130°. — Acetyl-Derivat $C_{17}H_{15}N_3O_2$; 2-[4-Acetylamino-2-methyl-phenyl]-4-hydroxy-phthalazinium-betain. Kristalle (aus A.); F: 300—302°.

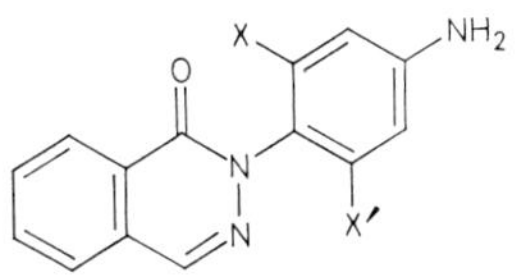

X 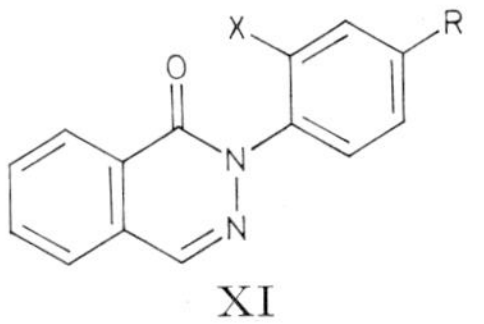   XI 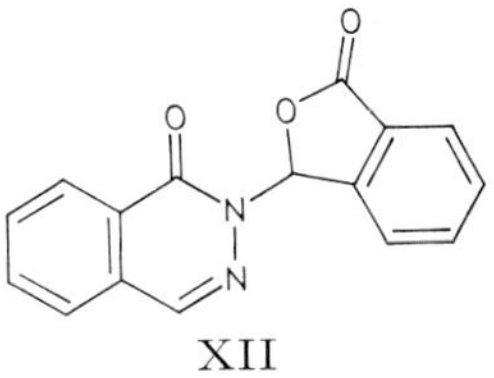   XII

2-[4-Amino-2-methyl-phenyl]-2H-phthalazin-1-on $C_{15}H_{13}N_3O$, Formel X (X = CH₃, X′ = H).

B. Beim Erwärmen von 2-[(2-Methyl-4-nitro-phenylhydrazono)-methyl]-benzoesäure mit wss. Na₂S (*Rowe et al.*, Soc. **1936** 311, 313).

Kristalle (aus wss. A.); F: 187—188°.

Acetyl-Derivat $C_{17}H_{15}N_3O_2$; 2-[4-Acetylamino-2-methyl-phenyl]-2H-phthalazin-1-on. Kristalle (aus wss. A.); F: 214°.

2-[4-Amino-2-methoxy-phenyl]-4-oxo-3,4-dihydro-phthalazinium $[C_{15}H_{14}N_3O_2]^+$, Formel IX (X = O-CH₃, X′ = NH₂, X″ = H), und Tautomeres.

Betain $C_{15}H_{13}N_3O_2$; 2-[4-Amino-2-methoxy-phenyl]-4-hydroxy-phthalazinium-betain. B. Aus 4-Hydroxy-2-[2-methoxy-4-nitro-phenyl]-phthalazinium-betain (S. 405) und wss. Na₂S (*Rowe, Cross*, Soc. **1947** 461, 466). — Gelbe Kristalle (aus A.); F: 260—261° [nach Dunkelfärbung bei 240°]. — Acetyl-Derivat $C_{17}H_{15}N_3O_3$; 2-[4-Acetylamino-2-methoxy-phenyl]-4-hydroxy-phthalazinium-betain. Kristalle (aus H₂O); F: 285—286°.

2-[4-Amino-2-methoxy-phenyl]-2H-phthalazin-1-on $C_{15}H_{13}N_3O_2$, Formel XI (R = NH₂, X = O-CH₃).

B. Aus 2-[2-Methoxy-4-nitro-phenyl]-2H-phthalazin-1-on, SnCl₂, Essigsäure und wss. HCl (*Rowe, Cross*, Soc. **1947** 461, 466).

Kristalle (aus A.); F: 215—216°.

Acetyl-Derivat $C_{17}H_{15}N_3O_3$; 2-[4-Acetylamino-2-methoxy-phenyl]-2H-phthalazin-1-on. Kristalle (aus A.); F: 232—233°.

2-[2-Hydroxyamino-phenyl]-2H-phthalazin-1-on(?) $C_{14}H_{11}N_3O_2$, vermutlich Formel XI (R = H, X = NH-OH).

B. Beim Erwärmen von 2-[2-Nitro-phenyl]-2H-phthalazin-1-on mit Na$_2$S in wss. Äthanol (*Rowe et al.*, Soc. **1937** 90, 96).

Hellgelbe Kristalle (aus A.); F: 248°.

2-[4-Chlor-2-hydroxyamino-phenyl]-2H-phthalazin-1-on(?) $C_{14}H_{10}ClN_3O_2$, vermutlich Formel XI (R = Cl, X = NH-OH).

B. Analog der vorangehenden Verbindung (*Rowe et al.*, Soc. **1937** 90, 97).

Gelbe Kristalle (aus A.); F: 239°.

2-[2-Hydroxyamino-4-methyl-phenyl]-2H-phthalazin-1-on(?) $C_{15}H_{13}N_3O_2$, vermutlich Formel XI (R = CH$_3$, X = NH-OH).

B. Analog den vorangehenden Verbindungen (*Rowe et al.*, Soc. **1937** 90, 97).

Hellgelbe Kristalle (aus A.); F: 216°.

(±)-2-Phthalidyl-2H-phthalazin-1-on $C_{16}H_{10}N_2O_3$, Formel XII.

Diese Konstitution kommt der früher (H **27** 685) als Dibenz[*c,i*][1,6,7]oxadiazacyclo= undecin-13,15-dion („Anhydrid des Phthalaldehydsäure-azins") beschriebenen Verbindung (F: 220°) zu (*Griehl, Hecht*, B. **91** [1958] 1816).

B. Beim Erhitzen von Bis-[2-carboxy-benzyliden]-hydrazin mit Essigsäure (*Gr., He.*, l. c. S. 1819). Beim Erhitzen von 2-Formyl-benzoesäure mit 2H-Phthalazin-1-on auf 230° (*Gr., He.*).

Kristalle (aus Eg.); F: 225—226°.

(±)-2-[3-Oxo-isoindolin-1-yl]-2H-phthalazin-1-on $C_{16}H_{11}N_3O_2$, Formel XIII.

B. Beim Erhitzen von (±)-3-Hydroxy-isoindolin-1-on mit 2H-Phthalazin-1-on (*Lechat*, C. r. **246** [1958] 2771, 2773).

Kristalle (aus A.); F: 266°.

4-Chlor-2H-phthalazin-1-on $C_8H_5ClN_2O$, Formel XIV (R = X' = H, X = Cl), und Tautomeres (E II 71).

B. Beim Erhitzen von 1,4-Dichlor-phthalazin mit Phthalsäure ohne Lösungsmittel oder in Nitrobenzol auf 180° (*Drew, Hatt*, Soc. **1937** 16, 25). Beim Erwärmen von 1,4-Di= chlor-phthalazin mit wss. HCl (*Haworth, Robinson*, Soc. **1948** 777, 779).

F: 274° (*Drew, Hatt*).

4-Chlor-2-methyl-2H-phthalazin-1-on $C_9H_7ClN_2O$, Formel XIV (R = CH$_3$, X = Cl, X' = H).

B. Beim Erwärmen von 2-Methyl-2,3-dihydro-phthalazin-1,4-dion mit POCl$_3$ (*Satoda et al.*, J. pharm. Soc. Japan **77** [1957] 703, 706; C. A. **1957** 17927).

Kristalle (aus A.); F: 129°.

4-Chlor-2-phenyl-2H-phthalazin-1-on $C_{14}H_9ClN_2O$, Formel XIV (R = C$_6$H$_5$, X = Cl, X' = H).

B. Beim Erwärmen von 2-Phenyl-2,3-dihydro-phthalazin-1,4-dion mit POCl$_3$ (*Ohta*, J. pharm. Soc. Japan **63** [1943] 239, 242; C. A. **1951** 5163; *Drain, Seymour*, Soc. **1955** 852, 853).

Kristalle (aus A. bzw. aus wss. A.); F: 130° (*Ohta; Dr., Se.*).

8-Chlor-2H-phthalazin-1-on $C_8H_5ClN_2O$, Formel XV (X = Cl, X' = X'' = H), und Tautomeres.

B. Beim Erwärmen von 2-Chlor-6-formyl-benzoesäure mit wss. N$_2$H$_4$ (*Biniecki et al.*, Ann. pharm. franç. **16** [1958] 421, 427).

Kristalle (aus A.); F: 198—199°.

7-Chlor-2H-phthalazin-1-on $C_8H_5ClN_2O$, Formel XIV (R = X = H, X' = Cl), und Tautomeres.

B. Beim Erwärmen von 5-Chlor-2-formyl-benzoesäure mit wss. N$_2$H$_4$ (*Vaughan*,

Baird, Am. Soc. **68** [1946] 1314; *Biniecki, Rylski*, Ann. pharm. franç. **16** [1958] 21, 25).
Kristalle (aus A.); F: 247,5—248° (*Bi., Ry.*), 246,5—246,7° [korr.] (*Va., Ba.*).

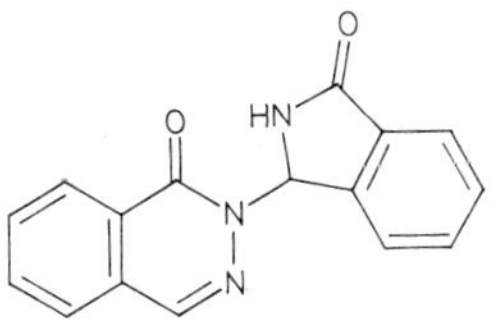

XIII 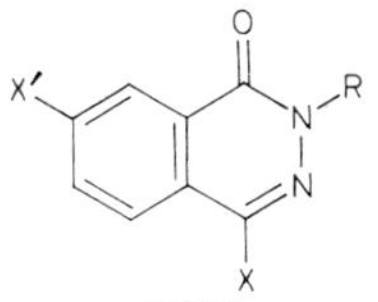   XIV 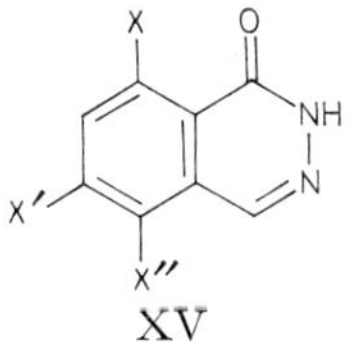   XV 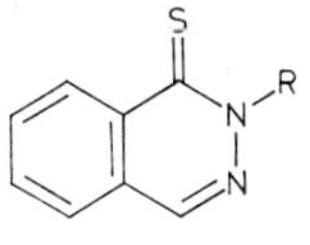   XVI

6-Chlor-2*H*-phthalazin-1-on $C_8H_5ClN_2O$, Formel XV (X = X″ = H, X′ = Cl), und
Tautomeres.
B. Beim Erwärmen von 4-Chlor-2-formyl-benzoesäure mit wss. N_2H_4 (*Vaughan, Baird*, Am. Soc. **68** [1946] 1314; *Biniecki, Rylski*, Ann. pharm. franç. **16** [1958] 21, 24).
Kristalle (aus Eg.); F: 278—279° [korr.] (*Bi., Ry.*), 272,5—273,5° [korr.] (*Va., Ba.*).

5-Chlor-2*H*-phthalazin-1-on $C_8H_5ClN_2O$, Formel XV (X = X′ = H, X″ = Cl), und
Tautomeres.
B. Beim Erwärmen von 3-Chlor-2-formyl-benzoesäure mit wss. N_2H_4 (*Biniecki et al.*, Ann. pharm. franç. **16** [1958] 421, 425).
Kristalle (aus A.); F: 262—263°.

4-Brom-2*H*-phthalazin-1-on $C_8H_5BrN_2O$, Formel XIV (R = X′ = H, X = Br), und
Tautomeres.
B. Neben grösseren Mengen 1,4-Dibrom-phthalazin beim Erhitzen von 2,3-Dihydro-phthalazin-1,4-dion mit PBr_5 auf 160° (*Stollé, Storch*, J. pr. [2] **135** [1932] 128, 131).
Kristalle; F: 273°.

7-Nitro-2*H*-phthalazin-1-on $C_8H_5N_3O_3$, Formel XIV (R = X = H, X′ = NO_2), und
Tautomeres.
B. Beim Erwärmen von 2-Formyl-5-nitro-benzoesäure mit wss. N_2H_4 in Äthanol (*Atkinson et al.*, Soc. **1956** 1081).
Kristalle (aus Nitromethan oder A.); F: 232—233°.

2-Methyl-7-nitro-2*H*-phthalazin-1-on $C_9H_7N_3O_3$, Formel XIV (R = CH_3, X = H, X′ = NO_2).
B. Aus 7-Nitro-2*H*-phthalazin-1-on, Dimethylsulfat und wss. NaOH (*Atkinson et al.*, Soc. **1956** 1081).
Kristalle (aus A.); F: 177—179°.

7-Nitro-2-phenyl-2*H*-phthalazin-1-on $C_{14}H_9N_3O_3$, Formel XIV (R = C_6H_5, X = H, X′ = NO_2).
B. Bcim Erwärmen von 5-Nitro-2-[phenylhydrazono-methyl]-benzoesäure in Methanol oder Essigsäure (*Borsche et al.*, B. **67** [1934] 675, 680).
Kristalle (aus Me. oder Eg.); F: 171°.

2*H*-Phthalazin-1-thion $C_8H_6N_2S$, Formel XVI (R = H), und Tautomeres (Phthalazin-2-thiol).
B. Beim Erhitzen von 2*H*-Phthalazin-1-on mit P_2S_5 in Xylol (*Fujii, Sato*, Ann. Rep. Tanabe pharm. Res. **1** [1956] Nr. 1, S. 1, 2; C. A. **1957** 6650).
Gelbe Kristalle (aus A.); F: 170—175°.

2-Methyl-2*H*-phthalazin-1-thion $C_9H_8N_2S$, Formel XVI (R = CH_3).
B. Beim Erhitzen von 2-Methyl-2*H*-phthalazin-1-on mit P_2S_5 in Xylol (*Fujii, Sato*, Ann. Rep. Tanabe pharm. Res. **1** [1956] Nr. 1, S. 3, 6; C. A. **1957** 6650). Neben grösseren
Mengen 1-Methylmercapto-phthalazin beim Behandeln von 2*H*-Phthalazin-1-thion

mit Dimethylsulfat und wss. NaOH (*Fu.*, *Sato*).
Gelbe Kristalle (aus A.); F: 126—127°.

2-[2-Dimethylamino-äthyl]-2*H*-phthalazin-1-thion $C_{12}H_{15}N_3S$, Formel XVI
(R = CH_2-CH_2-$N(CH_3)_2$).
B. Durch Erhitzen von 2-[2-Dimethylamino-äthyl]-2*H*-phthalazin-1-on mit P_2S_5
in Xylol (*Fujii*, *Sato*, Ann. Rep. Tanabe pharm. Res. **1** [1956] Nr. 1, S. 3, 6; C. A. **1957**
6650).
Kp$_2$: 185—188°.
Hydrochlorid $C_{12}H_{15}N_3S \cdot HCl$. Gelbe Kristalle (aus A.); F: 209—210°.

1*H*-Benzimidazol-2-carbaldehyd $C_8H_6N_2O$, Formel I (R = H).
B. Beim Erwärmen von 2-Methyl-1*H*-benzimidazol mit SeO_2 in Acetanhydrid (*Schubert*, *Böhme*, Wiss. Z. Univ. Halle-Wittenberg **8** [1959] 1037) oder in wss. Dioxan (*Campaigne et al.*, J. med. pharm. Chem. **1** [1959] 577, 595). Beim Erhitzen von 2-Dichlor=
methyl-1*H*-benzimidazol mit Oxalsäure (*Baganz*, Ang. Ch. **68** [1956] 151). Beim Erwärmen von [1*H*-Benzimidazol-2-yl]-methanol mit SeO_2 in wss. Dioxan (*Ca. et al.*,
l. c. S. 596). Beim Erhitzen des Diäthylacetals (s. u.) mit wss. Essigsäure (*BASF*,
D.B.P. 942327 [1953]) oder mit konz. wss. HCl (*Baganz*, *Pflug*, B. **89** [1956] 689, 694).
Kristalle; F: 241—242° (*Heath*, *Roseman*, J. biol. Chem. **230** [1958] 511, 514), 235°
[Zers.; aus Py. + H_2O] (*Ca. et al.*), 235° [Zers.] (*Huebner et al.*, J. biol. Chem. **159** [1945]
503, 511), 234° (*Ba.*, *Pf.*).
Hydrochlorid $C_8H_6N_2O \cdot HCl$. Kristalle (aus konz. wss. HCl) mit 2 Mol H_2O;
F: 121,2—122,5° [auf 119° vorgeheizter App.] bzw. unterhalb 200° nicht schmelzend
[beim Erhitzen ab Raumtemperatur] (*Ca. et al.*).
Oxim $C_8H_7N_3O$. Kristalle; F: 302° [aus Me. + Bzl.] (*Ried*, *Lohwasser*, Ang. Ch. **78**
[1966] 904), 287—288° [unkorr.; aus A. + Bzl.; nach Sublimation bei 210—215°]
(*Hensel*, B. **98** [1965] 1325, 1331), 213—215° [aus A. + H_2O] (*Hu. et al.*).
Phenylhydrazon $C_{14}H_{12}N_4$. Kristalle (aus A. + H_2O); F: 149° [nach Sintern ab
113°] (*Ba.*, *Pf.*).
2,4-Dinitro-phenylhydrazon $C_{14}H_{10}N_6O_4$. Kristalle; F: 309—311° [aus A.]
(*Hu. et al.*), 310° (*Ba.*, *Pf.*).
Thiosemicarbazon $C_9H_9N_5S$. Kristalle (aus A.) mit 1 Mol H_2O; F: 258,5—259°
[Zers.] (*Ca. et al.*).

2-Diäthoxymethyl-1*H*-benzimidazol, 1*H*-Benzimidazol-2-carbaldehyd-diäthylacetal
$C_{12}H_{16}N_2O_2$, Formel II (R = C_2H_5).
B. Aus *o*-Phenylendiamin beim Behandeln mit Dichloracetaldehyd-diäthylacetal
in Äthanol im Sauerstoff-Strom (*Baganz*, *Pflug*, B. **89** [1956] 689, 693) oder beim Erhitzen mit Diäthoxyessigsäure und Natriumäthylat auf 150° (*BASF*, D.B.P. 942327
[1953]).
Kristalle; F: 173° [aus A. + H_2O bzw. aus H_2O + PAe.] (*BASF*; *Ba.*, *Pf.*). IR-
Spektrum (CHCl$_3$; 2—12 µ): *Ba.*, *Pf.*, l. c. S. 691. UV-Spektrum (220—320 nm): *Ba.*,
Pf., l. c. S. 692.
Picrat $C_{12}H_{16}N_2O_2 \cdot C_6H_3N_3O_7$. Kristalle (aus Dioxan + PAe.); F: 160° (*Ba.*, *Pf.*,
l. c. S. 694).

**(±)-2-[Äthoxy-butoxy-methyl]-1*H*-benzimidazol, (±)-1*H*-Benzimidazol-2-carbaldehyd-
[äthyl-butyl-acetal]** $C_{14}H_{20}N_2O_2$, Formel II (R = $[CH_2]_3$-CH_3).
B. Aus *o*-Phenylendiamin und Dichloracetaldehyd-diäthylacetal in Butan-1-ol (*Baganz*,
Pflug, B. **89** [1956] 689, 694).
Kristalle (aus PAe.); F: 128°.

I   II   III

1-Methyl-1*H*-benzimidazol-2-carbaldehyd $C_9H_8N_2O$, Formel I (R $=$ CH$_3$).

B. Beim Erwärmen von 1,2-Dimethyl-1*H*-benzimidazol mit SeO$_2$ in Toluol (*Le Bris, Wahl,* Bl. **1959** 343, 346).

Kristalle (aus H$_2$O); F: 110° [vorgeheizter App.].

4-Dimethylamino-phenylimin $C_{17}H_{18}N_4$; *N,N*-Dimethyl-*N'*-[1-methyl-1*II*-benzimidazol-2-ylmethylen]-*p*-phenylendiamin. Gelbe Kristalle (aus Me.); F: 175—176°. λ_{max} (A.): 404 nm.

Oxim $C_9H_9N_3O$. Kristalle (aus wss. A.); F: 205° [vorgeheizter App.].

Phenylhydrazon $C_{15}H_{14}N_4$. Gelbe Kristalle (aus A. oder Py.); F: 240°. λ_{max} (Eg.): 393 nm.

4-Nitro-phenylhydrazon $C_{15}H_{13}N_5O_2$. Braungelbe Kristalle (aus DMF, Py. oder Eg.); F: 255—260°. λ_{max} (Eg.): 405 nm.

2,4-Dinitro-phenylhydrazon $C_{15}H_{12}N_6O_4$. Braungelbe Kristalle (aus Py. + H$_2$O); F: 275—276°. λ_{max} (Eg.): 404 nm.

Semicarbazon $C_{10}H_{11}N_5O$. Kristalle (aus wss. A.); F: 230°.

2-[(4-Dimethylamino-phenylimino)-methyl]-1,3-dimethyl-benzimidazolium $[C_{18}H_{21}N_4]^+$, Formel III (R $=$ CH$_3$, X $=$ H).

Jodid $[C_{18}H_{21}N_4]$I. *B.* Aus 1,2,3-Trimethyl-benzimidazolium-jodid und *N,N*-Di$\neq$methyl-4-nitroso-anilin in Piperidin enthaltendem Äthanol (*Porai-Koschiz, Murawitsch,* Ž. obšč. Chim. **23** [1953] 1583, 1588; engl. Ausg. S. 1663, 1667) oder in K$_2$CO$_3$ enthaltendem Methanol (*Le Bris, Wahl,* Bl. **1959** 343, 345). Aus *N,N*-Dimethyl-*N'*-[1-methyl-1*H*-benzimidazol-2-ylmethylen]-*p*-phenylendiamin und CH$_3$I (*Le Bris, Wahl,* l. c. S. 346). — Violette Kristalle; F: 270° [aus Me. oder A.] (*Po.-Ko., Mu.*), 269,5—270° [aus A.] (*Le Bris, Wahl*).

Methylsulfat $[C_{18}H_{21}N_4]$CH$_3$O$_4$S. Rotviolette Kristalle (aus Me. oder A.); F: 238° bis 239°; λ_{max} (A.): 485 nm (*Le Bris, Wahl*).

*2-[Bis-phenylazo-methylen]-1,3-dimethyl-2,3-dihydro-1*H*-benzimidazol $C_{22}H_{20}N_6$, Formel IV (R $=$ X $=$ X' $=$ H).

B. Aus 1,2,3-Trimethyl-benzimidazolium-methylsulfat, Benzoldiazoniumchlorid und wss. NaOH (*Wahl,* Bl. **1954** 251). Aus 1,3-Dimethyl-2-phenylazomethylen-2,3-dihydro-1*H*-benzimidazol, Benzoldiazoniumchlorid und methanol. NaOH (*Le Bris, Wahl,* Bl. **1959** 343, 346).

Orangerote (*Wahl*) Kristalle (aus Dioxan oder Py. + A. bzw. aus wss. Py.); F: 240,5° (*Wahl; Le Bris, Wahl*). λ_{max} (Py.): 485 nm (*Wahl; Le Bris, Wahl*).

*2-[Bis-(4-chlor-phenylazo)-methylen]-1,3-dimethyl-2,3-dihydro-1*H*-benzimidazol $C_{22}H_{18}Cl_2N_6$, Formel IV (R $=$ X' $=$ H, X $=$ Cl).

B. Analog der vorangehenden Verbindung (*Wahl,* Bl. **1954** 251).

Orangerote Kristalle (aus Py.); F: 324—325°. λ_{max} (Py.): 505 nm.

*2-[Bis-*p*-tolylazo-methylen]-1,3-dimethyl-2,3-dihydro-1*H*-benzimidazol $C_{24}H_{24}N_6$, Formel IV (R $=$ X' $=$ H, X $=$ CH$_3$).

B. Aus 1,2,3-Trimethyl-benzimidazolium-methylsulfat, Toluol-4-diazoniumchlorid und wss. NaOH (*Le Bris, Wahl,* Bl. **1959** 343, 347).

Rote Kristalle (aus A. oder wss. Py.); F: 253°. λ_{max} (Py.): 485 nm.

IV   V

*2-[Bis-(3,4-dimethyl-phenylazo)-methylen]-1,3-dimethyl-2,3-dihydro-1*H*-benz≠imidazol $C_{26}H_{28}N_6$, Formel IV (R = X = CH_3, X' = H).
B. Analog der vorangehenden Verbindung (*Le Bris, Wahl,* Bl. **1959** 343, 347).
Orangerote Kristalle (aus wss. Py.); F: 284°. λ_{max} (Py.): 488 nm.

*2-[Bis-(4-methoxy-phenylazo)-methylen]-1,3-dimethyl-2,3-dihydro-1*H*-benzimidazol $C_{24}H_{24}N_6O_2$, Formel IV (R = X' = H, X = $O\text{-}CH_3$).
B. Analog den vorangehenden Verbindungen (*Le Bris, Wahl,* Bl. **1959** 343, 347).
Rote Kristalle (aus A.); F: 215°. λ_{max} (Dioxan): 487 nm.

5-Chlor-1(3)*H*-benzimidazol-2-carbaldehyd $C_8H_5ClN_2O$, Formel V (R = H, X = Cl) und Tautomeres.
B. Beim Erhitzen von Dibutoxyessigsäure-butylester mit Natriumäthylat und anschliessend mit 4-Chlor-*o*-phenylendiamin bis auf 150° und Erwärmen des Reaktionsprodukts mit wss. Essigsäure (*BASF,* D.B.P. 942327 [1953]).
F: 229−230° [Zers.].

1-Methyl-5-nitro-1*H*-benzimidazol-2-carbaldehyd $C_9H_7N_3O_3$, Formel V (R = CH_3, X = NO_2).
B. Beim Erhitzen von 1,2-Dimethyl-5-nitro-1*H*-benzimidazol mit SeO_2 in Toluol (*Le Bris, Wahl,* Bl. **1959** 343, 347).
Gelbe Kristalle (aus Bzl.); F: 188,5°.
Oxim $C_9H_8N_4O_3$. Gelbbraune Kristalle (aus Dioxan oder wss. DMF); F: 251°.
Phenylhydrazon $C_{15}H_{13}N_5O_2$. Gelbe Kristalle (aus Eg.); F: 267,5°. λ_{max} (Butan-1-ol): 390 nm.
4-Nitro-phenylhydrazon $C_{15}H_{12}N_6O_4$. Orangegelbe Kristalle (aus DMF oder Py.); F: 293−295° (*Le Bris, Wahl,* l. c. S. 348). λ_{max} (Butan-1-ol): 398 nm.

*1-Methyl-5-nitro-1*H*-benzimidazol-2-carbaldehyd-[*N*-(4-dimethylamino-phenyl)-oxim] $C_{17}H_{17}N_5O_3$, Formel VI.
B. Aus 1-[1-Methyl-5-nitro-1*H*-benzimidazol-2-ylmethyl]-pyridinium-perchlorat, *N,N*-Dimethyl-4-nitroso-anilin und wss. NaOH (*Le Bris, Wahl,* Bl. **1959** 343, 348).
Orangerote Kristalle (aus DMF); F: 234°.

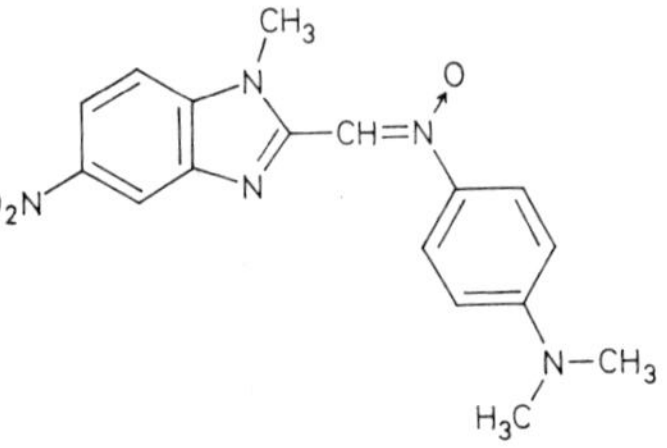

VI 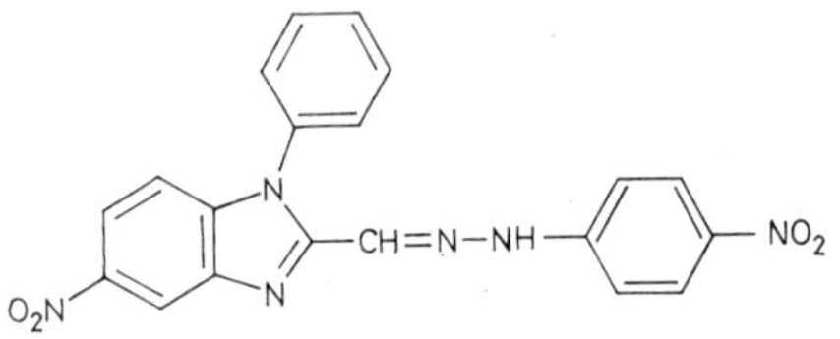   VII

*2-[(4-Dimethylamino-phenylimino)-methyl]-1,3-dimethyl-5-nitro-benzimidazolium $[C_{18}H_{20}N_5O_2]^+$, Formel III (R = CH_3, X = NO_2) auf S. 412.
Methylsulfat $[C_{18}H_{20}N_5O_2]CH_3O_4S$. *B.* Aus 1,2,3-Trimethyl-5-nitro-benzimidazolium-methylsulfat und *N,N*-Dimethyl-4-nitroso-anilin in Piperidin enthaltendem Methanol (*Le Bris, Wahl,* Bl. **1959** 343, 347). — Dunkelgrüne Kristalle (aus Me.); F: 255°. λ_{max} (A.): 520 nm.

*2-[(4-Diäthylamino-phenylimino)-methyl]-1,3-dimethyl-5-nitro-benzimidazolium $[C_{20}H_{24}N_5O_2]^+$, Formel III (R = C_2H_5, X = NO_2) auf S. 412.
Jodid $[C_{20}H_{24}N_5O_2]I$. *B.* Aus 1,2,3-Trimethyl-5-nitro-benzimidazolium-jodid und *N,N*-Diäthyl-4-nitroso-anilin in Piperidin enthaltendem Äthanol (*Poraï-Koschiz, Murawitsch,* Ž. obšč. Chim. **23** [1953] 1583, 1589; engl. Ausg. S. 1663, 1668). — Dunkelgrüne Kristalle (aus A.); F: 202°.

*2-[Bis-phenylazo-methylen]-1,3-dimethyl-5-nitro-2,3-dihydro-1H-benzimidazol
$C_{22}H_{19}N_7O_2$, Formel IV (R = X = H, X' = NO_2) auf S. 413.

   B. Aus 1,2,3-Trimethyl-5-nitro-benzimidazolium-methylsulfat, Benzoldiazonium=
chlorid und wss. NaOH (*Le Bris, Wahl*, Bl. **1959** 343, 348).

   Braune Kristalle (aus Toluol oder Xylol); F: 221°. λ_{max} (Py.): 478 nm.

   Hydrochlorid $C_{22}H_{19}N_7O_2 \cdot HCl$. Dunkelrote Kristalle (aus HCl enthaltendem
H_2O oder HCl enthaltender Eg.) mit 2 Mol H_2O.

***2-[Bis-(4-chlor-phenylazo)-methylen]-1,3-dimethyl-5-nitro-2,3-dihydro-1H-benz=
imidazol** $C_{22}H_{17}Cl_2N_7O_2$, Formel IV (R = H, X = Cl, X' = NO_2) auf S. 413.

   B. Analog der vorangehenden Verbindung (*Le Bris, Wahl*, Bl. **1959** 343, 348).

   Dunkelrote Kristalle (aus Me.); F: 270°. λ_{max} (Py.): 490 nm.

***2-[Bis-(4-nitro-phenylazo)-methylen]-1,3-dimethyl-5-nitro-2,3-dihydro-1H-benz=
imidazol** $C_{22}H_{17}N_9O_6$, Formel IV (R = H, X = X' = NO_2) auf S. 413.

   Diese Konstitution kommt wahrscheinlich der von *Poraï-Koschiz, Murawitsch* (Ž.
obšč. Chim. **23** [1953] 1583, 1589; engl. Ausg. S. 1663, 1668) als 1-Methyl-5-nitro-
2-[4-nitro-phenylazomethyl]-1H-benzimidazol $C_{15}H_{12}N_6O_4$ beschriebenen Verbindung (F: 266°) zu (*Le Bris, Wahl*, Bl. **1959** 343, 344).

   B. Aus 4-Nitro-benzoldiazonium-chlorid und 1,2,3-Trimethyl-5-nitro-benzimidazolium-
jodid in wss. Pyridin (*Po.-Ko., Mu.*) oder 1,2,3-Trimethyl-5-nitro-benzimidazolium-
methylsulfat in wss. Na_2CO_3 oder in Pyridin (*Le Bris, Wahl*, l. c. S. 348) sowie 1,3-Di=
methyl-5-nitro-2-[4-nitro-phenylazomethylen]-2,3-dihydro-1H-benzimidazol in Pyridin
(*Le Bris, Wahl*).

   Dunkelgrüne Kristalle; F: 266° [aus Py. + H_2O] (*Po.-Ko., Mu.*), 250° [vorgeheizter
App.; aus Nitromethan oder wss. Py.] (*Le Bris, Wahl*). λ_{max} (Py.): 574 nm (*Le Bris,
Wahl*).

***2-[Bis-(4-methoxy-phenylazo)-methylen]-1,3-dimethyl-5-nitro-2,3-dihydro-1H-
benzimidazol** $C_{24}H_{23}N_7O_4$, Formel IV (R = H, X = O-CH_3, X' = NO_2) auf S. 413.

   B. Aus 1,2,3-Trimethyl-5-nitro-benzimidazolium-methylsulfat, 4-Methoxy-benzol=
diazonium-chlorid und wss. NaOH (*Le Bris, Wahl*, Bl. **1959** 343, 348).

   Dunkelgrüne Kristalle (aus Nitromethan); F: 264°. λ_{max} (Dioxan): 482 nm.

5-Nitro-1-phenyl-1H-benzimidazol-2-carbaldehyd-[4-nitro-phenylhydrazon] $C_{20}H_{14}N_6O_4$,
Formel VII, und Tautomeres (5-Nitro-2-[4-nitro-phenylazomethyl]-1-phenyl-
1H-benzimidazol).

   Diese Konstitution wird für die nachstehend beschriebene Verbindung in Betracht
gezogen (*Poraï-Koschiz, Murawitsch*, Ž. obšč. Chim. **23** [1953] 1583, 1587; engl. Ausg.
S. 1663, 1666; s. dagegen das analog hergestellte 2-[Bis-(4-nitro-phenylazo)-methylen]-
1,3-dimethyl-5-nitro-2,3-dihydro-1H-benzimidazol [s. o.]).

   B. Aus 4-Nitro-benzoldiazonium-chlorid, Natriumacetat und 2,3-Dimethyl-5-nitro-
1-phenyl-benzimidazolium-jodid oder 3-Äthyl-2-methyl-5-nitro-1-phenyl-benzimidazo=
lium-jodid in wss. Pyridin (*Po.-Ko., Mu.*, l. c. S. 1591).

   Violettgrüne Kristalle (aus Py. + H_2O); F: 292°.

1H-[1,5]Naphthyridin-4-on $C_8H_6N_2O$, Formel VIII (X = H), und Tautomeres
([1,5]Naphthyridin-4-ol) (E II **23** 339).

   B. Beim Erhitzen von 3-Amino-pyridin-4-ol (E III/IV **22** 5614) mit Glycerin, H_3AsO_4
und konz. H_2SO_4 auf 160° (*Hart*, Soc. **1954** 1879, 1881). Neben [1,5]Naphthyridin beim
Erwärmen von [1,4']Bi[1,5]naphthyridinylium-bromid-hydrobromid mit H_2O (*Hart*).

   Kristalle; F: 340° [aus A.] (*Hart*). Die Verbindung sublimiert bei 300−305° [unkorr.]
(*Price, Roberts*, Am. Soc. **68** [1946] 1204, 1208; s. a. *Adams et al.*, Am. Soc. **68** [1946]
1317). IR-Banden (KBr; 3210−1580 cm^{-1}): *Mason*, Soc. **1957** 4874, 4876. λ_{max}: 242 nm
und 328 nm [A.] bzw. 240 nm und 323 nm [wss. Lösung vom pH 6,5] (*Mason*, Soc.
1957 5010, 5014). Scheinbare Dissoziationsexponenten pK'_{a1} und pK'_{a2} (H_2O; potentiometrisch ermittelt) bei 20°: 2,85 bzw. 10,01 (*Albert, Hampton*, Soc. **1954** 505, 506).
Löslichkeit in H_2O bei 20°: 0,0057 mol·l^{-1} (*Al., Ha.*). Verteilung zwischen Oleylalkohol
und wss. Lösung vom pH 7,3 bei 20°: *Al., Ha.*, l. c. S. 506.

Stabilitätskonstanten von Komplexen mit Kupfer(2+), Eisen(2+), Eisen(3+) und Nickel(2+) in H_2O: *Al., Ha.*, l. c. S. 508, 509.

3-Brom-1*H*-[1,5]naphthyridin-4-on $C_8H_5BrN_2O$, Formel VIII (X = Br), und Tautomeres.

B. Aus 1*H*-[1,5]Naphthyridin-4-on und Brom in H_2O (*Hart*, Soc. **1956** 212). Kristalle (aus H_2O); F: 318° [Zers.].

3-Nitro-1*H*-[1,5]naphthyridin-4-on $C_8H_5N_3O_3$, Formel VIII (X = NO_2), und Tautomeres.

B. Beim Erwärmen von 3-[2-Nitro-äthylidenamino]-pyridin-2-carbonsäure mit Acetanhydrid und Natriumacetat (*Hart*, Soc. **1956** 212). Aus 1*H*-[1,5]Naphthyridin-4-on beim Erhitzen mit HNO_3 (*Süs, Möller*, A. **593** [1955] 91, 119) oder beim Erwärmen mit HNO_3 und H_2SO_4 [SO_3 enthaltend] (*Hart*).

Gelb; F: 328—330° [Zers.; aus A.] (*Hart*). Unterhalb 360° nicht schmelzend [Dunkelfärbung bei 320°] (*Süs, Mö.*).

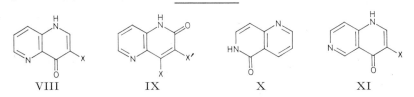

VIII   IX   X   XI

1*H*-[1,5]Naphthyridin-2-on $C_8H_6N_2O$, Formel IX (X = X' = H), und Tautomeres ([1,5]Naphthyridin-2-ol).

B. Beim Erhitzen von 6-Chlor-[3]pyridylamin mit Glycerin, H_3AsO_4 bzw. As_2O_5 und konz. H_2SO_4 (*Schering-Kahlbaum A.G.*, D.R.P. 507637 [1926]; Frdl. **17** 2445). Beim Erhitzen von 5-Amino-pyridin-2-ol (E III/IV **22** 5572) mit Glycerin, H_3AsO_4 und konz. H_2SO_4 (*Schering-Kahlbaum A.G.*; *Petrow, Sturgeon*, Soc. **1949** 1157, 1158; *Hart*, Soc. **1956** 212). Beim Erwärmen von 2-Chlor-[1,5]naphthyridin mit wss. Na_2CO_3 (*Hart*, Soc. **1954** 1879, 1880, 1881). Aus 4-Chlor-1*H*-[1,5]naphthyridin-2-on und Toluol-4-sulfonsäure-hydrazid in HCl enthaltendem $CHCl_3$ und Erwärmen des Reaktionsprodukts mit wss. NaOH (*Oakes, Rydon*, Soc. **1958** 204, 207). Aus [1,5]Naphthyridin-2-ylamin, $NaNO_2$ und wss. HCl (*Hart*, Soc. **1954** 1881).

Kristalle; F: 259° [korr.; aus wss. A.] (*Pe., St.*), 258° [aus H_2O bzw. nach Sublimation im Vakuum] (*Schering Kahlbaum A.G.*; *Oa., Ry.*), 256° [aus A.] (*Hart*, Soc. **1954** 1881).

4-Chlor-1*H*-[1,5]naphthyridin-2-on $C_8H_5ClN_2O$, Formel IX (X = Cl, X' = H), und Tautomeres.

B. Beim Erwärmen von 2,4-Dichlor-[1,5]naphthyridin mit wss. HCl und Dioxan (*Oakes, Rydon*, Soc. **1958** 204, 207). Aus 4-Chlor-[1,5]naphthyridin-2-ylamin, $NaNO_2$ und wss. H_2SO_4 (*Oa., Ry.*).

Kristalle (aus E.); F: 263°.

3-Brom-1*H*-[1,5]naphthyridin-2-on $C_8H_5BrN_2O$, Formel IX (X = H, X' = Br), und Tautomeres.

B. Aus 1*H*-[1,5]Naphthyridin-2-on und Brom in H_2O (*Hart*, Soc. **1956** 212). Kristalle (aus H_2O); F: 295—297°.

3-Nitro-1*H*-[1,5]naphthyridin-2-on $C_8H_5N_3O_3$, Formel IX (X = H, X' = NO_2), und Tautomeres.

B. Aus 1*H*-[1,5]Naphthyridin-2-on, HNO_3 und H_2SO_4 [SO_3 enthaltend] (*Hart*, Soc. **1956** 212).

Orangefarbene Kristalle (aus A.); F: 272—274°.

6*H*-[1,6]Naphthyridin-5-on $C_8H_6N_2O$, Formel X, und Tautomeres ([1,6]Naphthyridin-5-ol).

B. Aus 2-[2-Hydroxy-äthyl]-nicotinsäure-amid, CrO_3 und Essigsäure (*Ikekawa*,

Chem. pharm. Bl. **6** [1958] 263, 267).
Kristalle (aus Me.); F: 241—242°. UV-Spektrum (Me.; 225—330 nm): *Ik.*, l. c. S. 264.

1*H*-[1,6]Naphthyridin-4-on $C_8H_6N_2O$, Formel XI (X = H), und Tautomeres ([1,6]Naphthyridin-4-ol).

B. Beim Erhitzen von 4-Oxo-1,4-dihydro-[1,6]naphthyridin-3-carbonsäure in Chinolin (*Möller, Süs*, A. **612** [1958] 153, 155).
Kristalle (aus Chinolin); F: 297—299°.

3-Nitro-1*H*-[1,6]naphthyridin-4-on $C_8H_5N_3O_3$, Formel XI (X = NO₂), und Tautomeres.
B. Beim Erhitzen von 1*H*-[1,6]Naphthyridin-4-on mit HNO₃ (*Möller, Süs*, A. **612** [1958] 153, 155).
Kristalle (aus H₂O); F: 286°.

7*H*-[1,7]Naphthyridin-8-on $C_8H_6N_2O$, Formel XII, und Tautomeres ([1,7]Naphthyridin-8-ol).

B. Beim Erhitzen von 3-Amino-pyridin-2-ol (E III/IV **22** 5560), Glycerin und 3-Nitrobenzolsulfonsäure (aus Nitrobenzol und H₂SO₄ [SO₃ enthaltend] hergestellt) auf 145° (*Albert, Hampton*, Soc. **1952** 4985, 4991).
Gelbliche Kristalle (aus H₂O); F: 233,5° (*Al., Ha.*, Soc. **1952** 4992). IR-Banden (KBr sowie CHCl₃; 3410—1660 cm⁻¹): *Mason*, Soc. **1957** 4874, 4875. λ_{max}: 240 nm, 285 nm und 331 nm [A.] bzw. 239 nm, 283 nm und 325 nm [wss. Lösung vom pH 7,3] (*Mason*, Soc. **1957** 5010, 5014). Scheinbare Dissoziationsexponenten pK'_{a1} und pK'_{a2} (H₂O; potentiometrisch ermittelt) bei 20°: 2,64 bzw. 12,01 (*Albert, Hampton*, Soc. **1954** 505, 506). Löslichkeit in H₂O bei 20°: 0,072 mol·l⁻¹ (*Al., Ha.*, Soc. **1954** 506). Verteilung zwischen Oleylalkohol und wss. Lösung vom pH 7,3 bei 20°: *Al., Ha.*, Soc. **1954** 506.
Stabilitätskonstanten von Komplexen mit Kupfer(2+), Eisen(2+), Eisen(3+) und Nickel(2+) (in H₂O): *Al., Ha.*, Soc. **1954** 508, 509.

1*H*-[1,7]Naphthyridin-4-on $C_8H_6N_2O$, Formel XIII (X = H), und Tautomeres ([1,7]Naphthyridin-4-ol).

B. Beim Erwärmen von 4-Oxo-1,4-dihydro-[1,7]naphthyridin-3-carbonsäure-7-oxid mit Eisen, Essigsäure und Pyridin bzw. mit Na₂S₂O₄ und wss. NaOH und Erhitzen des Reaktionsprodukts mit Chinolin (*Murray, Hauser*, J. org. Chem. **19** [1954] 2008, 2013; *Süs, Möller*, A. **599** [1956] 233, 235).
Gelbliche Kristalle; F: 297—298° [unkorr.; Zers.; nach Sublimation bei 200°/1 Torr] (*Mu., Ha.*), 297—298° (*Süs, Mö.*). UV-Spektrum (Me.; 230—320 nm): *Ikekawa*, Chem. pharm. Bl. **6** [1958] 401, 403.

3-Nitro-1*H*-[1,7]naphthyridin-4-on $C_8H_5N_3O_3$, Formel XIII (X = NO₂), und Tautomeres.
B. Beim Erhitzen von 1*H*-[1,7]Naphthyridin-4-on mit HNO₃ (*Süs, Möller*, A. **599** [1956] 233, 235).
Gelbe Kristalle; F: 311—312° [Zers.].

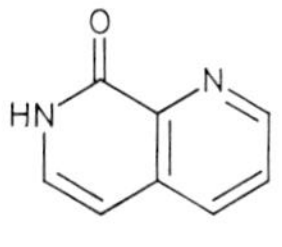

XII 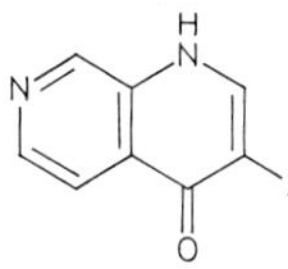   XIII 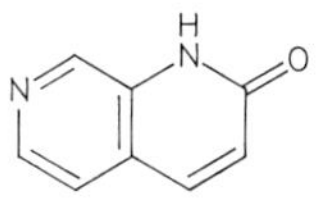   XIV 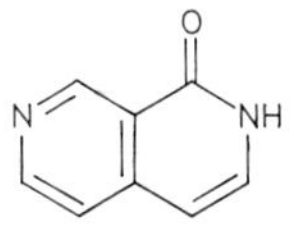   XV 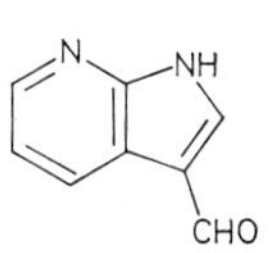   XVI

1*H*-[1,7]Naphthyridin-2-on $C_8H_6N_2O$, Formel XIV, und Tautomeres ([1,7]Naphthyridin-2-ol).

B. Beim Erhitzen von 3*t*-[3-Amino-[4]pyridyl]-acrylsäure (E III/IV **22** 6755) mit NH₂OH·HCl und Natriummethylat in Methanol (*Baumgarten, Krieger*, Am. Soc. **77**

[1955] 2438).
Kristalle (aus H_2O); F: 291—292° [korr.].

2H-[2,7]Naphthyridin-1-on $C_8H_6N_2O$, Formel XV, und Tautomeres ([2,7]Naphthyr⁼
idin-1-ol).

B. Aus 4-[2-Hydroxy-äthyl]-nicotinsäure-amid, CrO_3 und Essigsäure (*Ikekawa*,
Chem. pharm. Bl. **6** [1958] 269, 272).
Kristalle (aus Me.); F: 255—262°. UV-Spektrum (Me.; 230—320 nm): *Ik.*, l. c. S. 270.

1H-Pyrrolo[2,3-b]pyridin-3-carbaldehyd $C_8H_6N_2O$, Formel XVI.

B. Beim Erhitzen von Dimethyl-[1H-pyrrolo[2,3-b]pyridin-3-ylmethyl]-amin mit Hexa⁼
methylentetramin in wss. Propionsäure (*Robison, Robison*, Am. Soc. **77** [1955] 457, 459).
Kristalle (aus H_2O); F: 214,5—215° [korr.] (*Ro., Ro.*, Am. Soc. **77** 459).

Oxim $C_8H_7N_3O$. Kristalle (aus wss. A.); F: 221,5—223,5° [korr.] (*Robison, Robison*,
Am. Soc. **78** [1956] 1247, 1250).

Phenylhydrazon $C_{14}H_{12}N_4$. Gelbe Kristalle (aus wss. A.); F: 231—232,5° [korr.;
Zers.] (*Ro., Ro.*, Am. Soc. **77** 459).

Semicarbazon $C_9H_9N_5O$. Kristalle (aus A.); Zers. bei 290—310° [nach Braunfärbung ab 250°] (*Ro., Ro.*, Am. Soc. **77** 459).   [*Otto*]

Oxo-Verbindungen $C_9H_8N_2O$

5-Phenyl-1,2-dihydro-pyrazol-3-on $C_9H_8N_2O$, Formel I (R = H), und Tautomere (H 148;
E I 246; E II 72).

B. Beim Behandeln von α-Chlor-zimtsäure-äthylester mit N_2H_4 (*Gutsche, Hillman*,
Am. Soc. **76** [1954] 2236, 2239). Beim Erwärmen von α-Brom-zimtsäure-äthylester mit
$N_2H_4 \cdot H_2O$ (*Moureu et al.*, Bl. **1956** 1780, 1783). Beim Erwärmen von 3-Phenyl-3-semi⁼
carbazono-propionsäure-äthylester in H_2O (*House et al.*, Am. Soc. **80** [1958] 6386). Beim
Behandeln von 5-Phenyl-pyrazolidin-3-on in Pyridin mit $CuSO_4$ in H_2O (*Godtfredsen,
Vangedal*, Acta chem. scand. **9** [1955] 1498, 1506).
Kristalle; F: 245—246° [korr.] (*Gu., Hi.*), 243—244° [korr.; aus A.] (*Go., Va.*), 242°
bis 243° [korr.; Zers.; aus H_2O] (*Ho. et al.*). λ_{max}: 274 nm (*Ho. et al.*). Scheinbarer
Dissoziationsexponent pK'_b (H_2O [umgerechnet aus Eg.]; potentiometrisch ermittelt):
11,4 (*Veibel et al.*, Acta chem. scand. **8** [1954] 768, 770).

Beim Behandeln mit Chlor und HCl in Nitromethan ist 4,4-Dichlor-5-phenyl-2,4-di⁼
hydro-pyrazol-3-on erhalten worden (*Carpino*, Am. Soc. **80** [1958] 599). Beim Erhitzen
mit CH_3Br oder CH_3I in Methanol auf 150° ist 1,2,4-Trimethyl-5-phenyl-1,2-dihydro-
pyrazol-3-on erhalten worden (*Farbw. Hoechst*, D.B.P. 934948 [1955]; vgl. auch H 148).
Bildung von 2-Acetyl-5-phenyl-1,2-dihydro-pyrazol-3-on, 3-Acetoxy-5-phenyl-1(2)H-
pyrazol, 5-Acetoxy-1-acetyl-3-phenyl-1H-pyrazol und 3-Acetoxy-1-acetyl-5-phenyl-1H-
pyrazol beim Erhitzen mit Acetanhydrid unter verschiedenen Bedingungen: *Weissberger,
Porter*, Am. Soc. **65** [1943] 1495, 1499.

Acetat $C_9H_8N_2O \cdot C_2H_4O_2$. Kristalle (aus Eg.); F: 228° [korr.] (*Mo. et al.*, l. c. S. 1784).

     I   II   III

2-Methyl-5-phenyl-1,2-dihydro-pyrazol-3-on $C_{10}H_{10}N_2O$, Formel I (R = CH_3), und
Tautomere (H 148).

B. Beim Erwärmen von 3-Oxo-3-phenyl-propionsäure-äthylester mit Methylhydrazin
(*Veibel et al.*, Acta chem. scand. **8** [1954] 768, 774; *Carpino*, Am. Soc. **80** [1958] 5796,
5798; vgl. H 148).
Kristalle (aus Nitromethan + DMF); F: 214—216° [unkorr.] (*Ca.*). Scheinbarer

Dissoziationsexponent pK$_b'$ (H$_2$O [umgerechnet aus Eg.]; potentiometrisch ermittelt): 10,9 (*Ve. et al.*, l. c. S. 770).

Beim Erhitzen mit CH$_3$I in Methanol auf 150° ist 1,2,4-Trimethyl-5-phenyl-1,2-dihydro-pyrazol-3-on erhalten worden (*Farbw. Hoechst*, D.B.P. 934948 [1955]; vgl. auch H 149).

2,5-Diphenyl-1,2-dihydro-pyrazol-3-on C$_{15}$H$_{12}$N$_2$O, Formel II (X = X' = X'' = H), und Tautomere (H 149; E II 73).

B. Beim Erwärmen von β-Amino-zimtsäure-amid mit Phenylhydrazin in Äthanol (*Shaw, Sugowdz*, Soc. **1954** 665, 667).

UV-Spektrum (A.; 220—360 nm): *Westöö*, Acta chem. scand. **6** [1952] 1499, 1507. Scheinbarer Dissoziationsexponent pK$_b'$ (H$_2$O [umgerechnet aus Eg.]; potentiometrisch ermittelt): 12,2 (*Veibel et al.*, Acta chem. scand. **6** [1952] 1066, 1068, **8** [1954] 768, 770).

Bei der Hydrierung an Raney-Nickel in Äthanol bei 150° ist 3-Phenyl-propionsäure-anilid erhalten worden (*Winans, Adkins*, Am. Soc. **55** [1933] 4167, 4170, 4173). Beim Erhitzen mit Formamid auf 200° bildet sich 4-Aminomethylen-2,5-diphenyl-2,4-dihydro-pyrazol-3-on (*Ridi, Checchi*, G. **83** [1953] 36, 38).

2-[2-Chlor-phenyl]-5-phenyl-1,2-dihydro-pyrazol-3-on C$_{15}$H$_{11}$ClN$_2$O, Formel II (X = Cl, X' = X'' = H), und Tautomere.

B. Beim Erhitzen von 3-Oxo-3-phenyl-propionsäure-äthylester mit [2-Chlor-phenyl]-hydrazin (*Gagnon et al.*, Canad. J. Chem. **34** [1956] 530, 531, 538). Herstellung von 2-[2-Chlor-phenyl]-5-phenyl-1,2-dihydro-[4-^{14}C]pyrazol-3-on: *Ga. et al.*, l. c. S. 539.

Kristalle (aus A.); F: 170—171° [unkorr.]. IR-Banden (Nujol; 1640—1165 cm^{-1}): *Ga. et al.*, l. c. S. 535. λ$_{max}$ (A.): 320 nm (*Ga. et al.*, l. c. S. 531).

2-[3-Chlor-phenyl]-5-phenyl-1,2-dihydro-pyrazol-3-on C$_{15}$H$_{11}$ClN$_2$O, Formel II (X = X'' = Cl, X' = H), und Tautomere.

B. Analog der vorangehenden Verbindung (*Gagnon et al.*, Canad. J. Chem. **34** [1956] 530, 532, 538). Herstellung von 2-[3-Chlor-phenyl]-5-phenyl-1,2-dihydro-[4-^{14}C]pyrazol-3-on: *Ga. et al.*, l. c. S. 539.

Kristalle (aus A.); F: 108—109° [unkorr.]. IR-Banden (Nujol; 1710—1120 cm^{-1}): *Ga. et al.*, l. c. S. 535. λ$_{max}$ (A.): 300 nm (*Ga. et al.*, l. c. S. 532).

2-[4-Chlor-phenyl]-5-phenyl-1,2-dihydro-pyrazol-3-on C$_{15}$H$_{11}$ClN$_2$O, Formel II (X = X' = H, X'' = Cl), und Tautomere.

B. Analog den vorangehenden Verbindungen (*Gagnon et al.*, Canad. J. Chem. **34** [1956] 530, 533, 538). Herstellung von 2-[4-Chlor-phenyl]-5-phenyl-1,2-dihydro-[4-^{14}C]pyrazol-3-on: *Ga. et al.*, l. c. S. 539.

Kristalle (aus A.); F: 161—162° [unkorr.]. IR-Banden (Nujol; 1700—1120 cm^{-1}): *Ga. et al.*, l. c. S. 536. λ$_{max}$ (A.): 305 nm (*Ga. et al.*, l. c. S. 533).

2-[4-Nitro-phenyl]-5-phenyl-1,2-dihydro-pyrazol-3-on C$_{15}$H$_{11}$N$_3$O$_3$, Formel II (X = X' = H, X'' = NO$_2$), und Tautomere (E II 73).

Kristalle; F: 207,5—208° [korr.; aus E.] (*Chromow-Borisow*, Ž. obšč. Chim. **25** [1955] 136, 144; engl. Ausg. S. 123, 129), 204° [aus A.] (*Musante, Fatutta*, G. **88** [1958] 930, 943).

2-[2,4-Dinitro-phenyl]-5-phenyl-1,2-dihydro-pyrazol-3-on C$_{15}$H$_{10}$N$_4$O$_5$, Formel III (X = H), und Tautomere.

B. Beim Erwärmen von 3-Oxo-3-phenyl-propionsäure-äthylester mit [2,4-Dinitro-phenyl]-hydrazin in Äthanol und wenig konz. wss. HCl (*Chromow-Borisow*, Ž. obšč. Chim. **25** [1955] 136, 144; engl. Ausg. S. 123, 129).

Orangefarbene Kristalle (aus Eg.); F: 160—161°.

5-Phenyl-2-picryl-1,2-dihydro-pyrazol-3-on C$_{15}$H$_9$N$_5$O$_7$, Formel III (X = NO$_2$), und Tautomere.

B. Beim Behandeln von 3-Phenyl-3-picrylhydrazono-propionsäure-äthylester mit konz. H$_2$SO$_4$ (*Chromow-Borisow*, Ž. obšč. Chim. **25** [1955] 136, 145; engl. Ausg. S. 123, 129).

Gelbe Kristalle (aus A. oder Eg.); F: 223,5—224° [korr.].

1,5-Diphenyl-1,2-dihydro-pyrazol-3-on $C_{15}H_{12}N_2O$, Formel IV (R = C_6H_5, R' = H), und Tautomeres (H 149).

B. Neben *N*-Acetyl-*N*,*N'*-dibenzoyl-*N'*-phenyl-hydrazin beim Erhitzen von *N*,*N'*-Dibenzoyl-*N*-phenyl-hydrazin mit Acetanhydrid (*Ohta*, J. pharm. Soc. Japan **64** [1944] Nr. 11, S. 59; C. A. **1951** 7970). Beim Erhitzen von *trans*-Zimtsäure-[*N'*-phenyl-hydrazid] mit $NaNH_2$ auf 220° (*Staněk*, Collect. **13** [1948] 37, 45; vgl. H 150).

Scheinbarer Dissoziationsexponent pK'_b (H_2O [umgerechnet aus Eg.]; potentiometrisch ermittelt): 12,9 (*Veibel et al.*, Acta chem. scand. **6** [1952] 1066, 1068, **8** [1954] 768, 770).

Beim Bromieren in Essigsäure ist eine Brom-Verbindung $C_{15}H_{11}BrN_2O$ vom F: 239° [Zers.; nach Sintern bei 236°] erhalten worden (*St.*, l. c. S. 46).

2-Methyl-1,5-diphenyl-1,2-dihydro-pyrazol-3-on $C_{16}H_{14}N_2O$, Formel IV (R = C_6H_5, R' = CH_3) (H 151).

B. Beim Erhitzen von 2-Methyl-3-oxo-1,5-diphenyl-2,3-dihydro-1*H*-pyrazol-4-carbonsäure mit konz. wss. HCl oder mit Kupfer-Pulver (*Müller et al.*, M. **89** [1958] 23, 32).

F: 132° [korr.].

Picrat $C_{16}H_{14}N_2O \cdot C_6H_3N_3O_7$. F: 184° [korr.].

IV   V

5-Phenyl-1-*o*-tolyl-1,2-dihydro-pyrazol-3-on $C_{16}H_{14}N_2O$, Formel IV (R = C_6H_4-$CH_3(o)$, R' = H), und Tautomeres.

B. Aus 3-Oxo-3-phenyl-propionsäure-äthylester und Essigsäure-[*N'*-*o*-tolyl-hydrazid] unter Zusatz von PCl_3 (*Veibel et al.*, Acta chem. scand. **5** [1951] 1283, 1287).

Kristalle (aus A.); F: 207—208°.

2-Phenäthyl-5-phenyl-1,2-dihydro-pyrazol-3-on $C_{17}H_{16}N_2O$, Formel IV (R = H, R' = CH_2-CH_2-C_6H_5), und Tautomere.

B. Beim Behandeln von 3-Oxo-3-phenyl-propionsäure-äthylester mit Phenäthylhydrazin (*Votoček*, *Wichterle*, Collect. **7** [1935] 388, 389).

Kristalle (aus A.); F: 145,5°.

1-Methyl-2-phenäthyl-5-phenyl-1,2-dihydro-pyrazol-3-on $C_{18}H_{18}N_2O$, Formel IV (R = CH_3, R' = CH_2-CH_2-C_6H_5).

B. Beim Erhitzen von 2-Phenäthyl-5-phenyl-1,2-dihydro-pyrazol-3-on mit CH_3I in Methanol (*Votoček*, *Wichterle*, Collect. **7** [1935] 388, 391).

Hydrojodid $C_{18}H_{18}N_2O \cdot HI$. Kristalle (aus A.); F: 174—175°.

2-[4-(4-Chlor-phenylmercapto)-phenyl]-5-phenyl-1,2-dihydro-pyrazol-3-on $C_{21}H_{15}ClN_2OS$, Formel V (X = S), und Tautomere.

B. Aus 3-Oxo-3-phenyl-propionsäure-äthylester und [4-(4-Chlor-phenylmercapto)-phenyl]-hydrazin (*Dal Monte*, *Veggetti*, Ric. scient. **28** [1958] 1650).

Kristalle (aus Bzl. + PAe.); F: 146°.

2-[4-(4-Chlor-benzolsulfonyl)-phenyl]-5-phenyl-1,2-dihydro-pyrazol-3-on $C_{21}H_{15}ClN_2O_3S$, Formel V (X = SO_2), und Tautomere.

B. Aus 3-Oxo-3-phenyl-propionsäure-äthylester und [4-(4-Chlor-benzolsulfonyl)-phenyl]-hydrazin (*Dal Monte*, *Veggetti*, Ric. scient. **28** [1958] 1650).

Kristalle (aus Bzl.); F: 225°.

2-Acetyl-5-phenyl-1,2-dihydro-pyrazol-3-on $C_{11}H_{10}N_2O_2$, Formel IV (R = H, R' = CO-CH_3), und Tautomere.

Die H **24** 151 beschriebenen Präparate sind als Gemische von 2-Acetyl-5-phenyl-1,2-dihydro-pyrazol-3-on und 3-Acetoxy-5-phenyl-1(2)*H*-pyrazol zu formulieren (*Weiss-

berger, Porter, Am. Soc. **65** [1943] 1495, 1496).

B. Beim Erhitzen [2 min] von 5-Phenyl-1,2-dihydro-pyrazol-3-on mit Acetanhydrid (*We., Po.*). Beim Erwärmen von 5-Acetoxy-1-acetyl-3-phenyl-1*H*-pyrazol oder 1-Acetyl-5-benzoyloxy-3-phenyl-1*H*-pyrazol in Äthanol mit Piperidin (*We., Po.*, l. c. S. 1500). Kristalle (aus Me.); F: 127—128°.

Beim Erwärmen in Pyridin ist 3-Acetoxy-5-phenyl-1(2)*H*-pyrazol erhalten worden.

1-Acetyl-5-phenyl-1,2-dihydro-pyrazol-3-on $C_{11}H_{10}N_2O_2$, Formel IV (R = CO-CH$_3$, R′ = H), und Tautomeres.

B. Beim Erwärmen von 3-Acetoxy-1-acetyl-5-phenyl-1*H*-pyrazol in Äthanol mit Piperidin (*Weissberger, Porter*, Am. Soc. **65** [1943] 1495, 1500). Kristalle (aus Bzl.); F: 144—146°.

1,2-Diacetyl-5-phenyl-1,2-dihydro-pyrazol-3-on $C_{13}H_{12}N_2O_3$, Formel IV (R = R′ = CO-CH$_3$).

Die früher (H **24** 151) unter dieser Konstitution beschriebene Verbindung ist als 5-Acetoxy-1-acetyl-3-phenyl-1*H*-pyrazol (E III/IV **23** 2608) zu formulieren (*Weissberger, Porter*, Am. Soc. **65** [1943] 1495, 1496).

5-Oxo-3-phenyl-2,5-dihydro-pyrazol-1-carbonsäure-*p*-phenetidid $C_{18}H_{17}N_3O_3$, Formel IV (R = H, R′ = CO-NH-C$_6$H$_4$-O-C$_2$H$_5$(*p*)), und Tautomere.

B. Beim Erwärmen von 3-Oxo-3-phenyl-propionsäure-äthylester mit 4-[4-Äthoxy-phenyl]-semicarbazid in wss.-äthanol. HCl (*Runti, Sindellari*, Ann. Chimica **49** [1959] 877, 891). Beim Erhitzen von 3-[4-(4-Äthoxy-phenyl)-semicarbazono]-3-phenyl-propion= säure-äthylester auf 200° oder beim Erwärmen in wss.-äthanol. HCl (*Ru., Si.*). Kristalle (aus DMF + H$_2$O); F: 195—197°.

1,4-Bis-[5-oxo-3-phenyl-2,5-dihydro-pyrazol-1-carbonylamino]-butan $C_{24}H_{24}N_6O_4$, Formel VI (n = 4), und Tautomere.

B. Aus 5-Phenyl-1,2-dihydro-pyrazol-3-on und 1,4-Diisocyanato-butan (*Iwakura et al.*, J. chem. Soc. Japan Ind. Chem. Sect. **59** [1956] 568, 570; C. A. **1958** 3790). Kristalle (aus Anisol); F: 224—225°.

VI   VII

1,8-Bis-[5-oxo-3-phenyl-2,5-dihydro-pyrazol-1-carbonylamino]-octan $C_{28}H_{32}N_6O_4$, Formel VI (n = 8), und Tautomere.

B. Aus 5-Phenyl-1,2-dihydro-pyrazol-3-on und 1,8-Diisocyanato-octan (*Iwakura et al.*, J. chem. Soc. Japan Ind. Chem. Sect. **59** [1956] 568, 571; C. A. **1958** 3790). Kristalle (aus Anisol); F: 165—173°.

5-Oxo-3-phenyl-2,5-dihydro-pyrazol-1-carbimidsäure-amid, 5-Oxo-2-phenyl-2,5-dihydro-pyrazol-1-carbamidin $C_{10}H_{10}N_4O$, Formel VII (R = H), und Tautomere.

B. Beim Erwärmen von 3-Carbamimidoylhydrazono-3-phenyl-propionsäure-äthylester-nitrat in Äthanol (*De, Rakshit*, J. Indian chem. Soc. **13** [1936] 509, 514).

F: 102° (*Vystrčil, Prokeš*, Chem. Listy **46** [1952] 670; C. A. **1954** 165). IR-Spektrum (1900—700 cm⁻¹): *Vystrčil, Prokeš*, Chem. Listy **47** [1953] 160; C. A. **1954** 3349.

Nitrat $C_{10}H_{10}N_4O \cdot HNO_3$. Kristalle (aus H$_2$O); F: 190° (*De, Ra.*).

5-Oxo-3,*N*-diphenyl-2,5-dihydro-pyrazol-1-carbimidsäure-anilid, 5-Oxo-3,*N*,*N*′-tri= phenyl-2,5-dihydro-pyrazol-1-carbamidin $C_{22}H_{18}N_4O$, Formel VII (R = C$_6$H$_5$), und Tautomere.

B. Beim Erhitzen von 3-[(*N*,*N*′-Diphenyl-carbamimidoyl)-hydrazono]-3-phenyl-prop=

ionsäure-äthylester in Essigsäure (*De, Rakshit*, J. Indian chem. Soc. **13** [1936] 509, 518). Kristalle (aus wss. A.); F: 206°.

5-Oxo-3-phenyl-N-p-tolyl-2,5-dihydro-pyrazol-1-carbimidsäure-p-toluidid, 5-Oxo-3-phenyl-N,N'-di-p-tolyl-2,5-dihydro-pyrazol-1-carbamidin $C_{24}H_{22}N_4O$, Formel VII (R = C_6H_4-$CH_3(p)$), und Tautomere.
B. Analog der vorangehenden Verbindung (*De, Rakshit*, J. Indian chem. Soc. **13** [1936] 509, 518).
Kristalle (aus wss. A.); F: 249°.

N-[2]Naphthyl-5-oxo-3-phenyl-2,5-dihydro-pyrazol-1-carbimidsäure-[2]naphthylamid, N,N'-Di-[2]naphthyl-5-oxo-3-phenyl-2,5-dihydro-pyrazol-1-carbamidin $C_{30}H_{22}N_4O$, Formel VIII, und Tautomere.
B. Analog den vorangehenden Verbindungen (*De, Rakshit*, J. Indian chem. Soc. **13** [1936] 509, 517).
Kristalle (aus wss. A.); F: 180°.

VIII   IX

2-[3-Oxo-5-phenyl-2,3-dihydro-pyrazol-1-yl]-benzoesäure $C_{16}H_{12}N_2O_3$, Formel IX (R = H), und Tautomeres.
B. Beim Behandeln von 3-Phenyl-pyrazolo[1,2-*a*]indazol-1,9-dion mit wss. NaOH (*Veibel, Lillelund*, Tetrahedron **1** [1957] 201, 212).
F: 273–275°. UV-Spektrum (A.; 220–340 nm): *Ve., Li.*, l. c. S. 207. Scheinbarer Dissoziationsexponent pK_b' (H_2O [umgerechnet aus Eg.]; potentiometrisch ermittelt): 12,5 (*Ve., Li.*, l. c. S. 202).

2-[3-Oxo-5-phenyl-2,3-dihydro-pyrazol-1-yl]-benzoesäure-methylester $C_{17}H_{14}N_2O_3$, Formel IX (R = CH_3), und Tautomeres.
B. Beim Behandeln von 3-Phenyl-pyrazolo[1,2-*a*]indazol-1,9-dion mit methanol. NaOH (*Veibel, Lillelund*, Tetrahedron **1** [1957] 201, 212).
Kristalle (aus Me.); F: 135–136°. UV-Spektrum (A. [235–350 nm] sowie Eg. [260 nm bis 355 nm]): *Ve., Li.*, l. c. S. 208.
Natrium-Verbindung. UV-Spektrum (A.; 240–400 nm): *Ve., Li.*, l. c. S. 208.
Perchlorat. UV-Spektrum (Eg.; 250–355 nm): *Ve., Li.*, l. c. S. 208.

2-[3-Oxo-5-phenyl-2,3-dihydro-pyrazol-1-yl]-benzoesäure-äthylester $C_{18}H_{16}N_2O_3$, Formel IX (R = C_2H_5), und Tautomeres.
B. Analog der vorangehenden Verbindung (*Veibel, Lillelund*, Tetrahedron **1** [1957] 201, 212).
Kristalle (aus A.); F: 129–130°. UV-Spektrum (A.; 220–350 nm): *Ve., Li.*, l. c. S. 207. Scheinbarer Dissoziationsexponent pK_b' (H_2O [umgerechnet aus Eg.]; potentiometrisch ermittelt): 12,4 (*Ve., Li.*, l. c. S. 204).

4-[5-Oxo-3-phenyl-2,5-dihydro-pyrazol-1-yl]-benzoesäure $C_{16}H_{12}N_2O_3$, Formel X, und Tautomere.
B. Aus 3-Oxo-3-phenyl-propionsäure-äthylester und 4-Hydrazino-benzoesäure (*I. G. Farbenind.*, D.R.P. 622113 [1933]; Frdl. **21** 351; *Du Pont de Nemours & Co.*, U.S.P. 2476986 [1946]; *Veibel*, Acta chem. scand. **1** [1947] 54, 63).
Kristalle (aus A.); F: 278–280° (*Ve.*).

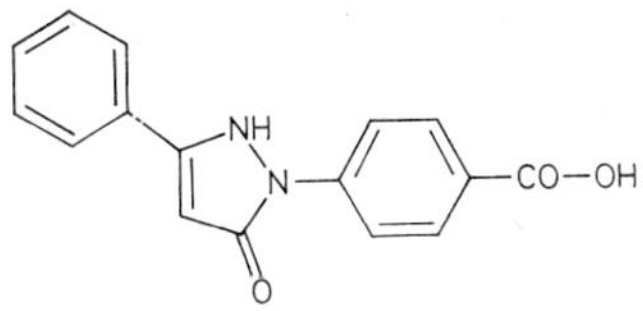

X 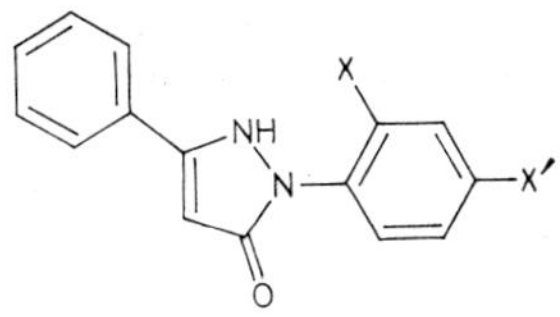   XI

2-[5-Oxo-3-phenyl-2,5-dihydro-pyrazol-1-yl]-benzolsulfonsäure C$_{15}$H$_{12}$N$_2$O$_4$S, Formel XI
(X = SO$_2$-OH, X' = H), und Tautomere.
  B. Beim Erwarmen von 3-Oxo-3-phenyl-propionsäure-äthylester mit 2-Hydrazino-
benzolsulfonsäure in H$_2$O und Na$_2$CO$_3$ (*I. G. Farbenind.*, D.R.P. 622113 [1933]; Frdl. **21**
351).
  Rotbraune Kristalle.

4-[5-Oxo-3-phenyl-2,5-dihydro-pyrazol-1-yl]-benzolsulfonsäure C$_{15}$H$_{12}$N$_2$O$_4$S,
Formel XI (X = H, X' = SO$_2$-OH), und Tautomere.
  B. Beim Erwärmen von 3-Oxo-3-phenyl-propionsäure-äthylester mit 4-Hydrazino-
benzolsulfonsäure in H$_2$O und Na$_2$CO$_3$ (*I.G. Farbenind.*, D.R.P. 622113 [1933]; Frdl.
21 351).
  Braune Kristalle (*I.G. Farbenind.*); F: 300° (*Casoni*, Boll. scient. Fac. Chim. ind.
Univ. Bologna **9** [1951] 9, 11).

4-[5-Oxo-3-phenyl-2,5-dihydro-pyrazol-1-yl]-benzolsulfonsäure-amid C$_{15}$H$_{13}$N$_3$O$_3$S,
Formel XI (X = H, X' = SO$_2$-NH$_2$), und Tautomere.
  B. Aus 3-Oxo-3-phenyl-propionsäure-äthylester und 4-Hydrazino-benzolsulfonsäure-
amid (*Itano*, J. pharm. Soc. Japan **75** [1955] 441; C. A. **1956** 2552; *Casoni*, Boll. scient.
Fac. Chim. ind. Univ. Bologna **14** [1956] 22, 23).
  Kristalle; F: 236—238° [aus A.] (*It.*), 236—237° [aus Eg.] (*Ca.*).

2-[2-Diäthylamino-äthyl]-5-phenyl-1,2-dihydro-pyrazol-3-on C$_{15}$H$_{21}$N$_3$O, Formel IV
(R = H, R' = CH$_2$-CH$_2$-N(C$_2$H$_5$)$_2$) auf S. 420, und Tautomere.
  B. Aus 3-Oxo-3-phenyl-propionsäure-äthylester und Diäthyl-[2-hydrazino-äthyl]-
amin (*Ebnöther et al.*, Helv. **42** [1959] 1201, 1211, 1213).
  F: 114—115°.

2-[4-Amino-phenyl]-5-phenyl-1,2-dihydro-pyrazol-3-on C$_{15}$H$_{13}$N$_3$O, Formel XI
(X = H, X' = NH$_2$), und Tautomere.
  B. Beim Behandeln von 2-[4-Nitro-phenyl]-5-phenyl-1,2-dihydro-pyrazol-3-on mit
Eisen in wss. HCl (*Geigy A.G.*, U.S.P. 2472109 [1946]; *Iwakura et al.*, J. chem. Soc.
Japan Ind. Chem. Sect. **59** [1956] 568, 569; C. A. **1958** 3790).
  Hydrochlorid C$_{15}$H$_{13}$N$_3$O·HCl. F: 287° (*Iw. et al.*).

1,4-Bis-{N'-[4-(5-oxo-3-phenyl-2,5-dihydro-pyrazol-1-yl)-phenyl]-ureido}-butan,
N',N'''-Bis-[4-(5-oxo-3-phenyl-2,5-dihydro-pyrazol-1-yl)-phenyl]-N,N''-butandiyl-di-
harnstoff C$_{36}$H$_{34}$N$_8$O$_4$, Formel XII, und Tautomere.
  B. Aus 2-[4-Amino-phenyl]-5-phenyl-1,2-dihydro-pyrazol-3-on und 1,4-Diisocyanato-
butan (*Iwakura et al.*, J. chem. Soc. Japan Ind. Chem. Sect. **59** [1956] 568, 570; C. A.
1958 3790).
  F: 185°.

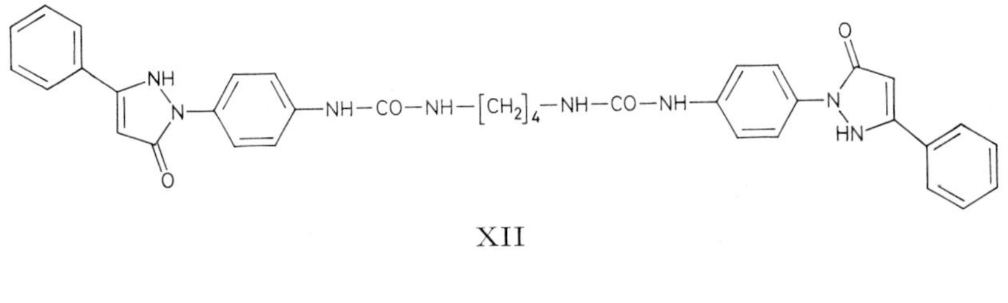

XII

Bis-(4-{N'-[4-(5-oxo-3-phenyl-2,5-dihydro-pyrazol-1-yl)-phenyl]-ureido}-phenyl)-methan $C_{45}H_{36}N_8O_4$, Formel XIII, und Tautomere.

B. Analog der vorangehenden Verbindung (*Iwakura et al.*, J. chem. Soc. Japan Ind. Chem. Sect. **59** [1956] 568, 570; C. A. **1958** 3790).

F: 176—177°.

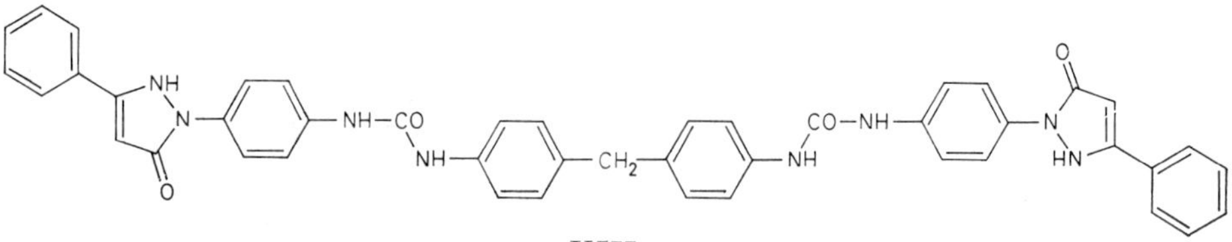

XIII

3,3'-Dimethyl-4,4'-bis-{N'-[4-(5-oxo-3-phenyl-2,5-dihydro-pyrazol-1-yl)-phenyl]-ureido}-biphenyl, *N',N'''-Bis-[4-(5-oxo-3-phenyl-2,5-dihydro-pyrazol-1-yl)-phenyl]-N,N''-[3,3'-dimethyl-biphenyl-4,4'-diyl]-di-harnstoff* $C_{46}H_{38}N_8O_4$, Formel XIV (R = CH_3), und Tautomere.

B. Analog den vorangehenden Verbindungen (*Iwakura et al.*, J. chem. Soc. Japan Ind. Chem. Sect. **59** [1956] 568, 570; C. A. **1958** 3790).

F: 332—335°.

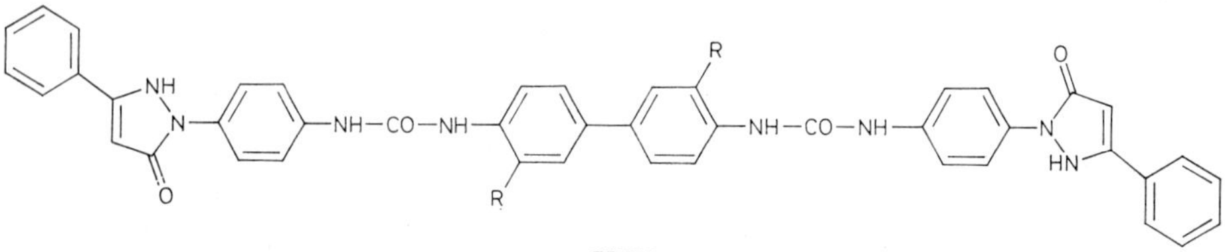

XIV

3,3'-Dimethoxy-4,4'-bis-{N'-[4-(5-oxo-3-phenyl-2,5-dihydro-pyrazol-1-yl)-phenyl]-ureido}-biphenyl, *N',N'''-Bis-[4-(5-oxo-3-phenyl-2,5-dihydro-pyrazol-1-yl)-phenyl]-N,N''-[3,3'-dimethoxy-biphenyl-4,4'-diyl]-di-harnstoff* $C_{46}H_{38}N_8O_6$, Formel XIV (R = $O-CH_3$), und Tautomere.

B. Analog den vorangehenden Verbindungen (*Iwakura et al.*, J. chem. Soc. Japan Ind. Chem. Sect. **59** [1956] 568, 570; C. A. **1958** 3790).

F: 227—229°.

2-[1-Methyl-[4]piperidyl]-5-phenyl-1,2-dihydro-pyrazol-3-on $C_{15}H_{19}N_3O$, Formel XV (R = H), und Tautomere.

B. Aus 3-Oxo-3-phenyl-propionsäure-äthylester und 4-Hydrazino-1-methyl-piperidin (*Ebnöther et al.*, Helv. **42** [1959] 1201, 1207, 1213).

Kristalle (aus A.); F: 221—224° [Zers.].

Dihydrochlorid $C_{15}H_{19}N_3O \cdot 2$ HCl. Hygroskopische Kristalle (aus Me. + Ae.); F: 210° [Zers.].

Hydrobromid $C_{15}H_{19}N_3O \cdot$ HBr. Hygroskopische Kristalle (aus Me. + Ae.); F: 230° bis 233° [Zers.].

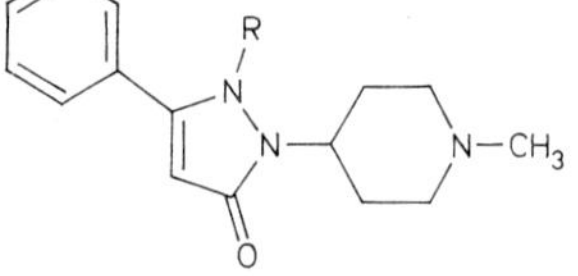

XV

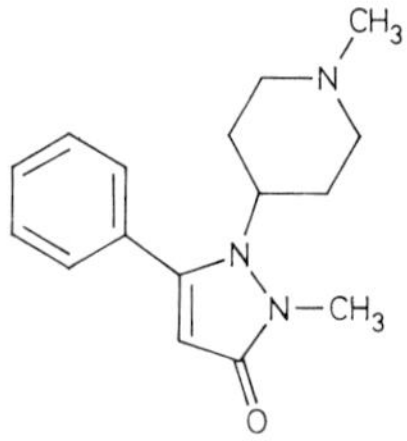

XVI

1(oder 2)-Methyl-2(oder 1)-[1-methyl-[4]piperidyl]-5-phenyl-1,2-dihydro-pyrazol-3-on
$C_{16}H_{21}N_3O$, Formel XV (R = CH₃) oder XVI.

   B. Aus 3-Oxo-3-phenyl-propionsäure-äthylester und 1-Methyl-4-[N'-methyl-hydrazino]-piperidin (*Ebnöther et al.*, Helv. **42** [1959] 1201, 1212, 1213).

   Kristalle (aus Bzl. + PAe.); F: 120—122° [Zers.].

   Hydrochlorid $C_{16}H_{21}N_3O \cdot HCl$. Kristalle (aus Me. + Ae.); F: 255—257° [Zers.].

   Hydrobromid $C_{16}H_{21}N_3O \cdot HBr$. Kristalle (aus Me. + Ae.); F: 237—241° [Zers.].

5-Phenyl-2-[2-phenyl-chinolin-4-carbonyl]-1,2-dihydro-pyrazol-3-on $C_{25}H_{17}N_3O_2$,
Formel I (X = H), und Tautomere.

   B. Neben N,N'-Bis-[2-phenyl-chinolin-4-carbonyl]-hydrazin beim Erhitzen von 3-Phenyl-3-[2-phenyl-chinolin-4-carbonylhydrazono]-propionsäure-äthylester (*Musante, Parrini,* G. **84** [1954] 209, 220).

   Kristalle (aus A.); F: 190°.

2-[2-(4-Methoxy-phenyl)-chinolin-4-carbonyl]-5-phenyl-1,2-dihydro-pyrazol-3-on
$C_{26}H_{19}N_3O_3$, Formel I (X = O-CH₃), und Tautomere.

   B. Analog der vorangehenden Verbindung (*Musante, Parrini,* G. **84** [1954] 209, 222).

   Kristalle (aus A.); F: 183—184°.

5-[4-Chlor-phenyl]-2-phenyl-1,2-dihydro-pyrazol-3-on $C_{15}H_{11}ClN_2O$, Formel II
(R = C₆H₅, X = Cl), und Tautomere (E II 75).

   Kristalle (aus A.); F: 161° [nach Sublimation im Hochvakuum bei 140°] (*Mallinckrodt Chem. Works,* U.S.P. 2367632 [1942]; *Wallingford et al.,* Am. Soc. **63** [1941] 2252).

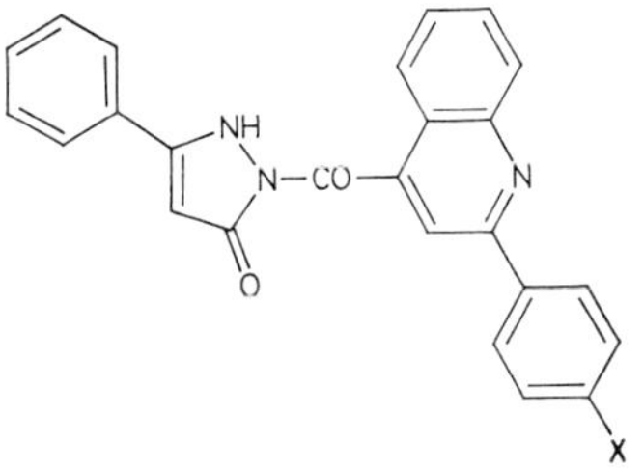

I 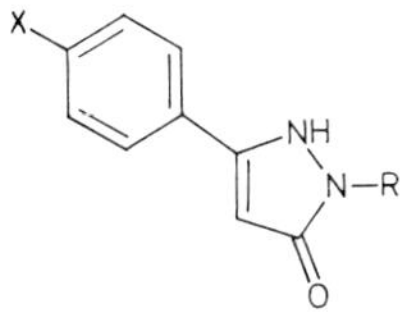   II 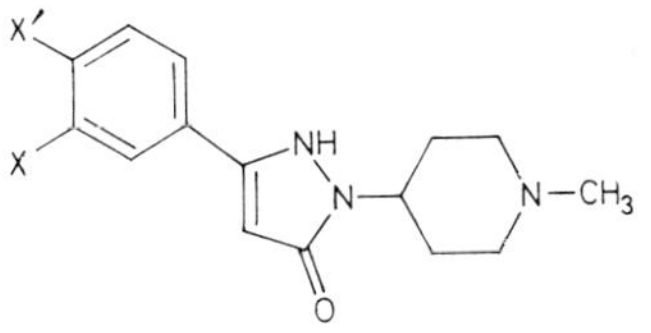   III

5-[4-Chlor-phenyl]-2-[1-methyl-[4]piperidyl]-1,2-dihydro-pyrazol-3-on $C_{15}H_{18}ClN_3O$,
Formel III (X = H, X' = Cl), und Tautomere.

   B. Aus 3-[4-Chlor-phenyl]-3-oxo-propionsäure-äthylester und 4-Hydrazino-1-methyl-piperidin (*Ebnöther et al.,* Helv. **42** [1959] 1201, 1208, 1213).

   Kristalle (aus Isopropylalkohol); F: 205—207° [Zers.].

4,4-Dichlor-5-phenyl-2,4-dihydro-pyrazol-3-on $C_9H_6Cl_2N_2O$, Formel IV (R = X' = H,
X = Cl), und Tautomeres.

   B. Aus 5-Phenyl-pyrazolidin-3-on, aus 1-Nitroso-5-phenyl-pyrazolidin-3-on oder aus 5-Phenyl-1,2-dihydro-pyrazol-3-on beim Behandeln mit Chlor und HCl in Nitromethan (*Carpino,* Am. Soc. **80** [1958] 599).

   Kristalle (aus Nitromethan); F: 173—175° [unkorr.].

   Beim Behandeln mit wss. NaOH ist Phenylpropiolsäure erhalten worden.

2-Acetyl-4,4-dichlor-5-phenyl-2,4-dihydro-pyrazol-3-on $C_{11}H_8Cl_2N_2O_2$, Formel IV
(R = CO-CH₃, X = Cl, X' = H).

   B. Aus 2-Acetyl-5-phenyl-1,2-dihydro-pyrazol-3-on und Chlor in Essigsäure oder aus 4,4-Dichlor-5-phenyl-2,4-dihydro-pyrazol-3-on und Acetanhydrid (*Carpino,* Am. Soc. **80** [1958] 5796).

   Kristalle (aus A.); F: 146—148° [unkorr.].

2,4,4-Trichlor-5-phenyl-2,4-dihydro-pyrazol-3-on $C_9H_5Cl_3N_2O$, Formel IV (R = X = Cl,
X' = H).

   B. Aus 3-Acetoxy-5-phenyl-1*H*-pyrazol oder 4,4-Dichlor-5-phenyl-2,4-dihydro-pyrazol-

3-on und Chlor in Essigsäure (*Carpino*, Am. Soc. **80** [1958] 5796).
Gelbe Kristalle (aus wss. Eg.); F: 90—92°.

5-[4-Brom-phenyl]-1,2-dihydro-pyrazol-3-on $C_9H_7BrN_2O$, Formel II (R = H, X = Br), und Tautomere.

B. Aus [4-Brom-phenyl]-propiolsäure-methylester und $N_2H_4 \cdot H_2O$ (*Deles, Polaczkowa*, Roczniki Chem. **32** [1958] 1243, 1253; C. A. **1959** 10115) oder aus 3-[4-Brom-phenyl]-3-oxo-propionsäure-äthylester und $N_2H_4 \cdot H_2O$ (*Bełżecki, Urbański*, Roczniki Chem. **32** [1958] 779, 782, 785; C. A. **1959** 10187).
Kristalle (aus wss. A.); F: 248—249° [Zers.] (*Be., Ur.*), 244,5—246,5° (*De., Po.*).

5-[4-Brom-phenyl]-2-methyl-1,2-dihydro-pyrazol-3-on $C_{10}H_9BrN_2O$, Formel II (R = CH$_3$, X = Br), und Tautomere.

B. Aus 5-[4-Brom-phenyl]-1,2-dihydro-pyrazol-3-on und Diazomethan (*Deles, Polaczkowa*, Roczniki Chem. **32** [1958] 1243, 1254; C. A. **1959** 10115).
Kristalle (aus Bzl.); F: 192—194°.

3-[4-Brom-phenyl]-5-oxo-2,5-dihydro-pyrazol-1-thiocarbonsäure-amid $C_{10}H_8BrN_3OS$, Formel II (R = CS-NH$_2$, X = Br), und Tautomere.

B. Beim Erhitzen von 3-[4-Brom-phenyl]-3-thiosemicarbazono-propionsäure-äthyl= ester (*Bełżecki, Urbański*, Roczniki Chem. **32** [1958] 779, 781, 785; C. A. **1959** 10187).
Kristalle (aus A.); F: 251° [Zers.].

IV   V   VI

4,4-Dibrom-2,5-diphenyl-2,4-dihydro-pyrazol-3-on $C_{15}H_{10}Br_2N_2O$, Formel IV (R = C$_6$H$_5$, X = Br, X′ = H).

B. Aus 2,5-Diphenyl-1,2-dihydro-pyrazol-3-on und Brom in Essigsäure (*Westöö*, Acta chem. scand. **6** [1952] 1499, 1514).
Absorptionsspektrum (A.; 220—410 nm): *We.*, l. c. S. 1507.

2-Acetyl-4,4-dibrom-5-phenyl-2,4-dihydro-pyrazol-3-on $C_{11}H_8Br_2N_2O_2$, Formel IV (R = CO-CH$_3$, X = Br, X′ = H).

B. Aus 2-Acetyl-5-phenyl-1,2-dihydro-pyrazol-3-on und Brom in Essigsäure oder aus 4,4-Dibrom-5-phenyl-2,4-dihydro-pyrazol-3-on und Acetanhydrid (*Carpino*, Am. Soc. **80** [1958] 5796).
Kristalle (aus Eg.); F: 187—189° [unkorr.].

2-[1-Methyl-[4]piperidyl]-5-[3-nitro-phenyl]-1,2-dihydro-pyrazol-3-on $C_{15}H_{18}N_4O_3$, Formel III (X = NO$_2$, X′ = H), und Tautomere.

B. Aus 3-[3-Nitro-phenyl]-3-oxo-propionsäure-äthylester und 4-Hydrazino-1-methyl-piperidin (*Ebnöther et al.*, Helv. **42** [1959] 1201, 1208, 1213).
Kristalle (aus A.); F: 191—193° [Zers.].

5-[4-Nitro-phenyl]-1,2-dihydro-pyrazol-3-on $C_9H_7N_3O_3$, Formel II (R = H, X = NO$_2$), und Tautomere.

B. Aus dem Natrium-Salz der 3-[4-Nitro-phenyl]-3-oxo-propionsäure oder aus 3-[4-Nitro-phenyl]-3-oxo-propionsäure-äthylester und $N_2H_4 \cdot H_2O$ (*Klosa*, Ar. **286** [1953] 391, 395; *Bełżecki, Urbański*, Roczniki Chem. **32** [1958] 779, 782, 785; C. A. **1959** 10187).
Kristalle; F: 238—239° [Zers.; aus wss. A.] (*Be., Ur.*), 217—219° [aus A.] (*Kl.*).
Hydrochlorid. F: 274—275° (*Kl.*).

3-[4-Nitro-phenyl]-5-oxo-2,5-dihydro-pyrazol-1-thiocarbonsäure-amid $C_{10}H_8N_4O_3S$, Formel II (R = CS-NH$_2$, X = NO$_2$), und Tautomere.

B. Beim Erhitzen von 3-[4-Nitro-phenyl]-3-thiosemicarbazono-propionsäure-äthyl=

ester (*Belżecki, Urbański*, Roczniki Chem. **32** [1958] 779, 781, 785; C. A. **1959** 10187).
Kristalle (aus A.); F: 264—268° [Zers.].

3-[3-(4-Nitro-phenyl)-5-oxo-2,5-dihydro-pyrazol-1-yl]-benzoesäure $C_{16}H_{11}N_3O_5$,
Formel II (R = C_6H_4-CO-OH(m), X = NO_2) auf S. 425, und Tautomere.
   B. Aus 3-[4-Nitro-phenyl]-3-oxo-propionsäure-äthylester und dem Hydrochlorid
der 3-Hydrazino-benzoesäure (*Itano*, J. pharm. Soc. Japan **71** [1951] 1456, 1458; C. A.
1952 7096).
   Gelbrote Kristalle.

2-[3-(4-Nitro-phenyl)-5-oxo-2,5-dihydro-pyrazol-1-yl]-äthansulfonsäure $C_{11}H_{11}N_3O_6S$,
Formel II (R = CH_2-CH_2-SO_2-OH, X = NO_2) auf S. 425, und Tautomere.
   B. Aus 3-[4-Nitro-phenyl]-3-oxo-propionsäure-äthylester und 2-Hydrazino-äthan-
sulfonsäure (*I.G. Farbenind.*, D.R.P. 699710 [1938]; D.R.P. Org. Chem. **6** 2429; *Gen.
Aniline & Film Corp.*, U.S.P. 2265221 [1939]).
   Gelbe Kristalle.

2-[1-Methyl-[4]piperidyl]-5-[4-nitro-phenyl]-1,2-dihydro-pyrazol-3-on $C_{15}H_{18}N_4O_3$,
Formel III (X = H, X' = NO_2) auf S. 425, und Tautomere.
   B. Analog der vorangehenden Verbindung (*Ebnöther et al.*, Helv. **42** [1959] 1201,
1208, 1213).
   Kristalle (aus A. oder H_2O); F: 220—222° [Zers.].

4,4-Dichlor-5-[3-nitro-phenyl]-2,4-dihydro-pyrazol-3-on $C_9H_5Cl_2N_3O_3$, Formel IV
(R = H, X = Cl, X' = NO_2), und Tautomeres.
   B. Aus 5-[3-Nitro-phenyl]-pyrazolidin-3-on und Chlor in Nitromethan (*Carpino*,
Am. Soc. **80** [1958] 599).
   Kristalle (aus Nitromethan); F: 204—205° [unkorr.; Zers.].

4-Phenyl-1,2-dihydro-pyrazol-3-on $C_9H_8N_2O$, Formel V (R = H), und Tautomere.
   F: 226° (*Offe et al.*, Z. Naturf. **7b** [1952] 446, 459).

2,4-Diphenyl-1,2-dihydro-pyrazol-3-on $C_{15}H_{12}N_2O$, Formel V (R = C_6H_5), und
Tautomere (H 154; E II 75).
   B. Aus 3,3-Dimethoxy-2-phenyl-propionsäure-anilid und Phenylhydrazin-hydro-
chlorid (*Scarpati*, Rend. Accad. Sci. fis. mat. Napoli **25** [1958] 223, 228). Beim Erhitzen
von 5-Oxo-1,4-diphenyl-2,5-dihydro-1H-pyrazol-3-carbonsäure (*Gagnon et al.*, Canad.
J. Chem. **31** [1953] 673, 682).
   Kristalle; F: 196—197° [unkorr.; aus A.] (*Ga. et al.*). λ_{max}: 255 nm und 283 nm [A.]
bzw. 244 nm [wss.-äthanol. HCl] (*Ga. et al.*, l. c. S. 676).

2-Benzyl-4-phenyl-1,2-dihydro-pyrazol-3-on $C_{16}H_{14}N_2O$, Formel V (R = CH_2-C_6H_5), und
Tautomere.
   B. Aus 3-Oxo-2-phenyl-propionsäure-äthylester und Benzylhydrazin (*Košt, Šagitullin*,
Vestnik Moskovsk. Univ. **14** [1959] Nr. 1, S. 225, 227; C. A. **1959** 21894).
   Kristalle (aus A.); F: 202—203°.

2-[1-Methyl-[4]piperidyl]-4-phenyl-1,2-dihydro-pyrazol-3-on $C_{15}H_{19}N_3O$, Formel VI, und
Tautomere.
   B. Aus 3-Oxo-2-phenyl-propionsäure-äthylester und 4-Hydrazino-1-methyl-piperidin
(*Ebnöther et al.*, Helv. **42** [1959] 1201, 1206, 1213).
   Kristalle (aus Me.); F: 240° [Zers.].

_____

2-Phenyl-3,5-dihydro-imidazol-4-on $C_9H_8N_2O$, Formel VII (R = H), und Tautomere
(vgl. E II 75).
   Konstitution: *Imbach et al.*, Bl. **1971** 1052; *Kjær*, Acta chem. scand. **7** [1953] 1030.
   B. Beim Behandeln von Benzimidsäure-äthylester mit Glycin-äthylester in Äther
(*Kj.*, l. c. S. 1033).

Kristalle (aus Bzl.); F: 165—167° [unkorr.; Zers.]; bei 140° [Badtemperatur]/0,5 Torr sublimierbar *(Kj.)*.

VII   VIII   IX

3-[*N*-Benzyl-anilino]-2-phenyl-3,5-dihydro-imidazol-4-on $C_{22}H_{19}N_3O$, Formel VII
$(R = N(C_6H_5)-CH_2-C_6H_5)$, und Tautomere.
In dem von *Sen* (J. Indian chem. Soc. **6** [1929] 1001, 1006) unter dieser Konstitution beschriebenen Präparat vom F: 147° (erhalten aus Hippursäure und *N*-Benzyl-*N*-phenyl-hydrazin) hat wahrscheinlich Hippursäure-[*N'*-benzyl-*N'*-phenyl-hydrazid] vorgelegen *(Ohta*, J. pharm. Soc. Japan **66** [1946] Ausg. B, S. 30).

2-Phenyl-3,5-dihydro-imidazol-4-thion $C_9H_8N_2S$, Formel VIII, und Tautomere.
B. Aus Thioglycin-amid-hydrochlorid und Benzimidsäure-äthylester *(Chambon, Boucherle*, Bl. **1954** 723, 724).
F: 98—100° [korr.; Zers.].
Quecksilber-Verbindung $C_9H_7N_2S \cdot HgCl$. Kristalle (aus A.); Zers. bei ca. 210° [korr.].

5-Phenyl-3,5-dihydro-imidazol-4-thion $C_9H_8N_2S$, Formel IX, und Tautomere.
B. Aus Amino-phenyl-thioessigsäure-amid und Formimidsäure-äthylester *(Chambon, Boucherle*, Bl. **1954** 723, 725). Beim Erwärmen von Formylamino-phenyl-thioessigsäure-amid mit wss.-äthanol. KOH *(Abe*, J. chem. Soc. Japan Pure Chem. Sect. **72** [1951] 1036, 1038; C. A. **1953** 5935; vgl. *Abe*, J. chem. Soc. Japan **65** [1944] 204, 208; C. A. **1947** 4147).
Kristalle (aus A.); Zers. bei 184—185° *(Abe*, J. chem. Soc. Japan **65** 208; s. a. *Abe*, J. chem. Soc. Japan Pure Chem. Sect. **72** 1038). Gelbe Kristalle (aus wss. A.); F: 161° bis 162° [korr.] *(Ch., Bo.)*.
Beim Erhitzen mit Benzoylchlorid in Pyridin ist ein Dibenzoyl-Derivat $C_{23}H_{16}N_2O_2S$ (vermutlich 1-Benzoyl-4-benzoylmercapto-5-phenyl-1*H*-imidazol; Kristalle [aus Ae.] F: 119—121° [korr.]) erhalten worden *(Ch., Bo.)*.

4-Phenyl-1,3-dihydro-imidazol-2-on $C_9H_8N_2O$, Formel X (R = H), und Tautomere (H 154).
B. Beim Behandeln von Amino-phenyl-essigsäure-äthylester-hydrochlorid mit Na≈ trium-Amalgam und wss. HCl und Behandeln des Reaktionsgemisches mit Kalium≈ cyanat *(Lawson*, Soc. **1957** 1443). Beim Erwärmen von 5-Phenyl-imidazolidin-2,4-dion mit LiAlH₄ in Äther *(Wilk, Close*, J. org. Chem. **15** [1950] 1020). Beim Erwärmen von 2-Oxo-5-phenyl-2,3-dihydro-1*H*-imidazol-4-carbonsäure-äthylester mit Ba(OH)₂ in wss. Äthanol *(Duschinsky, Dolan*, Am. Soc. **68** [1946] 2350, 2354).
Kristalle; F: 340—343° [aus A.] *(Wilk, Cl.)*, 330—333° [Zers.; im Vakuum; aus Eg.] *(Du., Do.)*, 325° [Zers.; aus wss. A.] *(La.)*.
Acetyl-Derivat $C_{11}H_{10}N_2O_2$ (vgl. H 154). Kristalle (aus A.); F: 238° *(La.)*.

1-Methyl-4-phenyl-1,3-dihydro-imidazol-2-on $C_{10}H_{10}N_2O$, Formel X (R = CH₃), und Tautomeres.
B. Beim Erwärmen von 3-Methyl-5-phenyl-imidazolidin-2,4-dion mit LiAlH₄ in Äther *(Wilk, Close*, J. org. Chem. **15** [1950] 1020).
Kristalle (aus A.); F: 275—278°.

4-Phenyl-1,3-dihydro-imidazol-2-thion $C_9H_8N_2S$, Formel XI (R = R′ = X = H), und Tautomere (E II 76).
B. Aus 2-Amino-1-phenyl-äthanon und Kaliumthiocyanat *(Clemo et al.*, Soc. **1938** 753). Neben 1-Phenacyl-5-phenyl-1,3-dihydro-imidazol-2-thion beim Behandeln von Amino-

phenyl-essigsäure-äthylester mit Natrium-Amalgam und Behandeln des Reaktionsprodukts mit Kaliumthiocyanat (*Lawson, Morley*, Soc. **1957** 566). Beim Behandeln von Phenacyl-thioharnstoff mit Picrinsäure in Äthanol (*Cl. et al.*).
  Kristalle; F: 267,5° [aus Bzl. + A.] (*Cl. et al.*), 265−266° [aus wss. A.] (*La., Mo.*).
  Picrat $C_9H_8N_2S \cdot C_6H_3N_3O_7$ (E II 76). Gelbe Kristalle (aus A.) mit 1 Mol Äthanol; F: 177° (*Cl. et al.*).

X   XI   XII

1-Methyl-4-phenyl-1,3-dihydro-imidazol-2-thion $C_{10}H_{10}N_2S$, Formel XI (R = CH_3, R′ = X = H), und Tautomeres.
  B. Beim Behandeln von 2-Benzylmercapto-1-methyl-4-phenyl-1*H*-imidazol mit rotem Phosphor, Jod und Essigsäure (*Dodson, Ross*, Am. Soc. **72** [1950] 1478).
  Kristalle (aus wss. A.); F: 220−221° [geschlossene Kapillare].

1,4-Diphenyl-1,3-dihydro-imidazol-2-thion $C_{15}H_{12}N_2S$, Formel XI (R = C_6H_5, R′ = X = H), und Tautomeres.
  B. Beim Erhitzen von 2-Anilino-1-phenyl-äthanon mit Kaliumthiocyanat und wss. HCl in Äthanol (*Dodson, Ross*, Am. Soc. **72** [1950] 1478). Beim Behandeln von 2-Methylmercapto-1,4-diphenyl-1*H*-imidazol oder 2-Benzylmercapto-1,4-diphenyl-1*H*-imidazol mit rotem Phosphor, Jod und Essigsäure (*Do., Ross*).
  Kristalle (aus wss. A.); F: 216−217° [geschlossene Kapillare].

1-Acetonyl-5-phenyl-1,3-dihydro-imidazol-2-thion, [5-Phenyl-2-thioxo-2,3-dihydro-imidazol-1-yl]-aceton $C_{12}H_{12}N_2OS$, Formel XI (R = X = H, R′ = CH_2-CO-CH_3), und Tautomeres.
  B. Beim Behandeln von Amino-phenyl-essigsäure-äthylester und DL-Alanin-äthylester mit Natrium-Amalgam und Behandeln des Reaktionsprodukts mit Kaliumthiocyanat (*Lawson, Morley*, Soc. **1957** 566).
  Kristalle (aus A.); F: 201°.
  Oxim $C_{12}H_{13}N_3OS$. Kristalle (aus A.); F: 235° [Zers.].
  2,4-Dinitro-phenylhydrazon $C_{18}H_{16}N_6O_4S$. Kristalle (aus Toluol); F: 252° [Zers.].
  λ_{max} (A.): 358 nm.

1-Phenacyl-5-phenyl-1,3-dihydro-imidazol-2-thion, 1-Phenyl-2-[5-phenyl-2-thioxo-2,3-dihydro-imidazol-1-yl]-äthanon $C_{17}H_{14}N_2OS$, Formel XI (R = X = H, R′ = CH_2-CO-C_6H_5), und Tautomeres.
  B. s. S. 428 im Artikel 4-Phenyl-1,3-dihydro-imidazol-2-thion.
  Kristalle (aus A.); F: 216−218° [Zers.] (*Lawson, Morley*, Soc. **1957** 566). λ_{max} (A.): 224 nm, 267 nm und 294 nm.

4-[4-Chlor-phenyl]-1,3-dihydro-imidazol-2-thion $C_9H_7ClN_2S$, Formel XI (R = R′ = H, X = Cl), und Tautomere.
  B. Beim Erwärmen von 2-Amino-1-[4-chlor-phenyl]-äthanon-hydrochlorid mit Kaliumthiocyanat in Essigsäure (*Norris, McKee*, Am. Soc. **77** [1955] 1056).
  Kristalle (aus A.); F: 293−295° [Zers.].

4-[4-Nitro-phenyl]-1,3-dihydro-imidazol-2-thion $C_9H_7N_3O_2S$, Formel XI (R = R′ = H, X = NO_2), und Tautomere.
  B. Beim Erwärmen von 2-Amino-1-[4-nitro-phenyl]-äthanon-hydrochlorid mit Kaliumthiocyanat in Methanol oder in Essigsäure (*Kotschergin, Schtschukina*, Ž. obšč. Chim. **25** [1955] 2182, 2184; engl. Ausg. S. 2145, 2146).

Gelbe Kristalle (aus Eg.), die unterhalb 320° nicht schmelzen [nach Dunkelfärbung bei 240°].

4-Oxy-1,3-dihydro-benzo[e][1,4]diazepin-2-on, 1,3-Dihydro-benzo[e][1,4]diazepin-2-on-4-oxid $C_9H_8N_2O_2$, Formel XII.

Diese Konstitution kommt der früher (E II **27** 711) unter Vorbehalt als $1H$-Benz[d]=[1,2,6]oxadiazocin-2-on (,,5-Oxa-4.8-diaza-1.2-benzo-cyclooctadien-(1.3)-on-(7)'') beschriebenen Verbindung zu (*Stempel et al.*, J. org. Chem. **33** [1968] 2963).

[*U. Müller*]

5,6,7-Trichlor-3-methyl-1-phenyl-1H-cycloheptapyrazol-8-on $C_{15}H_9Cl_3N_2O$, Formel I.

B. Beim Erhitzen von 3,4,5-Trichlor-7-[1-phenylhydrazono-äthyl]-tropolon auf 125° (*Schenck et al.*, Ang. Ch. **68** [1956] 247).

F: 132°.

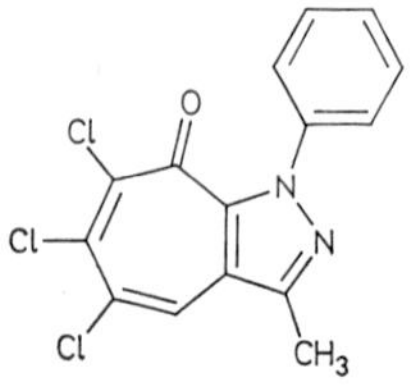

I 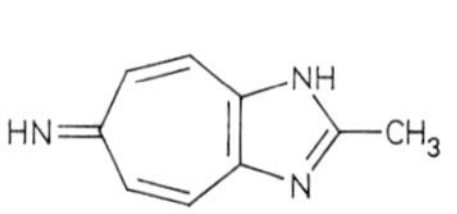   II 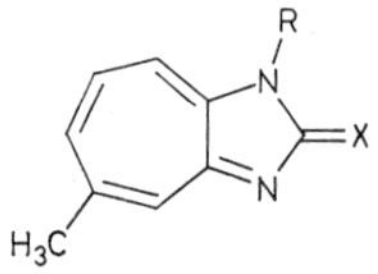   III

6-Imino-2-methyl-1,6-dihydro-cycloheptimidazol(?), 2-Methyl-1H-cycloheptimidazol-6-on-imin(?) $C_9H_9N_3$, vermutlich Formel II, und Tautomeres (2-Methyl-cycloheptimidazol-6-ylamin(?)).

B. Beim Erwärmen von 2,5-Diamino-cycloheptatrienon-imin-hydrochlorid mit wss. Essigsäure (*Nozoe et al.*, Pr. Japan Acad. **29** [1953] 565, 568).

Hellgelbe Kristalle (aus H_2O); F: >290°.

5-Methyl-1H-cycloheptimidazol-2-on $C_9H_8N_2O$, Formel III (R = H, X = O), und Tautomere.

B. Aus 2-Chlor-5-methyl-cycloheptimidazol oder 5-Methyl-cycloheptimidazol-2-ylamin beim Erhitzen mit wss. HCl unter Druck (*Akino et al.*, Sci. Rep. Tohoku Univ. [I] **40** [1956] 92, 97).

Kristalle (aus A.); F: 258—260° (*Ak. et al.*). Absorptionsspektrum (Me.; 200—450 nm): *Ak. et al.*, l. c. S. 94.

Reaktion mit Formaldehyd in Essigsäure (Bildung eines Pigment-Farbstoffs): *Sato*, Sci. Rep. Hirosaki Univ. **3** [1956] 18.

Acetyl-Derivat $C_{11}H_{10}N_2O_2$. Kristalle; F: 175—177° (unkorr.; Zers.) (*Ak. et al.*).

1,5(oder 1,7)-Dimethyl-1H-cycloheptimidazol-2-on $C_{10}H_{10}N_2O$, Formel III (R = CH_3, X = O) oder Formel IV.

B. Neben geringen Mengen 2-Methoxy-5-methyl-cycloheptimidazol aus 5-Methyl-1H-cycloheptimidazol-2-on und Diazomethan (*Akino et al.*, Sci. Rep. Tohoku Univ. [I] **40** [1956] 92, 98).

Kristalle (nach Sublimation); F: 204—205°. Absorptionsspektrum (Me.; 200—450 nm): *Ak. et al.*, l. c. S. 94.

5-Methyl-1H-cycloheptimidazol-2-thion $C_9H_8N_2S$, Formel III (R = H, X = S), und Tautomere.

B. Beim Erhitzen von 2-Methoxy-4(oder 6)-methyl-cycloheptatrienon mit Thioharn=stoff und Natriumäthylat (*Akino et al.*, Sci. Rep. Tohoku Univ. [I] **40** [1956] 92, 100). Beim Erwärmen von 2-Chlor-5-methyl-cycloheptimidazol mit wss.-äthanol. NaHS (*Ak. et al.*).

Gelbe Kristalle (aus A. oder A. + Acn.); F: >300°. Absorptionsspektrum (Me.; 220—500 nm): *Ak. et al.*, l. c. S. 95.

3-Methyl-1H-cinnolin-4-on $C_9H_8N_2O$, Formel V (R = X = X' = H), und Tautomeres.
B. Beim Behandeln von diazotiertem 1-[2-Amino-phenyl]-propan 1-on mit wss. HCl (*Leonard, Boyd*, J. org. Chem. **11** [1946] 419, 426; *Keneford, Simpson*, Soc. **1948** 354, 357). Gelbe Kristalle; F: 248—249° [korr.; aus A.] (*Le., Boyd*), 241—242° [unkorr.; aus wss. A.] (*Ke., Si.*). λ_{max} (A.): 237,5 nm, 250 nm, 281 nm, 292 nm, 347,5 nm und 358,5 nm (*Hearn et al.*, Soc. **1951** 3318, 3323).

1-Acetyl-3-methyl-1H-cinnolin-4-on $C_{11}H_{10}N_2O_2$, Formel V (R = CO-CH$_3$, X = X' = H).
Bezüglich der Konstitution vgl. *Bruce et al.*, Soc. **1964** 4044.
B. Beim Erhitzen von 3-Methyl-1H-cinnolin-4-on mit Acetanhydrid (*Keneford, Simpson*, Soc. **1948** 354, 357).
Kristalle (aus A.); F: 117—117,5° [unkorr.] (*Ke., Si.*).

IV V VI VII

6-Chlor-3-methyl-1H-cinnolin-4-on $C_9H_7ClN_2O$, Formel V (R = X' = H, X = Cl), und Tautomeres.
B. Beim Erwärmen von diazotiertem 1-[2-Amino-5-chlor-phenyl]-propan-1-on mit wss. HCl (*Keneford, Simpson*, Soc. **1948** 354, 357).
Kristalle (aus Eg.); F: 328—329° [unkorr.].

6-Brom-3-methyl-1H-cinnolin-4-on $C_9H_7BrN_2O$, Formel V (R = X' = H, X = Br), und Tautomeres.
B. Analog der vorangehenden Verbindung (*Leonard, Boyd*, J. org. Chem. **11** [1946] 419, 427; *Keneford, Simpson*, Soc. **1948** 354, 357).
Kristalle; F: 331—332° [unkorr.; aus Eg.] (*Ke., Si.*), 326—327° [unkorr.; aus A.] (*Le., Boyd*).

3-Methyl-6-nitro-1H-cinnolin-4-on $C_9H_7N_3O_3$, Formel V (R = X' = H, X = NO$_2$), und Tautomeres.
B. Analog den vorangehenden Verbindungen (*Leonard, Boyd*, J. org. Chem. **11** [1946] 419, 427; *Keneford, Simpson*, Soc. **1948** 354, 357).
Braune Kristalle (aus Eg.), unterhalb 360° nicht schmelzend [unkorr.; Dunkelfärbung bei 340°] (*Ke., Si.*); hellgelbe Kristalle (aus A.), F: >350° (*Le., Boyd*). λ_{max} (A.): 238,5 nm, ca. 270 nm, 325,5 nm und 376 nm (*Hearn et al.*, Soc. **1951** 3318, 3323).

1,3-Dimethyl-6-nitro-1H-cinnolin-4-on $C_{10}H_9N_3O_3$, Formel V (R = CH$_3$, X = NO$_2$, X' = H).
Konstitutionsbestätigung: *Ames, Chapman*, Soc. [C] **1967** 40.
B. Neben der folgenden Verbindung beim Erwärmen von 3-Methyl-6-nitro-1H-cinnolin-4-on mit Dimethylsulfat und wenig wss. KOH (*Keneford et al.*, Soc. **1950** 1104, 1105, 1110).
Gelbe Kristalle; F: 181—183° [aus A.] (*Ke. et al.*), 181—182° [aus Bzl.] (*Ames, Ch.*).

2,3-Dimethyl-6-nitro-4-oxo-1,4-dihydro-cinnolinium $[C_{10}H_{10}N_3O_3]^+$, Formel VI.
Betain $C_{10}H_9N_3O_3$; **4-Hydroxy-2,3-dimethyl-6-nitro-cinnolinium-betain**. Diese Konstitution kommt der von *Keneford et al.* (Soc. **1950** 1104, 1105, 1110) als 3-Methyl-6-[O-methyl-aci-nitro]-6H-cinnolin-4-on angesehenen Verbindung zu (*Ames, Chapman*, Soc. [C] **1967** 40). — *B.* s. im vorangehenden Artikel. — Orangefarben; F: 176—177° [aus A.] (*Ames, Ch.*), 161—162° (*Ke. et al.*).

1-Acetyl-3-methyl-6-nitro-1H-cinnolin-4-on $C_{11}H_9N_3O_4$, Formel V (R = CO-CH$_3$, X = NO$_2$, X' = H).
Bezüglich der Konstitution vgl. *Bruce et al.*, Soc. **1964** 4044.
B. Beim Erhitzen von 3-Methyl-6-nitro-1H-cinnolin-4-on mit Acetanhydrid (*Keneford, Simpson*, Soc. **1948** 354, 357).
Kristalle (aus Bzl.); F: 194—194,5° [unkorr.] (*Ke., Si.*).

3-Methyl-8-nitro-1H-cinnolin-4-on $C_9H_7N_3O_3$, Formel V (R = X = H, X' = NO$_2$), und Tautomeres.
B. Beim Erwärmen von diazotiertem 1-[2-Amino-3-nitro-phenyl]-propan-1-on mit wss. H$_2$SO$_4$ und Essigsäure (*Keneford, Simpson*, Soc. **1948** 354, 357).
Gelbe Kristalle (aus Eg.); F: 238—239° [unkorr.].

6-Methyl-1H-cinnolin-4-on $C_9H_8N_2O$, Formel VII (R = X = H), und Tautomeres.
B. Beim Erhitzen von 6-Methyl-4-oxo-1,4-dihydro-cinnolin-3-carbonsäure in Benzo=
phenon auf 215° (*May & Baker Ltd.*, D.B.P. 1 017 617 [1954]).
Kristalle; F: 271°.

3-Chlor-6-methyl-1H-cinnolin-4-on $C_9H_7ClN_2O$, Formel VII (R = H, X = Cl), und Tautomeres.
B. Beim Erwärmen von Essigsäure-[2-chloracetyl-4-methyl-anilid] mit wss. HCl und Essigsäure, Diazotieren des Reaktionsprodukts und Behandeln des Diazoniumsalzes mit wss. HCl und Essigsäure (*Schofield et al.*, Soc. **1949** 2399, 2401).
Kristalle (aus A.); F: 298,5—299,5° [unkorr.] (*Sch. et al.*). λ_{max} (A.): 243,5 nm, 288 nm, 299 nm und 351,5 nm (*Hearn et al.*, Soc. **1951** 3318, 3323).

1-Acetyl-3-chlor-6-methyl-1H-cinnolin-4-on $C_{11}H_9ClN_2O_2$, Formel VII (R = CO-CH$_3$, X = Cl).
Bezüglich der Konstitution vgl. *Bruce et al.*, Soc. **1964** 4044.
B. Aus 3-Chlor-6-methyl-1H-cinnolin-4-on (*Schofield et al.*, Soc. **1949** 2399, 2401).
Kristalle (aus A.); F: 186—187° [unkorr.] (*Sch. et al.*). λ_{max} (A.): 247 nm, 264,5 nm und 351,5 nm (*Hearn et al.*, Soc. **1951** 3318, 3324).

5(oder 7)-Brom-6-methyl-1H-cinnolin-4-on $C_9H_7BrN_2O$, Formel VIII (X = Br, X' = H oder X = H, X' = Br), und Tautomere.
B. Beim Erhitzen von 5(oder 7)-Brom-6-methyl-4-oxo-1,4-dihydro-cinnolin-3-carbon=
säure (F: 263° [Zers.]) in Benzophenon auf 215° (*May & Baker Ltd.*, D.B.P. 1 017 617 [1954]).
Kristalle; F: 288—289°.

7-Methyl-1H-cinnolin-4-on $C_9H_8N_2O$, Formel IX (R = X = X' = H), und Tautomeres.
B. Beim Erwärmen von diazotiertem 1-[2-Amino-4-methyl-phenyl]-äthanon mit wss. HCl (*Keneford et al.*, Soc. **1948** 1702, 1705).
Kristalle (aus Eg.); F: 243,5—244,5° [unkorr.].

1-Acetyl-7-methyl-1H-cinnolin-4-on $C_{11}H_{10}N_2O_2$, Formel IX (R = CO-CH$_3$, X = X' = H).
Bezüglich der Konstitution vgl. *Bruce et al.*, Soc. **1964** 4044.
B. Beim Erhitzen von 7-Methyl-1H-cinnolin-4-on mit Acetanhydrid (*Keneford et al.*, Soc. **1948** 1702, 1705).
Kristalle (aus A.); F: 117—118° [unkorr.] (*Ke. et al.*).

6-Chlor-7-methyl-1H-cinnolin-4-on $C_9H_7ClN_2O$, Formel IX (R = X' = H, X = Cl), und Tautomeres.
B. Beim Erwärmen von diazotiertem 1-[2-Amino-5-chlor-4-methyl-phenyl]-äthanon mit wss. HCl (*Keneford, Simpson*, Soc. **1947** 227, 230).
Kristalle (aus A.); F: 271—272° [unkorr.].

VIII   IX   X   XI   XII

8-Chlor-7-methyl-1H-cinnolin-4-on $C_9H_7ClN_2O$, Formel IX (R = X = H, X' = Cl), und Tautomeres.
  B. Analog der vorangehenden Verbindung (*Keneford, Simpson*, Soc. **1947** 227, 230).
Kristalle (aus A.); F: 209—210° [unkorr.].

6-Brom-7-methyl-1H-cinnolin-4-on $C_9H_7BrN_2O$, Formel IX (R = X' = H, X = Br), und Tautomeres.
  B. Analog den vorangehenden Verbindungen (*Keneford, Simpson*, Soc. **1947** 227, 230).
Braune Kristalle (aus A.); F: 273—274° [unkorr.].

7-Methyl-6-nitro-1H-cinnolin-4-on $C_9H_7N_3O_3$, Formel IX (R = X' = H, X = NO_2), und Tautomeres.
  B. Analog den vorangehenden Verbindungen (*Keneford et al.*, Soc. **1948** 1702, 1705).
Hellbraune Kristalle (aus Eg.); F: 250—251° [unkorr.].

7-Methyl-8-nitro-1H-cinnolin-4-on $C_9H_7N_3O_3$, Formel IX (R = X = H, X' = NO_2), und Tautomeres.
  B. Beim Behandeln von 7-Methyl-1H-cinnolin-4-on mit konz. HNO_3 und H_2SO_4 [SO_3 enthaltend] (*Keneford et al.*, Soc. **1948** 1702, 1705).
Hellgelbe Kristalle (aus Eg.); F: 243—244° [unkorr.; Zers.].

8-Methyl-1H-cinnolin-4-on $C_9H_8N_2O$, Formel X (X = H), und Tautomeres.
  B. Beim Behandeln von diazotiertem 1-[2-Amino-3-methyl-phenyl]-äthanon mit konz. HCl (*Keneford et al.*, Soc. **1948** 1702, 1706).
Kristalle (aus wss. A. oder wss. Eg.); F: 220—221° [unkorr.].

8-Methyl-5-nitro-1H-cinnolin-4-on $C_9H_7N_3O_3$, Formel X (X = NO_2), und Tautomeres.
  Position der Nitro-Gruppe: *Ames et al.*, Soc. [C] **1966** 470, 473.
  B. Beim Behandeln von 8-Methyl-1H-cinnolin-4-on mit konz. HNO_3 und H_2SO_4 (*Keneford et al.*, Soc. **1948** 1702, 1706).
Kristalle (aus wss. Eg.); F: 255—256° [unkorr.; nach Verfärbung ab 245°] (*Ke. et al.*).

2,8-Dimethyl-5-nitro-4-oxo-1,4-dihydro-cinnolinium $[C_{10}H_{10}N_3O_3]^+$, Formel XI.
  Betain $C_{10}H_9N_3O_3$; 4-Hydroxy-2,8-dimethyl-5-nitro-cinnolinium-betain. Diese Konstitution kommt der von *Keneford et al.* (Soc. **1950** 1104, 1111) als 1,8-Di=methyl-5-nitro-1H-cinnolin-4-on angesehenen Verbindung zu (*Ames et al.*, Soc. [C] **1966** 470). — *B.* Aus der vorangehenden Verbindung und Dimethylsulfat mit Hilfe von wss. KOH (*Ke. et al.*). — Gelbliche Kristalle (aus wss. Eg.); F: 257—258° [unkorr.; Zers.] (*Ke. et al.*).

2-Methyl-3H-chinazolin-4-on $C_9H_8N_2O$, Formel XII (R = H), und Tautomere (H 155; E I 250; E II 76).
  B. Aus Anthranilsäure und Acetamid (*Monti*, R.A.L. [6] **28** [1938] 96, 98; vgl. H 155; s. a. *Meyer, Wagner*, J. org. Chem. **8** [1943] 239, 250). Beim Erhitzen von Anthranil=amid-hydrochlorid mit Acetanhydrid auf 200° (*Hölljes, Wagner*, J. org. Chem. **9** [1944] 31, 47). Aus 2-Methyl-benz[e][1,3]oxazin-4-on (,,Acetylanthranil'') beim Erhitzen mit Ammoniumacetat auf 180° (*Baker et al.*, J. org. Chem. **17** [1952] 35, 43) oder beim Behandeln mit wss. NH_3 (*Buzas, Hoffmann*, Bl. **1959** 1889; vgl. H 155). Aus Acetanilid und Carbamidsäure-äthylester mit Hilfe von P_2O_5 (*Takahashi, Goto*, J. pharm. Soc. Japan **64** [1944] Nr. 11, S. 58; C. A. **1951** 8530). Beim Erwärmen von 2-Methyl-4-tri=

brommethyl-chinazolin mit NaBrO in Dioxan (*Siegle, Christensen*, Am. Soc. **73** [1951] 5777). Aus [4-Oxo-3,4-dihydro-chinazolin-2-yl]-essigsäure-äthylester (*Hardman, Partridge*, Soc. **1954** 3878, 3884).

Kristalle; F: 240—241° (*Ha., Pa.*), 239—241° [aus wss. A.] (*Hö., Wa.*), 238—241° [korr.] (*Koepfli et al.*, Am. Soc. **71** [1949] 1048, 1051). IR-Spektrum (Nujol; 3150—750 cm⁻¹): *Culbertson et al.*, Am. Soc. **74** [1952] 4834, 4836, 4837. UV-Spektrum (A.; 220—360 nm bzw. 220—320 nm): *Ko. et al.*, l. c. S. 1052; *Piozzi, Dubini*, G. **89** [1959] 638, 644. Magnetische Susceptibilität: —94,9·10⁻⁶ cm³·mol⁻¹ (*Pacault*, A. ch. [12] **1** [1946] 527, 558).

Beim Erhitzen mit PCl₅ und PCl₃ ist entgegen den früheren Angaben (H 156) 4-Chlor-2-trichlormethyl-chinazolin erhalten worden (*Smith, Kent*, J. org. Chem. **30** [1965] 1312). Reaktion mit Chloral (Bildung von 2-[3,3,3-Trichlor-propenyl]-3*H*-chinazolin-4-on (S. 562) bzw. von 2-[3,3,3-Trichlor-2-hydroxy-propyl]-3*H*-chinazolin-4-on [F: 205°]): *Monti, Simonetti*, G. **71** [1941] 651, 653; *Kulkarni*, J. Indian chem. Soc. **19** [1942] 180. Reaktion mit Paraformaldehyd und NH₄Cl (Bildung von 3-Aminomethyl-2-methyl-3*H*-chinazolin-4-on): *Mo., Si.*, l. c. S. 660; s. a. *Monti, Simonetti*, Boll. scient. Fac. Chim. ind. Univ. Bologna **1** [1940] 164.

Picrat $C_9H_8N_2O·C_6H_3N_3O_7$. Gelbe Kristalle (aus H₂O); F: 210—211° (*Hardman, Partridge*, Soc. **1954** 3878, 3884).

Benzolsulfonat $C_9H_8N_2O·C_6H_6O_3S$. Kristalle (aus Isopropylalkohol); F: 245—245,5° (*Ha., Pa.*).

Toluol-4-sulfonat $C_9H_8N_2O·C_7H_8O_3S$. Kristalle (aus Eg.); F: 276—277° [Zers.] (*Ha., Pa.*).

1,2-Dimethyl-1*H*-chinazolin-4-on $C_{10}H_{10}N_2O$, Formel XIII (H 156; E II 76).

F: 206° (*Culbertson et al.*, Am. Soc. **74** [1952] 4834, 4835). IR-Spektrum (Nujol; 2950—750 cm⁻¹): *Cu. et al.*, l. c. S. 4836, 4837.

2,3-Dimethyl-3*H*-chinazolin-4-on $C_{10}H_{10}N_2O$, Formel XII (R = CH₃) (H 156).

B. Aus 2-Methyl-3*H*-chinazolin-4-on und Dimethylsulfat mit Hilfe von wss. NaOH bzw. KOH (*Papa, Bogert*, Am. Soc. **58** [1936] 1701; *Monti et al.*, G. **71** [1941] 654, 657). Kristalle; F: 111—111,5° [korr.] (*Papa, Bo.*), 111° (*Culbertson et al.*, Am. Soc. **74** [1952] 4834, 4835). IR-Spektrum (fester Film; 2900—700 cm⁻¹): *Cu. et al.*, l. c. S. 4836, 4837.

Die beim Erhitzen mit PCl₅ und POCl₃ erhaltene Verbindung ist entgegen früheren Angaben (s. H 156) als 4-Chlor-2-trichlormethyl-chinazolin zu formulieren (vgl. *Smith, Kent*, J. org. Chem. **30** [1965] 1312).

2-Methyl-3-propyl-3*H*-chinazolin-4-on $C_{12}H_{14}N_2O$, Formel XII (R = CH₂-CH₂-CH₃).

B. Beim Erwärmen der Natrium-Verbindung von 2-Methyl-3*H*-chinazolin-4-on mit Propylchlorid in Butan-1-ol (*Buzas, Hoffmann*, Bl. **1959** 1889). Kristalle (aus Diisopropyläther); F: 82°.

3-Butyl-2-methyl-3*H*-chinazolin-4-on $C_{13}H_{16}N_2O$, Formel XII (R = [CH₂]₃-CH₃).

B. Aus *N*-Acetyl-anthranilsäure und Butylamin mit Hilfe von PCl₃ in Toluol (*Gen. Aniline & Film Corp.*, U.S.P. 2408633 [1945]; *Sen, Upadhyaya*, J. Indian chem. Soc. **27** [1950] 40). Kristalle [aus A.] (*Gen. Aniline*). Kp₈: 250° (*Sen, Up.*).

3-Dodecyl-2-methyl-3*H*-chinazolin-4-on $C_{21}H_{32}N_2O$, Formel XII (R = [CH₂]₁₁-CH₃).

B. Aus *N*-Acetyl-anthranilsäure und Dodecylamin mit Hilfe von PCl₃ in Toluol (*Grimmel et al.*, Am. Soc. **68** [1946] 542; s. a. *Gen. Aniline & Film Corp.*, U.S.P. 2408633 [1945]). Kristalle; F: 90—92° (*Gr. et al.*).

3-Allyl-2-methyl-3*H*-chinazolin-4-on $C_{12}H_{12}N_2O$, Formel XII (R = CH₂-CH=CH₂).

B. Beim Erwärmen der Natrium-Verbindung von 2-Methyl-3*H*-chinazolin-4-on mit Allylchlorid in Butan-1-ol (*Buzas, Hoffmann*, Bl. **1959** 1889). Kristalle (aus Ae.); F: 75°.

2-Methyl-3-phenyl-3H-chinazolin-4-on $C_{15}H_{12}N_2O$, Formel XIV (X = X' = X'' = H)
(H 156; E I 251; E II 77).

B. Aus Anthranilsäure und Acetanilid mit Hilfe von $POCl_3$ in Benzol (*Kossur, Weil,* Roczniki Chem. **18** [1938] 161, 166; C. **1939** II 1492). Beim Erhitzen von *N,N'*-Diphenyl-acetamidin mit Anthranilsäure-methylester auf 230° oder mit Isatosäure-anhydrid (1*H*-Benz[d][1,3]oxazin-2,4-dion) auf 130° (*Meyer, Wagner,* J. org. Chem. **8** [1943] 239, 249, 250). Aus *N*-Acetyl-anthranilsäure und Anilin mit Hilfe von PCl_5 in Toluol (*Grimmel et al.,* Am. Soc. **68** [1946] 542; s. a. *Gen. Aniline & Film Corp.,* U.S.P. 2408633 [1945]; *Serventi, Marchesi,* Boll. scient. Fac. Chim. ind. Univ. Bologna **15** [1957] 117, 118).

Kristalle (aus wss. A.); F: 148—149° (*Me., Wa.*), 146—147° (*Se., Ma.*). λ_{max} (A.): 226 nm, 266 nm und 305 nm (*Se., Ma.*).

Beim Behandeln mit Phenylmagnesiumbromid in Äther und Benzol ist entgegen den Angaben von *Sen, Sidlin* (J. Indian chem. Soc. **25** [1948] 437) und *Kacker, Zaheer* (Soc. **1956** 415) 2-Methyl-4,4-diphenyl-4*H*-benz[d][1,3]oxazin erhalten worden (*Elkaschef et al.,* Collect. **39** [1974] 287, 288, 291).

Hydrochlorid $C_{15}H_{12}N_2O \cdot HCl$ (H 156). Kristalle (aus wss. A.); F: 274—275° [Zers.] (*Ko., Weil*).

XIII   XIV   XV

3-[2-Chlor-phenyl]-2-methyl-3H-chinazolin-4-on, Mecloqualon $C_{15}H_{11}ClN_2O$, Formel XIV (X = Cl, X' = X'' = H).

B. Aus *N*-Acetyl-anthranilsäure und 2-Chlor-anilin mit Hilfe von PCl_3 in Toluol (*Serventi, Marchesi,* Boll. scient. Fac. Chim. ind. Univ. Bologna **15** [1957] 117, 118).

Kristalle (aus wss. A.); F: 120°. λ_{max} (A.): 226 nm, 265 nm, 305 nm und 316 nm.

3-[3-Chlor-phenyl]-2-methyl-3H-chinazolin-4-on $C_{15}H_{11}ClN_2O$, Formel XIV (X = X'' = H, X' = Cl).

B. Analog der vorangehenden Verbindung (*Serventi, Marchesi,* Boll. scient. Fac. Chim. ind. Univ. Bologna **15** [1957] 117, 118).

Kristalle (aus wss. A.); F: 130°. λ_{max} (A.): 226 nm, 266 nm, 305 nm und 315,5 nm.

3-[4-Chlor-phenyl]-2-methyl-3H-chinazolin-4-on $C_{15}H_{11}ClN_2O$, Formel XIV (X = X' = H, X'' = Cl).

B. Analog den vorangehenden Verbindungen (*Grimmel et al.,* Am. Soc. **68** [1946] 542; *Rani et al.,* J. Indian chem. Soc. **30** [1953] 331, 333; *Serventi, Marchesi,* Boll. scient. Fac. Chim. ind. Univ. Bologna **15** [1957] 117, 118).

Kristalle; F: 157—158° [aus A.] (*Gr. et al.*), 157° [aus wss. A.] (*Se., Ma.*), 155° [aus A.] (*Rani et al.*). λ_{max} (A.): 226 nm, 266 nm, 306 nm und 316 nm (*Se., Ma.*).

Hydrochlorid. F: 270° [Zers.] (*Rani et al.*).

2-Methyl-3-[2-nitro-phenyl]-3H-chinazolin-4-on $C_{15}H_{11}N_3O_3$, Formel XIV (X = NO_2, X' = X'' = H).

B. Analog den vorangehenden Verbindungen (*Grimmel et al.,* Am. Soc. **68** [1946] 542).

Kristalle; F: 169—171°.

2-Methyl-3-[3-nitro-phenyl]-3H-chinazolin-4-on $C_{15}H_{11}N_3O_3$, Formel XIV (X = X'' = H, X' = NO_2).

B. Analog den vorangehenden Verbindungen (*Grimmel et al.,* Am. Soc. **68** [1946] 542).

Kristalle; F: 127—129°.

2-Methyl-3-[4-nitro-phenyl]-3H-chinazolin-4-on $C_{15}H_{11}N_3O_3$, Formel XIV
(X = X' = H, X" = NO₂) (E I 251).

B. Analog den vorangehenden Verbindungen (*Grimmel et al.*, Am. Soc. **68** [1946] 542).
Kristalle; F: 191—193°.

3-[2-Chlor-4-nitro-phenyl]-2-methyl-3H-chinazolin-4-on $C_{15}H_{10}ClN_3O_3$, Formel XIV
(X = Cl, X' = H, X" = NO₂).

B. Aus *N*-Acetyl-anthranilsäure und 2-Chlor-4-nitro-anilin mit Hilfe von $POCl_3$ in
Toluol (*Subbaram*, Pr. Indian Acad. [A] **40** [1954] 22).
Kristalle (aus Acn.); F: 170—171°.

2-Methyl-3-*o*-tolyl-3H-chinazolin-4-on, Methaqualon $C_{16}H_{14}N_2O$, Formel XV
(R = X = H).

Zusammenfassende Darstellung: *Patel et al.* bzw. *Janicki, Gilpin,* in *K. Florey,* Ana-
lytical Profiles of Drug Substances, Bd. 4 [New York 1975] S. 246 bzw. Bd. 7 [New York
1978] S. 171.

B. Aus *N*-Acetyl-anthranilsäure und *o*-Toluidin mit Hilfe von PCl_3 in Toluol (*Kacker,
Zaheer,* J. Indian chem. Soc. **28** [1951] 344; *Serventi, Marchesi,* Boll. scient. Fac. Chim.
ind. Univ. Bologna **15** [1957] 117, 118).
Kristalle (aus wss. A.); F: 120° (*Se., Ma.*), 115—116° (*Ka., Za.*). λ_{max} (A.): 226 nm,
265 nm, 305 nm und 315,5 nm (*Se., Ma.*).
Hydrochlorid. Kristalle; F: 248—250° (*Ka., Za.*).

3-[5-Chlor-2-methyl-phenyl]-2-methyl-3H-chinazolin-4-on $C_{16}H_{13}ClN_2O$, Formel XV
(R = H, X = Cl).

B. Analog der vorangehenden Verbindung (*Subbaram,* Pr. Indian Acad. [A] **40** [1954]
22).
Kristalle (aus Acn.); F: 142—144°.

2-Methyl-3-*m*-tolyl-3H-chinazolin-4-on $C_{16}H_{14}N_2O$, Formel XIV (X = X" = H,
X' = CH₃).

B. Analog den vorangehenden Verbindungen (*Kacker, Zaheer,* J. Indian chem. Soc. **28**
[1951] 344; *Serventi, Marchesi,* Boll. scient. Fac. Chim. ind. Univ. Bologna **15** [1957]
117, 118).
Kristalle (aus wss. A.); F: 129° (*Se., Ma.*), 126° (*Ka., Za.*). λ_{max} (A.): 226 nm, 266 nm,
305 nm und 315,5 nm (*Se., Ma.*).
Hydrochlorid. Kristalle; F: 250—252° (*Ka., Za.*).

2-Methyl-3-*p*-tolyl-3H-chinazolin-4-on $C_{16}H_{14}N_2O$, Formel XIV (X = X' = H,
X" = CH₃) (E I 252).

B. Beim Erhitzen von Anthranilsäure mit *N*,*N*'-Di-*p*-tolyl-acetamidin auf 150° (*Meyer,
Wagner,* J. org. Chem. **8** [1943] 239, 249). Aus *N*-Acetyl-anthranilsäure und *p*-Toluidin
mit Hilfe von PCl_3 in Toluol (*Grimmel et al.*, Am. Soc. **68** [1946] 542; *Serventi, Marchesi,*
Boll. scient. Fac. Chim. ind. Univ. Bologna **15** [1957] 117, 118).
Kristalle; F: 149—150° [aus wss. A.] (*Se., Ma.*), 148—150° (*Me., Wa.*). λ_{max} (A.):
226 nm, 266 nm, 305 nm und 315,5 nm (*Se., Ma.*).

3-Benzyl-2-methyl-3H-chinazolin-4-on $C_{16}H_{14}N_2O$, Formel XII (R = CH₂-C₆H₅) auf
S. 433.

B. Aus *N*-Acetyl-anthranilsäure und Benzylamin mit Hilfe von PCl_3 in Toluol (*Grimmel
et al.*, Am. Soc. **68** [1946] 542; *Rani et al.*, J. Indian chem. Soc. **30** [1953] 331, 333).
Hydrochlorid $C_{16}H_{14}N_2O \cdot HCl$. F: 230—232° (*Gr. et al.*), 230° [Zers.] (*Rani et al.*).

3-[2,6-Dimethyl-phenyl]-2-methyl-3H-chinazolin-4-on $C_{17}H_{16}N_2O$, Formel XV
(R = CH₃, X = H).

B. Analog der vorangehenden Verbindung (*Subbaram,* Pr. Indian Acad. [A] **40** [1954]
22).
Kristalle (aus Acn.); F: 130—132°.

2-Methyl-3-[1]naphthyl-3H-chinazolin-4-on $C_{19}H_{14}N_2O$, Formel I (E I 252).
B. Analog den vorangehenden Verbindungen (*Sen, Upadhyaya*, J. Indian chem. Soc. **27** [1950] 40).
Kristalle (aus A.); F: 152°.

2-Methyl-3-[2]naphthyl-3H-chinazolin-4-on $C_{19}H_{14}N_2O$, Formel II (E I 252).
B. Analog den vorangehenden Verbindungen (*Grimmel et al.*, Am. Soc. **68** [1946] 542; *Subbaram*, J. scient. ind. Res. India **17**B [1958] 137).
Kristalle; F: 174—176° [aus Dioxan] (*Su.*), 173—175° (*Gr. et al.*).

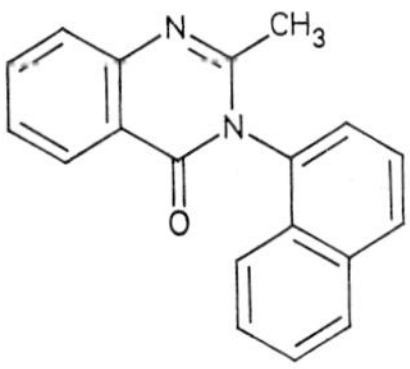

I 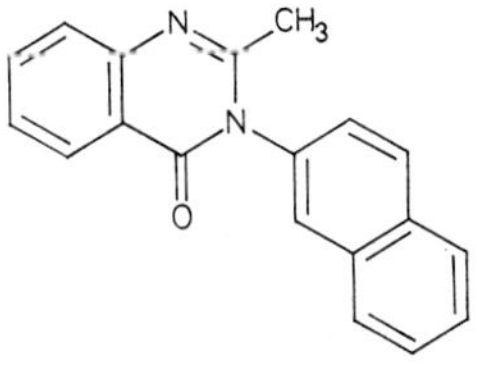   II 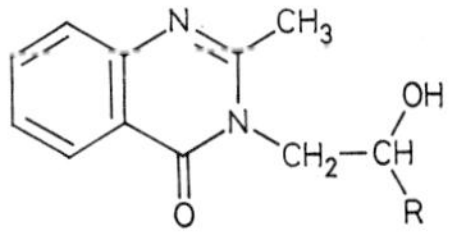   III

3-[2-Hydroxy-äthyl]-2-methyl-3H-chinazolin-4-on $C_{11}H_{12}N_2O_2$, Formel III (R = H).
B. Beim Erhitzen von 2-Methyl-benz[d][1,3]oxazin-4-on mit 2-Amino-äthanol auf 150° (*Buzas, Hoffmann*, Bl. **1959** 1889). Aus der Natrium-Verbindung von 2-Methyl-3H-chinazolin-4-on und 2-Chlor-äthanol in Butan-1-ol (*Bu., Ho.*).
Kristalle (aus Me.); F: 160°.

3-[2-Methoxy-phenyl]-2-methyl-3H-chinazolin-4-on $C_{16}H_{14}N_2O_2$, Formel IV (X = O-CH₃, X' = H).
B. Aus N-Acetyl-anthranilsäure und o-Anisidin mit Hilfe von PCl₃ in Toluol (*Rani et al.*, J. Indian chem. Soc. **30** [1953] 331, 333; *Serventi, Marchesi*, Boll. scient. Fac. Chim. ind. Univ. Bologna **15** [1957] 117, 118).
Kristalle (aus A.); F: 132° (*Rani et al.*; *Se., Ma.*). λ_{max} (A.): 224 nm, 274 nm, 305 nm und 315,5 nm (*Se., Ma.*).
Hydrochlorid. F: 282° [Zers.] (*Rani et al.*).

3-[2-Äthoxy-phenyl]-2-methyl-3H-chinazolin-4-on $C_{17}H_{16}N_2O_2$, Formel IV (X = O-C₂H₅, X' = H).
B. Analog der vorangehenden Verbindung (*Rani et al.*, J. Indian chem. Soc. **30** [1953] 331, 333).
Hydrochlorid $C_{17}H_{16}N_2O_2 \cdot HCl$. F: 197° [Zers.].

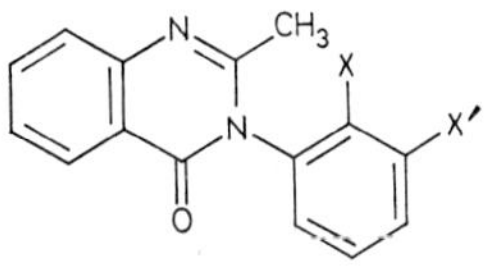

IV 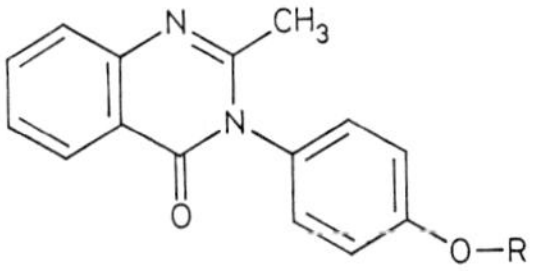   V 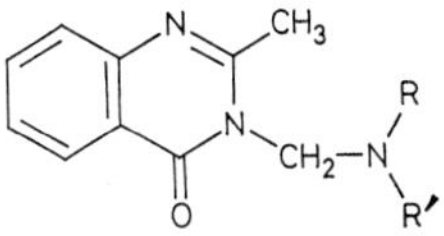   VI

3-[3-Methoxy-phenyl]-2-methyl-3H-chinazolin-4-on $C_{16}H_{14}N_2O_2$, Formel IV (X = H, X' = O-CH₃).
B. Analog den vorangehenden Verbindungen (*Serventi, Marchesi*, Boll. scient. Fac. Chim. ind. Univ. Bologna **15** [1957] 117, 118).
Kristalle (aus wss. A.); F: 152°. λ_{max} (A.): 226 nm, 264 nm, 306 nm und 315,5 nm.

3-[4-Hydroxy-phenyl]-2-methyl-3H-chinazolin-4-on $C_{15}H_{12}N_2O_2$, Formel V (R = H).
B. Beim Erhitzen von 3-[4-Methoxy-phenyl]-2-methyl-3H-chinazolin-4-on mit konz. wss. HBr und Acetanhydrid (*Rani et al.*, J. Indian chem. Soc. **30** [1953] 331, 333).
Kristalle (aus A.); F: 278°.
Hydrochlorid. Unterhalb 350° nicht schmelzend.

3-[4-Methoxy-phenyl]-2-methyl-3H-chinazolin-4-on $C_{16}H_{14}N_2O_2$, Formel V (R = CH_3) (E I 252).

B. Aus *N*-Acetyl-anthranilsäure und *p*-Anisidin mit Hilfe von PCl_3 in Toluol (*Grimmel et al.*, Am. Soc. **68** [1946] 542; *Rani et al.*, J. Indian chem. Soc. **30** [1953] 331, 333; *Serventi, Marchesi,* Boll. scient. Fac. Chim. ind. Univ. Bologna **15** [1957] 117, 118).

Kristalle; F: 170° [aus wss. A.] (*Se., Ma.*), 167–169° (*Gr. et al.*), 168° [aus PAe.] (*Rani et al.*). λ_{max} (A.): 227 nm, 266 nm, 305 nm und 315,5 nm (*Se., Ma.*).

Hydrochlorid. Kristalle (aus A.); F: 260° [Zers.] (*Rani et al.*).

3-[4-Äthoxy-phenyl]-2-methyl-3H-chinazolin-4-on $C_{17}H_{16}N_2O_2$, Formel V (R = C_2H_5) (E I 252).

B. Aus Anthranilsäure und Essigsäure-*p*-phenetidid mit Hilfe von POCl_3 in Benzol (*Kassur, Weil,* Roczniki Chem. **18** [1938] 163, 167; C. **1939** II 1492). Aus *N*-Acetyl-anthranilsäure und *p*-Phenetidin mit Hilfe von PCl_3 in Toluol (*Grimmel et al.*, Am. Soc. **68** [1946] 542; *Rani et al.*, J. Indian chem. Soc. **30** [1953] 331, 333).

Kristalle; F: 156° [aus A.] (*Rani et al.*), 152° [aus A. oder Ae.] (*Ka., Weil*).

Hydrochlorid. F: 270° [Zers.] (*Rani et al.*).

(±)-3-[2,3-Dihydroxy-propyl]-2-methyl-3H-chinazolin-4-on, Diproqualon $C_{12}H_{14}N_2O_3$, Formel III (R = CH_2-OH).

B. Beim Erhitzen von 2-Methyl-benz[*d*][1,3]oxazin-4-on mit (±)-3-Amino-propan-1,2-diol auf 150° (*Buzas, Hoffmann,* Bl. **1959** 1889). Aus der Natrium-Verbindung von 2-Methyl-3H-chinazolin-4-on und (±)-3-Chlor-propan-1,2-diol oder 2-Chlor-propan-1,3-diol in Äthanol oder in Butan-1-ol (*Bu., Ho.*).

Kristalle (aus A.); F: 145°.

Diacetyl-Derivat $C_{16}H_{18}N_2O_5$; (±)-3-[2,3-Diacetoxy-propyl]-2-methyl-3H-chinazolin-4-on. F: 103°.

Dipalmitoyl-Derivat $C_{44}H_{74}N_2O_5$; (±)-3-[2,3-Bis-palmitoyloxy-propyl]-2-methyl-3H-chinazolin-4-on. F: 78–80°.

Bis-phenylacetyl-Derivat $C_{28}H_{26}N_2O_5$; (±)-3-[2,3-Bis-phenylacetoxy-propyl]-2-methyl-3H-chinazolin-4-on. F: 158°.

Bis-[3,4,5-trimethoxy-benzoyl]-Derivat $C_{32}H_{34}N_2O_{11}$; (±)-3-[2,3-Bis-(3,4,5-trimethoxy-benzoyloxy)-propyl]-2-methyl-3H-chinazolin-4-on. F: 145°.

3-Aminomethyl-2-methyl-3H-chinazolin-4-on $C_{10}H_{11}N_3O$, Formel VI (R = R' = H).

B. Beim Erhitzen von 2-Methyl-3H-chinazolin-4-on mit Paraformaldehyd und NH_4Cl in Vaselinöl auf 180° (*Monti, Simonetti,* G. **71** [1941] 658, 660). Beim Erwärmen von 3-[Benzoylamino-methyl]-2-methyl-3H-chinazolin-4-on mit wss. HCl (*Monti et al.,* G. **71** [1941] 654, 657).

Gelbliche Kristalle (aus wss. Eg.); F: 268–270° [Zers.; nach Verfärbung bei 235° bis 240° und Erweichen bei 250–260°].

Picrat. Gelb; F: 240° [nach Verfärbung bei 180–190° und Erweichen ab 210°].

3-Dimethylaminomethyl-2-methyl-3H-chinazolin-4-on $C_{12}H_{15}N_3O$, Formel VI (R = R' = CH_3).

B. Beim Erhitzen von 2-Methyl-3H-chinazolin-4-on mit Paraformaldehyd und Dimethylamin-hydrochlorid auf 190° (*Monti, Simonetti,* G. **71** [1941] 658, 661).

Kristalle (aus wss. Eg.), die bei 295–296° erweichen [nach Verfärbung bei 280°].

Picrat. Gelb; Verfärbung und Zers. ab 250°.

3-Diäthylaminomethyl-2-methyl-3H-chinazolin-4-on $C_{14}H_{19}N_3O$, Formel VI (R = R' = C_2H_5).

B. Analog der vorangehenden Verbindung (*Monti, Simonetti,* G. **71** [1941] 658, 661).

Gelbliche Kristalle (aus wss. Eg.); F: 282–284° [nach Verfärbung bei ca. 250°].

Picrat. Gelb; Verfärbung und Zers. ab 220–225°.

2-Methyl-3-piperidinomethyl-3H-chinazolin-4-on $C_{15}H_{19}N_3O$, Formel VII.

B. Beim Erhitzen von 2-Methyl-3H-chinazolin-4-on mit Paraformaldehyd und Piperidin-hydrochlorid in Vaselinöl auf 190° (*Monti, Simonetti,* G. **71** [1941] 658, 661).

Kristalle (aus wss. Eg.); Zers. bei 288—290° [nach Verfärbung ab ca. 270°].
Picrat. Gelb; Zers. ab 205—210°.

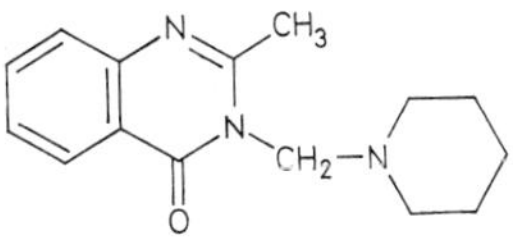

VII 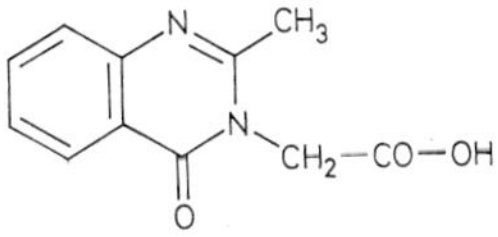   VIII 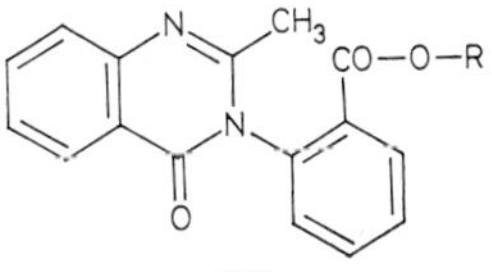   IX

3-[Benzoylamino-methyl]-2-methyl-3H-chinazolin-4-on, N-[2-Methyl-4-oxo-4H-chinazolin-3-ylmethyl]-benzamid $C_{17}H_{15}N_3O_2$, Formel VI (R = CO-C$_6$H$_5$, R' = H) auf
S. 437.
B. Aus 2-Methyl-3H-chinazolin-4-on und N-Hydroxymethyl-benzamid in Essigsäure
(*Monti et al.*, G. **71** [1941] 654, 657).
Kristalle (aus wss. Acn.); F: 184—186°.

[2-Methyl-4-oxo-4H-chinazolin-3-yl]-essigsäure $C_{11}H_{10}N_2O_3$, Formel VIII.
B. Beim Erhitzen von 2-Methyl-benz[d][1,3]oxazin-4-on mit Glycin und O,O'-Di=
äthyl-diäthylenglykol auf 180° (*Baker et al.*, J. org. Chem. **17** [1952] 58, 65).
Kristalle (aus wss. 2-Methoxy-äthanol); F: 263° [Zers.].
Methylester $C_{12}H_{12}N_2O_3$. Kristalle (aus Bzl. + Heptan); F: 114—115°.

2-[2-Methyl-4-oxo-4H-chinazolin-3-yl]-benzoesäure $C_{16}H_{12}N_2O_3$, Formel IX (R = H)
(H 156; E II 77).
B. Aus dem Methylester (s. u.) in wss.-äthanol. NaOH (*Serventi, Marchesi*, Boll.
scient. Fac. Chim. ind. Univ. Bologna **15** [1957] 117, 118).
Kristalle (aus Eg.); F: 246—247°. λ_{max} (A.): 223 nm und 311 nm.

2-[2-Methyl-4-oxo-4H-chinazolin-3-yl]-benzoesäure-methylester $C_{17}H_{14}N_2O_3$, Formel IX
(R = CH$_3$).
B. Aus N-Acetyl-anthranilsäure und Anthranilsäure-methylester mit Hilfe von PCl$_3$
in Toluol (*Serventi, Marchesi*, Boll. scient. Fac. Chim. ind. Univ. Bologna **15** [1957]
117, 118).
Kristalle (aus wss. A.); F: 110°. λ_{max} (A.): 225 nm, 265 nm, 306 nm und 317 nm.

3-[2-Methyl-4-oxo-4H-chinazolin-3-yl]-benzoesäure $C_{16}H_{12}N_2O_3$, Formel X (R = H).
B. Aus dem Methylester [s. u.] (*Serventi, Marchesi*, Boll. scient. Fac. Chim. ind. Univ.
Bologna **15** [1957] 117, 120).
Kristalle (aus Eg.); F: 276°. λ_{max} (A.): 226 nm, 266 nm, 294 nm, 305 nm und 316 nm.

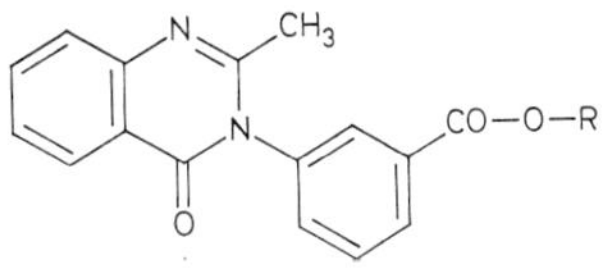

X 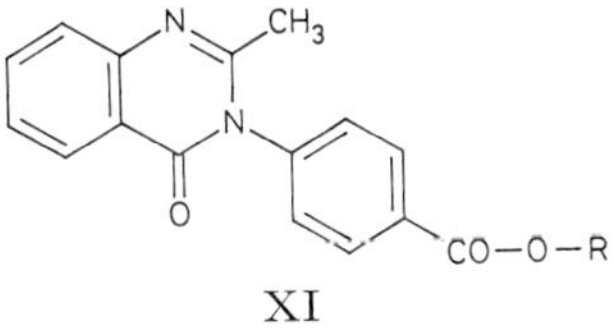   XI

3-[2-Methyl-4-oxo-4H-chinazolin-3-yl]-benzoesäure-methylester $C_{17}H_{14}N_2O_3$, Formel X
(R = CH$_3$).
B. Aus N-Acetyl-anthranilsäure und 3-Amino-benzoesäure-methylester mit Hilfe
von PCl$_3$ in Toluol (*Serventi, Marchesi*, Boll. scient. Fac. Chim. ind. Univ. Bologna
15 [1957] 117, 118).
Kristalle (aus wss. A.); F: 132°. λ_{max} (A.): 226 nm, 266 nm, 305 nm und 316 nm.

4-[2-Methyl-4-oxo-4H-chinazolin-3-yl]-benzoesäure $C_{16}H_{12}N_2O_3$, Formel XI (R = H)
(E I 253).
B. Aus dem Methylester [S. 440] (*Serventi, Marchesi*, Boll. scient. Fac. Chim. ind. Univ.
Bologna **15** [1957] 117, 120).
Kristalle (aus Eg.); F: 281°. λ_{max} (A.): 228 nm, 266 nm, 304 nm und 316 nm.

4-[2-Methyl-4-oxo-4H-chinazolin-3-yl]-benzoesäure-methylester $C_{17}H_{14}N_2O_3$,
Formel XI (R = CH_3).

B. Aus *N*-Acetyl-anthranilsäure und 4-Amino-benzoesäure-methylester mit Hilfe
von PCl_3 in Toluol (*Serventi, Marchesi*, Boll. scient. Fac. Chim. ind. Univ. Bologna **15**
[1957] 117, 118).

Kristalle (aus wss. A.); F: 198°. λ_{max} (A.): 233 nm, 266 nm, 305 nm und 315,5 nm.

4-[2-Methyl-4-oxo-4H-chinazolin-3-yl]-benzolsulfonsäure-amid $C_{15}H_{13}N_3O_3S$,
Formel XII (R = H).

B. Beim Erhitzen von *N*-Acetyl-anthranilsäure mit Sulfanilamid in Phenol (*Bami,
Dhatt*, J. scient. ind. Res. India **16** B [1957] 558, 561).

Gelbe Kristalle (aus wss. Me.); F: 240°.

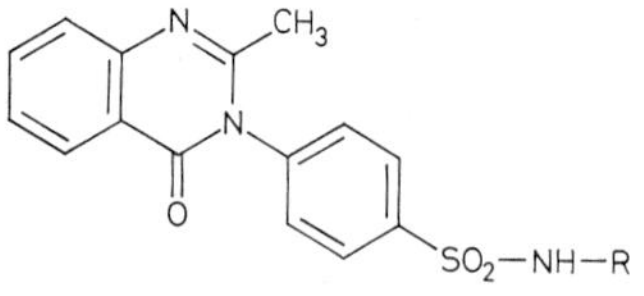

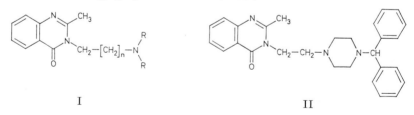

XII 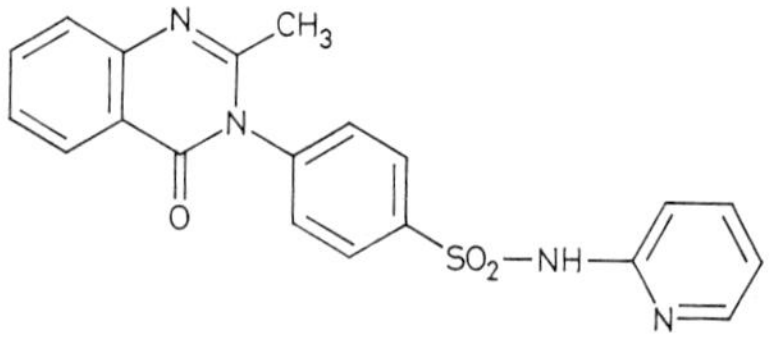   XIII

**[4-(2-Methyl-4-oxo-4H-chinazolin-3-yl)-benzolsulfonyl]-guanidin, 4-[2-Methyl-4-oxo-
4H-chinazolin-3-yl]-benzolsulfonsäure-guanidid** $C_{16}H_{15}N_5O_3S$, Formel XII
(R = C(NH_2)=NH), und Tautomeres.

B. Beim Erhitzen von 2-Methyl-benz[*d*][1,3]oxazin-4-on mit Sulfanilylguanidin
auf ca. 180° (*Dhatt, Bami*, J. scient. ind. Res. India **18** C [1959] 256, 257, 259).

Kristalle; F: 300°.

4-[2-Methyl-4-oxo-4H-chinazolin-3-yl]-benzolsulfonsäure-[2]pyridylamid $C_{20}H_{16}N_4O_3S$,
Formel XIII.

B. Analog der vorangehenden Verbindung (*Dhatt, Bami*, J. scient. ind. Res. India
18C [1959] 256, 257, 259).

Kristalle (aus wss. Eg.); F: 279°.

3-[2-Dimethylamino-äthyl]-2-methyl-3H-chinazolin-4-on $C_{13}H_{17}N_3O$, Formel I
(R = CH_3, n = 1).

B. Aus der Natrium-Verbindung von 2-Methyl-3H-chinazolin-4-on und [2-Chlor-
äthyl]-dimethyl-amin-hydrochlorid in Äthanol (*Buzas, Hoffmann*, Bl. **1959** 1889).

Dihydrochlorid $C_{13}H_{17}N_3O \cdot 2$ HCl. Zers. >250°.

I   II

3-[2-Diäthylamino-äthyl]-2-methyl-3H-chinazolin-4-on $C_{15}H_{21}N_3O$, Formel I
(R = C_2H_5, n = 1).

B. Aus der Natrium-Verbindung von 2-Methyl-3H-chinazolin-4-on und Diäthyl-
[2-chlor-äthyl]-amin-hydrochlorid in Äthanol oder in Butan-1-ol (*Buzas, Hoffmann*,
Bl. **1959** 1889).

Hydrochlorid $C_{15}H_{21}N_3O \cdot 2$ HCl. Zers. >210°.

3-[2-(4-Benzhydryl-piperazino)-äthyl]-2-methyl-3H-chinazolin-4-on $C_{28}H_{30}N_4O$,
Formel II.

B. Analog der vorangehenden Verbindung (*Buzas, Hoffmann*, Bl. **1959** 1889).

Kristalle (aus Me.); F: 150°.

Dihydrochlorid $C_{28}H_{30}N_4O \cdot 2$ HCl. F: 250°.

(±)-3-[2-Dimethylamino-propyl]-2-methyl-3H-chinazolin-4-on $C_{14}H_{19}N_3O$, Formel III.

B. Analog den vorangehenden Verbindungen (*Buzas, Hoffmann*, Bl. **1959** 1889).

Dihydrochlorid $C_{14}H_{19}N_3O \cdot 2$ HCl. Zers. bei 220°.

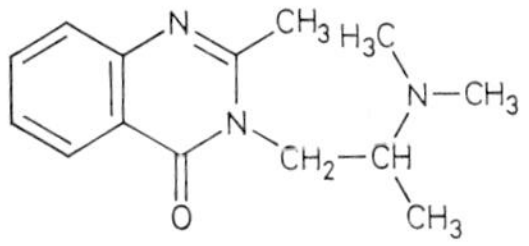

III 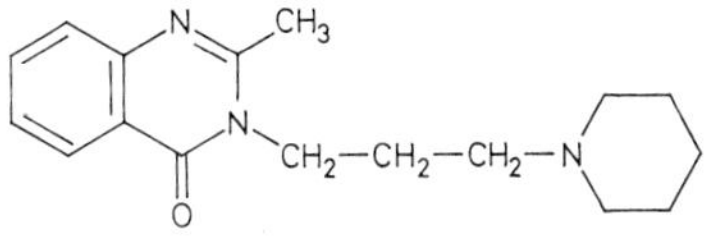   IV

3-[3-Dimethylamino-propyl]-2-methyl-3H-chinazolin-4-on $C_{14}H_{19}N_3O$, Formel I
(R = CH_3, n = 2).

B. Analog den vorangehenden Verbindungen (*Buzas, Hoffmann*, Bl. **1959** 1889).

Dihydrochlorid $C_{14}H_{19}N_3O \cdot 2$ HCl. Zers. bei 220°.

2-Methyl-3-[3-piperidino-propyl]-3H-chinazolin-4-on $C_{17}H_{23}N_3O$, Formel IV.

B. Beim Erhitzen von 2-Methyl-benz[d][1,3]oxazin-4-on mit 3-Piperidino-propylamin
auf 125° (*Baker et al.*, J. org. Chem. **17** [1952] 35, 42; s. a. *Rani et al.*, J. Indian chem.
Soc. **30** [1953] 331, 334).

λ_{max} (wss. NaOH [0,1 n]): 265 nm, 273 nm, 305 nm und 317 nm (*Ba. et al.*, l. c. S. 36)
bzw. 267 nm, 273 nm, 305 nm und 317 nm (*Hutchings et al.*, J. org. Chem. **17** [1952]
19, 20).

Dihydrochlorid $C_{17}H_{23}N_3O \cdot 2$ HCl. Kristalle mit 1 Mol H_2O; F: 226—228° [Zers.;
nach partiellem Schmelzen bei 208°] (*Ba. et al.*, l. c. S. 44).

Dihydrobromid $C_{17}H_{23}N_3O \cdot 2$ HBr. Hellbraune Kristalle (aus A.); F: 248° (*Rani
et al.*).

Dipicrat $C_{17}H_{23}N_3O \cdot 2$ $C_6H_3N_3O_7$. Gelbe Kristalle; F: 147—149° (*Ba. et al.*).

3-[4-Amino-phenyl]-2-methyl-3H-chinazolin-4-on $C_{15}H_{13}N_3O$, Formel V (R = H).

B. Aus der folgenden Verbindung beim Behandeln mit wss. H_2SO_4 (*Jain, Narang*,
J. Indian chem. Soc. **30** [1953] 701, 703).

Kristalle (aus wss. A.); F: 220°.

**3-[4-Acetylamino-phenyl]-2-methyl-3H-chinazolin-4-on, Essigsäure-[4-(2-methyl-
4-oxo-4H-chinazolin-3-yl)-anilid]** $C_{17}H_{15}N_3O_2$, Formel V (R = CO-CH_3).

B. Beim Erhitzen von 2-Methyl-benz[d][1,3]oxazin-4-on mit Essigsäure-[4-amino-
anilid] auf 140° (*Jain, Narang*, J. Indian chem. Soc. **30** [1953] 701, 703).

Kristalle (aus wss. A.); F: 260°.

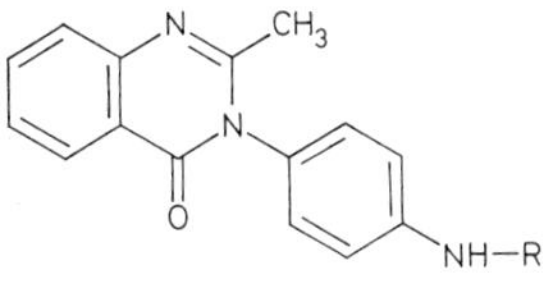

V 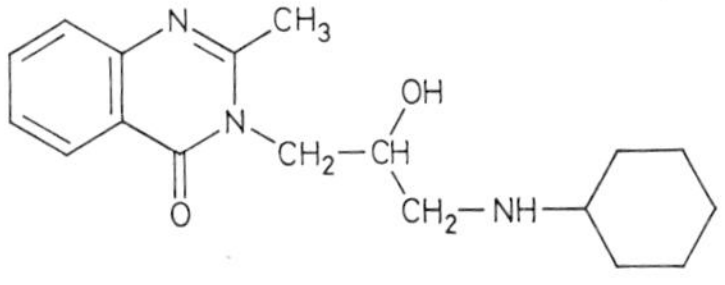   VI

**3-[4-(2-Chlor-acetylamino)-phenyl]-2-methyl-3H-chinazolin-4-on, Chloressigsäure-
[4-(2-methyl-4-oxo-4H-chinazolin-3-yl)-anilid]** $C_{17}H_{14}ClN_3O_2$, Formel V
(R = CO-CH_2-Cl).

B. Aus 3-[4-Amino-phenyl]-2-methyl-3H-chinazolin-4-on (*Jain, Narang*, J. Indian
chem. Soc. **30** [1953] 701, 703).

Kristalle (aus A.); F: 206° [Zers.].

**3-[4-(3-Chlor-propionylamino)-phenyl]-2-methyl-3H-chinazolin-4-on, 3-Chlor-propion-
säure-[4-(2-methyl-4-oxo-4H-chinazolin-3-yl)-anilid]** $C_{18}H_{16}ClN_3O_2$, Formel V
(R = CO-CH_2-CH_2-Cl).

B. Aus 3-[4-Amino-phenyl]-2-methyl-3H-chinazolin-4-on (*Jain, Narang*, J. Indian chem. Soc. **30** [1953] 701, 703).

Kristalle (aus A.); F: 222°.

(±)-3-[3-Cyclohexylamino-2-hydroxy-propyl]-2-methyl-3H-chinazolin-4-on
$C_{18}H_{25}N_3O_2$, Formel VI.

B. Aus (±)-3-[2,3-Epoxy-propyl]-2-methyl-3*H*-chinazolin-4-on und Cyclohexylamin (*Baker et al.*, J. org. Chem. **17** [1952] 35, 45).

F: 110—112°.

(±)-3-[2-Hydroxy-3-piperidino-propyl]-2-methyl-3H-chinazolin-4-on $C_{17}H_{23}N_3O_2$,
Formel VII.

B. Beim Erhitzen von 2-Methyl-benz[*d*][1,3]oxazin-4-on mit (±)-1-Amino-3-piper=
idino-propan-2-ol auf 125° (*Baker et al.*, J. org. Chem. **17** [1952] 35, 45).

F: 120—122°.

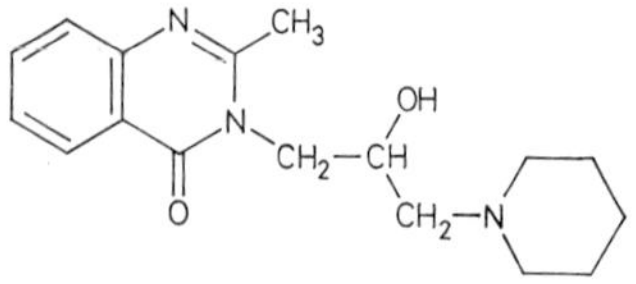

VII 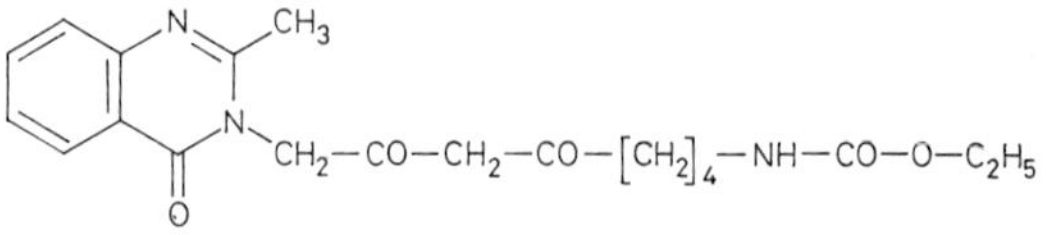   VIII

[8-(2-Methyl-4-oxo-4H-chinazolin-3-yl)-5,7-dioxo-octyl]-carbamidsäure-äthylester
$C_{20}H_{25}N_3O_5$, Formel VIII, und Tautomere.

B. Beim Erwärmen von [2-Methyl-4-oxo-4*H*-chinazolin-3-yl]-essigsäure-methylester
mit [5-Oxo-hexyl]-carbamidsäure-äthylester und Natriummethylat in Äthanol und
Benzol (*Baker et al.*, J. org. Chem. **17** [1952] 58, 65).

Kupfer(II)-Verbindung $Cu(C_{20}H_{24}N_3O_5)_2$. Blaue Kristalle; F: 201—202° [Zers.].

N,N-Bis-[2-hydroxy-äthyl]-glycin-[4-(2-methyl-4-oxo-4H-chinazolin-3-yl)-anilid]
$C_{21}H_{24}N_4O_4$, Formel V (R = CO-CH_2-N(CH_2-CH_2-OH)_2).

B. Aus Chloressigsäure-[4-(2-methyl-4-oxo-4*H*-chinazolin-3-yl)-anilid] und Bis-
[2-hydroxy-äthyl]-amin (*Jain, Narang*, J. Indian chem. Soc. **30** [1953] 701, 704).

Kristalle (aus A.); F: 220°.

2-Methyl-3-[4-(2-piperidino-acetylamino)-phenyl]-3H-chinazolin-4-on, Piperidino=
essigsäure-[4-(2-methyl-4-oxo-4H-chinazolin-3-yl)-anilid] $C_{22}H_{24}N_4O_2$, Formel IX
(n = 1).

B. Aus Chloressigsäure-[4-(2-methyl-4-oxo-4*H*-chinazolin-3-yl)-anilid] und Piperidin
(*Jain, Narang*, J. Indian chem. Soc. **30** [1953] 701, 704).

Kristalle (aus wss. A.); F: 140°.

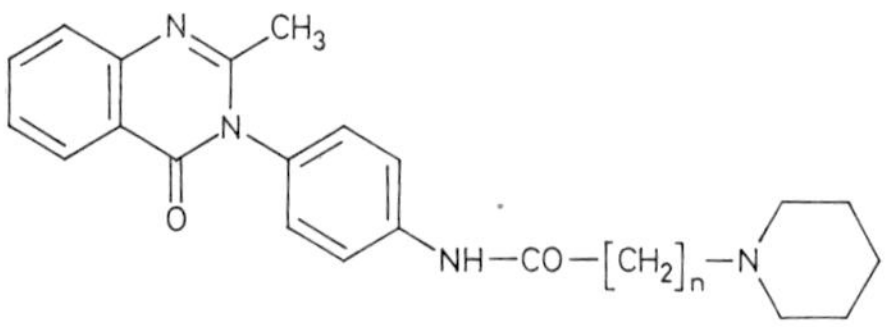

IX 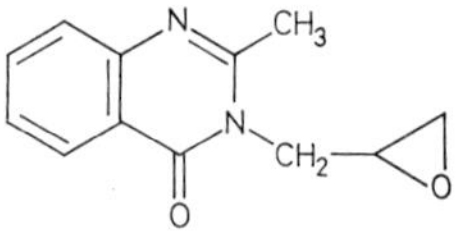   X

2-Methyl-3-[4-(3-piperidino-propionylamino)-phenyl]-3H-chinazolin-4-on, 3-Piperidino-
propionsäure-[4-(2-methyl-4-oxo-4H-chinazolin-3-yl)-anilid] $C_{23}H_{26}N_4O_2$, Formel IX
(n = 2).

B. Aus 3-Chlor-propionsäure-[4-(2-methyl-4-oxo-4*H*-chinazolin-3-yl)-anilid] und Piperidin (*Jain, Narang*, J. Indian chem. Soc. **30** [1953] 701, 704).

Kristalle (aus A.); F: 200°.

(±)-2-Methyl-3-oxiranylmethyl-3H-chinazolin-4-on, (±)-3-[2,3-Epoxy-propyl]-
2-methyl-3H-chinazolin-4-on $C_{12}H_{12}N_2O_2$, Formel X.

B. Aus 2-Methyl-3*H*-chinazolin-4-on und (±)-Epichlorhydrin (E III/IV **17** 20) mit

Hilfe von Natriummethylat in Äthanol (*Baker et al.*, J. org. Chem. **17** [1952] 35, 43).
Kristalle; F: 90—92°.

(±)-2-Methyl-3-[2-oxo-3-[2]piperidyl-propyl]-3H-chinazolin-4-on $C_{17}H_{21}N_3O_2$,
Formel XI.
B. Beim Hydrieren der folgenden Verbindung an Platin in wss. HCl (*Baker et al.*,
J. org. Chem. **17** [1952] 58, 66).
Dihydrochlorid $C_{17}H_{21}N_3O_2 \cdot 2$ HCl. Hygroskopische Kristalle (aus A. + Ae.);
F: 187—189° [Zers.].

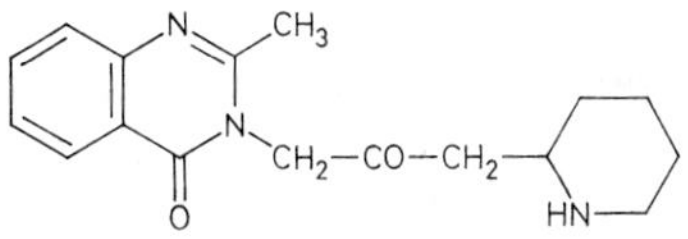

XI 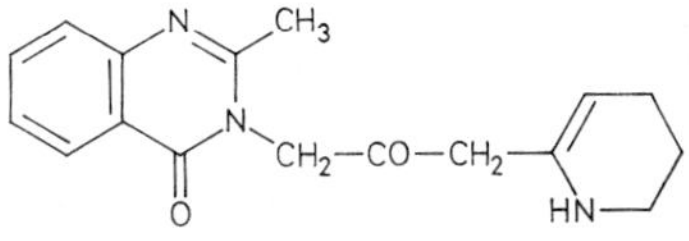   XII

2-Methyl-3-[2-oxo-3-(1,4,5,6-tetrahydro-[2]pyridyl)-propyl]-3H-chinazolin-4-on
$C_{17}H_{19}N_3O_2$, Formel XII.
B. Beim Erwärmen der Kupfer(II)-Verbindung des [8-(2-Methyl-4-oxo-4H-chinazolin-
3-yl)-5,7-dioxo-octyl]-carbamidsäure-äthylesters mit wss. HBr (*Baker et al.*, J. org.
Chem. **17** [1952] 58, 65).
Kristalle (aus A.); F: 198—198,5°.

3-Amino-2-methyl-3H-chinazolin-4-on $C_9H_9N_3O$, Formel XIII (R = H) (H 157;
E I 254; E II 77).
B. Beim Erhitzen von 2-Methyl-3H-chinazolin-4-on mit $N_2H_4 \cdot H_2O$ auf 120° (*Leonard*,
Ruyle, J. org. Chem. **13** [1948] 903, 907).
Kristalle (aus A.); F: 147—148° [korr.] (*Le.*, *Ru.*).
Die Identität einer beim Erwärmen mit Benzil in Äthanol erhaltenen Verbindung
(s. E I **24** 254 und E I **26** 56; dort mit Vorbehalt als 2,3-Diphenyl-pyridazino[3,2-*b*]=
chinazolin-10-on [„Lactam des 6-[2-Carboxy-phenylimino]-3.4-diphenyl-1.6-dihydro-
pyridazins"] formuliert) ist ungewiss (vgl. *Beyer*, *Völcker*, B. **97** [1964] 390).

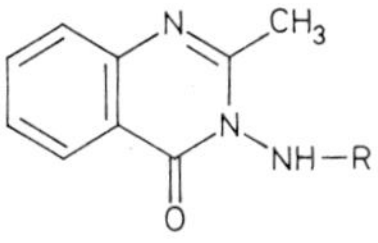

XIII 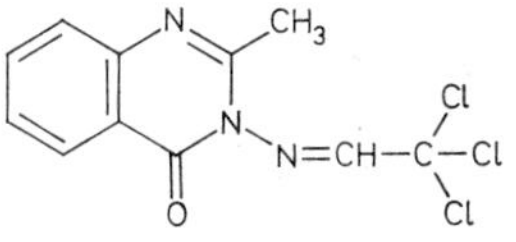   XIV

3-Anilino-2-methyl-3H-chinazolin-4-on $C_{15}H_{13}N_3O$, Formel XIII (R = C_6H_5) (H 157).
B. Aus *N*-Acetyl-anthranilsäure und Phenylhydrazin mit Hilfe von PCl_3 in Toluol
(*Grimmel et al.*, Am. Soc. **68** [1946] 542).
F: 207—209°.

(±)-2-Methyl-3-[2,2,2-trichlor-1-hydroxy-äthylamino]-3H-chinazolin-4-on
$C_{11}H_{10}Cl_3N_3O_2$, Formel XIII (R = CH(OH)-CCl_3).
B. Aus 3-Amino-2-methyl-3H-chinazolin-4-on und Chloral (*Kulkarni*, J. Indian chem.
Soc. **19** [1942] 180).
Kristalle (aus A.); F: 151—152°.

*2-Methyl-3-[2,2,2-trichlor-äthylidenamino]-3H-chinazolin-4-on $C_{11}H_8Cl_3N_3O$,
Formel XIV.
B. Beim Behandeln der vorangehenden Verbindung mit Acetylchlorid und Pyridin
(*Kulkarni*, J. Indian chem. Soc. **19** [1942] 180).
Kristalle (aus A.); F: 104—105°.

4-Acetylamino-benzoesäure-[2-methyl-4-oxo-4H-chinazolin-3-ylamid] $C_{18}H_{16}N_4O_3$,
Formel XIII (R = CO-C_6H_4-NH-CO-$CH_3(p)$).
B. Beim Erwärmen von 3-Amino-2-methyl-3H-chinazolin-4-on mit 4-Acetylamino-

benzoylchlorid in Acetonitril (*Hu, Liu,* Acta pharm. sinica **7** [1959] 109, 115; C. A. **1960** 759).

Kristalle (aus Me. + wss. Propan-1-ol); F: 308—310°. IR-Spektrum (Nujol; 2—15 μ): *Hu, Liu,* l. c. S. 113.

6-Chlor-2-methyl-3*H*-chinazolin-4-on $C_9H_7ClN_2O$, Formel I (R = H), und Tautomere.

B. Neben 2-Acetylamino-5-chlor-benzoesäure beim Erwärmen von 2-Acetylamino-5-chlor-benzoesäure-amid mit wss. NaOH (*Tomisek, Christensen,* Am. Soc. **70** [1948] 2423).

Kristalle (aus wss. Eg.); F: 287° [korr.].

6-Chlor-2-methyl-3-phenyl-3*H*-chinazolin-4-on $C_{15}H_{11}ClN_2O$, Formel II (X = X' = X'' = H).

B. Aus 2-Acetylamino-5-chlor-benzoesäure und Anilin mit Hilfe von PCl₃ in Toluol (*Grimmel et al.,* Am. Soc. **68** [1946] 542; *Salimath et al.,* J. Indian chem. Soc. **33** [1956] 140).

Hellgelbe Kristalle; F: 181—182° (*Gr. et al.*), 163° (*Sa. et al.*).

Hydrochlorid $C_{15}H_{11}ClN_2O \cdot HCl$. Kristalle; F: 241° (*Sa. et al.*).

6-Chlor-3-[2-chlor-phenyl]-2-methyl-3*H*-chinazolin-4-on $C_{15}H_{10}Cl_2N_2O$, Formel II (X = Cl, X' = X'' = H).

B. Analog der vorangehenden Verbindung (*Salimath et al.,* J. Indian chem. Soc. **33** [1956] 140).

Kristalle; F: 158°.

Hydrochlorid $C_{15}H_{10}Cl_2N_2O \cdot HCl$. Kristalle; F: 236° [Zers.].

6-Chlor-3-[3-chlor-phenyl]-2-methyl-3*H*-chinazolin-4-on $C_{15}H_{10}Cl_2N_2O$, Formel II (X = X'' = H, X' = Cl).

B. Analog den vorangehenden Verbindungen (*Salimath et al.,* J. Indian chem. Soc. **33** [1956] 140).

Kristalle; F: 175°.

Hydrochlorid $C_{15}H_{10}Cl_2N_2O \cdot HCl$. Kristalle; F: 254° [Zers.].

6-Chlor-3-[4-chlor-phenyl]-2-methyl-3*H*-chinazolin-4-on $C_{15}H_{10}Cl_2N_2O$, Formel II (X = X' = H, X'' = Cl).

B. Analog den vorangehenden Verbindungen oder aus 2-Acetylamino-5-chlor-benzoe≠ säure und 4-Chlor-anilin in Phenol (*Bami, Dhatt,* J. scient. ind. Res. India **16** B [1957] 558, 560).

Hellgelbe Kristalle (aus wss. A.); F: 152° [unkorr.].

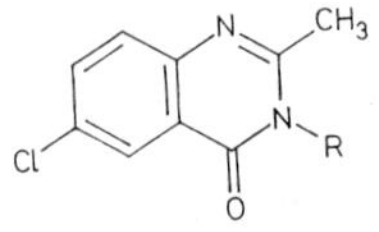

I 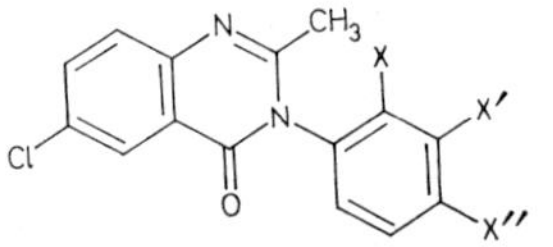   II 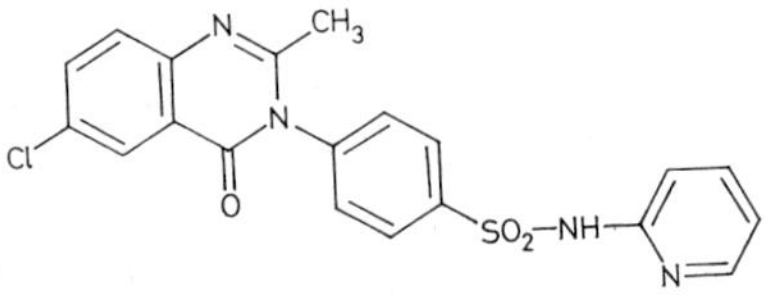   III

3-[4-Brom-phenyl]-6-chlor-2-methyl-3*H*-chinazolin-4-on $C_{15}H_{10}BrClN_2O$, Formel II (X = X' = H, X'' = Br).

B. Analog der vorangehenden Verbindungen (*Bami, Dhatt,* J. scient. ind. Res. India **16** B [1957] 558, 560).

Kristalle (aus wss. A.); F: 174° [unkorr.].

6-Chlor-3-[4-jod-phenyl]-2-methyl-3*H*-chinazolin-4-on $C_{15}H_{10}ClIN_2O$, Formel II (X = X' = H, X'' = I).

B. Analog den vorangehenden Verbindungen (*Bami, Dhatt,* J. scient. ind. Res. India **16** B [1957] 558, 560).

Kristalle (aus wss. A.); F: 204° [unkorr.].

6-Chlor-2-methyl-3-[4-nitro-phenyl]-3*H*-chinazolin-4-on $C_{15}H_{10}ClN_3O_3$, Formel II (X = X' = H, X'' = NO_2).

B. Aus 2-Acetylamino-5-chlor-benzoesäure und 4-Nitro-anilin mit Hilfe von PCl_3 in Toluol (*Salimath et al.*, J. Indian chem. Soc. **33** [1956] 140).

Gelbbraune Kristalle; F: 246°.

6-Chlor-2-methyl-3-*o*-tolyl-3*H*-chinazolin-4-on $C_{16}H_{13}ClN_2O$, Formel II (X = CH_3, X' = X'' = H).

B. Analog der vorangehenden Verbindung (*Salimath et al.*, J. Indian chem. Soc. **33** [1956] 140).

Kristalle; F: 167°.

Hydrochlorid $C_{16}H_{13}ClNO_2 \cdot HCl$. Kristalle; F: 238° [Zers.].

6-Chlor-2-methyl-3-*m*-tolyl-3*H*-chinazolin-4-on $C_{16}H_{13}ClN_2O$, Formel II (X = X'' = H, X' = CH_3).

B. Analog den vorangehenden Verbindungen (*Salimath et al.*, J. Indian chem. Soc. **33** [1956] 140).

Hellgelbe Kristalle; F: 179°.

6-Chlor-2-methyl-3-*p*-tolyl-3*H*-chinazolin-4-on $C_{16}H_{13}ClN_2O$, Formel II (X = X' = H, X'' = CH_3).

B. Analog den vorangehenden Verbindungen (*Salimath et al.*, J. Indian chem. Soc. **33** [1956] 140).

Kristalle; F: 104°.

Hydrochlorid $C_{16}H_{13}ClNO_2 \cdot HCl$. Kristalle; F: 235°.

6-Chlor-3-[2-hydroxy-äthyl]-2-methyl-3*H*-chinazolin-4-on $C_{11}H_{11}ClN_2O_2$, Formel I (R = CH_2-CH_2-OH).

B. Beim Erhitzen von 6-Chlor-2-methyl-benz[*d*][1,3]oxazin-4-on mit 2-Amino-äthanol auf 150° (*Buzas, Hoffmann*, Bl. **1959** 1889). Aus der Natrium-Verbindung von 6-Chlor-2-methyl-3*H*-chinazolin-4-on und 2-Chlor-äthanol in Butan-1-ol (*Bu., Ho.*).

Kristalle (aus A.); F: 190°.

6-Chlor-3-[2-methoxy-phenyl]-2-methyl-3*H*-chinazolin-4-on $C_{16}H_{13}ClN_2O_2$, Formel II (X = O-CH_3, X' = X'' = H).

B. Aus 2-Acetylamino-5-chlor-benzoesäure und *o*-Anisidin beim Erhitzen mit PCl_3 in Toluol oder mit Phenol (*Bami, Dhatt*, J. scient. ind. Res. India **16** B [1957] 558, 560).

Kristalle (aus wss. A.); F: 147° [unkorr.].

6-Chlor-3-[4-methoxy-phenyl]-2-methyl-3*H*-chinazolin-4-on $C_{16}H_{13}ClN_2O_2$, Formel II (X = X' = H, X'' = O-CH_3).

B. Aus 2-Acetylamino-5-chlor-benzoesäure und *p*-Anisidin mit Hilfe von PCl_3 in Toluol (*Salimath et al.*, J. Indian chem. Soc. **33** [1956] 140).

Gelbliche Kristalle; F: 172°.

Hydrochlorid $C_{16}H_{13}ClN_2O_2 \cdot HCl$. Kristalle; F: 237° [Zers.].

3-[4-Äthoxy-phenyl]-6-chlor-2-methyl-3*H*-chinazolin-4-on $C_{17}H_{15}ClN_2O_2$, Formel II (X = X' = H, X'' = O-C_2H_5).

B. Aus 2-Acetylamino-5-chlor-benzoesäure und *p*-Phenetidin beim Erhitzen mit Phenol (*Bami, Dhatt*, J. scient. ind. Res. India **16** B [1957] 558, 560) oder mit PCl_3 in Toluol (*Grimmel et al.*, Am. Soc. **68** [1946] 542; *Bami, Dh.*).

Kristalle; F: 150–152° (*Gr. et al.*), 149° [unkorr.; aus wss. A.] (*Bami, Dh.*).

(±)-6-Chlor-3-[2,3-dihydroxy-propyl]-2-methyl-3*H*-chinazolin-4-on $C_{12}H_{13}ClN_2O_3$, Formel I (R = CH_2-CH(OH)-CH_2-OH).

B. Aus der Natrium-Verbindung von 6-Chlor-2-methyl-3*H*-chinazolin-4-on und (±)-Epichlorhydrin (E III/IV **17** 20) in Äthanol oder in Butan-1-ol (*Buzas, Hoffmann*, Bl. **1959** 1889).

Kristalle (aus A.); F: 195°.

4-[6-Chlor-2-methyl-4-oxo-4H-chinazolin-3-yl]-benzolsulfonsäure-[2]pyridylamid
$C_{20}H_{15}ClN_4O_3S$, Formel III auf S. 444.

B. Beim Erhitzen von 6-Chlor-2-methyl-benz[*d*][1,3]oxazin-4-on mit Sulfanilsäure-[2]pyridylamid auf 180° (*Dhatt, Bami,* J. scient. ind. Res. India **18** C [1959] 256).
Kristalle; F: 242°.

6-Chlor-3-[4-diäthylamino-phenyl]-2-methyl-3H-chinazolin-4-on $C_{19}H_{20}ClN_3O$,
Formel II (X = X′ = H, X″ = $N(C_2H_5)_2$) auf S. 444.

B. Aus 2-Acetylamino-5-chlor-benzoesäure und *N,N*-Diäthyl-*p*-phenylendiamin mit Hilfe von PCl₃ in Toluol (*Salimath et al.,* J. Indian chem. Soc. **33** [1956] 140).
Blaugrüne Kristalle; F: 210°.
Hydrochlorid $C_{19}H_{20}ClN_3O \cdot HCl$. Kristalle; F: 234° [Zers.].

7-Chlor-2-methyl-3H-chinazolin-4-on $C_9H_7ClN_2O$, Formel IV (X = X′ = H, X″ = Cl),
und Tautomere.
Kristalle (aus A.); F: 270° (*Buzas, Hoffmann,* Bl. **1959** 1889).

IV   V   VI

2-Trichlormethyl-3H-chinazolin-4-on $C_9H_5Cl_3N_2O$, Formel IV (X = Cl, X′ = X″ = H).
Über diese Verbindung (F: 211–212° bzw. F: 218°) s. *Samarai et al.,* Ž. org. Chim.
1 [1965] 2004, 2006; engl. Ausg. S. 2044, 2046; *Holan et al.,* Soc. [C] **1967** 20, 25.

Diese Konstitution kommt auch der früher (H **24** 157) als Bz.Bz.Bz-Trichlor-2-methyl-chinazolon-(4) bezeichneten Verbindung zu. Entsprechend sind das Imid, das Methyl⸗imid und das Anil (jeweils H **24** 158) wahrscheinlich als 2-Trichlormethyl-chin⸗azolin-4-ylamin $C_9H_6Cl_3N_3$, als Methyl-[2-trichlormethyl-chinazolin-4-yl]-amin $C_{10}H_8Cl_3N_3$ und als Phenyl-[2-trichlormethyl-chinazolin-4-yl]-amin $C_{15}H_{10}Cl_3N_3$ zu formulieren.

Die früher (H **23** 390) als Bz.Bz.Bz-Trichlor-4-methoxy-2-methyl-chinazolin und Bz.Bz.Bz-Trichlor-4-äthoxy-2-methyl-chinazolin bezeichneten Verbindungen sind aufgrund ihrer genetischen Beziehung zu 4-Chlor-2-trichlormethyl-chinazolin (E III/IV **23** 1251; s. a. *Sa. et al.*) als 4-Methoxy-2-trichlormethyl-chinazolin $C_{10}H_7Cl_3N_2O$ und als 4-Äthoxy-2-trichlormethyl-chinazolin $C_{11}H_9Cl_3N_2O$ zu formulieren.

6-Brom-2-methyl-3H-chinazolin-4-on $C_9H_7BrN_2O$, Formel IV (X = X″ = H, X′ = Br),
und Tautomere (H 158).

B. Beim Erwärmen von (±)-2-Acetylamino-5-brom-benzoesäure-[2,2,2-trichlor-1-hydr⸗oxy-äthylamid] mit wss. NaOH (*Hirwe, Kulkarni,* Pr. Indian Acad. [A] **13** [1941] 49, 52).
Kristalle (aus wss. A.); F: 298° [vorgeheiztes Bad].

6-Brom-2-methyl-3-phenyl-3H-chinazolin-4-on $C_{15}H_{11}BrN_2O$, Formel V
(X = X′ = X″ = H) (H 158).

B. Aus 2-Acetylamino-5-brom-benzoesäure und Anilin mit Hilfe von PCl₃ in Toluol (*Salimath et al.,* J. Indian chem. Soc. **33** [1956] 140).
Gelbliche Kristalle; F: 186°.
Hydrochlorid $C_{15}H_{11}BrN_2O \cdot HCl$. Kristalle; F: 246° [Zers.].

6-Brom-3-[2-chlor-phenyl]-2-methyl-3H-chinazolin-4-on $C_{15}H_{10}BrClN_2O$, Formel V
(X = Cl, X′ = X″ = H).

B. Analog der vorangehenden Verbindung (*Salimath et al.,* J. Indian chem. Soc. **33** [1956] 140).

Kristalle; F: 176°.
Hydrochlorid $C_{15}H_{10}BrClN_2O \cdot HCl$. Kristalle; F: 237° [Zers.].

6-Brom-3-[3-chlor-phenyl]-2-methyl-3H-chinazolin-4-on $C_{15}H_{10}BrClN_2O$, Formel V (X = X'' = H, X' = Cl).
B. Analog den vorangehenden Verbindungen (*Salimath et al.*, J. Indian chem. Soc. **33** [1956] 140).
Gelbliche Kristalle; F: 196°.
Hydrochlorid $C_{15}H_{10}BrClN_2O$. Kristalle; F: 255° [Zers.].

6-Brom-3-[4-chlor-phenyl]-2-methyl-3H-chinazolin-4-on $C_{15}H_{10}BrClN_2O$, Formel V (X = X' = H, X'' = Cl).
B. Aus 2-Acetylamino-5-brom-benzoesäure und 4-Chlor-anilin beim Erhitzen mit PCl$_3$ in Toluol oder mit Phenol (*Bami*, *Dhatt*, J. scient. ind. Res. India **16**B [1957] 558, 561).
Kristalle (aus wss. Me.); F: 145° [unkorr.].

6-Brom-3-[4-brom-phenyl]-2-methyl-3H-chinazolin-4-on $C_{15}H_{10}Br_2N_2O$, Formel V (X = X' = H, X'' = Br).
B. Analog der vorangehenden Verbindung (*Bami*, *Dhatt*, J. scient. ind. Res. India **16**B [1957] 558, 561).
Kristalle (aus wss. Me.); F: 165° [unkorr.].

6-Brom-3-[4-jod-phenyl]-2-methyl-3H-chinazolin-4-on $C_{15}H_{10}BrIN_2O$, Formel V (X = X' = H, X'' = I).
B. Analog den vorangehenden Verbindungen (*Bami*, *Dhatt*, J. scient. ind. Res. India **16**B [1957] 558, 561).
Hellgelbe Kristalle (aus wss. Me.); F: 204° [unkorr.].

6-Brom-2-methyl-3-[4-nitro-phenyl]-3H-chinazolin-4-on $C_{15}H_{10}BrN_3O_3$, Formel V (X = X' = H, X'' = NO$_2$).
B. Aus 2-Acetylamino-5-brom-benzoesäure und 4-Nitro-anilin mit Hilfe von PCl$_3$ in Toluol (*Salimath et al.*, J. Indian chem. Soc. **33** [1956] 140).
Gelbliche Kristalle; F: 255°.

6-Brom-2-methyl-3-o-tolyl-3H-chinazolin-4-on $C_{16}H_{13}BrN_2O$, Formel V (X = CH$_3$, X' = X'' = H) (H 158).
B. Analog der vorangehenden Verbindung (*Salimath et al.*, J. Indian chem. Soc. **33** [1956] 140; *Subbaram*, J. Madras Univ. **24** [1954] 179).
Kristalle; F: 148° (*Sa. et al.*), 139—141° (*Su.*).
Hydrochlorid $C_{16}H_{13}BrN_2O \cdot HCl$. Kristalle; F: 241° [Zers.] (*Sa. et al.*).

6-Brom-3-[5-chlor-2-methyl-phenyl]-2-methyl-3H-chinazolin-4-on $C_{16}H_{12}BrClN_2O$, Formel VI.
B. Analog den vorangehenden Verbindungen (*Subbaram*, J. Madras Univ. **24** [1954] 179, 180).
Kristalle (aus Acn.); F: 154—156°.

6-Brom-2-methyl-3-m-tolyl-3H-chinazolin-4-on $C_{16}H_{13}BrN_2O$, Formel V (X = X'' = H, X' = CH$_3$).
B. Analog den vorangehenden Verbindungen (*Salimath et al.*, J. Indian chem. Soc. **33** [1956] 140; *Subbaram*, J. Madras Univ. **24** [1954] 179).
Gelbliche Kristalle; F: 165° (*Sa. et al.*), 158—160° [aus A.] (*Su.*).
Hydrochlorid $C_{16}H_{13}BrN_2O \cdot HCl$. Kristalle; F: 236° [Zers.] (*Sa. et al.*).

6-Brom-2-methyl-3-p-tolyl-3H-chinazolin-4-on $C_{16}H_{13}BrN_2O$, Formel V (X = X' = H, X'' = CH$_3$).
B. Analog den vorangehenden Verbindungen (*Salimath et al.*, J. Indian chem. Soc. **33** [1956] 140).

Gelbe Kristalle; F: 131°.
Hydrochlorid $C_{16}H_{13}BrN_2O \cdot HCl$. Kristalle; F: 245° [Zers.].

6-Brom-3-[2-methoxy-phenyl]-2-methyl-3H-chinazolin-4-on $C_{16}H_{13}BrN_2O_2$, Formel V
(X = O-CH$_3$, X' = X'' = H) auf S. 446.
B. Aus 2-Acetylamino-5-brom-benzoesäure und o-Anisidin beim Erhitzen mit PCl$_3$ in
Toluol (*Subbaram*, J. Madras Univ. **24** [1954] 179, 180; *Bami, Dhatt*, J. scient. ind Res.
India **16**B [1957] 558, 561) oder mit Phenol (*Bami, Dh.*).
Kristalle; F: 176° [unkorr.; aus wss. Me.] (*Bami, Dh.*), 174—176° (*Su.*).

3-[2-Äthoxy-phenyl]-6-brom-2-methyl-3H-chinazolin-4-on $C_{17}H_{15}BrN_2O_2$, Formel V
(X = O-C$_2$H$_5$, X' = X'' = H) auf S. 446.
B. Analog der vorangehenden Verbindung (*Subbaram*, J. Madras Univ. **24** [1954] 179,
180; *Bami, Dhatt*, J. scient. ind. Res. India **16**B [1957] 558, 561).
Kristalle; F: 136—138° [aus Acn.] (*Su.*), 135° [unkorr.; aus wss. Me.] (*Bami, Dh.*).

6-Brom-3-[4-methoxy-phenyl]-2-methyl-3H-chinazolin-4-on $C_{16}H_{13}BrN_2O_2$, Formel V
(X = X' = H, X'' = O-CH$_3$) auf S. 446.
B. Aus 2-Acetylamino-5-brom-benzoesäure und p-Anisidin mit Hilfe von PCl$_3$ in Toluol
(*Salimath et al.*, J. Indian chem. Soc. **33** [1956] 140).
Kristalle; F: 181°.
Hydrochlorid $C_{16}H_{13}BrN_2O_2 \cdot HCl$. Kristalle; F: 233° [Zers.].

3-[4-Äthoxy-phenyl]-6-brom-2-methyl-3H-chinazolin-4-on $C_{17}H_{15}BrN_2O_2$, Formel V
(X = X' = H, X'' = O-C$_2$H$_5$) auf S. 446.
B. Aus 2-Acetylamino-5-brom-benzoesäure und p-Phenetidin beim Erhitzen mit
PCl$_3$ in Toluol oder mit Phenol (*Bami, Dhatt*, J. scient. ind. Res. India **16**B [1957] 558,
561).
Kristalle (aus wss. Me.); F: 150° [unkorr.].

**[4-(6-Brom-2-methyl-4-oxo-4H-chinazolin-3-yl)-benzolsulfonyl]-guanidin, 4-[6-Brom-
2-methyl-4-oxo-4H-chinazolin-3-yl]-benzolsulfonsäure-guanidid** $C_{16}H_{14}BrN_5O_3S$,
Formel V (X = X' = H, X'' = SO$_2$-NH-C(NH$_2$)=NH) auf S. 446, und Tautomeres.
B. Beim Erhitzen von 6-Brom-2-methyl-benz[d][1,3]oxazin-4-on mit Sulfanilyl=
guanidin auf 180° (*Dhatt, Bami*, J. scient. ind. Res. India **18**C [1959] 256, 258).
Kristalle; F: 308° [unkorr.].

4-[6-Brom-2-methyl-4-oxo-4H-chinazolin-3-yl]-benzolsulfonsäure-[2]pyridylamid
$C_{20}H_{15}BrN_4O_3S$, Formel VII.
B. Analog der vorangehenden Verbindung (*Dhatt, Bami*, J. scient. ind. Res. India
18C [1959] 256, 258).
Kristalle; F: 272° [unkorr.].

VII   VIII

6-Brom-3-[4-diäthylamino-phenyl]-2-methyl-3H-chinazolin-4-on $C_{19}H_{20}BrN_3O$,
Formel V (X = X' = H, X'' = N(C$_2$H$_5$)$_2$) auf S. 446.
B. Aus 2-Acetylamino-5-brom-benzoesäure und N,N-Diäthyl-p-phenylendiamin mit
Hilfe von PCl$_3$ in Toluol (*Salimath et al.*, J. Indian chem. Soc. **33** [1956] 140).
Gelbgrüne Kristalle; F: 227°.
Hydrochlorid $C_{19}H_{20}BrN_3O \cdot HCl$. Kristalle; F: 247° [Zers.].

6,8-Dibrom-3-[4-chlor-phenyl]-2-methyl-3H-chinazolin-4-on $C_{15}H_9Br_2ClN_2O$,
Formel VIII (X = X' = H, X'' = Cl).
 B. Aus 2-Acetylamino-3,5-dibrom-benzoesäure und 4-Chlor-anilin analog der voran-
gehenden Verbindung (*Subbaram*, J. Madras Univ. **24** [1954] 179, 181).
 Kristalle (aus Acn.); F: 207—209°.

6,8-Dibrom-3-[4-brom-phenyl]-2-methyl-3H-chinazolin-4-on $C_{15}H_9Br_3N_2O$, Formel VIII
(X = X' = H, X'' = Br).
 B. Analog den vorangehenden Verbindungen (*Subbaram*, J. Madras Univ. **24** [1954]
179, 181).
 Kristalle (aus Acn.); F: 224—226°.

6,8-Dibrom-2-methyl-3-*o*-tolyl-3H-chinazolin-4-on $C_{16}H_{12}Br_2N_2O$, Formel VIII
(X = CH₃, X' = X'' = H).
 B. Analog den vorangehenden Verbindungen (*Subbaram*, J. Madras Univ. **24** [1954]
179, 180).
 Kristalle (aus Acn.); F: 188—190°.

6,8-Dibrom-2-methyl-3-*m*-tolyl-3H-chinazolin-4-on $C_{16}H_{12}Br_2N_2O$, Formel VIII
(X = X'' = H, X' = CH₃).
 B. Analog den vorangehenden Verbindungen (*Subbaram*, J. Madras Univ. **24** [1954]
179, 181).
 Kristalle (aus Acn.); F: 208—210°.

6,8-Dibrom-2-methyl-3-*p*-tolyl-3H-chinazolin-4-on $C_{16}H_{12}Br_2N_2O$, Formel VIII
(X = X' = H, X'' = CH₃).
 B. Analog den vorangehenden Verbindungen (*Subbaram*, J. Madras Univ. **24** [1954]
179, 181).
 Kristalle (aus Acn.); F: 172—174°.

6,8-Dibrom-3-[2-methoxy-phenyl]-2-methyl-3H-chinazolin-4-on $C_{16}H_{12}Br_2N_2O_2$,
Formel VIII (X = O-CH₃, X' = X'' = H).
 B. Analog den vorangehenden Verbindungen (*Subbaram*, J. Madras Univ. **24** [1954]
179, 181).
 Kristalle (aus Acn.); F: 209—211°.

3-[2-Äthoxy-phenyl]-6,8-dibrom-2-methyl-3H-chinazolin-4-on $C_{17}H_{14}Br_2N_2O_2$,
Formel VIII (X = O-C₂H₅, X' = X'' = H).
 B. Analog den vorangehenden Verbindungen (*Subbaram*, J. Madras Univ. **24** [1954]
179, 181).
 Kristalle (aus Acn.); F: 182—184°.

6-Jod-2-methyl-3-phenyl-3H-chinazolin-4-on $C_{15}H_{11}IN_2O$, Formel IX
(X = X' = X'' = H).
 B. Aus 2-Acetylamino-5-jod-benzoesäure und Anilin mit Hilfe von PCl₃ in Toluol
(*Subbaram*, J. Madras Univ. **24** [1954] 183, 184).
 Hellgelbe Kristalle (aus wss. A.); F: 151—152°.

3-[4-Chlor-phenyl]-6-jod-2-methyl-3H-chinazolin-4-on $C_{15}H_{10}ClIN_2O$, Formel IX
(X = X' = H, X'' = Cl).
 B. Analog der vorangehenden Verbindung (*Subbaram*, J. Madras Univ. **24** [1954]
183, 186).
 Hellbraune Kristalle (aus Acn.); F: 156—157°.

3-[4-Brom-phenyl]-6-jod-2-methyl-3H-chinazolin-4-on $C_{15}H_{10}BrIN_2O$, Formel IX
(X = X' = H, X'' = Br).
 B. Analog den vorangehenden Verbindungen (*Subbaram*, J. Madras Univ. **24** [1954]
183, 186).
 Kristalle (aus A.); F: 177—179°.

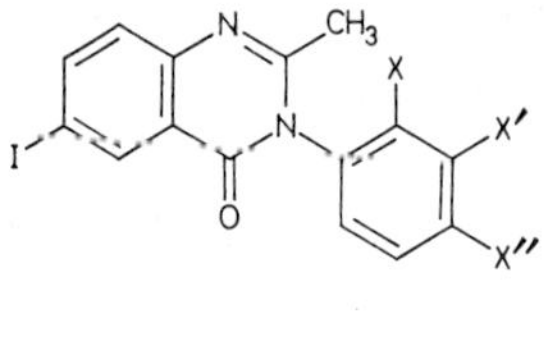

IX 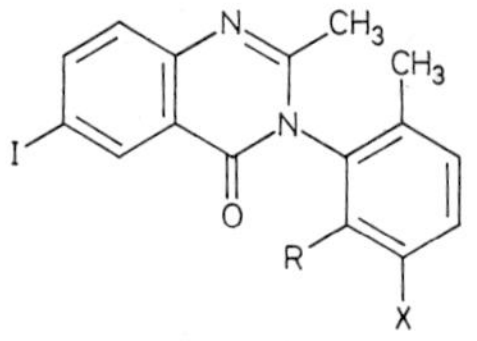   X 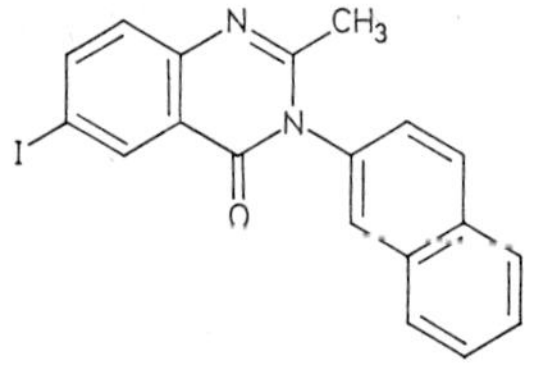   XI

6-Jod-2-methyl-3-[2-nitro-phenyl]-3H-chinazolin-4-on $C_{15}H_{10}IN_3O_3$, Formel IX
(X = NO$_2$, X' = X'' = H).
B. Analog den vorangehenden Verbindungen (*Subbaram*, J. Madras Univ. **24** [1954]
183, 185).
Gelbliche Kristalle (aus Acn.); F: 214—215°.

6-Jod-2-methyl-3-[3-nitro-phenyl]-3H-chinazolin-4-on $C_{15}H_{10}IN_3O_3$, Formel IX
(X = X'' = H, X' = NO$_2$).
B. Analog den vorangehenden Verbindungen (*Subbaram*, J. Madras Univ. **24** [1954]
183, 186).
Kristalle (aus Acn.); F: 230—232°.

6-Jod-2-methyl-3-[4-nitro-phenyl]-3H-chinazolin-4-on $C_{15}H_{10}IN_3O_3$, Formel IX
(X = X' = H, X'' = NO$_2$).
B. Analog den vorangehenden Verbindungen (*Subbaram*, J. Madras Univ. **24** [1954]
183, 186).
Hellgelb; F: 208—210°.

6-Jod-2-methyl-3-o-tolyl-3H-chinazolin-4-on $C_{16}H_{13}IN_2O$, Formel IX (X = CH$_3$,
X' = X'' = H).
B. Analog den vorangehenden Verbindungen (*Subbaram*, J. Madras Univ. **24** [1954]
183, 185).
Kristalle (aus Acn.); F: 142—144°.

3-[5-Chlor-2-methyl-phenyl]-6-jod-2-methyl-3H-chinazolin-4-on $C_{16}H_{12}ClIN_2O$,
Formel X (R = H, X = Cl).
B. Aus 2-Acetylamino-5-jod-benzoesäure und 5-Chlor-2-methyl-anilin mit Hilfe von
PCl$_3$ in Toluol (*Subbaram*, J. Madras Univ. **24** [1954] 183, 186).
Kristalle (aus Acn.); F: 136—138°.

6-Jod-2-methyl-3-m-tolyl-3H-chinazolin-4-on $C_{16}H_{13}IN_2O$, Formel X (X = X'' = H,
X' = CH$_3$).
B. Analog der vorangehenden Verbindung (*Subbaram*, J. Madras Univ. **24** [1954]
183, 185).
Kristalle (aus Acn.); F: 179—181°.

6-Jod-2-methyl-3-p-tolyl-3H-chinazolin-4-on $C_{16}H_{13}IN_2O$, Formel IX (X = X' = H,
X'' = CH$_3$).
B. Analog den vorangehenden Verbindungen (*Subbaram*, J. Madras Univ. **24** [1954]
183, 185).
Kristalle (aus Acn.); F: 154—155°.

3-[2,6-Dimethyl-phenyl]-6-jod-2-methyl-3H-chinazolin-4-on $C_{17}H_{15}IN_2O$, Formel X
(R = CH$_3$, X = H).
B. Analog den vorangehenden Verbindungen (*Subbaram*, J. Madras Univ. **24** [1954]
183, 185).
Kristalle (aus wss. A.); F: 152—154°.

6-Jod-2-methyl-3-[2]naphthyl-3H-chinazolin-4-on $C_{19}H_{13}IN_2O$, Formel XI.
B. Analog den vorangehenden Verbindungen (*Subbaram*, J. scient. ind. Res. India

17B [1958] 137).
Kristalle (aus Dioxan); F: 252—254°.

6-Jod-3-[2-methoxy-phenyl]-2-methyl-3H-chinazolin-4-on $C_{16}H_{13}IN_2O_2$, Formel IX
(X = O-CH₃, X' = X'' = H).
B. Analog den vorangehenden Verbindungen (*Subbaram*, J. Madras Univ. **24** [1954]
183, 185).
Kristalle (aus Acn.); F: 178—180°.

3-[2-Äthoxy-phenyl]-6-jod-2-methyl-3H-chinazolin-4-on $C_{17}H_{15}IN_2O_2$, Formel IX
(X = O-C₂H₅, X' = X'' = H).
B. Analog den vorangehenden Verbindungen (*Subbaram*, J. Madras Univ. **24** [1954]
183, 185).
Kristalle (aus A.); F: 144—146°.

6-Jod-3-[4-methoxy-phenyl]-2-methyl-3H-chinazolin-4-on $C_{16}H_{13}IN_2O_2$, Formel IX
(X = X' = H, X'' = O-CH₃).
B. Analog den vorangehenden Verbindungen (*Subbaram*, J. Madras Univ. **24** [1954]
183, 185).
Kristalle (aus Acn.); F: 165—166°.

3-[4-Chlor-phenyl]-6,8-dijod-2-methyl-3H-chinazolin-4-on $C_{15}H_9ClI_2N_2O$, Formel XII
(X = H, X' = Cl).
B. Aus 2-Acetylamino-3,5-dijod-benzoesäure und 4-Chlor-anilin mit Hilfe von PCl₃
in Toluol (*Subbaram*, J. scient. ind. Res. India **17**B [1958] 137).
Kristalle (aus Acn.); F: 204—206°.

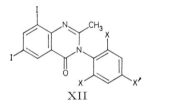

XII   XIII

6,8-Dijod-2-methyl-3-[2,4,6-tribrom-phenyl]-3H-chinazolin-4-on $C_{15}H_7Br_3I_2N_2O$,
Formel XII (X = X' = Br).
B. Analog der vorangehenden Verbindung (*Subbaram*, J. scient. ind. Res. India **17**B
[1958] 137).
Kristalle (aus Pyridin); F: 248—250°.

6,8-Dijod-3-[4-methoxy-phenyl]-2-methyl-3H-chinazolin-4-on $C_{16}H_{12}I_2N_2O_2$,
Formel XII (X = H, X' = O-CH₃).
B. Analog den vorangehenden Verbindungen (*Subbaram*, J. scient. ind. Res. India
17B [1958] 137).
Kristalle (aus Acn.); F: 214—216°.

3-[6,8-Dijod-2-methyl-4-oxo-4H-chinazolin-3-yl]-propionsäure $C_{12}H_{10}I_2N_2O_3$,
Formel XIII (R = COOH, R' = H).
B. Aus 2-Acetylamino-3,5-dijod-benzoesäure und β-Alanin über zwei Stufen (*Mallinck-
rodt Chem. Works*, U.S.P. 2786055 [1955]).
Kristalle (aus A. + Dioxan); F: 256,4—257,4° [Zers.].

(±)-2-[6,8-Dijod-2-methyl-4-oxo-4H-chinazolin-3-yl]-valeriansäure $C_{14}H_{14}I_2N_2O_3$,
Formel XIII (R = C₂H₅, R' = CO-OH).
B. Analog der vorangehenden Verbindung (*Mallinckrodt Chem. Works*, U.S.P. 2786055
[1955]).
Kristalle (aus A. + Dioxan); F: 254° [Zers.].

6-[6,8-Dijod-2-methyl-4-oxo-4H-chinazolin-3-yl]-hexansäure $C_{15}H_{16}I_2N_2O_3$, Formel XIII
$(R = [CH_2]_3\text{-CO-OH}, R' = H)$.
B. Analog den vorangehenden Verbindungen (*Mallinckrodt Chem. Works*, U.S.P.
2786055 [1955]).
Kristalle (aus A. + Dioxan + H_2O); F: 187,5—189,5°.

2-Methyl-6-nitro-3H-chinazolin-4-on $C_9H_7N_3O_3$, Formel I $(R = H)$, und Tautomere
(H 160; E I 255).
B. Beim Behandeln von 2,4-Dimethyl-chinazolin mit konz. H_2SO_4 und konz. HNO_3
(*Tomisek, Christensen*, Am. Soc. **70** [1948] 2423).
Kristalle (aus Eg. + Py.); F: 302—304° [korr.; Zers.].

3-[4-Chlor-phenyl]-2-methyl-6-nitro-3H-chinazolin-4-on $C_{15}H_{10}ClN_3O_3$, Formel I
$(R = C_6H_4\text{-Cl}(p))$.
B. Aus 2-Acetylamino-5-nitro-benzoesäure und 4-Chlor-anilin mit Hilfe von PCl_3
in Toluol (*Subbaram*, J. scient. ind. Res. India **17**B [1958] 137).
Kristalle (aus Dioxan); F: 260—262°.

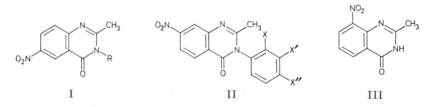

I   II   III

3-[3-Chlor-phenyl]-2-methyl-7-nitro-3H-chinazolin-4-on $C_{15}H_{10}ClN_3O_3$, Formel II
$(X = X'' = H, X' = Cl)$.
B. Aus 2-Acetylamino-4-nitro-benzoesäure und 3-Chlor-anilin mit Hilfe von PCl_3
in Toluol (*Seshavataram, Rao*, Pr. Indian Acad. [A] **49** [1959] 96).
F: 192°.

3-[4-Brom-phenyl]-2-methyl-7-nitro-3H-chinazolin-4-on $C_{15}H_{10}BrN_3O_3$, Formel II
$(X = X' = H, X'' = Br)$.
B. Analog der vorangehenden Verbindung (*Seshavataram, Rao*, Pr. Indian Acad.
[A] **49** [1959] 96).
F: >300°.

2-Methyl-7-nitro-3-[2-nitro-phenyl]-3H-chinazolin-4-on $C_{15}H_{10}N_4O_5$, Formel II
$(X = NO_2, X' = X'' = H)$.
B. Analog den vorangehenden Verbindungen (*Seshavataram, Rao*, Pr. Indian Acad.
[A] **49** [1959] 96).
F: 170°.

2-Methyl-7-nitro-3-[3-nitro-phenyl]-3H-chinazolin-4-on $C_{15}H_{10}N_4O_5$, Formel II
$(X = X'' = H, X' = NO_2)$.
B. Analog den vorangehenden Verbindungen (*Seshavataram, Rao*, Pr. Indian Acad.
[A] **49** [1959] 96).
F: 192°.

2-Methyl-7-nitro-3-[4-nitro-phenyl]-3H-chinazolin-4-on $C_{15}H_{10}N_4O_5$, Formel II
$(X = X' = H, X'' = NO_2)$.
B. Analog den vorangehenden Verbindungen (*Seshavataram, Rao*, Pr. Indian Acad.
[A] **49** [1959] 96).
F: 298°.

2-Methyl-7-nitro-3-o-tolyl-3H-chinazolin-4-on $C_{16}H_{13}N_3O_3$, Formel II $(X = CH_3,$
$X' = X'' = H)$.
B. Analog den vorangehenden Verbindungen (*Seshavataram, Rao*, Pr. Indian Acad.

[A] **49** [1959] 96).
  F: 154°.

2-Methyl-7-nitro-3-*p*-tolyl-3*H*-chinazolin-4-on $C_{16}H_{13}N_3O_3$, Formel II (X = X' = H, X'' = CH$_3$).
  B. Analog den vorangehenden Verbindungen (*Seshavataram, Rao*, Pr. Indian Acad.
[A] **49** [1959] 96).
  F: 223°.

3-[2-Methoxy-phenyl]-2-methyl-7-nitro-3*H*-chinazolin-4-on $C_{16}H_{13}N_3O_4$, Formel II (X = O-CH$_3$, X' = X'' = H).
  B. Analog den vorangehenden Verbindungen (*Seshavataram, Rao*, Pr. Indian Acad.
[A] **49** [1959] 96).
  F: 152°.

2-Methyl-8-nitro-3*H*-chinazolin-4-on $C_9H_7N_3O_3$, Formel III, und Tautomere (H 163).
  B. Beim Erhitzen von 2-Amino-3-nitro-benzoesäure-amid mit Acetanhydrid und Erwärmen des Reaktionsprodukts mit wss. KOH (*Huntress, Gladdrug*, Am. Soc. **64** [1942] 2644, 2647).
  Braunrote Kristalle (aus wss. Eg.); Zers. bei 267—268° [korr.].

2-Methyl-3*H*-chinazolin-4-thion $C_9H_8N_2S$, Formel IV (X = H), und Tautomere (H 164).
  B. Beim Erhitzen von Anthranilonitril mit Thioessigsäure auf 110° (*Yale*, Am. Soc. **75** [1953] 675, 677; s. a. H 164). Beim Erhitzen von 2-Methyl-3*H*-chinazolin-4-on mit P$_2$S$_5$ in Xylol (*Tomisek, Christensen*, Am. Soc. **70** [1948] 2423).
  Gelbe Kristalle (aus wss. A.), F: 217—219° [korr.] (*To., Ch.*); Kristalle (aus wss. A.), F: 216—218° bzw. F: 160° und (nach Wiedererstarren) F: 211—212° [abhängig von der Geschwindigkeit des Erhitzens] (*Yale*). IR-Spektrum (Nujol; 3150—750 cm^{-1}): *Culbertson et al.*, Am. Soc. **74** [1952] 4834, 4836, 4837.
  Beim Erwärmen mit 2-Amino-äthanol ist 2-[2-Methyl-chinazolin-4-ylamino]-äthanol erhalten worden (*To., Ch.*).

6-Chlor-2-methyl-3*H*-chinazolin-4-thion $C_9H_7ClN_2S$, Formel IV (X = Cl), und Tautomere.
  B. Beim Erhitzen von 6-Chlor-2-methyl-3*H*-chinazolin-4-on mit P$_2$S$_5$ in Xylol (*Tomisek, Christensen*, Am. Soc. **70** [1948] 2423).
  Gelbe Kristalle (aus wss. Eg.); F: 276—278° [korr.; Zers.].

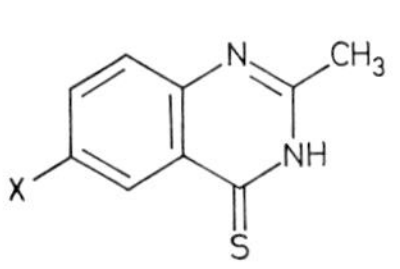

IV 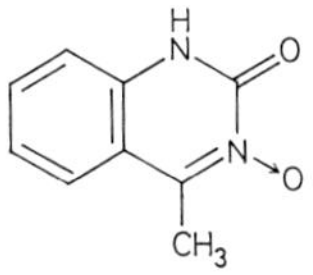   V 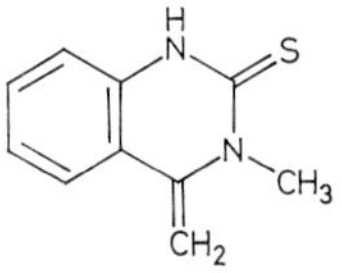   VI 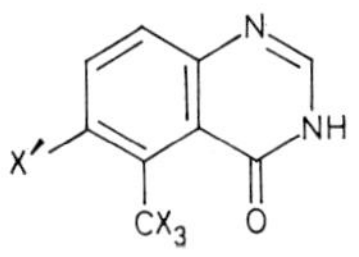   VII

4-Methyl-3-oxy-1*H*-chinazolin-2-on, 4-Methyl-1*H*-chinazolin-2-on-3-oxid $C_9H_8N_2O_2$, Formel V, und Tautomeres.
  B. Aus 1-[2-Amino-phenyl]-äthanon-oxim und COCl$_2$ in Toluol (*Busch, Strätz*, J. pr. [2] **150** [1937] 1, 38).
  Gelbe Kristalle (aus A. oder H$_2$O); F: 227° [Zers.].

3-Methyl-4-methylen-3,4-dihydro-1*H*-chinazolin-2-thion $C_{10}H_{10}N_2S$, Formel VI.
  Diese Konstitution wird für die nachstehend beschriebene Verbindung in Betracht gezogen (*Doub et al.*, Am. Soc. **80** [1958] 2205, 2217).
  B. Aus 1-[2-Amino-phenyl]-äthanon und Methylisothiocyanat in Äthanol (*Doub et al.*).
  Kristalle (aus A.); F: 223—225° [unkorr.]. λ_{max} (A.): 215 nm, 240 nm und 279 nm.

5-Methyl-3H-chinazolin-4-on $C_9H_8N_2O$, Formel VII (X = X' = H), und Tautomere (E I 256).

B. Beim Erhitzen von 2-Amino-6-methyl-benzoesäure mit Formamid auf 175° (*Baker et al.*, J. org. Chem. **17** [1952] 141, 144).

F: 210—212°.

*Opt.-inakt. 3-[3-(3-Hydroxy-[2]piperidyl)-2-oxo-propyl]-5-methyl-3H-chinazolin-4-on $C_{17}H_{21}N_3O_3$, Formel VIII (X = X'' = H, X' = OH).

B. Beim Erwärmen der folgenden Verbindung mit wss. HBr (*Baker et al.*, J. org. Chem. **17** [1952] 141, 147; *Am. Cyanamid Co.*, D.B.P. 927928 [1952]; U.S.P. 2694711 [1952]).

Dihydrochlorid $C_{17}H_{21}N_3O_3 \cdot 2$ HCl. Kristalle mit 1 Mol H_2O; F: 225° [Zers.].

*Opt.-inakt. 3-[3-(3-Methoxy-[2]piperidyl)-2-oxo-propyl]-5-methyl-3H-chinazolin-4-on $C_{18}H_{23}N_3O_3$, Formel VIII (X = X'' = H, X' = O-CH$_3$).

B. Beim Behandeln von 5-Methyl-3H-chinazolin-4-on mit opt.-inakt. 2-[3-Brom-2-oxo-propyl]-3-methoxy-piperidin-1-carbonsäure-äthylester (aus 5-Benzyloxycarbonylamino-2-methoxy-valeriansäure über mehrere Stufen erhalten) und Natriummethylat in Meth-anol und Erwärmen des Reaktionsprodukts mit wss. HCl (*Baker et al.*, J. org. Chem. **17** [1952] 141, 146; *Am. Cyanamid Co.*, D.B.P. 927928 [1952]; U.S.P. 2694711 [1952]).

Dihydrochlorid $C_{18}H_{23}N_3O_3 \cdot 2$ HCl. Kristalle mit 1 Mol H_2O; F: 223° [Zers.].

VIII   IX

*Opt.-inakt. 3-[3-(5-Hydroxy-[2]piperidyl)-2-oxo-propyl]-5-methyl-3H-chinazolin-4-on $C_{17}H_{21}N_3O_3$, Formel VIII (X = X' = H, X'' = OH).

B. Aus [5-Methyl-4-oxo-4H-chinazolin-3-yl]-essigsäure-äthylester (aus 5-Methyl-3H-chinazolin-4-on hergestellt) und (±)-N-[2-Methoxy-5-oxo-hexyl]-benzamid über mehrere Stufen (*Am. Cyanamid Co.*, D.B.P. 938730 [1956]).

Dihydrochlorid. Kristalle; F: 220°.

5-Trifluormethyl-3H-chinazolin-4-on $C_9H_5F_3N_2O$, Formel VII (X = F, X' = H), und Tautomere.

B. Aus 2-Amino-6-trifluormethyl-benzoesäure und Formamid (*Baker et al.*, J. org. Chem. **17** [1952] 164, 175).

Kristalle (aus H_2O); F: 236—237°.

*Opt.-inakt. 3-[3-(3-Hydroxy-[2]piperidyl)-2-oxo-propyl]-5-trifluormethyl-3H-chinazolin-4-on $C_{17}H_{18}F_3N_3O_3$, Formel VIII (X = F, X' = OH, X'' = H).

B. Beim Erwärmen der folgenden Verbindung mit wss. HBr (*Baker et al.*, J. org. Chem. **17** [1952] 164, 175).

Dihydrochlorid $C_{17}H_{18}F_3N_3O_3 \cdot 2$ HCl. F: 211°.

*Opt.-inakt. 3-[3-(3-Methoxy-[2]piperidyl)-2-oxo-propyl]-5-trifluormethyl-3H-chinazolin-4-on $C_{18}H_{20}F_3N_3O_3$, Formel VIII (X = F, X' = O-CH$_3$, X'' = H).

B. Beim Behandeln von 5-Trifluormethyl-3H-chinazolin-4-on mit opt.-inakt. 2-[3-Brom-2-oxo-propyl]-3-methoxy-piperidin-1-carbonsäure-äthylester (aus 5-Benzyloxycarbonyl-amino-2-methoxy-valeriansäure über mehrere Stufen) und Natriummethylat in Methanol und Erwärmen des Reaktionsprodukts mit wss. HCl (*Baker et al.*, J. org. Chem. **17** [1952] 164, 174).

Dihydrochlorid $C_{18}H_{20}F_3N_3O_3 \cdot 2$ HCl. F: 215°.

6-Chlor-5-methyl-3H-chinazolin-4-on $C_9H_7ClN_2O$, Formel VII (X = H, X' = Cl), und Tautomere.

B. Aus 6-Amino-3-chlor-2-methyl-benzoesäure und Formamid (*Baker et al.*, J. org.

Chem. **17** [1952] 157, 161).

Kristalle (aus A.); F: 274—276°.

*Opt.-inakt. 6-Chlor-3-[3-(3-hydroxy-[2]piperidyl)-2-oxo-propyl]-5-methyl-3*H*-chinazolin-4-on $C_{17}H_{20}ClN_3O_3$, Formel IX (R = R' = H).

B. Beim Erwärmen der folgenden Verbindung mit wss. HBr (*Baker et al.*, J. org. Chem. **17** [1952] 157, 162).

Dihydrochlorid $C_{17}H_{20}ClN_3O_3 \cdot 2$ HCl. Kristalle mit 1 Mol H_2O; F: 245—250° [Zers.].

*Opt.-inakt. 6-Chlor-3-[3-(3-methoxy-[2]piperidyl)-2-oxo-propyl]-5-methyl-3*H*-chinazolin-4-on $C_{18}H_{22}ClN_3O_3$, Formel IX (R = H, R' = CH₃).

B. Beim Erwärmen der folgenden Verbindung mit wss. HCl (*Baker et al.*, J. org. Chem. **17** [1952] 157, 162).

Dihydrochlorid $C_{18}H_{22}ClN_3O_3 \cdot 2$ HCl. Kristalle mit 1 Mol H_2O; F: 245—248° [Zers.].

*Opt.-inakt. 2-[3-(6-Chlor-5-methyl-4-oxo-4*H*-chinazolin-3-yl)-2-oxo-propyl]-3-methoxy-piperidin-1-carbonsäure-äthylester $C_{21}H_{26}ClN_3O_5$, Formel IX (R = CO-O-C₂H₅, R' = CH₃).

B. Beim Behandeln von 6-Chlor-5-methyl-3*H*-chinazolin-4-on mit opt.-inakt. 2-[3-Brom-2-oxo-propyl]-3-methoxy-piperidin-1-carbonsäure-äthylester (aus 5-Benzyloxycarbonyl⹀amino-2-methoxy-valeriansäure über mehrere Stufen erhalten) und Natriummethylat in Methanol (*Baker et al.*, J. org. Chem. **17** [1952] 157, 161).

Kristalle; F: 134—136°.

6-Methyl-3*H*-chinazolin-4-on $C_9H_8N_2O$, Formel X (R = X = H), und Tautomere (H 164).

B. Aus 2-Amino-5-methyl-benzoesäure und Formamid (*Baker et al.*, J. org. Chem. **17** [1952] 141, 144; H 164).

F: 242—245°.

3-[3-Chlor-propyl]-6-methyl-3*H*-chinazolin-4-on $C_{12}H_{13}ClN_2O$, Formel X (R = [CH₂]₃-Cl, X = H).

B. Aus 6-Methyl-3*H*-chinazolin-4-on und 1-Brom-3-chlor-propan mit Hilfe von Natrium⹀methylat in Methanol (*Baker et al.*, J. org. Chem. **17** [1952] 35, 44).

Hydrochlorid $C_{12}H_{13}ClN_2O \cdot$ HCl. F: 209—211° [Zers.].

*Opt.-inakt. 3-[3-(3-Hydroxy-[2]piperidyl)-2-oxo-propyl]-6-methyl-3*H*-chinazolin-4-on $C_{17}H_{21}N_3O_3$, Formel XI (R = R' = X = H).

B. Beim Erwärmen der folgenden Verbindung mit wss. HBr (*Baker et al.*, J. org. Chem. **17** [1952] 141, 147).

Dihydrochlorid $C_{17}H_{21}N_3O_3 \cdot 2$ HCl. Kristalle mit 2 Mol H_2O; F: 165—167° [Zers.].

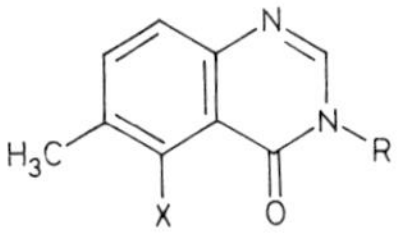

X 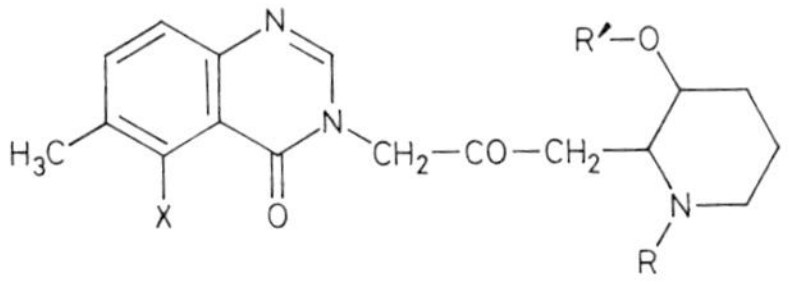   XI 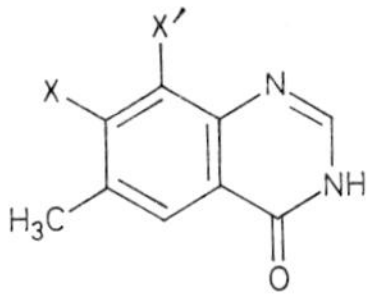   XII

*Opt.-inakt. 3-[3-(3-Methoxy-[2]piperidyl)-2-oxo-propyl]-6-methyl-3*H*-chinazolin-4-on $C_{18}H_{23}N_3O_3$, Formel XI (R = X = H, R' = CH₃).

B. Beim Erwärmen der folgenden Verbindung mit wss. HCl (*Baker et al.*, J. org. Chem. **17** [1952] 141, 146).

Dihydrochlorid $C_{18}H_{23}N_3O_3 \cdot 2$ HCl. Kristalle mit 2 Mol H_2O; F: 164—166° [Zers.].

*Opt.-inakt. 3-Methoxy-2-[3-(6-methyl-4-oxo-4H-chinazolin-3-yl)-2-oxo-propyl]-piperidin-1-carbonsäure-äthylester $C_{21}H_{27}N_3O_5$, Formel XI (R = CO-O-C_2H_5, R′ = CH_3, X = H).

B. Beim Behandeln von 6-Methyl-3H-chinazolin-4-on mit opt.-inakt. 2-[3-Brom-2-oxo-propyl]-3-methoxy-piperidin-1-carbonsäure-äthylester (aus 5-Benzyloxycarbonylamino-2-methoxy-valeriansäure über mehrere Stufen) und Natriummethylat in Methanol (*Baker et al.*, J. org. Chem. **17** [1952] 141, 145).

Kristalle; F: 113—115°.

5-Chlor-6-methyl-3H-chinazolin-4-on $C_9H_7ClN_2O$, Formel X (R = H, X = Cl), und Tautomere.

B. Aus 6-Amino-2-chlor-3-methyl-benzoesäure und Formamid (*Baker et al.*, J. org. Chem. **17** [1952] 157, 161).

Kristalle (aus 2-Methoxy-äthanol); F: 248—249° [Zers.].

*Opt.-inakt. 5-Chlor-3-[3-(3-hydroxy-[2]piperidyl)-2-oxo-propyl]-6-methyl-3H-chinazolin-4-on $C_{17}H_{20}ClN_3O_3$, Formel XI (R = R′ = H, X = Cl).

B. Beim Erwärmen der folgenden Verbindung mit wss. HBr (*Baker et al.*, J. org. Chem. **17** [1952] 157, 162).

Dihydrochlorid $C_{17}H_{20}ClN_3O_3 \cdot 2$ HCl. Kristalle mit 2 Mol H_2O; F: 235° [Zers.].

*Opt.-inakt. 5-Chlor-3-[3-(3-methoxy-[2]piperidyl)-2-oxo-propyl]-6-methyl-3H-chinazolin-4-on $C_{18}H_{22}ClN_3O_3$, Formel XI (R = H, R′ = CH_3, X = Cl).

B. Beim Behandeln von 5-Chlor-6-methyl-3H-chinazolin-4-on mit opt.-inakt. 2-[3-Brom-2-oxo-propyl]-3-methoxy-piperidin-1-carbonsäure-äthylester (aus 5-Benzyloxy=carbonylamino-2-methoxy-valeriansäure über mehrere Stufen) und Natriummethylat in Methanol und Erwärmen des Reaktionsprodukts mit wss. HCl (*Baker et al.*, J. org. Chem. **17** [1952] 157, 162).

Dihydrochlorid $C_{18}H_{22}ClN_3O_3 \cdot 2$ HCl. Kristalle; F: 226° [Zers.].

7-Chlor-6-methyl-3H-chinazolin-4-on $C_9H_7ClN_2O$, Formel XII (X = Cl, X′ = H), und Tautomere.

B. Aus 2-Amino-4-chlor-5-methyl-benzoesäure und Formamid (*Baker et al.*, J. org. Chem. **17** [1952] 157, 161).

Kristalle (aus 2-Methoxy-äthanol); F: 248—249° [Zers.].

*Opt.-inakt. 7-Chlor-3-[3-(3-hydroxy-[2]piperidyl)-2-oxo-propyl]-6-methyl-3H-chinazolin-4-on $C_{17}H_{20}ClN_3O_3$, Formel XIII (R = R′ = H).

B. Beim Erwärmen der folgenden Verbindung mit wss. HBr (*Baker et al.*, J. org. Chem. **17** [1952] 157, 162).

Dihydrochlorid $C_{17}H_{20}ClN_3O_3 \cdot 2$ HCl. Kristalle mit 1,5 Mol H_2O; F: 229° [Zers.].

*Opt.-inakt. 7-Chlor-3-[3-(3-methoxy-[2]piperidyl)-2-oxo-propyl]-6-methyl-3H-chinazolin-4-on $C_{18}H_{22}ClN_3O_3$, Formel XIII (R = H, R′ = CH_3).

B. Beim Erwärmen der folgenden Verbindung mit wss. HCl (*Baker et al.*, J. org. Chem. **17** [1952] 157, 162).

Dihydrochlorid $C_{18}H_{22}ClN_3O_3 \cdot 2$ HCl. F: 222—223° [Zers.].

XIII   XIV

*Opt.-inakt. 2-[3-(7-Chlor-6-methyl-4-oxo-4H-chinazolin-3-yl)-2-oxo-propyl]-3-methoxy-piperidin-1-carbonsäure-äthylester $C_{21}H_{26}ClN_3O_5$, Formel XIII (R = CO-O-C_2H_5, R′ = CH_3).

B. Beim Behandeln von 7-Chlor-6-methyl-3H-chinazolin-4-on mit opt.-inakt. 2-[3-Brom-

2-oxo-propyl]-3-methoxy-piperidin-1-carbonsäure-äthylester (aus 5-Benzyloxycarbonyl=
amino-2-methoxy-valeriansäure über mehrere Stufen) und Natriummethylat in Methanol
(*Baker et al.*, J. org. Chem. **17** [1952] 157, 161).
F: 151 – 152°.

8-Chlor-6-methyl-3H-chinazolin-4-on $C_9H_7ClN_2O$, Formel XII (X = H, X' = Cl) auf
S. 455, und Tautomere.
B. Aus 2-Amino-3-chlor-5-methyl-benzoesäure und Formamid (*Baker et al.*, J. org.
Chem. **17** [1952] 157, 161).
Kristalle (aus 2-Methoxy-äthanol); F: 298 – 300°.

*Opt.-inakt. 8-Chlor-3-[3-(3-hydroxy-[2]piperidyl)-2-oxo-propyl]-6-methyl-3H-
chinazolin-4-on $C_{17}H_{20}ClN_3O_3$, Formel XIV (R = R' = H).
B. Beim Erwärmen der folgenden Verbindung mit wss. HBr (*Baker et al.*, J. org.
Chem. **17** [1952] 157, 162).
Dihydrochlorid $C_{17}H_{20}ClN_3O_3 \cdot 2$ HCl. Kristalle mit 2 Mol H_2O; F: 172° [Zers.].

*Opt.-inakt. 8-Chlor-3-[3-(3-methoxy-[2]piperidyl)-2-oxo-propyl]-6-methyl-3H-
chinazolin-4-on $C_{18}H_{22}ClN_3O_3$, Formel XIV (R = H, R' = CH_3).
B. Beim Erwärmen der folgenden Verbindung mit wss. HCl (*Baker et al.*, J. org. Chem.
17 [1952] 157, 162).
Dihydrochlorid $C_{18}H_{20}ClN_3O_3 \cdot 2$ HCl. Kristalle mit 0,5 Mol H_2O; F: 211° [Zers.].

*Opt.-inakt. 2-[3-(8-Chlor-6-methyl-4-oxo-4H-chinazolin-3-yl)-2-oxo-propyl]-
3-methoxy-piperidin-1-carbonsäure-äthylester $C_{21}H_{26}ClN_3O_5$, Formel XIV
(R = CO-O-C_2H_5, R' = CH_3).
B. Beim Behandeln von 8-Chlor-6-methyl-3H-chinazolin-4-on mit opt.-inakt. 2-[3-Brom-
2-oxo-propyl]-3-methoxy-piperidin-1-carbonsäure-äthylester (aus 5-Benzyloxycarbonyl=
amino-2-methoxy-valeriansäure über mehrere Stufen) und Natriummethylat in Meth=
anol (*Baker et al.*, J. org. Chem. **17** [1952] 157, 161).
F: 174 – 176°.

7-Methyl-3H-chinazolin-4-on $C_9H_8N_2O$, Formel I (X = H), und Tautomere (H 164).
B. Aus 2-Amino-4-methyl-benzoesäure und Formamid (*Baker et al.*, J. org. Chem. **17**
[1952] 141, 144).
F: 239 – 240°.

I   II

*Opt.-inakt. 3-[3-(3-Hydroxy-[2]piperidyl)-2-oxo-propyl]-7-methyl-3H-chinazolin-4-on
$C_{17}H_{21}N_3O_3$, Formel II (R = R' = X = H).
B. Beim Erwärmen der folgenden Verbindung mit wss. HBr (*Baker et al.*, J. org.
Chem. **17** [1952] 141, 147).
Dihydrochlorid $C_{17}H_{21}N_3O_3 \cdot 2$ HCl. Kristalle mit 1 Mol H_2O; F: 212 – 213° [Zers.].

*Opt.-inakt. 3-[3-(3-Methoxy-[2]piperidyl)-2-oxo-propyl]-7-methyl-3H-chinazolin-4-on
$C_{18}H_{23}N_3O_3$, Formel II (R = X = H, R' = CH_3).
B. Beim Behandeln von 7-Methyl-3H-chinazolin-4-on mit opt.-inakt. 2-[3-Brom-2-oxo-
propyl]-3-methoxy-piperidin-1-carbonsäure-äthylester (aus 5-Benzyloxycarbonylamino-
2-methoxy-valeriansäure über mehrere Stufen) und Natriummethylat in Methanol
und Erwärmen des Reaktionsprodukts mit wss. HCl (*Baker et al.*, J. org. Chem. **17** [1952]
141, 146).
Dihydrochlorid $C_{18}H_{23}N_3O_3 \cdot 2$ HCl. Kristalle mit 0,5 Mol H_2O; F: 229° [Zers.].

6-Chlor-7-methyl-3H-chinazolin-4-on $C_9 H_7 ClN_2 O$, Formel I (X = Cl), und Tautomere.
B. Aus 2-Amino-5-chlor-4-methyl-benzoesäure und Formamid (*Baker et al.*, J. org. Chem. **17** [1952] 157, 161).
Kristalle (aus A.); F: 258—260°.

*Opt.-inakt. 6-Chlor-3-[3-(3-hydroxy-[2]piperidyl)-2-oxo-propyl]-7-methyl-3H-chinazolin-4-on $C_{17} H_{20} ClN_3 O_3$, Formel II (R = R′ = H, X = Cl).
B. Beim Erwärmen der folgenden Verbindung mit wss. HBr (*Baker et al.*, J. org. Chem. **17** [1952] 157, 162).
Dihydrochlorid $C_{17} H_{20} ClN_3 O_3 \cdot 2$ HCl. Kristalle mit 1 Mol $H_2 O$; F: 232° [Zers.].

*Opt.-inakt. 6-Chlor-3-[3-(3-methoxy-[2]piperidyl)-2-oxo-propyl]-7-methyl-3H-chinazolin-4-on $C_{18} H_{22} ClN_3 O_3$, Formel II (R = H, R′ = CH_3, X = Cl).
B. Beim Erwärmen der folgenden Verbindung mit wss. HCl (*Baker et al.*, J. org. Chem. **17** [1952] 157, 162).
Dihydrochlorid $C_{18} H_{22} ClN_3 O_3 \cdot 2$ HCl. Kristalle mit 0,5 Mol $H_2 O$; F: 222° [Zers.].

*Opt.-inakt. 2-[3-(6-Chlor-7-methyl-4-oxo-4H-chinazolin-3-yl)-2-oxo-propyl]-3-methoxy-piperidin-1-carbonsäure-äthylester $C_{21} H_{26} ClN_3 O_5$, Formel II (R = $CO-O-C_2 H_5$, R′ = CH_3, X = Cl).
B. Beim Behandeln von 6-Chlor-7-methyl-3H-chinazolin-4-on mit opt.-inakt. 2-[3-Brom-2-oxo-propyl]-3-methoxy-piperidin-1-carbonsäure-äthylester (aus 5-Benzyloxy-carbonylamino-2-methoxy-valeriansäure über mehrere Stufen) und Natriummethylat in Methanol (*Baker et al.*, J. org. Chem. **17** [1952] 157, 161).
F: 140—141°.

7-Methyl-6-nitro-3H-chinazolin-4-on $C_9 H_7 N_3 O_3$, Formel I (X = NO_2), und Tautomere.
B. Aus 2-Amino-4-methyl-5-nitro-benzoesäure und Formamid (*I.G. Farbenind.*, Schweiz. P. 149314 [1929]; U.S.P. 1 880447 [1929]).
Gelbliche Kristalle (aus Py.); F: 278°.

8-Methyl-3H-chinazolin-4-on $C_9 H_8 N_2 O$, Formel III (X = X′ = X″ = H), und Tautomere (H 165).
B. Aus 2-Amino-3-methyl-benzoesäure und Formamid (*Baker et al.*, J. org. Chem. **17** [1952] 141, 144).
F: 243—245°.

*Opt.-inakt. 3-[3-(3-Hydroxy-[2]piperidyl)-2-oxo-propyl]-8-methyl-3H-chinazolin-4-on $C_{17} H_{21} N_3 O_3$, Formel IV (R = R′ = X = H).
B. Beim Erwärmen der folgenden Verbindung mit wss. HBr (*Baker et al.*, J. org. Chem. **17** [1952] 141, 147).
Dihydrochlorid $C_{17} H_{21} N_3 O_3 \cdot 2$ HCl. Kristalle mit 1 Mol $H_2 O$; F: 222—223° [Zers.].

*Opt.-inakt. 3-[3-(3-Methoxy-[2]piperidyl)-2-oxo-propyl]-8-methyl-3H-chinazolin-4-on $C_{18} H_{23} N_3 O_3$, Formel IV (R = X = H, R′ = CH_3).
B. Beim Erwärmen der folgenden Verbindung mit wss. HCl (*Baker et al.*, J. org. Chem. **17** [1952] 141, 146).
Dihydrochlorid $C_{18} H_{23} N_3 O_3 \cdot 2$ HCl. Kristalle; F: 228—229° [Zers.].

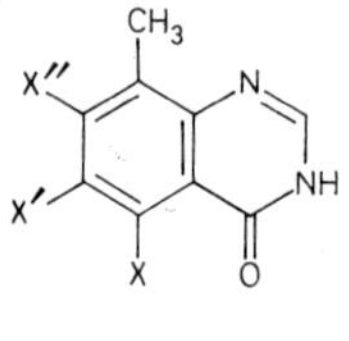

III 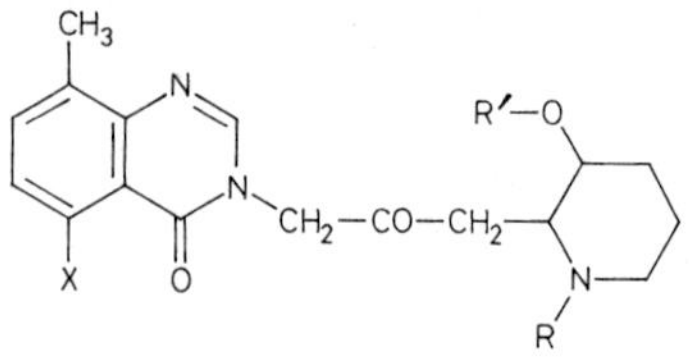   IV

*Opt.-inakt. 3-Methoxy-2-[3-(8-methyl-4-oxo-4H-chinazolin-3-yl)-2-oxo-propyl]-piperidin-1-carbonsäure-äthylester $C_{21}H_{27}N_3O_5$, Formel IV (R = CO-O-C$_2$H$_5$, R′ = CH$_3$, X = H).

B. Beim Behandeln von 8-Methyl-3H-chinazolin-4-on mit opt.-inakt. 2-[3-Brom-2-oxo-propyl]-3-methoxy-piperidin-1-carbonsäure-äthylester (aus 5-Benzyloxycarbonyl=amino-2-methoxy-valeriansäure über mehrere Stufen) und Natriummethylat in Methanol (*Baker et al.*, J. org. Chem. **17** [1952] 141, 145).

Kristalle; F: 143—145°.

5-Chlor-8-methyl-3H-chinazolin-4-on $C_9H_7ClN_2O$, Formel III (X = Cl, X′ = X″ = H), und Tautomere.

B. Aus 2-Amino-6-chlor-3-methyl-benzoesäure und Formamid (*Baker et al.*, J. org. Chem. **17** [1952] 157, 161).

Kristalle (aus A.); F: 276—278°.

*Opt.-inakt. 5-Chlor-3-[3-(3-hydroxy-[2]piperidyl)-2-oxo-propyl]-8-methyl-3H-chinazolin-4-on $C_{17}H_{20}ClN_3O_3$, Formel IV (R = R′ = H, X = Cl).

B. Beim Erwärmen der folgenden Verbindung mit wss. HBr (*Baker et al.*, J. org. Chem. **17** [1952] 157, 162).

Dihydrochlorid $C_{17}H_{20}ClN_3O_3 \cdot 2$ HCl. Kristalle mit 1 Mol H$_2$O; F: 232°.

*Opt.-inakt. 5-Chlor-3-[3-(3-methoxy-[2]piperidyl)-2-oxo-propyl]-8-methyl-3H-chinazolin-4-on $C_{18}H_{22}ClN_3O_3$, Formel IV (R = H, R′ = CH$_3$, X = Cl).

B. Beim Erwärmen der folgenden Verbindung mit wss. HCl (*Baker et al.*, J. org. Chem. **17** [1952] 157, 162).

Dihydrochlorid $C_{18}H_{22}ClN_3O_3 \cdot 2$ HCl. Kristalle mit 0,5 Mol H$_2$O; F: 213°.

*Opt.-inakt. 2-[3-(5-Chlor-8-methyl-4-oxo-4H-chinazolin-3-yl)-2-oxo-propyl]-3-methoxy-piperidin-1-carbonsäure-äthylester $C_{21}H_{26}ClN_3O_5$, Formel IV (R = CO-O-C$_2$H$_5$, R′ = CH$_3$, X = Cl).

B. Beim Behandeln von 5-Chlor-8-methyl-3H-chinazolin-4-on mit opt.-inakt. 2-[3-Brom-2-oxo-propyl]-3-methoxy-piperidin-1-carbonsäure-äthylester (aus 5-Benzyloxy=carbonylamino-2-methoxy-valeriansäure über mehrere Stufen) und Natriummethylat in Methanol (*Baker et al.*, J. org. Chem. **17** [1952] 157, 161).

F: 140—142°.

6-Chlor-8-methyl-3H-chinazolin-4-on $C_9H_7ClN_2O$, Formel III (X = X″ = H, X′ = Cl), und Tautomere.

B. Aus 2-Amino-5-chlor-3-methyl-benzoesäure und Formamid (*Baker et al.*, J. org. Chem. **17** [1952] 157, 161).

Kristalle (aus 2-Methoxy-äthanol); F: 307—308°.

*Opt.-inakt. 6-Chlor-3-[3-(3-hydroxy-[2]piperidyl)-2-oxo-propyl]-8-methyl-3H-chinazolin-4-on $C_{17}H_{20}ClN_3O_3$, Formel V (R = R′ = H).

B. Beim Erwärmen der folgenden Verbindung mit wss. HBr (*Baker et al.*, J. org. Chem. **17** [1952] 157, 162).

Dihydrochlorid $C_{17}H_{20}ClN_3O_3 \cdot 2$ HCl. Kristalle mit 0,5 Mol H$_2$O; F: 228° [Zers.].

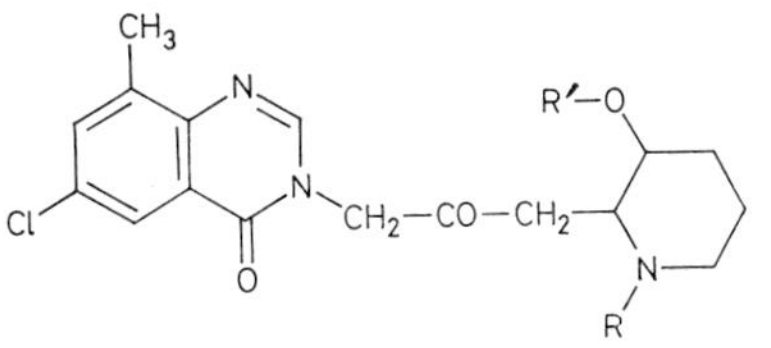

V 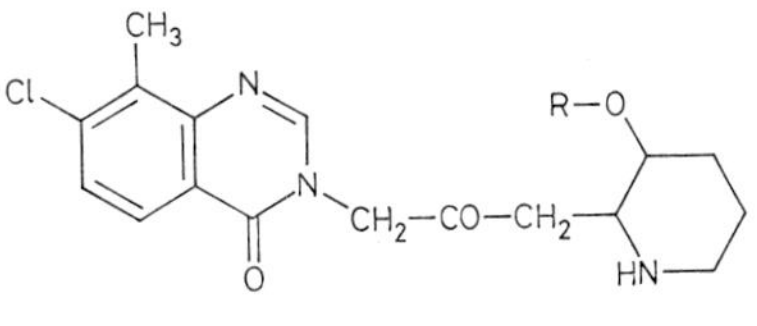   VI

*Opt.-inakt. 6-Chlor-3-[3-(3-methoxy-[2]piperidyl)-2-oxo-propyl]-8-methyl-3H-chinazolin-4-on $C_{18}H_{22}ClN_3O_3$, Formel V (R = H, R′ = CH$_3$).

B. Beim Erwärmen der folgenden Verbindung mit wss. HCl (*Baker et al.*, J. org. Chem.

17 [1952] 157, 162).
Dihydrochlorid $C_{18}H_{22}ClN_3O_3 \cdot 2$ HCl. Kristalle; F: 240° [Zers.].

*Opt.-inakt. 2-[3-(6-Chlor-8-methyl-4-oxo-4H-chinazolin-3-yl)-2-oxo-propyl]-3-methoxy-piperidin-1-carbonsäure-äthylester $C_{21}H_{26}ClN_3O_5$, Formel V (R $=$ CO-O-C_2H_5, R' $=$ CH$_3$).
B. Beim Behandeln von 6-Chlor-8-methyl-3H-chinazolin-4-on mit opt.-inakt. 2-[3-Brom-2-oxo-propyl]-3-methoxy-piperidin-1-carbonsäure-äthylester (aus 5-Benzyloxy=carbonylamino-2-methoxy-valeriansäure über mehrere Stufen) und Natriummethylat in Methanol (Baker et al., J. org. Chem. **17** [1952] 157, 161).
F: 128°.

7-Chlor-8-methyl-3H-chinazolin-4-on $C_9H_7ClN_2O$, Formel III (X $=$ X' $=$ H, X'' $=$ Cl) auf S. 458, und Tautomere.
B. Aus 2-Amino-4-chlor-3-methyl-benzoesäure und Formamid (Baker et al., J. org. Chem. **17** [1952] 157, 161).
Kristalle (aus A.); F: 260—261° [Zers.].

*Opt.-inakt. 7-Chlor-3-[3-(3-hydroxy-[2]piperidyl)-2-oxo-propyl]-8-methyl-3H-chinazolin-4-on $C_{17}H_{20}ClN_3O_3$, Formel VI (R $=$ H).
B. Beim Erwärmen der folgenden Verbindung mit wss. HBr (Baker et al., J. org. Chem. **17** [1952] 157, 162).
Dihydrochlorid $C_{17}H_{20}ClN_3O_3 \cdot 2$ HCl. Kristalle mit 0,5 Mol H_2O; F: 246° [Zers.].

*Opt.-inakt. 7-Chlor-3-[3-(3-methoxy-[2]piperidyl)-2-oxo-propyl]-8-methyl-3H-chinazolin-4-on $C_{18}H_{22}ClN_3O_3$, Formel VI (R $=$ CH$_3$).
B. Beim Behandeln von 7-Chlor-8-methyl-3H-chinazolin-4-on mit opt.-inakt. 2-[3-Brom-2-oxo-propyl]-3-methoxy-piperidin-1-carbonsäure-äthylester (aus 5-Benzyloxy=carbonylamino-2-methoxy-valeriansäure über mehrere Stufen) und Natriummethylat in Methanol und Erwärmen des Reaktionsprodukts mit wss. HCl (Baker et al., J. org. Chem. **17** [1952] 157, 162).
Dihydrochlorid $C_{18}H_{22}ClN_3O_3 \cdot 2$ HCl. Kristalle; F: 222—223° [Zers.].

6-Jod-8-methyl-3H-chinazolin-4-on $C_9H_7IN_2O$, Formel III (X $=$ X'' $=$ H, X' $=$ I) auf S. 458, und Tautomere.
B. Aus 2-Amino-5-jod-3-methyl-benzoesäure und Formamid (Subbaram, J. scient. ind. Res. India **17**B [1958] 137).
Braune Kristalle (aus A.); F: 278—280°. λ_{max} (A.): 235 nm, 275 nm und 315 nm.
[Henseleit]

3-Methyl-1H-chinoxalin-2-on $C_9H_8N_2O$, Formel VII (R $=$ X $=$ X' $=$ H) auf S. 462, und Tautomeres (H 165).
B. Beim Behandeln von Brenztraubensäure-methylester in Äther und Dioxan (Kuhn, Dury, A. **571** [1951] 44, 67) oder von Brenztraubensäure-äthylester in Benzol (Leese, Rydon, Soc. **1955** 303, 308) mit o-Phenylendiamin. Neben 2-Methyl-1H-benzimidazol beim Erwärmen von 2-Hydroxyimino-3-oxo-buttersäure-äthylester mit o-Phenylen=diamin in Äthanol und wenig Essigsäure (Acheson, Soc. **1956** 4731, 4733; Sparatore, G. **86** [1956] 951, 963).
Kristalle; F: 251,5—252,5° [aus E. + PAe.] (Pohloudek-Fabini, Papke, Pharmazie **18** [1963] 273, 276), 250° [aus H_2O bzw. aus wss. A.] (L'Italien, Banks, Am. Soc. **73** [1951] 3246; Sp.), 247—248° [Zers.] (Russell et al., Am. Soc. **71** [1949] 3412, 3416). UV-Spek=trum in Äthanol (220—320 nm): Piozzi, Dubini, G. **89** [1959] 638, 644; in wss. Lösung (230—400 nm): Lanning, Cohen, J. biol. Chem. **189** [1951] 109, 111. λ_{max}: 230 nm, 255 nm, 260 nm, 320 nm und 368—378 nm [wss. Lösung vom pH −1,8], 228 nm, 250 nm, 254 nm, 285 nm und 330—340 nm [wss. Lösung vom pH 4] bzw. 238 nm, 290 nm und 343 nm [wss. Lösung vom pH 12,8] (Cheeseman, Soc. **1958** 108, 110) sowie 237 nm und 343 nm [wss. NaOH (0,01 n)] (Le., Ry.). Scheinbare Dissoziationsexponenten pK'_{a1} und pK'_{a2} (H_2O) bei Raumtemperatur bzw. bei 25°: 0,48 [spektrophotometrisch ermittelt] bzw. 9,88 [potentiometrisch ermittelt] (Ch.).

1,3-Dimethyl-1*H*-chinoxalin-2-on $C_{10}H_{10}N_2O$, Formel VII (R = CH$_3$, X = X′ = H) (H 165).

B. Beim Behandeln von 1*H*-Chinoxalin-2-on, von 1-Methyl-1*H*-chinoxalin-2-on oder von 3-Methyl-1*H*-chinoxalin-2-on in Methanol oder Äther mit äther. Diazomethan (*Ohle et al.*, B. **70** [1937] 2148, 2150; *Cheeseman*, Soc. **1955** 1804, 1806). Beim Behandeln von 3-Methyl-1*H*-chinoxalin-2-on mit Dimethylsulfat und wss. KOH (*Cook, Perry*, Soc. **1943** 394, 396).

Kristalle (aus PAe.); F: 87° (*Ohle et al.*). λ_{max}: 229 nm, 280,5 nm und 336,5 nm [A.] (*Dawson et al.*, Soc. **1949** 2579, 2581), 231 nm, 277 nm, 288 nm, 326—327 nm und 341 nm [Cyclohexan], 231 nm, 254 nm, 260 nm, 316 nm und 369—377 nm [wss. Lösung vom pH −1,8] bzw. 228 nm, 253 nm, 285 nm und 334—340 nm [wss. Lösung vom pH 4,8] (*Cheeseman*, Soc. **1958** 108, 110). Scheinbarer Dissoziationsexponent pK$_a'$ (H$_2$O; spektrophotometrisch ermittelt) bei Raumtemperatur: 0,51 (*Ch.*, Soc. **1958** 110).

Picrat $C_{10}H_{10}N_2O \cdot C_6H_3N_3O_7$. Gelbe Kristalle (aus Me.); F: 144—145° (*Ch.*, Soc. **1955** 1806).

Methojodid [C$_{11}$H$_{13}$N$_2$O]I; 1,2,4-Trimethyl-3-oxo-3,4-dihydro-chinoxalin≈ium-jodid. Kristalle (aus A.); F: 178° [Zers.] (*Cook, Pe.*).

1,3-Dimethyl-4-oxy-1*H*-chinoxalin-2-on, 1,3-Dimethyl-1*H*-chinoxalin-2-on-4-oxid $C_{10}H_{10}N_2O_2$, Formel VIII.

B. Beim Erwärmen von 1,3-Dimethyl-1*H*-chinoxalin-2-on mit Peroxyessigsäure (*Landquist*, Soc. **1953** 2830, 2832).

Rosa Kristalle (aus A.); F: 200—202°.

(±)-1-[4-Diäthylamino-1-methyl-butyl]-3-methyl-1*H*-chinoxalin-2-on $C_{18}H_{27}N_3O$, Formel VII (R = CH(CH$_3$)-[CH$_2$]$_3$-N(C$_2$H$_5$)$_2$, X = X′ = H).

B. Beim Erhitzen von (±)-*N*-[4-Diäthylamino-1-methyl-butyl]-*o*-phenylendiamin in *p*-Cymol mit Brenztraubensäure (*Kipnis et al.*, Am. Soc. **66** [1944] 1989).

Kp$_{0,06}$: 144°.

Dipicrat $C_{18}H_{27}N_3O \cdot 2 C_6H_3N_3O_7$. Kristalle (aus Me.); F: 168—169° [korr.].

7-Chlor-3-methyl-1*H*-chinoxalin-2-on $C_9H_7ClN_2O$, Formel VII (R = X = H, X′ = Cl), und Tautomeres.

Diese Konstitution kommt der von *Newbold, Spring* (Soc. **1948** 519, 522) als 3-Chlor≈methyl-1*H*-chinoxalin-2-on (S. 462) beschriebenen Verbindung zu (*Dawson et al.*, Soc. **1949** 2579, 2580).

B. Neben 6-Chlor-3-methyl-1*H*-chinoxalin-2-on $C_9H_7ClN_2O$ beim Erwärmen von 4-Chlor-*o*-phenylendiamin mit Brenztraubensäure in H$_2$O (*Da. et al.*). Beim Erwärmen von 3-Äthoxy-2-methyl-chinoxalin-1-oxid mit wss.-äthanol. HCl (*Ne., Sp.*).

Kristalle (aus A.); F: 265—268° (*Ne., Sp.*), 265—267° (*Da. et al.*). λ_{max} (wss. NaOH [0,1 n]): 240 nm, 270 nm und 345 nm (*Da. et al.*).

7-Chlor-1,3-dimethyl-1*H*-chinoxalin-2-on $C_{10}H_9ClN_2O$, Formel VII (R = CH$_3$, X = H, X′ = Cl).

Diese Konstitution kommt der von *Newbold, Spring* (Soc. **1948** 519, 522) als 3-Chlor≈methyl-1-methyl-1*H*-chinoxalin-2-on beschriebenen Verbindung zu (*Dawson et al.*, Soc. **1949** 2579, 2581).

B. Beim Behandeln von 7-Chlor-3-methyl-1*H*-chinoxalin-2-on mit Dimethylsulfat und wss. Alkali (*Da. et al.*).

Kristalle (aus A.); F: 228—230° (*Ne., Sp.*), 227—229° (*Da. et al.*). λ_{max} (A.): 232 nm, 281 nm und 335 nm (*Da. et al.*).

6-Chlor-1,3-dimethyl-1*H*-chinoxalin-2-on $C_{10}H_9ClN_2O$, Formel VII (R = CH$_3$, X = Cl, X′ = H).

B. Beim Erwärmen von 4-Chlor-*N*-methyl-2-nitro-anilin mit SnCl$_2$ in wss. HCl bei 90° und Behandeln des Reaktionsprodukts mit Brenztraubensäure in H$_2$O (*Dawson et al.*, Soc. **1949** 2579, 2581). Beim Behandeln von 6-Chlor-3-methyl-1*H*-chinoxalin-2-on (s. o. im Artikel 7-Chlor-3-methyl-1*H*-chinoxalin-2-on) mit Dimethylsulfat und wss. Alkali (*Da. et al.*).

Kristalle (aus A.); F: 144—145°. λ_{max} (A.): 236 nm, 278 nm und 342 nm.

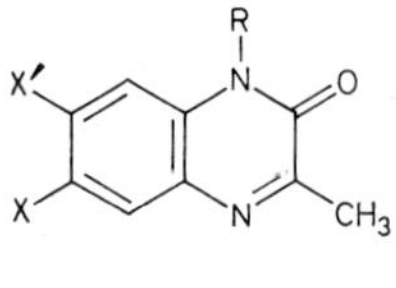

VII 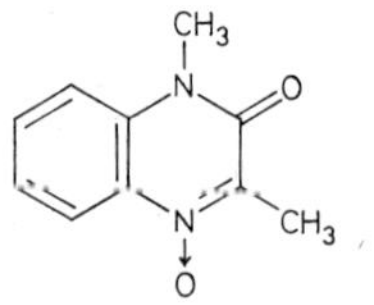   VIII 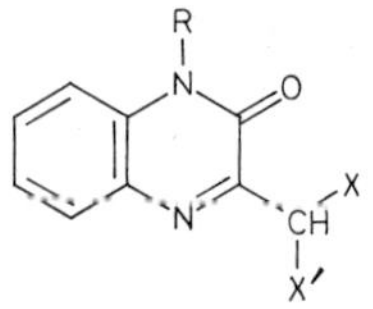   IX 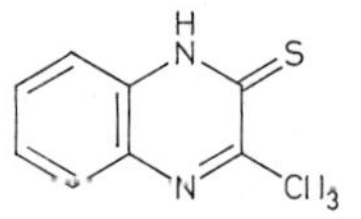   X

3-Chlormethyl-1H-chinoxalin-2-on $C_9H_7ClN_2O$, Formel IX (R = X = H, X′ = Cl), und Tautomeres.

Die von *Newbold*, *Spring* (Soc. **1948** 519, 522) unter dieser Konstitution beschriebene Verbindung ist als 7-Chlor-3-methyl-1H-chinoxalin-2-on erkannt worden (*Dawson et al.*, Soc. **1949** 2579, 2580).

B. Beim Erwärmen von Chlorbrenztraubensäure-äthylester mit o-Phenylendiamin in Äthanol (*Da. et al.*).

Kristalle (aus A.); F: 221 – 222° [Zers.]; λ_{max} (wss. NaOH [0,1 n]): 238 nm und 254 nm (*Da. et al.*).

7-Brom-3-methyl-1H-chinoxalin-2-on $C_9H_7BrN_2O$, Formel VII (R = X = H, X′ = Br), und Tautomeres.

B. Beim Hydrieren von N-[4-Brom-2-nitro-phenyl]-DL-alanin in Äthanol an Raney-Nickel und Erwärmen des Reaktionsprodukts in wss. NaOH mit wss. H_2O_2 (*Van Dusen*, *Schultz*, J. org. Chem. **21** [1956] 1326).

Kristalle (aus A.); F: 291 – 293°. λ_{max}: 232 nm, 282,5 nm, 327,5 nm und 338 nm [A.] bzw. 240 nm und 343,5 nm [wss. NaOH (0,1 n)].

6-Brom-3-methyl-1H-chinoxalin-2-on $C_9H_7BrN_2O$, Formel VII (R = X′ = H, X = Br), und Tautomeres.

B. Analog der vorangehenden Verbindung (*Van Dusen*, *Schultz*, J. org. Chem. **21** [1956] 1326).

Kristalle (aus A.); F: 252,5 – 254,0° und (nach Wiedererstarren) F: 260 – 262°. λ_{max}: 240 nm, 275 nm und 347 nm [A.] bzw. 244 nm und 350 nm [wss. NaOH (0,1 n)].

3-Brommethyl-1H-chinoxalin-2-on $C_9H_7BrN_2O$, Formel IX (R = X = H, X′ = Br), und Tautomeres.

B. Beim Behandeln von Brombrenztraubensäure-methylester mit o-Phenylendiamin in Äther und Dioxan (*Kuhn*, *Dury*, A. **571** [1951] 44, 68). Beim Erhitzen von 3-Methyl-1H-chinoxalin-2-on in Essigsäure mit Natriumacetat und Brom (*Leese*, *Rydon*, Soc. **1955** 303, 308).

Kristalle; F: 233° [Zers.; aus A.] (*Kuhn*, *Dury*), 225° [Zers.; nach Sublimation im Hochvakuum] (*Le.*, *Ry.*).

3-Dibrommethyl-1H-chinoxalin-2-on $C_9H_6Br_2N_2O$, Formel IX (R = H, X = X′ = Br), und Tautomeres.

B. Beim Behandeln von Dibrombrenztraubensäure mit o-Phenylendiamin in Äthanol oder H_2O (*Ohle*, B. **67** [1934] 155, 161).

F: 250° [Zers.] (*Ohle*).

Diese Verbindung hat vermutlich auch in dem von *Bodforss* (A. **609** [1957] 103, 118) aus 3-Methyl-1H-chinoxalin-2-on und Brom in Essigsäure erhaltenen, als x,x-Dibrom-3-methyl-1H-chinoxalin-2-on formulierten Präparat (Kristalle [aus Eg.]; Zers. bei ca. 240°) vorgelegen.

3-Dibrommethyl-1-methyl-1H-chinoxalin-2-on $C_{10}H_8Br_2N_2O$, Formel IX (R = CH_3, X = X′ = Br).

B. Beim Einleiten von Diazomethan in 3-Dibrommethyl-1H-chinoxalin-2-on in $CHCl_3$ (*Ohle et al.*, B. **70** [1937] 2148, 2150). Beim Erwärmen von Dibrombrenztraubensäure mit N-Methyl-o-phenylendiamin in Äthanol (*Ohle et al.*, l. c. S. 2151).

Grünliche Kristalle (aus A.); F: 178°.

3-Methyl-7-nitro-1H-chinoxalin-2-on $C_9H_7N_3O_3$, Formel VII (R = X = H, X' = NO$_2$), und Tautomeres.

B. Neben 3-Methyl-6-nitro-1*H*-chinoxalin-2-on beim Erwärmen von Brenztraubensäure mit 4-Nitro-*o*-phenylendiamin in Äthanol oder wss. HCl (*Horner et al.*, A. **579** [1953] 212, 217, 229). Beim Erhitzen von 3-Methyl-7-nitro-3,4-dihydro-1*H*-chinoxalin-2-on in wss. NaOH mit wss. H$_2$O$_2$ (*Ho. et al.*, l. c. S. 230).

Gelbliche Kristalle; F: 255° [unkorr.; aus Me.] (*Otomasu, Nakajima*, Chem. pharm. Bl. **6** [1958] 566, 570), 252° [Zers.; aus A. + E.] (*Ho. et al.*). UV-Spektrum (Me.; 240 nm bis 400 nm): *Ho. et al.*, l. c. S. 218. Schmelzdiagramm des Systems mit 3-Methyl-6-nitro-1*H*-chinoxalin-2-on: *Ho. et al.*, l. c. S. 217.

3-Methyl-6-nitro-1H-chinoxalin-2-on $C_9H_7N_3O_3$, Formel VII (R = X' = H, X = NO$_2$), und Tautomeres.

B. Neben 3-Methyl-7-nitro-1*H*-chinoxalin-2-on beim Erwärmen von Brenztrauben=säure-äthylester mit 4-Nitro-*o*-phenylendiamin in Äthanol (*Horner et al.*, A. **579** [1953] 212, 217, 230). Beim Behandeln von 3-Methyl-1*H*-chinoxalin-2-on mit KNO$_3$ in konz. H$_2$SO$_4$ (*Otomasu, Nakajima*, Chem. pharm. Bl. **6** [1958] 566, 569).

Kristalle; F: 282° [Zers.] (*Ho. et al.*). Gelbe Kristalle (aus Acn.); F: 270° [unkorr.; Zers. ab 250°] (*Ot., Na.*). UV-Spektrum (Me.; 220—400 nm): *Ho. et al.*, l. c. S. 218. Schmelzdiagramm des Systems mit 3-Methyl-7-nitro-1*H*-chinoxalin-2-on: *Ho. et al.*

1,3-Dimethyl-6-nitro-1H-chinoxalin-2-on $C_{10}H_9N_3O_3$, Formel VII (R = CH$_3$, X = NO$_2$, X' = H) (H 165).

B. Beim Erwärmen von N^1-Methyl-4-nitro-*o*-phenylendiamin mit Brenztraubensäure in Methanol (*Otomasu, Nakajima*, Chem. pharm. Bl. **6** [1958] 566, 570; vgl. H 165). Beim Behandeln von 3-Methyl-6-nitro-1*H*-chinoxalin-2-on mit Dimethylsulfat und wss. NaOH (*Ot., Na.*).

Gelbe Kristalle (aus Acn.); F: 218° [unkorr.].

3-Methyl-1H-chinoxalin-2-thion $C_9H_8N_2S$, Formel X, und Tautomeres.

B. Beim Erwärmen von 2-Chlor-3-methyl-chinoxalin mit Thioharnstoff in Äthanol (*Morrison, Furst*, J. org. Chem. **21** [1956] 470; *Asano*, J. pharm. Soc. Japan **78** [1958] 729, 733; C. A. **1958** 18428).

Kristalle; F: 254° [Zers.] (*As.*), 240—245° [Zers.; aus Acn.] (*Mo., Fu.*).

5-Methyl-1H-chinoxalin-2-on $C_9H_8N_2O$, Formel XI, und Tautomeres.

B. Beim Behandeln von N-[2-Methyl-6-nitro-phenyl]-glycin mit Zinn und konz. wss. HCl (*Platt, Sharp*, Soc. **1948** 2129, 2133). Beim Erhitzen von 8-Methyl-3-oxo-3,4-di=hydro-chinoxalin-2-carbonsäure auf 230—245° (*Pl., Sh.*).

Kristalle (aus Bzl. oder nach Sublimation im Vakuum); F: 286°.

7-Methyl-1H-chinoxalin-2-on $C_9H_8N_2O$, Formel XII, und Tautomeres (H 165).

B. Beim Behandeln von N-[4-Methyl-2-nitro-phenyl]-glycin mit Zinn und konz. wss. HCl (*Platt*, Soc. **1948** 1310, 1312). Im Gemisch mit der folgenden Verbindung aus 4-Methyl-*o*-phenylendiamin beim Erhitzen mit Bromessigsäure und Zink-Pulver und Behandeln des Reaktionsprodukts in H$_2$O mit wss. H$_2$O$_2$ (*Pl.*) sowie beim Erwärmen mit Glyoxylsäure-butylester in wss. Äthanol (*Wolf et al.*, Am. Soc. **71** [1949] 6, 7).

Kristalle (aus H$_2$O); F: 270—272° (*Pl.*).

6-Methyl-1H-chinoxalin-2-on $C_9H_8N_2O$, Formel XIII, und Tautomeres.

In dem früher (H **24** 166) unter dieser Konstitution beschriebenen Präparat hat ein Gemisch mit dem vorangehenden Isomeren vorgelegen (*Platt*, Soc. **1948** 1310).

B. Beim Behandeln von N-[5-Methyl-2-nitro-phenyl]-glycin mit Zinn und konz. wss. HCl und Aufbewahren des Reaktionsprodukts an der Luft (*Pl.*, l. c. S. 1312). Weitere Bildungsweisen s. im vorangehenden Artikel.

Gelbliche Kristalle (nach Sublimation im Vakuum); F: 274°.

2-Methyl-pyrido[1,2-*a*]pyrimidin-4-on $C_9H_8N_2O$, Formel XIV (X = X′ = H).
Konstitution: *Antaki, Petrow*, Soc. **1951** 551; *Adams, Pachter*, Am. Soc. **74** [1952] 5491, 5493; *Kato et al.*, Chem. pharm. Bl. **20** [1972] 142.

B. Beim Erhitzen von 2-Brom-pyridin und 3-Amino-*trans*-crotonsäure-äthylester (E IV **4** 2841) mit K_2CO_3 und Kupfer-Pulver auf $180-200°$ (*An., Pe.*, l. c. S. 553). Beim Erhitzen von [2]Pyridylamin mit 3-Amino-*trans*-crotonsäure-äthylester auf 160° bis 220° und Destillieren des Reaktionsprodukts unter 18 Torr (*An., Pe.*, l. c. S. 553). Aus [2]Pyridylamin und Acetessigsäure-äthylester beim Erhitzen auf 150−180° (*Crippa, Scevola*, G. **67** [1937] 327, 330; *Chitrik*, Ž. obšč. Chim. **9** [1939] 1109, 1112; C. **1940** I 1195) oder beim Behandeln mit wenig konz. wss. HCl (*Hauser, Weiss*, J. org. Chem. **14** [1949] 453, 457). Beim Erwärmen von *N*-[2]Pyridyl-acetoacetamid oder von 3-[2]Pyridyl= amino-crotonsäure-[2]pyridylamid (E III/IV **22** 3918) mit konz. H_2SO_4 (*Ch.*, l. c. S. 1115; s. a. *An., Pe.*, l. c. S. 554). Beim Erhitzen von 3-[2]Pyridylamino-crotonsäure-[2]pyridyl= amid unter vermindertem Druck (*Ch.*, l. c. S. 1116).

Hygroskopische Kristalle; F: 124−125° [unkorr.; aus Bzl. + PAe.] (*An., Pe.*), 123° (*Cr., Sc.*), 122° [aus Toluol + PAe. oder nach Sublimation bei 60° unter vermindertem Druck] (*Ch.*, l. c. S. 1112). Kristalle mit 1 Mol H_2O; F: 105−107° [aus der wasserfreien Verbindung oder der Verbindung mit 1,25 Mol H_2O (s. u.) beim Aufbewahren an feuchter Luft erhalten] (*Ch.*, l. c. S. 1112), 104−105° [aus PAe. + Bzl.] (*An., Pe.*). Kristalle (aus H_2O) mit 1,25 Mol H_2O; F: 84° (*Ch.*, l. c. S. 1112). UV-Spektrum (A.; 210−360 nm): *Ad., Pa.*, l. c. S. 5494.

Beim Erhitzen mit Maleinsäure-anhydrid in Chlorbenzol ist eine Verbindung $C_{13}H_{10}N_2O_4$ (Kristalle [aus Me.], F: 135−136°) erhalten worden (*Ch.*, l. c. S. 1113).

Hydrochlorid $C_9H_8N_2O \cdot HCl$. Kristalle (aus A.); F: 315° [nach Sublimation ab 280°] (*Ch.*, l. c. S. 1113).

Hexachloroplatinat(IV) $2\,C_9H_8N_2O \cdot H_2PtCl_6$. Orangerote Kristalle (aus wss. A.) mit 1 Mol H_2O; F: 229° [Zers.] (*Ch.*, l. c. S. 1113).

Picrat $C_9H_8N_2O \cdot C_6H_3N_3O_7$. Gelbe Kristalle; F: 184° [unkorr.; aus Acn. + A.] (*An., Pe.*), 177° [Zers.; aus A.] (*Ch.*, l. c. S. 1113).

Methojodid $[C_{10}H_{11}N_2O]I$; 1,2-Dimethyl-4-oxo-4*H*-pyrido[1,2-*a*]pyrimidin= ium-jodid. Orangefarbene Kristalle (aus H_2O), die unterhalb 280° nicht schmelzen (*Ch.*, l. c. S. 1113).

XI   XII   XIII   XIV

7-Chlor-2-methyl-pyrido[1,2-*a*]pyrimidin-4-on $C_9H_7ClN_2O$, Formel XIV (X = H, X′ = Cl).
Diese Konstitution kommt der von *Kutscherow* (Ž. obšč. Chim. **20** [1950] 1890, 1894; engl. Ausg. S. 1957, 1963, 1964; Ž. obšč. Chim. **21** [1951] 1145, 1148; engl. Ausg. S. 1249, 1252, 1253) als 7-Chlor-4-methyl-pyrido[1,2-*a*]pyrimidin-2-on formulierten Verbindung zu (vgl. die bei der vorangehenden Verbindung zitierte Literatur).

B. In geringer Menge beim Erhitzen von 5-Chlor-[2]pyridylamin mit Acetessigsäure-äthylester auf 190−195° (*Ku.*, Ž. obšč. Chim. **20** 1897). Beim Erwärmen von *N*-[5-Chlor-[2]pyridyl]-acetoacetamid (*Ku.*, Ž. obšč. Chim. **20** 1897), von 3-[5-Chlor-[2]pyr= idylamino]-crotonsäure-äthylester (E III/IV **22** 4023) oder von 3-[5-Chlor-[2]pyridyl= amino]-crotonsäure-[5-chlor-[2]pyridylamid] [E III/IV **22** 4024] (*Ku.*, Ž. obšč. Chim. **21** 1148, 1149) mit konz. H_2SO_4.

Kristalle (aus A.); F: 167−169° (*Ku.*, Ž. obšč. Chim. **21** 1149).

3-Brom-2-methyl-pyrido[1,2-*a*]pyrimidin-4-on $C_9H_7BrN_2O$, Formel XIV (X = Br, X′ = H).
B. Beim Erwärmen von 2-Methyl-pyrido[1,2-*a*]pyrimidin-4-on mit *N*-Brom-succin= imid in CCl_4 (*Adams, Pachter*, Am. Soc. **76** [1954] 1845).

Kristalle (aus A.); F: 181,5—182,5° [korr.].

7-Brom-2-methyl-pyrido[1,2-*a*]pyrimidin-4-on $C_9H_7BrN_2O$, Formel XIV (X = H, X' = Br).
Diese Konstitution kommt der von *Kutscherow* (Ž. obšč. Chim. **20** [1950] 1890, 1892, 1896; engl. Ausg. S. 1957, 1959, 1963; Ž. obšč. Chim. **21** [1951] 1145, 1147, 1148; engl. Ausg. S. 1249, 1252) als 7-Brom-4-methyl-pyrido[1,2-*a*]pyrimidin-2-on beschriebenen Verbindung zu (*Adams, Pachter*, Am. Soc. **74** [1952] 5491, 5494).
B. In geringen Mengen beim Erhitzen von 5-Brom-[2]pyridylamin mit Acetessigsäure-äthylester auf 190—195° (*Ku.*, Ž. obšč. Chim. **20** 1896). Beim Erwärmen von N-[5-Brom-[2]pyridyl]-acetoacetamid mit konz. H_2SO_4 (*Ku.*, Ž. obšč. Chim. **20** 1897). Aus 3-[5-Brom-[2]pyridylamino]-crotonsäure-äthylester (E III/IV **22** 4033) beim Erwärmen mit H_2O sowie beim Behandeln mit konz. H_2SO_4 (*Ku.*, Ž. obšč. Chim. **21** 1148).
Kristalle (aus A.); F: 169—171° (*Ku.*, Ž. obšč. Chim. **21** 1148). UV-Spektrum (A.; 210—370 nm): *Ad., Pa.*

7-Jod-2-methyl-pyrido[1,2-*a*]pyrimidin-4-on $C_9H_7IN_2O$, Formel XIV (X = H, X' = I).
Diese Konstitution kommt der von *Kutscherow* (Ž. obšč. Chim. **20** [1950] 1890, 1895; engl. Ausg. S. 1957, 1962) als 7-Jod-4-methyl-pyrido[1,2-*a*]pyrimidin-2-on formulierten Verbindung zu (vgl. *Adams, Pachter*, Am. Soc. **74** [1952] 5491, 5494).
B. In geringer Menge beim Erhitzen von 5-Jod-[2]pyridylamin mit Acetessigsäure-äthylester auf 185—195° (*Ku.*). Beim Erwärmen von N-[5-Jod-[2]pyridyl]-acetoacetamid in konz. H_2SO_4 (*Ku.*).
Kristalle (aus Me.); F: 192—193° (*Ku.*).

2-Methyl-3-nitro-pyrido[1,2-*a*]pyrimidin-4-on $C_9H_7N_3O_3$, Formel XIV (X = NO_2, X' = H).
B. Beim Behandeln von 2-Methyl-pyrido[1,2-*a*]pyrimidin-4-on (S. 464) mit einem Gemisch aus HNO_3 und konz. H_2SO_4 (*Chitrik*, Ž. obšč. Chim. **9** [1939] 1109, 1114; C. **1940** I 1195).
Kristalle (aus H_2O); F: 184°.

4-Methyl-2*H*-phthalazin-1-on $C_9H_8N_2O$, Formel I (R = H) auf S. 467, und Tautomeres (H 155; dort als 1-Methyl-phthalazon-(4) bezeichnet).
B. Beim Erwärmen von Phthalsäure-anhydrid und Malonsäure in Pyridin und Erhitzen des Reaktionsprodukts mit $N_2H_4 \cdot H_2O$ und konz. wss. HCl (*Satoda et al.*, J. pharm. Soc. Japan **77** [1957] 703, 705; C. A. **1957** 17927). Beim Erwärmen von 2-Acetyl-benzonitril mit $N_2H_4 \cdot H_2O$ in Methanol (*Helberger, v. Rebay*, A. **531** [1937] 279, 294). Beim Erwärmen von 6,7-Dibrom-4-methyl-5,6,7,8-tetrahydro-2*H*-phthalazin-1-on mit methanol. KOH (*Dixon, Wiggins*, Soc. **1954** 594, 597).
Kristalle; F: 223—224° (*Sa. et al.*), 222° (*Di., Wi.*), 219—221° [aus A.] (*Berti, Mancini*, G. **88** [1958] 714, 723).

2,4-Dimethyl-2*H*-phthalazin-1-on $C_{10}H_{10}N_2O$, Formel I (R = CH_3) auf S. 467 (H 155).
B. Beim Erwärmen der vorangehenden Verbindung mit CH_3I oder Dimethylsulfat und wss.-methanol. NaOH (*Rowe, Peters*, Soc. **1933** 1331, 1333).
Kristalle (aus Me.); F: 112°.

1-Methyl-4-oxo-2-phenyl-3,4-dihydro-phthalazinium $[C_{15}H_{13}N_2O]^+$, Formel II (X = X' = X'' = H) auf S. 467, und Tautomeres.
Betain $C_{15}H_{12}N_2O$; 4-Hydroxy-1-methyl-2-phenyl-phthalazinium-betain.
B. Beim Behandeln von [4-Oxo-2-phenyl-1,2,3,4-tetrahydro-phthalazin-1-yl]-essigsäure mit CrO_3 in Essigsäure (*Peters et al.*, Soc. **1948** 1249, 1250). — Kristalle (aus Bzl. + Py.); F: 253°. — Beim Erwärmen mit $Na_2S_2O_4$ in wss. NaOH ist 4-Methyl-3-phenyl-3,4-di≈ hydro-2*H*-phthalazin-1-on erhalten worden, beim Erhitzen mit Zink-Amalgam und wss. HCl entsteht 3-Methyl-2-phenyl-isoindolin-1-on.
Picrat $[C_{15}H_{13}N_2O]C_6H_2N_3O_7$. Gelbe Kristalle (aus A.); F: 197°.

2-[2-Chlor-phenyl]-1-methyl-4-oxo-3,4-dihydro-phthalazinium $[C_{15}H_{12}ClN_2O]^+$, Formel II (X = Cl, X' = X'' = H), und Tautomeres.

Betain $C_{15}H_{11}ClN_2O$; 2-[2-Chlor-phenyl]-4-hydroxy-1-methyl-phthalazin= ium-betain. *B.* Beim Behandeln von [2-(2-Chlor-phenyl)-4-oxo-1,2,3,4-tetrahydro-phthalazin-1-yl]-essigsäure mit $K_2Cr_2O_7$ in wss. H_2SO_4 oder mit HNO_3 (*Brodrick et al.*, Soc. **1948** 1026, 1028). — Kristalle (aus wss. A.); F: 253—255° [Zers.].

Nitrat. Kristalle (aus Me.); F: 253—255° [Zers.].

Picrat $[C_{15}H_{12}ClN_2O]C_6H_2N_3O_7$. Gelbe Kristalle (aus A.); F: 199—200° [Zers.].

2-[3-Chlor-phenyl]-1-methyl-4-oxo-3,4-dihydro-phthalazinium $[C_{15}H_{12}ClN_2O]^+$, Formel II (X = X'' = H, X' = Cl), und Tautomeres.

Betain $C_{15}H_{11}ClN_2O$; 2-[3-Chlor-phenyl]-4-hydroxy-1-methyl-phthalazin= ium-betain. *B.* Beim Behandeln von [2-(3-Chlor-phenyl)-4-oxo-1,2,3,4-tetrahydro-phthalazin-1-yl]-essigsäure mit $K_2Cr_2O_7$ in wss. H_2SO_4 (*Peters et al.*, Soc. **1948** 597, 600).

Hydrogensulfat $[C_{15}H_{12}ClN_2O]HSO_4$. Kristalle (aus wss. A.); F: 320°. — Beim Erhitzen mit wss. HCl auf 200° entsteht 2-[3-Chlor-phenyl]-4-methyl-2H-phthalazin-1-on.

Picrat $[C_{15}H_{12}ClN_2O]C_6H_2N_3O_7$. Gelbe Kristalle; F: 219°.

2-[4-Chlor-phenyl]-1-methyl-4-oxo-3,4-dihydro-phthalazinium $[C_{15}H_{12}ClN_2O]^+$, Formel II (X = X' = H, X'' = Cl), und Tautomeres.

Betain $C_{15}H_{11}ClN_2O$; 2-[4-Chlor-phenyl]-4-hydroxy-1-methyl-phthalazin= ium-betain. *B.* Beim Behandeln von [2-(4-Chlor-phenyl)-4-oxo-1,2,3,4-tetrahydro-phthalazin-1-yl]-essigsäure mit $K_2Cr_2O_7$ in wss. H_2SO_4 (*Peters et al.*, Soc. **1948** 597, 601). — Kristalle (aus A.); F: 238° [nach Sintern bei 220°].

Picrat $[C_{15}H_{12}ClN_2O]C_6H_2N_3O_7$. Gelbe Kristalle (aus A.); F: 200°.

1-Methyl-4-oxo-2-[2,4,6-tribrom-phenyl]-3,4-dihydro-phthalazinium $[C_{15}H_{10}Br_3N_2O]^+$, Formel III (X = X' = Br), und Tautomeres.

Betain $C_{15}H_9Br_3N_2O$; 4-Hydroxy-1-methyl-2-[2,4,6-tribrom-phenyl]-phthal= azinium-betain. *B.* Beim Behandeln von [4-Oxo-2-(2,4,6-tribrom-phenyl)-1,2,3,4-tetrahydro-phthalazin-1-yl]-essigsäure mit $K_2Cr_2O_7$ in wss. H_2SO_4 oder mit HNO_3 bei 50° (*Peters et al.*, Soc. **1948** 597, 599). — Kristalle (aus E.); F: 252°. Grünliche Kristalle (aus A.) mit 0,5 Mol Äthanol; F: 150°.

Picrat $[C_{15}H_{10}Br_3N_2O]C_6H_2N_3O_7$. Gelbe Kristalle (aus A.); F: 249°.

1-Methyl-2-[2-nitro-phenyl]-4-oxo-3,4-dihydro-phthalazinium $[C_{15}H_{12}N_3O_3]^+$, Formel II (X = NO_2, X' = X'' = H), und Tautomeres.

Betain $C_{15}H_{11}N_3O_3$; 4-Hydroxy-1-methyl-2-[2-nitro-phenyl]-phthalazin= ium-betain. *B.* Beim Behandeln von [2-(2-Nitro-phenyl)-4-oxo-1,2,3,4-tetrahydro-phthalazin-1-yl]-essigsäure mit $K_2Cr_2O_7$ in wss. H_2SO_4 (*Rowe et al.*, Soc. **1935** 1796, 1807; vgl. auch *Rowe et al.*, Soc. **1937** 90, 100). — Gelbe Kristalle (aus A.); F: 226° [Zers.] (*Rowe et al.*, Soc. **1935** 1807). — Beim Erhitzen mit wss. HCl auf 160° ist 3-Meth= ylen-2-[2-nitro-anilino]-isoindolin-1-on, auf 180° ist 4-Methyl-2-[2-nitro-phenyl]-2H-phthalazin-1-on erhalten worden (*Rowe et al.*, Soc. **1937** 100, 102); Geschwindigkeits-konstante dieser Reaktion: *Rowe et al.*, Soc. **1937** 92.

Picrat $[C_{15}H_{12}N_3O_3]C_6H_2N_3O_7$. Gelbe Kristalle (aus Me.); F: 217° (*Rowe et al.*, Soc. **1935** 1807).

1-Methyl-2-[3-nitro-phenyl]-4-oxo-3,4-dihydro-phthalazinium $[C_{15}H_{12}N_3O_3]^+$, Formel II (X = X'' = H, X' = NO_2), und Tautomeres.

Betain $C_{15}H_{11}N_3O_3$; 4-Hydroxy-1-methyl-2-[3-nitro-phenyl]-phthalazin= ium-betain. *B.* Beim Behandeln von [2-(3-Nitro-phenyl)-4-oxo-1,2,3,4-tetrahydro-phthalazin-1-yl]-essigsäure mit $K_2Cr_2O_7$ in wss. H_2SO_4 (*Rowe, Peters*, Soc. **1931** 1918, 1921) oder mit CrO_3 in wss. Essigsäure (*Rowe, Twitchett*, Soc. **1936** 1704, 1709). — Hell-gelbe Kristalle (aus Me.); F: 260° [Zers.] (*Rowe, Tw.*). — Geschwindigkeitskonstante der Umlagerung in 4-Methyl-2-[3-nitro-phenyl]-2H-phthalazin-1-on beim Erhitzen mit wss. HCl auf 160°: *Rowe et al.*, Soc. **1937** 90, 92, 100.

Picrat $[C_{15}H_{12}N_3O_3]C_6H_2N_3O_7$. Gelbe Kristalle; F: 197° (*Rowe, Pe.*).

I　　　　　　　　　　II　　　　　　　　　　III

1-Methyl-2-[4-nitro-phenyl]-4-oxo-3,4-dihydro-phthalazinium $[C_{15}H_{12}N_3O_3]^+$, Formel II (X = X' = H, X'' = NO$_2$), und Tautomeres.

Betain $C_{15}H_{11}N_3O_3$; 4-Hydroxy-1-methyl-2-[4-nitro phenyl]-phthalazin=ium-betain. *B.* Beim Behandeln von [4-Oxo-2-phenyl-1,2,3,4-tetrahydro-phthalazin-1-yl]-essigsäure mit HNO$_3$ (*Peters et al.*, Soc. **1948** 1249, 1251). Aus [2-(4-Nitro-phenyl)-4-oxo-1,2,3,4-tetrahydro-phthalazin-1-yl]-essigsäure beim Behandeln mit HNO$_3$ (*Rowe, Osborn*, Soc. **1947** 829, 836) oder in wss. H$_2$SO$_4$ mit Na$_2$Cr$_2$O$_7$ (*Rowe et al.*, Soc. **1931** 1067, 1070). — Gelbe Kristalle; F: 251—252° [korr.; Zers.] (*Vaughan et al.*, Am. Soc. 73 [1951] 2298, 2300), 251° [aus E., Py. oder A.] (*Rowe et al.*, Soc. **1931** 1070). UV-Spektrum (A.; 230—375 nm): *Rowe et al.*, Soc. **1937** 90, 107. — Geschwindigkeitskonstante der Umlagerung in 4-Methyl-2-[4-nitro-phenyl]-2H-phthalazin-1-on beim Erhitzen mit wss. HCl auf 180° in Abhängigkeit von Reaktionszeit und Säurestärke: *Rowe et al.*, Soc. **1937** 92, 99.

Chlorid. Kristalle; F: 218° (*Rowe et al.*, Soc. **1931** 1070).

Bromid. Kristalle (aus Eg.); F: 270° (*Rowe et al.*, Soc. **1931** 1071).

Hydrogensulfat $[C_{15}H_{12}N_3O_3]HSO_4$. Kristalle (aus Me. oder A.); F: 246° (*Rowe et al.*, Soc. **1931** 1070).

Nitrat $[C_{15}H_{12}N_3O_3]NO_3$. Braune Kristalle (aus Me.); F: 169° (*Rowe, Os.*).

Picrat $[C_{15}H_{12}N_3O_3]C_6H_2N_3O_7$. Gelbe Kristalle; F: 208° (*Rowe et al.*, Soc. **1931** 1071).

2-[4-Chlor-2-nitro-phenyl]-1-methyl-4-oxo-3,4-dihydro-phthalazinium $[C_{15}H_{11}ClN_3O_3]^+$, Formel II (X = NO$_2$, X' = H, X'' = Cl), und Tautomeres.

Betain $C_{15}H_{10}ClN_3O_3$; 2-[4-Chlor-2-nitro-phenyl]-4-hydroxy-1-methyl-phthalazinium-betain. *B.* Beim Behandeln von [2-(4-Chlor-2-nitro-phenyl)-4-oxo-1,2,3,4-tetrahydro-phthalazin-1-yl]-essigsäure in wss. H$_2$SO$_4$ mit Na$_2$Cr$_2$O$_7$ (*Rowe et al.*, Soc. **1935** 1796, 1807, **1937** 90, 100, 101). — Grünlichgelbe Kristalle (aus A.); F: 237° (*Rowe et al.*, Soc. **1935** 1807). UV-Spektrum (A.; 230—400 nm): *Rowe et al.*, Soc. **1937** 107. — Geschwindigkeitskonstante der Umlagerung in 2-[4-Chlor-2-nitro-phenyl]-4-methyl-2H-phthalazin-1-on beim Erhitzen mit wss. HCl auf 190°: *Rowe et al.*, Soc. **1937** 92, 101.

Picrat $[C_{15}H_{11}ClN_3O_3]C_6H_2N_3O_7$. Gelbe Kristalle (aus A.); F: 233° (*Rowe et al.*, Soc. **1935** 1807).

2-[2-Chlor-5-nitro-phenyl]-1-methyl-4-oxo-3,4-dihydro-phthalazinium $[C_{15}H_{11}ClN_3O_3]^+$, Formel IV auf S. 469, und Tautomeres.

Betain $C_{15}H_{10}ClN_3O_3$; 2-[2-Chlor-5-nitro-phenyl]-4-hydroxy-1-methyl-phthalazinium-betain. *B.* Aus [2-(2-Chlor-5-nitro-phenyl)-4-oxo-1,2,3,4-tetrahydro-phthalazin-1-yl]-essigsäure beim Erwärmen in konz. H$_2$SO$_4$ mit wss. K$_2$Cr$_2$O$_7$ oder beim Behandeln mit HNO$_3$ (*Rowe et al.*, Soc. **1948** 206, 208). — Hellgelbe Kristalle (aus Me.); F: 244°.

Picrat $[C_{15}H_{11}ClN_3O_3]C_6H_2N_3O_7$. Gelbe Kristalle (aus A.); F: 234°.

2-[2-Chlor-4-nitro-phenyl]-1-methyl-4-oxo-3,4-dihydro-phthalazinium $[C_{15}H_{11}ClN_3O_3]^+$, Formel II (X = Cl, X' = H, X'' = NO$_2$), und Tautomeres.

Betain $C_{15}H_{10}ClN_3O_3$; 2-[2-Chlor-4-nitro-phenyl]-4-hydroxy-1-methyl-phthalazinium-betain. *B.* Beim Behandeln von [2-(2-Chlor-4-nitro-phenyl)-4-oxo-1,2,3,4-tetrahydro-phthalazin-1-yl]-essigsäure in wss. H$_2$SO$_4$ mit K$_2$Cr$_2$O$_7$ (*Rowe, Dunbar*, Soc. **1932** 11, 17). — Gelbliche Kristalle (aus A. oder Eg.); F: 201° (*Rowe, Du.*). — Geschwindigkeitskonstante der Umlagerung in 2-[2-Chlor-4-nitro-phenyl]-4-methyl-2H-phthalazin-1-on beim Erhitzen mit wss. HCl auf 190°: *Rowe et al.*, Soc. **1937** 90, 92, 99.

Picrat $[C_{15}H_{11}ClN_3O_3]C_6H_2N_3O_7$. Bräunlichgelbe Kristalle; F: 204—205° (*Rowe, Du.*).

2-[2,6-Dichlor-4-nitro-phenyl]-1-methyl-4-oxo-3,4-dihydro-phthalazinium
$[C_{15}H_{10}Cl_2N_3O_3]^+$, Formel III (X = Cl, X' = NO$_2$), und Tautomeres.

Betain $C_{15}H_9Cl_2N_3O_3$;   2-[2,6-Dichlor-4-nitro-phenyl]-4-hydroxy-1-methyl-phthalazinium-betain. *B.* Beim Behandeln von [2-(2,6-Dichlor-4-nitro-phenyl)-4-oxo-1,2,3,4-tetrahydro-phthalazin-1-yl]-essigsäure in wss. H_2SO_4 mit $Na_2Cr_2O_7$ (*Rowe et al.*, Soc. **1931** 1073, 1085). — Grünlichgelbe Kristalle (aus A. oder wss. Eg.); F: 240° [Zers.] (*Rowe et al.*, Soc. **1931** 1085). — Geschwindigkeitskonstante der Umlagerung in 2-[2,6-Dichlor-4-nitro-phenyl]-4-methyl-2*H*-phthalazin-1-on beim Erhitzen mit wss. HCl auf 200°: *Rowe et al.*, Soc. **1937** 90, 92, 100.

Picrat $[C_{15}H_{10}Cl_2N_3O_3]C_6H_2N_3O_7$. Gelbe Kristalle; F: 225° (*Rowe et al.*, Soc. **1931** 1085).

2-[2-Brom-4-nitro-phenyl]-1-methyl-4-oxo-3,4-dihydro-phthalazinium $[C_{15}H_{11}BrN_3O_3]^+$, Formel II (X = Br, X' = H, X'' = NO$_2$), und Tautomeres.

Betain $C_{15}H_{10}BrN_3O_3$;   2-[2-Brom-4-nitro-phenyl]-4-hydroxy-1-methyl-phthalazinium-betain. *B.* Beim Behandeln von [2-(2-Brom-4-nitro-phenyl)-4-oxo-1,2,3,4-tetrahydro-phthalazin-1-yl]-essigsäure in wss. H_2SO_4 mit $K_2Cr_2O_7$ (*Rowe et al.*, Soc. **1935** 1134, 1137). — Gelbliche Kristalle (aus E.); F: 225° (*Rowe et al.*, Soc. **1935** 1137). — Geschwindigkeitskonstante der Umlagerung in 2-[2-Brom-4-nitro-phenyl]-4-methyl-2*H*-phthalazin-1-on beim Erhitzen mit wss. HCl auf 200°: *Rowe et al.*, Soc. **1937** 90, 92, 100.

2-[2,6-Dibrom-4-nitro-phenyl]-1-methyl-4-oxo-3,4-dihydro-phthalazinium
$[C_{15}H_{10}Br_2N_3O_3]^+$, Formel III (X = Br, X' = NO$_2$), und Tautomeres.

Betain $C_{15}H_9Br_2N_3O_3$;   2-[2,6-Dibrom-4-nitro-phenyl]-4-hydroxy-1-methyl-phthalazinium-betain. *B.* Beim Behandeln von [2-(2,6-Dibrom-4-nitro-phenyl)-4-oxo-1,2,3,4-tetrahydro-phthalazin-1-yl]-essigsäure mit $Na_2Cr_2O_7$ in wss. H_2SO_4 (*Rowe et al.*, Soc. **1931** 1073, 1085). — Grünlichgelbe Kristalle (aus A.); F: 254°.

Picrat $[C_{15}H_{10}Br_2N_3O_3]C_6H_2N_3O_7$. Gelbe Kristalle; F: 215°.

4-Methyl-2-phenyl-2*H*-phthalazin-1-on $C_{15}H_{12}N_2O$, Formel V (X = X' = X'' = H) (H 155).

B. Beim Erwärmen von 2-Acetyl-benzoesäure (*Rowe, Peters*, Soc. **1931** 1918, 1925) oder von 2-Acetyl-benzonitril (*Helberger, v. Rebay*, A. **531** [1937] 279, 285) mit Phenylhydrazin in Äthanol, in wss. Methanol oder in Essigsäure. Beim Behandeln von 2-[4-Amino-phenyl]-4-methyl-2*H*-phthalazin-1-on in wss. H_3PO_2 mit $NaNO_2$ (*Vaughan et al.*, Am. Soc. **73** [1951] 2298, 2300).

Kristalle; F: 101,5—102,5° [korr.; aus wss. A.] (*Va. et al.*), 102° [aus A.] (*Rowe, Pe.*).

2-[2-Chlor-phenyl]-4-methyl-2*H*-phthalazin-1-on $C_{15}H_{11}ClN_2O$, Formel V (X = Cl, X' = X'' = H).

B. Beim Erhitzen von 2-[2-Chlor-phenyl]-4-hydroxy-1-methyl-phthalazinium-betain (S. 466) mit wss. HCl (*Brodrick et al.*, Soc. **1948** 1026, 1029). Beim Behandeln von 2-[1-(2-Chlor-phenylhydrazono)-äthyl]-benzoesäure mit konz. H_2SO_4 (*Br. et al.*).

Kristalle (aus A.); F: 147°.

2-[3-Chlor-phenyl]-4-methyl-2*H*-phthalazin-1-on $C_{15}H_{11}ClN_2O$, Formel V (X = X'' = H, X' = Cl).

B. Beim Erwärmen von [3-Chlor-phenyl]-hydrazin mit 2-Acetyl-benzoesäure in Äthanol (*Peters et al.*, Soc. **1948** 597, 600). Beim Erhitzen von 2-[3-Chlor-phenyl]-4-hydroxy-1-methyl-phthalazinium-betain (S. 466) in wss. HCl auf 200° (*Pe. et al.*).

Kristalle; F: 140°.

4-Methyl-2-[2,4,6-tribrom-phenyl]-2*H*-phthalazin-1-on $C_{15}H_9Br_3N_2O$, Formel VI (X = X' = Br).

B. Beim Erhitzen von 2-[1-(2,4,6-Tribrom-phenylhydrazono)-äthyl]-benzoesäure in Essigsäure (*Peters et al.*, Soc. **1948** 597, 600). In geringer Menge aus 4-Hydroxy-1-methyl-2-[2,4,6-tribrom-phenyl]-phthalazinium-betain (S. 466) beim Erhitzen in wss. HCl auf 190—200° (*Pe. et al.*).

Kristalle; F: 195°.

4-Methyl-2-[2-nitro-phenyl]-2H-phthalazin-1-on $C_{15}H_{11}N_3O_3$, Formel V (X = NO_2, X' = X'' = H).

B. Aus 2-[1-(2-Nitro-phenylhydrazono)-äthyl]-benzoesäure beim Erhitzen mit Nitro=
benzol, mit Acetanhydrid oder mit Acetanhydrid und Pyridin sowie beim Behandeln
mit konz. H_2SO_4 (*Rowe et al.*, Soc. **1936** 311, 314, **1937** 90, 97). Aus 3-Methylen-2-[2-nitro-
anilino]-isoindolin-1-on beim Erhitzen mit wss. HCl auf 180—200° odei bei kurzem Erhitzen mit konz. H_2SO_4 auf 180° (*Rowe et al.*, Soc. **1937** 102). Beim Erhitzen von 4-Hydr=
oxy-1-methyl-2-[2-nitro-phenyl]-phthalazinium-betain (S. 466) mit wss. HCl auf 180°
(*Rowe et al.*, Soc. **1937** 100).

Kristalle (aus A.); F: 202° (*Rowe, Peters*, Soc. **1931** 1918, 1924; *Rowe et al.*, Soc. **1937**
100). Schmelzpunkte von Gemischen mit 2-[2-Nitro-phenyl]-2H-phthalazin-1-on: *Rowe
et al.*, Soc. **1937** 106.

4-Methyl-2-[3-nitro-phenyl]-2H-phthalazin-1-on $C_{15}H_{11}N_3O_3$, Formel V (X = X'' = H, X' = NO_2).

B. Aus 2-[1-(3-Nitro-phenylhydrazono)-äthyl]-benzoesäure beim Erhitzen auf 115°,
beim Erwärmen mit Äthanol, mit Essigsäure, mit Nitrobenzol, mit Acetanhydrid oder
mit Acetanhydrid und Pyridin sowie beim Behandeln mit konz. H_2SO_4 (*Rowe et al.*, Soc.
1936 311, 314). Beim Erhitzen von 4-Hydroxy-1-methyl-2-[3-nitro-phenyl]-phthalazin=
ium-betain (S. 466) mit wss. HCl auf 160° (*Rowe et al.*, Soc. **1937** 90, 100).

Kristalle (aus A.); F: 167° (*Rowe, Peters*, Soc. **1931** 1918, 1925; *Rowe et al.*, Soc. **1937**
100).

IV   V   VI

4-Methyl-2-[4-nitro-phenyl]-2H-phthalazin-1-on $C_{15}H_{11}N_3O_3$, Formel V (X = X' = H, X'' = NO_2).

B. Aus 2-[1-(4-Nitro-phenylhydrazono)-äthyl]-benzoesäure beim Erhitzen auf ca. 190°
bis 200°, beim Erhitzen mit Essigsäure, mit Nitrobenzol oder mit Acetanhydrid, beim Behandeln mit konz. H_2SO_4 (*Rowe et al.*, Soc. **1936** 311, 314) sowie beim Erwärmen mit
wenig HCl enthaltendem Äthanol (*Vaughan et al.*, Am. Soc. **73** [1951] 2298, 2300). Beim
Behandeln von 4-Methyl-2-phenyl-2H-phthalazin-1-on mit rauchender HNO_3 (*Rowe,
Peters*, Soc. **1931** 1918, 1925). Beim Erhitzen von 4-Hydroxy-1-methyl-2-[4-nitro-
phenyl]-phthalazinium-betain (S. 467) mit wss. HCl oder wss. H_2SO_4 auf 180° (*Rowe
et al.*, Soc. **1937** 90, 99; *Va. et al.*).

Kristalle; F: 215,5—216,5° [korr.; aus wss. Eg.] (*Va. et al.*), 214° [aus A. bzw. aus Eg.]
(*Rowe, Pe.*, l. c. S. 1924; *Rowe et al.*, Soc. **1937** 99). UV-Spektrum (A.; 250—380 nm):
Rowe et al., Soc. **1937** 107. Schmelzpunkte von Gemischen mit 2-[4-Nitro-phenyl]-2H-
phthalazin-1-on und mit 2-[2,6-Dichlor-4-nitro-phenyl]-2H-phthalazin-1-on: *Rowe et al.*,
Soc. **1937** 101, 105.

2-[4-Chlor-2-nitro-phenyl]-4-methyl-2H-phthalazin-1-on $C_{15}H_{10}ClN_3O_3$, Formel V
(X = NO_2, X' = H, X'' = Cl).

B. Aus 2-[1-(4-Chlor-2-nitro-phenylhydrazono)-äthyl]-benzoesäure beim Erhitzen auf
ca. 165°, beim Erhitzen in Nitrobenzol oder in Acetanhydrid sowie beim Behandeln mit
konz. H_2SO_4 (*Rowe et al.*, Soc. **1937** 90, 98). Bei kurzem Erhitzen von 2-[4-Chlor-2-nitro-
anilino]-3-methylen-isoindolin-1-on mit konz. H_2SO_4 auf 180° (*Rowe et al.*, l. c. S. 103).
Beim Erhitzen von 2-[4-Chlor-2-nitro-phenyl]-4-hydroxy-1-methyl-phthalazinium-betain
(S. 467) mit wss. HCl auf 190° (*Rowe et al.*, l. c. S. 101).

Kristalle (aus Eg.); F: 261°. UV-Spektrum (A.; 250—400 nm): *Rowe et al.*, l. c. S. 107.

2-[2-Chlor-5-nitro-phenyl]-4-methyl-2H-phthalazin-1-on $C_{15}H_{10}ClN_3O_3$, Formel VII.

B. Beim Erhitzen von 2-[1-(2-Chlor-5-nitro-phenylhydrazono)-äthyl]-benzoesäure in Essigsäure (*Rowe et al.*, Soc. **1948** 206, 209). Beim Erhitzen von 2-[2-Chlor-5-nitro-phenyl]-4 hydroxy-1-methyl-phthalazinium-betain (S. 467) mit wss. HCl auf 200° (*Rowe et al.*). Kristalle (aus wss. Eg.); F: 163°.

2-[2-Chlor-4-nitro-phenyl]-4-methyl-2H-phthalazin-1-on $C_{15}H_{10}ClN_3O_3$, Formel V (X = Cl, X′ = H, X″ = NO_2).

B. Aus 2-[1-(2-Chlor-4-nitro-phenylhydrazono)-äthyl]-benzoesäure beim Erhitzen mit Essigsäure, mit Nitrobenzol oder mit Acetanhydrid sowie beim Behandeln mit konz. H_2SO_4 (*Rowe et al.*, Soc. **1936** 311, 314). Beim Erhitzen von 2-[2-Chlor-4-nitro-phenyl]-4-hydr= oxy-1-methyl-phthalazinium-betain (S. 467) mit wss. HCl auf 190° (*Rowe et al.*, Soc. **1937** 90, 99, 100). Aus 2-[2-Chlor-4-nitro-anilino]-3-methylen-isoindolin-1-on bei kurzem Er= hitzen mit konz. H_2SO_4 auf 200° (*Rowe et al.*, Soc. **1937** 104).
Kristalle (aus A.); F: 206°.

2-[2,6-Dichlor-4-nitro-phenyl]-4-methyl-2H-phthalazin-1-on $C_{15}H_9Cl_2N_3O_3$, Formel VI (X = Cl, X′ = NO_2).

B. Aus 2-[1-(2,6-Dichlor-4-nitro-phenylhydrazono)-äthyl]-benzoesäure beim Erhitzen mit Essigsäure, mit Nitrobenzol oder mit Acetanhydrid sowie beim Behandeln mit konz. H_2SO_4 (*Rowe et al.*, Soc. **1936** 311, 314, 315). Aus 2-[2,6-Dichlor-4-nitro-phenyl]-4-hydr= oxy-1-methyl-phthalazinium-betain (S. 468) beim Erhitzen mit wss. HCl auf 200° (*Rowe et al.*, Soc. **1937** 90, 100). Aus 2-[2,6-Dichlor-4-nitro-anilino]-3-methylen-isoindolin-1-on bei kurzem Erhitzen mit konz. H_2SO_4 auf 200° (*Rowe et al.*, Soc. **1937** 104).
Kristalle (aus A.); F: 235°.

2-[2-Brom-4-nitro-phenyl]-4-methyl-2H-phthalazin-1-on $C_{15}H_{10}BrN_3O_3$, Formel V (X = Br, X′ = H, X″ = NO_2).

B. Aus 2-[1-(2-Brom-4-nitro-phenylhydrazono)-äthyl]-benzoesäure beim Erhitzen mit Essigsäure, mit Nitrobenzol oder mit Acetanhydrid sowie beim Behandeln mit konz. H_2SO_4 (*Rowe et al.*, Soc. **1935** 1134, 1137, **1936** 311, 315). Beim Erhitzen von 2-[2-Brom-4-nitro-phenyl]-4-hydroxy-1-methyl-phthalazinium-betain (S. 468) mit wss. HCl auf 200° (*Rowe et al.*, Soc. **1937** 90, 100). Aus 2-[2-Brom-4-nitro-anilino]-3-methylen-isoindolin-1-on bei kurzem Erhitzen mit konz. H_2SO_4 auf 200° (*Rowe et al.*, Soc. **1937** 104).
Kristalle (aus A.); F: 200—202° [nach Erweichen] (*Rowe et al.*, Soc. **1935** 1137), 200° bis 202° (*Rowe et al.*, Soc. **1937** 100, 104).

2-[2,6-Dibrom-4-nitro-phenyl]-4-methyl-2H-phthalazin-1-on $C_{15}H_9Br_2N_3O_3$, Formel VI (X = Br, X′ = NO_2).

B. Aus 2-[1-(2,6-Dibrom-4-nitro-phenylhydrazono)-äthyl]-benzoesäure beim Erhitzen mit Essigsäure, mit Nitrobenzol oder mit Acetanhydrid sowie beim Behandeln mit konz. H_2SO_4 (*Rowe et al.*, Soc. **1936** 311, 315). Aus 2-[2,6-Dibrom-4-nitro-phenyl]-4-hydroxy-1-methyl-phthalazinium-betain (S. 468) beim Erhitzen mit wss. HCl auf 165° und kurzen Erhitzen des Reaktionsgemisches mit konz. H_2SO_4 (*Rowe et al.*, Soc. **1937** 90, 104).
Kristalle [aus Eg.] (*Rowe et al.*, Soc. **1936** 315); F: 237° (*Rowe et al.*, Soc. **1936** 315, **1937** 104).

2-[2,4-Dinitro-phenyl]-4-methyl-2H-phthalazin-1-on $C_{15}H_{10}N_4O_5$, Formel V (X = X″ = NO_2, X′ = H).

B. Beim Erhitzen von 2-[1-(2,4-Dinitro-phenylhydrazono)-äthyl]-benzoesäure mit konz. H_2SO_4 auf 180° (*Rowe, Osborn*, Soc. **1947** 829, 836). Beim Erhitzen von [2-(2,4-Di= nitro-phenyl)-4-oxo-1,2,3,4-tetrahydro-phthalazin-1-yl]-essigsäure mit konz. wss. HCl auf 180° (*Rowe, Os.*). Beim Erhitzen von 3-[2,4-Dinitro-phenyl]-4-hydroxy-4-methyl-3,4-dihydro-2H-phthalazin-1-on oder von 3-[2,4-Dinitro-anilino]-3-methylen-isoindolin-1-on mit konz. H_2SO_4 auf 180° (*Rowe, Os.*).
Kristalle (aus Bzl.); F: 248°.

1-Methyl-2-[2-methyl-4-nitro-phenyl]-4-oxo-3,4-dihydro-phthalazinium $[C_{16}H_{14}N_3O_3]^+$, Formel VIII (R = CH_3, X = NO_2, X′ = H), und Tautomeres.
Betain $C_{16}H_{13}N_3O_3$;   4-Hydroxy-1-methyl-2-[2-methyl-4-nitro-phenyl]-

phthalazinium-betain. *B.* Beim Behandeln von [2-(2-Methyl-4-nitro-phenyl)-4-oxo-1,2,3,4-tetrahydro-phthalazin-1-yl]-essigsäure in wss. H_2SO_4 mit $Na_2Cr_2O_7$ (*Rowe, Siddle,* Soc. **1932** 473, 480). — Hellgelbe Kristalle (aus E.); F: 209—210° (*Rowe, Si.*). — Geschwindigkeitskonstante der Umlagerung zu 4-Methyl-2-[2-methyl-4-nitro-phenyl]-2*H*-phthalazin-1-on beim Erhitzen mit wss. HCl auf 160°: *Rowe et al.,* Soc. **1937** 90, 92, 99.

Picrat $[C_{16}H_{14}N_3O_3]C_6H_2N_3O_7$. Hellgelbe Kristalle; F: 229—230° (*Rowe, Si.*).

4-Methyl-2-[2-methyl-4-nitro-phenyl]-2*H*-phthalazin-1-on $C_{16}H_{13}N_3O_3$, Formel IX (R = CH_3, X = NO_2, X' = H).

B. Aus 2-[1-(2-Methyl-4-nitro-phenylhydrazono)-äthyl]-benzoesäure beim Erhitzen mit Nitrobenzol, mit Essigsäure oder mit Acetanhydrid sowie beim Behandeln mit konz. H_2SO_4 (*Rowe et al.,* Soc. **1936** 311, 314). Beim Erhitzen von 4-Hydroxy-1-methyl-2-[2-methyl-4-nitro-phenyl]-phthalazinium-betain (S. 470) mit wss. HCl auf 160° (*Rowe et al.,* Soc. **1937** 90, 99).

Kristalle (aus Eg. bzw. aus A.); F: 178° (*Rowe et al.,* Soc. **1936** 314, **1937** 99).

VII   VIII   IX

1-Methyl-2-[4-methyl-2-nitro-phenyl]-4-oxo-3,4-dihydro-phthalazinium $[C_{16}H_{14}N_3O_3]^+$, Formel VIII (R = NO_2, X = CH_3, X' = H), und Tautomeres.

Betain $C_{16}H_{13}N_3O_3$; 4-Hydroxy-1-methyl-2-[4-methyl-2-nitro-phenyl]-phthalazinium-betain. *B.* Beim Behandeln von [2-(4-Methyl-2-nitro-phenyl)-4-oxo-1,2,3,4-tetrahydro-phthalazin-1-yl]-essigsäure in wss. H_2SO_4 mit $K_2Cr_2O_7$ (*Rowe et al.,* Soc. **1936** 1098, 1108). — Hellgelbe Kristalle (aus Me.); F: 236° (*Rowe et al.,* Soc. **1936** 1108). — Abhängigkeit der Bildung von 3-Methylen-2-[4-methyl-2-nitro-anilino]-isoindolin-1-on beim Erhitzen mit wss. HCl von der Säurestärke bei 160° und von der Reaktionszeit bei Siedetemperatur: *Rowe et al.,* Soc. **1937** 90, 102. Geschwindigkeitskonstante der Umlagerung zu 4-Methyl-2-[4-methyl-2-nitro-phenyl]-2*H*-phthalazin-1-on beim Erhitzen mit wss. HCl auf 185°: *Rowe et al.,* Soc. **1937** 92.

4-Methyl-2-[4-methyl-2-nitro-phenyl]-2*H*-phthalazin-1-on $C_{16}H_{13}N_3O_3$, Formel IX (R = NO_2, X = CH_3, X' = H).

B. Aus 2-[1-(4-Methyl-2-nitro-phenylhydrazono)-äthyl]-benzoesäure beim Erhitzen auf ca. 240°, beim Erhitzen mit Essigsäure, Nitrobenzol oder Acetanhydrid sowie beim Behandeln mit konz. H_2SO_4 (*Rowe et al.,* Soc. **1937** 90, 98). Aus 3-Methylen-2-[4-methyl-2-nitro-anilino]-isoindolin-1-on bei kurzem Erhitzen mit konz. H_2SO_4 auf 180° (*Rowe et al.,* l. c. S. 103). Beim Erhitzen von 4-Hydroxy-1-methyl-2-[4-methyl-2-nitro-phenyl]-phthalazinium-betain (s. o.) mit wss. HCl auf 185° (*Rowe et al.,* l. c. S. 100).

Kristalle (aus A. oder Eg.); F: 258°.

2-[2-Methoxy-4-nitro-phenyl]-1-methyl-4-oxo-3,4-dihydro-phthalazinium $[C_{16}H_{14}N_3O_4]^+$, Formel VIII (R = O-CH_3, X = NO_2, X' = H), und Tautomeres.

Betain $C_{16}H_{13}N_3O_4$; 4-Hydroxy-2-[2-methoxy-4-nitro-phenyl]-1-methyl-phthalazinium-betain. *B.* Beim Behandeln von [2-(2-Methoxy-4-nitro-phenyl)-4-oxo-1,2,3,4-tetrahydro-phthalazin-1-yl]-essigsäure in wss. H_2SO_4 mit $K_2Cr_2O_7$ (*Rowe, Cross,* Soc. **1947** 461, 466). — Hellgelbe Kristalle (aus Bzl. + Py.); F: 223—224° [Zers.]. — Picrat $[C_{16}H_{14}N_3O_4]C_6H_2N_3O_7$. Gelbe Kristalle (aus A.); F: 216—217° [Zers.].

2-[2-Methoxy-4-nitro-phenyl]-4-methyl-2*H*-phthalazin-1-on $C_{16}H_{13}N_3O_4$, Formel IX (R = O-CH_3, X = NO_2, X' = H).

B. Aus 2-[1-(2-Methoxy-4-nitro-phenylhydrazono)-äthyl]-benzoesäure beim Be-

handeln mit konz. H_2SO_4 (*Rowe, Cross,* Soc. **1947** 461, 467). Beim Erhitzen von 4-Hydr=
oxy-2-[2-methoxy-4-nitro-phenyl]-1-methyl-phthalazinium-betain (S. 471) mit wss. HCl
auf 180° (*Rowe, Cr.*).
Kristalle (aus A); F: 237—238°.

2-[2,5-Dimethoxy-4-nitro-phenyl]-1-methyl-4-oxo-3,4-dihydro-phthalazinium
$[C_{17}H_{16}N_3O_5]^+$, Formel VIII (R = X′ = O-CH$_3$, X = NO$_2$), und Tautomeres.
Betain $C_{17}H_{15}N_3O_5$; 2-[2,5-Dimethoxy-4-nitro-phenyl]-4-hydroxy-1-methyl-
phthalazinium-betain. *B.* Aus [2-(2,5-Dimethoxy-4-nitro-phenyl)-4-oxo-1,2,3,4-
tetrahydro-phthalazin-1-yl]-essigsäure beim Behandeln mit $K_2Cr_2O_7$ in wss. H_2SO_4,
beim Erwärmen mit HNO_3 sowie beim Erhitzen mit konz. H_2SO_4 und Essigsäure (*Rowe
et al.,* Soc. **1948** 281, 283). — Hellgelbe Kristalle (aus A.); F: 254°.
Picrat $[C_{17}H_{16}N_3O_5]C_6H_2N_3O_7$. Gelbe Kristalle (aus A.); F: 229°.

2-[2,5-Dimethoxy-4-nitro-phenyl]-4-methyl-2*H*-phthalazin-1-on $C_{17}H_{15}N_3O_5$, Formel IX
(R = X′ = O-CH$_3$, X = NO$_2$).
B. Beim Erhitzen von 2-[2,5-Dimethoxy-4-nitro-phenyl]-4-hydroxy-1-methyl-
phthalazinium-betain (s. o.) mit wss. HCl auf 180° (*Rowe et al.,* Soc. **1948** 281, 283).
Hellgelbe Kristalle (aus Eg.); F: 222°.

2-Acetyl-4-methyl-2*H*-phthalazin-1-on $C_{11}H_{10}N_2O_2$, Formel X (R = CH$_3$).
Diese Konstitution kommt der von *Rowe, Peters* (Soc. **1933** 1331, 1334) als 1-Acetoxy-
4-methyl-phthalazin formulierten Verbindung zu (*Parsons, Rodda,* Austral. J. Chem.
17 [1964] 491).
B. Beim Erhitzen von 4-Methyl-2*H*-phthalazin-1-on mit Acetanhydrid (*Rowe, Pe.*).
Kristalle (aus Bzl.); F: 130—132° (*Rowe, Pe.*).

4-Methyl-1-oxo-1*H*-phthalazin-2-carbonsäure-amid $C_{10}H_9N_3O_2$, Formel X (R = NH$_2$).
B. Aus 2-Acetyl-benzoesäure und Semicarbazid-hydrochlorid in Pyridin (*Elsner
et al.,* Soc. **1957** 578, 581).
F: 224°.

2-[2-Amino-phenyl]-1-methyl-4-oxo-3,4-dihydro-phthalazinium $[C_{15}H_{14}N_3O]^+$,
Formel XI (X = H), und Tautomeres.
Betain $C_{15}H_{13}N_3O$; 2-[2-Amino-phenyl]-4-hydroxy-1-methyl-phthalazin=
ium-betain. *B.* Beim Erhitzen von 4-Hydroxy-1-methyl-2-[2-nitro-phenyl]-phthal=
azinium-betain (S. 466) oder von 7,13-Dioxo-7,12,13,14-tetrahydro-6*H*-benzo[2,3][1,4]=
diazepino[7,1-a]phthalazinium-betain mit wss. Na_2S (*Rowe et al.,* Soc. **1935** 1796, 1808). —
Hellgelbe Kristalle (aus Py.); F: 218°. — Acetyl-Derivat $C_{17}H_{15}N_3O_2$; 2-[2-Acetyl=
amino-phenyl]-4-hydroxy-1-methyl-phthalazinium-betain. Hellrote Kristalle (aus A.); F: 274°.

X   XI   XII

2-[2-Amino-4-chlor-phenyl]-1-methyl-4-oxo-3,4-dihydro-phthalazinium
$[C_{15}H_{13}ClN_3O]^+$, Formel XI (X = Cl), und Tautomeres.
Betain $C_{15}H_{12}ClN_3O$; 2-[2-Amino-4-chlor-phenyl]-4-hydroxy-1-methyl-
phthalazinium-betain. *B.* Analog der vorangehenden Verbindung (*Rowe et al.,*
Soc. **1935** 1796, 1808). — Hellgelbe Kristalle (aus A.); F: 257°. — Acetyl-Derivat
$C_{17}H_{14}ClN_3O_2$; 2-[2-Acetylamino-4-chlor-phenyl]-4-hydroxy-1-methyl-
phthalazinium-betain. Kristalle (aus wss. A.); F: 296°.

2-[2-Amino-phenyl]-4-methyl-2H-phthalazin-1-on $C_{15}H_{13}N_3O$, Formel XII (X = H).

B. Aus 2-[1-(2-Nitro-phenylhydrazono)-äthyl]-benzoesäure oder aus 3-Methylen-2-[2-nitro-anilino]-isoindolin-1-on beim Erwärmen mit Na_2S in H_2O bzw. wss. Äthanol (*Rowe et al.*, Soc. **1937** 90, 97, 101, 102).

Kristalle (aus A.); F: 241° (*Rowe et al.*, Soc. **1937** 97, 102).

Acetyl-Derivat $C_{17}H_{15}N_3O_2$; 2-[2-Acetylamino-phenyl]-4-methyl 2H-phthalazin-1-on. Kristalle (aus A.); F: 241° (*Rowe et al.*, Soc. **1936** 311, 314).

2-[2-Amino-4-chlor-phenyl]-4-methyl-2H-phthalazin-1-on $C_{15}H_{12}ClN_3O$, Formel XII (X = Cl).

B. Aus 2-[1-(4-Chlor-2-nitro-phenylhydrazono)-äthyl]-benzoesäure oder aus 2-[4-Chlor-2-nitro-anilino]-3-methylen-isoindolin-1-on beim Erwärmen mit Na_2S in H_2O bzw. wss. Äthanol (*Rowe et al.*, Soc. **1937** 90, 98, 101, 103).

Kristalle (aus A.); F: 222—223°.

Acetyl-Derivat $C_{17}H_{14}ClN_3O_2$; 2-[2-Acetylamino-4-chlor-phenyl]-4-methyl-2H-phthalazin-1-on. Kristalle (aus A.); F: 304°.

2-[3-Amino-phenyl]-1-methyl-4-oxo-3,4-dihydro-phthalazinium $[C_{15}H_{14}N_3O]^+$, Formel I, und Tautomeres.

Betain $C_{15}H_{13}N_3O$; 2-[3-Amino-phenyl]-4-hydroxy-1-methyl-phthalazinium-betain. *B.* Aus [2-(3-Amino-phenyl)-4-oxo-1,2,3,4-tetrahydro-phthalazin-1-yl]-essigsäure beim Behandeln mit $Na_2Cr_2O_7$ in wss. H_2SO_4 (*Rowe*, *Peters*, Soc. **1931** 1918, 1921, 1922; s. a. *Rowe*, *Peters*, Soc. **1933** 1067, 1068). Beim Erwärmen von 4-Hydroxy-1-methyl-2-[3-nitro-phenyl]-phthalazinium-betain (S. 466) mit wss. Na_2S (*Rowe*, *Pe.*, Soc. **1931** 1922). — Bräunlichgelbe Kristalle (aus A.); F: 271° (*Rowe*, *Pe.*, Soc. **1931** 1922). — Acetyl-Derivat $C_{17}H_{15}N_3O_2$; 2-[3-Acetylamino-phenyl]-4-hydroxy-1-methyl-phthalazinium-betain. Kristalle (aus A.); F: 274° (*Rowe*, *Pe.*, Soc. **1931** 1922).

2-[3-Amino-phenyl]-4-methyl-2H-phthalazin-1-on $C_{15}H_{13}N_3O$, Formel II (X = H).

B. Aus 4-Methyl-2-[3-nitro-phenyl]-2H-phthalazin-1-on beim Erwärmen mit Na_2S in wss. Äthanol (*Rowe et al.*, Soc. **1936** 311, 314).

Kristalle (aus A.); F: 173°.

Acetyl-Derivat $C_{17}H_{15}N_3O_2$; 2-[3-Acetylamino-phenyl]-4-methyl-2H-phthalazin-1-on. Kristalle (aus A.); F: 220°.

2-[5-Amino-2-chlor-phenyl]-4-methyl-2H-phthalazin-1-on $C_{15}H_{12}ClN_3O$, Formel II (X = Cl).

B. Beim Erwärmen von 2-[2-Chlor-5-nitro-phenyl]-4-methyl-2H-phthalazin-1-on mit wss.-äthanol. Na_2S (*Rowe et al.*, Soc. **1948** 206, 209).

Kristalle (aus wss. A.); F: 145°.

Acetyl-Derivat $C_{17}H_{14}ClN_3O_2$; 2-[5-Acetylamino-2-chlor-phenyl]-4-methyl-2H-phthalazin-1-on. Kristalle (aus wss. A.); F: 238°.

     I   II   III

2-[4-Amino-phenyl]-1-methyl-4-oxo-3,4-dihydro-phthalazinium $[C_{15}H_{14}N_3O]^+$, Formel III (X = X' = H), und Tautomeres.

Betain $C_{15}H_{13}N_3O$; 2-[4-Amino-phenyl]-4-hydroxy-1-methyl-phthalazinium-betain. *B.* Beim Behandeln von [2-(4-Amino-phenyl)-4-oxo-1,2,3,4-tetrahydro-phthalazin-1-yl]-essigsäure (zur Konstitution vgl. *Rowe*, *Peters*, Soc. **1933** 1067, 1068) mit $Na_2Cr_2O_7$ in wss. H_2SO_4 oder mit wss. $KMnO_4$ (*Rowe et al.*, Soc. **1931** 1067, 1071, 1072). Beim Erwärmen von 4-Hydroxy-1-methyl-2-[4-nitro-phenyl]-phthalazinium-betain (S. 467) mit wss. Na_2S (*Rowe et al.*; *Vaughan et al.*, Am. Soc. **73** [1951] 2298, 2300). — Gelbe Kristalle [aus E., A. oder Py.] (*Rowe et al.*); F: 277° (*Rowe et al.*), 277° [korr.; Zers.] (*Va. et al.*). — Acetyl-Derivat $C_{17}H_{15}N_3O_2$, 2-[4 Acetylamino-phenyl]-4-hydroxy-1-methyl-phthalazinium-betain. Kristalle (aus A.); F: 316° bis 317° (*Rowe et al.*).

2-[4-Amino-2-chlor-phenyl]-1-methyl-4-oxo-3,4-dihydro-phthalazinium

$[C_{15}H_{13}ClN_3O]^+$, Formel III (X = Cl, X' = H), und Tautomeres.
Betain $C_{15}H_{12}ClN_3O$; 2-[4-Amino-2-chlor-phenyl]-4-hydroxy-1-methyl-phthalazinium-betain. *B.* Aus [2-(4-Amino-2-chlor-phenyl)-4-oxo-1,2,3,4-tetrahydro-phthalazin-1-yl]-essigsäure (zur Konstitution vgl. *Rowe*, *Peters*, Soc. **1933** 1067, 1068) beim Behandeln mit $K_2Cr_2O_7$ in wss. H_2SO_4 oder bei mehrtägigem Erwärmen mit wss. NaOH (*Rowe*, *Dunbar*, Soc. **1932** 11, 18). Bei kurzem Erwärmen von 2-[2-Chlor-4-nitro-phenyl]-4-hydroxy-1-methyl-phthalazinium-betain (S. 467) mit wss. Na_2S (*Rowe*, *Du.*). — Hellgelbe Kristalle (aus A.); F: 285° (*Rowe*, *Du.*). — Acetyl-Derivat $C_{17}H_{14}ClN_3O_2$; 2-[4-Acetylamino-2-chlor-phenyl]-4-hydroxy-1-methyl-phthalazinium-betain. Kristalle (aus wss. Eg.); F: 308° [Zers.] (*Rowe*, *Du.*).

2-[4-Amino-2,6-dichlor-phenyl]-1-methyl-4-oxo-3,4-dihydro-phthalazinium

$[C_{15}H_{12}Cl_2N_3O]^+$, Formel III (X = X' = Cl), und Tautomeres.
Betain $C_{15}H_{11}Cl_2N_3O$; 2-[4-Amino-2,6-dichlor-phenyl]-4-hydroxy-1-meth-yl-phthalazinium-betain. *B.* Aus [2-(4-Amino-2,6-dichlor-phenyl)-4-oxo-1,2,3,4-tetrahydro-phthalazin-1-yl]-essigsäure (zur Konstitution vgl. *Rowe*, *Peters*, Soc. **1933** 1067, 1068) beim Behandeln mit $Na_2Cr_2O_7$ in wss. H_2SO_4 oder beim Erwärmen mit wss. NaOH (*Rowe et al.*, Soc. **1931** 1073, 1086, 1087). Beim Erwärmen von 2-[2,6-Dichlor-4-nitro-phenyl]-4-hydroxy-1-methyl-phthalazinium-betain (S. 468) mit wss. Na_2S (*Rowe et al.*). — Hellgelbe Kristalle (aus A.); F: 325° (*Rowe et al.*). — Acetyl-Derivat $C_{17}H_{13}Cl_2N_3O_2$; 2-[4-Acetylamino-2,6-dichlor-phenyl]-4-hydroxy-1-methyl-phthalazinium-betain. Kristalle (aus A.); F: 311° (*Rowe et al.*).

2-[4-Amino-2-brom-phenyl]-1-methyl-4-oxo-3,4-dihydro-phthalazinium

$[C_{15}H_{13}BrN_3O]^+$, Formel III (X = Br, X' = H), und Tautomeres.
Betain $C_{15}H_{12}BrN_3O$; 2-[4-Amino-2-brom-phenyl]-4-hydroxy-1-methyl-phthalazinium-betain. *B.* Aus [2-(4-Amino-2-brom-phenyl)-4-oxo-1,2,3,4-tetrahydro-phthalazin-1-yl]-essigsäure beim Behandeln mit $K_2Cr_2O_7$ in wss. H_2SO_4 (*Rowe et al.*, Soc. **1935** 1134, 1137). Beim Erhitzen von 2-[2-Brom-4-nitro-phenyl]-4-hydroxy-1-meth-yl-phthalazinium-betain (S. 468) mit wss.-äthanol. Na_2S (*Rowe et al.*). — Gelbe Kristalle (aus A.) mit 1 Mol Äthanol; F: 279—280°.

2-[4-Amino-2,6-dibrom-phenyl]-1-methyl-4-oxo-3,4-dihydro-phthalazinium

$[C_{15}H_{12}Br_2N_3O]^+$, Formel III (X = X' = Br), und Tautomeres.
Betain $C_{15}H_{11}Br_2N_3O$; 2-[4-Amino-2,6-dibrom-phenyl]-4-hydroxy-1-meth-yl-phthalazinium-betain. *B.* Aus [2-(4-Amino-2,6-dibrom-phenyl)-4-oxo-1,2,3,4-tetrahydro-phthalazin-1-yl]-essigsäure (zur Konstitution vgl. *Rowe*, *Peters*, Soc. **1933** 1067, 1068) beim Behandeln mit $Na_2Cr_2O_7$ in wss. H_2SO_4, beim Erwärmen mit $KMnO_4$ in wss. Na_2CO_3 sowie beim Erhitzen mit wss. NaOH und wss. Na_2CO_3 (*Rowe et al.*, Soc. **1931** 1073, 1086, 1087). Beim Erwärmen von 2-[2,6-Dibrom-4-nitro-phenyl]-4-hydr-oxy-1-methyl-phthalazinium-betain (S. 468) mit wss. Na_2S (*Rowe et al.*). — Hellgelbe Kristalle (aus A.); F: 315° (*Rowe et al.*). — Acetyl-Derivat $C_{17}H_{13}Br_2N_3O_2$; 2-[4-Acetylamino-2,6-dibrom-phenyl]-4-hydroxy-1-methyl-phthalazinium-betain. Kristalle (aus A.); F: 315° (*Rowe et al.*).

2-[4-Amino-phenyl]-4-methyl-2*H*-phthalazin-1-on $C_{15}H_{13}N_3O$, Formel IV

(X = X' = H).
B. Aus 2-[1-(4-Nitro-phenylhydrazono)-äthyl]-benzoesäure beim Erwärmen mit Na_2S in H_2O (*Rowe et al.*, Soc. **1936** 311, 314). Beim Behandeln von 4-Methyl-2-[4-nitro-phenyl]-2*H*-phthalazin-1-on mit $SnCl_2$ und konz. wss. HCl (*Vaughan et al.*, Am. Soc.

73 [1951] 2298, 2300).

Kristalle; F: 211−212° [korr.] (*Va. et al.*), 206−207° [aus A.] (*Rowe et al.*).

Acetyl-Derivat $C_{17}H_{15}N_3O_2$;   2-[4-Acetylamino-phenyl]-4-methyl-2*H*-phthalazin-1-on. Kristalle; F: 257,5−259° [korr.] (*Va. et al.*), 252° [aus A.] (*Rowe et al.*).

2-[4-Amino-2-chlor-phenyl]-4-methyl-2*H*-phthalazin-1-on $C_{15}H_{12}ClN_3O$, Formel IV (X = Cl, X' = H).

B. Aus 2-[2-Chlor-4-nitro-phenyl]-4-methyl-2*H*-phthalazin-1-on (*Rowe et al.*, Soc. **1936** 311, 314) oder aus 2-[2-Chlor-4-nitro-anilino]-3-methylen-isoindolin-1-on (*Rowe et al.*, Soc. **1937** 90, 104) beim Erwärmen mit wss.-äthanol. Na_2S.

Kristalle (aus A.); F: 197° (*Rowe et al.*, Soc. **1936** 314, **1937** 104).

Acetyl-Derivat $C_{17}H_{14}ClN_3O_2$; 2-[4-Acetylamino-2-chlor-phenyl]-4-methyl-2*H*-phthalazin-1-on. Kristalle (aus A.); F: 247° (*Rowe et al.*, Soc. **1936** 314).

2-[4-Amino-2,6-dichlor-phenyl]-4-methyl-2*H*-phthalazin-1-on $C_{15}H_{11}Cl_2N_3O$, Formel IV (X = X' = Cl).

B. Aus 2-[2,6-Dichlor-4-nitro-phenyl]-4-methyl-2*H*-phthalazin-1-on beim Erwärmen mit äthanol. Na_2S (*Rowe et al.*, Soc. **1936** 311, 315).

Kristalle (aus A.); F: 279°.

Acetyl-Derivat $C_{17}H_{13}Cl_2N_3O_2$; 2-[4-Acetylamino-2,6-dichlor-phenyl]-4-methyl-2*H*-phthalazin-1-on. Kristalle (aus Eg.); F: 320°.

2-[4-Amino-2-brom-phenyl]-4-methyl-2*H*-phthalazin-1-on $C_{15}H_{12}BrN_3O$, Formel IV (X = Br, X' = H).

B. Aus 2-[2-Brom-4-nitro-phenyl]-4-methyl-2*H*-phthalazin-1-on (*Rowe et al.*, Soc. **1936** 311, 315) oder aus 2-[2-Brom-4-nitro-anilino]-3-methylen-isoindolin-1-on (*Rowe et al.*, Soc. **1937** 90, 104) beim Erwärmen mit wss.-äthanol. Na_2S.

Kristalle (aus A.); F: 130° [Zers.; nach Erweichen bei 123°] (*Rowe et al.*, Soc. **1936** 315), 130° [Zers.] (*Rowe et al.*, Soc. **1937** 104).

Acetyl-Derivat $C_{17}H_{14}BrN_3O_2$; 2-[4-Acetylamino-2-brom-phenyl]-4-methyl-2*H*-phthalazin-1-on. Kristalle (aus Acetanhydrid); F: 255° (*Rowe et al.*, Soc. **1936** 315).

2-[4-Amino-2,6-dibrom-phenyl]-4-methyl-2*H*-phthalazin-1-on $C_{15}H_{11}Br_2N_3O$, Formel IV (X = X' = Br).

B. Aus 2-[2,6-Dibrom-4-nitro-phenyl]-4-methyl-2*H*-phthalazin-1-on beim Erwärmen mit wss.-äthanol. Na_2S (*Rowe et al.*, Soc. **1936** 311, 315).

Kristalle (aus A.); F: 274°.

Acetyl-Derivat $C_{17}H_{13}Br_2N_3O_2$; 2-[4-Acetylamino-2,6-dibrom-phenyl]-4-methyl-2*H*-phthalazin-1-on. Kristalle (aus A.); F: 315°.

IV   V   VI

2-[4-Amino-2-methyl-phenyl]-1-methyl-4-oxo-3,4-dihydro-phthalazinium $[C_{16}H_{16}N_3O]^+$, Formel III (X = CH$_3$, X' = H) auf S. 473, und Tautomeres.

Betain $C_{16}H_{15}N_3O$; 2-[4-Amino-2-methyl-phenyl]-4-hydroxy-1-methyl-phthalazinium-betain. *B.* Aus [2-(4-Amino-2-methyl-phenyl)-4-oxo-1,2,3,4-tetra-hydro-phthalazin-1-yl]-essigsäure (zur Konstitution vgl. *Rowe, Peters*, Soc. **1933** 1067, 1068) beim Behandeln mit $Na_2Cr_2O_7$ in wss. H_2SO_4 oder beim Erwärmen mit äthanol. KOH (*Rowe, Siddle*, Soc. **1932** 473, 481). Beim Erwärmen von 4-Hydroxy-1-methyl-

2-[2-methyl-4-nitro-phenyl]-phthalazinium-betain (S. 470) mit wss. Na_2S (*Rowe, Si.*). —
Hellgelbe Kristalle (aus A.); F: 287—288° (*Rowe, Si.*). — Acetyl-Derivat $C_{18}H_{17}N_3O_2$;
2-[4-Acetylamino-2-methyl-phenyl]-4-hydroxy-1-methyl-phthalazinium-
betain. Kristalle (aus A.); F: 304—305° (*Rowe, Si.*).

2-[4-Amino-2-methyl-phenyl]-4-methyl-2*H*-phthalazin-1-on $C_{16}H_{15}N_3O$, Formel IV (X = CH₃, X′ = H).

B. Aus 4-Methyl-2-[2-methyl-4-nitro-phenyl]-2*H*-phthalazin-1-on beim Erwärmen
mit wss.-äthanol. Na_2S (*Rowe et al.*, Soc. **1936** 311, 314).
Gelbliche Kristalle (aus A.); F: 191°.
Acetyl-Derivat $C_{18}H_{17}N_3O_2$; 2-[4-Acetylamino-2-methyl-phenyl]-4-meth=
yl-2*H*-phthalazin-1-on. Kristalle (aus A.); F: 235°.

2-[2-Amino-4-methyl-phenyl]-4-methyl-2*H*-phthalazin-1-on $C_{16}H_{15}N_3O$, Formel V.

B. Aus 2-[1-(4-Methyl-2-nitro-phenylhydrazono)-äthyl]-benzoesäure oder 3-Methylen-
2-[4-methyl-2-nitro-anilino]-isoindolin-1-on beim Erwärmen mit Na_2S in H_2O bzw.
wss. Äthanol (*Rowe et al.*, Soc. **1937** 90, 98, 101, 102).
Kristalle (aus A.); F: 203°.
Acetyl-Derivat $C_{18}H_{17}N_3O_2$; 2-[2-Acetylamino-4-methyl-phenyl]-4-meth=
yl-2*H*-phthalazin-1-on. Kristalle (aus A.); F: 263°.

2-[4-Amino-2-methoxy-phenyl]-1-methyl-4-oxo-3,4-dihydro-phthalazinium

$[C_{16}H_{16}N_3O_2]^+$, Formel VI (X = H), und Tautomeres.
Betain $C_{16}H_{15}N_3O_2$; 2-[4-Amino-2-methoxy-phenyl]-4-hydroxy-1-methyl-
phthalazinium-betain. *B.* Beim Erwärmen von 4-Hydroxy-2-[2-methoxy-4-nitro-
phenyl]-1-methyl-phthalazinium-betain (S. 471) mit wss. Na_2S (*Rowe, Cross*, Soc. **1947**
461, 467). Aus [2-(4-Amino-2-methoxy-phenyl)-4-oxo-1,2,3,4-tetrahydro-phthalazin-1-yl]-
essigsäure beim Erwärmen mit wss. NaOH und wss. H_2O_2 (*Rowe, Cr.*, l. c. S. 468). —
Hellgelbe Kristalle (aus A.) mit 1 Mol H_2O; F: 287—288° [Zers. ab 260°]. — Acetyl-
Derivat $C_{18}H_{17}N_3O_3$; 2-[4-Acetylamino-2-methoxy-phenyl]-4-hydroxy-
1-methyl-phthalazinium-betain. Kristalle (aus H_2O); F: 296—297° [Zers.].

2-[4-Amino-2-methoxy-phenyl]-4-methyl-2*H*-phthalazin-1-on $C_{16}H_{15}N_3O_2$, Formel IV (X = O-CH₃, X′ = H).

B. Beim Erwärmen von 2-[2-Methoxy-4-nitro-phenyl]-4-methyl-2*H*-phthalazin-1-on
oder 2-[1-(2-Methoxy-4-nitro-phenylhydrazono)-äthyl]-benzoesäure in Essigsäure mit
$SnCl_2$ und wss. HCl (*Rowe, Cross*, Soc. **1947** 461, 467).
Kristalle (aus A.); F: 258—259°.
Acetyl-Derivat $C_{18}H_{17}N_3O_3$; 2-[4-Acetylamino-2-methoxy-phenyl]-4-methyl-
2*H*-phthalazin-1-on. Kristalle (aus wss. Eg.) mit 0,5 Mol H_2O; F: 237—238°.

2-[4-Amino-2,5-dimethoxy-phenyl]-1-methyl-4-oxo-3,4-dihydro-phthalazinium

$[C_{17}H_{18}N_3O_3]^+$, Formel VI (X = O-CH₃), und Tautomeres.
Betain $C_{17}H_{17}N_3O_3$; 2-[4-Amino-2,5-dimethoxy-phenyl]-4-hydroxy-1-meth=
yl-phthalazinium-betain. *B.* Beim Erwärmen von 2-[2,5-Dimethoxy-4-nitro-
phenyl]-4-hydroxy-1-methyl-phthalazinium-betain (S. 472) mit wss. Na_2S (*Rowe et al.*,
Soc. **1948** 281, 283). — Gelbe Kristalle (aus A. + E.); F: 260°.

2-[2-Hydroxyamino-phenyl]-4-methyl-2*H*-phthalazin-1-on(?) $C_{15}H_{13}N_3O_2$, vermutlich Formel VII (X = H).

B. Beim Erwärmen von 4-Methyl-2-[2-nitro-phenyl]-2*H*-phthalazin-1-on mit Na_2S
in wss. Äthanol (*Rowe et al.*, Soc. **1937** 90, 97).
Gelbe Kristalle (aus A.); F: 239°.

2-[4-Chlor-2-hydroxyamino-phenyl]-4-methyl-2*H*-phthalazin-1-on(?) $C_{15}H_{12}ClN_3O_2$, vermutlich Formel VII (X = Cl).

B. Analog der vorangehenden Verbindung (*Rowe et al.*, Soc. **1937** 90, 98).
Gelbe Kristalle (aus A.); F: 212°.

2-[2-Hydroxyamino-4-methyl-phenyl]-4-methyl-2H-phthalazin-1-on(?) $C_{16}H_{15}N_3O_2$, vermutlich Formel VII (X = CH₃).

B. Analog den vorangehenden Verbindungen (*Rowe et al.*, Soc. **1937** 90, 98).

Gelbe Kristalle (aus A.); F: 264—265°.

4-Methyl-7-nitro-2H-phthalazin-1-on $C_9H_7N_3O_3$, Formel VIII (X = X″ = H, X′ = NO₂), und Tautomeres.

B. Aus 2-Acetyl-5-nitro-benzoesäure und $N_2H_4 \cdot H_2O$ (*Tirouflet*, Bl. Soc. scient. Bretagne **26** [1951] Sonderheft 5, S. 81, 85).

Gelbe Kristalle; F: 283° [aus Nitrobenzol] (*Ti.*), 272° [aus Eg.] (*Kunahara*, J. pharm. Soc. Japan **84** [1964] 483, 487; C. A. **61** [1964] 8304).

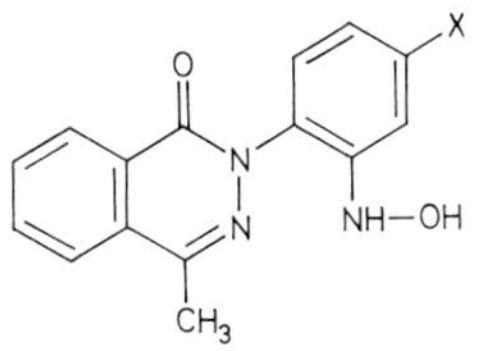

VII 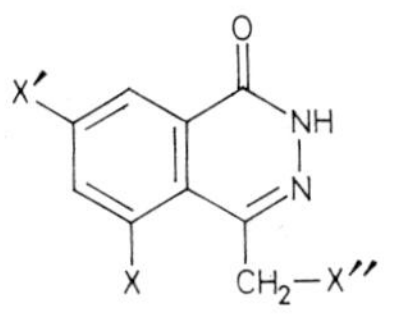 VIII 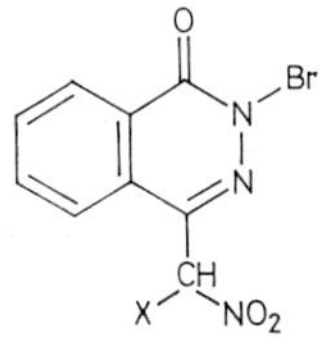 IX

4-Methyl-5-nitro-2H-phthalazin-1-on $C_9H_7N_3O_3$, Formel VIII (X = NO₂, X′ = X″ = H), und Tautomeres.

B. Aus 2-Acetyl-3-nitro-benzoesäure und $N_2H_4 \cdot H_2O$ (*Tirouflet*, Bl. Soc. scient. Bretagne **26** [1951] Sonderheft 5, S. 69, 75).

Kristalle; F: 282° (*Ti.*), 273—275° [aus Eg.] (*Kunahara*, J. pharm. Soc. Japan **84** [1964] 483, 487; C. A. **61** [1964] 8304).

4-Nitromethyl-2H-phthalazin-1-on $C_9H_7N_3O_3$, Formel VIII (X = X′ = H, X″ = NO₂), und Tautomeres.

B. Beim Behandeln von 2-Nitro-indan-1,3-dion in Äthanol mit $N_2H_4 \cdot H_2O$ und Erhitzen des Reaktionsgemisches auf 120° (*Wanag, Mazkanowa*, Ž. obšč. Chim. **26** [1956] 1749, 1753; engl. Ausg. S. 1963, 1966).

Kristalle (aus Ameisensäure, Eg. oder A.); F: 215°.

Beim Erwärmen mit wss. H_2SO_4 ist 4-Oxo-3,4-dihydro-phthalazin-1-carbonsäure erhalten worden.

2(?)-Brom-4-nitromethyl-2H-phthalazin-1-on $C_9H_6BrN_3O_3$, vermutlich Formel IX (X = H).

B. Beim Erwärmen der folgenden Verbindung mit H_2O (*Wanag, Mazkanowa*, Ž. obšč. Chim. **26** [1956] 1749, 1754; engl. Ausg. S. 1963, 1967).

Kristalle (aus Eg.); F: 168—170°.

(±)-2(?)-Brom-4-[brom-nitro-methyl]-2H-phthalazin-1-on $C_9H_5Br_2N_3O_3$, vermutlich Formel IX (X = Br).

B. Beim Erwärmen von 4-Nitromethyl-2H-phthalazin-1-on in Essigsäure mit Brom (*Wanag, Mazkanowa*, Ž. obšč. Chim. **26** [1956] 1749, 1754; engl. Ausg. S. 1963, 1967).

Kristalle (aus Eg. oder Brombenzol); F: 208° [Zers.].

3-Acetyl-1(2)H-indazol, 1-[1(2)H-Indazol-3-yl]-äthanon $C_9H_8N_2O$, Formel I (R = H) und Tautomeres (E II 78).

IR-Spektrum (Paraffinöl; 5000—650 cm⁻¹): *Piozzi, Dubini*, G. **89** [1959] 638, 645. UV-Spektrum (A.; 220—320 nm): *Pi., Du.*, l. c. S. 644; *Piozzi et al.*, R.A.L. [8] **27** [1959] 123, 124.

3-Acetyl-1-phenyl-1H-indazol, 1-[1-Phenyl-1H-indazol-3-yl]-äthanon $C_{15}H_{12}N_2O$, Formel I (R = C₆H₅).

B. Beim Behandeln der aus 1-[6-Amino-1-phenyl-1H-indazol-3-yl]-äthanon erhaltenen

Diazonium-Verbindung mit wss. H_3PO_2 (*Borsche, Bütschli*, A. **522** [1936] 285, 293). Kristalle (aus Me.); F: 84—85°.

O x i m $C_{15}H_{13}N_3O$. Gelbliche Kristalle (aus Me.); F: 137°.

2,4-D i n i t r o - p h e n y l h y d r a z o n $C_{21}H_{16}N_6O_4$. Dunkelrote Kristalle (aus $CHCl_3$); F: 263°.

I   II   III   IV

[2-(1,3-Dimethyl-1,3-dihydro-benzimidazol-2-yliden)-äthyliden]-anilin, [1,3-Dimethyl-1,3-dihydro-benzimidazol-2-yliden]-acetaldehyd-phenylimin $C_{17}H_{17}N_3$, Formel II.

H y d r o j o d i d $C_{17}H_{17}N_3 \cdot HI$;   2-[2-A n i l i n o - v i n y l] - 1,3 - d i m e t h y l - b e n z i m i d = a z o l i u m - j o d i d.   *B.* Beim Erhitzen von 1,2,3-Trimethyl-benzimidazolium-jodid(?) mit N,N'-Diphenyl-formamidin auf 130—135° (*Lal, Petrow*, Soc. **1948** 1895, 1897). — Hellgelbe Kristalle (aus A.); F: 273°.

3-Acetyl-imidazo[1,2-a]pyridin, 1-Imidazo[1,2-a]pyridin-3-yl-äthanon $C_9H_8N_2O$, Formel III.

B. Beim Behandeln von N-[1-Acetonyl-1H-[2]pyridyliden]-formamid-hydrobromid mit wss. K_2CO_3 (*Schilling et al.*, B. **88** [1955] 1093, 1100).

Kristalle (aus PAe.); F: 98—99°.

1-Acetyl-imidazo[1,5-a]pyridin, 1-Imidazo[1,5-a]pyridin-1-yl-äthanon $C_9H_8N_2O$, Formel IV.

B. Beim Behandeln von Imidazo[1,5-a]pyridin in CS_2 mit Acetylchlorid und $AlCl_3$ (*Bower, Ramage*, Soc. **1955** 2834, 2835).

Hellgelbe Kristalle (aus Cyclohexan); F: 129°.

Di-pyrrol-2-yl-keton $C_9H_8N_2O$, Formel V (X = H) (H 167; E I 256; E III 78).

B. Aus Pyrrolylmagnesiumbromid und $COCl_2$ in Äther (*Fischer, Orth*, A. **502** [1933] 237, 263; vgl. E I 256; E II 78).

Assoziation in CCl_4: *Mirone, Lorenzelli*, Ann. Chimica **49** [1959] 59, 64. Verbrennungs-enthalpie bei 15°: *Stern, Klebs*, A. **500** [1933] 91, 107. IR-Spektrum (KBr; 2—15 µ): *Fabbri*, Ann. Chimica **48** [1958] 310, 316. IR-Banden (Vaselinöl sowie Hexachlor-buta-1,3-dien; 2,9—17,3 µ): *Mirone, Lorenzelli*, Ann. Chimica **48** [1958] 881, 885, 891; s. a. *Bonino, Mirone*, R.A.L. [8] **21** [1956] 242, 244. CO-Valenzschwingungsbanden der festen Verbindung sowie einer Lösung in Tetrachloräthylen: *Mi., Lo.*, Ann. Chimica **48** 884. NH-Valenzschwingungsbanden der festen Verbindung: *Mi., Lo.*, Ann. Chimica **48** 884; einer Lösung in CCl_4: *Mi., Lo.*, Ann. Chimica **48** 884, **49** 67; *Bo., Mi.*, l. c. S. 245. In-tensität der nicht-assoziierten NH-Valenzschwingungsbande bei 3458 cm^{-1} (CCl_4): *Mi., Lo.*, Ann. Chimica **48** 884, **49** 62. λ_{max} (Hexan): 250 nm, 324 nm und 332 nm (*Bonino, Marinangeli*, R.A.L. [8] **19** [1955] 222, 227). Polarographische Halbstufenpotentiale (wss. Dioxan vom pH 7,45): *Capellina, Lorenzelli*, Rend. Accad. Bologna [11] **5** [1958] 131, 134. Polarographisches Reduktionspotential (wss. A.): *Ghigi, Scaramelli*, Boll. scient. Fac. Chim. ind. Univ. Bologna **4** [1943] 83.

Bis-[3(?),5(?)-dichlor-pyrrol-2-yl]-keton $C_9H_4Cl_4N_2O$, vermutlich Formel V (X = Cl).

B. Beim Behandeln von Di-pyrrol-2-yl-keton mit SO_2Cl_2 in Äther (*Fischer, Orth*, A. **502** [1933] 237, 244, 263).

Kristalle (aus Bzl.); F: 296—297° [nach Sintern bei 275°].

Bis-[3(?),5(?)-dibrom-pyrrol-2-yl]-keton $C_9H_4Br_4N_2O$, vermutlich Formel V (X = Br).

B. Beim Behandeln von Di-pyrrol-2-yl-keton mit Brom in Essigsäure (*Fischer, Orth*,

A. **502** [1933] 237, 245, 263).

Gelbe, in der Durchsicht farblose Kristalle (aus Py. + Eg.), die sich ab 255° dunkel färben.

V   VI   VII   VIII

6-Methyl-1H-[1,5]naphthyridin-2-on $C_9H_8N_2O$, Formel VI (R = H), und Tautomeres.

B. Beim Behandeln von 5-Amino-pyridin-2-ol (E III/IV **22** 5572) in konz. wss. HCl mit Acetaldehyd (*Petrow, Sturgeon*, Soc. **1949** 1157, 1159; s. a. *Schering-Kahlbaum A.G.*, D.R.P. 507637 [1926]; Frdl. **17** 2445).

Kristalle; F: 261—262° [korr.; aus wss. A.] (*Pe., St.*), 260° [aus H_2O] (*Schering-Kahlbaum A.G.*).

1,6-Dimethyl-1H-[1,5]naphthyridin-2-on $C_{10}H_{10}N_2O$, Formel VI (R = CH_3).

B. Beim Behandeln von 5-Amino-1-methyl-1H-pyridin-2-on mit Acetaldehyd in konz. wss. HCl (*Petrow, Sturgeon*, Soc. **1949** 1157, 1159). Beim Behandeln von 6-Methyl-1H-[1,5]naphthyridin-2-on mit Dimethylsulfat und wss. KOH (*Pe., St.*).

Kristalle (aus PAe.); F: 136° [korr.].

Picrat $C_{10}H_{10}N_2O \cdot C_6H_3N_3O_7$. Gelbe Kristalle (aus A.); F: 189—190° [korr.; Zers.].

Methojodid [$C_{11}H_{13}N_2O$]I; 1,2,5-Trimethyl-6-oxo-5,6-dihydro-[1,5]naphthyridinium-jodid. Gelbe Kristalle (aus A.); F: 213,5—215,5° [korr.; Zers.].

1,6-Dimethyl-5-oxy-1H-[1,5]naphthyridin-2-on, 1,6-Dimethyl-2H-[1,5]naphthyridin-2-on-5-oxid $C_{10}H_{10}N_2O_2$, Formel VII.

B. Beim Erwärmen der vorangehenden Verbindung mit H_2O_2 in Essigsäure (*Petrow, Sturgeon*, Soc. **1949** 1157, 1160).

Gelbliche Kristalle (aus A.); F: 246,5° [korr.].

7-Methyl-6H-[1,6]naphthyridin-5-on $C_9H_8N_2O$, Formel VIII, und Tautomeres.

B. Beim Behandeln von 2-[2-Hydroxy-propyl]-nicotinsäure-amid mit CrO_3 in Essigsäure (*Ikekawa*, Chem. pharm. Bl. **6** [1958] 263, 267).

Kristalle (aus Me.); F: 245°. UV-Spektrum (Me.; 220—340 nm): *Ik.*, l. c. S. 264.

7-Methyl-1H-[1,8]naphthyridin-4-on $C_9H_8N_2O$, Formel IX, und Tautomeres.

B. Beim Erhitzen von 7-Methyl-4-oxo-1,4-dihydro-[1,8]naphthyridin-3-carbonsäure in Chinolin (*Möller, Süs*, A. **612** [1958] 153, 156).

Kristalle (aus THF); F: 236—237°.

3-Methyl-2H-[2,7]naphthyridin-1-on $C_9H_8N_2O$, Formel X (R = H), und Tautomeres.

In den Kristallen liegt nach Ausweis des IR-Spektrums 3-Methyl-2H-[2,7]naphthyridin-1-on vor (*Birkofer, Kaiser*, B. **90** [1957] 2933, 2934).

B. Aus 3,7-Dimethyl-7H-[2,7]naphthyridin-1-on beim Erhitzen auf 290—300°/ 0,1—0,2 Torr (*Bi., Ka.*, l. c. S. 2937; s. a. *Ikekawa*, Chem. pharm. Bl. **6** [1958] 269, 272). Beim Behandeln von 3-Methyl-3,4-dihydro-pyrano[3,4-c]pyridin-1-on in Methanol mit NH_3 und Erwärmen des Reaktionsprodukts in Essigsäure mit CrO_3 (*Ik.*). Beim Erhitzen von 4-Acetonyliden-1-[2,6-dichlor-benzyl]-1,4-dihydro-pyridin-3-carbonsäure-amid (F: 220—221°) mit konz. wss. HBr auf 180° (*Kröhnke et al.*, A. **600** [1956] 198, 207).

Kristalle (aus H_2O); F: 264° (*Bi., Ka.*), 256—258° (*Ik.*). IR-Spektrum (KBr; 4500 cm⁻¹ bis 650 cm⁻¹): *Bi., Ka.*, l. c. S. 2935. UV-Spektrum (Me.; 230—320 nm): *Ik.*, l. c. S. 270.

Hydrobromid $C_9H_8N_2O \cdot HBr$. Kristalle (aus A.); F: > 300° (*Kr. et al.*).

Picrat. Gelbe Kristalle (aus Me.); F: 234° [Zers.] (*Bi., Ka.*).

Verbindung mit Bis-benzolsulfonyl-amin $C_9H_8N_2O \cdot C_{12}H_{11}NO_4S_2$. Kristalle (aus Me.); F: 214° (*Bi., Ka.*).

Verbindung mit Bis-[4-chlor-benzolsulfonyl]-amin $C_9H_8N_2O \cdot C_{12}H_9Cl_2NO_4S_2$. F: 175° (*Bi., Ka.*).

Methojodid $[C_{10}H_{11}N_2O]I$; 2,6-Dimethyl-8-oxo-7,8-dihydro-[2,7]naphthyridinium-jodid. Gelbe Kristalle (aus wss. Me. + wenig Ae.); F: 309° [Zers.] (*Bi., Ka.*).

IX   X   XI   XII

2,3-Dimethyl-2H-[2,7]naphthyridin-1-on $C_{10}H_{10}N_2O$, Formel X (R = CH_3).

B. Aus 3-Methyl-2H-[2,7]naphthyridin-1-on beim Behandeln mit Dimethylsulfat in wss. NaOH oder neben 1-Methoxy-3-methyl-[2,7]naphthyridin beim Behandeln mit Diazomethan in Äther und Methanol (*Birkofer, Kaiser*, B. **90** [1957] 2933, 2938). Neben 3-Methyl-2H-[2,7]naphthyridin-1-on (Hauptprodukt) beim Erhitzen von 3,7-Dimethyl-7H-[2,7]naphthyridin-1-on auf 300°/0,1—0,2 Torr (*Bi., Ka.*).

Kristalle (aus Me. + Ae.); F: 138°.

Hydrochlorid $C_{10}H_{10}N_2O \cdot HCl$. Kristalle (aus Me.); F: 283—286° [Zers.].

Picrat $C_{10}H_{10}N_2O \cdot C_6H_3N_3O_7$. Gelbe Kristalle (aus H_2O); F: 217°.

3,7-Dimethyl-7H-[2,7]naphthyridin-1-on $C_{10}H_{10}N_2O$, Formel XI.

Diese Konstitution kommt der von *Huff* (J. biol. Chem. **167** [1947] 151) als 1,7-Dimethyl-1H-[1,6]naphthyridin-5-on beschriebenen Verbindung zu (*Kröhnke et al.*, A. **600** [1956] 198, 200; *Birkofer, Kaiser*, B. **90** [1957] 2933; *Ikekawa*, Chem. pharm. Bl. **6** [1958] 269, 271).

B. Beim Behandeln von 3-Carbamoyl-1-methyl-pyridinium-chlorid mit Aceton und wss. KOH (*Huff*, l. c. S. 152).

Hydrochlorid $C_{10}H_{10}N_2O \cdot HCl$. Gelbliche Kristalle; Zers. bei 320—322° [aus wss. Acn. oder A.] (*Bi., Ka.*, l. c. S. 2937); F: 304—305° [Zers.; auf 295° vorgeheizter App.; aus A.] (*Huff*, l. c. S. 153). IR-Spektrum (KBr; 4500—650 cm^{-1}): *Bi., Ka.*, l. c. S. 2935. Absorptionsspektrum (H_2O; 270—450 nm): *Rosenthal*, Arch. Biochem. **54** [1955] 523, 527. λ_{max} (H_2O): 253—254 nm und 348—352 nm (*Huff*, l. c. S. 155). Relative Intensität der Fluorescenz in wss. Lösungen vom pH 0,5—12: *Huff*, l. c. S. 154; *Huff, Perlzweig*, J. biol. Chem. **167** [1947] 157, 160; in wss. Lösung bei 0—40°: *Huff, Pe.*, l. c. S. 162.

2-Methyl-1H-pyrrolo[2,3-b]pyridin-3-carbaldehyd(?) $C_9H_8N_2O$, vermutlich Formel XII.

B. Beim Erwärmen von 2-Methyl-1H-pyrrolo[2,3-b]pyridin in wss. Äthanol mit $CHCl_3$ und wss.-äthanol. KOH (*Clemo, Swan*, Soc. **1945** 603, 607).

Gelbe Kristalle (aus Bzl.); F: 206°.   [*Flock*]

Oxo-Verbindungen $C_{10}H_{10}N_2O$

6-Phenyl-4,5-dihydro-2H-pyridazin-3-on $C_{10}H_{10}N_2O$, Formel I (X = X' = X'' = H) (H 167; E II 79).

UV-Spektrum (A.; 240—350 nm): *Dixon et al.*, Soc. **1949** 2139. λ_{max}: 285 nm [A.] bzw. 280 nm [wss. HCl (0,01 n) sowie wss. NaOH (0,01 n)] (*Steck, Nachod*, Am. Soc. **79** [1957] 4408).

2-[4-Chlor-phenyl]-6-phenyl-4,5-dihydro-2H-pyridazin-3-on $C_{16}H_{13}ClN_2O$, Formel II (X = H, X' = Cl).

UV-Spektrum in Äthanol (220—340 nm), in wss. HCl [0,01 n] (220—340 nm) sowie in wss. NaOH [0,01 n] (220—380 nm): *Steck, Nachod*, Am. Soc. **79** [1957] 4408. λ_{max} (äthanol. HCl): 260 nm und 295 nm.

4-[6-Oxo-3-phenyl-5,6-dihydro-4H-pyridazin-1-yl]-benzoesäure $C_{17}H_{14}N_2O_3$, Formel II
(X = H, X' = CO-OH).

B. Beim Erhitzen von 4-[4-Carboxy-phenylhydrazono]-4-phenyl-buttersäure auf 160°
oder in Essigsäure (*Veibel*, Acta chem. scand. **1** [1947] 54, 66).

Kristalle; F: 194—195°.

6-[4-Chlor-phenyl]-4,5-dihydro-2H-pyridazin-3-on $C_{10}H_9ClN_2O$, Formel I
(X = X' = H, X'' = Cl) (E II 79).

Kristalle (aus A.); F: 179—179,5° [korr.] (*Steck et al.*, Am. Soc. **75** [1953] 1117).
λ_{max}: 290 nm [A.] bzw. 285 nm [wss. HCl (0,01 n) bzw. wss. NaOH (0,01 n)] (*Steck,
Nachod*, Am. Soc. **79** [1957] 4408).

2,6-Bis-[4-chlor-phenyl]-4,5-dihydro-2H-pyridazin-3-on $C_{16}H_{12}Cl_2N_2O$, Formel II
(X = X' = Cl).

λ_{max}: 259 nm und 303 nm [A. sowie wss. HCl (0,01 n)] bzw. 242 nm und 338 nm [wss.
NaOH (0,01 n)] (*Steck, Nachod*, Am. Soc. **79** [1957] 4408).

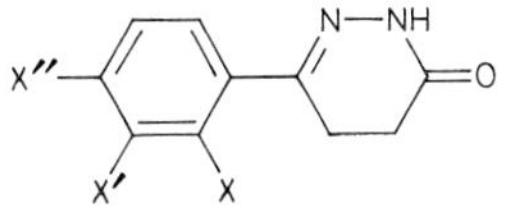

I 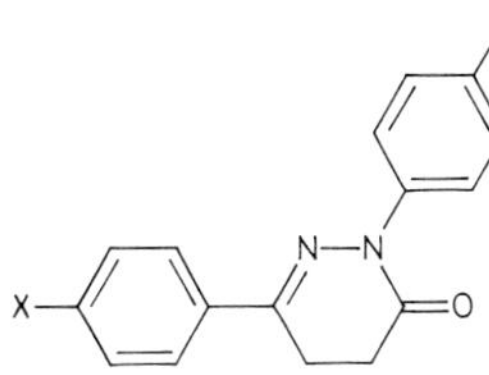   II 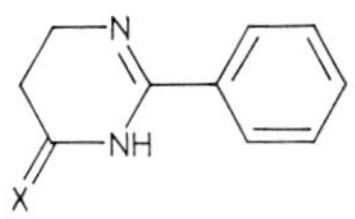   III

6-[2,4-Dichlor-phenyl]-4,5-dihydro-2H-pyridazin-3-on $C_{10}H_8Cl_2N_2O$, Formel I
(X = X'' = Cl, X' = H).

B. Beim Erwärmen von 4-[2,4-Dichlor-phenyl]-4-oxo-buttersäure mit $N_2H_4 \cdot H_2SO_4$ in
wss. KOH (*Steck et al.*, Am. Soc. **75** [1953] 1117).

Kristalle (aus wss. A.); F: 172,5—173° [korr.].

6-[3,4-Dichlor-phenyl]-4,5-dihydro-2H-pyridazin-3-on $C_{10}H_8Cl_2N_2O$, Formel I (X = H,
X' = X'' = Cl).

B. Analog der vorangehenden Verbindung (*Steck et al.*, Am. Soc. **75** [1953] 1117).

Kristalle (aus A.); F: 174—175° [korr.].

6-[4-Brom-phenyl]-4,5-dihydro-2H-pyridazin-3-on $C_{10}H_9BrN_2O$, Formel I (X = X' = H,
X'' = Br).

B. Analog den vorangehenden Verbindungen (*Steck et al.*, Am. Soc. **75** [1953] 1117).

Kristalle (aus wss. A.); F: 168—168,5° [korr.].

6-[4-Jod-phenyl]-4,5-dihydro-2H-pyridazin-3-on $C_{10}H_9IN_2O$, Formel I (X = X' = H,
X'' = I).

B. Analog den vorangehenden Verbindungen (*Steck et al.*, Am. Soc. **75** [1953] 1117).

Kristalle (aus wss. A. oder E.); F: 199—199,5° [korr.].

6-[3-Nitro-phenyl]-4,5-dihydro-2H-pyridazin-3-on $C_{10}H_9N_3O_3$, Formel I (X = X'' = H,
X' = NO_2).

λ_{max} (A., wss. HCl [0,01 n] sowie wss. NaOH [0,01 n]): 274 nm (*Steck, Nachod*, Am. Soc.
79 [1957] 4408).

2-Phenyl-5,6-dihydro-3H-pyrimidin-4-on $C_{10}H_{10}N_2O$, Formel III (X = O), und
Tautomeres.

B. Aus 2-Phenyl-5,6-dihydro-pyrimidin-4-ylamin mit Hilfe von HCl in Essigsäure
(*Pietra*, Boll. scient. Fac. Chim. ind. Univ. Bologna **11** [1953] 78, 81).

Kristalle (aus PAe.); F: 145°.

Hydrochlorid $C_{10}H_{10}N_2O \cdot HCl$. Kristalle (aus A.); F: 278—280°.

2-Phenyl-1,6-dihydro-4H-pyrimidin-5-on $C_{10}H_{10}N_2O$, Formel IV.

In der früher (H **24** 168) unter dieser Konstitution beschriebenen Verbindung („5-Oxo-2-phenyl-1.4.5.6-tetrahydro-pyrimidin") hat 1,3-Bis-benzoylamino-aceton vorgelegen (*Ueda, Sasaki*, Sci. Rep. Hyogo Univ. Agric. Ser. nat. Sci. **1** [1953] 16; C. A. **1956** 2538). Entsprechendes gilt für das aus dieser Verbindung hergestellte Phenylhydrazon $C_{16}H_{16}N_4$ (H 168) und vermutlich auch für das Azin $C_{20}H_{20}N_6$ (H 168).

6-Phenyl-3,4-dihydro-1H-pyrimidin-2-thion $C_{10}H_{10}N_2S$, Formel V, und Tautomere.

B. Aus 6-Phenyl-2-thioxo-2,3-dihydro-1H-pyrimidin-4-on durch Reduktion mit $LiAlH_4$ (*Marshall*, Am. Soc. **78** [1956] 3696).

Kristalle (aus A.) mit 1 Mol Äthanol, F: 200,5—201°; die lösungsmittelfreie Verbindung schmilzt bei 204—204,5°.

IV   V   VI

5-Benzyl-1,2-dihydro-pyrazol-3-on $C_{10}H_{10}N_2O$, Formel VI (R = R' = X = H), und Tautomere.

B. Aus 4-Phenyl-acetessigsäure-äthylester und $N_2H_4 \cdot H_2O$ (*Sonn, Litten*, B. **66** [1933] 1512, 1515).

Kristalle (aus wss. Me.); F: 197—198°.

5-Benzyl-2-phenyl-1,2-dihydro-pyrazol-3-on $C_{16}H_{14}N_2O$, Formel VI (R = X = H, R' = C_6H_5), und Tautomere (H 168).

B. Aus 4-Phenyl-acetessigsäure-äthylester und Phenylhydrazin (*Sonn, Litten*, B. **66** [1933] 1512, 1516; *Libermann*, Bl. **1950** 1217, 1221). Neben anderen Verbindungen aus 2-Acetyl-3-oxo-4-phenyl-buttersäure-äthylester und Phenylhydrazin (*Borsche, Hahn*, A. **537** [1939] 219, 225, 241).

Kristalle (aus Me.); F: 135—136° (*Bo., Hahn*).

5-Benzyl-1-methyl-2-phenyl-1,2-dihydro-pyrazol-3-on $C_{17}H_{16}N_2O$, Formel VI (R = CH_3, R' = C_6H_5, X = H).

B. Aus 5-Benzyl-2-phenyl-1,2-dihydro-pyrazol-3-on, methanol. Natriummethylat und Dimethylsulfat (*Sonn, Litten*, B. **66** [1933] 1512, 1516).

Kristalle (aus wss. A.); F: 105—106°.

Hydrochlorid $C_{17}H_{16}N_2O \cdot HCl$. Kristalle (aus $CHCl_3$); F: 175—181° [Zers.; nach Sintern ab 165°].

5-Benzyl-4-brom-1-methyl-2-phenyl-1,2-dihydro-pyrazol-3-on $C_{17}H_{15}BrN_2O$, Formel VI (R = CH_3, R' = C_6H_5, X = Br).

Das Hydrobromid dieser Verbindung hat wahrscheinlich in der von *Sonn, Litten* (B. **66** [1933] 1512, 1516) als 5-Benzyl-4,5-dibrom-1-methyl-2-phenyl-pyrazolidin-3-on $C_{17}H_{16}Br_2N_2O$ formulierten Verbindung vorgelegen (s. diesbezüglich *Kitamura, Sunagawa*, J. pharm. Soc. Japan **60** [1940] 115; dtsch. Ref. S. 60; C. A. **1940** 4734).

B. Beim Behandeln von 5-Benzyl-1-methyl-2-phenyl-1,2-dihydro-pyrazol-3-on mit Brom in $CHCl_3$ (*Sonn, Li.*).

Kristalle (aus wss. Me.); F: 116—117° (*Sonn, Li.*).

Hydrobromid $C_{17}H_{15}BrN_2O \cdot HBr$. Kristalle; F: 204—206° (*Sonn, Li.*).

5-Benzyl-1-methyl-4-nitro-2-phenyl-1,2-dihydro-pyrazol-3-on $C_{17}H_{15}N_3O_3$, Formel VI (R = CH_3, R' = C_6H_5, X = NO_2).

B. Aus 5-Benzyl-1-methyl-2-phenyl-1,2-dihydro-pyrazol-3-on und HNO_3 (*Sonn, Litten*, B. **66** [1933] 1512, 1516).

Gelbe Kristalle (aus wss. Me.); F: 193—195°.

4-Benzyl-2-phenyl-1,2-dihydro-pyrazol-3-on $C_{16}H_{14}N_2O$, Formel VII (R = H), und Tautomere (E II 79).
F: 146—147° (*Sonn*, *Litten*, B. **66** [1933] 1512, 1517).

4-Benzyl-1-methyl-2-phenyl-1,2-dihydro-pyrazol-3-on $C_{17}H_{16}N_2O$, Formel VII (R = CH_3).
B. Aus der vorangehenden Verbindung und CH_3I (*Sonn*, *Litten*, B. **66** [1933] 1512, 1517).
Kristalle (aus wss. Me.); F: 77,5—79°.

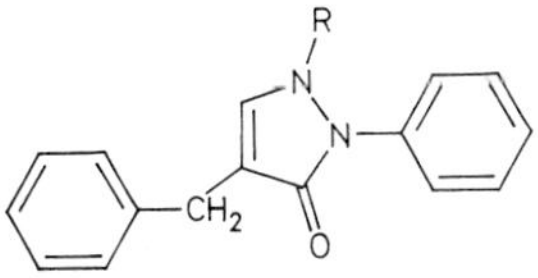

VII 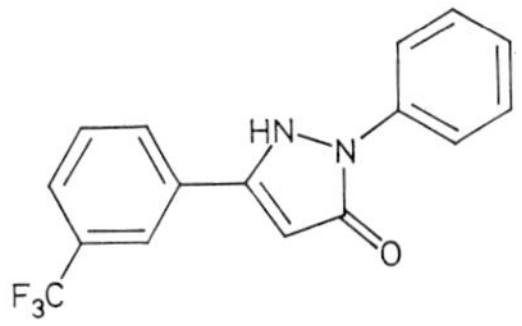   VIII 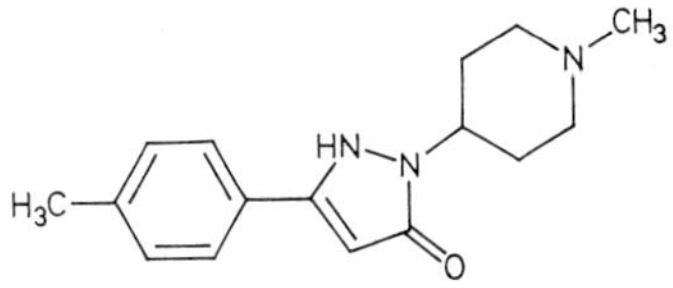   IX

2-Phenyl-5-[3-trifluormethyl-phenyl]-1,2-dihydro-pyrazol-3-on $C_{16}H_{11}F_3N_2O$, Formel VIII, und Tautomere.
B. Aus 3-Oxo-3-[3-trifluormethyl-phenyl]-propionsäure-äthylester (*Humphlett et al.*, Am. Soc. **70** [1948] 4020, 4022).
Kristalle (aus wss. A.); F: 140°.

2-[1-Methyl-[4]piperidyl]-5-*p*-tolyl-1,2-dihydro-pyrazol-3-on $C_{16}H_{21}N_3O$, Formel IX, und Tautomere.
B. Aus 4-Hydrazino-1-methyl-piperidin und 3-Oxo-3-*p*-tolyl-propionsäure-äthylester (*Ebnöther et al.*, Helv. **42** [1959] 1201, 1203, 1208).
Kristalle (aus Isopropylalkohol oder A.); F: 158—160° [Zers.].

5-Methyl-4-phenyl-1,2-dihydro-pyrazol-3-on $C_{10}H_{10}N_2O$, Formel X (R = R′ = X = H), und Tautomere.
B. Aus 2-Phenyl-acetessigsäure-äthylester und $N_2H_4 \cdot H_2O$ (*Büchi et al.*, Helv. **32** [1949] 984, 990; *Veibel et al.*, Acta chem. scand. **8** [1954] 768, 773).
Kristalle; F: 211° [korr.] (*Bü. et al.*), 208—210° [aus A.] (*Ve. et al.*). Scheinbarer Dissoziationsexponent pK_b' (H_2O [umgerechnet aus Eg.]; potentiometrisch ermittelt): 11,4 (*Ve. et al.*, l. c. S. 770).
Geschwindigkeit der Oxidation mit Sauerstoff in *tert*-Butylalkohol in Gegenwart von Natriumäthylat: *Veibel*, Bl. **1955** 307, 313; *Veibel*, *Linholt*, Acta chem. scand. **9** [1955] 970, 972.

2,5-Dimethyl-4-phenyl-1,2-dihydro-pyrazol-3-on $C_{11}H_{12}N_2O$, Formel X (R = X = H, R′ = CH_3), und Tautomere.
B. Aus 2-Phenyl-acetessigsäure-äthylester (*Veibel et al.*, Acta chem. scand. **8** [1954] 768, 774) oder aus 2-Phenyl-acetessigsäure-isopropylester (*Carpino*, Am. Soc. **80** [1958] 5796) und Methylhydrazin.
Kristalle; F: 183—184,5° [unkorr.; aus Me.] (*Ca.*), 175° [aus wss. Me.] (*Ve. et al.*). Scheinbarer Dissoziationsexponent pK_b' (H_2O [umgerechnet aus Eg.]; potentiometrisch ermittelt): 10,9 (*Ve. et al.*, l. c. S. 770).

1,2,5-Trimethyl-4-phenyl-1,2-dihydro-pyrazol-3-on $C_{12}H_{14}N_2O$, Formel X (R = R′ = CH_3, X = H).
B. Aus 2,5-Dimethyl-4-phenyl-1,2-dihydro-pyrazol-3-on und CH_3I (*Büchi et al.*, Helv. **32** [1949] 984, 988, 990).
F: 215° [korr.].

2-Isopropyl-5-methyl-4-phenyl-1,2-dihydro-pyrazol-3-on $C_{13}H_{16}N_2O$, Formel X (R = X = H, R′ = $CH(CH_3)_2$), und Tautomere.
B. Aus 5-Methyl-4-phenyl-1,2-dihydro-pyrazol-3-on beim Erhitzen mit Isopropyl=

bromid und anschliessenden Behandeln mit wss. $NaHCO_3$ (*Büchi et al.*, Helv. **32** [1949] 984, 991).

Kristalle (aus A.); F: 219° [korr.].

X   XI   XII

5-Methyl-2,4-diphenyl-1,2-dihydro-pyrazol-3-on $C_{16}H_{14}N_2O$, Formel X (R = X = H, R' = C_6H_5), und Tautomere (H 169).

B. Aus 2-Phenyl-acetessigsäure-äthylester (*Veibel et al.*, Acta chem. scand. **8** [1954] 768, 774) oder aus 2-Phenyl-acetessigsäure-amid (*Schreiber*, A. ch. [12] **2** [1947] 84, 120) und Phenylhydrazin.

Kristalle (aus A.); F: 199—200° (*Ve. et al.*). Scheinbarer Dissoziationsexponent pK'_b (H_2O [umgerechnet aus Eg.]; potentiometrisch ermittelt): 11,9 (*Ve. et al.*, l. c. S. 770).

5-Methyl-2-[1-methyl-[4]piperidyl]-4-phenyl-1,2-dihydro-pyrazol-3-on $C_{16}H_{21}N_3O$, Formel XI, und Tautomere.

B. Aus 4-Hydrazino-1-methyl-piperidin und 2-Phenyl-acetessigsäure-äthylester (*Ebnöther et al.*, Helv. **42** [1959] 1201, 1203, 1206).

Kristalle (aus Me.); F: 220—227°.

Hydrochlorid $C_{16}H_{21}N_3O \cdot HCl$. Kristalle (aus Me.); F: 260—270° [Zers.].

(±)-4-Chlor-5-methyl-4-phenyl-2,4-dihydro-pyrazol-3-on $C_{10}H_9ClN_2O$, Formel XII.

B. Aus 5-Methyl-4-phenyl-1,2-dihydro-pyrazol-3-on und Chlor (*Carpino*, Am. Soc. **80** [1958] 601, 603).

Kristalle (aus Bzl. + PAe.); F: 81—82°.

4-[2,4-Dinitro-phenyl]-5-methyl-2-phenyl-1,2-dihydro-pyrazol-3-on $C_{16}H_{12}N_4O_5$, Formel X (R = H, R' = C_6H_5, X = NO_2), und Tautomere.

Die von *Rowe, Twitchett* (Soc. **1936** 1704, 1713) unter dieser Konstitution beschriebene Verbindung ist als 5-[2,4-Dinitro-phenoxy]-3-methyl-1-phenyl-1*H*-pyrazol zu formulieren (*Guiraud, Jacquier*, Bl. **1963** 22).

4-Methyl-5-phenyl-1,2-dihydro-pyrazol-3-on $C_{10}H_{10}N_2O$, Formel XIII (R = R' = H), und Tautomere (H 169; E II 80).

Kristalle (aus H_2O + DMF); F: 217,5—219,5° [unkorr.] (*Carpino*, Am. Soc. **80** [1958] 601, 603). Netzebenenabstände: *Gagnon et al.*, Canad. J. Chem. **31** [1953] 1025, 1036. IR-Banden (Nujol; 3300—1250 cm⁻¹): *Ga. et al.*, l. c. S. 1035. λ_{max}: 254 nm [A.] bzw. 252 nm [äthanol. HCl] (*Ga. et al.*, l. c. S. 1027). Scheinbarer Dissoziationsexponent pK'_a (H_2O; potentiometrisch ermittelt): 7,6 (*Ga. et al.*, l. c. S. 1029).

1,2,4-Trimethyl-5-phenyl-1,2-dihydro-pyrazol-3-on $C_{12}H_{14}N_2O$, Formel XIII (R = R' = CH_3).

B. Aus 5-Phenyl-1,2-dihydro-pyrazol-3-on und CH_3Br [150°; Methanol], aus 2-Methyl-5-phenyl-1,2-dihydro-pyrazol-3-on und CH_3I [150°; Methanol] oder aus 4-Methyl-5-phen≈ yl-1,2-dihydro-pyrazol-3-on und CH_3I [150°] (*Farbw. Hoechst*, D.B.P. 934948 [1955]).

Kristalle (aus E.); F: 140—141°.

4-Methyl-2,5-diphenyl-1,2-dihydro-pyrazol-3-on $C_{16}H_{14}N_2O$, Formel XIV (X = X' = X'' = H), und Tautomere (E II 80).

Kristalle (aus A.); F: 204—205° [unkorr.] (*Gagnon et al.*, Canad. J. Chem. **31** [1953] 1025, 1027, 1035). Netzebenenabstände: *Ga. et al.*, l. c. S. 1037. IR-Banden (Nujol; 1700—1300 cm⁻¹): *Ga. et al.*, l. c. S. 1035. λ_{max} (A. sowie äthanol. HCl): 310 nm und 250 nm

(*Ga. et al.*, l. c. S. 1027). Scheinbarer Dissoziationsexponent pK'_a (H$_2$O; potentiometrisch ermittelt): 7,8 (*Ga. et al.*, l. c. S. 1029).

2-[2-Chlor-phenyl]-4-methyl-5-phenyl-1,2-dihydro-pyrazol-3-on C$_{16}$H$_{13}$ClN$_2$O, Formel XIV (X = Cl, X′ = X″ = H), und Tautomere.
  B. Aus 2-Methyl-3-oxo-3-phenyl-propionsäure-äthylester und [2-Chlor-phenyl]-hydr‍azin-hydrochlorid (*Gagnon et al.*, Canad. J. Chem. **34** [1956] 530, 538).
  Kristalle (aus A. oder PAe.); F: 171—172° [unkorr.] (*Ga. et al.*, l. c. S. 531). IR-Spektrum (Nujol; 2—9 μ): *Ga. et al.*, l. c. S. 536. UV-Spektrum (A.; 200—350 nm): *Ga. et al.*, l. c. S. 534.

XIII   XIV   XV

2-[3-Chlor-phenyl]-4-methyl-5-phenyl-1,2-dihydro-pyrazol-3-on C$_{16}$H$_{13}$ClN$_2$O, Formel XIV (X = X″ = H, X′ = Cl), und Tautomere.
  B. Analog der vorangehenden Verbindung (*Gagnon et al.*, Canad. J. Chem. **34** [1956] 530, 538).
  Kristalle (aus A. oder PAe.); F: 160—161° [unkorr.] (*Ga. et al.*, l. c. S. 532). IR-Banden (Nujol; 1650—1200 cm^{-1}): *Ga. et al.*, l. c. S. 535. λ_{max} (A.): 256 nm und 305 nm (*Ga. et al.*, l. c. S. 532).

2-[4-Chlor-phenyl]-4-methyl-5-phenyl-1,2-dihydro-pyrazol-3-on C$_{16}$H$_{13}$ClN$_2$O, Formel XIV (X = X′ = H, X″ = Cl), und Tautomere.
  B. Analog den vorangehenden Verbindungen (*Gagnon et al.*, Canad. J. Chem. **34** [1956] 530, 538).
  Kristalle (aus A. oder PAe.); F: 160—161° [unkorr.] (*Ga. et al.*, l. c. S. 533). IR-Banden (Nujol; 1700—1150 cm^{-1}): *Ga. et al.*, l. c. S. 536. λ_{max} (A.): 254 nm und 315 nm (*Ga. et al.*, l. c. S. 533).

4-Methyl-1,5-diphenyl-1,2-dihydro-pyrazol-3-on C$_{16}$H$_{14}$N$_2$O, Formel XIII (R = C$_6$H$_5$, R′ = H), und Tautomeres.
  B. Beim Erhitzen von 2-Methyl-3*t*-phenyl-acrylsäure-[*N*′-phenyl-hydrazid] auf 220° unter Zusatz von NaNH$_2$ (*Staněk*, Collect. **13** [1948] 37, 46).
  Kristalle (aus A.); F: 274°.

2-Acetyl-4-methyl-5-phenyl-1,2-dihydro-pyrazol-3-on C$_{12}$H$_{12}$N$_2$O$_2$, Formel XIII (R = H, R′ = CO-CH$_3$), und Tautomere.
  B. Aus 4-Methyl-5-phenyl-1,2-dihydro-pyrazol-3-on und Acetanhydrid (*Carpino*, Am. Soc. **80** [1958] 5796).
  Kristalle (aus PAe.); F: 78—80°.

4-Methyl-2-[1-methyl-[4]piperidyl]-5-phenyl-1,2-dihydro-pyrazol-3-on C$_{16}$H$_{21}$N$_3$O, Formel XV, und Tautomere.
  B. Aus 4-Hydrazino-1-methyl-piperidin und 2-Methyl-3-oxo-3-phenyl-propionsäure-äthylester (*Ebnöther et al.*, Helv. **42** [1959] 1201, 1203, 1207).
  Kristalle (aus Me.); F: 205—207° [Zers.].
  Dihydrochlorid C$_{16}$H$_{21}$N$_3$O·2 HCl. Kristalle (aus Me. + Ae.); F: 219—222° [Zers.].
  Hydrobromid C$_{16}$H$_{21}$N$_3$O·HBr. Kristalle (aus Me. + Ae.); F: 172—175° [Zers.].

(±)-4-Chlor-4-methyl-5-phenyl-2,4-dihydro-pyrazol-3-on C$_{10}$H$_9$ClN$_2$O, Formel I (R = H, X = Cl).
  B. Aus 4-Methyl-5-phenyl-1,2-dihydro-pyrazol-3-on und Chlor (*Carpino*, Am. Soc. **80** [1958] 601, 603).
  Kristalle (aus Nitromethan); F: 145,5—146,5° [unkorr.].

(±)-2-Acetyl-4-chlor-4-methyl-5-phenyl-2,4-dihydro-pyrazol-3-on $C_{12}H_{11}ClN_2O_2$, Formel I (R = CO-CH$_3$, X = Cl).

B. Aus 2-Acetyl-4-methyl-5-phenyl-1,2-dihydro-pyrazol-3-on und Chlor oder aus (±)-4-Chlor-4-methyl-5-phenyl 2,4-dihydro-pyrazol-3-on und Acetanhydrid (*Carpino*, Am. Soc. **80** [1958] 5796).

Kristalle (aus PAe. + Bzl. oder aus Nitromethan); F: 115—117° [unkorr.].

(±)-4-Brom-4-methyl-5-phenyl-2,4-dihydro-pyrazol-3-on $C_{10}H_9BrN_2O$, Formel I (R = H, X = Br).

B. Aus 4-Methyl-5-phenyl-1,2-dihydro-pyrazol-3-on und Brom (*Carpino*, Am. Soc. **80** [1958] 5796).

Gelbe Kristalle (aus Nitromethan); F: 171—176° [unkorr.].

2-Benzyl-3,5-dihydro-imidazol-4-on $C_{10}H_{10}N_2O$, Formel II, und Tautomere (E I 258; dort unter a) als Benzylglyoxalidon bezeichnet).

UV-Spektrum (H$_2$O; 210—360 nm): *Kjær*, Acta chem. scand. **7** [1953] 1017, 1019.

Beim Behandeln mit NaOH oder Triäthylamin in Äthanol ist *N*-[1-(2-Benzyl-5-oxo-4,5-dihydro-1*H*-imidazol-4-yl)-2-phenyl-äthyliden]-glycin-amid erhalten worden (*Kjær*, Acta chem. scand. **7** [1953] 1024, 1028).

Das E I 258 unter b) ebenfalls mit Vorbehalt unter dieser Konstitution beschriebene sog. Isobenzylglyoxalidon (F: 222°) ist als *N*-[1-(2-Benzyl-5-oxo-4,5-dihydro-1*H*-imidazol-4-yl)-2-phenyl-äthyliden]-glycin-amid und die aus dieser Verbindung mit Hilfe von wss. NaOH erhaltene Verbindung $C_{18}H_{16}N_2O_2$ (vgl. E I 259) ist als 2-Benzyl-5-phenylacetyl-3,5-dihydro-imidazol-4-on zu formulieren (*Kj.*, l. c. S. 1019, 1020).

I   II   III

4-Benzyl-1,3-dihydro-imidazol-2-on $C_{10}H_{10}N_2O$, Formel III (R = R′ = H, X = O), und Tautomere.

B. Aus DL(?)-Phenylalanin-äthylester-hydrochlorid bei der Reduktion mit Natrium-Amalgam und anschliessenden Umsetzung mit Kaliumcyanat (*Lawson*, Soc. **1957** 1443). Bei der Hydrierung von 4-Benzoyl-1,3-dihydro-imidazol-2-on an Palladium/Kohle in Essigsäure (*Duschinsky, Dolan*, Am. Soc. **68** [1946] 2350, 2354).

Kristalle; F: 241—243° [aus wss. A.; nach Sublimation bei 180—190° (Badtemperatur)/0,6 Torr] (*Du., Do.*), 238° [aus A.] (*La.*).

A c e t y l - D e r i v a t $C_{12}H_{12}N_2O_2$. Kristalle (aus A.); F: 178° (*La.*).

1,3-Diacetyl-4-benzyl-1,3-dihydro-imidazol-2-on $C_{14}H_{14}N_2O_3$, Formel III (R = R′ = CO-CH$_3$, X = O).

B. Aus 4-Benzyl-1,3-dihydro-imidazol-2-on und Acetanhydrid (*Hoffmann-La Roche*, U.S.P. 2514380 [1946]).

Kristalle (aus A.); F: 85—87°. Bei 100—110°/0,9 Torr sublimierbar.

4-Benzyl-1,3-dihydro-imidazol-2-thion $C_{10}H_{10}N_2S$, Formel III (R = R′ = H, X = S), und Tautomere.

B. Aus DL-Phenylalanin-äthylester-hydrochlorid bei der Reduktion mit Natrium-Amalgam und anschliessenden Umsetzung mit Ammonium-thiocyanat (*Lawson, Morley*, Soc. **1955** 1695, 1697; *Akabori, Numano*, B. **66** [1933] 159, 161). Aus 1-Amino-3-phenyl-aceton-hydrochlorid und Kaliumthiocyanat (*Jackman et al.*, Am. Soc. **70** [1948] 2884). Beim Erhitzen von 5-Benzyl-2-thioxo-2,3-dihydro-1*H*-imidazol-4-carbonsäure auf 230° (*E. Lilly & Co.*, U.S.P. 2585388 [1948]).

Kristalle; F: 222,8—224° [korr.; aus wss. A.] (*Ja. et al.*), 220—223° [Zers.] (*La., Mo.*).

1-[5-Benzyl-2-thioxo-2,3-dihydro-imidazol-1-yl]-3-phenyl-aceton $C_{19}H_{18}N_2OS$,
Formel III (R = H, R′ = CH_2-CO-CH_2-C_6H_5, X = S), und Tautomeres.

B. Neben 4-Benzyl-1,3-dihydro-imidazol-2-thion aus DL-Phenylalanin-äthylester-hydro≠
chlorid bei der Reduktion mit Natrium-Amalgam und anschliessenden Umsetzung mit
Ammoniumthiocyanat (*Lawson, Morley*, Soc. **1955** 1695, 1697).

Kristalle (aus E.); F: 162—163°.

2-Methyl-5-phenyl-3,5-dihydro-imidazol-4-on $C_{10}H_{10}N_2O$, Formel IV (X = O), und
Tautomere.

Die Identität der von *Cole, Ronzio* (Am. Soc. **66** [1944] 1584) unter dieser Konstitution
beschriebenen Verbindung ist ungewiss (*Imbach et al.*, Bl. **1971** 1052, 1053).

B. Aus Phenylglyoxal-hydrat und Acetamidin-hydrochlorid in wss. KOH (*Im. et al.*,
l. c. S. 1059).

F: 261—262° [unkorr.] (*Im. et al.*).

2-Methyl-5-phenyl-3,5-dihydro-imidazol-4-thion $C_{10}H_{10}N_2S$, Formel IV (X = S), und
Tautomere.

B. Beim Erwärmen von Acetylamino-phenyl-thioessigsäure-amid mit wss. KOH (*Abe*,
J. chem. Soc. Japan Pure Chem. Sect. **72** [1951] 1036; C. A. **1953** 5934). Beim Erwärmen
von [2-Methyl-4-phenyl-5-thioxo-imidazolidin-2-yl]-aceton mit wss.-äthanol. KOH (*Abe*,
J. chem. Soc. Japan Pure Chem. Sect. **72** [1951] 192; C. A. **1952** 6642).

Kristalle (aus wss. A.); Zers. bei 242—243° (*Abe*, l. c. S. 192, 1036).

Hydrochlorid $C_{10}H_{10}N_2S \cdot HCl$. Kristalle (aus A. + Ae.); F: 261—263° [Zers.]
(*Abe*, l. c. S. 193).

IV   V   VI

5-Methyl-2-phenyl-3,5-dihydro-imidazol-4-on $C_{10}H_{10}N_2O$, Formel V, und Tautomere.

B. Aus Benzamidin-hydrochlorid und Pyruvaldehyd unter Zusatz von wss. KOH
(*Cornforth, Huang*, Soc. **1948** 731, 733, 735; s. dazu *Imbach et al.*, Bl. **1971** 1052, 1053,
1058). Aus DL-Alanin-äthylester und Benzimidsäure-methylester (*Co., Hu.*) oder Benz≠
imidsäure-äthylester (*Chambon, Boucherle*, Bl. **1954** 910, 911).

Kristalle (aus Bzl.); F: 171—172° [korr.] (*Ch., Bo.*), 170° (*Co., Hu.*). Bei 160°/15 Torr
sublimierbar (*Co., Hu.*).

Hydrochlorid $C_{10}H_{10}N_2O \cdot HCl$. Kristalle mit 1 Mol H_2O; F: 170—172° [nach
Erweichen bei 130°] (*Co., Hu.*).

Picrat $C_{10}H_{10}N_2O \cdot C_6H_3N_3O_7$. Gelbe Kristalle (aus wss. A.); F: 169—171° (*Co., Hu.*).

1-Acetyl-5-methyl-2-phenyl-1,5-dihydro-imidazol-4-on $C_{12}H_{12}N_2O_2$, Formel VI
(R = CO-CH_3), und Tautomeres.

Diese Konstitution kommt einer von *Cornforth, Huang* (Soc. **1948** 731, 735) als
4-Acetoxy-5-methyl-2-phenyl-1(3)H-imidazol formulierten Verbindung zu (*Chambon,
Boucherle*, Bl. **1954** 910).

B. Beim Erhitzen von 5-Methyl-2-phenyl-3,5-dihydro-imidazol-4-on mit Acetanhydrid
(*Co., Hu.*; *Ch., Bo.*).

Kristalle (aus Bzl.); F: 178—179° [korr.] (*Ch., Bo.*), 170—172° (*Co., Hu.*).

1-Benzoyl-5-methyl-2-phenyl-1,5-dihydro-imidazol-4-on $C_{17}H_{14}N_2O_2$, Formel VI
(R = CO-C_6H_5), und Tautomeres.

B. Aus (±)-5-Methyl-2-phenyl-3,5-dihydro-imidazol-4-on und Benzoesäure-anhydrid
(*Chambon, Boucherle*, Bl. **1954** 910, 911).

Kristalle (aus wss. A.); F: 138—139° [korr.].

(±)-5-Methyl-5-phenyl-3,5-dihydro-imidazol-4-thion $C_{10}H_{10}N_2S$, Formel VII, und Tautomere.

Hydrochlorid $C_{10}H_{10}N_2S \cdot HCl$. *B.* Beim Erwärmen von (±)-2-Formylamino-2-phenyl-thiopropionsäure-amid mit wss.-äthanol. HCl (*Abe*, J. chem. Soc. Japan Pure Chem. Sect. **72** [1951] 1038; C. A. **1953** 5935). — Gelbe Kristalle (aus A. + Ae.); Zers. bei 238—240°.

4-Methyl-5-phenyl-1,3-dihydro-imidazol-2-on $C_{10}H_{10}N_2O$, Formel VIII (R = H), und Tautomere (H 169; E II 80).

B. In mässiger Ausbeute neben 5-Methyl-4-phenyl-oxazol-2-ylamin und anderen Verbindungen beim Erhitzen von 2-Brom-1-phenyl-propan-1-on mit Harnstoff in DMF (*Gompper, Christmann,* B. **92** [1959] 1944, 1947). Beim Erhitzen von 4-Methyl-3-phenyl-isoxazol-5-ylamin mit Anilin auf 180° (*Kano,* J. pharm. Soc. Japan **72** [1952] 1118, 1120; C. A. **1953** 6936). Als Hauptprodukt beim Erhitzen von [2,6-Diäthoxy-pyrimidin-4-yl]-phenyl-methanol mit rauchender HCl auf 140° unter Druck (*Langley,* Am. Soc. **78** [1956] 2136, 2140).

Kristalle; F: 290° [nach Sintern bei 250°; aus A.] (*Go., Ch.*), 265—290° [unkorr.; Zers.; nach Dunkelfärbung ab 240°; aus wss. A.] (*La.*), 286° [aus wss. A.] (*Kano*). λ_{max} (A.): 282—284 nm (*La.*).

1,5-Dimethyl-4-phenyl-1,3-dihydro-imidazol-2-on $C_{11}H_{12}N_2O$, Formel VIII (R = CH$_3$), und Tautomere.

B. Aus (±)-2-Methylamino-1-phenyl-propan-1-on-hydrochlorid und Kaliumcyanat (*Hoffmann-La Roche,* U.S.P. 2514380 [1946]).

Kristalle (aus wss. A.); F: 261—265°.

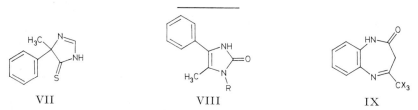

VII   VIII   IX

4-Methyl-1,3-dihydro-benzo[*b*][1,4]diazepin-2-on $C_{10}H_{10}N_2O$, Formel IX (X = H), und Tautomere.

Nach Ausweis der ^{1}H-NMR-Absorption liegt in CDCl$_3$ 4-Methyl-1,3-dihydro-benzo[*b*]=[1,4]diazepin-2-on vor (*Müller et al.,* A. **697** [1966] 193, 198).

Diese Konstitution kommt der von *Sexton* (Soc. **1942** 303) und von *Perekalin, Lerner* (Ž. obšč. Chim. **21** [1951] 1995, 1999; engl. Ausg. S. 2219, 2223) als [1*H*-Benzimidazol-2-yl]-aceton angesehenen Verbindung zu (*Mü. et al.,* l. c. S. 196, 198; s. a. *Davoll,* Soc. **1960** 308, 309; *Rossi et al.,* Helv. **43** [1960] 1298, 1300). Die von *Sexton* unter dieser Konstitution beschriebene Verbindung vom F: 121° ist als 1-Isopropenyl-1,3-dihydro-benzimidazol-2-on (S. 278) zu formulieren (*Da.; Ro. et al.*).

B. Aus *o*-Phenylendiamin und Diketen [E III/IV **17** 4297] (*Ried, Stahlhofen,* B. **90** [1957] 825, 827). Beim Erhitzen von *o*-Phenylendiamin mit Acetessigsäure-äthylester in Xylol unter Zusatz von äthanol. KOH (*Se.*). Aus Acetessigsäure-[2-nitro-anilid] in wss.-äthanol. HCl bei der Reduktion mit Eisen (*Se.; Pe., Le.*).

Kristalle; F: 151° [aus Bzl. oder Xylol] (*Ried, St.*), 148° [aus Bzl.] (*Se.*), 145° [aus H$_2$O] (*Pe., Le.*). ^{1}H-NMR-Absorption (CDCl$_3$): *Mü. et al.*

Picrat $C_{10}H_{10}N_2O \cdot C_6H_3N_3O_7$. Gelbe Kristalle (aus A.); F: 177° [Zers.] (*Ried, St.*).

4-Trifluormethyl-1,3-dihydro-benzo[*b*][1,4]diazepin-2-on $C_{10}H_7F_3N_2O$, Formel IX (X = F), und Tautomere.

B. Beim Erhitzen von *o*-Phenylendiamin mit 4,4,4-Trifluor-acetessigsäure-äthylester in Xylol (*Wigton, Joullié,* Am. Soc. **81** [1959] 5212).

Kristalle (aus Bzl.); F: 184—185° [unkorr.]. IR-Banden (KBr [3—14,5 μ] sowie CHCl$_3$ [3—7 μ]): *Wi., Jo.* λ_{max} (H$_2$O): 218 nm, 242 nm und 276 nm.

3-Äthyl-1*H*-cinnolin-4-on $C_{10}H_{10}N_2O$, Formel X, und Tautomeres.

B. Aus 1-[2-Amino-phenyl]-butan-1-on bei der Diazotierung in wss. HCl (*Keneford, Simpson*, Soc. **1948** 2318).

Kristalle (aus Eg.); F: 225—226° (*Ke., Si.*). λ_{max} (A.): 237,5 nm, 249,5 nm, 282,5 nm, 291,5 nm, 344 nm und 357,5 nm (*Hearn et al.*, Soc. **1951** 3318, 3323).

6,7-Dimethyl-1*H*-cinnolin-4-on $C_{10}H_{10}N_2O$, Formel XI (R = X = H), und Tautomeres.

B. Aus 1-[2-Amino-4,5-dimethyl-phenyl]-äthanon bei der Diazotierung in konz. wss. HCl (*Schofield et al.*, Soc. **1949** 2399, 2402).

Kristalle (aus A.); F: 267—268° [unkorr.] (*Sch. et al.*). λ_{max} (A.): 289,5 nm, 347 nm und 362 nm (*Hearn et al.*, Soc. **1951** 3318, 3323).

1-Acetyl-6,7-dimethyl-1*H*-cinnolin-4-on $C_{12}H_{12}N_2O_2$, Formel XI (R = CO-CH$_3$, X = H).

Bezüglich der Konstitution vgl. *Bruce et al.*, Soc. **1964** 4044.

B. Aus 6,7-Dimethyl-1*H*-cinnolin-4-on (*Schofield et al.*, Soc. **1949** 2399, 2403).

Kristalle (aus wss. A.); F: 151—152° [unkorr.] (*Sch. et al.*).

3-Chlor-6,7-dimethyl-1*H*-cinnolin-4-on $C_{10}H_9ClN_2O$, Formel XI (R = H, X = Cl), und Tautomeres.

B. Aus 1-[2-Acetylamino-4,5-dimethyl-phenyl]-2-chlor-äthanon beim Erwärmen mit Essigsäure und wss. HCl und anschliessenden Diazotieren (*Schofield et al.*, Soc. **1949** 2399, 2402).

Kristalle (aus A.); F: 314—315° [unkorr.].

1-Acetyl-3-chlor-6,7-dimethyl-1*H*-cinnolin-4-on $C_{12}H_{11}ClN_2O_2$, Formel XI (R = CO-CH$_3$, X = Cl).

Bezüglich der Konstitution vgl. *Bruce et al.*, Soc. **1964** 4044.

B. Aus 3-Chlor-6,7-dimethyl-1*H*-cinnolin-4-on (*Schofield et al.*, Soc. **1949** 2399, 2402).

Kristalle (aus A.); F: 196—197° [unkorr.] (*Sch. et al.*). λ_{max} (A.): 246 nm, 267,5 nm, 307 nm und 349 nm (*Hearn et al.*, Soc. **1951** 3318, 3324).

      X   XI   XII

2-Äthyl-3*H*-chinazolin-4-on $C_{10}H_{10}N_2O$, Formel XII (R = H), und Tautomere (H 170; E II 80).

B. Beim Erwärmen von 2-Äthyl-benz[*d*][1,3]oxazin-4-on mit NH$_3$ in Äthanol (*Zentmyer, Wagner*, J. org. Chem. **14** [1949] 967, 978).

Kristalle (aus E. + Hexan); F: 233° [korr.] (*Ze., Wa.*, l. c. S. 971).

Die Identität einer beim Erhitzen mit PCl$_5$ und POCl$_3$ erhaltenen, als 2-Äthyl-4,x,x,x-tetrachlor-chinazolin formulierten Verbindung (s. H 170) ist ungewiss (*Smith, Kent*, J. org. Chem. **30** [1965] 1312).

2-Äthyl-3-phenyl-3*H*-chinazolin-4-on $C_{16}H_{14}N_2O$, Formel XIII (R = X = X' = H).

B. Aus *N*-Propionyl-anthranilsäure und Anilin mit Hilfe von PCl$_3$ (*Kacker, Zaheer*, J. Indian chem. Soc. **28** [1951] 344). Beim Behandeln einer Lösung von Propionsäure-[2-benzoyl-anilid] in CHCl$_3$ mit konz. H$_2$SO$_4$ und NaN$_3$ (*Palazzo*, Ann. Chimica **49** [1959] 835, 838).

Kristalle (aus wss. A.); F: 126—127° (*Ka., Za.*, J. Indian chem. Soc. **28** 345), 125° (*Pa.*).

Reaktion mit Phenylmagnesiumbromid unter Bildung von 2-Äthyl-4,4-diphenyl-4*H*-benz[*d*][1,3]oxazin: *Kacker, Zaheer*, Soc. **1956** 415, 416; s. a. *Zaheer, Kacker*, Curr.

Sci. **24** [1955] 12.

Hydrochlorid. Kristalle; F: 212—214° (*Ka.*, *Za.*, J. Indian chem. Soc. **28** 345).

2-Äthyl-3-[4-chlor-phenyl]-3*H*-chinazolin-4-on $C_{16}H_{13}ClN_2O$, Formel XIII (R = X = H, X' = Cl).

B. Aus *N*-Propionyl-anthranilsäure und 4-Chlor-anilin mit Hilfe von PCl$_3$ (*Rani et al.*, J. Indian chem. Soc. **30** [1953] 331, 332).

Kristalle (aus PAe.); F: 185° (*Rani et al.*).

Hydrochlorid. Kristalle (aus A.); F: 230° (*Rani et al.*).

Die folgenden Verbindungen sind in analoger Weise hergestellt worden:

2-Äthyl-3-[2-nitro-phenyl]-3*H*-chinazolin-4-on $C_{16}H_{13}N_3O_3$, Formel XIII (R = X' = H, X = NO$_2$). Kristalle (aus wss. A.); F: 167—168° (*Kacker, Zaheer*, J. Indian chem. Soc. **28** [1951] 344). — Hydrochlorid. Kristalle; F: 193—195° (*Ka.*, *Za.*).

2-Äthyl-3-[4-nitro-phenyl]-3*H*-chinazolin-4-on $C_{16}H_{13}N_3O_3$, Formel XIII (R = X = H, X' = NO$_2$). Kristalle (aus wss. A.); F: 194—195° (*Ka.*, *Za.*). — Hydro=chlorid. Kristalle; F: 223—224° (*Ka.*, *Za.*).

2-Äthyl-3-*o*-tolyl-3*H*-chinazolin-4-on $C_{17}H_{16}N_2O$, Formel XIII (R = X' = H, X = CH$_3$). Kristalle (aus wss. A.); F: 94—95° (*Ka.*, *Za.*). — Hydrochlorid. Kristalle; F: 195—196° (*Ka.*, *Za.*).

2-Äthyl-3-*m*-tolyl-3*H*-chinazolin-4-on $C_{17}H_{16}N_2O$, Formel XIII (R = CH$_3$, X = X' = H). Kristalle (aus wss. A.); F: 131—132° (*Ka.*, *Za.*). — Hydrochlorid. Kristalle; F: 211—212° (*Ka.*, *Za.*).

2-Äthyl-3-*p*-tolyl-3*H*-chinazolin-4-on $C_{17}H_{16}N_2O$, Formel XIII (R = X = H, X' = CH$_3$). Kristalle (aus wss. A.); F: 162—163° (*Ka.*, *Za.*). — Hydrochlorid. Kri-stalle; F: 218—220° (*Ka.*, *Za.*).

2-Äthyl-3-benzyl-3*H*-chinazolin-4-on $C_{17}H_{16}N_2O$, Formel XII (R = CH$_2$-C$_6$H$_5$). Kristalle (aus PAe.); F: 110° (*Rani et al.*, l. c. S. 333). — Hydrochlorid. Kristalle (aus A.); F: 196° [Zers.] (*Rani et al.*).

2-Äthyl-3-[1]naphthyl-3*H*-chinazolin-4-on $C_{20}H_{16}N_2O$, Formel XIV. Kri-stalle (aus wss. A.); F: 143—144° (*Ka.*, *Za.*). — Hydrochlorid. Kristalle; F: 214—216° (*Ka.*, *Za.*).

2-Äthyl-3-[2]naphthyl-3*H*-chinazolin-4-on $C_{20}H_{16}N_2O$, Formel XV. Kristalle (aus wss. A.); F: 138—139° (*Ka.*, *Za.*). — Hydrochlorid. Kristalle; F: 194—195° (*Ka.*, *Za.*).

2-Äthyl-3-[2-methoxy-phenyl]-3*H*-chinazolin-4-on $C_{17}H_{16}N_2O_2$, Formel XIII (X = O-CH$_3$, R = X' = H). Kristalle (aus PAe.); F: 143° (*Rani et al.*). — Hydro=chlorid. Kristalle (aus A.); F: 211° [Zers.] (*Rani et al.*).

3-[2-Äthoxy-phenyl]-2-äthyl-3*H*-chinazolin-4-on $C_{18}H_{18}N_2O_2$, Formel XIII (X = O-C$_2$H$_5$, R = X' = H). Kristalle (aus PAe.); F: 117° (*Rani et al.*). — Hydro=chlorid. Kristalle (aus A.); F: 220° (*Rani et al.*).

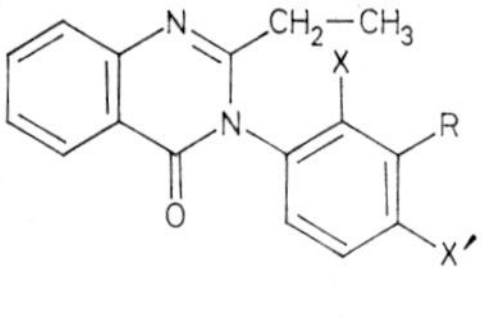

XIII 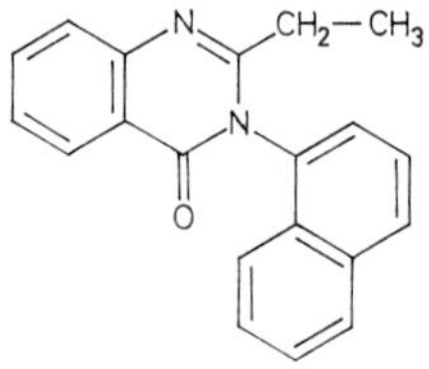   XIV 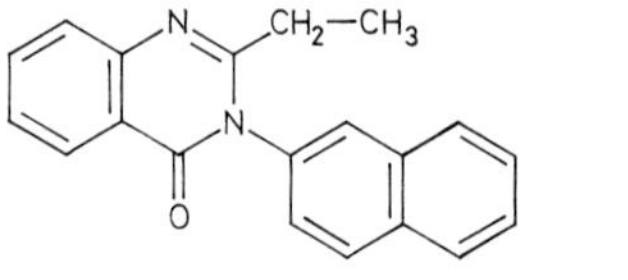   XV

2-Äthyl-3-[4-hydroxy-phenyl]-3*H*-chinazolin-4-on $C_{16}H_{14}N_2O_2$, Formel XIII (R = X = H, X' = OH).

B. Beim Erhitzen der folgenden Verbindung mit wss. HBr und Acetanhydrid (*Rani et al.*, J. Indian chem. Soc. **30** [1953] 331, 332).

Kristalle (aus Bzl.); F: 261°.

2-Äthyl-3-[4-methoxy-phenyl]-3*H*-chinazolin-4-on $C_{17}H_{16}N_2O_2$, Formel XIII (R = X = H, X' = O-CH$_3$).

B. Aus *N*-Propionyl-anthranilsäure und *p*-Anisidin mit Hilfe von PCl$_3$ (*Rani et al.*,

J. Indian chem. Soc. **30** [1953] 331, 332).
Kristalle (aus PAe.); F: 145°.
Hydrochlorid. Kristalle (aus A.); F: 252° [Zers.].

3-[4-Äthoxy-phenyl]-2-äthyl-3H-chinazolin-4-on $C_{18}H_{18}N_2O_2$, Formel XIII
(R = X = H, X' = O-C_2H_5).
B. Analog der vorangehenden Verbindung (*Rani et al.*, J. Indian chem. Soc. **30** [1953]
331, 332).
Kristalle (aus PAe.); F: 165°.
Hydrochlorid. Kristalle (aus A.); F: 206°.

4-[2-Äthyl-4-oxo-4H-chinazolin-3-yl]-benzolsulfonsäure-amid $C_{16}H_{15}N_3O_3S$, Formel XIII
(R = X = H, X' = SO_2-NH_2).
B. Aus *N*-Propionyl-anthranilsäure und Sulfanilamid mit Hilfe von Phenol (*Bami,
Dhatt*, J. scient. ind. Res. India **16**B [1957] 558, 561, 562).
Hellbraune Kristalle (aus wss. Me.); F: 235—236° [unkorr.].

4-[2-Äthyl-4-oxo-4H-chinazolin-3-yl]-benzolsulfonsäure-[2]pyridylamid $C_{21}H_{18}N_4O_3S$,
Formel I (X = H).
B. Beim Erhitzen von 2-Äthyl-benz[d][1,3]oxazin-4-on mit Sulfanilsäure-[2]pyridyl=
amid (*Dhatt, Bami*, J. scient. ind. Res. India **18**C [1959] 256, 257, 259).
Kristalle (aus wss. Eg.); F: 238° [unkorr.].

2-Äthyl-3-[6-methoxy-[8]chinolyl]-3H-chinazolin-4-on $C_{20}H_{17}N_3O_2$, Formel II.
B. Aus *N*-Propionyl-anthranilsäure und 6-Methoxy-[8]chinolylamin mit Hilfe von
Phenol (*Bami, Dhatt*, J. scient. ind. Res. India **16**B [1957] 558, 561, 562).
Gelbe Kristalle (aus wss. Me.); F: 196—198° [unkorr.].

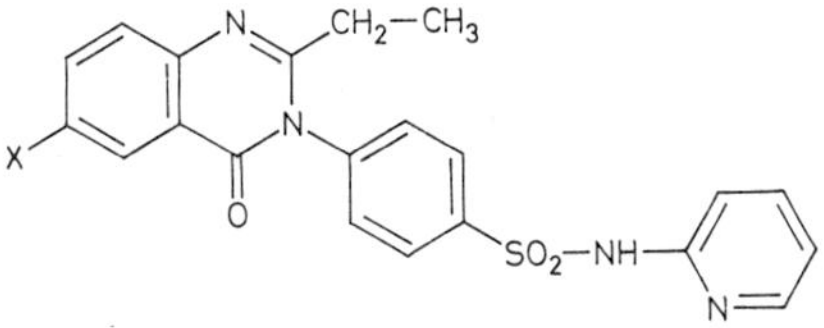

I 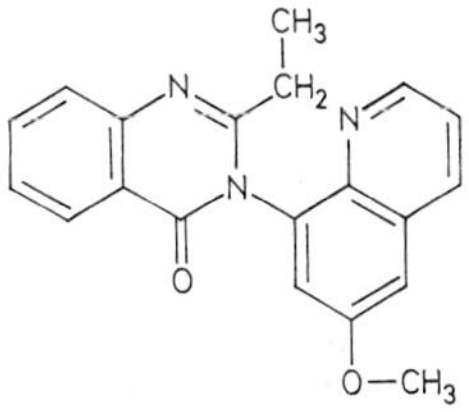   II

2-Äthyl-6-chlor-3H-chinazolin-4-on $C_{10}H_9ClN_2O$, Formel III, und Tautomere.
B. Aus 2-Amino-5-chlor-benzoesäure über mehrere Zwischenstufen (*Buzas, Hoffmann*,
Bl. **1959** 1889).
Kristalle (aus A.); F: 259°.

2-Äthyl-6-chlor-3-phenyl-3H-chinazolin-4-on $C_{16}H_{13}ClN_2O$, Formel IV (X = X' = H).
B. Aus 5-Chlor-2-propionylamino-benzoesäure und Anilin mit Hilfe von Phenol
(*Bami, Dhatt*, J. scient. ind. Res. India **16**B [1957] 558, 560, 562).
Kristalle (aus wss. Me.); F: 145° [unkorr.].
Die folgenden Verbindungen sind in analoger Weise hergestellt worden:
   2-Äthyl-6-chlor-3-[2-chlor-phenyl]-3H-chinazolin-4-on $C_{16}H_{12}Cl_2N_2O$, Formel IV (X = Cl, X' = H). Kristalle (aus wss. A.); F: 115° [unkorr.].
   2-Äthyl-6-chlor-3-[4-chlor-phenyl]-3H-chinazolin-4-on $C_{16}H_{12}Cl_2N_2O$, Formel IV (X = H, X' = Cl). Hellgelbe Kristalle (aus wss. A.); F: 185° [unkorr.].
   2-Äthyl-6-chlor-3-[2,4-dichlor-phenyl]-3H-chinazolin-4-on $C_{16}H_{11}Cl_3N_2O$,
Formel IV (X = X' = Cl). Kristalle (aus wss. Me.); F: 122° [unkorr.].
   2-Äthyl-3-[4-brom-phenyl]-6-chlor-3H-chinazolin-4-on $C_{16}H_{12}BrClN_2O$,
Formel IV (X = H, X' = Br). Hellgelbe Kristalle (aus wss. Me.); F: 192° [unkorr.].
   2-Äthyl-6-chlor-3-*p*-tolyl-3H-chinazolin-4-on $C_{17}H_{15}ClN_2O$, Formel IV
(X = H, X' = CH_3). Hellgelbe Kristalle (aus wss. Me.); F: 191° [unkorr.].
   2-Äthyl-6-chlor-3-[2-methoxy-phenyl]-3H-chinazolin-4-on $C_{17}H_{15}ClN_2O_2$,

Formel IV (X = O-CH$_3$, X' = H). Kristalle (aus wss. A.); F: 135° [unkorr.].

2-Äthyl-6-chlor-3-[4-methoxy-phenyl]-3H-chinazolin-4-on $C_{17}H_{15}ClN_2O_2$, Formel IV (X = H, X' = O-CH$_3$). Kristalle (aus wss. Me.); F: 128° [unkorr.].

3-[4-Äthoxy-phenyl]-2-äthyl-6-chlor-3H-chinazolin-4-on $C_{18}H_{17}ClN_2O_2$, Formel IV (X = H, X' = O-C$_2$H$_5$). Hellgelbe Kristalle (aus wss. Me.); F: 168° [unkorr.].

4-[2-Äthyl-6-chlor-4-oxo-4H-chinazolin-3-yl]-benzolsulfonsäure-[2]pyridylamid $C_{21}H_{17}ClN_4O_3S$, Formel I (X = Cl).

B. Beim Erhitzen von 2-Äthyl-6-chlor-benz[d][1,3]oxazin-4-on mit Sulfanilsäure-[2]pyridylamid (*Dhatt, Bami*, J. scient. ind. Res. India **18**C [1959] 256, 258, 259). Kristalle (aus wss. Eg.); F: 276° [unkorr.].

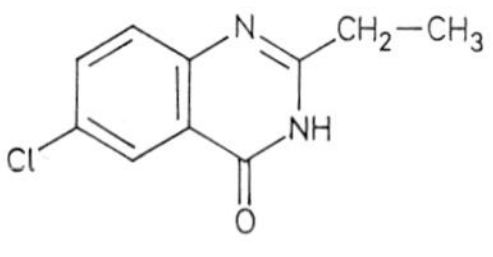

III 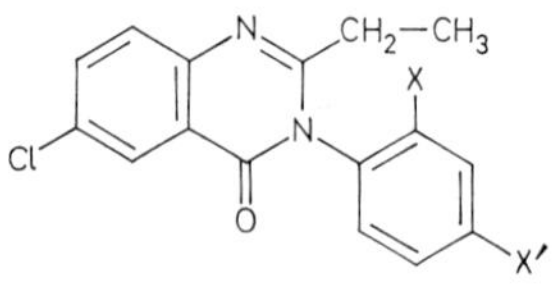   IV 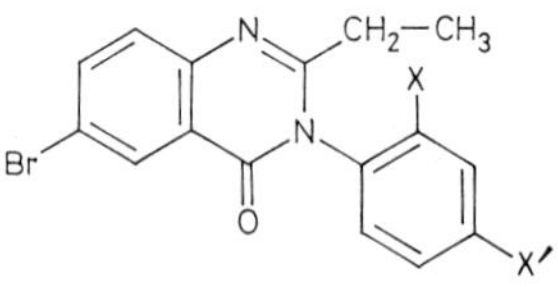   V

2-Äthyl-6-brom-3-[4-chlor-phenyl]-3H-chinazolin-4-on $C_{16}H_{12}BrClN_2O$, Formel V (X = H, X' = Cl).

B. Aus 5-Brom-2-propionylamino-benzoesäure und 4-Chlor-anilin mit Hilfe von Phenol (*Bami, Dhatt*, J. scient. ind. Res. India **16**B [1957] 558, 561, 562). Hellgelbe Kristalle (aus wss. A.); F: 171° [unkorr.].

2-Äthyl-6-brom-3-[2,4-dichlor-phenyl]-3H-chinazolin-4-on $C_{16}H_{11}BrCl_2N_2O$, Formel V (X = X' = Cl).

B. Analog der vorangehenden Verbindung (*Bami, Dhatt*, J. scient. ind. Res. India **16**B [1957] 558, 561, 562). Kristalle (aus wss. A.); F: 134° [unkorr.].

2-Äthyl-6-brom-3-[4-brom-phenyl]-3H-chinazolin-4-on $C_{16}H_{12}Br_2N_2O$, Formel V (X = H, X' = Br).

B. Analog den vorangehenden Verbindungen (*Bami, Dhatt*, J. scient. ind. Res. India **16**B [1957] 558, 561, 562). Kristalle (aus wss. A.); F: 177° [unkorr.].

2-Äthyl-6-brom-3-[4-jod-phenyl]-3H-chinazolin-4-on $C_{16}H_{12}BrIN_2O$, Formel V (X = H, X' = I).

B. Analog den vorangehenden Verbindungen (*Bami, Dhatt*, J. scient. ind. Res. India **16**B [1957] 558, 561, 562). Kristalle (aus wss. A.); F: 188° [unkorr.].

2-Äthyl-6-brom-3-[4-methoxy-phenyl]-3H-chinazolin-4-on $C_{17}H_{15}BrN_2O_2$, Formel V (X = H, X' = O-CH$_3$).

B. Analog den vorangehenden Verbindungen (*Dhatt, Bami*, J. scient. ind. Res. India **16**B [1957] 558, 561, 562). Kristalle (aus wss. A.); F: 154° [unkorr.].

[4-(2-Äthyl-6-brom-4-oxo-4H-chinazolin-3-yl)-benzolsulfonyl]-guanidin, 4-[2-Äthyl-6-brom-4-oxo-4H-chinazolin-3-yl]-benzolsulfonsäure-guanidid $C_{17}H_{16}BrN_5O_3S$, Formel V (X = H, X' = SO$_2$-NH-C(NH$_2$)=NH), und Tautomeres.

B. Beim Erhitzen von 2-Äthyl-6-brom-benz[d][1,3]oxazin-4-on mit Sulfanilylguanidin (*Dhatt, Bami*, J. scient. ind. Res. India **18**C [1959] 256, 258, 259). Kristalle (aus wss. Eg.); F: 296° [unkorr.].

4-[2-Äthyl-6-brom-4-oxo-4H-chinazolin-3-yl]-benzolsulfonsäure-[2]pyridylamid $C_{21}H_{17}BrN_4O_3S$, Formel I (X = Br).

B. Beim Erhitzen von 2-Äthyl-6-brom-benz[d][1,3]oxazin-4-on mit Sulfanilsäure-

[2]pyridylamid (*Dhatt, Bami*, J. scient. ind. Res. India **18**C [1959] 256, 258, 259).
Kristalle (aus wss. Eg.); F: 298—299° [unkorr.].

(±)-7-Chlor-2-vinyl-1,2-dihydro-3*H*-chinazolin-4-on(?) $C_{10}H_9ClN_2O$, vermutlich
Formel VI.
B. Aus 2-Amino-4-chlor-benzonitril, Acrylaldehyd und konz. H_2SO_4 (*I.G. Farbenind.*,
D.R.P. 672493 [1936]; Frdl. **25** 739, 743; *Gen. Aniline Works*, U.S.P. 2154889 [1937]).
F: 230—232°.

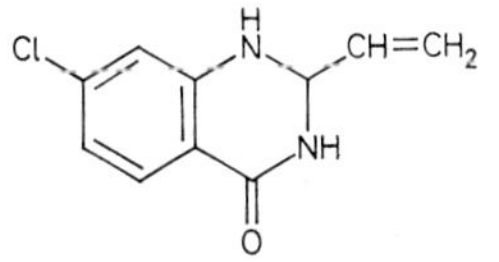

VI 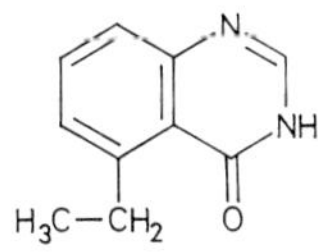   VII 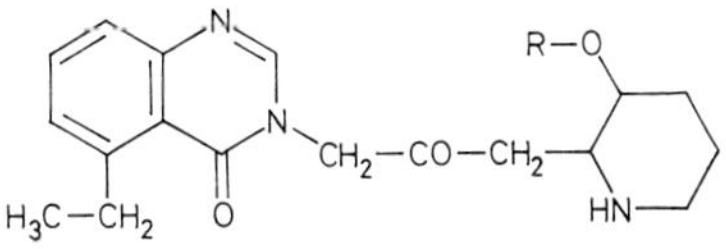   VIII

5-Äthyl-3*H*-chinazolin-4-on $C_{10}H_{10}N_2O$, Formel VII, und Tautomere.
B. Aus 5-Äthyl-1*H*-benz[*d*][1,3]oxazin-2,4-dion bei aufeinanderfolgender Umsetzung
mit wss. NH_3 und mit wss. Ameisensäure (*Baker et al.*, J. org. Chem. **17** [1952] 164, 173).
Kristalle (aus wss. Me.); F: 215—216°.

*Opt.-inakt. 5-Äthyl-3-[3-(3-hydroxy-[2]piperidyl)-2-oxo-propyl]-3*H*-chinazolin-4-on
$C_{18}H_{23}N_3O_3$, Formel VIII (R = H).
B. Beim Erhitzen der folgenden Verbindung mit wss. HBr (*Baker et al.*, J. org. Chem.
17 [1952] 164, 175).
Dihydrochlorid $C_{18}H_{23}N_3O_3 \cdot 2$ HCl. Feststoff mit 1 Mol H_2O; F: 217—218°.

*Opt.-inakt. 5-Äthyl-3-[3-(3-methoxy-[2]piperidyl)-2-oxo-propyl]-3*H*-chinazolin-4-on
$C_{19}H_{25}N_3O_3$, Formel VIII (R = CH_3).
B. Beim Behandeln von 5-Äthyl-3*H*-chinazolin-4-on mit opt.-inakt. 2-[3-Brom-2-oxo-
propyl]-3-methoxy-piperidin-1-carbonsäure-äthylester und methanol. Natriummethylat
und anschliessenden Erwärmen mit wss. HCl (*Baker et al.*, J. org. Chem. **17** [1952] 164,
174).
Dihydrochlorid $C_{19}H_{25}N_3O_3 \cdot 2$ HCl·H_2O. F: 210°.

2,6-Dimethyl-3-phenyl-3*H*-chinazolin-4-on $C_{16}H_{14}N_2O$, Formel IX (X = X′ = X″ = H).
B. Beim Erhitzen von 2-Acetylamino-5-methyl-benzoesäure mit Anilin und PCl_3
in Toluol (*Mewada et al.*, J. Indian chem. Soc. **32** [1955] 483).
Kristalle (aus A.); F: 124°.
Hydrochlorid $C_{16}H_{14}N_2O \cdot HCl$. Kristalle; F: 272°.

3-[2-Chlor-phenyl]-2,6-dimethyl-3*H*-chinazolin-4-on $C_{16}H_{13}ClN_2O$, Formel IX (X = Cl,
X′ = X″ = H).
B. Analog der vorangehenden Verbindung (*Mewada et al.*, J. Indian chem. Soc. **32**
[1955] 483).
Kristalle (aus Acn.); F: 175°.
Hydrochlorid $C_{16}H_{13}ClN_2O \cdot HCl$. Kristalle; F: 240°.

3-[3-Chlor-phenyl]-2,6-dimethyl-3*H*-chinazolin-4-on $C_{16}H_{13}ClN_2O$, Formel IX
(X = X″ = H, X′ = Cl).
B. Analog den vorangehenden Verbindungen (*Mewada et al.*, J. Indian chem. Soc.
32 [1955] 483).
Kristalle (aus A.); F: 144°.
Hydrochlorid $C_{16}H_{13}ClN_2O \cdot HCl$. Kristalle; F: 255—256°.

3-[4-Chlor-phenyl]-2,6-dimethyl-3*H*-chinazolin-4-on $C_{16}H_{13}ClN_2O$, Formel IX
(X = X′ = H, X″ = Cl).
B. Analog den vorangehenden Verbindungen (*Mewada et al.*, J. Indian chem. Soc.

32 [1955] 483).
Kristalle (aus A.); F: 150°.
Hydrochlorid $C_{16}H_{13}ClN_2O \cdot HCl$. Kristalle; F: 264—265°.

3-[2,4-Dichlor-phenyl]-2,6-dimethyl-3H-chinazolin-4-on $C_{16}H_{12}Cl_2N_2O$, Formel IX
(X = X" = Cl, X' = H).
B. Aus 2-Acetylamino-5-methyl-benzoesäure und 2,4-Dichlor-anilin mit Hilfe von
Phenol (*Bami, Dhatt,* J. scient. ind. Res. India **16** B [1957] 558, 559, 562).
Kristalle (aus wss. Me.); F: 152° [unkorr.].

3-[4-Brom-phenyl]-2,6-dimethyl-3H-chinazolin-4-on $C_{16}H_{13}BrN_2O$, Formel IX
(X = X' = H, X" = Br).
B. Aus 2-Acetylamino-5-methyl-benzoesäure und 4-Brom-anilin mit Hilfe von Phenol
oder von PCl_3 und Toluol (*Bami, Dhatt,* J. scient. ind. Res. India **16** B [1957] 558, 559,
562).
Kristalle (aus wss. Me. oder wss. A.); F: 170—171° [unkorr.].

3-[4-Jod-phenyl]-2,6-dimethyl-3H-chinazolin-4-on $C_{16}H_{13}IN_2O$, Formel IX
(X = X' = H, X" = I).
B. Aus 2-Acetylamino-5-methyl-benzoesäure und 4-Jod-anilin mit Hilfe von Phenol
(*Bami, Dhatt,* J. scient. ind. Res. India **16** B [1957] 558, 559, 562).
Kristalle (aus wss. Me.); F: 190° [unkorr.].

2,6-Dimethyl-3-[4-nitro-phenyl]-3H-chinazolin-4-on $C_{16}H_{13}N_3O_3$, Formel IX
(X = X' = H, X" = NO_2).
B. Aus 2-Acetylamino-5-methyl-benzoesäure und 4-Nitro-anilin mit Hilfe von Phenol
(*Bami, Dhatt,* J. scient. ind. Res. India **16** B [1957] 558, 559, 562).
Gelbe Kristalle (aus wss. Me.); F: 249—250° [unkorr.].

2,6-Dimethyl-3-o-tolyl-3H-chinazolin-4-on $C_{17}H_{16}N_2O$, Formel IX (X = CH_3,
X' = X" = H).
B. Beim Erhitzen von 2-Acetylamino-5-methyl-benzoesäure mit o-Toluidin und
PCl_3 in Toluol (*Subbaram,* Pr. Indian Acad. [A] **40** [1954] 22; *Mewada et al.,* J. Indian
chem. Soc. **32** [1955] 483).
Kristalle; F: 166° [aus A.] (*Me. et al.*), 159—161° [aus Acn.] (*Su.*).
Hydrochlorid $C_{17}H_{16}N_2O \cdot HCl$. Kristalle; F: 248° (*Me. et al.*).

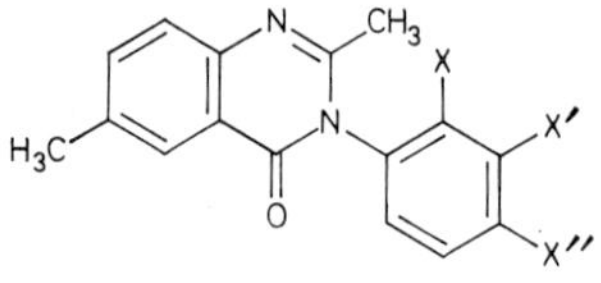

IX 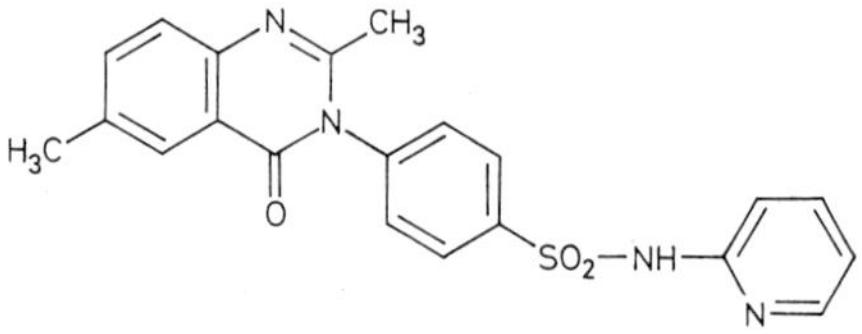   X

2,6-Dimethyl-3-m-tolyl-3H-chinazolin-4-on $C_{17}H_{16}N_2O$, Formel IX (X = X" = H,
X' = CH_3).
B. Analog der vorangehenden Verbindung (*Mewada et al.,* J. Indian chem. Soc. **32**
[1955] 483).
Kristalle (aus A.); F: 125°.
Hydrochlorid $C_{17}H_{16}N_2O \cdot HCl$. Kristalle; F: 252°.

2,6-Dimethyl-3-p-tolyl-3H-chinazolin-4-on $C_{17}H_{16}N_2O$, Formel IX (X = X' = H,
X" = CH_3).
B. Analog den vorangehenden Verbindungen (*Mewada et al.,* J. Indian chem. Soc.
32 [1955] 483).
Kristalle (aus A.); F: 136°.
Hydrochlorid $C_{17}H_{16}N_2O \cdot HCl$. Kristalle; F: 262°.

3-[2-Methoxy-phenyl]-2,6-dimethyl-3H-chinazolin-4-on $C_{17}H_{16}N_2O_2$, Formel IX
(X = O-CH$_3$, X′ = X″ = H).
B. Analog den vorangehenden Verbindungen (*Subbaram*, Pr. Indian Acad. [A] **40**
[1954] 22).
Kristalle (aus Acn.); F: 176—178°.

3-[2-Äthoxy-phenyl]-2,6-dimethyl-3H-chinazolin-4-on $C_{18}H_{18}N_2O_2$, Formel IX
(X = O-C$_2$H$_5$, X′ = X″ = H).
B. Analog den vorangehenden Verbindungen (*Subbaram*, Pr. Indian Acad. [A] **40**
[1954] 22).
Kristalle (aus Acn.); F: 138—140°.

3-[4-Methoxy-phenyl]-2,6-dimethyl-3H-chinazolin-4-on $C_{17}H_{16}N_2O_2$, Formel IX
(X = X′ = H, X″ = O-CH$_3$).
B. Analog den vorangehenden Verbindungen (*Mewada et al.*, J. Indian chem. Soc.
32 [1955] 483).
Kristalle (aus Acn.); F: 148°.
Hydrochlorid $C_{17}H_{16}N_2O_2 \cdot HCl$. Kristalle; F: 246°.

3-[4-Äthoxy-phenyl]-2,6-dimethyl-3H-chinazolin-4-on $C_{18}H_{18}N_2O_2$, Formel IX
(X = X′ = H, X″ = O-C$_2$H$_5$).
B. Aus 2-Acetylamino-5-methyl-benzoesäure und *p*-Phenetidin mit Hilfe von Phenol
(*Bami, Dhatt*, J. scient. ind. Res. India **16**B [1957] 558, 562).
Kristalle (aus wss. Me.); F: 175° [unkorr.] (*Bami, Dh.*, l. c. S. 559).

[4-(2,6-Dimethyl-4-oxo-4H-chinazolin-3-yl)-benzolsulfonyl]-guanidin, 4-[2,6-Dimethyl-4-oxo-4H-chinazolin-3-yl]-benzolsulfonsäure-guanidid $C_{17}H_{17}N_5O_3S$, Formel IX
(X = X′ = H, X″ = SO$_2$-NH-C(NH$_2$)=NH), und Tautomere.
B. Beim Erhitzen von 2,6-Dimethyl-benz[*d*][1,3]oxazin-4-on mit Sulfanilylguanidin
(*Dhatt, Bami*, J. scient. ind. Res. India **18**C [1959] 256, 257, 259).
Kristalle (aus wss. Eg.); F: 305° [unkorr.].

4-[2,6-Dimethyl-4-oxo-4H-chinazolin-3-yl]-benzolsulfonsäure-[2]pyridylamid
$C_{21}H_{18}N_4O_3S$, Formel X.
B. Beim Erhitzen von 2,6-Dimethyl-benz[*d*][1,3]oxazin-4-on mit Sulfanilsäure-
[2]pyridylamid (*Dhatt, Bami*, J. scient. ind. Res. India **18**C [1959] 256, 257, 259).
Kristalle (aus wss. Eg.); F: 245° [unkorr.].

2,8-Dimethyl-3-phenyl-3H-chinazolin-4-on $C_{16}H_{14}N_2O$, Formel XI (X = X′ = H).
B. Beim Erhitzen von 2-Acetylamino-3-methyl-benzoesäure mit Anilin und PCl$_3$
in Toluol (*Mewada et al.*, J. Indian chem. Soc. **32** [1955] 199).
Kristalle (aus PAe.); F: 148°.
Hydrochlorid $C_{16}H_{14}N_2O \cdot HCl$. Kristalle; F: 212° [Zers.].
Die folgenden Verbindungen sind in analoger Weise hergestellt worden:
  3-[2-Chlor-phenyl]-2,8-dimethyl-3H-chinazolin-4-on $C_{16}H_{13}ClN_2O$,
Formel XI (X = Cl, X′ = H). Kristalle (aus PAe.); F: 150°.
  3-[4-Chlor-phenyl]-2,8-dimethyl-3H-chinazolin-4-on $C_{16}H_{13}ClN_2O$, Formel XI (X = H, X′ = Cl). Kristalle (aus PAe.); F: 151°.
  2,8-Dimethyl-3-[2-nitro-phenyl]-3H-chinazolin-4-on $C_{16}H_{13}N_3O_3$, Formel XI (X = NO$_2$, X′ = H). Gelbe Kristalle (aus PAe.); F: 195°.
  2,8-Dimethyl-3-[4-nitro-phenyl]-3H-chinazolin-4-on $C_{16}H_{13}N_3O_3$, Formel XI (X = H, X′ = NO$_2$). Gelbe Kristalle (aus PAe.); F: 197°.
  2,8-Dimethyl-3-*o*-tolyl-3H-chinazolin-4-on $C_{17}H_{16}N_2O$, Formel XI (X = CH$_3$,
X′ = H). Kristalle (aus PAe.); F: 140°.
  2,8-Dimethyl-3-*p*-tolyl-3H-chinazolin-4-on $C_{17}H_{16}N_2O$, Formel XI (X = H,
X′ = CH$_3$). Kristalle (aus PAe.); F: 140°.
  3-[4-Methoxy-phenyl]-2,8-dimethyl-3H-chinazolin-4-on $C_{17}H_{16}N_2O_2$, For-

mel XI (X = H, X' = O-CH₃). Kristalle (aus PAe.); F: 135°. — Hydrochlorid $C_{17}H_{16}N_2O_2 \cdot HCl$. Kristalle; F: 220° [Zers.].

5,6-Dimethyl-3H-chinazolin-4-on $C_{10}H_{10}N_2O$, Formel XII (R = CH₃, R' = H), und Tautomere.

B. Aus 2-Amino-5,6-dimethyl-benzoesäure und Formamid (*Baker et al.*, J. org. Chem. **17** [1952] 149, 152).

Kristalle (aus wss. 2-Methoxy-äthanol); F: 247—248° [Zers.].

*Opt.-inakt. 3-[3-(3-Hydroxy-[2]piperidyl)-2-oxo-propyl]-5,6-dimethyl-3H-chinazolin-4-on $C_{18}H_{23}N_3O_3$, Formel XIII (R = CH₃, R' = R'' = H).

B. Aus der folgenden Verbindung und wss. HBr (*Baker et al.*, J. org. Chem. **17** [1952] 149, 155).

Dihydrochlorid $C_{18}H_{23}N_3O_3 \cdot 2$ HCl. Feststoff mit 1,5 Mol H_2O; F: 229° [Zers.].

*Opt.-inakt. 3-[3-(3-Methoxy-[2]piperidyl)-2-oxo-propyl]-5,6-dimethyl-3H-chinazolin-4-on $C_{19}H_{25}N_3O_3$, Formel XIII (R = R'' = CH₃, R' = H).

B. Beim Behandeln von 5,6-Dimethyl-3H-chinazolin-4-on mit opt.-inakt. 2-[3-Brom-2-oxo-propyl]-3-methoxy-piperidin-1-carbonsäure-äthylester und methanol. Natrium=methylat und anschliessenden Erwärmen mit wss. HCl (*Baker et al.*, J. org. Chem. **17** [1952] 149, 154).

Dihydrochlorid $2 C_{19}H_{25}N_3O_3 \cdot 4$ HCl $\cdot H_2O$. F: 223° [Zers.].

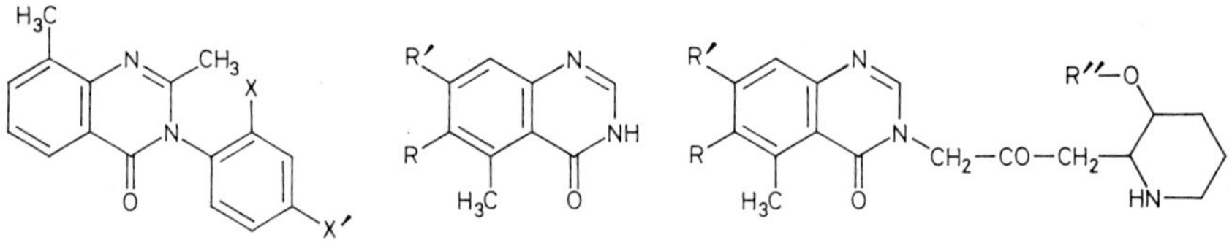

XI   XII   XIII

5,7-Dimethyl-3H-chinazolin-4-on $C_{10}H_{10}N_2O$, Formel XII (R = H, R' = CH₃), und Tautomere.

B. Aus 2-Amino-4,6-dimethyl-benzoesäure-amid und Formamid (*Baker et al.*, J. org. Chem. **17** [1952] 149, 152).

Kristalle (aus A.); F: 288—291° [Zers.].

*Opt.-inakt. 3-[3-(3-Hydroxy-[2]piperidyl)-2-oxo-propyl]-5,7-dimethyl-3H-chinazolin-4-on $C_{18}H_{23}N_3O_3$, Formel XIII (R = R'' = H, R' = CH₃).

B. Aus der folgenden Verbindung mit Hilfe von HBr (*Baker et al.*, J. org. Chem. **17** [1952] 149, 155).

Dihydrochlorid $C_{18}H_{23}N_3O_3 \cdot 2$ HCl. Feststoff mit 1,5 Mol H_2O; F: 193° [Zers.].

*Opt.-inakt. 3-[3-(3-Methoxy-[2]piperidyl)-2-oxo-propyl]-5,7-dimethyl-3H-chinazolin-4-on $C_{19}H_{25}N_3O_3$, Formel XIII (R = H, R' = R'' = CH₃).

B. Beim Behandeln von 5,7-Dimethyl-3H-chinazolin-4-on mit opt.-inakt. 2-[3-Brom-2-oxo-propyl]-3-methoxy-piperidin-1-carbonsäure-äthylester und methanol. Natrium=methylat und anschliessenden Erwärmen mit wss. HCl (*Baker et al.*, J. org. Chem. **17** [1952] 149, 153, 154).

Dihydrochlorid $2 C_{19}H_{25}N_3O_3 \cdot 4$ HCl $\cdot 3 H_2O$. F: 173° [Zers.].

5,8-Dimethyl-3H-chinazolin-4-on $C_{10}H_{10}N_2O$, Formel I (R = CH₃, R' = H), und Tautomere.

B. Aus 2-Amino-3,6-dimethyl-benzoesäure und Formamid (*Baker et al.*, J. org. Chem. **17** [1952] 149, 152).

Kristalle (aus Me.); F: 255—256° [Zers.].

*Opt.-inakt. 3-[3-(3-Hydroxy-[2]piperidyl)-2-oxo-propyl]-5,8-dimethyl-3H-chinazolin-4-on $C_{18}H_{23}N_3O_3$, Formel II (R = CH_3, R' = R'' = H).

B. Aus der folgenden Verbindung mit Hilfe von HBr (*Baker et al.*, J. org. Chem. **17** [1952] 149, 155).

Dihydrochlorid $C_{18}H_{23}N_3O_3 \cdot 2$ HCl$\cdot H_2O$. F: 218° [Zers.].

*Opt.-inakt. 3-[3-(3-Methoxy-[2]piperidyl)-2-oxo-propyl]-5,8-dimethyl-3H-chinazolin-4-on $C_{19}H_{25}N_3O_3$, Formel II (R = R'' = CH_3, R' = H).

B. Beim Behandeln von 5,8-Dimethyl-3H-chinazolin-4-on mit opt.-inakt. [3-Brom-2-oxo-propyl]-3-methoxy-piperidin-1-carbonsäure-äthylester und methanol. Natrium=methylat und anschliessenden Erwärmen mit wss. HCl (*Baker et al.*, J. org. Chem. **17** [1952] 149, 153, 154).

Dihydrochlorid $2 C_{19}H_{25}N_3O_3 \cdot 4$ HCl$\cdot H_2O$. F: 227° [Zers.].

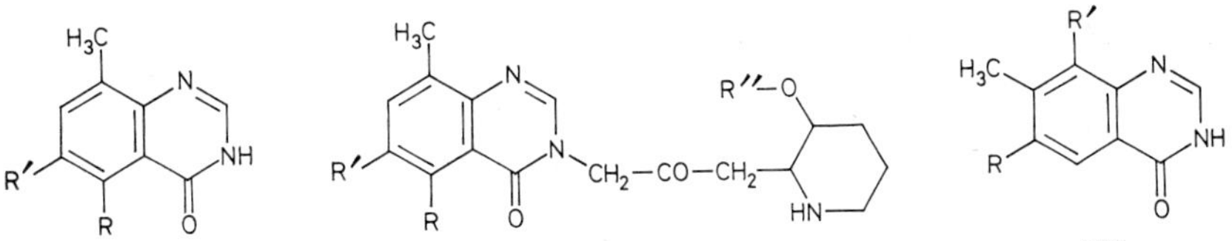

I   II   III

6,7-Dimethyl-3H-chinazolin-4-on $C_{10}H_{10}N_2O$, Formel III (R = CH_3, R' = H), und Tautomere.

B. Aus 2-Amino-4,5-dimethyl-benzoesäure und Formamid (*Baker et al.*, J. org. Chem. **17** [1952] 149, 152).

Kristalle (aus wss. 2-Methoxy-äthanol); F: 248—249° [Zers.].

*Opt.-inakt. 3-[3-(3-Hydroxy-[2]piperidyl)-2-oxo-propyl]-6,7-dimethyl-3H-chinazolin-4-on $C_{18}H_{23}N_3O_3$, Formel IV (R = R' = H).

B. Aus der folgenden Verbindung mit Hilfe von HBr (*Baker et al.*, J. org. Chem. **17** [1952] 149, 155).

Dihydrochlorid $C_{18}H_{23}N_3O_3 \cdot 2$ HCl$\cdot 2$ H_2O. F: 189° [Zers.].

*Opt.-inakt. 3-[3-(3-Methoxy-[2]piperidyl)-2-oxo-propyl]-6,7-dimethyl-3H-chinazolin-4-on $C_{19}H_{25}N_3O_3$, Formel IV (R = H, R' = CH_3).

B. Aus der folgenden Verbindung mit Hilfe von wss. HCl (*Baker et al.*, J. org. Chem. **17** [1952] 149, 154).

Dihydrochlorid $2 C_{19}H_{25}N_3O_3 \cdot 4$ HCl$\cdot 3$ H_2O. F: 219—220° [Zers.].

*Opt.-inakt. 2-[3-(6,7-Dimethyl-4-oxo-4H-chinazolin-3-yl)-2-oxo-propyl]-3-methoxy-piperidin-1-carbonsäure-äthylester $C_{22}H_{29}N_3O_5$, Formel IV (R = CO-O-C_2H_5, R' = CH_3).

B. Aus 6,7-Dimethyl-3H-chinazolin-4-on, opt.-inakt. 2-[3-Brom-2-oxo-propyl]-3-meth=oxy-piperidin-1-carbonsäure-äthylester und methanol. Natriummethylat (*Baker et al.*, J. org. Chem. **17** [1952] 149, 153).

Kristalle; F: 140—141°.

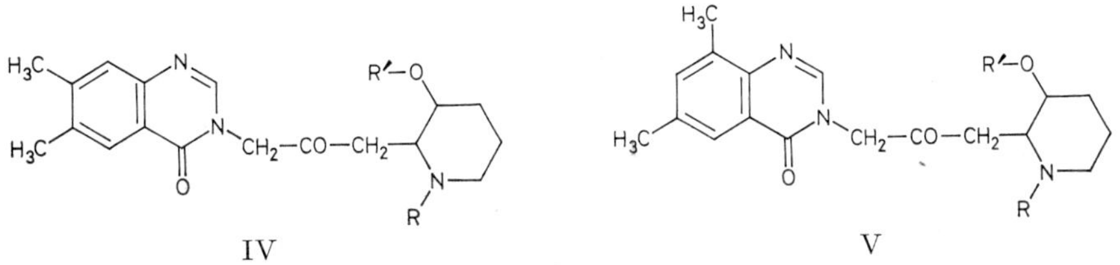

IV   V

6,8-Dimethyl-3H-chinazolin-4-on $C_{10}H_{10}N_2O$, Formel I (R = H, R' = CH_3), und Tautomere.

B. Aus 2-Amino-3,5-dimethyl-benzoesäure und Formamid (*Baker et al.*, J. org. Chem.

17 [1952] 149, 152).
Kristalle (aus 2-Methoxy-äthanol); F: 244—245°.

*Opt.-inakt. 3-[3-(3-Hydroxy-[2]piperidyl)-2-oxo-propyl]-6,8-dimethyl-3H-chinazolin-4-on $C_{18}H_{23}N_3O_3$, Formel V (R = R' = H).
B. Aus der folgenden Verbindung mit Hilfe von HBr (*Baker et al.*, J. org. Chem. **17** [1952] 149, 155).
Dihydrochlorid $C_{18}H_{23}N_3O_3 \cdot 2$ HCl·H_2O. F: 222° [Zers.].

*Opt.-inakt. 3-[3-(3-Methoxy-[2]piperidyl)-2-oxo-propyl]-6,8-dimethyl-3H-chinazolin-4-on $C_{19}H_{25}N_3O_3$, Formel V (R = H, R' = CH_3).
B. Aus der folgenden Verbindung mit Hilfe von wss. HCl (*Baker et al.*, J. org. Chem. **17** [1952] 149, 154).
Dihydrochlorid $C_{19}H_{25}N_3O_3 \cdot 2$ HCl. F: 232° [Zers.].

*Opt.-inakt. 2-[3-(6,8-Dimethyl-4-oxo-4H-chinazolin-3-yl)-2-oxo-propyl]-3-methoxy-piperidin-1-carbonsäure-äthylester $C_{22}H_{29}N_3O_5$, Formel V (R = CO-O-C_2H_5, R' = CH_3).
B. Aus 6,8-Dimethyl-3H-chinazolin-4-on, opt.-inakt. 2-[3-Brom-2-oxo-propyl]-3-meth-oxy-piperidin-1-carbonsäure-äthylester und methanol. Natriummethylat (*Baker et al.*, J. org. Chem. **17** [1952] 149, 153).
Kristalle; F: 147—148°.

7,8-Dimethyl-3H-chinazolin-4-on $C_{10}H_{10}N_2O$, Formel III (R = H, R' = CH_3), und Tautomere.
B. Aus 2-Amino-3,4-dimethyl-benzoesäure und Formamid (*Baker et al.*, J. org. Chem. **17** [1952] 149, 152).
Kristalle (aus Toluol); F: 252—254°.

*Opt.-inakt. 3-[3-(3-Hydroxy-[2]piperidyl)-2-oxo-propyl]-7,8-dimethyl-3H-chinazolin-4-on $C_{18}H_{23}N_3O_3$, Formel VI (R = H).
B. Aus der folgenden Verbindung mit Hilfe von HBr (*Baker et al.*, J. org. Chem. **17** [1952] 149, 155).
Dihydrochlorid $C_{18}H_{23}N_3O_3 \cdot 2$ HCl·H_2O. F: 223° [Zers.].

*Opt.-inakt. 3-[3-(3-Methoxy-[2]piperidyl)-2-oxo-propyl]-7,8-dimethyl-3H-chinazolin-4-on $C_{19}H_{25}N_3O_3$, Formel VI (R = CH_3).
B. Beim Behandeln von 7,8-Dimethyl-3H-chinazolin-4-on mit opt.-inakt. 2-[3-Brom-2-oxo-propyl]-3-methoxy-piperidin-1-carbonsäure-äthylester und methanol. Natrium-methylat und anschliessenden Erwärmen mit wss. HCl (*Baker et al.*, J. org. Chem. **17** [1952] 149, 154).
Dihydrochlorid $2 C_{19}H_{25}N_3O_3 \cdot 4$ HCl·H_2O. F: 231° [Zers.].

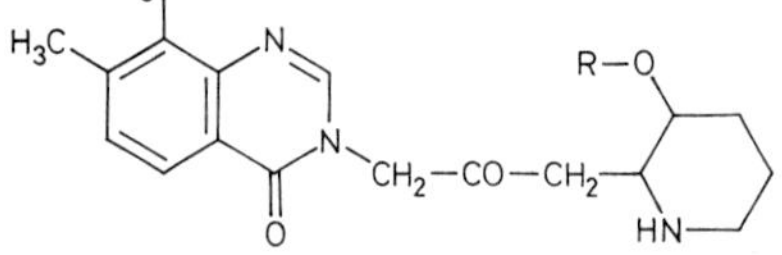

VI 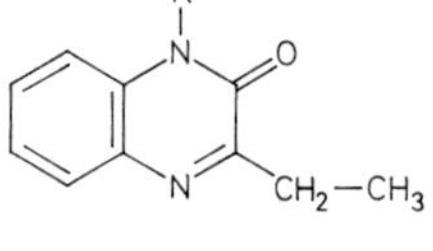   VII 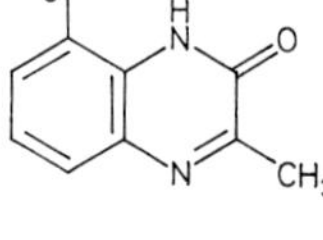   VIII

3-Äthyl-1H-chinoxalin-2-on $C_{10}H_{10}N_2O$, Formel VII (R = H), und Tautomeres.
B. In geringen Mengen neben anderen Verbindungen aus 1,4-Dihydro-chinoxalin-2,3-dion und Äthylmagnesiumbromid (*Landquist, Stacey*, Soc. **1953** 2822, 2826). Beim Erhitzen von 2-[3-Oxo-3,4-dihydro-chinoxalin-2-yl]-propionsäure-äthylester mit wss. KOH und anschliessenden Behandeln mit wss. HCl (*L'Italien, Banks*, Am. Soc. **73** [1951] 3246).
Kristalle (aus PAe.); F: 194—196° (*La., St.*). Kristalle (aus H_2O) mit 1 Mol H_2O; F: 198° (*L'It., Ba.*).

3-Äthyl-1-methyl-1*H*-chinoxalin-2-on $C_{11}H_{12}N_2O$, Formel VII (R = CH_3).

B. Aus 3-Äthyl-1*H*-chinoxalin-2-on und Dimethylsulfat (*Landquist, Stacey*, Soc. **1953** 2822, 2826).

Gelbe Kristalle; F: 106°.

3,8-Dimethyl-1*H*-chinoxalin-2-on $C_{10}H_{10}N_2O$, Formel VIII, und Tautomeres.

B. Bei der Hydrierung von *N*-[3-Methyl-2-nitro-phenyl]-DL-alanin an Palladium/Kohle in Äthanol und anschliessenden Behandlung mit H_2O_2 und wss. NaOH (*Kyryacos, Schultz*, Am. Soc. **75** [1953] 3597).

Kristalle (aus wss. A.); F: 256,5—257,5°. Bei 180°/1 Torr sublimierbar. λ_{max}: 256,5 nm und 291 nm [A.], 230 nm und 257 nm [wss. HCl (0,1 n)] bzw. 242 nm [wss. NaOH (0,1 n)]. Eutektikum mit 3,5-Dimethyl-1*H*-chinoxalin-2-on: *Ky., Sch.*

3,7-Dimethyl-1*H*-chinoxalin-2-on $C_{10}H_{10}N_2O$, Formel IX (R = R′ = H, R″ = CH_3), und Tautomeres (H 172).

B. Bei der Hydrierung von *N*-[4-Methyl-2-nitro-phenyl]-DL-alanin an Palladium/Kohle in Äthanol und Behandeln des Reaktionsprodukts in wss. NaOH mit Luft (*Marks, Schultz*, Am. Soc. **73** [1951] 1368).

Kristalle (aus wss. A.); F: 243—244°. Bei 150°/1 Torr sublimierbar. UV-Spektrum (220—400 nm) in Äthanol, in wss. HCl [0,1 n] sowie in wss. NaOH [0,1 n]: *Ma., Sch.* Schmelzdiagramm des Systems mit 3,6-Dimethyl-1*H*-chinoxalin-2-on: *Ma., Sch.*

3,6-Dimethyl-1*H*-chinoxalin-2-on $C_{10}H_{10}N_2O$, Formel IX (R = R″ = H, R′ = CH_3), und Tautomere.

In dem H **24** 172 unter dieser Konstitution beschriebenen Präparat vom F: 220° („2.7-Dimethyl-chinoxalon-(3)") hat ein Gemisch von 3,6-Dimethyl-1*H*-chinoxalin-2-on und 3,7-Dimethyl-1*H*-chinoxalin-2-on vorgelegen (*Marks, Schultz*, Am. Soc. **73** [1951] 1368).

B. Beim Behandeln von *N*-[2-Acetylamino-5-methyl-phenyl]-DL-alanin-äthylester mit wss. H_2SO_4 und anschliessend mit wss. H_2O_2 in wss. NaOH (*Ma., Sch.*). Bei der Hydrierung von *N*-[5-Methyl-2-nitro-phenyl]-DL-alanin an Palladium/Kohle in Äthanol und Behandlung des Reaktionsprodukts mit wss. H_2O_2 in wss. NaOH (*Munk, Schultz*, Am. Soc. **74** [1952] 3433).

Kristalle (aus wss. A.); F: 254—255° [vorgeheizter App.] (*Ma., Sch.*), 248—249° (*Munk, Sch.*). Bei 150°/1 Torr sublimierbar (*Ma., Sch.*). UV-Spektrum (220—400 nm) in Äthanol, in wss. HCl [0,1 n] sowie in wss. NaOH [0,1 n]: *Ma., Sch.* Schmelzdiagramm des Systems mit 3,7-Dimethyl-1*H*-chinoxalin-2-on: *Ma., Sch.*

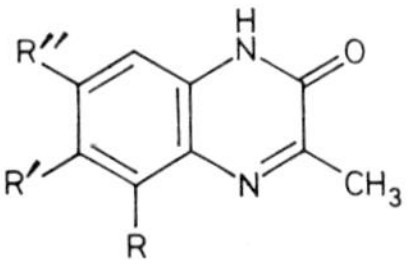

IX

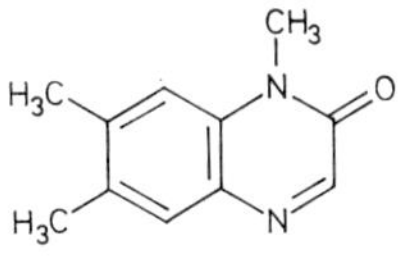

X

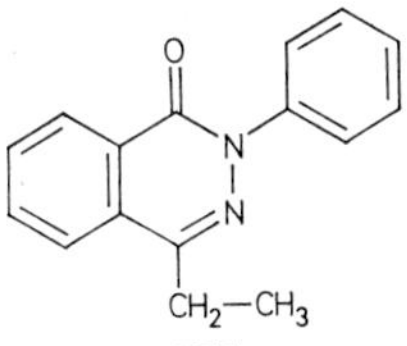

XI

3,5-Dimethyl-1*H*-chinoxalin-2-on $C_{10}H_{10}N_2O$, Formel IX (R = CH_3, R′ = R″ = H), und Tautomeres.

B. Bei der Hydrierung von *N*-[2-Methyl-6-nitro-phenyl]-DL-alanin an Palladium/Kohle in Äthanol und Behandlung des Reaktionsprodukts mit wss. H_2O_2 in wss. NaOH (*Kyryacos, Schultz*, Am. Soc. **75** [1953] 3597).

Kristalle (aus wss. A.); F: 256,5—257,5°. Bei 180°/1 Torr sublimierbar. λ_{max}: 250 nm, 255,5 nm und 292 nm [A.], 230 nm und 256 nm [wss. HCl (0,1 n)] bzw. 241 nm [wss. NaOH (0,1 n)]. Eutektikum mit 3,8-Dimethyl-1*H*-chinoxalin-2-on: *Ky., Sch.*

1,6,7-Trimethyl-1H-chinoxalin-2-on $C_{11}H_{12}N_2O$, Formel X.

B. Aus 4,6,7-Trimethyl-3-oxo-3,4-dihydro-chinoxalin-2-carbonsäure (*Kuhn, Reinemund*, B. **67** [1934] 1932, 1936; *Mc Nutt*, J. biol. Chem. **219** [1956] 365, 366).

Kristalle; F: 175,5—177° [aus H_2O] (*McN.*), 176° (*Kuhn, Re.*). Bei 140°/0,05 Torr sublimierbar (*McN.*). UV-Spektrum ($CHCl_3$; 200—400 nm): *Kuhn, Rudy*, B. **67** [1934] 892, 893. λ_{max}: 207 nm, 233 nm, 298 nm und 355 nm [H_2O] bzw. 241 nm, 290 nm und 357 nm [$CHCl_3$] (*McN.*).

4-Äthyl-2-phenyl-2H-phthalazin-1-on $C_{16}H_{14}N_2O$, Formel XI (H 170).

Kristalle (aus A.); F: 111—112° (*Frank et al.*, Am. Soc. **66** [1944] 1, 4).

2,8-Dimethyl-pyrido[1,2-a]pyrimidin-4-on $C_{10}H_{10}N_2O$, Formel I (R = CH_3, R' = H).

B. Aus 4-Methyl-[2]pyridylamin und 3-Amino-crotonsäure-äthylester [E IV **4** 2841] (*Antaki, Petrow*, Soc. **1951** 551, 554).

Kristalle (aus Bzl. + PAe.); F: 137° [unkorr.].

Picrat $C_{10}H_{10}N_2O \cdot C_6H_3N_3O_7$. Gelbe Kristalle (aus Acn. + A.); F: 198° [unkorr.].

2,9-Dimethyl-pyrido[1,2-a]pyrimidin-4-on $C_{10}H_{10}N_2O$, Formel I (R = H, R' = CH_3).

B. Aus 3-Methyl-[2]pyridylamin und 3-Amino-crotonsäure-äthylester [E IV **4** 2841] (*Antaki, Petrow*, Soc. **1951** 551, 554).

Kristalle (aus Bzl. + PAe.); F: 130° [unkorr.].

Picrat $C_{10}H_{10}N_2O \cdot C_6H_3N_3O_7$. Gelbe Kristalle; F: 154° [unkorr.].

6,8-Dimethyl-1H-[1,5]naphthyridin-2-on $C_{10}H_{10}N_2O$, Formel II, und Tautomeres.

B. Bei der Hydrierung von 5-Nitro-1H-pyridin-2-on an Palladium/Kohle in wss. HCl und Behandlung des Reaktionsprodukts mit Paraldehyd, Aceton und HCl (*Miyaki*, J. pharm. Soc. Japan **62** [1942] 257, 261; dtsch. Ref. S. 66; C. A. **1951** 2950).

Kristalle (aus A.); F: 277°.

I   II   III   IV

5,7-Dimethyl-1H-[1,6]naphthyridin-4-on $C_{10}H_{10}N_2O$, Formel III, und Tautomeres.

B. Aus 5,7-Dimethyl-4-oxo-1,4-dihydro-[1,6]naphthyridin-3-carbonsäure (*Okuda*, Pharm. Bl. **5** [1957] 460).

Kristalle (aus H_2O); F: 240°.

5,7-Dimethyl-1H-[1,8]naphthyridin-2-on $C_{10}H_{10}N_2O$, Formel IV, und Tautomeres.

B. Aus diazotiertem 5,7-Dimethyl-[1,8]naphthyridin-2-ylamin und H_2O (*Ochiai, Miyaki*, B. **74** [1941] 1115, 1120; *Miyaki*, J. pharm. Soc. Japan **62** [1942] 26, 32; C. A. **1951** 627; *Mangini, Colonna*, G. **73** [1943] 323, 327).

Kristalle (aus Me.); F: 251° (*Och., Mi.*; *Mi.*). UV-Spektrum (200—400 nm) in wss. Äthanol, in wss. HCl [0,05 n] sowie in wss. NaOH [0,05 n]: *Skoda, Bayzer*, M. **89** [1958] 5, 9.

Sulfat $C_{10}H_{10}N_2O \cdot H_2SO_4$. Kristalle (aus Me.); F: 225—230° (*Ma., Co.*).

5,7-Dimethyl-8-oxy-1H-[1,8]naphthyridin-2-on, 5,7-Dimethyl-1H-[1,8]naphthyridin-2-on-8-oxid $C_{10}H_{10}N_2O_2$, Formel V, und Tautomeres.

Diese Konstitution kommt der von *Colonna, Runti* (G. **82** [1952] 513) als 1-Hydroxy-5,7-dimethyl-1H-[1,8]naphthyridin-2-on-8-oxid $C_{10}H_{10}N_2O_3$ angesehenen Verbindung zu (*Van Dahm et al.*, J. heterocycl. Chem. **9** [1972] 1001).

B. Beim Erhitzen von 7-Äthoxy-2,4-dimethyl-[1,8]naphthyridin-1-oxid (E III/IV **23** 2633) mit wss. HCl (*Co., Ru.; Va. et al.*).

Hellgelbe Kristalle (aus wss. HCl); F: 250° [nach Dunkelfärbung bei 218° und Sintern bei ca. 230°] (*Co., Ru.*). ^{1}H-NMR-Absorption (D$_2$O sowie DMSO) und ^{1}H-^{1}H-Spin-Spin-Kopplungskonstante: *Va. et al.*

2-Acetonyl-1*H*-benzimidazol, [1*H*-Benzimidazol-2-yl]-aceton C$_{10}$H$_{10}$N$_2$O, Formel VI (X = H).

Die von *Sexton* (Soc. **1942** 303) und *Perekalin, Lerner* (Ž. obšč. Chim. **21** [1951] 1995, 1999; engl. Ausg. S. 2219, 2223) unter dieser Konstitution beschriebene Verbindung ist als 4-Methyl-1,3-dihydro-benzo[*b*][1,4]diazepin-2-on (S. 488) zu formulieren (*Müller et al.*, A. **697** [1966] 193, 196, 198; s. a. *Davoll*, Soc. **1960** 308, 309; *Rossi et al.*, Helv. **43** [1960] 1298, 1300).

Über authentisches [1*H*-Benzimidazol-2-yl]-aceton (F: 140—142°) s. *Ro. et al.*, l. c. S. 1301, 1310.

V   VI   VII

3-[1*H*-Benzimidazol-2-yl]-1,1,1-trifluor-aceton C$_{10}$H$_7$F$_3$N$_2$O, Formel VI (X = F), und Tautomeres.

Enol-Gehalt in Methanol: 69% (*Wigton, Jeullié*, Am. Soc. **81** [1959] 5212, 5213, 5215).

B. In mässiger Ausbeute beim Erhitzen von *o*-Phenylendiamin mit 4,4,4-Trifluor-acetessigsäure-äthylester in wss. HCl (*Wi., Jo.*). Beim Erhitzen von 4-Trifluormethyl-1,3-dihydro-benzo[*b*][1,4]diazepin-2-on in wss. H$_2$SO$_4$ (*Wi., Jo.*).

Kristalle (aus wss. A.); F: 270° [unkorr.; Zers.]. λ_{max}: 228 nm, 265 nm und 339 nm [Dioxan] bzw. 205 nm, 225 nm, 260 nm und 330 nm [A.].

(±)-1-[1*H*-Benzimidazol-2-yl]-1,3,3-trichlor-aceton C$_{10}$H$_7$Cl$_3$N$_2$O, Formel VII, und Tautomeres.

Die nachstehend beschriebene Verbindung ist von *Roedig, Becker* (A. **597** [1955] 214, 221) als 1,1,3-Trichlor-3-[1,3-dihydro-benzimidazol-2-yliden]-aceton formuliert worden.

B. Aus 1,1,3,4,4-Pentachlor-but-3-en-2-on und *o*-Phenylendiamin (*Ro., Be.*).

Kristalle (aus Me.); Zers. bei 171°.

5-Acetyl-2-methyl-1(3)*H*-benzimidazol, 1-[2-Methyl-1(3)*H*-benzimidazol-5-yl]-äthanon C$_{10}$H$_{10}$N$_2$O, Formel VIII (X = H) und Tautomeres.

B. Aus 1-[3,4-Diamino-phenyl]-äthanon und Essigsäure (*Borsche, Barthenheier*, A. **553** [1942] 250, 258).

Kristalle (aus Bzl.); F: 190—191°.

2,4-Dinitro-phenylhydrazon C$_{16}$H$_{14}$N$_6$O$_4$. Rotbraune Kristalle; Zers. bei 336°.

5-Acetyl-1,3-diäthyl-2-methyl-benzimidazolium [C$_{14}$H$_{19}$N$_2$O]$^+$, Formel IX.

Jodid [C$_{14}$H$_{19}$N$_2$O]I. B. Aus 5-Acetyl-1-äthyl-2-methyl-1*H*-benzimidazol und Äthyl-jodid (*Eastman Kodak Co.*, D.B.P. 1007620 [1957]; U.S.P. 2778823 [1954]). — Kristalle (aus A.); F: 159—162° [Zers. bei 202°].

5-Bromacetyl-2-methyl-1(3)*H*-benzimidazol, 2-Brom-1-[2-methyl-1(3)*H*-benzimidazol-5-yl]-äthanon C$_{10}$H$_9$BrN$_2$O, Formel VIII (X = Br) und Tautomeres.

B. Aus 5-Acetyl-2-methyl-1(3)*H*-benzimidazol und Brom in Essigsäure unter Bestrah-lung mit Licht (*Vaughan, Blodinger*, Am. Soc. **77** [1955] 5757, 5760).

Kristalle (aus A. + Isopropylalkohol); F: ca. 180° [Zers.; bei schnellem Erhitzen] bzw.

unterhalb 300° nicht schmelzend [Dunkelfärbung oberhalb 250°; bei langsamem Erhitzen].

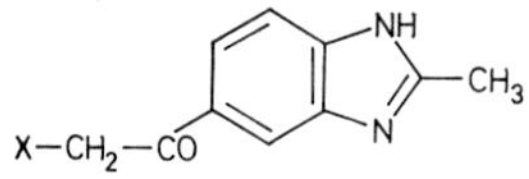

VIII 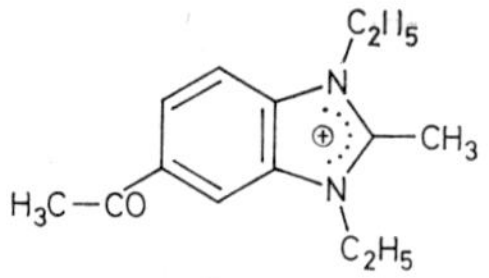   IX 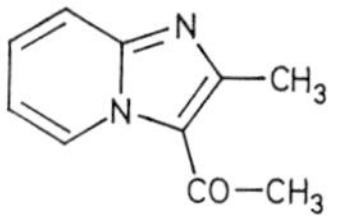   X 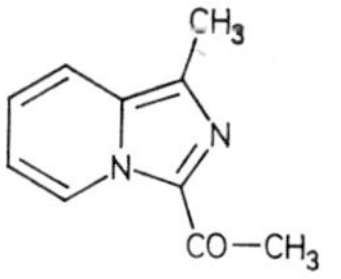   XI

3-Acetyl-2-methyl-imidazo[1,2-a]pyridin, 1-[2-Methyl-imidazo[1,2-a]pyridin-3-yl]-äthanon $C_{10}H_{10}N_2O$, Formel X.

B. Aus [2]Pyridylamin und 3-Chlor-pentan-2,4-dion (*Schilling et al.*, B. **88** [1955] 1093, 1100). Aus *N*-[1-Acetonyl-1*H*-[2]pyridyliden]-acetamid-hydrobromid mit Hilfe von wss. K_2CO_3 (*Sch. et al.*).

Kristalle (aus PAe. oder Bzl. + PAe.); F: 111° [unkorr.].

Beim Behandeln mit Chloraceton und Erwärmen des Reaktionsprodukts mit wss.-äthanol. NaOH ist 10-Acetyl-2-methyl-pyrrolo[1',2':3,4]imidazo[1,2-a]pyridinylium-betain erhalten worden (*Sch. et al.*, l. c. S. 1102).

Methojodid $[C_{11}H_{13}N_2O]I$; 3-Acetyl-1,2-dimethyl-imidazo[1,2-a]pyridinium-jodid. Kristalle (aus Me.); F: 241—242° [unkorr.].

3-Acetyl-1-methyl-imidazo[1,5-a]pyridin, 1-[1-Methyl-imidazo[1,5-a]pyridin-3-yl]-äthanon $C_{10}H_{10}N_2O$, Formel XI.

B. Aus 1-Methyl-imidazo[1,5-a]pyridin und Acetylchlorid mit Hilfe von $AlCl_3$ (*Bower, Ramage*, Soc. **1955** 2834, 2836).

Hellgelbe Kristalle (aus PAe.); F: 66—67°.

1-Acetyl-3-methyl-imidazo[1,5-a]pyridin, 1-[3-Methyl-imidazo[1,5-a]pyridin-1-yl]-äthanon $C_{10}H_{10}N_2O$, Formel XII.

B. Beim Erhitzen von 2-Aminomethyl-pyridin mit Acetanhydrid (*Bower, Ramage*, Soc. **1955** 2834, 2836). Aus 3-Methyl-imidazo[1,5-a]pyridin und Acetylchlorid mit Hilfe von $AlCl_3$ (*Bo., Ra.*).

Hellbraune Kristalle (aus Bzl. + PAe.); F: 139°.

2,5-Dimethyl-1*H*-pyrrolo[3,2-b]pyridin-3-carbaldehyd $C_{10}H_{10}N_2O$, Formel XIII.

B. Beim Erwärmen von 2,5-Dimethyl-1*H*-pyrrolo[3,2-b]pyridin mit $CHCl_3$, Äthanol und wss. KOH (*Clayton, Kenyon*, Soc. **1950** 2952, 2956).

Hellgelbe Kristalle (aus H_2O); F: 239—241° [unkorr.].

Picrat. $C_{10}H_{10}N_2O \cdot C_6H_3N_3O_7$. Gelbe Kristalle (aus Acetonitril) mit 1 Mol Acetonitril, F: 234—235° [unkorr.]; die lösungsmittelfreie Verbindung schmilzt bei 250—251° [unkorr.].

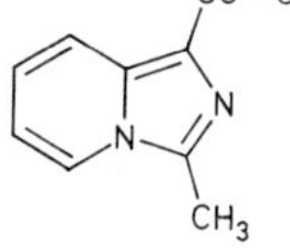

XII 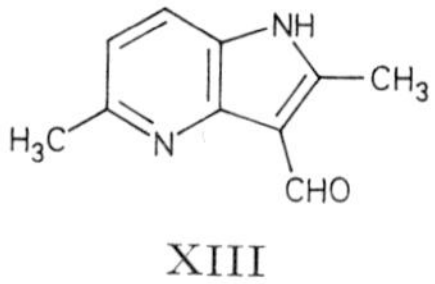   XIII 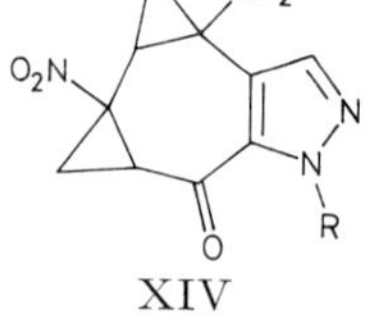   XIV 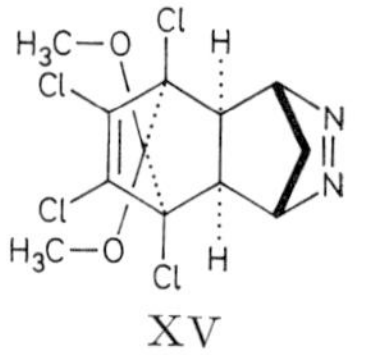   XV

*****Opt.-inakt. 1a,6a-Dinitro-1a,4,5a,6,6a,6b-hexahydro-1*H*-dicyclopropa[3,4;5,6]-cyclohepta[1,2-c]pyrazol-5-on** $C_{10}H_8N_4O_5$, Formel XIV (R = H), und Tautomeres.

B. Aus opt.-inakt. 1a,4a,6a-Trinitro-1,1a,1b,4,4a,5,5a,6,6a,6b-decahydro-dicyclopropa[3,4;5,6]cyclohepta[1,2-c]pyrazol (E III/IV **23** 1039) mit Hilfe von $Na_2Cr_2O_7$ und wss. H_2SO_4 (*de Boer, van Velzen*, R. **78** [1959] 947, 961).

Kristalle (aus Acn.); F: 249—251° [unkorr.; Zers.]. IR-Spektrum (KBr; 4000 cm⁻¹ bis 2500 cm⁻¹ und 1800—700 cm⁻¹): *de Boer, v. Ve.*, l. c. S. 958.

*Opt.-inakt. 4-Methyl-1a,6a-dinitro-1a,4,5a,6,6a,6b-hexahydro-1H-dicyclopropa[3,4;5,6]cyclohepta[1,2-c]pyrazol-5-on $C_{11}H_{10}N_4O_5$, Formel XIV (R = CH₃).
B. Aus der vorangehenden Verbindung und Diazomethan (*de Boer, van Velzen*, R. **78** [1959] 947, 961).
Kristalle (aus Acn.); F: 147,5—149,5° [unkorr.]. Oberhalb 135° sublimierbar. IR-Spektrum (KBr; 4000—2500 cm⁻¹ und 1800—700 cm⁻¹): *de Boer, v. Ve.*, l. c. S. 958.

5,6,7,8-Tetrachlor-9,9-dimethoxy-(4a*t*,8a*t*)-1,4,4a,5,8,8a-hexahydro-1*r*,4*c*;5*t*,8*t*-dimethano-phthalazin $C_{12}H_{12}Cl_4N_2O_2$, Formel XV.
B. Aus 5,6,7,8-Tetrachlor-9,9-dimethoxy-(4a*t*,8a*t*)-1,4,4a,5,8,8a-hexahydro-1*r*,4*c*;5*t*,8*t*-dimethano-phthalazin-2,3-dicarbonsäure-diäthylester mit Hilfe von wss.-methanol. KOH (*Kuderna et al.*, Am. Soc. **81** [1959] 382, 386).
Kristalle (aus Ae. + Hexan); F: 114° [unkorr.].

Oxo-Verbindungen $C_{11}H_{12}N_2O$

7-Phenyl-1,2,3,4-tetrahydro-[1,4]diazepin-5-on $C_{11}H_{12}N_2O$, Formel I, und Tautomeres.
Zur Tautomerie s. *Hofmann, Safir*, J. org. Chem. **27** [1962] 3565, 3566.
B. Aus 3-Oxo-3-phenyl-propionsäure-äthylester und Äthylendiamin (*Ried, Höhne*, B. **87** [1954] 1811, 1814).
Kristalle (aus Me.); F: 209—210° (*Ried, Hö.*).

(±)-6-Methyl-4-phenyl-4,5-dihydro-2H-pyridazin-3-on $C_{11}H_{12}N_2O$, Formel II.
B. Aus (±)-4-Oxo-2-phenyl-valeriansäure und $N_2H_4 \cdot H_2O$ (*Atkinson, Rodway*, Soc. **1959** 6, 7).
Kristalle (aus Bzl. + PAe.); F: 121—123°.

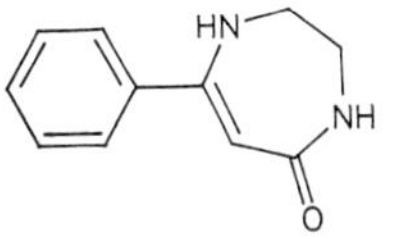

I 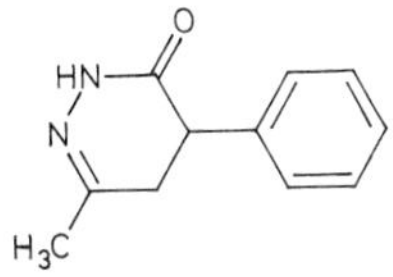   II 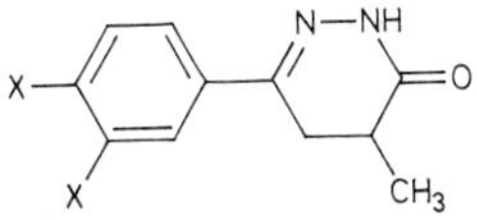   III

(±)-4-Methyl-6-phenyl-4,5-dihydro-2H-pyridazin-3-on $C_{11}H_{12}N_2O$, Formel III (X = H) (H 172).
Kristalle (aus A.); F: 157° (*Dixon et al.*, Soc. **1949** 2139, 2142). UV-Spektrum (A.; 250—305 nm): *Di. et al.*, l. c. S. 2140.

(±)-6-[3,4-Dichlor-phenyl]-4-methyl-4,5-dihydro-2H-pyridazin-3-on $C_{11}H_{10}Cl_2N_2O$, Formel III (X = Cl).
B. Aus (±)-4-[3,4-Dichlor-phenyl]-2-methyl-4-oxo-buttersäure und $N_2H_4 \cdot H_2SO_4$ in wss. KOH (*Steck et al.*, Am. Soc. **75** [1953] 1117).
Kristalle (aus Bzl.); F: 167—168° [korr.].

2-Benzyl-1,6-dihydro-4H-pyrimidin-5-on $C_{11}H_{12}N_2O$, Formel IV.
In der früher (H **24** 172) unter dieser Konstitution beschriebenen Verbindung („5-Oxo-2-benzyl-1.4.5.6-tetrahydro-pyrimidin") hat 1,3-Bis-[2-phenyl-acetylamino]-aceton vorgelegen (*Ueda, Sasaki*, Sci. Rep. Hyogo Univ. Agric. Ser. nat. Sci. **1** [1953] 16; C. A. **1956** 2538).

(±)-2-Methyl-6-phenyl-5,6-dihydro-3H-pyrimidin-4-on $C_{11}H_{12}N_2O$, Formel V, und Tautomere.
B. Beim Erhitzen von (±)-3-Acetylamino-3-phenyl-propionsäure-amid mit Acetan=

hydrid und Erhitzen des Reaktionsprodukts mit H_2O (*Rodionow, Kišelewa*, Ž. obšč. Chim. **18** [1948] 1912, 1922; C. A. **1949** 3821).

Kristalle (aus A.); F: 108—109°.

IV   V   VI

(±)-6-Methyl-2-phenyl-5,6-dihydro-3*H*-pyrimidin-4-on $C_{11}H_{12}N_2O$, Formel VI, und Tautomere.

B. Als Hauptprodukt neben (±)-3-Benzoylamino-buttersäure-amid beim Erwärmen von (±)-3-Benzoylamino-buttersäure mit $SOCl_2$ auf 80—82° und Behandeln des Reaktions-produkts in Äther mit NH_3 (*Rodionow, Jarzewa*, Izv. Akad. S.S.S.R. Otd. chim. **1952** 103, 106, 109; engl. Ausg. S. 113, 116, 119; s. a. *Rodionow, Sworykina*, Izv. Akad. S.S.S.R. Otd. chim. **1948** 330, 334; C. A. **1949** 235).

Kristalle (aus Bzl.); F: 120—120,5° (*Ro., Sw.*), 119—120° (*Ro., Ja.*).

*2-Benzyliden-3-oxo-piperazin-1-carbonsäure $C_{12}H_{12}N_2O_3$, Formel VII.

B. Beim Behandeln einer Lösung von opt.-inakt. 3-[α-Chlor-benzyl]-piperazin-2-on-hydrochlorid (S. 318) in H_2O mit Na_2CO_3 (*Moureu et al.*, Bl. **1956** 1785).

Kristalle (aus E.); F: 148°.

4-Benzyl-5-methyl-1,2-dihydro-pyrazol-3-on $C_{11}H_{12}N_2O$, Formel VIII (R = R′ = X = H), und Tautomere (E II 81).

B. Aus 4-Benzyl-3-methyl-isoxazol-5-ylamin und $N_2H_4 \cdot H_2O$ (*Kano*, J. pharm. Soc. Japan **73** [1953] 383, 386; C. A. **1954** 3342).

Kristalle (aus A.); F: 230—231°.

4-Benzyl-2,5-dimethyl-1,2-dihydro-pyrazol-3-on $C_{12}H_{14}N_2O$, Formel VIII (R = X = H, R′ = CH₃), und Tautomere.

B. Aus 2-Benzyl-acetessigsäure-äthylester und Methylhydrazin (*Veibel, Linholt*, Acta chem. scand. **8** [1954] 1007, 1012).

Kristalle (aus H_2O, wss. A. oder E.); F: 155° [unkorr.]. Scheinbarer Dissoziations-exponent pK_b' (H_2O [umgerechnet aus Eg.]; potentiometrisch ermittelt): 10,9 (*Ve., Li.*, l. c. S. 1008).

Zeitlicher Verlauf der Oxidation mit Sauerstoff in Methanol und Triäthylamin: *Ve., Li.*, l. c. S. 1014.

4-Benzyl-5-methyl-2-phenyl-1,2-dihydro-pyrazol-3-on $C_{17}H_{16}N_2O$, Formel VIII (R = X = H, R′ = C_6H_5), und Tautomere (H 173).

B. Bei der Hydrierung eines Gemisches von 5-Methyl-2-phenyl-1,2-dihydro-pyrazol-3-on und Benzaldehyd an Nickel bei 110—120°/10 at (*Hoffmann-La Roche*, D.R.P. 565799 [1931]; Frdl. **19** 1184).

Kristalle (aus Me.); F: 140—142° (*Hoffmann-La Roche*). Scheinbarer Dissoziations-exponent pK_b' (H_2O [umgerechnet aus Eg.]; potentiometrisch ermittelt): 11,8 (*Veibel, Linholt*, Acta chem. scand. **8** [1954] 1007, 1008).

Zeitlicher Verlauf der Oxidation mit Sauerstoff in Methanol und Triäthylamin: *Ve., Li.*, l. c. S. 1013.

4-Benzyl-1,5-dimethyl-2-phenyl-1,2-dihydro-pyrazol-3-on $C_{18}H_{18}N_2O$, Formel VIII (R = CH₃, R′ = C_6H_5, X = H).

B. Bei der Hydrierung von 5-Methyl-2-phenyl-1,2-dihydro-pyrazol-3-on und Benz-aldehyd an Raney-Nickel in Methanol bei 100—115°/30 at und anschliessenden Behand-lung mit Dimethylsulfat (*Riedel-de Haën*, D.B.P. 962254 [1954]).

Wasserhaltige Kristalle (aus H_2O); F: 66—69°. Kp_3: 218—220°.

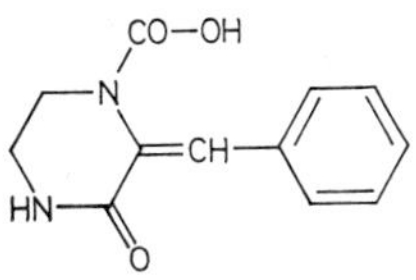

VII 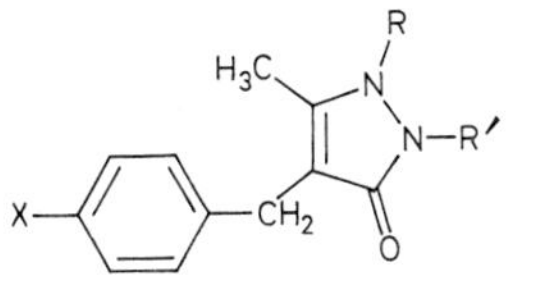   VIII 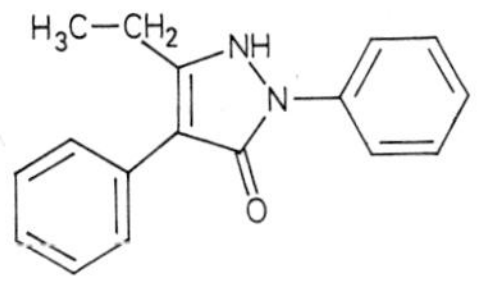   IX

2,4-Dibenzyl-5-methyl-1,2-dihydro-pyrazol-3-on $C_{18}H_{18}N_2O$, Formel VIII (R = X = H, R' = CH$_2$-C$_6$H$_5$), und Tautomere.

B. Beim Erwärmen von 2-Benzyl-acetessigsäure-äthylester mit Benzylhydrazin in Äthanol (*Košt, Šagitullin,* Vestnik Moskovsk. Univ. **14** [1959] Nr. 1, S. 225, 228; C. A. **1959** 21 894).

Kristalle (aus A.); F: 149—150°. UV-Spektrum (Me.; 230—310 nm): *Košt, Ša.,* l. c. S. 226.

1,2-Diacetyl-4-benzyl-5-methyl-1,2-dihydro-pyrazol-3-on(?) $C_{15}H_{16}N_2O_3$, vermutlich Formel VIII (R = R' = CO-CH$_3$, X = H).

B. Beim Erhitzen von 4-Benzyl-5-methyl-1,2-dihydro-pyrazol-3-on mit Acetanhydrid (*Kano,* J. pharm. Soc. Japan **73** [1953] 383, 386; C. A. **1954** 3342).

Kristalle (aus wss. A.); F: 69°.

5-Methyl-4-[4-nitro-benzyl]-2-phenyl-1,2-dihydro-pyrazol-3-on $C_{17}H_{15}N_3O_3$, Formel VIII (R = H, R' = C$_6$H$_5$, X = NO$_2$), und Tautomere.

B. Beim Behandeln von 5-Methyl-2-phenyl-1,2-dihydro-pyrazol-3-on mit 4-Nitro-benzylchlorid in wss.-äthanol. NaOH (*Bodendorf, Raaf,* A. **592** [1955] 26, 32).

Gelbe Kristalle (aus Isopropylalkohol); F: 203—206°.

1,5-Dimethyl-4-[4-nitro-benzyl]-2-phenyl-1,2-dihydro-pyrazol-3-on $C_{18}H_{17}N_3O_3$, Formel VIII (R = CH$_3$, R' = C$_6$H$_5$, X = NO$_2$).

B. Aus der vorangehenden Verbindung und Dimethylsulfat in wss. NaOH (*Bodendorf, Raaf,* A. **592** [1955] 26, 33).

Hellgelbe Kristalle (aus Me.); F: 160—162°.

5-Äthyl-2,4-diphenyl-1,2-dihydro-pyrazol-3-on $C_{17}H_{16}N_2O$, Formel IX, und Tautomere.

B. Aus 3-Oxo-2-phenyl-valeriansäure-amid und Phenylhydrazin (*Schreiber,* A. ch. [12] **2** [1947] 84, 121).

F: 196°.

5-Äthyl-2-[1-methyl-[4]piperidyl]-4-phenyl-1,2-dihydro-pyrazol-3-on $C_{17}H_{23}N_3O$, Formel X, und Tautomere.

B. Aus 4-Hydrazino-1-methyl-piperidin und 3-Oxo-2-phenyl-valeriansäure-äthylester (*Ebnöther et al.,* Helv. **42** [1959] 1201, 1206, 1213).

Kristalle (aus Isopropylalkohol); F: 189—193°.

Hydrochlorid $C_{17}H_{23}N_3O \cdot HCl$. Kristalle (aus Isopropylalkohol) mit 0,5 Mol H$_2$O; F: 238—245° [Zers.].

(±)-1-[4-Phenyl-4,5-dihydro-1H-pyrazol-3-yl]-äthanon $C_{11}H_{12}N_2O$, Formel XI (R = H) (H 174).

Diese Konstitution ist auch der von *Ghate et al.* (J. Indian chem. Soc. **27** [1950] 633, 634) als 1-[3-Phenyl-4,5-dihydro-3H-pyrazol-4-yl]-äthanon formulierten Verbindung vom F: 96° zuzuordnen (vgl. *Kratzl, Wittmann,* M. **85** [1954] 7, 11).

Hellgelbe Kristalle (aus wss. Me.); F: 101° (*Smith, Howard,* Am. Soc. **65** [1943] 165).

Semicarbazon $C_{12}H_{15}N_5O$. Kristalle (aus A.); F: 180° (*Gh. et al.*).

(±)-3-Acetyl-4-phenyl-4,5-dihydro-pyrazol-1-carbonsäure-anilid $C_{18}H_{17}N_3O_2$, Formel XI (R = CO-NH-C$_6$H$_5$).

B. Aus der vorangehenden Verbindung und Phenylisocyanat (*Kratzl, Wittmann,* M.

85 [1954] 7, 19).

Hellgelbe Kristalle (aus wss. A.); F: 169—170°.

X   XI   XII

4-Äthyl-5-phenyl-1,2-dihydro-pyrazol-3-on $C_{11}H_{12}N_2O$, Formel XII (R = H), und Tautomere.

B. Aus 2-Benzoyl-buttersäure-äthylester und $N_2H_4 \cdot H_2O$ (*Gagnon et al.*, Canad. J. Chem. **31** [1953] 1025, 1027, 1034).

Kristalle (aus A., PAe. oder A. + PAe.); F: 165—168° [unkorr.]. Netzebenenabstände: *Ga. et al.*, l. c. S. 1036. IR-Banden (Nujol; 3200—1250 cm⁻¹): *Ga. et al.*, l. c. S. 1035. λ_{max}: 250 nm [A.] bzw. 244 nm [äthanol. HCl] (*Ga. et al.*, l. c. S. 1027). Scheinbarer Dissoziations-exponent pK_a' (H_2O; potentiometrisch ermittelt): 7,8 (*Ga. et al.*, l. c. S. 1029).

4-Äthyl-2,5-diphenyl-1,2-dihydro-pyrazol-3-on $C_{17}H_{16}N_2O$, Formel XIII (X = X′ = X″ = H), und Tautomere.

B. Analog der vorangehenden Verbindung (*Gagnon et al.*, Canad. J. Chem. **31** [1953] 1025, 1027, 1034).

Kristalle (aus A., PAe. oder A. + PAe.); F: 213—214° [unkorr.]. Netzebenenabstände: *Ga. et al.*, l. c. S. 1037. IR-Spektrum (Nujol; 1—8 μ): *Ga. et al.*, l. c. S. 1032, 1035. λ_{max} (A.): 250 nm und 310 nm [A.] bzw. 252 nm und 310 nm [äthanol. HCl] (*Ga. et al.*, l. c. S. 1027). Scheinbarer Dissoziationsexponent pK_a' (H_2O; potentiometrisch ermittelt): 8,0 (*Ga. et al.*, l. c. S. 1029).

4-Äthyl-2-[2-chlor-phenyl]-5-phenyl-1,2-dihydro-pyrazol-3-on $C_{17}H_{15}ClN_2O$, Formel XIII (X = Cl, X′ = X″ = H), und Tautomere.

B. Analog den vorangehenden Verbindungen (*Gagnon et al.*, Canad. J. Chem. **34** [1956] 530, 531, 538).

Kristalle (aus A. oder PAe.); F: 121—122° [unkorr.]. IR-Banden (Nujol; 1650 cm⁻¹ bis 1100 cm⁻¹): *Ga. et al.*, l. c. S. 535. λ_{max} (A.): 258 nm und 310 nm (*Ga. et al.*, l. c. S. 531).

4-Äthyl-2-[3-chlor-phenyl]-5-phenyl-1,2-dihydro-pyrazol-3-on $C_{17}H_{15}ClN_2O$, Formel XIII (X = X″ = H, X′ = Cl), und Tautomere.

B. Analog den vorangehenden Verbindungen (*Gagnon et al.*, Canad. J. Chem. **34** [1956] 530, 532, 538).

Kristalle (aus A. oder PAe.); F: 105—106° [unkorr.]. IR-Banden (Nujol; 1650 cm⁻¹ bis 1100 cm⁻¹): *Ga. et al.*, l. c. S. 535. λ_{max} (A.): 252 nm und 310 nm (*Ga. et al.*, l. c. S. 532).

4-Äthyl-2-[4-chlor-phenyl]-5-phenyl-1,2-dihydro-pyrazol-3-on $C_{17}H_{15}ClN_2O$, Formel XIII (X = X′ = H, X″ = Cl), und Tautomere.

B. Analog den vorangehenden Verbindungen (*Gagnon et al.*, Canad. J. Chem. **34** [1956] 530, 533, 538).

Kristalle (aus A. oder PAe.); F: 117—118° [unkorr.]. IR-Banden (Nujol; 1700 cm⁻¹ bis 1050 cm⁻¹): *Ga. et al.*, l. c. S. 536. λ_{max} (A.): 248 nm und 300 nm (*Ga. et al.*, l. c. S. 533).

4-Äthyl-5-oxo-3-phenyl-2,5-dihydro-pyrazol-1-carbonsäure-amid $C_{12}H_{13}N_3O_2$, Formel XII (R = CO-NH₂), und Tautomere.

B. Aus 2-Benzoyl-buttersäure-äthylester und Semicarbazid-hydrochlorid in wss.-äthanol. NaOH (*Montagne*, Bl. **1946** 63, 69).

Kristalle (aus A.); F: 181—183° [vorgeheizter App.].

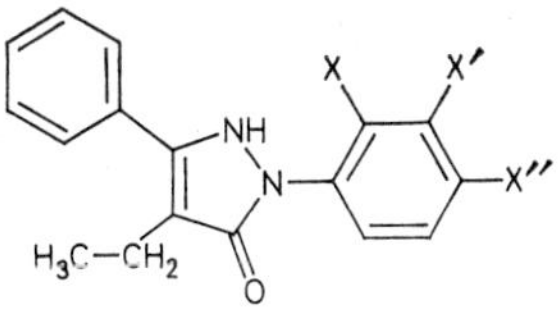

XIII 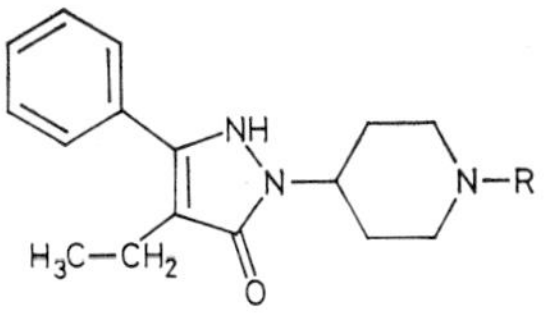   XIV 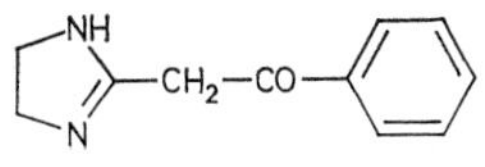   XV

4-Äthyl-2-[2-diäthylamino-äthyl]-5-phenyl-1,2-dihydro-pyrazol-3-on $C_{17}H_{25}N_3O$,
Formel XII (R = $CH_2\text{-}CH_2\text{-}N(C_2H_5)_2$), und Tautomere.
B. Aus [2-Diäthylamino-äthyl]-hydrazin und 2-Benzoyl-buttersäure-äthylester (*Ebnöther et al.*, Helv. **42** [1959] 1201, 1211, 1213).
Kristalle (aus wss. Ae.) mit 1 Mol H_2O; F: 111—112°. $Kp_{0,9}$: 181—183°.

(±)-4-Äthyl-2-[β-dimethylamino-isopropyl]-5-phenyl-1,2-dihydro-pyrazol-3-on
$C_{16}H_{23}N_3O$, Formel XII (R = $CH(CH_3)\text{-}CH_2\text{-}N(CH_3)_2$), und Tautomere.
B. Analog der vorangehenden Verbindung (*Ebnöther et al.*, Helv. **42** [1959] 1201, 1211, 1213).
Kristalle (aus PAe.); F: 98—100° [Zers.]. $Kp_{0,2}$: 145—150°.

4-Äthyl-2-[β-diäthylamino-isopropyl]-5-phenyl-1,2-dihydro-pyrazol-3-on $C_{18}H_{27}N_3O$,
Formel XII (R = $CH(CH_3)\text{-}CH_2\text{-}N(C_2H_5)_2$), und Tautomere.
B. Analog den vorangehenden Verbindungen (*Ebnöther et al.*, Helv. **42** [1959] 1201, 1211, 1213).
$Kp_{0,1}$: 158—161°.

4-Äthyl-2-[3-dimethylamino-1-methyl-propyl]-5-phenyl-1,2-dihydro-pyrazol-3-on
$C_{17}H_{25}N_3O$, Formel XII (R = $CH(CH_3)\text{-}CH_2\text{-}CH_2\text{-}N(CH_3)_2$), und Tautomere.
B. Analog den vorangehenden Verbindungen (*Ebnöther et al.*, Helv. **42** [1959] 1201, 1211, 1213).
Präparat mit 0,25 Mol H_2O; $Kp_{0,005}$: 155—157°.

4-Äthyl-2-[1-methyl-[4]piperidyl]-5-phenyl-1,2-dihydro-pyrazol-3-on, Piperylon
$C_{17}H_{23}N_3O$, Formel XIV (R = CH_3), und Tautomere.
B. Analog den vorangehenden Verbindungen (*Ebnöther et al.*, Helv. **42** [1959] 1201, 1207, 1213).
Kristalle (aus E., Isopropylalkohol, Acn. oder Me. + Ae.); F: 162—163° [Zers.].
Scheinbare Dissoziationsexponenten pK'_{a1} und pK'_{a2} (H_2O; potentiometrisch ermittelt): 5,90 bzw. 9,15 (*Eb. et al.*, l. c. S. 1203).
Hydrobromid $C_{17}H_{23}N_3O \cdot HBr$. Kristalle (aus Me. + Ae.); F: 194—197° [Zers.].
Oxalat $C_{17}H_{23}N_3O \cdot C_2H_2O_4$. Kristalle (aus A.); F: 196—198° [Zers.].
Tartrat $C_{17}H_{23}N_3O \cdot C_4H_6O_6$. Kristalle (aus Me.); F: 145—147°.

4-Äthyl-2-[1-isopropyl-[4]piperidyl]-5-phenyl-1,2-dihydro-pyrazol-3-on $C_{19}H_{27}N_3O$,
Formel XIV (R = $CH(CH_3)_2$), und Tautomere.
B. Analog den vorangehenden Verbindungen (*Ebnöther et al.*, Helv. **42** [1959] 1201, 1208, 1213).
Kristalle (aus Bzl. + PAe.); F: 140—142°.

4-Äthyl-2-[1-butyl-[4]piperidyl]-5-phenyl-1,2-dihydro-pyrazol-3-on $C_{20}H_{29}N_3O$,
Formel XIV (R = $[CH_2]_3\text{-}CH_3$), und Tautomere.
B. Analog den vorangehenden Verbindungen (*Ebnöther et al.*, Helv. **42** [1959] 1201, 1209, 1213).
Kristalle (aus Bzl. + PAe.); F: 136—138°.

2-Phenacyl-4,5-dihydro-1H-imidazol, 2-[4,5-Dihydro-1H-imidazol-2-yl]-1-phenyl-äthanon $C_{11}H_{12}N_2O$, Formel XV.
B. Aus 3-Oxo-3-phenyl-propionimidsäure-äthylester-hydrochlorid und Äthylendiamin

(*Klosa*, Ar. **286** [1953] 397, 400).
Kristalle (aus wss. A.); F: 213—214°.
Hydrochlorid $C_{11}H_{12}N_2O \cdot HCl$. Kristalle; F: 211—213°.

4-Benzyl-5-methyl-1,3-dihydro-imidazol-2-on $C_{11}H_{12}N_2O$, Formel I (R = H), und Tautomere (H 175; E II 82).

B. Bei der Hydrierung von 4-Benzoyl-5-methyl-1,3-dihydro-imidazol-2-on an Pal-
ladium/Kohle oder an Platin in Essigsäure (*Duschinsky, Dolan*, Am. Soc. **67** [1945]
2079, 2084). Aus 4-Benzyl-3-methyl-isoxazol-5-ylamin (Syst.-Nr. 4279) mit Hilfe von
Harnstoff [160°] (*Kano*, J. pharm. Soc. Japan **72** [1952] 1118, 1121; C. A. **1953** 6936).

Kristalle; F: 290° [evakuierte Kapillare; aus wss. A.; nach Sublimation bei 220°
bis 235° (Badtemperatur)/0,6 Torr] bzw. Zers. bei ca. 270° (*Du., Do.*); F: 270—273°
[Zers.; aus A.] (*Kano*).

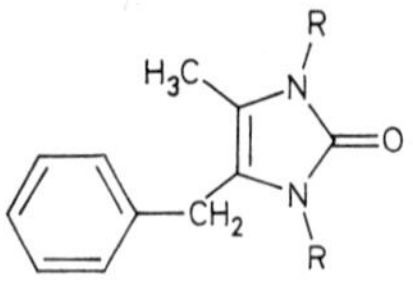

$\quad\quad\quad\quad$ I 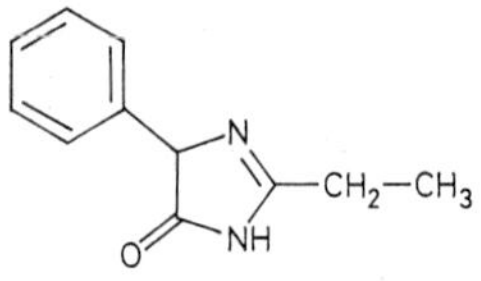 $\quad\quad\quad\quad\quad\quad\quad\quad$ II 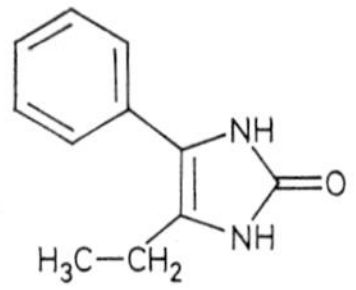 $\quad\quad\quad\quad\quad\quad\quad\quad$ III

1,3-Diacetyl-4-benzyl-5-methyl-1,3-dihydro-imidazol-2-on $C_{15}H_{16}N_2O_3$, Formel I
(R = CO-CH₃).

B. Aus 4-Benzyl-5-methyl-1,3-dihydro-imidazol-2-on und Acetanhydrid (*Hoffmann-La
Roche*, U.S.P. 2441935 [1946], 2514380 [1946]).

Kristalle (aus A.); F: 74,5—76° (*Hoffmann-La Roche*, U.S.P. 2441935). Bei 75—80°
[Badtemperatur]/0,2 Torr sublimierbar (*Hoffmann-La Roche*, U.S.P. 2514380).

2-Äthyl-5-phenyl-3,5-dihydro-imidazol-4-on (?) $C_{11}H_{12}N_2O$, vermutlich Formel II, und
Tautomere.

B. Aus Phenylglyoxal-hydrat und Propionamidin-hydrochlorid mit Hilfe von wss.
KOH (*Cole, Ronzio*, Am. Soc. **66** [1944] 1584).

Kristalle (aus Me. + E.); Zers. bei 165—175°.
Picrat $C_{11}H_{12}N_2O \cdot C_6H_3N_3O_7$. Kristalle (aus A.); F: 180,5—182° [korr.; Zers.].

4-Äthyl-5-phenyl-1,3-dihydro-imidazol-2-on $C_{11}H_{12}N_2O$, Formel III, und Tautomere.

B. Neben 5-Äthyl-4-phenyl-oxazol-2-ylamin beim Erhitzen von 2-Brom-1-phenyl-
butan-1-on und Harnstoff in DMF (*Gompper, Christmann*, B. **92** [1959] 1944, 1947).

Gelbliche Kristalle (aus A.); F: 238°.

(±)-2,5-Dimethyl-5-phenyl-3,5-dihydro-imidazol-4-on $C_{11}H_{12}N_2O$, Formel IV (X = O),
und Tautomere.

B. Aus (±)-2-Acetylamino-2-phenyl-propionsäure-amid mit Hilfe von wss. NaOH
(*Steiger*, Helv. **17** [1934] 583, 589; *Kjær*, Acta chem. scand. **7** [1953] 889, 897).

(±)-2,5-Dimethyl-5-phenyl-3,5-dihydro-imidazol-4-thion $C_{11}H_{12}N_2S$, Formel IV
(X = S), und Tautomere.

B. Beim Erwärmen von (±)-2-Acetylamino-2-phenyl-thiopropionsäure-amid mit
wss.-äthanol. HCl oder mit wss. KOH (*Abe*, J. chem. Soc. Japan Pure Chem. Sect.
72 [1951] 1036, 1037; C. A. **1953** 5934).

Hydrochlorid $C_{11}H_{12}N_2S \cdot HCl$. Gelbe Kristalle (aus A. + Ae.); Zers. bei 245—246°.

5,5-Dimethyl-2-phenyl-3,5-dihydro-imidazol-4-on $C_{11}H_{12}N_2O$, Formel V (X = O,
X' = H), und Tautomere (H 175).

B. Beim Erhitzen von Benzimidsäure-äthylester mit α-Amino-isobuttersäure-äthyl-

ester in Xylol (*Kjær*, Acta chem. scand. **7** [1953] 889, 898).
Kristalle (aus H_2O); F: 201−202° [unkorr.]. UV-Spektrum (Me., methanol. HCl
sowie methanol. KOH; 220−320 nm): *Kj*., l. c. S. 893.

5,5-Dimethyl-2-phenyl-3,5-dihydro-imidazol-4-on-oxim $C_{11}H_{13}N_3O$, Formel V
(X = N-OH, X' = H), und Tautomere.
    B. Aus 5,5-Dimethyl-2-phenyl-3,5-dihydro-imidazol-4-thion und NH_2OH (*Chambon*,
Boucherle, Bl. **1954** 907, 909).
    Kristalle; F: 54−57°.

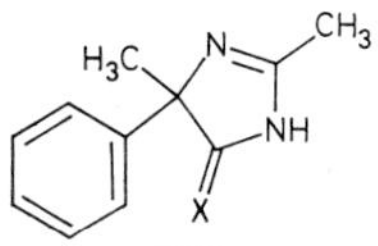

IV 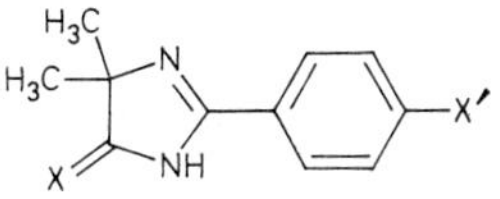   V 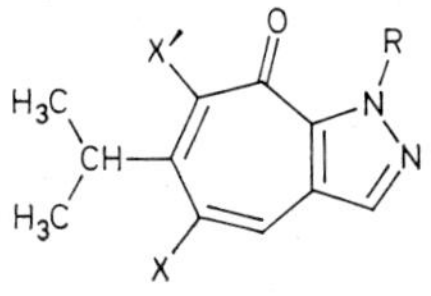   VI

5,5-Dimethyl-2-[4-nitro-phenyl]-3,5-dihydro-imidazol-4-on $C_{11}H_{11}N_3O_3$, Formel V
(X = O, X' = NO_2), und Tautomere.
    B. Aus α-[4-Nitro-benzoylamino]-isobuttersäure-amid mit Hilfe von wss. NaOH
(*Kjær*, Acta chem. scand. **7** [1953] 889, 896).
    Kristalle (aus A.); F: 216−217° [unkorr.]. UV-Spektrum (methanol. KOH; 220 nm
bis 320 nm): *Kj*., l. c. S. 892.

5,5-Dimethyl-2-phenyl-3,5-dihydro-imidazol-4-thion $C_{11}H_{12}N_2S$, Formel V (X = S,
X' = H), und Tautomere.
    B. Beim Erhitzen von α-Benzylidenamino-thioisobuttersäure-benzoylamid auf 110°/
20 Torr (*Chambon*, *Boucherle*, Bl. **1954** 907, 909).
    Gelber Feststoff (aus PAe.); F: 120−123° [korr.].

6-Isopropyl-1*H*-cycloheptapyrazol-8-on $C_{11}H_{12}N_2O$, Formel VI (R = X = X' = H), und
Tautomere.
    B. Aus 3-Formyl-6-isopropyl-tropolon und $N_2H_4 \cdot H_2O$ (*Matsumoto*, Sci. Rep. Tohoku
Univ. [I] **42** [1958] 222, 228).
    Kristalle (aus wss. Me.); F: 104−105° [unkorr.]. UV-Spektrum (Me.; 200−400 nm):
Ma., l. c. S. 224.
    B r o m - D e r i v a t $C_{11}H_{11}BrN_2O$. Hellgelbe Kristalle (aus wss. Eg.); F: 161−162°
[unkorr.] (*Ma*., l. c. S. 230).

6-Isopropyl-1-phenyl-1*H*-cycloheptapyrazol-8-on $C_{17}H_{16}N_2O$, Formel VI (R = C_6H_5,
X = X' = H).
    B. Beim Erwärmen von 6-Isopropyl-3-[phenylhydrazono-methyl]-tropolon in wss.
Essigsäure (*Matsumoto*, Sci. Rep. Tohoku Univ. [I] **42** [1958] 222, 231).
    Gelbe Kristalle; F: 103−104° [unkorr.]. UV-Spektrum (Me.; 200−400 nm): *Ma*.,
l. c. S. 225.
    2,4 - D i n i t r o - p h e n y l h y d r a z o n $C_{23}H_{20}N_6O_4$. Gelbe Kristalle (aus wss. Eg.); F: 178°
bis 179° [unkorr.] (*Ma*., l. c. S. 232).

5-Brom-6-isopropyl-1*H*-cycloheptapyrazol-8-on $C_{11}H_{11}BrN_2O$, Formel VI (R = X' = H,
X = Br), und Tautomere.
    B. Aus 5-Brom-3-formyl-6-isopropyl-tropolon und $N_2H_4 \cdot H_2O$ (*Matsumoto*, Sci. Rep.
Tohoku Univ. [I] **42** [1958] 222, 228).
    Gelbe Kristalle (aus wss. Eg.); F: 216−217° [unkorr.]. UV-Spektrum (Me.; 200 nm
bis 400 nm): *Ma*., l. c. S. 224.

5-Brom-6-isopropyl-1-phenyl-1*H*-cycloheptapyrazol-8-on $C_{17}H_{15}BrN_2O$, Formel VI
(R = C_6H_5, X = Br, X' = H).
    B. Beim Erwärmen von 5-Brom-6-isopropyl-3-[phenylhydrazono-methyl]-tropolon

in wss. Essigsäure (*Matsumoto*, Sci. Rep. Tohoku Univ. [I] **42** [1958] 222, 231).

Hellgelbe Kristalle (aus wss. Eg.); F: 168—169° [unkorr.]. UV-Spektrum (Me.; 200—400 nm): *Ma.*, l. c. S. 225.

2,4-Dinitro-phenylhydrazon $C_{23}H_{19}BrN_6O_4$. Rotviolette Kristalle (aus Eg.); F: 229—230° [unkorr.; Zers.] (*Ma.*, l. c. S. 232).

7(?)-Brom-6-isopropyl-1-phenyl-1H-cycloheptapyrazol-8-on $C_{17}H_{15}BrN_2O$, vermutlich Formel VI (R = C_6H_5, X = H, X' = Br).

B. Beim Erwärmen von 6-Isopropyl-1-phenyl-1H-cycloheptapyrazol-8-on mit *N*-Brom-succinimid in Dioxan (*Matsumoto*, Sci. Rep. Tohoku Univ. [I] **42** [1958] 222, 232).

Hellgelbe Kristalle (aus wss. Eg.); F: 173—174° [unkorr.].

2-Propyl-3H-chinazolin-4-on $C_{11}H_{12}N_2O$, Formel VII (R = X = X' = H), und Tautomere (H 175; E II 82).

B. Beim Erhitzen von Anthranilamid-hydrochlorid mit Buttersäure oder Butyronitril (*Hölljes, Wagner*, J. org. Chem. **9** [1944] 31, 47). Beim Erwärmen von 2-Propyl-benz[d]-[1,3]oxazin-4-on mit NH_3 in Äthanol (*Zentmyer, Wagner*, J. org. Chem. **14** [1949] 967, 978).

Kristalle (aus wss. A.); F: 200—202° (*Hö., Wa.*).

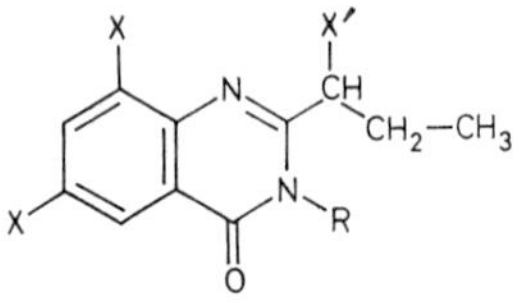

VII 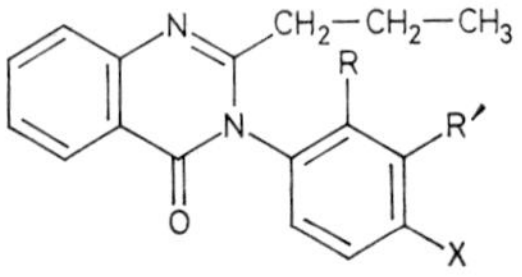   VIII 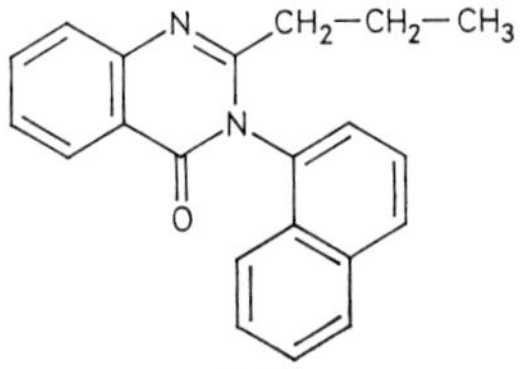   IX

3-Phenyl-2-propyl-3H-chinazolin-4-on $C_{17}H_{16}N_2O$, Formel VIII (R = R' = X = H).

B. Aus *N*-Butyryl-anthranilsäure und Anilin mit Hilfe von PCl_3 (*Kacker, Zaheer*, J. Indian chem. Soc. **28** [1951] 344).

Kristalle (aus wss. A.); F: 120—121° (*Ka., Za.*).

Hydrochlorid. Kristalle; F: 202—203° (*Ka., Za.*).

Die folgenden Verbindungen sind in analoger Weise hergestellt worden:

3-[4-Chlor-phenyl]-2-propyl-3H-chinazolin-4-on $C_{17}H_{15}ClN_2O$, Formel VIII (R = R' = H, X = Cl). Kristalle (aus PAe.); F: 132° (*Rani et al.*, J. Indian chem. Soc. **30** [1953] 331, 333). — Hydrochlorid. Kristalle (aus A.); F: 220° [Zers.] (*Rani et al.*).

3-[4-Nitro-phenyl]-2-propyl-3H-chinazolin-4-on $C_{17}H_{15}N_3O_3$, Formel VIII (R = R' = H, X = NO_2). Kristalle (aus wss. A.); F: 159—160° (*Ka., Za.*). — Hydrochlorid. Kristalle; F: 191—193° (*Ka., Za.*).

2-Propyl-3-*o*-tolyl-3H-chinazolin-4-on $C_{18}H_{18}N_2O$, Formel VIII (R = CH_3, R' = X = H). Hydrochlorid $C_{18}H_{18}N_2O \cdot HCl$. Kristalle; F: 199—200° (*Ka., Za.*).

2-Propyl-3-*m*-tolyl-3H-chinazolin-4-on $C_{18}H_{18}N_2O$, Formel VIII (R = X = H, R' = CH_3). Kristalle (aus wss. A.); F: 80—81° (*Ka., Za.*). — Hydrochlorid. Kristalle; F: 176—177° (*Ka., Za.*).

2-Propyl-3-*p*-tolyl-3H-chinazolin-4-on $C_{18}H_{18}N_2O$, Formel VIII (R = R' = H, X = CH_3). Kristalle (aus wss. A.); F: 144—145° (*Ka., Za.*). — Hydrochlorid. Kristalle; F: 176—177° (*Ka., Za.*).

3-Benzyl-2-propyl-3H-chinazolin-4-on $C_{18}H_{18}N_2O$, Formel VII (R = CH_2-C_6H_5, X = X' = H). Kristalle (aus PAe.); F: 92° (*Rani et al.*). — Hydrochlorid. Kristalle (aus A.); F: 184° (*Rani et al.*).

3-[1]Naphthyl-2-propyl-3H-chinazolin-4-on $C_{21}H_{18}N_2O$, Formel IX. Kristalle (aus wss. A.); F: 131—132° (*Ka., Za.*).

3-[2]Naphthyl-2-propyl-3H-chinazolin-4-on $C_{21}H_{18}N_2O$, Formel X. Kristalle (aus wss. A.); F: 126—127° (*Ka., Za.*). — Hydrochlorid. Kristalle; F: 187—188° (*Ka., Za.*).

3-[2-Methoxy-phenyl]-2-propyl-3H-chinazolin-4-on $C_{18}H_{18}N_2O_2$, Formel VIII

(R = O-CH$_3$, R' = X = H). Kristalle (aus PAe.); F: 101° (*Rani et al.*). — Hydro‑
chlorid. Kristalle (aus A.); F: 216° [Zers.] (*Rani et al.*).

3-[2-Äthoxy-phenyl]-2-propyl-3*H*-chinazolin-4-on C$_{19}$H$_{20}$N$_2$O$_2$, Formel VIII
(R = O-C$_2$H$_5$, R' = X = H). Kristalle (aus PAe.); F: 102° (*Rani et al.*). — Hydro‑
chlorid. Kristalle (aus A.); F: 203° (*Rani et al.*).

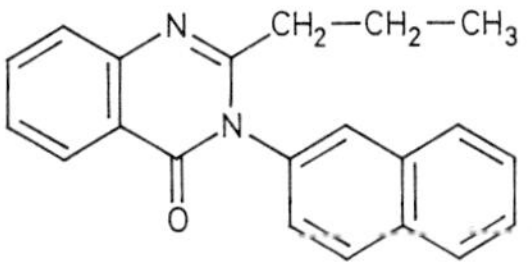

X 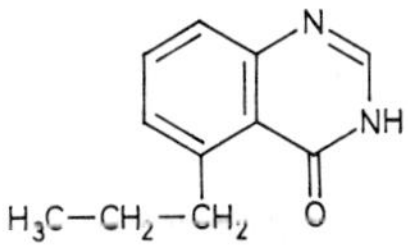   XI

3-[4-Hydroxy-phenyl]-2-propyl-3*H*-chinazolin-4-on C$_{17}$H$_{16}$N$_2$O$_2$, Formel VIII
(R = R' = H, X = OH).

B. Beim Erhitzen der folgenden Verbindung in einem Gemisch von wss. HBr und
Acetanhydrid (*Rani et al.*, J. Indian chem. Soc. **30** [1953] 331, 333).

Kristalle (aus PAe.); F: 221°.

3-[4-Methoxy-phenyl]-2-propyl-3*H*-chinazolin-4-on C$_{18}$H$_{18}$N$_2$O$_2$, Formel VIII
(R = R' = H, X = O-CH$_3$).

B. Aus *N*-Butyryl-anthranilsäure und *p*-Anisidin mit Hilfe von PCl$_3$ (*Rani et al.*,
J. Indian chem. Soc. **30** [1953] 331, 333).

Kristalle (aus PAe.); F: 182°.

Hydrochlorid. Kristalle (aus A.); F: 308°.

3-[4-Äthoxy-phenyl]-2-propyl-3*H*-chinazolin-4-on C$_{19}$H$_{20}$N$_2$O$_2$, Formel VIII
(R = R' = H, X = O-C$_2$H$_5$).

B. Aus *N*-Butyryl-anthranilsäure und *p*-Phenetidin mit Hilfe von PCl$_3$ (*Rani et al.*,
J. Indian chem. Soc. **30** [1953] 331, 333).

Kristalle (aus PAe.); F: 129°.

Hydrochlorid. Kristalle (aus A.); F: 206°.

(±)-2-[1-Brom-propyl]-3*H*-chinazolin-4-on C$_{11}$H$_{11}$BrN$_2$O, Formel VII (R = X = H, X' = Br), und Tautomere.

B. Beim Erwärmen von (±)-*N*-[2-Brom-butyryl]-anthranilsäure-amid in wss.-äthanol.
NaOH (*Beri et al.*, J. Indian chem. Soc. **12** [1935] 395, 399).

Kristalle (aus A.); F: 218° [Zers.].

3-[6,8-Dijod-4-oxo-2-propyl-4*H*-chinazolin-3-yl]-propionsäure C$_{14}$H$_{14}$I$_2$N$_2$O$_3$, Formel VII (R = CH$_2$-CH$_2$-CO-OH, X = I, X' = H).

B. Aus 2-Butyrylamino-3,5-dijod-benzoesäure in Dioxan und *β*-Alanin in wss. NaOH
(*Mallinckrodt Chem. Works*, U.S.P. 2786055 [1955]).

F: 198—199°.

5-Propyl-3*H*-chinazolin-4-on C$_{11}$H$_{12}$N$_2$O, Formel XI, und Tautomere.

B. Aus 5-Propyl-1*H*-benz[*d*][1,3]oxazin-2,4-dion bei aufeinanderfolgender Umsetzung
mit wss. NH$_3$ und Ameisensäure (*Baker et al.*, J. org. Chem. **17** [1952] 164, 174).

Kristalle (aus wss. Me.); F: 198—199°.

*Opt.-inakt. 3-[3-(3-Hydroxy-[2]piperidyl)-2-oxo-propyl]-5-propyl-3*H*-chinazolin-4-on C$_{19}$H$_{25}$N$_3$O$_3$, Formel XII (R = H).

B. Beim Erhitzen der folgenden Verbindung in wss. HBr (*Baker et al.*, J. org. Chem.
17 [1952] 164, 175).

Dihydrochlorid 2 C$_{19}$H$_{25}$N$_3$O$_3$·4 HCl·3 H$_2$O. F: 213°.

*Opt.-inakt. 3-[3-(3-Methoxy-[2]piperidyl)-2-oxo-propyl]-5-propyl-3*H*-chinazolin-4-on C$_{20}$H$_{27}$N$_3$O$_3$, Formel XII (R = CH$_3$).

B. Aus 5-Propyl-3*H*-chinazolin-4-on, opt.-inakt. 2-[3-Brom-2-oxo-propyl]-3-methoxy-piperidin-1-carbonsäure-äthylester (aus (±)-5-Benzyloxycarbonylamino-2-methoxy-valeriansäure über mehrere Stufen erhalten) und methanol. Natriummethylat und Behandeln des Reaktionsprodukts mit wss. HCl (*Baker et al.*, J. org. Chem. **17** [1952] 164, 174).

Dihydrochlorid $C_{20}H_{27}N_3O_3 \cdot 2\,HCl$. F: 202° [Zers.].

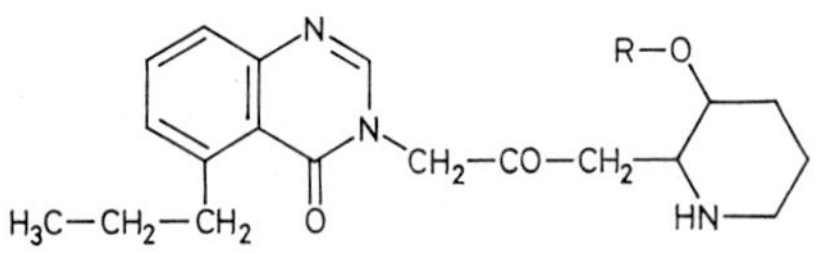

XII 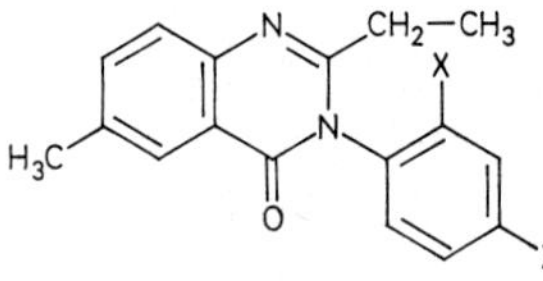   XIII

2-Äthyl-6-methyl-3-phenyl-3H-chinazolin-4-on $C_{17}H_{16}N_2O$, Formel XIII (X = X′ = H).

B. Aus 5-Methyl-2-propionylamino-benzoesäure und Anilin mit Hilfe von PCl_3 oder von Phenol (*Bami, Dhatt*, J. scient. ind. Res. India **16**B [1957] 558, 559, 562).

Kristalle (aus wss. Me.); F: 152° [unkorr.].

Die folgenden Verbindungen sind in analoger Weise hergestellt worden:

2-Äthyl-3-[2-chlor-phenyl]-6-methyl-3H-chinazolin-4-on $C_{17}H_{15}ClN_2O$, Formel XIII (X = Cl, X′ = H). Kristalle (aus wss. Me.); F: 88—90°.

2-Äthyl-3-[4-chlor-phenyl]-6-methyl-3H-chinazolin-4-on $C_{17}H_{15}ClN_2O$, Formel XIII (X = H, X′ = Cl). Kristalle (aus wss. Me.); F: 178° [unkorr.].

2-Äthyl-3-[2,4-dichlor-phenyl]-6-methyl-3H-chinazolin-4-on $C_{17}H_{14}Cl_2N_2O$, Formel XIII (X = X′ = Cl). Kristalle (aus wss. Me.); F: 135° [unkorr.].

2-Äthyl-3-[4-brom-phenyl]-6-methyl-3H-chinazolin-4-on $C_{17}H_{15}BrN_2O$, Formel XIII (X = H, X′ = Br). Kristalle (aus wss. Me.); F: 174° [unkorr.].

2-Äthyl-3-[4-jod-phenyl]-6-methyl-3H-chinazolin-4-on $C_{17}H_{15}IN_2O$, Formel XIII (X = H, X′ = I). Kristalle (aus wss. Me.); F: 204° [unkorr.].

2-Äthyl-6-methyl-3-[4-nitro-phenyl]-3H-chinazolin-4-on $C_{17}H_{15}N_3O_3$, Formel XIII (X = H, X′ = NO_2). Gelbe Kristalle (aus wss. Me.); F: 238—240° [unkorr.].

2-Äthyl-6-methyl-3-*p*-tolyl-3H-chinazolin-4-on $C_{18}H_{18}N_2O$, Formel XIII (X = H, X′ = CH_3). Kristalle (aus wss. Me.); F: 179—180° [unkorr.].

2-Äthyl-3-[2-methoxy-phenyl]-6-methyl-3H-chinazolin-4-on $C_{18}H_{18}N_2O_2$, Formel XIII (X = O-CH_3, X′ = H). Kristalle (aus wss. Me.); F: 178° [unkorr.].

3-[2-Äthoxy-phenyl]-2-äthyl-6-methyl-3H-chinazolin-4-on $C_{19}H_{20}N_2O_2$, Formel XIII (X = O-C_2H_5, X′ = H). Kristalle (aus wss. Me.); F: 97°.

2-Äthyl-3-[4-methoxy-phenyl]-6-methyl-3H-chinazolin-4-on $C_{18}H_{18}N_2O_2$, Formel XIII (X = H, X′ = O-CH_3). Kristalle (aus wss. Me.); F: 145° [unkorr.].

3-[4-Äthoxy-phenyl]-2-äthyl-6-methyl-3H-chinazolin-4-on $C_{19}H_{20}N_2O_2$, Formel XIII (X = H, X′ = O-C_2H_5). Kristalle (aus wss. Me.); F: 170° [unkorr.].

[4-(2-Äthyl-6-methyl-4-oxo-4H-chinazolin-3-yl)-benzolsulfonyl]-guanidin, 4-[2-Äthyl-6-methyl-4-oxo-4H-chinazolin-3-yl]-benzolsulfonsäure-guanidid $C_{18}H_{19}N_5O_3S$, Formel XIII (X = H, X′ = SO_2-NH-C(NH_2)=NH), und Tautomeres.

B. Beim Erhitzen von 2-Äthyl-6-methyl-benz[*d*][1,3]oxazin-4-on mit Sulfanilyl-guanidin (*Dhatt, Bami*, J. scient. ind. Res. India **18**C [1959] 256, 257, 259).

Kristalle (aus wss. Eg.); F: 295° [unkorr.].

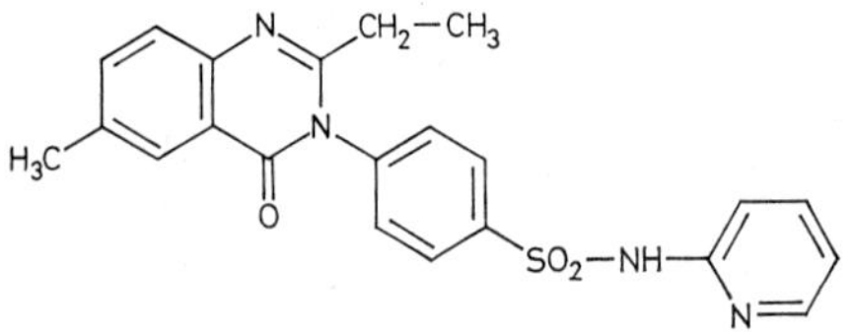

XIV 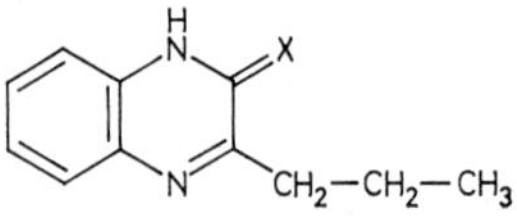   XV

4-[2-Äthyl-6-methyl-4-oxo-4H-chinazolin-3-yl]-benzolsulfonsäure-[2]pyridylamid $C_{22}H_{20}N_4O_3S$, Formel XIV.

B. Beim Erhitzen von 2-Äthyl-6-methyl-benz[*d*][1,3]oxazin-4-on mit Sulfanilsäure-

[2]pyridylamid (*Dhatt, Bami*, J. scient. ind. Res. India **18**C [1959] 256, 257, 259).
Kristalle (aus wss. Eg.); F: 272° [unkorr.].

3-Propyl-1H-chinoxalin-2-on $C_{11}H_{12}N_2O$, Formel XV (X = O), und Tautomeres.
B. Aus *o*-Phenylendiamin beim Behandeln mit 2-Halogen-valeriansäure und anschliessend mit H_2O_2 (*Goldweber, Schultz*, Am. Soc. **76** [1954] 287) oder beim Behandeln mit 2-Oxo-valeriansäure in wss. Essigsäure (*Morrison*, Am. Soc. **76** [1954] 4483).
Kristalle; F: 184—185° [unkorr.; nach Sublimation] (*Go., Sch.*), 182—183° [aus Bzl. oder wss. Acn.] (*Mo.*). λ_{max}: 230 nm und 280 nm [A.], 229 nm, 254 nm und 290 nm [wss. HCl (0,1 n)] bzw. 238 nm [wss. NaOH (0,1 n)] (*Go., Sch.*).

3-Propyl-1H-chinoxalin-2-thion $C_{11}H_{12}N_2S$, Formel XV (X = S), und Tautomeres.
B. Beim Erwärmen von 2-Chlor-3-propyl-chinoxalin mit Thioharnstoff und Äthanol (*Asano*, J. pharm. Soc. Japan **78** [1958] 729, 732, 733; C. A. **1958** 18428).
Gelbe Kristalle (aus A.); F: 198°.

3-Isopropyl-1H-chinoxalin-2-on $C_{11}H_{12}N_2O$, Formel I (X = O, X' = X'' = H), und Tautomeres.
B. Aus *o*-Phenylendiamin beim Behandeln mit 2-Halogen-3-methyl-buttersäure und anschliessend mit H_2O_2 (*Goldweber, Schultz*, Am. Soc. **76** [1954] 287) oder beim Behandeln mit 3-Methyl-2-oxo-buttersäure in wss. Essigsäure (*Morrison*, Am. Soc. **76** [1954] 4483).
Kristalle; F: 233—234° [unkorr.; nach Sublimation] (*Go., Sch.*), 228,5° [aus Bzl. oder wss. Acn.] (*Mo.*). λ_{max}: 229 nm und 279 nm [A.], 228 nm, 252 nm und 288 nm [wss. HCl (0,1 n)] bzw. 238 nm [wss. NaOH (0,1 n)] (*Go., Sch.*).

3-Isopropyl-6(oder 7)-nitro-1H-chinoxalin-2-on $C_{11}H_{11}N_3O_3$, Formel I (X = O, X' = NO_2, X'' = H oder X = O, X' = H, X'' = NO_2), und Tautomeres.
B. Aus 3-Methyl-2-oxo-buttersäure und 4-Nitro-*o*-phenylendiamin (*Hockenhull, Floodgate*, Biochem. J. **52** [1952] 38).
Kristalle (aus A.); F: 257°.

I   II   III

3-Isopropyl-1H-chinoxalin-2-thion $C_{11}H_{12}N_2S$, Formel I (X = S, X' = X'' = H), und Tautomeres.
B. Aus 2-Chlor-3-isopropyl-chinoxalin und Thioharnstoff in Äthanol (*Morrison, Furst*, J. org. Chem. **21** [1956] 470).
Kristalle; F: 215—225° [Zers.; nach Sintern bei 195°].

2-Acetyl-3-methyl-1,4-dihydro-chinoxalin, 1-[3-Methyl-1,4-dihydro-chinoxalin-2-yl]-äthanon $C_{11}H_{12}N_2O$, Formel II.
Konstitution: *Barltrop et al.*, Soc. **1959** 1423, 1426.
B. Bei der Hydrierung von 1-[3-Methyl-chinoxalin-2-yl]-äthanon an Palladium/Kohle in Äthanol (*Ba. et al.*, l. c. S. 1428; s. a. *Barltrop, Richards*, Chem. and Ind. **1957** 1011).
Rotbraune Kristalle; F: 149—151° [im Vakuum] (*Ba. et al.*, l. c. S. 1428). ^{1}H-NMR-Spektrum (DMF): *Ba. et al.*, l. c. S. 1425. λ_{max} (A.): 489,5 nm (*Ba. et al.*, l. c. S. 1428).
An der Luft erfolgt Oxidation zu 1-[3-Methyl-chinoxalin-2-yl]-äthanon (*Ba. et al.*, l. c. S. 1428).

4-Propyl-2H-phthalazin-1-on $C_{11}H_{12}N_2O$, Formel III, und Tautomeres (H 175).
B. Beim Erwärmen von 2-Butyryl-benzoesäure (*Noguchi, Kawanami*, J. pharm. Soc.

Japan **57** [1937] 783, 792; dtsch. Ref. S. 196, 202; C. A. **1938** 3360) oder von Propyliden-phthalid (*Yasue et al.*, Bl. Nagoya City Univ. pharm. School **2** [1954] 53; C. A. **1956** 12063) mit $N_2H_4 \cdot H_2O$ in Äthanol.

Kristalle; F: 165° [aus wss. A.] (*Ya. et al.*), 163—164° [aus A.] (*No., Ku.*).

4-[5-Chlor-1(3)H-benzimidazol-2-yl]-butan-2-on $C_{11}H_{11}ClN_2O$, Formel IV (X = Cl), und Tautomere.

B. Aus Lävulinsäure-[2-amino-4-chlor-anilid] mit Hilfe von wss. HCl (*Suami, Day,* J. org. Chem. **24** [1959] 1340, 1342).

Kristalle (aus H_2O); F: 136—138°.

4-[5-Brom-1(3)H-benzimidazol-2-yl]-butan-2-on $C_{11}H_{11}BrN_2O$, Formel IV (X = Br), und Tautomere.

B. Aus Lävulinsäure-[2-amino-4-brom-anilid] mit Hilfe von wss. HCl (*Suami, Day,* J. org. Chem. **24** [1959] 1340, 1342).

Kristalle (aus H_2O); F: 146—147°.

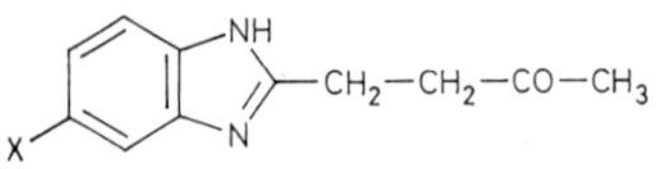

IV 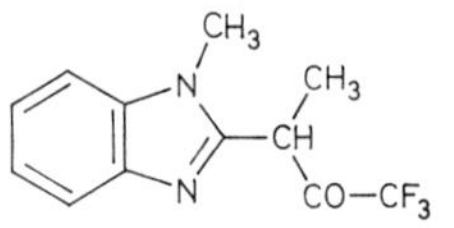   V

(±)-1,1,1-Trifluor-3-[1-methyl-1H-benzimidazol-2-yl]-butan-2-on $C_{12}H_{11}F_3N_2O$, Formel V.

Nach Ausweis der IR-Absorption liegt im festen Zustand 1,1,1-Trifluor-3-[1-methyl-1H-benzimidazol-2-yl]-but-2ξ-en-2-ol vor (*Wigton, Joullié,* Am. Soc. **81** [1959] 5212).

B. Aus 3-[1H-Benzimidazol-2-yl]-1,1,1-trifluor-aceton bei aufeinanderfolgendem Behandeln mit äthanol. Natriumäthylat und CH_3I (*Wi., Jo.*).

Kristalle (aus wss. A.); F: 178° [unkorr.; Zers.].

1,3-Bis-[1-methyl-pyrrol-2-yl]-aceton $C_{13}H_{16}N_2O$, Formel VI.

B. Bei der Hydrogenolyse von 2,4-Bis-[1-methyl-pyrrol-2-yl]-acetessigsäure-benzyl-ester an Palladium/Kohle in Butanon und anschliessenden Destillation (*Rapoport et al.,* J. org. Chem. **19** [1954] 840, 843). Bei der trockenen Destillation des Blei-Salzes (*Ra. et al.,* l. c. S. 842; *Späth, Tuppy,* M. **79** [1948] 119, 124) oder des Barium-Salzes (*Rapoport, Jorgensen,* J. org. Chem. **14** [1949] 664, 667) der [1-Methyl-pyrrol-2-yl]-essigsäure unter vermindertem Druck.

Kristalle; F: 68—69° [aus Ae. + PAe. oder wss. A.] (*Sp., Tu.*), 67—68° [aus A.] (*Ra., Jo.*).

Oxim $C_{13}H_{17}N_3O$. Kristalle (aus wss. A.); F: 115—116° (*Sp., Tu.*).

Semicarbazon $C_{14}H_{19}N_5O$. Kristalle; F: 194—197° [Zers.; aus A.] (*Sp., Tu.*), 189—191° [korr.; Zers.; aus wss. A.] (*Ra., Jo.*).

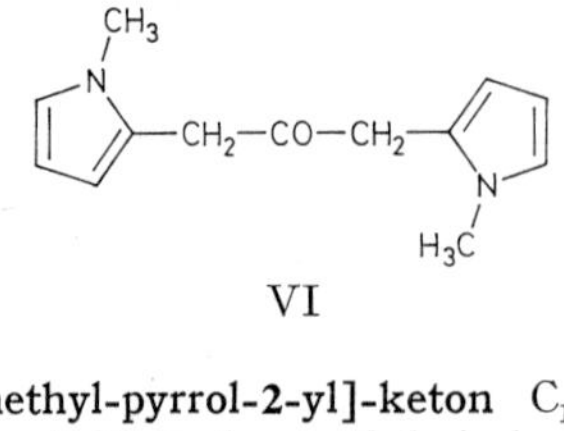

VI 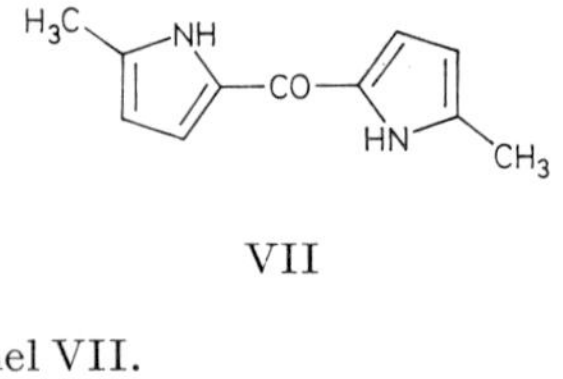   VII

Bis-[5-methyl-pyrrol-2-yl]-keton $C_{11}H_{12}N_2O$, Formel VII.

B. Aus 2-Methyl-pyrrol bei der Umsetzung mit Äthylmagnesiumbromid in Äther und anschliessenden Behandlung mit $COCl_2$ (*Fischer, Orth,* A. **502** [1933] 237, 245).

Kristalle (aus Eg.); F: 250°.

---

*Opt.-inakt. 7-Phenyl-1,4-diaza-norcaran-5-on $C_{11}H_{12}N_2O$, Formel VIII.

B. Beim Behandeln von α-Brom-*trans*-zimtsäure-äthylester mit Äthylendiamin-hydrat in Äthanol (*Moureu et al.*, Bl. **1956** 1785).

Kristalle (aus Bzl.); F: 134°.

1,3,5,6,7,8-Hexahydro-naphth[2,3-*d*]imidazol-2-on $C_{11}H_{12}N_2O$, Formel IX (R = H, X = O), und Tautomeres (5,6,7,8-Tetrahydro-1*H*-naphth[2,3-*d*]imidazol-2-ol).

B. Aus 5,6,7,8-Tetrahydro-naphthalin-2,3-diyldiamin und Harnstoff (*Brown, Harrison,* Soc. **1959** 3332, 3333, 3334).

Kristalle (aus A.); F: 355°. λ_{max}: 290 nm [wss. Lösung vom pH 7] bzw. 298 nm [wss. Lösung vom pH 14]. Scheinbare Dissoziationsexponenten pK_{a1}' und pK_{a2}' (H_2O; spektrophotometrisch ermittelt) bei 20°: 12,21 bzw. ca. 15,5.

1,3,5,6,7,8-Hexahydro-naphth[2,3-*d*]imidazol-2-thion $C_{11}H_{12}N_2S$, Formel IX (R = H, X = S), und Tautomeres (5,6,7,8-Tetrahydro-1*H*-naphth[2,3-*d*]imidazol-2-thiol).

B. Aus 5,6,7,8-Tetrahydro-naphthalin-2,3-diyldiamin und Thioharnstoff (*Brown, Harrison,* Soc. **1959** 3332, 3333, 3334).

Kristalle (aus wss. A.); F: 310°. λ_{max}: 248 nm, 303 nm und 311 nm [wss. Lösung vom pH 6,7] bzw. 258 nm und 310 nm [wss. Lösung vom pH 12,5]. Scheinbarer Dissoziations-exponent pK_a' (H_2O; spektrophotometrisch ermittelt) bei 20°: 10,43.

VIII   IX   X   XI

1-Methyl-1,3,5,6,7,8-hexahydro-naphth[2,3-*d*]imidazol-2-thion $C_{12}H_{14}N_2S$, Formel IX (R = CH$_3$, X = S), und Tautomeres.

B. Aus *N*-Methyl-5,6,7,8-tetrahydro-naphthalin-2,3-diyldiamin und Thioharnstoff (*Brown, Harrison,* Soc. **1959** 3332, 3333, 3334).

Kristalle (aus A.); F: 250—252°. λ_{max}: 244 nm und 312 nm [wss. Lösung vom pH 6,5] bzw. 263 nm und 313 nm [wss. Lösung vom pH 13]. Scheinbarer Dissoziationsexponent pK_a' (H_2O; spektrophotometrisch ermittelt) bei 20°: 10,78.

($\pm$)-1,5,6,10b-Tetrahydro-2*H*-imidazo[5,1-*a*]isochinolin-3-on $C_{11}H_{12}N_2O$, Formel X.

B. Aus ($\pm$)-1-Aminomethyl-1,2,3,4-tetrahydro-isochinolin und COCl$_2$ (*Rupe, Frey,* Helv. **22** [1939] 673, 679).

Kristalle (aus Bzl.); F: 148°.

($\pm$)-3,3a,4,5-Tetrahydro-2*H*-imidazo[1,5-*a*]chinolin-1-on $C_{11}H_{12}N_2O$, Formel XI.

B. Aus ($\pm$)-2-Aminomethyl-1,2,3,4-tetrahydro-chinolin und COCl$_2$ (*v. Bidder, Rupe,* Helv. **22** [1939] 1268, 1273).

Kristalle (aus A.); F: 197°.

1,2,4,5-Tetrahydro-7*H*-[1,4]diazepino[3,2,1-*hi*]indol-6-on $C_{11}H_{12}N_2O$, Formel XII.

Für die nachstehend beschriebene Verbindung ist auch eine Formulierung als 1,2,5,6-Tetrahydro-4*H*-[1,4]diazepino[6,7,1-*hi*]indol-7-on (Formel XIII) in Betracht zu ziehen (*Astill, Boekelheide,* J. org. Chem. **23** [1958] 316).

B. Aus 1,2,4,5-Tetrahydro-pyrrolo[3,2,1-*ij*]chinolin-6-on und NaN$_3$ mit Hilfe von H_2SO_4 (*As., Bo.*).

Gelbe Kristalle (aus Hexan); F: 140—141° [korr.; nach Erweichen bei 138°]. λ_{max} der Kristalle: 227 nm, 263 nm, 310 nm und 353 nm.

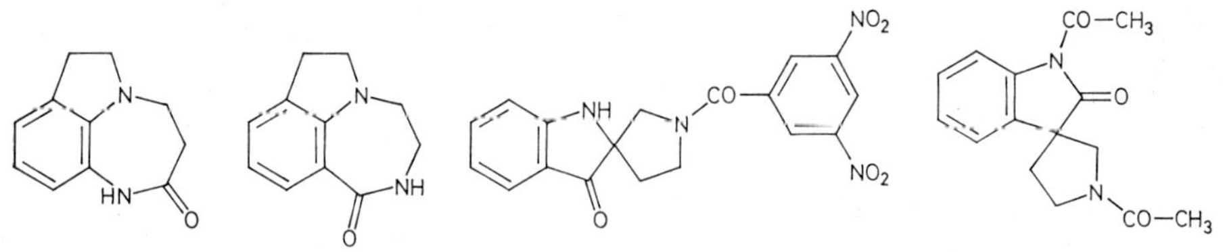

XII   XIII   XIV   XV

(±)-1'-[3,5-Dinitro-benzoyl]-spiro[indolin-2,3'-pyrrolidin]-3-on $C_{18}H_{14}N_4O_6$, Formel XIV.
B. Beim Behandeln von (±)-2,9-Diacetyl-1,2,3,4-tetrahydro-9*H*-β-carbolin-4a*r*,9a*c*-diol
(E III/IV **23** 3131) mit wss.-äthanol. Alkali und Überführen des Reaktionsprodukts in
das [3,5-Dinitro-benzoyl]-Derivat (*van Tamelen et al.*, Chem. and Ind. **1956** 1145).
Kristalle; F: 277—280°. λ_{max} (A.): 233 nm und 393 nm.

(±)-1,1'-Diacetyl-spiro[indolin-3,3'-pyrrolidin]-2-on $C_{15}H_{16}N_2O_3$, Formel XV.
B. Beim Behandeln von (±)-2,9-Diacetyl-1,2,3,4-tetrahydro-9*H*-β-carbolin-4a*r*,9a*c*-diol
(E III/IV **23** 3131) mit Acetanhydrid (*van Tamelen et al.*, Chem. and Ind. **1956** 1145).
F: 140—141°. λ_{max} (A.): 275 nm und 287 nm.

Oxo-Verbindungen $C_{12}H_{14}N_2O$

4,4-Dimethyl-6-phenyl-4,5-dihydro-2*H*-pyridazin-3-on $C_{12}H_{14}N_2O$, Formel I.
B. Aus 2,2-Dimethyl-4-oxo-4-phenyl-buttersäure und $N_2H_4 \cdot H_2O$ (*Clemo, Dickenson*,
Soc. **1937** 255).
Kristalle (aus A.); F: 167—168°.

5-Äthyl-6-phenyl-3,4-dihydro-1*H*-pyrimidin-2-thion $C_{12}H_{14}N_2S$, Formel II.
B. Durch Reduktion von 5-Äthyl-6-phenyl-2-thioxo-2,3-dihydro-1*H*-pyrimidin-4-on
mit $LiAlH_4$ (*Marshall*, Am. Soc. **78** [1956] 3696).
Kristalle (aus A.); F: 209—211°.

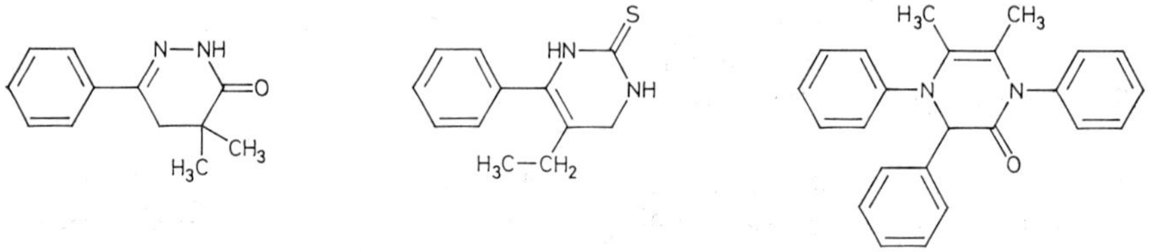

I   II   III

5,6-Dimethyl-1,3,4-triphenyl-3,4-dihydro-1*H*-pyrazin-2-on $C_{24}H_{22}N_2O$, Formel III.
Die von *Pfleger, Jäger* (B. **90** [1957] 2460, 2469) unter dieser Konstitution beschriebene
Verbindung   ist   als   4-Methyl-1,3-diphenyl-4-[1-phenylimino-äthyl]-azetidin-2-on
(E III/IV **21** 5490) zu formulieren (*Sakamoto, Tomimatsu*, J. pharm. Soc. Japan **90** [1970]
1386, 1389; C. A. **74** [1971] 53357).

5-Mesityl-1,2-dihydro-pyrazol-3-on $C_{12}H_{14}N_2O$, Formel IV, und Tautomere.
B. Aus 3-Mesityl-3-oxo-propionsäure-äthylester und N_2H_4 (*Kohler, Baltzly*, Am. Soc.
54 [1932] 4015, 4022).
Kristalle (aus A.); Zers. bei 290—300°.

(±)-5-Methyl-2-phenyl-4-[1-phenyl-äthyl]-1,2-dihydro-pyrazol-3-on $C_{18}H_{18}N_2O$,
Formel V (X = H), und Tautomere.
B. Aus 4-[(*Z*)-Benzyliden]-5-methyl-2-phenyl-2,4-dihydro-pyrazol-3-on und Methyl≠

magnesiumbromid (*Mustafa et al.*, Am. Soc. **81** [1959] 6007, 6009).
Kristalle (aus A. + Ae.); F: 117° [unkorr.].

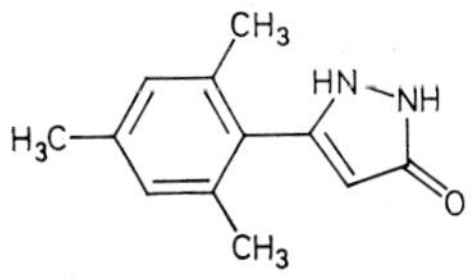

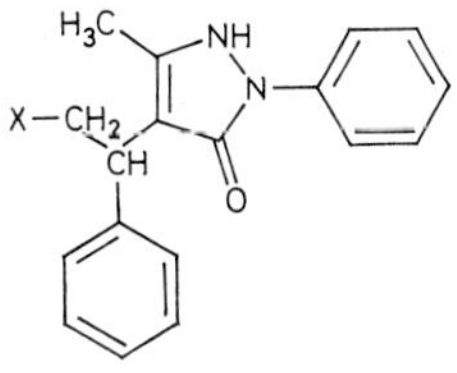

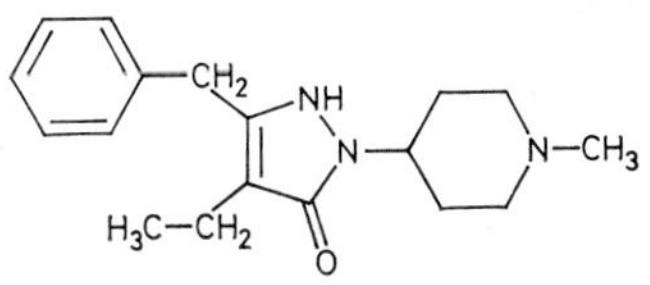

IV   V   VI

(±)-5-Methyl-4-[2-nitro-1-phenyl-äthyl]-2-phenyl-1,2-dihydro-pyrazol-3-on $C_{18}H_{17}N_3O_3$,
Formel V (X = NO₂), und Tautomere.

B. Aus der Natrium-Verbindung von 5-Methyl-2-phenyl-1,2-dihydro-pyrazol-3-on und
trans-β-Nitro-styrol (*Perekalin, Sopowa*, Ž. obšč. Chim. **28** [1958] 675, 678; engl. Ausg.
S. 656, 658). Beim Erwärmen von (±)-2-[2-Nitro-1-phenyl-äthyl]-acetessigsäure-äthyl=
ester in Äthanol mit Phenylhydrazin und wenig HCl (*Pe., So.*).
Kristalle (aus A.); F: 85°.

4-Äthyl-5-benzyl-2-[1-methyl-[4]piperidyl]-1,2-dihydro-pyrazol-3-on $C_{18}H_{25}N_3O$,
Formel VI, und Tautomere.

B. Aus 2-Äthyl-4-phenyl-acetessigsäure-äthylester und 4-Hydrazino-1-methyl-piper=
idin (*Ebnöther et al.*, Helv. **42** [1959] 1201, 1206, 1213).
Hydrobromid $C_{18}H_{25}N_3O \cdot HBr$. Kristalle (aus A. + Ae.); F: 165—170°.

2,4-Diphenyl-5-propyl-1,2-dihydro-pyrazol-3-on $C_{18}H_{18}N_2O$, Formel VII, und Tautomere.

B. Aus 3-Oxo-2-phenyl-hexansäure-amid und Phenylhydrazin (*Schreiber*, A. ch. [12]
2 [1947] 84, 121).
F: 151,5°.

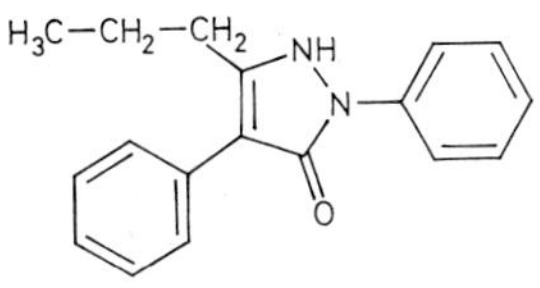

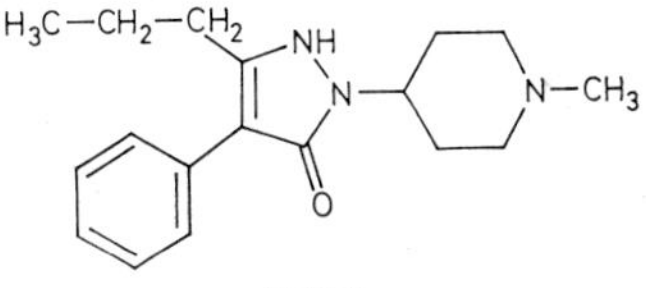

VII   VIII

2-[1-Methyl-[4]-piperidyl]-4-phenyl-5-propyl-1,2-dihydro-pyrazol-3-on $C_{18}H_{25}N_3O$,
Formel VIII, und Tautomere.

B. Aus 4-Hydrazino-1-methyl-piperidin und 3-Oxo-2-phenyl-hexansäure-äthylester
(*Ebnöther et al.*, Helv. **42** [1959] 1201, 1207, 1213).
Hydrochlorid $C_{18}H_{25}N_3O \cdot HCl$. Kristalle (aus Isopropylalkohol) mit 0,5 Mol H_2O;
F: 240—250° [Zers.].

5-Phenyl-4-propyl-1,2-dihydro-pyrazol-3-on $C_{12}H_{14}N_2O$, Formel IX, und Tautomere.

B. Analog der vorangehenden Verbindung (*Gagnon et al.*, Canad. J. Chem. **31** [1953]
1025, 1027, 1034).
Kristalle (aus A., PAe. oder A. + PAe.); F: 186—188° [unkorr.]. Netzebenenab=
stände: *Ga. et al.*, l. c. S. 1036. IR-Banden (Nujol; 1600—1250 cm⁻¹): *Ga. et al.*, l. c.
S. 1035. λ_{max}: 250 nm [A.] bzw. 244 nm [äthanol. HCl] (*Ga. et al.*, l. c. S. 1027). Schein=
barer Dissoziationsexponent pK_a' (H_2O; potentiometrisch ermittelt): 8,0 (*Ga. et al.*, l. c.
S. 1029).

2,5-Diphenyl-4-propyl-1,2-dihydro-pyrazol-3-on $C_{18}H_{18}N_2O$, Formel X
(X = X′ = X″ = H), und Tautomere.

B. Analog den vorangehenden Verbindungen (*Gagnon et al.*, Canad. J. Chem. **31**

[1953] 1025, 1027, 1034).

Kristalle (aus A., PAe. oder A. + PAe.); F: 198—199° [unkorr.]. Netzebenenabstände: *Ga. et al.*, l. c. S. 1037. IR-Banden (Nujol; 1700—1250 cm⁻¹): *Ga. et al.*, l. c. S. 1035. λ_{max}: 248 nm und 310 nm [A.] bzw. 252 nm und 310 nm [äthanol. HCl] (*Ga. et al.*, l. c. S. 1027). Scheinbarer Dissoziationsexponent pK'_a (H_2O; potentiometrisch ermittelt): 7,0 (*Ga. et al.*, l. c. S. 1029).

2-[2-Chlor-phenyl]-5-phenyl-4-propyl-1,2-dihydro-pyrazol-3-on $C_{18}H_{17}ClN_2O$, Formel X (X = Cl, X' = X'' = H), und Tautomere.

B. Analog den vorangehenden Verbindungen (*Gagnon et al.*, Canad. J. Chem. **34** [1956] 530, 531, 538).

Kristalle (aus A. oder PAe.); F: 137—138° [unkorr.]. IR-Banden (Nujol; 1650 cm⁻¹ bis 1100 cm⁻¹): *Ga. et al.*, l. c. S. 535. λ_{max} (A.): 260 nm und 310 nm (*Ga. et al.*, l. c. S. 531).

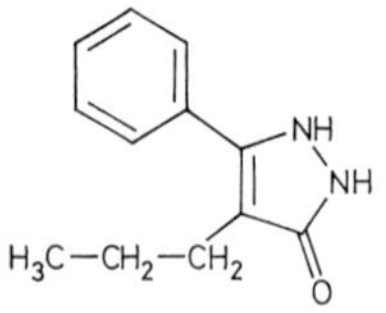

IX 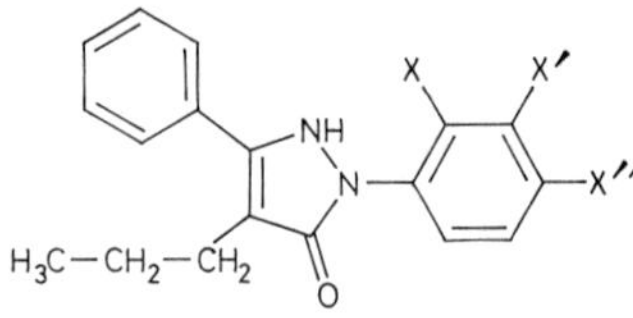   X

2-[3-Chlor-phenyl]-5-phenyl-4-propyl-1,2-dihydro-pyrazol-3-on $C_{18}H_{17}ClN_2O$, Formel X (X = X'' = H, X' = Cl), und Tautomere.

B. Analog den vorangehenden Verbindungen (*Gagnon et al.*, Canad. J. Chem. **34** [1956] 530, 532, 538).

Kristalle (aus A. oder PAe.); F: 109—110° [unkorr.]. IR-Banden (Nujol; 1650 cm⁻¹ bis 1100 cm⁻¹): *Ga. et al.*, l. c. S. 535. λ_{max} (A.): 254 nm und 300 nm (*Ga. et al.*, l. c. S. 532).

2-[4-Chlor-phenyl]-5-phenyl-4-propyl-1,2-dihydro-pyrazol-3-on $C_{18}H_{17}ClN_2O$, Formel X (X = X' = H, X'' = Cl), und Tautomere.

B. Analog den vorangehenden Verbindungen (*Gagnon et al.*, Canad. J. Chem. **34** [1956] 530, 533, 538).

Kristalle (aus A. oder PAe.); F: 182—183° [unkorr.]. IR-Spektrum (Nujol; 2—9 µ): *Ga. et al.*, l. c. S. 537. UV-Spektrum (A.; 200—350 nm): *Ga. et al.*, l. c. S. 534.

2-[1-Methyl-[4]piperidyl]-5-phenyl-4-propyl-1,2-dihydro-pyrazol-3-on $C_{18}H_{25}N_3O$, Formel XI, und Tautomere.

B. Analog den vorangehenden Verbindungen (*Ebnöther et al.*, Helv. **42** [1959] 1201, 1208, 1213).

Kristalle (aus Bzl. + PAe.); F: 155—156° [Zers.].

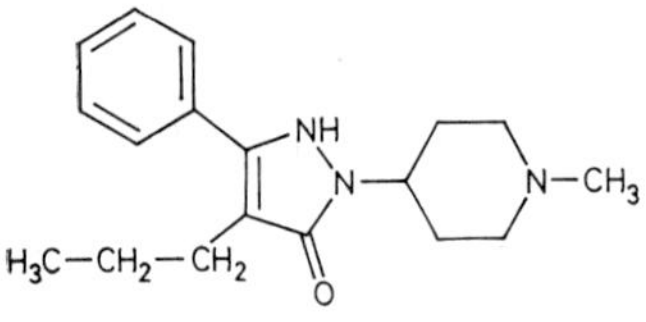

XI 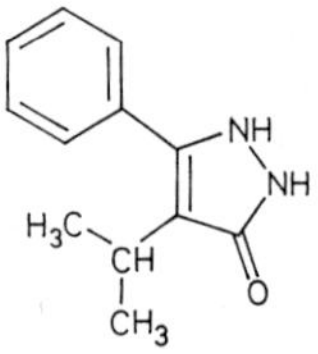   XII 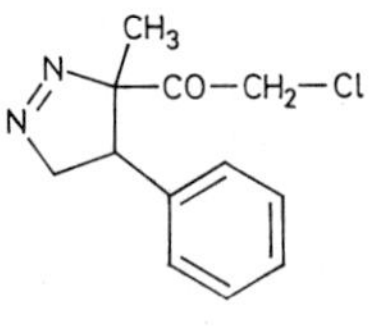   XIII

4-Isopropyl-5-phenyl-1,2-dihydro-pyrazol-3-on $C_{12}H_{14}N_2O$, Formel XII, und Tautomere.

B. Analog den vorangehenden Verbindungen (*Shavel et al.*, J. Am. pharm. Assoc. **42** [1953] 402, 406).

Kristalle (aus A. + Hexan); F: 182—183° (*Sh. et al.*, l. c. S. 405).

*Opt.-inakt. 2-Chlor-1-[3-methyl-4-phenyl-4,5-dihydro-3H-pyrazol-3-yl]-äthanon $C_{12}H_{13}ClN_2O$, Formel XIII.

B. Aus 1-Chlor-3-methyl-4-phenyl-but-3-en-2-on (Syst.-Nr. 644) und Diazomethan

(*Moore*, *Medeiros*, Am. Soc. **81** [1959] 6026).
Kristalle (aus Me.); F: 94—95°. Sehr unbeständig.

(±)-1-[4,5-Dihydro-1*H*-imidazol-2-yl]-1-phenyl-aceton $C_{12}H_{14}N_2O$, Formel I.
B. Aus (±)-3-Oxo-2-phenyl-butyrimidsäure-äthylester-hydrochlorid und Äthylen=
diamin (*Cavallini et al.*, Farmaco Ed. scient. **11** [1956] 633, 646).
Kristalle (aus A.); F: 189,5—190,5°.

4-Äthyl-5-benzyl-1,3-dihydro-imidazol-2-thion $C_{12}H_{14}N_2S$, Formel II, und Tautomere.
B. Beim Erhitzen von DL-Phenylalanin mit Propionsäure-anhydrid und Pyridin,
Hydrolysieren des Reaktionsprodukts mit wss. HCl und anschliessenden Umsetzen mit
Ammonium-thiocyanat (*Bullerwell*, *Lawson*, Soc. **1952** 1350, 1353).
Kristalle (aus A.); F: 252°.

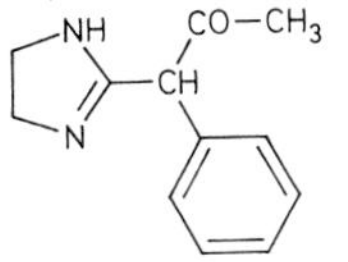

I 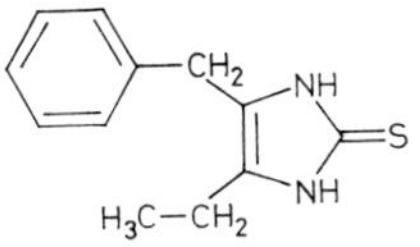   II 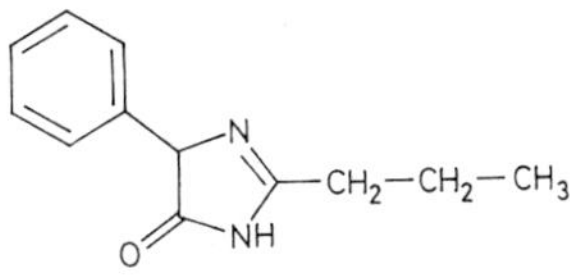   III

5-Phenyl-2-propyl-3,5-dihydro-imidazol-4-on(?) $C_{12}H_{14}N_2O$, vermutlich Formel III, und
Tautomere.
B. Aus Phenylglyoxal-hydrat und Butyramidin-hydrochlorid mit Hilfe von wss.
KOH (*Cole*, *Ronzio*, Am. Soc. **66** [1944] 1584).
Kristalle (aus Me. + E.); Zers. bei 215—230°.
Hydrochlorid $C_{12}H_{14}N_2O\cdot HCl$. F: 182—184° [korr.].
Picrat $C_{12}H_{14}N_2O\cdot C_6H_3N_3O_7$. Kristalle (aus A.); F: 183,5—184° [korr.].

4-Phenyl-5-propyl-1,3-dihydro-imidazol-2-on(?) $C_{12}H_{14}N_2O$, vermutlich Formel IV, und
Tautomere.
B. Neben 4-Phenyl-5-propyl-oxazol-2-ylamin beim Erhitzen von 2-Brom-1-phenyl-
pentan-1-on mit Harnstoff in DMF (*Gompper*, *Christmann*, B. **92** [1959] 1944, 1948).
$Kp_{0,03}$: 210—225° [nicht rein erhalten].

2-Benzyl-5,5-dimethyl-3,5-dihydro-imidazol-4-on $C_{12}H_{14}N_2O$, Formel V, und Tautomere.
B. Aus α-[2-Phenyl-acetylamino]-isobuttersäure-amid mit Hilfe von wss. NaOH
(*Kjær*, Acta chem. scand. **7** [1953] 889, 896).
Kristalle (aus H_2O) mit 1 Mol H_2O, die ab ca. 80° sintern. UV-Spektrum (Me. sowie
methanol. KOH; 220—300 nm): *Kj.*, l. c. S. 892.

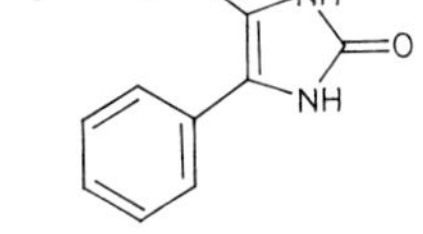

IV 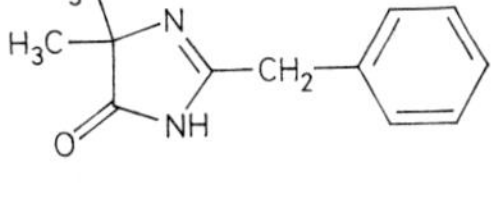   V 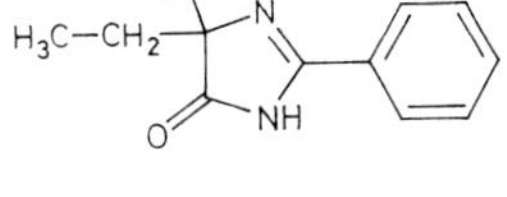   VI

(±)-5-Äthyl-5-methyl-2-phenyl-3,5-dihydro-imidazol-4-on $C_{12}H_{14}N_2O$, Formel VI, und
Tautomere.
B. Aus (±)-*N*-Benzoyl-DL-isovalin-amid mit Hilfe von wss. NaOH (*Kjær*, Acta chem.
scand. **7** [1953] 889, 895).
Kristalle (aus H_2O); F: 146—147° [unkorr.]. λ_{max} (Me.): 230 nm, 236 nm und 250 nm.

2-Isobutyl-3H-chinazolin-4-on $C_{12}H_{14}N_2O$, Formel VII, und Tautomere (H 177).
Magnetische Susceptibilität: $-128,7 \cdot 10^{-6} \, cm^3 \cdot mol^{-1}$ (*Pacault*, A. ch. [12] **1** [1946] 527, 558).

2-*tert*-Butyl-3H-chinazolin-4-on $C_{12}H_{14}N_2O$, Formel VIII, und Tautomere.
B. Beim Erhitzen von *N*-Pivaloyl-anthranilsäure-amid mit wss. NaOH (*Piozzi et al.*, G. **89** [1959] 2342, 2353).
Kristalle (aus A.); F: 187° [korr.]. λ_{max}: 225 nm, 264 nm, 305 nm und 317 nm (*Pi. et al.*, l. c. S. 2348).

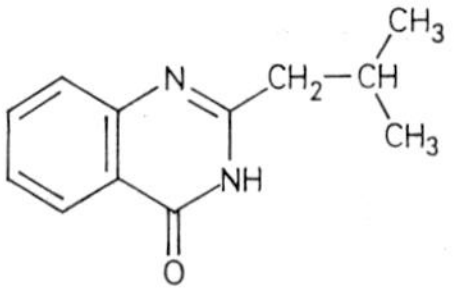

VII 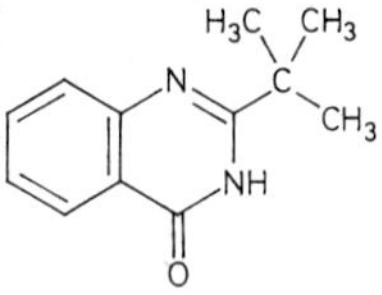   VIII 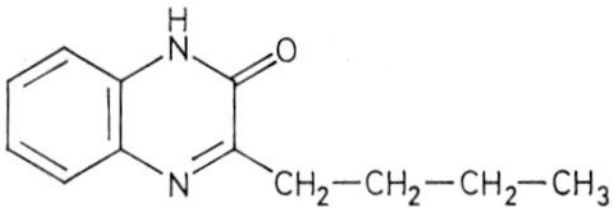   IX

3-Butyl-1H-chinoxalin-2-on $C_{12}H_{14}N_2O$, Formel IX, und Tautomeres.
B. Aus *o*-Phenylendiamin beim Behandeln mit 2-Halogen-hexansäure und anschliessend mit H_2O_2 (*Goldweber, Schultz*, Am. Soc. **76** [1954] 287) oder beim Behandeln mit 2-Oxo-hexansäure (*Morrison*, Am. Soc. **76** [1954] 4483).
Kristalle; F: 154—155° [unkorr.; aus Bzl.] (*Go., Sch.*), 153,5—154° [aus Bzl. oder wss. Acn.] (*Mo.*). λ_{max}: 229 nm und 280 nm [A.], 228 nm und 252 nm [wss. HCl (0,1 n)] bzw. 238 nm [wss. NaOH (0,1 n)] (*Go., Sch.*).

(±)-3-*sec*-Butyl-1H-chinoxalin-2-on $C_{12}H_{14}N_2O$, Formel X (R = CH_3, R′ = H), und Tautomeres.
B. Aus (±)-3-Methyl-2-oxo-valeriansäure und *o*-Phenylendiamin (*Morrison*, Am. Soc. **76** [1954] 4483).
Kristalle (aus Bzl. oder wss. Acn.); F: 180—181°.

3-Isobutyl-1H-chinoxalin-2-on $C_{12}H_{14}N_2O$, Formel X (R = H, R′ = CH_3), und Tautomeres.
B. Aus 4-Methyl-2-oxo-valeriansäure und *o*-Phenylendiamin (*Morrison*, Am. Soc. **76** [1954] 4483).
Kristalle (aus Bzl. oder wss. Acn.); F: 186—187°.

3-*tert*-Butyl-1H-chinoxalin-2-on $C_{12}H_{14}N_2O$, Formel XI, und Tautomeres.
B. Aus 2-[4-Dimethylamino-phenylimino]-4,4-dimethyl-3-oxo-valeronitril durch Erwärmen in wss.-äthanol. HCl und Erhitzen des Reaktionsgemisches mit *o*-Phenylendiamin und Kaliumacetat (*Kröhnke*, B. **80** [1947] 298, 310).
Kristalle (aus wss. A.); F: 207—208° [korr.] (*Piozzi*, Chimica e Ind. **45** [1963] 347).

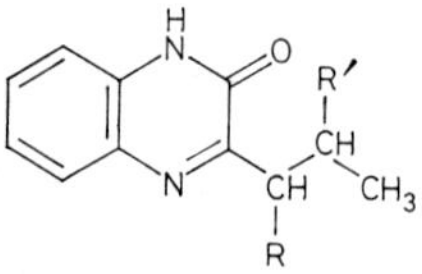

X 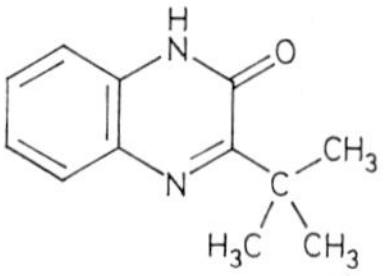   XI 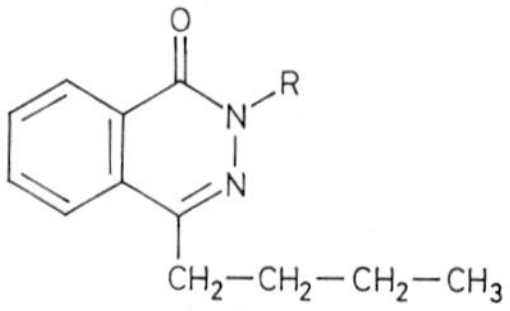   XII

4-Butyl-2H-phthalazin-1-on $C_{12}H_{14}N_2O$, Formel XII (R = H), und Tautomeres.
B. Beim Erwärmen von 2-Valeryl-benzoesäure mit $N_2H_4 \cdot H_2O$ in Äthanol (*Noguchi, Kawanami*, J. pharm. Soc. Japan **57** [1937] 783, 790, 793; dtsch. Ref. S. 196, 200, 203;

C. A. **1938** 3360).
Kristalle (aus A.); F: 155°.

4-Butyl-1-oxo-1H-phthalazin-2-carbonsäure-amid $C_{13}H_{15}N_3O_2$, Formel XII
(R = CO-NH$_2$).
B. Beim Erwärmen von 2-Valeryl-benzoesäure in Äthanol mit Semicarbazid hydro=
chlorid und Natriumacetat in H$_2$O (*Noguchi, Kawanami,* J. pharm. Soc. Japan **57** [1937]
783, 790; dtsch. Ref. S. 196, 200; C. A. **1938** 3360).
Kristalle (aus A.); F: 126°.

3-Pivaloyl-1(2)H-indazol, 1 [1(2)H-Indazol-3-yl]-2,2-dimethyl-propan-1-on $C_{12}H_{14}N_2O$,
Formel XIII (X = H) und Tautomeres.
B. Aus der folgenden Verbindung beim Behandeln mit wss. HCl oder beim Umkri-
stallisieren aus Essigsäure (*Piozzi, Dubini,* G. **89** [1959] 638, 652).
Kristalle (aus Eg. oder nach Sublimation bei 2 Torr); F: 178° [korr.]. IR-Spektrum
(Paraffin; 2—15,5 μ): *Pi., Du.,* l. c. S. 640. λ_{max} (A.): 236 nm, 243 nm und 299 nm (*Pi.,
Du.,* l. c. S. 647).

2,2-Dimethyl-1-[1-nitroso-1H-indazol-3-yl]-propan-1-on $C_{12}H_{13}N_3O_2$, Formel XIII
(X = NO).
B. Beim Behandeln von 2-*tert*-Butyl-indol in Essigsäure mit konz. wss. HCl und
NaNO$_2$ (*Piozzi, Dubini,* G. **89** [1959] 638, 651).
Gelbe Kristalle (aus A.); F: 104° [korr.]. An der Luft unbeständig.

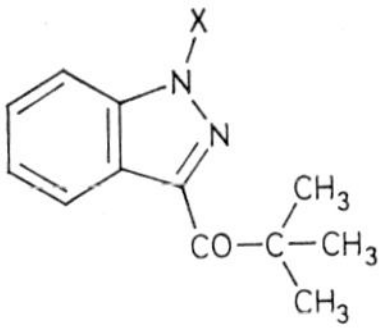

XIII 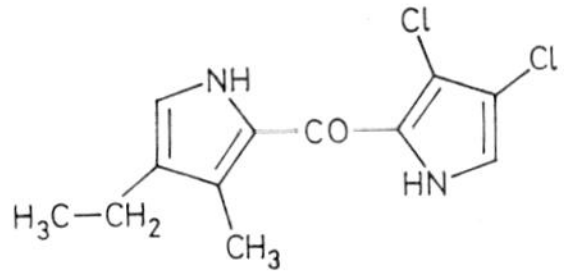   XIV 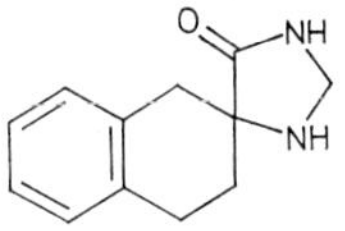   XV

[4-Äthyl-3-methyl-pyrrol-2-yl]-[3,4-dichlor-pyrrol-2-yl]-keton $C_{12}H_{12}Cl_2N_2O$,
Formel XIV.
B. Beim Erhitzen von 5-[4-Äthyl-3-methyl-pyrrol-2-carbonyl]-3,4-dichlor-pyrrol-
2-carbonsäure-äthylester mit wss. NaOH auf 190—200° (*Fischer, Gangl,* Z. physiol.
Chem. **267** [1941] 188, 198).
Kristalle (aus wss. A.); F: 156°.

3′,4′-Dihydro-1′H-spiro[imidazolidin-4,2′-naphthalin]-5-on $C_{12}H_{14}N_2O$, Formel XV.
B. Beim Erwärmen von 2-Thioxo-3′,4′-dihydro-1′H-spiro[imidazolidin-4,2′-naph=
thalin]-5-on mit Raney-Nickel und Äthanol (*Faust et al.,* J. Am. pharm. Assoc. **46** [1957]
118, 123).
Kristalle (aus H$_2$O); F: 172—173° [korr.].
H y d r o c h l o r i d $C_{12}H_{14}N_2O\cdot$HCl. Kristalle (aus A.); F: 249—250° [korr.; Zers.].

1,1′-Dimethyl-spiro[indolin-3,4′-piperidin]-2-on $C_{14}H_{18}N_2O$, Formel I.
B. Beim Erhitzen von 1-Methyl-indolin-2-on mit Bis-[2-chlor-äthyl]-methyl-amin und
NaNH$_2$ in Toluol (*Eisleb,* B. **74** [1941] 1433, 1448).
Kristalle (aus Dibutyläther); F: 104—106°.
H y d r o c h l o r i d. Kristalle; F: 245—246°.

3,4,6,7,8,9-Hexahydro-1H-pyrido[3,2-g]chinolin-2-on $C_{12}H_{14}N_2O$, Formel II.
B. Als Hauptprodukt beim Erhitzen von 4,6,7,9-Tetrahydro-1H,3H-pyrido[3,2-g]=
chinolin-2,8-dion mit rotem Phosphor in wss. HI auf 185° unter Druck (*Ruggli, Staub,*
Helv. **19** [1936] 439, 448).
Kristalle (aus A.); F: 234—235°.

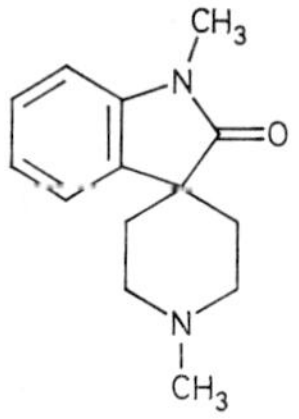

I 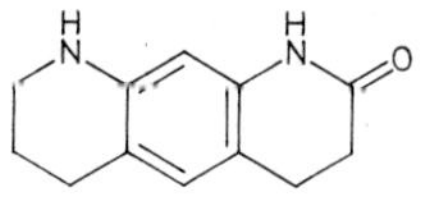   II 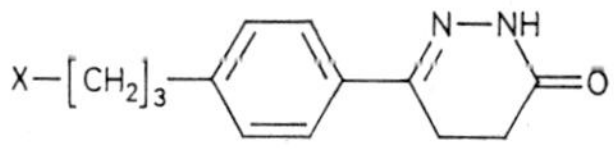   III

Oxo-Verbindungen $C_{13}H_{16}N_2O$

6-[4-Propyl-phenyl]-4,5-dihydro-2H-pyridazin-3-on $C_{13}H_{16}N_2O$, Formel III (X = H).
B. Aus 4-Oxo-4-[4-propyl-phenyl]-buttersäure und N_2H_4 (*Smith, Lo*, Am. Soc. **70** [1948] 2209, 2211).
Kristalle (aus wss. A.); F: 103,5—104,5°.

6-[4-(3-Nitro-propyl)-phenyl]-4,5-dihydro-2H-pyridazin-3-on $C_{13}H_{15}N_3O_3$, Formel III (X = NO_2).
B. Analog der vorangehenden Verbindung (*Borsche, Sinn*, A. **553** [1942] 260, 268).
Kristalle (aus wss. Me.); F: 139—140°.

6-[4-Isopropyl-phenyl]-4,5-dihydro-2H-pyridazin-3-on $C_{13}H_{16}N_2O$, Formel IV.
B. Analog den vorangehenden Verbindungen (*Smith, Lo*, Am. Soc. **70** [1948] 2209, 2212).
Kristalle (aus A.); F: 166—167°.

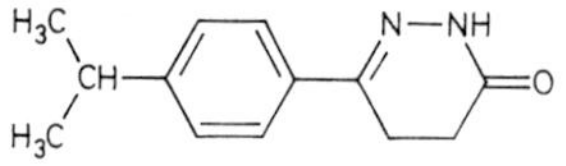

IV 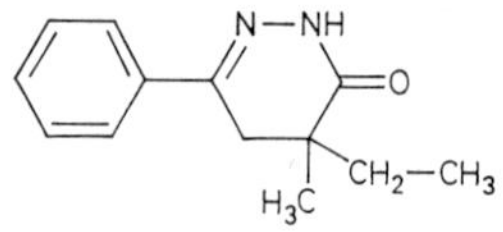   V 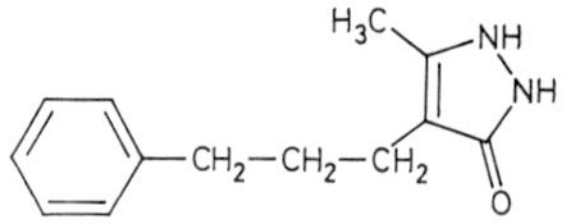   VI

(±)-4-Äthyl-4-methyl-6-phenyl-4,5-dihydro-2H-pyridazin-3-on $C_{13}H_{16}N_2O$, Formel V.
B. Analog den vorangehenden Verbindungen (*Clemo, Dickenson*, Soc. **1937** 255).
Kristalle (aus PAe. oder wss. A.); F: 108°.

5-Methyl-4-[3-phenyl-propyl]-1,2-dihydro-pyrazol-3-on $C_{13}H_{16}N_2O$, Formel VI, und Tautomere.
B. Aus 2-[3-Phenyl-propyl]-acetessigsäure-äthylester und $N_2H_4 \cdot H_2O$ (*Lauer, Kilburn*, Am. Soc. **59** [1937] 2586). Bei der Hydrierung von 4-*trans*-Cinnamyl-5-methyl-1,2-dihydro-pyrazol-3-on an Platin (*La., Ki.*).
F: 176—177,5°.

(±)-5-Methyl-4-[1-phenyl-propyl]-1,2-dihydro-pyrazol-3-on $C_{13}H_{16}N_2O$, Formel VII, und Tautomere.
B. Aus (±)-2-[1-Phenyl-propyl]-acetessigsäure-äthylester und N_2H_4 (*Lauer, Kilburn*, Am. Soc. **59** [1937] 2586). Bei der katalytischen Hydrierung von (±)-5-Methyl-4-[1-phenyl-allyl]-1,2-dihydro-pyrazol-3-on (*La., Ki.*).
Kristalle [aus A.] (*La., Ki.*); F: 195—196° (*Lauer, Brodoway*, Am. Soc. **75** [1953] 5406), 193—195° (*La., Ki.*).

4-Butyl-5-phenyl-1,2-dihydro-pyrazol-3-on $C_{13}H_{16}N_2O$, Formel VIII, und Tautomere.
B. Aus 2-Butyl-3-oxo-3-phenyl-propionsäure-äthylester und $N_2H_4 \cdot H_2O$ (*Gagnon et al.*, Canad. J. Chem. **31** [1953] 1025, 1027, 1034).
Kristalle (aus A., PAe. oder A. + PAe.); F: 180—181° [unkorr.]. Netzebenenabstände:

Ga. et al., 1. c. S. 1036. IR-Banden (Nujol; 3300—1250 cm^{-1}): *Ga. et al.*, 1. c. S. 1035, 1038. λ_{max} (A. sowie äthanol. HCl): 250 nm (*Ga. et al.*, 1. c. S. 1027). Scheinbarer Dissoziationsexponent pK_a' (H$_2$O; potentiometrisch ermittelt): 8,2 (*Ga. et al.*, 1. c. S. 1029).

4-Butyl-2,5-diphenyl-1,2-dihydro-pyrazol-3-on C$_{19}$H$_{20}$N$_2$O, Formel IX (X = X' = X'' = H), und Tautomere.
   B. Analog der vorangehenden Verbindung (*Gagnon et al.*, Canad. J. Chem. **31** [1953] 1025, 1027, 1034).
   Kristalle (aus A., PAe. oder A. + PAe.); F: 192—193° [unkorr.]. Netzebenenabstände: *Ga. et al.*, 1. c. S. 1037. IR-Banden (Nujol; 1700—1250 cm^{-1}): *Ga. et al.*, 1. c. S. 1035. λ_{max}: 250 nm und 310 nm [A.] bzw. 252 nm und 310 nm [äthanol. HCl] (*Ga. et al.*, 1. c. S. 1027). Scheinbarer Dissoziationsexponent pK_a' (H$_2$O; potentiometrisch ermittelt): 7,2 (*Ga. et al.*, 1. c. S. 1029, 1035).

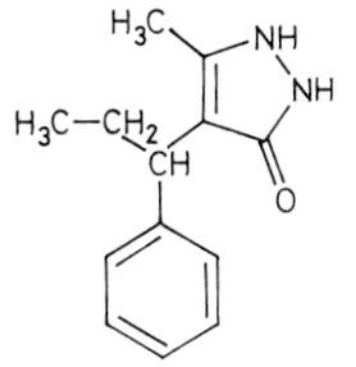

VII 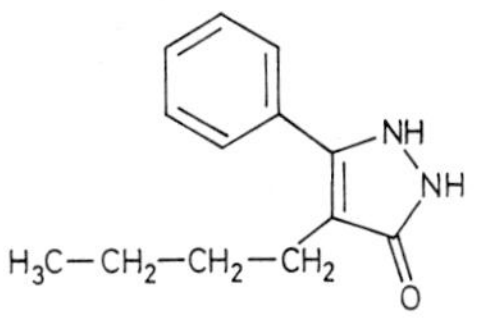   VIII 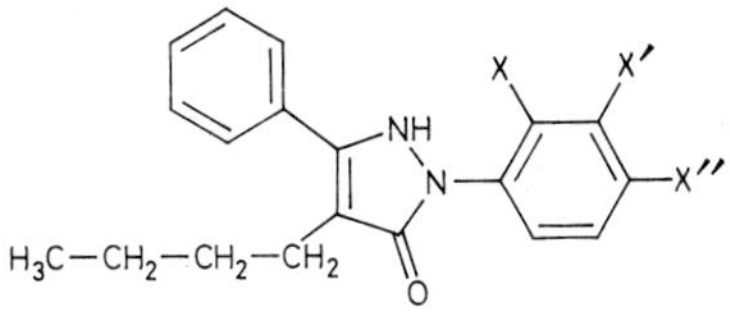   IX

4-Butyl-2-[2-chlor-phenyl]-5-phenyl-1,2-dihydro-pyrazol-3-on C$_{19}$H$_{19}$ClN$_2$O, Formel IX (X = Cl, X' = X'' = H), und Tautomere.
   B. Analog den vorangehenden Verbindungen (*Gagnon et al.*, Canad. J. Chem. **34** [1956] 530, 531, 538).
   Kristalle (aus A. oder PAc.); F: 130—131° [unkorr.]. IR-Banden (Nujol; 1650 cm^{-1} bis 1100 cm^{-1}): *Ga. et al.*, 1. c. S. 535. λ_{max} (A.): 260 nm und 310 nm (*Ga. et al.*, 1. c. S. 531).

4-Butyl-2-[3-chlor-phenyl]-5-phenyl-1,2-dihydro-pyrazol-3-on C$_{19}$H$_{19}$ClN$_2$O, Formel IX (X = X'' = H, X' = Cl), und Tautomere.
   B. Analog den vorangehenden Verbindungen (*Gagnon et al.*, Canad. J. Chem. **34** [1956] 530, 532, 538).
   Kristalle (aus A. oder PAe.); F: 119—120° [unkorr.]. IR-Spektrum (Nujol; 2—9 μ): *Ga. et al.*, 1. c. S. 537. λ_{max} (A.): 254 nm und 298 nm (*Ga. et al.*, 1. c. S. 532).

4-Butyl-2-[4-chlor-phenyl]-5-phenyl-1,2-dihydro-pyrazol-3-on C$_{19}$H$_{19}$ClN$_2$O, Formel IX (X = X' = H, X'' = Cl), und Tautomere.
   B. Analog den vorangehenden Verbindungen (*Gagnon et al.*, Canad. J. Chem. **34** [1956] 530, 533, 538).
   Kristalle (aus A. oder PAe.); F: 125—126° [unkorr.]. IR-Banden (Nujol; 1650 cm^{-1} bis 1100 cm^{-1}): *Ga. et al.*, 1. c. S. 536. UV-Spektrum (A.; 200—350 nm): *Ga. et al.*, 1. c. S. 534.

5-Isobutyl-2,4-diphenyl-1,2-dihydro-pyrazol-3-on C$_{19}$H$_{20}$N$_2$O, Formel X, und Tautomere.
   B. Aus (±)-5-Methyl-3-oxo-2-phenyl-hexansäure-amid und Phenylhydrazin (*Schreiber*, A. ch. [12] **2** [1947] 84, 122).
   F: 170°.

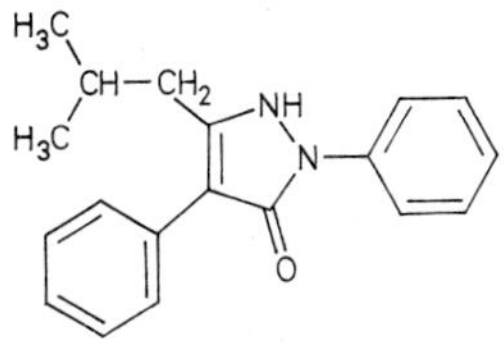

X 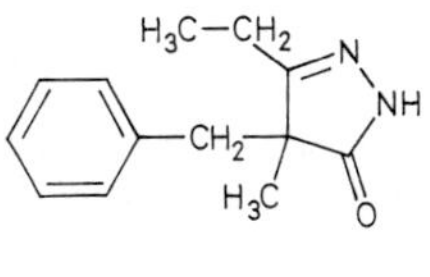   XI 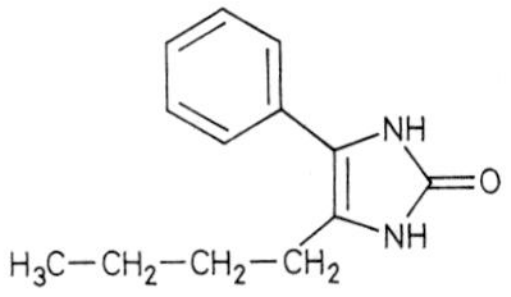   XII

(±)-5-Äthyl-4-benzyl-4-methyl-2,4-dihydro-pyrazol-3-on $C_{13}H_{16}N_2O$, Formel XI, und Tautomere.

B. Aus (±)-2-Benzyl-2-methyl-3-oxo-valeriansäure-äthylester und N_2H_4 (*Hanley et al.*, J. org. Chcm. **23** [1958] 1461, 1462).

Kristalle (aus wss. A.); F: 116—117° [unkorr.].

4-Butyl-5-phenyl-1,3-dihydro-imidazol-2-on $C_{13}H_{16}N_2O$, Formel XII, und Tautomere.

B. Neben 5-Butyl-4-phenyl-oxazol-2-ylamin beim Erhitzen von 2-Brom-1-phenyl-hexan-1-on und Harnstoff in DMF (*Gompper, Christmann*, B. **92** [1959] 1944, 1948).

$Kp_{0,09}$: 215—225°.

5,5-Diäthyl-2-phenyl-3,5-dihydro-imidazol-4-on $C_{13}H_{16}N_2O$, Formel I, und Tautomere.

B. Aus 2-Äthyl-2-benzoylamino-buttersäure-amid mit Hilfe von wss. NaOH (*Kjær*, Acta chem. scand. **7** [1953] 889, 896).

Kristalle (aus wss. A.); F: 189—190° [unkorr.]. λ_{max} (Me.): 235 nm und 250 nm.

2-*tert*-Butyl-6-methyl-3*H*-chinazolin-4-on $C_{13}H_{16}N_2O$, Formel II, und Tautomere.

B. Beim Erhitzen von 5-Methyl-2-pivaloylamino-benzoesäure-amid mit wss. NaOH (*Piozzi et al.*, G. **89** [1959] 2342, 2354).

Kristalle (aus A.); F: 248—249° [korr.]. UV-Spektrum (220—330 nm): *Pi. et al.*, l. c. S. 2346.

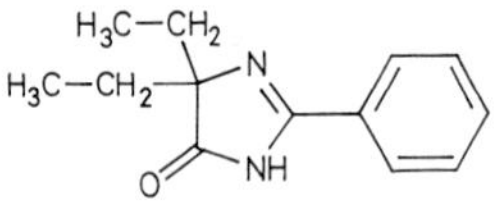

I 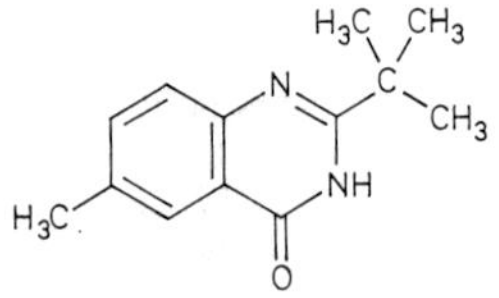   II 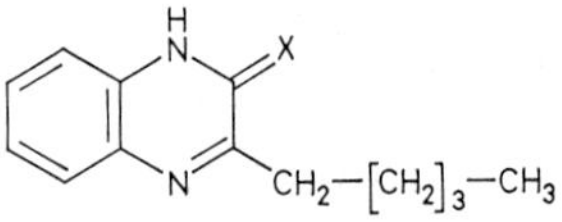   III

3-Pentyl-1*H*-chinoxalin-2-on $C_{13}H_{16}N_2O$, Formel III (X = O), und Tautomeres.

B. Aus o-Phenylendiamin beim Behandeln mit 2-Halogen-heptansäure und anschliessend mit H_2O_2 (*Goldweber, Schultz*, Am. Soc. **76** [1954] 287).

Kristalle (aus A.); F: 151—152° [unkorr.; nach Sublimation]. λ_{max}: 229 nm und 280 nm [A.], 228 nm und 252 nm [wss. HCl (0,1 n)] bzw. 238 nm [wss. NaOH (0,1 n)].

3-Pentyl-1*H*-chinoxalin-2-thion $C_{13}H_{16}N_2S$, Formel III (X = S), und Tautomeres.

B. Beim Behandeln von 3-Pentyl-1*H*-chinoxalin-2-on mit $POCl_3$ und Erwärmen des Reaktionsprodukts mit Thioharnstoff und Äthanol (*Asano*, J. pharm. Soc. Japan **78** [1958] 729, 733; C. A. **1958** 18428).

Gelbe Kristalle (aus A.); F: 173° (*As.*, l. c. S. 732).

5-Methyl-3-pivaloyl-1(2)*H*-indazol, 2,2-Dimethyl-1-[5-methyl-1(2)*H*-indazol-3-yl]-propan-1-on $C_{13}H_{16}N_2O$, Formel IV (X = H) und Tautomeres.

B. Beim Erwärmen der folgenden Verbindung in Essigsäure oder in wss.-äthanol. HCl (*Piozzi, Dubini*, G. **89** [1959] 638, 649).

Kristalle (aus Bzl., wss. A., Eg. oder wss. Eg.); F: 209° [korr.]. Bei 130°/1 Torr sublimierbar. IR-Spektrum (Paraffin; 2—15,5 μ): *Pi., Du.*, l. c. S. 640. UV-Spektrum (A.; 220—320 nm): *Pi., Du.*, l. c. S. 644.

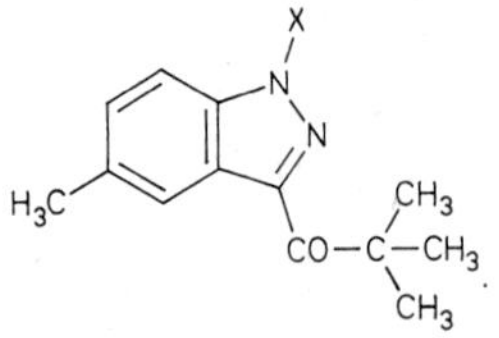

IV 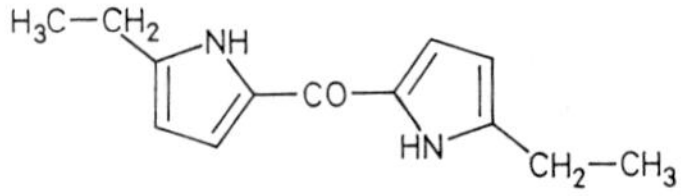   V

2,2-Dimethyl-1-[5-methyl-1-nitroso-1H-indazol-3-yl]-propan-1-on $C_{13}H_{15}N_3O_2$,
Formel IV (X = NO).

B. Beim Behandeln von 2-*tert*-Butyl-5-methyl-indol in Essigsäure mit wss. NaNO$_2$
(*Piozzi, Dubini,* G. **89** [1959] 638, 648).

Gelbe Kristalle (aus A.); F: 131° [korr.]. IR-Spektrum (Paraffin; 2—15,5 μ): *Pi.,*
Du., l. c. S. 645.

In äthanol. Lösung unbeständig (*Pi., Du.,* l. c. S. 649).

Bis-[5-äthyl-pyrrol-2-yl]-keton $C_{13}H_{16}N_2O$, Formel V.

B. Aus 2-Äthyl-pyrrol beim Behandeln mit Äthylmagnesiumbromid in Äther und
anschliessend mit COCl$_2$ (*Fischer, Orth,* A. **502** [1933] 237, 246).

Kristalle (aus Me.); F: 175°.

5-[3,4-Dimethyl-pyrrol-2-ylmethyl]-3,4-dimethyl-pyrrol-2-on $C_{13}H_{16}N_2O$, Formel VI
und Tautomere.

B. Beim Erhitzen von 5-[5-Methoxy-3,4-dimethyl-pyrrol-2-ylidenmethyl]-3,4-dimethyl-
pyrrol-2-carbonsäure mit KOH in Propan-1-ol (*Fischer, Aschenbrenner* Z. physiol. Chem.
245 [1937] 107, 110).

Gelbe Kristalle (aus Py.); F: 290° [nach Dunkelfärbung].

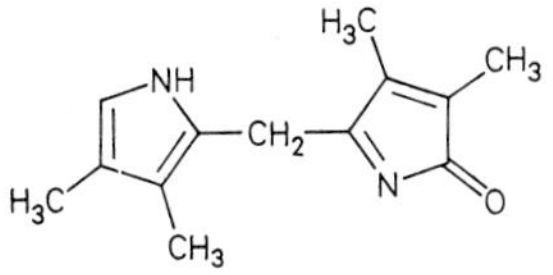

VI 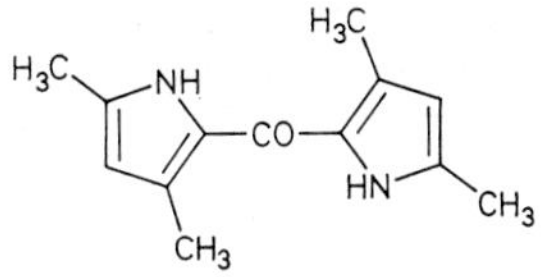   VII

Bis-[3,5-dimethyl-pyrrol-2-yl]-keton $C_{13}H_{16}N_2O$, Formel VII.

B. Aus 2,4-Dimethyl-pyrrol beim Behandeln mit Äthylmagnesiumbromid in Äther
und anschliessend mit COCl$_2$ (*Fischer, Orth,* A. **489** [1931] 62, 76).

Kristalle (aus Acn.); F: 238°.

Hydrazon $C_{13}H_{18}N_4$. Gelbe Kristalle; F: 118°. — Acetyl-Derivat $C_{15}H_{20}N_4O$.
Kristalle (aus wss. Me.); F: 196—197°.

1,5-Bis-[bis-(3,5-dimethyl-pyrrol-2-yl)-methylen]-thiocarbonohydrazid $C_{27}H_{34}N_8S$,
Formel VIII, und Tautomere.

B. Aus Bis-[3,5-dimethyl-pyrrol-2-yl]-keton-hydrazon und CS$_2$ (*Fischer, Orth,* A. **489**
[1931] 62, 65, 77).

F: 242°.

**Bis-[bis-(3,5-dimethyl-pyrrol-2-yl)-methylen]-hydrazin, Bis-[3,5-dimethyl-pyrrol-2-yl]-
keton-azin** $C_{26}H_{32}N_6$, Formel IX.

B. Beim Erhitzen von Bis-[3,5-dimethyl-pyrrol-2-yl]-keton-hydrazon auf 170—180°/
12—15 Torr (*Fischer, Orth,* A. **489** [1931] 62, 77).

Hellgelbe Kristalle; F: 234°.

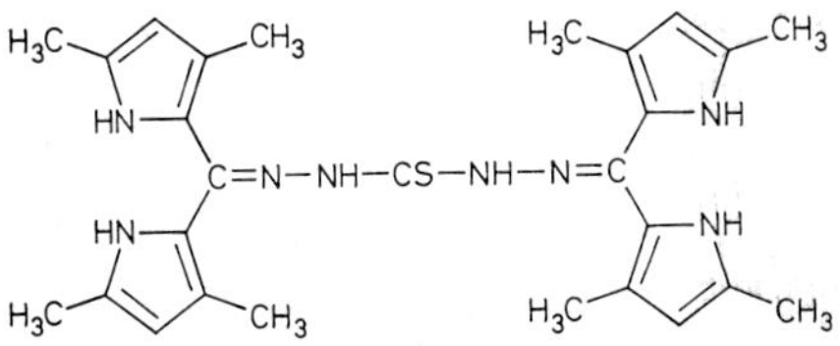

VIII 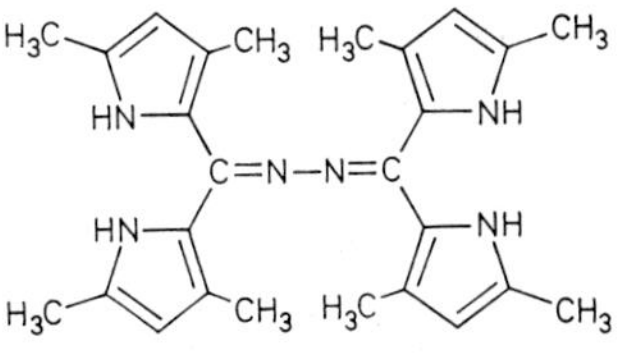   IX

Bis-[4,5-dimethyl-pyrrol-2-yl]-keton $C_{13}H_{16}N_2O$, Formel X.

B. Aus 2,3-Dimethyl-pyrrol bei der Umsetzung mit Äthylmagnesiumbromid in Äther und anschliessend mit $COCl_2$ (*Fischer, Orth*, A. **502** [1933] 237, 251).

Kristalle (aus Eg.); F: 275° (*Fi., Orth*). IR-Banden (Nujol oder Hexachlor-buta-1,3-dien; 3200—700 cm^{-1}): *Jain, Kenner*, Soc. **1959** 185, 189. λ_{max} (A.): 256 nm und 369 nm (*Jain, Ke.*).

Hydrazon. F: 173° [unscharf] (*Fi., Orth*). — Unbeständig (*Fi., Orth*).

X   XI   XII

(±)-Chinuclidin-2-yl-[2]pyridyl-keton $C_{13}H_{16}N_2O$, Formel XI.

B. Aus (±)-2-Brom-3-[4]piperidyl-1-[2]pyridyl-propan-1-on-dihydrobromid mit Hilfe von $NaHCO_3$ (*Rubzow, Wolškowa*, Ž. obšč. Chim. **23** [1953] 1688; engl. Ausg. S. 1775).

Kristalle (aus PAe.); F: 71,5—73°.

(±)-Chinuclidin-2-yl-[4]pyridyl-keton $C_{13}H_{16}N_2O$, Formel XII.

B. Aus (±)-2-Brom-3-[4]piperidyl-1-[4]pyridyl-propan-1-on-dihydrobromid mit Hilfe von $NaHCO_3$ (*Rubzow*, Ž. obšč. Chim. **16** [1946] 461, 467; C. A. **1947** 762).

Kristalle (aus PAe.); F: 117—118°.

Dihydrochlorid. Kristalle (aus A. + Acn.); F: 221—223° [Zers.].   [*H. Tarrach*]

Oxo-Verbindungen $C_{14}H_{18}N_2O$

4-Pentyl-5-phenyl-1,2-dihydro-pyrazol-3-on $C_{14}H_{18}N_2O$, Formel I (n = 3), und Tautomere.

Nach Ausweis der IR-Absorption liegt in Nujol vermutlich 4-Pentyl-5-phenyl-2*H*-pyrazol-3-ol vor (*Gagnon et al.*, Canad. J. Chem. **31** [1953] 1025, 1031).

B. Aus 2-Benzoyl-heptansäure-äthylester und $N_2H_4 \cdot H_2O$ (*Ga. et al.*, l. c. S. 1027, 1034).

Kristalle; F: 139—140° [unkorr.]. Netzebenenabstände: *Ga. et al.*, l. c. S. 1036. IR-Banden (Nujol; 1600—1260 cm^{-1}): *Ga. et al.*, l. c. S. 1035. λ_{max}: 250 nm [A.] bzw. 246 nm [wss.-äthanol. HCl] (*Ga. et al.*, l. c. S. 1027). Scheinbarer Dissoziationsexponent pK_a' (H_2O; potentiometrisch ermittelt): 8,4 (*Ga. et al.*, l. c. S. 1029).

4-Pentyl-2,5-diphenyl-1,2-dihydro-pyrazol-3-on $C_{20}H_{22}N_2O$, Formel II (X = X' = X'' = H, n = 3), und Tautomere.

B. Aus 2-Benzoyl-heptansäure-äthylester und Phenylhydrazin (*Gagnon et al.*, Canad. J. Chem. **31** [1953] 1025, 1027, 1035).

Kristalle (aus A.); F: 174—175° [unkorr.]. Netzebenenabstände: *Ga. et al.*, l. c. S. 1037. IR-Banden (Nujol; 1720—1280 cm^{-1}): *Ga. et al.*, l. c. S. 1035. UV-Spektrum (A. sowie wss.-äthanol. HCl; 220—320 nm): *Ga. et al.*, l. c. S. 1030. Scheinbarer Dissoziationsexponent pK_a' (H_2O; potentiometrisch ermittelt): 7,3 (*Ga. et al.*, l. c. S. 1029).

2-[2-Chlor-phenyl]-4-pentyl-5-phenyl-1,2-dihydro-pyrazol-3-on $C_{20}H_{21}ClN_2O$, Formel II (X = Cl, X' = X'' = H, n = 3), und Tautomere.

B. Analog der vorangehenden Verbindung (*Gagnon et al.*, Canad. J. Chem. **34** [1956] 530, 531, 538).

Kristalle (aus A. oder PAe.); F: 120—121° [unkorr.]. IR-Banden (Nujol; 1640 cm^{-1} bis 1120 cm^{-1}): *Ga. et al.*, l. c. S. 535. UV-Spektrum (A.; 200—330 nm): *Ga. et al.*, l. c. S. 531, 534.

I   II

2-[3-Chlor-phenyl]-4-pentyl-5-phenyl-1,2-dihydro-pyrazol-3-on $C_{20}H_{21}ClN_2O$, Formel II (X = X″ = H, X′ = Cl, n = 3), und Tautomere.

B. Analog den vorangehenden Verbindungen (*Gagnon et al.*, Canad. J. Chem. **34** [1956] 530, 532, 538).

Kristalle (aus A. oder PAe.); F: 120—121° [unkorr.]. IR-Banden (Nujol; 1700 cm^{-1} bis 1130 cm^{-1}): *Ga. et al.*, l. c. S. 535. UV-Spektrum (A.; 200—330 nm): *Ga. et al.*, l. c. S. 532, 534.

2-[4-Chlor-phenyl]-4-pentyl-5-phenyl-1,2-dihydro-pyrazol-3-on $C_{20}H_{21}ClN_2O$, Formel II (X = X′ = H, X″ = Cl, n = 3), und Tautomere.

B. Analog den vorangehenden Verbindungen (*Gagnon et al.*, Canad. J. Chem. **34** [1956] 530, 533, 538).

Kristalle (aus A. oder PAe.); F: 167—168° [unkorr.]. IR-Banden (Nujol; 1710 cm^{-1} bis 1100 cm^{-1}): *Ga. et al.*, l. c. S. 536. λ_{max} (A.): 260 nm und 315 nm.

2-*tert*-Butyl-6,8-dimethyl-3*H*-chinazolin-4-on $C_{14}H_{18}N_2O$, Formel III, und Tautomere.

B. Neben Pivalinsäure-[2-cyan-4,6-dimethyl-anilid] aus 2-*tert*-Butyl-5,7-dimethyl-3-nitroso-indol (E III/IV **21** 3824) mit Hilfe von PCl$_5$ in Äther (*Piozzi et al.*, G. **89** [1959] 2342, 2348, 2355).

Kristalle (aus Bzl.); F: 209° [korr.]. λ_{max}: 231 nm, 270 nm, 277 nm, 315 nm und 328 nm.

3-Hexyl-1*H*-chinoxalin-2-on $C_{14}H_{18}N_2O$, Formel IV (n = 4), und Tautomeres.

B. Beim Behandeln von *o*-Phenylendiamin mit 2-Chlor-octansäure und anschliessend mit wss. H$_2$O$_2$ und NaOH (*Goldweber, Schultz*, Am. Soc. **76** [1954] 287).

Kristalle (nach Sublimation); F: 140—141° [unkorr.]. λ_{max}: 230 nm und 280 nm [A.] bzw. 238 nm [wss. NaOH).

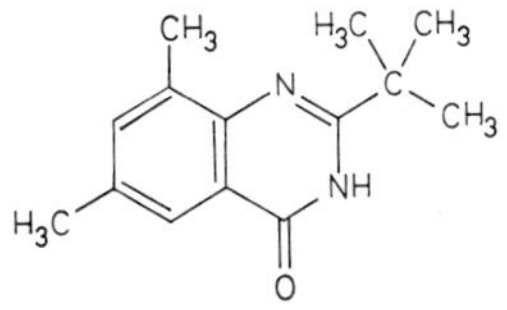

III 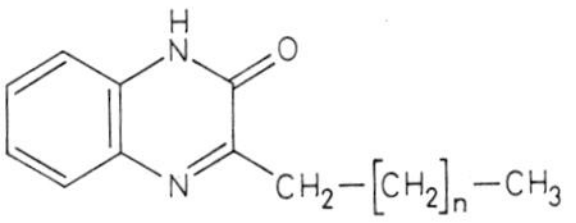   IV 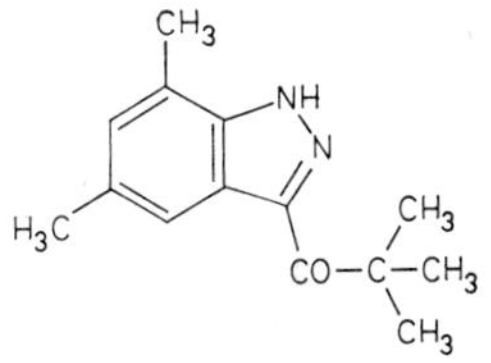   V

5,7-Dimethyl-3-pivaloyl-1(2)*H*-indazol, 1-[5,7-Dimethyl-1(2)*H*-indazol-3-yl]-2,2-dimethyl-propan-1-on $C_{14}H_{18}N_2O$, Formel V und Tautomeres.

B. Aus 2-*tert*-Butyl-5,7-dimethyl-indol oder 2-*tert*-Butyl-5,7-dimethyl-3-nitroso-indol (über beide Verbindungen s. E III/IV **21** 3824) beim Behandeln mit NaNO$_2$ und Essigsäure (*Piozzi, Dubini*, G. **89** [1959] 638, 650, 651).

Kristalle (aus Eg.); F: 225° [korr.]. IR-Spektrum (Paraffinöl; 5000—650 cm^{-1}): *Pi., Du.*, l. c. S. 640. λ_{max}: 235 nm, 244 nm und 312 nm (*Pi., Du.*, l. c. S. 647).

2-[1*H*-Benzimidazol-2-yl]-2,4-dimethyl-pentan-3-on $C_{14}H_{18}N_2O$, Formel VI.

Diese Konstitution kommt der H **13** 14 im Artikel *o*-Phenylendiamin beschriebenen Verbindung $C_{14}H_{18}N_2O$ zu (*Linke, Wünsche*, J. heterocycl. Chem. **10** [1973] 333).

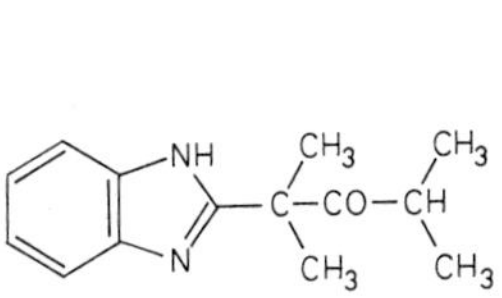

VI 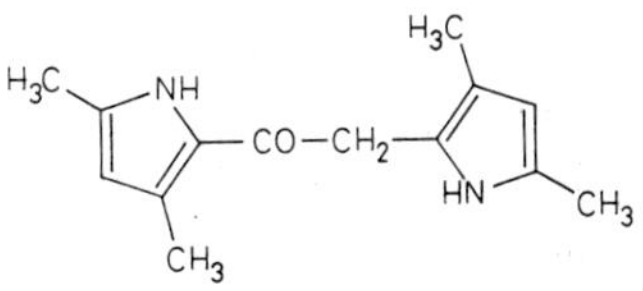   VII

1,2-Bis-[3,5-dimethyl-pyrrol-2-yl]-äthanon $C_{14}H_{18}N_2O$, Formel VII.

B. Aus 2,4-Dimethyl-pyrrol bei aufeinanderfolgendem Behandeln mit Äthylmagnesium=bromid und 2-Chlor-1-[3,5-dimethyl-pyrrol-2-yl]-äthanon in Äther (*Fischer, Viaud*, B. **64** [1931] 193, 199).

Kristalle (aus Bzl.); F: 179° [korr.].

---

*5-[4-Äthyl-3,5-dimethyl-pyrrol-2-ylmethylen]-3(?)-methyl-1,5-dihydro-pyrrol-2-on $C_{14}H_{18}N_2O$, vermutlich Formel VIII, und Tautomeres (5-[4-Äthyl-3,5-dimethyl-pyrrol-2-ylmethylen]-3(?)-methyl-5*H*-pyrrol-2-ol).

B. Beim Behandeln von 3-Methyl-pyrrol mit wss. H_2O_2 in Pyridin und Erwärmen des vermutlich als 3-Methyl-1,5-dihydro-pyrrol-2-on C_5H_7NO (F: 84°; über diese Verbindung s. *Gardini, Bocchi*, G. **102** [1972] 91, 94, 99) zu formulierenden Reaktions=produkts mit 4-Äthyl-3,5-dimethyl-pyrrol-2-carbaldehyd und wss.-äthanol. NaOH (*Plieninger, Lichtenwald*, Z. physiol. Chem. **273** [1942] 206, 217, 218).

Dunkelgelbe Kristalle (aus Me.); F: 223° (*Pl., Li.*).

VIII   IX   X

*4-Äthyl-5-[3-brom-4,5-dimethyl-pyrrol-2-ylidenmethyl]-3-methyl-1,3-dihydro-pyrrol-2-on $C_{14}H_{17}BrN_2O$, Formel IX, und Tautomeres (4-Äthyl-5-[3-brom-4,5-di=methyl-pyrrol-2-ylidenmethyl]-3-methyl-pyrrol-2-ol).

B. Beim Erhitzen von [3-Äthyl-5-brom-4-methyl-pyrrol-2-yl]-[3-brom-4,5-dimethyl-pyrrol-2-yliden]-methan (E III/IV **23** 1330) mit Silberacetat und Essigsäure (*Fischer, Böckh*, A. **516** [1935] 177, 179, 191).

Gelbe Kristalle (aus Py.), die unterhalb 250° nicht schmelzen.

---

*Opt.-inakt. 8a-Phenyl-octahydro-[2,7]naphthyridin-1(?)-on $C_{14}H_{18}N_2O$, vermutlich Formel X.

B. Aus 8a-Phenyl-dihydro-[2,7]naphthyridin-1,3,6,8-tetraon (F: 303—304°) mit Hilfe von $LiAlH_4$ in THF (*Iselin, Hoffmann*, Am. Soc. **76** [1954] 3220).

Kristalle (aus Me. + Acn. + Ae.); F: 174—176°.

Hydrochlorid $C_{14}H_{18}N_2O \cdot HCl$. Kristalle (aus A.); F: 322—324°.

(±)-1-[3ξ-Methyl-(3aξ,4ac,7ac,8aξ)-3,3a,4,4a,5,7a,8,8a(oder 3,3a,4,4a,7,7a,8,8a)-octahydro-4r,8c-methano-cyclopent[*f*]indazol-3ξ-yl]-äthanon $C_{14}H_{18}N_2O$, Formel XI + Spiegelbild.

B. Aus (±)-*endo*-Dicyclopentadien (E IV **5** 1399) und 3-Diazo-butan-2-on (*Diels, König*, B. **71** [1938] 1179, 1183).

Semicarbazon $C_{15}H_{21}N_5O$. Kristalle (aus Me.); F: 218°.

(6R)-(13ac)-1,2,3,5,6,12,13,13a-Octahydro-6r,13c-methano-pyrido[1,2-*a*]pyrrolo[1,2-*e*]=[1,5]diazocin-10-on, Leontidin $C_{14}H_{18}N_2O$, Formel XII.

Konstitution und Konfiguration: *Iškandarow et al.*, Chimija prirodn. Soedin. **7** [1971] 631, 636; engl. Ausg. S. 611, 615.

Isolierung aus Leontice eversmannii: *Orechoff, Konowalowa*, Ar. **270** [1932] 329, 332; *Junušow, Šorokina*, Ž. obšč. Chim. **19** [1949] 1955, 1958; engl. Ausg. S. a-427, a-430; *Platonowa et al.*, Ž. obšč. Chim. **23** [1953] 880, 882, 884; engl. Ausg. S. 921, 922, 924.

Kristalle; F: 119—120° [aus PAe.] (*Ju., So.*), 118—119° [aus Bzl. + Ae.] (*Pl. et al.*), 116—118° [aus PAe.] (*Or., Ko.*). [α]$_D$: −192,2° [Me.; c = 2] (*Pl. et al.*), −188,7° [Me.; c = 1] (*Ju., So.*).

Hydrochlorid $C_{14}H_{18}N_2O \cdot HCl$. Hellgelbe Kristalle; $[\alpha]_D$: $-67,8°$ [Me.; c = 1] (*Ju.*, *So.*). Kristalle (aus A.) mit 1 Mol H_2O; F: $310-311°$ (*Pl. et al.*).

Hexachloroplatinat(IV). Orangegelbe Kristalle (aus wss. HCl); F: $258-259°$ [Zers.; nach Dunkelfärbung bei 245°] (*Or., Ko.*).

Picrat. Gelbe Kristalle (aus H_2O oder A.); Zers. $> 250°$ (*Or., Ko.*; s. a. *Ju., So.*).

Methojodid. Kristalle (aus A.); F: $274-275°$ [Zers.] (*Ju., So.*).

XI   XII   XIII

Oxo-Verbindungen $C_{15}H_{20}N_2O$

4-[5-Isopropyl-2-methyl-benzyl]-5-methyl-2-phenyl-1,2-dihydro-pyrazol-3-on $C_{21}H_{24}N_2O$, Formel XIII, und Tautomere.

B. Aus 2-[5-Isopropyl-2-methyl-benzyl]-acetessigsäure-äthylester und Phenylhydrazin (*Profft, Buchmann*, Chem. Tech. **7** [1955] 138, 143).

Kristalle (aus A. + Ae.); F: $143-145°$.

4-Hexyl-5-phenyl-1,2-dihydro-pyrazol-3-on $C_{15}H_{20}N_2O$, Formel I (n = 4) auf S. 526, und Tautomere.

Nach Ausweis der IR-Absorption liegt in Nujol vermutlich 4-Hexyl-5-phenyl-2*H*-pyrazol-3-ol vor (*Gagnon et al.*, Canad. J. Chem. **31** [1953] 1025, 1031).

B. Aus 2-Benzoyl-octansäure-äthylester und $N_2H_4 \cdot H_2O$ (*Ga. et al.*, l. c. S. 1027, 1034). Kristalle; F: $116-117°$ [unkorr.]. Netzebenenabstände: *Ga. et al.*, l. c. S. 1036. IR-Banden (Nujol; $3300-1265$ cm^{-1}): *Ga. et al.*, l. c. S. 1035. λ_{max}: 250 nm [A.] bzw. 248 nm [wss.-äthanol. HCl] (*Ga. et al.*, l. c. S. 1027). Scheinbarer Dissoziationsexponent pK_a' (H_2O; potentiometrisch ermittelt): 8,6 (*Ga. et al.*, l. c. S. 1029).

4-Hexyl-2,5-diphenyl-1,2-dihydro-pyrazol-3-on $C_{21}H_{24}N_2O$, Formel II (X = X' = X'' = H, n = 4) auf S. 526, und Tautomere.

B. Aus 2-Benzoyl-octansäure-äthylester und Phenylhydrazin (*Gagnon et al.*, Canad. J. Chem. **31** [1953] 1025, 1027, 1035).

Kristalle (aus A.); F: $158-159°$ [unkorr.]. Netzebenenabstände: *Ga. et al.*, l. c. S. 1037. IR-Banden (Nujol; $1710-1260$ cm^{-1}): *Ga. et al.*, l. c. S. 1035. λ_{max}: 310 nm [A.] bzw. 320 nm [wss.-äthanol. HCl] (*Ga. et al.*, l. c. S. 1027). Scheinbarer Dissoziationsexponent pK_a' (H_2O; potentiometrisch ermittelt): 7,4 (*Ga. et al.*, l. c. S. 1029).

2-[2-Chlor-phenyl]-4-hexyl-5-phenyl-1,2-dihydro-pyrazol-3-on $C_{21}H_{23}ClN_2O$, Formel II (X = Cl, X' = X'' = H, n = 4) auf S. 526, und Tautomere.

B. Analog der vorangehenden Verbindung (*Gagnon et al.*, Canad. J. Chem. **34** [1956] 530, 531, 538).

Kristalle (aus A. oder PAe.); F: $122-123°$ [unkorr.]. IR-Banden (Nujol; 1630 cm^{-1} bis 1170 cm^{-1}): *Ga. et al.*, l. c. S. 535. λ_{max} (A.): 260 nm und 300 nm.

2-[3-Chlor-phenyl]-4-hexyl-5-phenyl-1,2-dihydro-pyrazol-3-on $C_{21}H_{23}ClN_2O$, Formel II (X = X'' = H, X' = Cl, n = 4) auf S. 526, und Tautomere.

B. Analog den vorangehenden Verbindungen (*Gagnon et al.*, Canad. J. Chem. **34** [1956] 530, 532, 538).

Kristalle (aus A. oder PAe.); F: $140-141°$ [unkorr.]. IR-Banden (Nujol; 1675 cm^{-1} bis 1120 cm^{-1}): *Ga. et al.*, l. c. S. 535. λ_{max} (A.): 250 nm und 315 nm.

2-[4-Chlor-phenyl]-4-hexyl-5-phenyl-1,2-dihydro-pyrazol-3-on $C_{21}H_{23}ClN_2O$, Formel II (X = X' = H, X'' = Cl, n = 4) auf S. 526, und Tautomere.

B. Analog den vorangehenden Verbindungen (*Gagnon et al.*, Canad. J. Chem. **34** [1956]

530, 533, 538).
Kristalle (aus A. oder PAe.); F: 152—153° [unkorr.]. IR-Banden (Nujol; 1640 cm⁻¹ bis 1120 cm⁻¹): *Ga. et al.*, l. c. S. 536. λ_{max} (A.): 252 nm und 310 nm.

3-Heptyl-1*H*-chinoxalin-2-on $C_{15}H_{20}N_2O$, Formel IV (n = 5) auf S. 527, und Tautomeres.
B. Aus *o*-Phenylendiamin und 2-Oxo-nonansäure (*Asano*, J. pharm. Soc. Japan **78** [1958] 729, 732; C. A. **1958** 18428).
Kristalle (aus A. oder Me.); F: 140°.

2-[3,5-Dimethyl-pyrrol-2-yl]-1-[3,4,5-trimethyl-pyrrol-2-yl]-äthanon $C_{15}H_{20}N_2O$, Formel XIV.
B. Aus 2,4-Dimethyl-pyrrol bei aufeinanderfolgendem Behandeln mit Äthylmagnesium≠bromid und 2-Chlor-1-[3,4,5-trimethyl-pyrrol-2-yl]-äthanon in Äther (*Fischer, Viaud,* B. **64** [1931] 193, 198).
Kristalle (aus A.); F: 168°.

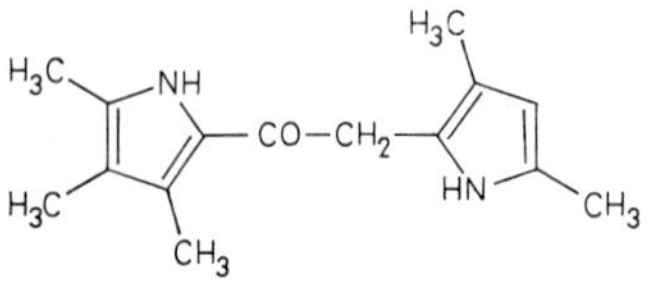

XIV 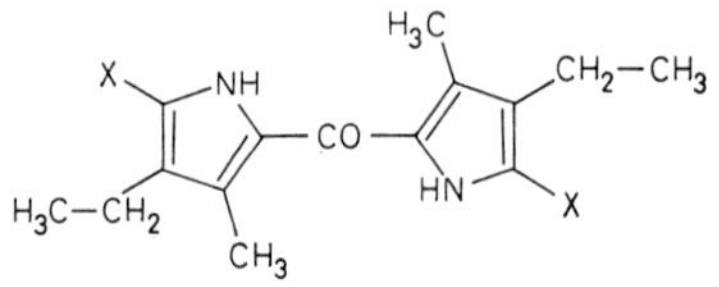   XV

Bis-[4-äthyl-3-methyl-pyrrol-2-yl]-keton $C_{15}H_{20}N_2O$, Formel XV (X = H).
B. Aus 3,3'-Diäthyl-4,4'-dimethyl-5,5'-carbonyl-bis-pyrrol-2-carbonsäure (*Fischer, Gangl,* Z. physiol. Chem. **267** [1941] 188, 199).
Kristalle (aus Ae.); F: 166°.

Bis-[4-äthyl-5-brom-3-methyl-pyrrol-2-yl]-keton $C_{15}H_{18}Br_2N_2O$, Formel XV (X = Br).
B. Aus der vorangehenden Verbindung beim Behandeln mit Brom in Äther (*Fischer, Gangl,* Z. physiol. Chem. **267** [1941] 188, 199). Beim Behandeln von 3,3'-Diäthyl-4,4'-di≠methyl-5,5'-carbonyl-bis-pyrrol-2-carbonsäure mit Brom in Essigsäure (*Fi., Ga.*).
Kristalle (aus A.); Zers. bei 179°.

*4-Äthyl-5-[4-äthyl-3-methyl-pyrrol-2-ylmethylen]-3-methyl-1,5-dihydro-pyrrol-2-on $C_{15}H_{20}N_2O$, Formel I (R = CH₃, R' = C₂H₅), und Tautomeres (4-Äthyl-5-[4-äthyl-3-methyl-pyrrol-2-ylmethylen]-3-methyl-5*H*-pyrrol-2-ol).
B. In mässiger Ausbeute beim Erhitzen von 3,8,12,17-Tetraäthyl-2,7,13,18-tetramethyl-21,22,23,24-tetrahydro-10*H*-bilin-1,19-dion (F: 253°) mit Resorcin (*Fischer, Adler,* Z. physiol. Chem. **210** [1932] 139, 144, 156).
Orangegelbe Kristalle (aus Me.); F: 197°.

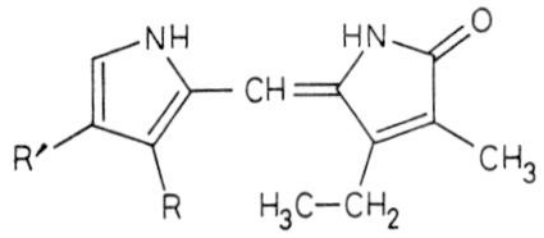

I 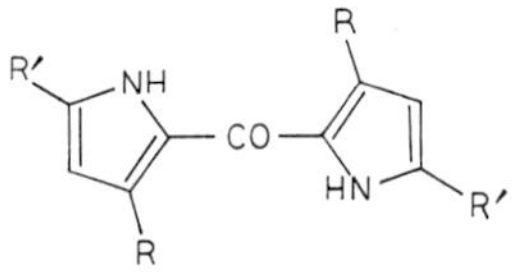   II 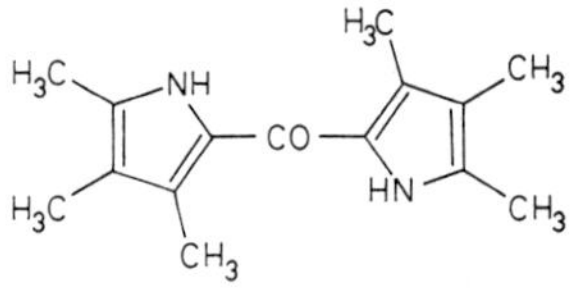   III

*4-Äthyl-5-[3-äthyl-4-methyl-pyrrol-2-ylmethylen]-3-methyl-1,5-dihydro-pyrrol-2-on $C_{15}H_{20}N_2O$, Formel I (R = C₂H₅, R' = CH₃), und Tautomeres (4-Äthyl-5-[3-äthyl-4-methyl-pyrrol-2-ylmethylen]-3-methyl-5*H*-pyrrol-2-ol).
B. Beim Erhitzen von 4-Äthyl-5-[3-äthyl-5-methoxy-4-methyl-pyrrol-2-ylidenmethyl]-3-methyl-pyrrol-2-carbonsäure (F: 191°) mit KOH in wss. Propan-1-ol auf 185° (*Fischer,*

Aschenbrenner, Z. physiol. Chem. **229** [1934] 71, 77, 91).
Kristalle (aus E.); F: 200°.

Bis-[5-äthyl-3-methyl-pyrrol-2-yl]-keton $C_{15}H_{20}N_2O$, Formel II (R = CH_3, R' = C_2H_5).
B. Aus 2-Äthyl-4-methyl-pyrrol bei aufeinanderfolgendem Behandeln mit Äthyl‹
magnesiumbromid in Äther und $COCl_2$ in Toluol (*Fischer, Orth*, A. **502** [1933] 237, 241,
256).
Kristalle (aus PAe.); F: 150° (*Fi., Orth*). Raman-Banden (Me. sowie $CHCl_3$; 2920 cm^{-1}
bis 940 cm^{-1}): *Bonino et al.*, Z. physik. Chem. [B] **25** [1934] 348, 357. Reduktionspotential
in wss. Äthanol: *Scaramelli*, R. A. L. [7] **1** [1940] 471, 473; *Bonino, Scaramelli*, B. **75**
[1942] 1948, 1949; *Ghigi, Scaramelli*, Boll. scient. Fac. Chim. ind Univ. Bologna **4** [1943]
83.
Beim Erwärmen mit Brom in Essigsäure entsteht Bis-[5-äthyl-4-brom-3-methyl-
pyrrol-2-yl]-keton $C_{15}H_{18}Br_2N_2O$ [Kristalle (aus Eg.), die bei 163° sintern] (*Fi., Orth*).
Azin $C_{30}H_{40}N_6$; Bis-[bis-(5-äthyl-3-methyl-pyrrol-2-yl)-methylen]-hydr‹
azin. Orangegelbe Kristalle (aus A.); F: 171° (*Fi., Orth*).
Acetylhydrazon $C_{17}H_{24}N_4O$; Essigsäure-{[bis-(5-äthyl-3-methyl-pyrrol-
2-yl)-methylen]-hydrazid}. Gelbe Kristalle (aus A.); F: 136° (*Fi., Orth*).

Bis-[3-äthyl-5-methyl-pyrrol-2-yl]-keton $C_{15}H_{20}N_2O$, Formel II (R = C_2H_5, R' = CH_3).
B. Analog der vorangehenden Verbindung (*Fischer, Orth*, A. **502** [1933] 237, 246).
Kristalle (aus A.); F: 186° (*Fi., Orth*). Raman-Banden (Me. sowie $CHCl_3$; 2960 cm^{-1}
bis 760 cm^{-1}): *Bonino et al.*, Z. physik. Chem. [B] **25** [1934] 348, 357. Reduktionspotential in wss. Äthanol: *Scaramelli*, R. A. L. [7] **1** [1940] 471, 473; *Bonino, Scaramelli*, B.
75 [1942] 1948, 1949; *Ghigi, Scaramelli*, Boll. scient. Fac. Chim. ind. Univ. Bologna **4**
[1943] 83.

Bis-[3,4,5-trimethyl-pyrrol-2-yl]-keton $C_{15}H_{20}N_2O$, Formel III.
B. Analog den vorangehenden Verbindungen (*Fischer, Orth*, A. **502** [1933] 237, 240,
251).
Kristalle (aus Eg.); F: 252°.
Hydrazon $C_{15}H_{22}N_4$. Gelbe Kristalle; F: 174°.
Azin $C_{30}H_{40}N_6$; Bis-[bis-(3,4,5-trimethyl-pyrrol-2-yl)-methylen]-hydrazin.
Gelbe Kristalle; F: 267°.

[(4S)-5endo-Äthyl-chinuclidin-2ξ-yl]-[2]pyridyl-keton $C_{15}H_{20}N_2O$, Formel IV.
B. Aus 3-[(4R)-cis-3-Äthyl-[4]piperidyl]-1-[2]pyridyl-propan-1-on und Brom in wss.
HBr und Behandeln des Reaktionsprodukts mit wss. $NaHCO_3$ in $CHCl_3$ (*Rubzow, Wolš-
kowa*, Ž. obšč. Chim. **23** [1953] 1685, 1687; engl. Ausg. S. 1771).
Kp: 155—156°. $[\alpha]_D^{20}$: +75,2° (Anfangswert) → +76,7° (nach 24 h) [A.; c = 2].

IV   V   VI

[(4S)-5endo-Äthyl-chinuclidin-2ξ-yl]-[4]pyridyl-keton $C_{15}H_{20}N_2O$, Formel V.
B. Analog der vorangehenden Verbindung (*Rubzow*, Ž. obšč. Chim. **13** [1943] 702, 706;
C. A. **1945** 706).
Gelbe Kristalle (aus PAe.); F: 91—92°. $[\alpha]_D^{16}$: +81,6° (Anfangswert) →$[\alpha]_D^{18}$: +97,5°
(nach 48 h) [A.; c = 2].

7,7a,8,9,10,11,13,14-Octahydro-6*H*-7,14-methano-dipyrido[1,2-*a*;1′,2′-*e*][1,5]diazocin-4-on $C_{15}H_{20}N_2O$.

a) (7*R*)-(7a*c*)-7,7a,8,9,10,11,13,14-Octahydro-6*H*-7*r*,14*c*-methano-dipyrido[1,2-*a*;1′,2′-*e*][1,5]diazocin-4-on, (−)-Thermopsin, *ent*-2-Oxo-3,4,5,6-tetradehydro-11β-spartein, Formel VI.

Konstitution: *Cockburn, Marion*, Canad. J. Chem. 29 [1951] 13, 16. Konfiguration: *Okuda et al.*, Chem. and Ind. 1961 1115; Chem. pharm. Bl. 13 [1965] 491, 494.

Isolierung aus Thermopsis lanceolata: *Orechoff et al.*, B. 66 [1933] 625, 627, 67 [1934] 1394, 1395; aus Thermopsis rhombifolia: *Manske, Marion*, Canad. J. Res. [B] 21 [1943] 144, 146.

Kristalle; F: 207° [korr.; aus Me.] (*Ma., Ma.*), 206−206,5° [aus Acn.] (*Or. et al.*, B. 66 628). Tetragonal; Dimensionen der Elementarzelle (Röntgen-Diagramm): *Barnes et al.*, Canad. J. Chem. 33 [1955] 441, 442. Dichte der Kristalle: 1,257 (*Ba. et al.*). $[\alpha]_D^{20}$: −159,6° [A.; c = 10] (*Or. et al.*, B. 66 627); $[\alpha]_D^{25}$: −165,5° [A.; c = 1] (*Ma., Ma.*). IR-Spektrum (CS$_2$; 3500−650 cm⁻¹): *Co., Ma.*, l. c. S. 14; *Marion et al.*, Canad. J. Chem. 29 [1951] 22, 24; s. a. *Marion et al.*, Am. Soc. 73 [1951] 305, 306.

Hydrojodid $C_{15}H_{20}N_2O \cdot HI$. Kristalle (aus A.) mit 1 Mol H$_2$O; F: 306−308° [Zers.] (*Or. et al.*, B. 66 628).

Hexachloroplatinat(IV). Orangerote Kristalle; Zers. bei 254−256° [nach Verfärbung ab 250°] (*Or. et al.*, B. 66 628).

Picrat. Gelbe Kristalle; F: 262° [korr.; aus Me.] (*Ma., Ma.*), 208−209° [aus A. + Acn.] (*Or. et al.*, B. 66 628; s. dazu *Co., Ma.*, l. c. S. 13 Anm. 3).

Methojodid $[C_{16}H_{23}N_2O]I$; (7*R*)-5ξ-Methyl-11-oxo-(14a*c*)-1,3,4,7,11,13,14,14a-octahydro-2*H*,6*H*-7*r*,14*c*-methano-dipyrido[1,2-*a*;1′,2′-*e*][1,5]diazocinium-jodid, *ent*-16ξ-Methyl-2-oxo-3,4,5,6-tetradehydro-11β-sparteinium-jodid. Kristalle; F: 250° [korr.; Zers.] (*Ma., Ma.*), 241−242° [Zers.; aus Me.] (*Or. et al.*, B. 66 628).

b) (7*S*)-(7a*c*)-7,7a,8,9,10,11,13,14-Octahydro-6*H*-7*r*,14*c*-methano-dipyrido[1,2-*a*;1′,2′-*e*][1,5]diazocin-4-on, (+)-Thermopsin, 2-Oxo-3,4,5,6-tetradehydro-11β-spartein, Formel VII.

Identität von (+)-Thermopsin mit Hexalupin: *Marion et al.*, Am. Soc. 73 [1951] 1769.

Isolierung aus Lupinus caudatus(?): *Marion et al.*, Canad. J. Chem. 29 [1951] 22, 28; aus Lupinus corymbosus: *Couch*, Am. Soc. 56 [1934] 155.

Kristalle; F: 207−209° [korr.; nach Sublimation] (*Ma. et al.*, Am. Soc. 73 1769), 207° [aus Acn.] (*Ma. et al.*, Canad. J. Chem. 29 28). $[\alpha]_D$: +154,4° [A.; c = 0,8] (*Ma. et al.*, Canad. J. Chem. 29 28). IR-Spektrum (CS$_2$; 3200−700 cm⁻¹ bzw. 1700−700 cm⁻¹): *Ma. et al.*, Canad. J. Chem. 29 24; Am. Soc. 73 1770.

Monohydrochlorid $C_{15}H_{20}N_2O \cdot HCl$. *B.* Beim Erhitzen des Dihydrochlorids [s. u.] (*Couch*). Sehr hygroskopisch; F: 136−138° [nach Erweichen bei 122°] bzw. F: 304° bis 305° [bei sehr langsamem Erhitzen] (*Couch*).

Dihydrochlorid $C_{15}H_{20}N_2O \cdot 2$ HCl. Kristalle (aus Acn. + A.) mit 3 Mol H$_2$O; F: 116° [bei raschem Erhitzen]; $[\alpha]_D^{29}$: +106,5° [H$_2$O; c = 3] (*Couch*).

Perchlorat $C_{15}H_{20}N_2O \cdot HClO_4$. Kristalle (aus Me.); F: 289° (*Ma. et al.*, Canad. J. Chem. 29 28).

Tetrachloroaurat(III) 2 $C_{15}H_{20}N_2O \cdot 3$ HAuCl$_4$. Gelbe Kristalle (aus wss. HCl) mit 5 Mol H$_2$O; F: 204° [Zers.] (*Couch*).

Hexachloroplatinat(IV). Kristalle (aus angesäuertem wss. A.); F: 254−256° [unkorr.; Zers.] (*Ma. et al.*, Am. Soc. 73 1770).

Picrat $C_{15}H_{20}N_2O \cdot C_6H_3N_3O_7$. Gelbe Kristalle (aus Me.); F: 253° (*Ma. et al.*, Canad. J. Chem. 29 28).

c) (±)-(7a*c*)-7,7a,8,9,10,11,13,14-Octahydro-6*H*-7*r*,14*c*-methano-dipyrido[1,2-*a*;1′,2′-*e*][1,5]diazocin-4-on, (±)-Thermopsin, (±)-2-Oxo-3,4,5,6-tetradehydro-11β-spartein, Formel VI + VII.

B. Beim Erwärmen von (±)-Anagyrin (S. 534) mit Quecksilber(II)-acetat in wss. Essigsäure und Hydrieren des Reaktionsprodukts an Palladium/SrCO$_3$ in Methanol (*van Tamelen, Baran*, Am. Soc. 80 [1958] 4659, 4670).

Kristalle; F: 171−173° [korr.; aus Acn.] (*Cockburn, Marion*, Canad. J. Chem. 29

[1951] 13 Anm. 3), 170—172° [korr.; nach Sublimation] (*v. Ta., Ba.*).
Perchlorat. Kristalle (aus Me.); F: 260—263° [unkorr.] (*Co., Ma.*).
Picrat. Kristalle (aus Me. + Acn.); F: 250—251° [korr.] (*Co., Ma.*).

VII VIII IX

d) **(7R)-(7at)-7,7a,8,9,10,11,13,14-Octahydro-6H-7r,14c-methano-dipyrido[1,2-a; 1',2'-e][1,5]diazocin-4-on**, (—)-**Anagyrin**, Monolupin, Rhombinin, *ent*-2-Oxo-3,4,5,6-tetrahydro-spartein, Formel VIII (X = H) (E II 84).

Konfiguration: *Okuda et al.*, Chem. and Ind. **1961** 1115; Chem. pharm. Bl. **13** [1965] 491, 492.

Isolierung aus Blättern von Ammodendron conollyi: *Proškurnina, Merliš*, Ž. obšč. Chim. **19** [1949] 1396, 1401; engl. Ausg. S. 1399, 1403; aus Baptisia minor: *Marion, Cockburn*, Am. Soc. **70** [1948] 3472; aus Baptisia perfoliata: *Marion, Turcotte*, Am. Soc. **70** [1948] 3253; aus Baptisia versicolor: *Turcotte et al.*, Canad. J. Chem. **31** [1953] 387, 390; aus Genista monosperma: *White*, New Zealand J. Sci. Technol. [B] **38** [1957] 712, 714; aus Genista tinctoria: *Norkina et al.*, Ž. obšč. Chim. **7** [1937] 906, 908; C. **1937** II 1205; *White*, New Zealand J. Sci. Technol. [B] **33** [1951] 47; aus Lupinus laxiflorus var. silvicola: *Couch*, Am. Soc. **61** [1939] 3327; aus Lupinus macounii: *Marion*, Am. Soc. **68** [1946] 759; aus Lupinus pusillus: *Marion, Fenton*, J. org. Chem. **13** [1948] 780; aus Samen von Sophora chrysophylla: *Briggs, Russell*, Soc. **1942** 507; aus Wurzeln von Sophora flavescens: *Bohlmann et al.*, B. **91** [1958] 2189, 2193; aus Blüten und Zweigen von Spartium junceum: *Seoane, Ribas*, An. Soc. espań. [B] **47** [1951] 625, 635, 636; aus Thermopsis lanceolata: *Orechoff et al.*, B. **66** [1933] 625, 630, 67 [1934] 1394, 1396; aus Schösslingen bzw. aus Zweigen und Fruchthülsen von Ulex europaeus: *Clemo, Raper*, Soc. **1935** 10; *Ribas, Basanta*, An. Soc. espań. [B] **48** [1952] 161, 165, 166; aus Zweigen und Fruchthülsen von Ulex nanus: *Ribas, Basanta*, An. Soc. espań. [B] **48** [1952] 167.

$Kp_{0,3}$: 165—168° (*Marion, Ouellet*, Am. Soc. **70** [1948] 3076). n_D^{30}: 1,5690 (*Couch*, Am. Soc. **58** [1936] 686). $[\alpha]_D^{20}$: —180° [Me.] (*Bohlmann et al.*, B. **91** [1958] 2189, 2193); $[\alpha]_D$: —157,0° [A.; c = 2] (*Ma., Ou.*), —152,5° [A.; c = 3] (*Norkina et al.*, Ž. obšč. Chim. **7** [1937] 906, 908; C. **1937** II 1205); $[\alpha]_D^{20}$: —148,5° [CHCl₃; c = 0,8] (*Clemo, Raper*, Soc. **1935** 10). IR-Spektrum in CHCl₃ (4000—800 cm⁻¹): *Bo. et al.*, l. c. S. 2190; in CS₂ (3500—650 cm⁻¹): *Cockburn, Marion*, Canad. J. Chem. **29** [1951] 13, 14. λ_{max} (Me.): 233 nm und 309 nm (*Bo. et al.*).

Monohydrochlorid $C_{15}H_{20}N_2O \cdot HCl$ (E II 84). Kristalle (aus Me. + Acn.) mit 1 Mol H₂O; F: 286° [korr.] (*Marion, Ouellet*, Am. Soc. **70** [1948] 3076).

Dihydrochlorid $C_{15}H_{20}N_2O \cdot 2 HCl$. Kristalle (aus A. + Acn.) mit 2 Mol H₂O; F: 115—116°; $[\alpha]_D^{29}$: —120,3° [H₂O; c = 2] (*Couch*, Am. Soc. **58** [1936] 686). Kristalle (aus Me. + Acn.) mit 2,5 Mol H₂O; F: ca. 120° [korr.] (*Ma., Ou.*).

Perchlorat $C_{15}H_{20}N_2O \cdot HClO_4$. Kristalle; F: 315° [korr.; aus Me.] (*Marion*, Am. Soc. **68** [1946] 759; *Ma., Ou.*; *Marion, Cockburn*, Am. Soc. **70** [1948] 3472), 315° (*Bohlmann et al.*, B. **91** [1958] 2189, 2193), 295—296° [Zers.; aus H₂O] (*Seoane, Ribas*, An. Soc. espań. [B] **47** [1951] 625, 636; *Ribas et al.*, An. Soc. espań. [B] **48** [1952] 421, 423).

Hexachloroplatinat(IV) $C_{15}H_{20}N_2O \cdot H_2PtCl_6$ (vgl. E II 84). Orangefarbene Kristalle (aus wss. HCl); F: 278° [Zers. ab 275°] (*Ma., Ou.*), 250—251° [Zers.] (*Orechoff et al.*, B. **67** [1934] 1394, 1397; s. a. *Clemo, Raper*, Soc. **1935** 10).

Picrat $C_{15}H_{20}N_2O \cdot C_6H_3N_3O_7$. Gelbliche Kristalle; F: 254° [korr.; aus Me. + Acn.] (*Ma.*), 253° [korr.; Zers.; aus Me.] (*Ma., Ou.*), 248° [Zers.; aus Me.] (*Se., Ri.*, l. c. S. 635; *Ri. et al.*).

Picrolonat $C_{15}H_{20}N_2O \cdot C_{10}H_8N_4O_5$. Braunrote Kristalle (aus A.), Zers. bei 254° (*Cl., Ra.*); gelbe Kristalle (aus wss. A.), F: 253° [Zers.] (*Briggs, Russell*, Soc. **1942** 507).

e) (±)-(7a*t*)-7,7a,8,9,10,11,13,14-Octahydro-6*H*-7*r*,14*c*-methano-dipyrido[1,2-*a*;≠ 1',2'-*e*][1,5]diazocin-4-on, (±)-Anagyrin, (±)-2-Oxo-3,4,5,6-tetradehydro-sparte≠ in, Formel VIII (X = H) + Spiegelbild.

B. Aus (±)-(7a*t*)-7,7a,8,9,10,11,13,14-Octahydro-6*H*-7*r*,14*c*-methano-dipyrido[1,2-*a*;≠ 1',2'-*e*][1,5]diazocinylium-bromid (E III/IV **23** 1341) beim Erwärmen mit $K_3[Fe(CN)_6]$ und wss. NaOH (*van Tamelen, Baran*, Am. Soc. **80** [1958] 4659, 4670).

$Kp_{0,1}$: 170—175°.

Perchlorat $C_{15}H_{20}N_2O \cdot HClO_4$. Kristalle (aus Me.); F: 315° [korr.].

(7*R*)-1,3-Dibrom-(7a*t*)-7,7a,8,9,10,11,13,14-octahydro-6*H*-7*r*,14*c*-methano-dipyrido≠ [1,2-*a*;1',2'-*e*][1,5]diazocin-4-on, *ent*-3,5-Dibrom-2-oxo-3,4,5,6-tetradehydro-spartein $C_{15}H_{18}Br_2N_2O$, Formel VIII (X = Br).

Diese Konstitution kommt vermutlich dem E II **24** 85 beschriebenen Dibromana≠ gyrin zu (*Luputiu, Moll*, Ar. **304** [1971] 151, 154).

(7a*S*)-(7a*r*,13b*c*,13c*c*)-2,3,6,7,7a,8,13b,13c-Octahydro-1*H*,5*H*-dipyrido[2,1-*f*; 3',2',1'-*ij*]≠ [1,6]naphthyridin-10-on, 11,12,13,14-Tetradehydro-matridin-15-on, (−)-Sophoramin $C_{15}H_{20}N_2O$, Formel IX.

Konstitution: *Okuda et al.*, Chem. and Ind. **1962** 1326; Chem. pharm. Bl. **11** [1963] 1349. Die Konfiguration ergibt sich aus der genetischen Beziehung zu (+)-Matrin (S. 266).

Isolierung aus Sophora alopecuroides: *Orechoff*, B. **66** [1933] 948, 950; Chim. farm. Promyšl. **1934** Nr. 5, S. 10, 12; C. **1935** II 2215; *Orechoff et al.*, B. **68** [1935] 431, 433, 434; aus Sophora pachycarpa: *Proškurnina, Kusowkow*, Doklady Akad. S.S.S.R. **91** [1953] 1145; C. A. **1954** 11438.

Kristalle (aus PAe.); F: 164—165°; $[\alpha]_D$: −90,9° [A.; c = 3] (*Or.*).

Hydrochlorid. Kristalle (aus A.); F: 247—248° [Zers.] (*Or.*).

Hydrojodid. Hellgelbe Kristalle; F: 294—296° [Zers.; aus A.] (*Or.*), 294—295° (*Pr., Ku.*).

Tetrachloroaurat(III) $C_{15}H_{20}N_2O \cdot HAuCl_4$. Gelbe Kristalle; F: 183—184° [Zers.] (*Or.*).

Hexachloroplatinat(IV) $2 C_{15}H_{20}N_2O \cdot H_2PtCl_6$. Orangegelbe Kristalle mit 2 Mol H_2O; F: 245—247° [Zers.] (*Or.*).

Picrat. Gelbe Kristalle (aus A.); F: 229—231° [Zers.] (*Or.*).

Picrolonat. Dunkelgelbe Kristalle (aus A.); F: 173—175° [Zers.; nach Erweichen ab 170°] (*Or.*).

Oxo-Verbindungen $C_{16}H_{22}N_2O$

(±)-6-Hexyl-2-phenyl-5,6-dihydro-3*H*-pyrimidin-4-on $C_{16}H_{22}N_2O$, Formel X, und Tautomere.

B. Neben (±)-3-Benzoylamino-nonansäure-amid bei aufeinanderfolgendem Behandeln von (±)-3-Benzoylamino-nonansäure mit $SOCl_2$ und mit NH_3 in Äther (*Rodionow, Sworykina*, Izv. Akad. S.S.S.R. Otd. chim. **1943** 216, 226, **1948** 330, 334, 338; C. A. **1944** 1473, **1949** 235). Aus (±)-3-Benzoylamino-nonansäure-amid beim Erhitzen mit Benzoylchlorid (*Ro., Sw.*, Izv. Akad. S.S.S.R. Otd. chim. **1948** 338).

Kristalle; F: 74—75° [aus PAe. oder wss. A. bzw. aus wss. A.] (*Ro., Sw.*, Izv. Akad. S.S.S.R. Otd. chim. **1943** 226, **1948** 334).

X

XI

4-Heptyl-5-phenyl-1,2-dihydro-pyrazol-3-on $C_{16}H_{22}N_2O$, Formel XI, und Tautomere.

Nach Ausweis der IR-Absorption liegt in Nujol vermutlich 4-Heptyl-5-phenyl-

2*H*-pyrazol-3-ol vor (*Gagnon et al.*, Canad. J. Chem. **31** [1953] 1025, 1031).

B. Aus 2-Benzoyl-nonansäure-äthylester und $N_2H_4 \cdot H_2O$ (*Ga. et al.*, l. c. S. 1027, 1034). Kristalle; F: 108—109° [unkorr.]. Netzebenenabstände: *Ga. et al.*, l. c. S. 1036. IR-Banden (Nujol; 3300—1265 cm^{-1}): *Ga. et al.*, l. c. S. 1035. λ_{max}: 250 nm [A.] bzw. 248 nm [wss.-äthanol. HCl] (*Ga. et al.*, l. c. S. 1027). Scheinbarer Dissoziationsexponent pK_a' (H_2O; potentiometrisch ermittelt): 9,2 (*Ga. et al.*, l. c. S. 1029).

4-Heptyl-2,5-diphenyl-1,2-dihydro-pyrazol-3-on $C_{22}H_{26}N_2O$, Formel XII (X = X' = X'' = H), und Tautomere.

B. Aus 2-Benzoyl-nonansäure-äthylester und Phenylhydrazin (*Gagnon et al.*, Canad. J. Chem. **31** [1953] 1025, 1027, 1035).

Kristalle (aus A.); F: 134—135° [unkorr.]. Netzebenenabstände: *Ga. et al.*, l. c. S. 1037. IR-Spektrum (Nujol; 10000—1250 cm^{-1}): *Ga. et al.*, l. c. S. 1032. λ_{max}: 254 nm und 311 nm [A.] bzw. 251 nm und 310 nm [wss.-äthanol. HCl] (*Ga. et al.*, l. c. S. 1027). Scheinbarer Dissoziationsexponent pK_a' (H_2O; potentiometrisch ermittelt): 8,0 (*Ga. et al.*, l. c. S. 1029).

2-[2-Chlor-phenyl]-4-heptyl-5-phenyl-1,2-dihydro-pyrazol-3-on $C_{22}H_{25}ClN_2O$, Formel XII (X = Cl, X' = X'' = H), und Tautomere.

B. Analog der vorangehenden Verbindung (*Gagnon et al.*, Canad. J. Chem. **34** [1956] 530, 531, 538).

Kristalle (aus A. oder PAe.); F: 109—110° [unkorr.]. IR-Banden (Nujol; 1640 cm^{-1} bis 1125 cm^{-1}): *Ga. et al.*, l. c. S. 535. λ_{max} (A.): 256 nm und 305 nm.

XII   XIII

2-[3-Chlor-phenyl]-4-heptyl-5-phenyl-1,2-dihydro-pyrazol-3-on $C_{22}H_{25}ClN_2O$, Formel XII (X = X'' = H, X' = Cl), und Tautomere.

B. Analog den vorangehenden Verbindungen (*Gagnon et al.*, Canad. J. Chem. **34** [1956] 530, 532, 538).

Kristalle (aus A. oder PAe.); F: 102—103° [unkorr.]. IR-Banden (Nujol; 1680 cm^{-1} bis 1125 cm^{-1}): *Ga. et al.*, l. c. S. 535. λ_{max} (A.): 252 nm und 310 nm.

2-[4-Chlor-phenyl]-4-heptyl-5-phenyl-1,2-dihydro-pyrazol-3-on $C_{22}H_{25}ClN_2O$, Formel XII (X = X' = H, X'' = Cl), und Tautomere.

B. Analog den vorangehenden Verbindungen (*Gagnon et al.*, Canad. J. Chem. **34** [1956] 530, 533, 538).

Kristalle (aus A. oder PAe.); F: 112—113° [unkorr.]. IR-Banden (Nujol; 1650 cm^{-1} bis 1115 cm^{-1}): *Ga. et al.*, l. c. S. 536. λ_{max} (A.): 250 nm und 315 nm.

3-Octyl-1*H*-chinoxalin-2-on $C_{16}H_{22}N_2O$, Formel XIII, und Tautomeres.

B. Aus *o*-Phenylendiamin und 2-Oxo-decansäure (*Asano*, J. pharm. Soc. Japan **78** [1958] 729, 732; C. A. **1958** 18428).

Kristalle (aus A. oder Me.); F: 122°.

1-[4-Äthyl-3,5-dimethyl-pyrrol-2-yl]-2-[3,5-dimethyl-pyrrol-2-yl]-äthanon $C_{16}H_{22}N_2O$, Formel XIV.

B. Aus 2,4-Dimethyl-pyrrol bei aufeinanderfolgendem Behandeln mit Äthylmagnesium=bromid und 1-[4-Äthyl-3,5-dimethyl-pyrrol-2-yl]-2-chlor-äthanon in Äther (*Fischer, Viaud*, B. **64** [1931] 193, 199).

Kristalle (aus A.); F: 156°.

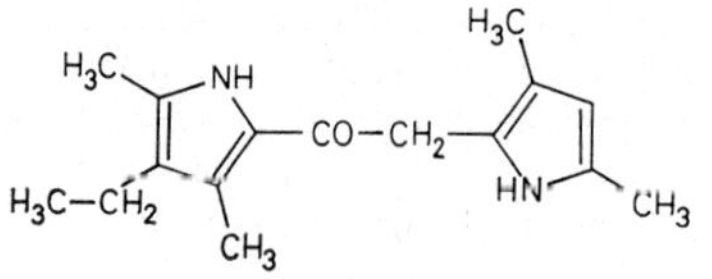

XIV 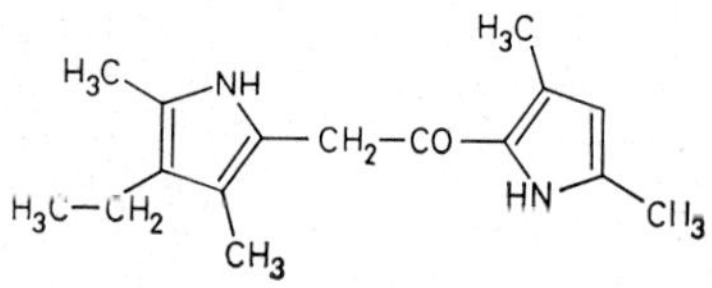   XV

2-[4-Äthyl-3,5-dimethyl-pyrrol-2-yl]-1-[3,5-dimethyl-pyrrol-2-yl]-äthanon $C_{16}H_{22}N_2O$, Formel XV.

B. Aus 3-Äthyl-2,4-dimethyl-pyrrol bei aufeinanderfolgendem Behandeln mit Äthyl=magnesiumbromid und 2-Chlor-1-[3,5-dimethyl-pyrrol-2-yl]-äthanon in Äther (*Fischer, Viaud*, B. **64** [1931] 193, 198).

Kristalle (aus A.); F: 162—163°.

*****4-Äthyl-5-[4-äthyl-3,5-dimethyl-pyrrol-2-ylmethylen]-3-methyl-1,5-dihydro-pyrrol-2-on** $C_{16}H_{22}N_2O$, Formel I, und Tautomeres (4-Äthyl-5-[4-äthyl-3,5-dimethyl-pyrrol-2-ylmethylen]-3-methyl-5*H*-pyrrol-2-ol).

B. Beim Erwärmen von 4-Äthyl-5-brommethylen-3-methyl-1,5-dihydro-pyrrol-2-on (E III/IV **21** 3468) mit 3-Äthyl-2,4-dimethyl-pyrrol in $CHCl_3$ (*Fischer et al.*, Z. physiol. Chem. **212** [1932] 146, 148, 156). Aus Bis-[4-äthyl-3,5-dimethyl-pyrrol-2-yl]-äther beim Erwärmen mit $FeCl_3$ in Essigsäure (*Fischer, Hartmann*, Z. physiol. Chem. **226** [1934] 116, 118, 127; s. a. *Fischer et al.*, A. **493** [1932] 1, 4, 12). Beim Erhitzen von [4-Äthyl-3,5-dimethyl-pyrrol-2-yliden]-[3-äthyl-5-methoxy-4-methyl-pyrrol-2-yl]-methan (E III/IV **23** 2651) mit Resorcin (*Fischer, Fröwis*, Z. physiol. Chem. **195** [1931] 49, 52, 63). Beim Erhitzen von [3-Äthyl-5-brom-4-methyl-pyrrol-2-yl]-[4-äthyl-3,5-dimethyl-pyrrol-2-yl]-methinium-bromid (E III/IV **23** 1342) mit Kaliumacetat in Essigsäure (*Fischer, Adler*, Z. physiol. Chem. **206** [1932] 187, 188, 194).

Gelbe Kristalle; F: 250° [korr.; aus A.] (*Fi. et al.*, A. **493** 12), 244—245° [unkorr.; aus $CHCl_3$ + Me.] (*Fi. et al.*, Z. physiol. Chem. **212** 156), 243° [aus $CHCl_3$ + Me.] (*Fi., Fr.*).

(5S,12R)-1,12-Dimethyl-(4ac)-2,3,4,4a,5,6-hexahydro-1H,7H-5r,10bc-propano-[1,7]phenanthrolin-8-on, 17-Methyl-18H-lycodin-1-on, β-Obscurin $C_{17}H_{24}N_2O$, Formel II.

Konstitution und Konfiguration: *Ayer et al.*, Tetrahedron **18** [1962] 567.

Isolierung im Gemisch mit α-Obscurin (S. 338) aus Lycopodium annotinum: *Manske, Marion*, Canad. J. Res. [B] **21** [1943] 92, 93; aus Lycopodium complanatum (L. flabelliforme): *Manske, Marion*, Canad. J. Res. [B] **20** [1942] 87, 91; aus Lycopodium obscurum var. dendroideum: *Manske, Marion*, Canad. J. Res. [B] **22** [1944] 53, 55.

Chromatographische Trennung von α-Obscurin: *Moore, Marion*, Canad. J. Chem. **31** [1953] 952, 955.

Kristalle (aus Me.); F: 322—323° [korr.; Zers.] (*Mo., Ma.*). IR-Spektrum ($CHCl_3$; 1690—1600 cm^{-1}): *Mo., Ma.*, l. c. S. 953. UV-Spektrum (A.; 200—350 nm): *Mo., Ma.*, l. c. S. 954.

Perchlorat. Kristalle; F: 322° [korr.; Zers.; nach Verfärbung] (*Mo., Ma.*).

Picrat $C_{17}H_{24}N_2O \cdot C_6H_3N_3O_7$. Gelbe Kristalle (aus Me.); F: 254° [korr.; Zers.] (*Mo., Ma.*).

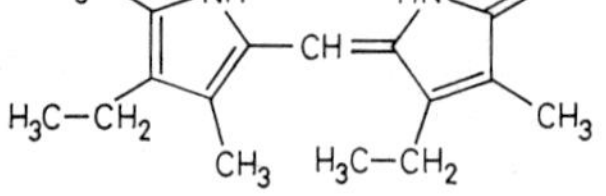

I 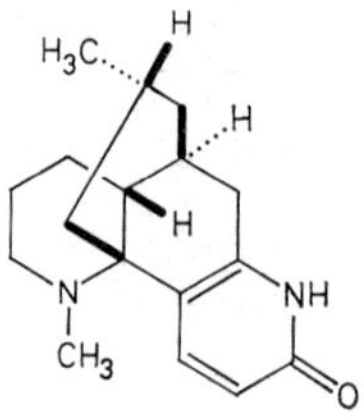   II 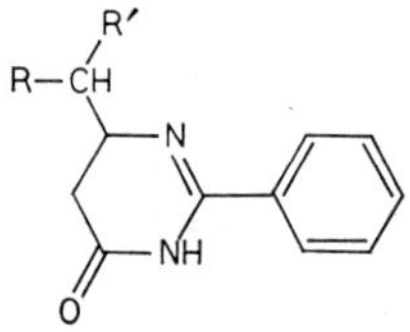   III

Oxo-Verbindungen $C_{17}H_{24}N_2O$

(±)-6-Heptyl-2-phenyl-5,6-dihydro-3H-pyrimidin-4-on $C_{17}H_{24}N_2O$, Formel III
(R = $[CH_2]_5$-CH_3, R' = H), und Tautomere.

B. Aus (±)-3-Benzoylamino-decansäure bei aufeinanderfolgender Umsetzung mit
$SOCl_2$ und mit NH_3 in Äther (*Rodionow et al.*, Ž. obšč. Chim. **23** [1953] 1794, 1797; engl.
Ausg. S. 1893, 1896).
Kristalle (aus wss. A.); F: 87—89°.

---

*Opt.-inakt. 6-[1-Äthyl-pentyl]-2-phenyl-5,6-dihydro-3H-pyrimidin-4-on $C_{17}H_{24}N_2O$,
Formel III (R = $[CH_2]_3$-CH_3, R' = C_2H_5), und Tautomere.

a) Racemat vom F: 125°.
B. Bei aufeinanderfolgender Umsetzung von opt.-inakt. 4-Äthyl-3-benzoylamino-
octansäure vom F: 132° mit $SOCl_2$ und mit NH_3 in Äther (*Rodionow, Sworykina*, Ž.
obšč. Chim. **26** [1956] 1165, 1168; engl. Ausg. S. 1323, 1325).
Kristalle (aus wss. A.); F: 125°.

b) Racemat vom F: 123°.
B. Aus opt.-inakt. 4-Äthyl-3-benzoylamino-octansäure vom F: 121° analog dem unter
a) beschriebenen Stereoisomeren (*Ro., Sw.*).
Kristalle (aus wss. A.); F: 123°.

4-Octyl-5-phenyl-1,2-dihydro-pyrazol-3-on $C_{17}H_{24}N_2O$, Formel IV (n = 6), und
Tautomere.
Nach Ausweis der IR-Absorption liegt in Nujol vermutlich 4-Octyl-5-phenyl-
2H-pyrazol-3-ol vor (*Gagnon et al.*, Canad. J. Chem. **31** [1953] 1025, 1031).
B. Aus 2-Benzoyl-decansäure-äthylester und $N_2H_4 \cdot H_2O$ (*Ga. et al.*, l. c. S. 1027, 1034).
Kristalle; F: 110—111° [unkorr.]. Netzebenenabstände: *Ga. et al.*, l. c. S. 1036. IR-
Spektrum (Nujol; 10000—1250 cm^{-1}): *Ga. et al.*, l. c. S. 1032. λ_{max}: 252 nm [A.] bzw.
244 nm [wss.-äthanol. HCl] (*Ga. et al.*, l. c. S. 1027). Scheinbarer Dissoziationsexponent
pK_a' (H_2O; potentiometrisch ermittelt): 10,2 (*Ga. et al.*, l. c. S. 1029).

4-Octyl-2,5-diphenyl-1,2-dihydro-pyrazol-3-on $C_{23}H_{28}N_2O$, Formel V (X = X' = X'' =H,
n = 6), und Tautomere.
B. Aus 2-Benzoyl-decansäure-äthylester und Phenylhydrazin (*Gagnon et al.*, Canad.
J. Chem. **31** [1953] 1025, 1027, 1035).
Kristalle (aus A.); F: 144—145° [unkorr.]. Netzebenenabstände: *Ga. et al.*, l. c. S. 1037.
IR-Banden (Nujol; 1710—1275 cm^{-1}): *Ga. et al.*, l. c. S. 1035. λ_{max}: 254 nm und 312 nm
[A.] bzw. 252 nm und 315 nm [wss.-äthanol. HCl] (*Ga. et al.*, l. c. S. 1027). Scheinbarer
Dissoziationsexponent pK_a' (H_2O; potentiometrisch ermittelt): 7,5 (*Ga. et al.*, l. c. S. 1029).

2-[2-Chlor-phenyl]-4-octyl-5-phenyl-1,2-dihydro-pyrazol-3-on $C_{23}H_{27}ClN_2O$, Formel V
(X = Cl, X' = X'' = H, n = 6), und Tautomere.
B. Analog der vorangehenden Verbindung (*Gagnon et al.*, Canad. J. Chem. **34** [1956]
530, 531, 538).
Kristalle (aus A. oder PAe.); F: 103—104° [unkorr.]. IR-Banden (Nujol; 1640 cm^{-1}
bis 1125 cm^{-1}): *Ga. et al.*, l. c. S. 535. λ_{max} (A.): 260 nm und 298 nm.

2-[3-Chlor-phenyl]-4-octyl-5-phenyl-1,2-dihydro-pyrazol-3-on $C_{23}H_{27}ClN_2O$, Formel V
(X = X'' = H, X' = Cl, n = 6), und Tautomere.
B. Analog den vorangehenden Verbindungen (*Gagnon et al.*, Canad. J. Chem. **34** [1956]
530, 532, 538).
Kristalle (aus A. oder PAe.); F: 111—112° [unkorr.]. IR-Banden (Nujol; 1640 cm^{-1}
bis 1120 cm^{-1}): *Ga. et al.*, l. c. S. 535. λ_{max} (A.): 248 nm und 298 nm.

2-[4-Chlor-phenyl]-4-octyl-5-phenyl-1,2-dihydro-pyrazol-3-on $C_{23}H_{27}ClN_2O$, Formel V
(X = X' = H, X'' = Cl, n = 6), und Tautomere.
B. Analog den vorangehenden Verbindungen (*Gagnon et al.*, Canad. J. Chem. **34** [1956]
530, 533, 538).

Kristalle (aus A. oder PAe.); F: 117—118° [unkorr.]. IR-Banden (Nujol; 1660 cm⁻¹ bis 1120 cm⁻¹): *Ga. et al.*, l. c. S. 536. λ_{max} (A.): 258 nm und 305 nm.

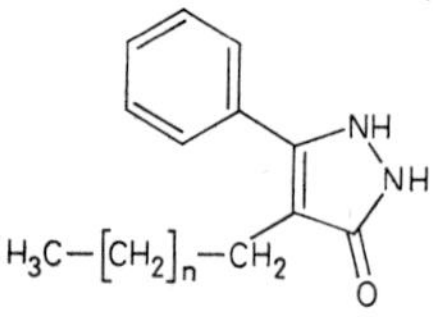

IV 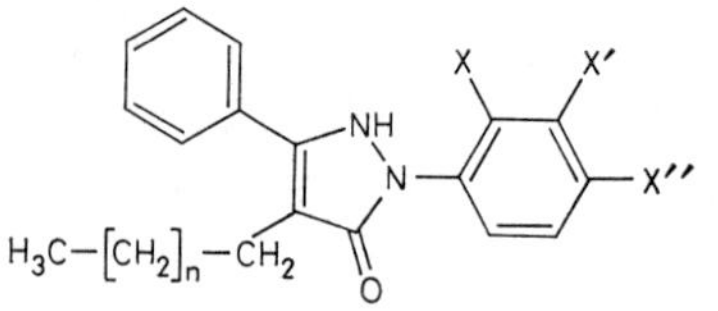 V

3-Nonyl-1*H*-chinoxalin-2-on $C_{17}H_{24}N_2O$, Formel VI, und Tautomeres.

B. Aus *o*-Phenylendiamin und 2-Oxo-undecansäure (*Asano*, J. pharm. Soc. Japan **78** [1958] 729, 732; C. A. **1958** 18428).
Kristalle (aus A. oder Me.); F: 128°.

1-[4-Äthyl-3,5-dimethyl-pyrrol-2-yl]-2-[5-äthyl-3-methyl-pyrrol-2-yl]-äthanon
$C_{17}H_{24}N_2O$, Formel VII (R = R″ = C_2H_5, R′ = H).
B. Aus 2-Äthyl-4-methyl-pyrrol bei aufeinanderfolgendem Behandeln mit Äthyl≈ magnesiumbromid und 1-[4-Äthyl-3,5-dimethyl-pyrrol-2-yl]-2-chlor-äthanon in Äther (*Fischer*, *Barat*, A. **512** [1934] 217, 218, 232).
Gelbliche Kristalle (aus A.); F: 157°.

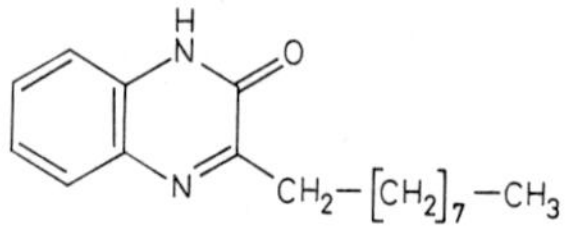

VI 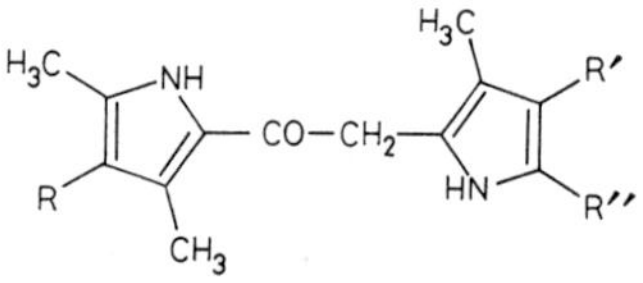 VII

2-[4-Äthyl-3,5-dimethyl-pyrrol-2-yl]-1-[3,4,5-trimethyl-pyrrol-2-yl]-äthanon
$C_{17}H_{24}N_2O$, Formel VII (R = R″ = CH_3, R′ = C_2H_5).
B. Aus 3-Äthyl-2,4-dimethyl-pyrrol bei aufeinanderfolgendem Behandeln mit Äthyl≈ magnesiumbromid und 2-Chlor-1-[3,4,5-trimethyl-pyrrol-2-yl]-äthanon in Äther (*Fischer*, *Viaud*, B. **64** [1931] 193, 199).
Kristalle (aus A.); F: 157°.

Bis-[3,5-diäthyl-pyrrol-2-yl]-keton $C_{17}H_{24}N_2O$, Formel VIII (R = C_2H_5, R′ = H).
B. Aus 2,4-Diäthyl-pyrrol bei aufeinanderfolgendem Behandeln mit Äthylmagnesium≈ bromid und $COCl_2$ in Äther (*Fischer*, *Orth*, A. **502** [1933] 237, 246).
Kristalle (aus wss. Me.); F: 140°.

Bis-[4-äthyl-3,5-dimethyl-pyrrol-2-yl]-keton $C_{17}H_{24}N_2O$, Formel VIII (R = CH_3, R′ = C_2H_5).
B. Aus 3-Äthyl-2,4-dimethyl-pyrrol bei aufeinanderfolgendem Behandeln mit Äthyl≈ magnesiumbromid in Äther und $COCl_2$ in Toluol (*Fischer*, *Orth*, A. **489** [1931] 62, 73).
Kristalle (aus A.); F: 207° (*Fi.*, *Orth*, l. c. S. 74, 84). Verbrennungsenthalpie bei 15°: *Stern*, *Klebs*, A. **500** [1933] 91, 93, 107.
H y d r a z o n $C_{17}H_{26}N_4$. Kristalle (aus wss. A.); F: 126° (*Fi.*, *Orth*, l. c. S. 74).
A z i n $C_{34}H_{48}N_6$; Bis-[bis-(4-äthyl-3,5-dimethyl-pyrrol-2-yl)-methylen]-hydrazin. Orangefarbene Kristalle (aus A.); F: 209° (*Fi.*, *Orth*, l. c. S. 75). — H y d r o ≈ chlorid. F: 276—278° (*Fi.*, *Orth*, l. c. S. 68). — K u p f e r - V e r b i n d u n g. Rote Kristalle (aus Me. + $CHCl_3$); F: 240—242°.
A c e t y l h y d r a z o n $C_{19}H_{28}N_4O$; Essigsäure-{[bis-(4-äthyl-3,5-dimethyl-pyrr≈

ol-2-yl)-methylen]-hydrazid}. Kristalle (aus wss. Me.); F: 200° (*Fi., Orth,* l. c. S. 74).

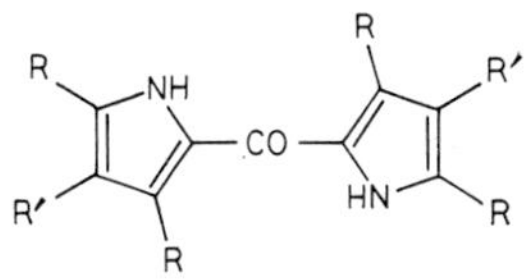

VIII 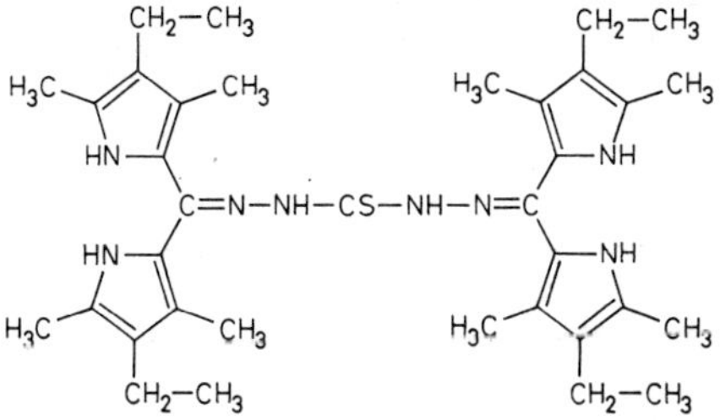   IX

1,5-Bis-[bis-(4-äthyl-3,5-dimethyl-pyrrol-2-yl)-methylen]-thiocarbonohydrazid $C_{35}H_{50}N_8S$, Formel IX.

B. Aus Bis-[4-äthyl-3,5-dimethyl-pyrrol-2-yl]-keton-hydrazon beim Erwärmen mit CS_2 in Benzol (*Fischer, Orth,* A. **489** [1931] 62, 74).

Gelbe Kristalle (aus $CHCl_3$); F: 239°.

Bis-[3-äthyl-4,5-dimethyl-pyrrol-2-yl]-keton $C_{17}H_{24}N_2O$, Formel X.

B. Aus 4-Äthyl-2,3-dimethyl-pyrrol bei aufeinanderfolgender Umsetzung mit Äthylmagnesiumbromid in Äther und $COCl_2$ in Toluol (*Fischer, Orth,* A. **489** [1931] 62, 76).

Kristalle (aus Acn.); F: 179°.

Hydrazon $C_{17}H_{26}N_4$. Gelbe bis orangefarbene Kristalle (aus wss. A.); F: 104°.

Azin $C_{34}H_{48}N_6$; Bis-[bis-(3-äthyl-4,5-dimethyl-pyrrol-2-yl)-methylen]-hydrazin. Orangefarbene Kristalle (aus A.); F: 226°.

Oxo-Verbindungen $C_{18}H_{26}N_2O$

4-Nonyl-5-phenyl-1,2-dihydro-pyrazol-3-on $C_{18}H_{26}N_2O$, Formel IV (n = 7), und Tautomere.

Nach Ausweis der IR-Absorption liegt in Nujol vermutlich 4-Nonyl-5-phenyl-2H-pyrazol-3-ol vor (*Gagnon et al.,* Canad. J. Chem. **31** [1953] 1025, 1031).

B. Aus 2-Benzoyl-undecansäure-äthylester und $N_2H_4 \cdot H_2O$ (*Ga. et al.,* l. c. S. 1027, 1034).

Kristalle; F: 100—102° [unkorr.]. Netzebenenabstände: *Ga. et al.,* l. c. S. 1036. IR-Banden (Nujol; 1600—1265 cm^{-1}): *Ga. et al.,* l. c. S. 1035. λ_{max}: 250 nm [A.] bzw. 242 nm [wss.-äthanol. HCl] (*Ga. et al.,* l. c. S. 1027). Scheinbarer Dissoziationsexponent pK_a' (H_2O; potentiometrisch ermittelt): 10,6 (*Ga. et al.,* l. c. S. 1029).

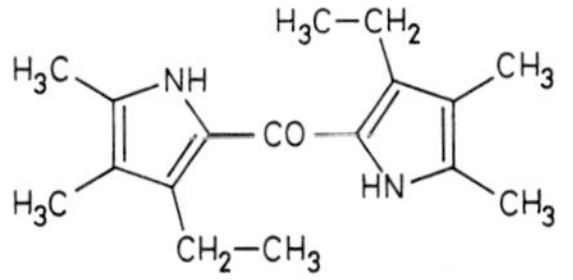

X 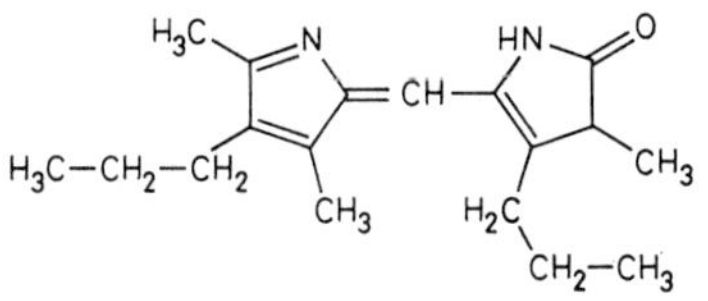   XI

4-Nonyl-2,5-diphenyl-1,2-dihydro-pyrazol-3-on $C_{24}H_{30}N_2O$, Formel V (X = X' = X'' = H, n = 7), und Tautomere.

B. Aus 2-Benzoyl-undecansäure-äthylester und Phenylhydrazin (*Gagnon et al.,* Canad. J. Chem. **31** [1953] 1025, 1027, 1035).

Kristalle (aus A.); F: 133—134° [unkorr.]. Netzebenenabstände: *Ga. et al.,* l. c. S. 1037. IR-Banden (Nujol; 1710—1270 cm^{-1}): *Ga. et al.,* l. c. S. 1035. UV-Spektrum (A. sowie wss.-äthanol. HCl; 220—320 nm): *Ga. et al.,* l. c. S. 1030. Scheinbarer Dissoziationsexponent pK_a' (H_2O; potentiometrisch ermittelt): 7,2 (*Ga. et al.,* l. c. S. 1029).

2-[2-Chlor-phenyl]-4-nonyl-5-phenyl-1,2-dihydro-pyrazol-3-on $C_{24}H_{29}ClN_2O$, Formel V
(X = Cl, X' = X'' = H, n = 7) auf S. 538, und Tautomere.

B. Analog der vorangehenden Verbindung (*Gagnon et al.*, Canad. J. Chem. **34** [1956] 530, 531, 538).

Kristalle (aus A. oder PAe.); F: 103—104° [unkorr.]. IR-Banden (Nujol; 1640 cm⁻¹ bis 1120 cm⁻¹): *Ga. et al.*, l. c. S. 535. λ_{max} (A.): 256 nm und 310 nm.

2-[3-Chlor-phenyl]-4-nonyl-5-phenyl-1,2-dihydro-pyrazol-3-on $C_{24}H_{29}ClN_2O$, Formel V
(X = X'' = H, X' = Cl, n = 7) auf S. 538, und Tautomere.

B. Analog den vorangehenden Verbindungen (*Gagnon et al.*, Canad. J. Chem. **34** [1956] 530, 532, 538).

Kristalle (aus A. oder PAe.); F: 118—119° [unkorr.]. IR-Banden (Nujol; 1640 cm⁻¹ bis 1120 cm⁻¹): *Ga. et al.*, l. c. S. 535. λ_{max} (A.): 260 nm und 310 nm.

2-[4-Chlor-phenyl]-4-nonyl-5-phenyl-1,2-dihydro-pyrazol-3-on $C_{24}H_{29}ClN_2O$, Formel V
(X = X' = H, X'' = Cl, n = 7) auf S. 538, und Tautomere.

B. Analog den vorangehenden Verbindungen (*Gagnon et al.*, Canad. J. Chem. **34** [1956] 530, 533, 538).

Kristalle (aus A. oder PAe.); F: 113—114° [unkorr.]. IR-Banden (Nujol; 1635 cm⁻¹ bis 1120 cm⁻¹): *Ga. et al.*, l. c. S. 536. λ_{max} (A.): 252 nm und 296 nm.

1,2-Bis-[4-äthyl-3,5-dimethyl-pyrrol-2-yl]-äthanon $C_{18}H_{26}N_2O$, Formel VII
(R = R' = C_2H_5, R'' = CH_3) auf S. 538.

B. Aus 3-Äthyl-2,4-dimethyl-pyrrol bei aufeinanderfolgendem Behandeln mit Äthyl=
magnesiumbromid und 1-[4-Äthyl-3,5-dimethyl-pyrrol-2-yl]-2-chlor-äthanon in Äther
(*Fischer, Kutscher*, A. **481** [1930] 193, 213) oder mit Äthylmagnesiumbromid und Chlor=
acetylchlorid in Äther (*Fischer, Barat*, A. **512** [1934] 217, 231). Beim Behandeln von
Bis-[4-äthyl-3,5-dimethyl-pyrrol-2-yl]-äthandion mit Zink (*Fischer et al.*, A. **493** [1932]
1, 6, 15).

Kristalle; F: 142—143° [korr.; aus A.] (*Fi., Ku.; Fi. et al.*), 142° [aus Me.] (*Fi., Ba.*).

Azin $C_{36}H_{52}N_6$; Bis-[1,2-bis-(4-äthyl-3,5-dimethyl-pyrrol-2-yl)-äthyliden]-
hydrazin. Gelbe Kristalle (aus Me.); F: 158° (*Fi., Ba.*).

***5-[3,5-Dimethyl-4-propyl-pyrrol-2-ylidenmethyl]-3-methyl-4-propyl-1,3-dihydro-
pyrrol-2-on** $C_{18}H_{26}N_2O$, Formel XI, und Tautomeres (5-[3,5-Dimethyl-4-propyl-
pyrrol-2-ylidenmethyl]-3-methyl-4-propyl-pyrrol-2-ol).

B. Aus [5-Brom-4-methyl-3-propyl-pyrrol-2-yl]-[3,5-dimethyl-4-propyl-pyrrol-2-yl]-
methinium-bromid (E III/IV **23** 1350) beim Erhitzen mit Silber-, Natrium- oder Kalium=
acetat in Essigsäure oder mit methanol. Natriummethylat (*Fischer, Bertl*, Z. physiol.
Chem. **229** [1934] 37, 43).

Gelbe Kristalle (aus Eg. oder Py. + Me.); F: 202°.

*3,4-Diäthyl-5-[3,4-diäthyl-5-methyl-pyrrol-2-ylidenmethyl]-1,3-dihydro-pyrrol-2-on
$C_{18}H_{26}N_2O$, Formel I, und Tautomeres (3,4-Diäthyl-5-[3,4-diäthyl-5-methyl-
pyrrol-2-ylidenmethyl]-pyrrol-2-ol).

B. Beim Erhitzen von [3,4-Diäthyl-5-brom-pyrrol-2-yl]-[3,4-diäthyl-5-methyl-pyrrol-
2-yl]-methinium-bromid (E II **23** 209, 210) mit Silberacetat oder Kaliumacetat in Essig=
säure (*Fischer et al.*, A. **540** [1939] 30, 37, 49).

Gelbe Kristalle (aus Py.); F: 230°.

I   II

Oxo-Verbindungen $C_{19}H_{28}N_2O$

4-Decyl-5-phenyl-1,2-dihydro-pyrazol-3-on $C_{19}H_{28}N_2O$, Formel II (R = H), und Tautomere.

Nach Ausweis der IR-Absorption liegt in Nujol vermutlich 4-Decyl-5-phenyl-2H-pyrazol-3-ol vor (*Gagnon et al.*, Canad. J. Chem. **31** [1953] 1025, 1031).

B. Aus 2-Benzoyl-dodecansäure-äthylester und $N_2H_4 \cdot H_2O$ (*Ga. et al.*, l. c. S. 1027, 1034).

Kristalle; F: 95—96°. Netzebenenabstände: *Ga. et al.*, l. c. S. 1036. IR-Banden (Nujol; 1600—1270 cm^{-1}): *Ga. et al.*, l. c. S. 1035. UV-Spektrum (A. sowie wss.-äthanol. HCl; 220—310 nm): *Ga. et al.*, l. c. S. 1030. Scheinbarer Dissoziationsexponent pK_a' (H_2O; potentiometrisch ermittelt): 11,0 (*Ga. et al.*, l. c. S. 1029).

4-Decyl-2,5-diphenyl-1,2-dihydro-pyrazol-3-on $C_{25}H_{32}N_2O$, Formel II (R = C_6H_5), und Tautomere.

B. Aus 2-Benzoyl-dodecansäure-äthylester und Phenylhydrazin (*Gagnon et al.*, Canad. J. Chem. **31** [1953] 1025, 1027, 1035).

Kristalle (aus A.); F: 116—117° [unkorr.]. Netzebenenabstände: *Ga. et al.*, l. c. S. 1037. IR-Banden (Nujol; 1275 cm^{-1}): *Ga. et al.*, l. c. S. 1035. λ_{max} (A. sowie wss.-äthanol. HCl): 250 nm und 310 nm (*Ga. et al.*, l. c. S. 1027). Scheinbarer Dissoziationsexponent pK_a' (H_2O; potentiometrisch ermittelt): 6,7 (*Ga. et al.*, l. c. S. 1029).

3-Undecyl-1H-chinoxalin-2-on $C_{19}H_{28}N_2O$, Formel III (n = 9), und Tautomeres.

B. Aus o-Phenylendiamin und 2-Oxo-tridecansäure (*Asano*, J. pharm. Soc. Japan **78** [1958] 729, 732; C. A. **1958** 18428).

Kristalle (aus Me. oder A.); F: 126°.

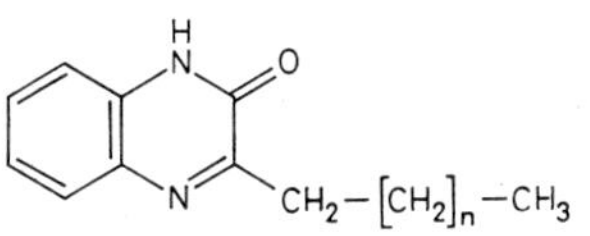

III 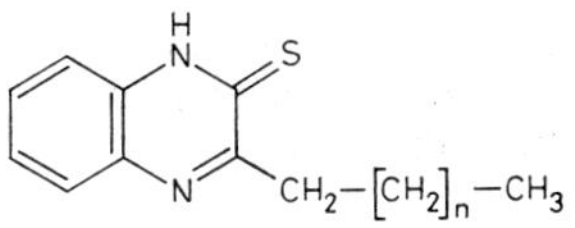   IV

3-Undecyl-1H-chinoxalin-2-thion $C_{19}H_{28}N_2S$, Formel IV (n = 9), und Tautomeres (3-Undecyl-chinoxalin-2-thiol).

B. Aus 2-Chlor-3-undecyl-chinoxalin und Thioharnstoff (*Asano*, J. pharm. Soc. Japan **78** [1958] 729, 732, 733; C. A. **1958** 18428).

Kristalle (aus A.); F: 140°.

Bis-[3,5-dimethyl-4-propyl-pyrrol-2-yl]-keton $C_{19}H_{28}N_2O$, Formel V.

B. Aus 2,4-Dimethyl-3-propyl-pyrrol bei aufeinanderfolgendem Behandeln mit Äthyl=magnesiumbromid in Äther und $COCl_2$ in Toluol (*Fischer, Orth*, A. **502** [1933] 237, 250).

Kristalle (aus A.); F: 177° (*Fi., Orth*). Raman Banden (Me. sowie CHCl$_3$; 2960 cm^{-1} bis 980 cm^{-1}): *Bonino et al.*, Z. physik. Chem. [B] **25** [1934] 348, 357. Reduktions-potential in wss. Äthanol: *Scaramelli*, R.A.L. [7] **1** [1940] 471, 473; *Bonino, Scaramelli*, B. **75** [1942] 1948, 1949; *Ghigi, Scaramelli*, Boll. scient. Fac. Chim. ind. Univ. Bologna **4** [1943] 83.

Azin $C_{38}H_{56}N_6$; Bis-[bis-(3,5-dimethyl-4-propyl-pyrrol-2-yl)-methylen]-hydrazin. Orangefarbene Kristalle (aus A.); F: 229° (*Fi., Orth*).

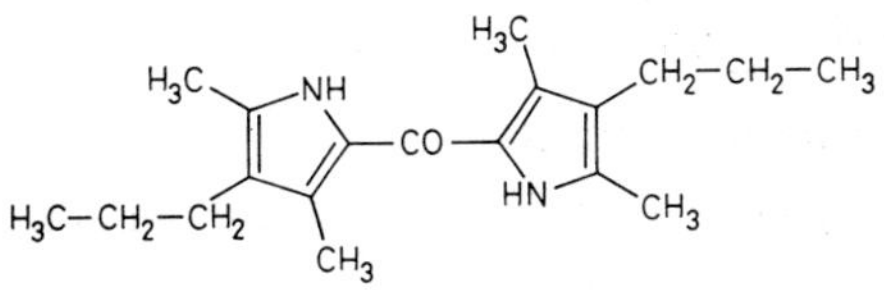

V 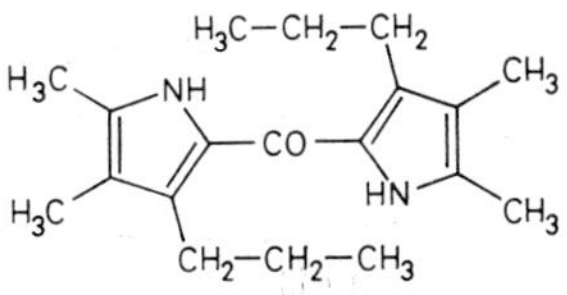   VI

Bis-[4,5-dimethyl-3-propyl-pyrrol-2-yl]-keton $C_{19}H_{28}N_2O$, Formel VI.
B. Analog der vorangehenden Verbindung (*Fischer, Orth*, A. **502** [1933] 237, 239, 249).
Kristalle (aus wss. Me.); F: 160°.

Bis-[4,5-diäthyl-3-methyl-pyrrol-2-yl]-keton $C_{19}H_{28}N_2O$, Formel VII.
B. Analog den vorangehenden Verbindungen (*Fischer, Orth*, A. **502** [1933] 237, 239, 249).
Kristalle (aus A.); F: 182°.

Bis-[3,4-diäthyl-5-methyl-pyrrol-2-yl]-keton $C_{19}H_{28}N_2O$, Formel VIII (R = H).
B. Analog den vorangehenden Verbindungen (*Fischer, Orth*, A. **502** [1933] 237, 248).
Kristalle (aus wss. Me.); F: 156°.

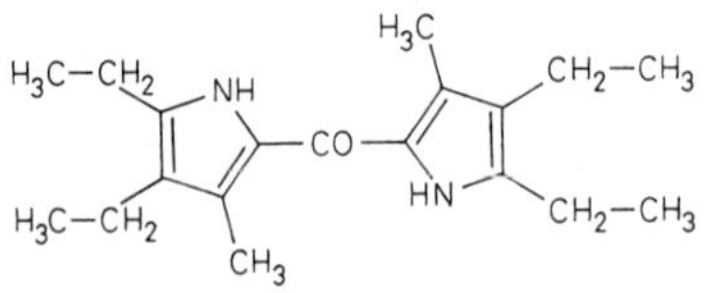

VII 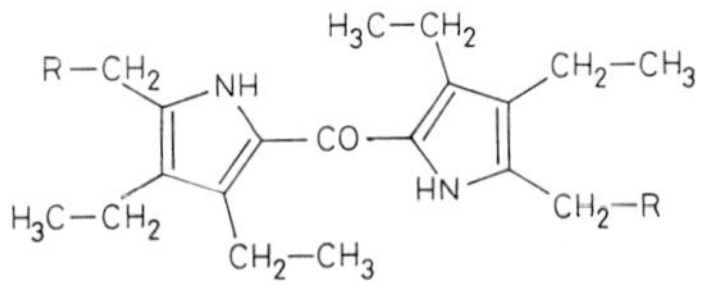   VIII

Oxo-Verbindungen $C_{21}H_{32}N_2O$

3-Tridecyl-1H-chinoxalin-2-on $C_{21}H_{32}N_2O$, Formel III (n = 11) auf S. 541, und
Tautomeres.
B. Aus *o*-Phenylendiamin und 2-Oxo-pentadecansäure (*Asano*, J. pharm. Soc. Japan
78 [1958] 729, 732; C. A. **1958** 18428).
Kristalle (aus A. oder Me.); F: 123°.

3-Tridecyl-1H-chinoxalin-2-thion $C_{21}H_{32}N_2S$, Formel IV (n = 11) auf S. 541, und
Tautomeres (3-Tridecyl-chinoxalin-2-thiol).
B. Aus 2-Chlor-3-tridecyl-chinoxalin und Thioharnstoff (*Asano*, J. pharm. Soc. Japan
78 [1958] 729, 732, 733; C. A. **1958** 18428).
Kristalle (aus A.); F: 136°.

Bis-[3,4,5-triäthyl-pyrrol-2-yl]-keton $C_{21}H_{32}N_2O$, Formel VIII (R = CH_3).
B. Aus 2,3,4-Triäthyl-pyrrol bei aufeinanderfolgendem Behandeln mit Äthylmagne≠
siumbromid in Äther und COCl_2 in Toluol (*Fischer, Orth*, A. **502** [1933] 237, 254).
Hellgelbe Kristalle (aus PAe.); F: 134°.
Hydrazon $C_{21}H_{34}N_4$. Gelbe Kristalle; F: 130°.

Oxo-Verbindungen $C_{25}H_{40}N_2O$

3-Heptadecyl-1H-chinoxalin-2-on $C_{25}H_{40}N_2O$, Formel III (n = 15) auf S. 541, und
Tautomeres.
B. Aus *o*-Phenylendiamin und 2-Oxo-nonadecansäure (*Asano*, J. pharm. Soc. Japan
78 [1958] 729, 732; C. A. **1958** 18428).
Kristalle (aus A. oder Me.); F: 124°.

3-Heptadecyl-1H-chinoxalin-2-thion $C_{25}H_{40}N_2S$, Formel IV (n = 15) auf S. 541, und
Tautomeres (3-Heptadecyl-chinoxalin-2-thiol).
B. Aus 2-Chlor-3-heptadecyl-chinoxalin und Thioharnstoff (*Asano*, J. pharm. Soc.
Japan **78** [1958] 729, 733; C. A. **1958** 18428).
Kristalle (aus A.); F: 131°.   [*Mischon*]

Monooxo-Verbindungen $C_nH_{2n-12}N_2O$

Oxo-Verbindungen $C_9H_6N_2O$

Cycloheptapyrazin-7-on $C_9H_6N_2O$, Formel I (X = O) (in der Literatur als Pyrazino[d]≠
tropon bezeichnet).
B. Beim Erhitzen von Cyclohepta[b]pyrazin-7-on-oxim mit CuCO_3 in Ameisensäure

(*Ito*, Sci. Rep. Tohoku Univ. [I] **42** [1958] 247, 250).

Kristalle; F: 145° [unkorr.]. IR-Spektrum (KBr; 4500—650 cm⁻¹) und UV-Spektrum (Me.; 220—370 nm): *Ito*, l. c. S. 248.

Phenylhydrazon $C_{15}H_{12}N_4$. Rote Kristalle (aus Bzl.); F: 191—192° [unkorr.]. Absorptionsspektrum (Me.; 210—540 nm): *Ito*, l. c. S. 249.

4-Nitro-phenylhydrazon $C_{15}H_{11}N_5O_2$. Rötlichviolette Kristalle (aus Acn.); F: 278—279° [unkorr.; Zers.]. Absorptionsspektrum (Me.; 210—520 nm): *Ito*, l. c. S. 248.

2,4-Dinitro-phenylhydrazon $C_{15}H_{10}N_6O_4$. Rote Kristalle (aus E.); F: 253° [unkorr.; Zers.]. λ_{max} (Me.): 222 nm, 265 nm, 295 nm und 412 nm.

Semicarbazon $C_{10}H_9N_5O$. Gelbe Kristalle (aus A.); F: 240—250° [unkorr.; Zers.].

Cycloheptapyrazin-7-on-oxim $C_9H_7N_3O$, Formel I (X = N-OH), und Tautomeres.

B. Beim Erwärmen von 5-Nitroso-tropolon (Syst.-Nr. 696) mit wss. Äthylendiamin in Methanol (*Ito*, Sci. Rep. Tohoku Univ. [I] **42** [1958] 247, 249).

Kristalle (aus E.); F: 229—230° [unkorr.; Zers.]. IR-Spektrum (KBr; 4500—650 cm⁻¹): *Ito*. Absorptionsspektrum in Methanol (210—470 nm), in methanol. HCl (220—410 nm) sowie in methanol. NaOH (225—500 nm): *Ito*.

O-Acetyl-Derivat $C_{11}H_9N_3O_2$. Gelbe Kristalle (aus A.); F: 159—160° [unkorr.]. λ_{max} (Me.): 232 nm, 270 nm und 348 nm.

***N'*-Cinnolin-4-ylmethylen-*N,N*-dimethyl-*p*-phenylendiamin, Cinnolin-4-carbaldehyd-[4-dimethylamino-phenylimin]** $C_{17}H_{16}N_4$, Formel II.

B. Beim Erwärmen von 4-Methyl-cinnolin mit *N,N*-Dimethyl-4-nitroso-anilin und Na_2CO_3 in Äthanol (*Nunn, Schofield*, Soc. **1953** 3700, 3703).

Rote Kristalle (aus A.); F: 196—197°.

I   II   III

Chinoxalin-2-carbaldehyd $C_9H_6N_2O$, Formel III (X = O).

B. Aus 2-Methyl-chinoxalin mit Hilfe von SeO_2 (*Landquist, Silk*, Soc. **1956** 2052, 2054; *Elina, Magidšon*, Ž. obšč. Chim. **25** [1955] 161, 163; engl. Ausg. S. 145, 147; *Kjær*, Acta chem. scand. **2** [1948] 455, 457). Aus Chinoxalin-2-carbaldehyd-diäthylacetal mit Hilfe von wss. HBr in Essigsäure (*Elina*, Ž. obšč. Chim. **29** [1959] 2763, 2765; engl. Ausg. S. 2728, 2729). Aus D_r-1cat$_F$-Chinoxalin-2-yl-butan-1t$_F$,2c$_F$,3r$_F$,4-tetraol (E III/IV **23** 3398) mit Hilfe von Blei(IV)-acetat in Benzol und Essigsäure (*Müller, Varga*, B. **72** [1939] 1993, 1999) oder mit Hilfe von Natriumperjodat in wss. Essigsäure (*Leese, Rydon*, Soc. **1955** 303, 308).

Kristalle; F: 110° [aus PAe.] (*Borsche, Doeller*, A. **537** [1939] 39, 44; *El., Ma.*), 110° [unkorr.; nach Sublimation im Vakuum] (*Kj.*). λ_{max} (A.): 235 nm und 314 nm (*Le., Ry.*).

Reaktion mit Acetanhydrid und Pyridin: *Varga*, Magyar biol. Kutatóintézet Munkái **12** [1940] 359, 379; C. A. **1941** 1034.

Oxim s. S. 545.

Hydrazon $C_9H_8N_4$. Hellgelbe Kristalle (aus wss. A.); F: 156° [unkorr.; Zers.] bzw. F: 151° [nach Sublimation ab 142°; unter dem Mikroskop] (*Kj.*).

Phenylhydrazon $C_{15}H_{12}N_4$. Gelbe Kristalle; F: 234° [aus Me.] (*Ohle, Hielscher*, B. **74** [1941] 13, 16), 231° [aus Äthylenglykol] (*Mü., Va.*).

2,4-Dinitro-phenylhydrazon $C_{15}H_{10}N_6O_4$. Gelborangefarbene Kristalle (aus Toluol); F: 241° [unkorr.; Zers.] bzw. F: 234—235° [unter dem Mikroskop] (*Kj.*, l. c. S. 458).

Semicarbazon $C_{10}H_9N_5O$. Kristalle (aus Äthylenglykol); F: 251° (*Mü., Va.*).

Thiosemicarbazon $C_{10}H_9N_5S$. Gelbe Kristalle; F: 259° [Zers.; aus A.] (*Toldy et al.*, Acta chim. hung. **4** [1954] 303, 304), 246° [Zers.; aus wss. Py.] (*Asano*, J. pharm. Soc. Japan **78** [1958] 729, 731, 732; C. A. **1958** 18428).

Azin $C_{18}H_{12}N_6$; Bis-chinoxalin-2-ylmethylen-hydrazin. Gelbe Kristalle (aus Amylacetat); F: 270° [unkorr.; Zers.] bzw. F: 265° [nach Umwandlung bei ca. 240° und Sublimation ab ca. 260°; unter dem Mikroskop] (*Kj.*).

2-Diäthoxymethyl-chinoxalin, Chinoxalin-2-carbaldehyd-diäthylacetal $C_{13}H_{16}N_2O_2$, Formel IV.

B. Beim Erwärmen von 2-Dibrommethyl-chinoxalin mit äthanol. Natriumäthylat (*Elina*, Ž. obšč. Chim. **29** [1959] 2763, 2765; engl. Ausg. S. 2728, 2729).

Kp$_1$: 124,5—125,5°.

*Chinoxalin-2-ylmethylen-anilin, Chinoxalin-2-carbaldehyd-phenylimin $C_{15}H_{11}N_3$, Formel V (R = X = H).

B. Aus Chinoxalin-2-carbaldehyd und Anilin (*Kjær*, Acta chem. scand. **2** [1948] 455, 458).

Gelbbräunliche Kristalle (aus A.); F: 133° [unkorr.] bzw. F: 130° [unter dem Mikroskop].

*N-Chinoxalin-2-ylmethylen-p-toluidin, Chinoxalin-2-carbaldehyd-p-tolylimin $C_{16}H_{13}N_3$, Formel V (R = CH$_3$, X = H).

B. Aus Chinoxalin-2-carbaldehyd und *p*-Toluidin (*Leese, Rydon*, Soc. **1955** 303, 308).

Orangefarbene Kristalle (aus Me. oder wss. A.); F: 120—121°. λ_{max} (A.): 227 nm, 251 nm und 348 nm.

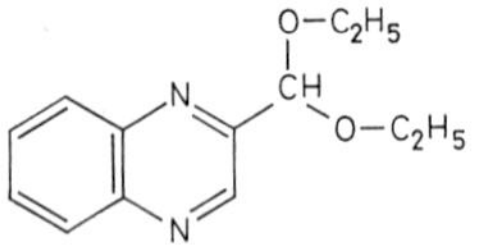

IV 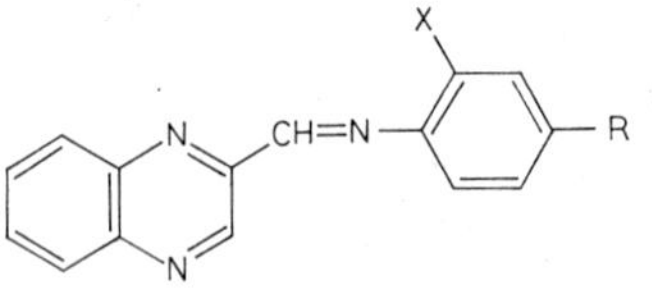   V 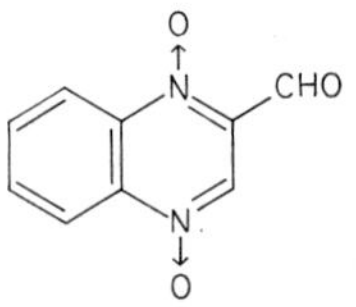   VI

*2-Chinoxalin-2-ylmethylenamino-phenol, Chinoxalin-2-carbaldehyd-[2-hydroxy-phenylimin] $C_{15}H_{11}N_3O$, Formel V (R = H, X = OH).

B. Beim Erwärmen von Chinoxalin-2-carbaldehyd mit 2-Amino-phenol in Äthanol (*Asano*, J. pharm. Soc. Japan **78** [1958] 729, 731, 732; C. A. **1958** 18428).

Zers. bei 231° [aus Dioxan].

*4-Chinoxalin-2-ylmethylenamino-benzoesäure $C_{16}H_{11}N_3O_2$, Formel V (R = CO-OH, X = H).

B. Aus Chinoxalin-2-carbaldehyd und 4-Amino-benzoesäure (*Acheson*, Soc. **1956** 4731, 4734; *Leese, Rydon*, Soc. **1955** 303, 308; *Kjær*, Acta chem. scand. **2** [1948] 455, 458).

Hellgelbe Kristalle; F: 288° [aus A. + Py.] (*Le., Ry.*), 286—287° [Zers.; aus Dioxan] (*Ach.*), 285° [unkorr.; Zers.; aus Dioxan] (*Kj.*). λ_{max} (A.): 227 nm, 286 nm und 290 nm (*Le., Ry.*).

*4-Chinoxalin-2-ylmethylenamino-benzoesäure-äthylester $C_{18}H_{15}N_3O_2$, Formel V (R = CO-O-C$_2$H$_5$, X = H).

B. Aus Chinoxalin-2-carbaldehyd und 4-Amino-benzoesäure-äthylester (*Kjær*, Acta chem. scand. **2** [1948] 455, 459; *Acheson*, Soc. **1956** 4731, 4734).

Hellgelbe Kristalle; F: 139° [unkorr.] bzw. F: 137° [unter dem Mikroskop; aus Hexan] (*Kj.*), 139° [aus wss. Dioxan] (*Ach.*).

*4-Chinoxalin-2-ylmethylenamino-benzoesäure-amid $C_{16}H_{12}N_4O$, Formel V (R = CO-NH$_2$, X = H).

B. Aus Chinoxalin-2-carbaldehyd und 4-Amino-benzoesäure-amid (*Kjær*, Acta chem. scand. **2** [1948] 455, 459).

Gelbe Kristalle (aus Dioxan); F: 245—252° [unkorr.; Zers.].

*N-Chinoxalin-2-ylmethylen-sulfanilsäure-amid $C_{15}H_{12}N_4O_2S$, Formel V (R = SO_2-NH_2, X = H).

B. Aus Chinoxalin-2-carbaldehyd und Sulfanilamid (*Kjær*, Acta chem. scand. **2** [1948] 455, 459).

Hellgelbe Kristalle (aus Dioxan); F: 227° [unkorr.; Zers.] bzw. F: 220° [unter dem Mikroskop].

*Chinoxalin-2-carbaldehyd-oxim $C_9H_7N_3O$, Formel III (X = N-OH) auf S. 543.

B. Beim Erwärmen von *o*-Phenylendiamin und Mesoxalaldehyd-1,3-dioxim in wss. Essigsäure (*Karrer, Schwyzer*, Helv. **31** [1948] 777, 781). Aus Chinoxalin-2-carbaldehyd und $NH_2OH \cdot HCl$ (*Borsche, Doeller*, A. **537** [1939] 39, 45).

Kristalle; F: 204—205° [aus wss. H_2SO_4] (*Ka., Sch.*), 197—198° [aus wss. A.] (*Bo., Do.*).

1,4-Dioxy-chinoxalin-2-carbaldehyd, Chinoxalin-2-carbaldehyd-1,4-dioxid $C_9H_6N_2O_3$, Formel VI.

B. Beim Erwärmen von 2-Methyl-chinoxalin-1,4-dioxid in Benzol mit SeO_2 (*Elina, Magidšon*, Ž. obšč. Chim. **25** [1955] 161, 166; engl. Ausg. S. 145, 148).

Orangegelbe Kristalle (aus Bzl.); F: 189—190° [Zers.].

---

*[1,7]Naphthyridin-2-carbaldehyd-oxim $C_9H_7N_3O$, Formel VII.

B. Beim Erwärmen von 3-Amino-pyridin-4-carbaldehyd-*p*-tolylimin mit Pyruv= aldehyd-1-(*Z*)-oxim in wss.-äthanol. KOH (*Baumgarten, Cook*, J. org. Chem. **22** [1957] 138).

Hellgelbe Kristalle (aus A.); F: 245—246° [korr.].

Oxo-Verbindungen $C_{10}H_8N_2O$

6-Phenyl-2*H*-pyridazin-3-on $C_{10}H_8N_2O$, Formel VIII (R = X = H), und Tautomeres (H 179).

UV-Spektrum (A.; 220—340 nm bzw. 250—310 nm): *Steck, Nachod*, Am. Soc. **79** [1957] 4408, 4409; *Dixon et al.*, Soc. **1949** 2139, 2140. λ_{max}: 249 nm [wss. HCl] bzw. 265 nm [wss. NaOH] (*St., Na.*).

2-Methyl-6-phenyl-2*H*-pyridazin-3-on $C_{11}H_{10}N_2O$, Formel VIII (R = CH_3, X = H).

B. Beim Erwärmen von 6-Phenyl-2*H*-pyridazin-3-on mit CH_3I in methanol. Natrium= methylat (*Duffin, Kendall*, Soc. **1959** 3789, 3793). Aus 1-Methyl-3-phenyl-pyridazinium= jodid in wss. KOH mit Hilfe von $K_3[Fe(CN)_6]$ (*Du., Ke.*, l. c. S. 3795).

Kristalle (aus H_2O); F: 116° (*Du., Ke.*). UV-Spektrum (A.; 210—350 nm): *Steck, Nachod*, Am. Soc. **79** [1957] 4408, 4409. λ_{max} (wss. HCl sowie wss. NaOH): 250 nm (*St., Na.*, l. c. S. 4410).

2,6-Diphenyl-2*H*-pyridazin-3-on $C_{16}H_{12}N_2O$, Formel VIII (R = C_6H_5, X = H).

B. Beim Erhitzen von 4-Phenyl-4-phenylhydrazono-*trans*-crotonsäure mit Acetanhydrid und Natriumacetat (*Cromwell et al.*, Am. Soc. **78** [1956] 4416, 4418).

Kristalle (aus Me. + H_2O); F: 150—151°. λ_{max} (A.): 250 nm und 331 nm.

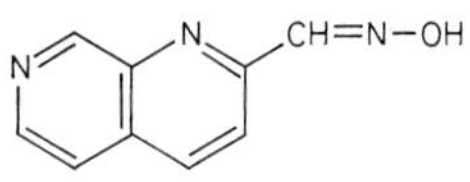

VII 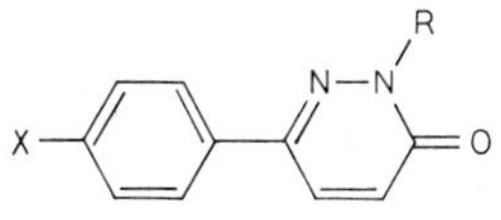   VIII 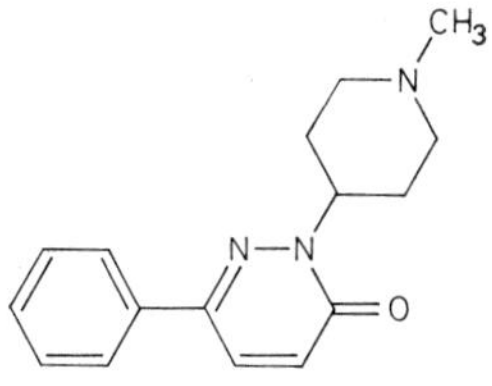   IX

2-[4-Brom-phenyl]-6-phenyl-2*H*-pyridazin-3-on $C_{16}H_{11}BrN_2O$, Formel VIII (R = C_6H_4-Br(*p*), X = H).

B. Beim Erhitzen von 4-[4-Brom-phenylhydrazono]-4-phenyl-*trans*-crotonsäure mit Acetanhydrid (*Cromwell et al.*, Am. Soc. **78** [1956] 4416, 4419). Beim Behandeln von

2,6-Diphenyl-4,5-dihydro-2H-pyridazin-3-on in Essigsäure mit Brom und Erhitzen des Reaktionsprodukts mit Essigsäure und Natriumacetat (*Cr. et al.*). Aus 2,6-Diphenyl-2H-pyridazin-3-on und Brom in Essigsäure (*Cr. et al.*).

Kristalle (aus Bzl. + A.); F: 175—177°. λ_{max} (A.): 242 nm und 335 nm.

2-Acetonyl-6-phenyl-2H-pyridazin-3-on $C_{13}H_{12}N_2O_2$, Formel VIII (R = CH$_2$-CO-CH$_3$, X = H).

B. Beim Erhitzen von [6-Oxo-3-phenyl-6H-pyridazin-1-yl]-essigsäure mit Acet= anhydrid und Pyridin (*McMillan et al.*, Am. Soc. **78** [1956] 2642).

Kristalle (aus A.); F: 140—142° [unkorr.].

[6-Oxo-3-phenyl-6H-pyridazin-1-yl]-essigsäure $C_{12}H_{10}N_2O_3$, Formel VIII (R = CH$_2$-CO-OH, X = H).

B. Beim Erhitzen des Äthylesters (s. u.) mit wss. NaOH (*McMillan et al.*, Am. Soc. **78** [1956] 2642).

Kristalle (aus H$_2$O oder wss. A.); F: 227—228° [unkorr.].

[6-Oxo-3-phenyl-6H-pyridazin-1-yl]-essigsäure-äthylester $C_{14}H_{14}N_2O_3$, Formel VIII (R = CH$_2$-CO-O-C$_2$H$_5$, X = H).

B. Beim Erwärmen von 6-Phenyl-2H-pyridazin-3-on mit Bromessigsäure-äthylester und äthanol. Natriumäthylat (*McMillan et al.*, Am. Soc. **78** [1956] 407, 410).

F: 100—102° [unkorr.].

[6-Oxo-3-phenyl-6H-pyridazin-1-yl]-essigsäure-hydrazid $C_{12}H_{12}N_4O_2$, Formel VIII (R = CH$_2$-CO-NH-NH$_2$, X = H).

B. Beim Erwärmen des Äthylesters (s. o.) mit N$_2$H$_4$·H$_2$O in Äthanol (*McMillan et al.*, Am. Soc. **78** [1956] 407, 410).

Kristalle (aus Bzl. oder A.); F: 211—213° [unkorr.].

2-[1-Methyl-[4]piperidyl]-6-phenyl-2H-pyridazin-3-on $C_{16}H_{19}N_3O$, Formel IX.

B. Beim Erwärmen von 4-Oxo-4-phenyl-buttersäure mit 4-Hydrazino-1-methyl-piper= idin in Äthanol und Erhitzen des Reaktionsprodukts in Essigsäure mit Brom (*Jucker, Süess*, Helv. **42** [1959] 2506, 2509, 2513).

Kristalle (aus Acn.); F: 122—125° [korr.].

Hydrobromid $C_{16}H_{19}N_3O$·HBr. Kristalle (aus H$_2$O); F: 310° [korr.; Zers.].

6-[4-Chlor-phenyl]-2H-pyridazin-3-on $C_{10}H_7ClN_2O$, Formel X (X = X' = H), und Tautomeres.

B. Beim Erwärmen von 6-[4-Chlor-phenyl]-4,5-dihydro-2H-pyridazin-3-on mit Brom in Essigsäure (*Steck et al.*, Am. Soc. **75** [1953] 1117).

Kristalle (aus Butan-1-ol); F: 270—270,5° [korr.] (*St. et al.*). λ_{max}: 257 nm [A.], 255 nm [wss. HCl] bzw. 265 nm [wss. NaOH] (*Steck, Nachod*, Am. Soc. **79** [1957] 4408, 4409).

6-[2,4-Dichlor-phenyl]-2H-pyridazin-3-on $C_{10}H_6Cl_2N_2O$, Formel X (X = Cl, X' = H), und Tautomeres.

B. Analog der vorangehenden Verbindung (*Steck et al.*, Am. Soc. **75** [1953] 1117).

Kristalle (aus wss. A.); F: 216—216,5° [korr.].

X   XI   XII

6-[3,4-Dichlor-phenyl]-2H-pyridazin-3-on $C_{10}H_6Cl_2N_2O$, Formel X (X = H, X' = Cl), und Tautomeres.

B. Analog den vorangehenden Verbindungen (*Steck et al.*, Am. Soc. **75** [1953] 1117).

Kristalle (aus wss. Dioxan); F: 256—257° [korr.].

6-[4-Brom-phenyl]-2H-pyridazin-3-on $C_{10}H_7BrN_2O$, Formel VIII (R = H, X = Br)
auf S. 545, und Tautomeres.
B. Analog den vorangehenden Verbindungen (*Steck et al.*, Am. Soc. **75** [1953] 1117).
Kristalle (aus A.); F: 249,5—250,5° [korr.].

[3-(4-Brom-phenyl)-6-oxo-6H-pyridazin-1-yl]-essigsäure-äthylester $C_{14}H_{13}BrN_2O_3$,
Formel VIII (R = CH_2-CO-O-C_2H_5, X = Br) auf S. 545.
B. Beim Erwärmen von 6-[4-Brom-phenyl]-2H-pyridazin-3-on mit Bromessigsäure-
äthylester und äthanol. Natriumäthylat (*McMillan et al.*, Am. Soc. **78** [1956] 407, 410).
F: 171—172° [unkorr.].

[3-(4-Brom-phenyl)-6-oxo-6H-pyridazin-1-yl]-essigsäure-hydrazid $C_{12}H_{11}BrN_4O_2$,
Formel VIII (R = CH_2-CO-NH-NH_2, X = Br) auf S. 545.
B. Beim Erhitzen der vorangehenden Verbindung mit $N_2H_4 \cdot H_2O$ in Propan-1-ol
(*McMillan et al.*, Am. Soc. **78** [1956] 407, 410).
Kristalle (aus Bzl. oder A.); F: 223—226° [unkorr.].

6-[4-Jod-phenyl]-2H-pyridazin-3-on $C_{10}H_7IN_2O$, Formel VIII (R = H, X = I) auf
S. 545, und Tautomeres.
B. Beim Erwärmen von 6-[4-Jod-phenyl]-4,5-dihydro-2H-pyridazin-3-on mit Brom
in Essigsäure (*Steck et al.*, Am. Soc. **75** [1953] 1117).
Kristalle (aus E.); F: 173,5—174° [korr.].

2-Methyl-6-phenyl-2H-pyridazin-3-thion $C_{11}H_{10}N_2S$, Formel XI (R = CH_3).
B. Beim Erhitzen von 2-Methyl-6-phenyl-2H-pyridazin-3-on mit P_2S_5 in Xylol (*Duffin,
Kendall*, Soc. **1959** 3789, 3793).
Gelbe Kristalle (aus A.); F: 151°.

2,6-Diphenyl-2H-pyridazin-3-thion $C_{16}H_{12}N_2S$, Formel XI (R = C_6H_5).
B. Beim Erhitzen von 2,6-Diphenyl-4,5-dihydro-2H-pyridazin-3-on mit P_2S_5 in Toluol
(*Duffin, Kendall*, Soc. **1959** 3789, 3794).
Gelbe Kristalle (aus A.); F: 158—159°.

2-Phenyl-3H-pyrimidin-4-on $C_{10}H_8N_2O$, Formel XII (X = H), und Tautomere (H 180;
E II 85).
B. Beim Behandeln der Natrium-Verbindung des 3-Oxo-propionsäure-äthylesters mit
Benzamidin-hydrochlorid in H_2O (*Vanderhaeghe, Claesen*, Bl. Soc. chim. Belg. **66** [1957]
276, 289).

2-[4-Chlor-phenyl]-3H-pyrimidin-4-on $C_{10}H_7ClN_2O$, Formel XII (X = Cl), und
Tautomere.
B. Beim Erwärmen von 4-Chlor-benzamidin mit der Natrium-Verbindung des 3-Oxo-
propionsäure-äthylesters in Äthanol (*Moffatt*, Soc. **1950** 1603, 1605).
Kristalle (aus A.); F: 244—245°.

6-Phenyl-3H-pyrimidin-4-on $C_{10}H_8N_2O$, Formel I, und Tautomere (E II 86).
B. In geringer Menge beim Erhitzen von 3-Oxo-3-phenyl-propionsäure-äthylester mit
Formamid und NH_3 auf 220° (*Bredereck et al.*, B. **90** [1957] 942, 951). Beim Erhitzen von
6-Phenyl-pyrimidin-4-ylamin mit $NaNO_2$ in wss. HCl (*Br. et al.*). Beim Erhitzen von
6-Phenyl-2-thioxo-2,3-dihydro-1H-pyrimidin-4-on mit Raney-Nickel in wss. NH_3 (*Vanderhaeghe, Claesen*, Bl. Soc. chim. Belg. **66** [1957] 276, 290). Beim Hydrieren von N-[3-Phenyl-
isoxazol-5-yl]-formamid an Raney-Nickel in Äthanol und Erhitzen des Reaktionsprodukts
mit H_2O oder Behandeln mit wss. Alkali (*Shaw, Sugowdz*, Soc. **1954** 665, 666, 667).
Kristalle (aus Xylol); F: 270—272° (*Br. et al.*).

4-Phenyl-1H-pyrimidin-2-on $C_{10}H_8N_2O$, Formel II (R = H, X = O), und Tautomere.
B. Beim Behandeln von 4-Phenyl-pyrimidin-2-ylamin in wss. H_2SO_4 mit wss. $NaNO_2$

(*Lythgoe, Rayner*, Soc. **1951** 2323, 2328).
Kristalle (aus A.); F: 240—241°.

I   II   III   IV

4-Phenyl-1*H*-pyrimidin-2-thion $C_{10}H_8N_2S$, Formel II (R = H, X = S), und Tautomere.
   B. Aus *S*-[3-Oxo-3-phenyl-propenyl]-thiouronium-chlorid-hydrat (F: 168—169° [Zers.]) beim Behandeln mit wss. äthanol. K_2CO_3 oder beim Stehenlassen in H_2O (*Cavallito et al.*, Am. Soc. **73** [1951] 2544, 2547). Beim Stehenlassen von 2-Imino-4-phenyl-2*H*-[1,3]thiazin-hydrochlorid in H_2O (*Ca. et al.*).
   Gelbe Kristalle (aus A. + H_2O); F: >180° [Zers.]. UV-Spektrum (A.; 210—360 nm): *Ca. et al.*, l. c. S. 2545.

1-Benzyl-4-phenyl-1*H*-pyrimidin-2-thion $C_{17}H_{14}N_2S$, Formel II (R = CH_2-C_6H_5, X = S).
   B. Beim Behandeln von *N*-Benzyl-*S*-[3-oxo-3-phenyl-propenyl]-thiouronium-chlorid (F: 154,5°) mit wss. äthanol. K_2CO_3 (*Cavallito et al.*, Am. Soc. **73** [1951] 2544, 2547).
   Gelbe Kristalle (aus A.); F: 160—161° [korr.].

5-Phenyl-3*H*-pyrimidin-4-on $C_{10}H_8N_2O$, Formel III (R = X = H), und Tautomere.
   B. Beim Erwärmen von 5-Phenyl-pyrimidin-4-ylamin mit wss. HCl (*Davies, Piggott*, Soc. **1945** 347, 350).
   Kristalle (aus H_2O); F: 173—174° [unkorr.].
   Hydrochlorid $C_{10}H_8N_2O \cdot HCl$. Kristalle (aus wss. HCl) mit 1 Mol H_2O; F: 272° [unkorr.; Zers.].

1-Methyl-5-phenyl-1*H*-pyrimidin-4-on $C_{11}H_{10}N_2O$, Formel IV.
   Konstitution: *Brown, Lee*, Soc. [C] **1970** 214, 219.
   B. Neben geringen Mengen der folgenden Verbindung beim Behandeln von 5-Phenyl-3*H*-pyrimidin-4-on in wss. NaOH mit Dimethylsulfat (*Davies, Piggott*, Soc. **1945** 347, 350). Beim Erhitzen von 5-Phenyl-pyrimidin-4-ylamin-methojodid mit wss. NaOH (*Da., Pi.*).
   Kristalle; F: 175° [aus E.] (*Br., Lee*), 171—172° [unkorr.; aus Acn.] (*Da., Pi.*). λ_{max} (wss. Lösung vom pH 4): 259 nm und 280 nm (*Br., Lee*, l. c. S. 216). Scheinbarer Dissoziationsexponent pK_a' (H_2O; spektrophotometrisch ermittelt) bei 20°: 1,99 (*Br., Lee*).

3-Methyl-5-phenyl-3*H*-pyrimidin-4-on $C_{11}H_{10}N_2O$, Formel III (R = CH_3, X = H).
   Konstitution: *Brown, Lee*, Soc. [C] **1970** 214, 219.
   B. Neben geringen Mengen der vorangehenden Verbindung beim Erhitzen von 4-Meth=oxy-5-phenyl-pyrimidin in Triäthylamin auf 170° (*Br., Lee*). Weitere Bildungsweise s. im vorangehenden Artikel.
   Kristalle; F: 111—112° [unkorr.; aus H_2O] (*Davies, Piggott*, Soc. **1945** 347, 350), 110° [aus Cyclohexan] (*Br., Lee*). λ_{max} (wss. Lösung vom pH 4): 235 nm und 291 nm (*Br., Lee*, l. c. S. 216). Scheinbarer Dissoziationsexponent pK_a' (H_2O; spektrophotometrisch ermittelt) bei 20°: 1,50 (*Br., Lee*).

3-Phenacyl-5-phenyl-3*H*-pyrimidin-4-on $C_{18}H_{14}N_2O_2$, Formel III (R = CH_2-CO-C_6H_5, X = H).
   Für die nachstehend beschriebene Verbindung ist auch die Formulierung als 1-Phen=acyl-5-phenyl-1*H*-pyrimidin-4-on in Betracht zu ziehen (*Baker et al.*, J. org. Chem. **18** [1953] 133 Anm. 2).
   B. Beim Behandeln von 5-Phenyl-3*H*-pyrimidin-4-on in methanol. Natriummethylat mit Phenacylbromid (*Ba. et al.*).
   Kristalle (aus Me.); F: 142—144°.

*Opt.-inakt. 3-[3-(3-Hydroxy-[2]piperidyl)-2-oxo-propyl]-5-phenyl-3H-pyrimidin-4-on
$C_{18}H_{21}N_3O_3$, Formel V (R = H).

Für die nachstehend beschriebene Verbindung ist auch die Formulierung als opt.-inakt.
1-[3-(3-Hydroxy-[2]piperidyl)-2-oxo-propyl]-5-phenyl-1H-pyrimidin-4-on
in Betracht zu ziehen (vgl. *Baker et al.*, J. org. Chem. **18** [1953] 133 Anm. 2).

Dihydrochlorid $C_{18}H_{21}N_3O_3 \cdot 2$ HCl. *B.* Beim Erhitzen der folgenden Verbindungen
mit wss. HBr (*Ba. et al.*, l. c. S. 137). — F: 190° [Zers.].

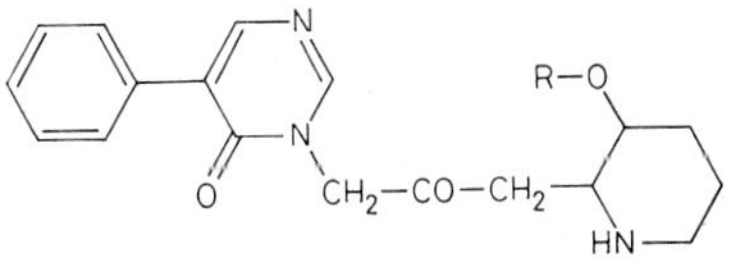

V 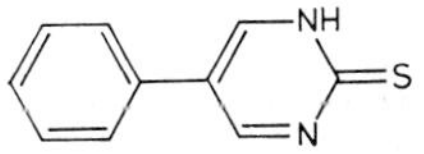   VI

*Opt.-inakt. 3-[3-(3-Methoxy-[2]piperidyl)-2-oxo-propyl]-5-phenyl-3H-pyrimidin-4-on
$C_{19}H_{23}N_3O_3$, Formel V (R = CH₃).

Für die nachstehend beschriebene Verbindung ist auch die Formulierung als opt.-inakt.
1-[3-(3-Methoxy-[2]piperidyl)-2-oxo-propyl-5-phenyl-1H-pyrimidin-4-on
in Betracht zu ziehen (vgl. *Baker et al.*, J. org. Chem. **18** [1953] 133 Anm. 2).

Dihydrochlorid $C_{19}H_{23}N_3O_3 \cdot 2$ HCl. *B.* In geringer Menge beim Behandeln von
5-Phenyl-3H-pyrimidin-4-on in methanol. Natriummethylat mit opt.-inakt. 2-[3-Brom-
2-oxo-propyl]-3-methoxy-piperidin-1-carbonsäure-äthylester (aus (±)-5-Benzyloxycarb=
onylamino-2-methoxy-valeriansäure über mehrere Stufen erhalten) und Erhitzen des
Reaktionsprodukts mit wss. HCl (*Ba. et al.*, l. c. S. 137). — Kristalle; F: 210—211° [Zers.].

5-[2-Chlor-phenyl]-3H-pyrimidin-4-on $C_{10}H_7ClN_2O$, Formel III (R = H, X = Cl), und
Tautomere.

B. Beim Erhitzen von 5-[2-Chlor-phenyl]-pyrimidin-4-ylamin mit wss. HCl (*Maggiolo*,
Russell, Soc. **1951** 3297, 3300).

Kristalle (aus Bzl. + A.); F: 136—137°.

5-Phenyl-1H-pyrimidin-2-thion $C_{10}H_8N_2S$, Formel VI, und Tautomeres.

B. Aus Thioharnstoff in äthanol. HCl und 3-Chlor-2-phenyl-acrylaldehyd (*Rylski et al.*,
Collect. **24** [1959] 1667, 1669).

Kristalle (aus Butan-1-ol); F: 225—228° [unkorr.].

3-Phenyl-1H-pyrazin-2-on $C_{10}H_8N_2O$, Formel VII (X = H), und Tautomeres.

B. Aus (±)-Amino-phenyl-essigsäure-amid und Glyoxal in wss.-methanol. NaOH
(*Jones*, Am. Soc. **71** [1949] 78, 79, 80). Beim Behandeln von 1H-Pyrazin-2-on in wss.
NaOH mit wss. Benzoldiazoniumchlorid (*Karmas*, *Spoerri*, Am. Soc. **78** [1956] 4071,
4074).

Kristalle (aus Acn.); F: 172—173° (*Jo.*).

Beim Erhitzen des Nitrats in Essigsäure bildet sich 5-Nitro-3-phenyl-1H-pyrazin-2-on
(*Ka.*, *Sp.*).

Nitrat $C_{10}H_8N_2O \cdot HNO_3$. Hellrote Kristalle; F: 123—125° [Zers.]. (*Ka.*, *Sp.*).

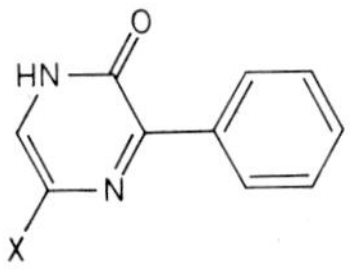

VII 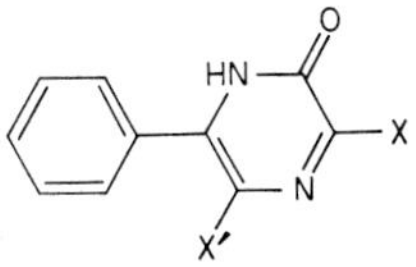   VIII 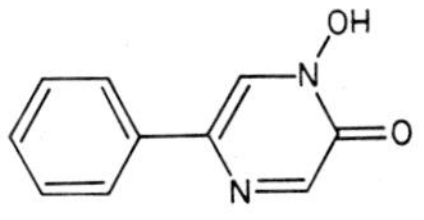   IX

5-Chlor-3-phenyl-1H-pyrazin-2-on $C_{10}H_7ClN_2O$, Formel VII (X = Cl), und Tautomeres.

B. Beim Erhitzen von 5-Chlor-2-methoxy-3-phenyl-pyrazin mit wss. HCl und Essigsäure
(*Karmas*, *Spoerri*, Am. Soc. **78** [1956] 4071, 4076).

Gelbe Kristalle (aus Me.); F: 174—176°.

Beim Behandeln in wss. NaOH mit wss. Benzoldiazoniumchlorid bildet sich 5-Chlor-3,6-diphenyl-1*H*-pyrazin-2-on (*Ka., Sp.*, l. c. S. 4075).

5-Brom-3-phenyl-1*H*-pyrazin-2-on $C_{10}H_7BrN_2O$, Formel VII (X = Br), und Tautomeres.
B. Aus 3-Phenyl-1*H*-pyrazin-2-on und Brom in Essigsäure unter Zusatz von Pyridin (*Karmas, Spoerri*, Am. Soc. **78** [1956] 4071, 4072, 4074).
Kristalle (aus Acn); F: 192—193°.

5-Nitro-3-phenyl-1*H*-pyrazin-2-on $C_{10}H_7N_3O_3$, Formel VII (X = NO$_2$), und Tautomeres.
B. Beim Erhitzen von 3-Phenyl-1*H*-pyrazin-2-on-nitrat in Essigsäure (*Karmas, Spoerri*, Am. Soc. **78** [1956] 4071, 4074).
Gelbe Kristalle (aus Acn.); F: 254—256°.
Beim Erhitzen mit POCl$_3$ auf 170° entsteht 2,5-Dichlor-3-phenyl-pyrazin (*Ka., Sp.*, l. c. S. 4075).

5-Chlor-6-phenyl-1*H*-pyrazin-2-on $C_{10}H_7ClN_2O$, Formel VIII (X = H, X' = Cl), und Tautomeres.
B. Beim Erhitzen von 2-Chlor-5-methoxy-3-phenyl-pyrazin in wss. HCl und Essigsäure (*Karmas, Spoerri*, Am. Soc. **78** [1956] 4071, 4076).
Bräunliche Kristalle (aus H$_2$O); F: 142—144°.

3-Brom-5-chlor-6-phenyl-1*H*-pyrazin-2-on $C_{10}H_6BrClN_2O$, Formel VIII (X = Br, X' = Cl), und Tautomeres.
B. Beim Behandeln von 5-Chlor-6-phenyl-1*H*-pyrazin-2-on mit Brom in Essigsäure unter Zusatz von Pyridin (*Karmas, Spoerri*, Am. Soc. **78** [1956] 4071, 4072, 4074).
Kristalle (aus A.); F: 210—211°.

1-Hydroxy-5-phenyl-1*H*-pyrazin-2-on $C_{10}H_8N_2O_2$, Formel IX, und Tautomeres.
B. Aus Glycin-hydroxyamid und Phenylglyoxal-hydrat in wss.-methanol. NaOH (*Dunn et al.*, Soc. **1949** 2707, 2710).
Kristalle (aus Me.); F: 194—196° [Zers.]. λ_{max} (A.): 270 nm und 362 nm.

3-Benzoyl-1(2)*H*-pyrazol, Phenyl-[1(2)*H*-pyrazol-3-yl]-keton $C_{10}H_8N_2O$, Formel X (R = X = H) und Tautomeres.
B. Beim Behandeln von 1-Phenyl-propinon mit Diazomethan in Äther (*Bowden, Jones*, Soc. **1946** 953). Aus 3-Chlor-1-phenyl-propenon und Diazomethan in Äther (*Nešmejanow, Kotschetkow*, Izv. Akad. S.S.S.R. Otd. chim. **1951** 686, 690; C. A. **1952** 7565).
Kristalle; F: 98—99° [aus Bzl. + PAe.] (*Ne., Ko.*), 98° [nach Sublimation bei 65° (Badtemperatur)/10^{-1} Torr] (*Bo., Jo.*). UV-Spektrum (wss. HCl sowie wss. Lösungen vom pH 7—14; 230—350 nm): *Kotschetkow et al.*, Ž. obšč. Chim. **29** [1959] 2578, 2579; engl. Ausg. S. 2541, 2542. Scheinbarer Dissoziationsexponent pK$_a'$ (H$_2$O; spektrophotometrisch ermittelt): 11,97 (*Ko. et al.*, l. c. S. 2581).
Semicarbazon $C_{11}H_{11}N_5O$. Kristalle (aus A.); F: 185—187° [Zers.] (*Ne., Ko.*).

X   XI   XII

3-Benzoyl-1-phenyl-1*H*-pyrazol, Phenyl-[1-phenyl-1*H*-pyrazol-3-yl]-keton $C_{16}H_{12}N_2O$, Formel X (R = C$_6$H$_5$, X = H).
B. Aus 3,4-Epoxy-1-phenyl-butan-1,2-dion-2-phenylhydrazon mit Hilfe von FeCl$_3$ in Acetanhydrid (*Russell*, Am. Soc. **75** [1953] 5315, 5316, 5320).
Kristalle (aus PAe.); F: 52°. λ_{max} (A.): 238 nm, 242 nm und ca. 260 nm.

2,4-Dinitro-phenylhydrazon $C_{22}H_{16}N_6O_4$. Rote Kristalle (aus Eg.); F: 264° [unkorr.; Zers.].

5-Benzoyl-1-phenyl-1H-pyrazol, Phenyl-[2-phenyl-2H-pyrazol-3-yl]-keton $C_{16}H_{12}N_2O$, Formel XI.

B. Beim Erwärmen von 2-Phenyl-2H-pyrazol-3-carbonylchlorid mit AlCl$_3$ in Benzol (*Borsche, Hahn*, A. **537** [1939] 219, 235).

Kristalle (aus PAe.); F: 119—120°.

2,4-Dinitro-phenylhydrazon $C_{22}H_{16}N_6O_4$. Gelbe Kristalle (aus PAe.); F: 194° bis 195°.

[4-Chlor-phenyl]-[1(2)H-pyrazol-3-yl]-keton $C_{10}H_7ClN_2O$, Formel X (R = H, X = Cl) und Tautomeres.

B. Aus 3-Chlor-1-[4-chlor-phenyl]-propenon und Diazomethan in Äther (*Kotschetkow et al.*, Ž. obšč. Chim. **29** [1959] 2578, 2582; engl. Ausg. S. 2541, 2544).

Kristalle (aus Bzl.); F: 129—131°. UV-Spektrum (wss. Lösungen vom pH 10—14; 230—330 nm): *Ko. et al.*, l. c. S. 2579. Scheinbarer Dissoziationsexponent pK_a' (H_2O; spektrophotometrisch ermittelt): 11,87 (*Ko. et al.*, l. c. S. 2581).

[4-Nitro-phenyl]-[1(2)H-pyrazol-3-yl]-keton $C_{10}H_7N_3O_3$, Formel X (R = H, X = NO$_2$) und Tautomeres.

B. Aus 3-Chlor-1-[4-nitro-phenyl]-propenon und Diazomethan in Äther (*Kotschetkow et al.*, Ž. obšč. Chim. **29** [1959] 2578, 2582; engl. Ausg. S. 2541, 2544).

Kristalle (aus Nitrobenzol); F: 187—187,5°. UV-Spektrum (wss. Lösungen vom pH 7 bis pH 14; 230—330 nm): *Ko. et al.*, l. c. S. 2580. Scheinbarer Dissoziationsexponent pK_a' (H_2O; spektrophotometrisch ermittelt): 11,68 (*Ko. et al.*, l. c. S. 2581).

———————

4-Benzoyl-1-phenyl-1H-pyrazol, Phenyl-[1-phenyl-1H-pyrazol-4-yl]-keton $C_{16}H_{12}N_2O$, Formel XII (X = H) (H 180).

B. Beim Erhitzen von Benzoylmalonaldehyd-bis-phenylhydrazon mit wss. HCl (*Panizzi*, G. **77** [1947] 283, 290). Aus (±)-Phenyl-[1-phenyl-1H-pyrazol-4-yl]-methanol in Aceton mit Hilfe von Na$_2$Cr$_2$O$_7$ in wss. H_2SO_4 (*Finar, Lord*, Soc. **1959** 1819, 1821). Beim Erhitzen von 4-Benzoyl-1-phenyl-1H-pyrazol-3,5-dicarbonsäure (*Pa.*, l. c. S. 292).

Kristalle (aus wss. A.); F: 126—126,5° (*Fi., Lord*).

4-Benzoyl-1-[4-nitro-phenyl]-1H-pyrazol, [1-(4-Nitro-phenyl)-1H-pyrazol-4-yl]-phenyl-keton $C_{16}H_{11}N_3O_3$, Formel XII (X = NO$_2$).

B. Beim Erhitzen von 4-Benzoyl-1[4-nitro-phenyl]-1H-pyrazol-3-carbonsäure (*Fusco*, G. **69** [1939] 364, 373).

Kristalle (aus Eg.); F: 195—197°.

4-Nitro-phenylhydrazon $C_{22}H_{16}N_6O_4$. F: 251° [nach Sintern bei ca. 220°].

———————

4-[(E)-Benzyliden]-2-phenyl-2,4-dihydro-pyrazol-3-on $C_{16}H_{12}N_2O$, Formel XIII (H 181).

Konfiguration: *Desimoni et al.*, G. **102** [1972] 491, 493, 496.

———————

2-Benzoyl-1H-imidazol, [1H-Imidazol-2-yl]-phenyl-keton $C_{10}H_8N_2O$, Formel XIV (X = X' = H).

B. Beim Erhitzen von 2-Benzyl-1H-imidazol in Essigsäure mit CrO$_3$ (*Sonn, Greif*, B. **66** [1933] 1900, 1902).

Kristalle (aus E. + PAe.); F: 161—162° [unkorr.].

XIII   XIV   XV

2-Benzoyl-1-brom-1H-imidazol, [1-Brom-1H-imidazol-2-yl]-phenyl-keton $C_{10}H_7BrN_2O$, Formel XIV (X = H, X' = Br).

Verbindung mit Brom $C_{10}H_7BrN_2O \cdot Br_2$. *B.* Neben [4,5-Dibrom-1H-imidazol-2-yl]-phenyl-keton beim Behandeln von [1H-Imidazol-2-yl]-phenyl-keton in $CHCl_3$ mit Brom (*Sonn, Greif*, B. **66** [1933] 1900, 1902). — Rote Kristalle; F: 117—120°.

2-Benzoyl-4,5-dibrom-1H-imidazol, [4,5-Dibrom-1H-imidazol-2-yl]-phenyl-keton $C_{10}H_6Br_2N_2O$, Formel XIV (X = Br, X' = H).

B. s. im vorangehenden Artikel.

Kristalle (aus Me.); F: 218—220° [unkorr.] (*Sonn, Greif*, B. **66** [1953] 1900, 1903).

3-Acetyl-cinnolin, 1-Cinnolin-3-yl-äthanon $C_{10}H_8N_2O$, Formel XV (X = X' = H).

B. Beim Aufbewahren von Acetessigsäure-äthylester in wss. KOH und anschliessenden Behandeln mit diazotiertem 2-Amino-benzaldehyd in wss. HCl (*Baumgarten, Anderson*, Am. Soc. **80** [1958] 1981, 1983).

Gelbe Kristalle (aus Heptan); F: 155—156° [korr.].

3-Acetyl-6-chlor-cinnolin, 1-[6-Chlor-cinnolin-3-yl]-äthanon $C_{10}H_7ClN_2O$, Formel XV (X = Cl, X' = H).

B. Beim Aufbewahren von Acetessigsäure-äthylester in wss. KOH und anschliessenden Behandeln mit diazotiertem 2-Amino-5-chlor-benzaldehyd in wss. HCl (*Baumgarten, Anderson*, Am. Soc. **80** [1958] 1981, 1983).

Kristalle (aus Heptan); F: 206—207° [korr.].

3-Acetyl-7-chlor-cinnolin, 1-[7-Chlor-cinnolin-3-yl]-äthanon $C_{10}H_7ClN_2O$, Formel XV (X = H, X' = Cl).

B. Aus 2-Acetonylidenhydrazino-4-chlor-benzaldehyd mit Hilfe von konz. H_2SO_4 (*Baumgarten, Anderson*, Am. Soc. **80** [1958] 1981, 1983).

Hellgelbe Kristalle (aus Heptan); F: 211—212° [korr.].

4-Acetyl-cinnolin, 1-Cinnolin-4-yl-äthanon $C_{10}H_8N_2O$, Formel I (X = H).

B. Beim Erwärmen von Cinnolin-4-carbonsäure-äthylester mit Äthylacetat und Natriumäthylat in Benzol und Erhitzen des Reaktionsprodukts mit wss. H_2SO_4 (*Jacobs et al.*, Am. Soc. **68** [1946] 1310, 1312).

Dipolmoment (ε; Bzl.) bei 25°: 2,52 D (*Rogers, Campbell*, Am. Soc. **75** [1953] 1209).

Kristalle (aus Hexan); F: 100—101° [korr.] (*Ja. et al.*).

Oxim $C_{10}H_9N_3O$. F: 165—165,5° [korr.; nach Sintern bei 156—157°] (*Ja. et al.*, l. c. S. 1311).

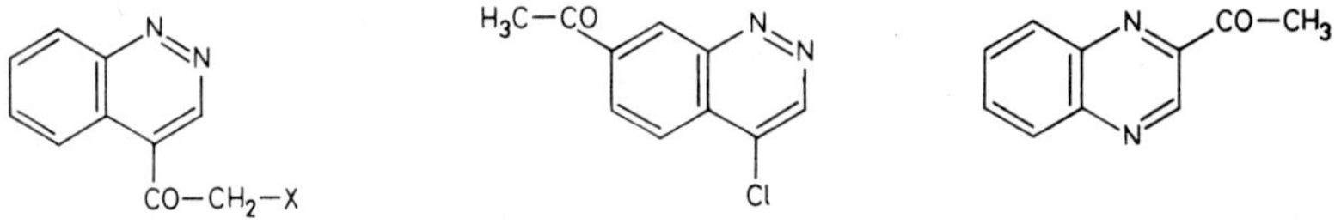

I   II   III

2-Chlor-1-cinnolin-4-yl-äthanon $C_{10}H_7ClN_2O$, Formel I (X = Cl).

B. In geringer Menge beim Behandeln von Cinnolin-4-carbonylchlorid in Benzol mit Diazomethan in CH_2Cl_2 und anschliessend mit HCl in Äther (*Jacobs et al.*, Am. Soc. **68** [1946] 1310, 1312).

Gelbe Kristalle (aus Bzl. + Hexan); F: 95—100° [korr.; Zers.], die sich beim Aufbewahren zersetzen.

7-Acetyl-4-chlor-cinnolin, 1-[4-Chlor-cinnolin-7-yl]-äthanon $C_{10}H_7ClN_2O$, Formel II.

B. Beim Erwärmen von 7-Acetyl-1H-cinnolin-4-on mit $POCl_3$ (*Schofield, Theobald*, Soc. **1949** 2401, 2407).

Hellgelbe Kristalle (aus Ae. + PAe.); F: 147—148° [unkorr.].

2-Acetyl-chinoxalin, 1-Chinoxalin-2-yl-äthanon $C_{10}H_8N_2O$, Formel III.

B. Aus Chinoxalin-2-carbaldehyd in $CHCl_3$ und Diazomethan in Äther (*Henseke, Bähner*, B. **91** [1958] 1605, 1610).

Kristalle (aus PAe.); F: 77°.

Phenylhydrazon $C_{16}H_{14}N_4$. Gelbe Kristalle; F: 222° [Zers.].

6-Acetyl-chinoxalin, 1-Chinoxalin-6-yl-äthanon $C_{10}H_8N_2O$, Formel IV.

B. Beim Hydrieren von 1-[4-Amino-3-nitro-phenyl]-äthanon an Palladium/Kohle in Äthanol und Erwärmen der Reaktionslösung mit Glyoxal in H_2O (*Silk*, Soc. **1956** 2058, 2061).

Kristalle (aus Cyclohexan); F: 106—108°.

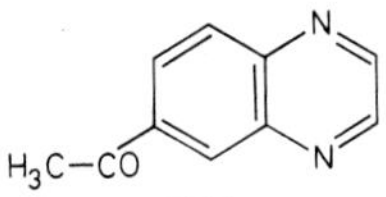

IV 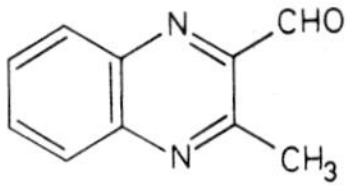   V 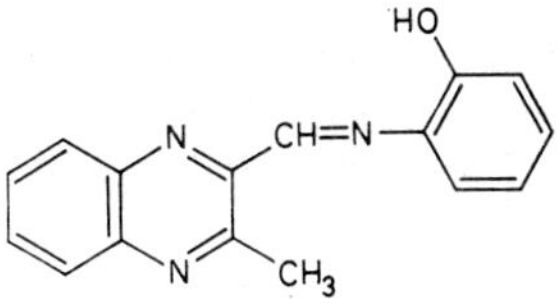   VI

3-Methyl-chinoxalin-2-carbaldehyd $C_{10}H_8N_2O$, Formel V.

B. Beim Erwärmen von 2,3-Dimethyl-chinoxalin mit SeO_2 in Äthylacetat bzw. *m*-Xylol (*Francis et al.*, Biochem. J. **63** [1956] 455; *Seyhan*, B. **84** [1951] 477).

Kristalle; F: 140° [aus PAe.] (*Fr. et al.*), 138° [aus wss. A.] (*Se.*).

4-Nitro-phenylhydrazon $C_{16}H_{13}N_5O_2$. Gelbe Kristalle (aus A.); F: 250° (*Se.*).

Thiosemicarbazon $C_{11}H_{11}N_5S$. Gelbe Kristalle (aus A.); F: 251—252° [Zers.] (*Kushner et al.*, Am. Soc. **74** [1952] 3617, 3619, 3621).

*2-[3-Methyl-chinoxalin-2-ylmethylenamino]-phenol, 3-Methyl-chinoxalin-2-carb‑aldehyd-[2-hydroxy-phenylimin] $C_{16}H_{13}N_3O$, Formel VI.

B. Beim Erwärmen von 3-Methyl-chinoxalin-2-carbaldehyd mit 2-Amino-phenol in Äthanol (*Seyhan*, B. **87** [1954] 396, 398).

Gelbe Kristalle; F: 162—163°.

Uranyl(IV)-acetat-[2-(3-methyl-chinoxalin-2-ylmethylamino)-phenolat] $UO_2(C_2H_3O_2)(C_{16}H_{12}N_3O)$. Über die Konstitution s. *Se.* — Dunkelrote Kristalle.

*2-[Hydroxyimino-methyl]-3-methyl-1-phenyl-chinoxalinium $[C_{16}H_{14}N_3O]^+$, Formel VII.

Chlorid $[C_{16}H_{14}N_3O]Cl$. B. Bei der Kondensation von *N*-Phenyl-*o*-phenylendiamin mit Butandion ohne Lösungsmittel und Behandeln des erhaltenen 3-Methyl-2-methylen-1-phenyl-1,2-dihydro-chinoxalins mit NOCl in CCl_4 (*Cook, Naylor*, Soc. **1943** 397, 400). — Braune Kristalle (aus A. + Ae.); F: 283°.

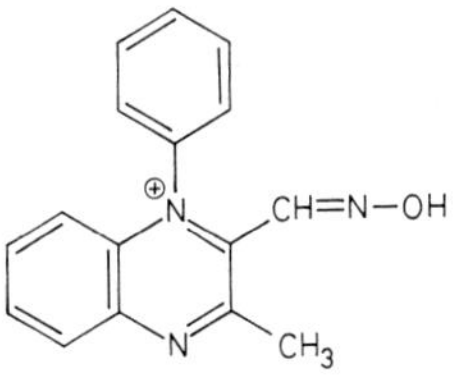

VII 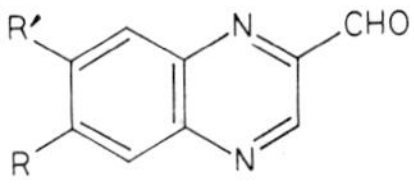   VIII 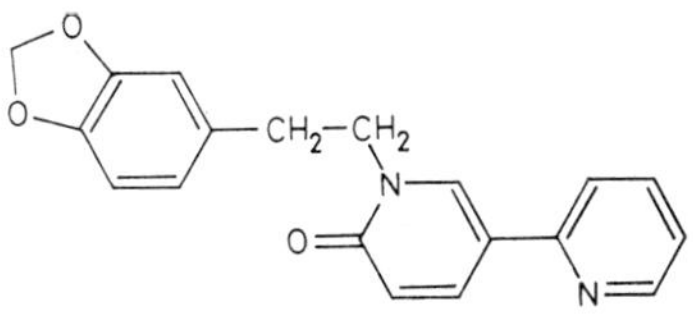   IX

6(oder 7)-Methyl-chinoxalin-2-carbaldehyd $C_{10}H_8N_2O$, Formel VIII (R = CH_3, R' = H, oder R = H, R' = CH_3).

B. Aus D_r-1cat$_F$-[6(oder 7)-Methyl-chinoxalin-2-yl]-butan-1t_F,2c_F,3r_F,4-tetraol (E III/IV **23** 3400) mit Hilfe von KIO_4 in H_2O und $CHCl_3$ (*Henseke, Bähner*, B. **91** [1958] 1605, 1609).

Gelbliche Kristalle (aus PAe.); F: 114° [Zers.].

Phenylhydrazon $C_{16}H_{14}N_4$. Gelbe Kristalle; F: 200—204° [Zers.].
Thiosemicarbazon $C_{11}H_{11}N_5S$. Gelbbraune Kristalle; F: 238° [Zers.].

1'-[2-Benzo[1,3]dioxol-5-yl-äthyl]-1'H-[2,3']bipyridyl-6'-on, 1'-[3,4-Methylendioxy-phenäthyl]-1'H-[2,3']bipyridyl-6'-on $C_{19}H_{16}N_2O_3$, Formel IX.
Die Position der Oxo-Gruppe ist nicht gesichert.
B. Aus 1'-[3,4-Methylendioxy-phenäthyl]-[2,3']bipyridylium-bromid in H_2O und Benzol mit Hilfe von $K_3[Fe(CN)_6]$ in wss. KOH (*Sugasawa, Saito*, J. pharm. Soc. Japan **68** [1948] 93; C. A. **1953** 8759).
Kristalle (aus wss. A.); F: 143°.
Hydrochlorid $C_{19}H_{16}N_2O_3 \cdot HCl$. Hellgelbe Kristalle (aus äthanol. HCl + Acn.); F: 198°.

1-[2-Benzo[1,3]dioxol-5-yl-äthyl]-1H-[4,4']bipyridyl-2-on, 1-[3,4-Methylendioxy-phenäthyl]-1H-[4,4']bipyridyl-2-on $C_{19}H_{16}N_2O_3$, Formel X.
B. Aus 1-[3,4-Methylendioxy-phenäthyl]-[4,4']bipyridylium-bromid mit Hilfe von $K_3[Fe(CN)_6]$ in wss. KOH (*Sugasawa, Saito*, J. pharm. Soc. Japan **68** [1948] 97; C. A. **1953** 8759).
Dipicrat $C_{19}H_{16}N_2O_3 \cdot 2\,C_6H_3N_3O_7$. Gelbe Kristalle (aus A.); F: 161°.

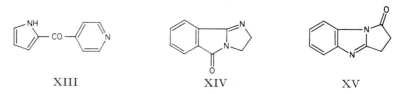

X   XI   XII

[2]Pyridyl-pyrrol-2-yl-keton $C_{10}H_8N_2O$, Formel XI (E I 261).
Hydrochlorid $C_{10}H_8N_2O \cdot HCl$. Violette Kristalle (aus A. + Ae.); F: > 250° (*Gardner et al.*, J. org. Chem. **23** [1958] 823, 824).

---

[3]Pyridyl-pyrrol-2-yl-keton $C_{10}H_8N_2O$, Formel XII (E I 261).
Hydrochlorid $C_{10}H_8N_2O \cdot HCl$. Gräulichgrüne Kristalle (aus A.); F: 187—188° [korr.] (*Gardner et al.*, J. org. Chem. **23** [1958] 823, 824).

---

[4]Pyridyl-pyrrol-2-yl-keton $C_{10}H_8N_2O$, Formel XIII.
B. In geringer Menge aus Isonicotinoylchlorid und Pyrrolylmagnesiumjodid in Äther (*Gardner et al.*, J. org. Chem. **23** [1958] 823, 824).
Braune bis purpurfarbene Kristalle (aus A.); F: 127—128° [korr.].
Hydrochlorid $C_{10}H_8N_2O \cdot HCl$. Grünlichgelbe Kristalle (aus A.); F: 170—171° [korr.].

XIII   XIV   XV

2,3-Dihydro-imidazo[2,1-a]isoindol-5-on $C_{10}H_8N_2O$, Formel XIV.
Über diese Verbindung (F: 139—141°) s. *Metlesics et al.*, J. org. Chem. **33** [1968] 2874, 2877. Die Identität der von *Betrabet, Chakravarti* (J. Indian chem. Soc. **7** [1930] 495, 502) unter dieser Konstitution beschriebenen Verbindung (F: 229—230°) ist ungewiss.

2,3-Dihydro-benzo[d]pyrrolo[1,2-a]imidazol-1-on $C_{10}H_8N_2O$, Formel XV (E I 262; dort als „Lactam der β-[Benzimidazyl-(2)]-propionsäure" bezeichnet).
B. Beim Erhitzen von 3-[1H-Benzimidazol-2-yl]-propionsäure in Acetanhydrid (*Be-*

trabet, Chakravarti, J. Indian chem. Soc. **7** [1930] 191, 194).
Kristalle (aus A. oder Nitrobenzol); F: 172—175°.

Oxo-Verbindungen $C_{11}H_{10}N_2O$

6-[3,4-Dichlor-phenyl]-5-methyl-2H-pyridazin-3-on $C_{11}H_8Cl_2N_2O$, Formel I, und Tautomeres.

B. Neben 6-[3,4-Dichlor-phenyl]-4-methyl-2H-pyridazin-3-on beim Erhitzen von 1,2-Dichlor-benzol mit Methylbernsteinsäure-anhydrid und $AlCl_3$, weiteren Erhitzen des erhaltenen Reaktionsgemisches mit $N_2H_4 \cdot H_2SO_4$ in wss. KOH und anschliessenden Behandeln mit Brom in Essigsäure (*Steck et al.*, Am. Soc. **75** [1953] 1117).
Kristalle (aus Dioxan); F: 260,2—261° [korr.].

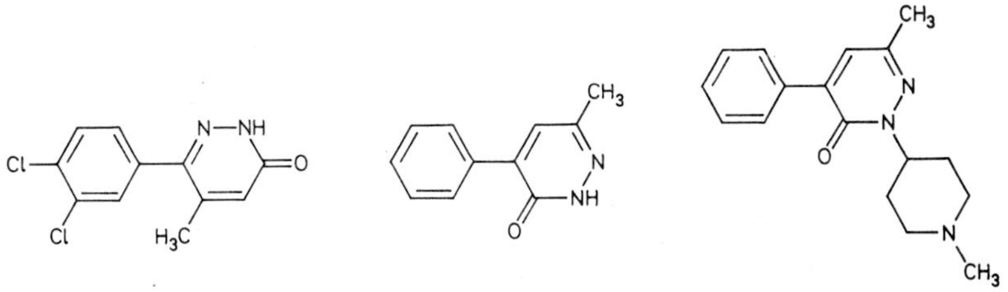

I   II   III

6-Methyl-4-phenyl-2H-pyridazin-3-on $C_{11}H_{10}N_2O$, Formel II, und Tautomeres.

B. Aus 6-Methyl-4-phenyl-4,5-dihydro-2H-pyridazin-3-on und Brom in Essigsäure (*Atkinson, Rodway*, Soc. **1959** 6, 7).
Kristalle (aus wss. A.); F: 172—174°.
Hydrobromid $C_{11}H_{10}N_2O \cdot HBr$. Kristalle (aus Eg.); F: 251—254° [Zers.].

6-Methyl-2-[1-methyl-[4]piperidyl]-4-phenyl-2H-pyridazin-3-on $C_{17}H_{21}N_3O$, Formel III.

B. Beim Erwärmen von 4-Oxo-2-phenyl-valeriansäure mit 4-Hydrazino-1-methyl-piperidin in Äthanol und Behandeln des Reaktionsprodukts mit Brom in Essigsäure (*Jucker, Süess*, Helv. **42** [1959] 2506, 2509, 2513).
Kristalle (aus Ae. + PAe.); F: 140° [korr.].

4-Methyl-6-phenyl-2H-pyridazin-3-on $C_{11}H_{10}N_2O$, Formel IV (X = H), und Tautomeres (H 182).

B. Beim Erwärmen von 2-Phenacyl-acrylsäure (E III **10** 3163) mit $N_2H_4 \cdot H_2SO_4$ in wss. NaOH (*Dixon et al.*, Soc. **1949** 2139, 2141).
Kristalle (aus wss. A.); F: 189°. UV-Spektrum (A.; 250—310 nm): *Di. et al.*, l. c. S. 2140.

4-Methyl-2-[1-methyl-[4]piperidyl]-6-phenyl-2H-pyridazin-3-on $C_{17}H_{21}N_3O$, Formel V.

B. Beim Erwärmen von 2-Methyl-4-oxo-4-phenyl-buttersäure mit 4-Hydrazino-1-methyl-piperidin in Äthanol und Behandeln des Reaktionsprodukts mit Brom in Essigsäure (*Jucker, Süess*, Helv. **42** [1959] 2506, 2509, 2513).
Hydrochlorid $C_{17}H_{21}N_3O \cdot HCl$. Kristalle (aus A.) mit 1 Mol H_2O; F: 284° [korr.].

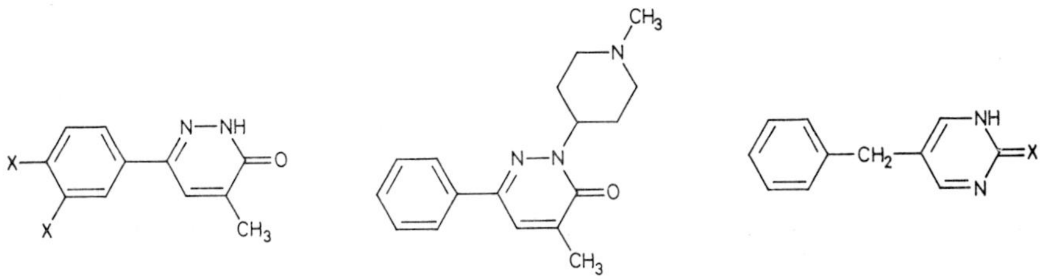

IV   V   VI

6-[3,4-Dichlor-phenyl]-4-methyl-2H-pyridazin-3-on $C_{11}H_8Cl_2N_2O$, Formel IV (X = Cl),
und Tautomeres.

B. Beim Erwärmen von 6-[3,4-Dichlor-phenyl]-4-methyl-4,5-dihydro-2H-pyridazin-
3-on mit Brom in Essigsäure (*Steck et al.*, Am. Soc. **75** [1953] 1117).

Kristalle (aus A. oder Dioxan); F: 251—251,8° [korr.].

5-Benzyl-1H-pyrimidin-2-on $C_{11}H_{10}N_2O$, Formel VI (X = O), und Tautomeres.

Hydrochlorid $C_{11}H_{10}N_2O \cdot HCl$. *B.* Beim Behandeln von 2-Benzyl-3-dimethylamino-
acrylaldehyd mit $COCl_2$ in $CHCl_3$ und Erwärmen des Reaktionsprodukts mit Harnstoff
in Äthanol (*Rylski et al.*, Collect. **24** [1959] 1667, 1670). — Kristalle (aus wss.-äthanol.
HCl); F: 218° [unkorr.].

5-Benzyl-1H-pyrimidin-2-thion $C_{11}H_{10}N_2S$, Formel VI (X = S), und Tautomeres.

B. Beim Behandeln von 2-Benzyl-3-dimethylamino-acrylaldehyd mit $COCl_2$ in $CHCl_3$
und Erwärmen des Reaktionsprodukts mit Thioharnstoff in Äthanol (*Rylski et al.*,
Collect. **24** [1959] 1667, 1668, 1669).

Kristalle (aus Butan-1-ol); F: 213° [unkorr.; nach Sublimation im Vakuum].

2-Methyl-6-phenyl-3H-pyrimidin-4-on $C_{11}H_{10}N_2O$, Formel VII, und Tautomere (H 182).

B. Aus β-Acetylamino-zimtsäure-amid beim Erhitzen oder beim Erwärmen in wss.
NaOH (*Shaw, Sugowdz*, Soc. **1954** 665, 667). Beim Hydrieren von *N*-[3-Phenyl-isoxazol-
5-yl]-acetamid an Raney-Nickel in Äthanol und Erhitzen des Reaktionsprodukts mit
H_2O (*Shaw, Su.*, l. c. S. 668).

Kristalle (aus A.); F: 243° (*Shaw, Su.*). UV-Spektrum (A.; 275—355 nm): *Cole, Ronzio*,
Am. Soc. **66** [1944] 1584.

6-Methyl-2-phenyl-3H-pyrimidin-4-on $C_{11}H_{10}N_2O$, Formel VIII (X = X' = H), und
Tautomere (H 182; E I 263).

B. Aus Benzamidin-hydrochlorid in wss. NaOH und Diketen [E III/IV **17** 4297](*Lacey*,
Soc. **1954** 839, 843). Aus 4-Methyl-2-phenyl-[1,3]oxazin-6-on und wss. NH_3 (*Barker*,
Soc. **1954** 317).

Kristalle; F: 215° [korr.] (*La.*), 215° (*Ba.*). UV-Spektrum (A.; 275—355 nm): *Cole,
Ronzio*, Am. Soc. **66** [1944] 1584. λ_{max} (wss. Lösung vom pH 13): 231 nm und 277 nm
(*Boarland, McOmie*, Soc. **1952** 3722, 3723).

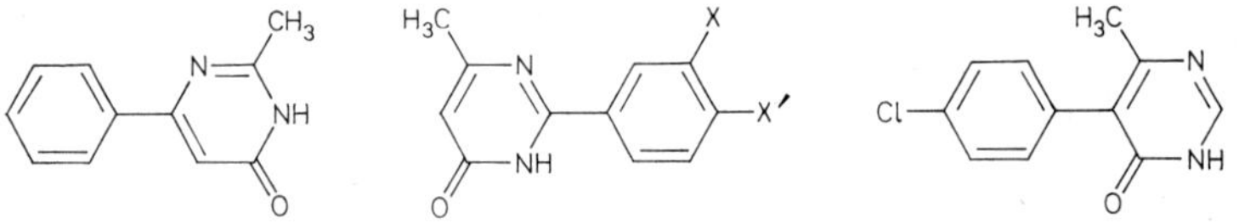

VII VIII IX

2-[4-Chlor-phenyl]-6-methyl-3H-pyrimidin-4-on $C_{11}H_9ClN_2O$, Formel VIII (X = H,
X' = Cl), und Tautomere.

B. Beim Erwärmen von 4-Chlor-benzamidin-hydrochlorid mit Acetessigsäure-äthyl=
ester in wss. NaOH (*Curd, Rose*, Soc. **1946** 343, 349).

Kristalle (aus A.); F: 233—234°.

6-Methyl-2-[3-nitro-phenyl]-3H-pyrimidin-4-on $C_{11}H_9N_3O_3$, Formel VIII (X = NO_2,
X' = H), und Tautomere (H 184).

B. Beim Erhitzen von 6-Methyl-2-phenyl-3H-pyrimidin-4-on mit KNO_3 in H_2SO_4
(*Forsyth, Pyman*, Soc. **1930** 397, 401).

Kristalle; F: 257° [korr.].

5-[4-Chlor-phenyl]-6-methyl-3H-pyrimidin-4-on $C_{11}H_9ClN_2O$, Formel IX, und
Tautomere.

B. Beim Erhitzen von 5-[4-Chlor-phenyl]-6-methyl-pyrimidin-4-ylamin mit wss. HCl

(*Baker et al.*, J. org. Chem. **18** [1953] 133, 136).
Kristalle (aus wss. Me.); F: 236—237°.

*Opt.-inakt. 5-[4-Chlor-phenyl]-3-[3-(3-hydroxy-[2]piperidyl)-2-oxo-propyl]-6-methyl-3H-pyrimidin-4-on $C_{19}H_{22}ClN_3O_3$, Formel X (R = H).
Für die nachstehend beschriebene Verbindung ist auch die Formulierung als opt.-inakt.
5-[4-Chlor-phenyl]-1-[3-(3-hydroxy-[2]piperidyl)-2-oxo-propyl]-6-methyl-1H-pyrimidin-4-on in Betracht zu ziehen (vgl. *Baker et al.*, J. org. Chem. **18** [1953] 133 Anm. 2).
Dihydrochlorid $C_{19}H_{22}ClN_3O_3 \cdot 2$ HCl. B. Beim Erhitzen der folgenden Verbindung mit wss. HBr (*Ba. et al.*, l. c. S. 137). — Kristalle (aus äthanol. HCl + Ae.) mit 1,5 Mol H_2O; F: 135° [Zers.].

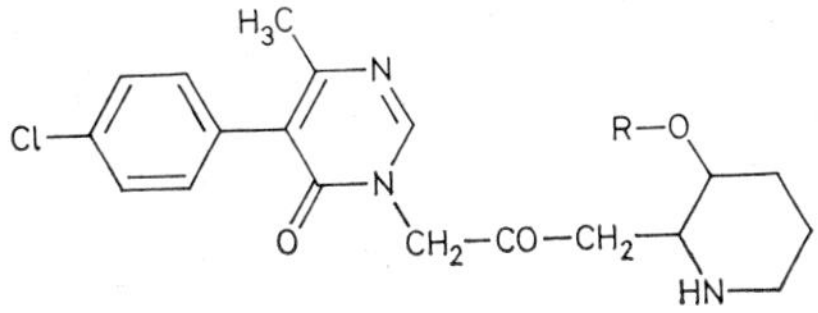

X 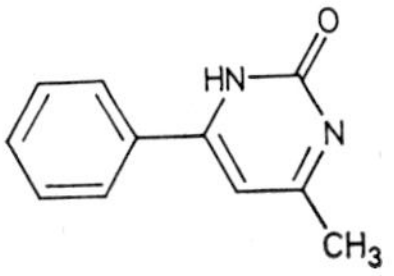   XI

*Opt.-inakt. 5-[4-Chlor-phenyl]-3-[3-(3-methoxy-[2]piperidyl)-2-oxo-propyl]-6-methyl-3H-pyrimidin-4-on $C_{20}H_{24}ClN_3O_3$, Formel X (R = CH₃).
Für die nachstehend beschriebene Verbindung ist auch die Formulierung als opt.-inakt.
5-[4-Chlor-phenyl]-1-[3-(3-methoxy-[2]piperidyl)-2-oxo-propyl]-6-methyl-1H-pyrimidin-4-on in Betracht zu ziehen (vgl. *Baker et al.*, J. org. Chem. **18** [1953] 133 Anm. 2).
Dihydrochlorid $C_{20}H_{24}ClN_3O_3 \cdot 2$ HCl. B. In geringer Menge beim Behandeln von 5-[4-Chlor-phenyl]-6-methyl-3H-pyrimidin-4-on in methanol. Natriummethylat mit opt.-inakt. 2-[3-Brom-2-oxo-propyl]-3-methoxy-piperidin-1-carbonsäure-äthylester (aus (±)-5-Benzyloxycarbonylamino-2-methoxy-valeriansäure über mehrere Stufen erhalten) und Erhitzen des Reaktionsprodukts mit wss. HCl (*Ba. et al.*, l. c. S. 137). — Kristalle mit mit 0,5 Mol H_2O; F: 214° [Zers.].

4-Methyl-6-phenyl-1H-pyrimidin-2-on $C_{11}H_{10}N_2O$, Formel XI, und Tautomere (H 184; E I 263).
B. Durch Erwärmen von 1-Phenyl-butan-1,3-dion mit Harnstoff in Äthanol oder Methanol (*Hauser, Manyik*, J. org. Chem. **18** [1953] 588, 591).
F: 229—231° [unkorr.].

6-Benzyl-1-hydroxy-1H-pyrazin-2-on $C_{11}H_{10}N_2O_2$, Formel XII, und Tautomeres.
B. Beim Erwärmen von N-[β-Brom-cinnamyliden]-glycin-hydroxyamid mit äthanol. Natriumäthylat (*Dunn et al.*, Soc. **1949** 2707, 2711).
Kristalle (aus Bzl.); F: 171°. UV-Spektrum (A.; 225—360 nm): *Dunn et al.*, l. c. S. 2708.

6-Methyl-5-phenyl-1H-pyrazin-2-on $C_{11}H_{10}N_2O$, Formel XIII, und Tautomeres.
B. Beim Behandeln von Bromessigsäure-[1-methyl-2-oxo-2-phenyl-äthylamid] mit äthanol. NH₃ (*Tota, Elderfield*, J. org. Chem. **7** [1942] 313, 317).
Kristalle (aus E.); Zers. bei 254° [korr.].

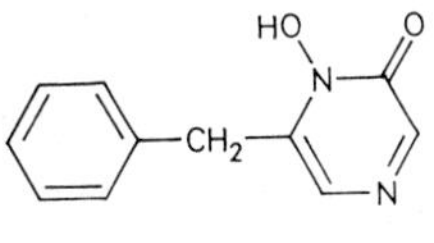

XII 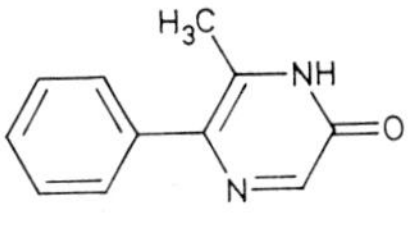   XIII 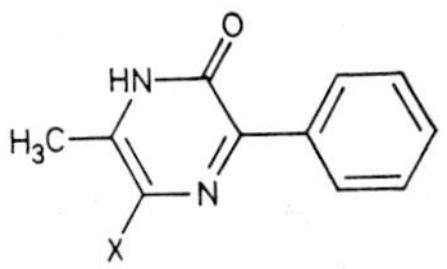   XIV

6-Methyl-3-phenyl-1H-pyrazin-2-on $C_{11}H_{10}N_2O$, Formel XIV (X = H), und Tautomeres.

B. In geringer Menge aus 6-Methyl-1H-pyrazin-2-on und Benzoldiazoniumchlorid in wss. NaOH (*Karmas, Spoerri*, Am. Soc. **78** [1956] 4071, 4075).

Gelbe Kristalle (aus E.); F: 206—208°.

5-Brom-6-methyl-3-phenyl-1H-pyrazin-2-on $C_{11}H_9BrN_2O$, Formel XIV (X = Br), und Tautomeres.

B. Aus 6-Methyl-3-phenyl-1H-pyrazin-2-on und Brom (*Karmas, Spoerri*, Am. Soc. **78** [1956] 4071, 4072, 4074).

Kristalle (aus A.); F: 270—271°.

3-Methyl-5(?)-phenyl-1H-pyrazin-2-on $C_{11}H_{10}N_2O$, vermutlich Formel I (X = H), und Tautomeres.

B. Aus Phenylglyoxal und DL-Alanin-amid in wss.-methanol. NaOH (*Jones*, Am. Soc. **71** [1949] 78, 79, 80). Beim Erhitzen der folgenden Verbindung mit $N_2H_4 \cdot H_2O$ in Methanol auf 180° (*Dunn et al.*, Soc. **1949** 2707, 2710).

Kristalle; F: 222—223° [aus Me.] (*Dunn et al.*), 212—213° [aus Acn.] (*Jo.*). λ_{max} (A.): 276 nm und 340 nm.

1-Hydroxy-3-methyl-5(?)-phenyl-1H-pyrazin-2-on $C_{11}H_{10}N_2O_2$, vermutlich Formel I (X = OH).

B. Aus DL-Alanin-hydroxyamid und Phenylglyoxal-hydrat in wss.-methanol. NaOH (*Dunn et al.*, Soc. **1949** 2707, 2710).

Kristalle (aus wss. Me.); F: 185°. λ_{max} (A.): 281 nm und 345 nm.

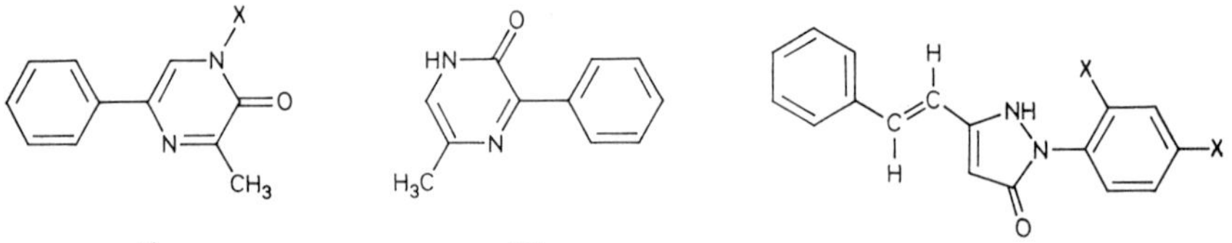

I   II   III

5-Methyl-3-phenyl-1H-pyrazin-2-on $C_{11}H_{10}N_2O$, Formel II, und Tautomeres.

B. In geringer Menge neben 5-Methyl-3,6-diphenyl-1H-pyrazin-2-on aus 5-Methyl-1H-pyrazin-2-on und Benzoldiazoniumchlorid in wss. NaOH (*Karmas, Spoerri*, Am. Soc. **78** [1956] 4071, 4074).

Bräunliche Kristalle (aus Heptan); F: 152—154° und (nach Wiedererstarren) F: 160° bis 161°.

2-Phenyl-5-*trans*-styryl-1,2-dihydro-pyrazol-3-on $C_{17}H_{14}N_2O$, Formel III (X = H), und Tautomere.

B. Aus 3-Oxo-5t-phenyl-pent-4-ensäure-äthylester und Phenylhydrazin (*Borsche, Lewinsohn*, B. **66** [1933] 1792, 1795; *Staněk, Holub*, Chem. Listy **47** [1953] 404, 406; C. A. **1955** 232).

Gelbliche Kristalle; F: 150° [aus A.] (*St., Ho.*), 148—149° [aus Me.] (*Bo., Le.*).

2-[2,4-Dinitro-phenyl]-5-*trans*-styryl-1,2-dihydro-pyrazol-3-on $C_{17}H_{12}N_4O_5$, Formel III (X = NO₂), und Tautomere.

B. Neben 3-[2,4-Dinitro-phenylhydrazono]-5t-phenyl-pent-4-ensäure-äthylester beim Erwärmen von 3-Oxo-5t-phenyl-pent-4-ensäure-äthylester mit [2,4-Dinitro-phenyl]-hydrazin in Methanol (*Staněk, Holub*, Chem. Listy **47** [1953] 404, 406; C. A. **1955** 232).

Dunkelrote Kristalle (aus A.); F: 171°.

3-*p*-Toluoyl-1(2)H-pyrazol, [1(2)H-Pyrazol-3-yl]-*p*-tolyl-keton $C_{11}H_{10}N_2O$, Formel IV und Tautomeres.

B. Aus 3-Chlor-1-*p*-tolyl-propenon und Diazomethan in Äther (*Kotschetkow et al.*,

Ž. obšč. Chim. **29** [1959] 2578, 2582; engl. Ausg. S. 2541, 2544).
Kristalle (aus Bzl.); F: 134,5—135°. UV-Spektrum (wss. Lösungen vom pH 7—14;
230—330 nm): *Ko. et al.*, l. c. S. 2579. Scheinbarer Dissoziationsexponent pK'_a (H_2O;
spektrophotometrisch ermittelt): 12,02 (*Ko. et al.*, l. c. S. 2581).

4-Benzoyl-5-methyl-1-[4-nitro-phenyl]-1H-pyrazol $C_{17}H_{13}N_3O_3$, Formel V.
B. Beim Erhitzen von 4-Benzoyl-5-methyl-1-[4-nitro-phenyl]-1H-pyrazol-3-carbon=
säure (*Fusco*, G. **69** [1939] 364, 374).
Kristalle (aus A.); F: 155—156°.

4-[(Z)-Benzyliden]-5-methyl-2-phenyl-2,4-dihydro-pyrazol-3-on $C_{17}H_{14}N_2O$, Formel VI
(X = X′ = X″ = H) (H 185; E I 263; E II 87).
Konfiguration: *Desimoni et al.*, G. **102** [1972] 491, 493, 496.
B. Aus 5-Methyl-2-phenyl-1,2-dihydro-pyrazol-3-on und Benzaldehyd-(E)-phenylimin
in Essigsäure (*I.G. Farbenind.*, D.R.P. 514421 [1926]; Frdl. **17** 2295).
Beim Hydrieren an Raney-Nickel in Äthanol bei 150° ist 3-Amino-2-benzyl-butter=
säure-anilid (E III **14** 1295) erhalten worden (*Winans, Adkins*, Am. Soc. **55** [1933]
4167, 4170, 4173). Beim Behandeln mit Pentan-2,4-dion und Diäthylamin in Benzol
bildet sich 3-[(5-Methyl-3-oxo-2-phenyl-2,3-dihydro-1H-pyrazol-4-yl)-phenyl-methyl]-
pentan-2,4-dion; beim Behandeln mit Pentan-2,4-dion und Piperidin in Benzol ist
Bis-[5-methyl-3-oxo-2-phenyl-2,3-dihydro-1H-pyrazol-4-yl]-phenyl-methan   erhalten
worden (*Pasteur*, C. r. **244** [1957] 2243, 2244). Beim Aufbewahren mit Piperidin in
Benzol entsteht 5-Methyl-2-phenyl-4-[α-piperidino-benzyl]-1,2-dihydro-pyrazol-3-on
(*Mustafa et al.*, Am. Soc. **81** [1959] 6007, 6008). Beim Behandeln mit Phenylmagnesium=
bromid in Äther bildet sich 4-Benzhydryl-5-methyl-2-phenyl-1,2-dihydro-pyrazol-3-on
(*Mu. et al.*). Beim Erwärmen mit N-Phenyl-hydroxylamin in Äthanol bildet sich Bis-
[5-methyl-3-oxo-2-phenyl-2,3-dihydro-1H-pyrazol-4-yl]-phenyl-methan (*Jolles*, G. **68**
[1938] 488, 495). Beim Erhitzen mit Phenylhydrazin auf 200° entstehen 5,5′-Dimethyl-
2,2′-diphenyl-1,2,1′,2′-tetrahydro-[4,4′]bipyrazolyl-3,3′-dion und Benzaldehyd-phenyl=
hydrazon (*Passerini, Casini*, G. **67** [1937] 785, 789).

4-[(Z?)-Benzyliden]-2-[2-chlor-phenyl]-5-methyl-2,4-dihydro-pyrazol-3-on [1])
$C_{17}H_{13}ClN_2O$, vermutlich Formel VI (X = X′ = H, X″ = Cl) (E II 87).
B. Beim Behandeln von 2-[2-Chlor-phenyl]-5-methyl-1,2-dihydro-pyrazol-3-on in
wss. HCl und Essigsäure mit Benzaldehyd und Anilin in Essigsäure (*I.G. Farbenind.*,
D.R.P. 514421 [1926]; Frdl. **17** 2295).

IV   V   VI   VII

4-[(Z?)-2-Chlor-benzyliden]-5-methyl-2-phenyl-2,4-dihydro-pyrazol-3-on [1])
$C_{17}H_{13}ClN_2O$, vermutlich Formel VII (R = X′ = H, X = Cl).
B. Beim Erhitzen von 5-Methyl-2-phenyl-1,2-dihydro-pyrazol-3-on mit 2-Chlor-
benzaldehyd in Essigsäure (*Mustafa et al.*, Am. Soc. **81** [1959] 6007, 6009 Tab. I Anm. d).
F: 146° [unkorr.].

5-Methyl-2-phenyl-4-[(Z?)-2,4,5-trichlor-benzyliden]-2,4-dihydro-pyrazol-3-on [1])
$C_{17}H_{11}Cl_3N_2O$, vermutlich Formel VI (X = X′ = Cl, X″ = H).
B. Aus 5-Methyl-2-phenyl-1,2-dihydro-pyrazol-3-on und 2,4,5-Trichlor-benzaldehyd

---

[1]) Bezüglich der Konfiguration vgl. *Desimoni et al.*, G. **102** [1972] 491, 496.

in Äthanol (*I.G. Farbenind.*, D.R.P. 716599 [1939]).
Rot; F: 196—197°.

5-Methyl-4-[(Z?)-2-nitro-benzyliden]-2-phenyl-2,4-dihydro-pyrazol-3-on [1]) $C_{17}H_{13}N_3O_3$, vermutlich Formel VII (R = X' = H, X = NO$_2$) (H 186; E I 264).
Rote Kristalle (aus A.); F: 162° (*Narang et al.*, J. Indian chem. Soc. **11** [1934] 427, 428). UV-Spektrum (CHCl$_3$; 330—385 nm): *Na. et al.*, l. c. S. 431.
Beim Behandeln mit Zink-Pulver in Essigsäure oder in wss.-äthanol. HCl sowie beim Behandeln mit Aluminium-Amalgam in Äther ist 4-[2-Amino-benzyl]-5-methyl-2-phenyl-1,2-dihydro-pyrazol-3-on (zur Konstitution s. *Coutts, El-Hawari*, Canad. J. Chem. **53** [1975] 3637) erhalten worden (*Na. et al.*, l. c. S. 429); über eine daneben in geringer Menge erhaltene Verbindung 4-[2-Hydroxyamino-benzyliden]-5-methyl-2-phenyl-2,4-dihydro-pyrazol-3-on(?) $C_{17}H_{15}N_3O_2$ (Kristalle [aus Bzl.]; F: 101° bis 102°) s. *Na. et al.*

5-Methyl-4-[(Z?)-2-nitro-benzyliden]-2-*o*-tolyl-2,4-dihydro-pyrazol-3-on [1]) $C_{18}H_{15}N_3O_3$, vermutlich Formel VII (R = CH$_3$, X = NO$_2$, X' = H).
B. Beim Erwärmen von 5-Methyl-2-*o*-tolyl-1,2-dihydro-pyrazol-3-on mit 2-Nitro-benzaldehyd in wss.-äthanol. KOH (*Janicka et al.*, Roczniki Chem. **18** [1938] 158; C. **1939** I 2418).
Hellgelbe Kristalle (aus A.); F: 183°.

5-Methyl-4-[(Z?)-3-nitro-benzyliden]-2-*o*-tolyl-2,4-dihydro-pyrazol-3-on [1]) $C_{18}H_{15}N_3O_3$, vermutlich Formel VII (R = CH$_3$, X = H, X' = NO$_2$).
B. Analog der vorangehenden Verbindung (*Janicka et al.*, Roczniki Chem. **18** [1938] 158; C. **1939** I 2418).
Gelbliche Kristalle (aus Acn.); F: 176—177°.

5-Methyl-4-[(Z)-4-nitro-benzyliden]-2-phenyl-2,4-dihydro-pyrazol-3-on $C_{17}H_{13}N_3O_3$, Formel VI (X = X'' = H, X' = NO$_2$) (E I 265).
Konfiguration: *Desimoni et al.*, G. **102** [1972] 491, 493, 496.
Hellgelbe Kristalle (aus A.); F: 209—210° (*Dmowska, Weil*, Roczniki Chem. **18** [1938] 170, 172; C. **1939** I 2418). Dunkelrote bzw. braunrote Kristalle (aus Eg.); F: 180° (*Bodendorf, Raaf*, A. **592** [1955] 26, 33), 176—178° (*De. et al.*, l. c. S. 504).

***4-Benzyliden-5-methyl-2-phenyl-2,4-dihydro-pyrazol-3-thion** $C_{17}H_{14}N_2S$, Formel VIII.
Die früher (H 24 186) unter dieser Konstitution beschriebene Verbindung ist als 3,8-Dimethyl-1,4,6,9-tetraphenyl-1,4,6,9-tetrahydro-[1,5]dithiocino[2,3-*c*;6,7-*c'*]dipyrazol zu formulieren (*Maquestiau et al.*, Bl. Soc. chim. Belg. **86** [1977] 87, 92); entsprechend ist die H 186 als 4-Benzyliden-5-methyl-2-*p*-tolyl-2,4-dihydro-pyrazol-3-thion ($C_{18}H_{16}N_2S$) beschriebene Verbindung wahrscheinlich als 3,8-Dimethyl-4,9-diphenyl-1,6-di-*p*-tolyl-1,4,6,9-tetrahydro-[1,5]dithiocino[2,3-*c*;6,7-*c'*]dipyrazol zu formulieren.

3-Benzoyl-5-methyl-1-phenyl-1*H*-pyrazol, [5-Methyl-1-phenyl-1*H*-pyrazol-3-yl]-phenylketon $C_{17}H_{14}N_2O$, Formel IX.
B. Beim Erwärmen von 3,4-Epoxy-3-methyl-1-phenyl-butan-1,2-dion-2-phenylhydrazon(?) vom F: 130° (E III/IV 17 6190) mit Acetanhydrid und wenig FeCl$_3$ oder mit Benzoylchlorid und Pyridin (*Russell*, Am. Soc. **75** [1953] 5315, 5319). Beim Erwärmen von 3,4-Epoxy-3-methyl-1-phenyl-butan-1,2-dion-2-phenylhydrazon(?) von F: 104° (E III/IV 17 6190) mit Acetanhydrid und wenig FeCl$_3$ oder beim Behandeln mit wss.-methanol. HCl bzw. wss.-methanol. Essigsäure (*Ru.*).
Kristalle (aus wss. Me.); F: 91°. λ_{max} (A.): 270 nm.
Oxim $C_{17}H_{15}N_3O$. Kristalle (aus wss. Me.); F: 154° [unkorr.].
2,4-Dinitro-phenylhydrazon $C_{23}H_{18}N_6O_4$. Kristalle (aus A.); F: 210° [unkorr.; nach Erweichen bei 195—197°].

---

[1]) Bezüglich der Konfiguration vgl. *Desimoni et al.*, G. **102** [1972] 491, 496.

3-Methyl-1,5-diphenyl-1H-pyrazol-4-carbaldehyd $C_{17}H_{14}N_2O$, Formel X.

Diese Konstitution ist der früher (E II **24** 88) als 5-Methyl-1,3-diphenyl-1H-pyrazol-4-carbaldehyd beschriebenen Verbindung zuzuordnen (vgl. *Borsche, Hahn*, A. **537** [1939] 219, 240 Anm. 1); Entsprechendes gilt für das Semicarbazon $C_{18}H_{17}N_5O$ und das Carbamimidoylhydrazon $C_{18}H_{18}N_6$ (jeweils E II 88).

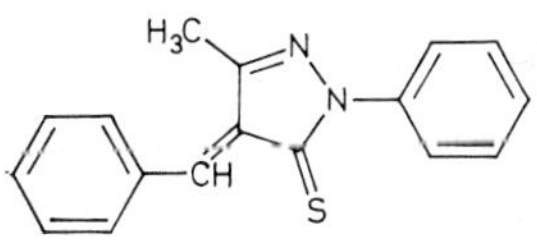

VIII 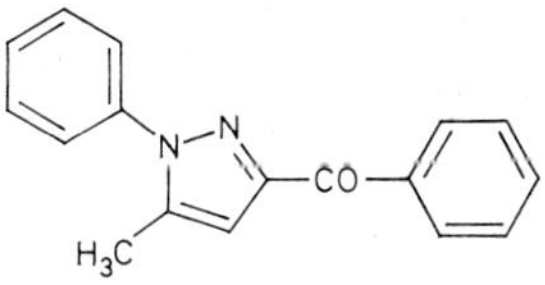   IX 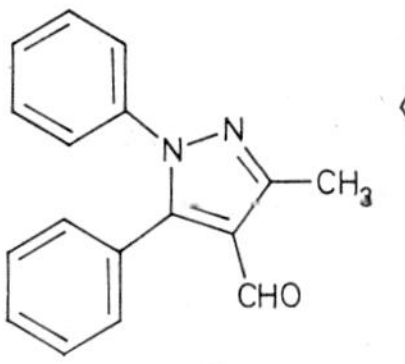   X 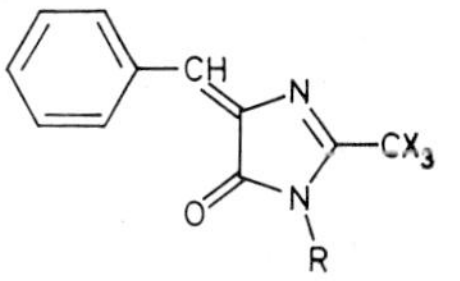   XI

*5-Benzyliden-2-methyl-3,5-dihydro-imidazol-4-on $C_{11}H_{10}N_2O$, Formel XI

(R = X = H), und Tautomere.

B. Aus α-Acetylamino-zimtsäure-amid (E III **10** 3008) beim Erwärmen mit wss. NaOH (*Kjær*, Acta chem. scand. **7** [1953] 900, 904) oder beim Erhitzen in Formamid auf 140° (*Pfleger, Markert*, B. **90** [1957] 1494, 1498).

Gelbe Kristalle; F: 173,5° [Zers.; aus Bzl.] (*Pf., Ma.*), 169—172° [unkorr.; Zers.; aus wss. A.] (*Kj.*).

*5-Benzyliden-2-methyl-3-propyl-3,5-dihydro-imidazol-4-on $C_{14}H_{16}N_2O$, Formel XI

(R = CH_2-CH_2-CH_3, X = H).

B. Beim Erhitzen von 4-Benzyliden-2-methyl-4H-oxazol-5-on mit Propylamin in Xylol (*Pfleger, Markert*, B. **90** [1957] 1494, 1498).

Gelbliche Kristalle (aus Isopropylalkohol); F: 88°.

*5-Benzyliden-3-cyclohexyl-2-methyl-3,5-dihydro-imidazol-4-on $C_{17}H_{20}N_2O$, Formel XI

(R = C_6H_{11}, X = H).

B. Beim Erhitzen von α-Acetylamino-zimtsäure-cyclohexylamid (F: 209° [Zers.]) im Vakuum auf 210° (*Pfleger, Markert*, B. **90** [1957] 1494, 1498). Beim Erhitzen von 4-Benzyliden-2-methyl-4H-oxazol-5-on mit Cyclohexylamin in Xylol (*Pf., Ma.*).

Gelbliche Kristalle (aus Me.); F: 133,5°.

*5-Benzyliden-2-methyl-3-phenyl-3,5-dihydro-imidazol-4-on $C_{17}H_{14}N_2O$, Formel XI

(R = C_6H_5, X = H).

B. Beim Erhitzen von 4-Benzyliden-2-methyl-4H-oxazol-5-on mit Anilin in Xylol (*Pfleger, Markert*, B. **90** [1957] 1494, 1497).

Gelbe Kristalle (aus Me.); F: 144°.

*[4-Benzyliden-2-methyl-5-oxo-4,5-dihydro-imidazol-1-yl]-essigsäure-äthylester

$C_{15}H_{16}N_2O_3$, Formel XI (R = CH_2-CO-O-C_2H_5, X = H) (E II 88).

B. Beim Erhitzen von N-[α-Acetylamino-cinnamoyl]-glycin-äthylester in Formamid (*Pfleger, Markert*, B. **90** [1957] 1494, 1498).

*5-Benzyliden-3-cyclohexyl-2-tribrommethyl-3,5-dihydro-imidazol-4-on $C_{17}H_{17}Br_3N_2O$,

Formel XI (R = C_6H_{11}, X = Br).

B. In geringer Menge beim Erwärmen von 5-Benzyliden-3-cyclohexyl-2-methyl-3,5-dihydro-imidazol-4-on (s. o.) mit Brom in Essigsäure im Sonnenlicht (*Pfleger, Markert*, B. **90** [1957] 1494, 1498).

Gelbe Kristalle (aus E.); F: 171,5°.

*5-Benzyliden-3-phenyl-2-tribrommethyl-3,5-dihydro-imidazol-4-on $C_{17}H_{11}Br_3N_2O$,

Formel XI (R = C_6H_5, X = Br).

B. In geringer Menge beim Erwärmen von 5-Benzyliden-2-methyl-3-phenyl-3,5-di=hydro-imidazol-4-on (s. o.) mit Brom in Essigsäure im Sonnenlicht (*Pfleger, Markert*,

B. **90** [1957] 1494, 1498).
Gelbliche Kristalle (aus Me.); F: 171°.

5-Methyl-2-phenyl-1(3)H-imidazol-4-carbaldehyd $C_{11}H_{10}N_2O$, Formel XII und
Tautomeres (E I **23** 116; dort mit Vorbehalt als [5-Methyl-2-phenyl-imidazol-4-yliden]-methanol formuliert).
B. Aus [5-Methyl-2-phenyl-1(3)H-imidazol-4-yl]-methanol (*Cornforth, Huang,* Soc.
1948 731, 732, 734).
2,4-Dinitro-phenylhydrazon $C_{17}H_{14}N_6O_4$. Dunkelrote Kristalle (aus Py.); Zers.
bei 310°.

XII   XIII   XIV

2,4-Dimethyl-benzo[b][1,4]diazepin-3-on-oxim $C_{11}H_{11}N_3O$, Formel XIII.
B. Beim Erwärmen von Pentantrion-3-oxim mit o-Phenylendiamin in Benzol (*Barltrop et al.,* Soc. **1959** 1132, 1141).
Kristalle (aus Me.); F: 215° [Zers.]. λ_{max} (A.): 218,5 nm (*Ba. et al.,* l. c. S. 1133).
Beim Behandeln mit Essigsäure in Äthanol bilden sich 1-[3-Methyl-chinoxalin-2-yl]-äthanon-oxim und 2-Methyl-1H-benzimidazol. Beim Erhitzen mit wss. H_2SO_4 und $FeCl_3$ entstehen 1-[3-Methyl-chinoxalin-2-yl]-äthanon und 1-[3-Methyl-chinoxalin-2-yl]-äthanon-oxim. Beim Erwärmen mit Na_2CO_3 in wss. Äthanol sind 2-Methyl-1H-benz=imidazol, 3-Methyl-chinoxalin-2-ylamin und in geringerer Menge 3-Methyl-1H-chinoxalin-2-on, Essigsäure-[2-amino-anilid] und o-Phenylendiamin erhalten worden (*Ba. et al.,* l. c. S. 1142). Beim Erwärmen mit wss. NaOH sind o-Phenylendiamin, 2-Methyl-1H-benzimidazol und 3-Methyl-1H-chinoxalin-2-on erhalten worden. Beim Erwärmen mit Pentan-2,4-dion und wss. H_2SO_4 in Äthanol entsteht 2-Methyl-1H-benzimidazol.

***2-[3,3,3-Trichlor-propenyl]-3H-chinazolin-4-on** $C_{11}H_7Cl_3N_2O$, Formel XIV, und
Tautomere.
B. Beim Erhitzen von 2-Methyl-3H-chinazolin-4-on mit 2,2,2-Trichlor-acetaldehyd auf 140° (*Monti, Simonetti,* G. **71** [1941] 651, 653). Beim Erhitzen von (±)-2-[3,3,3-Trichlor-2-hydroxy-propyl]-3H-chinazolin-4-on in Acetanhydrid unter Zusatz von H_2SO_4 (*Kulkarni,* J. Indian chem. Soc. **19** [1942] 180).
Kristalle; F: 212° [aus Eg.] (*Ku.*); Zers. bei 194—195° [nach Veränderung ab 190°] (*Mo., Si.*).

2-Acetyl-3-methyl-chinoxalin, 1-[3-Methyl-chinoxalin-2-yl]-äthanon $C_{11}H_{10}N_2O$,
Formel I (X = O) (H 187).
B. Beim Behandeln von 2,4-Dimethyl-3H-benzo[b][1,4]diazepin-hydrogensulfat mit Peroxyessigsäure in wss. Essigsäure (*Barltrop et al.,* Soc. **1959** 1132, 1139). Neben 1-[3-Methyl-chinoxalin-2-yl]-äthanon-oxim beim Erhitzen von 2,4-Dimethyl-benzo[b][1,4]di=azepin-3-on-oxim mit wss. H_2SO_4 und $FeCl_3$ (*Ba. et al.,* l. c. S. 1141).
Kristalle; F: 87—88° [aus A.] (*Piutti,* G. **66** [1936] 276, 277), 87° [aus wss. A.] (*Ba. et al.,* l. c. S. 1138). ^{1}H-NMR-Spektrum (Me.): *Barltrop et al.,* Soc. **1959** 1423, 1425.
λ_{max} (A.): 207,5 nm, 244,5 nm und 304 nm (*Ba. et al.,* l. c. S. 1133).
Hydrierung an Palladium/Kohle in Äthanol (bei Aufnahme von 1 Mol Wasserstoff) zu 1-[3-Methyl-1,4-dihydro-chinoxalin-2-yl]-äthanon bzw. (bei Aufnahme von 3—5 Mol Wasserstoff) zu 1-[3-Methyl-1,2,3,4-tetrahydro-chinoxalin-2-yl]-äthanon, 1-[3-Methyl-1,2,3,4-tetrahydro-chinoxalin-2-yl]-äthanol und 2-Äthyl-3-methyl-1,2,3,4-tetrahydro-chinoxalin: *Ba. et al.,* l. c. S. 1428.
2,4-Dinitro-phenylhydrazon $C_{17}H_{14}N_6O_4$. Orangerote Kristalle (aus Eg.); F: 246—247° (*Ba. et al.,* l. c. S. 1138).

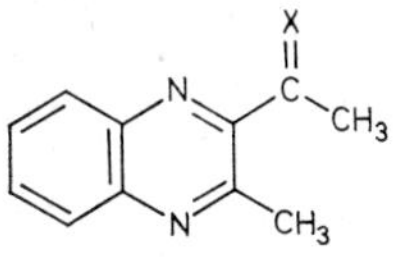

I 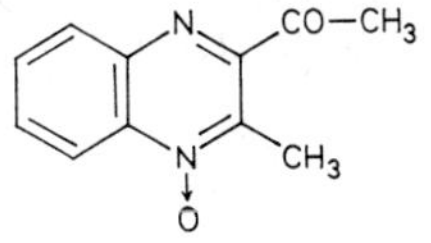   II 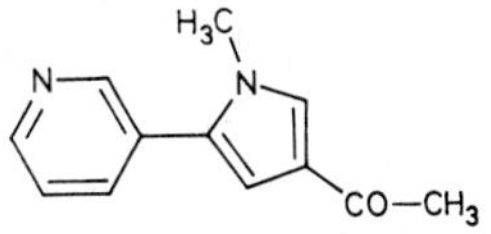   III

*1-[3-Methyl-chinoxalin-2-yl]-äthanon-oxim $C_{11}H_{11}N_3O$, Formel I (X = N-OH) (H 187).

B. Neben 2-Methyl-1*H*-benzimidazol beim Behandeln von 2,4-Dimethyl-benzo[*b*]=
[1,4]diazepin-3-on-oxim mit Essigsäure in Äthanol (*Barltrop et al.*, Soc. **1959** 1132, 1141).
Kristalle (aus wss. A., A. oder wss. Me.); F: 196° (*Ba. et al.*, l. c. S. 1139). λ_{max} (A.):
210,5 nm, 241,5 nm und 329 nm (*Ba. et al.*, l. c. S. 1133).

3-Acetyl-2-methyl-chinoxalin-1-oxid, 1-[3-Methyl-4-oxy-chinoxalin-2-yl]-äthanon
$C_{11}H_{10}N_2O_2$, Formel II.

B. Beim Erwärmen von 1-[3-Methyl-chinoxalin-2-yl]-äthanon mit Peroxyessigsäure
in Essigsäure (*Landquist, Stacey*, Soc. **1953** 2822, 2828).
Hellgelbe Kristalle (aus Cyclohexan); F: 92—94°.

1-[1-Methyl-5-[3]pyridyl-pyrrol-3-yl]-äthanon $C_{12}H_{12}N_2O$, Formel III.

B. Neben 1-[1-Methyl-5-[3]pyridyl-pyrrol-2-yl]-äthanon (Hauptprodukt) beim Er-
hitzen von 3-[1-Methyl-pyrrol-2-yl]-pyridin mit Acetanhydrid und Essigsäure unter
Zusatz von AlCl₃ (*Haines, Eisner*, Am. Soc. **72** [1950] 4618, 4619).
Kristalle (aus Bzl. + PAe.); F: 108—109°. UV-Spektrum (A.; 220—335 nm): *Ha.,
Ei.*
Picrat. Kristalle (aus H₂O); F: 222—223°.
Semicarbazon $C_{13}H_{15}N_5O$. Gelbliche Kristalle (aus wss. A.); F: 221—222°.

1-[1-Methyl-5-[3]pyridyl-pyrrol-2-yl]-äthanon $C_{12}H_{12}N_2O$, Formel IV.

B. Beim Erhitzen von 3-[1-Methyl-pyrrol-2-yl]-pyridin mit Acetanhydrid und Essig=
säure unter Zusatz von AlCl₃ oder mit Acetanhydrid unter Zusatz von wss. HI und
wenig Jod (*Haines, Eisner*, Am. Soc. **72** [1950] 4618, 4619).
Kristalle (aus PAe.); F: 58—59°. Kp₀,₃: 156°. UV-Spektrum (A.; 220—350 nm):
Ha., Ei.
Picrat. Kristalle (aus H₂O); F: 197—198°.
Oxim $C_{12}H_{13}N_3O$. Kristalle (aus wss. A.); F: 174—175°.
Semicarbazon $C_{13}H_{15}N_5O$. Kristalle (aus wss. A.); F: 248—249°.

3-Acetyl-2-methyl-[1,7]naphthyridin, 1-[2-Methyl-[1,7]naphthyridin-3-yl]-äthanon
$C_{11}H_{10}N_2O$, Formel V.

B. In geringer Menge beim Erwärmen von 3-Amino-pyridin-4-carbaldehyd-*p*-tolylimin
mit Pentan-2,4-dion in Gegenwart von Piperidin (*Baumgarten, Cook*, J. org. Chem. **22**
[1957] 138).
Kristalle (aus H₂O); F: 112—113,5° [korr.].

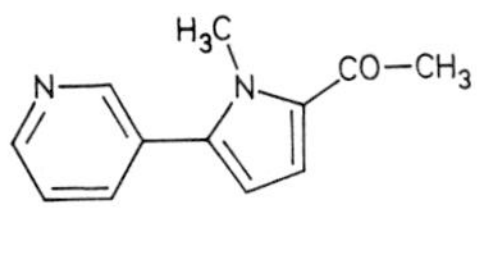

IV 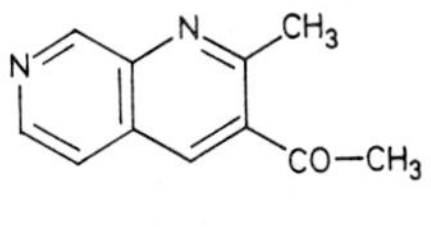   V 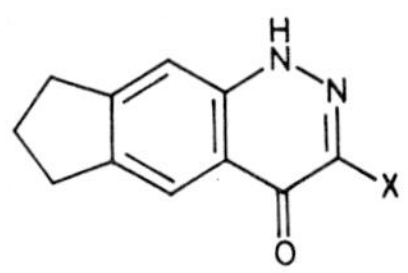   VI

1,6,7,8-Tetrahydro-cyclopenta[g]cinnolin-4-on $C_{11}H_{10}N_2O$, Formel VI (X = H), und
Tautomeres (7,8-Dihydro-6*H*-cyclopenta[g]cinnolin-4-ol).

B. Beim Erwärmen von diazotiertem 1-[6-Amino-indan-5-yl]-äthanon in wss. HCl

(*Schofield et al.*, Soc. **1949** 2399, 2402).

Kristalle (aus A.); F: 271—272° [unkorr.].

Acetyl-Derivat $C_{13}H_{12}N_2O_2$. Rötliche Kristalle (aus wss. A.); F: 112—113° [unkorr.].

3-Chlor-1,6,7,8-tetrahydro-cyclopenta[g]cinnolin-4-on $C_{11}H_9ClN_2O$, Formel VI (X = Cl), und Tautomeres.

B. Beim Erwärmen von *N*-[6-Chloracetyl-indan-5-yl]-acetamid mit wss. HCl und Essigsäure, anschliessenden Diazotieren und Erwärmen (*Schofield et al.*, Soc. **1949** 2399, 2402).

Kristalle (aus A.); F: > 340°.

Acetyl-Derivat $C_{13}H_{11}ClN_2O_2$. Kristalle (aus A.); F: 159—160° [unkorr.].

3,9-Dihydro-2H-pyrrolo[2,1-b]chinazolin-1-on $C_{11}H_{10}N_2O$, Formel VII (E I 265; dort als „Lactam der β-[3.4-Dihydro-chinazolyl-(2)]-propionsäure" bezeichnet).

B. Beim Erhitzen von *N*-[2-Amino-benzyl]-succinamidsäure auf 180°/0,04 at oder mit Natriumacetat auf 140° (*Späth, Platzer*, B. **69** [1936] 387, 391; s. a. *Späth et al.*, B. **69** [1936] 2052, 2056). Beim Erhitzen von *N*-[2-Amino-benzyl]-succinimid auf 230—240°/ 30 Torr (*Sp., Pl.*, l. c. S. 392).

Kristalle [aus H_2O] (*Sp., Pl.*); F: 192—193,5° (*Sp. et al.*, l. c. S. 2057).

Bei der elektrochemischen Reduktion in wss. H_2SO_4 an einer Blei-Kathode bildet sich 2-Pyrrolidinomethyl-anilin (*Sp., Pl.*).

VII   VIII   IX

2,3-Dihydro-1H-pyrrolo[2,1-b]chinazolin-9-on $C_{11}H_{10}N_2O$, Formel VIII (X = X' = H).

B. Beim Aufbewahren [2 d] von 2-Amino-benzaldehyd mit 4-Amino-butyraldehyd-diäthylacetal in wss. Lösung vom pH 5,2 und anschliessenden Aufbewahren [12 d] der Reaktionslösung mit $K_3[Fe(CN)_6]$ bei pH 7,2 (*Schöpf, Steuer*, A. **558** [1947] 124, 136). Beim Erwärmen von 5-Methoxy-3,4-dihydro-2H-pyrrol mit Anthranilsäure in 1-Acet=oxy-2-methoxy-äthan (*Petersen, Tietze*, A. **623** [1959] 166, 171, 175). Beim Erhitzen von 1,2-Dihydro-benz[d][1,3]oxazin-4-on mit Pyrrolidin-2-on bis 190° (*Späth, Platzer*, B. **68** [1935] 2221, 2224). Beim Erhitzen von 2-[3-Phenoxy-propyl]-3H-chinazolin-4-on mit wss. HBr und Erwärmen des Reaktionsprodukts mit äthanol. KOH (*Morris et al.*, Am. Soc. **57** [1935] 951, 953). Beim Erwärmen von 1,2,3,9-Tetrahydro-pyrrolo[2,1-b]chin=azolin mit wss. H_2O_2 in Aceton (*Mo. et al.*). Beim Erwärmen von 2,3,3a,4-Tetrahydro-1H-pyrrolo[2,1-b]chinazolinium-picrat in Essigsäure mit CrO_3 (*Schöpf, Oechler*, A. **523** [1936] 1, 26). Beim Behandeln [3 d] von (±)-3a-Carboxy-2,3,3a,4-tetrahydro-1H-pyrrolo[2,1-b]chinazolinium-chlorid mit $K_3[Fe(CN)_6]$ in wss. Lösung vom pH 7,2 (*Macholán*, Collect. **24** [1959] 550, 556). Beim Erwärmen von (±)-3a-Carboxy-2,3,3a,4-tetra=hydro-1H-pyrrolo[2,1-b]chinazolinium-picrat in Essigsäure mit CrO_3 (*Ma.*).

Kristalle; F: 111° [aus 1-Acetoxy-2-methoxy-äthan] (*Pe., Ti.*), 110—111° [aus PAe. bzw. aus Ae.] (*Ma.; Sp., Pl.*), 110—110,5° [aus PAe.] (*Mo. et al.*). IR-Spektrum (Vaselinöl; 3—14 µ): *Korezkaja, Ž. obšč. Chim.* **27** [1957] 3361, 3362; engl. Ausg. S. 3397, 3399.

Hydrochlorid $C_{11}H_{10}N_2O \cdot HCl$. F: 250—251° [aus Me.] (*Ko.*, l. c. S. 3364).

Hydrobromid. F: 293° [aus A.] (*Ko.*, l. c. S. 3364).

Picrat $C_{11}H_{10}N_2O \cdot C_6H_3N_3O_7$. Gelbe Kristalle (aus A.); F: 188—188,5° (*Ko.*, l. c. S. 3364), 185—186° (*Ma.*), 183—184° (*Sch., Oe.*).

(±)-2(oder 3)-Chlor-2,3-dihydro-1H-pyrrolo[2,1-b]chinazolin-9-on $C_{11}H_9ClN_2O$, vermutlich Formel VIII (X = Cl, X' = H oder X = H, X' = Cl).

B. Beim Erwärmen von (±)-2(oder 3)-Hydroxy-2,3-dihydro-1H-pyrrolo[2,1-b]chin=

azolin-9-on (F: 213—214°) mit $SOCl_2$ (*Morris et al.*, Am. Soc. **57** [1935] 951, 953).
Kristalle (aus PAe.); F: 109°.

1,7,8,9-Tetrahydro-cyclopenta[*h*]cinnolin-4-on $C_{11}H_{10}N_2O$, Formel IX, und Tautomeres
(8,9-Dihydro-7*H*-cyclopenta[*h*]cinnolin-4-ol).
   B. Beim Diazotieren von 1-[4-Amino-indan-5-yl]-äthanon und anschliessenden Erwärmen (*Schofield et al.*, Soc. **1949** 2399, 2403).
Kristalle (aus wss. A.); F: 246—247° [unkorr.].

1,2,4,5-Tetrahydro-benz[*g*]indazol-3-on $C_{11}H_{10}N_2O$, Formel X (R — R' — H), und
Tautomere.
   B. Beim Erwärmen von 1-Oxo-1,2,3,4-tetrahydro-[2]naphthoesäure-äthylester mit
$N_2H_4 \cdot H_2O$ in Äthanol (*Buchta, Bayer*, B. **91** [1958] 222).
Kristalle (aus A.); F: 215—217° [Zers.].

2-Phenyl-1,2,4,5-tetrahydro-benz[*g*]indazol-3-on $C_{17}H_{14}N_2O$, Formel X (R = H,
R' = C_6H_5), und Tautomere.
   B. Beim Erhitzen von 1-Oxo-1,2,3,4-tetrahydro-[2]naphthoesäure-äthylester mit
Phenylhydrazin (*Ghigi*, G. **60** [1930] 194, 197).
Kristalle (aus Bzl.); F: 150° [nach Erweichen bei 135°].

1-Methyl-2-phenyl-1,2,4,5-tetrahydro-benz[*g*]indazol-3-on $C_{18}H_{16}N_2O$, Formel X
(R = CH_3, R' = C_6H_5).
   B. Beim Erhitzen der vorangehenden Verbindung mit CH_3I in Methanol (*Ghigi*, G.
60 [1930] 194, 198).
Kristalle (aus PAe. + wenig Bzl.); F: 97°.
Picrat $C_{18}H_{16}N_2O \cdot C_6H_3N_3O_7$. Gelbe Kristalle (aus A.); F: 119°.

1-Phenyl-1,2,3,5-tetrahydro-pyrrolo[3,2-*c*]chinolin-4-on $C_{17}H_{14}N_2O$, Formel XI, und
Tautomeres.
   B. Beim Erhitzen von [2-Äthoxy-äthyl]-malonsäure-dianilid in Diphenyläther (*Grundon, McCorkindale*, Soc. **1957** 3448).
Hellbraune Kristalle (aus Py.); F: 246—247°. λ_{max} (A.?): 232 nm und 331 nm.

2,3,4,9-Tetrahydro-*β*-carbolin-1-on $C_{11}H_{10}N_2O$, Formel XII (R = R' = X = H)
(E II 89; dort als 2-Oxo-1'.2'.5'.6'-tetrahydro-[pyridino-3'.4':2.3-indol] und 3-Oxo-
3.4.5.6-tetrahydro-4-carbolin bezeichnet).
   B. Beim Erhitzen von Piperidin-2,3-dion-3-phenylhydrazon in Polyphosphorsäure
oder wss. Ameisensäure (*Abramovitch, Shapiro*, Soc. **1956** 4589, 4590). Beim Erhitzen
von 2-Oxo-3-phenylazo-piperidin-3-carbonsäure-äthylester mit Essigsäure und wss. HCl
(*Henecka et al.*, B. **90** [1957] 1060, 1066). Beim Erhitzen von 3-Indol-3-yl-propionsäure-
azid (aus 3-Indol-3-yl-propionsäure-hydrazid hergestellt) in wss. Essigsäure (*Manske*,
Canad. J. Res. **4** [1931] 591, 595; vgl. E II 89). Beim Erhitzen von 3-[2-Amino-äthyl]-
indol-2-carbonsäure in Glycerin oder Resorcin (*Abramovitch*, Soc. **1956** 4593, 4599).
Kristalle; F: 186—187,5° [aus A.] (*He. et al.*), 185° [korr.; aus A.] (*Ma.*).
Picrat $C_{11}H_{10}N_2O \cdot C_6H_3N_3O_7$. Orangegelbe Kristalle (aus A.); F: 195—197° (*Ab., Sh.*).

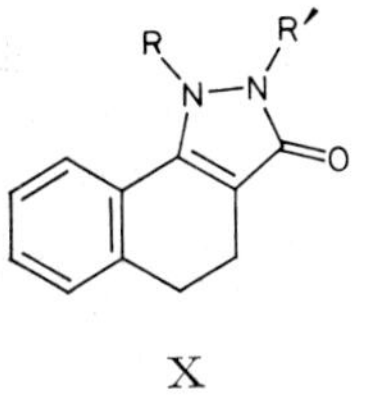

         X 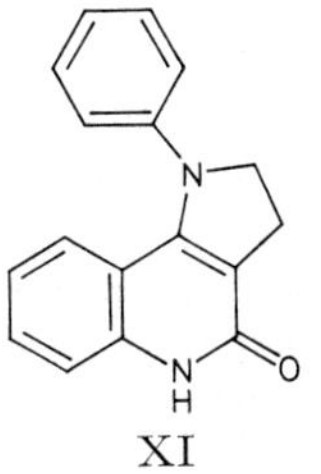   XI 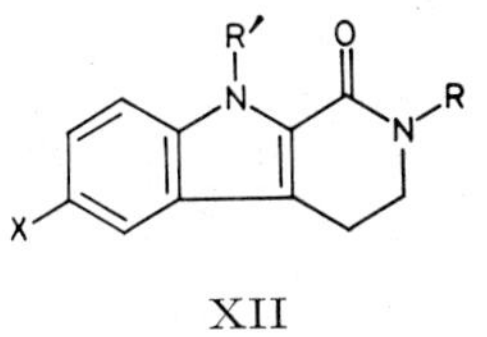   XII

9-Methyl-2,3,4,9-tetrahydro-β-carbolin-1-on $C_{12}H_{12}N_2O$, Formel XII (R = X = H, R' = CH$_3$).

B. Beim Erwärmen von 2,3,4,9-Tetrahydro-β-carbolin-1-on mit Dimethylsulfat in wss. NaOH und Aceton (*Abramovitch*, Soc. **1956** 4593, 4597).

Kristalle (aus wss. Me.); F: 157—158°. IR-Banden (Nujol; 3270—740 cm^{-1}): *Ab.*

2,9-Dimethyl-2,3,4,9-tetrahydro-β-carbolin-1-on $C_{13}H_{14}N_2O$, Formel XII (R = R' = CH$_3$, X = H).

B. Beim Erhitzen von 2,3,4,9-Tetrahydro-β-carbolin-1-on mit NaH in Toluol und anschliessend mit CH$_3$I (*Abramovitch*, Soc. **1956** 4593, 4601).

F: 65—66°. Kp$_{0,04}$: 150—152°. IR-Banden (Nujol; 1660—735 cm^{-1}): *Ab.*

Picrat $C_{13}H_{14}N_2O \cdot C_6H_3N_3O_7$. Orangefarbene Kristalle (aus wss. A.); F:113—113,5°.

2-Acetyl-2,3,4,9-tetrahydro-β-carbolin-1-on $C_{13}H_{12}N_2O_2$, Formel XII (R = CO-CH$_3$, R' = X = H).

B. Beim Erhitzen von 2,3,4,9-Tetrahydro-β-carbolin-1-on mit Acetanhydrid und geringen Mengen Essigsäure (*Abramovitch*, Soc. **1956** 4593, 4599).

Kristalle (aus A.); F: 230—231°. IR-Banden (Nujol; 3290—675 cm^{-1}): *Ab.*

2-Acetyl-9-methyl-2,3,4,9-tetrahydro-β-carbolin-1-on $C_{14}H_{14}N_2O_2$, Formel XII (R = CO-CH$_3$, R' = CH$_3$, X = H).

B. Beim Erhitzen von 9-Methyl-2,3,4,9-tetrahydro-β-carbolin-1-on mit Acetanhydrid und geringen Mengen Essigsäure (*Abramovitch*, Soc. **1957** 1413, 1414).

Kristalle (aus Me.); F: 108—109°.

2-[2-Nitro-benzoyl]-2,3,4,9-tetrahydro-β-carbolin-1-on $C_{18}H_{13}N_3O_4$, Formel XIII (X = NO$_2$) (E II 89).

B. Beim Erwärmen von 2,3,4,9-Tetrahydro-β-carbolin-1-on mit 2-Nitro-benzoyl=chlorid und Pyridin in Benzol (*Nakasato et al.*, J. pharm. Soc. Japan **82** [1962] 619, 622, 625; C. A. **58** [1963] 3470).

Hellgelbe Kristalle (aus E. + CCl$_4$) mit 0,125 Mol und mit 1 Mol CCl$_4$; F: 94°. UV-Spektrum (A.; 220—365 nm): *Na. et al.*, l. c. S. 621.

2-[N-Methyl-anthraniloyl]-2,3,4,9-tetrahydro-β-carbolin-1-on $C_{19}H_{17}N_3O_2$, Formel XIII (X = NH-CH$_3$), und cyclisches Tautomeres (13b-Hydroxy-14-methyl-8,13,13b,14-tetrahydro-7H-indolo[2',3':3,4]pyrido[2,1-b]chinazolin-5-on [Formel XIV]); **Rhetsinin**, Hydroxyevodiamin (E II **26** 149).

Konstitution: *Pachter, Suld*, J. org. Chem. **25** [1960] 1680; *Pachter et al.*, Am. Soc. **83** [1961] 635; *Chatterjee, Mukherjee*, J. Indian chem. Soc. **41** [1964] 857.

Nach Ausweis der IR-Absorption liegt im festen Zustand 2-[N-Methyl-anthraniloyl]-2,3,4,9-tetrahydro-β-carbolin-1-on vor (*Pa., Suld*). Nach Ausweis der UV-Absorption liegt in äthanol. KOH 13b-Hydroxy-14-methyl-8,13,13b,14-tetrahydro-7H-indolo=[2',3':3,4]pyrido[2,1-b]chinazolin-5-on vor (*Nakasato et al.*, J. pharm. Soc. Japan **82** [1962] 619, 621; C. A. **58** [1963] 3470).

Isolierung aus Rinde von Xanthoxylum rhetsa: *Chatterjee et al.*, Tetrahedron **7** [1957] 257, 258.

B. Beim Erhitzen von 2,3,4,9-Tetrahydro-β-carbolin-1-on mit N-Methyl-anthranil=säure-methylester und POCl$_3$ in Toluol (*Pa., Suld*).

Rötlichgelbe Kristalle; F: 196° [Zers.; nach Rotfärbung bei ca. 175°; aus CHCl$_3$ + wss. A.] (*Pa., Suld*), 192° [Zers.; aus CHCl$_3$ + A.] (*Ch. et al.*, l. c. S. 259). UV-Spek=trum (Acetonitril; 230—390 nm): *Pa., Suld*. λ_{max} (A.): 285 nm, 292 nm, 315 nm und 390 nm (*Na. et al.*, l. c. S. 623).

Beim Behandeln mit wss. HCl in CHCl$_3$ (*Ch. et al.*, l. c. S. 259) oder beim Erwärmen mit wss.-äthanol. HCl ist 14-Methyl-5-oxo-5,7,8,13-tetrahydro-indolo[2',3':3,4]pyrido=[2,1-b]chinazolinium-chlorid erhalten worden (*Ohta*, J. pharm. Soc. Japan **65** [1945] Ausg. B, S. 89; C. A. **1951** 5697; *Pa., Suld*). Beim Behandeln mit NaBH$_4$ in CHCl$_3$ und Äthanol oder beim Hydrieren an Platin in Essigsäure ist 14-Methyl-8,13,13b,14-tetra=hydro-7H-indolo[2',3':3,4]pyrido[2,1-b]chinazolin-5-on (Evodiamin) erhalten worden (*Ch. et al.*, l. c. S. 260).

Hexachloroplatinat(IV) $2 C_{19}H_{17}N_3O_2 \cdot H_2PtCl_6$. Orangefarbene Kristalle; Zers. bei 230° (*Ch. et al.*, l. c. S. 259).

Picrat $C_{19}H_{17}N_3O_2 \cdot C_6H_3N_3O_7$. Orangegelbe Kristalle (aus A.); F: 270—272° [Zers.] (*Ch. et al.*).

Methojodid $[C_{20}H_{20}N_3O_2]I$. Kristalle (aus A.); F: 220—221° [Zers.] (*Ch. et al.*).

XIII   XIV   XV

6-Fluor-2,3,4,9-tetrahydro-β-carbolin-1-on $C_{11}H_9FN_2O$, Formel XII (R = R' = H, X = F) auf S. 565.

B. Beim Erhitzen von Piperidin-2,3-dion-3-[4-fluor-phenylhydrazon] mit wss. HCl und Essigsäure (*Pelchowicz, Bergmann*, Soc. **1959** 847).

Kristalle (aus wss. A.); F: 236—237°.

6-Chlor-2,3,4,9-tetrahydro-β-carbolin-1-on $C_{11}H_9ClN_2O$, Formel XII (R = R' = H, X = Cl) auf S. 565.

B. Beim Erhitzen von Piperidin-2,3-dion-3-[4-chlor-phenylhydrazon] mit wss. Ameisen=säure (*Abramovitch*, Soc. **1956** 4593, 4599; *Smith, Kline & French Labor.*, U.S.P. 2858251 [1956]).

Kristalle; F: 225—226° [aus Me.] (*Smith, Kline & French Labor.*), 224,5—225,5° [aus Eg.] (*Ab.*).

Picrat $C_{11}H_9ClN_2O \cdot C_6H_3N_3O_7$. F: 239—240° [aus A.] (*Ab.*).

6-Chlor-9-methyl-2,3,4,9-tetrahydro-β-carbolin-1-on $C_{12}H_{11}ClN_2O$, Formel XII (R = H, R' = CH₃, X = Cl) auf S. 565.

B. Beim Erwärmen der vorangehenden Verbindung mit Dimethylsulfat in wss. KOH und Aceton (*Abramovitch*, Soc. **1956** 4593, 4600).

Kristalle (aus wss. A.); F: 207—207,5°.

8-Chlor-2,3,4,9-tetrahydro-β-carbolin-1-on $C_{11}H_9ClN_2O$, Formel XV (X = X' = H).

B. Beim Erhitzen von Piperidin-2,3-dion-3-[2-chlor-phenylhydrazon] mit HCl und Essigsäure (*Labor. Franç. de Chimiothérapie*, F.P. 1180512 [1957]; Brit. P. 888413 [1958]).

Kristalle (aus wss. Eg. oder wss. A.); F: 222°.

5,8-Dichlor-2,3,4,9-tetrahydro-β-carbolin-1-on $C_{11}H_8Cl_2N_2O$, Formel XV (X = Cl, X' = H).

B. Analog der vorangehenden Verbindung (*Labor. Franç. de Chimiothérapie*, F.P. 1188326 [1957]; Brit. P. 888413 [1958]).

Kristalle (aus Me.); F: 226° [vorgeheizter App.].

7,8-Dichlor-2,3,4,9-tetrahydro-β-carbolin-1-on $C_{11}H_8Cl_2N_2O$, Formel XV (X = H, X' = Cl).

B. Analog den vorangehenden Verbindungen (*Labor. Franç. de Chimiothérapie*, F.P. 1189456 [1958]; Brit. P. 888413 [1958]).

Kristalle (aus Isopropylalkohol); F: 280°.

6-Jod-2,3,4,9-tetrahydro-β-carbolin-1-on $C_{11}H_9IN_2O$, Formel XII (R = R' = H, X = I) auf S. 565.

B. Beim Behandeln von 2-Oxo-piperidin-3-carbonsäure-äthylester mit wss. KOH, anschliessend mit diazotiertem wss. 4-Jod-anilin und Erhitzen des Reaktionsprodukts in wss. Ameisensäure (*Smith, Kline & French Labor.*, U.S.P. 2858251 [1956]).

Kristalle (aus Bzl.); F: 229—231° [Zers.].

6-Nitro-2,3,4,9-tetrahydro-β-carbolin-1-on $C_{11}H_9N_3O_3$, Formel XII (R = R′ = H, X = NO$_2$) auf S. 565.

B. Beim Erhitzen von Piperidin-2,3-dion-3-[4-nitro-phenylhydrazon] mit Polyphos=
phorsäure (*Abramovitch*, Soc. **1956** 4593, 4598).
Hellgelbe Kristalle (aus Eg.); F: >300°.

9-Methyl-6-nitro-2,3,4,9-tetrahydro-β-carbolin-1-on $C_{12}H_{11}N_3O_3$, Formel XII (R = H, R′ = CH$_3$, X = NO$_2$) auf S. 565.

B. Beim Erwärmen der vorangehenden Verbindung mit Dimethylsulfat in wss. KOH und Aceton (*Abramovitch*, Soc. **1956** 4593, 4598).
Kristalle (aus Eg.); F: 297—298° [Zers.].

Oxo-Verbindungen $C_{12}H_{12}N_2O$

5-Methyl-6-phenyl-2,3-dihydro-[1,2]diazepin-4-on $C_{12}H_{12}N_2O$, Formel I (R = H, X = O).

B. Beim Erwärmen von (±)-2-Diazo-1-[3-methyl-4*t*-phenyl-4,5-dihydro-3*H*-pyrazol-
3*r*-yl]-äthanon oder von (±)-2-Diazo-1-[3-methyl-4*t*-phenyl-3,4-dihydro-2*H*-pyrazol-
3*r*-yl]-äthanon in Essigsäure (*Moore, Medeiros*, Am. Soc. **81** [1959] 6026). Aus 5-Methyl-
4-phenyl-1,2-diaza-bicyclo[3.2.0]hept-2-en-6-on (S. 576) beim Behandeln mit methanol.
KOH oder Erwärmen mit Essigsäure, methanol. H_2SO_4 oder methanol. HCl (*Mo.,
Me.*).
Orangefarbene Kristalle (aus A. oder Ae.); F: 150—151°; λ_{max}: 220 nm, 312 nm und
401 nm [A.] bzw. 241,5 nm, 346 nm und 415 nm [wss. NaOH] (*Mo., Me.*).
Beim Erwärmen mit wss. HCl entsteht 1-Amino-3-hydroxy-4-methyl-5-phenyl-
pyridinium-chlorid (*Moore, Binkert*, Am. Soc. **81** [1959] 6029, 6037). Beim Behandeln
mit Hydroxylamin-acetat in Methanol bildet sich 1-Hydroxy-3-methyl-4-phenyl-1,5-di=
hydro-pyrrol-2-on (*Mo., Bi.*, l. c. S. 6038). Beim Behandeln mit Dimethylsulfat, wss.
KOH und Methanol bilden sich 2,5-Dimethyl-6-phenyl-2,3-dihydro-[1,2]diazepin-4-on
und 1,5-Dimethyl-4-oxo-6-phenyl-3,4-dihydro-2*H*-[1,2]diazepinium-betain (*Mo., Bi.*,
l. c. S. 6036). Beim Behandeln mit Benzaldehyd und äthanol. Natriummäthylat ist
3-[α-Hydroxy-benzyl]-5-methyl-6-phenyl-2,3-dihydro-[1,2]diazepin-4-on [F: 145° bis
146°] (Konstitution: *Bly et al.*, J. org. Chem. **29** [1964] 2128, 2132) erhalten worden
(*Moore*, Am. Soc. **77** [1955] 3417). Beim Behandeln mit Benzoylchlorid in Pyridin oder
N,N-Dimethyl-anilin sind 2-Benzoyl-5-methyl-4-phenyl-1,2-diaza-bicyclo[3.2.0]hept-
3-en-6-on und wenig 2-Benzoyl-5-methyl-6-phenyl-2,3-dihydro-[1,2]diazepin-4-on er=
halten worden (*Moore et al.*, Am. Soc. **84** [1962] 3022; *Mo.*).
Oxim $C_{12}H_{13}N_3O$. Gelbe Kristalle (aus Me.); F: 228—229° [Zers.]; λ_{max}: 227 nm
und 342 nm [A.]. 236 nm und 336 nm [äthanol. HCl] bzw. 246 nm und 348 nm [äthanol.
KOH] (*Mo., Bi.*, l. c. S. 6039).
Semicarbazon $C_{13}H_{15}N_5O$. Hellgelbe Kristalle (aus Me.) mit 0,5 Mol Methanol;
F: 194—196°; λ_{max}: 242 nm, 305 nm und 350 nm [A.] bzw. 242 nm [äthanol. NaOH]
(*Mo., Bi.*, l. c. S. 6036).

2,5-Dimethyl-6-phenyl-2,3-dihydro-[1,2]diazepin-4-on $C_{13}H_{14}N_2O$, Formel I (R = CH$_3$,
X = O).

B. Neben 1,5-Dimethyl-4-oxo-6-phenyl-3,4-dihydro-2*H*-[1,2]diazepinium-betain beim
Behandeln von 5-Methyl-6-phenyl-2,3-dihydro-[1,2]diazepin-4-on mit Dimethylsulfat,
wss. KOH und Methanol (*Moore, Binkert*, Am. Soc. **81** [1959] 6029, 6036).
Orangefarbene Kristalle (aus wss. Me. oder Ae. + Pentan); F: 73—74° [nach Sub-
limation]. λ_{max} (A.): 260 nm, 316 nm und 408 nm.
Beim Behandeln mit Hydroxylamin-acetat in Methanol bildet sich 1-Hydroxy-3-meth=
yl-4-phenyl-1,5-dihydro-pyrrol-2-on.
Hydrochlorid. Orangefarbene Kristalle; F: 106—120°.
Oxim $C_{13}H_{15}N_3O$. Gelbe Kristalle (aus Me.); F: 232—235°; λ_{max}: 233 nm und 362 nm
[A.] bzw. 254 nm und 363 nm [äthanol. KOH] (*Mo., Bi.*, l. c. S. 6040).
Semicarbazon $C_{14}H_{17}N_5O$. Gelbe Kristalle (aus Me.); F: 201—204° [Zers.]. λ_{max}
(A.): 248 nm und 307 nm.

1,5-Dimethyl-4-oxo-6-phenyl-3,4-dihydro-2*H*-[1,2]diazepinium $[C_{13}H_{15}N_2O]^+$, Formel II.

Betain $C_{13}H_{14}N_2O$. *B.* s. im vorangehenden Artikel. — Kristalle (aus Ae.); F: 91—95° [gelbe Schmelze] (*Moore, Binkert*, Am. Soc. **81** [1959] 6029, 6037). — Im Dunkeln bei —20° beständig.

Chlorid $[C_{13}H_{15}N_2O]Cl$. *B.* Beim Leiten von HCl in eine Lösung des Betains in $CHCl_3$ und wenig Äthanol (*Mo., Bi.*). — Dunkelgelbe Kristalle (aus Me. + Ae.); F: 133—135°. λ_{max} (A.): 232 nm, 305 nm und 420 nm.

2-Acetyl-5-methyl-6-phenyl-2,3-dihydro-[1,2]diazepin-4-on $C_{14}H_{14}N_2O_2$, Formel I ($R = CO-CH_3$, $X = O$).

B. Beim Erwärmen von 5-Methyl-6-phenyl-2,3-dihydro-[1,2]diazepin-4-on mit Acetan= hydrid und Pyridin (*Moore, Binkert*, Am. Soc. **81** [1959] 6029, 6036).

Dunkelgelbe Kristalle (aus Ae.); F: 89—90°. λ_{max}: 221 nm, 315 nm und 390 nm [A.] bzw. 242 nm, 344 nm und 417 nm [äthanol. NaOH].

Beim Behandeln mit Hydroxylamin-acetat in Methanol ist eine Verbindung $C_{14}H_{17}N_3O_3$ (Kristalle [aus Me. + Ae.]; F: 135—138°; λ_{max} [A. sowie äthanol. HCl]: 249 nm), beim Behandeln mit Semicarbazid-acetat in Methanol ist eine Verbindung $C_{15}H_{19}N_5O_3$ (Kristalle [aus Me.]; F: 169—171° [Zers.]; λ_{max}: 250 nm [A.], 226 nm [äthanol. HCl] bzw. 254 nm [äthanol. NaOH]) erhalten worden (*Mo., Bi.*, l. c. S. 6034, 6040).

I   II   III

***2-Acetyl-5-methyl-6-phenyl-2,3-dihydro-[1,2]diazepin-4-on-oxim** $C_{14}H_{15}N_3O_2$, Formel I ($R = CO-CH_3$, $X = N-OH$).

B. Beim Erwärmen von 5-Methyl-6-phenyl-2,3-dihydro-[1,2]diazepin-4-on-oxim (S. 568) mit Acetanhydrid und Behandeln des Reaktionsprodukts mit methanol. KOH (*Moore, Binkert*, Am. Soc. **81** [1959] 6029, 6039).

Kristalle (aus Me.); F: 190—192°. λ_{max}: 227 nm, 299 nm und 340 nm [A.] bzw. 248 nm [äthanol. KOH].

***2-Acetyl-5-methyl-6-phenyl-2,3-dihydro-[1,2]diazepin-4-on-[*O*-acetyl-oxim]** $C_{16}H_{17}N_3O_3$, Formel I ($R = CO-CH_3$, $X = N-O-CO-CH_3$).

B. Beim Erwärmen von 5-Methyl-6-phenyl-2,3-dihydro-[1,2]diazepin-4-on-oxim (S. 568) oder der vorangehenden Verbindung mit Acetanhydrid (*Moore, Binkert*, Am. Soc. **81** [1959] 6029, 6039).

Kristalle (aus wss. Me.); F: 108°. λ_{max}: 225 nm, 300 nm und 346 nm [A.] bzw. 247 nm [äthanol. KOH].

***2-Acetyl-5-methyl-6-phenyl-2,3-dihydro-[1,2]diazepin-4-on-semicarbazon** $C_{15}H_{17}N_5O_2$, Formel I ($R = CO-CH_3$, $X = N-NH-CO-NH_2$).

B. Aus 5-Methyl-6-phenyl-2,3-dihydro-[1,2]diazepin-4-on-semicarbazon (S. 568), Acet= anhydrid und Pyridin (*Moore, Binkert*, Am. Soc. **81** [1959] 6029, 6036).

Gelbe Kristalle (aus Me. + Ae.); F: 216—218°. λ_{max} (A.): 241 nm, 298 nm und 360 nm.

2-Benzoyl-5-methyl-6-phenyl-2,3-dihydro-[1,2]diazepin-4-on $C_{19}H_{16}N_2O_2$, Formel I ($R = CO-C_6H_5$, $X = O$).

B. Aus 5-Methyl-6-phenyl-2,3-dihydro-[1,2]diazepin-4-on und Benzoesäure-anhydrid in Pyridin (*Moore, Binkert*, Am. Soc. **81** [1959] 6029, 6036).

Gelbe Kristalle (aus Me. + H_2O); F: 147—148°. λ_{max} (A.): 300 nm und 394 nm.

Beim Behandeln mit Hydroxylamin-acetat in Methanol ist eine Verbindung

$C_{19}H_{19}N_3O_3$ (Kristalle [aus Me.] mit 1 Mol Methanol; F: 114—117°; λ_{max}: 245 nm [A.], 230 nm [äthanol. HCl] bzw. 247 nm [äthanol. KOH]), beim Behandeln mit Semicarb=azid-acetat in Methanol ist eine Verbindung $C_{20}H_{21}N_5O_3$ (Kristalle [aus Me.] mit 0,5 Mol Methanol; F: 163—165°; λ_{max}: 220 nm und 272 nm [A.], 226 nm und 280 nm [äthanol. HCl] bzw. 225 nm und 282 nm [äthanol. KOH]) erhalten worden (*Mo., Bi.,* l. c. S. 6034, 6040).

*2-Benzoyl-5-methyl-6-phenyl-2,3-dihydro-[1,2]diazepin-4-on-semicarbazon
$C_{20}H_{19}N_5O_2$, Formel I (R = CO-C_6H_5, X = N-NH-CO-NH_2).
B. In geringer Menge aus 5-Methyl-6-phenyl-2,3-dihydro-[1,2]diazepin-4-on-semi=carbazon (S. 568) und Benzoesäure-anhydrid in Pyridin (*Moore, Binkert,* Am. Soc. **81** [1959] 6029, 6040).
Kristalle (aus Me.); F: 222—224°. λ_{max} (A.): 241 nm und 365 nm.

(±)-2-[2,α-Dichlor-benzyl]-6-methyl-3H-pyrimidin-4-on $C_{12}H_{10}Cl_2N_2O$, Formel III (X = Cl, X' = H), und Tautomere.
B. Aus (±)-2-[2-Chlor-α-hydroxy-benzyl]-6-methyl-3H-pyrimidin-4-on und $SOCl_2$ in $CHCl_3$ (*King et al.,* Soc. **1946** 5, 9).
Kristalle (aus wss. A.); F: 197°.

2-Benzyl-5-brom-6-methyl-3H-pyrimidin-4-on $C_{12}H_{11}BrN_2O$, Formel III (X = H, X' = Br), und Tautomere.
B. Aus 2-Benzyl-6-methyl-3H-pyrimidin-4-on und Brom (*Ochiai et al.,* J. pharm. Soc. Japan **63** [1943] 25, 27; C. A. **1951** 609).
Kristalle (aus Me.); F: 195°.

5-Benzyl-6-methyl-3H-pyrimidin-4-on $C_{12}H_{12}N_2O$, Formel IV, und Tautomere.
B. Beim Erwärmen von 5-Benzyl-6-methyl-2-thioxo-2,3-dihydro-1H-pyrimidin-4-on mit wss. H_2O_2 (*Baker et al.,* J. org. Chem. **18** [1953] 133, 136).
Kristalle (aus E.); F: 157—158°.

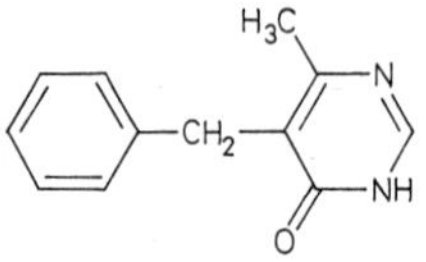

IV 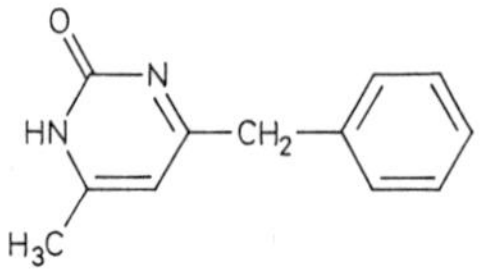   V 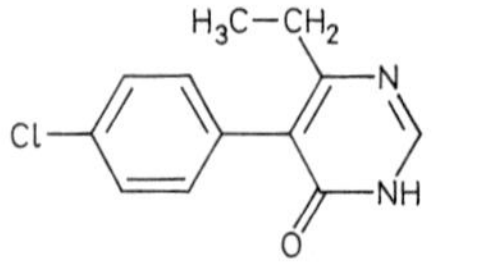   VI

4-Benzyl-6-methyl-1H-pyrimidin-2-on $C_{12}H_{12}N_2O$, Formel V, und Tautomere.
Beim Erwärmen von 1-Phenyl-pentan-2,4-dion mit Harnstoff in wss.-methanol. HCl (*Hauser, Manyik,* J. org. Chem. **18** [1953] 588, 591).
Kristalle [aus H_2O] (*Ochiai, Yanai,* J. pharm. Soc. Japan **60** [1940] 493, 501; dtsch. Ref. S. 192, 198; C. A. **1941** 744); F: 61—63° (*Och., Ya.*), 59—61° (*Ha., Ma.*).

6-Äthyl-5-[4-chlor-phenyl]-3H-pyrimidin-4-on $C_{12}H_{11}ClN_2O$, Formel VI, und Tautomere.
B. Beim Erhitzen von 6-Äthyl-5-[4-chlor-phenyl]-pyrimidin-4-ylamin mit wss. HCl (*Baker et al.,* J. org. Chem. **18** [1953] 133, 136).
Kristalle (aus Me.); F: 271—271,5°.

2,5-Dimethyl-6-phenyl-3H-pyrimidin-4-on $C_{12}H_{12}N_2O$, Formel VII, und Tautomere.
B. Bei der Hydrierung von N-[4-Methyl-3-phenyl-isoxazol-5-yl]-acetamid an Raney-Nickel in Äthanol (*Kano, Makisumi,* Pharm. Bl. **3** [1955] 270, 272).
Kristalle (aus Me.); F: 180—181°.

3-Äthyl-5,6-dimethyl-2-phenyl-3H-pyrimidin-4-on $C_{14}H_{16}N_2O$, Formel VIII.

B. Beim Behandeln von *N*-Äthyl-benzimidoylchlorid mit 3-Amino-2-methyl-croton⸗ säure-äthylester in $CHCl_3$ (*Staskun, Stephen*, Soc. **1956** 4708).

Kristalle (aus Me. oder A.); F: 82°.

5,6-Dimethyl-2,3-diphenyl-3H-pyrimidin-4-on $C_{18}H_{16}N_2O$, Formel IX
(R = X = X′ = H).

B. Beim Erhitzen von *N*-Phenyl-benzimidoylchlorid mit 3-Amino-2-methyl-croton⸗ säure-äthylester auf 140° (*Staskun, Stephen*, Soc. **1956** 4708).

Kristalle (aus Me. oder A.); F: 157°.

3-[2-Chlor-phenyl]-5,6-dimethyl-2-phenyl-3H-pyrimidin-4-on $C_{18}H_{15}ClN_2O$, Formel IX
(R = X′ = H, X = Cl).

B. In geringer Menge beim Erwärmen von *N*-[2-Chlor-phenyl]-benzimidoylchlorid mit 3-Amino-2-methyl-crotonsäure-äthylester in $CHCl_3$ (*Staskun, Stephen*, Soc. **1956** 4708).

Kristalle (aus Me. oder A.); F: 151°.

3-[3-Chlor-phenyl]-5,6-dimethyl-2-phenyl-3H-pyrimidin-4-on $C_{18}H_{15}ClN_2O$, Formel IX
(R = X = H, X′ = Cl).

B. Beim Erhitzen von *N*-[3-Chlor-phenyl]-benzimidoylchlorid mit 3-Amino-2-methyl-crotonsäure-methylester auf 150° (*Staskun, Stephen*, Soc. **1956** 4708).

Kristalle (aus Me. oder A.); F: 152°.

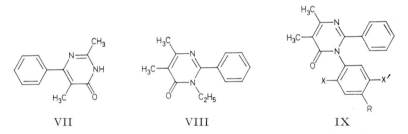

VII   VIII   IX

5,6-Dimethyl-3-[3-nitro-phenyl]-2-phenyl-3H-pyrimidin-4-on $C_{18}H_{15}N_3O_3$, Formel IX
(R = X = H, X′ = NO₂).

B. Beim Erhitzen von *N*-[3-Nitro-phenyl]-benzimidoylchlorid mit 3-Amino-2-methyl-crotonsäure-methylester auf 140° (*Staskun, Stephen*, Soc. **1956** 4708).

Kristalle (aus Me. oder A.); F: 159°.

5,6-Dimethyl-2-phenyl-3-o-tolyl-3H-pyrimidin-4-on $C_{19}H_{18}N_2O$, Formel IX
(R = X′ = H, X = CH₃).

B. Beim Erwärmen von *N*-o-Tolyl-benzimidoylchlorid mit 3-Amino-2-methyl-croton⸗ säure-methylester in $CHCl_3$ (*Staskun, Stephen*, Soc. **1956** 4708).

Kristalle (aus Me. oder A.); F: 114°.

5,6-Dimethyl-2-phenyl-3-m-tolyl-3H-pyrimidin-4-on $C_{19}H_{18}N_2O$, Formel IX (R = X = H,
X′ = CH₃).

B. Beim Erhitzen von *N*-m-Tolyl-benzimidoylchlorid mit 3-Amino-2-methyl-croton⸗ säure-methylester (oder -äthylester) auf 100° (*Staskun, Stephen*, Soc. **1956** 4708).

Kristalle (aus Me. oder A.); F: 129°.

5,6-Dimethyl-2-phenyl-3-p-tolyl-3H-pyrimidin-4-on $C_{19}H_{18}N_2O$, Formel IX (R = CH₃,
X = X′ = H).

B. Beim Erwärmen von *N*-p-Tolyl-benzimidoylchlorid mit 3-Amino-2-methyl-croton⸗ säure-methylester in $CHCl_3$ (*Staskun, Stephen*, Soc. **1956** 4708).

Kristalle (aus Me. oder A.); F: 146°.

3-[2,4-Dimethyl-phenyl]-5,6-dimethyl-2-phenyl-3H-pyrimidin-4-on $C_{20}H_{20}N_2O$,
Formel IX (R = X = CH_3, X' = H).

B. Analog der vorangehenden Verbindung (*Staskun, Stephen*, Soc. **1956** 4708).
Kristalle (aus Me. oder A.); F: 152°.

5,6-Dimethyl-3-[1]naphthyl-2-phenyl-3H-pyrimidin-4-on $C_{22}H_{18}N_2O$, Formel X.

B. Beim Erwärmen von N-[1]Naphthyl-benzimidoylchlorid mit 3-Amino-2-methyl-
crotonsäure-äthylester in $CHCl_3$ (*Staskun, Stephen*, Soc. **1956** 4708).
Kristalle (aus Me. oder A.); F: 174°.

5,6-Dimethyl-3-[2]naphthyl-2-phenyl-3H-pyrimidin-4-on $C_{22}H_{18}N_2O$, Formel XI.
B. Analog der vorangehenden Verbindung (*Staskun, Stephen*, Soc. **1956** 4708).
Kristalle (aus Me. oder A.); F: 189°.

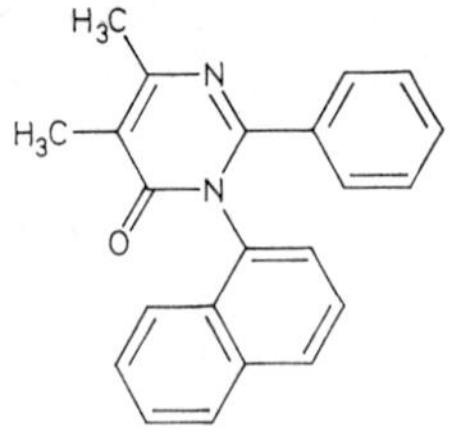

X 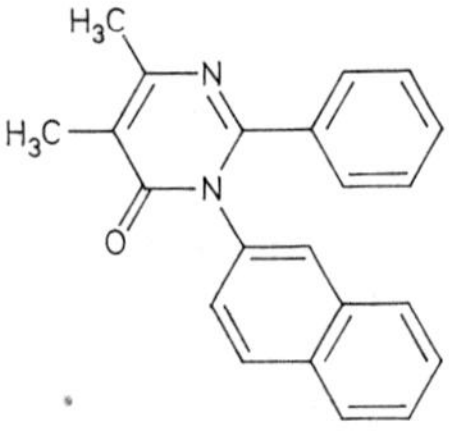   XI 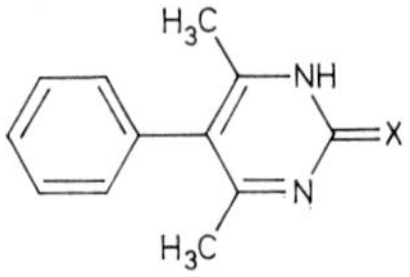   XII

4,6-Dimethyl-5-phenyl-1H-pyrimidin-2-on $C_{12}H_{12}N_2O$, Formel XII (X = O), und
Tautomeres.
B. Beim Erwärmen von 3-Phenyl-pentan-2,4-dion mit Harnstoff in wss.-äthanol.
HCl (*Hauser, Manyik*, J. org. Chem. **18** [1953] 588, 591).
Kristalle (aus A.); F: 241—242,5° [unkorr.; nach Dunkelfärbung bei 237°].
Hydrochlorid $C_{12}H_{12}N_2O \cdot HCl$. Zers. bei ca. 245° [unkorr.].

4,6-Dimethyl-5-phenyl-1H-pyrimidin-2-thion $C_{12}H_{12}N_2S$, Formel XII (X = S), und
Tautomeres.
B. Beim Behandeln von 3-Phenyl-pentan-2,4-dion mit Thioharnstoff in wss.-äthanol.
HCl (*Hauser, Manyik*, J. org. Chem. **18** [1953] 588, 591).
Kristalle (aus A.); F: 225,5—226° [unkorr.; Zers.; geschlossene Kapillare].
Hydrochlorid $C_{12}H_{12}N_2S \cdot HCl$. Gelb; F: 241—242,5° [unkorr.].

5,6-Dimethyl-3-phenyl-1H-pyrazin-2-on $C_{12}H_{12}N_2O$, Formel XIII (X = H), und
Tautomeres.
B. Aus (±)-Amino-phenyl-essigsäure-amid und Butandion in wss.-methanol. NaOH
(*Jones*, Am. Soc. **71** [1949] 78, 79, 80). Aus 5,6-Dimethyl-1H-pyrazin-2-on und wss.
Benzoldiazoniumchlorid (*Karmas, Spoerri*, Am. Soc. **78** [1956] 4071, 4075). Beim Er-
hitzen von 1-Hydroxy-5,6-dimethyl-3-phenyl-1H-pyrazin-2-on mit $N_2H_4 \cdot H_2O$ in Äthanol
auf 160° (*Dunn et al.*, Soc. **1949** 2707, 2711).
Hellbraune Kristalle; F: 242—243° [aus Butan-1-ol] (*Ka., Sp.*), 235—238° [aus A.]
(*Dunn et al.*). Bei 150—160°/10^{-4} Torr sublimierbar (*Dunn et al.*). λ_{max} (A.): 256 nm und
365 nm (*Dunn et al.*).

1-Hydroxy-5,6-dimethyl-3-phenyl-1H-pyrazin-2-on $C_{12}H_{12}N_2O_2$, Formel XIII (X = OH).
B. Aus (±)-Amino-phenyl-essigsäure-hydroxyamid und Butandion in wss.-methanol.
NaOH (*Dunn et al.*, Soc. **1949** 2707, 2710).
Hellgelbe Kristalle (aus Me.); F: 154—156°. Bei 130°/10^{-3} Torr sublimierbar. λ_{max} (A.):
257 nm und 370 nm.

*****5-Methyl-4-phenäthyliden-2-phenyl-2,4-dihydro-pyrazol-3-on** $C_{18}H_{16}N_2O$, Formel XIV.
B. Beim Erhitzen von 5-Methyl-2-phenyl-1,2-dihydro-pyrazol-3-on mit Phenylacet⸗

aldehyd (*Ilford Ltd.*, U.S.P. 2213986 [1939]).
Kristalle (aus Bzl. + PAe.); F: 101—103°.

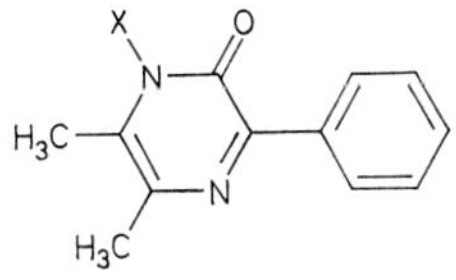

XIII 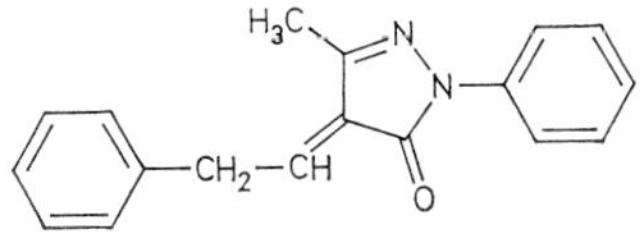   XIV 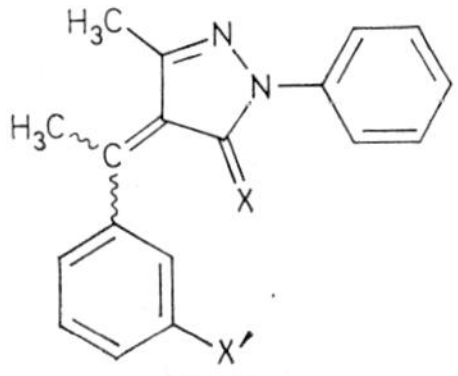   XV

*5-Methyl-4-[1-(3-nitro-phenyl)-äthyliden]-2-phenyl-2,4-dihydro-pyrazol-3-on
$C_{18}H_{15}N_3O_3$, Formel XV (X = O, X' = NO_2).
   B. Beim Erhitzen von 5-Methyl-2-phenyl-1,2-dihydro-pyrazol-3-on mit 1-[3-Nitro-phenyl]-äthanon (*Poraĭ-Koschiz, Dinaburg, Ž. obšč. Chim.* **24** [1954] 635, 640; engl. Ausg. S. 645, 648; *Ilford Ltd.*, U.S.P. 2213986 [1939]).
   Gelbe Kristalle (aus wss. Eg.); F: 150—151° (*Po.-Ko., Di.*).

5-Methyl-2-phenyl-4-[1-phenyl-äthyliden]-2,4-dihydro-pyrazol-3-thion $C_{18}H_{16}N_2S$,
Formel XV (X' = H, X = S).
   Die früher (H **24** 188) unter dieser Konstitution beschriebene Verbindung („1-Phenyl-3-methyl-4-[methyl-phenyl-methylen]-pyrazolthion-(5)") ist als (±)-3-Methyl-1,4-di=phenyl-4,5-dihydro-1H-thieno[2,3-c]pyrazol zu formulieren (*Maquestiau et al.*, Bl. Soc. chim. Belg. **86** [1977] 87, 91); entsprechend ist die H **189** als 5-Methyl-4-[1-phenyl-äthyliden]-2-*p*-tolyl-2,4-dihydro-pyrazol-3-thion ($C_{19}H_{18}N_2S$) beschriebene Verbindung wahrscheinlich als (±)-3-Methyl-4-phenyl-1-*p*-tolyl-4,5-dihydro-1H-thieno=[2,3-c]pyrazol zu formulieren.

5-Methyl-4-[(Z)-4-methyl-benzyliden]-2-phenyl-2,4-dihydro-pyrazol-3-on $C_{18}H_{16}N_2O$,
Formel I.
   Konfiguration: *Desimoni et al.*, G. **102** [1972] 491, 493, 499.
   B. Beim Erhitzen von 5-Methyl-2-phenyl-1,2-dihydro-pyrazol-3-on mit *p*-Toluyl=aldehyd in Essigsäure (*Mustafa et al.*, Am. Soc. **81** [1959] 6007, 6009 Tab. I Anm. c).
   F: 115° [unkorr.; aus A.] (*Mu. et al.*).

4-Allyl-2-[1-methyl-[4]piperidyl]-5-phenyl-1,2-dihydro-pyrazol-3-on $C_{18}H_{23}N_3O$,
Formel II, und Tautomere.
   B. Aus 4-Hydrazino-1-methyl-piperidin und 2-Benzoyl-pent-4-ensäure-äthylester (*Ebnöther et al.*, Helv. **42** [1959] 1201, 1208, 1213).
   Kristalle (aus Isopropylalkohol); F: 129—131° [Zers.].

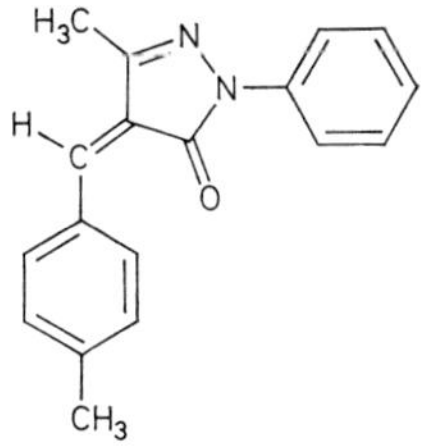

I 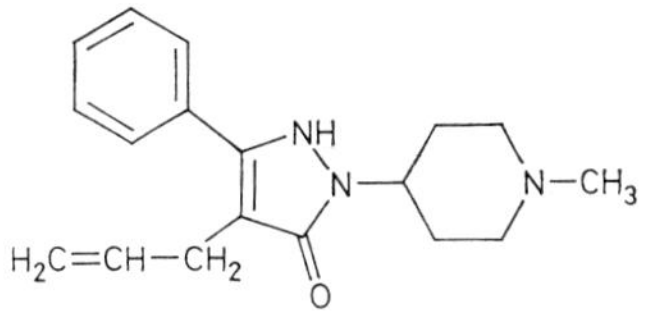   II 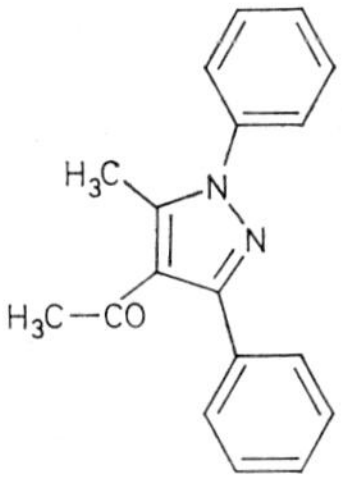   III

4-Acetyl-5-methyl-1,3-diphenyl-1H-pyrazol, 1-[5-Methyl-1,3-diphenyl-1H-pyrazol-4-yl]-
äthanon $C_{18}H_{16}N_2O$, Formel III.
   B. Neben Benzoesäure-[N'-phenyl-hydrazid] beim Erwärmen von N'-Phenyl-benzo=hydrazonoylchlorid mit der Natrium-Verbindung des Pentan-2,4-dions in Äthanol (*Fusco*,

G. **69** [1939] 353, 359).
Kristalle (aus A.); F: 88°.
Phenylhydrazon $C_{24}H_{22}N_4$. Gelbliche Kristalle; F: 182°.

5-Isopropyliden-2-phenyl-3,5-dihydro-imidazol-4-on $C_{12}H_{12}N_2O$, Formel IV (X = H),
und Tautomere.
B. Beim Erwärmen von Benzimidsäure-äthylester mit Glycin-äthylester und Aceton
(*Lehr et al.*, Am. Soc. **75** [1953] 3640, 3643, 3645).
Kristalle (aus PAe., Bzl., Acn. oder deren Gemischen); F: 200—201° [korr.].

5-Isopropyliden-2-[4-nitro-phenyl]-3,5-dihydro-imidazol-4-on $C_{12}H_{11}N_3O_3$, Formel IV
(X = NO_2), und Tautomere.
B. Beim Erwärmen von 4-Nitro-benzimidsäure-äthylester mit Glycin-äthylester und
Aceton (*Lehr et al.*, Am. Soc. **75** [1953] 3640, 3643, 3645).
Kristalle (aus PAe., Bzl., Acn. oder deren Gemischen); F: 258—260° [korr.].

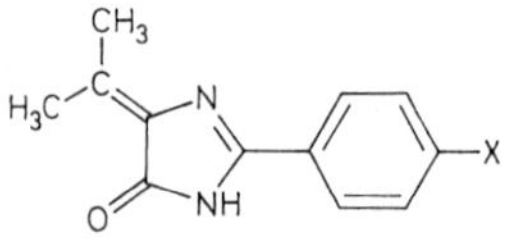

IV 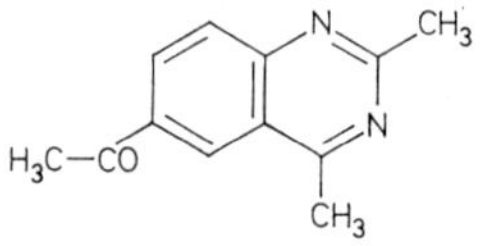   V 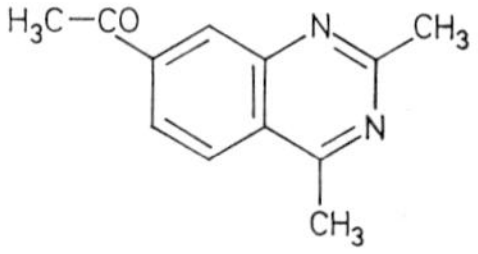   VI

6-Acetyl-2,4-dimethyl-chinazolin, 1-[2,4-Dimethyl-chinazolin-6-yl]-äthanon $C_{12}H_{12}N_2O$,
Formel V.
B. Beim Erhitzen von Essigsäure-[2,4-diacetyl-anilid] mit äthanol. NH_3 auf 100°
(*Siegle, Christensen*, Am. Soc. **72** [1950] 4186, 4187).
Kristalle (aus Heptan); F: 92° (*Si., Ch.*). IR-Spektrum (Nujol; 3500—700 cm^{-1}):
Culbertson et al., Am. Soc. **74** [1952] 4834, 4836, 4837.

7-Acetyl-2,4-dimethyl-chinazolin, 1-[2,4-Dimethyl-chinazolin-7-yl]-äthanon $C_{12}H_{12}N_2O$,
Formel VI.
B. Beim Erhitzen von Essigsäure-[2,5-diacetyl-anilid] mit äthanol. NH_3 auf 105°
(*Christensen et al.*, Am. Soc. **67** [1945] 2001).
Kristalle (aus H_2O); F: 100°.

8-Acetyl-2,4-dimethyl-chinazolin, 1-[2,4-Dimethyl-chinazolin-8-yl]-äthanon $C_{12}H_{12}N_2O$,
Formel VII.
B. Beim Erhitzen von Essigsäure-[2,6-diacetyl-anilid] mit äthanol. NH_3 auf 105°
(*Isensee, Christensen*, Am. Soc. **70** [1948] 4061).
Kristalle (aus H_2O); F: 97—98°.

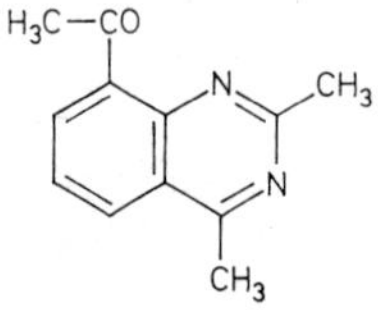

VII 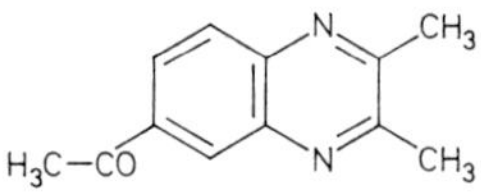   VIII 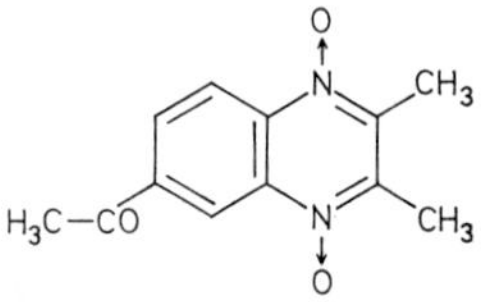   IX

6-Acetyl-2,3-dimethyl-chinoxalin, 1-[2,3-Dimethyl-chinoxalin-6-yl]-äthanon $C_{12}H_{12}N_2O$
Formel VIII.
B. Beim Erwärmen von 1-[3,4-Diamino-phenyl]-äthanon mit Butandion in Methanol
bzw. Äthanol (*Borsche, Barthenheier*, A. **533** [1942] 250, 257; *Silk*, Soc. **1956** 2058, 2061).
Kristalle; F: 117—119° [aus Me.] (*Bo., Ba.*), 116—118° [aus wss. A.] (*Silk*).

6-Acetyl-2,3-dimethyl-chinoxalin-1,4-dioxid, 1-[2,3-Dimethyl-1,4-dioxy-chinoxalin-6-yl]-äthanon $C_{12}H_{12}N_2O_3$, Formel IX.

B. Aus der vorangehenden Verbindung und Peroxyessigsäure (*Silk*, Soc. **1956** 2058, 2063).

Kristalle (aus H_2O); F: 160—162°.

Oxim $C_{12}H_{13}N_3O_3$. Kristalle (aus wss. Eg.); F: 244 246°.

[2,5-Dimethyl-pyrrol-3-yl]-[2]pyridyl-keton $C_{12}H_{12}N_2O$, Formel X.

B. In geringer Menge aus Pyridin-2-carbonsäure-äthylester und 2,5-Dimethyl-pyrrol⹀ylmagnesium-halogenid (*Gardner et al.*, J. org. Chem. **23** [1958] 823, 824).

Gelbe Kristalle (aus Ae. + E.); F: 118—120° [korr.].

Hydrochlorid $C_{12}H_{12}N_2O \cdot HCl$. Orangefarbene Kristalle (aus E. + PAe.); F: 208° bis 210° [korr.].

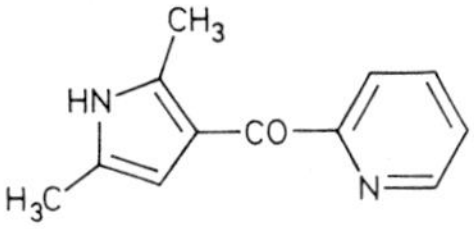

X 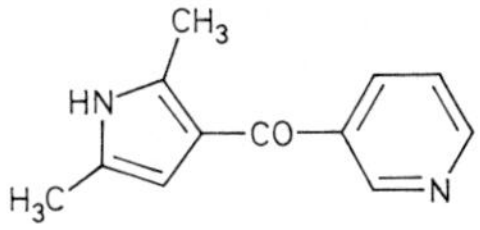   XI 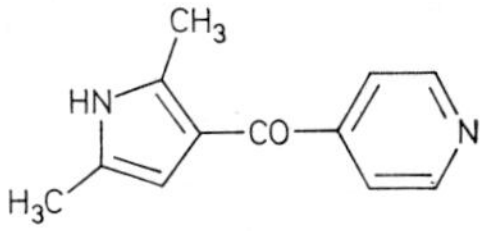   XII

[2,5-Dimethyl-pyrrol-3-yl]-[3]pyridyl-keton $C_{12}H_{12}N_2O$, Formel XI.

Gelbe Kristalle (aus A.); F: 166—168° [korr.] (*Gardner et al.*, J. org. Chem. **23** [1958] 823).

Hydrochlorid $C_{12}H_{12}N_2O \cdot HCl$. Gelbe Kristalle (aus A.); F: 203—204° [korr.].

[2,5-Dimethyl-pyrrol-3-yl]-[4]pyridyl-keton $C_{12}H_{12}N_2O$, Formel XII.

Hellbraune Kristalle (aus A.); F: 190—191° [korr.] (*Gardner et al.*, J. org. Chem. **23** [1958] 823).

Hydrochlorid $C_{12}H_{12}N_2O \cdot HCl$. Orangefarbene Kristalle (aus E. + PAe.); F: 261° bis 263° [korr.].

1-[2-Methyl-4-[2]pyridyl-pyrrol-3-yl]-äthanon $C_{12}H_{12}N_2O$, Formel XIII.

B. Beim Erhitzen von 4-Acetyl-5-methyl-3-[2]pyridyl-pyrrol-2-carbonsäure (*Ochiai et al.*, B. **68** [1935] 1551, 1555).

Kristalle (aus E.); F: 198°. $Kp_{0,002}$: 200—250° [Badtemperatur].

Perchlorat. Kristalle (aus E.); F: 171°.

1-[2-Methyl-4-[3]pyridyl-pyrrol-3-yl]-äthanon $C_{12}H_{12}N_2O$, Formel XIV.

B. Beim Erhitzen von 4-Acetyl-5-methyl-3-[3]pyridyl-pyrrol-2-carbonsäure (*Ochiai et al.*, B. **68** [1935] 1710, 1715).

Kristalle (aus Acn.); F: 142—144°. $Kp_{0,003}$: 220—240° [Badtemperatur].

Perchlorat. Kristalle; F: 198°.

Picrat. Kristalle (aus E.); Zers. bei 229—230°.

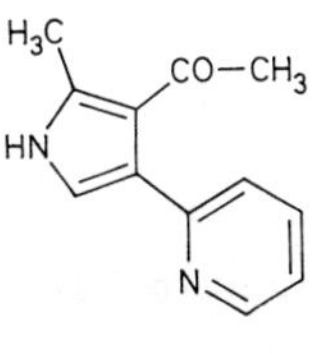

XIII 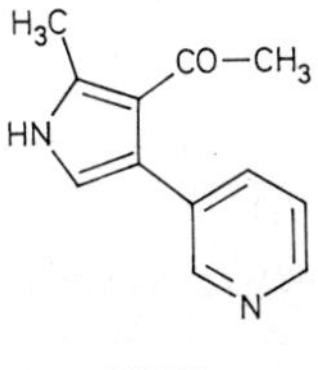   XIV 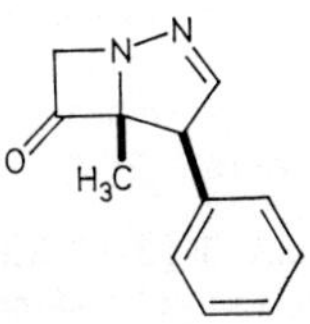   XV

($\pm$)-*cis*-5-Methyl-4-phenyl-1,2-diaza-bicyclo[3.2.0]hept-2-en-6-on $C_{12}H_{12}N_2O$, Formel XV + Spiegelbild.

Konfiguration: *Moore et al.*, J. org. Chem. **31** [1966] 34.

B. Aus ($\pm$)-2-Diazo-1-[3-methyl-4*t*-phenyl-3,4-dihydro-2*H*-pyrazol-3*r*-yl]-äthanon mit Hilfe von Essigsäure oder wenig HCl enthaltendem wss. Methanol (*Moore, Medeiros,* Am. Soc. **81** [1959] 6026).

IR-Spektrum (KBr; 3—6,5 μ): *Mo., Me.*

Beim Erwärmen mit Essigsäure, methanol. H_2SO_4, methanol. HCl oder beim Behandeln mit methanol. KOH entsteht 5-Methyl-6-phenyl-2,3-dihydro-[1,2]diazepin-4-on.

Picrat $C_{12}H_{12}N_2O \cdot C_6H_3N_3O_7$. Gelbe Kristalle (aus Acn.); F: 129—130° [Zers.].

($\pm$)-2-Benzoyl-5-methyl-4-phenyl-1,2-diaza-bicyclo[3.2.0]hept-3-en-6-on $C_{19}H_{16}N_2O_2$, Formel I.

B. Neben geringeren Mengen 2-Benzoyl-5-methyl-6-phenyl-2,3-dihydro-[1,2]diazepin-4-on (S. 569) aus 5-Methyl-6-phenyl-2,3-dihydro-[1,2]diazepin-4-on und Benzoylchlorid in Pyridin oder *N,N*-Dimethyl-anilin (*Moore et al.,* Am. Soc. **84** [1962] 3022; *Moore,* Am. Soc. **77** [1955] 3417). Aus opt.-inakt. 5-Methyl-4-phenyl-1,2-diaza-bicyclo[3.2.0]=
hept-2-en-6-on und Benzoylchlorid in Pyridin (*Mo. et al.*).

F: 126—127° [Zers.] (*Mo. et al.*). λ_{max} (A.): 226 nm, 265 nm und 331 nm (*Mo.*).

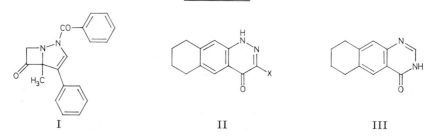

I   II   III

6,7,8,9-Tetrahydro-1*H*-benzo[g]cinnolin-4-on $C_{12}H_{12}N_2O$, Formel II (X = H), und Tautomeres.

B. Beim Behandeln [3 d] von diazotiertem 1-[3-Amino-5,6,7,8-tetrahydro-[2]naphth=
yl]-äthanon mit wss. HCl (*Schofield et al.,* Soc. **1949** 2399, 2402).

Kristalle (aus Me.); F: 262—263° [unkorr.].

3-Chlor-6,7,8,9-tetrahydro-1*H*-benzo[g]cinnolin-4-on $C_{12}H_{11}ClN_2O$, Formel II (X = Cl), und Tautomeres.

B. Beim Erwärmen von *N*-[3-Chloracetyl-5,6,7,8-tetrahydro-[2]naphthyl]-acetamid mit wss. HCl und anschliessenden Diazotieren (*Schofield et al.,* Soc. **1949** 2399, 2402).

Kristalle (aus A.); F: 288—289° [unkorr.].

Acetyl-Derivat $C_{14}H_{13}ClN_2O_2$. Kristalle (aus A.); F: 148—149° [unkorr.].

6,7,8,9-Tetrahydro-3*H*-benzo[g]chinazolin-4-on $C_{12}H_{12}N_2O$, Formel III, und Tautomere.

B. Beim Erhitzen von 3-Amino-5,6,7,8-tetrahydro-[2]naphthoesäure mit Formamid (*Baker et al.,* J. org. Chem. **17** [1952] 149, 152).

Kristalle (aus Me.); F: 238—239°.

*Opt.-inakt. 3-[3-(3-Hydroxy-[2]piperidyl)-2-oxo-propyl]-6,7,8,9-tetrahydro-3*H*-benzo[g]chinazolin-4-on $C_{20}H_{25}N_3O_3$, Formel IV (R = R' = H).

Dihydrochlorid $C_{20}H_{25}N_3O_3 \cdot 2$ HCl. *B.* Beim Erhitzen der folgenden Verbindung mit wss. HBr (*Baker et al.,* J. org. Chem. **17** [1952] 149, 155). — Feststoff mit 1,5 Mol H_2O; F: 210° [Zers.].

*Opt.-inakt. 3-[3-(3-Methoxy-[2]piperidyl)-2-oxo-propyl]-6,7,8,9-tetrahydro-3*H*-benzo[g]chinazolin-4-on $C_{21}H_{27}N_3O_3$, Formel IV (R = H, R' = CH_3).

Dihydrochlorid $C_{21}H_{27}N_3O_3 \cdot 2$ HCl. *B.* Beim Erhitzen der folgenden Verbindung mit wss. HCl (*Baker et al.*, J. org. Chem. **17** [1952] 149, 154). — Feststoff mit 0,5 Mol H_2O; F: 230° [Zers.].

*Opt.-inakt. 3-Methoxy-2-[2-oxo-3-(4-oxo-6,7,8,9-tetrahydro-4H-benzo[g]chinazolin-3-yl)-propyl]-piperidin-1-carbonsäure-äthylester $C_{24}H_{31}N_3O_5$, Formel IV ($R = CO\text{-}O\text{-}C_2H_5$, $R' = CH_3$).

B. Aus 6,7,8,9-Tetrahydro-3H-benzo[g]chinazolin-4-on und opt.-inakt. 2-[3-Brom-2-oxo-propyl]-3-methoxy-piperidin-1-carbonsäure-äthylester mit Hilfe von methanol. Natriummethylat (*Baker et al.*, J. org. Chem. **17** [1952] 149, 153).

Kristalle; F: 116—117°.

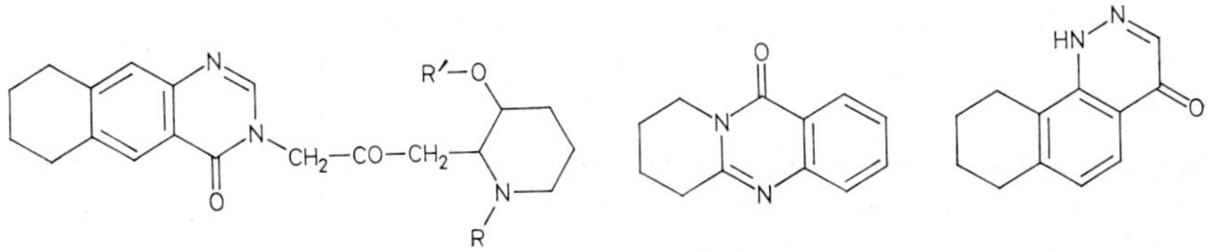

IV   V   VI

6,7,8,9-Tetrahydro-pyrido[2,1-b]chinazolin-11-on $C_{12}H_{12}N_2O$, Formel V.

B. Aus 6-Methoxy-2,3,4,5-tetrahydro-pyridin und Anthranilsäure in Aceton (*Petersen, Tietze*, A. **623** [1959] 166, 171, 174). Beim Erwärmen von Piperidin-2-on-hydrochlorid mit $POCl_3$ und Behandeln des Reaktionsprodukts mit Anthranilsäure-methylester (*Stephen, Stephen*, Soc. **1956** 4694). Beim Erhitzen von Piperidin-2-on mit Isatosäure-an=hydrid (1H-Benz[d][1,3]oxazin-2,4-dion) bis 190° (*Späth, Platzer*, B. **68** [1935] 2221, 2225). Beim Erwärmen von 5,5a,6,7,8,9-Hexahydro-pyrido[2,1-b]chinazolinylium-picrat mit CrO_3 in wss. Essigsäure (*Schöpf et al.*, A. **559** [1948] 1, 27). Beim Hydrieren von Pyrido[2,1-b]chinazolin-11-on an Palladium in Essigsäure (*Späth, Kuffner*, B. **71** [1938] 1657, 1661).

Kristalle; F: 100,5° [aus H_2O] (*St., St.*), 99—100° [aus Ae.] (*Sp., Pl.; Sch. et al.*). $Kp_{0,03}$: 130—140° [Badtemperatur] (*Sp., Ku.*).

Hexachloroplatinat(IV) 2 $C_{12}H_{12}N_2O \cdot H_2PtCl_6$. Orangefarbene Kristalle; F: 260° [Zers.] (*St., St.*).

Picrat $C_{12}H_{12}N_2O \cdot C_6H_3N_3O_7$. Kristalle (aus Eg.); F: 201—202° [unkorr.] (*Muñoz, Madroñero*, B. **95** [1962] 2182, 2185).

7,8,9,10-Tetrahydro-1H-benzo[h]cinnolin-4-on $C_{12}H_{12}N_2O$, Formel VI, und Tautomeres.

B. Beim Behandeln [3 d] von diazotiertem 1-[1-Amino-5,6,7,8-tetrahydro-[2]naphth=yl]-äthanon mit wss. HCl (*Schofield et al.*, Soc. **1949** 2399, 2403).

Bräunliche Kristalle (aus wss. Me.) mit 1 Mol H_2O; F: 276—277° [unkorr.].

(±)-3-Benzyl-4,4a,5,6-tetrahydro-3H-benzo[h]chinazolin-2-on $C_{19}H_{18}N_2O$, Formel VII.

B. Beim Erwärmen von (±)-2-Benzylaminomethyl-3,4-dihydro-2H-naphthalin-1-on-hydrochlorid mit Kaliumcyanat in H_2O (*Mannich, Hieronimus*, B. **75** [1942] 49, 60).

Kristalle (aus A.); F: 208°.

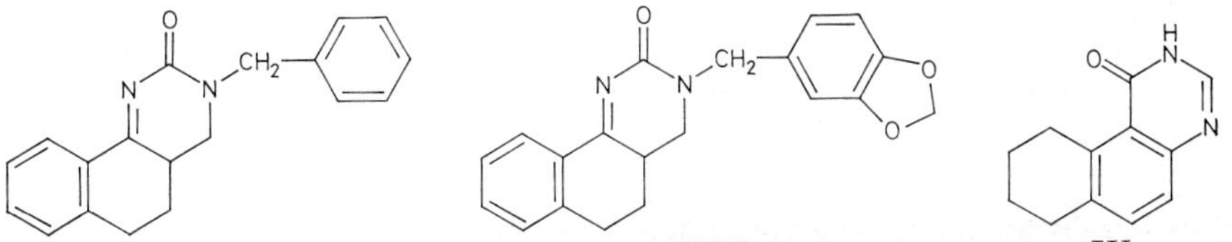

VII   VIII   IX

(±)-3-Piperonyl-4,4a,5,6-tetrahydro-3H-benzo[h]chinazolin-2-on $C_{20}H_{18}N_2O_3$, Formel VIII.

B. Beim Erwärmen von (±)-2-Piperonylaminomethyl-3,4-dihydro-2H-naphthalin-

1-on-hydrochlorid mit Kaliumcyanat in H_2O (*Mannich, Hieronimus*, B. **75** [1942] 49, 63).
Kristalle (aus A.); F: 228°.

7,8,9,10-Tetrahydro-2H-benzo[f]chinazolin-1-on $C_{12}H_{12}N_2O$, Formel IX, und Tautomere.
B. Beim Erhitzen von 2-Amino-5,6,7,8-tetrahydro-[1]naphthoesäure mit Formamid (*Baker et al.*, J. org. Chem. **17** [1952] 149, 152).
Kristalle (aus Me.); F: 219—220°.

---

*Opt.-inakt. 2-[3-(3-Hydroxy-[2]piperidyl)-2-oxo-propyl]-7,8,9,10-tetrahydro-2H-benzo[f]chinazolin-1-on $C_{20}H_{25}N_3O_3$, Formel X (R = H).
D i h y d r o c h l o r i d $C_{20}H_{25}N_3O_3 \cdot 2$ HCl. B. Aus der folgenden Verbindung beim Erhitzen mit wss. HBr (*Baker et al.*, J. org. Chem. **17** [1952] 149, 155). — Feststoff mit 1,5 Mol H_2O; F: 207° [Zers.].

---

*Opt.-inakt. 2-[3-(3-Methoxy-[2]piperidyl)-2-oxo-propyl]-7,8,9,10-tetrahydro-2H-benzo[f]chinazolin-1-on $C_{21}H_{27}N_3O_3$, Formel X (R = CH_3).
D i h y d r o c h l o r i d $C_{21}H_{27}N_3O_3 \cdot 2$ HCl. B. In geringer Menge beim Erwärmen von 7,8,9,10-Tetrahydro-2H-benzo[f]chinazolin-1-on mit opt.-inakt. 2-[3-Brom-2-oxo-propyl]-3-methoxy-piperidin-1-carbonsäure-äthylester und methanol. Natriummethylat und Erhitzen des Reaktionsprodukts mit wss. HCl (*Baker et al.*, J. org. Chem. **17** [1952] 149, 154). — Feststoff mit 2 Mol H_2O; F: 226° [Zers.].

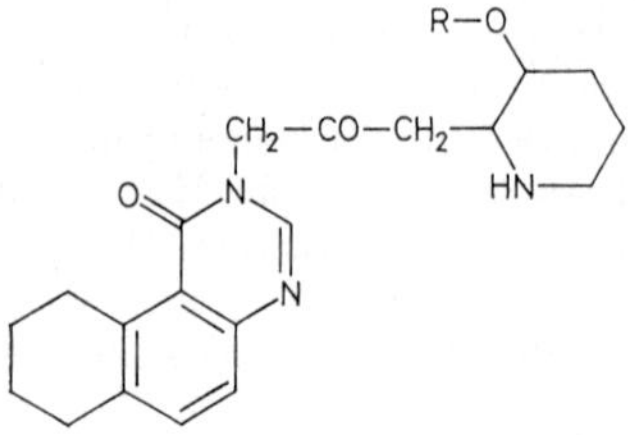

X 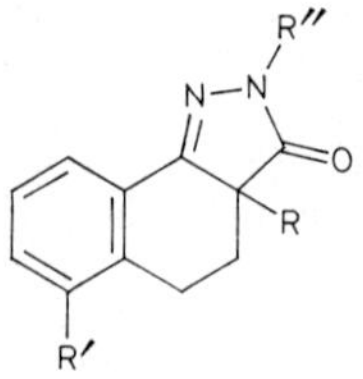   XI 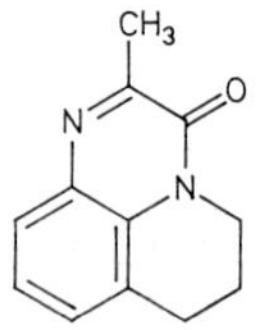   XII

(±)-3a-Methyl-2,3a,4,5-tetrahydro-benz[g]indazol-3-on $C_{12}H_{12}N_2O$, Formel XI (R = CH_3, R' = R'' = H).
B. Beim Erwärmen von (±)-2-Methyl-1-oxo-1,2,3,4-tetrahydro-[2]naphthoesäure-methylester mit $N_2H_4 \cdot H_2O$ (*Wolf, Seligman*, Am. Soc. **73** [1951] 2082, 2085).
Kristalle (aus PAe.); F: 154°.

6-Methyl-2-phenyl-2,3a,4,5-tetrahydro-benz[g]indazol-3-on $C_{18}H_{16}N_2O$, Formel XI (R = H, R' = CH_3, R'' = C_6H_5), und Tautomere.
B. Beim Erwärmen von 5-Methyl-1-oxo-1,2,3,4-tetrahydro-[2]naphthoesäure-äthylester mit Phenylhydrazin in Äthanol und wenig Essigsäure (*Mercer et al.*, Soc. **1935** 997, 999).
Kristalle (aus A.); F: 265°.

2-Methyl-6,7-dihydro-5H-pyrido[1,2,3-de]chinoxalin-3-on $C_{12}H_{12}N_2O$, Formel XII.
B. Aus 1,2,3,4-Tetrahydro-[8]chinolylamin und Brenztraubensäure (*Hazlewood et al.*, J. Pr. Soc. N.S. Wales **71** [1937/38] 462, 469).
Kristalle (aus wss. A.); F: 113°.

3,4,5,10-Tetrahydro-2H-azepino[3,4-b]indol-1-on $C_{12}H_{12}N_2O$, Formel I.
B. In geringer Menge beim Behandeln von 4-Indol-3-yl-buttersäure-hydrazid in wss. Essigsäure mit $NaNO_2$, Erwärmen des Reaktionsprodukts in Benzol und anschliessenden Einleiten von HCl (*Jackson, Manske*, Am. Soc. **52** [1930] 5029, 5034).
Kristalle (aus Acn.); F: 220° [korr.].

1,3,4,5-Tetrahydro-2H-benzo[b][1,6]naphthyridin-10-on $C_{12}H_{12}N_2O$, Formel II
(R = X = H), und Tautomeres.

B. Beim Erhitzen der folgenden Verbindung mit wss. HCl (*Coscia, Dickerman*, Am. Soc.
81 [1959] 3098).
Kristalle (aus H_2O); F: 255° [unkorr.].

2-Acetyl-1,3,4,5-tetrahydro-2H-benzo[b][1,6]naphthyridin-10-on $C_{14}H_{14}N_2O_2$, Formel II
(R = CO-CH$_3$, X = H), und Tautomeres.

B. Beim Erwärmen von 1-Acetyl-4-oxo-piperidin-3-carbonsäure-äthylester mit Anilin
und CaSO$_4$ in Äthanol und wenig Essigsäure und Erhitzen des Reaktionsprodukts in
Diphenyläther (*Coscia, Dickerman*, Am. Soc. **81** [1959] 3098).
Kristalle (aus Dioxan); F: 279—280° [unkorr.]. λ_{max} (A.): 238 nm.

8-Brom-1,3,4,5-tetrahydro-2H-benzo[b][1,6]naphthyridin-10-on $C_{12}H_{11}BrN_2O$, Formel II
(R = H, X = Br), und Tautomeres.

B. Beim Erhitzen der folgenden Verbindung mit wss. HCl (*Coscia, Dickerman*, Am.
Soc. **81** [1959] 3098).
Kristalle (aus wss. A.); F: 300—303° [unkorr.; Zers.].

2-Acetyl-8-brom-1,3,4,5-tetrahydro-2H-benzo[b][1,6]naphthyridin-10-on $C_{14}H_{13}BrN_2O_2$,
Formel II (R = CO-CH$_3$, X = Br), und Tautomeres.

B. Beim Erhitzen von 1-Acetyl-4-[4-brom-phenylimino]-piperidin-3-carbonsäure-äthyl=
ester in Diphenyläther auf 275° (*Coscia, Dickerman*, Am. Soc. **81** [1959] 3098).
Kristalle (aus Me.); F: 326—328° [unkorr.].

I   II   III   IV

7-Methyl-7,8,9,10-tetrahydro-4H-[4,7]phenanthrolin-3-on $C_{13}H_{14}N_2O$, Formel III,
und Tautomeres.

Diese Konstitution kommt vermutlich der von *Karrer, Pletscher* (Helv. **31** [1948] 786,
791) als 4-Methyl-1,2,3,4-tetrahydro-[4,7]phenanthrolin-3-ol angesehenen Verbindung zu; vgl. das analog hergestellte 4-Methyl-1,2,3,4-tetrahydro-[4,7]phenanthrolin
(E III/IV **23** 1395).

B. Neben 8-Methoxy-4-methyl-1,2,3,4(?)-tetrahydro-[4,7]phenanthrolin (E III/IV **23**
2663) und der folgenden Verbindung bei der Hydrierung von 8-Methoxy-4-methyl-
[4,7]phenanthrolinium-jodid (E III/IV **23** 2774) an Platin in wss. Äthanol (*Ka., Pl.*).
Gelbe Kristalle (aus wss. A.); F: 290—292°.

4,4-Dimethyl-8-oxo-1,2,3,4,7,8-hexahydro-[4,7]phenanthrolinium $[C_{14}H_{17}N_2O]^+$,
Formel IV, und Tautomeres.

Jodid $[C_{14}H_{17}N_2O]I$. Diese Konstitution kommt vermutlich der von *Karrer, Pletscher*
(Helv. **31** [1948] 786, 791) als 3-Hydroxy-4,4-dimethyl-1,2,3,4-tetrahydro-
[4,7]phenanthrolinium-jodid angesehenen Verbindung zu; vgl. die Angaben im
vorangehenden Artikel. — B. s. im vorangehenden Artikel. — Kristalle [aus A.] (*Ka.,
Pl.*).

8-Methyl-2,3,4,9-tetrahydro-β-carbolin-1-on $C_{12}H_{12}N_2O$, Formel V (R = H).

B. Beim Erhitzen von Piperidin-2,3-dion-3-o-tolylhydrazon mit wss. Essigsäure
(*Abramovitch*, Soc. **1956** 4593, 4600).
Kristalle (aus wss. Eg.); F: 195—196°.

2-Acetyl-8-methyl-2,3,4,9-tetrahydro-β-carbolin-1-on $C_{14}H_{14}N_2O_2$, Formel V
($R = CO-CH_3$).

B. Beim Erhitzen der vorangehenden Verbindung mit Acetanhydrid und wenig Essig=
säure (*Abramovitch*, Soc. **1957** 1413, 1414).

Hellgelbe Kristalle (aus A.); F: 146—147°.

Oxo-Verbindungen $C_{13}H_{14}N_2O$

5,6-Dimethyl-3-phenyl-2-o-tolyl-3H-pyrimidin-4-on $C_{19}H_{18}N_2O$, Formel VI ($R = CH_3$,
$R' = H$).

B. Beim Erwärmen von N-Phenyl-o-toluimidoylchlorid mit 3-Amino-2-methyl-
crotonsäure-methylester in $CHCl_3$ (*Staskun, Stephen*, Soc. **1956** 4708).

Kristalle (aus Me. oder A.); F: 112°.

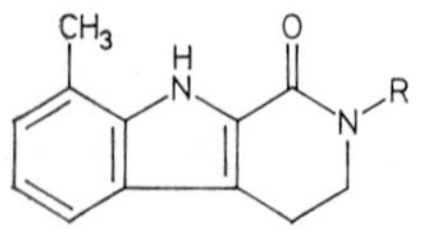

V 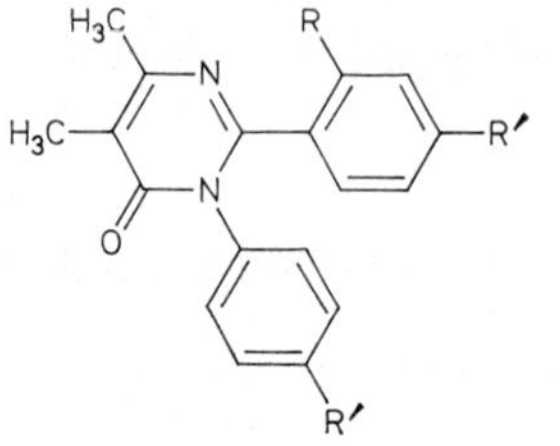   VI 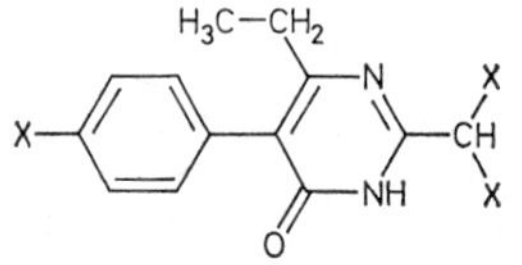   VII

5,6-Dimethyl-2,3-di-p-tolyl-3H-pyrimidin-4-on $C_{20}H_{20}N_2O$, Formel VI ($R = H$,
$R' = CH_3$).

B. Beim Behandeln von 4,4'-Dimethyl-benzophenon-oxim mit PCl_5 in $CHCl_3$ und
anschliessend mit 3-Amino-2-methyl-crotonsäure-methylester (oder -äthylester) in $CHCl_3$
(*Staskun, Stephen*, Soc. **1956** 4708).

Kristalle (aus Me. oder A.); F: 128°.

6-Äthyl-2-methyl-5-phenyl-3H-pyrimidin-4-on $C_{13}H_{14}N_2O$, Formel VII ($X = H$), und
Tautomere.

B. Aus Acetamidin-hydrochlorid und 3-Oxo-2-phenyl-valeriansäure-äthylester (*Wajon,
Arens*, R. **76** [1957] 83, 85).

Kristalle (aus wss. Acn.); F: 211—213° [unkorr.; Zers.].

6-Äthyl-5-[4-chlor-phenyl]-2-dichlormethyl-3H-pyrimidin-4-on $C_{13}H_{11}Cl_3N_2O$,
Formel VII ($X = Cl$), und Tautomere.

B. Beim Behandeln von 3-Amino-2-[4-chlor-phenyl]-pent-2-ensäure-amid in Äthylen=
chlorid mit Dichloracetylchlorid und N,N-Dimethyl-anilin (*Almirante et al.*, Ann.
Chimica **46** [1956] 623, 631).

Kristalle (aus Me.); F: 185—186°. UV-Spektrum (A.; 215—310 nm): *Al. et al.*, l. c.
S. 626.

3,5-Diäthyl-6-methyl-2-phenyl-3H-pyrimidin-4-on $C_{15}H_{18}N_2O$, Formel VIII ($R = C_2H_5$,
$X = H$).

B. Beim Behandeln [2—3 d] von N-Äthyl-benzimidoylchlorid mit 2-Äthyl-3-amino-
crotonsäure-äthylester in $CHCl_3$ (*Staskun, Stephen*, Soc. **1956** 4708).

Kristalle (aus Me. oder A.); F: 118°.

5-Äthyl-6-methyl-2,3-diphenyl-3H-pyrimidin-4-on $C_{19}H_{18}N_2O$, Formel IX
($X = X' = X'' = H$).

B. Beim Erwärmen von N-Phenyl-benzimidoylchlorid mit 2-Äthyl-3-amino-croton=
säure-äthylester (E III **3** 1239) in $CHCl_3$ (*Staskun, Stephen*, Soc. **1956** 4708). Beim Behandeln von Benzophenon-oxim mit PCl_5 in $CHCl_3$ und anschliessenden Erwärmen mit

2-Äthyl-3-amino-crotonsäure-äthylester (*St.*, *St.*).
Kristalle (aus Me. oder A.); F: 159°.

5-Äthyl-3-[2-chlor-phenyl]-6-methyl-2-phenyl-3H-pyrimidin-4-on $C_{19}H_{17}ClN_2O$,
Formel IX (X = Cl, X' = X'' = H).

B. Beim Erhitzen von *N*-[2-Chlor-phenyl]-benzimidoylchlorid mit 2-Äthyl-3-amino-crotonsäure-äthylester (E III **3** 1239) auf 170° (*Staskun, Stephen,* Soc. **1956** 4708).
Kristalle (aus Me. oder A.); F: 192°.

5-Äthyl-3-[4-chlor-phenyl]-6-methyl-2-phenyl-3H-pyrimidin-4-on $C_{19}H_{17}ClN_2O$,
Formel IX (X = X' = H, X'' = Cl).

B. Beim Erhitzen von *N*-[4-Chlor-phenyl]-benzimidoylchlorid mit 2-Äthyl-3-amino-crotonsäure-äthylester (E III **3** 1239) auf 185° (*Staskun, Stephen,* Soc. **1956** 4708).
Kristalle (aus Me. oder A.); F: 148°.

5-Äthyl-6-methyl-3-[3-nitro-phenyl]-2-phenyl-3H-pyrimidin-4-on $C_{19}H_{17}N_3O_3$,
Formel IX (X = X'' = H, X' = NO₂).

B. Beim Erhitzen von *N*-[3-Nitro-phenyl]-benzimidoylchlorid mit 2-Äthyl-3-amino-crotonsäure-methylester (oder -äthylester) auf 140° (*Staskun, Stephen,* Soc. **1956** 4708).
Kristalle (aus Me. oder A.); F: 160°.

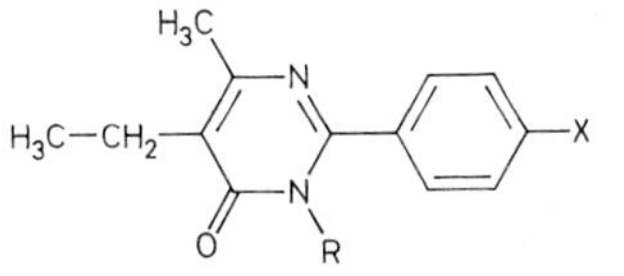

VIII 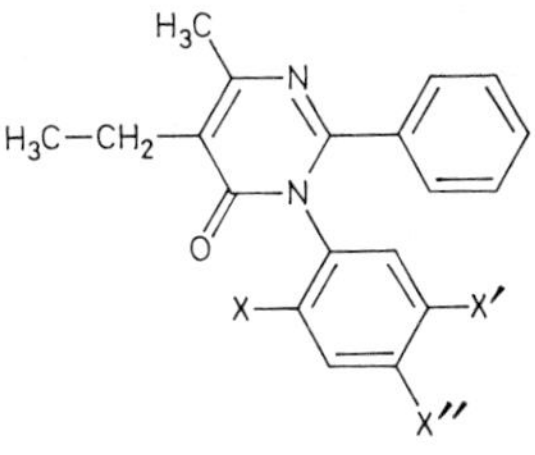   IX 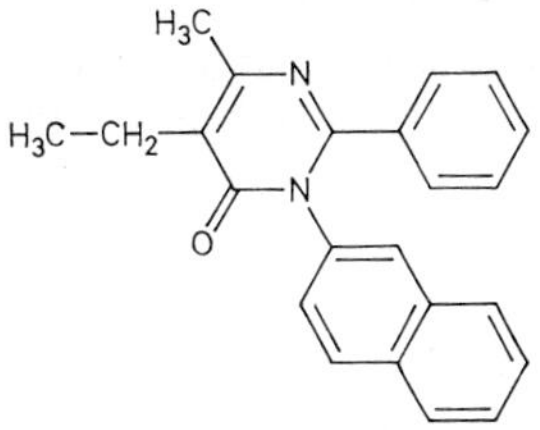   X

5-Äthyl-6-methyl-2-phenyl-3-*o*-tolyl-3H-pyrimidin-4-on $C_{20}H_{20}N_2O$, Formel IX
(X = CH₃, X' = X'' = H).

B. Beim Erwärmen von *N*-*o*-Tolyl-benzimidoylchlorid mit 2-Äthyl-3-amino-croton≠säure-äthylester (E III **3** 1239) in CHCl₃ (*Staskun, Stephen,* Soc. **1956** 4708).
Kristalle (aus Me. oder A.); F: 152°.

5-Äthyl-6-methyl-2-phenyl-3-*m*-tolyl-3H-pyrimidin-4-on $C_{20}H_{20}N_2O$, Formel IX
(X = X'' = H, X' = CH₃).

B. Aus *N*-*m*-Tolyl-benzimidoylchlorid beim Erhitzen mit 2-Äthyl-3-amino-croton≠säure-methylester auf 100° oder beim Erwärmen mit 3-Amino-2-äthyl-crotonsäure-äthylester (E III **3** 1239) in CHCl₃ (*Staskun, Stephen,* Soc. **1956** 4708).
Kristalle (aus Me. oder A.); F: 136°.

5-Äthyl-6-methyl-2-phenyl-3-*p*-tolyl-3H-pyrimidin-4-on $C_{20}H_{20}N_2O$, Formel IX
(X = X' = H, X'' = CH₃).

B. Beim Behandeln von *N*-*p*-Tolyl-benzimidoylchlorid mit 2-Äthyl-3-amino-croton≠säure-äthylester (E III **3** 1239) in CHCl₃ (*Staskun, Stephen,* Soc. **1956** 4708).
Kristalle (aus Me. oder A.); F: 152°.

5-Äthyl-3-[2,4-dimethyl-phenyl]-6-methyl-2-phenyl-3H-pyrimidin-4-on $C_{21}H_{22}N_2O$,
Formel IX (X = X'' = CH₃, X' = H).

B. Beim Erwärmen von *N*-[2,4-Dimethyl-phenyl]-benzimidoylchlorid mit 2-Äthyl-3-amino-crotonsäure-äthylester (E III **3** 1239) in CHCl₃ (*Staskun, Stephen,* Soc. **1956** 4708).
Kristalle (aus Me. oder A.); F: 146°.

5-Äthyl-6-methyl-3-[2]naphthyl-2-phenyl-3H-pyrimidin-4-on $C_{23}H_{20}N_2O$, Formel X.

B. Beim Erwärmen von *N*-[2]Naphthyl-benzimidoylchlorid mit 2-Äthyl-3-amino-

crotonsäure-äthylester (E III **3** 1239) in CHCl$_3$ (*Staskun, Stephen*, Soc. **1956** 4708).
Kristalle (aus Me. oder A.); F: 184°.

5-Äthyl-3-[4-methoxy-phenyl]-6-methyl-2-phenyl-3H-pyrimidin-4-on $C_{20}H_{20}N_2O_2$,
Formel IX (X = X' = H, X'' = O-CH$_3$).

B. Beim Behandeln [2—3 d] von *N*-[4-Methoxy-phenyl]-benzimidoylchlorid mit
2-Äthyl-3-amino-crotonsäure-äthylester (E III **3** 1239) in CHCl$_3$ (*Staskun, Stephen*, Soc.
1956 4708).
Kristalle (aus Me. oder A.); F: 161°.

5-Äthyl-2-[4-chlor-phenyl]-6-methyl-3-phenyl-3H-pyrimidin-4-on $C_{19}H_{17}ClN_2O$,
Formel VIII (R = C$_6$H$_5$, X = Cl).

B. Beim Erhitzen von 4-Chlor-*N*-phenyl-benzimidoylchlorid mit 2-Äthyl-3-amino-
crotonsäure-äthylester (E III **3** 1239) auf 155° (*Staskun, Stephen*, Soc. **1956** 4708).
Kristalle (aus Me. oder A.); F: 146°.

3-Äthyl-6-benzyl-1-hydroxy-1H-pyrazin-2-on $C_{13}H_{14}N_2O_2$, Formel XI.

B. In geringer Menge beim Erwärmen von 2-[β-Brom-*trans*-cinnamylidenamino]-
butyrohydroxamsäure mit Kalium-*tert*-butylat in *tert*-Butylalkohol (*Dunn et al.*, Soc.
1949 2707, 2712).
Hellgelbe Kristalle (aus Bzl.); F: 137—138°. Bei 100°/10^{-3} Torr sublimierbar. UV-
Spektrum (A.; 225—350 nm): *Dunn et al.*, l. c. S. 2708.

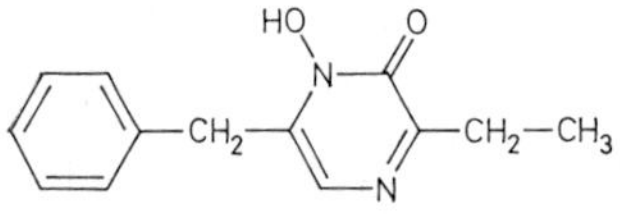

XI 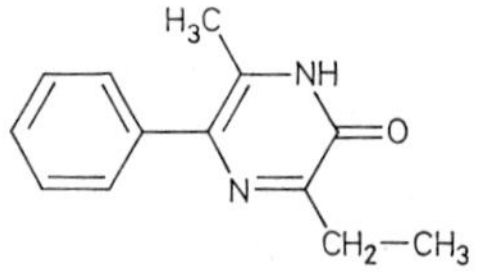   XII 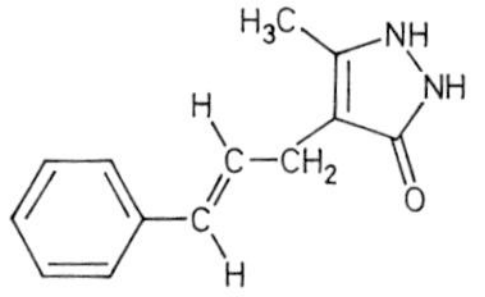   XIII

3-Äthyl-6-methyl-5-phenyl-1H-pyrazin-2-on $C_{13}H_{14}N_2O$, Formel XII, und Tautomeres.

B. Beim Behandeln [3 d] von 2-Brom-buttersäure-[1-methyl-2-oxo-2-phenyl-äthyl=
amid] mit äthanol. NH$_3$ in Gegenwart von NaI (*Tota, Elderfield*, J. org. Chem. **7** [1942]
313, 317).
Kristalle (aus Bzl.); F: 192—193° [korr.].

4-*trans*-Cinnamyl-5-methyl-1,2-dihydro-pyrazol-3-on $C_{13}H_{14}N_2O$, Formel XIII, und
Tautomere.

B. Aus 2-Acetyl-5*t*-phenyl-pent-4-ensäure-äthylester und N$_2$H$_4$·H$_2$O in Äthanol oder
Semicarbazid-hydrochlorid und Natriumacetat in H$_2$O (*Lauer, Kilburn*, Am. Soc. **59**
[1937] 2586).
Kristalle (aus A.); F: 214—219° [nach Dunkelfärbung; auf 198° vorgeheizter App.].

(±)-5-Methyl-4-[1-phenyl-allyl]-1,2-dihydro-pyrazol-3-on $C_{13}H_{14}N_2O$, Formel I, und
Tautomere.

B. Aus (±)-2-Acetyl-3-phenyl-pent-4-ensäure-äthylester und N$_2$H$_4$·H$_2$O (*Lauer, Brodoway*, Am. Soc. **75** [1953] 5406).
Kristalle; F: 184—188°.

2-Benzyl-5-isopropyliden-3,5-dihydro-imidazol-4-on $C_{13}H_{14}N_2O$, Formel II (X = H), und
Tautomere.

B. Beim Erwärmen von 2-Phenyl-acetimidsäure-methylester mit Glycin-äthylester
und Aceton (*Lehr et al.*, Am. Soc. **75** [1953] 3640, 3643, 3645).
Kristalle (aus PAe., Bzl., Acn. oder deren Gemischen); F: 165—166° [korr.].

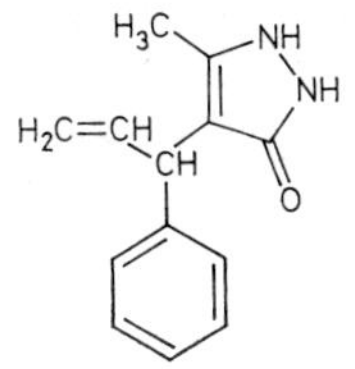

I 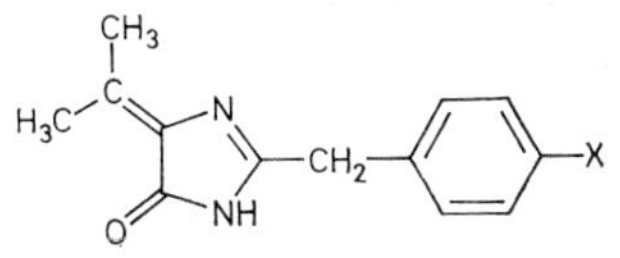   II 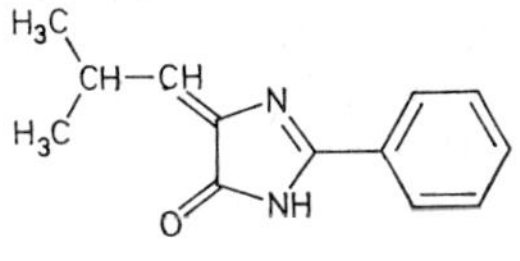   III

5-Isopropyliden-2-[4-nitro-benzyl]-3,5-dihydro-imidazol-4-on $C_{13}H_{13}N_3O_3$, Formel II
(X = NO$_2$), und Tautomere.

B. Beim Erwärmen von 2-[4-Nitro-phenyl]-acetimidsäure-äthylester mit Glycin-äthylester und Aceton (*Lehr et al.*, Am. Soc. **75** [1953] 3640, 3643, 3645).

Kristalle (aus PAe., Bzl., Acn. oder deren Gemischen); F: 211—212° [korr.].

---

*5-Isobutyliden-2-phenyl-3,5-dihydro-imidazol-4-on $C_{13}H_{14}N_2O$, Formel III, und
Tautomere.

B. Beim Erwärmen von 2-Benzoylamino-4-methyl-pent-2-ensäure-amid (Hydrat; F:
79—81°) mit wss. NaOH (*Kjær*, Acta chem. scand. **7** [1953] 900, 904).

Hellgelbe Kristalle (aus A.); F: 182° [unkorr.; Zers.]. UV-Spektrum (A. sowie äthanol.
KOH; 220—360 nm): *Kj.*

3-Cyclopentyl-1H-chinoxalin-2-on $C_{13}H_{14}N_2O$, Formel IV, und Tautomeres.

B. Beim Erwärmen von *o*-Phenylendiamin mit Cyclopentylglyoxylsäure in wss.-
äthanol. HCl (*Fissekis et al.*, J. org. Chem. **24** [1959] 1722, 1725).

Kristalle (aus A.); F: 237—238° [unkorr.; Zers.]. λ_{max}: 228 nm, 249—255 nm, 286 nm
und 334 nm [wss. Lösung vom pH 1] bzw. 238 nm und 346 nm [wss. Lösung vom pH 11].

7,8,9,10-Tetrahydro-6H-azepino[2,1-b]chinazolin-12-on $C_{13}H_{14}N_2O$, Formel V
(X = X' = H).

B. Aus 7-Methoxy-3,4,5,6-tetrahydro-2H-azepin oder 7-Methylmercapto-3,4,5,6-tetra-
hydro-2H-azepin und Anthranilsäure in Aceton (*Petersen, Tietze*, A. **623** [1959] 166,
171, 174).

Kristalle (aus Acn. + Ae.); F: 96°. Kp$_{14}$: 225—227°.

Hydrochlorid. F: 220—222°.

Nitrat. Zers. bei 170°.

Tetrafluoroborat. F: 204—205°.

2-Chlor-7,8,9,10-tetrahydro-6H-azepino[2,1-b]chinazolin-12-on $C_{13}H_{13}ClN_2O$, Formel V
(X = Cl, X' = H).

B. Aus 7-Methoxy-3,4,5,6-tetrahydro-2H-azepin und 2-Amino-5-chlor-benzoesäure
(*Petersen, Tietze*, A. **623** [1959] 166, 170, 171).

Kristalle (aus Acn.); F: 107°.

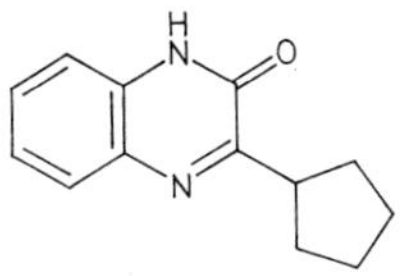

IV 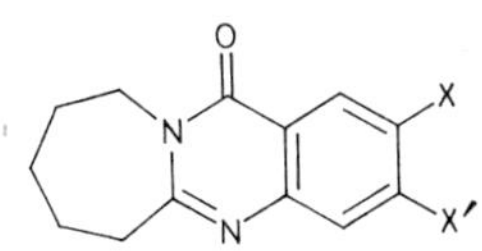   V 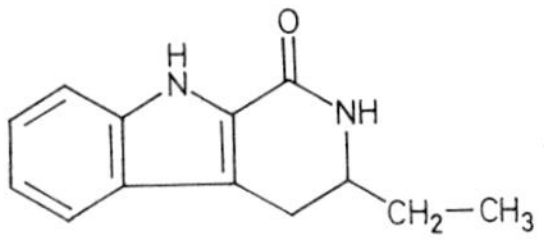   VI

3-Chlor-7,8,9,10-tetrahydro-6H-azepino[2,1-b]chinazolin-12-on $C_{13}H_{13}ClN_2O$, Formel V
(X = H, X' = Cl).

B. Analog der vorangehenden Verbindung (*Petersen, Tietze*, A. **623** [1959] 166, 170,
171).

Kristalle (aus Acn.); F: 114°.

3-Nitro-7,8,9,10-tetrahydro-6*H*-azepino[2,1-*b*]chinazolin-12-on $C_{13}H_{13}N_3O_3$, Formel V
(X = H, X′ = NO₂).

B. Analog den vorangehenden Verbindungen (*Petersen, Tietze*, A. **623** [1959] 166, 170, 171).
Kristalle (aus A.); F: 150°.

(±)-3-Äthyl-2,3,4,9-tetrahydro-*β*-carbolin-1-on $C_{13}H_{14}N_2O$, Formel VI.

B. Aus (±)-3-[2-Nitro-butyl]-indol-2-carbonsäure-äthylester mit Hilfe von SnCl₂
(*Smith, Kline & French Labor.*, U.S.P. 2858251 [1956]).
F: 188—189°.

Oxo-Verbindungen $C_{14}H_{16}N_2O$

4,5-Diäthyl-2-[1-methyl-[4]piperidyl]-6-phenyl-2*H*-pyridazin-3-on $C_{20}H_{27}N_3O$,
Formel VII.

Hydrochlorid $C_{20}H_{27}N_3O \cdot HCl$. B. Beim Erwärmen von 2-Äthyl-3-benzoyl-valerian=
säure mit 4-Hydrazino-1-methyl-piperidin in Äthanol und Erhitzen des Reaktionsprodukts mit Brom in Essigsäure (*Jucker, Süess*, Helv. **42** [1959] 2506, 2510, 2513). —
Kristalle (aus A.) mit 0,5 Mol H₂O; F: 268—270° [korr.].

5-Äthyl-6-methyl-3-phenyl-2-*o*-tolyl-3*H*-pyrimidin-4-on $C_{20}H_{20}N_2O$, Formel VIII
(R = CH₃, R′ = H).

B. Beim Erwärmen von *N*-Phenyl-*o*-toluimidoylchlorid mit 2-Äthyl-3-amino-croton=
säure-äthylester (E III **3** 1239) in CHCl₃ (*Staskun, Stephen*, Soc. **1956** 4708).
Kristalle (aus Me. oder A.); F: 137°.

5-Äthyl-6-methyl-2,3-di-*p*-tolyl-3*H*-pyrimidin-4-on $C_{21}H_{22}N_2O$, Formel VIII (R = H,
R′ = CH₃).

B. Beim Behandeln von 4,4′-Dimethyl-benzophenon-oxim mit PCl₅ in CHCl₃ und Behandeln [1—2 d] des Reaktionsprodukts mit 2-Äthyl-3-amino-crotonsäure-methylester
(oder -äthylester) in CHCl₃ (*Staskun, Stephen*, Soc. **1956** 4708).
Kristalle (aus Me. oder A.); F: 140°.

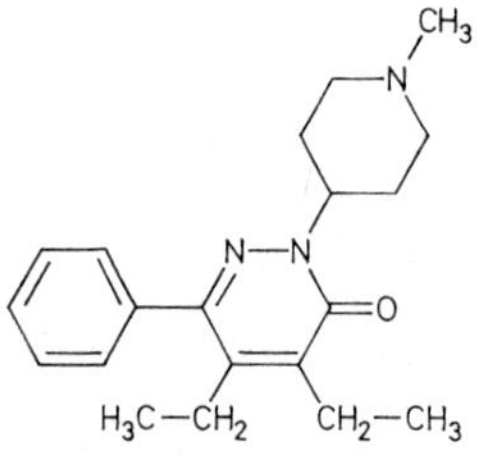

VII 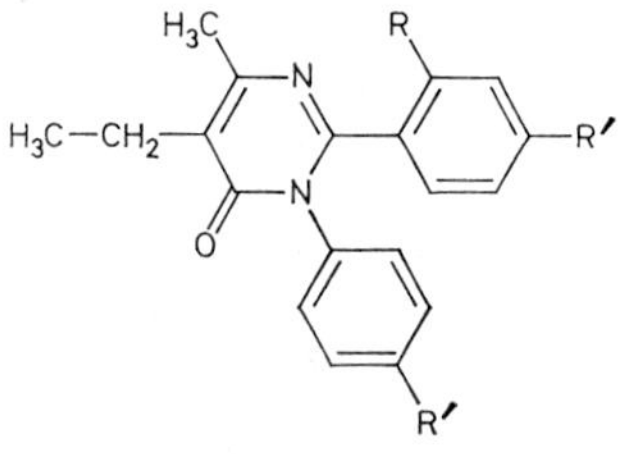   VIII 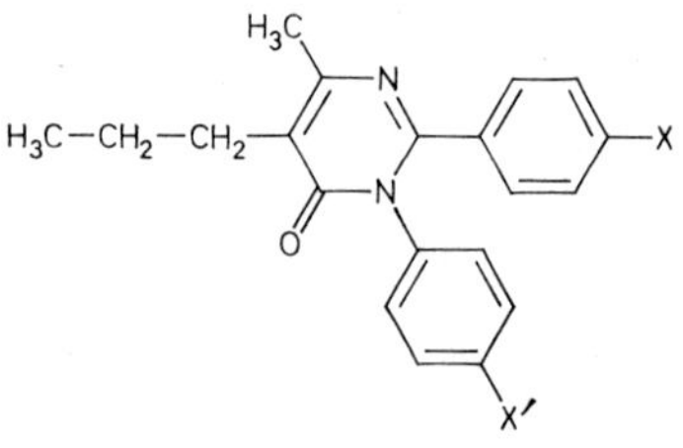   IX

3-[4-Chlor-phenyl]-6-methyl-2-phenyl-5-propyl-3*H*-pyrimidin-4-on $C_{20}H_{19}ClN_2O$,
Formel IX (X = H, X′ = Cl).

B. Beim Erhitzen von *N*-[4-Chlor-phenyl]-benzimidoylchlorid mit 3-Amino-2-propyl-
crotonsäure-methylester auf 185° (*Staskun, Stephen*, Soc. **1956** 4708).
Kristalle (aus Me. oder A.); F: 154°.

3-[4-Methoxy-phenyl]-6-methyl-2-phenyl-5-propyl-3*H*-pyrimidin-4-on $C_{21}H_{22}N_2O_2$,
Formel IX (X = H, X′ = O-CH₃).

B. Beim Erhitzen von *N*-[4-Methoxy-phenyl]-benzimidoylchlorid mit 3-Amino-
2-propyl-crotonsäure-methylester auf 155° (*Staskun, Stephen*, Soc. **1956** 4708).
Kristalle (aus Me. oder A.); F: 163°.

2-[4-Chlor-phenyl]-6-methyl-3-phenyl-5-propyl-3*H*-pyrimidin-4-on $C_{20}H_{19}ClN_2O$,
Formel IX (X = Cl, X′ = H).

B. Beim Erhitzen von 4-Chlor-*N*-phenyl-benzimidoylchlorid mit 3-Amino-2-propyl-

crotonsäure-methylester auf 155° (*Staskun, Stephen*, Soc. **1956** 4708).
Kristalle (aus Me. oder A.); F: 151°.

---

*5-[1-Phenyl-äthyliden]-2-propyl-3,5-dihydro-imidazol-4-on $C_{14}H_{16}N_2O$, Formel X, und Tautomere.
B. Beim Erwärmen von Butyrimidsäure-äthylester mit Glycin-äthylester und Aceto⸗ phenon in Benzol (*Lehr et al.*, Am. Soc. **75** [1953] 3640, 3644, 3645).
Kristalle (aus PAe., Bzl., Acn. oder deren Gemischen); F: 115—117° [korr.].
Hydrochlorid $C_{14}H_{16}N_2O \cdot HCl$. Kristalle; F: 204—205° [korr.; Zers.].

[2,5,8-Trimethyl-chinazolin-4-yl]-aceton $C_{14}H_{16}N_2O$, Formel XI.
B. Beim Erwärmen der folgenden Verbindung mit wss. Säuren (*Meerwein et al.*, B. **89** [1956] 224, 237).
Kristalle (aus A.); F: 135°.
Picrat. F: 205°.

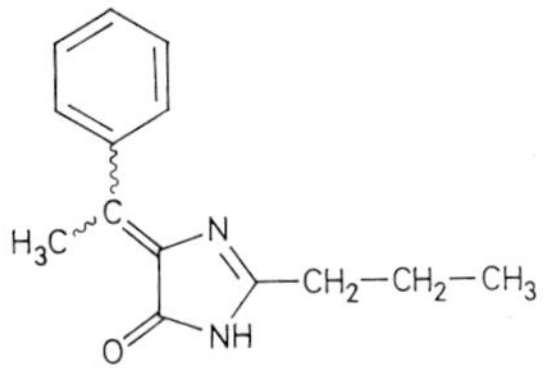

X 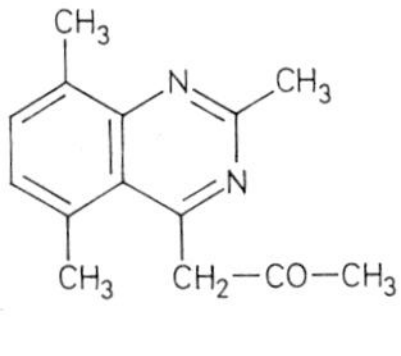   XI 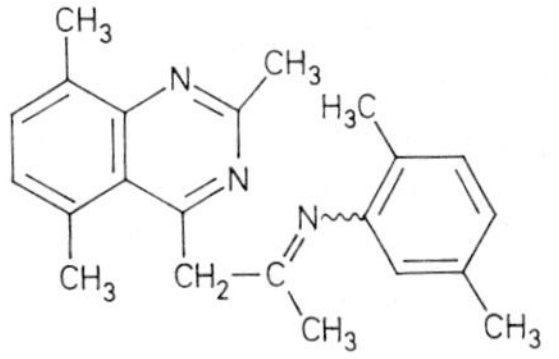   XII 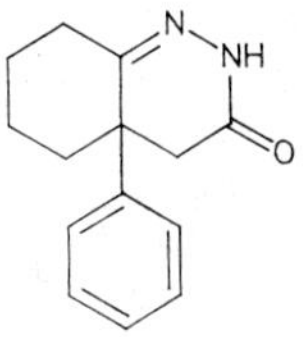   XIII

*[2,5,8-Trimethyl-chinazolin-4-yl]-aceton-[2,5-dimethyl-phenylimin], 2,5-Dimethyl-*N*-[1-methyl-2-(2,5,8-trimethyl-chinazolin-4-yl)-äthyliden]-anilin $C_{22}H_{25}N_3$, Formel XII.
B. Beim Erwärmen von 2,5-Dimethyl-benzoldiazonium-tetrafluoroborat mit Aceto⸗ nitril (*Meerwein et al.*, B. **89** [1956] 224, 237).
Gelbe Kristalle (aus A.); F: 126—127°.
Dihydrochlorid. F: 148—150°.
Bis-tetrafluoroborat $C_{22}H_{25}N_3 \cdot 2\ HBF_4$. Gelbe Kristalle; F: >200° [rote Schmelze].
Picrat. Rote Kristalle; F: 180°.
Methojodid $[C_{23}H_{28}N_3]I$. Rotgelbe Kristalle; F: 215°.

(±)-4a-Phenyl-4,4a,5,6,7,8-hexahydro-2*H*-cinnolin-3-on(?) $C_{14}H_{16}N_2O$, vermutlich Formel XIII.
B. Beim Erhitzen von (±)-[2-Oxo-1-phenyl-cyclohexyl]-essigsäure mit N_2H_4 und KOH in Diäthylenglykol (*Carton et al.*, Am. Soc. **74** [1952] 5126).
Kristalle (aus Eg. + H_2O); F: 234—235°.

3-Cyclohexyl-1*H*-chinoxalin-2-on $C_{14}H_{16}N_2O$, Formel I, und Tautomeres.
B. Beim Erwärmen von Cyclohexylglyoxylsäure mit *o*-Phenylendiamin in wss.-äthanol. HCl (*Fissekis et al.*, J. org. Chem. **24** [1959] 1722, 1725).
Kristalle (aus A.); F: 257—258° [unkorr.; Zers.]. λ_{max}: 227 nm, 250 nm, 282 nm und 330 nm [wss. Lösung vom pH 1] bzw. 238 nm und 346 nm [wss. Lösung vom pH 11].

2-[1-Methyl-[4]piperidyl]-4-phenyl-4a,5,6,7,8,8a-hexahydro-2*H*-phthalazin-1-on $C_{20}H_{27}N_3O$.

a) **(±)-2-[1-Methyl-[4]piperidyl]-4-phenyl-(4a*r*,8a*c*)-4a,5,6,7,8,8a-hexahydro-2*H*-phthalazin-1-on**, Formel II + Spiegelbild.
B. Beim Erwärmen von (±)-*cis*-2-Benzoyl-cyclohexancarbonsäure mit 4-Hydrazino-1-methyl-piperidin in Äthanol (*Jucker, Süess*, Helv. **42** [1959] 2506, 2513).
Kristalle (aus A.); F: 146° [korr.].

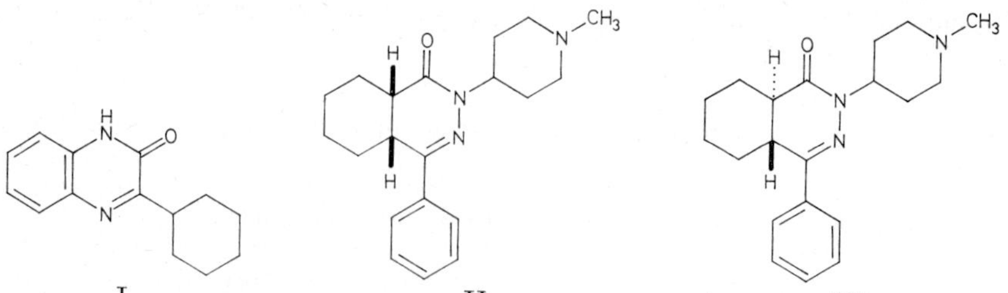

I   II   III

b) (±)-2-[1-Methyl-[4]piperidyl]-4-phenyl-(4a*r*,8a*t*)-4a,5,6,7,8,8a-hexahydro-2*H*-phthalazin-1-on, Formel III + Spiegelbild.
B. Beim Erwärmen von (±)-*trans*-2-Benzoyl-cyclohexancarbonsäure mit 4-Hydrazino-1-methyl-piperidin in Äthanol (*Jucker, Süess*, Helv. **42** [1959] 2506, 2513).
Kristalle (aus A.); F: 155° [korr.].

(±)-3a-Benzyl-2,3a,4,5,6,7-hexahydro-indazol-3-on $C_{14}H_{16}N_2O$, Formel IV (R = H).
B. Beim Erhitzen von (±)-1-Benzyl-2-oxo-cyclohexancarbonsäure-äthylester mit $N_2H_4 \cdot H_2O$ (*de Stevens et al.*, Am. Soc. **81** [1959] 6292, 6294).
Kristalle (aus A.); F: 180—182° [unkorr.]. λ_{max} (A.): 245 nm.

(±)-3a-Benzyl-2-phenyl-2,3a,4,5,6,7-hexahydro-indazol-3-on $C_{20}H_{20}N_2O$, Formel IV (R = C_6H_5).
B. Beim Erhitzen von (±)-1-Benzyl-2-oxo-cyclohexancarbonsäure-äthylester mit Phenylhydrazin (*de Stevens et al.*, Am. Soc. **81** [1959] 6292, 6294).
Kristalle; F: 78—80°. $Kp_{0,6}$: 210—214°.

(±)-6,6-Dimethyl-4,4a,5,6-tetrahydro-2*H*-benzo[*h*]cinnolin-3-on $C_{14}H_{16}N_2O$, Formel V.
B. Aus (±)-[4,4-Dimethyl-1-oxo-1,2,3,4-tetrahydro-[2]naphthyl]-essigsäure-methyl=ester und N_2H_4 (*Phillips, Johnson*, Am. Soc. **77** [1955] 5977, 5980).
Kristalle (aus A.); F: 172,5—173,5° [unkorr.].

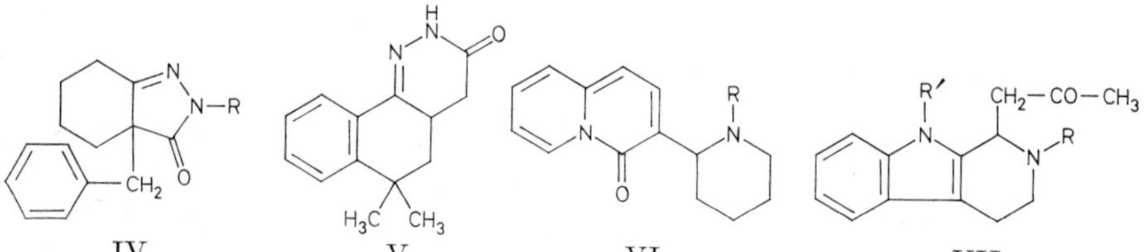

IV   V   VI   VII

(±)-3-[2]Piperidyl-chinolizin-4-on $C_{14}H_{16}N_2O$, Formel VI (R = H).
B. Beim Hydrieren von 3-[2]Pyridyl-chinolizin-4-on an Platin in Äthanol und wenig wss. HCl (*Clemo et al.*, Soc. **1954** 2693, 2697).
Hellgelbe Kristalle (aus PAe.); F: 76—77°. Absorptionsspektrum (A.?; 220—420 nm): *Cl. et al.*, l. c. S. 2694.
Picrat $C_{14}H_{16}N_2O \cdot C_6H_3N_3O_7$. F: 174—175° [nach Erweichen bei 164°].

(±)-3-[1-Methyl-[2]piperidyl]-chinolizin-4-on $C_{15}H_{18}N_2O$, Formel VI (R = CH_3).
B. Aus der vorangehenden Verbindung und CH_3I (*Clemo et al.*, Soc. **1954** 2693, 2697).
Gelbe Kristalle (aus PAe.); F: 89—90°. Kp_1: 160—170°.
Hydrojodid $C_{15}H_{18}N_2O \cdot HI$. Kristalle (aus Acn.); F: 235°.
Picrat $C_{15}H_{18}N_2O \cdot C_6H_3N_3O_7$. Gelbe Kristalle (aus Me.); F: 195—196°.

(±)-[2,3,4,9-Tetrahydro-1H-β-carbolin-1-yl]-aceton $C_{14}H_{16}N_2O$, Formel VII
(R = R' = H).

B. Aus Tryptamin-hydrochlorid und 2,4-Dioxo-valeriansäure oder 4,4-Dimethoxy-butan-2-on (*Groves, Swan*, Soc. **1952** 650, 654).

Hellgelbe Kristalle (aus PAe.); F: 102—103° [unkorr.].

Beim Erwärmen des Hydrochlorids mit Paraformaldehyd in Methanol und Behandeln des Reaktionsprodukts mit Benzoylchlorid und wss. Alkali in Äther ist in geringer Menge eine Verbindung $C_{22}H_{22}N_3O_3$ (F: 171—172° [aus PAe.]) erhalten worden.

Hydrochlorid $C_{14}H_{16}N_2O \cdot HCl$. Kristalle (aus A.), die unterhalb 320° nicht schmelzen.

Picrat $C_{14}H_{16}N_2O \cdot C_6H_3N_3O_7$. Hellorangefarbene Kristalle (aus A.); F: 164—165° [unkorr.; Zers.].

Semicarbazon-hydrochlorid $C_{15}H_{19}N_5O \cdot HCl$. Kristalle (aus A.); F: 241—242° [unkorr.; Zers.].

(±)-[9-Methyl-2,3,4,9-tetrahydro-1H-β-carbolin-1-yl]-aceton $C_{15}H_{18}N_2O$, Formel VII
(R = H, R' = CH₃).

Hydrochlorid $C_{15}H_{18}N_2O \cdot HCl$. B. Beim Erwärmen von 2-[1-Methyl-indol-3-yl]-äthylamin mit 2,4-Dioxo-valeriansäure in H_2O (*Groves, Swan*, Soc. **1952** 650, 654). — Kristalle (aus A.); F: 240° [unkorr.; nach Sintern bei 168—170°].

(±)-[2(oder 9)-Benzoyl-2,3,4,9-tetrahydro-1H-β-carbolin-1-yl]-aceton $C_{21}H_{20}N_2O_2$,
Formel VII (R = CO-C₆H₅, R' = H oder R = H, R' = CO-C₆H₅).

B. Aus (±)-[2,3,4,9-Tetrahydro-1H-β-carbolin-1-yl]-aceton und Benzoylchlorid in wss. Alkali und Äther (*Groves, Swan*, Soc. **1952** 650, 654).

Kristalle (aus PAe.); F: 133° [unkorr.].

Oxo-Verbindungen $C_{15}H_{18}N_2O$

*5-[1-Methyl-2-phenyl-äthyliden]-2-propyl-3,5-dihydro-imidazol-4-on $C_{15}H_{18}N_2O$,
Formel VIII, und Tautomere.

B. Beim Erwärmen von Butyrimidsäure-äthylester mit Glycin-äthylester und Phenyl-aceton in Benzol (*Lehr et al.*, Am. Soc. **75** [1953] 3640, 3644, 3645).

Kristalle (aus PAe., Bzl., Acn. oder deren Gemischen); F: 131—132° [korr.].

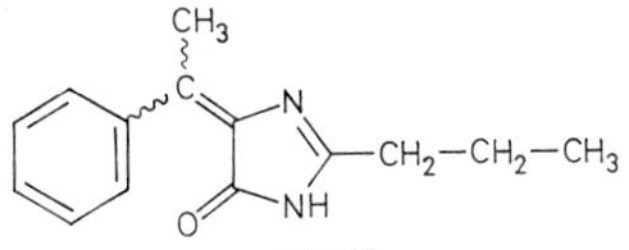

VIII 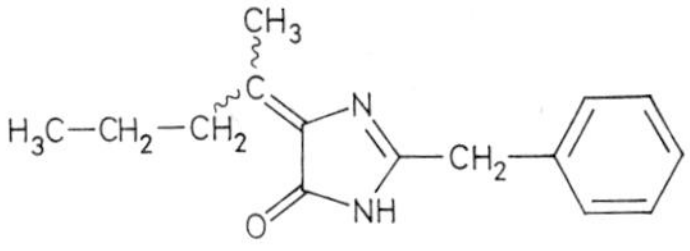   IX

*2-Benzyl-5-[1-methyl-butyliden]-3,5-dihydro-imidazol-4-on $C_{15}H_{18}N_2O$, Formel IX,
und Tautomere.

B. Beim Erwärmen von 2-Phenyl-acetimidsäure-äthylester mit Glycin-äthylester und Pentan-2-on (*Lehr et al.*, Am. Soc. **75** [1953] 3640, 3643, 3645).

Kristalle (aus PAe., Bzl., Acn. oder deren Gemischen); F: 88—90°.

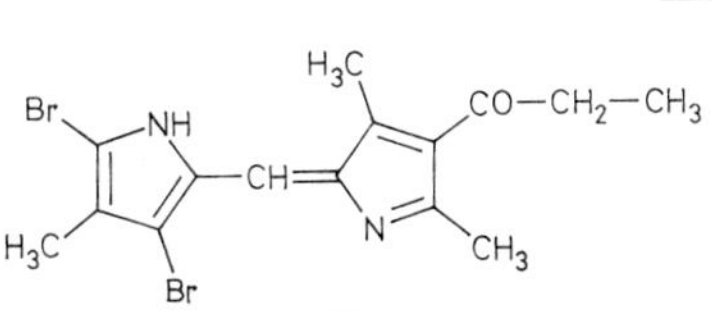

X 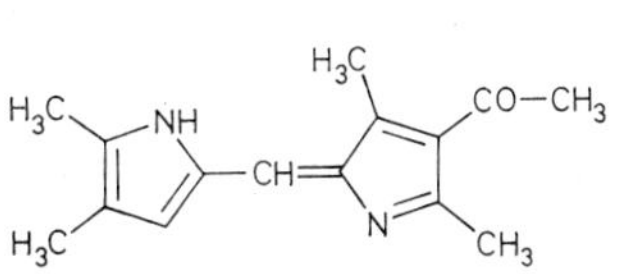   XI

1-[5-(3,5-Dibrom-4-methyl-pyrrol-2-ylmethylen)-2,4-dimethyl-5H-pyrrol-3-yl]-propan-1-on $C_{15}H_{16}Br_2N_2O$, Formel X, und Tautomeres.

B. Aus 1-[2,4-Dimethyl-pyrrol-3-yl]-propan-1-on oder aus 3,5-Dimethyl-4-propionylpyrrol-2-carbonsäure in Essigsäure und Brom (*Fischer et al.*, A. **486** [1931] 1, 12, 52). Orangerote Kristalle (aus wss.-äthanol. NH_3); Zers. bei 175°.

1-[5-(4,5-Dimethyl-pyrrol-2-ylmethylen)-2,4-dimethyl-5H-pyrrol-3-yl]-äthanon
$C_{15}H_{18}N_2O$, Formel XI, und Tautomeres.

Hydrobromid $C_{15}H_{18}N_2O \cdot HBr$; [4-Acetyl-3,5-dimethyl-pyrrol-2-yl]-[4,5-di=methyl-pyrrol-2-yl]-methinium-bromid. *B*. Beim Behandeln von 4,5-Dimethyl-pyrrol-2-carbaldehyd mit 1-[2,4-Dimethyl-pyrrol-3-yl]-äthanon und wss.-äthanol. HBr (*Fischer, Hansen*, A. **521** [1936] 128, 142). — Gelbe Kristalle (aus Eg.); Zers. bei 212°.

7,8,9,10,11,12-Hexahydro-6H-azonino[2,1-b]chinazolin-14-on $C_{15}H_{18}N_2O$, Formel XII.
B. Aus 9-Methoxy-3,4,5,6,7,8-hexahydro-2H-azonin und Anthranilsäure (*Petersen, Tietze*, A. **623** [1959] 166, 170, 171).
Kristalle (aus Essigsäure-[2-methoxy-äthylester]); F: 120°.

(±)-4-Chlor-1-[2,3,4,9-tetrahydro-1H-β-carbolin-1-yl]-butan-2-on $C_{15}H_{17}ClN_2O$, Formel XIII.
Hydrochlorid $C_{15}H_{17}ClN_2O \cdot HCl$. *B*. Aus Tryptamin (E III/IV **22** 4319) und 1,5-Di=chlor-pent-1-en-3-on (*Groves, Swan*, Soc. **1952** 650, 655). — Kristalle (aus Me. + Acn.); F: >300°.

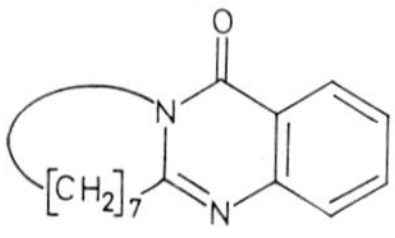

XII 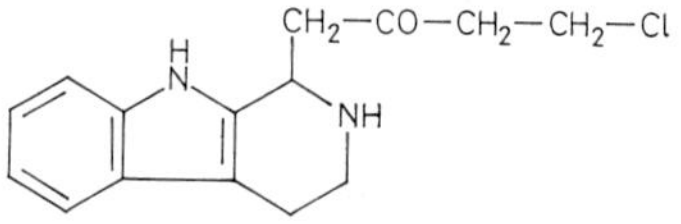   XIII 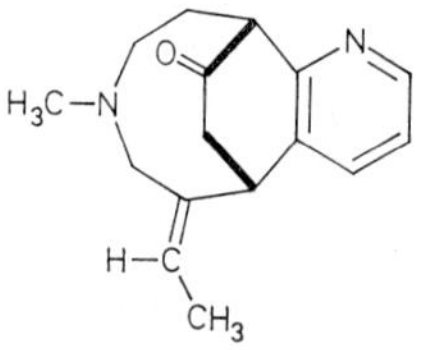   XIV

(5S)-6-[(E?)-Äthyliden]-8-methyl-6,7,8,9,10,11-hexahydro-5H-5r,11c-äthano-pyrido=[2,3-e]azonin-12-on $C_{16}H_{20}N_2O$, vermutlich Formel XIV.
B. In geringer Menge beim Behandeln von Desoxyvomicidin (F: 227°; Syst.-Nr. 3635) mit wss. CrO_3 in wss. H_2SO_4 (*Wieland, Schmauss*, A. **545** [1940] 72, 77).
Kristalle (aus PAe.); F: 70°. $[\alpha]_D^{20}$: +341° [$CHCl_3$; c = 1].
Hydrierung des Dihydrochlorids an Platin in H_2O: *Wi., Sch.*
Dihydrochlorid $C_{16}H_{20}N_2O \cdot 2\,HCl$. Kristalle (aus A. + Ae.) mit 1 Mol H_2O; F: 256° [Zers.].
Perchlorat. Kristalle (aus wss. A.); F: 263° [Zers.].

Oxo-Verbindungen $C_{16}H_{20}N_2O$

1-[5-(4-Äthyl-5-brom-3-methyl-pyrrol-2-ylmethylen)-2,4-dimethyl-5H-pyrrol-3-yl]-äthanon $C_{16}H_{19}BrN_2O$, Formel I, und Tautomeres.
Hydrobromid $C_{16}H_{19}BrN_2O \cdot HBr$; [4-Acetyl-3,5-dimethyl-pyrrol-2-yl]-[4-äthyl-5-brom-3-methyl-pyrrol-2-yl]-methinium-bromid. *B*. Aus 4-Äthyl-5-brom-3-methyl-pyrrol-2-carbaldehyd und 1-[2,4-Dimethyl-pyrrol-3-yl]-äthanon in wss.-äthanol. HBr (*Lichtenwald*, Z. physiol. Chem. **273** [1942] 118, 126). — Hellrote Kristalle (aus Eg.), die unterhalb 300° nicht schmelzen [ab 200° Dunkelfärbung].

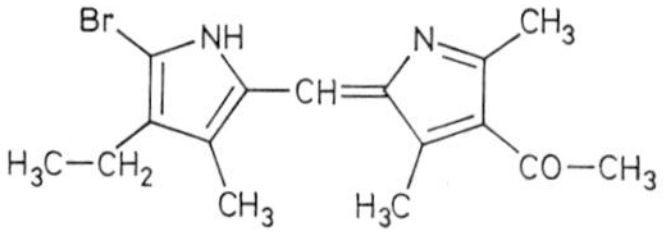

I 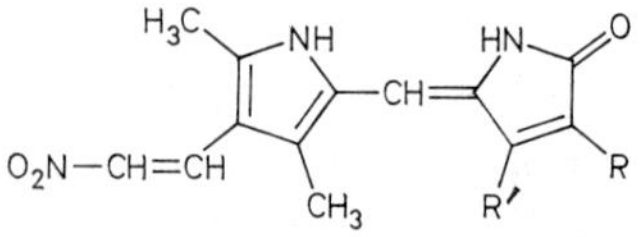   II

*3-Äthyl-5-[3,5-dimethyl-4-(2-nitro-vinyl)-pyrrol-2-ylmethylen]-4-methyl-1,5-dihydro-pyrrol-2-on $C_{16}H_{19}N_3O_3$, Formel II (R = C_2H_5, R' = CH_3), und Tautomeres.

B. Beim Erhitzen von [4-Äthyl-5-brom-3-methyl-pyrrol-2-yl]-[3,5-dimethyl-4-(2-nitro-vinyl)-pyrrol-2-yl]-methinium-bromid mit Kaliumacetat in Essigsäure (*Fischer, Reinecke*, Z. physiol. Chem. **258** [1939] 243, 252).

Kristalle; F: 315°.

---

*4-Äthyl-5-[3,5-dimethyl-4-(2-nitro-vinyl)-pyrrol-2-ylmethylen]-3-methyl-1,5-dihydro-pyrrol-2-on $C_{16}H_{19}N_3O_3$, Formel II (R = CH_3, R' = C_2H_5), und Tautomeres.

B. Beim Erhitzen von [3-Äthyl-5-brom-4-methyl-pyrrol-2-yl]-[3,5-dimethyl-4-(2-nitro-vinyl)-pyrrol-2-yliden]-methan mit Kaliumacetat in Essigsäure (*Fischer, Reinecke*, Z. physiol. Chem. **258** [1939] 243, 252).

Kristalle; F: 306°.

1-[5-(4-Äthyl-5-methyl-pyrrol-2-ylmethylen)-2,4-dimethyl-5H-pyrrol-3-yl]-äthanon $C_{16}H_{20}N_2O$, Formel III, und Tautomeres.

Hydrobromid $C_{16}H_{20}N_2O \cdot HBr$; [4-Acetyl-3,5-dimethyl-pyrrol-2-yl]-[4-äthyl-5-methyl-pyrrol-2-yl]-methinium-bromid. B. Aus 4-Äthyl-5-methyl-pyrrol-2-carbaldehyd und 1-[2,4-Dimethyl-pyrrol-3-yl]-äthanon in wss.-äthanol. HBr (*Fischer, Hansen*, A. **521** [1936] 128, 143). — Gelbe Kristalle (aus Eg.); F: 214° [Zers.].

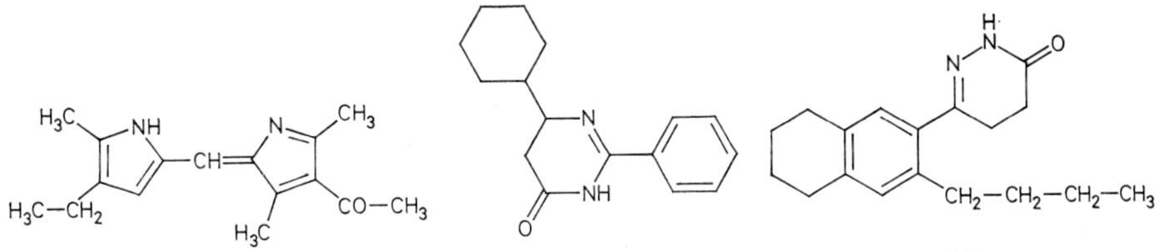

III   IV   V

(±)-6-Cyclohexyl-2-phenyl-5,6-dihydro-3H-pyrimidin-4-on $C_{16}H_{20}N_2O$, Formel IV, und Tautomeres.

B. In geringer Menge neben (±)-3-Benzoylamino-3-cyclohexyl-propionsäure-amid (Hauptprodukt) beim Erwärmen von (±)-3-Benzoylamino-3-cyclohexyl-propionsäure mit $SOCl_2$ und Behandeln des Reaktionsprodukts in Äther mit NH_3 (*Rodionow, Kiśelewa*, Izv. Akad. S.S.S.R. Otd. chim. **1952** 278, 283; engl. Ausg. S. 293, 297).

Kristalle (aus A.); F: 165—165,5°.

Oxo-Verbindungen $C_{18}H_{24}N_2O$

6-[3-Butyl-5,6,7,8-tetrahydro-[2]naphthyl]-4,5-dihydro-2H-pyridazin-3-on $C_{18}H_{24}N_2O$, Formel V.

B. Neben 4-[3-Butyl-5,6,7,8-tetrahydro-[2]naphthyl]-buttersäure beim Erhitzen von 4-[3-Butyl-5,6,7,8-tetrahydro-[2]naphthyl]-4-oxo-buttersäure mit $N_2H_4 \cdot H_2O$ und KOH in Diäthylenglykol (*Cagniant, Cagniant*, Bl. **1958** 1448, 1453).

Kristalle (aus A.); F: 116°.

6',7'-Diäthyl-2',3',6',7',8',8'a-hexahydro-5'H-spiro[indolin-3,1'-indolizin]-2-on $C_{19}H_{26}N_2O$.

a) **(7R)-20βH-Corynoxan-2-on, Rhynchophyllan**, Rhyncophyllan, Dihydro-corynoxeinan, Formel VI.

B. Beim Erhitzen von Rhynchophyllal (Syst.-Nr. 3593) mit N_2H_4 und Propan-1,3-diol auf 150° und folgenden Erhitzen mit KOH auf 200° (*Seaton, Marion*, Canad. J. Chem. **35** [1957] 1102, 1107).

F: 70°; $[\alpha]_D^{24}$: +24° [$CHCl_3$] (*An Cu et al.*, Bl. **1957** 1292). $Kp_{0,1}$: 170—180° [Bad-temperatur]; $[\alpha]_D^{23}$: +27,1° [A.; c = 3] (*Se., Ma.*).

Picrat $C_{19}H_{26}N_2O \cdot C_6H_3N_3O_7$. Gelbe Kristalle (aus A.); F: 228—229° [unkorr.; Zers.] (*Se., Ma.*).

b) **Corynoxan-2-on, Corynoxinan**, Formel VII.

B. Beim Erhitzen von Corynoxinal (Syst.-Nr. 3593) mit N_2H_4 und Alkali (*An Cu et al.*, Bl. **1957** 1292).

F: 70°. $[\alpha]_D$: $-25°$; $[\alpha]_{578}$: $-27°$ ⌊jeweils in $CHCl_3$; c = 1].

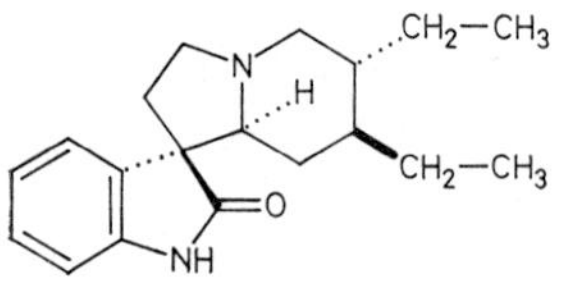

VI 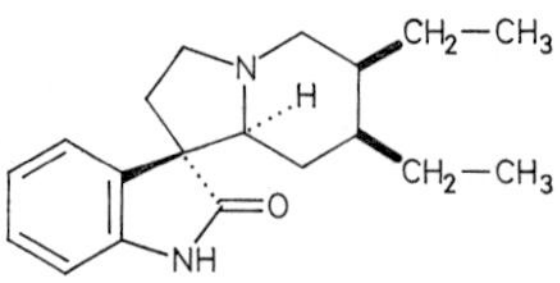   VII 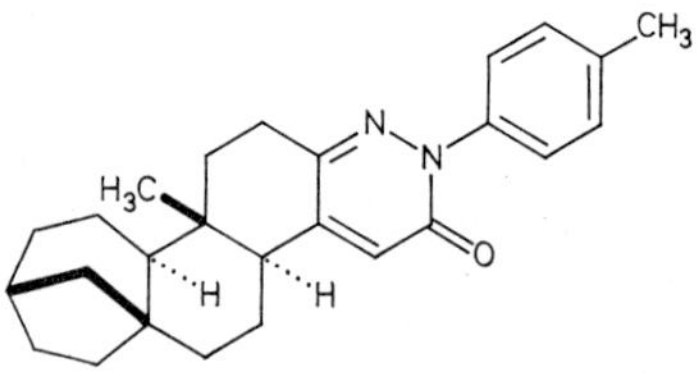   VIII

Oxo-Verbindungen $C_{19}H_{26}N_2O$

(6a*S*)-11b-Methyl-2-*p*-tolyl-(4b*t*,11a*t*,11b*c*)-$\Delta^{1(13a),4}$-dodecahydro-6a*r*,9*c*-methano-cyclo-hepta[3,4]benzo[1,2-*f*]cinnolin-3-on $C_{26}H_{32}N_2O$, Formel VIII.

Diese Konstitution kommt vermutlich der nachstehend beschriebenen Verbindung zu (vgl. *Haworth et al.*, Soc. **1955** 1983, 1985).

B. Beim Erwärmen von Hydroxynorcafestenolid ((3b*S*)-12a-Hydroxy-10b-methyl-(3b*r*,10a*c*,10b*t*,12aξ)-Δ^3-dodecahydro-5a*t*,8*t*-methano-cyclohepta[5,6]naphtho[2,1-*b*]-furan-2-on) mit *p*-Tolylhydrazin-hydrochlorid und Natriumacetat in wss. Methanol (*Ha. et al.*, l. c. S. 1988).

Gelbe Kristalle (aus Ae. + PAe.); F: 226–228°.

Oxo-Verbindungen $C_{21}H_{30}N_2O$

(±)-4-[(11a*t*)-Decahydro-1*r*,5*c*-methano-pyrido[1,2-*a*][1,5]diazocin-4*t*-yl]-1-phenyl-butan-1-on $C_{21}H_{30}N_2O$, Formel IX (R = H) + Spiegelbild (in der Literatur als ω-Phenyl-sparteon bezeichnet).

B. Beim Erwärmen von 2-Phenyl-2,3-didehydro-spartein (E III/IV **23** 1651) mit wss. HCl oder wss. HBr (*Winterfeld, Hoffmann*, Ar. **275** [1937] 5, 23).

Dihydrochlorid $C_{21}H_{30}N_2O \cdot 2$ HCl. Kristalle (aus A.); F: 189–190°.
Dihydrobromid. Kristalle (aus Me.); F: 210°.

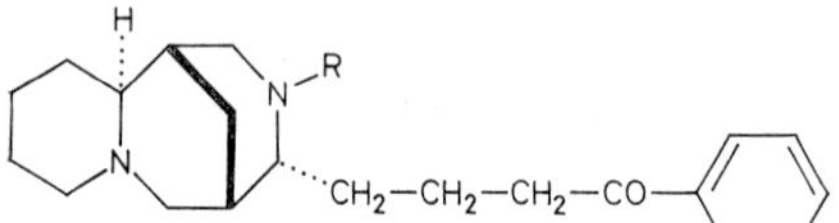

IX 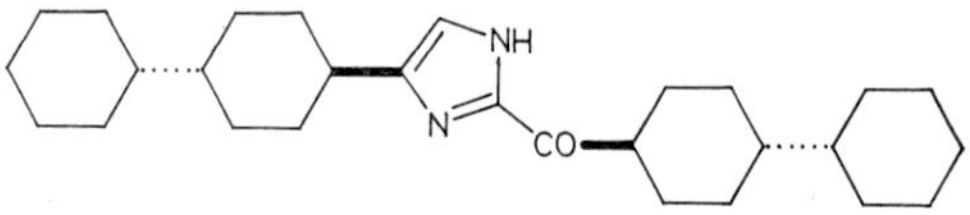   X

(±)-4-[3-Benzoyl-(11a*t*)-decahydro-1*r*,5*c*-methano-pyrido[1,2-*a*][1,5]diazocin-4*t*-yl]-1-phenyl-butan-1-on $C_{28}H_{34}N_2O_2$, Formel IX (R = CO-C_6H_5) + Spiegelbild (in der Literatur als *N*-Benzoyl-ω-phenyl-sparteon bezeichnet).

B. Aus 2-Phenyl-2,3-didehydro-spartein (E III/IV **23** 1651), Benzoylchlorid und wss. KOH (*Winterfeld, Schirm*, Ar. **275** [1937] 630, 647).

Picrat $C_{28}H_{34}N_2O_2 \cdot C_6H_3N_3O_7$. Gelbe Kristalle (aus Me.); F: 87–88°.
Methojodid $[C_{29}H_{37}N_2O_2]I$; (±)-3-Benzoyl-7ξ-methyl-4*t*-[4-oxo-4-phen-yl-butyl]-(11a*t*)-decahydro-1*r*,5*c*-methano-pyrido[1,2-*a*][1,5]diazocinium-jodid. Hellgelbes Pulver (aus Me.); F: 73–75°.

Oxo-Verbindungen $C_{28}H_{44}N_2O$

***trans*(?)-Bicyclohexyl-4-yl-[4-*trans*(?)-bicyclohexyl-4-yl-1(3)*H*-imidazol-2-yl]-keton** $C_{28}H_{44}N_2O$, vermutlich Formel X und Tautomeres.

B. Beim Erwärmen von 2-Acetoxy-1-*trans*-bicyclohexyl-4-yl-äthanon in Methanol mit wss. NH_3 und Kupfer(II)-acetat (*Schubert*, J. pr. [4] **8** [1959] 333, 338).

Kristalle (nach Sublimation im Vakuum bei 200° [Badtemperatur]); F: 245–249° [korr.].

Picrat $C_{28}H_{44}N_2O \cdot C_6H_3N_3O_7$. Gelbe Kristalle (aus A.); F: 154—158° [korr.].

[*Haltmeier*]

Monooxo-Verbindungen $C_nH_{2n-14}N_2O$

Oxo-Verbindungen $C_{10}H_6N_2O$

Pyrazolo[1,5-*a*]indol-4-on $C_{10}H_6N_2O$, Formel I.

B. Neben 4-Oxo-4*H*-pyrazolo[1,5-*a*]indol-8-carbonsäure beim Behandeln von 1-Phenyl-1*H*-pyrazol mit Butyllithium in Äther und anschliessend mit festem CO_2 (*Alley, Shirley,* Am. Soc. **80** [1958] 6271, 6273). Beim Erhitzen von 2-Phenyl-2*H*-pyrazol-3-carbonsäure mit Polyphosphorsäure auf 200° (*Al., Sh.*).

Kristalle (aus A.); F: 107—110° [unkorr.].

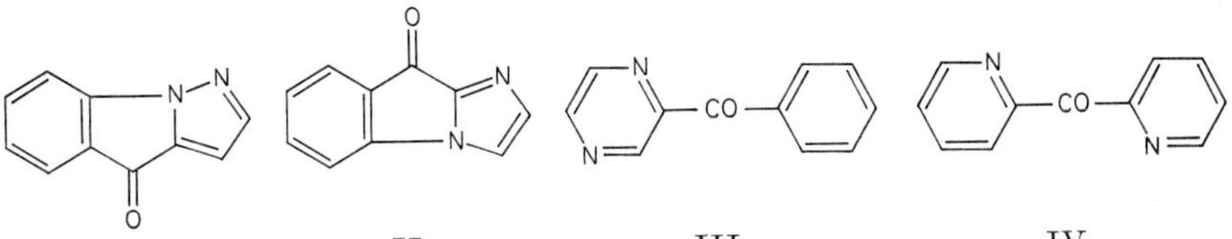

I   II   III   IV

Imidazo[1,2-*a*]indol-9-on $C_{10}H_6N_2O$, Formel II.

B. Aus 1-Phenyl-1*H*-imidazol und Butyllithium in Äther und anschliessenden Behandeln mit festem CO_2 (*Shirley, Alley,* Am. Soc. **79** [1957] 4922, 4926).

Kristalle (aus Acn.); F: 162—163° [unkorr.; nach Sublimation].

Oxo-Verbindungen $C_{11}H_8N_2O$

Benzoylpyrazin, Phenyl-pyrazinyl-keton $C_{11}H_8N_2O$, Formel III.

B. Aus Pyrazincarbonitril und Phenylmagnesiumbromid in Äther (*Am. Cyanamid Co.,* U.S.P. 2677686 [1952]).

Kp_{20}: 190—200°.

Di-[2]pyridyl-keton $C_{11}H_8N_2O$, Formel IV.

B. In mässiger Ausbeute beim Erwärmen von Pyridin-2-carbonsäure-äthylester mit Pyridin und amalgamiertem Aluminium (*Bachman, Schisla,* J. org. Chem. **22** [1957] 1302, 1304, 1306). Neben anderen Verbindungen aus Pyridin-2-carbonsäure-äthylester und [2]Pyridylmagnesiumjodid (*de Jonge et al.,* R. **70** [1951] 989, 994) oder [2]Pyridyl-lithium in Äther (*Wibaut et al.,* R. **70** [1951] 1054, 1061). Aus Pyridin-2-carbonitril und [2]Pyridyllithium in Äther (*Wi. et al.,* l. c. S. 1062; *Henze, Knowles,* J. org. Chem. **19** [1954] 1127, 1130). Aus Di-[2]pyridyl-methan, CrO_3 und Essigsäure (*Leete, Marion,* Canad. J. Chem. **30** [1952] 563, 570). Beim Erhitzen von Di-[2]pyridyl-äthandion mit PbO auf 140° (*Mathes, Sauermilch,* B. **86** [1953] 109).

Kristalle; F: 54—55° [aus PAe.] (*Le., Ma.;* s. a. *Ba., Sch.,* l. c. S. 1305 Anm. h), 54° [aus PAe.] (*Ma., Sa.*). $Kp_{0,2}$: 135—140° (*Le., Ma.*); $Kp_{0,08}$: 115—120° (*de Jo. et al.*). n_D^{20}: 1,6031 [flüssiges Präparat] (*Le., Ma.*).

Hydrochlorid. F: 154° [Zers.] (*Ma., Sa.*).

Picrat $C_{11}H_8N_2O \cdot C_6H_3N_3O_7$. Gelbe Kristalle; F: 181—182° [aus E.] (*de Jo. et al.*), 180—181° [korr.; aus A.] (*Le., Ma.;* s. a. *Ma., Sa.*).

Oxim $C_{11}H_9N_3O$. Kristalle (aus wss. Me.); F: 141—142,5° [korr.] (*Le., Ma.*).

2,4-Dinitro-phenylhydrazon $C_{17}H_{12}N_6O_4$. F: 250—251° [Zers.] (*He., Kn.*).

Semicarbazon $C_{12}H_{11}N_5O$. Kristalle; F: 220—221° [korr.; aus A.] (*Le., Ma.*), 219—220° (*He., Kn.*), 217—218° [Zers.; aus A.] (*de Jo. et al.*).

[2]Pyridyl-[3]pyridyl-keton $C_{11}H_8N_2O$, Formel V.

B. Aus Nicotinonitril und [2]Pyridyllithium in Äther (*Henze, Knowles,* J. org. Chem.

19 [1954] 1127, 1130).
F: 72°.
2,4-Dinitro-phenylhydrazon $C_{17}H_{12}N_6O_4$. F: 233,0—233,5° [Zers.].
Semicarbazon $C_{12}H_{11}N_5O$. F: 156,5—157,5°.

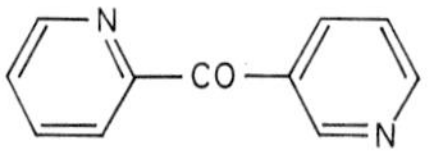

V 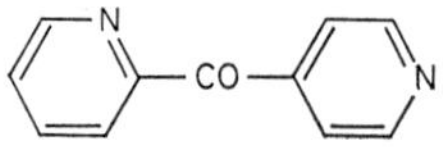   VI 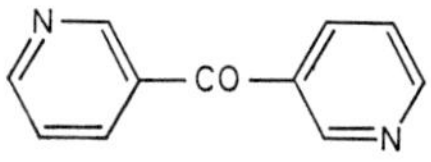   VII

[2]Pyridyl-[4]pyridyl-keton $C_{11}H_8N_2O$, Formel VI.
B. Aus Pyridin-2-carbonsäure-äthylester oder Pyridin-2-carbonitril und [4]Pyridyl=
lithium in Äther (*Wibaut, Heeringa*, R. **74** [1955] 1003, 1018). Aus Isonicotinonitril und
[2]Pyridyllithium in Äther (*Wibaut et al.*, R. **70** [1951] 1054, 1062; *Henze, Knowles*,
J. org. Chem. **19** [1954] 1127, 1130).
Kristalle; F: 122—123° (*He., Kn.*), 122—122,5° [aus PAe.] (*Wi., He.*).
Picrat $C_{11}H_8N_2O \cdot C_6H_3N_3O_7$. F: 173,5—174,5° (*Wi. et al.*).
Oxim $C_{11}H_9N_3O$. F: 219° (*He., Kn.*).
Semicarbazon $C_{12}H_{11}N_5O$. Kristalle; F: 241,5—242,5° [aus A.] (*Wi. et al.*), 237°
bis 239° (*He., Kn.*).

Di-[3]pyridyl-keton $C_{11}H_8N_2O$, Formel VII.
B. In mässiger Ausbeute beim Erhitzen von Nicotinsäure mit ThO_2 oder Al_2O_3 auf
300° (*Linsker, Evans*, Am. Soc. **68** [1946] 907). Aus Nicotinsäure-äthylester (*Wibaut
et al.*, R. **70** [1951] 1054, 1064) oder Nicotinonitril (*Wi. et al.*, l. c. S. 1066; *Henze, Knowles*,
J. org. Chem. **19** [1954] 1127, 1130) und [3]Pyridyllithium in Äther.
Kristalle; F: 117,6—118,8° [aus PAe.] (*Wi. et al.*), 117—118° (*He., Kn.*).
Dipicrat $C_{11}H_8N_2O \cdot 2 C_6H_3N_3O_7$. Kristalle (aus H_2O); F: 208° [Zers.] (*Wi. et al.*,
l. c. S. 1065). Grüne Kristalle (aus A.); F: 135° (*Li., Ev.*).
Phenylhydrazon $C_{17}H_{14}N_4$. Kristalle; F: 170—171° [aus A. + Py.] (*Wi. et al.*),
168,0—168,5° (*He., Kn.*).
Semicarbazon $C_{12}H_{11}N_5O$. F: 196—197° [Zers.] (*He., Kn.*).

[3]Pyridyl-[4]pyridyl-keton $C_{11}H_8N_2O$, Formel VIII.
B. Aus Isonicotinsäure-äthylester (*Wibaut et al.*, R. **70** [1951] 1054, 1065) oder Iso=
nicotinonitril (*Henze, Knowles*, J. org. Chem. **19** [1954] 1127, 1130) und [3]Pyridyl=
lithium in Äther. Aus Nicotinsäure-äthylester oder Nicotinonitril und [4]Pyridyllithium
in Äther (*Wibaut, Heeringa*, R. **74** [1955] 1003, 1018).
Kristalle; F: 124,0—124,5° (*He., Kn.*), 124° [aus PAe.] (*Wi. et al.*).
Oxim $C_{11}H_9N_3O$. F: 176,5—177,5° (*He., Kn.*).
Semicarbazon $C_{12}H_{11}N_5O$. F: 227,5° [Zers.] (*He., Kn.*).

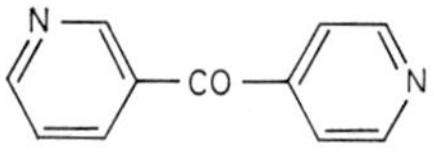

VIII 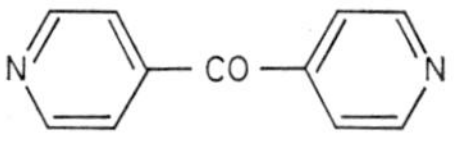   IX 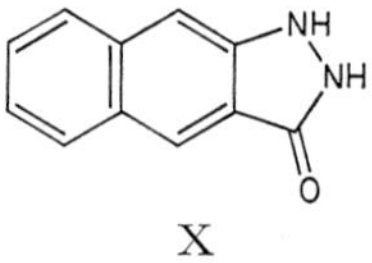   X

Di-[4]pyridyl-keton $C_{11}H_8N_2O$, Formel IX.
B. Aus Isonicotinsäure-äthylester oder Isonicotinonitril und [4]Pyridyllithium in
Äther (*Wibaut, Heeringa*, R. **74** [1955] 1003, 1018).
Kristalle (aus PAe. + Py.); F: 136,2—137,5°.
Phenylhydrazon $C_{17}H_{14}N_4$. Gelbe Kristalle (aus A. + Py.); F: 250,3—250,8°.

1,2-Dihydro-benz[*f*]indazol-3-on $C_{11}H_8N_2O$, Formel X.
B. Beim Erhitzen von 3-Hydrazino-[2]naphthoesäure (aus 3-Amino-[2]naphthoesäure

über die Diazonium-Verbindung hergestellt) im Vakuum auf 300° (*Goldstein, Cornamusaz,* Helv. **15** [1932] 939, 943).

Zers. bei 320° [nach Sublimation] (*Adamson et al.,* Soc. [C] **1971** 981, 986). Gelbe Kristalle (aus wss. NaOH + Eg.); F: ca. 275—280° [Zers.] (*Go., Co.*).

1,3-Dihydro-naphth[2,3-*d*]imidazol-2-on $C_{11}H_8N_2O$, Formel XI (R = R' = H, X = O), und Tautomeres.

B. Beim Erwärmen von 3-Acetylamino-[2]naphthoesäure-amid mit wss. NaOH und wss. NaOCl (*Fries et al.,* A. **516** [1935] 248, 284). Beim Erhitzen von 3-Acetylamino-[2]naphthoylazid mit Anilin (*Fr. et al.,* l. c. S. 283). Aus Naphthalin-2,3-diyldiamin beim Erhitzen mit Harnstoff auf 180° (*Brown,* Soc. **1958** 1974, 1977) oder mit $1H,1H'-1,1'$-Carbonyl-di-imidazol auf 120° (*Staab,* A. **609** [1957] 75, 82) sowie beim Behandeln mit $1H,1H'-1,1'$-Carbonyl-di-imidazol in THF (*St.*).

Kristalle; F: 393° [aus Eg.] (*Fr. et al.*), unterhalb 320° nicht schmelzend [aus Pentan-1-ol] (*Br.*); Zers. >320° [unter Dunkelfärbung; aus THF] (*St.*). λ_{max} (wss. Lösungen vom pH 6 und pH 13; 240—340 nm): *Br.,* l. c. S. 1976. Scheinbarer Dissoziations-exponent pK_a' (H_2O; spektrophotometrisch ermittelt) bei 20°: 11,62 (*Br.*). Löslichkeit in H_2O bei 20°: *Br.*

2-Imino-2,3-dihydro-1*H*-naphth[2,3-*d*]imidazol, 1,3-Dihydro-naphth[2,3-*d*]imidazol-2-on-imin $C_{11}H_9N_3$ s. $1H$-Naphth[2,3-*d*]imidazol-2-ylamin (Syst.-Nr. 3718).

1-Acetyl-1,3-dihydro-naphth[2,3-*d*]imidazol-2-on $C_{13}H_{10}N_2O_2$, Formel XI (R = CO-CH$_3$, R' = H, X = O), und Tautomeres.

B. Aus 3-Acetylamino-[2]naphthoylazid beim Erhitzen auf >240° oder beim Er-wärmen in Benzol (*Fries et al.,* A. **516** [1935] 248, 282).

Kristalle (aus A.); F: 238°.

Beim Erwärmen mit Äthanol oder mit Essigsäure ist 2-Acetoxy-1H-naphth[2,3-*d*]≈ imidazol erhalten worden.

1,3-Dihydro-naphth[2,3-*d*]imidazol-2-thion $C_{11}H_8N_2S$, Formel XI (R = R' = H, X = S), und Tautomeres.

B. Beim Erhitzen von Naphthalin-2,3-diyldiamin mit Thioharnstoff auf 195° (*Brown,* Soc. **1958** 1974, 1977).

Kristalle (aus E.); F: 305°. λ_{max} (wss. Lösungen vom pH 6 und pH 12; 270—350 nm): *Br.,* l. c. S. 1976. Scheinbarer Dissoziationsexponent pK_a' (H_2O; spektrophotometrisch ermittelt) bei 20°: 9,84.

1,3-Bis-hydroxymethyl-1,3-dihydro-naphth[2,3-*d*]imidazol-2-thion $C_{13}H_{12}N_2O_2S$, Formel XI (R = R' = CH$_2$-OH, X = S).

B. Beim Erwärmen von Naphthalindiyl-2,3-diamin mit wss. Formaldehyd in Äthanol und Erwärmen des Reaktionsprodukts mit CS$_2$ in Äthanol (*Donau-Pharmazie G.m.b.H.,* D.B.P. 1 021 370 [1957]).

Kristalle (aus wss. Formaldehyd); F: 137—138°.

XI   XII   XIII

1,3-Dihydro-naphth[1,2-*d*]imidazol-2-on $C_{11}H_8N_2O$, Formel XII (R = X' = H, X = O) (E II 91), und Tautomere.

B. Aus Naphthalin-1,2-diyldiamin und COCl$_2$ in wss. HCl (*Clark, Pessolano,* Am. Soc. **80** [1958] 1557, 1660; vgl. E II 91).

Kristalle; F: 345—347° [aus H$_2$O] (*Bednjagina et al.,* Ž. obšč. Chim. **32** [1962] 3011,

3013; engl. Ausg. S. 2960, 2962), >345° [aus DMF + Ae.] (*Cl., Pe.*).

Hydrochlorid $C_{11}H_8N_2O \cdot HCl$. Kristalle (aus wss. HCl), die sich oberhalb 320° dunkelfärben ohne zu schmelzen (*Ried, Höhne*, B. **87** [1954] 1801, 1809).

2-Imino-2,3-dihydro-1H-naphth[1,2-d]imidazol, 1,3-Dihydro-naphth[1,2-d]imidazol-2-on-imin $C_{11}H_9N_3$ s. 1H-Naphth[1,2-d]imidazol-2-ylamin (Syst.-Nr. 3718).

3-Methyl-1,3-dihydro-naphth[1,2-d]imidazol-2-on $C_{12}H_{10}N_2O$, Formel XII (R = CH_3, X = O, X' = H) und Tautomeres.

B. Aus N^2-Methyl-naphthalin-1,2-diyldiamin und $COCl_2$ in Äthanol (*Gen. Aniline Works*, U.S.P. 2149494 [1936]).

Kristalle (aus Eg.); F: 296°.

3-Isopropenyl-1,3-dihydro-naphth[1,2-d]imidazol-2-on $C_{14}H_{12}N_2O$, Formel XII (R = $C(CH_3)=CH_2$, X = O, X' = H) und Tautomeres.

Diese Konstitution kommt der von *Ried, Höhne* (B. **87** [1954] 1801, 1808) als 2-Acetonyl-1(3)H-naphth[1,2-d]imidazol angesehenen Verbindung $C_{14}H_{12}N_2O$ zu (*Israel, Zoll*, J. org. Chem. **37** [1972] 3566).

B. Neben 2-Methyl-1,5-dihydro-naphtho[1,2-b][1,4]diazepin-4-on beim Erhitzen von Naphthalin-1,2-diyldiamin mit Acetessigsäure-äthylester in Xylol (*Ried, Hö.*).

Kristalle; F: 198° [aus Xylol bzw. aus Cyclohexan] (*Ried, Hö.; Is., Zoll*).

3-Methyl-5-nitro-1,3-dihydro-naphth[1,2-d]imidazol-2-on $C_{12}H_9N_3O_3$, Formel XII (R = CH_3, X = O, X' = NO_2), und Tautomeres.

B. Aus 3-Methyl-1,3-dihydro-naphth[1,2-d]imidazol-2-on (*Gen. Aniline Works*, U.S.P. 2149494 [1936]).

Gelb; F: >300°.

1,3-Dihydro-naphth[1,2-d]imidazol-2-thion $C_{11}H_8N_2S$, Formel XII (R = X' = H, X = S), und Tautomere.

B. Aus Naphthalin-1,2-diyldiamin und CS_2 (*I. G. Farbenind.*, D. R. P. 557138 [1931]; Frdl. **19** 2915, 2916). Beim Erhitzen von 1,2-Bis-[N'-phenyl-thioureido]-naphthalin, von 1,2-Bis-[N'-p-tolyl-thioureido]-naphthalin oder von 1,2-Bis-[N'-(3,4-dimethyl-phenyl)-thioureido]-naphthalin mit wss. HCl oder mit wss. KOH (*Ghosh*, J. Indian chem. Soc. **10** [1933] 583, 588).

Kristalle [aus Py.] (*Gh.*); F: >300° (*Gh.; I. G. Farbenind.*).

3-Benzyl-1-oxo-2,3-dihydro-1H-imidazo[1,2-a]chinolinium $[C_{18}H_{15}N_2O]^+$, Formel XIII, und Mesomeres.

Betain $C_{18}H_{14}N_2O$; **3-Benzyl-1-hydroxy-3H-imidazo[1,2-a]chinolinium-betain.** *B.* Neben N-Benzyl-N-[2]chinolyl-glycin beim Erwärmen von N-Benzyl-N-[2]chinolyl-glycin-nitril-hydrogensulfat mit wss. HCl (*Lawson, Miles*, Soc. **1959** 2865, 2870). Neben 2-Acetyl-3-benzyl-1-hydroxy-3H-imidazo[1,2-a]chinolinium-betain beim Erwärmen von N-Benzyl-N-[2]chinolyl-glycin mit Acetanhydrid (*La., Mi.*). — Gelbe Kristalle (aus Bzl. + PAe.); F: 100° [Zers. ab 65°]. λ_{max} (A.): 221 nm, 278 nm und 285 nm.

2H-Pyrazino[1,2-a]indol-1-on $C_{11}H_8N_2O$, Formel I (R = H) (E II 90).

B. Neben 2,9-Dihydro-β-carbolin-1-on beim Behandeln von Indol-2-carbonsäure-[2,2-diäthoxy-äthylamid] mit Äther und konz. H_2SO_4 (*Johnson et al.*, Am. Soc. **69** [1947] 2364, 2366; vgl. E II 90).

Kristalle (aus A.); F: 250—251°. UV-Spektrum (A.; 250—385 nm): *Jo. et al.*, l. c. S. 2365, 2369. Verteilung zwischen $CHCl_3$ und wss. H_2SO_4 [6 n]: *Jo. et al.*

2-Methyl-2H-pyrazino[1,2-a]indol-1-on $C_{12}H_{10}N_2O$, Formel I (R = CH_3).

B. Aus der vorangehenden Verbindung beim Erwärmen mit Natriummethylat in Methanol und anschliessend mit Dimethylsulfat oder mit NaH in Benzol und anschliessend mit CH_3I (*Johnson et al.*, Am. Soc. **69** [1947] 2364, 2367).

Kristalle (aus Me.); F: 147—148° [korr.]. λ_{max} (A.; 305—375 nm): *Jo. et al.*, l. c. S. 2369.

[1-Oxo-1H-pyrazino[1,2-a]indol-2-yl]-essigsäure $C_{13}H_{10}N_2O_3$, Formel I
(R = CH₂-CO-OH).

B. Beim Erwärmen von 2H-Pyrazino[1,2-a]indol-1-on mit Natriummethylat in Meth=
anol und anschliessend mit Chloressigsäure oder mit NaH in Benzol und anschliessend mit
Chloressigsäure-methylester und Erwärmen des Reaktionsprodukts mit äthanol. KOH
(*Johnson et al.*, Am. Soc. **69** [1947] 2364, 2369).

Kristalle (aus Me. oder A.); F: 275—277° [Zers.]. λ_{max} (A.; 305—380 nm): *Jo. et al.*

---

*3-Methyl-1(2)H-indeno[1,2-c]pyrazol-4-on-hydrazon $C_{11}H_{10}N_4$, Formel II.

B. Beim Erwärmen von 2 Acetyl-indan-1,3-dion mit N₂H₄ in Äthanol (*Braun, Mosher,*
Am. Soc. **80** [1958] 4919).

Kristalle (aus A.); F: 250—255° [korr.].

I   II   III   IV

2-Imino-2,3-dihydro-1H-perimidin, 1H,3H-Perimidin-2-on-imin $C_{11}H_9N_3$ s. 1H-Perimidin-
2-ylamin (Syst.-Nr. 3718).

1-Benzoyl-1H,3H-perimidin-2-on $C_{18}H_{12}N_2O_2$, Formel III.

B. Beim Erhitzen von 1H,3H-Perimidin-2-on mit Benzoylchlorid (*I. G. Farbenind.,*
D.R.P. 511948 [1925]; Frdl. **17** 689; U.S.P. 1749955 [1928]).

Gelbe Kristalle (aus Nitrobenzol); F: >300°.

1-Phenyl-1,5-dihydro-pyrrolo[3,2-c]chinolin-4-on $C_{17}H_{12}N_2O$, Formel IV, und Tautomeres.

B. Beim Erhitzen von 1-Phenyl-1,2,3,5-tetrahydro-pyrrolo[3,2-c]chinolin-4-on mit
Palladium/Kohle in Diphenyläther (*Grundon, McCorkindale,* Soc. **1957** 3448).

Kristalle (aus A.); F: 252—254°. λ_{max}: 238 nm, 274 nm, 284 nm, 315 nm und 328 nm.

2,9-Dihydro-β-carbolin-1-on $C_{11}H_8N_2O$, Formel V (R = R' = H), und Tautomeres
(9H-β-Carbolin-1-ol).

B. s. S. 594 im Artikel 2H-Pyrazino[1,2-a]indol-1-on.

Dimorph; Kristalle (aus A.); F: 251,5—252,5° [korr.], die durch Sublimation oberhalb
150° in Kristalle; F: 260—261,5° [korr.] übergehen; aus der unterkühlten Schmelze der
höherschmelzenden Form ist die niedrigerschmelzende Form erhalten worden (*Johnson
et al.*, Am. Soc. **69** [1947] 2364, 2366). Kristalle (aus Bzl.); F: 259°; bei 160°/0,01 Torr
sublimierbar (*Chatterjee et al.*, Tetrahedron **7** [1959] 257, 260). Kristalle (aus Bzl.) mit
1 Mol H₂O; F: 261—263° (*Schlittler et al.*, Helv. **37** [1954] 1912, 1919). UV-Spektrum
(A.; 265—355 nm): *Jo. et al.*, l. c. S. 2365, 2369. Verteilung zwischen CHCl₃ und wss.
H₂SO₄ [6 n]: *Jo. et al.*

2-Methyl-2,9-dihydro-β-carbolin-1-on $C_{12}H_{10}N_2O$, Formel V (R = CH₃, R' = H) (E II 91).

B. Aus Indol-2-carbonylchlorid und Methylamino-acetaldehyd-diäthylacetal in CHCl₃
und Behandeln des erhaltenen (±)-Indol-2-carbonsäure-[(2,2-diäthoxy-äthyl)-
methyl-amids] $C_{16}H_{22}N_2O_3$ (F: ca. 85° [Zers.]) und [nach Wiedererstarren] F: ca. 230°)
mit Äther und konz. H₂SO₄ (*Johnson et al.*, Am. Soc. **69** [1947] 2364, 2367).

Kristalle (aus Bzl.); F: 269—270° [unkorr.] (*Johnson et al.*, Am. Soc. **67** [1945] 423,
428). UV-Spektrum (A.; 220—360 nm): *Spenser*, Soc. **1956** 3659, 3661. λ_{max} (A.; 285 nm
bis 350 nm): *Jo. et al.*, Am. Soc. **69** 2369.

9-Methyl-2,9-dihydro-β-carbolin-1-on $C_{12}H_{10}N_2O$, Formel V (R = H, R' = CH$_3$), und Tautomeres (E II **23** 347).

Kristalle (aus A.); F: 242—242,5° (*Johnson et al.*, Am. Soc. **69** [1947] 2364, 2367). λ_{max} (A.; 280—360 nm): *Jo. et al.*, l. c. S. 2369.

2,9-Dimethyl-2,9-dihydro-β-carbolin-1-on $C_{13}H_{12}N_2O$, Formel V (R = R' = CH$_3$).

B. Beim Erwärmen der vorangehenden Verbindung mit methanol. Natriummethylat und Dimethylsulfat (*Johnson et al.*, Am. Soc. **69** [1947] 2364, 2368). Aus 1-Methyl-indol-2-carbonylchlorid und Methylamino-acetaldehyd-dimethylacetal in CHCl$_3$ und Erwärmen des Reaktionsprodukts mit äthanol. HCl (*Johnson et al.*, Am. Soc. **67** [1945] 423, 429).

Kristalle (aus A.); F: 158,5—159° (*Jo. et al.*, Am. Soc. **69** 2368). UV-Spektrum (A.; 250—365 nm): *Jo. et al.*, Am. Soc. **69** 2364, 2369).

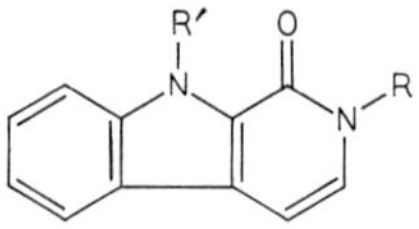

V 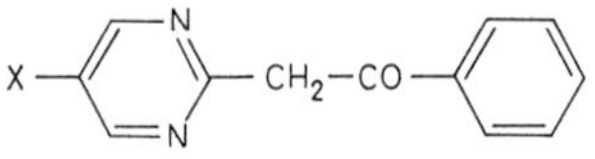   VI 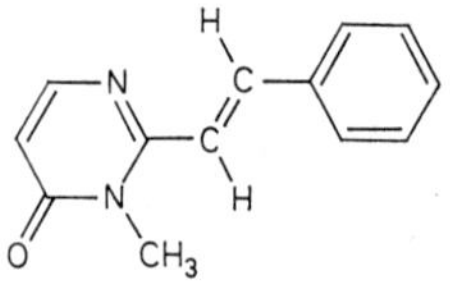   VII

2-Benzyl-2,9-dihydro-β-carbolin-1-on $C_{18}H_{14}N_2O$, Formel V (R = CH$_2$-C$_6$H$_5$, R' = H).

B. Aus Indol-2-carbonsäure-[benzyl-(2,2-diäthoxy-äthyl)-amid], Äther und konz. H$_2$SO$_4$ (*Lindwall, Mantell*, J. org. Chem. **18** [1953] 345, 356).

Kristalle (aus Dioxan); F: 293—294° [korr.]. UV-Spektrum (A.; 230—360 nm): *Li., Ma.*, l. c. S. 349.

Oxo-Verbindungen $C_{12}H_{10}N_2O$

2-Phenacyl-pyrimidin, 1-Phenyl-2-pyrimidin-2-yl-äthanon $C_{12}H_{10}N_2O$, Formel VI (X = H).

B. Beim Erwärmen von 3-Oxo-3-phenyl-propionimidsäure-äthylester mit Propinal in Äther (*Dornow, Neuse*, B. **84** [1951] 296, 304). Beim Erhitzen von 3-Äthoxy-acrylaldehyd-diäthylacetal (E IV **1** 4079) in Amylalkohol (*Roth, Smith*, Am. Soc. **71** [1949] 616, 617).

Gelbe Kristalle; F: 150° [aus A.] (*Do., Ne.*), 147,8—148,5° [korr.; aus Isopropylacetat] (*Roth, Sm.*). UV-Spektrum (250—380 nm) der Base in Cyclohexan und in wss. NaOH [0,1 n] sowie des Hydrochlorids in Methanol und in wss. HCl [0,1 n]: *Roth, Sm.*

5-Brom-2-phenacyl-pyrimidin, 2-[5-Brom-pyrimidin-2-yl]-1-phenyl-äthanon $C_{12}H_9BrN_2O$, Formel VI (X = Br).

B. Aus der vorangehenden Verbindung und Brom in Essigsäure oder in CHCl$_3$ (*Roth, Smith*, Am. Soc. **71** [1949] 616, 617).

Gelbe Kristalle (aus A.); F: 144,8—145,6° [korr.].

Hydrobromid(?). Zers. bei 246,5—249,0° [korr.].

5-Nitro-2-phenacyl-pyrimidin, 2-[5-Nitro-pyrimidin-2-yl]-1-phenyl-äthanon $C_{12}H_9N_3O_3$, Formel VI (X = NO$_2$).

B. Beim Erwärmen von 3-Oxo-3-phenyl-propionamidin mit der Natrium-Verbindung von Nitromalonaldehyd und Benzyl-trimethyl-ammonium-hydroxid in H$_2$O (*Fanta, Hedman*, Am. Soc. **78** [1956] 1434, 1435, 1436).

Kristalle; F: 210—211° [korr.].

3-Methyl-2-*trans*-styryl-3H-pyrimidin-4-on $C_{13}H_{12}N_2O$, Formel VII.

B. Beim Erhitzen von 2,3-Dimethyl-3H-pyrimidin-4-on mit Benzaldehyd und ZnCl$_2$ auf 120° (*Curd, Richardson*, Soc. **1955** 1853, 1856).

Kristalle (aus A.); F: 136°.

Phenacylpyrazin, 1-Phenyl-2-pyrazinyl-äthanon $C_{12}H_{10}N_2O$, Formel VIII (X = H).

B. Beim Behandeln von Methylpyrazin mit $NaNH_2$ in flüssigem NH_3 und anschliessend mit Methylbenzoat in Äther (*Behun, Levine,* Am. Soc. **81** [1959] 5157).

Kristalle (aus wss. NaOH + wss. HCl); F: 82,0—83,0°.

Oxim $C_{12}H_{11}N_3O$. F: 133,6—134,2°.

2,4-Dinitro-phenylhydrazon $C_{18}H_{14}N_6O_4$. F: 180,5—182°.

Semicarbazon $C_{13}H_{13}N_5O$. F: 175,2—175,8°.

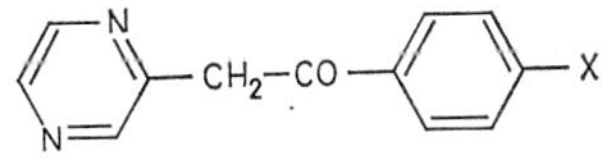

VIII 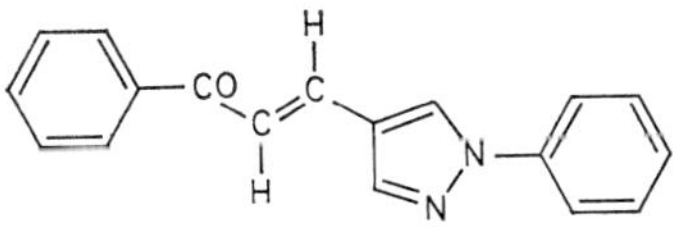   IX

1-[4-Chlor-phenyl]-2-pyrazinyl-äthanon $C_{12}H_9ClN_2O$, Formel VIII (X = Cl).

B. Analog der vorangehenden Verbindung (*Behun, Levine,* Am. Soc. **81** [1959] 5157).

Kristalle (aus wss. A.); F: 91,0—92,0°.

2,4-Dinitro-phenylhydrazon $C_{18}H_{13}ClN_6O_4$. F: 215—216°.

1-Phenyl-3*t*-[1-phenyl-1*H*-pyrazol-4-yl]-propenon $C_{18}H_{14}N_2O$, Formel IX.

B. Aus 1-Phenyl-1*H*-pyrazol-4-carbaldehyd und Acetophenon in wss.-äthanol. NaOH (*Finar, Lord,* Soc. **1959** 1819, 1822).

Kristalle (aus Bzl. + PAe.); F: 181°.

4-*trans*-Cinnamoyl-1-phenyl-1*H*-pyrazol, 3*t*-Phenyl-1-[1-phenyl-1*H*-pyrazol-4-yl]-propenon $C_{18}H_{14}N_2O$, Formel X.

B. Aus 1-[1-Phenyl-1*H*-pyrazol-4-yl]-äthanon und Benzaldehyd in wss.-äthanol. NaOH (*Finar, Lord,* Soc. **1959** 1819, 1822).

Kristalle (aus Bzl.); F: 170,5—171,5°.

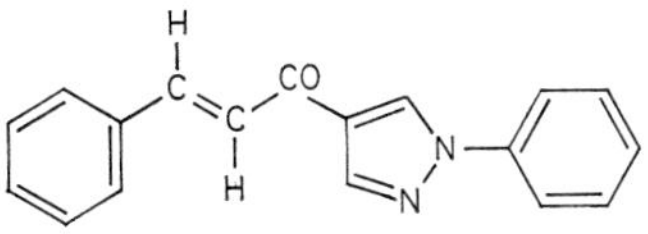

X 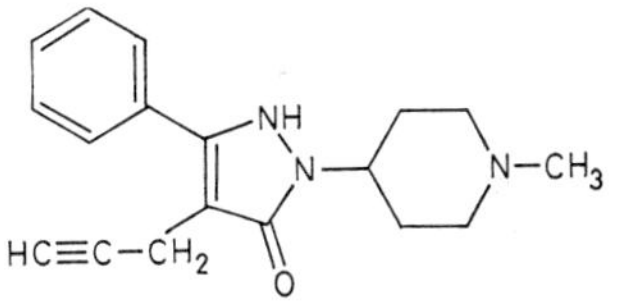   XI

2-[1-Methyl-[4]piperidyl]-5-phenyl-4-prop-2-inyl-1,2-dihydro-pyrazol-3-on $C_{18}H_{21}N_3O$, Formel XI, und Tautomere.

B. Aus 4-Hydrazino-1-methyl-piperidin und 2-Benzoyl-pent-4-insäure-äthylester, zuletzt bei 150°/12 Torr (*Ebnöther et al.,* Helv. **42** [1959] 1201, 1208, 1213).

Kristalle (aus A.); F: 134—136° [Zers.].

Naphthalin-1,5(?)-disulfonat $2 C_{18}H_{21}N_3O \cdot C_{10}H_8O_6S_2$. Kristalle (aus Me.) mit 2 Mol H_2O; F: 180° [Zers.].

1,2-Di-[2]pyridyl-äthanon $C_{12}H_{10}N_2O$, Formel XII (X = O, X' = H).

B. Beim Erwärmen von Pyridin-2-carbonsäure-äthylester mit 2-Methyl-pyridin und Kaliumäthylat in Äther (*Dornow, Bruncken,* B. **83** [1950] 189, 191). Aus [2]Pyridyl-methylmagnesium-bromid und Pyridin-2-carbonsäure-äthylester in Dibutyläther (*Profft, Schneider,* J. pr. [4] **2** [1955] 316, 322). Aus [2]Pyridyl-methyllithium und Pyridin-2-carbonsäure-methylester bzw. Pyridin-2-carbonitril in Äther (*Goldberg, Levine,* Am. Soc. **74** [1952] 5217; *Wibaut, de Jong,* R. **68** [1949] 485, 489). Neben anderen Verbindungen beim Erhitzen von 2,3-Di-[2]pyridyl-butan-2,3-diol mit konz. H_2SO_4 auf 230° (*Bencze, Allen,* Am. Soc. **81** [1959] 4015, 4018).

Kristalle; F: 89—90° [aus PAe.] (*Wi., de Jong*), 86—87,5° [aus Bzl.] (*Be., Al.*). $Kp_{1,2}$:

149—150° (*Go., Le.*).

Monopicrat $C_{12}H_{10}N_2O \cdot C_6H_3N_3O_7$. Rote Kristalle (aus A.); F: 161—162° (*Wi., de Jong*).

Dipicrat $C_{12}H_{10}N_2O \cdot 2\,C_6H_9N_9O_7$. Rote Kristalle; F: 154—155° [Zers.] (*Go., Le.*).

Bis-methobromid $[C_{14}H_{16}N_2O]Br_2$; 1,1'-Dimethyl-2,2'-oxoäthandiyl-bis-pyridinium-dibromid. F: 192—193° [korr.; Zers.] (*Tilford, Van Campen*, Am. Soc. **76** [1954] 2431, 2439).

1,2-Di-[2]pyridyl-äthanon-imin $C_{12}H_{11}N_3$, Formel XII (X = NH, X' = H).

B. Beim Behandeln des aus [2]Pyridyl-methyllithium und Pyridin-2-carbonitril in Äther erhaltenen Reaktionsgemisches mit Eiswasser (*Wibaut, de Jong*, R. **68** [1949] 485, 489).

Kristalle (aus PAe.); F: 100—101°.

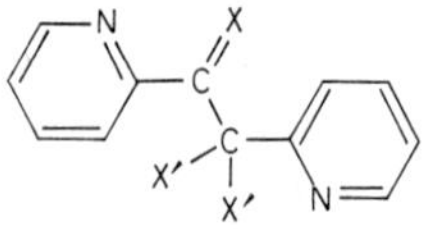

XII 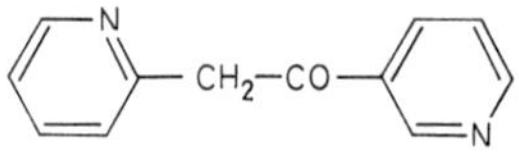   XIII 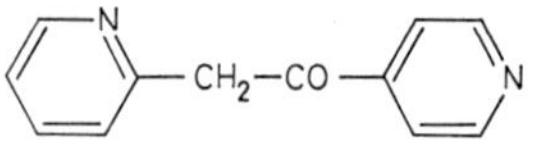   XIV

2,2-Dibrom-1,2-di-[2]pyridyl-äthanon $C_{12}H_8Br_2N_2O$, Formel XII (X = O, X' = Br).

B. Aus 2-Diazo-1,2-di-[2]pyridyl-äthanon und Brom in wenig Äthanol enthaltendem Aceton (*Eistert, Schade*, B. **91** [1958] 1411, 1414).

Hellgelbe Kristalle (aus Butan-1-ol); F: 170° [Zers.].

2,2-Dijod-1,2-di-[2]pyridyl-äthanon $C_{12}H_8I_2N_2O$, Formel XII (X = O, X' = I).

B. Analog der vorangehenden Verbindung (*Eistert, Schade*, B. **91** [1958] 1411, 1414).

Schwarze Kristalle (aus Butan-1-ol); F: 174—176° [Zers.].

2-[2]Pyridyl-1-[3]pyridyl-äthanon $C_{12}H_{10}N_2O$, Formel XIII.

B. Beim Erwärmen von Nicotinsäure-äthylester mit 2-Methyl-pyridin und Kalium-äthylat in Äther (*Dornow et al.*, B. **84** [1951] 147, 149). Aus [2]Pyridyl-methyllithium und Nicotinsäure-methylester bzw. Nicotinonitril in Äther (*Goldberg, Levine*, Am. Soc. **74** [1952] 5217; *Burger, Walter*, Am. Soc. **72** [1950] 1988).

Gelbe Kristalle; F: 85° [aus PAe.] (*Do. et al.*), 71,5—73° [aus wss. Me.] (*Bu., Wa.*), 69—70° [aus PAe.] (*Go., Le.*). $Kp_{1,3}$: 158—160° (*Go., Le.*); Kp_1: 167—170° (*Bu., Wa.*).

Dipicrat $C_{12}H_{10}N_2O \cdot 2\,C_6H_3N_3O_7$. Gelbe Kristalle; F: 187,3—187,8° [Zers.] (*Go., Le.*).

Oxim $C_{12}H_{11}N_3O$. Kristalle (aus wss. A.); F: 135—136,5° [korr.] (*Bu., Wa.*).

2-[2]Pyridyl-1-[4]pyridyl-äthanon $C_{12}H_{10}N_2O$, Formel XIV.

B. Aus [2]Pyridyl-methyllithium und Isonicotinsäure-methylester in Äther (*Goldberg, Levine*, Am. Soc. **74** [1952] 5217).

Kristalle (aus PAe.); F: 114,7—115,2°.

Dipicrat $C_{12}H_{10}N_2O \cdot 2\,C_6H_3N_3O_7$. Orangefarbene Kristalle; F: 200,5—201° [Zers.].

1,2-Di-[3]pyridyl-äthanon $C_{12}H_{10}N_2O$, Formel I.

B. Beim Behandeln von 3-Methyl-pyridin mit KNH_2 in flüssigem NH_3 und anschliessend mit Nicotinsäure-methylester in Äther (*Miller et al.*, Am. Soc. **78** [1956] 674).

F: 79,8—80,6° [nach Destillation bei 169—173° (unkorr.)/3 Torr].

Dipicrat $C_{12}H_{10}N_2O \cdot 2\,C_6H_3N_3O_7$. F: 199,5—200° [unkorr.; aus A.].

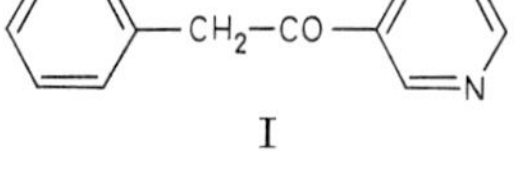

I 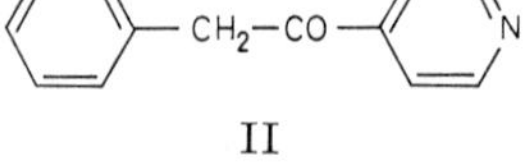   II 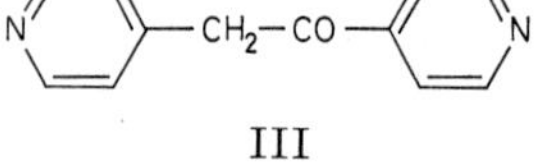   III

2-[3]Pyridyl-1-[4]pyridyl-äthanon $C_{12}H_{10}N_2O$, Formel II.

B. Analog der vorangehenden Verbindung (*Miller et al.*, Am. Soc. **78** [1956] 674).

F: 65,8—66,8° [nach Destillation bei 167—170° (unkorr.)/3 Torr].

Dipicrat $C_{12}H_{10}N_2O \cdot 2\,C_6H_3N_3O_7$. F: 174,3—175° [unkorr.; aus A.].

1,2-Di-[4]pyridyl-äthanon $C_{12}H_{10}N_2O$, Formel III.

B. Analog den vorangehenden Verbindungen (*Osuch, Levine*, J. org. Chem. **22** [1957] 939, 942, 943).

Kristalle (aus PAe.); F: 116—116,8°.

---

*2-[(4-Dimethylamino-phenylimino)-methyl]-1,2'-dimethyl-[4,4']bipyridylium
$[C_{21}H_{23}N_4]^+$, Formel IV (R = CH_3) und Mesomere.

Jodid $[C_{21}H_{23}N_4]I$. *B.* Aus 1,2,2'-Trimethyl-[4,4']bipyridylium-jodid und *N,N*-Di=
methyl-4-nitroso-anilin in Äthanol und Pyridin (*Lal, Petrow*, Soc. **1949** Spl. 115, 119). —
Braune Kristalle (aus A.); F: 222—223°. λ_{max} (Me.): 526 nm.

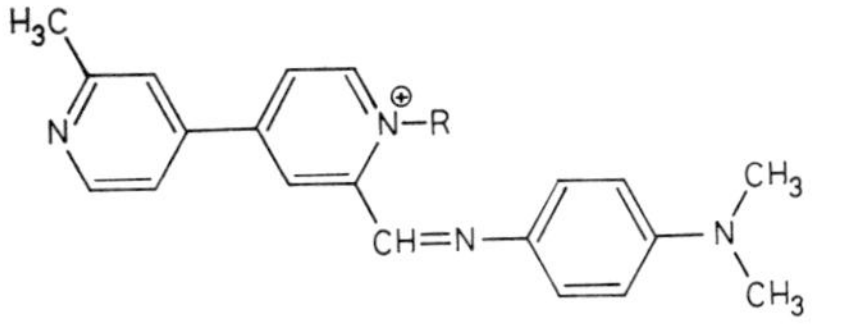

IV 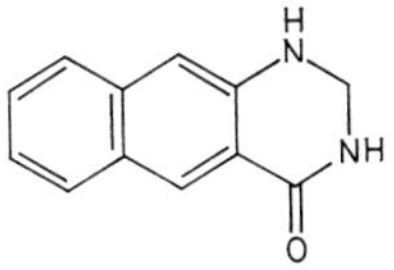   V

*1-Äthyl-2-[(4-dimethylamino-phenylimino)-methyl]-2'-methyl-[4,4']bipyridylium
$[C_{22}H_{25}N_4]^+$, Formel IV (R = C_2H_5) und Mesomere.

Jodid $[C_{22}H_{25}N_4]I$. *B.* Analog der vorangehenden Verbindung (*Lal, Petrow*, Soc. **1949**
Spl. 115, 119). — Dunkelgrüne Kristalle (aus wss. A.); F: 208—209°. λ_{max} (Me.): 525 nm.

2,3-Dihydro-1*H*-benzo[*g*]chinazolin-4-on $C_{12}H_{10}N_2O$, Formel V.

B. Beim Erwärmen von 3-Amino-[2]naphthoesäure-amid mit Paraformaldehyd in wss.
Essigsäure (*I. G. Farbenind.*, D.R.P. 672493 [1936]; Frdl. **25** 739; *Gen. Aniline Works*,
U.S.P. 2154889 [1937]). Aus 3*H*-Benzo[*g*]chinazolin-4-on und LiAlH₄ (*Étienne, Legrand*,
C. r. **229** [1949] 220).

Gelbgrüne Kristalle; F: 269—272° (*Ét., Le.*).

---

*3,4-Dihydro-2*H*-phenazin-1-on-oxim $C_{12}H_{11}N_3O$, Formel VI (X = OH) (H 194).

B. Aus *o*-Phenylendiamin und Cyclohexan-1,2,3-trion-1,3-dioxim in H_2O oder in Essig=
säure (*Cookson*, Soc. **1953** 1328, 1330; vgl. H 194).

Kristalle (aus Py.); F: 213° [Zers.].

---

*3,4-Dihydro-2*H*-phenazin-1-on-[2,4-dinitro-phenylhydrazon] $C_{18}H_{14}N_6O_4$, Formel VI
(X = NH-$C_6H_3(NO_2)_2(o,p)$).

Hellbraune, Pyridin enthaltende Kristalle (aus Py.); F: 249—250° [Zers.] (*Cookson*,
Soc. **1953** 1328, 1330).

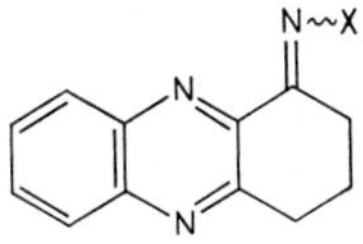

VI 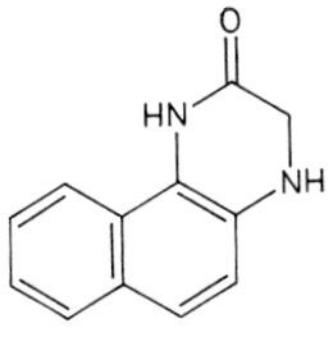   VII 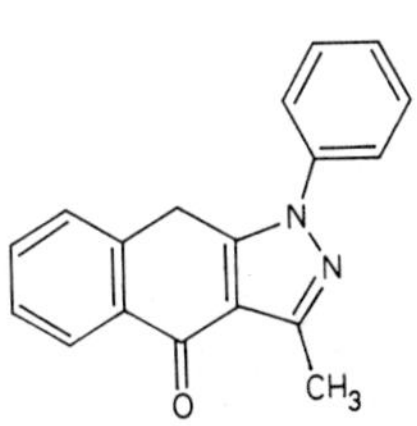   VIII

3,4-Dihydro-1H-benzo[f]chinoxalin-2-on $C_{12}H_{10}N_2O$, Formel VII (H 194; dort als 3-Oxo-1.2.3.4-tetrahydro-5.6-benzo-chinoxalin bzw. 3-Oxy-1.2-dihydro-5.6-benzochinoxalin bezeichnet).

B. Aus *N*-[1-Phenylazo [2]naphthyl]-glycin-äthylester bei der Hydrierung an Raney-Nickel in Äthanol bei 60°/50 at (*Landquist*, Soc. **1953** 2816, 2821).

Kristalle (aus Acn.); F: 197—198°.

3-Methyl-1(oder 2)-phenyl-1,9(oder 2,9)-dihydro-benz[f]indazol-4-on $C_{18}H_{14}N_2O$, Formel VIII oder IX.

B. In mässiger Ausbeute beim Erhitzen des aus 5(oder 3)-Benzyl-3(oder 5)-methyl-1-phenyl-1H-pyrazol-4-carbonsäure (F: 178°) hergestellten Säurechlorids in Nitrobenzol (*Borsche, Hahn*, A. **537** [1939] 219, 242).

Hellgelbe Kristalle (aus A.); F: 236—238°.

3-Methyl-2H-pyrazino[1,2-a]indol-1-on $C_{12}H_{10}N_2O$, Formel X (R = H).

B. Neben 3-Methyl-2,9-dihydro-β-carbolin-1-on beim Behandeln von Indol-2-carbonsäure-[β,β-diäthoxy-isopropylamid] mit Äther und konz. H_2SO_4 (*Johnson et al.*, Am. Soc. **69** [1947] 2364, 2367).

Gelbliche Kristalle (aus A.); F: 253—254°. λ_{max} (A.; 300—390 nm): *Jo. et al.*, l. c. S. 2369.

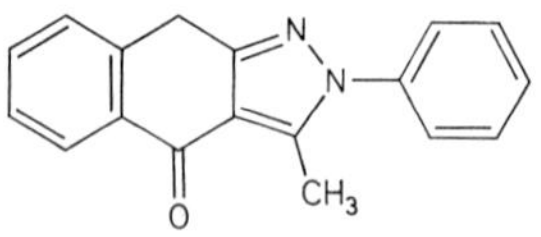

IX 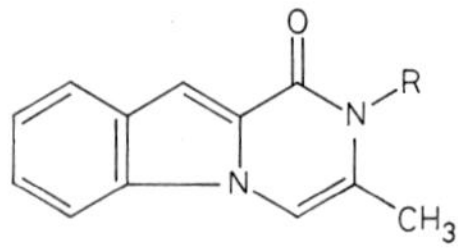   X 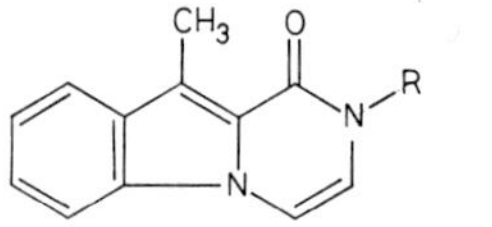   XI

2,3-Dimethyl-2H-pyrazino[1,2-a]indol-1-on $C_{13}H_{12}N_2O$, Formel X (R = CH₃).

B. Beim Erwärmen der vorangehenden Verbindung mit NaH in Benzol und anschliessend mit CH₃I (*Johnson et al.*, Am. Soc. **69** [1947] 2364, 2368).

Gelbliche Kristalle (aus A.); F: 206—207,5°. UV-Spektrum (A.; 270—390 nm): *Jo. et al.*, l. c. S. 2365, 2369.

10-Methyl-2H-pyrazino[1,2-a]indol-1-on $C_{12}H_{10}N_2O$, Formel XI (R = H) (E II 92).

B. Aus 3-Methyl-indol-2-carbonsäure-[2,2-diäthoxy-äthylamid], Äther und konz. H_2SO_4 (*Johnson et al.*, Am. Soc. **69** [1947] 2364, 2367; vgl. E II 92).

Kristalle (aus Bzl.); F: 212—213°. λ_{max} (A.; 250—390 nm): *Jo. et al.*, l. c. S. 2369.

2,10-Dimethyl-2H-pyrazino[1,2-a]indol-1-on $C_{13}H_{12}N_2O$, Formel XI (R = CH₃) (E II 92).

B. Beim Erwärmen der vorangehenden Verbindung mit methanol. Natriummethylat und anschliessend mit Dimethylsulfat (*Johnson et al.*, Am. Soc. **69** [1947] 2364, 2368). Aus 3-Methyl-indol-2-carbonylchlorid und Methylamino-acetaldehyd-diäthylacetal in Äther und Erwärmen des Reaktionsprodukts mit wss.-äthanol. HCl (*Jo. et al.*).

Kristalle (aus Bzl.); F: 161,5—162°. UV-Spektrum (A.; 250—300 nm): *Jo. et al.*, l. c. S. 2364, 2369.

2-[2-Diäthylamino-äthyl]-10-methyl-2H-pyrazino[1,2-a]indol-1-on $C_{18}H_{23}N_3O$, Formel XI (R = CH₂-CH₂-N(C₂H₅)₂).

B. Beim Erhitzen von 10-Methyl-2H-pyrazino[1,2-a]indol-1-on mit NaNH₂ in Benzol auf 110° und anschliessend mit Diäthyl-[2-brom-äthyl]-amin (*Johnson et al.*, Am. Soc. **69** [1947] 2364, 2369).

Hydrochlorid $C_{18}H_{23}N_3O \cdot HCl$. Kristalle; F: 173—174°.

*3-Äthyl-1(2)H-indeno[1,2-c]pyrazol-4-on-hydrazon $C_{12}H_{12}N_4$, Formel XII.

B. Beim Erwärmen von 2-Propionyl-indan-1,3-dion mit N_2H_4 in Äthanol (*Braun, Mosher*, Am. Soc. **80** [1958] 4919).

Kristalle; F: 263—264° [korr.].

1-[2-Hydroxy-indol-3-yl]-4-[2-oxo-indolin-3-yliden]-3,4-dihydro-2H-pyrrolium-betain $C_{20}H_{15}N_3O_2$, Formel XIII (R = H) und Mesomeres.

Diese Konstitution kommt der von *Grassmann, v. Arnim* (A. **509** [1934] 288, 293) als 2,5-Bis-[2-oxo-indol-3-yliden]-pyrrolidin angesehenen Verbindung zu (*Johnson, McCaldin*, Soc. **1957** 3470, 3472; *Hudson et al.*, Tetrahedron Letters **1967** 4015).

B. Beim Erwärmen von Isatin mit Pyrrolidin oder L-Prolin in wss. Essigsäure (*Gr., v. Ar.*, l. c. S. 301, 302; *Jo., McC.*, l. c. S. 3475).

Dunkelblaue Kristalle [aus Eg.] (*Gr., v. Ar.*); grüne Kristalle [aus Me.] (*Jo., McC.*). Absorptionsspektrum (Eg.; 420—700 nm): *Gr., v. Ar.*, l. c. S. 291. λ_{max} (DMF sowie wss. HCl; 210—600 nm): *Jo., McC.*, l. c. S. 3472.

XII   XIII   XIV

1-[2-Hydroxy-1-methyl-indol-3-yl]-4-[1-methyl-2-oxo-indolin-3-yliden]-3,4-dihydro-2H-pyrrolium-betain $C_{22}H_{19}N_3O_2$, Formel XIII (R = CH_3).

Bezüglich der Konstitution dieser Verbindung s. die Angaben im vorangehenden Artikel.

B. Beim Erhitzen von 1-Methyl-indolin-2,3-dion mit Pyrrolidin in wss. Essigsäure (*Johnson, McCaldin*, Soc. **1957** 3470, 3475) oder mit L-Prolin in Essigsäure (*Grassmann, v. Arnim*, A. **519** [1935] 192, 203).

Blaue Kristalle (aus Me.); IR-Banden (Nujol): 1634 cm⁻¹, 1599 cm⁻¹ und 1582 cm⁻¹ (*Jo., McC.*). λ_{max} (DMF sowie wss. HCl; 210—600 nm): *Jo., McC.*, l. c. S. 3472.

3-Methyl-2,9-dihydro-β-carbolin-1-on $C_{12}H_{10}N_2O$, Formel XIV (R = R' = H), und Tautomeres.

B. s. S. 600 im Artikel 3-Methyl-2H-pyrazino[1,2-a]indol-1-on.

Kristalle (aus A.); F: 267—268,5° (*Johnson et al.*, Am. Soc. **69** [1947] 2364, 2367). λ_{max} (A.; 280—355 nm): *Jo. et al.*, l. c. S. 2369.

2,3-Dimethyl-2,9-dihydro-β-carbolin-1-on $C_{13}H_{12}N_2O$, Formel XIV (R = CH_3, R' = H).

B. Aus (±)-Indol-2-carbonsäure-[(β,β-diäthoxy-isopropyl)-methyl-amid] beim Erhitzen auf 100° sowie beim Behandeln mit Äther und konz. H_2SO_4 oder mit wss.-äthanol. HCl (*Johnson et al.*, Am. Soc. **69** [1947] 2364, 2368).

Kristalle (aus Bzl.); F: 303—304°. UV-Spektrum (A.; 250—360 nm): *Jo. et al.*, l. c. S. 2365, 2369.

2,3,9-Trimethyl-2,9-dihydro-β-carbolin-1-on $C_{14}H_{14}N_2O$, Formel XIV (R = R' = CH_3).

B. Aus 1-Methyl-indol-2-carbonylchlorid und (±)-2-Methylamino-propionaldehyd-diäthylacetal in Äther und Erwärmen des Reaktionsprodukts mit wss.-äthanol. HCl (*Johnson et al.*, Am. Soc. **69** [1947] 2364, 2368).

Kristalle (aus Me.); F: 143—144°. λ_{max} (A.; 280—360 nm): *Jo. et al.*, l. c. S. 2369.

Oxo-Verbindungen $C_{13}H_{12}N_2O$

4-Methyl-6-phenacyl-pyrimidin, 2-[6-Methyl-pyrimidin-4-yl]-1-phenyl-äthanon $C_{13}H_{12}N_2O$, Formel I.

B. Beim Behandeln von 4,6-Dimethyl-pyrimidin mit KNH_2 in flüssigem NH_3 und

anschliessend mit Methylbenzoat (*Hauser, Manyik*, J. org. Chem. **18** [1953] 588, 592).
Kristalle (aus PAe.); F: 69—69,5°.
Picrat $C_{13}H_{12}N_2O \cdot C_6H_3N_3O_7$. Kristalle (aus A.); F: 183—183,5° [unkorr.; Zers.].

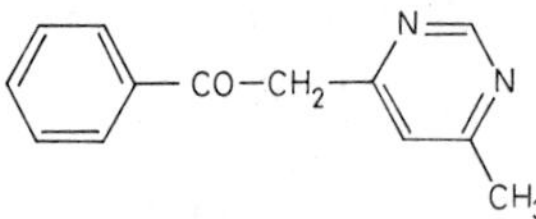

I 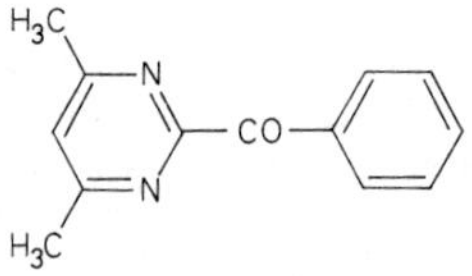   II 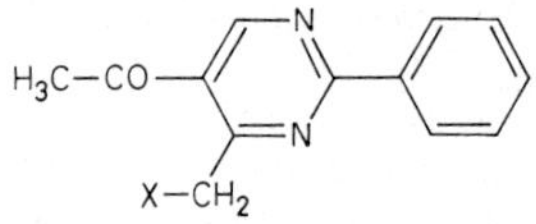   III

2-Benzoyl-4,6-dimethyl-pyrimidin, [4,6-Dimethyl-pyrimidin-2-yl]-phenyl-keton
$C_{13}H_{12}N_2O$, Formel II.
B. Aus 4,6-Dimethyl-pyrimidin-2-carbonitril und Phenylmagnesiumbromid in Äther
(*Klötzer*, M. **87** [1956] 526, 534).
Kristalle (aus PAe.); F: 85—86°. $Kp_{0,1}$: 140°.

5-Acetyl-4-methyl-2-phenyl-pyrimidin, 1-[4-Methyl-2-phenyl-pyrimidin-5-yl]-äthanon
$C_{13}H_{12}N_2O$, Formel III (X = H).
B. Aus Benzimidsäure-äthylester-hydrochlorid, 3-Aminomethylen-pentan-2,4-dion
und äthanol. Natriumäthylat (*Merck & Co. Inc.*, D.R.P. 667990 [1936]; Frdl. **25** 432,
434; U.S.P. 2235638 [1937]).
Kristalle (aus A.); F: 105°.
Semicarbazon $C_{14}H_{15}N_5O$. F: 230°.

1-[4-Brommethyl-2-phenyl-pyrimidin-5-yl]-äthanon $C_{13}H_{11}BrN_2O$, Formel III (X = Br).
B. Aus der vorangehenden Verbindung und Brom in $CHCl_3$ unter UV-Bestrahlung
(*Clarke et al.*, Am. Soc. **70** [1948] 1088).
Kristalle (aus PAe.); F: 168—170°.

2-Chlor-1-[6-chlor-5-methyl-2-phenyl-pyrimidin-4-yl]-äthanon $C_{13}H_{10}Cl_2N_2O$,
Formel IV (X = Cl).
B. Aus 6-Chlor-5-methyl-2-phenyl-pyrimidin-4-carbonylchlorid und Diazomethan in
Benzol und Behandeln des Reaktionsprodukts mit konz. wss. HCl in Äther (*Clarke,
Christensen*, Am. Soc. **70** [1948] 1818).
Kristalle (aus Heptan); F: 155—156°.

2-Brom-1-[6-chlor-5-methyl-2-phenyl-pyrimidin-4-yl]-äthanon $C_{13}H_{10}BrClN_2O$,
Formel IV (X = Br).
B. Analog der vorangehenden Verbindung (*Clarke, Christensen*, Am. Soc. **70** [1948]
1818).
Gelbliche Kristalle (aus Heptan); F: 139—141°.

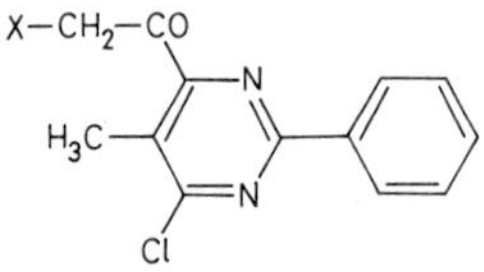

IV 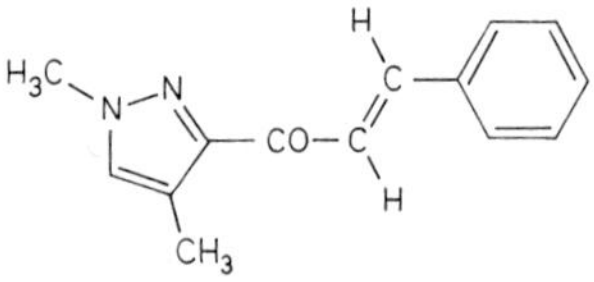   V 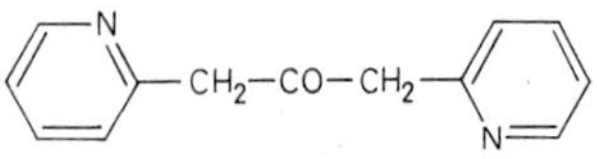   VI

3-*trans*-Cinnamoyl-1,4-dimethyl-1*H*-pyrazol, 1-[1,4-Dimethyl-1*H*-pyrazol-3-yl]-3*t*-phenyl-
propenon $C_{14}H_{14}N_2O$, Formel V.
B. Beim Erhitzen von 5-*trans*-Cinnamoyl-2,4-dimethyl-2*H*-pyrazol-3-carbonsäure auf
280° (*Brain, Finar*, Soc. **1958** 2486, 2489).
Kristalle (aus PAe.); F: 92,5—93,5°.

1,3-Di-[2]pyridyl-aceton $C_{13}H_{12}N_2O$, Formel VI.

B. Neben [2]Pyridyl-essigsäure-äthylester beim Behandeln von [2]Pyridyl-methyl=lithium mit Diäthylcarbonat in Äther (*Goldberg et al.*, Am. Soc. **75** [1953] 3843).

Dipicrat $C_{13}H_{12}N_2O \cdot 2 C_6H_3N_3O_7$. Kristalle (aus A.); F: 190—191°.

(±)-2-[2]Pyridyl-1-[4]pyridyl-propan-1-on $C_{13}H_{12}N_2O$, Formel VII.

B. Aus (±)-1-[2]Pyridyl-äthyllithium und Isonicotinsäure-methylester in Äther (*Osuch, Levine*, J. org. Chem. **21** [1956] 1099).

Kp$_1$: 131—133°.

Picrat $C_{13}H_{12}N_2O \cdot C_6H_3N_3O_7$. Kristalle; F: 186,2—187,2°.

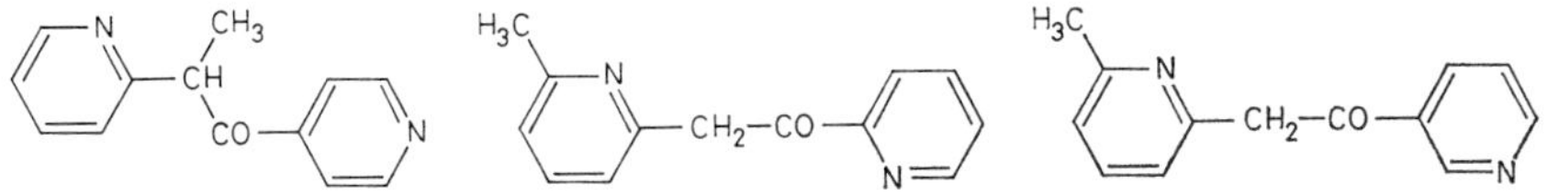

VII   VIII   IX

2-[6-Methyl-[2]pyridyl]-1-[2]pyridyl-äthanon $C_{13}H_{12}N_2O$, Formel VIII.

B. Aus [6-Methyl-[2]pyridyl]-methyllithium und Pyridin-2-carbonsäure-methylester in Äther (*Goldberg, Levine*, Am. Soc. **74** [1952] 5217).

F: 48—49°. Kp$_{1,2}$: 156—157°.

Dipicrat $C_{13}H_{12}N_2O \cdot 2 C_6H_3N_3O_7$. Orangefarbene Kristalle; F: 218,5—219,5°[Zers.].

2-[6-Methyl-[2]pyridyl]-1-[3]pyridyl-äthanon $C_{13}H_{12}N_2O$, Formel IX.

B. Analog der vorangehenden Verbindung (*Goldberg, Levine*, Am. Soc. **74** [1952] 5217).

Kristalle; F: 47° (*Regitz*, B. **99** [1966] 2918, 2925). Kp$_{1,2}$: 160—161° (*Go., Le.*).

Dipicrat $C_{13}H_{12}N_2O \cdot 2 C_6H_3N_3O_7$. Orangefarbene Kristalle; F: 198,2—198,8° [Zers.] (*Go., Le.*).

2-[6-Methyl-[2]pyridyl]-1-[4]pyridyl-äthanon $C_{13}H_{12}N_2O$, Formel X.

B. Analog den vorangehenden Verbindungen (*Goldberg, Levine*, Am. Soc. **74** [1952] 5217).

Kristalle (aus PAe.); F: 111—111,7°.

Dipicrat $C_{13}H_{12}N_2O \cdot 2 C_6H_3N_3O_7$. Rote Kristalle; F: 200,0—200,5° [Zers.].

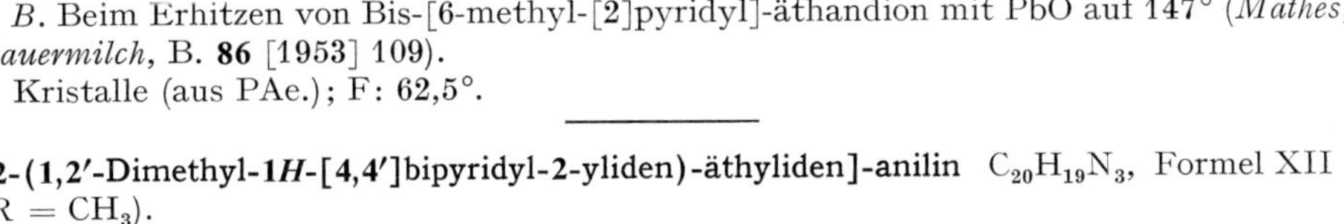

X   XI   XII

Bis-[6-methyl-[2]pyridyl]-keton $C_{13}H_{12}N_2O$, Formel XI.

B. Beim Erhitzen von Bis-[6-methyl-[2]pyridyl]-äthandion mit PbO auf 147° (*Mathes, Sauermilch*, B. **86** [1953] 109).

Kristalle (aus PAe.); F: 62,5°.

[2-(1,2′-Dimethyl-1H-[4,4′]bipyridyl-2-yliden)-äthyliden]-anilin $C_{20}H_{19}N_3$, Formel XII (R = CH$_3$).

Hydrojodid $C_{20}H_{19}N_3 \cdot HI$; 2-[2-Anilino-vinyl]-1,2′-dimethyl-[4,4′]bipyrid=ylium-jodid [$C_{20}H_{20}N_3$]I. B. Aus 1,2,2′-Trimethyl-[4,4′]bipyridylium-jodid und N,N′-Diphenyl-formamidin (*Lal, Petrow*, Soc. **1949** Spl. 115, 119). — Rote Kristalle (aus A.); F: 235—236°.

[2-(1-Äthyl-2′-methyl-1H-[4,4′]bipyridyl-2-yliden)-äthyliden]-anilin $C_{21}H_{21}N_3$, Formel XII (R = C$_2$H$_5$).

Hydrojodid $C_{21}H_{21}N_3 \cdot HI$; 1-Äthyl-2-[2-anilino-vinyl]-2′-methyl-[4,4′]bi=

pyridylium-jodid [$C_{21}H_{22}N_3$]I. *B.* Analog der vorangehenden Verbindung (*Lal, Petrow*, Soc. **1949** Spl. 115, 119). — Orangefarbene Kristalle (aus E. + A.); F: 224—225°.

1*t*,5*t*-Di-pyrrol-2-yl-penta-1,4-dien-3-on $C_{13}H_{12}N_2O$, Formel I (R = H).
B. In mässiger Ausbeute neben 4*t*-Pyrrol-2-yl-but-3-en-2-on (E III/IV **21** 3579) beim Behandeln von Pyrrol-2-carbaldehyd mit Aceton und wss. KOH (*Herz, Brasch*, J. org. Chem. **23** [1958] 1513, 1515; s. a. *Lubrzynska*, Soc. **109** [1916] 1118).
Orangerote Kristalle (aus E.); F: 187—188° [unkorr.] (*Herz, Br.*), 185—186° (*Lu.*). IR-Banden (Nujol; 3350—1575 cm⁻¹): *Herz, Br.*

1*t*,5*t*-Bis-[1-methyl-pyrrol-2-yl]-penta-1,4-dien-3-on $C_{15}H_{16}N_2O$, Formel I (R = CH_3).
B. Aus 1-Methyl-pyrrol-2-carbaldehyd und Aceton in wss.-äthanol. KOH (*Herz, Brasch*, J. org. Chem. **23** [1958] 1513, 1516).
Gelbe Kristalle (aus A.); F: 141° [unkorr.].
2,4-Dinitro-phenylhydrazon $C_{21}H_{20}N_6O_4$. Kristalle (aus Me. + H_2O) mit 1 Mol H_2O; F: 122—123° [unkorr.].

I   II   III

(±)-4-[1]Naphthyl-imidazolidin-2-on $C_{13}H_{12}N_2O$, Formel II (R = H).
B. Aus (±)-3-Acetylamino-3-[1]naphthyl-propionsäure-amid und Brom in wss. NaOH (*Rodionow et al.*, Ž. obšč. Chim. **23** [1953] 1835, 1839, 1840; engl. Ausg. S. 1939, 1942, 1943). Beim Erwärmen der folgenden Verbindung mit wss. NaOH (*Ro. et al.*, l. c. S. 1841; *Rodionow, Antik*, Izv. Akad. S.S.S.R. Otd. chim. **1956** 578, 580; engl. Ausg. S. 577, 579).
Kristalle (aus A.); F: 221,5—222° (*Ro. et al.*).

(±)-1-Acetyl-5-[1]naphthyl-imidazolidin-2-on $C_{15}H_{14}N_2O_2$, Formel II (R = CO-CH_3).
B. Beim Erwärmen von (±)-3-Acetylamino-3-[1]naphthyl-propionylazid in Benzol (*Rodionow et al.*, Ž. obšč. Chim. **23** [1953] 1835, 1841; engl. Ausg. S. 1939, 1944).
Kristalle (aus Bzl.); F: 214—216°.

(±)-1-Benzoyl-5-[1]naphthyl-imidazolidin-2-on $C_{20}H_{16}N_2O_2$, Formel II (R = CO-C_6H_5).
B. Analog der vorangehenden Verbindung (*Rodionow et al.*, Ž. obšč. Chim. **23** [1953] 1835, 1841; engl. Ausg. S. 1939, 1944).
Kristalle (aus A.); F: 222—224°.

(±)-5-[1]Naphthyl-2-oxo-imidazolidin-1-carbonsäure-methylester $C_{15}H_{14}N_2O_3$, Formel II (R = CO-O-CH_3).
B. Analog den vorangehenden Verbindungen (*Rodionow, Antik*, Izv. Akad. S.S.S.R. Otd. chim. **1956** 578, 580; engl. Ausg. S. 577, 579).
Kristalle (aus A.); F: 191—193°.

1,3,4,5-Tetrahydro-naphtho[2,3-*b*][1,4]diazepin-2-on $C_{13}H_{12}N_2O$, Formel III.
B. Beim Erhitzen von Naphthalin-2,3-diyldiamin mit 3-Brom-propionsäure auf 150° (*Ried, Torinus*, B. **92** [1959] 2902, 2911).
Kristalle (aus Bzl.); F: 214°.

6,7,9,10-Tetrahydro-cyclohepta[*b*]chinoxalin-8-on $C_{13}H_{12}N_2O$, Formel IV.
B. Neben 7,8,9,10-Tetrahydro-6*H*-cyclohepta[*b*]chinoxalin-8-ol bei der Hydrierung von Cyclohepta[*b*]chinoxalin-8-on oder dessen Oxim an Palladium/Kohle in Methanol (*Ito*, Sci. Rep. Tohoku Univ. [I] **42** [1958] 236, 246; s. a. *Nozoe et al.*, Pr. Japan Acad. Tokyo **32** [1956] 344).
Kristalle (aus Bzl. + PAe.); F: 155—156° (*Ito*). UV-Spektrum (Me.; 220—350 nm): *Ito*, l. c. S. 240.
2,4-Dinitro-phenylhydrazon $C_{19}H_{16}N_6O_4$. Gelbe Kristalle (aus Me.); F: 248° [Zers.] (*Ito*).

(±)-6-Methyl-5,6-dihydro-pyrido[1,2-*a*]chinoxalin-8-on $C_{13}H_{12}N_2O$, Formel V.

Die von *Maurer et al.* (B. **68** [1935] 1716, 1723) unter dieser Konstitution beschriebene Verbindung (F: 185°) ist in Analogie zu vermeintlichem (±)-6-Phenyl-5,6-dihydro-pyrido[1,2-*a*]chinaxolin-8-on (E III/IV **23** 2884 im Artikel (±)-8-Phenyl-pyrido[1,2-*a*]-chinoxalin-6a-ol) als (±)-3-[2]Furyl-2-methyl-1,2-dihydro-chinoxalin zu formulieren.

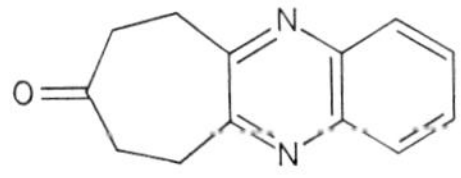

     IV 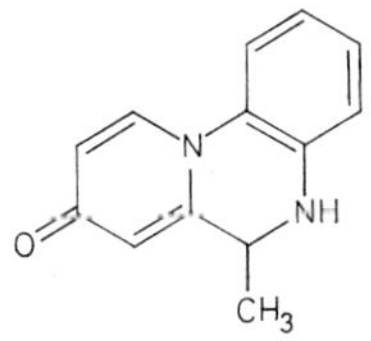   V 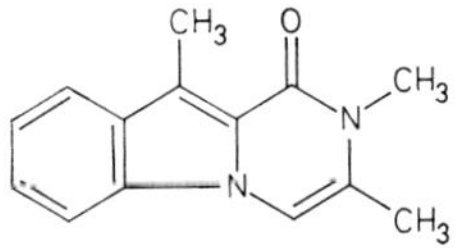   VI

2,3,10-Trimethyl-2*H*-pyrazino[1,2-*a*]indol-1-on $C_{14}H_{14}N_2O$, Formel VI.

B. Aus 3-Methyl-indol-2-carbonylchlorid und (±)-2-Methylamino-propionaldehyd-diäthylacetal in Äther und Erwärmen des Reaktionsprodukts mit wss.-äthanol. HCl (*Johnson et al.*, Am. Soc. **69** [1947] 2364, 2368).

Gelbe Kristalle (aus A.); F: 201—202,5°. λ_{max} (A.; 260—380 nm): *Jo. et al.*

*3-Isopropyl-1(2)*H*-indeno[1,2-*c*]pyrazol-4-on-hydrazon* $C_{13}H_{14}N_4$, Formel VII.

B. Beim Erwärmen von 2-Isobutyryl-indan-1,3-dion mit N_2H_4 in Äthanol (*Braun, Mosher*, Am. Soc. **80** [1958] 4919).

Kristalle (aus A.); F: 227—228° [korr.; auf 220° vorgeheizter App.] bzw. unterhalb 360° nicht schmelzend [bei langsamem Erhitzen].

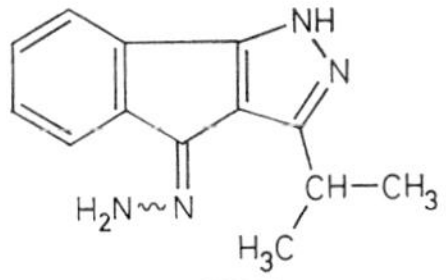

           VII 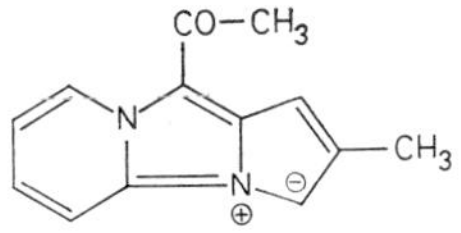   VIII

10-Acetyl-2-methyl-pyrrolo[1′,2′:3,4]imidazo[1,2-*a*]pyridinylium-betain $C_{13}H_{12}N_2O$, Formel VIII und Mesomere.

B. Beim Behandeln von 1-[2-Methyl-imidazo[1,2-*a*]pyridin-3-yl]-äthanon mit Chlor-aceton und Erwärmen des Reaktionsprodukts mit wss.-äthanol. NaOH (*Schilling et al.*, B. **88** [1955] 1093, 1102).

Rote Kristalle; F: 190° [unkorr.].

1-[2-Hydroxy-indol-3-yl]-3-[2-oxo-indolin-3-yliden]-3,4,5,6-tetrahydro-pyridinium-betain $C_{21}H_{17}N_3O_2$, Formel IX (X = H) und Mesomeres; **Isatinblau** (H **21** 443 [im Artikel 3.3-Dipiperidino-oxindol]).

Konstitution: *Johnson, McCaldin*, Soc. **1957** 3470, 3472.

B. Beim Erwärmen von Isatin mit Piperidin oder Piperidin-2-carbonsäure in Äthanol (*Jo., McC.*, l. c. S. 3474).

Blaue Kristalle (aus Me.); F: 230° [Zers.]. λ_{max} (DMF sowie wss. HCl; 210—650 nm): *Jo., McC.*

1-[5-Brom-2-hydroxy-indol-3-yl]-5-[5-brom-2-oxo-indolin-3-yliden]-2,3,4,5-tetrahydro-pyridinium-betain $C_{21}H_{15}Br_2N_3O_2$, Formel IX (X = Br) und Mesomeres; **Dibromisatin-blau** (H **21** 454 [im Artikel 5-Brom-3.3-dipiperidino-oxindol]).

Konstitution: *Johnson, McCaldin*, Soc. **1957** 3470.

*Opt.-inakt. 4-Benzoyl-7-methyl-4,5,5a,6,6a,7-hexahydro-indolo[6,5,4-*cd*]indol-8-on* $C_{21}H_{18}N_2O_2$, Formel X.

B. Beim Erhitzen von [1-Benzoyl-4,5-epoxy-1,2,2a,3,4,5-hexahydro-benz[*cd*]indol-

5-yl]-essigsäure-methylester (F: 181—182°) mit Methylamin auf 100° (*Kornfeld et al.*, Am. Soc. **78** [1956] 3087, 3104).
Kristalle (aus A.); F: 201—202° [unkorr.].

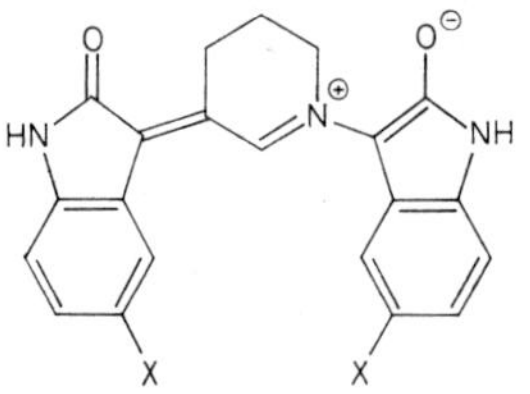

IX 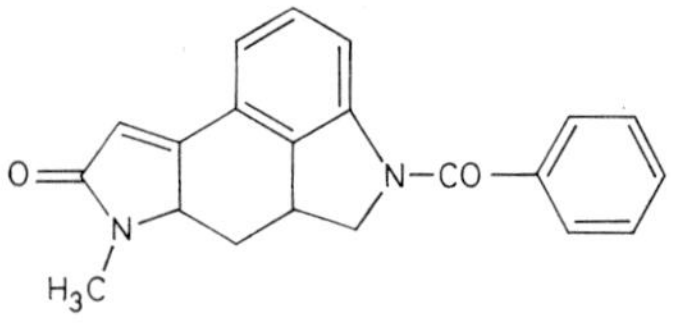   X

Oxo-Verbindungen $C_{14}H_{14}N_2O$

4-Chlor-2,6-dimethyl-5-phenacyl-pyrimidin, 2-[4-Chlor-2,6-dimethyl-pyrimidin-5-yl]-1-phenyl-äthanon $C_{14}H_{13}ClN_2O$, Formel I.
B. Beim Erhitzen von 2,6-Dimethyl-5-phenacyl-3*H*-pyrimidin-4-on mit $POCl_3$ (*Roth, Smith*, Am. Soc. **71** [1949] 616, 618).
Kristalle (aus PAe.); F: 103,5—104,5° [korr.].

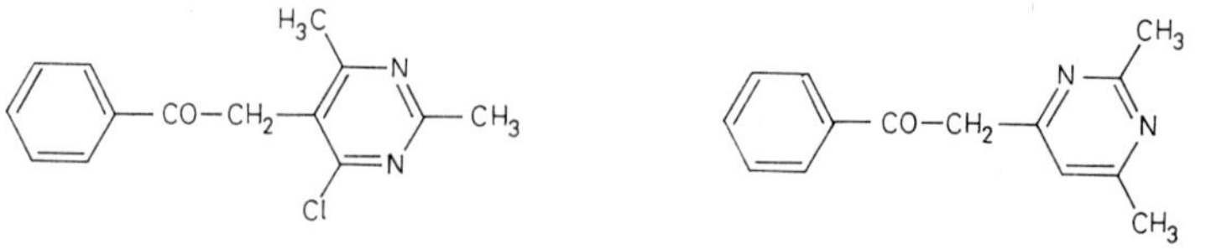

I   II

2,4-Dimethyl-6-phenacyl-pyrimidin, 2-[2,6-Dimethyl-pyrimidin-4-yl]-1-phenyl-äthanon $C_{14}H_{14}N_2O$, Formel II.
B. Beim Behandeln von 2,4,6-Trimethyl-pyrimidin mit $NaNH_2$ und flüssigem NH_3 und anschliessend mit Äthylbenzoat in Benzol (*Sullivan, Caldwell*, Am. Soc. **77** [1955] 1559, 1560). Aus [2,6-Dimethyl-pyrimidin-4-yl]-methyllithium und Benzonitril in Äther (*Su., Ca.*).
$Kp_{0,7}$: 146—150° [unkorr.]. n_D^{25}: 1,6512.
Hydrochlorid $C_{14}H_{14}N_2O \cdot HCl$. Kristalle (aus Me. + E.); F: 223—224° [unkorr.; Zers.].
Oxim-hydrochlorid $C_{14}H_{15}N_3O \cdot HCl$. Kristalle (aus Me. + E.); F: 222—223° [unkorr.].

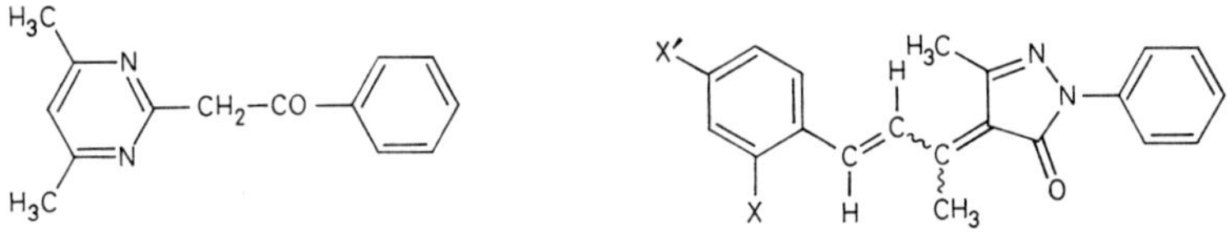

III   IV

4,6-Dimethyl-2-phenacyl-pyrimidin, 2-[4,6-Dimethyl-pyrimidin-2-yl]-1-phenyl-äthanon $C_{14}H_{14}N_2O$, Formel III.
B. Beim Erhitzen von 3-Oxo-3-phenyl-propionamidin mit Pentan-2,4-dion in Amylalkohol und Essigsäure (*Roth, Smith*, Am. Soc. **71** [1949] 616, 618). Aus 3-Oxo-3-phenyl-propionimidsäure-äthylester und Pentan-2,4-dion bei 150° (*Dornow, Neuse*, B. **84** [1951] 296, 303).
Gelbe Kristalle; F: 74,0—75,5° (*Roth, Sm.*), 74° (*Do., Ne.*). UV-Spektrum (Cyclohexan sowie wss. NaOH [0,1 n]; 250—370 nm): *Roth, Sm.*, l. c. S. 617.
Hydrochlorid $C_{14}H_{14}N_2O \cdot HCl$. Gelbliche Kristalle; F: 202—210° [korr.; aus A.]

(*Roth, Sm.*), 201° [aus wss. HCl] (*Do., Ne.*). UV-Spektrum (Me. sowie wss. HCl [0,1 n]; 250—370 nm): *Roth, Sm.*

Picrat $C_{14}H_{14}N_2O \cdot C_6H_3N_3O_7$. Gelbe Kristalle (aus A.); F: 203° (*Do., Ne.*).

---

*4-[3-(4-Chlor-phenyl)-1-methyl-allyliden]-5-methyl-2-phenyl-2,4-dihydro-pyrazol-3-on
$C_{20}H_{17}ClN_2O$, Formel IV (X = H, X′ = Cl).

B. Aus 4-Isopropyliden-5-methyl-2-phenyl-2,4-dihydro-pyrazol-3-on und 4-Chlor-benz= aldehyd in Methanol (*Poraï-Koschiz, Dinaburg,* Ž. obšč. Chim. **24** [1954] 1221, 1223; engl. Ausg. S. 1209, 1210).

Rotbraune Kristalle (aus Bzl.); F: 154—155°.

---

*5-Methyl-4-[1-methyl-3-(2-nitro-phenyl)-allyliden]-2-phenyl-2,4-dihydro-pyrazol-3-on
$C_{20}H_{17}N_3O_3$, Formel IV (X = NO₂, X′ = H).

B. Analog der vorangehenden Verbindung (*Poraï-Koschiz, Dinaburg,* Ž. obšč. Chim. **24** [1954] 1221, 1223; engl. Ausg. S. 1209, 1210).

Rote Kristalle (aus Bzl.).

---

*5-Methyl-4-[1-methyl-3-(4-nitro-phenyl)-allyliden]-2-phenyl-2,4-dihydro-pyrazol-3-on
$C_{20}H_{17}N_3O_3$, Formel IV (X = H, X′ = NO₂).

B. Analog den vorangehenden Verbindungen (*Poraï-Koschiz, Dinaburg,* Ž. obšč. Chim. **24** [1954] 1221, 1223; engl. Ausg. S. 1209, 1210).

Violettbraune Kristalle (aus Bzl.); F: 171—172°.

2-Methyl-1,2-di-[2]pyridyl-propan-1-on $C_{14}H_{14}N_2O$, Formel V.

B. Neben anderen Verbindungen beim Erhitzen von 2,3-Di-[2]pyridyl-butan-2,3-diol mit konz. H_2SO_4 auf 230° (*Bencze, Allen,* Am. Soc. **81** [1959] 4015, 4018).

Kristalle (aus Hexan); F: 88—90°.

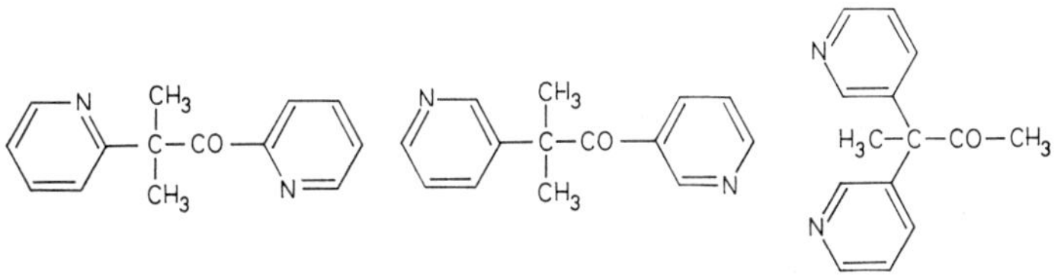

          V   VI   VII

2-Methyl-1,2-di-[3]pyridyl-propan-1-on, Metyrapon $C_{14}H_{14}N_2O$, Formel VI.

B. s. im folgenden Artikel.

Kristalle (aus Hexan); F: 51—52° (*Bencze, Allen,* Am. Soc. **81** [1959] 4015, 4017).

Oxim $C_{14}H_{15}N_3O$. Kristalle (aus A.); F: 175—177°.

3,3-Di-[3]pyridyl-butan-2-on $C_{14}H_{14}N_2O$, Formel VII.

B. In mässiger Ausbeute neben der vorangehenden Verbindung beim Behandeln von 2,3-Di-[3]pyridyl-butan-2,3-diol mit konz. H_2SO_4 (*Bencze, Allen,* Am. Soc. **81** [1959] 4015, 4017).

Kristalle (aus Ae. + Pentan); F: 46—48°.

Oxim $C_{14}H_{15}N_3O$. Kristalle (aus E. + Pentan oder Bzl.); F: 146—148°.

2-Methyl-1,2-di-[4]pyridyl-propan-1-on $C_{14}H_{14}N_2O$, Formel VIII.

B. Neben der folgenden Verbindung und 2,3-Di-[4]pyridyl-buta-1,3-dien beim Behan-deln von 2,3-Di-[4]pyridyl-butan-2,3-diol mit konz. H_2SO_4 (*Bencze, Allen,* Am. Soc. **81** [1959] 4015, 4017, 4018).

Kristalle (aus Pentan + Bzl.); F: 77,5—78,5°.

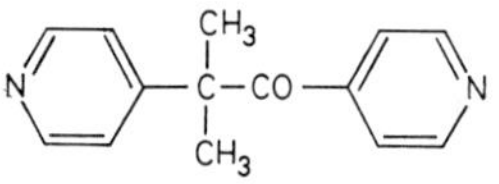

VIII 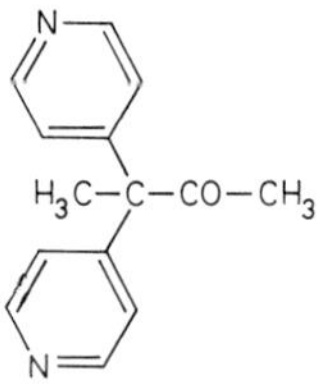   IX 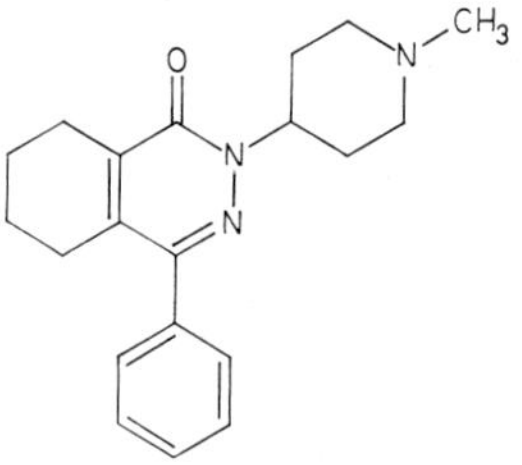   X

3,3-Di-[4]pyridyl-butan-2-on $C_{14}H_{14}N_2O$, Formel IX.
B. s. im vorangehenden Artikel.
Kristalle (aus Ae. + Pentan); F: 76—77° (*Bencze, Allen,* Am. Soc. **81** [1959] 4015, 4017, 4018).

2-[1-Methyl-[4]piperidyl]-4-phenyl-5,6,7,8-tetrahydro-2H-phthalazin-1-on $C_{20}H_{25}N_3O$, Formel X.
B. Beim Erhitzen von 2-[1-Methyl-[4]piperidyl]-4-phenyl-(4ar,8ac[oder t])-4a,5,6,7,=
8,8a-hexahydro-phthalazin-1-on mit Brom und Essigsäure auf 120° (*Jucker, Süess,* Helv.
42 [1959] 2506, 2510, 2513).
Kristalle (aus Acn.); F: 179—180° [korr.].
Hydrobromid $C_{20}H_{25}N_3O \cdot HBr$. Kristalle (aus A.); F: 220—222° [korr.].

(±)-2-[1(oder 2)-(2,4-Dinitro-phenyl)-5-methyl-1(oder 2)H-pyrazol-3-yl]-2-methyl-indan-1-on $C_{20}H_{16}N_4O_5$, Formel XI oder XII.
B. Aus (±)-1-[2-Methyl-1-oxo-indan-2-yl]-butan-1,3-dion und [2,4-Dinitro-phenyl]-hydrazin (*Bromham, Pinder,* Soc. **1959** 2688, 2693).
Orangefarbene Kristalle (aus A.); F: 171°.

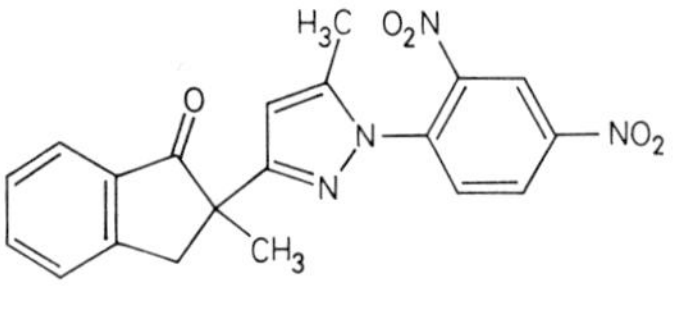

XI 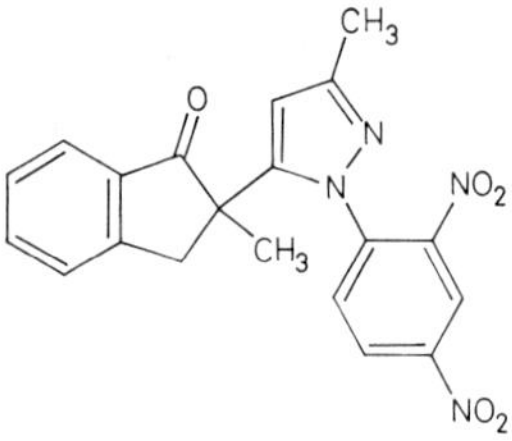   XII 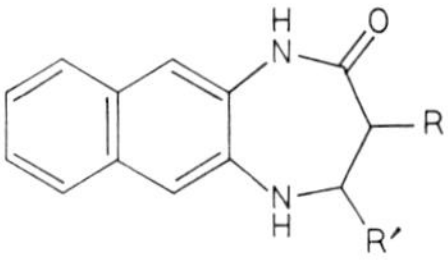   XIII

(±)-4-Methyl-1,3,4,5-tetrahydro-naphtho[2,3-b][1,4]diazepin-2-on $C_{14}H_{14}N_2O$,
Formel XIII (R = H, R' = CH$_3$).
B. Beim Erhitzen von Naphthalin-2,3-diyldiamin mit Crotonsäure auf 180° oder mit
(±)-3-Brom-buttersäure auf 100° und Behandeln des Reaktionsprodukts mit wss. Na$_2$CO$_3$
(*Ried, Torinus,* B. **92** [1959] 2902, 2910). Aus 4-Methyl-1,3-dihydro-naphtho[2,3-b]=
[1,4]diazepin-2-on bei der Hydrierung an Raney-Nickel in Methanol (*Ried, To.*).
Kristalle (aus Me.); F: 223°.

(±)-3-Methyl-1,3,4,5-tetrahydro-naphtho[2,3-b][1,4]diazepin-2-on $C_{14}H_{14}N_2O$,
Formel XIII (R = CH$_3$, R' = H).
B. Beim Erhitzen von Naphthalin-2,3-diyldiamin mit Methacrylsäure auf 180° (*Ried,
Torinus,* B. **92** [1959] 2902, 2910).
Kristalle (aus Me.); F: 207°.

(±)-2-Methyl-1,2,3,5-tetrahydro-naphtho[1,2-b][1,4]diazepin-4-on $C_{14}H_{14}N_2O$, Formel I.
Über die Konstitution s. *Israel, Zoll,* J. org. Chem. **37** [1972] 3566.

B. Aus 2-Methyl-1,5-dihydro-naphtho[1,2-*b*]diazepin-4-on (S. 638) bei der Hydrierung an Raney-Nickel in Äthylacetat (*Ried, Höhne,* B. **87** [1954] 1801, 1809).
Kristalle; F: 212° [aus Dioxan] (*Ried, Hö.*), 209° [aus Cyclohexan] (*Is., Zoll*).

I   II   III

(±)-3-Methyl-1,3,4(?),5-tetrahydro-naphtho[1,2-*b*][1,4]diazepin-2(?)-on $C_{14}H_{14}N_2O$, vermutlich Formel II (R = CH_3, R' = H).
B. Beim Erwärmen von Naphthalin-1,2-diyldiamin mit Methacrylsäure in konz. wss. HCl (*Ried, Höhne,* B. **87** [1954] 1801, 1806).
Kristalle (aus PAe.); F: 212°.

(±)-4-Methyl-1,3,4,5-tetrahydro-naphtho[1,2-*b*][1,4]diazepin-2-on $C_{14}H_{14}N_2O$, Formel II (R = H, R' = CH_3).
Über die Konstitution s. *Israel, Zoll,* J. org. Chem. **37** [1972] 3566.
B. Aus Naphthalin-1,2-diyldiamin beim Erhitzen mit Crotonsäure in konz. wss. HCl, in Xylol oder ohne Lösungsmittel auf 180° (*Ried, Höhne,* B. **87** [1954] 1801, 1805) sowie beim Behandeln mit Diketen (E III/IV **17** 4297) in Benzol (*Ried, Torinus,* B. **92** [1959] 2902, 2909).
Kristalle; F: 227° [aus A.] (*Ried, To.*), 226° [aus PAe.] (*Ried, Hö.*).
Nitroso-Derivat $C_{14}H_{13}N_3O_2$; (±)-4-Methyl-5(?)-nitroso-1,3,4,5-tetrahydro-naphtho[1,2-*b*][1,4]diazepin-2-on. Kristalle (aus Dioxan); F: 206° [Zers.] (*Ried, Hö.,* l. c. S. 1810).

3-*tert*-Butyl-1(2)*H*-indeno[1,2-*c*]pyrazol-4-on $C_{14}H_{14}N_2O$, Formel III und Tautomeres.
B. Beim Erwärmen von 2-Pivaloyl-indan-1,3-dion mit $N_2H_4 \cdot H_2O$ in Äthanol (*Braun, Mosher,* Am. Soc. **80** [1958] 4919; *Zelmene, Vanags,* Latvijas Akad. Vēstis **1959** Nr. 4, S. 69, 73; C. A. **1959** 21830).
Kristalle; F: 198—199° [korr.; aus wss. Me.] (*Br., Mo.,* Am. Soc. **80** 4919), 193—194° [Zers.; aus A.] (*Ze., Va.*).
Natrium-Salz. Gelbe Kristalle; F: >350° [korr.] (*Braun, Mosher,* J. org. Chem. **24** [1959] 648).
Benzoyl-Derivat $C_{21}H_{18}N_2O_2$; 1-Benzoyl-3-*tert*-butyl-1*H*-indeno[1,2-*c*]-pyrazol-4-on. Gelbe Kristalle (aus A.); F: 101—102° [korr.] (*Br., Mo.,* J. org. Chem. **24** 648).
Äthoxycarbonyl-Derivat $C_{17}H_{18}N_2O_3$; 3-*tert*-Butyl-4-oxo-4*H*-indeno-[1,2-*c*]pyrazol-1-carbonsäure-äthylester. Gelbe Kristalle; F: 147,5—148,5° [korr.] (*Br., Mo.,* J. org. Chem. **24** 648).

Bis-[3-*tert*-butyl-1(2)*H*-indeno[1,2-*c*]pyrazol-4-yliden]-hydrazin, 3-*tert*-Butyl-1(2)*H*-indeno[1,2-*c*]pyrazol-4-on-azin $C_{28}H_{28}N_6$, Formel IV und Tautomere.
B. Beim Erwärmen von 2-Pivaloyl-indan-1,3-dion mit $N_2H_4 \cdot H_2O$ in wenig Äthanol (*Zelmene, Vanags,* Latvijas Akad. Vēstis **1959** Nr. 4, S. 69, 73; C. A. **1959** 21830).
Orangefarbenes Pulver; F: 394° [Zers.].

(±)-1-[2-Hydroxy-indol-3-yl]-2(oder 6)-methyl-5-[2-oxo-indolin-3-yliden]-2,3,4,5-tetra-hydro-pyridinium-betain $C_{22}H_{19}N_3O_2$, Formel V (R = CH_3, R' = R'' = H oder R = R' = H, R'' = CH_3) und Mesomeres.
B. Beim Erhitzen von Isatin mit 2-Methyl-piperidin in Xylol (*Johnson, McCaldin,* Soc. **1957** 3470, 3475).

Blaue Kristalle (aus Me.). λ_{max} (DMF sowie wss. HCl; 210—650 nm): *Jo., McC.*, l. c. S. 3472.

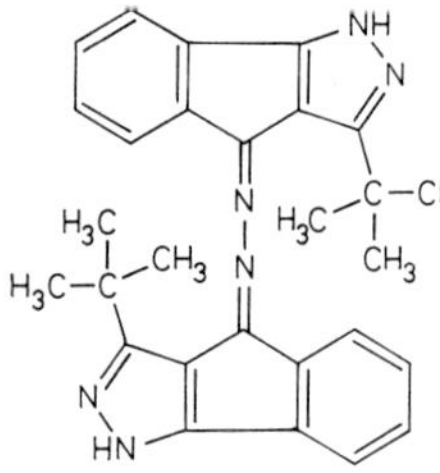

IV 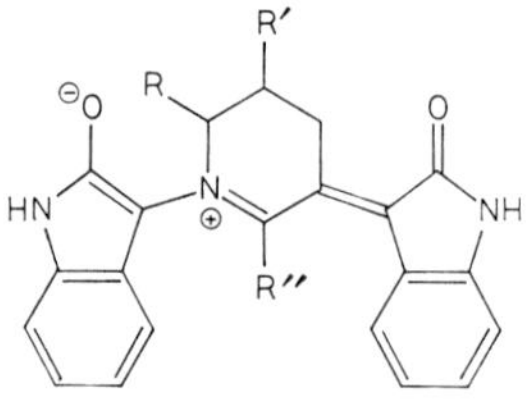   V 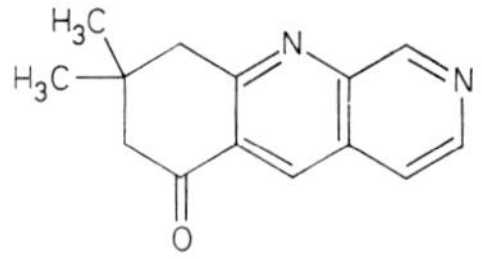   VI

1-[2-Hydroxy-indol-3-yl]-3-methyl-5-[2-oxo-indolin-3-yliden]-2,3,4,5-tetrahydro-pyridinium-betain $C_{22}H_{19}N_3O_2$, Formel V (R = R'' = H, R' = CH_3), und Mesomeres.
B. Beim Erhitzen von Isatin mit 3-Methyl-piperidin in Xylol (*Johnson, McCaldin*, Soc. **1957** 3470, 3475).
Blaue Kristalle (aus Me.) mit 1 Mol Methanol. λ_{max} (DMF sowie wss. HCl; 210 nm bis 650 nm): *Jo., McC.*, l. c. S. 3472.

8,8-Dimethyl-8,9-dihydro-7H-benzo[b][1,7]naphthyridin-6-on $C_{14}H_{14}N_2O$, Formel VI.
B. Beim Erwärmen von 4-[p-Tolylimino-methyl]-[3]pyridylamin mit 5,5-Dimethyl-cyclohexan-1,3-dion und wenig Piperidin (*Baumgarten, Cook*, J. org. Chem. **22** [1957] 138).
Kristalle (aus PAe.); F: 152—155° [korr.].

3,3,6-Trimethyl-1,3-dihydro-pyrrolo[2,3-g]chinolin-2-on $C_{14}H_{14}N_2O$, Formel VII.
B. Beim Erwärmen von 5-Amino-3,3-dimethyl-indolin-2-on mit Paraldehyd und konz. wss. HCl (*Brunner et al.*, M. **58** [1931] 369, 395).
Kristalle (aus wss. HCl + Natriumacetat); F: >300° [unter Dunkelfärbung].
Dichromat $2\,C_{14}H_{14}N_2O \cdot H_2Cr_2O_7$. Rötlichgelbe Kristalle.
Hexachloroplatinat(IV) $2\,C_{14}H_{14}N_2O \cdot H_2PtCl_6$. Hellbraune Kristalle.
Picrat $C_{14}H_{14}N_2O \cdot C_6H_3N_3O_7$. Kristalle; F: 239—240°.

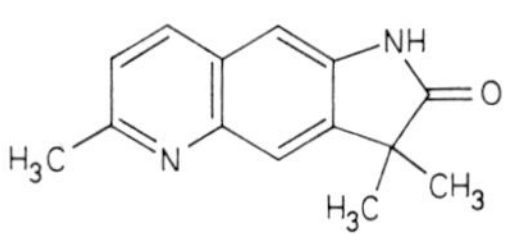

VII 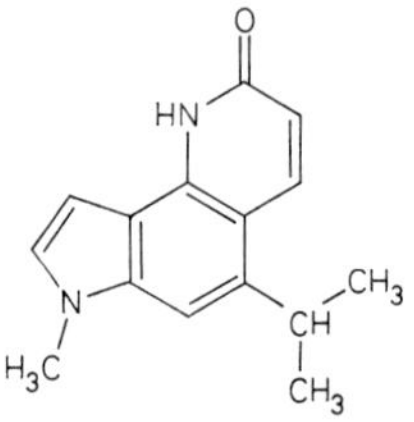   VIII 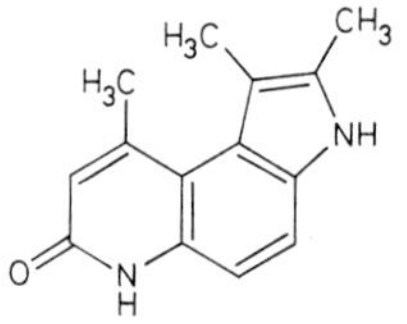   IX

5-Isopropyl-7-methyl-1,7-dihydro-pyrrolo[2,3-h]chinolin-2-on $C_{15}H_{16}N_2O$, Formel VIII, und Tautomeres (5-Isopropyl-7-methyl-7H-pyrrolo[2,3-h]chinolin-2-ol); Oxyvomipyrin.
Über die Konstitution und Konfiguration (auch der Ausgangsverbindung) s. *G. F. Smith*, in *R. H. F. Manske*, The Alkaloids, Bd. 8 [New York 1965] S. 591, 662.
B. Beim Erhitzen von (21*Ξ*)-19-Methyl-21,22-dihydro-19,20-seco-1,2,3,4,5,6-hexanor-strychnidin-10-on („Base $C_{16}H_{26}N_2O_2$" aus Vomicin; F: 201—202°; $[\alpha]_D^{14}$: +18,0° [A.]) mit Palladium auf 250° (*Wieland, Huisgen*, A. **556** [1944] 157, 168).
Kristalle (aus Acn.), die unterhalb 300° [geschlossene Kapillare] nicht schmelzen (*Wi., Hu.*). Beim Erhitzen unter partieller Zersetzung sublimierbar (*Wi., Hu.*). UV-Spektrum (A.; 220—390 nm): *Wieland et al.*, A. **559** [1948] 191, 197.

1,2,9-Trimethyl-3,6-dihydro-pyrrolo[3,2-f]chinolin-7-on $C_{14}H_{14}N_2O$, Formel IX, und
Tautomeres (1,2,9-Trimethyl-3H-pyrrolo[3,2-f]chinolin-7-ol).
   B. Beim Erwärmen von 6-Hydrazino-4-methyl-chinolin-2-ol-hydrochlorid mit Butanon
in Essigsäure (*Huisgen*, A. **559** [1948] 101, 149).
   Kristalle (aus A.); F: ca. 300° [Zers.].

(±)-cis-1,2,3,4,4a,11a-Hexahydro-benz[4,5]imidazo[2,1-a]isoindol-11-on $C_{14}H_{14}N_2O$,
Formel X + Spiegelbild.
   B. Beim Erhitzen von cis-2-[1H-Benzimidazol-2-yl]-cyclohexancarbonsäure mit Acet=
anhydrid (*Betrabet, Chakravarti*, J. Indian chem. Soc. **7** [1930] 101, 106).
   Kristalle (aus A.); F: 175—176°.

---

rac-6-Methyl-ergolin-8-on $C_{15}H_{16}N_2O$, Formel XI + Spiegelbild.
   B. In geringer Menge neben anderen Verbindungen beim Erhitzen von rac-6-Methyl-
ergolin-8α-ol (E III/IV **23** 2671) mit Aluminiumphenolat in Cyclohexanon und Toluol
auf 150° (*Stoll et al.*, Helv. **35** [1952] 1249, 1258).
   Kristalle (aus Bzl. oder A.); F: 228—230°.

X   XI   XII   XIII

rac-6-Methyl-(3β)-9,10-didehydro-2,3-dihydro-ergolin-8-on $C_{15}H_{16}N_2O$, Formel XII
(R = H) + Spiegelbild.
   Über die Konfiguration s. *Kornfeld et al.*, Am. Soc. **78** [1956] 3087, 3095 Anm. 28.
   B. Beim Behandeln von opt.-inakt. 4-[Acetonyl-methyl-amino]-2,2a,3,4-tetrahydro-
1H-benz[cd]indol-5-on (E III/IV **22** 6472) mit Natriummethylat in Äthanol (*Ko. et al.*,
l. c. S. 3110).
   Kristalle (aus wss. A.); F: 155—157° [unkorr.]. IR-Spektrum (CHCl$_3$; 2,6—12 μ):
Ko. et al. λ$_{max}$ (Me.): 210 nm, 266 nm und 306 nm.
   Dihydrochlorid $C_{15}H_{16}N_2O \cdot 2$ HCl. Kristalle (aus wss. Acn.); F: 270° [unkorr.;
Zers.].
   Oxim $C_{15}H_{17}N_3O$. Kristalle (aus DMF + Ae.); F: 235—236° [unkorr.; Zers.].
   Semicarbazon $C_{16}H_{19}N_5O$. Kristalle (aus DMF + Ae.); F: 225° [unkorr.; Zers.].

rac-1-Acetyl-6-methyl-(3β)-9,10-didehydro-2,3-dihydro-ergolin-8-on $C_{17}H_{18}N_2O_2$,
Formel XII (R = CO-CH$_3$) + Spiegelbild.
   B. Aus der vorangehenden Verbindung und Acetanhydrid (*Kornfeld et al.*, Am. Soc.
78 [1956] 3087, 3110).
   Kristalle (aus Acn. + A.); F: 169—170° [unkorr.]. IR-Spektrum (CHCl$_3$; 2,6—12 μ):
Ko. et al. λ$_{max}$ (Me.): 216 nm, 259 nm und 301 nm. Scheinbarer Dissoziationsexponent
pK$_a'$ (wss. DMF [66%ig]): 4,30.
   Hydrochlorid $C_{17}H_{18}N_2O_2 \cdot$ HCl. Kristalle (aus wss. A.); F: 250° [unkorr.; Zers.].
   Oxim $C_{17}H_{19}N_3O_2$. Kristalle (aus DMF + Ae.); F: 250° [unkorr.; Zers.].
   Semicarbazon $C_{18}H_{21}N_5O_2$. Kristalle (aus wss. A.); F: 245—246° [unkorr.; Zers.].

(±)-1,2,3,3a,4,5-Hexahydro-indolo[3,2,1-de][1,5]naphthyridin-6-on, Hexahydro=
canthinon $C_{14}H_{14}N_2O$, Formel XIII.
   B. Beim Erwärmen von (±)-3-[1-Carboxy-2,3,4,9-tetrahydro-1H-β-carbolin-1-yl]-
propionsäure mit methanol. HCl (*Hahn, Hansel*, B. **71** [1938] 2163, 2172).

Kristalle (aus wss. Me.); Zers. bei 149° (*Hahn, Ha.*).

Beim Erwärmen mit LiAlH$_4$ in THF ist eine ursprünglich als (±)-2,3,3a,4,5,6-Hexa= hydro-1H-indolo[3,2,1-*de*][1,5]naphthyridin angesehene, nach *Corsano, Algieri* (Ann. Chimica **50** [1960] 75, 77, 78) aber als (±)-2,3,5,6,11,11b-Hexahydro-1H-indolizino= [8,7-*b*]indol (E III/IV 23 1412) zu formulierende Verbindung (F: 172—173° [unkorr.; Zers.]) erhalten worden (*Wieland, Neeb*, A. **600** [1956] 161, 168).

Hydrochlorid $C_{14}H_{14}N_2O \cdot HCl$. Kristalle (aus Me. + E.); Zers. bei 285° (*Hahn, Ha.*).

Oxo-Verbindungen $C_{15}H_{16}N_2O$

(±)-3-Methyl-2-[2]pyridyl-1-[4]pyridyl-butan-1-on $C_{15}H_{16}N_2O$, Formel I.

B. Aus (±)-3-Methyl-1-[2]pyridyl-butyllithium und Isonicotinsäure-methylester in Äther (*Osuch, Levine*, J. org. Chem. **21** [1956] 1099).

Kp$_1$: 140—141°.

Dipicrat $C_{16}H_{15}N_2O \cdot 2\ C_6H_3N_3O_7$. F: 186,6—188,0°.

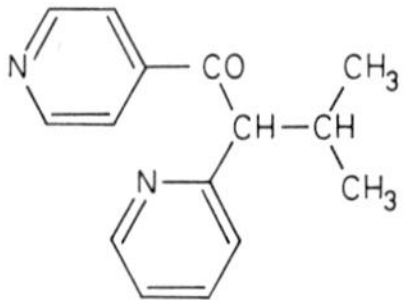

I 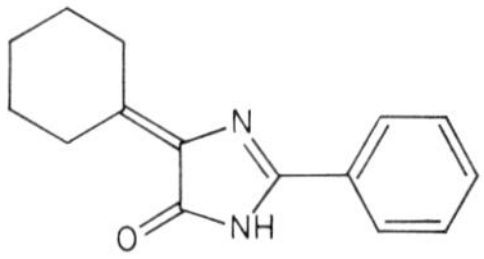 II 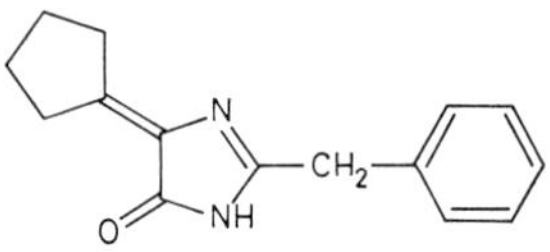 III

5-Cyclohexyliden-2-phenyl-3,5-dihydro-imidazol-4-on $C_{15}H_{16}N_2O$, Formel II, und Tautomere.

B. Beim Erwärmen von Benzimidsäure-äthylester mit Glycin-äthylester und Cyclo= hexanon in Benzol (*Lehr et al.*, Am. Soc. **75** [1953] 3640, 3641, 3645).

Kristalle; F: 198—200° [korr.].

2-Benzyl-5-cyclopentyliden-3,5-dihydro-imidazol-4-on $C_{15}H_{16}N_2O$, Formel III, und Tautomere.

B. Analog der vorangehenden Verbindung (*Lehr et al.*, Am. Soc. **75** [1953] 3640, 3641, 3645).

Kristalle; F: 180—191° [korr.].

3-Benzoyl-1-phenyl-1,4,5,6,7,8-hexahydro-cinnolin, Phenyl-[1-phenyl-1,4,5,6,7,8-hexahydro-cinnolin-3-yl]-keton $C_{21}H_{20}N_2O$, Formel IV.

B. Beim Erhitzen von 3-Dimethylamino-1-phenyl-propan-1,2-dion-2-phenylhydrazon mit Cyclohexanon und Natriumacetat auf 170° (*Ried, Keil*, A. **616** [1958] 108, 124).

Rote Kristalle (aus A.); F: 137,5—139°.

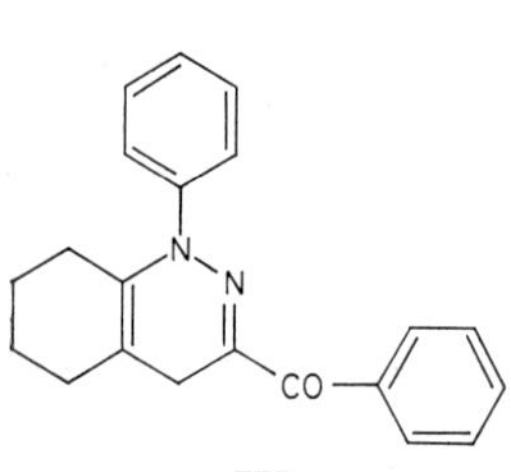

IV 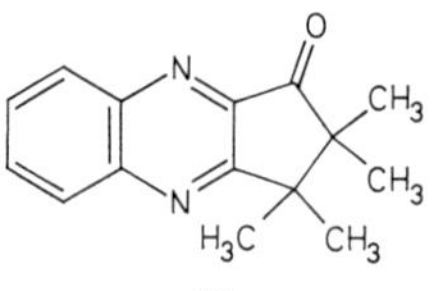 V 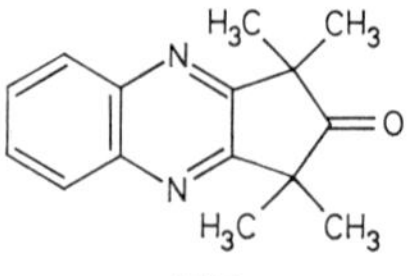 VI 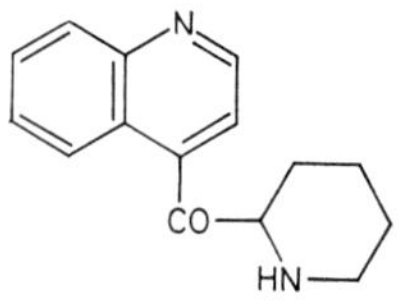 VII

2,2,3,3-Tetramethyl-2,3-dihydro-cyclopenta[*b*]chinoxalin-1-on $C_{15}H_{16}N_2O$, Formel V.

B. Aus Tetramethyl-cyclopentan-1,2,3-trion (*Shoppee*, Soc. **1936** 269, 272).

Gelbe Kristalle (aus wss. A.); F: 108°.

1,1,3,3-Tetramethyl-1,3-dihydro-cyclopenta[b]chinoxalin-2-on $C_{15}H_{16}N_2O$, Formel VI.

B. Aus Tetramethyl-cyclopentan-1,2,4-trion und *o*-Phenylendiamin in Essigsäure und Äthanol (*Briggs et al.*, Soc. **1945** 706, 709).

F: 146°.

(±)-[4]Chinolyl-[2]piperidyl-keton $C_{15}H_{16}N_2O$, Formel VII (E II 94).

B. Beim Behandeln von (±)-6-Amino-2-brom-1-[4]chinolyl-hexan-1-on-dihydro=bromid mit wss. Na_2CO_3 in Äther (*Ainley, King*, Pr. roy. Soc. [B] **125** [1938] 60, 75; vgl. E II 94).

Orangegelbes Öl.

Dipicrolonat $C_{15}H_{16}N_2O \cdot 2\ C_{10}H_8N_4O_5$. Orangebraune Kristalle (aus A.); F: 181° bis 182° [Zers.].

(±)-cis-2,3,4,4a,12,12a-Hexahydro-1H-isoindolo[1,2-b]chinazolin-10-on $C_{15}H_{16}N_2O$, Formel VIII + Spiegelbild.

B. Aus Anthranilsäure und (±)-3-Äthoxy-(3a*r*,7a*c*)-3a,4,5,6,7,7a-hexahydro-1H-iso=indol in Aceton (*Petersen, Tietze*, A. **623** [1959] 166, 176).

F: 160—161°.

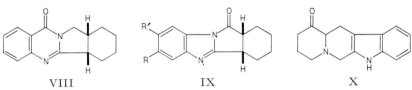

VIII   IX   X

(±)-7(oder 8)-Methyl-(4a*r*,11a*c*)-1,2,3,4,4a,11a-hexahydro-benz[4,5]imidazo[2,1-a]=isoindol-11-on $C_{15}H_{16}N_2O$, Formel IX (R = CH_3, R' = H oder R = II, R' = CH_3) + Spiegelbild.

B. Beim Erhitzen von 2-[2-Amino-4(oder 5)-methyl-phenyl]-(3a*r*,7a*c*)-hexahydro-isoindol-1,3-dion (E III/IV **21** 4680) auf 280° (*Betrabet, Chakravarti*, J. Indian chem. Soc. **7** [1930] 191, 197).

Kristalle (aus A.); F: 186—187°.

(±)-5,6,9,10,11a,12-Hexahydro-8H-indolo[3,2-b]chinolizin-11-on $C_{15}H_{16}N_2O$, Formel X.

B. Aus (±)-2-[3-Äthoxycarbonyl-propyl]-2,3,4,9-tetrahydro-1H-β-carbolin-3-carbon=säure-äthylester (aus (±)-2,3,4,9-Tetrahydro-1H-β-carbolin-3-carbonsäure-äthylester her=gestellt) mit Hilfe von Kalium nach *Dieckmann* (*Keufer*, Ann. pharm. franç. **8** [1950] 817).

Gelbe Kristalle (aus Bzl.), F: 210—211° [vorgeheizter App.]; bei langsamem Erhitzen erfolgt Schmelzen ab 180°. Bei 150°/0,01 Torr sublimierbar.

(±)-3,4,6,7,12,12b-Hexahydro-1H-indolo[2,3-a]chinolizin-2-on $C_{15}H_{16}N_2O$, Formel XI (R = H).

B. Aus (±)-3-[1-Äthoxycarbonylmethyl-1,3,4,9-tetrahydro-β-carbolin-2-yl]-propion=säure-äthylester und Natriummethylat in Benzol (*Groves, Swan*, Soc. **1952** 650, 657). Beim Erwärmen von 2-Hydroxy-4,6,7,12-tetrahydro-3H-indolo[2,3-a]chinolizin-1-carbon=säure-äthylester (F: 127—128,5° [unkorr.]) oder von 2-Hydroxy-4,6,7,12-tetrahydro-1H-indolo[2,3-a]chinolizin-3-carbonsäure-äthylester (Hydrochlorid; F: 226—228° [Zers.]) mit wss. H_2SO_4 (*Kline*, Am. Soc. **81** [1959] 2251, 2255).

Kristalle (aus Bzl.); F: 181—182° [unkorr.] (*Kl.*), 180—180,5° [unkorr.] (*Gr., Swan*).

2,4-Dinitro-phenylhydrazon-hydrochlorid $C_{21}H_{20}N_6O_4 \cdot HCl$. Orangefarbene Kristalle (aus Eg.) mit 1,5 Mol H_2O; F: 243° [unkorr.; Zers.] (*Gr., Swan*).

Semicarbazon $C_{16}H_{19}N_5O$. Kristalle (aus A.) mit 1 Mol H_2O; F: 213—214° [unkorr.; Zers.] (*Gr., Swan*).

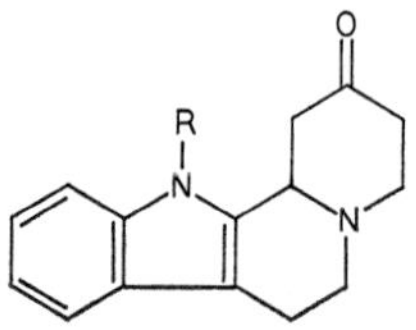

XI 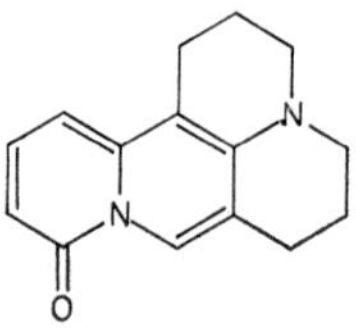   XII 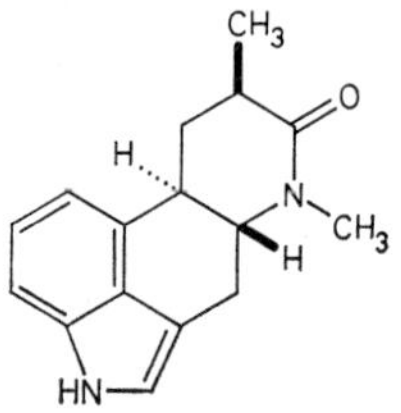   XIII

(±)-12-Methyl-3,4,6,7,12,12b-hexahydro-1H-indolo[2,3-a]chinolizin-2-on $C_{16}H_{18}N_2O$,
Formel XI (R = CH_3).

B. Beim Erhitzen von (±)-[9-Methyl-2,3,4,9-tetrahydro-1H-β-carbolin-1-yl]-essig≠
säure-äthylester mit Äthylacrylat auf 135° und Natriumäthylat in Benzol (*Groves, Swan*,
Soc. **1952** 650, 657).

Kristalle (aus Bzl.+ PAe.); F: 124—125° [unkorr.].

2,3,6,7-Tetrahydro-1H,5H-dipyrido[2,1-f;3′,2′,1′-ij][1,6]naphthyridin-10-on,
Octadehydromatrin $C_{15}H_{16}N_2O$, Formel XII.

B. Beim Erhitzen von (+)-Matrin (S. 266) mit Palladium auf 310° (*Kondo, Tsuda*,
B. **68** [1938] 644, 647). Beim Erhitzen von 10-Oxo-2,3,6,7-tetrahydro-1H,5H,10H-di≠
pyrido[2,1-f;3′,2′,1′-ij][1,6]naphthyridin-11-carbonsäure mit $CuSO_4 \cdot 5\,H_2O$ in Chinolin
auf 240° (*Tsuda, Mishima*, J. org. Chem. **23** [1958] 1179, 1181).

Kristalle (aus Acn.); F: 175—177° (*Ko., Ts.*). λ_{max} (A.): 230 nm, 270 nm und 395 nm
(*Ts., Mi.*).

7,9-Dimethyl-4,6a,7,9,10,10a-hexahydro-6H-indolo[4,3-fg]chinolin-8-on $C_{16}H_{18}N_2O$.

a) **6,8β-Dimethyl-ergolin-7-on**, Formel XIII (in der Literatur als α-Dihydrolyserg≠
säure-lactam vom F: 332—336° bezeichnet).

Die Konfiguration am C-Atom 8 (Ergolin-Bezifferung) folgt aus der genetischen
Beziehung zu 6,8β-Dimethyl-ergolin (E III/IV **23** 1417).

B. Aus 6-Methyl-8-methylen-ergolin-7-on (S. 646) bei der Hydrierung an Platin in
Äthanol (*Gould et al.*, J. biol. Chem. **145** [1942] 487, 492).

Kristalle; F: 332—336°.

b) **rac-6,8β-Dimethyl-ergolin-7-on**, Formel XIII + Spiegelbild (in der Literatur
als dl-Dihydrolysergsäure-lactam vom F: 332—336° bezeichnet).

B. Aus rac-6-Methyl-8-methylen-ergolin-7-on (S. 646) bei der Hydrierung an Platin
in Essigsäure (*Gould et al.*, J. biol. Chem. **145** [1942] 487, 491).

Kristalle (aus Me.); F: 332—336°.

Oxo-Verbindungen $C_{16}H_{18}N_2O$

2-Benzyl-5-cyclohexyliden-3,5-dihydro-imidazol-4-on $C_{16}H_{18}N_2O$, Formel I, und
Tautomeres.

B. Beim Erwärmen von 2-Phenyl-acetimidsäure-äthylester mit Glycin-äthylester und
Cyclohexanon in Benzol (*Lehr et al.*, Am. Soc. **75** [1953] 3640, 3641, 3645). Aus 2-Benzyl-
3,5-dihydro-imidazol-4-on und Cyclohexanon unter Zusatz von Piperidin (*Lehr et al.*).

Kristalle (aus wss. A.); F: 202—203° [korr.].

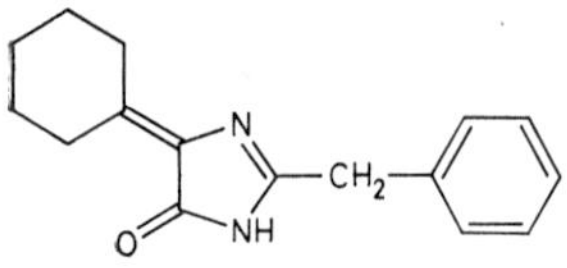

I 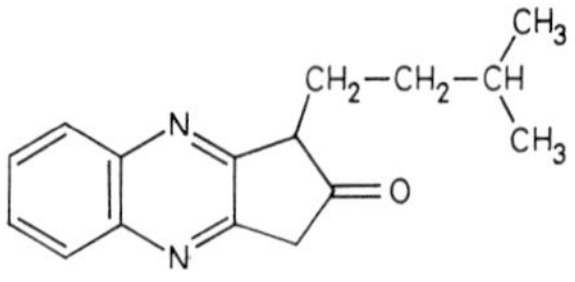   II 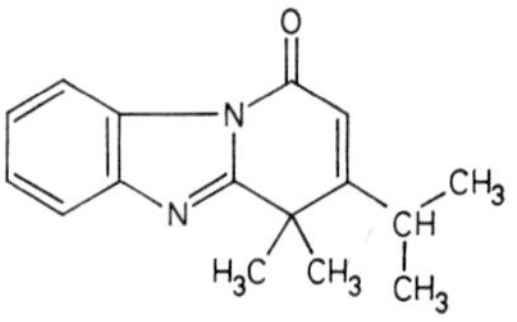   III

(±)-1-Isopentyl-1,3-dihydro-cyclopenta[*b*]chinoxalin-2-on $C_{16}H_{18}N_2O$, Formel II.

B. Aus 3-Isopentyl-cyclopentan-1,2,4-trion und *o*-Phenylendiamin in Methanol (*Harris et al.*, Soc. **1952** 1906, 1911).

Kristalle; F: 230° [unkorr.; Zers.] (*Ha. et al.*), 210—211° [Zers.] (*Riedl, Leucht*, B. **91** [1958] 2784, 2794). λ_{max}: 275,5 nm [äthanol. Mineralsäure] bzw. 233,5 nm und 326 nm [äthanol. Alkali] (*Ha. et al.*).

3-Isopropyl-4,4-dimethyl-4*H*-benz[4,5]imidazo[1,2-*a*]pyridin-1-on $C_{16}H_{18}N_2O$, Formel III.

Diese Konstitution kommt dem H **13** 14 im Artikel *o*-Phenylendiamin beschriebenen Acetyl-Derivat (F: 150—151°) der aus *o*-Phenylendiamin und Tetramethyl-cyclobutan-1,3-dion erhaltenen Verbindung $C_{14}H_{18}N_2O$ zu (*Linke, Wünsche*, J. heterocycl. Chem. **10** [1973] 333, 336—338).

2′,3′-Dihydro-spiro[cyclohexan-1,1′-pyrrolo[2,1-*b*]chinazolin]-9′-on $C_{16}H_{18}N_2O$, Formel IV.

B. Beim Erhitzen von *N*-[1-Aza-spiro[4.5]dec-1-en-2-yl]-anthranilsäure in Essigsäure (*Petersen, Tietze*, A. **623** [1959] 166, 176).

Kristalle (aus 1-Acetoxy-2-methoxy-äthan); F: 118—119°.

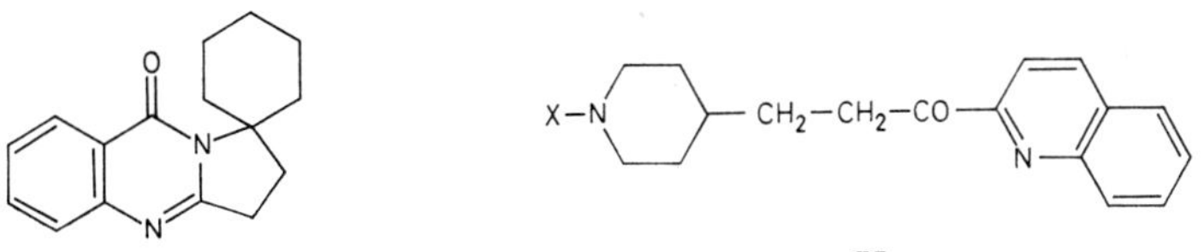

IV   V

Oxo-Verbindungen $C_{17}H_{20}N_2O$

1-[2]Chinolyl-3-[4]piperidyl-propan-1-on $C_{17}H_{20}N_2O$, Formel V (X = H).

B. Beim Erwärmen von Chinolin-2-carbonsäure-äthylester mit 3-[1-Benzoyl-[4]piperidyl]-propionsäure-äthylester und Kaliumäthylat in Benzol und anschliessend mit wss. HCl (*Clemo, Hoggarth*, Soc. **1954** 95, 97).

Kristalle (aus Ae.) mit 1 Mol H_2O; F: 105—107°.

Hydrochlorid $C_{17}H_{20}N_2O \cdot HCl$. Kristalle (aus Me. + Ae.); F: 229°.

2,4-Dinitro-phenylhydrazon-dihydrochlorid $C_{23}H_{24}N_6O_4 \cdot 2\,HCl$. Orange-farbene Kristalle (aus A.); F: 267—268°.

3-[1-Brom-[4]piperidyl]-1-[2]chinolyl-propan-1-on $C_{17}H_{19}BrN_2O$, Formel V (X = Br).

B. Aus der vorangehenden Verbindung und wss. NaBrO in Äther (*Clemo, Hoggarth*, Soc. **1954** 95, 97).

Hellgelb; F: 234—236°.

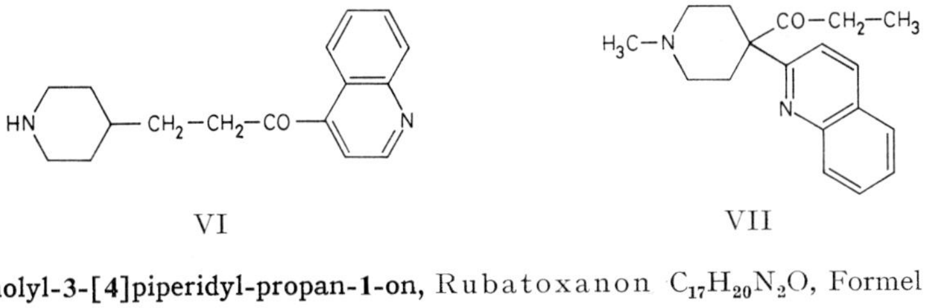

VI   VII

1-[4]Chinolyl-3-[4]piperidyl-propan-1-on, Rubatoxanon $C_{17}H_{20}N_2O$, Formel VI (E II 94).

Gelbliche Kristalle; F: ca. 30° (*Rabe, Riza*, A. **496** [1932] 151, 155).

O,O′-Dibenzoyl-L$_g$-tartrat $2\,C_{17}H_{20}N_2O \cdot C_{18}H_{14}O_8$. Kristalle (aus Me.); F: 202° bis 203° [korr.; Zers.]. $[\alpha]_D^{20}$: −49,5° [Me.; c = 0,4].

1-[4-[2]Chinolyl-1-methyl-[4]piperidyl]-propan-1-on $C_{18}H_{22}N_2O$, Formel VII.

B. Aus 4-[2]Chinolyl-1-methyl-piperidin-4-carbonitril und Äthylmagnesiumbromid in Toluol und Äther (*Carelli et al.*, Ann. Chimica **49** [1959] 709, 718).

Dipicrat $C_{18}H_{22}N_2O \cdot 2\,C_6H_3N_3O_7$. Kristalle (aus A.); F: 210—211°.

1-[1]Isochinolyl-3-[4]piperidyl-propan-1-on $C_{17}H_{20}N_2O$, Formel VIII (X = H).

B. Beim Erwärmen von Isochinolin-1-carbonsäure-äthylester mit 3-[1-Benzoyl-[4]piperidyl]-propionsäure-äthylester und Kaliumäthylat in Benzol und anschliessend mit wss. HCl (*Clemo, Hoggarth*, Soc. **1954** 95, 98).

Kristalle (aus Ae.) mit 1 Mol H_2O; F: 113—114°.

Dipicrat $C_{17}H_{20}N_2O \cdot 2\,C_6H_3N_3O_7$. Kristalle (aus A.) mit 1 Mol Äthanol; F: 161°.

Phenylhydrazon-dipicrat $C_{23}H_{26}N_4 \cdot 2\,C_6H_3N_3O_7$. Orangefarbene Kristalle (aus A.); F: 199°.

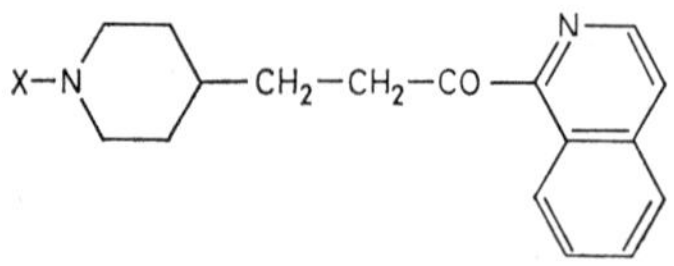

VIII 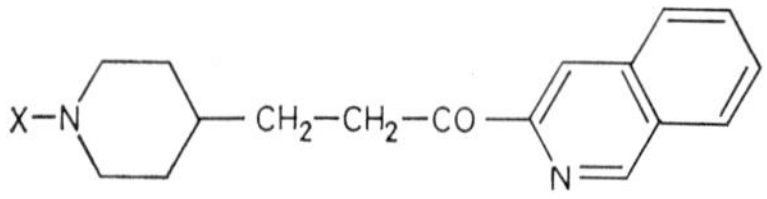   IX

3-[1-Brom-[4]piperidyl]-1-[1]isochinolyl-propan-1-on $C_{17}H_{19}BrN_2O$, Formel VIII (X = Br).

B. Aus der vorangehenden Verbindung und wss. NaBrO in Äther (*Clemo, Hoggarth*, Soc. **1954** 95, 98).

Gelbbraune Kristalle; F: 195° [Dunkelfärbung ab 185°].

1-[3]Isochinolyl-3-[4]piperidyl-propan-1-on $C_{17}H_{20}N_2O$, Formel IX (X = H).

B. Analog 1-[1]Isochinolyl-3-[4]piperidyl-propan-1-on [s. o.] (*Clemo, Popli*, Soc. **1951** 1406, 1409).

Gelbliche Kristalle (aus PAe.) mit 1 Mol H_2O; F: 95°.

Dipicrat $C_{17}H_{20}N_2O \cdot 2\,C_6H_3N_3O_7$. Gelbe Kristalle (aus A.); F: 178°.

Phenylhydrazon-dipicrat $C_{23}H_{26}N_4 \cdot 2\,C_6H_3N_3O_7$. Rote Kristalle (aus A.); F: 215° [Zers.].

2,4-Dinitro-phenylhydrazon-disulfat $C_{23}H_{24}N_6O_4 \cdot 2\,H_2SO_4$. Orangegelbe Kristalle (aus A.) mit 1 Mol H_2O; F: 250° [Zers.].

3-[1-Brom-[4]piperidyl]-1-[3]isochinolyl-propan-1-on $C_{17}H_{19}BrN_2O$, Formel IX (X = Br).

B. Aus der vorangehenden Verbindung und wss. NaBrO in Äther (*Clemo, Popli*, Soc. **1951** 1406, 1409).

F: 237° [Zers.; nach Dunkelfärbung bei 205°].

1-[4]Isochinolyl-3-[4]piperidyl-propan-1-on $C_{17}H_{20}N_2O$, Formel X (R = H).

B. Beim Erwärmen der folgenden Verbindung mit wss. HCl (*Koelsch*, J. org. Chem. **10** [1945] 34, 40).

Dihydrochlorid $C_{17}H_{20}N_2O \cdot 2\,HCl$. Rotbraune Kristalle (aus A.); F: 245—248° [Zers.; nach Sintern bei 240°].

Dipicrat $C_{17}H_{20}N_2O \cdot 2\,C_6H_3N_3O_7$. Gelbe Kristalle; F: 175—179° [Zers.].

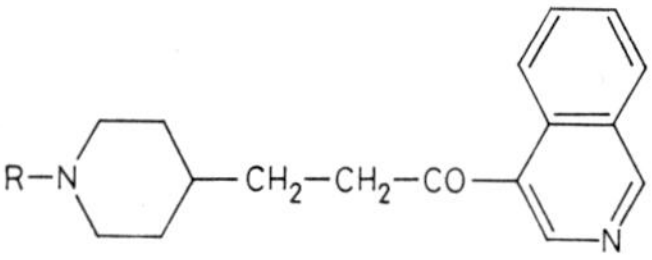

X 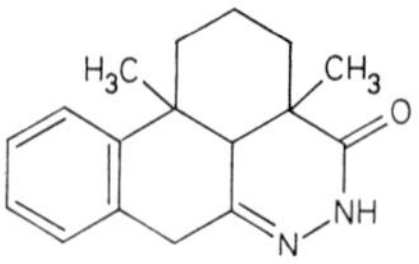   XI 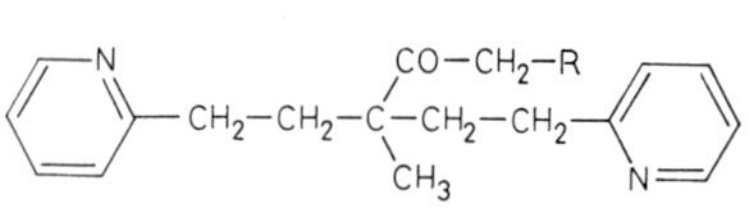   XII

3-[1-Benzoyl-[4]piperidyl]-1-[4]isochinolyl-propan-1-on C₂₄H₂₄N₂O₂, Formel X
(R = CO-C₆H₅).

B. Beim Erwärmen von 2-[1-Benzoyl-[4]piperidylmethyl]-3-[4]isochinolyl-3-oxo-propionsäure-äthylester mit wss. HCl (*Koelsch*, J. org. Chem. **10** [1945] 34, 40).
Picrat C₂₄H₂₄N₂O₂·C₆H₃N₃O₇. F: 148° [nach Sintern bei 138°] (unreines Präparat).

---

*Opt.-inakt. **3a,11b-Dimethyl-1,2,3,3a,5,7,11b,11c-octahydro-dibenzo[de,g]cinnolin-4-on**
C₁₇H₂₀N₂O, Formel XI.

B. Beim Erhitzen von 1,4a-Dimethyl-10-oxo-1,2,3,4,4a,9,10,10a-octahydro-phen=anthren-1-carbonsäure (F: 241—242°) mit N₂H₄ und KOH in Diäthylenglykol auf 125° (*Parham et al.*, Am. Soc. **77** [1955] 1166, 1168).
Kristalle (aus wss. Eg.); F: 230—231°. Bei 0,1 Torr sublimierbar. λₘₐₓ: 249 nm.

Oxo-Verbindungen C₁₈H₂₂N₂O

3-Methyl-5-[2]pyridyl-3-[2-[2]pyridyl-äthyl]-pentan-2-on C₁₈H₂₂N₂O, Formel XII
(R = H).

B. Beim Erwärmen von 2-Vinyl-pyridin mit Butanon und Natrium (*Wilt, Levine*, Am. Soc. **75** [1953] 1368, 1370, 1371).
Kp₁,₅₋₂: 189—193°.
Distyphnat C₁₈H₂₂N₂O·2 C₆H₃N₃O₈. F: 123—125°.

Oxo-Verbindungen C₁₉H₂₄N₂O

3,3-Dimethyl-1,7-di-[2]pyridyl-heptan-4-on C₁₉H₂₄N₂O, Formel XIII.

B. Beim Erwärmen von 2-Vinyl-pyridin mit 3-Methyl-butan-2-on und Natrium (*Wilt, Levine*, Am. Soc. **75** [1953] 1368, 1370, 1371).
Kp₀,₅: 195—196°.
Dipicrat C₁₉H₂₄N₂O·2 C₆H₃N₃O₇. F: 137—138°.

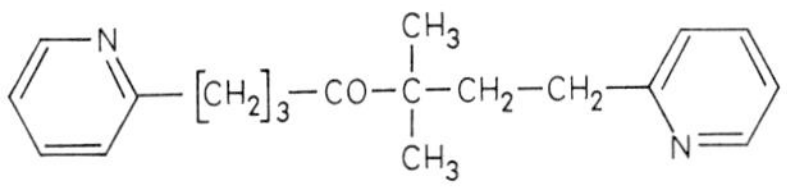

XIII 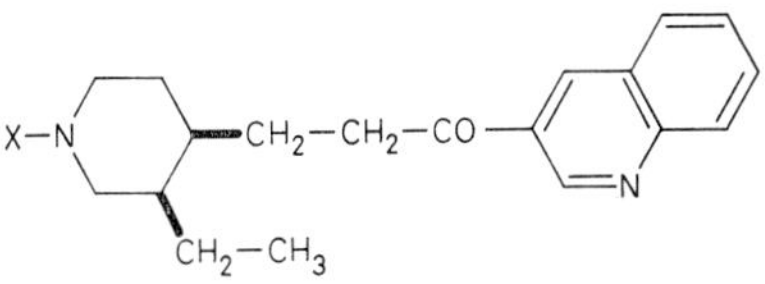   XIV

4-Methyl-6-[2]pyridyl-4-[2-[2]pyridyl-äthyl]-hexan-3-on(?) C₁₉H₂₄N₂O, vermutlich
Formel XII (R = CH₃).

B. Beim Erwärmen von 2-Vinyl-pyridin mit Pentan-3-on und Natrium (*Wilt, Levine*, Am. Soc. **75** [1953] 1368, 1370, 1371).
Kp₆: 238—242°.
Dipicrat C₁₉H₂₄N₂O·2 C₆H₃N₃O₇. F: 149—150°.

3-[(4R)-cis-4r-Äthyl-[4]piperidyl]-1-[3]chinolyl-propan-1-on C₁₉H₂₄N₂O, Formel XIV
(X = H).

B. Beim Erwärmen von 2-[(4R)-3c-Äthyl-1-benzoyl-[4r]piperidylmethyl]-3-[3]chinol=yl-3-oxo-propionsäure-äthylester (Kupfer-Salz; F: 251°) mit wss. HCl (*Nandi*, Pr. Indian Acad. [A] **12** [1940] 1, 13).
Kp₉: 225°.
Phenylhydrazon-dipicrat C₂₅H₃₀N₄·2 C₆H₃N₃O₇. Kristalle (aus A.); F: 195—197°.

3-[(4R)-3c-Äthyl-1-brom-[4r]piperidyl]-1-[3]chinolyl-propan-1-on C₁₉H₂₃BrN₂O,
Formel XIV (X = Br).

B. Aus der vorangehenden Verbindung und wss. NaBrO in wss. NaOH (*Nandi*, Pr. Indian Acad. [A] **12** [1940] 1, 13).
Kristalle (aus A.); F: 137—139°.

3-[(4R)-cis-3-Äthyl-[4]piperidyl]-1-[4]chinolyl-propan-1-on, 10,11-Dihydro-1,8-seco-cinchonan-9-on, Hydrocinchotoxin, Hydrocinchonicin $C_{19}H_{24}N_2O$, Formel I (R = H) (H 196; E I 268; E II 95).

In dem von *Emde* (Helv. **15** [1932] 557, 571) unter dieser Konstitution beschriebenen Präparat (F: 112°; $[\alpha]_D^{20}$: +42,9° [A.]; Hydrochlorid, F: 230°) hat wahrscheinlich Epi=hydrocinchonidin ((8S,9S)-10,11-Dihydro-cinchonan-9-ol; E III/IV **23** 2730) als Haupt-bestandteil vorgelegen (*Rabe et al.*, A. **514** [1934] 61, 63; *Fiedziuszko, Suszko,* Bl. Acad. polon. [A] **1934** 413, 414).

B. Beim Erhitzen von Hydrocinchonidin (E III/IV **23** 2729) mit wss. Essigsäure (*McKee, Henze,* Am. Soc. **66** [1944] 2020, 2022; vgl. H 196). Beim Erwärmen von Epi=hydrocinchonin (E III/IV **23** 2728) oder von Epihydrocinchonidin mit wss. Essigsäure (*Fi., Su.,* l. c. S. 419; s. a. *Rabe,* A. **492** [1932] 242, 255).

$[\alpha]_D$: +1° [A.] (*Rabe,* l. c. S. 249).

Nitroso-Derivat $C_{19}H_{23}N_3O_2$; 1-Nitroso-10,11-dihydro-1,8-seco-cinchonan-9-on. Kristalle (aus E.); F: 99−100°; $[\alpha]_D^{20}$: −21° [A.; c = 1] (*Fi., Su.*). — Hydro=chlorid $C_{19}H_{23}N_3O_2 \cdot HCl$. Kristalle (aus E.); F: 107−108° (*Fi., Su.,* l. c. S. 420).

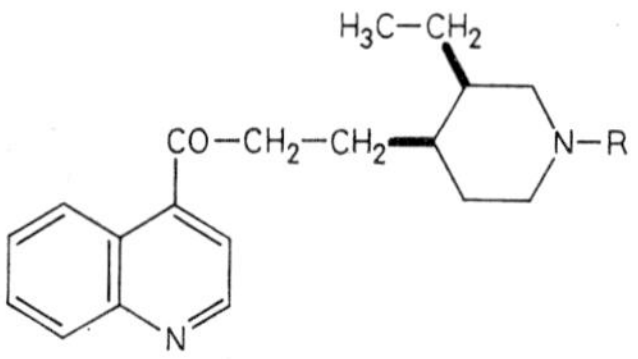

I 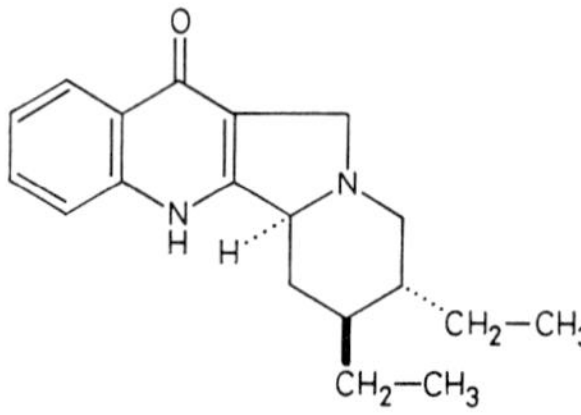   II

1-Benzyl-10,11-dihydro-1,8-seco-cinchonan-9-on, N-Benzyl-hydrocinchotoxin $C_{26}H_{30}N_2O$, Formel I (R = $CH_2-C_6H_5$).

B. Beim Erwärmen von Hydrocinchonin-benzylochlorid (E III/IV **23** 2729) mit wss. Essigsäure und Natriumacetat (*Rabe et al.*, A. **561** [1949] 159, 162). Aus Hydrocincho=toxin (s. o.) (*Rabe et al.*).

Oxalat $C_{26}H_{30}N_2O \cdot C_2H_2O_4$. Kristalle (aus wss. A.); F: 130−134°.

Phenylhydrazon-dipicrat $C_{32}H_{36}N_4 \cdot 2\,C_6H_3N_3O_7$. Rote Kristalle; F: 205−210°.

7,8-Diäthyl-5b,6,7,8,9,11-hexahydro-5H-indolizino[1,2-b]chinolin-12-on $C_{19}H_{24}N_2O$.

a) **(5bS)-7t,8c-Diäthyl-(5br)-5b,6,7,8,9,11-hexahydro-5H-indolizino[1,2-b]chinolin-12-on,** *B*(7a)-Homo-C-nor-corynan-7a-on, Formel II.

B. Aus (−)-Dihydrocorynanthean (Corynan; E III/IV **23** 1426) und Ozon in wss. Essigsäure (*Janot et al.*, Helv. **38** [1955] 1073, 1075).

Gelbe Kristalle (aus Me.); F: 228° [korr.; nach Sintern bei 145° und Wiedererstarren]. $[\alpha]_D$: +42° [Me.; c = 0,4].

b) **(5bS)-7t,8t-Diäthyl-(5br)-5b,6,7,8,9,11-hexahydro-5H-indolizino[1,2-b]chinolin-12-on,** *B*(7a)-Homo-C-nor-20αH-corynan-7a-on, Formel III.

B. Aus Corynantheidan (20αH-Corynan; E III/IV **23** 1426) und Ozon in wss. Essig=säure (*Janot et al.*, Helv. **38** [1955] 1073, 1077).

Gelbe Kristalle (aus Me.); F: 218−221° [korr.]. $[\alpha]_D$: −12° [Me.; c = 0,7].

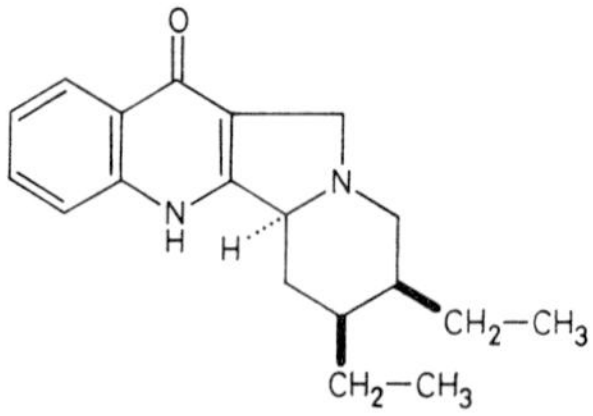

III 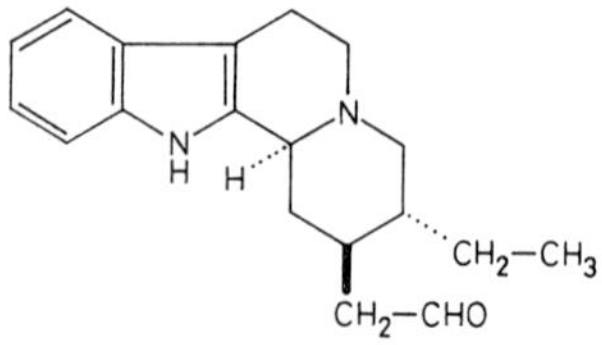   IV

2-[3-Äthyl-1,2,3,4,6,7,12,12b-octahydro-indolo[2,3-*a*]chinolizin-2-yl]-acetaldehyd
$C_{19}H_{24}N_2O$.

a) **Corynan-17-al**, Dihydrocorynantheal, Formel IV.

B. Aus Corynantheal (Coryn-18-en-17-al; S. 652) bei der Hydrierung an Palladium/
$BaCO_3$ bzw. Palladium/$BaSO_4$ in Methanol (*Janot, Goutarel*, Bl. **1951** 588, 601; *Karrer
et al.*, Helv. **35** [1952] 851, 861).

Kristalle; F: 187—188° [Zers.; aus Me. + H_2O] (*Ka. et al.*), 180—184° [Zers.; aus
CH_2Cl_2] (*Vamvacas et al.*, Helv. **40** [1957] 1793, 1805), 180° [korr.; Zers.; nach Subli-
mation im Vakuum] (*Ja., Go.*). Bei 150°/0,01 Torr sublimierbar (*Ka. et al.*). IR-Spektrum
(Nujol; 2—16 µ): *Ja., Go.*, l. c. S. 592.

b) **20α*H*-Corynan-17-al, Corynantheidal**, Formel V.

B. Beim Erwärmen von Corynantheidin ((16*E*)-17-Methoxy-20α*H*-coryn-16-en-16-
carbonsäure-methylester) mit methanol. KOH und anschliessend mit wss. HCl (*Janot
et al.*, Bl. **1953** 1033, 1036).

Gelbliches Pulver; F: 130° [korr.; Zers.]. $[\alpha]_D$: —103° [Py.; c = 1].

2,4-Dinitro-phenylhydrazon-hydrochlorid $C_{25}H_{28}N_6O_4 \cdot HCl$. Gelbe Kristalle
(aus Eg.) mit 0,5 Mol H_2O; F: 202—203°.

V   VI

Corynan-19-on $C_{19}H_{24}N_2O$, Formel VI (in der Literatur als 19-Dihydrocorynan‑
thenon bezeichnet).

B. Beim Erhitzen von Ajmaliciol ((19*S*)-Corynan-19-ol; E III/IV **23** 2684) mit Alu‑
miniumphenolat und Cyclohexanon in Xylol (*Wenkert, Bringi*, Am. Soc. **81** [1959] 1474,
1480).

Kristalle (aus Me.); F: 225—227°. $[\alpha]_D$: —57° [$CHCl_3$], 0° [Py.].

**(2*S*,1′*S*)-8′*c*-Äthyl-(4′a*t*,8′a*t*)-2′,3′,4′a,5′,6′,7′,8′,8′a-octahydro-spiro[indolin-2,4′-(1*r*,6*c*-
methano-chinolin)]-3-on, (17*S*)-9,17-Dihydro-8,17-cyclo-8,9-seco-ibogamin-9-on**,
Desmethoxyibolutein $C_{19}H_{24}N_2O$, Formel VII.

Isolierung aus Tabernanthe iboga: *Dickel et al.*, Am. Soc. **80** [1958] 123.

B. Beim Behandeln von Ibogamin (E III/IV **23** 1648) mit Sauerstoff und Platin in
Äthylacetat, Hydrieren des Reaktionsgemisches und Erwärmen des Reaktionsprodukts
mit methanol. NaOH (*Goutarel et al.*, Helv. **39** [1956] 742, 747).

Gelbgrüne (*Go. et al.*) Kristalle (aus Me.); F: 141° (*Di. et al.*), 116,5—119° [korr.]
(*Go. et al.*). IR-Spektrum (Nujol; 2—16 µ): *Go. et al.*, l. c. S. 746. Absorptionsspektrum
(A.; 220—460 nm): *Go. et al.*, l. c. S. 745; s. a. *Di. et al.*

Oxim $C_{19}H_{25}N_3O$. Kristalle (aus A.); F: 273—276° [unkorr.] (*Bartlett et al.*, Am. Soc.
80 [1958] 126, 134). $[\alpha]_D^{26}$: —183° [Py.] (*Ba. et al.*). λ_{max} (A.): 226 nm, 247 nm, 263 nm
und 358 nm (*Ba. et al.*).

**(1*Ξ*,4*R*)-6*t*-Äthyl-3′-oxo-(8a*ξ*)-2,3,6,7,8,8a-hexahydro-5*H*-spiro[4*r*,7*c*-äthano-indolizin‑
ium-1,2′-indolin], Dihydroanhydroisochinamin** $[C_{19}H_{25}N_2O]^+$, Formel VIII.

Hydrogensulfat. *B.* Beim Erhitzen von Dihydroisochinamin ((2*Ξ*)-2-[(1*S*)-5*endo*-Äthyl-
chinuclidin-2*ξ*-yl]-2-[2-hydroxy-äthyl]-indolin-3-on; F: 202—204°) mit Acetanhydrid
und wenig Pyridin und Behandeln des Reaktionsprodukts mit wss. H_2SO_4 (*Kirby*, Soc.
1949 735). — Gelbe Kristalle (aus wss. H_2SO_4); F: 236—238°.

Sulfat $[C_{19}H_{25}N_2O]_2SO_4$. Gelbe Kristalle mit 7 Mol H_2O; F: 315—317°.

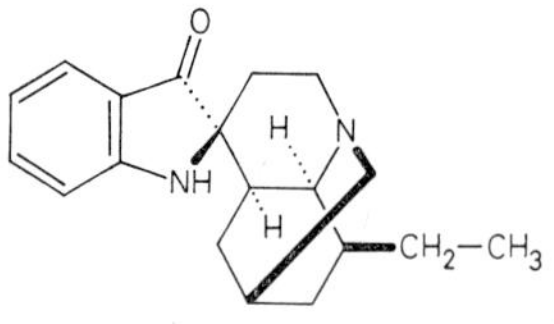

VII 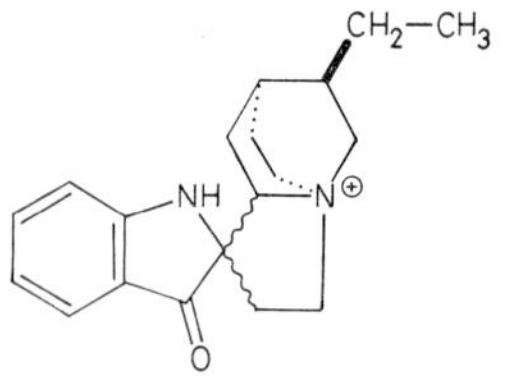   VIII 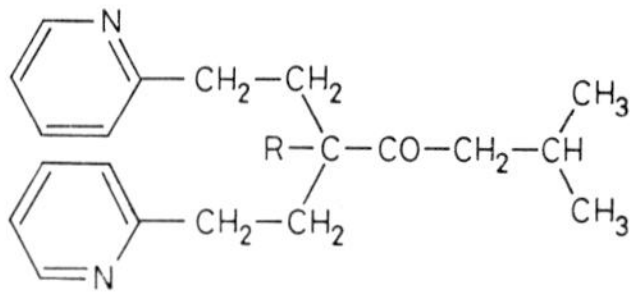   IX

Oxo-Verbindungen $C_{20}H_{26}N_2O$

6-Methyl-1-[2]pyridyl-3-[2-[2]pyridyl-äthyl]-heptan-4-on $C_{20}H_{26}N_2O$, Formel IX
(R = H).
B. Neben anderen Verbindungen beim Behandeln von 2-Vinyl-pyridin mit 4-Methyl-pentan-2-on und Natrium (*Wilt, Levine*, Am. Soc. **75** [1953] 1368, 1370, 1371).
$Kp_{1,5}$: 208—210°.
Dipicrat $C_{20}H_{26}N_2O \cdot 2\ C_6H_3N_3O_7$. F: 162—163°.

2,2-Dimethyl-6-[2]pyridyl-4-[2-[2]pyridyl-äthyl]-hexan-3-on $C_{20}H_{26}N_2O$, Formel X.
B. Neben 2,2-Dimethyl-6-[2]pyridyl-hexan-3-on beim Behandeln von 2-Vinyl-pyridin mit 3,3-Dimethyl-butan-2-on und Natrium (*Levine, Wilt*, Am. Soc. **74** [1952] 342).
Kp_2: 206—208°. D_4^{25}: 1,0342. n_D^{20}: 1,5321.

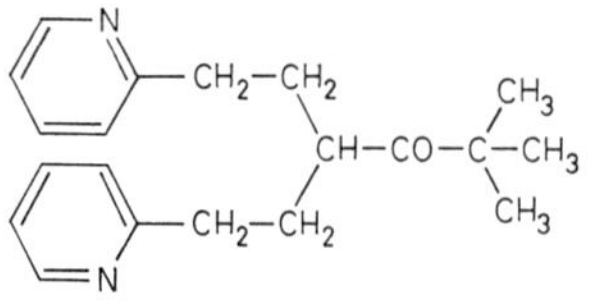

X 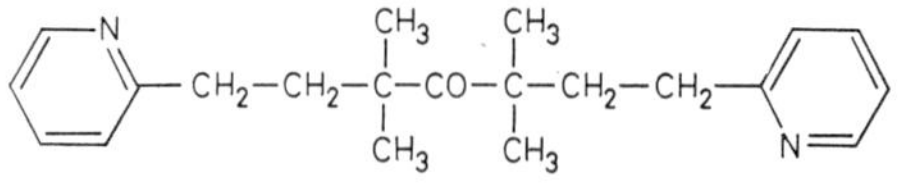   XI

Oxo-Verbindungen $C_{21}H_{28}N_2O$

3,3,5,5-Tetramethyl-1,7-di-[2]pyridyl-heptan-4-on $C_{21}H_{28}N_2O$, Formel XI.
B. Analog der vorangehenden Verbindung (*Wilt, Levine*, Am. Soc. **75** [1953] 1368, 1370, 1371).
Kp_6: 236—238°.
Dipicrat $C_{21}H_{28}N_2O \cdot 2\ C_6H_3N_3O_7$. F: 148—149°.

3,3-Bis-[2-[2]pyridyl-äthyl]-heptan-2-on $C_{21}H_{28}N_2O$, Formel XII.
B. Analog den vorangehenden Verbindungen (*Wilt, Levine*, Am. Soc. **75** [1953] 1368, 1370, 1371).
Kp_1: 210—214°.
Dipicrat $C_{21}H_{28}N_2O \cdot 2\ C_6H_3N_3O_7$. F: 91—92°.

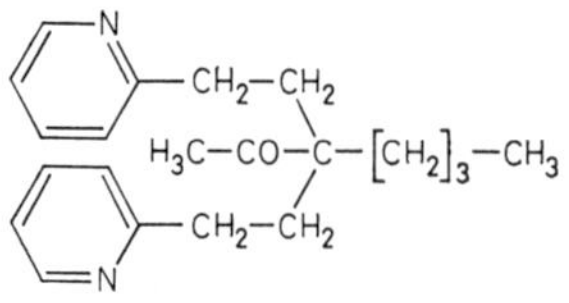

XII 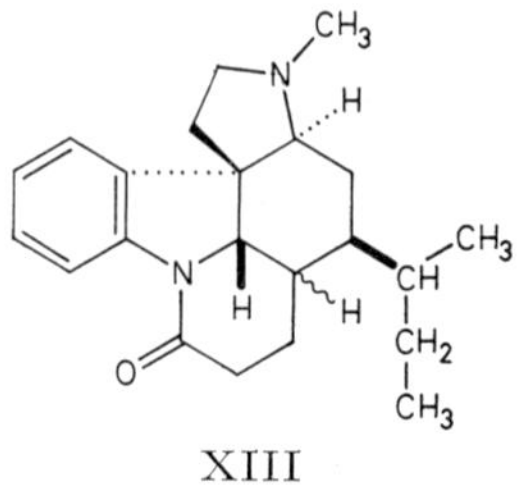   XIII

(3a*R*,13a*S*)-12*t*-[(*Ξ*)-*sec*-Butyl]-1-methyl-(3aa*t*,11a*ξ*,13a*r*)-1,2,3,3aa,10,11,11a,12,⁼
13,13a-decahydro-pyrido[1,2,3-*lm*]pyrrolo[2,3-*d*]carbazol-9-on ¹), (21*Ξ*)-19-Methyl-
21,22-dihydro-12,23;19,20-diseco-24-nor-13*ξ*-strychnidin-10-on $C_{22}H_{30}N_2O$,
Formel XIII (in der Literatur als Desoxy-*N*-methyl-hexahydro-chanoisostrychnin
bezeichnet).

B. Aus 19-Methyl 12,13-didehydro-12,23;16,19-diseco-24-nor-strychnidin-10,16-dion
(„Desoxy-*N*-methyl-isopseudostrychnin") bei der Hydrierung an Platin in Essigsäure
(*Boit*, B. **83** [1950] 217, 223). Aus 19-Methyl-10-oxo-12,13-didehydro-12,23-seco-24-nor-
strychnidinium-chlorid („Desoxyisostrychnin-chlormethylat", aus dem Methojodid
[S. 745] hergestellt) bei der Hydrierung an Platin in H_2O (*Boit*, B. **85** [1952] 106).
Kristalle (aus Acn.); F: 174—177° (*Boit*, B. **85** 106).

Diese Konstitution (und möglicherweise auch Konfiguration) kommt dem von *Perkin
et al.* (Soc. **1932** 1239, 1241, 1250) als Tetrahydroanhydrotetrahydromethylstrychnin-K⁵
bezeichneten, durch Hydrierung von „Anhydrotetrahydromethylstrychnin-K⁵" (F: 200°
bis 201°; 19-Methyl-11,12-didehydro-12,23;19,20-diseco-24-nor-13*ξ*-strychnidin-10-on;
S. 711) hergestellten Präparat (Kristalle [aus Me.], F: 163—164°) zu (*Boit*, B. **83** 219).

Oxo-Verbindungen $C_{22}H_{30}N_2O$

17*β*-[1(3)*H*-Imidazol-4-yl]-androst-4-en-3-on $C_{22}H_{30}N_2O$, Formel XIV (R = H), und
Tautomeres.

B. Beim Erwärmen von 21-Acetoxy-pregn-4-en-3,20-dion (O-Acetyl-desoxycortico⁼
steron) mit wss. Formaldehyd, wss. NH_3 und Kupfer(II)-acetat in Äthanol (*Searle & Co.*,
U.S.P. 2664423 [1952]).
Kristalle.
Kupfer(II)-Salz. Zers. >300°.

Oxo-Verbindungen $C_{23}H_{32}N_2O$

2,6-Dimethyl-3,3-bis-[2-[2]pyridyl-äthyl]-heptan-4-on(?) $C_{23}H_{32}N_2O$, vermutlich
Formel IX (R = CH(CH₃)₂).
B. Beim Behandeln von 2-Vinyl-pyridin mit 2,6-Dimethyl-heptan-4-on und Natrium
(*Wilt*, *Levine*, Am. Soc. **75** [1953] 1368, 1370, 1371).
Kp₆: 242°.
Hexachloroplatinat(IV) $C_{22}H_{32}N_2O \cdot H_2PtCl_6$. F: 185—187°.

17*β*-[2-Methyl-1(3)*H*-imidazol-4-yl]-androst-4-en-3-on $C_{23}H_{32}N_2O$, Formel XIV
(R = CH₃) und Tautomeres.
B. Beim Erwärmen von 21-Hydroxy-pregn-4-en-3,20-dion (Desoxycorticosteron) mit
wss. Acetaldehyd, wss. NH_3 und Kupfer(II)-acetat in Äthanol (*Searle & Co.*, U.S.P.
2664423 [1952]).
Kristalle; F: ca. 241—244° [Zers.].

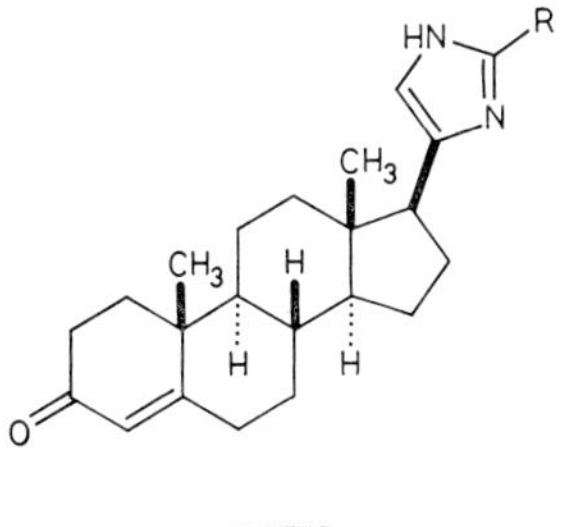

XIV 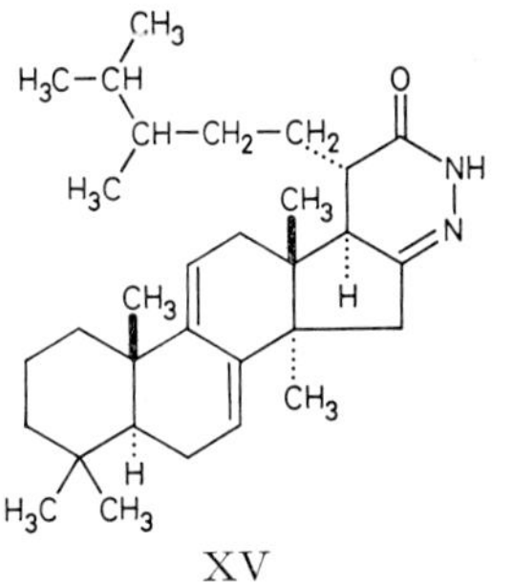   XV

---

¹) Siehe E III/IV **18** 3171 Anm. 1.

Oxo-Verbindungen $C_{31}H_{48}N_2O$

5'α-[(3Ξ)-3,4-Dimethyl-pentyl]-4,4,14-trimethyl-(5α,17αH)-17,5'-dihydro-1'H-androsta-7,9(11),16-trieno[16,17-c]pyridazin-6'-on $C_{31}H_{48}N_2O$, Formel XV.

B. Neben anderen Verbindungen beim Erhitzen von 3,16-Dioxo-24ξH-eburica-7,9(11)-dien-21-säure-methylester (F: 166—168°) mit $N_2H_4 \cdot H_2O$ und KOH in Äthylenglykol (*Bowers et al.*, Soc. **1954** 3070, 3082).

Kristalle (aus E.); F: 224—226° [korr.]. $[α]_D$: —124° [$CHCl_3$; c = 1]. IR-Banden (CS_2; 3450—1650 cm^{-1}): *Bo. et al.* $λ_{max}$ (A.): 243 nm und 251 nm. [*Otto*]

Monooxo-Verbindungen $C_nH_{2n-16}N_2O$

Oxo-Verbindungen $C_{11}H_6N_2O$

Perimidin-4-on $C_{11}H_6N_2O$, Formel I.
B. Beim Behandeln von 8-Amino-1-phenylazo-[2]naphthol mit $SnCl_2$, HCl und wss. Ameisensäure und Behandeln des erhaltenen 1(3)H-Perimidin-4-ol-hydrochlorids mit $Na_2Cr_2O_7$ in wss. H_2SO_4 und $CHCl_3$ (*Ruggli, Courtin*, Helv. **15** [1932] 1342, 1347).
Gelbe Kristalle (aus A.); Zers. ab 200°.

Perimidin-6-on $C_{11}H_6N_2O$, Formel II.
B. Aus 1(3)H-Perimidin-6-ol mit Hilfe von $FeCl_3$ in wss. HCl (*Woroshzow, Rjulina*, Chim. Nauka Promyšl. **3** [1958] 840; C. A. **1959** 10245).
Gelbe Kristalle (aus A.); F: 175—178° [Zers.; nach Schwarzfärbung bei 170°].

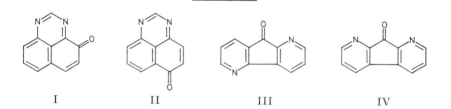

| I | II | III | IV |

Cyclopenta[1,2-b;3,4-b']dipyridin-9-on $C_{11}H_6N_2O$, Formel III.
B. Beim Erwärmen von [1,7]Phenanthrolin-5,6-dion in wss. NaOH (*Druey, Schmid*, Helv. **33** [1950] 1080, 1084).
Kristalle (aus E.); F: 159° [unkorr.].
Oxim $C_{11}H_7N_3O$. Kristalle (aus A.); F: 252° [unkorr.].

Cyclopenta[1,2-b;4,3-b']dipyridin-9-on $C_{11}H_6N_2O$, Formel IV.
B. Beim Erwärmen von [4,7]Phenanthrolin-5,6-dion mit wss. NaOH (*Druey, Schmid*, Helv. **33** [1950] 1080, 1086).
Hellgelbe Kristalle (aus Acn.); F: 205° [unkorr.].
Oxim $C_{11}H_7N_3O$. Kristalle (aus A.); F: 199—200° [unkorr.].

Cyclopenta[2,1-b;3,4-b']dipyridin-5-on $C_{11}H_6N_2O$, Formel V.
B. Beim Erhitzen von [1,10]Phenanthrolin-5,6-dion mit wss. NaOH (*Inglett, Smith*, Am. Soc. **72** [1950] 842; *Druey, Schmid*, Helv. **33** [1950] 1080, 1087).
Kristalle (aus A.); F: 212—213° [unkorr.] (*In., Sm.*), 211° [unkorr.] (*Dr., Sch.*).
UV-Spektrum (A.; 220—360 nm): *In., Sm.*
Picrat $C_{11}H_6N_2O \cdot C_6H_3N_3O_7$. Gelbliche Kristalle (aus H_2O); F: 142—144° [unkorr.] (*In., Sm.*).
2,4-Dinitro-phenylhydrazon $C_{17}H_{10}N_6O_4$. Orangefarben; F: 315—316° [unkorr.; Zers.] (*In., Sm.*).

Oxo-Verbindungen $C_{12}H_8N_2O$

3H-Benzo[g]chinazolin-4-on $C_{12}H_8N_2O$, Formel VI, und Tautomere (z. B. Benzo-[g]chinazolin-4-ol).

B. Beim Erhitzen von 3-Amino-[2]naphthoesäure mit Formamid (*Baker et al.*, J. org. Chem. **17** [1952] 149, 152; *Étienne, Legrand*, C. r. **229** [1949] 220; *Osborn et al.*, Soc. **1956** 4191, 4205).

Kristalle; F: 278° [vorgeheizter App.] (*Ét., Le.*), 278° [aus H_2O] (*Os. et al.*), 273—274° [aus Xylol] (*Ba. et al.*). UV-Spektrum (A.; 220—380 nm): *Legrand*, C. r. **236** [1953] 937.

V	VI	VII	VIII

4-Imino-3,4-dihydro-benzo[g]chinazolin, 3H-Benzo[g]chinazolin-4-on-imin $C_{12}H_9N_3$ s. Benzo[g]chinazolin-4-ylamin (Syst.-Nr. 3719).

3-Methyl-3H-benzo[g]chinazolin-4-on $C_{13}H_{10}N_2O$, Formel VII (R = CH_3, X = X' = H).

B. Aus 3H-Benzo[g]chinazolin-4-on und CH_3I in äthanol. KOH (*Alembic Chem. Works*, Indisches P. 70727 [1960]). Neben der folgenden Verbindung aus 3H-Benzo-[g]chinazolin-4-on und Dimethylsulfat in alkal. Lösung (*Étienne, Legrand*, C. r. **229** [1949] 220).

Kristalle (aus A.); F: 192—193° (*Alembic Chem. Works*). Dimorphe Kristalle; F: 189° [vorgeheizter App.; nach Umwandlung der Kristallform bei ca. 170°] (*Ét., Le.*). UV-Spektrum (A.?; 220—400 nm): *Legrand*, C. r. **236** [1953] 937.

1-Methyl-1H-benzo[g]chinazolin-4-on $C_{13}H_{10}N_2O$, Formel VIII.

B. s. im vorangehenden Artikel.

Hellgelbe Kristalle; F: 255° [vorgeheizter App.] (*Étienne, Legrand*, C. r. **229** [1949] 220). UV-Spektrum (A.?; 220—400 nm): *Legrand*, C. r. **236** [1953] 937.

***Opt.-inakt. 3-[3-(3-Hydroxy-[2]piperidyl)-2-oxo-propyl]-3H-benzo[g]chinazolin-4-on** $C_{20}H_{21}N_3O_3$, Formel IX (R = R' = H).

Dihydrochlorid $C_{20}H_{21}N_3O_3 \cdot 2$ HCl. B. Beim Erhitzen der folgenden Verbindung mit wss. HBr (*Baker et al.*, J. org. Chem. **17** [1952] 149, 154). — Sesquihydrat; F: 202° [Zers.].

***Opt.-inakt. 3-[3-(3-Methoxy-[2]piperidyl)-2-oxo-propyl]-3H-benzo[g]chinazolin-4-on** $C_{21}H_{23}N_3O_3$, Formel IX (R = H, R' = CH_3).

Dihydrochlorid $C_{21}H_{23}N_3O_3 \cdot 2$ HCl. B. Beim Erhitzen der folgenden Verbindung mit wss. HCl (*Baker et al.*, J. org. Chem. **17** [1952] 149, 154). — Semihydrat; F: 232° [Zers.].

***Opt.-inakt. 3-Methoxy-2-[2-oxo-3-(4-oxo-4H-benzo[g]chinazolin-3-yl)-propyl]-piperidin-1-carbonsäure-äthylester** $C_{24}H_{27}N_3O_5$, Formel IX (R = CO-O-C_2H_5, R' = CH_3).

B. Aus 3H-Benzo[g]chinazolin-4-on und opt.-inakt. 2-[3-Brom-2-oxo-propyl]-3-meth-oxy-piperidin-1-carbonsäure-äthylester (aus (±)-5-Benzyloxycarbonylamino-2-methoxy-valeriansäure über mehrere Stufen erhalten) in methanol. Natriummethylat (*Baker et al.*, J. org. Chem. **17** [1952] 149, 153).

Kristalle; F: 167—168°.

5(oder 10)-Chlor-3H-benzo[g]chinazolin-4-on $C_{12}H_7ClN_2O$, Formel VII (R = X' = H, X = Cl oder R = X = H, X' = Cl), und Tautomere.

B. Aus 4,5(oder 4,10)-Dichlor-benzo[g]chinazolin (E III/IV **23** 1654) in Gegenwart von Säure (*Étienne, Legrand*, C. r. **229** [1949] 220).

Hellgelbe Kristalle; F: 329° [vorgeheizter App.].

IX   X   XI

Pyrido[2,1-b]chinazolin-11-on, Pyracridon $C_{12}H_8N_2O$, Formel X (X = H) (E II 95; vgl. H 198).

Bezüglich der Konstitution vgl. *Carboni*, G. **83** [1953] 637, 640, **85** [1955] 1201, 1202. Hellgelbe Kristalle (aus Me. oder wss. Me.); F: 213—214° [evakuierte Kapillare] (*Späth, Kuffner*, B. **71** [1938] 1657, 1661). Absorptionsspektrum (A.; 220—410 nm): *Carboni, Pardi*, Ann. Chimica **49** [1959] 1228, 1232, 1236.

Beim Behandeln in H_2SO_4 mit wss. HNO_3 [30%ig] ist x-Nitro-pyrido[2,1-b]-chinazolin-11-on $C_{12}H_7N_3O_3$ (gelbgrünes Pulver; F: 252°) erhalten worden; beim Behandeln mit wss. HNO_3 [D:1,4] und H_2SO_4 ist x,x-Dinitro-pyrido[2,1-b]chin-azolin-11-on $C_{12}H_6N_4O_5$ (gelbe Kristalle; F: 282°) erhalten worden, das beim Er-wärmen mit Brom in Essigsäure in ein Brom-dinitro-pyrido[2,1-b]chinazolin-11-on $C_{12}H_5BrN_4O_5$ (Kristalle [aus Me.]; F: 185°), ein Dibrom-dinitro-pyrido-[2,1-b]chinazolin-11-on $C_{12}H_4Br_2N_4O_5$ (Kristalle [aus Eg.]; F: 200°) und ein Tri-brom-dinitro-pyrido[2,1-b]chinazolin-11-on $C_{12}H_3Br_3N_4O_5$ (gelbe Kristalle; F: 220°) übergeht (*Räth*, A. **486** [1931] 284, 289, 290; *Ca.*, G. **83** 639).

8-Nitro-pyrido[2,1-b]chinazolin-11-on $C_{12}H_7N_3O_3$, Formel X (X = NO_2).

B. Beim Erhitzen von Anthranilsäure mit 2-Chlor-5-nitro-pyridin auf 150° bzw. in Essigsäure (*Carboni, Segnini*, G. **85** [1955] 1210, 1214; *Petrow*, Soc. **1945** 927).

Gelbe Kristalle; F: 198—199° [aus Bzl. oder A.] (*Ca., Se.*), 197,5—198,5° [aus A.] (*Pe.*).

Hydrochlorid. Kristalle; F: 243—245° (*Ca., Se.*).

1H-Benzo[f]chinoxalin-2-on $C_{12}H_8N_2O$, Formel XI, und Tautomeres (Benzo[f]-chinoxalin-2-ol).

B. Beim Erwärmen von 3,4-Dihydro-1H-benzo[f]chinoxalin-2-on mit wss. H_2O_2 und wss. NaOH (*Landquist*, Soc. **1953** 2816, 2821).

Kristalle (aus Dioxan) mit 1 Mol H_2O; F: 275—275,5°.

2-Imino-1,2-dihydro-benzo[f]chinoxalin, 1H-Benzo[f]chinoxalin-2-on-imin $C_{12}H_9N_3$ s. Benzo[f]chinoxalin-2-ylamin (Syst.-Nr. 3719).

6-Phenyl-6H-benzo[c]cinnolin-2-on $C_{18}H_{12}N_2O$, Formel XII, und Mesomeres 2-Hydroxy-6-phenyl-benzo[c]cinnolinium-betain.

B. Aus 5-Phenyl-5,6-dihydro-benzo[c]cinnolin und Blei(IV)-acetat oder Ag_2O in $CHCl_3$ (*Wittig, Schuhmacher*, B. **88** [1955] 234, 242).

Orangerote Kristalle (aus Me.); F: 231—232°.

Pyrido[1,2-a]chinoxalin-8-on $C_{12}H_8N_2O$, Formel XIII.

Die von *Maurer, Schiedt* (B. **67** [1934] 1980) und *Maurer et al.* (B. **68** [1935] 1716) unter dieser Konstitution beschriebene Verbindung („Glucazidon") ist als 2-[2]Furyl-chinoxalin zu formulieren (*Gómez-Sánchez et al.*, An. Soc. españ. [B] **50** [1954] 431, 435). Entsprechend sind die von *Maurer, Schiedt* (B. **70** [1937] 1857, 1859) als 9-Brom-pyrido[1,2-a]chinoxalin-8-on $C_{12}H_7BrN_2O$ („Bromglucazidon") sowie von *Maurer et al.* (l. c. S. 1721) und von *Maurer, Schiedt* (B. **70** 1859) als 9-Nitro-pyrido[1,2-a]-chinoxalin-8-on $C_{12}H_7N_3O_3$ („Nitroglucazidon") beschriebenen Verbindungen als 2-[5-Brom-[2]furyl]-chinoxalin bzw. als 2-[5-Nitro-[2]furyl]-chinoxalin zu formulieren (*Gó.-Sá. et al.*, l. c. S. 436).

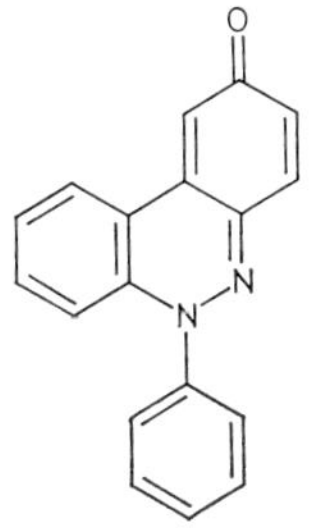

XII 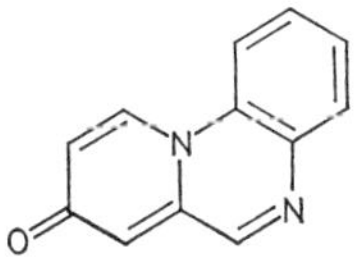   XIII 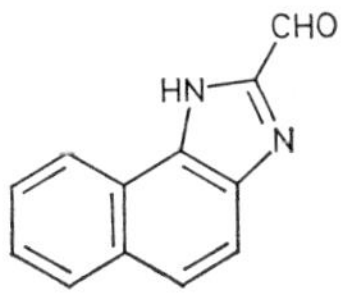   XIV 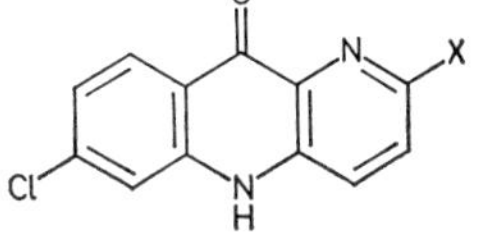   XV

1(3)H-Naphth[1,2-d]imidazol-2-carbaldehyd C$_{12}$H$_8$N$_2$O, Formel XIV und Tautomeres.
B. Beim Erhitzen von 2-Methyl-1(3)H-naphth[1,2-d]imidazol mit SeO$_2$ in Acetan=
hydrid (*Schubert*, *Böhme*, Wiss. Z. Univ. Halle-Wittenberg **8** [1959] 1037).
Gelbe Kristalle (aus H$_2$O); F: 225—228° [korr.; Zers.].
2,4-Dinitro-phenylhydrazon C$_{18}$H$_{12}$N$_6$O$_4$. Rote Kristalle (aus DMF + A.);
F: 300—310° [korr.; Zers.].

7-Chlor-5H-benzo[b][1,5]naphthyridin-10-on C$_{12}$H$_7$ClN$_2$O, Formel XV (X = H), und
Tautomeres.
B. Beim Erhitzen von 4-Chlor-2-[3]pyridylamino-benzoesäure in H$_2$SO$_4$ (*Price*,
Roberts, J. org. Chem. **11** [1946] 463, 466).
Hydrochlorid 2 C$_{12}$H$_7$ClN$_2$O·2 HCl·H$_2$O. F: 320°.
Sulfate. a) 3 C$_{12}$H$_7$ClN$_2$O·H$_2$SO$_4$. Gelbe Kristalle, die sich beim Erhitzen dunkel
färben und unterhalb 320° nicht schmelzen [Rohprodukt]. — b) C$_{12}$H$_7$ClN$_2$O·H$_2$SO$_4$.

2,7-Dichlor-5H-benzo[b][1,5]naphthyridin-10-on C$_{12}$H$_6$Cl$_2$N$_2$O, Formel XV (X = Cl),
und Tautomeres.
B. Beim Erhitzen von 4-Chlor-2-[6-chlor-[3]pyridylamino]-benzoesäure mit konz.
H$_2$SO$_4$ (*Takahashi*, *Hayase*, J. pharm. Soc. Japan **65** [1945] Ausg. B, S. 469; C. A. **1951**
8530).
Gelbgrüne Kristalle; F: >250°.

Pyrido[1,2-g][1,6]naphthyridin-5-on C$_{12}$H$_8$N$_2$O, Formel I.
B. Beim Erhitzen von 2-[2]Pyridylmethyl-nicotinsäure mit Acetanhydrid (*Okuda*,
Pharm. Bl. **5** [1957] 462, 467).
Orangefarbene Kristalle (aus A.); F: 196° (*Ok.*, l. c. S. 467). Absorptionsspektrum
(Me.; 210—430 nm): *Ok.*, l. c. S. 464.
Beim Hydrieren an Platin in Äthanol ist 1,2,3,4,7,8,9,10-Octahydro-pyrido[1,2-g][1,6]=
naphthyridin-5-on erhalten worden (*Okuda*, Pharm. Bl. **5** [1957] 468, 471).

10H-Benzo[b][1,8]naphthyridin-5-on C$_{12}$H$_8$N$_2$O, Formel II (X = H), und Tautomeres.
B. Beim Erhitzen von 2-Anilino-nicotinsäure mit POCl$_3$ und Polyphosphorsäure
(*Carboni*, G. **85** [1955] 1201, 1208).
Kristalle (aus A.); F: 278—279°.

2(?)-Chlor-10H-benzo[b][1,8]naphthyridin-5-on C$_{12}$H$_7$ClN$_2$O, vermutlich Formel II
(X = Cl), und Tautomeres.
B. Beim Erwärmen von 2,5-Dichlor-benzo[b][1,8]naphthyridin mit wss. NH$_3$ (*Ka-
batschnik*, Ž. obšč. Chim. **9** [1939] 1734, 1738; C. **1940** I 1991).
Kristalle (aus Brombenzol); F: 357—358,5° [korr.].

5H-Benzo[b][1,6]naphthyridin-10-on C$_{12}$H$_8$N$_2$O, Formel III (X = O), und Tautomeres.
B. Beim Erhitzen von N-[4]Pyridyl-anthranilsäure mit AlCl$_3$ und NaCl (*Ferrier*,
Campbell, Chem. and Ind. **1958** 1089). Beim Erhitzen von 1,2,3,4-Tetrahydro-5H-benzo=

[b][1,6]naphthyridin-10-on oder 8-Brom-1,2,3,4-tetrahydro-5H-benzo[b][1,6]naphthyr=
idin-10-on in Gegenwart von Palladium/Kohle in Diphenyläther (*Coscia, Dickerman*,
Am. Soc. **81** [1959] 3098).
Kristalle; F: 339° [Zers.; aus H_2O] (*Fe., Ca.*), 338—339° [unkorr.; Zers.; aus wss.
Me. oder wss. A.] (*Co., Di.*). λ_{max} (A.): 249 nm (*Co., Di.*).
Picrat $C_{12}H_8N_2O \cdot C_6H_3N_3O_7$. Gelbe Kristalle; F: 260—262° (*Fe., Ca.*).

I II III IV

5H-Benzo[b][1,6]naphthyridin-10-thion $C_{12}H_8N_2S$, Formel III (X = S), und
Tautomeres.
B. In geringer Menge beim Erhitzen der vorangehenden Verbindung mit P_2S_5 in
Pyridin (*Coscia, Dickerman*, Am. Soc. **81** [1959] 3098).
Rote Kristalle (aus Me.); F: 298—301° [unkorr.].

2H-Benzo[b][1,6]naphthyridin-1-on $C_{12}H_8N_2O$, Formel IV, und Tautomeres
(Benzo[b][1,6]naphthyridin-1-ol).
B. Beim Erwärmen von 2-[2-Hydroxy-äthyl]-chinolin-3-carbonsäure-amid mit
CrO_3 in Essigsäure (*Ikekawa*, Chem. pharm. Bl. **6** [1958] 401, 403).
Gelbe Kristalle (aus Me. oder nach Sublimation im Vakuum); F: 290—305° [Zers.].
UV-Spektrum (Me.; 220—400 nm): *Ik.*, l. c. S. 402.

7H-[1,7]Phenanthrolin-10-on $C_{12}H_8N_2O$, Formel V (X = H), und Tautomeres
([1,7]Phenanthrolin-10-ol).
B. Beim Erhitzen von 5-Amino-1H-chinolin-4-on (E III/IV **22** 5726) mit wss. Glycerin,
wss. H_3AsO_4 und wss. H_2SO_4 (*Kermack, Tebrich*, Soc. **1945** 375, 377). Beim Hydrieren
von 4-Chlor-7H-[1,7]phenanthrolin-10-on an Palladium/Kohle in Äthanol unter Zu=
satz von Natriumacetat (*Surrey, Cutler*, Am. Soc. **76** [1954] 1109, 1113).
Hellbraune Kristalle (aus H_2O) mit 1 Mol H_2O; F: 107—108° (*Ke., Te.*), 105,5—107°
[unkorr.] (*Su., Cu.*).

4-Chlor-7H-[1,7]phenanthrolin-10-on $C_{12}H_7ClN_2O$, Formel V (X = Cl), und
Tautomeres.
B. Beim Erhitzen von 1,7-Dihydro-[1,7]phenanthrolin-4,10-dion mit PCl_5 und $POCl_3$
(*Surrey, Cutler*, Am. Soc. **76** [1954] 1109, 1112).
Kristalle (aus A.); F: 196—196,5° [unkorr.].

7H-[1,7]Phenanthrolin-8-on $C_{12}H_8N_2O$, Formel VI (R = H), und Tautomeres
([1,7]Phenanthrolin-8-ol).
B. Beim Erhitzen von 5-Amino-1H-chinolin-2-on (E III/IV **22** 5715) mit Glycerin,
H_3AsO_4 und H_2SO_4 (*Kermack, Webster*, Soc. **1942** 213, 216). Beim Erhitzen von 8-Meth=
oxy-[1,7]phenanthrolin mit CH_3I in Methanol (*Karrer, Pletscher*, Helv. **31** [1948] 786,
793).
Kristalle; F: 315° [nach Zers. und Sublimation bei 290°; aus A.] (*Ke., We.*), 302°
bis 304° [aus wss. A.] (*Ka., Pl.*).

7-Methyl-7H-[1,7]phenanthrolin-8-on $C_{13}H_{10}N_2O$, Formel VI (R = CH_3).
B. Aus 7-Methyl-[1,7]phenanthrolinium-jodid (*Karrer, Pletscher*, Helv. **31** [1948]
786, 792) oder -methylsulfat (*I.G. Farbenind.*, D.R.P. 654444 [1936]; Frdl. **24** 408)
mit Hilfe von wss. $K_3[Fe(CN)_6]$ in wss. KOH bzw. wss. NaOH.
Gelbliche Kristalle (*Ka., Pl.*); F: 198—199° [aus A.] (*Ka., Pl.*), 195° (*I.G. Farbenind.*).
Hydrojodid $C_{13}H_{10}N_2O \cdot HI$; 8-Hydroxy-7-methyl-[1,7]phenanthrolinium-

jodid. Diese Konstitution kommt wahrscheinlich der nachstehend beschriebenen Verbindung zu (*Ka., Pl.*, l. c. S. 788). — *B.* Beim Erwärmen von 8-Methoxy-[1,7]phenanthr=olin mit CH_3I in Methanol (*Ka., Pl.*, l. c. S. 792). — Gelbliche Kristalle (aus A.); F: 225—233° [Zers.; bei 234° bilden sich Kristalle, die bei 280—300° verschwinden] (*Ka., Pl.*).

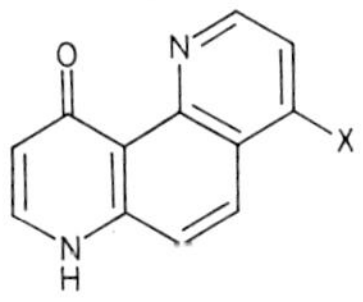

V 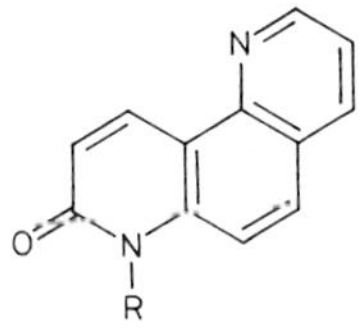   VI 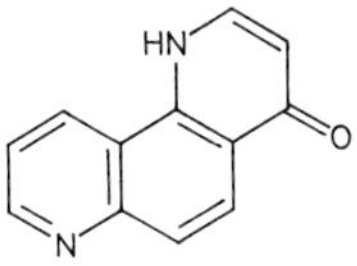   VII 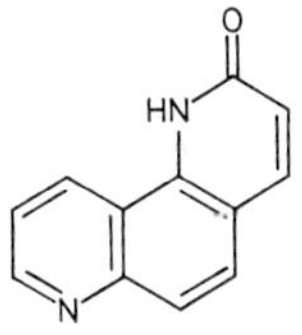   VIII

1*H*-**[1,7]Phenanthrolin-4-on** $C_{12}H_8N_2O$, Formel VII, und Tautomeres ([1,7]Phenanthrolin-4-ol).
B. Beim Erhitzen von 4-Oxo-1,4-dihydro-[1,7]phenanthrolin-3-carbonsäure in Di=phenyläther (*Shivalkar, Sunthankar*, J. scient. ind. Res. India **18**B [1959] 447).
Kristalle (aus A.) mit 0,75 Mol H_2O; F: 311°.

1*H*-**[1,7]Phenanthrolin-2-on** $C_{12}H_8N_2O$, Formel VIII, und Tautomeres ([1,7]Phenanthrolin-2-ol).
B. Beim Erhitzen von 7-Amino-1*H*-chinolin-2-on (E III/IV **22** 5716) mit Glycerin, H_3AsO_4 und H_2SO_4 (*Kermack, Webster*, Soc. **1942** 213, 216).
Hellgelbe Kristalle (aus A.); F: 290° [nach Zers. und Sublimation bei 275°].

1*H*-**[1,10]Phenanthrolin-4-on** $C_{12}H_8N_2O$, Formel IX, und Tautomeres ([1,10]Phen=anthrolin-4-ol).
B. Beim Erhitzen von 4-Oxo-1,4-dihydro-[1,10]phenanthrolin-3-carbonsäure in Di=phenyläther (*Snyder, Freier*, Am. Soc. **68** [1946] 1320; *Shivalkar, Sunthankar*, J. scient. ind. Res. India **18**B [1959] 447).
Kristalle (aus Xylol); F: 214—215° (*Sn., Fr.*). Kristalle mit 0,75 Mol H_2O; F: 198° (*Sh., Su.*). Absorptionsspektrum des Komplexes mit Eisen(2+) (H_2O; 400—700 nm): *Hale, Mellon*, Am. Soc. **72** [1950] 3217, 3218.

1-Methyl-1*H*-**[1,10]phenanthrolin-2-on** $C_{13}H_{10}N_2O$, Formel X.
B. Aus 1-Methyl-[1,10]phenanthrolinium-jodid mittels $K_3[Fe(CN)_6]$ in wss. NaOH (*Halcrow, Kermack*, Soc. **1946** 155).
Kristalle (aus H_2O) mit 0,25 Mol und Kristalle (aus Bzl.) mit 0,25 Mol Benzol; F: 123° bis 124°.

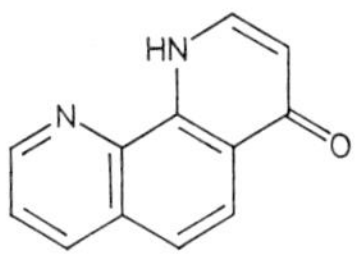

IX 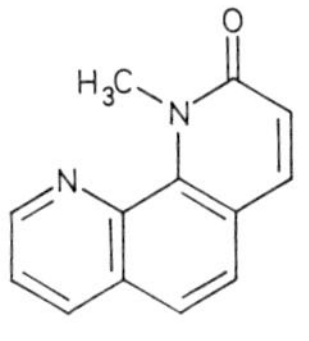   X 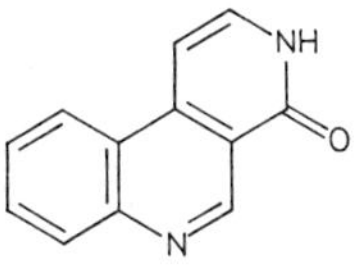   XI 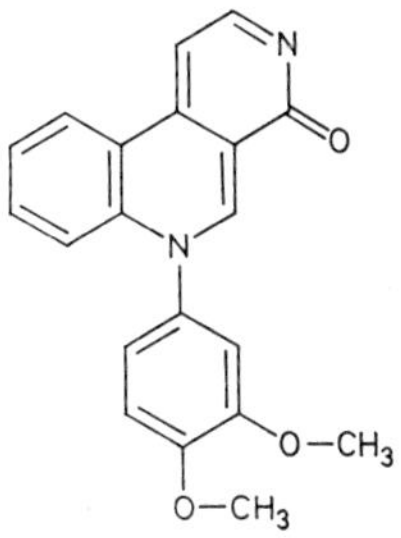   XII

3*H*-**Benzo[*c*][2,7]naphthyridin-4-on, Perlolidin** $C_{12}H_8N_2O$, Formel XI, und Tautomeres (Benzo[*c*][2,7]naphthyridin-4-ol).
Konstitution: *Jeffreys et al.*, Pr. chem. Soc. **1963** 171; *Akhtar et al.*, Soc. [C] **1967** 859;

Powers, Ponticello, Am. Soc. **90** [1968] 7102, 7105.

Isolierung aus Lolium perenne L.: *Grimmett, Waters,* New Zealand J. Sci. Technol. [B] **24** [1943] 151 154.

B. Beim Erhitzen von Perlolin-hydrochlorid (s. u.) mit $KMnO_4$ in wss. Carbonat oder mit $K_3[Fe(CN)_6]$ in wss. NaOH und K_3PO_4 (*Reifer, White,* New Zealand J. Sci. Technol. [B] **27** [1945] 242, 244).

Kristalle; F: 338—345° [unkorr.; Zers.; Kapillare; aus Me.] (*Ak. et al.,* l. c. S. 862), 337° bis 341° [unkorr.; Büchi-App.; aus A.] (*Po., Po.),* 338° [Zers.; Kofler-App.; aus Me.] (*Ak. et al.,* l. c. S. 860). UV-Spektrum in wss. Lösungen vom pH 1 und 8 und in wss. NaOH [0,9 n] (225—400 nm): *Perrin,* New Zealand J. Sci. Technol. [B] **38** [1957] 688, 689; in wss. HCl [0,01 n], in neutraler wss. Lösung und in wss. NaOH [0,01 n] (210 nm bis 400 nm): *Metcalf,* New Zealand J. Sci. Technol. [B] **35** [1954] 473, 476. Scheinbare Dissoziationsexponenten pK'_{a1} und pK'_{a2} (H_2O; spektrophotometrisch ermittelt) bei 18°: 4,05 bzw. 11,35 (*Pe.,* l. c. S. 690, 691, 693, 694). Scheinbarer Dissoziationsexponent pK'_{a1} (H_2O) bei 22°: 4,16 (*Ak. et al.,* l. c. S. 861).

H y d r o c h l o r i d. Gelbliche Kristalle (aus A.), die unterhalb 350° nicht schmelzen [Dunkelfärbung und Sublimation ab 300°] (*Re., Wh.*).

6-[3,4-Dimethoxy-phenyl]-6H-benzo[c][2,7]naphthyridin-4-on, A n h y d r o p e r l o l i n $C_{20}H_{16}N_2O_3$, Formel XII.

Konstitution: *Jeffreys et al.,* Pr. chem. Soc. **1963** 171; *Jeffreys,* Soc. **1964** 4504; *Ferguson et al.,* Soc. [B] **1966** 454.

B. Beim Erhitzen von 5-Äthoxy-6-[3,4-dimethoxy-phenyl]-5,6-dihydro-3H-benzo[c]= [2,7]naphthyridin-4-on-äthanolat auf 190°/15 Torr (*Je.,* l. c. S. 4511).

Braunes Pulver; F: 242—244° [Zers.] (*Je.*). IR-Banden (Nujol; 3070—700 cm⁻¹): *Je.* Scheinbarer Dissoziationsexponent pK'_a (H_2O; spektrophotometrisch ermittelt) bei 18°: 8,54 (*Metcalf,* New Zealand J. Sci. Technol. [B] **29** [1947] 98).

H y d r o c h l o r i d $C_{20}H_{16}N_2O_3 \cdot HCl$; P e r l o l i n - h y d r o c h l o r i d. *B.* Aus Perlolin ((±)-6-[3,4-Dimethoxy-phenyl]-5-hydroxy-5,6-dihydro-3H-benzo[c][2,7]naphthyridin-4-on) und wss. HCl (*Reifer, Bathurst,* New Zealand J. Sci. Technol. [B] **24** [1943] 155, 157). — Hellgelbe, wasserhaltige Kristalle (aus H_2O); F: 220—265° (*White, Reifer,* New Zealand J. Sci. Technol. [B] **27** [1946] 38, 42). Absorptionsspektrum (wss. HCl; 220—440 nm): *Metcalf,* New Zealand J. Sci. Technol. [B] **35** [1954] 473; *Je.,* l. c. S. 4505.

P e r c h l o r a t $C_{20}H_{16}N_2O_3 \cdot HClO_4$. Gelbe oder rote Kristalle [aus Acn. + H_2O] (*Wh., Re.,* l. c. S. 43) ohne oder mit 1 Mol H_2O (*Je. et al.*); F: 280—290° [Zers.; bei schnellem Erhitzen] bzw. 270° [Zers.; bei langsamem Erhitzen] (*Je.,* l. c. S. 4511), 284° [Zers.; nach Sintern ab 235°] (*Wh., Re.*), 280° [Zers.] (*Je. et al.*).

V e r b i n d u n g m i t Q u e c k s i l b e r (II) - c h l o r i d. *B.* Aus Perlolin und $HgCl_2$ in H_2O (*Wh., Re.*). — Gelbe Kristalle (aus H_2O); F: 265° (*Wh., Re.*).

T e t r a c h l o r o m e r c u r a t (II) $2 C_{20}H_{16}N_2O_3 \cdot H_2HgCl_4$. *B.* Aus Perlolin und $HgCl_2$ in wss. HCl (*Wh., Re.; Je.*). — Atomabstände und Bindungswinkel (Röntgen-Diagramm): *Fe. et al.,* l. c. S. 456. — Orangerote Kristalle [aus H_2O] (*Wh., Re.*) mit 2 Mol H_2O (*Je. et al.; Fe. et al.,* l. c. S. 457); F: ca. 210° [Zers.] (*Je. et al.*), 198—222° [Zers.] (*Je.*). Orthorhombisch; Kristallstruktur-Analyse (Röntgen-Diagramm): *Fe. et al.* Dichte der Kristalle: 1,715 (*Fe. et al.*). IR-Banden (KCl; 3580—700 cm⁻¹): *Je.*

R e i n e c k a t. Gelbe Kristalle (aus Acn. + H_2O); Zers. bei 195—205° (*Wh., Re.*).

P i c r a t $C_{20}H_{16}N_2O_3 \cdot C_6H_3N_3O_7$(?). Gelbe Kristalle (aus Acn. + H_2O); F: 242° (*Wh., Re.*).

4H-[4,7]Phenanthrolin-1-on $C_{12}H_8N_2O$, Formel I, und Tautomeres ([4,7]Phenanthrolin-1-ol).

B. Beim Erhitzen von 6-Amino-1H-chinolin-4-on (E III/IV **22** 5727) mit Glycerin, H_3AsO_4 und H_2SO_4 (*Kermack, Weatherhead,* Soc. **1940** 1164, 1168). Aus 1-Oxo-1,4-dihydro-[4,7]phenanthrolin-2-carbonsäure beim Erhitzen auf 300° oder beim Erhitzen in Gegenwart von Kupferoxid-Bariumoxid-Chromoxid in Chinolin (*Douglas, Kermack,* Soc. **1949** 1017, 1020).

Hellgelbe Kristalle (aus H_2O) mit 0,75 Mol H_2O; F: 300—301° (*Do., Ke.*).

4H-[4,7]Phenanthrolin-3-on $C_{12}H_8N_2O$, Formel II (R = X = H), und Tautomeres ([4,7]Phenanthrolin-3-ol).

B. Beim Erhitzen von 6-Amino-1H-chinolin-2-on (H 22 500) mit Glycerin, H_3AsO_4 und H_2SO_4 (*Douglas et al.*, Soc. **1947** 1659).

Gelbe Kristalle (aus A.); F: 302−303°.

4-Methyl-4H-[4,7]phenanthrolin-3-on $C_{13}H_{10}N_2O$, Formel II (R = CH_3, X = H) (H 198).

B. Beim Erhitzen von 6-Amino-1-methyl-1H-chinolin-2-on mit wss. Glycerin, wss. H_3AsO_4 und wss. H_2SO_4 (*Douglas et al.*, Soc. **1947** 1659, 1660). Beim Erhitzen von 8-Hydr⁼ azino-4-methyl-4H-[4,7]phenanthrolin-3-on mit wss. $CuSO_4$ (*Sykes*, Soc. **1956** 3087, 3089).

Hellgelbe Kristalle; F: 245−246° [aus Bzl.] (*Do. et al.*), 242° [aus A.] (*Karrer, Pletscher*, Helv. **31** [1948] 786, 790).

Methojodid [$C_{14}H_{13}N_2O$]I; 4,7-Dimethyl-8-oxo-7,8-dihydro-[4,7]phen⁼ anthrolinium-jodid (H 199). Gelbe Kristalle (aus Me.); F: 290−291° (*Do. et al.*, l. c. S. 1661).

8-Chlor-4-methyl-4H-[4,7]phenanthrolin-3-on $C_{13}H_9ClN_2O$, Formel II (R = CH_3, X = Cl).

B. Aus 8-Chlor-4-methyl-[4,7]phenanthrolinium-jodid mittels $K_3[Fe(CN)_6]$ in wss. NaOH (*Sykes*, Soc. **1956** 3087, 3089).

Kristalle (aus A. oder Formamid); F: 268−269°.

I   II   III   IV

6-Chlor-4-methyl-4H-[4,7]phenanthrolin-3-on $C_{13}H_9ClN_2O$, Formel III (X = X′ = H, X″ = Cl).

B. Aus 6-Chlor-4-methyl-[4,7]phenanthrolinium-jodid mittels $K_3[Fe(CN)_6]$ in wss. Alkali (*Sykes*, Soc. **1953** 3543, 3546).

Gelbliche Kristalle (aus Bzl. oder Chlorbenzol); F: 251°.

Methojodid [$C_{14}H_{12}ClN_2O$]I; 5-Chlor-4,7-dimethyl-8-oxo-7,8-dihydro-[4,7]phenanthrolinium-jodid. Gelbe Kristalle (aus Me.); Zers. >200° [unter Rück⁼ bildung von 6-Chlor-4-methyl-4H-[4,7]phenanthrolin-3-on].

5-Chlor-4-methyl-4H-[4,7]phenanthrolin-3-on $C_{13}H_9ClN_2O$, Formel III (X = X″ = H, X′ = Cl).

B. Aus 5-Chlor-4-methyl-[4,7]phenanthrolinium-jodid mittels $K_3[Fe(CN)_6]$ in wss. Alkali (*Sykes*, Soc. **1953** 3543, 3546).

Gelbliche Kristalle (aus Bzl. oder Chlorbenzol); F: 209°.

Methojodid [$C_{14}H_{12}ClN_2O$]I; 6-Chlor-4,7-dimethyl-8-oxo-7,8-dihydro-[4,7]phenanthrolinium-jodid. Orangefarbene Kristalle (aus H_2O oder Me.); F: ca. 253° [Zers.; nach Dunkelfärbung und Sintern] (*Sy.*, l. c. S. 3547).

2-Chlor-4-methyl-4H-[4,7]phenanthrolin-3-on $C_{13}H_9ClN_2O$, Formel III (X = Cl, X′ = X″ = H).

B. Aus 2-Chlor-4-methyl-[4,7]phenanthrolinium-jodid mittels $K_3[Fe(CN)_6]$ in wss. Alkali (*Sykes*, Soc. **1958** 825, 827). Beim Behandeln von diazotiertem 2-Amino-4-methyl-4H-[4,7]phenanthrolin-3-on mit CuCl in wss. HCl (*Sy.*).

Kristalle (aus Chlorbenzol); F: 241°.

6-Brom-4-methyl-4H-[4,7]phenanthrolin-3-on $C_{13}H_9BrN_2O$, Formel III (X = X′ = H, X″ = Br).

B. Aus 6-Brom-4-methyl-[4,7]phenanthrolinium-jodid mittels $K_3[Fe(CN)_6]$ in wss.

Alkali (*Sykes*, Soc. **1953** 3543, 3547).
Gelbe Kristalle (aus Chlorbenzol oder Xylol); F: 278°.

4-Methyl-2-nitro-4H-[4,7]phenanthrolin-3 on $C_{10}H_9N_3O_3$, Formel III (X = NO$_2$, X' = X'' = H).
Diese Konstitution kommt der früher (H **24** 199) als 4-Methyl-5(?)-nitro-4H-[4,7]phenanthrolin-3-on formulierten Verbindung zu (*Sykes*, Soc. **1958** 825, 827).

Oxo-Verbindungen $C_{13}H_{10}N_2O$

1,3t(?)-Di-[2]pyridyl-propenon $C_{13}H_{10}N_2O$, vermutlich Formel IV.
B. Aus 1-[2]Pyridyl-äthanon und Pyridin-2-carbaldehyd in wss. NaOH (*Marvel et al.,* J. org. Chem. **20** [1955] 1785, 1790).
Gelbe Kristalle; F: 62—64° (*Ma. et al.*). IR-Banden der Kristalle (1680—730 cm⁻¹):
Ma. et al. λ_{max} (A.): 304 nm (*Coleman*, J. org. Chem. **21** [1956] 1193; *Ma. et al.*).
Picrat $C_{13}H_{10}N_2O \cdot C_6H_3N_3O_7$. F: 142° (*Ma. et al.*).

1,3t(?)-Di-[3]pyridyl-propenon $C_{13}H_{10}N_2O$, vermutlich Formel V.
B. Aus 1-[3]Pyridyl-äthanon und Pyridin-3-carbaldehyd in H$_2$O, wss. NaOH oder wss. Na$_2$CO$_3$ (*Thesing, Müller*, B. **90** [1957] 711, 721).
Kristalle (aus H$_2$O); F: 143° [unkorr.].

5-[1]Naphthyl-1,2-dihydro-pyrazol-3-on $C_{13}H_{10}N_2O$, Formel VI (R = H), und Tautomere.
B. Beim Erwärmen von 3-[1]Naphthyl-3-oxo-propionsäure-äthylester mit N$_2$H$_4$ in Äthanol unter Zusatz von Essigsäure (*Wahl et al.*, Bl. [5] **6** [1939] 533, 542).
Kristalle (aus A.); F: 233°.

5-[1]Naphthyl-2-phenyl-1,2-dihydro-pyrazol-3-on $C_{19}H_{14}N_2O$, Formel VI (R = C$_6$H$_5$), und Tautomere.
B. Analog der vorangehenden Verbindung (*Wahl et al.*, Bl. [5] **6** [1939] 533, 542).
Kristalle [aus Chlorbenzol + A.] (*Wahl et al.*, C. r. **206** [1938] 191); F: 199° (*Wahl et al.*, Bl. [5] **6** 542).

5-[1]Naphthyl-2-[4-nitro-phenyl]-1,2-dihydro-pyrazol-3-on $C_{19}H_{13}N_3O_3$, Formel VI (R = C$_6$H$_4$-NO$_2$(p)), und Tautomere.
B. Analog den vorangehenden Verbindungen (*Wahl et al.*, Bl. [5] **6** [1939] 533, 542).
Braune Kristalle; F: 238° (*Wahl et al.*, Bl. [5] **6** 542), 228° (*Wahl et al.*, C. r. **206** [1938] 191).

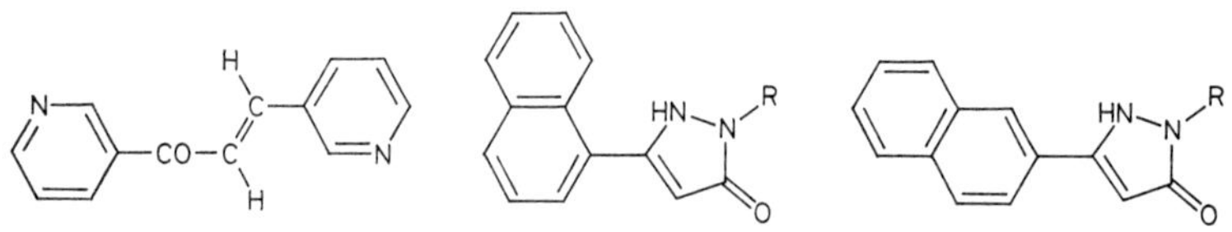

V   VI   VII

5-[2]Naphthyl-1,2-dihydro-pyrazol-3-on $C_{13}H_{10}N_2O$, Formel VII (R = H), und Tautomere.
B. Beim Erwärmen von 3-[2]Naphthyl-3-oxo-propionsäure-äthylester mit N$_2$H$_4 \cdot$H$_2$O in Äthanol unter Zusatz von Essigsäure (*Wahl et al.*, Bl. [5] **6** [1939] 533, 545).
Kristalle (aus A.); F: 190°.

5-[2]Naphthyl-2-phenyl-1,2-dihydro-pyrazol-3-on $C_{19}H_{14}N_2O$, Formel VII (R = C$_6$H$_5$), und Tautomere.
B. Analog der vorangehenden Verbindung (*Wahl et al.*, Bl. [5] **6** [1939] 533, 545).
Kristalle (aus A.); F: 127,5°.

5-[2]Naphthyl-2-[4-nitro-phenyl]-1,2-dihydro-pyrazol-3-on $C_{19}H_{13}N_3O_3$, Formel VII
($R = C_6H_4\text{-}NO_2(p)$), und Tautomere.
B. Analog den vorangehenden Verbindungen (*Wahl et al.*, Bl. [5] **6** [1939] 533, 545).
Kristalle (aus Chlorbenzol); F: 235°.

5-Phenyl-1,3-dihydro-benzimidazol-2-on $C_{13}H_{10}N_2O$, Formel VIII, und Tautomere.
B. Beim Erhitzen von Biphenyl-3,4-diyldiamin oder dessen Hydrochlorid mit Harn=
stoff (*Clark, Pessolano*, Am. Soc. **80** [1958] 1657, 1658).
Kristalle (aus Eg.); F: 350°.

2-Phenyl-2H-imidazo[1,2-a]pyridin-3-on $C_{13}H_{10}N_2O$, Formel IX.
Die von *Schmid, Gründig* (M. **84** [1953] 491, 495) unter dieser Konstitution beschriebene
Verbindung (F: 81,5–82°) ist als N-[2]Pyridyl-benzamid zu formulieren (*Sugiura et al.*,
J. pharm. Soc. Japan **90** [1970] 441, 442; C. A. **73** [1970] 45462).

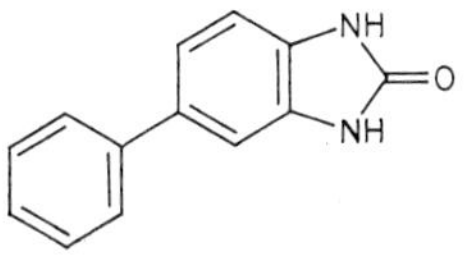

VIII 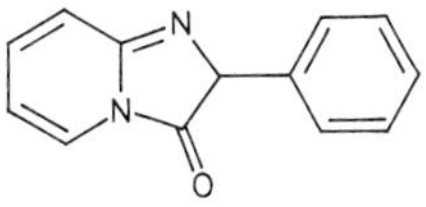   IX 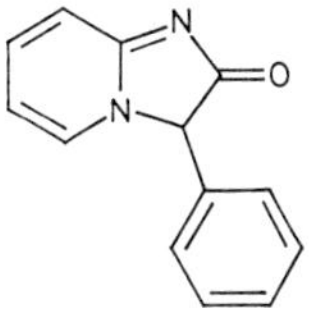   X 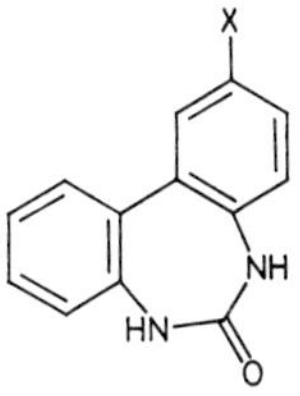   XI

(±)-3-Phenyl-3H-imidazo[1,2-a]pyridin-2-on $C_{13}H_{10}N_2O$, Formel X, und Tautomeres.
B. Aus (±)-Brom-phenyl-acetylchlorid beim Behandeln mit [2]Pyridylamin in $CHCl_3$
(*Mosby, Boyle*, J. org. Chem. **24** [1959] 374, 379).
Hellgelbe Kristalle (aus 1,2-Diacetoxy-äthan); F: ca. 246–248° [Zers.].

5,7-Dihydro-dibenzo[d,f][1,3]diazepin-6-on $C_{13}H_{10}N_2O$, Formel XI (X = H) (H 199;
dort als N.N'-[Diphenylen-(2.2')]-harnstoff bezeichnet).
Kristalle (aus Eg.); F: 328–330° (*Insole*, Soc. [C] **1971** 1712, 1715), 311–313° (*Ried,
Storbeck*, B. **95** [1962] 459, 465).

2-Brom-5,7-dihydro-dibenzo[d,f][1,3]diazepin-6-on $C_{13}H_9BrN_2O$, Formel XI (X = Br).
B. Aus 2,2'-Bis-acetylamino-5-brom-biphenyl bei der Hydrolyse und anschliessenden
Umsetzung mit $COCl_2$ in Benzol (*Murakami, Moritani*, J. chem. Soc. Japan Pure Chem.
Sect. **70** [1949] 236, 240; C. A. **1951** 4698). Aus 5,7-Dihydro-dibenzo[d,f][1,3]diazepin-
6-on und Brom in Essigsäure (*Mu., Mo.,* l. c. S. 239).
Kristalle (aus wss. Eg.); Zers. bei 277–278°.

2-Methyl-3H-benzo[g]chinazolin-4-on $C_{13}H_{10}N_2O$, Formel XII, und Tautomere.
B. Aus 3-Amino-[2]naphthoesäure und Acetamid bei 175° (*Étienne, Legrand*, C. r. **229**
[1949] 220).
Kristalle; F: 320° [vorgeheizter App.].

3-Methyl-1H-benzo[g]chinoxalin-2-on $C_{13}H_{10}N_2O$, Formel XIII (X = H), und
Tautomeres.
B. Aus Naphthalin-2,3-diyldiamin und Brenztraubensäure-methylester in THF (*Kuhn,
Dury*, A. **571** [1951] 44, 68). Beim Erhitzen von Naphthalin-2,3-diyldiamin-dihydro=
chlorid mit Brenztraubensäure in H_2O (*Goldstein, Streuli*, Helv. **20** [1937] 650, 653).
Gelbe Kristalle; F: 295° [Zers.; aus Dioxan] (*Kuhn, Dury*), 290° [korr.; Zers.; aus A.]
(*Go., St.*).

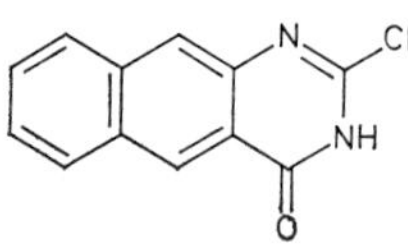

XII 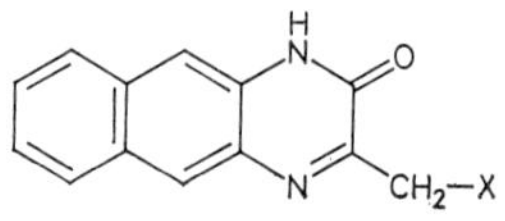   XIII 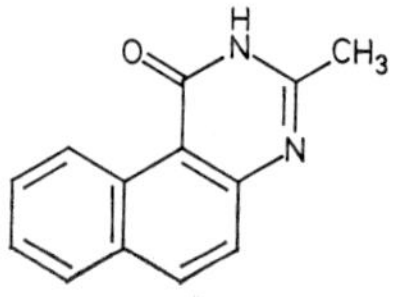   XIV

3-Brommethyl-1H-benzo[g]chinoxalin-2-on $C_{13}H_9BrN_2O$, Formel XIII (X = Br), und Tautomeres.

B. Aus Naphthalin-2,3-diyldiamin und Brombrenztraubensäure-methylester in THF (*Kuhn, Dury*, A. **571** [1951] 44, 68).

Gelbe Kristalle (aus THF); Zers. ab 230°.

3-Methyl-2H-benzo[f]chinazolin-1-on $C_{13}H_{10}N_2O$, Formel XIV, und Tautomere (E II 98).

B. Beim Leiten von HCl in eine Lösung von 2-Acetylamino-[1]naphthonitril in Äthanol (*Bretschneider, Hohenlohe-Oehringen*, M. **89** [1958] 358, 365).

Kristalle (aus A. oder H_2O); F: 303° [nach Sublimation ab 200°].

3-Methyl-pyrimido[1,2-a]chinolin-1-on $C_{13}H_{10}N_2O$, Formel I.

B. Beim Erhitzen von 2-Chlor-chinolin und 3-Amino-crotonsäure-äthylester (E IV **4** 2841) mit K_2CO_3 und wenig Kupfer-Pulver auf 220° (*Antaki, Petrow*, Soc. **1951** 551, 554).

Hellgelbe Kristalle (aus Bzl. + PAe.); F: 131° [unkorr.].

Picrat $C_{13}H_{10}N_2O \cdot C_6H_3N_3O_7$. Gelbe Kristalle (aus Acn. + A.); F: 207° [unkorr.].

6-Methyl-pyrido[1,2-a]chinoxalin-8-on $C_{13}H_{10}N_2O$, Formel II.

Die von *Maurer et al.* (B. **68** [1935] 1716, 1723) unter dieser Konstitution beschriebene Verbindung („10-Methyl-glucazidon") ist als 2-[2]Furyl-3-methyl-chinoxalin zu formulieren (vgl. *Gómez-Sánchez et al.*, An. Soc. españ. [B] **50** [1954] 431, 435).

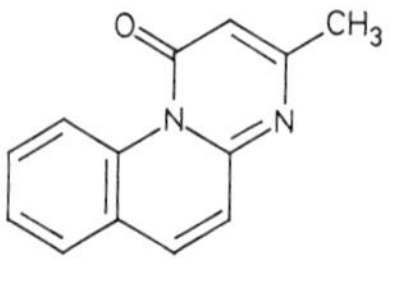

I 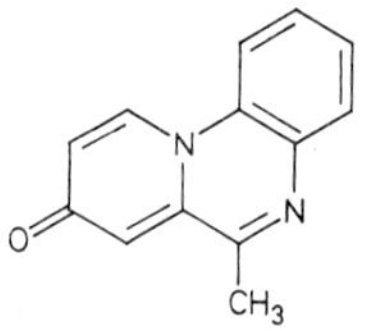   II 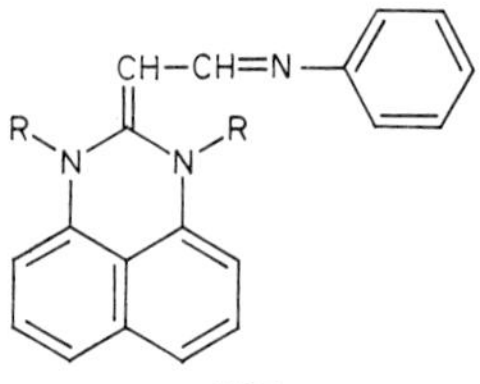   III

[1,3-Dimethyl-1H,3H-perimidin-2-yliden]-acetaldehyd-phenylimin $C_{21}H_{19}N_3$, Formel III (R = CH_3).

Toluol-4-sulfonat $C_{21}H_{19}N_3 \cdot C_7H_8O_3S$; 2-[2-Anilino-vinyl]-1,3-dimethyl-perimidinium-[toluol-4-sulfonat]. *B.* Beim Erwärmen von 1,2-Dimethyl-1H-perimidin mit Toluol-4-sulfonsäure-methylester und anschliessenden Erhitzen mit N-Phenyl-formimidsäure-äthylester auf 140° (*Jeffreys*, Soc. **1955** 2394, 2396). — Gelbe Kristalle (aus A. + Ae.); F: 216° [Zers.].

[1,3-Diäthyl-1H,3H-perimidin-2-yliden]-acetaldehyd-phenylimin $C_{23}H_{23}N_3$, Formel III (R = C_2H_5).

Hydrojodid $C_{23}H_{23}N_3 \cdot HI$; 1,3-Diäthyl-2-[2-anilino-vinyl]-perimidinium-jodid. *B.* Beim Erwärmen von 1-Äthyl-2-methyl-1H-perimidin mit Toluol-4-sulfon=säure-äthylester, anschliessenden Erhitzen mit N-Phenyl-formimidsäure-äthylester auf 140° und Behandeln mit wss.-äthanol. KI (*Jeffreys*, Soc. **1955** 2394, 2396). — Dunkelbraune Kristalle (aus A. + Ae.); F: 233° [Zers.].

2-Methyl-1*H*-benzo[*h*][1,6]naphthyridin-4-on $C_{13}H_{10}N_2O$, Formel IV, und Tautomeres.

B. Beim Behandeln von [4]Chinolylamin mit Acetessigsäure-äthylester unter Zusatz von wss. HCl (*Hauser, Reynolds*, J. org. Chem. **15** [1950] 1224, 1231).

Kristalle (aus Bzl. + PAe.); F: 310° [korr.].

4-Methyl-1*H*-benzo[*h*][1,6]naphthyridin-2-on $C_{13}H_{10}N_2O$, Formel V, und Tautomeres.

B. Beim Erwärmen von *N*-[4]Chinolyl-acetoacetamid mit H_2SO_4 (*Hauser, Reynolds*, J. org. Chem. **15** [1950] 1224, 1231).

Kristalle (aus A.); F: > 300°.

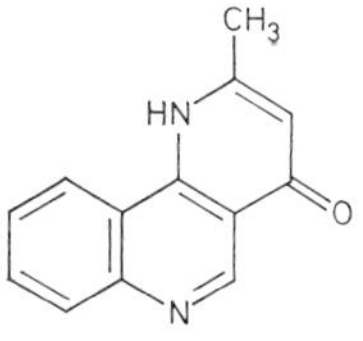

IV 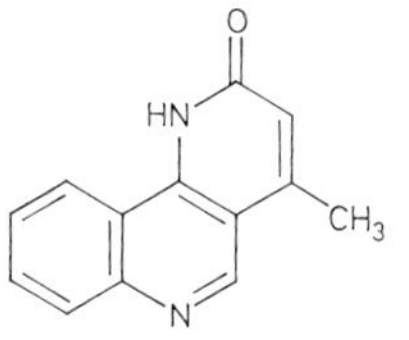　　　　　　　V 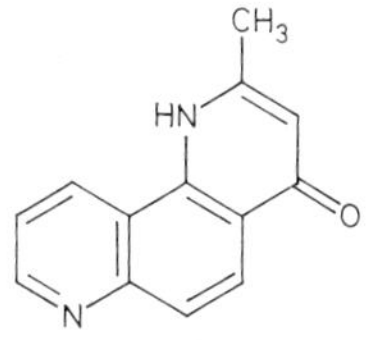　　　　　　　VI 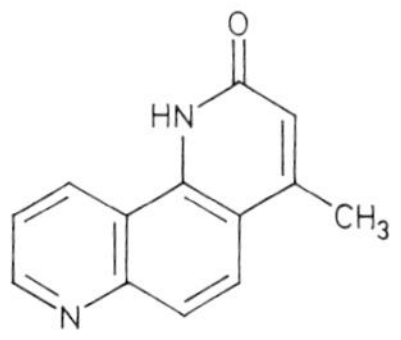　　　　　　　VII

2-Methyl-1*H*-[1,7]phenanthrolin-4-on $C_{13}H_{10}N_2O$, Formel VI, und Tautomeres.

B. Beim Erhitzen von [5]Chinolylamin mit Acetessigsäure-äthylester unter Zusatz von wss. HCl und Erhitzen des Reaktionsprodukts in Paraffin auf 270° (*Hazlewood et al.*, J. Pr. Soc. N.S. Wales **71** [1937/38] 462, 472).

Hellgelbe Kristalle (aus Nitrobenzol), die unterhalb 345° nicht schmelzen.

4-Methyl-1*H*-[1,7]phenanthrolin-2-on $C_{13}H_{10}N_2O$, Formel VII, und Tautomeres.

B. Beim Erhitzen von 7-Amino-4-methyl-1*H*-chinolin-2-on (H **22** 504) mit Glycerin und H_3AsO_4 in H_2SO_4 (*Kermack, Webster*, Soc. **1942** 213, 216).

Hellgelbe Kristalle (aus A.); F: 318° [nach Sublimation und Dunkelfärbung bei ca. 300°].

8-Methyl-7*H*-[1,7]phenanthrolin-10-on $C_{13}H_{10}N_2O$, Formel VIII, und Tautomeres.

B. Beim Erhitzen von 5-Amino-2-methyl-1*H*-chinolin-4-on (E III/IV **22** 5878) mit Glycerin und H_3AsO_4 in H_2SO_4 (*Kermack, Webster*, Soc. **1942** 213, 215).

Kristalle (aus wss. A.); F: 142°.

2-Methyl-1*H*-[1,8]phenanthrolin-4-on $C_{13}H_{10}N_2O$, Formel IX, und Tautomeres.

B. Beim Erwärmen von [5]Isochinolylamin in $CHCl_3$ mit Acetessigsäure-äthylester unter Zusatz von wss. HCl und Erhitzen des Reaktionsprodukts in Diphenyläther (*Misani, Bogert*, J. org. Chem. **10** [1945] 347, 363).

Kristalle (aus wss. HCl + wss. NH_3); F: 351—353° [korr.; Zers.].

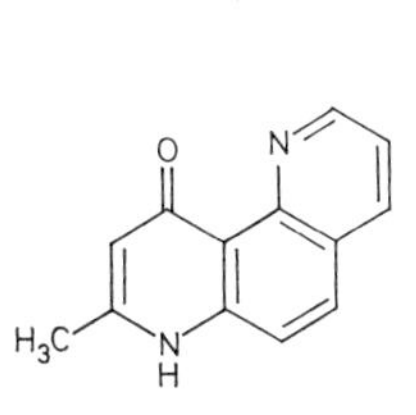

VIII 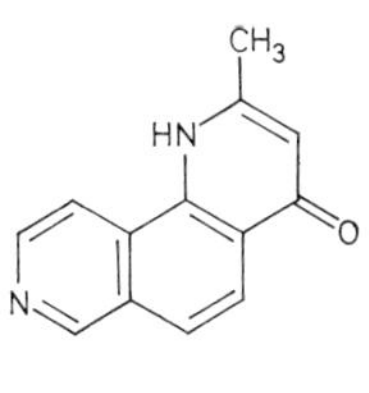　　　　　　　IX 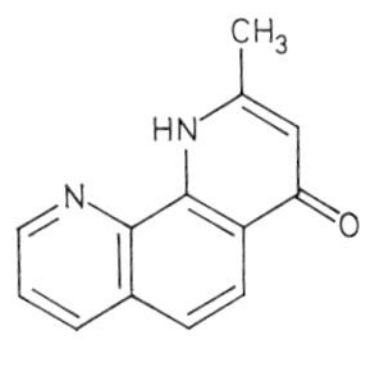　　　　　　　X 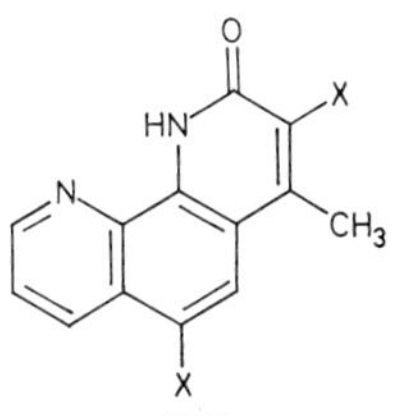　　　　　　　XI

2-Methyl-1*H*-[1,10]phenanthrolin-4-on $C_{13}H_{10}N_2O$, Formel X, und Tautomeres.

B. Beim Erhitzen von [8]Chinolylamin mit Acetessigsäure-äthylester in $CHCl_3$ oder CCl_4 (*I. G. Farbenind.*, D.R.P. 654444 [1936]; Frdl. **24** 408) oder unter Zusatz von wss. HCl (*Hazlewood et al.*, J. Pr. Soc. N.S. Wales **71** [1937/38] 462, 471) und Erhitzen des jeweiligen Reaktionsprodukts in Paraffin auf 270°.

Kristalle; F: 214° (*Zacharias, Case*, J. org. Chem. **27** [1962] 3878, 3881 Anm. b), 210—211° [aus $CHCl_3$] (*I. G. Farbenind.*). λ_{max}: 207 nm, 233 nm und 266 nm [wss. HCl] bzw. 241 nm, 272 nm und 319 nm [wss. NaOH] (*Za., Case*).

4-Methyl-1H-[1,10]phenanthrolin-2-on $C_{13}H_{10}N_2O$, Formel XI (X = H), und Tautomeres.

B. Beim Erhitzen von 8-Amino-4-methyl-1H-chinolin-2-on (E III/IV **22** 5910) oder 2-Chlor-4-methyl-[8]chinolylamin mit Glycerin, H_3AsO_4 und H_2SO_4 (*Burger et al.*, J. org. Chem. **9** [1944] 373, 377).

Kristalle (aus Toluol); F: 177—179° [nach Sublimation bei 120°/1 Torr].

4-Methyl-3(?),6(?)-dinitro-1H-[1,10]phenanthrolin-2-on $C_{13}H_8N_4O_5$, vermutlich Formel XI (X = NO_2), und Tautomeres.

B. Beim Erwärmen von 4-Methyl-1H-[1,10]phenanthrolin-2-on mit HNO_3 und H_2SO_4 (*Burger et al.*, J. org. Chem. **9** [1944] 373, 377).

Gelbe Kristalle (nach Sublimation bei 150°/2 Torr); F: 255—260° [Zers.].

3-Methyl-4H-benzo[f][1,7]naphthyridin-1-on $C_{13}H_{10}N_2O$, Formel XII, und Tautomeres.

Diese Konstitution kommt der von *Hauser, Reynolds* (J. org. Chem. **15** [1950] 1224, 1231) als 2-Methyl-1H-benzo[b][1,5]naphthyridin-4-on formulierten Verbindung zu (*Paudler, Kress*, J. org. Chem. **32** [1967] 2616, 2618).

B. Beim Erhitzen von 3-[3]Chinolylamino-crotonsäure-äthylester (E III/IV **22** 4609) in Biphenyl und Diphenyläther (*Ha., Re.*).

Kristalle (aus wss. A.); F: >300° (*Ha., Re.*).

1-Methyl-4H-[4,7]phenanthrolin-3-on $C_{13}H_{10}N_2O$, Formel XIII, und Tautomeres.

B. Beim Erhitzen von [6]Chinolylamin mit Acetessigsäure-äthylester (*Kermack, Weatherhead*, Soc. **1940** 1164, 1166). Beim Erhitzen von 6-Amino-4-methyl-1H-chinolin-2-on (E III/IV **22** 5909) mit Glycerin, H_3AsO_4, H_2SO_4 (*Ke., We.*) und Essigsäure (*Huisgen*, A. **599** [1948] 101, 148).

Kristalle (aus A.); F: 330° (*Ke., We.*), 312° [Zers.] [Rohprodukt?] (*Hu.*).

XII   XIII   XIV   XV

4,8-Dimethyl-4H-[4,7]phenanthrolin-3-on $C_{14}H_{12}N_2O$, Formel XIV.

B. In geringer Menge beim Erwärmen von 6-Amino-1-methyl-1H-chinolin-2-on mit Paraldehyd in wss. HCl (*Sykes*, Soc. **1956** 3087, 3090). Beim Erwärmen von 4,8-Dimethyl-[4,7]phenanthrolinium-jodid mit wss. $K_3[Fe(CN)_6]$ und wss. NaOH (*Sy.*).

Kristalle (aus E.); F: 188°.

3-Methyl-4H-[4,7]phenanthrolin-1-on $C_{13}H_{10}N_2O$, Formel XV, und Tautomeres.

Konstitution: *Haskelberg*, J. org. Chem. **13** [1948] 937.

B. Beim Erhitzen von [6]Chinolylamin mit Acetessigsäure-äthylester und anschliessend in Paraffin auf 250° (*Haskelberg*, J. org. Chem. **12** [1947] 434). Beim Erhitzen von 6-Amino-2-methyl-1H-chinolin-4-on (E III/IV **22** 5879) mit Glycerin, H_3AsO_4 und H_2SO_4 (*Kermack, Weatherhead*, Soc. **1940** 1164, 1167).

Gelbe Kristalle; F: 358° [aus wss. A.] (*Ke., We.*), 353° [Zers.; aus A.] (*Ha.*, J. org. Chem. **12** 435).

4,5,7,9-Tetrahydro-acenaphth[4,5-*d*]imidazol-8-on $C_{13}H_{10}N_2O$, Formel I (X = O), und Tautomere.

B. Beim Erhitzen von Acenaphthen-4,5-diyldiamin-hydrochlorid mit Harnstoff auf 150° (*Saikachi et al.*, J. chem. Soc. Japan Ind. Chem. Sect. **59** [1956] 933, 935; C. A. **1958** 10062).

Orangefarbene Kristalle (aus A.); F: > 340°.

4,5,7,9-Tetrahydro-acenaphth[4,5-*d*]imidazol-8-thion $C_{13}H_{10}N_2S$, Formel I (X = S), und Tautomere.

B. Beim Erhitzen von Acenaphthen-4,5-diyldiamin-hydrochlorid mit Thioharnstoff auf 230° (*Saikachi et al.*, J. chem. Soc. Japan Ind. Chem. Sect. **59** [1956] 933, 936; C. A. **1958** 10062).

Hellbraune Kristalle (aus Py.); F: > 340°.

Oxo-Verbindungen $C_{14}H_{12}N_2O$

*****2-[2-(2-Methyl-[3]pyridyl)-vinyl]-pyridin-3-carbaldehyd** $C_{14}H_{12}N_2O$, Formel II.

B. Aus 2-Methyl-pyridin-3-carbaldehyd (*Dornow, Bormann*, B. **82** [1949] 216).

F: 197°.

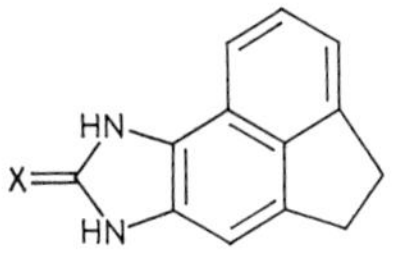

I 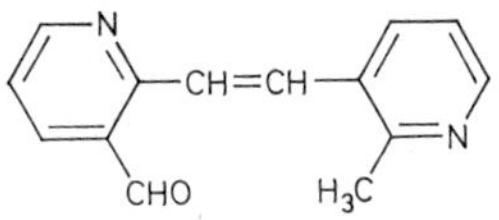   II 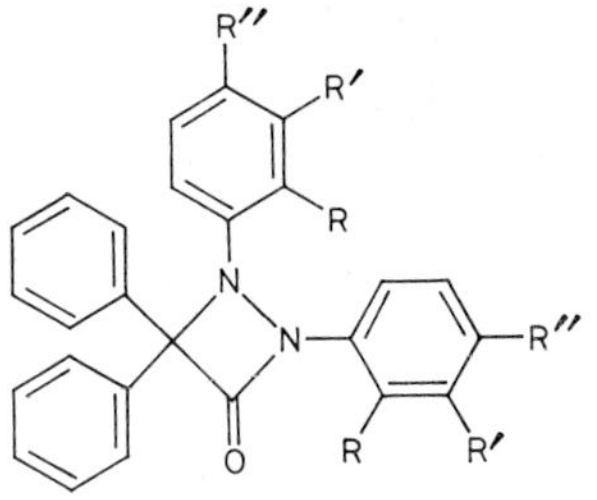   III

Tetraphenyl-[1,2]diazetidin-3-on $C_{26}H_{20}N_2O$, Formel III (R = R' = R'' = H).

B. Beim Behandeln von *cis*-Azobenzol mit Diphenylketen in Petroläther (*Cook, Jones*, Soc. **1941** 184, 186). Beim Erhitzen von *trans*-Azobenzol mit Diphenylketen auf 130° oder beim Bestrahlen in Petroläther mit UV-Licht (*Cook, Jo.*). Beim Bestrahlen von α-Diazo-desoxybenzoin und *trans*-Azobenzol in Äther mit UV-Licht (*Horner et al.*, A. **573** [1951] 17, 26).

Kristalle; F: 175° [aus E.] (*Cook, Jo.*), 173° [aus Me.] (*Ho. et al.*).

Beim Erhitzen auf 190° bilden sich *trans*-Azobenzol und Benzophenon-phenylimin (*Cook, Jo.*). Beim Erwärmen mit Natriummethylat in Methanol entsteht *trans*-Azobenzol (*Cook, Jo.*); beim Erwärmen mit wss. NaOH sind *trans*-Azobenzol und Diphenylessigsäure erhalten worden (*Horner, Spietschka*, B. **89** [1956] 2765, 2767).

4,4-Diphenyl-1,2-di-*o*-tolyl-[1,2]diazetidin-3-on $C_{28}H_{24}N_2O$, Formel III (R = CH_3, R' = R'' = H).

B. Beim Bestrahlen von 2,2'-Dimethyl-*trans*-azobenzol und Diphenylketen in Petroläther mit UV-Licht (*Cook, Jones*, Soc. **1941** 184, 186).

Kristalle (aus E.); F: 162°.

4,4-Diphenyl-1,2-di-*m*-tolyl-[1,2]diazetidin-3-on $C_{28}H_{24}N_2O$, Formel III (R = R'' = H, R' = CH_3).

B. Beim Behandeln von 3,3'-Dimethyl-*cis*-azobenzol mit Diphenylketen in Petroläther (*Cook, Jones*, Soc. **1941** 184, 187). Beim Bestrahlen von 3,3'-Dimethyl-*trans*-azobenzol und Diphenylketen mit UV-Licht (*Cook, Jo.*).

Kristalle (aus E.); F: 118°.

4,4-Diphenyl-1,2-di-*p*-tolyl-[1,2]diazetidin-3-on $C_{28}H_{24}N_2O$, Formel III (R = R' = H, R'' = CH_3).

B. Analog der vorangehenden Verbindung (*Cook, Jones*, Soc. **1941** 184, 187).

Kristalle (aus E.); F: 172°.

1,2-Dibenzyl-4,4-diphenyl-[1,2]diazetidin-3-on $C_{28}H_{24}N_2O$, Formel IV
(R = R' = $CH_2\text{-}C_6H_5$).
B. Beim Bestrahlen von Dibenzyl-diazen (E III **16** 54) und α-Diazo-desoxybenzoin
in Benzol mit UV-Licht (*Horner, Spietschka*, B. **89** [1956] 2765, 2767).
Kristalle (aus Me. + E.); F: 154°.
Beim Behandeln mit Natrium in flüssigem NH_3 ist Diphenylessigsäure-benzylamid
erhalten worden.

1,2-Di-[2]naphthyl-4,4-diphenyl-[1,2]diazetidin-3-on $C_{34}H_{24}N_2O$, Formel V.
B. In geringer Menge beim Behandeln von *trans*-[2,2']Azonaphthalin mit Diphenyl=
keten in Benzol und Petroläther und Bestrahlen der Reaktionslösung mit UV-Licht
(*Cook, Jones*, Soc. **1941** 184, 187).
Kristalle (aus E.); F: 222°.

1,2-Dibenzoyl-4,4-diphenyl-[1,2]diazetidin-3-on $C_{28}H_{20}N_2O_3$, Formel IV
(R = R' = $CO\text{-}C_6H_5$).
B. Aus Dibenzoyl-diazen (E III **9** 1323) und Diphenylketen in Benzol (*Horner,
Spietschka*, B. **89** [1956] 2765, 2767).
F: 191°.
Beim Aufbewahren an der Luft bildet sich [*N,N'*-Dibenzoyl-hydrazino]-diphenyl-
essigsäure.

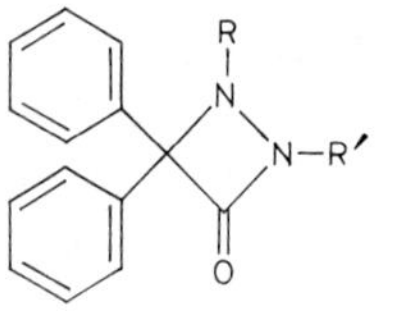

IV 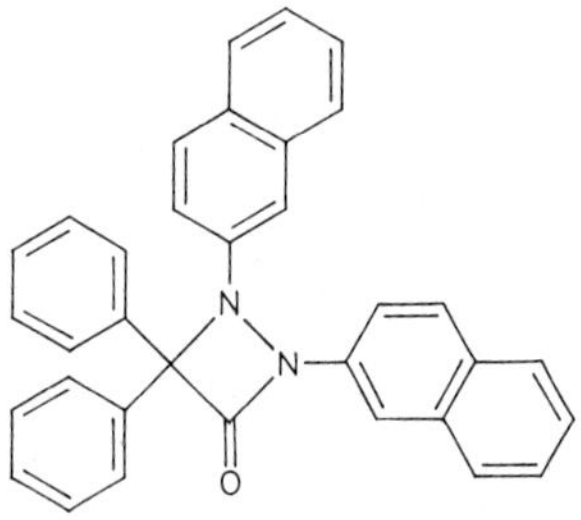   V 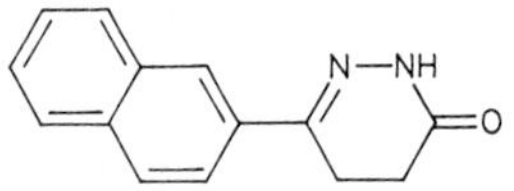   VI

2-[4-Chlor-phenyl]-3-oxo-4,4-diphenyl-[1,2]diazetidin-1-carbonitril $C_{21}H_{14}ClN_3O$,
Formel IV (R = CN, R' = $C_6H_4\text{-}Cl(p)$).
Diese Konstitution kommt der von *Cook, Jones* (Soc. **1941** 184, 187) als 2-[4-Chlor-
phenyl]-4-oxo-3,3-diphenyl-[1,2]diazetidin-1-carbonitril formulierten Ver-
bindung zu (*Bird*, Soc. **1964** 5284).
B. Beim Behandeln von [4-Chlor-phenyl]-*cis*-diazencarbonitril oder [4-Chlor-phenyl]-
trans-diazencarbonitril mit Diphenylketen in Petroläther (*Cook, Jo.*).
Kristalle (aus A.); F: 121° (*Cook, Jo.*).

*1,4,4(oder 2,4,4)-Triphenyl-2(oder 1)-[2-phenylazo-phenyl]-[1,2]diazetidin-3-on
$C_{32}H_{24}N_4O$, Formel IV (R = C_6H_5, R' = $C_6H_4\text{-}N{=}N\text{-}C_6H_5(o)$ oder
R = $C_6H_4\text{-}N{=}N\text{-}C_6H_5(o)$, R' = C_6H_5).
B. Beim Behandeln von 1,2-Bis-phenylazo-benzol (F: 106—108°) mit Diphenylketen
in Petroläther (*Ruggli, Rohner*, Helv. **25** [1942] 1533, 1538).
Rote Kristalle (aus A.); F: 162—163°.

6-[2]Naphthyl-4,5-dihydro-2H-pyridazin-3-on $C_{14}H_{12}N_2O$, Formel VI (E I 269).
B. Beim Erwärmen von 4-[2]Naphthyl-4-oxo-buttersäure-äthylester mit $N_2H_4 \cdot H_2O$
in Äthanol (*Druey, Ringier*, Helv. **34** [1951] 195, 205).
Kristalle; F: 210° [aus A.] (*Schabarow et al.*, Ž. obšč. Chim. **33** [1963] 1206, 1208; engl.
Ausg. S. 1182, 1184), 205° (*Dr., Ri.*).

(±)-2-Phenyl-2,3-dihydro-1H-chinazolin-4-on $C_{14}H_{12}N_2O$, Formel VII (X = X' = H).

B. Beim Erwärmen von Anthranilonitril mit Benzaldehyd in H_2SO_4 (*I. G. Farbenind.*, D.R.P. 672493 [1936]; Frdl. **25** 739; *Gen. Aniline Works*, U.S.P. 2154889 [1937]). Beim Behandeln von (±)-*N*-[α-Hydroxy-benzyl]-anthranilsäure-methylester mit äth≈ anol. NH_3 (*Kilroe Smith, Stephen*, Tetrahedron **1** [1957] 38, 43).

Kristalle (aus Me.); F: 228° (*Ki. Sm., St.*).

(±)-2-[4-Oxo-2-phenyl-1,4-dihydro-2H-chinazolin-3-yl]-benzoesäure-methylester $C_{22}H_{18}N_2O_3$, Formel VIII.

B. Beim Erwärmen von Anthranilsäure-methylester mit Benzaldehyd in äthanol. HCl (*Kilroe Smith, Stephen*, Tetrahedron **1** [1957] 38, 44).

F: 278—280°.

(±)-7-Chlor-2-phenyl-2,3-dihydro-1H-chinazolin-4-on $C_{14}H_{11}ClN_2O$, Formel VII (X = Cl, X' = H).

B. Beim Erhitzen von 2-Amino-4-chlor-benzonitril mit Benzaldehyd in wss. H_3PO_4 (*I. G. Farbenind.*, D.R.P. 672493 [1936]; Frdl. **25** 739; *Gen. Aniline Works*, U.S.P. 2154889 [1937]).

Kristalle [aus 1,2-Dichlor-benzol] (*I. G. Farbenind.*; *Gen. Aniline Works*); F: 250° (*Gen. Aniline Works*).

(±)-2-[2-Nitro-phenyl]-2,3-dihydro-1H-chinazolin-4-on $C_{14}H_{11}N_3O_3$, Formel VII (X = H, X' = NO_2).

B. Aus *N*-[2-Nitro-benzyliden]-anthranilsäure-amid (F: 174°) beim Behandeln mit wss.-äthanol. NaOH oder beim Erwärmen mit wss.-äthanol. $NaHCO_3$ (*Kilroe Smith, Stephen*. Tetrahedron **1** [1957] 38, 40, 43).

Gelbe Kristalle (aus A.); F: 192°.

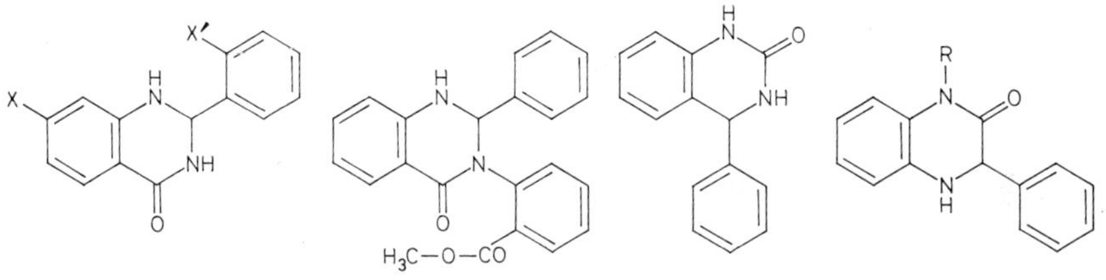

VII   VIII   IX   X

(±)-4-Phenyl-3,4-dihydro-1H-chinazolin-2-on $C_{14}H_{12}N_2O$, Formel IX (H 200).

B. Beim Behandeln von (−)-[2-(α-Hydroxy-benzyl)-phenyl]-harnstoff mit konz. wss. HCl (*Puckowsky, Ross*, Soc. **1959** 3555, 3563).

Kristalle (aus wss. A.); F: 197°.

(±)-1-Methyl-3-phenyl-3,4-dihydro-1H-chinoxalin-2-on $C_{15}H_{14}N_2O$, Formel X (R = CH_3).

B. Beim Hydrieren von 1-Methyl-3-phenyl-1H-chinoxalin-2-on an Platin in Methanol bei 30—50° (*Druey, Hüni*, Helv. **35** [1952] 2301, 2310).

Kristalle (aus Me. + H_2O); F: 150—152° [unkorr.] (*Dr., Hüni*, l. c. S. 2313).

(±)-1-[2-Diäthylamino-äthyl]-3-phenyl-3,4-dihydro-1H-chinoxalin-2-on $C_{20}H_{25}N_3O$, Formel X (R = CH_2-CH_2-$N(C_2H_5)_2$).

B. Beim Hydrieren von 1-[2-Diäthylamino-äthyl]-3-phenyl-1H-chinoxalin-2-on an Platin in Methanol (*Druey, Hüni*, Helv. **35** [1952] 2301, 2310).

Kristalle (aus Me. + Ae.); F: 169—172° [unkorr.] (*Dr., Hüni*, l. c. S. 2313).

Dihydrochlorid $C_{20}H_{25}N_3O \cdot 2$ HCl. Kristalle (aus Me. + Ae.); F: 169—172° [unkorr.].

(±)-8-Methyl-2-phenyl-2*H*-imidazo[1,2-*a*]pyridin-3-on $C_{14}H_{12}N_2O$, Formel XI oder
(±)-8-Methyl-3-phenyl-imidazo[1,2-*a*]pyridin-2-on $C_{14}H_{12}N_2O$, Formel XII, sowie
Tautomere.

B. Beim Erhitzen von 3-Methyl-[2]pyridylamin mit DL-Mandelsäure in Xylol (*Gray, Heitmeier*, Am. Soc. **81** [1959] 4347, 4350).

Gelbe Kristalle (aus Me.); F: 247—249° [korr.] (*Gray, He.*). λ_{max} (A.): 259 nm und 363 nm (*Gray et al.*, Am. Soc. **81** [1959] 4351, 4352).

Hydrochlorid $C_{14}H_{12}N_2O \cdot HCl$. Kristalle; F: 224—226° [korr.; Zers.] (*Gray, He.*).

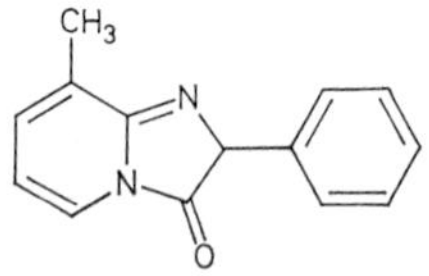

XI 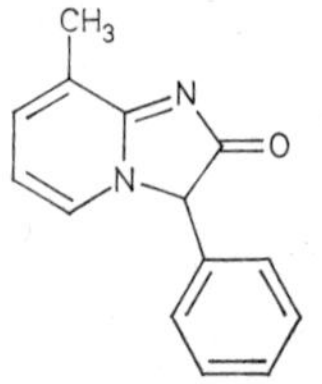   XII 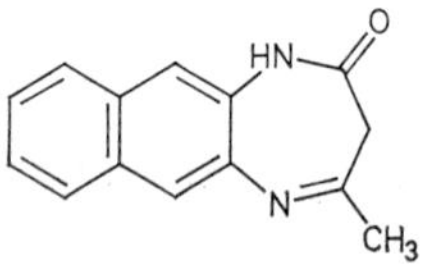   XIII

4-Methyl-1,3-dihydro-naphtho[2,3-*b*][1,4]diazepin-2-on $C_{14}H_{12}N_2O$, Formel XIII, und Tautomere.

B. Beim Erwärmen von Naphthalin-2,3-diyldiamin mit 3-Hydroxy-but-3-ensäure-lacton in Benzol (*Ried, Torinus*, B. **92** [1959] 2902, 2909).

Hellgelbe Kristalle (aus Bzl.); F: 190°.

2-Methyl-1,5-dihydro-naphtho[1,2-*b*][1,4]diazepin-4-on $C_{14}H_{12}N_2O$, Formel I, und Tautomeres (2-Methyl-3,5-dihydro-naphtho[1,2-*b*][1,4]diazepin-4-on).

Konstitution: *Israel, Zoll*, J. org. Chem. **37** [1972] 3566.

B. Aus Naphthalin-1,2-diyldiamin beim Erhitzen mit Acetessigsäure-äthylester in Xylol (*Ried, Höhne*, B. **87** [1954] 1801, 1809) oder beim Erwärmen mit 3-Hydroxy-but-3-ensäure-lacton in Benzol (*Ried, Torinus*, B. **92** [1959] 2902, 2909).

Kristalle (aus Xylol); F: 246° (*Is., Zoll*).

2-Acetonyl-1*H*-naphth[2,3-*d*]imidazol(?), [1*H*-Naphth[2,3-*d*]imidazol-2-yl]-aceton(?) $C_{14}H_{12}N_2O$, vermutlich Formel II.

Ausser dieser Konstitution ist auch die Formulierung als 1-Isopropenyl-1,3-dihydro-naphth[2,3-*d*]imidazol-2-on in Betracht zu ziehen (s. dazu *Israel, Zoll*, J. org. Chem. **37** [1972] 3566).

B. Beim Erhitzen von Naphthalin-2,3-diyldiamin mit Acetessigsäure-äthylester in Xylol (*Ried, Torinus*, B. **92** [1959] 2902, 2914).

Kristalle (aus A.); F: 210° (*Ried, To.*).

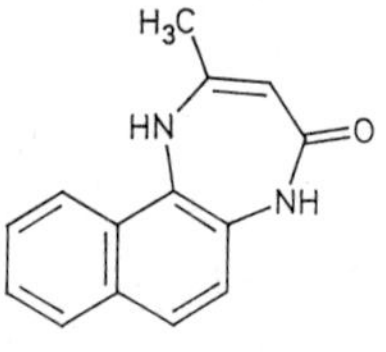

I 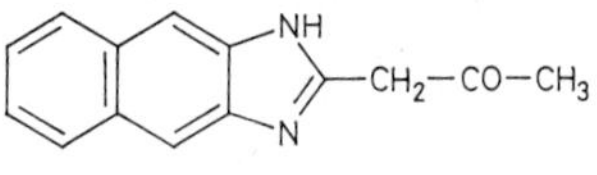   II 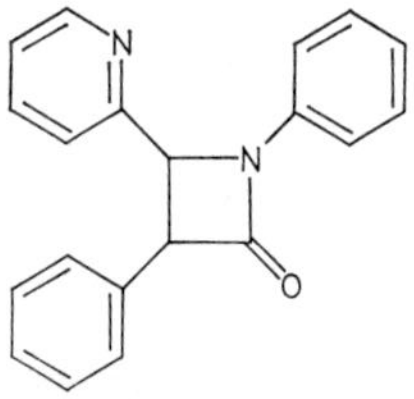   III 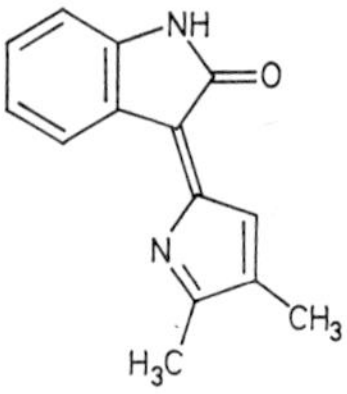   IV

*Opt.-inakt. **1,3-Diphenyl-4-[2]pyridyl-azetidin-2-on** $C_{20}H_{16}N_2O$, Formel III.

B. Beim Bestrahlen von 2-Diazo-1-phenyl-äthanon und Pyridin-2-carbaldehyd-phenylimin in Benzol mit UV-Licht (*Kirmse, Horner*, B. **89** [1956] 2759, 2763).

Kristalle (aus A.); F: 162—163°.

3-[4,5-Dimethyl-pyrrol-2-yliden]-indolin-2-on $C_{14}H_{12}N_2O$, Formel IV.

Das von *Pratesi* (R.A.L. [6] **17** [1933] 954, 958; A. **504** [1933] 258, 264) unter dieser Konstitution beschriebene 2,3-Dimethyl-pyrrolblau ist vermutlich als 1,3,1',3'-Tetramethyl-5,5'-bis-[2-oxo-indolin-3-yliden]-1,5,1',5'-tetrahydro-[2,2']bipyrrolyliden $C_{28}H_{24}N_4O_2$ zu formulieren (vgl. diesbezüglich *Pratesi, Castorina*, G. **83** [1953] 913; *Steinkopf, Wilhelm*, A. **546** [1941] 211).

1,3-Dimethyl-5H-benzo[b][1,6]naphthyridin-10-on $C_{14}H_{12}N_2O$, Formel V, und Tautomeres.

B. Beim Erhitzen von 4-Anilino-2,6-dimethyl-nicotinsäure mit $POCl_3$ (*Bachman, Barker*, J. org. Chem. **14** [1949] 97, 101).

Kristalle (aus A.); F: 319—320° [Zers.].

Hydrochlorid $C_{14}H_{12}N_2O \cdot HCl$. Kristalle (aus A.); F: 376—378° [Zers.].

4,5-Dimethyl-1H-benzo[h][1,6]naphthyridin-2-on $C_{14}H_{12}N_2O$, Formel VI, und Tautomeres.

B. Beim Erhitzen von N-[2-Methyl-[4]chinolyl]-acetoacetamid in H_2SO_4 auf 100° (*Lions, Ritchie*, J. Pr. Soc. N. S. Wales **74** [1941] 443, 446).

Hellgelbe Kristalle (aus A.); Zers. bei ca. 290° [nach Dunkelfärbung bei ca. 280°].

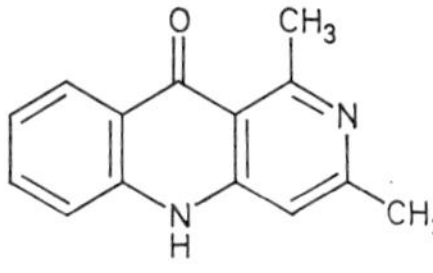

V 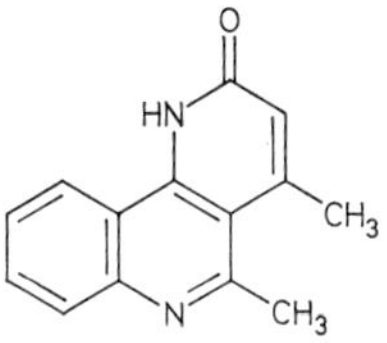   VI 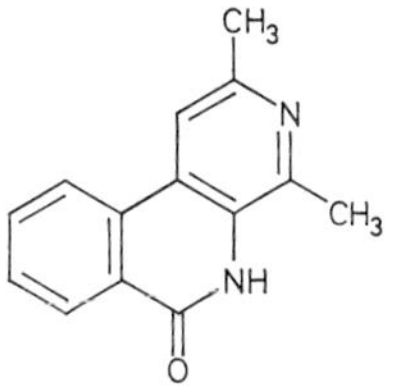   VII 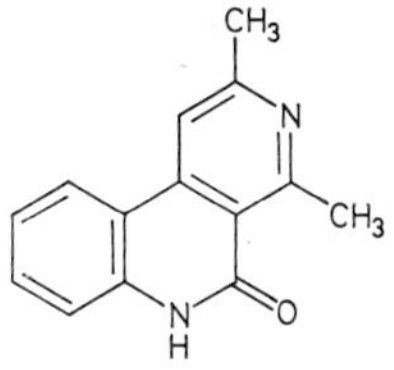   VIII

2,4-Dimethyl-5H-benzo[c][1,7]naphthyridin-6-on $C_{14}H_{12}N_2O$, Formel VII, und Tautomeres.

Über die Konstitution vgl. *Petrow*, Soc. **1946** 884, 886.

B. Beim Behandeln von 1,3-Dimethyl-indeno[2,1-c]pyridin-9-on in H_2SO_4 mit wss. NaN_3 (*Petrow*, Soc. **1946** 200, 201).

Kristalle (aus A.); F: 320—321° [korr.] (*Pe.*, l. c. S. 202).

2,4-Dimethyl-6H-benzo[c][2,7]naphthyridin-5-on $C_{14}H_{12}N_2O$, Formel VIII, und Tautomeres.

B. Beim Erwärmen von diazotiertem 2,4-Dimethyl-benzo[c][2,7]naphthyridin-5-ylamin in wss. HCl (*Petrow*, Soc. **1946** 884, 887). Beim Erwärmen von 2,6-Dimethyl-4-[2-nitro-phenyl]-nicotinsäure-äthylester mit Eisen in wss.-äthanol. HCl und Erhitzen des Reaktionsprodukts auf 170° (*Pe.*).

Kristalle (aus A.); F: 310—311° [korr.].

2-Phenyl-1,4,5,10-tetrahydro-2H-indeno[2,1-f]indazol-3-on $C_{20}H_{16}N_2O$, Formel IX, und Tautomere.

Diese Konstitution ist der von *Harradence, Lions* (J. Pr. Soc. N. S. Wales **72** [1939] 284, 289) als 2-Phenyl-3a,4,4a,5-tetrahydro-2H-indeno[2,1-f]indazol-3-on angesehenen Verbindung zuzuordnen (vgl. *Anderson, Leaven*, Soc. **1962** 450, 452, 456).

B. Beim Erwärmen von 3-Oxo-1,2,3,4-tetrahydro-fluoren-2-carbonsäure-äthylester (E III **10** 3272) mit Phenylhydrazin in Äthanol (*Ha., Li.*).

Kristalle; F: 288° (*Ha., Li.*).

(±)-6,7,8,9-Tetrahydro-6,9-methano-cyclohepta[b]chinoxalin-10-on $C_{14}H_{12}N_2O$, Formel X.

B. Aus Bicyclo[3.2.1]octan-2,3,4-trion und o-Phenylendiamin in Essigsäure (*Alder,*

Reubke, B. **91** [1958] 1525, 1534).
Kristalle (aus E. + PAe.); F: 142°.

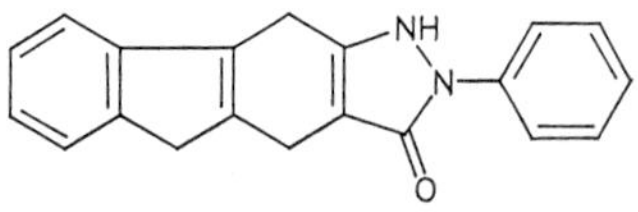

IX 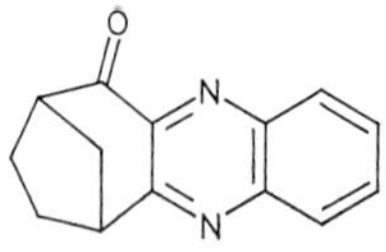   X 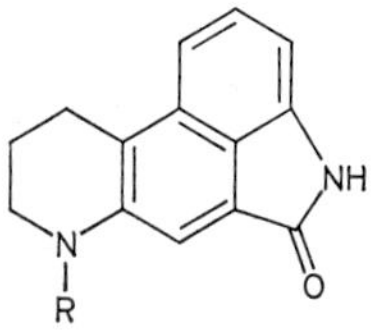   XI

7,8,9,10-Tetrahydro-4H-indolo[4,3-fg]chinolin-5-on $C_{14}H_{12}N_2O$, Formel XI (R = H).
B. Beim Hydrieren von 4H-Indolo[4,3-fg]chinolin-5-on an Platin in warmer wss. HCl (*Jacobs, Gould*, J. biol. Chem. **120** [1937] 141, 150).
Hellgelbe Kristalle (aus A.); F: 248−249°.

7-Methyl-7,8,9,10-tetrahydro-4H-indolo[4,3-fg]chinolin-5-on $C_{15}H_{14}N_2O$, Formel XI (R = CH_3).
B. Beim Hydrieren von 7-Methyl-5-oxo-4,5-dihydro-indolo[4,3-fg]chinolinium-jodid an Platin in wss. HCl (*Jacobs, Gould*, J. biol. Chem. **126** [1938] 67, 70).
Kristalle (aus A.); F: 220−221°.   [*Haltmeier*]

Oxo-Verbindungen $C_{15}H_{14}N_2O$

5-Methyl-2-phenyl-4-[(Ξ)-5t-phenyl-penta-2t,4-dienyliden]-2,4-dihydro-pyrazol-3-on $C_{21}H_{18}N_2O$, Formel I.
B. Beim Erhitzen von 5-Methyl-2-phenyl-1,2-dihydro-pyrazol-3-on mit 5t-Phenyl-penta-2t,4-dienal und Acetanhydrid (*Wizinger, Sontag*, Helv. **38** [1955] 363, 372).
Braune Kristalle (aus Eg.); F: 167°. λ_{max} (A.): 409 nm (*Wi., So.*, l. c. S. 368).

(±)-trans-4,5-Diphenyl-pyrazolidin-3-on $C_{15}H_{14}N_2O$, Formel II + Spiegelbild.
Über die Konfiguration s. *Rees, Yelland*, J.C.S. Perkin I **1973** 221, 222.
B. Beim Erwärmen von 2,3t-Diphenyl-acrylsäure-methylester mit $N_2H_4 \cdot H_2O$ in Äthanol (*Carpino*, Am. Soc. **80** [1958] 601, 602).
Kristalle (aus Bzl.+ Nitromethan); F: 139−141° [unkorr.] (*Ca.*).

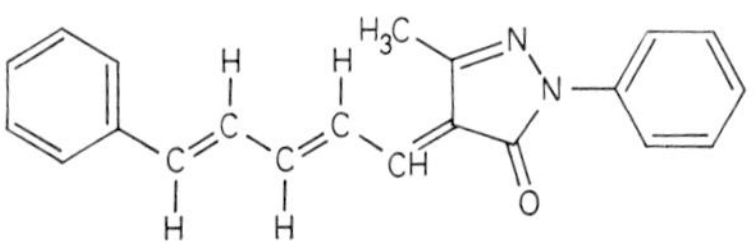

I 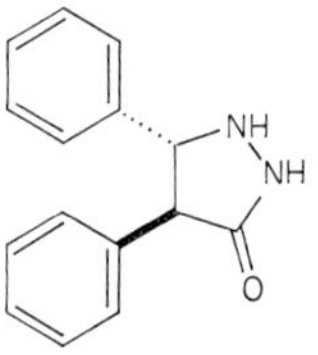   II 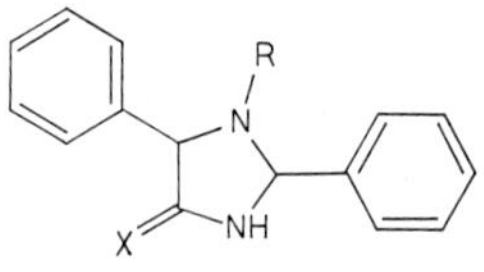   III

*Opt.-inakt. 1,2,5-Triphenyl-imidazolidin-4-on $C_{21}H_{18}N_2O$, Formel III (R = C_6H_5, X = O).
Diese Konstitution kommt der früher (s. H **14** 464) als (±)-Anilino-phenyl-essigsäure-benzylidenamid vom F: 208° formulierten Verbindung zu (*Abd El Gawad et al.*, Z. Naturf. **35b** [1980] 712; vgl. *Davis, Levy*, Soc. **1951** 3479, 3483). Die früher (s. H **14** 464) als (±)-Anilino-phenyl-essigsäure-benzylidenamid vom F: 249° formulierte Verbindung ist nach *Abd El Gawad et al.* als (±)-1,2,5-Triphenyl-1,5-dihydro-imidazol-4-on $C_{21}H_{16}N_2O$ anzusehen.

*Opt.-inakt. 2,5-Diphenyl-imidazolidin-4-thion $C_{15}H_{14}N_2S$, Formel III (R = H, X = S).
B. Beim Erwärmen von (±)-Amino-phenyl-thioessigsäure-amid mit Benzaldehyd in

Äthanol (*Abe*, J. chem. Soc. Japan Pure Chem. Sect. **69** [1948] 113; C. A. **1951** 611).
Kristalle (aus A. oder Bzl.); F: 128—129°.

4,4-Diphenyl-imidazolidin-2-on $C_{15}H_{14}N_2O$, Formel IV (R = R' = H, X = O).
B. Beim Erwärmen von 5,5-Diphenyl-imidazolidin-2,4-dion mit $LiAlH_4$ in Äther
(*Marshall*, Am. Soc. **78** [1956] 3396). Beim Erwärmen von 4,4-Diphenyl-5-thioxo-
imidazolidin-2-on mit Raney-Nickel und Äthanol (*Carrington et al.*, Soc. **1953** 3105, 3108).
Kristalle; F: 252—253° [aus A. oder H_2O] (*Ca. et al.*), 250—252° [aus A.] (*Ma.*).

1-Methyl-4,4-diphenyl-imidazolidin-2-on $C_{16}H_{10}N_2O$, Formel IV (R = CH_3, R' = H,
X = O).
B. Beim Erwärmen von 1-Methyl-4,4-diphenyl-5-thioxo-imidazolidin-2-on mit Raney-
Nickel und Äthanol (*Carrington et al.*, Soc. **1953** 3105, 3108).
Kristalle (aus A. oder H_2O); F: 254—256°.

1-Methyl-5,5-diphenyl-imidazolidin-2-on $C_{16}H_{16}N_2O$, Formel IV (R = H, R' = CH_3,
X = O).
B. Beim Erwärmen von 1-Methyl-5,5-diphenyl-4-thioxo-imidazolidin-2-on mit Raney-
Nickel und Äthanol (*Carrington et al.*, Soc. **1953** 3105, 3108).
Kristalle (aus A. oder H_2O); F: 178—180°.

1,3-Dimethyl-4,4-diphenyl-imidazolidin-2-on $C_{17}H_{18}N_2O$, Formel IV (R = R' = CH_3,
X = O).
B. Beim Erwärmen von 1,3-Dimethyl-4,4-diphenyl-5-thioxo-imidazolidin-2-on mit
Raney-Nickel und Äthanol (*Carrington et al.*, Soc. **1953** 3105, 3108).
Kristalle (aus A. oder H_2O); F: 106—108°.

4,4-Diphenyl-imidazolidin-2-thion $C_{15}H_{14}N_2S$, Formel IV (R = R' = H, X = S).
B. Beim Erwärmen von 5,5-Diphenyl-2-thioxo-imidazolidin-4-on mit $LiAlH_4$ in Äther
(*Marshall*, Am. Soc. **78** [1956] 3696).
Kristalle (aus A.); F: 257—258°.

5,5-Diphenyl-imidazolidin-4-on $C_{15}H_{14}N_2O$, Formel V (R = R' = H) (E I 269; E II 98).
B. Beim Erwärmen von 5,5-Diphenyl-2-thioxo-imidazolidin-4-on mit Raney-Nickel
und Äthanol (*Staněk*, Chem. Listy **45** [1951] 459; C. A. **1952** 7567; *Carrington et al.*,
Soc. **1953** 3105, 3107; *Goodman*, U.S.P. 2744852 [1953]; s. a. *Vystrčil*, Chem. Listy
47 [1953] 1795, 1798; C. A. **1955** 1021; *Whalley et al.*, Am. Soc. **77** [1955] 745, 747;
Behringer, Schmeidl, B. **90** [1957] 2510, 2514). Beim Erwärmen von 2-Hydroxy-5,5-di=
phenyl-imidazolidin-4-on mit Raney-Nickel und Äthanol (*Wh. et al.*).
Kristalle; F: 187—188° [unkorr.; aus E.] (*Vy.*), 187° (*St.*), 183° [aus Me.] (*Go.*).

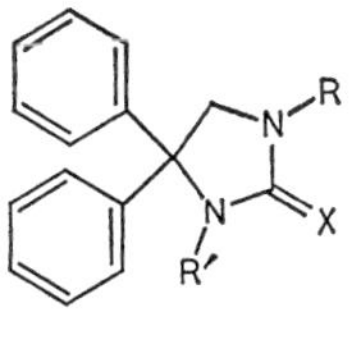

IV 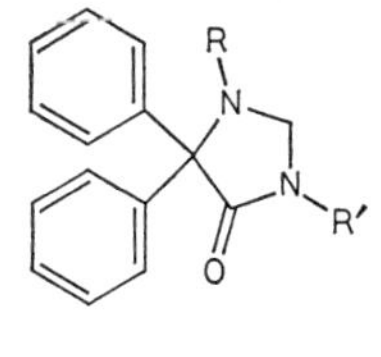   V 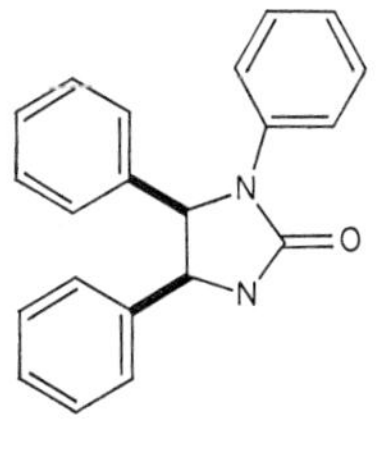   VI 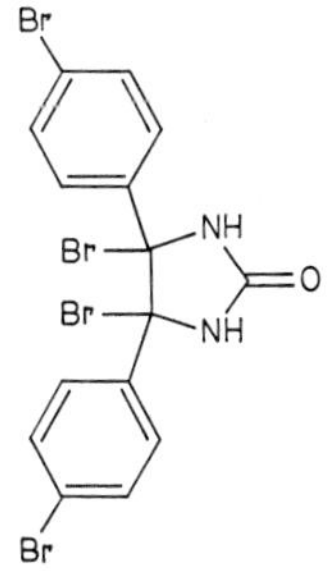   VII

3-Methyl-5,5-diphenyl-imidazolidin-4-on $C_{16}H_{16}N_2O$, Formel V (R = H, R' = CH_3)
(E II 98).
B. Beim Hydrieren von 3-Methyl-5,5-diphenyl-3,5-dihydro-imidazol-4-on an Platin
in Äthanol bei 100°/100 at (*Carrington et al.*, Soc. **1953** 3105, 3108, 3109). Neben 3-Methyl-

5,5-diphenyl-3,5-dihydro-imidazol-4-on beim Erwärmen von 3-Methyl-2-methylmercapto-5,5-diphenyl-3,5-dihydro-imidazol-4-on mit Raney-Nickel und Äthanol (*Vystrčil*, Chem. Listy **47** [1953] 1795, 1799; C. A. **1955** 1021).
Kristalle; F: 86—87° [aus Ae.] (*Ca. et al.*), 76—77° [aus A.] (*Vy*.).
Hydrochlorid. Kristalle (aus wss. HCl); F: 96—97,5° (*Vy*.).
Picrat $C_{16}H_{16}N_2O \cdot C_6H_3N_3O_7$. Kristalle (aus Ae. + PAe.); F: 146—147° [unkorr.] (*Vy*.).

1-Methyl-5,5-diphenyl-imidazolidin-4-on $C_{16}H_{16}N_2O$, Formel V (R = CH$_3$, R' = H).
B. Neben 1-Methyl-5,5-diphenyl-1,5-dihydro-imidazol-4-on beim Erwärmen von 1-Methyl-5,5-diphenyl-2-thioxo-imidazolidin-4-on mit Raney-Nickel und Äthanol (*Carrington et al.*, Soc. **1953** 3105, 3108).
Kristalle (aus A.); F: 215—216°.

1,3-Dimethyl-5,5-diphenyl-imidazolidin-4-on $C_{17}H_{18}N_2O$, Formel V (R = R' = CH$_3$).
B. Beim Erwärmen von 1,3-Dimethyl-5,5-diphenyl-2-thioxo-imidazolidin-4-on mit Raney-Nickel und Methanol, Propan-1-ol oder Cyclohexanol (*Carrington et al.*, Soc. **1953** 3105, 3108).
F: 113—115°.

1,4r,5c-Triphenyl-imidazolidin-2-on $C_{21}H_{18}N_2O$, Formel VI + Spiegelbild.
Konfiguration: *Simowa et al.*, Doklady Bolgarsk. Akad. **20** [1967] 325; C. A. **67** [1967] 64301.
B. Aus (2*RS*,3*RS*)-3-Anilino-2,3-diphenyl-propionsäure-hydrazid über das Azid (*Kurtew, Mollow*, Doklady Akad. S.S.S.R. **101** [1955] 1069, 1071; C. A. **1956** 3416; Izv. chim. Inst. Bulgarska Akad. **4** [1956] 411, 433; C. A. **1961** 7353).
Kristalle (aus A.); F: 210—211°.

***Opt.-inakt. 4,5-Dibrom-4,5-bis-[4-brom-phenyl]-imidazolidin-2-on** $C_{15}H_{10}Br_4N_2O$, Formel VII.
Die früher (H **24** 201) unter dieser Konstitution beschriebene Verbindung ist vermutlich als 4,5-Diacetoxy-4,5-bis-[4-brom-phenyl]-imidazolidin-2-on-tribromid ($C_{19}H_{16}Br_2N_2O_5 \cdot HBr_3$) zu formulieren (*Greenberg et al.*, J. org. Chem. **31** [1966] 3951, 3953).

(±)-2-Methyl-6-[1]naphthyl-5,6-dihydro-3*H*-pyrimidin-4-on $C_{15}H_{14}N_2O$, Formel VIII.
B. Beim Erhitzen von (±)-3-Acetylamino-3-[1]naphthyl-propionsäure-amid mit Acetanhydrid (*Rodionow et al.*, Ž. obšč. Chim. **23** [1953] 1835, 1839; engl. Ausg. S. 1939, 1942).
Kristalle (aus Ae.); F: 148—149°.

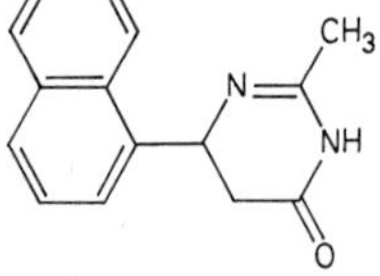

VIII 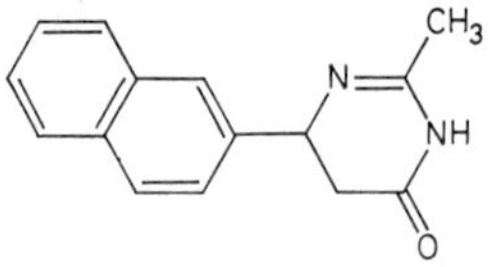   IX 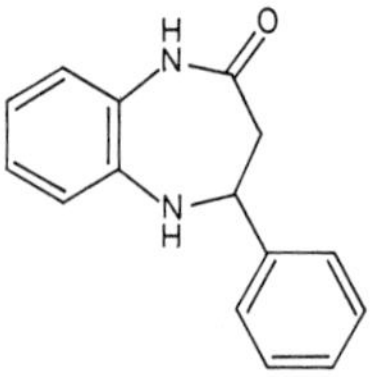   X

(±)-2-Methyl-6-[2]naphthyl-5,6-dihydro-3*H*-pyrimidin-4-on $C_{15}H_{14}N_2O$, Formel IX.
B. Beim Erhitzen von (±)-3-Acetylamino-3-[2]naphthyl-propionsäure-amid mit Acetanhydrid (*Rodionow, Kurtew*, Izv. Akad. S.S.S.R. Otd. chim. **1952** 268, 276; engl. Ausg. S. 285, 290).
Kristalle (aus H$_2$O); F: 127,5—128°.

(±)-4-Phenyl-1,3,4,5-tetrahydro-benzo[b][1,4]diazepin-2-on $C_{15}H_{14}N_2O$, Formel X.

B. Beim Hydrieren von 4-Phenyl-1,3-dihydro-benzo[b][1,4]diazepin-2-on (S. 682) an Raney-Nickel in Äthylacetat (*Ried, Stahlhofen*, B. **90** [1957] 828, 832).

Kristalle (aus E.); F: 167°.

Nitroso-Derivat $C_{15}H_{13}N_3O_2$; (±)-1-Nitroso-4-phenyl-1,3,4,5-tetrahydro-benzo[b][1,4]diazepin-2-on. Kristalle (aus Mc.); F: 181° [Zers.].

(±)-2-Benzyl-1-methyl-2,3-dihydro-1H-chinazolin-4-on, Dihydroarborin $C_{16}H_{16}N_2O$, Formel XI (in der Literatur auch als Dihydroglycosin bezeichnet).

B. Aus Arborin (S. 682) beim Hydrieren an Platin in Äthanol (*Chakravarti et al.*, Soc. **1953** 3337, 3339; *Chatterjee, Majumdar*, Am. Soc. **76** [1954] 2459, 2462) oder beim Behandeln mit LiAlH$_4$ in THF (*Ch., Ma.*).

Kristalle; F: 199–200° [aus CHCl$_3$ + A.] (*Ch. et al.*), 196° [aus A.] (*Ch., Ma.*).

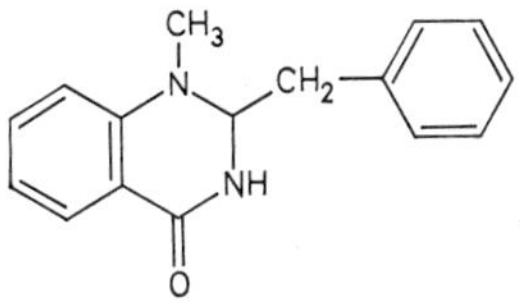

XI 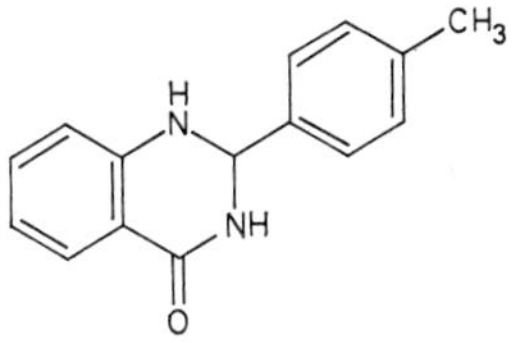   XII

(±)-2-p-Tolyl-2,3-dihydro-1H-chinazolin-4-on $C_{15}H_{14}N_2O$, Formel XII.

B. Beim Behandeln von (±)-2-[α-Hydroxy-4-methyl-benzylamino]-benzoesäure-methylester mit äthanol. NH$_3$ (*Kilroe Smith, Stephen*, Tetrahedron **1** [1957] 38, 43).

Kristalle (aus Me.); F: 230°.

(S)-3-Benzyl-7-nitro-3,4-dihydro-1H-chinoxalin-2-on $C_{15}H_{13}N_3O_3$, Formel XIII.

B. Beim Erwärmen von N-[2,4-Dinitro-phenyl]-L-phenylalanin mit [NH$_4$]$_2$S in Äthanol und anschliessenden Erwärmen der Lösung bei pH 2–3 (*Scoffone et al.*, G. **87** [1957] 354, 359).

Gelbe Kristalle (aus A. + wenig HCl); F: 210–211° [unkorr.; Zers.]. λ_{max} (A.): 285 nm und 400 nm (*Sc. et al.*, l. c. S. 361).

1,11-Dimethyl-5,7-dihydro-dibenzo[d,f][1,3]diazepin-6-on $C_{15}H_{14}N_2O$.

a) **(Rₐ)-1,11-Dimethyl-5,7-dihydro-dibenzo[d,f][1,3]diazepin-6-on**, Formel XIV.

Konfiguration: *McGinn et al.*, Am. Soc. **80** [1958] 476, 478; *Insole*, Soc. [C] **1971** 1712, 1714.

B. Beim Erhitzen von (Rₐ)-6,6′-Dimethyl-biphenyl-2,2′-diyldiamin mit Harnstoff auf 210° (*Sako*, Mem. Coll. Eng. Kyushu Univ. **6** [1931/32] 263, 306; C. A. **1932** 3246; *In.*).

Kristalle (aus Eg.); F: ca. 355° [Zers.; geschlossene Kapillare] (*In.*), 332° [Zers.] (*Sako*). [α]$_D^{19}$: −76,4° [Py.; c = 0,25] (*In.*); [α]$_D$: −67,2° [Py.; c = 0,24] (*Sako*).

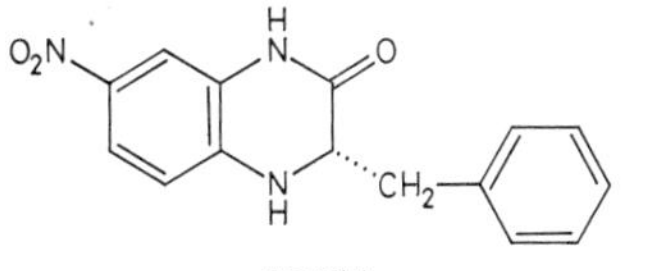

XIII 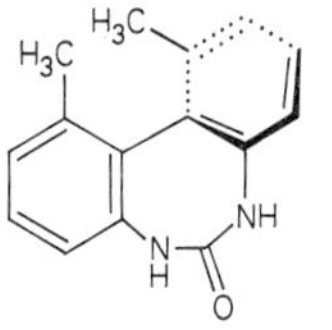   XIV 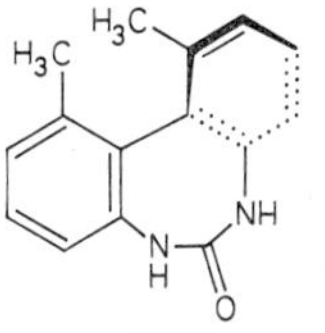   XV

b) **(Sₐ)-1,11-Dimethyl-5,7-dihydro-dibenzo[d,f][1,3]diazepin-6-on**, Formel XV.

B. Aus (Sₐ)-6,6′-Dimethyl-biphenyl-2,2′-diyldiamin (*Insole*, Soc. [C] **1971** 1712, 1715).

Kristalle (aus Eg.); F: ca. 355° [Zers.; geschlossene Kapillare]. [α]$_D^{19}$: +75,7° [Py.; c = 0,26].

c) **(±)-1,11-Dimethyl-5,7-dihydro-dibenzo[d,f][1,3]diazepin-6-on,** Formel XIV + Spiegelbild.

B. Aus (±)-6,6′-Dimethyl-biphenyl-2,2′-diyldiamin (*Sako,* Mem. Coll. Eng. Kyushu Univ. **6** [1931/32] 263, 305; C. A. **1932** 3246; *Insole,* Soc. [C] **1971** 1712, 1715).

Kristalle (aus Eg.); F: ca. 350° [Zers.; geschlossene Kapillare] (*In.*), 332° [Zers.] (*Sako*). λ_{max} (DMSO): 256 nm und 294,5 nm (*In.*).

(±)-3-Phenyl-3-[2]pyridyl-pyrrolidin-2-on $C_{15}H_{14}N_2O$, Formel I (R = H).

B. Beim Erwärmen von (±)-3-Phenyl-3-[2]pyridyl-5-thioxo-pyrrolidin-2-on mit Raney-Nickel und Äthanol (*Tagmann et al.,* Helv. **37** [1954] 185, 190; s. a. *CIBA,* D.B.P. 1013654 [1953]; U.S.P. 2742475 [1953]).

Kristalle (aus Me. + Acn.); F: 167—168° (*Ta. et al.*).

(±)-2-Oxo-3-phenyl-3-[2]pyridyl-pyrrolidin-1-carbonsäure-dimethylamid $C_{18}H_{19}N_3O_2$, Formel I (R = CO-N(CH₃)₂).

B. Beim Erhitzen der vorangehenden Verbindung mit NaNH₂ und Toluol, anschliessend mit Dimethyl-carbamoylchlorid (*CIBA,* U.S.P. 2742475 [1953]).

$Kp_{0,2}$: 236—238°.

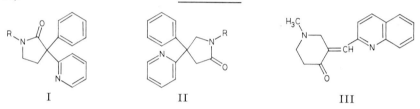

I   II   III

(±)-4-Phenyl-4-[2]pyridyl-pyrrolidin-2-on $C_{15}H_{14}N_2O$, Formel II (R = H).

B. Beim Hydrieren von (±)-3-Cyan-3-phenyl-3-[2]pyridyl-propionsäure-äthylester an Raney-Nickel in Äthanol bei 75°/35 at (*Sperber, Fricano,* Am. Soc. **75** [1953] 2986; s. a. *CIBA,* D.B.P. 1013654 [1953]; U.S.P. 2742475 [1953]).

Kristalle; F: 165—166° [korr.; aus H₂O] (*Sp., Fr.*), 158—159° [aus Acn.] (*CIBA*).

(±)-2-Oxo-4-phenyl-4-[2]pyridyl-pyrrolidin-1-carbonsäure-dimethylamid $C_{18}H_{19}N_3O_2$, Formel II (R = CO-N(CH₃)₂).

B. Beim Erhitzen der vorangehenden Verbindung mit NaNH₂ in Toluol und anschliessend mit Dimethylcarbamoylchlorid (*CIBA,* U.S.P. 2742475 [1953]).

Kristalle (aus Acn.); F: 151—152°.

---

*3-[2]Chinolylmethylen-1-methyl-piperidin-4-on $C_{16}H_{16}N_2O$, Formel III.

B. Neben 3,5-Bis-[2]chinolylmethylen-1-methyl-piperidin-4-on (F: 153—154°) beim Behandeln von 1-Methyl-piperidin-4-on mit Chinolin-2-carbaldehyd in wss.-äthanol. KOH (*McElvain, Rorig,* Am. Soc. **70** [1948] 1820, 1824).

F: 150—160° [unreines Präparat].

---

*3-[4]Chinolylmethylen-1-methyl-piperidin-4-on $C_{16}H_{16}N_2O$, Formel IV.

B. Beim Behandeln von 1-Methyl-piperidin-4-on mit Chinolin-4-carbaldehyd und wss.-äthanol. KOH (*McElvain, Rorig,* Am. Soc. **70** [1948] 1820, 1824).

Kristalle (aus A.); F: 252—253° [vorgeheiztes Bad].

3-Indol-2-yl-1,4,6-trimethyl-1H-pyridin-2-on $C_{16}H_{16}N_2O$, Formel V.

B. Beim Erhitzen von 1,2,4-Trimethyl-6-oxo-5-[1-(N′-phenyl-hydrazino)-vinyl]-1,6-di= hydro-pyridin-3-carbonsäure-äthylester (E II **22** 269) mit konz. wss. HCl auf 130° (*Mumm, Petzold,* A. **536** [1938] 1, 23).

Gelbgrün fluorescierende Kristalle (aus Me.); F: 141°.

Picrat $C_{16}H_{16}N_2O \cdot C_6H_3N_3O_7$. Dunkelrote Kristalle (aus Me.); F: 163—164°.

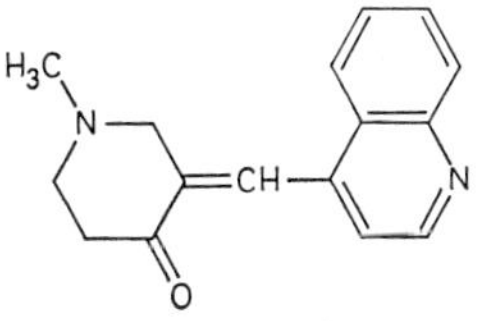

IV 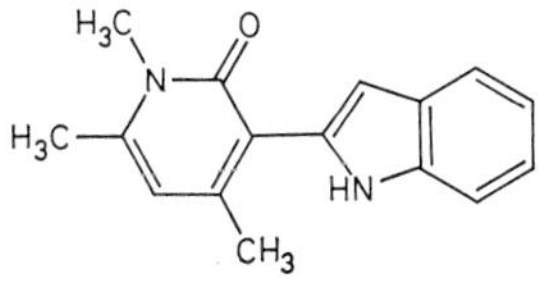   V 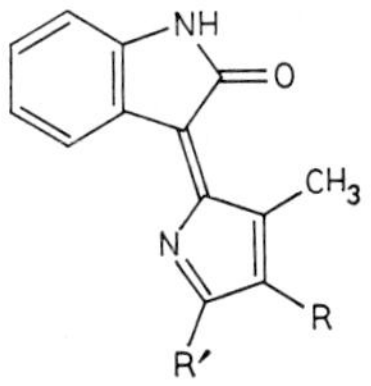   VI

3-[4-Äthyl-3-methyl-pyrrol-2-yliden]-indolin-2-on $C_{15}H_{14}N_2O$, Formel VI (R = C_2H_5, R' = H).

Das von *Pratesi* (R.A.L. [6] **18** [1933] 52, 56; A. **504** [1933] 258, 261) unter dieser Konstitution beschriebene Opsopyrrolblau ist vermutlich als 3,3'-Diäthyl-4,4'-di= methyl-5,5'-bis-[2-oxo-indolin-3-yliden]-1,5,1',5'-tetrahydro-[2,2']bipyrrolyliden zu for- mulieren (*Pratesi*, G. **83** [1953] 913; vgl. *Steinkopf, Wilhelm*, A. **546** [1941] 211; s. dazu *A. Gossauer*, Die Chemie der Pyrrole [Berlin 1974] S. 38).

3-[Trimethyl-pyrrol-2-yliden]-indolin-2-on $C_{15}H_{14}N_2O$, Formel VI (R = R' = CH_3).

Die von *Pratesi, Zanetta* (R.A.L. [6] **22** [1935] 159, 163) unter dieser Konstitution beschriebene Verbindung ist vermutlich als 1,3,4,1',3',4'-Hexamethyl-5,5'-bis-[2-oxo- indolin-3-yliden]-1,5,1',5'-tetrahydro-[2,2']bipyrrolyliden zu formulieren (*Pratesi*, G. **83** [1953] 913; vgl. *Steinkopf, Wilhelm*, A. **546** [1941] 211; s. dazu *A. Gossauer*, Die Chemie der Pyrrole [Berlin 1974] S. 38).

4,5,10-Trimethyl-1H-pyrido[2,3-g]chinolin-2-on $C_{15}H_{14}N_2O$, Formel VII, und Tautomeres.

B. Beim Erhitzen von 6-Amino-4,5,8-trimethyl-1H-chinolin-2-on (E III/IV **22** 5948) mit H_3AsO_4, Glycerin, konz. H_2SO_4 und Essigsäure (*Huisgen*, A. **559** [1948] 101, 149).

Hellgelbe Kristalle (aus Eg. oder Acetanhydrid); F: 290° [Zers.].

6,7,8,9-Tetrahydro-6,9-äthano-cyclohepta[b]chinoxalin-10-on $C_{15}H_{14}N_2O$, Formel VIII.

B. Aus Bicyclo[3.2.2]nonan-2,3,4-trion (*Alder, Reubke*, B. **91** [1958] 1525, 1534).

Kristalle (aus E. + PAe.); F: 124°.

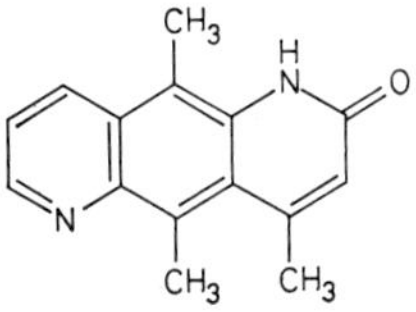

VII 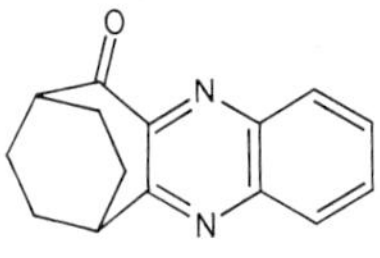   VIII 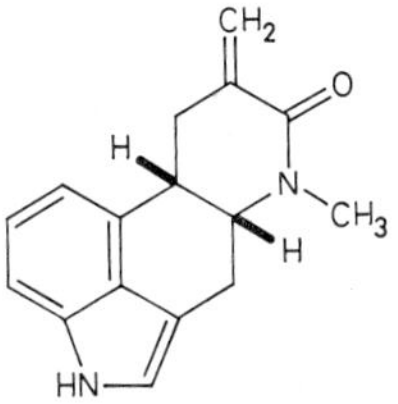   IX 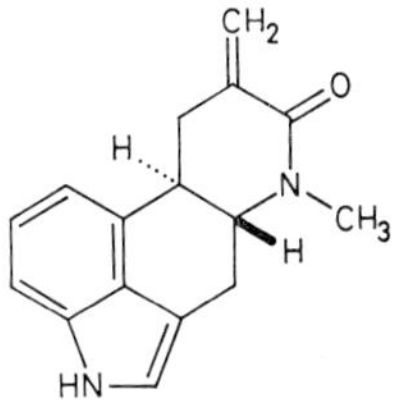   X

7-Methyl-9-methylen-4,6a,7,9,10,10a-hexahydro-6H-indolo[4,3-fg]chinolin-8-on $C_{16}H_{16}N_2O$.

Die Position der exocyclischen Doppelbindung bei den nachstehend beschriebenen Stereoisomeren ist nicht bewiesen. Relative Konfiguration der Stereoisomeren: *Stoll et al.*, Helv. **37** [1954] 2039. Über die absolute Konfiguration s. *Stadler, Hofmann*, Helv. **45** [1962] 2005.

a) **6-Methyl-8-methylen-10β-ergolin-7-on**, Formel IX (in der Literatur auch als Dihydroisolysergsäure-lactam bezeichnet).

B. Beim Erhitzen von 6-Methyl-10β-ergolin-8α-carbonsäure („Dihydro-isolyserg= säure-II") mit Acetanhydrid auf 170° (*Stoll et al.*, Helv. **32** [1949] 506, 517) oder ohne Lösungsmittel auf 350°/25 Torr (*Gould et al.*, J. biol. Chem. **145** [1942] 487, 494).

Kristalle (aus Me.); F: 239—240° (*Go. et al.*), 237° [korr.; Zers.] (*St. et al.*). Bei 200°/

0,05 Torr sublimierbar (*St. et al.*). $[\alpha]_D^{20}$: $-218°$ [Py.; c = 0,2] (*St. et al.*), $-197°$ [Py.; c = 0,5] (*Go. et al.*).

b) **6-Methyl-8-methylen-ergolin-7-on**, Formel X (in der Literatur auch als Dihydrolysergsäure-lactam bezeichnet).

B. Beim Erhitzen von 6-Methyl-ergolin-8β-carbonsäure („Dihydrolysergsäure-I'') oder von 6-Methyl-ergolin-8α-carbonsäure („Dihydroisolysergsäure-I") mit Acetanhydrid auf 170° (*Stoll et al.*, Helv. **32** [1949] 506, 516, 517). Beim Erhitzen von 6-Methyl-ergolin-8β-carbonsäure („α-Dihydrolysergsäure") auf 350°/25 Torr (*Jacobs, Craig*, Am. Soc. **60** [1938] 1701).

Kristalle; F: 300—310° [Zers.] (*St. et al.*), 305—307° [Zers.; aus Me.] (*Ja., Cr.*). Bei 220°/0,05 Torr sublimierbar (*St. et al.*). $[\alpha]_D^{20}$: $-262°$ [Py.; c = 0,3] (*St. et al.*); $[\alpha]_D^{25}$: $-219°$ [Py.; c = 0,5] (*Ja., Cr.*).

Beim Erwärmen mit KOH in Isoamylalkohol und anschliessenden Hydrolysieren ist 6-Methyl-ergolin-8β-carbonsäure erhalten worden (*Schreier*, Helv. **41** [1958] 1984, 1994).

c) ***rac*-6-Methyl-8-methylen-ergolin-7-on**, Formel X + Spiegelbild.

B. Beim Erhitzen von *rac*-6-Methyl-ergolin-8β-carbonsäure („*dl*-Dihydrolysergsäure") auf 350°/25 Torr (*Gould et al.*, J. biol. Chem. **145** [1942] 487, 491).

Kristalle (aus Me.); F: 313—316°.

(±)-7,9-Dimethyl-7,8,9,10-tetrahydro-4H-indolo[4,3-*fg*]chinolin-5-on $C_{16}H_{16}N_2O$, Formel XI, und Tautomeres.

B. Beim Hydrieren von 7,9-Dimethyl-5-oxo-4,5-dihydro-indolo[4,3-*fg*]chinolinium-chlorid an Platin (*Jacobs, Gould*, J. biol. Chem. **130** [1939] 399, 403).

Gelb; F: 249—250° [Zers.].

Oxo-Verbindungen $C_{16}H_{16}N_2O$

3,3-Diphenyl-piperazin-2-on $C_{16}H_{16}N_2O$, Formel XII.

B. Beim Erwärmen von Brom-diphenyl-essigsäure-methylester mit Äthylendiamin in $CHCl_3$ (*Kametani et al.*, Bl. chem. Soc. Japan **31** [1958] 860).

Kristalle (aus Bzl.); F: 163° [nach Sintern bei 155—156°].

Picrat. Kristalle (aus A.); F: 248—249°.

XI   XII   XIII   XIV

5,6-Diphenyl-piperazin-2-on $C_{16}H_{16}N_2O$.

a) ***cis*-5,6-Diphenyl-piperazin-2-on**, Formel XIII + Spiegelbild.

Über die Formulierung der nachstehend beschriebenen Verbindung als [4,5-Diphenyl-4,5-dihydro-1H-imidazol-2-yl]-methanol s. *Armand et al.*, Cand. J. Chem. **52** [1974] 3971, 3976, 3979.

Diese Konstitution und Konfiguration kommt der von *Hayashi* (Scient. Pap. Inst. phys. chem. Res. **38** [1941] 455, 460) als *cis*-2,3-Diphenyl-2,3-dihydro-pyrazin beschriebenen Verbindung zu (*Darko, Karliner*, J. org. Chem. **36** [1971] 3810).

B. Beim Erwärmen von *meso*-Bibenzyl-α,α'-diyldiamin mit Glyoxal (als NaHSO₃-Addukt eingesetzt) in H_2O (*Ha.; Da., Ka.*).

Kristalle [aus E. bzw. aus Acn. + Hexan] (*Ha.; Da., Ka.*); F: 166,5—167,5° [korr.] (*Ha.*), 163,5—164,5° [unkorr.] (*Ha.; Da., Ka.*). ¹H-NMR-Absorption ($CDCl_3$) und ¹H-¹H-Spin-Spin-Kopplungskonstante: *Da., Ka.*

b) ***trans*-5,6-Diphenyl-piperazin-2-on**, Formel XIV + Spiegelbild.

Diese Konstitution und Konfiguration kommt der von *Hayashi* (Scient. Pap. Inst.

phys. chem. Res. **38** [1941] 455, 462) als *trans*-2,3-Diphenyl-2,3-dihydro-pyrazin beschriebenen Verbindung zu (*Darko, Karliner,* J. org. Chem. **36** [1971] 3810).

B. Aus *racem.* Bibenzyl-α,α′-diyldiamin und Glyoxal analog der unter a) beschriebenen
Verbindung (*Ha.; Da., Ka.*).
Kristalle (aus Bzl.); F: 202—203° [korr.] (*Ha.*), 202—203° [unkorr.] (*Da., Ka.*),
199—200° [unkorr.] (*Ha.*). ¹H-NMR-Absorption (CDCl₃) und ¹H-¹H-Spin-Spin-Kopp=
lungskonstante: *Da., Ka.*
Massenspektrum: *Da., Ka.*

3,6-Diphenyl-piperazin-2-on $C_{16}H_{16}N_2O$, Formel I.
Die von *Cusmano, Sprio* (G. **82** [1952] 252, 261, 263) mit Vorbehalt unter dieser Konstitution beschriebene Verbindung ist als (±)-Phenyl-[4-phenyl-1(3)H-imidazol-2-yl]-
methanol zu formulieren (*Ruccia et al.,* Ann. Chimica **54** [1964] 1364, 1365, 1367).

*Opt.-inakt. 5-Benzyl-2-phenyl-imidazolidin-4-on $C_{16}H_{16}N_2O$, Formel II (E II 99).
B. Beim Erwärmen von 5-[(Z)-Benzyliden]-2-phenyl-3,5-dihydro-imidazol-4-on
(S. 726) mit amalgamiertem Natrium und Essigsäure in Äthanol (*Williams et al.,* Am.
Soc. **67** [1945] 1157; vgl. E II 99).
Kristalle (aus Xylol); F: 150—151° (*Wi. et al.*), 137—138° [unkorr.] (*Kjær,* Acta
chem. scand. **7** [1953] 900, 905).
Picrat. F: 238° (*Wi. et al.*).

I   II   III

*Opt.-inakt. 2-Methyl-2,5-diphenyl-imidazolidin-4-thion $C_{16}H_{16}N_2S$, Formel III.
B. Beim Erwärmen von (±)-Amino-phenyl-thioessigsäure-amid mit Acetophenon in
Äthanol und Essigsäure (*Abe,* J. chem. Soc. Japan **68** [1947] 87).
Kristalle (aus A.); F: 142—143°.

*Opt.-inakt. 5-Methyl-2,5-diphenyl-imidazolidin-4-thion $C_{16}H_{16}N_2S$, Formel IV.
B. Beim Erwärmen von (±)-2-Amino-2-phenyl-thiopropionsäure-amid mit Benzaldehyd
in Äthanol und Essigsäure (*Abe,* J. chem. Soc. Japan Pure Chem. Sect. **69** [1948] 113;
C. A. **1951** 611).
Kristalle (aus wss. A.); F: 121—122°.

1-[4,5-Dihydro-1H-imidazol-2-yl]-1-[1]naphthyl-aceton $C_{16}H_{16}N_2O$, Formel V, und
Tautomeres.
B. Beim Erwärmen von 2-[1]Naphthyl-3-oxo-butyrimidsäure-äthylester mit Äthylen=
diamin in Äthanol (*Cavallini et al.,* Farmaco Ed. scient. **11** [1956] 633, 646).
Kristalle (aus A.); F: 248—250°.

(±)-3′-Phenyl-3′,4′,5′,6′-tetrahydro-1′H-[2,3′]bipyridyl-2′-on, (±)-3-Phenyl-3-[2]pyr=
idyl-piperidin-2-on $C_{16}H_{16}N_2O$, Formel VI.
B. Beim Hydrieren von (±)-4-Cyan-2-phenyl-2-[2]pyridyl-buttersäure-äthylester an
Raney-Nickel in äthanol. NH₃ unter Druck (*CIBA,* D.B.P. 1013654 [1953]; U.S.P.
2742475 [1953]).
Kristalle (aus A. + E. + PAe.); F: 167—170°.
Hydrochlorid. Kristalle (aus Me. + E.); F: 186—193°.

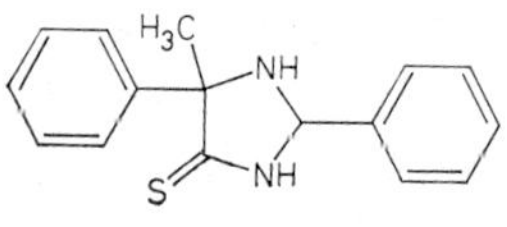

IV 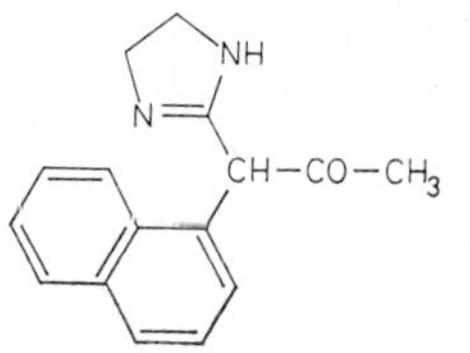   V 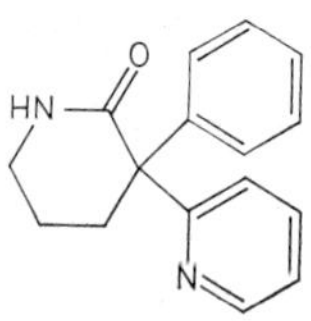   VI 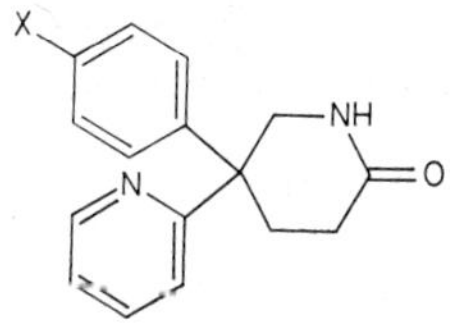   VII

(±)-3′-Phenyl-2′,3′,4′,5′-tetrahydro-1′H-[2,3′]bipyridyl-6′-on, (±)-5-Phenyl-5-[2]pyr=
idyl-piperidin-2-on $C_{16}H_{16}N_2O$, Formel VII (X = H).

B. Beim Hydrieren von (±)-4-Cyan-4-phenyl-4-[2]pyridyl-buttersäure-äthylester an
Raney-Nickel in äthanol. NH₃ unter Druck (*CIBA*, D.B.P. 1013654 [1953]; U.S.P.
2742475 [1953]; s. a. *Sperber, Fricano*, Am. Soc. **75** [1953] 2986, 2988).

Kristalle; F: 192,6—193,4° [korr.] (*Sp., Fr.*), 183—186° [aus A.] (*CIBA*, D.B.P.
1013654; U.S.P. 2742475).

Hydrochlorid. Kristalle (aus Me. + E.); F: 215—222° (*CIBA*, D.B.P. 1013654;
U.S.P. 2742475).

Acetyl-Derivat $C_{18}H_{18}N_2O_2$; (±)-1′-Acetyl-3′-phenyl-2′,3′,4′,5′-tetrahydro-
1′H-[2,3′]bipyridyl-6′-on. $Kp_{0,2}$: 223—225° (*CIBA*, U.S.P. 2742475).

(±)-3′-[4-Chlor-phenyl]-2′,3′,4′,5′-tetrahydro-1′H-[2,3′]bipyridyl-6′-on $C_{16}H_{15}ClN_2O$,
Formel VII (X = Cl).

B. Analog der vorangehenden Verbindung (*CIBA*, D.B.P. 1013654 [1953]; U.S.P.
2742475 [1953]).

Kristalle (aus E. + PAe.); F: 189—193°.

Hydrochlorid. Kristalle (aus wss. Me.); F: 240—250°.

---

*Opt.-inakt. 2,6-Di-[2]pyridyl-cyclohexanon $C_{16}H_{16}N_2O$, Formel VIII.

B. Beim Erhitzen von opt.-inakt. 2,6-Bis-[2]pyridyl-heptandisäure-dimethylester
(Diamid; F: 227—229°) mit Kalium in Xylol und Erwärmen des Reaktionsprodukts mit
wss. H_2SO_4 (*Funke, Rissi*, C. r. **239** [1954] 713).

$Kp_{0,05}$: 170—175°.

Oxim $C_{16}H_{17}N_3O$. F: 114—116°.

Bis-methojodid $[C_{18}H_{22}N_2O]I_2$; 1,1′-Dimethyl-2,2′-[2-oxo-cyclohexan-1,3-
diyl]-bis-pyridinium-dijodid. F: 254—256° [Zers.].

3-[4-Äthyl-3,5-dimethyl-pyrrol-2-yliden]-indolin-2-on $C_{16}H_{16}N_2O$, Formel IX.

Das von *Pratesi* (R.A.L. [6] **18** [1933] 52, 55; A. **504** [1933] 258, 266) unter dieser
Konstitution beschriebene Kryptopyrrolblau ist vermutlich als 3,3′-Diäthyl-1,4,1′,4′-
tetramethyl-5,5′-bis-[2-oxo-indolin-3-yliden]-1,5,1′,5′-tetrahydro-[2,2′]bipyrrolyliden
($C_{32}H_{32}N_4O_2$) zu formulieren (*Pratesi*, G. **83** [1953] 913; vgl. *Steinkopf, Wilhelm*, A. **546**
[1941] 211; s. dazu *A. Gossauer*, Die Chemie der Pyrrole [Berlin 1974] S. 38).

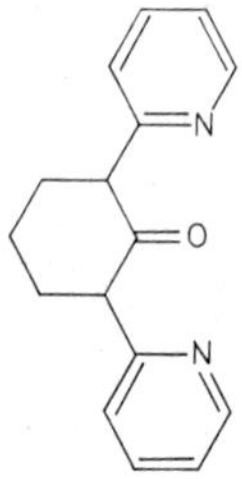

VIII 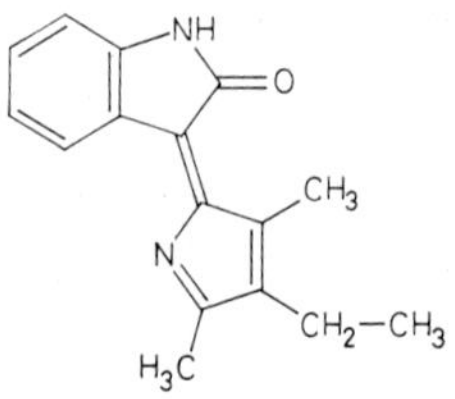   IX 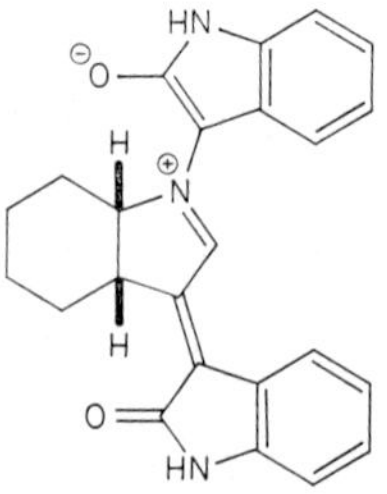   X 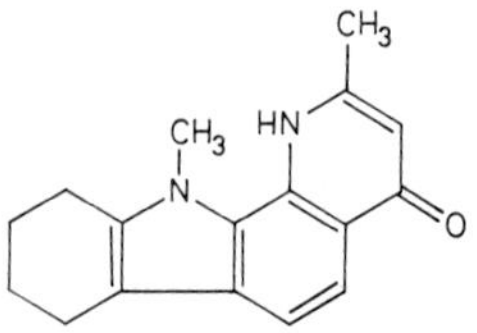   XI

*(±)-1-[2-Hydroxy-indol-3-yl]-2'-oxo-(3a*r*,7a*c*)-3a,4,5,6,7,7a,1',2'-octahydro-[3,3']bi=
indolylidenium-betain,** (±)-1-[2-Hydroxy-indol-3-yl]-3-[2-oxo-indolin-
3-yliden]-(3a*r*,7a*c*)-3a,4,5,6,7,7a-hexahydro-3*H*-indolium-betain C$_{24}$H$_{21}$N$_3$O$_2$,
Formel X + Spiegelbild, und Mesomeres.

B. Beim Erhitzen von Isatin mit *cis*-Octahydroindol in Xylol (*Johnson, McCaldin,*
Soc. **1957** 3470, 3475).

Blaue Kristalle (aus Me.) mit 1 Mol Methanol. λ_{max}: 287 nm, 327 nm, 340 nm, 452 nm
und 615 nm [DMF] bzw. 211 nm, 261 nm, 384 nm und 498 nm [wss. HCl (5 n)] (*Jo.,*
McC., l. c. S. 3472).

2,11-Dimethyl-1,7,8,9,10,11-hexahydro-pyrido[2,3-*u*]carbazol-4-on C$_{17}$H$_{18}$N$_2$O,
Formel XI, und Tautomere.

B. Beim Erhitzen von 3-[9-Methyl-5,6,7,8-tetrahydro-carbazol-1-ylamino]-crotonsäure-
äthylester in Biphenyl (*Brunton et al.*, Soc. **1956** 4783).

Kristalle (aus wss. A.) mit 1 Mol H$_2$O; F: 256−258° [Zers.].

Oxo-Verbindungen C$_{17}$H$_{18}$N$_2$O

(±)-*cis*-1-Methyl-2,7-diphenyl-hexahydro-[1,4]diazepin-5-on C$_{18}$H$_{20}$N$_2$O, Formel XII
+ Spiegelbild.

B. Beim Behandeln von *cis*-1-Methyl-2,6-diphenyl-piperidin-4-on-hydrochlorid mit
NaN$_3$ und konz. H$_2$SO$_4$ in CHCl$_3$ (*Dickerman, Besozzi*, J. org. Chem. **19** [1954] 1855,
1857).

Kristalle (aus Bzl. + PAe.); F: 183,5−184° [korr.].

Picrat C$_{18}$H$_{20}$N$_2$O·C$_6$H$_3$N$_3$O$_7$. F: 213−214° [korr.].

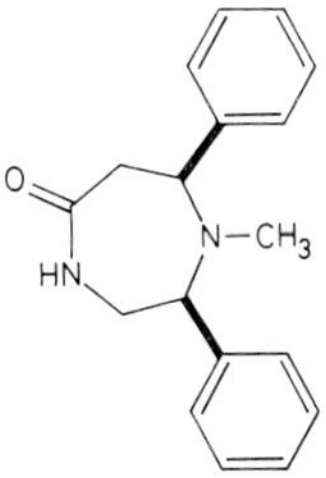

XII 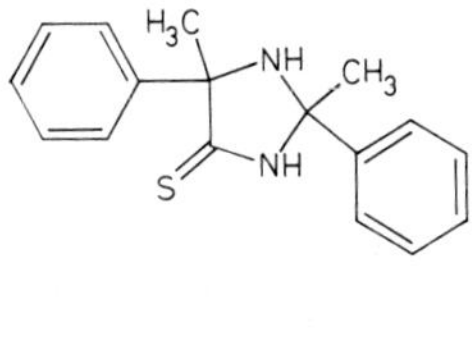   XIII 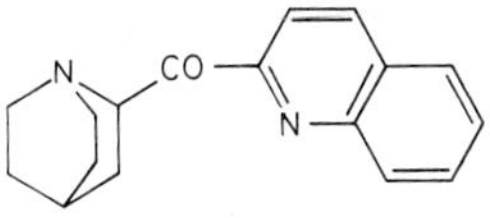   XIV

*Opt.-inakt. **2,5-Dimethyl-2,5-diphenyl-imidazolidin-4-thion** C$_{17}$H$_{18}$N$_2$S, Formel XIII.

B. Beim Erwärmen von (±)-2-Amino-2-phenyl-thiopropionsäure-amid mit Acetophenon
in Äthanol und wenig Essigsäure (*Abe*, J. chem. Soc. Japan **68** [1947] 87).

Kristalle; F: 178−179°.

(±)-[2]Chinolyl-chinuclidin-2-yl-keton C$_{17}$H$_{18}$N$_2$O, Formel XIV.

B. Beim Erwärmen von 1-[2]Chinolyl-3-[4]piperidyl-propan-1-on mit Brom und konz.
wss. HBr (*Clemo, Hoggarth*, Soc. **1954** 95, 97). Beim Erwärmen von 3-[1-Brom-[4]piper=
idyl]-1-[2]chinolyl-propan-1-on mit äthanol. Natriumäthylat (*Cl., Ho.*).

Kristalle (aus PAe.) mit 1 Mol H$_2$O; F: 125°.

2,4-Dinitro-phenylhydrazon-hydrochlorid C$_{23}$H$_{22}$N$_6$O$_4$·HCl. Orangefarbene
Kristalle (aus A.); F: 290°.

Picrolonat C$_{17}$H$_{18}$N$_2$O·C$_{10}$H$_8$N$_4$O$_5$. Kristalle (aus A.); F: 240−241°.

(±)-2-[4]Chinolylmethyl-chinuclidin-3-on, Ruban-5-on C$_{17}$H$_{18}$N$_2$O, Formel I.

B. Beim Hydrieren von 2-[4]Chinolylmethylen-chinuclidin-3-on (F: 153°) an Palladium
in Methanol (*Clemo, Hoggarth*, Soc. **1939** 1241, 1243).

Kristalle (aus PAe.); F: 125−126°.

Dipicrat C$_{17}$H$_{18}$N$_2$O·2 C$_6$H$_3$N$_3$O$_7$. Gelbe Kristalle (aus A. + Acn.); F: 168°.

Phenylhydrazon C$_{23}$H$_{24}$N$_4$. Gelbe Kristalle (aus A.); F: 198°.

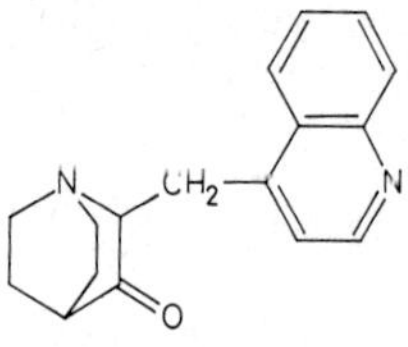

I 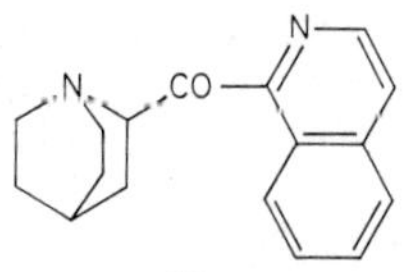 II 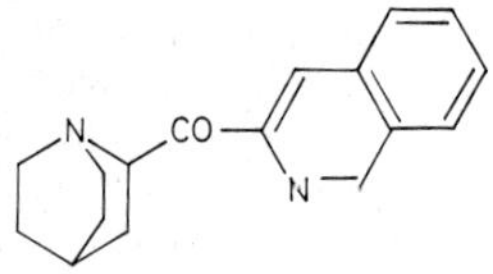 III

(±)-Chinuclidin-2-yl-[1]isochinolyl-keton $C_{17}H_{18}N_2O$, Formel II.

B. Beim Erwärmen von 1-[1]Isochinolyl-3-[4]piperidyl-propan-1-on mit Brom und konz. wss. HBr (*Clemo, Hoggarth*, Soc. **1954** 95, 98).

F: 134°.

Picrat $C_{17}H_{18}N_2O \cdot C_6H_3N_3O_7$. Gelbe Kristalle (aus A.); F: 150°.

Picrolonat $C_{17}H_{18}N_2O \cdot C_{10}H_8N_4O_5$. Gelbe Kristalle (aus A.); F: 188—189° [Zers.].

(±)-Chinuclidin-2-yl-[3]isochinolyl-keton $C_{17}H_{18}N_2O$, Formel III.

B. Beim Erwärmen von 3-[1-Brom-[4]piperidyl]-1-[3]isochinolyl-propan-1-on mit Natriumäthylat in Äthanol (*Clemo, Popli*, Soc. **1951** 1406, 1409).

Kristalle (aus PAe.) mit 1 Mol H_2O; F: 85—86°.

Oxo-Verbindungen $C_{18}H_{20}N_2O$

*Opt.-inakt. [4-Benzyl-5-oxo-2-phenäthyl-imidazolidin-1-yl]-essigsäure $C_{20}H_{22}N_2O_3$, Formel IV.

B. Beim Hydrieren von [4-Benzyliden-5-oxo-2-styryl-4,5-dihydro-imidazol-1-yl]-essig= säure (S. 757) an Raney-Nickel in Methanol bei 35°/65 at (*Pfleger, Pelz*, B. **90** [1957] 1489, 1492).

Kristalle (aus Me.); F: 182°.

Hydrochlorid $C_{20}H_{22}N_2O_3 \cdot HCl$. Kristalle (aus wss. HCl) mit 1 Mol H_2O; F: 141°.

Acetyl-Derivat $C_{22}H_{24}N_2O_4$; [3-Acetyl-4-benzyl-5-oxo-2-phenäthyl-imidazolidin-1-yl]-essigsäure. Kristalle (aus H_2O); F: 138—139°.

Nitroso-Derivat $C_{20}H_{21}N_3O_4$; [4-Benzyl-3-nitroso-5-oxo-2-phenäthyl-imidazolidin-1-yl]-essigsäure. Kristalle (aus Me.); F: 168—169°.

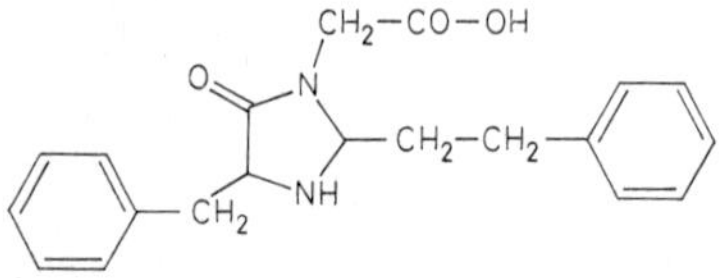

IV 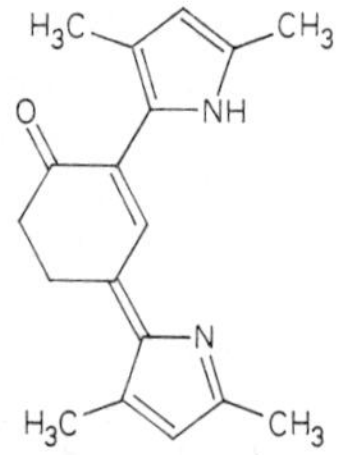 V 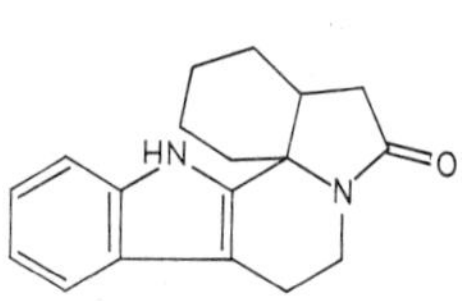 VI

*2-[3,5-Dimethyl-pyrrol-2-yl]-4-[(Ξ)-3,5-dimethyl-pyrrol-2-yliden]-cyclohex-2-enon $C_{18}H_{20}N_2O$, Formel V, und Stereoisomeres.

Hydrobromid $C_{18}H_{20}N_2O \cdot HBr$. Diese Konstitution kommt vermutlich der nach-stehend beschriebenen Verbindung zu (*Treibs, Hermann*, A. **589** [1954] 207, 214). — *B.* In geringer Menge beim Erwärmen von 2.4-Dimethyl-pyrrol mit Cyclohexan-1,2-dion und konz. HBr in Äthanol (*Tr., He.*, l. c. S. 220). — Braunrote Kristalle. λ_{max}: 570 nm.

---

*Opt.-inakt. 1,2,3,4,4a,5,9,14-Octahydro-8H-pyrido[3,4-b;2,1-i']diindol-6-on $C_{18}H_{20}N_2O$, Formel VI.

B. Beim Erhitzen von (±)-[2-Oxo-cyclohexyl]-essigsäure mit Tryptamin in Xylol (*Mondon, Hasselmeyer*, B. **92** [1959] 2552, 2554).

Kristalle (aus Me.) mit 1 Mol Methanol; F: 238°. λ_{max} (Me.): 224 nm, 270 nm, 274 nm, 280 nm und 290 nm.

Oxo-Verbindungen $C_{19}H_{22}N_2O$

*2,5-Bis-[2,5-dimethyl-1-phenyl-pyrrol-3-ylmethylen]-cyclopentanon $C_{31}H_{30}N_2O$, Formel VII.

B. Beim Erwärmen von Cyclopentanon mit 2,5-Dimethyl-1-phenyl-pyrrol-3-carb≈ aldehyd und äthanol. NaOH (*Eastman Kodak Co.*, U.S.P. 2860983 [1956]; s. a. *Eastman Kodak Co.*, U.S.P. 2860 984 [1956]).

Gelbe Kristalle (aus Py. + Me.); F: 274—275° [Zers.].

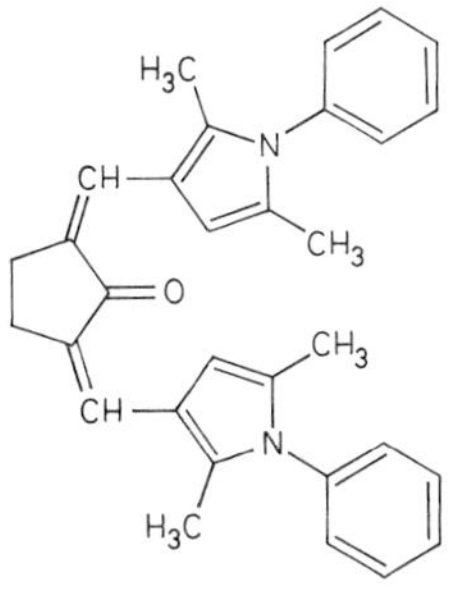

VII 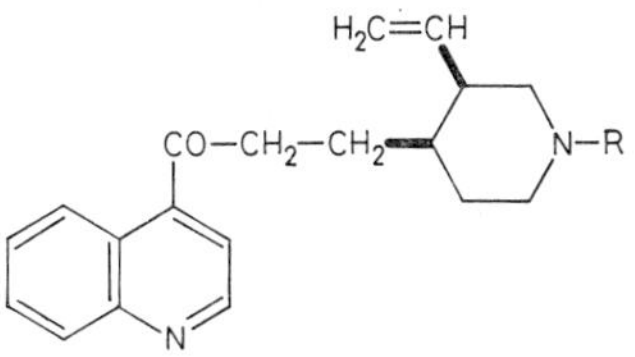   VIII

1-[4]Chinolyl-3-[(4R)-3c-vinyl-piperidin-4r-yl]-propan-1-on, 1,8-Seco-cinchonan-9-on, Cinchotoxin, Cinchonicin $C_{19}H_{22}N_2O$, Formel VIII (R = H) (H 203; E I 270; E II 100).

Die Konfiguration ergibt sich aus der genetischen Beziehung zu Cinchonin (E III/IV **23** 2819) bzw. Cinchonidin (E III/IV **23** 2824).

F: 54—57°; $[\alpha]_D^{20}$: +49,6° [A.], +30,6° bis +31° [wss.-äthanol. HCl] (*Ludwiczak, Suszko*, Bl. Acad. polon. [A] **1934** 402, 407). $[\alpha]_D^{20}$ (c = 1,18) in Äthanol von 0,25 Mol HCl/Mol Base (+42,9°) bis 3,5 Mol HCl/Mol Base (+30,2°): *Lu., Su.* UV-Spektrum (H_2O; 210—380 nm): *Hicks*, Austral. J. exp. Biol. med. Sci. **7** [1930] 171, 172.

Über hautreizende Wirkung s. *Dawson, Garbade*, J. Pharmacol. exp. Therap. **39** [1930] 417, 422.

Oxalat $2 C_{19}H_{22}N_2O \cdot C_2H_2O_4$. Kristalle mit 4 Mol H_2O; F: 171°; $[\alpha]_D^{20}$: +29,1° [A.], +26,3° [H_2O; c = 1,5], +24,3° bis +25,7° [wss. HCl] (*Lu., Su.*).

1-Äthyl-1,8-seco-cinchonan-9-on, *N*-Äthyl-cinchotoxin $C_{21}H_{26}N_2O$, Formel VIII (R = C_2H_5).

Die früher (H **24** 206) unter dieser Konstitution beschriebene Base vom F: 90—91° ist vermutlich als (8Ξ,9R)-1-Äthyl-8,9-epoxy-1,8-seco-cinchonan zu formulieren (*Rabe et al.*, A. **561** [1949] 159, 161). Entsprechendes gilt für die H 206 als 1-Äthyl-1-methyl-9-oxo-1,8-seco-cinchonanium-jodid [$C_{22}H_{29}N_2O$]I und als 1,1-Diäthyl-9-oxo-1,8-seco-cinchonanium-jodid [$C_{23}H_{31}N_2O$]I beschriebenen Derivate.

1-Benzyl-1,8-seco-cinchonan-9-on, *N*-Benzyl-cinchotoxin $C_{26}H_{28}N_2O$, Formel VIII (R = CH_2-C_6H_5).

Die früher (H **24** 206) sowie die von *Suszko, Tomanek* (R. **52** [1933] 18, 24) und von *Ludwiczak, Suszko* (Bl. Acad. polon. [A] **1934** 402, 406) unter dieser Konstitution beschriebene Verbindung ist als (8Ξ,9S)-1-Benzyl-8,9-epoxy-1,8-seco-cinchonan zu formulieren (*Rabe et al.*, A. **561** [1949] 159, 161). Entsprechendes gilt für das H 206 als 1,1-Dibenzyl-9-oxo-1,8-seco-cinchonanium-chlorid [$C_{33}H_{35}N_2O$]Cl beschriebene Derivat.

B. Beim Erwärmen von (9S)-1-Benzyl-9-hydroxy-cinchonanium-chlorid (E III/IV **23** 2832) mit wss. Essigsäure und NaOH (*Rabe et al.*, l. c. S. 163).

Hydrogenoxalat. F: 99—101° (*Rabe et al.*).

[(1S)-5-endo-Äthyl-chinuclidin-2ξ-yl]-[3]chinolyl-keton $C_{19}H_{22}N_2O$, Formel IX.

B. Beim Erwärmen von 3-[(4*R*)-3*c*-Äthyl-1-brom-[4*r*]piperidyl]-1-[3]chinolyl-prop≈
an-1-on mit äthanol. Natriumäthylat (*Nandi*, Pr. Indian Acad. [A] **12** [1940] 1, 13).
Gelbe Kristalle (aus A.), F: 122 124°.
Picrat $C_{19}H_{22}N_2O \cdot C_6H_3N_3O_7$. Gelbe Kristalle (aus A.); F: 167—168°.

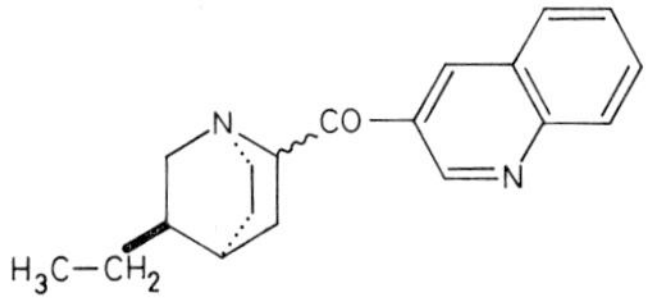

IX 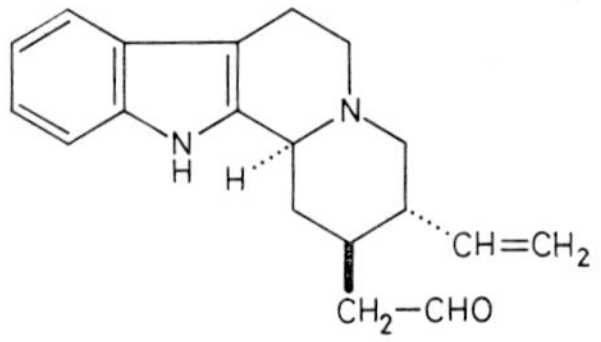   X

Coryn-18-en-17-al, Corynantheal $C_{19}H_{22}N_2O$, Formel X (in der Literatur auch als
Descarboxy-corynanthon bezeichnet).

B. Beim Erwärmen von 17-Oxo-coryn-18-en-16ξ-carbonsäure-methylester („Desmethyl≈
corynanthein") mit wss. HCl (*Chatterjee, Karrer*, Helv. **33** [1950] 802, 809).
Picrat $C_{19}H_{22}N_2O \cdot C_6H_3N_3O_7$. Braungelbe Kristalle (aus A.); Zers. >200°.
4-Nitro-phenylhydrazon-hydrochlorid $C_{25}H_{27}N_5O_2 \cdot HCl$. Gelbe Kristalle (aus
A.); Zers. >200°.

In dem von *Janot, Goutarel* (Bl. **1951** 588, 599) unter dieser Konstitution (und Konfiguration) beschriebenen Präparat (Kristalle; F: 230°; $[\alpha]_D$: −48,5° [Py.], +16,6° [wss.
HCl (2 n)]; 2,4-Dinitro-phenylhydrazon: Kristalle [aus Me.], F: 255°) hat ein Gemisch mit
Corynan-17-al (Dihydrocorynantheal) vorgelegen (*Karrer et al.*, Helv. **35** [1952] 851, 855,
861).

(±)-6-[2,3,3a,4,5,7,8,9-Octahydro-1H-cyclopent[e]acenaphthylen-6-yl]-4,5-dihydro-2H-
pyridazin-3-on $C_{19}H_{22}N_2O$, Formel XI.

Diese Konstitution kommt vermutlich der nachstehend beschriebenen Verbindung zu
(*Dannenberg et al.*, A. **585** [1954] 23, 25).

B. Neben anderen Verbindungen aus einem (±)-4-[2,3,3a,4,5,7,8,9-Octahydro-1*H*-
cyclopent[e]acenaphthylen-6-yl]-4-oxo-buttersäure enthaltenden Gemisch über mehrere
Stufen (*Da. et al.*, l. c. S. 29).

F: 206—208° [aus $CHCl_3$ + Bzl.]. λ_{max} ($CHCl_3$): 279 nm.

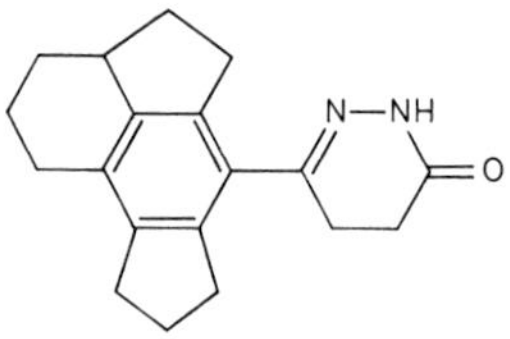

XI 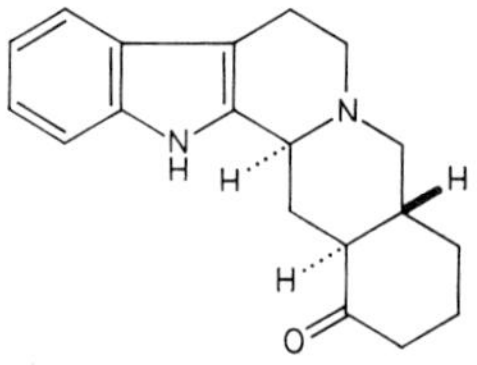   XII 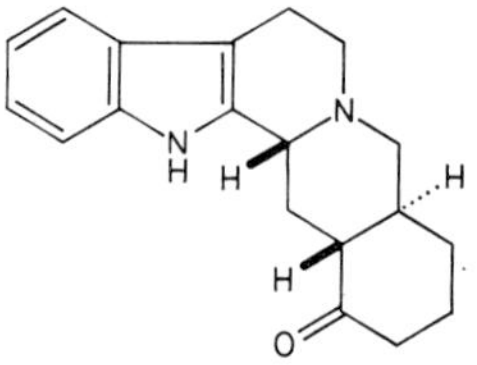   XIII

3,4,4a,5,7,8,13,13b,14,14a-Decahydro-2H-indolo[2′,3′:3,4]pyrido[1,2-b]isochinolin-1-on
$C_{19}H_{22}N_2O$.

a) **Yohimban-16-on,** Formel XII.

B. Beim Behandeln von Apoyohimbinsäure-hydrochlorid (16,17-Didehydro-yohimban-
16-carbonsäure-hydrochlorid) mit konz. H_2SO_4 und HN_3 in $CHCl_3$ (*Hill, Muench*, J. org.
Chem. **22** [1957] 1276; *Wenkert, Bringi*, Am. Soc. **81** [1959] 1474, 1480).
Kristalle; F: 274—276° [Zers.; aus Xylol] (*Hill, Mu.*), 256° [Zers.; nach Sublimation
im Vakuum] (*We., Br.*). Kristalle (aus A.) mit 0,5 Mol H_2O; F: 283—285° [auf 250° vorgeheiztes Bad] (*Hill, Mu.*). $[\alpha]_D^{21}$: −89° [Py.; c = 1,4] [Semihydrat] (*Hill, Mu.*); $[\alpha]_D$:
−86,1° [Py.] [wasserfreies Präparat] (*We., Br.*).
Oxim $C_{19}H_{23}N_3O$. Kristalle (aus Me.); F: 316—319° [Zers.] (*Hill, Mu.*).

b) *ent*-Yohimban-16-on, Formel XIII.

B. Beim Behandeln von *ent*-16,17-Didehydro-15β-yohimban-16-carbonsäure-hydro‍chlorid (,,Apo-3-epi-α-yohimbinsäure-hydrochlorid") mit konz. H_2SO_4 und HN_3 in $CHCl_3$ (*Wenkert, Bringi*, Am. Soc. **81** [1959] 1474, 1480).
Kristallle (aus wss. Me.); F: 254—256° [Zers.]. $[\alpha]_D$: +85,0° [Py.].

3,4,4a,5,7,8,13,13b,14,14a-Decahydro-1H-indolo[2′,3′:3,4]pyrido[1,2-b]isochinolin-2-on
$C_{19}H_{22}N_2O$.
Über die Konstitution der nachstehend beschriebenen Stereoisomeren s. a. *Swan*, Soc.
1950 1534. Bezüglich der absoluten Konfiguration s. *Klyne*, Chem. and Ind. **1953** 1032;
Djerassi et al., Am. Soc. **78** [1956] 6362; *Aldrich et al.*, Am. Soc. **81** [1959] 2481; *Ban*,
Yonemitsu, Tetrahedron **20** [1964] 2877.

a) **20α-Yohimban-17-on, (–)-Alloyohimbon**, Rauwolscon, α-Yohimbon,
Formel XIV (E II 100).
Relative Konfiguration: *Le Hir et al.*, Bl. **1953** 1027; *Stork, Hill*, Am. Soc. **76** [1954]
949, 79 [1957] 495.
Identität von Alloyohimbon mit Rauwolscon: *Chatterjee, Pakrashi*, Naturwiss. **41**
[1954] 215.
B. Beim Erhitzen von α-Yohimbin (Rauwolscin; 17α-Hydroxy-20α-yohimban-16β-
carbonsäure-methylester) mit Aluminiumphenolat und Cyclohexanon in Xylol (*Le Hir
et al.*, l. c. S. 1031; *Ch., Pa.*, Naturwiss. **41** 215). Analoge Bildungsweise aus α-Yohimbin‍säure (Rauwolscinsäure; 17α-Hydroxy-20α-yohimban-16β-carbonsäure): *Poisson et al.*,
Bl. **1958** 1195, 1199; *Chatterjee, Pakrashi*, J. Indian chem. Soc. **36** [1959] 685, 691; s.a.
Huebner et al., Am. Soc. **77** [1955] 5725, 5728. Analoge Bildungsweise aus Alloyohimbin
(17α-Hydroxy-20α-yohimban-16α-carbonsäure-methylester) oder aus Alloyohimbin‍säure (,,Alloyohimboasäure"; 17α-Hydroxy-20α-yohimban-16α-carbonsäure): *Witkop*, A.
554 [1943] 83, 108; *Le Hir et al.*, l. c. S. 1030.
Kristalle; F: 244° [evakuierte Kapillare] (*Po. et al.*), 236—239° [unkorr.; Zers.; aus
Me.] (*Hu. et al.*), 230—231° [unkorr.; Zers.; aus Me.] (*Ch., Pa.*, J. Indian chem. Soc. **36**
691). $Kp_{0,005}$: 200—220° (*Ch., Pa.*, J. Indian chem. Soc. **36** 691). $[\alpha]_D^{20}$: −104° [Py.;
c = 0,2] (*Le Hir et al.*); $[\alpha]_D^{25}$: −97° [Py.] (*Hu. et al.*); $[\alpha]_D^{28}$: −128° [Py.] (*Ch., Pa.*, J.
Indian chem. Soc. **36** 691); $[\alpha]_D$: −103° [Py.] (*Bose et al.*, Indian J. Pharm. **18** [1956] 185,
187); $[\alpha]_D^{25}$: −152° [$CHCl_3$] (*Hu. et al.*). [α] bei 700—300 nm [Dioxan; c = 0,03—0,18]
(anomaler Verlauf): *Po. et al.*, l. c. S. 1197, 1199. IR-Spektrum (Nujol; 5000—625 cm^{-1}):
Le Hir et al.
Hydrochlorid. Kristalle; F: 286—287° [Zers.] (*Ch., Pa.*, J. Indian chem. Soc. **36**
691).
Picrat $C_{19}H_{22}N_2O \cdot C_6H_3N_3O_7$. Kristalle (aus Me.) mit 1 Mol H_2O; F: 208—209° [Zers.]
(*Ch., Pa.*, J. Indian chem. Soc. **36** 691).
2,4-Dinitro-phenylhydrazon $C_{25}H_{26}N_6O_4$. F: 260—262°(?) [unkorr.; Zers.] (*Ch.,
Pa.*, J. Indian chem. Soc. **36** 691). — Hydrochlorid. Zers. bei 260—262° (*Ch., Pa.*,
Naturwiss. **41** 215). Kristalle (aus Me.) mit 1 Mol H_2O; Zers. bei 264° [nach Verfärbung
bei 250°] (*Wi.*).

b) **rac-20α-Yohimban-17-on, (±)-Alloyohimbon**, Formel XIV + Spiegelbild.
B. Neben geringen Mengen (±)-Epialloyohimban (S. 655) beim Hydrieren von *rac*-17,17-
Äthandiyldioxy-yohimb-15(20)-en an Palladium in Dioxan bei 80°/70 at und Behandeln
des Reaktionsprodukts mit wss. HCl (*Philpott, Parsons*, Soc. **1958** 3018, 3020).
Kristalle (aus E.); F: 261—267° [Zers.]. λ_{max} (A.): 283 nm.

XIV   XV

c) **Yohimban-17-on, (−)-Yohimbon**, Formel XV (E II 100).

Relative Konfiguration: *Janot et al.*, Bl. **1952** 1085; *van Tamelen et al.*, Am. Soc. **78** [1956] 4628.

B. Beim Erhitzen von Yohimbin (17α-Hydroxy-yohimban-16α-carbonsäure-methyl‚ ester) oder von 17α-Hydroxy-yohimban-16α-carbonsäure („Yohimboasäure") mit Alu‚ miniumphenolat und Cyclohexanon in Xylol (*Witkop*, A. **554** [1943] 83, 105, 107). Beim Erhitzen von 17α-Hydroxy-yohimban-16α-carbonsäure mit Anthracen unter vermindertem Druck (*Wi.*). Beim Erhitzen von Pseudoyohimbin [17α-Hydroxy-3β-yohimban-16α-carbonsäure-methylester] (*Ja. et al.*, Bl. **1952** 1089) oder von Pseudoyohimbinsäure [17α-Hydroxy-3β-yohimban-16α-carbonsäure] (*Janot et al.*, C. r. **230** [1950] 2041) mit Natronkalk. Beim Erwärmen von 17-Oxo-yohimban-16α-carbonsäure-methylester mit äthanol. KOH (*Kimoto et al.*, Chem. pharm. Bl. **7** [1959] 650). Neben Pseudoyohimbon (S. 655) beim Erwärmen von 17-Oxo-yohimb-3-enium-perchlorat mit Zink-Pulver und Essigsäure (*Wenkert, Roychaudhuri*, Am. Soc. **80** [1958] 1613, 1617). Gewinnung aus dem unter d) beschriebenen Racemat mit Hilfe von (1*R*)-2-Oxo-bornan-10-sulfonsäure: *Swan*, Soc. **1950** 1534, 1539.

Kristalle; F: 310−311° (*Ja. et al.*, C. r. **230** 2042), 306−308° (*Vejdělek, Macek*, Collect. **24** [1959] 2493, 2498), 307° [vorgeheizter App.; aus Me.] (*Ja. et al.*, Bl. **1952** 1089), 288° [Zers.] (*Jeffreys*, Soc. **1959** 3077, 3078). $[\alpha]_D^{18}$: −106° [Py.; c = 2,6] (*Swan*); $[\alpha]_D^{19}$: −109° [Py.; c = 0,76] (*Je.*); $[\alpha]_D^{20}$: −105° [Py.; c = 1] (*Ja. et al.*, Bl. **1952** 1089), −85° [CHCl₃; c = ca. 1] (*Ve., Ma.*); $[\alpha]_D$: −130° [Dioxan; c = 0,1] (*Djerassi et al.*, Am. Soc. **78** [1956] 6362, 6376). [α] bei 700−300 nm [Dioxan; c = 0,1] (anomaler Verlauf): *Dj. et al.*, l. c. S. 6371, 6376. ORD (H₂O, Me. sowie CHCl₃; 643,8−435,8 nm): *Je.*, l. c. S. 3079. IR-Spektrum (2−11 µ): *Janot et al.*, C. r. **231** [1950] 582. Scheinbarer Dissoziationsexponent pK_a' (wss. 2-Methoxy-äthanol [80%ig]; potentiometrisch ermittelt): 6,97 (*Ja. et al.*, Bl. **1952** 1087).

Beim Erwärmen mit Quecksilber(II)-acetat in Essigsäure ist 17-Oxo-yohimb-3-enium (isoliert als Perchlorat) erhalten worden (*We., Ro.*). Beim Erwärmen mit wss. Maleinsäure und Palladium ist 17-Oxo-yohimba-3,5-dienium (isoliert als Nitrat) erhalten worden (*We., Ro.*). Beim Behandeln mit Peroxybenzoesäure in CHCl₃ ist 2,7-Seco-yohimban-2,7,17-trion erhalten worden (*Witkop, Fiedler*, A. **558** [1947] 91, 92, 96). Beim Behandeln mit Diäthylcarbonat ist entgegen den Angaben von *Akšanowa, Preobrashenškiǐ* (Doklady Akad. S.S.S.R. **117** [1957] 81; Pr. Acad. Sci. U.S.S.R. Chem. Sect. **112−117** [1957] 963) 17-Oxo-yohimban-18β-carbonsäure-äthylester erhalten worden (*van Tamelen et al.*, Am. Soc. **91** [1969] 7315, 7323 Anm. 23).

Hydrochlorid $C_{19}H_{22}N_2O \cdot HCl$. Kristalle (aus H₂O); F: 328° (*Witkop*, A. **554** [1943] 83, 106).

Picrat $C_{19}H_{22}N_2O \cdot C_6H_3N_3O_7$. Kristalle (aus H₂O) mit 1 Mol H₂O; F: 171° (*Wi.*, l. c. S. 106).

2,4-Dinitro-phenylhydrazon-hydrochlorid $C_{25}H_{26}N_6O_4 \cdot HCl$. Kristalle (aus Me.) mit 2 Mol H₂O; unterhalb 300° nicht schmelzend [bei 280° Sintern unter Verfärbung] (*Wi.*, l. c. S. 103).

Methochlorid $[C_{20}H_{25}N_2O]Cl$; 4β(?)-Methyl-17-oxo-yohimbanium-chlorid. Kristalle (aus Me. + Ae.) mit 2 Mol H₂O; F: 276° [Zers.] (*Wi.*, l. c. S. 102).

Methojodid. Kristalle (aus Me.); F: ca. 290° [Zers.; nach Verfärbung ab 250°] (*Wi.*, l. c. S. 102).

d) **rac-Yohimban-17-on, (±)-Yohimbon**, Formel XV + Spiegelbild.

B. Beim Hydrieren von *rac*-Yohimb-15-en-17-on („Base-D‟) an Platin in Essigsäure (*Swan*, Soc. **1950** 1534, 1539) oder an Palladium/SrCO₃ in Äthanol (*Philpott, Parsons*, Soc. **1958** 3018, 3020).

Kristalle; F: 265−269° [Zers.] (*Ph., Pa.*), 266° [Zers.; nach Verfärbung bei 263°; aus Me.] (*Swan*). λ_{max} (A.): 278 nm (*Swan*).

2,4-Dinitro-phenylhydrazon-hydrochlorid $C_{25}H_{26}N_6O_4 \cdot HCl$. Orangerote Kristalle (aus Me.) mit 0,5 Mol H₂O; unterhalb 320° nicht schmelzend [Schwarzfärbung bei ca. 280°] (*Swan*).

e) **ent-15β-Yohimban-17-on, (+)-Epialloyohimbon**, Formel I (in der Literatur auch als 3-Epi-alloyohimbon, 3-Epi-α-yohimbon bezeichnet).

Über die relative Konfiguration s. *Stork, Hill*, Am. Soc. **76** [1954] 949, **79** [1957] 495.

B. Beim Erhitzen von sog. 3-Epi-α-yohimbin (*ent*-17β-Hydroxy-15β-yohimban-16α-carbonsäure-methylester) mit Aluminiumphenolat und Cyclohexanon in Xylol (*Bader et al.*, Am. Soc. **77** [1955] 3547, 3549). In geringer Menge neben (–)-Alloyohimbon (S. 653) beim Erhitzen von α-Yohimbinsäure (17α-Hydroxy-20α-yohimban-16β-carbon=säure) mit Aluminiumphenolat und Cyclohexanon in Xylol (*Huebner et al.*, Am. Soc. **77** [1955] 5725, 5728).

Kristalle; F: 269—271° [unkorr.; evakuierte Kapillare; aus Me.] (*Hu. et al.*), 247° bis 250° [unkorr.; Zers.; aus Me.] (*Hu. et al.*), 247—250° [nach Sublimation bei 150° bis 160°/0,002 Torr] (*Ba. et al.*). $[\alpha]_D^{26}$: +163° [Py.] (*Ba. et al.*); $[\alpha]_D^{24}$: +80° [CHCl$_3$] (*Hu. et al.*). [α] bei 700—300 nm [Dioxan; c = 0,01] (anomaler Verlauf): *Poisson et al.*, Bl. **1958** 1194, 1197, 1199.

f) *rac*-15β-Yohimban-17-on, (±)-Epialloyohimbon, Formel I + Spiegelbild.

B. Beim Erhitzen von (±)-Alloyohimbon (S. 653) mit Pivalinsäure in Xylol (*Philpott, Parsons*, Soc. **1958** 3018, 3020). Eine weitere Bildungsweise s. unter b).

Kristalle (aus E. + PAe.); F: 284—287° [Zers.]. IR-Spektrum (Nujol; 2000 cm^{-1} bis 600 cm^{-1}): *Ph., Pa.*, l. c. S. 3019.

I   II   III

g) 3β-Yohimban-17-on, Pseudoyohimbon, Formel II.

Relative Konfiguration: *Janot et al.*, Bl. **1952** 1085.

Identität von Yohimbenon mit Pseudoyohimbon: *Janot et al.*, C. r. **231** [1950] 582.

B. Beim Erhitzen von Pseudoyohimbin oder von Pseudoyohimbinsäure (17α-Hydroxy-3β-yohimban-16α-carbonsäure-methylester bzw. 17α-Hydroxy-3β-yohimban-16α-carbon=säure) mit Aluminiumphenolat und Cyclohexanon in Xylol (*Witkop*, A. **554** [1943] 83, 108; *Janot et al.*, Bl. **1952** 1089). Eine weitere Bildungsweise s. unter c).

Kristalle; F: 287° [vorgeheizter App.; aus Me.] bzw. 268° [korr.; Kapillare] (*Ja. et al.*, Bl. **1952** 1089), 270—273° (*Wenkert, Roychaudhuri*, Am. Soc. **80** [1958] 1613, 1617), 268—270° [Zers.] (*Jeffreys*, Soc. **1959** 3077, 3078). $[\alpha]_D^{18}$: −17° [Py.; c = 0,6] (*Je.*); $[\alpha]_D^{20}$: −24° [Py.; c = 1] (*Ja. et al.*, Bl. **1952** 1089; s. a. *We., Ro.*); $[\alpha]_D^{22}$: −17° [Py.; c = 0,9] (*Je.*). ORD (Me. sowie CHCl$_3$; 643,8—404,7 nm): *Je.*, l. c. S. 3079. IR-Spektrum (3—10 μ): *Janot et al.*, C. r. **231** [1950] 582. Scheinbarer Dissoziationsexponent pK_a' (wss. 2-Methoxy-äthanol [80%ig]; potentiometrisch ermittelt): 7,28 (*Ja. et al.*, Bl. **1952** 1087).

Sulfat. ORD (H$_2$O; 643,8—404,7 nm): *Je.*

2,4-Dinitro-phenylhydrazon-hydrochlorid C$_{25}$H$_{26}$N$_6$O$_4$·HCl. Orangerote Kristalle (aus Me.); F: 290° [nach Erweichen bei 260°; vorgeheizter App.] (*Ja. et al.*, Bl. **1952** 1089). Kristalle (aus Me.) mit 1 Mol H$_2$O, die bei 280° sintern [nach Dunkelfärbung bei 260°] (*Wi.*).

17,17-Diäthylmercapto-yohimban, Yohimbon-diäthyldithioacetal C$_{23}$H$_{32}$N$_2$S$_2$, Formel III.

Hydrochlorid C$_{23}$H$_{32}$N$_2$S$_2$·HCl. *B.* Beim Behandeln von (–)-Yohimbon (S. 654) mit Äthanthiol und wenig HCl in Essigsäure (*Groves, Swan*, Soc. **1952** 650, 659). — Kristalle; F: 290—292° [unkorr.; nach Sintern bei 250°].

---

rac-Yohimban-21-on C$_{19}$H$_{22}$N$_2$O, Formel IV + Spiegelbild.

B. Beim Erhitzen von Tryptamin mit (±)-[*trans*-2-Carboxy-cyclohexyl]-brenztrauben=säure in Essigsäure (*Corsano, Panizzi*, Ann. Chimica **48** [1958] 1025, 1031, 1035).

Kristalle (aus A.); F: 267—270° [Kofler-Block] bzw. 261—265° [Kupfer·Block].UV-Spektrum (A.; 220—330 nm): *Co.*, *Pa.*, l. c. S. 1030, 1035.

IV　　　　　　　　V　　　　　　　　VI

(4a*R***)-(4a***r***,13b***t***,14a***t***)-1,3,4,4a,5,7,13,13b,14,14a-Decahydro-2***H***-benz[6,7]indolizino⹀[1,2-***b***]chinolin-8-on**, ***B***(7a)-Homo-***C***-nor-yohimban-7a-on $C_{19}H_{22}N_2O$, Formel V (in der Literatur als Yohimban-chinolon bezeichnet).

B. Beim Behandeln von Yohimban (E III/IV **23** 1645) mit Ozon in wss. Essigsäure und Behandeln des Reaktionsprodukts mit wss. $NaHCO_3$ oder Na_2CO_3 (*Witkop*, *Goodwin*, Am. Soc. **75** [1953] 3371, 3376).

Gelbe Kristalle (aus A.) mit 1 Mol Äthanol die bei 143—147° Äthanol abgeben; die äthanolfreie Verbindung verfärbt sich ab 260° ohne unterhalb 300° zu schmelzen. IR-Spektrum ($CHCl_3$; 2—12 μ): *Wi.*, *Go.*, l. c. S. 3372. λ_{max} (A.): 242 nm, 314 nm und 328 nm.

Picrat $C_{19}H_{22}N_2O \cdot C_6H_3N_3O_7$. Gelbe Kristalle (aus Me.) mit 1 Mol H_2O; F: 200° bis 220° [nach Kristallumwandlung bei 160°].

(1*Ξ***,4***R***)-3′-Oxo-6***t***-vinyl-(8***ξ***)-2,3,6,7,8,8a-hexahydro-5***H***-spiro[4***r***,7***c***-äthano-indol⹀izinium-1,2′-indolin]** $[C_{19}H_{23}N_2O]^+$, Formel VI; **Anhydroisochinamin**.

Hydrogensulfat $[C_{19}H_{23}N_2O]HSO_4$. *B.* Aus Isochinamin (Syst.-Nr. 3635) beim Erhitzen mit Acetanhydrid und wenig Pyridin und Behandeln des Reaktionsprodukts mit wss. H_2SO_4 (*Kirby*, Soc. **1949** 735). — Gelbe Kristalle (aus wss. H_2SO_4); F: 246° bis 247°. $[\alpha]_D$: +128,3° [H_2O; c = 1].

Sulfat $[C_{19}H_{23}N_2O]_2SO_4$. Gelbe Kristalle (aus H_2O) mit 7 Mol H_2O; F: 302—304°[Zers.].

Picrat $[C_{19}H_{23}N_2O]C_6H_2N_3O_7$. Gelbe Kristalle (aus Acn.); F: 232—234°. $[\alpha]_D$: +77,6° [Acn.; c = 0,5].

13a-Äthyl-2,3,6,13,13a,13b-hexahydro-1*H***,5***H***-indolo[3,2,1-***de***]pyrido[3,2,1-***ij***][1,5]naph⹀thyridin-12-on** $C_{19}H_{22}N_2O$.

a) **15***H***-Eburnamenin-14-on, (+)-Eburnamonin**, Formel VII.
Isolierung aus Rinde von Hunteria eburnea: *Bartlett et al.*, C. r. **249** [1959] 1259.
B. Aus (−)-Eburnamin (E III/IV **23** 2746) oder aus (+)-Isoeburnamin (E III/IV **23** 2746) mit Hilfe von CrO_3 (*Ba. et al.*).
F: 183°. $[\alpha]_D^{26}$: +89° [$CHCl_3$]. λ_{max}: 241 nm, 268 nm, 296 nm und 302 nm.

b) ***rac*-15***H***-Eburnamenin-14-on, (±)-Eburnamonin**, Formel VII + Spiegelbild.
B. Beim Behandeln von *rac*-15*H*-Eburnamenin-14,19-dion (,,(±)-Eburnamonin-lactam'') mit $LiAlH_4$ in Äther und Behandeln des Reaktionsprodukts mit CrO_3 in Pyridin (*Bartlett*, *Taylor*, Tetrahedron Letters **1959** Nr. 20, S. 22).
F: 203—204°.

Cur-2(16)-en-17-al $C_{19}H_{22}N_2O$, Formel VIII (in der Literatur als Geissoschizolin-aldehyd bezeichnet).
B. Aus Geissoschizolin (Pereirin [E III/IV **23** 2692]) mit Hilfe von Fluoren-9-on und Kalium-*tert*-butylat (*Puisieux et al.*, Ann. pharm. franç. **17** [1959] 626, 630).
Gelbe Kristalle; F: 212°. $[\alpha]_D^{21}$: −897° [A.]. λ_{max}: 245 nm, 300 nm und 370 nm.

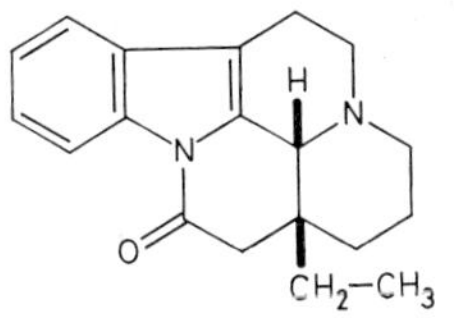

VII 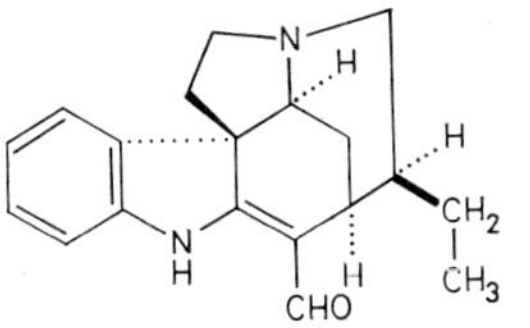   VIII 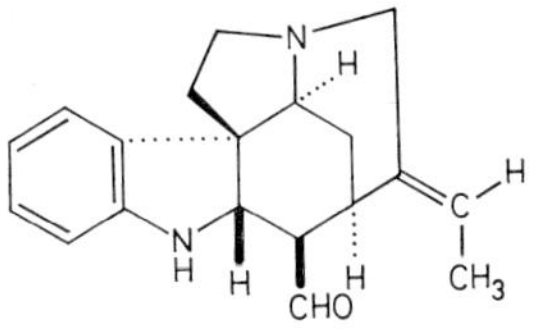   IX

12-Äthyliden-1,2,3a,4,5,6,6a,7-octahydro-3,5-äthano-pyrrolo[2,3-d]carbazol-6-carbaldehyd $C_{19}H_{22}N_2O$.

Die Konfiguration der nachstehend beschriebenen Stereoisomeren ergibt sich aus der genetischen Beziehung zu Strychnin (vgl. *Hymon et al.*, Helv. **52** [1969] 1564, 1565 Anm. 2).

a) **(19E?)-Cur-19-en-17-al**, vermutlich Formel IX (in der Literatur als 18-Desoxy-Wieland-Gumlich-aldehyd bezeichnet).

B. Beim Erwärmen von Nor-dihydrotoxiferin (Syst.-Nr. 4034; bezüglich der Konstitution s. *Boekelheide et al.*, Tetrahedron Letters **1960** Nr. 26, S. 1) mit wss. H_2SO_4 (*Bernauer et al.*, Helv. **41** [1958] 2293, 2304; *Marini-Bettòlo*, *Monache*, G. **103** [1973] 543, 548).

IR-Spektrum (CCl_4; 4000−800 cm^{-1}): *Be. et al.*, l. c. S. 2294.

b) **(19Z?)-Cur-19-en-17-al**, vermutlich Formel I.

B. Beim Erwärmen von sog. Wieland-Gumlich-aldehyd ((17R,19E)-17,18-Epoxy-cur-19-en-17-ol($\rightleftharpoons$(19E)-18-Hydroxy-cur-19-en-17-al) mit HBr und rotem Phosphor in Essigsäure und anschliessenden Behandeln der filtrierten Reaktionslösung mit Zink-Pulver (*Bernauer et al.*, Helv. **41** [1958] 2293, 2306).

Methochlorid [$C_{20}H_{25}N_2O$]Cl; (19Z?)-4-Methyl-17-oxo-cur-19-enium-chlorid. Beim Erwärmen mit Natriumacetat und Essigsäure ist eine als Stereoisomeres des Dihydrotoxiferins (Bis-methochlorid des (16Ξ,19Z,16'Ξ,19'Z)-1,17';17,1'-Dicyclo-dicura-16,19,16',19'-tetraens) angesehene Verbindung (Picrat vom F: 244−248° [Zers.]) erhalten worden (*Be. et al.*, l. c. S. 2306).

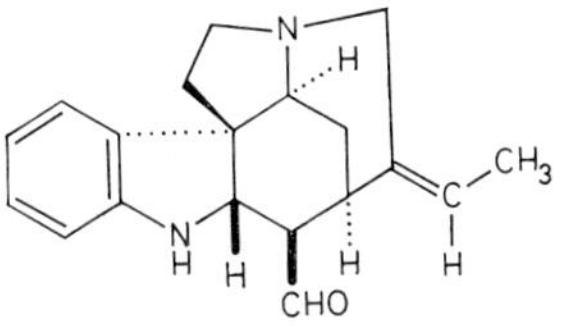

I 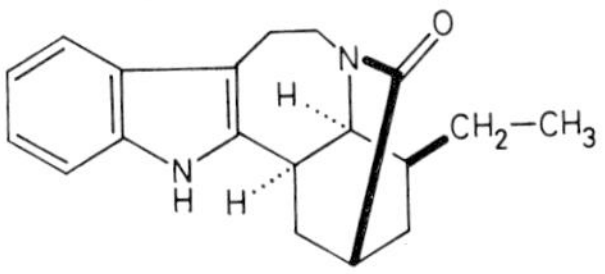   II 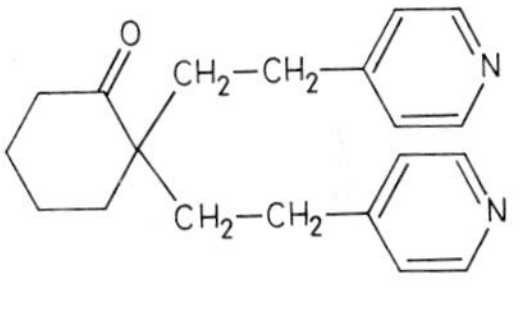   III

Ibogamin-19-on, Ibogaminlactam $C_{19}H_{22}N_2O$, Formel II.

B. Beim Behandeln von Ibogamin (E III/IV **23** 1648) mit Jod und wss. $NaHCO_3$ in THF oder mit CrO_3 in Pyridin (*Bartlett et al.*, Am. Soc. **80** [1958] 126, 132).

Kristalle (aus Me.); F: 329−331° [unkorr.; Zers.]. λ_{max} (A.): 223 nm, 283 nm und 291 nm.

Oxo-Verbindungen $C_{20}H_{24}N_2O$

2,2-Bis-[2-[4]pyridyl-äthyl]-cyclohexanon $C_{20}H_{24}N_2O$, Formel III.

B. Neben anderen Verbindungen aus Cyclohexanon und 4-Vinyl-pyridin mit Hilfe von Natrium (*Magnus*, *Levine*, J. org. Chem. **22** [1957] 270, 271).

Kp_2: 245−255°.

Dipicrat $C_{20}H_{24}N_2O \cdot 2 C_6H_3N_3O_7$. F: 199−200°.

16α-Methyl-yohimban-17-on $C_{20}H_{24}N_2O$, Formel IV.

B. Aus 16α-Methyl-yohimban-17α-ol beim Erhitzen mit Aluminiumisopropylat und Aceton in Xylol (*Elderfeld et al.*, J. org. Chem. **24** [1959] 1296, 1301) oder mit Aluminiumphenolat und Cyclohexanon in Xylol (*Vejdělek*, *Macek*, Collect. **24** [1959] 2493, 2498).

Kristalle; F: 293° [unkorr.; Zers.; aus Bzl. + CHCl$_3$] (*El. et al.*), 279—280° [Zers.; aus Me.] (*Ve., Ma.*). [α]$_D^{20}$: −63° [CHCl$_3$; c = 1], −101° [Py.; c = 1] (*Ve., Ma.*); [α]$_D^{27}$: −88° [Py.] (*El. et al.*).

2,4-Dinitro-phenylhydrazon-hydrochlorid C$_{26}$H$_{28}$N$_6$O$_4$·HCl. Braune Kristalle (aus Me.) mit 1 Mol H$_2$O; Zers. beim Erhitzen ohne unterhalb 350° zu schmelzen (*Ve., Ma.*).

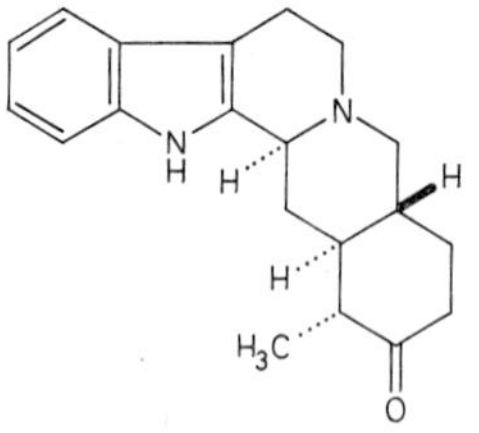

IV 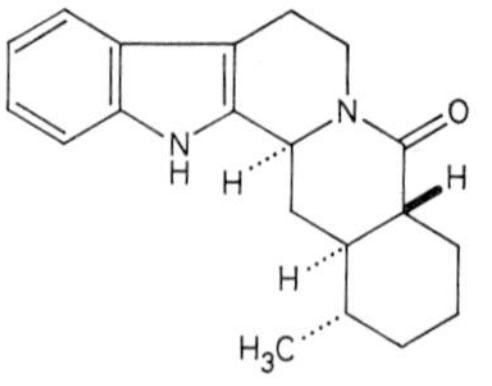   V 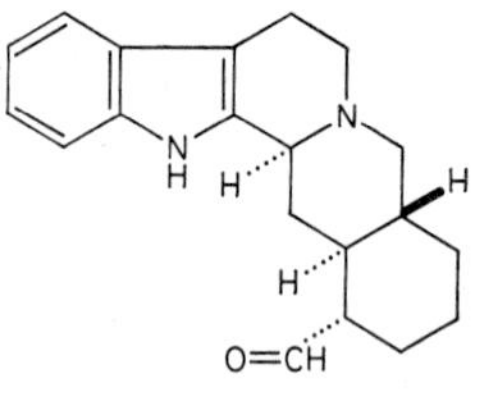   VI

***rac*-16α-Methyl-yohimban-21-on** C$_{20}$H$_{24}$N$_2$O, Formel V + Spiegelbild.

B. Aus *rac*-18-Oxo-yohimb-15(20)-en-16ξ-carbonsäure (Hydrochlorid vom F: 251° bis 254°) mit Hilfe von N$_2$H$_4$·H$_2$O und Natriumäthylat (*Weisenborn, Applegate*, Am. Soc. **78** [1956] 2021).

Kristalle; F: 277—279°.

Yohimban-16α-carbaldehyd, Dihydroapoyohimbal C$_{20}$H$_{24}$N$_2$O, Formel VI.

Konfigurationszuordnung: *Albright et al.*, J. heterocycl. Chem. **7** [1970] 623.

B. Neben Apoyohimbylalkohol (Yohimb-16-en-16-yl-methanol) beim Erwärmen von Apoyohimbin (Yohimb-16-en-16-carbonsäure-methylester) mit LiAlH$_4$ in THF (*Brüesch, Karrer*, Helv. **38** [1955] 905, 906; s. a. *Al. et al.*).

Kristalle; F: 200—203° [unkorr.; Zers.; aus Me. + CHCl$_3$] (*Al. et al.*), 192—195° [korr.; nach Sublimation im Hochvakuum bei 170—175°] (*Br., Ka.*). [α]$_D^{25}$: −43° [Py.; c = 1,1] (*Al. et al.*).

4-Nitro-phenylhydrazon C$_{26}$H$_{29}$N$_5$O$_2$. Kristalle (aus A. + H$_2$O); Zers. bei 230° [korr.] (*Br., Ka.*).

Oxo-Verbindungen C$_{21}$H$_{26}$N$_2$O

(21Ξ)-19-Methyl-11,12(?)-didehydro-21,22(?)-dihydro-12,23;19,20-diseco-24-nor-13ξ-strychnidin-10-on C$_{22}$H$_{28}$N$_2$O, vermutlich Formel VII (in der Literatur als Dihydro-anhydro-tetrahydro-methyl-strychnin-K^5 bezeichnet).

Bezüglich der Konstitution vgl. *Achmatowicz, Szychowsky*, Tetrahedron Spl. **8** [1966] 217, 220.

B. Beim Hydrieren von 19-Methyl-11,12-didehydro-12,23;19,20-diseco-24-nor-13ξ-strychnidin-10-on („Anhydro-tetrahydro-methyl-strychnin-K^5"; S. 711) an Palladium/Kohle in wss. Essigsäure (*Perkin et al.*, Soc. **1932** 1239, 1250).

Kristalle (aus Me.); F: 160° (*Pe. et al.*).

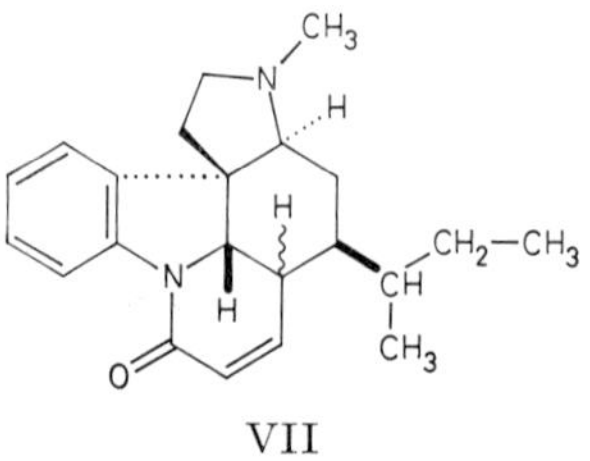

VII 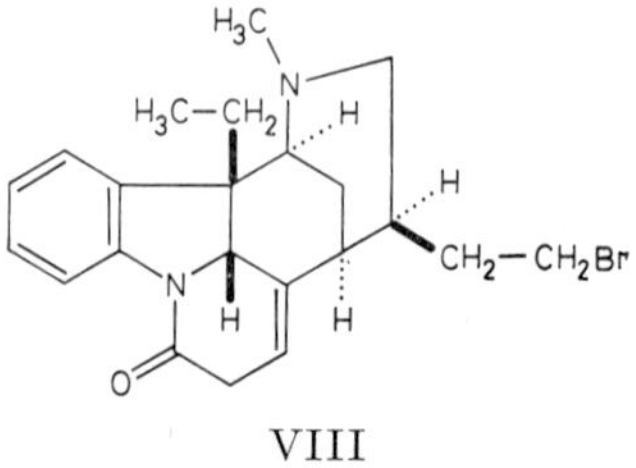   VIII

(21*S*)-23-Brom-19-methyl-12,13-didehydro-21,22-dihydro-12,23;18,19-diseco-24-nor-strychnidin-10-on C$_{22}$H$_{27}$BrN$_2$O, Formel VIII (in der Literatur als Brom-desoxy-*N*-methyl-tetrahydro-18,19-chano-isostrychnin bezeichnet).

B. Beim Erhitzen von (21*S*)-19-Methyl-21,22-dihydro-18,19-seco-strychnidin-10-on (bezüglich der Konfiguration vgl. *Smith*, in *R.H.F. Manske*, The Alkaloids, Bd. 8 [New York 1965] S. 591) mit wss. HBr, Essigsäure und rotem Phosphor (*Boit*, B. **86** [1953] 133, 139).

Perchlorat C$_{22}$H$_{27}$BrN$_2$O·HClO$_4$. Kristalle (aus H$_2$O); F: 241—242° [Zers., nach Sintern und Verfärbung ab 230°] (*Boit*).

(21*S*)-21,22-Dihydro-12,23-seco-24-nor-strychnidin-10-on, Tetrahydrodesoxy-isostrychnin C$_{21}$H$_{26}$N$_2$O, Formel IX (E II 100).

Bezüglich der Zuordnung der Konfiguration s. *Smith*, in *R.H.F. Manske*, The Alkaloids, Bd. 8 [New York 1965] S. 591, 615.

B. Beim Hydrieren von 23-Brom-12,13-didehydro-12,23-seco-24-nor-strychnidin-10-on-hydrobromid (sog. Bromdesoxyisostrychnin-hydrobromid; Kristalle) an Platin in Essigsäure (*Leuchs, Schulte*, B. **75** [1942] 573, 577).

Kristalle; F: 174—176° [evakuierte Kapillare].

Perchlorat C$_{21}$H$_{26}$N$_2$O·HClO$_4$. Wasserhaltige Kristalle (aus H$_2$O), F: 145—147° [Zers.]; F: 160—170° [wasserfrei].

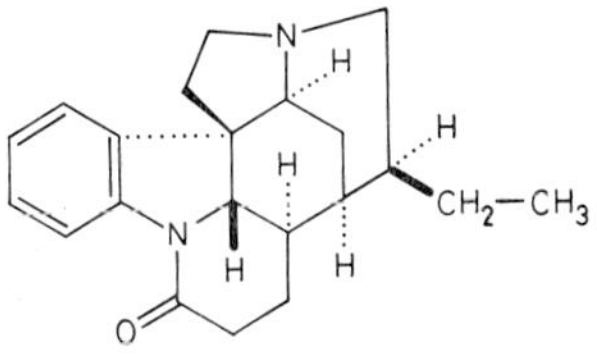

IX 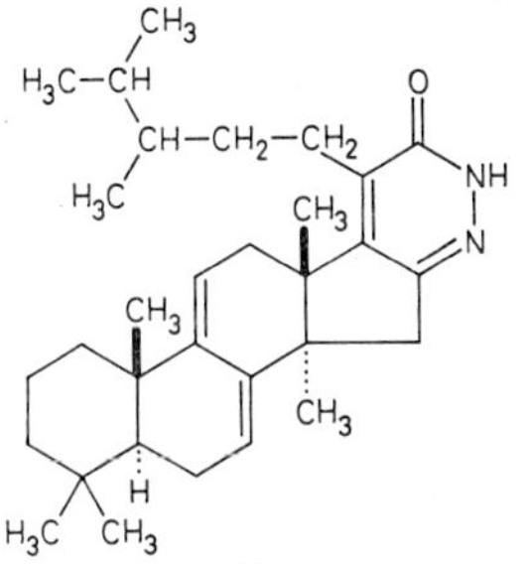   X

Oxo-Verbindungen C$_{31}$H$_{46}$N$_2$O

5′-[(3*Ξ*)-3,4-Dimethyl-pentyl]-4,4,14-trimethyl-1′*H*-5α-androsta-7,9(11),16-trieno-[16,17-*c*]pyridazin-6′-on C$_{31}$H$_{46}$N$_2$O, Formel X.

Diese Konstitution (und Konfiguration) kommt vermutlich der nachstehend beschriebenen Verbindung zu (*Bowers et al.*, Soc. **1954** 3070, 3076).

B. Beim Erhitzen von 5′α-[(3*Ξ*)-3,4-Dimethyl-pentyl]-4,4,14-trimethyl-(5α,17α*H*)-17,5′-dihydro-1′*H*-androsta-7,9(11),16-trieno[16,17-*c*]pyridazin-6′-on (S. 622) mit KOH und Diäthylenglykol (*Bo. et al.*, l. c. S. 3082).

Kristalle (aus E.); F: 281—284° [korr.]. [α]$_D$: +56° [CHCl$_3$; c = 0,8]. IR-Banden (CCl$_4$; 3450—1630 cm^{-1}): *Bo. et al.*, l. c. S. 3082.   [*Henseleit*]

Monooxo-Verbindungen C$_n$H$_{2n-18}$N$_2$O

Oxo-Verbindungen C$_{13}$H$_8$N$_2$O

Cyclohepta[*b*]chinoxalin-8-on C$_{13}$H$_8$N$_2$O, Formel I (X = O, X′ = X″ = H) auf S. 661.

B. Aus dem Oxim (S. 660) beim Erwärmen mit Ameisensäure und CuCO$_3$ oder mit wss.-äthanol. HCl (*Ito*, Sci. Rep. Tohoku Univ. [I] **42** [1958] 236, 242, 243).

Kristalle (aus A.); F: 190—192° [unkorr.]. IR-Spektrum (KBr; 4500—700 cm^{-1}) und Absorptionsspektrum (Me.; 220—440 nm): *Ito*, l. c. S. 238.

Beim Erwärmen mit N$_2$H$_4$·H$_2$O in Methanol sind das Hydrazon (s. u.) und eine Verbindung C$_{13}$H$_{14}$N$_4$ (gelbliche Kristalle [aus wss. Me.]; F: 290° [unkorr.; Zers.]; λ$_{max}$ [Me.]: 238 nm und 317 nm) erhalten worden (*Ito*, l. c. S. 244).

Hydrazon C$_{13}$H$_{10}$N$_4$. Gelbe Kristalle (aus A.). F: 145° [unkorr.; Zers.]. λ$_{max}$ (Me.):

250 nm, 290 nm und 400 nm (*Ito*, l. c. S. 239).

Methyl-phenyl-hydrazon $C_{20}H_{16}N_4$. Hellbraune Kristalle (aus Me.); F: 158° bis 158,5° [unkorr.]. λ_{max} (Me.): 245 nm, 332 nm und 491 nm.

2,4-Dinitro-phenylhydrazon $C_{19}H_{12}N_6O_4$. Orangerote Kristalle (aus Eg.); F: 292° [unkorr.; Zers.]. λ_{max} (Me.): 247 nm und 440 nm.

[1]Naphthylhydrazon $C_{23}H_{16}N_4$. Rotviolette Kristalle (aus Eg.); F: 195—196° [unkorr.; Zers.]. λ_{max} (Me.): 251 nm, 349 nm und 490 nm.

Semicarbazon $C_{14}H_{11}N_5O$. Gelbe Kristalle (aus Eg.); F: 258° [unkorr.; Zers.]. λ_{max} (Me.): 240 nm, 303 nm und 413 nm.

Thiosemicarbazon $C_{14}H_{11}N_5S$. Braungelbe Kristalle (aus Eg.); F: 280° [unkorr.; Zers.]. λ_{max} (Me.): 243 nm, 265 nm, 309 nm und 425 nm.

Cyclohepta[*b*]chinoxalin-8-on-oxim $C_{13}H_9N_3O$, Formel I (X = N-OH, X' = X'' = H), und Tautomeres (8-Nitroso-5*H*-cyclohepta[*b*]chinoxalin).

Konstitution: *Ito*, Sci. Rep. Tohoku Univ. [I] **42** [1958] 236, 237.

B. Aus 5-Nitroso-tropolon (⇌ Cyclohepta-3,6-dien-1,2,5-trion-5-oxim) und *o*-Phenylen= diamin in Äthanol (*Nozoe et al.*, Sci. Rep. Tohoku Univ. [I] **37** [1953] 407, 416). Neben anderen Verbindungen aus 5-Nitro-tropolon und *o*-Phenylendiamin in Äthanol oder in Benzol (*Nozoe et al.*, Bl. chem. Res. Inst. non-aqueous Solutions Tohoku Univ. **7** [1957] 13, 21; C. A. **1959** 18885; *Ito*, Sci. Rep. Tohoku Univ. [I] **43** [1959] 216, 221). Aus Tropochinon-dioxim (Cyclohepta-3,6-dien-1,2,5-trion-2,5-dioxim) oder aus Tropo= chinon-trioxim (Cyclohepta-3,6-dien-1,2,5-trion-trioxim) und *o*-Phenylendiamin in Methanol (*Ito*, Sci. Rep. Tohoku Univ. [I] **43** 220).

Gelbe Kristalle (aus wss. Py. bzw. aus A.); F: 249° [unkorr.; Zers.] (*No. et al.*, Sci. Rep. Tohoku Univ. [I] **37** 417; *Ito*, Sci. Rep. Tohoku Univ. [I] **43** 220). Absorptions-spektrum in Methanol (220—470 nm): *No. et al.*, Sci. Rep. Tohoku Univ. [I] **37** 409; *Ito*, Sci. Rep. Tohoku Univ. [I] **42** 236, 241; in methanol. HCl (220—500 nm) und in methanol. NaOH (220—550 nm): *Ito*, Sci. Rep. Tohoku Univ. [I] **42** 236, 241.

Bei der Hydrierung an Platin in Methanol sind 7,8,9,10-Tetrahydro-6*H*-cyclohepta[*b*]= chinoxalin-8-ol und 6,7,9,10-Tetrahydro-cyclohepta[*b*]chinoxalin-8-on erhalten worden (*Ito*, Sci. Rep. Tohoku Univ. [I] **42** 244).

Hydrochlorid. Orangefarbene Kristalle; F: 247° [unkorr.; Zers.] (*Ito*, Sci. Rep. Tohoku Univ. [I] **42** 241).

Picrat $C_{13}H_9N_3O \cdot C_6H_3N_3O_7$. Orangerote Kristalle; F: 205—209° [unkorr.; Zers.] (*Ito*, Sci. Rep. Tohoku Univ. [I] **42** 241).

Cyclohepta[*b*]chinoxalin-8-on-[*O*-methyl-oxim] $C_{14}H_{11}N_3O$, Formel I (X = N-O-CH₃, X' = X'' = H).

B. Aus der vorangehenden Verbindung und Diazomethan in Äther und THF (*Ito*, Sci. Rep. Tohoku Univ. [I] **42** [1958] 236, 242).

Gelbe Kristalle (aus Me.); F: 158°. λ_{max} (Me.): 241 nm, 282 nm und 396 nm.

Cyclohepta[*b*]chinoxalin-8-on-[*O*-acetyl-oxim] $C_{15}H_{11}N_3O_2$, Formel I (X = N-O-CO-CH₃, X' = X'' = H).

Konstitution: *Ito*, Sci. Rep. Tohoku Univ. [I] **42** [1958] 236, 237.

B. Aus Cyclohepta[*b*]chinoxalin-8-on-oxim und Acetylchlorid in Pyridin (*Nozoe et al.*, Sci. Rep. Tohoku Univ. [I] **37** [1953] 407, 417). Aus Cyclohepta-3,6-dien-1,2,5-trion-5-[*O*-acetyl-oxim] und *o*-Phenylendiamin in Äthanol (*No. et al.*).

Gelbe Kristalle (aus Py.); F: 212—213° [unkorr.; Zers.] (*No. et al.*). Absorptions-spektrum (Me.; 220—450 nm): *No. et al.*, l. c. S. 409. λ_{max} (Me.): 236 nm, 283 nm und 390 nm (*Ito*, l. c. S. 242).

Bei der Chromatographie an Al_2O_3 in Methanol ist Cyclohepta[*b*]chinoxalin-8-on-oxim erhalten worden (*Ito*).

Verbindung mit Brom und Bromwasserstoff $C_{15}H_{11}N_3O_2 \cdot Br_2 \cdot HBr$. Orangerote Kristalle; F: 138—138,5° [unkorr.; Zers.] (*Ito*).

Cyclohepta[*b*]chinoxalin-8-on-[*O*-benzoyl-oxim] $C_{20}H_{13}N_3O_2$, Formel I (X = N-O-CO-C₆H₅, X' = X'' = H).

B. Aus Cyclohepta[*b*]chinoxalin-8-on-oxim und Benzoylchlorid in Pyridin (*Nozoe et al.*, Sci. Rep. Tohoku Univ. [I] **37** [1953] 407, 417). Aus Cyclohepta-3,6-dien-1,2,5-trion-5-[O-benzoyl-oxim] und *o*-Phenylendiamin in Äthanol (*No. et al.*).

Gelbe Kristalle (aus Py.); F: 210° [unkorr.; Zers.].

I   II   III

Cyclohepta[*b*]chinoxalin-8-on-phenylhydrazon C$_{19}$H$_{14}$N$_4$, Formel II (X = H), und Tautomeres.

B. Aus Cyclohepta[*b*]chinoxalin-8-on und Phenylhydrazin (*Nozoe et al.*, Pr. Japan Acad. **32** [1956] 344, 345). Aus 5-Phenylazo-tropolon (⇌ Cyclohepta-3,6-dien-1,2,5-trion-5-phenylhydrazon) und *o*-Phenylendiamin in Äthanol (*No. et al.*, l. c. S. 346; *Nozoe, Ito*, Japan. P. 782 [1958]; C. A. **1959** 1389).

Rotviolette Kristalle (aus Eg.); F: 222° [unkorr.; Zers.] (*Ito*, Sci. Rep. Tohoku Univ. [I] **42** [1958] 236, 243; *No. et al.*). λ$_{max}$ (Me.): 250 nm, 335 nm und 482 nm (*Ito*, l. c. S. 239).

Cyclohepta[*b*]chinoxalin-8-on-[4-nitro-phenylhydrazon] C$_{19}$H$_{13}$N$_5$O$_2$, Formel II (X = NO$_2$), und Tautomeres.

B. Aus 5-[4-Nitro-phenylazo]-tropolon (⇌ Cyclohepta-3,6-dien-1,2,5-trion-5-[4-nitro-phenylhydrazon]) und *o*-Phenylendiamin in Äthanol (*Nozoe et al.*, Pr. Japan Acad. **32** [1956] 344, 346; *Nozoe, Ito*, Japan P. 782 [1958]; C. A. **1959** 1389).

Orangerote Kristalle (aus Py.) mit 1 Mol Pyridin; F: 284° [unkorr.; Zers.] (*No. et al.*; *Ito*, Sci. Rep. Tohoku Univ. [I] **42** [1958] 236, 239, 243). Absorptionsspektrum in Methanol (250–600 nm), in methanol. HCl (220–750 nm) und in methanol. KOH (220 nm bis 850 nm): *No. et al.*, l. c. S. 347. λ$_{max}$ (Eg.): 323 nm, 390 nm und 486 nm (*Ito*).

Cyclohepta[*b*]chinoxalin-8-on-*p*-tolylhydrazon C$_{20}$H$_{16}$N$_4$, Formel II (X = CH$_3$), und Tautomeres.

B. Aus Cyclohepta[*b*]chinoxalin-8-on und *p*-Tolylhydrazin (*Nozoe et al.*, Pr. Japan Acad. **32** [1956] 344, 345). Aus 5-*p*-Tolylazo-tropolon (⇌ Cyclohepta-3,6-dien-1,2,5-trion-5-*p*-tolylhydrazon) und *o*-Phenylendiamin (*No. et al.*, l. c. S. 346).

Rotviolette Kristalle mit grünem Metallglanz (aus Eg.); F: 225° [unkorr.; Zers.] (*No. et al.*; *Ito*, Sci. Rep. Tohoku Univ. [I] **42** [1958] 236, 243). Absorptionsspektrum in Methanol (220–640 nm), in methanol. HCl (220–800 nm) und in methanol. KOH (220–600 nm): *No. et al.*, l. c. S. 347.

Cyclohepta[*b*]chinoxalin-8-on-[4-methoxy-phenylhydrazon] C$_{20}$H$_{16}$N$_4$O, Formel II (X = O·CH$_3$), und Tautomeres.

B. Aus 5-[4-Methoxy-phenylazo]-tropolon (⇌ Cyclohepta-3,6-dien-1,2,5-trion-5-[4-methoxy-phenylhydrazon]) und *o*-Phenylendiamin (*Nozoe et al.*, Pr. Japan Acad. **32** [1956] 344, 346).

Violette Kristalle mit grünem Metallglanz mit 0,5 Mol Essigsäure; F: >300°. Absorptionsspektrum in Methanol (220–640 nm), in methanol. HCl (220–660 nm) und in methanol. KOH (220–700 nm): *No. et al.*, l. c. S. 347.

6-Brom-cyclohepta[*b*]chinoxalin-8-on-oxim C$_{13}$H$_8$BrN$_3$O, Formel I (X = N-OH, X′ = Br, X″ = H), und Tautomere.

B. Aus 3-Brom-5-nitroso-tropolon (⇌ 3-Brom-cyclohepta-3,6-dien-1,2,5-trion-5-oxim) und *o*-Phenylendiamin in Äthanol (*Ito*, Sci. Rep. Tohoku Univ. [I] **43** [1959] 216, 220).

Gelbe Kristalle (aus Me.); F: 206° [unkorr.; Zers.]. λ$_{max}$ (Me. ?): 240 nm, 278 nm und 400 nm (*Ito*, l. c. S. 217).

6,10-Dibrom-cyclohepta[*b*]chinoxalin-8-on-oxim $C_{13}H_7Br_2N_3O$, Formel I
(X = N-OH, X' = X'' = Br), und Tautomeres.

B. Aus 3,7-Dibrom-5-nitroso-tropolon ($\rightleftharpoons$ 3,7-Dibrom-cyclohepta-3,6-dien-1,2,5-trion-5-oxim) und *o*-Phenylendiamin in Äthanol (*Ito*, Sci. Rep. Tohoku Univ. [I] **43** [1959] 216, 220).

Gelbe Kristalle (aus Me.); F: 190,5° [unkorr.; Zers.]. λ_{max} (Me. ?): 266 nm, 283 nm und 396 nm (*Ito*, l. c. S. 217).

Benzo[*g*]chinoxalin-2-carbaldehyd $C_{13}H_8N_2O$, Formel III (X = O).

B. Aus D_r-1*cat*$_F$-Benzo[*g*]chinoxalin-2-yl-butan-1t_F,2c_F,3r_F,4-tetraol mit Hilfe von KIO$_4$ in Propan-1-ol, Essigsäure und H_2O (*Henseke, Lemke*, B. **91** [1958] 101, 111).

Kristalle (aus Acn. + H_2O); F: 174°.

Methyl-phenyl-hydrazon $C_{20}H_{16}N_4$. Gelbe Kristalle; F: 225° [Zers.] (*He., Le.*, l. c. S. 112).

*Benzo[*g*]chinoxalin-2-carbaldehyd-phenylhydrazon $C_{19}H_{14}N_4$, Formel III
(X = N-NH-C$_6$H$_5$).

B. Aus der vorangehenden Verbindung und Phenylhydrazin in Propan-1-ol und Essig-säure (*Henseke, Lemke*, B. **91** [1958] 101, 112). Aus D_r-1*cat*$_F$-Benzo[*g*]chinoxalin-2-yl-butan-1t_F,2c_F,3r_F,4-tetraol und Phenylhydrazin in Propan-1-ol und H_2O (*Henseke, Lemke*, B. **91** [1958] 113, 119).

Rotbraune Kristalle (aus Dioxan); F: 276° [Zers.].

Phenazin-1-carbaldehyd $C_{13}H_8N_2O$, Formel IV.

B. Aus 1-Methyl-phenazin mit Hilfe von SeO$_2$ [160–165°] (*Rosum*, Ž. obšč. Chim. **25** [1955] 611, 613; engl. Ausg. S. 583, 584). Aus Phenazin-1-carbonsäure-dimethylamid mit Hilfe von LiAlH$_4$ in THF und Äther [−60 bis −40°] (*Birkofer, Birkofer*, B. **85** [1952] 286, 289). Aus Phenazin-1-yl-methanol mit Hilfe von K$_2$Cr$_2$O$_7$ und H$_2$SO$_4$ in H_2O und Aceton (*Bi., Bi.*).

Gelbe Kristalle (aus Me. bzw. aus wss. Me.); F: 175° (*Ro.; Bi., Bi.*). λ_{max} (A.): 250 nm, 265 nm und 365 nm (*Ro.*). Reduktionspotential: *Ro.*

Oxim $C_{13}H_9N_3O$. F: 215° (*Ro.*).

Thiosemicarbazon $C_{14}H_{11}N_5S$. Orangegelbe Kristalle (aus A.); F: 241° (*Bi., Bi.; Ro.*).

Isonicotinoylhydrazon $C_{19}H_{13}N_5O$; Isonicotinsäure-[phenazin-1-ylmeth-ylen-hydrazid]. Hellgelbe Kristalle (aus A.); F: 210–211° (*Ro.*).

Phenazin-2-carbaldehyd $C_{13}H_8N_2O$, Formel V.

B. Aus 2-Methyl-phenazin mit Hilfe von SeO$_2$ [180–185°] (*Rosum*, Ž. obšč. Chim. **25** [1955] 611, 614; engl. Ausg. S. 583, 585).

Gelbe Kristalle (aus A.); F: 185°. λ_{max} (A.): 252 nm, 265 nm und 365 nm. Reduktions-potential: *Ro.*

Oxim $C_{13}H_9N_3O$. Gelbe Kristalle (aus Py.); F: 229°.

Phenylhydrazon $C_{19}H_{14}N_4$. Rote Kristalle; F: 249°.

Thiosemicarbazon $C_{14}H_{11}N_5S$. Orangefarbene Kristalle (aus Äthylenglykol); F: 250°.

Isonicotinoylhydrazon $C_{19}H_{13}N_5O$; Isonicotinsäure-[phenazin-2-ylmeth-ylen-hydrazid]. Gelbe Kristalle; F: 239°.

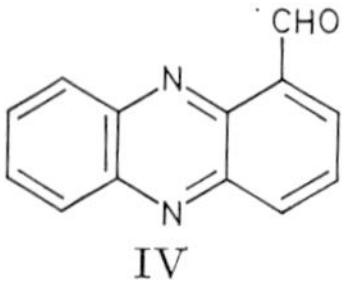

IV 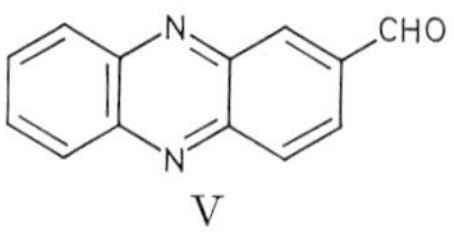   V 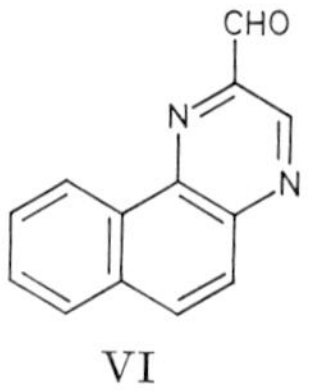   VI 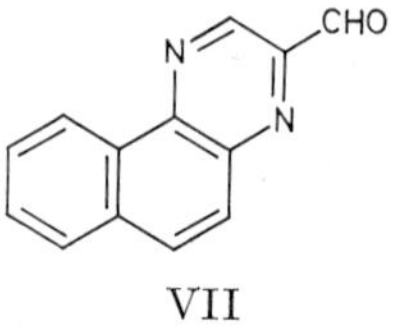   VII

Benzo[*f*]chinoxalin-2-carbaldehyd $C_{13}H_8N_2O$, Formel VI.

B. Aus $_D$-1cat_F-Benzo[*f*]chinoxalin-2-yl-butan-1t_F,2c_F,3r_F,4-tetraol mit Hilfe von KIO_4 in Essigsäure und H_2O (*Henseke, Lemke*, B. **91** [1958] 101, 109).

Hellgelbe Kristalle (aus A. $+H_2O$); F: 132° (*He., Le.*, l. c. S. 109).

Phenylhydrazon $C_{19}H_{14}N_4$. Braungelbe Kristalle (aus Acn.); F: 217° [Zers.] (*Henseke, Lemke*, B. **91** [1958] 113, 119).

Benzo[*f*]chinoxalin-3-carbaldehyd $C_{13}H_8N_2O$, Formel VII.

B. Analog der vorangehenden Verbindung (*Henseke, Lemke*, B. **91** [1958] 101, 109).

Hellgelbe Kristalle; F: 162°.

Phenylhydrazon $C_{19}H_{14}N_4$. Gelbe Kristalle; F: 237°.

1-Oxy-2-[2]pyridyl-indol-3-on, 2-[2]Pyridyl-indol-3-on-1-oxid $C_{13}H_8N_2O_2$, Formel VIII.

B. Aus 2-[2-Nitro-phenyläthinyl]-pyridin beim Bestrahlen von Lösungen in Pyridin mit Sonnenlicht oder UV-Licht sowie beim Behandeln einer Lösung in $CHCl_3$ mit Nitroso= benzol (*Ruggli, Cuenin*, Helv. **27** [1944] 649, 658).

Orangerote Kristalle (aus A.), F: 182°; dunkelrote Kristalle (aus $CHCl_3$) mit 1 Mol $CHCl_3$, die beim Aufbewahren an der Luft das $CHCl_3$ abgeben (*Ru., Cu.*).

Beim Erwärmen mit H_2SO_4 in Äthanol ist Benz[*c*]isoxazol-3-yl-[2]pyridyl-keton erhalten worden (*Ru., Cu.*, l. c. S. 662; *Pinkus et al.*, J. org. Chem. **30** [1965] 1104). Beim Erwärmen mit Zink-Pulver und Essigsäure sowie beim Behandeln mit KI [3 Mol] in wss. HCl ist eine als 2-[2]Pyridyl-2-[2-[2]pyridyl-indol-3-yloxy]-indolin-3-on (Syst.-Nr. 3635) angesehene Verbindung, beim Behandeln mit KI [2,2 Mol] in wss. HCl ist 2-Hydroxy-2-[2]pyridyl-indolin-3-on (Konstitution dieser Verbindung: *Patterson, Wib-berley*, Soc. **1965** 1706) erhalten worden (*Ru., Cu.*, l. c. S. 662). Beim Hydrieren an Raney-Nickel in Acetanhydrid sowie beim Behandeln mit Zink-Pulver in Essigsäure und anschliessenden Erwärmen mit Acetanhydrid ist Essigsäure-[2-[2]pyridyl-indol-3-ylester] erhalten worden (*Ru., Cu.*, l.c. S. 661). Beim Erwärmen mit Phenylhydrazin in Äthanol sind 2-Hydroxy-2-[2]pyridyl-indolin-3-on und 2-[2]Pyridyl-indol-3-ol erhal-ten worden (*Ru., Cu.*, l. c. S. 660; *Pa., Wi.*). Beim Erwärmen mit Piperidin in Äthanol ist 2-Piperidino-2-[2]pyridyl-indolin-3-on erhalten worden (*Ru., Cu.; Pa., Wi.*).

Hydrochlorid $C_{13}H_8N_2O_2 \cdot HCl$. Rote Kristalle (aus äthanol. HCl); F: 195–196° (*Ru., Cu.*, l. c. S. 659).

Hydrogensulfit $C_{13}H_8N_2O_2 \cdot 2\,H_2SO_3$. Gelbe Kristalle; F: 119–120° (*Ru., Cu.*).

Sulfat. Dunkelrote Kristalle (aus äthanol. H_2SO_4); F: 215° [Zers.] (*Ru., Cu.*).

Picrat $C_{13}H_8N_2O_2 \cdot C_6H_3N_3O_7$. Rote Kristalle (aus A.); F: ca. 177° [Zers.; nach Sintern] (*Ru., Cu.*).

Oxalat. Dunkelrote Kristalle; F: 160° (*Ru., Cu.*).

Oxim $C_{13}H_9N_3O_2$. Kristalle (aus Pentan-1-ol); F: 215–217° [Zers.] (*Ru., Cu.*).

Methojodid [$C_{14}H_{11}N_2O_2$]I; 1-Methyl-2-[3-oxo-1-oxy-3*H*-indol-2-yl]-pyr= idinium-jodid. Dunkelrote Kristalle; F: 182° [Zers.] (*Ru., Cu.*).

VIII   IX   X

[1,7]Phenanthrolin-4-carbaldehyd $C_{13}H_8N_2O$, Formel IX.

B. Beim Erhitzen von 4-Methyl-[1,7]phenanthrolin mit SeO_2 in Xylol (*Eifert, Hamilton*, Am. Soc. **77** [1955] 1818).

Kristalle (aus Bzl.); F: 190–191°.

Thiosemicarbazon $C_{14}H_{11}N_5S$. F: 252° [Zers.].

[1,7]Phenanthrolin-8-carbaldehyd $C_{13}H_8N_2O$, Formel X.

B. Analog der vorangehenden Verbindung (*Eifert, Hamilton*, Am. Soc. **77** [1955] 1818).

Kristalle (aus Bzl.); F: 188—189°.
Thiosemicarbazon $C_{14}H_{11}N_5S$. F: 240° [Zers.].

7-Methyl-8-[(2-phenyl-indolizin-3-ylimino)-methyl]-[1,7]phenanthrolinium

$[C_{28}H_{21}N_4]^+$, Formel XI, und Mesomere.

Jodid $[C_{28}H_{21}N_4]$I. *B.* Aus 3-Nitroso-2-phenyl-indolizin und 7,8-Dimethyl-[1,7]phen=
anthrolinium-jodid in wss.-methanol. NaOH (*Holliman, Schickerling*, Soc. **1951** 914,
919). — Dunkelgrüne Kristalle (aus wss. A.); F: 215° [unkorr.; Zers.]. λ_{max} (A.): 610 nm
(*Ho., Sch.*, l. c. S. 916).

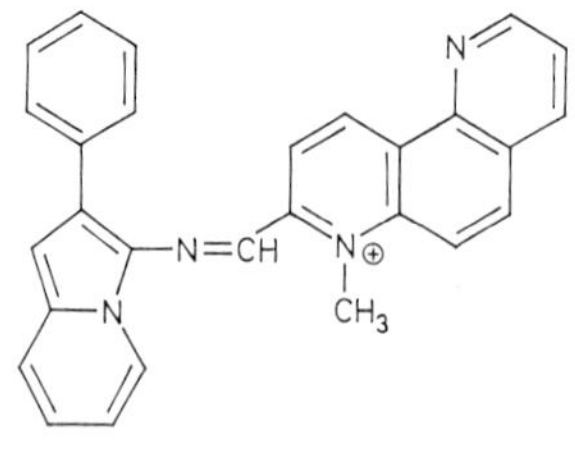

XI 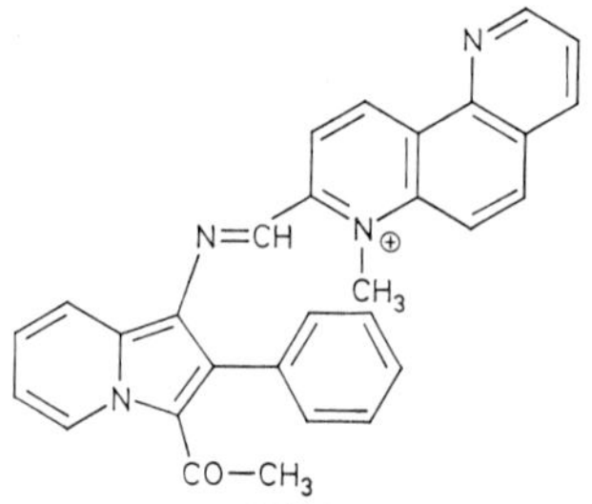   XII 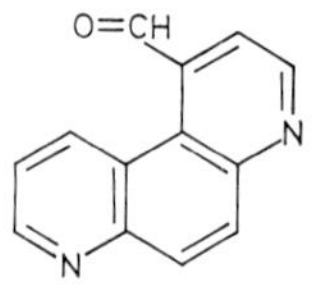   XIII

8-[(3-Acetyl-2-phenyl-indolizin-1-ylimino)-methyl]-7-methyl-[1,7]phenanthrolinium

$[C_{30}H_{23}N_4O]^+$, Formel XII, und Mesomere.

Jodid $[C_{30}H_{23}N_4O]$I. *B.* Aus 1-[1-Nitroso-2-phenyl-indolizin-3-yl]-äthanon und
7,8-Dimethyl-[1,7]phenanthrolinium-jodid in wss.-methanol. NaOH (*Holliman, Schickerling*, Soc. **1951** 914, 919). — λ_{max} (A.): 538 nm (*Ho., Sch.*, l. c. S. 916).

[4,7]Phenanthrolin-1-carbaldehyd $C_{13}H_8N_2O$, Formel XIII.

B. Beim Erhitzen von 1-Methyl-[4,7]phenanthrolin mit SeO_2 in Xylol (*Eifert, Hamilton*,
Am. Soc. **77** [1955] 1818).
Kristalle (aus Bzl.); F: 151,8—152,3° [nach Sublimation bei 120°/0,1 Torr].
Thiosemicarbazon $C_{14}H_{11}N_5S \cdot H_2O$. F: 230° [Zers.].

Oxo-Verbindungen $C_{14}H_{10}N_2O$

4-Phenyl-1(3)H-cycloheptimidazol-2-on $C_{14}H_{10}N_2O$, Formel I (X = O) und Tautomere.

B. Aus 4-Phenyl-cycloheptimidazol-2-ylamin mit Hilfe von wss. HCl [140—150°]
(*Kikuchi, Muroi*, J. chem. Soc. Japan Pure Chem. Sect. **77** [1956] 1081, 1083; C. A.
1959 5250). Aus der folgenden Verbindung mit Hilfe von HgO in Essigsäure [140—160°]
(*Ki., Mu.*).
Hellgelbe Kristalle (aus Butan-1-ol); F: 286° [Zers.]. Absorptionsspektrum (220 nm
bis 425 nm): *Ki., Mu.*, l. c. S. 1082.
Picrat $C_{14}H_{10}N_2O \cdot C_6H_3N_3O_7$. Gelbe Kristalle; F: 262° [Zers.].

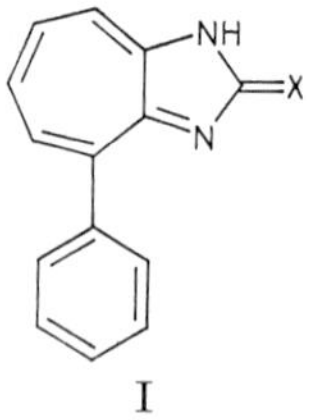

I 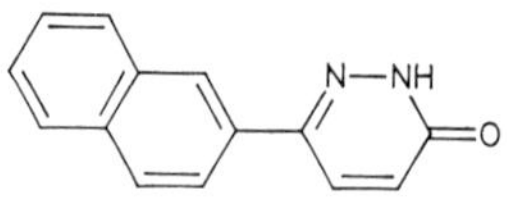   II 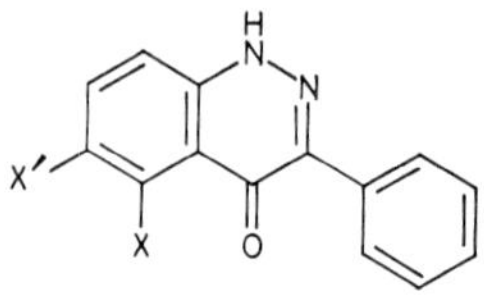   III

4-Phenyl-1(3)H-cycloheptimidazol-2-thion $C_{14}H_{10}N_2S$, Formel I (X = S) und Tautomere.

B. Aus 2-Methoxy-7-phenyl-cycloheptatrienon, Thioharnstoff und Natriumäthylat
in Äthanol (*Kikuchi, Muroi*, J. chem. Soc. Japan Pure Chem. Sect. **77** [1956] 1081,
1083; C. A. **1959** 5250).

Orangerote Kristalle; F: 284° [Zers.]. Absorptionsspektrum (220—580 nm): *Ki.*, *Mu.*, l. c. S. 1082.

Beim Erwärmen mit wss. HNO$_3$ ist 4-Phenyl-cycloheptimidazol erhalten worden (*Ki.*, *Mu.*, l. c. S. 1084).

6-[2]Naphthyl-2*H*-pyridazin-3-on C$_{14}$H$_{10}$N$_2$O, Formel II, und Tautomeres.

B. Beim Erhitzen von 6-[2]Naphthyl-4,5-dihydro-2*H*-pyridazin-3-on mit Brom in Essigsäure (*Druey*, *Ringier*, Helv. **34** [1951] 195, 205).

F: 256°.

3-Phenyl-1*H*-cinnolin-4-on C$_{14}$H$_{10}$N$_2$O, Formel III (X = X′ = H), und Tautomeres.

B. Aus 2-Phenylacetyl-benzoldiazonium-chlorid (*Ockenden*, *Schofield*, Soc. **1953** 3706) oder 2-Phenyläthinyl-benzoldiazonium-chlorid (*Schofield*, *Swain*, Soc. **1949** 2393, 2397).

Kristalle; F: 265—267° (*Ock.*, *Sch.*), 260—261° [unkorr.; aus A.] (*Sch.*, *Sw.*).
Reduktion mit LiAlH$_4$ in THF: *Atkinson*, *Sharpe*, Soc. **1959** 2858, 2859, 2864.

5-Chlor-3-phenyl-1*H*-cinnolin-4-on C$_{14}$H$_9$ClN$_2$O, Formel III (X = Cl, X′ = H), und Tautomeres.

B. Neben 4-Chlor-1,2-dihydro-indazol-3-on beim Erhitzen von 2-Chlor-6-hydrazino-benzoesäure mit Benzaldehyd (*Pfannstiel*, *Janecke*, B. **75** [1942] 1096, 1104).

Kristalle; unterhalb 300° nicht schmelzend.

6-Nitro-3-phenyl-1*H*-cinnolin-4-on C$_{14}$H$_9$N$_3$O$_3$, Formel III (X = H, X′ = NO$_2$), und Tautomeres.

B. Aus 4-Nitro-2-phenylacetyl-benzoldiazonium-chlorid (*Ockenden*, *Schofield*, Soc. **1953** 3706).

Gelbe Kristalle; F: 347—348°.

6-Phenyl-1*H*-cinnolin-4-on C$_{14}$H$_{10}$N$_2$O, Formel IV, und Tautomeres.

B. Aus 2-Acetyl-4-phenyl-benzoldiazonium-chlorid (*Atkinson*, *Sharpe*, Soc. **1959** 2858, 2863).

Kristalle (aus A.); F: 294—296°.

7-Phenyl-1*H*-cinnolin-4-on C$_{14}$H$_{10}$N$_2$O, Formel V, und Tautomeres.

B. Analog der vorangehenden Verbindung (*Atkinson*, *Sharpe*, Soc. **1959** 2858, 2863).
Kristalle (aus Me. oder Eg.); F: 323—325°.

2-Phenyl-3*H*-chinazolin-4-on C$_{14}$H$_{10}$N$_2$O, Formel VI (R = H), und Tautomere (H 208; E I 271; E II 101).

B. Beim Erhitzen von Anthranilsäure mit Benzamidin-hydrochlorid (*Capuano*, *Giammanco*, G. **86** [1956] 126, 130). Aus 2-Phenyl-indol und NH$_3$ in Äthanol unter Bestrahlung [6 Monate] mit Sonnenlicht (*Ca.*, *Gi.*, l. c. S. 129). Aus *N*-Benzoyl-anthranilsäure und [NH$_4$]$_2$CO$_3$ [250°] (*Stephen*, *Wadge*, Soc. **1956** 4420). Aus *N*-[α-(Toluol-4-sulfonylamino)-benzyliden]-anthranilsäure-methylester und NH$_3$ in Äthanol (*St.*, *Wa.*). Aus 2-Phenyl-benz[*d*][1,3]oxazin-4-on und Ammoniumacetat [240—250°] (*Claesen*, *Vanderhaeghe*, Bl. Soc. chim. Belg. **68** [1959] 220, 224). Aus 2-Phenyl-2,3-dihydro-1*H*-chinazolin-4-on mit Hilfe von KMnO$_4$ in Aceton (*KilroeSmith*, *Stephen*, Tetrahedron **1** [1957] 38, 41, 44).

Kristalle; F: 241° [korr.; aus A.] (*Piozzi et al.*, G. **89** [1959] 2342, 2349), 235—236° [korr.; aus Cyclohexanon oder A.] (*Endicott et al.*, Am. Soc. **68** [1946] 1299). λ_{max}: 237 nm und 290 nm (*Pi. et al.*, l. c. S. 2348). Magnetische Susceptibilität: $-132,5 \cdot 10^{-6}$ cm$^3 \cdot$ mol^{-1} (*Pacault*, A. ch. [12] **1** [1946] 527, 558).

Beim Erwärmen mit Anthranilsäure und PCl$_3$ ist *N*-[2-Phenyl-chinazolin-4-yl]-anthranilsäure erhalten worden (*Stephen*, *Stephen*, Soc. **1956** 4174, 4177; s. a. *Aggarwal*, *Ray*, J. Indian chem. Soc. **6** [1929] 723, 725).

1,2-Diphenyl-1H-chinazolin-4-on $C_{20}H_{14}N_2O$, Formel VII.

B. Aus *N*-Benzoyl-*N*-phenyl-anthranilsäure-amid (Konstitution: *Bird*, Soc. **1965** 3490) beim Erhitzen auf 250—290° sowie beim Erwärmen mit äthanol. HCl oder mit wss. NaOH (*Huang, Mann*, Soc. **1949** 2903, 2911).

Kristalle (aus Me., A. oder Acn.); F: 281° (*Hu., Mann*).

Methojodid $[C_{21}H_{17}N_2O]I$; 3-Methyl-4-oxo-1,2-diphenyl-1,4-dihydro-chin⸗ azolinium-jodid. Orangefarbene Kristalle (aus A.) mit 1 Mol Äthanol; F: 260—263° [nach Sintern bei 255°] (*Hu., Mann*).

IV   V   VI   VII

2,3-Diphenyl-3H-chinazolin-4-on $C_{20}H_{14}N_2O$, Formel VIII (R = R' = X = H) (E I 272; E II 101).

B. Beim Erhitzen von *N*-Benzoyl-anthranilsäure-anilid über den Schmelzpunkt (*Levy, Stephen*, Soc. **1956** 985, 987; *Hirwe, Kulkarni*, Pr. Indian Acad. [A] **16** [1942] 294, 296) sowie mit ZnCl₂ [240—250°] (*Zentmyer, Wagner*, J. org. Chem. **14** [1949] 967, 973, 979). Beim aufeinanderfolgenden Behandeln von Benzophenon-oxim mit SOCl₂ in CHCl₃ und mit Anthranilsäure-methylester (*Stephen, Staskun*, Soc. **1956** 980, 983). Aus *N*-Phenyl-benzimidoylchlorid und Anthranilsäure-methylester in Aceton (*Levy, St.*, l. c. S. 988). Beim Erwärmen von *N*-Benzoyl-*N*-[2-nitro-benzoyl]-anilin mit Na₂S₂O₄ in wss. Äthanol (*Levy, St.*).

Kristalle (aus Me.); F: 158—159° (*St., St.*).

Beim Behandeln mit Phenylmagnesiumbromid in Äther und Benzol sind 2,4,4-Tri⸗ phenyl-4H-benz[d][1,3]oxazin und Anilin erhalten worden (*Mustafa et al.*, Am. Soc. **77** [1955] 1612, 1615).

3-[3-Nitro-phenyl]-2-phenyl-3H-chinazolin-4-on $C_{20}H_{13}N_3O_3$, Formel VIII (R = R' = H, X = NO₂).

B. Aus 3-Nitro-anilin und 2-Phenyl-benz[d][1,3]oxazin-4-on [300°] (*Levy, Stephen*, Soc. **1956** 985, 988).

Gelbe Kristalle (aus wss. Eg.); F: 199°.

2-Phenyl-3-o-tolyl-3H-chinazolin-4-on $C_{21}H_{16}N_2O$, Formel VIII (R = CH₃, R' = X = H).

B. Aus *N*-Benzoyl-*N*-[2-nitro-benzoyl]-*o*-toluidin mit Hilfe von Na₂S₂O₄ in wss. Äthanol (*Levy, Stephen*, Soc. **1956** 985, 988).

Kristalle (aus wss. A.); F: 142—143°.

2-Phenyl-3-m-tolyl-3H-chinazolin-4-on $C_{21}H_{16}N_2O$, Formel VIII (R = R' = H, X = CH₃).

B. Beim Erhitzen von *N*-Benzoyl-anthranilsäure-*m*-toluidid (*de Diesbach et al.*, Helv. **23** [1940] 469, 479; *Hirwe, Kulkarni*, Pr. Indian Acad. [A] **16** [1942] 294, 296; *Levy, Stephen*, Soc. **1956** 985, 987). Aus *N*-*m*-Tolyl-benzimidoylchlorid beim Behandeln mit Ammoniumanthranilat oder Anthranilsäure-methylester in Aceton (*Levy, St.*, l. c. S. 988). Aus *N*-Benzoyl-*N*-[2-nitro-benzoyl]-*m*-toluidin mit Hilfe von Na₂S₂O₄ in wss. Äthanol (*Levy, St.*).

Kristalle (aus wss. A.); F: 145° (*Hi., Ku.*), 144—145° (*Levy, St.*).

2-Phenyl-3-p-tolyl-3H-chinazolin-4-on $C_{21}H_{16}N_2O$, Formel VIII (R = X = H, R' = CH₃).

B. Aus *N*-Benzoyl-*N*-[2-nitro-benzoyl]-*p*-toluidin mit Hilfe von Na₂S₂O₄ in wss. Äth⸗ anol (*Levy, Stephen*, Soc. **1956** 985, 988).

Kristalle (aus A.); F: 180—181°.

3-[2,4-Dimethyl-phenyl]-2-phenyl-3*H*-chinazolin-4-on $C_{22}H_{18}N_2O$, Formel VIII
(R = R' = CH_3, X = H).

B. Aus *N*-Benzoyl-2,4-dimethyl-*N*-[2-nitro-benzoyl]-anilin mit Hilfe von $Na_2S_2O_4$ in wss. Äthanol (*Levy, Stephen*, Soc. **1956** 985, 988). Aus *N*-[2,4-Dimethyl-phenyl]-benzimid=oylchlorid und Anthranilsäure-methylester in Aceton (*Levy, St.*).

F: 135—136° (*Levy, St.*).

Picrat $C_{22}H_{18}N_2O \cdot C_6H_3N_3O_7$. Kristalle (aus A.); F: 202° (*de Diesbach et al.*, Helv. **23** [1940] 469, 481).

3-[2]Naphthyl-2-phenyl-3*H*-chinazolin-4-on $C_{24}H_{16}N_2O$, Formel IX.

B. Beim Erhitzen von *N*-Benzoyl-anthranilsäure-[2]naphthylamid (*de Diesbach et al.*, Helv. **23** [1940] 469, 480; *Levy, Stephen*, Soc. **1956** 985, 988). Aus Benzoyl-[2]naphthyl-[2-nitro-benzoyl]-amin mit Hilfe von $Na_2S_2O_4$ in wss. Äthanol (*Levy, St.*). Aus *N*-[2]Naph=thyl-benzimidoylchlorid und Anthranilsäure-methylester in Aceton (*Levy, St.*).

Kristalle [aus wss. A.] (*de Di. et al.*); F: 184° (*de Di. et al.*), 182—183° (*Levy, St.*).

3-[2-Methoxy-phenyl]-2-phenyl-3*H*-chinazolin-4-on $C_{21}H_{16}N_2O_2$, Formel VIII
(R = O-CH_3, R' = X = H).

B. Aus *N*-Benzoyl-*N*-[2-nitro-benzoyl]-*o*-anisidin mit Hilfe von $Na_2S_2O_4$ in wss. Äth=anol (*Levy, Stephen*, Soc. **1956** 985, 988). Aus Anthranilsäure-methylester und *N*-[2-Meth=oxy-phenyl]-benzimidoylchlorid in Aceton (*Levy, St.*).

Kristalle (aus wss. A.); F: 159—160°.

3-[4-Methoxy-phenyl]-2-phenyl-3*H*-chinazolin-4-on $C_{21}H_{16}N_2O_2$, Formel VIII
(R = X = H, R' = O-CH_3).

B. Aus *N*-Benzoyl-*N*-[2-nitro-benzoyl]-*p*-anisidin mit Hilfe von $Na_2S_2O_4$ in wss. Äth=anol (*Levy, Stephen*, Soc. **1956** 985, 988). Beim Erhitzen von *N*-Benzoyl-anthranilsäure-[4-methoxy-anilid] (*Levy, St.*). Aus Anthranilsäure-methylester und *N*-[4-Methoxy-phenyl]-benzimidoylchlorid in Aceton (*Levy, St.*).

Kristalle (aus A.); F: 197°.

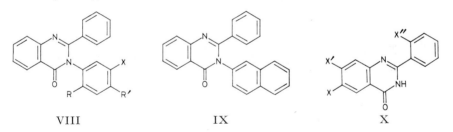

VIII   IX   X

(±)-3-[2,3-Dihydroxy-propyl]-2-phenyl-3*H*-chinazolin-4-on $C_{17}H_{16}N_2O_3$, Formel VI
(R = CH_2-CH(OH)-CH_2-OH).

B. Beim aufeinanderfolgenden Erhitzen von 2-Phenyl-3*H* chinazolin-4-on mit Natrium=butylat und mit (±)-3-Chlor-propan-1,2-diol in Butan-1-ol (*Buzas, Hoffmann*, Bl. **1959** 1889).

Kristalle (aus A.); F: 176°.

3-Acetyl-2-phenyl-3*H*-chinazolin-4-on $C_{16}H_{12}N_2O_2$, Formel VI (R = CO-CH_3).

B. Aus Acetyl-[*N*-phenyl-benzimidoyl]-carbamidsäure-äthylester [210—220°] (*Shah, Ichaporia*, Soc. **1936** 431).

Gelbliche Kristalle (aus A.); F: 233°.

3-Amino-2-phenyl-3*H*-chinazolin-4-on $C_{14}H_{11}N_3O$, Formel VI (R = NH_2) (E I 272; E II 101).

B. Aus *N*-Benzoyl-anthranilsäure-hydrazid [220°] (*Hirwe, Kulkarni*, Pr. Indian Acad. [A] **16** [1942] 294, 296).

Kristalle (aus wss. A.); F: 184—186°.

*3-Äthylidenamino-2-phenyl-3H-chinazolin-4-on $C_{16}H_{13}N_3O$, Formel VI (R = N=CH-CH$_3$).

B. Aus der vorangehenden Verbindung und Acetaldehyd (*Heller*, J. pr. [2] **131** [1931] 82, 89).

Kristalle (aus E.); F: 137°.

3-[4-Chlor-benzoylamino]-2-phenyl-3H-chinazolin-4-on, 4-Chlor-benzoesäure-[4-oxo-2-phenyl-4H-chinazolin-3-ylamid] $C_{21}H_{14}ClN_3O_2$, Formel VI (R = NH-CO-C$_6$H$_4$-Cl(*p*)).

B. Aus N-[N-Benzoyl-anthraniloyl]-N'-[4-chlor-benzoyl]-hydrazin [250°] (*Heller*, J. pr. [2] **126** [1930] 76, 78).

Kristalle (aus wss. A.); F: 212°.

Beim Erwärmen mit wss. NaOH ist 2-[3-(4-Chlor-phenyl)-5-phenyl-[1,2,4]triazol-4-yl]-benzoesäure erhalten worden (*He.*, l. c. S. 79).

2-[2-Chlor-phenyl]-3H-chinazolin-4-on $C_{14}H_9ClN_2O$, Formel X (X = X' = H, X'' = Cl), und Tautomere.

B. Aus N-[2-Chlor-benzoyl]-anthranilsäure-amid und äthanol. KOH (*Dass et al.*, J. scient. ind. Res. India **11** [B] [1952] 461).

Kristalle (aus wss. A.); F: 183°.

2-[4-Chlor-phenyl]-3H-chinazolin-4-on $C_{14}H_9ClN_2O$, Formel XI (R = X = H, X' = Cl), und Tautomere.

B. Aus N-[4-Chlor-benzoyl]-anthranilsäure-amid [240—250°] (*Zentmyer, Wagner*, J. org. Chem. **14** [1949] 967, 971, 978).

Kristalle (aus E. + Hexan); F: 306° [unkorr.].

2-[4-Chlor-phenyl]-3-phenyl-3H-chinazolin-4-on $C_{20}H_{13}ClN_2O$, Formel XI (R = C$_6$H$_5$, X = H, X' = Cl).

B. Aus N-[4-Chlor-benzoyl]-N-[2-nitro-benzoyl]-anilin mit Hilfe von Na$_2$S$_2$O$_4$ in wss. Äthanol (*Levy, Stephen*, Soc. **1956** 985, 988). Aus 4-Chlor-N-phenyl-benzimidoylchlorid und Anthranilsäure-methylester in Aceton (*Levy, St.*). Aus N-[4-Chlor-benzoyl]-anthranil=säure-anilid [ZnCl$_2$; 240—250°] (*Zentmyer, Wagner*, J. org. Chem. **14** [1949] 967, 973, 979).

Kristalle; F: 177° [korr.; aus E. + Hexan] (*Ze., Wa.*), 175—176° [aus wss. A.] (*Levy, St.*).

3-Benzoylamino-2-[4-chlor-phenyl]-3H-chinazolin-4-on, N-[2-(4-Chlor-phenyl)-4-oxo-4H-chinazolin-3-yl]-benzamid $C_{21}H_{14}ClN_3O_2$, Formel XI (R = NH-CO-C$_6$H$_5$, X = H, X' = Cl).

B. Aus N-Benzoyl-N'-[N-(4-chlor-benzoyl)-anthraniloyl]-hydrazin [ca. 250°] (*Heller*, J. pr. [2] **126** [1930] 76, 79).

Kristalle (aus E.); F: 297°.

Beim Erwärmen mit wss. NaOH ist 2-[3-(4-Chlor-phenyl)-5-phenyl-[1,2,4]triazol-4-yl]-benzoesäure erhalten worden.

6-Brom-2-phenyl-3H-chinazolin-4-on $C_{14}H_9BrN_2O$, Formel X (X = Br, X' = X'' = H), und Tautomere.

B. Aus 2-Benzoylamino-5-brom-benzoesäure-amid und wss. NH$_3$ (*Hirwe, Kulkarni*, Pr. Indian Acad. [A] **16** [1942] 294, 296).

Kristalle (aus Nitrobenzol), die unterhalb 300° nicht schmelzen.

7-Nitro-2-phenyl-3H-chinazolin-4-on $C_{14}H_9N_3O_3$, Formel X (X = X'' = H, X' = NO$_2$), und Tautomere.

B. Aus 2-Amino-4-nitro-benzoesäure-äthylester, Benzonitril und Natriumäthylat in NH$_3$ enthaltendem Äthanol [140—150°] (*I. G. Farbenind.*, U.S.P. 1 880447 [1929]).

F: 240—250° [Zers.; abhängig von der Geschwindigkeit des Erhitzens].

2-[2-Nitro-phenyl]-3H-chinazolin-4-on $C_{14}H_9N_3O_3$, Formel X (X = X' = H, X'' = NO$_2$), und Tautomere.

B. Aus N-[2-Nitro-benzoyl]-anthranilsäure-amid und äthanol. KOH (*Butler, Partridge*, Soc. **1959** 2396, 2399). Aus (±)-2-[2-Nitro-phenyl]-2,3-dihydro-1H-chinazolin-4-on und

KMnO$_4$ in Aceton (*Kilroe Smith, Stephen*, Tetrahedron **1** [1957] 38, 41, 44).
Gelbe Kristalle; F: 237° [aus A.] (*Ki. Sm., St.*), 226—227° [aus Toluol] (*Bu., Pa.*).

XI   XII   XIII

2-[3-Nitro-phenyl]-3H-chinazolin-4-on C$_{14}$H$_9$N$_3$O$_3$, Formel XI (R = X′ = H, X = NO$_2$),
und Tautomere.
  B. Beim Erwärmen von *N*-[3-Nitro-benzyliden]-anthranilsäure-amid (F: 199°) mit
wss. HCl oder wss.-äthanol. NaOH und Behandeln des Reaktionsprodukts mit KMnO$_4$
in Aceton (*Kilroe Smith, Stephen*, Tetrahedron **1** [1957] 38, 40, 41, 44).
  Gelbe Kristalle (aus Eg.); F: 354° [Zers.].

2-[4-Nitro-phenyl]-3H-chinazolin-4-on C$_{14}$H$_9$N$_3$O$_3$, Formel XI (R = X = H, X′ = NO$_2$),
und Tautomere.
  B. Aus *N*-[4-Nitro-benzoyl]-anthranilsäure-amid [240—250°] (*Zentmyer, Wagner*,
J. org. Chem. **14** [1949] 967, 971, 978). Beim Erwärmen von *N*-[4-Nitro-benzyliden]-
anthranilsäure-amid (F: 191°) mit wss. HCl oder wss.-äthanol. NaOH und Behandeln
des Reaktionsprodukts mit KMnO$_4$ in Aceton (*Kilroe Smith, Stephen*, Tetrahedron **1**
[1957] 38, 40, 41, 44).
  Kristalle; F: 365° [Zers.; aus Eg.] (*Ki. Sm., St.*), 351—352° [unkorr.; aus E. + Hexan]
(*Ze., Wa.*).

2-[4-Nitro-phenyl]-3-phenyl-3H-chinazolin-4-on C$_{20}$H$_{13}$N$_3$O$_3$, Formel XI (R = C$_6$H$_5$,
X = H, X′ = NO$_2$).
  B. Aus *N*-[4-Nitro-benzoyl]-anthranilsäure-anilid [ZnCl$_2$; 240—250°] (*Zentmyer, Wag-
ner*, J. org. Chem. **14** [1949] 967, 973, 979).
  Kristalle (aus E. + Hexan); F: 224—225° [korr.].

2-Phenyl-3H-chinazolin-4-thion C$_{14}$H$_{10}$N$_2$S, Formel XII, und Tautomere.
  B. Beim Erhitzen von 2-Phenyl-3*H*-chinazolin-4-on mit P$_2$S$_5$ in Pyridin (*Libermann,
Rouaix*, Bl. **1959** 1793, 1795).
  Gelbliche Kristalle (aus A.); F: 221°.

6-Phenyl-3H-chinazolin-4-on C$_{14}$H$_{10}$N$_2$O, Formel XIII, und Tautomere.
  B. Aus 4-Amino-biphenyl-3-carbonsäure und Formamid [175°] (*Baker et al.*, J. org.
Chem. **17** [1952] 141, 144).
  F: 229—230°.

*Opt.-inakt. 3-[3-(3-Hydroxy-[2]piperidyl)-2-oxo-propyl]-6-phenyl-3H-chinazolin-4-on
C$_{22}$H$_{23}$N$_3$O$_3$, Formel XIV (R = R′ = H).
  B. Aus der folgenden Verbindung und wss. HBr (*Baker et al.*, J. org. Chem. **17** [1952]
141, 147).
  Dihydrochlorid 2 C$_{22}$H$_{23}$N$_3$O$_3$·4 HCl·3 H$_2$O. F: 75° [Zers.].

*Opt.-inakt. 3-[3-(3-Methoxy-[2]piperidyl)-2-oxo-propyl]-6-phenyl-3H-chinazolin-4-on
C$_{23}$H$_{25}$N$_3$O$_3$, Formel XIV (R = H, R′ = CH$_3$).
  Dihydrochlorid C$_{23}$H$_{25}$N$_3$O$_3$·2 HCl. *B.* Aus der folgenden Verbindung und wss.
HCl (*Baker et al.*, J. org. Chem. **17** [1952] 141, 146). — Kristalle (aus HCl enthaltendem
Me. + A.) mit 1 Mol H$_2$O; F: 207—208° [Zers.].

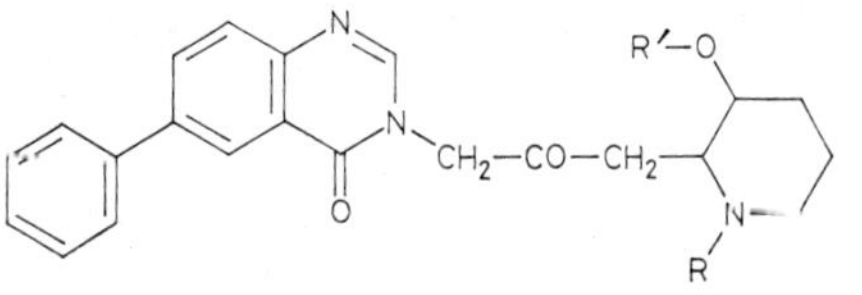

XIV 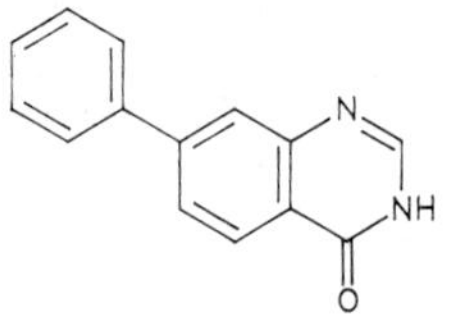   XV

*Opt.-inakt. 3-Methoxy-2-[2-oxo-3-(4-oxo-6-phenyl-4*H*-chinazolin-3-yl)-propyl]-piper≠ idin-1-carbonsäure-äthylester $C_{26}H_{29}N_3O_5$, Formel XIV (R = CO-O-C$_2$H$_5$, R' = CH$_3$).

B. Aus 6-Phenyl-3*H*-chinazolin-4-on und opt.-inakt. 2-[3-Brom-2-oxo-propyl]-3-meth≠ oxy-piperidin-1-carbonsäure-äthylester [aus (±)-5-Benzyloxycarbonylamino-2-methoxy-valeriansäure über mehrere Stufen erhalten] (*Baker et al.*, J. org. Chem. **17** [1952] 141, 145).

Kristalle; F: 134—136°.

7-Phenyl-3*H*-chinazolin-4-on $C_{14}H_{10}N_2O$, Formel XV, und Tautomere.

B. Aus 3-Amino-biphenyl-4-carbonsäure-amid und wss. Ameisensäure [100°] (*Baker et al.*, J. org. Chem. **17** [1952] 141, 143).

Kristalle (aus Xylol); F: 261—262°.

*Opt.-inakt. 3-[3-(3-Hydroxy-[2]piperidyl)-2-oxo-propyl]-7-phenyl-3*H*-chinazolin-4-on $C_{22}H_{23}N_3O_3$, Formel I (R = R' = H).

Dihydrobromid $C_{22}H_{23}N_3O_3 \cdot 2$ HBr. B. Aus der folgenden Verbindung und wss. HBr (*Baker et al.*, J. org. Chem. **17** [1952] 141, 147). — F: 188—189° [Zers.].

*Opt.-inakt. 3-[3-(3-Methoxy-[2]piperidyl)-2-oxo-propyl]-7-phenyl-3*H*-chinazolin-4-on $C_{23}H_{25}N_3O_3$, Formel I (R = H, R' = CH$_3$).

Dihydrochlorid $C_{23}H_{25}N_3O_3 \cdot 2$ HCl. B. Aus der folgenden Verbindung und wss. HCl (*Baker et al.*, J. org. Chem. **17** [1952] 141, 146). — Kristalle (aus HCl enthaltendem Me. + A.) mit 0,5 Mol H$_2$O; F: 232—233° [Zers.].

*Opt.-inakt. 3-Methoxy-2-[2-oxo-3-(4-oxo-7-phenyl-4*H*-chinazolin-3-yl)-propyl]-piperidin-1-carbonsäure-äthylester $C_{26}H_{29}N_3O_5$, Formel I (R = CO-O-C$_2$H$_5$, R' = CH$_3$).

B. Aus 7-Phenyl-3*H*-chinazolin-4-on und opt.-inakt. 2-[3-Brom-2-oxo-propyl]-3-meth≠ oxy-piperidin-1-carbonsäure-äthylester [aus (±)-5-Benzyloxycarbonylamino-2-methoxy-valeriansäure über mehrere Stufen erhalten] (*Baker et al.*, J. org. Chem. **17** [1952] 141, 145).

Kristalle; F: 114—116°.

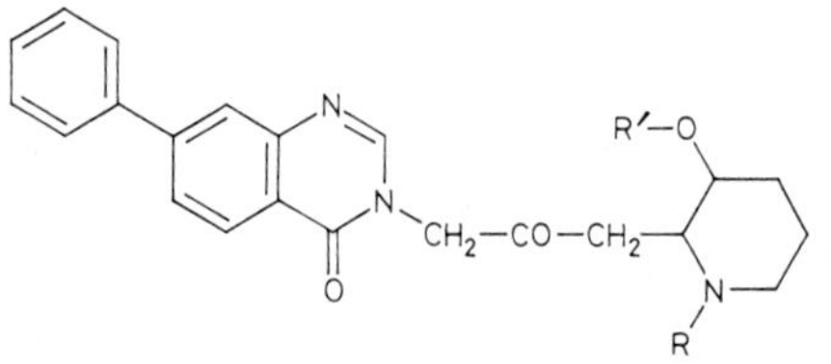

I 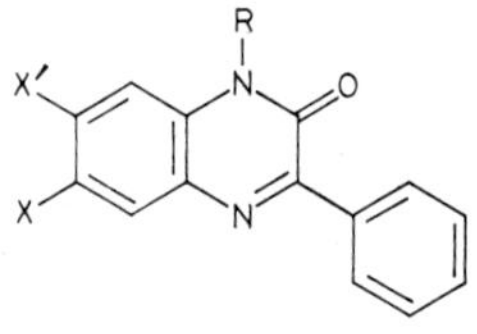   II

3-Phenyl-1*H*-chinoxalin-2-on $C_{14}H_{10}N_2O$, Formel II (R = X = X' = H), und Tautomeres (H 209).

B. Aus Phenylglyoxylsäure und *o*-Phenylendiamin in Äthanol (*Burton, Shoppee*, Soc. **1937** 546, 549). Aus Azido-phenyl-essigsäure-äthylester und *o*-Phenylendiamin in Di≠ phenyläther [220°] (*Boyer, Straw*, Am. Soc. **75** [1953] 1642). Beim Erwärmen von di≠ azotiertem 3-Phenyl-chinoxalin-2-ylamin mit wss. H$_2$SO$_4$ (*Kröhnke, Leister*, B. **91** [1958] 1479, 1485).

Kristalle; F: 252° [aus wss. A.] (*Barltrop et al.*, Soc. **1959** 1132, 1139), 247° [aus A.] (*Bu., Sh.*), 244° [unkorr.; aus wss. A.] (*Bo., St.*).

1-Methyl-3-phenyl-1H-chinoxalin-2-on $C_{15}H_{12}N_2O$, Formel II (R = CH_3, X = X' = H).

B. Aus *N*-Methyl-*o*-phenylendiamin-dihydrochlorid und Phenylglyoxylsäure in H_2O (*Druey, Hüni*, Helv. **35** [1952] 2301, 2311). Aus der vorangehenden Verbindung, CH_3I und Natriumäthylat in Äthanol (*Dr., Hüni*). Aus 1-Methyl-3-phenyl-chinoxalinium-methylsulfat mit Hilfe von $K_3[Fe(CN)_6]$ in wss. NaOH (*Dr., Hüni*).

Kristalle (aus Me.); F: 134—136° [unkorr.] (*Dr., Hüni*, l. c. S. 2313).

1-[2-Hydroxy-äthyl]-3-phenyl-1H-chinoxalin-2-on $C_{16}H_{14}N_2O_2$, Formel II (R = CH_2-CH_2-OH, X = X' = H).

B. Analog der vorangehenden Verbindung (*Druey, Hüni*, Helv. **35** [1952] 2301, 2311).

Kristalle (aus A.); F: 126—128° [unkorr.].

1-[2-Diäthylamino-äthyl]-3-phenyl-1H-chinoxalin-2-on $C_{20}H_{23}N_3O$, Formel II (R = CH_2-CH_2-N(C_2H_5), X = X' = H).

B. Aus 3-Phenyl-1*H*-chinoxalin-2-on und Diäthyl-[2-chlor-äthyl]-amin (*Druey, Hüni*, Helv. **35** [1952] 2301, 2311).

Hydrochlorid $C_{20}H_{23}N_3O \cdot HCl$. Kristalle (aus A. + Ae.); F: 176—178° [unkorr.].

6(oder 7)-Nitro-3-phenyl-1H-chinoxalin-2-on $C_{14}H_9N_3O_3$, Formel II (R = X' = H, X = NO_2 oder R = X = H, X' = NO_2), und Tautomere.

B. Aus Phenylglyoxylsäure und 4-Nitro-*o*-phenylendiamin in wss. HCl (*Hockenhull, Floodgate*, Biochem. J. **52** [1952] 38).

Kristalle (aus A.); F: 264°.

———

2-Phenyl-pyrido[1,2-a]pyrimidin-4-on $C_{14}H_{10}N_2O$, Formel III (X = H).

Diese Konstitution kommt wahrscheinlich der früher (E I **24** 272 und E II **24** 102) als 4-Phenyl-pyrido[1,2-*a*]pyrimidin-2-on beschriebenen Verbindung (F: 150°) zu (*Adams, Pachter*, Am. Soc. **74** [1952] 5491, 5494).

UV-Spektrum (A.; 220—375 nm): *Ad., Pa.*

3-Chlor-2-phenyl-pyrido[1,2-a]pyrimidin-4-on(?) $C_{14}H_9ClN_2O$, vermutlich Formel III (X = Cl) (E II 102; dort als „Chlor-Derivat $C_{14}H_9ClN_2O$" bezeichnet).

UV-Spektrum (A.; 210—375 nm): *Adams, Pachter*, Am. Soc. **74** [1952] 5491, 5495.

3-Brom-2-phenyl-pyrido[1,2-a]pyrimidin-4-on $C_{14}H_9BrN_2O$, Formel III (X = Br).

B. Aus 2-Phenyl-pyrido[1,2-*a*]pyrimidin-4-on und *N*-Brom-succinimid in CCl_4 (*Adams, Pachter*, Am. Soc. **74** [1952] 5491, 5497).

Kristalle (aus A.); F: 174,5—175,5° [korr.] (*Ad., Pa.*, Am. Soc. **74** 5497). UV-Spektrum (A.; 220—375 nm): *Ad., Pa.*, Am. Soc. **74** 5495.

Beim Erwärmen mit wss. NaOH ist 2-Phenyl-imidazo[1,2-*a*]pyridin erhalten worden (*Adams, Pachter*, Am. Soc. **76** [1954] 1845).

———

2,4-Diphenyl-2H-phthalazin-1-on $C_{20}H_{14}N_2O$, Formel IV (R = X = H) (H 208).

B. Beim Erhitzen der folgenden Verbindung (*Veibel*, Acta chem. scand. **1** [1947] 54, 66).

F: 168°.

4-[1-Oxo-4-phenyl-1H-phthalazin-2-yl]-benzoesäure $C_{21}H_{14}N_2O_3$, Formel IV (R = CO-O-H, X = H).

B. Aus 2-Benzoyl-benzoesäure und 4-Hydrazino-benzoesäure in wss. Äthanol (*Veibel*, Acta chem. scand. **1** [1947] 54, 66).

F: 273—274°.

2-[2-Diäthylamino-äthyl]-4-phenyl-2H-phthalazin-1-on $C_{20}H_{23}N_3O$, Formel V (R = CH_2-CH_2-N(C_2H_5)$_2$, X = X' = H).

B. Beim Erwärmen von 4-Phenyl-2*H*-phthalazin-1-on mit $NaNH_2$ in Toluol und Erhitzen des Reaktionsgemisches mit Diäthyl-[2-chlor-äthyl]-amin (*VEB Deutsches Hydrierwerk*, D.B.P. 1046625 [1957]).

$Kp_{0,5}$: 225—230°.

Hydrochlorid. F: 198°.

4-[4-Chlor-phenyl]-2H-phthalazin-1-on $C_{14}H_9ClN_2O$, Formel V (R = X = H, X' = Cl), und Tautomeres.

B. Beim Erhitzen von 2-[4-Chlor-benzoyl]-benzoesäure mit $N_2H_4 \cdot H_2O$ ohne Lösungsmittel (*Bradley, Nursten,* Soc. **1951** 2177, 2185) oder in Essigsäure (*Buu-Hoi et al.,* R. **69** [1950] 1083, 1106).

Kristalle; F: 268—270° [aus Toluol] (*Br., Nu.*), 268° [aus Xylol] (*Buu-Hoi et al.*).

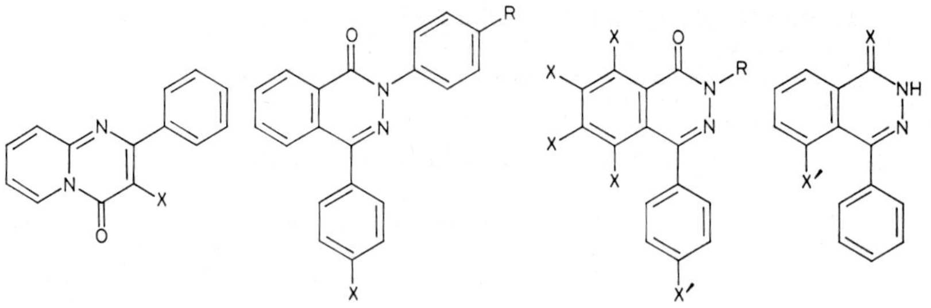

III   IV   V   VI

4-[4-Chlor-phenyl]-2-phenyl-2H-phthalazin-1-on $C_{20}H_{13}ClN_2O$, Formel IV (R = H, X = Cl).

B. Beim Erhitzen von 2-[4-Chlor-benzoyl]-benzoesäure mit Phenylhydrazin in Essigsäure (*Buu-Hoi et al.,* R. **69** [1950] 1083, 1106).

Kristalle (aus A.); F: 169°.

2-[4-Brom-phenyl]-4-[4-chlor-phenyl]-2H-phthalazin-1-on $C_{20}H_{12}BrClN_2O$, Formel IV (R = Br, X = Cl).

B. Analog der vorangehenden Verbindung (*Buu-Hoi et al.,* R. **69** [1950] 1083, 1105).

Kristalle (aus Eg.); F: 218°.

5,6,7,8-Tetrachlor-4-[4-chlor-phenyl]-2H-phthalazin-1-on $C_{14}H_5Cl_5N_2O$, Formel V (R = H, X = X' = Cl), und Tautomeres.

B. Analog den vorangehenden Verbindungen (*Buu-Hoi et al.,* R. **69** [1950] 1083, 1106).

Kristalle (aus Chlorbenzol); F: >305°.

4-[4-Brom-phenyl]-2H-phthalazin-1-on $C_{14}H_9BrN_2O$, Formel V (R = X = H, X' = Br), und Tautomeres.

B. Analog den vorangehenden Verbindungen (*Buu-Hoi et al.,* R. **69** [1950] 1083, 1107).

Kristalle (aus A.); F: 264°.

4-[4-Brom-phenyl]-2-phenyl-2H-phthalazin-1-on $C_{20}H_{13}BrN_2O$, Formel IV (R = H, X = Br).

B. Analog den vorangehenden Verbindungen (*Buu-Hoi et al.,* R. **69** [1950] 1083, 1107).

Kristalle (aus A.); F: 152°.

4-[4-Brom-phenyl]-5,6,7,8-tetrachlor-2H-phthalazin-1-on $C_{14}H_5BrCl_4N_2O$, Formel V (R = H, X = Cl, X' = Br), und Tautomeres.

B. Beim Behandeln von Tetrachlorphthalsäure-anhydrid mit überschüssigem Brombenzol und $AlCl_3$ und Erhitzen des Reaktionsprodukts mit $N_2H_4 \cdot H_2O$ und Essigsäure (*Buu-Hoi et al.,* R. **69** [1950] 1083, 1107).

Kristalle (aus Chlorbenzol); F: 306—308°.

5-Nitro-4-phenyl-2H-phthalazin-1-on(?) $C_{14}H_9N_3O_3$, vermutlich Formel VI (X = O, X' = NO_2), und Tautomeres.

B. Beim Erwärmen von 2-Benzoyl-3-nitro-benzoesäure mit $N_2H_4 \cdot H_2O$ (*Tirouflet,* Bl. Soc. scient. Bretagne **26** [1951] Sonderheft S. 79).

Kristalle (aus Nitrobenzol); F: 303—305°.

4-Phenyl-2H-phthalazin-1-thion $C_{14}H_{10}N_2S$, Formel VI (X = S, X' = H), und Tautomeres.

B. Aus 4-Phenyl-2H-phthalazin-1-on und P_2S_5 in Xylol [136°] (*U. S. Rubber Co.*, U.S.P. 2382769 [1942]).

Gelbe Kristalle (aus A.); F: 208—209°.

3-Chlor-4-phenyl-pyrido[1,2-c]pyrimidin-1-on $C_{14}H_9ClN_2O$, Formel VII.

B. Beim Erwärmen von 4-Phenyl-pyrido[1,2-c]pyrimidin-1,3-dion mit $POCl_3$ und *N,N*-Dimethyl-anilin (*Hunger, Hoffmann*, Helv. **40** [1957] 1319, 1328).

Gelbe Kristalle (aus DMF); F: 286—290° [unkorr.; Zers.]. IR Banden (5,9—7,7 μ): *Hu., Ho.* λ_{max} (A.): 246 nm, 324 nm und 380 nm.

3-Benzoyl-1-phenyl-1H-indazol, Phenyl-[1-phenyl-1H-indazol-3-yl]-keton $C_{20}H_{14}N_2O$, Formel VIII (R = C_6H_5, X = H).

B. Aus 1-Phenyl-1H-indazol-3-carbonylchlorid, Benzol und $AlCl_3$ (*Borsche, Bütschli*, A. **522** [1936] 285, 295).

Kristalle (aus Me.); F: 148—149°.

2,4-Dinitro-phenylhydrazon $C_{26}H_{18}N_6O_4$. Rote Kristalle (aus $CHCl_3$ + A.); F: 215°.

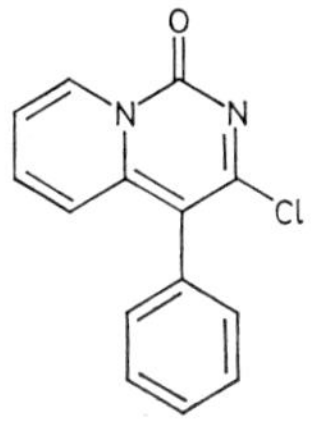

VII 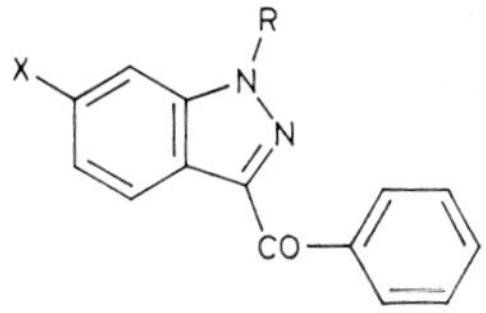   VIII 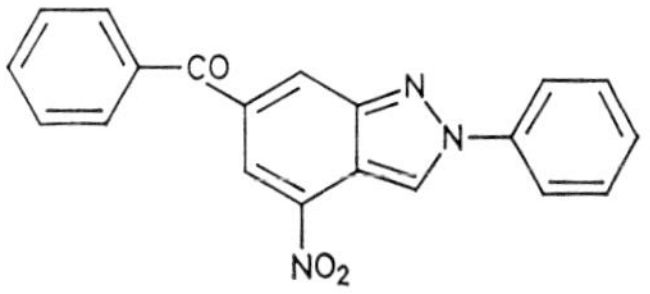   IX

1,3-Dibenzoyl-1H-indazol, [1-Benzoyl-1H-indazol-3-yl]-phenyl-keton $C_{21}H_{14}N_2O_2$, Formel VIII (R = CO-C_6H_5, X = H).

B. Neben überwiegenden Mengen 1-Benzoyl-1H-indazol aus Indazolylmagnesiumbromid und Benzoylchlorid in Äther (*Hishida*, J. chem. Soc. Japan Pure Chem. Sect. **72** [1951] 312; C. A. **1952** 5039).

Kristalle (aus PAe.); F: 181—182°.

3-Benzoyl-6-nitro-1-phenyl-1H-indazol, [6-Nitro-1-phenyl-1H-indazol-3-yl]-phenyl-keton $C_{20}H_{13}N_3O_3$, Formel VIII (R = C_6H_5, X = NO_2).

B. Aus 2,4-Dinitro-benzil-α-phenylhydrazon und wss.-methanol. NaOH (*Borsche, Bütschli*, A. **522** [1936] 285, 291). Aus 6-Nitro-1-phenyl-1H-indazol-3-carbonylchlorid, Benzol und $AlCl_3$ (*Bo., Bü.*).

Gelbe Kristalle (aus Acn.); F: 212—214°.

3-Benzoyl-1-[4-methoxy-phenyl]-6-nitro-1H-indazol, [1-(4-Methoxy-phenyl)-6-nitro-1H-indazol-3-yl]-phenyl-keton $C_{21}H_{15}N_3O_4$, Formel VIII (R = C_6H_4-O-$CH_3(p)$, X = NO_2).

B. Aus 2,4-Dinitro-benzil-α-[4-methoxy-phenylhydrazon] und wss.-methanol. NaOH (*Borsche, Bütschli*, A. **522** [1936] 285, 291 Anm. 2).

Gelbe Kristalle; F: 199—200°.

6-Benzoyl-4-nitro-2-phenyl-2H-indazol, [4-Nitro-2-phenyl-2H-indazol-6-yl]-phenyl-keton $C_{20}H_{13}N_3O_3$, Formel IX.

B. Aus 4-Methyl-3-nitro-5-phenylazo-benzophenon, Nitrosobenzol und Na_2CO_3 in Äthanol (*Chardonnens, Buchs*, Helv. **29** [1946] 872, 877).

Grünlichgelbe Kristalle (aus Bzl.); F: 220° [korr.].

5-Benzoyl-1-methyl-1H-benzimidazol, [1-Methyl-1H-benzimidazol-5-yl]-phenyl-keton $C_{15}H_{12}N_2O$, Formel X.

B. Beim Erwärmen von 3-Amino-4-methylamino-benzophenon mit wasserhaltiger Ameisensäure und Erwärmen des Reaktionsprodukts mit wss. HCl (*Abramovitch et al.*, Soc. **1957** 1781, 1788).

Kristalle (aus CHCl$_3$ + PAe.); F: 97°.

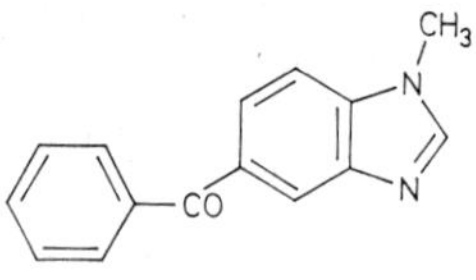

X 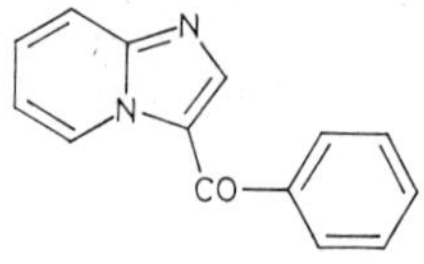   XI 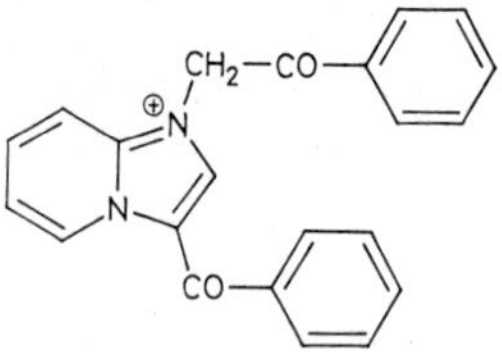   XII

3-Benzoyl-imidazo[1,2-a]pyridin, Imidazo[1,2-a]pyridin-3-yl-phenyl-keton $C_{14}H_{10}N_2O$, Formel XI.

B. Aus *N*-[1-Phenacyl-1H-[2]pyridyliden]-formamid und wss. KOH (*Schilling et al.*, B. **88** [1955] 1093, 1100).

Kristalle (aus PAe. oder wss. A.); F: 105° [unkorr.].

Picrat. Kristalle (aus H$_2$O); F: 224—226° [unkorr.].

Oxim $C_{14}H_{11}N_3O$. Kristalle (aus Bzl.); F: 175° [unkorr.].

3-Benzoyl-1-phenacyl-imidazo[1,2-a]pyridinium $[C_{22}H_{17}N_2O_2]^+$, Formel XII und Mesomeres.

Betain $C_{22}H_{16}N_2O_2$;   3-Benzoyl-1-[β-hydroxy-styryl]-imidazo[1,2-a]pyridinium-betain. Konstitution: *Schilling et al.*, B. **88** [1955] 1093, 1096. — *B*. Aus dem Bromid [s. u.] (*Sch. et al.*, l. c. S. 1101). — Rote Kristalle (aus CHCl$_3$); F: 108—110° [unkorr.; Zers.].

Perchlorat $[C_{22}H_{17}N_2O_2]ClO_4$. Kristalle (aus H$_2$O); F: 200—201° [unkorr.].

Bromid $[C_{22}H_{17}N_2O_2]$Br. *B*. Aus *N*-[2]Pyridyl-formamid und Phenacylbromid in Benzol und wenig H$_2$O [100°] (*Sch. et al.*). — Kristalle (aus A. oder H$_2$O); F: 255° bis 256° [unkorr.].

3-[4-Chlor-benzyliden]-6-jod-2-oxo-2,3-dihydro-1H-imidazo[1,2-a]pyridinium $[C_{14}H_9ClIN_2O]^+$, Formel XIII (X = Cl), und Tautomeres.

Bromid $[C_{14}H_9ClIN_2O]$Br. *B*. Aus 5-Jod-2-oxo-2,3-dihydro-1H-imidazo[1,2-a]pyridinium-bromid, 4-Chlor-benzaldehyd und wenig Piperidin in Äthanol (*Takahashi, Satake*, J. pharm. Soc. Japan **75** [1955] 20, 22, 23; C. A. **1956** 1004). — Gelbbraune Kristalle (aus A.); Zers. bei 179°.

6-Jod-3-[4-nitro-benzyliden]-2-oxo-2,3-dihydro-1H-imidazo[1,2-a]pyridinium $[C_{14}H_9IN_3O_3]^+$, Formel XIII (X = NO$_2$), und Tautomeres.

Bromid $[C_{14}H_9IN_3O_3]$Br. *B*. Analog der vorangehenden Verbindung (*Takahashi, Satake*, J. pharm. Soc. Japan **75** [1955] 20, 22, 23; C. A. **1956** 1004). — Rotbraune Kristalle (aus A.); Zers. bei 224°.

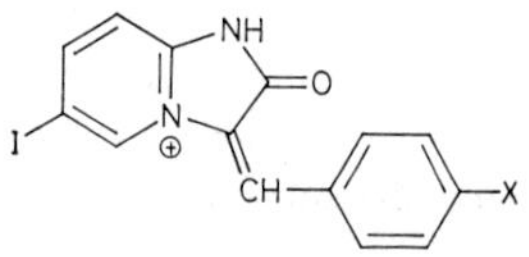

XIII 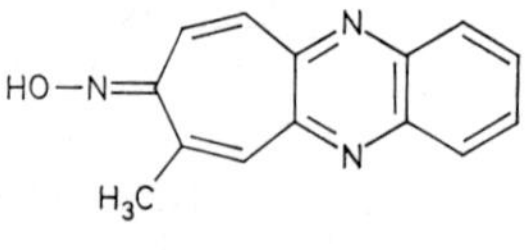   XIV

7-Methyl-cyclohepta[b]chinoxalin-8-on-oxim $C_{14}H_{11}N_3O$, Formel XIV, und Tautomere.

B. Aus 4-Methyl-5-nitroso-tropolon ($\rightleftharpoons$ 4-Methyl-cyclohepta-3,6-dien-1,2,5-trion-

5-oxim) und o-Phenylendiamin in Äthanol (*Ito*, Sci. Rep. Tohoku Univ. [I] **43** [1959] 216, 220).

Gelbe Kristalle (aus Me.); F: 246° [unkorr.; Zers.]. λ_{max} (Me.?): 242 nm, 275 nm und 395 nm (*Ito*, l. c. S. 217).

4-[7-Methyl-cyclohepta[*b*]chinoxalin-8-ylidenhydrazino]-benzoesäure-äthylester $C_{23}H_{20}N_4O_2$, Formel I, und Tautomere.

B. Aus 4-[2-Methyl-4,5-dioxo-cyclohepta-2,6-dienylidenhydrazino]-benzoesäure-methylester und o-Phenylendiamin in Dioxan (*Schemjakin et al.*, Doklady Akad. S.S.S.R. **115** [1957] 526, 528; Pr. Acad. Sci. U.S.S.R. Chem. Sect. **112–117** [1957] 773).

Dunkelrote Kristalle (aus F.g.) mit 0,5 Mol Essigsäure; F: 243–244° [Zers.].

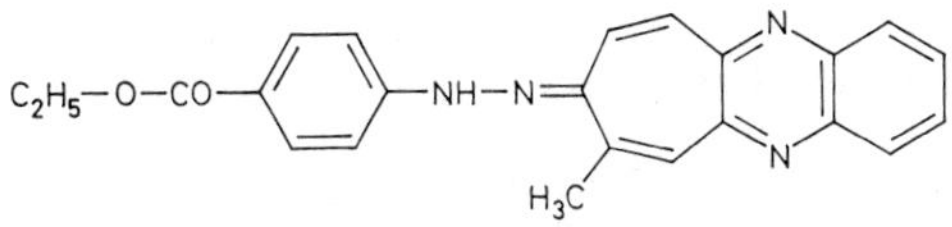

I 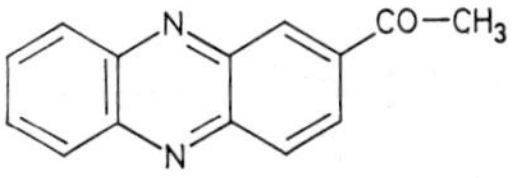   II

2-Acetyl-phenazin, 1-Phenazin-2-yl-äthanon $C_{14}H_{10}N_2O$, Formel II.

B. Aus (±)-1-Phenazin-2-yl-äthanol mit Hilfe von CrO_3 in Essigsäure (*Rosum*, Ž. obšč. Chim. **25** [1955] 611, 614; engl. Ausg. S. 583, 585).

Gelbgrüne Kristalle (aus A.); F: 168°. λ_{max} (A.): 262 nm und 366 nm. Reduktions-potential: *Ro*.

Oxim $C_{14}H_{11}N_3O$. F: 238° [aus Py.].

2,4-Dinitro-phenylhydrazon $C_{20}H_{14}N_6O_4$. Rote Kristalle (aus Äthylenglykol); F: 283°.

Thiosemicarbazon $C_{15}H_{13}N_5S$. Gelbe Kristalle; F: 266°.

3-[2]Pyridyl-1*H*-chinolin-2-on $C_{14}H_{10}N_2O$, Formel III, und Tautomeres.

B. Aus [2]Pyridyl-essigsäure-äthylester, 2-Amino-benzaldehyd und wenig Piperidin [120°] (*Hey, Williams*, Soc. **1950** 1678, 1682).

Kristalle (aus Dioxan); F: 233°.

1-[2]Pyridyl-chinolizin-4-on $C_{14}H_{10}N_2O$, Formel IV.

B. Beim Erhitzen von 4-Oxo-1-[2]pyridyl-4*H*-chinolizin-3-carbonsäure-äthylester mit wss. HCl (*Sato*, Pharm. Bl. **5** [1957] 412, 415).

Gelbe Kristalle (aus A. + Ae.); F: 143–144°. IR-Spektrum (CHCl₃; 2–15 μ): *Sato*, l. c. S. 414.

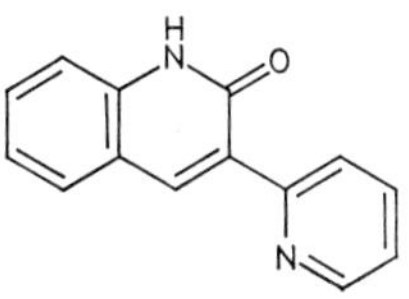

III 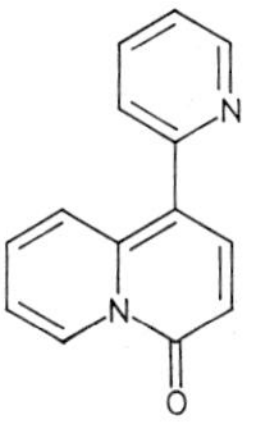   IV 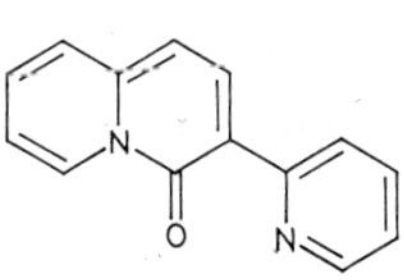   V 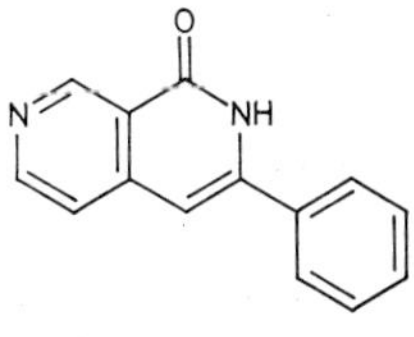   VI

3-[2]Pyridyl-chinolizin-4-on $C_{14}H_{10}N_2O$, Formel V.

B. Aus 4-Oxo-3-[2]pyridyl-4*H*-chinolizin-1-carbonsäure [240–250°] (*Ohki et al.*, Pharm. Bl. **1** [1953] 391, 393; *Ratuský, Šorm*, Chem. Listy **47** [1953] 1053, 1057; Collect. **19** [1954] 107, 112; C. A. **1955** 335). Beim Erhitzen von 4-Oxo-3-[2]pyridyl-4*H*-chinol-izin-1-carbonsäure-methylester oder -äthylester mit wss. HCl (*Galinovsky, Kainz*, M. **77** [1947] 137, 145; *Clemo et al.*, Soc. **1954** 2693, 2696; *Knoth*, M. **86** [1955] 210, 213).

Gelbe Kristalle; F: 112° [aus Bzl. + PAe.] (*Ohki et al.*), 111–112° [aus PAe.] (*Ga.*,

Ka.), 111° [aus Acn.] (*Kn.*). Gelbe Kristalle (aus H_2O) mit 1 Mol H_2O; F: 111—112° (*Cl. et al.*). Absorptionsspektrum (A.?; 220—415 nm): *Cl. et al.*, l. c. S. 2694.

Methojodid [$C_{15}H_{13}N_2O$]I; 1-Methyl-2-[4-oxo-4H-chinolizin-3-yl]-pyr = idinium-jodid. Gelbe, violettglänzende Kristalle (aus Acn.); F: 253—254° (*Cl. et al.*). Orangegelbe Kristalle (aus A.); F: 236° (*Ohki et al.*, l. c. S. 394).

3-Phenyl-2H-[2,7]naphthyridin-1-on $C_{14}H_{10}N_2O$, Formel VI, und Tautomere.
Konstitution: *Bobbitt, Doolittle*, J. org. Chem. **29** [1964] 2298, 2299.

B. Aus 1-[2,6-Dichlor-benzyl]-4-phenacyliden-1,4-dihydro-pyridin-3-carbonsäure-amid und wss. HBr [180°] (*Kröhnke et al.*, A. **600** [1956] 198, 207).
Kristalle (aus A.); F: 237—238° (*Kr. et al.*).
Hydrobromid $C_{14}H_{10}N_2O \cdot HBr$. Gelbliche Kristalle (aus H_2O); F: 330° (*Kr. et al.*).

2-Methyl-8-oxo-6-phenyl-7,8-dihydro-[2,7]naphthyridinium [$C_{15}H_{13}N_2O$]⁺, Formel VII, und Tautomeres.

Betain $C_{15}H_{12}N_2O$; 7-Methyl-3-phenyl-7H-[2,7]naphthyridin-1-on. *B.* Aus dem Bromid (oder Jodid) [s. u.] (*Kröhnke et al.*, A. **600** [1956] 198, 207). — Kristalle (aus A.) mit 1 Mol H_2O; F: 273—274° [Zers.].

Bromid [$C_{15}H_{13}N_2O$]Br. *B.* Aus 1-Methyl-4-phenacyliden-1,4-dihydro-pyridin-3-car = bonsäure-amid und wss. HBr [ca. 100°] (*Kröhnke et al.*, A. **600** [1956] 176, 197). — Gelbe Kristalle (aus A.); Zers. bei 299—300° (*Kr. et al.*, l. c. S. 197).

Jodid [$C_{15}H_{13}N_2O$]I. Gelbliche Kristalle; F: 293—295° [nach Sintern ab 285°] (*Kröhnke et al.*, A. **600** [1956] 198, 207).

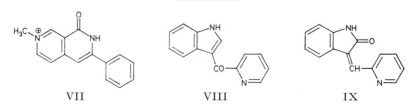

VII VIII IX

Indol-3-yl-[2]pyridyl-keton $C_{14}H_{10}N_2O$, Formel VIII.
B. Aus 3-[2]Pyridylmethyl-indol mit Hilfe von SeO_2 in Dioxan (*Clemo, Seaton*, Soc. **1954** 2582).
Gelbliche Kristalle (aus Bzl.); F: 191°.
2,4-Dinitro-phenylhydrazon $C_{20}H_{14}N_6O_4$. Dunkelrote Kristalle (aus A.); F: 293° bis 295°.

*3-[2]Pyridylmethylen-indolin-2-on $C_{14}H_{10}N_2O$, Formel IX, und Tautomeres.
B. Neben überwiegenden Mengen (±)-3-Hydroxy-3-[2]pyridylmethyl-indolin-2-on beim Erhitzen von Isatin mit 2-Methyl-pyridin (*Akkerman, Veldstra*, R. **73** [1954] 629, 639).
Kristalle (aus A.); F: 205—207° [unkorr.].

3-Nicotinoyl-indol, Indol-3-yl-[3]pyridyl-keton $C_{14}H_{10}N_2O$, Formel X.
B. Aus Indolylmagnesiumbromid und Nicotinoylchlorid-hydrochlorid in Äther (*Upjohn Co.*, U.S.P. 2814625 [1954]).
Kristalle (aus Isopropylalkohol); F: 210—211°.

9,10-Dihydro-benz[de]imidazo[2,1-a]isochinolin-7-on $C_{14}H_{10}N_2O$, Formel XI (E II 104; dort als 1(CO).2-Perinaphthoylen-Δ^2-imidazolin bezeichnet).
B. Aus 2-[2-Amino-äthyl]-benz[de]isochinolin-1,3-dion beim mehrstündigen Er = wärmen [ca. 60°] oder beim Erwärmen mit H_2O (*Fierz-David, Rossi*, Helv. **21** [1938] 1466, 1479, 1480).
F: 184—185° [korr.].

Beim Behandeln mit Chlor in Trichlorbenzol ist 9,10,x-Trichlor-benz[de]imidazo=
[2,1-a]isochinolin-7-on C$_{14}$H$_5$Cl$_3$N$_2$O (orangefarbene Kristalle [aus 1,2-Dichlor-
benzol]; F: 308—309° [korr.]) erhalten worden.

Verbindung mit Brom C$_{14}$H$_{10}$N$_2$O·Br$_2$. Gelbe Kristalle (aus Nitrobenzol); F: 297°
bis 300° [korr.; Zers.; nach Sintern bei 222°].

Picrat C$_{14}$H$_{10}$N$_2$O·C$_6$H$_3$N$_3$O$_7$. Gelbe Kristalle (aus Eg.); F: 294—295° [korr.; Zers.]
(Fi.-Da., Ro., l. c. S. 1482).

Äthojodid [C$_{16}$H$_{15}$N$_2$O]I; 11-Äthyl-7-oxo-9,10-dihydro-7H-benz[de]imidazo=
[2,1-a]isochinolinium-jodid. Orangegelbe Kristalle (aus Acetanhydrid); F: 286°
bis 287° [korr.; Zers.].

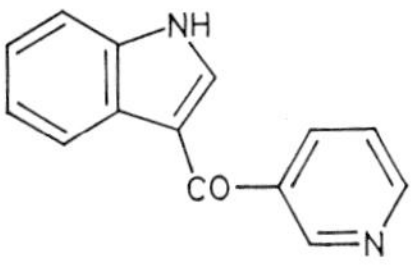

X 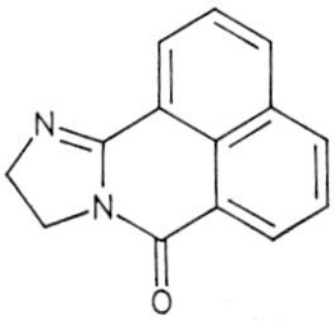   XI 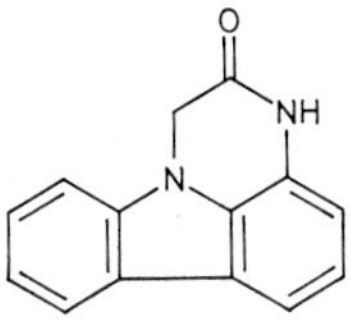   XII 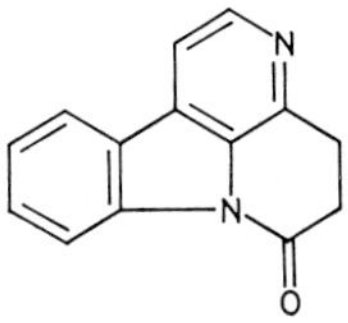   XIII

3H-Pyrazino[3,2,1-jk]carbazol-2-on C$_{14}$H$_{10}$N$_2$O, Formel XII.

B. Aus Bromessigsäure-carbazol-1-ylamid und wss.-äthanol. KOH (Campbell, Mac-
Lean, Soc. **1942** 504).

Kristalle (aus Xylol); F: 255° [unter Sublimation].

4,5-Dihydro-indolo[3,2,1-de][1,5]naphthyridin-6-on C$_{14}$H$_{10}$N$_2$O, Formel XIII.

B. Aus Indolo[3,2,1-de][1,5]naphthyridin-6-on bei der Hydrierung an Raney-Nickel
in Äthanol sowie beim Erwärmen mit Zink und Essigsäure (Haynes et al., Austral. J.
scient. Res. [A] **5** [1952] 387, 396, 397). Aus 4-Methylmercapto-indolo[3,2,1-de]naphth=
yridin-6-on mit Hilfe von Raney-Nickel in Benzol oder Äthanol (Nelson, Price, Austral.
J. scient. Res. [A] **5** [1952] 768, 778).

Kristalle (aus PAe.); F: 130—131° [korr.] (Ha. et al.). UV-Spektrum (Dioxan; 235 nm
bis 340 nm): Ha. et al., l. c. S. 392.   [Rogge]

Oxo-Verbindungen C$_{15}$H$_{12}$N$_2$O

1t(?),5t(?)-Di-[2]pyridyl-penta-1,4-dien-3-on C$_{15}$H$_{12}$N$_2$O, vermutlich Formel I.

B. Beim Behandeln von Pyridin-2-carbaldehyd mit Aceton und wss.-äthanol. NaOH
(Profft et al., J. pr. [4] **2** [1955] 147, 159).

Hellgelbe Kristalle; F: ca. 155—158° [nach Sintern bei 134°].

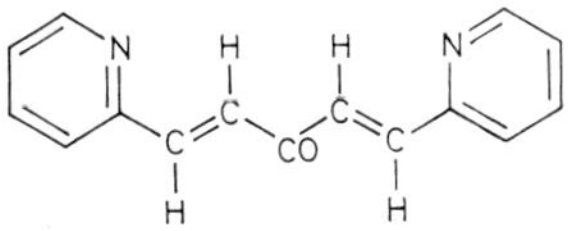

I 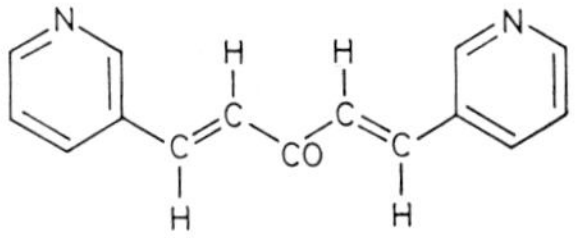   II

1t(?),5t(?)-Di-[3]pyridyl-penta-1,4-dien-3-on C$_{15}$H$_{12}$N$_2$O, vermutlich Formel II.

B. Neben anderen Verbindungen bei längerem Behandeln [ca. 2 Wochen] von Pyridin-
3-carbaldehyd mit 3-Oxo-glutarsäure in wss. Lösung vom pH 5 und anschliessendem
Erwärmen des Reaktionsgemisches (Kuffner, Kaiser, M. **85** [1954] 896, 905). In geringen
Mengen beim Behandeln von Pyridin-3-carbaldehyd mit Aceton und wss. NaOH (Marvel,
Stille, J. org. Chem. **22** [1957] 1451, 1456).

Kristalle; F: 145—148° [aus Ae.] (Ku., Ka.), 144° [aus PAe.] (Ma., St.). IR-Banden
(1660—980 cm^{-1}): Ma., St.

Hydrochlorid. F: 200—205° (Ku., Ka.).

Picrat. F: 205° (Ku., Ka.).

Styphnat. F: 218—221° (*Ku., Ka.*).
Picrolonat. F: 238° [Zers.] (*Ku., Ka.*).
2,4-Dinitro-phenylhydrazon $C_{21}H_{16}N_6O_4$. Kristalle; F: 181—183° [Zers.] (*Ku., Ka.*).

2,4,5-Triphenyl-1,2-dihydro-pyrazol-3-on $C_{21}H_{16}N_2O$, Formel III, und Tautomere (E II 104; dort als 1.3.4-Triphenyl-pyrazolon-(5) bezeichnet).

Diese Konstitution kommt auch der von *Scheibler et al.* (B. **63** [1930] 1562, 1570, 1571) als 2,3-Diphenyl-3-phenylhydrazono-propionsäure-äthylester formulierten Verbindung zu (*Adickes, Meister*, B. **68** [1935] 2191, 2199). Nach *Adickes, Meister* liegen in der E II 104 und der von *Scheibler et al.* beschriebenen Verbindung (F: 193—194° bzw. F: 194—196°) anscheinend Gemische der folgenden Präparate vor.

a) Präparat vom F: 216°.
B. Beim Erwärmen von 3-Oxo-2,3-diphenyl-propionsäure-äthylester mit Phenyl= hydrazin (*Ad., Me.*).
Kristalle (aus A.); F: 216° (*Ad., Me.*).

b) Präparat vom F: 204—205°.
B. Neben Benzoesäure-[N'-phenyl-hydrazid] beim Erwärmen von 3-Benzoyloxy-2,3-diphenyl-acrylsäure-äthylester (E III **10** 1257) mit Phenylhydrazin (*Ad., Me.*).
Kristalle (aus A.); F: 204—205° (*Ad., Me.*).

(±)-4-Chlor-4,5-diphenyl-2,4-dihydro-pyrazol-3-on $C_{15}H_{11}ClN_2O$, Formel IV (X = H), und Tautomeres.
B. Beim Behandeln von (±)-*trans*-4,5-Diphenyl-pyrazolidin-3-on in Nitromethan mit Chlor (*Carpino*, Am. Soc. **80** [1958] 601, 602).
Kristalle (aus Nitromethan); F: 171,8—173,8° [unkorr.].

(±)-2,4-Dichlor-4,5-diphenyl-2,4-dihydro-pyrazol-3-on $C_{15}H_{10}Cl_2N_2O$, Formel IV (X = Cl).
B. Beim Behandeln von (±)-*trans*-4,5-Diphenyl-pyrazolidin-3-on in Essigsäure mit Chlor (*Carpino*, Am. Soc. **80** [1958] 5796, 5798).
Grünlichgelbe Kristalle (aus PAe. + Bzl.); F: 129,5—131,5° [unkorr.; Zers.].

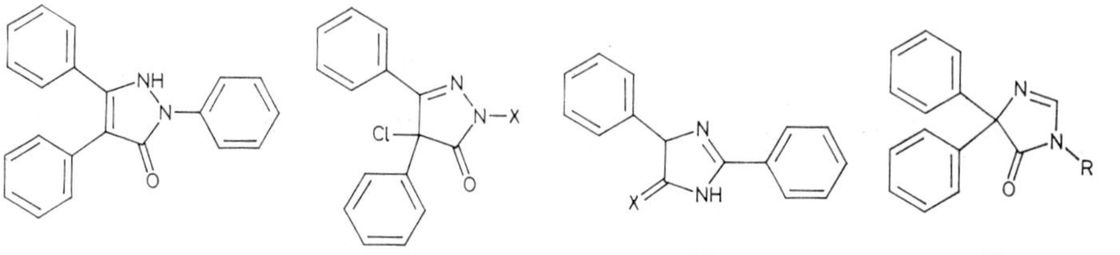

III   IV   V   VI

2,5-Diphenyl-3,5-dihydro-imidazol-4-on $C_{15}H_{12}N_2O$, Formel V (X = O), und Tautomere.
Konstitution: *Imbach et al.*, Bl. **1971** 1052, 1053.
B. Beim Behandeln von Benzamidin-hydrochlorid mit Phenylglyoxal-hydrat in wss.-äthanol. oder wss. KOH und Erwärmen des Reaktionsgemisches (*Waugh et al.*, Am. Soc. **64** [1942] 2028, 2029; *Im. et al.*, l. c. S. 1058). Beim Erwärmen von opt.-inakt. 2,4-Diphenyl-4,5-dihydro-1(3)H-imidazol-4,5-diol (E III/IV **23** 3245) in alkal. Lösung (*Wa. et al.*; *Im. et al.*).
Gelbe Kristalle (aus Dioxan) mit 0,5 Mol Dioxan; F: 251—252° (*Wa. et al.*), 250° bis 252° (*Im. et al.*). UV-Spektrum (wss. KOH [1 %ig]; 250—400 nm): *Wa. et al.*
Hydrochlorid. Kristalle (aus HCl enthaltender Eg.); F: 282—285° (*Im. et al.*), 282° [nach Dunkelfärbung bei 260°] (*Wa. et al.*).

2,5-Diphenyl-3,5-dihydro-imidazol-4-thion $C_{15}H_{12}N_2S$, Formel V (X = S), und Tautomere.
B. Beim Erwärmen von Benzimidsäure-äthylester-hydrochlorid mit (±)-Amino-

phenyl-thioessigsäure-amid-hydrochlorid in Äthanol (*Chambon*, *Boucherle*, Bl. **1954** 723, 726).

Gelbe Kristalle (aus Bzl.); F: 167—169° [korr.].

Verbindung mit Quecksilber(II)-chlorid. Zers. bei 265—270°.

5,5-Diphenyl-3,5-dihydro-imidazol-4-on $C_{15}H_{12}N_2O$, Formel VI (R = H), und Tautomere (E I 273; E II 104).

In den Kristallen sowie in DMSO liegt nach Ausweis der IR-Absorption 5,5-Diphenyl-3,5-dihydro-imidazol-4-on, in H_2O nach Ausweis der UV-Absorption ein Gemisch aus 5,5-Diphenyl-3,5-dihydro-imidazol-4-on (Hauptbestandteil) und 5,5-Diphenyl-1,5-dihydro-imidazol-4-on vor (*Edward*, *Lantos*, J. heterocycl. Chem. **9** [1972] 363, 365, 367).

B. Neben 5,5-Diphenyl-imidazolidin-4-on beim Erwärmen von 5,5-Diphenyl-2-thioxo-imidazolidin-4-on mit Raney-Nickel in Äthanol (*Staněk*, *Šidlo*, Chem. Listy **47** [1953] 89; C. A. **1954** 3267; Čsl. Farm. **2** [1953] 117, 119; C. A. **1955** 6123; *Terakawa*, J. pharm. Soc. Japan **75** [1955] 320; C. A. **1956** 1694) oder in äthanol. Natriummäthylat (*Vystrčil*, Chem. Listy **47** [1953] 1795, 1798; C. A. **1955** 1021). Beim Behandeln von 5,5-Diphenyl-imidazolidin-4-on mit $KMnO_4$ in wss. KOH (*Goodman*, U.S.P. 2744852 [1953]; vgl. E I 273). Beim Behandeln von Bis-[4-oxo-5,5-diphenyl-4,5-dihydro-3H-imidazol-2-yl]-sulfid mit wss. H_2O_2 in Essigsäure (*Whalley et al.*, Am. Soc. **77** [1955] 745, 748). Beim Erhitzen von 2-Hydroxy-5,5-diphenyl-imidazolidin-4-on (*Carrington et al.*, Soc. **1953** 3105, 3107; vgl. E I 273).

Kristalle; F: 169—170° [aus A.] (*Ca. et al.*), 167,5—168,5° [aus E.] (*Go.*), 166—167° [unkorr.; aus wss. Me. oder Bzl. + Hexan] (*Wh. et al.*).

1-Methyl-5,5-diphenyl-1,5-dihydro-imidazol-4-on $C_{16}H_{14}N_2O$, Formel VII.

B. Neben 1-Methyl-5,5-diphenyl-imidazolidin-4-on (Hauptprodukt) beim Erwärmen von 1-Methyl-5,5-diphenyl-2-thioxo-imidazolidin-4-on mit Raney-Nickel in Äthanol im Wasserstoff-Strom (*Carrington et al.*, Soc. **1953** 3105, 3108).

Kristalle (aus A.); F: 231°.

3-Methyl-5,5-diphenyl-3,5-dihydro-imidazol-4-on $C_{16}H_{14}N_2O$, Formel VI (R = CH_3) (E I 273; dort als 1-Methyl-4.4-diphenyl-imidazolon-(5) bezeichnet).

B. Beim Erwärmen von 3-Methyl-2-methylmercapto-5,5-diphenyl-3,5-dihydro-imidazol-4-on mit Raney-Nickel in Äthanol (*Carrington et al.*, Soc. **1953** 3105, 3108; *Vystrčil*, Chem. Listy **47** [1953] 1795, 1799; C. A. **1955** 1021).

Kristalle; F: 176—177° (*Ca. et al.*), 172° [unkorr.] (*Vy.*, l. c. S. 1797).

Hydrochlorid. Kristalle (aus konz. wss. HCl); F: 201—203° [unkorr.] (*Vy.*).

Picrat $C_{16}H_{14}N_2O \cdot C_6H_3N_3O_7$. F: 176—177° [unkorr.] (*Vy.*).

4,5-Diphenyl-1,3-dihydro-imidazol-2-on $C_{15}H_{12}N_2O$, Formel VIII (R = R' = H, X = O), und Tautomeres (H 211; E I 273; E II 104; dort als 4.5-Diphenyl-imidazolon-(2) bezeichnet).

Herstellung aus Benzoin und Harnstoff (vgl. H 211): *Corson*, *Freeborn*, Org. Synth. Coll. Vol. II [1943] 231.

Kristalle; F: 330—335° [korr.] (*Co.*, *Fr.*), 321—322° [aus E. + Eg.] (*Ried*, *Keil*, A. **616** [1958] 96, 106), 315° [Zers.; aus Eg.] (*Polonovski et al.*, Bl. **1955** 1166, 1170). UV-Spektrum (wss. A.; 250—350 nm): *Grégoire et al.*, Ann. pharm. franç. **9** [1951] 493, 507. λ_{max} (Me.): 260 nm und 308 nm; Fluorescenzmaximum (Me.): 423 nm (*Gompper*, *Herlinger*, B. **89** [1956] 2816, 2818). IR-Banden (KBr; 3135—1380 cm⁻¹): *Gompper*, *Herlinger*, B. **89** [1956] 2825, 2827.

1,3-Dimethyl-4,5-diphenyl-1,3-dihydro-imidazol-2-on $C_{17}H_{16}N_2O$, Formel VIII (R = R' = CH_3, X = O) (H 212).

λ_{max} (Me.): 245 nm und 292 nm; Fluorescenzmaximum (Me.): 420 nm (*Gompper*, *Herlinger*, B. **89** [1956] 2816, 2818).

VII   VIII   IX

1,4,5-Triphenyl-1,3-dihydro-imidazol-2-on $C_{21}H_{16}N_2O$, Formel VIII (R = C_6H_5, R' = H, X = O), und Tautomeres (H 212).

B. Beim Erhitzen von Benzoin mit Phenylharnstoff in Essigsäure (*Yoshida et al.*, J. chem. Soc. Japan Ind. Chem. Sect. **54** [1951] 685, 688; C. A. **1954** 2690).

Kristalle (aus A.); Zers. bei ca. 260°.

1-[1]Naphthyl-4,5-diphenyl-1,3-dihydro-imidazol-2-on $C_{25}H_{18}N_2O$, Formel IX, und Tautomeres.

B. Analog der vorangehenden Verbindung (*Yoshida et al.*, J. chem. Soc. Japan Ind. Chem. Sect. **54** [1951] 685, 688; C. A. **1954** 2690).

Kristalle (aus Eg.); Zers. ab 267°.

1-[4'-Acetylamino-biphenyl-4-yl]-4,5-diphenyl-1,3-dihydro-imidazol-2-on, *N*-**[4'-(2-Oxo-4,5-diphenyl-2,3-dihydro-imidazol-1-yl)-biphenyl-4-yl]-acetamid** $C_{29}H_{23}N_3O_2$, Formel X (R = H), und Tautomeres.

B. Analog den vorangehenden Verbindungen (*Yoshida et al.*, J. chem. Soc. Japan Ind. Chem. Sect. **54** [1951] 685, 689; C. A. **1954** 2690).

Pulver; Zers. ab 288°.

1-[4'-Acetylamino-3,3'-dimethyl-biphenyl-4-yl]-4,5-diphenyl-1,3-dihydro-imidazol-2-on, *N*-**[3,3'-Dimethyl-4'-(2-oxo-4,5-diphenyl-2,3-dihydro-imidazol-1-yl)-biphenyl-4-yl]-acetamid** $C_{31}H_{27}N_3O_2$, Formel X (R = CH_3), und Tautomeres.

B. Analog den vorangehenden Verbindungen (*Yoshida et al.*, J. chem. Soc. Japan Ind. Chem. Sect. **54** [1951] 685, 689; C. A. **1954** 2690).

Pulver; Zers. ab 292°.

1-[4'-Acetylamino-3,3'-dimethoxy-biphenyl-4-yl]-4,5-diphenyl-1,3-dihydro-imidazol-2-on, *N*-**[3,3'-Dimethoxy-4'-(2-oxo-4,5-diphenyl-2,3-dihydro-imidazol-1-yl)-biphenyl-4-yl]-acetamid** $C_{31}H_{27}N_3O_4$, Formel X (R = O-CH_3), und Tautomere.

B. Analog den vorangehenden Verbindungen (*Yoshida et al.*, J. chem. Soc. Japan Ind. Chem. Sect. **54** [1951] 685, 689; C. A. **1954** 2690).

Braune Kristalle (aus Eg.); Zers. ab 245°.

4,5-Diphenyl-1,3-dihydro-imidazol-2-thion $C_{15}H_{12}N_2S$, Formel VIII (R = R' = H, X = S), und Tautomeres (H 214; E I 274).

Konstitution: *Sohár et al.*, Acta chim. hung. **58** [1968] 31, 35.

B. Aus Benzoin und Thioharnstoff beim Erhitzen in Essigsäure bzw. in Hexanol (*Yoshida et al.*, J. chem. Soc. Japan Ind. Chem. Sect. **54** [1951] 685; C. A. **1954** 2690; *Kotschergin*, Ž. obšč. Chim. **31** [1961] 1093; engl. Ausg. S. 1010; vgl. H 214).

Kristalle; F: 316° [Zers.] (*Grégoire et al.*, Ann. pharm. franç. **9** [1951] 493, 504), 307° bis 310° [Zers.; aus Eg.] (*Ko.*). IR-Spektrum (KBr; 4000—700 cm⁻¹): *Gompper, Herlinger*, B. **89** [1956] 2825, 2829. UV-Spektrum (wss. A.; 250—350 nm): *Gr. et al.*, l. c. S. 507. λ_{max} (Me.): 222 nm und 280 nm; Fluorescenzmaximum (Me.): 437 nm (*Gompper, Herlinger*, B. **89** [1956] 2816, 2818).

1,4,5-Triphenyl-1,3-dihydro-imidazol-2-thion $C_{21}H_{16}N_2S$, Formel XI (R = X = H), und Tautomeres (H 214).

B. Beim Erhitzen von Phenyl-thioharnstoff mit Benzoin (*Bhatt et al.*, J. Indian Inst.

Sci. [A] **31** [1949] 43, 48; vgl. H 214).

Kristalle (aus wss. Py.); F: 290° [Zers.].

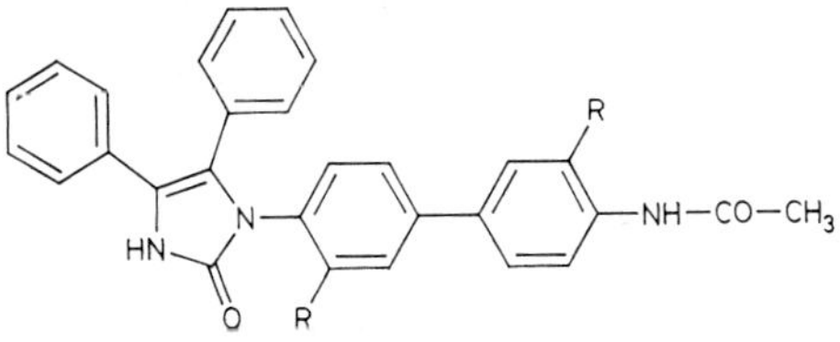

X

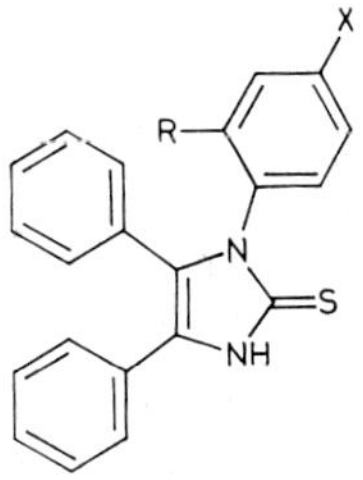

XI

1-[4-Nitro-phenyl]-4,5-diphenyl-1,3-dihydro-imidazol-2-thion $C_{21}H_{15}N_3O_2S$, Formel XI (R = H, X = NO$_2$), und Tautomeres.

B. Analog der vorangehenden Verbindung (*Bhatt et al.*, J. Indian Inst. Sci. [A] **31** [1949] 43, 50).

Gelbe Kristalle (aus wss. Py.); F: 284°.

4,5-Diphenyl-1-o-tolyl-1,3-dihydro-imidazol-2-thion $C_{22}H_{18}N_2S$, Formel XI (R = CH$_3$, X = H), und Tautomeres.

B. Analog den vorangehenden Verbindungen (*Bhatt et al.*, J. Indian Inst. Sci. [A] **31** [1949] 43, 49).

Kristalle; F: 300—303° [Zers.; aus Eg.] (*Friedrich et al.*, Pharmazie **24** [1969] 429, 430), 288—289° [Zers.; aus wss. Py.] (*Bh. et al.*).

4,5-Diphenyl-1-p-tolyl-1,3-dihydro-imidazol-2-thion $C_{22}H_{18}N_2S$, Formel XI (R = H, X = CH$_3$), und Tautomeres.

B. Analog den vorangehenden Verbindungen (*Bhatt et al.*, J. Indian Inst. Sci. [A] **31** [1949] 43, 49).

Kristalle; F: 325—330° [Zers.; aus Eg.] (*Friedrich et al.*, Pharmazie **24** [1969] 429, 430), 319—320° [Zers.; aus wss. Py.] (*Bh. et al.*).

1-[4-Methoxy-phenyl]-4,5-diphenyl-1,3-dihydro-imidazol-2-thion $C_{22}H_{18}N_2OS$, Formel XI (R = H, X = O-CH$_3$), und Tautomeres.

B. Analog den vorangehenden Verbindungen (*Bhatt et al.*, J. Indian Inst. Sci. [A] **31** [1949] 43, 49).

F: 297° [Zers.].

1,4-Bis-[4,5-diphenyl-2-thioxo-2,3-dihydro-imidazol-1-yl]-benzol, 4,5,4′,5′-Tetraphenyl-1,3,1′,3′-tetrahydro-1,1′-p-phenylen-bis-imidazol-2-thion $C_{36}H_{26}N_4S_2$, Formel XII, und Tautomere.

B. Beim Erhitzen von 1,4-Bis-thioureido-benzol mit Benzoin auf 200° (*Bhatt et al.*, J. Indian Inst. Sci. [A] **31** [1949] 43, 50).

Die Verbindung schmilzt nicht unterhalb 340°.

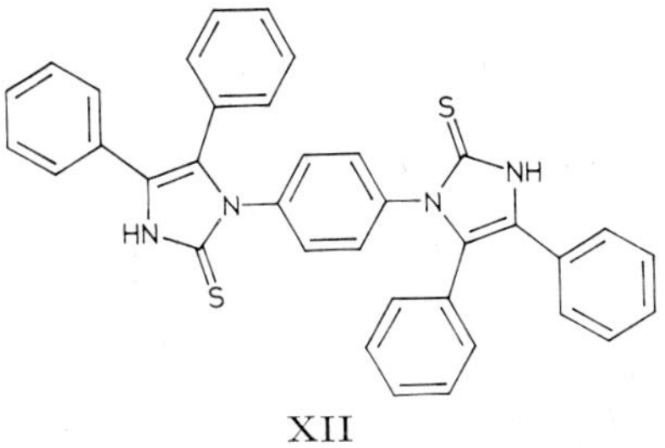

XII

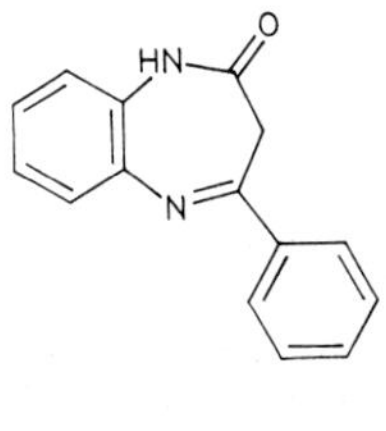

XIII

4-Phenyl-1,3-dihydro-benzo[*b*][1,4]diazepin-2-on $C_{15}H_{12}N_2O$, Formel XIII.

Die früher (E II **24** 105) unter dieser Konstitution beschriebene Verbindung („4-Phenyl-3.7-diaza-1.2-benzo-cycloheptadien-(1.3)-on-(6)") ist als 3-*trans*(?)-Styryl-1*H*-chinoxalin-2-on erkannt worden (*Bodforss*, A. **609** [1957] 103, 115; *Ried, Stahlhofen*, B. **90** [1957] 828, 829); die von *Vaughan, Tripp* (Am. Soc. **82** [1960] 4370, 4371, 4372) vorgeschlagene Formulierung als 2-Phenyl-2,3-dihydro-furo[2,3-*b*]chinoxalin $C_{16}H_{12}N_2O$ hat sich als nicht zutreffend erwiesen (*Ried*, Privatmitteilung 1980).

B. Beim Erhitzen von 3-Oxo-3-phenyl-propionsäure-äthylester mit *o*-Phenylendiamin in Xylol (*Ried, St.*, l. c. S. 831).

Kristalle (aus Dioxan); F: 206° (*Ried, St.*).

Picrat $C_{15}H_{12}N_2O \cdot C_6H_3N_3O_7$. Gelbe Kristalle (aus A.); F: 168° (*Ried, St.*).

6-Methyl-3-phenyl-1*H*-cinnolin-4-on $C_{15}H_{12}N_2O$, Formel I, und Tautomeres.

B. Beim Erwärmen der aus 2-Amino-5-methyl-desoxybenzoin in wss. HCl erhaltenen Diazoniumsalz-Lösung (*Ockenden, Schofield*, Soc. **1953** 3706).

Gelbliche Kristalle; F: 310—312°.

2-Benzyl-3*H*-chinazolin-4-on $C_{15}H_{12}N_2O$, Formel II (R = X = H), und Tautomere;
Glycosminin, Glycosmin (H 216 [„Präparat von König"]).

Isolierung aus den Blättern von Glycosmis arborea: *Pakrashi et al.*, Tetrahedron **19** [1963] 1011; von Glycosmis pentaphylla (?; vgl. *Pa. et al.*): *Chatterjee, Majumdar*, Am. Soc. **76** [1954] 2459, 2461.

B. Beim Erhitzen von Phenylessigsäure-anilid mit Carbamidsäure-äthylester und P_2O_5 in Xylol (*Aggarwal et al.*, J. Indian chem. Soc. **6** [1929] 717, 719). Beim Erwärmen von *N*-Phenylacetyl-anthranilsäure-amid (aus *N*-Phenylacetyl-anthranilsäure-methylester und NH_3 erhalten) mit wss. NaOH (*Stephen, Wadge*, Soc. **1956** 4420).

Kristalle (aus A.); F: 256° (*St., Wa.*), 249° (*Pa. et al.*), 247° (*Ag. et al.*). ¹H-NMR-Spektrum (CDCl₃): *Pa. et al.*, l. c. S. 1018. IR-Spektrum (KBr; 4000—400 cm⁻¹): *Pa. et al.*, l. c. S. 1017, 1021.

Picrat. Gelbe Kristalle (aus A.); F: 170° (*Ag. et al.*).

I   II   III

2-Benzyl-1-methyl-1*H*-chinazolin-4-on, Arborin $C_{16}H_{14}N_2O$, Formel III.

Diese Konstitution kommt auch dem von *Chatterjee, Majumdar* (Am. Soc. **75** [1953] 4365) als 2-Benzyliden-1-methyl-2,3-dihydro-1*H*-chinazolin-4-on formulierten Glycosin zu (*Chakravarti et al.*, Tetrahedron **16** [1961] 224).

Isolierung aus den Blättern von Glycosmis arborea: *Chakravarti et al.*, Soc. **1953** 3338; von Glycosmis pentaphylla (?; vgl. *Ch. et al.*, Tetrahedron **16** 224): *Chatterjee, Majumdar*, Sci. Culture **18** [1953] 505; Am. Soc. **76** [1954] 2459, 2461.

B. Beim Erhitzen von *N*-Methyl-anthranilsäure-amid mit Phenylessigsäure und P_2O_5 in Xylol (*Ch., Ma.*, Am. Soc. **75** 4365). Beim Erhitzen von *N*-Methyl-*N*-phenylacetyl-anthranilsäure-amid auf 170—190° (*Ch. et al.*, Soc. **1953** 3337, 3340).

Kristalle (aus CHCl₃ + E.); F: 155—156° (*Ch., Ma.*, Am. Soc. **76** 2462). Kristalle (aus Bzl. + wenig A.) mit 1 Mol Benzol; Kristalle (aus H₂O) mit 2 Mol H₂O (*Ch. et al.*, Tetrahedron **16** 249). ¹H-NMR-Spektrum (CDCl₃): *Ch. et al.*, Tetrahedron **16** 247. IR-Spektrum in KBr (5000—700 cm⁻¹): *Ch. et al.*, Tetrahedron **16** 237, 243; in CHCl₃ (5000—800 cm⁻¹): *Ch. et al.*, Tetrahedron **16** 236, 243; *Ch., Ma.*, Am. Soc. **76** 2461. UV-Spektrum in CHCl₃, Äthanol, wss.-äthanol. NaOH sowie wss. HCl (220—325 nm): *Ch. et al.*, Tetrahedron **16** 231, 232, 233; in Äthanol (220—350 nm): *Ch., Ma.*, Am. Soc. **76** 2460.

Hydrochlorid $C_{16}H_{14}N_2O \cdot HCl$. Kristalle (aus wss. A. [90%ig]); F: 209—210° [Zers.]

(*Ch.*, *Ma.*, Am. Soc. **76** 2462). Kristalle (aus H_2O) mit 2 Mol H_2O; F: 215° [nach partiellem Schmelzen bei 106—108°] (*Ch. et al.*, Soc. **1953** 3338; Tetrahedron **16** 225).

Hydrobromid. F: 75—76° (*Ch. et al.*, Tetrahedron **16** 225).

Hydrojodid. F: 95—96° (*Ch. et al.*, Tetrahedron **16** 225).

Nitrat. F: 116—117° (*Ch. et al.*, Tetrahedron **16** 225).

Picrat $C_{16}H_{14}N_2O \cdot C_6H_3N_3O_7$. Gelbe Kristalle (aus A.); F: 172—173° (*Ch. et al.*, Soc. **1953** 3338), 171—172° [Zers.] (*Ch.*, *Ma.*, Am. Soc. **76** 2462).

Styphnat. F: 194—195° (*Ch. et al.*, Tetrahedron **16** 225).

Picrolonat. F: 171° (*Ch. et al.*, Tetrahedron **16** 225).

Methojodid. F: 126—127° (*Ch. et al.*, Tetrahedron **16** 225).

2-Benzyl-3-methyl-3H-chinazolin-4-on $C_{16}H_{14}N_2O$, Formel II (R = CH_3, X = H).

B. Beim Erwärmen von 2-Benzyl-3*H*-chinazolin-4-on mit CH_3I und methanol. KOH (*Aggarwal et al.*, J. Indian chem. Soc. **6** [1929] 717, 719).

Kristalle (aus wss. A.); F: 95°.

2-[2-Nitro-benzyl]-3H-chinazolin-4-on $C_{15}H_{11}N_3O_3$, Formel II (R = H, X = NO_2), und Tautomere.

B. Beim Behandeln von *N*-[2-Nitro-phenylacetyl]-anthranilsäure-amid mit Pyridin und wss. NaOH (*Tomisek, Christensen*, Am. Soc. **70** [1948] 1701). Beim Behandeln von 2-[2-Nitro-benzyl]-benz[*d*][1,3]oxazin-4-on in wss. Pyridin mit NH_3 in wss. NaOH (*To.*, *Ch.*).

Kristalle (aus Eg. oder Py. + H_2O); F: 254,5° [Zers.].

2-*o*-Tolyl-3H-chinazolin-4-on $C_{15}H_{12}N_2O$, Formel IV (R = R″ = H, R′ = CH_3), und Tautomere.

B. Beim Erwärmen von *N*-*o*-Toluoyl-anthranilsäure-amid mit wss. NaOH (*Stephen, Wadge*, Soc. **1956** 4420).

Kristalle (aus A. oder A. + Eg.); F: 236°.

3-Phenyl-2-*o*-tolyl-3H-chinazolin-4-on $C_{21}H_{16}N_2O$, Formel IV (R = C_6H_5, R′ = CH_3, R″ = H).

B. Beim Erwärmen von *N*-[2-Nitro-benzoyl]-*N*-*o*-toluoyl-anilin in Äthanol mit wss. $Na_2S_2O_4$ (*Levy, Stephen*, Soc. **1956** 985, 988). Beim Erhitzen von *N*-*o*-Toluoyl-anthranil = säure-anilid mit wenig $ZnCl_2$ auf 240—250° (*Zentmyer, Wagner*, J. org. Chem. **14** [1949] 967, 973, 979).

Kristalle; F: 179—180° [korr.; aus E. + Hexan] (*Ze.*, *Wa.*), 152° [aus A.] (*Levy, St.*).

2-*m*-Tolyl-3H-chinazolin-4-on $C_{15}H_{12}N_2O$, Formel IV (R = R′ = H, R″ = CH_3), und Tautomere.

B. Beim Behandeln von *N*-*m*-Toluoyl-anthranilsäure-methylester mit NH_3 und Er = wärmen des Reaktionsprodukts mit wss. NaOH (*Stephen, Wadge*, Soc. **1956** 4420).

Kristalle (aus A.); F: 212°.

2-*p*-Tolyl-3H-chinazolin-4-on $C_{15}H_{12}N_2O$, Formel V (R = R′ = H, R″ = CH_3), und Tautomere.

B. Aus *N*-*p*-Toluoyl-anthranilsäure-amid beim Erwärmen mit wss. NaOH (*Stephen, Wadge*, Soc. **1956** 4420) oder beim Erhitzen auf 240—250° (*Zentmyer, Wagner*, J. org. Chem. **14** [1949] 967, 971, 978). Beim Behandeln von 2-*p*-Tolyl-2,3-dihydro-1*H*-chin = azolin-4-on mit $KMnO_4$ in Aceton (*Kilroe Smith, Stephen*, Tetrahedron **1** [1957] 38, 41, 44).

Kristalle; F: 241—242° [korr.; aus E. + Hexan] (*Ze.*, *Wa.*), 241° [aus A. bzw. aus Acn.] (*St.*, *Wa.*; *Ki. Sm.*, *St.*).

3-Phenyl-2-*p*-tolyl-3H-chinazolin-4-on $C_{21}H_{16}N_2O$, Formel V (R = C_6H_5, R′ = H, R″ = CH_3).

B. Beim Erhitzen von *N*-*p*-Toluoyl-anthranilsäure-anilid mit wenig $ZnCl_2$ auf 250° (*Zentmyer, Wagner*, J. org. Chem. **14** [1949] 967, 973, 979).

Kristalle (aus E. + Hexan); F: 178°.

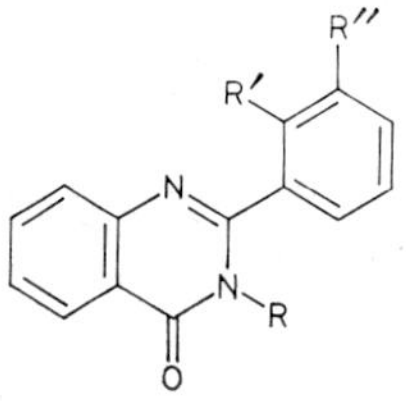

IV 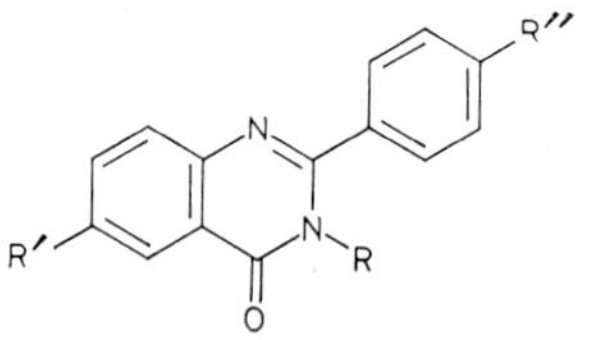   V 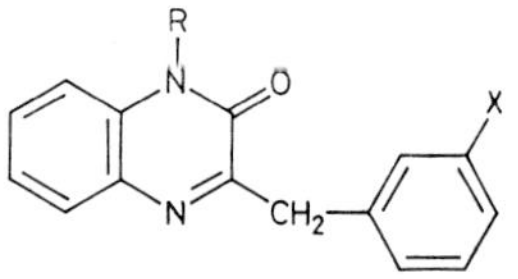   VI

6-Methyl-2-phenyl-3H-chinazolin-4-on $C_{15}H_{12}N_2O$, Formel V (R = R″ = H, R′ = CH₃), und Tautomere.

B. Neben 2,8-Dimethyl-5*H*,11*H*-dibenzo[*b*,*f*][1,5]diazocin-6,12-dion aus 2-Amino-5-methyl-benzoesäure-methylester und Benzonitril mit Hilfe von Natrium-Pulver in Benzol (*Cooper, Partridge*, Soc. **1955** 991, 994). Neben Benzoesäure-[2-cyan-4-methyl-anilid] beim Behandeln von 5-Methyl-2-phenyl-indol-3-on-oxim mit PCl₅ in Äther (*Piozzi et al.*, G. **89** [1959] 2342, 2351).

Kristalle (aus A.); F: 265—266° [korr.] (*Pi. et al.*), 265—266° (*Co., Pa.*). UV-Spektrum (220—320 nm): *Pi. et al.*, l. c. S. 2346, 2348. λ_{max} (A.): 209 nm, 237 nm und 294 nm (*Co., Pa.*).

3-Benzyl-1H-chinoxalin-2-on $C_{15}H_{12}N_2O$, Formel VI (R = X = H), und Tautomeres (E II 105).

B. Beim Behandeln von Phenylbrenztraubensäure (*Cook, Perry*, Soc. **1943** 394, 397) oder von 3-Phenyl-2-thioxo-propionsäure (*Baranow, Tarnawškaja*, Ukr. chim. Ž. **25** [1959] 620; C. A. **1960** 11 041) mit *o*-Phenylendiamin in Äthanol.

Kristalle (aus A.); F: 196°.

3-Benzyl-4-oxy-1H-chinoxalin-2-on, 3-Benzyl-1H-chinoxalin-2-on-4-oxid $C_{15}H_{12}N_2O_2$, Formel VII, und Tautomeres.

B. Beim Behandeln der vorangehenden Verbindung mit Monoperoxyphthalsäure in Äther (*Baranow, Tarnawškaja*, Ukr. chim. Ž. **25** [1959] 620; C. A. **1960** 11 041).

Gelbe Kristalle (aus A.); F: 258—260°.

3-Benzyl-1-methyl-1H-chinoxalin-2-on $C_{16}H_{14}N_2O$, Formel VI (R = CH₃, X = H).

B. Beim Behandeln von 3-Benzyl-1*H*-chinoxalin-2-on mit Dimethylsulfat in wss. NaOH (*Baranow, Tarnawškaja*, Ukr. chim. Ž. **25** [1959] 620; C. A. **1960** 11 041).

Kristalle (aus wss. A.); F: 85°.

3-Benzyl-1-phenyl-1H-chinoxalin-2-on $C_{21}H_{16}N_2O$, Formel VI (R = C₆H₅, X = H).

B. Beim Behandeln von Phenylbrenztraubensäure mit *N*-Phenyl-*o*-phenylendiamin in Äther (*Cook, Perry*, Soc. **1943** 394, 397).

Kristalle (aus Eg.); F: 166°.

3-[3-Chlor-benzyl]-1H-chinoxalin-2-on $C_{15}H_{11}ClN_2O$, Formel VI (R = H, X = Cl), und Tautomeres.

B. Beim Erwärmen von 3-[3-Chlor-phenyl]-2-thioxo-propionsäure mit *o*-Phenylendiamin in Äthanol (*Baranow, Tarnawškaja*, Ukr. chim. Ž. **25** [1959] 620; C. A. **1960** 11 041).

Kristalle (aus A.); F: 228—230°.

3-[3-Chlor-benzyl]-1-methyl-1H-chinoxalin-2-on $C_{16}H_{13}ClN_2O$, Formel VI (R = CH₃, X = Cl).

B. Beim Behandeln der vorangehenden Verbindung mit Dimethylsulfat in wss. NaOH (*Baranow, Tarnawškaja*, Ukr. chim. Ž. **25** [1959] 620; C. A. **1960** 11 041).

Kristalle (aus wss. A.); F: 104—105°.

3-[2,4,6-Trinitro-benzyl]-1H-chinoxalin-2-on $C_{15}H_9N_5O_7$, Formel VIII (X = X′ = H), und Tautomeres.

B. Beim Behandeln von 3-Benzyl-1*H*-chinoxalin-2-on mit HNO₃ und H₂SO₄ (*Bara-*

now, *Tarnawškaja*, Ukr. chim. Ž. **25** [1959] 620; C. A. **1960** 11 041).
   F: 124°.

5(?),8(?)-Dinitro-3-[2,4,6-trinitro-benzyl]-1H-chinoxalin-2-on $C_{15}H_7N_7O_{11}$, vermutlich
Formel VIII (X = NO_2, X' = H), und Tautomeres.
   B. Beim Erhitzen der vorangehenden Verbindung mit wss. HNO_3 (*Baranow, Tarnaw-
škaja*, Ukr. chim. Ž. **25** [1959] 620; C. A. **1960** 11 041).
   F: 215°.

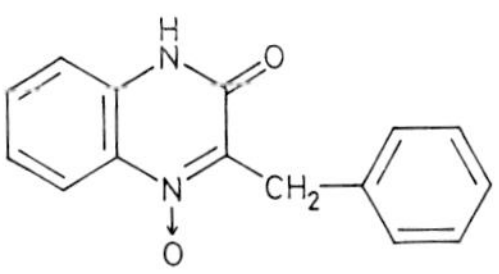

VII 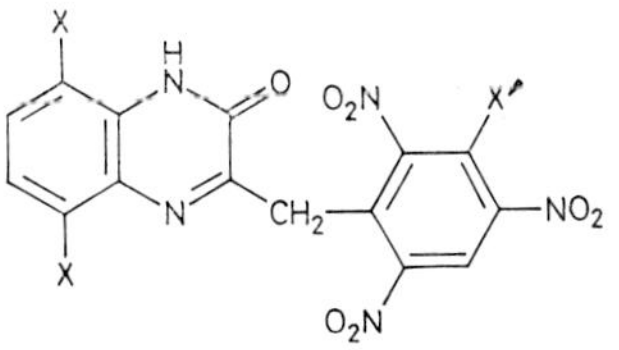   VIII 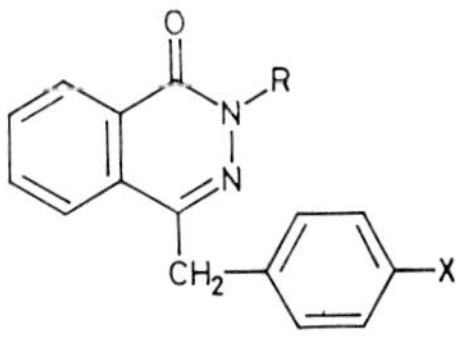   IX

3-[3-Chlor-2,4,6-trinitro-benzyl]-5,8-dinitro-1H-chinoxalin-2-on $C_{15}H_6ClN_7O_{11}$,
Formel VIII (X = NO_2, X' = Cl), und Tautomeres.
   B. Beim Behandeln von 3-[3-Chlor-benzyl]-1H-chinoxalin-2-on mit HNO_3 und
H_2SO_4 (*Baranow, Tarnawškaja*, Ukr. chim. Ž. **25** [1959] 620; C. A. **1960** 11 041).
   F: 198—200°.

4-Benzyl-2-[2-dimethylamino-äthyl]-2H-phthalazin-1-on $C_{19}H_{21}N_3O$, Formel IX
(R = CH_2-CH_2-$N(CH_3)_2$, X = H).
   B. Beim Erhitzen von [2-Chlor-äthyl]-dimethyl-amin mit dem Kalium-Salz des 4-Benz-
yl-2H-phthalazin-1-ons in Xylol (*VEB Deutsches Hydrierwerk*, D.B.P. 1 046 625 [1957]).
   $Kp_{0,3}$: 215—222°.
   Hydrochlorid. F: 178°.
   Methojodid. F: 200°.

4-Benzyl-2-[2-diäthylamino-äthyl]-2H-phthalazin-1-on $C_{21}H_{25}N_3O$, Formel IX
(R = CH_2-CH_2-$N(C_2H_5)_2$, X = H).
   B. Analog der vorangehenden Verbindung (*VEB Deutsches Hydrierwerk*, D.B.P. 1 046 625
[1957]).
   $Kp_{0,1}$: 208—214°.
   Hydrochlorid. F: 142—143°.

4-Benzyl-2-[3-dimethylamino-propyl]-2H-phthalazin-1-on $C_{20}H_{23}N_3O$, Formel IX
(R = $[CH_2]_3$-$N(CH_3)_2$, X = H).
   B. Analog den vorangehenden Verbindungen (*VEB Deutsches Hydrierwerk*, D.B.P.
1 046 625 [1957]).
   $Kp_{0,5}$: 218°.
   Hydrochlorid. F: 173—174°.

4-[4-Chlor-benzyl]-2H-phthalazin-1-on $C_{15}H_{11}ClN_2O$, Formel IX (R = H, X = Cl), und
Tautomeres.
   B. Aus [4-Chlor-benzyliden]-phthalid (E III/IV **17** 5434) und N_2H_4 (*VEB Deutsches
Hydrierwerk*, D.B.P. 1 046 625 [1957]).
   F: 218°.

4-[4-Chlor-benzyl]-2-[2-dimethylamino-äthyl]-2H-phthalazin-1-on $C_{19}H_{20}ClN_3O$,
Formel IX (R = CH_2-CH_2-$N(CH_3)_2$, X = Cl).
   B. Beim Erhitzen von [2-Chlor-äthyl]-dimethyl-amin mit dem Kalium-Salz des
4-[4-Chlor-benzyl]-2H-phthalazin-1-ons in Toluol (*VEB Deutsches Hydrierwerk*, D.B.P.
1 046 625 [1957]).
   $Kp_{0,2}$: 215—220°.
   Hydrochlorid. F: 248°.

4-[4-Brom-benzyl]-2-[2-dimethylamino-äthyl]-2H-phthalazin-1-on $C_{19}H_{20}BrN_3O$,
Formel IX (R = CH_2-CH_2-N(CH_3)$_2$, X = Br).
Hydrochlorid. F: 238° (*Lenke*, Arzneimittel-Forsch. **7** [1957] 678, 679).

4-[1-Oxo-4-o-tolyl-1H-phthalazin-2-yl]-benzoesäure $C_{22}H_{16}N_2O_3$, Formel X
(R = C_6H_4-CO-OH(p), R' = CH_3, R'' = H).
B. Aus 2-o-Toluoyl-benzoesäure und 4-Hydrazino-benzoesäure in Äthanol (*Veibel
et al.*, Dansk Tidsskr. Farm. **14** [1940] 184, 185, 188).
Kristalle (aus wss. A.); F: 271 — 272° [Zers. ?].

4-p-Tolyl-2H-phthalazin-1-on $C_{15}H_{12}N_2O$, Formel X (R = R' = H, R'' = CH_3), und
Tautomeres.
B. Beim Erwärmen von 2-p-Toluoyl-benzoesäure mit wss. $N_2H_4 \cdot H_2O$ (*Rule et al.*,
Soc. **1950** 1816, 1819).
Kristalle (aus Eg.); F: 258 — 259°.

2-Phenyl-4-p-tolyl-2H-phthalazin-1-on $C_{21}H_{16}N_2O$, Formel X (R = C_6H_5, R' = H,
R'' = CH_3).
B. Beim Erhitzen von 2-p-Toluoyl-benzoesäure mit Phenylhydrazin in Essigsäure
(*Buu-Hoï et al.*, R. **69** [1950] 1083, 1107).
Kristalle (aus Butan-1-ol); F: 140°.

4-[1-Oxo-4-p-tolyl-1H-phthalazin-2-yl]-benzoesäure $C_{22}H_{16}N_2O_3$, Formel X
(R = C_6H_4-CO-OH(p), R' = H, R'' = CH_3).
B. Aus 2-p-Toluoyl-benzoesäure und 4-Hydrazino-benzoesäure in Äthanol (*Veibel*,
Acta chem. scand. **1** [1947] 54, 66).
Kristalle; F: 269 — 270°.

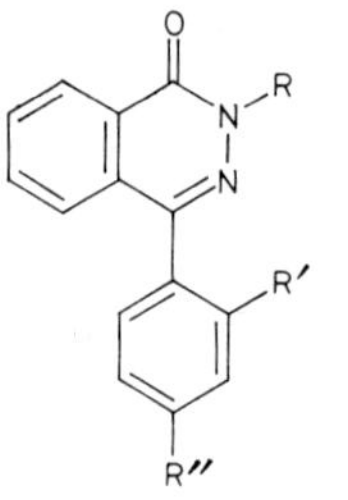

X 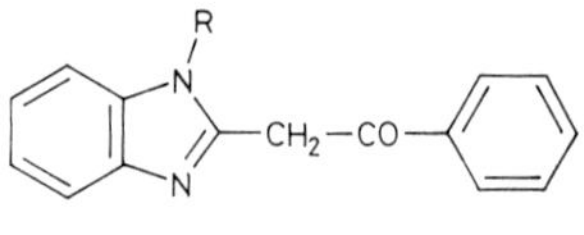   XI 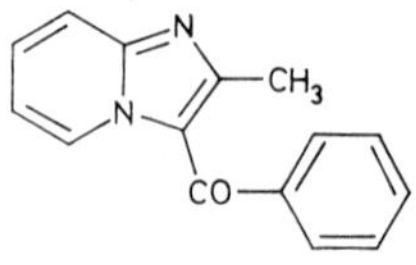   XII

2-Phenacyl-1H-benzimidazol(?), 2-[1H-Benzimidazol-2-yl]-1-phenyl-äthanon(?)
$C_{15}H_{12}N_2O$, vermutlich Formel XI (R = H).
B. Beim Erhitzen von 3-Oxo-3-phenyl-propionsäure-äthylester mit o-Phenylendiamin
in Xylol (*Štepanow, Dawydowa*, Ž. obšč. Chim. **28** [1958] 891, 895; engl. Ausg. S. 864,
867).
Kristalle (aus Me.); F: 195 — 195,5°.

**1-Methyl-2-phenacyl-1H-benzimidazol, 2-[1-Methyl-1H-benzimidazol-2-yl]-1-phenyl-
äthanon** $C_{16}H_{14}N_2O$, Formel XI (R = CH_3).
B. Beim Erwärmen von 1,2-Dimethyl-1H-benzimidazol mit Äthylbenzoat und Kalium≠
äthylat in Benzol (*Štepanow, Dawydowa*, Ž. obšč. Chim. **28** [1958] 891, 894; engl. Ausg.
S. 864, 866).
Gelbliche Kristalle (aus Me.); F: 151 — 151,5°.

**3-Benzoyl-2-methyl-imidazo[1,2-a]pyridin, [2-Methyl-imidazo[1,2-a]pyridin-3-yl]-
phenyl-keton** $C_{15}H_{12}N_2O$, Formel XII.
B. Beim Behandeln von N-[1-Phenacyl-1H-[2]pyridyliden]-acetamid-hydrobromid

mit wss. K$_2$CO$_3$ (*Schilling et al.*, B. **88** [1955] 1093, 1100).

Kristalle; F: 88°.

Perchlorat C$_{15}$H$_{12}$N$_2$O·HClO$_4$. Kristalle (aus H$_2$O); F: 259—261° [unkorr.; Zers.].

Hydrobromid C$_{15}$H$_{12}$N$_2$O·HBr. Kristalle; F: 265° [unkorr.].

Oxim C$_{15}$H$_{13}$N$_3$O. Kristalle (aus Bzl.); F: 222° [unkorr.; Zers.].

Methojodid [C$_{16}$H$_{15}$N$_2$O]I; 3-Benzoyl-1,2-dimethyl-imidazo[1,2-a]pyridin= ium-jodid. Kristalle (aus H$_2$O); F: 250—251° [unkorr.].

3-Benzoyl-2-methyl-1-phenacyl-imidazo[1,2-a]pyridinium [C$_{23}$H$_{19}$N$_2$O$_2$]$^+$, Formel XIII.

Bromid [C$_{23}$H$_{19}$N$_2$O$_2$]Br. *B.* Bei längerem Erwärmen [1—2 d] von *N*-[2]Pyridyl-acetamid mit Phenacylbromid und 2-Methyl-chinolin in Aceton (*Schilling et al.*, B. **88** [1955] 1093, 1102). Beim Erhitzen von [2-Methyl-imidazo[1,2-a]pyridin-3-yl]-phenyl-keton mit Phenacylbromid in CHCl$_3$ (*Sch. et al.*). — Kristalle (aus H$_2$O); F: 262° [Zers.].

XIII   XIV   XV

3-Acetonyl-benzo[f]chinoxalin, Benzo[f]chinoxalin-3-yl-aceton C$_{15}$H$_{12}$N$_2$O, Formel XIV.

B. Beim Erhitzen von Pentan-2,4-dion mit 1-Phenylazo-[2]naphthylamin und wenig konz. wss. HCl (*Crippa, Perroncito*, G. **64** [1934] 296, 299).

Hellgelbe Kristalle (aus Bzl.); F: 152°.

Oxim C$_{15}$H$_{13}$N$_3$O. Gelbbraune Kristalle (aus A.); F: 244°.

Phenylhydrazon C$_{21}$H$_{18}$N$_4$. Gelbe Kristalle; F: 211°.

3-[6-Methyl-[2]pyridyl]-chinolizin-4-on C$_{15}$H$_{12}$N$_2$O, Formel XV.

B. Beim Erhitzen von 3-[6-Methyl-[2]pyridyl]-4-oxo-4*H*-chinolizin-1-carbonsäure-äthylester mit wss. HCl (*Clemo et al.*, Soc. **1954** 2693, 2699).

Gelbe Kristalle (aus H$_2$O) mit 0,5 Mol H$_2$O; F: 101—102°.

7-Methyl-5-phenyl-1*H*-[1,8]naphthyridin-2-on C$_{15}$H$_{12}$N$_2$O, Formel I, und Tautomeres.

B. Aus diazotiertem 7-Methyl-5-phenyl-[1,8]naphthyridin-2-ylamin (*Mangini, Colonna*, G. **73** [1943] 330, 332; *Petrow et al.*, Soc. **1947** 1407, 1410).

Kristalle; F: 252—253° [korr.; aus A.] (*Pe. et al.*), 250° [aus Toluol] (*Ma., Co.*).

*3-[6-Methyl-[2]pyridylmethylen]-indolin-2-on C$_{15}$H$_{12}$N$_2$O, Formel II.

B. In geringer Menge neben 3-Hydroxy-3-[6-methyl-[2]pyridylmethyl]-indolin-2-on beim Erhitzen von Isatin mit 2,6-Dimethyl-pyridin (*Akkerman, Veldstra*, R. **73** [1954] 629, 641).

Orangefarbene Kristalle (aus A.); F: 193—195°.

[2-Methyl-indol-3-yl]-[2]pyridyl-keton C$_{15}$H$_{12}$N$_2$O, Formel III (X = O).

B. Beim Erwärmen der folgenden Verbindung in wss. HCl (*Strell, Kopp*, B. **91** [1958] 1621, 1631).

Kristalle (aus A.); F: 205°.

3-[Imino-[2]pyridyl-methyl]-2-methyl-indol, [2-Methyl-indol-3-yl]-[2]pyridyl-keton-imin C$_{15}$H$_{13}$N$_3$, Formel III (X = NH).

B. Beim Einleiten von HCl in eine Lösung von Pyridin-2-carbonitril und 2-Methyl-indol in CHCl$_3$ in Gegenwart von ZnCl$_2$ (*Strell, Kopp*, B. **91** [1958] 1621, 1630).

Gelbliche Kristalle (aus Me.); F: 234—235° [Zers.].

Hydrochlorid $C_{15}H_{13}N_3 \cdot HCl$. Gelbe Kristalle (aus A. + Acn.); F: 265—266° [Zers.].

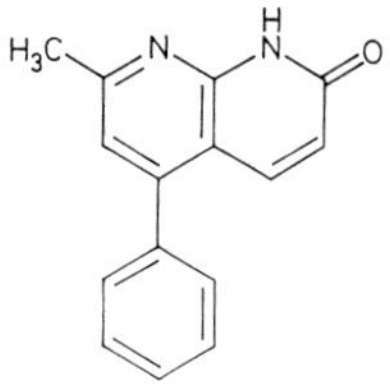

I 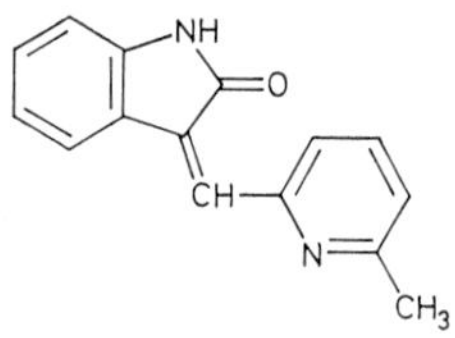 II 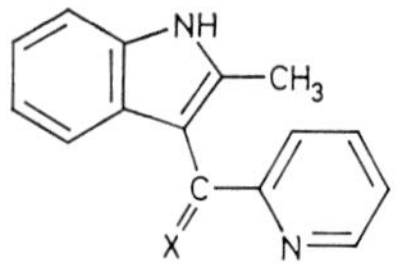 III 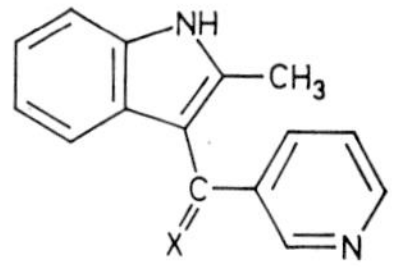 IV

2-Methyl-3-nicotinoyl-indol, [2-Methyl-indol-3-yl]-[3]pyridyl-keton $C_{15}H_{12}N_2O$, Formel IV (X = O).

B. Beim Einleiten von HCl in eine Lösung von Nicotinonitril und 2-Methyl-indol in $CHCl_3$ und Erwärmen der mit wss. NH_3 neutralisierten Lösung des Reaktionsprodukts (*Strell, Kopp*, B. **91** [1958] 1621, 1630).

Kristalle (aus A.); F: 202,5°.

3-[Imino-[3]pyridyl-methyl]-2-methyl-indol, [2-Methyl-indol-3-yl]-[3]pyridyl-keton-imin $C_{15}H_{13}N_3$, Formel IV (X = NH).

Verbindung mit Zinkchlorid und Chlorwasserstoff $C_{15}H_{13}N_3 \cdot ZnCl_2 \cdot HCl$. *B.* Beim Einleiten von HCl in eine Lösung von Nicotinonitril und 2-Methyl-indol in $CHCl_3$ in Gegenwart von $ZnCl_2$ (*Strell, Kopp*, B. **91** [1958] 1621, 1631). — Gelbe Kristalle (aus Me. + H_2O); F: 313° [Zers.].

3-Isonicotinoyl-2-methyl-indol, [2-Methyl-indol-3-yl]-[4]pyridyl-keton $C_{15}H_{12}N_2O$, Formel V.

B. Beim Einleiten von HCl in eine Lösung von Isonicotinonitril und 2-Methyl-indol in $CHCl_3$ und Erwärmen der mit wss. NH_3 neutralisierten Lösung des Reaktionsprodukts (*Strell, Kopp*, B. **91** [1958] 1621, 1630).

Kristalle (aus A.); F: 238—239°.

3-Acetyl-1-[2]pyridyl-indolizin, 1-[1-[2]Pyridyl-indolizin-3-yl]-äthanon $C_{15}H_{12}N_2O$, Formel VI.

B. Beim Erhitzen von 3-Dimethylamino-1,1-di-[2]pyridyl-propan-1-ol mit Acet-anhydrid (*Barrett*, Soc. **1958** 325, 337).

Gelbe Kristalle (aus PAe.); F: 112°. λ_{max} (A.): 248 nm, 263 nm, 309 nm und 360 nm (*Ba.*, l. c. S. 328).

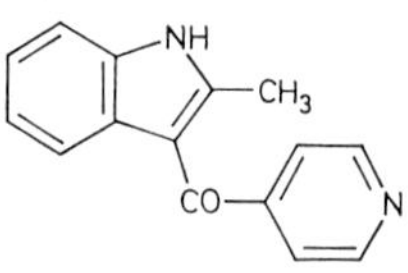

V 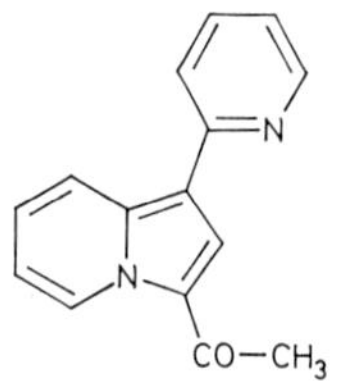 VI 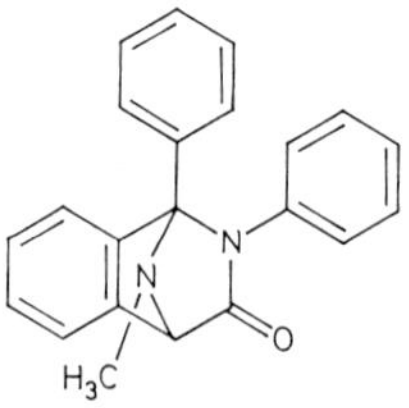 VII 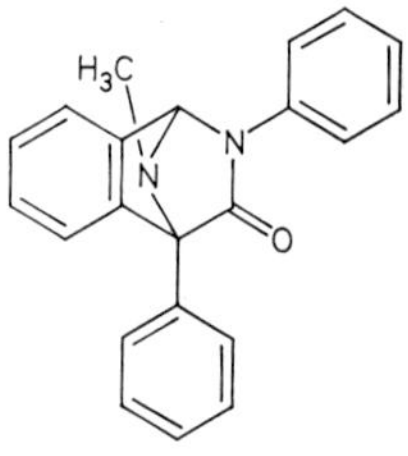 VIII

9-Methyl-1,2(oder 2,4)-diphenyl-1,4-dihydro-2H-1,4-epimino-isochinolin-3-on $C_{22}H_{18}N_2O$, Formel VII oder VIII.

Die von *Theilacker, Kalenda* (A. **584** [1953] 87, 94) unter diesen Formeln beschriebene Verbindung ist als 2-Methyl-3-phenyl-isoindol-1-carbonsäure-anilid (E III/IV **22** 1335) zu formulieren (*Theilacker, Schmidt*, A. **597** [1955] 95, 98).

(±)-6,6a-Dihydro-5H-isoindolo[2,1-a]chinazolin-11-on $C_{15}H_{12}N_2O$, Formel IX (X = H).

B. Beim Erhitzen von Phthalaldehydsäure mit 2-Amino-benzylamin-dihydrochlorid und Natriumacetat in wss. Essigsäure (*Stephenson*, Soc. **1954** 2354, 2355). Beim Erwärmen von (±)-2-[1,2,3,4-Tetrahydro-chinazolin-2-yl]-benzoesäure mit konz. H_2SO_4 (*St.*). Kristalle (aus A.); F: 204,5—205,5°.

Acetyl-Derivat $C_{17}H_{14}N_2O_2$; 6-Acetyl-6,6a-dihydro-5H-isoindolo[2,1-a]= chinazolin-11-on. Kristalle; F: 163—164,5°.

(±)-6-Nitroso-6,6a-dihydro-5H-isoindolo[2,1-a]chinazolin-11-on $C_{15}H_{11}N_3O_2$, Formel IX (X = NO).

B. Beim Behandeln von (±)-6,6a-Dihydro-5H-isoindolo[2,1-a]chinazolin-11-on in wss. Essigsäure mit $NaNO_2$ (*Stephenson*, Soc. **1954** 2354, 2355).

Gelbliche Kristalle (aus A.); F: 212,5—213,5° [Zers.].

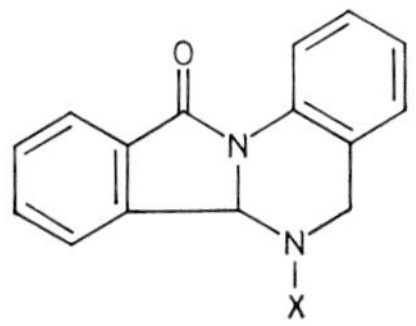

IX 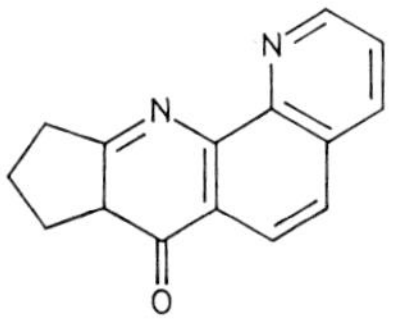 X 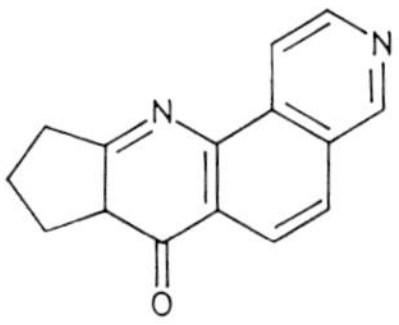 XI 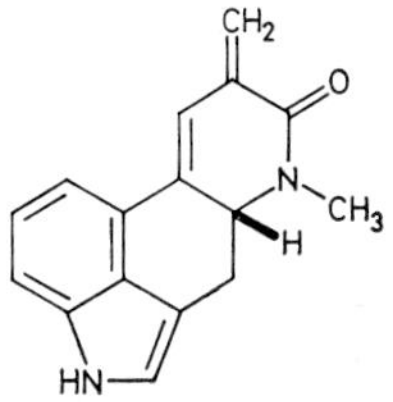 XII

7a,8,9,10-Tetrahydro-cyclopenta[b][1,10]phenanthrolin-7-on $C_{15}H_{12}N_2O$, Formel X, und Tautomeres (9,10-Dihydro-8H-cyclopenta[b][1,10]phenanthrolin-7-ol).

B. Beim Erhitzen von 2-[8]Chinolylimino-cyclopentancarbonsäure-äthylester in Bi= phenyl und Diphenyläther auf 250° (*Bew, Clemo*, Soc. **1955** 1775, 1777).

Hellgelbe Kristalle (aus A.); F: 265—268°.

Picrat $C_{15}H_{12}N_2O \cdot C_6H_3N_3O_7$. Gelbe Kristalle (aus A.); F: 233—237° [Zers.].

7a,8,9,10-Tetrahydro-cyclopenta[b][1,8]phenanthrolin-7-on $C_{15}H_{12}N_2O$, Formel XI, und Tautomeres (9,10-Dihydro-8H-cyclopenta[b][1,8]phenanthrolin-7-ol).

B. Beim Erhitzen von 2-[5]Isochinolylimino-cyclopentancarbonsäure-äthylester in Biphenyl und Diphenyläther auf 250° (*Bew, Clemo*, Soc. **1955** 1775, 1778).

Kristalle (aus A.); F: 323—326°.

Picrat $C_{15}H_{12}N_2O \cdot C_6H_3N_3O_7$. Gelbe Kristalle (aus A.); F: 265—270° [Zers.].

6-Methyl-8-methylen-9,10-didehydro-ergolin-7-on $C_{16}H_{14}N_2O$, Formel XII.

Absolute Konfiguration: *Stadler, Hofmann*, Helv. **45** [1962] 2005.

B. Beim Erhitzen von Lysergsäure ($[\alpha]_D^{20}$: +26° [Py.]) oder Isolysergsäure ($[\alpha]_D^{20}$: +375° [Py.]) mit Acetanhydrid (*Stoll et al.*, Helv. **32** [1949] 506, 515, 516).

Kristalle (aus Me.); Zers. > 300° [nach Dunkelfärbung ab 180°]; $[\alpha]_D^{20}$: —35°; $[\alpha]_{546,1}^{20}$: —9° [jeweils in A.; c = 0,2] (*St. et al.*). Absorptionsspektrum (A.; 230—410 nm): *St. et al.*, l. c. S. 509.

Oxo-Verbindungen $C_{16}H_{14}N_2O$

6-Biphenyl-4-yl-4,5-dihydro-2H-pyridazin-3-on $C_{16}H_{14}N_2O$, Formel XIII.

F: 248° (*Offe et al.*, Z. Naturf. **7b** [1952] 446, 459).

(±)-4,6-Diphenyl-4,5-dihydro-2H-pyridazin-3-on $C_{16}H_{14}N_2O$, Formel XIV (R = H).

B. Beim Erwärmen von (±)-4-Oxo-2,4-diphenyl-buttersäure mit $N_2H_4 \cdot H_2O$ in Äthanol (*Druey, Ringier*, Helv. **34** [1951] 195, 205).

Kristalle; F: 164°.

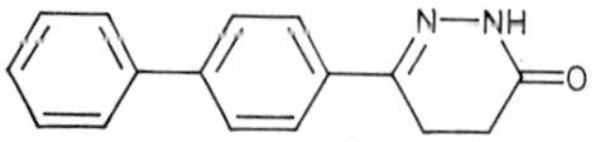

XIII 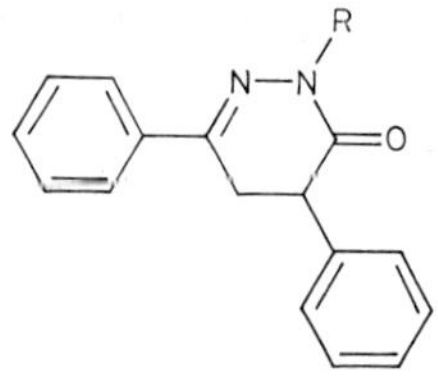   XIV 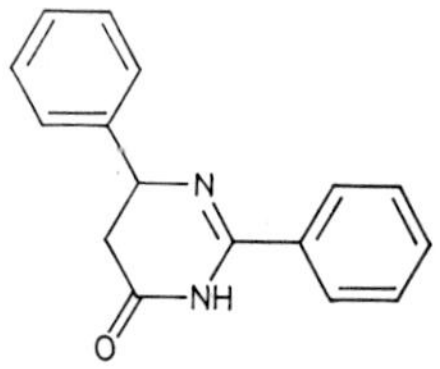   XV

(±)-2,4,6-Triphenyl-4,5-dihydro-2*H*-pyridazin-3-on $C_{22}H_{18}N_2O$, Formel XIV (R = C_6H_5)
(H 218; dort als 1.3.5-Triphenyl-pyridazinon-(6) bezeichnet).

B. Durch Erwärmen von (±)-4-Oxo-2,4-diphenyl-buttersäure-methylester mit Phenyl=
hydrazin in Essigsäure (*Davey, Tivey*, Soc. **1958** 1230, 1236).

Kristalle (aus A.); F: 121—123°.

(±)-2,6-Diphenyl-5,6-dihydro-3*H*-pyrimidin-4-on $C_{16}H_{14}N_2O$, Formel XV, und
Tautomeres (H 218).

B. Beim Erwärmen von (±)-3-Benzoylamino-3-phenyl-propionsäure mit $SOCl_2$ und
Behandeln des Reaktionsprodukts mit NH_3 in Äther (*Rodionow, Sworykina*, Izv. Akad.
S.S.S.R. Otd. chim. **1943** 216, 228, **1948** 330, 333, 334; C. A. **1944** 1473, **1949** 235;
Rodionow, Kiselewa, Ž. obšč. Chim. **18** [1948] 1912, 1919; C. A. **1949** 3821). Beim Er=
hitzen von (±)-3-Amino-3-phenyl-propionsäure mit Benzimidsäure-äthylester in Amyl=
alkohol (*Ried, Piechaczek*, A. **696** [1966] 97, 100). Beim Erhitzen von Benzamidin mit
trans-Zimtsäure-methylester in Amylalkohol (*Boksiner et al.*, Ž. org. Chim. **7** [1971] 671;
engl. Ausg. S. 679).

Kristalle; F: 178—180° [aus Bzl.] (*Bo. et al.*), 178° [aus A. + Bzl.] (*Ried, Pi.*), 134,5°
bis 135,5° [aus A.] (*Ro., Ki.*), 135° [aus A.] (*Ro., Sw.*, Izv. Akad. S.S.S.R. Otd. chim.
1948 334).

(±)-4-[2-Chlor-phenyl]-6-phenyl-3,4-dihydro-1*H*-pyrimidin-2-thion $C_{16}H_{13}ClN_2S$,
Formel I (X = Cl, X′ = X″ = H), und Tautomere.

B. Aus 2-Chlor-*trans*-chalkon beim Erwärmen mit Ammonium-thiocyanat in Xylol
und Cyclohexanol (*McCasland et al.*, J. org. Chem. **24** [1959] 999).

Kristalle; F: 184—184,5° [korr.].

(±)-4-[3-Chlor-phenyl]-6-phenyl-3,4-dihydro-1*H*-pyrimidin-2-thion $C_{16}H_{13}ClN_2S$,
Formel I (X = X″ = H, X′ = Cl), und Tautomere.

B. Aus 3-Chlor-*trans*-chalkon beim Erwärmen mit Ammonium-thiocyanat in Xylol
und Cyclohexanol (*McCasland et al.*, J. org. Chem. **24** [1959] 999).

Kristalle (aus A.); F: 202—204° [korr.].

(±)-4-[4-Chlor-phenyl]-6-phenyl-3,4-dihydro-1*H*-pyrimidin-2-thion $C_{16}H_{13}ClN_2S$,
Formel I (X = X′ = H, X″ = Cl), und Tautomere.

B. Aus 4-Chlor-*trans*-chalkon beim Erhitzen mit Ammonium-thiocyanat in Xylol und
Cyclohexanol (*McCasland et al.*, J. org. Chem. **24** [1959] 999).

Kristalle (aus A.); F: 169—170° [korr.].

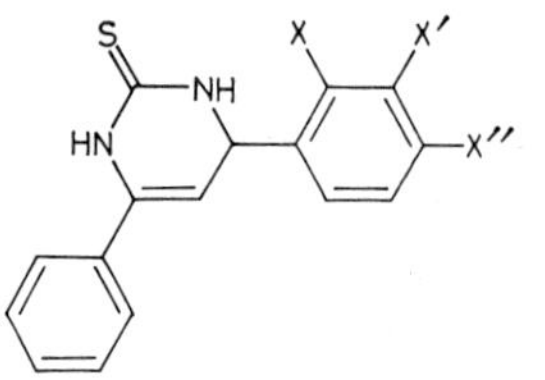

I 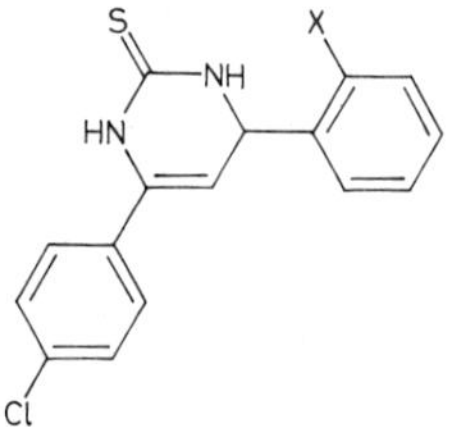   II 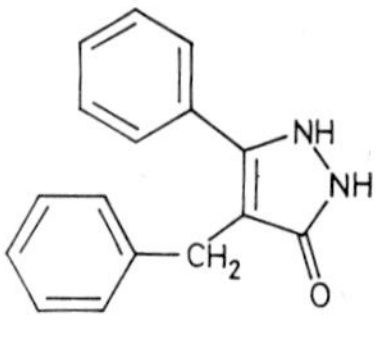   III

(±)-6-[4-Chlor-phenyl]-4-phenyl-3,4-dihydro-1*H*-pyrimidin-2-thion $C_{16}H_{13}ClN_2S$, Formel II (X = H), und Tautomere.

B. Aus 4′-Chlor-*trans*-chalkon beim Erhitzen mit Ammonium-thiocyanat in Xylol mit Cyclohexanol (*McCasland et al.*, J. org. Chem. **24** [1959] 999).

Kristalle (aus A.); F: 218—220° [korr.].

(±)-4-[2-Chlor-phenyl]-6-[4-chlor-phenyl]-3,4-dihydro-1*H*-pyrimidin-2-thion $C_{16}H_{12}Cl_2N_2S$, Formel II (X = Cl), und Tautomere.

B. Aus 2,4′-Dichlor-*trans*-chalkon beim Erhitzen mit Ammonium-thiocyanat in Xylol und Cyclohexanol (*McCasland et al.*, J. org. Chem. **24** [1959] 999).

Kristalle; F: 207—209° [korr.].

4-Benzyl-5-phenyl-1,2-dihydro-pyrazol-3-on $C_{16}H_{14}N_2O$, Formel III, und Tautomere.

B. Beim Erhitzen von 2-Benzyl-3-oxo-3-phenyl-propionsäure-äthylester mit $N_2H_4 \cdot H_2O$ (*Gagnon et al.*, Canad. J. Chem. **31** [1953] 1025, 1027, 1034).

Kristalle (aus PAe., A. oder PAe. + A.); F: 184—185° (*Ga. et al.*). Netzebenenabstände: *Ga. et al.*, l. c. S. 1036. IR-Spektrum (Nujol; 10000—1250 cm⁻¹): *Ga. et al.*, l. c. S. 1032, 1035. λ_{max}: 252 nm [A.] bzw. 250 nm [äthanol. HCl] (*Ga. et al.*, l. c. S. 1027). Scheinbarer Dissoziationsexponent pK_a' (H_2O; potentiometrisch ermittelt): 7,7 (*Ga. et al.*, l. c. S. 1029).

Bildung von 4-Benzyl-4-hydroxy-5-phenyl-2,4-dihydro-pyrazol-3-on beim Erwärmen mit *tert*-Butylhydroperoxid und Natriumäthylat in *tert*-Butylalkohol: *Veibel, Linholt*, Acta chem. scand. **8** [1954] 1383, 1385, 1386; beim Behandeln mit Sauerstoff und äthanol. Natriumäthylat: *Veibel, Linholt*, Acta chem. scand. **9** [1955] 970, 972.

4-Benzyl-2,5-diphenyl-1,2-dihydro-pyrazol-3-on $C_{22}H_{18}N_2O$, Formel IV (X = X′ = X″ = H), und Tautomere.

B. Beim Erhitzen von 2-Benzyl-3-oxo-3-phenyl-propionsäure-äthylester mit Phenyl= hydrazin (*Gagnon et al.*, Canad. J. Chem. **31** [1953] 1025, 1027, 1035).

Kristalle (aus A.); F: 178—179°. Netzebenenabstände: *Ga. et al.*, l. c. S. 1037. IR-Banden (Nujol; 1625—1270 cm⁻¹): *Ga. et al.*, l. c. S. 1035. λ_{max} (A. sowie äthanol. HCl): 263 nm (*Ga. et al.*, l. c. S. 1027). Scheinbarer Dissoziationsexponent pK_a' (H_2O; potentiometrisch ermittelt): 7,6 (*Ga. et al.*, l. c. S. 1029).

4-Benzyl-2-[2-chlor-phenyl]-5-phenyl-1,2-dihydro-pyrazol-3-on $C_{22}H_{17}ClN_2O$, Formel IV (X = Cl, X′ = X″ = H), und Tautomere.

B. Analog der vorangehenden Verbindung (*Gagnon et al.*, Canad. J. Chem. **34** [1956] 530, 531, 538).

Kristalle (aus A.); F: 157—158°. IR-Banden (Nujol; 1630—1110 cm⁻¹): *Ga. et al.*, l. c. S. 535. λ_{max} (A.): 262 nm und 300 nm (*Ga. et al.*, l. c. S. 531).

IV   V

4-Benzyl-2-[3-chlor-phenyl]-5-phenyl-1,2-dihydro-pyrazol-3-on $C_{22}H_{17}ClN_2O$, Formel IV (X = X″ = H, X′ = Cl), und Tautomere.

B. Analog den vorangehenden Verbindungen (*Gagnon et al.*, Canad. J. Chem. **34** [1956] 530, 532, 538).

Kristalle (aus A.); F: 161—162°. IR-Banden (Nujol; 1640—1110 cm⁻¹): *Ga. et al.*, l. c. S. 535. UV-Spektrum (A.; 200—360 nm): *Ga. et al.*, l. c. S. 532, 534.

4-Benzyl-2-[4-chlor-phenyl]-5-phenyl-1,2-dihydro-pyrazol-3-on $C_{22}H_{17}ClN_2O$, Formel IV (X = X′ = H, X″ = Cl), und Tautomere.

B. Analog den vorangehenden Verbindungen (*Gagnon et al.*, Canad. J. Chem. **34**

[1956] 530, 533, 538).

Kristalle (aus A.); F: 165—166°. IR-Banden (Nujol; 1640—1105 cm⁻¹): *Ga. et al.*, l. c. S. 536. λ_{max} (A.): 248 nm und 298 nm (*Ga. et al.*, l. c. S. 533).

4-Benzyl-2-[1-methyl-[4]piperidyl]-5-phenyl-1,2-dihydro-pyrazol-3-on $C_{22}H_{25}N_3O$, Formel V, und Tautomere.

B. Aus 2-Benzyl-3-oxo-3-phenyl-propionsäure-äthylester und 4-Hydrazino-1-methyl-piperidin (*Ebnöther et al.*, Helv. **42** [1959] 1201, 1208, 1213).

Kristalle (aus A.); F: 181—183° [Zers.]. Scheinbare Dissoziationsexponenten pK'_{a1} und pK'_{a2} (H_2O; potentiometrisch ermittelt): 6,73 bzw. 9,13 (*Eb. et al.*, l. c. S. 1203).

(±)-*trans*-3-Benzoyl-4-phenyl-4,5-dihydro-3*H*-pyrazol, (±)-Phenyl-[*trans*-4-phenyl-4,5-dihydro-3*H*-pyrazol-3-yl]-keton $C_{16}H_{14}N_2O$, Formel VI + Spiegelbild.

B. Beim Behandeln von *trans*-Chalkon mit Diazomethan in Äther bei —14° (*Smith, Pings*, J. org. Chem. **2** [1937] 23, 26).

Kristalle (aus Me.); F: 92—93°.

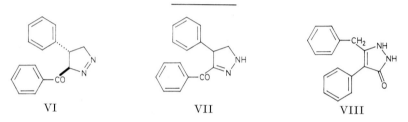

VI   VII   VIII

(±)-3-Benzoyl-4-phenyl-4,5-dihydro-1*H*-pyrazol, Phenyl-[4-phenyl-4,5-dihydro-1*H*-pyrazol-3-yl]-keton $C_{16}H_{14}N_2O$, Formel VII.

Diese Konstitution kommt der von *Ghate et al.* (J. Indian chem. Soc. **27** [1950] 633, 635) als Phenyl-[3-phenyl-4,5-dihydro-3*H*-pyrazol-4-yl]-keton formulierten Verbindung zu (vgl. *Kratzl, Wittmann*, M. **85** [1954] 7, 11).

B. Neben der vorangehenden Verbindung beim Behandeln von *trans*-Chalkon mit Diazomethan in Äther, zuerst bei —10°, später bei Raumtemperatur (*Smith, Pings*, J. org. Chem. **2** [1937] 23, 27; s. a. *Gh. et al.*). Beim Erhitzen der vorangehenden Verbindung auf 90—120° (*Sm., Pi.*).

Gelbliche Kristalle; F: 132° [aus A.] (*Gh. et al.*), 128—129° [aus Me.] (*Sm., Pi.*).

5-Benzyl-4-phenyl-1,2-dihydro-pyrazol-3-on $C_{16}H_{14}N_2O$, Formel VIII, und Tautomere (H 218).

B. Beim Erwärmen von 2,4-Diphenyl-acetessigsäure-äthylester mit $N_2H_4 \cdot H_2O$ in Äther (*Rodionow, Šuworow*, Ž. obšč. Chim. **20** [1950] 1273, 1279; engl. Ausg. S. 1323, 1329; vgl. H 218).

Kristalle (aus A.); F: 172,5—173°.

5-Benzyl-2-phenyl-3,5-dihydro-imidazol-4-on $C_{16}H_{14}N_2O$, Formel IX (X = X' = H), und Tautomere.

B. Beim Hydrieren von 5-[(*Z*)-Benzyliden]-2-phenyl-3,5-dihydro-imidazol-4-on an Palladium in Äthanol (*Kjær*, Acta chem. scand. **7** [1953] 900, 905).

Kristalle (aus A.); F: 250° [unkorr.; Zers.] bzw. 165—167° [bei schnellem Erhitzen].

Opt.-inakt. 5-Brom-5-[α-brom-benzyl]-2-phenyl-3,5-dihydro-imidazol-4-on $C_{16}H_{12}Br_2N_2O$, Formel IX (X = Br, X' = H), und Tautomere.

a) Racemat vom F: 246°.

B. Neben dem unter b) beschriebenen Racemat (Hauptprodukt) beim Behandeln von 5-[(*Z*)-Benzyliden]-2-phenyl-3,5-dihydro-imidazol-4-on in Essigsäure mit Brom im Sonnenlicht oder bei 60° (*Williams, Ronzio*, Am. Soc. **68** [1946] 647).

Gelbe Kristalle; F: 245—246° [Zers.].

Beim Behandeln mit Aceton bleibt die Verbindung unverändert.

b) Racemat vom F: 168°.

B. s. unter a).

Orangefarbene Kristalle; F: 165—168° [Zers.] (*Wi.*, *Ro.*).

Beim Behandeln mit Aceton sind 5-[(Z)-Benzyliden]-2-phenyl-3,5-dihydro-imidazol-4-on-hydrobromid und Bromaceton erhalten worden.

(±)-5-Brom-5-[α,α-dibrom-benzyl]-2-phenyl-3,5-dihydro-imidazol-4-on $C_{16}H_{11}Br_3N_2O$, Formel IX (X = X' = Br), und Tautomere.

Hydrobromid $C_{16}H_{11}Br_3N_2O \cdot HBr$. *B.* Beim Behandeln von 5-[(Z)-Benzyliden]-2-phenyl-3,5-dihydro-imidazol-4-on in Essigsäure mit Brom im Sonnenlicht oder bei 60° und mehrtägigen Aufbewahren der Reaktionslösung (*Williams*, *Ronzio*, Am. Soc. **68** [1946] 647). — Orangefarbene Kristalle (aus Eg.); F: 260—263°. — Beim Behandeln mit Aceton ist 5-[α-Brom-benzyliden]-2-phenyl-3,5-dihydro-imidazol-4-on-hydrobromid (F: 265—266° [Zers.]) erhalten worden.

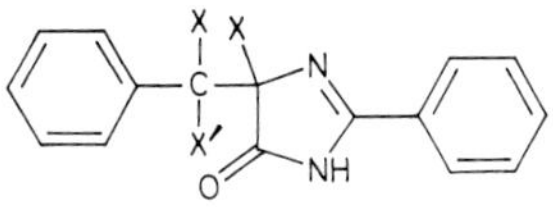

IX 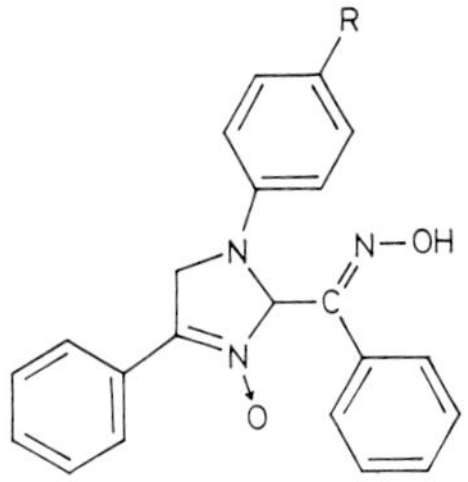   X 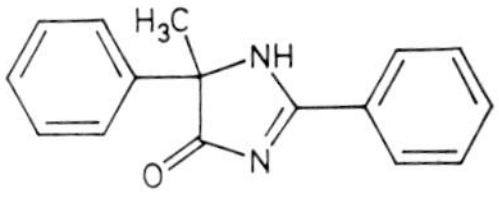   XI

(±)-[3-Oxy-4-phenyl-1-p-tolyl-2,5-dihydro-1H-imidazol-2-yl]-phenyl-keton-(E)-oxim $C_{23}H_{21}N_3O_2$, Formel X (R = CH_3).

Diese Konstitution kommt vermutlich der früher (E II **14** 36) als 4-Phenyl-2-p-tolyl-2,3-dihydro-[1,2]diazet-1-oxid ($C_{15}H_{14}N_2O$) formulierten und als Dehydro-phenacyl-p-toluidin-oxim bezeichneten Verbindung zu (*Kreher*, *Deckardt*, Z. Naturf. **29b** [1974] 234).

(±)-[1-(4-Methoxy-phenyl)-3-oxy-4-phenyl-2,5-dihydro-1H-imidazol-2-yl]-phenyl-keton-(E)-oxim $C_{23}H_{21}N_3O_3$, Formel X (R = O-CH_3).

Diese Konstitution kommt vermutlich der von *Busch*, *Strätz* (J. pr. [2] **150** [1938] 1, 22) als 2-[4-Methoxy-phenyl]-4-phenyl-2,3-dihydro-[1,2]diazet-1-oxid ($C_{15}H_{14}N_2O_2$) formulierten und als Dehydro-phenacyl-p-anisidin-oxim bezeichneten Verbindung zu (*Kreher*, *Deckardt*, Z. Naturf. **29b** [1974] 234).

B. Beim Behandeln von 2-p-Anisidino-1-phenyl-äthanon-(E)-oxim mit FeCl_3 in Äthanol (*Bu.*, *St.*).

Kristalle (aus Eg.); F: 223° [Zers.] (*Bu.*, *St.*).

(±)-5-Methyl-2,5-diphenyl-1,5-dihydro-imidazol-4-on $C_{16}H_{14}N_2O$, Formel XI, und Tautomere.

a) Präparat vom F: 197°.

B. Beim Erwärmen von (±)-2-Amino-2-phenyl-thiopropionsäure-amid mit Benzoylchlorid in wss. KOH (*Abe*, J. chem. Soc. Japan Pure Chem. Sect. **74** [1953] 840; C. A. **1955** 3893).

Kristalle (aus A.); F: 196—197°.

b) Präparat vom F: 152°.

B. Beim Erwärmen von (±)-2-Benzoylamino-2-phenyl-propionsäure-amid mit wss. NaOH (*Kjær*, Acta chem. scand. **7** [1953] 889, 895).

Kristalle (aus wss. A.); F: 151—152° [unkorr.].

2-Phenäthyl-3*H*-chinazolin-4-on $C_{16}H_{14}N_2O$, Formel XII, und Tautomere.

B. Beim Erwärmen von 2-*trans*-Styryl-3*H*-chinazolin-4-on mit Natrium-Amalgam in Äthanol (*Marr, Bogert*, Am. Soc. **57** [1935] 729, 731). Beim Behandeln von *N*-[3-Phenyl-propionyl]-anthranilsäure mit überschüssigem Acetanhydrid und Erwärmen des Reaktionsprodukts mit konz. wss. NH_3 (*Marr, Bo.*).

Kristalle (aus E.); F: 209,5—210,5° [korr.].

(±)-2-*trans*-Styryl-2,3-dihydro-1*H*-chinazolin-4-on $C_{16}H_{14}N_2O$, Formel XIII.

B. Beim Erhitzen von *N*-*trans*-Cinnamyliden-anthranilsäure-amid mit wss.-äthanol. NaOH (*Kilroe Smith, Stephen*, Tetrahedron **1** [1957] 38, 43). Beim Erhitzen von Anthranilamid mit *trans*-Zimtaldehyd in äthanol. NaOH (*Ki. Sm., St.*).

Gelbe Kristalle (aus A.); F: 294°.

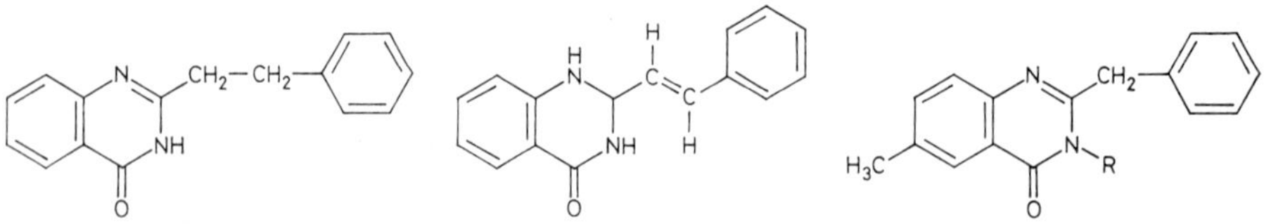

XII   XIII   XIV

2-Benzyl-6-methyl-3*H*-chinazolin-4-on $C_{16}H_{14}N_2O$, Formel XIV (R = H), und Tautomere.

B. Beim Erhitzen von Äthylcarbamat mit Phenylessigsäure-*p*-toluidid und P_2O_5 in Xylol (*Aggarwal et al.*, J. Indian chem. Soc. **6** [1929] 717, 720).

Kristalle (aus A.); F: 239°.

Picrat $C_{16}H_{14}N_2O \cdot C_6H_3N_3O_7$. Kristalle (aus A.); F: 194°.

2-Benzyl-3,6-dimethyl-3*H*-chinazolin-4-on $C_{17}H_{16}N_2O$, Formel XIV (R = CH_3).

B. Aus 2-Benzyl-6-methyl-3*H*-chinazolin-4-on und CH_3I (*Aggarwal et al.*, J. Indian chem. Soc. **6** [1929] 717, 720).

Kristalle (aus wss. A.); F: 116°.

2-Benzyl-7-methyl-3*H*-chinazolin-4-on $C_{16}H_{14}N_2O$, Formel I (R = CH_3, R' = H), und Tautomere.

B. Beim Erhitzen von Äthylcarbamat mit Phenylessigsäure-*m*-toluidid und P_2O_5 in Xylol (*Aggarwal et al.*, J. Indian chem. Soc. **6** [1929] 717, 720).

Kristalle (aus A.); F: 230°.

Picrat $C_{16}H_{14}N_2O \cdot C_6H_3N_3O_7$. Gelbe Kristalle (aus A.); F: 168°.

2-Benzyl-8-methyl-3*H*-chinazolin-4-on $C_{16}H_{14}N_2O$, Formel I (R = H, R' = CH_3), und Tautomere.

B. Beim Erhitzen von Äthylcarbamat mit Phenylessigsäure-*o*-toluidid und P_2O_5 in Xylol (*Aggarwal et al.*, J. Indian chem. Soc. **6** [1929] 717, 719).

Gelbliche Kristalle (aus A.); F: 198°.

Picrat. Kristalle (aus wss. A.); F: 153°.

3-Phenäthyl-1*H*-chinoxalin-2-on $C_{16}H_{14}N_2O$, Formel II (R = X = X' = H), und Tautomeres.

B. Aus 2-Oxo-4-phenyl-buttersäure und *o*-Phenylendiamin (*Bodforss*, A. **609** [1957] 103, 117). Beim Schütteln von 3-*trans*(?)-Styryl-1*H*-chinoxalin-2-on mit Natrium-Amalgam in Äthanol (*Bo.*).

Kristalle (aus A.); F: 214°.

3-[4-Chlor-phenäthyl]-1*H*-chinoxalin-2-on $C_{16}H_{13}ClN_2O$, Formel II (R = X = H, X' = Cl), und Tautomeres.

B. Beim Hydrieren von 3-[4-Chlor-*trans*(?)-styryl]-1*H*-chinoxalin-2-on an Raney-

Nickel in Äthanol (*Landquist, Stacey*, Soc. **1953** 2822, 2827).
Kristalle (aus Me.); F: 212—214°.

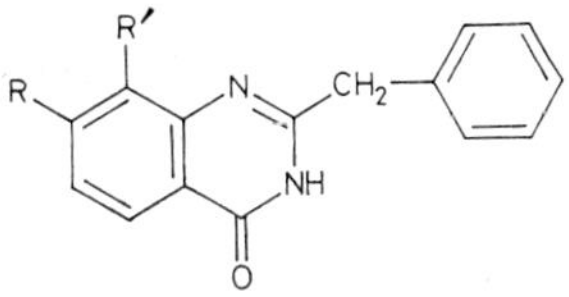

I 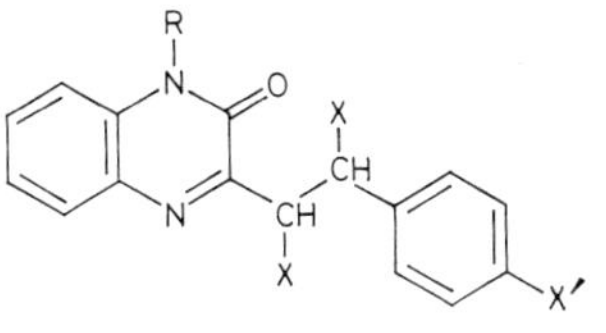   II 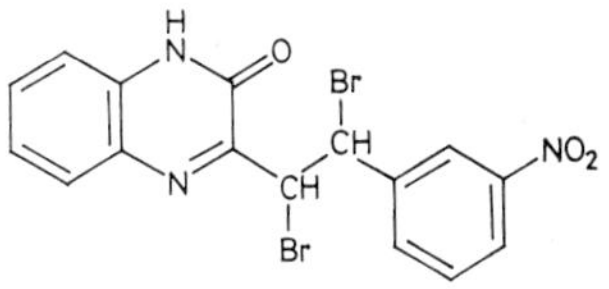   III

*Opt.-inakt. 3-[α,β-Dichlor-phenäthyl]-1*H*-chinoxalin-2-on C$_{16}$H$_{12}$Cl$_2$N$_2$O, Formel II
(R = X' = H, X = Cl), und Tautomeres.

B. Aus 3-*trans*(?)-Styryl-1*H*-chinoxalin-2-on und Chlor in CCl$_4$ und wenig Essigsäure
(*Bodforss*, A. **609** [1957] 103, 118). Bei mehrtägigem Schütteln von 3-*trans*(?)-Styryl-1*H*-
chinoxalin-2-on mit wss. NaNO$_2$ und wss. HCl (*Bo.*).
   Kristalle (aus A.); F: 206° [bei schnellem Erhitzen; vorgeheizter App.].
   Bei langsamem Erwärmen bildet sich 3-[β-Chlor-styryl]-1*H*-chinoxalin-2-on (F: 229°).

*Opt.-inakt. 3-[α,β-Dibrom-phenäthyl]-1*H*-chinoxalin-2-on C$_{16}$H$_{12}$Br$_2$N$_2$O, Formel II
(R = X' = H, X = Br), und Tautomeres.

B. Aus 3-*trans*(?)-Styryl-1*H*-chinoxalin-2-on und Brom in Essigsäure (*Bodforss*, A. **609**
[1957] 103, 117). Aus opt.-inakt. 3,4-Dibrom-2-oxo-4-phenyl-buttersäure (E III **10**
3046) und *o*-Phenylendiamin in Äthanol und Essigsäure (*Bo.*).
   Kristalle (aus DMF); Zers. bei 255°.
   Beim Erwärmen mit Triäthylamin in Nitrobenzol bildet sich 2-Phenyl-furo[2,3-*b*]=
chinoxalin (*Bo.*, l. c. S. 124).

*Opt.-inakt. 3-[α,β-Dibrom-phenäthyl]-1-phenyl-1*H*-chinoxalin-2-on C$_{22}$H$_{16}$Br$_2$N$_2$O,
Formel II (R = C$_6$H$_5$, X = Br, X' = H).

B. Aus 1-Phenyl-3-*trans*(?)-styryl-1*H*-chinoxalin-2-on und Brom in Essigsäure (*Bodforss*, A. **609** [1957] 103, 118).
   Gelbes Pulver; Zers. bei 240°.

*Opt.-inakt. 3-[α,β-Dibrom-3-nitro-phenäthyl]-1*H*-chinoxalin-2-on C$_{16}$H$_{11}$Br$_2$N$_3$O$_3$,
Formel III, und Tautomeres.

B. Aus 3-[3-Nitro-*trans*(?)-styryl]-1*H*-chinoxalin-2-on und Brom in Essigsäure (*Bodforss*, A. **609** [1957] 103, 118).
   Pulver; Zers. bei 240°.

**2-Acetyl-3-phenyl-1,4-dihydro-chinoxalin, 1-[3-Phenyl-1,4-dihydro-chinoxalin-2-yl]-
äthanon** C$_{16}$H$_{14}$N$_2$O, Formel IV.
   Konstitution: *Barltrop et al.*, Soc. **1959** 1423, 1426.
   B. Beim Hydrieren von 1-[3-Phenyl-chinoxalin-2-yl]-äthanon an Palladium/Kohle
in Äthanol (*Barltrop, Richards*, Chem. and Ind. **1957** 1011; *Ba. et al.*, l. c. S. 1428).
   Rote Kristalle; F: 184—185° [evakuierte Kapillare] (*Ba., Ri.*), 181—182° [evakuierte
Kapillare] (*Ba. et al.*). λ$_{max}$ (A.): 513 nm (*Ba. et al.*).

6-Isopropyl-cyclohepta[*b*]chinoxalin-8-on-oxim C$_{16}$H$_{15}$N$_3$O, Formel V (R = H).
   a) Isomeres vom F: 203°.
   B. Beim Erwärmen von 3-Isopropyl-5-nitroso-tropolon (⇌ 3-Isopropyl-cyclohepta-3,6-
dien-1,2,5-trion-5-oxim) mit *o*-Phenylendiamin in Äthanol (*Yamane*, J. chem. Soc.
Japan Pure Chem. Sect. **80** [1959] 1175, 1178; C. A. **1961** 4500; *Ito*, Sci. Rep. Tohoku
Univ. [I] **43** [1959] 216, 220).
   Gelbe Kristalle; F: 202—203° [aus A.] (*Ya.*), 199,5—200,5° [unkorr.; Zers.; aus Me.]
(*Ito*). Absorptionsspektrum (210—500 nm) in Methanol, wss.-methanol. HCl sowie

wss.-methanol. NaOH: *Ya.*, l. c. S. 1177. λ_{max} (Me.): 242 nm, 275 nm und 395 nm (*Ito*, l. c. S. 217).

b) Isomeres vom F: 190°.

B. Beim Erhitzen von 6-Isopropyl-cyclohepta[*b*]chinoxalin-8-on-[*O*-benzoyl-oxim] vom F: 159—160° (s. u.) mit wss. NaOH (*Yamane*, J. chem. Soc. Japan Pure Chem. Sect. **80** [1959] 1175; C. A. **1961** 4500).

Gelbe Kristalle (aus Bzl.); F: 189,5—190,5°. Absorptionsspektrum (Me.; 210—500 nm): *Ya.*, l. c. S. 1177.

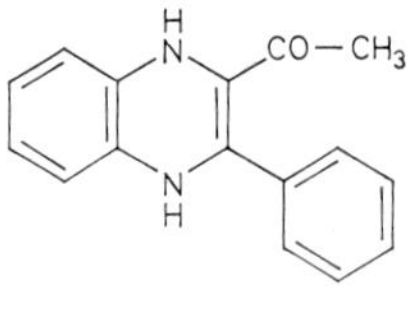

IV 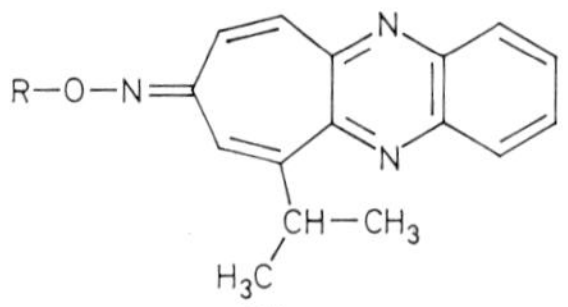   V 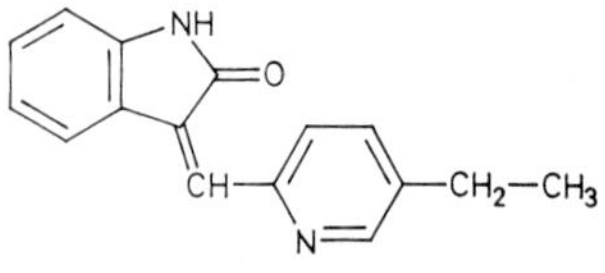   VI

6-Isopropyl-cyclohepta[*b*]chinoxalin-8-on-[*O*-benzoyl-oxim] $C_{23}H_{19}N_3O_2$, Formel V ($R = CO-C_6H_5$).

a) Isomeres vom F: 183,5°.

B. Aus 6-Isopropyl-cyclohepta[*b*]chinoxalin-8-on-oxim vom F: 203° (s. S. 695) und Benzoylchlorid in wss. K_2CO_3 (*Yamane*, J. chem. Soc. Japan Pure Chem. Sect. **80** [1959] 1175, 1178; C. A. **1961** 4500).

Gelbe Kristalle (aus A.); F: 182,5—183,5°. Absorptionsspektrum (Me.; 210—450 nm): *Ya.*, l. c. S. 1177.

b) Isomeres vom F: 160°.

B. Beim Erwärmen von 3-Isopropyl-cyclohepta-3,6-dien-1,2,5-trion-5-[*O*-benzoyl-oxim] vom F: 143° mit *o*-Phenylendiamin in Äthanol (*Ya.*, l. c. S. 1179).

Gelbe Kristalle (aus A.); F: 159—160°. Absorptionsspektrum (Me.; 210—450 nm): *Ya.*

*****3-[5-Äthyl-[2]pyridylmethylen]-indolin-2-on** $C_{16}H_{14}N_2O$, Formel VI.

B. Neben 3-[5-Äthyl-[2]pyridylmethyl]-3-hydroxy-indolin-2-on (Hauptprodukt) beim Erhitzen von Isatin mit 5-Äthyl-2-methyl-pyridin (*Akkerman, Veldstra*, R. **73** [1954] 629, 641).

Kristalle (aus A.); F: 141—142°.

(±)-5,6,6a,13-Tetrahydro-benzo[5,6][1,3]diazepino[2,1-*a*]isoindol-11-on,
(±)-5,6,6a,13-Tetrahydro-isoindolo[2,1-*b*][2,4]benzodiazepin-11-on $C_{16}H_{14}N_2O$, Formel VII (R = H).

B. Beim Erhitzen von Phthalaldehydsäure mit 1,2-Bis-aminomethyl-benzol und Natriumacetat in H_2O (*Stephenson*, Soc. **1952** 5024, 5025). Neben 2-[2-Aminomethyl-benzyl]-isoindolin-1-on (Hauptprodukt) beim Erwärmen von 7,12-Dihydro-phthalazino[2,3-*b*]phthalazin-5,14-dion mit amalgamiertem Zink und konz. wss. HCl in Äthanol (*Hatt, Stephenson*, Soc. **1952** 199, 202).

Kristalle (aus A., Bzl. oder E.); F: 254—255° [korr.; Zers.]; bei 190—200°/1 Torr sublimierbar (*Hatt, St.*). UV-Spektrum (A.; 225—350 nm): *Hatt, St.*, l. c. S. 200.

Hydrochlorid $C_{16}H_{14}N_2O\cdot HCl$. Kristalle (aus A.) mit 1 Mol H_2O; F: 273—276° [korr.; Zers.] (*Hatt, St.*).

(±)-6-Methyl-5,6,6a,13-tetrahydro-benzo[5,6][1,3]diazepino[2,1-*a*]isoindol-11-on $C_{17}H_{16}N_2O$, Formel VII (R = CH_3).

B. Beim Erwärmen der vorangehenden Verbindung mit Ameisensäure und wss. Formaldehyd (*Stephenson*, Soc. **1952** 5024, 5025).

Kristalle (aus wss. A.); F: 207—209° [korr.; Zers.].

(±)-6-Acetyl-5,6,6a,13-tetrahydro-benzo[5,6][1,3]diazepino[2,1-*a*]isoindol-11-on $C_{18}H_{16}N_2O_2$, Formel VII (R = $CO-CH_3$).

Kristalle (aus wss. Me.); F: 193,5—194° [korr.] (*Hatt, Stephenson*, Soc. **1952** 199, 202).

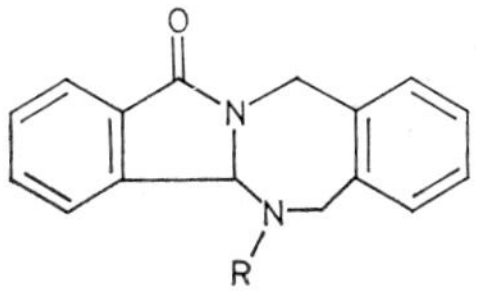

VII 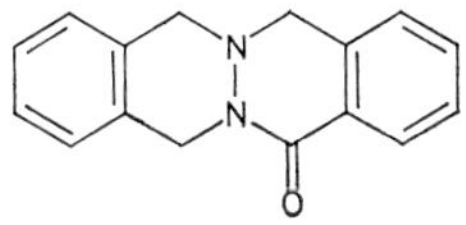   VIII 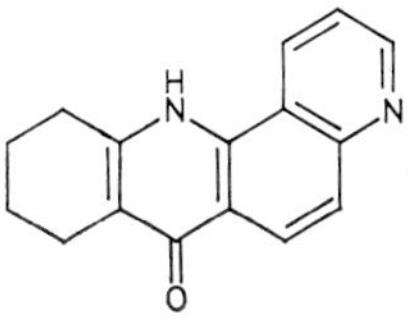   IX

(±)-6-Benzoyl-5,6,6a,13-tetrahydro-benzo[5,6][1,3]diazepino[2,1-*a*]isoindol-11-on
$C_{23}H_{18}N_2O_2$, Formel VII (R = CO-C$_6$H$_5$).
Kristalle (aus A.); F: 168,5—169,5° [korr.] (*Hatt, Stephenson*, Soc. **1952** 199, 202).

(±)-6-Nitroso-5,6,6a,13-tetrahydro-benzo[5,6][1,3]diazepino[2,1-*a*]isoindol-11-on
$C_{16}H_{13}N_3O_2$, Formel VII (R = NO).
B. Aus (±)-5,6,6a,13-Tetrahydro-benzo[5,6][1,3]diazepino[2,1-*a*]isoindol-11-on und NaNO$_2$ in Essigsäure (*Hatt, Stephenson*, Soc. **1952** 199, 202).
Hellgelbe Kristalle (aus CHCl$_3$ oder Ae.); F: 204° [korr.].

7,12-Dihydro-14*H*-phthalazino[2,3-*b*]phthalazin-5-on $C_{16}H_{14}N_2O$, Formel VIII.
B. Beim Erhitzen von 1,2,3,4-Tetrahydro-phthalazin-hydrochlorid und 2-Brom=methyl-benzoylbromid (*Hatt, Stephenson*, Soc. **1952** 199, 201).
Kristalle (aus Me.); F: 198—199° [korr.; Zers.].

8,10,11,12-Tetrahydro-9*H*-benzo[*b*][1,7]phenanthrolin-7-on $C_{16}H_{14}N_2O$, Formel IX, und
Tautomere (z. B. 8,9,10,11-Tetrahydro-benzo[*b*][1,7]phenanthrolin-7-ol).
B. Beim Erhitzen von [5]Chinolylamin mit 2-Oxo-cyclohexancarbonsäure-äthylester und wss. HCl (*Hazlewood et al.*, J. Pr. Soc. N. S. Wales **71** [1937/38] 462, 473).
Kristalle (aus Me.); Zers. ab 250°.   [*Flock*]

Oxo-Verbindungen $C_{17}H_{16}N_2O$

5-Methyl-2-phenyl-4-[(*Ξ*)-7*t*-phenyl-hepta-2*t*,4*t*,6-trienyliden]-2,4-dihydro-pyrazol-3-on
$C_{23}H_{20}N_2O$, Formel I.
B. Beim Erhitzen von 5-Methyl-2-phenyl-1,2-dihydro-pyrazol-3-on (S. 71) mit 7*t*-Phen=yl-hepta-2*t*,4*t*,6-trienal in Acetanhydrid (*Wizinger, Sontag*, Helv. **38** [1955] 363, 372).
Blauviolette Kristalle (aus Eg.); F: 163—164°. λ_{max} (Eg.): 449 nm.

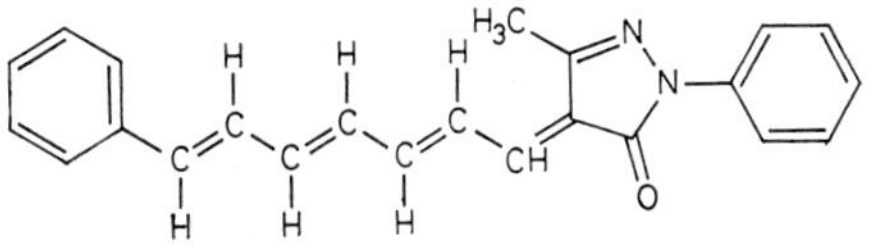

I 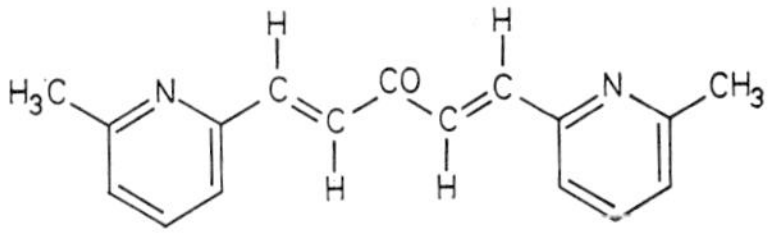   II

1*t*,5*t*-Bis-[6-methyl-[2]pyridyl]-penta-1,4-dien-3-on $C_{17}H_{16}N_2O$, Formel II.
B. Aus 6-Methyl-pyridin-2-carbaldehyd und Aceton (*Klosa*, Ar. **289** [1956] 177, 185).
Kristalle (aus A.); F: 187—189°.
Picrat. Gelbe Kristalle; F: 202°.

(±)-6-Benzyl-5-phenyl-4,5-dihydro-2*H*-pyridazin-3-on $C_{17}H_{16}N_2O$, Formel III (R = H).
B. Aus (±)-4-Oxo-3,5-diphenyl-valeriansäure und N$_2$H$_4$·H$_2$O (*Maeder*, Helv. **29** [1946] 120, 129).
Kristalle (aus A.); F: 115—116°.

(±)-6-Benzyl-2,5-diphenyl-4,5-dihydro-2H-pyridazin-3-on $C_{23}H_{20}N_2O$, Formel III (R = C_6H_5).

B. Beim Erhitzen von (±)-3,5-Diphenyl-4-phenylhydrazono-valeriansäure mit Acet= anhydrid auf 120° (*Maeder*, Helv. **29** [1946] 120, 128). Neben 3,5-Diphenyl-4-phenylhydr= azono-valeriansäure beim Erwärmen von (±)-4-Oxo-3,5-diphenyl-valeriansäure mit Phenylhydrazin (*Ma.*).

Kristalle (aus Me.); F: 174°.

III   IV   V

(±)-4-Benzyl-5-phenyl-3,4-dihydro-1H-pyrimidin-2-on $C_{17}H_{16}N_2O$, Formel IV.

B. Aus Phenylacetaldehyd und Harnstoff in Äthanol und wenig konz. wss. HCl, auch unter Zusatz von Acetessigsäure-äthylester, oder in Essigsäure und wenig konz. H_2SO_4 (*Folkers, Johnson*, Am. Soc. **55** [1933] 3361, 3365).

Kristalle (aus A.); F: 214—216° [korr.] (*Fo., Jo.*, Am. Soc. **55** 3365).

Diacetyl-Derivat $C_{21}H_{20}N_2O_3$; 1,3-Diacetyl-4-benzyl-5-phenyl-3,4-di= hydro-1H-pyrimidin-2-on. Kristalle (aus A.); F: 104,5—105° [korr.] (*Folkers, Johnson*, Am. Soc. **56** [1934] 1374, 1376).

(±)-4-Methyl-4,6-diphenyl-3,4-dihydro-1H-pyrimidin-2-on $C_{17}H_{16}N_2O$, Formel V (X = O).

Diese Konstitution kommt der früher (E I 7 150) als Bis-[1-phenyl-äthyliden]-harnstoff („Diacetophenonharnstoff") beschriebenen Verbindung (F: 176°) zu (*Folkers, Johnson*, Am. Soc. **55** [1933] 3361, 3362).

B. Beim Erhitzen der folgenden Verbindung mit HgO in Essigsäure (*Dziewoński et al.*, Bl. Acad. polon. [A] **1935** 564, 569).

Kristalle (aus A.); F: 179—181° (*Dz. et al.*), 179,5—180,5° [korr.] (*Fo., Jo.*, Am. Soc. **55** 3366).

Acetat $C_{17}H_{16}N_2O \cdot C_2H_4O_2$. Kristalle (aus Eg.); F: 122—124° (*Dz. et al.*).

Acetyl-Derivat $C_{19}H_{18}N_2O_2$; 3(?)-Acetyl-4-methyl-4,6-diphenyl-3,4-di= hydro-1H-pyrimidin-2-on. Kristalle (aus wss. A.); F: 182—183° [korr.] (*Folkers, Johnson*, Am. Soc. **56** [1934] 1374, 1376).

(±)-4-Methyl-4,6-diphenyl-3,4-dihydro-1H-pyrimidin-2-thion $C_{17}H_{16}N_2S$, Formel V (X = S).

B. Beim Erhitzen von Acetophenon mit Thioharnstoff auf 170° (*Dziewoński et al.*, Bl. Acad. polon. [A] **1935** 564, 566).

Kristalle (aus A.); F: 172—174°.

Silber-Salz $AgC_{17}H_{15}N_2S$. Gelbe Kristalle (aus A. + $CHCl_3$); F: 190—195°.

Acetat $C_{17}H_{16}N_2S \cdot C_2H_4O_2$. Kristalle (aus Eg.); F: 140°.

Dibenzoyl-Derivat $C_{31}H_{24}N_2O_2S$; 1,3-Dibenzoyl-4-methyl-4,6-diphenyl-3,4-dihydro-1H-pyrimidin-2-thion. Gelbe Kristalle (aus Bzl. + PAe.); F: 152° bis 153°.

4-Benzhydryl-5-methyl-2-phenyl-1,2-dihydro-pyrazol-3-on $C_{23}H_{20}N_2O$, Formel VI (X = H), und Tautomere.

B. Aus 4-[(Z)-Benzyliden]-5-methyl-2-phenyl-2,4-dihydro-pyrazol-3-on (S. 559) und Phenylmagnesiumbromid in Äther (*Mustafa et al.*, Am. Soc. **81** [1959] 6007, 6008). Aus 4-Benzhydryliden-5-methyl-2-phenyl-2,4-dihydro-pyrazol-3-on bei der Hydrierung an Palladium/$BaSO_4$ in Äthanol (*Mu. et al.*).

Kristalle (aus Bzl. + PAe. oder A.); F: 220° [unkorr.].

(±)-4-[2-Chlor-benzhydryl]-5-methyl-2-phenyl-1,2-dihydro-pyrazol-3-on $C_{23}H_{19}ClN_2O$, Formel VI (X = Cl), und Tautomere.

B. Aus 4-[(*Z*?)-2-Chlor-benzyliden]-5-methyl-2-phenyl-2,4-dihydro-pyrazol-3-on (F: 146°; S. 559) und Phenylmagnesiumbromid in Äther (*Mustafa et al.*, Am. Soc. **81** [1959] 6007, 6008, 6009).

Kristalle (aus A.); F: 192° [unkorr.].

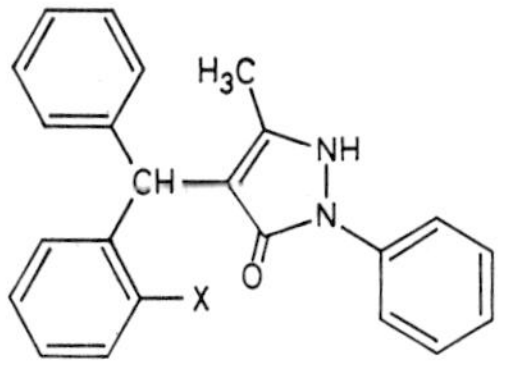

VI 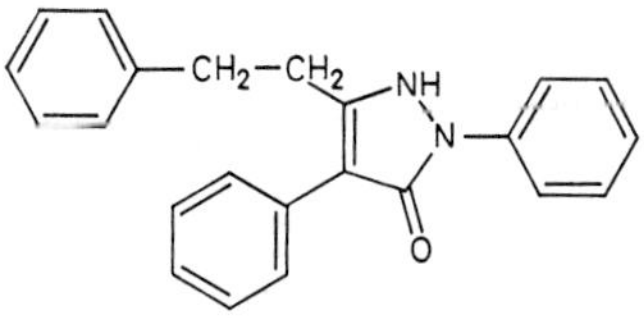   VII 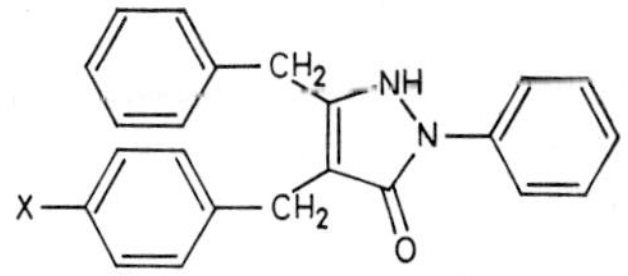   VIII

5-Phenäthyl-2,4-diphenyl-1,2-dihydro-pyrazol-3-on $C_{23}H_{20}N_2O$, Formel VII, und Tautomere.

B. Beim Erwärmen von (±)-3-Oxo-2,5-diphenyl-valeriansäure-äthylester mit Phenylhydrazin (*Ruggli et al.*, Helv. **29** [1946] 1788, 1794).

Kristalle (aus A.); F: 163—164° [unkorr.].

4,5-Dibenzyl-2-phenyl-1,2-dihydro-pyrazol-3-on $C_{23}H_{20}N_2O$, Formel VIII (X = H), und Tautomere.

B. Beim Erhitzen von 2-Benzyl-4-phenyl-acetessigsäure-äthylester mit Phenylhydrazin in Essigsäure (*Sonn, Litten,* B. **66** [1933] 1512, 1518).

Kristalle (aus wss. A.); F: 139—141°.

5-Benzyl-4-[4-nitro-benzyl]-2-phenyl-1,2-dihydro-pyrazol-3-on $C_{23}H_{19}N_3O_3$, Formel VIII (X = NO₂), und Tautomere.

B. Aus 2-[4-Nitro-benzyl]-4-phenyl-acetessigsäure-äthylester und Phenylhydrazin in Äthanol (*Soliman, Youssef,* Soc. **1954** 4655, 4657).

Kristalle (aus Me.); F: 160°.

(±)-2-Phenyl-5-[1-phenyl-äthyl]-3,5-dihydro-imidazol-4-on $C_{17}H_{16}N_2O$, Formel IX, und Tautomere.

Diese Konstitution kommt der von *Mustafa, Harhash* (J. org. Chem. **21** [1956] 575) als (±)-5-Benzyliden-4-methyl-2-phenyl-4,5-dihydro-1(3)*H*-imidazol-4-ol formulierten Verbindung (F: 188°) zu (*Awad, Allah,* J. org. Chem. **25** [1960] 1242).

B. Aus 5-[(*Z*)-Benzyliden]-2-phenyl-3,5-dihydro-imidazol-4-on (S. 726) und Methylmagnesiumjodid in Benzol und Äther (*Mu., Ha.*).

Kristalle (aus Acn.); F: 188° (*Mu., Ha.*).

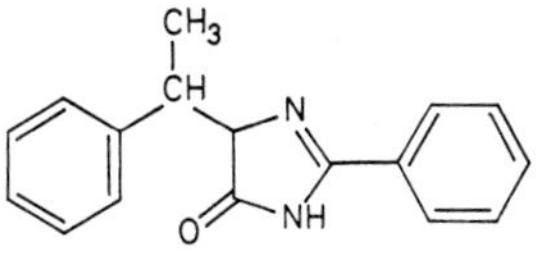

IX 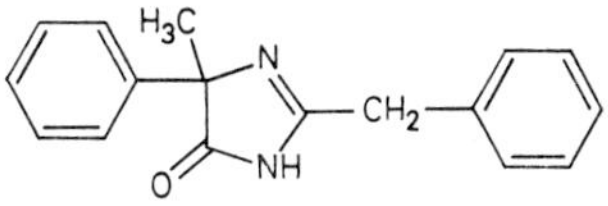   X

(±)-2-Benzyl-5-methyl-5-phenyl-3,5-dihydro-imidazol-4-on $C_{17}H_{16}N_2O$, Formel X, und Tautomere.

B. Beim Erwärmen von (±)-2-Phenyl-2-[2-phenyl-acetylamino]-propionsäure-amid mit wss. NaOH (*Kjær,* Acta chem. scand. **7** [1953] 889, 897).

Kristalle (aus wss. A.); F: 163—165° [unkorr.].

2-Benzyl-7,8-dimethyl-3H-chinazolin-4-on $C_{17}H_{16}N_2O$, Formel XI, und Tautomere.

B. Beim Erhitzen von Phenylessigsäure-[2,3-dimethyl-anilid] mit Äthylcarbamat in Xylol auf 140° (*Aggarwal et al.*, J. Indian chem. Soc. **6** [1929] 717, 721).

Kristalle (aus A.); F: 189°.

Picrat $C_{17}H_{16}N_2O \cdot C_6H_3N_3O_7$. Gelbe Kristalle (aus A.); F: 165°.

3-[(αRS,βSR ?)-α,β-Dibrom-phenäthyl]-6(oder 7)-methyl-1H-chinoxalin-2-on $C_{17}H_{14}Br_2N_2O$, vermutlich Formel XII (R = CH_3, R' = H oder R = H, R' = CH_3) + Spiegelbild, und Tautomeres.

B. Aus 6(oder 7)-Methyl-3-*trans*-styryl-1H-chinoxalin-2-on (F: 245−249°; S. 738) und Brom in Essigsäure (*Bodforss*, A. **609** [1957] 103, 118).

Zers. bei 125°.

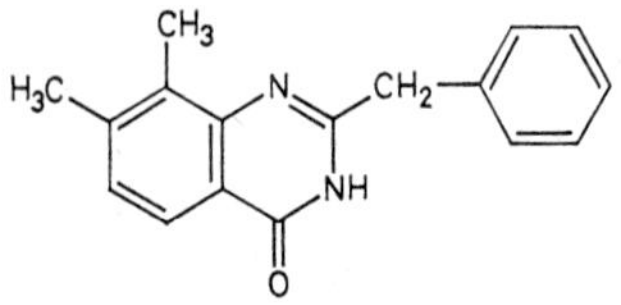

XI 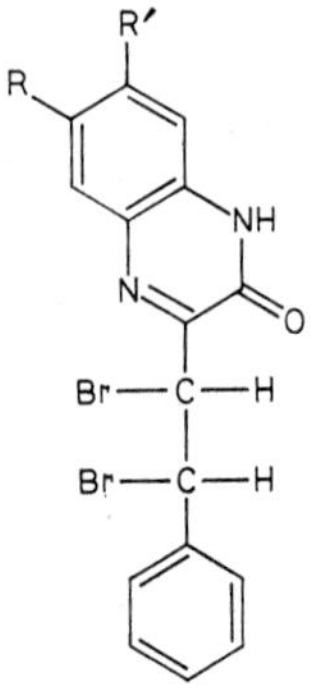 XII 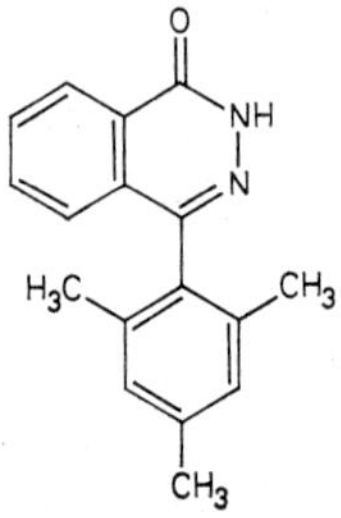 XIII 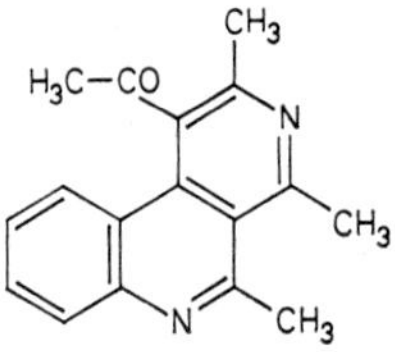 XIV

4-Mesityl-2H-phthalazin-1-on $C_{17}H_{16}N_2O$, Formel XIII, und Tautomeres.

B. Aus 2-[2,4,6-Trimethyl-benzoyl]-benzoesäure und $N_2H_4 \cdot H_2O$ in Äthanol (*Fuson, Hammann*, Am. Soc. **74** [1952] 1626).

Hellgelbe Kristalle (aus A.); F: 262−263°.

1-Acetyl-2,4,5-trimethyl-benzo[c][2,7]naphthyridin, 1-[2,4,5-Trimethyl-benzo[c][2,7]≥ naphthyridin-1-yl]-äthanon $C_{17}H_{16}N_2O$, Formel XIV.

B. Aus 3,5-Diacetyl-2,6-dimethyl-4-[2-nitro-phenyl]-pyridin, Eisen und wss.-äthanol. HCl (*Courts, Petrow*, Soc. **1952** 1, 4).

Kristalle (aus PAe.); F: 166−167° [unkorr.].

1-Acetyl-2,4,5-trimethyl-benzo[c][2,7]naphthyridin-6-oxid, 1-[2,4,5-Trimethyl-6-oxy-benzo[c][2,7]naphthyridin-1-yl]-äthanon $C_{17}H_{16}N_2O_2$, Formel I.

B. Aus 3,5-Diacetyl-2,6-dimethyl-4-[2-nitro-phenyl]-pyridin, Zink, NH_4Cl und wss. Äthanol (*Hansen, Petrow*, Soc. **1953** 350).

Gelbe Kristalle (aus Me.); F: 218° [unkorr.].

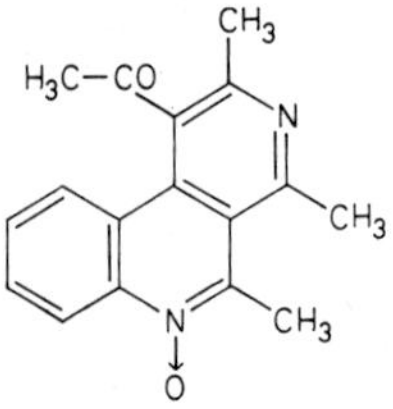

I 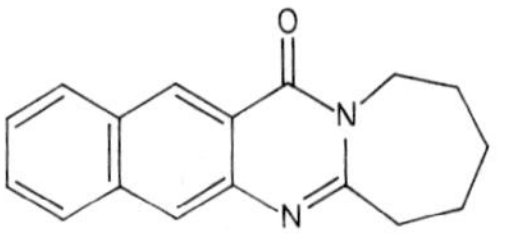 II 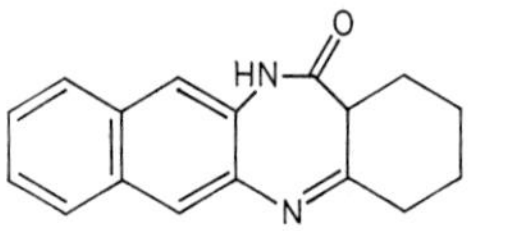 III

2,3,4,5-Tetrahydro-1H-azepino[2,1-b]benzo[g]chinazolin-13-on $C_{17}H_{16}N_2O$, Formel II.

B. Beim Erwärmen von 7-Methoxy-3,4,5,6-tetrahydro-2H-azepin mit 3-Amino-

[2]naphthoesäure in Aceton (*Petersen, Tietze*, A. **623** [1959] 166, 171, 175).
Kristalle (aus 1-Acetoxy-2-methoxy-äthan); F: 173°.

(±)-1,2,3,4,12,13a-Hexahydro-benzo[e]naphtho[2,3-b][1,4]diazepin-13-on $C_{17}H_{16}N_2O$,
Formel III.
Für die nachstehend beschriebene Verbindung ist auch die Formulierung als 1-Cyclo=
hex-1-enyl-1,3-dihydro-naphth[2,3-d]imidazol-2-on in Betracht zu ziehen (s.
diesbezüglich *Rossi et al.*, Helv. **43** [1960] 1298, 1304).
B. Beim Erhitzen von Naphthalin-2,3-diyldiamin mit 2-Oxo-cyclohexancarbonsäure-
äthylester (*Ried, Draisbach*, B. **92** [1959] 949).
Kristalle (aus A.); F: 218—219° (*Ried, Dr.*).

---

*Opt.-inakt. 2′-Phenyl-spiro[indolin-3,3′-pyrrolidin]-2-on $C_{17}H_{16}N_2O$, Formel IV
(R = H).
B. Aus 3-[2-Amino-äthyl]-indolin-2-on-hydrochlorid und Benzaldehyd in wss.-äthanol.
Natriumacetat (*Harley-Mason, Ingleby*, Soc. **1958** 3639, 3641).
Picrat $C_{17}H_{16}N_2O \cdot C_6H_3N_3O_7$. Kristalle (aus Me.); F: 206°.

---

*Opt.-inakt. 1-Methyl-2′-phenyl-spiro[indolin-3,3′-pyrrolidin]-2-on $C_{18}H_{18}N_2O$,
Formel IV (R = CH₃).
B. Analog der vorangehenden Verbindung (*Harley-Mason, Ingleby*, Soc. **1958** 3639,
3641).
Kristalle; F: 172°.

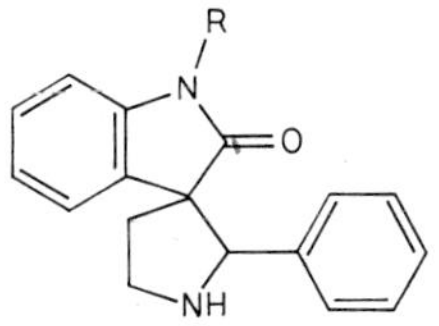

IV 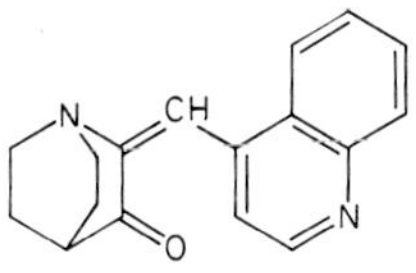   V 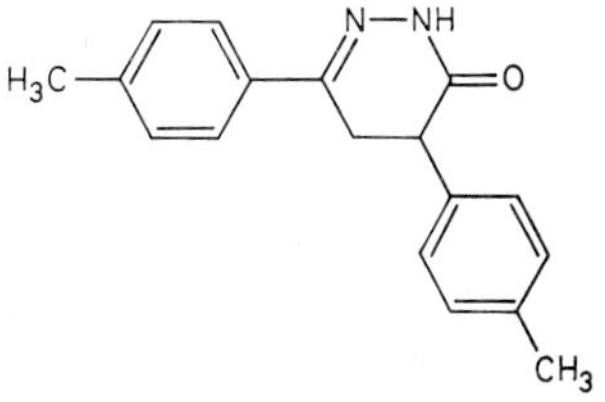   VI

*2-[4]Chinolylmethylen-chinuclidin-3-on $C_{17}H_{16}N_2O$, Formel V (in der Literatur als
5-Oxo-6:9-rubanen bezeichnet).
B. Beim Erwärmen von Chinuclidin-3-on mit Chinolin-4-carbaldehyd in Piperidin-
acetat enthaltendem Äthanol oder mit Chinolin-4-carbaldehyd-hydrochlorid in HCl ent-
haltender Essigsäure (*Clemo, Hoggarth*, Soc. **1939** 1241, 1243).
Gelbe Kristalle (aus PAe.); F: 153°.
Hexachloroplatinat(IV) $C_{17}H_{16}N_2O \cdot H_2PtCl_6$. Orangefarbene Kristalle (aus wss.
A.); Zers. >260°.
Picrat $C_{17}H_{16}N_2O \cdot C_6H_3N_3O_7$. Rote Kristalle (aus A. + Acn.); F: 209°.

Oxo-Verbindungen $C_{18}H_{18}N_2O$

(±)-4,6-Di-p-tolyl-4,5-dihydro-2H-pyridazin-3-on $C_{18}H_{18}N_2O$, Formel VI.
B. Beim Erwärmen von (±)-4-Oxo-2,4-di-p-tolyl-buttersäure oder von (±)-3,5-Di-
p-tolyl-3H-furan-2-on mit $N_2H_4 \cdot H_2O$ (*Pummerer, Buchta*, B. **69** [1936] 1005, 1015).
Kristalle (aus CHCl₃); F: 165°.

---

*Opt.-inakt. 4-Benzyl-6-methyl-2,5-diphenyl-4,5-dihydro-2H-pyridazin-3-on $C_{24}H_{22}N_2O$,
Formel VII.
B. Beim Erwärmen von 2-Benzyl-4-oxo-3-phenyl-valeriansäure (F: 120—121°; E III **10**
3350) mit Phenylhydrazin in wss. Essigsäure (*Stoermer, Stroh*, B. **68** [1935] 2112, 2116).
Kristalle (aus wss. Me.); F: 148—149°.

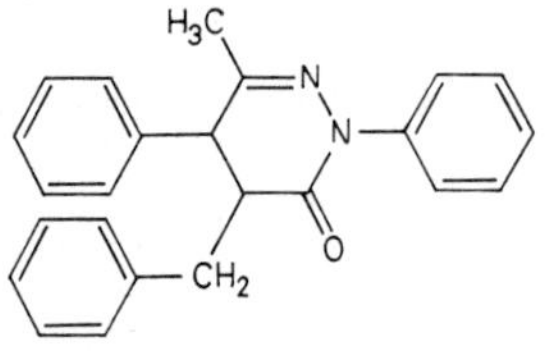

VII 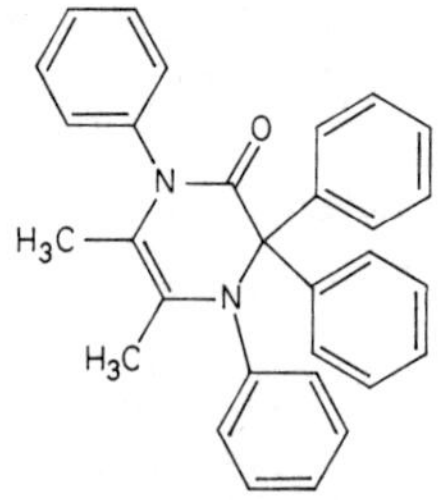   VIII 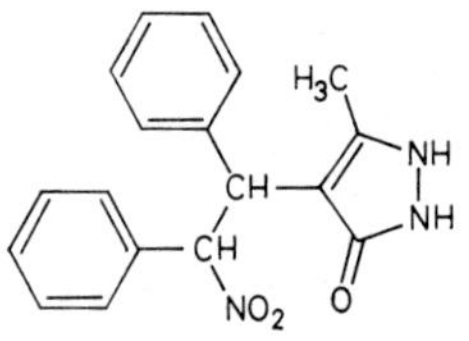   IX

5,6-Dimethyl-1,3,3,4-tetraphenyl-3,4-dihydro-1H-pyrazin-2-on $C_{30}H_{26}N_2O$, Formel VIII.
Die von *Pfleger, Jäger* (B. **90** [1957] 2460, 2463, 2467) unter dieser Konstitution beschriebene Verbindung (F: 187°) ist als (±)-4-Methyl-1,3,3-triphenyl-4-[1-phenyliminoäthyl]-azetidin-2-on (E III/IV **21** 5626) zu formulieren (*Sakamoto, Tomimatsu*, J. pharm. Soc. Japan **90** [1970] 1386, 1387; C. A. **74** [1971] 53357).

---

*Opt.-inakt. 5-Methyl-4-[α'-nitro-bibenzyl-α-yl]-1,2-dihydro-pyrazol-3-on $C_{18}H_{17}N_3O_3$, Formel IX, und Tautomere.
B. Neben Bis-[2-äthoxycarbonyl-1-methyl-4-nitro-3,4-diphenyl-butyliden]-hydrazin (F: 175—180° [Zers.]) beim Erwärmen von opt.-inakt. 2-Acetyl-4-nitro-3,4-diphenyl-buttersäure-äthylester (F: 110—113°) mit $N_2H_4 \cdot H_2O$ in Äthanol (*Dornow, Boberg*, A. **578** [1952] 101, 108).
Kristalle (aus Dioxan); F: ca. 235° [Zers.].

4-[1,1-Diphenyl-äthyl]-5-methyl-2-phenyl-1,2-dihydro-pyrazol-3-on $C_{24}H_{22}N_2O$, Formel X (R = CH$_3$, R' = X = H), und Tautomere.
B. Aus 4-Benzhydryliden-5-methyl-2-phenyl-2,4-dihydro-pyrazol-3-on und Methylᵐagnesiumbromid in Äther (*Mustafa et al.*, Am. Soc. **81** [1959] 6007, 6008, 6009).
Kristalle (aus A. + Ae.); F: 148° [unkorr.].

(±)-5-Methyl-4-[4-methyl-benzhydryl]-2-phenyl-1,2-dihydro-pyrazol-3-on $C_{24}H_{22}N_2O$, Formel X (R = X = H, R' = CH$_3$), und Tautomere.
B. Aus 4-[(Z)-Benzyliden]-5-methyl-2-phenyl-2,4-dihydro-pyrazol-3-on (S. 559) und p-Tolylmagnesiumbromid oder aus 5-Methyl-4-[(Z)-4-methyl-benzyliden]-2-phenyl-2,4-dihydro-pyrazol-3-on (S. 573) und Phenylmagnesiumbromid in Äther (*Mustafa et al.*, Am. Soc. **81** [1959] 6007, 6008, 6009).
Kristalle (aus A.); F: 198° [unkorr.].

(±)-4-[2-Chlor-4'-methyl-benzhydryl]-5-methyl-2-phenyl-1,2-dihydro-pyrazol-3-on $C_{24}H_{21}ClN_2O$, Formel X (R = H, R' = CH$_3$, X = Cl), und Tautomere.
B. Aus 4-[(Z?)-2-Chlor-benzyliden]-5-methyl-2-phenyl-2,4-dihydro-pyrazol-3-on (F: 146°; S. 559) mit p-Tolylmagnesiumbromid in Äther (*Mustafa et al.*, Am. Soc. **81** [1959] 6007, 6008, 6009).
Kristalle (aus A.); F: 190° [unkorr.].

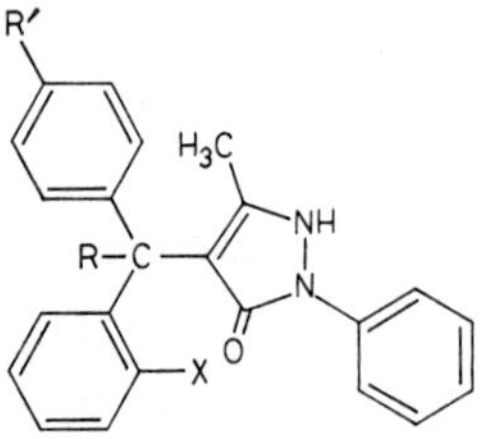

X 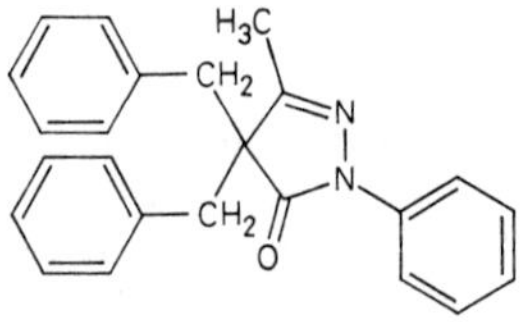   XI 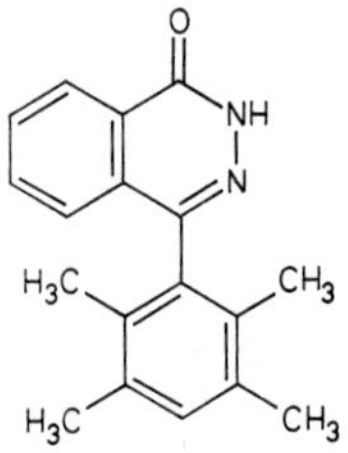   XII

4,4-Dibenzyl-5-methyl-2-phenyl-2,4-dihydro-pyrazol-3-on $C_{24}H_{22}N_2O$, Formel XI.

B. Beim Erhitzen von 5-Methyl-2-phenyl-1,2-dihydro-pyrazol-3-on mit Benzylchlorid (*Sonn, Litten,* B. **66** [1933] 1582, 1586).

Kristalle (aus wss. Me.); F: 89—91°.

4-[2,3,5,6-Tetramethyl-phenyl]-2H-phthalazin-1-on $C_{18}H_{18}N_2O$, Formel XII, und Tautomeres.

B. Aus 2-[2,3,5,6-Tetramethyl-benzoyl]-benzoesäure oder deren Methylester und $N_2H_4 \cdot H_2O$ in Äthanol (*Fuson, Hammann,* Am. Soc. **74** [1952] 1626). Beim Erwärmen von 2-[2,3,5,6-Tetramethyl-benzoyl]-benzoesäure hydrazid in Äthanol (*Fu., Ha.*).

F: 335° [Zers.]. Bei 250°/0,3 Torr sublimierbar.

---

*Opt.-inakt. 4-[1,2,3,4-Tetrahydro-[1]isochinolyl]-3,4-dihydro-1H-chinolin-2-on $C_{18}H_{18}N_2O$, Formel XIII.

a) Racemat vom F: 211°.

B. Neben anderen Verbindungen beim Erhitzen von Indol-3-yl-essigsäure-phenäthyl= amid mit Polyphosphorsäure auf 140° (*Thesing, Funk,* B. **89** [1956] 2498, 2504). Eine weitere Bildungsweise s. unter b).

Kristalle (aus Bzl. oder A.); F: 210—211° [unkorr.]. IR-Spektrum (Nujol; 1,5 μ bis 15,5 μ): *Th., Funk,* l. c. S. 2499. UV-Spektrum (A.; 215—300 nm): *Th., Funk,* l. c. S. 2500.

Hydrochlorid $C_{18}H_{18}N_2O \cdot HCl$. Kristalle (aus A.); F: 287—288° [unkorr.].

Picrat $C_{18}H_{18}N_2O \cdot C_6H_3N_3O_7$. Gelbe Kristalle (aus A.); F: 221—222° [Zers.; nach Schwarzfärbung ab 217°).

Nitroso-Derivat $C_{18}H_{17}N_3O_2$. Kristalle (aus A.); F: 259—260° [Zers.].

b) Racemat vom F: 185°.

B. Neben der vorangehenden Verbindung bei der Hydrierung von 4-[3,4-Dihydro-[1]isochinolyl]-1H-chinolin-2-on an Platin in Methanol (*Th., Funk,* l. c. S. 2506).

Kristalle (aus A.); F: 184—185° [unkorr.]. Die Verbindung besitzt dasselbe UV-Spek= trum wie das unter a) beschriebene Racemat.

Hydrochlorid $C_{18}H_{18}N_2O \cdot HCl$. Kristalle (aus A.); F: 263—265° [unkorr.].

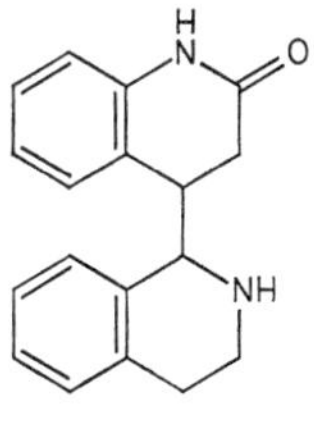

XIII 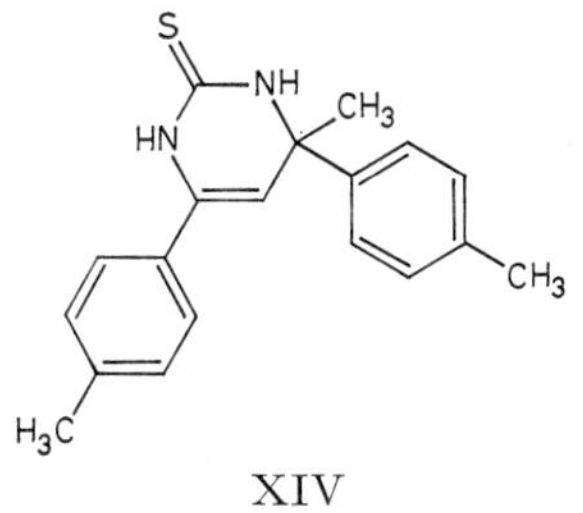   XIV 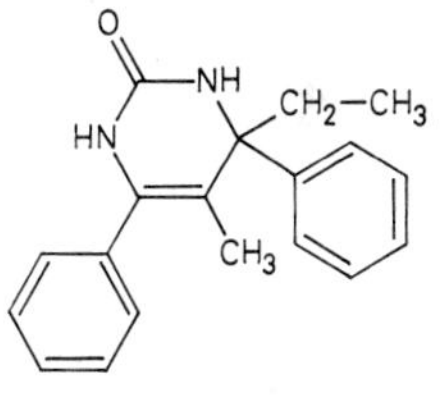   XV

Oxo-Verbindungen $C_{19}H_{20}N_2O$

(±)-4-Methyl-4,6-di-p-tolyl-3,4-dihydro-1H-pyrimidin-2-thion $C_{19}H_{20}N_2S$, Formel XIV.

B. Beim Erhitzen von 1-p-Tolyl-äthanon mit Thioharnstoff auf 170° (*Dziewoński et al.,* Bl. Acad. polon. [A] **1935** 564, 570).

Kristalle (aus A.); F: 170—171°.

Silber-Salz. Gelbes Pulver; F: 193—194°.

Acetat $C_{19}H_{20}N_2S \cdot C_2H_4O_2$. Kristalle (aus Eg.); F: 129—130°.

(±)-4-Äthyl-5-methyl-4,6-diphenyl-3,4-dihydro-1H-pyrimidin-2-on $C_{19}H_{20}N_2O$, Formel XV.

Diese Konstitution kommt der früher (E I **7** 161) als Bis-[1-phenyl-propyliden]-harn= stoff beschriebenen Verbindung (F: 196—197° [nach Sintern unter Zers. ab 170°]) zu (*Folkers, Johnson,* Am. Soc. **55** [1933] 3361, 3362).

4-[4,4′-Dimethyl-benzhydryl]-5-methyl-2-phenyl-1,2-dihydro-pyrazol-3-on $C_{25}H_{24}N_2O$,
Formel I auf S. 706, und Tautomere.

B. Aus 5-Methyl-4-[(Z)-4-methyl-benzyliden]-2-phenyl-2,4-dihydro-pyrazol-3-on (S.573)
und *p*-Tolylmagnesiumbromid in Äther (*Mustafa et al.*, Am. Soc. **81** [1959] 6007, 6008,
6009).
Kristalle (aus A.); F: 178° [unkorr.].

1,5-Diphenyl-3,7-diaza-bicyclo[3.3.1]nonan-9-on $C_{19}H_{20}N_2O$, Formel II (R = X = H)
auf S. 706 (in der Literatur als 1,5-Diphenyl-bispidin-9-on bezeichnet).

B. Beim Erwärmen von 1,3-Diphenyl-aceton mit Ammoniumacetat und Paraform‹
aldehyd in Äthanol (*Kyi, Wilson*, Soc. **1951** 1706). Beim Erwärmen von 9-Oxo-1,5-di‹
phenyl-3,7-diaza-bicyclo[3.3.1]nonan-3,7-dicarbonsäure-diäthylester (S. 706) mit meth‹
anol. NaOH (*Chiavarelli, Settimj*, G. **88** [1958] 1234, 1240).
Kristalle; F: 256—257° [aus Trichloräthen] (*Kyi, Wi.*), 256° (*Chiavarelli et al.*, G.
87 [1957] 109, 117). IR-Spektrum (Nujol; 2—15 µ): *Ch., Se.*, l. c. S. 1241.
Hydrochlorid $C_{19}H_{20}N_2O \cdot HCl$. Kristalle (aus Acn. + A.); F: 251—252° (*Kyi, Wi.*).
Mono-benzolsulfonyl-Derivat $C_{25}H_{24}N_2O_3S$; 3-Benzolsulfonyl-1,5-di‹
phenyl-3,7-diaza-bicyclo[3.3.1]nonan-9-on. Kristalle (aus Acn.); F: 218—219°
(*Kyi, Wi.*).
Bis-benzolsulfonyl-Derivat $C_{31}H_{28}N_2O_5S_2$; 3,7-Bis-benzolsulfonyl-1,5-di‹
phenyl-3,7-diaza-bicyclo[3.3.1]nonan-9-on. Kristalle (aus Acn.); F: 260—261°
(*Kyi, Wi.*).

3,7-Dimethyl-1,5-diphenyl-3,7-diaza-bicyclo[3.3.1]nonan-9-on $C_{21}H_{24}N_2O$, Formel II
(R = CH_3, X = H) auf S. 706.

B. Beim Erwärmen von 1,3-Diphenyl-aceton mit Methylamin-acetat und Paraform‹
aldehyd in Äthanol oder in Essigsäure (*Kyi, Wilson*, Soc. **1951** 1706).
Kristalle (aus A.); F: 150—151° (*Kyi, Wi.*).
Monohydrochlorid $C_{21}H_{24}N_2O \cdot HCl$. Kristalle (aus A. + Acn.) mit 2 Mol H_2O;
F: 130—132° (*Kyi, Wi.*).
Dihydrochlorid $C_{21}H_{24}N_2O \cdot 2$ HCl. Kristalle (aus A. + E.); F: 201—202° (*Kyi, Wi.*).
Methojodid $[C_{22}H_{27}N_2O]I$; 3,3,7-Trimethyl-9-oxo-1,5-diphenyl-7-aza-
3-azonia-bicyclo[3.3.1]nonan-jodid. Kristalle (aus wss. Me.); F: 203—205°
[Zers.] (*Chiavarelli et al.*, G. **87** [1957] 109, 119).

3,7-Diäthyl-1,5-diphenyl-3,7-diaza-bicyclo[3.3.1]nonan-9-on $C_{23}H_{28}N_2O$, Formel II
(R = C_2H_5, X = H) auf S. 706.

B. Analog der vorangehenden Verbindung (*Chiavarelli et al.*, G. **87** [1957] 109, 112).
Kristalle (aus A.); F: 138—139°. IR-Spektrum (CS$_2$; 2—15,5 µ): *Ch. et al.*, l. c. S. 111.
Methojodid $[C_{24}H_{31}N_2O]I$; 3,7-Diäthyl-3-methyl-9-oxo-1,5-diphenyl-7-aza-
3-azonia-bicyclo[3.3.1]nonan-jodid. Kristalle (aus Acn.); F: 193—194° (*Ch. et al.*,
l. c. S. 119).

3,7-Bis-[2-chlor-äthyl]-1,5-diphenyl-3,7-diaza-bicyclo[3.3.1]nonan-9-on $C_{23}H_{26}Cl_2N_2O$,
Formel II (R = CH_2-CH_2-Cl, X = H) auf S. 706.

B. Aus 3,7-Bis-[2-hydroxy-äthyl]-1,5-diphenyl-3,7-diaza-bicyclo[3.3.1]nonan-9-on und
$SOCl_2$ in $CHCl_3$ (*Kyi, Wilson*, Soc. **1951** 1706).
Kristalle (aus A. + Acn.); F: 154—155°.
Hydrochlorid $C_{23}H_{26}Cl_2N_2O \cdot HCl$. Kristalle (aus wss. A.); F: 195—196° [Zers.].

1,5-Diphenyl-3,7-dipropyl-3,7-diaza-bicyclo[3.3.1]nonan-9-on $C_{25}H_{32}N_2O$, Formel II
(R = CH_2-CH_2-CH_3, X = H) auf S. 706.

B. Beim Erwärmen von 1,3-Diphenyl-aceton mit Propylamin-acetat und Paraform‹
aldehyd in Äthanol (*Kyi, Wilson*, Soc. **1951** 1706).
Kristalle (aus Acn. + A.); F: 114,5—115°.
Hydrochlorid $C_{25}H_{32}N_2O \cdot HCl$. Kristalle (aus Acn. + A.) mit 2 Mol H_2O; F: 120°
[Zers.].

3,7-Diisopropyl-1,5-diphenyl-3,7-diaza-bicyclo[3.3.1]nonan-9-on $C_{25}H_{32}N_2O$, Formel II
(R = CH(CH₃)₂, X = H).
  B. Analog der vorangehenden Verbindung (*Chiavarelli et al.*, G. **87** [1957] 109, 113).
Kristalle (aus A.); F: 178—179°.

3,7-Dibutyl-1,5-diphenyl-3,7-diaza-bicyclo[3.3.1]nonan-9-on $C_{27}H_{36}N_2O$, Formel II
(R = [CH₂]₃-CH₃, X = H).
  B. Analog den vorangehenden Verbindungen (*Chiavarelli et al.*, G. **87** [1957] 109, 113).
Kristalle (aus A.); F: 81—84°.

3,7-Diallyl-1,5-diphenyl-3,7-diaza-bicyclo[3.3.1]nonan-9-on $C_{25}H_{28}N_2O$, Formel II
(R = CH₂-CH=CH₂, X = H).
  B. Analog den vorangehenden Verbindungen (*Chiavarelli, Settimj*, G. **88** [1958] 1246,
1247, 1248).
Kristalle (aus A.); F: 119—120°.

3,7-Dicyclohexyl-1,5-diphenyl-3,7-diaza-bicyclo[3.3.1]nonan-9-on $C_{31}H_{40}N_2O$,
Formel II (R = C₆H₁₁, X = H).
  B. Analog den vorangehenden Verbindungen (*Chiavarelli, Settimj*, G. **88** [1958] 1246,
1247, 1248).
Kristalle (aus Acn.); F: 205—206°.

3,7-Dibenzyl-1,5-diphenyl-3,7-diaza-bicyclo[3.3.1]nonan-9-on $C_{33}H_{32}N_2O$, Formel II
(R = CH₂-C₆H₅, X = H).
  B. Analog den vorangehenden Verbindungen (*Kyi, Wilson*, Soc. **1951** 1706; *Chiavarelli,
Settimj*, G. **88** [1958] 1246, 1247, 1248).
Kristalle; F: 165—166° [aus A.] (*Ch., Se.*), 161—162° [aus Acn. + A.] (*Kyi, Wi.*).
Hydrochlorid $C_{33}H_{32}N_2O \cdot HCl$. Kristalle (aus Acn. + A.); F: 233—234° (*Kyi, Wi.*).

3,7-Diphenäthyl-1,5-diphenyl-3,7-diaza-bicyclo[3.3.1]nonan-9-on $C_{35}H_{36}N_2O$, Formel II
(R = CH₂-CH₂-C₆H₅, X = H).
  B. Analog den vorangehenden Verbindungen (*Chiavarelli et al.*, G. **87** [1957] 109, 113).
Kristalle (aus A.); F: 117—118°.

3,7-Bis-[2-hydroxy-äthyl]-1,5-diphenyl-3,7-diaza-bicyclo[3.3.1]nonan-9-on $C_{23}H_{28}N_2O_3$,
Formel II (R = CH₂-CH₂-OH, X = H).
  B. Analog den vorangehenden Verbindungen (*Kyi, Wilson*, Soc. **1951** 1706).
Kristalle (aus Acn.); F: 176—177°.
Hydrochlorid $C_{23}H_{28}N_2O_3 \cdot HCl$. Kristalle (aus wss. A.) mit 1 Mol H_2O; F: 204—205°.

3,7-Bis-[4-methoxy-benzyl]-1,5-diphenyl-3,7-diaza-bicyclo[3.3.1]nonan-9-on $C_{35}H_{36}N_2O_3$,
Formel II (R = CH₂-C₆H₄-O-CH₃(*p*), X = H).
  B. Analog den vorangehenden Verbindungen (*Chiavarelli, Settimj*, G. **88** [1958] 1246,
1247, 1248).
Kristalle (aus A.); F: 145—146°.

3,7-Diacetyl-1,5-diphenyl-3,7-diaza-bicyclo[3.3.1]nonan-9-on $C_{23}H_{24}N_2O_3$, Formel II
(R = CO-CH₃, X = H).
  B. Aus 1,5-Diphenyl-3,7-diaza-bicyclo[3.3.1]nonan-9-on und Acetanhydrid in Pyridin
und CHCl₃ (*Kyi, Wilson*, Soc. **1951** 1706; *Chiavarelli, Settimj*, G. **88** [1958] 1234, 1241)
oder ohne Lösungsmittel (*Stetter et al.*, B. **91** [1958] 598, 601). Beim Erwärmen von
5,7-Diphenyl-1,3-diaza-adamantan-6-on mit Acetanhydrid (*Ch., Se.*, l. c. S. 1240).
Kristalle; F: 240—241° [aus A.] (*Ch., Se.*), 237° [aus A.] (*St. et al.*), 235—236° [aus
Acn. + A.] (*Kyi, Wi.*)

3,7-Bis-chloracetyl-1,5-diphenyl-3,7-diaza-bicyclo[3.3.1]nonan-9-on $C_{23}H_{22}Cl_2N_2O_3$,
Formel II (R = CO-CH₂-Cl, X = H).
  B. Beim Erwärmen von 5,7-Diphenyl-1,3-diaza-adamantan-6-on mit Chloressigsäure-
anhydrid oder mit Chloracetylchlorid (*Chiavarelli, Settimj*, G. **88** [1958] 1253, 1257).
Kristalle (aus A. + CHCl₃); F: 188—189°.

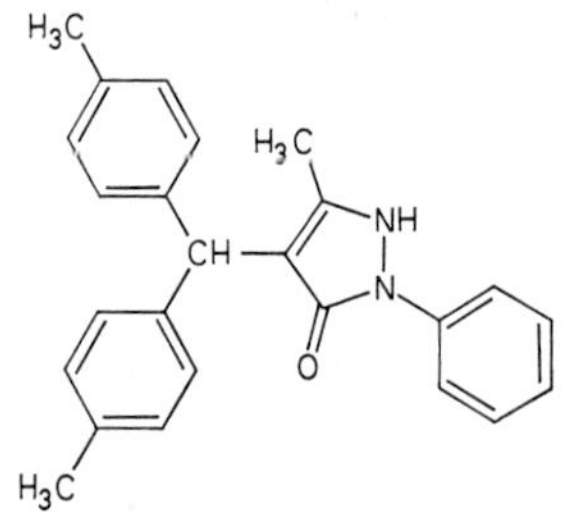

I 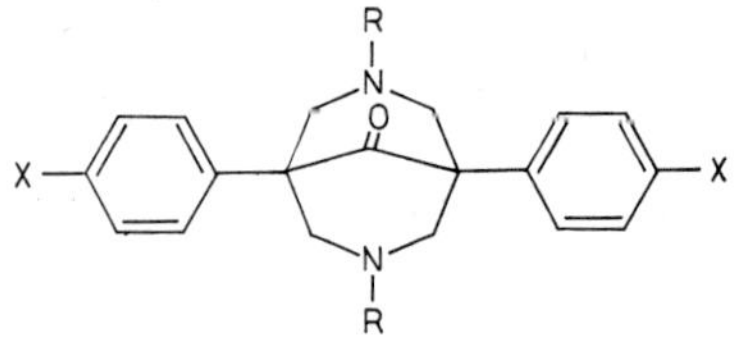   II

3,7-Bis-[3-chlor-propionyl]-1,5-diphenyl-3,7-diaza-bicyclo[3.3.1]nonan-9-on
$C_{25}H_{26}Cl_2N_2O_3$, Formel II (R = CO-CH$_2$-CH$_2$-Cl, X = H).
B. Analog der vorangehenden Verbindung (*Chiavarelli, Settimj,* G. **88** [1958] 1253, 1259).
Kristalle (aus A.); 203—204° [Zers.].

9-Oxo-1,5-diphenyl-3,7-diaza-bicyclo[3.3.1]nonan-3,7-dicarbonsäure-diäthylester
$C_{25}H_{28}N_2O_5$, Formel II (R = CO-O-C$_2$H$_5$, X = H).
B. Beim Erwärmen von 1,5-Diphenyl-3,7-diaza-bicyclo[3.3.1]nonan-9-on oder von 5,7-Diphenyl-1,3-diaza-adamantan-6-on mit Chlorokohlensäure-äthylester (*Chiavarelli, Settimj,* G. **88** [1958] 1234, 1239).
Kristalle (aus A.); F: 174—175°.

3,7-Bis-carboxymethyl-1,5-diphenyl-3,7-diaza-bicyclo[3.3.1]nonan-9-on, [9-Oxo-1,5-diphenyl-3,7-diaza-bicyclo[3.3.1]nonan-3,7-diyl]-di-essigsäure $C_{23}H_{24}N_2O_5$, Formel II
(R = CH$_2$-CO-OH, X = H).
B. Beim Erwärmen von 1,3-Diphenyl-aceton mit Glycin und Paraformaldehyd in Äthanol (*Stetter, Dieminger,* B. **92** [1959] 2658, 2662).
Kristalle (aus DMF); F: 248—249° [Zers.]. Scheinbare Dissoziationsexponenten pK$'_{a1}$ und pK$'_{a2}$ (H$_2$O; potentiometrisch ermittelt): 4,01 bzw. 10,376.
Kupfer(II)-Komplexsalz CuC$_{23}$H$_{22}$N$_2$O$_5$. Blaue Kristalle, die sich ab 250° braun färben. Stabilitätskonstante (H$_2$O): *St., Di.*
Kobalt(II)-Komplexsalz CoC$_{23}$H$_{22}$N$_2$O$_5$. Rosafarbene Kristalle mit 1 Mol H$_2$O. Stabilitätskonstante (H$_2$O): *St., Di.*
Nickel(II)-Komplexsalz NiC$_{23}$H$_{22}$N$_2$O$_5$. Blaue Kristalle, die sich bei 100° im Vakuum grün färben. Stabilitätskonstante (H$_2$O): *St., Di.*

3,7-Bis-[diäthylcarbamoyl-methyl]-1,5-diphenyl-3,7-diaza-bicyclo[3.3.1]nonan-9-on, [9-Oxo-1,5-diphenyl-3,7-diaza-bicyclo[3.3.1]nonan-3,7-diyl]-di-essigsäure-bis-diäthylamid $C_{31}H_{42}N_4O_3$, Formel II (R = CH$_2$-CO-N(C$_2$H$_5$)$_2$, X = H).
B. Analog der vorangehenden Verbindung (*Chiavarelli, Settimj,* G. **88** [1958] 1253, 1260).
Kristalle (aus wss. A.); F: 161—163°. IR-Spektrum (Nujol sowie CHCl$_3$; 2—15,5 μ): *Ch., Se.*

3,7-Bis-[2-dimethylamino-äthyl]-1,5-diphenyl-3,7-diaza-bicyclo[3.3.1]nonan-9-on
$C_{27}H_{38}N_4O$, Formel II (R = CH$_2$-CH$_2$-N(CH$_3$)$_2$, X = H).
B. Aus 3,7-Bis-[2-chlor-äthyl]-1,5-diphenyl-3,7-diaza-bicyclo[3.3.1]nonan-9-on und Dimethylamin in Dioxan (*Chiavarelli, Settimj,* G. **88** [1958] 1253, 1261).
Perchlorat $C_{27}H_{38}N_4O \cdot 4\,HClO_4$. Kristalle (aus A. + wss. HClO$_4$); Zers. bei 225° bis 226°.
Picrat $C_{27}H_{38}N_4O \cdot 3\,C_6H_3N_3O_7$. Gelbe Kristalle (aus wss. A.); Zers. bei 212—213°.

3,7-Bis-[2-diäthylamino-äthyl]-1,5-diphenyl-3,7-diaza-bicyclo[3.3.1]nonan-9-on
$C_{31}H_{46}N_4O$, Formel II (R = CH$_2$-CH$_2$-N(C$_2$H$_5$)$_2$, X = H).
B. Analog der vorangehenden Verbindung (*Chiavarelli, Settimj,* G. **88** [1958] 1253, 1262). Beim Erwärmen von 1,3-Diphenyl-aceton mit *N,N*-Diäthyl-äthylendiamin-

acetat und Paraformaldehyd in Äthanol (*Ch.*, *Se.*).

IR-Spektrum (flüssiger Film sowie CHCl$_3$; 2—15,5 μ): *Ch.*, *Se.*

Perchlorat C$_{31}$H$_{46}$N$_4$O · 3 HClO$_4$. Kristalle (aus wss. A.); Zers. bei 218—220°.

Picrat C$_{31}$H$_{46}$N$_4$O · 3 C$_6$H$_3$N$_3$O$_7$. Gelbe Kristalle (aus wss. Dioxan); Zers. bei 202—204°.

3,7-Bis-[*N,N*-dimethyl-glycyl]-1,5-diphenyl-3,7-diaza-bicyclo[3.3.1]nonan-9-on

C$_{27}$H$_{34}$N$_4$O$_3$, Formel II (R = CO-CH$_2$-N(CH$_3$)$_2$, X = H).

B. Aus 3,7-Bis-chloracetyl-1,5-diphenyl-3,7-diaza-bicyclo[3.3.1]nonan-9-on und Di＝
methylamin in Dioxan (*Chiavarelli*, *Settimj*, G. **88** [1958] 1253, 1258).

Kristalle (aus A.); F: 181—183°.

3,7-Bis-[*N,N*-diäthyl-glycyl]-1,5-diphenyl-3,7-diaza-bicyclo[3.3.1]nonan-9-on C$_{31}$H$_{42}$N$_4$O$_3$,

Formel II (R = CO-CH$_2$-N(C$_2$H$_5$)$_2$, X = H).

B. Analog der vorangehenden Verbindung (*Chiavarelli*, *Settimj*, G. **88** [1958] 1253, 1258).

Kristalle (aus A.); F: 170—171°. IR-Spektrum (Nujol sowie CCl$_4$; 2—15,5 μ): *Ch.*, *Se.*

3,7-Bis-[*N,N*-dimethyl-β-alanyl]-1,5-diphenyl-3,7-diaza-bicyclo[3.3.1]nonan-9-on

C$_{29}$H$_{38}$N$_4$O$_3$. Formel II (R = CO-CH$_2$-CH$_2$-N(CH$_3$)$_2$, X = H).

B. Analog den vorangehenden Verbindungen (*Chiavarelli*, *Settimj*, G. **88** [1958] 1253, 1259).

Kristalle (aus Acn. + Cyclohexan); F: 138—139°. IR-Spektrum (CHCl$_3$; 2—15,5 μ): *Ch.*, *Se.*

1,5-Diphenyl-3,7-bis-[toluol-4-sulfonyl]-3,7-diaza-bicyclo[3.3.1]nonan-9-on

C$_{33}$H$_{32}$N$_2$O$_5$S$_2$, Formel II (R = SO$_2$-C$_6$H$_4$-CH$_3$(*p*)).

B. Aus 5,7-Diphenyl-1,3-diaza-adamantan-6-on, Toluol-4-sulfonylchlorid und wss. NaOH in CHCl$_3$ (*Stetter et al.*, B. **91** [1958] 598, 601).

Kristalle (aus A.); F: 248°.

3,7-Dinitroso-1,5-diphenyl-3,7-diaza-bicyclo[3.3.1]nonan-9-on C$_{19}$H$_{18}$N$_4$O$_3$, Formel II

(R = NO, X = H).

B. Aus 5,7-Diphenyl-1,3-diaza-adamantan-6-on, NaNO$_2$ und wss. HCl (*Stetter et al.*, B. **91** [1958] 598, 602).

Kristalle (aus A.); F: 260° [Zers.].

1,5-Bis-[4-chlor-phenyl]-3,7-diaza-bicyclo[3.3.1]nonan-9-on C$_{19}$H$_{18}$Cl$_2$N$_2$O, Formel II

(R = H, X = Cl).

B. Beim Erwärmen von 1,3-Bis-[4-chlor-phenyl]-aceton mit Paraformaldehyd und Ammoniumacetat in Äthanol (*Chiavarelli et al.*, G. **87** [1957] 109, 116).

Kristalle (aus Trichloräthen); F: 238—240°.

1,5-Bis-[4-chlor-phenyl]-3,7-dimethyl-3,7-diaza-bicyclo[3.3.1]nonan-9-on C$_{21}$H$_{22}$Cl$_2$N$_2$O,

Formel II (R = CH$_3$, X = Cl).

B. Analog der vorangehenden Verbindung (*Chiavarelli*, *Settimj*, G. **88** [1958] 1246, 1247, 1248).

Kristalle (aus A. + Trichloräthen); F: 225—227°.

Bis-[1,2,3,4-tetrahydro-[6]chinolyl]-keton C$_{19}$H$_{20}$N$_2$O, Formel III.

B. Aus Di-[6]chinolyl-keton bei der Hydrierung an Raney-Nickel in Äthanol bei 60° (*Kühnis*, *de Diesbach*, Helv. **41** [1958] 894, 899).

Gelbliche Kristalle (aus A.); F: 197—199,5°.

Dibenzoyl-Derivat C$_{33}$H$_{28}$N$_2$O$_3$; Bis-[1-benzoyl-1,2,3,4-tetrahydro＝
[6]chinolyl]-keton. Kristalle (aus Xylol); F: 252—253°.

Dinitroso-Derivat C$_{19}$H$_{18}$N$_4$O$_3$; Bis-[1-nitroso-1,2,3,4-tetrahydro-[6]chin-
olyl]-keton. Gelbliche Kristalle (aus A.); F: 153—154°.

(8*S*)-Cinchonan-9-on C$_{19}$H$_{20}$N$_2$O, Formel IV (H 220; E I 276).

In den Kristallen liegt (8*S*)-Cinchonan-9-on vor; in äthanol. Lösung stellt sich wahrscheinlich ein Gleichgewicht mit Cinchonan-9-on ein (*Lyle, Gaffield*, Tetrahedron **23** [1967] 51, 59).

B. Beim Erwärmen von Cinchonin ((9*S*)-Cinchonan-9-ol [E III/IV **23** 2819]) mit Benzophenon und Kalium-*tert*-amylat in Benzol (*Lukeš, Galík*, Collect. **18** [1953] 829, 831).

Kristalle; F: 125—127° (*Renfrew, Cretcher*, Am. Soc. **57** [1935] 738). [α]$_D$: +3,3° (nach 10 min) → +74,8° (nach 20 h) [A.; c = 1,2] (*Re., Cr.*).

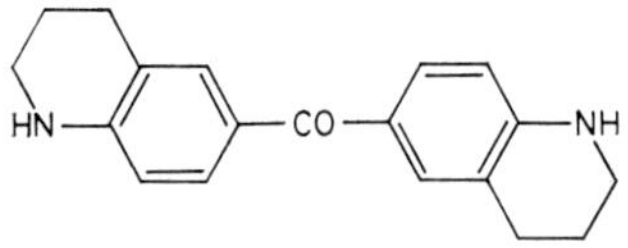

III 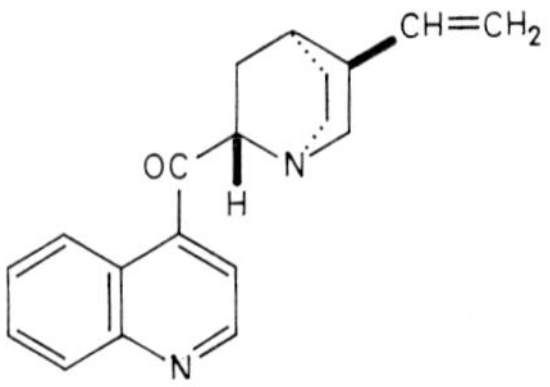   IV 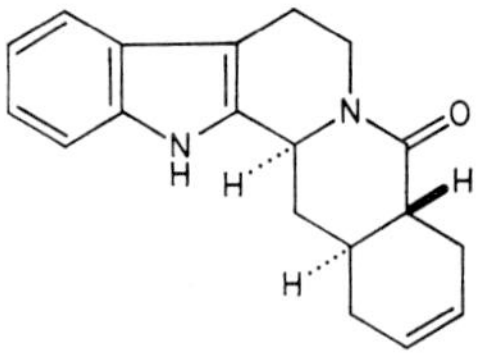   V

***rac*-Yohimb-17-en-21-on** $C_{19}H_{20}N_2O$, Formel V + Spiegelbild.

B. Beim Erhitzen von Tryptamin mit (±)-3-[*trans*-6-Carboxy-cyclohex-3-enyl]-2-oxo-propionsäure in Essigsäure (*Corsano et al.*, Ric. scient. **28** [1958] 2274, 2275). Kristalle (aus Me.); F: 258—259°. UV-Spektrum (220—300 nm): *Co. et al.*

17-Oxo-yohimb-3-enium [$C_{19}H_{21}N_2O$]⁺, Formel VI.

Perchlorat [$C_{19}H_{21}N_2O$]ClO$_4$ (in der Literatur als 3-Dehydro-yohimbon-perchlorat bezeichnet). *B.* Beim Erwärmen von (−)-Yohimbon (Yohimban-17-on; S. 654) mit Queck-silber(II)-acetat in Essigsäure und Behandeln des Reaktionsprodukts mit wss. KClO$_4$ (*Wenkert, Roychaudhuri*, Am. Soc. **80** [1958] 1613, 1617). — Gelbe Kristalle (aus Me.) mit 2 Mol Methanol; F: 181—182°. [α]$_D$: +114° [Me.].

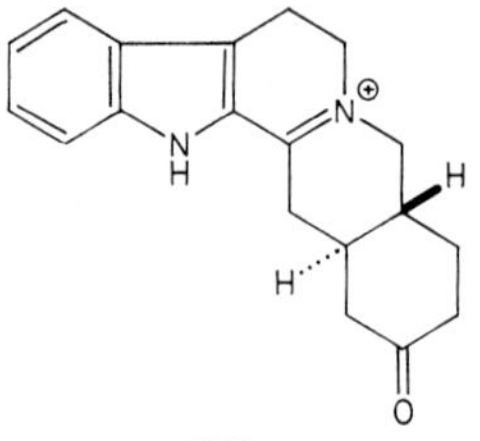

VI 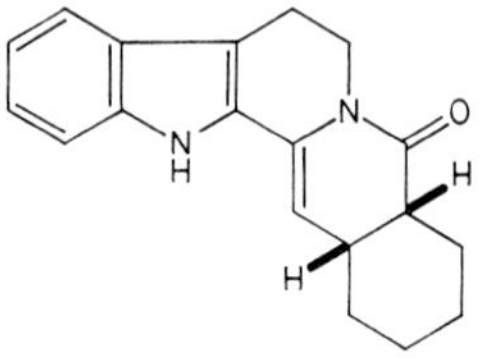   VII 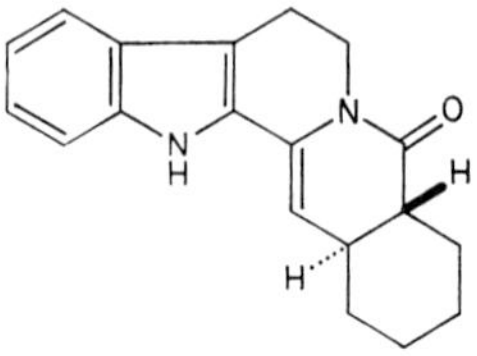   VIII

2,3,4,4a,7,8,13,14a-Octahydro-1*H*-indolo[2′,3′:3,4]pyrido[1,2-*b*]isochinolin-5-on
$C_{19}H_{20}N_2O$.

a) ***rac*-15β-Yohimb-3(14)-en-21-on(?)**, vermutlich Formel VII + Spiegelbild.
B. Analog der folgenden Verbindung (*Schlittler, Allemann*, Helv. **31** [1948] 128, 132). Kristalle (aus Me.); F: ca. 200—204°.

b) ***rac*-Yohimb-3(14)-en-21-on(?)**, vermutlich Formel VIII + Spiegelbild.
B. Neben anderen Verbindungen beim Erhitzen des aus (±)-*trans*-2-[[(2-Indol-3-yl-äthylcarbamoyl)-methyl]-cyclohexancarbonsäure (E III/IV **22** 4336) mit Diazomethan hergestellten Methylesters mit POCl$_3$ (*Jost*, Helv. **32** [1949] 1297, 1304; s. a. *Schlittler, Allemann*, Helv. **31** [1948] 128, 133). Kristalle (aus Me.); F: 260—261° [korr.; Zers.] (*Jost*). UV-Spektrum (A.; 210—360 nm): *Jost*, l. c. S. 1298.

3,4,4a,5,7,8,13b,14-Octahydro-13H-indolo[2′,3′:3,4]pyrido[1,2-b]isochinolin-2-on
$C_{19}H_{20}N_2O$.

a) **rac-3β-Yohimb-15-en-17-on(?)**, vermutlich Formel IX + Spiegelbild.

B. Neben grösseren Mengen des unter b) beschriebenen Stereoisomeren beim Erwärmen von rac-17-Methoxy-yohimba-15(20),17(?)-dien (E III/IV **23** 2863) mit methanol. HCl (*Swan*, Soc. **1950** 1534, 1539).

Gelbe Kristalle (aus Me.); F: 211—212°.

b) **rac-Yohimb-15-en-17-on**, Formel X + Spiegelbild.

B. s. unter a).

Gelbe Kristalle (aus Me.); F: 260—261° [Zers.] (*Swan*). λ_{max} (A.): 271 nm.

       IX   X   XI

(19E?)-Cura-2(16),19-dien-17-al, Vincanin, Norfluorocurarin $C_{19}H_{20}N_2O$, vermutlich Formel XI.

Die Konstitution und Konfiguration ergibt sich aus der genetischen Beziehung zu Fluorocurarin [s. u.] (s. diesbezüglich *Juldaschew, Junušow*, Uzbeksk. chim. Ž. **1963** Nr. 1, S. 44, 46; C. A. **59** [1963] 10149).

Isolierung aus Vinca erecta: *Junušow, Juldaschew*, Ž. obšč. Chim. **27** [1957] 2015, 2016; engl. Ausg. S. 2072, 2073.

Kristalle (aus Me.); F: 187,5—188°; $[\alpha]_D^{17}: -992°$ [Me.; c = 1,4] (*Jun., Jul.*).

Hydrochlorid $C_{19}H_{20}N_2O \cdot HCl$. Kristalle (aus A.); F: 211—212°; $[\alpha]_D^{20}: -932,8°$ [Me.; c = 1,2] (*Jun., Jul.*). Kristalle (aus H_2O) mit 1 Mol H_2O; F: 110—111° (*Jun., Jul.*).

Perchlorat. Kristalle (aus A.); F: 206—207° (*Jun., Jul.*).

Hydrobromid. Kristalle (aus A.); F: 225—227° (*Jun., Jul.*).

Nitrat. Kristalle (aus A.); F: 193—194° [Zers.] (*Jun., Jul.*).

Picrat. Kristalle (aus A.); F: 207—208° (*Jun., Jul.*).

Oxim $C_{19}H_{21}N_3O$. Kristalle (aus Ae.); F: 110—112° (*Jun., Jul.*, l. c. S. 2017).

Hydrazon $C_{19}H_{22}N_4$. F: 240—241° (*Jun., Jul.*).

Phenylhydrazon $C_{25}H_{26}N_4$. Kristalle; F: 183—184°; $[\alpha]_D^{19}: -192,4°$ [Me.; c = 1,3] (*Jun., Jul.*).

(19E?)-4-Methyl-17-oxo-cura-2(16),19-dienium, Fluorocurarin, C-Curarin-III $[C_{20}H_{23}N_2O]^+$, vermutlich Formel XII (R = H).

Konstitution: *v. Philipsborn et al.*, Helv. **41** [1958] 1257, 1267, **42** [1959] 461; *Fritz et al.*, Ang. Ch. **71** [1959] 126. Konfiguration: *Fritz et al.*, A. **663** [1963] 150.

Hydroxid. Gelbe Kristalle (aus Me. + Ae.); F: 212° [Zers.; Dunkelfärbung ab 190°] (*Fritz et al.*, A. **617** [1958] 166, 179). IR-Spektrum (KBr; 2,5—14,5 μ): *Fr. et al.*, A. **617** 168.

Chlorid $[C_{20}H_{23}N_2O]Cl$. Isolierung aus der Rinde von Strychnos divaricans: *Marini-Bettòlo et al.*, G. **84** [1954] 1161, 1166, 1167; von Strychnos mitscherlii (Smilacina): *Kebrle et al.*, Helv. **36** [1953] 345, 349; von Strychnos rubiginosa: *Pimenta et al.*, G. **84** [1954] 1147, 1152, 1153; von Strychnos solimoesana: *Marini-Bettòlo et al.*, G. **86** [1956] 1148, 1152, 1155; Rend. Ist. super. Sanità **20** [1957] 342, 345, 350; von Strychnos subcordata: *Penna et al.*, G. **87** [1957] 1163, 1165, 1170; von Strychnos tomentosa: *Pi. et al.*, l. c. S. 1149; von Strychnos trinervis: *Adank et al.*, G. **83** [1953] 966, 970; aus Calebassen-Curare (Strychnos-Rinden-Extrakt): *Wieland et al.*, A. **547** [1941] 140, 144, 153; *Schmid* *et al.*, Helv. **35** [1952] 1864, 1874, 1877; *Kebrle et al.*, Helv. **36** [1953] 102, 120, 349; *Zürcher et al.*, Am. Soc. **80** [1958] 1500, 1503. — *B.* Beim Behandeln von C-Toxiferin-II-dichlorid (Syst.-Nr. 4082) mit Ameisensäure und Acetanhydrid und Überführen des Reaktionsprodukts in das Chlorid (*Volz, Wieland*, A. **604** [1957] 1). Neben anderen Verbindungen beim Behandeln von C-Curarin-I-dichlorid [Syst.-Nr. 4696] (*Fritz, Wieland*, A. **611** [1958] 277; *Zü. et al.*, l. c. S. 1504) oder von Des-C-curarin-I-chlorid [Syst.-Nr. 4696] (*Boekelheide et al.*, Am. Soc. **81** [1959] 2256, 2259) mit konz. wss. HCl. — Kristalle [aus A. bzw. aus Me. + Ae.] (*Wi. et al.*, A. **547** 153; *v. Ph. et al.*, Helv. **41** 1268); Zers. bei 270–274° [nach Braunfärbung ab 240°] (*Wi. et al.*, A. **547** 153). Hellgelbe Kristalle (aus Me. oder Me. + Ae.) mit 0,5 Mol H_2O (*Ke. et al.*, l. c. S. 120). $[\alpha]_D^{20}$: –936,9° [H_2O; c = 0,9] [wasserfreies Präparat] (*Wi. et al.*, A. **547** 153). IR-Spektrum (KBr; 2–15 µ): *Fr., Wi.* Absorptionsspektrum in Äthanol (210–420 nm): *Wieland et al.*, A. **558** [1947] 144, 146; *Ke. et al.*, l. c. S. 111; *v. Ph. et al.*, Helv. **41** 1259; in Methanol (220–400 nm): *Fr., Wi.*; in H_2O (220–410 nm): *Ke. et al.*, l. c. S. 111; *Volz, Wi.*; in äthanol. NaOH (210 nm bis 450 nm): *v. Ph. et al.*, Helv. **41** 1259; in wss. NaOH [0,004 n bzw. 0,01 n] (220 nm bis 420 nm): *Ke. et al.*, l. c. S. 111; *Fr., Wi.*

Perchlorat [$C_{20}H_{23}N_2O$]ClO$_4$ (s. *Ph. et al.*, Helv. **41** 1268).

Jodid [$C_{20}H_{23}N_2O$]I; Vincanin-methojodid. *B.* Aus Vincanin (S. 709) und CH_3I in Methanol (*Junušow, Juldaschew*, Ž. obšč. Chim. **27** [1957] 2015, 2017; engl. Ausg. S. 2072, 2074). Aus dem Chlorid (*v. Ph. et al.*, Helv. **41** 1268). — Kristalle (aus Me.); F: 280° bis 282° (*Ju., Ju.*).

Picrat [$C_{20}H_{23}N_2O$] $C_6H_2N_3O_7$. Kristalle [aus H_2O] (*Wi. et al.*, A. **547** 155); F: 189° [korr.; evakuierte Kapillare] (*Ke. et al.*, l. c. S. 113), 189° (*Wi. et al.*, A. **547** 155).

9,10-Dioxo-9,10-dihydro-anthracen-2-sulfonat [$C_{20}H_{23}N_2O$]C$_{14}$H$_7$O$_5$S. Kristalle (aus Acn. + H_2O bzw. aus Me. + H_2O); Zers. bei 308–310° (*Wi. et al.*, A. **547** 153; *Fritz, Meyer*, A. **617** [1953] 162, 163).

(19E?)-1,4-Dimethyl-17-oxo-cura-2(16),19-dienium, N-Methyl-fluorocurarin [$C_{21}H_{25}N_2O$]$^+$, vermutlich Formel XII (R = CH_3).

Chlorid [$C_{21}H_{25}N_2O$]Cl. *B.* Aus Fluorocurarin-chlorid (S. 709) und Dimethylsulfat (*Fritz et al.*, A. **617** [1958] 166, 179; *v. Philipsborn et al.*, Helv. **41** [1958] 1257, 1269). — Kristalle (aus Me. + Ae.); F: 267° [korr.; Zers.] (*v. Ph. et al.*). IR-Spektrum (KBr; 2,5–15µ): *Fr. et al.*, l. c. S. 171. UV-Spektrum (210–400 nm) in Äthanol: *v. Ph. et al.*, l. c. S. 1259; in Methanol: *Fr. et al.*, l. c. S. 170. — **Oxim** [$C_{21}H_{26}N_3O$]Cl; (19E?)-17-Hydroxyimino-1,4-dimethyl-cura-2(16),19-dienium-chlorid. F: 258–260° [korr.; Zers.] (*v. Ph. et al.*, l. c. S. 1270). UV-Spektrum (wss. Lösung vom pH 8; 210–380 nm): *v. Ph. et al.*, l. c. S. 1259.

Picrat [$C_{21}H_{25}N_2O$]C$_6$H$_2$N$_3$O$_7$. Orangerote Kristalle (aus wss. Acn.); F: 209–210° [korr.] (*v. Ph. et al.*).

XII   XIII   XIV

(19E?)-1-Acetyl-4-methyl-17-oxo-cura-2(16),19-dienium, N-Acetyl-fluorocurarin [$C_{22}H_{25}N_2O_2$]$^+$, vermutlich Formel XII (R = CO-CH_3).

Chlorid [$C_{22}H_{25}N_2O_2$]Cl. *B.* Aus Fluorocurarin-chlorid (S. 709) und Acetanhydrid in Pyridin (*Fritz et al.*, A. **617** [1958] 166, 179; *v. Philipsborn et al.*, Helv. **41** [1958] 1257, 1269). — Kristalle; F: 294–296° [Zers.; Braunfärbung ab 280°; aus A. + Ae.] (*Fr. et al.*), 261–263° [Zers.; aus Me. + Ae.] (*v. Ph. et al.*). IR-Spektrum (KBr; 2,5–15 µ): *Fr. et al.*, l. c. S. 169. UV-Spektrum (220–360 nm) in Äthanol: *v. Ph. et al.*, l. c. S. 1262; in Methanol: *Fr. et al.*

Picrat [$C_{22}H_{25}N_2O_2$]$C_6H_2N_3O_7$. Hellgelbe Kristalle (aus wss. Acn.); F: 213—214° [korr.] (*v. Ph. et al.*).

Oxo-Verbindungen $C_{21}H_{24}N_2O$

1,5-Di-*p*-tolyl-3,7-diaza-bicyclo[3.3.1]nonan-9-on $C_{21}H_{24}N_2O$, Formel II (R = H, X = CH_3) auf S. 706 (in der Literatur als 1,5-Di-*p*-tolyl-bispidin-9-on bezeichnet).

B. Beim Erwärmen von 1,3-Di-*p*-tolyl-aceton mit Ammoniumacetat und Paraformalde=hyd in Äthanol (*Chiavarelli et al.*, G. **87** [1957] 109, 115).

Kristalle (aus PAe.); F: 196—197°.

3,7-Dimethyl-1,5-di-*p*-tolyl-3,7-diaza-bicyclo[3.3.1]nonan-9-on $C_{23}H_{28}N_2O$, Formel II (R = X = CH_3) auf S. 706.

B. Analog der vorangehenden Verbindung (*Chiavarelli, Settimj*, G. **88** [1958] 1246, 1247, 1248).

Kristalle (aus Me.); F: 181—182°.

---

*Opt.-inakt. 1,3-Bis-[2-methyl-1,2,3,4-tetrahydro-[1]isochinolyl]-aceton $C_{23}H_{28}N_2O$, Formel XIII.

Diese Konstitution kommt vermutlich der früher (H **14** 120) als 1,5-Bis-[2-(2-methyl=amino-äthyl)-phenyl]-penta-1,4-dien-3-on formulierten, dort als Bis-[2-(2-methylamino-äthyl)-benzyliden]-aceton bezeichneten Verbindung (F: 105—106° [korr.]) aufgrund der analogen Bildungsweise von 1,3-Bis-[4-methoxy-6-methyl-5,6,7,8-tetrahydro-[1,3]di=oxolo[4,5-*g*]isochinolin-5-yl]-aceton (aus Kotarnin hergestellt) zu (*Beke, Harsányi*, Acta chim. hung. **11** [1957] 349).

19-Methyl-11,12-didehydro-12,23;19,20-diseco-24-nor-13ξ-strychnidin-10-on $C_{22}H_{26}N_2O$, Formel XIV (in der Literatur als Anhydro-tetrahydro-methyl-strychnin-K⁵ bezeichnet).

Konstitution: *Achmatowicz, Szychowski*, Tetrahedron Spl. **8** [1966] 217, 220.

B. Beim Erhitzen von „Tetrahydro-methyl-strychnin-K" (aus Strychnin-methosulfat hergestellt; vermutlich 19-Methyl-19,20;23,24-diseco-strychnidin-10-on) auf 245°/0,3 Torr (*Perkin et al.*, Soc. **1932** 1239, 1241, 1246, 1250).

Kristalle (aus A.); F: 200—201° (*Pe. et al.*).

Tetrachloroaurat(III) $C_{22}H_{26}N_2O \cdot HAuCl_4$. Kristalle mit 0,5 Mol H_2O; F: 183° bis 184° [Zers.] (*Pe. et al.*, l. c. S. 1249).

(21*S*)-11,12-Didehydro-21,22-dihydro-12,23-seco-24-nor-strychnidin-10-on $C_{21}H_{24}N_2O$, Formel XV.

Über die Lage der Doppelbindung zwischen den C-Atomen 11 und 12 s. *Boit*, B. **84** [1951] 16, 20.

B. Beim Erwärmen von Tetrahydrostrychnin ((21*S*)-21,22-Dihydro-23,24-seco-strych=nidin-10-on) mit Acetanhydrid (*Leuchs*, B. **77/79** [1944/46] 675, 677).

F: 174° [Verharzen bei 172—174°; evakuierte Kapillare] (*Le.*).

Perchlorat $C_{21}H_{24}N_2O \cdot HClO_4$. Kristalle (aus H_2O) mit 1 Mol H_2O; Zers. bei 254° [nach Sintern ab 240°] (*Le.*).

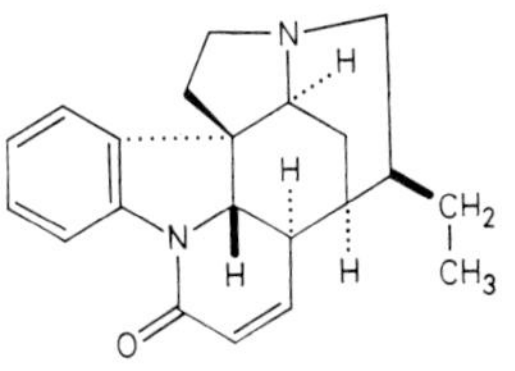

XV 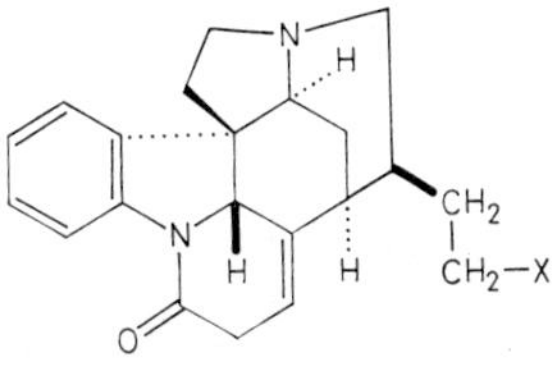　　　　　　　　XVI 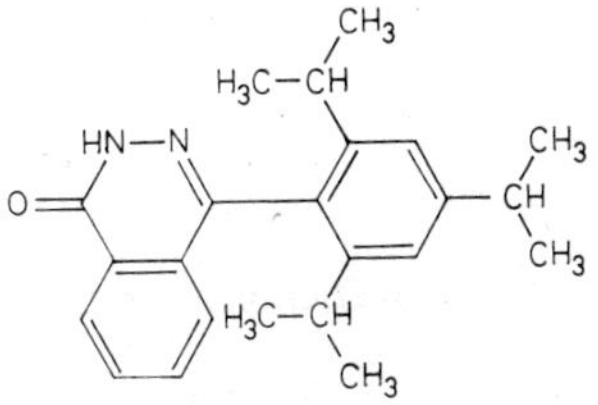　　　　　　　　XVII

(21S)-12,13-Didehydro-21,22-dihydro-12,23-seco-24-nor-strychnidin-10-on, Desoxy=dihydro-isostrychnin $C_{21}H_{24}N_2O$, Formel XVI (X = H).

B. Beim Erhitzen von Isotetrahydrostrychnin ((21S)-21,22-Dihydro-23,24-seco-12β,=13β-strychnidin-10-on) mit Acetanhydrid und Natriumacetat, mit rotem Phosphor und HBr oder mit rotem Phosphor und HI in Essigsäure (*Boit,* B. **84** [1951] 16, 25). Aus der folgenden Verbindung beim Erwärmen mit Zink und Essigsäure in Methanol oder bei der Hydrierung an Platin in Äthanol (*Wieland, Jennen,* A. **545** [1940] 99, 109).

Kristalle; F: 179—181° [aus Acn. + H_2O] (*Boit*), 180° [aus Ae.] (*Wi., Je.*), 178—180° [evakuierte Kapillare] (*Leuchs, Schulte,* B. **75** [1942] 573, 578). Benzol enthaltende Kristalle (aus Bzl.); F: 88—90° [nach Sintern ab 80°] (*Le., Sch.*). Scheinbarer Dissoziations-exponent pK'_a (wss. 2-Methoxy-äthanol [80%ig]; potentiometrisch ermittelt) bei 20°: 7,05 (*Prelog, Häfliger,* Helv. **32** [1949] 1851, 1852).

Perchlorat. Kristalle; F: 216—220° [nach Sintern bei 140°; aus H_2O + wss. $HClO_4$] (*Boit*), 214—216° [nach Sintern bei 141°] (*Le., Sch.*).

Hydrojodid. Kristalle; F: 208° [nach Sintern bei 203°] (*Boit*).

(21S)-23-Brom-12,13-didehydro-21,22-dihydro-12,23-seco-24-nor-strychnidin-10-on, Brom-desoxydihydrostrychnin $C_{21}H_{23}BrN_2O$, Formel XVI (X = Br).

B. Beim Erhitzen von Dihydrostrychnin ((21S)-21,22-Dihydro-strychnidin-10-on) mit HBr und rotem Phosphor in Essigsäure (*Wieland, Jennen,* A. **545** [1940] 99, 108).

Kristalle; Zers. bei 280° [aus wss. A.] (*Wi., Je.*); F: 280° [nach Umwandlung bei 140°; aus wss. Me.] (*Leuchs, Schulte,* B. **75** [1942] 573, 578).

Methoperchlorat [$C_{22}H_{26}BrN_2O$]ClO_4; (21S)-23-Brom-19-methyl-10-oxo-12,13-didehydro-21,22-dihydro-12,23-seco-24-nor-strychnidinium-perchlorat. Kristalle (aus wss. $HClO_4$); F: 260—261° (*Le., Sch.,* l. c. S. 579).

Oxo-Verbindungen $C_{23}H_{28}N_2O$

4-[2,4,6-Triisopropyl-phenyl]-2H-phthalazin-1-on $C_{23}H_{28}N_2O$, Formel XVII, und Tautomeres.

B. Aus 2-[2,4,6-Triisopropyl-benzoyl]-benzoesäure-methylester und $N_2H_4 \cdot H_2O$ in Äthanol (*Fuson, Hammann,* Am. Soc. **74** [1952] 1626, 1628).

Kristalle (nach Sublimation bei 180°/0,3 Torr); F: 240—242°.   [Otto]

Monooxo-Verbindungen $C_nH_{2n-20}N_2O$

Oxo-Verbindungen $C_{14}H_8N_2O$

Benz[4,5]imidazo[2,1-a]isoindol-11-on $C_{14}H_8N_2O$, Formel I (X = X' = X'' = H) (H 222; E I 277; E II 107).

B. Beim Behandeln von 11H-Benz[4,5]imidazo[2,1-a]isoindol mit $KMnO_4$ (*Rowe et al.,* Soc. **1935** 1796, 1806; vgl. H 222).

Dipolmoment (ε; Bzl.): 1,97 D (*Syrkin, Shott-Lvova,* Acta physicoch. U.R.S.S. **20** [1945] 397, 398; *Ŝyrkin, Schott-L'wowa,* Izv. Akad. S.S.S.R. Otd. chim. **1945** 314, 315; C. A. **1946** 5310).

Gelbe Kristalle; F: 211° (*Rowe et al.*).

Über die Nitrierung mit HNO_3 s. *Arient et al.,* Collect. **30** [1965] 1913, 1914; s. dagegen H 222.

7-Chlor-benz[4,5]imidazo[2,1-a]isoindol-11-on $C_{14}H_7ClN_2O$, Formel I (X = X' = H, X'' = Cl).

B. Beim Behandeln von 7-Chlor-11H-benz[4,5]imidazo[2,1-a]isoindol mit $KMnO_4$ (*Rowe et al.,* Soc. **1935** 1796, 1806).

Gelbe Kristalle (aus A. oder Toluol); F: 156°.

1,6(oder 4,9)-Dichlor-benz[4,5]imidazo[2,1-a]isoindol-11-on $C_{14}H_6Cl_2N_2O$, Formel I (X = Cl, X' = X'' = H oder X = X'' = H, X' = Cl).

B. Aus 1,5-Dichlor-anthrachinon-(E,Z)-dioxim mit Hilfe von Polyphosphorsäure (*Rydon et al.,* Soc. **1957** 1900, 1904).

Gelbe Kristalle (aus 2-Äthoxy-äthanol); F: 282°. λ_{max} (Ae.): 238 nm, 274 nm, 310 nm, 313 nm und 355 nm.

I   II   III

1(2)H-Dibenz[cd,g]indazol-6-on, Pyrazolanthron $C_{14}H_8N_2O$, Formel II (R = H) und Tautomeres (E I 276; E II 108).

B. Beim Erwärmen von Kalium-[*N'*-(9,10-dioxo-9,10-dihydro-[1]anthryl)-hydrazido≠ sulfat] mit konz. H_2SO_4 (*Maki et al.*, J. chem. Soc. Japan Ind. Chem. Sect. **54** [1951] 244; C. A. **1953** 2490).

Grüngelbe Kristalle (aus Nitrobenzol); F: 288—289° [korr.].

1-Methyl-1H-dibenz[cd,g]indazol-6-on $C_{15}H_{10}N_2O$, Formel II (R = CH$_3$).

Diese Konstitution kommt dem früher (E II **24** 108) beschriebenen *N*-Methyl-pyrazolanthron-Präparat vom F: 221—224° zu (*Bradley, Geddes*, Soc. **1952** 1630, 1631); in dem E II 108 beschriebenen Präparat vom F: 161° sowie in einem Präparat vom F: 153,5—154,5° von *Maki, Akamatsu* (J. chem. Soc. Japan Ind. Chem. Sect. **54** [1951] 281; C. A. **1953** 2899) hat wahrscheinlich ein Gemisch dieser Verbindung mit 2-Methyl-2H-dibenz[cd,g]indazol-6-on vorgelegen (vgl. *Br., Ge.*, l. c. S. 1631, 1633).

B. Neben der folgenden Verbindung aus 1(2)H-Dibenz[cd,g]indazol-6-on und Di≠ methylsulfat (*Br., Ge.*, l. c. S. 1633).

Gelbe Kristalle (nach Chromatographieren an Al_2O_3 mit Bzl.); F: 229° (*Br., Ge.*).

2-Methyl-2H-dibenz[cd,g]indazol-6-on $C_{15}H_{10}N_2O$, Formel III (R = CH$_3$).

Diese Konstitution kommt dem früher (E II **24** 108) beschriebenen *N*-Methyl-pyrazol≠ anthron-Präparat vom F: 188—189° zu (*Bradley, Geddes*, Soc. **1952** 1630, 1631).

B. Als Hauptprodukt neben der vorangehenden Verbindung beim Behandeln von 1(2)H-Dibenz[cd,g]indazol-6-on mit Dimethylsulfat und wss.-äthanol. NaOH (*Br., Ge.*, l. c. S. 1633). Neben der vorangehenden Verbindung beim Erhitzen von 1(2)H-Dibenz≠ [cd,g]indazol-6-on mit Toluol-4-sulfonsäure-methylester und Na_2CO_3 in Chlorbenzol bzw. Trichlorbenzol (*Maki, Akamatsu*, J. chem. Soc. Japan Ind. Chem. Sect. **54** [1951] 281; C. A. **1953** 2989; *Gen. Aniline Works*, U.S.P. 1766719 [1926]).

Gelbe Kristalle; F: 189° [nach Chromatographieren an Al_2O_3 mit Bzl.] (*Br., Ge.*, l. c. S. 1433), 188,5—189° [korr.; aus Chlorbenzol] (*Maki, Ak.*).

Beim Erhitzen mit Brom in Essigsäure bildet sich ein Dibrom-Derivat $C_{15}H_8Br_2N_2O$ [gelbe Kristalle (aus Eg.); F: 289°] (*Bradley, Bruce*, Soc. **1954** 1894, 1901).

1-Äthyl-1H-dibenz[cd,g]indazol-6-on $C_{16}H_{12}N_2O$, Formel II (R = C$_2$H$_5$).

B. Neben der folgenden Verbindung beim Erhitzen von 1(2)H-Dibenz[cd,g]indazol-6-on mit Toluol-4-sulfonsäure äthylester und Na_2CO_3 in *o*-Dichlorbenzol (*Maki, Akamatsu*, J. chem. Soc. Japan Ind. Chem. Sect. **54** [1951] 281; C. A. **1953** 2989).

Gelbe Kristalle (aus wss. A.); F: 144—145° [korr.].

2-Äthyl-2H-dibenz[cd,g]indazol-6-on $C_{16}H_{12}N_2O$, Formel III (R = C$_2$H$_5$) (E II 108).

B. s. bei der vorangehenden Verbindung.

Gelbe Kristalle (aus Chlorbenzol); F: 186—186,5° [korr.] (*Maki, Akamatsu*, J. chem. Soc. Japan Ind. Chem. Sect. **54** [1951] 281; C. A. **1953** 2989).

Bis-[6-oxo-6H-dibenz[cd,g]indazol-2-yl]-methan, 2H,2'H-2,2'-Methandiyl-bis-dibenz≠ [cd,g]indazol-6-on $C_{29}H_{16}N_4O_2$, Formel IV (n = 1).

B. Aus der Natrium-Verbindung des 1(2)H-Dibenz[cd,g]indazol-6-ons und CH_2Cl_2 (*Gen. Aniline Works*, U.S.P. 1766719 [1926]).

Kristalle (aus Dichlorbenzol); F: 350—355°.

2-[7-Oxo-7H-benz[de]anthracen-3-yl]-2H-dibenz[cd,g]indazol-6-on $C_{31}H_{16}N_2O_2$,
Formel V (R = R' = X = H) (E II 108; dort als N-[Benzanthronyl-(Bz1)]-pyrazol=
anthron bezeichnet).

B. Aus dem Kalium-Salz von 1(2)H-Dibenz[cd,g]indazol-6-on und 3-Brom-benz=
[de]anthracen-7-on (*Bradley, Shah,* Soc. **1959** 1902, 1904; vgl. E II 108).

2-[9-Brom-7-oxo-7H-benz[de]anthracen-3-yl]-2H-dibenz[cd,g]indazol-6-on
$C_{31}H_{15}BrN_2O_2$, Formel V (R = R' = H, X = Br).

B. Beim Erhitzen von 1(2)H-Dibenz[cd,g]indazol-6-on mit 3,9-Dibrom-benz[de]anthr=
acen-7-on und K_2CO_3 in Nitrobenzol in Gegenwart von Kupfercarbonat (*Am. Cyanamid
Co.,* U.S.P. 2673851 [1952]).
F: 367°.

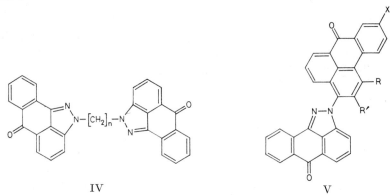

IV   V

2-[7-Oxo-7H-benz[de]anthracen-4-yl]-2H-dibenz[cd,g]indazol-6-on $C_{31}H_{16}N_2O_2$,
Formel VI (X = H).

B. Aus dem Kalium-Salz von 1(2)H-Dibenz[cd,g]indazol-6-on und 4-Chlor-benz[de]an=
thracen-7-on (*Bradley, Shah,* Soc. **1959** 1902, 1906).
Grüngelbe Kristalle [aus Nitrobenzol] (*Br., Shah*); gelbe Kristalle, F: 398—400°
(*Gen. Aniline Works,* U.S.P. 1873925 [1929]).

2-[3(?)-Brom-7-oxo-7H-benz[de]anthracen-4-yl]-2H-dibenz[cd,g]indazol-6-on
$C_{31}H_{15}BrN_2O_2$, vermutlich Formel VI (X = Br).

B. Analog der vorangehenden Verbindung (*Bradley, Shah,* Soc. **1959** 1902, 1907).
Grüngelbe Kristalle (aus Nitrobenzol).

2-[3-Nitro-7-oxo-7H-benz[de]anthracen-4-yl]-2H-dibenz[cd,g]indazol-6-on $C_{31}H_{15}N_3O_4$,
Formel VI (X = NO₂).

B. Analog den vorangehenden Verbindungen (*Bradley, Shah,* Soc. **1959** 1902, 1907).
Gelbe Kristalle (aus Nitrobenzol).

2-[1-Methyl-7-oxo-7H-benz[de]anthracen-3-yl]-2H-dibenz[cd,g]indazol-6-on
$C_{32}H_{18}N_2O_2$, Formel V (R = CH₃, R' = X = H).

B. Aus 1(2)H-Dibenz[cd,g]indazol-6-on und 3-Chlor-1-methyl-benz[de]anthracen-
7-on in Gegenwart von K_2CO_3 (*Farbw. Hoechst,* U.S.P. 2882272 [1955]).
Gelbe Kristalle; F: ca. 320°.

2-[2-Methyl-7-oxo-7H-benz[de]anthracen-3-yl]-2H-dibenz[cd,g]indazol-6-on
$C_{32}H_{18}N_2O_2$, Formel V (R = X = H, R' = CH₃).

B. Analog der vorangehenden Verbindung (*Farbw. Hoechst,* U.S.P. 2882272 [1955]).
F: 374°.

2-[2-Äthyl-7-oxo-7H-benz[de]anthracen-3-yl]-2H-dibenz[cd,g]indazol-6-on $C_{33}H_{20}N_2O_2$,
Formel V (R = X = H, R' = C₂H₅).

B. Analog den vorangehenden Verbindungen (*Farbw. Hoechst,* U.S.P. 2882272 [1955]).
F: 363°.

2-[2-Isopropyl-7-oxo-7H-benz[de]anthracen-3-yl]-2H-dibenz[cd,g]indazol-6-on
$C_{34}H_{22}N_2O_2$, Formel V (R = X = H, R′ = CH(CH$_3$)$_2$).
    B. Analog den vorangehenden Verbindungen (*Farbw. Hoechst*, U.S.P. 2882272 [1955]).
    F: 351°.

2-[7-Oxo-2-phenyl-7H-benz[de]anthracen-3-yl]-2H-dibenz[cd,g]indazol-6-on $C_{37}H_{20}N_2O_2$,
Formel V (R = X = H, R′ = C$_6$H$_5$) (E II 109).
    Gelbe Kristalle (aus Py.); F: 328—330° (*I. G. Farbenind.*, Schweiz. P. 136554 [1927]).

1,2-Bis-[6-oxo-6H-dibenz[cd,g]indazol-2-yl]-äthan, 2H,2′H-2,2′-Äthandiyl-bis-dibenz[cd,g]indazol-6-on $C_{30}H_{18}N_4O_2$, Formel IV (n = 2).
    B. Aus der Natrium-Verbindung des 1(2)H-Dibenz[cd,g]indazol-6-ons und 1,2-Dibrom-
äthan (*Gen. Aniline Works*, U.S.P. 1766719 [1926]).
    Kristalle (aus Trichlorbenzol); F: 364—368°.

**6-[6-Oxo-6H-dibenz[cd,g]indazol-2-yl]-benz[de]isochinolin-1,3-dion, 4-[6-Oxo-6H-
dibenz[cd,g]indazol-2-yl]-naphthalin-1,8-dicarbonsäure-imid** $C_{26}H_{13}N_3O_3$, Formel VII
(R = H) (E II 110; dort als „Imid des N-[4.5-Dicarboxy-naphthyl-(1)]-pyrazolanthrons" bezeichnet).
    B. Beim Erhitzen von 1(2)H-Dibenz[cd,g]indazol-6-on mit K$_2$CO$_3$ in Nitrobenzol auf
210° und Erhitzen des Reaktionsgemisches mit 6-Chlor-benz[de]isochinolin-1,3-dion auf
210° (*Akiyoshi, Tsuge*, J. chem. Soc. Japan Ind. Chem. Sect. **56** [1953] 533; C. A. **1954**
11791).
    Grüngelb; F: > 315°.

2-Äthyl-6-[6-oxo-6H-dibenz[cd,g]indazol-2-yl]-benz[de]isochinolin-1,3-dion $C_{28}H_{17}N_3O_3$,
Formel VII (R = C$_2$H$_5$).
    B. Aus 1(2)H-Dibenz[cd,g]indazol-6-on und 2-Äthyl-6-chlor-benz[de]isochinolin-
1,3-dion (*I. G. Farbenind.*, D.R.P. 491429 [1928]; Frdl. **16** 1365).
    Gelb; F: 300—302°.

6-[6-Oxo-6H-dibenz[cd,g]indazol-2-yl]-2-phenyl-benz[de]isochinolin-1,3-dion
$C_{32}H_{17}N_3O_3$, Formel VII (R = C$_6$H$_5$).
    B. Beim Erhitzen von 1(2)H-Dibenz[cd,g]indazol-6-on mit K$_2$CO$_3$ in Nitrobenzol auf
210° und Erhitzen des Reaktionsgemisches mit 6-Chlor-2-phenyl-benz[de]isochinolin-
1,3-dion auf 210° (*Akiyoshi, Tsuge*, J. chem. Soc. Japan Ind. Chem. Sect. **56** [1953]
533; C. A. **1954** 11791).
    Gelb; F: > 300°.

**2-[4-Äthoxy-phenyl]-6-[6-oxo-6H-dibenz[cd,g]indazol-2-yl]-benz[de]isochinolin-
1,3-dion** $C_{34}H_{21}N_3O_4$, Formel VII (R = C$_6$H$_4$-O-C$_2$H$_5$(p)).
    B. Beim Erhitzen von 1(2)H-Dibenz[cd,g]indazol-6-on mit K$_2$CO$_3$ in Nitrobenzol auf
210° und Erhitzen des Reaktionsgemisches mit 2-[4-Äthoxy-phenyl]-6-chlor-benz[de]isochinolin-1,3-dion auf 210° (*Akiyoshi, Tsuge*, J. chem. Soc. Japan Ind. Chem. Sect. **56**
[1953] 533; C. A. **1954** 11791).
    Grüngelb; F: > 300°.

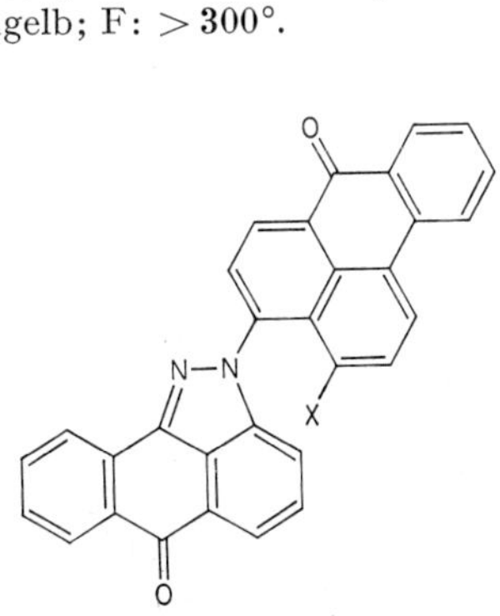

VI 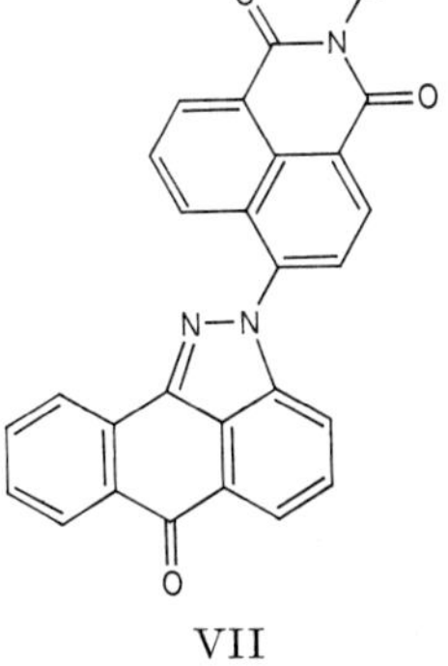   VII 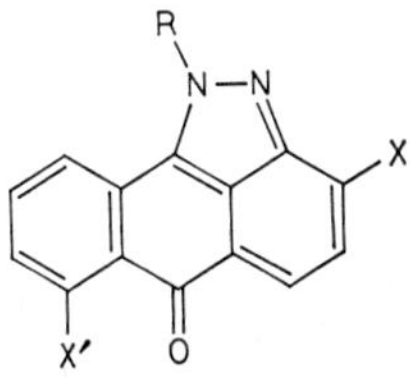   VIII

3-Chlor-1(2)H-dibenz[cd,g]indazol-6-on $C_{14}H_7ClN_2O$, Formel VIII (R = X′ = H, X = Cl) und Tautomeres.

B. Aus 1,2-Dichlor-anthrachinon und N_2H_4 (*Bradley, Shah*, Soc. **1959** 1902, 1907). Grüngelbe Kristalle (aus Chlorbenzol); F: 286°.

5-Chlor-1(2)H-dibenz[cd,g]indazol-6-on $C_{14}H_7ClN_2O$, Formel IX (R = X′ = H, X = Cl) und Tautomeres.

B. Aus 1,4-Dichlor-anthrachinon und N_2H_4 (*Bradley, Geddes*, Soc. **1952** 1630, 1632; *Gen. Aniline Works*, U.S.P. 1943710 [1930]).

Kristalle; F: 318° [aus Chlorbenzol] (*Br., Ge.*), 301—302° (*Gen. Aniline Works*).

5-Chlor-2-methyl-2H-dibenz[cd,g]indazol-6-on $C_{15}H_9ClN_2O$, Formel IX (R = CH_3, X = Cl, X′ = H).

B. Aus 1,4-Dichlor-anthrachinon und Methylhydrazin-sulfat (*Bradley, Geddes*, Soc. **1952** 1630, 1634). Aus 5-Chlor-1(2)H-dibenz[cd,g]indazol-6-on und Dimethylsulfat in äthanol. NaOH (*Bradley, Bruce*, Soc. **1954** 1894, 1900).

Kristalle; F: 268° (*Br., Br.*), 260° [nach Sublimation unter vermindertem Druck] (*Br., Ge.*).

7-Chlor-1(2)H-dibenz[cd,g]indazol-6-on $C_{14}H_7ClN_2O$, Formel VIII (R = X = H, X′ = Cl) und Tautomeres.

B. Aus 1,5-Dichlor-anthrachinon und $N_2H_4 \cdot H_2O$ (*Bradley, Geddes*, Soc. **1952** 1630, 1632). Aus 1-Amino-5-chlor-anthrachinon über mehrere Stufen (*Maki, Seki*, Bl. chem. Soc. Japan **27** [1954] 613, 616).

Gelbe Kristalle; F: 305—306° [korr.; aus o-Dichlorbenzol] (*Maki, Seki*), 298° [aus Chlorbenzol] (*Br., Ge.*).

N-Acetyl-Derivat $C_{16}H_9ClN_2O_2$. Braune Kristalle; F: 249° (*Br., Ge.*, l. c. S. 1633).

7-Chlor-1-methyl-1H-dibenz[cd,g]indazol-6-on $C_{15}H_9ClN_2O$, Formel VIII (R = CH_3, X = H, X′ = Cl).

B. Neben der folgenden Verbindung beim Erhitzen von 7-Chlor-1(2)H-dibenz[cd,g]= indazol-6-on mit Methanol und H_2SO_4 (*Bradley, Bruce*, Soc. **1954** 1894, 1901).

F: 234°.

7-Chlor-2-methyl-2H-dibenz[cd,g]indazol-6-on $C_{15}H_9ClN_2O$, Formel IX (R = CH_3, X = H, X′ = Cl) (E II 110).

B. Neben 2,7-Dimethyl-2,7-dihydro-benzo[1,2,3-cd;4,5,6-c′d′]diindazol aus 1,5-Dichlor-anthrachinon und Methylhydrazin-sulfat (*Bradley, Bruce*, Soc. **1954** 1894, 1900).

Kristalle (aus Chlorbenzol); F: 254°.

8-Chlor-1(2)H-dibenz[cd,g]indazol-6-on $C_{14}H_7ClN_2O$, Formel X (R = X′ = H, X = Cl) und Tautomeres.

B. Aus 1-Amino-6-chlor-anthrachinon beim Diazotieren, Reduzieren und anschliessenden Erwärmen mit H_2SO_4 (*Du Pont de Nemours & Co.*, U.S.P. 2155369 [1936]).

Kristalle (aus Nitrobenzol); F: 273,5—275°.

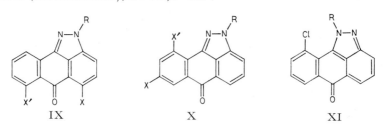

IX   X   XI

8-Chlor-2(?)-methyl-2(?)H-dibenz[cd,g]indazol-6-on $C_{15}H_9ClN_2O$, Formel X (R = CH_3, X = Cl, X′ = H).

B. Aus 8-Chlor-1(2)H-dibenz[cd,g]indazol-6-on, Methanol und H_2SO_4 (*Du Pont de Nemours*

& *Co.*, U.S.P. 2155364 [1936]).
Kristalle (aus PAe.); F: 208—211°.

10-Chlor-1(2)H-dibenz[cd,g]indazol-6-on $C_{14}H_7ClN_2O$, Formel XI (R = H) und
Tautomeres (E I 276; dort als 8-Chlor-pyrazolanthron bezeichnet).
Gelbe Kristalle (aus Xylol), F: 346—347° (*Bradley, Geddes*, Soc. **1952** 1630, 1633);
Kristalle (aus Chlorbenzol), F: 345° [nach Sublimation] (*Bradley, Bruce*, Soc. **1954**
1894, 1902).
N-Acetyl-Derivat $C_{16}H_9ClN_2O_2$. Hellgelbe Kristalle (aus Chlorbenzol); F: 280°
(*Br., Ge.*).

10-Chlor-1-methyl-1H-dibenz[cd,g]indazol-6-on $C_{15}H_9ClN_2O$, Formel XI (R = CH₃).
B. Beim Erhitzen von 10-Chlor-1(2)H-dibenz[cd,g]indazol-6-on mit Methanol und
H_2SO_4 (*Bradley, Bruce*, Soc. **1954** 1894, 1902).
Gelb; F: 225°.

10-Chlor-2-methyl-2H-dibenz[cd,g]indazol-6-on $C_{15}H_9ClN_2O$, Formel X (R = CH₃,
X = H, X' = Cl).
B. Aus 1,8-Dichlor-anthrachinon und Methylhydrazin-sulfat (*Bradley, Bruce*, Soc.
1954 1894, 1900).
Gelbe Kristalle (aus Chlorbenzol); F: 232—233°.

2-[2-Äthyl-7-oxo-7H-benz[de]anthracen-3-yl]-10-chlor-2H-dibenz[cd,g]indazol-6-on
$C_{33}H_{19}ClN_2O_2$, Formel XII.
B. Aus 10-Chlor-2H-dibenz[cd,g]indazol-6-on und 2-Äthyl-3-chlor-benz[de]anthracen-
7-on in Gegenwart von K_2CO_3 (*Farbw. Hoechst*, U.S.P. 2882272 [1955]).
F: 369°.

3-Brom-1(2)H-dibenz[cd,g]indazol-6-on $C_{14}H_7BrN_2O$, Formel VIII (R = X' = H,
X = Br) auf S. 715 und Tautomeres (E II 110; dort als 2-Brom-pyrazolanthron
bezeichnet).
B. Aus 1,2-Dibrom-anthrachinon und $N_2H_4 \cdot H_2O$ (*Bradley, Geddes*, Soc. **1952** 1630,
1632).
Gelbe Kristalle (aus Nitrobenzol); F: 289—290° [nach Sublimation unter vermindertem Druck oder nach Chromatographieren].
N-Acetyl-Derivat $C_{16}H_9BrN_2O_2$. F: 209—211° (*I. G. Farbenind.*, D.R.P. 457182
[1926]; Frdl. **16** 1371), 205° [aus Chlorbenzol] (*Br., Ge.*).

3-Brom-1-methyl-1H-dibenz[cd,g]indazol-6-on $C_{15}H_9BrN_2O$, Formel VIII (R = CH₃,
X = Br, X' = H) auf S. 715.
B. Aus 1-Methyl-1H-dibenz[cd,g]indazol-6-on und Brom (*Bradley, Geddes*, Soc. **1952**
1630, 1634).
Gelbe Kristalle (aus Chlorbenzol); F: 232—234°.

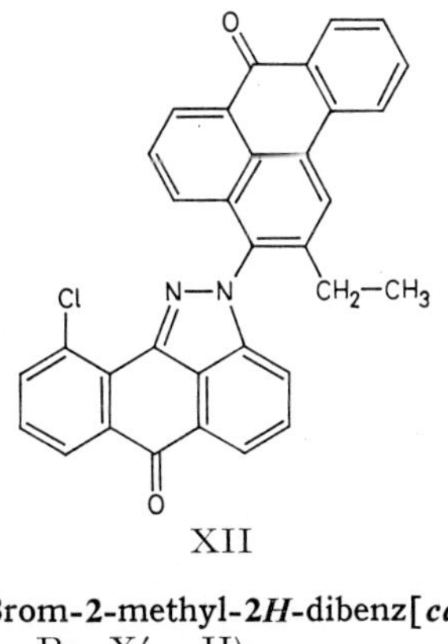

XII 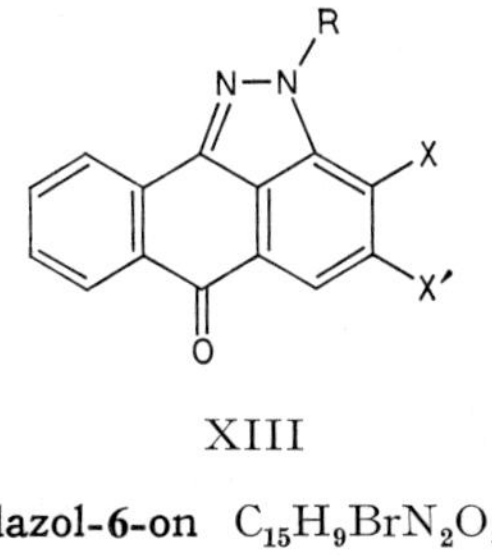 XIII 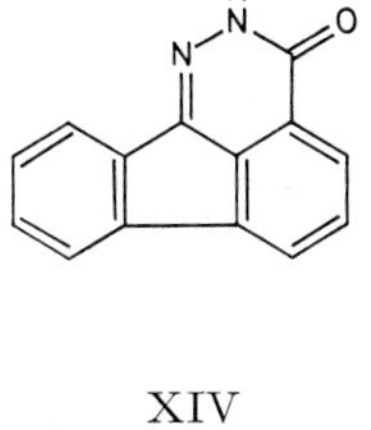 XIV

3-Brom-2-methyl-2H-dibenz[cd,g]indazol-6-on $C_{15}H_9BrN_2O$, Formel XIII (R = CH₃,
X = Br, X' = H).
B. Aus 1,2-Dibrom-anthrachinon und Methylhydrazin-sulfat (*Bradley, Geddes*, Soc.

1952 1630, 1634).

Gelbe Kristalle; F: 230° [nach Chromatographieren an Al_2O_3 mit Bzl.] bzw. F: 224—227° [nach Sublimation im Vakuum].

4-Brom-1(2)H-dibenz[cd,g]indazol-6-on $C_{14}H_7BrN_2O$, Formel XIII (R = X – H, X′ = Br) und Tautomeres.

B. Aus 1,3-Dibrom-anthrachinon und N_2H_4 (*Bradley, Geddes*, Soc. **1952** 1630, 1632).
Gelbe Kristalle; F: 310—311° (*Gen. Aniline Works*, U.S.P. 1943710 [1930]), 309° bis 310° [aus Chlorbenzol] (*Br., Ge.*).

N-Acetyl-Derivat $C_{16}H_9BrN_2O_2$. Hellgelbe Kristalle (aus Chlorbenzol); F: 228° (*Br., Ge.*).

4-Brom-2-methyl-2H-dibenz[cd,g]indazol-6-on $C_{15}H_9BrN_2O$, Formel XIII (R = CH_3, X = H, X′ = Br).

B. Aus 1,3-Dibrom-anthrachinon und Methylhydrazin-sulfat (*Bradley, Geddes*, Soc. **1952** 1630, 1634; *CIBA*, D.R.P. 709690 [1936]; D.R.P. Org. Chem. **1**, Tl. 2, S. 295; U.S.P. 2136153 [1937]).
Gelbe Kristalle; F: 249—250° (*CIBA*), 248—249° [aus Chlorbenzol] (*Bradley, Bruce*, Soc. **1954** 1894, 1899).

5-Brom-2-methyl-2H-dibenz[cd,g]indazol-6-on $C_{15}H_9BrN_2O$, Formel IX (R = CH_3, X = Br, X′ = H) auf S. 716.

B. Aus 2-Methyl-2H-dibenz[cd,g]indazol-6-on und Brom (*Bradley, Geddes*, Soc. **1952** 1630, 1634).
Gelbe Kristalle [aus Chlorbenzol] (*Br., Ge.*); F: 249—250° (*Bradley, Bruce*, Soc. **1954** 1894, 1899), 248—249° (*Br., Ge.*).

2H-Indeno[1,2,3-de]phthalazin-3-on $C_{14}H_8N_2O$, Formel XIV, und Tautomeres.

B. Aus 9-Oxo-9H-fluoren-1-carbonsäure und N_2H_4 (*Campbell, Stafford*, Soc. **1952** 299, 302; *Bergmann, Ikan*, Am. Soc. **78** [1956] 2821, 2823).
Kristalle; F: 267—268° [aus Eg.] (*Ca., St.*), 262° [aus Butylacetat] (*Be., Ikan*).

3H-Indeno[1,2,3-de]chinazolin-2-on $C_{14}H_8N_2O$, Formel I, und Tautomere.

B. Beim Erhitzen von [9-Oxo-9H-fluoren-1-yl]-harnstoff mit Natriummethylat in Nitrobenzol auf 190—195° (*Cook, Moffatt*, Soc. **1950** 1160, 1169).
Gelbe Kristalle (aus A.); F: 296—297°.

2-Imino-2,3-dihydro-indeno[1,2,3-de]chinazolin, **3H-Indeno[1,2,3-de]chinazolin-2-on-imin** $C_{14}H_9N_3$ s. Indeno[1,2,3-de]chinazolin-2-ylamin (Syst.-Nr. 3721).

Indolo[3,2,1-de][1,5]naphthyridin-6-on $C_{14}H_8N_2O$, Formel II (X = X′ = H) (in der Literatur als Canthinon bezeichnet).

Isolierung aus Pentaceras australis: *Haynes et al.*, Austral. J. scient. Res. [A] **5** [1952] 387, 393; aus Zanthoxylum suberosum: *Cannon et al.*, Austral. J. Chem. **6** [1953] 86, 88.
Kristalle (aus Me.); F: 162,5—163,5° [korr.] (*Ha. et al.*), 158—159° (*Ca. et al.*). UV-Spektrum (Dioxan; 250—400 nm): *Ha. et al.*, l. c. S. 388.

Hydrochlorid $C_{14}H_8N_2O\cdot HCl$. Hellgelbe Kristalle (aus wss. HCl [1 n]); F: 244° bis 246° [unkorr.; nach Sintern und Dunkelfärbung ab 220°] (*Ha. et al.*, l. c. S. 395). Hellgelbe Kristalle (aus wss. HCl) mit 3 Mol H_2O; F: 220—230° (*Ca. et al.*).

Picrat $C_{14}H_8N_2O\cdot C_6H_3N_3O_7$. Gelbe Kristalle (aus Me.); F: 262—264° [unkorr.; nach Erweichen ab ca. 240°] (*Ha. et al.*, l. c. S. 395).

Methojodid $[C_{15}H_{11}N_2O]I$. Orangerote Kristalle (aus H_2O); F: 271—273° [unkorr.] (*Ha. et al.*, l. c. S. 395).

3-Oxy-indolo-[3,2,1-de][1,5]naphthyridin-6-on, **Indolo[3,2,1-de][1,5]naphthyridin-6-on-3-oxid** $C_{14}H_8N_2O_2$, Formel III (in der Literatur als Canthinon-N-oxid bezeichnet).
Position der N-Oxid-Gruppe: *Ohmoto et al.*, Chem. pharm. Bl. **24** [1976] 1532, 1535.

B. Aus Indolo[3,2,1-*de*][1,5]naphthyridin-6-on und H_2O_2 (*Haynes et al.*, Austral. J. scient. Res. [A] **5** [1952] 387, 398).

Gelbe Kristalle (aus Bzl.); F: 237,5—238,5° [korr.; Zers.] (*Ha. et al.*).

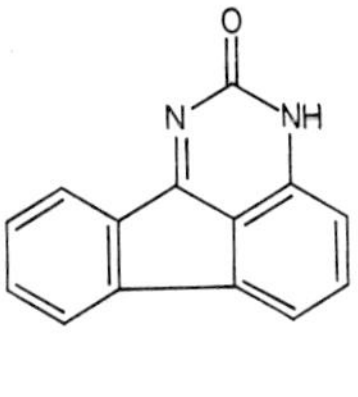

I 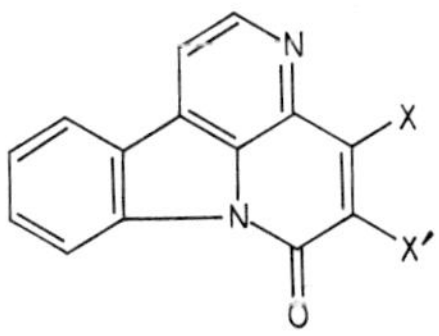   II 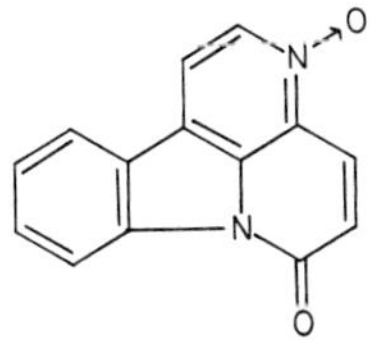   III 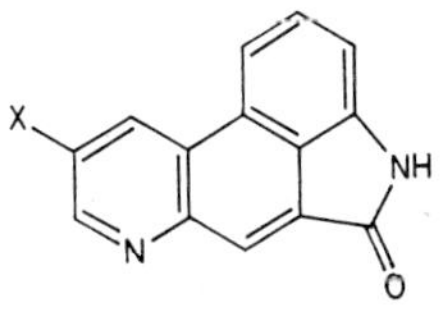   IV

4-Chlor-indolo[3,2,1-*de*][1,5]naphthyridin-6-on $C_{14}H_7ClN_2O$, Formel II (X = Cl, X' = H).

B. Aus 4-Hydroxy-indolo[3,2,1-*de*][1,5]naphthyridin-6-on und $POCl_3$ (*Nelson, Price*, Austral. J. scient. Res. [A] **5** [1952] 768, 779).

Gelbliche Kristalle (aus $CHCl_3$ + A.); F: 201—202° [korr.].

4,5-Dichlor-indolo[3,2,1-*de*][1,5]naphthyridin-6-on $C_{14}H_6Cl_2N_2O$, Formel II (X = X' = Cl).

B. Beim Erhitzen von 4-Hydroxy-indolo[3,2,1-*de*][1,5]naphthyridin-6-on mit PCl_5 und $POCl_3$ (*Nelson, Price*, Austral. J. scient. Res. [A] **5** [1952] 768, 780).

Hellgelbe Kristalle (aus $CHCl_3$ + Ae.); F: 226—227° [korr.].

4*H*-Indolo[4,3-*fg*]chinolin-5-on $C_{14}H_8N_2O$, Formel IV (X = H).

B. Beim Erhitzen einer Lösung von 7-Nitro-benzo[*f*]chinolin-6-carbonsäure in wss. NaOH mit $FeSO_4$ und Behandeln des Reaktionsprodukts mit wss. HCl (*Jacobs, Gould*, J. biol. Chem. **120** [1937] 141, 148).

Gelbe Kristalle (aus A.); F: 280° (*Ja., Go.*, J. biol. Chem. **120** 148).

Hydrochlorid $C_{14}H_8N_2O \cdot HCl$. Rote Kristalle [aus wss. HCl] (*Ja., Go.*, J. biol. Chem. **120** 148).

Methojodid $[C_{15}H_{11}N_2O]I$; 7-Methyl-5-oxo-4,5-dihydro-indolo[4,3-*fg*]chin= olinium-jodid. Kristalle (aus H_2O); F: 291—292° [Zers.] (*Jacobs, Gould*, J. biol. Chem. **126** [1938] 67, 70).

9-Nitro-4*H*-indolo[4,3-*fg*]chinolin-5-on $C_{14}H_7N_3O_3$, Formel IV (X = NO_2).

B. Beim Erhitzen von 2-Nitro-3-[2-oxo-1,2-dihydro-benz[*cd*]indol-4-ylimino]-prop= ionaldehyd mit $ZnCl_2$ und Erhitzen des Reaktionsprodukts mit wss. HCl (*Uhle, Jacobs*, J. org. Chem. **10** [1945] 76, 85).

Kristalle (aus Eg.); unterhalb 360° nicht schmelzend.

5*H*-Isoindolo[1,7-*gh*]chinolin-4-on $C_{14}H_8N_2O$, Formel V.

B. Aus 6-Amino-1*H*-benz[*cd*]indol-2-on beim Erhitzen mit Glycerin und Natrium-[3-nitro-benzolsulfonat] in wss. H_2SO_4 (*I. G. Farbenind.*, D.R.P. 609383 [1930]; Frdl. **20** 509, 511; U.S.P. 2001201 [1931]).

Kristalle (aus Trichlorbenzol); F: 300° (*I. G. Farbenind.*, D.R.P. 609383).

Oxo-Verbindungen $C_{15}H_{10}N_2O$

***2,5-Diphenyl-imidazol-4-on-[*O*-acetyl-oxim]** $C_{17}H_{13}N_3O_2$, Formel VI (R = $CO-CH_3$).

B. Aus 4-Nitroso-2,5-diphenyl-1(3)*H*-imidazol und Acetanhydrid (*Cusmano, Ruccia*, G. **85** [1955] 1329, 1337).

Gelbe Kristalle (aus PAe.); F: 137°.

***2,5-Diphenyl-imidazol-4-on-[*O*-benzoyl-oxim]** $C_{22}H_{15}N_3O_2$, Formel VI (R = $CO-C_6H_5$).

B. Aus 4-Nitroso-2,5-diphenyl-1(3)*H*-imidazol und Benzoylchlorid (*Cusmano, Ruccia*,

G. 85 [1955] 1329, 1337).

Gelbe Kristalle (aus PAe.); F: 182°.

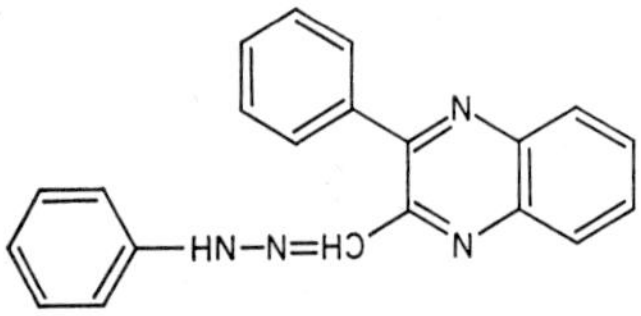

V 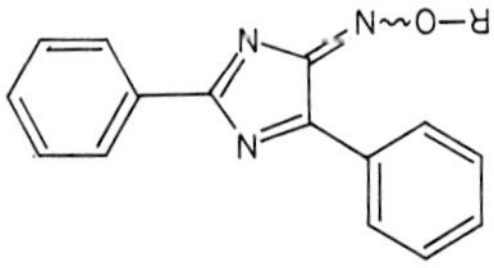   VI 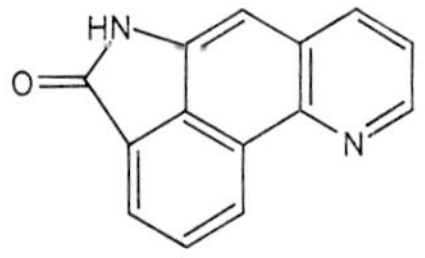   VII

*3-Phenyl-chinoxalin-2-carbaldehyd-phenylhydrazon $C_{21}H_{16}N_4$, Formel VII.

B. Aus D-(1 *R*)-1-[3-Phenyl-chinoxalin-2-yl]-erythrit (E III/IV **23** 3415) und Phenyl=
hydrazin [3 Mol] (*Ohle, Hielscher*, B. **74** [1941] 18).

Orangefarbene Kristalle (aus A.); F: 176°.

3*t*(?)-Phenazin-2-yl-acrylaldehyd $C_{15}H_{10}N_2O$, vermutlich Formel VIII.

B. Aus Phenazin-2-carbaldehyd und Acetaldehyd in wss. NaOH (*Rosum*, Ukr. chim. Ž.
22 [1956] 776, 778; C. A. **1957** 8762).

Gelbe Kristalle (aus PAe.); F: 172° [Zers.].

Phenylhydrazon. Rote Kristalle; F: 259°.

Thiosemicarbazon $C_{16}H_{13}N_5S$. Orangefarbene Kristalle (aus A.); F: 253°.

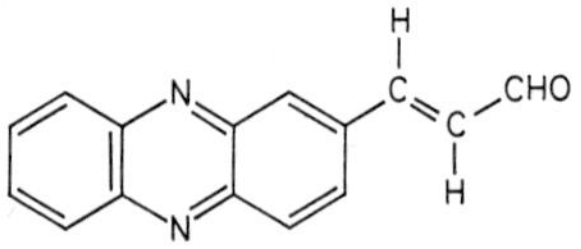

VIII 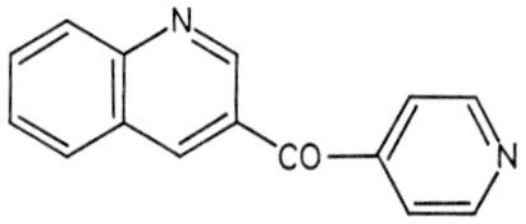   IX 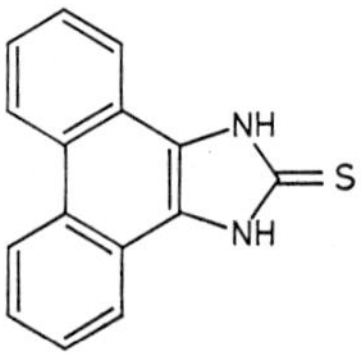   X

3-Isonicotinoyl-chinolin, [3]Chinolyl-[4]pyridyl-keton $C_{15}H_{10}N_2O$, Formel IX.

B. Beim Behandeln von [3]Chinolyllithium mit Isonicotinonitril in Äther bei −75°
und Erwärmen des Reaktionsprodukts mit wss. H_2SO_4 (*Wibaut, Heeringa*, R. **74** [1955]
1003, 1020).

Kristalle (aus PAe.); F: 146,7−147°.

1,3-Dihydro-phenanthro[9,10]imidazol-2-thion $C_{15}H_{10}N_2S$, Formel X, und Tautomeres.

B. Aus Phenanthren-9,10-diyldiamin und Phenylisothiocyanat (*Ghosh*, J. Indian chem.
Soc. **10** [1933] 583, 588).

Bräunliche Kristalle (aus Py.); F: >300°.

12*H*-Isoindolo[1,2-*b*]chinazolin-10-on $C_{15}H_{10}N_2O$, Formel XI (E II 110; dort als 2.3(CH$_2$)-
Benzylen-chinazolon-(4) bezeichnet).

B. Aus Anthranilsäure und 3-Äthoxy-1*H*-isoindol (*Petersen, Tietze*, A. **623** [1959] 166,
175).

Kristalle (aus 1-Acetoxy-2-methoxy-äthan); F: 218−219°.

6*H*-Benz[4,5]imidazo[1,2-*b*]isochinolin-11-on $C_{15}H_{10}N_2O$, Formel XII.

Diese Konstitution kommt der früher (E II **24** 110) als 5*H*-Benz[4,5]imidazo[2,1-*a*]=
ısochinolin-6-on („Lactam der 2-[Benzimidazolyl-(2)]-phenylessigsäure") formulierten Verbindung zu (*Satori et al.*, J. org. Chem. **31** [1966] 1498).

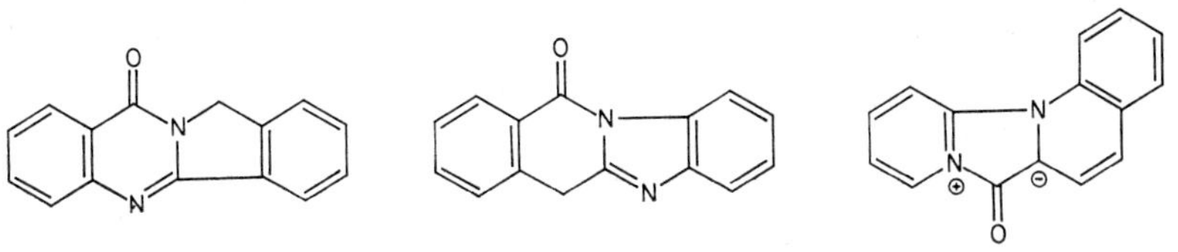

XI   XII   XIII

7-Oxo-6a,7-dihydro-pyrido[2′,1′:2,3]imidazo[1,5-a]chinolinylium-betain $C_{15}H_{10}N_2O$, Formel XIII, und Mesomere.

B. Aus Chinolin-2-carbonylchlorid und Pyridin (*Krollpfeiffer, Schneider*, A. **530** [1937] 34, 48).

Braunrote Kristalle (aus Benzonitril); F: ca. 238—240° [Zers.; nach Dunkelfärbung und Sintern ab 200°]. Kristalle (aus H_2O) mit 0,5 Mol H_2O.

Methojodid $[C_{16}H_{13}N_2O]I$; wahrscheinlich 7-Methoxy-pyrido[2′,1′:2,3]imidazo-[1,5-a]chinolinylium-jodid. Grüngelbe Kristalle (aus Me.); F: ca. 190° [Zers.; nach Sintern].

Methomethylsulfat $[C_{16}H_{13}N_2O]CH_3O_4S$. Gelbe Kristalle (aus Me. + Ae.); F: 165° bis 168° [Zers.; nach Sintern ab 150°].

Methopicrat $[C_{16}H_{13}N_2O]C_6H_2N_3O_7$. Gelbe Kristalle (aus Eg.); F: 193—194°.

3-Methyl-1(2)H-dibenz[cd,g]indazol-6-on $C_{15}H_{10}N_2O$, Formel I (R = H) und Tautomeres (E II 111; dort als 2-Methyl-pyrazolanthron bezeichnet).

B. Aus 2-Methyl-1-nitro-anthrachinon und $N_2H_4 \cdot H_2O$ (*Dokunichin, Pletnewa*, Ž. obšč. Chim. **27** [1957] 791; engl. Ausg. S. 865).

Gelbe Kristalle (aus Eg.); F: 318,6—319,2°. λ_{max} (A.): 400 nm.

2,3-Dimethyl-2H-dibenz[cd,g]indazol-6-on $C_{16}H_{12}N_2O$, Formel I (R = CH_3).

B. Aus 1-Chlor-2-methyl-anthrachinon und Methylhydrazin-sulfat (*Bradley, Bruce*, Soc. **1954** 1894, 1896). Aus 2-Methyl-2H-dibenz[cd,g]indazol-6-on und Methylmagnesium-bromid (*Br., Br.*).

Gelbe Kristalle (aus Chlorbenzol); F: 220—221°.

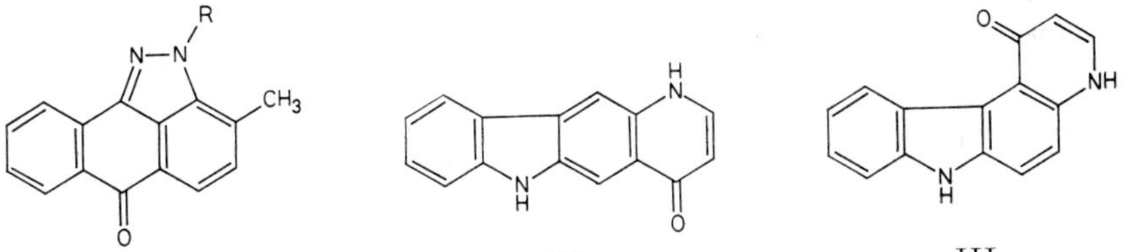

I   II   III

1,6-Dihydro-pyrido[3,2-b]carbazol-4-on $C_{15}H_{10}N_2O$, Formel II, oder **4,7-Dihydro-pyrido-[2,3-c]carbazol-1-on** $C_{15}H_{10}N_2O$, Formel III, sowie Tautomere.

B. Beim Erhitzen von [Carbazol-3-ylamino-methylen]-malonsäure-diäthylester in Diphenyläther und anschliessenden Hydrolysieren und Decarboxylieren (*Kulka, Manske*, J. org. Chem. **17** [1952] 1501). Aus einer als 4-Oxo-6-[toluol-4-sulfonyl]-4,6-dihydro-1H-pyrido[3,2-b]carbazol-3-carbonsäure-äthylester oder 1-Oxo-7-[toluol-4-sulfonyl]-4,7-di-hydro-1H-pyrido[2,3-c]carbazol-2-carbonsäure-äthylester zu formulierenden Verbindung (F: 257—260°) beim Hydrolysieren und anschliessenden Decarboxylieren (*Ku., Ma.*).

Gelbe Kristalle (aus A.); F: 301—303°.

5H-Indolo[3,2-b]chinolizin-6-on $C_{15}H_{10}N_2O$, Formel IV (X = H).

B. Beim Erhitzen von 3-[2]Pyridylmethyl-indol-2-carbonsäure auf 200°/0,1 Torr (*Clemo, Seaton*, Soc. **1954** 2582).

Gelbe Kristalle (aus Bzl.); F: 308°.

1,4-Dichlor-5H-indolo[3,2-b]chinolizin-6-on $C_{15}H_8Cl_2N_2O$, Formel IV (X = Cl).

B. Beim Erhitzen von 2-[2,5-Dichlor-phenylhydrazono]-4-[2]pyridyl-buttersäure-äthylester mit ZnCl₂ in Äthanol auf 150° (*Clemo, Seaton,* Soc. **1954** 2582).

Gelbe Kristalle (aus Bzl. oder A.); F: 327°.

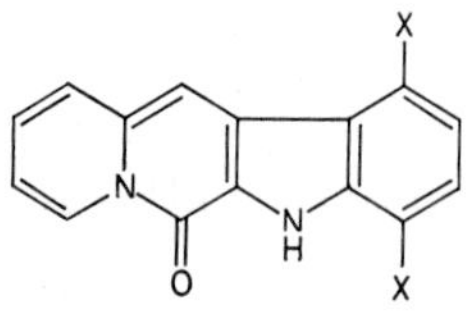

IV 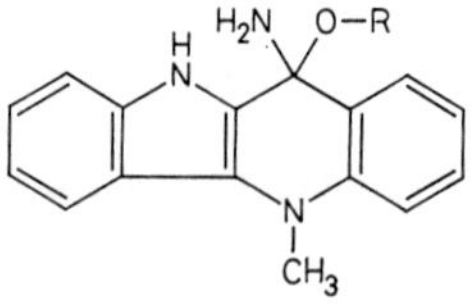   V 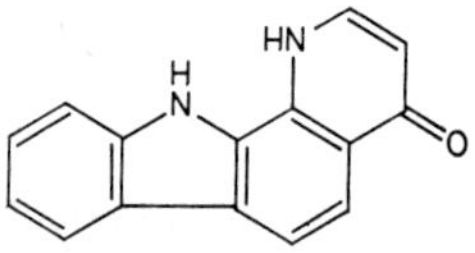   VI

(±)-11-Methoxy-5-methyl-10,11-dihydro-5H-indolo[3,2-b]chinolin-11-ylamin $C_{17}H_{17}N_3O$, Formel V (R = CH₃).

B. Aus 11-Amino-5-methyl-10H-indolo[3,2-b]chinolinium-jodid und Methanol mit Hilfe von wss. NaOH (*Holt, Petrow,* Soc. **1948** 919, 921).

Orangefarbene Kristalle (aus Me.).

(±)-11-Äthoxy-5-methyl-10,11-dihydro-5H-indolo[3,2-b]chinolin-11-ylamin $C_{18}H_{19}N_3O$, Formel V (R = C₂H₅).

B. Aus 11-Amino-5-methyl-10H-indolo[3,2-b]chinolinium-jodid und Äthanol mit Hilfe von wss. NaOH (*Holt, Petrow,* Soc. **1948** 919, 921).

Rote Kristalle (aus A.).

11-Imino-10,11-dihydro-5H-indolo[3,2-b]chinolin, 5,10-Dihydro-indolo[3,2-b]chinolin-11-on-imin $C_{15}H_{11}N_3$ s. 10H-Indolo[3,2-b]chinolin-11-ylamin (Syst.-Nr. 3721).

1,11-Dihydro-pyrido[2,3-a]carbazol-4-on $C_{15}H_{10}N_2O$, Formel VI, und Tautomeres.

B. Beim Erhitzen von 4-Oxo-4,11-dihydro-1H-pyrido[2,3-a]carbazol-3-carbonsäure-äthylester in wss. NaOH und anschliessenden Decarboxylieren (*Kulka, Manske,* J. org. Chem. **17** [1952] 1501, 1503).

Kristalle (aus Chinolin); F: 445—447°.

5,7-Dihydro-indolo[2,3-c]chinolin-6-on $C_{15}H_{10}N_2O$, Formel VII (X = H), und Tautomeres.

B. Aus 3-[2-Nitro-phenyl]-indol-2-carbonsäure (*Kermack, Slater,* Soc. **1928** 32, 39) oder ihrem Äthylester (*Clemo, Felton,* Soc. **1951** 671, 677) bei der Reduktion mit Zink bzw. bei der Hydrierung an Platin in Äthylacetat.

Kristalle; unterhalb 316° nicht schmelzend [aus Py.] (*Ke., Sl.*); F: 313° [aus Me.] (*Cl., Fe.*).

10-Chlor-5,7-dihydro-indolo[2,3-c]chinolin-6-on $C_{15}H_9ClN_2O$, Formel VII (X = Cl), und Tautomeres.

B. Beim Erwärmen von 5-Chlor-3-[2-nitro-phenyl]-indol-2-carbonsäure mit Zink-Pulver und wss. Essigsäure (*Kermack, Tebrich,* Soc. **1940** 314, 317).

Kristalle (aus Py.); F: 337°.

5-Methyl-11-phenyl-5,11-dihydro-indolo[3,2-c]chinolin-6-on $C_{22}H_{16}N_2O$, Formel VIII (R = CH₃, R′ = C₆H₅).

B. Beim Behandeln von 5-Methyl-11-phenyl-6,11-dihydro-5H-indolo[3,2-c]chinolin mit KMnO₄ (*Braunholtz, Mann,* Soc. **1955** 381, 388).

Kristalle (aus Acn.); F: 218,5°.

11-Hydroxy-5,11-dihydro-indolo[3,2-c]chinolin-6-on $C_{15}H_{10}N_2O_2$, Formel VIII (R = H, R′ = OH), und Tautomeres.

Konstitution: *de Diesbach et al.,* Helv. **17** [1934] 113, 117.

B. Aus Indigogelb-3G (Syst.-Nr. 3606) beim Erhitzen mit NaOH auf 300—320° (*de Di. et al.*, l. c. S. 114). Aus 6-Phenyl-7*H*-dibenzo[*b*,*f*][1,7]naphthyridin-12-on beim Erhitzen mit NaOH auf 400° (*de Diesbach, Moser*, Helv. **20** [1937] 132, 138).

Kristalle (aus Me.); F: 318° [korr.; Zers.; geschlossene Kapillare (?)] (*Dave, Warnhoff*, Tetrahedron **31** [1975] 1255, 1258); bei der Sublimation bei 260°/0,05 Torr tritt teilweise Zersetzung ein (*Dave, Wa.*, l. c. S. 1257 Anm.).

Beim Erhitzen mit PCl₅ in Nitrobenzol ist eine als 6,11-Dichlor-11*H*-indolo=
[3,2-*c*]chinolin formulierte Verbindung $C_{15}H_8Cl_2N_2$ (Kristalle [aus Bzl. + Ae.]; F: 210°)
erhalten worden (*de Diesbach, Lempen*, Helv. **16** [1933] 148, 151; s. a. *de Di. et al.*, l. c. S. 118, 120).

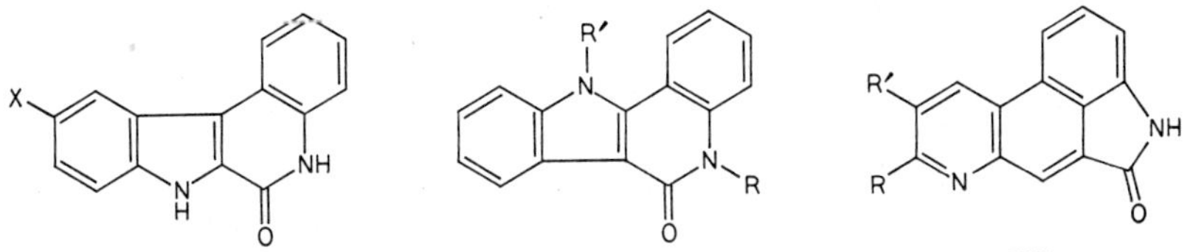

VII	VIII	IX

8-Methyl-4*H*-indolo[4,3-*fg*]chinolin-5-on $C_{15}H_{10}N_2O$, Formel IX (R = CH₃, R' = H).
B. Aus 3-Methyl-benzo[*f*]chinolin-6-carbonsäure beim Behandeln mit rauchender HNO₃ und Behandeln des Reaktionsprodukts mit Fe(OH)₂ und anschliessend mit wss. HCl (*Jacobs, Gould*, J. biol. Chem. **130** [1939] 399, 405).
Kristalle (aus Py.); F: 319—320° [Zers.].

9-Methyl-4*H*-indolo[4,3-*fg*]chinolin-5-on $C_{15}H_{10}N_2O$, Formel IX (R = H, R' = CH₃).
B. Beim Behandeln von 2-Methyl-7-nitro-benzo[*f*]chinolin-6-carbonsäure mit Fe(OH)₂ und anschliessend mit wss. HCl (*Jacobs, Gould*, J. biol. Chem. **130** [1939] 399, 402).
Hellgelbe Kristalle (aus A.); F: 288—289°.
Methochlorid [$C_{16}H_{13}N_2O$]Cl; 7,9-Dimethyl-5-oxo-4,5-dihydro-indolo=
[4,3-*fg*]chinolinium-chlorid. Rote Kristalle; F: 290—295° [Zers.].
Methojodid [$C_{16}H_{13}N_2O$]I. Rote Kristalle (aus H₂O); F: 294—296° [Zers.].
[*H. Tarrach*]

Oxo-Verbindungen $C_{16}H_{12}N_2O$

5,6-Diphenyl-2*H*-pyridazin-3-on $C_{16}H_{12}N_2O$, Formel I (R = X = H), und Tautomeres (E I 277).
B. Beim Erhitzen von 3-Oxo-5,6-diphenyl-2,3-dihydro-pyridazin-4-carbonsäure (*Schmidt, Druey*, Helv. **37** [1954] 134, 139).
Kristalle (aus A.); F: 178—179°.

2-Methyl-5,6-diphenyl-2*H*-pyridazin-3-on $C_{17}H_{14}N_2O$, Formel I (R = CH₃, X = H).
B. Beim Erhitzen von 2-Methyl-3-oxo-5,6-diphenyl-2,3-dihydro-pyridazin-4-carbon=
säure auf 230° (*CIBA*, U.S.P. 2839532 [1954]).
F: 154—156°.

2,5,6-Triphenyl-2*H*-pyridazin-3-on $C_{22}H_{16}N_2O$, Formel I (R = C₆H₅, X = H).
B. Analog der vorangehenden Verbindung (*CIBA*, U.S.P. 2839532 [1954]).
Kristalle (aus A.); F: 232—234°.

5,6-Bis-[4-chlor-phenyl]-2*H*-pyridazin-3-on $C_{16}H_{10}Cl_2N_2O$, Formel I (R = H, X = Cl), und Tautomeres.
B. Analog den vorangehenden Verbindungen (*CIBA*, U.S.P. 2839532 [1954]).
Kristalle (aus A. + H₂O); F: 202°.

5,6-Bis-[4-chlor-phenyl]-2-methyl-2*H*-pyridazin-3-on $C_{17}H_{12}Cl_2N_2O$, Formel I (R = CH₃, X = Cl).
B. Aus der vorangehenden Verbindung, Dimethylsulfat und methanol. NaOH (*CIBA*,

U.S.P. 2839532 [1954]). Analog den vorangehenden Verbindungen (*CIBA*).
F: ca. 75° [nach Destillation bei 220°/0,2 Torr].

I   II   III

2-[1-Methyl-[4]piperidyl]-4,6-diphenyl-2*H*-pyridazin-3-on $C_{22}H_{23}N_3O$, Formel II.
B. Beim Erwärmen von ($\pm$)-4-Oxo-2,4-diphenyl-buttersäure mit 4-Hydrazino-1-methyl-piperidin in Äthanol und Erhitzen des Reaktionsprodukts mit Brom in Essigsäure (*Jucker, Süess*, Helv. **42** [1959] 2506, 2509, 2513).
Kristalle (aus Acn.); F: 243° [korr.].

3,6-Diphenyl-1*H*-pyridazin-4-on $C_{16}H_{12}N_2O$, Formel III, und Tautomeres.
B. Aus 4-Chlor-3,6-diphenyl-pyridazin und wss. H_2SO_4 (*Aiello et al.*, G. **89** [1959] 2232, 2236). Aus 3,6-Diphenyl-1*H*-pyridazin-4-on-oxim (Syst.-Nr. 3782) und nitrosen Gasen in Essigsäure (*Ai. et al.*).
Hellgrüne Kristalle (aus Eg.); F: 330°.

2,6-Diphenyl-3*H*-pyrimidin-4-on $C_{16}H_{12}N_2O$, Formel IV, und Tautomere (H 224).
B. Beim Erhitzen von [β-Amino-cinnamoyl]-benzoyl-amin bis zum Schmelzpunkt, beim Erwärmen in H_2O oder wss. Äthanol sowie beim Behandeln mit wss. NaOH (*Shaw, Sugowdz*, Soc. **1954** 665, 668). Aus β-Benzoylamino-zimtsäure-amid beim Erhitzen oder beim Behandeln mit wss. NaOH (*Shaw, Su.*, l. c. S. 667) sowie beim Erwärmen mit Essigsäure oder Äthylacetat (*Ajello*, G. **72** [1942] 325, 328). Bei der Einwirkung von Sonnenlicht auf 2,5-Diphenyl-pyrrol in äthanol. NH_3 (*Capuano, Giammanco*, G. **85** [1955] 217, 223). Aus 2,5-Diphenyl-pyrrol-3-on-oxim und PCl_5 in $CHCl_3$ (*Ajello*, G. **69** [1939] 460, 468). Neben [β-Amino-cinnamoyl]-benzoyl-amin bei der Hydrierung von N-[3-Phenyl-isoxazol-5-yl]-benzamid an Raney-Nickel in Äthanol (*Shaw, Su.*).
Kristalle; F: 289—290° [aus A.] (*Shaw, Su.*), 287° [aus Dioxan] (*Ca., Gi.*). UV-Spektrum in Dioxan und in wss. KOH (260—400 nm): *Ekeley, Ronzio*, Am. Soc. **59** [1937] 1118, 1120; in Äthanol (280—360 nm): *Cole, Ronzio*, Am. Soc. **66** [1944] 1584.

5,6-Diphenyl-1*H*-pyrazin-2-on $C_{16}H_{12}N_2O$, Formel V (X = O, X' = H), und Tautomeres.
B. Beim Erwärmen von Benzil mit Glycin-amid in wss.-methanol. NaOH (*Jones*, Am. Soc. **71** [1949] 78, 79, 80; *Karmas, Spoerri*, Am. Soc. **74** [1952] 1580, 1582, 1584). Beim Behandeln von Benzil mit Glycin-nitril-hydrochlorid in wss.-methanol. NaOH oder methanol. Natriummethylat oder mit Glycin-nitril und Natriummethylat in $CHCl_3$ (*Am. Cyanamid Co.*, U.S.P. 2805223 [1955]). Beim Erhitzen von 3-Oxo-5,6-diphenyl-3,4-dihydro-pyrazin-2-carbonsäure (*Karmas, Spoerri*, Am. Soc. **79** [1957] 680, 684).
Kristalle; F: 243—244° [unkorr.; aus Butan-1-ol] (*Ka., Sp.*, Am. Soc. **74** 1582), 238—240° [aus A.] (*Am. Cyanamid Co.*).

3-Chlor-5,6-diphenyl-1*H*-pyrazin-2-on $C_{16}H_{11}ClN_2O$, Formel V (X = O, X' = Cl), und Tautomeres.
B. Beim Erhitzen von 3-Nitro-5,6-diphenyl-1*H*-pyrazin-2-on mit $SOCl_2$ (*Karmas, Spoerri*, Am. Soc. **78** [1956] 4071, 4076) oder mit $POCl_3$ und wenig konz. H_2SO_4 (*Martin, Tarasiejska*, Bl. Soc. chim. Belg. **66** [1957] 136, 142), im letzten Fall neben 2,3-Dichlor-

5,6-diphenyl-pyrazin.
Kristalle (aus A.); F: 229—231° [Zers.] (*Ka., Sp.*), 219° [unkorr.; Zers.] (*Ma., Ta.*).

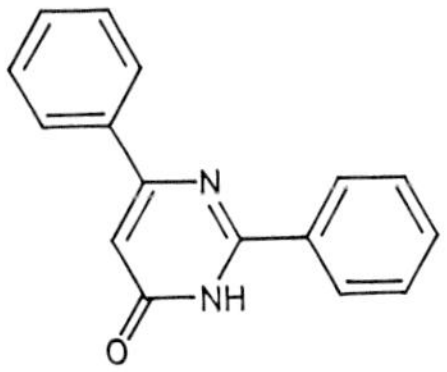

IV 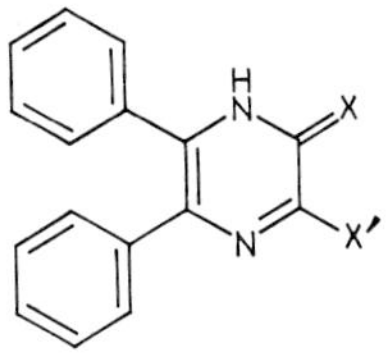   V 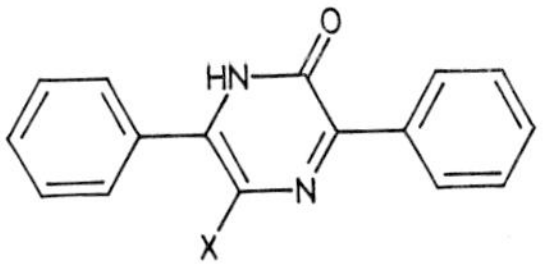   VI

3-Brom-5,6-diphenyl-1*H*-pyrazin-2-on $C_{16}H_{11}BrN_2O$, Formel V (X = O, X′ = Br), und
Tautomeres.
B. Aus 5,6-Diphenyl-1*H*-pyrazin-2-on und Brom in Pyridin und Essigsäure (*Karmas, Spoerri*, Am. Soc. **78** [1956] 4071, 4072, 4074).
Kristalle (aus A.); F: 223—224° [Zers.].

3-Nitro-5,6-diphenyl-1*H*-pyrazin-2-on $C_{16}H_{11}N_3O_3$, Formel V (X = O, X′ = NO$_2$), und
Tautomeres.
B. Aus 5,6-Diphenyl-1*H*-pyrazin-2-on und HNO$_3$ in Essigsäure (*Karmas, Spoerri*, Am. Soc. **75** [1953] 5517).
Gelbe Kristalle (aus wss. Acn.); F: 210—213° [Zers.; vorgeheizter App.].

5,6-Diphenyl-1*H*-pyrazin-2-thion $C_{16}H_{12}N_2S$, Formel V (X = S, X′ = H), und
Tautomeres.
B. Beim Erhitzen von 5,6-Diphenyl-1*H*-pyrazin-2-on mit P$_2$S$_5$ in Pyridin (*Martin, Tarasiejska*, Bl. Soc. chim. Belg. **66** [1957] 136, 146).
Orangefarbene Kristalle (aus A.); F: 165° [unkorr.; Zers.].

3,6-Diphenyl-1*H*-pyrazin-2-on $C_{16}H_{12}N_2O$, Formel VI (X = H), und Tautomeres (H 224; E II 111).
B. Neben 2,5-Dichlor-3,6-diphenyl-pyrazin beim Erhitzen von 3,6-Diphenyl-piperazin-2,5-dion mit POCl$_3$ (*Gallagher et al.*, Soc. **1949** 910). Beim Erwärmen von 3-Brom-2,5-di=phenyl-pyrazin mit methanol. Natriummethylat und Erhitzen des Reaktionsprodukts mit wss. HBr [48%ig] und Essigsäure (*Karmas, Spoerri*, Am. Soc. **78** [1956] 2141, 2143). Neben überwiegenden Mengen 3-Phenyl-1*H*-pyrazin-2-on beim Behandeln von 1*H*-Pyrazin-2-on mit wss. Benzoldiazoniumchlorid, wenig Butan-1-ol und wss. NaOH (*Karmas, Spoerri*, Am. Soc. **78** [1956] 4071, 4074). Beim Behandeln von 3,6-Diphenyl-pyrazin-2-ylamin mit NaNO$_2$ und wss. H$_2$SO$_4$ (*Ga. et al.*).
Kristalle (aus Py.); F: 292—293° (*Ka., Sp.*, l. c. S. 2143).

5-Chlor-3,6-diphenyl-1*H*-pyrazin-2-on $C_{16}H_{11}ClN_2O$, Formel VI (X = Cl), und
Tautomeres.
B. Aus 5-Chlor-3-phenyl-1*H*-pyrazin-2-on oder aus 5-Chlor-6-phenyl-1*H*-pyrazin-2-on und Benzoldiazoniumchlorid (*Karmas, Spoerri*, Am. Soc. **78** [1956] 4071, 4075).
Kristalle (aus Acn.); F: 260—261°.

5-Nitro-3,6-diphenyl-1*H*-pyrazin-2-on $C_{16}H_{11}N_3O_3$, Formel VI (X = NO$_2$), und
Tautomeres.
B. Beim Erhitzen von 3,6-Diphenyl-1*H*-pyrazin-2-on mit HNO$_3$ in Essigsäure (*Karmas, Spoerri*, Am. Soc. **78** [1956] 4071, 4074).
Gelbe Kristalle (aus Acn.); F: 274—276° [Zers.].

5-Nitro-3,6-bis-[x-nitro-phenyl]-1*H*-pyrazin-2-on $C_{16}H_9N_5O_7$, Formel VII, und
Tautomeres.
B. Neben anderen Verbindungen beim Behandeln von 3,6-Diphenyl-1*H*-pyrazin-2-on mit rauchender HNO$_3$ (*Karmas, Spoerri*, Am. Soc. **75** [1953] 5517).
Gelbe Kristalle (aus A.); F: 241—247°.

VII VIII IX

3,5-Diphenyl-1H-pyrazin-2-on $C_{16}H_{12}N_2O$, Formel VIII (X = H), und Tautomeres.

B. Aus (±)-Amino-phenyl-essigsäure-amid und Phenylglyoxal-hydrat in wss.-methanol. NaOH (*Dunn et al.*, Soc. **1949** 2707, 2711). Beim Erwärmen von (±)-3-Hydroxy-1,4-di= phenyl-butan-1,2,4-trion mit wss. NH_3 (*v. Euler, Hasselquist*, Ark. Kemi **11** [1957] 419). Beim Erhitzen der folgenden Verbindung mit N_2H_4 in Äthanol auf 170° (*Dunn et al.*).

Hellgelbe Kristalle; F: 272−273° [unter Sublimation] (*v. Eu., Ha.*, l. c. S. 419), 270−272° [aus Eg.] (*Dunn et al.*). UV-Spektrum (A.; 230−400 nm): *v. Eu., Ha.*, l. c. S. 420. λ_{max} (A.): 278 nm und 372 nm (*Dunn et al.*).

Beim Behandeln mit KNO_3 und konz. H_2SO_4 ist eine Dinitro-Verbindung $C_{16}H_{10}N_4O_5$ (gelbe Kristalle [aus Eg.]; F: > 290°) erhalten worden (*v. Euler, Hasselquist*, Ark. Kemi **11** [1957] 481, 484).

1-Hydroxy-3,5-diphenyl-1H-pyrazin-2-on $C_{16}H_{12}N_2O_2$, Formel VIII (X = OH).

B. Aus (±)-2-Amino-2-phenyl-acetohydroxamsäure und Phenylglyoxal-hydrat in wss.-methanol. NaOH (*Dunn et al.*, Soc. **1949** 2707, 2711).

Gelbe Kristalle (aus E. + PAe.); F: 165−166° [nach Sintern bei 160°]. λ_{max} (A.): 277 nm und 389 nm.

4-Benzoyl-1-[4-nitro-phenyl]-5-phenyl-1H-pyrazol, [1-(4-Nitro-phenyl)-5-phenyl-1H-pyrazol-4-yl]-phenyl-keton $C_{22}H_{15}N_3O_3$, Formel IX.

B. Beim Erhitzen von 4-Benzoyl-1-[4-nitro-phenyl]-5-phenyl-1H-pyrazol-3-carbon= säure auf 240° (*Fusco*, G. **69** [1939] 353, 363).

Kristalle (aus A.); F: 163−164°.

3-Benzoyl-4-phenyl-1(2)H-pyrazol, Phenyl-[4-phenyl-1(2)H-pyrazol-3-yl]-keton $C_{16}H_{12}N_2O$, Formel X und Tautomeres.

B. Neben anderen Verbindungen beim Erwärmen von 2-Diazo-1-phenyl-äthanon mit NaOH in wss. Dioxan (*Yates, Shapiro*, Am. Soc. **81** [1959] 211, 215). Beim Behandeln von (±)-Phenyl-[4-phenyl-4,5-dihydro-1H-pyrazol-3-yl]-keton mit Brom in CS_2 (*Smith, Pings*, J. org. Chem. **2** [1937] 23, 28).

Kristalle; F: 193−194° [unkorr.; aus E. oder $CHCl_3$ bzw. aus A.] (*Ya., Sh.; Sm., Pi.*).

3,3-Diphenyl-3H-pyrazol-4-carbaldehyd $C_{16}H_{12}N_2O$, Formel XI.

B. Aus Propinal und Diazo-diphenyl-methan in Äther (*Hüttel, Gebhardt*, A. **558** [1947] 34, 41).

Kristalle; F: 76° [Zers.] (Rohprodukt).

5-[(Z)-Benzyliden]-2-phenyl-3,5-dihydro-imidazol-4-on $C_{16}H_{12}N_2O$, Formel XII (R = X = X' = H), und Tautomere (H 225; E II 112).

Diese Konstitution kommt der von *Ekeley, Ronzio* (Am. Soc. **57** [1935] 1353, 1354, 1355) als 2,4-Diphenyl-pyrimidin-5-ol $C_{16}H_{12}N_2O$ und später von *Ekeley, Ronzio* (Am. Soc. **59** [1937] 1118, 1120) als Phenyl-[2-phenyl-4H-imidazol-4-yl]-keton $C_{16}H_{12}N_2O$ formulierten Verbindung (F: 284°) zu (*Williams et al.*, Am. Soc. **67** [1945] 1157; s. a. *Kjær*, Acta chem. scand. **7** [1953] 1030, 1032; *Imbach et al.*, Bl. **1971** 1052). Über die Konfiguration s. *Maquestiau et al.*, Bl. Soc. chim. Belg. **83** [1974] 259.

B. Aus 2-Phenyl-4,5-dihydro-1H-imidazol-4,5-diol (E III/IV **23** 3127), Benzaldehyd und wss.-äthanol. KOH (*Ek., Ro.*, Am. Soc. **57** 1355). Beim Erwärmen von 2-Phenyl-

3,5-dihydro-imidazol-4-on mit Benzaldehyd und wenig Morpholin in Essigsäure (*Kjær*, l. c. S. 1033). Beim Erwärmen von 4-[(*Z*)-Benzyliden]-2-phenyl-4*H*-oxazol-5-on (Konfiguration: *Ma. et al.*) mit wss.-äthanol. NH₃ bzw. wss. NH₃ (*Williams, Ronzio*, Am. Soc. **68** [1946] 647; *Cornforth, Huang*, Soc. **1948** 731, 735).

Gelbe Kristalle; F: 284° [aus Butylacetat bzw. aus Pentylacetat] (*Ek., Ro.*, Am. Soc. **57** 1355; *Wi. et al.*), 278—279° [unkorr.; aus Pentylacetat] (*Kjær*, l. c. S. 1033), 272—273° [aus Butylacetat] (*Co., Hu.*). Absorptionsspektrum in Dioxan (280—400 nm): *Ek., Ro.*, Am. Soc. **59** 1119; in Äthanol (220—440 nm): *Kjær*, Acta chem. scand. **7** [1953] 900, 902; in äthanol. KOH (230—470 nm): *Kjær*, Acta chem. scand. **7** [1953] 900, 902; in äthanol. KOH (230—470 nm): *Kjær*, l. c. S. 902; *Ek., Ro.*, Am. Soc. **59** 1119.

Hydrobromid C₁₆H₁₂N₂O·HBr. Gelbe Kristalle; F: 254—256° (*Wi., Ro.*).

Hexachloroplatinat(IV) 2 C₁₆H₁₂N₂O·H₂PtCl₆. Rote Kristalle (aus A.) mit 2 Mol H₂O; F: 264° [Zers.] (*Ek., Ro.*, Am. Soc. **57** 1355).

X   XI   XII

5-[(*Z*?)-Benzyliden]-2-phenyl-3,5-dihydro-imidazol-4-on-oxim C₁₆H₁₃N₃O, vermutlich Formel XIII.

B. Aus 5-[(*Z*?)-Benzyliden]-2-phenyl-3,5-dihydro-imidazol-4-thion [S. 729] (*Chambon, Boucherle*, Bl. **1954** 723, 725).

Hydrochlorid C₁₆H₁₃N₃O·HCl. Kristalle; F: 225° [korr.; Zers.].

5-[(*Z*?)-Benzyliden]-3-methyl-2-phenyl-3,5-dihydro-imidazol-4-on C₁₇H₁₄N₂O, vermutlich Formel XII (R = CH₃, X = X′ = H).

Bezüglich der Konfiguration vgl. *Maquestiau et al.*, Bl. Soc. chim. Belg. **83** [1974] 259.

B. Beim Erhitzen von α-Benzoylamino-zimtsäure-methylamid auf 200° im Vakuum (*Kjær*, Acta chem. scand. **7** [1953] 900, 904).

Kristalle (aus A.); F: 135° [unkorr.] (*Kjær*). Absorptionsspektrum (A. sowie äthanol. KOH; 220—450 nm): *Kjær*, l. c. S. 902.

5-[(*Z*)-Benzyliden]-3-hydroxy-2-phenyl-3,5-dihydro-imidazol-4-on C₁₆H₁₂N₂O₂, Formel XII (R = OH, X = X′ = H).

Bezüglich der Konfiguration vgl. *Maquestiau et al.*, Bl. Soc. chim. Belg. **83** [1974] 259.

B. Beim Behandeln von (2*RS*,3*SR*)-2-Benzoylamino-3-chlor-3-phenyl-propionohydrox= amsäure mit wss. KOH (*Winternitz et al.*, 9. Congr. Soc. Pharm. Clermont-Ferrand 1957 S. 229, 234). Aus α-Benzoylamino-cinnamohydroxamsäure (E III **10** 3014) und wss. HCl (*Shaw, McDowell*, Am. Soc. **71** [1949] 1691, 1693) oder HCl enthaltendem Dioxan, meth= anol. HCl oder HBr sowie HCl oder HBr enthaltender Essigsäure (*Kotschetkow et al.*, Ž. obšč. Chim. **29** [1959] 635, 639, 640; engl. Ausg. S. 630, 632, 634). In mässiger Ausbeute beim Behandeln von 4-[(*Z*)-Benzyliden]-2-phenyl-4*H*-oxazol-5-on (Konfiguration: *Ma. et al.*) mit wss.-methanol. NH₂OH (*Shaw, McD.*).

Gelbe Kristalle; F: 206—207° [unkorr.; aus A.] (*Shaw, McD.*), 203—205° (*Wi. et al.*), 202—204° [Zers.; aus A.] (*Ko. et al.*). UV-Spektrum (220—310 nm): *Ko. et al.*, l. c. S. 638.

5-[(*Z*)-Benzyliden]-3-methoxy-2-phenyl-3,5-dihydro-imidazol-4-on C₁₇H₁₄N₂O₂, Formel XII (R = O-CH₃, X = X′ = H).

B. Aus der vorangehenden Verbindung, CH₃I und Natriummethylat in Methanol (*Kotschetkow et al.*, Ž. obšč. Chim. **29** [1959] 635, 639; engl. Ausg. S. 630, 633).

Gelbe Kristalle (aus A.); F: 115—116°.

5-[(Z)-Benzyliden]-3-benzyloxy-2-phenyl-3,5-dihydro-imidazol-4-on $C_{23}H_{18}N_2O_2$,
Formel XII (R = O-CH$_2$-C$_6$H$_5$, X = X' = H).

B. Beim Erwärmen von α-Benzoylamino-zimtsäure-benzyloxyamid (E III **10** 3014)
mit wss. HCl in Dioxan (*Shaw, McDowell*, Am. Soc. **71** [1949] 1691, 1693). Aus 5-[(Z)-
Benzyliden]-3-hydroxy-2-phenyl-3,5-dihydro-imidazol-4-on, Benzylchlorid und Natrium=
äthylat in Äthanol (*Shaw, McD.*).

Gelbe Kristalle (aus Me.); F: 122° [unkorr.].

5-[(Z)-Benzyliden]-2-[4-chlor-phenyl]-3,5-dihydro-imidazol-4-on [1]) $C_{16}H_{11}ClN_2O$,
Formel XII (R = X' = H, X = Cl), und Tautomeres.

B. Aus 2-[4-Chlor-phenyl]-4,5-dihydro-1*H*-imidazol-4,5-diol (E III/IV **23** 3127), Benz=
aldehyd und wss.-äthanol. KOH (*Ekeley, Ronzio*, Am. Soc. **57** [1935] 1353, 1355).

Gelbe Kristalle (aus Butylacetat); F: 331,5°.

5-[(Z?)-2-Chlor-benzyliden]-2-phenyl-3,5-dihydro-imidazol-4-on [1]) $C_{16}H_{11}ClN_2O$,
vermutlich Formel XII (R = X = H, X' = Cl), und Tautomeres.

B. Aus 2-Phenyl-4,5-dihydro-1*H*-imidazol-4,5-diol (E III/IV **23** 3127), 2-Chlor-benz=
aldehyd und wss.-äthanol. KOH (*Ekeley, Elliott*, Am. Soc. **58** [1936] 163).

Gelbe Kristalle (aus Äthylbenzoat); F: 260°.

5-[(Z?)-4-Chlor-benzyliden]-2-phenyl-3,5-dihydro-imidazol-4-on [1]) $C_{16}H_{11}ClN_2O$,
vermutlich Formel XIV (R = X = H, X' = Cl), und Tautomeres.

B. Analog der vorangehenden Verbindung (*Ekeley, Elliott*, Am. Soc. **58** [1936] 163).

Gelbe Kristalle (aus Äthylbenzoat); F: 305—306°.

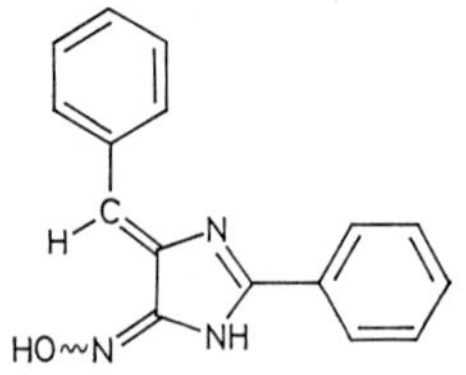

XIII 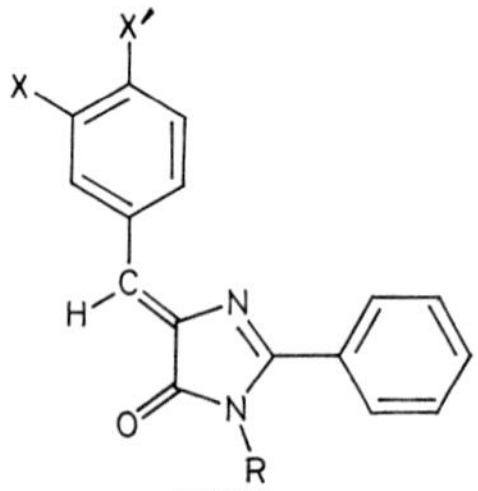   XIV 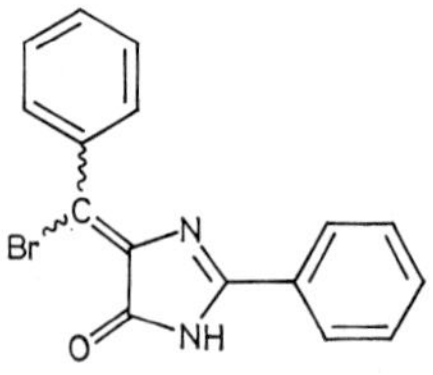   XV

5-[(Z?)-4-Brom-benzyliden]-3-hydroxy-2-phenyl-3,5-dihydro-imidazol-4-on
$C_{16}H_{11}BrN_2O_2$, vermutlich Formel XIV (R = OH, X = H, X' = Br).

Bezüglich der Konfiguration vgl. *Maquestiau et al.*, Bl. Soc. chim. Belg. **83** [1974] 259.

B. Aus α-Benzoylamino-4-brom-cinnamohydroxamsäure (F: 114—115°) und methanol.
HCl (*Kotschetkow et al.*, Ž. obšč. Chim. **29** [1959] 635, 639, 640; engl. Ausg. S. 630, 632,
634).

Gelbe Kristalle (aus wss. A. + Acn.); F: 256—257° (*Ko. et al.*).

***5-[α-Brom-benzyliden]-2-phenyl-3,5-dihydro-imidazol-4-on** $C_{16}H_{11}BrN_2O$, Formel XV,
und Tautomeres.

B. Beim Behandeln von (±)-5-Brom-5-[α,α-dibrom-benzyl]-2-phenyl-3,5-dihydro-
imidazol-4-on-hydrobromid (S. 693) mit Aceton (*Williams, Ronzio*, Am. Soc. **68** [1946]
647).

Gelbe Kristalle (aus Pentan-2-ol); F: 230°.

Hydrobromid $C_{16}H_{11}BrN_2O \cdot HBr$. Gelbe Kristalle; F: 265—266° [Zers.].

5-[(Z?)-Benzyliden]-2-[4-nitro-phenyl]-3,5-dihydro-imidazol-4-on [1]) $C_{16}H_{11}N_3O_3$,
vermutlich Formel XII (R = X' = H, X = NO$_2$), und Tautomeres.

B. In mässiger Ausbeute beim Behandeln von 4-Nitro-benzamidin-hydrochlorid mit
Glyoxal und wss. KOH und Behandeln des Reaktionsprodukts mit Benzaldehyd und wss.-

---

[1]) Bezüglich der Konstitution und Konfiguration vgl. die Angaben im Artikel 5-[(Z)-
Benzyliden]-2-phenyl-3,5-dihydro-imidazol-4-on (S. 726).

äthanol. KOH (*Ekeley, Ronzio*, Am. Soc. **57** [1935] 1353, 1354, 1355).
    Gelbe Kristalle (aus Butylacetat); F: 326°.

5-[(Z?)-2-Nitro-benzyliden]-2,3-diphenyl-3,5-dihydro-imidazol-4-on $C_{22}H_{15}N_3O_3$,
vermutlich Formel XII (R = C_6H_5, X = H, X' = NO_2) auf S. 727.
    Bezüglich der Konfiguration vgl. *Maquestiau et al.*, Bl. Soc. chim. Belg. **83** [1974] 259.
    B. Beim Erhitzen von α-Benzoylamino-2-nitro-zimtsäure-anilid (E III **12** 1007) mit
$POCl_3$ (*Narany, Ray*, Soc. **1931** 976, 978).
    Gelbe Kristalle (aus A.); F: 178° (*Na., Ray*).

5-[(Z?)-3-Nitro-benzyliden]-2-phenyl-3,5-dihydro-imidazol-4-on [1]) $C_{16}H_{11}N_3O_3$,
Formel XIV (R = X' = H, X = NO_2), und Tautomeres.
    B. Aus 2-Phenyl-4,5-dihydro-1H-imidazol-4,5-diol (E III/IV **23** 3127), 3-Nitro-benz=
aldehyd und wss.-äthanol. KOH (*Ekeley, Ronzio*, Am. Soc. **57** [1935] 1353, 1355).
    Gelbe Kristalle (aus Butylacetat); F: 262° (*Ek., Ro.*).

3-Hydroxy-5-[(Z?)-3-nitro-benzyliden]-2-phenyl-3,5-dihydro-imidazol-4-on $C_{16}H_{11}N_3O_4$,
vermutlich Formel XIV (R = OH, X = NO_2, X' = H).
    Bezüglich der Konfiguration vgl. *Maquestiau et al.*, Bl. Soc. chim. Belg. **83** [1974] 259.
    B. Aus α-Benzoylamino-3-nitro-cinnamohydroxamsäure (F: 110–112°) und methanol.
HCl (*Kotschetkow et al.*, Ž. obšč. Chim. **29** [1959] 635, 639, 640; engl. Ausg. S. 630, 632,
634).
    Kristalle (aus A.); F: 197–198°. UV-Spektrum (220–320 nm): *Ko. et al.*, l. c. S. 638.

5-[(Z?)-Benzyliden]-2-phenyl-3,5-dihydro-imidazol-4-thion $C_{16}H_{12}N_2S$, vermutlich
Formel I, und Tautomeres.
    Bezüglich der Konfiguration vgl. *Maquestiau et al.*, Bl. Soc. chim. Belg. **83** [1974] 259.
    B. Aus 2-Phenyl-3,5-dihydro-imidazol-4-thion und Benzaldehyd in wss.-äthanol. KOH
(*Chambon, Boucherle*, Bl. **1954** 723, 725).
    Grünlichgelbe Kristalle (aus Bzl. + A.); F: 244–246° [korr.] (*Ch., Bo.*).
    Quecksilber(II)-chlorid-Doppelsalz. F: 290–300° [korr.; Zers.] (*Ch., Bo.*).

2-Benzoyl-4-phenyl-1(3)H-imidazol, Phenyl-[4-phenyl-1(3)H-imidazol-2-yl]-keton
$C_{16}H_{12}N_2O$, Formel II (R = X = H) und Tautomeres (H 225, 226; E II 113).
    B. Beim Erhitzen von Phenacylazid in Trichlorbenzol, 1,3-Dimethoxy-benzol oder
Diphenyläther auf 240° (*Boyer, Straw*, Am. Soc. **74** [1952] 4506). Beim Erwärmen von
2-Hydroxy-1-phenyl-äthanon mit Kupfer(II)-acetat und wss.-methanol. NH_3 (*Schubert*,
J. pr. [4] **8** [1959] 333, 336).
    Dimorphe Kristalle (nach Chromatographieren an Al_2O_3 mit Acn. oder Bzl.); F: 194,5°
[korr.] und (nach Wiedererstarren bei 195°) F: 201–202° [korr.; gelbe Schmelze]
(*Schubert et al.*, J. pr. [4] **24** [1964] 125, 126, 127). Kristalle (aus wss. Dioxan); F: 204°
bis 205° [korr.] (*Sch.*). Gelbe Kristalle (aus wss. A., wss. Py. oder A.); F: 196–198°
[unkorr.] (*Bo., St.*). Bei 190–200°/1 Torr sublimierbar (*Bo., St.*).
    Hydrochlorid (H 225). Kristalle; F: 215–220° [unkorr.; Zers.] (*Bo., St.*).
    Picrat (vgl. H 225). Gelbe Kristalle (aus A.); F: 153–154° [korr.] (*Sch.*).
    Styphnat $C_{16}H_{12}N_2O \cdot C_6H_3N_3O_8$. Hellgelbe Kristalle (aus A.) mit 1 Mol H_2O, F:
110–114° [korr.]; das wasserfreie Salz schmilzt bei 201–202° [korr.] (*Sch.*).
    2,4-Dinitro-phenylhydrazon $C_{22}H_{16}N_6O_4$. Rote Kristalle; F: 272–273° [aus
Dioxan] (*Sch.*), 265° [aus wss. Eg.] (*Gallagher et al.*, Soc. **1949** 910, 912).

**1-Acetyl-2-benzoyl-4-phenyl-1H-imidazol, [1-Acetyl-4-phenyl-1H-imidazol-2-yl]-phenyl-
keton** $C_{18}H_{14}N_2O_2$, Formel II (R = $CO-CH_3$, X = H).
    B. Beim Erhitzen der vorangehenden Verbindung mit Isopropenylacetat und wenig
konz. H_2SO_4 (*Boyer, Straw*, Am. Soc. **74** [1952] 4506).
    Hellgelbe Kristalle (aus Isopropenylacetat); F: 153–155° [unkorr.].

---

[1]) Bezüglich der Konstitution und Konfiguration vgl. die Angaben im Artikel 5-[(Z)-
Benzyliden]-2-phenyl-3,5-dihydro-imidazol-4-on (S. 726).

I   II   III

[1-Hydroxy-3-oxy-5-phenyl-1H-imidazol-2-yl]-phenyl-keton $C_{16}H_{12}N_2O_3$, Formel III, und Tautomeres.

Diese Konstitution kommt der früher (H **27** 281; E II **27** 314) als [4-Hydroxyimino-3-phenyl-4,5-dihydro-isoxazol-5-yl]-phenyl-keton, von *Angelico, Cusmano* (G. **66** [1936] 792, 794) als [4-Hydroxyimino-5-phenyl-4,5-dihydro-isoxazol-3-yl]-phenyl-keton sowie von *Cusmano, Sprio* (G. **82** [1952] 252, 253) als [4-Hydroxy-4-phenyl-4H-[1,2,5]oxadiazin-6-yl]-phenyl-keton formulierten Verbindung (F: 220—226° bzw. F: 220° [Zers.]) zu (*Bodendorf, Towliati*, Ar. **298** [1965] 293, 294; *Hahn et al.*, Roczniki Chem. **48** [1974] 345, 346; s. a. *Wright*, J. org. Chem. **29** [1964] 1620); entsprechend ist das H **27** 281; E II **27** 314 als 5-[α-Hydroxyimino-benzyl]-3-phenyl-5H-isoxazol-4-on-oxim beschriebene Derivat $C_{16}H_{13}N_3O_3$ (Zers. bei 221—222° bzw. F: 218° [Zers.]) als [1-Hydroxy-3-oxy-5-phenyl-1H-imidazol-2-yl]-phenyl-keton-oxim zu formulieren.

B. Beim Erwärmen von Phenylglyoxal-2-oxim mit wss. HCl (*An., Cu.*, l. c. S. 794; *Cu., Sp.*, l. c. S. 262; vgl. H **27** 281).

Hellgelbe Kristalle (aus wss. KOH + wss. HCl); F: 220° (*An., Cu.; Cu., Sp.*).

[4-Brom-phenyl]-[4-(4-brom-phenyl)-1(3)H-imidazol-2-yl]-keton $C_{16}H_{10}Br_2N_2O$, Formel II (R = H, X = Br) (E II 113).

B. Beim Erhitzen von 2-Azido-1-[4-brom-phenyl]-äthanon in Trichlorbenzol, 1,3-Dimethoxy-benzol oder Diphenyläther auf 240° (*Boyer, Straw*, Am. Soc. **74** [1952] 4506). Aus Phenyl-[4-phenyl-1(3)H-imidazol-2-yl]-keton und Brom in Essigsäure (*Gallagher et al.*, Soc. **1949** 910).

Hellgelbe Kristalle (aus A.); F: 248° (*Ga. et al.*), 245—247° [unkorr.] (*Bo., St.*).

5-trans(?)-Styryl-1(3)H-cycloheptimidazol-2-on $C_{16}H_{12}N_2O$, vermutlich Formel IV (X = O) und Tautomere.

B. Beim Erhitzen von 5-*trans*(?)-Styryl-cycloheptimidazol-2-ylamin (F: 253°) mit konz. wss. HCl und Essigsäure auf 160° (*Matsumura*, J. chem. Soc. Japan Pure Chem. Sect. **77** [1956] 300; C. A. **1958** 363). Beim Erhitzen der folgenden Verbindung mit HgO in Essigsäure auf 140° (*Matsumura*, J. chem. Soc. Japan Pure Chem. Sect. **78** [1957] 669; C. A. **1959** 6188).

Orangegelbe Kristalle (aus A.); F: 262° [Zers.] (*Ma.*, J. chem. Soc. Japan Pure Chem. Sect. **78** 669). Absorptionsspektrum (Me.; 220—470 nm): *Ma.*, J. chem. Soc. Japan Pure Chem. Sect. **77** 300.

2,4-Dinitro-phenylhydrazon $C_{22}H_{16}N_6O_4$. Kristalle; Zers. bei 193° (*Ma.*, J. chem. Soc. Japan Pure Chem. Sect. **77** 300).

Acetyl-Derivat $C_{18}H_{14}N_2O_2$; 1-Acetyl-5(oder 7)-*trans*(?)-styryl-1H-cycloheptimidazol-2-on. Bezüglich der Konstitution vgl. das analog hergestellte 1-Acetyl-1H-cycloheptimidazol-2-on (S. 340). — Kristalle (aus A.); F: 198—199° (*Ma.*, J. chem. Soc. Japan Pure Chem. Sect. **77** 300).

5-trans(?)-Styryl-1(3)H-cycloheptimidazol-2-thion $C_{16}H_{12}N_2S$, vermutlich Formel IV (X = S) und Tautomere.

B. Beim Erwärmen von 2-Methoxy-4-*trans*(?)-styryl-cyclohepta-2,4,6-trienon (Picrat; F: 156°) oder von 2-Methoxy-6-*trans*(?)-styryl-cyclohepta-2,4,6-trienon (F: 139—140°) mit Thioharnstoff in äthanol. Natriumäthylat (*Matsumura*, J. chem. Soc. Japan Pure Chem. Sect. **78** [1957] 669; C. A. **1959** 6188).

Rote Kristalle; F: 270° [Zers.]. Absorptionsspektrum in Methanol (230—550 nm) und in methanol. NaOH (230—500 nm): *Ma.*

IV　　　　　　　　V　　　　　　　　VI

2-*trans*-Styryl-3*H*-chinazolin-4-on $C_{16}H_{12}N_2O$, Formel V, und Tautomere (E I 278).

B. Beim Erwärmen von *N-trans*(?)-Cinnamoyl-anthranilsäure-amid (F: 237°) mit wss. NaOH (*Stephen, Wadge,* Soc. **1956** 4420). Aus 2-*trans*-Styryl-2,3-dihydro-1*H*-chinazolin-4-on mit Hilfe von $KMnO_4$ in Aceton (*Kilroe Smith, Stephen,* Tetrahedron **1** [1957] 38, 41, 44).

Kristalle (aus A.); F: 252° (*Ki. Sm., St.*).

4-Benzoyl-2-methyl-chinazolin, [2-Methyl-chinazolin-4-yl]-phenyl-keton $C_{16}H_{12}N_2O$, Formel VI.

B. Beim Erhitzen von Essigsäure-[2-phenylacetyl-anilid] mit Ammoniumacetat und NH_3 auf 165° (*Krishnan,* Pr. Indian Acad. [A] **47** [1958] 98, 101).

Gelbe Kristalle (aus PAe.); F: 138—139°. IR-Spektrum (2—12,5 μ): *Kr.,* l. c. S. 100.

3-*trans*(?)-Styryl-1*H*-chinoxalin-2-on $C_{16}H_{12}N_2O$, vermutlich Formel VII (R = X = X' = H), und Tautomeres.

Diese Konstitution kommt der früher (E II **24** 105) als 4-Phenyl-1,3-dihydro-benzo[*b*]-[1,4]diazepin-2-on („4-Phenyl-3.7-diaza-1.2-benzo-cycloheptadien-(1.3)-on-(6)") beschriebenen, von *Vaughan, Tripp* (Am. Soc. **82** [1960] 4370, 4371, 4372) als 2-Phenyl-2,3-dihydro-furo[2,3-*b*]chinoxalin formulierten Verbindung $C_{16}H_{12}N_2O$ zu (*Bodforss,* A. **609** [1957] 103, 115; *Ried, Stahlhofen,* B. **90** [1957] 828, 829; *Ried,* Privatmitteilung 1980).

B. Beim Erwärmen von 2-Oxo-4*t*-phenyl-but-3-ensäure (E III **10** 3141) mit *o*-Phenylen-diamin in Äthanol (*Ried, St.,* l. c. S. 831) oder in Äthanol und Essigsäure (*Bo.,* l. c. S. 103). Beim Erhitzen von 3-Methyl-1*H*-chinoxalin-2-on mit Benzaldehyd und wenig Piperidin in Xylol (*Ried, St.*).

Gelbe Kristalle; F: 260° [Zers.; aus Dioxan] (*Ried*), 253° [aus Eg.] (*Bo.*). Absorptionsspektrum in Äthanol (320—360 nm) und in wss. NaOH (320—420 nm): *Bo.,* l. c. S. 114.

Hydrobromid $C_{16}H_{12}N_2O \cdot HBr$. Rotes Pulver; Zers. bei 260° (*Bo.*).

1-Phenyl-3-*trans*(?)-styryl-1*H*-chinoxalin-2-on $C_{22}H_{16}N_2O$, vermutlich Formel VII (R = C_6H_5, X = X' = H).

B. Analog der vorangehenden Verbindung (*Bodforss,* A. **609** [1957] 103, 116).

Gelbe Kristalle (aus Eg.); F: 180°. Absorptionsspektrum (A.; 320—430 nm): *Bo.,* l. c. S. 114.

3-[2-Chlor-*trans*(?)-styryl]-1*H*-chinoxalin-2-on $C_{16}H_{11}ClN_2O$, vermutlich Formel VII (R = X' = H, X = Cl), und Tautomeres.

B. Analog den vorangehenden Verbindungen (*Bodforss,* A. **609** [1957] 103, 116).

Gelbe Kristalle (aus Eg.); F: 250°.

3-[4-Chlor-*trans*(?)-styryl]-1*H*-chinoxalin-2-on $C_{16}H_{11}ClN_2O$, vermutlich Formel VII (R = X = H, X' = Cl), und Tautomeres.

B. Analog den vorangehenden Verbindungen (*Bodforss,* A. **609** [1957] 103, 116). Beim Erhitzen von 3-Methyl-1*H*-chinoxalin-2-on mit 4-Chlor-benzaldehyd in Acetanhydrid auf 160° (*Landquist, Stacey,* Soc. **1953** 2822, 2827).

Gelbe Kristalle (aus Eg.); F: 275° (*Bo.*), 273—273,5° (*La., St.*).

VII   VIII   IX

*3-[β-Chlor-styryl]-1H-chinoxalin-2-on $C_{16}H_{11}ClN_2O$, Formel VIII (X = Cl), und Tautomeres.

B. Beim Erhitzen von 3-[α,β-Dichlor-phenäthyl]-1H-chinoxalin-2-on (S. 695), auch unter Zusatz von Biphenyl, Paraffinöl oder Sand (*Bodforss*, A. **609** [1957] 103, 119). Gelbe Kristalle (aus Eg.); F: 229°. Absorptionsspektrum (A.; 320—420 nm): *Bo.*, l. c. S. 114.

*3-[β-Brom-styryl]-1H-chinoxalin-2-on $C_{16}H_{11}BrN_2O$, Formel VIII (X = Br), und Tautomeres.

B. Beim Erwärmen von 3-[α,β-Dibrom-phenäthyl]-1H-chinoxalin-2-on (S. 695) mit $AgSO_4$ in konz. H_2SO_4 (*Bodforss*, A. **609** [1957] 103, 118). Gelbliche Kristalle; F: 191°. Absorptionsspektrum (A.; 320—420 nm): *Bo.*, l. c. S. 114.

3-[2-Nitro-*trans*(?)-styryl]-1H-chinoxalin-2-on $C_{16}H_{11}N_3O_3$, vermutlich Formel VII (R = X' = H, X = NO_2), und Tautomeres.

B. Beim Erwärmen von 3-Hydroxy-3-[2-nitro-*trans*(?)-styryl]-3,4-dihydro-1H-chin‌oxalin-2-on(?) (F: 195°) in Essigsäure (*Bodforss*, A. **609** [1957] 103, 116). Gelbe Kristalle (aus Eg.); Zers. bei 265°.

3-[2-Nitro-*trans*(?)-styryl]-1-phenyl-1H-chinoxalin-2-on $C_{22}H_{15}N_3O_3$, vermutlich Formel VII (R = C_6H_5, X = NO_2, X' = H).

B. Aus N-Phenyl-o-phenylendiamin und ($\pm$)-5-[2-Nitro-phenyl]-dihydro-furan-2,3-dion (E III/IV **17** 6172) in Äthanol und Essigsäure (*Bodforss*, A. **609** [1957] 103, 117). Gelbe Kristalle (aus Cyclohexanon + A.); F: 203°.

3-[3-Nitro-*trans*(?)-styryl]-1H-chinoxalin-2-on $C_{16}H_{11}N_3O_3$, vermutlich Formel IX, und Tautomeres.

B. Aus $4t$(?)-[3-Nitro-phenyl]-2-oxo-but-3-ensäure und o-Phenylendiamin (*Bodforss*, A. **609** [1957] 103, 116). Gelbe Kristalle (aus DMF); Zers. bei 262°.

3-[4-Nitro-*trans*(?)-styryl]-1H-chinoxalin-2-on $C_{16}H_{11}N_3O_3$, vermutlich Formel VII (R = X = H, X' = NO_2), und Tautomeres.

B. Analog der vorangehenden Verbindung (*Bodforss*, A. **609** [1957] 103, 116). Aus 3-Methyl-1H-chinoxalin-2-on und 4-Nitro-benzaldehyd in Essigsäure und konz. H_2SO_4 (*Bo.*). Gelbe Kristalle (aus DMF); F: 305°.

2-Acetyl-3-phenyl-chinoxalin, 1-[3-Phenyl-chinoxalin-2-yl]-äthanon $C_{16}H_{12}N_2O$, Formel X (H 226).

B. Neben anderen Verbindungen beim Behandeln von ($\pm$)-1-Phenyl-2-[3-phenyl-chinoxalin-2-yl]-propan-1-on mit CrO_3 in Essigsäure (*Lutz, Stuart*, Am. Soc. **59** [1937] 2316, 2321). Aus wss. 2-Methyl-4-phenyl-1H-benzo[b][1,4]diazepin-hydrogensulfat mit Peroxyessigsäure in Essigsäure (*Barltrop et al.*, Soc. **1959** 1132, 1139). Neben anderen Verbindungen beim Erwärmen von 3-Phenyl-chinoxalin-2-carbonsäure-äthylester mit Natrium und Äthylacetat und Erwärmen des Reaktionsprodukts mit wss.-äthanol. HCl (*Ba. et al.*). Kristalle; F: 111—112° [aus PAe.] (*Ba. et al.*), 110—111° [aus wss. A.] (*Lutz, St.*). Bei 140—150°/15 Torr sublimierbar (*Ba. et al.*). λ_{max} (A.): 205,5 nm, 246,5 nm und

331,5 nm (*Ba. et al.*, l. c. S. 1133).

2,4-Dinitro-phenylhydrazon $C_{22}H_{16}N_6O_4$. Orangerote Kristalle (aus Eg.); F: 223° (*Ba. et al.*).

2-Phenyl-4-*trans*-styryl-2H-phthalazin-1-on $C_{22}H_{16}N_2O$, Formel XI.

B. Aus 2-*trans* Cinnamoyl-benzoesäure und Phenylhydrazin in Äthanol und Essigsäure (*Hanson, Tarte*, Bl. Soc. chim. Belg. **66** [1957] 619, 628).

Kristalle (aus E.); F: 178—179°.

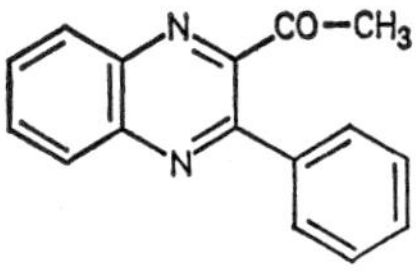

X 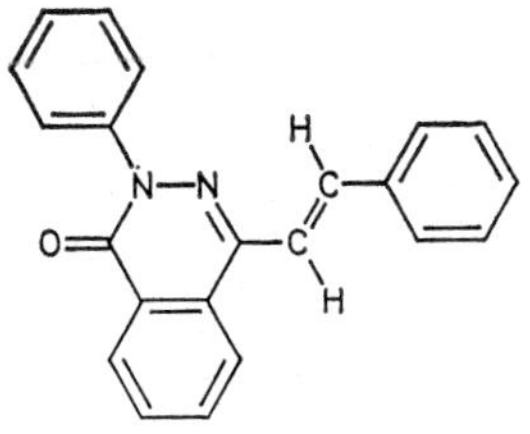   XI 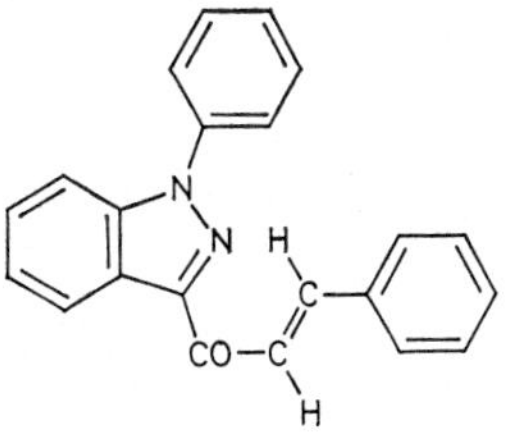   XII

3-*trans*(?)-Cinnamoyl-1-phenyl-1H-indazol, 3*t*(?)-Phenyl-1-[1-phenyl-1H-indazol-3-yl]-propenon $C_{22}H_{16}N_2O$, vermutlich Formel XII.

B. Aus 1-[1-Phenyl-1H-indazol-3-yl]-äthanon und Benzaldehyd in methanol. NaOH (*Borsche, Bütschli*, A. **522** [1936] 285, 294).

Hellgelbe Kristalle (aus Me.); F: 149—150°.

2-[2]Chinolyl-1-[2]pyridyl-äthanon $C_{16}H_{12}N_2O$, Formel XIII.

B. Aus [2]Chinolyl-methyllithium und Pyridin-2-carbonsäure-methylester in Äther (*Goldberg, Levine*, Am. Soc. **74** [1952] 5217).

Kristalle (aus PAe.); F: 152,5—154°.

Dipicrat $C_{16}H_{12}N_2O \cdot 2 C_6H_3N_3O_7$. Orangefarbene Kristalle; F: 171,5—172,0° [Zers.].

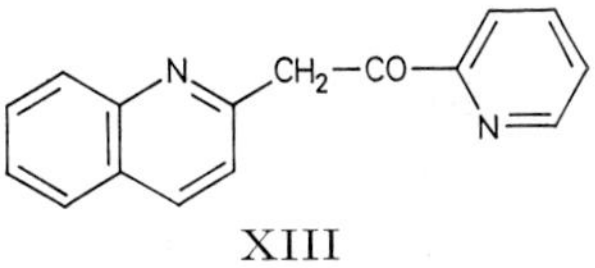

XIII 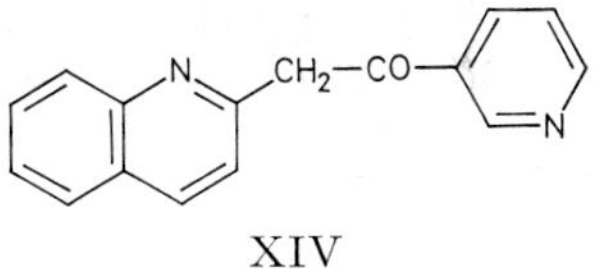   XIV

2-[2]Chinolyl-1-[3]pyridyl-äthanon $C_{16}H_{12}N_2O$, Formel XIV.

B. Analog der vorangehenden Verbindung (*Goldberg, Levine*, Am. Soc. **74** [1952] 5217).

Kristalle (aus PAe.); F: 121—122°.

Dipicrat $C_{16}H_{12}N_2O \cdot 2 C_6H_3N_3O_7$. Orangefarbene Kristalle; F: 215—215,5° [Zers.].

2-[2]Chinolyl-1-[4]pyridyl-äthanon $C_{16}H_{12}N_2O$, Formel I.

B. Analog den vorangehenden Verbindungen (*Goldberg, Levine*, Am. Soc. **74** [1952] 5217).

Kristalle (aus PAe.); F: 147,3—147,8°.

Dipicrat $C_{16}H_{12}N_2O \cdot 2 C_6H_3N_3O_7$. Rote Kristalle; F: 218,5—219,5° [Zers.].

2-Brom-1-[6,8-dichlor-2-[2]pyridyl-[4]chinolyl]-äthanon $C_{16}H_9BrCl_2N_2O$, Formel II.

Hydrobromid $C_{16}H_9BrCl_2N_2O \cdot HBr$. *B.* Beim Behandeln von 6,8-Dichlor-2-[2]pyr=idyl-chinolin-4-carbonylchlorid mit Diazomethan in CH_2Cl_2 und anschliessend mit wss. HBr [48%ig] (*Gilman et al.*, Am. Soc. **68** [1946] 2399). — Kristalle (aus Eg. + wss. HBr); F: 265—268°.

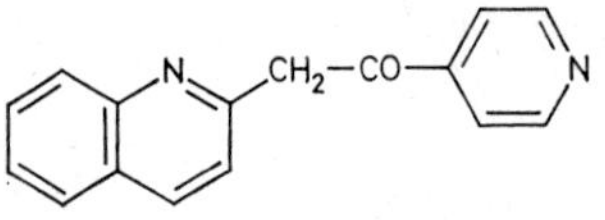

I 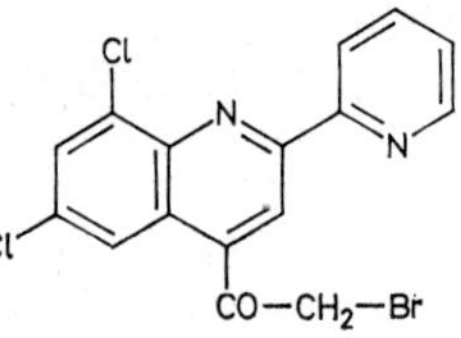 II 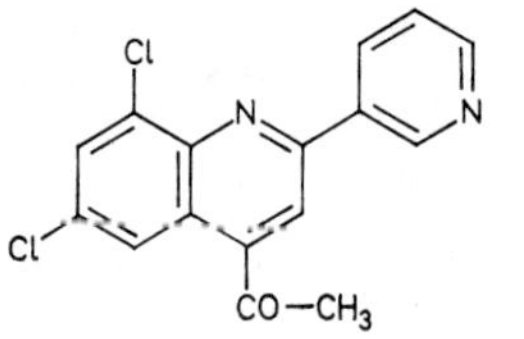 III

4-Acetyl-6,8-dichlor-2-[3]pyridyl-chinolin, 1-[6,8-Dichlor-2-[3]pyridyl-[4]chinolyl]-äthanon $C_{16}H_{10}Cl_2N_2O$, Formel III.

B. Beim Erwärmen von 6,8-Dichlor-2-[3]pyridyl-chinolin-4-carbonsäure-äthylester mit Äthylacetat und Natriumäthylat in Benzol und Erwärmen des Reaktionsprodukts mit wss. H_2SO_4 (*Winstein et al.*, Am. Soc. **68** [1946] 1831, 1834).

Kristalle (aus Butan-1-ol); F: 189—190° [korr.].

4-Acetyl-6,8-dichlor-2-[4]pyridyl-chinolin, 1-[6,8-Dichlor-2-[4]pyridyl-[4]chinolyl]-äthanon $C_{16}H_{10}Cl_2N_2O$, Formel IV.

B. In geringer Menge analog der vorangehenden Verbindung (*Winstein et al.*, Am. Soc. **68** [1946] 1831, 1833, 1834).

Kristalle (aus Butan-1-ol); F: 202—204° [korr.].

1',3'-Dihydro-1H-[2,2']biindolyliden-3-on $C_{16}H_{12}N_2O$, Formel V.

Das früher (E II **24** 114), von *Machemer* (J. pr. [2] **127** [1930] 109, 142) und von *Seidel* (B. **77/79** [1944/46] 788, 794) unter dieser Konstitution beschriebene Desoxyindigo (F: 317°) ist wahrscheinlich als 5',8'-Dihydro-dispiro[indolin-2,6'-indolo[2,3-c]carbazol-7',2''-indolin]-3,3''-dion ($C_{32}H_{20}N_4O_2$) zu formulieren (*Bergman et al.*, Tetrahedron Letters **1978** 3147).

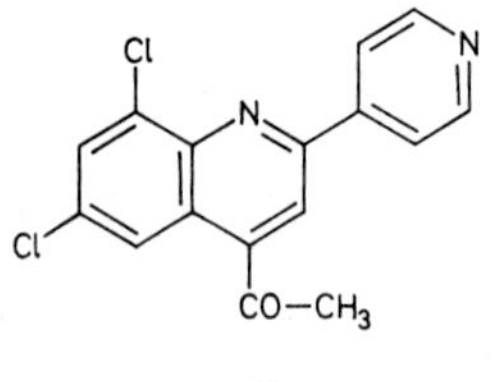

IV 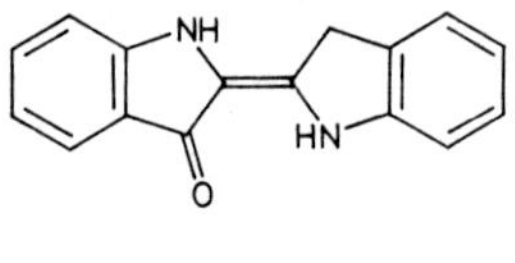 V 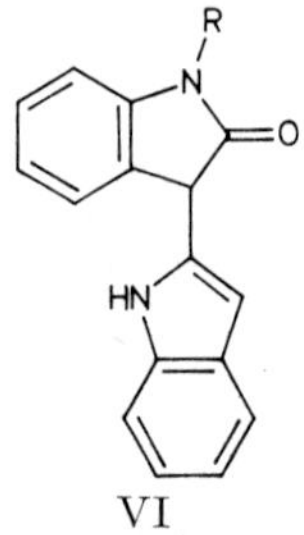 VI 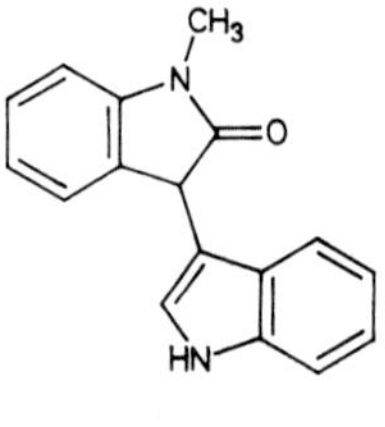 VII

1',3'-Dihydro-1H-[2,3']biindolyl-2'-on, 3-Indol-2-yl-indolin-2-on $C_{16}H_{12}N_2O$, Formel VI (R = H), und Tautomeres (1H,1'H-[2,3']Biindolyl-2'-ol); **Indileucin** (H 430 [im Artikel Indirubin]).

Konstitution: *de Diesbach, Wiederkehr*, Helv. **28** [1945] 690, 693.

Monomethyl-Derivat $C_{17}H_{14}N_2O$; 1'-Methyl-1',3'-dihydro-1H-[2,3']biindolyl-2'-on (H 430). Kristalle; F: 225° (*de Di., Wi.*, l. c. S. 697).

Dibenzoyl-Derivat $C_{30}H_{20}N_2O_3$; 1(?)-Benzoyl-2'(?)-benzoyloxy-1H,1'H-[2,3']biindolyl. Kristalle; F: 193° (*de Di., Wi.*, l. c. S. 698).

1'-Phenyl-1',3'-dihydro-1H-[2,3']biindolyl-2'-on $C_{22}H_{16}N_2O$, Formel VI (R = C_6H_5) (in der Literatur als 1-Phenyl-indileucin bezeichnet).

B. Beim Erhitzen von (Z)-1'-Phenyl-1H,1'H-[2,3']biindolyliden-3,2'-dion („1-Phenyl-indirubin") mit Zink, Essigsäure und konz. wss. HCl (*de Diesbach, Fässler*, Helv. **28** [1945] 1387, 1391).

Kristalle (aus Acn.); F: 186°.

(±)-1-Methyl-1,3-dihydro-1′H-[3,3′]biindolyl-2-on $C_{17}H_{14}N_2O$, Formel VII, und Tautomeres.

B. Beim Erhitzen von (±)-3-Hydroxy-1-methyl-1,3-dihydro-1′H-[3,3′]biindolyl-2-on mit HI in Essigsäure (*Steinkopf, Wilhelm*, A. **546** [1941] 211, 225).

Kristalle (aus Bzl. + PAe.); F: 169—170°.

5-Phenyl-7,12-dihydro-5H-dibenzo[b,h][1,6]naphthyridin-6-on $C_{22}H_{16}N_2O$, Formel VIII, und Tautomeres.

B. Aus 5-Phenyl-5H-dibenzo[b,h][1,6]naphthyridin-6-on bei der Hydrierung an Platin in Äthanol (*Mann*, Soc. **1949** 2816, 2824).

Kristalle (aus A.) mit 1 Mol Äthanol; F: 238—257°. IR-Spektrum (Paraffinöl; 2,7 μ bis 6,8 μ): *Mann*, l. c. S. 2820.

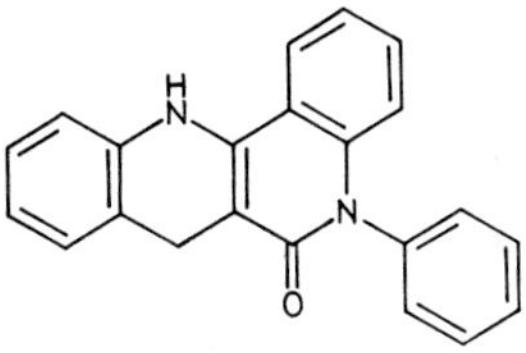

VIII 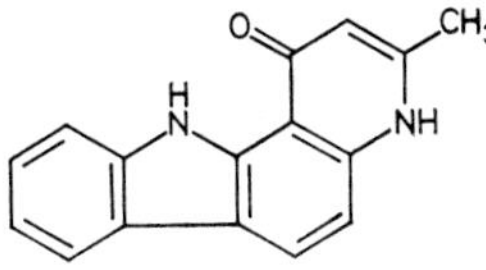   IX 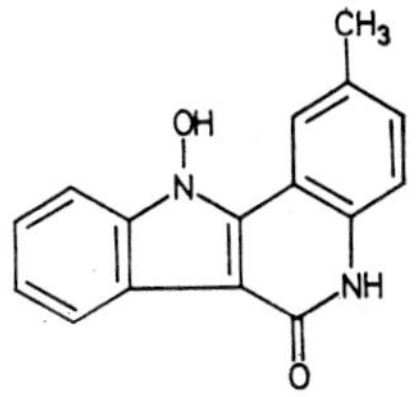   X

3-Methyl-4,11-dihydro-pyrido[3,2-a]carbazol-1-on $C_{16}H_{12}N_2O$, Formel IX, und Tautomeres.

B. Beim Erwärmen von Carbazol-2-ylamin mit Acetessigsäure-äthylester in Methanol und Erhitzen des Reaktionsprodukts mit 1-Chlor-naphthalin auf 250° (*Schenley Ind.*, U.S.P. 2650227 [1951]).

F: >300°.

11-Hydroxy-2-methyl-5,11-dihydro-indolo[3,2-c]chinolin-6-on $C_{16}H_{12}N_2O_2$, Formel X, und Tautomeres.

B. Beim Erhitzen von 10-Methyl-6-phenyl-7H-dibenzo[b,f][1,7]naphthyridin-12-on mit NaOH auf 400° (*de Diesbach, Moser*, Helv. **20** [1937] 132, 139).

Kristalle (aus Nitrobenzol), die bei 450° sublimieren.

3-Methyl-4,7-dihydro-pyrido[2,3-c]carbazol-1-on $C_{16}H_{12}N_2O$, Formel XI, und Tautomeres.

B. Aus 9-Acetyl-carbazol-3-ylamin und Acetessigsäure-äthylester in Methanol und Erhitzen des Reaktionsprodukts in Paraffin auf 250° (*Itai, Sekijima*, J. pharm. Soc. Japan **76** [1956] 798; C. A. **1957** 1164). Beim Erhitzen von 3-Carbazol-3-ylamino-crotonsäure-äthylester in Diphenyläther auf 280° (*Itai, Se.*).

Hellgelbe Kristalle (aus Me.); F: 328,5—329,5°.

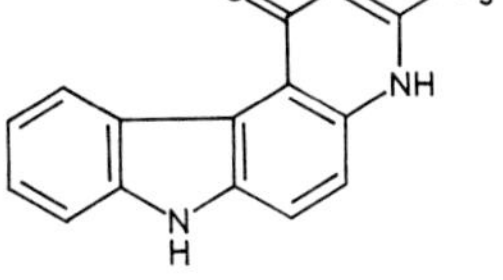

XI 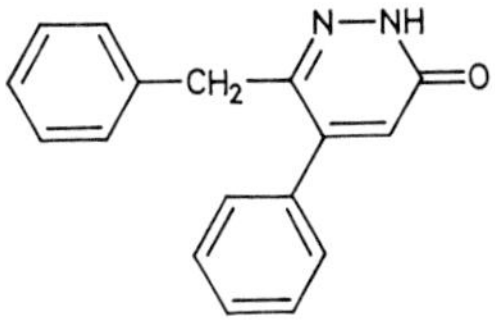   XII 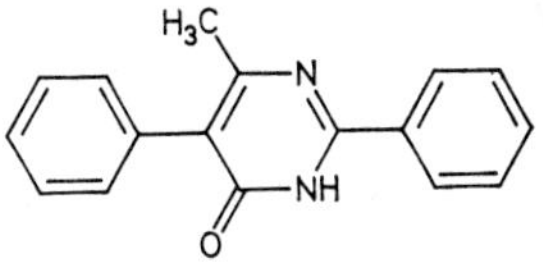   XIII

Oxo-Verbindungen $C_{17}H_{14}N_2O$

6-Benzyl-5-phenyl-2H-pyridazin-3-on $C_{17}H_{14}N_2O$, Formel XII, und Tautomeres.

B. Neben grösseren Mengen (±)-3,5-Diphenyl-valeriansäure beim Erhitzen von 6-Benzyl-5-phenyl-4,5-dihydro-2H-pyridazin-3-on mit KOH auf 170° (*Maeder*, Helv. **29** [1946]

120, 130).
Kristalle (aus CCl_4); F: 142°.

6-Methyl-2,5-diphenyl-3H-pyrimidin-4-on $C_{17}H_{14}N_2O$, Formel XIII, und Tautomere.
B. Beim Erhitzen von (±)-2-Phenyl-acetessigsäure-amid mit Benzamid und wenig konz.
wss. HCl auf 130° (*Wajon, Arens*, R. **76** [1957] 79, 86).
Kristalle (aus wss. Eg.); F: 242—244,5° [unkorr.].

6-Methyl-3,5-diphenyl-1H-pyrazin-2-on $C_{17}H_{14}N_2O$, Formel I, und Tautomeres.
B. Neben grösseren Mengen 6-Methyl-3-phenyl-1H-pyrazin-2-on beim Behandeln von
6-Methyl-1H-pyrazin-2-on mit wss. Benzoldiazoniumchlorid in wss. NaOH (*Karmas,
Spoerri*, Am. Soc. **78** [1956] 4071, 4075).
Orangefarbene Kristalle (aus Butan-1-ol); F: 277—279°.

5-Methyl-3,6-diphenyl-1H-pyrazin-2-on $C_{17}H_{14}N_2O$, Formel II, und Tautomeres.
B. Neben überwiegenden Mengen 5-Methyl-3-phenyl-1H-pyrazin-2-on beim Behandeln
von 5-Methyl-1H-pyrazin-2-on mit wss. Benzoldiazoniumchlorid in wss. NaOH (*Karmas,
Spoerri*, Am. Soc. **78** [1956] 4071, 4074).
Bräunliche Kristalle (aus Butylacetat); F: 229—231°.

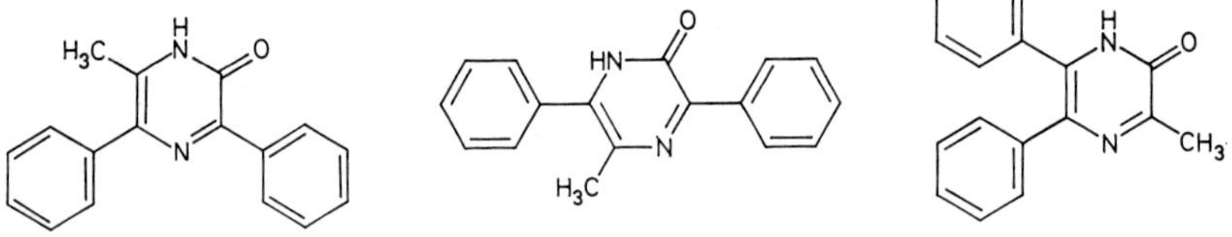

I   II   III

3-Methyl-5,6-diphenyl-1H-pyrazin-2-on $C_{17}H_{14}N_2O$, Formel III, und Tautomeres.
B. Beim Erwärmen von Benzil mit DL-Alanin-amid-hydrobromid, Ag_2O und Piperidin
in Methanol (*Karmas, Spoerri*, Am. Soc. **74** [1952] 1580, 1582, 1584). Aus Benzil und
DL-Alanin-nitril in wss.-methanol. NaOH (*Am. Cyanamid Co.*, U.S.P. 2805223 [1955]).
Kristalle (aus Acn.); F: 213—214° [unkorr.] (*Ka., Sp.*), 212,5—213,5° (*Am. Cyanamid
Co.*).

1-Phenyl-2-[5-phenyl-1(2)H-pyrazol-3-yl]-äthanon-hydrazon $C_{17}H_{16}N_4$, Formel IV
und Tautomeres.
B. Beim Erwärmen von 1,5-Diphenyl-pentan-1,3,5-trion (*El-Kholy et al.*, Soc. **1959**
2588, 2591) oder von 2,6-Diphenyl-pyran-4-on (*Ainsworth, Jones*, Am. Soc. **76** [1954]
3172) mit $N_2H_4 \cdot H_2O$ in Methanol.
Kristalle (aus Me.); F: 175—176° (*Ai., Jo.*), 168° (*El-Kh. et al.*).

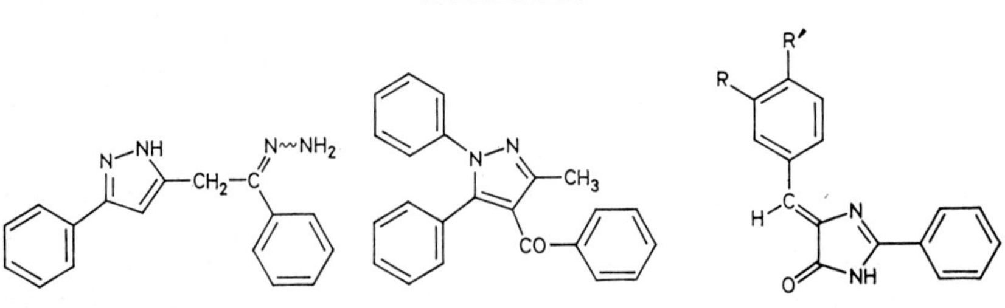

IV   V   VI

4-Benzoyl-3-methyl-1,5-diphenyl-1H-pyrazol, [3-Methyl-1,5-diphenyl-1H-pyrazol-4-yl]-phenyl-keton $C_{23}H_{18}N_2O$, Formel V.

B. Beim Erwärmen von 3-Methyl-1,5-diphenyl-1H-pyrazol-4-carbonylchlorid mit Benzol und AlCl$_3$ (*Borsche, Hahn,* A. **537** [1939] 219, 241).

Kristalle (aus wss. Me.); F: 115—116°.

2,4-Dinitro-phenylhydrazon $C_{29}H_{22}N_6O_4$. Rote Kristalle; F: 207°.

5-[(Z?)-3-Methyl-benzyliden]-2-phenyl-3,5-dihydro-imidazol-4-on [1]) $C_{17}H_{14}N_2O$, vermutlich Formel VI (R = CH$_3$, R' = H), und Tautomeres.

B. Aus 2-Phenyl-4,5-dihydro-1H-imidazol-4,5-diol (E III/IV **23** 3127), m-Toluylaldehyd und wss.-äthanol. KOH (*Ekeley, Elliott,* Am. Soc. **58** [1936] 163).

Gelbe Kristalle (aus Äthylbenzoat); F: 237—238°.

5-[(Z?)-4-Methyl-benzyliden]-2-phenyl-3,5-dihydro-imidazol-4-on [1]) $C_{17}H_{14}N_2O$, vermutlich Formel VI (R = H, R' = CH$_3$), und Tautomeres.

B. Analog der vorangehenden Verbindung (*Ekeley, Ronzio,* Am. Soc. **57** [1935] 1353, 1355).

Gelbe Kristalle (aus Butylacetat); F: 319°.

5-[(Z?)-Benzyliden]-2-m-tolyl-3,5-dihydro-imidazol-4-on [1]) $C_{17}H_{14}N_2O$, vermutlich Formel VII (R = CH$_3$, R' = X = H), und Tautomeres.

B. Aus 2-m-Tolyl-4,5-dihydro-1H-imidazol-4,5-diol (E III/IV **23** 3130), Benzaldehyd und wss.-äthanol. KOH (*Ekeley, Ronzio,* Am. Soc. **57** [1935] 1353, 1355).

Gelbe Kristalle (aus Butylacetat); F: 258,5°.

5-[(Z?)-Benzyliden]-2-p-tolyl-3,5-dihydro-imidazol-4-on [1]) $C_{17}H_{14}N_2O$, vermutlich Formel VII (R = X = H, R' = CH$_3$), und Tautomeres.

B. Aus 2-p-Tolyl-4,5-dihydro-1H-imidazol-4,5-diol (E III/IV **23** 3130), Benzaldehyd und wss.-äthanol. KOH (*Ekeley, Elliott,* Am. Soc. **57** [1935] 1353, 1355).

Gelbe Kristalle (aus Butylacetat); F: 310°.

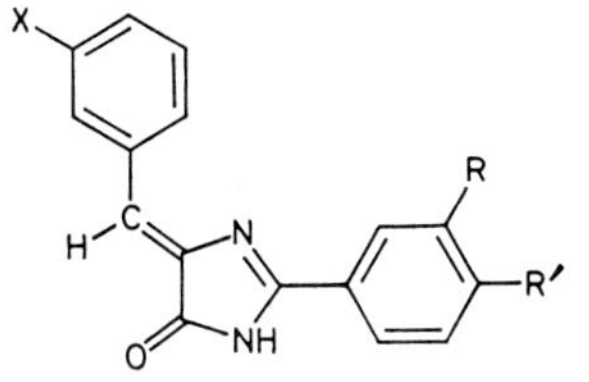

VII 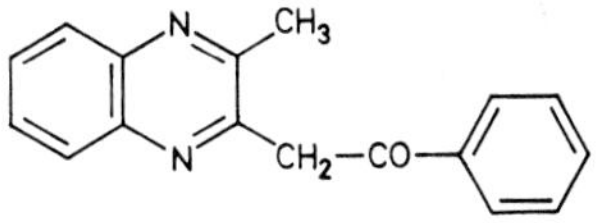   VIII

5-[(Z?)-3-Nitro-benzyliden]-2-p-tolyl-3,5-dihydro-imidazol-4-on [1]) $C_{17}H_{13}N_3O_3$, vermutlich Formel VII (R = H, R' = CH$_3$, X — NO$_2$), und Tautomeres.

B. Analog der vorangehenden Verbindung (*Ekeley, Ronzio,* Am. Soc. **57** [1935] 1353, 1355).

Gelbe Kristalle (aus Butylacetat); F: 295°.

2-Methyl-3-phenacyl-chinoxalin, 2-[3-Methyl-chinoxalin-2-yl]-1-phenyl-äthanon $C_{17}H_{14}N_2O$, Formel VIII.

B. Neben 2,3-Diphenacyl-chinoxalin beim Behandeln von 2,3-Dimethyl-chinoxalin mit Benzoesäure-äthylester und NaNH$_2$ in Äther (*Bergstrom, Moffat,* Am. Soc. **59** [1937] 1494, 1496).

Kristalle (aus PAe.); F: 125,6—126,5°.

---

[1]) Bezüglich der Konstitution und Konfiguration vgl. die Angaben im Artikel 5-[(Z)-Benzyliden]-2-phenyl-3,5-dihydro-imidazol-4-on (S. 726).

6(oder 7)-Methyl-3-*trans*-styryl-1*H*-chinoxalin-2-on $C_{17}H_{14}N_2O$, Formel IX (R = CH_3, R' = H oder R = H, R' = CH_3), und Tautomeres.

B. Aus 4-Methyl-*o*-phenylendiamin und 2-Oxo-4*t*-phenyl-but-3-ensäure in Essigsäure und Äthanol (*Bodforss*, A. **609** [1957] 103, 117).

Orangegelbe Kristalle (aus A.); F: 245—249°.

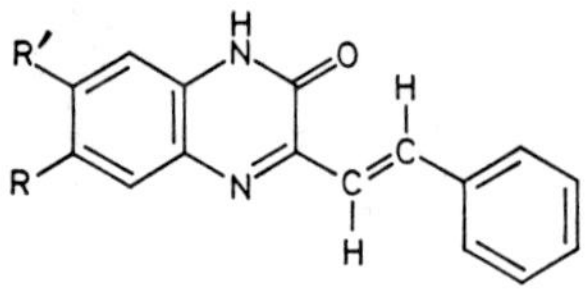

IX 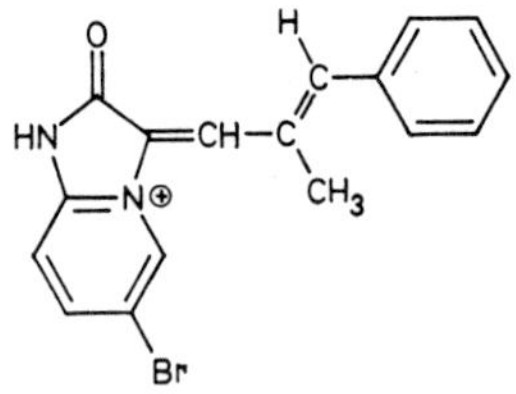   X

*6-Brom-3-[2-methyl-3*t*-phenyl-allyliden]-2-oxo-2,3-dihydro-1*H*-imidazo[1,2-*a*]= pyridinium $[C_{17}H_{14}BrN_2O]^+$, Formel X, und Mesomeres.

Bromid $[C_{17}H_{14}BrN_2O]Br$. *B.* Aus 6-Brom-2-oxo-2,3-dihydro-1*H*-imidazo[1,2-*a*]pyr= idinium-bromid, 2-Methyl-3*t*-phenyl-acrylaldehyd (E III **7** 1413) und wenig Piperidin in Äthanol (*Takahashi*, *Satake*, J. pharm. Soc. Japan **75** [1955] 20, 23; C. A. **1956** 1003). — Braune Kristalle (aus A.); Zers. bei 184°.

(±)-2-[10-Oxo-4-phenyl-3,4-dihydro-10*H*-pyrazino[1,2-*a*]indol-2-yl]-benzoesäure, Styrolindigogelb $C_{24}H_{18}N_2O_3$, Formel XI.

B. Beim Erwärmen von Styrolindigo ((±)-6-Phenyl-6,7-dihydro-pyrazino[1,2-*a*;4,3-*a'*]= diindol-13,14-dion) mit wss.-äthanol. KOH (*Pummerer*, *Fiesselmann*, A. **544** [1940] 206, 222, 233).

Gelbe Kristalle (aus A.); F: ca. 210° [nach Sintern und Braunfärbung ab 205°].

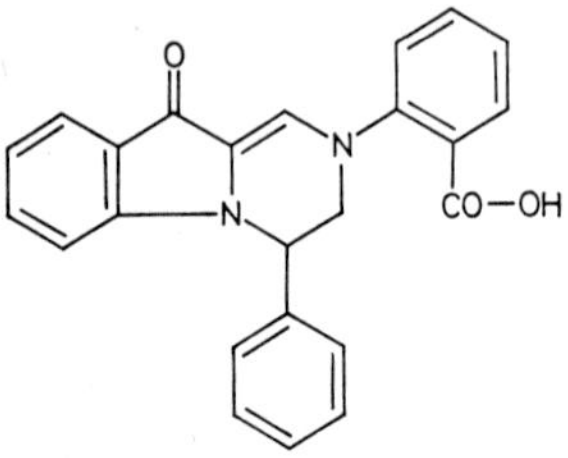

XI 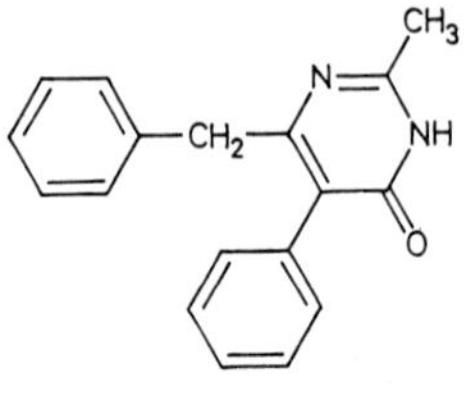   XII 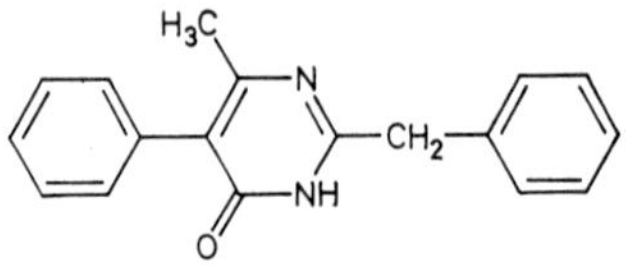   XIII

Oxo-Verbindungen $C_{18}H_{16}N_2O$

6-Benzyl-2-methyl-5-phenyl-3*H*-pyrimidin-4-on $C_{18}H_{16}N_2O$, Formel XII, und Tautomere.

B. Aus 2,4-Diphenyl-acetessigsäure-äthylester und Acetamidin in wss. NaOH (*Wajon*, *Arens*, R. **76** [1957] 79, 85). Beim Erhitzen von 2,4-Diphenyl-acetoacetonitril mit Essig= säure und konz. H_2SO_4 (*Wa.*, *Ar.*).

Kristalle (aus wss. Eg.); F: 220—223° [unkorr.].

2-Benzyl-6-methyl-5-phenyl-3*H*-pyrimidin-4-on $C_{18}H_{16}N_2O$, Formel XIII, und Tautomere.

B. Beim Erhitzen von 2-Phenyl-acetessigsäure-amid mit Phenylessigsäure-amid und wenig konz. wss. HCl auf 130° (*Wajon*, *Arens*, R. **76** [1957] 79, 86).

Kristalle (aus wss. Eg.); F: 175—177° [unkorr.].

5-Äthyl-2,6-diphenyl-3*H*-pyrimidin-4-on $C_{18}H_{16}N_2O$, Formel I, und Tautomere.

B. Aus 2-Benzoyl-buttersäure-äthylester und Benzamidin-hydrochlorid in wss.-äthanol.

NaOH (*Anker, Cook*, Soc. **1941** 323, 329).
Kristalle (aus Eg.); F: 266°.

3-Äthyl-5,6-diphenyl-1*H*-pyrazin-2-on $C_{18}H_{16}N_2O$, Formel II, und Tautomeres.
B. Beim Erwärmen von Benzil mit (+)-2-Amino-buttersäure amid-hydrobromid, Ag_2O und wenig Piperidin in Methanol (*Karmas, Spoerri*, Am. Soc. **74** [1952] 1580, 1582, 1584).
Kristalle (aus Acn.); F: 207—208° [unkorr.].

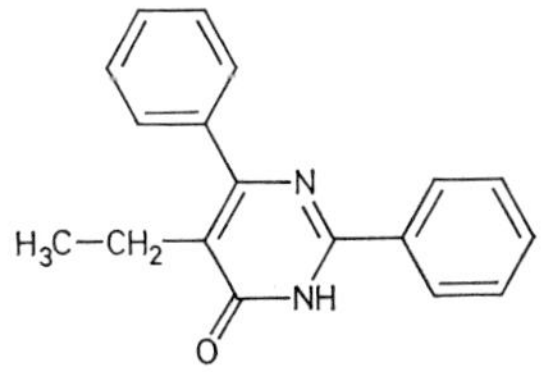

I 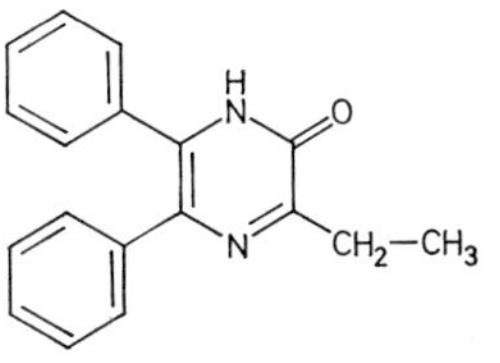   II 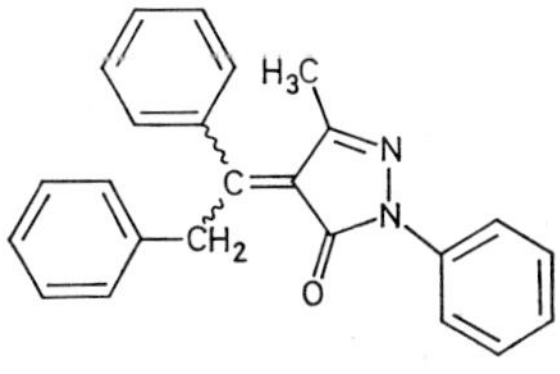   III

4-Bibenzyl-α-yliden-5-methyl-2-phenyl-2,4-dihydro-pyrazol-3-on $C_{24}H_{20}N_2O$, Formel III, und Tautomere.
B. Beim Erwärmen von 2-Phenyl-5-methyl-2,4-dihydro-pyrazol-3-on mit Desoxy=
benzoin (*Veibel et al.*, Acta chem. scand. **8** [1954] 768, 775).
Kristalle (aus Eg.); F: 220° (*Ve. et al.*, Acta chem. scand. **8** 775). Scheinbarer Dissozi=
ationsexponent pK'_b (H_2O [umgerechnet aus Eg.]; potentiometrisch ermittelt): 12,2 (*Veibel et al.*, Acta chem. scand. **6** [1952] 1066, 1071).

5-[(*Z*?)-4-Methyl-benzyliden]-2-*p*-tolyl-3,5-dihydro-imidazol-4-on [1]) $C_{18}H_{16}N_2O$,
vermutlich Formel IV, und Tautomeres.
B. Aus 2-*p*-Tolyl-4,5-dihydro-1*H*-imidazol-4,5-diol (E III/IV **23** 3130), *p*-Toluylaldehyd
und wss.-äthanol. KOH (*Ekeley, Ronzio*, Am. Soc. **57** [1935] 1353, 1355).
Gelbe Kristalle (aus Butylacetat); F: 295°.

Chinoxalin-2-yl-mesityl-keton(?) $C_{18}H_{16}N_2O$, vermutlich Formel V.
B. Beim Erhitzen von 1-Mesityl-propan-1,2-dion mit SeO_2 in wasserhaltigem Dioxan
und Erhitzen des Reaktionsprodukts mit *o*-Phenylendiamin in Essigsäure (*Locker et al.*,
Soc. **1953** 1628).
Kristalle (aus A.); F: 297,5°.

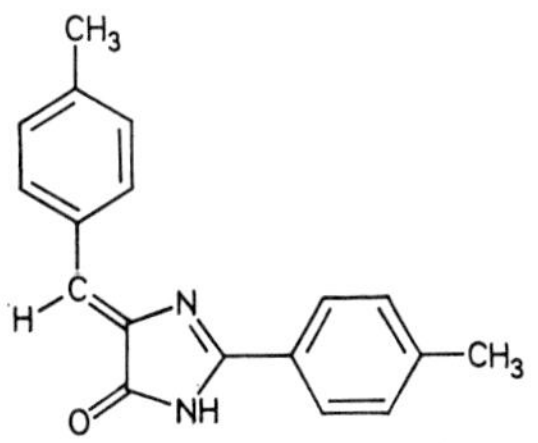

IV 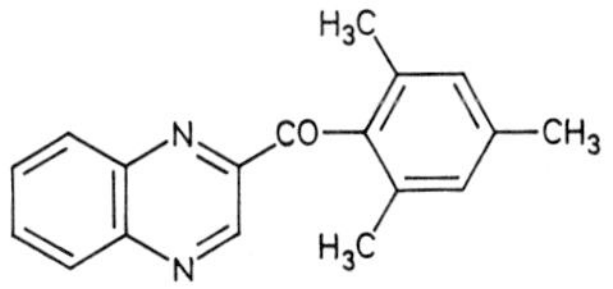   V 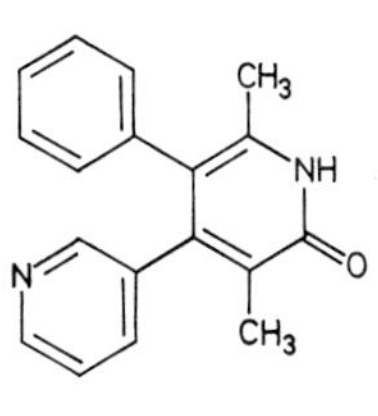   VI

3,6-Dimethyl-5-phenyl-4-[3]pyridyl-1*H*-pyridin-2-on $C_{18}H_{16}N_2O$, Formel VI, und
Tautomeres.
B. Beim Erhitzen von 2-Nicotinoyl-propionitril mit Phenylaceton und Polyphosphor=
säure auf 140° (*Hauser, Eby*, Am. Soc. **79** [1957] 728, 729, 730).
Kristalle (nach Sublimation bei 235°/2,5 Torr); F: 310—312° [unkorr.]. λ_{max} (Me.):
317 nm.

---

[1]) Bezüglich der Konstitution und Konfiguration vgl. die Angaben im Artikel 5-[(*Z*)-
Benzyliden]-2-phenyl-3,5-dihydro-imidazol-4-on (S. 726).

*Opt.-inakt. **4-Phenyl-4a,5,10,10a-tetrahydro-2H-benzo[g]phthalazin-1-on** $C_{18}H_{16}N_2O$, Formel VII, und Tautomeres.

B. Aus 3-Benzoyl-1,2,3,4-tetrahydro-naphthalin-2-carbonsäure (F: 146—147°) und $N_2H_4 \cdot H_2O$ (*Buchta, Eggor*, B. **90** [1957] 2760, 2763).
Kristalle (aus A.); F: 198° [unkorr.].

---

*Opt.-inakt. **5-Phenyl-4,4a,5,6-tetrahydro-2H-benzo[h]cinnolin-3-on** $C_{18}H_{16}N_2O$, Formel VIII.

B. Aus [1-Oxo-3-phenyl-1,2,3,4-tetrahydro-[2]naphthyl]-essigsäure (E III **10** 3396) und $N_2H_4 \cdot H_2O$ in Methanol (*Borsche, Sinn*, A. **555** [1944] 70, 76).
Kristalle (aus Me.); F: 191°.

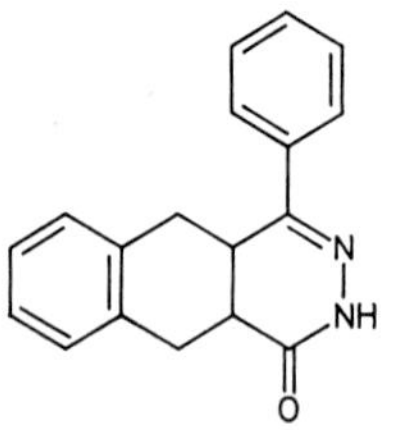

VII 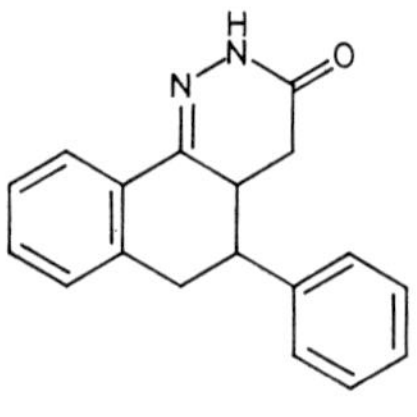   VIII 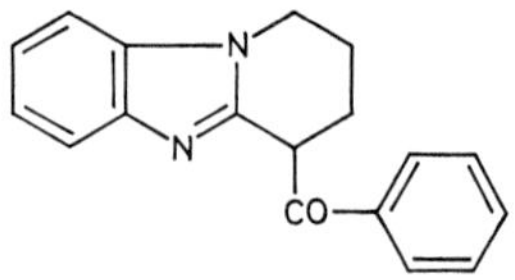   IX

($\pm$)-**4-Benzoyl-1,2,3,4-tetrahydro-benz[4,5]imidazo[1,2-a]pyridin**, ($\pm$)-**Phenyl-[1,2,3,4-tetrahydro-benz[4,5]imidazo[1,2-a]pyridin-4-yl]-keton** $C_{18}H_{16}N_2O$, Formel IX.

Diese Konstitution kommt der nachstehend beschriebenen, von *Huisgen, Rist* (A. **594** [1955] 159, 161, 164) als 5-Benzoyl-1,2,3,5-tetrahydro-benz[4,5]imidazo[1,2-a]pyridin angesehenen Verbindung zu (*Möhrle, Gerloff*, Ar. **311** [1978] 381, 386).

B. Aus 1,2,3,4-Tetrahydro-benz[4,5]imidazo[1,2-a]pyridin, Benzoylchlorid und wss. NaOH (*Hu., Rist*).
Kristalle (aus A.); F: 162,5—163,5° (*Hu., Rist*).

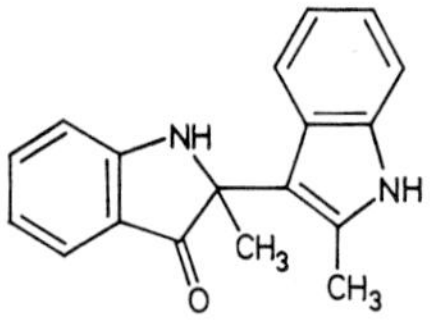

X 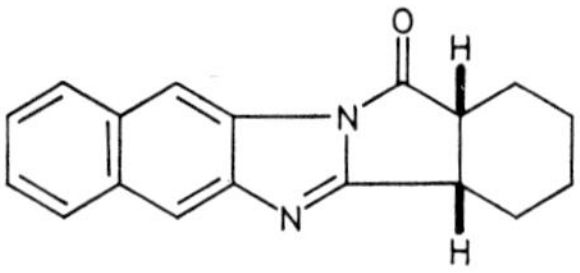   XI 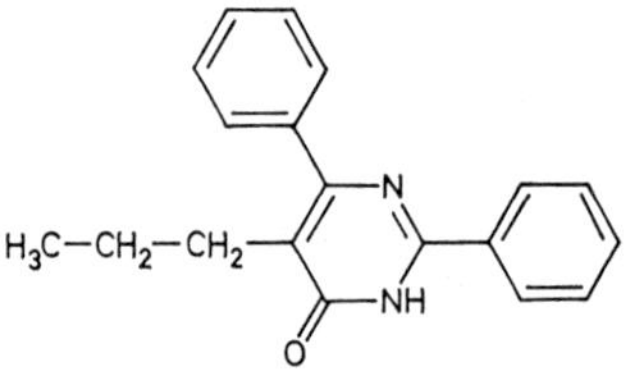   XII

2,2′-Dimethyl-1,2-dihydro-1′H-[2,3′]biindolyl-3-on $C_{18}H_{16}N_2O$, Formel X.

Diese Konstitution kommt der früher (E I **21** 217; E II **21** 47) und von *Toffoli* (Rend. Ist. super. Sanità **2** [1939] 565, 568) als Bis-[2-methyl-indol-3-yl]-äther beschriebenen sowie der von *Toffoli* (Atti X. Congr. int. Chim. Rom 1938, Bd. 3, S. 369) als Molekülkomplex aus 2-Methyl-indol mit 2-Methyl-indol-3-on angesehenen Verbindung zu (*Witkop, Patrick*, Am. Soc. **73** [1951] 713).

B. Beim Behandeln von 2-Methyl-indol mit wss. H_2O_2 und Essigsäure (*Witkop*, A. **558** [1944] 98, 105; *Komai*, Pharm. Bl. **4** [1956] 266, 272), mit wss. H_2O_2 und Dioxan (*Teuber, Staiger*, B. **88** [1955] 1066, 1070) oder mit $NO(SO_3K)_2$, KH_2PO_4, Aceton und wss. Essigsäure (*Te., St.*; vgl. E I **21** 217). Beim Leiten von Luft durch die warme Lösung von 2-Methyl-indolylmagnesium-bromid in Äther (*To.*, Rend. Ist. super. Sanità **2** 567). Neben anderen Verbindungen beim Behandeln von 3-Hydroxy-indol-2-carbonsäure-äthylester mit LiAlH$_4$ in Äther (*Ko.*).

Gelbe Kristalle (aus Me.); F: 212° [dunkelrote Schmelze] (*Wi.*), 211—212° (*Te., St.*), 209—210° [Zers.] (*Ko.*). IR-Spektrum in Paraffinöl (2—15 μ): *Te., St.*, l. c. S. 1067; in CHCl$_3$ (2—12 μ): *Wi., Pa.*, l. c. S. 715; s. a. *Ko.*, l. c. S. 269. Absorptionsspektrum in

Dioxan (220—480 nm): *Te.*, *St.*, l. c. S. 1068; in Äthanol (250—470 nm): *Wi.*, *Pa.*, l. c. S. 714; s. a. *Ko.*

(±)-(4ar,13ac)-1,2,3,4,4a,13a-Hexahydro-naphth[2′,3′:4,5]imidazo[2,1-a]isoindol-13-on $C_{18}H_{16}N_2O$, Formel XI.

B. Beim Erhitzen von *cis* 2-[1*H*-Naphth[2,3-*d*]imidazol-2-yl]-cyclohexancarbonsäure mit Acetanhydrid (*Betrabet*, *Chakravarti*, J. Indian chem. Soc. **7** [1930] 191, 197).

Kristalle (aus A.); F: 223—224°.

Oxo-Verbindungen $C_{19}H_{18}N_2O$

2,6-Diphenyl-5-propyl-3*H*-pyrimidin-4-on $C_{19}H_{18}N_2O$, Formel XII, und Tautomere.

B. Aus Benzamidin und 2-Benzoyl-valeriansäure-äthylester in wss. NaOH (*Anker*, *Cook*, Soc. **1941** 323, 330).

Kristalle (aus Eg.); F: 235°.

5,6-Diphenyl-3-propyl-1*H*-pyrazin-2-on $C_{19}H_{18}N_2O$, Formel XIII (R = C_2H_5, R′ = H), und Tautomeres.

B. Beim Behandeln von Benzil mit DL-Norvalin-amid-hydrobromid, Ag_2O und wenig Piperidin in Methanol (*Karmas*, *Spoerri*, Am. Soc. **74** [1952] 1580, 1582, 1584).

Kristalle (aus Me.); F: 205—206° [unkorr.].

3-Isopropyl-5,6-diphenyl-1*H*-pyrazin-2-on $C_{19}H_{18}N_2O$, Formel XIII (R = R′ = CH_3), und Tautomeres.

B. Analog der vorangehenden Verbindung (*Karmas*, *Spoerri*, Am. Soc. **74** [1952] 1580, 1582, 1584).

Kristalle (aus Acn.); F: 234—235° [unkorr.].

---

*4-Benzyliden-5-mesityl-2,4-dihydro-pyrazol-3-on $C_{19}H_{18}N_2O$, Formel XIV, und Tautomeres.

B. Aus 5-Mesityl-1,2-dihydro-pyrazol-3-on und Benzaldehyd (*Kohler*, *Baltzly*, Am. Soc. **54** [1932] 4015, 4022).

Gelbe Kristalle; Zers. bei ca. 280°.

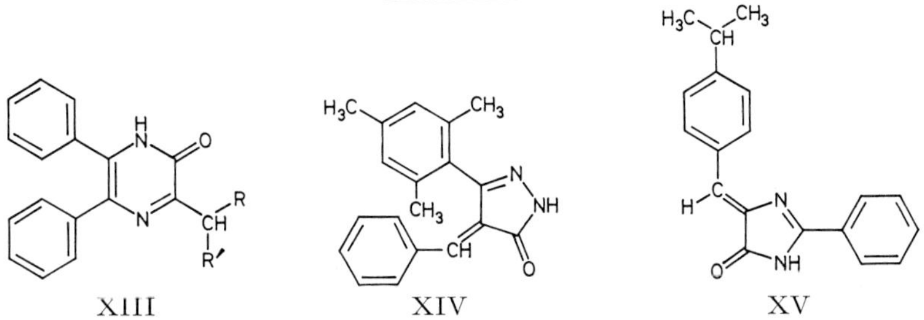

XIII   XIV   XV

5-[(*Z*?)-4-Isopropyl-benzyliden]-2-phenyl-3,5-dihydro-imidazol-4-on [1]) $C_{19}H_{18}N_2O$, vermutlich Formel XV, und Tautomeres (H 229).

B. Aus 2-Phenyl-4,5-dihydro-1*H*-imidazol-4,5-diol (E III/IV **23** 3127), 4-Isopropyl-benzaldehyd und wss.-äthanol. KOH (*Ekeley*, *Elliott*, Am. Soc. **58** [1936] 163).

Orangefarbene Kristalle (aus Äthylbenzoat); F: 246—247°.

---

*Opt.-inakt. 1-Methyl-2′,3′,10′,10′a-tetrahydro-5′*H*-spiro[indolin-3,1′-pyrrolo[1,2-*b*]iso=chinolin]-2-on $C_{20}H_{20}N_2O$, Formel I.

Diese Konstitution kommt der von *Julian et al.* (Am. Soc. **70** [1948] 174, 175) als

---

[1]) Bezüglich der Konstitution und Konfiguration vgl. die Angaben im Artikel 5-[(*Z*)-Benzyliden]-2-phenyl-3,5-dihydro-imidazol-4-on (S. 726).

(±)-3-[2-(1H-[2]Isochinolyl)-äthyl]-1-methyl-indolin-2-on beschriebenen Verbindung zu (*Belleau*, Chem. and Ind. **1955** 229; *Ban, Oishi*, Chem. and Ind. **1960** 349; Chem. pharm. Bl. **11** [1963] 441).

B. Neben (⊥) 3-[2-(3,4-Dihydro-1H-[2]isochinolyl)-äthyl]-1-methyl-indolin-2-on beim Erwärmen von (±)-3-[2-Brom-äthyl]-1-methyl-indolin-2-on mit 1,2,3,4-Tetrahydro iso= chinolin [2 Mol] und Erhitzen des Reaktionsgemisches auf 190° (*Ju. et al.*, l. c. S. 178). Beim Erhitzen von (±)-3-[2-(3,4-Dihydro-1H-[2]isochinolyl)-äthyl]-1-methyl-indolin-2-on mit Palladium bei 60—80 Torr auf 200° (*Ju. et al.*).

Kristalle (aus Me.); F: 182° (*Ju. et al.*).

Beim Behandeln mit LiAlH$_4$ in Äther und Dioxan ist *rac*-1-Methyl-yohimba-15,17,19-trien erhalten worden (*Julian, Magnani*, Am. Soc. **71** [1949] 3207, 3208).

Picrat $C_{20}H_{20}N_2O \cdot C_6H_3N_3O_7$. Gelbe Kristalle; F: 198° [Zers.] (*Ju. et al.*).

I   II   III

17-Oxo-yohimba-3,5-dienium, Tetradehydroyohimbon $[C_{19}H_{19}N_2O]^+$, Formel II.

Nitrat $[C_{19}H_{19}N_2O]NO_3$. B. Beim Erhitzen von (−)-Yohimbon (Yohimban-17-on; S. 654) mit Palladium und wss. Maleinsäure und Überführen in das Nitrat (*Wenkert, Roychaudhuri*, Am. Soc. **80** [1958] 1613, 1618). — Rosafarbene Kristalle (aus Me.) mit 1 Mol Methanol; F: 275—277°. $[\alpha]_D$: +92,6° [Me.].

Oxo-Verbindungen $C_{20}H_{20}N_2O$

1-Hydroxy-3-isobutyl-5,6-diphenyl-1H-pyrazin-2-on $C_{20}H_{20}N_2O_2$, Formel III.

B. Beim Erwärmen von Benzil mit L-Leucin-hydroxyamid in wss. Äthanol (*Safir, Williams*, J. org. Chem. **17** [1952] 1298, 1301).

Kristalle (aus Bzl.); F: 217—220° [Zers.].

5-[(Z?)-4-Isopropyl-benzyliden]-2-m-tolyl-3,5-dihydro-imidazol-4-on [1]) $C_{20}H_{20}N_2O$, vermutlich Formel IV, und Tautomeres.

B. Aus 2-m-Tolyl-4,5-dihydro-1H-imidazol-4,5-diol (E III/IV **23** 3130), 4-Isopropyl-benzaldehyd und wss.-äthanol. KOH (*Ekeley, Elliott*, Am. Soc. **58** [1936] 163).

Gelbe Kristalle (aus Äthylbenzoat); F: 263—264°.

[4-Benzoyl-3,5-dimethyl-pyrrol-2-yliden]-[3,5-dimethyl-pyrrol-2-yl]-methan, **[5-(3,5-Di= methyl-pyrrol-2-ylmethylen)-2,4-dimethyl-5H-pyrrol-3-yl]-phenyl-keton** $C_{20}H_{20}N_2O$, Formel V (R = CH$_3$, X = H), und Tautomeres.

Hydrobromid $C_{20}H_{20}N_2O \cdot HBr$; [4-Benzoyl-3,5-dimethyl-pyrrol-2-yl]-[3,5-dimethyl-pyrrol-2-yl]-methinium-bromid. B. Aus [2,4-Dimethyl-pyrrol-3-yl]-phenyl-keton, 3,5-Dimethyl-pyrrol-2-carbaldehyd und wss. HBr [48%ig] (*Fischer, Hansen*, A. **521** [1936] 128, 144). — Gelbe Kristalle (aus wss. HBr enthaltender Eg.); F: 189° [Zers.].

[4-Benzoyl-3,5-dimethyl-pyrrol-2-yliden]-[4-brom-3,5-dimethyl-pyrrol-2-yl]-methan, **[5-(4-Brom-3,5-dimethyl-pyrrol-2-ylmethylen)-2,4-dimethyl-5H-pyrrol-3-yl]-phenyl-keton** $C_{20}H_{19}BrN_2O$, Formel V (R = CH$_3$, X = Br), und Tautomeres.

Hydrobromid $C_{20}H_{19}BrN_2O \cdot HBr$; [4-Benzoyl-3,5-dimethyl-pyrrol-2-yl]-

---

[1]) Bezüglich der Konstitution und Konfiguration vgl. die Angaben im Artikel 5-[(Z)-Benzyliden]-2-phenyl-3,5-dihydro-imidazol-4-on (S. 726).

[4-brom-3,5-dimethyl-pyrrol-2-yl]-methinium-bromid. *B.* Aus der vorangehenden Verbindung und Brom in Essigsäure (*Fischer, Hansen*, A. **521** [1936] 128, 144). —
Rote Kristalle (aus wss. HBr enthaltender Eg.), die sich bei ca. 210° verfärben.

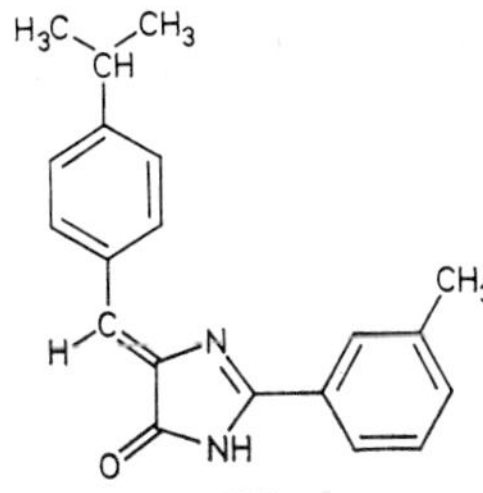

IV 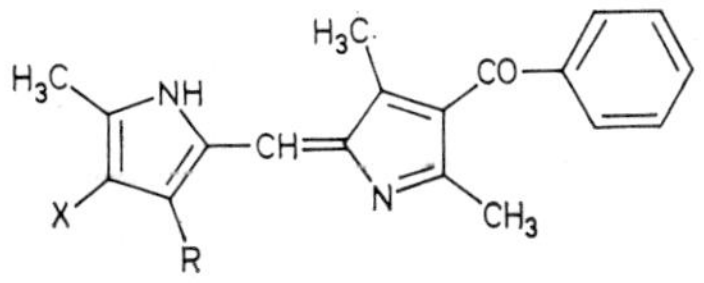   V

[4-Benzoyl-3,5-dimethyl-pyrrol-2-yliden]-[4,5-dimethyl-pyrrol-2-yl]-methan, [5-(4,5-Di=
methyl-pyrrol-2-ylmethylen)-2,4-dimethyl-5*H*-pyrrol-3-yl]-phenyl-keton $C_{20}H_{20}N_2O$,
Formel V (R = H, X = CH_3), und Tautomeres.
    Hydrobromid $C_{20}H_{20}N_2O \cdot HBr$;   [4-Benzoyl-3,5-dimethyl-pyrrol-2-yl]-
[4,5-dimethyl-pyrrol-2-yl]-methinium-bromid. *B.* Aus [2,4-Dimethyl-pyrrol-
3-yl]-phenyl-keton, 4,5-Dimethyl-pyrrol-2-carbaldehyd und wss. HBr [48%ig] in Äthanol
(*Fischer, Hansen*, A. **521** [1936] 128, 141). — Kristalle (aus Eg.); F: 208° [Zers.].

[4-Benzoyl-3,5-dimethyl-pyrrol-2-yliden]-[3-brom-4,5-dimethyl-pyrrol-2-yl]-methan,
[5-(3-Brom-4,5-dimethyl-pyrrol-2-ylmethylen)-2,4-dimethyl-5*H*-pyrrol-3-yl]-phenyl-
keton $C_{20}H_{19}BrN_2O$, Formel V (R = Br, X = CH_3), und Tautomeres.
    Hydrobromid $C_{20}H_{19}BrN_2O \cdot HBr$;   [4-Benzoyl-3,5-dimethyl-pyrrol-2-yl]-
[3-brom-4,5-dimethyl-pyrrol-2-yl]-methinium-bromid. *B.* Aus der vorangehenden Verbindung und Brom in Essigsäure (*Fischer, Hansen*, A. **521** [1936] 128, 142). —
Rote Kristalle (aus Eg.); Zers. bei 193°.

2,5,2′,5′-Tetramethyl-1,2-dihydro-1′*H*-[2,3′]biindolyl-3-on $C_{20}H_{20}N_2O$, Formel VI.
    B. Beim Behandeln von 2,5-Dimethyl-indol mit $NO(SO_3K)_2$ und KH_2PO_4 in wss.
Aceton (*Teuber, Staiger*, B. **88** [1955] 1066, 1070).
    Hellgelbe Kristalle (aus Me.); F: 159—160°.

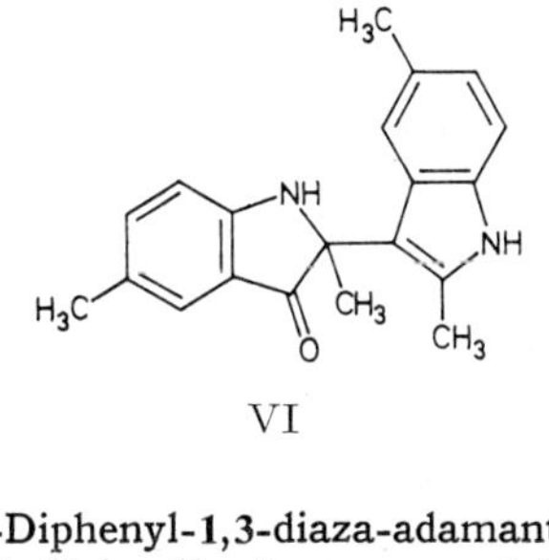

VI 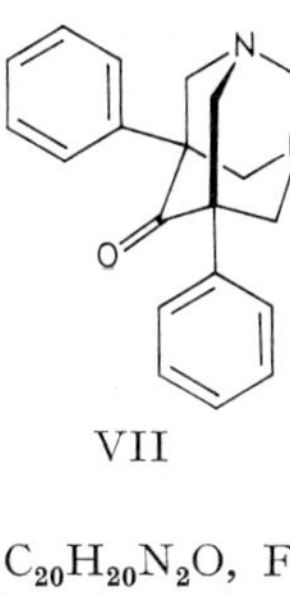   VII 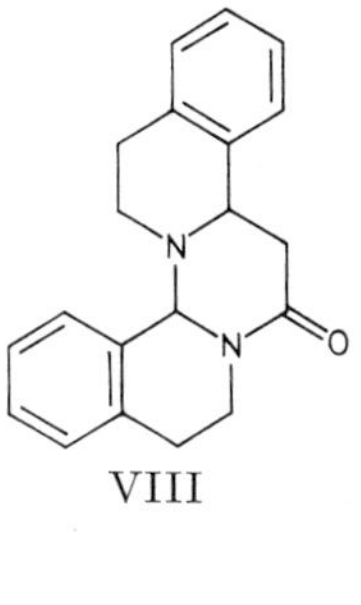   VIII

5,7-Diphenyl-1,3-diaza-adamantan-6-on $C_{20}H_{20}N_2O$, Formel VII.
    B. Beim Erwärmen von 1,3-Diphenyl-aceton mit Ammoniumacetat und Paraform=
aldehyd in Äthanol (*Stetter et al.*, B. **91** [1958] 598, 601; s. a. *Chiavarelli, Settimj*, G. **88**
[1958] 1234, 1238). Aus 1,5-Diphenyl-3,7-diaza-bicyclo[3.3.1]nonan-9-on und Paraform=
aldehyd in Äthanol (*Ch., Se.*, l. c. S. 1241).
    Kristalle; F: 263—264° [aus A. + $CHCl_3$] (*Ch., Se.*), 257° [aus Me. + $CHCl_3$] (*St.
et al.*). IR-Spektrum (Nujol; 2—15 μ): *Ch., Se.*
    Beim Behandeln mit Acetanhydrid ist 3,7-Diacetyl-1,5-diphenyl-3,7-diaza-bicyclo=
[3.3.1]nonan-9-on erhalten worden (*St. et al.*; *Ch., Se.*, l. c. S. 1240).

Hydrochlorid $C_{20}H_{20}N_2O \cdot HCl$. Kristalle (aus A. + E.); F: 262—263° [Zers.] (*Ch., Se.*).

---

*Opt.-inakt. 4b,5,9,13b,15,16-Hexahydro-8H-pyrimido[2,1-a;4,3 a']diisochinolin-6-on $C_{20}H_{20}N_2O$, Formel VIII.

B. Aus 3,4-Dihydro-isochinolin und Keten in Äther (*Thesing, Hofmann*, B. **90** [1957] 229).

Kristalle (aus Isopropylalkohol); F: 216—216,5° [unkorr.].

Oxo-Verbindungen $C_{21}H_{22}N_2O$

5-[1-Benzyl-2-phenyl-äthyliden]-2-propyl-3,5-dihydro-imidazol-4-on $C_{21}H_{22}N_2O$, Formel IX, und Tautomeres.

B. Beim Erhitzen von 1,3-Diphenyl-aceton mit Butyrimidsäure-äthylester und Glycin-äthylester (*Lehr et al.*, Am. Soc. **75** [1953] 3640, 3644, 3645).

Hydrochlorid $C_{21}H_{22}N_2O \cdot HCl$. Kristalle; F: 216—219° [korr.; Zers.].

[4-Äthyl-5-methyl-pyrrol-2-yl]-[4-benzoyl-3,5-dimethyl-pyrrol-2-yliden]-methan, [5-(4-Äthyl-5-methyl-pyrrol-2-ylmethylen)-2,4-dimethyl-5H-pyrrol-3-yl]-phenyl-keton $C_{21}H_{22}N_2O$, Formel V (R = H, X = C_2H_5), und Tautomeres.

Hydrobromid $C_{21}H_{22}N_2O \cdot HBr$; [4-Äthyl-5-methyl-pyrrol-2-yl]-[4-benzoyl-3,5-dimethyl-pyrrol-2-yl]-methinium-bromid. B. Aus [2,4-Dimethyl-pyrrol-3-yl]-phenyl-keton, 4-Äthyl-5-methyl-pyrrol-2-carbaldehyd und wss. HBr [48%ig] in Äthanol (*Fischer, Hansen*, A. **521** [1936] 128, 142). — Rotgelbe Kristalle (aus Eg.); F: 224° [Zers.].

[4-Äthyl-3-brom-5-methyl-pyrrol-2-yl]-[4-benzoyl-3,5-dimethyl-pyrrol-2-yliden]-methan, [5-(4-Äthyl-3-brom-5-methyl-pyrrol-2-ylmethylen)-2,4-dimethyl-5H-pyrrol-3-yl]-phenyl-keton $C_{21}H_{21}BrN_2O$, Formel V (R = Br, X = C_2H_5), und Tautomeres.

Hydrobromid $C_{21}H_{21}BrN_2O \cdot HBr$; [4-Äthyl-3-brom-5-methyl-pyrrol-2-yl]-[4-benzoyl-3,5-dimethyl-pyrrol-2-yl]-methinium-bromid. B. Aus der vorangehenden Verbindung und Brom in Essigsäure (*Fischer, Hansen*, A. **521** [1936] 128, 143). — Braunrote Kristalle (aus Eg.); Zers. bei 202°.

[4-Benzoyl-3,5-dimethyl-pyrrol-2-yliden]-[3,4,5-trimethyl-pyrrol-2-yl]-methan, [2,4-Dimethyl-5-(3,4,5-trimethyl-pyrrol-2-ylmethylen)-5H-pyrrol-3-yl]-phenyl-keton $C_{21}H_{22}N_2O$, Formel V (R = X = CH_3), und Tautomeres.

Hydrobromid $C_{21}H_{22}N_2O \cdot HBr$; [4-Benzoyl-3,5-dimethyl-pyrrol-2-yl]-[3,4,5-trimethyl-pyrrol-2-yl]-methinium-bromid. B. Aus [2,4-Dimethyl-pyrrol-3-yl]-phenyl-keton, 3,4,5-Trimethyl-pyrrol-2-carbaldehyd und wss. HBr [48%ig] in Äthanol (*Fischer, Hansen*, A. **521** [1936] 128, 143). — Gelbe Kristalle (aus Eg.); F: 224° [Zers.].

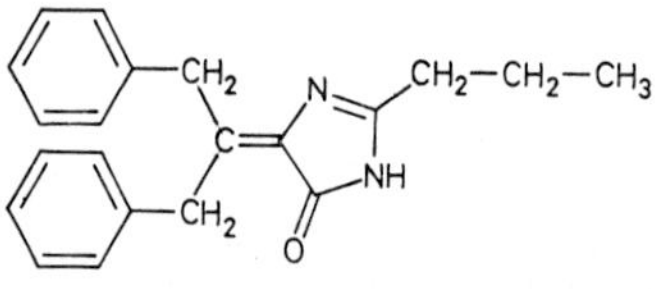

IX 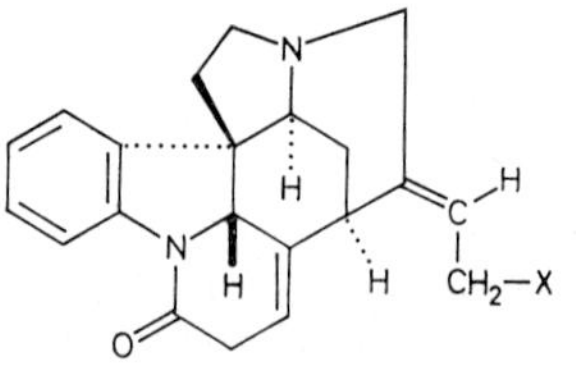   X 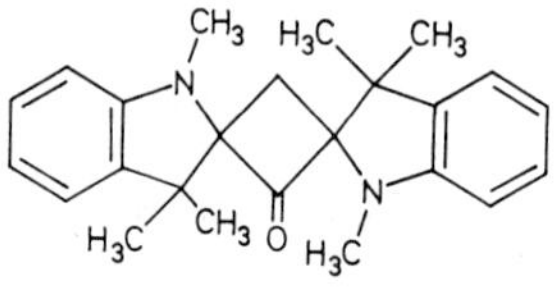   XI

12,13-Didehydro-12,23-seco-24-nor-strychnidin-10-on, Desoxyisostrychnin $C_{21}H_{22}N_2O$, Formel X (X = H).

B. Beim Erhitzen von Strychnin (Strychnidin-10-on) mit wss. HI und rotem Phosphor in Essigsäure (*Huisgen, Wieland*, A. **555** [1944] 9, 24). Aus Brom-desoxyisostrychnin-hydrobromid (s. S. 745) beim Erhitzen mit Zink und wss. HBr [D: 1,78] in Essigsäure

(*Leuchs, Schulte,* B. **75** [1942] 573, 577).

Kristalle (aus wss. A.); F: 197—198° [nach Sintern bei 195—196°] (*Hu., Wi.*). Kristalle (aus wss. A.) mit 2 Mol H_2O; F: 195—197° [nach Sintern unter Abgabe des Kristallwassers bei 115°; evakuierte Kapillare] (*Le., Sch.*).

Methojodid [$C_{22}H_{25}N_2O$]I; 19-Methyl-10-oxo-12,13-didehydro-12,23-seco-24-nor-strychnidinium-jodid. Kristalle (aus H_2O) mit 1 Mol H_2O; F: ca. 264—266° [nach Sintern bei 250°; gelbrote Schmelze] (*Boit,* B. **85** [1952] 106).

23-Chlor-12,13-didehydro-12,23-seco-24-nor-strychnidin-10-on, Chlor-desoxyiso‑
strychnin $C_{21}H_{21}ClN_2O$, Formel X (X = Cl).

B. Aus der folgenden Verbindung und konz. wss. HCl (*Leuchs, Schulte,* B. **75** [1942] 1522, 1526).

Hydrochlorid $C_{21}H_{21}ClN_2O \cdot HCl$. Kristalle (aus wss. HCl).

23-Brom-12,13-didehydro-12,23-seco-24-nor-strychnidin-10-on, Brom-desoxyiso‑
strychnin $C_{21}H_{21}BrN_2O$, Formel X (X = Br).

B. Beim Erhitzen von Strychnin (Strychnidin-10-on) mit wss. HBr [D: 1,78] und rotem Phosphor in Essigsäure (*Leuchs, Schulte,* B. **75** [1942] 573, 576, 1522, 1525). Beim Erhitzen von Isostrychninsäure (9,10-Seco-12β,13β-strychnidin-10-säure) mit wss. HBr [D: 1,78] und rotem Phosphor auf 130° (*Boit,* B. **84** [1951] 16, 22).

Hydrobromid $C_{21}H_{21}BrN_2O \cdot HBr$. Kristalle; F: 275—280° (*Boit*; s. a. *Le., Sch.,* l. c. S. 576).

Oxo-Verbindungen $C_{22}H_{24}N_2O$

[4-Äthyl-3,5-dimethyl-pyrrol-2-yl]-[4-benzoyl-3,5-dimethyl-pyrrol-2-yliden]-methan,
[5-(4-Äthyl-3,5-dimethyl-pyrrol-2-ylmethylen)-2,4-dimethyl-5H-pyrrol-3-yl]-phenyl-
keton $C_{22}H_{24}N_2O$, Formel V (R = CH_3, X = C_2H_5) auf S. 743, und Tautomeres.

Hydrobromid $C_{22}H_{24}N_2O \cdot HBr$; [4-Äthyl-3,5-dimethyl-pyrrol-2-yl]-[4-benzoyl-3,5-dimethyl-pyrrol-2-yl]-methinium-bromid. B. Aus [2,4-Di‑methyl-pyrrol-3-yl]-phenyl-keton, 4-Äthyl-3,5-dimethyl-pyrrol-2-carbaldehyd und wss. HBr [48%ig] in Äthanol (*Fischer, Hansen,* A. **521** [1936] 128, 143). — Kristalle (aus wss. HBr enthaltender Eg.); F: 211° [Zers.].

---

*Opt.-inakt. 1,3,3,1″,3″,3″-Hexamethyl-dispiro[indolin-2,1′-cyclobutan-3′,2″-indolin]-
2′-on $C_{24}H_{28}N_2O$, Formel XI.

B. Neben 1,3,3,1″,3″,3″-Hexamethyl-dispiro[indolin-2,1′-cyclobutan-3′,2″-indolin]-2′,4′-diol (E III/IV 23 3309) beim Erhitzen von 1,3,3-Trimethyl-2-methylen-indolin-1-oxid im Vakuum bis auf 260° (*Mumm et al.,* B. **72** [1939] 2107, 2113).

Kristalle (aus Acn.); F: 225—227°.

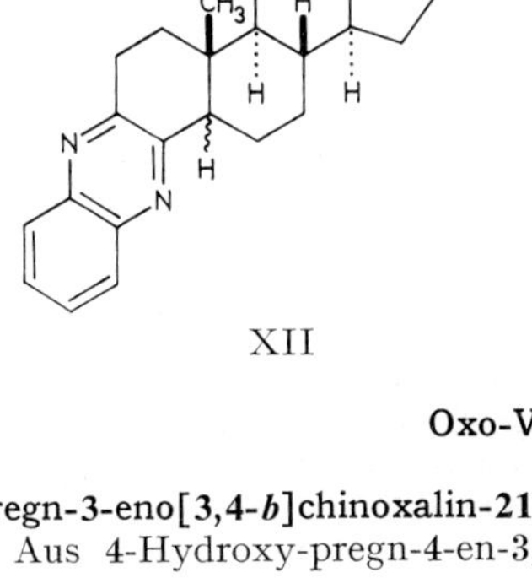

XII 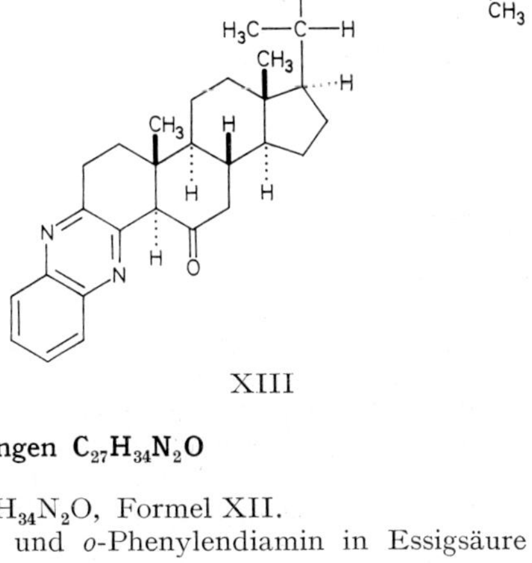   XIII

Oxo-Verbindungen $C_{27}H_{34}N_2O$

5ξ-Pregn-3-eno[3,4-b]chinoxalin-21-on $C_{27}H_{34}N_2O$, Formel XII.

B. Aus 4-Hydroxy-pregn-4-en-3,20-dion und o-Phenylendiamin in Essigsäure oder

beim Erhitzen auf 150° (*Camerino et al.*, Farmaco Ed. scient. **11** [1956] 586, 594).
Kristalle (aus E.); F: 268—270°.

Oxo-Verbindungen C₃₃H₄₆N₂O

5α(?)-Cholest-3-eno[3,4-*b*]chinoxalin-6-on $C_{33}H_{46}N_2O$, vermutlich Formel XIII.
B. Aus 2α-Brom-cholest-4-en-3,6-dion (E III **7** 3670) und *o*-Phenylendiamin in Äthanol
(*Sarett et al.*, J. org. Chem. **8** [1943] 405, 413). Beim Erhitzen von 5ξ-Cholestan-3,4,6-trion
mit *o*-Phenylendiamin (*Sa. et al.*).
Orangefarbene Kristalle (aus CHCl₃ + A.); F: 143° [unkorr.; opake Schmelze, die
bei 157° klar wird].   [*Otto*]

Monooxo-Verbindungen $C_nH_{2n-22}N_2O$

Oxo-Verbindungen C₁₅H₈N₂O

Indeno[1,2-*b*]chinoxalin-11-on $C_{15}H_8N_2O$, Formel I (H 229; E I 281).
Gelbe Kristalle (aus Me. oder A.); F: 219° (*Pfeiffer, Milz*, B. **71** [1938] 272, 276).
Absorptionsspektrum (A. sowie Cyclohexan; 48000—24000 cm⁻¹): *MacFadyen*, J. biol.
Chem. **186** [1950] 1, 6.

*****Indeno[1,2-*b*]chinoxalin-11-on-[*N*-phenyl-oxim], [Indeno[1,2-*b*]chinoxalin-11-yliden]-
phenyl-aminoxid** $C_{21}H_{13}N_3O$, Formel II (X = H).
B. Beim Behandeln von Indan-1,2,3-trion-2-phenylimin-1-[*N*-phenyl-oxim] in Essig=
säure mit *o*-Phenylendiamin in Äthanol und wenig H₂SO₄ (*Pfeiffer, Milz*, B. **71** [1938]
272, 275). Beim Behandeln von Indeno[1,2-*b*]chinoxalin-11-on mit *N*-Phenyl-hydroxyl=
amin-hydrochlorid in CHCl₃ und Äthanol (*Pf., Milz*).
Hellgelbe Kristalle (aus Me.); F: 222—223°.

*****Indeno[1,2-*b*]chinoxalin-11-on-[*N*-(4-dimethylamino-phenyl)-oxim], *N*-[Indeno=
[1,2-*b*]chinoxalin-11-yliden]-*N'*,*N'*-dimethyl-*p*-phenylendiamin-*N*-oxid** $C_{23}H_{18}N_4O$,
Formel II (X = N(CH₃)₂).
B. Beim Behandeln von Indan-1,2,3-trion-2-[4-dimethylamino-phenylimin]-1-[*N*-(4-di=
methylamino-phenyl)-oxim] in Essigsäure mit *o*-Phenylendiamin in Äthanol und wenig
H₂SO₄ (*Pfeiffer, Milz*, B. **71** [1938] 272, 277).
Rote Kristalle (aus Me.); F: 224—225°.

I   II   III

Benzo[*e*]perimidin-7-on $C_{15}H_8N_2O$, Formel III (X = X' = H) (E II 116; dort als
4.5(*CO*)-Benzoylen-chinazolin, in der Literatur auch als 1.9-Anthrapyrimidin bezeichnet).
B. Beim Erhitzen von 1-Nitro-anthrachinon mit Formamid und Eisen-Pulver in Nitro=
benzol auf 190° (*I. G. Farbenind.*, D.R.P. 590747 [1932]; Frdl. **20** 1351; *Gen. Aniline
Works*, U.S.P. 2040861 [1933]). Beim Erhitzen von 1-Amino-anthrachinon mit Formamid
und V₂O₃, V₂O₅ oder Ammoniumvanadat in Nitrobenzol auf 180—190° (*I. G. Farbenind.*,
D.R.P. 597341 [1932]; Frdl. **21** 1045; *Gen. Aniline Works*, U.S.P. 2040858 [1932]).
Beim Erhitzen von 1-Amino-anthrachinon mit wss. Formaldehyd und wss. NH₃ unter
Zusatz von 3-Nitro-benzolsulfonsäure oder CuSO₄ (*I. G. Farbenind.*, D.R.P. 711775
[1938]; D.R.P. Org. Chem. **1**, Tl. 2, S. 280; *Gen. Aniline & Film Corp.*, U.S.P. 2212928
[1939]). Beim Erwärmen der aus 6-Amino-benzo[*e*]perimidin-7-on oder aus 8-Amino-

benzo[*e*]perimidin-7-on in Essigsäure und H_2SO_4 bereiteten Diazoniumsulfat-Lösung mit
äthanol. $CuSO_4$ (*Sunthankar, Venkataraman,* Pr. Indian Acad. [A] **32** [1950] 240, 247,
248).
    Gelbbraune Kristalle (aus Eg.); F: 242—243° (*Su., Ve.*).

2-Chlor-benzo[*e*]perimidin-7-on $C_{15}H_7ClN_2O$, Formel III (X = Cl, X′ = H).
    B. Beim Erhitzen von Benzo[*e*]perimidin-2,7-dion mit PCl_5, $SOCl_2$ oder $SbCl_5$ auf
140—150° (*I.G. Farbenind.*, D.R.P. 650056 [1931]; Frdl. **24** 932).
    Gelbe Kristalle; F: 250—251°.

8-Chlor-benzo[*e*]perimidin-7-on $C_{15}H_7ClN_2O$, Formel IV (X = Cl).
    B. Beim Erhitzen von 1-Amino-5-chlor-anthrachinon mit Formamid (*I.G. Farbenind.*,
D.R.P. 692707 [1931]; Frdl. **24** 919). Aus dem aus 8-Amino-benzo[*e*]perimidin-7-on
bereiteten Diazoniumsalz (*I.G. Farbenind.*).
    F: 257—258°.

11-Chlor-benzo[*e*]perimidin-7-on $C_{15}H_7ClN_2O$, Formel III (X = H, X′ = Cl).
    B. Beim Erhitzen von 1-Chlor-8-nitro-anthrachinon mit Formamid und Ammonium=
vanadat in Nitrobenzol auf 190—195° (*I.G. Farbenind.*, D.R.P. 590747 [1932]; Frdl.
20 1351; *Gen. Aniline Works,* U.S.P. 2040861 [1933]). Beim Erhitzen von 1-Amino-
8-chlor-anthrachinon mit Formamid (*I.G. Farbenind.; Gen. Aniline Works*).
    Hellbraune Kristalle (aus Trichlorbenzol); F: 230°.

8-Brom-benzo[*e*]perimidin-7-on $C_{15}H_7BrN_2O$, Formel IV (X = Br).
    B. Beim Behandeln der aus 8-Amino-benzo[*e*]perimidin-7-on bereiteten Diazonium=
salz-Lösung mit CuBr (*I.G. Farbenind.*, D.R.P. 692707 [1931]; Frdl. **24** 919).
    F: 253°.

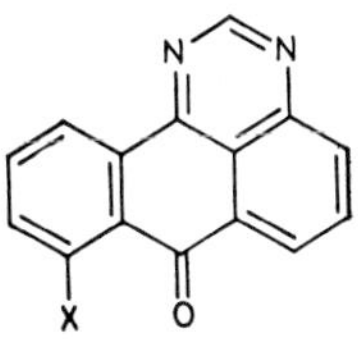

IV 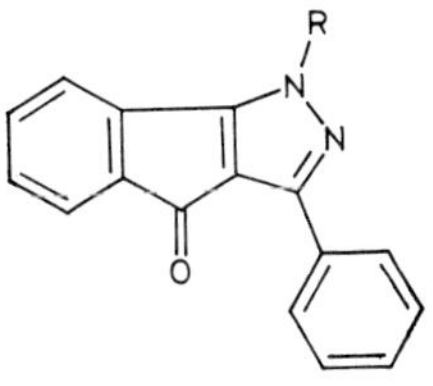   V 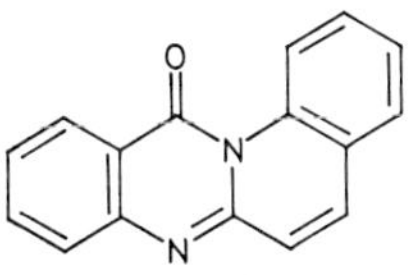   VI 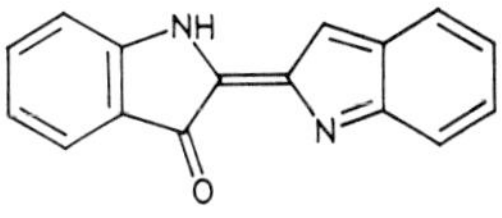   VII

Oxo-Verbindungen $C_{16}H_{10}N_2O$

3-Phenyl-1(2)*H*-indeno[1,2-*c*]pyrazol-4-on $C_{16}H_{10}N_2O$, Formel V (R = H) und
Tautomeres.
    B. Aus 2-Benzoyl-indan-1,3-dion beim Erwärmen mit N_2H_4 in Äthanol (*Braun, Mosher,*
J. org. Chem. **24** [1959] 648).
    Kristalle (aus A.); F: 254—255° [korr.].

1-Äthyl-3-phenyl-1*H*-indeno[1,2-*c*]pyrazol-4-on $C_{18}H_{14}N_2O$, Formel V (R = C_2H_5).
    B. Beim Erwärmen des Natrium-Salzes der vorangehenden Verbindung mit Äthyl=
bromid in Äthanol (*Braun, Mosher,* J. org. Chem. **24** [1959] 648).
    Gelbe Kristalle; F: 140,5—141° [korr.].

4-Oxo-3-phenyl-4*H*-indeno[1,2-*c*]pyrazol-1-carbonsäure-äthylester $C_{19}H_{14}N_2O_3$,
Formel V (R = CO-O-C_2H_5).
    B. Aus dem Natrium-Salz von 3-Phenyl-1(2)*H*-indeno[1,2-*c*]pyrazol-4-on beim Be-
handeln mit Chlorokohlensäure-äthylester in Äther (*Braun, Mosher,* J. org. Chem. **24**
[1959] 648).
    Gelbe Kristalle; F: 163—164° [korr.].

Chino[2,1-*b*]chinazolin-12-on $C_{16}H_{10}N_2O$, Formel VI.
    B. Beim Erhitzen von 2-Chlor-chinolin mit Anthranilsäure oder Anthranilsäure-

methylester (*Bose, Sen*, Soc. **1931** 2840, 2844; *Seïde, Tschelinzew*, Ž. obšč. Chim. **7** [1937] 2318, 2320; C. **1938** I 601).

Kristalle (aus wss. Acn.), F: 170° (*Bose, Sen*); gelbe Kristalle (aus CCl_4 oder Me.), F: 170° (*Se., Tsch.*).

Hydrochlorid $C_{16}H_{10}N_2O \cdot HCl$. Gelbe Kristalle mit 1 Mol H_2O (*Se., Tsch.*).

Hexachloroplatinat(IV) $2 C_{16}H_{10}N_2O \cdot H_2PtCl_6$. Braune Kristalle (aus Eg. + wenig wss. HCl) mit 1 Mol H_2O; Zers. bei 327° [nach Dunkelfärbung bei 275°] [wasserfrei] (*Se., Tsch.*).

Chromat(VI) $C_{16}H_{10}N_2O \cdot H_2CrO_4$. Orangefarbene Kristalle (aus wss. Eg. [80%ig]) mit 3 Mol H_2O, die sich ab 170° dunkel färben (*Se., Tsch.*).

Picrat $C_{16}H_{10}N_2O \cdot C_6H_3N_3O_7$. Gelbe Kristalle (aus A. oder Eg.); F: 203° (*Se., Tsch.*).

Methojodid $[C_{17}H_{13}N_2O]I$. Braune Kristalle (aus H_2O); F: 122° [Zers.] (*Se., Tsch.*).

---

*1H-[2,2']Biindolyliden-3-on, 2-Indol-2-yliden-indolin-3-on $C_{16}H_{10}N_2O$, Formel VII oder Stereoisomeres.

Die Identität des von *Seidel* (B. **77/79** [1944/46] 788, 794) unter dieser Konstitution beschriebenen Dehydrodesoxyindigo (hellgelbe Kristalle mit 3 Mol Pyridin; F: 375°) ist ungewiss (vgl. *Bergman et al.*, Tetrahedron Letters **1978** 3147).

1'H-[2,3']Biindolyl-3-on, 2-Indol-3-yl-indol-3-on, **Indoxylrot** $C_{16}H_{10}N_2O$, Formel VIII (R = H, X = O) (E I 282).

B. Beim Behandeln von 1H,1'H-[2,3']Biindolyl-3-ylamin mit konz. wss. HCl und wss. $FeCl_3$ (*Seidel*, B. **77/79** [1944/46] 797, 803). Neben Indolrot (E III/IV **23** 1885; Hauptprodukt) beim Erhitzen einer als 1-Nitroso-1,2-dihydro-1'H-[2,3']biindolyl-3-on-oxim zu formulierenden Verbindung (vgl. dazu *Hodson, Smith*, Soc. **1957** 3546) mit Essigsäure (*Se.*, B. **77/79** 804).

F: 212° (*Se.*, B. **77/79** 803). Löslichkeit in Äthanol bei 20°: ca. 0,7%; bei 78°: ca. 5%; in Essigsäure bei 20°: ca. 8%; bei 118°: ca. 25% (*Se.*, B. **77/79** 803).

Bildung einer kristallinen gelben Hydrogensulfit-Verbindung beim Behandeln mit wss. $KHSO_3$: *Seidel*, B. **83** [1950] 20, 24.

Hydrochlorid. Dunkelbraune Kristalle (*Se.*, B. **77/79** 803).

Sulfat. Braune Kristalle (*Se.*, B. **77/79** 803).

3-Imino-3H,1'H-[2,3']biindolyl, 1'H-[2,3']Biindolyl-3-on-imin $C_{16}H_{11}N_3$, Formel VIII (R = H, X = NH).

B. Beim Erwärmen von 1H,1'H-[2,3']Biindolyl-3-ylamin mit PbO_2 in Benzol (*Seidel*, B. **77/79** [1944/46] 797, 803).

Fast schwarze Kristalle; F: 198°. Löslichkeit in Benzol bei 20°: ca. 0,5%; bei 80°: ca. 1,5%.

1'-Acetyl-1'H-[2,3']biindolyl-3-on $C_{18}H_{12}N_2O_2$, Formel VIII (R = CO-CH_3, X = O).

Dunkelrote Kristalle (aus A. + Bzl.); F: 185° (*Seidel*, B. **77/79** [1944/46] 797, 803). Löslichkeit in Benzol bei 20°: ca. 0,4%; bei 80°: ca. 3,3%.

---

*1'-Acetyl-3-acetylimino-3H,1'H-[2,3']biindolyl, N-[1'-Acetyl-1'H-[2,3']biindolyl-3-yliden]-acetamid $C_{20}H_{15}N_3O_2$, Formel VIII (R = CO-CH_3, X = N-CO-CH_3).

B. Beim Erhitzen von 1'H-[2,3']Biindolyl-3-on-imin oder einer als 1-Nitroso-1,2-dihydro-1'H-[2,3']biindolyl-3-on-oxim zu formulierenden Verbindung (vgl. dazu *Hodson, Smith*, Soc. **1957** 3546) mit Acetanhydrid (*Seidel*, B. **77/79** [1944/46] 797, 803, 804).

Dunkelrote Kristalle (aus Bzl.); F: 218° (*Se.*).

---

*1'-Acetyl-1'H-[2,3']biindolyl-3-on-[O-acetyl-oxim] $C_{20}H_{15}N_3O_3$, Formel VIII (R = CO-CH_3, X = N-O-CO-CH_3).

B. Beim Erhitzen von Indolrot (E III/IV **23** 1885) mit Acetanhydrid (*Schmitz-Dumont et al.*, A. **504** [1933] 1, 14; *Seidel*, B. **77/79** [1944/46] 797, 802).

Rote Kristalle [aus Acetonitril oder A.] (*Sch.-Du. et al.*); F: 215° (*La Parola*, G. **75** [1945] 157, 160), 214—215° [Zers.] (*Sch.-Du. et al.*), 214—215° (*Se.*).

Beim Behandeln mit konz. H_2SO_4 ist eine Verbindung $C_{18}H_{13}N_3O_2$ („Monoacetyl-

Derivat des Indolrots": orangerote Kristalle mit 1 Mol Pyridin, F: 220°) erhalten worden (*Se.*).

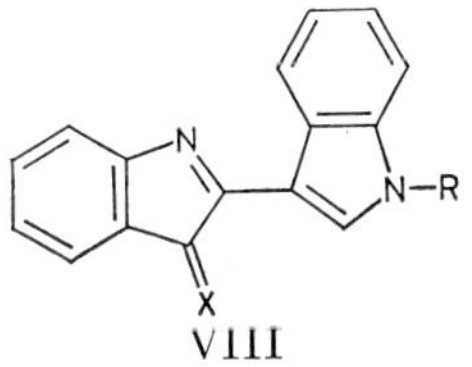

VIII 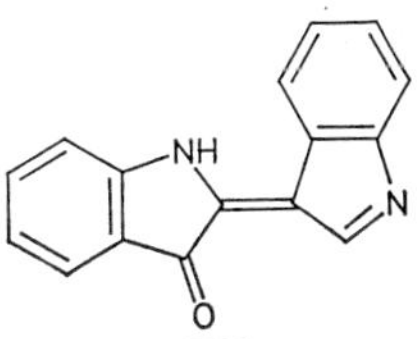   IX 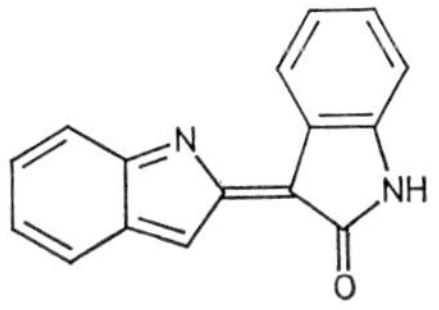   X 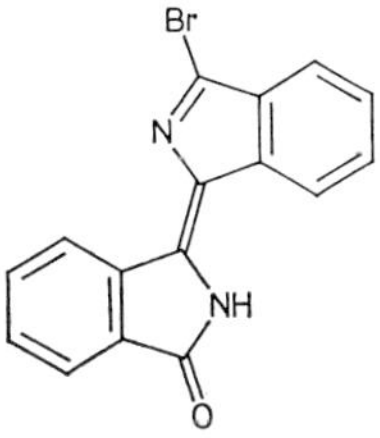   XI

*1′-Benzoyl-1′H-[2,3′]biindolyl-3-on-[O-benzoyl-oxim] $C_{30}H_{19}N_3O_3$, Formel VIII (R = CO-C$_6$H$_5$, X = N-O-CO-C$_6$H$_5$).

B. Beim Behandeln von Indolrot (E III/IV **23** 1885) mit Benzoylchlorid in wss. KOH (*Schmitz-Dumont et al.*, A. **504** [1933] 1, 14).

Orangerote Kristalle (aus Py.); F: 228—229° [Zers.].

*1H-[2,3′]Biindolyliden-3-on(?), 2-Indol-3-yliden-indolin-3-on(?) $C_{16}H_{10}N_2O$, vermutlich Formel IX oder Stereoisomeres.

B. Beim Behandeln von Indoxylrot (s. S. 748) mit Pyridin [$^{1}/_{2}$ Jahr] und Erhitzen des Reaktionsprodukts mit Essigsäure (*Seidel*, B. **77/79** [1944/46] 788, 791, 795, 796).

Gelbe Kristalle (aus Py.) mit 3 Mol Pyridin; F: 402°. Löslichkeit in Pyridin bei 20°: ca. 0,5%; bei 115°: ca. 6,5%.

Beim Erwärmen mit Essigsäure und wss. HCl ist eine als 6,12-Dianthraniloyl-indolo[3,2-b]carbazol formulierte Verbindung $C_{32}H_{20}N_4O_2$ vom F: 308° (vgl. E II **24** 117; dort als „orangerote Verbindung $C_{32}H_{20}N_4O_2$" bezeichnet) erhalten worden.

*1′H-[2,3′]Biindolyliden-2′-on, 3-Indol-2-yliden-indolin-2-on $C_{16}H_{10}N_2O$, Formel X oder Stereoisomeres.

B. Beim Behandeln von Indileucin (1′,3′-Dihydro-1H-[2,3′]biindolyl-2′-on [S. 734]) mit wss.-äthanol. NaOH (*Seidel*, B. **77/79** [1944/46] 788, 795).

Gelbliche Kristalle (aus Eg.) mit 1 Mol Essigsäure; F: 390°.

*3′-Brom-[1,1′]biisoindolyliden-3-on $C_{16}H_9BrN_2O$, Formel XI oder Stereoisomeres.

B. Beim Behandeln von (E?)-[1,1′]Biisoindolyliden-3,3′-dithion mit Brom und Erwärmen des Reaktionsprodukts mit H$_2$O (*Drew, Kelly*, Soc. **1941** 630, 635).

Gelbe Kristalle (aus Xylol); F: 297°.

6H-Dibenzo[b,g][1,8]naphthyridin-11-on $C_{16}H_{10}N_2O$, Formel XII (X = H), und Tautomeres.

B. Beim Erhitzen von 5,6-Dihydro-dibenzo[b,g][1,8]naphthyridin-11,12-dion mit amalgamiertem Zink und konz. wss. HCl in Essigsäure (*Dziewoński, Dymek*, Bl. Acad. polon. [A] **1939** 268, 279; Roczniki Chem. **20** [1946] 38, 45). Beim Erhitzen von 5,12-Di= hydro-dibenzo[b,g][1,8]naphthyridin mit Na$_2$Cr$_2$O$_7$ in wss. H$_2$SO$_4$ (*Somasekhara, Phadke*, J. Indian Inst. Sci. [A] **37** [1955] 120, 125).

Gelbe Kristalle (aus Eg. bzw. wss. Eg.); F: 327° (*Dz., Dy.*); Zers. bei 280° (*So., Ph.*).

Picrat $C_{16}H_{10}N_2O \cdot C_6H_3N_3O_7$. Gelbe Kristalle (aus Eg.); F: 277° (*Dz., Dy.*).

12-Chlor-6H-dibenzo[b,g][1,8]naphthyridin-11-on $C_{16}H_9ClN_2O$, Formel XII (X = Cl), und Tautomeres.

B. Beim Erhitzen von 5,6-Dihydro-dibenzo[b,g][1,8]naphthyridin-11,12-dion mit PCl$_5$ und POCl$_3$ (*Dziewoński, Dymek*, Bl. Acad. polon. [A] **1939** 268, 278; Roczniki Chem. **20** [1946] 38, 43).

Gelbe Kristalle (aus Eg.); F: $>400°$.

12H-Benzo[b][1,10]phenanthrolin-7-on $C_{16}H_{10}N_2O$, Formel XIII (X = H), und Tautomeres.

B. Beim Erhitzen von N-[8]Chinolyl-anthranilsäure mit konz. H_2SO_4 auf 100° (*Dobson, Kermack,* Soc. **1946** 150, 153). Beim Erhitzen von 7-Chlor-benzo[b][1,10]phenanthrolin mit wss. HCl (*Do., Ke.*).

Kristalle (aus A.); F: 275—276°.

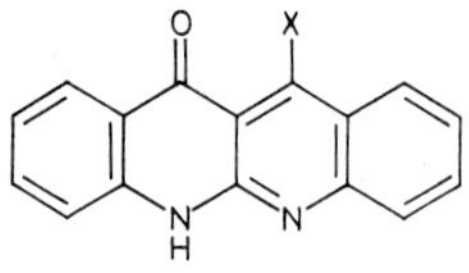

XII 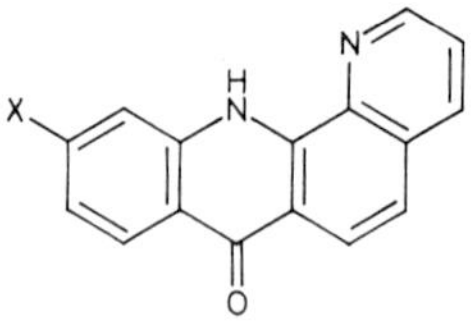   XIII 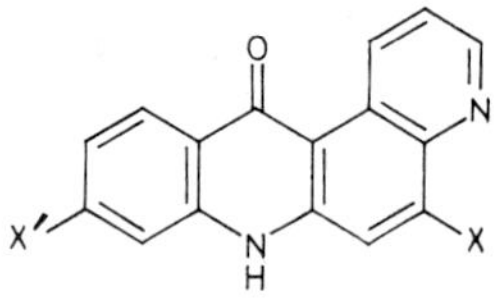   XIV

10-Chlor-12H-benzo[b][1,10]phenanthrolin-7-on $C_{16}H_9ClN_2O$, Formel XIII (X = Cl), und Tautomeres.

B. Beim Erhitzen von 2-[8]Chinolylamino-4-chlor-benzoesäure mit konz. H_2SO_4 (*Snyder, Freier,* Am. Soc. **69** [1947] 1543). Beim Erhitzen von 7,10-Dichlor-benzo[b]= [1,10]phenanthrolin mit wss. HCl (*Dobson, Kermack,* Soc. **1946** 150, 154).

Gelbe Kristalle; F: 315—320° [aus Eg.] (*Sn., Fr.*), 311° [aus A.] (*Do., Ke.*).

7H-Benzo[b][4,7]phenanthrolin-12-on $C_{16}H_{10}N_2O$, Formel XIV (X = X' = H), und Tautomeres.

B. Beim Erhitzen von N-[6]Chinolyl-anthranilsäure mit konz. H_2SO_4 (*Dobson, Kermack,* Soc. **1946** 150, 153). Beim Erhitzen von 12-Chlor-benzo[b][4,7]phenanthrolin mit wss. HCl (*Do., Ke.*).

Kristalle (aus A.) mit 1 Mol H_2O; F: 360°.

5-Chlor-7H-benzo[b][4,7]phenanthrolin-12-on $C_{16}H_9ClN_2O$, Formel XIV (X = Cl, X' = H), und Tautomeres.

B. Beim Erwärmen von 5,12-Dichlor-benzo[b][4,7]phenanthrolin mit wss. HCl oder wss. Äthanol (*Hutchison, Kermack,* Soc. **1947** 678, 680).

Gelbe Kristalle (aus A.) mit 0,25 Mol H_2O; F: $>400°$.

9-Chlor-7H-benzo[b][4,7]phenanthrolin-12-on $C_{16}H_9ClN_2O$, Formel XIV (X = H, X' = Cl), und Tautomeres.

B. Beim Erwärmen von 9,12-Dichlor-benzo[b][4,7]phenanthrolin mit wss. HCl oder mit wss. Äthanol (*Dobson, Kermack,* Soc. **1946** 150, 152).

Kristalle (aus A.); F: 298°.

Hydrochlorid. Gelbe Kristalle; F: 386—387°.

7H-Dibenzo[b,f][1,7]naphthyridin-12-on $C_{16}H_{10}N_2O$, Formel I (R = H), und Tautomeres.

B. Beim Erhitzen von 3-Anilino-chinolin-4-carbonsäure mit $POCl_3$ (*Anet,* Canad. J. Chem. **37** [1959] 43, 45).

Gelbe Kristalle (aus wss. Eg.) mit 1 Mol H_2O; F: 360° [unkorr.].

Picrat $C_{16}H_{10}N_2O \cdot C_6H_3N_3O_7$. Kristalle; F: 255—258° [unkorr.].

7-Phenyl-7H-dibenzo[b,f][1,7]naphthyridin-12-on $C_{22}H_{14}N_2O$, Formel I (R = C_6H_5).

B. Beim Erhitzen von 3-Diphenylamino-chinolin-4-carbonsäure mit $POCl_3$ (*Anet,* Canad. J. Chem. **37** [1959] 43, 46).

Gelbliche Kristalle (aus Me.); F: 282—284° [unkorr.].

12*H*-Dibenzo[*b*,*h*][1,6]naphthyridin-7-on $C_{16}H_{10}N_2O$, Formel II (X = H), und Tautomeres.

B. Aus 4-Anilino-chinolin-3-carbonsäure beim Erwärmen mit konz. H_2SO_4 (*Kermack, Storey*, Soc. **1951** 1389, 1391).

Kristalle (aus A.) mit 0,75 Mol H_2O; F: >360° [Zers.].

2-Chlor-12*H*-dibenzo[*b*,*h*][1,6]naphthyridin-7-on $C_{16}H_9ClN_2O$, Formel II (X = Cl), und Tautomeres.

B. Beim Erwärmen von 4-Anilino-6-chlor-chinolin-3-carbonsäure mit konz. H_2SO_4 (*Kermack, Storey*, Soc. **1951** 1389, 1392).

Kristalle (aus A.); F: >360°.

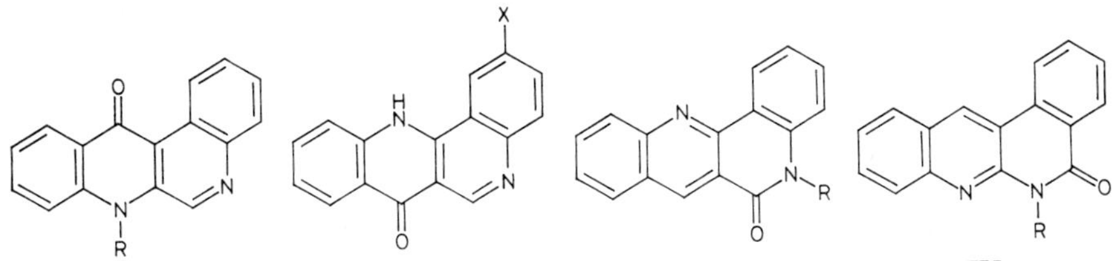

I   II   III   IV

5-Methyl-5*H*-dibenzo[*b*,*h*][1,6]naphthyridin-6-on $C_{17}H_{12}N_2O$, Formel III (R = CH_3).

B. Aus 5-Methyl-5,6-dihydro-dibenzo[*b*,*h*][1,6]naphthyridin sowie aus 5-Methyl-5,7-dihydro-dibenzo[*b*,*h*][1,6]naphthyridin beim Behandeln mit $KMnO_4$ in Aceton oder beim Aufbewahren [7 d] in Benzol an der Luft (*Braunholtz, Mann*, Soc. **1955** 381, 390).

Gelbliche Kristalle (aus Acn.); F: 218°.

Hydrochlorid $C_{17}H_{12}N_2O \cdot HCl$. Orangegelbe Kristalle mit 1,5 Mol H_2O; F: 217° bis 218° [Dissoziation in die Komponenten]. Bei der Umkristallisation oder bei 60°/0,1 Torr erfolgt rasche Dissoziation.

5-Phenyl-5*H*-dibenzo[*b*,*h*][1,6]naphthyridin-6-on $C_{22}H_{14}N_2O$, Formel III (R = C_6H_5).

B. Aus 5-Phenyl-5,6-dihydro-dibenzo[*b*,*h*][1,6]naphthyridin sowie aus 5-Phenyl-5,7-dihydro-dibenzo[*b*,*h*][1,6]naphthyridin beim Behandeln mit $KMnO_4$ in Aceton oder beim Aufbewahren [7 d] in Benzol an der Luft (*Mann*, Soc. **1949** 2816, 2823; *Braunholtz Mann*, Soc. **1958** 3368, 3377).

Gelbliche Kristalle (aus A.); F: 259° (*Mann*). IR-Spektrum (Paraffin; 1800 cm^{-1} bis 1450 cm^{-1}): *Mann*, l. c. S. 2820.

Hydrochlorid $C_{22}H_{14}N_2O \cdot HCl$. Orangegelbe Kristalle (aus äthanol. HCl); F: 257° bis 258° [nach Entfärbung bei ca. 240°; vermutlich Dissoziation in die Komponenten] (*Mann*).

Nitrat $C_{22}H_{14}N_2O \cdot HNO_3$. Hellgelbe Kristalle; F: 238−250° [vermutlich Dissoziation in die Komponenten] (*Mann*).

Picrat $C_{22}H_{14}N_2O \cdot C_6H_3N_3O_7$. Hellgelbe Kristalle; F: 223−225°; beim Umkristallisieren aus Äthanol erfolgt Dissoziation in die Komponenten (*Mann*).

6*H*-Dibenzo[*b*,*f*][1,8]naphthyridin-5-on $C_{16}H_{10}N_2O$, Formel IV (R = H), und Tautomeres (E II 117).

B. Aus 4*H*-Isochinolin-1,3-dion (Homophthalimid) beim Erhitzen mit 2-Amino-benzaldehyd in Essigsäure (*Meyer*, Bl. [4] **51** [1932] 953, 962; vgl. E II 117) oder mit 2-Amino-benzaldehyd-*p*-tolylimin und wenig Piperidin in Amylalkohol (*Borsche et al.*, A. **550** [1942] 160, 168). Beim Behandeln von 6,7-Dihydro-benzo[*e*]chino[2,3-*c*][1,2]diazepin-5-on in Essigsäure mit wss. $NaNO_2$ (*de Diesbach et al.*, Helv. **34** [1951] 1050, 1059).

Gelbliche Kristalle (aus A.); F: 257° (*de Di. et al.*).

Picrat $C_{16}H_{10}N_2O \cdot C_6H_3N_3O_7$. Kristalle (aus Me.); F: 276−278° (*Bo. et al.*).

6-Methyl-6H-dibenzo[b,f][1,8]naphthyridin-5-on $C_{17}H_{12}N_2O$, Formel IV (R = CH$_3$).

B. Beim Erhitzen von 2-Methyl-4H-isochinolin-1,3-dion mit 2-Amino-benzaldehyd-*p*-tolylimin und wenig Piperidin in Amylalkohol oder ohne Lösungsmittel (*Borsche et al.*, A. **550** [1942] 160, 169).

Kristalle (aus Nitrobenzol); F: 244—245°.

6-Methyl-6H-dibenzo[b,h][1,5]naphthyridin-5-on $C_{17}H_{12}N_2O$, Formel V (R = CH$_3$).

B. Aus 6-Methyl-5,6-dihydro-dibenzo[b,h][1,5]naphthyridin beim Erwärmen mit KMnO$_4$ in Aceton oder beim Behandeln mit Luft (*Hinton, Mann*, Soc. **1959** 2043, 2047, 2048).

Kristalle (aus A.); F: 219—220°. Bei 200°/0,1 Torr sublimierbar.

6-Phenyl-6H-dibenzo[b,h][1,5]naphthyridin-5-on $C_{22}H_{14}N_2O$, Formel V (R = C$_6$H$_5$).

B. Beim Erhitzen von 5-Oxo-6-phenyl-5,6-dihydro-dibenzo[b,h][1,5]naphthyridin-7-carbonsäure (*de Diesbach, Klement*, Helv. **24** [1941] 158, 164).

Gelbe Kristalle (aus Xylol); F: 276°.

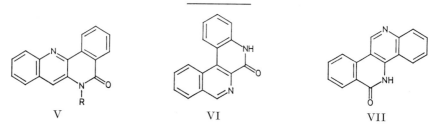

V   VI   VII

5H-Dibenzo[c,f][1,7]naphthyridin-6-on $C_{16}H_{10}N_2O$, Formel VI, und Tautomeres.

B. Beim Erhitzen von 6-Oxo-5,6-dihydro-dibenzo[c,f][1,7]naphthyridin-8-carbonsäure mit Benzophenon auf 210° (*Ockenden, Schofield*, Soc. **1953** 3914, 3918).

Kristalle (aus Acn.); F: 337—338°. UV-Spektrum (210—400 nm): *Ock., Sch.*, l. c. S. 3915.

5H-Dibenzo[c,h][1,6]naphthyridin-6-on $C_{16}H_{10}N_2O$, Formel VII, und Tautomeres.

B. Beim Behandeln von 5,6-Dihydro-benzo[e]chino[4,3-c][1,2]diazepin-7-on in Essig=säure mit NaNO$_2$ (*de Diesbach et al.*, Helv. **34** [1951] 1050, 1059).

Kristalle (aus A.); F: 384°.

*11H-Indolo[3,2-c]chinolin-6-carbaldehyd-[1-äthyl-2-phenyl-indol-3-ylimin], [1-Äthyl-2-phenyl-indol-3-yl]-[11H-indolo[3,2-c]chinolin-6-ylmethylen]-amin $C_{32}H_{24}N_4$, Formel VIII.

B. Neben [1-Äthyl-2-phenyl-indol-3-yl]-[5-methyl-5H-indolo[3,2-c]chinolin-6-yl=methylen]-amin (s. S. 753) beim Erwärmen von 5,6-Dimethyl-11H-indolo[3,2-c]chinol=inium-[toluol-4-sulfonat] mit 1-Äthyl-3-nitroso-2-phenyl-indol und methanol. Natrium=methylat (*Mann, Prior*, Soc. **1956** 1331, 1336).

Gelbe Kristalle (aus Me.); F: 261—264°.

VIII   IX

*5-Methyl-5*H*-indolo[3,2-*c*]chinolin-6-carbaldehyd-[4-dimethylamino-phenylimin],
***N,N*-Dimethyl-*N'*-[5-methyl-5*H*-indolo[3,2-*c*]chinolin-6-ylmethylen]-*p*-phenylendiamin**
$C_{25}H_{22}N_4$, Formel IX.

B. Beim Erwärmen von 5,6-Dimethyl-11*H*-indolo[3,2-*c*]chinolinium-[toluol-4-sulfonat] mit *N,N*-Dimethyl-4-nitroso-anilin und Piperidin in Methanol (*Mann, Prior,* Soc. **1956** 1331, 1335).

Rote Kristalle (aus DMF); F: 281—281,5°. λ_{max} (2-Äthoxy-äthanol): 417 nm (*Mann, Pr.,* l. c. S. 1336).

Toluol-4-sulfonat $C_{25}H_{22}N_4 \cdot C_7H_8O_3S$. *B.* Beim Erwärmen von 5,6-Dimethyl-11*H*-indolo[3,2-*c*]chinolinium-[toluol-4-sulfonat] mit *N,N*-Dimethyl-4-nitroso-anilin und Piperidin in Methanol (*Mann, Pr.*). — Rote Kristalle (aus Me.); F: 310—311° [Zers.]. λ_{max} (Me.): 435 nm.

*5-Methyl-5*H*-indolo[3,2-*c*]chinolin-6-carbaldehyd-[1-äthyl-2-phenyl-indol-3-ylimin],
[1-Äthyl-2-phenyl-indol-3-yl]-[5-methyl-5*H*-indolo[3,2-*c*]chinolin-6-ylmethylen]-amin
$C_{33}H_{26}N_4$, Formel X.

B. Neben [1-Äthyl-2-phenyl-indol-3-yl]-[11*H*-indolo[3,2-*c*]chinolin-6-ylmethylen]-amin (Hauptprodukt) beim Erwärmen von 5,6-Dimethyl-11*H*-indolo[3,2-*c*]chinolinium-[toluol-4-sulfonat] mit 1-Äthyl-3-nitroso-2-phenyl-indol und methanol. Natriummethylat (*Mann, Prior,* Soc. **1956** 1331, 1336).

Orangefarbene Kristalle (aus DMF); F: 295—297° [Zers.].

Toluol-4-sulfonat $C_{33}H_{26}N_4 \cdot C_7H_8O_3S$. *B.* Beim Erhitzen von 5,6-Dimethyl-11*H*-indolo[3,2-*c*]chinolinium-toluol-4-sulfonat mit 1-Äthyl-3-nitroso-2-phenyl-indol, Acetanhydrid und Triäthylamin (*Mann, Pr.*). — Rote Kristalle (aus DMF); F: 255—257°. λ_{max} (Me.): 462 nm.

X   XI   XII

6-[(4-Dimethylamino-phenylimino)-methyl]-5,11-dimethyl-11*H*-indolo[3,2-*c*]chinolinium $[C_{26}H_{25}N_4]^+$, Formel XI (R = C_6H_4-N(CH$_3$)$_2$(*p*)), und Mesomere.

Toluol-4-sulfonat $[C_{26}H_{25}N_4]C_7H_7O_3S$. *B.* Beim Erwärmen von 5,6,11-Trimethyl-11*H*-indolo[3,2-*c*]chinolinium-[toluol-4-sulfonat] mit *N,N*-Dimethyl-4-nitroso-anilin und Piperidin in Äthanol (*Mann, Prior,* Soc. **1956** 1331, 1336). — Rote Kristalle (aus A.) mit 1 Mol H_2O; F: 275—276°. λ_{max} (Me.): 462 nm.

6-[(1-Äthyl-2-phenyl-indol-3-ylimino)-methyl]-5,11-dimethyl-11*H*-indolo[3,2-*c*]chinolinium $[C_{34}H_{29}N_4]^+$, Formel XII, und Mesomere.

Toluol-4-sulfonat $[C_{34}H_{29}N_4]C_7H_7O_3S$. *B.* Beim Erwärmen von 5,6,11-Trimethyl-11*H*-indolo[3,2-*c*]chinolinium-[toluol-4-sulfonat] mit 1-Äthyl-3-nitroso-2-phenyl-indol und Piperidin in Äthanol (*Mann, Prior,* Soc. **1956** 1331, 1336). — Rote Kristalle (aus A.); F: 254—255°. λ_{max} (Me.): 450 nm.

---

*11-Phenyl-11*H*-indolo[3,2-*c*]isochinolin-5-carbaldehyd-[4-dimethylamino-phenylimin],
***N,N*-Dimethyl-*N'*-[11-phenyl-11*H*-indolo[3,2-*c*]isochinolin-5-ylmethylen]-*p*-phenylendiamin** $C_{30}H_{24}N_4$, Formel XIII.

B. Neben 5-[(4-Dimethylamino-phenylimino)-methyl]-6-methyl-11-phenyl-11*H*-indolo[3,2-*c*]isochinolinium-jodid beim Erwärmen von 5,6-Dimethyl-11-phenyl-11*H*-indolo-

[3,2-*c*]isochinolinium-jodid mit *N,N*-Dimethyl-4-nitroso-anilin und Piperidin in Äthanol (*Huang-Hsinmin, Mann*, Soc. **1949** 2911, 2914).
Grüne Kristalle (aus A.); F: 218—220°.

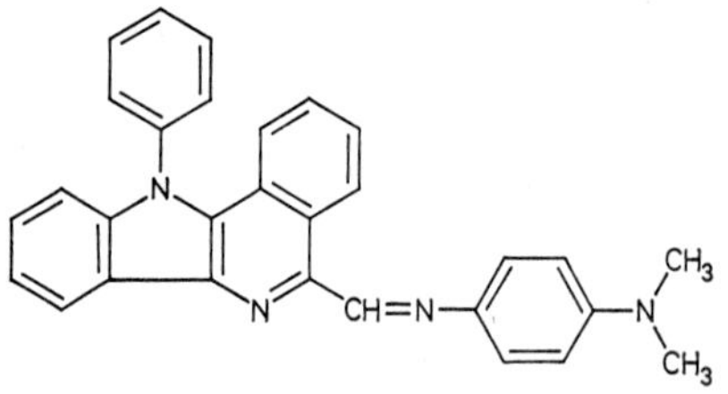

XIII

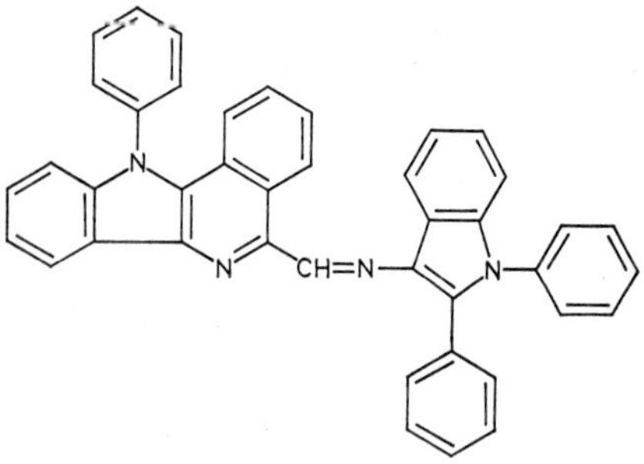

XIV

*11-Phenyl-11*H*-indolo[3,2-*c*]isochinolin-5-carbaldehyd-[1,2-diphenyl-indol-3-ylimin],
[1,2-Diphenyl-indol-3-yl]-[11-phenyl-11*H*-indolo[3,2-*c*]isochinolin-5-ylmethylen]-amin
$C_{42}H_{28}N_4$, Formel XIV.
B. Neben 5-[(1,2-Diphenyl-indol-3-ylimino)-methyl]-6-methyl-11-phenyl-11*H*-indolo [3,2-*c*]isochinolinium-jodid beim Erwärmen von 5,6-Dimethyl-11-phenyl-11*H*-indolo= [3,2-*c*]isochinolinium-jodid mit 3-Nitroso-1,2-diphenyl-indol und Piperidin in Äthanol (*Huang-Hsinmin, Mann*, Soc. **1949** 2911, 2914).
Grünlichgelbe Kristalle (aus A.); F: 315—317°.

5-[(4-Dimethylamino-phenylimino)-methyl]-6-methyl-11-phenyl-11*H*-indolo[3,2-*c*]= isochinolinium $[C_{31}H_{27}N_4]^+$, Formel I, und Mesomere.
Jodid $[C_{31}H_{27}N_4]I$. *B.* s. S. 753 im Artikel *N,N*-Dimethyl-*N'*-[11-phenyl-11*H*-indolo= [3,2-*c*]isochinolin-5-ylmethylen]-*p*-phenylendiamin. — Kristalle (aus A.) mit 1 Mol Äthanol; F: 197° [Zers.] (*Huang-Hsinmin, Mann*, Soc. **1949** 2911, 2914).

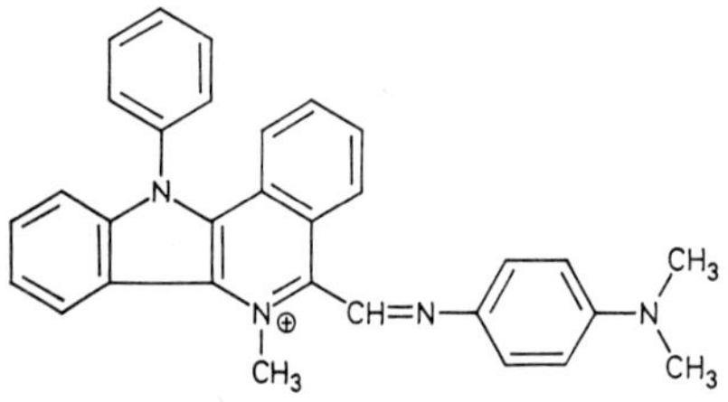

I

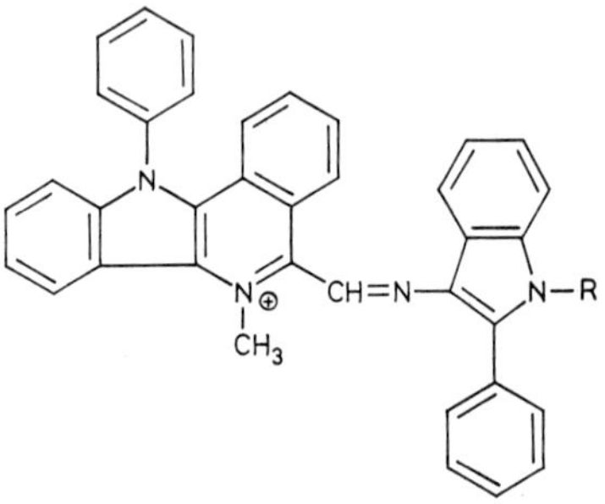

II

5-[(1-Äthyl-2-phenyl-indol-3-ylimino)-methyl]-6-methyl-11-phenyl-11*H*-indolo[3,2-*c*]= isochinolinium $[C_{39}H_{31}N_4]^+$, Formel II ($R = C_2H_5$), und Mesomere.
Jodid $[C_{39}H_{31}N_4]I$. *B.* Beim Erwärmen von 5,6-Dimethyl-11-phenyl-11*H*-indolo[3,2-*c*]= isochinolinium-jodid mit 1-Äthyl-3-nitroso-2-phenyl-indol und Piperidin in Methanol (*Huang-Hsinmin, Mann*, Soc. **1949** 2911, 2914). — Rote Kristalle (aus A. + Ae.); F: 171° bis 175° [Zers.].

5-[(1,2-Diphenyl-indol-3-ylimino)-methyl]-6-methyl-11-phenyl-11*H*-indolo[3,2-*c*]= isochinolinium $[C_{43}H_{31}N_4]^+$, Formel II ($R = C_6H_5$), und Mesomere.
Jodid $[C_{43}H_{31}N_4]I$. *B.* s. o. im Artikel [1,2-Diphenyl-indol-3-yl]-[11-phenyl-11*H*-indolo= [3,2-*c*]isochinolin-5-ylmethylen]-amin. — Kristalle (aus Me.); F: 270—271° [Zers.; nach Sintern bei 180°] (*Huang-Hsinmin, Mann*, Soc. **1949** 2911, 2914).

Oxo-Verbindungen $C_{17}H_{12}N_2O$

2-*trans*(?)-Cinnamoyl-chinoxalin, 1-Chinoxalin-2-yl-3*t*(?)-phenyl-propenon $C_{17}H_{12}N_2O$, vermutlich Formel III.

B. Beim Erwärmen von 1-Chinoxalin-2-yl-äthanon mit Benzaldehyd und Natrium= äthylat in wenig Äthanol (*Henseke, Bähner*, B. **91** [1958] 1605, 1610).

Gelbbraune Kristalle; F: 159—160°.

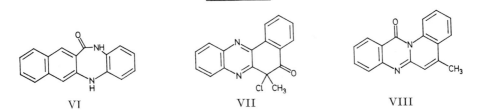

III   IV   V

4-Fluorenyliden-5-methyl-2-phenyl-2,4-dihydro-pyrazol-3-on $C_{23}H_{16}N_2O$, Formel IV.

B. Beim Erhitzen von 5-Methyl-2-phenyl-1,2-dihydro-pyrazol-3-on mit Fluoren-9-on und Piperidin in Äthanol (*Ponomarew*, Uč. Zap. Saratovsk. Univ. **42** [1955] 37, 41; C. A. **1959** 1313).

Kristalle; F: 215° [Zers.].

*3-Benzyl-1(2)*H*-indeno[1,2-c]pyrazol-4-on-hydrazon $C_{17}H_{14}N_4$, Formel V und Tautomeres.

B. Beim Erwärmen von 2-Phenylacetyl-indan-1,3-dion mit N_2H_4 in Äthanol (*Braun, Mosher*, Am. Soc. **80** [1958] 4919).

F: 263—264° [korr.].

5,13-Dihydro-benzo[b]naphtho[2,3-e][1,4]diazepin-12-on $C_{17}H_{12}N_2O$, Formel VI.

B. Beim Erhitzen der 3-[2-Amino-anilino]-[2]naphthoesäure in Petroläther auf 230° (*Bachman, Cohen*, J. org. Chem. **13** [1948] 89, 93).

Gelbe Kristalle (aus Me.); F: 255,5—256,5°.

VI   VII   VIII

(±)-6-Chlor-6-methyl-6H-benzo[a]phenazin-5-on $C_{17}H_{11}ClN_2O$, Formel VII.

B. Beim Erwärmen von (±)-2-Chlor-3,3-dihydroxy-2-methyl-2,3-dihydro-[1,4]= naphthochinon oder von (±)-3-Chlor-3-methyl-naphthalin-1,2,4-trion mit o-Phenylen= diamin in Benzol (*Schwetzow, Schemjakin*, Ž. obšč. Chim. **19** [1949] 480, 489; engl. Ausg. S. 431, 439).

Fast farblose Kristalle (aus A.), die sich bei Lichteinwirkung röten; F: 167°.

5-Methyl-chino[2,1-b]chinazolin-12-on $C_{17}H_{12}N_2O$, Formel VIII.

Diese Konstitution kommt der früher (H **22** 455) mit Vorbehalt als 7-[4-Methyl-
[2]chinolyl]-7-aza-bicyclo[4.2.0]octa-1,3,5-trien-8-on (1-[4-Methyl-[2]chin=
olyl]-1H-benzazet-2-on; „Lactam der N-[4-Methyl-chinolyl-(2)]-anthranilsäure(?)“)

formulierten Verbindung zu (*Bose*, Curr. Sci. **2** [1933/34] 430).

B. Beim Erhitzen von 2-Chlor-4-methyl-chinolin mit Anthranilsäure (*Bose, Sen*, Soc. **1931** 2840, 2843, 2845; vgl. H **22** 455) oder mit Anthranilsäure-methylester (*Stephen, Stephen*, Soc. **1956** 4173, 4175). Beim Erhitzen von *N*-[4-Methyl-[2]chinolyl]-anthranil=säure-methylester mit wss. HCl (*St., St.*).

Kristalle; F: 217° [aus Acetanhydrid] (*Backeberg*, Soc. **1933** 390), 213° [aus A.] (*St., St.*).

Hydrochlorid $C_{17}H_{12}N_2O \cdot HCl$. Kristalle (aus wss. HCl); F: 222° [Zers.] (*Ba.*).

Hexachloroplatinat(IV) $2 C_{17}H_{12}N_2O \cdot H_2PtCl_6$ (*St., St.*).

Picrat. F: 223° (*Ba.*).

3-Methyl-1*H*-dibenzo[*f,h*]chinoxalin-2-on $C_{17}H_{12}N_2O$, Formel IX, und Tautomeres.

B. Aus Brenztraubensäure und Phenanthren-9,10-diyldiamin in Äthanol oder Essig=säure (*Buu-Hoi, Jacquignon*, C. r. **226** [1948] 2155).

Gelbe Kristalle (aus A.), die unterhalb 360° nicht schmelzen.

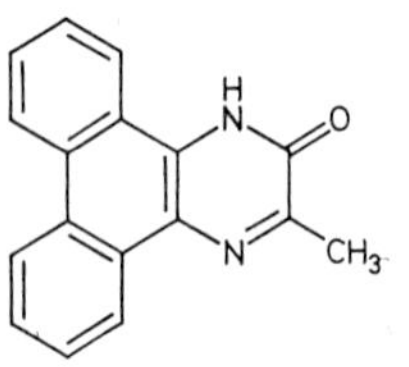

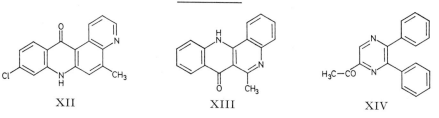

$$\text{IX} \qquad\qquad \text{X} \qquad\qquad \text{XI}$$

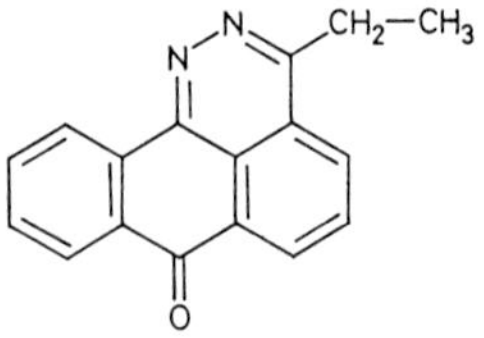

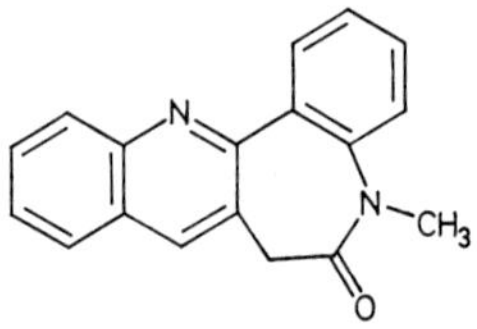

3-Äthyl-dibenzo[*de,h*]cinnolin-7-on $C_{17}H_{12}N_2O$, Formel X.

B. Beim Erhitzen von 1-Propionyl-anthrachinon in Toluol mit $N_2H_4 \cdot H_2O$ (*Wald-mann, Oblath*, B. **71** [1938] 366, 368).

Gelbe Kristalle (aus Bzl.); F: 204°.

5-Methyl-5,7-dihydro-benz[2,3]azepino[4,5-*b*]chinolin-6-on $C_{18}H_{14}N_2O$, Formel XI.

B. Beim Erwärmen von 5-Methyl-6,7-dihydro-5*H*-benz[2,3]azepino[4,5-*b*]chinolin mit $KMnO_4$ in Aceton (*Braunholtz, Mann*, Soc. **1958** 3377, 3386).

Kristalle (aus wss. A.); F: 192—193°.

9-Chlor-5-methyl-7*H*-benzo[*b*][4,7]phenanthrolin-12-on $C_{17}H_{11}ClN_2O$, Formel XII, und Tautomeres.

B. Beim Erwärmen von 4-Chlor-2-[8-methyl-[6]chinolylamino]-benzoesäure mit konz. H_2SO_4 auf 100° (*Hutchison, Kermack*, Soc. **1947** 678, 681).

Gelbe Kristalle (aus A.) mit 0,5 Mol H_2O; F: 383° [Zers.].

$$\text{XII} \qquad\qquad \text{XIII} \qquad\qquad \text{XIV}$$

6-Methyl-12*H*-dibenzo[*b,h*][1,6]naphthyridin-7-on $C_{17}H_{12}N_2O$, Formel XIII, und Tautomeres.

B. Beim Erwärmen von *N*-[2-Methyl-[4]chinolyl]-anthranilsäure mit konz. H_2SO_4 auf 100° (*Backeberg*, Soc. **1933** 390).

Gelbe Kristalle (aus A. oder wss. Py.); F: 295—296° [Zers.].

Sulfat $2 C_{17}H_{12}N_2O \cdot H_2SO_4$. Gelblich; unterhalb 320° nicht schmelzend.

Oxo-Verbindungen C₁₈H₁₄N₂O

5-Acetyl-2,3-diphenyl-pyrazin, 1-[5,6-Diphenyl-pyrazin-2-yl]-äthanon C₁₈H₁₄N₂O,
Formel XIV.

B. Aus 5,6-Diphenyl-pyrazin-2-carbonitril beim Behandeln mit Methylmagnesium‐
bromid in Benzol und Äther und Erwärmen des Reaktionsgemisches mit wss. HCl (*Karmas, Spoerri,* Am. Soc. **78** [1956] 2141, 2144).

Gelbe Kristalle (aus Acn.); F: 152—153°.

---

*3-[1,5-Diphenyl-1*H*-pyrazol-4-yl]-1-phenyl-propenon C₂₄H₁₈N₂O, Formel I.

B. Beim Behandeln von 3,3-Dimethoxy-1-phenyl-propan-1-on mit Ameisensäure‐
methylester und Natriummethylat in Äther und Behandeln des Reaktionsprodukts mit
Phenylhydrazin in Essigsäure (*Panizzi,* G. **77** [1947] 549, 555).

Kristalle (aus A.); F: 171°.

---

*5-Benzyliden-2-styryl-3,5-dihydro-imidazol-4-on C₁₈H₁₄N₂O, Formel II (R = H), und
Tautomere (H 230).

B. Beim Erwärmen von 5-Benzyliden-2-methyl-3,5-dihydro-imidazol-4-on (S. 561)
mit Benzaldehyd und wenig Diäthylamin in Benzol und Essigsäure (*Pfleger, Markert,* B.
90 [1957] 1494, 1499).

Gelbe Kristalle (aus Dioxan); F: 227°.

---

*5-Benzyliden-3-propyl-2-styryl-3,5-dihydro-imidazol-4-on C₂₁H₂₀N₂O, Formel II
(R = CH₂-CH₂-CH₃).

B. Beim Erhitzen von 5-Benzyliden-2-methyl-3-propyl-3,5-dihydro-imidazol-4-on (S.
561) mit Benzaldehyd, Acetanhydrid und Natriumacetat (*Pfleger, Markert,* B. **90** [1957]
1494, 1499).

Orangegelbe Kristalle (aus Me.); F: 106°.

---

*5-Benzyliden-3-cyclohexyl-2-styryl-3,5-dihydro-imidazol-4-on C₂₄H₂₄N₂O, Formel II
(R = C₆H₁₁).

B. Beim Erhitzen von 5-Benzyliden-3-cyclohexyl-2-methyl-3,5-dihydro-imidazol-4-on
(S. 561) mit Benzaldehyd, Acetanhydrid und Natriumacetat (*Pfleger, Markert,* B. **90**
[1957] 1494, 1498).

Orangegelbe Kristalle (aus Isopropylalkohol); F: 202,5°.

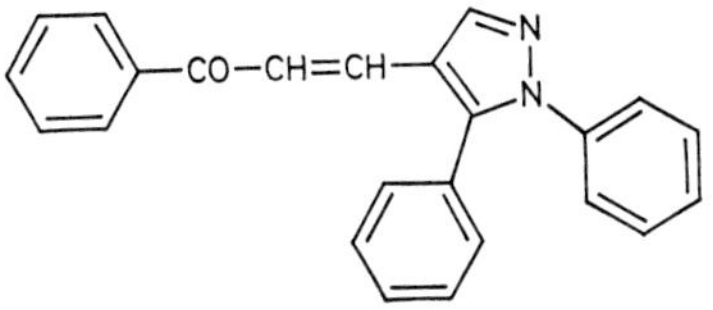

I 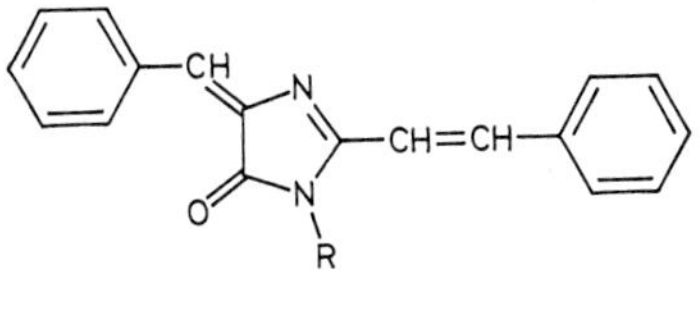   II

*3-Acetyl-5-benzyliden-2-styryl-3,5-dihydro-imidazol-4-on C₂₀H₁₆N₂O₂, Formel II
(R = CO-CH₃).

B. Beim Erhitzen von 5-Benzyliden-2-methyl-3,5-dihydro-imidazol-4-on (S. 561) mit
Natriumacetat, Acetanhydrid und Benzaldehyd (*Pfleger, Markert,* B. **90** [1957] 1494,
1499). Beim Erhitzen von 5-Benzyliden-2-styryl-3,5-dihydro-imidazol-4-on (F: 227°) mit
Acetanhydrid (*Pf., Ma.*).

Gelbe Kristalle (aus Eg.); F: 184°.

---

*[4-Benzyliden-5-oxo-2-styryl-4,5-dihydro-imidazol-1-yl]-essigsäure C₂₀H₁₆N₂O₃,
Formel II (R = CH₂-CO-OH).

Konstitution: *Pfleger, Pelz,* B. **90** [1957] 1489, 1491.

B. Neben 4-Benzyliden-2-methyl-4*H*-oxazol-5-on (Hauptprodukt) beim Erhitzen von
Glycin (*Tietzman et al.,* J. biol. Chem. **151** [1943] 387, 389, 393) oder von *N*-Acetyl-glycin
(*Pf., Pelz,* l. c. S. 1492) mit Benzaldehyd, Natriumacetat und Acetanhydrid.

Gelbbraune Kristalle (aus Eg.); F: 256° [Zers.] (*Pf.*, *Pelz*; s. a. *Ti. et al.*).
Perchlorat $C_{20}H_{16}N_2O_3 \cdot HClO_4$. Rote Kristalle (aus Eg.); Zers. ab 170° (*Pf.*, *Pelz*).

*[4-Benzyliden-5-oxo-2-styryl-4,5-dihydro-imidazol-1-yl]-essigsäure-methylester
$C_{21}H_{18}N_2O_3$, Formel II (R = CH_2-CO-O-CH_3).
B. Beim Behandeln der vorangehenden Verbindung mit methanol. HCl (*Pfleger*, *Pelz*,
B. **90** [1957] 1489, 1492).
Gelbe Kristalle (aus Me.); F: 118°.

*[4-Benzyliden-5-oxo-2-styryl-4,5-dihydro-imidazol-1-yl]-essigsäure-äthylester
$C_{22}H_{20}N_2O_3$, Formel II (R = CH_2-CO-O-C_2H_5).
B. Analog der vorangehenden Verbindung (*Pfleger*, *Markert*, B. **90** [1957] 1494, 1499).
Beim Erhitzen von [4-Benzyliden-2-methyl-5-oxo-4,5-dihydro-imidazol-1-yl]-essigsäure-
äthylester (S. 561) mit Natriumacetat, Acetanhydrid und Benzaldehyd (*Pf.*, *Ma.*).
Gelbe Kristalle (aus Me.); F: 126°.

*3-Benzyliden-2,3-dihydro-1*H*-pyrrolo[2,1-*b*]chinazolin-9-on $C_{18}H_{14}N_2O$, Formel III.
In einem von *Morris et al.* (Am. Soc. **57** [1935] 951, 953) unter dieser Konstitution
beschriebenen Präparat vom F: 137−139° hat vermutlich ein Gemisch mit der Aus-
gangsverbindung vorgelegen (*Schachidojatow et al.*, Chimija prirodn. Soedin. **13** [1977]
552; engl. Ausg. S. 461).
B. Beim Erhitzen von 2,3-Dihydro-1*H*-pyrrolo[2,1-*b*]chinazolin-5-on mit Benzaldehyd
(*Mo. et al.*; *Sch. et al.*).
Kristalle (aus Bzl.); F: 178−179° (*Sch. et al.*).

III   IV   V

10-Benzoyl-2-methyl-pyrrolo[1′,2′:3,4]imidazo[1,2-*a*]pyridinylium-betain $C_{18}H_{14}N_2O$,
Formel IV, und Mesomere.
B. Beim Behandeln von [2-Methyl-imidazo[1,2-*a*]pyridin-3-yl]-phenyl-keton mit
Chloraceton und Erwärmen des Reaktionsprodukts mit wss.-äthanol. KOH (*Schilling
et al.*, B. **88** [1955] 1093, 1097, 1102).
Rote Kristalle; F: 192° [unkorr.].

10-Acetyl-2-phenyl-pyrrolo[1′,2′:3,4]imidazo[1,2-*a*]pyridinylium $[C_{18}H_{15}N_2O]^+$, Formel V,
und Mesomere.
Betain $C_{18}H_{14}N_2O$. *B.* Beim Behandeln von 1-[2-Methyl-imidazo[1,2-*a*]pyridin-3-yl]-
äthanon mit 2-Brom-1-phenyl-äthanon und Erwärmen des Reaktionsprodukts mit wss.-
äthanol. KOH (*Schilling et al.*, B. **88** [1955] 1093, 1097, 1102). − Gelbe Kristalle; F: 210°
bis 212° [unkorr.].
Bromid. Gelbliche Kristalle; F: 280° [unkorr.].

2,5-Dimethyl-chino[2,1-*b*]chinazolin-12-on $C_{18}H_{14}N_2O$, Formel VI (R = CH_3, R′ = H).
B. Beim Erhitzen von 2-Chlor-4,7-dimethyl-chinolin mit Anthranilsäure (*Bose*, *Sen*, Soc.
1931 2840, 2846) oder mit Anthranilsäure-methylester (*Stephen*, *Stephen*, Soc. **1956** 4173,
4174).
Gelbe Kristalle; F: 194,5° [aus Dioxan] (*St.*, *St.*), 150° [aus Acn.] (*Bose*, *Sen*).
Hexachloroplatinat(IV) $2\,C_{18}H_{14}N_2O \cdot H_2PtCl_6$. Orangefarbene Kristalle (*St.*, *St.*).

3,5-Dimethyl-chino[2,1-*b*]chinazolin-12-on $C_{18}H_{14}N_2O$, Formel VI (R = H, R′ = CH$_3$).

B. Beim Erhitzen von 2-Chlor-4,6-dimethyl-chinolin mit Anthranilsäure-methylester (*Stephen, Stephen*, Soc. **1956** 4173, 4175).

Gelbe Kristalle (aus A.); F: 199°.

Hexachloroplatinat(IV) 4 $C_{18}H_{14}N_2O \cdot H_2PtCl_6 \cdot 2$ HCl. Braun.

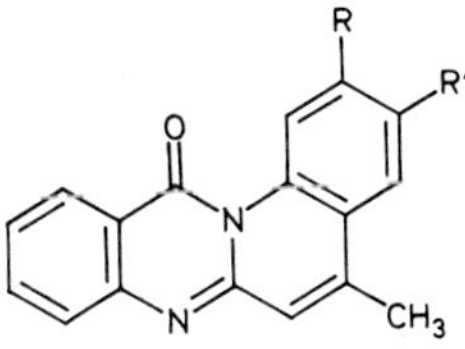

VI 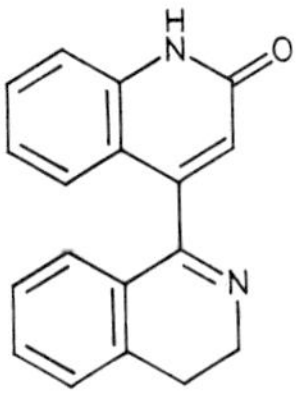   VII 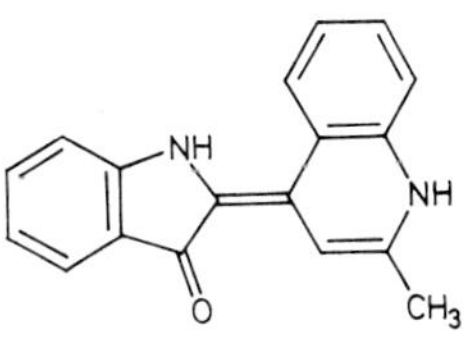   VIII 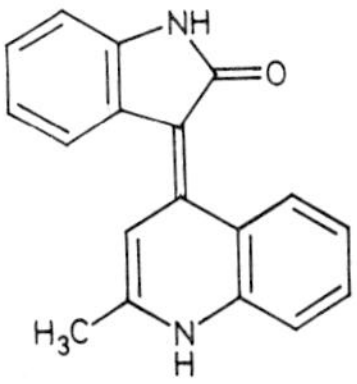   IX

4-[3,4-Dihydro-[1]isochinolyl]-1*H*-chinolin-2-on $C_{18}H_{14}N_2O$, Formel VII, und Tautomeres.

B. Beim Erhitzen von 2-Oxo-1,2-dihydro-chinolin-4-carbonsäure-phenäthylamid mit Polyphosphorsäure (*Thesing, Funk*, B. **89** [1956] 2498, 2506).

Kristalle (aus A.); F: 280° [unkorr.].

---

*2-[2-Methyl-1*H*-[4]chinolyliden]-indolin-3-on $C_{18}H_{14}N_2O$, Formel VIII oder Stereoisomeres.

B. Aus Indolin-3-on und 4-Chlor-2-methyl-chinolin in Pyridin (*Meyer, Bouchet*, C. r. **229** [1949] 372).

Rote Kristalle; Zers. bei ca. 280°.

---

*3-[2-Methyl-1*H*-[4]chinolyliden]-indolin-2-on $C_{18}H_{14}N_2O$, Formel IX oder Stereoisomeres.

B. Aus Indolin-2-on und 4-Chlor-2-methyl-chinolin in Pyridin (*Meyer, Bouchet*, C. r. **229** [1949] 372).

Braunrote Kristalle; F: ca. 300°.

1,3-Dimethyl-5*H*-naphtho[2,3-*b*][1,6]naphthyridin-12-on $C_{18}H_{14}N_2O$, Formel X, und Tautomeres.

B. Beim Erhitzen von 2,6-Dimethyl-4-[2]naphthylamino-nicotinsäure mit POCl$_3$ (*Bachman, Barker*, J. org. Chem. **14** [1949] 97, 101).

Kristalle (aus Py. oder Eg.); F: 280—282° [Zers.].

13-Methyl-5,6-dihydro-4*H*,13*H*-indolo[3,2-*c*]pyrido[3,2,1-*ij*]chinolin-8-on $C_{19}H_{16}N_2O$, Formel XI.

B. Beim Erhitzen von 2,3,6,7-Tetrahydro-5*H*-pyrido[3,2,1-*ij*]chinolin-1-on-[methyl-phenyl-hydrazon] mit wss. H$_2$SO$_4$ (*Mann, Smith*, Soc. **1951** 1898, 1905).

Kristalle (aus A.); F: 211—211,5°.

Picrat $C_{19}H_{16}N_2O \cdot C_6H_3N_3O_7$. Orangefarbene Kristalle (aus A.); F: 170—170,5° [evakuierte Kapillare].

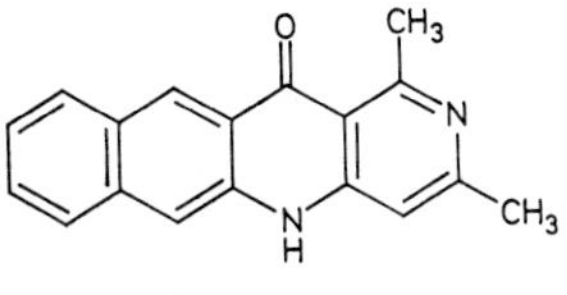

X 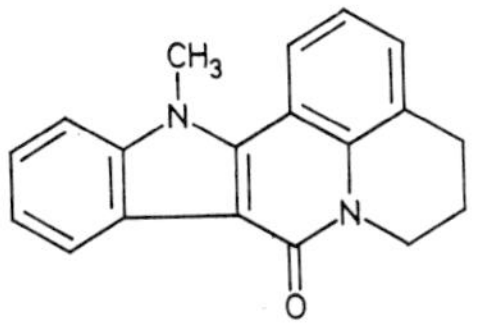   XI 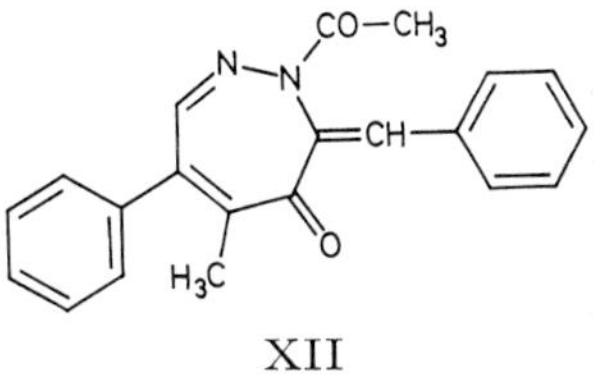   XII

Oxo-Verbindungen $C_{19}H_{16}N_2O$

*2-Acetyl-3-benzyliden-5-methyl-6-phenyl-2,3-dihydro-[1,2]diazepin-4-on $C_{21}H_{18}N_2O_2$, Formel XII.

Diese Konstitution kommt der von *Moore* (Am. Soc. **77** [1955] 3417) als 6-Acetoxy-3-benzyliden-5-methyl-4-phenyl-3*H*-[1,2]diazepin formulierten Verbindung zu (*Bly et al.*, J. org. Chem. **29** [1964] 2128, 2129).

B. Beim Behandeln von opt.-inakt. 3-[α-Hydroxy-benzyl]-5-methyl-6-phenyl-2,3-di≈ hydro-[1,2]diazepin-4-on (F: 146°) mit Acetanhydrid und Pyridin (*Mo.*; *Bly et al.*, l. c. S. 2132).

Orangerote Kristalle; F: 169—170° [aus A. + Hexan] (*Bly et al.*), 168° (*Mo.*). IR-Ban≈ den (3,2—7,2 μ): *Mo.*; s. a. *Bly et al.* λ_{max} (A.): 227 nm und 304 nm (*Bly et al.*; *Mo.*).

4-Methyl-6-phenacyl-5-phenyl-pyrimidin, 2-[6-Methyl-5-phenyl-pyrimidin-4-yl]-1-phenyl-äthanon $C_{19}H_{16}N_2O$, Formel XIII.

B. Beim Behandeln von 4,6-Dimethyl-5-phenyl-pyrimidin in Äther mit KNH_2 in flüssigem NH_3 und Behandeln des Reaktionsgemisches mit Methylbenzoat (*Hauser*, *Manyik*, J. org. Chem. **18** [1953] 588, 592).

Hydrochlorid. Kristalle (aus A.); F: 180° [unkorr.; Zers.].

Picrat $C_{19}H_{16}N_2O \cdot C_6H_3N_3O_7$. Kristalle (aus A.); F: 197—198° [unkorr.; Zers.].

---

*4-[1,3-Diphenyl-allyliden]-5-methyl-2-phenyl-2,4-dihydro-pyrazol-3-on $C_{25}H_{20}N_2O$, Formel XIV (X = X′ = H).

B. Beim Behandeln von 5-Methyl-2-phenyl-4-[1-phenyl-äthyliden]-2,4-dihydro-pyr≈ azol-3-on mit Benzaldehyd und wenig Piperidin in Methanol (*Poraĭ-Koschiz*, *Dinaburg*, Ž. obšč. Chim. **24** [1954] 1221, 1225; engl. Ausg. S. 1209).

Violettrote Kristalle (aus Eg.); F: 174°.

---

*4-[3-(4-Chlor-phenyl)-1-phenyl-allyliden]-5-methyl-2-phenyl-2,4-dihydro-pyrazol-3-on $C_{25}H_{19}ClN_2O$, Formel XIV (X = H, X′ = Cl).

B. Beim Behandeln von 5-Methyl-2-phenyl-4-[1-phenyl-äthyliden]-2,4-dihydro-pyrazol-3-on mit 4-Chlor-benzaldehyd und wenig Piperidin in Methanol (*Poraĭ-Koschiz*, *Dinaburg*, Ž. obšč. Chim. **24** [1954] 1221, 1224; engl. Ausg. S. 1209).

Rote Kristalle (aus Acn.); F: 146—147°.

XIII   XIV

*4-[3-(2,4-Dichlor-phenyl)-1-phenyl-allyliden]-5-methyl-2-phenyl-2,4-dihydro-pyrazol-3-on $C_{25}H_{18}Cl_2N_2O$, Formel XIV (X = X′ = Cl).

B. Beim Behandeln von 5-Methyl-2-phenyl-4-[1-phenyl-äthyliden]-2,4-dihydro-pyrazol-3-on mit 2,4-Dichlor-benzaldehyd und wenig Piperidin in Methanol (*Poraĭ-Koschiz*, *Dinaburg*, Ž. obšč. Chim. **24** [1954] 1221, 1224; engl. Ausg. S. 1209).

Rote Kristalle (aus Acn.); F: 155—156°.

---

*5-Methyl-4-[3-(2-nitro-phenyl)-1-phenyl-allyliden]-2-phenyl-2,4-dihydro-pyrazol-3-on $C_{25}H_{19}N_3O_3$, Formel XIV (X = NO_2, X′ = H).

B. Beim Behandeln von 5-Methyl-2-phenyl-4-[1-phenyl-äthyliden]-2,4-dihydro-pyr≈ azol-3-on mit 2-Nitro-benzaldehyd und wenig Piperidin in Methanol (*Poraĭ-Koschiz*, *Dinaburg*, Ž. obšč. Chim. **24** [1954] 1221, 1224; engl. Ausg. S. 1209).

Blauschwarze Kristalle (aus Eg. oder Acn.); F: 194—195°.

*5-Methyl-4-[3-(4-nitro-phenyl)-1-phenyl-allyliden]-2-phenyl-2,4-dihydro-pyrazol-3-on
$C_{25}H_{19}N_3O_3$, Formel XIV (X = H, X' = NO$_2$).

B. Beim Behandeln von 5-Methyl-2-phenyl-4-[1-phenyl-äthyliden]-2,4-dihydro-pyrazol
3-on mit 4-Nitro-benzaldehyd und wenig Piperidin in Methanol (*Porai-Koschiz, Dinaburg,*
Ž. obšč. Chim. **24** [1954] 1221, 1224; C. A. **1955** 12449).

Blauviolette Kristalle (aus Eg.); F: 218—219°.

1-Äthyl-2-[3-(1-methyl-1*H*-[2]pyridyliden)-4-oxo-pent-1-enyl]-chinolinium
$[C_{22}H_{23}N_2O]^+$, und Mesomere; **1-Acetyl-3-[1-äthyl-[2]chinolyl]-1-[1-methyl-[2]pyridyl]-**
trimethinium [1]), Formel I.

Jodid $[C_{22}H_{23}N_2O]I$. *B.* Beim Erwärmen von [1-Äthyl-1*H*-[2]chinolyliden]-acetaldehyd
mit 2-Acetonyl-1-methyl-pyridinium-chlorid und Acetanhydrid (*Taki,* J. scient. Res.
Inst. Tokyo **49** [1955] 331, 345). Beim Erhitzen von 1-Äthyl-2-[3-(1-methyl-1*H*-[2]pyr=
idyliden)-propenyl]-chinolinium-jodid mit Acetanhydrid (*Taki,* J. scient. Res. Inst.
Tokyo **49** [1955] 254, 260). — Braune Kristalle (aus Butan-1-ol); F: 238—240° (*Taki,*
l. c. S. 346). Absorptionsspektrum (430—540 nm): *Taki,* l. c. S. 346.

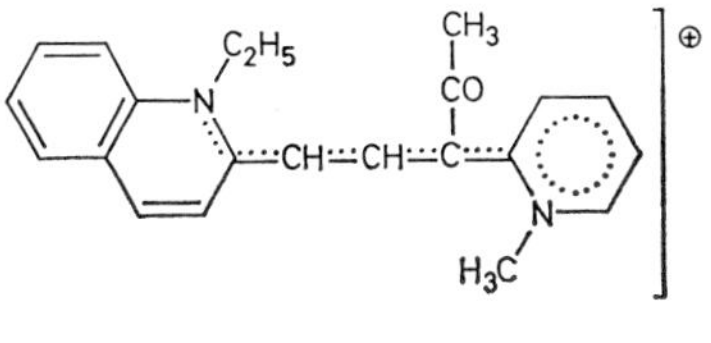

I 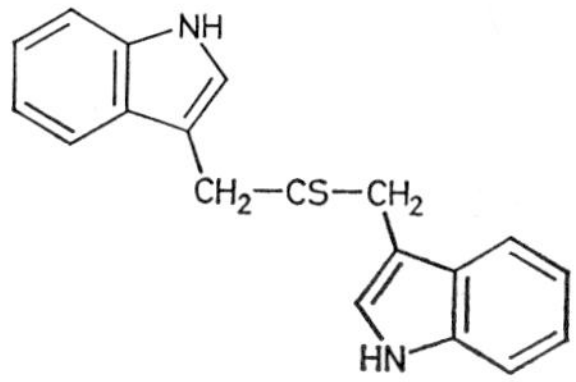   II

1,3-Diindol-3-yl-propan-2-thion $C_{19}H_{16}N_2S$, Formel II.

Eine Verbindung (Kristalle [aus A.]; F: 154°), der möglicherweise diese Konstitution
zukommt, ist beim Erwärmen von Gramin (E III/IV **22** 4302) mit Thioharnstoff in
Äthanol erhalten worden (*Qureshi et al.,* Pakistan J. scient. ind. Res. **1** [1958] 101, 104).

Bis-[2-methyl-indol-3-yl]-keton $C_{19}H_{16}N_2O$, Formel III (E II 118).

B. Beim Behandeln von 2-Methyl-indol mit COCl$_2$ in Benzol (*I. G. Farbenind.,* D.R.P.
610236 [1933]).

Kristalle (aus Nitrobenzol); F: 289—290°.

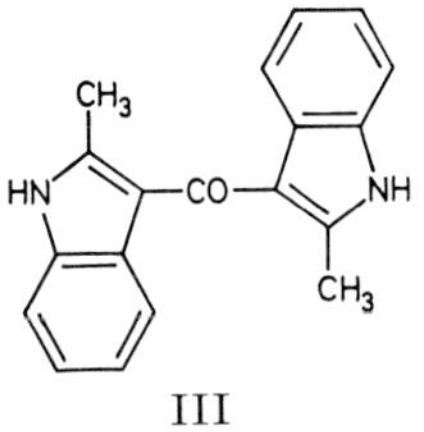

III 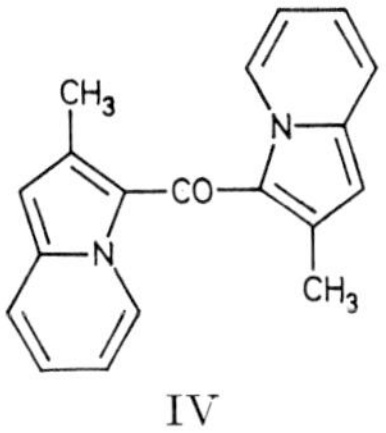   IV 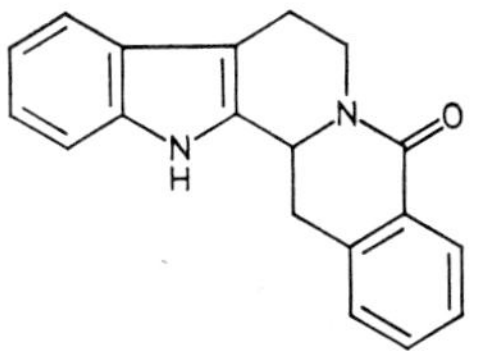   V

Bis-[2-methyl-indolizin-3-yl]-keton $C_{19}H_{16}N_2O$, Formel IV.

B. Bei der Hydrierung von 2-Methyl-indolizin-3-carbonylchlorid an Palladium/BaSO$_4$
(*Holland, Nayler,* Soc. **1955** 1504, 1509).

Gelbe Kristalle (aus A. oder PAe.); F: 114—115°.

(±)-8,13,13b,14-Tetrahydro-7*H*-indolo[2′,3′:3,4]pyrido[1,2-*b*]isochinolin-5-on,
***rac*-Yohimba-15,17,19-trien-21-on** $C_{19}H_{16}N_2O$, Formel V.

B. Beim Erwärmen von Isocumarin mit Tryptamin in Äthanol und Erwärmen des
Reaktionsprodukts mit wenig wss. HCl in Methanol (*Kobayashi,* Sci. Rep. Tohoku Univ.

---

[1]) Über diese Bezeichnungsweise s. *Reichardt, Mormann,* B. **105** [1972] 1815, 1832.

[I] **31** [1942/43] 73, 80). Beim Erwärmen des Hydrochlorids von (±)-2-[2,3,4,9-Tetra-hydro-1H-β-carbolin-1-ylmethyl]-benzoesäure mit wss.-äthanol. Natriumacetat (*Ko.*). Beim Erhitzen von *rac*-21-Oxo-yohimba-15,17,19-trien-14ξ-carbonsäure [F: 204° (Zers.)] (*Ko.*).

Kristalle (aus Me.); F: 255—256°.

10,11,12,13-Tetrahydro-9H-indolo[3′,2′:4,5]pyrido[2,1-a]isochinolin-8-on,
10,11,12,13-Tetrahydro-9H-benz[a]indolo[2,3-g]chinolizin-8-on $C_{19}H_{16}N_2O$, Formel VI.

Bezüglich der Konstitution vgl. *Boekelheide, Liu*, Am. Soc. **74** [1952] 4920, 4923.

B. Beim Erhitzen von 3-[1]Isochinolylmethyl-4,5,6,7-tetrahydro-indol-2-carbonsäure-äthylester in Tetralin (*Boekelheide, Ainsworth*, Am. Soc. **72** [1950] 2134, 2137).

Gelbe Kristalle (aus Dioxan); F: 310—312° (*Bo., Ai.*). Absorptionsspektrum (A.; 220—460 nm): *Bo., Ai.*, l. c. S. 2135.

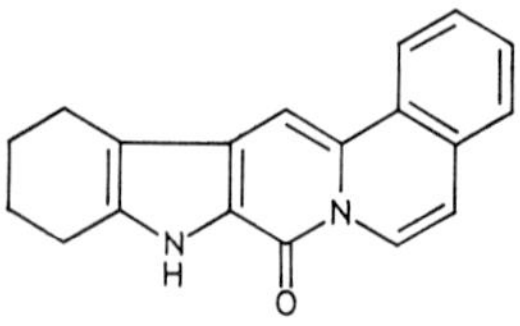

VI 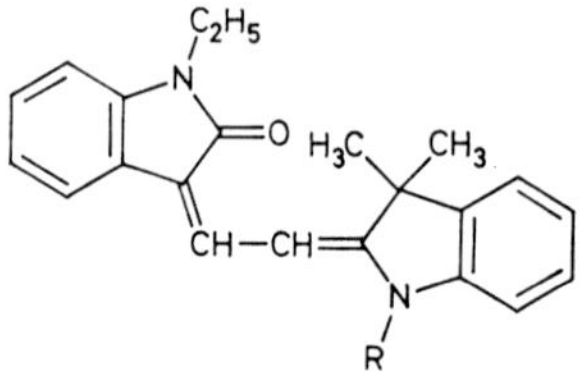   VII

Oxo-Verbindungen $C_{20}H_{18}N_2O$

*1-Äthyl-3-[2-(1,3,3-trimethyl-indolin-2-yliden)-äthyliden]-indolin-2-on** $C_{23}H_{24}N_2O$, Formel VII (R = CH$_3$).

B. Beim Erwärmen von 2-[2-(N-Acetyl-anilino)-vinyl]-1,3,3-trimethyl-3H-indolium-jodid mit 1-Äthyl-indolin-2-on und wenig Triäthylamin in Äthanol (*Brooker et al.*, Am. Soc. **73** [1951] 5332, 5335, 5350).

Orangefarbenes Pulver (aus PAe.); F: 172—174° [korr.; Zers.]. λ_{max} (Me.): 456 nm (*Br. et al.*, l. c. S. 5337).

1-Äthyl-3-[2-(3,3-dimethyl-1-phenyl-indolin-2-yliden)-äthyliden]-indolin-2-on
$C_{28}H_{26}N_2O$, Formel VII (R = C$_6$H$_5$).

B. Beim Erwärmen von 2-[2-(N-Acetyl-anilino)-vinyl]-3,3-dimethyl-1-phenyl-3H-indolium-perchlorat mit 1-Äthyl-indolin-2-on und wenig Triäthylamin in Äthanol (*Brooker et al.*, Am. Soc. **73** [1951] 5332, 5334).

Orangefarbener Feststoff (aus A.); F: 213—215° [korr.; Zers.].

Oxo-Verbindungen $C_{21}H_{20}N_2O$

*5-Methyl-2-phenyl-4-[11t-phenyl-undeca-2t,4t,6t,8t,10-pentaenyliden]-2,4-dihydro-pyrazol-3-on** $C_{27}H_{24}N_2O$, Formel VIII.

B. Beim Erhitzen von 5-Methyl-2-phenyl-1,2-dihydro-pyrazol-3-on (S. 71) mit *all-trans*-11-Phenyl-undecapentaenal in Acetanhydrid (*Wizinger, Sontag*, Helv. **38** [1955] 363, 372).

Violettblaue Kristalle (aus Eg.); F: 197°. λ_{max} (Eg.): 495 nm (*Wi., So.*; l. c. S. 368).

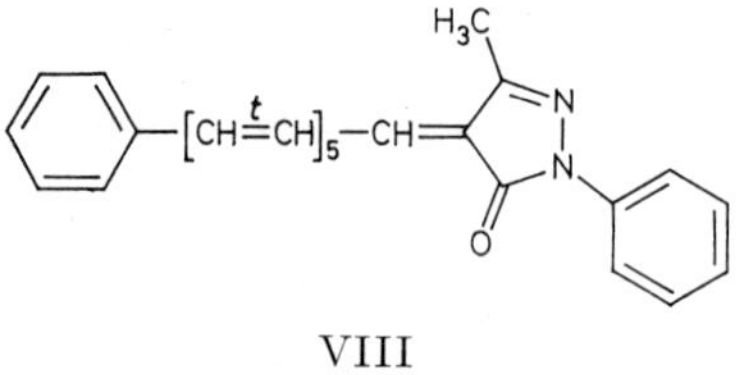

VIII 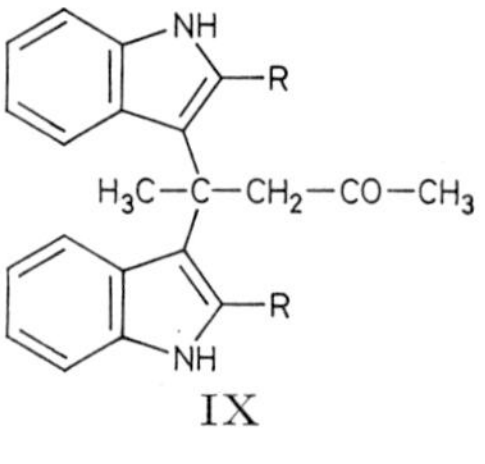   IX

4,4-Di-indol-3-yl-pentan-2-on $C_{21}H_{20}N_2O$, Formel IX (R = H).

B. Aus Indol und Pentan-2,4-dion in siedender Essigsäure (*Noland, Robinson,* J. org. Chem. **22** [1957] 1134).

F: 221–223°. λ_{max} (A.): 224 nm, 283 nm und 291 nm.

Oxo-Verbindungen $C_{22}H_{22}N_2O$

1-Phenyl-4-[2]pyridyl-2-[2-[2]pyridyl-äthyl]-butan-1-on $C_{22}H_{22}N_2O$, Formel X (R = H).

B. Beim Behandeln von Acetophenon mit 2-Vinyl-pyridin und wenig Natrium (*Wilt, Levine,* Am. Soc. **75** [1953] 1368, 1371).

Kp$_3$: 244–247°.

Dipicrat $C_{22}H_{22}N_2O \cdot 2\ C_6H_3N_3O_7$. F: 173–174°.

1-Phenyl-4-[4]pyridyl-2-[2-[4]pyridyl-äthyl]-butan-1-on $C_{22}H_{22}N_2O$, Formel XI (R = R' = H).

B. Beim Behandeln von Acetophenon mit 4-Vinyl-pyridin und wenig Natrium (*Magnus, Levine,* J. org. Chem. **22** [1957] 270, 271, 272).

Kp$_1$: 232–235°.

Dipicrat $C_{22}H_{22}N_2O \cdot 2\ C_6H_3N_3O_7$. F: 172,8–173,8°.

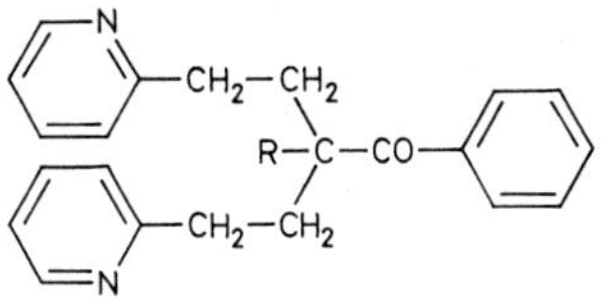

X 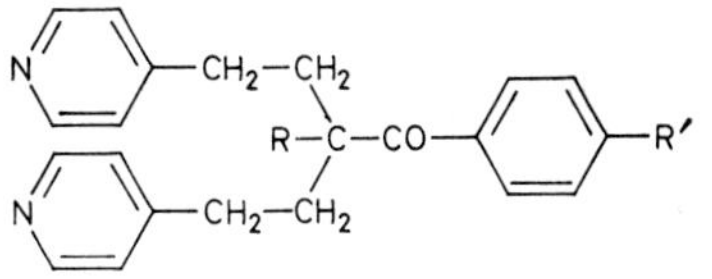   XI

Oxo-Verbindungen $C_{23}H_{24}N_2O$

2-Methyl-1-phenyl-4-[2]pyridyl-2-[2-[2]pyridyl-äthyl]-butan-1-on $C_{23}H_{24}N_2O$, Formel X (R = CH$_3$).

B. Beim Behandeln von Propiophenon mit 2-Vinyl-pyridin und wenig Natrium (*Wilt, Levine,* Am. Soc. **75** [1953] 1368, 1371).

Kp$_{4-5}$: 263–267°.

Dipicrat $C_{23}H_{24}N_2O \cdot 2\ C_6H_3N_3O_7$. F: 73–74°.

2-Methyl-1-phenyl-4-[4]pyridyl-2-[2-[4]pyridyl-äthyl]-butan-1-on $C_{23}H_{24}N_2O$, Formel XI (R = CH$_3$, R' = H).

B. Beim Behandeln von Propiophenon mit 4-Vinyl-pyridin und wenig Natrium (*Magnus, Levine,* J. org. Chem. **22** [1957] 270, 271, 272).

Kp$_{1,5}$: 245–247°.

Dipicrat $C_{23}H_{24}N_2O \cdot 2\ C_6H_3N_3O_7$. F: 191–192°.

4-[4]Pyridyl-2-[2-[4]pyridyl-äthyl]-1-*p*-tolyl-butan-1-on $C_{23}H_{24}N_2O$, Formel XI (R = H, R' = CH$_3$).

B. Beim Behandeln von 1-*p*-Tolyl-äthanon mit 4-Vinyl-pyridin und wenig Natrium (*Magnus, Levine,* J. org. Chem. **22** [1957] 270, 271, 272).

Kp$_1$: 247–250°.

Dipicrat $C_{23}H_{24}N_2O \cdot 2\ C_6H_3N_3O_7$. F: 173,5–174,5°.

4,4-Bis-[2-methyl-indol-3-yl]-pentan-2-on $C_{23}H_{24}N_2O$, Formel IX (R = CH$_3$).

Die früher (E I **24** 282) unter dieser Konstitution beschriebene Verbindung ist als 4-[2-Methyl-indol-3-yl]-pent-3-en-2-on (E III/IV **21** 4100) zu formulieren (*Noland, Robinson,* J. org. Chem. **22** [1957] 1134). Entsprechendes gilt für die E I 282 als Oxim und Semi= carbazon beschriebenen Derivate.

Bis-[1,3,3-trimethyl-indolin-2-yliden]-aceton $C_{25}H_{28}N_2O$, Formel XII (X = O).

B. Aus 1,3,3-Trimethyl-2-methylen-indolin und $COCl_2$ (*Coenen*, Ang. Ch. **61** [1949] 11, 12; *Laurer et al.*, Z. physik. Chem. [N. F.] **10** [1957] 236, 262) oder Diphenylcarb=amoylchlorid (*Coenen*, B. **82** [1949] 66, 69).

Gelbe Kristalle; F: 230—231° [aus A. + $CHCl_3$] (*Co.*, B. **82** 69; s. a. *Co.*, Ang. Ch. **61** 12), 226—227° [aus Xylol] (*La. et al.*). Absorptionsspektrum (250—550 nm) in Äthanol bei −174° und bei Raumtemperatur sowie in Cyclohexan, in wss. Methanol [90%ig] und in wss.-methanol. HCl verschiedener HCl-Konzentration bei Raumtemperatur: *La. et al.*, l. c. S. 247, 250, 258.

Bis-[1,3,3-trimethyl-indolin-2-yliden]-aceton-butylimin, Butyl-[2-(1,3,3-trimethyl-indolin-2-yliden)-1-(1,3,3-trimethyl-indolin-2-ylidenmethyl)-äthyliden]-amin $C_{29}H_{37}N_3$, Formel XII (X = N-$[CH_2]_3$-CH_3).

Hydrochlorid $C_{29}H_{37}N_3 \cdot HCl$. *B.* Beim Erwärmen der vorangehenden Verbindung mit $POCl_3$ und Butylamin in $CHCl_3$ (*Farbenfabr. Bayer*, D.B.P. 944027 [1952]).

Perchlorat $C_{29}H_{37}N_3 \cdot HClO_4$. Gelbe Kristalle (aus Me.); F: 176—178°.

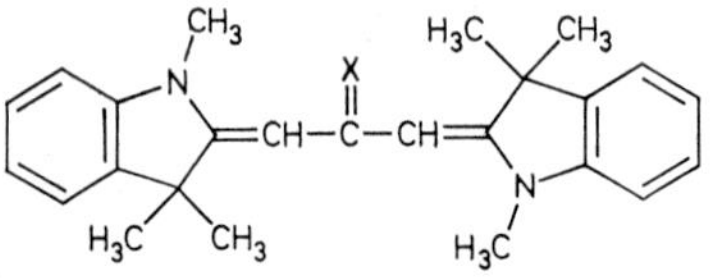

XII

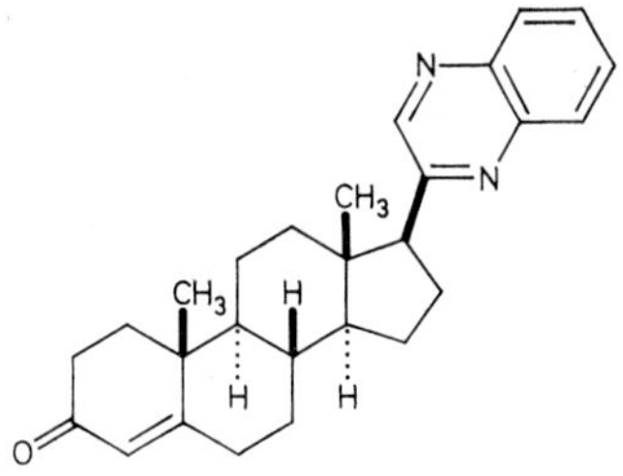

XIII

Bis-[1,3,3-trimethyl-indolin-2-yliden]-aceton-cyclohexylimin, Cyclohexyl-[2-(1,3,3-tri=methyl-indolin-2-yliden)-1-(1,3,3-trimethyl-indolin-2-ylidenmethyl)-äthyliden]-amin $C_{31}H_{39}N_3$, Formel XII (X = N-C_6H_{11}).

Hydrochlorid $C_{31}H_{39}N_3 \cdot HCl$. *B.* Analog der vorangehenden Verbindung (*Farben-fabr. Bayer*, D.B.P. 944027 [1952]).

Perchlorat $C_{31}H_{39}N_3 \cdot HClO_4$. Orangefarbene Kristalle (aus Me.); F: 167—168°.

Oxo-Verbindungen $C_{27}H_{32}N_2O$

17β-Chinoxalin-2-yl-androst-4-en-3-on $C_{27}H_{32}N_2O$, Formel XIII.

B. Beim Erhitzen von 3,20-Dioxo-pregn-4-en-21-al (F: 224—227°) mit *o*-Phenylen=diamin in Essigsäure (*Tsuda et al.*, Chem. pharm. Bl. **7** [1959] 519, 521).

Hellgelbes Öl. λ_{max} (Me.): 240 nm, 320 nm und 360 nm.   [*Flock*]

Oxo-Verbindungen $C_nH_{2n-24}N_2O$

Oxo-Verbindungen $C_{18}H_{12}N_2O$

3-Phenyl-10H-benzo[g]cinnolin-5-on $C_{18}H_{12}N_2O$, Formel I, und Tautomeres (3-Phenyl-benzo[g]cinnolin-5-ol).

B. Beim Behandeln von 3-Benzyl-6-phenyl-pyridazin-4-carbonsäure mit $SOCl_2$ und Erwärmen des Reaktionsprodukts mit $AlCl_3$ in Nitrobenzol (*Borsche, Klein*, A. **548** [1941] 74, 78).

Kristalle (aus Me.); F: 236°.

2,4-Dinitro-phenylhydrazon $C_{24}H_{16}N_6O_4$. Gelbe Kristalle (aus E.); F: 244°.

2-Phenyl-3H-benzo[g]chinazolin-4-on $C_{18}H_{12}N_2O$, Formel II, und Tautomere.

Diese Konstitution kommt vermutlich auch der von *Shah, Ichaporia* (Soc. **1936** 431) als 3-Phenyl-2H-benzo[f]chinazolin-1-on formulierten Verbindung zu (*Mehta, Patel*, Indian J. Chem. **6** [1968] 294).

B. Beim Erhitzen von 3-Benzoylamino-[2]naphthoesäure-amid auf 250° (*Me., Pa.*).
Beim Erhitzen von [*N*-[2]Naphthyl-benzimidoyl]-carbamidsäure-äthylester auf 190°
(*Shah, Ich.*).
Kristalle (aus A.); F: 295—298° (*Shah, Ich.*), 294—296° (*Me., Pa.*). UV-Spektrum
(A.; 220—360 nm): *Me., Pa.,* l. c. S. 295.

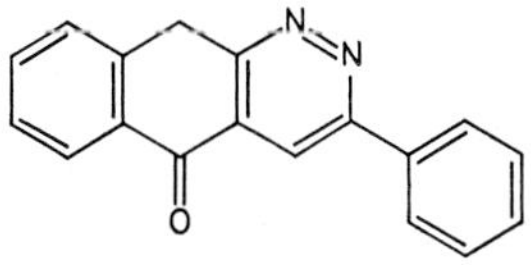

I 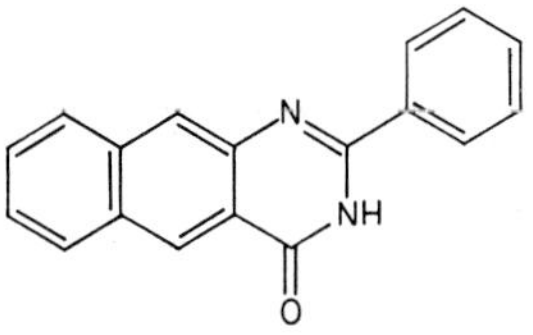   II 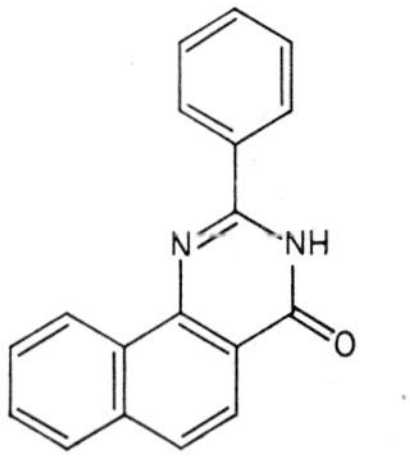   III

2-Phenyl-3*H***-benzo[***h***]chinazolin-4-on** $C_{18}H_{12}N_2O$, Formel III, und Tautomere.
B. Beim Behandeln von *N*-[1]Naphthyl-benzimidoylchlorid mit der Natrium-Ver‌
bindung des Carbamidsäure-äthylesters und Erhitzen des Reaktionsprodukts auf 200°
(*Shah, Ichaporia*, Soc. **1936** 431).
Kristalle (aus A.); F: 300°.

3-Phenyl-2*H***-benzo[***f***]chinazolin-1-on** $C_{18}H_{12}N_2O$, Formel IV, und Tautomere.
Eine von *Shah, Ichaporia* (Soc. **1936** 431) unter dieser Konstitution beschriebene Ver-
bindung ist vermutlich als 2-Phenyl-3*H*-benzo[*g*]chinazolin-4-on zu formulieren (*Mehta,
Patel*, Indian J. Chem. **6** [1968] 294).
B. Beim Erhitzen von *N*-[2]Naphthyl-benzamid mit PCl$_5$ in Toluol und Erhitzen des
Reaktionsprodukts mit Carbamidsäure-äthylester in Toluol (*Me., Pa.*). Aus *N*-[2]‌
Naphthyl-benzamid und Carbamidsäure-äthylester mit Hilfe von P$_2$O$_5$ (*Me., Pa.*).
Kristalle (aus A.); F: 326° (*Me., Pa.*). UV-Spektrum (A.; 220—360 nm): *Me., Pa.,*
l. c. S. 295.

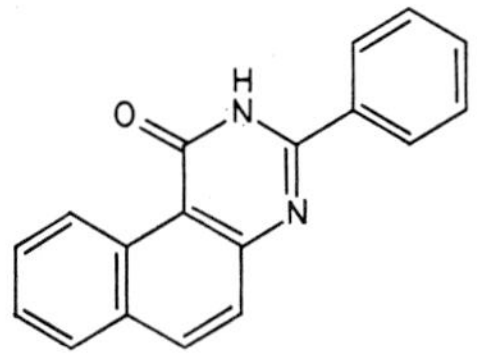

IV 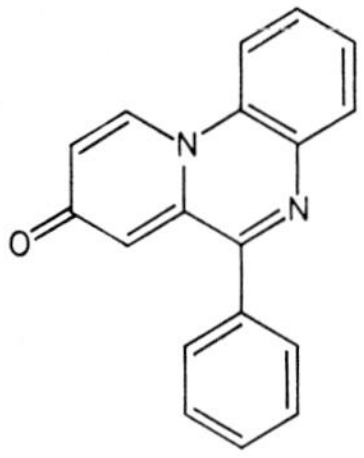   V 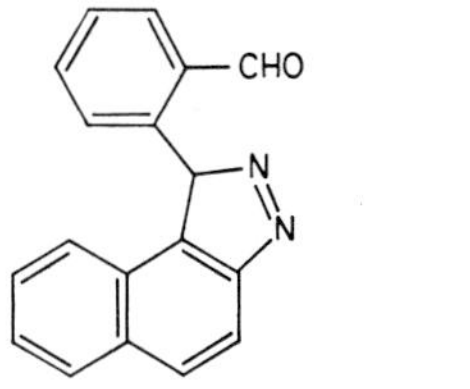   VI

6-Phenyl-pyrido[1,2-*a***]chinoxalin-8-on** $C_{18}H_{12}N_2O$, Formel V.
Eine von *Maurer et al.* (B. **68** [1935] 1716, 1722) unter dieser Konstitution beschriebene
Verbindung („10-Phenyl-glucazidon") ist als 2-[2]Furyl-3-phenyl-chinoxalin zu
formulieren (*Gómez-Sánchez et al.,* An. Soc. españ. [B] **50** [1954] 431, 435).

(±)-2-[1*H***-Benz[***e***]indazol-1-yl]-benzaldehyd** $C_{18}H_{12}N_2O$, Formel VI.
B. Beim Behandeln von (±)-2-[1*H*-Benz[*e*]indazol-1-yl]-zimtsäure (F: 270°) mit
KMnO$_4$ in wss. Na$_2$CO$_3$ (*Corbellini, Barbaro,* R.A.L. [6] **14** [1931] 341, 343; s. a. *Cor-
bellini, Barbaro,* R.A.L. [6] **12** [1930] 445, 450).
Kristalle (aus Chlorbenzol); F: 230° (*Co., Ba.,* R.A.L. [6] **12** 450, **14** 344).
Phenylimin $C_{24}H_{17}N_3$; (±)-[2-(1*H*-Benz[*e*]indazol-1-yl)-benzyliden]-anilin.
Kristalle (aus Chlorbenzol); F: 224—225° (*Co., Ba.,* R.A.L. [6] **14** 344).
4-Nitro-phenylhydrazon $C_{24}H_{17}N_5O_2$. Rote Kristalle (aus A.); F: 258° (*Co.,
Ba.,* R.A.L. [6] **12** 451).

3-[1]Naphthyl-1H-cinnolin-4-on $C_{18}H_{12}N_2O$, Formel VII, und Tautomeres.

B. Aus dem aus 1-[2-Amino-phenyl]-2-[1]naphthyl-äthanon hergestellten Diazonium=
chlorid in wss. HCl (*Ockenden, Schofield*, Soc. **1953** 3706).

Kristalle; F: 285—286°.

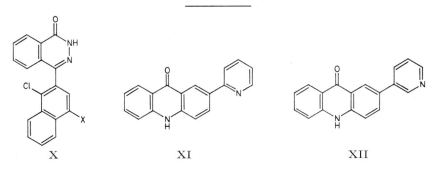

VII   VIII   IX

2-[1]Naphthyl-3-phenyl-3H-chinazolin-4-on $C_{24}H_{16}N_2O$, Formel VIII.

B. Beim Erwärmen von [1]Naphthoesäure-[N-(2-nitro-benzoyl)-anilid] mit $Na_2S_2O_4$
in Äthanol (*Levy, Stephen*, Soc. **1956** 985, 988). Aus Anthranilsäure-methylester und
N-Phenyl-[1]naphthimidoylchlorid (*Levy, St.*).

Kristalle (aus wss. A.); F: 180°.

4-[1]Naphthyl-2H-phthalazin-1-on $C_{18}H_{12}N_2O$, Formel IX, und Tautomeres (H 231).

B. Beim Erhitzen von 2-[1]Naphthoyl-benzoesäure-äthylester mit $N_2H_4 \cdot H_2O$ in
Äthanol (*Badger*, Soc. **1941** 351). Beim Erhitzen von 1-[4-Oxo-3,4-dihydro-phthalazin-
1-yl]-[2]naphthoesäure mit CuO in Chinolin (*Schroeder et al.*, Am. Soc. **78** [1956] 446,
449).

Kristalle; F: 260° (*Sch. et al.*), 252—253° [aus Eg.] (*Ba.*).

4-[1-Chlor-[2]naphthyl]-2H-phthalazin-1-on $C_{18}H_{11}ClN_2O$, Formel X (X = H), und
Tautomeres.

B. Beim Erhitzen von 2-[1-Chlor-[2]naphthoyl]-benzoesäure mit $N_2H_4 \cdot H_2O$ in Nitro=
benzol (*Marschalk, Stumm*, Bl. **1948** 418, 425).

Kristalle (aus Eg.); F: 292°.

4-[1,4-Dichlor-[2]naphthyl]-2H-phthalazin-1-on $C_{18}H_{10}Cl_2N_2O$, Formel X (X = Cl),
und Tautomeres.

B. Analog der vorangehenden Verbindung (*Marschalk, Stumm*, Bl. **1948** 418, 427).

Kristalle (aus Eg.); F: 288°.

X   XI   XII

2-[2]Pyridyl-10H-acridin-9-on $C_{18}H_{12}N_2O$, Formel XI.

B. Beim Erwärmen von N-[4-[2]Pyridyl-phenyl]-anthranilsäure mit konz. H_2SO_4
(*Cook et al.*, Soc. **1943** 417).

Gelbe Kristalle (aus A.); F: 315—317°.

2-[3]Pyridyl-10H-acridin-9-on $C_{18}H_{12}N_2O$, Formel XII.
B. Beim Erwärmen von *N*-[4-[3]Pyridyl-phenyl]-anthranilsäure mit konz. H_2SO_4 (*Cook et al.*, Soc. **1943** 417).
Gelbe Kristalle (aus A.); F: 314—316°.

2-[4]Pyridyl-10H-acridin-9-on $C_{18}H_{12}N_2O$, Formel XIII.
B. Beim Erwärmen von *N*-[4-[4]Pyridyl-phenyl]-anthranilsäure mit konz. H_2SO_4 (*Cook et al.*, Soc. **1943** 417).
Hellgelbe Kristalle (aus wss. A.); F: 343°.

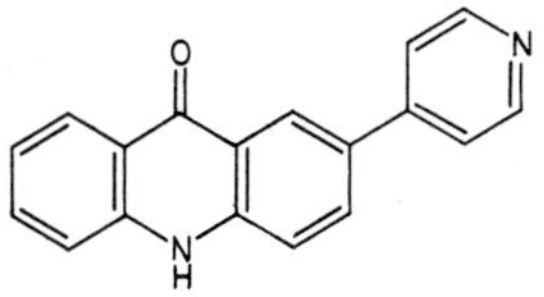

XIII 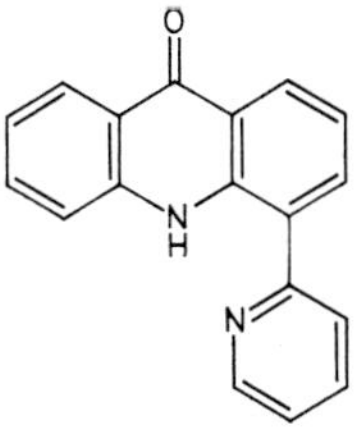   XIV

4-[2]Pyridyl-10H-acridin-9-on $C_{18}H_{12}N_2O$, Formel XIV.
B. Beim Erwärmen von *N*-[2-[2]Pyridyl-phenyl]-anthranilsäure mit konz. H_2SO_4 (*Cook et al.*, Soc. **1943** 417).
Gelbe Kristalle (aus wss. A.); F: 186—187°.

1-Methyl-5(?)-phenanthridin-6-yl-1H-pyridin-2-on $C_{19}H_{14}N_2O$, vermutlich Formel I (X = O, X' = H).
B. Beim Erwärmen von 1-Methyl-3-phenanthridin-6-yl-pyridinium-jodid mit $K_3[Fe(CN)_6]$ in wss. NaOH und Benzol (*Petrow, Wragg*, Soc. **1947** 1410, 1414).
Kristalle (aus $CHCl_3$ + Acn.); F: 211—212° [korr.].
Hydrochlorid $C_{19}H_{14}N_2O \cdot HCl$. Kristalle mit 1 Mol H_2O; Zers. >205°.
Methojodid $[C_{20}H_{17}N_2O]I$. Gelbe Kristalle (aus H_2O); F: 240—243° [korr.; Zers.].

1-Methyl-5(?)-[2-nitro-phenanthridin-6-yl]-1H-pyridin-2-on $C_{19}H_{13}N_3O_3$, vermutlich Formel I (X = O, X' = NO_2).
B. Beim Erwärmen von 1-Methyl-3-[2-nitro-phenanthridin-6-yl]-pyridinium-methyl= sulfat mit $K_3[Fe(CN)_6]$ in wss. NaOH (*Petrow, Wragg*, Soc. **1947** 1410, 1414).
Hellbraune Kristalle (aus Py. + Me.); F: 304—305° [korr.].
Hydrochlorid $C_{19}H_{13}N_3O_3 \cdot HCl$. Braune Kristalle, die oberhalb 140° HCl abgeben.

1-Methyl-5(?)-[8-nitro-phenanthridin-6-yl]-1H-pyridin-2-on $C_{19}H_{13}N_3O_3$, vermutlich Formel II (X = H).
B. Analog der vorangehenden Verbindung (*Petrow, Wragg*, Soc. **1950** 3516).
Gelbe Kristalle (aus Py.); F: 339—340°.

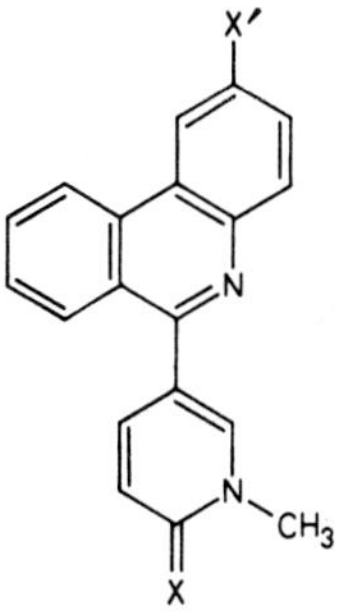

I 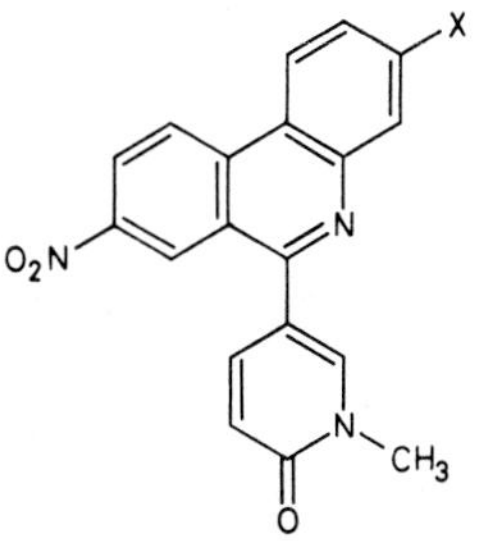   II 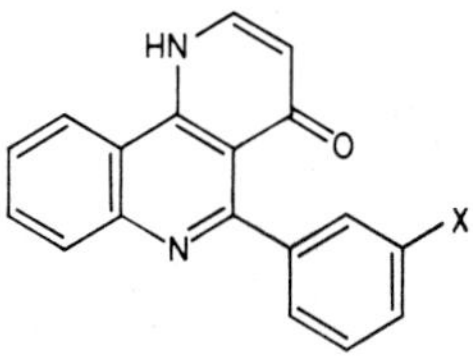   III

5(?)-[3,8-Dinitro-phenanthridin-6-yl]-1-methyl-1H-pyridin-2-on $C_{19}H_{12}N_4O_5$, vermutlich Formel II (X = NO$_2$).

B. Analog den vorangehenden Verbindungen (*Petrow, Wragg*, Soc. **1950** 3516).
Hellbraune Kristalle (aus Py.); F: >360°.

1-Methyl-5(?)-phenanthridin-6-yl-1H-pyridin-2-thion $C_{19}H_{14}N_2S$, vermutlich Formel I (X = S, X' = H).

B. Beim Erhitzen von 1-Methyl-5(?)-phenanthridin-6-yl-1H-pyridin-2-on (S. 767) mit P$_2$S$_5$ in Chlorbenzol (*Petrow, Wragg*, Soc. **1947** 1410, 1414).
Kristalle (aus A.); F: 182—197° [korr.].

5-Phenyl-1H-benzo[h][1,6]naphthyridin-4-on $C_{18}H_{12}N_2O$, Formel III (X = H), und Tautomeres.

B. Aus 4-Oxo-5-phenyl-1,4-dihydro-benzo[h][1,6]naphthyridin-3-carbonsäure (*Davis*, Soc. **1958** 828, 834).
Kristalle (aus A.); F: >340°.
Hydrochlorid $C_{18}H_{12}N_2O \cdot HCl$. Kristalle (aus Eg. + wss. HCl); F: 345—346° [Zers.].

5-[3-Nitro-phenyl]-1H-benzo[h][1,6]naphthyridin-4-on $C_{18}H_{11}N_3O_3$, Formel III (X = NO$_2$), und Tautomeres.

B. Aus 5-[3-Nitro-phenyl]-4-oxo-1,4-dihydro-benzo[h][1,6]naphthyridin-3-carbonsäure-äthylester (*Davis*, Soc. **1958** 828, 834).
F: 334—336° [Zers.].

3-Phenyl-1H-[1,10]phenanthrolin-4-on $C_{18}H_{12}N_2O$, Formel IV, und Tautomeres.

B. Beim Behandeln von [8]Chinolylamin mit 3-Oxo-2-phenyl-propionsäure-äthylester und wenig Essigsäure und Erhitzen des Reaktionsprodukts in Biphenyl und Diphenyläther (*Case, Sasin*, J. org. Chem. **20** [1955] 1330, 1334).
Kristalle (aus A.); F: 235—236°.

---

*3-[2]Chinolylmethylen-indolin-2-on $C_{18}H_{12}N_2O$, Formel V (X = H), und Tautomeres (E I 283).

B. Beim Erhitzen von 2-Methyl-chinolin mit Isatin und ZnCl$_2$ auf 170° (*Abramovitch, Hey*, Soc. **1954** 1697, 1702). Beim Erwärmen von Chinolin-2-carbaldehyd mit Indolin-2-on und wenig Piperidin in Äthanol (*Ab., Hey*).
Gelbe Kristalle (aus Bzl.); F: 229—230°.

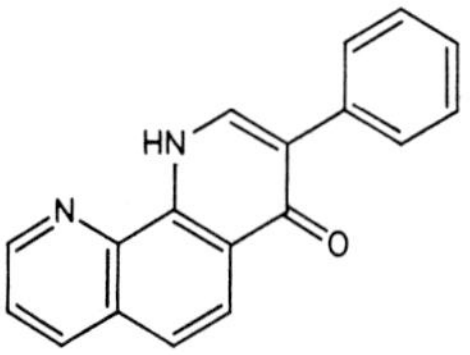

IV 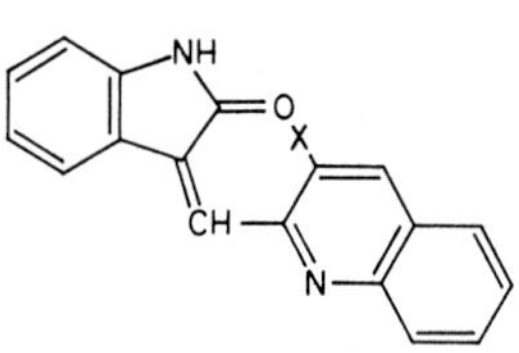   V 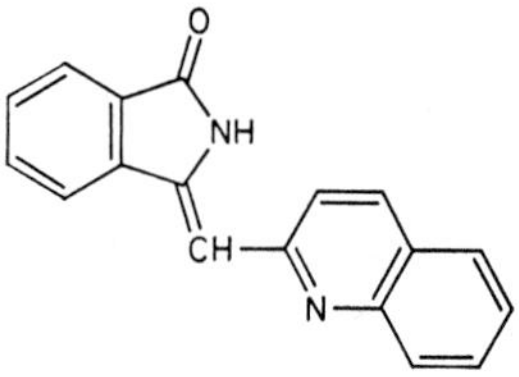   VI

*3-[3-Nitro-[2]chinolylmethylen]-indolin-2-on $C_{18}H_{11}N_3O_3$, Formel V (X = NO$_2$), und Tautomeres.

B. Beim Erhitzen von 2-Methyl-3-nitro-chinolin mit Isatin, Natriumacetat und Acetanhydrid in Essigsäure (*Abramovitch, Hey*, Soc. **1954** 1697, 1703).
Rote Kristalle (aus Eg.); F: 235—236°.

---

*3-[2]Chinolylmethylen-isoindolin-1-on, β-Chinophthalin $C_{18}H_{12}N_2O$, Formel VI, und Tautomeres (H 231).

B. Beim Erhitzen von Thiophthalimid mit Chinaldin auf 170° (*Porter et al.*, Soc.

1941 620, 621).
Gelbe Kristalle (aus Eg.); F: 213°.

Oxo-Verbindungen $C_{19}H_{14}N_2O$

5,6-Diphenyl-1,3-dihydro-benzimidazol-2-on $C_{19}H_{14}N_2O$, Formel VII, und Tautomeres.
B. Beim Erwärmen von *o*-Terphenyl-4',5'-diyl-bis-carbamidsäure-diäthylester mit wss. KOH (*Cattapan et al.*, G. **88** [1958] 13, 22).
Kristalle (aus Me.); F: 289—290°.

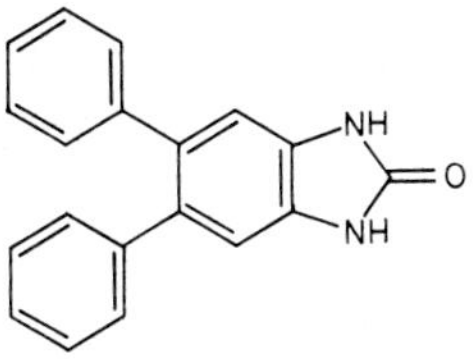

VII 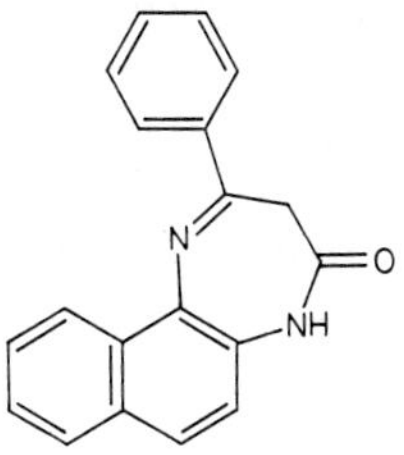   VIII 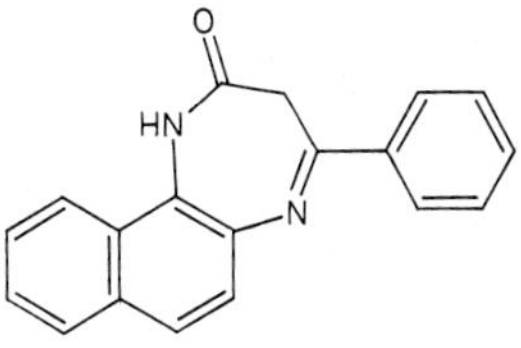   IX

2-Phenyl-3,5-dihydro-naphtho[1,2-*b*][1,4]diazepin-4-on $C_{19}H_{14}N_2O$, Formel VIII, oder
4-Phenyl-1,3-dihydro-naphtho[1,2-*b*][1,4]diazepin-2-on $C_{19}H_{14}N_2O$, Formel IX.
B. Beim Erhitzen von Naphthalin-1,2-diyldiamin mit 3-Oxo-3-phenyl-propionsäure-äthylester in Xylol (*Ried, Höhne*, B. **87** [1954] 1801, 1809).
Kristalle (aus Xylol); F: 246°.

2-Benzyl-3*H*-benzo[*h*]chinazolin-4-on $C_{19}H_{14}N_2O$, Formel X, und Tautomere.
B. Beim Erhitzen von Phenylessigsäure-[1]naphthylamid mit Carbamidsäure-äthylester und P_2O_5 in Xylol (*Aggarwal et al.*, J. Indian chem. Soc. **6** [1929] 717, 722).
Kristalle (aus Py.); F: 265°.

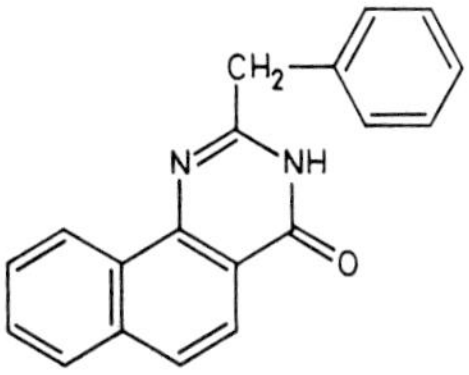

X 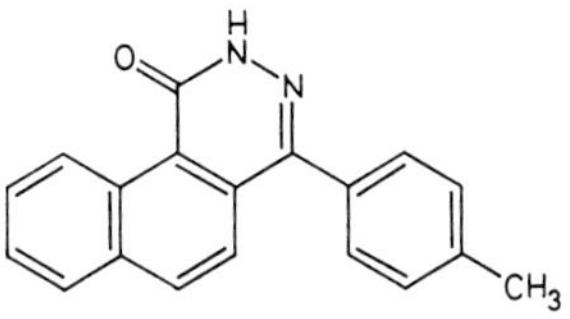   XI 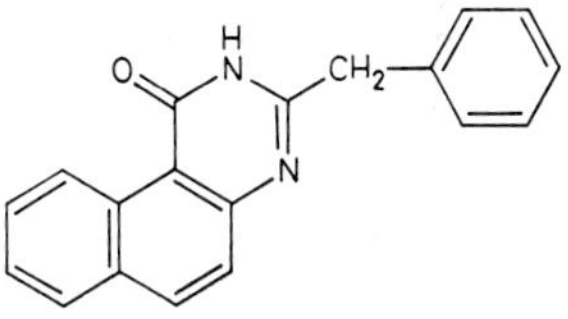   XII

4-*p*-Tolyl-2*H*-benzo[*f*]phthalazin-1-on $C_{19}H_{14}N_2O$, Formel XI, und Tautomeres.
B. Aus 2-*p*-Toluoyl-[1]naphthoesäure und N_2H_4 (*Newman, Gaertner*, Am. Soc. **72** [1950] 264, 268).
Kristalle (aus Toluol); F: 276,4—277,4° [korr.].

3-Benzyl-2*H*-benzo[*f*]chinazolin-1-on $C_{19}H_{14}N_2O$, Formel XII, und Tautomere.
Konstitution: *Mehta, Patel*, Indian J. Chem. **6** [1968] 294.
B. Beim Erhitzen von Phenylessigsäure-[2]naphthylamid mit Carbamidsäure-äthylester und P_2O_5 in Xylol (*Aggarwal et al.*, J. Indian chem. Soc. **6** [1929] 717, 722; s. a. *Me.*, *Pa.*).
Kristalle (aus Py.); F: 278° (*Ag. et al.*; *Me.*, *Pa.*). UV-Spektrum (A.; 220—360 nm): *Me.*, *Pa.*, l. c. S. 295.

6-Benzyl-pyrido[1,2-*a*]chinoxalin-8-on $C_{19}H_{14}N_2O$, Formel XIII.
Eine von *Maurer et al.* (B. **68** [1935] 1716, 1723) unter dieser Konstitution beschriebene

Verbindung (,,10-Benzyl-glucazidon") ist vermutlich als 2-Benzyl-3-[2]furyl-chin=
oxalin zu formulieren (vgl. *Gómez-Sánchez et al.*, An. Soc. españ [B] **50** [1954] 431).

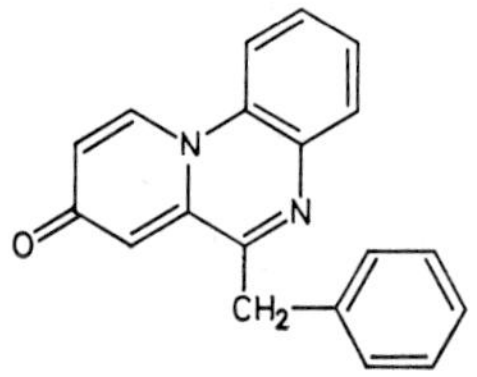

XIII 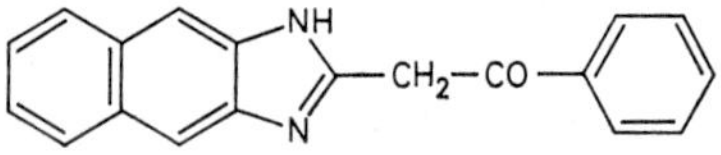   XIV

**2-Phenacyl-1H-naphth[2,3-d]imidazol, 2-[1H-Naphth[2,3-d]imidazol-2-yl]-1-phenyl-
äthanon** $C_{19}H_{14}N_2O$, Formel XIV.

Für die nachstehend beschriebene Verbindung ist auch eine Formulierung als 1-[1-
Phenyl-vinyl]-1,3-dihydro-naphth[2,3-d]imidazol-2-on in Betracht zu ziehen
(vgl. *Israel, Zoll*, J. org. Chem. **37** [1972] 3566).

B. Beim Erhitzen von Naphthalin-2,3-diyldiamin mit 3-Oxo-3-phenyl-propionsäure-
äthylester in Xylol (*Ried, Torinus*, B. **92** [1959] 2902, 2914).

Hellgelbe Kristalle (aus Me.); F: 204—206° (*Ried, To.*).

3-[1]Naphthylmethyl-1H-chinoxalin-2-on $C_{19}H_{14}N_2O$, Formel I, und Tautomeres.

B. Beim Erwärmen von 3-[1]Naphthyl-2-thioxo-propionsäure mit *o*-Phenylendiamin in
Äthanol (*Baranow, Tarnawškaja*, Ukr. chim. Ž. **25** [1959] 620; C. A. **1960** 11041).

Gelbe Kristalle (aus A.); F: 228°.

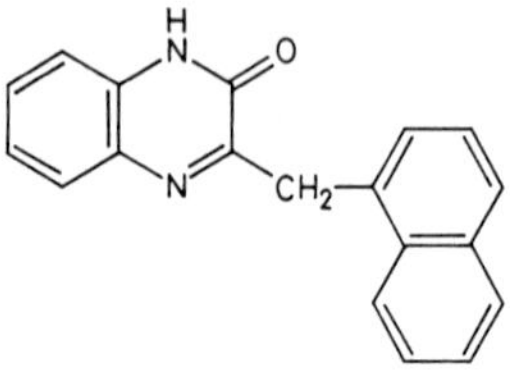

I 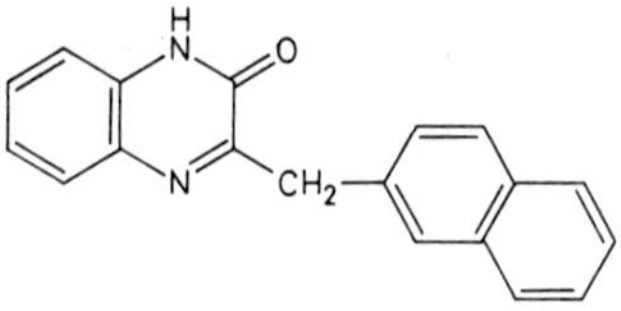   II 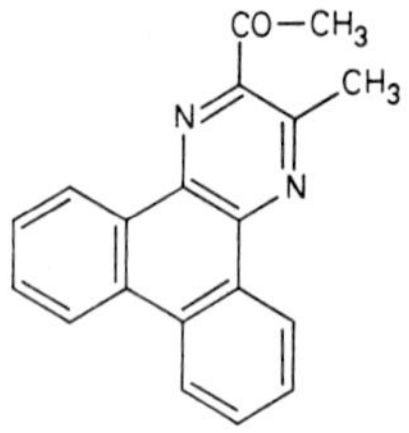   III

3-[2]Naphthylmethyl-1H-chinoxalin-2-on $C_{19}H_{14}N_2O$, Formel II, und Tautomeres.

B. Beim Erwärmen von 3-[2]Naphthyl-2-oxo-propionsäure-äthylester mit *o*-Phen=
ylendiamin in Äthanol (*Fulton, Robinson*, Soc. **1939** 200).

Kristalle (aus A.); F: 222—223°.

**2-Acetyl-3-methyl-dibenzo[f,h]chinoxalin, 1-[3-Methyl-dibenzo[f,h]chinoxalin-2-yl]-
äthanon** $C_{19}H_{14}N_2O$, Formel III.

B. Beim Behandeln von Phenanthren-9,10-diyldiamin-dihydrochlorid mit Pentantrion
und Natriumacetat in Äthanol oder Essigsäure (*Buu-Hoï, Jacquignon*, C. r. **226** [1948]
2155).

Gelbliche Kristalle (aus A.); F: 212°.

1-*o*-Toluoyl-9H-β-carbolin, [9H-β-Carbolin-1-yl]-*o*-tolyl-keton, Yobyron $C_{19}H_{14}N_2O$,
Formel IV.

B. Aus Yobyrin (E III/IV **23** 1949) beim Erhitzen mit SeO$_2$ in Xylol (*Witkop*, A. **554**
[1943] 83, 112; *Prelog*, Helv. **31** [1948] 588; *Chatterjee, Pakrashi*, J. Indian chem. Soc.
31 [1954] 31) oder beim Behandeln mit SeO$_2$ und Acetanhydrid (*Wi.*). Neben anderen Verbindungen beim Erhitzen von Yobyrin mit Na$_2$Cr$_2$O$_7$ und Essigsäure (*Scholz*, Helv. **18**
[1935] 923, 930; s. dazu *Julian et al.*, Am. Soc. **70** [1948] 180). Aus Dihydroyobyrin (E III/

IV **23** 1911) und Sauerstoff (*Ju. et al.*, l. c. S. 182).

Gelbe Kristalle; F: 185° [aus A. bzw. aus Me.] (*Sch.*; *Wi.*), 184° [aus Me.] (*Pr.*). Kp$_{0,009}$: 195—200° [Badtemperatur] (*Ju. et al.*). Im Hochvakuum bei 180° sublimierbar (*Sch.*). Absorptionsspektrum (A.; 220—420 nm): *Pr.*, l. c. S. 590; s. a. *Ch.*, *Pa.*

Beim Erhitzen mit KOH und Amylalkohol sind Yobyrin und [9*H*-β-Carbolin-1-yl]-*o*-tolyl-methanol (?; E III/IV **23** 2887) erhalten worden (*Sch.*).

Picrat C$_{19}$H$_{14}$N$_2$O·C$_6$H$_3$N$_3$O$_7$. Gelbe Kristalle (aus A.); F: 190—191° (*Ch.*, *Pa.*).

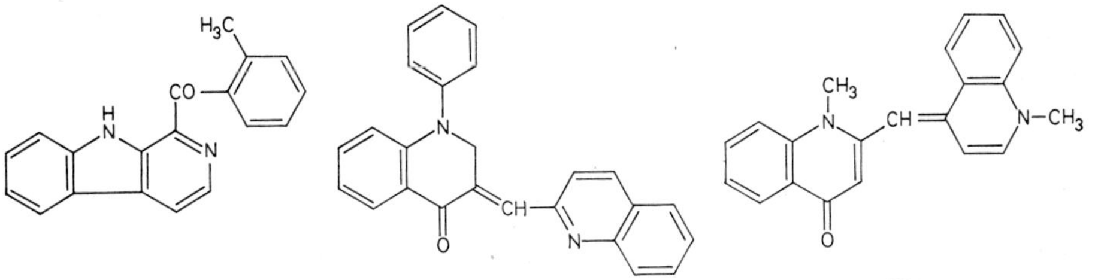

     IV   V   VI

*3-[2]Chinolylmethylen-1-phenyl-2,3-dihydro-1*H*-chinolin-4-on C$_{25}$H$_{18}$N$_2$O, Formel V.

B. Beim Erwärmen von 1-Phenyl-2,3-dihydro-1*H*-chinolin-4-on mit Chinolin-2-carb=aldehyd und KOH in Äthanol (*Ittyerah*, *Mann*, Soc. **1958** 467, 475).

Hellgelbe Kristalle (aus A.); F: 205°.

1-Methyl-2-[1-methyl-1*H*-[4]chinolylidenmethyl]-1*H*-chinolin-4-on C$_{21}$H$_{18}$N$_2$O, Formel VI.

Hydrojodid C$_{21}$H$_{18}$N$_2$O·HI; [4-Hydroxy-1-methyl-[2]chinolyl]-[1-methyl-[4]chinolyl]-methinium-jodid. *B.* Beim Behandeln von 4-Hydroxy-1,2-dimethyl-chinolinium-jodid mit 1-Methyl-chinolinium-jodid in äthanol. KOH (*Alekšeewa*, Ž. prikl. Chim. **16** [1943] Nr. 1/2, S. 95, 100; C. A. **1944** 1238). — Kristalle; F: 230°.

1,2,3,4-Tetrahydro-indeno[1,2-*b*]phenazin-11-on C$_{19}$H$_{14}$N$_2$O, Formel VII.

B. Beim Erhitzen von 2,3-Diamino-fluoren-9-on mit Cyclohexan-1,2-dion in Essig-säure (*Bradley*, *Williams*, Soc. **1959** 1205, 1209).

Gelbe Kristalle (aus A.); F: 202—203°.

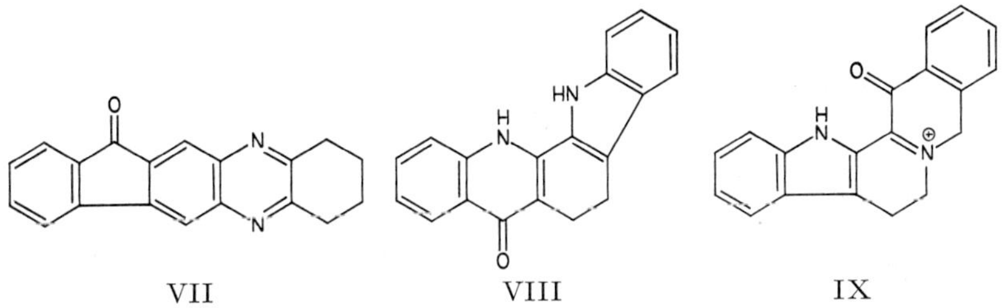

     VII   VIII   IX

5,6,12,13-Tetrahydro-indolo[3,2-*c*]acridin-7-on, 5,6-Dihydro-12*H*-acrindolin-7-on C$_{19}$H$_{14}$N$_2$O, Formel VIII, und Tautomeres.

B. Beim Erhitzen von Anthranilsäure mit 2,3,4,9-Tetrahydro-carbazol-1-on auf 280° (*Huggill*, *Plant*, Soc. **1939** 784, 787).

Gelbe Kristalle (aus Cyclohexanon); F: >360°.

14-Oxo-7,8,13,14-tetrahydro-5*H*-indolo[2′,3′:3,4]pyrido[1,2-*b*]isochinolinium(?), 14-Oxo-yohimba-3,15,17,19-tetraenium(?) [C$_{19}$H$_{15}$N$_2$O]$^+$, vermutlich Formel IX, und Tautomeres (14-Hydroxy-yohimba-3,14,16,18,20-pentaenium(?)).

Chlorid [C$_{19}$H$_{15}$N$_2$O]Cl. *B.* Beim Aufbewahren einer Lösung von 5,7,8,13-Tetrahydro-indolo[2′,3′:3,4]pyrido[1,2-*b*]isochinolin-hydrochlorid in Methanol oder in Methanol und Äther an der Luft (*Edwards, Marion*, Am. Soc. **71** [1949] 1694). — Orangefarbene Kristalle (aus wss. Me.) mit 1 Mol H_2O; F: 354° [korr.; vorgeheiztes Bad]. Absorptionsspektrum (A.; 210—450 nm): *Ed., Ma.*

8,13-Dihydro-7H-indolo[2′,3′:3,4]pyrido[1,2-*b*]isochinolin-5-on, Yohimba-3(14),15,17,19-tetraen-21-on $C_{19}H_{14}N_2O$, Formel X.

B. Beim Erhitzen von 2-[(2-Indol-3-yl-äthylcarbamoyl)-methyl]-benzoesäure-methylester mit $POCl_3$ (*Schlittler, Allemann*, Helv. **31** [1948] 128, 131; *Clemo, Swan*, Soc. **1949** 487, 491; *Edwards, Marion*, Am. Soc. **71** [1949] 1694; s. a. *Clemo, Swan*, Soc. **1946** 617, 621).

Gelbe Kristalle; F: 307° [korr.; vorgeheiztes Bad; aus Me. + Acn.] (*Ed., Ma.*), 299° [korr.; Zers.; aus Me.] (*Sch., Al.*), 299° [aus A.] (*Cl., Swan*, Soc. **1946** 621, **1949** 491). Absorptionsspektrum (A.; 210—460 nm bzw. 220—400 nm): *Jost*, Helv. **32** [1949] 1297, 1298; *Cl., Swan*, Soc. **1949** 489.

X   XI   XII

5,6-Dihydro-4H-benzo[*b*]chino[1,8-*gh*][1,6]naphthyridin-8-on $C_{19}H_{14}N_2O$, Formel XI (in der Literatur als 3-Keto-chinolino[2′,3′:1,2]julolin bezeichnet).

B. Aus 5,6-Dihydro-4H,8H-benzo[*b*]chino[1,8-*gh*][1,6]naphthyridin (E III/IV **23** 1955) beim Erhitzen mit Luft oder beim Behandeln mit $KMnO_4$ in Aceton (*Mann, Smith*, Soc. **1951** 1898, 1904). Beim Aufbewahren von 5,6-Dihydro-4H,8H-benzo[*b*]chino[1,8-*gh*]-[1,6]naphthyridin oder von 5,6-Dihydro-4H,9H-benzo[*b*]chino[1,8-*gh*][1,6]naphthyridin (E III/IV **23** 1955) in Benzol an der Luft (*Mann, Sm.*).

Kristalle (aus Me.); F: 177°.

Toluol-4-sulfonat $C_{19}H_{14}N_2O \cdot C_7H_8O_3S$. Gelbe Kristalle (aus A.); F: 203°.

Oxo-Verbindungen $C_{20}H_{16}N_2O$

2-[1-Benzoyl-3-(1-methyl-1H-[2]pyridyliden)-propenyl]-1-methyl-pyridinium,
1-Benzoyl-1,3-bis-[1-methyl-[2]pyridyl]-trimethinium[1]) $[C_{22}H_{21}N_2O]^+$, Formel XII.

Jodid $[C_{22}H_{21}N_2O]I$. *B.* Beim Erhitzen von 1,3-Bis-[1-methyl-[2]pyridyl]-trimethinium-jodid mit Benzoesäure-anhydrid auf 160° (*Taki*, J. scient. Res. Inst. Tokyo **49** [1955] 331, 342). — Gelbe Kristalle (aus H_2O); F: 206—208° [Zers.]. λ_{max} (A.): 420 nm.

(±)-6-[1]Naphthyl-2-phenyl-5,6-dihydro-3H-pyrimidin-4-on $C_{20}H_{16}N_2O$, Formel XIII, und Tautomeres.

B. Neben 3-Benzoylamino-3-[1]naphthyl-propionsäure-amid beim Erwärmen von (±)-3-Benzoylamino-3-[1]naphthyl-propionsäure mit $SOCl_2$ in Benzol und Behandeln des Reaktionsprodukts mit NH_3 in Äther (*Rodionow et al.*, Ž. obšč. Chim. **23** [1953] 1835, 1839; engl. Ausg. S. 1939, 1942).

Gelbliche Kristalle (aus $CHCl_3$); F: 187—188°.

2,4,4(oder 3,4,4)-Triphenyl-3,4-dihydro-2H-phthalazin-1-on $C_{26}H_{20}N_2O$, Formel XIV ($R = C_6H_5$, $R' = H$ oder $R = H$, $R' = C_6H_5$).

Eine dieser Konstitutionsformeln kommt möglicherweise einer früher (s. H **21** 360) als

---

[1]) Über diese Bezeichnungsweise s. *Reichardt, Mohrmann*, B. **105** [1972] 1815.

2-Anilino-3,3-diphenyl-isoindolin-1-on formulierten Verbindung zu (vgl. *Lund*, Acta chem. scand. **8** [1954] 1307, 1313).

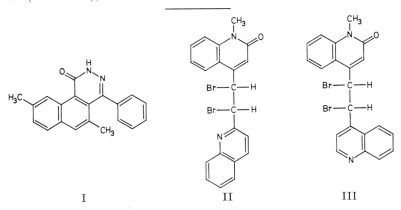

XIII   XIV   XV

5,9-Dimethyl-1-phenyl-3H-benzo[f]phthalazin-4-on $C_{20}H_{16}N_2O$, Formel XV, und Tautomeres.

B. Neben 1-Benzyl-3,7-dimethyl-[2]naphthoesäure beim Erhitzen von 1-Benzoyl-3,7-dimethyl-[2]naphthoesäure mit $N_2H_4 \cdot H_2O$, der Natrium-Verbindung des Äthyl=englykols und Äthylenglykol (*Baddar et al.*, Soc. **1959** 1002, 1007).

Kristalle (aus Eg.); F: 302—303°.

5,9-Dimethyl-4-phenyl-2H-benzo[f]phthalazin-1-on $C_{20}H_{16}N_2O$, Formel I, und Tautomeres.

B. Aus 2-Benzoyl-3,7-dimethyl-[1]naphthoesäure analog der vorangehenden Verbindung (*Baddar et al.*, Soc. **1959** 1002, 1007).

Kristalle (aus Dioxan); F: 338—340°.

I   II   III

4-[(1RS,2SR?)-1,2-Dibrom-2-[2]chinolyl-äthyl]-1-methyl-1H-chinolin-2-on $C_{21}H_{16}Br_2N_2O$, vermutlich Formel II + Spiegelbild.

B. Beim Behandeln von 4-[*trans*(?)-2-[2]Chinolyl-vinyl]-1-methyl-1H-chinolin-2-on (F: 186°) mit Brom in CCl_4 (*Cook, Stamper*, Am. Soc. **69** [1947] 1467).

F: 240—245° [Zers.].

4-[(1RS,2SR?)-1,2-Dibrom-2-[4]chinolyl-äthyl]-1-methyl-1H-chinolin-2-on $C_{21}H_{16}Br_2N_2O$, vermutlich Formel III + Spiegelbild.

B. Beim Behandeln von 4-[*trans*(?)-2-[4]Chinolyl-vinyl]-1-methyl-1H-chinolin-2-on (F: 225°) mit Brom in CCl_4 (*Cook, Stamper*, Am. Soc. **69** [1947] 1467).

Gelb; F: 265—270° [Zers.].

2-[1,2-Dimethyl-1H-[4]chinolylidenmethyl]-1-methyl-1H-chinolin-4-on $C_{22}H_{20}N_2O$, Formel IV.

Hydrojodid $C_{22}H_{20}N_2O \cdot HI$; [1,2-Dimethyl-[4]chinolyl]-[4-hydroxy-1-methyl-[2]chinolyl]-methinium-jodid. *B.* Beim Erwärmen von 1,2-Dimethyl-

4-phenoxy-chinolinium-jodid mit äthanol. KOH (*Katayanagi*, J. pharm. Soc. Japan **66** [1946] Ausg. B, S. 159, 162; C. A. **1951** 6638). In geringer Menge beim Erwärmen von 4-Hydroxy-1,2-dimethyl-chinolinium-jodid mit Piperidin in Methanol oder mit methanol. KOH (*Maurin*, Λ. ch. [11] **4** [1935] 349, 352). — Rote bzw. violette Kristalle; F: 236° [Zers.; aus A.] (*Ka.*), ca. 230° (*Ma.*).

IV   V   VI

(±)-9,14,15,15a-Tetrahydro-benzo[*de*]benzo[5,6][1,3]diazepino[2,1-*a*]isochinolin-7-on(?) $C_{20}H_{16}N_2O$, vermutlich Formel V.

B. Neben anderen Verbindungen beim Erhitzen von 8-Formyl-[1]naphthoesäure mit 1,2-Bis-aminomethyl-benzol-hydrochlorid und Natriumacetat in Essigsäure (*Stephenson*, Soc. **1952** 5024, 5026).

Kristalle (aus A.); F: 195—196° [korr.; Zers.].

Acetyl-Derivat $C_{22}H_{18}N_2O_2$; 15-Acetyl-9,14,15,15a-tetrahydro-benzo[*de*]-benzo[5,6][1,3]diazepino[2,1-*a*]isochinolin-7-on(?). Kristalle (aus wss. A.); F: 215,5—216,5° [korr.].

1-Methyl-8,13-dihydro-7*H*-indolo[2′,3′:3,4]pyrido[1,2-*b*]isochinolin-5-on, 16-Methyl-yohimba-3(14),15,17,19-tetraen-21-on, Ketoyobyrin $C_{20}H_{16}N_2O$, Formel VI (E II 119).

Bezüglich der Konstitution s. a. *Janot*, *Goutarel*, Ann. pharm. franç. **6** [1948] 254; *Raymond-Hamet*, C. r. **226** [1948] 1380.

B. Beim Erwärmen von 2-[2-Indol-3-yl-äthyl]-5-methyl-4*H*-isochinolin-1,3-dion mit POCl₃ (*Schlittler*, *Speitel*, Helv. **31** [1948] 1199, 1204; s. a. *Julian et al.*, Am. Soc. **70** [1948] 2834). Beim Erwärmen von 2-[2-(Indol-3-yl-äthylcarbamoyl)-6-methyl-phenyl]-essig-säure-methylester mit POCl₃ (*Clemo*, *Swan*, Soc. **1949** 487, 492; s. dazu *Swan*, Soc. **1949** 1720, 1722). Neben anderen Verbindungen beim Erhitzen von Yohimbinsäure (Yohimbon-säure; 17α-Hydroxy-yohimban-16α-carbonsäure) mit Selen auf 300° (*Barger*, *Scholz*, Helv. **16** [1933] 1343, 1346).

Gelbe Kristalle (aus A.); F: ca. 330° (*Ba.*, *Sch.*), 328—330° (*Sch.*, *Sp.*), 315—320° [korr.; Zers.] (*Woodward*, *Witkop*, Am. Soc. **70** [1948] 2409, 2412). Absorptionsspektrum (200—500 nm bzw. 230—500 nm): *Wo.*, *Wi.*, l. c. S. 2411; *Ra.-Ha.*, l. c. S. 1380. λ_{max}: 340 nm, 360 nm und 385 nm (*Ju. et al.*).

Beim Erwärmen mit KOH in Amylalkohol sind Norharman (9*H*-β-Carbolin) und 2,3-Di-methyl-benzoesäure erhalten worden (*Ba.*, *Sch.*).

3-Methyl-5,6-dihydro-8*H*-benzo[*b*]chino[1,8-*gh*][1,6]naphthyridin-4-on $C_{20}H_{16}N_2O$, Formel VII (R = H) (in der Literatur als 7-Methyl-6-oxo-chinolino-[2′,3′:1,2]-julolin bezeichnet).

B. Beim Erhitzen von 3-Methyl-4-oxo-4,5,6,8-tetrahydro-benzo[*b*]chino[1,8-*gh*][1,6]-naphthyridin-9-carbonsäure auf 220°/0,1 Torr (*Ittyerah*, *Mann*, Soc. **1958** 467, 480).

Gelbe Kristalle (aus A.); F: 185°.

Oxo-Verbindungen $C_{21}H_{18}N_2O$

1,3-Dimethyl-5,6-dihydro-8*H*-benzo[*b*]chino[1,8-*gh*][1,6]naphthyridin-4-on $C_{21}H_{18}N_2O$, Formel VII (R = CH₃) (in der Literatur als 7,9-Dimethyl-6-oxo-chinolino-[2′,3′:1,2]-julolin bezeichnet).

B. Beim Behandeln von 8,10-Dimethyl-2,3,5,6-tetrahydro-pyrido[3,2,1-*ij*]chinolin-

1,7-dion mit 2-Amino-benzaldehyd in wss.-äthanol. NaOH (*Braunholtz, Mann*, Soc. **1958** 3368, 3375).

Gelbe Kristalle (aus A.); F: 195° [auf 175° vorgeheiztes Bad; evakuierte Kapillare].

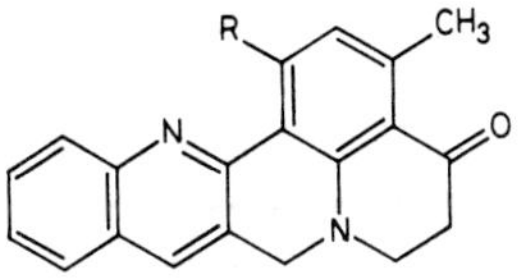

VII 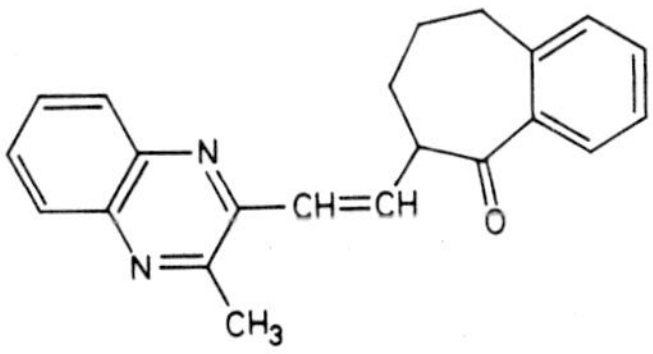 VIII 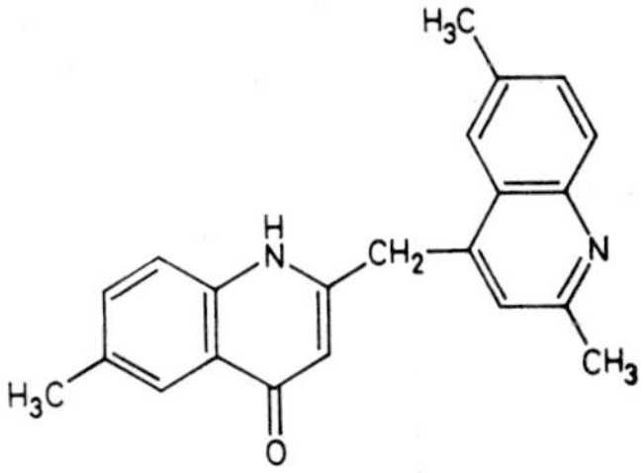 IX

Oxo-Verbindungen C$_{22}$H$_{20}$N$_2$O

*6-[2-(3-Methyl-chinoxalin-2-yl)-vinyl]-6,7,8,9-tetrahydro-benzocyclohepten-5-on C$_{22}$H$_{20}$N$_2$O, Formel VIII, und Tautomeres (6-[2-(3-Methyl-chinoxalin-2-yl)-vinyl]-8,9-dihydro-7H-benzocyclohepten-5-ol).

B. Beim Erwärmen von 5-[5-Hydroxy-8,9-dihydro-7H-benzocyclohepten-6-yl]-pent-4-en-2,3-dion (F: 162°) mit *o*-Phenylendiamin in Äthanol (*Ott, Tarbell*, Am. Soc. **74** [1952] 6266, 6270).

Kristalle (aus CHCl$_3$ + A.); F: 243–244° [korr.].

2-[2,6-Dimethyl-[4]chinolylmethyl]-6-methyl-1H-chinolin-4-on(?) C$_{22}$H$_{20}$N$_2$O, vermutlich Formel IX, und Tautomeres.

Hydrochlorid C$_{22}$H$_{20}$N$_2$O·HCl; [2,6-Dimethyl-[4]chinolyl]-[4-hydroxy-6-methyl-[2]chinolyl]-methinium-chlorid(?). *B.* Bei der Destillation von wenig H$_2$O enthaltendem 4-Chlor-2,6-dimethyl-chinolin (*Meyer, Drutel*, C. r. **207** [1938] 923). — Blau; F: >300°.

1,2,3,4,5,6,7,8-Octahydro-dibenzo[e,g]benz[4,5]imidazo[2,1-a]isoindol-15-on(?) C$_{22}$H$_{20}$N$_2$O, vermutlich Formel X.

B. Beim Erhitzen von 1,2,3,4,5,6,7,8-Octahydro-phenanthren-9,10-dicarbonsäure-anhydrid mit *o*-Phenylendiamin auf 280° (*Lambert, Martin*, Bl. Soc. chim. Belg. **61** [1952] 513, 519).

Gelbe Kristalle (aus Dioxan); F: 280,5–281,5°.

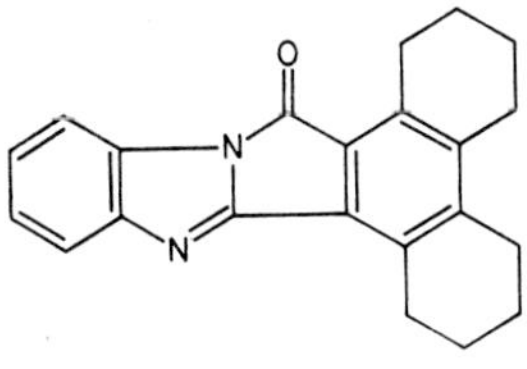

X 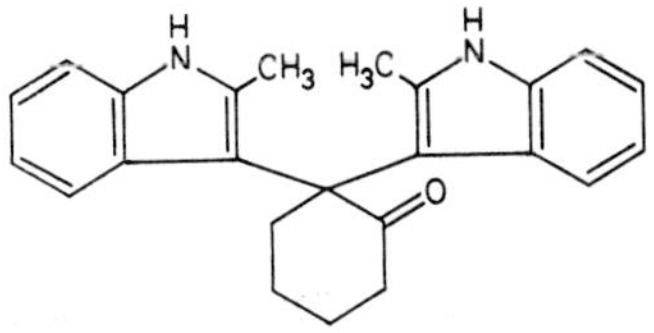 XI

Oxo-Verbindungen C$_{24}$H$_{24}$N$_2$O

2,2-Bis-[2-methyl-indol-3-yl]-cyclohexanon C$_{24}$H$_{24}$N$_2$O, Formel XI.

B. Beim Erwärmen von 2-Methyl-indol mit Cyclohexan-1,2-dion in wss.-äthanol. HBr (*Treibs, Herrmann*, A. **589** [1954] 207, 221).

Kristalle; F: 175°.

Oxo-Verbindungen $C_nH_{2n-26}N_2O$

Oxo-Verbindungen $C_{18}H_{10}N_2O$

Benz[e]isoindolo[2,1-b]indazol-9-on $C_{18}H_{10}N_2O$, Formel I.

B. Beim Erhitzen von 2-[2(3)*H*-Benz[e]indazol-1-yl]-benzoesäure mit $SOCl_2$ (*Corbellini et al.*, G. **66** [1936] 186, 192). Neben 1-Phenyl-2(3)*H*-benz[e]indazol beim Erhitzen von 2-[2(3)*H*-Benz[e]indazol-1-yl]-benzoesäure auf 280° im Vakuum (*Co. et al.*).

Orangegelbe Kristalle (aus Bzl.); F: 230°.

5-Brom-naphth[2',1':4,5]imidazo[2,1-a]isoindol-12-on $C_{18}H_9BrN_2O$, Formel II.

B. Beim Erwärmen von *N*-[4-Brom-2-phenylazo-[1]naphthyl]-phthalimid mit Zink-Pulver und wss. Essigsäure (*Crippa, Perroncito*, G. **65** [1935] 678, 684).

Hellgelbe Kristalle (aus A.); F: 246°.

Isoindolo[2,1-a]perimidin-12-on, Phthaloperinon $C_{18}H_{10}N_2O$, Formel III (X = O, X' = X'' = H) (H 232; E I 283).

B. Aus Naphthalin-1,8-diyldiamin und Phthalsäure-anhydrid in Essigsäure (*Wanag*, B. **75** [1942] 719, 724).

Rote Kristalle (aus Eg.); F: 232°.

12-Imino-12H-isoindolo[2,1-a]perimidin, Isoindolo[2,1-a]perimidin-12-on-imin $C_{18}H_{11}N_3$, Formel III (X = NH, X' = X'' = H).

B. Aus Naphthalin-1,8-diyldiamin und Isoindolin-1,3-dion-diimin (*ICI*, U.S.P. 2884422 [1956]).

F: 300−305°.

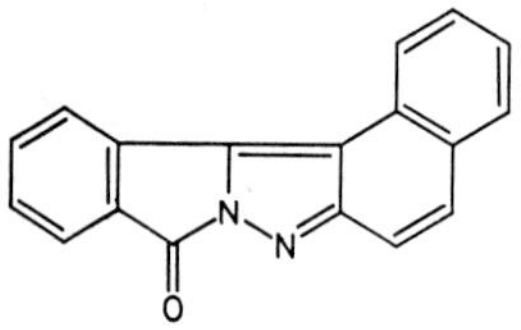

I 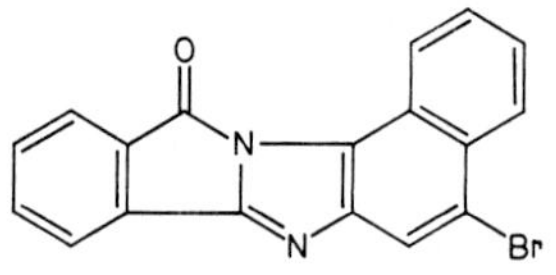   II 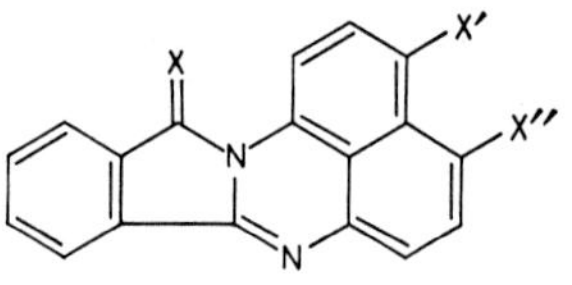   III

3(oder 4)-Chlor-isoindolo[2,1-a]perimidin-12-on $C_{18}H_9ClN_2O$, Formel III (X = O, X' = Cl, X'' = H oder X = O, X' = H, X'' = Cl).

B. Aus 4-Chlor-naphthalin-1,8-diyldiamin und Phthalsäure-anhydrid (*Hodgson, Hathway*, Soc. **1945** 543).

Rote Kristalle (aus Bzl. oder nach Sublimation); F: 212°.

9(oder 10)-Chlor-12-imino-12H-isoindolo[2,1-a]perimidin, 9(oder 10)-Chlor-isoindolo[2,1-a]perimidin-12-on-imin $C_{18}H_{10}ClN_3$, Formel IV (X = Cl, X' = H oder X = H, X' = Cl).

B. Aus Naphthalin-1,8-diyldiamin und 5-Chlor-isoindolin-1,3-dion-diimin (*ICI*, U.S.P. 2884422 [1956]).

Rotbraune Kristalle (aus 1,2-Dichlor-benzol); F: 245−250°.

3(oder 4)-Brom-isoindolo[2,1-a]perimidin-12-on $C_{18}H_9BrN_2O$, Formel III (X = O, X' = Br, X'' = H oder X = O, X' = H, X'' = Br).

B. Aus 4-Brom-naphthalin-1,8-diyldiamin und Phthalsäure-anhydrid (*Hodgson, Hathway*, Soc. **1945** 543).

Rote Kristalle (aus Bzl.); F: 214°.

12-Imino-9(oder 10)-nitro-12H-isoindolo[2,1-a]perimidin, 9(oder 10)-Nitro-isoindolo[2,1-a]perimidin-12-on-imin $C_{18}H_{10}N_4O_2$, Formel IV (X = NO_2, X' = H oder X = H, X' = NO_2).

B. Aus Naphthalin-1,8-diyldiamin und 5-Nitro-isoindolin-1,3-dion-diimin (*ICI*,

U.S.P. 2884422 [1956]).

Braune Kristalle (aus 1,2-Dichlor-benzol); F: 297—300°.

Isoindolo[2,1-a]perimidin-12-thion, Phthaloperinthion $C_{18}H_{10}N_2S$, Formel III
(X = S, X′ = X″ = H).

B. Aus Naphthalin-1,8-diyldiamin und Dithiophthalimid oder 3-Imino-isoindolin-1-thion (*ICI*, U.S.P. 2884422 [1956]). Aus 12H-Isoindolo[2,1-a]perimidin und Schwefel beim Erhitzen in wenig Jod enthaltendem Naphthalin (*ICI*).

Kristalle (aus Toluol); F: 223—224°.

Benzo[de]benz[4,5]imidazo[2,1-a]isochinolin-7-on $C_{18}H_{10}N_2O$, Formel V
(X = X′ = H) (E II 120; dort als 1(CO).2-Perinaphthoylen-benzimidazol bezeichnet).

B. Beim Erhitzen von Naphthalin-1,8-dicarbonsäure-anhydrid mit o-Phenylendiamin in Essigsäure (*Rule, Thompson*, Soc. **1937** 1764, 1766; *Okazaki*, J. Soc. org. synth. Chem. Japan **13** [1955] 80, 84; C. A. **1957** 2745) oder in Nitrobenzol (*Ok.*). Beim Erhitzen von 2-[2-Amino-phenyl]-benz[de]isochinolin-1,3-dion in Essigsäure (*Ok.*, l. c. S. 83).

Grünlichgelbe oder gelbe Kristalle; F: 205,5—206° [aus Eg.] (*Ok.*). Absorptionsspektrum (A.; 220—450 nm): *Ok.*, l. c. S. 82.

10-Chlor-benzo[de]benz[4,5]imidazo[2,1-a]isochinolin-7-on $C_{18}H_9ClN_2O$, Formel V
(X = Cl, X′ = H).

B. Neben der folgenden Verbindung beim Erhitzen von Naphthalin-1,8-dicarbonsäure-anhydrid mit 4-Chlor-o-phenylendiamin in Essigsäure (*Okazaki et al.*, J. Soc. org. synth. Chem. Japan **13** [1955] 413, 415; C. A. **1957** 2747). Beim Erwärmen von 2-[5-Chlor-2-nitro-phenyl]-benz[de]isochinolin-1,3-dion mit SnCl₂ und wss.-äthanol. HCl (*Ok. et al.*, l. c. S. 416).

Gelbe Kristalle (aus Eg.); F: 232,5—234°. Absorptionsspektrum (A.; 220—450 nm): *Ok. et al.*, l. c. S. 414. Schmelzdiagramm des Systems mit 11-Chlor-benzo[de]benz[4,5]=imidazo[2,1-a]isochinolin-7-on: *Ok. et al.*

IV   V   VI

11-Chlor-benzo[de]benz[4,5]imidazo[2,1-a]isochinolin-7-on $C_{18}H_9ClN_2O$, Formel V
(X = H, X′ = Cl).

B. Beim Erwärmen von 2-[4-Chlor-2-nitro-phenyl]-benz[de]isochinolin-1,3-dion mit SnCl₂ in wss.-äthanol. HCl (*Okazaki et al.*, J. Soc. org. synth. Chem. Japan **13** [1955] 413, 416; C. A. **1957** 2747). Eine weitere Bildungsweise s. im vorangehenden Artikel.

Gelbe Kristalle (aus Eg.); F: 234—235°. Absorptionsspektrum (A.; 220—450 nm): *Ok. et al.*, l. c. S. 414. Schmelzdiagramm des Systems mit 10-Chlor-benzo[de]benz[4,5]=imidazo[2,1-a]isochinolin-7-on: *Ok. et al.*

3-Brom-benzo[de]benz[4,5]imidazo[2,1-a]isochinolin-7-on $C_{18}H_9BrN_2O$, Formel VI
(X = X″ = H, X′ = Br).

Konstitution: *Yamasaki*, J. chem. Soc. Japan Ind. Chem. Sect. **72** [1969] 2417; C. A. **72** [1970] 111 366.

B. Neben der folgenden Verbindung beim Erhitzen von 4-Brom-naphthalin-1,8-di=carbonsäure-anhydrid bzw. von 4-Brom-naphthalin-1,8-dicarbonsäure mit o-Phenylen=diamin in Essigsäure (*I.G. Farbenind.*, D.R.P. 607341 [1932]; Frdl. **21** 1181; *Gen. Aniline Works*, U.S.P. 2069663 [1932]; *Campbell et al.*, Soc. **1950** 2784, 2786).

Gelbe Kristalle; F: 283° [aus Chlorbenzol] (*I.G. Farbenind.*; *Gen. Aniline Works*), 276—278° [unkorr.] (*Ya.*), 270—272° [aus Toluol; nach Sublimation bei 228°] (*Ca. et al.*).

4-Brom-benzo[*de*]benz[4,5]imidazo[2,1-*a*]isochinolin-7-on $C_{18}H_9BrN_2O$, Formel VI (X = X' = H, X'' = Br).

Konstitution: *Yamasaki*, J. chem. Soc. Japan Ind. Chem. Sect. **72** [1969] 2417; C. A. **72** [1970] 111 366.

B. s. im vorangehenden Artikel.

Gelbe Kristalle; F: 237—238° [unkorr.; aus Eg.] (*Ya.*), 223° [aus Chlorbenzol] (*I.G. Farbenind.*, D.R.P. 607 341 [1932]; Frdl. **21** 1181; *Gen. Aniline Works*, U.S.P. 2 069 663 [1932]), 219—221° [aus Bzl.] (*Campbell et al.*, Soc. **1950** 2784, 2786).

2,5-Dinitro-benzo[*de*]benz[4,5]imidazo[2,1-*a*]isochinolin-7-on $C_{18}H_8N_4O_5$, Formel VI (X = NO$_2$, X' = X'' = H).

B. Aus 3,6-Dinitro-naphthalin-1,8-dicarbonsäure-anhydrid und *o*-Phenylendiamin in Essigsäure (*Rule, Thompson*, Soc. **1937** 1764, 1767).

Orangefarbene Kristalle; F: 301°.

3,4-Dinitro-benzo[*de*]benz[4,5]imidazo[2,1-*a*]isochinolin-7-on $C_{18}H_8N_4O_5$, Formel VI (X = H, X' = X'' = NO$_2$).

B. Aus 4,5-Dinitro-naphthalin-1,8-dicarbonsäure-anhydrid und *o*-Phenylendiamin in Essigsäure (*Rule, Thompson*, Soc. **1937** 1764, 1766).

Bronzefarbene Kristalle (aus Chlorbenzol); F: 370°.

Benz[*c*]indolo[3,2,1-*ij*][1,5]naphthyridin-9-on $C_{18}H_{10}N_2O$, Formel VII (in der Literatur als 12:13-Benzcanthinon-(11) bezeichnet).

B. Neben *N*-[2-Indol-3-yl-äthyl]-phthalimid beim Erhitzen von Tryptamin (E III/IV **22** 4319) mit Phthalsäure-anhydrid auf 230° (*Marion, Manske*, Canad. J. Res. [B] **16** [1938] 432, 436).

Kristalle (aus Acn. + Me.); F: 227—228° [korr.].

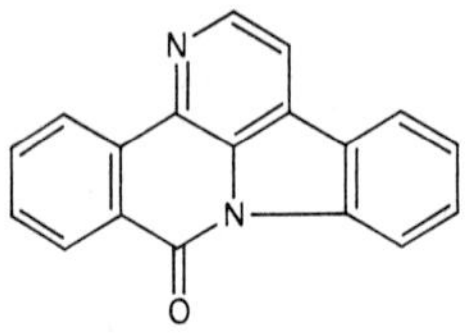

VII 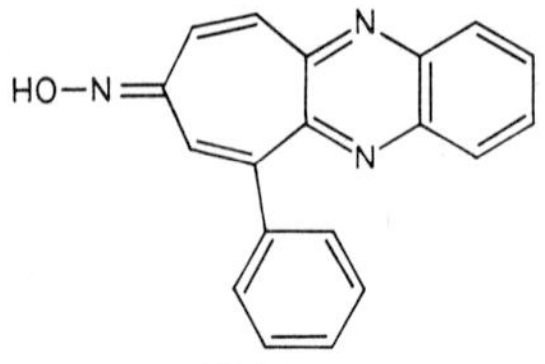   VIII 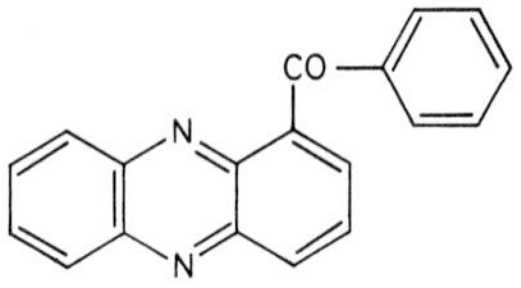   IX

Oxo-Verbindungen $C_{19}H_{12}N_2O$

*6-Phenyl-cyclohepta[*b*]chinoxalin-8-on-oxim $C_{19}H_{13}N_3O$, Formel VIII.

B. Beim Erhitzen von 5-Nitroso-3-phenyl-tropolon ($\rightleftharpoons$ 3-Phenyl-cyclohepta-3,6-dien-1,2,5-trion-5-oxim) mit *o*-Phenylendiamin in Essigsäure (*Ito*, Sci. Rep. Tohoku Univ. [I] **43** [1959] 216, 220).

Gelbe Kristalle; F: 235—236° [Zers.].

1-Benzoyl-phenazin, Phenazin-1-yl-phenyl-keton $C_{19}H_{12}N_2O$, Formel IX.

B. Beim Behandeln von 1-Benzyl-phenazin oder von Phenazin-1-yl-phenyl-methanol mit CrO$_3$ in Essigsäure (*Waters, Watson*, Soc. **1959** 2085).

Gelbe Kristalle (aus Me.); F: 196—197°. λ_{max} (A.): 249 nm und 364,5 nm.

2-Benzoyl-phenazin, Phenazin-2-yl-phenyl-keton $C_{19}H_{12}N_2O$, Formel X.

B. Analog der vorangehenden Verbindung (*Waters, Watson*, Soc. **1959** 2085).

Gelbe Kristalle (aus Me.); F: 130—131°.

Di-[2]chinolyl-keton $C_{19}H_{12}N_2O$, Formel XI (E II 121).

B. Neben geringen Mengen Chinolin-2-carbonsäure beim Behandeln von [2]Chinolyl-lithium mit CO$_2$ in Äther bei —50° (*Gilman, Soddy*, J. org. Chem. **22** [1957] 565).

Kristalle (aus A.); F: 166—167°.
Oxim $C_{19}H_{13}N_3O$ (E II 121). F: 205—206°.

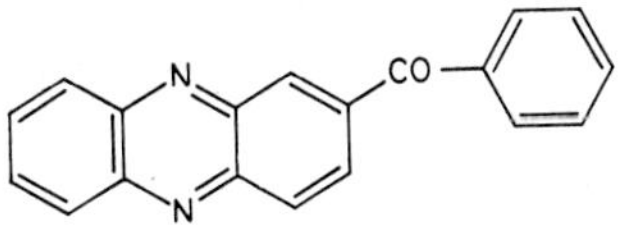

X 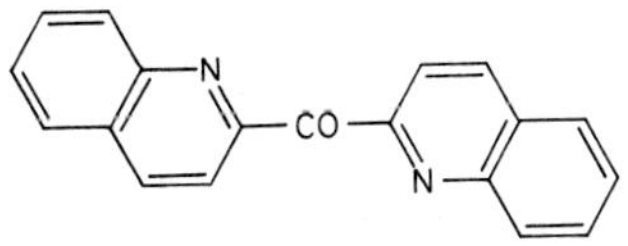   XI 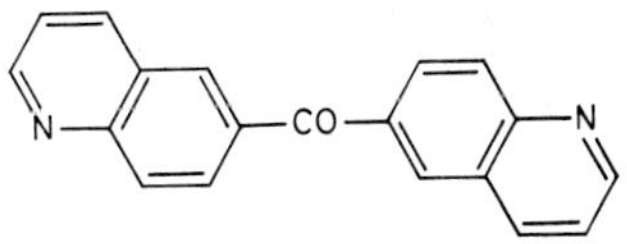   XII

Di-[6]chinolyl-keton $C_{19}H_{12}N_2O$, Formel XII (II 233).
B. Beim Erhitzen von 4,4'-Diamino-benzophenon mit wss. Glycerin, 3-Nitro-benzol=
sulfonsäure und H_2SO_4 (*I.G. Farbenind.*, D.R.P. 609383 [1930]; Frdl. **20** 509; U.S.P.
2001201 [1931]; s. a. H 233).
F: 193—194° (*Kühnis, de Diesbach*, Helv. **41** [1958] 894, 899).

[2]Chinolyl-[1]isochinolyl-keton $C_{19}H_{12}N_2O$, Formel XIII (E I 283).
Dihydrochlorid $C_{19}H_{12}N_2O \cdot 2$ HCl. Gelblichgrün; F: 68—69° [Zers.] (*Reihlen,*
Hühn, A. **489** [1931] 42, 59).
Verbindung mit Platin(II)-chlorid $C_{19}H_{12}N_2O \cdot PtCl_2$. Hellbraun.

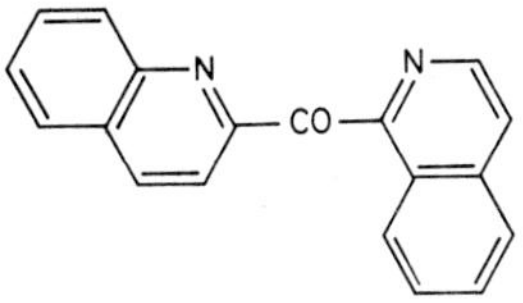

XIII 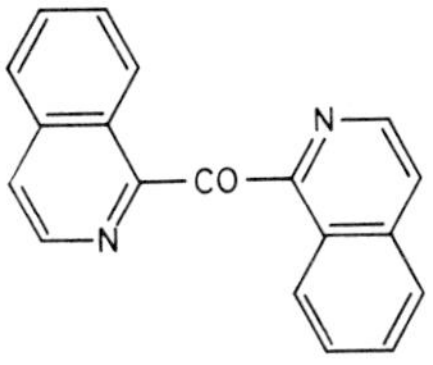   XIV 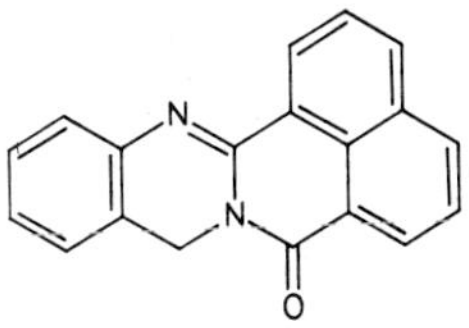   XV

Di-[1]isochinolyl-keton $C_{19}H_{12}N_2O$, Formel XIV.
B. Beim Behandeln von [1]Isochinolyllithium mit CO_2 in Äther bei —50° (*Gilman,*
Soddy, J. org. Chem. **22** [1957] 565).
F: 198—199°.
Oxim $C_{19}H_{13}N_3O$. F: 252,5—253,0°.

9H-Benz[4,5]isochino[1,2-b]chinazolin-7-on $C_{19}H_{12}N_2O$, Formel XV.
B. Beim Erwärmen von 8-Formyl-[1]naphthoesäure mit 2-Amino-benzylamin-di=
hydrochlorid und Natriumacetat in wss. Essigsäure (*Stephenson*, Soc. **1954** 2354, 2355).
Beim Erhitzen von 2-[2-Amino-benzyl]-benz[de]isochinolin-1,3-dion auf 300° (*St.*).
Orangegelbe Kristalle (aus A.); F: 211—212°.

10-Methyl-benzo[de]benz[4,5]imidazo[2,1-a]isochinolin-7-on $C_{19}H_{12}N_2O$, Formel I
(R = CH_3, R' = H).
B. Neben der folgenden Verbindung beim Erhitzen von Naphthalin-1,8-dicarbonsäure-
anhydrid mit 4-Methyl-o-phenylendiamin in Essigsäure (*Okazaki, Kasai*, J. Soc. org.
synth. Chem. Japan **13** [1955] 175, 176; C. A. **1957** 2746). Beim Erwärmen von
2-[5-Methyl-2-nitro-phenyl]-benz[de]isochinolin-1,3-dion mit $SnCl_2$, Essigsäure und
wss. HCl (*Ok., Ka.*, l. c. S. 178).
Gelbe Kristalle (aus Eg.); F: 190—191°. Absorptionsspektrum (A.; 240—450 nm):
Ok., Ka. Schmelzdiagramm des Systems mit 11-Methyl-benzo[de]benz[4,5]imidazo=
[2,1-a]isochinolin-7-on: *Ok., Ka.*

11-Methyl-benzo[de]benz[4,5]imidazo[2,1-a]isochinolin-7-on $C_{19}H_{12}N_2O$, Formel I
(R = H, R' = CH_3).
B. Beim Erwärmen von 2-[4-Methyl-2-nitro-phenyl]-benz[de]isochinolin-1,3-dion mit

$SnCl_2$, Essigsäure und wss. HCl (*Okazaki, Kasai*, J. Soc. org. synth. Chem. Japan **13** [1955] 175, 177; C. A. **1957** 2746). Eine weitere Bildungsweise s. im vorangehenden Artikel.

Gelbe Kristalle; F: 222° (*Arient, Marhan*, Collect. **28** [1963] 1292, 1299), 212—213° [aus A.] (*Ok., Ka.*). Absorptionsspektrum (A.; 240—450 nm): *Ok., Ka.*, l. c. S. 176. Schmelzdiagramm des Systems mit 10-Methyl-benzo[*de*]benz[4,5]imidazo[2,1-*a*]iso=chinolin-7-on: *Ok., Ka.*, l. c. S. 176, 178.

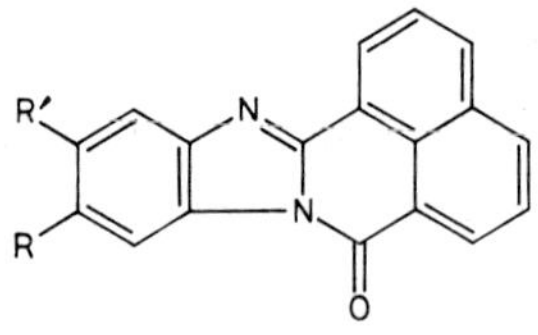

I 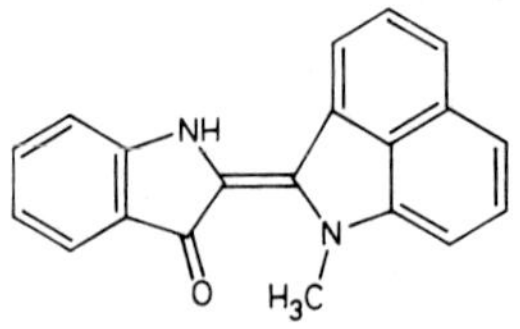 II 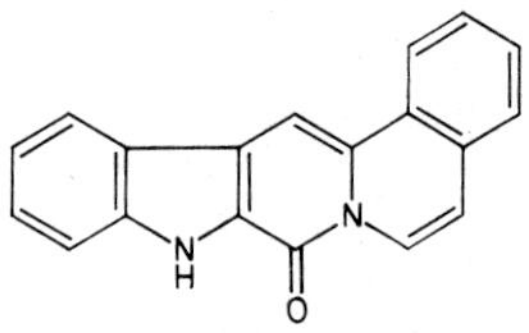 III

*2-[1-Methyl-1*H*-benz[*cd*]indol-2-yliden]-indolin-3-on $C_{20}H_{14}N_2O$, Formel II oder Stereoisomeres.

B. Aus 1-Methyl-2-methylmercapto-benz[*cd*]indolium-methylsulfat und Indol-3-ol in Äthanol mit Hilfe von Triäthylamin (*Dokunichin et al.*, Ž. obšč. Chim. **29** [1959] 2742, 2744; engl. Ausg. S. 2709).

Schwarzviolette Kristalle (aus Bzl.); F: 215—222° [Zers.]. Absorptionsspektrum (*m*-Xylol; 400—700 nm): *Do. et al.*, l. c. S. 2743.

9*H*-Indolo[3′,2′:4,5]pyrido[2,1-*a*]isochinolin-8-on $C_{19}H_{12}N_2O$, Formel III.

B. Beim Erhitzen von 3-[1]Isochinolylmethyl-indol-2-carbonsäure-methylester in 1-Methyl-naphthalin (*Boekelheide, Liu*, Am. Soc. **74** [1952] 4920).

Gelbe Kristalle (aus Dioxan); F: 248—250°.

Oxo-Verbindungen $C_{20}H_{14}N_2O$

4-Biphenyl-4-yl-2*H*-phthalazin-1-on $C_{20}H_{14}N_2O$, Formel IV, und Tautomeres.

B. Beim Erhitzen von 2-Biphenyl-4-carbonyl-benzoesäure mit $N_2H_4 \cdot H_2O$ und NaOH in Diäthylenglykol (*Bergmann, Pinchas*, J. org. Chem. **15** [1950] 1023, 1025).

Kristalle (aus A.); F: 278°.

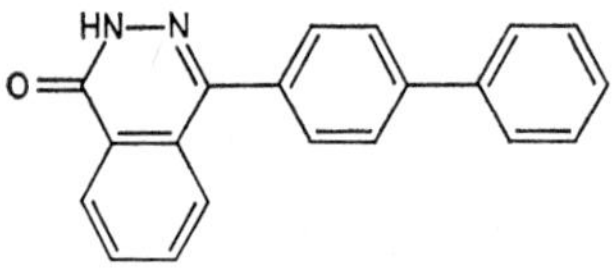

IV 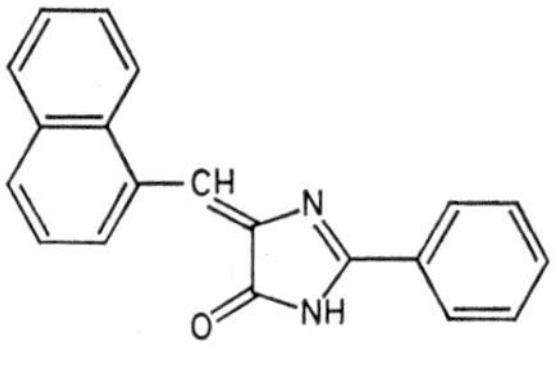 V 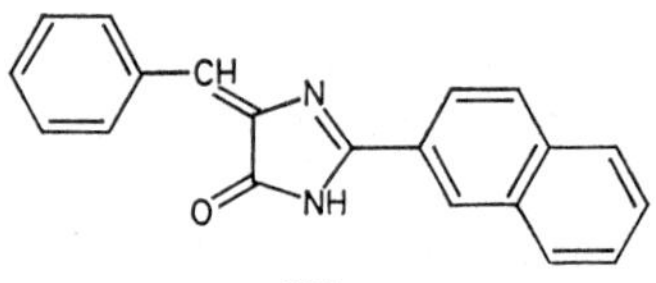 VI

*5-[1]Naphthylmethylen-2-phenyl-3,5-dihydro-imidazol-4-on $C_{20}H_{14}N_2O$, Formel V, und Tautomere.

B. Beim Erhitzen von 2-Phenyl-3,5-dihydro-imidazol-4-on mit [1]Naphthaldehyd und Morpholin in Essigsäure (*Kjær*, Acta chem. scand. **7** [1953] 1030, 1033).

Gelbe Kristalle (aus Pentylacetat); F: 273—274° [unkorr.].

*5-Benzyliden-2-[2]naphthyl-3,5-dihydro-imidazol-4-on $C_{20}H_{14}N_2O$, Formel VI, und Tautomere.

Diese Konstitution kommt der von *Ekeley, Ronzio* (Am. Soc. **57** [1935] 1353, 1355) als 2-[2]Naphthyl-4-phenyl-pyrimidin-5-ol formulierten Verbindung zu (vgl. *Williams et al.*, Am. Soc. **67** [1945] 1157; *Kjær*, Acta chem. scand. **7** [1953] 1030, 1032).

B. Beim Behandeln von 2-[2]Naphthyl-4,5-dihydro-1*H*-imidazol-4,5-diol (E III/IV **23** 3181) mit Benzaldehyd und wss.-äthanol KOH (*Ek., Ro.*).
F: 281° [vorgeheizter App.] (*Ek., Ro.*).

3-Benzoyl-2-phenyl-imidazo[1,2-*a*]pyridin, Phenyl-[2-phenyl-imidazo[1,2-*a*]pyridin-3-yl]-keton $C_{20}H_{14}N_2O$, Formel VII.
B. Beim Behandeln von *N*-[1-Phenacyl-1*H*-[2]pyridyliden]-benzamid-hydrobromid mit wss. K_2CO_3 (*Schilling et al.*, B. **88** [1955] 1093, 1101). Beim Erwärmen von 2-[2-Imino-2*H*-[1]pyridyl]-1,3-diphenyl-propan-1,3-dion mit Piperidin in Äthanol (*Sch. et al.*).
Kristalle (aus wss. A. oder PAe.); F: 132° [unkorr.].
Hydrobromid. Kristalle; F: 241° [unkorr.].

3-Benzoyl-1-methyl-2-phenyl-imidazo[1,2-*a*]pyridinium $[C_{21}H_{17}N_2O]^+$, Formel VIII (R = CH_3) und Mesomeres.
Jodid $[C_{21}H_{17}N_2O]I$. Kristalle (aus H_2O); F: ca. 236° (*Schilling et al.*, B. **88** [1955] 1093, 1101).

VII   VIII   IX

3-Benzoyl-1-phenacyl-2-phenyl-imidazo[1,2-*a*]pyridinium $[C_{28}H_{21}N_2O_2]^+$, Formel VIII (R = CH_2-CO-C_6H_5) und Mesomeres.
Betain $C_{28}H_{20}N_2O_2$; 3-Benzoyl-1-[β-hydroxy-styryl]-2-phenyl-imidazo=[1,2-*a*]pyridinium-betain. *B.* Aus dem Bromid [s. u.] (*Schilling et al.*, B. **88** [1955] 1093, 1102). — Gelbe Kristalle (aus wss. A.) mit 1 Mol H_2O; F: 145° [unter H_2O-Abgabe].
Bromid $[C_{28}H_{21}N_2O_2]Br$. *B.* Beim Erwärmen von *N*-[2]Pyridyl-benzamid mit Phen=acylbromid in $CHCl_3$ (*Sch. et al.*). — Kristalle (aus A.); F: 223—224° [unkorr.].

[2-Phenyl-[4]chinolyl]-pyrrol-2-yl-keton $C_{20}H_{14}N_2O$, Formel IX.
B. Beim Erwärmen von 2-Phenyl-chinolin-4-carbonsäure-äthylester mit Pyrrolyl=magnesiumjodid in Äther (*Feist et al.*, Ar. **276** [1938] 271, 278).
Gelbliche Kristalle (aus CH_2Cl_2 + Me.); F: 177°.
Picrat $C_{20}H_{14}N_2O \cdot C_6H_3N_3O_7$. Gelbe Kristalle; F: 238°.

1,2-Di-[2]chinolyl-äthanon, Desoxychinaldoin $C_{20}H_{14}N_2O$, Formel X (X = O), und Tautomeres.
Nach Ausweis der IR-Absorption liegt in Kohlenwasserstoff-Suspension intramolekular assoziierter 1,2-Di-[2]chinolyl-vinylalkohol vor (*Gill, Morgan*, Nature **183** [1959] 248).
B. Beim Erhitzen von Chinolin-2-carbaldehyd mit 2-Methyl-chinolin, Essigsäure und wenig Acetanhydrid (*Hammick et al.*, Soc. **1955** 2436, 2440). Beim Erhitzen von Di-[2]chinolyl-acetylen mit wss. H_2SO_4 (*Walker et al.*, J. org. Chem. **16** [1951] 1805, 1807). Beim Erwärmen von 1,2-Di-[2]chinolyl-äthan-1,2-diol mit HCl und Pyridin (*Buehler, Harris*, Am. Soc. **72** [1950] 5015).
Orangegelbe Kristalle; F: 221° [unkorr.; aus CCl_4] (*Bu., Ha.*), 221° (*Ha. et al.*), 213,5° bis 215° [korr.; aus A.] (*Wa. et al.*).
Phenylhydrazon $C_{26}H_{20}N_4$. Kristalle; F: 149—150,5° [korr.] (*Wa. et al.*), 148° bis 149° [aus A.] (*Ha. et al.*).

*1,2-Di-[2]chinolyl-äthanon-oxim $C_{20}H_{15}N_3O$, Formel X (X = N-OH).
B. Beim Erwärmen von 1,2-Di-[2]chinolyl-äthan-1,2-diol mit $NH_2OH \cdot HCl$ und

Pyridin in Äthanol (*Buehler, Harris*, Am. Soc. **72** [1950] 5015). Aus dem Keton (*Bu., Ha.*).

Kristalle (aus wss. A.); F: 209—210° [unkorr.; Zers.].

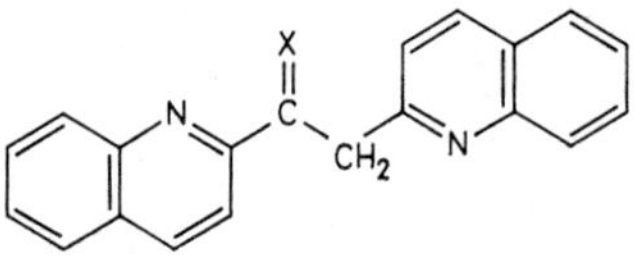

X 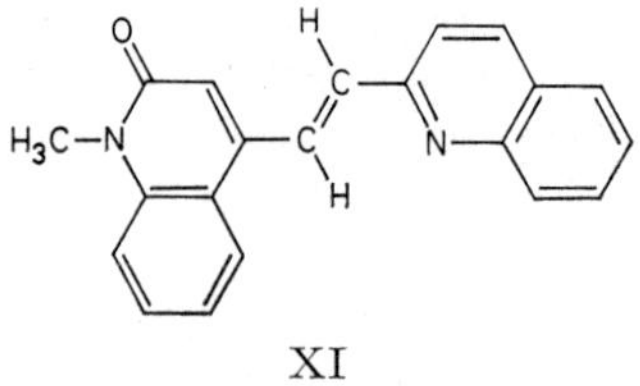   XI 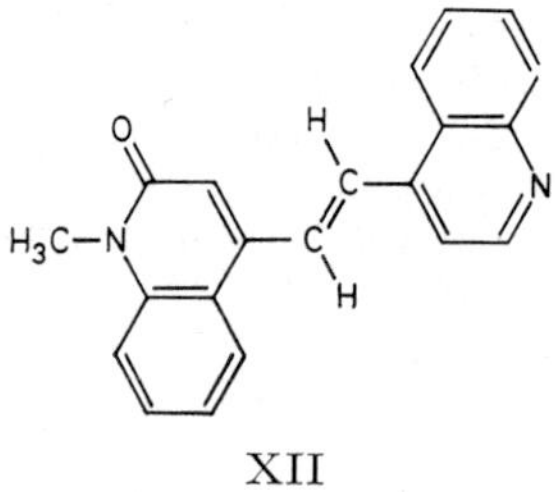   XII

4-[*trans*(?)-2-[2]Chinolyl-vinyl]-1-methyl-1*H*-chinolin-2-on $C_{21}H_{16}N_2O$, vermutlich Formel XI.

B. Beim Erhitzen von 1-Methyl-2-oxo-1,2-dihydro-chinolin-4-carbaldehyd mit 2-Methyl-chinolin und Acetanhydrid (*Cook, Stamper*, Am. Soc. **69** [1947] 1467).

Gelbe Kristalle (aus A.); F: 185—186°.

4-[*trans*(?)-2-[4]Chinolyl-vinyl]-1-methyl-1*H*-chinolin-2-on $C_{21}H_{16}N_2O$, vermutlich Formel XII.

B. Analog der vorangehenden Verbindung (*Cook, Stamper*, Am. Soc. **69** [1947] 1467).

Kristalle (aus A.); F: 224—225°.

(±)-9,9a-Dihydro-dibenzo[4,5;6,7][1,3]diazepino[2,1-*a*]isoindol-14-on $C_{20}H_{14}N_2O$, Formel XIII.

B. Beim Erwärmen von 2-Formyl-benzoesäure mit Biphenyl-2,2'-diyldiamin in wss. Essigsäure (*Stephenson*, Soc. **1952** 5024, 5025).

Kristalle (aus Butan-1-ol); F: 245—247° [korr.; Zers.].

Acetyl-Derivat $C_{22}H_{16}N_2O_2$; 9-Acetyl-9,9a-dihydro-dibenzo[4,5;6,7][1,3]diazepino[2,1-*a*]isoindol-14-on. Kristalle (aus wss. A.); F: 221,5—222° [korr.].

Nitroso-Derivat $C_{20}H_{13}N_3O_2$; 9-Nitroso-9,9a-dihydro-dibenzo[4,5;6,7][1,3]diazepino[2,1-*a*]isoindol-14-on. Gelbliche Kristalle (aus wss. A.); F: 198,5—200,5° [korr.; Zers.].

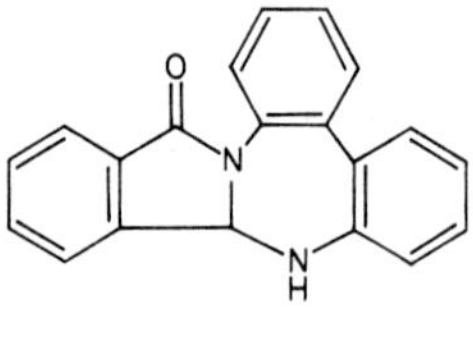

XIII 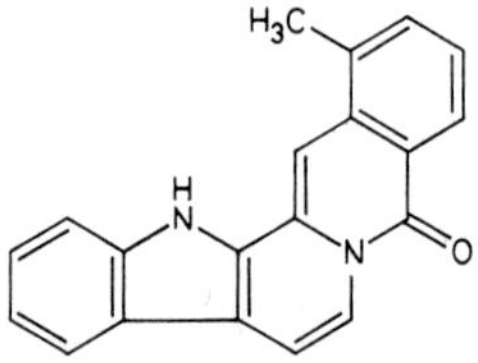   XIV 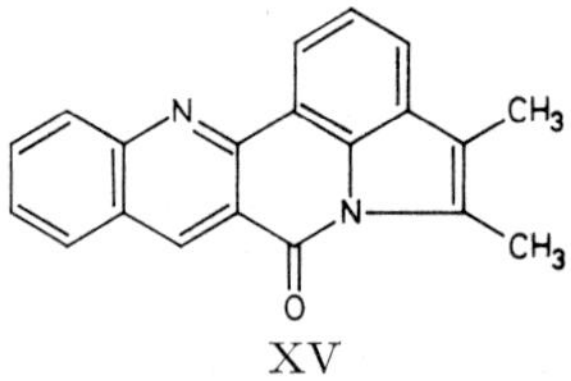   XV

1-Methyl-13*H*-indolo[2',3':3,4]pyrido[1,2-*b*]isochinolin-5-on, 16-Methyl-yohimba-3(14),5,15,17,19-pentaen-21-on $C_{20}H_{14}N_2O$, Formel XIV (in der Literatur als Dehydroketoyobyrin bezeichnet).

B. Beim Erhitzen von Ketoyobyrin (S. 774) mit Palladium auf 280° (*Woodward, Witkop*, Am. Soc. **70** [1948] 2409, 2412). Neben Tetrabyrin (3-[3-Äthyl-indol-2-yl]-5,6,7,8-tetrahydro-isochinolin) beim Erhitzen von Isorauhimbin (*ent*-17β-Hydroxy-15β-yohimban-16α-carbonsäure-methylester) mit Selen (*Le Hir et al.*, Helv. **37** [1954] 2161, 2165).

Gelbe oder gelblichgrüne Kristalle; F: >355° [vorgeheizter App.; aus Me.] (*Le Hir et al.*), 345—350° [korr.; nach Umwandlung der Kristallform bei 310°; aus A. oder nach

Sublimation bei 280°/0,001 Torr] (*Wo., Wi.*). Absorptionsspektrum (A.; 220—450 nm):
Le Hir et al., l. c. S. 2163; s. a. *Wo., Wi.*, l. c. S. 2411.

4,5-Dimethyl-benz[*b*]indolo[1,7-*gh*][1,6]naphthyridin-7-on $C_{20}H_{14}N_2O$, Formel XV
(in der Literatur als 3-Oxo-4,5-dimethyl-chinolino[2′:3′-1:2]lilin bezeichnet).

B. Aus 4,5-Dimethyl-7*H*-benz[*b*]indolo[1,7-*gh*][1,6]naphthyridin beim Behandeln mit
KMnO₄ in Aceton oder beim Aufbewahren einer Lösung in Benzol an der Luft (*Almond,
Mann*, Soc. **1952** 1870, 1873).

Gelbliche Kristalle (aus 2-Methoxy-äthanol); F: 251—252° [evakuierte Kapillare].

Hydrochlorid $C_{20}H_{14}N_2O \cdot HCl$. Orangefarbene Kristalle (aus Acn.).

Oxo-Verbindungen $C_{21}H_{16}N_2O$

2,5,5-Triphenyl-3,5-dihydro-imidazol-4-on $C_{21}H_{16}N_2O$, Formel I, und Tautomere.

Konstitution der früher (H **9** 284) als *N*-[α′-Oxo-bibenzyl-α-yliden]-benzamidin
(„Desylidenbenzamidin") formulierten Verbindung: *Dufraisse, Martel*, C. r. **245** [1957]
457, 458; *Rio, Ranjon*, Bl. **1958** 543, 544.

In CHCl₃ (*Rio, Ra.*, l. c. S. 546; s. dazu auch *Nyitrai, Lempert*, Tetrahedron **25** [1969]
4265, 4268) und in DMSO (*Edward, Lantos*, J. heterocycl. Chem. **9** [1972] 363, 365)
liegt nach Ausweis der IR-Absorption 2,5,5-Triphenyl-3,5-dihydro-imidazol-4-on vor.

B. Beim Erwärmen von Benzil mit Benzamidin-hydrochlorid in wss.-äthanol. NaOH
(*Rio, Ra.*). Beim Erwärmen von Benzoylamino-diphenyl-essigsäure-amid mit wss.
NaOH (*Rio, Ra.*, l. c. S. 550). Aus 2,4,5-Triphenyl-4*H*-imidazol-4-ol beim Behandeln
mit methanol. KOH (*Rio, Ra.*) oder beim Erhitzen (*Du., Ma.*).

a) 2,5,5-Triphenyl-3,5-dihydro-imidazol-4-on: Kristalle; F: 240° [unkorr.;
Geschwindigkeit des Erhitzens: 1°/min; aus CHCl₃ + PAe.] (*Ny., Le.*, l. c. S. 4267,
4268), 220—222° [vorgeheizter App.; aus CHCl₃] (*Rio, Ra.*). IR-Spektrum (Nujol;
4000—625 cm⁻¹): *Rio, Ra.*, l. c. S. 547. CO-Valenzschwingungsbande (KBr): 1725 cm⁻¹
(*Ny., Le.*). — b) 2,5,5-Triphenyl-1,5-dihydro-imidazol-4-on: Kristalle (aus A.);
F: 243—244° [vorgeheizter App.] (*Rio, Ra.*), 242° [unkorr.] (*Ny., Le.*). IR-Spektrum
(Nujol; 4000—625 cm⁻¹): *Rio, Ra.* CO-Valenzschwingungsbande (KBr): 1680 cm⁻¹
(*Ny., Le.*).

Verhalten der Tautomeren beim Schmelzen: *Rio, Ra.*; *Ny., Le.*

Hydrochlorid $C_{21}H_{16}N_2O \cdot HCl$. Kristalle (aus Me. + Ae.); F: 196—198° (*Rio, Ra.*).

I   II   III

1,3-Di-[2]chinolyl-propan-1-on $C_{21}H_{16}N_2O$, Formel II, und Tautomere.

Diese Konstitution bzw. die des Tautomeren 1-[2]Chinolyl-3-[1*H*-[2]chinolyl=
iden]-prop-1-en-1-ol kommt der nachstehend beschriebenen Verbindung zu (*Capuano*, B. **92** [1959] 2670, 2672; vgl. aber *Zukerman et al.*, Ž. obšč. Chim. **34** [1964] 2881;
engl. Ausg. S. 2917).

B. Neben 1-[2]Chinolyl-äthanon beim Behandeln von Chinolin-2-carbaldehyd mit
Diazomethan in Äther (*Ca.*).

Rote Kristalle (aus CHCl₃ + PAe.); F: 195° [nach Verfärbung bei 180°]; λ_{max} (Me.):
228 nm, 298 nm und 430 nm (*Ca.*).

Oxo-Verbindungen $C_{22}H_{18}N_2O$

5-Benzhydryl-2-phenyl-3,5-dihydro-imidazol-4-on $C_{22}H_{18}N_2O$, Formel III, und
Tautomere.

Diese Konstitution kommt der von *Mustafa, Harhash* (J. org. Chem. **21** [1956] 575)

als 5-Benzyliden-2,4-diphenyl-4,5-dihydro-1(3)H-imidazol-4-ol formulierten Verbindung zu (*Awad, Allah*, J. org. Chem. **25** [1960] 1242; *Asker et al.*, J. pr. **313** [1971] 585, 588).

B. Aus 5-Benzyliden-2-phenyl-3,5-dihydro-imidazol-4-on und Phenylmagnesium=
bromid in Äther und Benzol (*Mu., Ha.*).

Kristalle (aus Bzl.); F: 216° (*Mu., Ha.*).

1,2-Bis-[6-methyl-[2]chinolyl]-äthanon $C_{22}H_{18}N_2O$, Formel IV, und Tautomeres.

B. Beim Erwärmen von 1,2-Bis-[6-methyl-[2]chinolyl]-äthan-1,2-diol (F: 226°) mit Pyridin und Pyridin-hydrochlorid (*Buehler, Edwards*, Am. Soc. **74** [1952] 977).

Orangefarbene Kristalle (aus Py.); F: 235°.

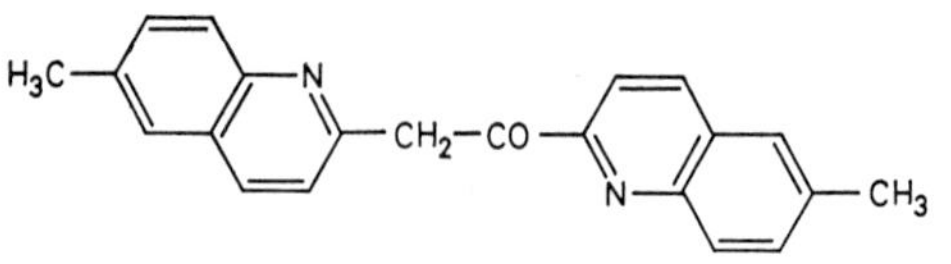

IV 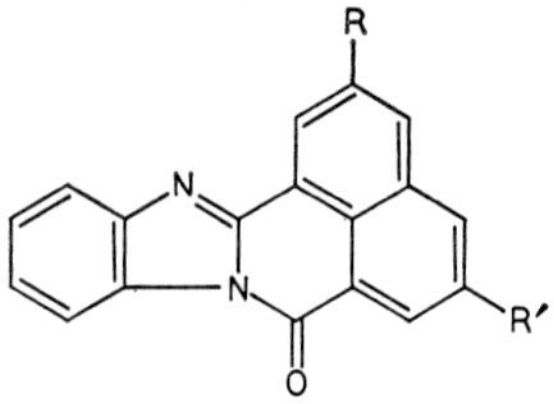   V

2(oder 5)-*tert*-Butyl-benzo[*de*]benz[4,5]imidazo[2,1-*a*]isochinolin-7-on $C_{22}H_{18}N_2O$,
Formel V (R = C(CH₃)₃, R′ = H oder R = H, R′ = C(CH₃)₃).

Bezüglich der Konstitution s. *Nürsten, Peters*, Soc. **1950** 729, 730.

B. Beim Erhitzen von 3-*tert*-Butyl-naphthalin-1,8-dicarbonsäure-anhydrid mit *o*-Phen=
ylendiamin in Essigsäure (*Peters*, Soc. **1942** 562, 564).

Grünlichgelbe Kristalle (aus wss. Eg.); F: 194—195° [korr.] (*Pe.*).

x,x-Dibrom-2(oder 5)-*tert*-butyl-benzo[*de*]benz[4,5]imidazo[2,1-*a*]isochinolin-7-on
$C_{22}H_{16}Br_2N_2O$.

B. Beim Erhitzen von x,x-Dibrom-3-*tert*-butyl-naphthalin-1,8-dicarbonsäure-an=
hydrid (E III/IV **17** 6412) mit *o*-Phenylendiamin in Essigsäure (*Nürsten, Peters*, Soc.
1950 729, 734).

Gelbe Kristalle (aus Eg.); F: 250—251° [korr.].

***Opt.-inakt. 6-Phenyl-6,6a,12,12a-tetrahydro-5*H*-dibenzo[*b,h*][1,6]naphthyridin-7-on**
$C_{22}H_{18}N_2O$, Formel VI.

B. Beim Erhitzen von 6-Phenyl-12*H*-dibenzo[*b,h*][1,6]naphthyridin-7-on mit Natrium
und Amylalkohol (*Moszew*, Bl. Acad. polon. [A] **1938** 98, 114).

Kristalle (aus A.); F: 308—309°.

Picrat $C_{22}H_{18}N_2O \cdot C_6H_3N_3O_7$. Gelbe Kristalle; F: 224° [Zers.].

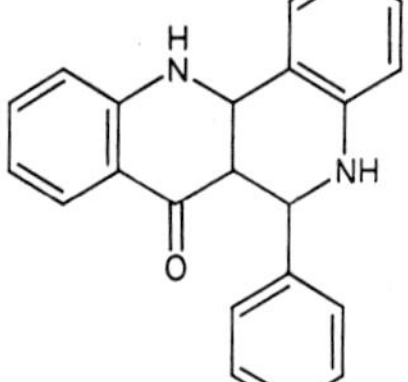

VI 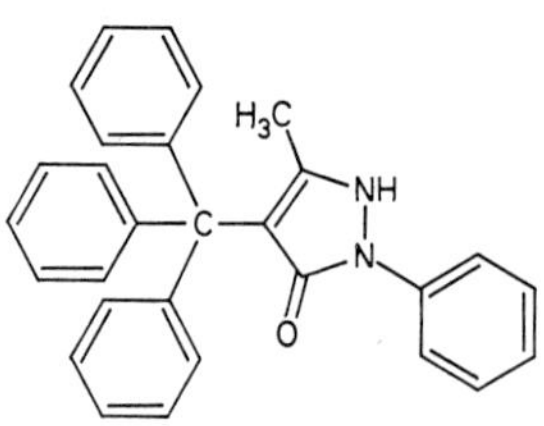   VII 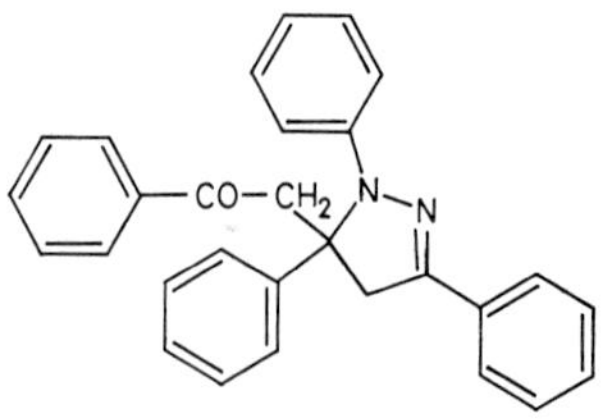   VIII

Oxo-Verbindungen $C_{23}H_{20}N_2O$

5-Methyl-2-phenyl-4-trityl-1,2-dihydro-pyrazol-3-on $C_{29}H_{24}N_2O$, Formel VII, und
Tautomere.

B. Beim Erhitzen von 5-Methyl-2-phenyl-1,2-dihydro-pyrazol-3-on mit Triphenyl=

methanol und wenig HCl in Essigsäure (*Ginsburg*, Ž. obšč. Chim. **23** [1953] 1890; engl. Ausg. S. 1999).

Kristalle (aus A.); F: 209—211° (*Gi.*).

Reaktion mit diazotierter Sulfanilsäure in wss.-äthanol. NaOH: *Ginsburg et al.*, Ž. obšč. Chim. **27** [1957] 993, 995; engl. Ausg. S. 1074, 1076.

Über eine Verbindung (Kristalle [aus Bzl.]; F: 233° [unkorr.]), der ebenfalls diese Konstitution zugeschrieben wird, s. *Mustafa et al.*, Am. Soc. **81** [1959] 6007, 6009.

(±)-5-Phenacyl-1,3,5-triphenyl-4,5-dihydro-1*H*-pyrazol, (±)-1-Phenyl-2-[2,3,5-triphenyl-3,4-dihydro-2*H*-pyrazol-3-yl]-äthanon $C_{29}H_{24}N_2O$, Formel VIII.

Diese Konstitution kommt der früher (s. E II **15** 74) als 1,3,5-Triphenyl-pent-2-en-1,5-dion-5-phenylhydrazon, von *Lombard*, *Kress* (Bl. **1960** 1528, 1532) als 1,3,5-Triphenyl-5-phenylazo-pent-4-en-1-on angesehenen Verbindung (F: 126°) zu (*Balaban*, Tetrahedron **24** [1968] 5059, 5062; *Balaban*, *Silhan*, Tetrahedron **26** [1970] 743, 747).

Kristalle; F: 126° [aus E. oder A.] (*Lo.*, *Kress*), 126° (*Balaban et al.*, Bl. **1962** 298, 302). ^{1}H-NMR-Absorption und ^{1}H-^{1}H-Spin-Spin-Kopplungskonstanten (CDCl$_3$): *Ba.*, *Si.*, l. c. S. 747. IR-Spektrum in Nujol (2,9—3,1 μ), in CCl$_4$ (2,8—7,6 μ) und in CS$_2$ (7,6—15 μ): *Ba. et al.*, l. c. S. 301. λ_{max} (Cyclohexan): 243 nm und 353 nm (*Ba. et al.*, l. c. S. 300).

Oxo-Verbindungen $C_{26}H_{26}N_2O$

2,5-Di-*tert*-butyl-benzo[*de*]benz[4,5]imidazo[2,1-*a*]isochinolin-7-on $C_{26}H_{26}N_2O$, Formel IX (X = X' = H).

Bezüglich der Konstitution s. *Nürsten*, *Peters*, Soc. **1950** 729, 730.

B. Beim Erhitzen von 3,6-Di-*tert*-butyl-naphthalin-1,8-dicarbonsäure-anhydrid mit *o*-Phenylendiamin in Essigsäure (*Peters*, Soc. **1942** 562, 564).

Grünlichgelbe Kristalle (aus Eg.); F: 278—279° [korr.] (*Pe.*).

2,5-Di-*tert*-butyl-3(oder 4)-chlor-benzo[*de*]benz[4,5]imidazo[2,1-*a*]isochinolin-7-on $C_{26}H_{25}ClN_2O$, Formel IX (X = Cl, X' = H oder X = H, X' = Cl).

B. Aus 3,6-Di-*tert*-butyl-4-chlor-naphthalin-1,8-dicarbonsäure-anhydrid analog der vorangehenden Verbindung (*Nürsten*, *Peters*, Soc. **1950** 729, 735).

Gelbe Kristalle (aus Eg.); F: 270—272° [korr.].

IX   X

3(oder 4)-Brom-2,5-di-*tert*-butyl-benzo[*de*]benz[4,5]imidazo[2,1-*a*]isochinolin-7-on $C_{26}H_{25}BrN_2O$, Formel IX (X = Br, X' = H oder X = H, X' = Br).

B. Aus 4-Brom-3,6-di-*tert*-butyl-naphthalin-1,8-dicarbonsäure-anhydrid analog den vorangehenden Verbindungen (*Peters*, Soc. **1947** 742, 746).

Hellgelbe Kristalle (aus Eg.); F: 280—283° [korr.].

2,5-Di-*tert*-butyl-3(oder 4)-nitro-benzo[*de*]benz[4,5]imidazo[2,1-*a*]isochinolin-7-on $C_{26}H_{25}N_3O_3$, Formel IX (X = NO$_2$, X' = H oder X = H, X' = NO$_2$).

B. Aus 3,6-Di-*tert*-butyl-4-nitro-naphthalin-1,8-dicarbonsäure-anhydrid analog den vorangehenden Verbindungen (*Peters*, Soc. **1947** 742, 745).

Hellgelbe Kristalle (aus Eg. oder A.); F: 266—267° [korr.].

Oxo-Verbindungen $C_{27}H_{28}N_2O$

*1,7-Bis-[1,3,3-trimethyl-indolin-2-yliden]-hepta-2,5-dien-4-on $C_{29}H_{32}N_2O$, Formel X.
B. Beim Erwärmen von [1,3,3-Trimethyl indolin 2 yliden]-acetaldehyd (F: 118°)
mit 3-Oxo-glutarsäure und Acetanhydrid in Essigsäure (*I.G. Farbenind.*, D.R.P. 741 645
[1937]; D.R.P. Org. Chem. **1**, Tl. 2, S. 1288; *Gen Aniline & Film Corp.*, U.S.P. 2 204 188
[1938]).
Rot; F: 350° [Zers.]; λ_{max} (Acn.): 537 nm (*I.G. Farbenind.*).   [*Henseleit*]

Monooxo-Verbindungen $C_nH_{2n-28}N_2O$

Oxo-Verbindungen $C_{19}H_{10}N_2O$

Indeno[1,2-*b*]phenazin-11-on $C_{19}H_{10}N_2O$, Formel I.
B. Beim Erhitzen von 1,2,3,4-Tetrahydro-indeno[1,2-*b*]phenazin-11-on mit Jod in
Essigsäure (*Bradley, Williams*, Soc. **1959** 1205, 1209).
Grünlichgelbe Kristalle (aus Bzl.); F: 239—241°.

Indeno[2,1-*a*]phenazin-12-on $C_{19}H_{10}N_2O$, Formel II.
B. Beim Erwärmen von 2-Nitro-fluoren-9-on mit Natrium-anilid und Erwärmen der
Reaktionsprodukte vom F: 217—218° bzw. vom F: 181—182° mit wss.-äthanol. HCl
(*Bradley, Williams*, Soc. **1959** 1205, 1209).
Hellgelbe Kristalle (aus Bzl. + PAe.); F: 276—277°.

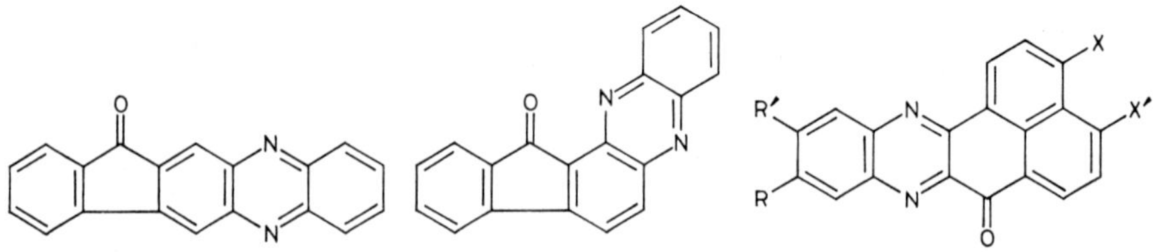

I   II   III

10(oder 11)-Chlor-naphtho[1,8-*ab*]phenazin-7-on $C_{19}H_9ClN_2O$, Formel III
(R = Cl, R′ = X = X′ = H oder R′ = Cl, R = X = X′ = H).
B. Aus 2,2-Dichlor-phenalen-1,3-dion und 4-Chlor-*o*-phenylendiamin (*I.G. Farben-
ind.*, D.R.P. 658203 [1933]; Frdl. **24** 602).
Gelbe Kristalle; F: 302°.

10-Chlor-3(oder 4)-nitro-naphtho[1,8-*ab*]phenazin-7-on $C_{19}H_8ClN_3O_3$, Formel III
(R = Cl, X = NO$_2$, R′ = X′ = H oder R = Cl, X′ = NO$_2$, R′ = X = H), oder 11-Chlor-
3(oder 4)-nitro-naphtho[1,8-*ab*]phenazin-7-on $C_{19}H_8ClN_3O_3$, Formel III (R′ = Cl,
X = NO$_2$, R = X′ = H oder R′ = Cl, X′ = NO$_2$, R = X = H).
B. Analog der vorangehenden Verbindung (*I.G. Farbenind.*, D.R.P. 658203 [1933];
Frdl. **24** 602).
Hellgelbe Kristalle (aus Py.); F: ca. 250° [Zers.].

Cyclopenta[1,2-*b*;4,3-*b′*]dichinolin-6-on $C_{19}H_{10}N_2O$, Formel IV.
B. Beim Erhitzen von Dibenzo[*b,j*][4,7]phenanthrolin mit SeO$_2$ in H$_2$O auf 240°
(*Badger, Pettit*, Soc. **1952** 1874, 1877).
Orangefarbene Kristalle (aus Py.); F: 374—376°. Absorptionsspektrum (A.; 230 nm
bis 450 nm): *Ba., Pe.*, l. c. S. 1876.

Oxo-Verbindungen $C_{20}H_{12}N_2O$

2-Methyl-3(?)-phenyl-2*H*-dibenz[*cd,g*]indazol-6-on $C_{21}H_{14}N_2O$, vermutlich Formel V.
B. Beim Erwärmen von 2-Methyl-2*H*-dibenz[*cd,g*]indazol-6-on mit Phenylmagnesium=

bromid in Äther (*Bradley, Bruce*, Soc. **1954** 1894, 1896).
Kristalle (aus Bzl.); F: 240—244°.

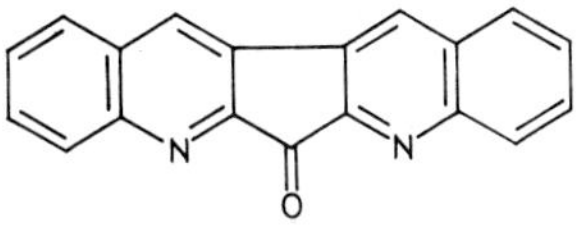

IV 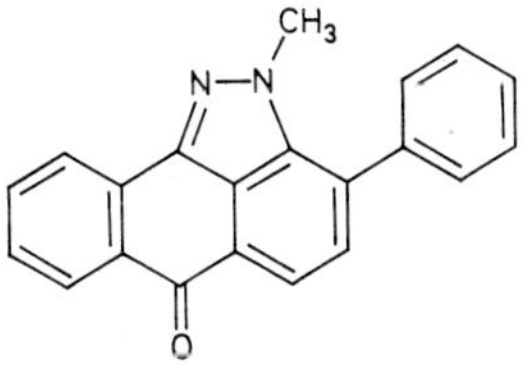   V 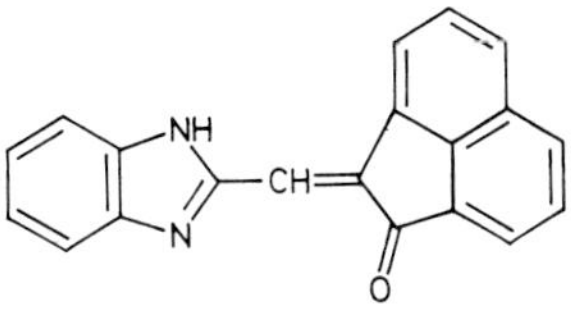   VI

*2-[1H-Benzimidazol-2-ylmethylen]-acenaphthen-1-on $C_{20}H_{12}N_2O$, Formel VI.
B. Beim Erhitzen von 2-Methyl-1H-benzimidazol mit Acenaphthen-1,2-dion (*van Alphen*, R. **59** [1940] 289, 295; *I.G. Farbenind.*, D.R.P. 634042 [1933]; Frdl. **23** 742).
Bräunliche Kristalle (aus Nitrobenzol); F: 295° (*v. Al.*).

2-Methyl-dibenzo[e,j]perimidin-8-on $C_{20}H_{12}N_2O$, Formel VII.
B. Aus 11-Amino-12-imino-12H-naphthacen-5-on und Acetylchlorid in Pyridin (*Dufraisse et al.*, C. r. **243** [1956] 878, 879).
Rote Kristalle (aus Toluol); F: 270—271° [vorgeheizter App.]. Absorptionsspektrum (A.; 220—430 nm): *Du. et al.*

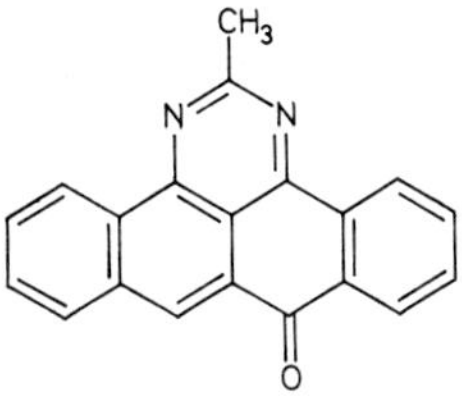

VII 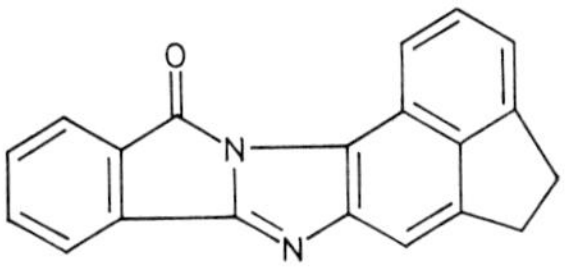   VIII 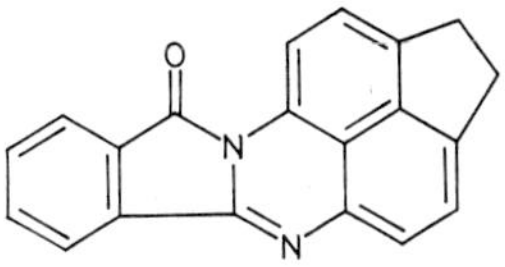   IX

4,5-Dihydro-acenaphth[4',5':4,5]imidazo[2,1-a]isoindol-12-on $C_{20}H_{12}N_2O$, Formel VIII.
B. Beim Erhitzen von N-[4-Phenylazo-acenaphthen-5-yl]-phthalimid mit Zink-Pulver in Essigsäure (*Crippa, Perroncito*, G. **64** [1934] 415, 418).
Kristalle (aus Eg.); F: 280°.

1,2-Dihydro-cyclopent[gh]isoindolo[2,1-a]perimidin-10-on, Phthaloaceperinon $C_{20}H_{12}N_2O$, Formel IX (E I 285).
Rote Kristalle (aus Acetanhydrid); F: >300° (*Crippa, Galimberti*, G. **63** [1933] 81, 92).

Oxo-Verbindungen $C_{21}H_{14}N_2O$

2,4-Diphenyl-benzo[b][1,4]diazepin-3-on-[4-nitro-phenylhydrazon] $C_{27}H_{19}N_5O_2$, Formel X.
Ausser dieser Konstitution ist auch die Formulierung als Phenyl-[3-phenyl-chin=oxalin-2-yl]-keton-[4-nitro-phenylhydrazon] in Betracht zu ziehen (*Barltrop et al.*, Soc. **1959** 1132, 1135).
B. Aus 2,4-Diphenyl-1H-benzo[b][1,4]diazepin und diazotiertem 4-Nitro-anilin (*Ba. et al.*, l. c. S. 1141).
Gelbes Pulver (aus wss. A.); F: 252—253°.

2-Benzoyl-3-phenyl-chinoxalin, Phenyl-[3-phenyl-chinoxalin-2-yl]-keton $C_{21}H_{14}N_2O$, Formel XI (E I 285).
B. Aus 2-Brom-1,3-diphenyl-propan-1,3-dion oder 3-Brom-1,3-diphenyl-propan-1,2-

dion und o-Phenylendiamin (*Blatt*, J. Washington Acad. **28** [1938] 1, 4).

Kristalle; F: 154—155° (*Sakan, Nakazaki*, J. Inst. Polytech. Osaka City Univ. [C] **1** [1950] Nr. 1, S. 23, 29).

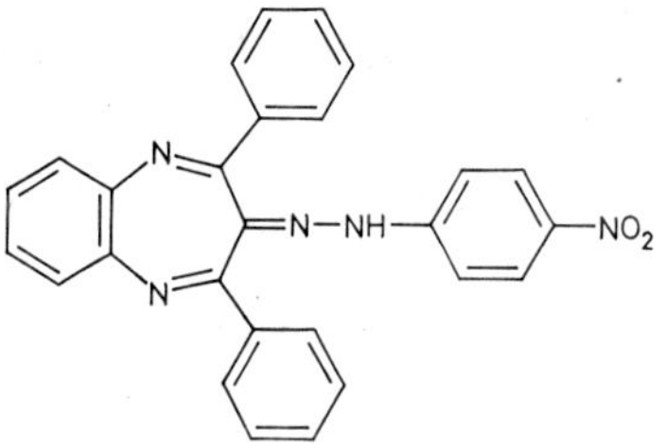

X 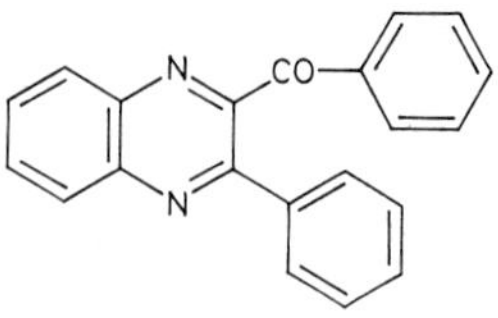   XI 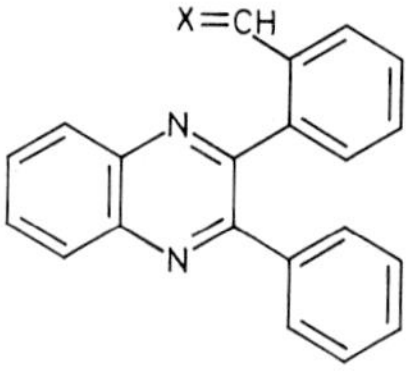   XII

2-[3-Phenyl-chinoxalin-2-yl]-benzaldehyd $C_{21}H_{14}N_2O$, Formel XII (X = O).

B. Neben der folgenden Verbindung aus [α,α'-Dioxo-bibenzyl-2-yl]-glyoxylsäure und o-Phenylendiamin (*Schtschukina*, Ž. obšč. Chim. **26** [1956] 1701, 1704; engl. Ausg. S. 1907, 1910).

Rote Kristalle (aus wss. Eg.); F: 197—199° [Zers.].

*N-[2-(3-Phenyl-chinoxalin-2-yl)-benzyliden]-o-phenylendiamin, 2-[3-Phenyl-chin=
oxalin-2-yl]-benzaldehyd-[2-amino-phenylimin] $C_{27}H_{20}N_4$, Formel XII
(X = N-C_6H_4-$NH_2(o)$).

B. s. im vorangehenden Artikel.

Kristalle (aus Dichloräthan); F: 286—288° (*Schtschukina*, Ž. obšč. Chim. **26** [1956] 1701, 1704; engl. Ausg. S. 1907, 1910).

*1,3-Di-[2]chinolyl-propenon $C_{21}H_{14}N_2O$, Formel XIII.

Die Identität der von *Capuano* (B. **92** [1959] 2670, 2674) unter dieser Konstitution beschriebenen Verbindung (F: 160°) ist ungewiss (*Zukerman et al.*, Ž. obšč. Chim. **34** [1964] 2881, 2882; engl. Ausg. S. 2914, 2915).

Über authentisches 1,3-Di-[2]chinolyl-propenon (F: 138°) s. *Zu. et al.*, l. c. S. 2883, 2885.

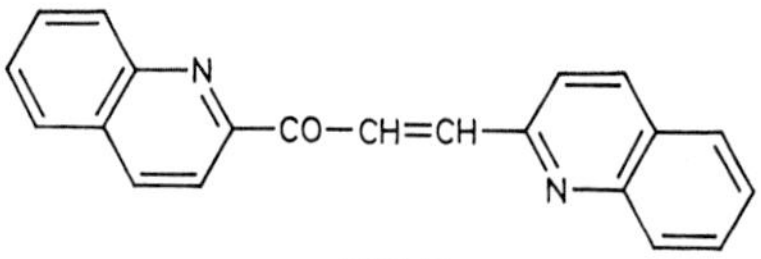

XIII 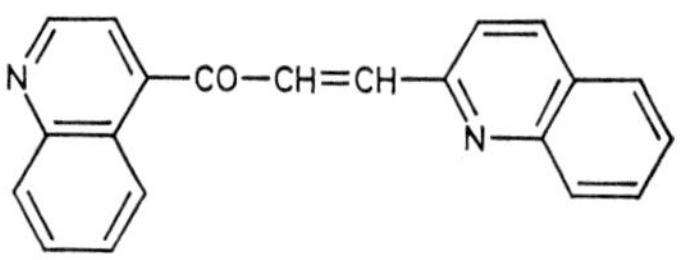   XIV

*3-[2]Chinolyl-1-[4]chinolyl-propenon $C_{21}H_{14}N_2O$, Formel XIV.

B. Aus Chinolin-2-carbaldehyd und 1-[4]Chinolyl-äthanon in Äthanol und methanol. Natriummethylat (*Gilman, Cason*, Am. Soc. **72** [1950] 3469, 3470, 3471).

Kristalle (aus A.); F: 188° [unkorr.].

Oxo-Verbindungen $C_{22}H_{16}N_2O$

4,5,6-Triphenyl-2H-pyridazin-3-on $C_{22}H_{16}N_2O$, Formel I, und Tautomeres.

B. Beim Erwärmen von Benzil-monohydrazon mit Phenylessigsäure-äthylester und Natriumäthylat in Äthanol (*Schmidt, Druey*, Helv. **37** [1954] 134, 138, 139).

Kristalle; F: 294—295° (*Pollak, Tišler*, Tetrahedron Letters **1964** 253), 290—292° [vorgeheizter App.; aus Butan-1-ol] (*Rio, Hardy*, Bl. **1970** 3572, 3578), 274—275° [unkorr.; aus Bzl.] (*Sch., Dr.*).

3,5,6-Triphenyl-1H-pyridazin-4-on $C_{22}H_{16}N_2O$, Formel II (R = H, X = O), und
Tautomeres.
  B. Beim Erwärmen von 4-Brom-3,5,6-triphenyl-pyridazin mit wss.-äthanol. H_2SO_4
(*Sprio, Madonia*, Ann. Chimica **48** [1958] 1316, 1318).
  Kristalle (aus A.); F: 275°.

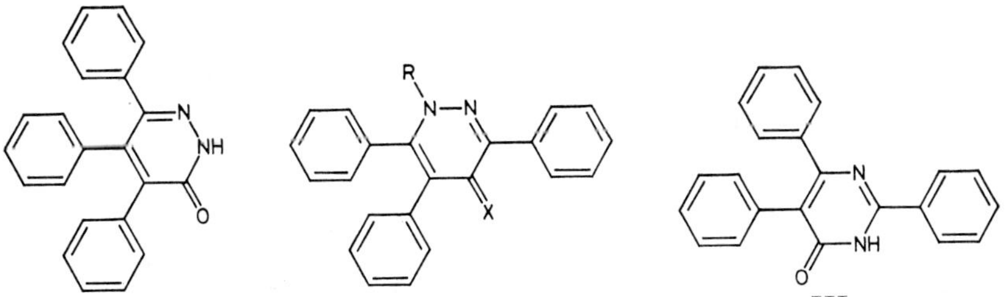

I   II   III

1-Äthyl-3,5,6-triphenyl-1H-pyridazin-4-on $C_{24}H_{20}N_2O$, Formel II (R = C_2H_5, X = O).
  B. Beim Erwärmen von 3,5,6-Triphenyl-1H-pyridazin-4-on mit Äthyljodid und Na≠
triumäthylat in Äthanol (*Sprio, Madonia*, Ann. Chimica **48** [1958] 1316, 1318).
  Kristalle (aus PAe.); F: 189°.

3,5,6-Triphenyl-1H-pyridazin-4-thion $C_{22}H_{16}N_2S$, Formel II (R = H, X = S), und
Tautomeres.
  B. Neben Bis-[3,5,6-triphenyl-pyridazin-4-yl]-disulfid aus 4-Brom-3,5,6-triphenyl-
pyridazin und KHS (*Sprio, Madonia*, Ann. Chimica **48** [1958] 1316, 1319).
  Orangerote Kristalle (aus A.); F: 279° [Zers.].
  Beim Erhitzen mit SeO_2 in wss. Essigsäure ist 3,5,6-Triphenyl-1H-pyridazin-4-on er-
halten worden.

2,5,6-Triphenyl-3H-pyrimidin-4-on $C_{22}H_{16}N_2O$, Formel III, und Tautomere (H 235).
  B. Beim Erwärmen von 3-[α-Chlor-benzylidenamino]-2,3t(?)-diphenyl-acrylonitril
(E III **14** 1377) mit Äthanol, Essigsäure oder wasserhaltigem Benzol (*Ajello*, G. **70** [1940]
504, 508). Beim Behandeln von 2,4,5-Triphenyl-pyrrol-3-on-oxim mit PCl_5 in $CHCl_3$
(*Ajello*, G. **69** [1939] 460, 467).
  Kristalle (aus A.); F: ca. 340° (*Aj.*, G. **70** 509). λ_{max} (A.?): 256 nm und 327 nm (*Wajon,
Arens*, R. **76** [1957] 79, 91).

3,5,6-Triphenyl-1H-pyrazin-2-on $C_{22}H_{16}N_2O$, Formel IV, und Tautomeres.
  B. Aus 5,6-Diphenyl-1H-pyrazin-2-on und diazotiertem Anilin (*Karmas, Spoerri*, Am.
Soc. **78** [1956] 2141, 2143).
  Gelbe Kristalle (aus Eg.); F: 279—281°.

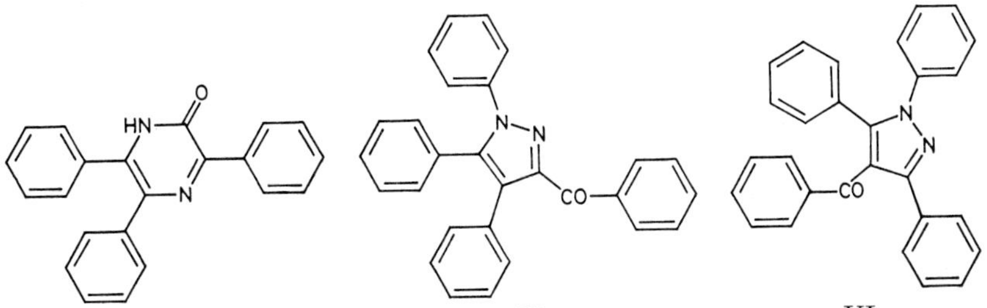

IV   V   VI

3-Benzoyl-1,4,5-triphenyl-1H-pyrazol, Phenyl-[1,4,5-triphenyl-pyrazol-3-yl]-keton
$C_{28}H_{20}N_2O$, Formel V.
  B. Aus 1,4,5-Triphenyl-pyrazol-3-carbonylchlorid und Benzol mit Hilfe von $AlCl_3$

(*Borsche, Hahn*, A. **537** [1939] 219, 240).

Kristalle (aus Eg.); F: 155°.

2,4-Dinitro-phenylhydrazon $C_{34}H_{24}N_6O_4$. Orangegelbe Kristalle (aus PAe.); F: 210—212°.

4-Benzoyl-1,3,5-triphenyl-1H-pyrazol, Phenyl-[1,3,5-triphenyl-pyrazol-4-yl]-keton $C_{28}H_{20}N_2O$, Formel VI (H 235).

B. Aus N'-Phenyl-benzohydrazonoylchlorid und der Natrium-Verbindung des 1,3-Di=phenyl-propan-1,3-dions (*Fusco*, G. **69** [1939] 353, 361).

Kristalle (aus A.); F: 174°.

---

*1-Phenyl-2-[2-phenyl-chinazolin-4-yl]-äthanon-phenylimin, [1-Phenyl-2-(2-phenyl-chinazolin-4-yl)-äthyliden]-anilin $C_{28}H_{21}N_3$, Formel VII.

B. Aus N-Phenyl-benzimidoylchlorid und Acetonitril oder 4-Methyl-2-phenyl-chin=azolin, jeweils mit Hilfe von $AlCl_3$ (*Meerwein et al.*, B. **89** [1956] 224, 238).

Gelbe Kristalle (aus Bzl. + PAe.); F: 214—215°.

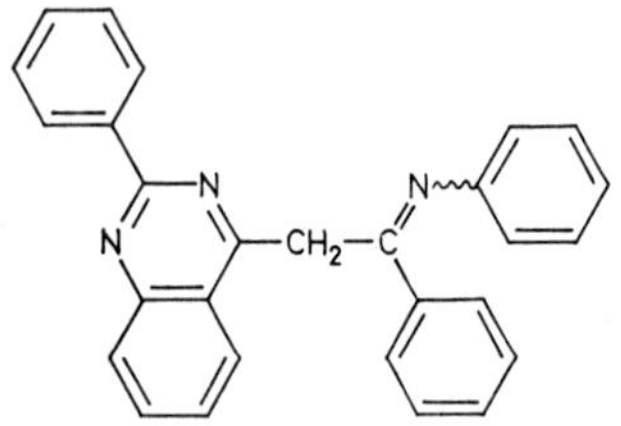

VII 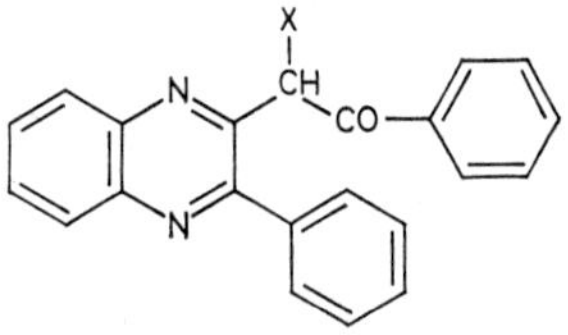   VIII

2-Phenacyl-3-phenyl-chinoxalin, 1-Phenyl-2-[3-phenyl-chinoxalin-2-yl]-äthanon $C_{22}H_{16}N_2O$, Formel VIII (X = H).

Die Konstitutionszuordnung ist zweifelhaft (*Blomquist, LaLancette*, Am. Soc. **84** [1962] 220, 221 Anm. 10).

B. Beim Erwärmen von *o*-Phenylendiamin mit 1,4-Diphenyl-butan-1,2,4-trion, 2-Imino-1,4-diphenyl-butan-1,4-dion oder 2-Methoxy-1,4-diphenyl-but-2*c*(?)-en-1,4-dion (E III **8** 2946) in Äthanol (*Lutz, Stuart*, Am. Soc. **58** [1936] 1885, 1889). Beim Erwärmen von 1,3-Diphenyl-2-[3-phenyl-chinoxalin-2-yl]-propan-1,3-dion mit wss.-äthanol. HCl bzw. mit NH_2OH oder Phenylhydrazin und wss. Natriumacetat (*Lutz et al.*, Am. Soc. **63** [1941] 1143, 1147).

Orangefarbene Kristalle (aus A.); F: 169—170° [korr.] (*Lutz, St.*).

(±)-2-Brom-1-phenyl-2-[3-phenyl-chinoxalin-2-yl]-äthanon(?) $C_{22}H_{15}BrN_2O$, vermutlich Formel VIII (X = Br).

B. Beim Erwärmen von 3-Brom-1,4-diphenyl-butan-1,2,4-trion oder 3,3-Dibrom-1,4-diphenyl-butan-1,2,4-trion mit *o*-Phenylendiamin in Äthanol (*Lutz, Stuart*, Am. Soc. **59** [1937] 2322, 2325, 2326).

Hellgelbe Kristalle (aus A.); F: 191—192° [korr.].

6-Acetyl-2,3-diphenyl-chinoxalin, 1-[2,3-Diphenyl-chinoxalin-6-yl]-äthanon $C_{22}H_{16}N_2O$, Formel IX.

B. Beim Erwärmen von 1-[3,4-Diamino-phenyl]-äthanon mit Benzil in Methanol (*Borsche, Barthenheier*, A. **553** [1942] 250, 257).

Gelbliche Kristalle (aus Me.); F: 171—172°.

3-[6-*trans*(?)-Styryl-[2]pyridyl]-chinolizin-4-on $C_{22}H_{16}N_2O$, vermutlich Formel X.

B. Beim Erhitzen von 4-Oxo-3-[6-*trans*(?)-styryl-[2]pyridyl]-4H-chinolizin-1-carbon=säure-äthylester mit wss. HCl (*Clemo et al.*, Soc. **1954** 2693, 2700).

Kristalle (aus A. + H_2O); F: 163—164°.

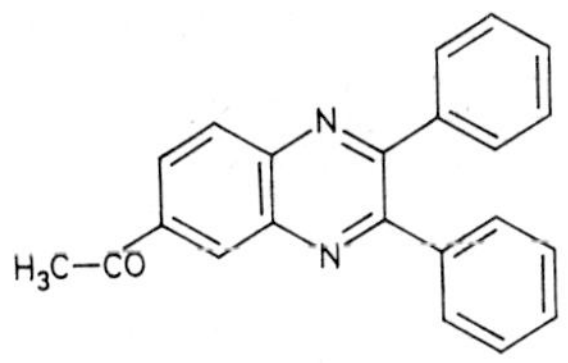

IX 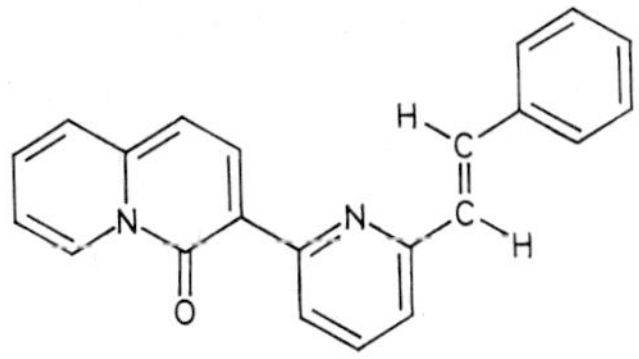   X 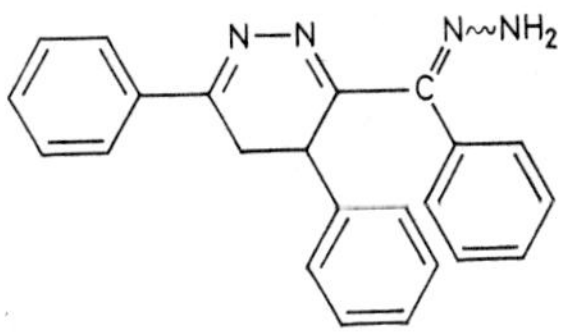   XI

Oxo-Verbindungen C₂₃H₁₈N₂O

*(±)-[4,6-Diphenyl-4,5-dihydro-pyridazin-3-yl]-phenyl-keton-hydrazon(?) $C_{23}H_{20}N_4$, vermutlich Formel XI.

B. Beim Erwärmen von opt.-inakt. 4-Benzoyl-2,3,5-triphenyl-cyclopent-2-enon (E III 7 4478) mit KMnO₄ in wss. Aceton und Erwärmen des Reaktionsprodukts mit äthanol. N₂H₄·H₂O (*Kleinfeller, Trommsdorff*, B. **72** [1939] 256, 262).

Kristalle (aus PAe.); Zers. bei 160—170°.

6-Benzyl-2,5-diphenyl-3H-pyrimidin-4-on $C_{23}H_{18}N_2O$, Formel XII, und Tautomere.

B. In geringer Menge beim Erhitzen von 2,4-Diphenyl-acetessigsäure-amid mit Benz= amid und wenig wss. HCl auf 160° (*Wajon, Arens*, R. **76** [1957] 79, 86).

Kristalle (aus wss. A.); F: 179—182° [unkorr.; Zers.].

2-Benzyl-5,6-diphenyl-3H-pyrimidin-4-on $C_{23}H_{18}N_2O$, Formel XIII, und Tautomere.

B. In geringer Menge beim Erhitzen von 3-Oxo-2,3-diphenyl-propionsäure-amid mit Phenylessigsäure-amid und wenig wss. HCl auf 160° (*Wajon, Arens*, R. **76** [1957] 79, 86).

Kristalle (aus wss. Eg.); F: 236—241° [unkorr.; Zers.].

(±)-1-Phenyl-2-[3-phenyl-chinoxalin-2-yl]-propan-1-on $C_{23}H_{18}N_2O$, Formel VIII (X = CH₃).

B. Beim Erwärmen von (±)-2-Hydroxy-4-methyl-2,5-diphenyl-furan-3-on (E III **7** 4630) oder (±)-2-Chlor-4-methyl-2,5-diphenyl-furan-3-on mit *o*-Phenylendiamin in Äthanol (*Lutz, Stuart*, Am. Soc. **59** [1937] 2316, 2320, 2321).

Kristalle (aus A.); F: 155,5—156° [korr.].

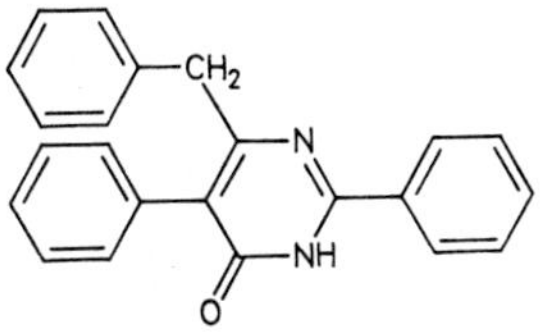

XII 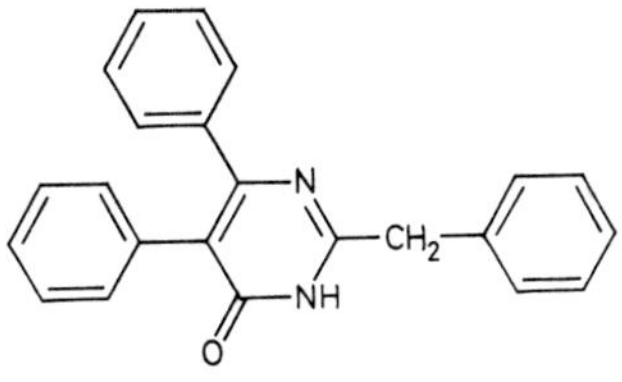   XIII 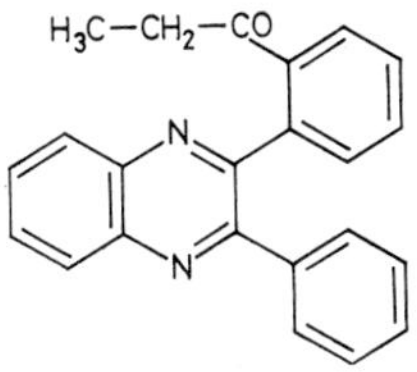   XIV

2-Phenyl-3-[2-propionyl-phenyl]-chinoxalin, 1-[2-(3-Phenyl-chinoxalin-2-yl)-phenyl]-propan-1-on $C_{23}H_{18}N_2O$, Formel XIV.

B. Beim Erwärmen von 2-Propionyl-benzil mit *o*-Phenylendiamin in Äthanol (*Dalew*, Godišnik Univ. Sofia **41** Chimija [1944/45] 1, 29; C. A. **1955** 4594).

Kristalle (aus PAe., A. oder Acn.); F: 125°.

(±)-3-[1]Isochinolyl-1-phenyl-2-[2]pyridyl-propan-1-on $C_{23}H_{18}N_2O$, Formel I.

B. Beim Behandeln von (±)-2-Benzoyl-1,2-dihydro-isochinolin-1-carbonitril in Dioxan mit Phenyllithium in Äther und anschliessend mit 2-Vinyl-pyridin (*Boekelheide, Godfrey*, Am. Soc. **75** [1953] 3679, 3685).

Kristalle (aus Hexan); F: 116—117°.

Dipicrat $C_{23}H_{18}N_2O \cdot 2 C_6H_3N_3O_7$. Gelbe Kristalle (aus A.); F: 193—194° [Zers.].

Opt.-inakt. 3,4'-Diphenyl-2',4'-dihydro-spiro[indan-2,3'-pyrazol]-1-on $C_{23}H_{18}N_2O$,
Formel II (R = X = X' = H), und Tautomeres.

B. Aus (+)-2-Benzyliden-3-phenyl-indan-1-on (E III **7** 2871) in Methanol und Diazo=
methan in Äther (*Mustafa, Hilmy*, Soc. **1951** 3254).
Kristalle (aus Bzl. + PAe.); F: 120—122° [Zers.].

Opt.-inakt. 4'-[2-Chlor-phenyl]-3-phenyl-2',4'-dihydro-spiro[indan-2,3'-pyrazol]-1-on
$C_{23}H_{17}ClN_2O$, Formel II (R = X' = H, X = Cl), und Tautomeres.
B. Analog der vorangehenden Verbindung (*Mustafa, Hilmy*, Soc. **1951** 3254).
Kristalle (aus Bzl. + PAe.); F: 125° [Zers.].

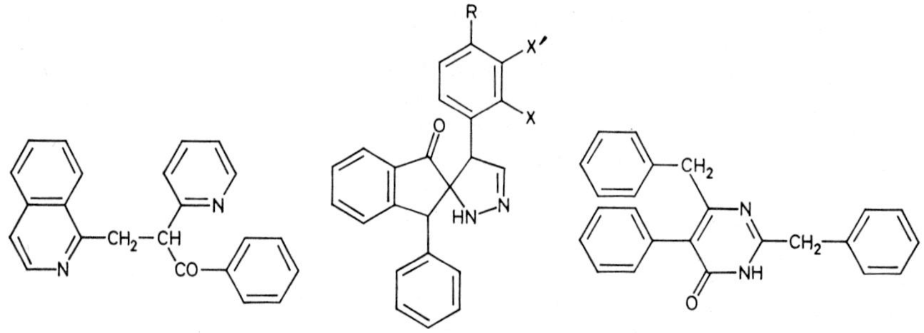

I   II   III

Opt.-inakt. 4'-[3-Nitro-phenyl]-3-phenyl-2',4'-dihydro-spiro[indan-2,3'-pyrazol]-1-on
$C_{23}H_{17}N_3O_3$, Formel II (R = X = H, X' = NO$_2$), und Tautomeres.
B. Analog den vorangehenden Verbindungen (*Mustafa, Hilmy*, Soc. **1951** 3254).
Kristalle (aus Bzl. + PAe.); F: 136° [Zers.].

Oxo-Verbindungen $C_{24}H_{20}N_2O$

2,6-Dibenzyl-5-phenyl-3H-pyrimidin-4-on $C_{24}H_{20}N_2O$, Formel III, und Tautomere
(H 236).
B. Beim Erhitzen von 2,4-Diphenyl-acetessigsäure-amid mit Phenylessigsäure-amid
und wenig wss. HCl auf 160° (*Wajon, Arens*, R. **76** [1957] 79, 87).
Kristalle (aus wss. Eg.); F: 184—186° [unkorr.; Zers.]. λ_{max} (A.?): 208 nm und 286 nm
(*Wa., Ar.*, l. c. S. 91).

Mesityl-[3-phenyl-chinoxalin-2-yl]-keton(?) $C_{24}H_{20}N_2O$, vermutlich Formel IV.
B. Beim Erwärmen von Mesityl-phenyl-propantrion mit *o*-Phenylendiamin in Äthanol
(*Fuson et al.*, Am. Soc. **57** [1935] 1803).
Hellgelbe Kristalle (aus A.); F: 134—134,5°.

Opt.-inakt. 3-Phenyl-4'-*p*-tolyl-2',4'-dihydro-spiro[indan-2,3'-pyrazol]-1-on $C_{24}H_{20}N_2O$,
Formel II (R = CH$_3$, X = X' = H), und Tautomeres.
B. Aus (±)-2-[4-Methyl-benzyliden]-3-phenyl-indan-1-on (F: 220°) in Methanol mit
Diazomethan in Äther (*Mustafa, Hilmy*, Soc. **1951** 3254).
Kristalle (aus Bzl. + PAe.); F: 133—134° [Zers.].

Oxo-Verbindungen $C_{26}H_{24}N_2O$

**[4-Benzoyl-5-methyl-3-phenyl-pyrrol-2-yl]-[trimethyl-pyrrol-2-yliden]-methan,
[2-Methyl-4-phenyl-5-(trimethyl-pyrrol-2-ylidenmethyl)-pyrrol-3-yl]-phenyl-keton**
$C_{26}H_{24}N_2O$, Formel V (R = CH$_3$), und Tautomeres.
Hydrobromid $C_{26}H_{24}N_2O \cdot HBr$; [4-Benzoyl-5-methyl-3-phenyl-pyrrol-
2-yl]-[3,4,5-trimethyl-pyrrol-2-yl]-methinium-bromid. *B.* Aus 4-Benzoyl-
5-methyl-3-phenyl-pyrrol-2-carbaldehyd und 2,3,4-Trimethyl-pyrrol in wss.-äthanol.
HBr (*Fischer, Heidelmann*, A. **527** [1937] 115, 127). Aus [4-Benzoyl-5-methyl-3-phenyl-

pyrrol·2-yl]-[5-formyl-2,4-dimethyl-pyrrol-3-yl]-methinium-bromid und 2,3,4-Trimethyl-pyrrol (*Fi., He.*, l. c. S. 120). — Gelbe Kristalle (aus Eg. + wenig wss. HBr); F: 230°.

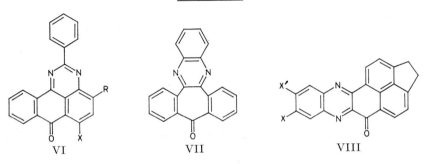

IV   V

Oxo-Verbindungen $C_{27}H_{26}N_2O$

[4-Äthyl-3,5-dimethyl-pyrrol-2-yliden]-[4-benzoyl-5-methyl-3-phenyl-pyrrol-2-yl]-methan, [5-(4-Äthyl-3,5-dimethyl-pyrrol-2-ylidenmethyl)-2-methyl-4-phenyl-pyrrol-3-yl]-phenyl-keton $C_{27}H_{26}N_2O$, Formel V (R = C_2H_5), und Tautomeres.
B. Beim Erwärmen von 4-Benzoyl-5-methyl-3-phenyl-pyrrol-2-carbaldehyd mit 3-Äthyl-2,4-dimethyl-pyrrol in wss.-äthanol. HBr (*Fischer, Heidelmann*, A. **527** [1937] 115, 127). Aus [4-Benzoyl-5-methyl-3-phenyl-pyrrol-2-yl]-[5-formyl-2,4-dimethyl-pyrrol-3-yl]-methinium-bromid und 3-Äthyl-2,4-dimethyl-pyrrol (*Fi., He.*, l. c. S. 119).
Rote Kristalle (aus Me.); F: 116°.
Hydrobromid $C_{27}H_{26}N_2O \cdot HBr$; [4-Äthyl-3,5-dimethyl-pyrrol-2-yl]-[4-benzoyl-5-methyl-3-phenyl-pyrrol-2-yl]-methinium-bromid. Gelbrote Kristalle (aus Eg.); F: 213°.

Monooxo-Verbindungen $C_nH_{2n-30}N_2O$

Oxo-Verbindungen $C_{21}H_{12}N_2O$

2-Phenyl-benzo[*e*]perimidin-7-on $C_{21}H_{12}N_2O$, Formel VI (R = X = H).
B. Aus 1-Amino-anthrachinon, Benzaldehyd und NH_3 (*I. G. Farbenind.*, D.R.P. 711775 [1938]; D.R.P. Org. Chem. **1**, Tl. 2, S. 280; *Gen. Aniline & Film Corp.*, U.S.P. 2212928 [1939]). Beim Erhitzen von 1-Amino-anthrachinon mit Benzonitril auf 180° unter Einleiten von HCl (*I. G. Farbenind.*, D.R.P. 595903 [1932]; Frdl. **20** 1357).
Gelbe Kristalle [aus Nitrobenzol] (*I. G. Farbenind.*, D.R.P. 711775; *Gen. Aniline & Film Corp.*).

6-Chlor-2-phenyl-benzo[*e*]perimidin-7-on $C_{21}H_{11}ClN_2O$, Formel VI (R = H, X = Cl).
B. Beim Erwärmen von 1-Amino-4-chlor-anthrachinon mit *N*-Methyl-benzimidoyl-chlorid (*I. G. Farbenind.*, D.R.P. 566474 [1931]; Frdl. **19** 2024).
Hellgelbe Kristalle; F: 236—237°.

VI   VII   VIII

Dibenzo[3,4;6,7]cyclohepta[1,2-*b*]chinoxalin-10-on $C_{21}H_{12}N_2O$, Formel VII.
B. Aus *o*-Phenylendiamin und Dibenzo[*a,d*]cyclohepten-5,10,11-trion oder 11,11-Di=

hydroxy-11*H*-dibenzo[*a,d*]cyclohepten-5,10-dion in Essigsäure (*Rigaudy*, *Nédélec*, Bl. **1959** 655, 658).

Kristalle (aus Eg.); F: 256—257° [vorgeheizter App.].

1,2-Dihydro-acenaphtho[5,6-*ab*]phenazin-5-on $C_{21}H_{12}N_2O$, Formel VIII (X = X' = H).

B. Aus *o*-Phenylendiamin und 6,6-Dichlor-1,2-dihydro-cyclopenta[*cd*]phenalen-5,7-dion (*I. G. Farbenind.*, D.R.P. 658203 [1933]; Frdl. **24** 602).

Gelbe Kristalle (aus Py.); Zers. >320°.

8(oder 9)-Chlor-1,2-dihydro-acenaphtho[5,6-*ab*]phenazin-5-on $C_{21}H_{11}ClN_2O$, Formel VIII (X = Cl, X' = H oder X = H, X' = Cl).

B. Aus 6,6-Dichlor-1,2-dihydro-cyclopenta[*cd*]phenalen-5,7-dion und 4-Chlor-*o*-phenylendiamin (*I. G. Farbenind.*, D.R.P. 658203 [1933]; Frdl. **24** 602).

Hellgelbe Kristalle (aus Nitrobenzol); Zers. >300°.

Oxo-Verbindungen $C_{22}H_{14}N_2O$

2-[1*H*-Benzimidazol-2-yl]-3-phenyl-inden-1-on $C_{22}H_{14}N_2O$, Formel IX.

B. Aus opt.-inakt. 2-[1*H*-Benzimidazol-2-yl]-3-hydroxy-3-phenyl-indan-1-on (F: 235°) mit Hilfe von wss. HCl (*Manly et al.*, J. org. Chem. **23** [1958] 373, 375, 380).

Kristalle (aus A. + H_2O); F: 255—257°.

6-Chlor-4-methyl-2-phenyl-benzo[*e*]perimidin-7-on $C_{22}H_{13}ClN_2O$, Formel VI (R = CH_3, X = Cl).

B. Aus diazotiertem 4-Methyl-2-phenyl-benzo[*e*]perimidin-6-ylamin (*I. G. Farbenind.*, D.R.P. 633207 [1931]; Frdl. **21** 1143).

Gelbe Kristalle; F: [im Original: Kp]: 269—270°.

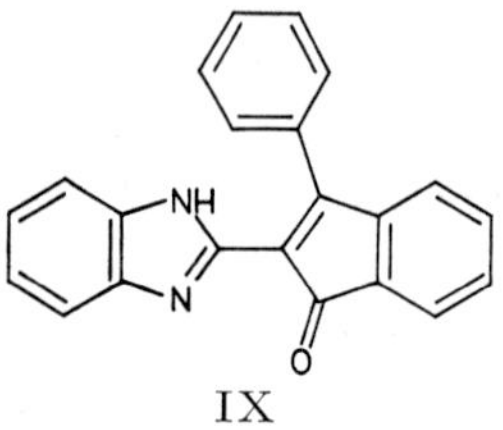

IX 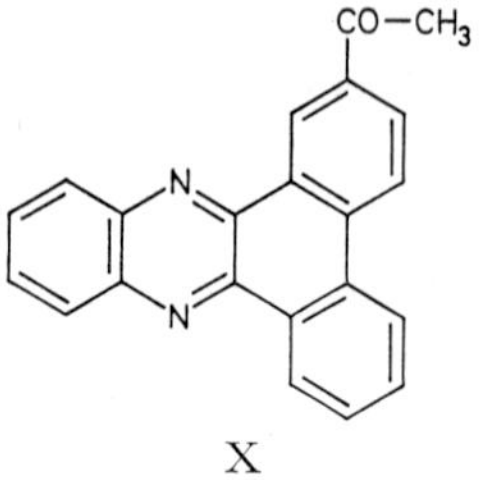   X 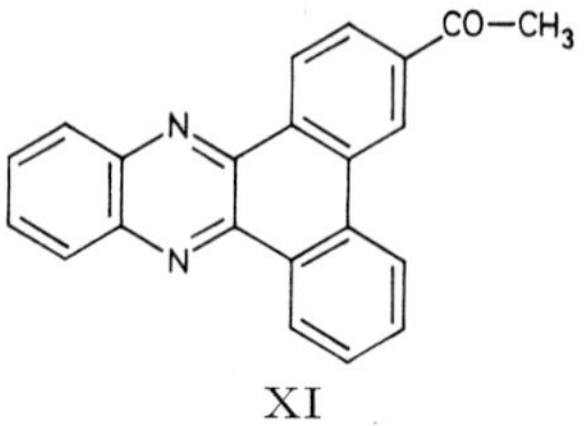   XI

2-Acetyl-dibenzo[*a,c*]phenazin, 1-Dibenzo[*a,c*]phenazin-2-yl-äthanon $C_{22}H_{14}N_2O$, Formel X.

B. Beim Erwärmen von 2-Acetyl-phenanthren-9,10-dion in Essigsäure mit *o*-Phenylendiamin in Äthanol (*Musante*, *Fatutta*, Ann. Chimica **49** [1959] 1496, 1508).

Gelbe Kristalle; F: 235°.

3-Acetyl-dibenzo[*a,c*]phenazin, 1-Dibenzo[*a,c*]phenazin-3-yl-äthanon $C_{22}H_{14}N_2O$, Formel XI.

B. Analog der vorangehenden Verbindung (*Musante*, *Fatutta*, Ann. Chimica **49** [1959] 1496, 1511).

Gelbe Kristalle (aus A.); F: 207—208°.

10-Acetyl-dibenzo[*a,c*]phenazin, 1-Dibenzo[*a,c*]phenazin-10-yl-äthanon $C_{22}H_{14}N_2O$, Formel XII (X = H).

B. Beim Erwärmen von 1-[2,3-Diamino-phenyl]-äthanon mit Phenanthren-9,10-dion in Äthanol (*Simpson et al.*, Soc. **1945** 646, 656).

Hellgelbe Kristalle (aus Eg.); F: 225—225,5° [unkorr.].

1-[13-Chlor-dibenzo[a,c]phenazin-10-yl]-äthanon $C_{22}H_{13}ClN_2O$, Formel XII (X = Cl).

B. Analog der vorangehenden Verbindung (*Keneford, Simpson*, Soc. **1947** 227, 231; *Atkinson, Simpson*, Soc. **1947** 232, 236).

Kristalle (aus Eg.); F: 287° [unkorr.] (*At., Si.*).

11-Acetyl-dibenzo[a,c]phenazin, 1-Dibenzo[a,c]phenazin-11-yl-äthanon $C_{22}H_{14}N_2O$, Formel XIII.

B. Beim Erwärmen von 1-[3,4-Diamino-phenyl]-äthanon mit Phenanthren-9,10-dion in Methanol (*Borsche, Barthenheier*, A. **553** [1942] 250, 257).

Bräunliche Kristalle (aus Nitrobenzol); F: 278°.

XII   XIII   XIV

5-Methyl-6-phenyl-5H-benz[6,7]azepino[3,4-b]indol-12-on $C_{23}H_{16}N_2O$, Formel XIV (in der Literatur als „offenes Decarboxyl-monomethyl-cibagelb" bezeichnet).

B. Beim Erhitzen von 2-[5-Methyl-12-oxo-5,12-dihydro-benz[6,7]azepino[3,4-b]indol-6-yl]-benzoesäure in Chinolin unter Zusatz von Kupfer-Pulver (*Staunton, Topham*, Soc. **1953** 1889, 1891).

Kristalle (aus E.); F: 174—175° (*St., To.*). Monoklin; Dimensionen der Elementarzelle (Röntgen-Diagramm): *Hotz*, Schweiz. mineral. petrogr. Mitt. **31** [1951] 188, 218—220. Kristallmorphologie: *Hotz*, l. c. S. 244—246. Dichte der Kristalle: 1,307 (*Hotz*, l. c. S. 220). Kristalloptik: *Hotz*, l. c. S. 245—254.

Beim Erhitzen mit wss. N_2H_4 in 2-Äthoxy-äthanol ist 2-[5-Methyl-4-phenyl-5H-pyrid= azino[4,5-b]indol-1-yl]-anilin erhalten worden (*St., To.*, l. c. S. 1892).

6-Phenyl-7H-dibenzo[b,f][1,7]naphthyridin-12-on $C_{22}H_{14}N_2O$, Formel I (R = X' = H, X = O), und Tautomeres (in der Literatur als Moser-Körper bezeichnet).

B. Aus 3-Anilino-2-phenyl-chinolin-4-carbonsäure mit Hilfe von wss. H_2SO_4 (*de Diesbach, Moser*, Helv. **20** [1937] 132, 136). Beim Erhitzen von 12-Chlor-6-phenyl-dibenzo= [b,f][1,7]naphthyridin mit Essigsäure (*Montanari, Passerini*, Boll. scient. Fac. Chim. ind. Univ. Bologna **12** [1954] 141, 142).

Gelbe Kristalle (aus Toluol); F: 266° (*de Di., Mo.*). Absorptionsspektrum (Dioxan; 350—430 nm): *Mo., Pa.*, l. c. S. 144.

Beim Erhitzen mit NaOH auf 400° ist 11-Hydroxy-5,11-dihydro-indolo[3,2-c]chinolin-6-on erhalten worden (*de Di., Mo.*, l. c. S. 138).

Verbindung mit Äthylacetat $2 C_{22}H_{14}N_2O \cdot C_4H_8O_2$. Hellgelbe Kristalle [aus E.] (*Hotz*, Schweiz. mineral. petrogr. Mitt. **31** [1951] 188, 223, 224, 237, 238). Triklin; Di= mensionen der Elementarzelle (Röntgen-Diagramm): *Hotz*, l. c. S. 224—227. Kristall= morphologie: *Hotz*, l. c. S. 238—240. Dichte der Kristalle: 1,362 (*Hotz*, l. c. S. 227). Kristalloptik: *Hotz*, l. c. S. 240, 241.

7-Methyl-6-phenyl-7H-dibenzo[b,f][1,7]naphthyridin-12-on $C_{23}H_{16}N_2O$, Formel I (R = CH_3, X = O, X' = H) (in der Literatur als Klement-Körper bezeichnet).

B. Beim Erhitzen von 3-[N-Methyl-anilino]-2-phenyl-chinolin-4-carbonsäure mit P_2O_5 in Nitrobenzol auf 140° (*de Diesbach, Klement*, Helv. **24** [1941] 158, 166).

Gelbe Kristalle (aus A.); F: 249—250° (*de Di., Kl.*). Monoklin; Dimensionen der Elementarzelle (Röntgen-Diagramm): *Hotz*, Schweiz. mineral. petrogr. Mitt. **31** [1951] 188, 222, 223. Kristallmorphologie: *Hotz*, l. c. S. 241—244. Dichte der Kristalle: 1,344 (*Hotz*, l. c. S. 223). Kristalloptik: *Hotz*, l. c. S. 243.

10-Chlor-6-phenyl-7H-dibenzo[b,f][1,7]naphthyridin-12-on $C_{22}H_{13}ClN_2O$, Formel I
(R = H, X = O, X' = Cl), und Tautomeres.
   B. Aus 10-Chlor-12-phenoxy-6-phenyl-dibenzo[b,f][1,7]naphthyridin mit Hilfe von
wss. HCl (*Colonna, dal Monte Casoni*, G. **78** [1948] 793, 795, 796).
   Gelbe Kristalle (aus Dioxan); F: 284°.

6-Phenyl-7H-dibenzo[b,f][1,7]naphthyridin-12-thion $C_{22}H_{14}N_2S$, Formel I (R = X' = H,
X = S), und Tautomeres.
   B. Aus 12-Chlor-6-phenyl-dibenzo[b,f][1,7]naphthyridin und Na_2S (*Montanari,
Passerini*, Boll. scient. Fac. Chim. ind. Univ. Bologna **12** [1954] 141, 142, 144).
   Kristalle; F: 252°. Absorptionsspektrum (Dioxan; 350−540 nm): *Mo., Pa.*

I   II   III

6-Phenyl-12H-dibenzo[b,h][1,6]naphthyridin-7-on $C_{22}H_{14}N_2O$ und Tautomeres.
   Die Konstitution der nachstehend beschriebenen, als Tautomere formulierten Ver-
bindungen ist nicht gesichert.
   a) **6-Phenyl-12H-dibenzo[b,h][1,6]naphthyridin-7-on**, Formel II (X = X' = H).
   B. Beim Erhitzen des unter b) beschriebenen Tautomeren in wss. HCl auf 200° (*Moszew*,
Bl. Acad. polon. [A] **1938** 98, 107). Beim Erwärmen von Phenyl-[6-phenyl-dibenzo≥
[b,h][1,6]naphthyridin-7-yl]-amin mit wss.-äthanol. HCl (*Mo.*, l. c. S. 105).
   Hellgelbe Kristalle (aus Anilin); F: 365°.
   Beim Erhitzen in Amylalkohol mit Natrium ist 6-Phenyl-6,6a,12,12a-tetrahydro-5H-
dibenzo[b,h][1,6]naphthyridin-7-on (S. 784) erhalten worden (*Mo.*, l. c. S. 114).
   Hydrochlorid $C_{22}H_{14}N_2O \cdot HCl$. Gelbe Kristalle; F: 365° [HCl-Abgabe bei 200°]
(*Mo.*, l. c. S. 105).
   Nitrat $C_{22}H_{14}N_2O \cdot HNO_3$. Orangerote Kristalle; F: 365° [HNO_3-Abgabe bei 200°]
(*Mo.*, l. c. S. 106).
   b) **6-Phenyl-dibenzo[b,h][1,6]naphthyridin-7-ol**, Formel III.
   B. Beim Erhitzen von 6-Phenyl-12H-dibenzo[b,h][1,6]naphthyridin-7-on oder Phenyl-
[6-phenyl-dibenzo[b,h][1,6]naphthyridin-7-yl]-amin mit äthanol. KOH auf 200° (*Moszew*, Bl. Acad. polon. [A] **1938** 98, 106, 107). Beim Erhitzen von Phenyl-[6-phenyl-
7,12-dihydro-dibenzo[b,h][1,6]naphthyridin-7-yl]-amin mit äthanol. KOH auf 200° oder
mit wss. HCl auf 230° und Erwärmen des jeweiligen Reaktionsprodukts in Äthanol an
der Luft (*Mo.*, l. c. S. 102, 113).
   Kristalle (aus Anilin oder A.); F: 324−325°.
   Beim Erhitzen in Amylalkohol mit Natrium ist 6-Phenyl-6,6a,12,12a-tetrahydro-5H-
dibenzo[b,h][1,6]naphthyridin-7-on (S. 784) erhalten worden (*Mo.*, l. c. S. 114).
   Hydrochlorid $C_{22}H_{14}N_2O \cdot HCl$. Gelbliche Kristalle (aus Eg.); F: 275° [Zers.] (*Mo.*,
l. c. S. 106).
   Picrat $C_{22}H_{14}N_2O \cdot C_6H_3N_3O_7$. Gelbe Kristalle; F: 240° [Zers.] (*Mo.*, l. c. S. 106).

6-[4-Chlor-phenyl]-12H-dibenzo[b,h][1,6]naphthyridin-7-on $C_{22}H_{13}ClN_2O$, Formel II
(X = H, X' = Cl), und Tautomeres.
   B. Beim Erwärmen von [6-(4-Chlor-phenyl)-dibenzo[b,h][1,6]naphthyridin-7-yl]-
phenyl-amin in wss.-äthanol. HCl (*Moszew et al.*, Roczniki Chem. **21** [1947] 144, 145; C. A.

1948 7779).

Gelbe Kristalle (aus Anilin); F: 384°.

2,9-Dichlor-6-phenyl-12H-dibenzo[b,h][1,6]naphthyridin-7-on $C_{22}H_{12}Cl_2N_2O$, Formel II (X = Cl, X′ = H).

B. Beim Erhitzen von [4-Chlor-phenyl]-[2,9-dichlor-6-phenyl-dibenzo[b,h][1,6]-naphthyridin-7-yl]-amin mit wss. HCl oder äthanol. KOH auf 200° bzw. mit wss. HCl und Essigsäure (*Sułko*, Roczniki Chem. **25** [1951] 174, 179; C. A. **1952** 8115).

Gelbliche Kristalle (aus Tetralin); F: 416°.

5-Methyl-8-phenyl-5H-dibenzo[c,f][1,7]naphthyridin-6-on $C_{23}H_{16}N_2O$, Formel IV (X = H).

B. Beim Erwärmen von 5-Methyl-8-phenyl-dibenzo[c,f][1,7]naphthyridinium-jodid in wss. NaOH mit $K_3[Fe(CN)_6]$ (*Schofield, Theobald*, Soc. **1951** 2992, 2995).

Hellbraune Kristalle (aus Bzl. + PAe.); F: 135—137° [unkorr.; Zers.].

2-Chlor-5-methyl-8-phenyl-5H-dibenzo[c,f][1,7]naphthyridin-6-on $C_{23}H_{15}ClN_2O$, Formel IV (X = Cl).

B. Analog der vorangehenden Verbindung (*Ockenden, Schofield*, Soc. **1953** 3914, 3919).

Hellgelbe Kristalle (aus Bzl. + PAe.) mit 0,5 Mol Benzol; F: 204—205°.

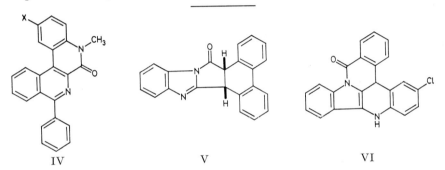

          IV   V   VI

(±)-cis-8b,15a-Dihydro-dibenzo[e,g]benz[4,5]imidazo[2,1-a]isoindol-15-on $C_{22}H_{14}N_2O$, Formel V.

B. Beim Erhitzen von cis-9,10-Dihydro-phenanthren-9,10-dicarbonsäure-anhydrid mit o-Phenylendiamin auf 200° (*Jeanes, Adams*, Am. Soc. **59** [1937] 2608, 2619).

Orangegelbe Kristalle (aus Eg.); F: 274°.

(±)-6-Chlor-4b,9-dihydro-dibenz[c,f]indolo[3,2,1-ij][1,7]naphthyridin-15-on $C_{22}H_{13}ClN_2O$, Formel VI.

B. Beim Erhitzen von (±)-2-[2-Chlor-10,11-dihydro-5H-indolo[3,2-b]chinolin-11-yl]-benzoesäure in Nitrobenzol (*de Diesbach et al.*, Helv. **32** [1949] 1214, 1225).

F: 362—365°.

Oxo-Verbindungen $C_{23}H_{16}N_2O$

2,2′-Di-[3]pyridyl-benzophenon $C_{23}H_{16}N_2O$, Formel VII.

B. Beim Erwärmen von 2-[3]Pyridyl-benzoesäure-methylester mit äthanol. NaOH und Erhitzen des Reaktionsprodukts mit Natronkalk (*Hey, Williams*, Soc. **1951** 1527, 1531).

Dipicrat $C_{23}H_{16}N_2O \cdot 2 C_6H_3N_3O_7$. Kristalle (aus A.); F: 197°.

1t(?),5t(?)-Di-[7]isochinolyl-penta-1,4-dien-3-on $C_{23}H_{16}N_2O$, vermutlich Formel VIII.

B. Aus Isochinolin-7-carbaldehyd und Aceton mit Hilfe von wss.-äthanol. NaOH (*Rodionow et al.*, Ž. obšč. Chim. **27** [1957] 734, 741; engl. Ausg. S. 809, 814).

Kristalle (aus A.); F: 127—129°.

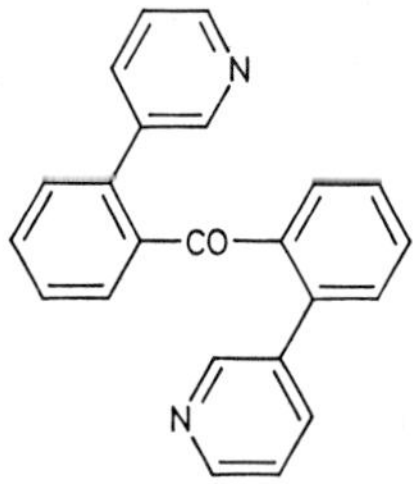

VII 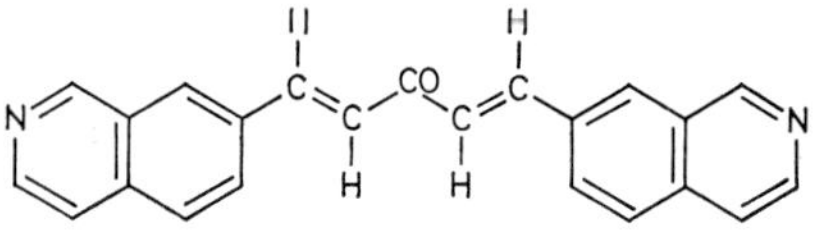   VIII

1,3-Diphenyl-1,3-dihydro-cyclopenta[*b*]chinoxalin-2-on $C_{23}H_{16}N_2O$, Formel IX, und Tautomere (E II 122; dort als 4'-Oxo-3',5'-diphenyl-[cyclopenteno-1'.2':2.3-chinoxalin] bezeichnet).

F: 255° (*Schönberg, Sina*, Soc. **1946** 601, 603).

4-[2-Hydroxy-äthyl]-1,3-diphenyl-1,4-dihydro-cyclopenta[*b*]chinoxalin-2-on $C_{25}H_{20}N_2O_2$, Formel X, und Tautomeres.

B. Aus 2-[2-Nitro-anilino]-äthanol beim Reduzieren mit Zink in Essigsäure und Erwärmen der Reaktionslösung mit 3,5-Diphenyl-cyclopentan-1,2,4-trion in Äthanol (*Hall, Turner*, Soc. **1945** 699, 701).

Hellgelbe Kristalle (aus Acn.); F: 208—209°.

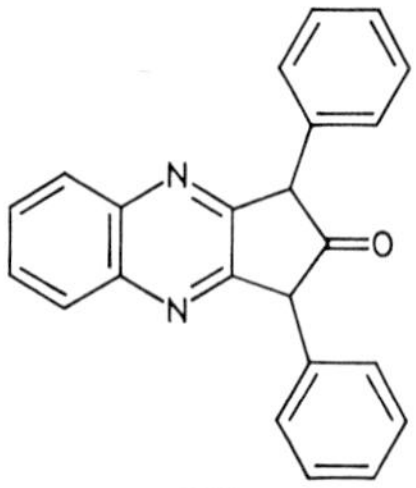

IX 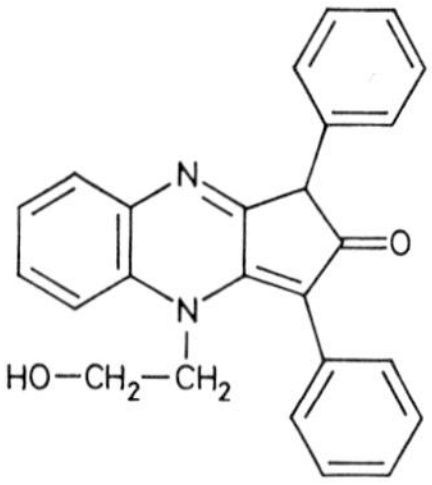   X 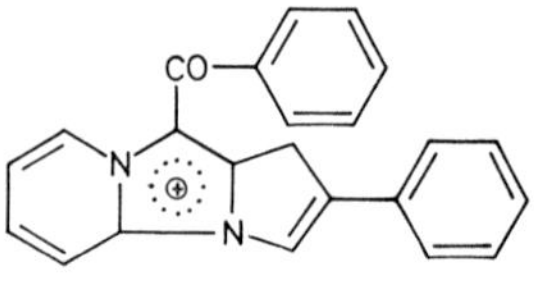   XI

10-Benzoyl-2-phenyl-1*H*-pyrrolo[1',2':3,4]imidazo[1,2-*a*]pyridinylium $[C_{23}H_{17}N_2O]^+$, Formel XI.

Betain $C_{23}H_{16}N_2O$. *B.* Beim Erwärmen von 3-Benzoyl-2-methyl-1-phenacyl-imidazo=[1,2-*a*]pyridinium-bromid in Äthanol mit wss. NaOH, wss. NH₃ oder wss. NaCN (*Schilling et al.*, B. **88** [1955] 1093, 1102). — Rote Kristalle; F: 225° [unkorr.].

Bromid. Kristalle (aus wss. HBr); F: ca. 250° [unkorr.; Zers.; nach Sintern ab 243°].

10-Propionyl-dibenzo[*a,c*]phenazin, 1-Dibenzo[*a,c*]phenazin-10-yl-propan-1-on $C_{23}H_{16}N_2O$, Formel XII.

B. Beim Erwärmen von 1-[2-Amino-3-nitro-phenyl]-propan-1-on mit Eisen-Pulver in wss. Essigsäure und Behandeln des Reaktionsprodukts mit Phenanthren-9,10-dion in Äthanol (*Keneford, Simpson*, Soc. **1948** 354, 357).

Kristalle (aus Eg.); F: 181—182° [unkorr.].

10-Acetyl-13-methyl-dibenzo[*a,c*]phenazin, 1-[13-Methyl-dibenzo[*a,c*]phenazin-10-yl]-äthanon $C_{23}H_{16}N_2O$, Formel XIII.

B. Beim Erwärmen von 1-[2,3-Diamino-4-methyl-phenyl]-äthanon mit Phenanthren-9,10-dion in Äthanol (*Keneford, Simpson*, Soc. **1947** 227, 230).

Gelbe Kristalle (aus Eg.); F: 289—290° [unkorr.].

6-*p*-Tolyl-7*H*-dibenzo[*b,f*][1,7]naphthyridin-12-on $C_{23}H_{16}N_2O$, Formel XIV (R = H, R' = CH₃, X = O), und Tautomeres.

B. Beim Erhitzen von 12-Chlor-6-*p*-tolyl-dibenzo[*b,f*][1,7]naphthyridin mit Essig=

säure (*Montanari*, *Passerini*, Boll. scient. Fac. Chim. ind. Univ. Bologna **12** [1954] 141, 142, 144).

Kristalle; F: 292—293°. λ_{max} (Dioxan): 393 nm und 414 nm.

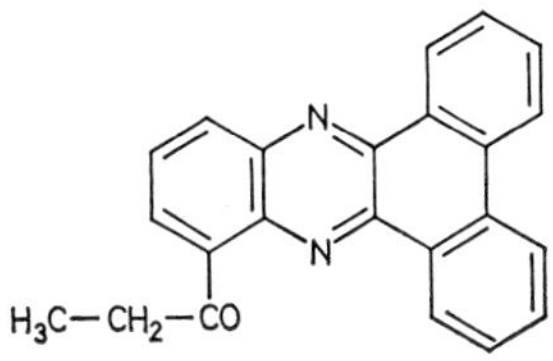

XII 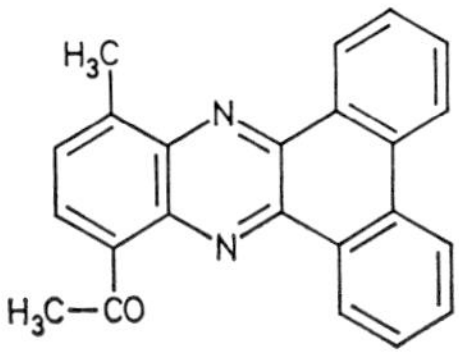   XIII 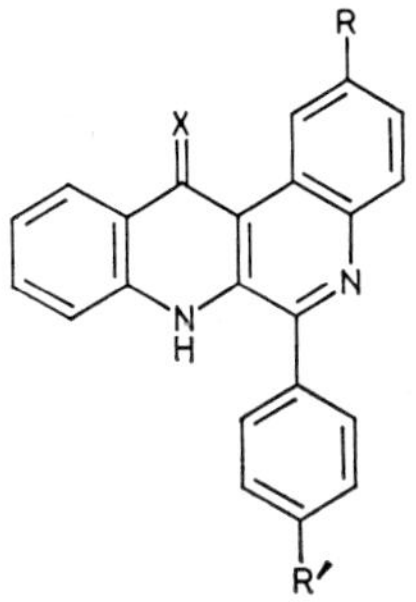   XIV

6-p-Tolyl-7H-dibenzo[b,f][1,7]naphthyridin-12-thion $C_{23}H_{16}N_2S$, Formel XIV (R = H, R' = CH_3, X = S), und Tautomeres.

B. Aus 12-Chlor-6-p-tolyl-dibenzo[b,f][1,7]naphthyridin und Na_2S (*Montanari*, *Passerini*, Boll. scient. Fac. Chim. ind. Univ. Bologna **12** [1954] 141, 142, 144).

Kristalle; F: 245°. λ_{max} (Dioxan): 488 nm.

2-Methyl-6-phenyl-7H-dibenzo[b,f][1,7]naphthyridin-12-on $C_{23}H_{16}N_2O$, Formel XIV (R = CH_3, R' = H, X = O), und Tautomeres.

B. Beim Erhitzen von 12-Chlor-2-methyl-6-phenyl-dibenzo[b,f][1,7]naphthyridin mit Essigsäure (*Montanari*, *Passerini*, Boll. scient. Fac. Chim. ind. Univ. Bologna **12** [1954] 141, 142, 144).

Kristalle; F: 321°. λ_{max} (Dioxan): 393 nm und 414 nm.

2-Methyl-6-phenyl-7H-dibenzo[b,f][1,7]naphthyridin-12-thion $C_{23}H_{16}N_2S$, Formel XIV (R = CH_3, R' = H, X = S), und Tautomeres.

B. Aus 12-Chlor-2-methyl-6-phenyl-dibenzo[b,f][1,7]naphthyridin und Na_2S (*Montanari*, *Passerini*, Boll. scient. Fac. Chim. ind. Univ. Bologna **12** [1954] 141, 142, 144).

Kristalle; F: 241°. λ_{max} (Dioxan): 488 nm.

4-Methyl-6-phenyl-7H-dibenzo[b,f][1,7]naphthyridin-12-on $C_{23}H_{16}N_2O$, Formel I (R = CH_3, R' = H, X = O), und Tautomeres.

B. Beim Erhitzen von 12-Chlor-4-methyl-6-phenyl-dibenzo[b,f][1,7]naphthyridin mit Essigsäure (*Montanari*, *Passerini*, Boll. scient. Fac. Chim. ind. Univ. Bologna **12** [1954] 141, 142, 144).

Kristalle; F: 298°. λ_{max} (Dioxan): 396 nm und 418 nm.

4-Methyl-6-phenyl-7H-dibenzo[b,f][1,7]naphthyridin-12-thion $C_{23}H_{16}N_2S$, Formel I (R = CH_3, R' = H, X = S), und Tautomeres.

B. Aus 12-Chlor-4-methyl-6-phenyl-dibenzo[b,f][1,7]naphthyridin und Na_2S (*Montanari*, *Passerini*, Boll. scient. Fac. Chim. ind. Univ. Bologna **12** [1954] 141, 142, 144).

Kristalle; F: 246—247°. λ_{max} (Dioxan): 490 nm.

8-Methyl-6-phenyl-7H-dibenzo[b,f][1,7]naphthyridin-12-on $C_{23}H_{16}N_2O$, Formel I (R = H, R' = CH_3, X = O), und Tautomeres.

B. Beim Erwärmen von 2-Phenyl-3-o-toluidino-chinolin-4-carbonsäure mit wss. H_2SO_4 (*de Diesbach*, *Moser*, Helv. **20** [1937] 132, 138). Beim Erhitzen von 12-Chlor-8-methyl-6-phenyl-dibenzo[b,f][1,7]naphthyridin mit Essigsäure (*Montanari*, *Passerini*, Boll. scient. Fac. Chim. ind. Univ. Bologna **12** [1954] 141, 142, 144).

Gelbe Kristalle; F: 326° (*Mo.*, *Pa.*), 317—320° [aus Nitrobenzol] (*de Di.*, *Mo.*), 318°

(*Colonna, Dal Monte-Casoni*, G. **78** [1948] 793, 795). λ_{max} (Dioxan): 393 nm und 414 nm (*Mo., Pa.*).

8-Methyl-6-phenyl-7H-dibenzo[b,f][1,7]naphthyridin 12-thion $C_{23}H_{10}N_2S$, Formel I (R = H, R' = CH_3, X = S), und Tautomeres.

B. Aus 12-Chlor-8-methyl-6-phenyl-dibenzo[b,f][1,7]naphthyridin und Na_2S (*Montanari, Passerini*, Boll. scient. Fac. Chim. ind. Univ. Bologna **12** [1954] 141, 142, 144).
Kristalle; F: 259—260°. λ_{max} (Dioxan): 464 nm und 488 nm.

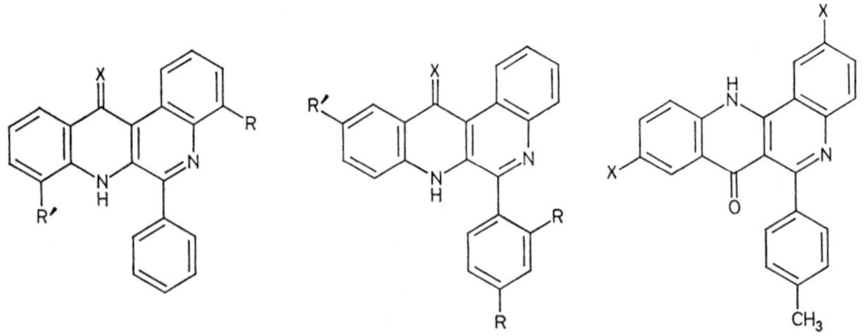

I   II   III

10-Methyl-6-phenyl-7H-dibenzo[b,f][1,7]naphthyridin-12-on $C_{23}H_{16}N_2O$, Formel II (R = H, R' = CH_3, X = O), und Tautomeres.

B. Beim Erwärmen von 2-Phenyl-3-p-toluidino-chinolin-4-carbonsäure mit wss. H_2SO_4 (*de Diesbach, Moser*, Helv. **20** [1937] 132, 138). Beim Erhitzen von 12-Chlor-10-methyl-6-phenyl-dibenzo[b,f][1,7]naphthyridin mit Essigsäure (*Montanari, Passerini*, Boll. scient. Fac. Chim. ind. Univ. Bologna **12** [1954] 141, 142, 144).
Gelbe Kristalle (*de Di., Mo.*); F: 257—258° (*Mo., Pa.*), 256° [aus Nitrobenzol] (*de Di., Mo.*). λ_{max} (Dioxan): 398 nm und 419 nm (*Mo., Pa.*).

10-Methyl-6-phenyl-7H-dibenzo[b,f][1,7]naphthyridin-12-thion $C_{23}H_{16}N_2S$, Formel II (R = H, R' = CH_3, X = S), und Tautomeres.

B. Aus 12-Chlor-10-methyl-6-phenyl-dibenzo[b,f][1,7]naphthyridin und Na_2S (*Montanari, Passerini*, Boll. scient. Fac. Chim. ind. Univ. Bologna **12** [1954] 141, 142, 144).
Kristalle; F: 223—224°. λ_{max} (Dioxan): 492—494 nm.

6-p-Tolyl-12H-dibenzo[b,h][1,6]naphthyridin-7-on $C_{23}H_{16}N_2O$, und Tautomeres.
Die Konstitution der nachstehend beschriebenen, als Tautomere formulierten Verbindungen ist nicht gesichert.

a) **6-p-Tolyl-12H-dibenzo[b,h][1,6]naphthyridin-7-on**, Formel III (X = H).
B. Beim Erhitzen des unter b) beschriebenen Tautomeren mit wss. HCl auf 200° (*Dziewoński, Cholewa*, Bl. Acad. polon. [A] **1938** 551, 555). Beim Erhitzen von Phenyl-[6-p-tolyl-dibenzo[b,h][1,6]naphthyridin-7-yl]-amin mit wss. HCl und Essigsäure (*Dz., Ch.*).
Kristalle (aus Eg. oder Xylol); F: 364°.

b) **6-p-Tolyl-dibenzo[b,h][1,6]naphthyridin-7-ol**, Formel IV.
B. Beim Erhitzen des unter a) beschriebenen Tautomeren mit äthanol. KOH auf 200° (*Dziewoński, Cholewa*, Bl. Acad. polon. [A] **1938** 551, 553). Beim Erhitzen von Phenyl-[6-p-tolyl-dibenzo[b,h][1,6]naphthyridin-7-yl]-amin mit äthanol. KOH auf 200° (*Dz., Ch.*, l. c. S. 555).
Kristalle (aus A.); F: 331—333°.

2,9-Dichlor-6-p-tolyl-12H-dibenzo[b,h][1,6]naphthyridin-7-on $C_{23}H_{14}Cl_2N_2O$, Formel III (X = Cl), und Tautomeres.
B. Beim Erhitzen von 2,9-Dichlor-7-[4-chlor-anilino]-6-p-tolyl-dibenzo[b,h][1,6]= naphthyridin mit wss. HCl und Essigsäure (*Sulko*, Roczniki Chem. **25** [1951] 174, 181;

C. A. **1952** 8115).

Gelbliche Kristalle (aus Eg.); F: 410—411°.

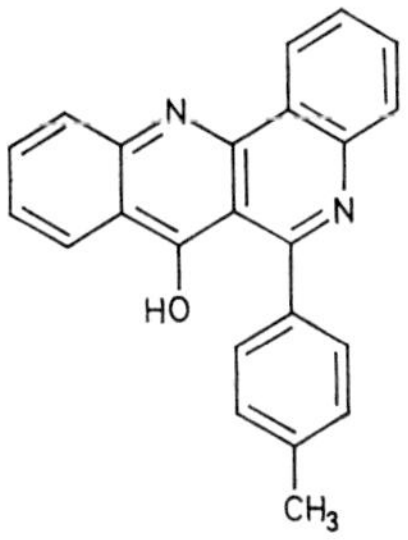

IV 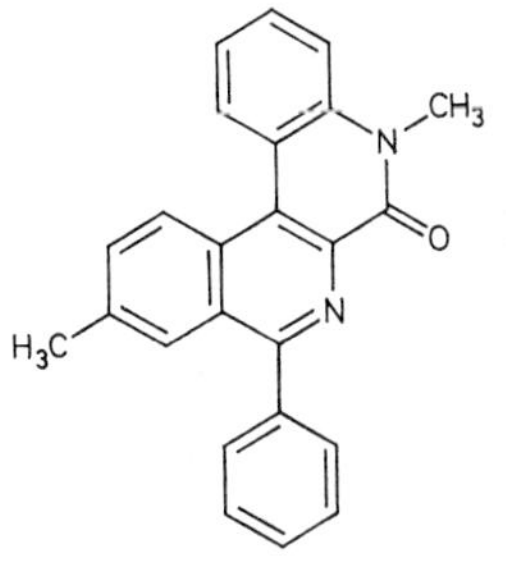   V 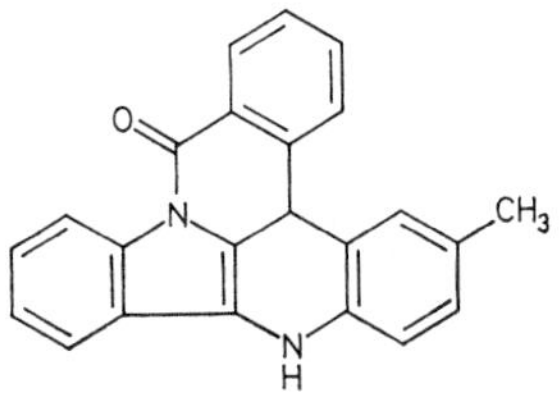   VI

5,10-Dimethyl-8-phenyl-5H-dibenzo[c,f][1,7]naphthyridin-6-on $C_{24}H_{18}N_2O$, Formel V.

B. Beim Erwärmen von 5,10-Dimethyl-8-phenyl-dibenzo[c,f][1,7]naphthyridinium-jodid in wss. NaOH mit $K_3[Fe(CN)_6]$ (*Ockenden, Schofield*, Soc. **1953** 3914, 3918).

Kristalle (aus Bzl. + PAe.); F: 190—191°.

(±)-6-Methyl-4b,9-dihydro-dibenz[c,f]indolo[3,2,1-ij][1,7]naphthyridin-15-on(?)
$C_{23}H_{16}N_2O$, vermutlich Formel VI.

B. Beim Erhitzen von (±)-2-[2-Methyl-10,11-dihydro-5H-indolo[3,2,-b]chinolin-11-yl]-benzoesäure in Nitrobenzol (*de Diesbach et al.*, Helv. 32 [1949] 1214, 1223, 1225, 23 [1940] 469, 477).

Gelbe Kristalle; F: 263°.

Oxo-Verbindungen $C_{24}H_{18}N_2O$

4-Phenacyl-3,6-diphenyl-pyridazin, 2-[3,6-Diphenyl-pyridazin-4-yl]-1-phenyl-äthanon
$C_{24}H_{18}N_2O$, Formel VII (X = O).

B. Beim Erwärmen des folgenden Hydrazons mit wss. HCl (*Yates et al.*, Am. Soc. **80** [1958] 196, 201).

Kristalle (aus Me.); F: 155,0—155,5° [unkorr.]. IR-Banden (CHCl$_3$; 3—7,2 μ): *Ya. et al.*, l. c. S. 198. λ_{max} (A.): 250 nm.

*****2-[3,6-Diphenyl-pyridazin-4-yl]-1-phenyl-äthanon-hydrazon** $C_{24}H_{20}N_4$, Formel VII (X = N-NH$_2$).

B. Aus 1,5-Diphenyl-3-benzoyl-pent-2-en-1,5-dion (F: 122—123°) und N_2H_4 in Essig-säure und Äthanol (*Yates et al.*, Am. Soc. **80** [1958] 196, 201).

Kristalle (aus A.); F: 155,0—156,5° [unkorr.; Zers.]. IR-Banden (CHCl$_3$; 2,9—7,2 μ): *Ya. et al.*, l. c. S. 198. λ_{max} (A.): 263 nm.

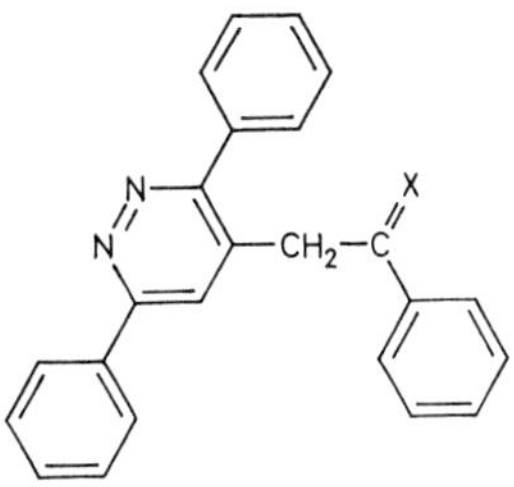

VII 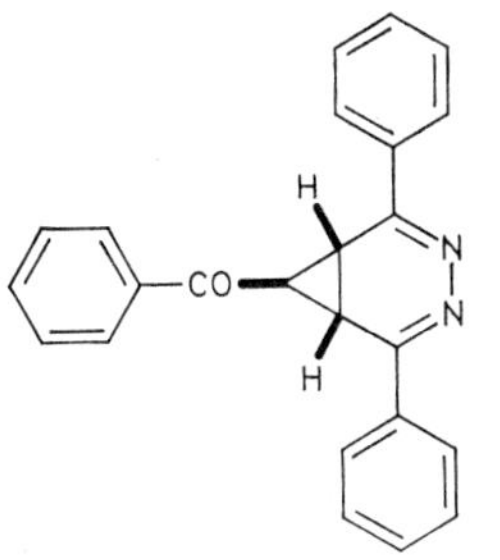   VIII 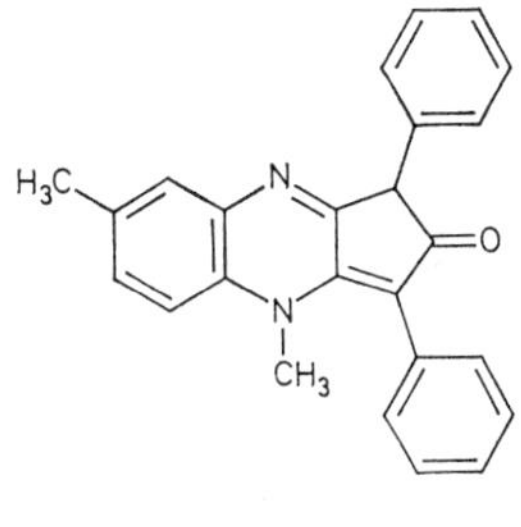   IX

7c-Benzoyl-2,5-diphenyl-(1rH,6cH)-3,4-diaza-bicyclo[4.1.0]hepta-2,4-dien,
[2,5-Diphenyl-(1rH,6cH)-3,4-diaza-bicyclo[4.1.0]hepta-2,4-dien-7c-yl]-phenyl-keton
$C_{24}H_{18}N_2O$, Formel VIII (H 238; dort als 3.6-Diphenyl-4.5-phenacal-4.5-dihydro-pyridazin bezeichnet).

Konfiguration: *Maier*, B. **95** [1962] 611, 614.

B. Beim Erhitzen von 1r,2c,3t-Tribenzoyl-cyclopropan (H 238 als cis-1.2.3-Tribenzoyl-cyclopropan bezeichnet) mit $N_2H_4 \cdot H_2O$ in Essigsäure (*Ma.*, l. c. S. 612; s. a. H 238).

Die H 238 beschriebene Bildung aus der als trans-1.2.3-Tribenzoyl-cyclopropan bezeichneten Verbindung, die als 2,4,2',4'-Tetraphenyl-2H,2'H-[2,2']bifuryl-5,5'-dion (E III/IV **19** 2172) zu formulieren ist, konnte nicht bestätigt werden (*Ma.*, l. c. S. 612).

4,7-Dimethyl-1,3-diphenyl-1,4-dihydro-cyclopenta[b]chinoxalin-2-on $C_{25}H_{20}N_2O$, Formel IX, und Tautomeres.

B. Beim Behandeln von 4,N-Dimethyl-2-nitro-anilin mit Zink in Essigsäure und anschliessend mit 3,5-Diphenyl-cyclopentan-1,2,4-trion (E III **7** 4647) in Äthanol und Essigsäure (*Hall, Turner*, Soc. **1945** 699, 701).

Gelbe Kristalle (aus A.); F: 224—225°.

6-[2,4-Dimethyl-phenyl]-7H-dibenzo[b,f][1,7]naphthyridin-12-on $C_{24}H_{18}N_2O$, Formel II (R = CH₃, R' = H, X = O) auf S. 800, und Tautomeres.

B. Beim Erwärmen von 3-Anilino-2-[2,4-dimethyl-phenyl]-chinolin-4-carbonsäure mit wss. H_2SO_4 (*de Diesbach, Moser*, Helv. **20** [1937] 132, 137).

Gelbe Kristalle (aus Toluol); F: 250°.

Oxo-Verbindungen $C_{26}H_{22}N_2O$

4-[7-Isopropyl-1-methyl-[3?]phenanthryl]-2H-phthalazin-1-on $C_{26}H_{22}N_2O$, vermutlich Formel X, und Tautomeres.

B. Beim Behandeln von 7-Isopropyl-1-methyl-phenanthren mit Phthalsäure-anhydrid und $AlCl_3$ in Benzol und Erhitzen des Reaktionsprodukts mit $N_2H_4 \cdot H_2O$ in Essigsäure (*Buu-Hoi et al.*, Bl. **1948** 329, 333).

Kristalle (aus A.); F: ca. 263—264° [Zers.].

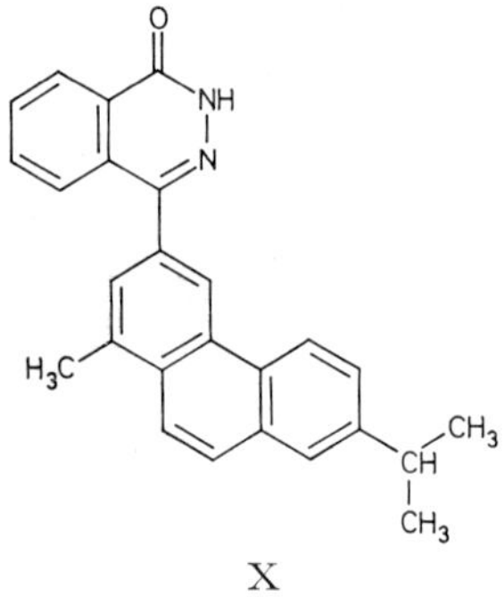

X 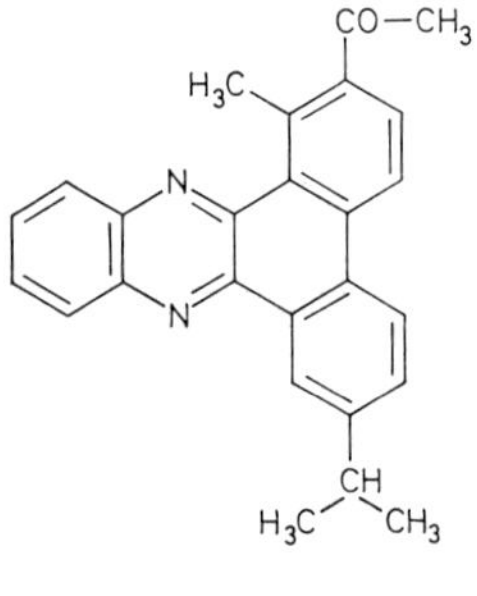   XI 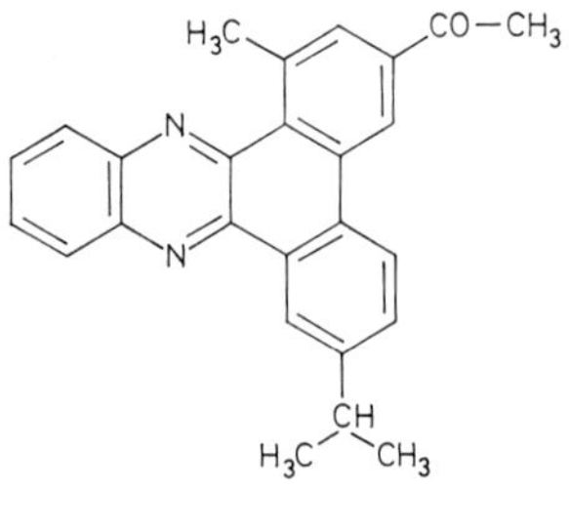   XII

2-Acetyl-7-isopropyl-1-methyl-dibenzo[a,c]phenazin, 1-[7-Isopropyl-1-methyl-dibenzo[a,c]phenazin-2-yl]-äthanon $C_{26}H_{22}N_2O$, Formel XI.

B. Aus 2-Acetyl-7-isopropyl-1-methyl-phenanthren-9,10-dion und o-Phenylendiamin (*Buu-Hoi et al.*, Bl. **1948** 329, 332).

Hellgelbe Kristalle (aus Eg.); F: 207°.

3-Acetyl-7-isopropyl-1-methyl-dibenzo[a,c]phenazin, 1-[7-Isopropyl-1-methyl-dibenzo[a,c]phenazin-3-yl]-äthanon $C_{26}H_{22}N_2O$, Formel XII.

B. Aus 3-Acetyl-7-isopropyl-1-methyl-phenanthren-9,10-dion und o-Phenylendiamin-

hydrochlorid (*Bogert, Hasselström*, Am. Soc. **53** [1931] 3462).
Kristalle (aus Eg.); F: 196—197° [korr.].

Oxo-Verbindungen C₂₇H₂₄N₂O

*1,7-Bis-[1-äthyl-6-methyl-1*H*-[2]chinolyliden]-hepta-2,5-dien-4-on $C_{31}H_{32}N_2O$,
Formel XIII.

B. Beim Erwärmen von [1-Äthyl-6-methyl-1*H*-[2]chinolyliden]-acetaldehyd mit
3-Oxo-glutarsäure in Essigsäure und Acetanhydrid (*I.G. Farbenind.*, D.R.P. 741645
[1937]; D.R.P. Org. Chem. **1**, Tl. 2, S. 1288; s. a. *Gen. Aniline & Film Corp.*, U.S.P.
2204188 [1938]).

F: 276°; λ_{max} (Acn.): 490 nm und 520 nm (*I.G. Farbenind.*).

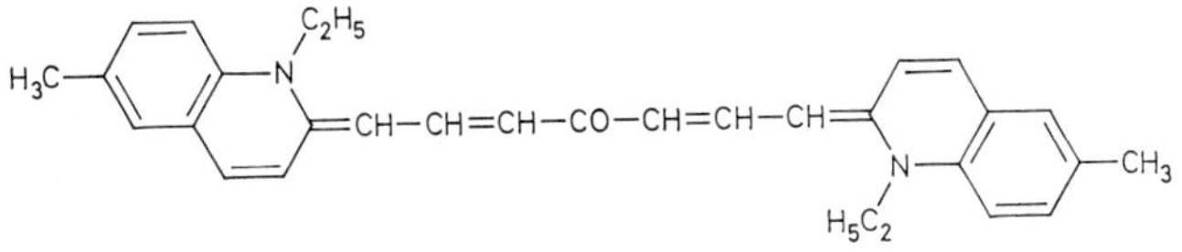

XIII

Monooxo-Verbindungen $C_nH_{2n-32}N_2O$

Acenaphth[1,2-*c*]indeno[2,1-*e*]pyridazin-13-on $C_{21}H_{10}N_2O$, Formel I.

B. Beim Erwärmen von 2-[2-Oxo-acenaphthen-1-yliden]-indan-1,3-dion mit $N_2H_4 \cdot$
H_2O in Äthanol (*Wanag, Geĭta*, Ž. obšč. Chim. **26** [1956] 511, 515; engl. Ausg. S. 539,
543).

Gelbe Kristalle; F: 255—256°.

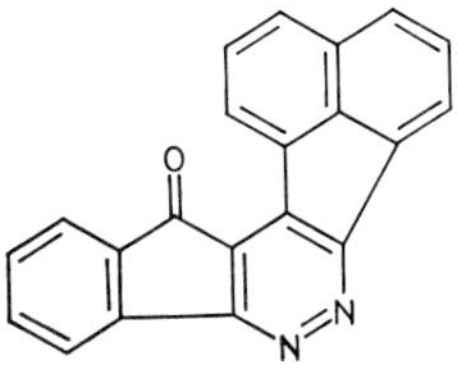

I 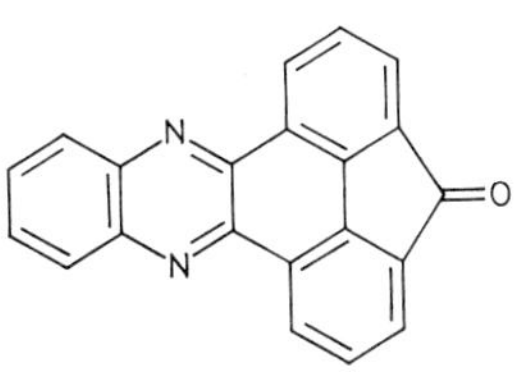   II 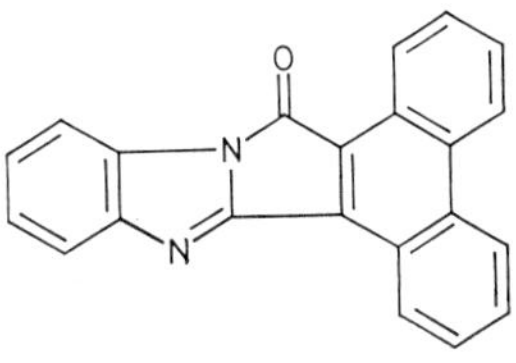   III

Fluoreno[4,5-*abc*]phenazin-4-on $C_{21}H_{10}N_2O$, Formel II.

B. Aus Cyclopenta[*def*]phenanthren-4,8,9-trion und *o*-Phenylendiamin-hydrochlorid
(*Kruber*, B. **67** [1934] 1000, 1005).

Hellgelbe Kristalle (aus Xylol); F: 328°.

Dibenzo[*e,g*]benz[4,5]imidazo[2,1-*a*]isoindol-15-on(?) $C_{22}H_{12}N_2O$, vermutlich Formel III.

B. Beim Erhitzen von Phenanthren-9,10-dicarbonsäure-anhydrid mit *o*-Phenylen=
diamin (*Jeanes, Adams*, Am. Soc. **59** [1937] 2608, 2619).

Orangefarbene Kristalle (aus Acetanhydrid); F: 279°.

Benz[4,5]isochino[2,1-*a*]perimidin-14-on, Naphthaloperinon $C_{22}H_{12}N_2O$,
Formel IV (X = X′ = H) (H 238; dort als „Lactam der 8-[Perimidyl-(2)]-naphthoe=
säure-(1)" bezeichnet).

B. Aus Naphthalin-1,8-dicarbonsäure und Naphthalin-1,8-diyldiamin (*Arient, Franc*,
Collect. **24** [1959] 1111, 1114, 1115).

Fluorescenzmaximum: 522 nm.

3(oder 4)-Chlor-benz[4,5]isochino[2,1-*a*]perimidin-14-on $C_{22}H_{11}ClN_2O$, Formel IV
(X = Cl, X′ = H oder X = H, X′ = Cl).

B. Aus 4-Chlor-naphthalin-1,8-diyldiamin und Naphthalin-1,8-dicarbonsäure-anhydrid

(*Hodgson, Hathway*, Soc. **1945** 543).
Rötliche Kristalle (aus Nitrobenzol); F: 276°.

3(oder 4)-Brom-benz[4,5]isochino[2,1-*a*]perimidin-14-on $C_{22}H_{11}BrN_2O$, Formel IV
(X = Br, X′ = H oder X = H, X′ = Br).
B. Analog der vorangehenden Verbindung (*Hodgson, Hathway*, Soc. **1945** 543).
Rötliche Kristalle (aus Nitrobenzol); F: 286°.

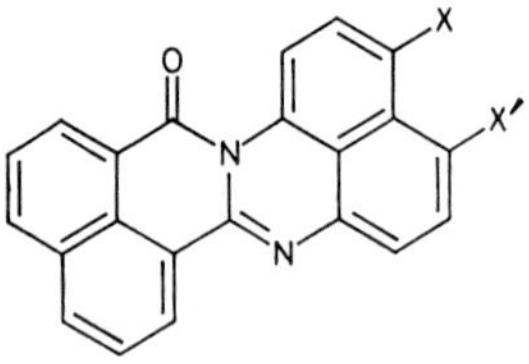

IV 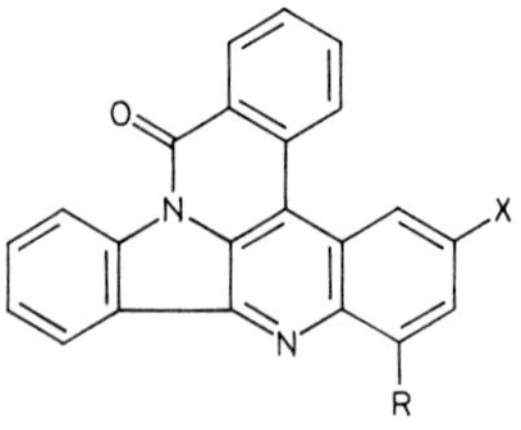   V 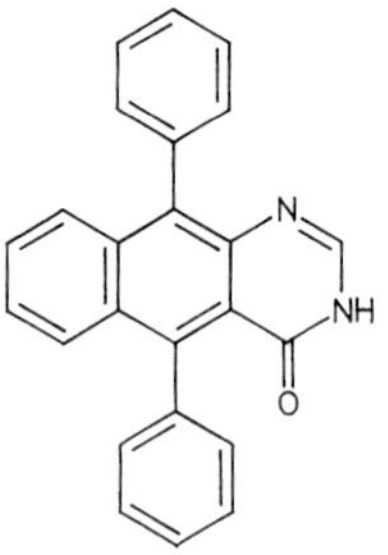   VI

Dibenz[*c,f*]indolo[3,2,1-*ij*][1,7]naphthyridin-15-on $C_{22}H_{12}N_2O$, Formel V (R = X = H).
Bezüglich der Konstitution s. *de Diesbach et al.*, Helv. **32** [1949] 1214, 1223, 1225.
B. Neben anderen Verbindungen beim Erhitzen von 1-Benzoyl-12′-chlor-spiro[indolin-
2,11′-indolo[1,2-*b*]isochinolin]-3,6′-dion („Dessoulavy-Körper") mit Anilin (*de Diesbach
et al.*, Helv. **23** [1940] 469, 473, 476).
Gelbliche Kristalle (aus Eg. oder Xylol); F: 255—256° (*de Di. et al.*, Helv. **23** 476).

6-Chlor-dibenz[*c,f*]indolo[3,2,1-*ij*][1,7]naphthyridin-15-on $C_{22}H_{11}ClN_2O$, Formel V
(R = H, X = Cl).
B. Beim Erhitzen von 1-Benzoyl-12′-chlor-spiro[indolin-2,11′-indolo[1,2-*b*]isochinolin]-
3,6′-dion („Dessoulavy-Körper") mit 4-Chlor-anilin (*de Diesbach et al.*, Helv. **23** [1940]
469, 478, **32** [1949] 1214, 1223). Neben 2-[2-Chlor-10,11-dihydro-5H-indolo[3,2-*b*]⸗
chinolin-11-yl]-benzoesäure beim Erhitzen von Indolo[1,2-*b*]isochinolin-6,12-dion mit
4-Chlor-anilin in Gegenwart von H_3BO_3 und Erwärmen des Reaktionsprodukts mit
Natriumäthylat in Äthanol (*de Di. et al.*, Helv. **32** 1225).
Hellgelbe Kristalle (aus Chinolin); F: 293° (*de Di. et al.*, Helv. **23** 478).

6-Methyl-dibenz[*c,f*]indolo[3,2,1-*ij*][1,7]naphthyridin-15-on $C_{23}H_{14}N_2O$, Formel V
(R = H, X = CH₃).
B. Beim Erhitzen von Indolo[1,2-*b*]isochinolin-6,12-dion mit *p*-Toluidin in Gegenwart von H_3BO_3 und Erwärmen des Reaktionsprodukts mit Natriumäthylat in Äthanol
(*de Diesbach et al.*, Helv. **32** [1949] 1214, 1225) oder beim Erhitzen von 1-Benzoyl-
12′-chlor-spiro[indolin-2,11′-indolo[1,2-*b*]isochinolin]-3,6′-dion   („Dessoulavy-Körper")
mit *p*-Toluidin und Erwärmen des Reaktionsprodukts mit Natriumäthylat in Äthanol
(*de Diesbach et al.*, Helv. **23** [1940] 469, 476, **32** 1223), jeweils neben 2-[2-Methyl-10,11-di⸗
hydro-5H-indolo[3,2-*b*]chinolin-11-yl]-benzoesäure.
Gelbe Kristalle (aus Eg. oder Nitrobenzol); F: 264° (*de Di. et al.*, Helv. **23** 476).

8-Methyl-dibenz[*c,f*]indolo[3,2,1-*ij*][1,7]naphthyridin-15-on $C_{23}H_{14}N_2O$, Formel V
(R = CH₃, X = H).
B. Beim Erhitzen von Indolo[1,2-*b*]isochinolin-6,12-dion mit *o*-Toluidin in Gegenwart
von H_3BO_3 (*de Diesbach et al.*, Helv. **32** [1949] 1214, 1225).
Gelbe Kristalle (aus Eg.); F: 203—204°.

5,10-Diphenyl-3H-benzo[*g*]chinazolin-4-on $C_{24}H_{16}N_2O$, Formel VI, und Tautomere.
B. Beim Erhitzen von 3-Amino-1,4-diphenyl-[2]naphthoesäure mit Formamid (*Le-*

grand, C. r. **237** [1953] 822).

F: 310° [vorgeheizter App.].

2-[2]Naphthoyl-4-[2]naphthyl-1(3)H-imidazol, [2]Naphthyl-[4-[2]naphthyl-1(3)H-imidazol-2-yl]-keton C₂₄H₁₆N₂O, Formel VII und Tautomeres.

B. Beim Erhitzen von 2-Azido-1-[2]naphthyl-äthanon in Trichlorbenzol, 1,3-Dimethoxy-benzol oder Diphenyläther auf 180—240° (*Boyer, Straw*, Am. Soc. **74** [1952] 4506).

Gelbe Kristalle; F: 244—245° [unkorr.]. Bei 235—240°/3 Torr sublimierbar.

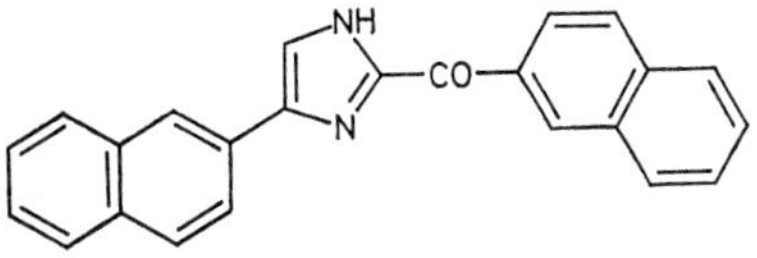

VII 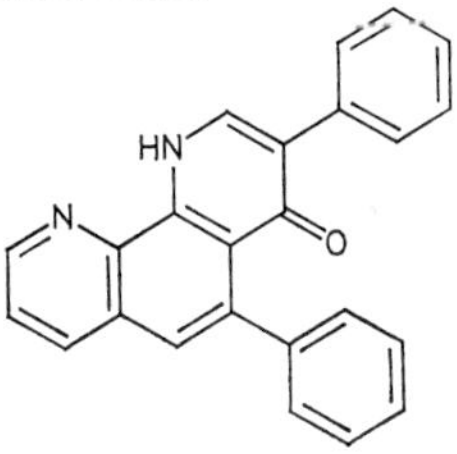   VIII 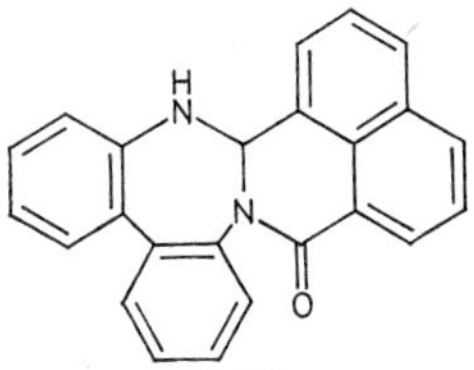   IX

3,5-Diphenyl-1H-[1,10]phenanthrolin-4-on C₂₄H₁₆N₂O, Formel VIII, und Tautomeres.

B. Beim Behandeln von 6-Phenyl-[8]chinolylamin mit 3-Oxo-2-phenyl-propionsäure-äthylester und wenig Essigsäure und anschliessenden Erhitzen in Biphenyl und Diphenyläther (*Case, Sasin*, J. org. Chem. **20** [1955] 1330, 1335).

Kristalle (aus A.); F: 248—249°.

(±)-17,17a-Dihydro-benzo[*de*]dibenzo[4,5;6,7][1,3]diazepino[2,1-*a*]isochinolin-7-on C₂₄H₁₆N₂O, Formel IX.

B. Beim Erhitzen von 8-Formyl-[1]naphthoesäure mit Biphenyl-2,2′-diyldiamin in Essigsäure (*Stephenson*, Soc. **1952** 5024, 5026).

Gelbe Kristalle (aus Butan-1-ol); F: 263,5—264,5° [korr.].

Acetyl-Derivat C₂₆H₁₈N₂O₂; (±)-17-Acetyl-17,17a-dihydro-benzo[*de*]dibenzo[4,5;6,7][1,3]diazepino[2,1-*a*]isochinolin-7-on. Kristalle (aus wss. A.); F: 261—261,5° [korr.; Zers.].

Nitroso-Derivat C₂₄H₁₅N₃O₂; (±)-17-Nitroso-17,17a-dihydro-benzo[*de*]dibenzo[4,5;6,7][1,3]diazepino[2,1-*a*]isochinolin-7-on. Kristalle (aus Butan-1-ol); F: 226—227° [korr.; Zers.].

***2,6-Bis-[4]chinolylmethylen-cyclohexanon** C₂₆H₂₀N₂O, Formel X.

B. In geringer Menge neben 2-[4]Chinolylmethylen-cyclohexanon (E III/IV **21** 4294; Hauptprodukt) beim Behandeln von Chinolin-4-carbaldehyd mit Cyclohexanon in wss. KOH (*Phillips*, Am. Soc. **70** [1948] 452).

Kristalle (aus E. + Hexan); F: 153°.

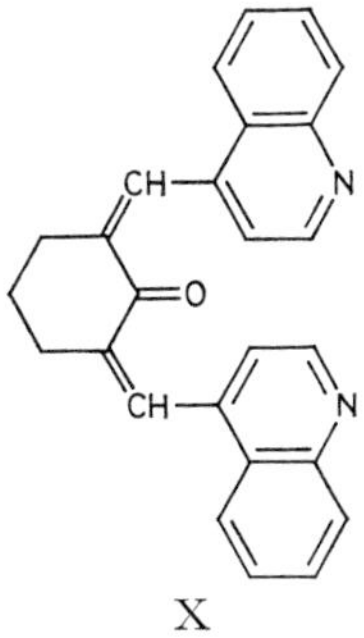

X 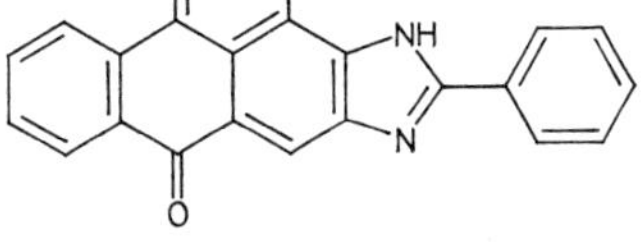   XI 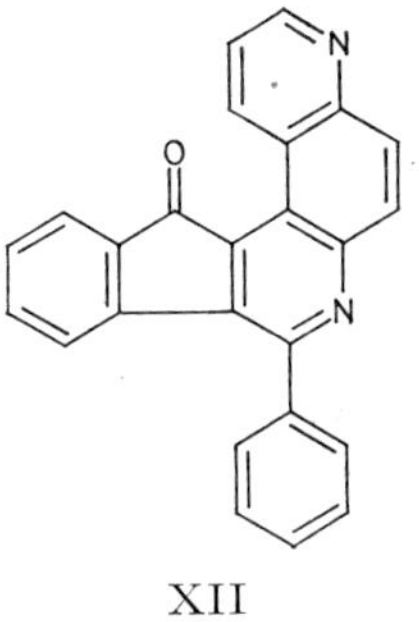   XII

Monooxo-Verbindungen $C_nH_{2n-34}N_2O$

5-Phenyl-4(6)H-benz[1,9]anthra[2,3-d]imidazol-8-on $C_{24}H_{14}N_2O$, Formel XI und Tautomeres.

B. Aus 4,5-Diamino-benz[de]anthracen-7-on und Benzoylchlorid (*Malhotra et al.*, Pr. Indian Acad. [A] **38** [1953] 361, 363).

Gelbe Kristalle (aus Nitrobenzol); F: 417°.

Monooxo-Verbindungen $C_nH_{2n-36}N_2O$

8-Phenyl-indeno[2,1-a][4,7]phenanthrolin-13-on $C_{25}H_{14}N_2O$, Formel XII.

B. Aus 2,3-Diphenyl-[4,7]phenanthrolin-1-carbonsäure beim Erwärmen mit H_2SO_4 oder beim aufeinanderfolgenden Erwärmen mit $SOCl_2$ und mit $AlCl_3$ in Nitrobenzol (*Borsche*, *Wagner-Roemmich*, A. **544** [1940] 280, 286).

Braunrote Kristalle (aus Eg.); F: 242°.

Oxim $C_{25}H_{15}N_3O$. Gelbe Kristalle (aus Py.); F: 213°.

10-Imino-8,9-diphenyl-10H-pyrrolo[1,2-a]perimidin, 8,9-Diphenyl-pyrrolo[1,2-a]perimidin-10-on-imin $C_{26}H_{17}N_3$, Formel XIII.

B. Aus Naphthalin-1,8-diyldiamin beim Erwärmen mit Diphenylfumaronitril und Natriummethylat in Methanol oder beim Erhitzen mit 3,4-Diphenyl-pyrrol-2,5-diondiimin in Chlorbenzol (*ICI*, U.S.P. 2884422 [1956]).

Rote Kristalle (aus Toluol); F: 244°.

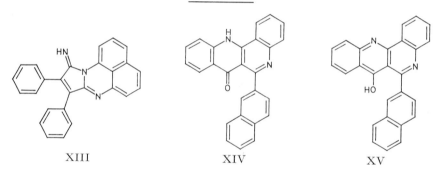

XIII   XIV   XV

6-[2]Naphthyl-12H-dibenzo[b,h][1,6]naphthyridin-7-on $C_{26}H_{16}N_2O$, und Tautomeres.

Die Konstitution der nachstehend beschriebenen, als Tautomere angesehenen Verbindungen ist nicht gesichert.

a) **6-[2]Naphthyl-12H-dibenzo[b,h][1,6]naphthyridin-7-on** Formel XIV.

B. Beim Erwärmen von [6-[2]Naphthyl-dibenzo[b,h][1,6]naphthyridin-7-yl]-phenyl-amin mit wss.-äthanol. HCl (*Mysona*, Roczniki Chem. **26** [1952] 44, 47; C. A. **1953** 7502). Beim Erhitzen des unter b) beschriebenen Tautomeren mit Picrinsäure in Cumol (*My.*, l. c. S. 48).

Orangefarbene Kristalle (aus Anilin); F: 400°.

Nitrat $C_{26}H_{16}N_2O \cdot HNO_3$. Orangerote Kristalle; F: 389°.

b) **6-[2]Naphthyl-dibenzo[b,h][1,6]naphthyridin-7-ol**, Formel XV.

B. Beim Erhitzen von [6-[2]Naphthyl-dibenzo[b,h][1,6]naphthyridin-7-yl]-phenyl-amin mit äthanol. KOH auf 200° (*My.*). Beim Erhitzen des unter a) beschriebenen Tautomeren mit äthanol. KOH auf 200° (*My.*, l. c. S. 48).

Kristalle (aus Anilin); F: 282°.

4-Brom-2'-[3-phenyl-chinoxalin-2-yl]-benzophenon $C_{27}H_{17}BrN_2O$, Formel I (R = R' = H, X = Br).

B. Aus 2-[4-Brom-benzoyl]-benzil und o-Phenylendiamin (*Dalew*, Godišnik Univ.

Sofia **41** Chimija [1944/45] 1, 27; dtsch. Ref. S. 35; C. A. **1955** 4594).
Kristalle (aus Eg.); F: 144°.

Biphenyl-4-yl-[4-biphenyl-4-yl-1(3)H-imidazol-2-yl]-keton $C_{28}H_{20}N_2O$, Formel II und Tautomeres.

B. Aus Biphenyl-4-yl-glyoxal und wss. NH_3 in Äthanol (*Musante, Parrini*, G. **80** [1950] 868, 877; *Schubert*, J. pr. [4] **8** [1959] 333, 337). Beim Erwärmen von 2-Acetoxy-1-bi‑ phenyl-4-yl-äthanon in Methanol mit Kupfer(II)-acetat und wss. NH_3 (*Sch.*). Beim Er‑ hitzen von 2-Azido-1-biphenyl-4-yl-äthanon in Trichlorbenzol, 1,3-Dimethoxy-benzol oder Diphenyläther (*Boyer, Straw*, Am. Soc. **74** [1952] 4506).

Hellgelbe Kristalle; F: 305° [aus Eg.] (*Mu., Pa.*), 304—305° [korr.; aus DMF + Di‑ oxan] (*Sch.*).

2,4-Dinitro-phenylhydrazon $C_{34}H_{24}N_6O_4$. Rote Kristalle (aus Eg.); F: 330—334° [korr.; Zers.] (*Sch.*).

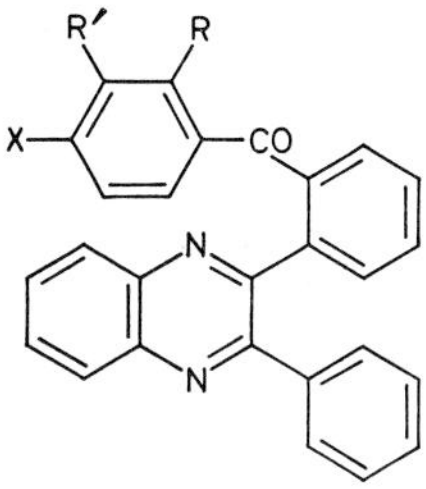

I 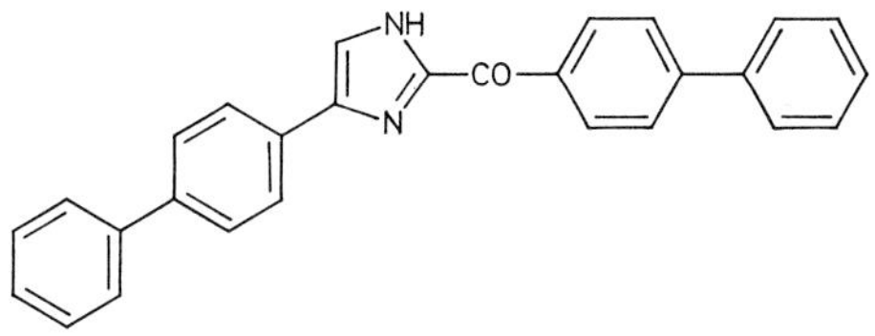   II

2-Methyl-2'-[3-phenyl-chinoxalin-2-yl]-benzophenon $C_{28}H_{20}N_2O$, Formel I (R = CH_3, R' = X = H).

B. Aus 2-o-Toluoyl-benzil und o-Phenylendiamin (*Dalew*, Godišnik Univ. Sofia **41** Chimija [1944/45] 1, 24; dtsch. Ref. S. 35; C. A. **1955** 4594).
Kristalle (aus Eg.); F: 143,5—144°.

3-Methyl-2'-[3-phenyl-chinoxalin-2-yl]-benzophenon $C_{28}H_{20}N_2O$, Formel I (R = X = H, R' = CH_3).

B. Analog der vorangehenden Verbindung (*Dalew*, Godišnik Univ. Sofia **41** Chimija [1944/45] 1, 25; dtsch. Ref. S. 35; C. A. **1955** 4594).
Kristalle (aus Eg.); F: 147°.

4-Methyl-2'-[3-phenyl-chinoxalin-2-yl]-benzophenon $C_{28}H_{20}N_2O$, Formel I (R = R' = H, X = CH_3).

B. Analog den vorangehenden Verbindungen (*Dalew*, Godišnik Univ. Sofia **41** Chimija [1944/45] 1, 26; dtsch. Ref. S. 35; C. A. **1955** 4594).
Kristalle (aus Acn.); F: 146—147°.

(±)-1,3-Diphenyl-3-[3-phenyl-chinoxalin-2-yl]-propan-1-on $C_{29}H_{22}N_2O$, Formel III.

B. Beim Erwärmen von (±)-1,3-Diphenyl-2-[phenyl-(3-phenyl-chinoxalin-2-yl)-methyl-] propan-1,3-dion mit $Ba(OH)_2$ in Methanol (*Kleinfeller, Trommsdorff*, B. **72** [1939] 256, 259).
Kristalle (aus A.); F: 148°.

[4-Benzoyl-5-methyl-3-phenyl-pyrrol-2-yl]-[3-methyl-5-phenyl-pyrrol-2-yliden]-methan, [2-Methyl-5-(3-methyl-5-phenyl-pyrrol-2-ylidenmethyl)-4-phenyl-pyrrol-3-yl]-phenyl-keton $C_{30}H_{24}N_2O$, Formel IV, und Tautomeres.

Hydrobromid $C_{30}H_{24}N_2O \cdot HBr$; [4-Benzoyl-5-methyl-3-phenyl-pyrrol-2-yl]-[3-methyl-5-phenyl-pyrrol-2-yl]-methinium-bromid. *B.* Beim Er‑ wärmen von 4-Methyl-2-phenyl-pyrrol mit 4-Benzoyl-5-methyl-3-phenyl-pyrrol-2-carb‑

aldehyd in wss.-äthanol. HBr (*Fischer, Heidelmann*, A. **527** [1937] 115, 129). — Blaue Kristalle (aus Eg.); F: 232°.

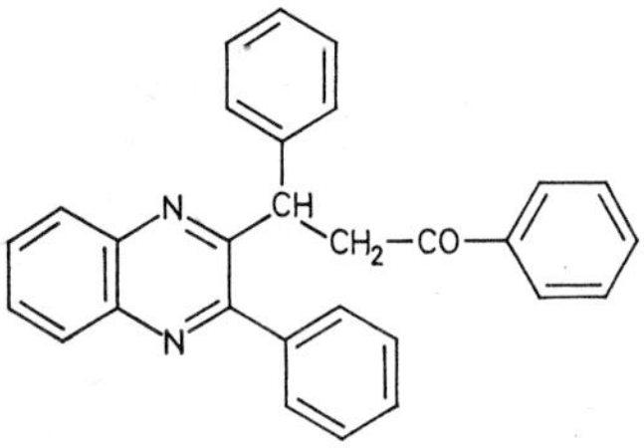

III

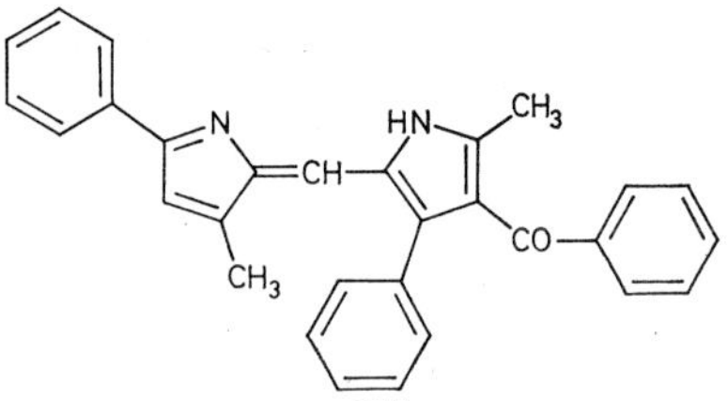

IV

Monooxo-Verbindungen $C_nH_{2n-38}N_2O$

Benzo[1,10]phenanthro[4,5-*abc*]phenazin-4-on $C_{25}H_{12}N_2O$, Formel V.

B. Beim Erhitzen von Benzo[*cd*]pyren-1,2,6-trion mit *o*-Phenylendiamin in Chlor= benzol oder Essigsäure (*Vollmann et al.*, A. **531** [1937] 1, 136).

Hellgelbe Kristalle; F: ca. 352°.

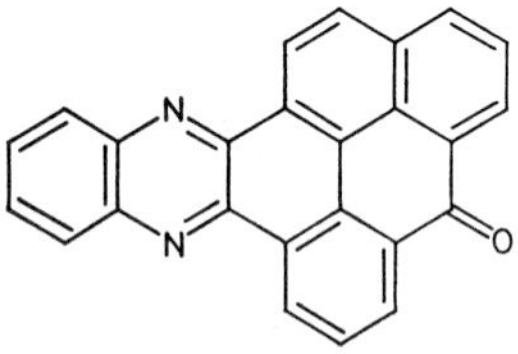

V

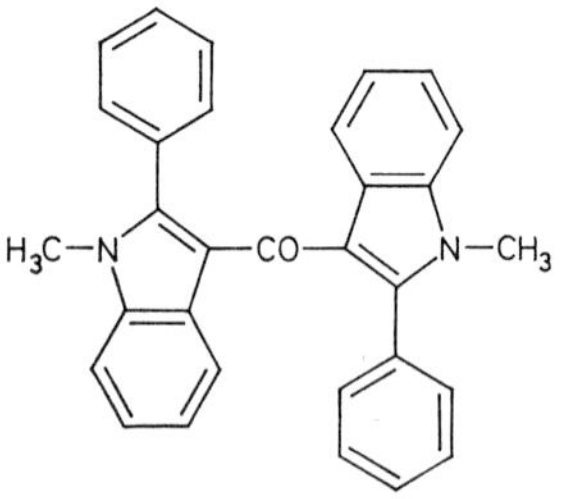

VI

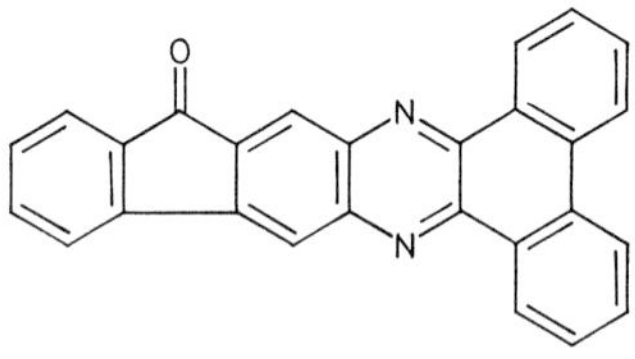

VII

Bis-[1-methyl-2-phenyl-indol-3-yl]-keton $C_{31}H_{24}N_2O$, Formel VI.

B. Aus 1-Methyl-2-phenyl-indol und COCl$_2$, auch in Gegenwart von ZnCl$_2$ (*I. G. Farben- ind.*, D.R.P. 610236 [1933]; Frdl. **21** 790).

Kristalle (aus Toluol); F: 221 — 222°.

Monooxo-Verbindungen $C_nH_{2n-40}N_2O$

Dibenz[*a,c*]indeno[1,2-*i*]phenazin-15-on $C_{27}H_{14}N_2O$, Formel VII.

B. Aus Phenanthren-9,10-dion und 2,3-Diamino-fluoren-9-on (*Bradley, Williams*, Soc. **1959** 1205, 1209).

Gelbe Kristalle (aus A.); F: 342 — 344°.

Dibenz[*a,c*]indeno[2,1-*h*]phenazin-16-on $C_{27}H_{14}N_2O$, Formel VIII.

B. Beim Erwärmen von 1,2-Diamino-fluoren-9-on mit Phenanthren-9,10-dion (*Cook, Moffatt*, Soc. **1950** 1160, 1167).

Orangefarbene Kristalle (aus CCl$_4$); F: 325°.

Dibenzo[*c,e*]phenanthro[9′,10′:4,5]imidazo[1,2-*a*]azepin-10-on $C_{28}H_{16}N_2O$, Formel IX.

Diese Konstitution kommt der früher (E II **27** 659) als 8b,8c-Epoxy-8b,8c-dihydro- dibenzo[*f,h*]phenanthro[9,10-*c*]cinnolin beschriebenen Verbindung zu (*Barton, Grinham*, Soc. [C] **1971** 1256).

B. Beim Erhitzen von 10-Imino-10*H*-phenanthren-9-on mit Acetanhydrid und wenig H$_2$SO$_4$ (*Ba., Gr.*, l. c. S. 1258).

Gelbe Kristalle (aus CHCl$_3$ + A.); F: 256—258°.

Beim Erhitzen mit Kupfer-Pulver auf 395° entsteht Phenanthro[9′,10′:4,5]imidazo=
[1,2-*f*]phenanthridin [E III/IV **23** 2194] (*Ba.*, *Gr.*, l. c. S. 1259).

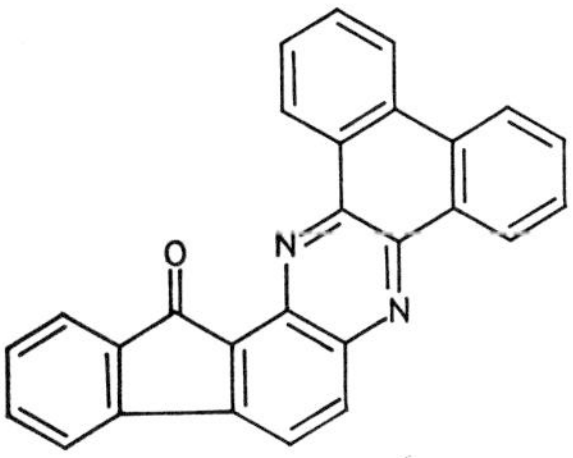

VIII 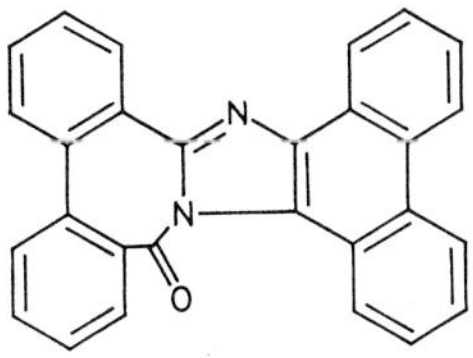   IX 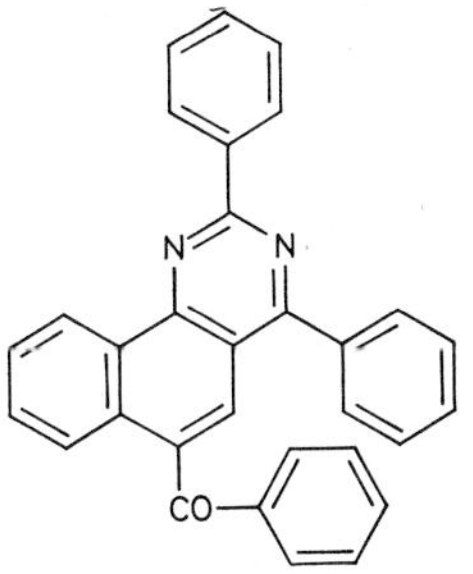   X

Monooxo-Verbindungen C$_n$H$_{2n-42}$N$_2$O

**6-Benzoyl-2,4-diphenyl-benzo[*h*]chinazolin, [2,4-Diphenyl-benzo[*h*]chinazolin-6-yl]-
phenyl-keton** C$_{31}$H$_{20}$N$_2$O, Formel X.

B. Beim Erhitzen von *N*-[2,4-Dibenzoyl-[1]naphthyl]-benzamid mit äthanol. NH$_3$
(*Dziewoński*, *Sternbach*, Bl. Acad. polon. [A] **1935** 327, 332).

Kristalle (aus A.); F: 190°.

**2-[2-[1]Naphthoyl-phenyl]-3-phenyl-chinoxalin, [1]Naphthyl-[2-(3-phenyl-chinoxalin-
2-yl)-phenyl]-keton** C$_{31}$H$_{20}$N$_2$O, Formel XI.

B. Aus 2-[1]Naphthoyl-benzil und *o*-Phenylendiamin in Äthanol (*Dalew*, Godišnik Univ.
Sofia **41** Chimija [1944/45] 1, 28; dtsch. Ref. S. 35; C. A. **1955** 4594).

Kristalle (aus Acn.); F: 152—153°.

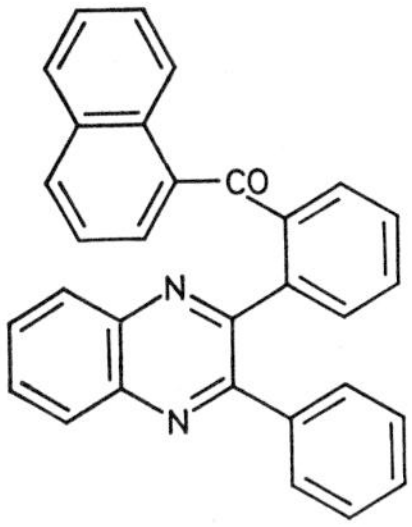

XI 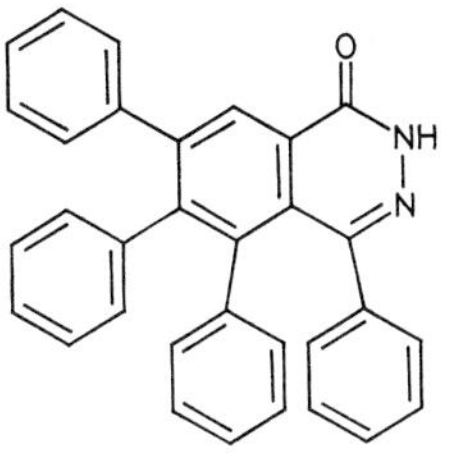   XII 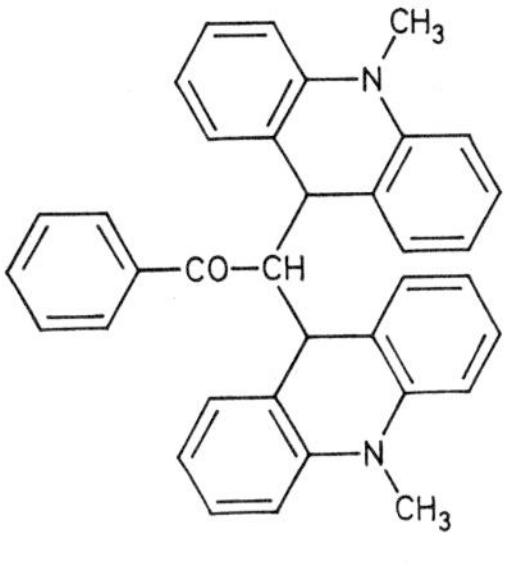   XIII

4,5,6,7-Tetraphenyl-2*H*-phthalazin-1-on C$_{32}$H$_{22}$N$_2$O, Formel XII, und Tautomeres.

B. Beim Erwärmen von 2-Benzoyl-3,4,5-triphenyl-benzoesäure mit N$_2$H$_4$·H$_2$O in
Methanol (*Allen*, *VanAllan*, J. org. Chem. **20** [1955] 328, 335).

Kristalle (aus Eg.); F: >290°.

2,2-Bis-[10-methyl-9,10-dihydro-acridin-9-yl]-1-phenyl-äthanon C$_{36}$H$_{30}$N$_2$O,
Formel XIII.

B. Beim Aufbewahren [6d] von 10-Methyl-acridinium-chlorid-dihydrat mit Aceto=
phenon und methanol. NaOH (*Kröhnke*, *Honig*, B. **90** [1957] 2215, 2223). Beim Aufbewahren von 2-[10-Methyl-9,10-dihydro-acridin-9-yl]-1-phenyl-äthanon mit 10-Methyl-
acridinium-chlorid in wss.-methanol. NaOH (*Kr.*, *Ho.*).

Kristalle (aus Toluol); F: 230° [Rotfärbung].

Monooxo-Verbindungen $C_nH_{2n-44}N_2O$

5-Benzoyl-benzo[a]naphtho[2,1-c]phenazin, Benzo[a]naphtho[2,1-c]phenazin-5-yl-phenyl-keton $C_{31}H_{18}N_2O$, Formel I.

B. Aus 12-Benzoyl-chrysen-5,6-dion und o-Phenylendiamin (*Funke, Ristic*, J. pr. [2] **145** [1936] 309, 310).

Gelbe Kristalle (aus Eg.); F: 207°.

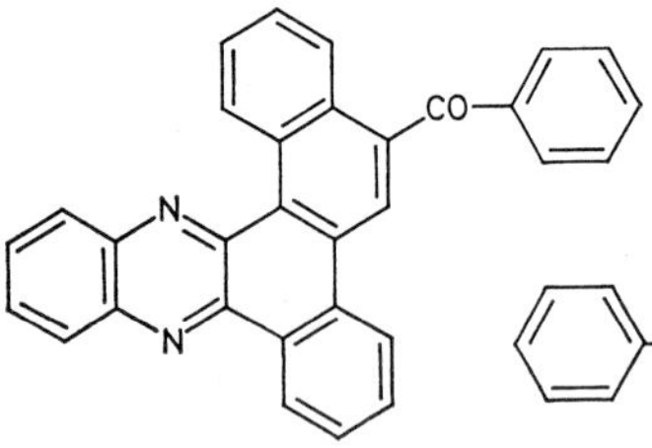

I 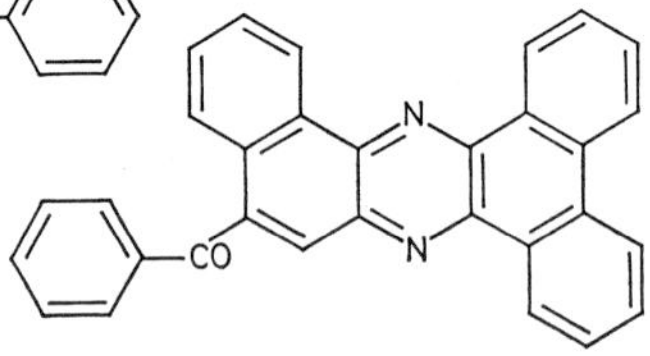   II 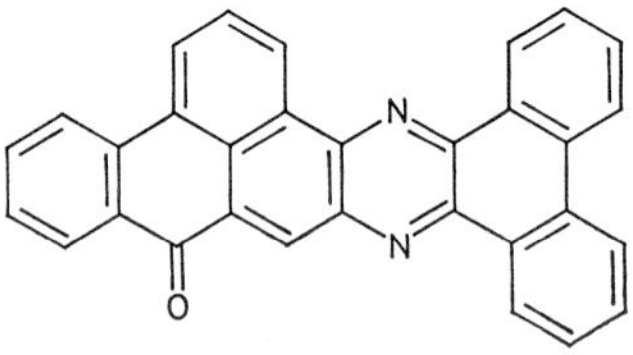   III

11-Benzoyl-tribenzo[a,c,h]phenazin, Phenyl-tribenzo[a,c,h]phenazin-11-yl-keton $C_{31}H_{18}N_2O$, Formel II.

B. Aus [3,4-Diamino-[1]naphthyl]-phenyl-keton und Phenanthren-9,10-dion (*Dziewoński, Sternbach*, Roczniki Chem. **13** [1933] 704, 712; Bl. Acad. polon. [A] **1933** 416, 423).

Gelbe Kristalle; F: 252—255°.

Monooxo-Verbindungen $C_nH_{2n-46}N_2O$

Dibenzo[h,j]phenanthro[1,10-ab]phenazin-11-on $C_{31}H_{16}N_2O$, Formel III.

B. Aus 4,5-Diamino-benz[de]anthracen-7-on und Phenanthren-9,10-dion (*Malhotra et al.*, Pr. Indian Acad. [A] **38** [1953] 361, 363).

Gelbe Kristalle (aus Nitrobenzol); F: 403—404°.

Bis-[2,6-diphenyl-[4]pyridyl]-keton $C_{35}H_{24}N_2O$, Formel IV.

B. Durch Erhitzen des Calcium-Salzes der 2,6-Diphenyl-isonicotinsäure auf 380—430°/ 10^{-6}—10^{-7} Torr (*Siemiatycki*, A. ch. [13] **2** [1957] 189, 227).

Kristalle (aus E. + A. oder Acn.); F: 202—203°. IR-Spektrum (2—16 µ): *Si.*, l. c. S. 229.

O x i m $C_{35}H_{25}N_3O$. Kristalle (aus E. + A.); F: 236° (*Si.*, l. c. S. 228).

2,4-D i n i t r o-p h e n y l h y d r a z o n $C_{41}H_{28}N_6O_4$. Gelbe Kristalle (aus E. + A.); F: 302° bis 303° (*Si.*, l. c. S. 228).

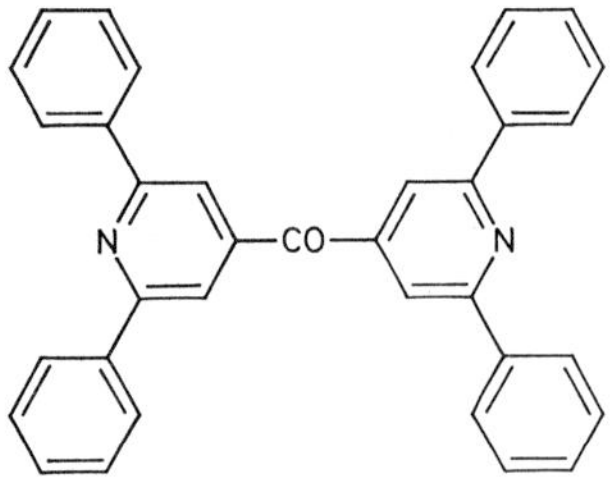

IV 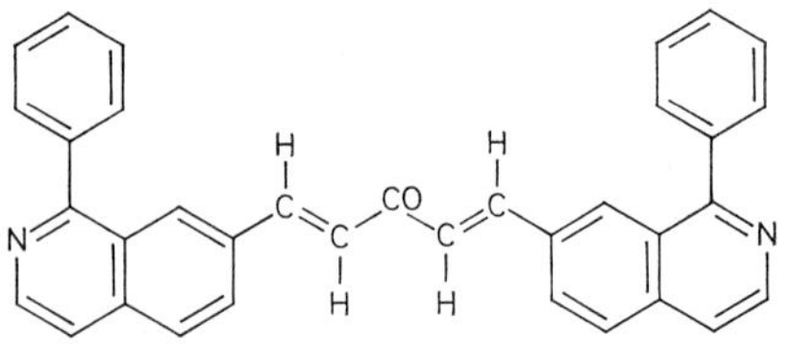   V

1t(?),5t(?)-Bis-[1-phenyl-[7]isochinolyl]-penta-1,4-dien-3-on $C_{35}H_{24}N_2O$, vermutlich Formel V.

B. Aus 1-Phenyl-isochinolin-7-carbaldehyd und Aceton mit Hilfe von wss.-äthanol.

NaOH (*Rodionow et al.*, Ž. obšč. Chim. **27** [1957] 734, 741; engl. Ausg. S. 809, 814).
Kristalle (aus A.); F: 183—184°.

5-Acetyl-2,3,7,8-tetraphenyl-1,6-dihydro-pyrrolo[2,3-e]indol, 1-[2,3,7,8-Tetraphenyl-1,6-dihydro-pyrrolo[2,3-e]indol-5-yl]-äthanon C$_{36}$H$_{26}$N$_{2}$O, Formel VI.

B. Beim Erhitzen von 1-[2,4-Diamino-phenyl]-äthanon mit Benzoin und wenig wss. HCl (*Jones, Tomlinson*, Soc. **1953** 4114).

Hellgelbe Kristalle (aus Eg.) mit 0,5 Mol Essigsäure; F: 236—238°.

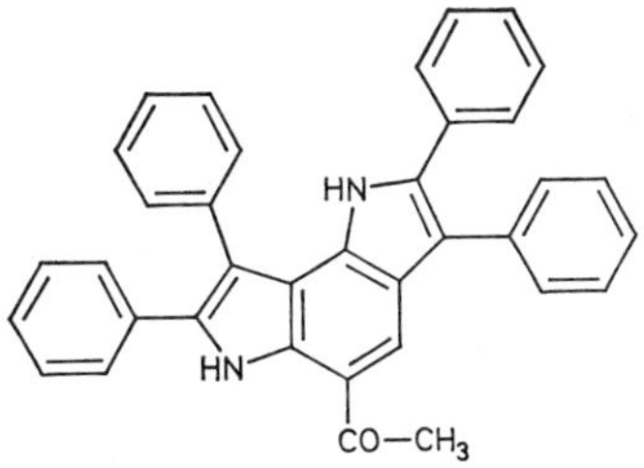

VI 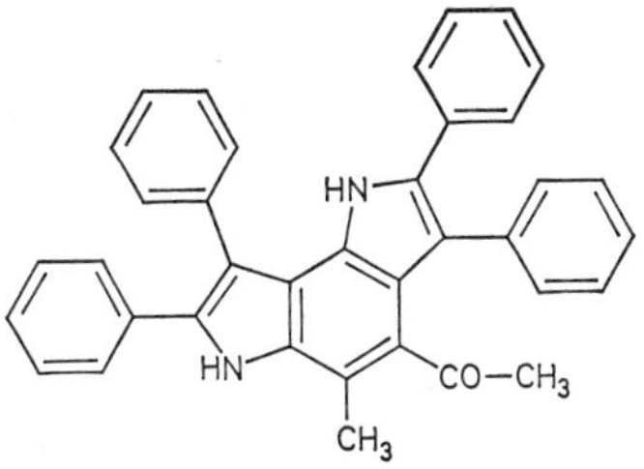   VII 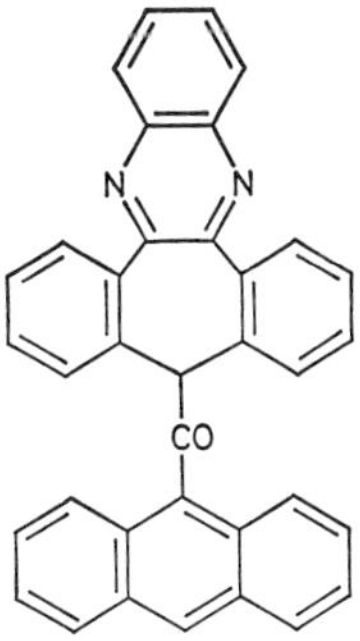   VIII

4-Acetyl-5-methyl-2,3,7,8-tetraphenyl-1,6-dihydro-pyrrolo[2,3-e]indol, 1-[5-Methyl-2,3,7,8-tetraphenyl-1,6-dihydro-pyrrolo[2,3-e]indol-4-yl]-äthanon C$_{37}$H$_{28}$N$_{2}$O, Formel VII.

B. Beim Erhitzen von 5-Methyl-2,3,7,8-tetraphenyl-1,6-dihydro-pyrrolo[2,3-e]indol mit Acetanhydrid und wenig H$_{2}$SO$_{4}$ (*Jones, Tomlinson*, Soc. **1953** 4114).

Kristalle (aus A.) mit 1 Mol Äthanol; F: 248°.

Monooxo-Verbindungen C$_{n}$H$_{2n-50}$N$_{2}$O

[9]Anthryl-[10H-dibenzo[3,4:6,7]cyclohepta[1,2-b]chinoxalin-10-yl]-keton C$_{36}$H$_{22}$N$_{2}$O, Formel VIII.

B. Aus 5-[Anthracen-9-carbonyl]-5H-dibenzo[a,d]cyclohepten-10,11-dion und o-Phenylendiamin (*Rigaudy, Nédélec*, Bl. **1959** 643, 646).

Gelbe Kristalle (aus Eg.); F: 239—240° [vorgeheizter App.]. UV-Spektrum (Ae.; 225—400 nm): *Ri., Né.*, l. c. S. 644.

Monooxo-Verbindungen C$_{n}$H$_{2n-52}$N$_{2}$O

2-[5′-Benzoyl-o-terphenyl-4′-yl]-3-phenyl-chinoxalin, 4,5-Diphenyl-2-[3-phenyl-chinoxalin-2-yl]-benzophenon C$_{39}$H$_{26}$N$_{2}$O, Formel IX.

B. Aus 2-Benzoyl-4,5-diphenyl-benzil und o-Phenylendiamin (*Allen, Spanagel*, Am. Soc. **55** [1933] 3773, 3779).

Kristalle (aus A.); F: 184°.

Monooxo-Verbindungen C$_{n}$H$_{2n-54}$N$_{2}$O

9,17-Diphenyl-benz[4,5]imidazo[2,1-a]phenanthro[9,10-f]isoindol-16-on C$_{38}$H$_{22}$N$_{2}$O, Formel X.

B. Beim Erhitzen von 9,13-Diphenyl-triphenyleno[2,3-c]furan-10,12-dion mit o-Phenylendiamin auf 350° (*Dilthey et al.*, J. pr. [2] **148** [1937] 53, 69).

Gelbe Kristalle (aus Bzl.); F: 312°.

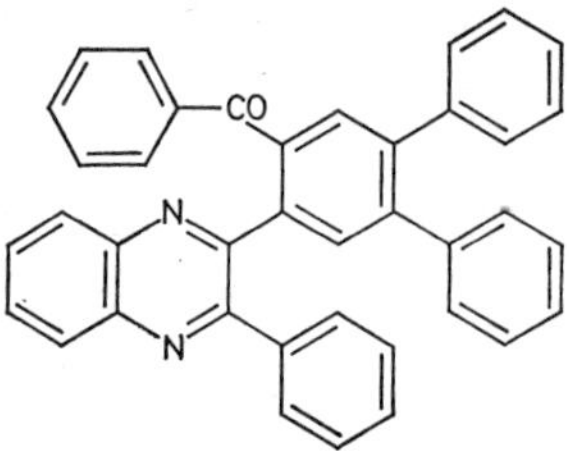

IX

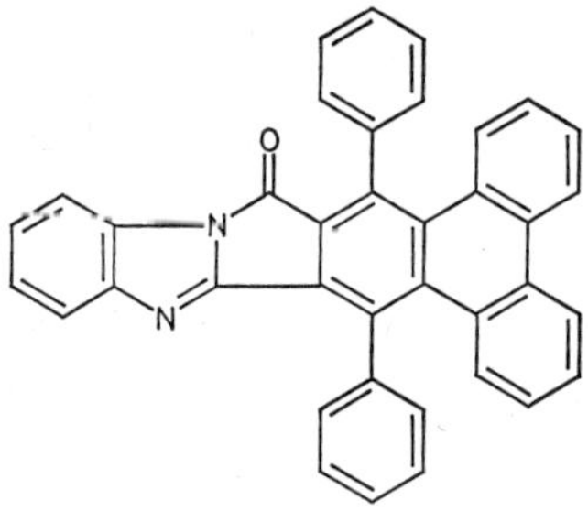

X

Monooxo-Verbindungen $C_nH_{2n-58}N_2O$

8,15-Diphenyl-acenaphth[1',2':5,6]isoindolo[2,1-a]perimidin-16-on $C_{40}H_{22}N_2O$,
Formel XI.

B. Beim Erhitzen von 7,11-Diphenyl-fluorantheno[8,9-c]furan-8,10-dion mit Naphth=
alin-1,8-diyldiamin auf 250—300° (*Dilthey, Henkels,* J. pr. [2] **149** [1937] 85, 94).

Rote Kristalle (aus Py.); F: 362°.

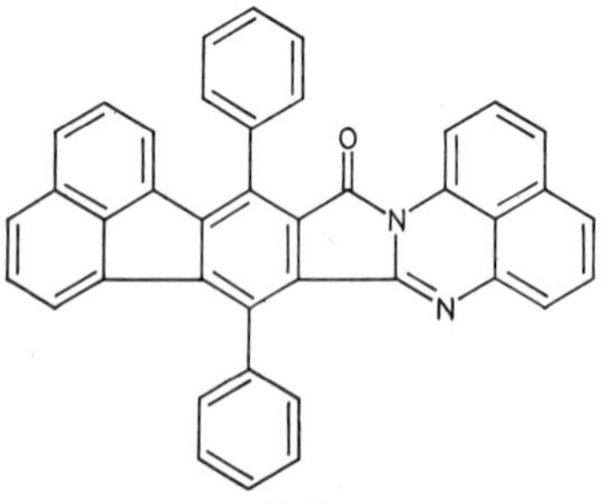

XI

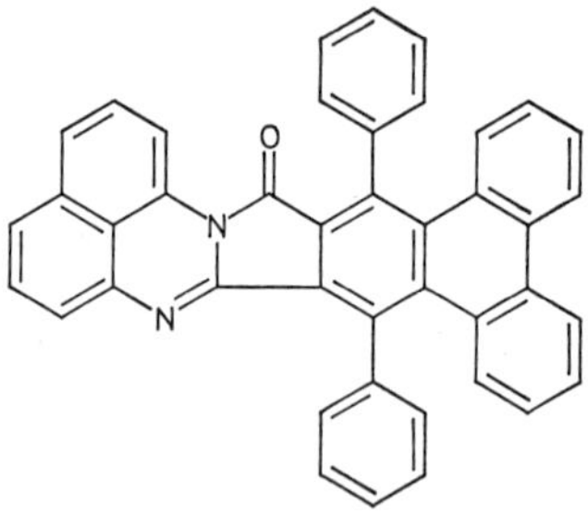

XII

Monooxo-Verbindungen $C_nH_{2n-60}N_2O$

9,19-Diphenyl-phenanthro[9',10':5,6]isoindolo[2,1-a]perimidin-18-on $C_{42}H_{24}N_2O$,
Formel XII.

B. Beim Erhitzen von 9,13-Diphenyl-triphenyleno[2,3-c]furan-10,12-dion mit Naphth=
alin-1,8-diyldiamin auf 270—280° (*Dilthey et al.,* J. pr. [2] **148** [1937] 53, 70).

Rote Kristalle (aus Bzl.); F: 319°.   [*Haltmeier*]

Sachregister

Das folgende Register enthält die Namen der in diesem Band abgehandelten Verbindungen im allgemeinen mit Ausnahme der Namen von Salzen, deren Kationen aus Metall-Ionen, Metallkomplex-Ionen oder protonierten Basen bestehen, und von Additionsverbindungen.

Die im Register aufgeführten Namen („Registernamen") unterscheiden sich von den im Text verwendeten Namen im allgemeinen dadurch, dass Substitutionspräfixe und Hydrierungsgradpräfixe hinter den Stammnamen gesetzt („invertiert") sind, und dass alle zur Konfigurationskennzeichnung dienenden genormten Präfixe und Symbole (s. „Stereochemische Bezeichnungsweisen") weggelassen sind.

Der Registername enthält demnach die folgenden Bestandteile in der angegebenen Reihenfolge:

1. den Register-Stammnamen (in Fettdruck); dieser setzt sich, sofern nicht ein Radikofunktionalname (s. u.) vorliegt, zusammen aus
   a) dem Stammvervielfachungsaffix (z. B. Bi in [1,2′]Binaphthyl),
   b) stammabwandelnden Präfixen [1]),
   c) dem Namensstamm (z. B. Hex in Hexan; Pyrr in Pyrrol),
   d) Endungen (z. B. an, en, in zur Kennzeichnung des Sättigungszustandes von Kohlenstoff-Gerüsten; ol, in, olidin zur Kennzeichnung von Ringgrösse und Sättigungszustand bei Heterocyclen; ium, id zur Kennzeichnung der Ladung eines Ions),
   e) dem Funktionssuffix zur Kennzeichnung der Hauptfunktion (z. B. -säure, -carbonsäure, -on, -ol),
   f) Additionssuffixen (z. B. oxid in Äthylenoxid, Pyridin-1-oxid).

2. Substitutionspräfixe*), d.h. Präfixe, die den Ersatz von Wasserstoff-Atomen durch andere Atome oder Gruppen („Substituenten") kennzeichnen (z. B. Äthyl-chlor in 2-Äthyl-1-chlor-naphthalin; Epoxy in 1,4-Epoxy-p-menthan).

3. Hydrierungsgradpräfixe (z. B. Hydro in 1,2,3,4-Tetrahydro-naphthalin; Dehydro in 4,4′-Didehydro-β,β′-carotin-3,3′-dion).

4. Funktionsabwandlungssuffixe (z. B. -oxim in Aceton-oxim; -methylester in Bernsteinsäure-dimethylester; -anhydrid in Benzoesäure-anhydrid).

---

[1]) Zu den stammabwandelnden Präfixen gehören:

Austauschpräfixe*) (z. B. Oxa in 3,9-Dioxa-undecan; Thio in Thioessigsäure),

Gerüstabwandlungspräfixe (z. B. Cyclo in 2,5-Cyclo-benzocyclohepten; Bicyclo in Bicyclo[2.2.2]octan; Spiro in Spiro[4.5]decan; Seco in 5,6-Seco-cholestan-5-on; Iso in Isopentan),

Brückenpräfixe*) (nur in Namen verwendet, deren Stamm ein Ringgerüst ohne Seitenkette bezeichnet; z. B. Methano in 1,4-Methano-naphthalin; Epoxido in 4,7-Epoxido-inden [zum Stammnamen gehörig im Gegensatz zu dem bedeutungsgleichen Substitutionspräfix Epoxy]),

Anellierungspräfixe (z. B. Benzo in Benzocyclohepten; Cyclopenta in Cyclopenta[a]phenanthren),

Erweiterungspräfixe (z. B. Homo in D-Homo-androst-5-en),

Subtraktionspräfixe (z. B. Nor in A-Nor-cholestan; Desoxy in 2-Desoxy-hexose).

Beispiele:
Dibrom-chlor-methan wird registriert als **Methan**, Dibrom-chlor-;
meso-1,6-Diphenyl-hex-3-in-2,5-diol wird registriert als **Hex-3-in-2,5-diol**, 1,6-Diphenyl-;
4a,8a-Dimethyl-octahydro-naphthalin-2-on-semicarbazon wird registriert als
Naphthalin-2-on, 4a,8a-Dimethyl-octahydro-, semicarbazon;
5,6-Dihydroxy-hexahydro-4,7-ätheno-isobenzofuran-1,3-dion wird registriert als
4,7-Ätheno-isobenzofuran-1,3-dion, 5,6-Dihydroxy-hexahydro-;
1-Methyl-chinolinium wird registriert als **Chinolinium**, 1-Methyl-.

Besondere Regelungen gelten für Radikofunktionalnamen, d.h. Namen, die
aus einer oder mehreren Radikalbezeichnungen und der Bezeichnung einer
Funktionsklasse (z.B. Äther) oder eines Ions (z.B. Chlorid) zusammengesetzt
sind:

a) Bei Radikofunktionalnamen von Verbindungen deren (einzige) durch
einen Funktionsklassen-Namen oder Ionen-Namen bezeichnete Funktionsgruppe mit nur einem (einwertigen) Radikal unmittelbar verknüpft ist, umfaßt der Register-Stammname die Bezeichnung des Radikals und die Funktionsklassenbezeichnung (oder Ionenbezeichnung) in unveränderter Reihenfolge; ausgenommen von dieser Regelung sind jedoch Radikofunktionalnamen,
die auf die Bezeichnung eines substituierbaren (d.h. Wasserstoff-Atome enthaltenden) Anions enden (s. unter c)). Präfixe, die eine Veränderung des
Radikals ausdrücken, werden hinter den Stammnamen gesetzt[2]).

Beispiele:
Äthylbromid, Phenyllithium und Butylamin werden unverändert registriert;
4'-Brom-3-chlor-benzhydrylchlorid wird registriert als **Benzhydrylchlorid**, 4'-Brom-3-chlor-;
1-Methyl-butylamin wird registriert als **Butylamin**, 1-Methyl-.

b) Bei Radikofunktionalnamen von Verbindungen mit einem mehrwertigen
Radikal, das unmittelbar mit den durch Funktionsklassen-Namen oder Ionen-
Namen bezeichneten Funktionsgruppen verknüpft ist, umfaßt der Register-
Stammname die Bezeichnung dieses Radikals und die (gegebenenfalls mit
einem Vervielfachungsaffix versehene) Funktionsklassenbezeichnung (oder
Ionenbezeichnung), nicht aber weitere im Namen enthaltene Radikalbezeich-
nungen, auch wenn sie sich auf unmittelbar mit einer der Funktionsgruppen
verknüpfte Radikale beziehen.

Beispiele:
Äthylendiamin und Äthylenchlorid werden unverändert registriert;
6-Methyl-1,2,3,4-tetrahydro-naphthalin-1,4-diyldiamin wird registriert als **Naphthalin-
1,4-diyldiamin**, 6-Methyl-1,2,3,4-tetrahydro-;
N,N-Diäthyl-äthylendiamin wird registriert als **Äthylendiamin**, *N,N*-Diäthyl-.

c) Bei Radikofunktionalnamen, deren (einzige) Funktionsgruppe mit mehreren Radikalen unmittelbar verknüpft ist oder deren als Anion bezeichnete
Funktionsgruppe Wasserstoff-Atome enthält, besteht der Register-Stammname
nur aus der Funktionsklassenbezeichnung (oder Ionenbezeichnung); die
Radikalbezeichnungen werden dahinter angeordnet.

Beispiele:
Benzyl-methyl-amin wird registriert als **Amin**, Benzyl-methyl-;
Äthyl-trimethyl-ammonium wird registriert als **Ammonium**, Äthyl-trimethyl-;

---

[2]) Namen mit Präfixen, die eine Veränderung des als Anion bezeichneten Molekülteils
ausdrücken sollen (z.B. Methyl-chloracetat), werden im Handbuch nicht mehr verwendet.

Diphenyläther wird registriert als **Äther,** Diphenyl-;
[2-Äthyl-[1]naphthyl]-phenyl-keton-oxim wird registriert als **Keton,** [2-Äthyl-
[1]naphthyl]-phenyl-, oxim.

Nach der sog. Konjunktiv-Nomenklatur gebildete Namen (z. B. Cyclo=
hexanmethanol, 2,3-Naphthalindiessigsäure) werden im Handbuch nicht mehr
verwendet.

Massgebend für die Anordnung von Verbindungsnamen sind in erster Linie
die nicht kursiv gesetzten Buchstaben des Register-Stammnamens; in zweiter
Linie werden die durch Kursivbuchstaben und/oder Ziffern repräsentierten
Differenzierungsmarken des Register-Stammnamens berücksichtigt; erst danach
entscheiden die nachgestellten Präfixe und zuletzt die Funktionsabwandlungssuffixe.

Beispiele:

o-**Phenylendiamin,** 3-Brom- erscheint unter dem Buchstaben P nach *m*-**Phenylendiamin,**
2,4,6-Trinitro-;
Cyclopenta[*b*]naphthalin, 1-Brom-1*H*- erscheint nach **Cyclopenta[*a*]naphthalin,**
3-Methyl-1*H*-;
Aceton, 1,3-Dibrom-, hydrazon erscheint nach **Aceton,** Chlor-, oxim.

Mit Ausnahme von deuterierten Verbindungen werden isotopen-markierte
Präparate im allgemeinen nicht ins Register aufgenommen. Sie werden im
Artikel der nicht markierten Verbindung erwähnt, wenn der Originalliteratur
hinreichend bedeutende Bildungsweisen zu entnehmen sind.

Von griechischen Zahlwörtern abgeleitete Namen oder Namensteile sind
einheitlich mit c (nicht mit k) geschrieben.
Die Buchstaben i und j werden unterschieden. Die Umlaute ä, ö und ü gelten
hinsichtlich ihrer alphabetischen Einordnung als ae, oe bzw. ue.

---

*) Verzeichnis der in systematischen Namen verwendeten Substitutionspräfixe, Austausch-
präfixe und Brückenpräfixe s. Gesamtregister, Sachregister für die Bände 20–22, S. V–XXXVI.

Subject Index

The following index contains the names of compounds dealt with in this volume, with the exception of salts whose cations are formed by metal ions, complex metal ions or protonated bases; addition compounds are likewise omitted.

The names used in the index (Index Names) are different from the systematic nomenclature used in the text only insofar as Substitution and Degree-of-Unsaturation Prefices are placed after the name (inverted), and all configurational prefices and symbols (see "Stereochemical Conventions") are omitted.

The Index Names are comprised of the following components in the order given:

1. the Index-Stem-Name (boldface type); this (insofar as a Radicofunctional name is not involved) is in turn made up of:
   a) the Parent-Multiplier (e. g. bi in [1,2']Binaphthyl),
   b) Parent-Modifying Prefices [1],
   c) the Parent-Stem (e. g. Hex in Hexan, Pyrr in Pyrrol),
   d) endings (e. g. an, en, defining the degree of unsaturation in the hydro⸗ carbon entity; ol, in, olidin, referring to the ring size and degree of unsaturation of heterocycles; ium, id, indicating the charge of ions),
   e) the Functional-Suffix, indicating the main chemical function (e.g. -säure, -carbonsäure, -on, -ol),
   f) the Additive-Suffix (e.g. oxid in Äthylenoxid, Pyridin-1-oxid).

2. Substitutive Prefices*, i.e., prefices which denote the substitution of Hydrogen atoms with other atoms or groups (substituents) (e.g. äthyl and chlor in 2-Äthyl-1-chlor-naphthalin; epoxy in 1,4-Epoxy-p-menthan).

3. Hydrogenation-Prefices (e.g. hydro in 1,2,3,4-Tetrahydro-naphthalin; dehydro in 4,4'-Didehydro-β,β'-carotin-3,3'-dion).

4. Function-Modifying-Suffices (e.g. oxim in Aceton-oxim; methylester in Bernsteinsäure-dimethylester; anhydrid in Benzoesäure-anhydrid).

---

[1] Parent-Modifying Prefices include the following:

Replacement Prefices* (e. g. oxa in 3,9-Dioxa-undecan; thio in Thioessigsäure),

Skeleton Prefices (e. g. cyclo in 2,5-Cyclo-benzocyclohepten; bicyclo in Bicyclo[2.2.2]octan; spiro in Spiro[4.5]decan; seco in 5,6-Seco-cholestan-5-on; iso in Isopentan),

Bridge Prefices* (only used for names of which the Parent is a ring system without a side chain), e. g. methano in 1,4-Methano-naphthalin; epoxido in 4,7-Epoxido-inden (used here as part of the Stem-name in preference to the Substitutive Prefix epoxy),

Fusion Prefices (e. g. benzo in Benzocyclohepten, cyclopenta in Cyclopenta[a]phen⸗ anthren),

Incremental Prefices (e. g. homo in D-Homo-androst-5-en),

Subtractive Prefices (e. g. nor in A-Nor-cholestan; desoxy in 2-Desoxy-hexose).

Examples:

Dibrom-chlor-methan is indexed under **Methan,** Dibrom-chlor-;

meso-1,6-Diphenyl-hex-3-in-2,5-diol is indexed under **Hex-3-in-2,5-diol,** 1,6-Diphenyl-;

4a,8a-Dimethyl-octahydro-naphthalin-2-on-semicarbazon is indexed under **Naphthalin-2-on,** 4a,8a-Dimethyl-octahydro-, semicarbazon;

5,6-Dihydroxy-hexahydro-4,7-ätheno-isobenzofuran-1,3-dion is indexed under **4,7-Ätheno-isobenzofuran-1,3-dion,** 5,6-Dihydroxy-hexahydro-;

1-Methyl-chinolinium is indexed under **Chinolinium,** 1-Methyl-.

Special rules are used for Radicofunctional Names (i.e. names comprised of one or more Radical Names and the name of either a class of compounds (e.g. Äther) or an ion (e.g. chlorid)):

a) For Radicofunctional names of compounds whose single functional group is described by a class name or ion, and is immediately connected to a single univalent radical, the Index-Stem-Name comprises the radical name followed by the functional name (or ion) in unaltered order; the only exception to this rule is found when the Radicofunctional Name would end with a Hydrogen-containing (i.e. substitutable) anion, (see under c), below). Prefices which modify the radical part of the name are placed after the Stem-Name[2].

Examples:

Äthylbromid, Phenyllithium and Butylamin are indexed unchanged.

4'-Brom-3-chlor-benzhydrylchlorid is indexed under **Benzhydrylchlorid,** 4'-Brom-3-chlor-;

1-Methyl-butylamin is indexed under **Butylamin,** 1-Methyl-.

b) For Radicofunctional names of compounds with a multivalent radical attached directly to a functional group described by a class name (or ion), the Index-Stem-Name is comprised of the name of the radical and the functional group (modified by a multiplier when applicable), but not those of other radicals contained in the molecule, even when they are attached to the functional group in question.

Examples:

Äthylendiamin and Äthylenchlorid are indexed unchanged;

6-Methyl-1,2,3,4-tetrahydro-naphthalin-1,4-diyldiamin is indexed under **Naphthalin-1,4-diyldiamin,** 6-Methyl-1,2,3,4-tetrahydro-;

N,N-Diäthyl-äthylendiamin is indexed under **Äthylendiamin,** *N,N*-Diäthyl-.

c) In the case of Radicofunctional names whose single functional group is directly bound to several different radicals, or whose functional group is an anion containing exchangeable Hydrogen atoms, the Index-Stem-Name is comprised of the functional class name (or ion) alone; the names of the radicals are listed after the Stem-Name.

Examples:

Benzyl-methyl-amin is indexed under **Amin,** Benzyl-methyl-;

Äthyl-trimethyl-ammonium is indexed under **Ammonium,** Äthyl-trimethyl-;

Diphenyläther is indexed under **Äther,** Diphenyl-;

[2-Äthyl-[1]naphthyl]-phenyl-keton-oxim is indexed under **Keton,** [2-Äthyl-[1]naphthyl]-phenyl-, oxim.

---

[2] Names using prefices which imply an alteration of the anionic component (e. g. Methyl-chloracetat) are no longer used in the Handbook.

Conjunctive names (e.g. Cyclohexanmethanol; 2,3-Naphthalindiessigsäure) are no longer in use in the Handbook.

The alphabetical listings follow the non-italic letters of the Stem-Name; the italic letters and/or modifying numbers of the Stem-Name then take precedence over prefices. Function-Modifying Suffices have the lowest priority.

Examples:

o-**Phenylendiamin,** 3-Brom- appears under the letter P, after *m*-**Phenylendiamin,** 2,4,6-Trinitro-;

Cyclopenta [*b*]naphthalin, 1-Brom-1*H*- appears after **Cyclopenta [*a*]naphthalin,** 3-Methyl-1*H*-;

Aceton, 1,3-Dibrom-, hydrazon appears after **Aceton,** Chlor-, oxim.

With the exception of deuterated compounds, isotopically labeled substances are generally not listed in the index. They may be found in the articles describing the corresponding non-labeled compounds provided the original literature contains sufficiently important information on their method of preparation.

Names or parts of names derived from Greek numerals are written throughout with c (not k). The letters i an j are treated separately and the modified vowels ä, ö, and ü are treated as ae, oe and ue respectively for the purposes of alphabetical ordering.

---

* For a list of the Substitutive, Replacement and Bridge Prefices, see: Gesamtregister, Subject Index for Volumes 20—22, pages V—XXXVI.

A

Acenaphthen-1-on
, —, 2-[1*H*-Benzimidazol-2-ylmethylen]-
787
Acenaphth[4′,5′:4,5]imidazo[2,1-*a*]isoindol-12-on
—, 4,5-Dihydro- 787
Acenaphth[4,5-*d*]imidazol-8-on
—, 4,5,7,9-Tetrahydro- 635
Acenaphth[4,5-*d*]imidazol-8-thion
—, 4,5,7,9-Tetrahydro- 635
Acenaphth[1,2-*c*]indeno[2,1-*e*]pyridazin-13-on
803
Acenaphth[1′,2′:5,6]isoindolo[2,1-*a*]perimidin-16-on
—, 8,15-Diphenyl- 812
Acenaphtho[5,6-*ab*]phenazin-5-on
—, 8-Chlor-1,2-dihydro- 794
—, 9-Chlor-1,2-dihydro- 794
—, 1,2-Dihydro- 794
Acetaldehyd
—, [1,3-Diäthyl-1*H*,3*H*-perimidin-2-yliden]-,
 — phenylimin 632
—, [1,3-Dimethyl-1,3-dihydro-benzimidazol-2-yliden]-,
 — phenylimin 478
—, [1,3-Dimethyl-1*H*,3*H*-perimidin-2-yliden]-,
 — phenylimin 632
—, [1(3)*H*-Imidazol-4-yl]-,
 — [2,4-dinitro-phenylhydrazon] 194
—, [2-(4-Nitro-phenyl)-2*H*-pyrazol-3-yl]-,
 — [4-nitro-phenylhydrazon] 193
—, [1(2)*H*-Pyrazol-3-yl]-,
 — hydrazon 193
Acetamid
—, *N*-[1′-Acetyl-1′*H*-[2,3′]biindolyl-3-yliden]- 748
—, *N*-[4-Äthyl-5-methyl-2-oxo-2,3-dihydro-imidazol-1-yl]- 130
—, *N*-[3,3′-Dimethoxy-4′-(2-oxo-4,5-diphenyl-2,3-dihydro-imidazol-1-yl)-biphenyl-4-yl]- 680
—, *N*-[3,3′-Dimethyl-4′-(2-oxo-4,5-diphenyl-2,3-dihydro-imidazol-1-yl)-biphenyl-4-yl]- 680
—, *N*-[4-Oxo-4*H*-chinazolin-3-yl]- 383
—, *N*-[4′-(2-Oxo-4,5-diphenyl-2,3-dihydro-imidazol-1-yl)-biphenyl-4-yl]- 680
Acetessigsäure
—, 2,4-Bis-[4-oxo-4*H*-chinazolin-3-yl]-,
 — äthylester 369
—, 4-[4-Oxo-4*H*-chinazolin-3-yl]-,
 — äthylester 359
 — benzylester 359
Aceton
—, [1*H*-Benzimidazol-2-yl]- 501

—, 1-[1*H*-Benzimidazol-2-yl]-1,3,3-trichlor-501
—, 3-[1*H*-Benzimidazol-2-yl]-1,1,1-trifluor-501
—, Benzo[*f*]chinoxalin-3-yl- 687
 — oxim 687
 — phenylhydrazon 687
—, [2-Benzoyl-2,3,4,9-tetrahydro-1*H*-β-carbolin-1-yl]- 587
—, [9-Benzoyl-2,3,4,9-tetrahydro-1*H*-β-carbolin-1-yl]- 587
—, 1-[5-Benzyl-2-thioxo-2,3-dihydro-imidazol-1-yl]-3-phenyl- 487
—, 1,3-Bis-[1-äthyl-[2]piperidyl]- 161
—, 1,3-Bis-[1-methyl-[2]piperidyl]- 160
—, 1,3-Bis-[1-methyl-pyrrolidin-2-yl]-158
—, 1,3-Bis-[1-methyl-pyrrol-2-yl]- 514
 — oxim 514
 — semicarbazon 514
—, 1,3-Bis-[2-methyl-1,2,3,4-tetrahydro-[1]isochinolyl]- 711
—, 1,3-Bis-octahydroindolizin-3-yl-269
—, 1,3-Bis-[4-oxo-4*H*-chinazolin-3-yl]-366
—, Bis-[1,3,3-trimethyl-indolin-2-yliden]-764
 — butylimin 764
 — cyclohexylimin 764
—, [4-Chlor-2-methyl-pyrimidin-5-yl]-245
 — semicarbazon 245
—, 1-[4,5-Dihydro-1*H*-imidazol-2-yl]-1-[1]naphthyl- 647
—, 1-[4,5-Dihydro-1*H*-imidazol-2-yl]-1-phenyl- 519
—, [2,6-Dimethyl-pyrimidin-4-yl]- 247
 — oxim 247
—, 1,3-Di-[2]piperidyl- 160
—, 1,3-Di-[2]pyridyl- 603
—, 1-[Dodecahydro-7,14-methano-dipyrido[1,2-*a*;1′,2′-*e*][1,5]diazocin-6-yl]-269
—, [5-Methyl-2-(4-nitro-phenyl)-2*H*-pyrazol-3-yl]- 213
 — [4-nitro-phenylhydrazon] 213
—, [5-Methyl-2-phenyl-2*H*-pyrazol-3-yl]-,
 — phenylhydrazon 213
—, [5-Methyl-1(2)*H*-pyrazol-3-yl]-,
 — hydrazon 212
—, [9-Methyl-2,3,4,9-tetrahydro-1*H*-β-carbolin-1-yl]- 587
—, [5-Methyl-2-thioxo-2,3-dihydro-imidazol-1-yl]- 111
 — oxim 111
 — semicarbazon 111
—, [1*H*-Naphth[2,3-*d*]imidazol-2-yl]-638

Aceton (Fortsetzung)
—, [5-Phenyl-2-thioxo-2,3-dihydro-
   imidazol-1-yl]- 429
   — [2,4-dinitro-phenylhydrazon] 429
   — oxim 429
—, Pyrazinyl- 244
   — [2,4-dinitro-phenylhydrazon] 244
—, [2,3,4,9-Tetrahydro-1*H*-β-carbolin-1-yl]-
   587
   — semicarbazon 587
—, [2,5,8-Trimethyl-chinazolin-4-yl]- 585
   — [2,5-dimethyl-phenylimin] 585
Acetylchlorid
—, [4-Oxo-4*H*-chinazolin-3-yl]- 358
Acridin-9-on
—, 2-[2]Pyridyl-10*H*- 766
—, 2-[3]Pyridyl-10*H*- 767
—, 2-[4]Pyridyl-10*H*- 767
—, 4-[2]Pyridyl-10*H*- 767
Acrindolin
   s. *Indolo[3,2-c]acridin*
Acrylaldehyd
—, 3-Phenazin-2-yl- 720
   — thiosemicarbazon 720
Adipamidsäure
—, *N*-[3-(3-Methyl-5-oxo-2,5-dihydro-
   pyrazol-1-yl)-phenyl]-,
   — methylester 93
Adipinsäure
   — bis-[4-(3-methyl-5-oxo-2,5-dihydro-
   pyrazol-1-yl)-anilid] 94
Äthan
—, 1,2-Bis-[3-benzyl-2-thioxo-imidazolidin-
   1-yl]- 30
—, 1,2-Bis-[3-nitro-2-nitroimino-
   imidazolidin-1-yl]- 21
—, 1,2-Bis-[3-nitro-2-oxo-imidazolidin-
   1-yl]- 21
—, 1,2-Bis-[6-oxo-6*H*-dibenz[*cd,g*]indazol-
   2-yl]- 715
—, 1,2-Bis-[2-oxo-imidazolidin-1-yl]- 17
—, 1,2-Bis-[8-oxo-1,5,6,8-tetrahydro-
   2*H*,4*H*-1,5-methano-pyrido[1,2-*a*]≠
   [1,5]diazocin-3-yl]- 326
—, 1,2-Bis-[2-thioxo-imidazolidin-1-yl]-
   30
—, 1,2-Bis-[4,4,6-trimethyl-2-thioxo-
   3,4-dihydro-2*H*-pyrimidin-1-yl]- 136
6,9-Äthano-cyclohepta[*b*]chinoxalin-10-on
—, 6,7,8,9-Tetrahydro- 645
Äthanon
—, 1-[5-(4-Äthyl-5-brom-3-methyl-pyrrol-
   2-ylmethylen)-2,4-dimethyl-5*H*-pyrrol-3-yl]-
   588
—, 1-[4-Äthyl-3,5-dimethyl-pyrrol-2-yl]-2-
   [5-äthyl-3-methyl-pyrrol-2-yl]- 538
—, 1-[4-Äthyl-3,5-dimethyl-pyrrol-2-yl]-
   2-[3,5-dimethyl-pyrrol-2-yl]- 535

—, 2-[4-Äthyl-3,5-dimethyl-pyrrol-2-yl]-
   1-[3,5-dimethyl-pyrrol-2-yl]- 536
—, 2-[4-Äthyl-3,5-dimethyl-pyrrol-2-yl]-
   1-[3,4,5-trimethyl-pyrrol-2-yl]- 538
—, 1-[5-(4-Äthyl-5-methyl-pyrrol-
   2-ylmethylen) 2,4-dimethyl-5*H*-pyrrol-3-yl]-
   589
—, 2-[1*H*-Benzimidazol-2-yl]-1-phenyl-
   686
—, 1,2-Bis-[4-äthyl-3,5-dimethyl-pyrrol-
   2-yl]- 540
—, 1,2-Bis-[3,5-dimethyl-pyrrol-2-yl]-
   528
—, 1,2-Bis-[6-methyl-[2]chinolyl]- 784
—, 2,2-Bis-[10-methyl-9,10-dihydro-acridin-
   9-yl]-1-phenyl- 809
—, 2-Brom-1-[6-chlor-5-methyl-2-phenyl-
   pyrimidin-4-yl]- 602
—, 2-Brom-1-[6,8-dichlor-2-[2]pyridyl-
   [4]chinolyl]- 733
—, 2-Brom-1-[2-methyl-1(3)*H*-benzimidazol-
   5-yl]- 501
—, 2-Brom-1-[5-methyl-1(3)*H*-imidazol-
   4-yl]- 206
—, 1-[4-Brommethyl-2-phenyl-pyrimidin-
   5-yl]- 602
—, 2-Brom-1-[3-methyl-1(2)*H*-pyrazol-
   4-yl]- 205
—, 2-Brom-1-phenyl-2-[3-phenyl-chinoxalin-
   2-yl]- 790
—, 2-[5-Brom-pyrimidin-2-yl]-1-phenyl-
   596
—, 2-[2]Chinolyl-1-[2]pyridyl- 733
—, 2-[2]Chinolyl-1-[3]pyridyl- 733
—, 2-[2]Chinolyl-1-[4]pyridyl- 733
—, 1-Chinoxalin-2-yl- 553
   — phenylhydrazon 553
—, 1-Chinoxalin-6-yl- 553
—, 2-Chlor-1-[6-chlor-5-methyl-2-phenyl-
   pyrimidin-4-yl]- 602
—, 1-[4-Chlor-cinnolin-7-yl]- 552
—, 1-[6-Chlor-cinnolin-3-yl]- 552
—, 1-[7-Chlor-cinnolin-3-yl]- 552
—, 2-Chlor-1-cinnolin-4-yl- 552
—, 1-[13-Chlor-dibenzo[*a,c*]phenazin-10-yl]-
   795
—, 2-[4-Chlor-2,6-dimethyl-pyrimidin-5-yl]-
   1-phenyl- 606
—, 2-Chlor-1-[3-methyl-4-phenyl-
   4,5-dihydro-3*H*-pyrazol-3-yl]- 518
—, 1-[3-Chlor-5-methyl-1-phenyl-
   1*H*-pyrazol-4-yl]- 205
—, 1-[4-Chlor-phenyl]-2-pyrazinyl- 597
   — [2,4-dinitro-phenylhydrazon] 597
—, 2-Chlor-1-pyrazinyl- 243
   — thiosemicarbazon 243
—, 1-Cinnolin-3-yl- 552
—, 1-Cinnolin-4-yl- 552
   — oxim 552

Äthanon (Fortsetzung)

—, 1-[Decahydro-[4,4']bipyridyl-4-yl]- 159
—, 1-Dibenzo[a,c]phenazin-2-yl- 794
—, 1-Dibenzo[a,c]phenazin-3-yl- 794
—, 1-Dibenzo[a,c]phenazin-10-yl- 794
—, 1-Dibenzo[a,c]phenazin-11-yl- 795
—, 1-[1,4-Dibenzoyl-3-methyl-1,2,3,4-tetrahydro-chinoxalin-2-yl]- 319
—, 2,2-Dibrom-1,2-di-[2]pyridyl- 598
—, 1,2-Di-[2]chinolyl- 781
    — oxim 781
    — phenylhydrazon 781
—, 1-[6,8-Dichlor-2-[3]pyridyl-[4]chinolyl]- 734
—, 1-[6,8-Dichlor-2-[4]pyridyl-[4]chinolyl]- 734
—, 2-[4,5-Dihydro-1H-imidazol-2-yl]-1-phenyl- 507
—, 2,2-Dijod-1,2-di-[2]pyridyl- 598
—, 1-[2,4-Dimethyl-chinazolin-6-yl]- 574
—, 1-[2,4-Dimethyl-chinazolin-7-yl]- 574
—, 1-[2,4-Dimethyl-chinazolin-8-yl]- 574
—, 1-[2,3-Dimethyl-chinoxalin-6-yl]- 574
—, [4,4-Dimethyl-4,5-dihydro-3H-pyrazol-3-yl]- 144
—, 1-[2,3-Dimethyl-1,4-dioxy-chinoxalin-6-yl]- 575
    — oxim 575
—, 1-[1,4-Dimethyl-1H-pyrazol-3-yl]- 205
—, 1-[3,5-Dimethyl-1H-pyrazol-4-yl]- 213
—, 1-[2,4-Dimethyl-pyrimidin-5-yl]- 245
—, 1-[2,6-Dimethyl-pyrimidin-4-yl]- 246
—, 2-[2,6-Dimethyl-pyrimidin-4-yl]-1-phenyl- 606
    — oxim 606
—, 2-[4,6-Dimethyl-pyrimidin-2-yl]-1-phenyl- 606
—, 1-[5-(4,5-Dimethyl-pyrrol-2-ylmethylen)-2,4-dimethyl-5H-pyrrol-3-yl]- 588
—, 2-[3,5-Dimethyl-pyrrol-2-yl]-1-[3,4,5-trimethyl-pyrrol-2-yl]- 530
—, 1-[2,3-Diphenyl-chinoxalin-6-yl]- 790
—, 1-[5,6-Diphenyl-pyrazin-2-yl]- 757
—, 2-[3,6-Diphenyl-pyridazin-4-yl]-1-phenyl- 801
    — hydrazon 801
—, 1,2-Di-[2]pyridyl- 597
    — imin 598
—, 1,2-Di-[3]pyridyl- 598
—, 1,2-Di-[4]pyridyl- 599
—, 1-[1-Hydroxy-5-methyl-3-oxy-1H-imidazol-2-yl]- 206
    — oxim 206
    — phenylhydrazon 206
—, 1-[1H-Imidazol-2-yl]- 194
—, 1-Imidazo[1,2-a]pyridin-3-yl- 478

—, 1-Imidazo[1,5-a]pyridin-1-yl- 478
—, 1-[1(2)H-Indazol-3-yl]- 477
—, 1-[7-Isopropyl-1-methyl-dibenzo⸗[a,c]phenazin-2-yl]- 802
—, 1-[7-Isopropyl-1-methyl-dibenzo⸗[a,c]phenazin-3-yl]- 802
—, 1-[2-Methyl-1(3)H-benzimidazol-5-yl]- 501
    — [2,4-dinitro-phenylhydrazon] 501
—, 2-[1-Methyl-1H-benzimidazol-2-yl]-1-phenyl- 686
—, 1-[3-Methyl-chinoxalin-2-yl]- 562
    — [2,4-dinitro-phenylhydrazon] 562
    — oxim 563
—, 2-[3-Methyl-chinoxalin-2-yl]-1-phenyl- 737
—, 1-[3-Methyl-dibenzo[f,h]chinoxalin-2-yl]- 770
—, 1-[13-Methyl-dibenzo[a,c]phenazin-10-yl]- 798
—, 1-[3-Methyl-1,4-dihydro-chinoxalin-2-yl]- 513
—, 1-[5-Methyl-1,3-diphenyl-1H-pyrazol-4-yl]- 573
    — phenylhydrazon 574
—, 1-[5-Methyl-1(3)H-imidazol-4-yl]- 206
    — semicarbazon 206
—, 1-[1-Methyl-imidazo[1,5-a]pyridin-3-yl]- 502
—, 1-[2-Methyl-imidazo[1,2-a]pyridin-3-yl]- 502
—, 1-[3-Methyl-imidazo[1,5-a]pyridin-1-yl]- 502
—, 1-[2-Methyl-[1,7]naphthyridin-3-yl]- 563
—, 1-[5-Methyl-1-(4-nitro-phenyl)-1H-pyrazol-3-yl]- 206
—, 1-[5-Methyl-1-(4-nitro-phenyl)-1H-pyrazol-4-yl]- 204
    — [4-nitro-phenylhydrazon] 205
—, 1-[3-Methyl-3,3a,4,4a,5,7a,8,8a-octahydro-4,8-methano-cyclopent[f]indazol-3-yl]- 528
    — semicarbazon 528
—, 1-[3-Methyl-3,3a,4,4a,7,7a,8,8a-octahydro-4,8-methano-cyclopent[f]indazol-3-yl]- 528
    — semicarbazon 528
—, 1-[3-Methyl-4-oxy-chinoxalin-2-yl]- 563
—, 1-[4-Methyl-1-phenyl-4,5-dihydro-1H-pyrazol-3-yl]-,
    — phenylhydrazon 127
—, 1-[4-Methyl-1-phenyl-1H-pyrazol-3-yl]- 205
    — oxim 205
—, 1-[5-Methyl-1-phenyl-1H-pyrazol-3-yl]- 205
    — oxim 206
    — semicarbazon 206

Butan-1-on (Fortsetzung)
—, 3-Methyl-1-[1(2)*H*-pyrazol-3-yl]- 221
 — semicarbazon 221
—, 3-Methyl-2-[2]pyridyl-1-[4]pyridyl-
612
—, 1-[1-Phenyl-1*H*-pyrazol-4-yl]- 211
—, 1-Phenyl-4-[2]pyridyl-2-[2-[2]pyridyl-
äthyl]- 763
—, 1-Phenyl-4-[4]pyridyl-2-[2-[4]pyridyl-
äthyl]- 763
—, 1-[1(2)*H*-Pyrazol-3-yl]- 211
 — semicarbazon 211
—, 4-[4]Pyridyl-2-[2-[4]pyridyl-äthyl]-1-
p-tolyl- 763
Butan-2-on
—, 1-[5-Äthyl-1-(4-nitro-phenyl)-
1*H*-pyrazol-3-yl]- 227
 — [4-nitro-phenylhydrazon] 227
—, 1-[5-Äthyl-2-(4-nitro-phenyl)-
2*H*-pyrazol-3-yl]- 227
 — [4-nitro-phenylhydrazon] 227
—, 1-[5-Äthyl-2-thioxo-2,3-dihydro-
imidazol-1-yl]- 119
—, 1,4-Bis-[4-oxo-4*H*-chinazolin-3-yl]-
366
—, 4-[5-Brom-1(3)*H*-benzimidazol-2-yl]-
514
—, 4-[5-Chlor-1(3)*H*-benzimidazol-2-yl]-
514
—, 4-Chlor-1-[2,3,4,9-tetrahydro-1*H*-
β-carbolin-1-yl]- 588
—, 3,3-Dimethyl-1-pyrazinyl- 251
 — [2,4-dinitro-phenylhydrazon] 251
—, 3,3-Di-[3]pyridyl- 607
 — oxim 607
—, 3,3-Di-[4]pyridyl- 608
—, 1-[Dodecahydro-7,14-methano-
dipyrido[1,2-*a*;1′,2′-*e*][1,5]diazocin-6-yl]-
3,3-dimethyl- 270
—, 4-[1(3)*H*-Imidazol-4-yl]- 214
—, 4-[6-Methyl-4,5-dihydro-pyridazin-3-yl]-,
 — hydrazon 225
—, 3-Methyl-1-pyrazinyl- 247
 — [2,4-dinitro-phenylhydrazon] 247
—, 1-Pyrazinyl- 246
 — [2,4-dinitro-phenylhydrazon] 246
—, 1,1,1-Trifluor-3-[1-methyl-
1*H*-benzimidazol-2-yl]- 514
But-2-en-2-ol
—, 1,1,1-Trifluor-3-[1-methyl-
1*H*-benzimidazol-2-yl]- 514
But-3-en-2-on
—, 4-[1-Phenyl-1*H*-pyrazol-4-yl]- 244
Buttersäure
—, 2-[3-Methyl-6-oxo-6*H*-pyridazin-1-yl]-
183
 — äthylester 183
 — hydrazid 183
Butylquecksilber(1+) 288

C

Canthinon 718
—, Hexahydro- 611
Carbamidsäure
—, [4,6-Dioxo-7-(4-oxo-4*H*-chinazolin-
3-yl)-heptyl]-,
 — benzylester 368
—, [5,7-Dioxo-8-(4-oxo-4*H*-chinazolin-
3-yl)-octyl]-,
 — äthylester 368
 — benzylester 369
—, [1-[2]Furyl-3-oxo-4-(4-oxo-
4*H*-chinazolin-3-yl)-butyl]-,
 — äthylester 371
—, [8-(2-Methyl-4-oxo-4*H*-chinazolin-3-yl)-
5,7-dioxo-octyl]-,
 — äthylester 442
—, [4-(3-Methyl-5-oxo-2,5-dihydro-pyrazol-
1-sulfonyl)-phenyl]-,
 — methylester 99
—, [4-(3-Methyl-6-oxo-6*H*-pyridazin-
1-sulfonyl)-phenyl]-,
 — benzylester 185
—, [3-Oxo-4-(4-oxo-4*H*-chinazolin-3-yl)-
1-tetrahydro[2]furyl-butyl]-,
 — äthylester 371
β-Carbolin
—, 1-*o*-Toluoyl-9*H*- 770
β-Carbolin-1-ol
—, 9*H*- s. *β-Carbolin-1-on, 2,9-Dihydro-*
β-Carbolin-1-on
—, 2-Acetyl-8-methyl-2,3,4,9-tetrahydro-
580
—, 2-Acetyl-9-methyl-2,3,4,9-tetrahydro-
566
—, 2-Acetyl-2,3,4,9-tetrahydro- 566
—, 3-Äthyl-2,3,4,9-tetrahydro- 584
—, 2-Benzyl-2,9-dihydro- 596
—, 6-Chlor-9-methyl-2,3,4,9-tetrahydro-
567
—, 6-Chlor-2,3,4,9-tetrahydro- 567
—, 8-Chlor-2,3,4,9-tetrahydro- 567
—, 5,8-Dichlor-2,3,4,9-tetrahydro-
567
—, 7,8-Dichlor-2,3,4,9-tetrahydro- 567
—, 2,9-Dihydro- 595
—, 2,3-Dimethyl-2,9-dihydro- 601
—, 2,9-Dimethyl-2,9-dihydro- 596
—, 2,9-Dimethyl-2,3,4,9-tetrahydro-
566
—, 6-Fluor-2,3,4,9-tetrahydro- 567
—, 6-Jod-2,3,4,9-tetrahydro- 567
—, 2-[*N*-Methyl-anthraniloyl]-
2,3,4,9-tetrahydro- 566
—, 2-Methyl-2,9-dihydro- 595
—, 3-Methyl-2,9-dihydro- 601
—, 9-Methyl-2,9-dihydro- 596

Chinazolin-4-on (Fortsetzung)

—, 6-Chlor-3-[2-chlor-phenyl]-2-methyl-
3H- 444

—, 6-Chlor-3-[3-chlor-phenyl] 2 methyl-
3H- 444

—, 6-Chlor-3-[4-chlor-phenyl]-2-methyl-
3H- 444

—, 6-Chlor-3-[3-chlor-propyl]-3H- 386

—, 6-Chlor-3-[3-cyclohexylamino-
2-hydroxy-propyl]-3H- 387

—, 6-Chlor-3-[3-cyclohexylamino-propyl]-3H-
386

—, 6-Chlor-3-[2-diäthylamino-äthyl]-3H-
386

—, 6-Chlor-3-[4-diäthylamino-1-methyl-
butyl]-3H- 387

—, 6-Chlor-3-[4-diäthylamino-phenyl]-
2-methyl-3H- 446

—, 6-Chlor-3-[2,3-dihydroxy-propyl]-
2-methyl-3H- 445

—, 6-Chlor-3-[2,3-epoxy-propyl]-3H- 387

—, 6-Chlor-3-[2-hydroxy-äthyl]-2-methyl-3H-
445

—, 3-[5-Chlor-2-hydroxyimino-pentyl]-
3H- 356

—, 5-Chlor-3-[3-(3-hydroxy-[2]piperidyl)-
2-oxo-propyl]-3H- 385

—, 5-Chlor-3-[3-(5-hydroxy-[2]piperidyl)-
2-oxo-propyl]-3H- 385

—, 6-Chlor-3-[3-(3-hydroxy-[2]piperidyl)-
2-oxo-propyl]-3H- 387

—, 7-Chlor-3-[3-(3-hydroxy-[2]piperidyl)-
2-oxo-propyl]-3H- 388

—, 8-Chlor-3-[3-(3-hydroxy-[2]piperidyl)-
2-oxo-propyl]-3H- 388

—, 5-Chlor-3-[3-(3-hydroxy-[2]piperidyl)-
2-oxo-propyl]-6-methyl-3H- 456

—, 5-Chlor-3-[3-(3-hydroxy-[2]piperidyl)-
2-oxo-propyl]-8-methyl-3H- 459

—, 6-Chlor-3-[3-(3-hydroxy-[2]piperidyl)-
2-oxo-propyl]-5-methyl-3H- 455

—, 6-Chlor-3-[3-(3-hydroxy-[2]piperidyl)-
2-oxo-propyl]-7-methyl-3H- 458

—, 6-Chlor-3-[3-(3-hydroxy-[2]piperidyl)-
2-oxo-propyl]-8-methyl-3H- 459

—, 7-Chlor-3-[3-(3-hydroxy-[2]piperidyl)-
2-oxo-propyl]-6-methyl-3H- 456

—, 7-Chlor-3-[3-(3-hydroxy-[2]piperidyl)-
2-oxo-propyl]-8-methyl-3H- 460

—, 8-Chlor-3-[3-(3-hydroxy-[2]piperidyl)-
2-oxo-propyl]-6-methyl-3H- 457

—, 6-Chlor-8-jod-3H- 393

—, 8-Chlor-6-jod-3H- 393

—, 6-Chlor-3-[4-jod-phenyl]-2-methyl-3H-
444

—, 6-Chlor-3-[2-methoxy-phenyl]-2-methyl-3H-
445

—, 6-Chlor-3-[4-methoxy-phenyl]-2-methyl-3H-
445

—, 5-Chlor-3-[3-(3-methoxy-[2]piperidyl)-
2-oxo-propyl]-3H- 385

—, 6-Chlor-3-[3-(3-methoxy-[2]piperidyl)-
2-oxo-propyl]-3H- 387

—, 7-Chlor-3-[3-(3-methoxy-[2]piperidyl)-
2-oxo-propyl]-3H- 388

—, 8-Chlor-3-[3-(3-methoxy-[2]piperidyl)-
2-oxo-propyl]-3H- 388

—, 5-Chlor-3-[3-(3-methoxy-[2]piperidyl)-
2-oxo-propyl]-6-methyl-3H- 456

—, 5-Chlor-3-[3-(3-methoxy-[2]piperidyl)-
2-oxo-propyl]-8-methyl-3H- 459

—, 6-Chlor-3-[3-(3-methoxy-[2]piperidyl)-
2-oxo-propyl]-5-methyl-3H- 455

—, 6-Chlor-3-[3-(3-methoxy-[2]piperidyl)-
2-oxo-propyl]-7-methyl-3H- 458

—, 6-Chlor-3-[3-(3-methoxy-[2]piperidyl)-
2-oxo-propyl]-8-methyl-3H- 459

—, 7-Chlor-3-[3-(3-methoxy-[2]piperidyl)-
2-oxo-propyl]-6-methyl-3H- 456

—, 7-Chlor-3-[3-(3-methoxy-[2]piperidyl)-
2-oxo-propyl]-8-methyl-3H- 460

—, 8-Chlor-3-[3-(3-methoxy-[2]piperidyl)-
2-oxo-propyl]-6-methyl-3H- 457

—, 3-[2-Chlor-3-methoxy-propyl]-3H-
354

—, 5-Chlor-6-methyl-3H- 456

—, 5-Chlor-8-methyl-3H- 459

—, 6-Chlor-2-methyl-3H- 444

—, 6-Chlor-5-methyl-3H- 454

—, 6-Chlor-7-methyl-3H- 458

—, 6-Chlor-8-methyl-3H- 459

—, 7-Chlor-2-methyl-3H- 446

—, 7-Chlor-6-methyl-3H- 456

—, 7-Chlor-8-methyl-3H- 460

—, 8-Chlor-6-methyl-3H- 457

—, 6-Chlor-3-methyl-8-nitro-3H- 395

—, 6-Chlor-2-methyl-3-[4-nitro-phenyl]-
3H- 445

—, 6-Chlor-2-methyl-3-phenyl-3H- 444

—, 3-[5-Chlor-2-methyl-phenyl]-6-jod-
2-methyl-3H- 450

—, 3-[5-Chlor-2-methyl-phenyl]-2-methyl-3H-
436

—, 6-Chlor-2-methyl-3-m-tolyl-3H- 445

—, 6-Chlor-2-methyl-3-o-tolyl-3H- 445

—, 6-Chlor-2-methyl-3-p-tolyl-3H- 445

—, 6-Chlor-8-nitro-3H- 395

—, 3-[2-Chlor-4-nitro-phenyl]-2-methyl-
3H- 436

—, 6-Chlor-3-oxiranylmethyl-3H- 387

—, 3-[5-Chlor-2-oxo-pentyl]-3H- 356

—, 3-[3-Chlor-2-oxo-propyl]-3H- 355

—, 2-[2-Chlor-phenyl]-3H- 668

—, 2-[4-Chlor-phenyl]-3H- 668

—, 3-[4-Chlor-phenyl]-3H- 352

—, 7-Chlor-2-phenyl-2,3-dihydro-1H-
637

Chinazolin-4-on (Fortsetzung)

—, 3-[3-(3-Methoxy-[2]piperidyl)-2-oxo-propyl]-6-methyl-3*H*- 455

, 3 [3 (3-Methoxy-[2]piperidyl)-2-oxo-propyl]-7-methyl-3*H*- 457

—, 3-[3-(3-Methoxy-[2]piperidyl)-2-oxo-propyl]-8-methyl-3*H*- 458

—, 3-[3-(3-Methoxy-[2]piperidyl)-2-oxo-propyl]-5-nitro-3*H*- 394

—, 3-[3-(3-Methoxy-[2]piperidyl)-2-oxo-propyl]-6-phenyl-3*H*- 669

—, 3-[3-(3-Methoxy-[2]piperidyl)-2-oxo-propyl]-7-phenyl-3*H*- 670

—, 3-[3-(3-Methoxy-[2]piperidyl)-2-oxo-propyl]-5-propyl-3*H*- 511

—, 3-[3-(3-Methoxy-[2]piperidyl)-2-oxo-propyl]-5-trifluormethyl-3*H*- 454

—, 3-[3-(3-Methoxy-[2]pyridyl)-2-oxo-propyl]-3*H*- 382

—, 1-Methyl-1*H*- 350

—, 2-Methyl-3*H*- 433

—, 3-Methyl-3*H*- 350

—, 5-Methyl-3*H*- 454

—, 6-Methyl-3*H*- 455

—, 7-Methyl-3*H*- 457

—, 8-Methyl-3*H*- 458

—, 3-Methyl-2,3-dihydro-1*H*- 297

—, 3-Methyl-6,8-dinitro-3*H*- 396

—, 3-[3-(2-Methyl-[1,3]dioxolan-2-yl)-2-oxo-propyl]-3*H*- 372

—, 2-Methyl-3-[1]naphthyl-3*H*- 437

—, 2-Methyl-3-[2]naphthyl-3*H*- 437

—, 1-Methyl-6-nitro-1*H*- 394

—, 1-Methyl-7-nitro-1*H*- 395

—, 2-Methyl-6-nitro-3*H*- 452

—, 2-Methyl-8-nitro-3*H*- 453

—, 3-Methyl-6-nitro-3*H*- 394

—, 3-Methyl-7-nitro-3*H*- 395

—, 3-Methyl-8-nitro-3*H*- 395

—, 7-Methyl-6-nitro-3*H*- 458

—, 2-Methyl-7-nitro-3-[2-nitro-phenyl]-3*H*- 452

—, 2-Methyl-7-nitro-3-[3-nitro-phenyl]-3*H*- 452

—, 2-Methyl-7-nitro-3-[4-nitro-phenyl]-3*H*- 452

—, 2-Methyl-3-[2-nitro-phenyl]-3*H*- 435

—, 2-Methyl-3-[3-nitro-phenyl]-3*H*- 435

—, 2-Methyl-3-[4-nitro-phenyl]-3*H*- 436

—, 2-Methyl-7-nitro-3-*o*-tolyl-3*H*- 452

—, 2-Methyl-7-nitro-3-*p*-tolyl-3*H*- 453

—, 2-Methyl-3-oxiranylmethyl-3*H*- 442

—, 2-Methyl-3-[2-oxo-3-[2]piperidyl-propyl]-3*H*- 443

—, 2-Methyl-3-[2-oxo-3-(1,4,5,6-tetrahydro-[2]pyridyl)-propyl]-3*H*- 443

—, 2-Methyl-3-phenyl-3*H*- 435

—, 6-Methyl-2-phenyl-3*H*- 684

—, 1-Methyl-3-phenyl-2,3-dihydro-1*H*- 297

—, 2-Methyl-3-[4-(2-piperidino-acetylamino)-phenyl]-3*H*- 442

—, 2-Methyl-3-piperidinomethyl-3*H*- 438

—, 2-Methyl-3-[4-(3-piperidino-propionyl-amino)-phenyl]-3*H*- 442

—, 2-Methyl-3-[3-piperidino-propyl]-3*H*- 441

—, 2-Methyl-3-propyl- 434

—, 3-[3-(3-Methyl-pyrrolidin-2-yl)-2-oxo-propyl]-3*H*- 374

—, 3-[3-(4-Methyl-pyrrolidin-2-yl)-2-oxo-propyl]-3*H*- 375

—, 2-Methyl-5,6,7,8-tetrahydro-3*H*- 248

—, 2-Methyl-3-*m*-tolyl-3*H*- 436

—, 2-Methyl-3-*o*-tolyl-3*H*- 436

—, 2-Methyl-3-*p*-tolyl-3*H*- 436

—, 2-Methyl-3-[2,2,2-trichlor-äthyl-idenamino]-3*H*- 443

—, 2-Methyl-3-[2,2,2-trichlor-1-hydroxy-äthylamino]-3*H*- 443

—, 2-[1]Naphthyl-3-phenyl-3*H*- 766

—, 3-[2]Naphthyl-2-phenyl-3*H*- 667

—, 3-[1]Naphthyl-2-propyl-3*H*- 510

—, 3-[2]Naphthyl-2-propyl-3*H*- 510

—, 6-Nitro-3*H*- 394

—, 7-Nitro-3*H*- 395

—, 8-Nitro-3*H*- 395

—, 2-[2-Nitro-benzyl]-3*H*- 683

—, 3-[2-Nitro-benzyl]-3*H*- 353

—, 2-[2-Nitro-phenyl]-3*H*- 668

—, 2-[3-Nitro-phenyl]-3*H*- 669

—, 2-[4-Nitro-phenyl]-3*H*- 669

—, 7-Nitro-2-phenyl-3*H*- 668

—, 2-[2-Nitro-phenyl]-2,3-dihydro-1*H*- 637

—, 2-[4-Nitro-phenyl]-3-phenyl-3*H*- 669

—, 3-[3-Nitro-phenyl]-2-phenyl-3*H*- 666

—, 3-[4-Nitro-phenyl]-2-propyl-3*H*- 510

—, 3-Oxiranylmethyl-3*H*- 370

—, 3-[3-Oxo-butyl]-3*H*- 356

—, 3-[2-Oxo-2-(2-oxo-tetrahydro-[3]furyl)-äthyl]-3*H*- 370

—, 3-[4-Oxo-pentyl]-3*H*- 356

—, 3-[2-Oxo-3-(3-phenylcarbamoyloxy-[2]piperidyl)-propyl]-3*H*- 379

—, 3-[2-Oxo-6-phthalimido-hexyl]-3*H*- 367

—, 3-[2-Oxo-3-phthalimido-propyl]-3*H*- 366

—, 3-[2-Oxo-12-piperidino-dodecyl]-3*H*- 367

—, 3-[2-Oxo-7-piperidino-heptyl]-3*H*- 367

—, 3-[2-Oxo-6-piperidino-hexyl]-3*H*- 367

—, 3-[2-Oxo-5-piperidino-pentyl]-3*H*- 366

E

Dibenzo[*a,c*]phenazin (Fortsetzung)

—, 11-Acetyl- 795

—, 2-Acetyl-7-isopropyl-1-methyl- 802

—, 3-Acetyl-7-isopropyl-1-methyl- 802

—, 10-Acetyl-13-methyl- 798

—, 10-Propionyl- 798

α-Dichroin 378

β-Dichroin 377

γ-Dichroin 377

Dicyclopropa[3,4;5,6]cyclohepta[1,2-*c*]pyrazol-5-on

—, 1a,6a-Dinitro-1a,4,5a,6,6a,6b-hexahydro-1*H*- 502

—, 4-Methyl-1a,6a-dinitro-1a,4,5a,6,6a,6b-hexahydro-1*H*- 503

1,6-Didesoxy-mannit

—, 1-[5,6-Dimethyl-2-oxo-2,3-dihydro-benzimidazol-1-yl]- 311

Dilupin 261

1,4;5,8-Dimethano-phthalazin

—, 5,6,7,8-Tetrachlor-9,9-dimethoxy-1,4,4a,5,8,8a-hexahydro-503

1,4;5,8-Dimethano-phthalazin-2,3-dicarbonsäure

—, 5,6,7,8-Tetrachlor-9,9-dimethoxy-1,4,4a,5,8,8a-hexahydro-,

— diäthylester 317

Diproqualon 438

Dipyrido[2,1-*f*;3′,2′,1′-*ij*][1,6]naphthyridin

—, Dodecahydro- s. *Matridin*

Dipyrido[2,1-*f*;3′,2′,1′-*ij*][1,6]naphthyridin-10-on

—, 2,3,6,7-Tetrahydro-1*H*,5*H*- 614

12,23;18,19-Diseco-24-nor-strychnidin-10-on

—, 23-Brom-19-methyl-12,13-didehydro-21,22-dihydro- 659

12,23;19,20-Diseco-24-nor-strychnidin-10-on

—, 19-Methyl-11,12-didehydro-711

—, 19-Methyl-11,12-didehydro-21,22-dihydro- 658

—, 19-Methyl-21,22-dihydro-621

Dispiro[indolin-2,1′-cyclobutan-3′,2″-indolin]-2′-on

—, 1,3,3,1‴,3‴,3‴-Hexamethyl-745

Dithiocarbamidsäure

—, [2-(2-Thioxo-imidazolidin-1-yl)-äthyl]-29

1,μ-Dithio-dikohlensäure

— 2-äthylester-1-[2-(2-thioxo-imidazolidin-1-yl)-äthylamid] 30

Eburnamenin

Bezifferung s. **23** IV 1789 Anm. 1

Eburnamenin-14-on 656

Eburnamonin 656

Epialloyohimbon 654

1,4-Epimino-isochinolin-3-on

—, 9-Methyl-1,2-diphenyl-1,4-dihydro-2*H*- 688

—, 9-Methyl-2,4-diphenyl-1,4-dihydro-2*H*- 688

Ergolin

Bezifferung s. **22** IV 6496 Anm.

Ergolin-7-on

—, 6,8-Dimethyl- 614

—, 6-Methyl-8-methylen- 645

—, 6-Methyl-8-methylen-9,10-didehydro-689

Ergolin-8-on

—, 1-Acetyl-6-methyl-9,10-didehydro-2,3-dihydro- 611

— oxim 611

— semicarbazon 611

—, 6-Methyl- 611

—, 6-Methyl-9,10-didehydro-2,3-dihydro-611

— oxim 611

— semicarbazon 611

Essigsäure

— {[bis-(4-äthyl-3,5-dimethyl-pyrrol-2-yl)-methylen]-hydrazid} 538

— {[bis-(5-äthyl-3-methyl-pyrrol-2-yl)-methylen]-hydrazid} 531

— [4-(2-methyl-4-oxo-4*H*-chinazolin-3-yl)-anilid] 441

— [*N*-methyl-4-(3-oxo-pyrazolidin-1-yl)-anilid] 6

— [4-(4-oxo-4*H*-chinazolin-3-yl)-anilid] 363

— [4-(2-oxo-imidazolidin-1-yl)-anilid] 17

—, [3-Acetyl-4-benzyl-5-oxo-2-phenäthyl-imidazolidin-1-yl]- 650

—, Acryloyloxy-,

— [2-(2-oxo-imidazolidin-1-yl)-äthylamid] 16

—, [3-Äthyl-6-oxo-6*H*-pyridazin-1-yl]-,

— äthylester 195

— hydrazid 195

—, [4-Benzyliden-2-methyl-5-oxo-4,5-dihydro-imidazol-1-yl]-,

— äthylester 561

—, [4-Benzyliden-5-oxo-2-styryl-4,5-dihydro-imidazol-1-yl]- 757

— äthylester 758

— methylester 758

Imidazolidin-2-thion (Fortsetzung)
−, 1,3-Bis-[2-cyan-äthyl]- 28
−, 1,3-Bis-[4,5-dimethyl-2-thioxo-
imidazolidin-1-ylmethyl]-4,5-dimethyl-
45
−, 1,3-Bis-[2-methoxycarbonyl-äthyl]-
28
−, 1,3-Bis-[1-methyl-butyl]- 24
−, 1,3-Bis-piperidinomethyl- 26
−, 1,3-Bis-[1-(2-thioxo-imidazolidin-1-yl)-
äthyl]- 27
−, 1,3-Bis-[2-thioxo-imidazolidin-
1-ylmethyl]- 27
−, 1,3-Bis-[3-(2-thioxo-imidazolidin-1-yl)-
propyl]- 30
−, 1-Butyl- 24
−, 1-[3-Chlor-4-hydroxy-phenyl]- 26
−, 1,1'-Decandiyl-bis- 31
−, 1-Decyl- 25
−, 1,3-Diacetyl- 27
−, 1,3-Diäthyl- 24
−, 1-[2-Diäthylamino-äthyl]- 29
−, 1,3-Dibenzyl- 26
−, 3,3'-Dibenzyl-1,1'-äthandiyl-bis- 30
−, 1,3-Dibutyl- 24
−, 1-[2-Dibutylamino-äthyl]- 29
−, 1,3-Dicyclohexyl- 25
−, 1,3-Diisopropyl- 24
−, 4,4-Dijod-5,5-dimethyl- 44
−, 1,3-Dimethyl- 23
−, 4,5-Dimethyl- 45
−, 1-[2-Dimethylamino-äthyl]- 28
−, 1-[2-(N',N'-Dimethyl-thioureido)-äthyl]-
29
−, 1,3-Diphenyl- 26
−, 4,4-Diphenyl- 641
−, 1-[2-Dipropylamino-äthyl]- 29
−, 1-Dodecyl- 25
−, 1-Heptyl- 25
−, 1,1'-Hexandiyl-bis- 31
−, 1-Hexyl- 24
−, 1-[2-Hydroxy-äthyl]- 26
−, 1-[2-Hydroxy-phenyl]- 26
−, 1-[4-Hydroxy-phenyl]- 26
−, 1-[3-Isopropoxy-propyl]- 26
−, 1-Isopropyl- 24
−, 1-[2-Isothiocyanato-äthyl]- 30
−, 1-[2-Methacrylamino-äthyl]- 29
−, 1,1'-Methandiyl-bis- 26
−, 1-Methyl- 23
−, 4-Methyl- 39
−, 4-Methyl-5-pentadecyl- 57
−, 1-Nonyl- 25
−, 1-Octadecyl- 25
−, 1-Octyl- 25
−, 4-Pentadecyl-5-propyl- 57
−, 1-Pentyl- 24
−, 1-[2-(N'-Phenyl-thioureido)-äthyl]- 29
−, 1-Piperidinomethyl- 26
−, 1,1'-Propandiyl-bis- 30

−, 4,4,5,5-Tetramethyl- 49
−, 1-[1,1,3,3-Tetramethyl-butyl]- 25
Imidazolidin-4-thion
−, 1-Acetyl-2,2-dimethyl-5-phenyl- 319
−, 2-Äthyl-2-methyl- 48
−, 2-Äthyl-2-methyl-5-phenyl- 327
−, 1-Benzoyl-2,2-dimethyl-5-phenyl- 319
−, 2,5-Diäthyl-2,5-dimethyl- 53
−, 2,5-Dihexyl- 57
−, 2,2-Dimethyl- 44
−, 2,5-Dimethyl-2,5-diphenyl- 649
−, 2,2-Dimethyl-5-phenyl- 318
−, 5,5-Dimethyl-2-phenyl- 319
−, 2,5-Diphenyl- 640
−, 2-Hexyl-5-methyl-5-phenyl- 337
−, 2-Hexyl-5-phenyl- 331
−, 2-Methyl-2,5-diphenyl- 647
−, 5-Methyl-2,5-diphenyl- 647
−, 2-Methyl-2-phenyl- 314
−, 2,2,5,5-Tetramethyl- 49
−, 2,2,5-Trimethyl- 48
−, 2,2,5-Trimethyl-5-phenyl- 327
Imidazol-4-ol
−, 5-Benzyliden-4-methyl-2-phenyl-
4,5-dihydro-1(3)H- 699
Imidazol-2-on
−, 3-Acetyl-1-acetylamino-4-äthyl-
5-methyl-1,3-dihydro- 130
−, 1-Acetyl-3-acetylamino-4,5-dimethyl-
1,3-dihydro- 120
−, 1-Acetylamino-4-äthyl-5-methyl-
1,3-dihydro- 130
−, 1-[4'-Acetylamino-biphenyl-4-yl]-
4,5-diphenyl-1,3-dihydro- 680
−, 1-[4'-Acetylamino-3,3'-dimethoxy-
biphenyl-4-yl]-4,5-diphenyl-1,3-dihydro- 680
−, 1-[4'-Acetylamino-3,3'-dimethyl-
biphenyl-4-yl]-4,5-diphenyl-1,3-dihydro- 680
−, 1-Acetylamino-4,5-dimethyl-1,3-dihydro-
120
−, 1-Acetyl-3-benzhydryl-1,3-dihydro- 60
−, 1-Acetyl-3-methyl-1,3-dihydro- 60
−, 1-[N-Acetyl-sulfanilylamino]-4-äthyl-
5-methyl-1,3-dihydro- 130
−, 1-[(N-Acetyl-sulfanilyl)-amino]-
4,5-dimethyl-1,3-dihydro- 120
−, 4-Äthyl-1-amino-5-methyl-1,3-dihydro-
130
−, 1-Äthyl-3-benzhydryl-1,3-dihydro- 60
−, 1-Äthyl-3-[4-brom-benzhydryl]-
1,3-dihydro- 61
−, 1-Äthyl-3-[cyclohexyl-phenyl-methyl]-
1,3-dihydro- 60
−, 4-Äthyl-1,3-dihydro- 119
−, 1-Äthyl-3-[4-methoxy-benzhydryl]-
1,3-dihydro- 61
−, 4-Äthyl-5-methyl-1,3-dihydro- 129
−, 4-Äthyl-5-methyl-1-phthalimido-
1,3-dihydro- 130

Imidazol-2-thion   (Fortsetzung)
—, 4,5-Diphenyl-1,3-dihydro- 680
—, 4,5-Diphenyl-1-o-tolyl-1,3-dihydro-
   681
—, 4,5-Diphenyl-1-p-tolyl-1,3-dihydro-
   681
—, 4,5-Dipropyl-1,3-dihydro- 155
—, 4-Hexyl-1,3-dihydro- 154
—, 1-Hippuroyl-3-methyl-1,3-dihydro-
   66
—, 1-[2-Hydroxy-äthyl]-1,3-dihydro- 63
—, 1-Hydroxymethyl-1,3-dihydro- 64
—, 1-Hydroxymethyl-3-methyl-1,3-dihydro-
   64
—, 1-Isobutyl-1,3-dihydro- 62
—, 4-Isobutyl-1,3-dihydro- 144
—, 5-Isobutyl-1-[4-methyl-2-oxo-pentyl]-
   1,3-dihydro- 144
—, 1-Isopentyl-1,3-dihydro- 62
—, 1-Isopropyl-1,3-dihydro- 62
—, 4-Isopropyl-1,3-dihydro- 129
—, 1-Isopropyl-4-methyl-1,3-dihydro-
   110
—, 1-Isopropyl-5-methyl-1,3-dihydro-
   111
—, 4-Jod-1,3-dihydro- 66
—, 4-Jod-1-methyl-1,3-dihydro- 66
—, 4-Jod-5-methyl-1,3-dihydro- 111
—, 4-Jod-5-propyl-1,3-dihydro- 129
—, 1-[6-Methoxy-[8]chinolyl]-1,3-dihydro-
   66
—, 1-[4-Methoxy-phenäthyl]-1,3-dihydro-
   64
—, 1-[4-Methoxy-phenyl]-1,3-dihydro-
   63
—, 1-[4-Methoxy-phenyl]-4,5-diphenyl-
   1,3-dihydro- 681
—, 1-Methyl-1,3-dihydro- 61
—, 4-Methyl-1,3-dihydro- 110
—, 1-[1-Methyl-hexyl]-1,3-dihydro- 62
—, 1-Methyl-5-pentyl-1,3-dihydro- 150
—, 4-Methyl-5-pentyl-1,3-dihydro- 154
—, 1-[1-Methyl-2-phenyl-äthyl]-1,3-dihydro-
   63
—, 1-Methyl-4-phenyl-1,3-dihydro- 429
—, 4-Methyl-5-propyl-1,3-dihydro- 145
—, 5-Methyl-1-propyl-1,3-dihydro- 110
—, 4-[4-Nitro-phenyl]-1,3-dihydro- 429
—, 1-[4-Nitro-phenyl]-4,5-diphenyl-
   1,3-dihydro- 681
—, 1-Octyl-1,3-dihydro- 62
—, 4-Pentyl-1,3-dihydro- 149
—, 1-Phenacyl-5-phenyl-1,3-dihydro-
   429
—, 1-Phenäthyl-1,3-dihydro- 63
—, 1-Phenyl-1,3-dihydro- 63
—, 4-Phenyl-1,3-dihydro- 428
—, 1-[3-Phenyl-propyl]-1,3-dihydro- 63
—, 1-Propyl-1,3-dihydro- 62
—, 4-Propyl-1,3-dihydro- 129

—, 1-[2]Pyridyl-1,3-dihydro- 66
—, 1,3,1′,3′-Tetrahydro-1,1′-hexandiyl-bis-
   66
—, 4,5,4′,5′-Tetraphenyl-1,3,1′,3′-
   tetrahydro-1,1′-p-phenylen-bis- 681
—, 1,4,5-Triphenyl-1,3-dihydro- 680
Imidazol-4-thion
—, 2-Äthyl-5,5-dimethyl-3,5-dihydro-
   145
—, 5-Benzyliden-2-phenyl-3,5-dihydro-
   729
—, 5,5-Dimethyl-1,5-dihydro- 119
—, 5-[2,6-Dimethyl-hept-5-enyl]-
   3,5-dihydro- 237
—, 2,5-Dimethyl-5-phenyl-3,5-dihydro-
   508
—, 5,5-Dimethyl-2-phenyl-3,5-dihydro-
   509
—, 2,5-Diphenyl-3,5-dihydro- 678
—, 5-Hexyl-3,5-dihydro- 154
—, 5-Methyl-3,5-dihydro- 111
—, 2-Methyl-5-phenyl-3,5-dihydro- 487
—, 5-Methyl-5-phenyl-3,5-dihydro- 488
—, 5-Nitro-3,5-dihydro- 59
—, 2-Phenyl-3,5-dihydro- 428
—, 5-Phenyl-3,5-dihydro- 428
—, 2,5,5-Trimethyl-3,5-dihydro- 131
Imidazo[1,2-a]pyridin
—, 3-Acetyl- 478
—, 1-Acetyl-3-methyl- 502
—, 3-Acetyl-2-methyl- 502
—, 3-Benzoyl- 674
—, 3-Benzoyl-2-methyl- 686
—, 3-Benzoyl-2-phenyl- 781
Imidazo[1,5-a]pyridin
—, 1-Acetyl- 478
—, 3-Acetyl-1-methyl- 502
Imidazo[1,2-a]pyridinium
—, 3-Acetyl-1,2-dimethyl- 502
—, 3-Benzoyl-1,2-dimethyl- 687
—, 3-Benzoyl-1-[β-hydroxy-styryl]-,
   — betain 674
—, 3-Benzoyl-1-[β-hydroxy-styryl]-2-phenyl-,
   — betain 781
—, 3-Benzoyl-2-methyl-1-phenacyl- 687
—, 3-Benzoyl-1-methyl-2-phenyl- 781
—, 3-Benzoyl-1-phenacyl- 674
   — betain 674
—, 3-Benzoyl-1-phenacyl-2-phenyl- 781
   — betain 781
—, 6-Brom-3-[2-methyl-3-phenyl-allyliden]-
   2-oxo-2,3-dihydro-1H- 738
—, 6-Brom-2-oxo-2,3-dihydro-1H- 294
—, 3-[4-Chlor-benzyliden]-6-jod-2-oxo-
   2,3-dihydro-1H- 674
—, 6-Jod-3-[4-nitro-benzyliden]-2-oxo-
   2,3-dihydro-1H- 674
—, 6-Jod-2-oxo-2,3-dihydro-1H- 294
—, 1-Methyl-2-oxo-2,3-dihydro-1H- 294
—, 8-Methyl-2-oxo-2,3-dihydro-1H- 302

Piperazin-2-on (Fortsetzung)
—, 3-Äthyl-3-phenyl- 327
—, 1-[2-Benzo[1,3]dioxol-5-yl-äthyl]-
    4-methyl- 36
—, 4-Benzolsulfonyl- 35
—, 4-Benzolsulfonyl-3,3-dimethyl- 46
—, 4-Benzoyl-1-isopropyl-5,5-dimethyl-
    47
—, 4-Benzyl- 35
—, 4-Benzyl-1-methyl- 35
—, 1-Butyl-5,5-dimethyl- 47
—, 1-*sec*-Butyl-5,5-dimethyl- 47
—, 6-*sec*-Butyl-1-hydroxy-3-isobutyl- 56
—, 6-*sec*-Butyl-3-isobutyl- 55
—, 3-*sec*-Butyl-3-methyl- 52
—, 3-[α-Chlor-benzyl]- 318
—, 4-[4-Chlor-benzyl]-3,3-dimethyl- 46
—, 1,4-Dibenzyl- 36
—, 1,4-Dibutyl- 35
—, 1,4-Dicyclohexyl- 35
—, 1,4-Didodecyl- 35
—, 1-[3,4-Dimethoxy-phenäthyl]-4-methyl-
    36
—, 3,3-Dimethyl- 46
—, 3,4-Dimethyl- 42
—, 3,3-Dimethyl-4-piperonyl- 47
—, 3,3-Dimethyl-4-[3,5,5-trimethyl-hexyl]-
    46
—, 1,4-Dioctyl- 35
—, 3,3-Diphenyl- 646
—, 3,6-Diphenyl- 647
—, 5,6-Diphenyl- 646
—, 4-Dodecyl-3-methyl- 42
—, 4-Formyl-3,3-dimethyl- 47
—, 4-[2-Hydroxy-äthyl]-3,3-dimethyl- 47
—, 4-[2-Hydroxy-äthyl]-3-methyl- 42
—, 4-Isobutyl-3,3-dimethyl- 46
—, 3-Isopropyl- 49
—, 1-Isopropyl-5,5-dimethyl- 47
—, 1-Isopropyl-5,5-dimethyl-4-nitroso-
    47
—, 3-Methyl- 42
—, 4-Methyl- 35
—, 4-Methyl-1-[3,4-methylendioxy-
    phenäthyl]- 36
—, 1-Methyl-4-phenäthyl- 36
—, 3-Methyl-4-[3,5,5-trimethyl-hexyl]- 42
—, 3,3,6,6-Tetramethyl- 50
—, 3,3,4-Trimethyl- 46

Piperazin-1-thiocarbonsäure
—, 3-Oxo-,
    — anilid 36

Piperidin
—, 1-Acetyl-3-[4-acetyl-5-methyl-pyrrol-
    3-yl]- 256
—, 3-[4-Acetyl-5-methyl-pyrrol-3-yl]-1-
    [4-nitro-benzoyl]- 256

—, 1-Benzolsulfonyl-3-benzolsulfonyloxy-
    2-[2-oxo-3-(4-oxo-4*H*-chinazolin-3-yl)-
    propyl]- 377
—, 1-Benzolsulfonyl-2-[2-oxo-3-(4-oxo-
    4*H*-chinazolin-3-yl)-propyl]-
    374
—, 1-Benzoyl-2-[2-oxo-3-(4-oxo-
    4*H*-chinazolin-3-yl)-propyl]-
    374
—, 1-[3,5-Dinitro-benzoyl]-3-[(4-oxo-
    4*H*-chinazolin-3-yl)-acetyl]-
    374
—, 4-[3-(4-Oxo-4*H*-chinazolin-3-yl)-
    propyl]-1-[toluol-4-sulfonyl]-
    372

Piperidin-1-carbonsäure
—, 2-[3-(5-Chlor-8-methyl-4-oxo-
    4*H*-chinazolin-3-yl)-2-oxo-propyl]-
    3-methoxy-,
    — äthylester 459
—, 2-[3-(6-Chlor-5-methyl-4-oxo-
    4*H*-chinazolin-3-yl)-2-oxo-propyl]-
    3-methoxy-,
    — äthylester 455
—, 2-[3-(6-Chlor-7-methyl-4-oxo-
    4*H*-chinazolin-3-yl)-2-oxo-propyl]-
    3-methoxy-,
    — äthylester 458
—, 2-[3-(6-Chlor-8-methyl-4-oxo-
    4*H*-chinazolin-3-yl)-2-oxo-propyl]-
    3-methoxy-,
    — äthylester 460
—, 2-[3-(7-Chlor-6-methyl-4-oxo-
    4*H*-chinazolin-3-yl)-2-oxo-propyl]-
    3-methoxy-,
    — äthylester 456
—, 2-[3-(8-Chlor-6-methyl-4-oxo-
    4*H*-chinazolin-3-yl)-2-oxo-propyl]-
    3-methoxy-,
    — äthylester 457
—, 2-[3-(6-Chlor-4-oxo-4*H*-chinazolin-3-yl)-
    2-oxo-propyl]-3-methoxy-,
    — äthylester 387
—, 2-[3-(7-Chlor-4-oxo-4*H*-chinazolin-3-yl)-
    2-oxo-propyl]-3-methoxy-,
    — äthylester 388
—, 2-[3-(8-Chlor-4-oxo-4*H*-chinazolin-3-yl)-
    2-oxo-propyl]-3-methoxy-,
    — äthylester 388
—, 2-[3-(6,7-Dichlor-4-oxo-4*H*-chinazolin-
    3-yl)-2-oxo-propyl]-3-methoxy-,
    — äthylester 390
—, 2-[3-(6,8-Dichlor-4-oxo-4*H*-chinazolin-
    3-yl)-2-oxo-propyl]-3-methoxy-,
    — äthylester 390
—, 2-[3-(6,7-Dimethyl-4-oxo-4*H*-chinazolin-
    3-yl)-2-oxo-propyl]-3-methoxy-,
    — äthylester 497

Pyrazol-3-on (Fortsetzung)

—, 2-Phenyl-5-undecyl-1,2-dihydro-
161

—, 5-Propyl-1,2-dihydro- 122

—, 2,4,4,5-Tetramethyl-2,4-dihydro-
128

—, 1,5,1′,5′-Tetramethyl-1,2,1′,2′-
tetrahydro-2,2′-*m*-phenylen-bis-
96

—, 1,5,1′,5′-Tetramethyl-1,2,1′,2′-
tetrahydro-2,2′-*p*-phenylen-bis- 97

—, 2,4,4-Trichlor-5-phenyl-2,4-dihydro-
425

—, 5-Trifluormethyl-1,2-dihydro-
100

—, 1,2,5-Trimethyl-1,2-dihydro- 69

—, 4,4,5-Trimethyl-2,4-dihydro- 128

—, 2,4,5-Trimethyl-4-nitro-2,4-dihydro-
118

—, 1,2,4-Trimethyl-5-phenyl-1,2-dihydro-
484

—, 1,2,5-Trimethyl-4-phenyl-1,2-dihydro-
483

—, 1,4,5-Trimethyl-2-phenyl-1,2-dihydro-
116

—, 2,4,5-Trimethyl-1-phenyl-1,2-dihydro-
116

—, 4,4,5-Trimethyl-2-phenyl-2,4-dihydro-
128

—, 2,4,5-Triphenyl-1,2-dihydro- 678

Pyrazol-4-on

—, 3-Chlor-3,5,5-trimethyl-3,5-dihydro-
127

—, 1-Phenyl-1,5-dihydro-,
— phenylhydrazon 57

—, 3,5,5-Trimethyl-1,5-dihydro- 127

—, 3,5,5-Trimethyl-2-oxy-1,5-dihydro-
127

Pyrazol-4-on-1-oxid

—, 3,3,5-Trimethyl-2,3-dihydro- 127

Pyrazol-1-thiocarbonsäure

—, 3-[4-Brom-phenyl]-5-oxo-2,5-dihydro-,
— amid 426

—, 3-Methyl-5-oxo-2,5-dihydro-,
— amid 91

—, 3-[4-Nitro-phenyl]-5-oxo-2,5-dihydro-,
— amid 426

Pyrazol-3-thiol

—, 5-Methyl-2-phenyl-2*H*- 107

Pyrazol-3-thion

—, 4-Benzyliden-5-methyl-2-phenyl-
2,4-dihydro- 560

—, 4-Benzyliden-5-methyl-2-*p*-tolyl-
2,4-dihydro- 560

—, 4-Chlor-1,5-dimethyl-2-phenyl-
1,2-dihydro- 108

—, 1,5-Dimethyl-2-phenyl-1,2-dihydro-
107

—, 2,5-Dimethyl-1-phenyl-1,2-dihydro- 107

—, 1,5-Dimethyl-2-phenyl-4-propyl-
1,2-dihydro- 139

—, 4-Isopropyl-1,5-dimethyl-2-phenyl-
1,2-dihydro- 143

—, 5-Methyl-1,2 diphenyl-1,2-dihydro-
107

—, 5-Methyl-4-nitro-2-[4-nitro-phenyl]-
1,2-dihydro- 107

—, 5-Methyl-4-[1-phenyl-äthyliden]-2-
p-tolyl-2,4-dihydro- 573

—, 5-Methyl-2-phenyl-1,2-dihydro-
107

—, 5-Methyl-2-phenyl-4-[1-phenyl-
äthyliden]-2,4-dihydro- 573

—, 1,2,5-Trimethyl-1,2-dihydro- 106

—, 1,4,5-Trimethyl-2-phenyl-1,2-dihydro-
119

—, 4,4,5-Trimethyl-2-phenyl-2,4-dihydro-
128

Pyrazol-3-ylamin

—, 2-Phenyl-2,5-dihydro-1*H*- 5

Pyridazin

—, 6-Imino-1,6-dihydro- s. *Pyridazin-
3-ylamin* (Syst.-Nr. 3713)

—, 4-Phenacyl-3,6-diphenyl- 801

Pyridazin-3-carbaldehyd

—, 2-Phenyl-2,5-dihydro-,
— phenylhydrazon 187

Pyridazin-1-carbonsäure

—, 3-Methyl-6-oxo-tetrahydro-,
— amid 41
— anilid 41

Pyridazinium

—, 5-Hydroxy-1-methyl-,
— betain 170

—, 1-Methyl-5-oxo-2,5-dihydro- 170
— betain 170

Pyridazin-3-ol

s. *Pyridazin-3-on*, 2H-

Pyridazin-4-ol

s. *Pyridazin-4-on*, 1H-

Pyridazin-3-on

—, 2*H*- 164
— hydrazon s. *Pyridazin,
3-Hydrazino-* (Syst.-Nr. 3783)
— imin s. *Pyridazin-3-ylamin*
(Syst.-Nr. 3713)

—, 2-Acetonyl-2*H*- 166

—, 2-Acetonyl-6-methyl-2*H*- 180

—, 2-Acetonyl-6-phenyl-2*H*- 546

—, 2-[1-Acetyl-butyl]-6-methyl-2*H*- 181

—, 2-[1-Acetyl-hexyl]-6-methyl-2*H*- 182

—, 2-[1-Acetyl-2-methyl-propyl]-6-methyl-2*H*-
181

—, 2-[1-Acetyl-pentyl]-6-methyl-2*H*-
182

Pyridazin-3-on (Fortsetzung)
-, 2-[2-Nitro-phenyl]-4,5-dihydro-2*H*- 67
-, 2-[4-Nitro-phenyl]-4,5-dihydro-2*H*- 67
-, 6-[3-Nitro-phenyl]-4,5-dihydro-2*H*- 481
-, 6-[4-(3-Nitro-propyl)-phenyl]-4,5-dihydro-2*H*- 522
-, 6-[2,3,3a,4,5,7,8,9-Octahydro-1*H*-cyclopent[*e*]acenaphthylen-6-yl]-4,5-dihydro-2*H*- 652
-, 1-Oxy-2*H*- 165
-, 6-Pentyl-2*H*- 225
-, 6-Pentyl-4,5-dihydro-2*H*- 152
-, 6-Pentyl-2-phenyl-4,5-dihydro-2*H*- 152
-, 2-Phenyl-2*H*- 165
-, 6-Phenyl-2*H*- 545
-, 6-Phenyl-4,5-dihydro-2*H*- 480
-, 2-Piperidinomethyl-2*H*- 165
-, 6-[4-Propyl-phenyl]-4,5-dihydro-2*H*- 522
-, 2-[2-Semicarbazono-propyl]-2*H*- 166
-, 2,5,6-Trimethyl-2*H*- 195
-, 4,5,6-Trimethyl-2*H*- 208
-, 4,4,6-Trimethyl-4,5-dihydro-2*H*- 132
-, 4,5,6-Trimethyl-4,5-dihydro-2*H*- 132
-, 2,5,6-Triphenyl-2*H*- 723
-, 4,5,6-Triphenyl-2*H*- 788
-, 2,4,6-Triphenyl-4,5-dihydro-2*H*- 690
Pyridazin-4-on
-, 1*H*- 170
-, 1-Acetyl-3,6-dimethyl-1*H*-, - [*O*-acetyl-oxim] 197
-, 1-Äthyl-3,5,6-triphenyl-1*H*- 789
-, 1-Benzoyl-3,6-dimethyl-1*H*-, - [*O*-benzoyl-oxim] 197
-, 3,6-Bis-chlormethyl-1*H*- 197
-, 5-Brom-6-methyl-1-phenyl-1*H*- 187
-, 3,6-Dichlor-1*H*- 170
-, 3,6-Dichlor-1-methyl-1*H*- 170
-, 3,6-Dimethyl-1*H*- 197
-, 3,6-Dimethyl-1-nitroso-1*H*- 197
-, 3,6-Diphenyl-1*H*- 724
-, 1-Methyl-1*H*- 170
-, 6-Methyl-1-phenyl-1*H*- 187
-, 3,5,6-Triphenyl-1*H*- 789
Pyridazin-3-on-1-oxid
-, 2*H*- 165
Pyridazin-3-thiol
s. *Pyridazin-3-thion*, 2H-
Pyridazin-3-thion
-, 2*H*- 169
-, 6-Chlor-2*H*- 169
-, 6-Chlor-5-methyl-2*H*- 188
-, 2,6-Dimethyl-2*H*- 187
-, 2,6-Diphenyl-2*H*- 547

-, 2-Methyl-2*H*- 169
-, 6-Methyl-2*H*- 186
-, 6-Methyl-4,5-dihydro-2*H*- 113
-, 2-Methyl-6-phenyl-2*H*- 547
-, 6-Methyl-2-phenyl-2*H*- 187
-, 4,4,6-Trimethyl-4,5-dihydro-2*H*- 132
Pyridazin-4-thion
-, 3,5,6-Triphenyl-1*H*- 789
Pyridin-3-carbaldehyd
-, 2-[2-(2-Methyl-[3]pyridyl)-vinyl]- 635
Pyridin-3-carbonitril
-, 4-Methoxy-1-methyl-6-[3-methyl-5-oxo-2,5-dihydro-pyrazol-1-yl]-2-oxo-1,2-dihydro- 98
Pyridinium
-, 2-[1-Benzoyl-3-(1-methyl-1*H*-[2]pyridyliden)-propenyl]-1-methyl- 772
-, 2-[1-Benzoyl-2-oxo-3-(4-oxo-4*H*-chinazolin-3-yl)-propyl]-1-benzyl- 382
-, 1-[5-Brom-2-hydroxy-indol-3-yl]-5-[5-brom-2-oxo-indolin-3-yliden]-2,3,4,5-tetrahydro-, - betain 605
-, 1,1'-Dimethyl-2,2'-oxoäthandiyl-bis- 598
-, 1,1'-Dimethyl-2,2'-[2-oxo-cyclohexan-1,3-diyl]-bis- 648
-, 1-[2-Hydroxy-indol-3-yl]-2-methyl-5-[2-oxo-indolin-3-yliden]-2,3,4,5-tetrahydro-, - betain 609
-, 1-[2-Hydroxy-indol-3-yl]-3-methyl-5-[2-oxo-indolin-3-yliden]-2,3,4,5-tetrahydro-, - betain 610
-, 1-[2-Hydroxy-indol-3-yl]-6-methyl-5-[2-oxo-indolin-3-yliden]-2,3,4,5-tetrahydro-, - betain 609
-, 1-[2-Hydroxy-indol-3-yl]-3-[2-oxo-indolin-3-yliden]-3,4,5,6-tetrahydro-, - betain 605
-, 1-Methyl-2-[4-oxo-4*H*-chinolizin-3-yl]- 676
-, 1-Methyl-2-[3-oxo-1-oxy-3*H*-indol-2-yl]- 663
-, 1-[2-(4-Oxo-4*H*-chinazolin-3-ylcarbamoyl)-äthyl]- 384
Pyridin-2-ol
-, 5-[4,5-Dihydro-3*H*-pyrrol-2-yl]- 312
-, 3-[1-Methyl-pyrrolidin-2-yl]- 250
Pyridin-2-on
-, 1-[2-Benzo[1,3]dioxol-5-yl-äthyl]-5-[1-methyl-pyrrolidin-2-yl]-1*H*- 250
-, 5-Brom-3-[1-methyl-2,5-dihydro-1*H*-pyrrol-2-yl]-1*H*- 313
-, 5-[4,5-Dihydro-3*H*-pyrrol-2-yl]-1*H*- 312
-, 1-[3,4-Dimethoxy-phenäthyl]-5-[1-methyl-pyrrolidin-2-yl]-1*H*- 250
-, 3,6-Dimethyl-5-phenyl-4-[3]pyridyl-1*H*- 739

Formelregister

Im Formelregister sind die Verbindungen entsprechend dem System von *Hill* (Am. Soc. **22** [1900] 478)

1. nach der Anzahl der C-Atome,
2. nach der Anzahl der H-Atome,
3. nach der Anzahl der übrigen Elemente

in alphabetischer Reihenfolge angeordnet. Isomere sind in Form des „Registernamens" (s. diesbezüglich die Erläuterungen zum Sachregister) in alphabetischer Reihenfolge aufgeführt. Verbindungen unbekannter Konstitution finden sich am Schluss der jeweiligen Isomeren-Reihe.

Von quartären Ammonium-Salzen, tertiären Sulfonium-Salzen u. s. w., sowie Organometall-Salzen wird nur das Kation aufgeführt.

Formula Index

Compounds are listed in the Formula Index using the system of *Hill* (Am. Soc. **22** [1900] 478), following:

1. the number of Carbon atoms,
2. the number of Hydrogen atoms,
3. the number of other elements,

in alphabetical order. Isomers are listed in the alphabetical order of their Index Names (see foreword to Subject Index), and isomers of undetermined structure are located at the end of the particular isomer listing.

For quarternary ammonium salts, tertiary sulfonium salts etc. and organometallic salts only the cations are listed.

$C_3H_7N_3O$
Imidazolidin-2-on, 1-Amino- 18
$C_3H_8N_4$
Imidazolidin-2-on-hydrazon 7

C_4

$C_4H_2BrClN_2O$
Pyridazin-3-on, 5-Brom-4-chlor-2H- 169
$C_4H_2Br_2N_2O$
Pyridazin-3-on, 4,5-Dibrom-2H- 169
$C_4H_2Cl_2N_2O$
Pyridazin-3-on, 4,5-Dichlor-2H- 168
−, 4,6-Dichlor-2H- 168
−, 5,6-Dichlor-2H- 167
Pyridazin-4-on, 3,6-Dichlor-1H- 170
Pyrimidin-2-on, 4,5-Dichlor-1H- 174
$C_4H_3BrN_2O$
Pyrazin-2-on, 6-Brom-1H- 176
Pyridazin-3-on, 6-Brom-2H- 169
Pyrimidin-2-on, 5-Brom-1H- 174
Pyrimidin-4-on, 5-Brom-3H- 172
$C_4H_3ClN_2O$
Pyridazin-3-on, 6-Chlor-2H- 166
Pyrimidin-2-on, 4-Chlor-1H- 173
−, 5-Chlor-1H- 174
Pyrimidin-4-on, 5-Chlor-3H- 172
−, 6-Chlor-3H- 172
$C_4H_3ClN_2S$
Pyridazin-3-thion, 6-Chlor-2H- 169
Pyrimidin-2-thion, 5-Chlor-1H- 175
Pyrimidin-4-thion, 5-Chlor-3H- 172
$C_4H_3F_3N_2O$
Pyrazol-3-on, 5-Trifluormethyl-1,2-dihydro-
100
$C_4H_3N_3O_2S$
Pyrimidin-2-thion, 5-Nitro-1H- 175
$C_4H_3N_3O_3$
Pyrimidin-2-on, 5-Nitro-1H- 174
$C_4H_4Br_2N_2O$
Pyrazol-3-on, 4,4-Dibrom-5-methyl-
2,4-dihydro- 103
$C_4H_4Cl_2N_2O$
Pyrazol-3-on, 4,4-Dichlor-5-methyl-
2,4-dihydro- 101
$C_4H_4I_2N_2S$
Imidazol-2-thion, 4,5-Dijod-1-methyl-
1,3-dihydro- 67
$C_4H_4N_2O$
Imidazol-4-carbaldehyd, 1(3)H- 177
Pyrazinol 175
Pyrazin-2-on, 1H- 175
Pyrazol-3-carbaldehyd, 1(2)H- 176
Pyridazin-3-ol 164
Pyridazin-4-ol 170
Pyridazin-3-on, 2H- 164
Pyridazin-4-on, 1H- 170
Pyrimidin-2-ol 173

Pyrimidin-2-on, 1H- 173
Pyrimidin-4-on, 3H- 171
$C_4H_4N_2O_2$
Pyridazin-3-on-1-oxid, 2H- 165
$C_4H_4N_2S$
Pyrazin-2-thion, 1H- 176
Pyridazin-3-thion, 2H- 169
Pyrimidin-2-thion, 1H- 174
Pyrimidin-4-thion, 3H- 172
$C_4H_5BrN_2O$
Pyrazol-3-on, 4-Brom-4-methyl-2,4-dihydro-
108
−, 4-Brom-5-methyl-1,2-dihydro- 101
$C_4H_5BrN_2S$
Imidazol-2-thion, 4-Brom-5-methyl-
1,3-dihydro- 111
$C_4H_5ClN_2O$
Pyrazol-3-on, 4-Chlor-4-methyl-2,4-dihydro-
108
$C_4H_5IN_2S$
Imidazol-2-thion, 4-Jod-1-methyl-1,3-dihydro-
66
−, 4-Jod-5-methyl-1,3-dihydro- 111
$C_4H_5N_3O$
Imidazol-4-carbaldehyd, 1(3)H-, oxim
177
$C_4H_5N_3O_3$
Imidazol-2-carbaldehyd, 1-Hydroxy-3-oxy-
1H-, oxim 177
Pyrazol-3-on, 5-Methyl-4-nitro-1,2-dihydro-
104
$C_4H_6N_2O$
Imidazol-2-on, 1-Methyl-1,3-dihydro- 60
−, 4-Methyl-1,3-dihydro- 109
Imidazol-4-on, 2-Methyl-3,5-dihydro- 109
Pyrazol-3-ol, 5-Methyl-2H- 67
Pyrazol-3-on, 4-Methyl-1,2-dihydro- 108
−, 5-Methyl-1,2-dihydro- 67
−, 5-Methyl-2,4-dihydro- 67
Pyridazin-3-on, 4,5-Dihydro-2H- 67
$C_4H_6N_2OS$
Imidazol-2-thion, 1-Hydroxymethyl-
1,3-dihydro- 64
$C_4H_6N_2S$
Imidazol-2-thion, 1-Methyl-1,3-dihydro-
61
−, 4-Methyl-1,3-dihydro- 110
Imidazol-4-thion, 5-Methyl-3,5-dihydro-
111
$C_4H_6N_4O_5$
Imidazolidin-2-on, 4-Methyl-1,3-dinitro-
38
Pyrimidin-2-on, 1,3-Dinitro-tetrahydro- 34
$C_4H_7N_3O_2$
Pyrazolidin-3-on, 4-Methyl-1-nitroso- 38
−, 5-Methyl-1-nitroso- 37
$C_4H_7N_3O_3$
Imidazolidin-2-on, 4-Methyl-1-nitro- 38

C₄H₇N₃S₂
Imidazolidin-1-thiocarbonsäure, 2-Thioxo-,
amid 27
C₄H₇N₅O₄
Imidazolidin-2-on, 1-Methyl-3-nitro-,
nitroimin 19
C₄H₈N₂O
Imidazolidin-2-on, 1-Methyl- 9
—, 4-Methyl- 38
Piperazinon 35
Pyrazolidin-3-on, 4-Methyl- 37
—, 5-Methyl- 36
Pyrimidin-2-on, Tetrahydro- 32
C₄H₈N₂S
Imidazolidin-2-thion, 1-Methyl- 23
—, 4-Methyl- 39
Pyrimidin-2-thion, Tetrahydro- 34
C₄H₈N₄O₂
Imidazolidin-2-on, 1-Methyl-3-nitro-, imin
19
[C₄H₉Hg]⁺
Butylquecksilber(1+) 288

C₅

C₅H₂Cl₄N₂
Pyrimidin, 2-Chlor-4-trichlormethyl- 191
C₅H₃F₃N₂O
Pyrimidin-4-on, 6-Trifluormethyl-3H- 191
C₅H₄Cl₂N₂O
Pyridazin-3-on, 4,5-Dichlor-2-methyl-2H-
168
Pyridazin-4-on, 3,6-Dichlor-1-methyl-1H-
170
C₅H₅BrN₂O
Pyrazin-2-on, 5-Brom-3-methyl-1H- 192
Pyrimidin-4-on, 5-Brom-2-methyl-3H- 189
C₅H₅ClN₂O
Pyridazin-3-on, 6-Chlor-2-methyl-2H- 166
—, 6-Chlor-4-methyl-2H- 188
—, 6-Chlor-5-methyl-2H- 188
Pyrimidin-2-on, 4-Chlor-1-methyl-1H- 174
Pyrimidin-4-on, 2-Chlor-6-methyl-3H- 191
—, 6-Chlor-2-methyl-3H- 189
C₅H₅ClN₂S
Pyridazin-3-thion, 6-Chlor-5-methyl-2H-
188
C₅H₅F₃N₂O
Pyrazol-3-on, 2-Methyl-5-trifluormethyl-
1,2-dihydro- 100
C₅H₅N₃O₃
Pyrimidin-2-on, 1-Methyl-5-nitro-1H- 174
C₅H₆N₂O
Äthanon, 1-[1H-Imidazol-2-yl]- 194
—, 1-[1(2)H-Pyrazol-3-yl]- 193
Imidazol-4-carbaldehyd, 3-Methyl-3H-
178
—, 5-Methyl-1(3)H- 194

Pyrazin-2-on, 1-Methyl-1H- 175
—, 3-Methyl-1H- 192
—, 5-Methyl-1H- 193
—, 6-Methyl-1H- 193
Pyrazol-3-carbaldehyd, 5-Methyl-1(2)H-
194
Pyrazol-4-carbaldehyd, 1-Methyl-1H- 176
Pyridazinium, 1-Methyl-5-oxo-2,5-dihydro-,
betain 170
Pyridazin-3-on, 2-Methyl-2H- 165
—, 4-Methyl-2H- 188
—, 5-Methyl-2H- 187
—, 6-Methyl-2H- 178
Pyridazin-4-on, 1-Methyl-1H- 170
Pyrimidin-2-on, 1-Methyl-1H- 173
—, 4-Methyl-1H- 191
Pyrimidin-4-on, 1-Methyl-1H- 171
—, 2-Methyl-3H- 189
—, 3-Methyl-3H- 171
—, 5-Methyl-3H- 192
—, 6-Methyl-3H- 190
C₅H₆N₂O₂
Pyridazin-3-on, 2-Hydroxymethyl-2H- 165
Pyrimidin-4-on-1-oxid, 6-Methyl-3H- 190
C₅H₆N₂O₂S
Essigsäure, [2-Thioxo-2,3-dihydro-imidazol-
1-yl]- 65
C₅H₆N₂S
Pyridazin-3-thion, 2-Methyl-2H- 169
—, 6-Methyl-2H- 186
Pyrimidin-2-thion, 4-Methyl-1H- 191
—, 5-Methyl-1H- 192
Pyrimidin-4-thion, 6-Methyl-3H- 191
C₅H₇BrN₂O
Pyrazol-3-on, 4-Brom-2,5-dimethyl-
1,2-dihydro- 101
—, 4-Brom-4,5-dimethyl-2,4-dihydro-
118
C₅H₇ClN₂O
Pyrazol-3-on, 2-Chlor-4,5-dimethyl-
1,2-dihydro- 117
—, 4-Chlor-4,5-dimethyl-2,4-dihydro-
117
C₅H₇NO
Pyrrol-2-on, 3-Methyl-1,5-dihydro- 528
[C₅H₇N₂O]⁺
Pyridazinium, 1-Methyl-5-oxo-2,5-dihydro-
170
C₅H₇N₃O
Äthanon, 1-[1(2)H-Pyrazol-3-yl]-, oxim 193
C₅H₇N₃OS
Pyrazol-1-thiocarbonsäure, 3-Methyl-5-oxo-
2,5-dihydro-, amid 91
C₅H₇N₃O₃
Pyrazol-3-on, 1,5-Dimethyl-4-nitro-
1,2-dihydro- 105
C₅H₇N₃O₄
Imidazolidin-2-on, 1-Acetyl-3-nitro- 20

C₆

C₆H₅ClN₂O
Äthanon, 2-Chlor-1-pyrazinyl- 243
C₆H₅ClN₂O₃
Essigsäure, [3-Chlor-6-oxo-6H-pyridazin-
1-yl]- 167
C₆H₅F₃N₂O
Pyrimidin-4-on, 2-Methyl-6-trifluormethyl-3H-
199
C₆H₆Cl₂N₂O
Pyridazin-3-on, 4,5-Dichlor-2,6-dimethyl-
2H- 186
Pyridazin-4-on, 3,6-Bis-chlormethyl-1H- 197
Dichlor-Verbindung C₆H₆Cl₂N₂O aus
2,6-Dimethyl-2H-pyridazin-3-on 179
C₆H₆N₂O
Äthanon, 1-Pyrazinyl- 243
C₆H₆N₂O₂
Pyrimidin-4-on, 1-Acetyl-1H- 172
—, 3-Acetyl-3H- 172
C₆H₆N₂O₃
Essigsäure, [6-Oxo-6H-pyridazin-1-yl]- 166
C₆H₇BrN₂O
Äthanon, 2-Brom-1-[5-methyl-
1(3)H-imidazol-4-yl]- 206
—, 2-Brom-1-[3-methyl-1(2)H-pyrazol-
4-yl]- 205
Pyrazin-2-on, 3-Äthyl-5-brom-1H- 202
—, 3-Brom-5,6-dimethyl-1H- 202
—, 5-Brom-3,6-dimethyl-1H- 203
Pyrimidin-4-on, 2-Äthyl-6-brom-3H- 197
—, 5-Brom-2,6-dimethyl-3H- 199
—, 5-Brommethyl-2-methyl-3H- 200
C₆H₇BrN₂O₂
Pyrazol-3-on, 2-Acetyl-4-brom-5-methyl-
1,2-dihydro- 103
C₆H₇ClN₂O
Pyrazin-2-on, 5-Chlor-3,6-dimethyl-1H-
203
Pyridazin-3-on, 5-Chlor-2,6-dimethyl-2H-
185
Pyrimidin-4-on, 6-Chlor-2,5-dimethyl-3H-
199
C₆H₇FN₂O
Pyrimidin-4-on, 5-Fluor-2,6-dimethyl-3H-
198
—, 6-Fluormethyl-2-methyl-3H- 199
C₆H₇N₃O
Äthanon, 1-Pyrazinyl-, oxim 243
C₆H₇N₃O₂
Pyridazin-4-on, 3,6-Dimethyl-1-nitroso-1H-
197
C₆H₇N₃O₃
Pyrimidin-4-on, 2,6-Dimethyl-5-nitro-3H-
199
C₆H₇N₅S
Pyrazincarbaldehyd-thiosemicarbazon 243

C₆H₈N₂O
Äthanon, 1-[5-Methyl-1(3)H-imidazol-4-yl]-
206
—, 1-[3-Methyl-1(2)H-pyrazol-4-yl]-
204
Cyclopentapyrazol-3-on, 1,4,5,6-Tetrahydro-2H-
207
Propan-1-on, 1-[1(2)H-Pyrazol-3-yl]- 204
Pyrazin-2-on, 3-Äthyl-1H- 202
—, 3,5-Dimethyl-1H- 204
—, 3,6-Dimethyl-1H- 202
—, 5,6-Dimethyl-1H- 202
Pyridazin-3-on, 6-Äthyl-2H- 194
—, 2,6-Dimethyl-2H- 178
—, 4,6-Dimethyl-2H- 196
—, 5,6-Dimethyl-2H- 195
Pyridazin-4-on, 3,6-Dimethyl-1H- 197
Pyrimidin-2-on, 4-Äthyl-1H- 198
—, 5-Äthyl-1H- 198
—, 4,5-Dimethyl-1H- 200
—, 4,6-Dimethyl-1H- 200
Pyrimidin-4-on, 6-Äthyl-3H- 197
—, 1,2-Dimethyl-1H- 189
—, 1,6-Dimethyl-1H- 190
—, 2,3-Dimethyl-3H- 189
—, 2,6-Dimethyl-3H- 198
—, 3,6-Dimethyl-3H- 190
—, 5,6-Dimethyl-3H- 200
C₆H₈N₂OS
Imidazol-2-thion, 1-Acetyl-4-methyl-
1,3-dihydro- 111
—, 1-Acetyl-5-methyl-1,3-dihydro-
111
C₆H₈N₂O₂
Imidazol-2-on, 1-Acetyl-3-methyl-1,3-dihydro-
60
Pyrazin-2-on, 1-Hydroxy-3,5-dimethyl-1H-
204
—, 1-Hydroxy-3,6-dimethyl-1H- 203
Pyrazin-2-on-4-oxid, 3,6-Dimethyl-1H-
203
Pyrazol-3-ol, 1-Acetyl-5-methyl-1H- 89
Pyrazol-3-on, 1-Acetyl-5-methyl-1,2-dihydro-
89
Pyridazin-3-on, 2-Hydroxymethyl-6-methyl-2H-
180
Pyrimidin-2-on, 1-Hydroxy-4,6-dimethyl-
1H- 201
Pyrimidin-4-on, 2,6-Dimethyl-1-oxy-3H-
198
Monoacetyl-Derivat C₆H₈N₂O₂ aus
4-Methyl-1,3-dihydro-imidazol-2-on
110
C₆H₈N₂O₂S
Imidazol-1-carbonsäure, 3-Methyl-2-thioxo-
2,3-dihydro-, methylester 64
—, 2-Thioxo-2,3-dihydro-, äthylester
64

$C_6H_8N_2O_3$
Äthanon, 1-[1-Hydroxy-5-methyl-3-oxy-1H-imidazol-2-yl]- 206

$C_6H_8N_2S$
Imidazol-2-thion, 1-Allyl-1,3-dihydro- 62
Pyridazin-3-thion, 2,6-Dimethyl-2H- 187
Pyrimidin-2-thion, 5-Äthyl-1H- 198
−, 4,6-Dimethyl-1H- 201
Pyrimidin-4-thion, 2,6-Dimethyl-3H- 199

$C_6H_8N_4O_2$
Essigsäure, [6-Oxo-6H-pyridazin-1-yl]-, hydrazid 166

$C_6H_9BrN_2O$
Pyrazol-3-on, 2-Brom-4,4,5-trimethyl-2,4-dihydro- 128

$C_6H_9ClN_2O$
Pyrazol-4-on, 3-Chlor-3,5,5-trimethyl-3,5-dihydro- 127

$C_6H_9IN_2S$
Imidazol-2-thion, 4-Jod-5-propyl-1,3-dihydro-129

$C_6H_9N_3O$
Äthanon, 1-[3-Methyl-1(2)H-pyrazol-4-yl]-, oxim 204

$C_6H_9N_3O_2$
Pyrazol-1-carbonsäure, 3,4-Dimethyl-5-oxo-2,5-dihydro-, amid 116

$C_6H_9N_3O_3$
Äthanon, 1-[1-Hydroxy-5-methyl-3-oxy-1H-imidazol-2-yl]-, oxim 206
Pyrazol-3-on, 2,4,5-Trimethyl-4-nitro-2,4-dihydro- 118

$C_6H_9N_3S_2$
Imidazolidin-2-thion, 1-[2-Isothiocyanato-äthyl]- 30

$C_6H_9N_5O$
Äthanon, 1-[1(2)H-Pyrazol-3-yl]-, semicarbazon 193

$C_6H_{10}N_2O$
Cyclopentimidazol-2-on, Hexahydro- 131
[1,4]Diazepin-5-on, 7-Methyl-2,3,4,6-tetrahydro- 121
Imidazol-2-on, 4-Äthyl-5-methyl-1,3-dihydro-129
−, 4-Isopropyl-1,3-dihydro- 129
−, 4-Propyl-1,3-dihydro- 128
Imidazol-4-on, 1-Äthyl-2-methyl-1,5-dihydro-109
−, 3-Äthyl-2-methyl-3,5-dihydro- 109
Pyrazol-3-on, 2-Äthyl-5-methyl-1,2-dihydro-69
−, 4-Äthyl-5-methyl-1,2-dihydro- 123
−, 5-Äthyl-4-methyl-1,2-dihydro- 127
−, 5-Isopropyl-1,2-dihydro- 123
−, 5-Propyl-1,2-dihydro- 122
−, 1,2,5-Trimethyl-1,2-dihydro- 69
−, 4,4,5-Trimethyl-2,4-dihydro- 128
Pyrazol-4-on, 3,5,5-Trimethyl-1,5-dihydro-127

Pyridazin-3-on, 6-Äthyl-4,5-dihydro-2H-121
−, 2,6-Dimethyl-4,5-dihydro-2H- 112
−, 4,6-Dimethyl-4,5-dihydro-2H- 122
−, 5,6-Dimethyl-4,5-dihydro-2H- 121

$C_6H_{10}N_2O_2$
Imidazolidin-4-on, 1-Acetyl-5-methyl- 39
Pyrazol-4-on-1-oxid, 3,3,5-Trimethyl-2,3-dihydro- 127

$C_6H_{10}N_2S$
Imidazol-2-thion, 1-Äthyl-3-methyl-1,3-dihydro- 62
−, 1-Äthyl-4-methyl-1,3-dihydro- 110
−, 4-Äthyl-5-methyl-1,3-dihydro- 131
−, 5-Äthyl-1-methyl-1,3-dihydro- 119
−, 1-Isopropyl-1,3-dihydro- 62
−, 4-Isopropyl-1,3-dihydro- 129
−, 1-Propyl-1,3-dihydro- 62
−, 4-Propyl-1,3-dihydro- 129
Imidazol-4-thion, 2,5,5-Trimethyl-3,5-dihydro- 131
Pyrazol-3-thion, 1,2,5-Trimethyl-1,2-dihydro-106
Pyrimidin-2-thion, 4,6-Dimethyl-3,4-dihydro-1H- 122

$C_6H_{10}N_4O$
Pyrazol-1-carbimidsäure, 3,4-Dimethyl-5-oxo-2,5-dihydro-, amid 117

$C_6H_{10}N_{10}O_8$
Guanidin, N,N'-Dinitro-N-[2-(3-nitro-2-nitroimino-imidazolidin-1-yl)-äthyl]-21

$C_6H_{11}N_3O$
Imidazol-2-on, 4-Äthyl-1-amino-5-methyl-1,3-dihydro- 130
Imidazol-4-on, 2,5,5-Trimethyl-3,5-dihydro-, oxim 131

$C_6H_{11}N_3O_2$
Pyridazin-1-carbonsäure, 3-Methyl-6-oxo-tetrahydro-, amid 41

$C_6H_{11}N_3S_3$
Dithiocarbamidsäure, [2-(2-Thioxo-imidazolidin-1-yl)-äthyl]- 29

$C_6H_{11}N_5O$
Imidazol-4-on, 5,5-Dimethyl-1,5-dihydro-, semicarbazon 119

$C_6H_{11}N_5O_4$
Imidazolidin-2-on, 1-Nitro-3-propyl-, nitroimin 19

$C_6H_{11}N_5O_5$
Imidazolidin-2-on, 1-[2-(Methyl-nitro-amino)-äthyl]-3-nitro- 21

$C_6H_{12}N_2O$
[1,4]Diazepin-5-on, 1-Methyl-hexahydro-41
[1,3]Diazocin-2-on, Hexahydro- 45
Imidazolidin-2-on, 4-Äthyl-5-methyl- 48
−, 1-Propyl- 9
−, 1,3,4-Trimethyl- 38

$C_6H_{12}N_2O$ (Fortsetzung)
Piperazin-2-on, 3-Äthyl- 46
−, 3,3-Dimethyl- 46
−, 3,4-Dimethyl- 42
Pyrimidin-2-on, 1,3-Dimethyl-tetrahydro- 32
−, 5,5-Dimethyl-tetrahydro- 46
$C_6H_{12}N_2O_2$
Imidazolidin-2-on, 1-[2-Methoxy-äthyl]- 12
$C_6H_{12}N_2O_4S$
Äthansulfonsäure, 2-[4-Methyl-3-oxo-pyrazolidin-1-yl]- 38
$C_6H_{12}N_2S$
[1,3]Diazocin-2-thion, Hexahydro- 45
Imidazolidin-2-thion, 1-Isopropyl- 24
Imidazolidin-4-thion, 2-Äthyl-2-methyl- 48
−, 2,2,5-Trimethyl- 48
$C_6H_{12}N_4O_3$
Imidazolidin-2-on, 1-[2-Methylamino-äthyl]-3-nitro- 20
$C_6H_{13}N_3O$
Imidazolidin-2-on, 1-[2-Methylamino-äthyl]- 15
$C_6H_{13}N_3S$
Imidazolidin-2-thion, 1-[2-Amino-äthyl]-3-methyl- 30
$C_6H_{14}N_2OSi$
Imidazolidin-2-on, 1-Trimethylsilyl- 21

C_7

$C_7H_2N_6O_9$
Benzimidazol-2-on, 4,5,6,7-Tetranitro-1,3-dihydro- 287
$C_7H_3Cl_3N_2O$
Benzimidazol-2-on, 4,5,6-Trichlor-1,3-dihydro- 284
$C_7H_3N_5O_7$
Benzimidazol-2-on, 4,5,6-Trinitro-1,3-dihydro- 287
$C_7H_4ClN_3O_3$
Benzimidazol-2-on, 5-Chlor-6-nitro-1,3-dihydro- 286
Indazol-3-on, 5-Chlor-6-nitro-1,2-dihydro- 274
$C_7H_4Cl_2N_2O$
Benzimidazol-2-on, 4,6-Dichlor-1,3-dihydro- 284
−, 5,6-Dichlor-1,3-dihydro- 284
Indazol-3-on, 5,7-Dichlor-1,2-dihydro- 273
$C_7H_4F_6N_2O$
Pyrimidin-4-on, 5-Fluor-2-methyl-6-pentafluoräthyl-3H- 209
$C_7H_4I_2N_2O$
Benzimidazol-2-on, 4,6-Dijod-1,3-dihydro- 285

$C_7H_4N_4O_5$
Benzimidazol-2-on, 5,6-Dinitro-1,3-dihydro- 286
Indazol-3-on, 5,6-Dinitro-1,2-dihydro- 275
$C_7H_5BrN_2O$
Benzimidazol-2-on, 5-Brom-1,3-dihydro- 284
$C_7H_5ClN_2O$
Benzimidazol-2-on, 4-Chlor-1,3-dihydro- 283
−, 5-Chlor-1,3-dihydro- 283
Indazol-3-on, 4-Chlor-1,2-dihydro- 272
−, 5-Chlor-1,2-dihydro- 272
−, 6-Chlor-1,2-dihydro- 273
$C_7H_5ClN_2S$
Benzimidazol-2-thion, 5-Chlor-1,3-dihydro- 293
$C_7H_5FN_2O$
Benzimidazol-2-on, 5-Fluor-1,3-dihydro- 283
$C_7H_5FN_2S$
Benzimidazol-2-thion, 5-Fluor-1,3-dihydro- 292
$C_7H_5IN_2O$
Benzimidazol-2-on, 5-Jod-1,3-dihydro- 284
$C_7H_5N_3O_2S$
Benzimidazol-2-thion, 5-Nitro-1,3-dihydro- 293
$C_7H_5N_3O_3$
Benzimidazol-2-on, 4-Nitro-1,3-dihydro- 285
−, 5-Nitro-1,3-dihydro- 285
Indazol-3-on, 4-Nitro-1,2-dihydro- 273
−, 5-Nitro-1,2-dihydro- 274
−, 6-Nitro-1,2-dihydro- 274
−, 7-Nitro-1,2-dihydro- 274
$[C_7H_6BrN_2O]^+$
Imidazo[1,2-a]pyridinium, 6-Brom-2-oxo-2,3-dihydro-1H- 294
$[C_7H_6IN_2O]^+$
Imidazo[1,2-a]pyridinium, 6-Jod-2-oxo-2,3-dihydro-1H- 294
$C_7H_6N_2O$
Benzimidazol-2-on, 1,3-Dihydro- 275
Imidazo[1,2-a]pyridinium, 2-Oxo-2,3-dihydro-1H-, betain 294
Indazol-3-ol, 1H- 270
Indazol-3-on, 1,2-Dihydro- 270
Pyrrolo[2,3-b]pyridin-2-on, 1,3-Dihydro- 294
Pyrrolo[2,3-b]pyridin-6-on, 1,7-Dihydro- 294
$C_7H_6N_2S$
Benzimidazol-2-thion, 1,3-Dihydro- 287
$C_7H_7ClN_2O$
Cyclopenta[d]pyridazin-1-on, 4-Chlor-2,5,6,7-tetrahydro- 245

$C_7H_7Cl_5N_4O_2$

Allophanoylchlorid, 4-Methyl-4-[2,4,5,5-
tetrachlor-1-methyl-4,5-dihydro-
1H-imidazol-4-yl]- 59

$[C_7H_7N_2O]^+$

Imidazo[1,2-a]pyridinium, 2-Oxo-2,3-dihydro-
1H- 294
–, 3-Oxo-2,3-dihydro-1H- 294

$C_7H_8ClN_5S$

Äthanon, 2-Chlor-1-pyrazinyl-, thiosemi‐
carbazon 243

$C_7H_8Cl_6N_2O_3$

Imidazolidin-2-on, 1,3-Bis-[2,2,2-trichlor-
1-hydroxy-äthyl]- 14

$C_7H_8N_2O$

Aceton, Pyrazinyl- 244
Cyclopenta[c]pyridazin-3-on, 2,5,6,7-
Tetrahydro- 244
Cyclopentapyrimidin-4-on, 3,5,6,7-
Tetrahydro- 244
Propan-1-on, 1-Pyrazinyl- 244
Pyrazin-2-on, 5-Methyl-6-vinyl-1H- 244
Pyrimidin-2-carbaldehyd, 4,6-Dimethyl-
243
Pyrimidin-4-carbaldehyd, 2,6-Dimethyl-
243
Pyrrolo[2,3-b]pyridin-6-on, 1,2,3,7-
Tetrahydro- 245

$C_7H_8N_2O_2$

Pyridazin-3-on, 2-Acetonyl-2H- 166

$C_7H_8N_2O_3$

Essigsäure, [3-Methyl-6-oxo-6H-pyridazin-
1-yl]- 182
Imidazol-2-on, 1,3-Diacetyl-1,3-dihydro-
61

$C_7H_8N_2S$

Cyclopentapyrimidin-4-thion, 3,5,6,7-
Tetrahydro- 245

$C_7H_9BrN_2O$

Indazol-3-on, 3a-Brom-2,3a,4,5,6,7-
hexahydro- 217
Pyrazin-2-on, 3-Äthyl-5-brom-6-methyl-1H-
210
–, 5-Brom-3-isopropyl-1H- 210

$C_7H_9ClN_2O$

Indazol-3-on, 3a-Chlor-2,3a,4,5,6,7-
hexahydro- 217
Pyrimidin-4-on, 5-Äthyl-6-chlor-2-methyl-
3H- 209
–, 5-[2-Chlor-äthyl]-6-methyl-3H-
209
–, 6-Chlor-2-propyl-3H- 209

$C_7H_9ClN_2O_2$

Pyrazol-3-on, 2-Acetyl-4-chlor-4,5-dimethyl-
2,4-dihydro- 118

$C_7H_9FN_2O$

Pyrimidin-4-on, 6-Fluormethyl-2,5-dimethyl-
3H- 210

$C_7H_9N_3O_2$

Essigsäure, [3-Methyl-6-oxo-6H-pyridazin-
1-yl]-, amid 182

$C_7H_9N_5S$

Äthanon, 1-Pyrazinyl-, thiosemicarbazon
243

$C_7H_{10}N_2O$

Äthanon, 1-[1,4-Dimethyl-1H-pyrazol-3-yl]-
205
–, 1-[3,5-Dimethyl-1H-pyrazol-4-yl]-
213
Benzimidazol-2-on, 1,3,4,5,6,7-Hexahydro-
218
Butan-1-on, 1-[1(2)H-Pyrazol-3-yl]- 211
Butan-2-on, 4-[1(3)H-Imidazol-4-yl]- 214
Cyclopenta[c]pyridazin-3-on, 2,4,4a,5,6,7-
Hexahydro- 214
Imidazol-4-carbaldehyd, 3-Isopropyl-3H-
178
Imidazolidin-2-on, 1,3-Divinyl- 11
Imidazol-4-on, 5-Isopropyliden-2-methyl-
3,5-dihydro- 214
Indazol-3-on, 1,2,4,5,6,7-Hexahydro- 214
Pyrazin-2-on, 3-Äthyl-5-methyl-1H- 210
–, 3-Äthyl-6-methyl-1H- 210
–, 3-Isopropyl-1H- 210
–, 3-Propyl-1H- 210
–, 1,3,6-Trimethyl-1H- 203
–, 3,5,6-Trimethyl-1H- 211
Pyrazol-3-carbaldehyd, 1-Äthyl-5-methyl-
1H- 194
–, 2-Äthyl-5-methyl-2H- 194
Pyrazol-3-on, 4-Allyl-5-methyl-1,2-dihydro-
212
Pyridazin-3-on, 2-Äthyl-6-methyl-2H- 179
–, 4-Äthyl-6-methyl-2H- 208
–, 2,5,6-Trimethyl-2H- 195
–, 4,5,6-Trimethyl-2H- 208
Pyrimidin-2-on, 1,4,6-Trimethyl-1H- 201
Pyrimidin-4-on, 6-Äthyl-5-methyl-3H- 210
–, 2-Propyl-3H- 209
–, 2,5,6-Trimethyl-3H- 210

$C_7H_{10}N_2OS$

Aceton, [5-Methyl-2-thioxo-2,3-dihydro-
imidazol-1-yl]- 111

$C_7H_{10}N_2O_2$

Pyrazincarbaldehyd-dimethylacetal 243
Pyrazin-2-on, 1-Hydroxy-3,5,6-trimethyl-
1H- 211
Pyrazol-3-on, 2-Acetyl-4,5-dimethyl-
1,2-dihydro- 116
Acetyl-Derivat $C_7H_{10}N_2O_2$ aus 4-Äthyl-
1,3-dihydro-imidazol-2-on 119

$C_7H_{10}N_2O_2S$

Essigsäure, [1H-Imidazol-2-ylmercapto]-,
äthylester 65
–, [2-Thioxo-2,3-dihydro-imidazol-
1-yl]-, äthylester 65

C₇H₁₀N₂O₂S (Fortsetzung)

Imidazol-1-carbonsäure, 3-Methyl-2-thioxo-
    2,3-dihydro-, äthylester 64
—, 1-Methyl-2-thioxo-2,3-dihydro-,
    äthylester 111
—, 5-Methyl-2-thioxo-2,3-dihydro-,
    äthylester 111
Imidazolidin-2-thion, 1,3-Diacetyl- 27

C₇H₁₀N₂O₃

Imidazolidin-2-on, 1,3-Diacetyl- 14
Pyrazol-1-carbonsäure, 3-Methyl-5-oxo-
    2,5-dihydro-, äthylester 91
—, 5-Methyl-3-oxo-2,3-dihydro-,
    äthylester 91

C₇H₁₀N₂S

Benzimidazol-2-thion, 1,3,4,5,6,7-
    Hexahydro- 218
Pyrimidin-2-thion, 5-Isopropyl-1H- 209
—, 5-Propyl-1H- 209
—, 1,4,6-Trimethyl-1H- 202

C₇H₁₀N₄O₂

Essigsäure, [3-Methyl-6-oxo-6H-pyridazin-
    1-yl]-, hydrazid 183
—, [5-Methyl-6-oxo-6H-pyridazin-1-yl]-,
    hydrazid 188

[C₇H₁₁N₂O]⁺

Pyrazinium, 1,2,5-Trimethyl-3-oxo-
    3,4-dihydro- 203
Pyrimidinium, 1,2,3-Trimethyl-4-oxo-
    1,4-dihydro- 189
—, 1,3,4-Trimethyl-6-oxo-3,6-dihydro-
    191

C₇H₁₁N₃O

Propionamid, N-[4-Äthyl-[1,3]diazet-
    2-yliden]- 111

C₇H₁₁N₃OS

Aceton, [5-Methyl-2-thioxo-2,3-dihydro-
    imidazol-1-yl]-, oxim 111

C₇H₁₁N₃O₂

Imidazol-2-on, 1-Acetylamino-4,5-dimethyl-
    1,3-dihydro- 120
Pyrazol-1-carbonsäure, 4-Äthyl-3-methyl-
    5-oxo-2,5-dihydro-, amid 125

C₇H₁₁N₃O₂S

Essigsäure, [1H-Imidazol-2-ylmercapto]-,
    [2-hydroxy-äthylamid] 65
—, [2-Thioxo-2,3-dihydro-imidazol-
    1-yl]-, [2-hydroxy-äthylamid] 65

C₇H₁₁N₅O

Äthanon, 1-[5-Methyl-1(3)H-imidazol-4-yl]-,
    semicarbazon 206
—, 1-[3-Methyl-1(2)H-pyrazol-4-yl]-,
    semicarbazon 204
Propan-1-on, 1-[1(2)H-Pyrazol-3-yl]-,
    semicarbazon 204

C₇H₁₂ClN₃O₂

Essigsäure, Chlor-, [2-(2-oxo-imidazolidin-
    1-yl)-äthylamid] 16

C₇H₁₂N₂O

Äthanon, [4,4-Dimethyl-4,5-dihydro-
    3H-pyrazol-3-yl]- 144
Benzimidazol-2-on, Octahydro- 145
2,4-Diaza-bicyclo[3.3.1]nonan-3-on 146
3,7-Diaza-bicyclo[3.3.1]nonan-2-on 146
Imidazol-2-on, 4-Butyl-1,3-dihydro- 144
—, 4,5-Diäthyl-1,3-dihydro- 145
—, 4-Isobutyl-1,3-dihydro- 144
—, 4-Methyl-5-propyl-1,3-dihydro-
    145
Imidazol-4-on, 3-Butyl-3,5-dihydro- 59
Pyrazol-3-on, 4-Äthyl-2,5-dimethyl-
    1,2-dihydro- 123
—, 5-tert-Butyl-1,2-dihydro- 138
—, 2-Isopropyl-5-methyl-1,2-dihydro-
    69
—, 4-Isopropyl-5-methyl-1,2-dihydro-
    140
—, 5-Methyl-2-propyl-1,2-dihydro-
    69
—, 5-Methyl-4-propyl-1,2-dihydro-
    138
—, 2,4,4,5-Tetramethyl-2,4-dihydro-
    128
Pyridazin-3-on, 4-Äthyl-6-methyl-4,5-dihydro-
    2H- 132
—, 4,4,6-Trimethyl-4,5-dihydro-2H-
    132
—, 4,5,6-Trimethyl-4,5-dihydro-2H-
    132
Pyrimidin-2-on, 4,4,6-Trimethyl-3,4-dihydro-1H-
    132
—, 4,6,6-Trimethyl-5,6-dihydro-1H-
    137

C₇H₁₂N₂OS

Acetyl-Derivat C₇H₁₂N₂OS aus
    2,2-Dimethyl-imidazolidin-4-thion 44

C₇H₁₂N₂O₂

Imidazolidin-2-on, 1-[2-Vinyloxy-äthyl]-
    13
Piperazin-2-on, 4-Formyl-3,3-dimethyl- 47
Acetyl-Derivat C₇H₁₂N₂O₂ aus
    2,2-Dimethyl-imidazolidin-4-on 44

C₇H₁₂N₂S

Imidazol-2-thion, 1-Butyl-1,3-dihydro- 62
—, 1-sec-Butyl-1,3-dihydro- 62
—, 1-tert-Butyl-1,3-dihydro- 62
—, 4-Butyl-1,3-dihydro- 144
—, 4-tert-Butyl-1,3-dihydro- 145
—, 1-Isobutyl-1,3-dihydro- 62
—, 4-Isobutyl-1,3-dihydro- 144
—, 1-Isopropyl-4-methyl-1,3-dihydro-
    110
—, 1-Isopropyl-5-methyl-1,3-dihydro-
    111
—, 4-Methyl-5-propyl-1,3-dihydro-
    145

$C_8H_{12}N_2O_2$

Pyrazin-2-on, 3,6-Diäthyl-1-hydroxy-1*H*-
221
Acetyl-Derivat $C_8H_{12}N_2O_2$ aus
4-Isopropyl-1,3-dihydro-imidazol-2-on
129
Acetyl-Derivat $C_8H_{12}N_2O_2$ aus
4-Propyl-1,3-dihydro-imidazol-2-on 129

$C_8H_{12}N_2O_3$

Cyclopentimidazol-1-carbonsäure,
2-Oxo-hexahydro-, methylester 131
Pyrazol-1-carbonsäure, 5-Methyl-3-oxo-
2,3-dihydro-, propylester 91

$C_8H_{12}N_2S$

Imidazol-2-thion, 4-Cyclopentyl-1,3-dihydro-
222
Pyrimidin-2-thion, 5-Butyl-1*H*- 219
Pyrimidin-4-thion, 2-Isopropyl-6-methyl-
3*H*- 220

$C_8H_{12}N_4O_2$

Essigsäure, [3-Äthyl-6-oxo-6*H*-pyridazin-
1-yl]-, hydrazid 195
—, [3,4-Dimethyl-6-oxo-6*H*-pyridazin-
1-yl]-, hydrazid 196
—, [3,5-Dimethyl-6-oxo-6*H*-pyridazin-
1-yl]-, hydrazid 196
Propionsäure, 2-[3-Methyl-6-oxo-
6*H*-pyridazin-1-yl]-, hydrazid 183
—, 3-[3-Methyl-6-oxo-6*H*-pyridazin-
1-yl]-, hydrazid 183

$C_8H_{12}N_6O_6$

Imidazolidin-2-on, 3,3′-Dinitro-
1,1′-äthandiyl-bis- 21

$C_8H_{12}N_{10}O_8$

Äthan, 1,2-Bis-[3-nitro-2-nitroimino-
imidazolidin-1-yl]- 21

$[C_8H_{13}N_2O]^+$

Pyrazinium, 1-Äthyl-2,5-dimethyl-3-oxo-
3,4-dihydro- 203
—, 1,2,4,5-Tetramethyl-3-oxo-
3,4-dihydro- 203
Pyrimidinium, 1,3,4,6-Tetramethyl-2-oxo-
2,3-dihydro- 201

$C_8H_{13}N_3O$

Propan-1-on, 2,2-Dimethyl-1-[1(2)*H*-pyrazol-
3-yl]-, oxim 222

$C_8H_{13}N_3O_2$

Acetamid, *N*-[4-Äthyl-5-methyl-2-oxo-
2,3-dihydro-imidazol-1-yl]- 130

$C_8H_{13}N_5O$

Butan-1-on, 1-[1(2)*H*-Pyrazol-3-yl]-,
semicarbazon 211

$C_8H_{13}N_5OS$

Aceton, [5-Methyl-2-thioxo-2,3-dihydro-
imidazol-1-yl]-, semicarbazon 111

$C_8H_{13}N_5S$

Pyrimidin-2-on, 1,4,6-Trimethyl-1*H*-,
thiosemicarbazon 201

$C_8H_{14}N_2O$

Äthanon, 1-[4,4,5-Trimethyl-4,5-dihydro-
3*H*-pyrazol-3-yl]- 149
Cycloheptimidazol-2-on, Octahydro- 150
1,3-Diaza-spiro[4.5]decan-2-on 150
1,3-Diaza-spiro[4.5]decan-4-on 150
1,4-Diaza-spiro[4.5]decan-2-on 150
Imidazolidin-2-on, 4-But-3-enyl-4-methyl-
150
Imidazol-4-on, 3-Butyl-2-methyl-3,5-dihydro-
109
Pyrazol-3-on, 2-Butyl-5-methyl-1,2-dihydro-
69
—, 4-Butyl-5-methyl-1,2-dihydro- 147
—, 4,4-Diäthyl-5-methyl-2,4-dihydro-
149
—, 2,5-Dimethyl-4-propyl-1,2-dihydro-
138
—, 2-Isobutyl-5-methyl-1,2-dihydro-
69
Pyrido[1,2-*a*]pyrazin-4-on, Octahydro- 151
Pyrido[1,2-*a*]pyrimidin-2-on, Octahydro-
151
Pyrido[1,2-*a*]pyrimidin-4-on, Octahydro-
151
Pyrido[1,2-*c*]pyrimidin-1-on, Octahydro-
151

$C_8H_{14}N_2S$

Imidazol-2-thion, 4-Äthyl-5-propyl-
1,3-dihydro- 150
—, 1-Isopentyl-1,3-dihydro- 62
—, 4-Pentyl-1,3-dihydro- 149
Pyrimidin-2-thion, 1,4,4,6-Tetramethyl-
3,4-dihydro-1*H*- 133

$C_8H_{14}N_4O$

Pyrazol-1-carbimidsäure, 3-Methyl-4-propyl-
5-oxo-2,5-dihydro-, amid 139

$C_8H_{14}N_4O_2$

Imidazolidin-2-on, 1,1′-Äthandiyl-bis- 17

$C_8H_{14}N_4S_2$

Imidazolidin-2-thion, 1,1′-Äthandiyl-bis-
30

$C_8H_{15}N_3O$

Imidazolidin-2-on, 1-[2-Methylamino-äthyl]-
3-vinyl- 17

$C_8H_{15}N_3O_2$

[1,4]Diazepin-5-on, 2,7,7-Trimethyl-1-nitroso-
hexahydro- 50

$C_8H_{15}N_5O$

Imidazol-4-on, 2-Äthyl-5,5-dimethyl-
3,5-dihydro-, semicarbazon 145

$C_8H_{16}N_2O$

[1,3]Diazecin-2-on, Octahydro- 50
[1,4]Diazepin-5-on, 2,7,7-
Trimethyl-hexahydro- 50
Imidazolidin-2-on, 4-Butyl-5-methyl- 50
—, 4-Isobutyl-4-methyl- 51
—, 1-Isopropyl-4,4-dimethyl- 44
Piperazin-2-on, 4-Äthyl-3,3-dimethyl- 46

$C_8H_{16}N_2O$ (Fortsetzung)

Piperazin-2-on, 3,3,6,6-Tetramethyl- 50

Pyrimidin-2-on, 5,5-Diäthyl-tetrahydro- 50

−, 5-Methyl-5-propyl-tetrahydro- 50

$C_8H_{16}N_2O_2$

Piperazin-2-on, 4 [2-Hydroxy-äthyl]-
3,3-dimethyl- 47

$C_8H_{16}N_2S$

[1,3]Diazecin-2-thion, Octahydro- 50

Imidazolidin-2-thion, 1-Pentyl- 24

$C_8H_{16}N_4S_2$

Thioharnstoff, N,N-Dimethyl-N'-[2-(2-thioxo-
imidazolidin-1-yl)-äthyl]- 29

$[C_8H_{18}N_3O]^+$

Ammonium, Trimethyl-[2-(2-oxo-imidazolidin-
1-yl)-äthyl]- 16

C_9

$C_9H_4Br_4N_2O$

Keton, Bis-[3,5-dibrom-pyrrol-2-yl]- 478

$C_9H_4Cl_4N_2O$

Keton, Bis-[3,5-dichlor-pyrrol-2-yl]- 478

$C_9H_5Br_2N_3O_3$

Phthalazin-1-on, 2-Brom-4-[brom-nitro-
methyl]-2H- 477

$C_9H_5Cl_2N_3O_3$

Pyrazol-3-on, 4,4-Dichlor-5-[3-nitro-phenyl]-
2,4-dihydro- 427

$C_9H_5Cl_3N_2O$

Chinazolin-4-on, 2-Trichlormethyl-3H-
446

Pyrazol-3-on, 2,4,4-Trichlor-5-phenyl-
2,4-dihydro- 425

$C_9H_5F_3N_2O$

Chinazolin-4-on, 5-Trifluormethyl-3H-
454

$C_9H_6BrN_3O_3$

Phthalazin-1-on, 2-Brom-4-nitromethyl-2H-
477

$C_9H_6Br_2N_2O$

Chinoxalin-2-on, 3-Dibrommethyl-1H-
462

$C_9H_6ClN_3O_3$

Chinazolin-4-on, 6-Chlor-3-methyl-8-nitro-3H-
395

$C_9H_6Cl_2N_2O$

Pyrazol-3-on, 4,4-Dichlor-5-phenyl-
2,4-dihydro- 425

−, 4,5-Dichlor-1-phenyl-1,2-dihydro-
58

$C_9H_6Cl_3N_3$

Chinazolin-4-ylamin, 2-Trichlormethyl-
446

$C_9H_6N_2O$

Chinoxalin-2-carbaldehyd 543

Cycloheptapyrazin-7-on 542

$[C_9H_6N_2O]^+$

Pyrimidinium, 1,3-Dimethyl-6-oxo-
3,6-dihydro- 172

$C_9H_6N_2O_3$

Chinoxalin-2-carbaldehyd-1,4-dioxid 545

$C_9H_6N_4O_5$

Chinazolin-4-on, 3-Methyl-6,8-dinitro-3H-
396

Pyrazol-3-on, 2-[2,4-Dinitro-phenyl]-
1,2-dihydro- 58

$C_9H_6N_6O_9$

Benzimidazol-2-on, 1,3-Dimethyl-
4,5,6,7-tetranitro-1,3-dihydro- 287

$C_9H_7BrN_2O$

Chinazolin-4-on, 6-Brom-2-methyl-3H-
446

Chinoxalin-2-on, 3-Brommethyl-1H- 462

−, 6-Brom-3-methyl-1H- 462

−, 7-Brom-3-methyl-1H- 462

Cinnolin-4-on, 5-Brom-6-methyl-1H- 432

−, 6-Brom-3-methyl-1H- 431

−, 6-Brom-7-methyl-1H- 433

−, 7-Brom-6-methyl-1H- 432

Pyrazol-3-on, 5-[4-Brom-phenyl]-1,2-dihydro-
426

Pyrido[1,2-a]pyrimidin-2-on, 7-Brom-
4-methyl- 465

Pyrido[1,2-a]pyrimidin-4-on, 3-Brom-
2-methyl- 464

−, 7-Brom-2-methyl- 465

$C_9H_7ClN_2O$

Chinazolin-4-on, 5-Chlor-6-methyl-3H-
456

−, 5-Chlor-8-methyl-3H- 459

−, 6-Chlor-2-methyl-3H- 444

−, 6-Chlor-5-methyl-3H- 454

−, 6-Chlor-7-methyl-3H- 458

−, 6-Chlor-8-methyl-3H- 459

−, 7-Chlor-2-methyl-3H- 446

−, 7-Chlor-6-methyl-3H- 456

−, 7-Chlor-8-methyl-3H- 460

−, 8-Chlor-6-methyl-3H- 457

Chinoxalin-2-on, 3-Chlor-1-methyl-1H-
398

−, 3-Chlormethyl-1H- 462

−, 6-Chlor-3-methyl-1H- 461

−, 7-Chlor-3-methyl-1H- 461

Cinnolinium, 6-Chlor-2-methyl-4-oxo-
1,4-dihydro-, betain 343

Cinnolin-4-on, 3-Chlor-6-methyl-1H- 432

−, 6-Chlor-1-methyl-1H- 342

−, 6-Chlor-3-methyl-1H- 431

−, 6-Chlor-7-methyl-1H- 432

−, 8-Chlor-7-methyl-1H- 433

Phthalazin-1-on, 4-Chlor-2-methyl-2H-
410

Pyrido[1,2-a]pyrimidin-2-on, 7-Chlor-
4-methyl- 464

C₉H₇ClN₂O (Fortsetzung)

Pyrido[1,2-*a*]pyrimidin-4-on, 7-Chlor-
2-methyl- 464

C₉H₇ClN₂S

Chinazolin-4-thion, 6-Chlor-2-methyl-3*H*-
453

Imidazol-2-thion, 4-[4-Chlor-phenyl]-
1,3-dihydro- 429

C₉H₇Cl₃N₂O

Chinazolin-4-on, 2-Trichlormethyl-
2,3-dihydro-1*H*- 306

C₉H₇IN₂O

Chinazolin-4-on, 6-Jod-8-methyl-3*H*- 460

Pyrido[1,2-*a*]pyrimidin-2-on, 7-Jod-4-methyl-
465

Pyrido[1,2-*a*]pyrimidin-4-on, 7-Jod-2-methyl-
465

C₉H₇N₃O

Chinoxalin-2-carbaldehyd-oxim 545

Cycloheptapyrazin-7-on-oxim 543

[1,7]Naphthyridin-2-carbaldehyd-oxim 545

C₉H₇N₃O₂S

Imidazol-2-thion, 4-[4-Nitro-phenyl]-
1,3-dihydro- 429

C₉H₇N₃O₃

Benzimidazol-2-carbaldehyd, 1-Methyl-
5-nitro-1*H*- 414

Chinazolin-4-on, 1-Methyl-6-nitro-1*H*-
394

—, 1-Methyl-7-nitro-1*H*- 395

—, 2-Methyl-6-nitro-3*H*- 452

—, 2-Methyl-8-nitro-3*H*- 453

—, 3-Methyl-6-nitro-3*H*- 394

—, 3-Methyl-7-nitro-3*H*- 395

—, 3-Methyl-8-nitro-3*H*- 395

—, 7-Methyl-6-nitro-3*H*- 458

Chinoxalin-2-on, 3-Methyl-6-nitro-1*H*-
463

—, 3-Methyl-7-nitro-1*H*- 463

Cinnolinium, 2-Methyl-6-nitro-4-oxo-
1,4-dihydro-, betain 347

—, 2-Methyl-8-nitro-4-oxo-1,4-dihydro-,
betain 348

Cinnolin-4-on, 1-Methyl-3-nitro-1*H*- 346

—, 1-Methyl-5-nitro-1*H*- 346

—, 1-Methyl-6-nitro-1*H*- 347

—, 1-Methyl-7-nitro-1*H*- 347

—, 1-Methyl-8-nitro-1*H*- 348

—, 3-Methyl-6-nitro-1*H*- 431

—, 3-Methyl-8-nitro-1*H*- 432

—, 7-Methyl-6-nitro-1*H*- 433

—, 7-Methyl-8-nitro-1*H*- 433

—, 8-Methyl-5-nitro-1*H*- 433

Phthalazin-1-on, 2-Methyl-7-nitro-2*H*- 411

—, 4-Methyl-5-nitro-2*H*- 477

—, 4-Methyl-7-nitro-2*H*- 477

—, 4-Nitromethyl-2*H*- 477

Pyrazol-3-on, 5-[4-Nitro-phenyl]-1,2-dihydro-
426

Pyrido[1,2-*a*]pyrimidin-4-on, 2-Methyl-
3-nitro- 465

C₉H₇N₅O₇

Benzimidazol-2-on, 1,3-Dimethyl-
4,5,6-trinitro-1,3-dihydro- 287

C₉H₈BrN₃O

Pyrazol-3-on, 2-[5-Brom-[3]pyridyl]-5-methyl-
1,2-dihydro- 97

[C₉H₈ClN₂O]⁺

Cinnolinium, 6-Chlor-2-methyl-4-oxo-
1,4-dihydro- 343

C₉H₈Cl₂N₂O

Benzimidazol-2-on, 1,3-Bis-chlormethyl-
1,3-dihydro- 280

C₉H₈Cl₂N₂S

Benzimidazol-2-thion, 1,3-Bis-chlormethyl-
1,3-dihydro- 291

C₉H₈N₂O

Äthanon, 1-Imidazo[1,2-*a*]pyridin-3-yl-
478

—, 1-Imidazo[1,5-*a*]pyridin-1-yl- 478

—, 1-[1(2)*H*-Indazol-3-yl]- 477

Benzimidazol-2-carbaldehyd, 1-Methyl-1*H*-
413

Chinazolin-4-on, 1-Methyl-1*H*- 350

—, 2-Methyl-3*H*- 433

—, 3-Methyl-3*H*- 350

—, 5-Methyl-3*H*- 454

—, 6-Methyl-3*H*- 455

—, 7-Methyl-3*H*- 457

—, 8-Methyl-3*H*- 458

Chinoxalin-2-on, 1-Methyl-1*H*- 397

—, 3-Methyl-1*H*- 460

—, 5-Methyl-1*H*- 463

—, 6-Methyl-1*H*- 463

—, 7-Methyl-1*H*- 463

Cinnolinium, 1-Methyl-3-oxo-2,3-dihydro-,
betain 349

—, 2-Methyl-4-oxo-1,4-dihydro-, betain
341

Cinnolin-3-on, 2-Methyl-2*H*- 349

Cinnolin-4-on, 1-Methyl-1*H*- 341

—, 3-Methyl-1*H*- 431

—, 6-Methyl-1*H*- 432

—, 7-Methyl-1*H*- 432

—, 8-Methyl-1*H*- 433

Cycloheptimidazol-2-on, 1-Methyl-1*H*-
340

—, 5-Methyl-1*H*- 430

Imidazol-2-on, 4-Phenyl-1,3-dihydro- 428

Imidazol-4-on, 2-Phenyl-3,5-dihydro- 427

—, 3-Phenyl-3,5-dihydro- 59

Keton, Di-pyrrol-2-yl- 478

[1,5]Naphthyridin-2-on, 6-Methyl-1*H*- 479

[1,6]Naphthyridin-5-on, 7-Methyl-6*H*- 479

[1,8]Naphthyridin-4-on, 7-Methyl-1*H*- 479

[2,7]Naphthyridin-1-on, 3-Methyl-2*H*- 479

Phthalazinium, 4-Hydroxy-2-methyl-, betain
400

$C_9H_{16}N_2O_2$
Piperazin-2-on, 4-Acetyl-3-isopropyl- 49
$C_9H_{16}N_2S$
1,3-Diaza-bicyclo[2.2.2]octan-2-thion,
    6,6,7-Trimethyl- 155
Imidazol-2-thion, 4,5-Dipropyl-1,3-dihydro-
    155
—, 4-Hexyl-1,3-dihydro- 154
—, 1-Methyl-5-pentyl-1,3-dihydro-
    150
—, 4-Methyl-5-pentyl-1,3-dihydro-
    154
Imidazol-4-thion, 5-Hexyl-3,5-dihydro-
    154
Pyrimidin-2-thion, 1-Äthyl-4,4,6-trimethyl-
    3,4-dihydro-1H- 133
—, 4,6-Diäthyl-4-methyl-3,4-dihydro-1H-
    152
$C_9H_{16}N_4$
Butan-2-on, 4-[6-Methyl-4,5-dihydro-
    pyridazin-3-yl]-, hydrazon 225
$C_9H_{16}N_4O_4$
Imidazolidin-2-on, 3,3'-Bis-hydroxymethyl-
    1,1'-methandiyl-bis- 14
$C_9H_{16}N_4S_2$
Imidazolidin-2-thion, 1,1'-Propandiyl-bis-
    30
Pyrimidin-2-thion, Octahydro-
    1,1'-methandiyl-bis- 34
$C_9H_{17}N_3O$
Imidazolidin-2-on, 1-[2-Dimethylamino-
    äthyl]-3-vinyl- 17
Pyrimidin-5-on, 2,2,4,6,6-Pentamethyl-
    2,6-dihydro-1H-, oxim 152
$C_9H_{17}N_3O_2$
[1,4]Diazepin-5-on, 2,2,7,7-Tetramethyl-
    1-nitroso-hexahydro- 51
Essigsäure, [3-Butyl-2-imino-imidazolidin-
    1-yl]- 15
Piperazin-2-on, 1-Isopropyl-5,5-dimethyl-
    4-nitroso- 47
$C_9H_{17}N_3S$
Imidazolidin-2-thion, 1-Piperidinomethyl-
    26
$C_9H_{18}N_2O$
1,3-Diaza-cycloundecan-2-on 51
[1,4]Diazepin-5-on, 2,2,7,7-
    Tetramethyl-hexahydro- 51
Imidazolidin-2-on, 4-Äthyl-4-butyl- 52
—, 1-sec-Butyl-4,4-dimethyl- 44
—, 1,3-Diisopropyl- 10
—, 1,3-Dipropyl- 10
—, 4,4-Dipropyl- 52
—, 4-Hexyl- 52
—, 4-Methyl-4-pentyl- 52
Piperazin-2-on, 3-sec-Butyl-3-methyl- 52
—, 1-Isopropyl-5,5-dimethyl- 47
Pyrimidin-2-on, 5-Isobutyl-5-methyl-
    tetrahydro- 51

$C_9H_{18}N_2OS$
Imidazolidin-2-thion, 1-[3-
    Isopropoxy-propyl]- 26
$C_9H_{18}N_2S$
1,3-Diaza-cycloundecan-2-thion 51
Imidazolidin-2-thion, 1,3-Diisopropyl- 24
—, 1-Hexyl- 24
Imidazolidin-4-thion, 2,5-Diäthyl-
    2,5-dimethyl- 53
$C_9H_{19}N_3S$
Imidazolidin-2-thion, 1-[2-Diäthylamino-
    äthyl]- 29
$C_9H_{22}N_2OSi_2$
Imidazolidin-2-on, 1,3-Bis-trimethylsilyl- 21

C_{10}

$C_{10}H_5Cl_3N_2O$
Pyridazin-3-on, 4,6-Dichlor-2-[4-chlor-
    phenyl]-2H- 168
$C_{10}H_6BrClN_2O$
Pyrazin-2-on, 3-Brom-5-chlor-6-phenyl-1H-
    550
$C_{10}H_6BrClN_2O_2$
Cinnolin-4-on, 1-Acetyl-3-brom-6-chlor-1H-
    345
—, 1-Acetyl-6-brom-3-chlor-1H- 345
$C_{10}H_6Br_2N_2O$
Keton, [4,5-Dibrom-1H-imidazol-2-yl]-
    phenyl- 552
Pyridazin-3-on, 4,5-Dibrom-2-phenyl-2H-
    169
—, 5,6-Dibrom-2-phenyl-2H- 169
$C_{10}H_6Br_2N_2O_2$
Cinnolin-4-on, 1-Acetyl-3,6-dibrom-1H-
    346
$C_{10}H_6ClN_3O_3$
Pyridazin-3-on, 6-Chlor-2-[4-nitro-phenyl]-2H-
    167
$C_{10}H_6Cl_2N_2O$
Pyridazin-3-on, 6-Chlor-2-[4-chlor-phenyl]-2H-
    167
—, 4,5-Dichlor-2-phenyl-2H- 169
—, 4,6-Dichlor-2-phenyl-2H- 168
—, 5,6-Dichlor-2-phenyl-2H- 168
—, 6-[2,4-Dichlor-phenyl]-2H- 546
—, 6-[3,4-Dichlor-phenyl]-2H- 546
$C_{10}H_6Cl_2N_2O_2$
Cinnolin-4-on, 1-Acetyl-3,6-dichlor-1H-
    343
—, 1-Acetyl-5,6-dichlor-1H- 344
—, 1-Acetyl-6,7-dichlor-1H- 344
$C_{10}H_6N_2O$
Imidazo[1,2-a]indol-9-on 591
Pyrazolo[1,5-a]indol-4-on 591
$C_{10}H_7BrCl_2N_2O$
Pyrazol-3-on, 4-Brom-1-[2,4-dichlor-phenyl]-
    5-methyl-1,2-dihydro- 102

$C_{10}H_7BrN_2O$
Keton, [1-Brom-1H-imidazol-2-yl]-phenyl- 552
Pyrazin-2-on, 5-Brom-3-phenyl-1H- 550
Pyridazin-3-on, 6-Brom-2-phenyl-2H- 169
—, 6-[4-Brom-phenyl]-2H- 547

$C_{10}H_7BrN_2O_2$
Cinnolin-4-on, 1-Acetyl-3-brom-1H- 344

$C_{10}H_7BrN_4O_5$
Pyrazol-3-on, 2-[3-Brom-4-nitro-phenyl]-5-methyl-4-nitro-1,2-dihydro 106

$C_{10}H_7ClN_2O$
Äthanon, 1-[4-Chlor-cinnolin-7-yl]- 552
—, 1-[6-Chlor-cinnolin-3-yl]- 552
—, 1-[7-Chlor-cinnolin-3-yl]- 552
—, 2-Chlor-1-cinnolin-4-yl- 552
Keton, [4-Chlor-phenyl]-[1(2)H-pyrazol-3-yl]- 551
Pyrazin-2-on, 5-Chlor-3-phenyl-1H- 549
—, 5-Chlor-6-phenyl-1H- 550
Pyridazin-3-on, 5-Chlor-2-phenyl-2H- 167
—, 6-Chlor-2-phenyl-2H- 167
—, 6-[4-Chlor-phenyl]-2H- 546
Pyrimidin-4-on, 2-[4-Chlor-phenyl]-3H- 547
—, 5-[2-Chlor-phenyl]-3H- 549

$C_{10}H_7ClN_2O_2$
Acetylchlorid, [4-Oxo-4H-chinazolin-3-yl]- 358
Cinnolin-4-on, 1-Acetyl-3-chlor-1H- 342
—, 1-Acetyl-6-chlor-1H- 343

$C_{10}H_7Cl_3N_2O$
Aceton, 1-[1H-Benzimidazol-2-yl]-1,3,3-trichlor- 501
Chinazolin, 4-Methoxy-2-trichlormethyl- 446
Pyrazol-3-on, 5-Methyl-2-[2,4,6-trichlor-phenyl]-1,2-dihydro- 73

$C_{10}H_7F_3N_2O$
Aceton, 3-[1H-Benzimidazol-2-yl]-1,1,1-trifluor- 501
Benzo[b][1,4]diazepin-2-on, 4-Trifluormethyl-1,3-dihydro- 488
Pyrazol-3-on, 2-Phenyl-5-trifluormethyl-1,2-dihydro- 100

$C_{10}H_7IN_2O$
Pyridazin-3-on, 6-[4-Jod-phenyl]-2H- 547

$C_{10}H_7N_3O_3$
Keton, [4-Nitro-phenyl]-[1(2)H-pyrazol-3-yl]- 551
Pyrazin-2-on, 5-Nitro-3-phenyl-1H- 550
Pyrazol-4-carbaldehyd, 1-[3-Nitro-phenyl]-1H- 176

$C_{10}H_7N_3O_4$
Cinnolin-4-on, 1-Acetyl-5-nitro-1H- 346
—, 1-Acetyl-6-nitro-1H- 347
—, 1-Acetyl-7-nitro-1H- 348

$C_{10}H_7N_5O_7$
Pyrazol-3-on, 5-Methyl-4,4-dinitro-2-[4-nitro-phenyl]-2,4-dihydro- 106
—, 5-Methyl-2-picryl-1,2-dihydro- 74

$C_{10}H_8BrClN_2O$
Pyrazol-3-on, 2-[4-Brom-phenyl]-4-chlor-5-methyl-1,2-dihydro- 101

$C_{10}H_8BrN_3OS$
Pyrazol-1-thiocarbonsäure, 3-[4-Brom-phenyl]-5-oxo-2,5-dihydro-, amid 426

$C_{10}H_8Br_2N_2O$
Chinoxalin-2-on, 3-Dibrommethyl-1-methyl-1H- 462
Pyrazol-3-on, 4-Brom-2-[4-brom-phenyl]-5-methyl-1,2-dihydro- 102
—, 4,4-Dibrom-5-methyl-2-phenyl-2,4-dihydro- 103

$C_{10}H_8ClN_3O$
Pyridazin-3-on, 4-Chlor-6-methyl-2-[2]pyridyl-2H- 186

$C_{10}H_8Cl_2N_2O$
Pyrazol-3-on, 4,4-Dichlor-5-methyl-2-phenyl-2,4-dihydro- 101
—, 1-[2,4-Dichlor-phenyl]-5-methyl-1,2-dihydro- 75
—, 1-[2,5-Dichlor-phenyl]-5-methyl-1,2-dihydro- 75
—, 2-[2,5-Dichlor-phenyl]-5-methyl-1,2-dihydro- 73
Pyridazin-3-on, 6-[2,4-Dichlor-phenyl]-4,5-dihydro-2H- 481
—, 6-[3,4-Dichlor-phenyl]-4,5-dihydro-2H- 481

$C_{10}H_8Cl_3N_3$
Amin, Methyl-[2-trichlormethyl-chinazolin-4-yl]- 446

$C_{10}H_8I_2N_2O$
Pyrazol-3-on, 4,4-Dijod-5-methyl-2-phenyl-2,4-dihydro- 104

$C_{10}H_8N_2O$
Äthanon, 1-Chinoxalin-2-yl- 553
—, 1-Chinoxalin-6-yl- 553
—, 1-Cinnolin-3-yl- 552
—, 1-Cinnolin-4-yl- 552
Benzo[d]pyrrolo[1,2-a]imidazol-1-on, 2,3-Dihydro- 554
Chinoxalin-2-carbaldehyd, 3-Methyl- 553
—, 6-Methyl- 553
—, 7-Methyl- 553
Imidazo[2,1-a]isoindol-5-on, 2,3-Dihydro- 554
Imidazol-4-carbaldehyd, 3-Phenyl-3H- 178
Keton, [1H-Imidazol-2-yl]-phenyl- 551
—, Phenyl-[1(2)H-pyrazol-3-yl]- 550
—, [2]Pyridyl-pyrrol-2-yl- 554
—, [3]Pyridyl-pyrrol-2-yl- 554
—, [4]Pyridyl-pyrrol-2-yl- 554
Pyrazin-2-on, 3-Phenyl-1H- 549

$C_{10}H_{11}N_3S_2$

[1,3]Diazetidin-1-thiocarbonsäure, 2-Thioxo-, o-toluidid 39

$C_{10}H_{11}N_5O$

Benzimidazol-2-carbaldehyd, 1-Methyl-1H-, semicarbazon 413

$C_{10}H_{12}N_2O$

Benzimidazol-2-on, 1-Äthyl-5-methyl-1,3-dihydro- 301

—, 4-Isopropyl-1,3-dihydro- 316

—, 5-Isopropyl-1,3-dihydro- 316

—, 5-Propyl-1,3-dihydro- 316

—, 1,3,5-Trimethyl-1,3-dihydro- 301

Benzo[b][1,4]diazepin-2-on, 4-Methyl-1,3,4,5-tetrahydro- 315

—, 5-Methyl-1,3,4,5-tetrahydro- 306

Benzo[e][1,4]diazepin-5-on, 1-Methyl-1,2,3,4-tetrahydro- 306

[2,3']Bipyridyl-2'-on, 3',4',5',6'-Tetrahydro-1'H- 316

[2,3']Bipyridyl-6-on, 2,3,4,5-Tetrahydro-1H- 317

[2,3']Bipyridyl-6'-on, 3,4,5,6-Tetrahydro-1'H- 317

Chinazolin-4-ol, 2,2-Dimethyl-1,2-dihydro- 316

Chinazolin-4-on, 2,2-Dimethyl-2,3-dihydro-1H- 315

Chinoxalin-2-on, 4-Äthyl-3,4-dihydro-1H- 298

Imidazolidin-2-on, 1-Benzyl- 12

—, 1-Methyl-4-phenyl- 305

—, 1-Methyl-5-phenyl- 305

—, 4-Methyl-1-phenyl- 38

—, 4-Methyl-4-phenyl- 314

—, 1-p-Tolyl- 12

Imidazolidin-4-on, 5-Methyl-5-phenyl- 314

Pyrazolidin-3-on, 4-Methyl-1-phenyl- 37

—, 4-Methyl-2-phenyl- 37

—, 5-Methyl-1-phenyl- 36

—, 5-Methyl-2-phenyl- 36

—, 1-m-Tolyl- 5

—, 1-o-Tolyl- 5

—, 1-p-Tolyl- 5

Pyrimidin-2-on, 1-Phenyl-tetrahydro- 33

—, 5-Phenyl-tetrahydro- 313

Pyrrolidin-2-on, 1-Methyl-5-[3]pyridyl- 312

—, 1-Methyl-5-[4]pyridyl- 313

$C_{10}H_{12}N_2O_2$

Imidazolidin-2-on, 1-[4-Methoxy-phenyl]- 13

Pyrazolidin-3-on, 1-[4-Methoxy-phenyl]- 5

$C_{10}H_{12}N_2O_3$

Benzimidazol-2-on, 1,3-Bis-hydroxymethyl-5-methyl-1,3-dihydro- 301

Chinazolin-4-on, 1,3-Bis-hydroxymethyl-2,3-dihydro-1H- 298

$C_{10}H_{12}N_2O_3S$

Piperazin-2-on, 4-Benzolsulfonyl- 35

$C_{10}H_{12}N_2S$

Benzimidazol-2-thion, 1-Äthyl-3-methyl-1,3-dihydro- 289

—, 1-Propyl-1,3-dihydro- 289

Chinazolin-4-thion, 2,2-Dimethyl-2,3-dihydro-1H- 316

Imidazolidin-4-thion, 2-Methyl-2-phenyl- 314

$[C_{10}H_{12}N_3]^+$

Cycloheptimidazolium, 6-Imino-1,3-dimethyl-1,6-dihydro- 339

$C_{10}H_{12}N_4$

Hydrazin, Benzyliden-imidazolidin-2-yliden- 7

$C_{10}H_{12}N_6$

Äthylendiamin, N,N'-Bis-[1(3)H-imidazol-4-ylmethylen]- 177

$C_{10}H_{13}N_3O$

Benzo[b][1,4]diazepin-2-on, 5-Amino-4-methyl-1,3,4,5-tetrahydro- 315

$C_{10}H_{13}N_3O_3$

Pyridazin-4-on, 1-Acetyl-3,6-dimethyl-1H-, [O-acetyl-oxim] 197

$C_{10}H_{13}N_7S$

[1,4]Benzochinon-imidazolidin-2-yliden-hydrazon-thiosemicarbazon 8

$C_{10}H_{14}N_2O$

[2,3']Bipyridyl-6'-on, 1,2,3,4,5,6-Hexahydro-1'H- 252

Butan-2-on, 3,3-Dimethyl-1-pyrazinyl- 251

Chinazolin-4-on, 2,3-Dimethyl-5,6,7,8-tetrahydro-3H- 249

Hexan-2-on, 1-Pyrazinyl- 251

Imidazol-4-carbaldehyd, 3-Cyclohexyl-3H- 178

Imidazol-4-on, 2-Äthyl-5-cyclopentyliden-3,5-dihydro- 251

—, 5-Cyclohexyliden-2-methyl-3,5-dihydro- 251

Indazol-3-on, 7-Allyl-1,2,4,5,6,7-hexahydro- 252

—, 4,4,6-Trimethyl-1,2,4,5-tetrahydro- 252

Indeno[1,2-c]pyrazol-3-on, 1,4,4a,5,6,7,8,8a-Octahydro-2H- 253

Pyridin-2-on, 3-[1-Methyl-pyrrolidin-2-yl]-1H- 250

—, 5-[1-Methyl-pyrrolidin-2-yl]-1H- 249

$C_{10}H_{14}N_2O_2$

Pyridazin-3-on, 2-[1-Äthyl-2-oxo-propyl]-6-methyl-2H- 181

—, 6-Methyl-2-[3-methyl-2-oxo-butyl]-2H- 181

—, 6-Methyl-2-[2-oxo-pentyl]-2H- 181

$C_{10}H_{14}N_2O_3$

Essigsäure, [3-Äthyl-6-oxo-6H-pyridazin-1-yl]-, äthylester 195

C₁₀H₁₄N₂O₃ (Fortsetzung)

Essigsäure, [3,4-Dimethyl-6-oxo-6H-pyridazin-
1-yl]-, äthylester 195

—, [3,5-Dimethyl-6-oxo-6H-pyridazin-
1-yl]-, äthylester 196

Imidazol-2-on, 1,3-Diacetyl-4-äthyl-5-methyl-
1,3-dihydro- 130

Isovaleriansäure, α-[3-Methyl-6-oxo-
6H-pyridazin-1-yl]- 184

Propionsäure, 2-[3-Methyl-6-oxo-
6H-pyridazin-1-yl]-, äthylester 183

—, 3-[3-Methyl-6-oxo-6H-pyridazin-
1-yl]-, äthylester 183

Pyrazol-3-on, 1,2-Diacetyl-4-äthyl-5-methyl-
1,2-dihydro- 125

Valeriansäure, 2-[3-Methyl-6-oxo-
6H-pyridazin-1-yl]- 184

C₁₀H₁₄N₈

Guanidin, [4-Imidazolidin-2-ylidenhydrazono-
cyclohexa-2,5-dienylidenamino]- 7

C₁₀H₁₅ClN₂O

Pyrimidin-4-on, 6-Chlor-2-methyl-5-pentyl-3H-
229

C₁₀H₁₅N₃O

Pyridazin-3-on, 2-Piperidinomethyl-2H-
165

C₁₀H₁₅N₃O₂

Indazol-2-carbonsäure, 3a,7-Dimethyl-3-oxo-
3,3a,4,5,6,7-hexahydro-, amid 229

C₁₀H₁₅N₃O₃

Imidazol-2-on, 3-Acetyl-1-acetylamino-
4-äthyl-5-methyl-1,3-dihydro- 130

C₁₀H₁₅N₃O₄

Essigsäure, Acryloyloxy-, [2-(2-oxo-
imidazolidin-1-yl)-äthylamid] 16

C₁₀H₁₅N₅O₂

Pyridazin-3-on, 6-Methyl-2-[1-methyl-
2-semicarbazono-propyl]-2H- 181

—, 6-Methyl-2-[3-semicarbazono-butyl]-2H-
181

C₁₀H₁₆N₂O

Imidazolidin-2-on, 4-Cyclohex-1-enyl-
5-methyl- 231

Imidazol-4-on, 5-sec-Butyliden-2-propyl-
3,5-dihydro- 230

—, 2-Butyl-5-isopropyliden-3,5-dihydro-
230

—, 1-Cyclohexyl-2-methyl-1,5-dihydro-
109

Pyrazol-3-on, 2-Cyclohexyl-5-methyl-
1,2-dihydro- 70

—, 4-Cyclohexyl-5-methyl-1,2-dihydro-
230

—, 2-Cyclopentyl-1,5-dimethyl-
1,2-dihydro- 70

Pyrimidin-2-on, 5,5-Diallyl-tetrahydro-
229

C₁₀H₁₆N₂O₂

1,4-Diaza-spiro[4.5]decan-2-on, 4-Acetyl-
150

Pyrazin-2-on, 3-sec-Butyl-1-hydroxy-
5,6-dimethyl-1H- 230

—, 1-Hydroxy-3-isobutyl-5,6-dimethyl-1H-
230

Pyridazin-3-on, 2-[2-Hydroxy-1,2-dimethyl-
propyl]-6-methyl-2H- 179

C₁₀H₁₆N₂O₂S

Propionsäure, 2-[4,4,6-Trimethyl-2-thioxo-
3,4-dihydro-2H-pyrimidin-1-yl]- 136

—, 3-[4,4,6-Trimethyl-2-thioxo-
3,4-dihydro-2H-pyrimidin-1-yl]- 136

C₁₀H₁₆N₂O₅

Aziridin-1,2-dicarbonsäure, 3-Acetyl-
3-methyl-, diäthylester 40

C₁₀H₁₆N₂S

Imidazol-2-thion, 4-Cyclohexylmethyl-
1,3-dihydro- 231

Pyrimidin-2-thion, 1-Allyl-4,4,6-trimethyl-
3,4-dihydro-1H- 133

C₁₀H₁₆N₄O₂

Valeriansäure, 2-[3-Methyl-6-oxo-
6H-pyridazin-1-yl]-, hydrazid 184

C₁₀H₁₇N₃O

Pyrazol-3-on, 5-Methyl-2-[1-methyl-
[4]piperidyl]-1,2-dihydro- 97

C₁₀H₁₇N₃O₂

Pyrazol-1-carbonsäure, 4-Isopentyl-3-methyl-
5-oxo-2,5-dihydro-, amid 154

—, 3-Methyl-4-[2-methyl-butyl]-5-oxo-
2,5-dihydro-, amid 153

C₁₀H₁₈N₂O

[2,3']Bipyridyl-2'-on, Decahydro- 157

Imidazolidin-2-on, 4-Cyclohexylmethyl- 156

—, 4-Cyclohexyl-1-methyl- 155

—, 4-Cyclohexyl-5-methyl- 156

Imidazol-2-on, 4-Butyl-5-propyl-1,3-dihydro-
156

[2,7]Naphthyridin-1-on, 8a-Äthyl-octahydro-
157

Pyrazol-3-on, 2-Äthyl-4-isopropyl-
1,5-dimethyl-1,2-dihydro- 140

—, 2,4-Diisopropyl-5-methyl-
1,2-dihydro- 140

—, 2-Hexyl-5-methyl-1,2-dihydro- 70

—, 4-Isopropyl-5-methyl-2-propyl-
1,2-dihydro- 140

C₁₀H₁₈N₂S

Imidazol-2-thion, 1-[1,3-Dimethyl-pentyl]-
1,3-dihydro- 62

—, 1-[1-Methyl-hexyl]-1,3-dihydro-
62

Pyrimidin-2-thion, 1-Isopropyl-
4,4,6-trimethyl-3,4-dihydro-1H- 133

C₁₀H₁₉N₃O₂

Imidazolidin-1-carbonsäure, 5-Hexyl-2-oxo-,
amid 52

$C_{10}H_{20}N_2O$

1,3-Diaza-cyclododecan-2-on 53
Imidazolidin-2-on, 4-Äthyl-4-isopentyl- 54
—, 4-[1-Äthyl-pentyl]- 54
—, 4-Heptyl- 53
—, 4-Hexyl-5-methyl- 54
Piperazin-2-on, 1-Butyl-5,5-dimethyl- 47
—, 1-sec-Butyl-5,5-dimethyl- 47
—, 4-Isobutyl-3,3-dimethyl- 46
Pyrimidin-2-on, 5-Äthyl-5-butyl-tetrahydro-
   53
—, 5,5-Dipropyl-tetrahydro- 53
—, 5-Methyl-5-pentyl-tetrahydro- 53

$C_{10}H_{20}N_2S$

1,3-Diaza-cyclododecan-2-thion 53
Imidazolidin-2-thion, 1-Heptyl- 25

C_{11}

$C_{11}H_6N_2O$

Cyclopenta[1,2-b;3,4-b']dipyridin-9-on 622
Cyclopenta[1,2-b;4,3-b']dipyridin-9-on 622
Cyclopenta[2,1-b;3,4-b']dipyridin-5-on 622
Perimidin-4-on 622
Perimidin-6-on 622

$C_{11}H_7Cl_3N_2O$

Chinazolin-4-on, 2-[3,3,3-Trichlor-propenyl]-3H-
   562

$C_{11}H_7N_3O$

Cyclopenta[1,2-b;3,4-b']dipyridin-9-on-oxim
   622
Cyclopenta[1,2-b;4,3-b']dipyridin-9-on-oxim
   622

$C_{11}H_8Br_2N_2O_2$

Pyrazol-3-on, 2-Acetyl-4,4-dibrom-5-phenyl-
   2,4-dihydro- 426

$C_{11}H_8ClN_3O_3$

Pyridazin-3-on, 4-Chlor-6-methyl-2-[4-nitro-
   phenyl]-2H- 186

$C_{11}H_8Cl_2N_2O$

β-Carbolin-1-on, 5,8-Dichlor-
   2,3,4,9-tetrahydro- 567
—, 7,8-Dichlor-2,3,4,9-tetrahydro-
   567
Pyridazin-3-on, 6-[3,4-Dichlor-phenyl]-
   4-methyl-2H- 556
—, 6-[3,4-Dichlor-phenyl]-5-methyl-
   2H- 555

$C_{11}H_8Cl_2N_2O_2$

Pyrazol-3-on, 2-Acetyl-4,4-dichlor-5-phenyl-
   2,4-dihydro- 425

$C_{11}H_8Cl_2N_2O_3$

Benzimidazol-2-on, 1,3-Diacetyl-5,6-dichlor-
   1,3-dihydro- 284

$C_{11}H_8Cl_3N_3O$

Chinazolin-4-on, 2-Methyl-3-[2,2,2-trichlor-
   äthylidenamino]-3H- 443

$C_{11}H_8N_2O$

Benz[f]indazol-3-on, 1,2-Dihydro- 592
β-Carbolin-1-on, 2,9-Dihydro- 595
Chinazolin-4-on, 3-Prop-2-inyl-3H- 352
Keton, Di-[2]pyridyl- 591
—, Di-[3]pyridyl- 592
—, Di-[4]pyridyl- 592
—, Phenyl-pyrazinyl- 591
—, [2]Pyridyl-[3]pyridyl- 592
—, [2]Pyridyl-[4]pyridyl- 592
—, [3]Pyridyl-[4]pyridyl- 592
Naphth[1,2-d]imidazol-2-on, 1,3-Dihydro-
   593
Naphth[2,3-d]imidazol-2-on, 1,3-Dihydro-
   593
Pyrazino[1,2-a]indol-1-on, 2H- 594

$C_{11}H_8N_2S$

Naphth[1,2-d]imidazol-2-thion, 1,3-Dihydro-
   594
Naphth[2,3-d]imidazol-2-thion, 1,3-Dihydro-
   593

$C_{11}H_8N_4O_2$

Chinazolin-4-on, 3-[3-Diazo-2-oxo-propyl]-3H-
   356

$C_{11}H_9BrN_2O$

Chinazolin-4-on, 3-[2-Brom-allyl]-3H- 352
Pyrazin-2-on, 5-Brom-6-methyl-3-phenyl-
   1H- 558
Pyridazin-3-on, 2-[4-Brom-phenyl]-6-methyl-2H-
   179
Pyridazin-4-on, 5-Brom-6-methyl-1-phenyl-1H-
   187

$C_{11}H_9BrN_2O_2$

Chinazolin-4-on, 3-[3-Brom-2-oxo-propyl]-3H-
   355

$C_{11}H_9BrN_2S$

Pyrimidin-2-thion, 5-Brom-4-methyl-
   1-phenyl-1H- 192

$C_{11}H_9Br_3N_2O$

Verbindung $C_{11}H_9Br_3N_2O$ aus
   1,5-Dimethyl-2-phenyl-1,2-dihydro-
   pyrazol-3-on 78

$C_{11}H_9ClN_2O$

β-Carbolin-1-on, 6-Chlor-2,3,4,9-tetrahydro-
   567
—, 8-Chlor-2,3,4,9-tetrahydro- 567
Cyclopenta[g]cinnolin-4-on, 3-Chlor-
   1,6,7,8-tetrahydro- 564
Pyridazin-3-on, 4-Chlor-6-methyl-2-phenyl-2H-
   186
—, 6-Chlor-4-methyl-2-phenyl-2H-
   189
—, 6-Chlor-5-methyl-2-phenyl-2H-
   188
—, 6-Chlor-2-p-tolyl-2H- 167
Pyrimidin-4-on, 2-[4-Chlor-phenyl]-6-methyl-3H-
   556
—, 5-[4-Chlor-phenyl]-6-methyl-3H-
   556

$C_{11}H_9ClN_2O$ (Fortsetzung)

Pyrrolo[2,1-*b*]chinazolin-9-on, 2-Chlor-
2,3-dihydro-1*H*- 564

−, 3-Chlor-2,3-dihydro-1*H*- 564

$C_{11}H_9ClN_2O_2$

Chinazolin-4-on, 6-Chlor-3-oxiranylmethyl-3*H*-
387

−, 3-[3-Chlor-2-oxo-propyl]-3*H*- 355

Cinnolin-4-on, 1-Acetyl-3-chlor-6-methyl-
1*H*- 432

Propionylchlorid, 3-[4-Oxo-4*H*-chinazolin-
3-yl]- 359

$C_{11}H_9ClN_2O_3$

Benzimidazol-2-on, 1,3-Diacetyl-5-chlor-
1,3-dihydro- 284

$C_{11}H_9Cl_2N_3O_2$

Pyrazol-1-carbonsäure, 3-Methyl-5-oxo-
2,5-dihydro-, [3,4-dichlor-anilid] 89

$C_{11}H_9Cl_3N_2O$

Chinazolin, 4-Äthoxy-2-trichlormethyl-
446

$C_{11}H_9Cl_3N_2O_2$

Acetyl-Derivat $C_{11}H_9Cl_3N_2O_2$ aus
2-Trichlormethyl-2,3-dihydro-
1*H*-chinazolin-4-on 307

$C_{11}H_9FN_2O$

β-Carbolin-1-on, 6-Fluor-2,3,4,9-tetrahydro-
567

$C_{11}H_9F_3N_2O$

Pyrazol-3-on, 1-Methyl-2-phenyl-
5-trifluormethyl-1,2-dihydro- 100

−, 5-Methyl-2-[3-trifluormethyl-
phenyl]-1,2-dihydro- 85

$C_{11}H_9IN_2O$

β-Carbolin-1-on, 6-Jod-2,3,4,9-tetrahydro-
567

$C_{11}H_9N_3O$

Benzonitril, 4-[3-Methyl-5-oxo-2,5-dihydro-
pyrazol-1-yl]- 92

Keton, Di-[2]pyridyl-, oxim 591

−, [2]Pyridyl-[4]pyridyl-, oxim 592

−, [3]Pyridyl-[4]pyridyl-, oxim 592

$C_{11}H_9N_3OS$

Pyrazol-3-on, 5-Methyl-2-[4-thiocyanato-
phenyl]-1,2-dihydro- 88

$C_{11}H_9N_3O_2$

O-Acetyl-Derivat $C_{11}H_9N_3O_2$ aus
Cyclohepta[*b*]pyrazin-7-on-oxim 543

$C_{11}H_9N_3O_2S$

Phthalazin-2-thiocarbonsäure, 1-Oxo-1*H*-,
acetylamid 406

$C_{11}H_9N_3O_3$

β-Carbolin-1-on, 6-Nitro-2,3,4,9-tetrahydro-
568

Pyridazin-3-on, 6-Methyl-2-[4-nitro-phenyl]-2*H*-
179

Pyrimidin-4-on, 6-Methyl-2-[3-nitro-phenyl]-3*H*-
556

$C_{11}H_9N_3O_4$

Cinnolin-4-on, 1-Acetyl-3-methyl-6-nitro-
1*H*- 432

$C_{11}H_9N_3O_5$

Benzimidazol-2-on, 1,3-Diacetyl-5-nitro-
1,3-dihydro- 286

$C_{11}H_{10}Br_2N_2O$

Pyrazol-3-on, 4-Brom-5-brommethyl-
1-methyl-2-phenyl-1,2-dihydro- 103

$C_{11}H_{10}ClN_3O_2$

Essigsäure, Chlor-, [(4-oxo-4*H*-chinazolin-
3-ylmethyl)-amid] 355

Propionsäure, 3-Chlor-, [4-oxo-
4*H*-chinazolin-3-ylamid] 384

$C_{11}H_{10}Cl_2N_2O$

Chinazolin-4-on, 6-Chlor-3-[3-chlor-propyl]-3*H*-
386

Pyridazin-3-on, 6-[3,4-Dichlor-phenyl]-
4-methyl-4,5-dihydro-2*H*- 503

$C_{11}H_{10}Cl_2N_2S$

Imidazol-2-thion, 1-[2,4-Dichlor-phenäthyl]-
1,3-dihydro- 63

−, 1-[3,4-Dichlor-phenäthyl]-
1,3-dihydro- 63

$C_{11}H_{10}Cl_3N_3O_2$

Chinazolin-4-on, 2-Methyl-3-[2,2,2-trichlor-
1-hydroxy-äthylamino]-3*H*- 443

$C_{11}H_{10}N_2O$

Äthanon, 1-[3-Methyl-chinoxalin-2-yl]-
562

−, 1-[2-Methyl-[1,7]naphthyridin-3-yl]-
563

−, 1-[1-Phenyl-1*H*-pyrazol-4-yl]- 194

Benz[*g*]indazol-3-on, 1,2,4,5-Tetrahydro-
565

β-Carbolin-1-on, 2,3,4,9-Tetrahydro- 565

Chinazolin-4-on, 3-Allyl-3*H*- 351

Cyclopenta[*g*]cinnolin-4-on, 1,6,7,8-
Tetrahydro- 563

Cyclopenta[*h*]cinnolin-4-on, 1,7,8,9-
Tetrahydro- 565

Imidazol-4-carbaldehyd, 5-Methyl-2-phenyl-
1(3)*H*- 562

Imidazol-4-on, 5-Benzyliden-2-methyl-
3,5-dihydro- 561

Keton, [1(2)*H*-Pyrazol-3-yl]-*p*-tolyl- 558

Methanol, [5-Methyl-2-phenyl-imidazol-
4-yliden]- 562

Pyrazin-2-on, 3-Methyl-5-phenyl-1*H*- 558

−, 5-Methyl-3-phenyl-1*H*- 558

−, 6-Methyl-3-phenyl-1*H*- 558

−, 6-Methyl-5-phenyl-1*H*- 557

Pyridazin-3-on, 2-Methyl-6-phenyl-2*H*-
545

−, 4-Methyl-2-phenyl-2*H*- 188

−, 4-Methyl-6-phenyl-2*H*- 555

−, 5-Methyl-2-phenyl-2*H*- 187

−, 6-Methyl-2-phenyl-2*H*- 179

−, 6-Methyl-4-phenyl-2*H*- 555

C₁₁H₁₀N₂O (Fortsetzung)

Pyridazin-4-on, 6-Methyl-1-phenyl-1*H*-
187

Pyrimidin-2-on, 5-Benzyl-1*H*- 556

—, 4-Methyl-6-phenyl-1*H*- 557

Pyrimidin-4-on, 1-Methyl-5-phenyl-1*H*-
548

—, 2-Methyl-6-phenyl-3*H*- 556

—, 3-Methyl-5-phenyl-3*H*- 548

—, 6-Methyl-2-phenyl-3*H*- 556

Pyrrolo[2,1-*b*]chinazolin-1-on, 3,9-Dihydro-2*H*-
564

Pyrrolo[2,1-*b*]chinazolin-9-on, 2,3-Dihydro-1*H*-
564

C₁₁H₁₀N₂OS

Imidazol-2-thion, 1-Benzoyl-3-methyl-
1,3-dihydro- 64

C₁₁H₁₀N₂O₂

Äthanon, 1-[3-Methyl-4-oxy-chinoxalin-2-yl]-
563

Chinazolin-4-on, 3-Acetonyl-3*H*- 355

—, 3-Oxiranylmethyl-3*H*- 370

Cinnolin-4-on, 1-Acetyl-3-methyl-1*H*- 431

—, 1-Acetyl-7-methyl-1*H*- 432

Phthalazin-1-on, 2-Acetyl-4-methyl-2*H*-
472

Pyrazin-2-on, 6-Benzyl-1-hydroxy-1*H*- 557

—, 1-Hydroxy-3-methyl-5-phenyl-1*H*-
558

Pyrazol-3-on, 1-Acetyl-5-phenyl-1,2-dihydro-
421

—, 2-Acetyl-5-phenyl-1,2-dihydro-
420

Acetyl-Derivat C₁₁H₁₀N₂O₂ aus
5-Methyl-1*H*-cycloheptimidazol-2-thion
430

Acetyl-Derivat C₁₁H₁₀N₂O₂ aus
4-Phenyl-1,3-dihydro-imidazol-2-on 428

C₁₁H₁₀N₂O₂S

Essigsäure, [1-Phenyl-1*H*-imidazol-
2-ylmercapto]- 65

—, [3-Phenyl-2-thioxo-2,3-dihydro-
imidazol-1-yl]- 65

C₁₁H₁₀N₂O₃

Benzimidazol-2-on, 1,3-Diacetyl-1,3-dihydro-
281

Benzoesäure, 2-[3-Methyl-5-oxo-2,5-dihydro-
pyrazol-1-yl]- 91

—, 2-[5-Methyl-3-oxo-2,3-dihydro-
pyrazol-1-yl]- 91

—, 4-[3-Methyl-5-oxo-2,5-dihydro-
pyrazol-1-yl]- 92

Essigsäure, [2-Methyl-4-oxo-4*H*-chinazolin-
3-yl]- 439

—, [4-Oxo-4*H*-chinazolin-3-yl]-,
methylester 357

Indazol, 3-Acetoxy-1-acetyl-1*H*- 271

Indazol-3-on, 1,2-Diacetyl-1,2-dihydro-
271

Propionsäure, 3-[4-Oxo-4*H*-chinazolin-3-yl]-
358

C₁₁H₁₀N₂O₄

Benzoesäure, 2-Hydroxy-4-[3-methyl-5-oxo-
2,5-dihydro-pyrazol-1-yl]- 92

C₁₁H₁₀N₂O₅

Essigsäure, [2-Oxo-benzimidazol-1,3-diyl]-di-
282

C₁₁H₁₀N₂S

Pyridazin-3-thion, 2-Methyl-6-phenyl-2*H*-
547

—, 6-Methyl-2-phenyl-2*H*- 187

Pyrimidin-2-thion, 5-Benzyl-1*H*- 556

C₁₁H₁₀N₄

Indeno[1,2-*c*]pyrazol-4-on, 3-Methyl-1(2)*H*-,
hydrazon 595

C₁₁H₁₀N₄O₅

Dicyclopropa[3,4;5,6]cyclohepta[1,2-
c]pyrazol-5-on, 4-Methyl-1a,6a-dinitro-
1a,4,5a,6,6a,6b-hexahydro-1*H*- 503

Pyrazol-3-on, 1,5-Dimethyl-4-nitro-2-[4-nitro-
phenyl]-1,2-dihydro- 106

C₁₁H₁₀N₆O₄

Acetaldehyd, [1(3)*H*-Imidazol-4-yl]-,
[2,4-dinitro-phenylhydrazon] 194

Pyrazol-4-carbaldehyd, 1-Methyl-1*H*-,
[2,4-dinitro-phenylhydrazon] 176

C₁₁H₁₁BrN₂O

Butan-2-on, 4-[5-Brom-1(3)*H*-benzimidazol-
2-yl]- 514

Chinazolin-4-on, 2-[1-Brom-propyl]-3*H*-
511

Cycloheptapyrazol-8-on, 5-Brom-6-isopropyl-
1*H*- 509

Pyrazol-3-on, 4-Äthyl-2-[4-brom-phenyl]-
1,2-dihydro- 115

—, 4-Brom-1,5-dimethyl-2-phenyl-
1,2-dihydro- 102

—, 4-Brom-4,5-dimethyl-2-phenyl-
2,4-dihydro- 118

—, 4-Brom-5-methyl-2-*o*-tolyl-
1,2-dihydro- 102

—, 4-Brom-5-methyl-2-*p*-tolyl-
1,2-dihydro- 102

—, 2-[2-Brom-phenyl]-1,5-dimethyl-
1,2-dihydro- 83

—, 2-[3-Brom-phenyl]-1,5-dimethyl-
1,2-dihydro- 84

Pyridazin-3-on, 2-[4-Brom-phenyl]-6-methyl-
4,5-dihydro-2*H*- 112

Brom-Derivat C₁₁H₁₁BrN₂O aus
6-Isopropyl-1*H*-cycloheptapyrazol-8-on
509

C₁₁H₁₁BrN₂O₂

Monoacetyl-Derivat C₁₁H₁₁BrN₂O₂ aus
5-[4-Brom-phenyl]-pyrazolidin-3-on
304

[C₁₁H₁₁Br₂N₂O]⁺

Pyrazolium, 4,4-Dibrom-1,5-dimethyl-3-oxo-2-phenyl-3,4-dihydro-2H- 103

C₁₁H₁₁ClN₂O

Butan-2-on, 4-[5-Chlor-1(3)H-benzimidazol-2-yl]- 514

Chinazolin-4-on, 3-[3-Chlor-propyl]-3H- 351

Pyrazol-3-on, 4-Chlor-1,5-dimethyl-2-phenyl-1,2-dihydro- 101

—, 4-Chlor-4,5-dimethyl-2-phenyl-2,4-dihydro- 117

C₁₁H₁₁ClN₂O₂

Chinazolin-4-on, 6-Chlor-3-[2-hydroxy-äthyl]-2-methyl-3H- 445

C₁₁H₁₁ClN₂S

Imidazol-2-thion, 1-[2-Chlor-phenäthyl]-1,3-dihydro- 63

—, 1-[4-Chlor-phenäthyl]-1,3-dihydro- 63

Pyrazol-3-thion, 4-Chlor-1,5-dimethyl-2-phenyl-1,2-dihydro- 108

C₁₁H₁₁IN₂O

Chinazolin-4-on, 3-[3-Jod-propyl]-3H- 351

Pyrazol-3-on, 4-Jod-1,5-dimethyl-2-phenyl-1,2-dihydro- 104

—, 4-Jod-4,5-dimethyl-2-phenyl-2,4-dihydro- 118

C₁₁H₁₁N₃O

Äthanon, 1-[3-Methyl-chinoxalin-2-yl]-, oxim 563

Benzo[b][1,4]diazepin-3-on, 2,4-Dimethyl-, oxim 562

C₁₁H₁₁N₃O₂

Chinazolin-4-on, 3-[3-Amino-2-oxo-propyl]-3H- 365

—, 3-[2-Hydroxyimino-propyl]-3H- 355

Essigsäure, [4-Oxo-4H-chinazolin-3-yl]-, methylamid 358

Pyrazol-1-carbonsäure, 3-Methyl-5-oxo-2,5-dihydro-, anilid 89

Pyrazol-3-on, 1,5-Dimethyl-4-nitroso-2-phenyl-1,2-dihydro- 104

C₁₁H₁₁N₃O₃

Chinoxalin-2-on, 3-Isopropyl-6-nitro-1H- 513

—, 3-Isopropyl-7-nitro-1H- 513

Imidazol-4-on, 5,5-Dimethyl-2-[4-nitro-phenyl]-3,5-dihydro- 509

Pyrazol-3-on, 4-Äthyl-2-[4-nitro-phenyl]-1,2-dihydro- 115

Pyridazin-3-on, 6-Methyl-2-[4-nitro-phenyl]-4,5-dihydro-2H- 112

C₁₁H₁₁N₃O₆S

Äthansulfonsäure, 2-[3-(4-Nitro-phenyl)-5-oxo-2,5-dihydro-pyrazol-1-yl]- 427

C₁₁H₁₁N₅O

Keton, Phenyl-[1(2)H-pyrazol-3-yl]-, semicarbazon 550

C₁₁H₁₁N₅O₂

Äthanon, 1-[1(2)H-Pyrazol-3-yl]-, [4-nitro-phenylhydrazon] 193

Imidazol-4-carbaldehyd, 5-Methyl-1(3)H-, [4-nitro-phenylhydrazon] 194

C₁₁H₁₁N₅S

Chinoxalin-2-carbaldehyd, 3-Methyl-, thiosemicarbazon 553

—, 6-Methyl-, thiosemicarbazon 554

—, 7-Methyl-, thiosemicarbazon 554

[C₁₁H₁₂BrN₂S]⁺

Pyrazolium, 3-Brommercapto-1,5-dimethyl-2-phenyl- 107

C₁₁H₁₂Br₂N₂O

1,5-Methano-pyrido[1,2-a][1,5]diazocin-8-on, 9,11-Dibrom-1,2,3,4,5,6-hexahydro- 322

Pyrazolidin-3-on, 4,5-Dibrom-1,5-dimethyl-2-phenyl- 37

[C₁₁H₁₂ClN₂S]⁺

Pyrazolium, 3-Chlormercapto-1,5-dimethyl-2-phenyl- 107

C₁₁H₁₂Cl₂N₂O

Verbindung C₁₁H₁₂Cl₂N₂O aus 1,5-Dimethyl-2-phenyl-1,2-dihydro-pyrazol-3-on 78

C₁₁H₁₂N₂O

Äthanon, 2-[4,5-Dihydro-1H-imidazol-2-yl]-1-phenyl- 507

—, 1-[3-Methyl-1,4-dihydro-chinoxalin-2-yl]- 513

—, 1-[3-Phenyl-4,5-dihydro-3H-pyrazol-4-yl]- 505

—, 1-[4-Phenyl-4,5-dihydro-1H-pyrazol-3-yl]- 505

Chinazolin-4-on, 2-Propyl-3H- 510

—, 3-Propyl-3H- 351

—, 5-Propyl-3H- 511

Chinoxalin-2-on, 3-Äthyl-1-methyl-1H- 499

—, 3-Isopropyl-1H- 513

—, 3-Propyl-1H- 513

—, 1,6,7-Trimethyl-1H- 500

Cycloheptapyrazol-8-on, 6-Isopropyl-1H- 509

1,4-Diaza-norcaran-5-on, 7-Phenyl- 515

[1,4]Diazepino[3,2,1-hi]indol-6-on, 1,2,4,5-Tetrahydro-7H- 515

[1,4]Diazepino[6,7,1-hi]indol-7-on, 1,2,5,6-Tetrahydro-4H- 515

[1,4]Diazepin-5-on, 7-Phenyl-1,2,3,4-tetrahydro- 503

Imidazo[1,5-a]chinolin-1-on, 3,3a,4,5-Tetrahydro-2H- 515

Imidazo[5,1-a]isochinolin-3-on, 1,5,6,10b-Tetrahydro-2H- 515

$C_{12}H_{10}N_2O$ (Fortsetzung)

Äthanon, 2-[2]Pyridyl-1-[3]pyridyl- 598

−, 2-[2]Pyridyl-1-[4]pyridyl- 598

−, 2-[3]Pyridyl-1-[4]pyridyl- 599

Benzo[g]chinazolin-4-on, 2,3 Dihydro-1H- 599

Benzo[f]chinoxalin-2-on, 3,4-Dihydro-1H- 600

β-Carbolin-1-on, 2-Methyl-2,9-dihydro- 595

−, 3-Methyl-2,9-dihydro- 601

−, 9-Methyl-2,9-dihydro- 596

Naphth[1,2-d]imidazol-2-on, 3-Methyl-1,3-dihydro- 594

Pyrazino[1,2-a]indol-1-on, 2-Methyl-2H- 594

−, 3-Methyl-2H- 600

−, 10-Methyl-2H- 600

$C_{12}H_{10}N_2O_3$

Essigsäure, [6-Oxo-3-phenyl-6H-pyridazin-1-yl]- 546

$C_{12}H_{10}N_4O_5$

Pyridazin-3-on, 2-[2,4-Dinitro-phenyl]-4,6-dimethyl-2H- 196

$C_{12}H_{11}BrN_2O$

Benzo[b][1,6]naphthyridin-10-on, 8-Brom-1,3,4,5-tetrahydro-2H- 579

Pyridazin-3-on, 2-[4-Brom-phenyl]-4,6-dimethyl-2H- 196

Pyrimidin-4-on, 2-Benzyl-5-brom-6-methyl-3H- 570

$C_{12}H_{11}BrN_4O_2$

Essigsäure, [3-(4-Brom-phenyl)-6-oxo-6H-pyridazin-1-yl]-, hydrazid 547

$C_{12}H_{11}ClN_2O$

Äthanon, 1-[3-Chlor-5-methyl-1-phenyl-1H-pyrazol-4-yl]- 205

Benzo[g]cinnolin-4-on, 3-Chlor-6,7,8,9-tetrahydro-1H- 576

β-Carbolin-1-on, 6-Chlor-9-methyl-2,3,4,9-tetrahydro- 567

Pyridazin-3-on, 6-Äthyl-4-chlor-2-phenyl-2H- 195

−, 4-Chlor-6-methyl-2-m-tolyl-2H- 186

Pyrimidin-4-on, 6-Äthyl-5-[4-chlor-phenyl]-3H- 570

$C_{12}H_{11}ClN_2O_2$

Cinnolin-4-on, 1-Acetyl-3-chlor-6,7-dimethyl-1H- 489

Pyrazol-3-on, 2-Acetyl-4-chlor-4-methyl-5-phenyl-2,4-dihydro- 486

Pyridazin-3-on, 4-Chlor-2-[4-methoxy-phenyl]-6-methyl-2H- 186

$C_{12}H_{11}F_3N_2O$

Butan-2-on, 1,1,1-Trifluor-3-[1-methyl-1H-benzimidazol-2-yl]- 514

But-2-en-2-ol, 1,1,1-Trifluor-3-[1-methyl-1H-benzimidazol-2-yl]- 514

$C_{12}H_{11}N_3$

Äthanon, 1,2-Di-[2]pyridyl-, imin 598

$C_{12}H_{11}N_3O$

Äthanon, 1-Phenyl-2-pyrazinyl-, oxim 597

−, 2-[2]Pyridyl-1-[3]pyridyl-, oxim 598

Phenazin-1-on, 3,4-Dihydro-2H-, oxim 599

$C_{12}H_{11}N_3O_2$

Pyrazol-4-carbaldehyd, 1-Phenyl-1H-, [O-acetyl-oxim] 177

$C_{12}H_{11}N_3O_3$

Äthanon, 1-[5-Methyl-1-(4-nitro-phenyl)-1H-pyrazol-3-yl]- 206

−, 1-[5-Methyl-1-(4-nitro-phenyl)-1H-pyrazol-4-yl]- 204

β-Carbolin-1-on, 9-Methyl-6-nitro-2,3,4,9-tetrahydro- 568

Imidazol-4-on, 5-Isopropyliden-2-[4-nitro-phenyl]-3,5-dihydro- 574

Pyridazin-3-on, 4,6-Dimethyl-2-[4-nitro-phenyl]-2H- 196

$C_{12}H_{11}N_5O$

Keton, Di-[2]pyridyl-, semicarbazon 591

−, Di-[3]pyridyl-, semicarbazon 592

−, [2]Pyridyl-[3]pyridyl-, semicarbazon 592

−, [2]Pyridyl-[4]pyridyl-, semicarbazon 592

−, [3]Pyridyl-[4]pyridyl-, semicarbazon 592

$C_{12}H_{12}Br_2N_2O$

Pyrazol-3-on, 4,5-Bis-brommethyl-1-methyl-2-phenyl-1,2-dihydro- 118

$C_{12}H_{12}Cl_2N_2O$

Keton, [4-Äthyl-3-methyl-pyrrol-2-yl]-[3,4-dichlor-pyrrol-2-yl]- 521

$C_{12}H_{12}Cl_4N_2O_2$

1,4;5,8-Dimethano-phthalazin, 5,6,7,8-Tetrachlor-9,9-dimethoxy-1,4,4a,5,8,8a-hexahydro- 503

$C_{12}H_{12}N_2O$

Äthanon, 1-[2,4-Dimethyl-chinazolin-6-yl]- 574

−, 1-[2,4-Dimethyl-chinazolin-7-yl]- 574

−, 1-[2,4-Dimethyl-chinazolin-8-yl]- 574

−, 1-[2,3-Dimethyl-chinoxalin-6-yl]- 574

−, 1-[4-Methyl-1-phenyl-1H-pyrazol-3-yl]- 205

−, 1-[5-Methyl-1-phenyl-1H-pyrazol-3-yl]- 205

−, 1-[1-Methyl-5-[3]pyridyl-pyrrol-2-yl]- 563

−, 1-[1-Methyl-5-[3]pyridyl-pyrrol-3-yl]- 563

$C_{12}H_{13}ClN_2O$

Äthanon, 2-Chlor-1-[3-methyl-4-phenyl-
4,5-dihydro-3H-pyrazol-3-yl]- 518

Chinazolin-4-on, 3-[3-Chlor-propyl]-6-methyl-
3H- 455

Pyrazol-3-on, 4-Äthyl-4-chlor-5-methyl-
2-phenyl-2,4-dihydro- 126

$C_{12}H_{13}ClN_2O_2$

Chinazolin-4-on, 3-[2-Chlor-3-methoxy-
propyl]-3H- 354

$C_{12}H_{13}ClN_2O_3$

Chinazolin-4-on, 6-Chlor-3-[2,3-dihydroxy-
propyl]-2-methyl-3H- 445

$C_{12}H_{13}N_3O$

Äthanon, 1-[4-Methyl-1-phenyl-1H-pyrazol-
3-yl]-, oxim 205

—, 1-[5-Methyl-1-phenyl-1H-pyrazol-
3-yl]-, oxim 206

—, 1-[1-Methyl-5-[3]pyridyl-pyrrol-2-yl]-,
oxim 563

[1,2]Diazepin-4-on, 5-Methyl-6-phenyl-
2,3-dihydro-, oxim 568

$C_{12}H_{13}N_3OS$

Aceton, [5-Phenyl-2-thioxo-2,3-dihydro-
imidazol-1-yl]-, oxim 429

$C_{12}H_{13}N_3O_2$

Propan-1-on, 2,2-Dimethyl-1-[1-nitroso-
1H-indazol-3-yl]- 521

Pyrazol-1-carbonsäure, 4-Äthyl-5-oxo-
3-phenyl-2,5-dihydro-, amid 506

—, 3-Methyl-5-oxo-2,5-dihydro-,
p-toluidid 89

$C_{12}H_{13}N_3O_3$

Äthanon, 1-[2,3-Dimethyl-1,4-dioxy-
chinoxalin-6-yl]-, oxim 575

$C_{12}H_{13}N_3O_4$

Chinoxalin-2-on, 1-Acetyl-4-äthyl-6-nitro-
3,4-dihydro-1H- 299

—, 1-Acetyl-4-äthyl-7-nitro-3,4-dihydro-1H-
299

Pyrazol-3-on, 2-[2-Äthoxy-5-nitro-phenyl]-
5-methyl-1,2-dihydro- 87

$C_{12}H_{13}N_3O_4S$

Pyrazol-3-on, 1-[N-Acetyl-sulfanilyl]-
5-methyl-1,2-dihydro- 100

—, 2-[N-Acetyl-sulfanilyl]-5-methyl-
1,2-dihydro- 99

$C_{12}H_{13}N_3O_5S$

Carbamidsäure, [4-(3-Methyl-5-oxo-
2,5-dihydro-pyrazol-1-sulfonyl)-phenyl]-,
methylester 99

$C_{12}H_{13}N_5O_2$

Äthanon, 1-[3-Methyl-1(2)H-pyrazol-4-yl]-,
[4-nitro-phenylhydrazon] 204

$C_{12}H_{14}ClN_3O$

Chinazolin-4-on, 3-[2-Äthylamino-äthyl]-
6-chlor-3H- 386

$C_{12}H_{14}N_2O$

Aceton, 1-[4,5-Dihydro-1H-imidazol-2-yl]-
1-phenyl- 519

Chinazolin-4-on, 2-$tert$-Butyl-3H- 520

—, 3-Butyl-3H- 351

—, 2-Isobutyl-3H- 520

—, 2-Methyl-3-propyl-3H- 434

Chinoxalin-2-on, 3-Butyl-1H- 520

—, 3-sec-Butyl-1H- 520

—, 3-$tert$-Butyl-1H- 520

—, 3-Isobutyl-1H- 520

Imidazol-2-on, 4-Phenyl-5-propyl-
1,3-dihydro- 519

Imidazol-4-on, 5-Äthyl-5-methyl-2-phenyl-
3,5-dihydro- 519

—, 2-Benzyl-5,5-dimethyl-3,5-dihydro-
519

—, 5-Phenyl-2-propyl-3,5-dihydro-
519

Phthalazin-1-on, 4-Butyl-2H- 520

Propan-1-on, 1-[1(2)H-Indazol-3-yl]-
2,2-dimethyl- 521

Pyrazol-3-on, 5-Äthyl-2-benzyl-1,2-dihydro-
114

—, 1-Äthyl-5-methyl-2-phenyl-
1,2-dihydro- 84

—, 2-Äthyl-5-methyl-1-phenyl-
1,2-dihydro- 84

—, 4-Äthyl-1-methyl-2-phenyl-
1,2-dihydro- 115

—, 4-Äthyl-5-methyl-1-phenyl-
1,2-dihydro- 124

—, 4-Äthyl-5-methyl-2-phenyl-
1,2-dihydro- 123

—, 5-Äthyl-1-methyl-2-phenyl-
1,2-dihydro- 114

—, 5-Äthyl-2-methyl-1-phenyl-
1,2-dihydro- 114

—, 5-Äthyl-4-methyl-2-phenyl-
1,2-dihydro- 127

—, 4-Benzyl-2,5-dimethyl-1,2-dihydro-
504

—, 1-[2,5-Dimethyl-phenyl]-5-methyl-
1,2-dihydro- 86

—, 2-[2,5-Dimethyl-phenyl]-5-methyl-
1,2-dihydro- 86

—, 4-Isopropyl-5-phenyl-1,2-dihydro-
518

—, 5-Isopropyl-2-phenyl-1,2-dihydro-
123

—, 5-Mesityl-1,2-dihydro- 516

—, 5-Methyl-2-phenäthyl-1,2-dihydro-
85

—, 2-Phenyl-4-propyl-1,2-dihydro-
123

—, 2-Phenyl-5-propyl-1,2-dihydro-
122

—, 5-Phenyl-4-propyl-1,2-dihydro-
517

C₁₂H₁₄N₂O (Fortsetzung)

Pyrazol-3-on, 1,2,4-Trimethyl-5-phenyl-1,2-dihydro- 484

—, 1,2,5-Trimethyl-4-phenyl-1,2-dihydro-483

—, 1,4,5-Trimethyl-2-phenyl-1,2-dihydro-116

—, 2,4,5-Trimethyl-1-phenyl-1,2-dihydro-116

—, 4,4,5-Trimethyl-2-phenyl-2,4-dihydro-128

Pyridazin-3-on, 6-Äthyl-2-phenyl-4,5-dihydro-2*H*- 121

—, 4,4-Dimethyl-6-phenyl-4,5-dihydro-2*H*-516

—, 6-Methyl-2-*m*-tolyl-4,5-dihydro-2*H*- 112

Pyrido[3,2-*g*]chinolin-2-on, 3,4,6,7,8,9-Hexahydro-1*H*- 521

Spiro[imidazolidin-4,2'-naphthalin]-5-on, 3',4'-Dihydro-1'*H*- 521

C₁₂H₁₄N₂OS

Imidazol-2-thion, 1-[4-Methoxy-phenäthyl]-1,3-dihydro- 64

C₁₂H₁₄N₂O₂

Benzo[*b*][1,4]diazepin-2-on, 5-Acetyl-4-methyl-1,3,4,5-tetrahydro- 315

Imidazolidin-4-on, 1-Acetyl-5-benzyl- 314

Pyrazolidin-3-on, 1-Acetyl-4-methyl-2-phenyl-37

Pyrazol-3-on, 2-[4-Äthoxy-phenyl]-5-methyl-1,2-dihydro- 87

Pyridazin-3-on, 2-[4-Methoxy-phenyl]-6-methyl-4,5-dihydro-2*H*- 112

C₁₂H₁₄N₂O₃

Chinazolin-4-on, 3-[2,3-Dihydroxy-propyl]-2-methyl-3*H*- 438

—, 3-[2-Hydroxy-3-methoxy-propyl]-3*H*- 355

Essigsäure, [2-Oxo-3,4-dihydro-2*H*-chinoxalin-1-yl]-, äthylester 298

—, [3-Oxo-3,4-dihydro-2*H*-chinoxalin-1-yl]-, äthylester 298

Imidazolidin-1-carbonsäure, 2-Oxo-5-phenyl-, äthylester 306

C₁₂H₁₄N₂S

Imidazol-2-thion, 4-Äthyl-5-benzyl-1,3-dihydro- 519

—, 1-[1-Methyl-2-phenyl-äthyl]-1,3-dihydro- 63

—, 1-[3-Phenyl-propyl]-1,3-dihydro-63

Naphth[2,3-*d*]imidazol-2-thion, 1-Methyl-1,3,5,6,7,8-hexahydro- 515

Pyrazol-3-thion, 1,4,5-Trimethyl-2-phenyl-1,2-dihydro- 119

—, 4,4,5-Trimethyl-2-phenyl-2,4-dihydro-128

Pyrimidin-2-thion, 5-Äthyl-6-phenyl-3,4-dihydro-1*H*- 516

C₁₂H₁₄N₄O₂

Äthanon, 1-[1-Hydroxy-5-methyl-3-oxy-1*H*-imidazol-2-yl]-, phenylhydrazon 206

C₁₂H₁₅N₃O

Chinazolin-4-on, 3-[2-Äthylamino-äthyl]-3*H*- 360

—, 3-Dimethylaminomethyl-2-methyl-3*H*-438

Phthalazin-1-on, 2-[2-Dimethylamino-äthyl]-2*H*-406

C₁₂H₁₅N₃OS

Imidazolidin-1-carbonsäure, 3-Äthyl-2-thioxo-, anilid 28

C₁₂H₁₅N₃O₂

Benz[*f*]indazol-2-carbonsäure, 3-Oxo-1,3,4,4a,5,6,7,8-octahydro-, amid 321

Chinazolin-4-on, 3-[2-(2-Hydroxy-äthylamino)-äthyl]-3*H*- 360

Essigsäure-[*N*-methyl-4-(3-oxo-pyrazolidin-1-yl)-anilid] 6

Indazol-1-carbonsäure, 3,5,5,7-Tetramethyl-4-oxo-4,5-dihydro-, amid 320

—, 3,5,7,7-Tetramethyl-4-oxo-4,7-dihydro-, amid 320

Indazol-2-carbonsäure, 3,5,5,7-Tetramethyl-4-oxo-4,5-dihydro-, amid 320

—, 3,5,7,7-Tetramethyl-4-oxo-4,7-dihydro-, amid 320

Pyridazin-1-carbonsäure, 3-Methyl-6-oxo-tetrahydro-, anilid 41

C₁₂H₁₅N₃O₃

Chinoxalin-2-on, 3-Isobutyl-7-nitro-3,4-dihydro-1*H*- 328

C₁₂H₁₅N₃O₃S

Toluol-4-sulfonamid, *N*-[4,5-Dimethyl-2-oxo-2,3-dihydro-imidazol-1-yl]- 120

C₁₂H₁₅N₃S

Phthalazin-1-thion, 2-[2-Dimethylamino-äthyl]-2*H*- 412

C₁₂H₁₅N₃S₂

[1,3]Diazetidin-1-thiocarbonsäure, 2,2-Dimethyl-4-thioxo-, [*N*-methyl-anilid] 39

—, 2,2-Dimethyl-4-thioxo-, *m*-toluidid 39

—, 2,2-Dimethyl-4-thioxo-, *o*-toluidid 39

C₁₂H₁₅N₅O

Äthanon, 1-[4-Phenyl-4,5-dihydro-1*H*-pyrazol-3-yl]-, semicarbazon 505

C₁₂H₁₆N₂O

Äthanon, 2-[1-Methyl-pyrrolidin-2-yl]-1-[3]pyridyl- 321

$C_{12}H_{16}N_2O$ (Fortsetzung)

Benzimidazol-2-on, 5-Isopentyl-1,3-dihydro- 328

–, 5-Isopropyl-1,3-dimethyl-1,3-dihydro- 316

–, 5-[1-Methyl-butyl]-1,3-dihydro- 328

–, 5-Pentyl-1,3-dihydro- 328

–, 5-*tert*-Pentyl-1,3-dihydro- 328

Benzo[*b*][1,4]diazepin-2-on, 4,7,8- Trimethyl-1,3,4,5-tetrahydro- 328

Chinoxalin-2-on, 4-Butyl-3,4-dihydro-1*H*- 298

[1,4]Diazepin-5-on, 1-Benzyl-hexahydro- 41

Imidazolidin-2-on, 4,4-Dimethyl-1-*p*-tolyl- 44

–, 1-[1-Methyl-2-phenyl-äthyl]- 12

–, 4-Phenyl-4-propyl- 327

Imidazolidin-4-on, 2,2,3-Trimethyl-5-phenyl- 318

5,8-Methano-cinnolin-3-on, 8,9,9- Trimethyl-5,6,7,8-tetrahydro-2*H*- 328

1,5-Methano-pyrido[1,2-*a*][1,5]diazocin-8-on, 3-Methyl-1,2,3,4,5,6-hexahydro- 322

Piperazin-2-on, 3-Äthyl-3-phenyl- 327

–, 4-Benzyl-1-methyl- 35

Pyrazolidin-3-on, 4,4-Dimethyl-1-*m*-tolyl- 43

–, 4,4-Dimethyl-1-*o*-tolyl- 43

–, 4,4-Dimethyl-1-*p*-tolyl- 43

–, 4-Isopropyl-1-phenyl- 48

Pyrido[1,2-*g*][1,6]naphthyridin-5-on, 1,2,3,4,7,8,9,10-Octahydro- 329

Pyrimidin-2-on, 5-Äthyl-5-phenyl-tetrahydro- 327

$C_{12}H_{16}N_2OS$

Pyrimidin-2-thion, 1-Furfuryl-4,4,6-trimethyl- 3,4-dihydro-1*H*- 137

$C_{12}H_{16}N_2O_2$

Benzimidazol-2-carbaldehyd, 1*H*-, diäthyl= acetal 412

$C_{12}H_{16}N_2O_3$

Imidazolidin-2-on, 1-Veratryl- 13

$C_{12}H_{16}N_2O_3S$

Piperazin-2-on, 3-Äthyl-4-benzolsulfonyl- 46

–, 4-Benzolsulfonyl-3,3-dimethyl- 46

$C_{12}H_{16}N_2O_5S$

Methomethylsulfat [$C_{11}H_{13}N_2O$]CH_3O_4S aus 2-Methyl-1-phenyl-1,5-dihydro- imidazol-4-on 109

$C_{12}H_{16}N_2S$

Imidazolidin-4-thion, 2-Äthyl-2-methyl- 5-phenyl- 327

–, 2,2,5-Trimethyl-5-phenyl- 327

Pyrimidin-2-thion, 5-Äthyl-5-phenyl- tetrahydro- 327

[$C_{12}H_{16}N_3$]$^+$

Cycloheptimidazolium, 1,3-Diäthyl-6-imino- 1,6-dihydro- 339

$C_{12}H_{16}N_4O$

Imidazolidin-4-on, 2,2-Dimethyl-3- *p*-tolylazo- 44

$C_{12}H_{16}N_4O_3S$

Sulfanilsäure-[4-äthyl-5-methyl-2-oxo- 2,3-dihydro-imidazol-1-ylamid] 130

$C_{12}H_{16}N_4S_2$

Thioharnstoff, *N*-Phenyl-*N'*-[2-(2-thioxo- imidazolidin-1-yl)-äthyl]- 29

$C_{12}H_{16}N_8$

[1,4]Benzochinon-bis-imidazolidin- 2-ylidenhydrazon 8

$C_{12}H_{17}N_3O$

Imidazolidin-2-on, 1-[2-Benzylamino-äthyl]- 16

$C_{12}H_{17}N_3O_3S$

Äthansulfonsäure, 2-[4-(3-Oxo-pyrazolidin- 1-yl)-phenyl]-, methylamid 6

$C_{12}H_{18}N_2O$

Äthanon, 1-[2-Methyl-4-[3]piperidyl-pyrrol- 3-yl]- 255

Anabason, *N,N'*-Dimethyl- 253

Benzo[*e*]cinnolin-2-on, 4,6,7,7a,8,9,10,11- Octahydro-3*H*- 256

[2,3']Bipyridyl-6'-on, 1,1'- Dimethyl-1,2,3,4,5,6-hexahydro-1'*H*- 253

Imidazol-4-on, 5-[1-Methyl-pent-4-enyliden]- 2-propyl-3,5-dihydro- 255

5,8-Methano-cinnolin-3-on, 8,9,9- Trimethyl-1,4,5,6,7,8-hexahydro-2*H*- 256

–, 8,9,9-Trimethyl-4,4a,5,6,7,8- hexahydro-2*H*- 256

6,9-Methano-imidazo[1,2-*a*]azepin-5-on, 6,10,10-Trimethyl-2,3,6,7,8,9-hexahydro- 256

Phthalazin-1-on, 4-Butyl-5,6,7,8-tetrahydro-2*H*- 255

Pyrazin-2-on, 3-Isobutyl-6-[1-methyl- propenyl]-1*H*- 255

$C_{12}H_{18}N_2O_2$

Pyrazin-2-on, 1-Hydroxy-3-isobutyl-6- [1-methyl-propenyl]-1*H*- 255

Pyridazin-3-on, 2-[1-Acetyl-pentyl]-6-methyl-2*H*- 182

–, 6-Methyl-2-[2-oxo-heptyl]-2*H*- 182

$C_{12}H_{18}N_2O_3$

Heptansäure, 2-[3-Methyl-6-oxo- 6*H*-pyridazin-1-yl]- 185

Isovaleriansäure, α-[3-Methyl-6-oxo- 6*H*-pyridazin-1-yl]-, äthylester 184

Valeriansäure, 2-[3-Methyl-6-oxo- 6*H*-pyridazin-1-yl]-, äthylester 184

$C_{12}H_{18}N_4S_2$

Imidazol-2-thion, 1,3,1′,3′-Tetrahydro-1,1′-hexandiyl-bis- 66

$C_{12}H_{18}N_8$

Guanidin, [4-(1-Methyl-tetrahydro-pyrimidin-2-ylidenhydrazono)-cyclohexa-2,5-dienylidenamino]- 32

$C_{12}H_{19}BrN_2O$

Pyrazin-2-on, 5-Brom-3-sec-butyl-6-isobutyl-1H- 236

—, 5-Brom-6-sec-butyl-3-isobutyl-1H- 236

$C_{12}H_{19}BrN_2O_2$

Pyrazin-2-on, 5-Brom-6-sec-butyl-1-hydroxy-3-isobutyl-1H- 236

$C_{12}H_{19}ClN_2O$

Pyrazin-2-on, 3-sec-Butyl-5-chlor-6-isobutyl-1H- 236

—, 6-sec-Butyl-5-chlor-3-isobutyl-1H- 236

—, 3,6-Di-sec-butyl-5-chlor-1H- 234

$C_{12}H_{19}N_3O$

Pyridazin-3-on, 4,6-Dimethyl-2-[1-methyl-[4]piperidyl]-2H- 197

$C_{12}H_{20}N_2O$

Imidazol-4-on, 5-[1,3-Dimethyl-butyliden]-2-propyl-3,5-dihydro- 237

Pyrazin-2-on, 3-sec-Butyl-6-isobutyl-1H- 236

—, 6-sec-Butyl-3-isobutyl-1H- 235

—, 3,6-Di-sec-butyl-1H- 234

—, 3,6-Diisobutyl-1H- 237

Pyrido[3,2,1-ij][1,6]naphthyridin-6-on, 2-Methyl-decahydro- 234

Pyrimidin-4-on, 6-Butyl-2-methyl-5-propyl-3H- 234

$C_{12}H_{20}N_2O_2$

Pyrazin-2-on, 6-sec-Butyl-1-hydroxy-3-isobutyl-1H- 235

$C_{12}H_{20}N_2O_3$

Essigsäure, [4-Oxo-octahydro-pyrido[1,2-a]pyrazin-2-yl]-, äthylester 151

$C_{12}H_{20}N_2S$

Imidazol-4-thion, 5-[2,6-Dimethyl-hept-5-enyl]-3,5-dihydro- 237

$C_{12}H_{20}N_4O_2$

Heptansäure, 2-[3-Methyl-6-oxo-6H-pyridazin-1-yl]-, hydrazid 185

$C_{12}H_{21}N_3O$

Pyrazol-3-on, 4-Äthyl-5-methyl-2-[1-methyl-[4]piperidyl]-1,2-dihydro- 126

$C_{12}H_{22}N_2O$

Äthanon, 1-[Decahydro-[4,4′]bipyridyl-4-yl]-159

Pyrazol-3-on, 2-Butyl-4-isopropyl-1,5-dimethyl-1,2-dihydro- 141

—, 4-Butyl-5-pentyl-1,2-dihydro- 159

—, 2-Isobutyl-4-isopropyl-1,5-dimethyl-1,2-dihydro- 141

—, 5-Methyl-2-octyl-1,2-dihydro- 70

—, 5-Nonyl-1,2-dihydro- 159

Pyrimidin-2-on, 5-Allyl-5-[1-methyl-butyl]-tetrahydro- 159

Pyrimidin-4-on, 6-[1-Äthyl-pentyl]-2-methyl-5,6-dihydro-3H- 159

$C_{12}H_{22}N_2O_3$

Imidazolidin-1-carbonsäure, 5-[1-Äthyl-pentyl]-2-oxo-, methylester 54

—, 5-Hexyl-2-oxo-, äthylester 52

$C_{12}H_{22}N_2O_5S$

Methomethylsulfat [$C_{11}H_{19}N_2O$]CH_3O_4S aus 1-Cyclohexyl-2-methyl-1,5-dihydro-imidazol-4-on 109

$C_{12}H_{22}N_4S_2$

Imidazolidin-2-thion, 1,1′-Hexandiyl-bis-31

$C_{12}H_{24}N_2O$

1,3-Diaza-cyclotetradecan-2-on 55

Piperazin-2-on, 6-sec-Butyl-3-isobutyl- 55

—, 1,4-Dibutyl- 35

Pyrimidin-2-on, 5,5-Diisobutyl-tetrahydro-55

$C_{12}H_{24}N_2O_2$

Piperazin-2-on, 6-sec-Butyl-1-hydroxy-3-isobutyl- 56

$C_{12}H_{24}N_2S$

Imidazolidin-2-thion, 1-Nonyl- 25

Pyrimidin-2-thion, 1,3-Dibutyl-tetrahydro-34

C_{13}

$C_{13}H_7Br_2N_3O$

Cyclohepta[b]chinoxalin-8-on, 6,10-Dibrom-, oxim 662

$C_{13}H_8BrN_3O$

Cyclohepta[b]chinoxalin-8-on, 6-Brom-, oxim 661

$C_{13}H_8ClN_3O$

Cinnolinium, 6-Chlor-4-oxo-2-[2]pyridyl-1,4-dihydro-, betain 343

$C_{13}H_8Cl_2N_2O$

Benzimidazol-2-on, 6-Chlor-1-[4-chlor-phenyl]-1,3-dihydro- 283

$C_{13}H_8N_2O$

Benzo[f]chinoxalin-2-carbaldehyd 663

Benzo[f]chinoxalin-3-carbaldehyd 663

Benzo[g]chinoxalin-2-carbaldehyd 662

Cyclohepta[b]chinoxalin-8-on 659

[1,7]Phenanthrolin-2-carbaldehyd 663

[1,7]Phenanthrolin-8-carbaldehyd 663

[4,7]Phenanthrolin-1-carbaldehyd 664

Phenazin-1-carbaldehyd 662

Phenazin-2-carbaldehyd 662

$C_{13}H_8N_2O_2$

Indol-3-on-1-oxid, 2-[2]Pyridyl- 663

$C_{13}H_8N_4O_5$

Indazol-3-on, 5,7-Dinitro-2-phenyl-
1,2-dihydro- 275

[1,10]Phenanthrolin-2-on, 4-Methyl-
3,6-dinitro-1*H*- 634

$C_{13}H_8N_4O_6$

Indazol-3-on, 1-Hydroxy-4,6-dinitro-
2-phenyl-1,2-dihydro- 275

$C_{13}H_9BrN_2O$

Benzo[*g*]chinoxalin-2-on, 3-Brommethyl-
1*H*- 632

Dibenzo[*d,f*][1,3]diazepin-6-on, 2-Brom-
5,7-dihydro- 631

[4,7]Phenanthrolin-3-on, 6-Brom-4-methyl-4*H*-
629

$C_{13}H_9ClN_2O$

Indazol-3-on, 5-Chlor-2-phenyl-1,2-dihydro-
272

[4,7]Phenanthrolin-3-on, 2-Chlor-4-methyl-4*H*-
629

—, 5-Chlor-4-methyl-4*H*- 629

—, 6-Chlor-4-methyl-4*H*- 629

—, 8-Chlor-4-methyl-4*H*- 629

$C_{13}H_9ClN_2S$

Benzimidazol-2-thion, 5-Chlor-1-phenyl-
1,3-dihydro- 293

$[C_{13}H_9ClN_3O]^+$

Cinnolinium, 6-Chlor-4-oxo-2-[2]pyridyl-
1,4-dihydro- 343

$C_{13}H_9N_3O$

Chinazolin-4-on, 3-[2]Pyridyl-3*H*- 372

Cinnolinium, 4-Oxo-2-[2]pyridyl-1,4-dihydro-,
betain 341

Cyclohepta[*b*]chinoxalin-8-on-oxim 660

Phenazin-1-carbaldehyd-oxim 662

Phenazin-2-carbaldehyd-oxim 662

$C_{13}H_9N_3O_2$

Indol-3-on-1-oxid, 2-[2]Pyridyl-, oxim 663

$C_{13}H_9N_3O_2S$

Benzimidazol-2-thion, 5-Nitro-1-phenyl-
1,3-dihydro- 293

$C_{13}H_9N_3O_3$

Benzimidazol-2-on, 1-[4-Nitro-phenyl]-
1,3-dihydro- 279

—, 5-Nitro-1-phenyl-1,3-dihydro- 285

Indazol-3-on, 6-Nitro-2-phenyl-1,2-dihydro-
274

[4,7]Phenanthrolin-3-on, 4-Methyl-2-nitro-4*H*-
630

—, 4-Methyl-5-nitro-4*H*- 630

$C_{13}H_9N_3O_4$

Indazol-3-on, 1-Hydroxy-6-nitro-2-phenyl-
1,2-dihydro- 274

$C_{13}H_{10}BrClN_2O$

Äthanon, 2-Brom-1-[6-chlor-5-methyl-
2-phenyl-pyrimidin-4-yl]- 602

$C_{13}H_{10}ClN_3O$

Indazol-3-on, 5-Chlor-1-methyl-2-[2]pyridyl-
1,2-dihydro- 273

$C_{13}H_{10}Cl_2N_2O$

Äthanon, 2-Chlor-1-[6-chlor-5-methyl-
2-phenyl-pyrimidin-4-yl]- 602

$C_{13}H_{10}N_2O$

Acenaphth[4,5-*d*]imidazol-8-on, 4,5,7,9-
Tetrahydro- 635

Benzimidazol-2-on, 1-Phenyl-1,3-dihydro-
278

—, 5-Phenyl-1,3-dihydro- 631

Benzo[*f*]chinazolin-1-on, 3-Methyl-2*H*-
632

Benzo[*g*]chinazolin-4-on, 1-Methyl-1*H*-
623

—, 2-Methyl-3*H*- 631

—, 3-Methyl-3*H*- 623

Benzo[*g*]chinoxalin-2-on, 3-Methyl-1*H*-
631

Benzo[*b*][1,5]naphthyridin-4-on, 2-Methyl-
1*H*- 634

Benzo[*f*][1,7]naphthyridin-1-on, 3-Methyl-
4*H*- 634

Benzo[*h*][1,6]naphthyridin-2-on, 4-Methyl-
1*H*- 633

Benzo[*h*][1,6]naphthyridin-4-on, 2-Methyl-
1*H*- 633

Dibenzo[*d,f*][1,3]diazepin-6-on, 5,7-Dihydro-
631

Imidazo[1,2-*a*]pyridin-2-on, 3-Phenyl-3*H*-
631

Imidazo[1,2-*a*]pyridin-3-on, 2-Phenyl-2*H*-
631

Indazol-3-on, 2-Phenyl-1,2-dihydro- 270

[1,7]Phenanthrolin-2-on, 4-Methyl-1*H*-
633

[1,7]Phenanthrolin-4-on, 2-Methyl-1*H*-
633

[1,7]Phenanthrolin-8-on, 7-Methyl-7*H*-
626

[1,7]Phenanthrolin-10-on, 8-Methyl-7*H*-
633

[1,8]Phenanthrolin-4-on, 2-Methyl-1*H*-
633

[1,10]Phenanthrolin-2-on, 1-Methyl-1*H*-
627

—, 4-Methyl-1*H*- 634

[1,10]Phenanthrolin-4-on, 2-Methyl-1*H*-
633

[4,7]Phenanthrolin-1-on, 3-Methyl-4*H*-
634

[4,7]Phenanthrolin-3-on, 1-Methyl-4*H*-
634

—, 4-Methyl-4*H*- 629

Propenon, 1,3-Di-[2]pyridyl- 630

—, 1,3-Di-[3]pyridyl- 630

Pyrazol-3-on, 5-[1]Naphthyl-1,2-dihydro-
630

—, 5-[2]Naphthyl-1,2-dihydro- 630

Pyrido[1,2-*a*]chinoxalin-8-on, 6-Methyl-
632

C₁₃H₁₄N₂O₃

Benzimidazol-2-on, 1,3-Dipropionyl-
1,3-dihydro- 281

Benzoesäure, 2-[4-Äthyl-3-methyl-5-oxo-
2,5-dihydro-pyrazol-1-yl]- 125

–, 2-[4-Äthyl-5-methyl-3-oxo-
2,3-dihydro-pyrazol-1-yl]- 125

–, 2-[5-Methyl-3-oxo-2,3-dihydro-
pyrazol-1-yl]-, äthylester 92

–, 4-[5-Oxo-3-propyl-2,5-dihydro-
pyrazol-1-yl]- 122

Propionsäure, 3-[4-Oxo-4H-chinazolin-3-yl]-,
äthylester 358

Pyridazin-3-on, 2-[2-Benzo[1,3]dioxol-5-yl-
äthyl]-4,5-dihydro-2H- 67

C₁₃H₁₄N₂O₄

Essigsäure, [4-Oxo-4H-chinazolin-3-yl]-,
[2-methoxy-äthylester] 358

C₁₃H₁₄N₂O₄S

Benzimidazol-2-thion, 1,3-Bis-acetoxymethyl-
1,3-dihydro- 290

Propionsäure, 3,3'-[2-Thioxo-benzimidazol-
1,3-diyl]-di- 292

C₁₃H₁₄N₂O₅

Benzimidazol-2-on, 1,3-Bis-acetoxymethyl-
1,3-dihydro- 279

Propionsäure, 3,3'-[2-Oxo-benzimidazol-
1,3-diyl]-di- 282

C₁₃H₁₄N₄

Indeno[1,2-c]pyrazol-4-on, 3-Isopropyl-1(2)H-,
hydrazon 605

Verbindung C₁₃H₁₄N₄ aus Cyclohepta≠
[b]chinoxalin-8-on 659

C₁₃H₁₄N₄O₂

Essigsäure, [3-Methyl-6-oxo-6H-pyridazin-
1-yl]-phenyl-, hydrazid 185

Pyrazol-3-on, 1-Acetyl-4,5-dimethyl-
2-phenylazo-1,2-dihydro- 117

C₁₃H₁₄N₄O₅

Pyrazol-3-on, 2-[2,4-Dinitro-phenyl]-
4-isopropyl-5-methyl-1,2-dihydro- 141

–, 2-[2,4-Dinitro-phenyl]-5-methyl-
4-propyl-1,2-dihydro- 139

C₁₃H₁₅BrN₂O

Pyrazol-3-on, 4-[2-Brom-äthyl]-1,5-dimethyl-
2-phenyl-1,2-dihydro- 126

–, 4-[3-Brom-propyl]-5-methyl-
2-phenyl-1,2-dihydro- 139

–, 1,5-Diäthyl-4-brom-2-phenyl-
1,2-dihydro- 114

C₁₃H₁₅ClN₂O

Pyrazol-3-on, 4-[2-Chlor-äthyl]-1,5-dimethyl-
2-phenyl-1,2-dihydro- 126

[C₁₃H₁₅N₂O]⁺

[1,2]Diazepinium, 1,5-Dimethyl-4-oxo-
6-phenyl-3,4-dihydro-2H- 569

C₁₃H₁₅N₃O

[1,2]Diazepin-4-on, 2,5-Dimethyl-6-phenyl-
2,3-dihydro-, oxim 568

C₁₃H₁₅N₃O₂

Phthalazin-2-carbonsäure, 4-Butyl-1-oxo-1H-,
amid 521

Propan-1-on, 2,2-Dimethyl-1-[5-methyl-
1-nitroso-1H-indazol-3-yl]- 525

Pyrazol-3-on, 1,5-Diäthyl-4-nitroso-2-phenyl-
1,2-dihydro- 114

C₁₃H₁₅N₃O₂S

Pyrimidin-2-thion, 4,4,6-Trimethyl-1-[4-nitro-
phenyl]-3,4-dihydro-1H- 134

C₁₃H₁₅N₃O₃

Pyrazol-1-carbonsäure, 3-Methyl-5-oxo-
2,5-dihydro-, p-phenetidid 89

Pyridazin-3-on, 6-[4-(3-Nitro-propyl)-
phenyl]-4,5-dihydro-2H- 522

C₁₃H₁₅N₅O

Äthanon, 1-[5-Methyl-1-phenyl-1H-pyrazol-
3-yl]-, semicarbazon 206

–, 1-[1-Methyl-5-[3]pyridyl-pyrrol-2-yl]-,
semicarbazon 563

–, 1-[1-Methyl-5-[3]pyridyl-pyrrol-3-yl]-,
semicarbazon 563

[1,2]Diazepin-4-on, 5-Methyl-6-phenyl-
2,3-dihydro-, semicarbazon 568

C₁₃H₁₆N₂O

Aceton, 1,3-Bis-[1-methyl-pyrrol-2-yl]- 514

Benzimidazol-2-on, 1-Phenyl-octahydro-
146

Chinazolin-4-on, 2-tert-Butyl-6-methyl-3H-
524

–, 3-Butyl-2-methyl-3H- 434

Chinoxalin-2-on, 3-Pentyl-1H- 524

Imidazol-2-on, 4-Butyl-5-phenyl-1,3-dihydro-
524

Imidazol-4-on, 5,5-Diäthyl-2-phenyl-
3,5-dihydro- 524

Keton, Bis-[5-äthyl-pyrrol-2-yl]- 525

–, Bis-[3,5-dimethyl-pyrrol-2-yl]- 525

–, Bis-[4,5-dimethyl-pyrrol-2-yl]- 525

–, Chinuclidin-2-yl-[2]pyridyl- 526

–, Chinuclidin-2-yl-[4]pyridyl- 526

1,5-Methano-pyrido[1,2-a][1,5]diazocin-8-on,
3-Vinyl-1,2,3,4,5,6-hexahydro- 323

Propan-1-on, 2,2-Dimethyl-1-[5-methyl-
1(2)H-indazol-3-yl]- 524

Pyrazol-3-on, 4-Äthyl-2-benzyl-5-methyl-
1,2-dihydro- 125

–, 5-Äthyl-4-benzyl-4-methyl-
2,4-dihydro- 524

–, 1-Äthyl-4,5-dimethyl-2-phenyl-
1,2-dihydro- 116

–, 4-Äthyl-1,5-dimethyl-2-phenyl-
1,2-dihydro- 124

–, 4-Äthyl-2,5-dimethyl-1-phenyl-
1,2-dihydro- 124

–, 4-Äthyl-5-methyl-1-o-tolyl-
1,2-dihydro- 124

–, 4-Äthyl-5-methyl-2-o-tolyl-
1,2-dihydro- 124

$C_{13}H_{22}N_2S$

7,14-Diaza-dispiro[5.1.5.2]pentadecan-
15-thion 238

Pyrimidin-2-thion, 1-Cyclohexyl-
4,4,6-trimethyl-3,4-dihydro-1*H*- 133

$C_{13}H_{22}N_6S_3$

Imidazolidin-2-thion, 1,3-Bis-[1-(2-thioxo-
imidazolidin-1-yl)-äthyl]- 27

$C_{13}H_{23}IN_2O$

Methojodid [$C_{13}H_{23}N_2O$]I aus 6-*sec*-
Butyl-3-isobutyl-1*H*-pyrazin-2-on 235

$C_{13}H_{23}N_3O$

Pyrazol-3-on, 4-Äthyl-1,5-dimethyl-2-
[1-methyl-[4]piperidyl]-1,2-dihydro- 126

–, 4-Äthyl-2,5-dimethyl-1-[1-methyl-
[4]piperidyl]-1,2-dihydro- 126

–, 4,5-Diäthyl-2-[1-methyl-[4]piperidyl]-
1,2-dihydro- 143

–, 4-Isopropyl-5-methyl-2-[1-methyl-
[4]piperidyl]-1,2-dihydro- 143

–, 5-Methyl-2-[1-methyl-[4]piperidyl]-
4-propyl-1,2-dihydro- 139

$C_{13}H_{24}N_2O$

Aceton, 1,3-Bis-[1-methyl-pyrrolidin-2-yl]-
158

–, 1,3-Di-[2]piperidyl- 160

Pyrazol-3-on, 5-Methyl-2-nonyl-1,2-dihydro-
70

$C_{13}H_{24}N_2OS$

Pyrimidin-2-thion, 1-[3-Isopropoxy-propyl]-
4,4,6-trimethyl-3,4-dihydro-1*H*- 135

$C_{13}H_{24}N_2O_3$

Imidazolidin-1-carbonsäure, 5-[1-
Äthyl-pentyl]-2-oxo-, äthylester 54

$C_{13}H_{24}N_2S$

Imidazol-2-thion, 1-Decyl-1,3-dihydro- 62

$C_{13}H_{26}N_2O$

1,3-Diaza-cyclopentadecan-2-on 56

1,3-Diaza-cyclotetradecan-2-on, 4-Methyl-
56

Imidazolidin-2-on, 4-Methyl-4-nonyl- 56

$C_{13}H_{26}N_2O_3$

Imidazolidin-2-on, 1,3-Bis-butoxymethyl-
14

$C_{13}H_{26}N_2S$

Imidazolidin-2-thion, 1,3-Bis-[1-methyl-
butyl]- 24

–, 1-Decyl- 25

$C_{13}H_{26}N_4O_2$

Hexansäure, 2-Amino-6-[3-butyl-2-imino-
imidazolidin-1-yl]- 18

$C_{13}H_{27}N_3S$

Imidazolidin-2-thion, 1-[2-Dibutylamino-
äthyl]- 29

C_{14}

$C_{14}H_5BrCl_4N_2O$

Phthalazin-1-on, 4-[4-Brom-phenyl]-
5,6,7,8-tetrachlor-2*H*- 672

$C_{14}H_5Cl_3N_2O$

Benz[*de*]imidazo[2,1-*a*]isochinolin-7-on,
9,10,x-Trichlor- 677

$C_{14}H_5Cl_5N_2O$

Phthalazin-1-on, 5,6,7,8-Tetrachlor-4-[4-chlor-
phenyl]-2*H*- 672

$C_{14}H_6Cl_2N_2O$

Benz[4,5]imidazo[2,1-*a*]isoindol-11-on,
1,6-Dichlor- 712

–, 4,9-Dichlor- 712

Indolo[3,2,1-*de*][1,5]naphthyridin-6-on,
4;5-Dichlor- 719

$C_{14}H_7BrN_2O$

Dibenz[*cd,g*]indazol-6-on, 3-Brom-1(2)*H*-
717

–, 4-Brom-1(2)*H*- 718

$C_{14}H_7Br_2N_3O_3$

Phthalazinium, 2-[2,6-Dibrom-4-nitro-
phenyl]-4-oxo-3,4-dihydro-, betain 402

Phthalazin-1-on, 2-[2,6-Dibrom-4-nitro-
phenyl]-2*H*- 404

$C_{14}H_7Br_3N_2O$

Phthalazinium, 4-Oxo-2-[2,4,6-tribrom-
phenyl]-3,4-dihydro-, betain 401

Phthalazin-1-on, 2-[2,4,6-Tribrom-phenyl]-2*H*-
403

$C_{14}H_7ClN_2O$

Benz[4,5]imidazo[2,1-*a*]isoindol-11-on,
7-Chlor- 712

Dibenz[*cd,g*]indazol-6-on, 3-Chlor-1(2)*H*-
716

–, 5-Chlor-1(2)*H*- 716

–, 7-Chlor-1(2)*H*- 716

–, 8-Chlor-1(2)*H*- 716

–, 10-Chlor-1(2)*H*- 717

Indolo[3,2,1-*de*][1,5]naphthyridin-6-on,
4-Chlor- 719

$C_{14}H_7Cl_2N_3O_3$

Phthalazinium, 2-[2,6-Dichlor-4-nitro-
phenyl]-4-oxo-3,4-dihydro-, betain 402

Phthalazin-1-on, 2-[2,6-Dichlor-4-nitro-
phenyl]-2*H*- 404

$C_{14}H_7N_3O_3$

Indolo[4,3-*fg*]chinolin-5-on, 9-Nitro-4*H*-
719

$C_{14}H_8BrN_3O_3$

Phthalazinium, 2-[2-Brom-4-nitro-phenyl]-
4-oxo-3,4-dihydro-, betain 402

Phthalazin-1-on, 2-[2-Brom-4-nitro-phenyl]-2*H*-
404

$C_{14}H_8Br_2N_2O$

Chinazolin-4-on, 6-Brom-3-[4-brom-phenyl]-3*H*-
391

$C_{14}H_{11}ClN_2S$

Benzimidazol-2-thion, 1-[4-Chlor-benzyl]-
1,3-dihydro- 290

$[C_{14}H_{11}ClN_3O]^+$

Phthalazinium, 2-[2-Amino-4-chlor-phenyl]-
4-oxo-3,4-dihydro- 407

—, 2-[4-Amino-2-chlor-phenyl]-4-oxo-
3,4-dihydro- 407

—, 2-[5-Amino-2-chlor-phenyl]-4-oxo-
3,4-dihydro- 407

$C_{14}H_{11}IN_2O$

[1,2]Diazetidin-3-on, 1-[4-Jod-phenyl]-
2-phenyl- 3

—, 2-[4-Jod-phenyl]-1-phenyl- 3

$[C_{14}H_{11}N_2O]^+$

Phthalazinium, 4-Oxo-2-phenyl-3,4-dihydro-
400

$[C_{14}H_{11}N_2O_2]^+$

Pyridinium, 1-Methyl-2-[3-oxo-1-oxy-
3H-indol-2-yl]- 663

$C_{14}H_{11}N_3O$

Äthanon, 1-Phenazin-2-yl-, oxim
675

Chinazolin-4-on, 3-Amino-2-phenyl-3H-
667

—, 3-[4-Amino-phenyl]-3H- 363

Cyclohepta[b]chinoxalin-8-on-[O-methyl-oxim]
660

Cyclohepta[b]chinoxalin-8-on, 7-Methyl-,
oxim 674

Keton, Imidazo[1,2-a]pyridin-3-yl-phenyl-,
oxim 674

Phthalazinium, 2-[2-Amino-phenyl]-4-oxo-
3,4-dihydro-, betain 406

Phthalazin-1-on, 2-[2-Amino-phenyl]-2H-
407

—, 2-[3-Amino-phenyl]-2H- 407

—, 2-[4-Amino-phenyl]-2H- 408

$C_{14}H_{11}N_3OS$

Indazol-2-thiocarbonsäure, 3-Oxo-
1,3-dihydro-, anilid 271

$C_{14}H_{11}N_3O_2$

Indazol-2-carbonsäure, 3-Oxo-1,3-dihydro-,
anilid 271

Phthalazin-1-on, 2-[2-Hydroxyamino-
phenyl]-2H- 410

$C_{14}H_{11}N_3O_3$

Chinazolin-4-on, 2-[2-Nitro-phenyl]-
2,3-dihydro-1H- 637

[1,2]Diazetidin-3-on, 1-[3-Nitro-phenyl]-
2-phenyl- 3

—, 1-[4-Nitro-phenyl]-2-phenyl- 3

—, 2-[3-Nitro-phenyl]-1-phenyl- 3

—, 2-[4-Nitro-phenyl]-1-phenyl- 3

Indazol-3-on, 6-Nitro-2-p-tolyl-1,2-dihydro-
274

$C_{14}H_{11}N_3O_4$

Indazol-3-on, 1-Hydroxy-6-nitro-2-p-tolyl-
1,2-dihydro- 274

Pyrazolidinium, 1-[5-Nitro-furfuryliden]-
3-oxo-5-phenyl-, betain 303

$C_{14}H_{11}N_5O$

Cyclohepta[b]chinoxalin-8-on-semicarbazon
660

$C_{14}H_{11}N_5S$

Cyclohepta[b]chinoxalin-8-on-thiosemicarbazon
660

[1,7]Phenanthrolin-4-carbaldehyd-thiosemicarb=
azon 663

[1,7]Phenanthrolin-8-carbaldehyd-thiosemicarb=
azon 664

[4,7]Phenanthrolin-1-carbaldehyd-thiosemicarb=
azon 664

Phenazin-1-carbaldehyd-thiosemicarbazon
662

Phenazin-2-carbaldehyd-thiosemicarbazon
662

$[C_{14}H_{12}ClN_2O]^+$

[4,7]Phenanthrolinium, 5-Chlor-4,7-dimethyl-
8-oxo-7,8-dihydro- 629

—, 6-Chlor-4,7-dimethyl-8-oxo-
7,8-dihydro- 629

$C_{14}H_{12}ClN_3O$

Phthalazin-1-on, 3-[4-Amino-2-chlor-phenyl]-
3,4-dihydro-2H- 300

$C_{14}H_{12}N_2O$

Aceton, [1H-Naphth[2,3-d]imidazol-2-yl]-
638

Benzimidazol-2-on, 1-Benzyl-1,3-dihydro-
279

Benzo[b][1,6]naphthyridin-10-on,
1,3-Dimethyl-5H- 639

Benzo[c][1,7]naphthyridin-6-on,
2,4-Dimethyl-5H- 639

Benzo[c][2,7]naphthyridin-5-on,
2,4-Dimethyl-6H- 639

Benzo[h][1,6]naphthyridin-2-on,
4,5-Dimethyl-1H- 639

Chinazolin-2-on, 4-Phenyl-3,4-dihydro-1H-
637

Chinazolin-4-on, 2-Phenyl-2,3-dihydro-1H-
637

—, 3-Phenyl-2,3-dihydro-1H- 297

[1,2]Diazetidin-3-on, 1,2-Diphenyl- 3

Imidazo[1,2-a]pyridin-2-on, 8-Methyl-
3-phenyl- 638

Imidazo[1,2-a]pyridin-3-on, 8-Methyl-
2-phenyl-2H- 638

Indazol-3-on, 1-Methyl-2-phenyl-1,2-dihydro-
271

—, 2-Methyl-1-phenyl-1,2-dihydro-
270

—, 5-Methyl-2-phenyl-1,2-dihydro-
300

Indolin-2-on, 3-[4,5-Dimethyl-pyrrol-
2-yliden]- 639

Indolo[4,3-fg]chinolin-5-on, 7,8,9,10-
Tetrahydro-4H- 640

C₁₄H₁₈N₂O (Fortsetzung)

Pyrazol-3-on, 4-Isopropyl-1,5-dimethyl-2-phenyl-1,2-dihydro- 141

–, 5-Isopropyl-4,4-dimethyl-2-phenyl-2,4-dihydro- 149

–, 5-Neopentyl-2-phenyl-1,2-dihydro-147

–, 4-Pentyl-5-phenyl-1,2-dihydro-526

–, 5-Pentyl-2-phenyl-1,2-dihydro-146

Pyrrol-2-on, 5-[4-Äthyl-3,5-dimethyl-pyrrol-2-ylmethylen]-3-methyl-1,5-dihydro-528

Spiro[indolin-3,4'-piperidin]-2-on, 1,1'-Dimethyl- 521

C₁₄H₁₈N₂OS

Pyrimidin-2-thion, 1-[4-Methoxy-phenyl]-4,4,6-trimethyl-3,4-dihydro-1H- 135

C₁₄H₁₈N₂O₂

Pyrazol-3-on, 1,5-Dimethyl-2-[4-propoxy-phenyl]-1,2-dihydro- 88

–, 2-[4-Isopropoxy-phenyl]-1,5-dimethyl-1,2-dihydro- 88

C₁₄H₁₈N₂O₃

Piperazin-2-on, 1-[2-Benzo[1,3]dioxol-5-yl-äthyl]-4-methyl- 36

–, 3,3-Dimethyl-4-piperonyl- 47

C₁₄H₁₈N₂S

Pyrazol-3-thion, 1,5-Dimethyl-2-phenyl-4-propyl-1,2-dihydro- 139

–, 4-Isopropyl-1,5-dimethyl-2-phenyl-1,2-dihydro- 143

Pyrimidin-2-thion, 1-Benzyl-4,4,6-trimethyl-3,4-dihydro-1H- 134

–, 4,4,6-Trimethyl-1-o-tolyl-3,4-dihydro-1H-134

–, 4,4,6-Trimethyl-1-p-tolyl-3,4-dihydro-1H-134

C₁₄H₁₈N₄O₄S

Sulfanilsäure, N-Acetyl-, [4-äthyl-5-methyl-2-oxo-2,3-dihydro-imidazol-1-ylamid] 130

[C₁₄H₁₉N₂O]⁺

Benzimidazolium, 5-Acetyl-1,3-diäthyl-2-methyl- 501

C₁₄H₁₉N₃O

Chinazolin-4-on, 3-[2-Butylamino-äthyl]-3H- 360

–, 3-[2-Diäthylamino-äthyl]-3H- 360

–, 3-Diäthylaminomethyl-2-methyl-3H- 438

–, 3-[2-Dimethylamino-propyl]-2-methyl-3H- 441

–, 3-[3-Dimethylamino-propyl]-2-methyl-3H- 441

Phthalazin-1-on, 2-[2-Diäthylamino-äthyl]-2H-406

C₁₄H₁₉N₃OS

Imidazolidin-1-carbonsäure, 3-Butyl-2-thioxo-, anilid 28

C₁₄H₁₉N₃O₂

Chinazolin-4-on, 3-{2-[(Hydroxy-tert-butyl)-amino]-äthyl}-3H- 360

–, 3-[2-Hydroxy-3-isopropylamino-propyl]-3H- 364

–, 3-[3-(2-Hydroxy-propylamino)-propyl]-3H- 362

Chinolizin-4-on, 7-[1-Nitroso-[2]piperidyl]-6,7,8,9-tetrahydro- 331

C₁₄H₁₉N₃O₃

Chinazolin-4-on, 3-[2-(1,1-Bis-hydroxymethyl-äthylamino)-äthyl]-3H- 361

–, 3-[2-Hydroxy-3-(2-hydroxy-propylamino)-propyl]-3H- 365

C₁₄H₁₉N₅O

Aceton, 1,3-Bis-[1-methyl-pyrrol-2-yl]-, semicarbazon 514

C₁₄H₂₀N₂O

Chinolizin-4-on, 7-[2]Piperidyl-6,7,8,9-tetrahydro- 331

1,5-Methano-pyrido[1,2-a][1,5]diazocin-8-on, 4-Allyl-1,4,5,6,9,10,11,11a-octahydro-330

Pyrazol-3-on, 4-[3,3-Dimethyl-[2]norbornyl-methylen]-5-methyl-2,4-dihydro- 330

C₁₄H₂₀N₂O₂

Benzimidazol-2-carbaldehyd, 1H-, [äthyl-butyl-acetal] 412

Piperidin, 1-Acetyl-3-[4-acetyl-5-methyl-pyrrol-3-yl]- 256

C₁₄H₂₀N₂O₃

Pyrimidin-2-on, 1-[3,4-Dimethoxy-phenäthyl]-tetrahydro- 33

C₁₄H₂₀N₂O₅

1-Desoxy-arabit, 1-[4,5-Dimethyl-2-oxo-2,3-dihydro-benzimidazol-1-yl]- 309

5-Desoxy-arabit, 5-[5,6-Dimethyl-2-oxo-2,3-dihydro-benzimidazol-1-yl]- 311

1-Desoxy-ribit, 1-[4,6-Dimethyl-2-oxo-2,3-dihydro-benzimidazol-1-yl]- 310

C₁₄H₂₀N₆O₄

Butan, 1,4-Bis-[3-methyl-5-oxo-2,5-dihydro-pyrazol-1-carbonylamino]- 89

C₁₄H₂₀N₈O₂

[1,4]Benzochinon, 2,5-Dimethoxy-, bis-imidazolidin-2-ylidenhydrazon 9

C₁₄H₂₂N₂O

1,5-Methano-pyrido[1,2-a][1,5]diazocin-8-on, 4-Allyl-decahydro- 257

C₁₄H₂₂N₂O₂

Pyridazin-3-on, 6-Methyl-2-[2-oxo-nonyl]-2H- 182

C₁₄H₂₂N₂O₃

Heptansäure, 2-[3-Methyl-6-oxo-6H-pyridazin-1-yl]-, äthylester 185

[C$_{14}$H$_{23}$N$_2$O]$^+$
6,9-Methano-imidazo[1,2-*a*]azepinium,
   1-Äthyl-6,10,10-trimethyl-5-oxo-2,5,6,7,8,9-
   hexahydro-3*H*- 256

C$_{14}$H$_{24}$N$_2$O
[3,4']Bipyridyliden-4-on, 2,5,2',5'-
   Tetramethyl-octahydro- 239
Chinolizin-4-on, 1-[2]Piperidyl-octahydro-
   239
—, 3-[2]Piperidyl-octahydro- 240
Imidazol-4-on, 5-[1-Methyl-heptyliden]-
   2-propyl-3,5-dihydro- 238
1,5-Methano-pyrido[1,2-*a*][1,5]diazocin-8-on,
   4-Propyl-decahydro- 239

C$_{14}$H$_{25}$N$_3$O
Pyrazol-3-on, 4-Butyl-5-methyl-2-[1-methyl-
   [4]piperidyl]-1,2-dihydro- 148
—, 4-Isopropyl-1,5-dimethyl-2-
   [1-methyl-[4]piperidyl]-1,2-dihydro- 143
—, 4-Isopropyl-2,5-dimethyl-1-
   [1-methyl-[4]piperidyl]-1,2-dihydro- 143

C$_{14}$H$_{28}$N$_2$O
1,3-Diaza-cyclohexadecan-2-on 56
1,3-Diaza-cyclopentadecan-2-on, 4-Methyl-
   56
Piperazin-2-on, 3-Methyl-4-[3,5,5-trimethyl-
   hexyl]- 42

C$_{15}$

C$_{15}$H$_6$ClN$_7$O$_{11}$
Chinoxalin-2-on, 3-[3-Chlor-2,4,6-trinitro-
   benzyl]-5,8-dinitro-1*H*- 685

C$_{15}$H$_7$BrN$_2$O
Benzo[*e*]perimidin-7-on, 8-Brom- 747

C$_{15}$H$_7$Br$_3$I$_2$N$_2$O
Chinazolin-4-on, 6,8-Dijod-2-methyl-3-
   [2,4,6-tribrom-phenyl]-3*H*- 451

C$_{15}$H$_7$ClN$_2$O
Benzo[*e*]perimidin-7-on, 2-Chlor- 747
—, 8-Chlor- 747
—, 11-Chlor- 747

C$_{15}$H$_7$N$_7$O$_{11}$
Chinoxalin-2-on, 5,8-Dinitro-3-[2,4,6-trinitro-
   benzyl]-1*H*- 685

C$_{15}$H$_8$Br$_2$N$_2$O
Dibrom-Derivat C$_{15}$H$_8$Br$_2$N$_2$O aus
   2-Methyl-2*H*-dibenz[*cd,g*]indazol-6-on
   713

C$_{15}$H$_8$Cl$_2$N$_2$
Indolo[3,2-*c*]chinolin, 6,11-Dichlor-11*H*-
   723

C$_{15}$H$_8$Cl$_2$N$_2$O
Indolo[3,2-*b*]chinolizin-6-on, 1,4-Dichlor-
   5*H*- 722

C$_{15}$H$_8$N$_2$O
Benzo[*e*]perimidin-7-on 746
Indeno[1,2-*b*]chinoxalin-11-on 746

C$_{15}$H$_9$BrN$_2$O
Dibenz[*cd,g*]indazol-6-on, 3-Brom-1-methyl-1*H*-
   717
—, 3-Brom-2-methyl-2*H*- 717
—, 4-Brom-2-methyl-2*H*- 718
—, 5-Brom-2-methyl-2*H*- 718

C$_{15}$H$_9$Br$_2$ClN$_2$O
Chinazolin-4-on, 6,8-Dibrom-3-[4-chlor-
   phenyl]-2-methyl-3*H*- 449

C$_{15}$H$_9$Br$_2$N$_3$O$_3$
Phthalazinium, 2-[2,6-Dibrom-4-nitro-
   phenyl]-1-methyl-4-oxo-3,4-dihydro-,
   betain 468
Phthalazin-1-on, 2-[2,6-Dibrom-4-nitro-
   phenyl]-4-methyl-2*H*- 470

C$_{15}$H$_9$Br$_3$N$_2$O
Chinazolin-4-on, 6,8-Dibrom-3-[4-brom-
   phenyl]-2-methyl-3*H*- 449
Phthalazinium, 1-Methyl-4-oxo-2-
   [2,4,6-tribrom-phenyl]-3,4-dihydro-,
   betain 466
Phthalazin-1-on, 4-Methyl-2-[2,4,6-tribrom-
   phenyl]-2*H*- 468

C$_{15}$H$_9$ClI$_2$N$_2$O
Chinazolin-4-on, 3-[4-Chlor-phenyl]-6,8-dijod-
   2-methyl-3*H*- 451

C$_{15}$H$_9$ClN$_2$O
Dibenz[*cd,g*]indazol-6-on, 5-Chlor-2-methyl-2*H*-
   716
—, 7-Chlor-1-methyl-1*H*- 716
—, 7-Chlor-2-methyl-2*H*- 716
—, 8-Chlor-2-methyl-2*H*- 716
—, 10-Chlor-1-methyl-1*H*- 717
—, 10-Chlor-2-methyl-2*H*- 717
Indolo[2,3-*c*]chinolin-6-on, 10-Chlor-
   5,7-dihydro- 722

C$_{15}$H$_9$Cl$_2$N$_3$O$_3$
Phthalazinium, 2-[2,6-Dichlor-4-nitro-
   phenyl]-1-methyl-4-oxo-3,4-dihydro-,
   betain 468
Phthalazin-1-on, 2-[2,6-Dichlor-4-nitro-
   phenyl]-4-methyl-2*H*- 470

C$_{15}$H$_9$Cl$_3$N$_2$O
Cycloheptapyrazol-8-on, 5,6,7-Trichlor-
   3-methyl-1-phenyl-1*H*-
   430

C$_{15}$H$_9$N$_5$O$_7$
Chinoxalin-2-on, 3-[2,4,6-Trinitro-benzyl]-
   1*H*- 684
Pyrazol-3-on, 5-Phenyl-2-picryl-1,2-dihydro-
   419

C$_{15}$H$_{10}$BrClN$_2$O
Chinazolin-4-on, 6-Brom-3-[2-chlor-phenyl]-
   2-methyl-3*H*- 446
—, 6-Brom-3-[3-chlor-phenyl]-2-methyl-3*H*-
   447
—, 6-Brom-3-[4-chlor-phenyl]-2-methyl-3*H*-
   447

C₁₅H₁₀BrClN₂O (Fortsetzung)
Chinazolin-4-on, 3-[4-Brom-phenyl]-6-chlor-2-methyl-3*H*- 444

C₁₅H₁₀BrIN₂O
Chinazolin-4-on, 6-Brom-3-[4-jod-phenyl]-2-methyl-3*H*- 447
−, 3-[4-Brom-phenyl]-6-jod-2-methyl-3*H*- 449

C₁₅H₁₀BrN₃O₃
Chinazolin-4-on, 6-Brom-2-methyl-3-[4-nitrophenyl]-3*H*- 447
−, 3-[4-Brom-phenyl]-2-methyl-7-nitro-3*H*- 452
Phthalazinium, 2-[2-Brom-4-nitro-phenyl]-1-methyl-4-oxo-3,4-dihydro-, betain 468
Phthalazin-1-on, 2-[2-Brom-4-nitro-phenyl]-4-methyl-2*H*- 470

C₁₅H₁₀Br₂N₂O
Chinazolin-4-on, 6-Brom-3-[4-brom-phenyl]-2-methyl-3*H*- 447
Pyrazol-3-on, 4,4-Dibrom-2,5-diphenyl-2,4-dihydro- 426

[C₁₅H₁₀Br₂N₃O₃]⁺
Phthalazinium, 2-[2,6-Dibrom-4-nitrophenyl]-1-methyl-4-oxo-3,4-dihydro- 468

[C₁₅H₁₀Br₃N₂O]⁺
Phthalazinium, 1-Methyl-4-oxo-2-[2,4,6-tribrom-phenyl]-3,4-dihydro- 466

C₁₅H₁₀Br₄N₂O
Imidazolidin-2-on, 4,5-Dibrom-4,5-bis-[4-brom-phenyl]- 642

C₁₅H₁₀ClIN₂O
Chinazolin-4-on, 6-Chlor-3-[4-jod-phenyl]-2-methyl-3*H*- 444
−, 3-[4-Chlor-phenyl]-6-jod-2-methyl-3*H*- 449

C₁₅H₁₀ClN₃O₃
Chinazolin-4-on, 6-Chlor-2-methyl-3-[4-nitrophenyl]-3*H*- 445
−, 3-[2-Chlor-4-nitro-phenyl]-2-methyl-3*H*- 436
−, 3-[3-Chlor-phenyl]-2-methyl-7-nitro-3*H*- 452
−, 3-[4-Chlor-phenyl]-2-methyl-6-nitro-3*H*- 452
Phthalazinium, 2-[2-Chlor-4-nitro-phenyl]-1-methyl-4-oxo-3,4-dihydro-, betain 467
−, 2-[2-Chlor-5-nitro-phenyl]-1-methyl-4-oxo-3,4-dihydro-, betain 467
−, 2-[4-Chlor-2-nitro-phenyl]-1-methyl-4-oxo-3,4-dihydro-, betain 467
Phthalazin-1-on, 2-[2-Chlor-4-nitro-phenyl]-4-methyl-2*H*- 470
−, 2-[2-Chlor-5-nitro-phenyl]-4-methyl-2*H*- 470
−, 2-[4-Chlor-2-nitro-phenyl]-4-methyl-2*H*- 469

C₁₅H₁₀Cl₂N₂O
Chinazolin-4-on, 6-Chlor-3-[2-chlor-phenyl]-2-methyl-3*H*- 444
−, 6-Chlor-3-[3-chlor-phenyl]-2-methyl-3*H*- 444
−, 6-Chlor-3-[4-chlor-phenyl]-2-methyl-3*H*- 444
Pyrazol-3-on, 2,4-Dichlor-4,5-diphenyl-2,4-dihydro- 678

C₁₅H₁₀Cl₂N₂O₂
Benzimidazol-2-on, 1-Acetyl-5-chlor-3-[4-chlor-phenyl]-1,3-dihydro- 283

[C₁₅H₁₀Cl₂N₃O₃]⁺
Phthalazinium, 2-[2,6-Dichlor-4-nitrophenyl]-1-methyl-4-oxo-3,4-dihydro- 468

C₁₅H₁₀Cl₃N₃
Amin, Phenyl-[2-trichlormethyl-chinazolin-4-yl]- 446

C₁₅H₁₀IN₃O₃
Chinazolin-4-on, 6-Jod-2-methyl-3-[2-nitrophenyl]-3*H*- 450
−, 6-Jod-2-methyl-3-[3-nitro-phenyl]-3*H*- 450
−, 6-Jod-2-methyl-3-[4-nitro-phenyl]-3*H*- 450

C₁₅H₁₀N₂O
Acrylaldehyd, 3-Phenazin-2-yl- 720
Benz[4,5]imidazo[1,2-*b*]isochinolin-11-on, 6*H*- 720
Benz[4,5]imidazo[2,1-*a*]isochinolin-6-on, 5*H*- 720
Dibenz[*cd,g*]indazol-6-on, 1-Methyl-1*H*- 713
−, 2-Methyl-2*H*- 713
−, 3-Methyl-1(2)*H*- 721
Indolo[2,3-*c*]chinolin-6-on, 5,7-Dihydro- 722
Indolo[4,3-*fg*]chinolin-5-on, 8-Methyl-4*H*- 723
−, 9-Methyl-4*H*- 723
Indolo[3,2-*b*]chinolizin-6-on, 5*H*- 721
Isoindolo[1,2-*b*]chinazolin-10-on, 12*H*- 720
Keton, [3]Chinolyl-[4]pyridyl- 720
Pyrido[2,3-*a*]carbazol-4-on, 1,11-Dihydro- 722
Pyrido[2,3-*c*]carbazol-1-on, 4,7-Dihydro- 721
Pyrido[3,2-*b*]carbazol-4-on, 1,6-Dihydro- 721
Pyrido[2′,1′:2,3]imidazo[1,5-*a*]chinolinylium, 7-Oxo-6a,7-dihydro-, betain 721

C₁₅H₁₀N₂O₂
Indolo[3,2-*c*]chinolin-6-on, 11-Hydroxy-5,11-dihydro- 722

C₁₅H₁₀N₂O₃
Benzoesäure, 2-[4-Oxo-4*H*-chinazolin-3-yl]- 359
−, 4-[1-Oxo-1*H*-phthalazin-2-yl]- 406

$C_{15}H_{12}N_2O$ (Fortsetzung)

Phthalazin-1-on, 4-Methyl-2-phenyl-2H-
   468

—, 4-p-Tolyl-2H- 686

Pyrazol-3-on, 1,2-Diphenyl-1,2-dihydro-
   58

—, 1,5-Diphenyl-1,2-dihydro- 420

—, 2,4-Diphenyl-1,2-dihydro- 427

—, 2,5-Diphenyl-1,2-dihydro- 419

$C_{15}H_{12}N_2OS$

Benzimidazol-2-thion, 1-Acetyl-3-phenyl-
   1,3-dihydro- 292

$C_{15}H_{12}N_2O_2$

Benzimidazol-2-on, 1-Acetyl-3-phenyl-
   1,3-dihydro- 281

Chinazolin-4-on, 3-[4-Hydroxy-phenyl]-
   2-methyl-3H- 437

—, 3-[2-Methoxy-phenyl]-3H- 354

—, 3-[4-Methoxy-phenyl]-3H- 354

Chinoxalin-2-on-4-oxid, 3-Benzyl-1H- 684

$C_{15}H_{12}N_2O_4S$

Benzolsulfonsäure, 2-[5-Oxo-3-phenyl-
   2,5-dihydro-pyrazol-1-yl]- 423

—, 4-[5-Oxo-3-phenyl-2,5-dihydro-
   pyrazol-1-yl]- 423

$C_{15}H_{12}N_2S$

Chinazolin-2-thion, 3-p-Tolyl-3H- 396

Imidazol-2-thion, 1,4-Diphenyl-1,3-dihydro-
   429

—, 4,5-Diphenyl-1,3-dihydro- 680

Imidazol-4-thion, 2,5-Diphenyl-3,5-dihydro-
   678

$[C_{15}H_{12}N_3O_3]^+$

Phthalazinium, 1-Methyl-2-[2-nitro-phenyl]-
   4-oxo-3,4-dihydro- 466

—, 1-Methyl-2-[3-nitro-phenyl]-4-oxo-
   3,4-dihydro- 466

—, 1-Methyl-2-[4-nitro-phenyl]-4-oxo-
   3,4-dihydro- 467

—, 2-[2-Methyl-4-nitro-phenyl]-4-oxo-
   3,4-dihydro- 405

—, 2-[4-Methyl-2-nitro-phenyl]-4-oxo-
   3,4-dihydro- 405

$[C_{15}H_{12}N_3O_4]^+$

Phthalazinium, 2-[2-Methoxy-4-nitro-phenyl]-
   4-oxo-3,4-dihydro- 405

$C_{15}H_{12}N_4$

Chinoxalin-2-carbaldehyd-phenylhydrazon
   543

Cycloheptapyrazin-7-on-phenylhydrazon
   543

$C_{15}H_{12}N_4O_2$

Pyridazin-3-on, 2H,2'H-2,2'-Benzyliden-bis-
   165

$C_{15}H_{12}N_4O_2S$

Sulfanilsäure, N-Chinoxalin-2-ylmethylen-,
   amid 545

$C_{15}H_{12}N_4O_7$

Indazol-3-on, 2-[4-Äthoxy-phenyl]-1-hydroxy-
   4,6-dinitro-1,2-dihydro- 275

$C_{15}H_{12}N_6O_4$

Benzimidazol, 1-Methyl-5-nitro-2-[4-nitro-
   phenylazomethyl]-1H- 415

Benzimidazol-2-carbaldehyd, 1-Methyl-1H-,
   [2,4-dinitro-phenylhydrazon] 413

—, 1-Methyl-5-nitro-1H-, [4-nitro-
   phenylhydrazon] 414

$[C_{15}H_{13}BrN_3O]^+$

Phthalazinium, 2-[4-Amino-2-brom-phenyl]-
   1-methyl-4-oxo-3,4-dihydro- 474

$C_{15}H_{13}ClN_2O$

Phthalazin-1-on, 3-[2-Chlor-phenyl]-4-methyl-
   3,4-dihydro-2H- 308

—, 3-[3-Chlor-phenyl]-4-methyl-
   3,4-dihydro-2H- 308

Pyrazolidin-3-on, 1-[4-Chlor-phenyl]-
   5-phenyl- 303

$[C_{15}H_{13}ClN_3O]^+$

Phthalazinium, 2-[2-Amino-4-chlor-phenyl]-
   1-methyl-4-oxo-3,4-dihydro- 472

—, 2-[4-Amino-2-chlor-phenyl]-
   1-methyl-4-oxo-3,4-dihydro- 474

$[C_{15}H_{13}N_2O]^+$

[2,7]Naphthyridinium, 2-Methyl-8-oxo-
   6-phenyl-7,8-dihydro- 676

Phthalazinium, 1-Methyl-4-oxo-2-phenyl-
   3,4-dihydro- 465

Pyridinium, 1-Methyl-2-[4-oxo-4H-chinolizin-
   3-yl]- 676

$C_{15}H_{13}N_3$

Keton, [2-Methyl-indol-3-yl]-[2]pyridyl-,
   imin 687

—, [2-Methyl-indol-3-yl]-[3]pyridyl-,
   imin 688

$C_{15}H_{13}N_3O$

Aceton, Benzo[f]chinoxalin-3-yl-, oxim 687

Äthanon, 1-[1-Phenyl-1H-indazol-3-yl]-,
   oxim 478

Chinazolin-4-on, 3-[2-Amino-benzyl]-3H-
   364

—, 3-[4-Amino-phenyl]-2-methyl-3H-
   441

—, 3-Anilino-2-methyl-3H- 443

—, 3-[2-[2]Pyridyl-äthyl]-3H- 372

Keton, [2-Methyl-imidazo[1,2-a]pyridin-3-yl]-
   phenyl-, oxim 687

Phthalazinium, 2-[4-Amino-2-methyl-
   phenyl]-4-oxo-3,4-dihydro-, betain 409

—, 2-[2-Amino-phenyl]-1-methyl-4-oxo-
   3,4-dihydro-, betain 472

—, 2-[3-Amino-phenyl]-1-methyl-4-oxo-
   3,4-dihydro-, betain 473

—, 2-[4-Amino-phenyl]-1-methyl-4-oxo-
   3,4-dihydro-, betain 473

Phthalazin-1-on, 2-[4-Amino-2-methyl-
   phenyl]-2H- 409

C₁₅H₁₃N₃O (Fortsetzung)

Phthalazin-1-on, 2-[2-Amino-phenyl]-4-methyl-
2*H*- 473

−, 2-[3-Amino-phenyl]-4-methyl-2*H*-
473

−, 2-[4-Amino-phenyl]-4-methyl-2*H*-
474

Pyrazol-3-on, 2-[4-Amino-phenyl]-5-phenyl-
1,2-dihydro- 423

C₁₅H₁₃N₃O₂

Benzo[*b*][1,4]diazepin-2-on, 1-Nitroso-
4-phenyl-1,3,4,5-tetrahydro- 643

Cinnolin-4-on, 1-Acetyl-2-[2]pyridyl-
2,3-dihydro-1*H*- 296

Phthalazinium, 2-[4-Amino-2-methoxy-
phenyl]-4-oxo-3,4-dihydro-, betain 409

Phthalazin-1-on, 2-[4-Amino-2-methoxy-
phenyl]-2*H*- 409

−, 2-[2-Hydroxyamino-4-methyl-
phenyl]-2*H*- 410

−, 2-[2-Hydroxyamino-phenyl]-
4-methyl-2*H*- 476

Pyrazol-1-carbonsäure, 3-Methyl-5-oxo-
2,5-dihydro-, [1]naphthylamid 89

C₁₅H₁₃N₃O₃

Chinoxalin-2-on, 3-Benzyl-7-nitro-
3,4-dihydro-1*H*- 643

C₁₅H₁₃N₃O₃S

Benzolsulfonsäure, 4-[2-Methyl-4-oxo-
4*H*-chinazolin-3-yl]-, amid 440

−, 4-[5-Oxo-3-phenyl-2,5-dihydro-
pyrazol-1-yl]-, amid 423

C₁₅H₁₃N₃S₂

[1,3]Diazetidin-1-thiocarbonsäure,
2-Phenyl-4-thioxo-, anilid 295

C₁₅H₁₃N₅O₂

Benzimidazol-2-carbaldehyd, 1-Methyl-1*H*-,
[4-nitro-phenylhydrazon] 413

−, 1-Methyl-5-nitro-1*H*-, phenyl‌
hydrazon 414

C₁₅H₁₃N₅O₆

Indazol-3-on, 2-[4-Dimethylamino-phenyl]-
1-hydroxy-4,6-dinitro-1,2-dihydro- 275

C₁₅H₁₃N₅S

Äthanon, 1-Phenazin-2-yl-, thiosemicarbazon
675

C₁₅H₁₄BrN₃O

Phthalazin-1-on, 3-[4-Amino-2-brom-
phenyl]-4-methyl-3,4-dihydro-2*H*- 309

C₁₅H₁₄ClN₃O

Phthalazin-1-on, 3-[2-Amino-4-chlor-phenyl]-
4-methyl-3,4-dihydro-2*H*- 309

−, 3-[4-Amino-2-chlor-phenyl]-
4-methyl-3,4-dihydro-2*H*- 309

C₁₅H₁₄N₂O

6,9-Äthano-cyclohepta[*b*]chinoxalin-10-on,
6,7,8,9-Tetrahydro- 645

Benzimidazol-2-on, 4-Methyl-1-*o*-tolyl-
1,3-dihydro- 301

Benzo[*b*][1,4]diazepin-2-on, 4-Phenyl-
1,3,4,5-tetrahydro- 643

−, 5-Phenyl-1,3,4,5-tetrahydro- 306

Benzo[*c*][1,4]diazepin-5-on, 1-Phenyl-
1,2,3,4-tetrahydro- 306

Chinazolin-4-on, 1-Methyl-3-phenyl-
2,3-dihydro-1*H*- 297

−, 2-*p*-Tolyl-2,3-dihydro-1*H*- 643

Chinoxalin-2-on, 4-Benzyl-3,4-dihydro-1*H*-
298

−, 1-Methyl-3-phenyl-3,4-dihydro-1*H*-
637

[1,2]Diazetidin-3-on, 1-Phenyl-2-*m*-tolyl- 3

−, 2-Phenyl-1-*m*-tolyl- 3

[1,2]Diazet-1-oxid, 4-Phenyl-2-*p*-tolyl-
2,3-dihydro- 693

Dibenzo[*d,f*][1,3]diazepin-6-on,
1,11-Dimethyl-5,7-dihydro- 643

Imidazolidin-2-on, 1,3-Diphenyl- 11

−, 4,4-Diphenyl- 641

Imidazolidin-4-on, 5,5-Diphenyl- 641

Indazol-3-on, 1-Benzyl-2-methyl-1,2-dihydro-
271

Indolin-2-on, 3-[4-Äthyl-3-methyl-pyrrol-
2-yliden]- 645

−, 3-[Trimethyl-pyrrol-2-yliden]- 645

Indolo[4,3-*fg*]chinolin-5-on,
7-Methyl-7,8,9,10-tetrahydro-4*H*- 640

Phthalazin-1-on, 4-Methyl-3-phenyl-
3,4-dihydro-2*H*- 308

Pyrazolidin-3-on, 1,4-Diphenyl- 304

−, 1,5-Diphenyl- 302

−, 4,5-Diphenyl- 640

Pyrido[2,3-*g*]chinolin-2-on, 4,5,10-Trimethyl-1*H*-
645

Pyrimidin-4-on, 2-Methyl-6-[1]naphthyl-
5,6-dihydro-3*H*- 642

−, 2-Methyl-6-[2]naphthyl-5,6-dihydro-3*H*-
642

Pyrrolidin-2-on, 3-Phenyl-3-[2]pyridyl- 644

−, 4-Phenyl-4-[2]pyridyl- 644

C₁₅H₁₄N₂O₂

Chinazolin-4-on, 1-Hydroxymethyl-3-phenyl-
2,3-dihydro-1*H*- 297

−, 3-[4-Methoxy-phenyl]-2,3-dihydro-1*H*-
297

[1,2]Diazet-1-oxid, 2-[4-Methoxy-phenyl]-
4-phenyl-2,3-dihydro- 693

Imidazolidin-2-on, 1-Acetyl-5-[1]naphthyl-
604

Pyrazolidin-3-on, 1-[4-Phenoxy-phenyl]- 5

C₁₅H₁₄N₂O₃

Imidazolidin-1-carbonsäure, 5-[1]Naphthyl-
2-oxo-, methylester 604

C₁₅H₁₄N₂S

Imidazolidin-2-thion, 1,3-Diphenyl- 26

−, 4,4-Diphenyl- 641

Imidazolidin-4-thion, 2,5-Diphenyl- 640

C₁₅H₁₆N₄O₂S
Benzolsulfonsäure-[1,3-dimethyl-1,3-dihydro-
benzimidazol-2-ylidenhydrazid] 277
C₁₅H₁₆N₆O₄
Butan-2-on, 3-Methyl-1-pyrazinyl-,
[2,4-dinitro-phenylhydrazon] 247
C₁₅H₁₇BrN₂O₂
Chinazolin-4-on, 3-[7-Brom-2-oxo-heptyl]-3H-
356
C₁₅H₁₇ClN₂O
Butan-2-on, 4-Chlor-1-[2,3,4,9-tetrahydro-
1H-β-carbolin-1-yl]- 588
C₁₅H₁₇N₃O
Ergolin-8-on, 6-Methyl-9,10-didehydro-
2,3-dihydro-, oxim 611
C₁₅H₁₇N₃O₂
Chinazolin-4-on, 3-[2-Oxo-2-[3]piperidyl-
äthyl]-3H- 374
C₁₅H₁₇N₃O₃
Butan-2-on, 1-[5-Äthyl-1-(4-nitro-phenyl)-
1H-pyrazol-3-yl]- 227
—, 1-[5-Äthyl-2-(4-nitro-phenyl)-
2H-pyrazol-3-yl]- 227
Chinazolin-4-on, 3-[2-(4-Hydroxy-
[3]piperidyl)-2-oxo-äthyl]-3H- 376
Cyclooctapyrazol-3-on, 2-[4-Nitro-phenyl]-
1,2,4,5,6,7,8,9-octahydro- 228
C₁₅H₁₇N₅O₂
[1,2]Diazepin-4-on, 2-Acetyl-5-methyl-
6-phenyl-2,3-dihydro-, semicarbazon
569
C₁₅H₁₇N₅O₄S₂
Imidazolidin-2-on, 1,3-Disulfanilyl-, imin
18
C₁₅H₁₈BrN₃O₂
Chinazolin-4-on, 3-[7-Brom-2-hydroxyimino-
heptyl]-3H- 356
C₁₅H₁₈Br₂N₂O
Keton, Bis-[4-äthyl-5-brom-3-methyl-pyrrol-
2-yl]- 530
—, Bis-[5-äthyl-4-brom-3-methyl-pyrrol-
2-yl]- 531
7,14-Methano-dipyrido[1,2-a;1′,2′-e]ɛ
[1,5]diazocin-4-on, 1,3-
Dibrom-7,7a,8,9,10,11,13,14-octahydro-6H-
534
C₁₅H₁₈ClN₃O
Pyrazol-3-on, 5-[4-Chlor-phenyl]-2-[1-methyl-
[4]piperidyl]-1,2-dihydro- 425
C₁₅H₁₈N₂O
Aceton, [9-Methyl-2,3,4,9-tetrahydro-1H-
β-carbolin-1-yl]- 587
Äthanon, 1-[5-(4,5-Dimethyl-pyrrol-
2-ylmethylen)-2,4-dimethyl-5H-pyrrol-
3-yl]- 588
Azonino[2,1-b]chinazolin-14-on, 7,8,9,10,11,ɛ
12-Hexahydro-6H- 588
Benzimidazol-2-on, 1,3-Dimethallyl-
1,3-dihydro- 278

Chinazolin-2-on, 3-Benzyl-3,4,5,6,7,8-
hexahydro-1H- 223
Chinolizin-4-on, 3-[1-Methyl-[2]piperidyl]-
586
Cyclopenta[c]pyridazin-3-on, 4,7-Dimethyl-
2-phenyl-2,4,4a,5,6,7-hexahydro- 229
Imidazol-4-on, 2-Benzyl-5-[1-methyl-
butyliden]-3,5-dihydro- 587
—, 5-[1-Methyl-2-phenyl-äthyliden]-
2-propyl-3,5-dihydro- 587
Indazol-3-on, 1-Äthyl-2-phenyl-1,2,4,5,6,7-
hexahydro- 215
—, 1,5-Dimethyl-2-phenyl-1,2,4,5,6,7-
hexahydro- 224
—, 1,6-Dimethyl-2-phenyl-1,2,4,5,6,7-
hexahydro- 224
—, 1-Methyl-2-p-tolyl-1,2,4,5,6,7-
hexahydro- 216
Pyrazol-3-on, 1-Äthyl-4-allyl-5-methyl-
2-phenyl-1,2-dihydro- 212
—, 5-Cyclohexyl-2-phenyl-1,2-dihydro-
228
—, 4-Cyclopentyl-5-methyl-2-phenyl-
1,2-dihydro- 228
Pyrimidin-4-on, 5-Äthyl-2,6-dimethyl-3-
p-tolyl-3H- 220
—, 3,5-Diäthyl-6-methyl-2-phenyl-3H-
580
—, 5,6-Dimethyl-3-phenyl-2-propyl-
3H- 226
C₁₅H₁₈N₂OS
Pyrimidin-2-thion, 1-[4-Acetyl-phenyl]-
4,4,6-trimethyl-3,4-dihydro-1H- 135
C₁₅H₁₈N₂O₂S
Benzimidazol-2-thion, 1,3-Bis-[3-oxo-butyl]-
1,3-dihydro- 292
Benzoesäure, 2-[4,4,6-Trimethyl-2-thioxo-
3,4-dihydro-2H-pyrimidin-1-yl]-,
methylester 136
C₁₅H₁₈N₂O₃
Benzimidazol-2-on, 1,3-Diacetyl-5-tert-butyl-
1,3-dihydro- 320
Benzoesäure, 2-[4-Äthyl-5-methyl-3-oxo-
2,3-dihydro-pyrazol-1-yl]-, äthylester
126
C₁₅H₁₈N₂O₄S
Benzimidazol-2-thion, 1,3-Bis-propionyloxyɛ
methyl-1,3-dihydro- 290
C₁₅H₁₈N₂O₅
Essigsäure, [2-Oxo-benzimidazol-1,3-diyl]-di-,
diäthylester 282
C₁₅H₁₈N₄O₃
Pyrazol-3-on, 2-[1-Methyl-[4]piperidyl]-5-
[3-nitro-phenyl]-1,2-dihydro- 426
—, 2-[1-Methyl-[4]piperidyl]-5-[4-nitro-
phenyl]-1,2-dihydro- 427
C₁₅H₁₉N₃O
Chinazolin-4-on, 2-Methyl-3-piperidinomethyl-
3H- 438

$C_{17}H_{14}N_2O$ (Fortsetzung)

Pyrazol-3-on, 2-Phenyl-5-styryl-1,2-dihydro- 558
Pyridazin-3-on, 6-Benzyl-5-phenyl-2H- 735
—, 2-Methyl-5,6-diphenyl-2H- 723
Pyrimidin-4-on, 6-Methyl-2,5-diphenyl-3H-
    736
Pyrrolo[3,2-c]chinolin-4-on, 1-Phenyl-
    1,2,3,5-tetrahydro- 565

$C_{17}H_{14}N_2OS$

Äthanon, 1-Phenyl-2-[5-phenyl-2-thioxo-
    2,3-dihydro-imidazol-1-yl]- 429

$C_{17}H_{14}N_2O_2$

Imidazol-4-on, 1-Benzoyl-5-methyl-2-phenyl-
    1,5-dihydro- 487
—, 5-Benzyliden-3-methoxy-2-phenyl-
    3,5-dihydro- 727
Isoindolo[2,1-a]chinazolin-11-on,
    6-Acetyl-6,6a-dihydro-5H- 689

$C_{17}H_{14}N_2O_3$

Benzoesäure, 2-[2-Methyl-4-oxo-
    4H-chinazolin-3-yl]-, methylester 439
—, 3-[2-Methyl-4-oxo-4H-chinazolin-
    3-yl]-, methylester 439
—, 4-[2-Methyl-4-oxo-4H-chinazolin-
    3-yl]-, methylester 440
—, 2-[3-Oxo-5-phenyl-2,3-dihydro-
    pyrazol-1-yl]-, methylester 422
—, 4-[6-Oxo-3-phenyl-5,6-dihydro-
    4H-pyridazin-1-yl]- 481
Essigsäure, [4-Oxo-4H-chinazolin-3-yl]-,
    benzylester 358

$C_{17}H_{14}N_2S$

Pyrazol-3-thion, 4-Benzyliden-5-methyl-
    2-phenyl-2,4-dihydro- 560
Pyrimidin-2-thion, 1-Benzyl-4-phenyl-1H-
    548

$C_{17}H_{14}N_4$

Indeno[1,2-c]pyrazol-4-on, 3-Benzyl-1(2)H-,
    hydrazon 755
Keton, Di-[3]pyridyl-, phenylhydrazon
    592
—, Di-[4]pyridyl-, phenylhydrazon
    592

$C_{17}H_{14}N_6O_4$

Acetaldehyd, [2-(4-Nitro-phenyl)-2H-pyrazol-
    3-yl]-, [4-nitro-phenylhydrazon] 193
Äthanon, 1-[3-Methyl-chinoxalin-2-yl]-,
    [2,4-dinitro-phenylhydrazon] 562
Imidazol-4-carbaldehyd, 5-Methyl-2-phenyl-
    1(3)H-, [2,4-dinitro-phenylhydrazon]
    562

$C_{17}H_{15}BrN_2O$

Chinazolin-4-on, 2-Äthyl-3-[4-brom-phenyl]-
    6-methyl-3H- 512
Cycloheptapyrazol-8-on, 5-Brom-6-isopropyl-
    1-phenyl-1H- 509
—, 7-Brom-6-isopropyl-1-phenyl-1H-
    510

Imidazol-2-on, 1-[4-Brom-benzhydryl]-
    3-methyl-1,3-dihydro- 60
Pyrazol-3-on, 5-Benzyl-4-brom-1-methyl-
    2-phenyl-1,2-dihydro- 482

$C_{17}H_{15}BrN_2O_2$

Chinazolin-4-on, 3-[2-Äthoxy-phenyl]-6-brom-
    2-methyl-3H- 448
—, 3-[4-Äthoxy-phenyl]-6-brom-
    2-methyl-3H- 448
—, 2-Äthyl-6-brom-3-[4-methoxy-
    phenyl]-3H- 492

$C_{17}H_{15}ClN_2O$

Chinazolin-4-on, 2-Äthyl-3-[2-chlor-phenyl]-
    6-methyl-3H- 512
—, 2-Äthyl-3-[4-chlor-phenyl]-6-methyl-3H-
    512
—, 2-Äthyl-6-chlor-3-p-tolyl-3H- 491
—, 3-[4-Chlor-phenyl]-2-propyl-3H-
    510
Imidazol-2-on, 1-[4-Chlor-benzhydryl]-
    3-methyl-1,3-dihydro- 60
Pyrazol-3-on, 4-Äthyl-2-[2-chlor-phenyl]-
    5-phenyl-1,2-dihydro- 506
—, 4-Äthyl-2-[3-chlor-phenyl]-5-phenyl-
    1,2-dihydro- 506
—, 4-Äthyl-2-[4-chlor-phenyl]-5-phenyl-
    1,2-dihydro- 506

$C_{17}H_{15}ClN_2O_2$

Chinazolin-4-on, 3-[4-Äthoxy-phenyl]-6-chlor-
    2-methyl-3H- 445
—, 2-Äthyl-6-chlor-3-[2-methoxy-
    phenyl]-3H- 491
—, 2-Äthyl-6-chlor-3-[4-methoxy-
    phenyl]-3H- 492

$C_{17}H_{15}IN_2O$

Chinazolin-4-on, 2-Äthyl-3-[4-jod-phenyl]-
    6-methyl-3H- 512
—, 3-[2,6-Dimethyl-phenyl]-6-jod-
    2-methyl-3H- 450

$C_{17}H_{15}IN_2O_2$

Chinazolin-4-on, 3-[2-Äthoxy-phenyl]-6-jod-
    2-methyl-3H- 451

$C_{17}H_{15}N_3O$

Keton, [5-Methyl-1-phenyl-1H-pyrazol-3-yl]-
    phenyl-, oxim 560

$C_{17}H_{15}N_3O_2$

Benzamid, N-[2-Methyl-4-oxo-4H-chinazolin-
    3-ylmethyl]- 439
Essigsäure-[4-(2-methyl-4-oxo-4H-chinazolin-
    3-yl)-anilid] 441
Phthalazinium, 2-[4-Acetylamino-2-methyl-
    phenyl]-4-hydroxy-, betain 409
—, 2-[2-Acetylamino-phenyl]-4-hydroxy-
    1-methyl-, betain 472
—, 2-[3-Acetylamino-phenyl]-4-hydroxy-
    1-methyl-, betain 473
—, 2-[4-Acetylamino-phenyl]-4-hydroxy-
    1-methyl-, betain 474

$C_{17}H_{16}N_2O_2$

Äthanon, 1-[2,4,5-Trimethyl-6-oxy-benzo[c]=
[2,7]naphthyridin-1-yl]- 700

Chinazolin-4-on, 3-[2-Äthoxy-phenyl]-
2-methyl-3H- 437

—, 3-[4-Äthoxy-phenyl]-2-methyl-3H-
438

—, 2-Äthyl-3-[2-methoxy-phenyl]-3H-
490

—, 2-Äthyl-3-[4-methoxy-phenyl]-3H-
490

—, 3-[4-Hydroxy-phenyl]-2-propyl-3H-
511

—, 3-[2-Methoxy-phenyl]-2,6-dimethyl-3H-
495

—, 3-[4-Methoxy-phenyl]-2,6-dimethyl-3H-
495

—, 3-[4-Methoxy-phenyl]-2,8-dimethyl-3H-
495

$C_{17}H_{16}N_2O_3$

Chinazolin-4-on, 3-[2,3-Dihydroxy-propyl]-
2-phenyl-3H- 667

$C_{17}H_{16}N_2O_4S$

Chinazolin-4-on, 3-[2-(Toluol-4-sulfonyloxy)-
äthyl]-3H- 353

$C_{17}H_{16}N_2S$

Pyrimidin-2-thion, 4-Methyl-4,6-diphenyl-
3,4-dihydro-1H- 698

$[C_{17}H_{16}N_3O_5]^+$

Phthalazinium, 2-[2,5-Dimethoxy-4-nitro-
phenyl]-1-methyl-4-oxo-3,4-dihydro- 472

$C_{17}H_{16}N_4$

Äthanon, 1-Phenyl-2-[5-phenyl-
1(2)H-pyrazol-3-yl]-, hydrazon 736

Cinnolin-4-carbaldehyd-[4-dimethylamino-
phenylimin] 543

Pyridazin-3-carbaldehyd, 2-Phenyl-
2,5-dihydro-, phenylhydrazon 187

$C_{17}H_{16}N_4O$

Chinazolin-4-on, 3-[2-Phenylhydrazono-
propyl]-3H- 355

Pyrazol-1-carbonsäure, 3-Methyl-5-oxo-
2,5-dihydro-, [anilid-phenylimid] 90

$C_{17}H_{16}N_4O_2$

Pyridazin-3-on, 6,6'-Dimethyl-2H,2'H-
2,2'-benzyliden-bis- 180

$C_{17}H_{16}N_4O_3$

Benzo[b][1,4]diazepin-2-on, 4-Methyl-5-
[2-nitro-benzylidenamino]-
1,3,4,5-tetrahydro- 315

$C_{17}H_{17}BrN_2O$

Indazol-4-on, 1-[4-Brom-phenyl]-
3,5,5,7-tetramethyl-1,5-dihydro- 319

—, 1-[4-Brom-phenyl]-
3,5,7,7-tetramethyl-1,7-dihydro- 319

—, 2-[4-Brom-phenyl]-
3,5,5,7-tetramethyl-2,5-dihydro- 319

—, 2-[4-Brom-phenyl]-
3,5,7,7-tetramethyl-2,7-dihydro- 319

$C_{17}H_{17}Br_3N_2O$

Imidazol-4-on, 5-Benzyliden-3-cyclohexyl-
2-tribrommethyl-3,5-dihydro- 561

$C_{17}H_{17}N_3$

Acetaldehyd, [1,3-Dimethyl-1,3-dihydro-
benzimidazol-2-yliden]-, phenylimin
478

$C_{17}H_{17}N_3O$

Benzo[b][1,4]diazepin-2-on, 5-Benzyl=
idenamino-4-methyl-1,3,4,5-tetrahydro-
315

Chinazolin-4-on, 3-[3-Anilino-propyl]-3H-
361

Indolo[3,2-b]chinolin-11-ylamin, 11-
Methoxy-5-methyl-10,11-dihydro-5H-
722

$C_{17}H_{17}N_3O_2$

Chinazolin-4-on, 3-[3-Anilino-2-hydroxy-
propyl]-3H- 365

Phthalazin-1-on, 3-[4-Acetylamino-2-methyl-
phenyl]-3,4-dihydro-2H- 300

$C_{17}H_{17}N_3O_3$

Phthalazinium, 2-[4-Amino-2,5-dimethoxy-
phenyl]-1-methyl-4-oxo-3,4-dihydro-,
betain 476

$C_{17}H_{17}N_5O_3$

Benzimidazol-2-carbaldehyd, 1-Methyl-
5-nitro-1H-, [N-(4-dimethylamino-
phenyl)-oxim] 414

$C_{17}H_{17}N_5O_3S$

Guanidin, [4-(2,6-Dimethyl-4-oxo-
4H-chinazolin-3-yl)-benzolsulfonyl]-
495

$C_{17}H_{18}F_3N_3O_3$

Chinazolin-4-on, 3-[3-(3-Hydroxy-
[2]piperidyl)-2-oxo-propyl]-5-
trifluormethyl-3H- 454

$C_{17}H_{18}N_2O$

Benz[f]indazol-3-on, 2-Phenyl-1,2,4,4a,5,6,7,8-
octahydro- 321

Chinuclidin-3-on, 2-[4]Chinolylmethyl-
649

Imidazolidin-2-on, 1,3-Dibenzyl- 12

—, 1,3-Dimethyl-4,4-diphenyl- 641

Imidazolidin-4-on, 1,3-Dimethyl-
5,5-diphenyl- 642

Keton, [2]Chinolyl-chinuclidin-2-yl- 649

—, Chinuclidin-2-yl-[1]isochinolyl-
650

—, Chinuclidin-2-yl-[3]isochinolyl-
650

Pyrazolidin-3-on, 4,5-Dimethyl-1,5-diphenyl-
318

Pyrido[2,3-a]carbazol-4-on, 2,11-
Dimethyl-1,7,8,9,10,11-hexahydro- 649

$C_{17}H_{18}N_2O_2$

Ergolin-8-on, 1-Acetyl-6-methyl-
9,10-didehydro-2,3-dihydro- 611

$C_{17}H_{20}N_4O_4$

Piperidin-1-carbonsäure, 3-Hydroxy-2-[2-oxo-3-(4-oxo-4H-chinazolin-3-yl)-propyl]-, amid 379

—, 4-Hydroxy-2-[2-oxo-3-(4-oxo-4H-chinazolin-3-yl)-propyl]-, amid 380

Pyrrolidin-1-carbonsäure, 3-Hydroxymethyl-2-[2-oxo-3-(4-oxo-4H-chinazolin-3-yl)-propyl]-, amid 381

$C_{17}H_{20}N_4O_5$

Chinazolin-4-on, 3-[3-(3-Methoxy-[2]piperidyl)-2-oxo-propyl]-5-nitro-3H- 394

$C_{17}H_{21}N_3O$

Pyridazin-3-on, 4-Methyl-2-[1-methyl-[4]piperidyl]-6-phenyl-2H- 555

—, 6-Methyl-2-[1-methyl-[4]piperidyl]-4-phenyl-2H- 555

$C_{17}H_{21}N_3O_2$

Chinazolin-4-on, 2-Methyl-3-[2-oxo-3-[2]piperidyl-propyl]-3H- 443

$C_{17}H_{21}N_3O_3$

Chinazolin-4-on, 3-[3-(3-Hydroxy-[2]piperidyl)-2-oxo-propyl]-5-methyl-3H- 454

—, 3-[3-(3-Hydroxy-[2]piperidyl)-2-oxo-propyl]-6-methyl-3H- 455

—, 3-[3-(3-Hydroxy-[2]piperidyl)-2-oxo-propyl]-7-methyl-3H- 457

—, 3-[3-(3-Hydroxy-[2]piperidyl)-2-oxo-propyl]-8-methyl-3H- 458

—, 3-[3-(5-Hydroxy-[2]piperidyl)-2-oxo-propyl]-5-methyl-3H- 454

—, 3-[3-(3-Methoxy-[2]piperidyl)-2-oxo-propyl]-3H- 379

$C_{17}H_{21}N_3O_4$

Adipamidsäure, N-[3-(3-Methyl-5-oxo-2,5-dihydro-pyrazol-1-yl)-phenyl]-, methylester 93

$C_{17}H_{22}ClN_3O$

Chinazolin-4-on, 6-Chlor-3-[3-cyclohexyl‌amino-propyl]-3H- 386

$C_{17}H_{22}ClN_3O_2$

Chinazolin-4-on, 6-Chlor-3-[3-cyclohexyl‌amino-2-hydroxy-propyl]-3H- 387

$C_{17}H_{22}N_2O$

Pyrazol-3-on, 4-Cyclohexyl-1,5-dimethyl-2-phenyl-1,2-dihydro- 231

—, 5-Methyl-2-[4-(3-methyl-cyclohexyl)-phenyl]-1,2-dihydro- 86

$C_{17}H_{22}N_2O_4$

Isovaleriansäure, α-[5-Oxo-3-phenylacetyl-imidazolidin-1-yl]-, methylester 32

$C_{17}H_{22}N_2O_4S$

Benzimidazol-2-thion, 1,3-Bis-butyryloxy‌methyl-1,3-dihydro- 291

$C_{17}H_{22}N_4O_9$

Cinnolin-1,2-dicarbonsäure, 4-[N,N'-Bis-methoxycarbonyl-hydrazino]-4-methoxy-3,4-dihydro-, dimethylester 296

$C_{17}H_{22}N_6O_3$

Chinazolin-4-on, 3-[3-(3-Hydroxy-[2]piperidyl)-2-semicarbazono-propyl]-3H- 377

$C_{17}H_{22}N_8$

1,4-Methano-naphthalin-5,8-dion, 1,4,4a,8a-Tetrahydro-, bis-imidazolidin-2-ylidenhydrazon 8

$C_{17}H_{23}N_3O$

Chinazolin-4-on, 3-[3-Cyclohexylamino-propyl]-3H- 361

—, 2-Methyl-3-[3-piperidino-propyl]-3H- 441

—, 3-[4-Piperidino-butyl]-3H- 362

Pyrazol-3-on, 4-Äthyl-2-[1-methyl-[4]piperidyl]-5-phenyl-1,2-dihydro- 507

—, 5-Äthyl-2-[1-methyl-[4]piperidyl]-4-phenyl-1,2-dihydro- 505

$C_{17}H_{23}N_3O_2$

Chinazolin-4-on, 3-[3-Cyclohexylamino-2-hydroxy-propyl]-3H- 364

—, 3-[5-Diäthylamino-2-oxo-pentyl]-3H- 366

—, 3-[2-Hydroxy-3-piperidino-propyl]-2-methyl-3H- 442

$C_{17}H_{24}ClN_3O$

Chinazolin-4-on, 6-Chlor-3-[4-diäthylamino-1-methyl-butyl]-3H- 387

$C_{17}H_{24}N_2O$

Äthanon, 1-[4-Äthyl-3,5-dimethyl-pyrrol-2-yl]-2-[5-äthyl-3-methyl-pyrrol-2-yl]- 538

—, 2-[4-Äthyl-3,5-dimethyl-pyrrol-2-yl]-1-[3,4,5-trimethyl-pyrrol-2-yl]- 538

Chinoxalin-2-on, 3-Nonyl-1H- 538

Keton, Bis-[3-äthyl-4,5-dimethyl-pyrrol-2-yl]- 539

—, Bis-[4-äthyl-3,5-dimethyl-pyrrol-2-yl]- 538

—, Bis-[3,5-diäthyl-pyrrol-2-yl]- 538

Lycodin-1-on, 17-Methyl- 536

Pyrazol-3-ol, 4-Octyl-5-phenyl-2H- 537

Pyrazol-3-on, 1-Äthyl-4-isopentyl-5-methyl-2-phenyl-1,2-dihydro- 153

—, 4-Octyl-5-phenyl-1,2-dihydro- 537

—, 5-Octyl-2-phenyl-1,2-dihydro- 157

Pyrimidin-4-on, 6-[1-Äthyl-pentyl]-2-phenyl-5,6-dihydro-3H- 537

—, 6-Heptyl-2-phenyl-5,6-dihydro-3H- 537

$C_{17}H_{24}N_2O_2$

Imidazolidin-2-on, 5-[1-Äthyl-pentyl]-1-benzoyl- 54

—, 1-Benzoyl-5-heptyl- 54

$C_{17}H_{24}N_2O_2$ (Fortsetzung)

Pyrazol-3-on, 2-[4-Isopropoxy-phenyl]-4-isopropyl-1,5-dimethyl-1,2-dihydro- 142

$C_{17}H_{24}N_4O$

Essigsäure {[bis-(5-äthyl-3-methyl-pyrrol-2-yl)-methylen]-hydrazid} 531

7,14-Methano-dipyrido[1,2-a;1′,2′-e][1,5]diazocin-2,4-dicarbonitril, 2-Hydroxy-dodecahydro- 332

$C_{17}H_{24}N_8O_2S$

Benzimidazol-2-thion, 1,3-Bis-[3-semicarbazono-butyl]-1,3-dihydro- 292

$C_{17}H_{25}N_3O$

Chinazolin-4-on, 3-[4-Diäthylamino-1-methyl-butyl]-3H- 363

Pyrazol-3-on, 4-Äthyl-2-[2-diäthylamino-äthyl]-5-phenyl-1,2-dihydro- 507

—, 4-Äthyl-2-[3-dimethylamino-1-methyl-propyl]-5-phenyl-1,2-dihydro- 507

—, 1-[2-Dimethylamino-äthyl]-4-isopropyl-5-methyl-2-phenyl-1,2-dihydro- 142

$C_{17}H_{26}N_2O$

Lycodin-1-on, 17-Methyl-3,18-dihydro-2H- 338

$C_{17}H_{26}N_2S_3$

Benzimidazol-2-thion, 1,3-Bis-[butylmercapto-methyl]-1,3-dihydro- 292

$C_{17}H_{26}N_4$

Keton, Bis-[3-äthyl-4,5-dimethyl-pyrrol-2-yl]-, hydrazon 539

—, Bis-[4-äthyl-3,5-dimethyl-pyrrol-2-yl]-, hydrazon 538

$[C_{17}H_{27}N_2O]^+$

Piperidinium, 1,1-Dimethyl-2-[1-methylen-4-oxo-1,3,4,6,7,8-hexahydro-2H-chinolizin-3-yl]- 332

$C_{17}H_{28}N_4O$

Benzimidazol-2-on, 1,3-Bis-diäthyl-aminomethyl-1,3-dihydro- 280

—, 1,3-Bis-[2-dimethylamino-propyl]-1,3-dihydro- 283

$C_{17}H_{28}N_4S$

Benzimidazol-2-thion, 1,3-Bis-diäthyl-aminomethyl-1,3-dihydro- 291

$C_{17}H_{28}N_8S_4$

Propan, 1,3-Bis-[2-thioxo-imidazolidin-1-yl]-2,2-bis-[2-thioxo-imidazolidin-1-ylmethyl]- 31

$[C_{17}H_{29}N_2O]^+$

Piperidinium, 1,1-Dimethyl-2-[1-methylen-4-oxo-octahydro-chinolizin-3-yl]- 259

—, 1,1-Dimethyl-2-[1-methyl-4-oxo-1,3,4,6,7,8-hexahydro-2H-chinolizin-3-yl]- 258

$C_{17}H_{30}N_2O$

Imidazol-4-on, 5-[1-Methyl-decyliden]-2-propyl-3,5-dihydro- 242

Pyrimidin-2-on, 5-Cyclohexyl-4-cyclohexyl-methyl-tetrahydro- 242

—, 4,6-Dicyclohexyl-4-methyl-tetrahydro- 242

$C_{17}H_{30}N_6S_3$

Imidazolidin-2-thion, 1,3-Bis-[4,5-dimethyl-2-thioxo-imidazolidin-1-ylmethyl]-4,5-dimethyl- 45

$C_{17}H_{32}N_2O$

Aceton, 1,3-Bis-[1-äthyl-[2]piperidyl]- 161

$C_{17}H_{34}N_2O$

1,3-Diaza-cyclononadecan-2-on 57

Piperazin-2-on, 4-Dodecyl-3-methyl- 42

C_{18}

$C_{18}H_8N_4O_5$

Benzo[de]benz[4,5]imidazo[2,1-a]isochinolin-7-on, 2,5-Dinitro- 778

—, 3,4-Dinitro- 778

$C_{18}H_9BrN_2O$

Benzo[de]benz[4,5]imidazo[2,1-a]isochinolin-7-on, 3-Brom- 777

—, 4-Brom- 778

Isoindolo[2,1-a]perimidin-12-on, 3-Brom- 776

—, 4-Brom- 776

Naphth[2′,1′:4,5]imidazo[2,1-a]isoindol-12-on, 5-Brom- 776

$C_{18}H_9ClN_2O$

Benzo[de]benz[4,5]imidazo[2,1-a]isochinolin-7-on, 10-Chlor- 777

—, 11-Chlor- 777

Isoindolo[2,1-a]perimidin-12-on, 3-Chlor- 776

—, 4-Chlor- 776

$C_{18}H_{10}ClN_3$

Isoindolo[2,1-a]perimidin-12-on, 9-Chlor-, imin 776

—, 10-Chlor-, imin 776

$C_{18}H_{10}Cl_2N_2O$

Phthalazin-1-on, 4-[1,4-Dichlor-[2]naphthyl]-2H- 766

$C_{18}H_{10}N_2O$

Benz[c]indolo[3,2,1-ij][1,5]naphthyridin-9-on 778

Benz[e]isoindolo[2,1-b]indazol-9-on 776

Benzo[de]benz[4,5]imidazo[2,1-a]isochinolin-7-on 777

Isoindolo[2,1-a]perimidin-12-on 776

$C_{18}H_{10}N_2S$

Isoindolo[2,1-a]perimidin-12-thion 777

$C_{18}H_{10}N_4O_2$

Isoindolo[2,1-a]perimidin-12-on, 9-Nitro-, imin 776

$C_{18}H_{14}N_6O_4$ (Fortsetzung)

Phenazin-1-on, 3,4-Dihydro-2H-, [2,4-dinitro-phenylhydrazon] 599

$C_{18}H_{15}ClN_2O$

Pyrimidin-4-on, 3-[2-Chlor-phenyl]-5,6-dimethyl-2-phenyl-3H- 571

–, 3-[3-Chlor-phenyl]-5,6-dimethyl-2-phenyl-3H- 571

$[C_{18}H_{15}N_2O]^+$

Imidazo[1,2-a]chinolinium, 3-Benzyl-1-oxo-2,3-dihydro-1H- 594

Pyrrolo[1',2':3,4]imidazo[1,2-a]pyridinylium, 10-Acetyl-2-phenyl- 758

$C_{18}H_{15}N_3O_3$

Benzoesäure, 4-Chinoxalin-2-ylmethylen=amino-, äthylester 544

Pyrazol-3-on, 5-Methyl-4-[2-nitro-benzyliden]-2-o-tolyl-2,4-dihydro- 560

–, 5-Methyl-4-[3-nitro-benzyliden]-2-o-tolyl-2,4-dihydro- 560

–, 5-Methyl-4-[1-(3-nitro-phenyl)-äthyliden]-2-phenyl-2,4-dihydro- 573

Pyrimidin-4-on, 5,6-Dimethyl-3-[3-nitro-phenyl]-2-phenyl-3H- 571

$C_{18}H_{16}ClN_3O_2$

Propionsäure, 3-Chlor-, [4-(2-methyl-4-oxo-4H-chinazolin-3-yl)-anilid] 441

$C_{18}H_{16}N_2O$

Äthanon, 1-[5-Methyl-1,3-diphenyl-1H-pyrazol-4-yl]- 573

Benz[4,5]imidazo[1,2-a]pyridin, 5-Benzoyl-1,2,3,5-tetrahydro- 740

Benz[g]indazol-3-on, 1-Methyl-2-phenyl-1,2,4,5-tetrahydro- 565

–, 6-Methyl-2-phenyl-2,3a,4,5-tetrahydro- 578

Benzo[h]cinnolin-3-on, 5-Phenyl-4,4a,5,6-tetrahydro-2H- 740

Benzo[g]phthalazin-1-on, 4-Phenyl-4a,5,10,10a-tetrahydro-2H- 740

[2,3']Biindolyl-3-on, 2,2'-Dimethyl-1,2-dihydro-1'H- 740

Cyclopentapyrazol-3-on, 1,2-Diphenyl-1,4,5,6-tetrahydro-2H- 208

Imidazol-4-on, 5-[4-Methyl-benzyliden]-2-p-tolyl-3,5-dihydro- 739

Keton, Chinoxalin-2-yl-mesityl- 739

–, Phenyl-[1,2,3,4-tetrahydro-benz[4,5]imidazo[1,2-a]pyridin-4-yl]- 740

Naphth[2',3':4,5]imidazo[2,1-a]isoindol-13-on, 1,2,3,4,4a,13a-Hexahydro- 741

Pyrazin-2-on, 3-Äthyl-5,6-diphenyl-1H- 739

Pyrazol-3-on, 5-Methyl-4-[4-methyl-benzyliden]-2-phenyl-2,4-dihydro- 573

–, 5-Methyl-4-phenäthyliden-2-phenyl-2,4-dihydro- 572

Pyridin-2-on, 3,6-Dimethyl-5-phenyl-4-[3]pyridyl-1H- 739

Pyrimidin-4-on, 5-Äthyl-2,6-diphenyl-3H- 738

–, 2-Benzyl-6-methyl-5-phenyl-3H- 738

–, 6-Benzyl-2-methyl-5-phenyl-3H- 738

–, 5,6-Dimethyl-2,3-diphenyl-3H- 571

$C_{18}H_{16}N_2O_2$

Benzo[5,6][1,3]diazepino[2,1-a]isoindol-11-on, 6-Acetyl-5,6,6a,13-tetrahydro- 696

Imidazol-2-on, 1-Acetyl-3-benzhydryl-1,3-dihydro- 60

$C_{18}H_{16}N_2O_3$

Benzoesäure, 2-[3-Oxo-5-phenyl-2,3-dihydro-pyrazol-1-yl]-, äthylester 422

$C_{18}H_{16}N_2S$

Pyrazol-3-thion, 4-Benzyliden-5-methyl-2-p-tolyl-2,4-dihydro- 560

–, 5-Methyl-2-phenyl-4-[1-phenyl-äthyliden]-2,4-dihydro- 573

$C_{18}H_{16}N_4O_3$

Benzoesäure, 4-Acetylamino-, [2-methyl-4-oxo-4H-chinazolin-3-ylamid] 443

$C_{18}H_{16}N_6O_4$

Äthanon, 1-[5-Methyl-1-(4-nitro-phenyl)-1H-pyrazol-4-yl]-, [4-nitro-phenyl=hydrazon] 205

$C_{18}H_{16}N_6O_4S$

Aceton, [5-Phenyl-2-thioxo-2,3-dihydro-imidazol-1-yl]-, [2,4-dinitro-phenyl=hydrazon] 429

$C_{18}H_{17}BrN_2O$

Imidazol-2-on, 1-Äthyl-3-[4-brom-benzhydryl]-1,3-dihydro- 61

$C_{18}H_{17}ClN_2O$

Pyrazol-3-on, 2-[2-Chlor-phenyl]-5-phenyl-4-propyl-1,2-dihydro- 518

–, 2-[3-Chlor-phenyl]-5-phenyl-4-propyl-1,2-dihydro- 518

–, 2-[4-Chlor-phenyl]-5-phenyl-4-propyl-1,2-dihydro- 518

$C_{18}H_{17}ClN_2O_2$

Chinazolin-4-on, 3-[4-Äthoxy-phenyl]-2-äthyl-6-chlor-3H- 492

$C_{18}H_{17}N_3O_2$

Phthalazinium, 2-[4-Acetylamino-2-methyl-phenyl]-4-hydroxy-1-methyl-, betain 476

Phthalazin-1-on, 2-[2-Acetylamino-4-methyl-phenyl]-4-methyl-2H- 476

–, 2-[4-Acetylamino-2-methyl-phenyl]-4-methyl-2H- 476

Pyrazol-1-carbonsäure, 3-Acetyl-4-phenyl-4,5-dihydro-, anilid 505

Nitroso-Derivat $C_{18}H_{17}N_3O_2$ aus 4-[1,2,3,4-Tetrahydro-[1]isochinolyl]-3,4-dihydro-1H-chinolin-2-on 703

$C_{18}H_{17}N_3O_3$

Phthalazinium, 2-[4-Acetylamino-2-methoxy-
phenyl]-4-hydroxy-1-methyl-, betain
476

Phthalazin-1-on, 2-[4-Acetylamino-2-methoxy-
phenyl]-4-methyl-2H- 476

Pyrazol-1-carbonsäure, 5-Oxo-3-phenyl-
2,5-dihydro-, p-phenetidid 421

Pyrazol-3-on, 1,5-Dimethyl-4-[4-nitro-
benzyl]-2-phenyl-1,2-dihydro- 505

–, 5-Methyl-4-[α′-nitro-bibenzyl-α-yl]-
1,2-dihydro- 702

–, 5-Methyl-4-[2-nitro-1-phenyl-äthyl]-
2-phenyl-1,2-dihydro- 517

$C_{18}H_{17}N_5O$

Pyrazol-4-carbaldehyd, 3-Methyl-
1,5-diphenyl-1H-, semicarbazon 561

–, 5-Methyl-1,3-diphenyl-1H-,
semicarbazon 561

$C_{18}H_{18}N_2O$

Chinazolin-4-on, 2-Äthyl-6-methyl-3-p-tolyl-3H-
512

–, 3-Benzyl-2-propyl-3H- 510

–, 2-Propyl-3-m-tolyl-3H- 510

–, 2-Propyl-3-o-tolyl-3H- 510

–, 2-Propyl-3-p-tolyl-3H- 510

Chinolin-2-on, 4-[1,2,3,4-
Tetrahydro-[1]isochinolyl]-3,4-dihydro-
1H- 703

Imidazol-2-on, 1-Äthyl-3-benzhydryl-
1,3-dihydro- 60

Phthalazin-1-on, 4-[2,3,5,6-
Tetramethyl-phenyl]-2H- 703

Pyrazol-3-on, 1-Benzyl-4,5-dimethyl-
2-phenyl-1,2-dihydro- 116

–, 4-Benzyl-1,5-dimethyl-2-phenyl-
1,2-dihydro- 504

–, 2,4-Dibenzyl-5-methyl-1,2-dihydro-
505

–, 2,4-Diphenyl-5-propyl-1,2-dihydro-
517

–, 2,5-Diphenyl-4-propyl-1,2-dihydro-
517

–, 1-Methyl-2-phenäthyl-5-phenyl-
1,2-dihydro- 420

–, 5-Methyl-2-phenyl-4-[1-phenyl-
äthyl]-1,2-dihydro- 516

Pyridazin-3-on, 4,6-Di-p-tolyl-4,5-dihydro-2H-
701

Pyrimidin-4-on, 5-Äthyl-2,6-dimethyl-
3-[2]naphthyl-3H- 220

Spiro[indolin-3,3′-pyrrolidin]-2-on,
1-Methyl-2′-phenyl- 701

$C_{18}H_{18}N_2OS$

Imidazolidin-4-thion, 1-Benzoyl-2,2-dimethyl-
5-phenyl- 319

$C_{18}H_{18}N_2O_2$

[2,3′]Bipyridyl-6′-on, 1′-Acetyl-3′-phenyl-
2′,3′,4′,5′-tetrahydro-1′H- 648

Chinazolin-4-on, 3-[2-Äthoxy-phenyl]-2-äthyl-
3H- 490

–, 3-[4-Äthoxy-phenyl]-2-äthyl-3H-
491

–, 3-[2-Äthoxy-phenyl]-2,6-dimethyl-3H-
495

–, 3-[4-Äthoxy-phenyl]-2,6-dimethyl-3H-
495

–, 2-Äthyl-3-[2-methoxy-phenyl]-
6-methyl-3H- 512

–, 2-Äthyl-3-[4-methoxy-phenyl]-
6-methyl-3H- 512

–, 3-[2-Methoxy-phenyl]-2-propyl-3H-
510

–, 3-[4-Methoxy-phenyl]-2-propyl-3H-
511

Pyrazol-3-on, 2-[4-Benzyloxy-phenyl]-
1,5-dimethyl-1,2-dihydro- 88

$C_{18}H_{18}N_2O_3$

Imidazol-2-on, 1-[4,4′-
Dimethoxy-benzhydryl]-1,3-dihydro- 61

$C_{18}H_{18}N_2O_4S$

Chinazolin-4-on, 3-[3-(Toluol-4-sulfonyloxy)-
propyl]-3H- 354

$C_{18}H_{18}N_4$

Äthanon, 1-[1-Phenyl-1,4-dihydro-pyridazin-
3-yl]-, phenylhydrazon 195

$C_{18}H_{18}N_4O$

Chinazolin-4-on, 3-[3-Phenylhydrazono-
butyl]-3H- 356

$C_{18}H_{18}N_4O_4$

Cinnolin-1,2-dicarbonsäure, 4-Phenyl-
hydrazono-3,4-dihydro-, dimethylester
296

$C_{18}H_{18}N_6$

Pyrazol-4-carbaldehyd, 3-Methyl-
1,5-diphenyl-1H-, carbamimidoylhydrazon 561

–, 5-Methyl-1,3-diphenyl-1H-,
carbamimidoylhydrazon 561

$C_{18}H_{19}N_3O$

Indolo[3,2-b]chinolin-11-ylamin, 11-Äthoxy-
5-methyl-10,11-dihydro-5H- 722

$C_{18}H_{19}N_3O_2$

Pyrrolidin-1-carbonsäure, 2-Oxo-3-phenyl-
3-[2]pyridyl-, dimethylamid 644

–, 2-Oxo-4-phenyl-4-[2]pyridyl-,
dimethylamid 644

$C_{18}H_{19}N_5O_3S$

Guanidin, [4-(2-Äthyl-6-methyl-4-oxo-
4H-chinazolin-3-yl)-benzolsulfonyl]-
512

$C_{18}H_{20}F_3N_3O_3$

Chinazolin-4-on, 3-[3-(3-Methoxy-
[2]piperidyl)-2-oxo-propyl]-5-
trifluormethyl-3H- 454

C₁₉H₁₂N₆O₄
Cyclohepta[b]chinoxalin-8-on-[2,4-dinitro-
phenylhydrazon] 660

C₁₉H₁₃ClHg₂N₂S
Benzimidazol, 5-Chlor-1-phenylmercurio-
2-phenylmercuriomercapto-1H- 293
—, 6-Chlor-1-phenylmercurio-
2-phenylmercuriomercapto-1H- 293

C₁₉H₁₃IN₂O
Chinazolin-4-on, 6-Jod-2-methyl-
3-[2]naphthyl-3H- 450

C₁₉H₁₃N₃O
Cyclohepta[b]chinoxalin-8-on, 6-Phenyl-,
oxim 778
Keton, Di-[2]chinolyl-, oxim 779
—, Di-[1]isochinolyl-, oxim 779

C₁₉H₁₃N₃O₃
Pyrazol-3-on, 5-[1]Naphthyl-2-[4-nitro-
phenyl]-1,2-dihydro- 630
—, 5-[2]Naphthyl-2-[4-nitro-phenyl]-
1,2-dihydro- 631
Pyridin-2-on, 1-Methyl-5-[2-nitro-
phenanthridin-6-yl]-1H- 767
—, 1-Methyl-5-[8-nitro-phenanthridin-
6-yl]-1H- 767

C₁₉H₁₃N₃O₄
Phthalimid, N-[2-Oxo-3-(4-oxo-
4H-chinazolin-3-yl)-propyl]- 366

C₁₉H₁₃N₅O
Isonicotinsäure-[phenazin-1-ylmethylen-
hydrazid] 662
— [phenazin-2-ylmethylen-hydrazid]
662

C₁₉H₁₃N₅O₂
Cyclohepta[b]chinoxalin-8-on-[4-nitro-
phenylhydrazon] 661

C₁₉H₁₄Hg₂N₂S
Benzimidazol, 1-Phenylmercurio-
2-phenylmercuriomercapto-1H- 288

C₁₉H₁₄N₂O
Äthanon, 1-[3-Methyl-dibenzo[f,h]chinoxalin-
2-yl]- 770
—, 2-[1H-Naphth[2,3-d]imidazol-2-yl]-
1-phenyl- 770
Benzimidazol-2-on, 5,6-Diphenyl-1,3-dihydro-
769
Benzo[f]chinazolin-1-on, 3-Benzyl-2H- 769
Benzo[h]chinazolin-4-on, 2-Benzyl-3H- 769
Benzo[b]chino[1,8-gh][1,6]naphthyridin-8-on,
5,6-Dihydro-4H- 772
Benzo[f]phthalazin-1-on, 4-p-Tolyl-2H-
769
β-Carbolin, 1-o-Toluoyl-9H- 770
Chinazolin-4-on, 2-Methyl-3-[1]naphthyl-
3H- 437
—, 2-Methyl-3-[2]naphthyl-3H- 437
Chinoxalin-2-on, 3-[1]Naphthylmethyl-1H-
770
—, 3-[2]Naphthylmethyl-1H- 770

Indeno[1,2-b]phenazin-11-on, 1,2,3,4-
Tetrahydro- 771
Indolo[3,2-c]acridin-7-on, 5,6,12,13-
Tetrahydro- 771
Indolo[2',3':3,4]pyrido[1,2-b]isochinolin-5-on,
8,13-Dihydro-7H- 772
Naphth[2,3-d]imidazol-2-on, 1-[1-
Phenyl-vinyl]-1,3-dihydro- 770
Naphtho[1,2-b][1,4]diazepin-2-on,
4-Phenyl-1,3-dihydro- 769
Naphtho[1,2-b][1,4]diazepin-4-on,
2-Phenyl-3,5-dihydro- 769
Pyrazol-3-on, 5-[1]Naphthyl-2-phenyl-
1,2-dihydro- 630
—, 5-[2]Naphthyl-2-phenyl-1,2-dihydro-
630
Pyridin-2-on, 1-Methyl-5-phenanthridin-6-yl-
1H- 767
Pyrido[1,2-a]chinoxalin-8-on, 6-Benzyl-
769

C₁₉H₁₄N₂O₃
Indeno[1,2-c]pyrazol-1-carbonsäure,
4-Oxo-3-phenyl-4H-, äthylester 747

C₁₉H₁₄N₂S
Pyridin-2-thion, 1-Methyl-5-phenanthridin-
6-yl-1H- 768

C₁₉H₁₄N₄
Benzo[f]chinoxalin-2-carbaldehyd-phenyl-
hydrazon 663
Benzo[f]chinoxalin-3-carbaldehyd-phenyl-
hydrazon 663
Benzo[g]chinoxalin-2-carbaldehyd-phenyl-
hydrazon 662
Cyclohepta[b]chinoxalin-8-on-phenylhydrazon
661
Phenazin-2-carbaldehyd-phenylhydrazon
662

C₁₉H₁₄N₄O₃
Aceton, 1,3-Bis-[4-oxo-4H-chinazolin-3-yl]-
366

[C₁₉H₁₅N₂O]⁺
Indolo[2',3':3,4]pyrido[1,2-b]isochinolinium,
14-Oxo-7,8,13,14-tetrahydro-5H- 771

C₁₉H₁₅N₃O₃
Phthalimid, N-[3-(4-Oxo-4H-chinazolin-3-yl)-
propyl]- 362

C₁₉H₁₆N₂O
Äthanon, 2-[6-Methyl-5-phenyl-pyrimidin-
4-yl]-1-phenyl- 760
Indolo[3,2-c]pyrido[3,2,1-ij]chinolin-8-on,
13-Methyl-5,6-dihydro-4H,13H- 759
Indolo[3',2':4,5]pyrido[2,1-a]isochinolin-8-on,
10,11,12,13-Tetrahydro-9H- 762
Keton, Bis-[2-methyl-indolizin-3-yl]- 761
—, Bis-[2-methyl-indol-3-yl]- 761
Yohimba-15,17,19-trien-21-on 761

C₁₉H₁₆N₂O₂
1,2-Diaza-bicyclo[3.2.0]hept-3-en-6-on,
2-Benzoyl-5-methyl-4-phenyl- 576

$C_{19}H_{23}N_3O_4$ (Fortsetzung)

Pyrrolidin-1-carbonsäure, 4-Methyl-
2-[2-oxo-3-(4-oxo-
4H-chinazolin-3-yl)-propyl]-, äthylester
375

$C_{19}H_{23}N_3O_5$

Carbamidsäure, [5,7-Dioxo-8-(4-oxo-
4H-chinazolin-3-yl)-octyl]-, äthylester
368

−, [3-Oxo-4-(4-oxo-4H-chinazolin-3-yl)-
1-tetrahydro[2]furyl-butyl]-, äthylester
371

$C_{19}H_{24}N_2O$

Corynan-17-al 619

Corynan-19-on 619

8,17-Cyclo-8,9-seco-ibogamin-9-on,
9,17-Dihydro- 619

Heptan-4-on, 3,3-Dimethyl-1,7-di-[2]pyridyl-
617

Hexan-3-on, 4-Methyl-6-[2]pyridyl-4-
[2-[2]pyridyl-äthyl]- 617

B(7a)-Homo-C-nor-corynan-7a-on 618

4,7-Methano-indazol-3-on, 1,7,8,8-
Tetramethyl-2-o-tolyl-1,2,4,5,6,7-
hexahydro- 254

−, 1,7,8,8-Tetramethyl-2-p-tolyl-
1,2,4,5,6,7-hexahydro- 254

Propan-1-on, 3-[4-Äthyl-[4]piperidyl]-
1-[3]chinolyl- 617

1,8-Seco-cinchonan-9-on, 10,11-Dihydro-
618

$C_{19}H_{24}N_2O_2$

4,7-Methano-indazol-3-on, 2-[4-
Methoxy-phenyl]-1,7,8,8-tetramethyl-
1,2,4,5,6,7-hexahydro- 255

$[C_{19}H_{25}N_2O]^+$

Pyrrolidinium, 1,1-Dimethyl-2-[6-oxo-
1-phenäthyl-1,6-dihydro-[3]pyridyl]-
250

Spiro[4,7-äthano-indolizinium-1,2'-indolin],
6-Äthyl-3'-oxo-2,3,6,7,8,8a-hexahydro-
5H- 619

$C_{19}H_{25}N_3O$

8,17-Cyclo-8,9-seco-ibogamin-9-on,
9,17-Dihydro-, oxim 619

$C_{19}H_{25}N_3O_2$

Chinazolin-4-on, 3-[2-Oxo-6-piperidino-
hexyl]-3H- 367

$C_{19}H_{25}N_3O_3$

Chinazolin-4-on, 5-Äthyl-3-[3-(3-methoxy-
[2]piperidyl)-2-oxo-propyl]-3H- 493

−, 3-[3-(3-Hydroxy-[2]piperidyl)-2-oxo-
propyl]-5-propyl-3H- 511

−, 3-[3-(3-Methoxy-[2]piperidyl)-2-oxo-
propyl]-5,6-dimethyl-3H- 496

−, 3-[3-(3-Methoxy-[2]piperidyl)-2-oxo-
propyl]-5,7-dimethyl-3H- 496

−, 3-[3-(3-Methoxy-[2]piperidyl)-2-oxo-
propyl]-5,8-dimethyl-3H- 497

−, 3-[3-(3-Methoxy-[2]piperidyl)-2-oxo-
propyl]-6,7-dimethyl-3H- 497

−, 3-[3-(3-Methoxy-[2]piperidyl)-2-oxo-
propyl]-6,8-dimethyl-3H- 498

−, 3-[3-(3-Methoxy-[2]piperidyl)-2-oxo-
propyl]-7,8-dimethyl-3H- 498

$C_{19}H_{26}N_2O$

Spiro[indolin-3,1'-indolizin]-2-on,
6',7'-Diäthyl-2',3',6',7',8',8'a-hexahydro-
5'H- 589

$C_{19}H_{26}N_2O_3$

Piperidin-2-on, 1-[2-Benzo[1,3]dioxol-5-yl-
äthyl]-5-[1-methyl-pyrrolidin-2-yl]- 156

$C_{19}H_{27}N_3O$

Pyrazol-3-on, 4-Äthyl-2-[1-isopropyl-
[4]piperidyl]-5-phenyl-1,2-dihydro-
507

−, 4-Äthyl-5-methyl-2-phenyl-1-
[2-piperidino-äthyl]-1,2-dihydro- 126

$C_{19}H_{27}N_3O_2$

Chinazolin-4-on, 3-[7-Diäthylamino-2-oxo-
heptyl]-3H- 367

$C_{19}H_{28}N_2O$

Chinoxalin-2-on, 3-Undecyl-1H- 541

Keton, Bis-[3,4-diäthyl-5-methyl-pyrrol-2-yl]-
542

−, Bis-[4,5-diäthyl-3-methyl-pyrrol-
2-yl]- 542

−, Bis-[3,5-dimethyl-4-propyl-pyrrol-
2-yl]- 541

−, Bis-[4,5-dimethyl-3-propyl-pyrrol-
2-yl]- 542

Pyrazol-3-ol, 4-Decyl-5-phenyl-2H- 541

Pyrazol-3-on, 4-Decyl-5-phenyl-1,2-dihydro-
541

−, 5-Decyl-2-phenyl-1,2-dihydro- 160

$C_{19}H_{28}N_2S$

Chinoxalin-2-thion, 3-Undecyl-1H- 541

$C_{19}H_{28}N_4O$

Benzimidazol-2-on, 1,3-Bis-piperidinomethyl-
1,3-dihydro- 280

Essigsäure-{[bis-(4-äthyl-3,5-dimethyl-pyrrol-
2-yl)-methylen]-hydrazid} 538

$C_{19}H_{28}N_4S$

Benzimidazol-2-thion, 1,3-Bis-piperidinomethyl-
1,3-dihydro- 291

$C_{19}H_{32}N_2O$

Aceton, 1,3-Bis-octahydroindolizin-3-yl-
269

$C_{19}H_{32}N_4O$

Benzimidazol-2-on, 1,3-Bis-[2-diäthylamino-
äthyl]-1,3-dihydro- 283

$C_{19}H_{36}N_2O$

Pyrazol-3-on, 4-Hexadecyl-1,2-dihydro-
162

$C_{19}H_{38}N_2O$

Imidazolidin-2-on, 1,3-Dioctyl- 10

$C_{19}H_{38}N_2S$

Imidazolidin-2-thion, 1,3-Bis-[2-äthyl-hexyl]-
25

C$_{19}$H$_{38}$N$_2$S (Fortsetzung)
Imidazolidin-2-thion, 4-Methyl-5-pentadecyl- 57
C$_{19}$H$_{39}$N$_3$
Imidazolidin-2-on, 1,3-Bis-[2-äthyl-hexyl]-,
imin 10

C$_{20}$

C$_{20}$H$_{12}$BrClN$_2$O
Phthalazin-1-on, 2-[4-Brom-phenyl]-4-
[4-chlor-phenyl]-2H- 672
C$_{20}$H$_{12}$N$_2$O
Acenaphthen-1-on, 2-[1H-Benzimidazol-
2-ylmethylen]- 787
Acenaphth[4′,5′:4,5]imidazo[2,1-a]isoindol-
12-on, 4,5-Dihydro- 787
Cyclopent[gh]isoindolo[2,1-a]perimidin-10-on,
1,2-Dihydro- 787
Dibenzo[e,j]perimidin-8-on, 2-Methyl- 787
C$_{20}$H$_{13}$BrN$_2$O
Phthalazin-1-on, 4-[4-Brom-phenyl]-2-phenyl-
2H- 672
C$_{20}$H$_{13}$ClN$_2$O
Chinazolin-4-on, 2-[4-Chlor-phenyl]-3-phenyl-
3H- 668
Phthalazin-1-on, 4-[4-Chlor-phenyl]-2-phenyl-
2H- 672
C$_{20}$H$_{13}$N$_3$O$_2$
Cyclohepta[b]chinoxalin-8-on-[O-benzoyl-
oxim] 660
Dibenzo[4,5;6,7][1,3]diazepino[2,1-a]=
isoindol-14-on, 9-Nitroso-9,9a-dihydro-
782
C$_{20}$H$_{13}$N$_3$O$_3$
Chinazolin-4-on, 2-[4-Nitro-phenyl]-3-phenyl-
3H- 669
—, 3-[3-Nitro-phenyl]-2-phenyl-3H-
666
Keton, [4-Nitro-2-phenyl-2H-indazol-6-yl]-
phenyl- 673
—, [6-Nitro-1-phenyl-1H-indazol-3-yl]-
phenyl- 673
C$_{20}$H$_{14}$N$_2$O
Äthanon, 1,2-Di-[2]chinolyl- 781
Benz[b]indolo[1,7-gh][1,6]naphthyridin-7-on,
4,5-Dimethyl- 783
Chinazolin-4-on, 1,2-Diphenyl-1H- 666
—, 2,3-Diphenyl-3H- 666
Dibenzo[4,5;6,7][1,3]diazepino[2,1-a]=
isoindol-14-on, 9,9a-Dihydro- 782
Imidazol-4-on, 5-Benzyliden-2-[2]naphthyl-
3,5-dihydro- 780
—, 5-[1]Naphthylmethylen-2-phenyl-
3,5-dihydro- 780
Indolin-3-on, 2-[1-Methyl-1H-benz[cd]indol-
2-yliden]- 780
Indolo[2′,3′:3,4]pyrido[1,2-b]isochinolin-5-on,
1-Methyl-13H- 782

Keton, [2-Phenyl-[4]chinolyl]-pyrrol-2-yl-
781
—, Phenyl-[2-phenyl-imidazo[1,2-a]=
pyridin-3-yl]- 781
—, Phenyl-[1-phenyl-1H-indazol-3-yl]-
673
Phthalazin-1-on, 4-Biphenyl-4-yl-2H- 780
—, 2,4-Diphenyl-2H- 671
Pyrimidin-5-ol, 2-[2]Naphthyl-4-phenyl- 780
Vinylalkohol, 1,2-Di-[2]chinolyl- 781
C$_{20}$H$_{14}$N$_2$OS
Benzimidazol-2-thion, 1-Xanthen-9-yl-
1,3-dihydro- 292
C$_{20}$H$_{14}$N$_2$O$_2$
Benzimidazol-2-on, 1-Benzoyl-3-phenyl-
1,3-dihydro- 282
—, 1-Xanthen-9-yl-1,3-dihydro- 283
Indazol-3-on, 1-Benzoyl-2-phenyl-
1,2-dihydro- 271
C$_{20}$H$_{14}$N$_6$O$_4$
Äthanon, 1-Phenazin-2-yl-, [2,4-dinitro-
phenylhydrazon] 675
Benzimidazol-2-carbaldehyd, 5-Nitro-
1-phenyl-1H-, [4-nitro-phenylhydrazon]
415
Keton, Indol-3-yl-[2]pyridyl-, [2,4-dinitro-
phenylhydrazon] 676
C$_{20}$H$_{15}$BrN$_4$O$_3$S
Benzolsulfonsäure, 4-[6-Brom-2-methyl-4-oxo-
4H-chinazolin-3-yl]-, [2]pyridylamid
448
C$_{20}$H$_{15}$ClN$_4$O$_3$S
Benzolsulfonsäure, 4-[6-Chlor-2-methyl-4-oxo-
4H-chinazolin-3-yl]-, [2]pyridylamid
446
C$_{20}$H$_{15}$N$_3$O
Äthanon, 1,2-Di-[2]chinolyl-, oxim 781
C$_{20}$H$_{15}$N$_3$O$_2$
Acetamid, N-[1′-Acetyl-1′H-[2,3′]biindolyl-
3-yliden]- 748
Pyrazol-3-on, 5-Methyl-2-[2-phenyl-chinolin-
3-carbonyl]-1,2-dihydro- 98
Pyrrolium, 1-[2-Hydroxy-indol-3-yl]-4-[2-oxo-
indolin-3-yliden]-3,4-dihydro-2H-, betain
601
C$_{20}$H$_{15}$N$_3$O$_3$
[2,3′]Biindolyl-3-on, 1′-Acetyl-1′H-,
[O-acetyl-oxim] 748
C$_{20}$H$_{16}$N$_2$O
Azetidin-2-on, 1,3-Diphenyl-4-[2]pyridyl-
638
Benzo[de]benzo[5,6][1,3]diazepino[2,1-a]=
isochinolin-7-on, 9,14,15,15a-Tetrahydro-
774
Benzo[b]chino[1,8-gh][1,6]naphthyridin-4-on,
3-Methyl-5,6-dihydro-8H- 774
Benzo[f]phthalazin-1-on, 5,9-Dimethyl-
4-phenyl-2H- 773

C₂₀H₂₅N₃O

Chinoxalin-2-on, 1-[2-Diäthylamino-äthyl]-3-phenyl-3,4-dihydro-1*H*- 637

Phthalazin-1-on, 2-[1-Methyl-[4]piperidyl]-4-phenyl-5,6,7,8-tetrahydro-2*H*- 608

C₂₀H₂₅N₃O₃

Benzo[*f*]chinazolin-1-on, 2-[3-(3-Hydroxy-[2]piperidyl)-2-oxo-propyl]-7,8,9,10-tetrahydro-2*H*- 578

Benzo[*g*]chinazolin-4-on, 3-[3-(3-Hydroxy-[2]piperidyl)-2-oxo-propyl]-6,7,8,9-tetrahydro-3*H*- 576

C₂₀H₂₅N₃O₅

Carbamidsäure, [8-(2-Methyl-4-oxo-4*H*-chinazolin-3-yl)-5,7-dioxo-octyl]-, äthylester 442

Piperidin-1-carbonsäure, 3-Methoxy-2-[2-oxo-3-(4-oxo-4*H*-chinazolin-3-yl)-propyl]-, äthylester 380

Pyrrolidin-1-carbonsäure, 3-Methoxymethyl-2-[2-oxo-3-(4-oxo-4*H*-chinazolin-3-yl)-propyl]-, äthylester 381

—, 4-Methoxymethyl-2-[2-oxo-3-(4-oxo-4*H*-chinazolin-3-yl)-propyl]-, äthylester 381

C₂₀H₂₆N₂O

Heptan-4-on, 6-Methyl-1-[2]pyridyl-3-[2-[2]pyridyl-äthyl]- 620

Hexan-3-on, 2,2-Dimethyl-6-[2]pyridyl-4-[2-[2]pyridyl-äthyl]- 620

C₂₀H₂₆N₂O₂

Imidazolidin-2-on, 1-Benzoyl-5-decahydro=[2]naphthyl- 238

C₂₀H₂₆N₂O₃

Pyridin-2-on, 1-[3,4-Dimethoxy-phenäthyl]-5-[1-methyl-pyrrolidin-2-yl]-1*H*- 250

C₂₀H₂₆N₄S₂

Pyrimidin-2-thion, 4,4,6,4',4',6'-Hexamethyl-3,4,3',4'-tetrahydro-1*H*,1'*H*-1,1'-*m*-phenylen-bis- 136

—, 4,4,6,4',4',6'-Hexamethyl-3,4,3',4'-tetrahydro-1*H*,1'*H*-1,1'-*p*-phenylen-bis- 137

C₂₀H₂₇BrN₂O₂

Chinazolin-4-on, 3-[12-Brom-2-oxo-dodecyl]-3*H*- 356

C₂₀H₂₇N₃O

Phthalazin-1-on, 2-[1-Methyl-[4]piperidyl]-4-phenyl-4a,5,6,7,8,8a-hexahydro-2*H*- 585

Pyridazin-3-on, 4,5-Diäthyl-2-[1-methyl-[4]piperidyl]-6-phenyl-2*H*- 584

C₂₀H₂₇N₃O₂

Chinazolin-4-on, 3-[2-Oxo-7-piperidino-heptyl]-3*H*- 367

C₂₀H₂₇N₃O₃

Chinazolin-4-on, 3-[3-(3-Methoxy-[2]piperidyl)-2-oxo-propyl]-5-propyl-3*H*- 511

C₂₀H₂₈BrN₃O₂

Chinazolin-4-on, 3-[12-Brom-2-hydroxyimino-dodecyl]-3*H*- 356

C₂₀H₂₉N₃O

Chinazolin-4-on, 3-[6-Cyclohexylamino-hexyl]-3*H*- 363

Pyrazol-3-on, 4-Äthyl-2-[1-butyl-[4]piperidyl]-5-phenyl-1,2-dihydro- 507

—, 4-Isopropyl-5-methyl-2-phenyl-1-[2-piperidino-äthyl]-1,2-dihydro- 142

C₂₀H₃₀N₂O

Pyrazol-3-on, 2-Phenyl-5-undecyl-1,2-dihydro- 161

C₂₀H₃₀N₂O₃

Piperidin-2-on, 1-[3,4-Dimethoxy-phenäthyl]-5-[1-methyl-pyrrolidin-2-yl]- 156

C₂₀H₃₂N₂O

Dibenzo[*de,g*]cinnolin-4-on, 9-Äthyl-3a,9,11a-trimethyl-Δ⁶-tetradecahydro- 338

C₂₀H₃₈N₂O

Pyrazol-3-on, 5-Nonyl-4-octyl-1,2-dihydro- 163

C₂₀H₄₀N₂O

Piperazin-2-on, 1,4-Dioctyl- 35

C₂₀H₄₀N₆S

Sulfid, Bis-[2-(3-butyl-2-imino-tetrahydro-pyrimidin-1-yl)-äthyl]- 33

C₂₁

C₂₁H₁₀N₂O

Acenaphth[1,2-*c*]indeno[2,1-*e*]pyridazin-13-on 803

Fluoreno[4,5-*abc*]phenazin-4-on 803

C₂₁H₁₁ClN₂O

Acenaphtho[5,6-*ab*]phenazin-5-on, 8-Chlor-1,2-dihydro- 794

—, 9-Chlor-1,2-dihydro- 794

Benzo[*e*]perimidin-7-on, 6-Chlor-2-phenyl- 793

C₂₁H₁₂N₂O

Acenaphtho[5,6-*ab*]phenazin-5-on, 1,2-Dihydro- 794

Benzo[*e*]perimidin-7-on, 2-Phenyl- 793

Dibenzo[3,4;6,7]cyclohepta[1,2-*b*]chinoxalin-10-on 793

C₂₁H₁₃N₃O

Indeno[1,2-*b*]chinoxalin-11-on-[*N*-phenyl-oxim] 746

C₂₁H₁₄ClN₃O

[1,2]Diazetidin-1-carbonitril, 2-[4-Chlor-phenyl]-3-oxo-4,4-diphenyl- 636

—, 2-[4-Chlor-phenyl]-4-oxo-3,3-diphenyl- 636

C₂₁H₁₄ClN₃O₂

Benzamid, *N*-[2-(4-Chlor-phenyl)-4-oxo-4*H*-chinazolin-3-yl]- 668

C$_{21}$H$_{23}$BrN$_2$O

12,23-Seco-24-nor-strychnidin-10-on,
    23-Brom-12,13-didehydro-21,22-dihydro-
    712

C$_{21}$H$_{23}$ClN$_2$O

Pyrazol-3-on, 2-[2-Chlor-phenyl]-4-hexyl-
    5-phenyl-1,2-dihydro- 529
—, 2-[3-Chlor-phenyl]-4-hexyl-5-phenyl-
    1,2-dihydro- 529
—, 2-[4-Chlor-phenyl]-4-hexyl-5-phenyl-
    1,2-dihydro- 529

C$_{21}$H$_{23}$N$_3$O$_3$

Benzo[g]chinazolin-4-on, 3-[3-(3-
    Methoxy-[2]piperidyl)-2-oxo-propyl]-3H-
    623

C$_{21}$H$_{23}$N$_3$O$_5$

1,5-Methano-pyrido[1,2-a][1,5]diazocin-8-on,
    3-[3-(4-Nitro-benzoyloxy)-propyl]-
    1,2,3,4,5,6-hexahydro- 325

[C$_{21}$H$_{23}$N$_4$]$^+$

[4,4']Bipyridylium, 2-[(4-Dimethylamino-
    phenylimino)-methyl]-1,2'-dimethyl-
    599

C$_{21}$H$_{24}$N$_2$O

3,7-Diaza-bicyclo[3.3.1]nonan-9-on,
    3,7-Dimethyl-1,5-diphenyl- 704
—, 1,5-Di-p-tolyl- 711
Pyrazol-3-on, 4-Hexyl-2,5-diphenyl-
    1,2-dihydro- 529
—, 4-[5-Isopropyl-2-methyl-benzyl]-
    5-methyl-2-phenyl-1,2-dihydro- 529
12,23-Seco-24-nor-strychnidin-10-on,
    11,12-Didehydro-21,22-dihydro- 711
—, 12,13-Didehydro-21,22-dihydro-
    712

C$_{21}$H$_{24}$N$_2$O$_3$

1,5-Methano-pyrido[1,2-a][1,5]diazocin-8-on,
    3-[3-Benzoyloxy-propyl]-1,2,3,4,5,6-
    hexahydro- 325

C$_{21}$H$_{24}$N$_4$O$_4$

β-Alanin, N,N-Bis-[2-hydroxy-äthyl]-,
    [4-(4-oxo-4H-chinazolin-3-yl)-anilid] 363
Glycin, N,N-Bis-[2-hydroxy-äthyl]-,
    [4-(2-methyl-4-oxo-4H-chinazolin-3-yl)-
    anilid] 442

[C$_{21}$H$_{25}$N$_2$O]$^+$

Cura-2(16),19-dienium, 1,4-Dimethyl-17-oxo-
    710

C$_{21}$H$_{25}$N$_3$O

Phthalazin-1-on, 4-Benzyl-2-[2-diäthylamino-
    äthyl]-2H- 685

C$_{21}$H$_{25}$N$_3$O$_3$

1,5-Methano-pyrido[1,2-a][1,5]diazocin-8-on,
    3-[3-(4-Amino-benzoyloxy)-propyl]-
    1,2,3,4,5,6-hexahydro- 325
—, 3-[3-Phenylcarbamoyloxy-propyl]-
    1,2,3,4,5,6-hexahydro- 325

C$_{21}$H$_{26}$ClN$_3$O$_5$

Piperidin-1-carbonsäure, 2-[3-(5-Chlor-
    8-methyl-4-oxo-4H-chinazolin-3-yl)-2-oxo-
    propyl]-3-methoxy-, äthylester 459
—, 2-[3-(6-Chlor-5-methyl-4-oxo-
    4H-chinazolin-3-yl)-2-oxo-propyl]-
    3-methoxy-, äthylester 455
—, 2-[3-(6-Chlor-7-methyl-4-oxo-
    4H-chinazolin-3-yl)-2-oxo-propyl]-
    3-methoxy-, äthylester 458
—, 2-[3-(6-Chlor-8-methyl-4-oxo-
    4H-chinazolin-3-yl)-2-oxo-propyl]-
    3-methoxy-, äthylester 460
—, 2-[3-(7-Chlor-6-methyl-4-oxo-
    4H-chinazolin-3-yl)-2-oxo-propyl]-
    3-methoxy-, äthylester 456
—, 2-[3-(8-Chlor-6-methyl-4-oxo-
    4H-chinazolin-3-yl)-2-oxo-propyl]-
    3-methoxy-, äthylester 457

C$_{21}$H$_{26}$N$_2$O

1,8-Seco-cinchonan-9-on, 1-Äthyl- 651
12,23-Seco-24-nor-strychnidin-10-on,
    21,22-Dihydro- 659

[C$_{21}$H$_{26}$N$_3$O]$^+$

Cura-2(16),19-dienium, 17-Hydroxyimino-
    1,4-dimethyl- 710

C$_{21}$H$_{27}$N$_3$O$_3$

Benzo[f]chinazolin-1-on, 2-[3-(3-
    Methoxy-[2]piperidyl)-2-oxo-propyl]-
    7,8,9,10-tetrahydro-2H- 578
Benzo[g]chinazolin-4-on, 3-[3-(3-
    Methoxy-[2]piperidyl)-2-oxo-propyl]-
    6,7,8,9-tetrahydro-3H- 576

C$_{21}$H$_{27}$N$_3$O$_5$

Piperidin-1-carbonsäure, 3-Methoxy-2-[3-
    (6-methyl-4-oxo-4H-chinazolin-3-yl)-2-oxo-
    propyl]-, äthylester 456
—, 3-Methoxy-2-[3-(8-methyl-4-oxo-
    4H-chinazolin-3-yl)-2-oxo-propyl]-,
    äthylester 459

C$_{21}$H$_{28}$N$_2$O

Heptan-2-on, 3,3-Bis-[2-[2]pyridyl-äthyl]-
    620
Heptan-4-on, 3,3,5,5-Tetramethyl-1,7-di-
    [2]pyridyl- 620

[C$_{21}$H$_{29}$N$_2$O$_3$]$^+$

Pyrrolidinium, 2-[1-(3,4-Dimethoxy-
    phenäthyl)-6-oxo-1,6-dihydro-[3]pyridyl]-
    1,1-dimethyl- 250

C$_{21}$H$_{30}$N$_2$O

Butan-1-on, 4-[Decahydro-1,5-methano-
    pyrido[1,2-a][1,5]diazocin-4-yl]-1-phenyl-
    590

C$_{21}$H$_{30}$N$_2$O$_3$

Benzoesäure, 3-[5-Oxo-3-undecyl-2,5-dihydro-
    pyrazol-1-yl]- 161

C$_{21}$H$_{31}$N$_3$O$_3$

Pyrazol-3-on, 4-Methyl-2-[4-nitro-phenyl]-
    5-undecyl-1,2-dihydro- 161

$C_{21}H_{32}N_2O$

Chinazolin-4-on, 3-Dodecyl-2-methyl-3H-
434

Chinoxalin-2-on, 3-Tridecyl-1H- 542
Keton, Bis-[3,4,5-triäthyl-pyrrol-2-yl]- 542

$C_{21}H_{32}N_2S$

Chinoxalin-2-thion, 3-Tridecyl-1H- 542

$[C_{21}H_{33}N_2O_3]^+$

Pyrrolidinium, 2-[1-(3,4-Dimethoxy-
phenäthyl)-6-oxo-[3]piperidyl]-
1,1-dimethyl- 156

$C_{21}H_{34}N_2O$

Benzimidazol-2-on, 5-Tetradecyl-1,3-dihydro-
339

$C_{21}H_{34}N_4$

Keton, Bis-[3,4,5-triäthyl-pyrrol-2-yl]-,
hydrazon 542

$[C_{21}H_{34}N_4O]^{2+}$

Benzimidazol-2-on, 1,3-Bis-[1-methyl-
piperidinium-1-ylmethyl]-1,3-dihydro-
280

$C_{21}H_{36}N_2O$

Butan-2-on, 1-[Dodecahydro-7,14-methano-
dipyrido[1,2-a;1',2'-e][1,5]diazocin-6-yl]-
3,3-dimethyl- 270

$C_{21}H_{36}N_4O$

Benzimidazol-2-on, 1,3-Bis-[2-diäthylamino-
äthyl]-4,6-dimethyl-1,3-dihydro- 310

$C_{21}H_{42}N_2S$

Imidazolidin-2-thion, 1-Octadecyl- 25
−, 4-Pentadecyl-5-propyl- 57

$C_{21}H_{43}N_3$

Imidazolidin-2-on, 1,3-Bis-[3,5,5-trimethyl-
hexyl]-, imin 10

C_{22}

$C_{22}H_{11}BrN_2O$

Benz[4,5]isochino[2,1-a]perimidin-14-on,
3-Brom- 804
−, 4-Brom- 804

$C_{22}H_{11}ClN_2O$

Benz[4,5]isochino[2,1-a]perimidin-14-on,
3-Chlor- 803
−, 4-Chlor- 803
Dibenz[c,f]indolo[3,2,1-ij][1,7]naphthyridin-
15-on, 6-Chlor- 804

$C_{22}H_{12}Cl_2N_2O$

Dibenzo[b,h][1,6]naphthyridin-7-on,
2,9-Dichlor-6-phenyl-12H- 797

$C_{22}H_{12}N_2O$

Benz[4,5]isochino[2,1-a]perimidin-14-on
803
Dibenz[c,f]indolo[3,2,1-ij][1,7]naphthyridin-
15-on 804
Dibenzo[e,g]benz[4,5]imidazo[2,1-a]=
isoindol-15-on 803

$C_{22}H_{13}ClN_2O$

Äthanon, 1-[13-Chlor-dibenzo[a,c]phenazin-
10-yl]- 795
Benzo[e]perimidin-7-on, 6-Chlor-4-methyl-
2-phenyl- 794
Dibenz[c,f]indolo[3,2,1-ij][1,7]naphthyridin-
15-on, 6-Chlor-4b,9-dihydro- 797
Dibenzo[b,f][1,7]naphthyridin-12-on,
10-Chlor-6-phenyl-7H- 796
Dibenzo[b,h][1,6]naphthyridin-7-on,
6-[4-Chlor-phenyl]-12H- 796

$C_{22}H_{14}N_2O$

Äthanon, 1-Dibenzo[a,c]phenazin-2-yl-
794
−, 1-Dibenzo[a,c]phenazin-3-yl- 794
−, 1-Dibenzo[a,c]phenazin-10-yl- 794
−, 1-Dibenzo[a,c]phenazin-11-yl- 795
Dibenzo[e,g]benz[4,5]imidazo[2,1-a]=
isoindol-15-on, 8b,15a-Dihydro- 797
Dibenzo[b,h][1,6]naphthyridin-7-ol,
6-Phenyl- 796
Dibenzo[b,f][1,7]naphthyridin-12-on,
6-Phenyl-7H- 795
−, 7-Phenyl-7H- 750
Dibenzo[b,h][1,5]naphthyridin-5-on, 6-Phenyl-
6H- 752
Dibenzo[b,h][1,6]naphthyridin-6-on, 5-Phenyl-
5H- 751
Dibenzo[b,h][1,6]naphthyridin-7-on,
6-Phenyl-12H- 796
Inden-1-on, 2-[1H-Benzimidazol-2-yl]-
3-phenyl- 794

$C_{22}H_{14}N_2S$

Dibenzo[b,f][1,7]naphthyridin-12-thion,
6-Phenyl-7H- 796

$C_{22}H_{15}BrN_2O$

Äthanon, 2-Brom-1-phenyl-2-[3-phenyl-
chinoxalin-2-yl]- 790

$C_{22}H_{15}N_3O_2$

Imidazol-4-on, 2,5-Diphenyl-, [O-benzoyl-
oxim] 719

$C_{22}H_{15}N_3O_3$

Chinoxalin-2-on, 3-[2-Nitro-styryl]-1-phenyl-1H-
732
Dibenzamid, N-[4-Oxo-4H-chinazolin-3-yl]-
384
Imidazol-4-on, 5-[2-Nitro-benzyliden]-
2,3-diphenyl-3,5-dihydro- 729
Keton, [1-(4-Nitro-phenyl)-5-phenyl-
1H-pyrazol-4-yl]-phenyl- 726

$C_{22}H_{16}Br_2N_2O$

Benzo[de]benz[4,5]imidazo[2,1-a]isochinolin-
7-on, x,x-Dibrom-2-$tert$-butyl- 784
−, x,x-Dibrom-5-$tert$-butyl- 784
Chinoxalin-2-on, 3-[α,β-Dibrom-phenäthyl]-
1-phenyl-1H- 695

$C_{22}H_{16}N_2O$

Äthanon, 1-[2,3-Diphenyl-chinoxalin-6-yl]-
790

$C_{22}H_{16}N_2O$ (Fortsetzung)

Äthanon, 1-Phenyl-2-[3-phenyl-chinoxalin-
  2-yl]- 790

[2,3']Biindolyl-2'-on, 1'-Phenyl-1',3'-dihydro-
  1*H*- 734

Chinolizin-4-on, 3-[6-Styryl-[2]pyridyl]-
  790

Chinoxalin-2-on, 1-Phenyl-3-styryl-1*H*-
  731

Dibenzo[*b,h*][1,6]naphthyridin-6-on,
  5-Phenyl-7,12-dihydro-5*H*- 735

Indolo[3,2-*c*]chinolin-6-on, 5-Methyl-
  11-phenyl-5,11-dihydro- 722

Phthalazin-1-on, 2-Phenyl-4-styryl-2*H*-
  733

Propenon, 3-Phenyl-1-[1-phenyl-1*H*-indazol-
  3-yl]- 733

Pyrazin-2-on, 3,5,6-Triphenyl-1*H*- 789

Pyridazin-3-on, 2,5,6-Triphenyl-2*H*- 723

−, 4,5,6-Triphenyl-2*H*- 788

Pyridazin-4-on, 3,5,6-Triphenyl-1*H*- 789

Pyrimidin-4-on, 2,5,6-Triphenyl-3*H*- 789

$C_{22}H_{16}N_2O_2$

Dibenzo[4,5;6,7][1,3]diazepino[2,1-*a*]⸗
  isoindol-14-on, 9-Acetyl-9,9a-dihydro-
  782

Imidazo[1,2-*a*]pyridinium, 3-Benzoyl-
  1-phenacyl-, betain 674

$C_{22}H_{16}N_2O_3$

Benzoesäure, 4-[1-Oxo-4-*o*-tolyl-
  1*H*-phthalazin-2-yl]- 686

−, 4-[1-Oxo-4-*p*-tolyl-1*H*-phthalazin-
  2-yl]- 686

$C_{22}H_{16}N_2S$

Pyridazin-4-thion, 3,5,6-Triphenyl-1*H*- 789

$C_{22}H_{16}N_6O_4$

Äthanon, 1-[3-Phenyl-chinoxalin-2-yl]-,
  [2,4-dinitro-phenylhydrazon] 733

Cycloheptimidazol-2-on, Styryl-1(3)*H*-,
  [2,4-dinitro-phenylhydrazon] 730

Keton, [1-(4-Nitro-phenyl)-1*H*-pyrazol-4-yl]-
  phenyl-, [4-nitro-phenylhydrazon] 551

−, Phenyl-[4-phenyl-1(3)*H*-imidazol-
  2-yl]-, [2,4-dinitro-phenylhydrazon]
  729

−, Phenyl-[1-phenyl-1*H*-pyrazol-3-yl]-,
  [2,4-dinitro-phenylhydrazon] 551

−, Phenyl-[2-phenyl-2*H*-pyrazol-3-yl]-,
  [2,4-dinitro-phenylhydrazon] 551

$C_{22}H_{17}ClN_2O$

Pyrazol-3-on, 4-Benzyl-2-[2-chlor-phenyl]-
  5-phenyl-1,2-dihydro- 691

−, 4-Benzyl-2-[3-chlor-phenyl]-5-phenyl-
  1,2-dihydro- 691

−, 4-Benzyl-2-[4-chlor-phenyl]-5-phenyl-
  1,2-dihydro- 691

$C_{22}H_{17}Cl_2N_7O_2$

Benzimidazol, 2-[Bis-(4-chlor-phenylazo)-
  methylen]-1,3-dimethyl-5-nitro-
  2,3-dihydro-1*H*- 415

$[C_{22}H_{17}N_2O_2]^+$

Imidazo[1,2-*a*]pyridinium, 3-Benzoyl-
  1-phenacyl- 674

$C_{22}H_{17}N_3O_2$

Pyrazol-3-on, 2-[5,6-Dihydro-benz[*c*]acridin-
  7-carbonyl]-5-methyl-1,2-dihydro- 98

$C_{22}H_{17}N_9O_6$

Benzimidazol, 2-[Bis-(4-nitro-phenylazo)-
  methylen]-1,3-dimethyl-5-nitro-
  2,3-dihydro-1*H*- 415

$C_{22}H_{18}Cl_2N_6$

Benzimidazol, 2-[Bis-(4-chlor-phenylazo)-
  methylen]-1,3-dimethyl-2,3-dihydro-1*H*-
  413

$C_{22}H_{18}N_2O$

Äthanon, 1,2-Bis-[6-methyl-[2]chinolyl]-
  784

Benzo[*de*]benz[4,5]imidazo[2,1-*a*]isochinolin-
  7-on, 2-*tert*-Butyl- 784

−, 5-*tert*-Butyl- 784

Chinazolin-4-on, 3-[2,4-Dimethyl-phenyl]-
  2-phenyl-3*H*- 667

Dibenzo[*b,h*][1,6]naphthyridin-7-on,
  6-Phenyl-6,6a,12,12a-tetrahydro-5*H*- 784

1,4-Epimino-isochinolin-3-on, 9-Methyl-
  1,2-diphenyl-1,4-dihydro-2*H*- 688

−, 9-Methyl-2,4-diphenyl-1,4-dihydro-2*H*-
  688

Imidazol-4-on, 5-Benzhydryl-2-phenyl-
  3,5-dihydro- 783

Pyrazol-3-on, 4-Benzyl-2,5-diphenyl-
  1,2-dihydro- 691

Pyridazin-3-on, 2,4,6-Triphenyl-4,5-dihydro-2*H*-
  690

Pyrimidin-4-on, 5,6-Dimethyl-3-[1]naphthyl-
  2-phenyl-3*H*- 572

−, 5,6-Dimethyl-3-[2]naphthyl-2-phenyl-3*H*-
  572

$C_{22}H_{18}N_2OS$

Imidazol-2-thion, 1-[4-Methoxy-phenyl]-
  4,5-diphenyl-1,3-dihydro- 681

$C_{22}H_{18}N_2O_2$

Benzo[*de*]benz[5,6][1,3]diazepino[2,1-*a*]⸗
  isochinolin-7-on, 15-Acetyl-9,14,15,15a-
  tetrahydro- 774

$C_{22}H_{18}N_2O_3$

Benzoesäure, 2-[4-Oxo-2-phenyl-1,4-dihydro-
  2*H*-chinazolin-3-yl]-, methylester 637

$C_{22}H_{18}N_2S$

Imidazol-2-thion, 4,5-Diphenyl-1-*o*-tolyl-
  1,3-dihydro- 681

−, 4,5-Diphenyl-1-*p*-tolyl-1,3-dihydro-
  681

$C_{22}H_{18}N_4O$

Pyrazol-1-carbimidsäure, 5-Oxo-3,N-diphenyl-2,5-dihydro-, anilid 421

$C_{22}H_{18}N_4O_5$

Acetessigsäure, 2,4-Bis-[4-oxo-4H-chinazolin-3-yl]-, äthylester 369

$C_{22}H_{19}N_3O$

Imidazol-4-on, 3-[N-Benzyl-anilino]-2-phenyl-3,5-dihydro- 428

$C_{22}H_{19}N_3O_2$

Pyridinium, 1-[2-Hydroxy-indol-3-yl]-2-methyl-5-[2-oxo-indolin-3-yliden]-2,3,4,5-tetrahydro-, betain 609

—, 1-[2-Hydroxy-indol-3-yl]-3-methyl-5-[2-oxo-indolin-3-yliden]-2,3,4,5-tetrahydro-, betain 610

—, 1-[2-Hydroxy-indol-3-yl]-6-methyl-5-[2-oxo-indolin-3-yliden]-2,3,4,5-tetrahydro-, betain 609

Pyrrolium, 1-[2-Hydroxy-1-methyl-indol-3-yl]-4-[1-methyl-2-oxo-indolin-3-yliden]-3,4-dihydro-2H-, betain 601

$C_{22}H_{19}N_3O_4$

Phthalimid, N-[5-Oxo-6-(4-oxo-4H-chinazolin-3-yl)-hexyl]- 367

$C_{22}H_{19}N_3O_5$

Phthalimid, N-[2-Hydroxy-5-oxo-6-(4-oxo-4H-chinazolin-3-yl)-hexyl]- 367

$C_{22}H_{19}N_5O_7$

Chinazolin-4-on, 3-{2-[1-(3,5-Dinitro-benzoyl)-[3]piperidyl]-2-oxo-äthyl}-3H- 374

$C_{22}H_{19}N_7O_2$

Benzimidazol, 2-[Bis-phenylazo-methylen]-1,3-dimethyl-5-nitro-2,3-dihydro-1H- 415

$C_{22}H_{20}N_2O$

Benzocyclohepten-5-on, 6-[2-(3-Methyl-chinoxalin-2-yl)-vinyl]-6,7,8,9-tetrahydro- 775

Chinolin-4-on, 2-[1,2-Dimethyl-1H-[4]chinolylidenmethyl]-1-methyl-1H- 773

—, 2-[2,6-Dimethyl-[4]chinolylmethyl]-6-methyl-1H- 775

Dibenzo[e,g]benz[4,5]imidazo[2,1-a]=isoindol-15-on, 1,2,3,4,5,6,7,8-Octahydro- 775

Keton, [1,3-Diphenyl-imidazolidin-2-yl]-phenyl- 314

$C_{22}H_{20}N_2O_3$

Essigsäure, [4-Benzyliden-5-oxo-2-styryl-4,5-dihydro-imidazol-1-yl]-, äthylester 758

$C_{22}H_{20}N_4O_3S$

Benzolsulfonsäure, 4-[2-Äthyl-6-methyl-4-oxo-4H-chinazolin-3-yl]-, [2]pyridylamid 512

$C_{22}H_{20}N_6$

Benzimidazol, 2-[Bis-phenylazo-methylen]-1,3-dimethyl-2,3-dihydro-1H- 413

$[C_{22}H_{21}N_2O]^+$

Trimethinium, 1-Benzoyl-1,3-bis-[1-methyl-[2]pyridyl]- 772

$C_{22}H_{21}N_3O_4$

Chinazolin-4-on, 3-[2-(1-Benzoyl-4-hydroxy-[3]piperidyl)-2-oxo-äthyl]-3H- 376

$C_{22}H_{22}N_2O$

Butan-1-on, 1-Phenyl-4-[2]pyridyl-2-[2-[2]pyridyl-äthyl]- 763

—, 1-Phenyl-4-[4]pyridyl-2-[2-[4]pyridyl-äthyl]- 763

$C_{22}H_{22}N_3O_3$

Verbindung $C_{22}H_{22}N_3O_3$ aus [2,3,4,9-Tetrahydro-1H-β-carbolin-1-yl]-aceton 587

$C_{22}H_{22}N_4O_4S$

Sulfon, Bis-[4-(3-methyl-6-oxo-5,6-dihydro-4H-pyridazin-1-yl)-phenyl]- 113

$[C_{22}H_{23}N_2O]^+$

Trimethinium, 1-Acetyl-3-[1-äthyl-[2]chinolyl]-1-[1-methyl-[2]pyridyl]- 761

$C_{22}H_{23}N_3O$

Pyridazin-3-on, 2-[1-Methyl-[4]piperidyl]-4,6-diphenyl-2H- 724

$C_{22}H_{23}N_3O_3$

Chinazolin-4-on, 3-[3-(3-Hydroxy-[2]piperidyl)-2-oxo-propyl]-6-phenyl-3H- 669

—, 3-[3-(3-Hydroxy-[2]piperidyl)-2-oxo-propyl]-7-phenyl-3H- 670

$C_{22}H_{23}N_3O_4S$

Chinazolin-4-on, 3-[3-(1-Benzolsulfonyl-[2]piperidyl)-2-oxo-propyl]-3H- 374

$C_{22}H_{24}N_2O$

Keton, [5-(4-Äthyl-3,5-dimethyl-pyrrol-2-ylmethylen)-2,4-dimethyl-5H-pyrrol-3-yl]-phenyl- 745

4,7-Methano-indazol-3-on, 1,7,8,8-Tetramethyl-2-[2]naphthyl-1,2,4,5,6,7-hexahydro- 254

$C_{22}H_{24}N_2O_3$

1,5-Methano-pyrido[1,2-a][1,5]diazocin-8-on, 3-[2-Cinnamoyloxy-äthyl]-1,2,3,4,5,6-hexahydro- 325

$C_{22}H_{24}N_2O_4$

Essigsäure, [3-Acetyl-4-benzyl-5-oxo-2-phenäthyl-imidazolidin-1-yl]- 650

$C_{22}H_{24}N_4O_2$

Essigsäure, Piperidino-, [4-(2-methyl-4-oxo-4H-chinazolin-3-yl)-anilid] 442

Propionsäure, 3-Piperidino-, [4-(4-oxo-4H-chinazolin-3-yl)-anilid] 363

$C_{22}H_{25}ClN_2O$

Pyrazol-3-on, 2-[2-Chlor-phenyl]-4-heptyl-5-phenyl-1,2-dihydro- 535

$C_{22}H_{25}ClN_2O$ (Fortsetzung)

Pyrazol-3-on, 2-[3-Chlor-phenyl]-4-heptyl-
5-phenyl-1,2-dihydro- 535
–, 2-[4-Chlor-phenyl]-4-heptyl-5-phenyl-
1,2-dihydro- 535

$[C_{22}H_{25}N_2O]^+$

12,23-Seco-24-nor-strychnidinium,
19-Methyl-10-oxo-12,13-didehydro-
745

$[C_{22}H_{25}N_2O_2]^+$

Cura-2(16),19-dienium, 1-Acetyl-4-methyl-
17-oxo- 710

$C_{22}H_{25}N_3$

Aceton, [2,5,8-Trimethyl-chinazolin-4-yl]-,
[2,5-dimethyl-phenylimin] 585

$C_{22}H_{25}N_3O$

Pyrazol-3-on, 4-Benzyl-2-[1-methyl-
[4]piperidyl]-5-phenyl-1,2-dihydro- 692

$[C_{22}H_{25}N_4]^+$

[4,4']Bipyridylium, 1-Äthyl-2-[(4-dimethyl-
amino-phenylimino)-methyl]-2'-methyl-
599

$[C_{22}H_{26}BrN_2O]^+$

12,13-Seco-24-nor-strychnidinium, 23-Brom-
19-methyl-10-oxo-12,13-didehydro-
21,22-dihydro- 712

$C_{22}H_{26}N_2O$

12,23;19,20-Diseco-24-nor-strychnidin-10-on,
19-Methyl-11,12-didehydro- 711
Pyrazol-3-on, 4-Heptyl-2,5-diphenyl-
1,2-dihydro- 535

$C_{22}H_{26}N_2S$

Pyrimidin-2-thion, 4,4,6-Trimethyl-1-[4-
(1-methyl-1-phenyl-äthyl)-phenyl]-
3,4-dihydro-1H- 135

$C_{22}H_{26}N_4S_2$

Imidazolidin-2-thion, 3,3'-Dibenzyl-
1,1'-äthandiyl-bis- 30

$C_{22}H_{27}BrN_2O$

12,23;18,19-Diseco-24-nor-strychnidin-10-on,
23-Brom-19-methyl-12,13-didehydro-
21,22-dihydro- 659

$[C_{22}H_{27}N_2O]^+$

7-Aza-3-azonia-bicyclo[3.3.1]nonan,
3,3,7-Trimethyl-9-oxo-1,5-diphenyl-
704

$C_{22}H_{28}N_2O$

12,23;19,20-Diseco-24-nor-strychnidin-10-on,
19-Methyl-11,12-didehydro-21,22-dihydro-
658

$C_{22}H_{28}N_6O_4$

Keton, Cyclohexyl-[4-cyclohexyl-
1(3)H-imidazol-2-yl]-, [2,4-dinitro-
phenylhydrazon] 338

$[C_{22}H_{29}N_2O]^+$

1,8-Seco-cinchonanium, 1-Äthyl-1-methyl-
9-oxo- 651

$C_{22}H_{29}N_3O_5$

Piperidin-1-carbonsäure, 2-[3-(6,7-
Dimethyl-4-oxo-4H-chinazolin-3-yl)-2-oxo-
propyl]-3-methoxy-, äthylester 497
–, 2-[3-(6,8-Dimethyl-4-oxo-
4H-chinazolin-3-yl)-2-oxo-propyl]-
3-methoxy-, äthylester 498

$C_{22}H_{30}N_2O$

Androst-4-en-3-on, 17-[1(3)H-Imidazol-4-yl]-
621
12,23;19,20-Diseco-24-nor-strychnidin-10-on,
19-Methyl-21,22-dihydro- 621

$C_{22}H_{30}N_2O_2$

1,5-Methano-pyrido[1,2-a][1,5]diazocin-8-on,
3-Benzoyl-4-butyl-decahydro- 241

C_{23}

$C_{23}H_{14}Cl_2N_2O$

Dibenzo[b,h][1,6]naphthyridin-7-on,
2,9-Dichlor-6-p-tolyl-12H- 800

$C_{23}H_{14}N_2O$

Dibenz[c,f]indolo[3,2,1-ij][1,7]naphthyridin-
15-on, 6-Methyl- 804
–, 8-Methyl- 804

$C_{23}H_{15}ClN_2O$

Dibenzo[c,f][1,7]naphthyridin-6-on,
2-Chlor-5-methyl-8-phenyl-5H- 797

$C_{23}H_{16}N_2O$

Äthanon, 1-[13-Methyl-dibenzo[a,c]phenazin-
10-yl]- 798
Benz[6,7]azepino[3,4-b]indol-12-on,
5-Methyl-6-phenyl-5H- 795
Benzophenon, 2,2'-Di-[3]pyridyl- 797
Cyclopenta[b]chinoxalin-2-on, 1,3-
Diphenyl-1,3-dihydro- 798
Dibenz[c,f]indolo[3,2,1-ij][1,7]naphthyridin-
15-on, 6-Methyl-4b,9-dihydro- 801
Dibenzo[b,h][1,6]naphthyridin-7-ol,
6-p-Tolyl- 800
Dibenzo[b,f][1,7]naphthyridin-12-on,
2-Methyl-6-phenyl-7H- 799
–, 4-Methyl-6-phenyl-7H- 799
–, 7-Methyl-6-phenyl-7H- 795
–, 8-Methyl-6-phenyl-7H- 799
–, 10-Methyl-6-phenyl-7H- 800
–, 6-p-Tolyl-7H- 798
Dibenzo[b,h][1,6]naphthyridin-7-on,
6-p-Tolyl-12H- 800
Dibenzo[c,f][1,7]naphthyridin-6-on,
5-Methyl-8-phenyl-5H- 797
Penta-1,4-dien-3-on, 1,5-Di-[7]isochinolyl-
797
Propan-1-on, 1-Dibenzo[a,c]phenazin-10-yl-
798
Pyrazol-3-on, 4-Fluorenyliden-5-methyl-
2-phenyl-2,4-dihydro- 755
Pyrrolo[1',2':3,4]imidazo[1,2-a]pyridinylium,
10-Benzoyl-2-phenyl-1H-, betain 798

$C_{23}H_{16}N_2O_2S$
Imidazol, 1-Benzoyl-4-benzoylmercapto-
5-phenyl-1*H*- 428

$C_{23}H_{16}N_2S$
Dibenzo[*b,f*][1,7]naphthyridin-12-thion,
2-Methyl-6-phenyl-7*H*- 799
—, 4-Methyl-6-phenyl-7*H*- 799
—, 8-Methyl-6-phenyl-7*H*- 800
—, 10-Methyl-6-phenyl-7*H*- 800
—, 6-*p*-Tolyl-7*H*- 799

$C_{23}H_{16}N_4$
Cyclohepta[*b*]chinoxalin-8-on-[1]naphthyl=
hydrazon 660

$C_{23}H_{17}ClN_2O$
Spiro[indan-2,3'-pyrazol]-1-on, 4'-[2-
Chlor-phenyl]-3-phenyl-2',4'-dihydro- 792

$C_{23}H_{17}ClN_4O_6S$
Anthracen-2-sulfonsäure, 1-Amino-4-[3-chlor-
4-(2-oxo-imidazolidin-1-yl)-anilino]-
9,10-dioxo-9,10-dihydro- 18

$[C_{23}H_{17}N_2O]^+$
Pyrrolo[1',2':3,4]imidazo[1,2-*a*]pyridinylium,
10-Benzoyl-2-phenyl-1*H*- 798

$C_{23}H_{17}N_3O_3$
Spiro[indan-2,3'-pyrazol]-1-on, 4'-[3-
Nitro-phenyl]-3-phenyl-2',4'-dihydro- 792

$C_{23}H_{17}N_3O_6$
Phthalimid, *N*-{5-Oxo-4-[(4-oxo-
4*H*-chinazolin-3-yl)-acetyl]-tetrahydro-
furfuryl}- 372

$C_{23}H_{18}N_2O$
Keton, [3-Methyl-1,5-diphenyl-1*H*-pyrazol-
4-yl]-phenyl- 737
Propan-1-on, 3-[1]Isochinolyl-1-phenyl-
2-[2]pyridyl- 791
—, 1-[2-(3-Phenyl-chinoxalin-2-yl)-
phenyl]- 791
—, 1-Phenyl-2-[3-phenyl-chinoxalin-
2-yl]- 791
Pyrimidin-4-on, 2-Benzyl-5,6-diphenyl-3*H*-
791
—, 6-Benzyl-2,5-diphenyl-3*H*- 791
Spiro[indan-2,3'-pyrazol]-1-on, 3,4'-
Diphenyl-2',4'-dihydro- 792

$C_{23}H_{18}N_2O_2$
Benzo[5,6][1,3]diazepino[2,1-*a*]isoindol-11-on,
6-Benzoyl-5,6,6a,13-tetrahydro- 697
Imidazol-4-on, 5-Benzyliden-3-benzyloxy-
2-phenyl-3,5-dihydro- 728

$C_{23}H_{18}N_2O_3$
Benzimidazol-2-on, 1,3-Diphenacyl-
1,3-dihydro- 281

$C_{23}H_{18}N_2O_4S$
Benzimidazol-2-thion, 1,3-Bis-benzoyloxy=
methyl-1,3-dihydro- 291

$C_{23}H_{18}N_2O_5$
Benzimidazol-2-on, 1,3-Bis-benzoyloxymethyl-
1,3-dihydro- 280

$C_{23}H_{18}N_4O$
Indeno[1,2-*b*]chinoxalin-11-on-[*N*-
(4-dimethylamino-phenyl)-oxim] 746

$C_{23}H_{18}N_4O_6S$
Anthracen-2-sulfonsäure, 1-Amino-
9,10-dioxo-4-[2-(2-oxo-imidazolidin-1-yl)-
anilino]-9,10-dihydro- 17
—, 1-Amino-9,10-dioxo-4-[3-(2-oxo-
imidazolidin-1-yl)-anilino]-9,10-dihydro-
18
—, 1-Amino-9,10-dioxo-4-[4-(2-oxo-
imidazolidin-1-yl)-anilino]-9,10-dihydro-
18

$C_{23}H_{18}N_6O_4$
Keton, [5-Methyl-1-phenyl-1*H*-pyrazol-3-yl]-
phenyl-, [2,4-dinitro-phenylhydrazon]
560

$C_{23}H_{19}BrN_6O_4$
Cycloheptapyrazol-8-on, 5-Brom-6-isopropyl-
1-phenyl-1*H*-, [2,4-dinitro-phenyl=
hydrazon] 510

$C_{23}H_{19}ClN_2O$
Pyrazol-3-on, 4-[2-Chlor-benzhydryl]-
5-methyl-2-phenyl-1,2-dihydro-
699

$[C_{23}H_{19}N_2O_2]^+$
Imidazo[1,2-*a*]pyridinium, 3-Benzoyl-
2-methyl-1-phenacyl- 687

$C_{23}H_{19}N_3O_2$
Chinazolin-4-on, 3-[3-(1-Benzyl-
1*H*-[2]pyridyliden)-2-oxo-propyl]-3*H*-
376
Cyclohepta[*b*]chinoxalin-8-on, 6-Isopropyl-,
[*O*-benzoyl-oxim] 696

$C_{23}H_{19}N_3O_3$
Pyrazol-3-on, 5-Benzyl-4-[4-nitro-benzyl]-
2-phenyl-1,2-dihydro- 699

$C_{23}H_{19}N_3O_4$
Benzamid, *N*-[1-[2]Furyl-3-oxo-4-(4-oxo-
4*H*-chinazolin-3-yl)-butyl]- 371

$C_{23}H_{19}N_3O_5$
Phthalimid, *N*-[4,6-Dioxo-7-(4-oxo-
4*H*-chinazolin-3-yl)-heptyl]- 368

$C_{23}H_{20}N_2O$
Pyrazol-3-on, 4-Benzhydryl-5-methyl-
2-phenyl-1,2-dihydro- 698
—, 4,5-Dibenzyl-2-phenyl-1,2-dihydro-
699
—, 5-Methyl-2-phenyl-4-[7-phenyl-hepta-
2,4,6-trienyliden]-2,4-dihydro- 697
—, 5-Phenäthyl-2,4-diphenyl-
1,2-dihydro- 699
Pyridazin-3-on, 6-Benzyl-2,5-diphenyl-
4,5-dihydro-2*H*- 698
Pyrimidin-4-on, 5-Äthyl-6-methyl-
3-[2]naphthyl-2-phenyl-3*H*- 581

$C_{23}H_{20}N_4$
Keton, [4,6-Diphenyl-4,5-dihydro-pyridazin-
3-yl]-phenyl-, hydrazon 791

C$_{23}$H$_{27}$ClN$_2$O (Fortsetzung)
Pyrazol-3-on, 2-[3-Chlor-phenyl]-4-octyl-
  5-phenyl-1,2-dihydro- 537
—, 2-[4-Chlor-phenyl]-4-octyl-5-phenyl-
  1,2-dihydro- 537
C$_{23}$H$_{27}$N$_3$O$_3$S
Chinazolin-4-on, 3-{3-[1-(Toluol-4-sulfonyl)-
  [4]piperidyl]-propyl}-3H- 372
C$_{23}$H$_{28}$IN$_3$
Methojodid [C$_{23}$H$_{28}$N$_3$]I aus
  [2,5,8-Trimethyl-chinazolin-4-yl]-aceton-
  [2,5-dimethyl-phenylimin] 585
C$_{23}$H$_{28}$N$_2$O
Aceton, 1,3-Bis-[2-methyl-1,2,3,4-tetrahydro-
  [1]isochinolyl]- 711
3,7-Diaza-bicyclo[3.3.1]nonan-9-on,
  3,7-Diäthyl-1,5-diphenyl- 704
—, 3,7-Dimethyl-1,5-di-p-tolyl- 711
Phthalazin-1-on, 4-[2,4,6-Triisopropyl-
  phenyl]-2H- 712
Pyrazol-3-on, 4-Octyl-2,5-diphenyl-
  1,2-dihydro- 537
C$_{23}$H$_{28}$N$_2$O$_3$
3,7-Diaza-bicyclo[3.3.1]nonan-9-on, 3,7-
  Bis-[2-hydroxy-äthyl]-1,5-diphenyl-
  705
C$_{23}$H$_{28}$N$_4$O$_2$
Methan, Bis-[8-oxo-1,5,6,8-tetrahydro-
  2H,4H-1,5-methano-pyrido[1,2-a]≠
  [1,5]diazocin-3-yl]- 325
C$_{23}$H$_{28}$N$_8$O$_2$
Benzaldehyd, 4,4'-Propandiyldioxy-di-,
  bis-imidazolidin-2-ylidenhydrazon 8
[C$_{23}$H$_{31}$N$_2$O]$^+$
1,8-Seco-cinchonanium, 1,1-Diäthyl-9-oxo≠
  651
C$_{23}$H$_{32}$N$_2$O
Androst-4-en-3-on, 17-[2-Methyl-
  1(3)H-imidazol-4-yl]- 621
Heptan-4-on, 2,6-Dimethyl-3,3-bis-
  [2-[2]pyridyl-äthyl]- 621
C$_{23}$H$_{32}$N$_2$O$_2$
Pentan-2-on, 5-[3-Benzoyl-decahydro-
  1,5-methano-pyrido[1,2-a][1,5]diazocin-
  4-yl]- 241
C$_{23}$H$_{32}$N$_2$S$_2$
Yohimban, 17,17-Diäthylmercapto- 655
C$_{23}$H$_{40}$N$_4$O
Benzimidazol-2-on, 5-tert-Butyl-1,3-bis-
  [2-diäthylamino-äthyl]-1,3-dihydro- 320

C$_{24}$

C$_{24}$H$_{14}$N$_2$O
Benz[1,9]anthra[2,3-d]imidazol-8-on,
  5-Phenyl-4(6)H- 806

C$_{24}$H$_{15}$N$_3$O$_2$
Benzo[de]dibenzo[4,5;6,7][1,3]diazepino[2,1-a]≠
  isochinolin-7-on, 17-Nitroso-
  17,17a-dihydro- 805
C$_{24}$H$_{16}$N$_2$O
Benzo[g]chinazolin-4-on, 5,10-Diphenyl-3H-
  804
Benzo[de]dibenzo[4,5;6,7][1,3]diazepino[2,1-a]≠
  isochinolin-7-on, 17,17a-Dihydro- 805
Chinazolin-4-on, 2-[1]Naphthyl-3-phenyl-
  3H- 766
—, 3-[2]Naphthyl-2-phenyl-3H- 667
Keton, [2]Naphthyl-[4-[2]naphthyl-
  1(3)H-imidazol-2-yl]- 805
[1,10]Phenanthrolin-4-on, 3,5-Diphenyl-1H-
  805
C$_{24}$H$_{16}$N$_6$O$_4$
Benzo[g]cinnolin-5-on, 3-Phenyl-10H-,
  [2,4-dinitro-phenylhydrazon] 764
C$_{24}$H$_{17}$N$_3$
Anilin, [2-(1H-Benz[e]indazol-1-yl)-
  benzyliden]- 765
C$_{24}$H$_{17}$N$_5$O$_2$
Benzaldehyd, 2-[1H-Benz[e]indazol-1-yl]-,
  [4-nitro-phenylhydrazon] 765
C$_{24}$H$_{18}$N$_2$O
Äthanon, 2-[3,6-Diphenyl-pyridazin-4-yl]-
  1-phenyl- 801
Dibenzo[b,f][1,7]naphthyridin-12-on,
  6-[2,4-Dimethyl-phenyl]-7H- 802
Dibenzo[c,f][1,7]naphthyridin-6-on,
  5,10-Dimethyl-8-phenyl-5H- 801
Keton, [2,5-Diphenyl-3,4-diaza-bicyclo≠
  [4.1.0]hepta-2,4-dien-7-yl]-phenyl- 802
Propenon, 3-[1,5-Diphenyl-1H-pyrazol-4-yl]-
  1-phenyl- 757
C$_{24}$H$_{18}$N$_2$O$_3$
Benzoesäure, 2-[10-Oxo-4-phenyl-3,4-dihydro-
  10H-pyrazino[1,2-a]indol-2-yl]- 738
C$_{24}$H$_{20}$N$_2$O
Keton, Mesityl-[3-phenyl-chinoxalin-2-yl]-
  792
Pyrazol-3-on, 4-Bibenzyl-α-yliden-5-methyl-
  2-phenyl-2,4-dihydro- 739
Pyridazin-4-on, 1-Äthyl-3,5,6-triphenyl-1H-
  789
Pyrimidin-4-on, 2,6-Dibenzyl-5-phenyl-3H-
  792
Spiro[indan-2,3'-pyrazol]-1-on, 3-Phenyl-
  4'-p-tolyl-2',4'-dihydro- 792
C$_{24}$H$_{20}$N$_4$
Äthanon, 2-[3,6-Diphenyl-pyridazin-4-yl]-
  1-phenyl-, hydrazon 801
C$_{24}$H$_{20}$N$_4$O$_6$S
Anthracen-2-sulfonsäure, 1-Amino-4-
  [5-methyl-2-(2-oxo-imidazolidin-1-yl)-
  anilino]-9,10-dioxo-9,10-dihydro- 18

$C_{24}H_{37}N_3O_2$
Chinazolin-4-on, 3-[12-Diäthylamino-2-oxo-
dodecyl]-3H- 367
$C_{24}H_{38}N_2O_4S$
Benzolsulfonsäure, 4-[5-Oxo-3-pentadecyl-
2,5-dihydro-pyrazol-1-yl]- 162
$C_{24}H_{46}N_2O$
Pyrazol-3-on, 4-Decyl-5-undecyl-1,2-dihydro-
163

C_{25}

$C_{25}H_{12}N_2O$
Benzo[1,10]phenanthro[4,5-abc]phenazin-4-on
808
$C_{25}H_{14}N_2O$
Indeno[2,1-a][4,7]phenanthrolin-13-on,
8-Phenyl- 806
$C_{25}H_{15}N_3O$
Indeno[2,1-a][4,7]phenanthrolin-13-on,
8-Phenyl-, oxim 806
$C_{25}H_{17}N_3O_2$
Pyrazol-3-on, 5-Phenyl-2-[2-phenyl-chinolin-
4-carbonyl]-1,2-dihydro- 425
$C_{25}H_{18}Cl_2N_2O$
Pyrazol-3-on, 4-[3-(2,4-Dichlor-phenyl)-
1-phenyl-allyliden]-5-methyl-2-phenyl-
2,4-dihydro- 760
$C_{25}H_{18}N_2O$
Chinolin-4-on, 3-[2]Chinolylmethylen-
1-phenyl-2,3-dihydro-1H- 771
Imidazol-2-on, 1-[1]Naphthyl-4,5-diphenyl-
1,3-dihydro- 680
$C_{25}H_{19}ClN_2O$
Pyrazol-3-on, 4-[3-(4-Chlor-phenyl)-1-phenyl-
allyliden]-5-methyl-2-phenyl-2,4-dihydro-
760
$C_{25}H_{19}N_3O_3$
Pyrazol-3-on, 5-Methyl-4-[3-(2-nitro-phenyl)-
1-phenyl-allyliden]-2-phenyl-2,4-dihydro-
760
−, 5-Methyl-4-[3-(4-nitro-phenyl)-
1-phenyl-allyliden]-2-phenyl-2,4-dihydro-
761
$C_{25}H_{20}N_2O$
Cyclopenta[b]chinoxalin-2-on, 4,7-
Dimethyl-1,3-diphenyl-1,4-dihydro-
802
Pyrazol-3-on, 4-[1,3-Diphenyl-allyliden]-
5-methyl-2-phenyl-2,4-dihydro- 760
$C_{25}H_{20}N_2O_2$
Cyclopenta[b]chinoxalin-2-on, 4-[2-
Hydroxy-äthyl]-1,3-diphenyl-1,4-dihydro-
798
$C_{25}H_{20}N_4O$
Pyrazol-1-carbonsäure, 3-Methyl-5-oxo-
2,5-dihydro-, [[2]naphthylamid-
[2]naphthylimid] 90

$C_{25}H_{22}N_2O_3$
Äthanon, 1-[1,4-Dibenzoyl-3-methyl-
1,2,3,4-tetrahydro-chinoxalin-2-yl]- 319
$C_{25}H_{22}N_4$
Indolo[3,2-c]chinolin-6-carbaldehyd,
5-Methyl-5H-, [4-dimethylamino-
phenylimin] 753
$C_{25}H_{23}N_3O_3$
Chinazolin-4-on, 3-[3-(3-Äthoxy-1-benzyl-
1H-[2]pyridyliden)-2-oxo-propyl]-3H-
382
$C_{25}H_{23}N_3O_6$
Phthalimid, N-[3-Methoxy-5,7-dioxo-8-(4-oxo-
4H-chinazolin-3-yl)-octyl]- 369
−, N-[4-Methoxy-5,7-dioxo-8-(4-oxo-
4H-chinazolin-3-yl)-octyl]- 369
$C_{25}H_{24}Cl_2N_6O_2S_3$
Imidazolidin-2-thion, 1,3-Bis-[3-(4-chlor-
benzoyl)-2-thioxo-imidazolidin-
1-ylmethyl]- 27
$C_{25}H_{24}N_2O$
Pyrazol-3-on, 4-[4,4'-Dimethyl-benzhydryl]-
5-methyl-2-phenyl-1,2-dihydro- 704
$C_{25}H_{24}N_2O_3S$
3,7-Diaza-bicyclo[3.3.1]nonan-9-on,
3-Benzolsulfonyl-1,5-diphenyl- 704
$C_{25}H_{24}N_4O_2$
β-Alanin, N,N-Dibenzyl-, [4-oxo-
4H-chinazolin-3-ylamid] 384
$C_{25}H_{25}N_3S_2$
[1,3]Diazet-1-thiocarbimidsäure, 4-Benzyl-
mercapto-2,2-dimethyl-N-phenyl-2H-,
benzylester 39
$C_{25}H_{26}Cl_2N_2O_3$
3,7-Diaza-bicyclo[3.3.1]nonan-9-on, 3,7-
Bis-[3-chlor-propionyl]-1,5-diphenyl-
706
$C_{25}H_{26}Cl_2N_4O_2S_2$
[1,3]Diazepin-2-thion, 3,3'-Bis-[4-chlor-
benzoyl]-dodecahydro-1,1'-methandiyl-
bis- 40
$C_{25}H_{26}N_4$
Cura-2(16),19-dien-17-al-phenylhydrazon
709
$C_{25}H_{26}N_6O_4$
Yohimban-17-on-[2,4-dinitro-phenylhydrazon]
653
$C_{25}H_{27}N_3O_3$
1,5-Methano-pyrido[1,2-a][1,5]diazocin-8-on,
3-[3-[1]Naphthylcarbamoyloxy-propyl]-
1,2,3,4,5,6-hexahydro- 325
$C_{25}H_{27}N_5O_2$
Coryn-18-en-17-al-[4-nitro-phenylhydrazon]
652
$C_{25}H_{28}N_2O$
Aceton, Bis-[1,3,3-trimethyl-indolin-2-yliden]-
764
3,7-Diaza-bicyclo[3.3.1]nonan-9-on,
3,7-Diallyl-1,5-diphenyl- 705

$C_{25}H_{28}N_2O_5$
3,7-Diaza-bicyclo[3.3.1]nonan-3,7-dicarbonsäure,
9-Oxo-1,5-diphenyl-, diäthylester 706
$C_{25}H_{28}N_6O_4$
Corynan-17-al-[2,4-dinitro-phenylhydrazon]
619
$C_{25}H_{30}N_4$
Propan-1-on, 3-[4-Äthyl-[4]piperidyl]-
1-[3]chinolyl-, phenylhydrazon 617
$C_{25}H_{32}N_2O$
3,7-Diaza-bicyclo[3.3.1]nonan-9-on,
3,7-Diisopropyl-1,5-diphenyl- 705
−, 1,5-Diphenyl-3,7-dipropyl- 704
Pyrazol-3-on, 4-Decyl-2,5-diphenyl-
1,2-dihydro- 541
$C_{25}H_{32}N_8O_2$
Benzaldehyd, 4,4'-Pentandiyldioxy-di-,
bis-imidazolidin-2-ylidenhydrazon 9
$C_{25}H_{37}N_3O_2$
Chinazolin-4-on, 3-[2-Oxo-12-piperidino-
dodecyl]-3H- 367
$C_{25}H_{38}N_4O_2$
Chinazolin-4-on, 3-[2-Hydroxyimino-
12-piperidino-dodecyl]-3H- 367
$C_{25}H_{40}N_2O$
Chinoxalin-2-on, 3-Heptadecyl-1H- 542
$C_{25}H_{40}N_2O_2$
Indazol-3-on, 2-Stearoyl-1,2-dihydro- 271
$C_{25}H_{40}N_2O_4S$
Benzolsulfonsäure, 4-[4-Hexadecyl-5-oxo-
2,5-dihydro-pyrazol-1-yl]- 162
$C_{25}H_{40}N_2S$
Chinoxalin-2-thion, 3-Heptadecyl-1H- 542
$C_{25}H_{42}Hg_2N_2S$
Benzimidazol, 1-Nonylmercurio-
2-nonylmercuriomercapto-1H- 288
$C_{25}H_{42}N_2O$
3,4-Diaza-cholest-4-en-2-on 339
$C_{25}H_{44}N_2O$
3,4-Diaza-cholestan-2-on 270

C_{26}

$C_{26}H_{13}N_3O_3$
Naphthalin-1,8-dicarbonsäure, 4-[6-Oxo-
6H-dibenz[cd,g]indazol-2-yl]-, imid 715
$C_{26}H_{16}N_2O$
Dibenzo[b,h][1,6]naphthyridin-7-ol,
6-[2]Naphthyl- 806
Dibenzo[b,h][1,6]naphthyridin-7-on,
6-[2]Naphthyl-12H- 806
$C_{26}H_{17}N_3$
Pyrrolo[1,2-a]perimidin-10-on, 8,9-Diphenyl-,
imin 806
$C_{26}H_{18}N_2O_2$
Benzo[de]dibenzo[4,5;6,7][1,3]diazepino[2,1-a]=
isochinolin-7-on, 17-Acetyl-
17,17a-dihydro- 805

$C_{26}H_{18}N_6O_4$
Keton, Phenyl-[1-phenyl-1H-indazol-3-yl]-,
[2,4-dinitro-phenylhydrazon] 673
$C_{26}H_{19}N_3O_3$
Pyrazol-3-on, 2-[2-(4-Methoxy-phenyl)-
chinolin-4-carbonyl]-5-phenyl-1,2-dihydro-
425
$C_{26}H_{20}N_2O$
Cyclohexanon, 2,6-Bis-[4]chinolylmethylen-
805
[1,2]Diazetidin-3-on, Tetraphenyl- 635
Phthalazin-1-on, 2,4,4-Triphenyl-3,4-dihydro-
2H- 772
−, 3,4,4-Triphenyl-3,4-dihydro-2H-
772
$C_{26}H_{20}N_4$
Äthanon, 1,2-Di-[2]chinolyl-, phenyl=
hydrazon 781
$C_{26}H_{22}N_2O$
Äthanon, 1-[7-Isopropyl-1-methyl-dibenzo=
[a,c]phenazin-2-yl]- 802
−, 1-[7-Isopropyl-1-methyl-dibenzo=
[a,c]phenazin-3-yl]- 802
Phthalazin-1-on, 4-[7-Isopropyl-1-methyl-
[3]phenanthryl]-2H- 802
$C_{26}H_{24}N_2O$
Keton, [2-Methyl-4-phenyl-5-(trimethyl-
pyrrol-2-ylidenmethyl)-pyrrol-3-yl]-phenyl-
792
$C_{26}H_{25}BrN_2O$
Benzo[de]benz[4,5]imidazo[2,1-a]isochinolin-
7-on, 3-Brom-2,5-di-tert-butyl- 785
−, 4-Brom-2,5-di-tert-butyl- 785
$C_{26}H_{25}ClN_2O$
Benzo[de]benz[4,5]imidazo[2,1-a]isochinolin-
7-on, 2,5-Di-tert-butyl-3-chlor- 785
−, 2,5-Di-tert-butyl-4-chlor- 785
$C_{26}H_{25}N_3O_3$
Benzo[de]benz[4,5]imidazo[2,1-a]isochinolin-
7-on, 2,5-Di-tert-butyl-3-nitro- 785
−, 2,5-Di-tert-butyl-4-nitro- 785
$[C_{26}H_{25}N_4]^+$
Indolo[3,2-c]chinolinium, 6-[(4-Dimethyl=
amino-phenylimino)-methyl]-
5,11-dimethyl-11H- 753
$C_{26}H_{26}N_2O$
Benzo[de]benz[4,5]imidazo[2,1-a]isochinolin-
7-on, 2,5-Di-tert-butyl- 785
$C_{26}H_{27}N_3S_2$
[1,3]Diazet-1-thiocarbimidsäure, 4-Benzyl=
mercapto-2,2-dimethyl-N-o-tolyl-2H-,
benzylester 39
$C_{26}H_{28}N_2O$
1,8-Seco-cinchonan-9-on, 1-Benzyl- 651
$C_{26}H_{28}N_6$
Benzimidazol, 2-[Bis-(3,4-dimethyl-
phenylazo)-methylen]-1,3-dimethyl-
2,3-dihydro-1H- 414

C₂₆H₂₈N₆O₄
Adipinsäure-bis-[4-(3-methyl-5-oxo-
2,5-dihydro-pyrazol-1-yl)-anilid] 94
Yohimban-17-on, 16-Methyl-, [2,4-dinitro-
phenylhydrazon] 658

C₂₆H₂₉N₃O₅
Piperidin-1-carbonsäure, 3-Methoxy-2-[2-oxo-
3-(4-oxo-6-phenyl-4H-chinazolin-3-yl)-
propyl]-, äthylester 670
—, 3-Methoxy-2-[2-oxo-3-(4-oxo-
7-phenyl-4H-chinazolin-3-yl)-propyl]-,
äthylester 670

C₂₆H₂₉N₅O₂
Yohimban-16-carbaldehyd-[4-nitro-
phenylhydrazon] 658

C₂₆H₃₀N₂O
1,8-Seco-cinchonan-9-on, 1-Benzyl-
10,11-dihydro- 618

C₂₆H₃₀N₈O₄
Harnstoff, N',N'''-Bis-[4-(3-methyl-5-oxo-
2,5-dihydro-pyrazol-1-yl)-phenyl]-
N,N''-butandiyl-di- 95

C₂₆H₃₂N₂O
6a,9-Methano-cyclohepta[3,4]benzo[1,2-f]-
cinnolin-3-on, 11b-Methyl-2-p-tolyl-
Δ¹⁽¹³ᵃ⁾,⁴-dodecahydro- 590

C₂₆H₃₂N₆
Keton, Bis-[3,5-dimethyl-pyrrol-2-yl]-, azin
525

C₂₆H₄₂N₂O₄S
Benzolsulfonsäure, 3-[3-Heptadecyl-5-oxo-
2,5-dihydro-pyrazol-1-yl]- 163
—, 4-[3-Heptadecyl-5-oxo-2,5-dihydro-
pyrazol-1-yl]- 163

C₂₇

C₂₇H₁₄N₂O
Dibenz[a,c]indeno[1,2-i]phenazin-15-on 808
Dibenz[a,c]indeno[2,1-h]phenazin-16-on 808

C₂₇H₁₇BrN₂O
Benzophenon, 4-Brom-2'-[3-phenyl-
chinoxalin-2-yl]- 806

C₂₇H₁₉N₅O₂
Benzo[b][1,4]diazepin-3-on, 2,4-Diphenyl-,
[4-nitro-phenylhydrazon] 787
Keton, Phenyl-[3-phenyl-chinoxalin-2-yl]-,
[4-nitro-phenylhydrazon] 787

C₂₇H₂₀N₄
Benzaldehyd, 2-[3-Phenyl-chinoxalin-2-yl]-,
[2-amino-phenylimin] 788

C₂₇H₂₂N₂O₆
Malonsäure, [(4-Oxo-4H-chinazolin-3-yl)-
acetyl]-, dibenzylester 359

C₂₇H₂₄N₂O
Pyrazol-3-on, 5-Methyl-2-phenyl-4-
[11-phenyl-undeca-2,4,6,8,10-pentaenyl-
iden]-2,4-dihydro- 762

C₂₇H₂₆N₂O
Keton, [5-(4-Äthyl-3,5-dimethyl-pyrrol-
2-ylidenmethyl)-2-methyl-4-phenyl-pyrrol-
3-yl]-phenyl- 793

C₂₇H₃₂N₂O
Androst-4-en-3-on, 17-Chinoxalin-2-yl-
764

C₂₇H₃₄N₂O
Pregn-3-eno[3,4-b]chinoxalin-21-on 745

C₂₇H₃₄N₄O₃
3,7-Diaza-bicyclo[3.3.1]nonan-9-on, 3,7-
Bis-[N,N-dimethyl-glycyl]-1,5-diphenyl-
707

C₂₇H₃₄N₈S
Thiocarbonohydrazid, 1,5-Bis-[bis-
(3,5-dimethyl-pyrrol-2-yl)-methylen]-
525

C₂₇H₃₆N₂O
3,7-Diaza-bicyclo[3.3.1]nonan-9-on,
3,7-Dibutyl-1,5-diphenyl- 705

C₂₇H₃₆N₂O₃S
Hexan-3-on, 6-[3-(Naphthalin-2-sulfonyl)-
decahydro-1,5-methano-pyrido[1,2-a]-
[1,5]diazocin-4-yl]- 242

C₂₇H₃₆N₄O₂
Pentan, 1,5-Bis-[8-oxo-1,5,6,8-tetrahydro-
2H,4H-1,5-methano-pyrido[1,2-a]-
[1,5]diazocin-3-yl]- 326

C₂₇H₃₈N₄O
3,7-Diaza-bicyclo[3.3.1]nonan-9-on, 3,7-
Bis-[2-dimethylamino-äthyl]-1,5-diphenyl-
706

C₂₇H₄₂N₂O₃
Benzoesäure, 3-[3-Heptadecyl-5-oxo-
2,5-dihydro-pyrazol-1-yl]- 163

C₂₇H₄₄N₂O₄S
Methansulfonsäure, [3-(3-Heptadecyl-5-oxo-
2,5-dihydro-pyrazol-1-yl)-phenyl]- 163

C₂₇H₅₄N₂O
Imidazolidin-2-on, 1,3-Didodecyl- 10

C₂₇H₅₅N₃
Imidazolidin-2-on, 1,3-Didodecyl-, imin
11

C₂₈

C₂₈H₁₆N₂O
Dibenzo[c,e]phenanthro[9',10':4,5]imidazo-
[1,2-a]azepin-10-on 808

C₂₈H₁₇N₃O₃
Benz[de]isochinolin-1,3-dion, 2-Äthyl-6-
[6-oxo-6H-dibenz[cd,g]indazol-2-yl]-
715

C₂₈H₂₀N₂O
Benzophenon, 2-Methyl-2'-[3-phenyl-
chinoxalin-2-yl]- 807
—, 3-Methyl-2'-[3-phenyl-chinoxalin-
2-yl]- 807

$C_{28}H_{20}N_2O$ (Fortsetzung)

Benzophenon, 4-Methyl-2'-[3-phenyl-
chinoxalin-2-yl]- 807

Keton, Biphenyl-4-yl-[4-biphenyl-4-yl-
1(3)H-imidazol-2-yl]- 807

—, Phenyl-[1,3,5-triphenyl-pyrazol-4-yl]-
790

—, Phenyl-[1,4,5-triphenyl-pyrazol-3-yl]-
789

$C_{28}H_{20}N_2O_2$

Imidazo[1,2-a]pyridinium, 3-Benzoyl-
1-phenacyl-2-phenyl-, betain 781

$C_{28}H_{20}N_2O_3$

[1,2]Diazetidin-3-on, 1,2-Dibenzoyl-
4,4-diphenyl- 636

$[C_{28}H_{21}N_2O_2]^+$

Imidazo[1,2-a]pyridinium, 3-Benzoyl-
1-phenacyl-2-phenyl- 781

$C_{28}H_{21}N_3$

Äthanon, 1-Phenyl-2-[2-phenyl-chinazolin-
4-yl]-, phenylimin 790

$[C_{28}H_{21}N_4]^+$

[1,7]Phenanthrolinium, 7-Methyl-8-
[(2-phenyl-indolizin-3-ylimino)-methyl]-
664

$C_{28}H_{24}N_2O$

[1,2]Diazetidin-3-on, 1,2-Dibenzyl-
4,4-diphenyl- 636

—, 4,4-Diphenyl-1,2-di-m-tolyl- 635

—, 4,4-Diphenyl-1,2-di-o-tolyl- 635

—, 4,4-Diphenyl-1,2-di-p-tolyl- 635

$C_{28}H_{26}N_2O$

Indolin-2-on, 1-Äthyl-3-[2-(3,3-dimethyl-
1-phenyl-indolin-2-yliden)-äthyliden]-
762

$C_{28}H_{26}N_2O_5$

Chinazolin-4-on, 3-[2,3-Bis-phenylacetoxy-
propyl]-2-methyl-3H- 438

$C_{28}H_{27}N_3O_7S_2$

Furo[3,2-b]pyridin, 4-Benzolsulfonyl-
2-benzolsulfonyloxy-2-[4-oxo-
4H-chinazolin-3-ylmethyl]-octahydro-
378

Piperidin, 1-Benzolsulfonyl-3-benzolsulfonyl-
oxy-2-[2-oxo-3-(4-oxo-4H-chinazolin-
3-yl)-propyl]- 377

$C_{28}H_{28}N_6$

Indeno[1,2-c]pyrazol-4-on, 3-tert-Butyl-1(2)H-,
azin 609

$C_{28}H_{30}N_4O$

Chinazolin-4-on, 3-[2-(4-
Benzhydryl-piperazino)-äthyl]-2-methyl-3H-
440

$C_{28}H_{32}N_6O_4$

Octan, 1,8-Bis-[5-oxo-3-phenyl-2,5-dihydro-
pyrazol-1-carbonylamino]- 421

$C_{28}H_{34}N_2O_2$

Butan-1-on, 4-[3-Benzoyl-decahydro-
1,5-methano-pyrido[1,2-a][1,5]diazocin-
4-yl]-1-phenyl- 590

$C_{28}H_{38}N_4O_2$

Hexan, 1,6-Bis-[8-oxo-1,5,6,8-tetrahydro-
2H,4H-1,5-methano-pyrido[1,2-a]-
[1,5]diazocin-3-yl]- 326

$C_{28}H_{44}N_2O$

Keton, Bicyclohexyl-4-yl-[4-bicyclohexyl-4-yl-
1(3)H-imidazol-2-yl]- 590

$C_{28}H_{54}N_2O$

Pyrazol-3-on, 4-Dodecyl-5-tridecyl-
1,2-dihydro- 164

$C_{28}H_{56}N_2O$

Piperazin-2-on, 1,4-Didodecyl- 35

C_{29}

$C_{29}H_{16}N_4O_2$

Dibenz[cd,g]indazol-6-on, 2H,2'H-
2,2'-Methandiyl-bis- 713

$C_{29}H_{22}N_2O$

Propan-1-on, 1,3-Diphenyl-3-[3-phenyl-
chinoxalin-2-yl]- 807

$C_{29}H_{22}N_6O_4$

Keton, [3-Methyl-1,5-diphenyl-1H-pyrazol-
4-yl]-phenyl-, [2,4-dinitro-phenylhydrazon]
737

$C_{29}H_{23}N_3O_2$

Acetamid, N-[4'-(2-Oxo-4,5-diphenyl-
2,3-dihydro-imidazol-1-yl)-biphenyl-4-yl]-
680

$C_{29}H_{24}N_2O$

Äthanon, 1-Phenyl-2-[2,3,5-triphenyl-
3,4-dihydro-2H-pyrazol-3-yl]- 785

Pyrazol-3-on, 5-Methyl-2-phenyl-4-trityl-
1,2-dihydro- 784

$C_{29}H_{25}N_3S_2$

[1,3]Diazet-1-thiocarbimidsäure, 4-Benzyl-
mercapto-2,N-diphenyl-2H-, benzylester
295

$C_{29}H_{32}N_2O$

Hepta-2,5-dien-4-on, 1,7-Bis-[1,3,3-trimethyl-
indolin-2-yliden]- 786

$C_{29}H_{36}N_6O_5$

2,4-Dinitro-phenylhydrazon $C_{29}H_{36}N_6O_5$
aus 5-[3-Benzoyl-decahydro-1,5-methano-
pyrido[1,2-a][1,5]diazocin-4-yl]-pentan-
2-on 242

$[C_{29}H_{37}N_2O_2]^+$

1,5-Methano-pyrido[1,2-a][1,5]diazocinium,
3-Benzoyl-7-methyl-4-[4-oxo-4-phenyl-
butyl]-decahydro- 590

$C_{29}H_{37}N_3$

Aceton, Bis-[1,3,3-trimethyl-indolin-2-yliden]-,
butylimin 764

C$_{29}$H$_{38}$N$_4$O$_3$

3,7-Diaza-bicyclo[3.3.1]nonan-9-on, 3,7-
Bis-[N,N-dimethyl-β-alanyl]-1,5-diphenyl-
707

C$_{29}$H$_{40}$N$_2$O$_3$S

Octan-4-on, 1-[3-(Naphthalin-2-sulfonyl)-
decahydro-1,5-methano-pyrido[1,2-a]⇒
[1,5]diazocin-4-yl]- 243

C$_{30}$

C$_{30}$H$_{18}$N$_4$O$_2$

Dibenz[cd,g]indazol-6-on, 2H,2'H-
2,2'-Äthandiyl-bis- 715

C$_{30}$H$_{19}$N$_3$O$_3$

[2,3']Biindolyl-3-on, 1'-Benzoyl-1'H-,
[O-benzoyl-oxim] 749

C$_{30}$H$_{20}$N$_2$O$_3$

[2,3']Biindolyl, 1-Benzoyl-2'-benzoyloxy-
1H,1'H- 734

C$_{30}$H$_{22}$N$_4$O

Pyrazol-1-carbimidsäure, N-[2]Naphthyl-
5-oxo-3-phenyl-2,5-dihydro-,
[2]naphthylamid 422

C$_{30}$H$_{23}$N$_3$O$_3$

Butan-1,3-dion, 2-[1-Benzyl-1H-
[2]pyridyliden]-4-[4-oxo-4H-chinazolin-
3-yl]-1-phenyl- 382

[C$_{30}$H$_{23}$N$_4$O]$^+$

[1,7]Phenanthrolinium, 8-[(3-Acetyl-2-phenyl-
indolizin-1-ylimino)-methyl]-7-methyl-
664

C$_{30}$H$_{24}$N$_2$O

Keton, [2-Methyl-5-(3-methyl-5-phenyl-
pyrrol-2-ylidenmethyl)-4-phenyl-pyrrol-
3-yl]-phenyl- 807

[C$_{30}$H$_{24}$N$_3$O$_3$]$^+$

Pyridinium, 2-[1-Benzoyl-2-oxo-3-(4-oxo-
4H-chinazolin-3-yl)-propyl]-1-benzyl-
382

C$_{30}$H$_{24}$N$_4$

Indolo[3,2-c]isochinolin-5-carbaldehyd,
11-Phenyl-11H-, [4-dimethylamino-
phenylimin] 753

C$_{30}$H$_{25}$N$_3$O$_6$

Phthalimid, N-[5,7-Dioxo-8-(4-oxo-
4H-chinazolin-3-yl)-4-phenoxy-octyl]-
369

C$_{30}$H$_{26}$N$_2$O

Pyrazin-2-on, 5,6-Dimethyl-
1,3,3,4-tetraphenyl-3,4-dihydro-1H-
702

C$_{30}$H$_{27}$N$_3$S$_2$

[1,3]Diazet-1-thiocarbimidsäure, 4-Benzyl⇒
mercapto-2-phenyl-N-o-tolyl-2H-,
benzylester 296

C$_{30}$H$_{38}$N$_8$O$_4$

Harnstoff, N',N'''-Bis-[4-(3-methyl-5-oxo-
2,5-dihydro-pyrazol-1-yl)-phenyl]-
N,N''-octandiyl-di- 95

C$_{30}$H$_{40}$N$_4$O

Phenylhydrazon C$_{30}$H$_{40}$N$_4$O aus
6-[3-Benzoyl-decahydro-1,5-methano-
pyrido[1,2-a][1,5]diazocin-4-yl]-hexan-3-on
242

C$_{30}$H$_{40}$N$_6$

Hydrazin, Bis-[bis-(5-äthyl-3-methyl-pyrrol-
2-yl)-methylen]- 531

—, Bis-[bis-(3,4,5-trimethyl-pyrrol-2-yl)-
methylen]- 531

C$_{30}$H$_{42}$N$_2$O$_5$S

Benzolsulfonsäure, 5-[5-Oxo-3-pentadecyl-
2,5-dihydro-pyrazol-1-yl]-2-phenoxy-
162

C$_{31}$

C$_{31}$H$_{15}$BrN$_2$O$_2$

Dibenz[cd,g]indazol-6-on, 2-[3-Brom-7-oxo-
7H-benz[de]anthracen-4-yl]-2H- 714

—, 2-[9-Brom-7-oxo-7H-benz⇒
[de]anthracen-3-yl]-2H- 714

C$_{31}$H$_{15}$N$_3$O$_4$

Dibenz[cd,g]indazol-6-on, 2-[3-Nitro-7-oxo-
7H-benz[de]anthracen-4-yl]-2H- 714

C$_{31}$H$_{16}$N$_2$O

Dibenzo[h,j]phenanthro[1,10-ab]phenazin-
11-on 810

C$_{31}$H$_{16}$N$_2$O$_2$

Dibenz[cd,g]indazol-6-on, 2-[7-Oxo-
7H-benz[de]anthracen-3-yl]-2H- 714

—, 2-[7-Oxo-7H-benz[de]anthracen-
4-yl]-2H- 714

C$_{31}$H$_{18}$N$_2$O

Keton, Benzo[a]naphtho[2,1-c]phenazin-5-yl-
phenyl- 810

—, Phenyl-tribenzo[a,c,h]phenazin-11-yl-
810

C$_{31}$H$_{20}$N$_2$O

Keton, [2,4-Diphenyl-benzo[h]chinazolin-
6-yl]-phenyl- 809

—, [1]Naphthyl-[2-(3-phenyl-chinoxalin-
2-yl)-phenyl]- 809

C$_{31}$H$_{24}$N$_2$O

Keton, Bis-[1-methyl-2-phenyl-indol-3-yl]-
808

C$_{31}$H$_{24}$N$_2$O$_2$S

Pyrimidin-2-thion, 1,3-Dibenzoyl-4-methyl-
4,6-diphenyl-3,4-dihydro-1H- 698

C$_{31}$H$_{25}$N$_3$O$_4$

Butan-1,3-dion, 2-[1-Benzyl-3-methoxy-
1H-[2]pyridyliden]-4-[4-oxo-4H-chinazolin-
3-yl]-1-phenyl- 383

C₃₁H₂₇N₃O₂
Acetamid, N-[3,3'-Dimethyl-4'-(2-oxo-
4,5-diphenyl-2,3-dihydro-imidazol-1-yl)-
biphenyl-4-yl]- 680

C₃₁H₂₇N₃O₄
Acetamid, N-[3,3'-Dimethoxy-4'-(2-oxo-
4,5-diphenyl-2,3-dihydro-imidazol-1-yl)-
biphenyl-4-yl]- 680

[C₃₁H₂₇N₄]⁺
Indolo[3,2-c]isochinolinium, 5-[(4-Dimethyl≠
amino-phenylimino)-methyl]-6-methyl-
11-phenyl-11H- 754

C₃₁H₂₈N₂O₅S₂
3,7-Diaza-bicyclo[3.3.1]nonan-9-on, 3,7-
Bis-benzolsulfonyl-1,5-diphenyl- 704

C₃₁H₃₀N₂O
Cyclopentanon, 2,5-Bis-[2,5-dimethyl-
1-phenyl-pyrrol-3-ylmethylen]- 651

C₃₁H₃₂N₂O
Hepta-2,5-dien-4-on, 1,7-Bis-[1-äthyl-
6-methyl-1H-[2]chinolyliden]- 803

C₃₁H₃₉N₃
Aceton, Bis-[1,3,3-trimethyl-indolin-2-yliden]-,
cyclohexylimin 764

C₃₁H₄₀N₂O
3,7-Diaza-bicyclo[3.3.1]nonan-9-on,
3,7-Dicyclohexyl-1,5-diphenyl- 705

C₃₁H₄₂N₄O₃
3,7-Diaza-bicyclo[3.3.1]nonan-9-on, 3,7-
Bis-[diäthylcarbamoyl-methyl]-
1,5-diphenyl- 706
–, 3,7-Bis-[N,N-diäthyl-glycyl]-
1,5-diphenyl- 707

C₃₁H₄₆N₂O
Androsta-7,9(11),16-trieno[16,17-c]≠
pyridazin-6'-on, 5'-[3,4-Dimethyl-
pentyl]-4,4,14-trimethyl-1'H- 659

C₃₁H₄₆N₄O
3,7-Diaza-bicyclo[3.3.1]nonan-9-on, 3,7-
Bis-[2-diäthylamino-äthyl]-1,5-diphenyl-
706

C₃₁H₄₈N₂O
Androsta-7,9(11),16-trieno[16,17-c]≠
pyridazin-6'-on, 5'-[3,4-
Dimethyl-pentyl]-4,4,14-trimethyl-
17,5'-dihydro-1'H- 622

C₃₂

C₃₂H₁₇N₃O₃
Benz[de]isochinolin-1,3-dion, 6-[6-Oxo-
6H-dibenz[cd,g]indazol-2-yl]-2-phenyl-
715

C₃₂H₁₈N₂O₂
Dibenz[cd,g]indazol-6-on, 2-[1-Methyl-7-oxo-
7H-benz[de]anthracen-3-yl]-2H- 714
–, 2-[2-Methyl-7-oxo-7H-benz≠
[de]anthracen-3-yl]-2H- 714

C₃₂H₂₀N₄O₂
Indolo[3,2-b]carbazol, 6,12-Dianthraniloyl-
749

C₃₂H₂₂N₂O
Phthalazin-1-on, 4,5,6,7-Tetraphenyl-2H-
809

C₃₂H₂₄N₄
Indolo[3,2-c]chinolin-6-carbaldehyd, 11H-,
[1-äthyl-2-phenyl-indol-3-ylimin] 752

C₃₂H₂₄N₄O
[1,2]Diazetidin-3-on, 1,4,4-Triphenyl-2-
[2-phenylazo-phenyl]- 636
–, 2,4,4-Triphenyl-1-[2-phenylazo-
phenyl]- 636

C₃₂H₂₇N₃O₄
Butan-1,3-dion, 2-[3-Äthoxy-1-benzyl-
1H-[2]pyridyliden]-4-[4-oxo-4H-chinazolin-
3-yl]-1-phenyl- 383

C₃₂H₃₂N₄O₂
Kryptopyrrolblau 648

C₃₂H₃₄N₂O₁₁
Chinazolin-4-on, 3-[2,3-Bis-(3,4,5-trimethoxy-
benzoyloxy)-propyl]-2-methyl-3H- 438

C₃₂H₃₆N₄
1,8-Seco-cinchonan-9-on, 1-Benzyl-
10,11-dihydro-, phenylhydrazon 618

C₃₂H₄₆N₂O₃S
Undecan-4-on, 1-[3-(Naphthalin-2-sulfonyl)-
decahydro-1,5-methano-pyrido[1,2-a]≠
[1,5]diazocin-4-yl]- 243

C₃₂H₄₆N₄O₂
Decan, 1,10-Bis-[8-oxo-1,5,6,8-tetrahydro-
2H,4H-1,5-methano-pyrido[1,2-a]≠
[1,5]diazocin-3-yl]- 326

C₃₂H₆₂N₂O
Pyrazol-3-on, 5-Pentadecyl-4-tetradecyl-
1,2-dihydro- 164

C₃₃

C₃₃H₁₉ClN₂O₂
Dibenz[cd,g]indazol-6-on, 2-[2-Äthyl-7-oxo-
7H-benz[de]anthracen-3-yl]-10-chlor-2H-
717

C₃₃H₂₀N₂O₂
Dibenz[cd,g]indazol-6-on, 2-[2-Äthyl-7-oxo-
7H-benz[de]anthracen-3-yl]-2H- 714

C₃₃H₂₂N₂O₂S
Benzimidazol-2-thion, 1,3-Di-xanthen-9-yl-
1,3-dihydro- 292

C₃₃H₂₂N₂O₃
Benzimidazol-2-on, 1,3-Di-xanthen-9-yl-
1,3-dihydro- 283

C₃₃H₂₆N₄
Indolo[3,2-c]chinolin-6-carbaldehyd,
5-Methyl-5H-, [1-äthyl-2-phenyl-indol-
3-ylimin] 753

$C_{33}H_{28}N_2O_3$

Keton, Bis-[1-benzoyl-1,2,3,4-tetrahydro-[6]chinolyl]- 707

$C_{33}H_{32}N_2O$

3,7-Diaza-bicyclo[3.3.1]nonan-9-on, 3,7-Dibenzyl-1,5-diphenyl- 705

$C_{33}H_{32}N_2O_5S_2$

3,7-Diaza-bicyclo[3.3.1]nonan-9-on, 1,5-Diphenyl-3,7-bis-[toluol-4-sulfonyl]- 707

$[C_{33}H_{35}N_2O]^+$

1,8-Seco-cinchonanium, 1,1-Dibenzyl-9-oxo- 651

$C_{33}H_{46}N_2O$

Cholest-3-eno[3,4-b]chinoxalin-6-on 746

$C_{33}H_{48}N_2O_5S$

Methansulfonsäure, [5-(3-Heptadecyl-5-oxo-2,5-dihydro-pyrazol-1-yl)-2-phenoxy-phenyl]- 163

C_{34}

$C_{34}H_{21}N_3O_4$

Benz[de]isochinolin-1,3-dion, 2-[4-Äthoxy-phenyl]-6-[6-oxo-6H-dibenz[cd,g]indazol-2-yl]- 715

$C_{34}H_{22}N_2O_2$

Dibenz[cd,g]indazol-6-on, 2-[2-Isopropyl-7-oxo-7H-benz[de]anthracen-3-yl]-2H- 715

$C_{34}H_{24}N_2O$

[1,2]Diazetidin-3-on, 1,2-Di-[2]naphthyl-4,4-diphenyl- 636

$C_{34}H_{24}N_6O_4$

Keton, Biphenyl-4-yl-[4-biphenyl-4-yl-1(3)H-imidazol-2-yl]-, [2,4-dinitro-phenylhydrazon] 807

—, Phenyl-[1,4,5-triphenyl-pyrazol-3-yl]-, [2,4-dinitro-phenylhydrazon] 790

$[C_{34}H_{29}N_4]^+$

Indolo[3,2-c]chinolinium, 6-[(1-Äthyl-2-phenyl-indol-3-ylimino)-methyl]-5,11-dimethyl-11H- 753

$C_{34}H_{48}N_6$

Hydrazin, Bis-[bis-(3-äthyl-4,5-dimethyl-pyrrol-2-yl)-methylen]- 539

—, Bis-[bis-(4-äthyl-3,5-dimethyl-pyrrol-2-yl)-methylen]- 538

C_{35}

$C_{35}H_{24}N_2O$

Keton, Bis-[2,6-diphenyl-[4]pyridyl]- 810
Penta-1,4-dien-3-on, 1,5-Bis-[1-phenyl-[7]isochinolyl]- 810

$C_{35}H_{25}N_3O$

Keton, Bis-[2,6-diphenyl-[4]pyridyl]-, oxim 810

$C_{35}H_{36}N_2O$

3,7-Diaza-bicyclo[3.3.1]nonan-9-on, 3,7-Diphenäthyl-1,5-diphenyl- 705

$C_{35}H_{36}N_2O_3$

3,7-Diaza-bicyclo[3.3.1]nonan-9-on, 3,7-Bis-[4-methoxy-benzyl]-1,5-diphenyl- 705

$C_{35}H_{50}N_8S$

Thiocarbonohydrazid, 1,5-Bis-[bis-(4-äthyl-3,5-dimethyl-pyrrol-2-yl)-methylen]- 539

C_{36}

$C_{36}H_{22}N_2O$

Keton, [9]Anthryl-[10H-dibenzo[3,4:6,7]cyclohepta[1,2-b]chinoxalin-10-yl]- 811

$C_{36}H_{26}N_2O$

Äthanon, 1-[2,3,7,8-Tetraphenyl-1,6-dihydro-pyrrolo[2,3-e]indol-5-yl]- 811

$C_{36}H_{26}N_4S_2$

Imidazol-2-thion, 4,5,4',5'-Tetraphenyl-1,3,1',3'-tetrahydro-1,1'-p-phenylen-bis- 681

$C_{36}H_{30}N_2O$

Äthanon, 2,2-Bis-[10-methyl-9,10-dihydro-acridin-9-yl]-1-phenyl- 809

$C_{36}H_{34}N_8O_4$

Harnstoff, N',N'''-Bis-[4-(3-methyl-5-oxo-2,5-dihydro-pyrazol-1-yl)-phenyl]-N,N''-[3,3'-dimethyl-biphenyl-4,4'-diyl]-di- 95

—, N',N'''-Bis-[4-(5-oxo-3-phenyl-2,5-dihydro-pyrazol-1-yl)-phenyl]-N,N''-butandiyl-di- 423

$C_{36}H_{34}N_8O_6$

Harnstoff, N',N'''-Bis-[4-(3-methyl-5-oxo-2,5-dihydro-pyrazol-1-yl)-phenyl]-N,N''-[3,3'-dimethoxy-biphenyl-4,4'-diyl]-di- 95

$C_{36}H_{46}N_8O_6$

Butan, 1,4-Bis-{5-[3-(3-methyl-5-oxo-2,5-dihydro-pyrazol-1-yl)-phenylcarbamoyl]-valerylamino}- 94

$C_{36}H_{52}N_6$

Hydrazin, Bis-[1,2-bis-(4-äthyl-3,5-dimethyl-pyrrol-2-yl)-äthyliden]- 540

C_{37}

$C_{37}H_{20}N_2O_2$

Dibenz[cd,g]indazol-6-on, 2-[7-Oxo-2-phenyl-7H-benz[de]anthracen-3-yl]-2H- 715

$C_{37}H_{28}N_2O$
  Äthanon, 1-[5-Methyl-2,3,7,8-tetraphenyl-
    1,6-dihydro-pyrrolo[2,3-*e*]indol-4-yl]-
    811

C_{38}

$C_{38}H_{22}N_2O$
  Benz[4,5]imidazo[2,1-*a*]phenanthro[9,10-*f*]≠
    isoindol-16-on, 9,17-Diphenyl- 811
$C_{38}H_{56}N_6$
  Hydrazin, Bis-[bis-(3,5-dimethyl-4-propyl-
    pyrrol-2-yl)-methylen]- 541

C_{39}

$C_{39}H_{26}N_2O$
  Benzophenon, 4,5-Diphenyl-2-[3-phenyl-
    chinoxalin-2-yl]- 811
$[C_{39}H_{31}N_4]^+$
  Indolo[3,2-*c*]isochinolinium, 5-[(1-Äthyl-
    2-phenyl-indol-3-ylimino)-methyl]-
    6-methyl-11-phenyl-11*H*- 754

C_{40}

$C_{40}H_{22}N_2O$
  Acenaphth[1',2':5,6]isoindolo[2,1-*a*]≠
    perimidin-16-on, 8,15-Diphenyl- 812

C_{41}

$C_{41}H_{28}N_6O_4$
  Keton, Bis-[2,6-diphenyl-[4]pyridyl]-,
    [2,4-dinitro-phenylhydrazon] 810

C_{42}

$C_{42}H_{24}N_2O$
  Phenanthro[9',10':5,6]isoindolo[2,1-*a*]≠
    perimidin-18-on, 9,19-Diphenyl- 812

$C_{42}H_{28}N_4$
  Indolo[3,2-*c*]isochinolin-5-carbaldehyd,
    11-Phenyl-11*H*-, [1,2-diphenyl-indol-
    3-ylimin] 754
$C_{42}H_{58}N_8O_6$
  Decan, 1,10-Bis-{5-[3-(3-methyl-5-oxo-
    2,5-dihydro-pyrazol-1-yl)-phenylcarbamoyl]-
    valerylamino}- 94
$C_{42}H_{74}N_2O$
  Pyrazol-3-on, 5-Heptadecyl-4-hexadecyl-
    2-phenyl-1,2-dihydro- 164

C_{43}

$[C_{43}H_{31}N_4]^+$
  Indolo[3,2-*c*]isochinolinium, 5-[(1,2-
    Diphenyl-indol-3-ylimino)-methyl]-
    6-methyl-11-phenyl-11*H*- 754

C_{44}

$C_{44}H_{74}N_2O_5$
  Chinazolin-4-on, 3-[2,3-Bis-palmitoyloxy-
    propyl]-2-methyl-3*H*- 438

C_{45}

$C_{45}H_{36}N_8O_4$
  Methan, Bis-(4-{*N'*-[4-(5-oxo-3-phenyl-
    2,5-dihydro-pyrazol-1-yl)-phenyl]-ureido}-
    phenyl)- 424

C_{46}

$C_{46}H_{38}N_8O_4$
  Harnstoff, *N',N'''*-Bis-[4-(5-oxo-3-phenyl-
    2,5-dihydro-pyrazol-1-yl)-phenyl]-
    N,N''-[3,3'-dimethyl-biphenyl-4,4'-diyl]-di-
    424
$C_{46}H_{38}N_8O_6$
  Harnstoff, *N',N'''*-Bis-[4-(5-oxo-3-phenyl-
    2,5-dihydro-pyrazol-1-yl)-phenyl]-
    N,N''-[3,3'-dimethoxy-biphenyl-4,4'-diyl]-
    di- 424

C_{50}

$C_{50}H_{90}N_2O$
  Pyrazol-3-on, 4-Eicosyl-5-heneicosyl-
    2-phenyl-1,2-dihydro- 164